Enke

Atlas der topografischen Anatomie der Haustiere

Peter Popesko

Übersetzt von
Gerhard Geiger und Karl Dietrich Weyrauch

Band I: Kopf und Hals

7., unveränderte Auflage

204 Abbildungen

Enke Verlag · Stuttgart

Bibliografische Information
der Deutschen Nationalbibliothek

Die Deutsche Nationalbibliothek verzeichnet diese Publikation in der Deutschen Nationalbibliografie; detaillierte bibliografische Daten sind im Internet über http://dnb.d-nb.de abrufbar.

Titel der Originalausgabe:
Peter Popesko:
Atlas topografickej anatómie
hospodárskych zvierat
by Priroda, Bratislava, Slovakia 1977, 1988, 1997, 2002, 2007

1. deutsche Ed. 1979: 3-bändig (I: Kopf und Hals; II: Brust- und Bauchhöhle; III: Becken und Gliedmaße)
2. deutsche Ed. 1984: 3-bändig (I: Kopf und Hals; II: Brust- und Bauchhöhle; III: Becken und Gliedmaße)
3. deutsche Ed. 1989: 3-bändig (I: Kopf und Hals; II: Brust- und Bauchhöhle; III: Becken und Gliedmaße)
4. deutsche Ed. 1993: 3-bändig (I: Kopf und Hals; II: Brust- und Bauchhöhle; III: Becken und Gliedmaße)
5. deutsche Ed. 1998: 1-bändig (enthält I: Kopf und Hals; II: Brust- und Bauchhöhle; III: Becken und Gliedmaßen)
6. deutsche Ed. 2007: 1-bändig (enthält I: Kopf und Hals; II: Brust- und Bauchhöhle; III: Becken und Gliedmaßen)

Diese einbändige Ausgabe enthält die Bände:

I: Kopf und Hals (S. 1–211)
II: Brust- und Bauchhöhle (S. 1–194)
III: Becken und Gliedmaßen (S. 1–205)

MVS Medizinverlage Stuttgart GmbH & Co. KG
Oswald-Hesse-Str. 50, 70469 Stuttgart

Unsere Homepage: www.enke.de

Printed in Slovakia

Umschlaggestaltung: Thieme Verlagsgruppe
Druck und Bindung: Priroda, Bratislava

ISBN 978-3-8304-1139-0 1 2 3 4 5 6

Inhaltsverzeichnis

RIND

12 *Oberflächliche Regionen am Kopf. – Abb. 1*
13 *Schädel, Ansicht von links. – Abb. 2*
14 *Schädel, Ansicht von links. Farbige Darstellung der einzelnen Knochen. – Abb. 3*
15 *Medianschnitt durch den Schädel. Farbige Darstellung der einzelnen Knochen. – Abb. 4*
16 *Schädel (ohne Unterkiefer), Medianschnitt. – Abb. 5*
17 *Hirnschädel mit Augenhöhle und Schläfengegend nach Entfernung des Jochbogens, Ansicht von links. – Abb. 6*
18 *Schädel, Ansicht von rostral. – Abb. 7*
19 *Schädel, Ansicht von kaudal. – Abb. 8*
20 *Schädel, Ansicht von dorsal. Stirnhöhle und angrenzende Nebenhöhlen eröffnet. – Abb. 9*
21 *Schädel, Ansicht von dorsal. Farbige Darstellung der einzelnen Knochen. – Abb. 10*
22 *Hirnschädel, Ansicht von ventral. – Abb. 11*
23 *Ventrale Ansicht des Schädels. Farbige Darstellung der einzelnen Knochen. – Abb. 12*
24 *Präparation des Kopfes und der angrenzenden Halspartien, Ansicht von links. 1. Schicht. – Abb. 13*
26 *Präparation des Kopfes und der angrenzenden Halspartien, Ansicht von links. 2. Schicht. – Abb. 14*
28 *Präparation des Kopfes und der angrenzenden Halspartien, Ansicht von links. 3. Schicht. – Abb. 15*
29 *Präparation des Kopfes und der angrenzenden Halspartien, Ansicht von links. 4. Schicht. – Abb. 16*
30 *Junge Färse. Medianschnitt durch den Kopf. – Abb. 17*
31 *Junge Färse. Präparation des Kopfes in der Medianebene. – Abb. 18*
32 *Färse. Topographie der Arterien am Kopf. Oberflächliche Gefäße, Ansicht von links. Nach einem Korrosionspräparat gezeichnet. – Abb. 19*
33 *Färse. Topographie der Arterien am Kopf. Tiefe Gefäße, Ansicht von links, nach Entfernung des Jochbogens und der linken Unterkieferhälfte. Nur die Arterien der linken Seite sind dargestellt. Nach einem Korrosionspräparat gezeichnet. – Abb. 20*
34 *Querschnitt durch den Kopf in Höhe des 1. vorderen Backenzahnes, Ansicht von rostral. – Abb. 21*
35 *Querschnitt durch den Kopf in Höhe des vorletzten hinteren Backenzahnes, Ansicht von rostral. – Abb. 22*
36 *Querschnitt durch den Kopf in Höhe des rostralen Endes der Augenhöhle, Ansicht von rostral. – Abb. 23*
37 *Querschnitt durch den Kopf in Höhe des Muskelfortsatzes des Unterkiefers, Ansicht von rostral. – Abb. 24*
38 *Querschnitt durch den Kopf in der Nähe des äußeren Gehörganges, Ansicht von rostral. – Abb. 25*
39 *Querschnitt durch den Kopf in Höhe der Hörner, Ansicht von rostral. – Abb. 26*
40 *Basis der Schädelhöhle mit Austrittsstellen der Gehirnnerven. – Abb. 27*
41 *Horizontalschnitt durch den Kopf (rechts) und Präparation der Augenhöhle (links). In der rechten Hälfte der Schädelhöhle wurde die harte Hirnhaut belassen. – Abb. 28*
42 *Venen der Schädelhöhle und der Augenhöhle, Ansicht von dorsal. In der rechten Hälfte der Schädelhöhle wurde die harte Hirnhaut belassen (teilweise nach Dennstedt). – Abb. 29*
43 *Präparation des Kopfes, Ansicht von ventral. – Abb. 30*
44 *Gehirnbasis mit den Austrittsstellen der Gehirnnerven und Gefäßversorgung des Gehirns. – Abb. 31*
45 *Gehirn, Ansicht von dorsal. – Abb. 32*
45 *Sagittalschnitt durch das Gehirn. – Abb. 33*
46 *Gaumen. – Abb. 34*
46 *Knorpelskelett des Kehlkopfes und Zungenbeines, Ansicht von links. – Abb. 35*
46 *Zungenbein. Die Knorpelteile sind blau eingezeichnet. – Abb. 36*
47 *Kehlkopfmuskulatur. – Abb. 37*
47 *Blick auf die Basis der Rachenhöhle nach Entfernung der dorsalen Wand. – Abb. 38*
48 *Skelett, Ansicht schräg von vorne. – Abb. 39*
49 *Muskulatur des Halses und der angrenzenden Partien, Ansicht schräg von vorne, nach Entfernung der Hautmuskeln (nach Tschaggeny). – Abb. 40*
50 *Halswirbelsäule, Ansicht von links. – Abb. 41*
51 *Präparation des Halses, Ansicht von links. 1. Schicht, nach Entfernung der Hautmuskeln. – Abb. 42*
52 *Präparation des Halses, Ansicht von links. 2. Schicht. – Abb. 43*
53 *Präparation des Halses, Ansicht von lateral. 3. Schicht. – Abb. 44*
54 *Tiefe Schicht der Halsmuskulatur, Ansicht von links. – Abb. 45*
55 *Nacken. – Abb. 46*
56 *Kalb (neugeboren). Halspräparation, Ansicht von links. – Abb. 47*
57 *Färse (1 Jahr alt). Querschnitt durch den Hals in Höhe des 2. Halswirbels, Ansicht von kaudal. – Abb. 48*
58 *Färse (1 Jahr alt). Querschnitt durch den Hals in Höhe des kaudalen Endes des 3. Halswirbels, Ansicht von kaudal. – Abb. 49*
59 *Färse (1 Jahr alt). Querschnitt durch den Hals in Höhe des kaudalen Endes des 4. Halswirbels, Ansicht von kaudal. – Abb. 50*
60 *Halswirbelsäule, Ansicht von dorsal (links) und ventral (rechts). – Abb. 51*
61 *Die ersten zwei Segmente des Halsrückenmarks, Ansicht von ventral. Die harten Rückenmarkshäute sind umgeklappt und links (in der Abb. rechts) entfernt. – Abb. 52*

SCHAF

62 *Schädel (unbehornt), Ansicht von lateral. – Abb. 53*
63 *Schädel, Ansicht von medial (ohne Unterkiefer). – Abb. 54*
64 *Schädel vom Widder, Ansicht von dorsal. Links ist das Horn und rechts ist der Hornfortsatz zu sehen. – Abb. 55*
65 *Widder (Jungtier). Kopfpräparation. Oberflächliche Schicht, Ansicht von links, nach Entfernung der Gesichtsfaszie und der Gesichtshautmuskeln. – Abb. 56*
66 *Präparation des Kopfes. Tiefere Schicht, Ansicht von links. – Abb. 57*
67 *Präparation des Kopfes. Tiefe Schicht nach Entfernung der linken Unterkieferhälfte, Ansicht von links. – Abb. 58*
68 *Querschnitt durch den Kopf in Höhe des 3. vorderen Backenzahnes, Ansicht von rostral – Abb. 59*
69 *Querschnitt durch den Kopf in Höhe des 3. hinteren Backenzahnes, Ansicht von rostral. – Abb. 60*
70 *Topographie der Arterien am Kopf, Ansicht von links. – Abb. 61*
71 *Topographie der Venen am Kopf, Ansicht von links. – Abb. 62*
72 *Präparation des Halses. Oberflächliche Schicht nach Entfernung der Hautmuskeln und Faszien. – Abb. 63*
73 *Schaf (Jungtier). Präparation des Halses. Tiefe Schicht, Ansicht von rechts. – Abb. 64*
74 *Querschnitt durch den Hals in Höhe des 2. Halswirbels, Ansicht von kaudal. – Abb. 65*
74 *Querschnitt durch den Hals in Höhe des 4. Halswirbels, Ansicht von kaudal. – Abb. 66*
75 *Querschnitt durch den Hals in Höhe des 6. Halswirbels, Ansicht von kaudal. – Abb. 67*

ZIEGE

76 *Ziegenbock. Schädel, Ansicht von links. – Abb. 68*
77 *Ziege (unbehornt). Schädel, Ansicht von lateral. – Abb. 69*
78 *Schädel, Ansicht von ventral. – Abb. 70*

79 *Topographie der Arterien am Kopf, Ansicht von links (nach einem Korrosionspräparat). – Abb. 71*
80 *Präparation des Kopfes. Oberflächliche Schicht nach Entfernung der Gesichtsfaszie und der Gesichtshautmuskeln, Ansicht von links. – Abb. 72*
81 *Präparation des Kopfes. Tiefe Schicht, Ansicht von links. – Abb. 73*
82 *Querschnitt durch den Kopf in Höhe des 3. hinteren Backenzahnes, Ansicht von rostral. – Abb. 74*
83 *Querschnitt durch den Kopf in Höhe des kaudalen Endes der Augenhöhlen, Ansicht von rostral. – Abb. 75*
84 *Präparation des Halses. Oberflächliche Schicht nach Entfernung der Hautmuskeln und Faszien, Ansicht von links. – Abb. 76*
85 *Präparation des Halses. Tiefe Schicht, Ansicht von links. – Abb. 77*
86 *Querschnitt durch den Hals in Höhe des 4. Halswirbels, Ansicht von kaudal. – Abb. 78*
87 *Querschnitt durch den Hals in Höhe des 7. Halswirbels, Ansicht von kaudal. – Abb. 79*

SCHWEIN

88 *Schädel (erwachsener Eber), Ansicht von links. – Abb. 80*
89 *Sagittalschnitt durch den Schädel (ohne Unterkiefer). – Abb. 81*
90 *Schädel, Ansicht von dorsal. – Abb. 82*
91 *Schädel (ohne Unterkiefer), Ansicht von ventral. – Abb. 83*
92 *Schädel, Ansicht von kaudal. – Abb. 84*
93 *Gaumen. – Abb. 85*
94 *Präparation des Kopfes. Oberflächliche Schicht nach Entfernung der Hautmuskeln, Ansicht von links. – Abb. 86*
95 *Präparation des Kopfes. Tiefe Schicht, Ansicht von links. – Abb. 87*
96 *Präparation des Kopfes. Tiefe Schicht nach Entfernung der linken Unterkieferhälfte, Ansicht von links. – Abb. 88*
97 *Sagittalschnitt durch den Kopf. – Abb. 89*
98 *Topographie der Arterien am Kopf. Linke Unterkieferhälfte ist entfernt. – Abb. 90*
99 *Topographie der Venen am Kopf, Ansicht von links. – Abb. 91*
100 *Querschnitt durch den Kopf in Höhe des letzten hinteren Backenzahnes, Ansicht von rostral. – Abb. 92*
101 *Querschnitt durch den Kopf, rostral des Kiefergelenkes. – Abb. 93*
102 *Ansicht der Schädelhöhle nach Entfernung des Schädeldaches. – Abb. 94*
103 *Gehirn, Ansicht von dorsal. – Abb. 95*
103 *Austrittsstellen der Gehirnnerven und Blutversorgung des Gehirns. – Abb. 96*
104 *Blick auf die Basis der Rachenhöhle nach Durchtrennung des weichen Gaumens und der Dorsalwand. – Abb. 97*
105 *Skelett des Halses, Ansicht von links. – Abb. 98*
106 *Präparation des Halses. Oberflächliche Schicht nach Entfernung der Hautmuskeln, Ansicht von links. – Abb. 99*
107 *Präparation des Halses. Tiefe Schicht, Ansicht von links. – Abb. 100*
108 *Querschnitt durch den Hals in Höhe des 2. Halswirbels, Ansicht von kaudal. – Abb. 101*
109 *Querschnitt durch den Hals in Höhe des 3. Halswirbels, Ansicht von kaudal. – Abb. 102*
110 *Querschnitt durch den Hals in Höhe des 4. Halswirbels, Ansicht von kaudal. – Abb. 103*

PFERD

111 *Projektion der Schädelknochen auf die Kopfoberfläche, Ansicht von links. – Abb. 104*
111 *Oberflächliche Regionen am Kopf. – Abb. 105*
112 *Schädel vom Fohlen (neugeboren). – Abb. 106*
113 *Schädel, Ansicht von links, mit eröffneten Oberkiefer- und Muschelhöhlen. – Abb. 107*
114 *Schädel, Ansicht von links. Farbige Darstellung der einzelnen Knochen. – Abb. 108*
115 *Medianschnitt durch den Schädel. Farbige Darstellung der einzelnen Knochen, Ansicht von links. – Abb. 109*
116 *Schädel, Ansicht von rostral. – Abb. 110*
117 *Schädel, Ansicht von kaudal. – Abb. 111*
118 *Schädel, Ansicht von dorsal mit eröffneten Nasennebenhöhlen. – Abb. 112*
119 *Schädel, Ansicht von dorsal. Farbige Darstellung der einzelnen Knochen. – Abb. 113*
120 *Schädel, Ansicht von ventral. – Abb. 114*
121 *Schädel, Ansicht von ventral. Farbige Darstellung der einzelnen Knochen. – Abb. 115*
122 *Kiefergelenk, Ansicht von links. Oben mit geschlossener, unten mit geöffneter Gelenkkapsel. – Abb. 116*
123 *Kopfmuskulatur. Oberflächliche Schicht, Ansicht von links. – Abb. 117*
124 *Muskulatur der Zunge und des Schlundkopfes, Ansicht von links. Linke Unterkieferhälfte und Kaumuskeln sind entfernt. – Abb. 118*
125 *Tiefe Schicht der Zungen- und Schlundkopfmuskulatur, Ansicht von links. Linke Unterkieferhälfte mit Kaumuskeln und oberflächliche Schlundkopfmuskeln sind entfernt. – Abb. 119*
126 *Präparation des Kopfes und der angrenzenden Halspartie, Ansicht von links. 1. Schicht. – Abb. 120*
127 *Präparation des Kopfes und der angrenzenden Halspartie, Ansicht von links. 2. Schicht. – Abb. 121*
128 *Präparation des Kopfes und der angrenzenden Halspartie, Ansicht von links. 3. Schicht. – Abb. 122*
129 *Sagittalschnitt durch den Kopf. Schnittführung einige Millimeter paramedian, Ansicht von links. – Abb. 123*
130 *Sagittalschnitt durch den Kopf. Nasenscheidewand, Trennwand, zwischen den Nasennebenhöhlen, Teile der Nasenmuscheln und die Zunge sind entfernt, Ansicht von links. – Abb. 124*
131 *Präparation des Kopfes in der Medianebene. – Abb. 125*
132 *Topographie der Arterien am Kopf. Oberflächliche Gefäße. Nach einem Korrosionspräparat gezeichnet. – Abb. 126*
133 *Topographie der Arterien am Kopf. Tiefe Gefäße, Ansicht von links. Nach einem Korrosionspräparat gezeichnet. – Abb. 127*
134 *Sagittalschnitt durch den Gesichtsschädel, Ansicht von links. – Abb. 128*
135 *Sagittalschnitt durch den Gesichtsschädel nach Entfernung der Nasenmuscheln, Ansicht von links. – Abb. 129*
136 *Augen- und Schläfengegend, Ansicht von links. – Abb. 130*
137 *Augen- und Schläfengegend nach Entfernung des Jochbogens, Ansicht von links. – Abb. 131*
138 *Medianschnitt durch den Hirnschädel. – Abb. 132*
139 *Venen der harten Hirnhaut und der Augenhöhle. Linker dorsaler Schädelteil und Jochbogen sind entfernt (nach Dennstedt). – Abb. 133*
140 *Präparation der Augenhöhlenorgane und der Schädelbasis, Ansicht von links (teilweise nach Ellenberger und Baum). – Abb. 134*
141 *Schnitt durch Auge und Augenhöhle (teilweise nach Ellenberger und Baum). – Abb. 135*
142 *Gaumen. – Abb. 136*
143 *Schlundkopfhöhle mit Kehlkopfeingang. – Abb. 137*
143 *Mittel- und Innenohr. Rechte Seite von vorne gesehen, halbschematisch (nach Ellenberger und Baum). – Abb. 138*
144 *Querschnitt durch den Kopf rostral der Gesichtsleiste, Ansicht von rostral. – Abb. 139*
145 *Querschnitt durch den Kopf in Höhe des letzten hinteren Backenzahnes, Ansicht von rostral. – Abb. 140*

146 *Querschnitt durch den Kopf in Höhe der Augenhöhle, Ansicht von kaudal. – Abb. 141*
148 *Querschnitt durch den Kopf in Höhe des Unterkiefereinschnittes, Ansicht von kaudal. – Abb. 142*
150 *Querschnitt durch den Kopf in der Gegend der äußeren Gehörgänge (Ohrspeicheldrüsengegend), Ansicht von kaudal. – Abb. 143*
152 *Präparation des Kopfes, Ansicht von ventral. Oberflächliche Faszie und Hautmuskeln sind entfernt. – Abb. 144*
153 *Topographie der Arterien des Kopfes, Blick auf die Schädelbasis. Nach einem Korrosionspräparat gezeichnet. – Abb. 145*
154 *Zungenbein und Kehlkopfknorpel, Ansicht von links. – Abb. 146*
154 *Kehlkopfmuskeln, Ansicht von links. – Abb. 147*
155 *Präparation des Hirnschädels, Ansicht von dorsal (Ohrmuskeln nach Ellenberger und Baum). – Abb. 148*
156 *Horizontalschnitt durch den Kopf, Ansicht von dorsal. – Abb. 149*
157 *Basis des Schädelhöhle mit Austrittsstellen der Gehirnnerven. – Abb. 150*
158 *Gehirn, Blick auf die dorsale Fläche und auf den Hirnstamm, Ansicht von links. – Abb. 151*
159 *Gehirnbasis mit den Austrittsstellen der Gehirnnerven und Gehirngefäße. – Abb. 152*
160 *Skelett des Halses, Ansicht von links. – Abb. 153*
161 *Oberflächliche Muskulatur des Halses, Ansicht von links. Nach Entfernung der Hautmuskeln und der oberflächlichen Faszie. – Abb. 154*
162 *Tiefe Halsmuskulatur, Ansicht von links. 1. Schicht. – Abb. 155*
163 *Tiefe Halsmuskulatur, Ansicht von links. 2. Schicht. – Abb. 156*
164 *Tiefe Halsmuskulatur, Ansicht von links. 3. Schicht. – Abb. 157*
165 *Nacken, Ansicht von links. – Abb. 158*
166 *Hautmuskeln und Nerven des Halses, Ansicht von links. – Abb. 159*
167 *Präparation des Halses, Ansicht von links. Tiefe Schicht. – Abb. 160*
168 *Topographische Beziehungen der Blutgefäße, Nerven, Luftröhre und Speiseröhre am Hals, Ansicht von links. Abgebildet sind nur die großen Venen und Arterien. – Abb. 161*
169 *Oberflächliche Gegenden des Halses sowie der angrenzenden Partien, Ansicht schräg von vorne. – Abb. 162*
170 *Skelett, Ansicht schräg von vorne. – Abb. 163*
171 *Muskulatur des Halses und der angrenzenden Partien, Ansicht schräg von vorne, nach Entfernung der Hautmuskeln und der Faszien. – Abb. 164*
172 *Querschnitt durch den Hals in Höhe des 2. Halswirbels, Ansicht von kaudal. – Abb. 165*
173 *Querschnitt durch den Hals in Höhe des kranialen Endes des 4. Halswirbels, Ansicht von kaudal. – Abb. 166*
174 *Querschnitt durch den Hals zwischen dem 4. und 5. Halswirbel, Ansicht von kaudal. – Abb. 167*
175 *Querschnitt durch den Hals in Höhe des 7. Halswirbels, Ansicht von kaudal. – Abb. 168*
176 *Halswirbelsäule, Ansicht von dorsal (links) und ventral (rechts). – Abb. 169*
177 *Kopfgelenke, Ansicht von dorsal. Wirbelkanal durch Entfernung des Schädeldaches und der Wirbelbögen des 1. und 2. Halswirbels eröffnet (nach Kolda). – Abb. 170*

HUND

178 *Oberflächliche Regionen am Kopf (Deutscher Schäferhund). – Abb. 171*
179 *Schädel, Ansicht von links. – Abb. 172*
180 *Schädel, Ansicht von links. Farbige Darstellung der einzelnen Knochen. Langschädeliger Typ (Greyhound). – Abb. 173*
181 *Medianschnitt durch den Schädel. – Abb. 174*
182 *Schädel, Ansicht von dorsal. – Abb. 175*
183 *Schädel, Ansicht von ventral. – Abb. 176*
184 *Präparation des Kopfes. Oberflächliche Schicht mit Hautmuskeln, Ansicht von links. – Abb. 177*
185 *Präparation des Kopfes. 2. Schicht nach Entfernung der Hautmuskeln und Faszien, Ansicht von links. – Abb. 178*
186 *Präparation des Kopfes. Tiefe Schicht, nach Entfernung der linken Unterkieferhälfte, Ansicht von links. – Abb. 179*
187 *Sagittalschnitt durch den Kopf in der Medianebene. – Abb. 180*
188 *Querschnitt durch den Kopf in Höhe des Muskelfortsatzes des Unterkiefers. – Abb. 181*
189 *Querschnitt durch den Kopf in Höhe des Unterkiefergelenkes. – Abb. 182*
190 *Gehirn, Ansicht von dorsal. (Rinde in funktionelle Felder unterteilt, nach Campbell). – Abb. 183*
191 *Gehirnbasis mit den Austrittsstellen der Gehirnnerven. – Abb. 184*
192 *Topographie der Arterien am Kopf, Ansicht von links. Nach einem Korrosionspräparat gezeichnet. – Abb. 185*
193 *Gaumen und Dorsalwand des Schlundkopfes. – Abb. 186*
194 *Blick auf die Basis der Schlundkopfhöhle und der Zungenwurzel. Dorsalwand und weicher Gaumen durchtrennt und zur Seite geklappt. – Abb. 187*
195 *Halsskelett, Ansicht von links. – Abb. 188*
196 *Präparation des Halses. Oberflächliche Schicht nach Entfernung der Hautmuskeln, Ansicht von links. – Abb. 189*
197 *Präparation des Halses. Tiefe Schicht, Ansicht von links. – Abb. 190*
198 *Tiefe Schicht der Halsmuskulatur, Ansicht von links. – Abb. 191*
199 *Querschnitt durch den Hals in Höhe des 2. Halswirbels, Ansicht von kaudal. – Abb. 192*
200 *Querschnitt durch den Hals in Höhe des 3. Halswirbels, Ansicht von kaudal. – Abb. 193*
201 *Querschnitt durch den Hals in Höhe des 5. Halswirbels, Ansicht von kaudal. – Abb. 194*
202 *Topographie der Gefäße der kaudalen Hals- und kranialen Brustkorbgegend, Ansicht von links. – Abb. 195*
203 *Topographie der Gefäße der kaudalen Hals- und kranialen Brustkorbgegend, Ansicht von rechts. – Abb. 196*

KATZE

204 *Schädel, Ansicht von links. – Abb. 197*
205 *Schädel, Ansicht von ventral. – Abb. 198*
206 *Präparation des Kopfes. Oberflächliche Schicht nach Entfernung der Hautmuskeln, Ansicht von links. – Abb. 199*
207 *Präparation des Kopfes. Tiefe Schicht, nach Entfernung eines Teils der linken Unterkieferhälfte, Ansicht von links. – Abb. 200*
208 *Präparation des Halses. Tiefe Schicht, Ansicht von links. – Abb. 201*

KANINCHEN

209 *Schädel, Ansicht von links. – Abb. 202*
210 *Präparation des Kopfes und der angrenzenden Halspartien. Oberflächliche Schicht nach Entfernung der Hautmuskeln, Ansicht von links. – Abb. 203*
211 *Präparation des Halses. Oberflächliche Schicht nach Entfernung der Hautmuskeln, Ansicht von links. – Abb. 204*

Einleitung

Kenntnisse über Aufbau und Funktion des Körpers gesunder Tiere stellen die Grundvoraussetzung für eine sachgerechte Ausübung klinischer und bestimmter vorklinischer Disziplinen dar. Der erste Schritt hierzu besteht im systematischen Studium der Organsysteme des Tierkörpers. Die systematische Anatomie jedoch ist nur ein Teilgebiet des Studiums der praktischen Veterinäranatomie. Darüber hinaus sind gute Kenntnisse der gegenseitigen Beziehungen bestimmter Organe und deren Lage von entscheidender Bedeutung.

Während die systematische Anatomie hohe Ansprüche an das Gedächtnis stellt, ist zum Erlernen der topographischen Anatomie eine ausgezeichnete räumliche Vorstellungsgabe erforderlich. Der Anatomielehrer hat die verantwortungsvolle Aufgabe, das räumliche Vorstellungsvermögen des Studenten zu schulen, um dadurch beste Voraussetzungen für klinische Studien zu schaffen. Die größte Bedeutung kommt dabei der methodischen und logischen Darstellung des Lehrstoffes zu. In dieser Hinsicht soll der vorliegende Atlas sowohl dem Studenten als auch dem Lehrer von Nutzen sein.

Es gibt Situationen, in denen der Praktiker gezwungen ist, seine Kenntnisse der topographischen Anatomie aufzufrischen. Es ist verständlich, daß dieser – schon allein aus Zeitgründen – nicht gern zur Theorie zurückkehrt, aber gegebenenfalls übersichtliche, schnell informierende Literatur sucht. Aus diesem Grund hofft der Verfasser, daß sich der Atlas auch beim Praktiker, vor allem beim Chirurgen und Internisten, bewähren wird; das um so mehr, als zur Zeit ein ähnlicher Atlas nicht verfügbar ist.

Bei der Vorbereitung dieses Atlasses hat der Verfasser die Belange der praktischen Veterinärmedizin berücksichtigt. Jedoch hielt er es bei der Wahl des Stoffes für seine Pflicht, auch Tiere wie Schaf, Ziege und Schwein, die in anderen anatomischen Werken häufig vernachlässigt wurden, mitaufzunehmen. Die anatomischen Unterschiede zwischen kleinen und großen Wiederkäuern sind zu bedeutend, als daß sie – wie in anderen umfassenden Werken – unter dem Begriff Wiederkäuer abgehandelt werden können.

Der vorliegende Atlas erhebt keinen Anspruch auf Vollständigkeit. Fachleute werden ihn vielleicht als zu allgemein, Studenten als zu detailliert beurteilen. Besonders Studenten sollten sich darüber im klaren sein, daß dieser Atlas weder Lehr- oder Handbücher der systematischen Anatomie noch das praktische Studium am Präparat ersetzen kann. Die exakte Farbe und Konsistenz sowie andere Eigenschaften des Organs oder Gewebes lassen sich weder beschreiben noch zeichnerisch perfekt darstellen. In dieser Hinsicht ist die Bedeutung eines Atlasses eingeschränkt. Deshalb wurde all den Fragen wenig Aufmerksamkeit gewidmet, die besser in den Lehrbüchern der systematischen Anatomie nachgelesen werden können. Schließlich war es aus technischen Gründen nicht möglich, auf allen Abbildungen sämtliche Einzelheiten festzuhalten. Dies traf insbesondere für einige Details zu, deren Darstellung auf Kosten der Übersichtlichkeit gegangen wäre. In solchen Fällen vermag sich der Leser jedoch entweder durch Betrachtung einer Reihe von Abbildungen oder durch das Studium der Lehrbücher der systematischen Anatomie zu orientieren.

Die Anforderungen der Praktiker an die angewandte Anatomie weichen – entsprechend den, verschiedenen Fachrichtungen – von einander ab, so werden den Chirurgen andere Dinge interessieren als den Internis-

ten oder Hygieniker (z. B. Schlachthoftierarzt). Es ist wohl verständlich, daß eine Publikation nicht alle Interessen befriedigen kann. Der Verfasser hofft jedoch, daß der Atlas trotz aller Einschränkungen ein positiver Literaturbeitrag und sowohl für Studenten als auch für Fachleute eine Hilfe sein möge. Schließlich muß noch betont werden, daß ein Atlas nicht als Dogma gelten sollte. Während der vorliegende Atlas hinsichtlich des Stoffes, den er darstellt, ziemlich umfassend ist, kann die breite Skala der individuellen Variationen der Alters- und Rassenunterschiede in einem einzigen Werk nicht erfaßt werden.
Sämtliche Abbildungen sind – bis auf wenige Ausnahmen – nach Präparaten des Verfassers angefertigt worden. Wenn Zeichnungen anderer Autoren verwendet wurden, ist dies im Inhaltsverzeichnis vermerkt.
Zur Herstellung der Präparate wurde sowohl frisches als auch fixiertes Material herangezogen. Serienschnitte wurden von Gefrierpräparaten hergestellt. Den größten Teil der Abbildungen, spätere Verbesserungen eingeschlossen, fertigte der Verfasser selbst an. Frau L. Šuttová, wissenschaftliche Institutszeichnerin, zeichnete einen Teil der Knochen- und Gehirnpräparate sowie einige Exterieure.
Band I dieses Atlasses wurde 1960, Band II 1962 und Band III 1968 veröffentlicht. Es liegen Übersetzungen in mehrere Fremdsprachen vor.
Geht man von der großen Nachfrage nach der 1. Auflage und von der Anzahl der im Umlauf befindlichen Kopien aus, so hat dieser Atlas trotz einiger Einschränkungen offensichtlich großen Anklang gefunden.
Für diese Neuauflage wurde das Material in Übereinstimmung mit der Anatomischen Nomenklaturkonferenz N. A. V. von 1983 auf den neuesten Stand gebracht. Wo nötig, wurden dabei Abbildungen überarbeitet, außerdem einige neue topographische und anatomische Zeichnungen hinzugefügt.

Prof. MVDr. Peter Popesko, DrSc.

ERSTER TEIL – KOPF UND HALS

RIND, SCHAF, ZIEGE, SCHWEIN, PFERD, HUND, KATZE, KANINCHEN

Rind. Oberflächliche Regionen am Kopf.

Abbildung 1

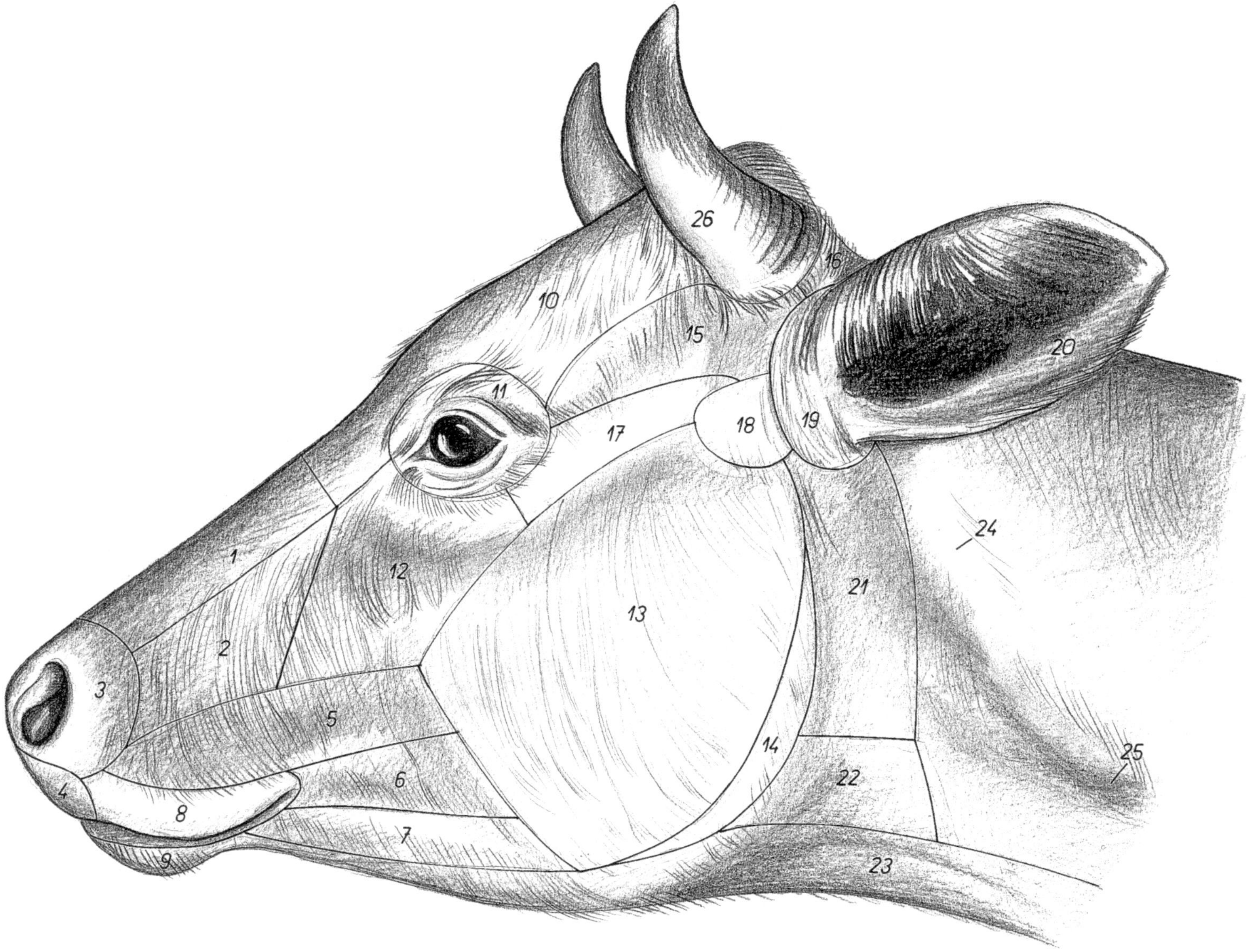

1.–3. *Regio nasalis* – Nasengegend
1. *Regio dorsalis nasi* – Nasenrückengegend
2. *Regio lateralis nasi* – laterale Nasengegend
3. *Regio naris* – Nüsterngegend
4., 8. *Regio oralis* – Mundgegend
4. *Planum nasolabiale – Nasenlippenfläche*
5. *Regio maxillaris* – Oberkiefergegend
6. *Regio buccalis* – Backengegend
7. *Regio mandibularis* – Unterkiefergegend
8. *Regio labialis superior et labialis inferior* – Ober- und Unterlippengegend
9. *Regio mentalis* – Kinngegend
10. *Regio frontalis* – Stirngegend
11. *Regio orbitalis (Regio palpebralis superior et palpebralis inferior)* – Augenhöhlengegend (obere und untere Augenlidgegend)
12. *Regio infraorbitalis* – Unteraugenhöhlengegend
13. *Regio masseterica* – äußere Kaumuskelgegend
14. *Margo mandibulae* – Unterkieferrand
15. *Regio temporalis* – Schläfengegend
16. *Regio parietalis* – Scheitelgegend
17. *Regio zygomatica* – Jochbeingegend
18. *Regio articulationis temporomandibularis* –Kiefergelenkgegend
19., 20. *Regio auricularis* – Ohrmuschelgegend
20. *Auricula* – Ohrmuschel
21. *Regio parotidea* – Ohrspeicheldrüsengegend
22., 23. *Regio colli ventralis* – ventrale Halsgegend
22. *Regio laryngea* – Kehlkopfgegend
23. *Palear (Plica ventralis colli)* – Triel (ventrale Halsfalte)
24. *Processus transversus atlantis* – Querfortsatz des 1. Halswirbels
25. *Sulcus jugularis* – Drosselrinne
26. *Cornu* – Horn

Rind. Schädel, Ansicht von links.

Abbildung 2

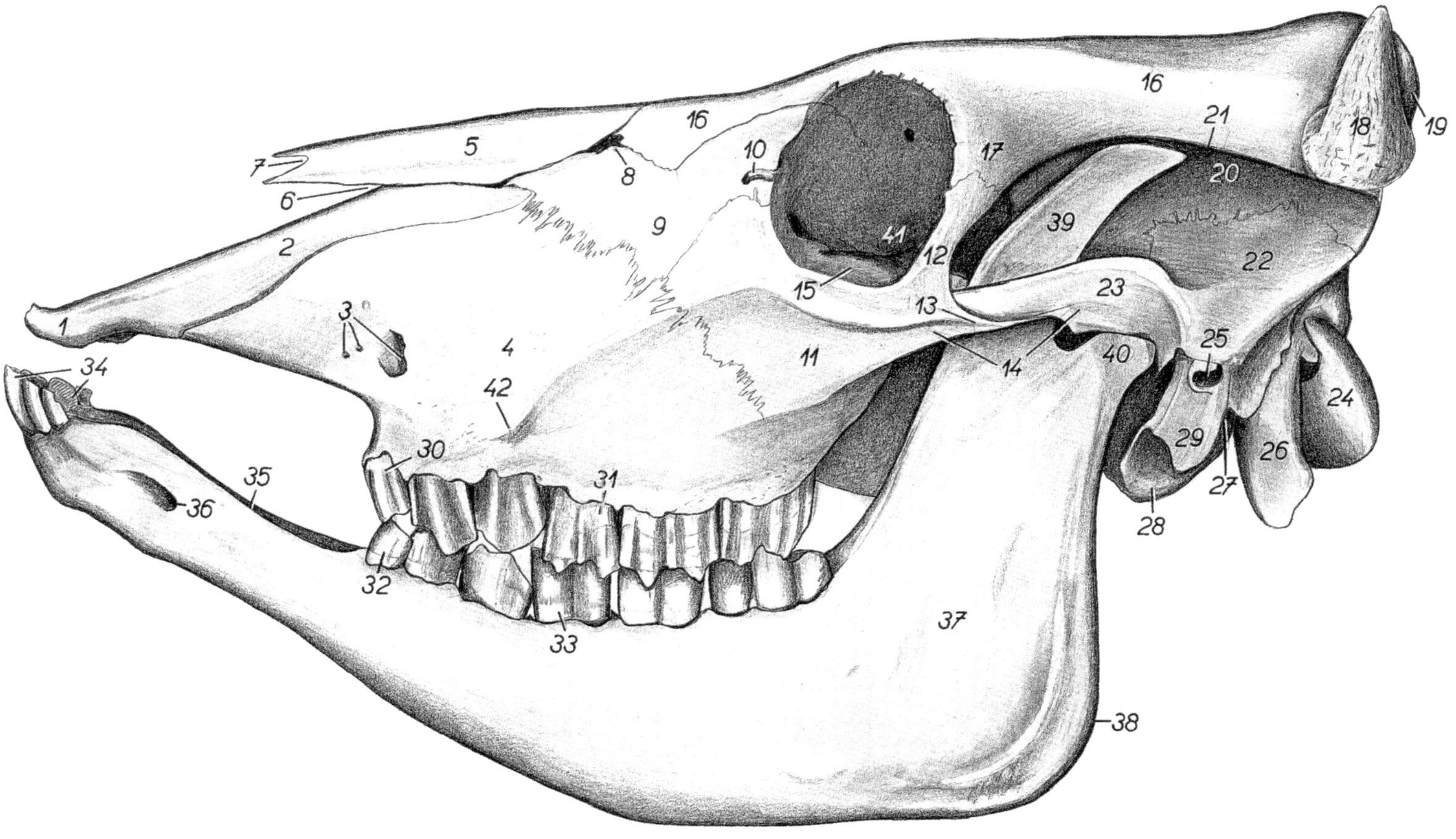

1. *Corpus ossis incisivi* – Zwischenkieferbeinkörper
2. *Processus nasalis ossis incisivi* – Nasenfortsatz des Zwischenkieferbeines
3. *Foramina infraorbitalia* – Unteraugenhöhlenlöcher
4. *Maxilla (Facies facialis)* – Oberkiefer (Gesichtsfläche)
5. *Os nasale* – Nasenbein
6. *Incisura nasoincisiva* – Nasenbein-Zwischenkieferbeineinschnitt
7. *Incisura nasalis* – Naseneinschnitt
8. *Fissura nasolacrimalis* – Nasentränenspalte
9. *Os lacrimale* – Tränenbein
10. *Fossa sacci lacrimalis* – Tränensackgrube
11. *Os zygomaticum* – Jochbein
12. *Processus frontalis ossis zygomatici* – Stirnfortsatz des Jochbeines
13. *Processus temporalis ossis zygomatici* – Schläfenfortsatz des Jochbeines
14. *Arcus zygomaticus* – Jochbogen
15. *Bulla lacrimalis* – Tränenbeinblase
16. *Os frontale* – Stirnbein
17. *Processus zygomaticus ossis frontalis* – Jochbeinfortsatz des Stirnbeines
18. *Processus cornualis* – Hornfortsatz
19. *Protuberantia intercornualis* – Zwischenhornerhebung
20. *Fossa temporalis* – Schläfengrube
21. *Linea temporalis* – Schläfenbeinlinie
22. *Pars squamosa ossis temporalis* – Schuppenteil des Schläfenbeines
23. *Processus zygomaticus ossis temporalis* – Jochbeinfortsatz des Schläfenbeines
24. *Condylus occipitalis* – Knopffortsatz des Hinterhauptbeines
25. *Porus acusticus externus* – äußere Gehöröffnung
26. *Processus paracondylaris* – Jochfortsatz des Hinterhauptbeines
27. *Foramen stylomastoideum* – Griffelfortsatz-Warzenteilöffnung
28. *Bulla tympanica* – Paukenblase
29. *Vagina processus styloidei* – Scheide des Griffelfortsatzes
30. *Dens premolaris superior II* – 2. vorderer Oberkieferbackenzahn
31. *Dens molaris superior I* – 1. hinterer Oberkieferbackenzahn
32. *Dens premolaris inferior II* – 2. vorderer Unterkieferbackenzahn
33. *Dens molaris inferior I* – 1. hinterer Unterkieferbackenzahn
34. *Dentes incisivi* – Schneidezähne
35. *Margo interalveolaris* – Zwischenzahnfachrand
36. *Foramen mentale* – Kinnloch
37. *Ramus mandibulae* – Unterkieferast
38. *Angulus mandibulae* – Unterkieferwinkel
39. *Processus coronoideus* – Muskelfortsatz des Unterkiefers
40. *Processus condylaris* – Gelenkfortsatz des Unterkiefers
41. *Orbita* – Augenhöhle
42. *Tuber faciale* – Gesichtshöcker

Rind. Schädel, Ansicht von links. Farbige Darstellung der einzelnen Knochen.

Abbildung 3

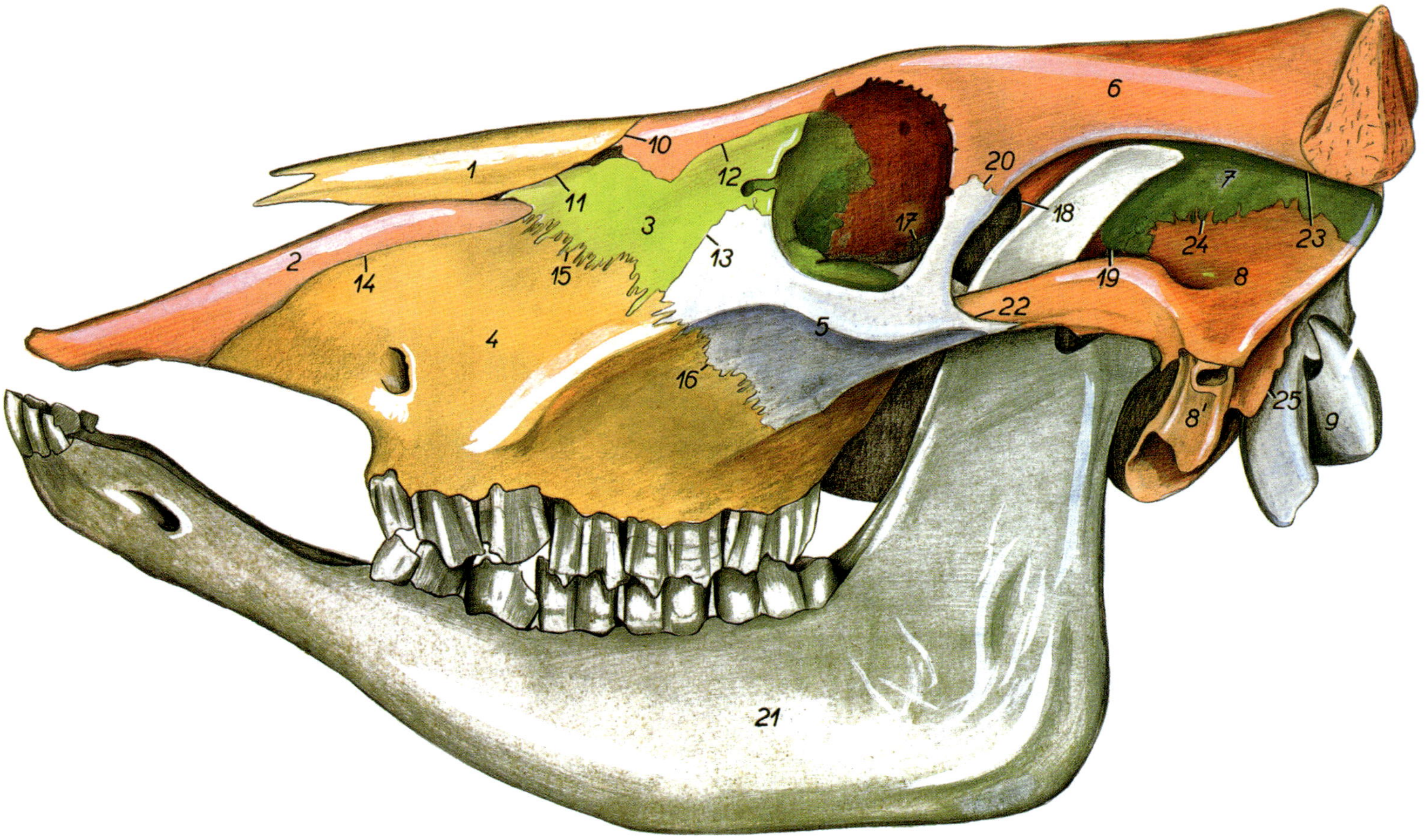

1. *Os nasale* – Nasenbein
2. *Os incisivum* – Zwischenkieferbein
3. *Os lacrimale* – Tränenbein
4. *Maxilla* – Oberkieferbein
5. *Os zygomaticum* – Jochbein
6. *Os frontale* – Stirnbein
7. *Os parietale* – Scheitelbein
8. *Pars squamosa ossis temporalis* – Schuppenteil des Schläfenbeines

8'. *Pars tympanica ossis temporalis* – Paukenteil des Schläfenbeines

9. *Os occipitale* – Hinterhauptbein
10. *Sutura frontonasalis* – Stirnbein-Nasenbeinnaht
11. *Sutura nasolacrimalis* – Nasenbein-Tränenbeinnaht
12. *Sutura frontolacrimalis* – Stirnbein-Tränenbeinnaht
13. *Sutura lacrimozygomatica* – Tränenbein-Jochbeinnaht
14. *Sutura maxilloincisiva* – Oberkieferbein-Zwischenkieferbeinnaht
15. *Sutura lacrimomaxillaris* – Tränenbein-Oberkieferbeinnaht
16. *Sutura zygomaticomaxillaris* – Jochbein-Oberkieferbeinnaht

17., 18. *Sutura sphenofrontalis* – Keilbein-Stirnbeinnaht

19. *Sutura sphenoparietalis* – Keilbein-Scheitelbeinnaht
20. *Sutura frontozygomatica* – Stirnbein-Jochbeinnaht
21. *Mandibula* – Unterkiefer
22. *Sutura temporozygomatica* – Schläfenbein-Jochbeinnaht
23. *Sutura coronalis* – Kranznaht
24. *Sutura squamosa* – Schuppennaht (Scheitelbein-Schläfenbeinnaht)
25. *Sutura occipitomastoidea* – Hinterhauptbein-Warzenteilnaht

Rind. Medianschnitt durch den Schädel. Farbige Darstellung der einzelnen Knochen.

Abbildung 4

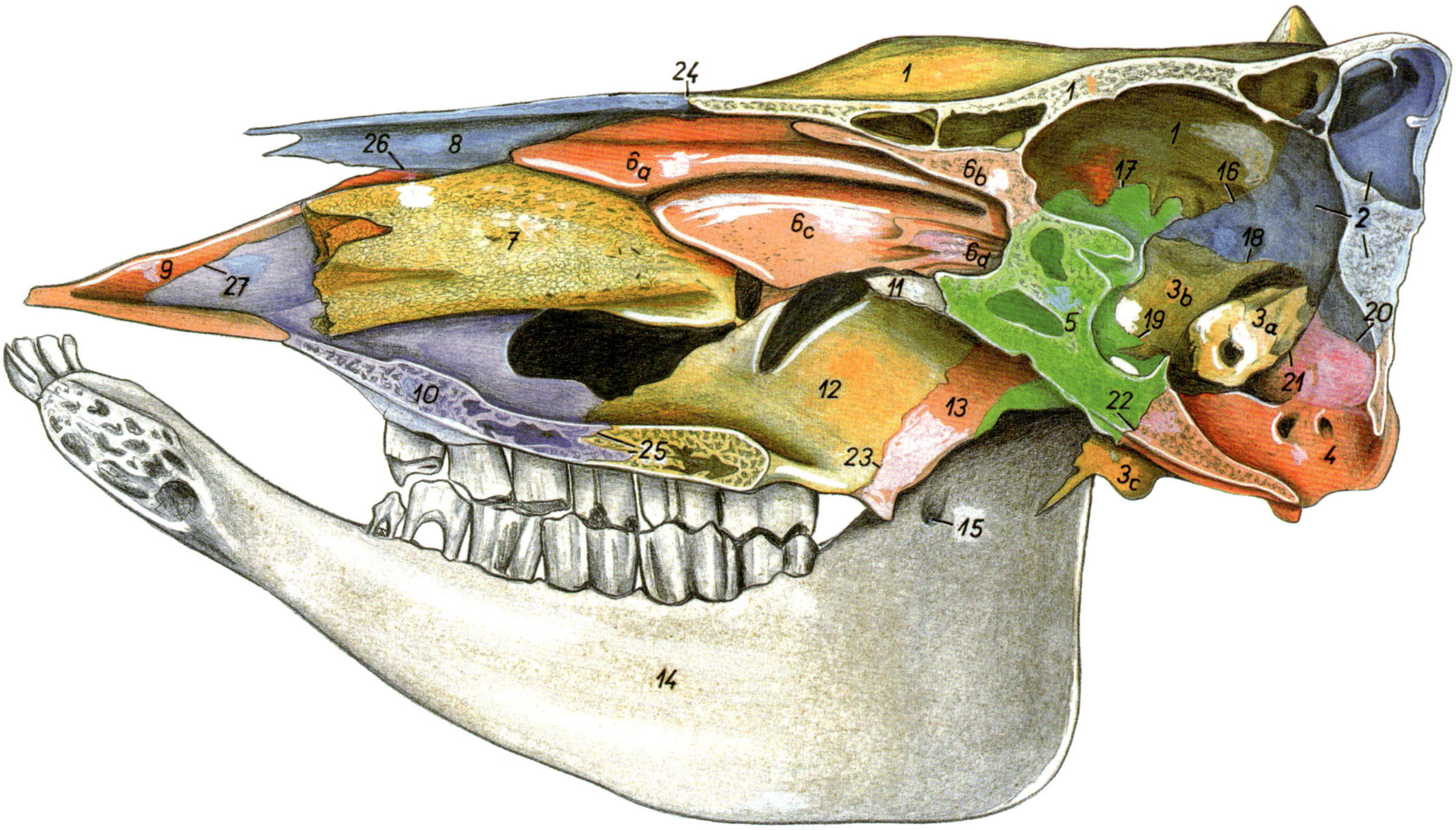

1. *Os frontale* – Stirnbein
2. *Os parietale* – Scheitelbein
3. *Os temporale (3a. Pars petrosa, 3b. Pars squamosa, 3c. Pars tympanica)* – Schläfenbein (3a. Felsenteil, 3b. Schuppenteil, 3c. Paukenteil)
4. *Os occipitale* – Hinterhauptbein
5. *Os sphenoidale (Os basisphenoidale et Os presphenoidale)* – Keilbein (hinterer und vorderer Teil des Keilbeines)
6. *Os ethmoidale (6a. Concha dorsalis, 6b. Lamina perpendicularis, 6c. Concha media, 6d. Labyrinthus ethmoidalis)* – Siebbein (6a. dorsale Muschel, 6b. Mittelplatte, 6c. mittlere Muschel, 6d. Siebbeinlabyrinth)
7. *Os conchae nasalis ventralis* – ventrales Nasenmuschelbein
8. *Os nasale* – Nasenbein
9. *Os incisivum* – Zwischenkieferbein
10. *Maxilla* – Oberkieferbein
11. *Vomer* – Pflugscharbein
12. *Os palatinum* – Gaumenbein
13. *Os pterygoideum* – Flügelbein
14. *Mandibula* – Unterkiefer
15. *Foramen mandibulae* – Unterkieferloch
16. *Sutura coronalis* – Kranznaht
17. *Sutura sphenofrontalis* – Keilbein-Stirnbeinnaht
18. *Sutura squamosa* – Schuppennaht
19. *Sutura sphenosquamosa* – Keilbein-Schuppennaht
20. *Sutura lambdoidea* – lambdaförmige Naht
21. *Sutura occipitomastoidea* – Hinterhauptbein-Warzenteilnaht
22. *Synchondrosis sphenooccipitalis* – Keilbein-Hinterhauptbeinfuge
23. *Sutura pterygopalatina* – Flügelbein-Gaumenbeinnaht
24. *Sutura frontonasalis* – Stirnbein-Nasenbeinnaht
25. *Sutura palatina transversa* – querverlaufende Gaumenbeinnaht
26. *Sutura nasoincisiva* – Nasenbein-Zwischenkieferbeinnaht
27. *Sutura maxilloincisiva* – Oberkieferbein-Zwischenkieferbeinnaht

Rind. Schädel (ohne Unterkiefer), Medianschnitt.

Abbildung 5

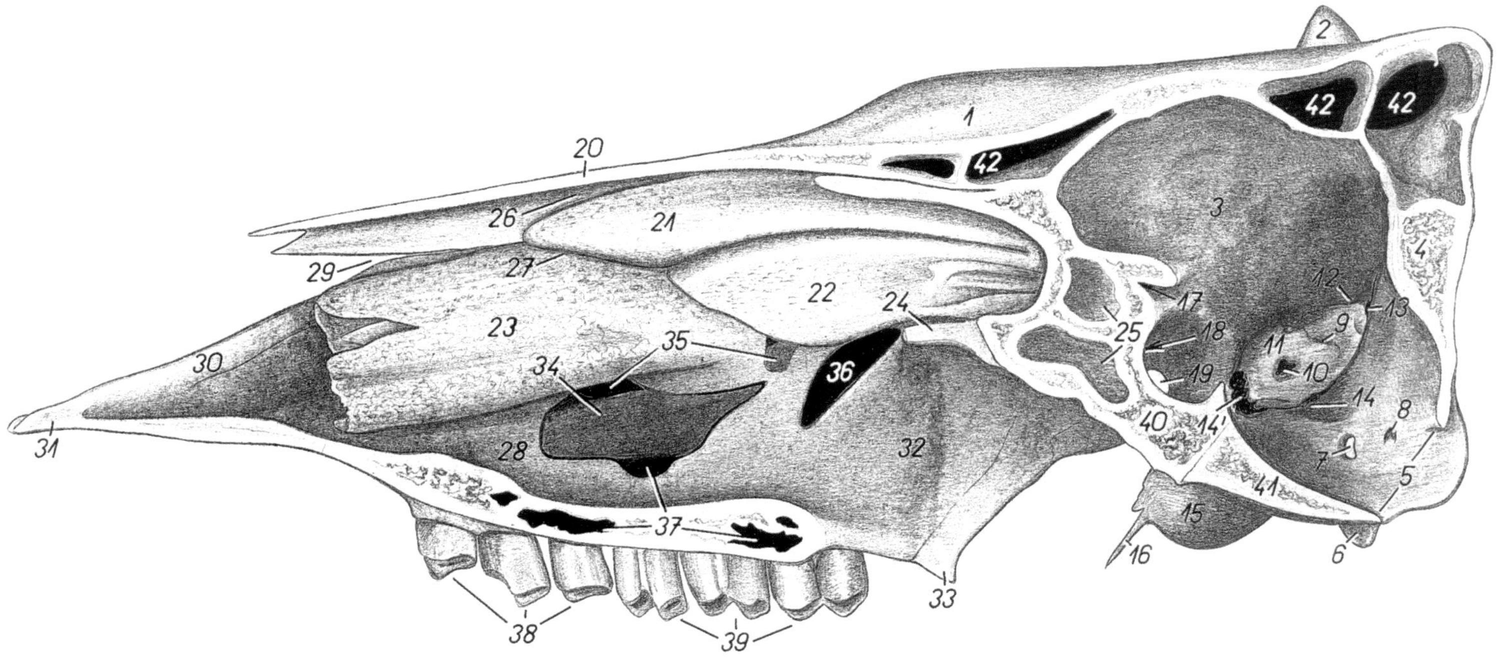

1. *Os frontale* – Stirnbein
2. *Processus cornualis* – Hornfortsatz
3. *Cavum cranii* – Schädelhöhle
4. *Os parietale* – Scheitelbein
5. *Foramen magnum* – Hinterhauptloch
6. *Processus paracondylaris* – Muskelfortsatz des Hinterhauptbeines
7. *Canalis ni. hypoglossi* – Kanal des Unterzungennerven
8. *Canalis condylaris* – Gelenkknorrenkanal
9. *Apertura externa aqueductus vestibuli* – äußere Öffnung der Vorhofswasserleitung
10. *Porus acusticus internus* – Öffnung des inneren Gehörganges
11. *Pars petrosa ossis temporalis* – Felsenteil des Schläfenbeines
12. *Meatus temporalis* – Schläfengang
13. *Canalis condylaris* – Gelenkknorrenkanal
14., 14'. *Foramen jugulare* – Drosselöffnung
15. *Bulla tympanica* – Paukenblase
16. *Processus muscularis* – Muskelfortsatz
17. *Canalis opticus* – Sehnervenkanal
18. *Foramen orbitorotundum* – rundes Augenhöhlenloch
19. *Foramen ovale* – ovales Loch
20. *Os nasale* – Nasenbein
21. *Concha nasalis dorsalis* – dorsale Nasenmuschel
22. *Concha nasalis media* – mittlere Nasenmuschel
23. *Os conchae nasalis ventralis* – ventrales Nasenmuschelbein
24. *Vomer* – Pflugscharbein
25. *Sinus sphenoidalis* – Keilbeinhöhle
26. *Meatus nasi dorsalis* – dorsaler Nasengang
27. *Meatus nasi medius* – mittlerer Nasengang
28. *Meatus nasi ventralis* – ventraler Nasengang
29. *Incisura nasoincisiva* – Nasenbein-Zwischenkieferbeineinschnitt
30. *Processus nasalis ossis incisivi* – Nasenfortsatz des Zwischenkieferbeines
31. *Corpus ossis incisivi* – Körper des Zwischenkieferbeines
32. *Lamina perpendicularis ossis palatini* – senkrechte Platte des Gaumenbeines
33. *Hamulus pterygoideus* – Häkchen des Flügelbeines
34. *Canalis infraorbitalis* – Unteraugenhöhlenkanal
35. *Sinus maxillaris* – Oberkieferhöhle
36. *Foramen sphenopalatinum* – Keilbein-Gaumenbeinloch
37. *Sinus palatinus* – Gaumenbeinhöhle
38. *Dentes premolares* – vordere Backenzähne
39. *Dentes molares* – hintere Backenzähne
40. *Os sphenoidale (Os basisphenoidale et Os presphenoidale)* – Keilbein (hinterer und vorderer Teil des Keilbeines)
41. *Pars basilaris ossis occipitalis* – Basisteil des Hinterhauptbeines
42. *Sinus frontalis* – Stirnhöhle

Rind. Hirnschädel mit Augenhöhle und Schläfengegend nach Entfernung des Jochbogens, Ansicht von links.

Abbildung 6

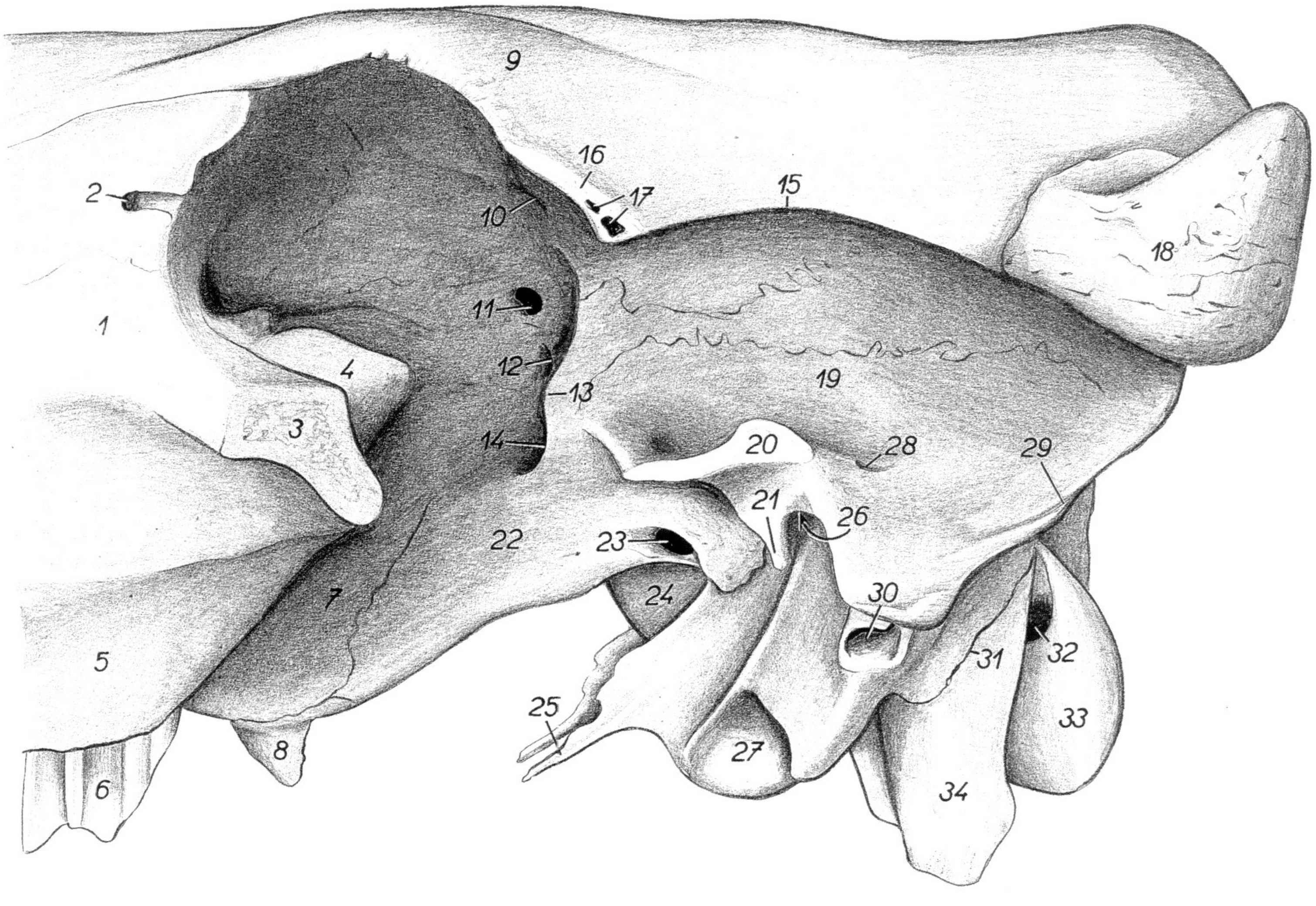

1. *Os zygomaticum* – Jochbein
2. *Fossa sacci lacrimalis et Apertura ductus nasolacrimalis* – Tränensackgrube und Öffnung des Tränennasenkanals
3. *Arcus zygomaticus* – Jochbogen
4. *Bulla lacrimalis* – Tränenbeinblase
5. *Maxilla* – Oberkieferbein
6. *Dens molaris III* – 3. hinterer Backenzahn
7. *Lamina perpendicularis ossis palatini* – senkrechte Platte des Gaumenbeines
8. *Hamulus pterygoideus* – Häkchen des Flügelbeines
9. *Os frontale* – Stirnbein
10. *Canalis supraorbitalis* – Überaugenhöhlenkanal
11. *Foramen ethmoidale* – Siebbeinloch
12. *Canalis opticus* – Sehnervenkanal
13. *Crista pterygoidea* – Flügelbeinleiste
14. *Foramen orbitorotundum* – rundes Augenhöhlenloch
15. *Linea temporalis* – Schläfenbeinlinie
16. *Processus zygomaticus ossis frontalis* – Jochbeinfortsatz des Stirnbeines
17. *Sinus frontalis* – Stirnbeinhöhle
18. *Processus cornualis* – Hornfortsatz
19. *Fossa temporalis* – Schläfengrube
20. *Processus zygomaticus ossis temporalis* – Jochbeinfortsatz des Schläfenbeines
21. *Processus retroarticularis* – Fortsatz hinter dem Kiefergelenk
22. *Fossa pterygopalatina* – Flügelbein-Gaumenbeingrube
23. *Foramen ovale* – ovales Loch
24. *Corpus ossis basisphenoidalis* – Körper des hinteren Teils des Keilbeines
25. *Processus muscularis* – Muskelfortsatz

26., 28. *Orificia externa meatus temporalis* – äußere Öffnungen des Schläfenganges

26. *Foramen retroarticulare* – Öffnung hinter dem Kiefergelenk
27. *Bulla tympanica* – Paukenblase
28. *Orificium temporale meatus temporalis* – Schläfenöffnung des Schläfenkanals
29. *Crista supramastoidea* – Leiste über dem Warzenteil
30. *Meatus acusticus externus* – äußerer Gehörgang
31. *Sutura occipitomastoidea* – Hinterhauptbein-Warzenteilnaht
32. *Fossa condylaris ventralis* – ventrale Gelenkknorrengrube
33. *Condylus occipitalis* – Gelenkknorren des Hinterhauptbeines
34. *Processus paracondylaris* – Muskelfortsatz des Hinterhauptbeines

Rind. Schädel, Ansicht von rostral.

Abbildung 7

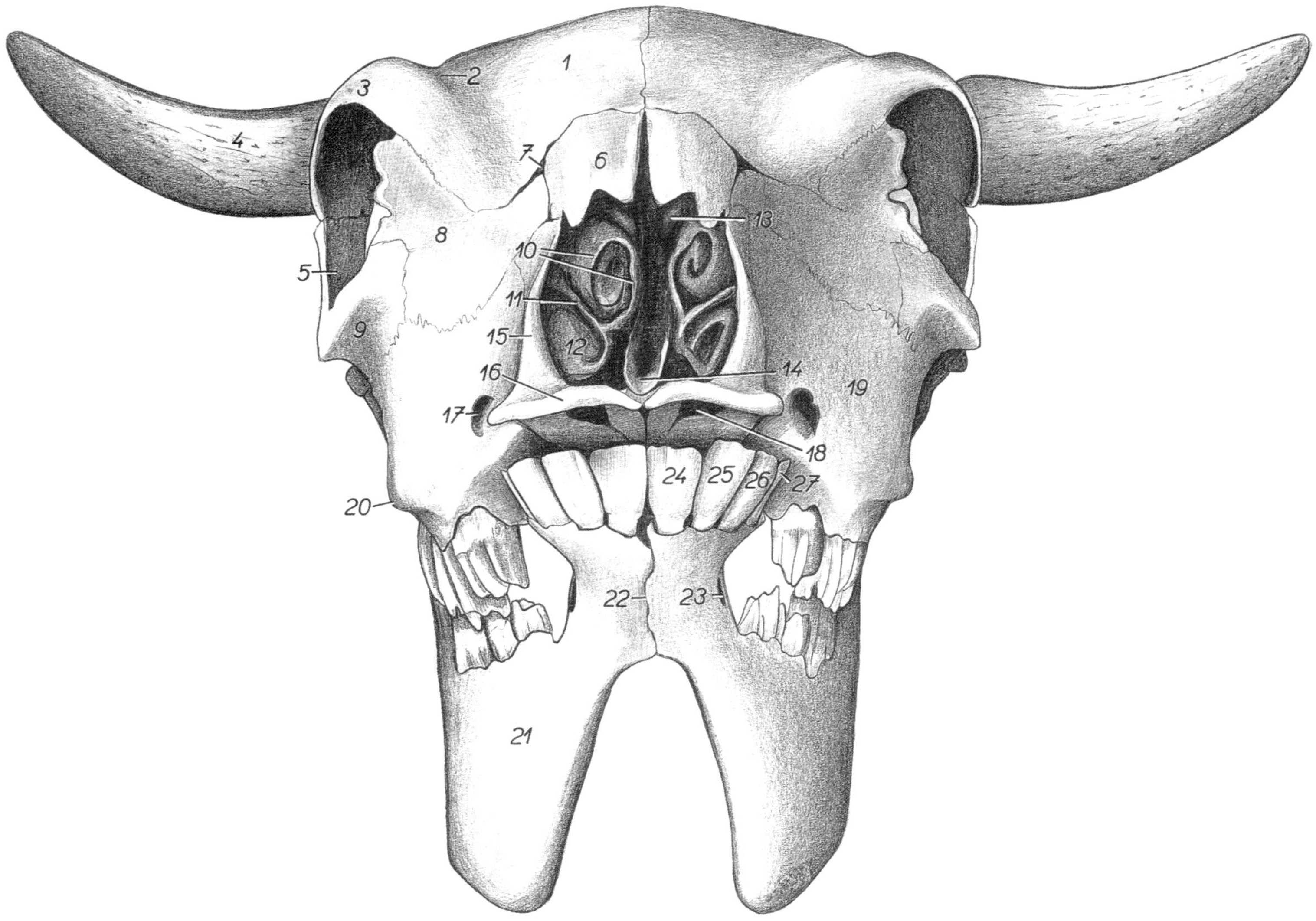

1. *Os frontale* – Stirnbein
2. *Sulcus supraorbitalis* – Überaugenhöhlenrinne
3. *Processus zygomaticus ossis frontalis* – Jochbeinfortsatz des Stirnbeines
4. *Processus cornualis* – Hornfortsatz
5. *Processus frontalis ossis zygomatici* – Stirnbeinfortsatz des Jochbeines
6. *Os nasale* – Nasenbein
7. *Fissura nasolacrimalis* – Nasentränenspalte
8. *Os lacrimale* – Tränenbein
9. *Os zygomaticum* – Jochbein
10. *Pars dorsalis ossis conchae nasalis ventralis* – Dorsalteil der ventralen Nasenmuschel
11. *Lamina basilaris* – Basalplatte
12. *Pars ventralis ossis conchae nasalis ventralis* – Ventralteil der ventralen Nasenmuschel
13. *Concha nasalis dorsalis* – dorsale Nasenmuschel
14. *Vomer* – Pflugscharbein
15. *Processus nasalis ossis incisivi* – Nasenfortsatz des Zwischenkieferbeines
16. *Corpus ossis incisivi* – Körper des Zwischenkieferbeines
17. *Foramen infraorbitale* – Unteraugenhöhlenloch
18. *Fissura palatina* – Gaumenspalte
19. *Maxilla* – Oberkieferbein
20. *Tuber faciale* – Gesichtshöcker
21. *Ramus mandibulae* – Unterkieferast
22. *Synchondrosis intermandibularis* – Unterkieferfuge
23. *Foramen mentale* – Kinnloch
24. *Dens incisivus I* – 1. Schneidezahn
25. *Dens incisivus II* – 2. Schneidezahn
26. *Dens incisivus III* – 3. Schneidezahn
27. *Dens incisivus IV (Dens caninus)* – 4. Schneidezahn (Eckzahn)

Rind. Schädel, Ansicht von kaudal.

Abbildung 8

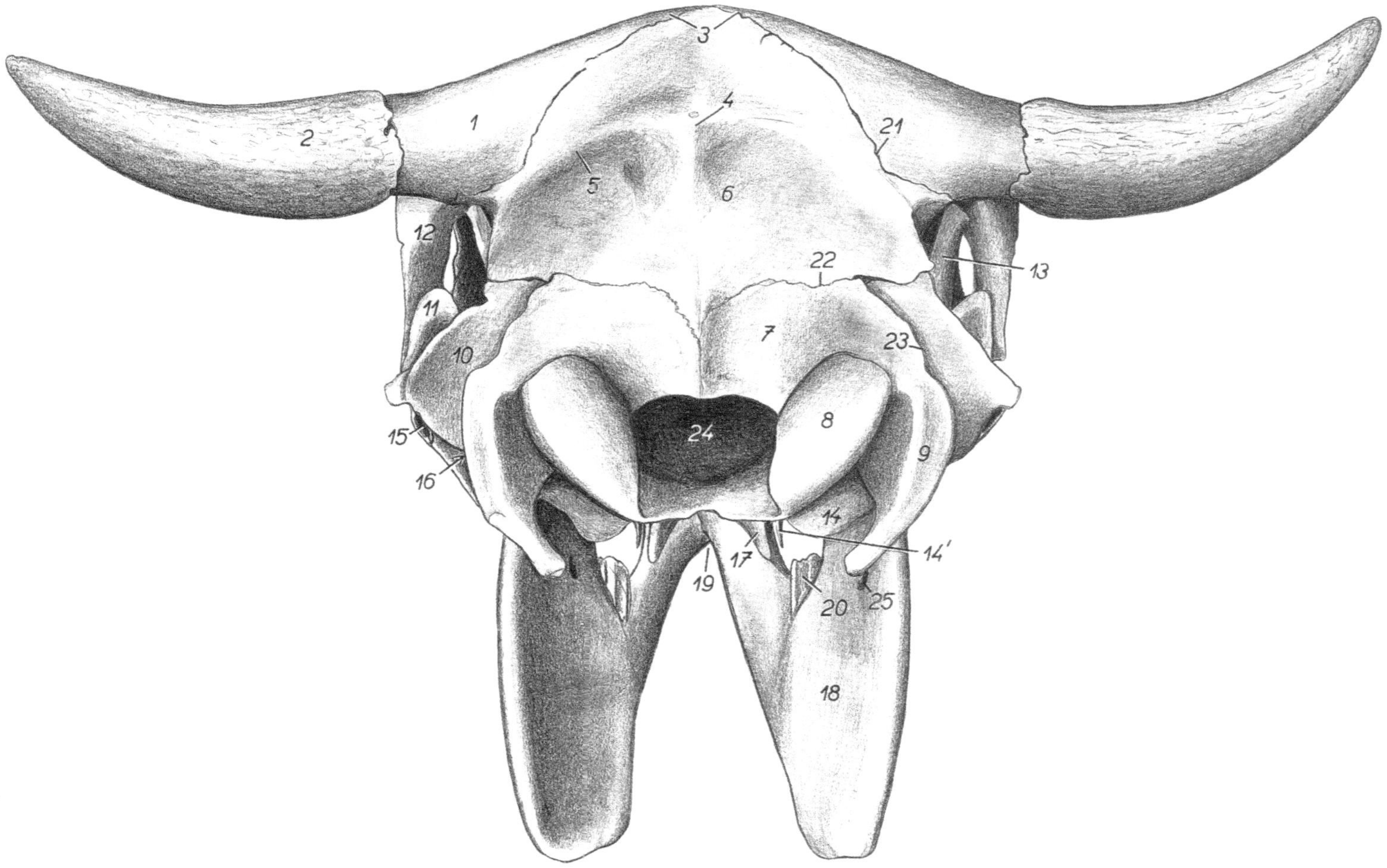

1. *Os frontale* – Stirnbein
2. *Processus cornualis* – Hornfortsatz
3. *Protuberantia intercornualis* – Zwischenhornerhebung
4. *Protuberantia occipitalis externa* – äußere Hinterhaupterhebung
5. *Linea nuchae* – Nackenlinie
6. *Squama occipitalis* – Hinterhauptbein
7. *Pars lateralis ossis occipitalis* – lateraler Teil des Hinterhauptbeines
8. *Condylus occipitalis* – Gelenkknorren des Hinterhauptbeines
9. *Processus paracondylaris* – Muskelfortsatz des Hinterhauptbeines
10. *Processus mastoideus ossis temporalis* – Warzenfortsatz des Schläfenbeines
11. *Arcus zygomaticus* – Jochbogen
12. *Processus zygomaticus ossis frontalis* – Jochfortsatz des Stirnbeines
13. *Processus coronoideus* – Muskelfortsatz
14. *Bulla tympanica* – Paukenblase

14'. *Processus muscularis* – Muskelfortsatz

15. *Porus acusticus externus* – äußere Gehöröffnung
16. *Foramen stylomastoideum* – Griffelfortsatz-Warzenteilloch
17. *Hamulus pterygoideus* – Häkchen des Flügelbeines
18. *Ramus mandibulae* – Unterkieferast
19. *Angulus mentalis* – Kinnwinkel
20. *Dentes molares* – hintere Backenzähne
21. *Sutura coronalis* – Kranznaht
22. *Sutura lambdoidea* – lambdaförmige Naht
23. *Sutura occipitomastoidea* – Hinterhauptbein-Warzenteilnaht
24. *Foramen magnum* – Hinterhauptloch
25. *Foramen mandibulae* – Unterkieferloch

Rind. Schädel, Ansicht von dorsal. Stirnhöhle und angrenzende Nebenhöhlen eröffnet.

Abbildung 9

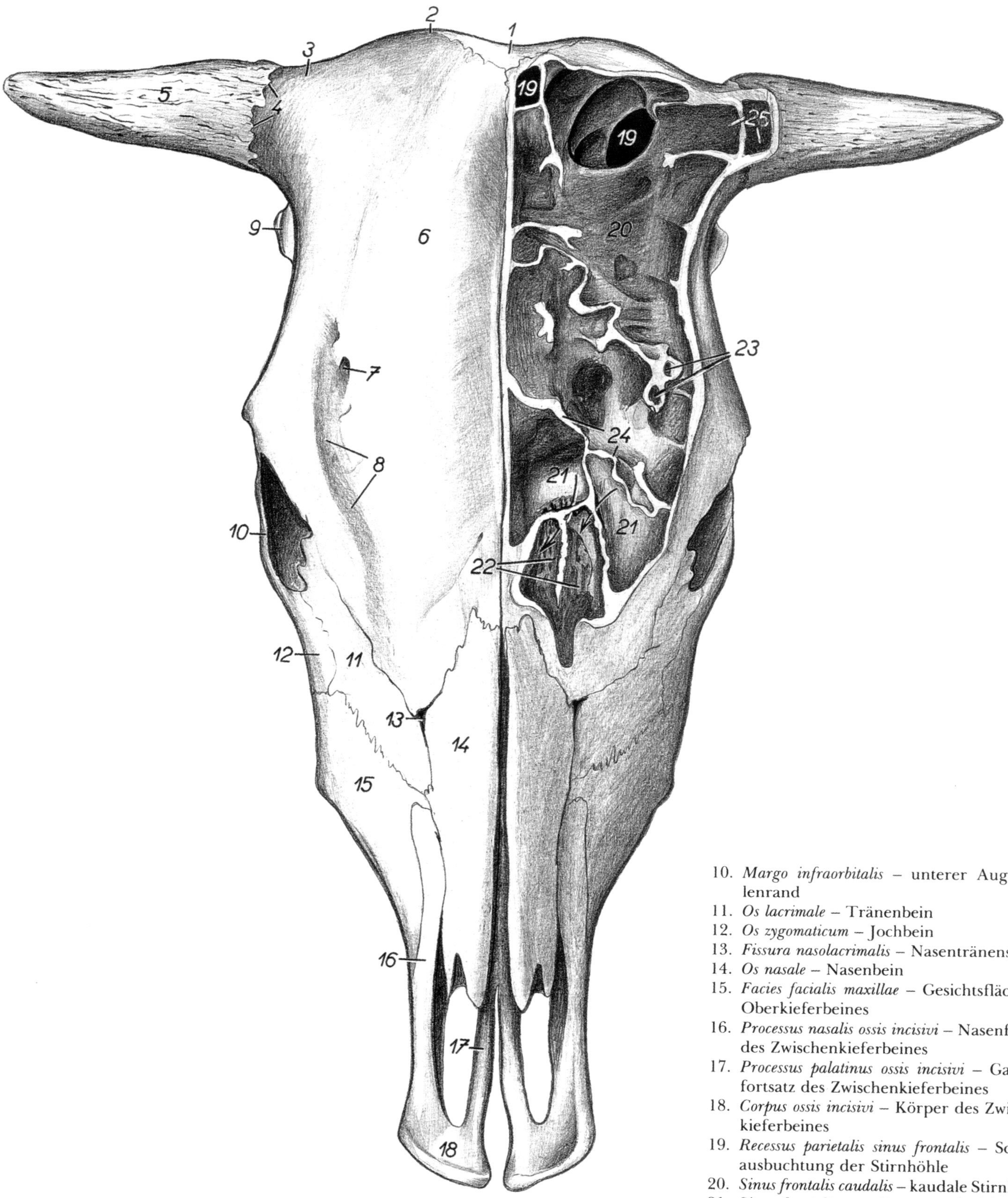

1. *Os interparietale* – Zwischenscheitelbein
2. *Protuberantia intercornualis* – Zwischenhornerhebung
3. *Collum processus cornualis* – Hals des Hornfortsatzes
4. *Corona processus cornualis* – Kranz des Hornfortsatzes
5. *Processus cornualis* – Hornfortsatz
6. *Squama frontalis* – Stirnbeinschuppe
7. *Foramen supraorbitale* – Überaugenhöhlenloch
8. *Sulcus supraorbitalis* – Überaugenhöhlenrinne
9. *Crista supramastoidea* – Leiste über dem Warzenteil
10. *Margo infraorbitalis* – unterer Augenhöhlenrand
11. *Os lacrimale* – Tränenbein
12. *Os zygomaticum* – Jochbein
13. *Fissura nasolacrimalis* – Nasentränenspalte
14. *Os nasale* – Nasenbein
15. *Facies facialis maxillae* – Gesichtsfläche des Oberkieferbeines
16. *Processus nasalis ossis incisivi* – Nasenfortsatz des Zwischenkieferbeines
17. *Processus palatinus ossis incisivi* – Gaumenfortsatz des Zwischenkieferbeines
18. *Corpus ossis incisivi* – Körper des Zwischenkieferbeines
19. *Recessus parietalis sinus frontalis* – Scheitelausbuchtung der Stirnhöhle
20. *Sinus frontalis caudalis* – kaudale Stirnhöhle
21. *Sinus frontalis rostralis* – rostrale Stirnhöhle
22. *Sinus conchae dorsalis* – dorsale Muschelhöhle
23. *Canalis supraorbitalis* – Überaugenhöhlenkanal
24. *Septum transversum sinuum frontalium* – Querscheidewand der Stirnhöhlen
25. *Recessus cornualis sinus frontalis* – Hornausbuchtung der Stirnhöhle

Rind. Schädel, Ansicht von dorsal. Farbige Darstellung der einzelnen Knochen.

Abbildung 10

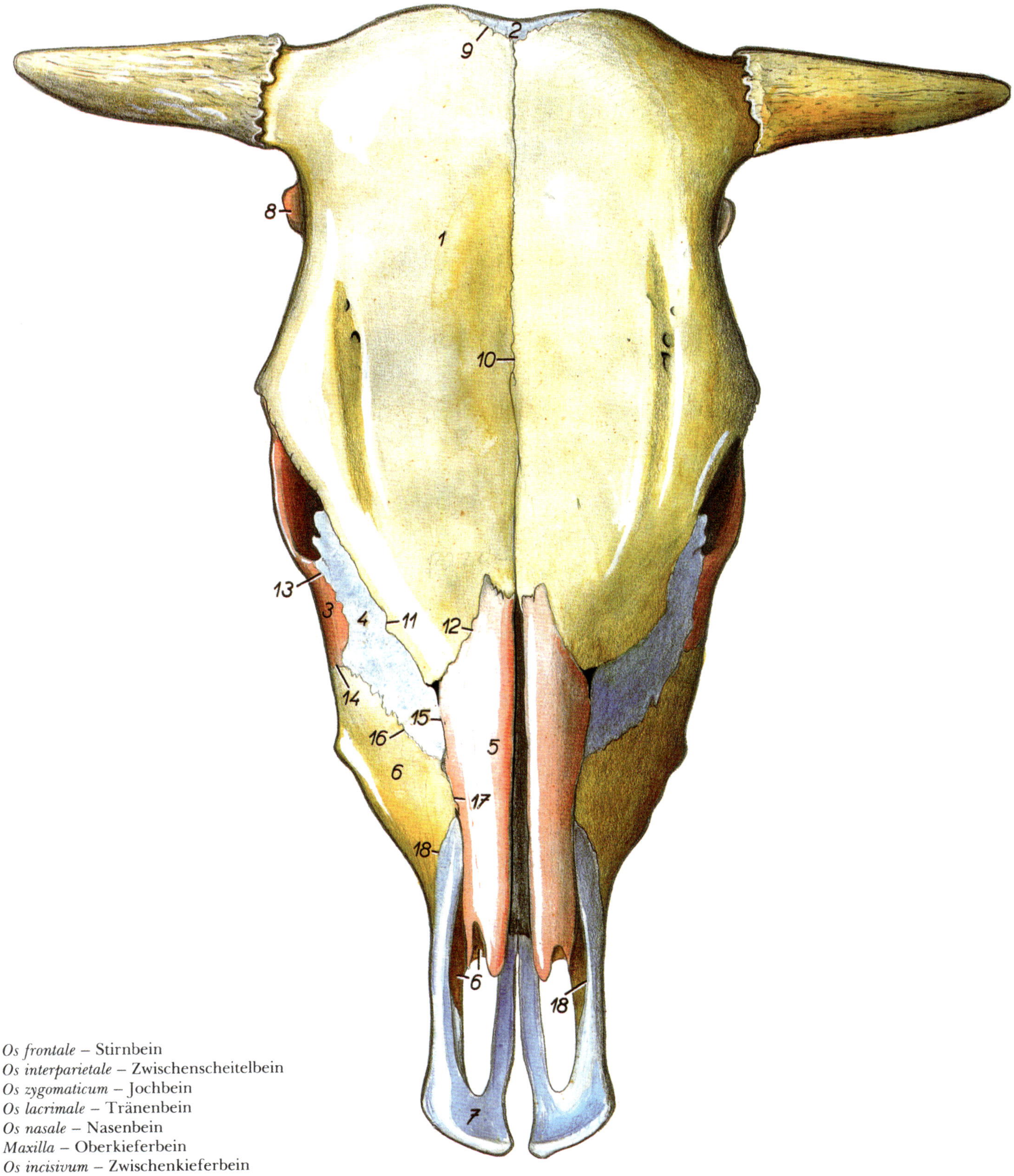

1. *Os frontale* – Stirnbein
2. *Os interparietale* – Zwischenscheitelbein
3. *Os zygomaticum* – Jochbein
4. *Os lacrimale* – Tränenbein
5. *Os nasale* – Nasenbein
6. *Maxilla* – Oberkieferbein
7. *Os incisivum* – Zwischenkieferbein
8. *Os temporale* – Schläfenbein
9. *Sutura coronalis* – Kranznaht
10. *Sutura interfrontalis* – Zwischenstirnbeinnaht
11. *Sutura frontolacrimalis* – Stirnbein-Tränenbeinnaht
12. *Sutura frontonasalis* – Stirnbein-Nasenbeinnaht
13. *Sutura lacrimozygomatica* – Tränenbein-Jochbeinnaht
14. *Sutura zygomaticomaxillaris* – Jochbein-Oberkieferbeinnaht
15. *Sutura nasolacrimalis* – Nasenbein-Tränenbeinnaht
16. *Sutura lacrimomaxillaris* – Tränenbein-Oberkieferbeinnaht
17. *Sutura nasomaxillaris* – Nasenbein-Oberkieferbeinnaht
18. *Sutura maxilloincisiva* – Oberkieferbein-Zwischenkieferbeinnaht

Rind. Hirnschädel, Ansicht von ventral.

Abbildung 11

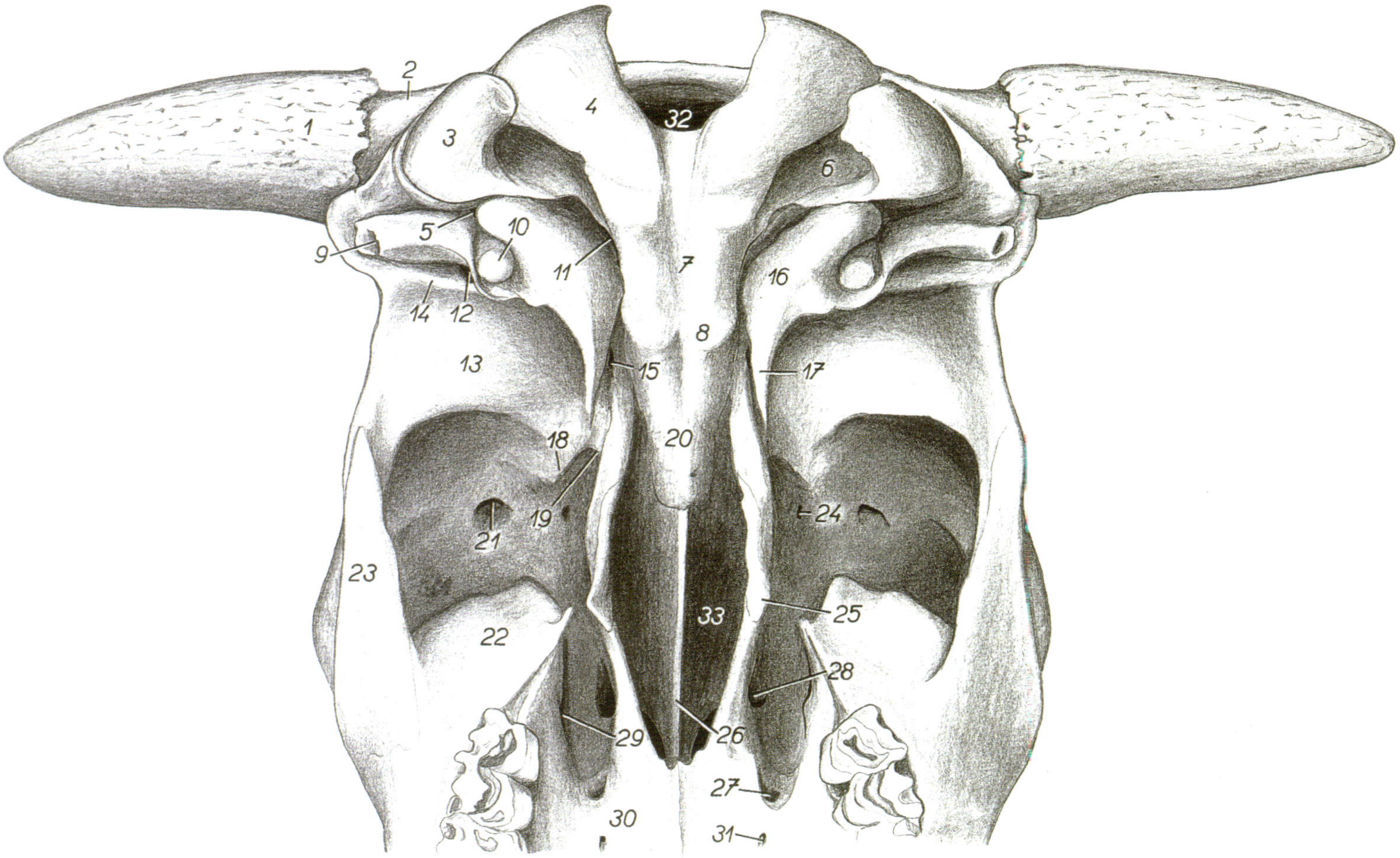

1. *Processus cornualis ossis frontalis* – Hornfortsatz des Stirnbeines
2. *Collum processus cornualis* – Hals des Hornfortsatzes
3. *Processus paracondylaris* – Muskelfortsatz des Hinterhauptbeines
4. *Condylus occipitalis* – Gelenkknorren des Hinterhauptbeines
5. *Foramen stylomastoideum* – Griffelfortsatz-Warzenteilloch
6. *Fossa condylaris ventralis* – ventrale Gelenkknorrengrube
7. *Pars basilaris ossis occipitalis* – Basisteil des Hinterhauptbeines
8. *Tuberculum musculare* – Muskelhöckerchen
9. *Porus acusticus externus* – äußere Gehöröffnung
10. *Processus styloideus* – Griffelfortsatz
11. *Foramen jugulare* – Drosselöffnung
12. *Foramen retroarticulare (Orificium externum meatus temporalis)* – hinter dem Kiefergelenk gelegenes Loch (äußere Öffnung des Schläfenganges)
13. *Tuberculum articulare* – Gelenkhöckerchen
14. *Processus retroarticularis* – hinter dem Kiefergelenk gelegener Fortsatz
15. *Foramen ovale* – ovales Loch
16. *Bulla tympanica* – Paukenblase
17. *Processus muscularis* – Muskelfortsatz
18. *Crista pterygoidea* – Flügelbeinleiste
19. *Foramen orbitorotundum* – rundes Augenhöhlenloch
20. *Corpus ossis sphenoidalis (basisphenoidalis et presphenoidalis)* – Körper des Keilbeines (hinterer und vorderer Teil des Keilbeines)
21. *Canalis supraorbitalis* – Überaugenhöhlenkanal
22. *Bulla lacrimalis* – Tränenbeinblase
23. *Arcus zygomaticus* – Jochbogen
24. *Foramen ethmoidale* – Siebbeinloch
25. *Hamulus pterygoideus* – Häkchen des Flügelbeines
26. *Vomer* – Pflugscharbein
27. *Foramen palatinum caudale* – kaudales Gaumenloch
28. *Foramen sphenopalatinum* – Keilbein-Gaumenbeinloch
29. *Foramen maxillare* – Oberkieferbeinloch
30. *Lamina horizontalis ossis palatini* – waagrechte Platte des Gaumenbeines
31. *Foramen palatinum minus* – kleines Gaumenbeinloch
32. *Foramen magnum* – Hinterhauptloch
33. *Meatus nasopharyngeus (Choana)* – Nasenrachengang (Choane)

Rind. Ventrale Ansicht des Schädels. Farbige Darstellung der einzelnen Knochen.

Abbildung 12

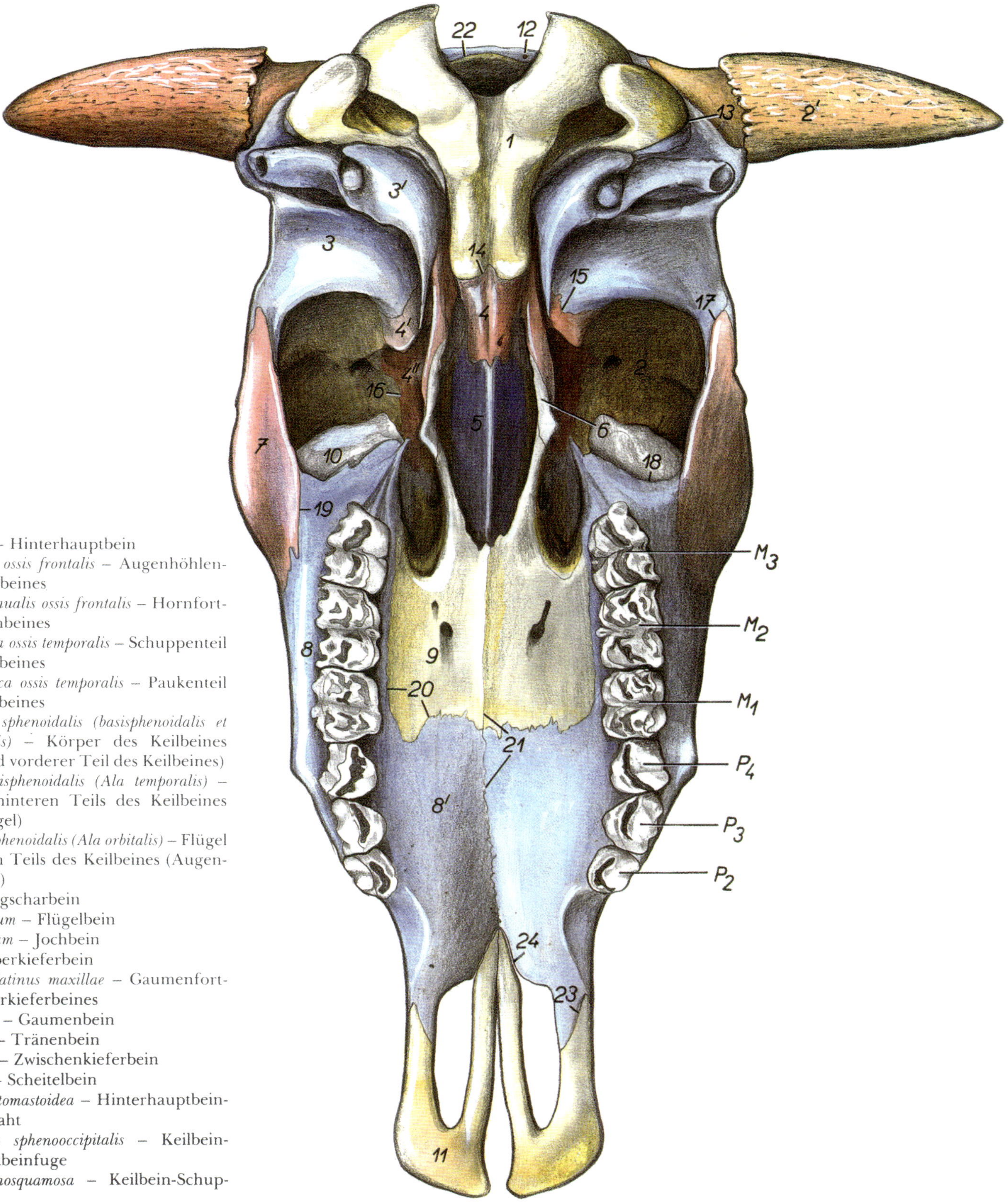

1. *Os occipitale* – Hinterhauptbein
2. *Pars orbitalis ossis frontalis* – Augenhöhlenteil des Stirnbeines
2'. *Processus cornualis ossis frontalis* – Hornfortsatz des Stirnbeines
3. *Pars squamosa ossis temporalis* – Schuppenteil des Schläfenbeines
3'. *Pars tympanica ossis temporalis* – Paukenteil des Schläfenbeines
4. *Corpus ossis sphenoidalis (basisphenoidalis et presphenoidalis)* – Körper des Keilbeines (hinterer und vorderer Teil des Keilbeines)
4'. *Ala ossis basisphenoidalis (Ala temporalis)* – Flügel des hinteren Teils des Keilbeines (Schläfenflügel)
4''. *Ala ossis presphenoidalis (Ala orbitalis)* – Flügel des vorderen Teils des Keilbeines (Augenhöhlenflügel)
5. *Vomer* – Pflugscharbein
6. *Os pterygoideum* – Flügelbein
7. *Os zygomaticum* – Jochbein
8. *Maxilla* – Oberkieferbein
8'. *Processus palatinus maxillae* – Gaumenfortsatz des Oberkieferbeines
9. *Os palatinum* – Gaumenbein
10. *Os lacrimale* – Tränenbein
11. *Os incisivum* – Zwischenkieferbein
12. *Os parietale* – Scheitelbein
13. *Sutura occipitomastoidea* – Hinterhauptbein-Warzenteilnaht
14. *Synchondrosis sphenooccipitalis* – Keilbein-Hinterhauptbeinfuge
15. *Sutura sphenosquamosa* – Keilbein-Schuppennaht
16. *Sutura sphenofrontalis* – Keilbein-Stirnbeinnaht
17. *Sutura temporozygomatica* – Schläfenbein-Jochbeinnaht
18. *Sutura lacrimomaxillaris* – Tränenbein-Oberkieferbeinnaht
19. *Sutura zygomaticomaxillaris* – Jochbein-Oberkieferbeinnaht
20. *Sutura palatina transversa* – querverlaufende Gaumenbeinnaht
21. *Sutura palatina mediana* – mediane Gaumenbeinnaht
22. *Sutura lambdoidea* – lambdaförmige Naht
23., 24. *Suturae maxilloincisivae* – Oberkieferbein-Zwischenkieferbeinnaht

M_1. *Dens molaris I* – 1. hinterer Backenzahn
M_2. *Dens molaris II* – 2. hinterer Backenzahn
M_3. *Dens molaris III* – 3. hinterer Backenzahn
P_2. *Dens premolaris II* – 2. vorderer Backenzahn
P_3. *Dens premolaris III* – 3. vorderer Backenzahn
P_4. *Dens premolaris IV* – 4. vorderer Backenzahn

Rind. Präparation des Kopfes und der angrenzenden Halspartien, Ansicht von links. 1. Schicht.

Abbildung 13

1., 1'. *M. levator nasolabialis* – Nasen-Lippenheber
2. *M. levator labii superioris* – Oberlippenheber
3. *M. caninus* – Eckzahnmuskel
4. *M. depressor labii superioris* – Niederzieher der Oberlippe
5. *M. zygomaticus* – Jochbeinmuskel
6. *M. malaris* – Wangenmuskel
7. *Pars buccalis mi. buccinatoris* – Backenteil des Backenmuskels
8. *M. depressor labii inferioris* – Niederzieher der Unterlippe
9. *M. mylohyoideus* – Kehlgangmuskel
10. *M. frontalis* – Stirnmuskel
11. *M. orbicularis oculi* – Ringmuskel des Auges
12. *M. cervicoscutularis* – Hals-Schildchenmuskel
13. *M. interscutularis* – Zwischenschildchenmuskel
14. *M. frontoscutularis* – *Pars frontalis* – Stirn-Schildchenmuskel – Stirnteil
15. *M. frontoscutularis* – *Pars temporalis* – Stirn-Schildchenmuskel – Schläfenteil
16. *M. scutuloauricularis superficialis dorsalis* – oberflächlicher dorsaler Schildchen-Ohrmuschelmuskel
17. *M. scutuloauricularis superficialis accessorius* – oberflächlicher zusätzlicher Schildchen-Ohrmuschelmuskel
18. *M. zygomaticoauricularis* – Jochbein-Ohrmuschelmuskel
19. *M. scutuloauricularis superficialis medius* – oberflächlicher mittlerer Schildchen-Ohrmuschelmuskel
20. *M. parotidoauricularis* – Ohrspeicheldrüsen-Ohrmuschelmuskel
21. *M. masseter* – äußerer Kaumuskel
22. *M. trapezius* – trapezförmiger Muskel
23. *M. cleidooccipitalis* – Schlüsselbein-Hinterhauptmuskel
24. *M. cleidomastoideus* – Schlüsselbein-Warzenteilmuskel
25. *M. sternomandibularis* – Brustbein-Unterkiefermuskel
26. *Cartilago scutiformis* – Schildchenknorpel
27. *Mandibula* – Unterkiefer

28., 29., 30. *Rami buccales ni. facialis* – Backenäste des Gesichtsnerven

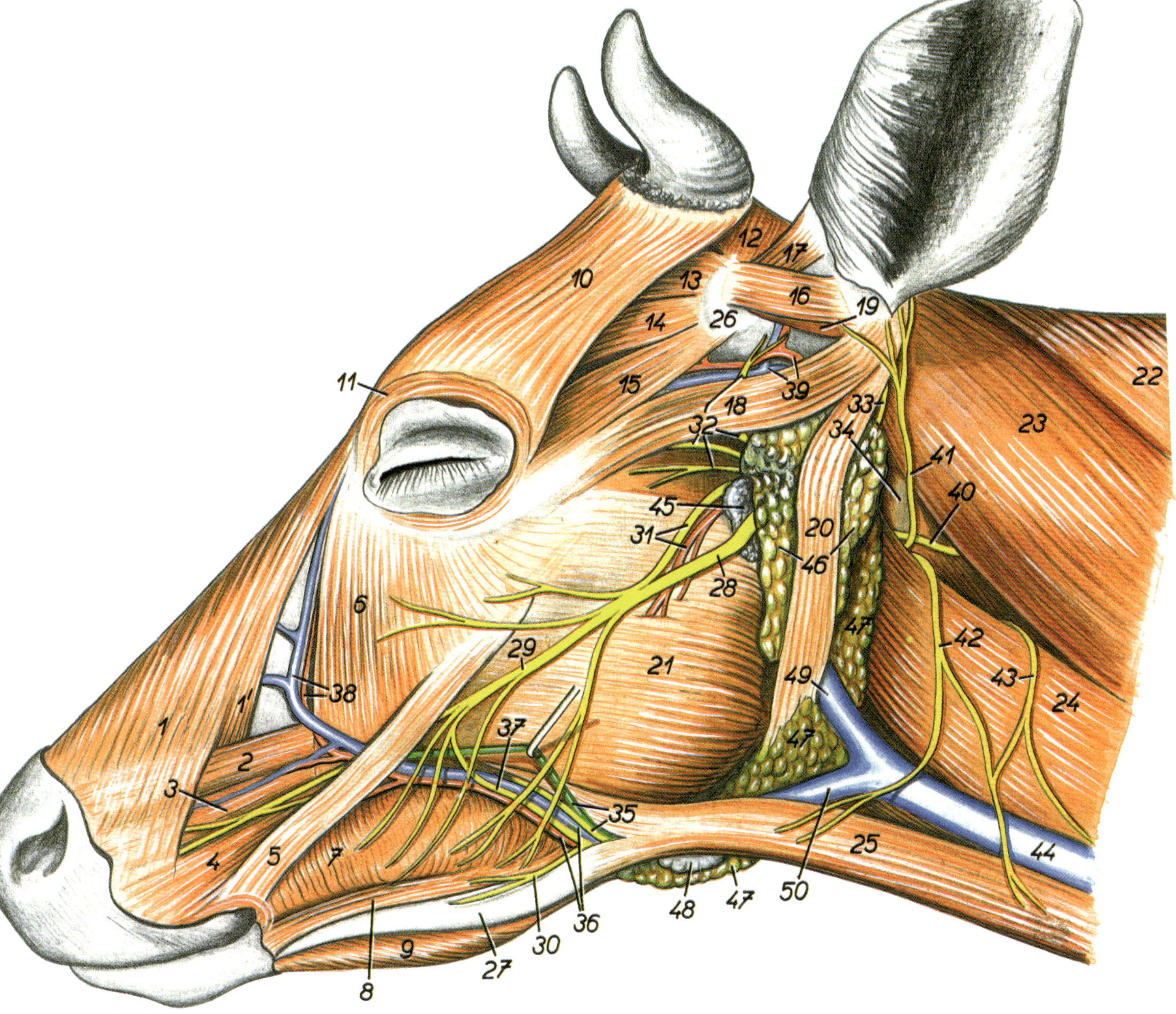

31. *A. transversa faciei, N. auriculotemporalis* – Querarterie des Gesichts, Ohrmuschel-Schläfennerv
32. *N. auriculopalpebralis* – Ohrmuschel-Augenlidnerv
33. *N. auricularis caudalis* – kaudaler Ohrmuschelnerv
34. *Processus transversus atlantis* – Querfortsatz des 1. Halswirbels
35. *Ductus parotideus et Ramus parotideus ni. buccalis* – Ausführungsgang der Ohrspeicheldrüse und Ohrspeicheldrüsenast des Backennerven
36. *A. et V. facialis* – Gesichtsarterie und -vene
37. *Ramus communicans inter ramos buccales* – Verbindungsast zwischen den Backenästen
38. *V. facialis (V. angularis oculi), Ramus anastomoticus ad a. malarem* – Gesichtsvene (Augenwinkelvene), Verbindungsast zur Wangenarterie
39. *A. et V. temporalis superficialis* – oberflächliche Schläfenarterie und -vene
40. *Ramus dorsalis ni. accessorii* – dorsaler Ast des zusätzlichen Nerven
41. *N. auricularis magnus* – großer Ohrmuschelnerv
42. *N. transversus colli* – querverlaufender Halsnerv
43. *N. cervicalis III* – 3. Halsnerv
44. *V. jugularis externa* – äußere Drosselvene
45. *Ln. parotideus* – Ohrspeicheldrüsenlymphknoten
46. *Glandula parotidea* – Ohrspeicheldrüse
47. *Glandula mandibularis* – Unterkieferdrüse
48. *Ln. mandibularis* – Unterkieferlymphknoten
49. *V. maxillaris* – Oberkiefervene
50. *V. linguofacialis* – Zungen-Gesichtsvene

Rind. Präparation des Kopfes und der angrenzenden Halspartien, Ansicht von links. 2. Schicht.

Abbildung 14

1. *M. levator nasolabialis* – Nasenlippenheber
2. *M. levator labii superioris, M. caninus et M. depressor labii superioris* – Oberlippenheber, Eckzahnmuskel und Niederzieher der Oberlippe
3. *M. malaris* – Wangenmuskel
4. *M. masseter* – äußerer Kaumuskel
5. *Pars molaris mi. buccinatoris* – Backenzahnteil des Backenmuskels
6. *M. depressor labii inferioris* – Niederzieher der Unterlippe
7. *M. zygomaticus* – Jochmuskel
8. *Pars buccalis mi. buccinatoris* – Backenteil des Backenmuskels
9. *M. mylohyoideus* – Kehlgangmuskel
10. *M. frontalis* – Stirnmuskel
11. *M. orbicularis oculi* – Ringmuskel des Auges
12. *M. cervicoscutularis* – Hals-Schildchenmuskel
13. *M. interscutularis* – Zwischenschildchenmuskel
14. *Pars frontalis mi. frontoscutularis* – Stirnteil des Stirn-Schildchenmuskels
15. *Pars temporalis mi. frontoscutularis* – Schläfenteil des Stirn-Schildchenmuskels
16. *M. scutuloauricularis superficialis dorsalis* – oberflächlicher dorsaler Schildchen-Ohrmuschelmuskel
17. *M. scutuloauricularis superficialis accessorius* – oberflächlicher zusätzlicher Schildchen-Ohrmuschelmuskel
18. *M. zygomaticoauricularis* – Jochbein-Ohrmuschelmuskel
19. *M. scutuloauricularis superficialis medius* – oberflächlicher mittlerer Schildchen-Ohrmuschelmuskel
20. *M. occipitohyoideus* – Hinterhauptbein-Zungenbeinmuskel
21. *V. maxillaris, M. digastricus* – Oberkiefervene, zweibäuchiger Muskel
22. *M. rhomboideus* – rautenförmiger Muskel
23. *M. splenius* – Riemenmuskel
24. *M. Obliquus capitis cranialis* – kranialer schiefer Kopfmuskel
25. *M. rectus capitis lateralis* – lateraler gerader Kopfmuskel
26. *M. longissimus capitis* – Kopfportion des längsten Muskels
27. *M. longissimus atlantis* – Atlasportion des längsten Muskels
28. *M. longus capitis* – langer Kopfmuskel
29. *M. omohyoideus* – Schulter-Zungenbeinmuskel
30. *V. linguofacialis, M. sternohyroideus* – Zungen-Gesichtsvene, Brustbein-Schildknorpelmuskel
31. *M. sternohyoideus* – Brustbein-Zungenbeinmuskel
32. *V. angularis oculi* – Augenwinkelvene
33. *A. et N. infraorbitalis* – Unteraugenhöhlenarterie und -nerv
34. *A. et V. facialis, Ductus parotideus* – Gesichtsarterie und -vene, Ausführungsgang der Ohrspeicheldrüse
35. *Plexus v. faciei profundæ* – Geflecht der tiefen Gesichtsvene
36. *A. buccalis, V. faciei profunda* – Backenarterie, tiefe Gesichtsvene
37. *N. buccalis* – Backennerv
38. *V. labialis inferior* – Unterlippenvene
39. *Ramus parotideus n. buccalis* – Ohrspeicheldrüsenast des Backennerven
40. *A. carotis externa, N. facialis* – äußere Kopfarterie, Gesichtsnerv
41. *Rami buccales ni. facialis* – Backenäste des Gesichtsnerven
42. *Ramus marginalis mandibulae* – Unterkieferrandast
43. *A. lateralis nasi* – laterale Nasenarterie
44. *A. labialis superior* – Oberlippenarterie
45. *A. labialis inferior superficialis* – oberflächliche Unterlippenarterie
46. *Ramus zygomaticotemporalis ni. zygomatici* – Jochbein-Schläfenbeinast des Jochbeinnerven

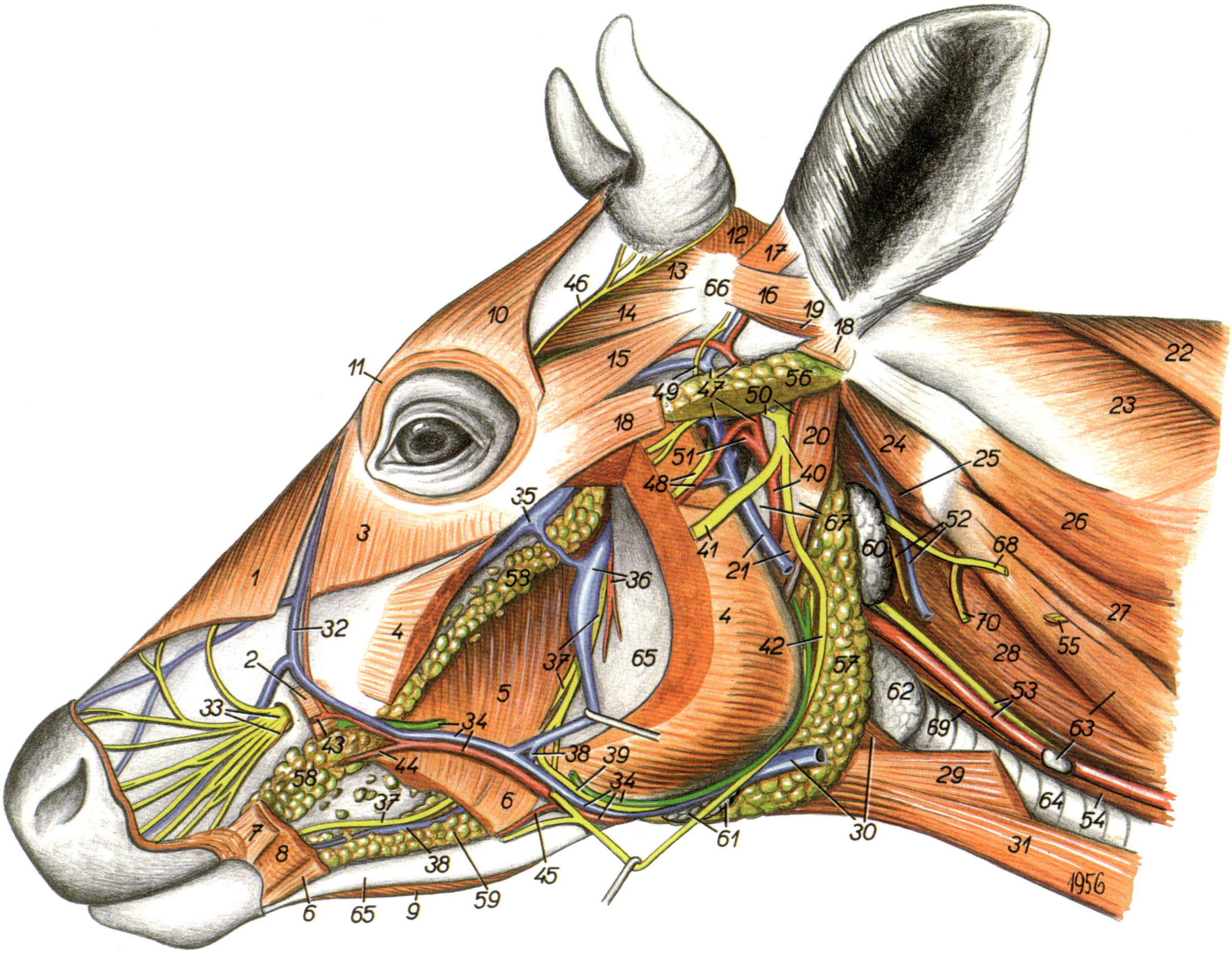

47. *A. et V. temporalis superficialis* – oberflächliche Schläfenarterie und -vene
48. *N. auriculotemporalis, A. transversa faciei* – Ohrmuschel-Schläfenbeinnerv, Querarterie des Gesichtes
49. *Ramus auricularis rostralis ni. auriculopalpebralis* – rostraler Ohrmuschelast des Ohrmuschel-Lindnerven
50. *A. auricularis caudalis, N. auriculopalpebralis* – kaudale Ohrmuschelarterie, Ohrmuschel-Lidnerv
51. *A. maxillaris* – Oberkieferarterie
52. *V. jugularis interna, Ramus ventralis ni. accessorii* – innere Drosselvene, Ventralast des zusätzlichen Nerven
53. *A. carotis communis, Truncus vagosympathicus* – gemeinsame Kopfarterie, gemeinsamer Stamm des Vagus- und Sympathikusnerven
54. *Esophagus* – Speiseröhre
55. *Ramus ni. cervicalis III* – Ast des 3. Halsnerven
56. *Glandula parotidea* – Ohrspeicheldrüse
57. *Glandula mandibularis* – Unterkieferdrüse
58. *Glandulae buccales dorsales* – dorsale Backendrüsen
59. *Glandulae buccales ventrales* – ventrale Backendrüsen
60. *Ln. retropharyngeus lateralis* – laterale Lymphknoten hinter dem Schlundkopf
61. *Ln. mandibularis* – Unterkieferlymphknoten
62. *Glandula thyroidea* – Schilddrüse
63. *Ln. cervicalis cranialis, Mm. intertransversarii ventrales (Pars atlantis)* – kranialer Halslymphknoten, Atlasteil der ventralen Zwischenquerfortsatzmuskeln
64. *Trachea* – Luftröhre
65. *Mandibula* – Unterkiefer
66. *Cartilago scutiformis* – Schildchenknorpel
67. *Stylohyoideum* – großer Zungenbeinast
68. *Ramus dorsalis ni. accessorii* – dorsaler Ast des zusätzlichen Nerven
69. *N. laryngeus recurrens* – zurücklaufender Kehlkopfnerv
70. *Ramus ni. cervicalis II* – Ast des 2. Halsnerven

Rind. Präparation des Kopfes und der angrenzenden Halspartien, Ansicht von links. 3. Schicht.

Abbildung 15

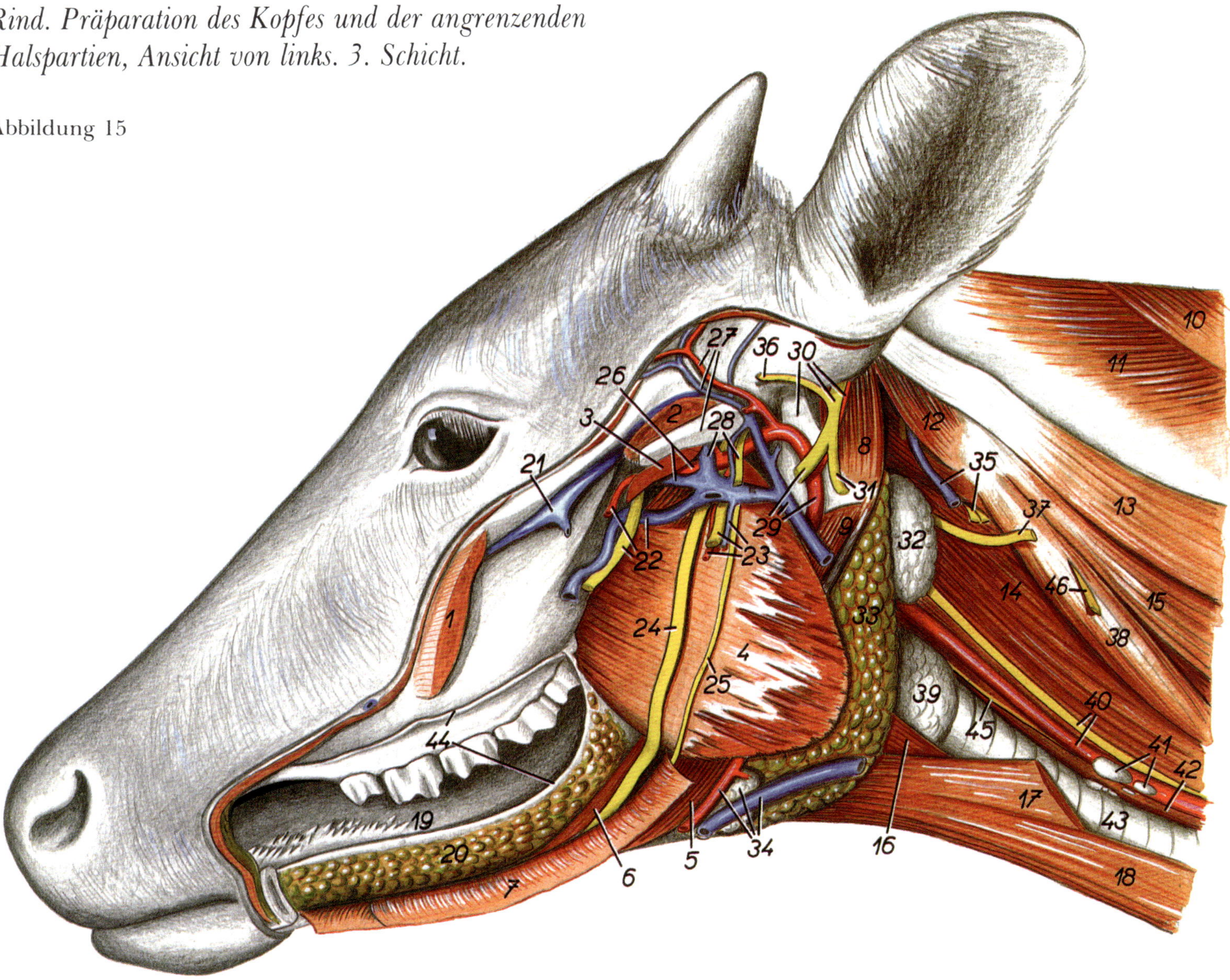

1. *M. masseter* – äußerer Kaumuskel
2. *M. temporalis* – Schläfenmuskel
3. *M. pterygoideus lateralis* – lateraler innerer Kaumuskel
4. *M. pterygoideus medialis* – medialer innerer Kaumuskel
5. *Venter rostralis mi. digastrici* – rostraler Bauch des zweibäuchigen Muskels
6. *M. geniohyoideus* – Kinn-Zungenbeinmuskel
7. *M. mylohyoideus* – Kehlgangmuskel
8. *M. occipitohyoideus* – Hinterhauptbein-Zungenbeinmuskel
9. *Venter caudalis mi. digastrici* – kaudaler Bauch des zweibäuchigen Muskels
10. *M. rhomboideus* – rautenförmiger Muskel
11. *M. splenius* – Riemenmuskel
12. *M. obliquus capitis cranialis* – kranialer schiefer Kopfmuskel
13. *M. longissimus capitis* – Kopfportion des längsten Muskels
14. *M. longus capitis* – langer Kopfmuskel
15. *M. longissimus atlantis* – Atlasportion des längsten Muskels
16. *M. sternothyroideus* – Burstbein-Schildknorpelmuskel
17. *M. omohyoideus* – Schulter-Zungenbeinmuskel
18. *M. sternohyoideus* – Brustbein-Zungenbeinmuskel
19. *Lingua* – Zunge
20. *Glandulae sublinguales* – Unterzungendrüsen
21. *Plexus v. faciei profundae* – Geflecht der tiefen Gesichtsvene
22. *A. et N. buccalis, V. faciei profunda* – Backenarterie und Backennerv, tiefe Gesichtsvene
23. *A., V. et N. alveolaris inferior* – Unterkieferzahnfacharterie, -vene und -nerv
24. *N. lingualis* – Zungennerv
25. *N. mylohyoideus* – Kehlgangsnerv
26. *A. maxillaris, V. sphenopalatina* – Oberkieferarterie, Keilbein-Gaumenbeinvene
27. *A. et V. temporalis superficialis, Mandibula* – oberflächliche Schläfenarterie und -vene, Unterkiefer
28. *N. auriculotemporalis, V. temporalis profunda* – Ohrmuschel-Schläfennerv, tiefe Schläfenvene
29. *A. carotis externa, V. maxillaris, Rami buccales ni. facialis* – äußere Kopfarterie, Oberkiefervene, Backenäste des Gesichtsnerven
30. *Stylohyoideum, N. facialis, A. auricularis caudalis* – großer Zungenbeinast, Gesichtsnerv, kaudale Ohrmuschelarterie
31. *Ramus marginalis mandibulae* – Unterkieferrandast
32. *Ln. retropharyngeus lateralis* – lateraler Lymphknoten hinter dem Schlundkopf
33. *Glandula mandibularis* – Unterkieferdrüse
34. *A. facialis, V. linguofacialis, Ln. mandibularis* – Gesichtsarterie, Zungen-Gesichtsvene, Unterkieferlymphknoten
35. *V. jugularis interna, Ramus ni. cervicalis II* – innere Drosselvene, Ast des 2. Halsnerven
36. *N. auriculopalpebralis* – Ohrmuschel-Lindnerv
37. *Ramus dorsalis ni. accessorii* – dorsaler Ast des zusätzlichen Nerven
38. *Mm. intertransversarii ventrales (Pars atlantis)* – Atlasteil der ventralen Zwischenquerfortsatzmuskeln
39. *Glandula thyroidea* – Schilddrüse
40. *A. carotis communis, Truncus vagosympathicus* – gemeinsame Kopfarterie, gemeinsamer Stamm des Vagus- und Sympathikusnerven
41. *Lnn. cervicales profundi craniales* – kraniale tiefe Halslymphknoten
42. *Esophagus* – Speiseröhre
43. *Trachea* – Luftröhre
44. *Tunica mucosa* – Schleimhaut
45. *N. laryngeus recurrens* – zurücklaufender Kehlkopfnerv
46. *Ramus ni. cervicalis III* – Ast des 3. Halsnerven

Rind. Präparation des Kopfes und der angrenzenden Halspartien, Ansicht von links. 4. Schicht.

Abbildung 16

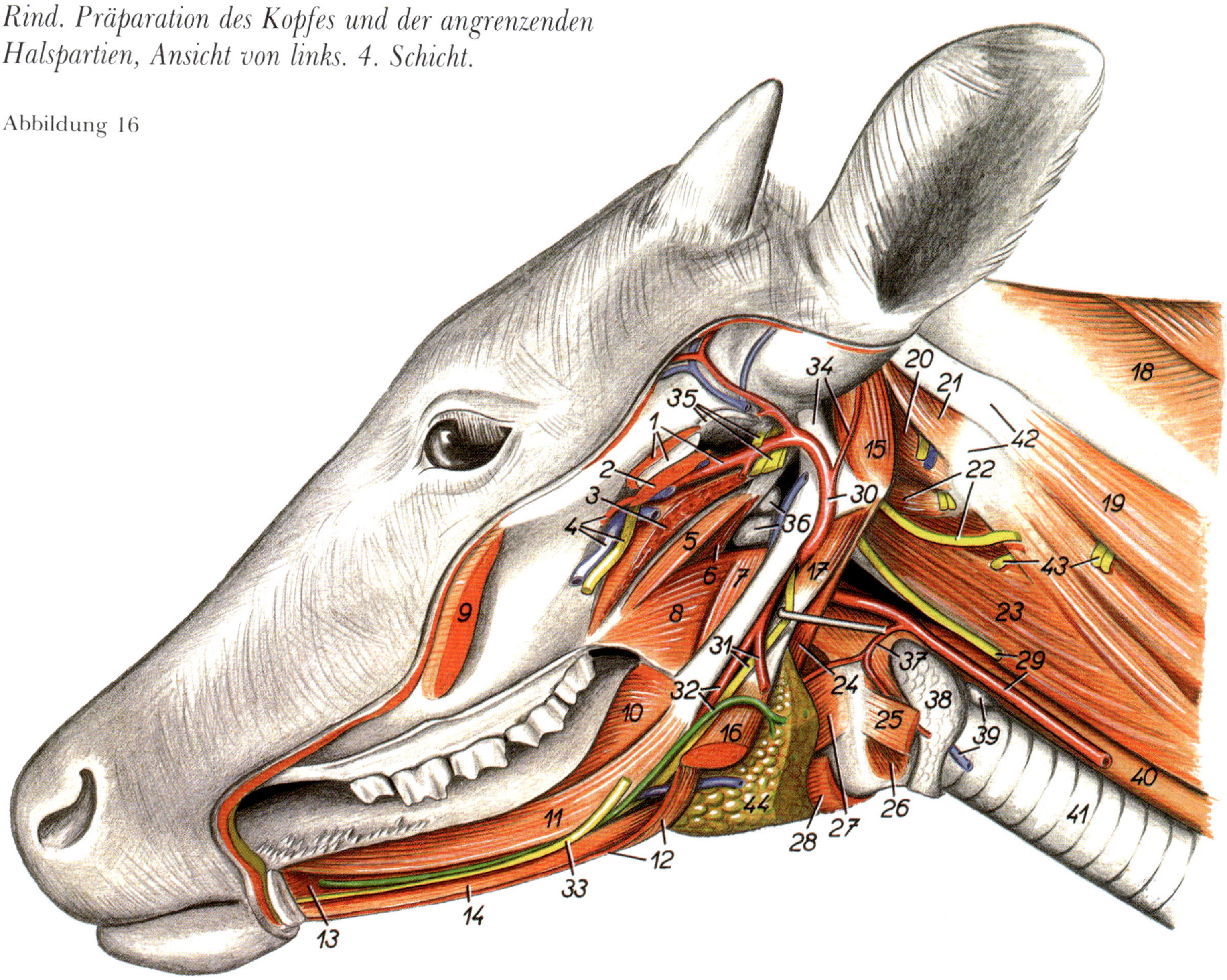

1. *M. temporalis, Processus coronoideus, mandibulae, A. maxillaris* – Schläfenmuskel, Muskelfortsatz des Unterkiefers, Oberkieferarterie
2. *M. pterygoideus lateralis* – lateraler innerer Kaumuskel
3. *M. pterygoideus medialis* – medialer innerer Kaumuskel
4. *A. et N. buccalis, V. faciei profunda* – Backenarterie und -nerv, tiefe Gesichtsvene
5. *M. tensor veli palatini* – Spanner des Gaumensegels
6. *M. levator veli palatini* – Heber des Gaumensegels
7. *M. stylopharyngeus caudalis* – kaudaler großer Zungenbeinast-Rachenmuskel
8. *M. palatopharyngeus et M. pterygopharyngeus* – Gaumenbein-Rachenmuskel und Flügelbein-Rachenmuskel
9. *M. masseter* – äußerer Kaumuskel
10. *M. hyoglossus* – Zungenbein-Zungenmuskel
11. *M. styloglossus* – großer Zungenbeinast-Zungenmuskel
12. *M. mylohyoideus* – Kehlgangmuskel
13. *M. genioglossus* – Kinn-Zungenmuskel
14. *M. geniohyoideus* – Kinn-Zungenbeinmuskel
15. *M. occipitohyoideus* – Hinterhauptbein-Zungenbeinmuskel
16. *Venter rostralis mi. digastrici* – rostraler Bauch des zweibäuchigen Muskels
17. *Venter caudalis mi. digastrici* – kaudaler Bauch des zweibäuchigen Muskels
18. *M. splenius* – Riemenmuskel
19. *M. longissimus capitis* – Kopfportion des längsten Muskels
20. *M. rectus capitis lateralis* – lateraler gerader Kopfmuskel
21. *M. obliquus capitis cranialis* – kranialer schiefer Kopfmuskel
22. *M. rectus capitis ventralis, Ramus dorsalis ni. accessorii* – ventraler gerader Kopfmuskel, dorsaler Ast des zusätzlichen Nerven
23. *M. longus capitis* – langer Kopfmuskel
24. *M. stylohyoideus* – großer Zungenbeinast-Zungenbeinmuskel
25. *M. sternothyroideus* – Brustbein-Schildknorpelmuskel
26. *M. cricothyroideus* – Ringknorpel-Schildknorpelmuskel
27. *M. thyrohyoideus* – Schildknorpel-Zungenbeinmuskel
28. *M. sternohyoideus et M. omohyoideus* – Brustbein-Zungenbeinmuskel und Schulter-Zungenbeinmuskel
29. *A. carotis communis, Truncus vagosympathicus* – gemeinsame Kopfarterie, gemeinsamer Stamm des Vagus- und Sympathikusnerven
30. *A. carotis externa* – äußere Kopfarterie
31. *A. facialis, N. hypoglossus* – Gesichtsarterie, Unterzungennerv
32. *A. lingualis, Ductus mandibularis* – Zungenarterie, Ausführungsgang der Unterkieferdrüse
33. *N. lingualis* – Zungennerv
34. *Stylohyoideum, A. auricularis caudalis* – großer Zungenbeinast, kaudale Ohrmuschelarterie
35. *Discus articularis, Rami ni. mandibularis* – Zwischengelenkknorpel, Äste des Unterkiefernerven
36. *Lnn. retropharyngei mediales* – mediale Lymphknoten hinter dem Rachen
37. *A. thyroidea cranialis* – kraniale Schilddrüsenarterie
38. *Glandula thyroidea* – Schilddrüse
39. *V. thyroidea, Glandula parathyroidea* – Schilddrüsenvene, Nebenschilddrüse
40. *Esophagus* – Speiseröhre
41. *Trachea* – Luftröhre
42. *Processus transversus atlantis* – Querfortsatz des 1. Halswirbels
43. *Rami nervorum cervicalium* – Halsnervenäste
44. *Glandula mandibularis* – Unterkieferdrüse

Abbildung 17

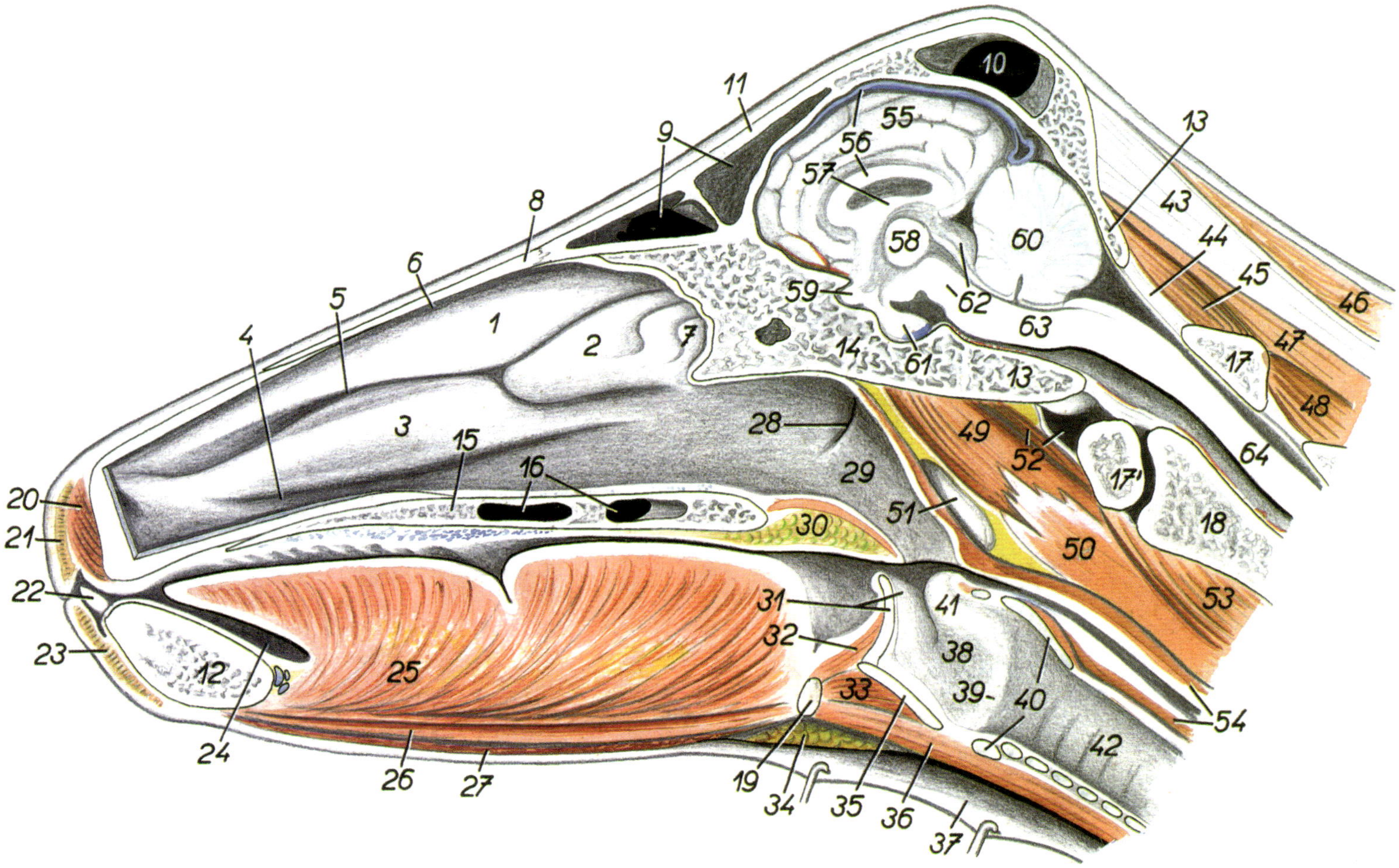

1. *Concha nasalis dorsalis* – dorsale Nasenmuschel
2. *Concha nasalis media* – mittlere Nasenmuschel
3. *Concha nasalis ventralis* – ventrale Nasenmuschel
4. *Meatus nasi ventralis* – ventraler Nasengang
5. *Meatus nasi medius* – mittlerer Nasengang
6. *Meatus nasi dorsalis* – dorsaler Nasengang
7. *Labyrinthus ethmoidalis* – Siebbeinlabyrinth
8. *Os nasale* – Nasenbein
9. *Sinus frontalis rostralis* – rostrale Stirnhöhle
10. *Sinus frontalis caudalis* – kaudale Stirnhöhle
11. *Os frontale* – Stirnbein
12. *Mandibula* – Unterkiefer
13. *Os occipitale* – Hinterhauptbein
14. *Os sphenoidale (basisphenoidale et presphenoidale)* – Keilbein (hinterer und vorderer Teil des Keilbeines)
15. *Processus palatinus maxillae (Palatum durum)* – Gaumenfortsatz des Oberkieferbeines (harter Gaumen)
16. *Sinus palatinus* – Gaumenhöhle
17., 17′. *Atlas* – 1. Halswirbel
18. *Axis* – 2. Halswirbel
19. *Basihyoideum* – Zungenbeinkörper
20. *M. dilatator naris apicalis* – apikaler Erweiterer der Nüstern
21. *Glandulae nasolabiales* – Nasenlippendrüsen
22. *Dens incisivus* – Schneidezahn
23. *Glandulae labiales* – Lippendrüsen
24. *Recessus sublingualis cavi oris proprii* – Unterzungenausbuchtung der eigentlichen Mundhöhle
25. *Lingua (M. genioglossus)* – Zunge (Kinn-Zungenmuskel)
26. *M. geniohyoideus* – Kinn-Zungenbeinmuskel
27. *M. mylohyoideus* – Kehlgangmuskel
28. *Ostium pharyngeum tubae auditivae* – Rachenöffnung der Ohrtrompete
29. *Cavum pharyngis* – Schlundkopfhöhle
30. *Palatum molle (Glandulae palatinae)* – weicher Gaumen (Gaumendrüsen)
31. *Epiglottis* – Kehldeckel
32. *M. hyoepiglotticus* – Zungenbein-Kehldeckelmuskel
33. *M. omohyoideus* – Schulter-Zungenbeinmuskel
34. *Glandula mandibularis* – Unterkieferdrüse
35. *Cartilago thyroidea* – Schildknorpel
36. *M. sternohyoideus* – Brustbein-Zungenbeinmuskel
37. *Palear (Plica ventralis colli)* – Triel (ventrale Halsfalte)
38. *Cavum laryngis* – Kehlkopfhöhle
39. *Plica vocalis* – Stimmfalte
40. *Cartilago cricoidea* – Ringknorpel
41. *Cartilago arytenoidea* – Gießkannenknorpel
42. *Trachea* – Luftröhre
43. *Funiculus nuchae* – Nackenstrang
44. *Membrana atlantooccipitalis dorsalis* – dorsale Membran zwischen 1. Halswirbel und Hinterhauptbein
45. *M. rectus capitis dorsalis minor* – dorsaler gerader kleiner Kopfmuskel
46. *M. trapezius et M. splenius* – trapezförmiger Muskel und Riemenmuskel
47. *M. rectus capitis dorsalis major* – dorsaler gerader großer Kopfmuskel
48. *M. obliquus capitis caudalis* – kaudaler schiefer Kopfmuskel
49. *M. longus capitis (dexter)* – langer (rechter) Kopfmuskel
50. *M. longus capitis (sinister)* – langer (linker) Kopfmuskel
51. *Ln. retropharyngeus medialis* – mittlerer Lymphknoten hinter dem Rachen
52. *M. rectus capitis ventralis, Cavum articulationis atlantooccipitalis* – ventraler gerader Kopfmuskel, Gelenkhöhle des Hinterhaupt-Atlasgelenkes
53. *M. longus colli* – langer Halsmuskel
54. *Esophagus* – Speiseröhre
55. *Hemispherium cerebri* – Großhirnhälfte
56. *Sinus sagittalis, Corpus callosum* – Längsblutleiter, Gehirnbalken
57. *Fornix* – Gewölbe
58. *Adhesio interthalamica* – Verbindungsstelle der Sehhügel
59. *Chiasma opticum* – Sehnervenkreuzung
60. *Cerebellum* – Kleinhirn
61. *Hypophysis* – Hirnanhang
62. *Mesencephalon* – Mittelhirn
63. *Medulla oblongata* – verlängertes Mark
64. *Medulla spinalis* – Rückenmark

Rind. Junge Färse. Präparation des Kopfes in der Medianebene.

Abbildung 18

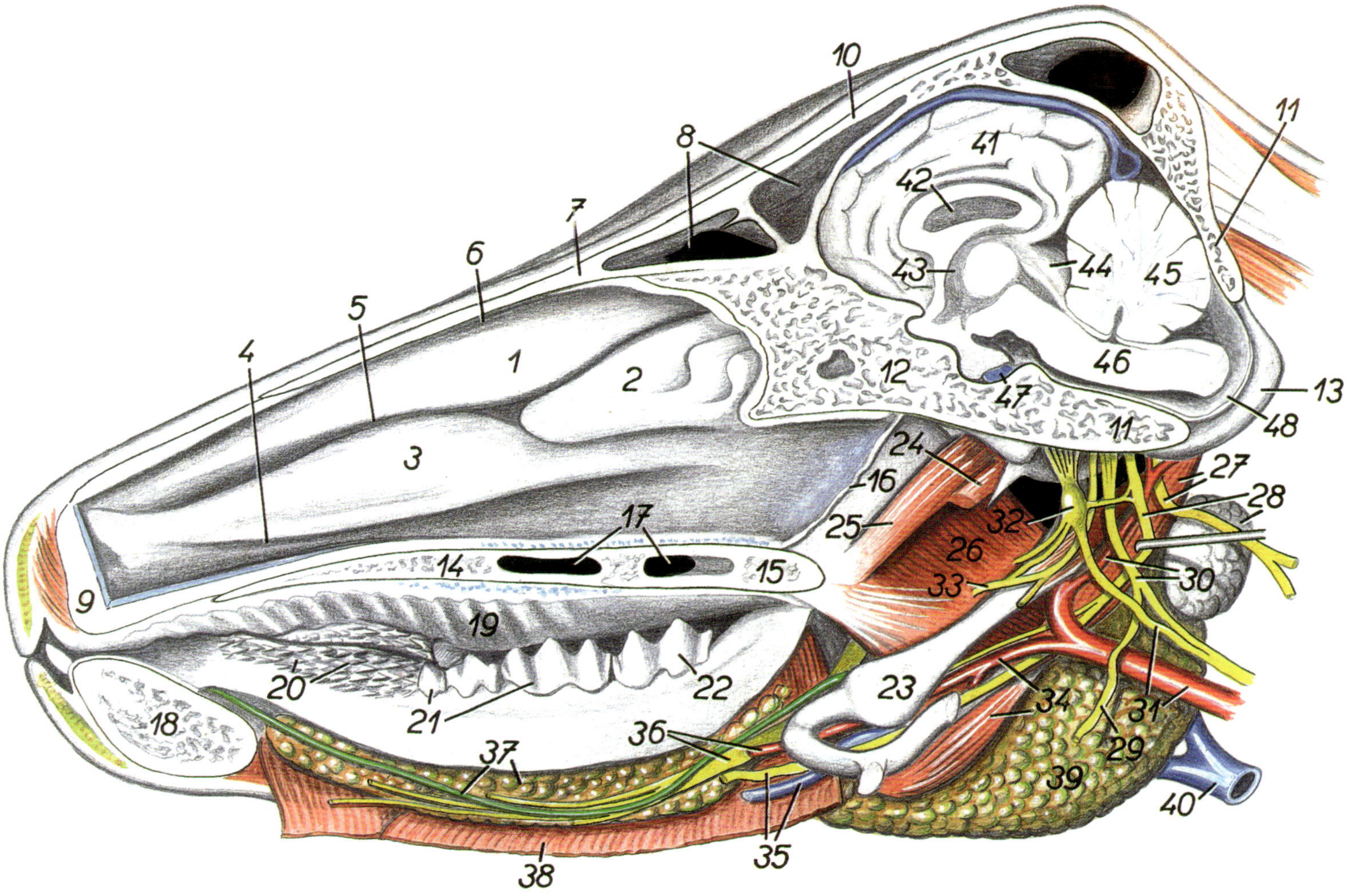

1. *Concha nasalis dorsalis* – dorsale Nasenmuschel
2. *Concha nasalis media* – mittlere Nasenmuschel
3. *Concha nasalis ventralis* – ventrale Nasenmuschel
4. *Meatus nasi ventralis* – ventraler Nasengang
5. *Meatus nasi medius* – mittlerer Nasengang
6. *Meatus nasi dorsalis* – dorsaler Nasengang
7. *Os nasale* – Nasenbein
8. *Sinus frontalis* – Stirnhöhle
9. *Cartilago septi nasi* – Nasenscheidewandknorpel
10. *Os frontale* – Stirnbein
11. *Os occipitale* – Hinterhauptbein
12. *Os sphenoidale (basisphenoidale et presphenoidale)* – Keilbein (hinterer und vorderer Teil des Keilbeines)
13. *Condylus occipitalis* – Gelenkknorren des Hinterhauptbeines
14. *Processus palatinus maxillae* – Gaumenfortsatz des Oberkieferbeines
15. *Lamina horizontalis ossis palatini* – Horizontalplatte des Gaumenbeines
16. *Tunica mucosa nasi* – Nasenschleimhaut
17. *Sinus palatinus* – Gaumenbeinhöhle
18. *Mandibula* – Unterkiefer
19. *Rugae palatinae* – Gaumenstaffeln
20. *Papillae conicae buccales* – konische Backenpapillen
21. *Dentes premolares (decidui)* – vordere Backenzähne (Milchzähne)
22. *Dens molaris I* – 1. hinterer Backenzahn
23. *Os hyoideum* – Zungenbein
24. *M. levator veli palatini* – Heber des Gaumensegels
25. *M. tensor veli palatini* – Spanner des Gaumensegels
26. *M. pterygoideus* – innerer Kaumuskel
27. *Venter caudalis mi. digastrici, Nervus accessorius* – kaudaler Bauch des zweibäuchigen Muskels, zusätzlicher Nerv
28. *N. hypoglossus, Ln. retropharyngeus lateralis* – Unterzungennerv, lateraler Lymphknoten hinter dem Rachen
29. *N. laryngeus cranialis* – kranialer Kehlkopfnerv
30. *N. vagus, A. occipitalis* – Vagusnerv, Hinterhauptarterie
31. *A. carotis communis, Truncus sympathicus* – gemeinsame Kopfarterie, Stamm des Sympathikusnerven
32. *Ganglion cervicale craniale* – kranialer Halsnervenknoten
33. *N. glossopharyngeus* – Zungen-Rachennerv
34. *M. stylohyoideus, Truncus linguofacialis* – großer Zungenbeinast-Zungenbeinmuskel, gemeinsamer Stamm der Zungen-Gesichtsarterie
35. *V. lingualis, N. hypoglossus* – Zungenvene, Unterzungennerv
36. *N. et A. lingualis* – Zungennerv und -arterie
37. *Glandulae sublinguales, Ductus mandibularis* – Unterzungendrüsen, Ausführungsgang der Unterkieferdrüse
38. *M. mylohyoideus* – Kehlgangmuskel
39. *Glandula mandibularis* – Unterkieferdrüse
40. *V. jugularis externa* – äußere Drosselvene
41. *Hemispherium cerebri* – Großhirnhälfte
42. *Ventriculus lateralis encephali* – laterale Hirnkammer
43. *Ventriculus tertius encephali* – 3. Hirnkammer
44. *Tectum mesencephali (Corpora quadrigemina)* – Mittelhirndach (Vierhügelkörper)
45. *Cerebellum* – Kleinhirn
46. *Medulla oblongata* – verlängertes Mark
47. *Sinus cavernosus* – gekammerter Blutleiter
48. *Dura mater* – harte Hirnhaut

Rind. Färse. Topographie der Arterien am Kopf. Oberflächliche Gefäße, Ansicht von links. Nach einem Korrosionspräparat gezeichnet.

Abbildung 19

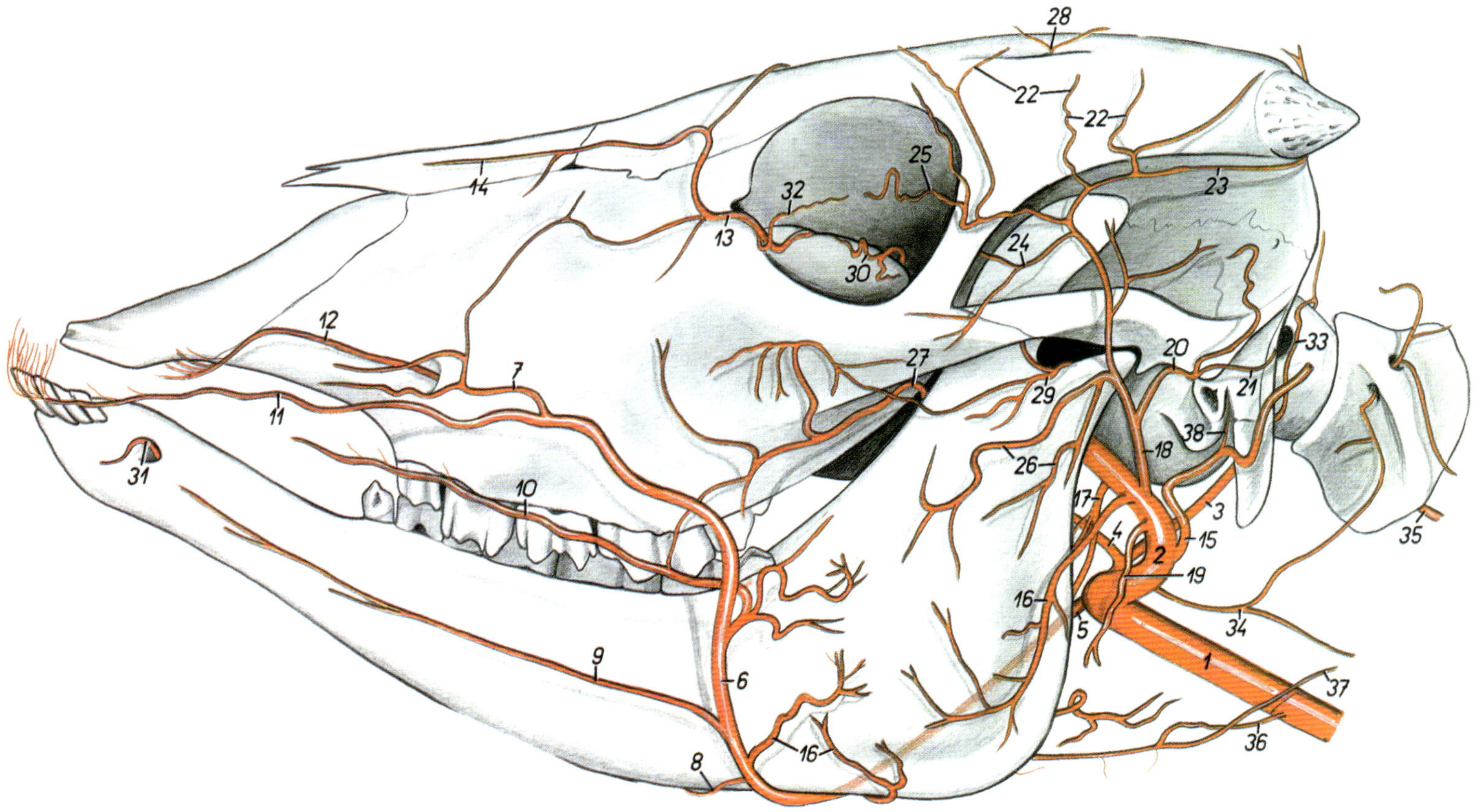

1. *A. carotis communis* – gemeinsame Kopfarterie
2. *A. carotis externa* – äußere Kopfarterie
3. *A. occipitalis* – Hinterhauptarterie
4. *A. palatina ascendens* – aufsteigende Gaumenarterie
5. *Truncus linguofacialis* – Stamm der Zungen-Gesichtsarterie
6. *A. facialis* – Gesichtsarterie
7. *A. lateralis nasi* – laterale Nasenarterie
8. *A. submentalis* – Unterkinnarterie
9. *A. labialis inferior superficialis* – oberflächliche Unterlippenarterie
10. *A. labialis inferior profunda* – tiefe Unterlippenarterie
11. *A. labialis superior* – Oberlippenarterie
12. *A. infraorbitalis* – Unteraugenhöhlenarterie
13. *A. malaris* – Wangenarterie
14. *A. dorsalis nasi* – Nasenrückenarterie
15. *A. auricularis caudalis* – kaudale Ohrmuschelarterie
16. *Rami masseterici (a. carotidis externae et a. facialis)* – Äste für den äußeren Kaumuskel (der äußeren Kopfarterie und Gesichtsarterie)
17. *Ramus pterygoideus a. maxillaris* – Ast der Oberkieferarterie für den inneren Kaumuskel
18. *A. temporalis superficialis* – oberflächliche Schläfenarterie
19. *Ramus parotideus a. carotidis externae* – Ohrspeicheldrüsenast der äußeren Kopfarterie
20. *A. auricularis rostralis* – rostrale Ohrmuschelarterie
21. *Ramus auricularis medialis* – medialer Ohrmuschelast
22. *Rami frontales* – Stirnäste
23. *A. cornualis* – Hornarterie
24. *Ramus lacrimalis* – Tränenbeinast
25. *A. palpebralis superior lateralis* – laterale Oberlidarterie
26. *A. transversa faciei* – Querarterie des Gesichtes
27. *A. buccalis* – Backenarterie
28. *A. supraorbitalis* – Überaugenhöhlenarterie
29. *A. masseterica* – Arterie des äußeren Kaumuskels
30. *Ramus bulbi (A. ciliaris posterioris)* – Augapfelast (der hinteren Strahlenkörperarterie)
31. *A. mentalis* – Kinnarterie
32. *A. palpebralis inferior medialis* – mediale untere Augenlidarterie
33. *Ramus occipitalis a. occipitalis* – Hinterhauptast der Hinterhauptarterie
34. *Ramus sternocleidomastoideus a. carotidis communis* – Brustbein-Schlüsselbein-Warzenteilast der gemeinsamen Kopfarterie
35. *A. spinalis ventralis* – ventrale Rückenmarkarterie
36. *A. thyroidea cranialis* – kraniale Schilddrüsenarterie
37. *Ramus laryngeus caudalis a. thyroideae cranialis* – kaudaler Kehlkopfast der kranialen Schilddrüsenarterie
38. *A. stylomastoidea* – Griffel-Warzenteilarterie

Rind. Färse. Topographie der Arterien am Kopf. Tiefe Gefäße, Ansicht von links, nach Entfernung des Jochbogens und der linken Unterkieferhälfte. Nur die Arterien der linken Seite sind dargestellt. Nach einem Korrosionspräparat gezeichnet.

Abbildung 20

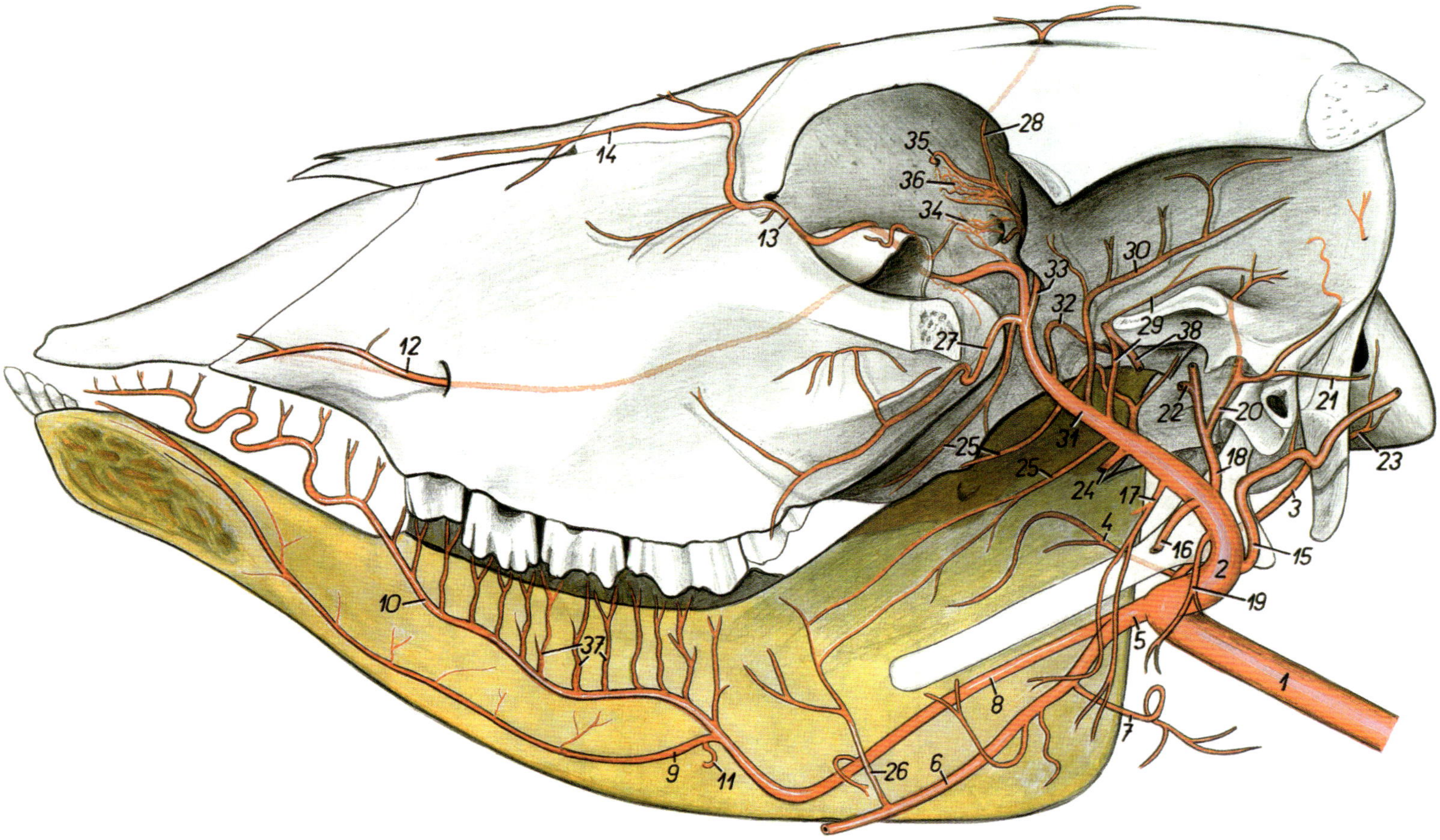

1. *A. carotis communis* – gemeinsame Kopfarterie
2. *A. carotis externa* – äußere Kopfarterie
3. *A. occipitalis* – Hinterhauptarterie
4. *A. palatina ascendens* – aufsteigende Gaumenarterie
5. *Truncus linguofacialis* – Stamm der Zungen-Gesichtsarterie
6. *A. facialis* – Gesichtsarterie
7. *Ramus glandularis* – Drüsenast
8. *A. lingualis* – Zungenarterie
9. *A. sublingualis* – Unterzungenarterie
10. *A. profunda linguae* – tiefe Zungenarterie
11. *Ramus communicans ad a. sublingualem dextram* – Verbindungsast zur rechten Unterzungenarterie
12. *A. infraorbitalis* – Unteraugenhöhlenarterie
13. *A. malaris* – Wangenarterie
14. *A. dorsalis nasi* – Nasenrückenarterie
15. *A. auricularis caudalis* – kaudale Ohrmuschelarterie
16. *Ramus massetericus* – Ast für den äußeren Kaumuskel
17. *Ramus pterygoideus* – Ast für den inneren Kaumuskel
18. *A. temporalis superficialis* – oberflächliche Schläfenarterie
19. *Ramus parotideus* – Ohrspeicheldrüsenast
20. *A. auricularis rostralis* – rostrale Ohrmuschelarterie
21. *Ramus auricularis medialis* – medialer Ohrmuschelast
22. *A. transversa faciei* – Querarterie des Gesichts
23. *Ramus occipitalis a. occipitalis* – Hinterhauptast der Hinterhauptarterie
24. *A. alveolaris inferior* – Zahnfacharterie des Unterkiefers
25. *Rami pterygoidei (A. maxillaris et A. buccalis)* – innere Kaumuskeläste (der Oberkieferarterie und Backenarterie)
26. *Ramus pterygoideus A. facialis* – innerer Kaumuskelast der Gesichtsarterie
27. *A. buccalis* – Backenarterie
28. *A. supraorbitalis* – Überaugenhöhlenarterie
29. *A. temporalis profunda caudalis* – kaudale tiefe Schläfenarterie
30. *Ramus temporalis a. temporalis profundae rostralis* – Schläfenast der rostralen tiefen Schläfenarterie
31. *A. maxillaris* – Oberkieferarterie
32. *Ramus rostralis a. maxillaris ad rete mirabile epidurale rostrale* – rostraler Ast der Oberkieferarterie zum rostralen über der harten Hirnhaut gelegenen Wundernetz
33. *A. ophthalmica externa* – äußere Augenarterie
34. *A. ciliares posteriores longae* – lange hintere Strahlenkörperarterien
35. *A. ethmoidalis externa* – äußere Siebbeinarterie
36. *Rete mirabile ophthalmicum* – Augenwundernetz
37. *Rami dorsales linguae* – dorsale Zungenäste
38. *A. masseterica* – äußere Kaumuskelarterie

Rind. Querschnitt durch den Kopf in Höhe des 1. vorderen Backenzahnes, Ansicht von rostral.

Abbildung 21

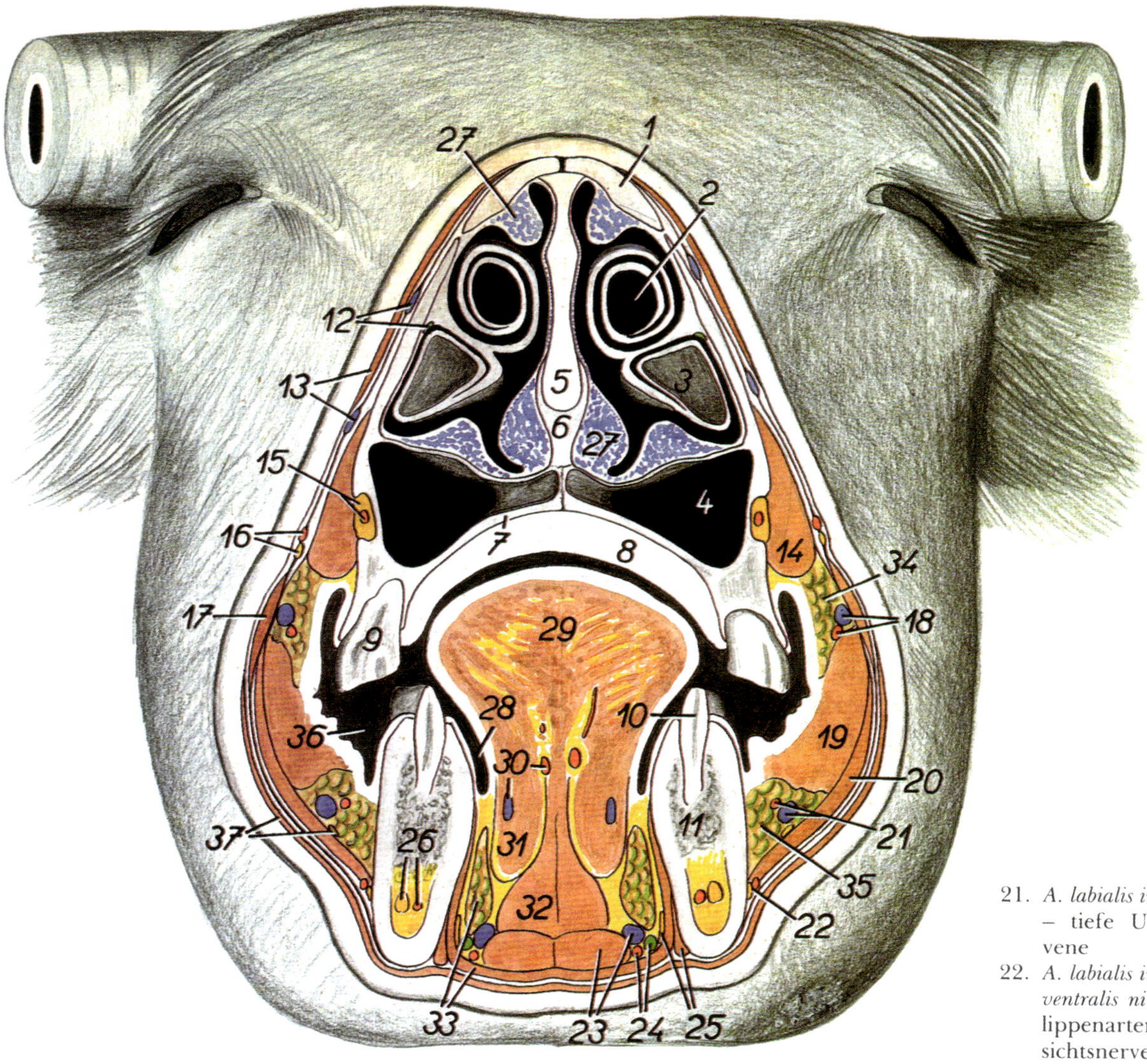

1. *Os nasale* – Nasenbein
2., 3. *Sinus conchae nasalis ventralis* – ventrale Nasenmuschelhöhle
2. *Sinus partis dorsalis conchae ventralis* – Dorsalteil der ventralen Muschelhöhle
3. *Sinus partis ventralis conchae ventralis* – Ventralteil der ventralen Muschelhöhle
4. *Apertura maxillopalatina sinus maxillaris* – Oberkieferbeingaumenbeinöffnung der Oberkieferbeinhöhle
5. *Cartilago septi nasi* – Nasenscheidewandknorpel
6. *Vomer* – Pflugscharbein
7. *Processus palatinus maxillae* – Gaumenfortsatz des Oberkieferbeines
8. *Tunica mucosa palati* – Gaumenschleimhaut
9. *Dens premolaris II superior* – zweiter vorderer Oberkieferbackenzahn
10. *Dens premolaris II inferior* – zweiter vorderer Unterkieferbackenzahn
11. *Mandibula* – Unterkiefer
12. *V. dorsalis nasi, Ductus nasolacrimalis* – Nasenrückenvene, Tränennasengang
13. *V. angularis oculi, M. levator nasolabialis* – Augenwinkelvene, Nasen-Lippenheber
14. *M. levator labii superioris, M. caninus et M. depressor labii superioris* – Oberlippenheber, Eckzahnmuskel und Niederzieher der Oberlippe
15. *A. et N. infraorbitalis* – Unteraugenhöhlenarterie und Nerv
16. *A. lateralis nasi, Rami buccales ni. facialis* – laterale Nasenarterie, Backenäste des Gesichtsnerven
17. *M. zygomaticus* – Jochbeinmuskel
18. *A. et V. labialis superior* – Oberlippenarterie und -vene
19. *Pars molaris mi. buccinatoris* – Backenzahnteil des Backenmuskels
20. *Pars buccalis mi.buccinatoris et M. depressor labii inferioris* – Backenteil des Backenmuskels und Niederzieher der Unterlippe
21. *A. labialis inferior profunda, V. labialis inferior* – tiefe Unterlippenarterie, Unterlippenvene
22. *A. labialis inferior superficialis, Ramus buccalis ventralis ni. facialis* – oberflächliche Unterlippenarterie, ventraler Backenast des Gesichtsnerven
23. *V. sublingualis, M. geniohyoideus* – Unterzungenvene, Kinn-Zungenbeinmuskel
24. *A. sublingualis, Ductus mandibularis* – Unterzungenarterie, Unterkieferdrüsenausführungsgang
25. *N. lingualis, M. digastricus* – Zungennerv, zweibäuchiger Muskel
26. *A. et N. alveolaris inferior* – Zahnfacharterie und -nerv des Unterkiefers
27. *Plexus venosi nasales* – Venengeflechte der Nase
28. *Recessus sublingualis lateralis* – laterale Unterzungenausbuchtung
29. *Corpus linguae* – Zungenkörper
30. *A. et V. lingualis* – Zungenarterie und -vene
31. *M. hyoglossus* – Zungenbein-Zungenmuskel
32. *M. genioglossus* – Kinn-Zungenmuskel
33. *Glandulae sublinguales, M. mylohyoideus* – Unterzungendrüsen, Kehlgangsmuskel
34. *Glandulae buccales dorsales* – dorsale Backendrüsen
35. *Glandulae buccales ventrales* – ventrale Backendrüsen
36. *Vestibulum buccale* – Backenvorhof
37. *M. cutaneus faciei, N. buccalis* – Gesichtshautmuskel, Backennerv

Rind. Querschnitt durch den Kopf in Höhe des vorletzten hinteren Backenzahnes, Ansicht von rostral.

Abbildung 22

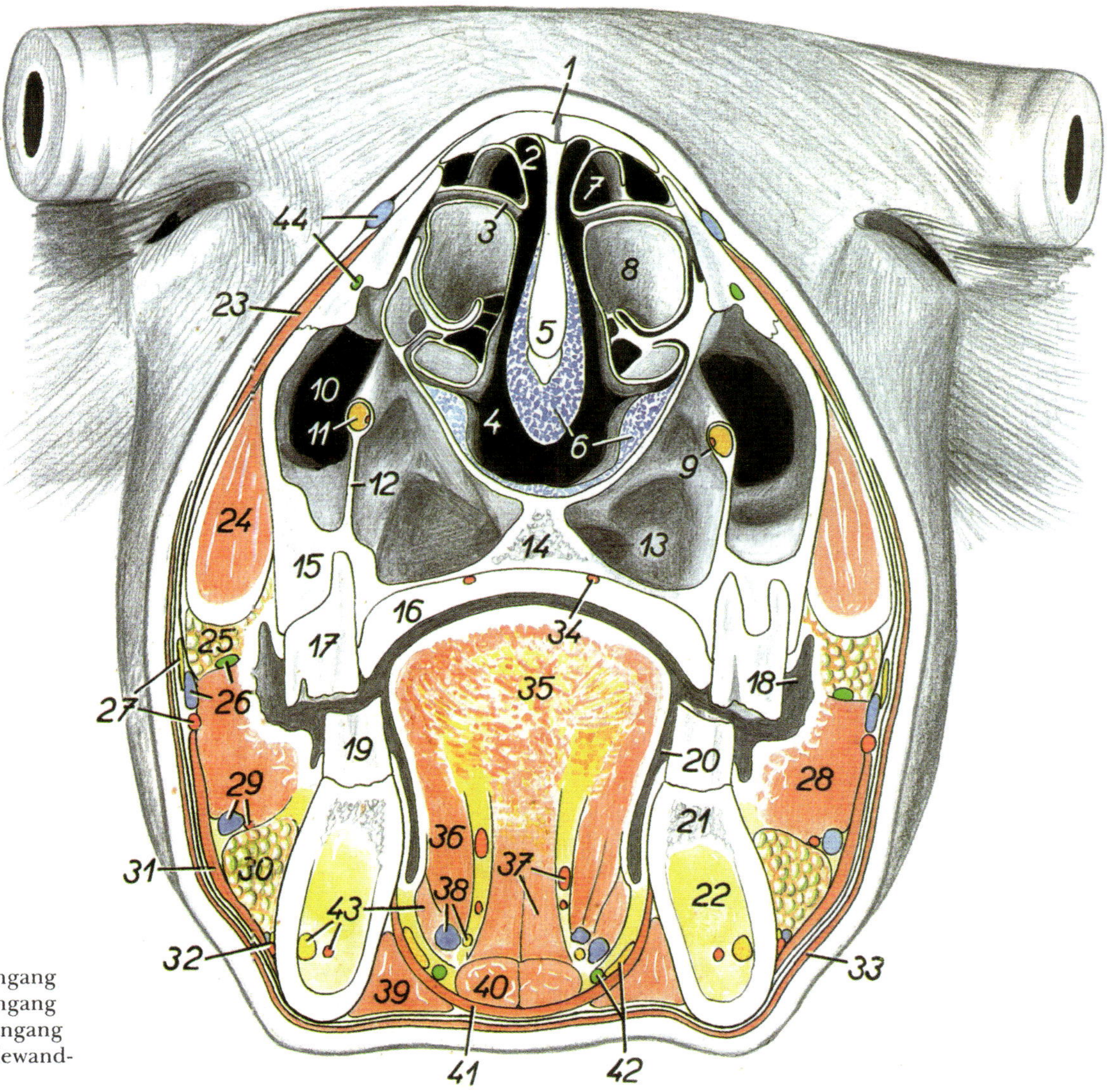

1. *Os nasale* – Nasenbein
2. *Meatus nasi dorsalis* – dorsaler Nasengang
3. *Meatus nasi medius* – mittlerer Nasengang
4. *Meatus nasi ventralis* – ventraler Nasengang
5. *Cartilago septi nasi* – Nasenscheidewandknorpel
6. *Plexus venosi nasales* – Venengeflechte der Nase
7. *Sinus conchae dorsalis* – dorsale Muschelhöhle
8. *Sinus conchae ventralis* – ventrale Muschelhöhle
9. *Canalis infraorbitalis* – Unteraugenhöhlenkanal
10. *Sinus maxillaris* – Oberkieferhöhle
11. *N. et A. infraorbitalis* – Unteraugenhöhlennerv und -arterie
12. *Lamina infraorbitalis* – Unteraugenhöhlenplatte
13. *Sinus palatinus* – Gaumenbeinhöhle
14. *Os palatinum* – Gaumenbein
15. *Maxilla* – Oberkieferbein
16. *Tunica mucosa palati* – Gaumenschleimhaut
17. *Dens molaris II superior* – 2. hinterer Oberkieferbackenzahn
18. *Vestibulum buccale* – Backenvorhof
19. *Dens molaris II inferior* – 2. hinterer Unterkieferbackenzahn
20. *Recessus sublingualis lateralis* – laterale Unterzungenausbuchtung
21. *Mandibula* – Unterkiefer
22. *Medulla ossium flava* – gelbes Knochenmark
23. *M. malaris* – Wangenmuskel
24. *M. masseter* – äußerer Kaumuskel
25. *Glandulae buccales dorsales* – dorsale Backendrüsen
26. *Ductus parotideus, V. facialis* – Ausführungsgang der Ohrspeicheldrüse, Gesichtsvene
27. *Rami buccales ni. facialis, A. facialis* – Backenäste des Gesichtsnerven, Gesichtsarterie
28. *Pars molaris mi. buccinatoris* – Backenzahnteil des Backenmuskels
29. *V. labialis inferior, A. labialis inferior profunda* – Unterlippenvene, tiefe Unterlippenarterie
30. *Glandulae buccales ventrales* – ventrale Backendrüsen
31. *Pars buccalis mi. buccinatoris, M. depressor labii inferioris* – Backenteil des Backenmuskels, Niederzieher der Unterlippe
32. *A. labialis inferior superficialis, Ramus marginalis mandibulae* – oberflächliche Unterlippenarterie, Unterkieferrandast
33. *M. cutaneus faciei* – Gesichtshautmuskel
34. *A. palatina major* – große Gaumenarterie
35. *Corpus linguae* – Zungenkörper
36. *M. hyoglossus* – Zungenbein-Zungenmuskel
37. *M. genioglossus, A. lingualis* – Kinn-Zungenmuskel, Zungenarterie
38. *V. lingualis, N. hypoglossus* – Zungenvene, Unterzungennerv
39. *M. digastricus* – zweibäuchiger Muskel
40. *M. geniohyoideus* – Kinn-Zungenbeinmuskel
41. *M. mylohyoideus* – Kehlgangmuskel
42. *N. lingualis, Ductus mandibularis* – Zungennerv, Ausführungsgang der Unterkieferdrüse
43. *A. et N. alveolaris inferior, M. styloglossus* – Zahnfacharterie und -nerv des Unterkiefers, großer Zungenbeinast-Zungenmuskel
44. *V. angularis oculi, Ductus nasolacrimalis* – Augenwinkelvene, Tränennasengang

Rind. Querschnitt durch den Kopf in Höhe des rostralen Endes der Augenhöhle, Ansicht von rostral.

Abbildung 23

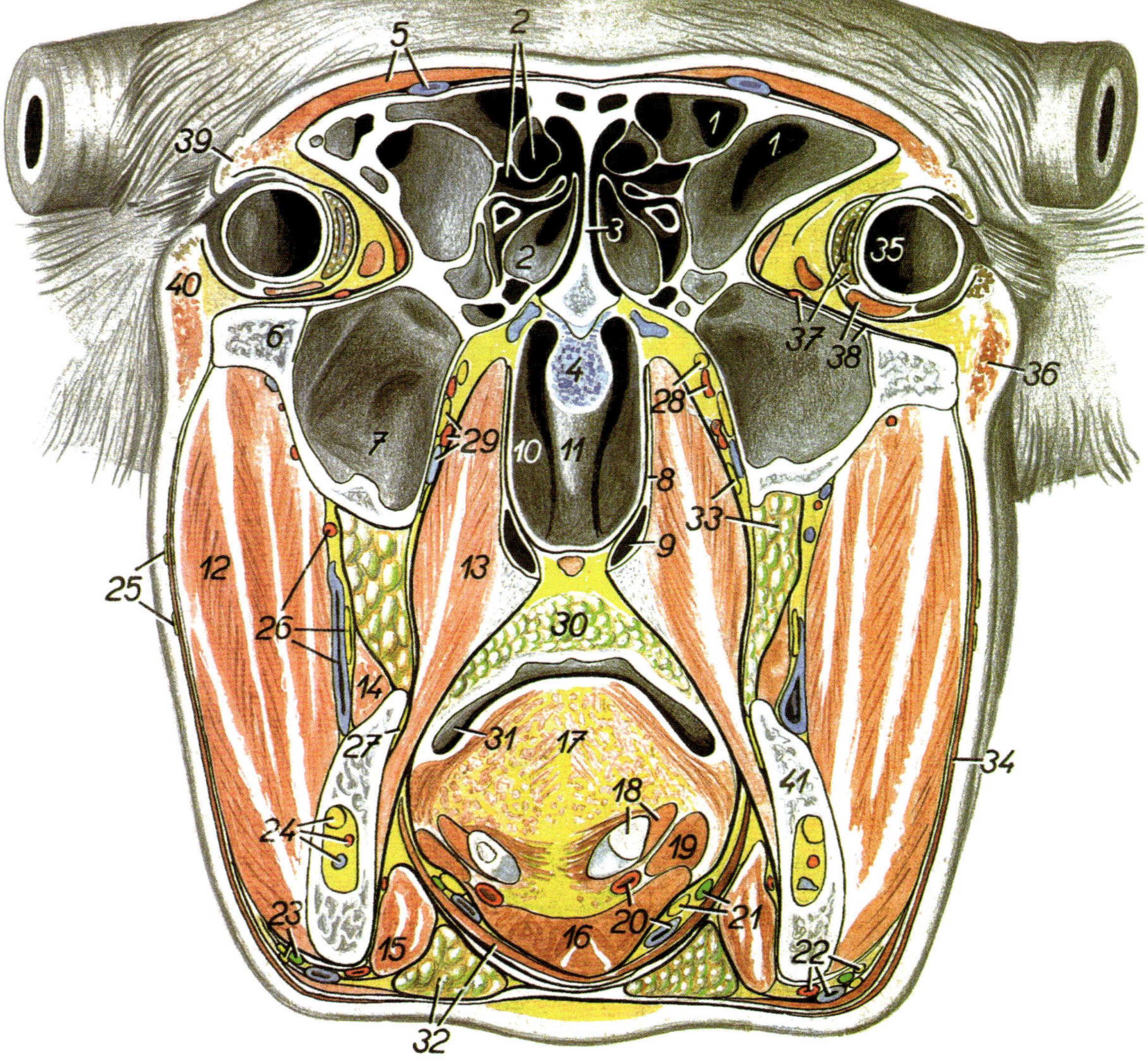

1. *Sinus frontalis rostralis* – rostrale Stirnhöhle
2. *Labyrinthus ethmoidalis* – Siebbeinlabyrinth
3. *Lamina perpendicularis ossis ethmoidalis* – senkrechte Platte des Siebbeines
4. *Plexus venosi* – Venengeflechte
5. *M. frontalis, V. frontalis* – Stirnmuskel, Stirnvene
6. *Os zygomaticum* – Jochbein
7. *Sinus maxillaris* – Oberkieferbeinhöhle
8. *Os palatinum* – Gaumenbein
9. *Sinus palatinus* – Gaumenbeinhöhle
10. *Choana* – Rachenöffnung der Nasenhöhle
11. *Septum nasi* – Nasenscheidewand
12. *M. masseter* – äußerer Kaumuskel
13. *M. pterygoideus* – innerer Kaumuskel
14. *Pars molaris mi. buccinatoris* – Backenzahnteil des Backenmuskels
15. *Venter rostralis mi. digastrici* – rostraler Bauch des zweibäuchigen Muskels
16. *Mm. geniohyoidei* – Kinn-Zungenbeinmuskeln
17. *Radix linguae* – Zungenwurzel
18. *Os hyoideum (epihyoideum et stylohyoideum)* – Zungenbein (mittlerer und großer Zungenbeinast)
19. *M. styloglossus* – großer Zungenbeinast-Zungenmuskel
20. *A. et V. lingualis* – Zungenarterie und -vene
21. *N. hypoglossus, Ductus mandibularis* – Unterzungennerv, Ausführungsgang der Unterkieferdrüse
22. *A. et V. facialis, Ramus parotideus n. buccalis* – Gesichtsarterie und -vene, Ohrspeicheldrüsenast des Backennerven
23. *Ductus parotideus, Ramus marginalis mandibulae* – Ausführungsgang der Ohrspeicheldrüse, Unterkieferrandast
24. *A., V. et N. alveolaris inferior* – Unterkieferzahnfacharterie, -vene und -nerv
25. *Rami buccales ni. facialis* – Backenäste des Gesichtsnerven
26. *A. et N. buccalis, V. faciei profunda* – Backenarterie und -nerv, tiefe Gesichtsvene
27. *N. lingualis* – Zungennerv
28. *A. sphenopalatina, N. pterygopalatinus* – Keilbein-Gaumenbeinarterie, Flügelbein-Gaumenbeinnerv
29. *A., V. et N. infraorbitalis* – Unteraugenhöhlenarterie, -vene und -nerv
30. *Glandulae palatinae* – Gaumendrüsen
31. *Isthmus faucium* – Rachenenge
32. *M. mylohyoideus, Glandula mandibularis* – Kehlgangmuskel, Unterkieferdrüse
33. *N. palatinus major, Glandulae buccales* – großer Gaumennerv, Backendrüsen
34. *M. cutaneus faciei* – Gesichtshautmuskel
35. *Bulbus oculi* – Augapfel
36. *M. orbicularis oculi* – Kreismuskel des Auges
37. *A. malaris, Cartilago et Glandula palpebrae tertiae* – Wangenarterie, Knorpel und Drüse des 3. Augenlids
38. *M. obliquus bulbi ventralis, Periorbita* – ventraler schiefer Augenmuskel, Augenhöhlenknochenhaut
39. *Palpebra superior* – Oberlid
40. *Palpebra inferior* – Unterlid
41. *Mandibula* – Unterkiefer

Rind. Querschnitt durch den Kopf in Höhe des Muskelfortsatzes des Unterkiefers, Ansicht von rostral.

Abbildung 24

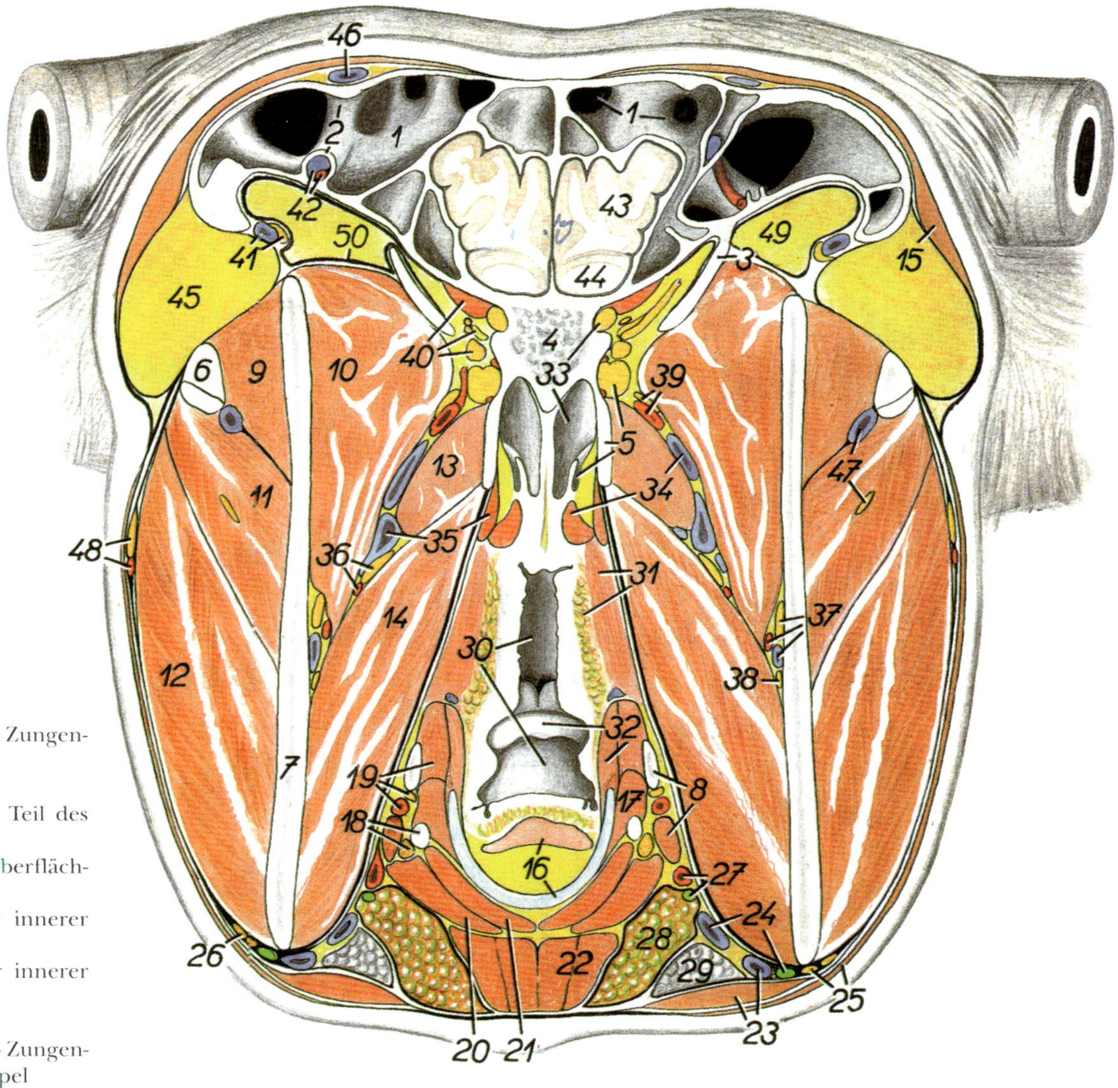

1. *Sinus frontalis rostralis* – rostrale Stirnhöhle
2. *Canalis supraorbitalis* – Überaugenhöhlenkanal
3. *Crista pterygoidea* – Flügelbeinleiste
4. *Corpus ossis presphenoidalis* – Körper des vorderen Teils des Keilbeines
5. *Processus pterygoideus ossis basisphenoidalis, N. maxillaris, Ostium pharyngeum tubae auditivae* – Flügelfortsatz des hinteren Teils des Keilbeines, Oberkiefernerv, Rachenöffnung der Ohrtrompete
6. *Arcus zygomaticus* – Jochbein
7. *Mandibula* – Unterkiefer
8. *Stylohyoideum, M. digastricus* – großer Zungenbeinast, zweibäuchiger Muskel
9., 10. *M. temporalis* – Schläfenmuskel
11. *Pars profunda mi. masseteris* – tiefer Teil des äußeren Kaumuskels
12. *Pars superficialis mi. masseteris* – oberflächlicher Teil des äußeren Kaumuskels
13. *M. pterygoideus lateralis* – lateraler innerer Kaumuskel
14. *M. pterygoideus medialis* – medialer innerer Kaumuskel
15. *M. frontalis* – Stirnmuskel
16. *M. hyoepiglotticus, Cartilago thyroidea* – Zungenbein-Kehldeckelmuskel, Schildknorpel
17. *M. hypopharyngeus* – Zungenbein-Rachenmuskel
18. *Thyrohyoideum, N. hypoglossus* – Schildknorpelast des Zungenbeines, Unterzungennerv
19. *M. stylopharyngeus, A. lingualis, Ramus lingualis ni. glossopharyngei* – großer Zungenbeinast-Rachenmuskel, Zungenarterie, Zungenast des Zungen-Rachennerven
20. *M. stylohyoideus* – großer Zungenbeinast-Zungenbeinmuskel
21. *M. sternohyroideus* – Brustbein-Schildknorpelmuskel
22. *M. omohyoideus et M. sternohyoideus* – Schulter-Zungenbeinmuskel und Brustbein-Zungenbeinmuskel
23. *M. sternomandibularis, V. facialis* – Brustbein-Unterkiefermuskel, Gesichtsvene
24. *V. lingualis, Ductus parotideus* – Zungenvene, Ohrspeicheldrüsenausführungsgang
25. *Ramus parotideus n. buccalis, M. cutaneus faciei* – Ohrspeicheldrüsenast des Backennerven, Gesichtshautmuskel
26. *Ramus marginalis mandibulae* – Unterkieferrandast
27. *A. facialis, Ductus mandibularis* – Gesichtsarterie, Ausführungsgang der Unterkieferdrüse
28. *Glandula mandibularis* – Unterkieferdrüse
29. *Ln. mandibularis* – Unterkieferlymphknoten
30. *Cavum pharyngis* – Schlundkopfhöhle
31. *Paries lateralis pharyngis* – Lateralwand des Schlundkopfes
32. *Epiglottis, M. thyropharyngeus* – Kehldeckel, Schildknorpel-Rachenmuskel
33. *N. opticus, Recessus pharyngeus* – Sehnerv, Ausbuchtung des Rachens
34. *M. levator veli palatini, V. faciei profunda* – Heber des Gaumensegels, tiefe Gesichtsvene
35. *M. tensor veli palatini, V. maxillaris* – Spanner des Gaumensegels, Oberkiefervene
36. *N. lingualis, Ramus pterygoideus a. maxillaris* – Zungennerv, innerer Kaumuskelast der Oberkieferarterie
37. *A., V. et N. alveolaris inferior* – Unterkieferzahnfacharterie, -vene und -nerv
38. *N. mylohyoideus* – Kehlgangnerv
39. *A. maxillaris, N. buccalis* – Oberkieferarterie, Backennerv
40. *M. retractor bulbi, N. ophthalmicus, N. oculomotorius, N. trochlearis et N. abducens* – Zurückzieher des Augapfels, Augennerv, Augenbewegernerv, Rollnerv und wegziehender Nerv
41. *Ramus zygomaticotemporalis ni. zygomatici, V. ophthalmica externa* – Jochschläfenast des Jochnerven, äußere Augenvene
42. *A. et V. supraorbitalis* – Überaugenhöhlenarterie und -vene
43. *Lobus frontalis neopallii* – Stirnlappen des Neuhirns
44. *Tractus olfacotorius rhinencephali* – Riechstrang des Riechhirns
45. *Corpus adiposum* – Fettkörper
46. *V. frontalis (s. supraorbitalis)* – Stirnvene (Überaugenhöhlenven)
47. *N. massetericus, V. transversa faciei* – äußerer Kaumuskelnerv, Quervene des Gesichtes
48. *Rami buccales ni. facialis, A. transversa faciei* – Backenäste des Gesichtsnerven, Querarterie des Gesichts
49. *Corpus adiposum orbitae* – Augenhöhlenfettkörper
50. *Periorbita* – Augenhöhlenknochenhaut

Rind. Querschnitt durch den Kopf in der Nähe des äußeren Gehörganges, Ansicht von rostral.

Abbildung 25

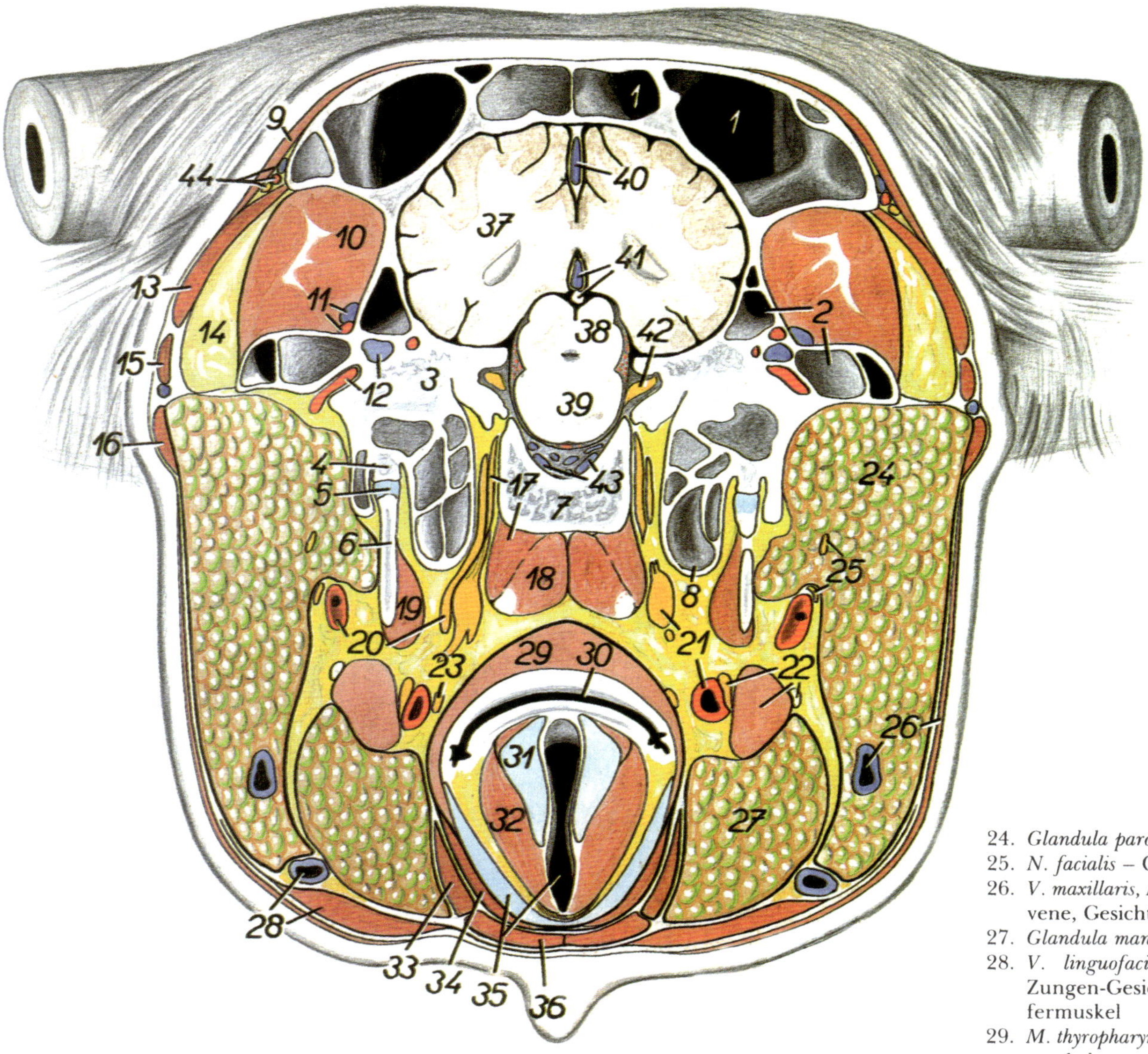

1. *Sinus frontalis* – Stirnhöhle
2. *Recessus temporalis sinus frontalis* – schläfenseitige Ausbuchtung der Stirnhöhle
3. *Pars petrosa ossis temporalis* – Felsenteil des Schläfenbeines
4. *Processus styloideus ossis temporalis* – Griffelfortsatz des Schläfenbeines
5. *Tympanohyoideum* – Paukenteil des Zungenbeines
6. *Stylohyoideum* – großer Zungenbeinast
7. *Pars basilaris ossis occipitalis* – Basisteil des Hinterhauptbeines
8. *Bulla tympanica et Cellulae tympanicae* – Paukenblase und Paukenkammern
9. *M. frontalis* – Stirnmuskel
10. *M. temporalis* – Schläfenmuskel
11. *A. temporalis profunda caudalis, V. temporalis profunda* – kaudale tiefe Schläfenarterie, tiefe Schläfenvene
12. *Ramus meningeus a. auricularis rostralis, Sinus transversus* – Hirnhautast der rostralen Ohrmuschelarterie, Querblutleiter
13. *M. interscutularis et M. frontoscutularis* – Zwischenschildchenmuskel und Stirn-Schildchenmuskel
14. *Corpus adiposum auriculare* – Fettkörper der Ohrmuschel
15. *M. zygomaticoauricularis* – Jochbein-Ohrmuschelmuskel
16. *M. parotidoauricularis* – Ohrspeicheldrüsen-Ohrmuschelmuskel
17. *N. glossopharyngeus, M. rectus capitis ventralis* – Zungen-Rachennerv, ventraler gerader Kopfmuskel
18. *M. longus capitis* – langer Kopfmuskel
19. *M. occipitohyoideus* – Hinterhauptbein-Zungenbeinmuskel
20. *N. vagus, Flexura hyoidea carotidis (Geniculum laterale)* – Vagusnerv, Zungenbeinbiegung der Kopfarterie (seitliches Knie)
21. *A. carotis communis, Ganglion cervicale craniale* – gemeinsame Kopfarterie, kranialer Halsnervenknoten
22. *M. digastricus, Tendo mi. stylohyoidei, N. hypoglossus* – zweibäuchiger Muskel, Sehne des großen Zungenbeinast-Zungenbeinmuskels, Unterzungennerv
23. *N. laryngeus cranialis* – kranialer Kehlkopfnerv
24. *Glandula parotis* – Ohrspeicheldrüse
25. *N. facialis* – Gesichtsnerv
26. *V. maxillaris, M. cutaneus faciei* – Oberkiefervene, Gesichtshautmuskel
27. *Glandula mandibularis* – Unterkieferdrüse
28. *V. linguofacialis, M. sternomandibularis* – Zungen-Gesichtsvene, Brustbein-Unterkiefermuskel
29. *M. thyropharyngeus* – Schildknorpel-Rachenmuskel
30. *Cavum pharyngis* – Rachenhöhle
31. *Cartilago arytenoidea* – Gießkannenknorpel
32. *M. vocalis et M. ventricularis* – Stimmuske und Taschenmuskel
33. *M. omohyoideus* – Schulter-Zungenbeinmuskel
34. *M. sternothyroideus* – Brustbein-Schildknorpelmuskel
35. *Cartilago thyroidea, Cavum laryngis* – Schildknorpel, Kehlkopfhöhle
36. *M. sternohyoideus* – Brustbein-Zungenbeinmuskel
37. *Hemispherium cerebri* – Großhirnhälfte
38. *Tectum mesencephali* – Dach des Mittelhirns
39. *Crura (s. pedunculi) cerebri* – Großhirnschenkel
40. *Sinus sagittalis* – sagittaler Blutleiter
41. *Sinus rectus, Glandula pinealis* – gerader Blutleiter, Zirbeldrüse
42. *N. facialis et N. vestibulocochlearis* – Gesichtsnerv und Gleichgewichts-Gehörnerv
43. *Sinus basilaris* – basaler Blutleiter
44. *A. et V. cornualis, Ramus zygomaticotemporalis ni. zygomatici* – Hornarterie und -vene Jochschläfenast der Jochnerven

Abbildung 26

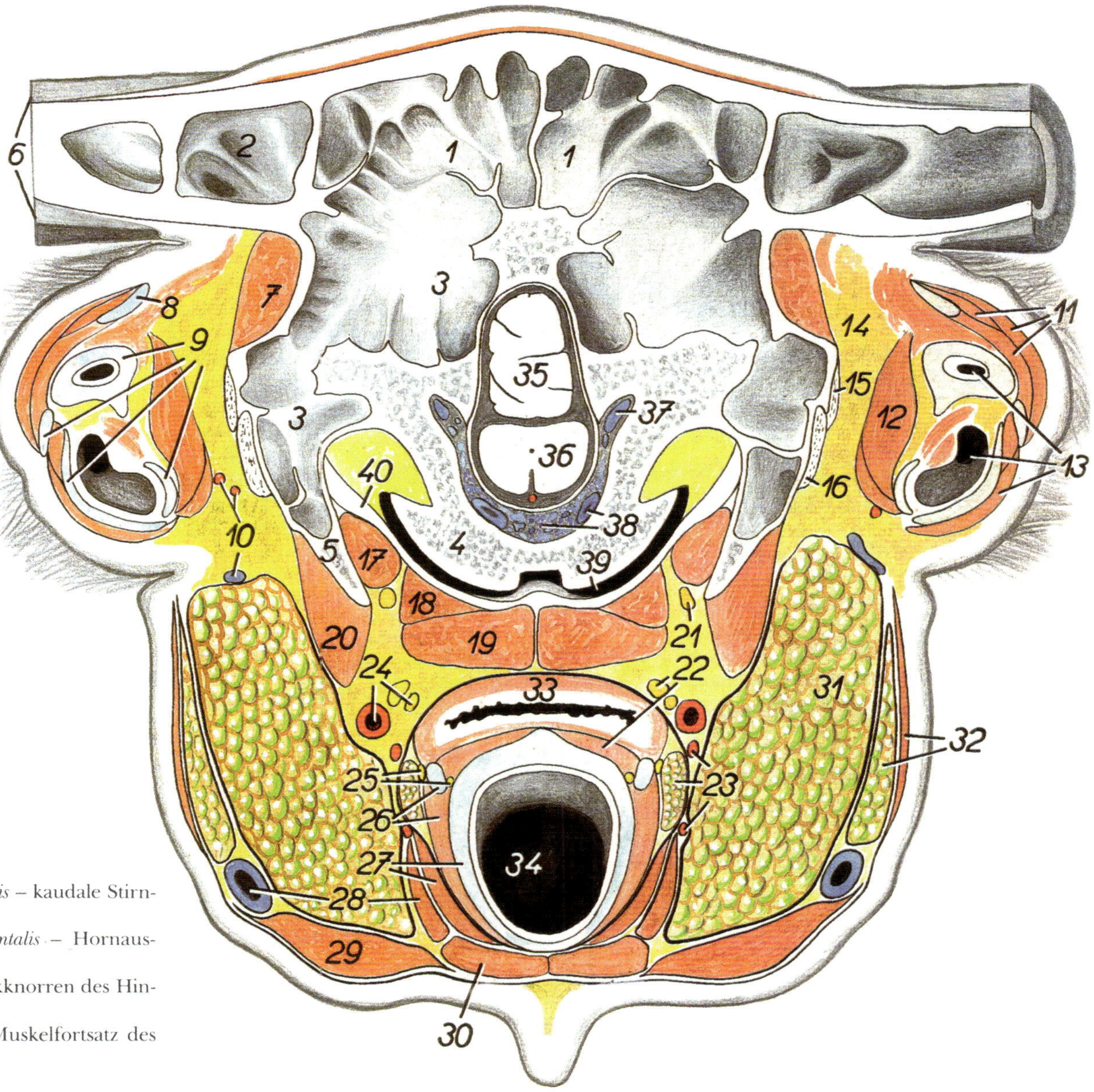

1., 2., 3. *Sinus frontalis caudalis* – kaudale Stirnhöhle
2. *Recessus cornualis sinus frontalis* – Hornausbuchtung der Stirnhöhle
4. *Condylus occipitalis* – Gelenkknorren des Hinterhauptbeines
5. *Processus paracondylaris* – Muskelfortsatz des Hinterhauptbeines
6. *Cornu* – Horn
7. *M. temporalis* – Schläfenmuskel
8. *Cartilago scutiformis* – Schildchenknorpel
9. *Cartilago auriculae* – Ohrmuschelknorpel
10. *V. auricularis caudalis et Rami a. auricularis caudalis* – kaudale Ohrmuschelvene und Äste der kaudalen Ohrmuschelarterie
11. *M. scutuloauricularis superficialis* – oberflächlicher Schildchen-Ohrmuschelmuskel
12. *M. scutuloauricularis profundus* – tiefer Schildchen-Ohrmuschelmuskel
13. *Cavum conchae, M. zygomaticoauricularis* – Muschelhöhle, Jochbein-Ohrmuschelmuskel
14. *Corpus adiposum auriculare* – Fettkörper der Ohrmuschel
15. *Insertio mi. cleidomastoidei, mi. longissimi capitis et mi. splenii* – Ansatz des Schlüsselbein-Warzenteilmuskels, der Kopfportion des längsten Muskels und des Riemenmuskels
16. *Insertio mi. obliqui capitis cranialis* – Ansatz des kranialen schiefen Kopfmuskels
17. *M. rectus capitis lateralis* – lateraler gerader Kopfmuskel
18. *M. rectus capitis ventralis* – ventraler gerader Kopfmuskel
19. *M. longus capitis* – langer Kopfmuskel
20. *M. digastricus* – zweibäuchiger Muskel
21. *N. accessorius* – zusätzlicher Nerv
22. *N. vagus, M. cricoarytenoideus dorsalis* – Vagusnerv, dorsaler Ring-Gießkannenknorpelmuskel
23. *A. thyroidea cranialis, Glandula thyroidea* – kraniale Schilddrüsenarterie, Schilddrüse
24. *A. carotis communis, Truncus sympathicus* – gemeinsame Kopfarterie, Stamm des Sympathikusnerven
25. *Rami ni. laryngei recurrentis (Nn. laryngei caudales)* – Äste des zurücklaufenden Kehlkopfnerven (kaudale Kehlkopfnerven)
26. *Cartilago thyroidea (Cornu caudale), M. cricothyroideus* – Schildknorpel (kaudales Horn), Ring-Schildknorpelmuskel
27. *Cartilago cricoidea, M. sternothyroideus* – Ringknorpel, Brustbein-Schildknorpelmuskel
28. *V. jugularis externa, M. omohyoideus* – äußere Drosselvene, Schulter-Zungenbeinmuskel
29. *M. sternomandibularis* – Brustbein-Unterkiefermuskel
30. *M. sternohyoideus* – Brustbein-Zungenbeinmuskel
31. *Glandula mandibularis* – Unterkieferdrüse
32. *Glandula parotis, M. cutaneus faciei* – Ohrspeicheldrüse, Gesichtshautmuskel
33. *Esophagus* – Speiseröhre
34. *Cavum laryngis* – Kehlkopfhöhle
35. *Vermis cerebelli* – Kleinhirnwurm
36. *Medulla oblongata* – verlängertes Mark
37. *Ramus caudalis sinus transversi* – kaudaler Ast des Querblutleiters
38. *Sinus basilaris* – basaler Blutleiter
39. *Cavum articulationis atlantooccipitalis* – Gelenkspalt des Hinterhauptbein-Atlasgelenkes
40. *Membrana fibrosa capsulae articularis* – Faserschicht der Gelenkkapsel

Rind. Basis der Schädelhöhle mit Austrittsstellen der Gehirnnerven.

Abbildung 27

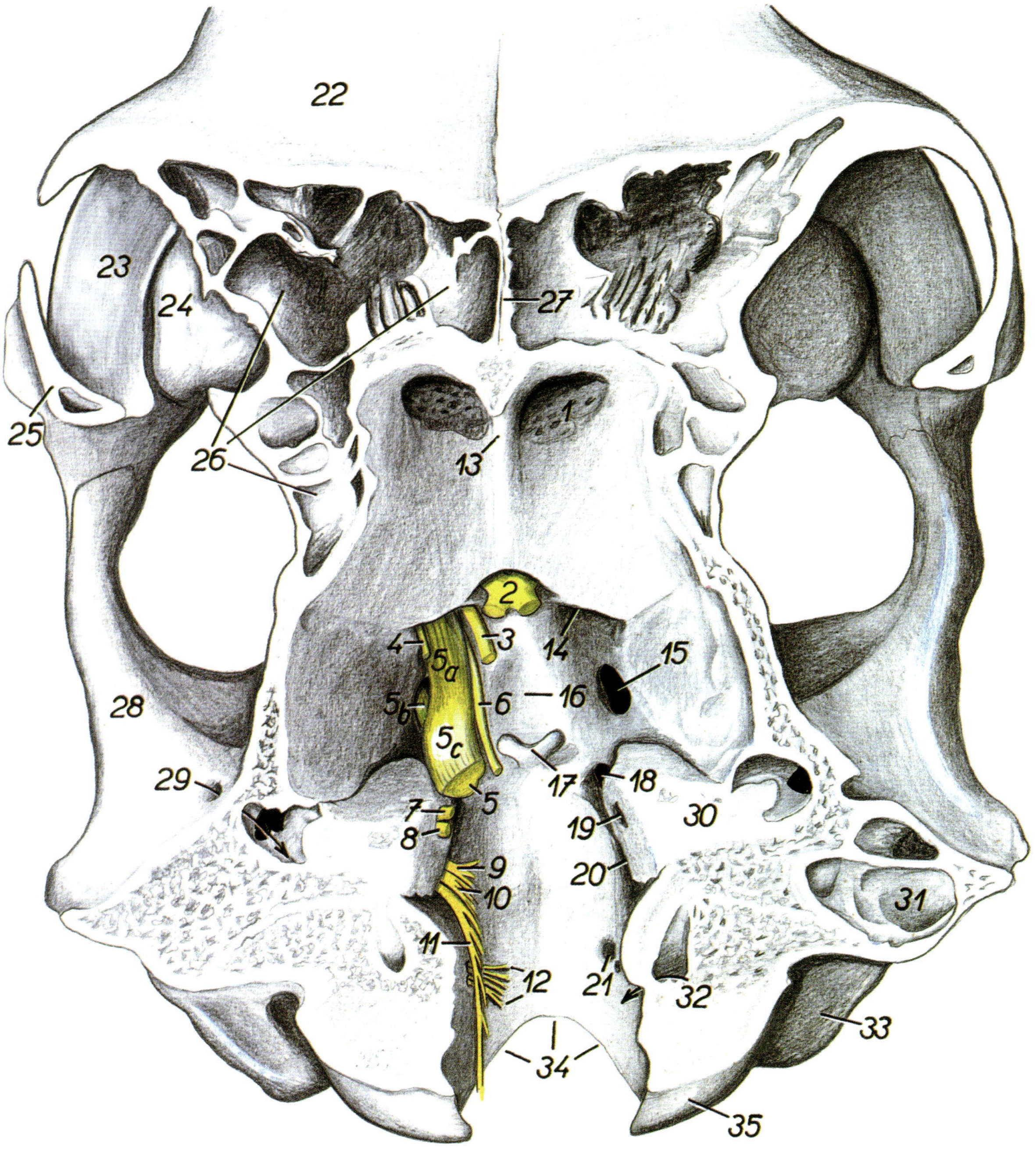

1. *Fossa ethmoidalis* – Siebbeingrube
2. *Chiasma opticum* – Sehnervenkreuzung
3. *N. oculomotorius* – Augenbewegernerv
4. *N. trochlearis* – Rollnerv
5. *N. trigeminus* – dreigeteilter Nerv

5a. *N. ophthalmicus et N. maxillaris* – Augennerv und Oberkiefernerv

5b. *N. mandibularis* – Unterkiefernerv

5c. *Ganglion trigeminale* – Nervenknoten des dreigeteilten Nerven

6. *N. abducens* – wegziehender Nerv
7. *N. intermediofacialis* – Gesichtsnerv
8. *N. vestibulocochlearis* – Gleichgewichts-Hörnerv
9. *N. glossopharyngeus* – Zungen-Rachennerv
10. *N. vagus* – Vagusnerv
11. *N. accessorius* – zusätzlicher Nerv
12. *N. hypoglossus* – Unterzungennerv
13. *Crista galli* – Hahnenkamm
14. *Foramen orbitorotundum* – rundes Augenhöhlenloch
15. *Foramen ovale* – ovales Loch
16. *Fossa hypophysialis* – Hirnanhangsgrube
17. *Dorsum sellae* – Sattelrücken
18. *Fissura petrooccipitalis (petrobasilaris)* – Felsenbein-Hinterhauptbeinspalte
19. *Meatus acusticus internus et Canalis facialis* – innerer Gehörgang und Kanal des Gesichtsnerven
20. *Foramen jugulare* – Drosselöffnung
21. *Canalis ni. hypoglossi* – Kanal des Unterzungennerven
22. *Os frontale* – Stirnbein
23. *Orbita* – Augenhöhle
24. *Bulla lacrimalis* – Tränenbeinblase
25. *Processus zygomaticus ossis frontalis* – Jochfortsatz des Stirnbeines
26. *Sinus frontalis* – Stirnhöhle
27. *Septum sinuum frontalium* – Scheidewand der Stirnhöhlen
28. *Arcus zygomaticus* – Jochbogen
29. *Meatus temporalis* – Schläfengang
30. *Pars petrosa ossis temporalis* – Felsenteil des Schläfenbeines
31. *Recessus temporalis sinus frontalis* – Schläfenausbuchtung der Stirnhöhle
32. *Canalis condylaris* – Gelenkknorrenkanal
33. *Processus paracondylaris* – Muskelfortsatz des Hinterhauptbeines
34. *Foramen magnum* – Hinterhauptloch
35. *Condylus occipitalis* – Gelenkknorren des Hinterhauptbeines

Rind. Horizontalschnitt durch den Kopf (rechts) und Präparation der Augenhöhle (links). In der rechten Hälfte der Schädelhöhle wurde die harte Hirnhaut belassen.

Abbildung 28

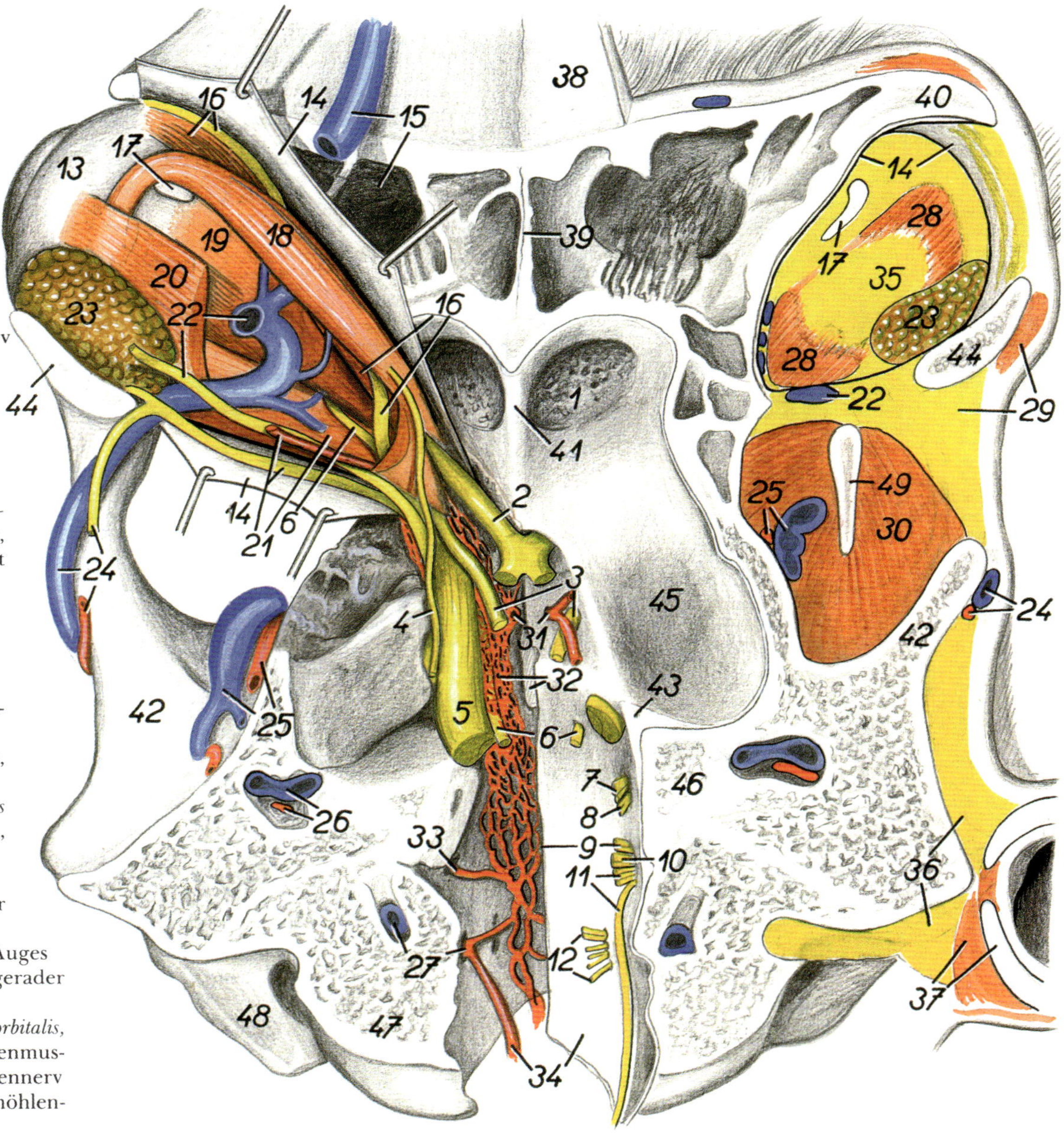

1. *Fossa ethmoidalis* – Siebbeingrube
2. *N. opticus* – Sehnerv
3. *N. oculomotorius* – Augenbewegernerv
4. *N. trochlearis* – Rollnerv
5. *N. trigeminus* – dreigeteilter Nerv
6. *N. abducens* – wegziehender Nerv
7. *N. intermediofacialis* – Gesichtsnerv
8. *N. vestibulocochlearis* – Gleichgewichts-Gehörnerv
9. *N. glossopharyngeus, Rete mirabile epidurale caudale* – Zungen-Rachennerv, kaudales über der harten Hirnhaut gelegenes Wundernetz
10. *N. vagus* – Vagusnerv
11. *N. accessorius* – zusätzlicher Nerv
12. *N. hypoglossus* – Unterzungennerv
13. *Bulbus oculi* – Augapfel
14. *Periorbita* – Augenhöhlenknochenhaut
15. *V. frontalis, Sinus frontalis* – Stirnvene, Stirnhöhle
16. *M. rectus medialis bulbi, N. nasociliaris* – medialer gerader Augenmuskel, Nasen-Strahlenkörpernerv
17. *Trochlea* – Augenrolle
18. *M. obliquus bulbi dorsalis* – dorsaler schräger Augenmuskel
19. *M. retractor bulbi* – Rückzieher des Auges
20. *M. rectus dorsalis bulbi* – dorsaler gerader Augenmuskel
21. *M. rectus lateralis bulbi, A. supraorbitalis, N. lacrimalis* – lateraler gerader Augenmuskel, Überaugenhöhlenarterie, Tränennerv
22. *N. et V. supraorbitalis* – Überaugenhöhlennerv und -vene
23. *Glandula lacrimalis* – Tränendrüse
24. *Ramus zygomaticotemporalis ni. zygomatici, V. ophthalmica externa, A. temporalis superficialis* – Jochschläfenast des Jochnerven, äussere Augenvene und oberflächliche Schläfenarterie
25. *A. temporalis profunda rostralis, V. temporalis profunda* – rostrale tiefe Schläfenarterie, tiefe Schläfenvene
26. *Ramus meningeus a. auricularis rostralis, Sinus transversus* – Hirnhautast der rostralen Ohrmuschelarterie, Querblutleiter
27. *Ramus caudalis sinus transversi, A. condylaris* – kaudaler Ast des Querblutleiters, Gelenkknorrenarterie
28. *M. levator palpebrae superioris* – Heber des oberen Augenlides
29. *M. orbicularis oculi, Corpus adiposum extraperiorbitale* – Ringmuskel des Auges, außerhalb der Augenhöhlenknochenhaut gelegener Fettkörper
30. *M. temporalis* – Schläfenmuskel
31. *A. carotis interna (s. cerebralis)* – innere Kopfarterie (Gehirnarterie)
32. *Rete mirabile epidurale rostrale, Hypophysis cerebri* – rostrales, über der harten Hirnhaut gelegenes Wundernetz, Hirnanhang
33. *A. meningea media* – mittlere Hirnhautarterie
34. *A. vertebralis, Dura mater* – Wirbelarterie, harte Hirnhaut
35. *Corpus adiposum intraperiorbitale* – innerhalb der Augenhöhlenknochenhaut gelegener Fettkörper
36. *Corpus adiposum auriculare* – Fettkörper der Ohrmuschel
37. *Cartilago auriculae et Mm. auriculares* – Ohrmuschelknorpel und Ohrmuschelmuskeln
38. *Os frontale* – Stirnbein
39. *Septum sinuum frontalium* – Scheidewand der Stirnhöhlen
40. *Processus zygomaticus ossis frontalis* – Jochfortsatz des Stirnbeines
41. *Crista galli* – Hahnenkamm
42. *Processus zygomaticus ossis temporalis* – Jochfortsatz des Schläfenbeines
43. *Tentorium cerebelli membranaceum* – häutiges Zelt des Kleinhirns
44. *Processus zygomaticus ossis frontalis* – Jochfortsatz des Stirnbeines
45. *Fossa piriformis* – birnförmige Grube
46. *Pars petrosa ossis temporalis* – Felsenbeinteil des Schläfenbeines
47. *Condylus occipitalis* – Gelenkknorren des Hinterhauptbeines
48. *Processus paracondylaris* – Muskelfortsatz des Hinterhauptbeines
49. *Processus coronoideus mandibulae* – Muskelfortsatz des Unterkiefers

Rind. Venen der Schädelhöhle und der Augenhöhle, Ansicht von dorsal. In der rechten Hälfte der Schädelhöhle wurde die harte Hirnhaut belassen (teilweise nach Dennstedt).

Abbildung 29

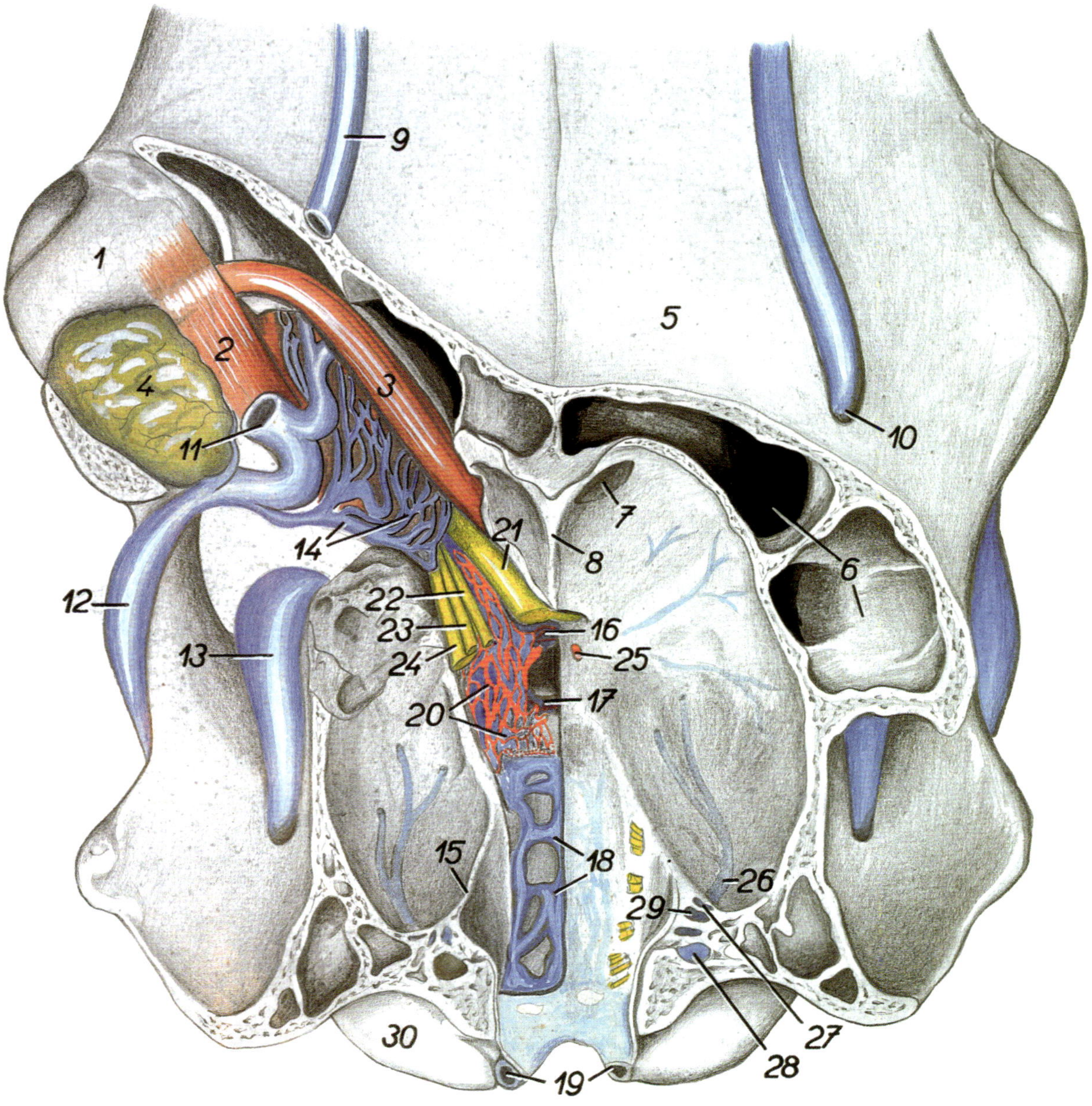

1. *Bulbus oculi* – Augapfel
2. *M. rectus bulbi dorsalis* – dorsaler gerader Augenmuskel
3. *M. obliquus bulbi dorsalis* – dorsaler schiefer Augenmuskel
4. *Glandula lacrimalis* – Tränendrüse
5. *Os frontale* – Stirnbein
6. *Sinus frontalis* – Stirnhöhle
7. *Fossa ethmoidalis* – Siebbeingrube
8. *Crista galli* – Hahnenkamm
9. *V. frontalis* – Stirnvene
10. *Introitus v. frontalis ad canalem supraorbitalem* – Eingang der Stirnvene zum Überaugenhöhlenkanal
11. *V. supraorbitalis* – Überaugenhöhlenvene
12. *V. ophthalmica externa* – äußere Augenvene
13. *V. temporalis profunda* – tiefe Schläfenvene
14. *Plexus ophthalmicus* – Augengeflecht
15. *Tentorium cerebelli osseum* – knöchernes Kleinhirnzelt
16. *Sinus intercavernosus rostralis* – rostraler, zwischen den gekammerten Blutleitern liegender Blutleiter
17. *Sinus intercavernosus caudalis* – kaudaler, zwischen den gekammerten Blutleitern liegender Blutleiter
18. *Sinus basilaris* – basaler Blutleiter
19. *V. occipitalis* – Hinterhauptvene
20. *Sinus cavernosus et Rete mirabile epidurale rostrale* – gekammerter Blutleiter und rostrales über der harten Hirnhaut gelegenes Wundernetz
21. *N. opticus* – Sehnerv
22. *N. abducens* – wegziehender Nerv
23. *N. oculomotorius* – Augenbewegernerv
24. *N. trigeminus (Nn. ophthalmicus et maxillaris)* – dreigeteilter Nerv (Augennerv und Oberkiefernerv)
25. *A. carotis cerebralis* – Kopfarterie des Gehirns

26., 27. *Sinus petrosus dorsalis* – dorsaler Felsenbeinblutleiter

27. *Orificium sinus petrosi dorsalis* – Öffnung des dorsalen Felsenbeinblutleiters
28. *Ramus caudalis sinus transversi* – kaudaler Ast des Querblutleiters
29. *Ramus rostralis sinus transversi* – rostraler Ast des Querblutleiters
30. *Condylus occipitalis* – Gelenkknorren des Hinterhauptbeines

Rind. Präparation des Kopfes, Ansicht von ventral.

Abbildung 30

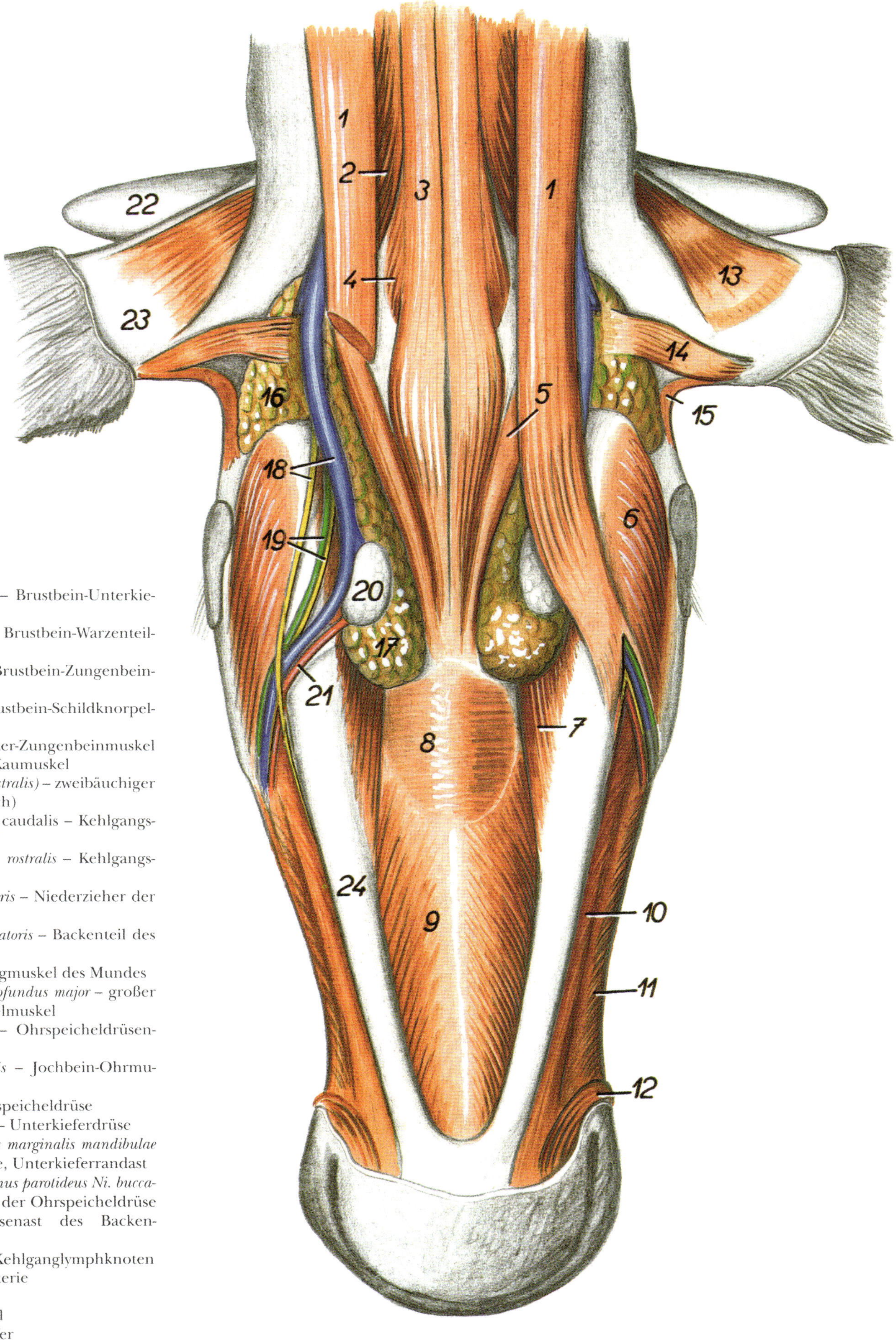

1. *M. sternomanidibularis* – Brustbein-Unterkiefermuskel
2. *M. sternomastoideus* – Brustbein-Warzenteilmuskel
3. *M. sternohyoideus* – Brustbein-Zungenbeinmuskel
4. *M. sternothyroideus* – Brustbein-Schildknorpelmuskel
5. *M. omohyoideus* – Schulter-Zungenbeinmuskel
6. *M. masseter* – äußerer Kaumuskel
7. *M. digastricus (Venter rostralis)* – zweibäuchiger Muskel (rostraler Bauch)
8. *M. mylohyoideus* – Pars caudalis – Kehlgangsmuskel – kaudaler Teil
9. *M. mylohyoideus – Pars rostralis* – Kehlgangsmuskel – rostraler Teil
10. *M. depressor labii inferioris* – Niederzieher der Unterlippe
11. *Pars buccalis mi. buccinatoris* – Backenteil des Backenmuskels
12. *M. orbicularis oris* – Ringmuskel des Mundes
13. *M. cervicoauricularis profundus major* – großer tiefer Hals-Ohrmuschelmuskel
14. *M. parotidoauricularis* – Ohrspeicheldrüsen-Ohrmuschelmuskel
15. *M. zygomaticoauricularis* – Jochbein-Ohrmuschelmuskel
16. *Glandula parotis* – Ohrspeicheldrüse
17. *Glandula mandibularis* – Unterkieferdrüse
18. *V. linguofacialis, Ramus marginalis mandibulae* – Zungen-Gesichtsvene, Unterkieferrandast
19. *Ductus parotideus et Ramus parotideus Ni. buccalis* – Ausführungsgang der Ohrspeicheldrüse und Ohrspeicheldrüsenast des Backennerven
20. *Ln. submandibularis* – Kehlganglymphknoten
21. *A. facialis* – Gesichtsarterie
22. *Cornu* – Horn
23. *Auricula* – Ohrmuschel
24. *Mandibula* – Unterkiefer

Rind. Gehirnbasis mit den Austrittsstellen der Gehirnnerven und Gefäßversorgung des Gehirns.

Abbildung 31

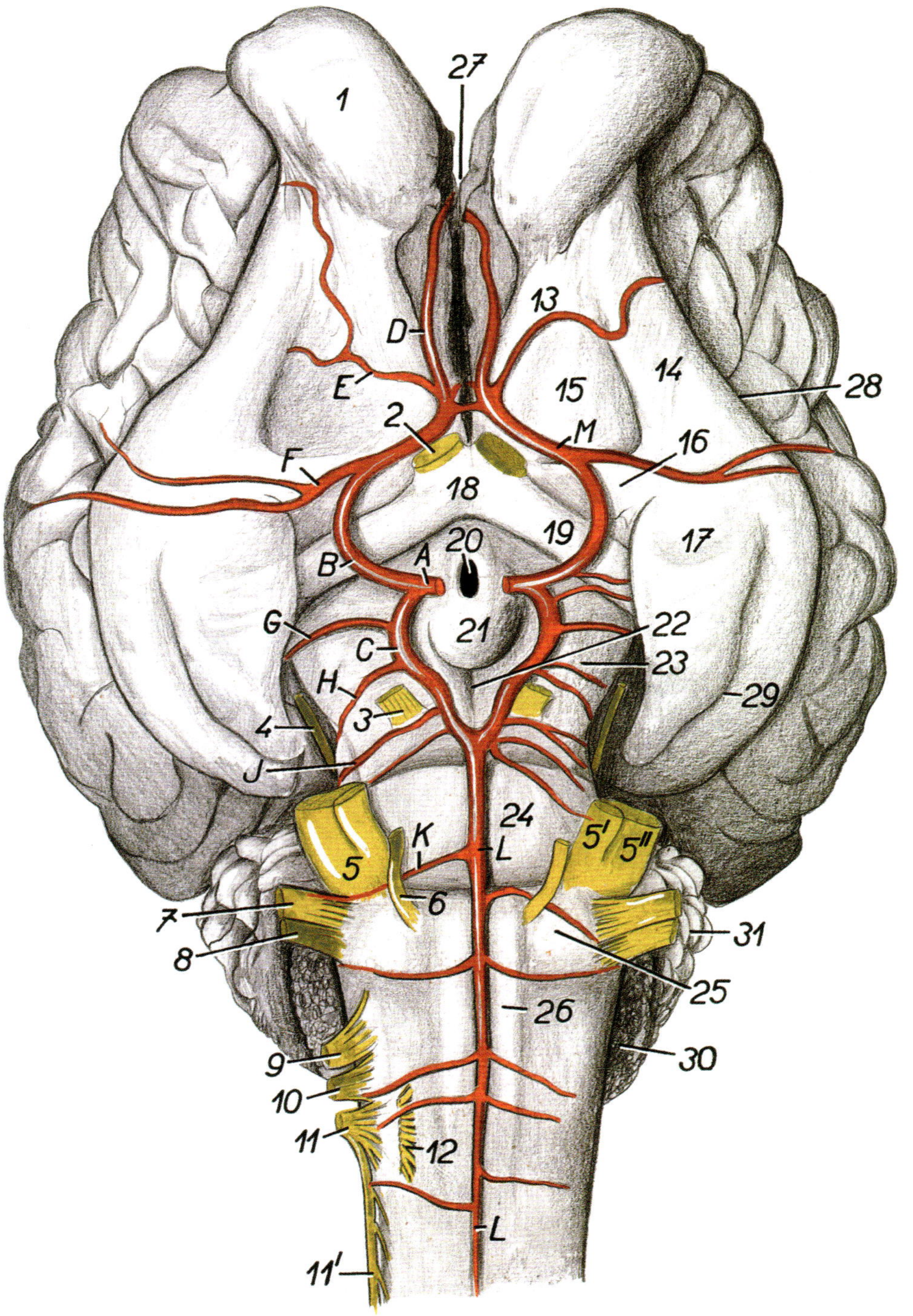

1. *Bulbus olfactorius* – Riechkolben
2. *N. opticus* – Sehnerv
3. *N. oculomotorius* – Augenbewegernerv
4. *N. trochlearis* – Rollnerv
5. *N. trigeminus* – dreigeteilter Nerv

5'. *Radix motoria ni. trigemini* – motorische Wurzel des dreigeteilten Nerven

5''. *Radix sensoria* – sensible Wurzel

6. *N. abducens* – wegziehender Nerv
7. *N. intermediofacialis* – Gesichtsnerv
8. *N. vestibulocochlearis* – Gleichgewichts-Gehörnerv
9. *N. glossopharyngeus* – Zungenrachennerv
10. *N. vagus* – Vagusnerv
11. *N. accessorius* – zusätzlicher Nerv

11'. *Radix spinalis ni. accessorii* – Rückenmarkwurzel des zusätzlichen Nerven

12. *N. hypoglossus* – Unterzungennerv
13. *Tractus olfactorius medialis* – medialer Riechstrang
14. *Tractus olfactorius lateralis* – lateraler Riechstrang
15. *Trigonum olfactorium* – Riechdreieck
16. *Substantia perforata rostralis* – rostrale durchlöcherte Substanz
17. *Lobus piriformis* – birnenförmiger Lappen
18. *Chiasma opticum* – Sehnervenkreuzung
19. *Tractus opticus* – Sehstrang
20. *Recessus neurohypophysialis* – Ausbuchtung der 3. Gehirnkammer in den Hypophysenstiel
21. *Corpus mamillare* – Zitzenkörper
22. *Fossa interpeduncularis* – Zwischenschenkelgrube
23. *Crus cerebri* – Hirnschenkel
24. *Pons* – Brücke
25. *Corpus trapezoideum* – trapezförmiger Körper
26. *Pyramis medullae oblongatae* – Pyramide des verlängerten Markes
27. *Fissura longitudinalis cerebri* – Längsspalte des Gehirns
28. *Sulcus rhinalis lateralis* – laterale Riechfurche
29. *Sulcus lobi piriformis* – Furche des birnenförmigen Lappens
30. *Tela choroidea ventriculi quarti* – Gefäßschicht der 4. Hirnkammer
31. *Cerebellum* – Kleinhirn

A. *A. carotis interna* – innere Kopfarterie
B. *A. cerebri rostralis* – rostrale Gehirnarterie
C. *A. communicans caudalis* – kaudale Verbindungsarterie
D. *A. ethmoidalis interna* – innere Siebbeinarterie
E. *A. meningea rostralis* – rostrale Hirnhautarterie
F. *A. cerebri media* – mittlere Gehirnarterie
G. *A. choroidea rostralis* – rostrale Gefäßgeflechtsarterie
H. *A. cerebri caudalis* – kaudale Gehirnarterie
J. *A. cerebelli rostralis* – rostrale Kleinhirnarterie
K. *A. cerebelli caudalis* – kaudale Kleinhirnarterie
L. *A. basilaris cerebri* – Gehirnbasisarterie
M. *A. cerebri rostralis* – rostrale Gehirnarterie

Rind. Gehirn, Ansicht von dorsal.

Abbildung 32

1. *Bulbus olfactorius* – Riechkolben
2. *Fissura longitudinalis cerebri* – Längsspalte des Gehirns
3. *Sulcus coronalis* – Kranzfurche
4. *Fissura sylvia* – laterale Gehirnfurche
5. *Sulcus suprasylvius medius* – mittlere, über der lateralen Gehirnfurche gelegene Furche
6. *Sulcus endomarginalis* – Innenrandfurche
7. *Sulcus marginalis* – Randfurche
8. *Sulcus ectomarginalis* – Außenrandfurche
9. *Sulcus suprasylvius rostralis* – rostrale, über der lateralen Gehirnfurche gelegene Furche
10. *Polus rostralis* – rostraler Pol
11. *Gyrus ectomarginalis* – mittlere Außenrandwindung
12. *Gyrus occipitalis (Polus caudalis neopallii)* – Hinterhauptwindung (kaudaler Pol des Neuhirns)
13. *Gyrus ectomarginalis medius (Pars lateralis)* – mittlere Außenrandwindung (lateraler Teil)
14. *Gyrus ectosylvius caudalis* – kaudale, außerhalb der lateralen Gehirnfurche gelegene Windung
15. *Sulcus suprasylvius caudalis* – kaudale, über der lateralen Gehirnfurche gelegene Furche
16. *Sulcus obliquus* – schräge Furche
17. *Fissura transversa cerebri* – Querspalte des Gehirns
18. *Vermis cerebelli* – Kleinhirnwurm
19. *Hemispherium cerebelli* – Kleinhirnhälfte
20. *Medulla oblongata* – verlängertes Mark

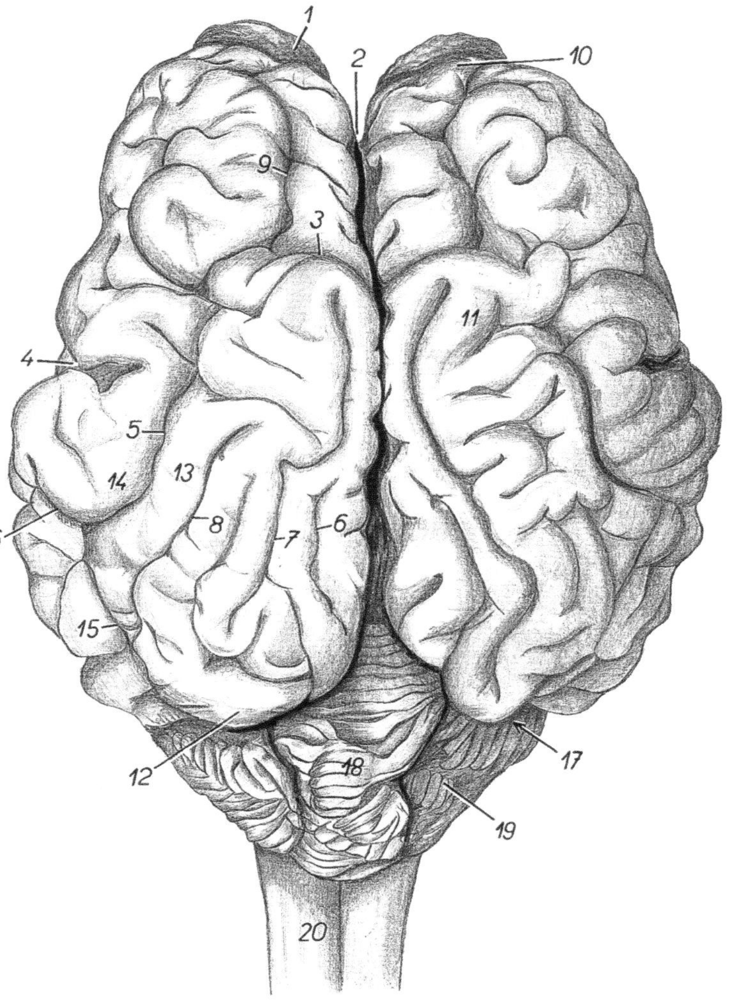

Rind. Sagittalschnitt durch das Gehirn.

Abbildung 33

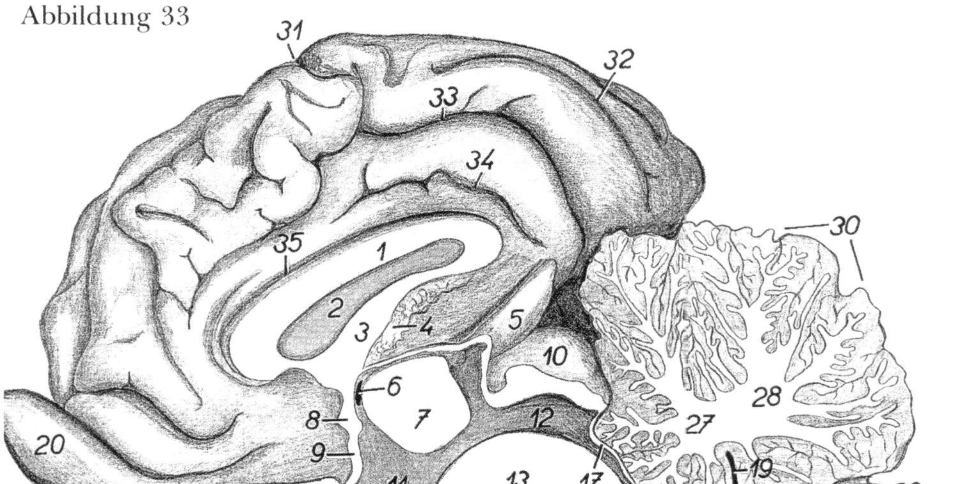

1. *Corpus callosum* – Balkenkörper
2. *Septum telencephali* – Scheidewand des Endhirns
3. *Fornix* – Gewölbe
4. *Tela choroidea ventriculi tertii* – Gefäßschicht der 3. Gehirnkammer
5. *Glandula pinealis* – Zirbeldrüse
6. *Foramen interventriculare* – Zwischenkammerloch
7. *Adhesio interthalamica* – Verbindungsstelle der Sehhügel
8. *Commissura rostralis* – rostrale Verbindung
9. *Lamina terminalis grisea* – graue Endplatte
10. *Tectum mesencephali* – Dach des Mittelhirns
11. *Ventriculus tertius* – 3. Hirnkammer
12. *Aqueductus mesencephali* – Wasserleitung des Mittelhirns
13. *Crus cerebri* – Gehirnschenkel
14. *Pons* – Brücke
15. *Ventriculus quartus encephali* – 4. Hirnkammer
16. *Medulla oblongata* – verlängertes Mark
17. *Velum medullare rostrale* – rostrales Marksegel
18. *Velum medullare caudale* – kaudales Marksegel
19. *Recessus tegminis ventriculi quarti* – Ausbuchtung der 4. Hirnkammer
20. *Bulbus olfactorius* – Riechkolben
21. *Chiasma opticum* – Sehnervenkreuzung
22. *N. opticus (dexter)* – rechter Sehnerv
23. *Recessus neurohypophysialis (Recessus infundibuli)* – Ausbuchtung der 3. Gehirnkammer in den Hypophysenstiel (Trichterausbuchtung)
24. *Corpus mamillare* – Zitzenkörper
25. *Neurohypophysis* – Nervenlappen des Hirnanhangs
26. *Adenohypophysis* – Drüsenlappen des Hirnanhangs
27. *Truncus rostralis arboris vitae* – rostraler Stamm des Lebensbaumes
28. *Truncus caudalis arboris vitae* – kaudaler Stamm des Lebensbaumes
29. *Plexus choroideus ventriculi IV* – Gefäßgeflecht der 4. Hirnkammer
30. *Cerebellum* – Kleinhirn
31. *Sulcus coronalis* – Kranzfurche
32. *Sulcus suprasplenialis* – über dem Wulst gelegene Furche
33. *Sulcus splenialis* – Wulstfurche
34. *Sulcus endosplenialis* – in dem Wulst gelegene Furche
35. *Sulcus corporis callosi* – Balkenkörperfurche

Rind. Gaumen.

Abbildung 34

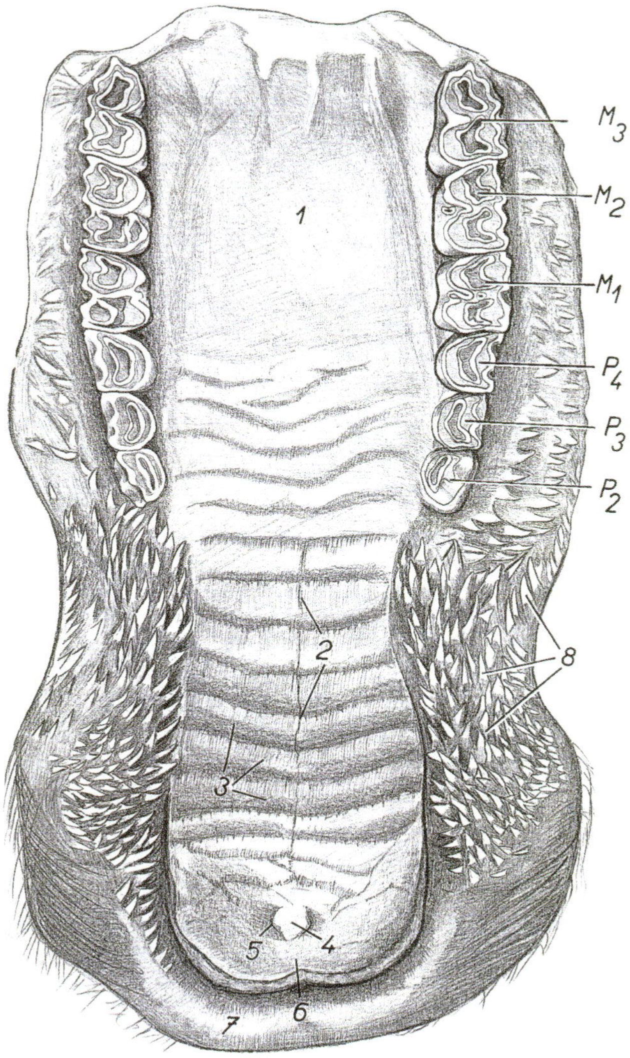

1. *Pars plana palati duri* – ebener Teil des harten Gaumens
2. *Raphe palati* – Gaumennaht
3. *Rugae palatinae* – Gaumenstaffeln
4. *Papilla incisiva* – Zwischenkieferwarze
5. *Orificium ductus incisivi* – Öffnung des Zwischenkieferkanals
6. *Pulvinus dentalis* – Zahnkissen
7. *Labium superius* – Oberlippe
8. *Papillae conicae buccales* – konische Backenpapillen

M_1. *Dens molaris I* – 1. hinterer Backenzahn
M_2. *Dens molaris II* – 2. hinterer Backenzahn
M_3. *Dens molaris III* – 3. hinterer Backenzahn
P_2. *Dens premolaris II* – 2. vorderer Backenzahn
P_3. *Dens premolaris III* – 3. vorderer Backenzahn
P_4. *Dens premolaris IV* – 4. vorderer Backenzahn

Rind. Knorpelskelett des Kehlkopfes und Zungenbeines, Ansicht von links.

Abbildung 35

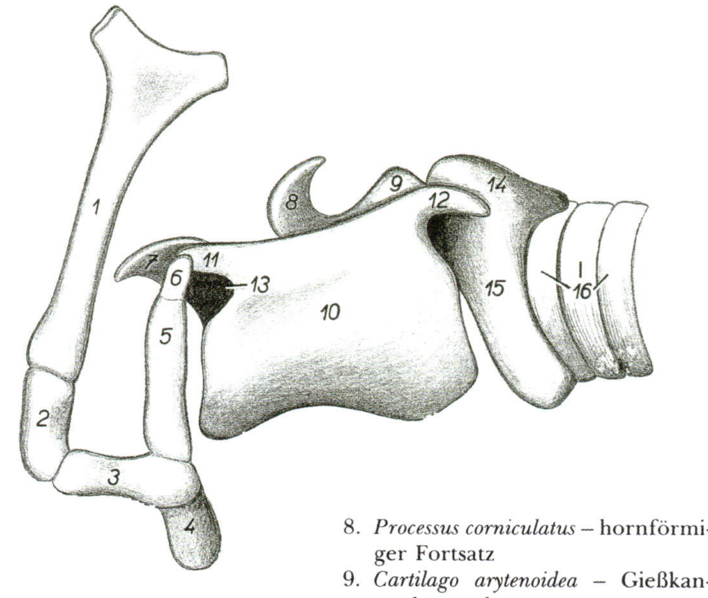

1. *Stylohyoideum* – großer Zungenbeinast
2. *Epihyoideum* – mittlerer Zungenbeinast
3. *Ceratohyoideum* – kleiner Zungenbeinast
4. *Processus lingualis* – Zungenfortsatz
5. *Thyrohyoideum* – Schildknorpelast
6. *Pars cartilaginea thyrohyoidei* – Knorpelteil des Schildknorpelastes
7. *Cartilago epiglottica* – Kehldeckelknorpel
8. *Processus corniculatus* – hornförmiger Fortsatz
9. *Cartilago arytenoidea* – Gießkannenknorpel
10. *Cartilago thyroidea (Lamina)* – Schildknorpel (Platte)
11. *Cornu rostrale cartilaginis thyroideae* – rostrales Horn des Schildknorpels
12. *Cornu caudale cartilaginis thyroideae* – kaudales Horn des Schildknorpels
13. *Fissura thyroidea* – Schildknorpelspalte
14. *Lamina cartilaginis cricoideae* – Ringknorpelplatte
15. *Arcus cartilaginis cricoideae* – Ringknorpelbogen
16. *Cartilagines tracheales* – Luftröhrenknorpel

Rind. Zungenbein. Die Knorpelteile sind blau eingezeichnet.

Abbildung 36

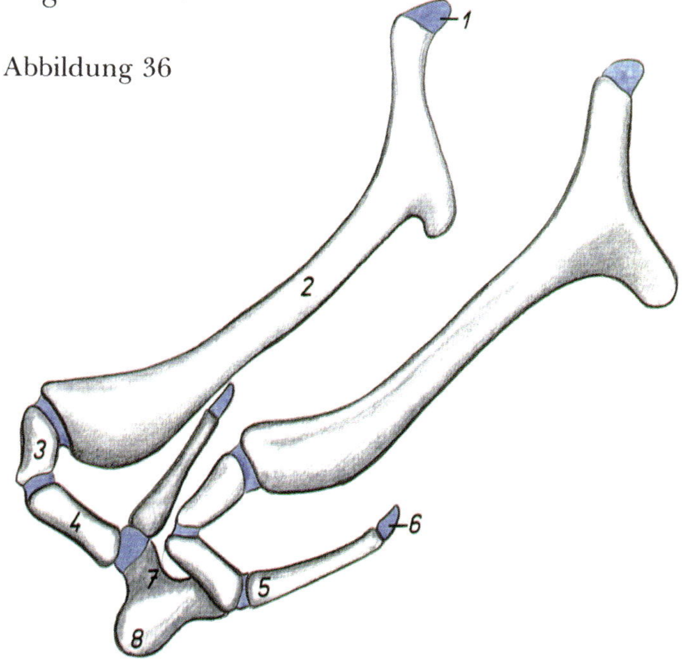

←

1. *Tympanohyoideum* – Paukenteil des Zungenbeines
2. *Stylohyoideum* – großer Zungenbeinast
3. *Epihyoideum* – mittlerer Zungenbeinast
4. *Ceratohyoideum* – kleiner Zungenbeinast
5. *Thyrohyoideum* – Schildknorpelast
6. *Pars cartilaginea thyrohyoidei* – Knorpelteil des Schildknorpelastes
7. *Basihyoideum* – Basis des Zungenbeines
8. *Processus lingualis* – Zungenfortsatz

Rind. Kehlkopfmuskulatur.

Abbildung 37

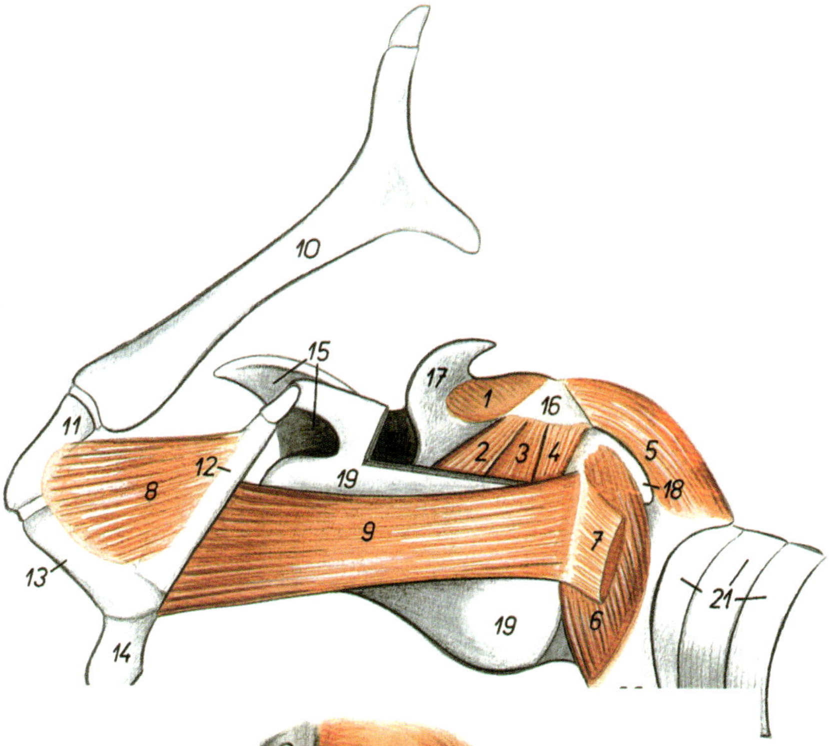

1. *M. arytenoideus transversus* – querverlaufender Gießkannenknorpelmuskel
2. *M. ventricularis* – Taschenmuskel
3. *M. vocalis* – Stimmuskel
4. *M. cricoarytenoideus lateralis* – lateraler Ring-Gießkannenknorpelmuskel
5. *M. cricoarytenoideus dorsalis* – dorsaler Ring-Gießkannenknorpelmuskel
6. *M. cricothyroideus* – Ring-Schildknorpelmuskel
7. *M. sternothyroideus* – Brustbein-Schildknorpelmuskel
8. *M. ceratohyoideus* – kleiner Zungenbeinast-Zungenbeinmuskel
9. *M. thyrohyoideus* – Schildknorpel-Zungenbeinmuskel
10. *Stylohyoideum* – großer Zungenbeinast
11. *Epihyoideum* – mittlerer Zungenbeinast
12. *Thyrohyoideum* – Schildknorpelast
13. *Ceratohyoideum* – kleiner Zungenbeinast
14. *Processus lingualis* – Zungenfortsatz
15. *Cartilago epiglottica* – Kehldeckelknorpel
16. *Processus muscularis cartilaginis arytenoideae* – Muskelfortsatz des Gießkannenknorpels
17. *Processus corniculatus* – hornförmiger Fortsatz
18. *Cornu caudale cartilaginis thyroideae* – kaudales Horn des Schildknorpels
19. *Cartilago thyroidea* – Schildknorpel
20. *Cartilago cricoidea* – Ringknorpel
21. *Cartilagines tracheales* – Luftröhrenknorpel

Rind. Blick auf die Basis der Rachenhöhle nach Entfernung der dorsalen Wand.

Abbildung 38

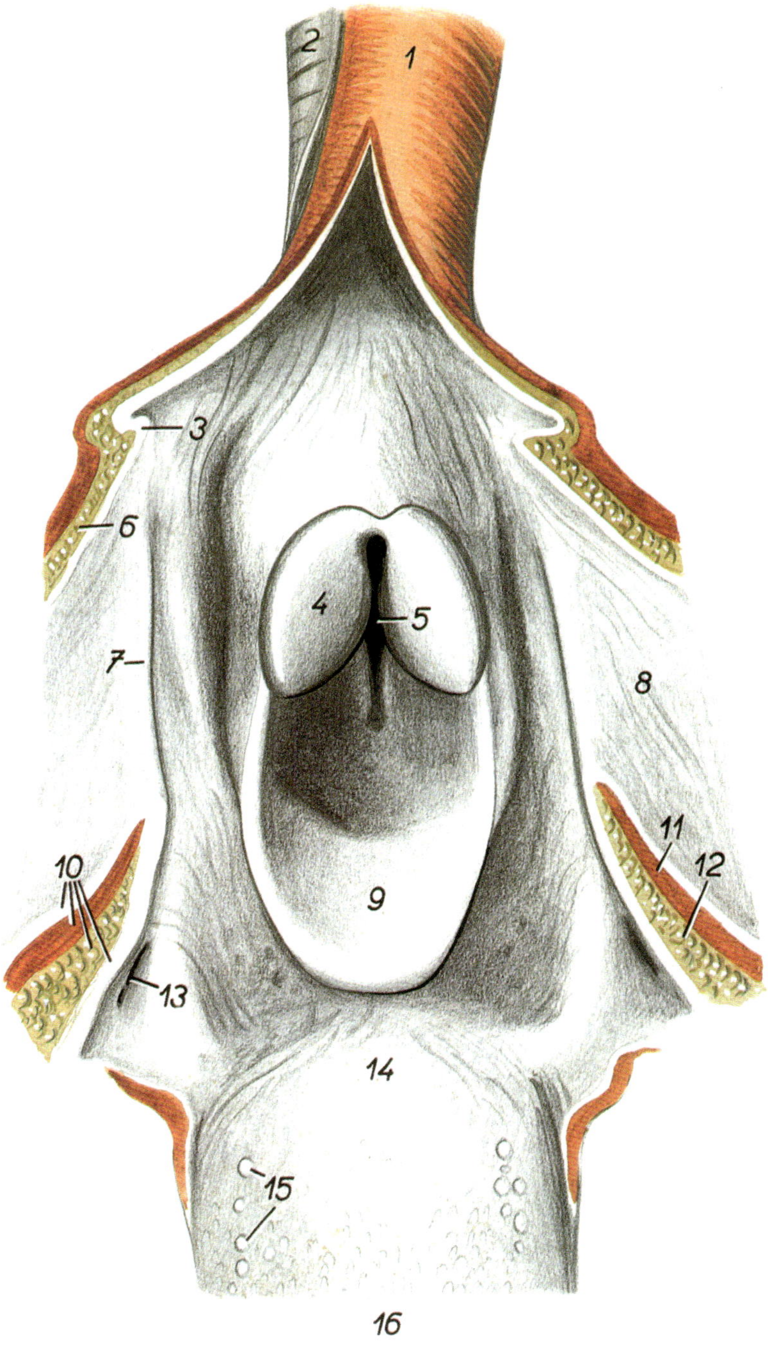

1. *Esophagus* – Speiseröhre
2. *Trachea* – Luftröhre
3. *Arcus palatopharyngeus (in sectione)* – Gaumenrachenbogen (im Schnitt)
4. *Processus corniculatus* – hornförmiger Fortsatz
5. *Aditus laryngis* – Zugang zum Kehlkopf
6. *Glandulae pharyngeae* – Rachendrüsen
7. *Arcus palatopharyngeus* – Gaumenrachenbogen
8. *Fornix pharyngis* – Rachengewölbe
9. *Epiglottis* – Kehldeckel
10. *Palatum molle (in sectione)* – weicher Gaumen (im Schnitt)
11. *M. palatinus* – Gaumenmuskel
12. *Glandulae palatinae* – Gaumendrüsen
13. *Sinus tonsillaris* – Mandelgrube
14. *Radix linguae* – Zungenwurzel
15. *Papillae vallatae* – umwallte Geschmackspapillen
16. *Dorsum linguae* – Zungenrücken

Rind. Skelett, Ansicht schräg von vorne.

Abbildung 39

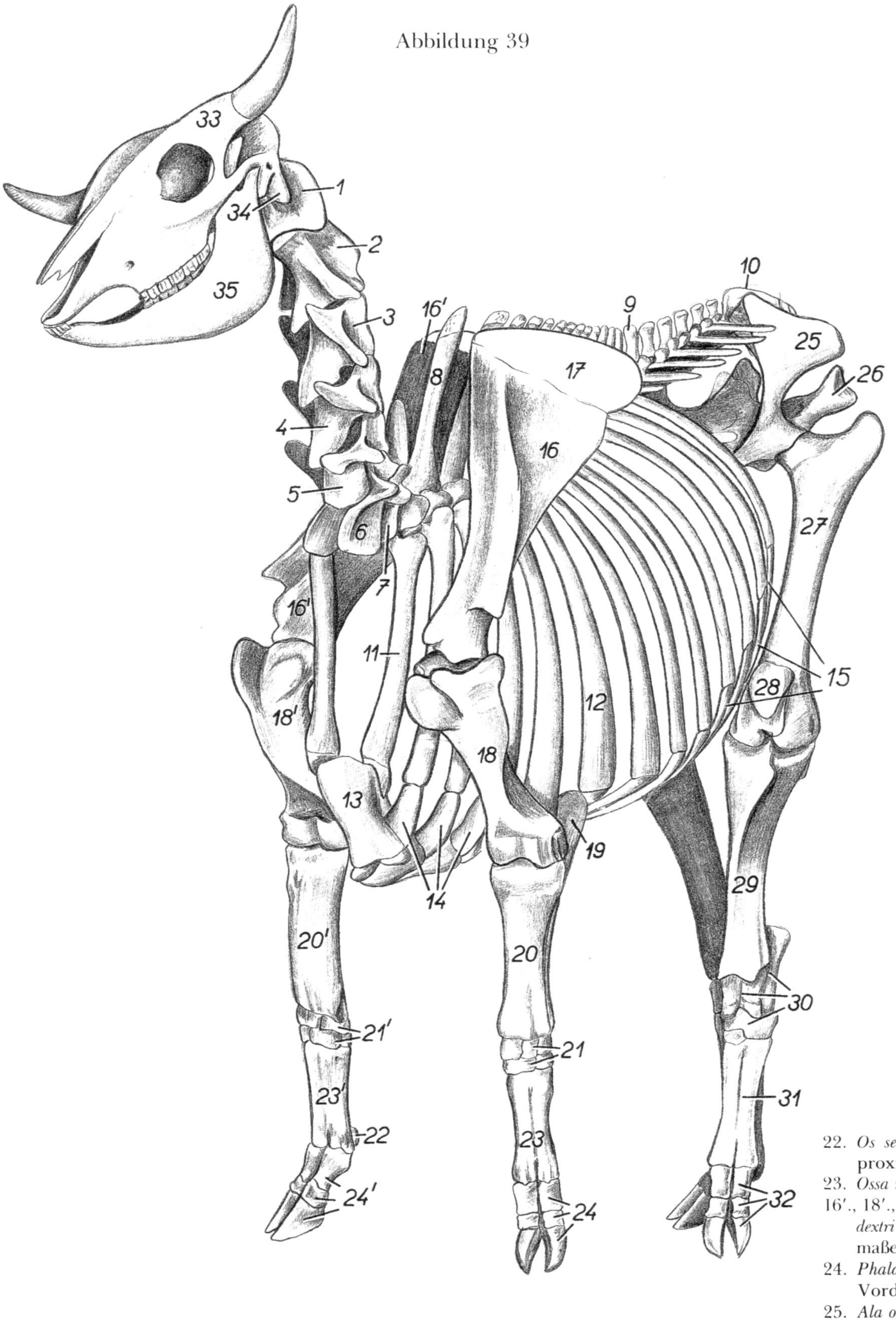

1. *Atlas* – 1. Halswirbel
2. *Axis* – 2. Halswirbel
3.–7. *Vertebra cervicalis III–VII* – 3.–7. Halswirbel
8. *Vertebra thoracica I* – 1. Brustwirbel
9. *Vertebra lumbalis I* – 1. Lendenwirbel
10. *Os sacrum* – Kreuzbein
11. *Costa I* – 1. Rippe
12. *Costa VI* – 6. Rippe
13. *Manubrium sterni* – Griff des Brustbeines
14. *Cartilagines costales costarum verarum* – Rippenknorpel der wahren Rippen
15. *Cartilagines costales costarum spuriarum* – Rippenknorpel der falschen Rippen
16. *Scapula* – Schulterblatt
17. *Cartilago scapulae* – Schulterblattknorpel
18. *Humerus* – Oberarmbein
19. *Ulna* – Elle
20. *Radius* – Speiche
21. *Ossa carpi* – Vorderfußwurzelknochen
22. *Os sesamoideum proximale* – Sesambein des proximalen Zehengliedes
23. *Ossa metacarpalia* – Vordermittelfußknochen

16'., 18'., 20'., 21'., 23'., 24'. *Ossa membri thoracici dextri* – Knochen der rechten Schultergliedmaße

24. *Phalanges digiti manus* – Zehenglieder der Vordergliedmaße
25. *Ala ossis ilium* – Darmbeinflügel
26. *Os ischii* – Sitzbein
27. *Os femoris* – Oberschenkelbein
28. *Patella* – Kniescheibe
29. *Tibia* – Schienbein
30. *Ossa tarsi* – Hinterfußwurzelknochen
31. *Ossa metatarsalia* – Hintermittelfußknochen
32. *Phalanges digiti pedis* – Zehenglieder der Hintergliedmaße
33. *Os frontale* – Stirnbein
34. *Processus paracondylaris* – Muskelfortsatz des Hinterhauptbeines
35. *Mandibula* – Unterkiefer

Rind. Muskulatur des Halses und der angrenzenden Partien, Ansicht schräg von vorne, nach Entfernung der Hautmuskeln (nach Tschaggeny).

Abbildung 40

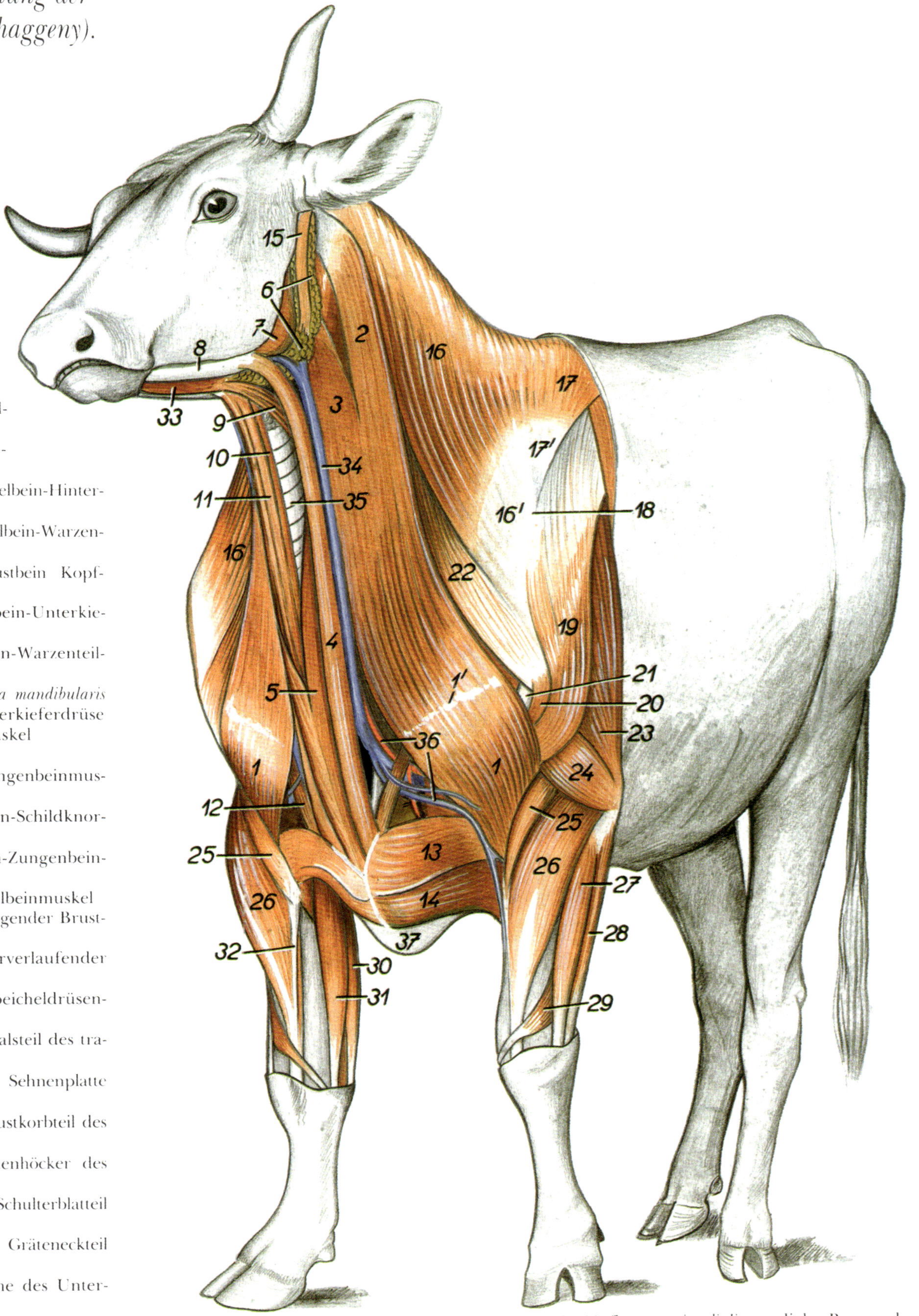

1., 2., 3. *M. brachiocephalicus* – Armkopfmuskel
1. *M. cleidobrachialis* – Schlüsselbein-Armmuskel
1'. *Intersectio clavicularis* – Schlüsselbeinstreifen
2. *M. cleidooccipitalis* – Schlüsselbein-Hinterhauptbeinmuskel
3. *M. cleidomastoideus* – Schlüsselbein-Warzenteilmuskel
4., 5. *M. sternocephalicus* – Brustbein Kopfmuskel
4. *M. sternomandibularis* – Brustbein-Unterkiefermuskel
5. *M. sternomastoideus* – Brustbein-Warzenteilmuskel
6. *Glandula parotidea et Glandula mandibularis* – Ohrspeicheldrüse und Unterkieferdrüse
7. *M. masseter* – äußerer Kaumuskel
8. *Mandibula* – Unterkiefer
9. *M. omohyoideus* – Schulter-Zungenbeinmuskel
10. *M. sternothyroideus* – Brustbein-Schildknorpelmuskel
11. *M. sternohyoideus* – Brustbein-Zungenbeinmuskel
12. *M. subclavius* – Unterschlüsselbeinmuskel
13. *M. pectoralis descendens* – absteigender Brustmuskel
14. *M. pectoralis transversus* – querverlaufender Brustmuskel
15. *M. parotidoauricularis* – Ohrspeicheldrüsen-Ohrmuschelmuskel
16. *Pars cervicalis mi. trapezii* – Halsteil des trapezförmigen Muskels
16'., 17'. *Aponeurosis mi. trapezii* – Sehnenplatte des trapezförmigen Muskels
17. *Pars thoracica mi. trapezii* – Brustkorbteil des trapezförmigen Muskels
18. *Tuber spinae scapulae* – Grätenhöcker des Schulterblattes
19. *Pars scapularis mi. deltoidei* – Schulterblatteil des deltaförmigen Muskels
20. *Pars acromialis mi. deltoidei* – Gräteneckteil des deltaförmigen Muskels
21. *Tendo mi. infraspinati* – Sehne des Untergrätenmuskels
22. *M. omotransversarius* – Schulterquerfortsatzmuskel
23. *Caput longum mi. tricipitis brachii* – langer Kopf des dreiköpfigen Muskels
24. *Caput laterale mi. tricipitis brachii* – lateraler Kopf des dreiköpfigen Muskels
25. *M. brachialis* – Armmuskel
26. *M. extensor carpi radialis* – radialer Strecker des Vorderfußwurzelgelenkes
27. *M. extensor digitorum communis* – gemeinsamer Zehenstrecker
28. *M. extensor digiti quarti proprius (M. extensor digitalis lateralis)* – besonderer Strecker der 4. Zehe (lateraler Zehenstrecker)
29. *M. abductor digiti I longus* – langer Abzieher der 1. Zehe
30. *M. flexor carpi ulnaris* – ulnarer Beuger des Vorderfußwurzelgelenkes
31. *M. flexor carpi radialis* – radialer Beuger des Vorderfußwurzelgelenkes
32. *Lacertus fibrosus* – Faserstrang
33. *M. mylohyoideus* – Kehlgangmuskel
34. *V. jugularis externa* – äußere Drosselvene
35. *Trachea* – Luftröhre
36. *A. carotis communis, V. cephalica* – gemeinsame Kopfarterie, Kopfvene des Oberarmes
37. *Corpus adiposum* – Fettkörper

Rind. Halswirbelsäule, Ansicht von links.

Abbildung 41

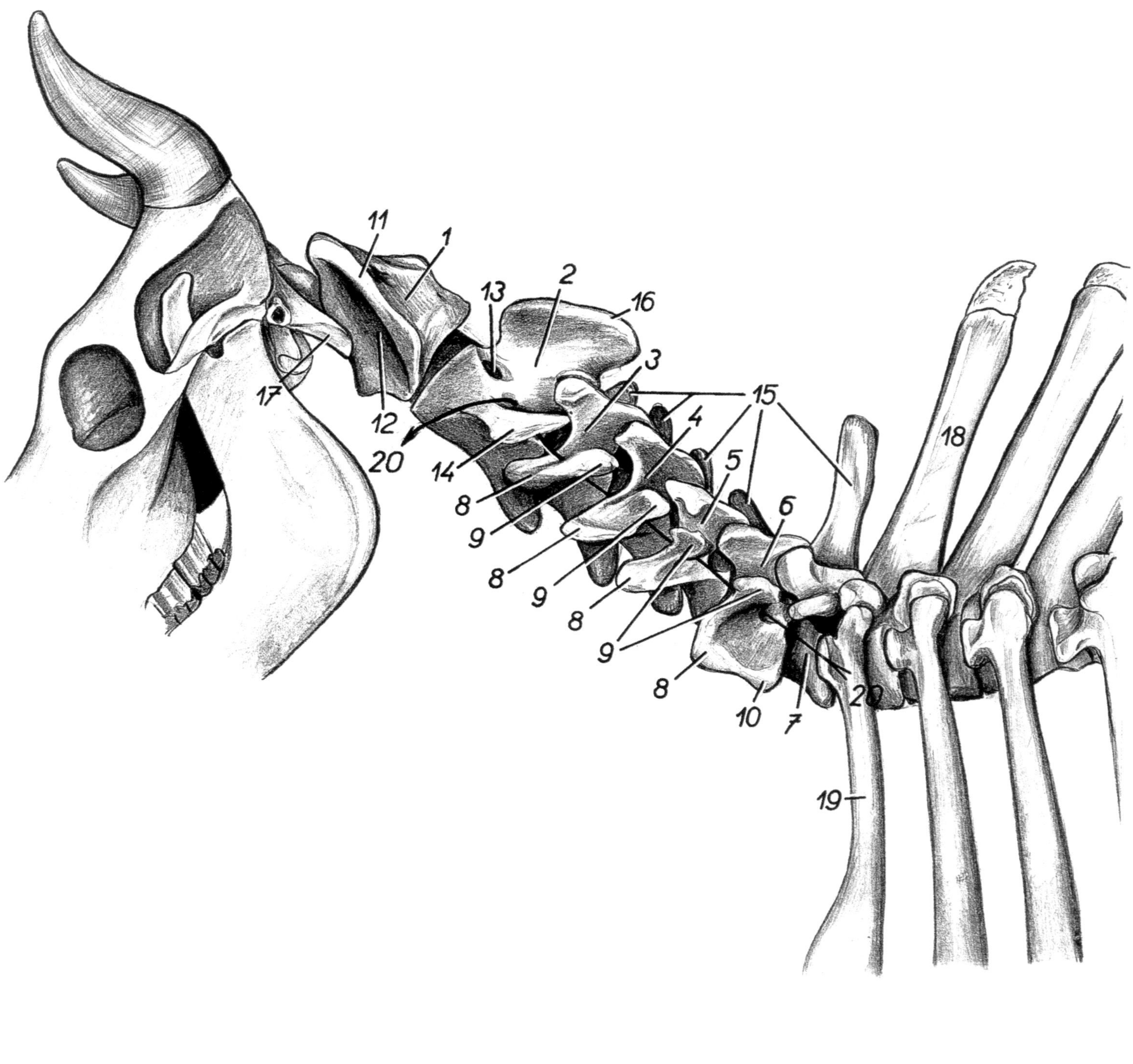

1. *Atlas* – 1. Halswirbel
2. *Axis* – 2. Halswirbel
3.–7. *Vertebrae cervicales III–VII* – 3.–7. Halswirbel
8. *Processus transversi, Tubercula ventralia* – Querfortsätze, ventrale Höckerchen
8., 10. *Lamina ventralis vertebrae cervicalis VI* – ventrale Platte des 6. Halswirbels
9. *Processus transversi, Tubercula dorsalia* – Querfortsätze, dorsale Höckerchen
10. *Tuberculum ventrale caudale* – kaudales ventrales Höckerchen
11. *Processus transversus atlantis* – Querfortsatz des 1. Halswirbels
12. *Fossa atlantis* – Grube des 1. Halswirbels
13. *Foramen vertebrale laterale axis* – laterales Wirbelloch des 2. Halswirbels
14. *Processus transversus axis* – Querfortsatz des 2. Halswirbels
15. *Processus spinosi* – Dornfortsätze
16. *Processus spinosus axis* – Dornfortsatz des 2. Halswirbels
17. *Processus paracondylaris* – Muskelfortsatz des Hinterhauptbeines
18. *Processus spinosus vertebrae thoracicae I* – Dornfortsatz des 1. Brustwirbels
19. *Costa prima* – 1. Rippe
20. *Canalis transversarius* – Querfortsatzkanal

Rind. Präparation des Halses, Ansicht von links. 1. Schicht, nach Entfernung der Hautmuskeln.

Abbildung 42

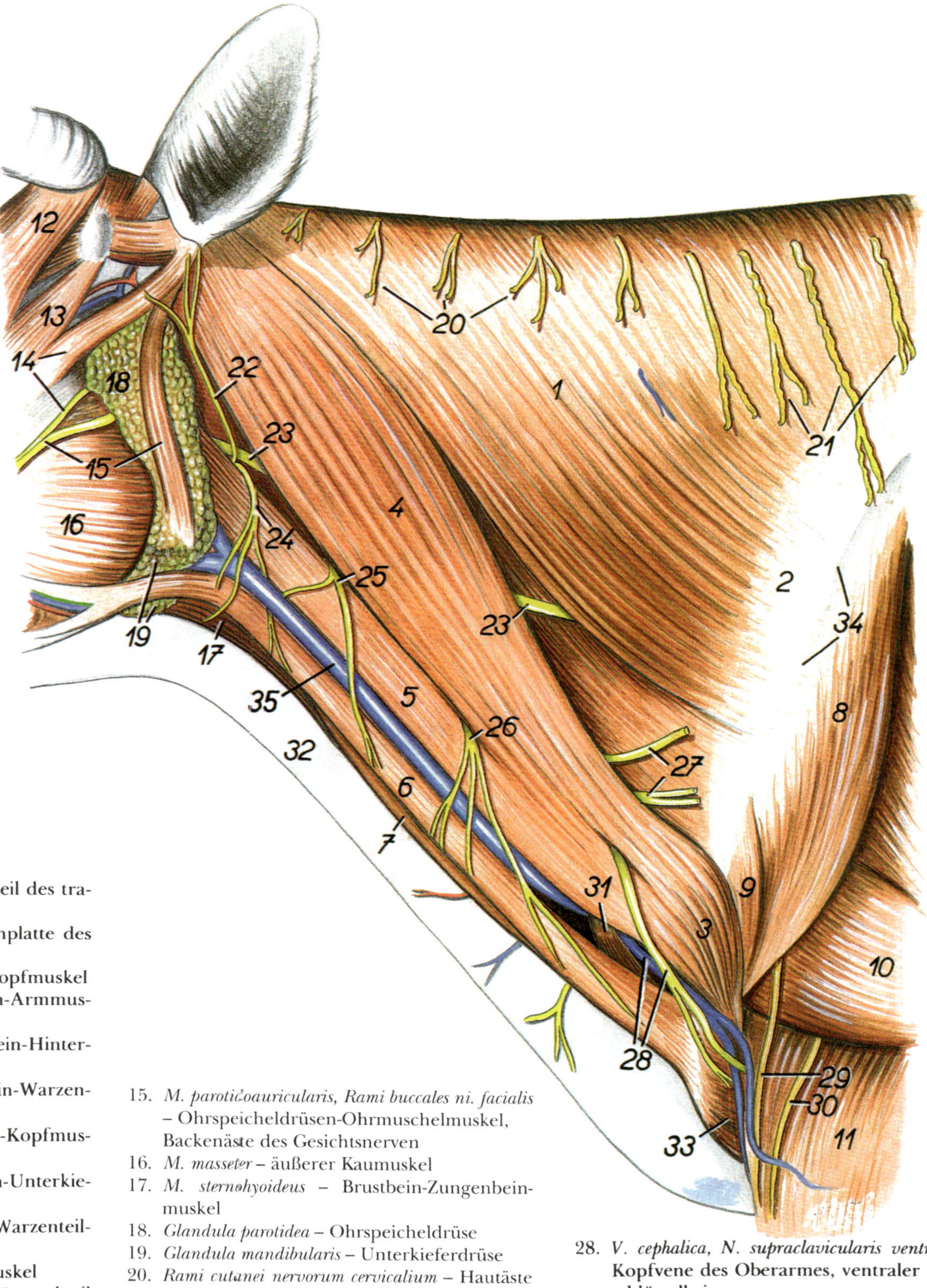

1. *Pars cervicalis mi. trapezii* – Halsteil des trapezförmigen Muskels
2. *Aponeurosis mi. trapezii* – Sehnenplatte des trapezförmigen Muskels

3.–5. *M. brachiocephalicus* – Arm-Kopfmuskel

3. *M. cleidobrachialis* – Schlüsselbein-Armmuskel
4. *M. cleidooccipitalis* – Schlüsselbein-Hinterhauptbeinmuskel
5. *M. cleidomastoideus* – Schlüsselbein-Warzenteilmuskel

6., 7. *M. sternocephalicus* – Brustbein-Kopfmuskel

6. *M. sternomandibularis* – Brustbein-Unterkiefermuskel
7. *M. sternomastoideus* – Brustbein-Warzenteilmuskel
8. *M. deltoideus* – deltaförmiger Muskel
9. *Pars acromialis mi. deltoidei* – Gräteneckteil des deltaförmigen Muskels
10. *Caput laterale mi. tricipitis brachii* – lateraler Kopf des dreiköpfigen Muskels
11. *M. extensor carpi radialis* – radialer Strecker des Vorderfußwurzelgelenkes
12. *M. frontalis* – Stirnmuskel
13. *Pars temporalis mi. frontoscutularis* – Schläfenteil des Stirn-Schildchenmuskels
14. *M. zygomaticoauricularis, Ramus transversus faciei ni. auriculotemporalis* – Jochbein-Ohrmuschelmuskel, querverlaufender Gesichtsast des Ohrmuschel-Schläfennerven
15. *M. paroticoauricularis, Rami buccales ni. facialis* – Ohrspeicheldrüsen-Ohrmuschelmuskel, Backenäste des Gesichtsnerven
16. *M. masseter* – äußerer Kaumuskel
17. *M. sternohyoideus* – Brustbein-Zungenbeinmuskel
18. *Glandula parotidea* – Ohrspeicheldrüse
19. *Glandula mandibularis* – Unterkieferdrüse
20. *Rami cutanei nervorum cervicalium* – Hautäste der Halsnerven
21. *Rami cutanei nervorum thoracicorum* – Hautäste der Brustnerven
22. *N. auricularis magnus (ni. cervicalis II)* – großer Ohrmuschelnerv (2. Halsnerv)
23. *Ramus dorsalis ni. accessorii* – dorsaler Ast des zusätzlichen Nerven
24. *N. transversus colli* – querverlaufender Halsnerv
25. *N. cervicalis III* – 3. Halsnerv
26. *N. cervicalis IV* – 4. Halsnerv
27. *N. supraclavicularis dorsalis* – dorsaler Überschlüsselbeinnerv
28. *V. cephalica, N. supraclavicularis ventralis* – Kopfvene des Oberarmes, ventraler Überschlüsselbeinnerv
29. *N. cutaneus antebrachii cranialis (ni. axillaris)* – kranialer Unterarmhautnerv (des Achselnerven)
30. *Ramus superficialis n. radialis* – oberflächlicher Ast des Speichennerven
31. *M. subclavius* – Unterschlüsselbeinmuskel
32. *Palear (Plica ventralis colli)* – Triel (ventrale Halsfalte)
33. *M. pectoralis superficialis (descendens)* – oberflächlicher (absteigender) Brustmuskel
34. *Spina scapulae* – Schulterblattgräte
35. *V. jugularis externa* – äußere Drosselvene

Rind. Präparation des Halses, Ansicht von links. 2. Schicht.

Abbildung 43

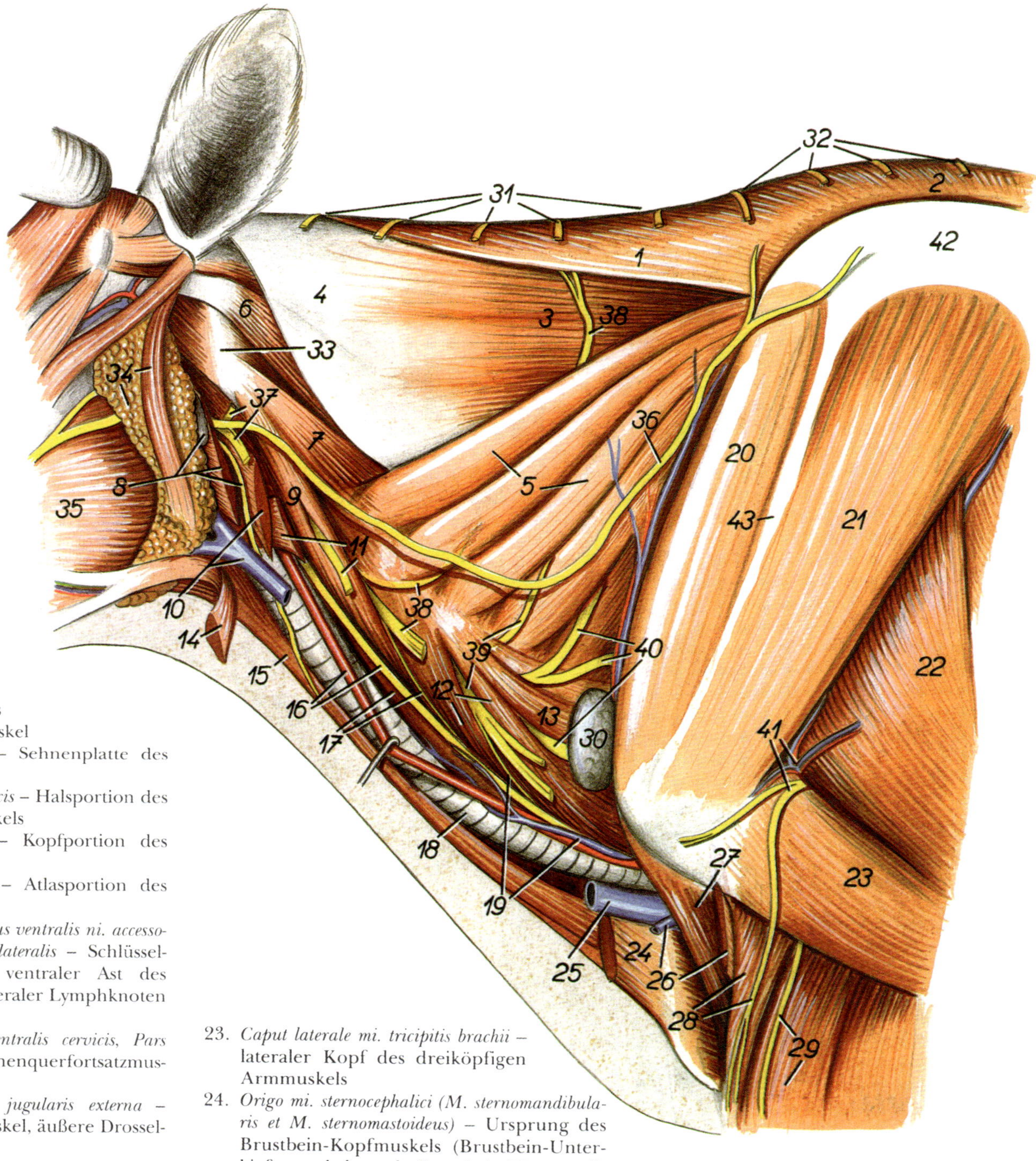

1. *M. rhomboideus cervicis* – Halsportion des rautenförmigen Muskels
2. *M. rhomboideus theracis* – Brustkorbportion des rautenförmigen Muskels
3. *M. splenius* – Riemenmuskel
4. *Aponeurosis mi. splenii* – Sehnenplatte des Riemenmuskels
5. *M. serratus ventralis cervicis* – Halsportion des ventralen gesägten Muskels
6. *M. longissimus capitis* – Kopfportion des längsten Muskels
7. *M. longissimus atlantis* – Atlasportion des längsten Muskels
8. *M. cleidomastoideus, Ramus ventralis ni. accessorii, Ln. retropharyngeus lateralis* – Schlüsselbein-Warzenteilmuskel, ventraler Ast des zusätzlichen Nerven, lateraler Lymphknoten hinter dem Rachen
9. *M. intertransversarius ventralis cervicis, Pars atlantis* – ventraler Zwischenquerfortsatzmuskel, Altlasteil
10. *M. sternomastoideus, V. jugularis externa* – Brustbein-Warzenteilmuskel, äußere Drosselvene
11. *M. omohyoideus, N. cervicalis III* – Schulter-Zungenbeinmuskel, 3. Halsnerv
12. *M. scalenus medius* – mittlerer Rippenhalter
13. *M. scalenus dorsalis* – dorsaler Rippenhalter
14. *M. sternomandibularis* – Brustbein-Unterkiefermuskel
15. *M. sternohyoideus* – Brustbein-Zungenbeinmuskel
16. *A. carotis communis, Truncus vagosympathicus* – gemeinsame Kopfarterie, gemeinsamer Stamm des Vagus und Sympathikusnerven
17. *Esophagus, Radix ni. phrenici* – Speiseröhre, Wurzel des Zwerchfellnerven
18. *Trachea* – Luftröhre
19. *Radix ni. phrenici, V. jugularis interna* – Wurzel des Zwerchfellnerven, innere Drosselvene
20. *M. supraspinatus* – Übergrätenmuskel
21. *M. infraspinatus* – Untergrätenmuskel
22. *Caput longum mi. tricipitis brachii* – langer Kopf des dreiköpfigen Armmuskels
23. *Caput laterale mi. tricipitis brachii* – lateraler Kopf des dreiköpfigen Armmuskels
24. *Origo mi. sternocephalici (M. sternomandibularis et M. sternomastoideus)* – Ursprung des Brustbein-Kopfmuskels (Brustbein-Unterkiefermuskel und Brustbein-Warzenteilmuskel)
25. *V. jugularis externa* – äußere Drosselvene
26. *V. cephalica, Origo mi. brachiocephalici (mi. cleidobrachialis)* – Kopfvene des Oberarmes, Ursprung des Arm-Kopfmuskels (Schlüsselbein-Armmuskel)
27. *M. biceps brachii* – zweiköpfiger Armmuskel
28. *M. brachialis, N. cutaneus antebrachii cranialis* – Armmuskel, kranialer Hautnerv des Unterarmes
29. *M. extensor carpi radialis, N. cutaneus antebrachii lateralis* – radialer Strecker des Vorderfußwurzelgelenkes, lateraler Hautnerv des Unterarmes
30. *Ln. cervicalis superficialis (Ln. prescapularis)* – oberflächlicher Halslymphknoten (vor dem Schulterblatt gelegener Lymphknoten)
31. *Rami cutanei nervorum cervicalium* – Hautäste der Halsnerven
32. *Rami cutanei nervorum thoracicorum* – Hautäste der Brustnerven
33. *Processus transversus atlantis* – Querfortsatz des 1. Halswirbels
34. *Glandula parotis, M. parotidoauricularis* – Ohrspeicheldrüse, Ohrspeicheldrüsen-Ohrmuschelmuskel
35. *M. masseter* – äußerer Kaumuskel
36. *Ramus dorsalis ni. accessorii* – dorsaler Ast des zusätzlichen Nerven
37. *N. cervicalis II* – 2. Halsnerv
38. *N. cervicalis IV* – 4. Halsnerv
39. *N. cervicalis V* – 5. Halsnerv
40. *N. cervicalis VI* – 6. Halsnerv
41. *N. axillaris, A. et V. circumflexa humeri caudalis* – Achselnerv, kaudale Oberarmkranzarterie und -vene
42. *Cartilago scapulae* – Schulterblattknorpel
43. *Spina scapulae* – Schulterblattgräte

Rind. Präparation des Halses, Ansicht von lateral. 3. Schicht.

Abbildung 44

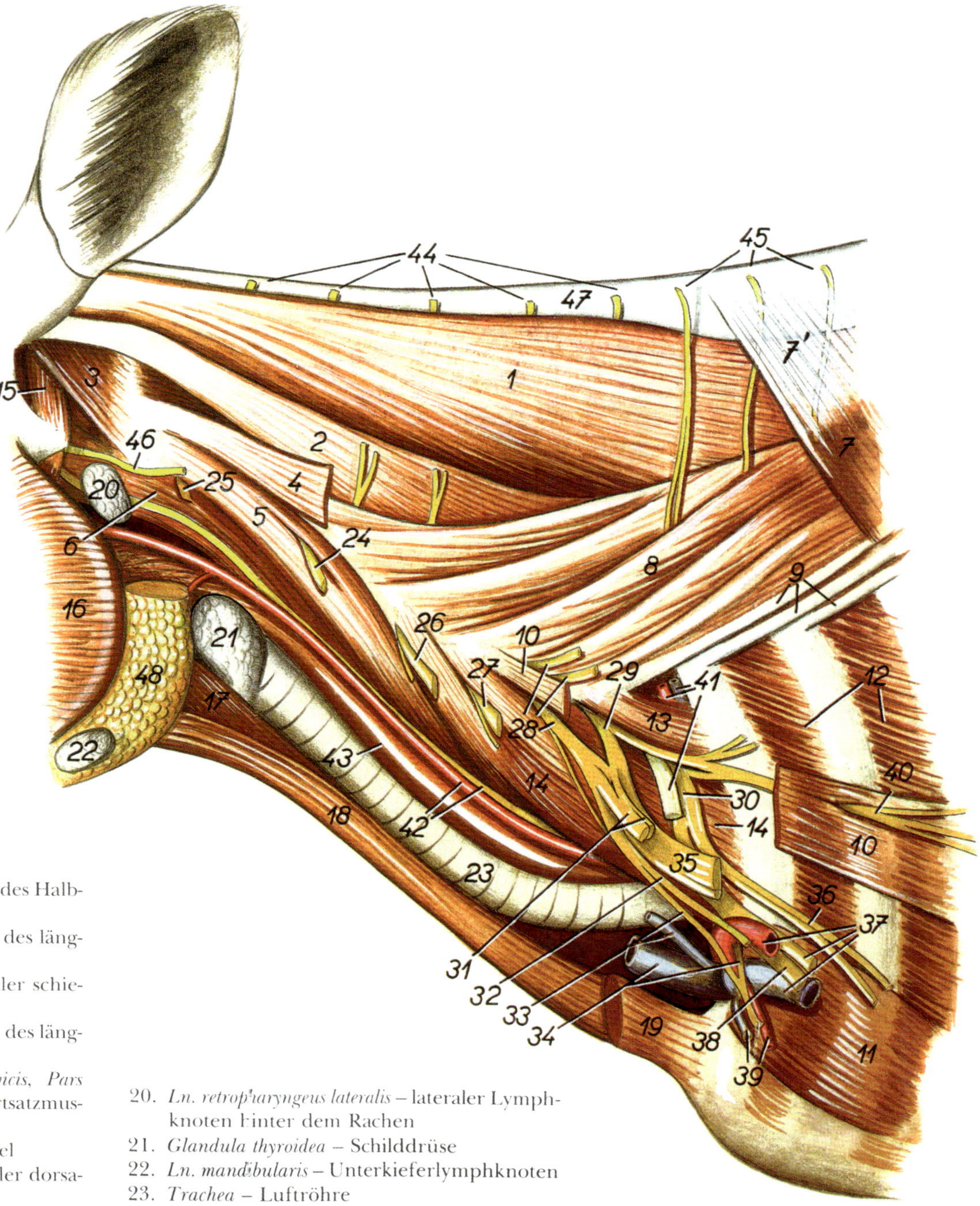

1. *M. semispinalis capitis* – Kopfportion des Halbdornfortsatzmuskels
2. *M. longissimus capitis* – Kopfportion des längsten Muskels
3. *M. obliquus capitis cranialis* – kranialer schiefer Kopfmuskel
4. *M. longissimus atlantis* – Atlasportion des längsten Muskels
5. *M. intertransversarius ventralis cervicis, Pars atlantis* – ventraler Zwischenquerfortsatzmuskel, Altlasteil
6. *M. longus capitis* – langer Kopfmuskel
7. *M. serratus dorsalis cranialis* – kranialer dorsaler gesägter Muskel

7'. *Aponeurosis mi. serrati dorsalis* – Sehnenplatte des dorsalen gesägten Muskels

8. *M. longissimus cervicis* – Halsportion des längsten Muskels
9. *M. iliocostalis* – Darmbein-Rippenmuskel
10. *M. scalenus dorsalis* – dorsaler Rippenhalter
11. *M. rectus thoracis* – gerader Brustkorbmuskel
12. *M. intercostales externi* – äußere Zwischenrippenmuskeln
13. *Pars dorsalis mi. scaleni medii* – dorsaler Teil des mittleren Rippenhalters
14. *Pars ventralis mi. scaleni medii* – ventraler Teil des mittleren Rippenhalters
15. *M. occipitohyoideus* – Hinterhauptbein-Zungenbeinmuskel
16. *M. masseter* – äußerer Kaumuskel
17. *M. sternothyroideus* – Brustbein-Schildknorpelmuskel
18. *M. sternohyoideus* – Brustbein-Zungenbeinmuskel
19. *Origo mi. sternocephalici* – Ursprung des Brustbein-Kopfmuskels
20. *Ln. retropharyngeus lateralis* – lateraler Lymphknoten hinter dem Rachen
21. *Glandula thyroidea* – Schilddrüse
22. *Ln. mandibularis* – Unterkieferlymphknoten
23. *Trachea* – Luftröhre
24. *N. cervicalis III* – 3. Halsnerv
25. *N. cervicalis II* – 2. Halsnerv
26. *N. cervicalis IV* – 4. Halsnerv
27. *N. cervicalis V* – 5. Halsnerv
28. *N. cervicalis VI* – 6. Halsnerv
29. *N. cervicalis VII* – 7. Halsnerv
30. *N. cervicalis VIII* – 8. Halsnerv
31. *N. suprascapularis et N. subscapularis* – Unterschlüsselbeinnerv und Unterschulterblattnerv
32. *N. musculocutaneus* – Muskel-Hautnerv
33. *V. jugularis interna, N. pectoralis cranialis I* – innere Drosselvene, 1. kranialer Brustnerv
34. *V. jugularis externa, N. pectoralis cranialis II* – äußere Drosselvene, 2. kranialer Brustnerv
35. *N. axillaris* – Achselnerv
36. *Nn. pectorales caudales* – kaudale Brustnerven
37. *A. et V. axillaris, N. ulnaris* – Achselarterie und -vene, Ellennerv
38. *N. medianus* – Mittelnerv
39. *A. et V. thoracica externa* – äußere Brustkorbarterie und -vene
40. *N. thoracicus longus* – langer Brustkorbnerv
41. *A. et V. scapularis dorsalis, N. radialis* – dorsale Schulterblattarterie und -vene, Speichennerv
42. *A. carotis communis, Truncus vagosympathicus* – gemeinsame Kopfarterie, gemeinsamer Stamm des Vagus- und Sympathikusnerven
43. *Esophagus* – Speiseröhre
44. *Rami cutanei nervorum cervicalium* – Hautäste der Halsnerven
45. *Rami cutanei nervorum thoracicorum* – Hautäste der Brustkorbnerven
46. *Ramus dorsalis ni. accessorii* – dorsaler Ast des zusätzlichen Nerven
47. *Funiculus nuchae* – Nackenstrang
48. *Glandula mandibularis* – Unterkieferdrüse

Rind. Tiefe Schicht der Halsmuskulatur, Ansicht von links.

Abbildung 45

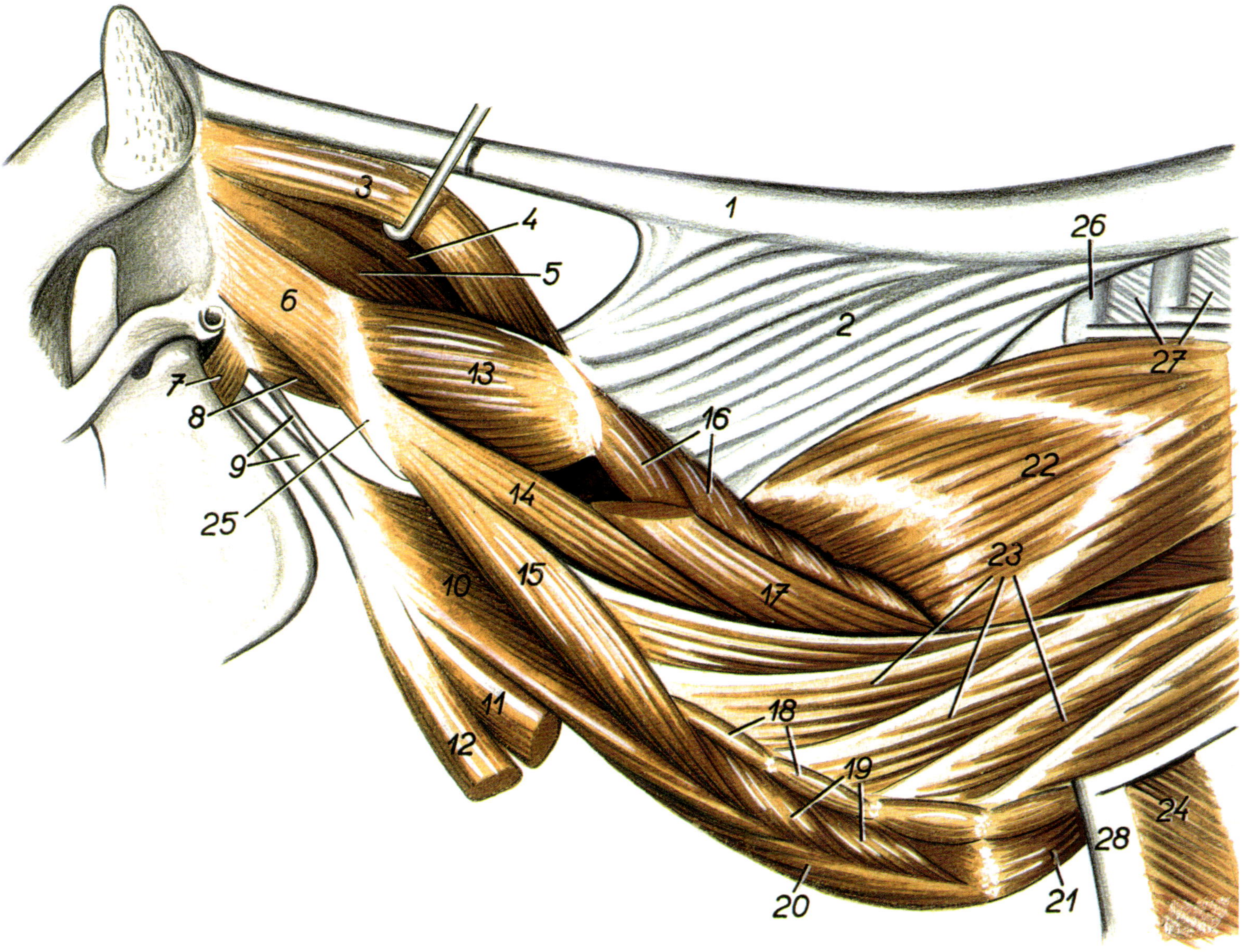

1. *Funiculus nuchae* – Nackenstrang
2. *Lamina nuchae* – Nackenplatte
3. *M. rectus capitis dorsalis major* – dorsaler großer gerader Kopfmuskel
4. *M. rectus capitis dorsalis intermedius* – dorsaler mittlerer gerader Kopfmuskel
5. *M. rectus capitis dorsalis minor* – dorsaler kleiner gerader Kopfmuskel
6. *M. obliquus capitis cranialis* – kranialer schiefer Kopfmuskel
7. *M. occipitohyoideus* – Hinterhauptbein-Zungenbeinmuskel
8. *M. rectus capitis lateralis* – lateraler gerader Kopfmuskel
9. *Insertio mi. sternomastoidei, cleidomastoidei et longi capitis* – Ansatz des Brustbein-Warzenteilmuskels, des Schlüsselbein-Warzenteilmuskels und des langen Kopfmuskels
10. *M. longus capitis* – langer Kopfmuskel
11. *M. sternomastoideus* – Brustbein-Warzenteilmuskel
12. *M. cleidomastoideus* – Schlüsselbein-Warzenteilmuskel
13. *M. obliquus capitis caudalis* – kaudaler schiefer Kopfmuskel
14. *M. longissimus atlantis* – Atlasportion des längsten Muskels
15. *M. intertransversarius ventralis cervicis*, Pars atlantis – ventraler Zwischenquerfortsatzmuskel, Altlasteil
16. *Mm. multifidi cervicis* – Halsportion der vielgeteilten Muskeln
17. *M. longissimus capitis* – Kopfportion des längsten Muskels
18. *Mm. intertransversarii dorsales cervicis* – Halsportion der dorsalen Zwischenquerfortsatzmuskeln
19. *Mm. intertransversarii ventrales cervicis* – Halsportion der ventralen Zwischenquerfor satzmuskeln
20. *Pars cervicalis mi. longi colli* – Halsteil d langen Halsmuskels
21. *Pars thoracica mi. longi colli* – Brustkorbte des langen Halsmuskels
22. *M. spinalis et semispinalis thoracis et cervicis* Brustkorb- und Halsportion des Dornfor satz- und Halbdornfortsatzmuskels
23. *M. longissimus cervicis* – Halsteil des längste Muskels
24. *Mm. intercostales externi* – äußere Zwischen rippenmuskeln
25. *Processus transversus atlantis* – Querfortsa des 1. Halswirbels
26. *Processus spinosus vertebrae thoracicae I* Dornfortsatz des 1. Brustwirbels
27. *Ligamenta interspinalia* – Zwischendornfor satzbänder
28. *Costa prima* – 1. Rippe

Abbildung 46

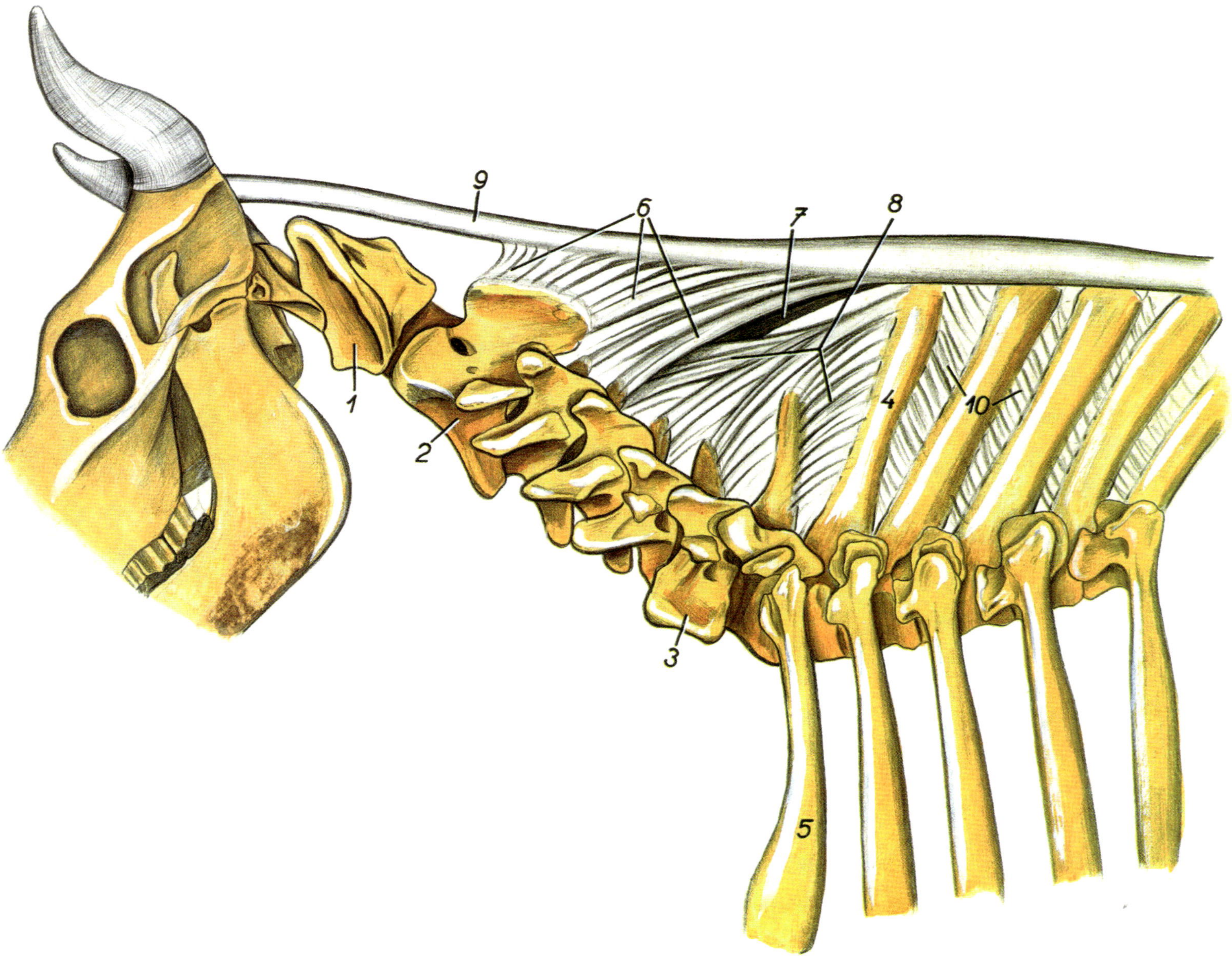

1. *Atlas* – 1. Halswirbel
2. *Axis* – 2. Halswirbel
3. *Vertebra cervicalis VI* – 6. Halswirbel
4. *Processus spinosus vertebrae thoracicae I* – Dornfortsatz des 1. Brustwirbels
5. *Costa prima* – 1. Rippe

6.–8. *Lamina nuchae (6. Pars cranialis sinistra, 7. Pars cranialis dextra, 8. Pars caudalis impar)* – Nackenplatte (6. linker kranialer Teil, 7. rechter kranialer Teil, 8. kaudaler unpaarer Teil)

9. *Funiculus nuchae* – Nackenstrang
10. *Ligamenta interspinalia* – Zwischendornfortsatzbänder

Rind. Kalb (neugeboren). Halspräparation, Ansicht von links.

Abbildung 47

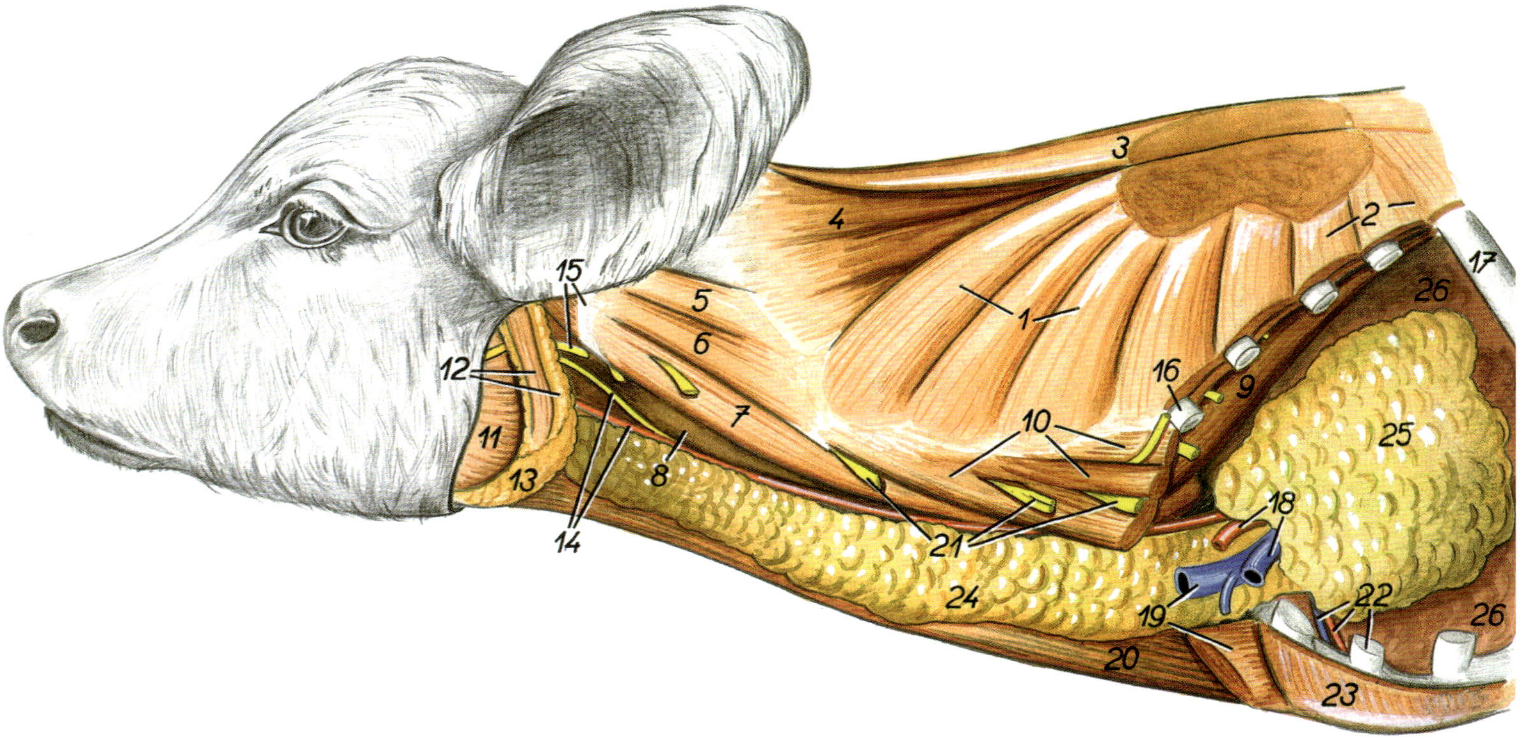

1. *M. serratus ventralis cervicis* – Halsportion des ventralen gesägten Muskels
2. *M. serratus ventralis thoracis* – Brustkorbportion des ventralen gesägten Muskels
3. *M. rhomboideus cervicis* – Halsportion des rautenförmigen Muskels
4. *M. splenius* – Riemenmuskel
5. *M. longissimus capitis* – Kopfportion des längsten Muskels
6. *M. longissimus atlantis* – Atlasportion des längsten Muskels
7. *M. intertransversarius ventralis cervicis, Pars atlantis* – ventraler Zwischenquerfortsatzmuskel, Altlasteil
8. *M. longus capitis* – langer Kopfmuskel
9. *M. longus colli* – langer Halsmuskel
10. *M. scalenus dorsalis et M. scalenus medius* – dorsaler und mittlerer Rippenhalter
11. *M. masseter* – äußerer Kaumuskel
12. *M. parotidoauricularis, Glandula parotis* – Ohrspeicheldrüsen-Ohrmuschelmuskel, Ohrspeicheldrüse
13. *Glandula mandibularis* – Unterkieferdrüse
14. *A. carotis communis, Truncus vagosympathicus* – gemeinsame Kopfarterie, gemeinsamer Stamm des Vagus- und Sympathikusnerven
15. *Ramus dorsalis ni. accessorii, Processus transversus atlantis* – dorsaler Ast des zusätzlichen Nerven, Querfortsatz des 1. Halswirbels
16. *Costa prima* – 1. Rippe
17. *Costa quinta* – 5. Rippe
18. *A. et V. subclavia sinistra* – linke Unterschlü selbeinarterie und -vene
19. *V. jugularis externa, Origo mi. sternocephal* – äußere Drosselvene, Ursprung des Brus bein-Kopfmuskels
20. *M. sternohyoideus* – Brustbein-Zungenbei muskel
21. *Nn. cervicales* – Halsnerven
22. *Cartilago costalis II, A. et V. thoracica inter* – Knorpel der 2. Rippe, innere Brustkor arterie und -vene
23. *Mm. pectorales* – Brustmuskeln
24. *Lobus cervicalis thymi* – Halslappen des Th mus
25. *Lobus thoracicus thymi* – Brustlappen d Thymus
26. *Pulmones* – Lungen

Rind. Färse (1 Jahr alt). Querschnitt durch den Hals in Höhe des 2. Halswirbels, Ansicht von kaudal.

Abbildung 48

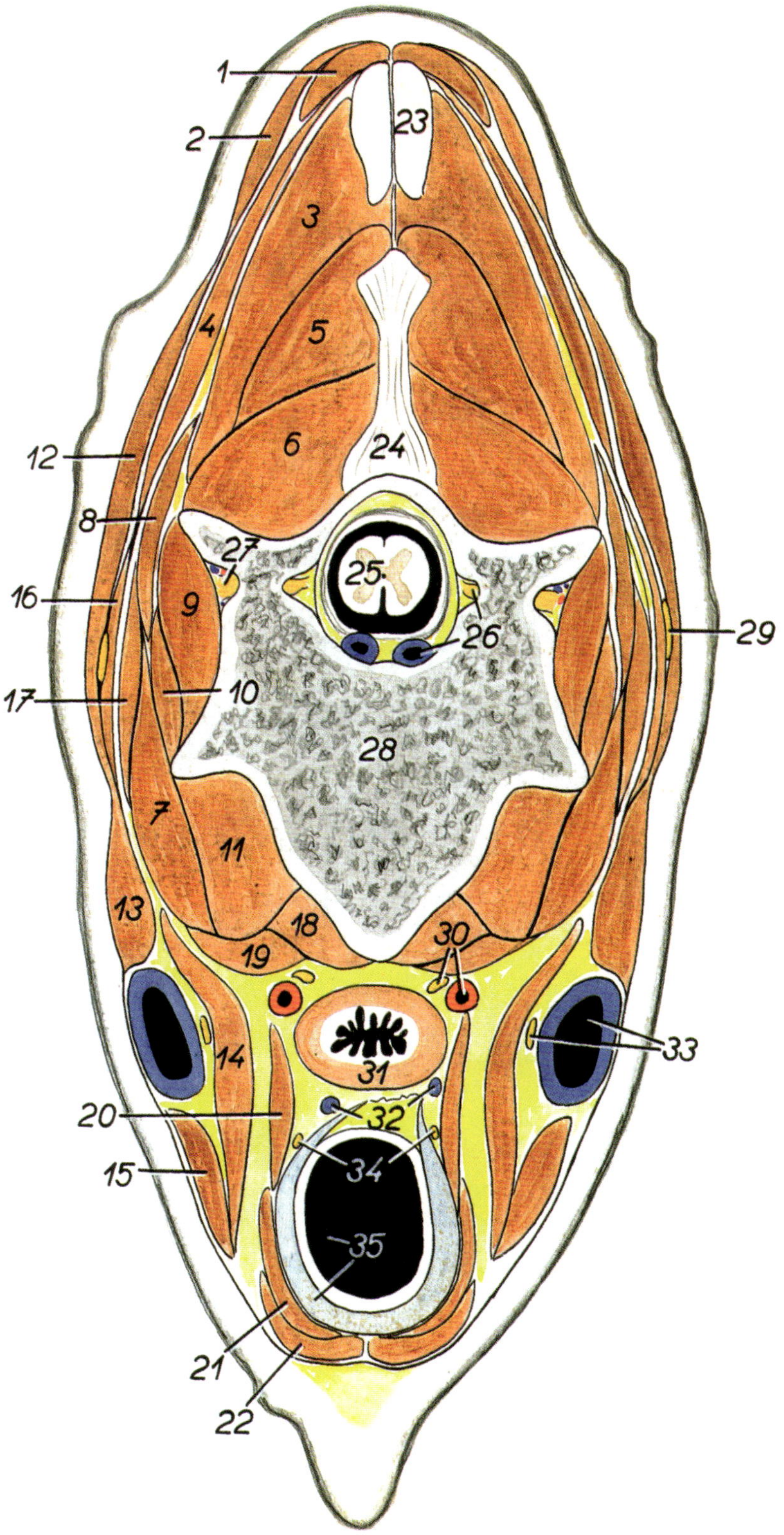

1. *M. rhomboideus cervicis* – Halsportion des rautenförmigen Muskels
2. *Pars cervicalis mi. trapezii* – Halsteil des trapezförmigen Muskels
3. *M. semispinalis capitis* – Kopfportion des Halbdornfortsatzmuskels
4. *M. splenius* – Riemenmuskel
5. *M. rectus capitis dorsalis major, minor et intermedius* – großer, kleiner und mittlerer dorsaler gerader Kopfmuskel
6. *M. obliquus capitis caudalis* – kaudaler schiefer Kopfmuskel
7. *M. intertransversarius ventralis cervicis, Pars atlantis* – ventraler Zwischenquerfortsatzmuskel, Altlasteil
8. *M. longissimus capitis* – Kopfportion des längsten Muskels

9., 10., 11. *Mm. intertransversarii* – Zwischenquerfortsatzmuskeln

12., 13. *M. brachiocephalicus* – Arm-Kopfmuskel

12. *M. cleidooccipitalis* – Schlüsselbein-Hinterhauptbeinmuskel
13. *M. cleidomastoideus* – Schlüsselbein-Warzenteilmuskel

14., 15. *M. sternocephalicus* – Brustbein-Kopfmuskel

14. *M. sternomastoideus* – Brustbein-Warzenteilmuskel
15. *M. sternomandibularis* – Brustbein-Unterkiefermuskel
16. *M. omotransversarius* – Schulter-Querfortsatzmuskel
17. *M. longissimus atlantis* – Atlasportion des längsten Muskels
18. *M. longus colli* – langer Halsmuskel
19. *M. longus capitis* – langer Kopfmuskel
20. *M. omohyoideus* – Schulter-Zungenbeinmuskel
21. *M. sternothyroideus* – Brustbein-Schildknorpelmuskel
22. *M. sternohyoideus* – Brustbein-Zungenbeinmuskel
23. *Funiculus nuchae* – Nackenstrang
24. *Ligamentum interspinale et Lamina nuchae* – Zwischendornfortsatzband und Nackenplatte
25. *Medulla spinalis* – Rückenmark
26. *Plexus vertebralis internus, Ganglion spinale* – inneres Wirbelgeflecht, Rückenmarknervenknoten
27. *N. cervicalis II* – 2. Halsnerv
28. *Axis* – 2. Halswirbel
29. *Ramus dorsalis ni. accessorii* – dorsaler Ast des zusätzlichen Nerven
30. *A. carotis communis, Truncus vagosympathicus* – gemeinsame Kopfarterie, gemeinsamer Stamm des Vagus- und Sympathikusnerven
31. *Esophagus* – Speiseröhre
32. *Vv. jugulares internae* – innere Drosselvenen
33. *V. jugularis externa, Ramus ventralis ni. accessorii* – äußere Drosselvene, ventraler Ast des zusätzlichen Nerven
34. *Nn. laryngei recurrentes* – zurücklaufende Kehlkopfnerven
35. *Trachea* – Luftröhre

Rind. Färse (1 Jahr alt). Querschnitt durch den Hals in Höhe des kaudalen Endes des 3. Halswirbels, Ansicht von kaudal.

Abbildung 49

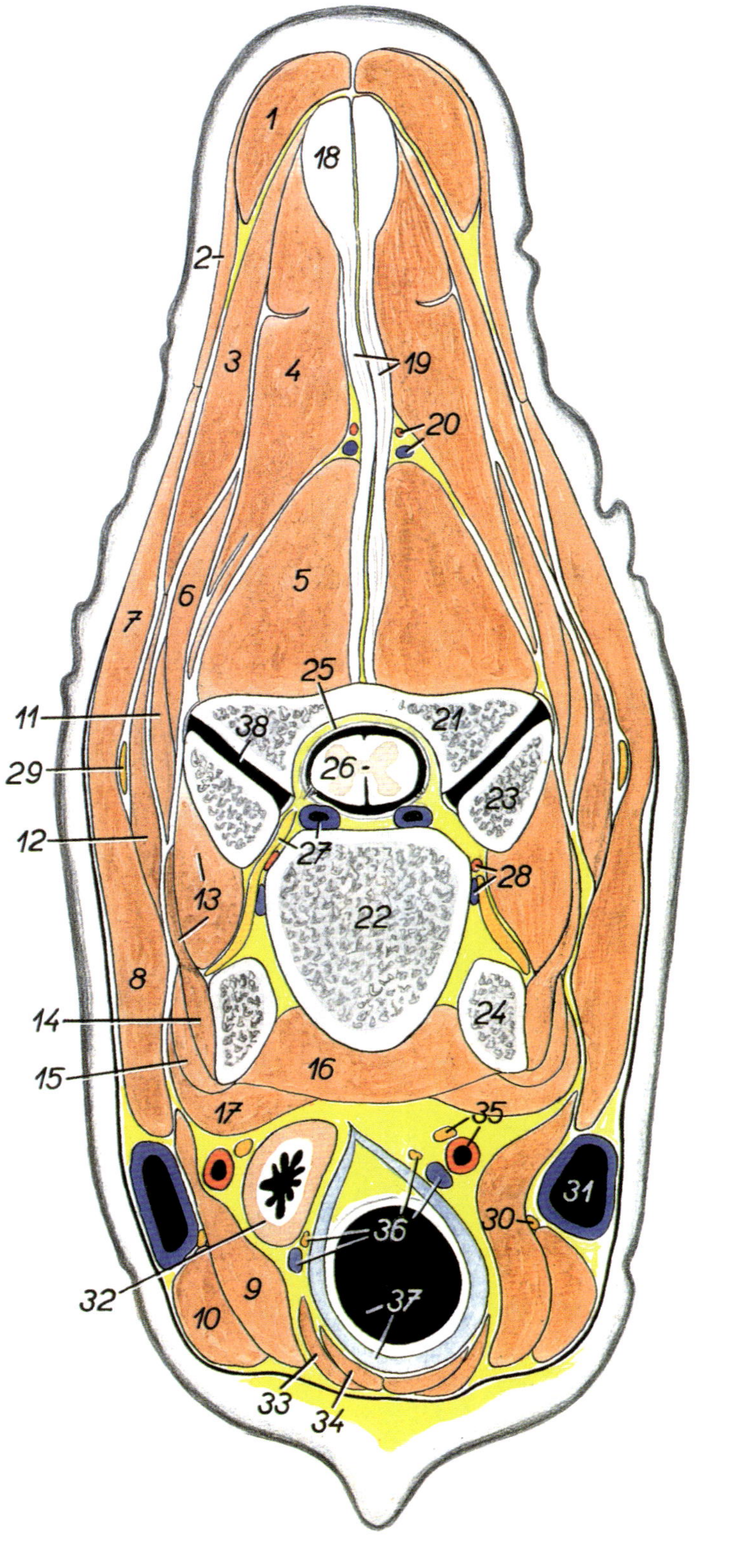

1. *M. rhomboideus cervicis* – Halsportion des rautenförmigen Muskels
2. *Pars cervicalis mi. trapezii* – Halsteil des trapezförmigen Muskels
3. *M. splenius* – Riemenmuskel
4. *M. semispinalis capitis* – Kopfportion des Halbdornfortsatzmuskels
5. *M. multifidus cervicis* – Halsportion des vielgeteilten Muskels
6. *M. longissimus capitis* – Kopfportion des längsten Muskels

7., 8. *M. brachiocephalicus* – Arm-Kopfmuskel

7. *M. cleidooccipitalis* – Schlüsselbein-Hinterhauptmuskel
8. *M. cleidomastoideus* – Schlüsselbein-Warzenteilmuskel

9., 10. *M. sternocephalicus* – Brustbein-Kopfmuskel

9. *M. sternomastoideus* – Brustbein-Warzenteilmuskel
10. *M. sternomandibularis* – Brustbein-Unterkiefermuskel
11. *M. longissimus atlantis* – Atlasportion des längsten Muskels
12. *M. omotransversarius* – Schulter-Querfortsatzmuskel

13., 14. *Mm. intertransversarii* – Zwischenquerfortsatzmuskeln

15. *M. intertransversarius ventralis cervicis, Pars atlantis* – ventraler Zwischenquerfortsatzmuskel, Altlasteil
16. *M. longus colli* – langer Halsmuskel
17. *M. longus capitis* – langer Kopfmuskel
18. *Funiculus nuchae* – Nackenstrang
19. *Lamina nuchae* – Nackenplatte
20. *A. et V. cervicalis profunda* – tiefe Halsarterie und -vene
21. *Processus articularis caudalis et Arcus vertebrae cervicalis III* – kaudaler Gelenkfortsatz und Wirbelbogen des 3. Halswirbels
22. *Corpus vertebrae cervicalis III* – Körper des 3. Halswirbels
23. *Processus articularis cranialis vertebrae cervicalis IV* – kranialer Gelenkfortsatz des 4. Halswirbels
24. *Processus transversus* – Querfortsatz
25. *Dura mater spinalis* – harte Rückenmarkhaut
26. *Medulla spinalis* – Rückenmark
27. *N. cervicalis IV, Plexus vertebralis internus* – 4. Halsnerv, inneres Wirbelgeflecht
28. *A. et V. vertebralis* – Wirbelarterie und -vene
29. *Ramus dorsalis ni. accessorii* – dorsaler Ast des zusätzlichen Nerven
30. *Ramus ventralis ni. accessorii* – ventraler Ast des zusätzlichen Nerven
31. *V. jugularis externa* – äußere Drosselvene
32. *Esophagus* – Speiseröhre
33. *M. sternohyoideus* – Brustbein-Zungenbeinmuskel
34. *M. sternothyroideus* – Brustbein-Schildknorpelmuskel
35. *A. carotis communis, Truncus vagosympathicus* – gemeinsame Kopfarterie, gemeinsamer Stamm des Vagus- und Sympathikusnerven
36. *V. jugularis interna, N. laryngeus recurrens* – innere Drosselvene, zurücklaufender Kehlkopfnerv
37. *Trachea* – Luftröhre
38. *Cavum articulare* – Gelenkhöhle

Rind. Färse (1 Jahr alt). Querschnitt durch den Hals in Höhe des kaudalen Endes des 4. Halswirbels, Ansicht von kaudal.

Abbildung 50

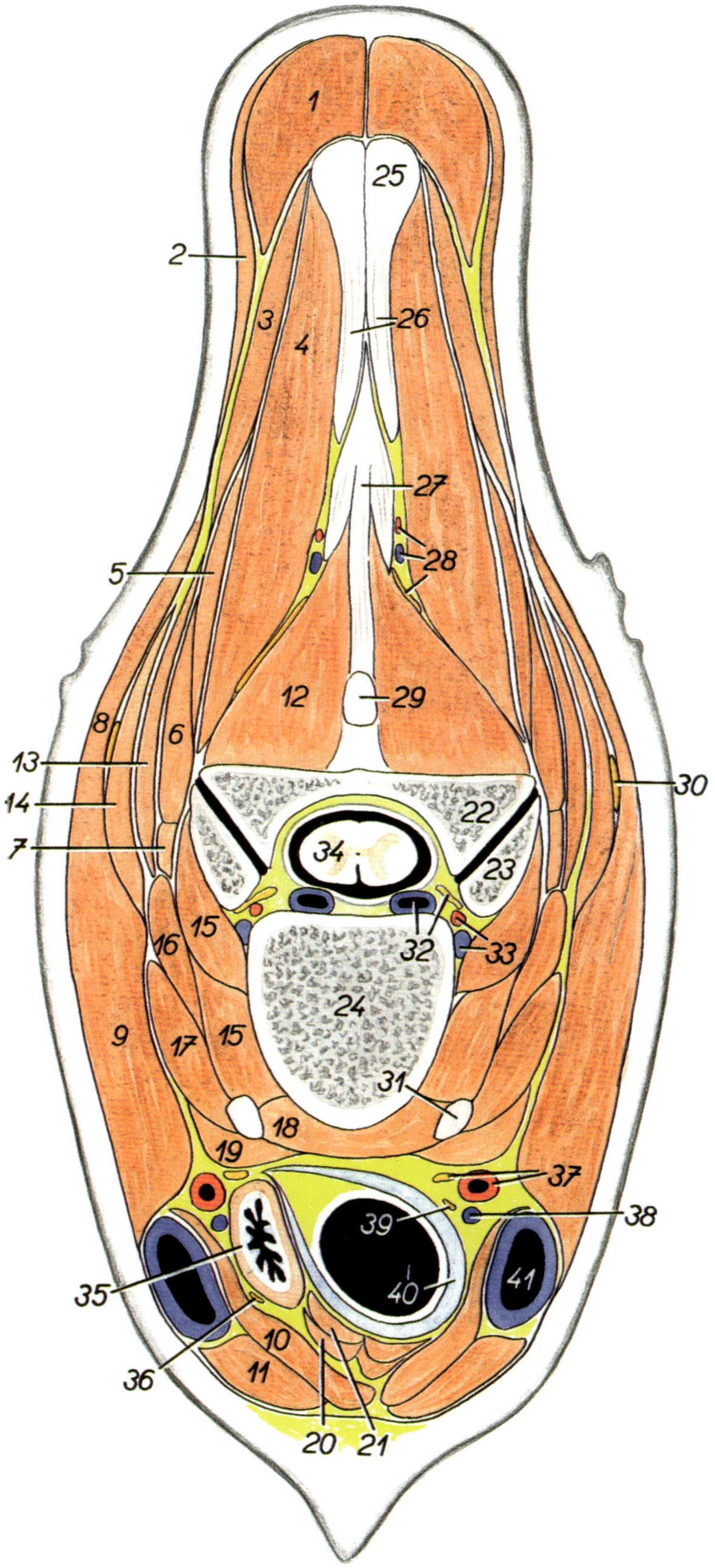

1. *M. rhomboideus cervicis* – Halsportion des rautenförmigen Muskels
2. *Pars cervicalis mi. trapezii* – Halsteil des trapezförmigen Muskels
3. *M. splenius* – Riemenmuskel
4. *M. semispinalis capitis* – Kopfportion des Halbdornfortsatzmuskels
5. *M. longissimus capitis* – Kopfportion des längsten Muskels
6. *M. longissimus atlantis* – Atlasportion des längsten Muskels
7. *M. longissimus cervicis* – Halsportion des längsten Muskels

8., 9. *M. brachiocephalicus* – Arm-Kopfmuskel

8. *M. cleidooccipitalis* – Schlüsselbein-Hinterhauptmuskel
9. *M. cleidomastoideus* – Schlüsselbein-Warzenteilmuskel

10., 11. *M. sternocephalicus* – Brustbein-Kopfmuskel

10. *M. sternomastoideus* – Brustbein-Warzenteilmuskel
11. *M. sternomandibularis* – Brustbein-Unterkiefermuskel
12. *Mm. multifidi cervicis* – Halsportion der vielgeteilten Muskeln
13. *M. serratus ventralis cervicis* – Halsportion des ventralen gesägten Muskels
14. *M. omotransversarius* – Schulter-Querfortsatzmuskel
15. *Mm. intertransversarii* – Zwischenquerfortsatzmuskeln
16. *M. scalenus medius (M. scalenus primae costae)* – mittlerer Rippenhalter (Rippenhalter der 1. Rippe)
17. *M. intertransversarius longus (Pars atlantis)* – Atlasportion des langen Zwischenquerfortsatzmuskels
18. *M. longus colli* – langer Halsmuskel
19. *M. longus capitis* – langer Kopfmuskel
20. *M. sternohyoideus* – Brustbein-Zungenbeinmuskel
21. *M. sternothyroideus* – Brustbein-Schildknorpelmuskel
22. *Processus articularis caudalis vertebrae cervicalis IV* – kaudaler Gelenkfortsatz des 4. Halswirbels
23. *Processus articularis cranialis vertebrae cervicalis V* – kranialer Gelenkfortsatz des 5. Halswirbels
24. *Corpus vertebrae cervicalis IV* – Wirbelkörper des 4. Halswirbels
25. *Funiculus nuchae* – Nackenstrang

26., 27. *Lamina nuchae (26. Pars cranialis sinistra et dextra, 27. Pars caudalis impar)* – Nackenplatte (26. linker und rechter kranialer Teil, 27. kaudaler unpaarer Teil)

28. *A. et V. cervicalis profunda, Ramus dorsalis ni. cervicalis IV* – tiefe Halsarterie und -vene, dorsaler Ast des 4. Halsnerven
29. *Processus spinosus vertebrae cervicalis V* – Dornfortsatz des 5. Halswirbels
30. *Ramus dorsalis ni. accessorii* – dorsaler Ast des zusätzlichen Nerven
31. *Processus transversus vertebrae cervicalis V* – Querfortsatz des 5. Halsnerven
32. *Plexus vertebralis internus, N. cervicalis V* – inneres Wirbelgeflecht, 5. Halsnerv
33. *A. et V. vertebralis* – Wirbelarterie und -vene
34. *Medulla spinalis* – Rückenmark
35. *Esophagus* – Speiseröhre
36. *N. laryngeus recurrens sinister* – liner zurücklaufender Kehlkopfnerv
37. *A. carotis communis, Truncus vagosympathicus* – gemeinsame Kopfarterie, gemeinsamer Stamm des Vagus- und Sympathikusnerven
38. *V. jugularis interna* – innere Drosselvene
39. *N. laryngeus recurrens dexter* – rechter zurücklaufender Kehlkopfnerv
40. *Trachea* – Luftröhre
41. *V. jugularis externa* – äußere Drosselvene

Rind. Halswirbelsäule, Ansicht von dorsal (links) und ventral (rechts).

Abbildung 51

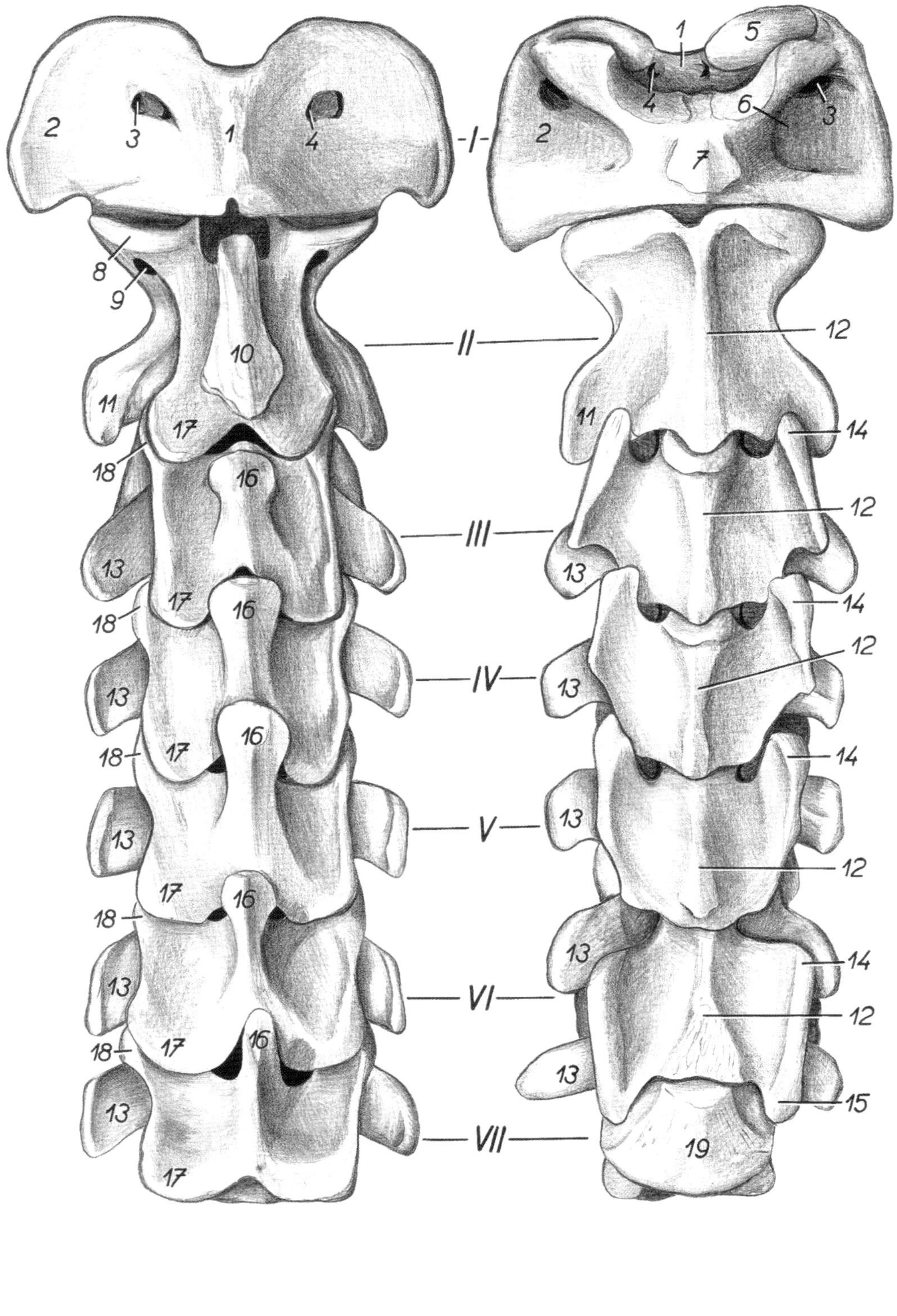

I.–VII. *Vertebra cervicalis I–VII* – 1. bis 7. Halswirbel
I. *Atlas* – 1. Halswirbel
II. *Axis* – 2. Halswirbel

1. *Arcus dorsalis atlantis* – dorsaler Bogen des 1. Halswirbels
2. *Massa lateralis (Processus transversus) atlantis* – Flügel des 1. Halswirbels (Querfortsatz)
3. *Foramen alare atlantis* – Flügelloch des 1. Halswirbels
4. *Foramen vertebrale laterale atlantis* – laterales Wirbelloch des 1. Halswirbels
5. *Fovea articularis cranialis atlantis* – kraniale Gelenkgrube des 1. Halswirbels
6. *Fossa atlantis* – Grube des 1. Halswirbels
7. *Tuberculum ventrale atlantis* – ventrales Hökkerchen des 1. Halswirbels
8. *Facies articularis cranialis axis* – kraniale Gelenkfläche des 2. Halswirbels
9. *Foramen vertebrale laterale axis* – laterales Wirbelloch des 2. Halswirbels
10. *Processus spinosus axis* – Dornfortsatz des 2. Halswirbels
11. *Processus transversus axis* – Querfortsatz des 1. Halswirbels
12. *Crista ventralis* – ventrale Leiste
13. *Processus transversus – Tuberculum dorsale* – Querfortsatz ≙ dorsales Höckerchen
14. *Processus transversus – Tuberculum ventrale* – Querfortsatz – ventrales Höckerchen
15. *Lamina ventralis processus transversi (vertebrae cervicalis VI)* – ventrale Platte des 6. Halswirbels
16. *Processus spinosus* – Dornfortsatz
17. *Processus articularis caudalis* – kaudaler Gelenkfortsatz
18. *Processus articularis cranialis* – kranialer Gelenkfortsatz
19. *Corpus vertebrae cervicalis VII* – Körper des 7. Halswirbels

Rind. Die ersten zwei Segmente des Halsrückenmarks, Ansicht von ventral. Die harten Rückenmarkshäute sind umgeklappt und links (in der Abb. rechts) entfernt.

Abbildung 52

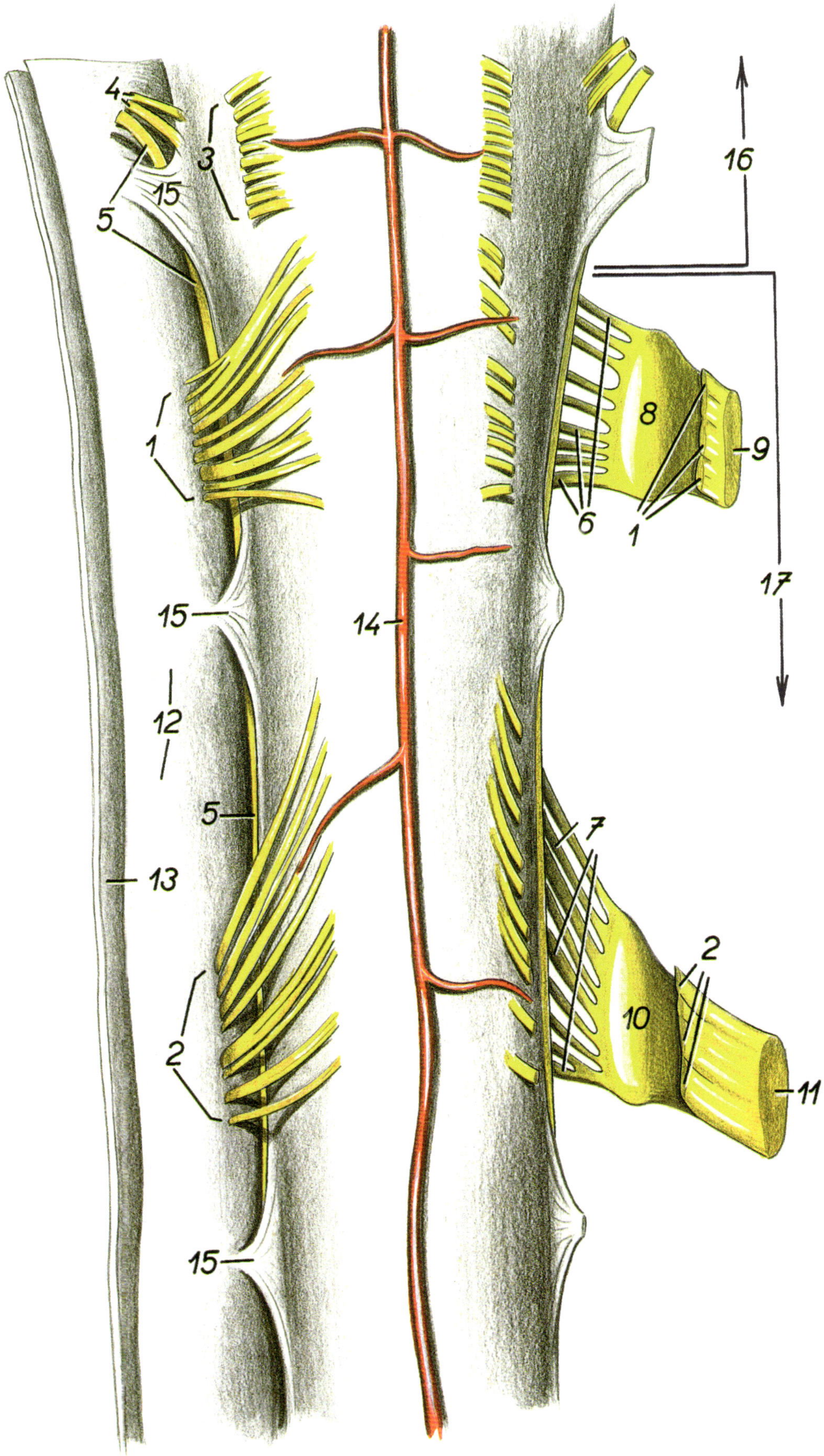

1. *Radix ventralis ni. cervicalis I* – ventrale Wurzel des 1. Halsnerven
2. *Radix ventralis ni. cervicalis II* – ventrale Wurzel des 2. Halsnerven
3. *N. hypoglossus* – Unterzungennerv
4. *Radix cranialis ni. accessorii* – kraniale Wurzel des zusätzlichen Nerven
5. *Radix spinalis ni. accessorii* – Rückenmarkswurzel des zusätzlichen Nerven
6. *Radix dorsalis ni. cervicalis I* – dorsale Wurzel des 1. Halsnerven
7. *Radix dorsalis ni. cervicalis II* – dorsale Wurzel des 2. Halsnerven
8. *Ganglion spinale ni. cervicalis I* – Rückenmarksnervenknoten des 1. Halsnerven
9. *N. cervicalis I* – 1. Halsnerv
10. *Ganglion spinale ni. cervicalis II* – Rückenmarksnervenknoten des 2. Halsnerven
11. *N. cervicalis II* – 2. Halsnerv
12. *Arachnoidea* – Spinnwebenhaut
13. *Dura mater* – harte Hirnhaut
14. *A. spinalis ventralis* – ventrale Rückenmarksarterie
15. *Ligamentum denticulatum* – gezahntes Band
16. *Medulla oblongata* – verlängertes Mark
17. *Medulla spinalis* – Rückenmark

Schaf. Schädel (unbehornt), Ansicht von lateral.

Abbildung 53

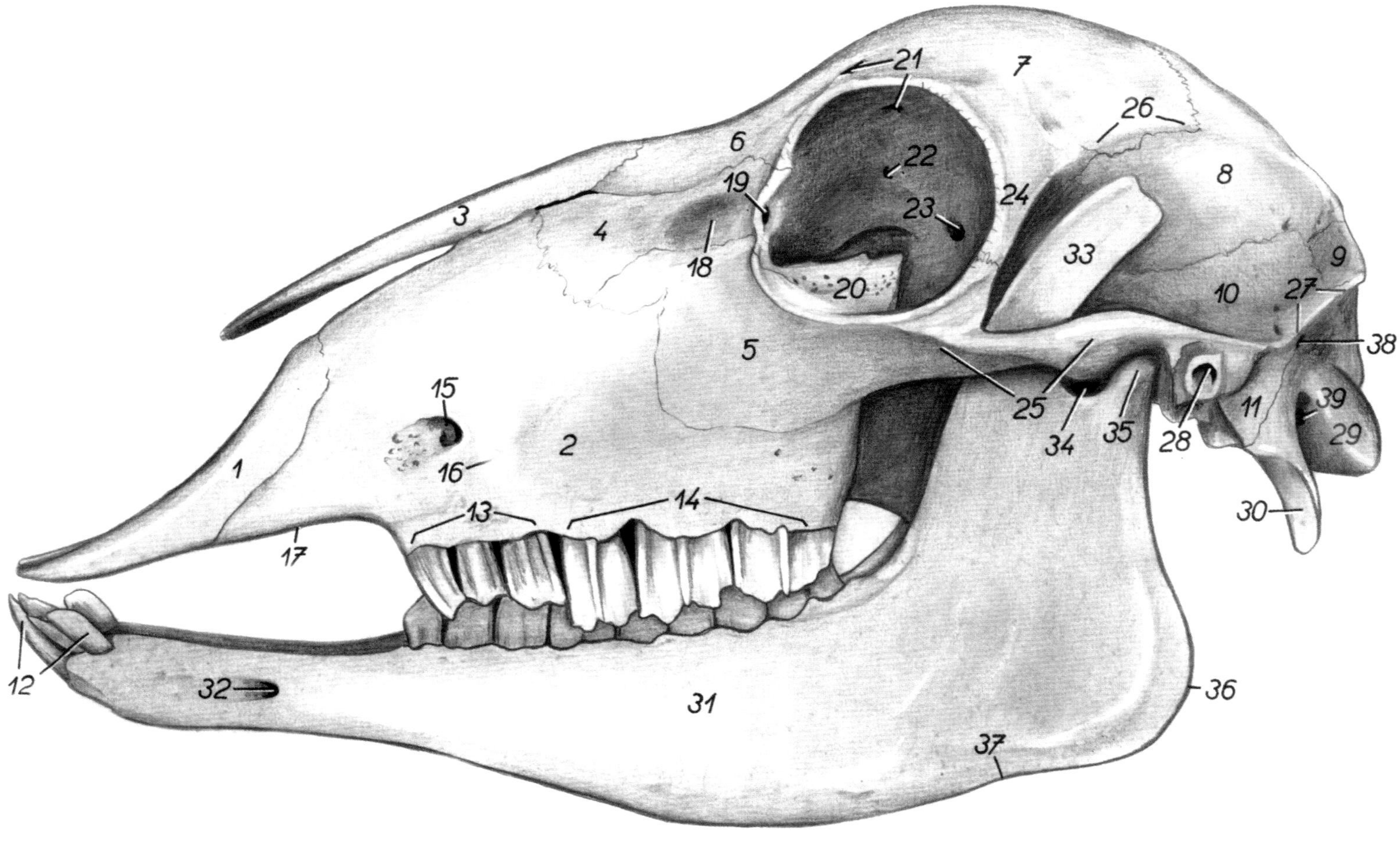

1. *Os incisivum* – Zwischenkieferbein
2. *Maxilla* – Oberkieferbein
3. *Os nasale* – Nasenbein
4. *Os lacrimale* – Tränenbein
5. *Os zygomaticum* – Jochbein
6., 7. *Os frontale* – Stirnbein
8. *Os parietale* – Scheitelbein
9. *Os interparietale* – Zwischenscheitelbein
10. *Pars squamosa ossis temporalis* – Schuppenteil des Schläfenbeines
11. *Processus mastoideus ossis temporalis* – Warzenfortsatz des Schläfenbeines
12. *Dentes incisivi* – Schneidezähne
13. *Dentes premolares* – vordere Backenzähne
14. *Dentes molares* – hintere Backenzähne
15. *Foramen infraorbitale* – Unteraugenhöhlenloch
16. *Tuber faciale* – Gesichtshöcker
17. *Margo interalveolaris* – Zwischenzahnfachrand
18. *Fossa lacrimalis* – Tränengrube
19. *Fossa sacci lacrimalis* – Tränensackgrube
20. *Bulla lacrimalis* – Tränenbeinblase
21. *Canalis supraorbitalis* – Überaugenhöhlenkanal
22. *Foramen ethmoidale* – Siebbeinloch
23. *Canalis opticus* – Sehnervenkanal
24. *Processus zygomaticus ossis frontalis* – Jochfortsatz des Stirnbeines
25. *Arcus zygomaticus* – Jochbogen
26. *Linea temporalis* – Schläfenbeinlinie
27. *Crista supramastoidea* – Leiste über dem Warzenteil
28. *Porus acusticus externus* – äußere Gehöröffnung
29. *Condylus occipitalis* – Gelenkknorren des Hinterhauptbeines
30. *Processus paracondylaris* – Muskelfortsatz des Hinterhauptbeines
31. *Mandibula* – Unterkiefer
32. *Foramen mentale* – Kinnloch
33. *Processus coronoideus mandibulae* – Muskelfortsatz des Unterkiefers
34. *Incisura mandibulae* – Einschnitt des Unterkiefers
35. *Processus condylaris mandibulae* – Gelenkfortsatz des Unterkiefers
36. *Angulus mandibulae* – Unterkieferwinkel
37. *Incisura vasorum facialium* – Gefäßausschnitt
38. *Foramen supramastoideum* – Überwarzenteilloch
39. *Canalis ni. hypoglossi* – Kanal des Unterzungennerven

Schaf. Schädel, Ansicht von medial (ohne Unterkiefer).

Abbildung 54

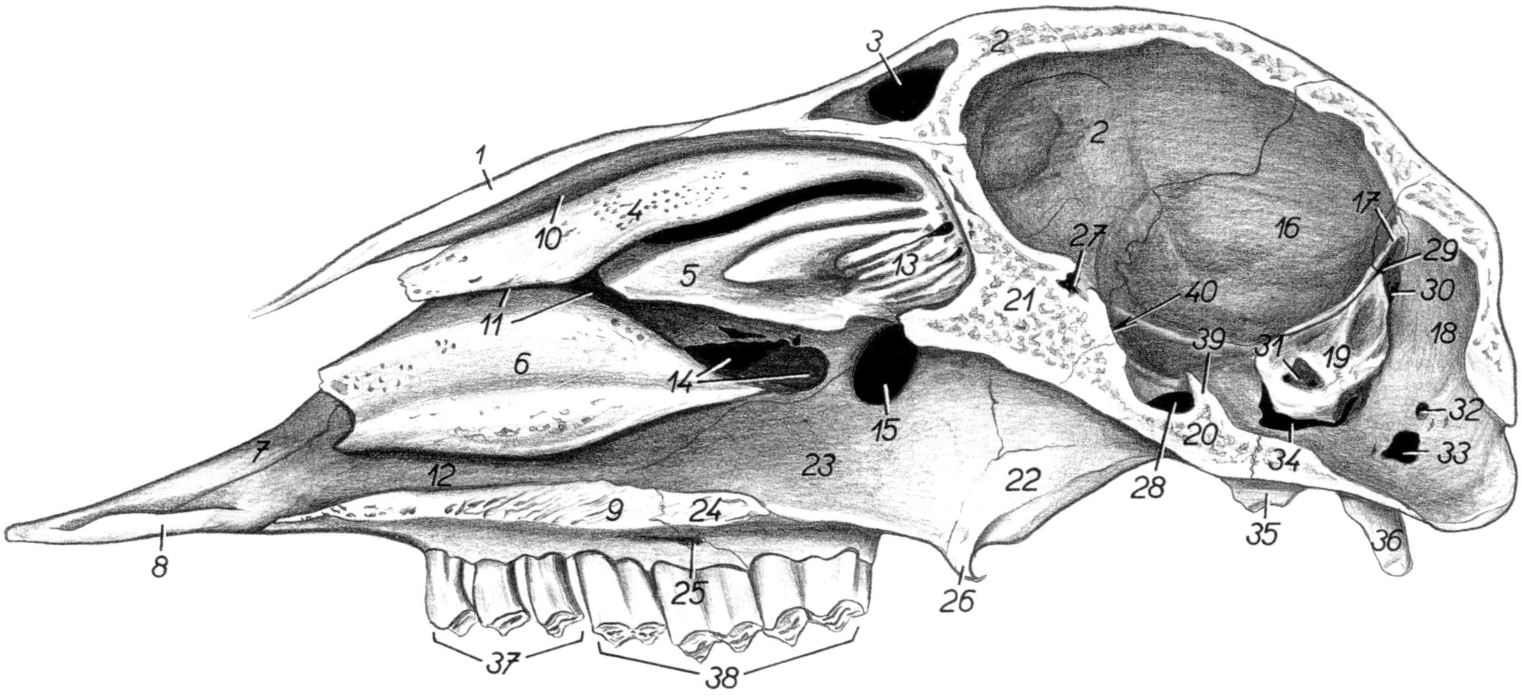

1. *Os nasale* – Nasenbein
2. *Os frontale* – Stirnbein
3. *Sinus frontalis* – Stirnbeinhöhle
4. *Concha nasalis dorsalis* – dorsale Nasenmuschel
5. *Concha nasalis media* – mittlere Nasenmuschel
6. *Concha nasalis ventralis* – ventrale Nasenmuschel
7. *Processus nasalis ossis incisivi* – Nasenfortsatz des Zwischenkieferbeines
8. *Processus palatinus ossis incisivi* – Gaumenfortsatz des Zwischenkieferbeines
9. *Processus palatinus maxillae* – Gaumenfortsatz des Oberkieferbeines
10. *Meatus nasi dorsalis* – dorsaler Nasengang
11. *Meatus nasi medius* – mittlerer Nasengang
12. *Meatus nasi ventralis* – ventraler Nasengang
13. *Labyrinthus ethmoidalis (Ethmoturbinalia)* – Siebbeinlabyrinth (Siebbeinmuscheln)
14. *Sinus maxillaris et Apertura maxillo-palatina* – Oberkieferhöhle und Oberkiefergaumenöffnung
15. *Foramen sphenopalatinum* – Keilbein-Gaumenbeinloch
16. *Os parietale* – Scheitelbein
17. *Os interparietale* – Zwischenscheitelbein
18. *Os occipitale* – Hinterhauptbein
19. *Pars petrosa ossis temporalis* – Felsenteil des Schläfenbeines
20. *Corpus ossis basisphenoidalis* – Körper des hinteren Keilbeinteils
21. *Corpus ossis presphenoidalis* – Körper des vorderen Keilbeinteils
22. *Os pterygoideum* – Flügelbein
23. *Lamina perpendicularis ossis palatini* – senkrechte Platte des Gaumenbeines
24. *Lamina horizontalis ossis palatini* – waagrechte Platte des Gaumenbeines
25. *Foramen palatinum majus* – großes Gaumenbeinloch
26. *Hamulus pterygoideus* – Häkchen des Flügelbeines
27. *Canalis opticus* – Sehnervenkanal
28. *Foramen ovale* – ovales Loch
29. *Meatus temporalis* – Schläfengang
30. *Canalis condylaris* – Gelenkknorrenkanal
31. *Meatus acusticus internus et Canalis facialis* – innerer Gehörgang und Kanal des Gesichtsnerven
32. *Canalis condylaris (Origo)* – Gelenkknorrenkanal (Ursprung)
33. *Canalis ni. hypoglossi* – Kanal des Unterzungennerven
34. *Foramen jugulare* – Drosselöffnung
35. *Tuberculum musculare* – Muskelhöckerchen
36. *Processus paracondylaris* – Muskelfortsatz des Hinterhauptbeines
37. *Dentes premolares* – vordere Backenzähne
38. *Dentes molares* – hintere Backenzähne
39. *Dorsum sellae* – Sattelrücken
40. *Foramen orbitorotundum* – rundes Augenhöhlenloch

Schaf. Schädel vom Widder, Ansicht von dorsal. Links ist das Horn und rechts ist der Hornfortsatz zu sehen.

Abbildung 55

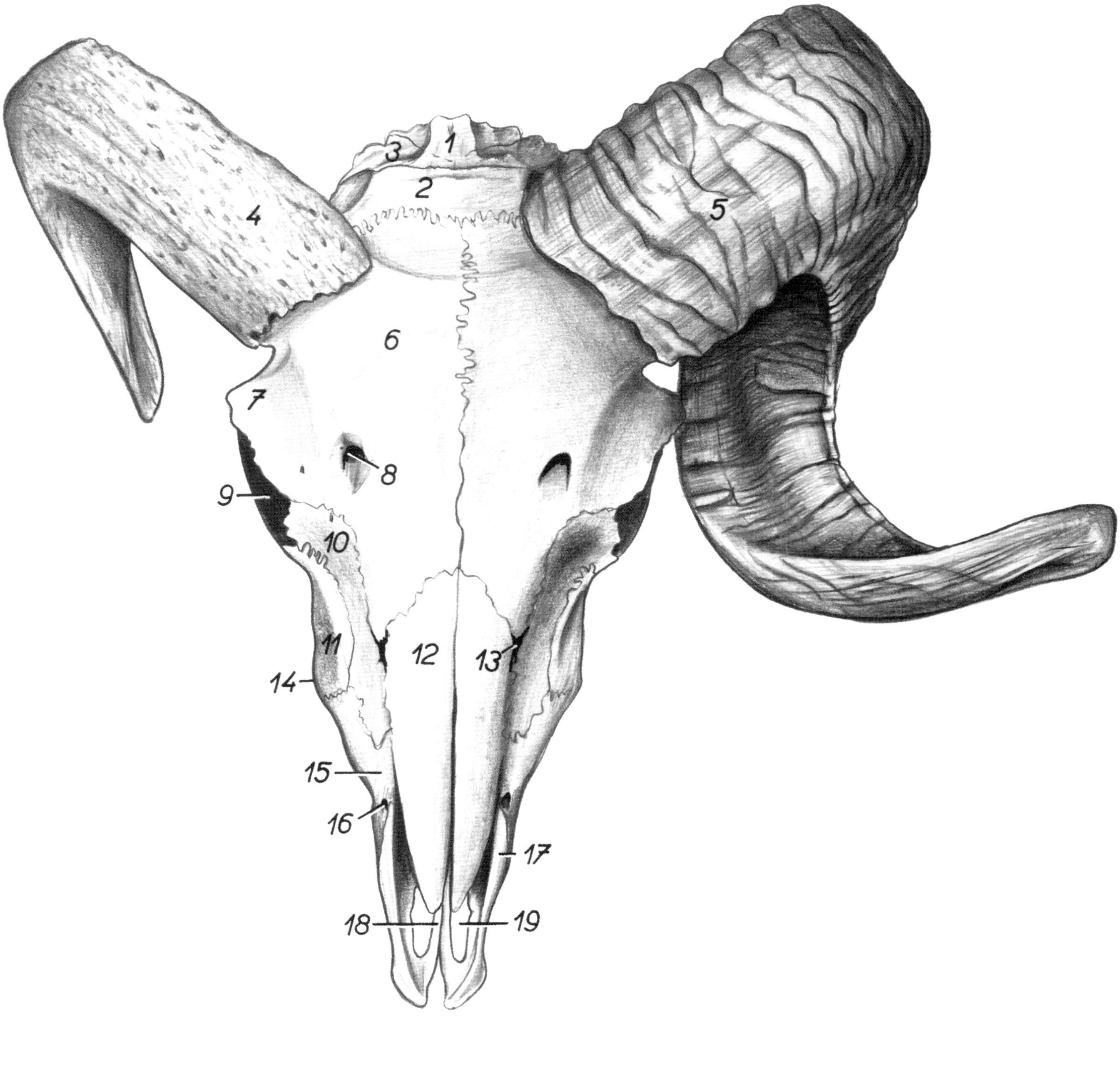

1. *Os occipitale* – Hinterhauptbein
2. *Os parietale* – Scheitelbein
3. *Os interparietale* – Zwischenscheitelbein
4. *Processus cornualis* – Hornfortsatz
5. *Cornu* – Horn
6. *Os frontale* – Stirnbein
7. *Processus zygomaticus ossis frontalis* – Jochfortsatz des Stirnbeines
8. *Canalis supraorbitalis* – Überaugenhöhlenkanal
9. *Orbita* – Augenhöhle
10. *Os lacrimale* – Tränenbein
11. *Os zygomaticum* – Jochbein
12. *Os nasale* – Nasenbein
13. *Fissura nasolacrimalis* – Nasentränenspalte
14. *Tuber faciale* – Gesichtshöcker
15. *Maxilla* – Oberkieferbein
16. *Foramen infraorbitale* – Unteraugenhöhlenloch
17. *Processus nasalis ossis incisivi* – Nasenfortsatz des Zwischenkieferbeines
18. *Processus palatinus ossis incisivi* – Gaumenfortsatz des Zwischenkieferbeines
19. *Fissura palatina* – Gaumenspalte

Schaf. Widder (Jungtier). Kopfpräparation. Oberflächliche Schicht, Ansicht von links, nach Entfernung der Gesichtsfaszie und der Gesichtshautmuskeln.

Abbildung 56

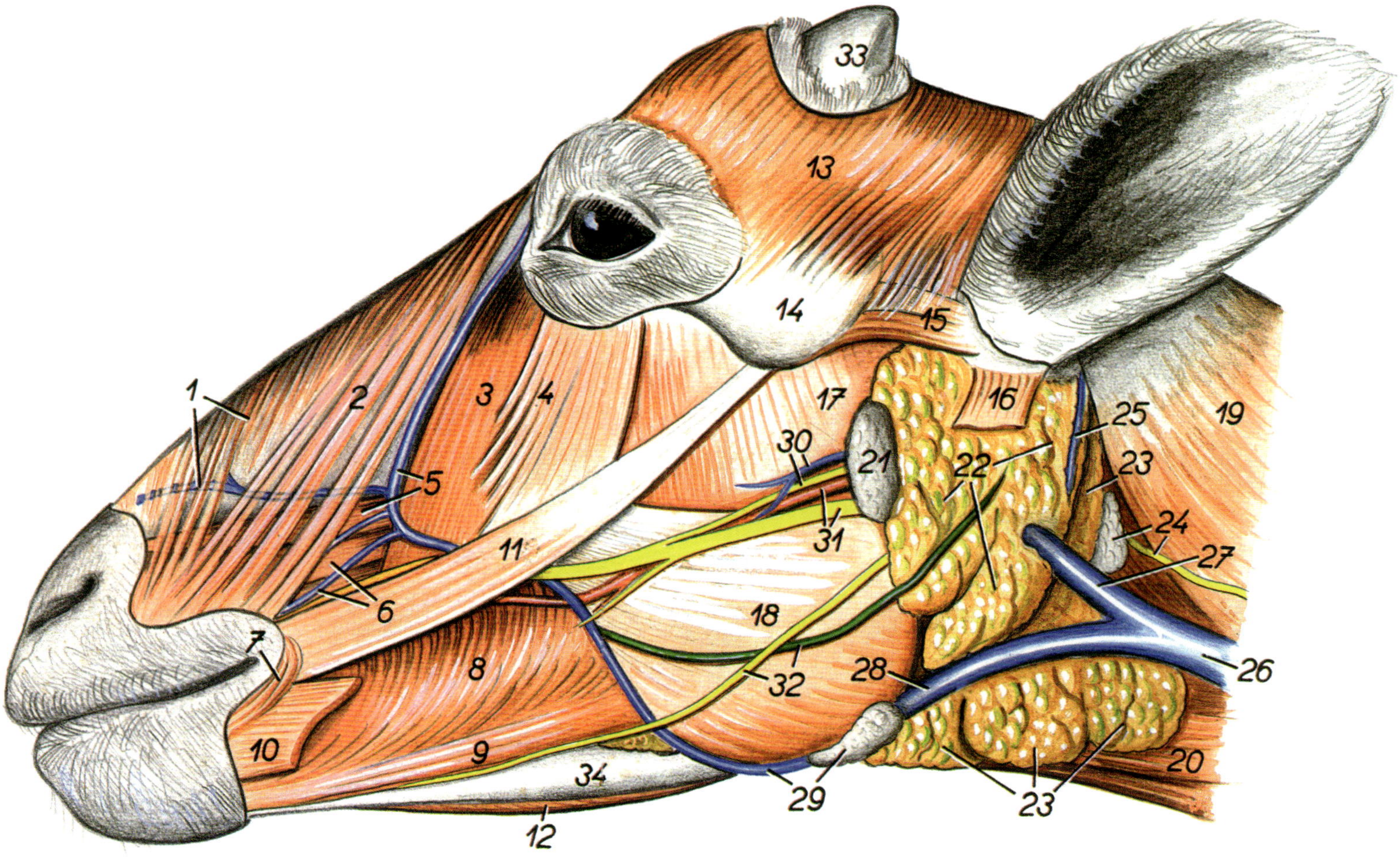

1. *M. cutaneus faciei, V. dorsalis nasi* – Gesichtshautmuskel, dorsale Nasenvene
2. *M. levator nasolabialis* – Nasen-Lippenheber
3. *M. malaris* – Wangenmuskel
4. *M. depressor palpebrae inferioris* – Niederzieher des unteren Augenlides
5. *M. levator labii superioris, V. angularis oculi* – Oberlippenheber, Augenwinkelvene
6. *M. caninus, V. labialis superior* – Eckzahnmuskel, Oberlippenvene
7. *M. orbicularis oris* – Ringmuskel des Mundes
8. *Pars buccalis mi. buccinatoris* – Backenteil des Backenmuskels
9. *M. depressor labii inferioris* – Niederzieher der Unterlippe
10. *M. cutaneus faciei* – Gesichtshautmuskel
11. *M. zygomaticus* – Jochbeinmuskel
12. *M. mylohyoideus* – Kehlgangmuskel
13. *M. frontalis* – Stirnmuskel
14. *Corpus adiposum* – Fettkörper
15. *M. zygomaticoauricularis* – Jochbein-Ohrmuschelmuskel
16. *M. parotidoauricularis* – Ohrspeicheldrüsen-Ohrmuschelmuskel
17. *Pars profunda mi. masseteris* – tiefer Teil des äußeren Kaumuskels
18. *Pars superficialis mi. masseteris* – oberflächlicher Teil des äußeren Kaumuskels
19. *M. brachiocephalicus* – Arm-Kopfmuskel
20. *M. omohyoideus* – Schulter-Zungenbeinmuskel
21. *Ln. parotideus* – Ohrspeicheldrüsen-Lymphknoten
22. *Glandula parotis* – Ohrspeicheldrüse
23. *Glandula mandibularis* – Unterkieferdrüse
24. *Ln. retropharyngeus lateralis, Ramus dorsalis ni. accessorii* – lateraler Lymphknoten hinter dem Schlundkopf, dorsaler Ast des zusätzlichen Nerven
25. *V. auricularis caudalis* – kaudale Ohrmuschelvene
26. *V. jugularis* – Drosselvene
27. *V. maxillaris* – Oberkiefervene
28. *V. linguofacialis* – Zungen-Gesichtsvene
29. *V. facialis, Ln. mandibularis* – Gesichtsvene, Unterkieferlymphknoten
30. *V. transversa faciei, Ramus transversus faciei ni. auriculotemporalis* – Quervene des Gesichts, querverlaufender Gesichtsast des Ohrmuschel-Schläfenbeinnerven
31. *A. transversa faciei, Rami buccales ni. facialis* – Querarterie des Gesichts, Backenäste des Gesichtsnerven
32. *Ramus marginalis mandibulae, Ductus parotideus* – Unterkieferrandast, Ohrspeicheldrüsen-Ausführungsgang
33. *Cornu* – Horn
34. *Mandibula* - Unterkiefer

Schaf. Präparation des Kopfes. Tiefere Schicht, Ansicht von links.

Abbildung 57

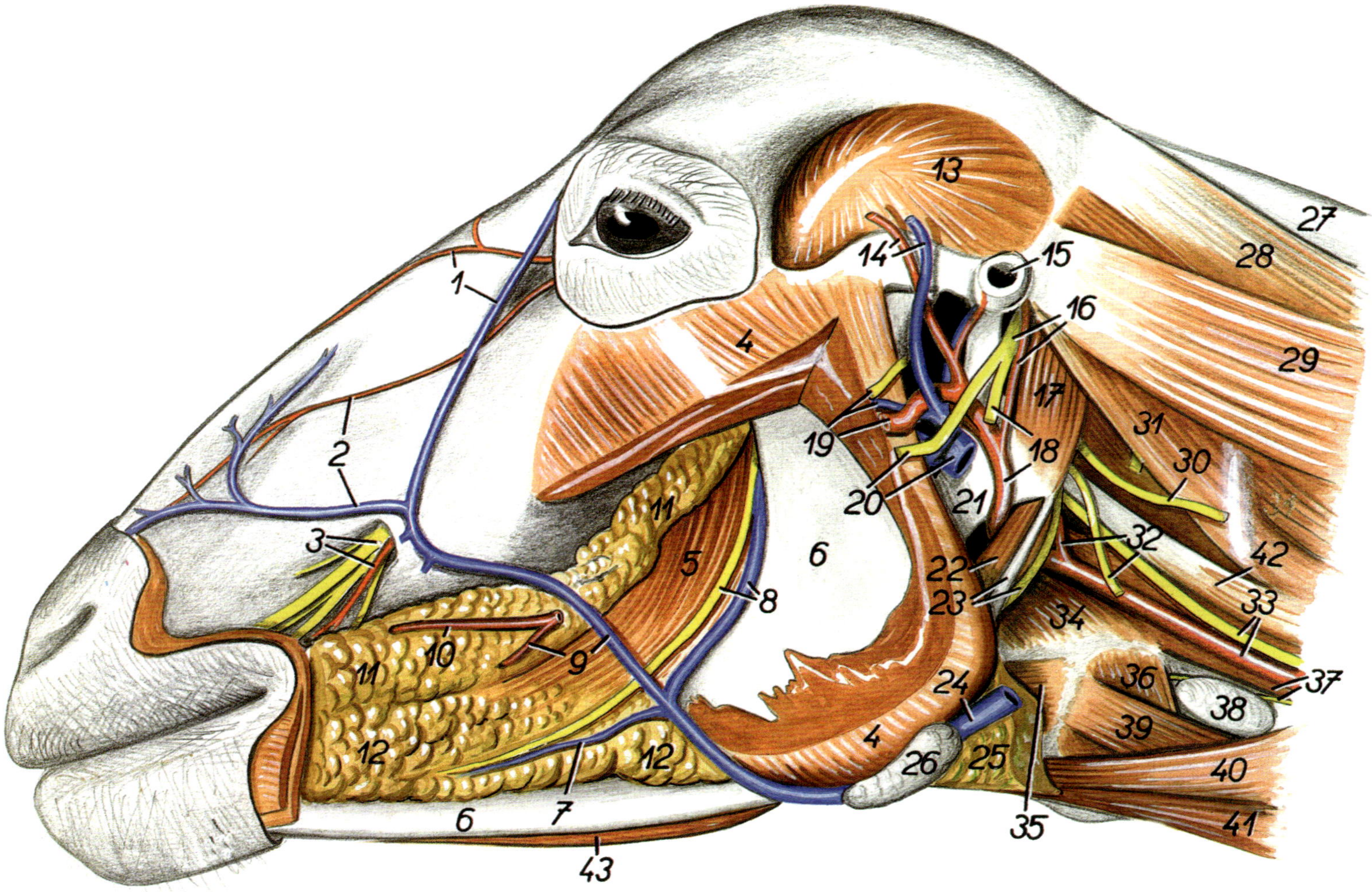

1. *A. dorsalis nasi, V. angularis oculi* – Nasenrückenarterie, Augenwinkelvene
2. *A. lateralis nasi, V. dorsalis nasi* – laterale Nasenarterie, Nasenrückenvene
3. *A. et N. infraorbitalis* – Unteraugenhöhlenarterie und -nerv
4. *M. masseter* – äußerer Kaumuskel
5. *Pars molaris mi. buccinatoris* – Backenzahnteil des Backenmuskels
6. *Mandibula* – Unterkiefer
7. *V. labialis inferior* – Unterlippenvene
8. *V. faciei profunda, N. buccalis* – tiefe Gesichtsvene, Backennerv
9. *A. labialis inferior, V. facialis* – Unterlippenarterie, Gesichtsvene
10. *A. labialis superior* – Oberlippenarterie
11. *Glandulae buccales dorsales* – dorsale Backendrüsen
12. *Glandulae buccales ventrales* – ventrale Bakkendrüsen
13. *M. temporalis* – Schläfenmuskel
14. *A. et V. temporalis superficialis* – oberflächliche Schläfenarterie und -vene
15. *Porus acusticus externus* – äußere Gehöröffnung
16. *N. facialis, A. auricularis caudalis* – Gesichtsnerv, kaudale Ohrmuschelarterie
17. *M. occipitohyoideus* – Hinterhauptbein-Zungenbeinmuskel
18. *Ramus marginalis mandibulae, A. carotis externa* – Unterkieferrandast, äußere Kopfarterie
19. *A. et V. transversa faciei, Ramus transversus faciei ni. auriculotemporalis* – Querarterie und -vene des Gesichts, querverlaufener Gesichtsast des Ohrmuschel-Schläfenbeinnerven
20. *Rami buccales ni. facialis, V. maxillaris* – Backenäste des Gesichtsnerven, Oberkiefervene
21. *Stylohyoideum* – großer Zungenbeinast
22. *Venter caudalis mi. digastrici* – kaudaler Bauch des zweibäuchigen Muskels
23. *N. hypoglossus, M. stylohyoideus* – Unterzungennerv, großer Zungenbeinast-Zungenbeinmuskel
24. *V. linguofacialis* – Zungen-Gesichtsvene
25. *Glandula mandibularis* – Unterkieferdrüse
26. *Ln. mandibularis* – Unterkieferlymphknoten
27. *Funiculus nuchae* – Nackenstrang
28. *M. semispinalis capitis* – Kopfportion des Halbdornfortsatzmuskels
29. *M. longissimus capitis* – Kopfportion des längsten Muskels
30. *Ramus dorsalis ni. accessorii* – dorsaler Ast des zusätzlichen Nerven
31. *M. obliquus capitis cranialis* – kranialer schiefer Kopfmuskel
32. *Ramus ventralis ni. accessorii, A. occipitalis* – ventraler Ast des zusätzlichen Nerven, Hinterhauptarterie
33. *Truncus vagosympathicus, A. carotis communis* – gemeinsamer Stamm des Vagus- und Sympathikusnerven, gemeinsame Kopfarterie
34. *M. cricoarytenoideus dorsalis* – dorsaler Ring-Gießkannenknorpelmuskel
35. *M. thyrohyoideus* – Schildknorpel-Zungenbeinmuskel
36. *M. cricothyroideus* – Ring-Schildknorpelmuskel
37. *Esophagus* – Speiseröhre
38. *Glandula thyroidea* – Schilddrüse
39. *M. sternothyroideus* – Brustbein-Schildknorpelmuskel
40. *M. omohyoideus* – Schulter-Zungenbeinmuskel
41. *M. sternohyoideus* – Brustbein-Zungenbeinmuskel
42. *M. longus capitis* – langer Kopfmuskel
43. *M. mylohyoideus* – Kehlgangmuskel

Schaf. Präparation des Kopfes. Tiefe Schicht nach Entfernung der linken Unterkieferhälfte, Ansicht von links.

Abbildung 58

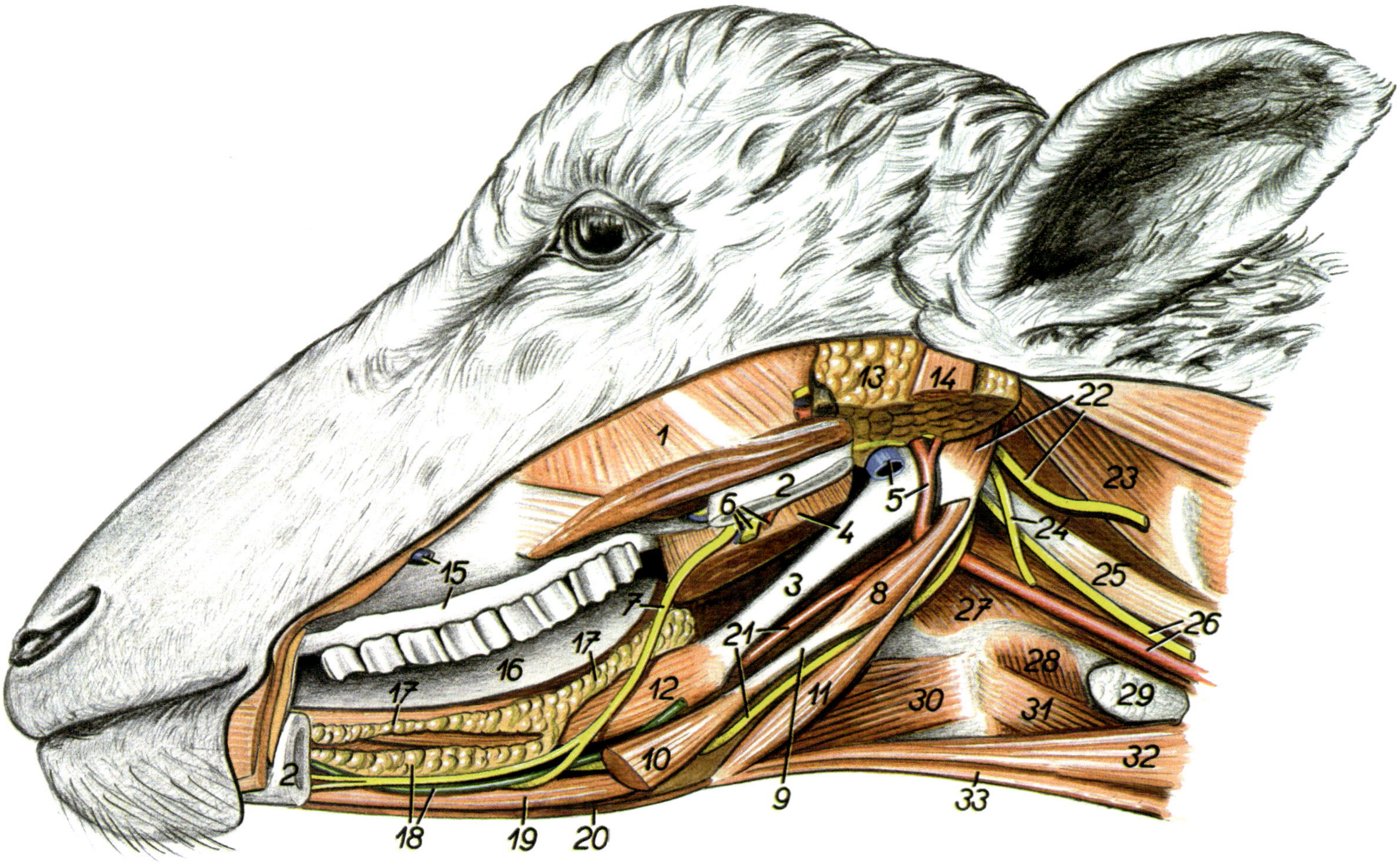

1. *M. masseter* – äußerer Kaumuskel
2. *Mandibula* – Unterkiefer
3. *Stylohyoideum* – großer Zungenbeinast
4. *M. pterygoideus medialis* – medialer innerer Kaumuskel
5. *V. maxillaris, A. carotis externa* – Oberkiefervene, äußere Kopfarterie
6. *A., V. et N. alveolaris inferior* – Unterkieferzahnfacharterie, -vene und -nerv
7. *N. lingualis* – Zungennerv
8. *Venter caudalis mi. digastrici* – kaudaler Bauch des zweibäuchigen Muskels
9. *Tendo mi. digastrici* – Sehne des zweibäuchigen Muskels
10. *Venter rostralis mi. digastrici* – rostraler Bauch des zweibäuchigen Muskels
11. *M. stylohyoideus* – großer Zungenbeinast-Zungenbeinmuskel
12. *M. styloglossus* – großer Zungenbeinast-Zungenmuskel
13. *Glandula parotis* – Ohrspeicheldrüse
14. *M. parotidoauricularis* – Ohrspeicheldrüsen-Ohrmuschelmuskel
15. *Gingiva, V. facialis* – Zahnfleisch, Gesichtsvene
16. *Lingua* – Zunge
17. *Glandula sublingualis polystomatica* – Unterzungendrüse mit vielen Mündungen
18. *Glandula sublingualis monostomatica, Ductus mandibularis* – Unterzungendrüse mit einer Mündung, Unterkieferdrüsengang
19. *M. genichyoideus* – Kinn-Zungenbeinmuskel
20. *M. mylohyoideus* – Kehlgangmuskel
21. *A. lingualis, N. hypoglossus* – Zungenarterie, Unterzungennerv
22. *M. occipitohyoideus, Ramus dorsalis ni. accessorii* – Hinterhauptbein-Zungenbeinmuskel, dorsaler Ast des zusätzlichen Nerven
23. *M. obliquus capitis cranialis* – kranialer schiefer Kopfmuskel
24. *Ramus ventralis ni. accessorii* – ventraler Ast des zusätzlichen Nerven
25. *M. longus capitis* – langer Kopfmuskel
26. *A. carotis communis, Truncus vagosympathicus* – gemeinsame Kopfarterie, gemeinsamer Stamm des Vagus- und Sympathikusnerven
27. *M. cricoarytenoideus dorsalis* – dorsaler Ring-Gießkannenknorpelmuskel
28. *M. cricothyroideus* – Ring-Schildknorpelmuskel
29. *Glandula thyroidea* – Schilddrüse
30. *M. thyrohyoideus* – Schildknorpel-Zungenbeinmuskel
31. *M. sternothyroideus* – Brustbein-Schildknorpelmuskel
32. *M. omohyoideus* – Schulter-Zungenbeinmuskel
33. *M. sternohyoideus* – Brustbein-Zungenbeinmuskel

Schaf. Querschnitt durch den Kopf in Höhe des 3. vorderen Backenzahnes, Ansicht von rostral.

Abbildung 59

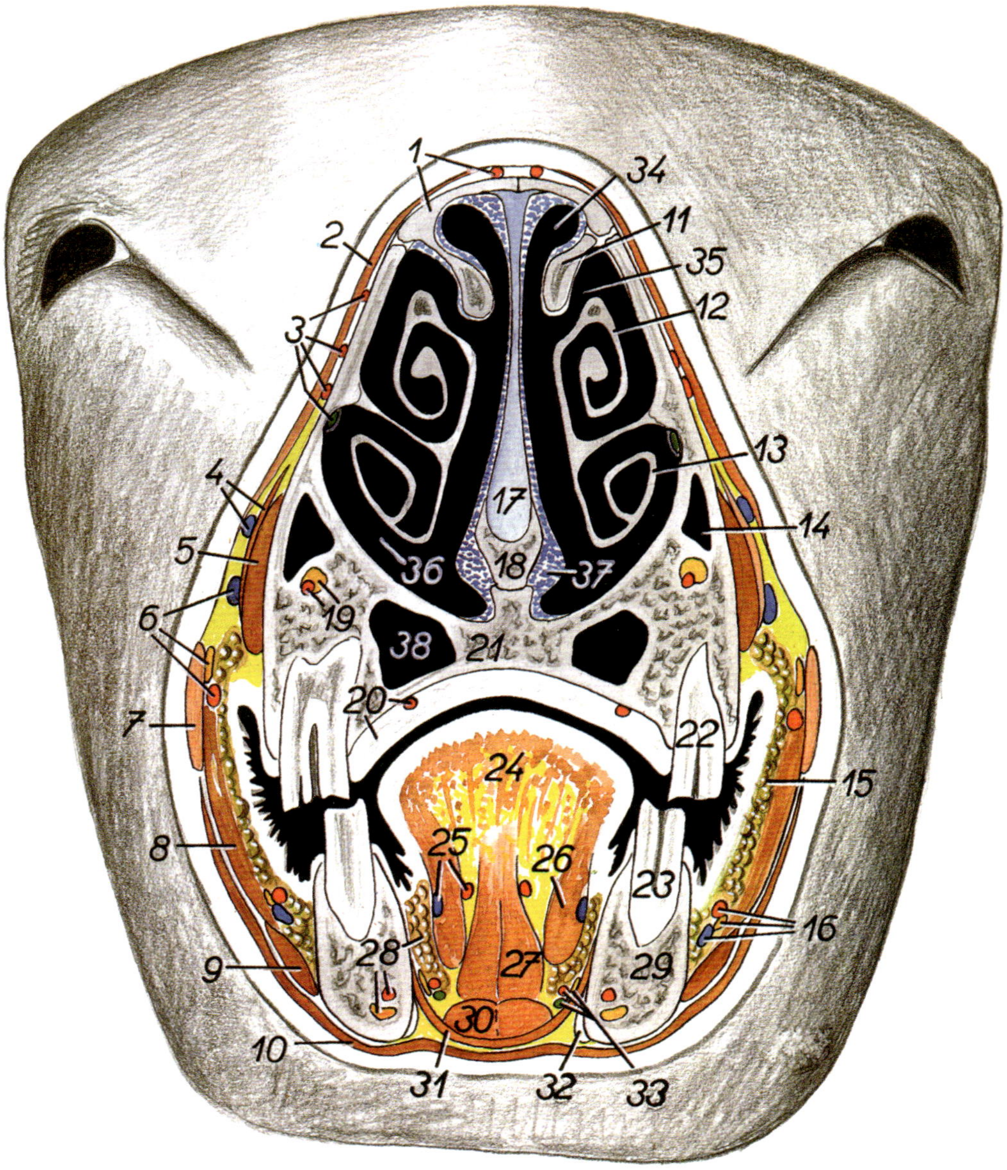

1. *Os nasale, A. dorsalis nasi* – Nasenbein, Nasenrückenarterie
2. *M. levator nasolabialis et M. cutaneus faciei* – Nasen-Lippenheber und Gesichtshautmuskel
3. *Rami a. malaris (A. lateralis nasi), Ductus nasolacrimalis* – Äste der Wangenarterie (laterale Nasenarterie), Tränennasengang
4. *V. lateralis nasi, M. malaris* – laterale Nasenvene, Wangenmuskel
5. *M. levator labii superioris, M. caninus et M. depressor labii superioris* – Oberlippenheber, Eckzahnmuskel und Niederzieher der Oberlippe
6. *A. et N. labialis superior, Rami buccales ni. facialis* – Oberlippenarterie und -nerv, Backenäste des Gesichtsnerven
7. *M. zygomaticus* – Jochbeinmuskel
8. *Pars buccalis mi. buccinatoris* – Backenteil des Backenmuskels
9. *M. depressor labii inferioris* – Niederzieher der Unterlippe
10. *M. cutaneus faciei* – Gesichtshautmuskel
11. *Concha nasalis dorsalis* – dorsale Nasenmuschel
12. *Pars dorsalis conchae nasalis ventralis* – dorsaler Teil der ventralen Nasenmuschel
13. *Pars ventralis conchae nasalis ventralis* – ventraler Teil der ventralen Nasenmuschel
14. *Sinus maxillaris* – Oberkieferhöhle
15. *Glandulae buccales* – Backendrüsen
16. *A. et V. labialis inferior, N. buccalis* – Unterlippenarterie und -vene, Backennerv
17. *Cartilago septi nasi* – Nasenscheidewandknorpel
18. *Vomer* – Pflugscharbein
19. *A. et N. infraorbitalis* – Unteraugenhöhlenarterie und -nerv
20. *A. palatina major, Tunica mucosa palati* – große Gaumenarterie, Gaumenschleimhaut
21. *Processus palatinus maxillae* – Gaumenfortsatz des Oberkieferbeines
22. *Dens premolaris IV superior* – 4. vorderer Backenzahn des Oberkiefers
23. *Dens premolaris IV inferior* – 4. vorderer Backenzahn des Unterkiefers
24. *Corpus linguae* – Zungenkörper
25. *A. et V. lingualis* – Zungenarterie und -vene
26. *M. hyoglossus* – Zungenbein-Zungenmuskel
27. *M. genioglossus* – Kinn-Zungenmuskel
28. *Glandula sublingualis, A. et N. alveolaris inferior* – Unterzungendrüse, Unterkieferzahnfacharterie und -nerv
29. *Mandibula* – Unterkiefer
30. *M. geniohyoideus* – Kinn-Zungenbeinmuskel
31. *M. mylohyoideus* – Kehlgangmuskel
32. *Venter rostralis mi. digastrici* – rostraler Bauch des zweibäuchigen Muskels
33. *A. sublingualis, Ductus mandibularis, N. lingualis* – Unterzungenarterie, Unterkieferdrüsenausführungsgang, Zungennerv
34. *Meatus nasi dorsalis* – dorsaler Nasengang
35. *Meatus nasi medius* – mittlerer Nasengang
36. *Meatus nasi ventralis* – ventraler Nasengang
37. *Plexus venosi nasales* – Venengeflecht der Nase
38. *Apertura maxillopalatina sinus maxillaris* – Oberkiefergaumenöffnung der Oberkieferhöhle

Schaf. Querschnitt durch den Kopf in Höhe des 3. hinteren Backenzahnes, Ansicht von rostral.

Abbildung 60

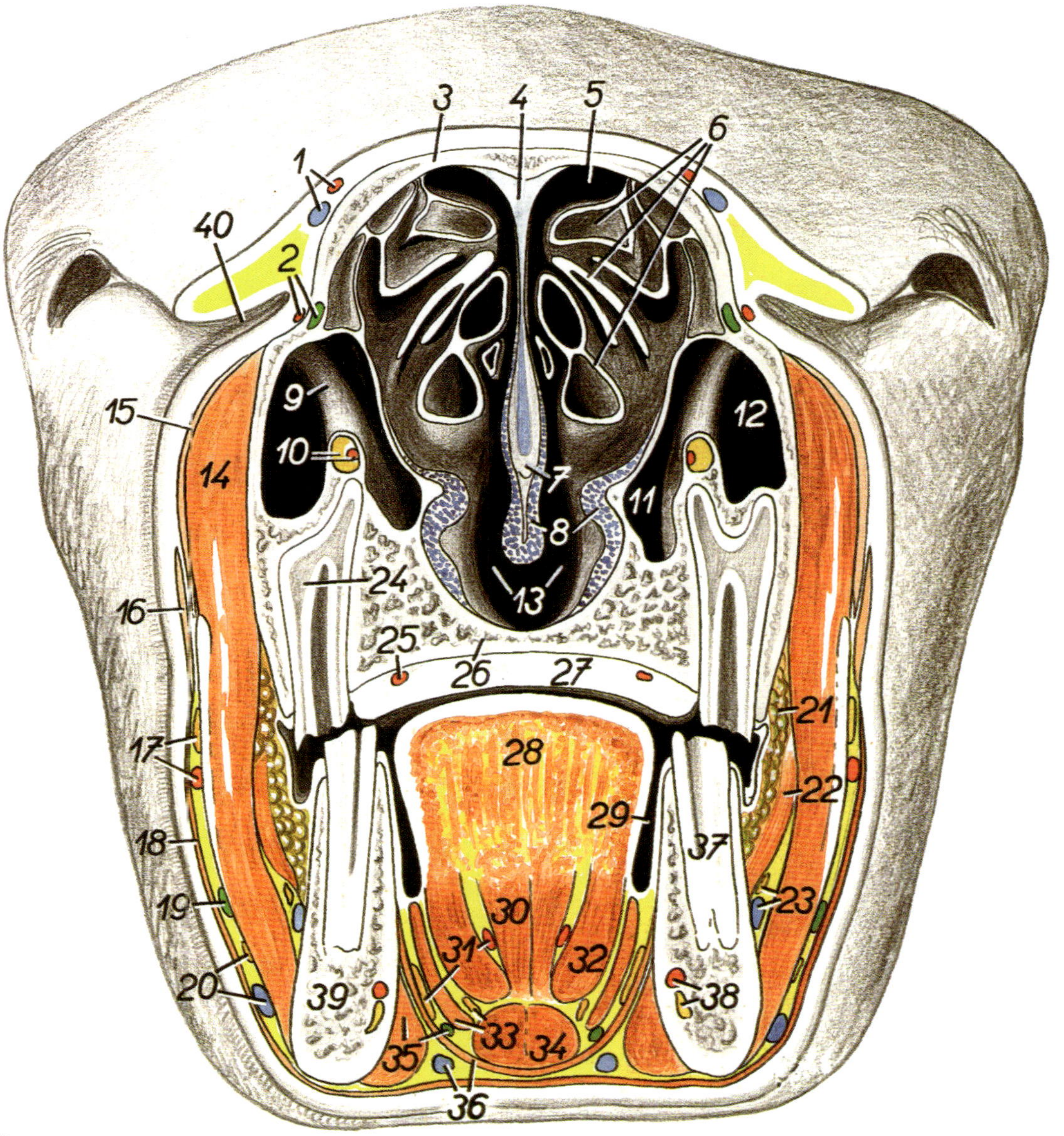

1. *A. dorsalis nasi, V. angularis oculi* – Nasenrückenarterie, Augenwinkelvene
2. *A. lateralis nasi, Ductus nasolacrimalis* – laterale Nasenarterie, Tränennasengang
3. *Os nasale* – Nasenbein
4. *Cartilago septi nasi* – Nasenscheidewandknorpel
5. *Meatus nasi dorsalis* – dorsaler Nasengang
6. *Concha nasalis media et dorsalis* – mittlere und dorsale Nasenmuschel
7. *Vomer* – Pflugscharbein
8. *Plexus venosi nasales* – Venengeflecht der Nase
9. *Canalis infraorbitalis* – Unteraugenhöhlenkanal
10. *A. et N. infraorbitalis* – Unteraugenhöhlenarterie und -nerv
11. *Sinus palatinus* – Gaumenhöhle
12. *Sinus maxillaris* – Oberkieferhöhle
13. *Meatus nasi ventralis* – ventraler Nasengang
14. *M. masseter* – äußerer Kaumuskel
15. *M. malaris* – Wangenmuskel
16. *M. zygomaticus* – Jochbeinmuskel
17. *Rami buccales n. facialis, A. transversa faciei* – Backenäste des Gesichtsnerven, Querarterie des Gesichts
18. *M. cutaneus faciei* – Gesichtshautmuskel
19. *Ductus parotideus* – Ohrspeicheldrüsenausführungsgang
20. *V. facialis, Ramus marginalis mandibulae* – Gesichtsvene, Unterkieferrandast
21. *Glandulae buccales* – Backendrüsen
22. *Pars molaris m. buccinatoris* – Backenzahnteil des Backenmuskels
23. *V. faciei profunda, N. buccalis* – tiefe Gesichtsvene, Backennerv
24. *Dens molaris III maxillaris* – 3. hinterer Backenzahn des Oberkiefers
25. *A. palatina major* – große Gaumenarterie
26. *Processus palatinus maxillae* – Gaumenfortsatz des Oberkieferbeines
27. *Tunica mucosa palati duri* – Schleimhaut des harten Gaumens
28. *Corpus linguae* – Zungenkörper
29. *Recessus sublingualis lateralis* – laterale Unterzungenausbuchtung
30. *M. genioglossus* – Kinn-Zungenmuskel
31. *A. et N. lingualis* – Zungenarterie und -nerv
32. *M. hyoglossus* – Zungenbein-Zungenmuskel
33. *M. styloglossus, N. hypoglossus* – großer Zungenbeinast-Zungenmuskel, Unterzungennerv
34. *M. geniohyoideus* – Kinn-Zungenbeinmuskel
35. *Venter rostralis m. digastrici, Ductus mandibularis* – rostraler Bauch des zweibäuchigen Muskels, Ausführungsgang der Unterkieferdrüse
36. *V. lingualis, M. mylohyoideus* – Zungenvene, Kehlgangmuskel
37. *Dens molaris III inferior* – 3. hinterer Backenzahn des Unterkiefers
38. *A. et N. alveolaris inferior* – Unterkiefer-Zahnfacharterie und -nerv
39. *Mandibula* – Unterkiefer
40. *Sinus infraorbitalis* – Unteraugenhöhlen-Höhle

Schaf. Topographie der Arterien am Kopf, Ansicht von links.

Abbildung 61

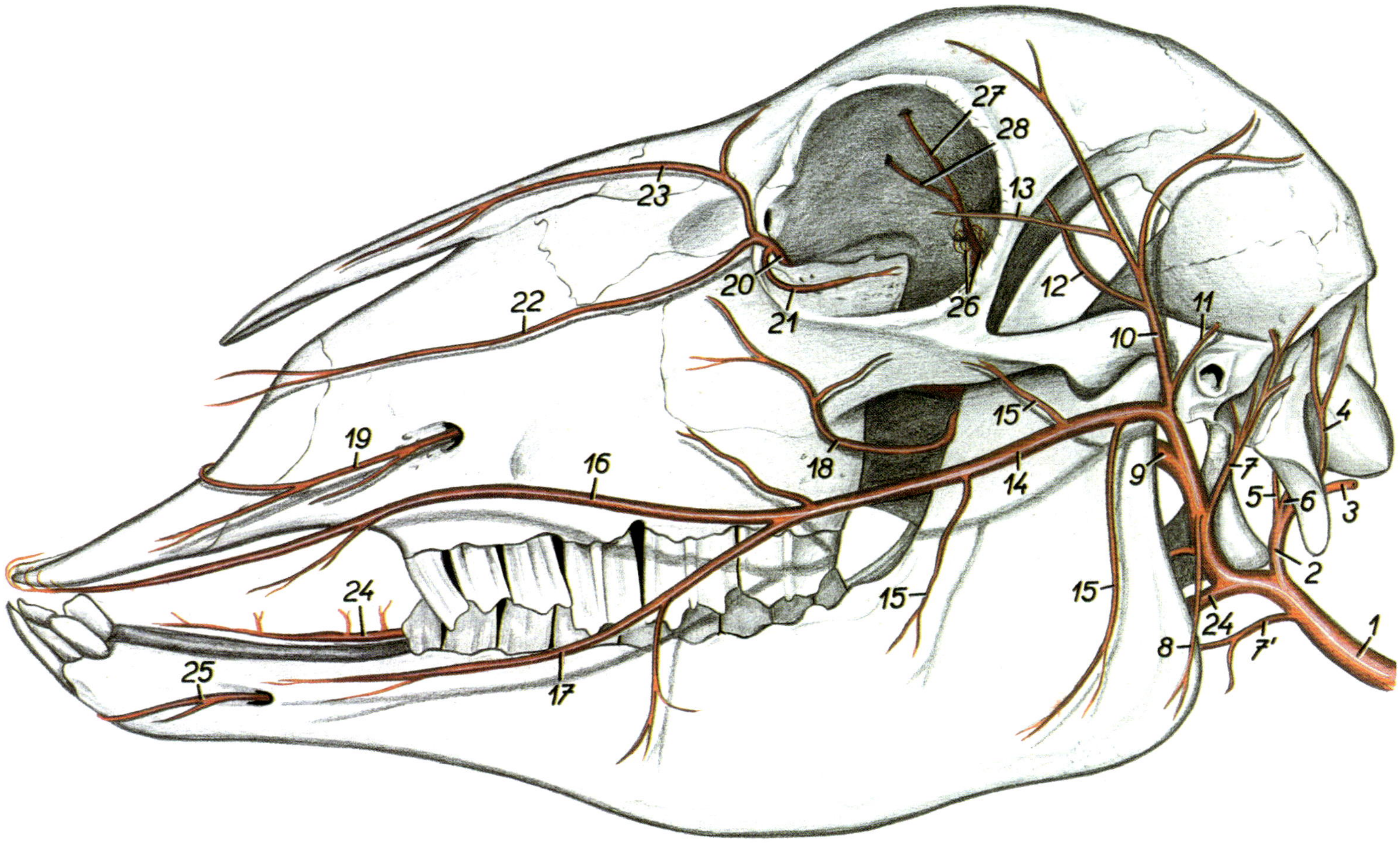

1. *A. carotis communis* – gemeinsame Kopfarterie
2. *A. occipitalis* – Hinterhauptarterie
3. *Ramus anastomoticus a. vertebralis cum a. occipitali* – Verbindungsast der Wirbelarterie zur Hinterhauptarterie
4. *A. meningea caudalis* – kaudale Hirnhautarterie
5. *A. meningea media* – mittlere Hirnhautarterie
6. *A. condylaris* – Gelenkknorrenarterie
7. *A. auricularis caudalis* – kaudale Ohrmuschelarterie

7'. *A. laryngea* – Kehlkopfarterie

8. *Ramus parotideus* – Ohrspeicheldrüsenast
9. *A. maxillaris* – Oberkieferarterie
10. *A. temporalis superficialis* – oberflächliche Schläfenarterie
11. *A. auricularis rostralis* – rostrale Ohrmuschelarterie
12. *A. lacrimalis* – Tränenarterie
13. *A. palpebralis superior* – Oberlidarterie
14. *A. transversa faciei* – Querarterie des Gesichts
15. *Rami musculares masseterici* – Muskeläste für den äußeren Kaumuskel
16. *A. labialis superior* – Oberlippenarterie
17. *A. labialis inferior* – Unterlippenarterie
18. *A. buccalis* – Backenarterie
19. *A. infraorbitalis* – Unteraugenhöhlenarter
20. *A. malaris* – Wangenarterie
21. *A. palpebralis inferior* – Unterlidarterie
22. *A. lateralis nasi* – laterale Nasenarterie
23. *A. dorsalis nasi* – Nasenrückenarterie
24. *A. lingualis* – Zungenarterie
25. *A. mentalis* – Kinnarterie
26. *A. ophthalmica externa et Rete mirabile ophthamicum* – äußere Augenarterie und Wundenetz des Auges
27. *A. supraorbitalis* – Überaugenhöhlenarteri
28. *A. ethmoidalis* – Siebbeinarterie

Schaf. Topographie der Venen am Kopf, Ansicht von links.

Abbildung 62

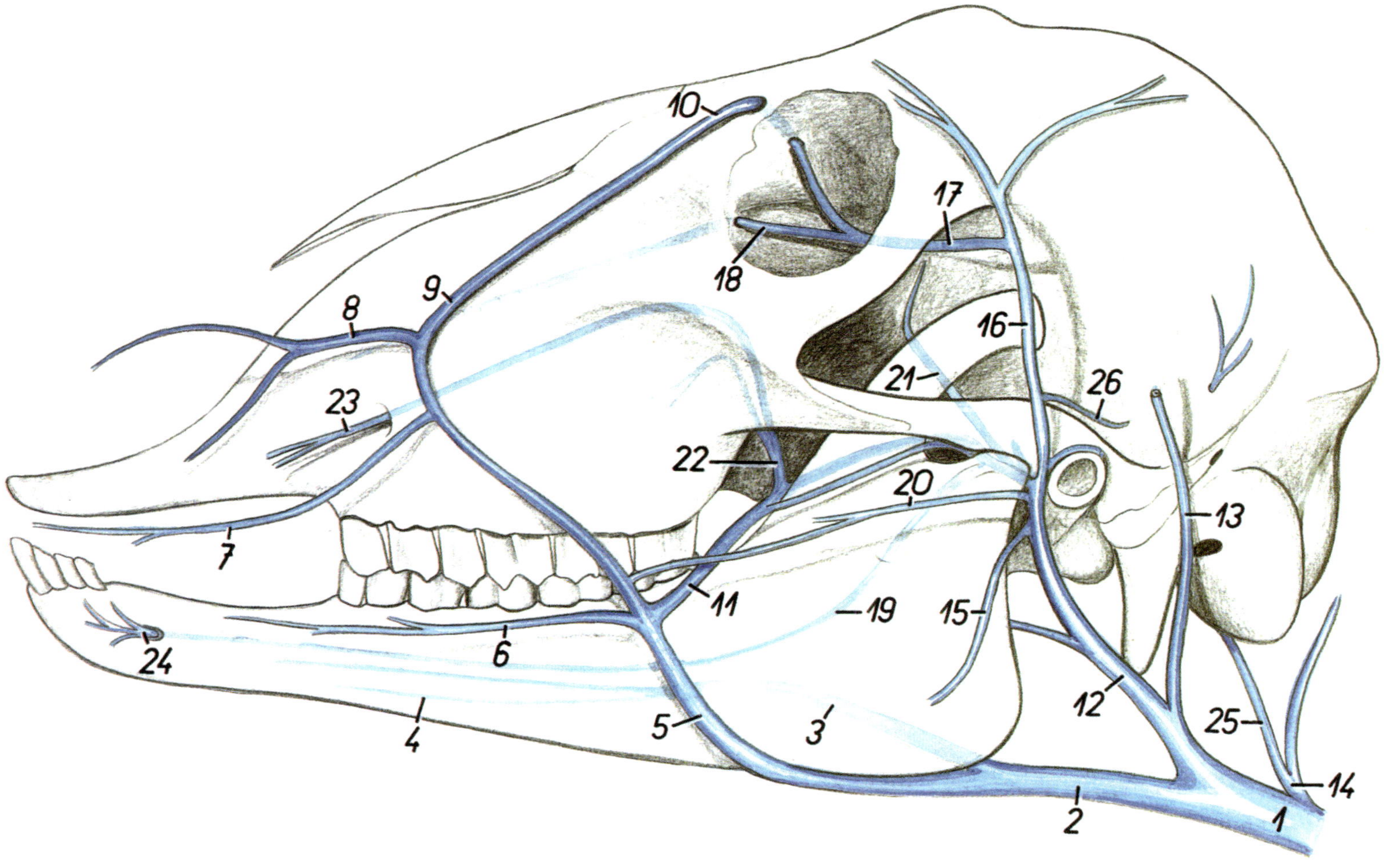

1. *V. jugularis* – Drosselvene
2. *V. linguofacialis* – Zungen-Gesichtsvene
3. *V. lingualis* – Zungenvene
4. *V. submentalis* – Unterkinnvene
5. *V. facialis* – Gesichtsvene
6. *V. labialis inferior* – Unterlippenvene
7. *V. labialis superior* – Oberlippenvene
8. *V. dorsalis nasi* – Nasenrückenvene
9. *V. angularis oculi* – Augenwinkelvene
10. *V. frontalis* – Stirnvene
11. *V. faciei profunda* – tiefe Gesichtsvene
12. *V. maxillaris* – äußere Kaumuskelvene
13. *V. auricularis caudalis* – kaudale Ohrmuschelvene
14. *V. occipitalis* – Hinterhauptvene
15. *V. masseterica ventralis* – ventrale äußere Kaumuskelvene
16. *V. temporalis superficialis* – oberflächliche Schläfenvene
17. *V. ophthalmica externa* – äußere Augenvene
18. *V. lacrimalis* – Tränenvene
19. *V. alveolaris inferior* – Unterkieferzahnfachvene
20. *V. transversa faciei* – Quervene des Gesichts
21. *V. temporalis profunda* – tiefe Schläfenvene
22. *Truncus communis v. sphenopalatinae et v. infraorbitalis* – gemeinsamer Stamm der Keilbein-Gaumenbeinvene und der Unteraugenhöhlenvene
23. *V. infraorbitalis* – Unteraugenhöhlenvene
24. *V. mentalis* – Kinnvene
25. *V. emissaria foraminis jugularis* – Durchtrittsvene der Jochöffnung
26. *V. auricularis rostralis* – rostrale Ohrmuschelvene

Schaf. Präparation des Halses. Oberflächliche Schicht nach Entfernung der Hautmuskeln und Faszien.

Abbildung 63

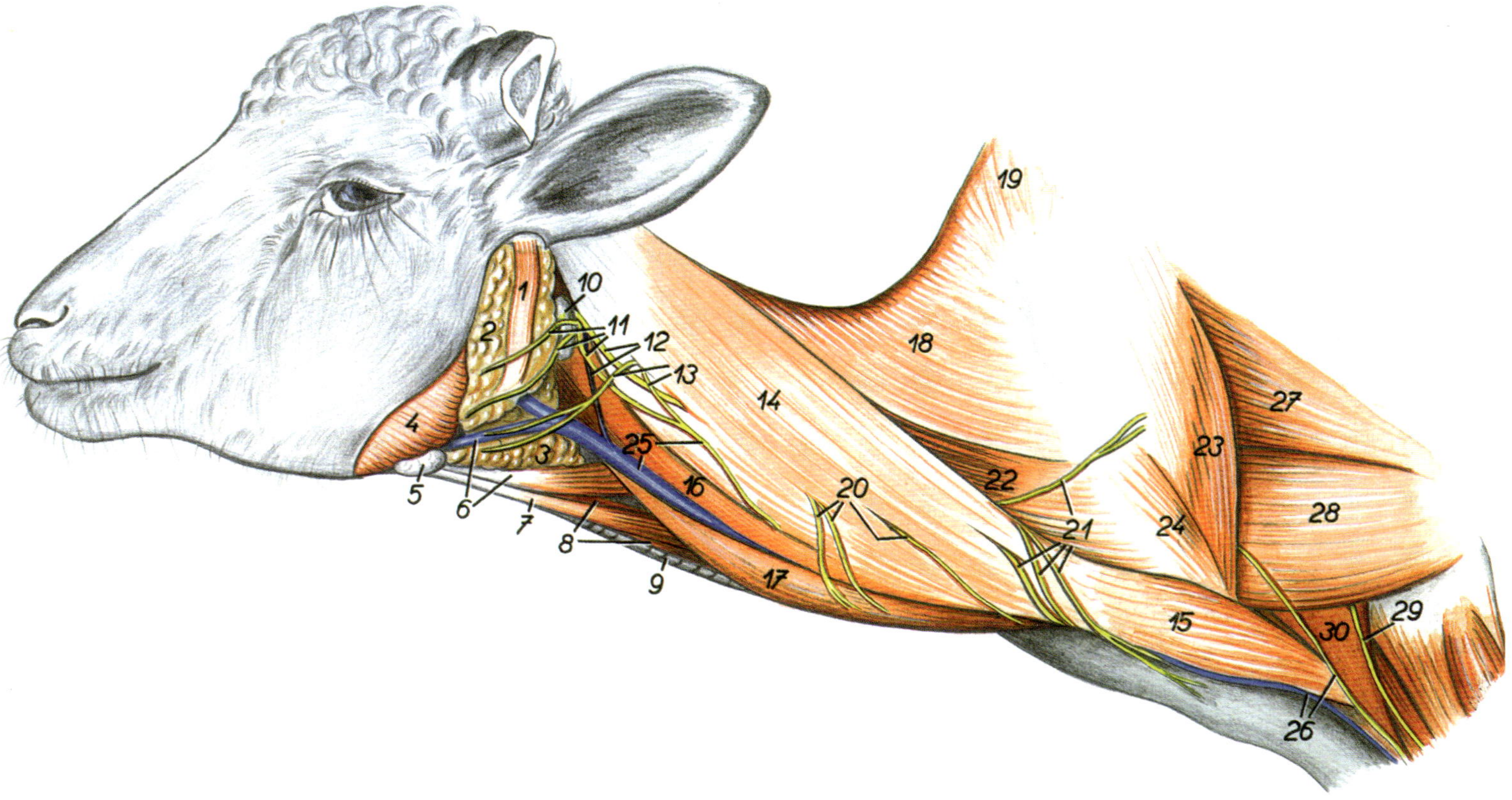

1. *M. parotidoauricularis* – Ohrspeicheldrüsen-Ohrmuschelmuskel
2. *Glandula parotis* – Ohrspeicheldrüse
3. *Glandula mandibularis* – Unterkieferdrüse
4. *M. masseter* – äußerer Kaumuskel
5. *Ln. mandibularis* – Unterkieferlymphknoten
6. *M. omohyoideus, V. linguofacialis* – Schulter-Zungenbeinmuskel, Zungen-Gesichtsvene
7. *M. sternohyoideus* – Brustbein-Zungenbeinmuskel
8. *M. sternothyroideus* – Brustbein-Schildknorpelmuskel
9. *Trachea* – Luftröhre
10. *Ln. retropharyngeus lateralis* – laterale Lymphknoten hinter dem Schlundkopf
11. *Rami cutanei ni. cervicalis II* – Hautäste des 2. Halsnerven
12. *V. occipitalis, Ramus dorsalis ni. accessorii* – Hinterhauptvene, dorsaler Ast des zusätzlichen Nerven
13. *Rami cutanei ni. cervicalis III* – Hautäste des 3. Halsnerven

14., 15., 16. *M. brachiocephalicus* – Arm-Kopfmuskel

14. *M. cleidooccipitalis* – Schlüsselbein-Hinterhauptmuskel
15. *M. cleidobrachialis* – Schlüsselbein-Armmuskel
16. *M. cleidomastoideus* – Schlüsselbein-Warzenteilmuskel
17. *M. sternomastoideus* – Brustbein-Warzenteilmuskel
18. *Pars cervicalis mi. trapezii* – Halsteil des trapezförmigen Muskels
19. *Pars thoracica mi. trapezii* – Brustkorbteil des trapezförmigen Muskels
20. *Rami cutanei ni. cervicalis IV* – Hautäste des 4. Halsnerven
21. *Nn. supraclaviculares* – Überschlüsselbeinnerven
22. *M. omotransversarius* – Schulter-Querfor satzmuskel
23. *Pars scapularis mi. deltoidei* – Schulterblatte des deltaförmigen Muskels
24. *Pars acromialis mi. deltoidei* – Gräteneckte des deltaförmigen Muskels
25. *V. jugularis, N. transversus colli* – Drosselve ne, querverlaufender Halsnerv
26. *V. cephalica, N. cutaneus antebrachii craniai (ni. axillaris)* – Kopfvene des Oberarme kranialer Unterarmhautnerv (des Achse nerven)
27. *Caput longum mi. tricipitis brachii* – lange Kopf des dreiköpfigen Armmuskels
28. *Caput laterale mi. tricipitis brachii* – laterale Kopf des dreiköpfigen Armmuskels
29. *Ramus superficialis ni. radialis* – oberflächl cher Ast des Speichennerven
30. *M. brachialis* – Armmuskel

Schaf (Jungtier). Präparation des Halses. Tiefe Schicht, Ansicht von rechts.

Abbildung 64

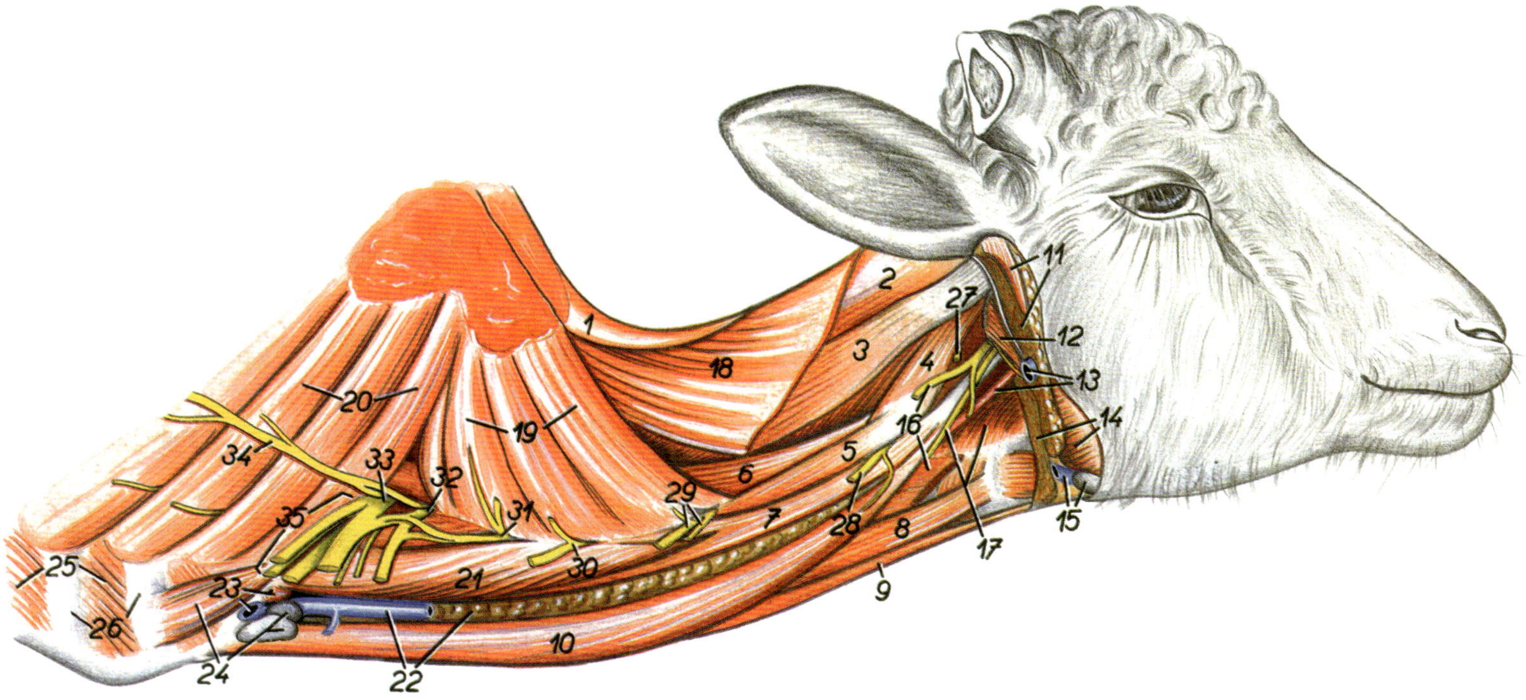

1. *M. rhomboideus cervicis* – Halsportion des rautenförmigen Muskels
2. *M. semispinalis capitis* – Kopfportion des Halbdornfortsatzmuskels
3. *M. longissimus capitis* – Kopfportion des längsten Muskels
4. *M. rectus capitis lateralis* – lateraler gerader Kopfmuskel
5. *M. intertransversarius ventralis cervicis, Pars atlantis* – ventraler Zwischenquerfortsatzmuskel, Altlasteil
6. *M. longissimus atlantis* – Atlasportion des längsten Muskels
7. *M. longus capitis* – langer Kopfmuskel
8. *M. sternothyroideus* – Brustbein-Schildknorpelmuskel
9. *M. sternohyoideus* – Brustbein-Zungenbeinmuskel
10. *M. sternomastoideus* – Brustbein-Warzenteilmuskel
11. *Glandula parotis, M. parotidoauricularis* – Ohrspeicheldrüse, Ohrspeicheldrüsen-Ohrmuschelmuskel
12. *M. occipitohyoideus* – Hinterhauptbein-Zungenbeinmuskel
13. *A. carotis communis, V. maxillaris* – gemeinsame Kopfarterie, Oberkiefervene
14. *M. masseter, Glandula mandibularis* – äußerer Kaumuskel, Unterkieferdrüse
15. *V. linguofacialis, Ln. mandibularis* – Zungen-Gesichtsvene, Unterkieferlymphknoten
16. *N. accessorius, M. omohyoideus* – zusätzlicher Nerv, Schulter-Zungenbeinmuskel
17. *Truncus vagosympathicus* – gemeinsamer Stamm des Vagus- und Sympathikusnerven
18. *M. splenius* – Riemenmuskel
19. *M. serratus ventralis cervicis* – Halsportion des ventralen gesägten Muskels
20. *M. serratus ventralis thoracis* – Brustkorbportion des ventralen gesägten Muskels
21. *M. scalenus medius* – mittlerer Rippenhalter
22. *V. jugularis, Thymus* – Drosselvene, Thymus (Bries)
23. *A. et V. axillaris* – Achselarterie und -vene
24. *M. rectus thoracis, Lnn. cervicales profundi caudales* – gerader Brustkorbmuskel, tiefe kaudale Halslymphknoten
25. *Mm. intercostales interni* – innere Zwischenrippenmuskeln
26. *Cartilagines costales* – Rippenknorpel
27. *N. cervicalis II* – 2. Halsnerv
28. *N. cervicalis III* – 3. Halsnerv
29. *N. cervicalis IV* – 4. Halsnerv
30. *N. cervicalis V* – 5. Halsnerv
31. *N. cervicalis VI* – 6. Halsnerv
32. *N. cervicalis VII* – 7. Halsnerv
33. *N. cervicalis VIII* – 8. Halsnerv
34. *N. thoracicus longus* – langer Brustkorbnerv
35. *Plexus brachialis* – Armgeflecht

Schaf. Querschnitt durch den Hals in Höhe des 2. Halswirbels, Ansicht von kaudal.

Abbildung 65

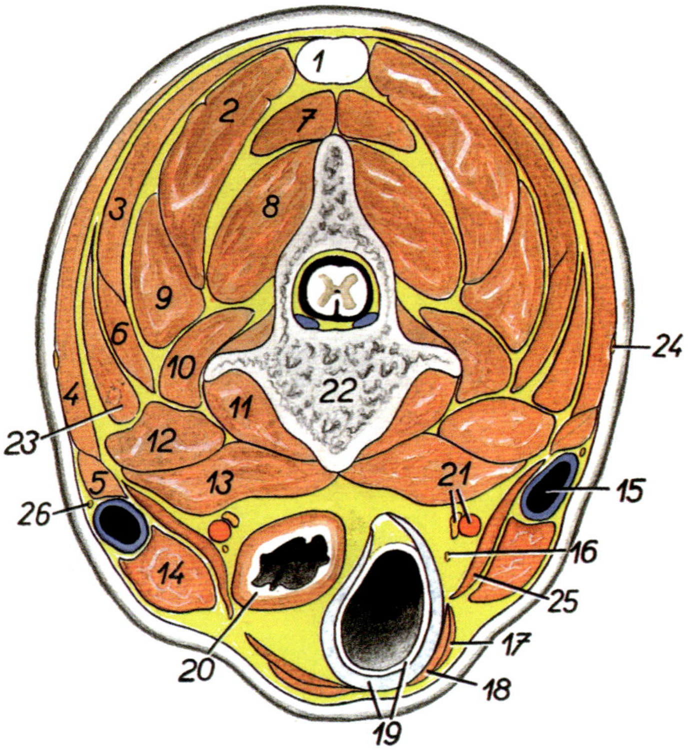

Schaf. Querschnitt durch den Hals in Höhe des 4. Halswirbels, Ansicht von kaudal.

Abbildung 66

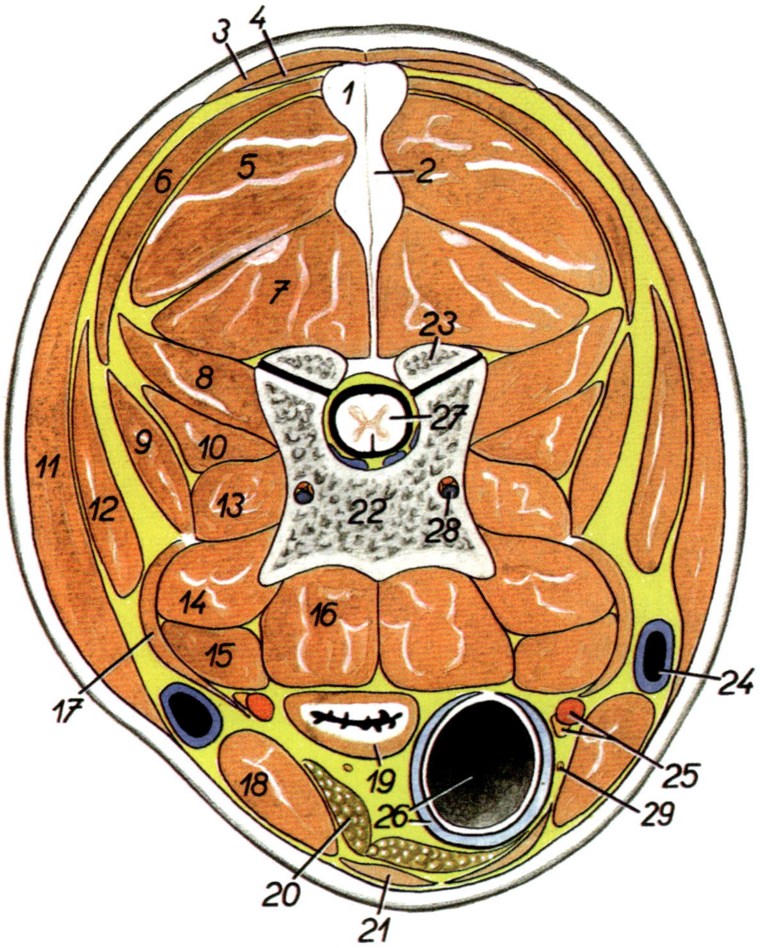

1. *Funiculus nuchae* – Nackenstrang
2. *M. semispinalis capitis* – Kopfportion des Halbdornfortsatzmuskels
3. *M. splenius* – Riemenmuskel
4. *M. cleidooccipitalis* – Schlüsselbein-Hinterhauptbeinmuskel
5. *M. cleidomastodieus* – Schlüsselbein-Warzenteilmuskel
6. *M. longissimus atlantis* – Atlasportion des längsten Muskels
7. *M. rectus capitis dorsalis major* – dorsaler großer gerader Kopfmuskel
8. *M. obliquus capitis caudalis* – kaudaler schiefer Kopfmuskel
9. *M. longissimus capitis* – Kopfportion des längsten Muskels
10. *Mm. intertransversarii* – Zwischenquerfortsatzmuskeln
11. *M. longus colli* – langer Halsmuskel
12. *M. intertransversarius ventralis cervicis, Pars atlantis* – ventraler Zwischenquerfortsatzmuskel, Altlasteil
13. *M. longus capitis* – langer Kopfmuskel
14. *M. sternomastoideus* – Brustbein-Warzenteilmuskel
15. *V. jugularis* – Drosselvene
16. *N. laryngeus recurrens* – zurücklaufender Kehlkopfnerv
17. *M. sternohyoideus* – Brustbein-Zungenbeinmuskel
18. *M. sternothyroideus* – Brustbein-Schildknorpelmuskel
19. *Trachea* – Luftröhre
20. *Esophagus* – Speiseröhre
21. *A. carotis communis, Truncus vagosympathicus* – gemeinsame Kopfarterie, gemeinsamer Stamm des Vagus- und Sympathikusnerven
22. *Axis* – 2. Halswirbel
23. *M. omotransversarius* – Schulter-Querfortsatzmuskel
24. *Ramus dorsalis ni. accessorii* – dorsaler Ast des zusätzlichen Nerven
25. *M. omohyoideus* – Schulter-Zungenbeinmuskel
26. *N. transversus colli* – querverlaufender Halsnerv

Abbildung 66

1. *Funiculus nuchae* – Nackenstrang
2. *Lamina nuchae* – Nackenplatte
3. *Pars cervicalis mi. trapezii* – Halsteil des trapezförmigen Muskels
4. *M. rhomboideus cervicis* – Halsportion des rautenförmigen Muskels
5. *M. semispinalis capitis* – Kopfportion des Halbdornfortsatzmuskels
6. *M. splenius* – Riemenmuskel
7. *Mm. multifidi cervicis* – Halsportion der vielgeteilten Muskeln
8. *M. longissimus capitis* – Kopfportion des längsten Muskels
9. *M. serratus ventralis cervicis* – Halsportion des ventralen gesägten Muskels
10. *M. longissimus atlantis* – Atlasportion des längsten Muskels
11. *M. brachiocephalicus (M. cleidooccipitalis et cleidomastoideus)* – Arm-Kopfmuskel (Schlüsselbein-Hinterhauptbeinmuskel und Schlüsselbein-Warzenteilmuskel)
12. *M. omotransversarius* – Schulter-Querfortsatzmuskel

Schaf. Querschnitt durch den Hals in Höhe des 6. Halswirbels, Ansicht von kaudal.

Abbildung 67

Abbildung 66

13. Mm. intertransversarii – Zwischenquerfortsatzmuskeln
14. *M. intertransversarius ventralis cervicis, Pars atlantis* – ventraler Zwischenquerfortsatzmuskel, Altlasteil
15. *M. longus capitis* – langer Kopfmuskel
16. *M. longus colli* – langer Halsmuskel
17. *M. omohyoideus* – Schulter-Zungenbeinmuskel
18. *M. sternocephalicus (M. sternomastoideus)* – Brustbein-Kopfmuskel (Brustbein-Warzenteilmuskel)
19. *Esophagus* – Speiseröhre
20. *Thymus* – Thymus (Bries)
21. *M. sternohyoideus et sternothyroideus* – Brustbein-Zungenbein und Brustbein-Schildknorpelmuskel
22. *Vertebra cervicalis IV* – 4. Halswirbel
23. *Processus articularis caudalis vertebrae cervicalis III* – kaudaler Gelenkfortsatz des 3. Halswirbels
24. *V. jugularis* – Drosselvene
25. *A. carotis comminis, Truncus vagosympathicus* – gemeinsame Kopfarterie, gemeinsamer Stamm des Vagus- und Sympathikusnerven
26. *Trachea* – Luftröhre
27. *Medulla spinalis* – Rückenmark
28. *A., V. et N. vertebralis* – Wirbelarterie, -vene und -nerv
29. *N. laryngeus recurrens* – zurücklaufender Kehlkopfnerv

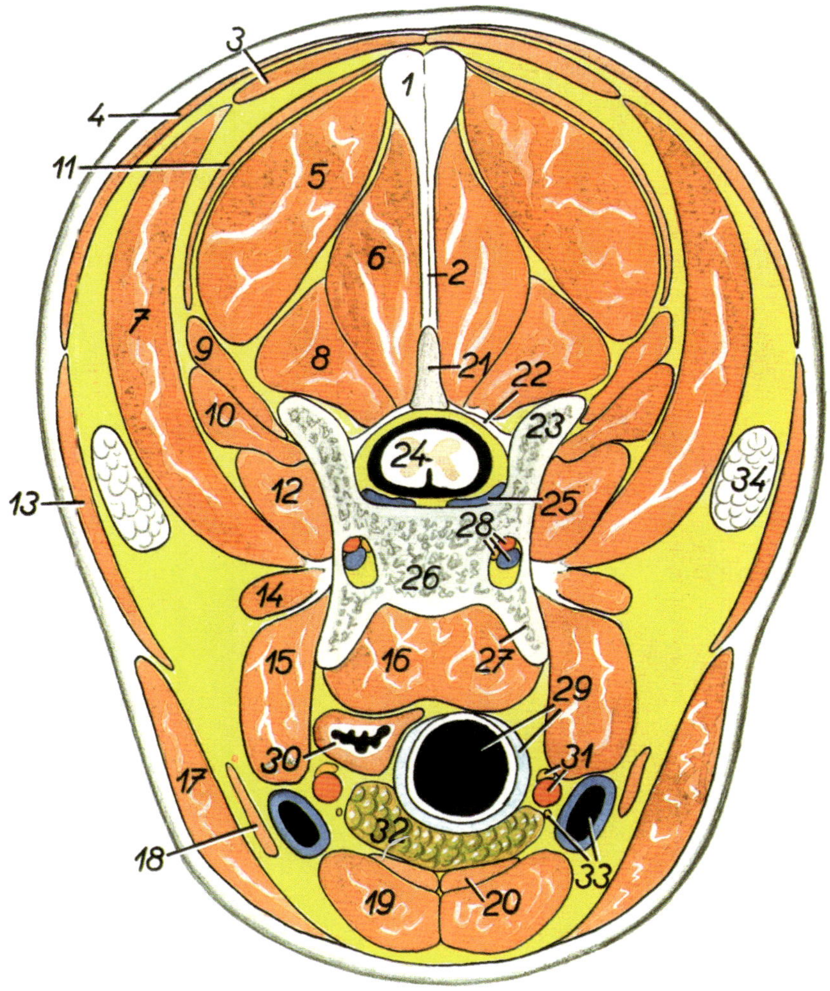

Abbildung 67

1. *Funiculus nuchae* – Nackenstrang
2. *Lamina nuchae* – Nackenplatte
3. *M. rhomboideus cervicis* – Halsportion des rautenförmigen Muskels
4. *Pars cervicalis mi. trapezii* – Halsteil des trapezförmigen Muskels
5. *M. semispinalis capitis* – Kopfportion des Halbdornfortsatzmuskels
6. *M. spinalis et semispinalis thoracis et cervicis* – Brustkorb- und Halsportion der Dornfortsatzmuskels und des Halbdornfortsatzmuskels
7. *M. serratus ventralis cervicis* – Halsportion des ventralen gesägten Muskels
8. *Mm. multifidi cervicis* – Halsportion der vielgeteilten Muskeln
9. *M. longissimus capitis et atlantis* – Kopf- und Atlasportion des längsten Muskels
10. *M. longissimus cervicis* – Halsportion des längsten Muskels
11. *M. splenius* – Riemenmuskel
12. *Mm. intertransversarii* – Zwischenquerfortsatzmuskeln
13. *M. omotransversarius* – Schulter-Querfortsatzmuskel
14. *Pars dorsalis mi. scaleni medii* – dorsaler Teil des mittleren Rippenhalters
15. *Pars ventralis mi. scaleni medii* – ventraler Teil des mittleren Rippenhalters
16. *M. longus colli* – langer Halsmuskel
17. *M. brachiocephalicus* – Arm-Kopfmuskel
18. *M. subclavius* – Unterschlüsselbeinmuskel
19. *M. sternocephalicus (M. sternomastoideus)* – Brustbein-Kopfmuskel (Brustbein-Warzenteilmuskel)
20. *M. sternohyoideus et M. sternothyroideus* – Brustbein-Zungenbeinmuskel und Brustbein-Schildknorpelmuskel
21. *Processus spinosus vertebrae cervicalis VI* – Dornfortsatz des 6. Halswirbels
22. *Ligamentum flavum* – gelbes Band
23. *Processus articularis cranialis* – kranialer Gelenkfortsatz
24. *Medulla spinalis* – Rückenmark
25. *Plexus vertebralis internus* – inneres Wirbelgeflecht
26. *Corpus vertebrae cervicalis VI* – Körper des 6. Halswirbels
27. *Lamina ventralis processus transversi vertebrae cervicalis VI* – Ventralplatte des Querfortsatzes des 6. Halswirbels
28. *A., V. et N. vertebralis* – Wirbelarterie, -vene und -nerv
29. *Trachea* – Luftröhre
30. *Esophagus* – Speiseröhre
31. *A. carotis communis, Truncus vagosympathicus* – gemeinsame Kopfarterie, gemeinsamer Stamm des Vagus- und Sympathikusnerven
32. *Thymus* – Thymus (Bries)
33. *V. jugularis, N. laryngeus recurrens* – Drosselvene, zurücklaufender Kehlkopfnerv
34. *Ln. cervicalis superficialis (Ln. prescapularis)* – oberflächlicher Halslymphknoten (vor dem Schulterblatt gelegener Lymphknoten)

Ziege. Ziegenbock. Schädel, Ansicht von links.

Abbildung 68

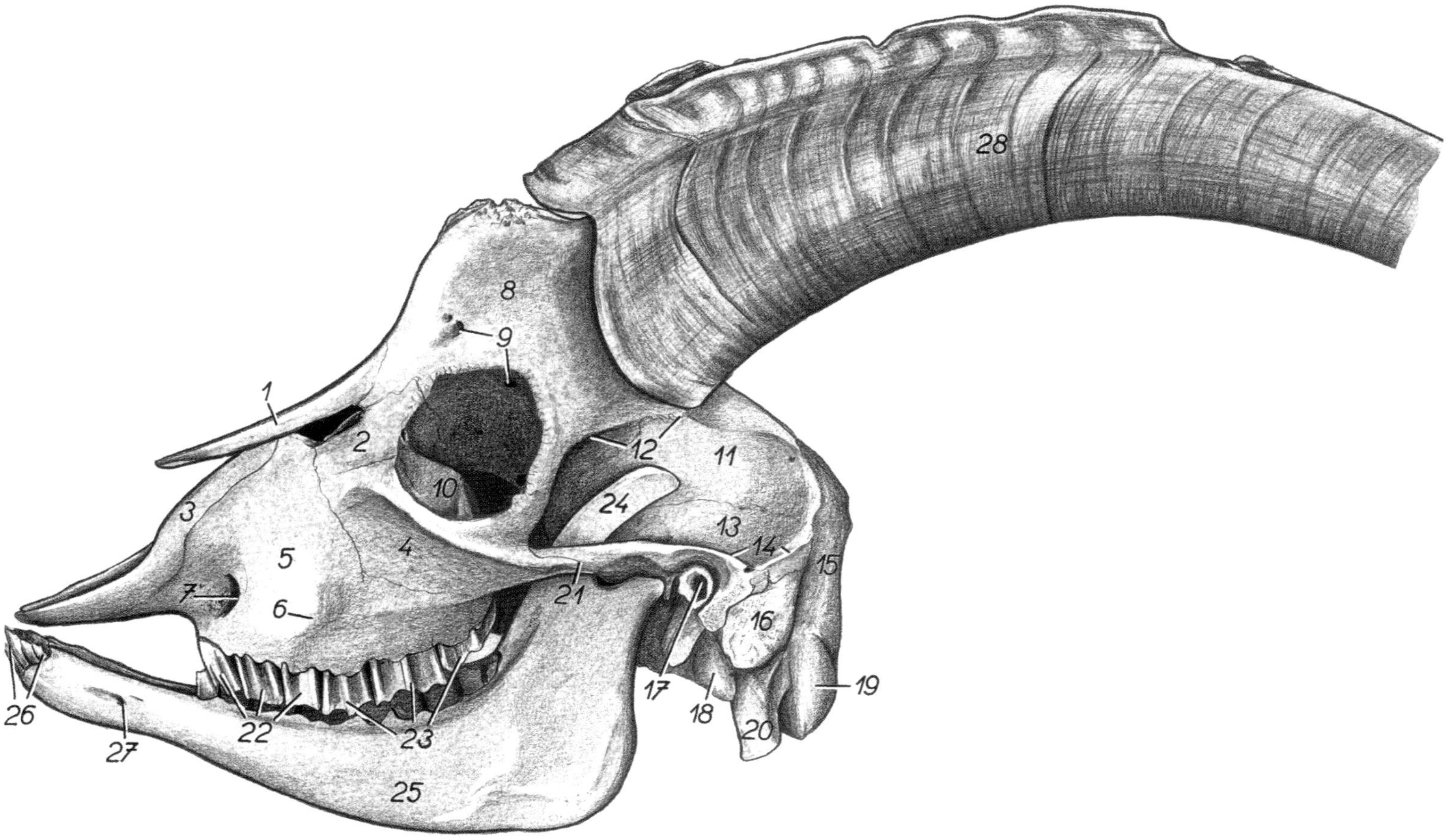

1. *Os nasale* – Nasenbein
2. *Os lacrimale* – Tränenbein
3. *Os incisivum* – Zwischenkieferbein
4. *Os zygomaticum* – Jochbein
5. *Maxilla* – Oberkieferbein
6. *Tuber faciale* – Gesichtshöcker
7. *Foramen infraorbitale* – Unteraugenhöhlenloch
8. *Os frontale* – Stirnbein
9. *Canalis supraorbitalis* – Überaugenhöhlenkanal
10. *Bulla lacrimalis* – Tränenbeinblase
11. *Os parietale* – Scheitelbein
12. *Linea temporalis* – Schläfenbeinlinie
13. *Pars squamosa ossis temporalis* – Schuppenteil des Schläfenbeines
14. *Crista supramastoidea* – Leiste über dem Warzenteil
15. *Squama occipitalis* – Hinterhauptschuppe
16. *Processus mastoideus ossis temporalis* – Warzenteilfortsatz des Schläfenbeines
17. *Porus acusticus externus* – äußere Gehöröffnung
18. *Bulla tympanica* – Paukenblase
19. *Condylus occipitalis* – Gelenkknorren des Hinterhauptbeines
20. *Processus paracondylaris* – Muskelfortsatz des Hinterhauptbeines
21. *Arcus zygomaticus* – Jochbogen
22. *Dentes premolares* – vordere Backenzähne
23. *Dentes molares* – hintere Backenzähne
24. *Processus coronoideus mandibulae* – Muskelfortsatz des Unterkiefers
25. *Corpus mandibulae* – Unterkieferkörper
26. *Dentes incisivi* – Schneidezähne
27. *Foramen mentale* – Kinnloch
28. *Cornu* – Horn

Ziege (unbehornt). Schädel, Ansicht von lateral.

Abbildung 69

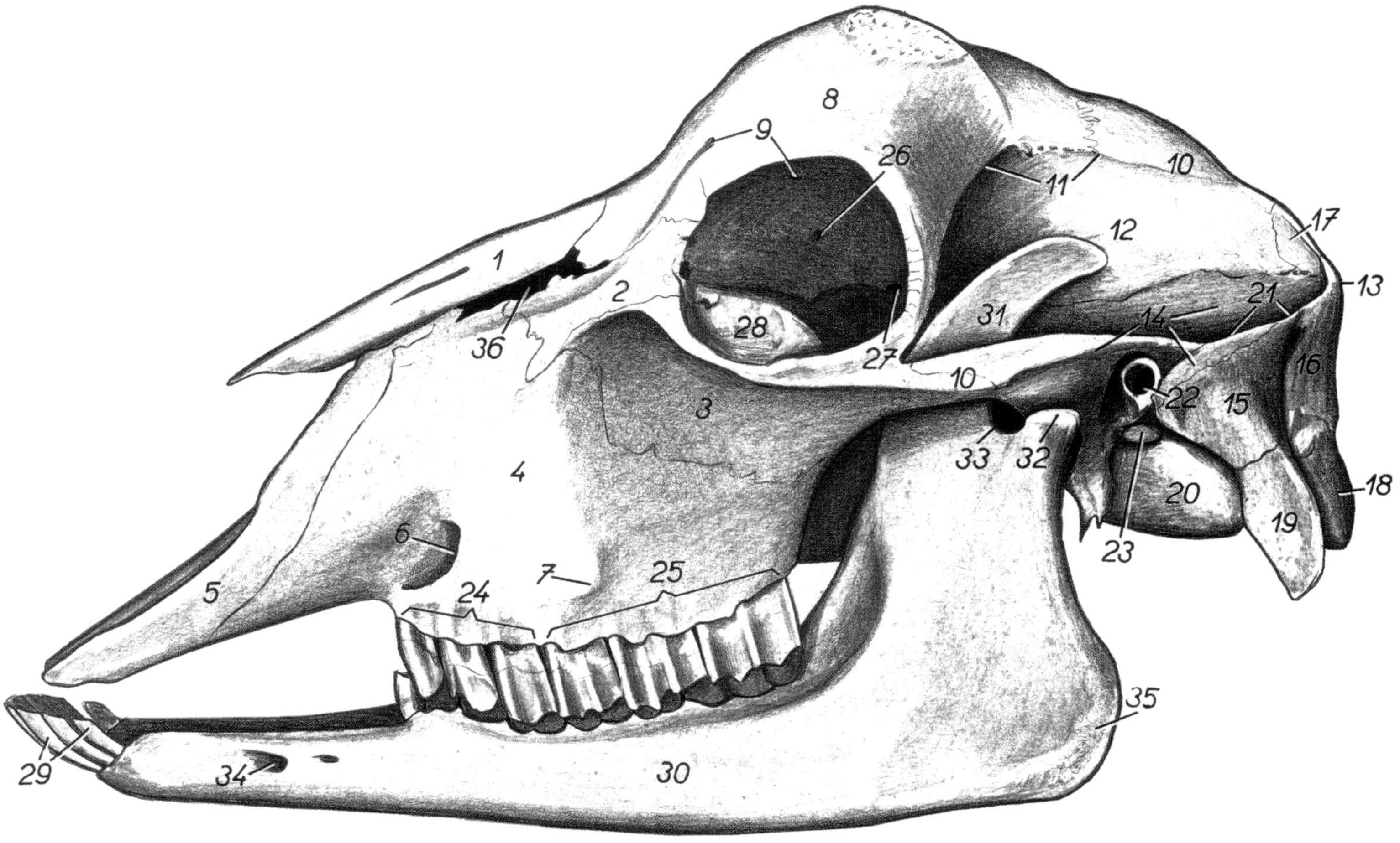

1. *Os nasale* – Nasenbein
2. *Os lacrimale* – Tränenbein
3. *Os zygomaticum* – Jochbein
4. *Maxilla* – Oberkieferbein
5. *Os incisivum* – Zwischenkieferbein
6. *Foramen infraorbitale* – Unteraugenhöhlenloch
7. *Tuber faciale* – Gesichtshöcker
8. *Os frontale* – Stirnbein
9. *Canalis supraorbitalis* – Überaugenhöhlenkanal
10. *Os parietale* – Scheitelbein
10'. *Arcus zygomaticus* – Jochbogen
11. *Linea temporalis* – Schläfenbeinlinie
12. *Fossa temporalis* – Schläfenbeingrube
13. *Protuberantia occipitalis externa* – äußere Erhebung des Hinterhauptbeines
14. *Pars squamosa ossis temporalis* – Schuppenteil des Schläfenbeines
15. *Processus mastoideus ossis temporalis* – Warzenteilfortsatz des Schläfenbeines
16. *Squama occipitalis* – Hinterhauptschuppe
17. *Os interparietale* – Zwischenscheitelbein
18. *Condylus occipitalis* – Gelenkknorren des Hinterhauptbeines
19. *Processus paracondylaris* – Muskelfortsatz des Hinterhauptbeines
20. *Bulla tympanica* – Paukenblase
21. *Crista supramastoidea* – Leiste über dem Warzenteil
22. *Porus acusticus externus* – äußere Gehöröffnung
23. *Processus styloideus* – Griffelfortsatz
24. *Dentes premolares* – vordere Backenzähne
25. *Dentes molares* – hintere Backenzähne
26. *Foramen ethmoidale* – Siebbeinloch
27. *Canalis opticus* – Sehnervenkanal
28. *Bulla lacrimalis* – Tränenbeinblase
29. *Dentes incisivi* – Schneidezähne
30. *Mandibula* – Unterkiefer
31. *Processus coronoideus mandibulae* – Muskelfortsatz des Unterkiefers
32. *Processus condylaris mandibulae* – Gelenkfortsatz des Unterkiefers
33. *Incisura mandibulae* – Unterkiefereinschnitt
34. *Foramen mentale* – Kinnloch
35. *Angulus mandibulae* – Unterkieferwinkel
36. *Fissura nasolacrimalis* – Nasentränenspalte

Ziege. Schädel, Ansicht von ventral.

Abbildung 70

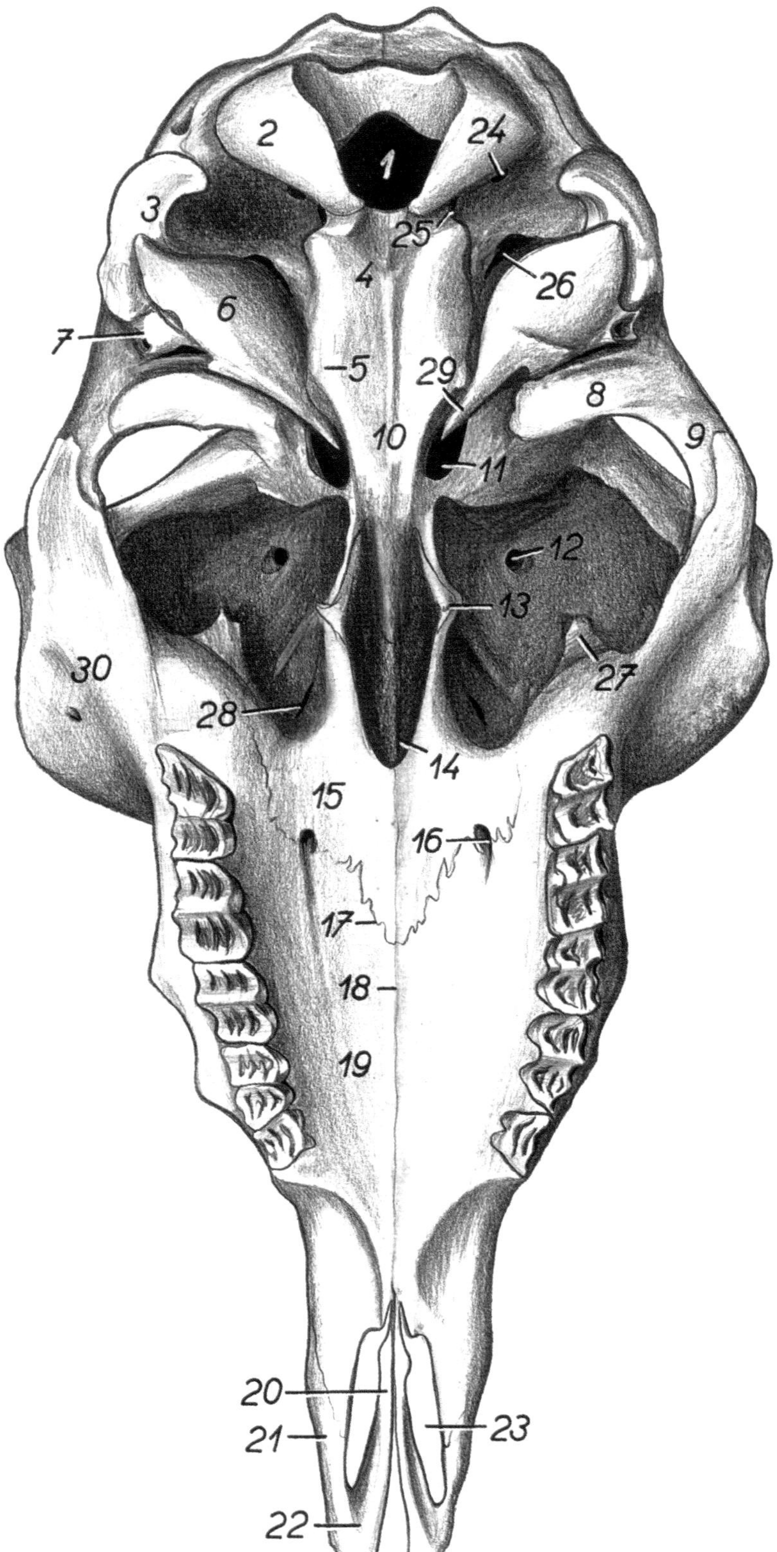

1. *Foramen magnum* – Hinterhauptloch
2. *Condylus occipitalis* – Gelenkknorren des Hinterhauptbeines
3. *Processus paracondylaris* – Muskelfortsatz des Hinterhauptbeines
4. *Pars basilaris ossis occipitalis* – Basisteil des Hinterhauptbeines
5. *Tuberculum musculare* – Muskelhöckerchen
6. *Bulla tympanica* – Paukenblase
7. *Porus acusticus externus* – äußere Gehöröffnung
8. *Tuberculum articulare* – Gelenkhöckerchen
9. *Arcus zygomaticus* – Jochbogen
10. *Corpus ossis basisphenoidalis* – Körper des hinteren Teiles des Keilbeines
11. *Foramen ovale* – ovales Loch
12. *Canalis supraorbitalis* – Überaugenhöhlenkanal
13. *Hamulus pterygoideus* – Häkchen des Flügelbeines
14. *Choana* – Nasenrachenöffnung
15. *Os palatinum* – Gaumenbein
16. *Foramen palatinum majus* – großes Gaumenloch
17. *Sutura palatina transversa* – Quernaht des Gaumens
18. *Sutura palatina mediana* – mittlere Gaumennaht
19. *Processus palatinus maxillae* – Gaumenfortsatz des Oberkieferbeines
20. *Processus palatinus ossis incisivi* – Gaumenfortsatz des Zwischenkieferbeines
21. *Processus nasalis ossis incisivi* – Nasenfortsatz des Zwischenkieferbeines
22. *Corpus ossis incisivi* – Körper des Zwischenkieferbeines
23. *Fissura palatina* – Gaumenspalte
24. *Canalis condylaris* – Gelenkknorrenkanal
25. *Canalis ni. hypoglossi* – Kanal des Unterzungennerven
26. *Foramen jugulare* – Drosselöffnung
27. *Bulla lacrimalis* – Tränenbeinblase
28. *Foramen sphenopalatinum* – Keilbein-Gaumenbeinöffnung
29. *Processus muscularis* – Muskelfortsatz
30. *Os zygomaticum* – Jochbein

Ziege. Topographie der Arterien am Kopf, Ansicht von links (nach einem Korrosionspräparat).

Abbildung 71

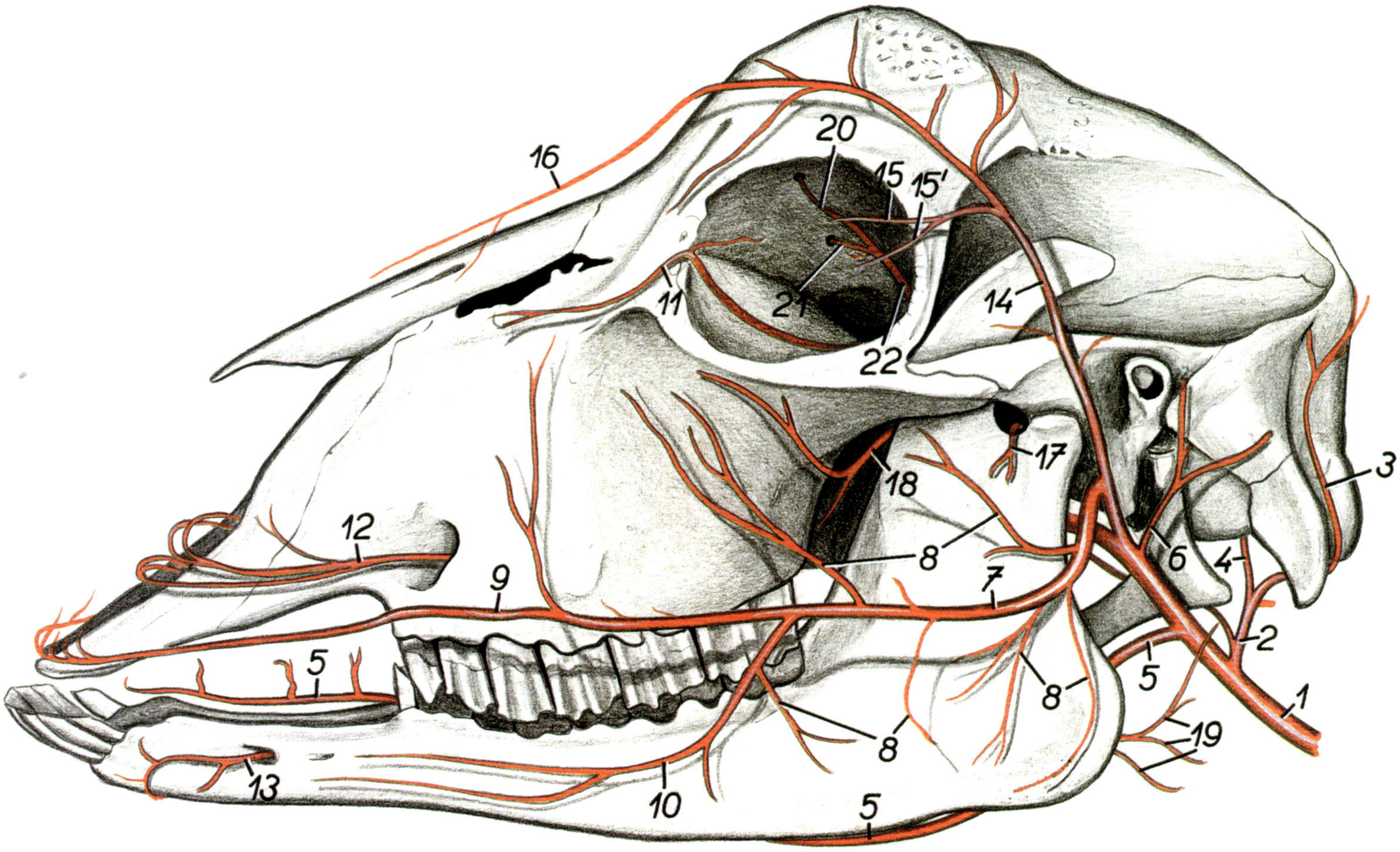

1. *A. carotis communis* – gemeinsame Kopfarterie
2. *A. occipitalis* – Hinterhauptarterie
3. *A. meningea caudalis* – kaudale Hirnhautarterie
4. *A. condylaris* – Gelenkknorrenarterie
5. *A. lingualis* – Zungenarterie
6. *A. auricularis caudalis* – kaudale Ohrmuschelarterie
7. *A. transversa faciei* – Querarterie des Gesichts
8. *Rami musculares (masseterici)* – Muskeläste (des äußeren Kaumuskels)
9. *A. labialis superior* – Oberlippenarterie
10. *A. labialis inferior* – Unterlippenarterie
11. *A. malaris* – Wangenarterie
12. *A. infraorbitalis* – Unteraugenhöhlenarterie
13. *A. mentalis* – Kinnarterie
14. *A. temporalis superficialis* – oberflächliche Schläfenarterie
15. *A. palpebralis superior lateralis* – laterale Oberlidarterie

15'. *A. palpebralis inferior lateralis* – laterale Unterlidarterie

16. *A. dorsalis nasi* – Nasenrückenarterie
17. *A. masseterica* – Arterie des äußeren Kaumuskels
18. *A. buccalis* – Backenarterie
19. *Rami glandulares a. lingualis* – Drüsenäste der Zungenarterie
20. *A. supraorbitalis* – Überaugenhöhlenarterie
21. *A. ethmoidalis* – Siebbeinarterie
22. *A. ophthalmica externa* – äußere Augenarterie

Ziege. Präparation des Kopfes. Oberflächliche Schicht nach Entfernung der Gesichtsfaszie und der Gesichtshautmuskeln, Ansicht von links.

Abbildung 72

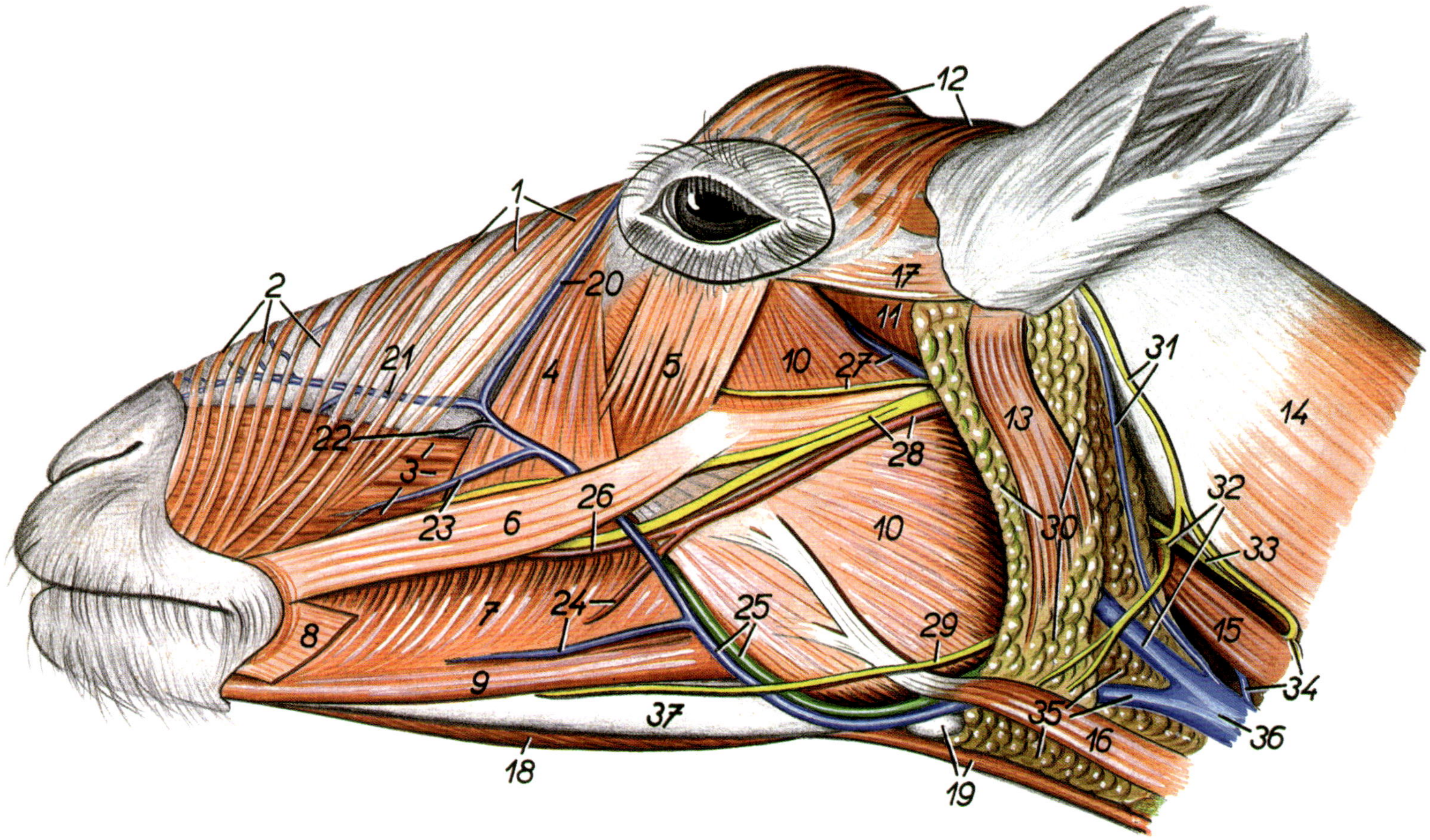

1. *M. levator nasolabialis* – Nasen-Lippenheber
2. *M. cutaneus faciei* – Gesichtshautmuskel
3. *M. levator labii superioris, M. caninus et M. depressor labii superioris* – Oberlippenheber, Eckzahnmuskel und Niederzieher der Oberlippe
4. *M. malaris* – Wangenmuskel
5. *M. depressor palpebrae inferioris* – Niederzieher des Unterlids
6. *M. zygomaticus* – Jochbeinmuskel
7. *Pars buccalis mi. buccinatoris* – Backenteil des Backenmuskels
8. *M. cutaneus faciei* – Gesichtshautmuskel
9. *M. depressor labii inferioris* – Niederzieher der Unterlippe
10. *Pars superficialis mi. masseteris* – oberflächlicher Teil des äußeren Kaumuskels
11. *Pars profunda mi. masseteris* – tiefer Teil des äußeren Kaumuskels
12. *M. frontalis* – Stirnmuskel
13. *M. parotidoauricularis* – Ohrspeicheldrüsen-Ohrmuschelmuskel
14. *M. cleidooccipitalis* – Schlüsselbein-Hinterhauptbeinmuskel
15. *M. cleidomastoideus* – Schlüsselbein-Warzenteilmuskel
16. *M. sternomandibularis* – Brustbein-Unterkiefermuskel
17. *M. zygomaticoauricularis* – Jochbein-Ohrmuschelmuskel
18. *M. mylohyoideus* – Kehlgangmuskel
19. *Ln. mandibularis, M. sternohyoideus* – Unterkieferlymphknoten, Brustbein-Zungenbeinmuskel
20. *V. angularis oculi* – Augenwinkelvene
21. *V. dorsalis nasi* – Nasenrückenvene
22. *V. lateralis nasi* – laterale Nasenvene
23. *V. labialis superior* – Oberlippenvene
24. *A. et V. labialis inferior* – Unterlippenarterie und -vene
25. *V. facialis, Ductus parotideus* – Gesichtsvene, Ohrspeicheldrüsenausführungsgang
26. *A. labialis superior* – Oberlippenarterie
27. *V. transvera faciei, Ramus transversus faciei ni. auriculotemporalis* – Quervene des Gesichts, querverlaufender Gesichtsast des Ohrmuschel-Schläfennerven
28. *Rami buccales ni. facialis, A. transversa faciei* – Backenäste des Gesichtsnerven, Querarterie des Gesichts
29. *Ramus marginalis mandibulae* – Unterkieferrandast
30. *Glandula parotis* – Ohrspeicheldrüse
31. *V. auricularis caudalis, N. auricularis magnus* – kaudale Ohrmuschelvene, großer Ohrmuschelnerv
32. *N. cervicalis II, V. maxillaris* – 2. Halsnerv, Oberkiefervene
33. *Ramus dorsalis ni. accessorii* – dorsaler Ast des zusätzlichen Nerven
34. *N. cervicalis III, V. occipitalis* – 3. Halsnerv, Hinterhauptvene
35. *Glandula mandibularis, V. linguofacialis* – Unterkieferdrüse, Zungen-Gesichtsvene
36. *V. jugularis* – Drosselvene
37. *Mandibula* – Unterkiefer

Ziege. Präparation des Kopfes. Tiefe Schicht, Ansicht von links.

Abbildung 73

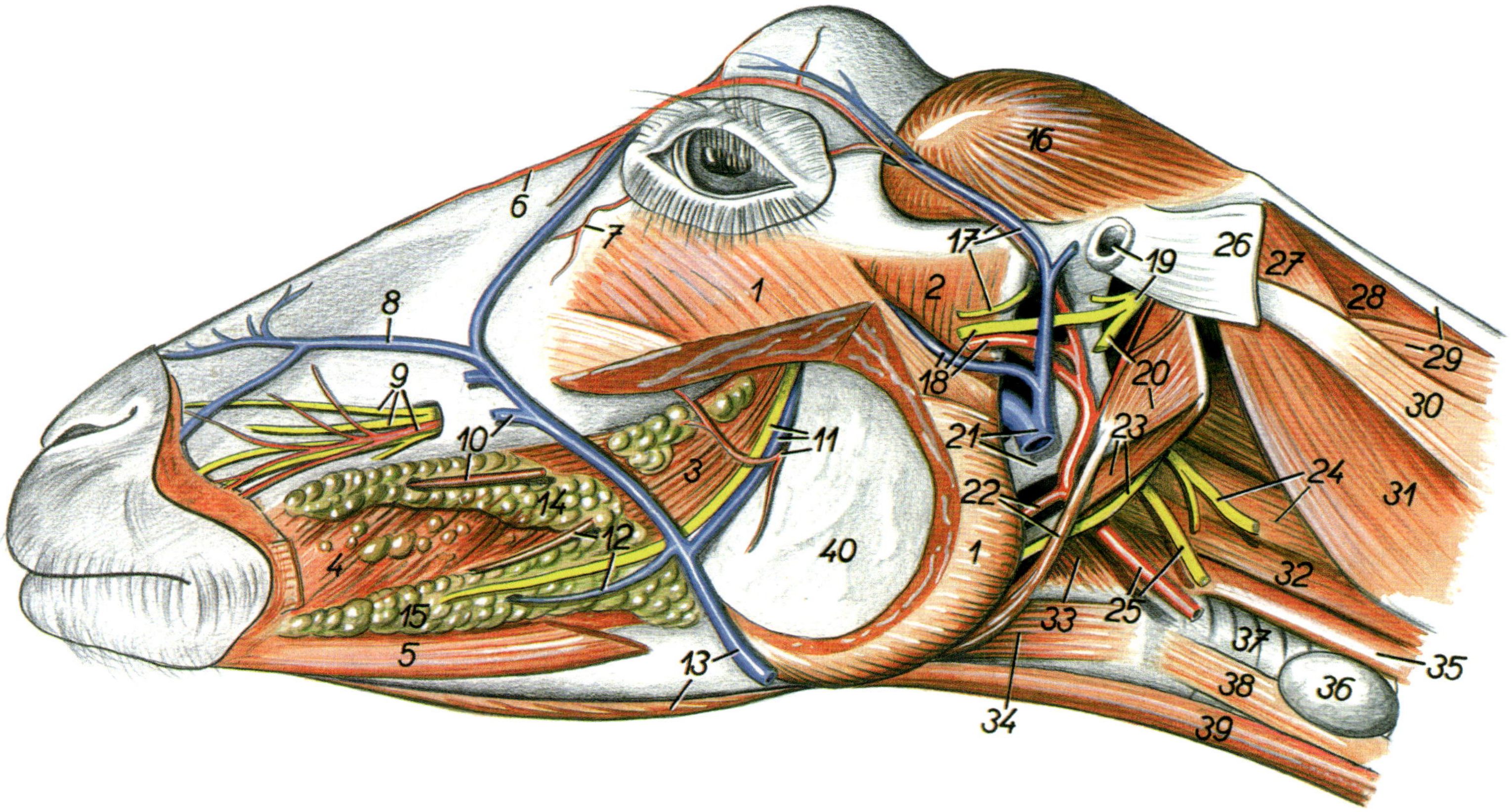

1. *Pars superficialis mi. masseteris* – oberflächliche Schicht des äußeren Kaumuskels
2. *Pars profunda mi. masseteris* – tiefe Schicht des äußeren Kaumuskels
3. *Pars molaris mi. buccinatoris* – Backenzahnteil des Backenmuskels
4. *Pars buccalis mi. buccinatoris* – Backenteil des Backenmuskels
5. *M. depressor labii inferioris* – Niederzieher der Unterlippe
6. *A. dorsalis nasi* – Nasenrückenarterie
7. *A. malaris* – Wangenarterie
8. *V. dorsalis nasi* – Nasenrückenvene
9. *A. et N. infraorbitalis* – Unteraugenhöhlenarterie und -nerv
10. *A. et V. labialis superior* – Oberlippenarterie und -vene
11. *A. et N. buccalis, V. faciei profunda* – Backenarterie und -nerv, tiefe Gesichtsvene
12. *A. et V. labialis inferior* – Unterlippenarterie und -vene
13. *V. facialis, M. mylohyoideus* – Gesichtsvene, Kehlgangmuskel
14. *Glandulae buccales dorsales* – dorsale Backendrüsen
15. *Glandulae buccales ventrales* – ventrale Backendrüsen
16. *M. temporalis* – Schläfenmuskel
17. *A. et V. temporalis superficialis, Ramus transversus faciei ni. auriculotemporalis* – oberflächliche Schläfenarterie und -vene, querverlaufender Gesichtsast des Ohrmuschelschläfennerven
18. *A. et V. transversa faciei, Rami buccales ni. facialis* – Querarterie und -vene des Gesichts, Backenäste des Gesichtsnerven
19. *Meatus acusticus externus, N. facialis* – äußerer Gehörgang, Gesichtsnerv
20. *M. occipitohyoideus, Ramus marginalis mandibulae* – Hinterhauptbein-Zungenbeinmuskel, Unterkieferrandast
21. *Stylohyoideum, V. maxillaris* – großer Zungenbeinast, Oberkiefervene
22. *A. lingualis, M. stylohyoideus* – Zungenarterie, großer Zungenbeinast-Zungenbeinmuskel
23. *M. digastricus, N. hypopglossus* – zweibäuchiger Muskel, Unterzungennerv
24. *N. accessorius, M. rectus capitis ventralis* – zusätzlicher Nerv, ventraler gerader Kopfmuskel
25. *A. carotis communis, Truncus vagosympathicus* – gemeinsame Kopfarterie, gemeinsamer Stamm des Vagus- und Sympathikusnerven
26. *M. cleidooccipitalis* – Schlüsselbein-Hinterhauptmuskel
27. *M. obliquus capitis cranialis* – kranialer schiefer Kopfmuskel
28. *M. rectus capitis dorsalis* – dorsaler gerader Kopfmuskel
29. *Funiculus nuchae, M. obliquus capitis caudalis* – Nackenstrang, kaudaler schiefer Kopfmuskel
30. *M. longissimus capitis* – Kopfportion des längsten Muskels
31. *M. rectus capitis lateralis* – lateraler gerader Kopfmuskel
32. *M. longus capitis* – langer Kopfmuskel
33. *M. cricoarytenoideus dorsalis* – dorsaler Ring-Gießkannenknorpelmuskel
34. *M. thyrohyoideus* – Schildknorpel-Zungenbeinmuskel
35. *Esophagus* – Speiseröhre
36. *Glandula thyroidea* – Schilddrüse
37. *Trachea* – Luftröhre
38. *M. sternothyroideus* – Brustbein-Schildknorpelmuskel
39. *M. sternohyoideus* – Brustbein-Zungenbeinmuskel
40. *Mandibula* – Unterkiefer

Ziege. Querschnitt durch den Kopf in Höhe des 3. hinteren Backenzahnes, Ansicht von rostral.

Abbildung 74

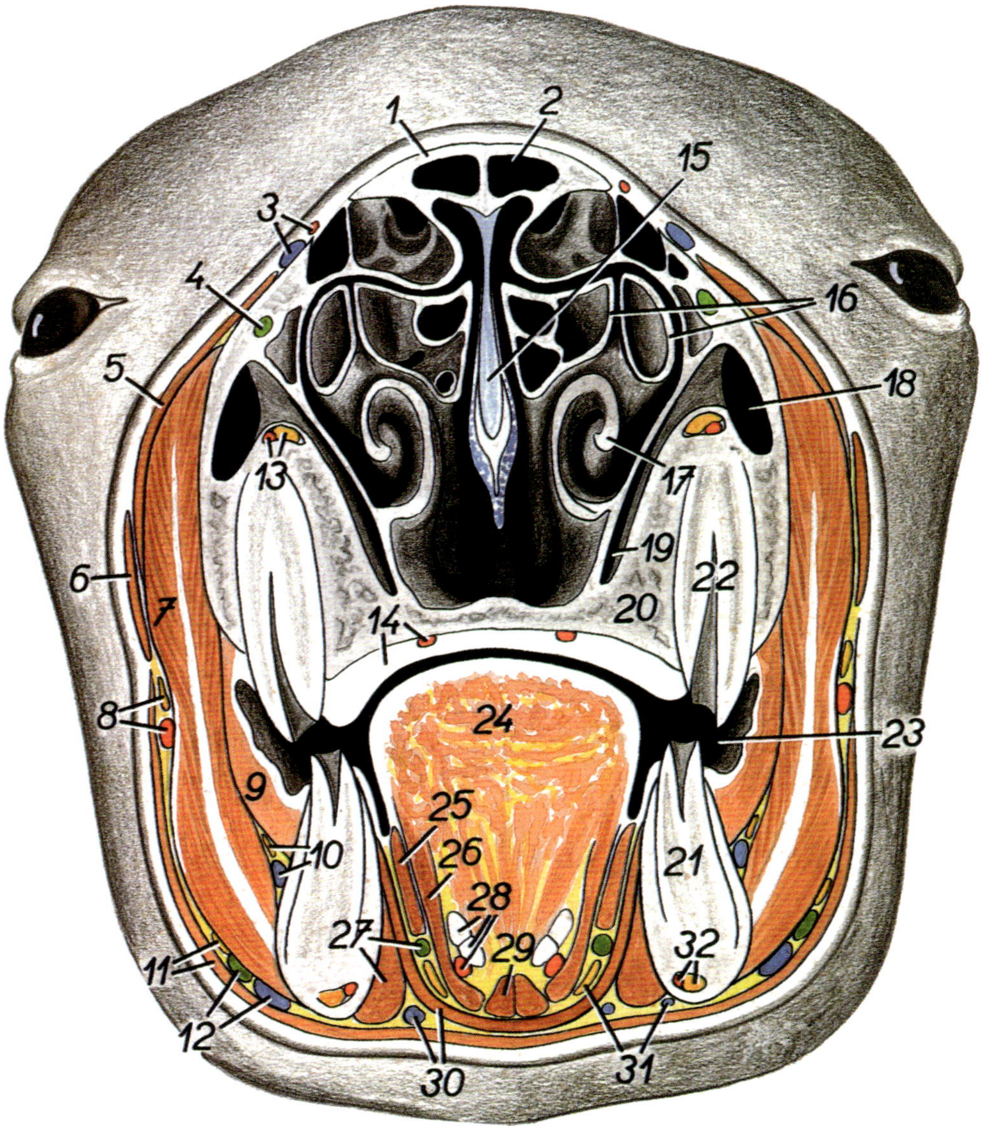

1. *Os nasale* – Nasenbein
2. *Sinus frontalis* – Stirnhöhle
3. *A. dorsalis nasi, V. angularis oculi* – Nasenrückenarterie, Augenwinkelvene
4. *Ductus nasolacrimalis* – Tränennasengang
5. *M. malaris et M. depressor palpebrae inferioris* – Wangenmuskel und Niederzieher des unteren Augenlids
6. *M. zygomaticus* – Jochbeinmuskel
7. *M. masseter* – äußerer Kaumuskel
8. *A. transversa faciei, Rami buccales ni. facialis* – Querarterie des Gesichts, Backenäste des Gesichtsnerven
9. *Pars molaris mi. buccinatoris* – Backenzahnteil des Backenmuskels
10. *V. faciei profunda, N. buccalis* – tiefe Gesichtsvene, Backennerv
11. *M. cutaneus faciei, Ramus buccalis ventralis ni. facialis* – Gesichtshautmuskel, ventraler Backenast des Gesichtsnerven
12. *Ductus parotideus, V. facialis* – Ohrspeicheldrüsenausführungsgang, Gesichtsvene
13. *A. et N. infraorbitalis* – Unteraugenhöhlenarterie und -nerv
14. *Tunica mucosa palati duri, A. palatina major* – Schleimhaut des harten Gaumens, große Gaumenarterie
15. *Septum nasi* – Nasenscheidewand
16. *Concha nasalis media* – mittlere Nasenmuschel
17. *Concha nasalis ventralis* – ventrale Nasenmuschel
18. *Sinus maxillaris* – Oberkieferhöhle
19. *Apertura maxillopalatina sinus maxillaris* – Oberkiefergaumenöffnung der Oberkieferhöhle
20. *Maxilla* – Oberkieferbein
21. *Dens molaris inferior III* – 3. hinterer Unterkieferbackenzahn
22. *Dens molaris superior III* – 3. hinterer Oberkieferbackenzahn
23. *Vestibulum buccale* – Backenvorhof
24. *Corpus linguae* – Zungenkörper
25. *M. styloglossus* – großer Zugenbeinast-Zungenmuskel
26. *M. hyoglossus* – Zungenbein-Zungenmuskel
27. *Venter rostralis mi. digastrici, Ductus mandibularis* – rostraler Bauch des zweibäuchigen Muskels, Unterkieferdrüsenausführungsgang
28. *Os hyoideum (epihyoideum et stylohyoideum), A. lingualis* – Zungenbein (mittlerer Zungenbeinast und großer Zungenbeinast), Zungenarterie
29. *M. geniohyoideus* – Kinn-Zungenbeinmuskel
30. *V. sublingualis, M. mylohyoideus* – Unterzungenvene, Kehlgangmuskel
31. *N. lingualis, V. submentalis* – Zungennerv, Unterkinnvene
32. *A. et N. alveolaris inferior* – Unterkieferzahnfacharterie und -nerv

Ziege. Querschnitt durch den Kopf in Höhe des kaudalen Endes der Augenhöhlen, Ansicht von rostral.

Abbildung 75

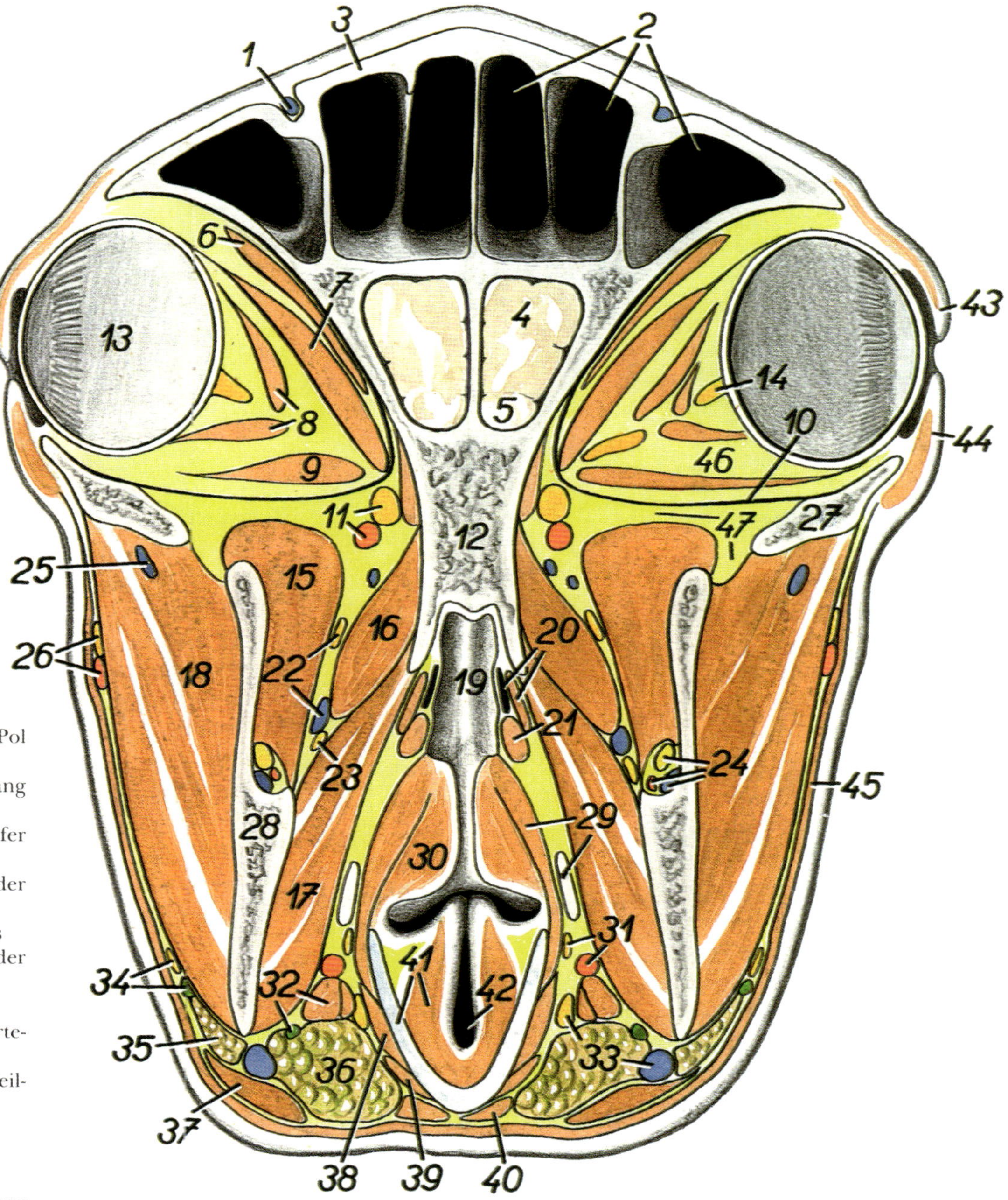

1. *V. frontalis* – Stirnvene
2. *Sinus frontalis* – Stirnhöhle
3. *Os frontale* – Stirnbein
4. *Polus rostralis hemispherii cerebri* – rostraler Pol der Gehirnhälfte
5. *Tracuts olfactorius rhinencephali* – Riechstrang des Riechhirns
6. *M. obliquus bulbi dorsalis* – dorsaler schiefer Augenmuskel
7. *M. rectus bulbi dorsalis* – dorsaler gerader Augenmuskel
8. *M. retractor bulbi* – Zurückzieher des Auges
9. *M. rectus bulbi ventralis* – ventraler gerader Augenmuskel
10. *Periorbita* – Augenhöhlenknochenhaut
11. *A. maxillaris, N. maxillaris* – Oberkieferarterie, Oberkiefernerv
12. *Os presphenoidale* – vorderer Teil des Keilbeines
13. *Bulbus oculi* – Augapfel
14. *N. opticus* – Sehnerv
15. *M. temporalis* – Schläfenmuskel
16. *M. pterygoideus lateralis* – lateraler innerer Kaumuskel
17. *M. pterygoideus medialis* – medialer innerer Kaumuskel
18. *M. masseter* – äußerer Kaumuskel
19. *Cavum pharyngis* – Schlundkopfhöhle
20. *Tuba auditiva, M. tensor veli palatini* – Ohrtrompete, Spanner des Gaumensegels
21. *M. levator veli palatini* – Heber des Gaumensegels
22. *N. buccalis, V. faciei profunda* – Backennerv, tiefe Gesichtsvene
23. *N. lingualis* – Zungennerv
24. *A., V. et N. alveolaris inferior* – Unterkieferzahnfacharterie, -vene und -nerv
25. *V. transversa faciei* – Quervene des Gesichts
26. *Rami buccales ni. facialis, A. transversa faciei* – Backenäste des Gesichtsnerven, Querarterie des Gesichts
27. *Arcus zygomaticus* – Jochbogen
28. *Mandibula* – Unterkiefer
29. *Stylohyoideum, M. thyropharyngeus* – großer Zungenbeinast, Schildknorpel-Rachenmuskel
30. *M. palatopharyngeus et M. pterygopharyngeus* – Gaumenbein-Rachenmuskel und Flügelbein-Rachenmuskel
31. *A. lingualis, Ramus lingualis ni. glossopharyngei* – Zungenarterie, Zungenast des Zungen-Rachennerven
32. *M. digastricus et M. stylohyoideus, Ductus mandibularis* – zweibäuchiger Muskel und großer Zungenbeinast-Zungenbeinmuskel, Unterkieferdrüsenausführungsgang
33. *N. hypoglossus, V. linguofacialis* – Unterzungennerv, Zungen-Gesichtsvene
34. *Ramus marginalis mandibulae, Ductus parotideus* – Unterkieferrandast, Ohrspeicheldrüsenausführungsgang
35. *Glandula parotis* – Ohrspeicheldrüse
36. *Glandula mandibularis* – Unterkieferdrüse
37. *M. sternomandibularis* – Brustbein-Unterkiefermuskel
38. ***M. thyrohyoideus*** **– Schildknorpel-Zungenbeinmuskel**
39. ***M. omohyoideus*** **– Schulter-Zungenbeinmuskel**
40. ***M. sternohyoideus*** **– Brustbein-Zungenbeinmuskel**
41. ***Cartilago thyroidea, M. vocalis et ventriculus*** **– Schildknorpel, Stimmuskel und Taschenmuskel**
42. ***Aditus laryngis*** **– Zugang zum Kehlkopf**
43. ***Palpebra superior*** **– oberes Augenlid**
44. ***Palpebra inferior*** **– unteres Augenlid**
45. ***M. cutaneus faciei*** **– Hautmuskel des Gesichts**
46. ***Corpus adiposum intraperiorbitale*** **– innerhalb der Augenhöhlenknochenhaut gelegener Fettkörper**
47. ***Corpus adiposum extraperiorbitale*** **– außerhalb der Augenhöhlenknochenhaut gelegener Fettkörper**

Ziege. Präparation des Halses. Oberflächliche Schicht nach Entfernung der Hautmuskeln und Faszien, Ansicht von links.

Abbildung 76

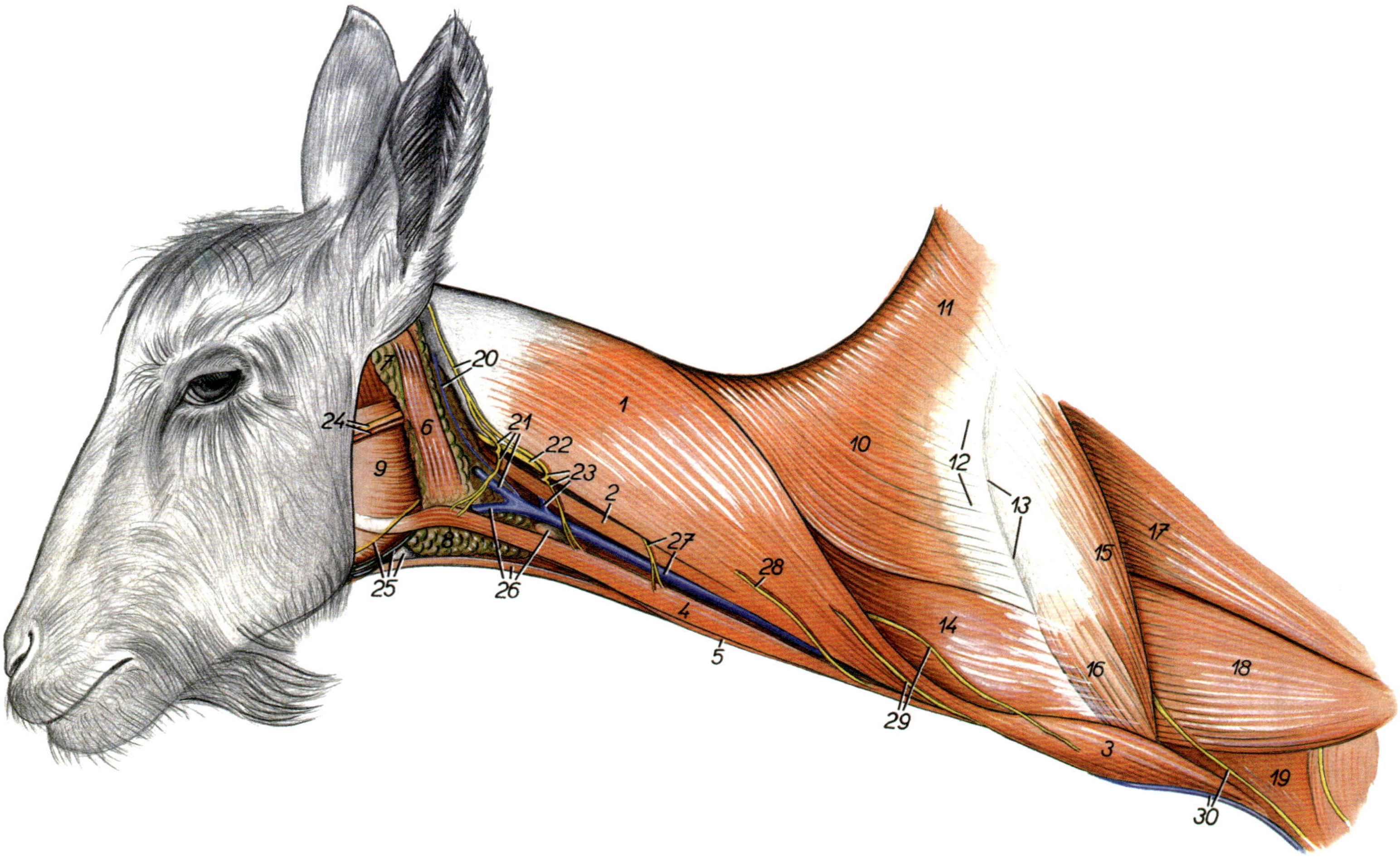

1., 2., 3. *M. brachiocephalicus* – Arm-Kopfmuskel
1. *M. cleidooccipitalis* – Schlüsselbein-Hinterhauptmuskel
2. *M. cleidomastoideus* – Schlüsselbein-Warzenteilmuskel
3. *M. cleidobrachialis* – Schlüsselbein-Armmuskel

4., 5. *M. sternocephalicus* – Brustbein-Kopfmuskel
4. *M. sternomandibularis (M. sternozygomaticus)* – Brustbein-Unterkiefermuskel (Brustbein-Jochbeinmuskel)
5. *M. sternomastoideus* – Brustbein-Warzenteilmuskel
6. *M. parotidoauricularis* – Ohrspeicheldrüsen-Ohrmuschelmuskel
7. *Glandula parotis* – Ohrspeicheldrüse
8. *Glandula mandibularis* – Unterkieferdrüse
9. *M. masseter* – äußerer Kaumuskel
10. *Pars cervicalis mi. trapezii* – Halsteil des trapezförmigen Muskels
11. *Pars thoracica mi. trapezii* – Brustkorbteil des trapezförmigen Muskels
12. *Aponeurosis mi. trapezii* – Sehnenplatte des trapezförmigen Muskels
13. *Spina scapulae* – Schulterblattgräte
14. *M. omotransversarius* – Schulter-Querfortsatzmuskel
15. *Pars scapularis mi. deltoidei* – Schulterblatteil des deltaförmigen Muskels
16. *Pars acromialis mi. deltoidei* – Gräteneckteil des deltaförmigen Muskels
17. *Caput longum mi. tricipitis* – langer Kopf des dreiköpfigen Armmuskels
18. *Caput laterale mi. tricipitis brachii* – lateraler Kopf des dreiköpfigen Armmuskels
19. *M. brachialis* – Armmuskel
20. *N. auricularis magnus, V. auricularis caudalis* – großer Ohrmuschelnerv, kaudale Ohrmuschelvene
21. *N. cervicalis II, V. maxillaris* – 2. Halsnerv, Oberkiefervene
22. *Ramus dorsalis ni. accessorii* – dorsaler Ast des zusätzlichen Nerven
23. *N. cervicalis III, V. occipitalis* – 3. Halsnerv, Hinterhauptvene
24. *Rami buccales ni. facialis, A. transversa faciei* – Backenäste des Gesichtsnerven, Querarterie des Gesichts
25. *Ramus marginalis mandibulae, Ductus parotideus, Ln. mandibularis* – Unterkieferrandast, Ohrspeicheldrüsenausführungsgang, Unterkieferlymphknoten
26. *V. linguofacialis, M. sternohyoideus, Glandula thyroidea* – Zungen-Gesichtsvene, Brustbein-Zungenbeinmuskel, Schilddrüse
27. *N. cervicalis IV, V. jugularis* – 4. Halsnerv, Drosselvene
28. *N. cervicalis V – 5. Halsnerv*
29. *Nn. supraclaviculares* – Überschlüsselbeinnerven
30. *N. cutaneus antebrachii cranialis (Ramus ni. axillaris), V. cephalica* – kranialer Unterarmhautnerv (Ast des Achselnerven), Kopfvene des Oberarmes

Ziege. Präparation des Halses. Tiefe Schicht, Ansicht von links.

Abbildung 77

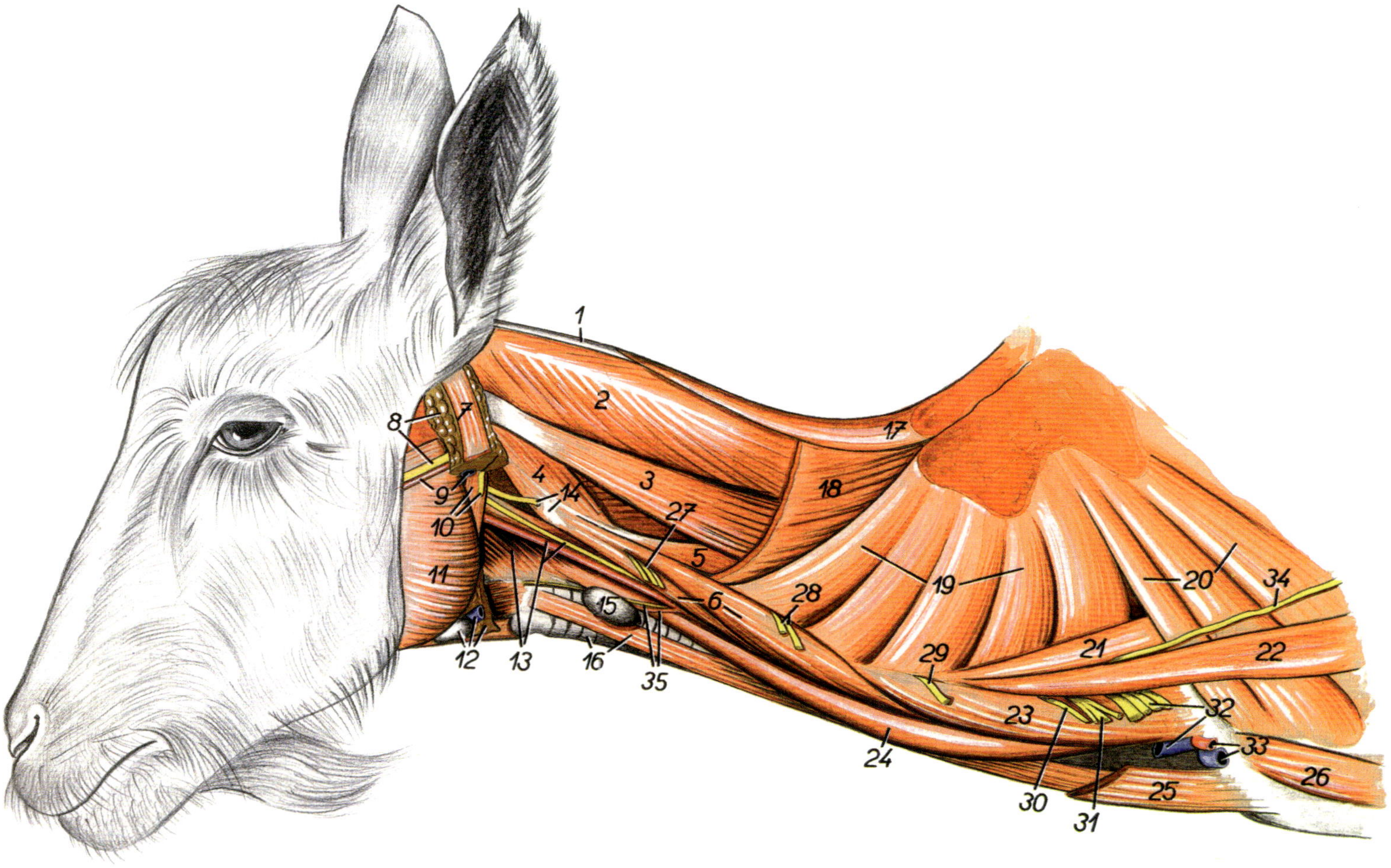

1. *Funiculus nuchae* – Nackenstrang
2. *M. semispinalis capitis* – Kopfportion des Halbdornfortsatzmuskels
3. *M. longissimus capitis* – Kopfportion des längsten Muskels
4. *M. rectus capitis lateralis* – lateraler gerader Kopfmuskel
5. *M. longissimus atlantis* – Atlasportion des längsten Muskels
6. *M. intertransversarius longus (Pars atlantis)* – Atlasportion des langen Zwischenquerfortsatzmuskels
7. *M. parotideoauricularis* – Ohrspeicheldrüsen-Ohrmuschelmuskel
8. *Glandula parotis, Rami buccales ni. facialis* – Ohrspeicheldrüse, Backenäste des Gesichtsnerven
9. *A. transversa faciei, V. maxillaris* – Querarterie des Gesichts, Oberkiefervene
10. *Venter caudalis mi. digastrici, Ramus marginalis mandibulae* – kaudaler Bauch des zweibäuchigen Muskels, Unterkieferrandast
11. *M. masseter* – äußerer Kaumuskel
12. *Ln. mandibularis, V. linguofacialis, Glandula mandibularis* – Unterkieferlymphknoten, Zungen-Gesichtsvene, Unterkieferdrüse
13. *M. cricoarytenoideus dorsalis, A. carotis communis, Truncus vagosympathicus* – dorsaler Ring-Gießkannenknorpelmuskel, gemeinsame Kopfarterie, gemeinsamer Stamm des Vagus- und Sympathikusnerven
14. *Processus transversus atlantis, Ramus dorsalis ni. accessorii* – Querfortsatz des 1. Halswirbels, dorsaler Ast des zusätzlichen Nerven
15. *Glandula thyroidea* – Schilddrüse
16. *M. sternothyroideus, Trachea* – Brustbein-Schildknorpelmuskel, Luftröhre
17. *M. rhomboideus cervicis* – Halsportion des rautenförmigen Muskels
18. *M. splenius* – Riemenmuskel
19. *M. serratus ventralis cervicis* – Halsportion des ventralen gesägten Muskels
20. *M. serratus ventralis thoracis* – Brustkorbportion des ventralen gesägten Muskels
21. *Pars dorsalis mi. scaleni medii* – dorsaler Teil des mittleren Rippenhalters
22. *M. scalenus dorsalis* – dorsaler Rippenhalter
23. *Pars ventralis mi. scaleni medii* – ventraler Teil des mittleren Rippenhalters
24. *Esophagus* – Speiseröhre
25. *Origo mi. sternocephalici (M. sternomandibularis et M. sternomastoideus)* – Ursprung des Brustbein-Kopfmuskels (Brustbein-Unterkiefermuskel und Brustbein-Warzenteilmuskel)
26. *M. rectus thoracis* – gerader Brustkorbmuskel
27. *N. cervicalis III* – 3. Halsnerv
28. *N. cervicalis IV* – 4. Halsnerv
29. *N. cervicalis V* – 5. Halsnerv
30. *N. cervicalis VI* – 6. Halsnerv
31. *N. cervicalis VII* – 7. Halsnerv
32. *N. cervicalis VIII, V. jugularis* – 8. Halsnerv, Drosselvene
33. *A. et V. axillaris* – Achselarterie und -vene
34. *N. thoracicus longus* – langer Brustkorbnerv

Ziege. Querschnitt durch den Hals in Höhe des 4. Halswirbels, Ansicht von kaudal.

Abbildung 78

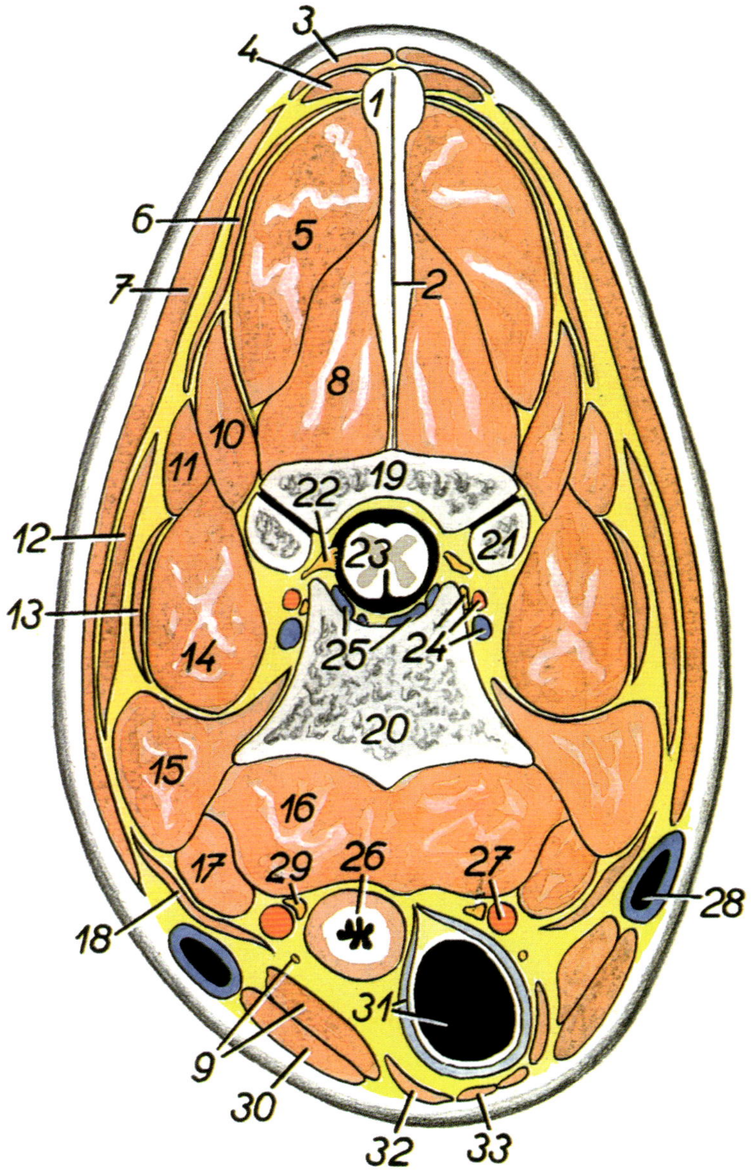

1. *Funiculus nuchae* – Nackenstrang
2. *Lamina nuchae* – Nackenplatte
3. *Pars cervicalis mi. trapezii* – Halsteil des trapezförmigen Muskels
4. *M. rhomboideus cervicis* – Halsportion des rautenförmigen Muskels
5. *M. semispinalis capitis* – Kopfportion des Halbdornfortsatzmuskels
6. *M. splenius* – Riemenmuskel
7. *M. brachiocephalicus* – Arm-Kopfmuskel
8. *Mm. multifidi cervicis* – Halsportion der vielgeteilten Muskeln
9. *M. sternomastoideus, N. laryngeus recurrens* – Brustbein-Warzenteilmuskel, zurücklaufender Kehlkopfnerv
10. *M. longissimus capitis* – Kopfportion des längsten Muskels
11. *M. longissimus atlantis* – Atlasportion des längsten Muskels
12. *M. omotransversarius* – Schulter-Querfortsatzmuskel
13. *M. serratus ventralis cervicis* – Halsportion des ventralen gesägten Muskels
14. *Mm. intertransversarii* – Zwischenquerfortsatzmuskeln
15. *M. intertransversarius longus (Pars atlantis)* – Atlasportion des langen Zwischenquerfortsatzmuskels
16. *M. longus colli* – langer Halsmuskel
17. *M. longus capitis* – langer Kopfmuskel
18. *M. omohyoideus* – Schulter-Zungenbeinmuskel
19. *Arcus vertebrae cervicalis IV* – Bogen des 4. Halswirbels
20. *Corpus vertebrae cervicalis IV* – Körper des 4. Halswirbels
21. *Processus articularis cranialis vertebrae cervicalis V* – kranialer Gelenkfortsatz des 5. Halswirbels
22. *N. cervicalis V* – 5. Halsnerv
23. *Medulla spinalis* – Rückenmark
24. *A., V. et N. vertebralis* – Wirbelarterie, -ven und -nerv
25. *Plexus vertebralis internus* – inneres Wirbe geflecht
26. *Esophagus* – Speiseröhre
27. *A. carotis communis* – gemeinsame Kopfarte rie
28. *V. jugularis* – Drosselvene
29. *Truncus vagosympathicus* – gemeinsame Stamm des Vagus- und Sympathikusne ven
30. *M. sternomandibularis* – Brustbein-Unterkie fermuskel
31. *Trachea* – Luftröhre
32. *M. sternothyroideus* – Brustbein-Schildkno pelmuskel
33. *M. sternohyoideus* – Brustbein-Zungenbein muskel

Ziege. Querschnitt durch den Hals in Höhe des 7. Halswirbels, Ansicht von kaudal.

Abbildung 79

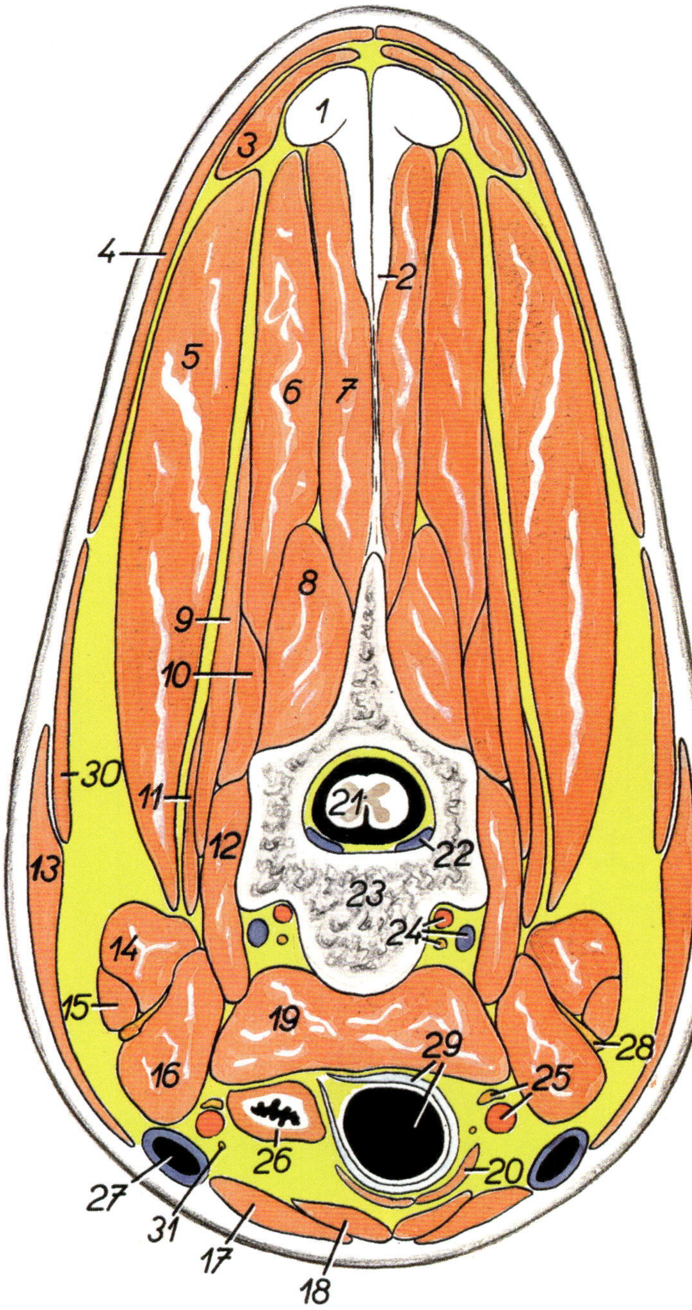

1. *Funiculus nuchae* – Nackenstrang
2. *Lamina nuchae* – Nackenplatte
3. *M. rhomboideus cervicis* – Halsportion des rautenförmigen Muskels
4. *Pars cervicalis mi. trapezii* – Halsteil des trapezförmigen Muskels
5. *M. serratus ventralis cervicis* – Halsportion des ventralen gesägten Muskels
6. *M. semispinalis capitis* – Kopfteil des Halbdornfortsatzmuskels
7. *M. spinalis et semispinalis thoracis et cervicis* – Brustkorb- und Halsportion des Dornfortsatzmuskels und des Halbdornfortsatzmuskels
8. *Mm. multifidi cervicis* – Halsportion der vielgeteilten Muskeln
9. *M. longissimus cervicis* – Halsportion des längsten Muskels
10. *M. longissimus capitis et atlantis* – Kopf- und Atlasportion des längsten Muskels
11. *M. longissimus thoracis* – Brustkorbportion des längsten Muskels
12. *Mm. intertransversarii* – Zwischenquerfortsatzmuskeln
13. *M. brachiocephalicus* – Arm-Kopfmuskel
14. *Pars dorsalis mi. scaleni medii* – dorsaler Teil des mittleren Rippenhalters
15. *M. scalenus dorsalis* – dorsaler Rippenhalter
16. *Pars ventralis mi. scaleni medii* – ventraler Teil des mittleren Rippenhalters
17. *M. sternomandibularis* – Brustbein-Unterkiefermuskel
18. *M. sternomastoideus* – Brustbein-Warzenteilmuskel
19. *M. longus colli* – langer Halsmuskel
20. *M. sternohyoideus et sternothyroideus* – Brustbein-Zungenbeinmuskel und Brustbein-Schildknorpelmuskel
21. *Medulla spinalis* – Rückenmark
22. *Plexus vertebralis internus* – inneres Wirbelgeflecht
23. *Vertebra cervicalis VII* – 7. Halswirbel
24. *A., V. et N. vertebralis* – Wirbelarterie, -vene und -nerv
25. *A. carotis communis, Truncus vagosympathicus* – gemeinsame Kopfarterie, gemeinsamer Stamm des Vagus- und Sympathikusnerven
26. *Esophagus* – Speiseröhre
27. *V. jugularis* – Drosselvene
28. *N. cervicalis VII* – 7. Halsnerv
29. *Trachea* – Luftröhre
30. *M. omotransversarius* – Schulter-Querfortsatzmuskel
31. *N. laryngeus recurrens* – zurücklaufender Kehlkopfnerv

Schwein. Schädel (erwachsener Eber), Ansicht von links.

Abbildung 80

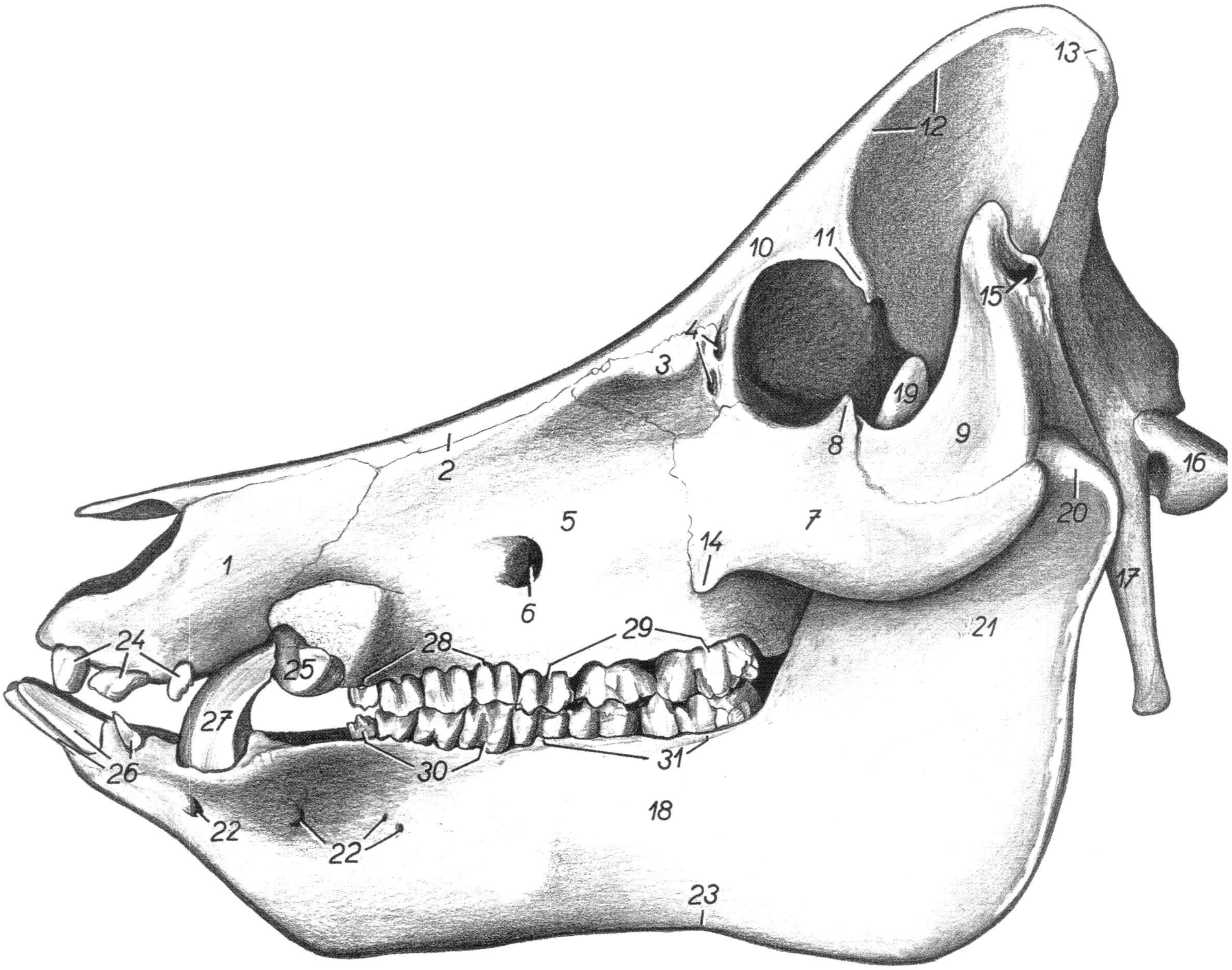

1. *Os incisivum* – Zwischenkieferbein
2. *Os nasale* – Nasenbein
3. *Os lacrimale* – Tränenbein
4. *Foramina lacrimalia* – Tränenbeinlöcher
5. *Maxilla* – Oberkieferbein
6. *Foramen infraorbitale* – Unteraugenhöhlenloch
7. *Os zygomaticum (Processus temporalis)* – Jochbein (Schläfenfortsatz)
8. *Processus frontalis ossis zygomatici* – Stirnfortsatz des Jochbeines
9. *Processus zygomaticus ossis temporalis* – Jochfortsatz des Schläfenbeines
10. *Os frontale* – Stirnbein
11. *Processus zygomaticus ossis frontalis* – Jochfortsatz des Stirnbeines
12. *Linea temporalis* – Schläfenbeinlinie
13. *Crista nuchae* – Nackenleiste
14. *Tuber faciale* – Gesichtshöcker
15. *Porus acusticus externus* – äußere Gehöröffnung
16. *Condylus occipitalis* – Gelenkknorren des Hinterhauptbeines
17. *Processus paracondylaris* – Muskelfortsatz des Hinterhauptbeines
18. *Corpus mandibulae* – Unterkieferkörper
19. *Processus coronoideus mandibulae* – Muskelfortsatz des Unterkiefers
20. *Processus condylaris mandibulae* – Gelenkfortsatz des Unterkiefers
21. *Ramus mandibulae* – Unterkieferast
22. *Foramina mentalia lateralia* – laterale Kinnlöcher
23. *Incisura vasorum facialium* – Gefäßausschnit
24. *Dentes incisivi superiores* – Oberkieferschnedezähne
25. *Dens caninus superior* – Oberkiefereckzahn
26. *Dentes incisivi inferiores* – Unterkieferschnedezähne
27. *Dens caninus inferior* – Unterkiefereckzahı
28. *Dentes premolares superiores* – vordere Bakenzähne des Oberkiefers
29. *Dentes molares superiores* – hintere Backerzähne des Oberkiefers
30. *Dentes premolares inferiores* – vordere Bakenzähne des Unterkiefers
31. *Dentes molares inferiores* – hintere Backerzähne des Unterkiefers

Schwein. Sagittalschnitt durch den Schädel (ohne Unterkiefer).

Abbildung 81

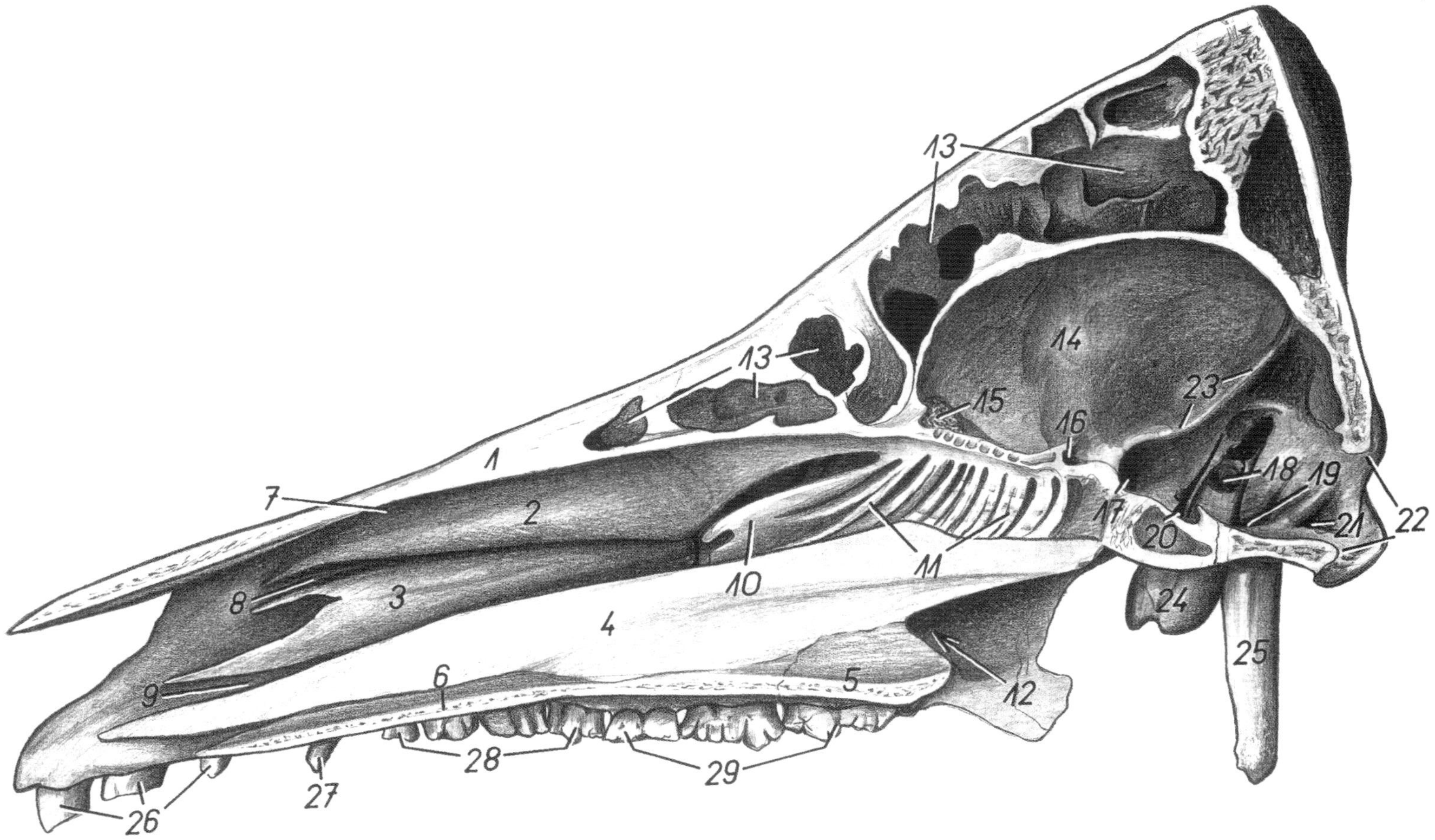

1. *Os nasale* – Nasenbein
2. *Concha nasalis dorsalis* – dorsale Nasenmuschel
3. *Os conchae nasalis ventralis* – ventrales Nasenmuschelbein
4. *Vomer* – Pflugscharbein
5. *Os palatinum* – Gaumenbein
6. *Processus palatinus maxillae* – Gaumenfortsatz des Oberkiefers
7. *Meatus nasi dorsalis* – dorsaler Nasengang
8. *Meatus nasi medius* – mittlerer Nasengang
9. *Meatus nasi ventralis* – ventraler Nasengang
10. *Concha nasalis media* – mittlere Nasenmuschel
11. *Ethmoturbinalia* – Siebbeinlabyrinth
12. *Choana* – Nasen-Rachenöffnung
13. *Sinus frontalis* – Stirnhöhle
14. *Cavum cranii* – Schädelhöhle
15. *Lamina cribrosa* – Siebbeinplatte
16. *Canalis opticus* – Sehnervenkanal
17. *Foramen orbitorotundum* – rundes Augenhöhlenloch
18. *Porus acusticus internus et Canalis facialis* – innere Gehöröffnung und Gesichtsnervenkanal
19. *Foramen jugulare* – Drosselöffnung
20. *Foramen lacerum (rostrale)* – zerrissenes Loch (rostraler Teil)
21. *Canalis ni. hypoglossi* – Kanal des Unterzungennerven
22. *Foramen magnum* – Hinterhauptloch
23. *Tentorium cerebelli osseum* – knöchernes Kleinhirnzelt
24. *Bulla tympanica* – Paukenblase
25. *Processus paracondylaris* – Muskelfortsatz des Hinterhauptbeines
26. *Dentes incisivi* – Schneidezähne
27. *Dens caninus* – Eckzahn
28. *Dentes premolares* – vordere Backenzähne
29. *Dentes molares* – hintere Backenzähne

Schwein. Schädel, Ansicht von dorsal.

Abbildung 82

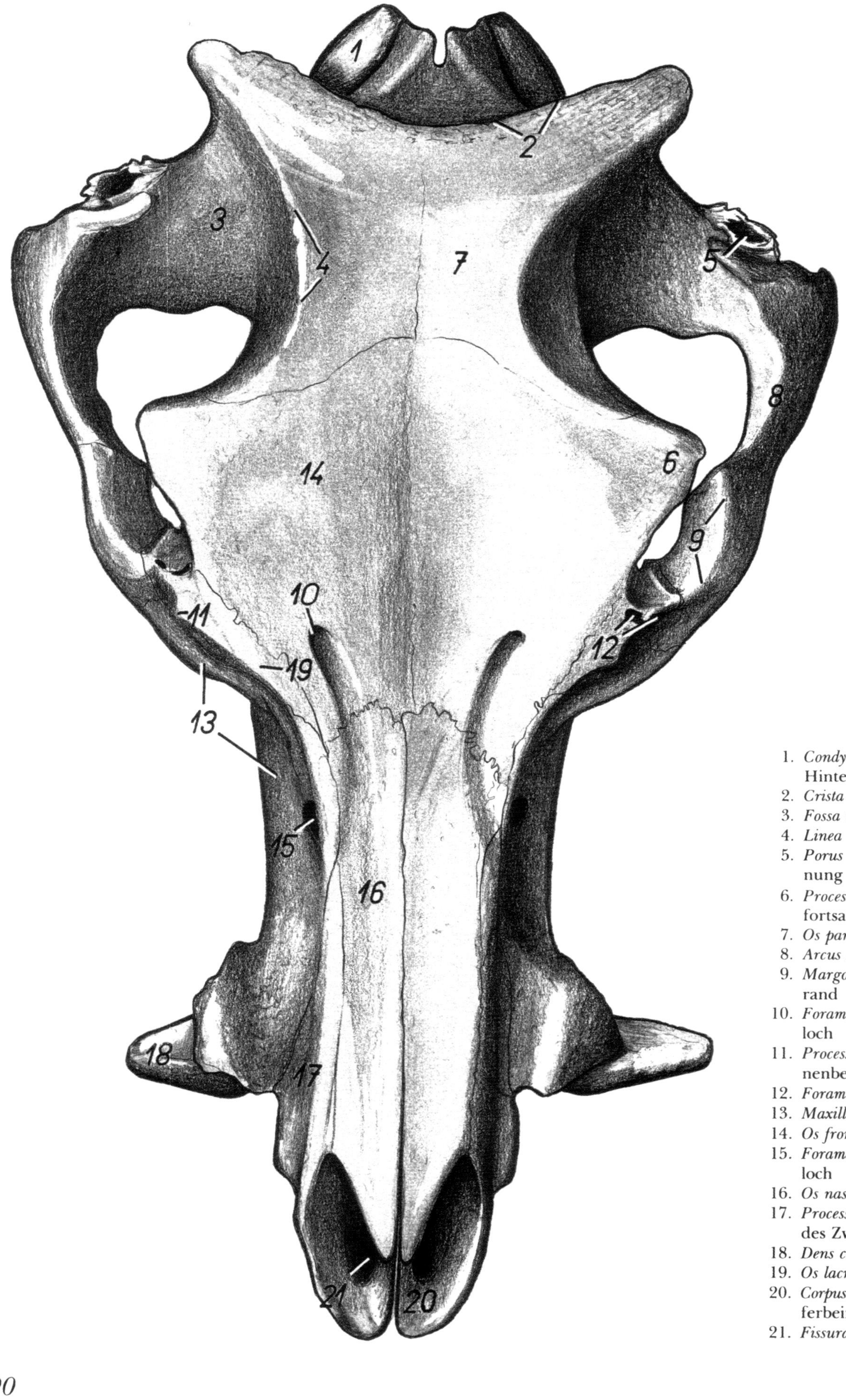

1. *Condylus occipitalis* – Gelenkknorren des Hinterhauptbeines
2. *Crista nuchae* – Nackenleiste
3. *Fossa temporalis* – Schläfengrube
4. *Linea temporalis* – Schläfenbeinlinie
5. *Porus acusticus externus* – äußere Gehöröffnung
6. *Processus zygomaticus ossis frontalis* – Jochfortsatz des Stirnbeines
7. *Os parietale* – Scheitelbein
8. *Arcus zygomaticus* – Jochbogen
9. *Margo infraorbitalis* – Unteraugenhöhlenrand
10. *Foramen supraorbitale* – Überaugenhöhlenloch
11. *Processus lacrimalis caudalis* – kaudaler Tränenbeinfortsatz
12. *Foramina lacrimalia* – Tränenbeinlöcher
13. *Maxilla* – Oberkieferbein
14. *Os frontale* – Stirnbein
15. *Foramen infraorbitale* – Unteraugenhöhlenloch
16. *Os nasale* – Nasenbein
17. *Processus nasalis ossis incisivi* – Nasenfortsatz des Zwischenkieferbeines
18. *Dens caninus* – Eckzahn
19. *Os lacrimale* – Tränenbein
20. *Corpus ossis incisivi* – Körper des Zwischenkieferbeines
21. *Fissura palatina* – Gaumenspalte

Schwein. Schädel (ohne Unterkiefer), Ansicht von ventral.

Abbildung 83

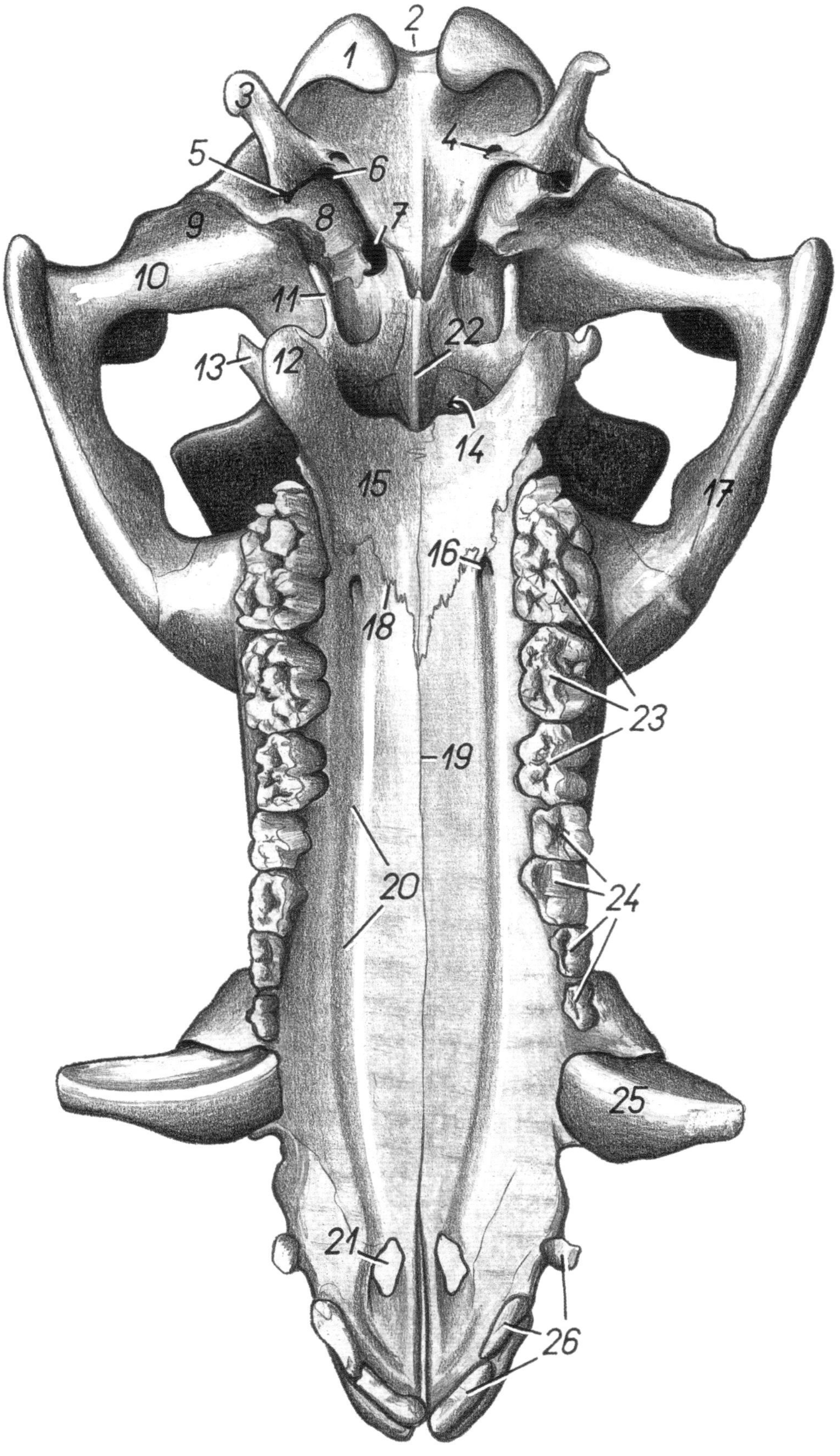

1. *Condylus occipitalis* – Gelenkknorren des Hinterhauptbeines
2. *Incisura intercondylaris* – Einschnitt zwischen den Gelenkknöpfen
3. *Processus paracondylaris* – Muskelfortsatz des Hinterhauptbeines
4. *Canalis ni. hypoglossi* – Kanal des Unterzungennerven
5. *Foramen stylomastoideum* – Griffelfortsatz-Warzenteilloch
6. *Foramen jugulare* – Drosselöffnung
7. *Foramen lacerum* – zerrissenes Loch
8. *Bulla tympanica* – Paukenblase
9. *Fossa mandibularis* – Unterkiefergrube
10. *Tuberculum articulare* – Gelenkhöckerchen
11. *Hamulus pterygoideus* – Häkchen des Flügelbeines
12. *Processus pyramidalis ossis palatini* – Pyramidenfortsatz des Gaumenbeines
13. *Processus pterygoideus ossis basisphenoidalis* – Flügelfortsatz des hinteren Teiles des Keilbeines
14. *Choana* – Nasenrachenöffnung
15. *Os palatinum* – Gaumenbein
16. *Foramen palatinum majus* – großes Gaumenloch
17. *Arcus zygomaticus* – Jochbogen
18. *Sutura palatina transversa* – querverlaufende Gaumennaht
19. *Sutura palatina mediana* – mittlere Gaumennaht
20. *Sulcus palatinus* – Gaumenrinne
21. *Fissura palatina* – Gaumenspalte
22. *Vomer* – Pflugscharbein
23. *Dentes molares* – hintere Backenzähne
24. *Dentes premolares* – vordere Backenzähne
25. *Dens caninus* – Eckzahn
26. *Dentes incisivi* – Schneidezähne

Schwein. Schädel, Ansicht von kaudal.

Abbildung 84

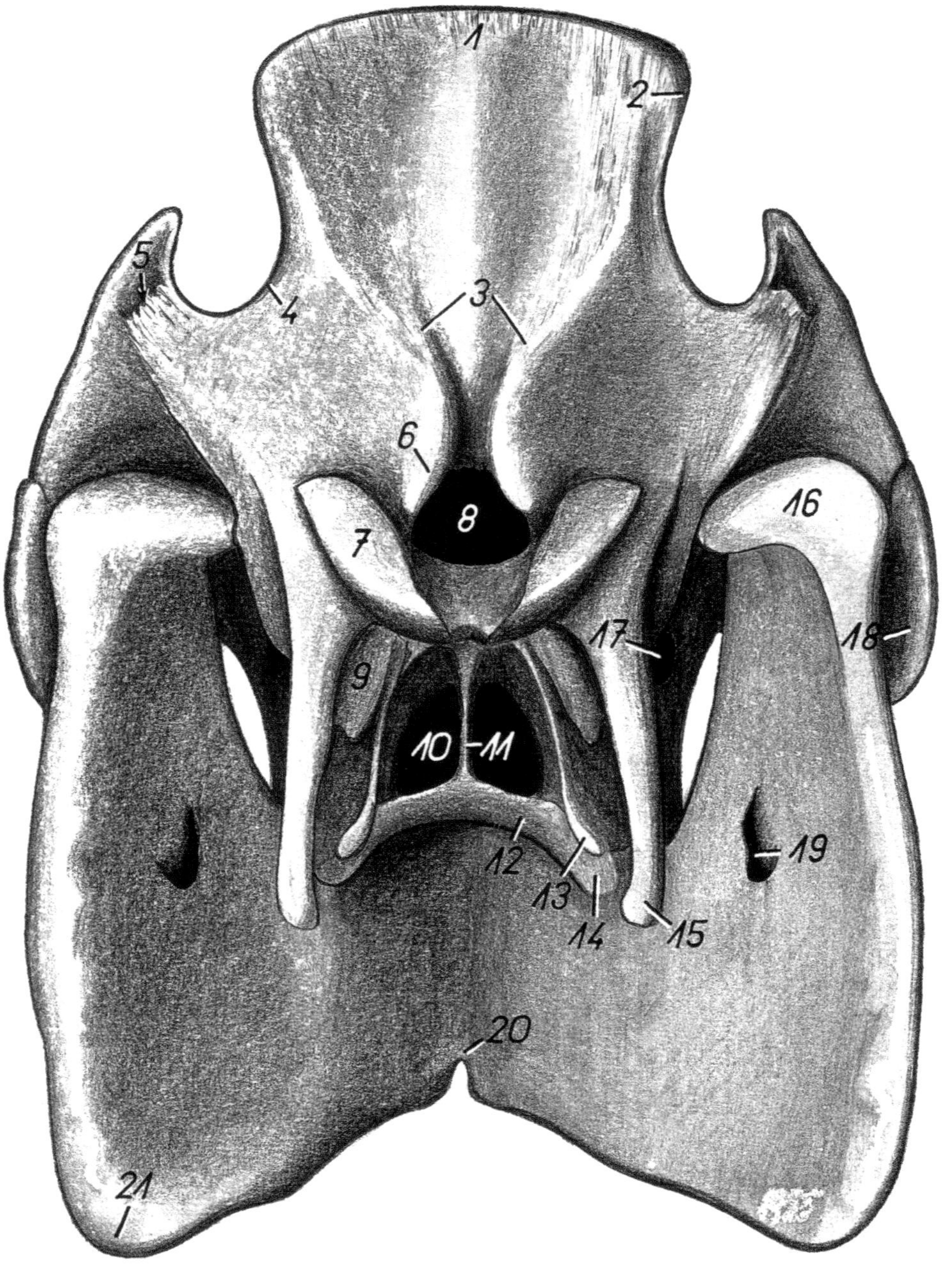

1. *Protuberantia occipitalis externa* – äußere Hinterhaupterhebung
2. *Crista nuchae* – Nackenleiste
3. *Lineae obliquae* – schiefe Linien
4. *Linea temporalis* – Schläfenbeinlinie
5. *Porus acusticus externus* – äußere Gehöröffnung
6. *Tuberculum membranae atlantooccipitalis et mi. recti capitis dorsalis minoris* – Höckerchen der Atlashinterhauptmembran und des dorsalen kleinen geraden Kopfmuskels
7. *Condylus occipitalis* – Gelenkknorren des Hinterhauptbeines
8. *Foramen magnum* – Hinterhauptloch
9. *Bulla tympanica* – Paukenblase
10. *Choana sinistra* – linke Nasenrachenöffnung
11. *Vomer* – Pflugscharbein
12. *Os palatinum* – Gaumenbein
13. *Hamulus pterygoideus* – Häkchen des Flügelbeines
14. *Processus pyramidalis ossis palatini* – Pyramidenfortsatz des Gaumenbeines
15. *Processus paracondylaris* – Muskelfortsatz des Hinterhauptbeines
16. *Processus coronoideus mandibulae* – Muskelfortsatz des Unterkiefers
17. *Foramen maxillare* – Oberkieferloch
18. *Processus temporalis ossis zygomatici* – Schläfenfortsatz des Jochbeines
19. *Foramen mandibulae* – Unterkieferloch
20. *Angulus mentalis* – Kinnwinkel
21. *Angulus mandibulae* – Unterkieferwinkel

Abbildung 85

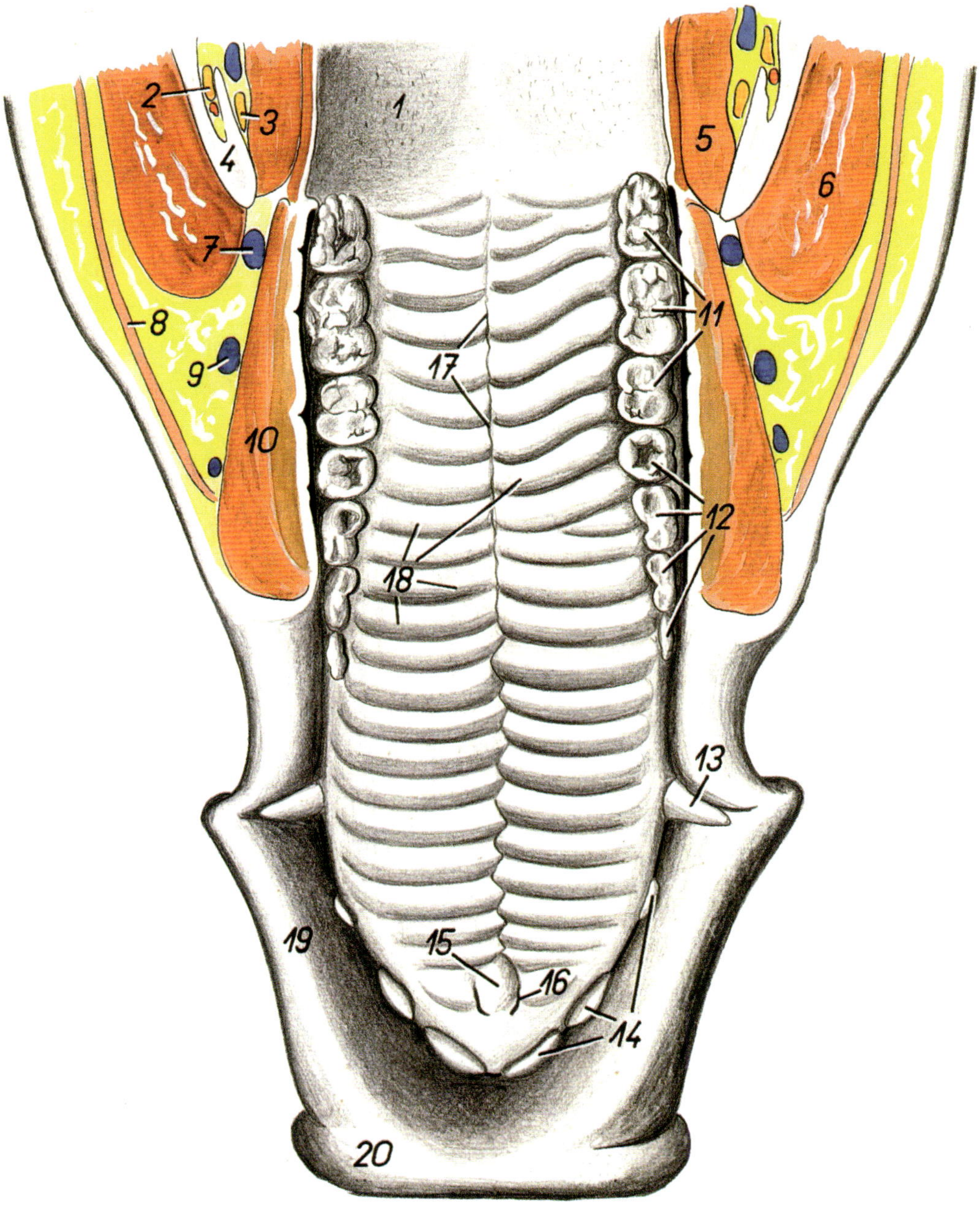

1. *Palatum molle* – weicher Gaumen
2. *N. alveolaris inferior* – Unterkieferzahnfachnerv
3. *N. lingualis* – Zungennerv
4. *Mandibula* – Unterkiefer
5. *M. pterygoideus medialis* – medialer innerer Kaumuskel
6. *M. masseter* – äußerer Kaumuskel
7. *V. faciei profunda* – tiefe Gesichtsvene
8. *M. cutaneus faciei* – Gesichtshautmuskel
9. *V. facialis* – Gesichtsvene
10. *Bucca (M. buccinator et Tunica mucosa)* – Backe (Backenmuskel und Schleimhaut)
11. *Dentes molares* – hintere Backenzähne
12. *Dentes premolares* – vordere Backenzähne
13. *Dens caninus* – Eckzahn
14. *Dentes incisivi* – Schneidezähne
15. *Papilla incisiva* – Zwischenkieferwarze
16. *Ductus incisivus* – Zwischenkieferkanal
17. *Raphe palati* – Gaumennaht
18. *Rugae palatinae* – Gaumenstaffeln
19. *Labium superius* – Oberlippe
20. *Rostrum* – Rüssel

Schwein. Präparation des Kopfes. Oberflächliche Schicht nach Entfernung der Hautmuskeln, Ansicht von links.

Abbildung 86

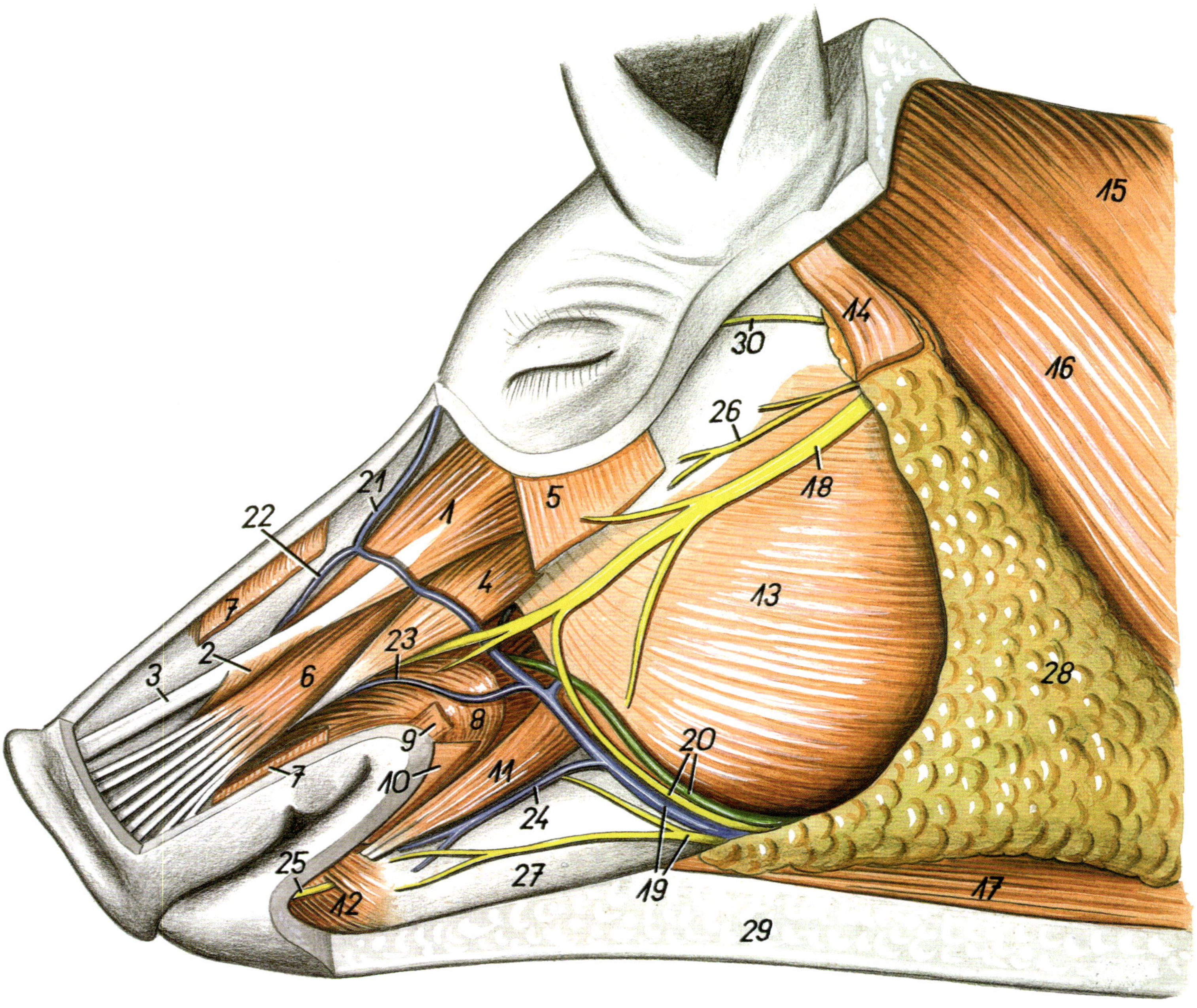

1. *M. levator labii superioris* – Oberlippenheber
2. *Insertio carnea mi. levatoris labii superioris* – fleischiger Ansatz des Oberlippenhebers
3. *Tendo mi. levatoris labii superioris* – Sehne des Oberlippenhebers
4. *M. depressor labii superioris (M. depressor rostri)* – Niederzieher der Oberlippe (Niederzieher des Rüssels)
5. *M. depressor palpebrae inferioris* – Niederzieher des unteren Augenlids
6. *M. caninus* – Eckzahnmuskel
7. *M. levator nasolabialis* – Nasenlippenheber
8. *Pars buccalis mi. buccinatoris* – Backenteil des Backenmuskels
9. *M. zygomaticus* – Jochbeinmuskel
10. *M. cutaneus faciei* – Gesichtshautmuskel
11. *M. depressor labii inferioris* – Niederzieher der Unterlippe
12. *M. mentalis* – Kinnmuskel
13. *M. masseter* – äußerer Kaumuskel
14. *M. parotidoauricularis* – Ohrspeicheldrüsen-Ohrmuschelmuskel
15. *Pars cervicalis mi. trapezii* – Halsteil des trapezförmigen Muskels
16. *M. brachiocephalicus* – Arm-Kopfmuskel
17. *M. sternohyoideus* – Brustbein-Zungenbeinmuskel
18. *Rami buccales ni. facialis* – Backenäste des Gesichtsnerven
19. *V. facialis, Ramus marginalis mandibulae* – Gesichtsvene, Unterkieferrandast
20. *Ductus parotideus, Ramus communicans (inter 18 et 19)* – Ohrspeicheldrüsenausführungsgang, Verbindungsast (zwischen 18 und 19)
21. *V. angularis oculi* – Augenwinkelvene
22. *V. lateralis nasi* – laterale Nasenvene
23. *V. labialis superior* – Oberlippenvene
24. *V. labialis inferior* – Unterlippenvene
25. *N. mentalis* – Kinnerv
26. *Ramus transversus faciei ni. auriculotemporalis* – querverlaufender Gesichtsast des Ohrmuschel-Schläfenbeinnerven
27. *Mandibula* – Unterkiefer
28. *Glandula parotis* – Ohrspeicheldrüse
29. *Corpus adiposum* – Fettkörper
30. *N. auriculopalpebralis* – Ohrmuschel-Augenlidnerv

Schwein. Präparation des Kopfes. Tiefe Schicht, Ansicht von links.

Abbildung 87

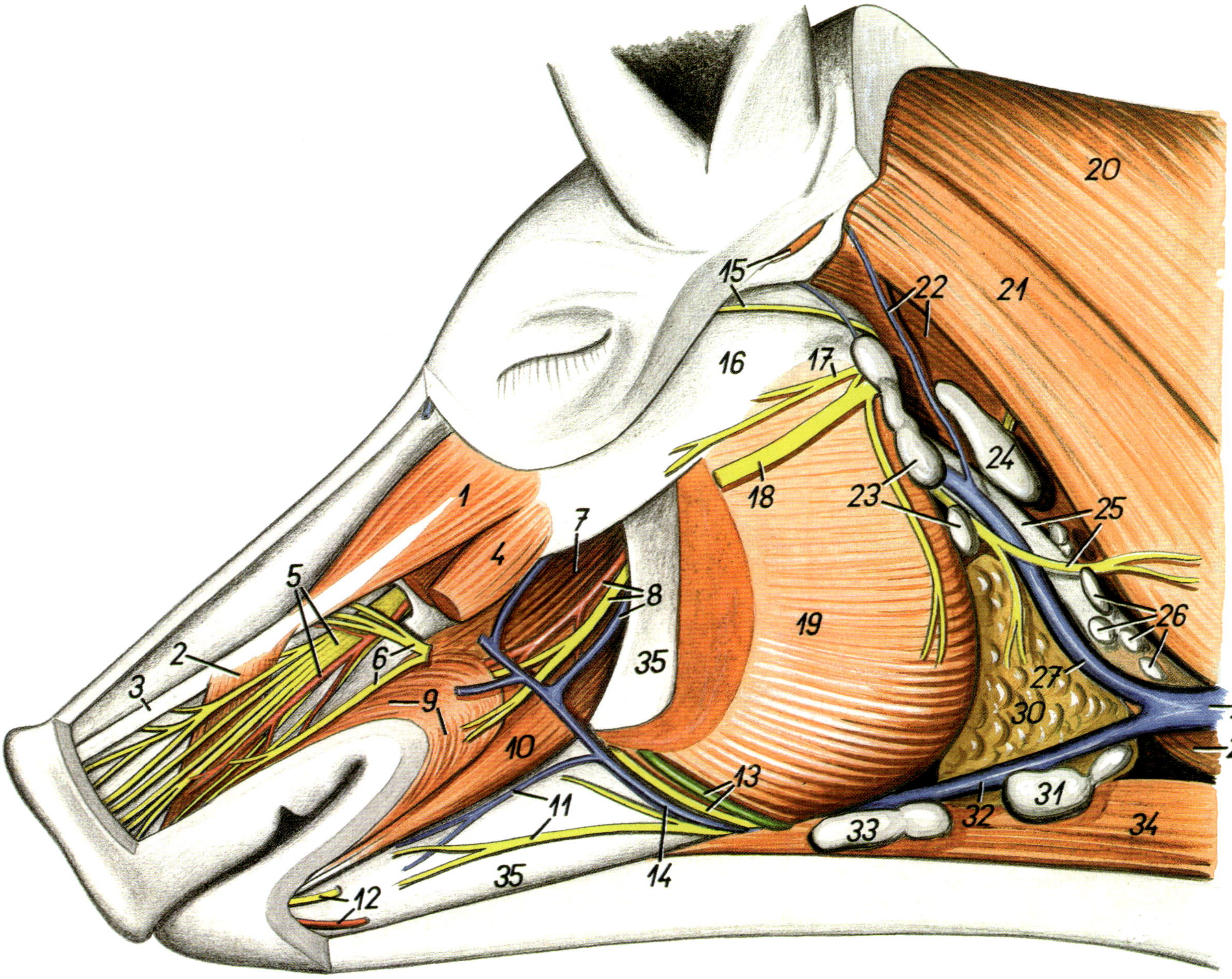

1. *M. levator labii superioris* – Oberlippenheber
2. *Insertio carnea mi. levatoris labii superioris* – fleischiger Ansatz des Oberlippenhebers
3. *Tendo mi. levatoris labii superioris* – Sehne des Oberlippenhebers
4. *M. depressor labii superioris (M. depressor rostri)* – Niederzieher der Oberlippe (Niederzieher des Rüssels)
5. *A. et N. infraorbitalis* – Unteraugenhöhlenarterie und -nerv
6. *Rami buccales ni. facialis* – Backenäste des Gesichtsnerven
7. *Pars molaris mi. buccinatoris* – Backenzahnteil des Backenmuskels
8. *A. et N. buccalis, V. faciei profunda* – Backenarterie und -nerv, tiefe Gesichtsvene
9. *Pars buccalis mi. buccinatoris* – Backenteil des Backenmuskels
10. *M. depressor labii inferioris* – Niederzieher der Unterlippe
11. *V. labialis inferior, Ramus marginalis mandibulae* – Unterlippenvene, Unterkieferrandast
12. *A. et N. mentalis* – Kinnarterie und -nerv
13. *Ductus parotideus, Ramus communicans* – Ohrspeicheldrüsenausführungsgang (Verbindungsast)
14. *V. facialis* – Gesichtsvene
15. *M. parotidoauricularis, N. auriculopalpebralis* – Ohrspeicheldrüsen-Ohrmuschelmuskel, Ohrmuschel-Augenlidnerv
16. *Arcus zygomaticus* – Jochbogen
17. *Ramus transversus faciei ni. auriculotemparalis* – querverlaufender Gesichtsast des Ohrmuschel-Schläfenbeinnerven
18. *Rami buccales ni. facialis* – Backenäste des Gesichtsnerven
19. *M. masseter* – äußerer Kaumuskel
20. *Pars cervicalis mi. trapezii* – Halsteil des trapezförmigen Muskels
21. *M. cleidooccipitalis* – Schlüsselbein-Hinterhauptmuskel
22. *M. cleidomastoideus, V. auricularis caudalis* – Schlüsselbein-Warzenteilmuskel, kaudale Ohrmuschelvene
23. *Lnn. parotidei* – Ohrspeicheldrüsenlymphknoten
24. *Ln. retropharyngeus lateralis* – laterale Lymphknoten hinter dem Schlundkopf
25. *Tendo mi. sternomastoidei, Ramus colli ni. facialis* – Sehne, des Brustbein-Warzenteilmuskels, Halsast des Gesichtsnerven
26. *Lnn. cervicales superficiales ventrales* – ventrale oberflächliche Halslymphknoten
27. *V. maxillaris* – Oberkiefervene
28. *V. jugularis externa* – äußere Drosselvene
29. *M. sternomastoideus* – Brustbein-Warzenteilmuskel
30. *Glandula mandibularis* – Unterkieferdrüse
31. *Ln. mandibularis accessorius* – zusätzliche Kehlganglymphknoten
32. *V. linguofacialis* – Zungen-Gesichtsvene
33. *Ln. mandibularis* – Unterkieferlymphknoten
34. *M. sternohyoideus* – Brustbein-Zungenbeinmuskel
35. *Mandibula* – Unterkiefer

Schwein. Präparation des Kopfes. Tiefe Schicht nach Entfernung der linken Unterkieferhälfte, Ansicht von links.

Abbildung 88

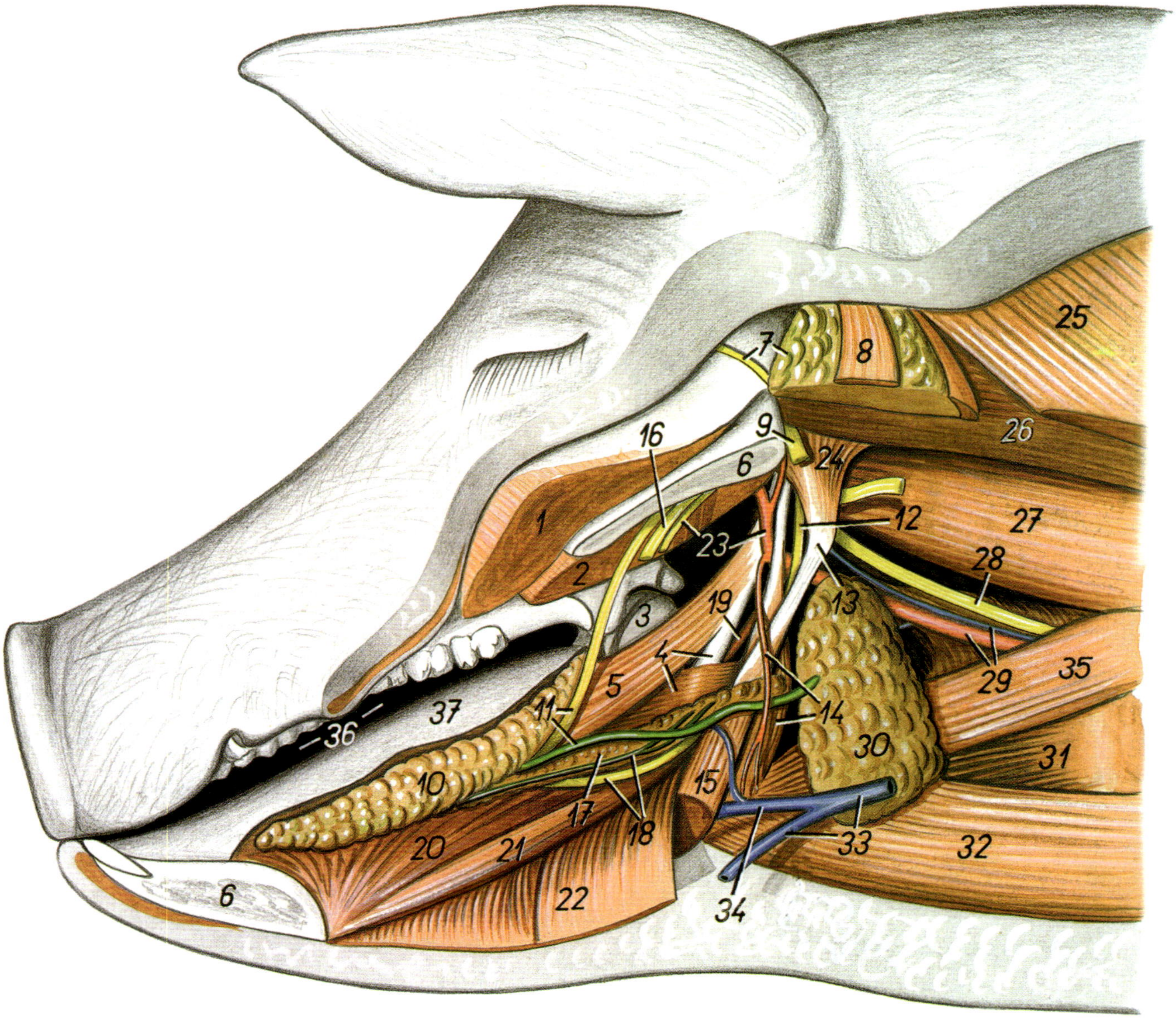

1. *M. masseter* – äußerer Kaumuskel
2. *M. pterygoideus medialis* – medialer innerer Kaumuskel
3. *Tonsilla palatina* – Gaumenmandel
4. *Stylohyoideum, M. hyoglossus* – großer Zungenbeinast, Zungenbein-Zungenmuskel
5. *M. styloglossus* – großer Zungenbeinast-Zungenmuskel
6. *Mandibula* – Unterkiefer
7. *Glandula parotis, N. auriculopalpebralis* – Ohrspeicheldrüse, Ohrmuschel-Augenlidnerv
8. *M. parotidoauricularis (Portio superficialis)* – Ohrspeicheldrüsen-Ohrmuschelmuskel (oberflächlicher Teil)
9. *N. facialis* – Gesichtsnerv
10. *Glandula sublingualis polystomatica* – Unterzungendrüse mit vielen Mündungen
11. *N. lingualis, Ductus mandibularis* – Zungennerv, Unterkieferdrüsenausführungsgang
12. *N. hypoglossus* – Unterzungennerv
13. *Processus paracondylaris* – Muskelfortsatz des Hinterhauptbeines
14. *A. facialis, M. stylohyoideus* – Gesichtsarterie, großer Zungenbeinast-Zungenbeinmuskel
15. *M. digastricus* – zweibäuchiger Muskel
16. *N. alveolaris inferior* – Unterkieferzahnfachnerv
17. *Glandula sublingualis monostomatica* – Unterzungendrüse mit einer Mündung
18. *Ductus sublingualis, N. hypoglossus* – Ausführungsgang der Unterzungendrüse, Unterzungennerv
19. *A. lingualis* – Zungenarterie
20. *M. genioglossus* – Kinn-Zungenmuskel
21. *M. geniohyoideus* – Kinn-Zungenbeinmuskel
22. *M. mylohyoideus* – Kehlgangmuskel
23. *N. mylohyoideus, A. carotis externa* – Nerv des Kehlgangmuskels, äußere Kopfarterie
24. *M. rectus capitis lateralis* – lateraler gerader Kopfmuskel
25. *M. cleidooccipitalis* – Schlüsselbein-Hinterhauptbeinmuskel
26. *M. cleidomastoideus* – Schlüsselbein-Warzenteilmuskel
27. *M. longus capitis* – langer Kopfmuskel
28. *Truncus vagosympathicus* – gemeinsamer Stamm des Vagus- und Sympathikusnerven
29. *A. carotis communis, V. jugularis interna* – gemeinsame Kopfarterie, innere Drosselvene
30. *Glandula mandibularis* – Unterkieferdrüse
31. *M. thyrohyoideus* – Schildknorpel-Zungenbeinmuskel
32. *M. sternohyoideus* – Brustbein-Zungenbeinmuskel
33. *V. linguofacialis* – Zungen-Gesichtsvene
34. *V. lingualis* - Zungenvene
35. *M. omohyoideus* – Schulter-Zungenbeinmuskel
36. *Cavum oris* – Mundhöhle
37. *Lingua* – Zunge

Schwein. Sagittalschnitt durch den Kopf.

Abbildung 89

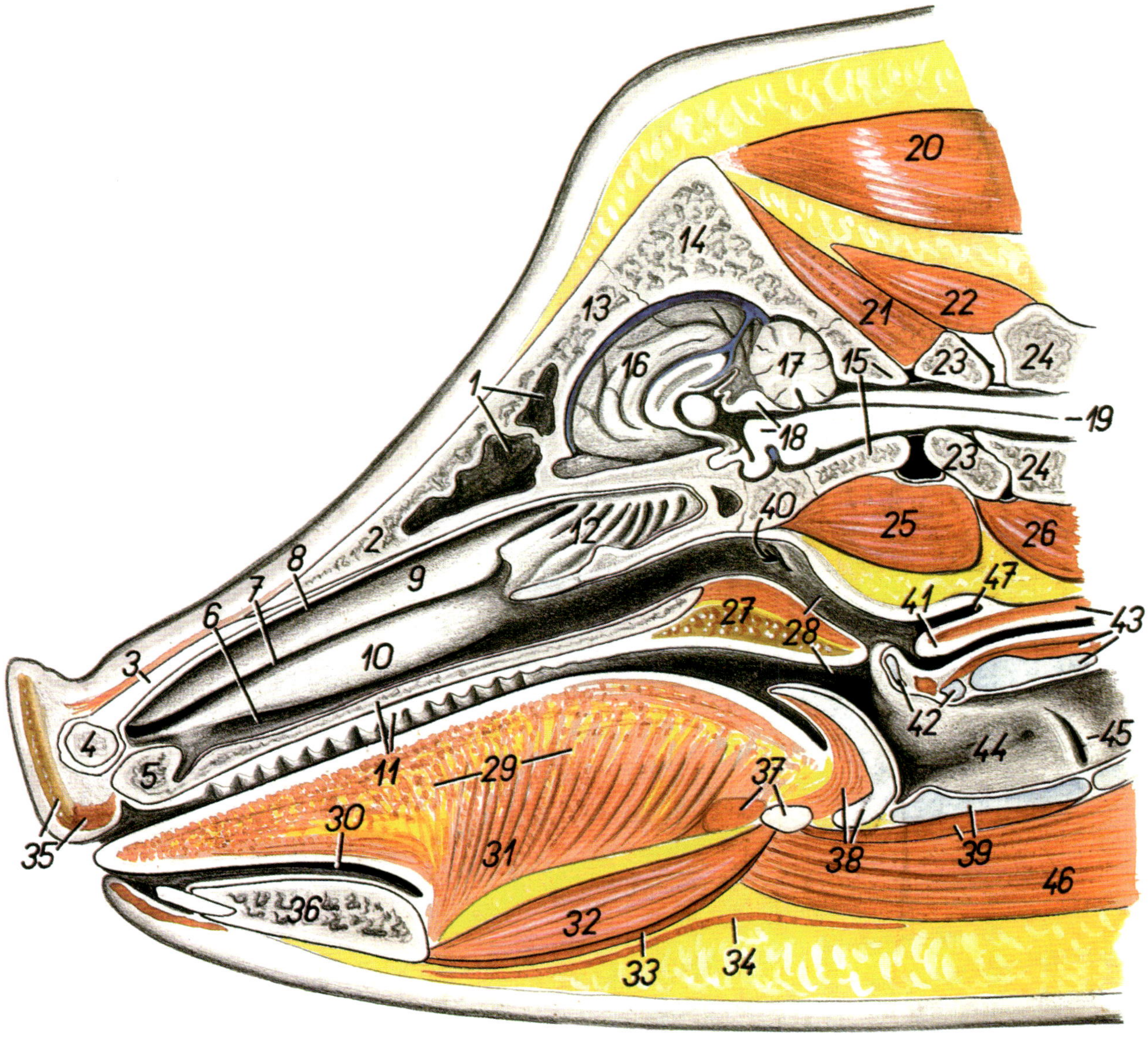

1. *Sinus frontalis* – Stirnhöhle
2. *Os nasale* – Nasenbein
3. *Cartilago septi nasi* – Nasenscheidewandknorpel
4. *Os rostrale* – Rüsselbein
5. *Os incisivum* – Zwischenkieferbein
6. *Meatus nasi ventralis* – ventraler Nasengang
7. *Meatus nasi medius* – mittlerer Nasengang
8. *Meatus nasi dorsalis* – dorsaler Nasengang
9. *Concha nasalis dorsalis* – dorsale Nasenmuschel
10. *Concha nasalis ventralis* – ventrale Nasenmuschel
11. *Palatum durum* – harter Gaumen
12. *Labyrinthus ethmoidalis* – Siebbeinlabyrinth
13. *Os frontale* – Stirnbein
14. *Os parietale* – Scheitelbein
15. *Os occipitale* – Hinterhauptbein
16. *Hemispherium cerebri* – Gehirnhälfte
17. *Cerebellum* – Kleinhirn
18. *Mesencephalon* – Mittelhirn
19. *Medulla spinalis* – Rückenmark
20. *M. semispinalis capitis* – Kopfportion des Halbdornfortsatzmuskels
21. *M. rectus capitis dorsalis minor* – dorsaler kleiner gerader Kopfmuskel
22. *M. rectus capitis dorsalis major* – dorsaler grosser gerader Kopfmuskel
23. *Atlas* – 1. Halswirbel
24. *Axis* – 2. Halswirbel
25. *M. longus capitis* – langer Kopfmuskel
26. *M. longus colli* – langer Halsmuskel
27. *Palatum molle (Glandulae et M. palatinus)* – weicher Gaumen (Drüsen und Gaumenmuskel)
28. *Cavum pharyngis* – Rachenhöhle
29. *Lingua* – Zunge
30. *Recessus sublingualis cavi oris proprii* – Unterzungenausbuchtung der eigentlichen Mundhöhle
31. *M. genioglossus* – Kinn-Zungenmuskel
32. *M. geniohyoideus* – Kinn-Zungenbeinmuskel
33. *M. mylohyoideus* – Kehlgangmuskel
34. *M. cutaneus faciei* – Gesichtshautmuskel
35. *M. orbicularis oris, Glandulae labiales* – Ringmuskel des Mundes, Lippendrüsen
36. *Mandibula* – Unterkiefer
37. *Basihyoideum, M. hyoglossus* – Zungenbeinkörper, Zungenbein-Zungenmuskel
38. *M. hyoepiglotticus, Cartilago epiglottica* – Zungenbein-Kehldeckelmuskel, Kehldeckelknorpel
39. *Cartilago thyroidea, M. thyrohyoideus* – Schildknorpel, Schildknorpel-Zungenbeinmuskel
40. *Ostium pharyngeum tubae auditivae* – Rachenöffnung der Ohrtrompete
41. *Arcus palatopharyngeus* – Gaumenrachenbogen
42. *Cartilago arytenoidea* – Gießkannenknorpel
43. *Esophagus, Cartilago cricoidea* – Speiseröhre, Ringknorpel
44. *Cavum laryngis* – Kehlkopfhöhle
45. *Plica vocalis* – Stimmfalte
46. *M. sternohyoideus* – Brustbein-Zungenbeinmuskel
47. *Recessus pharyngeus* – Rachenausbuchtung

Schwein. Topographie der Arterien am Kopf. Linke Unterkieferhälfte ist entfernt.

Abbildung 90

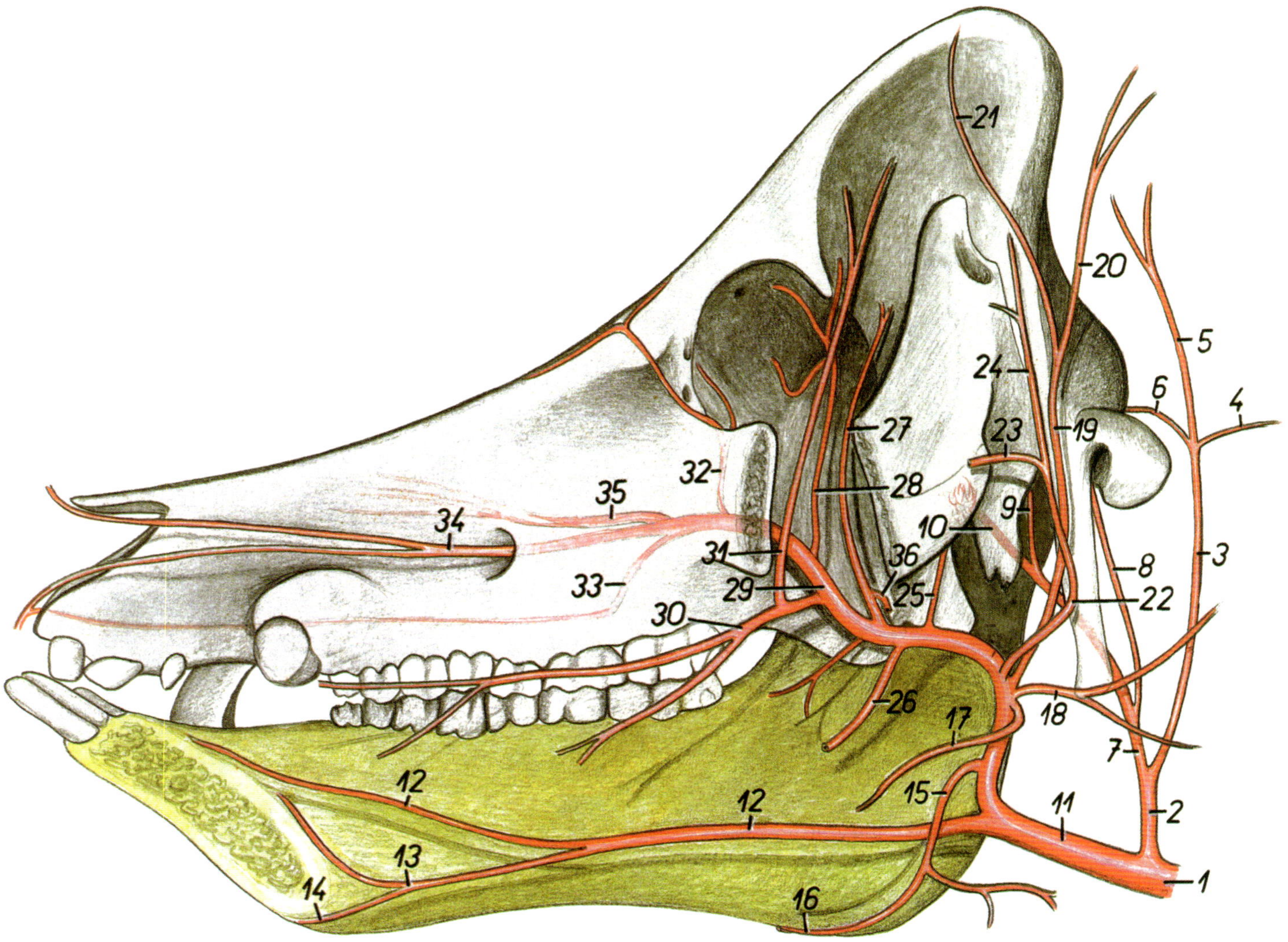

1. *A. carotis communis* – gemeinsame Kopfarterie
2. *A. carotis interna* – innere Kopfarterie
3. *A. occipitalis* – Hinterhauptarterie
4. *Ramus anastomoticus a. vertebralis cum a. occipitali* – Verbindungsast der Wirbelarterie zur Hinterhauptarterie
5. *Ramus occipitalis a. occipitalis* – Hinterhauptast der Hinterhauptarterie
6. *Ramus anastomoticus cum a. basilari* – Verbindungsast zur Basisarterie
7. *A. carotis interna* – innere Kopfarterie
8. *A. condylaris* – Gelenkknorrenarterie
9. *Ramus caudalis a. carotidis internae* – kaudaler Ast der inneren Kopfarterie
10. *Ramus rostralis a. carotidis internae (Ramus ad rete)* – rostraler Ast der inneren Kopfarterie (Ast zum Netz)
11. *A. carotis externa* – äußere Kopfarterie
12. *A. lingualis* – Zungenarterie
13. *A. sublingualis* – Unterzungenarterie
14. *A. submentalis* – Unterkinnarterie
15. *A. facialis* – Gesichtsarterie
16. *A. facialis (rudim.)* – Gesichtsarterie (rudimentär)
17. *Ramus massetericus a. carotidis externae* – Ast der äußeren Kopfarterie für den äußeren Kaumuskel
18. *Ramus parotideus a. carotidis externae* – Ohrspeicheldrüsenast der äußeren Kopfarterie
19. *A. auricularis caudalis* – kaudale Ohrmuschelarterie
20. *Ramus auricularis lateralis* – lateraler Ohrmuschelast
21. *Ramus auricularis medialis* – medialer Ohrmuschelast
22. *A. temporalis superficialis* – oberflächliche Schläfenarterie
23. *A. transversa faciei* – Querarterie des Gesichts
24. *A. auricularis rostralis* – rostrale Ohrmuschelarterie
25. *A. meningea media* – mittlere Hirnhautarterie
26. *A. alveolaris inferior* – Unterkieferzahnfacharterie
27. *A. temporalis profunda caudalis* – kaudale tiefe Schläfenarterie
28. *A. ophthalmica externa* – äußere Augenarterie
29. *A. maxillaris* – Oberkieferarterie
30. *A. buccalis* – Backenarterie
31. *A. temporalis profunda rostralis* – rostrale tiefe Schläfenarterie
32. *A. malaris* – Wangenarterie
33. *A. palatina major* – große Gaumenarterie
34. *A. infraorbitalis* – Unteraugenhöhlenarterie
35. *A. sphenopalatina* – Keilbein-Gaumenbeinarterie
36. *A. masseterica* – Arterie des äußeren Kaumuskels

Schwein. Topographie der Venen am Kopf, Ansicht von links.

Abbildung 91

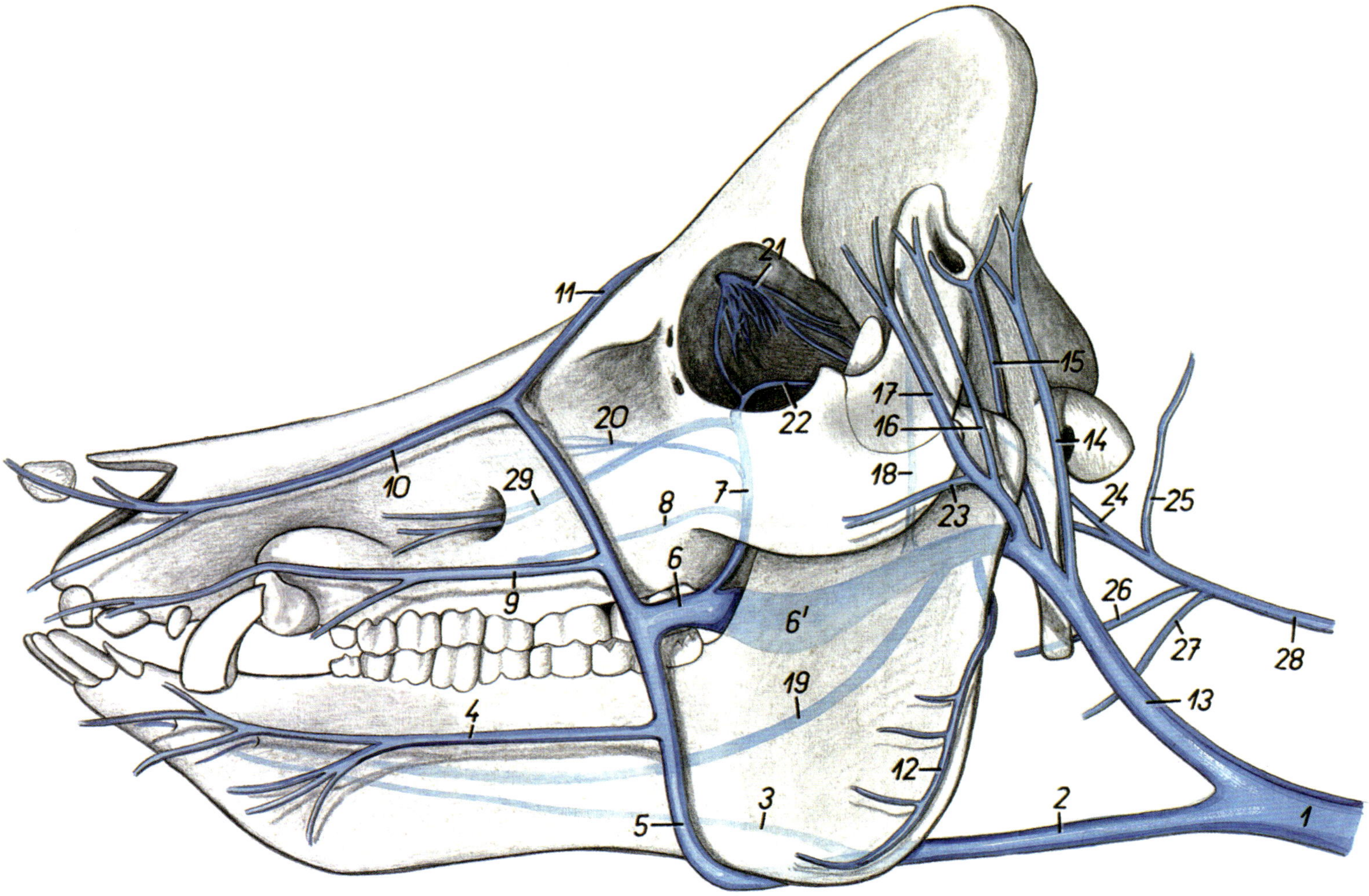

1. *V. jugularis externa* – äußere Drosselvene
2. *V. linguofacialis* – Zungen-Gesichtsvene
3. *V. lingualis* – Zungenvene
4. *V. labialis inferior* – Unterlippenvene
5. *V. facialis* – Gesichtsvene
6. *V. faciei profunda* – tiefe Gesichtsvene
6'. *V. faciei profunda* – Ausbuchtung der tiefen Gesichtsvene
7. *Ramus anastomoticus cum v. ophthalmica externa ventrali* – Verbindungsast zur ventralen äußeren Augenvene
8. *V. palatina major* – große Gaumenvene
9. *V. labialis superior* – Oberlippenvene
10. *V. lateralis nasi* – laterale Nasenvene
11. *V. frontalis* – Stirnvene
12. *V. masseterica ventralis* – ventrale Vene des äußeren Kaumuskels
13. *V. maxillaris* – Oberkiefervene
14. *V. auricularis caudalis* – kaudale Ohrmuschelvene
15. *V. auricularis profunda* – tiefe Ohrmuschelvene
16. *V. auricularis rostralis* – rostrale Ohrmuschelvene
17. *V. temporalis superficialis* – oberflächliche Schläfenvene
18. *V. temporalis profunda* – tiefe Schläfenvene
19. *V. alveolaris inferior* – Unterkieferzahnfachvene
20. *V. sphenopalatina* – Keilbein-Gaumenbeinvene
21. *Plexus venosus orbitae* – venöses Geflecht der Augenhöhle
22. *V. ophthalmica externa* – äußere Augenvene
23. *V. transversa faciei* – Quervene des Gesichts
24. *V. cerebralis ventralis* – ventrale Gehirnvene
25. *V. occipitalis* – Hinterhauptvene
26. *V. pharyngea ascendens* – aufsteigende Rachenvene
27. *V. laryngea cranialis* – kraniale Kehlkopfvene
28. *V. jugularis interna* – innere Drosselvene
29. *V. infraorbitalis* – Unteraugenhöhlenvene

Schwein. Querschnitt durch den Kopf in Höhe des letzten hinteren Backenzahnes, Ansicht von rostral.

Abbildung 92

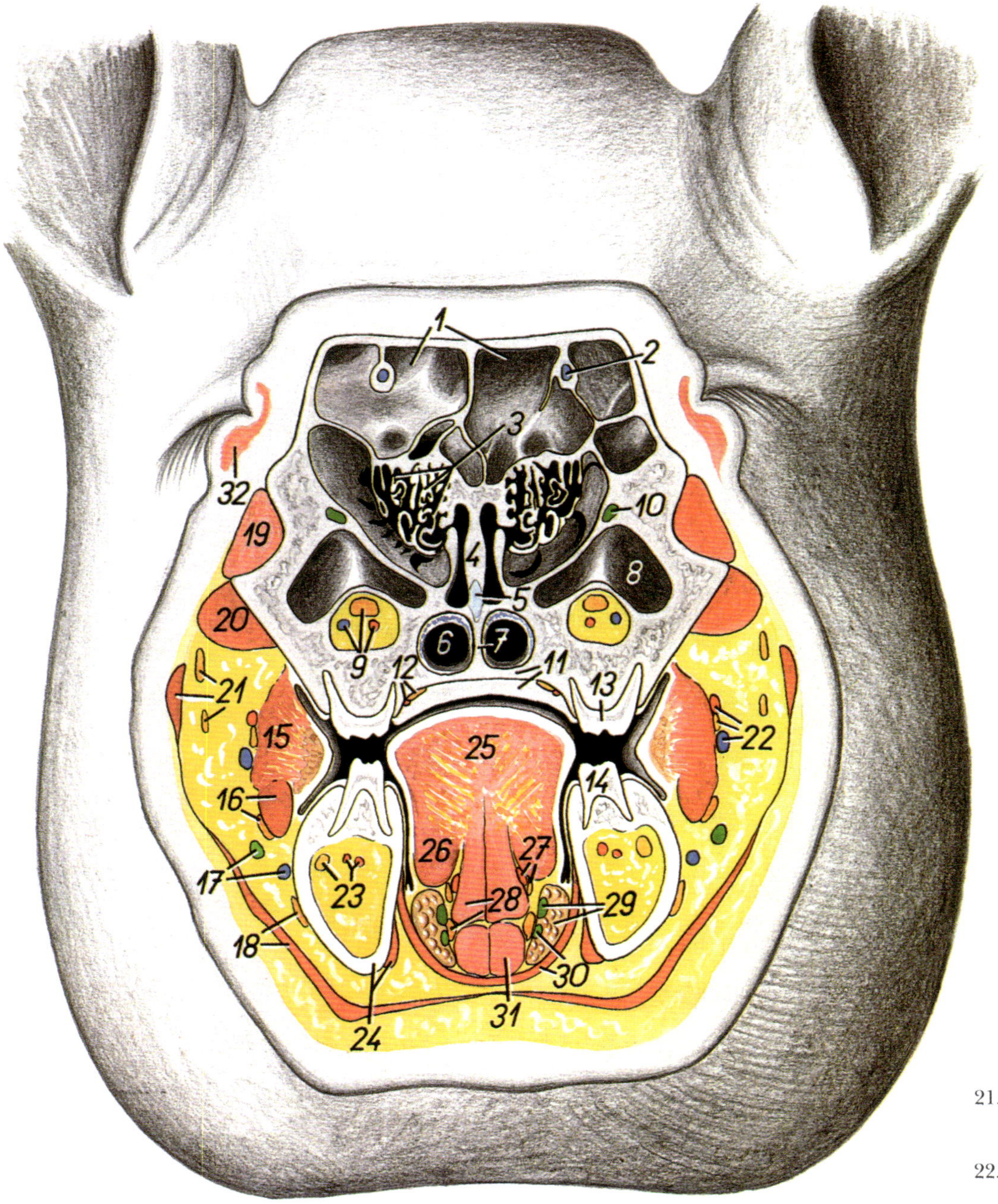

1. *Sinus frontales* – Stirnhöhlen
2. *V. frontalis* – Stirnvene
3. *Labyrinthus ethmoidalis* – Siebbeinlabyrinth
4. *Lamina perpendicularis ossis ethmoidalis* – senkrechte Platte des Siebbeines
5. *Cartilago septi nasi* – Nasenscheidewandknorpel
6. *Meatus nasi ventralis* – ventraler Nasengang
7. *Vomer* – Pflugscharbein
8. *Sinus maxillaris* – Oberkieferhöhle
9. *A., V. et N. infraorbitalis* – Unteraugenhöhlenarterie, -vene und -nerv
10. *Ductus nasolacrimalis* – Tränennasengang
11. *Palatum durum* – harter Gaumen
12. *A. et N. palatinus major* – große Gaumenarterie und -nerv
13. *Dens molaris superior III* – 3. hinterer Backenzahn des Oberkiefers
14. *Dens molaris inferior III* – 3. hinterer Backenzahn des Unterkiefers
15. *Pars molaris mi. buccinatoris* – Backenzahnteil des Backenmuskels
16. *M. depressor labii inferioris, Ramus communicans (ramorum buccalicum ni. facialis)* – Niederzieher der Unterlippe, Verbindungsast (der Backenäste des Gesichtsnerven)
17. *Ductus parotideus, V. labialis inferior* – Ohrspeicheldrüsenausführungsgang, Unterlippenvene
18. *Ramus marginalis mandibulae, M. cutaneus faciei* – Unterkieferrandast, Gesichtshautmuskel
19. *M. levator labii superioris* – Oberlippenheber
20. *M. depressor labii superioris (M. depressor rostri)* – Niederzieher der Oberlippe (Niederzieher des Rüssels)
21. *M. zygomaticus, Rami buccales ni. facialis* – Jochbeinmuskel, Backenäste des Gesichtsnerven
22. *A. et N. buccalis, V. facialis* – Backenarterie und -nerv, Gesichtsvene
23. *Aa. alveolares inferiores et N. alveolaris inferior* – Unterkieferzahnfacharterien, Unterkieferzahnfachnerv
24. *Mandibula, Venter rostralis mi. digastrici* – Unterkiefer, rostraler Bauch des zweibäuchigen Muskels
25. *Lingua* – Zunge
26. *M. hyoglossus* – Zungenbein-Zungenmuskel
27. *A. lingualis, N. hypoglossus* – Zungenarterie, Unterzungennerv
28. *M. genioglossus, N. lingualis* – Kinn-Zungenmuskel, Zungennerv
29. *Glandula sublingualis (polystomatica), Ductus mandibularis* – Unterzungendrüse (mit vielen Mündungen) Ausführungsgang der Unterkieferdrüse
30. *Ductus sublingualis, M. mylohyoideus* – Ausführungsgang der Unterzungendrüse, Kehlgangmuskel
31. *M. geniohyoideus* – Kinn-Zungenbeinmuskel
32. *M. orbicularis oculi* – Ringmuskel des Auges

Schwein. Querschnitt durch den Kopf, rostral des Kiefergelenkes.

Abbildung 93

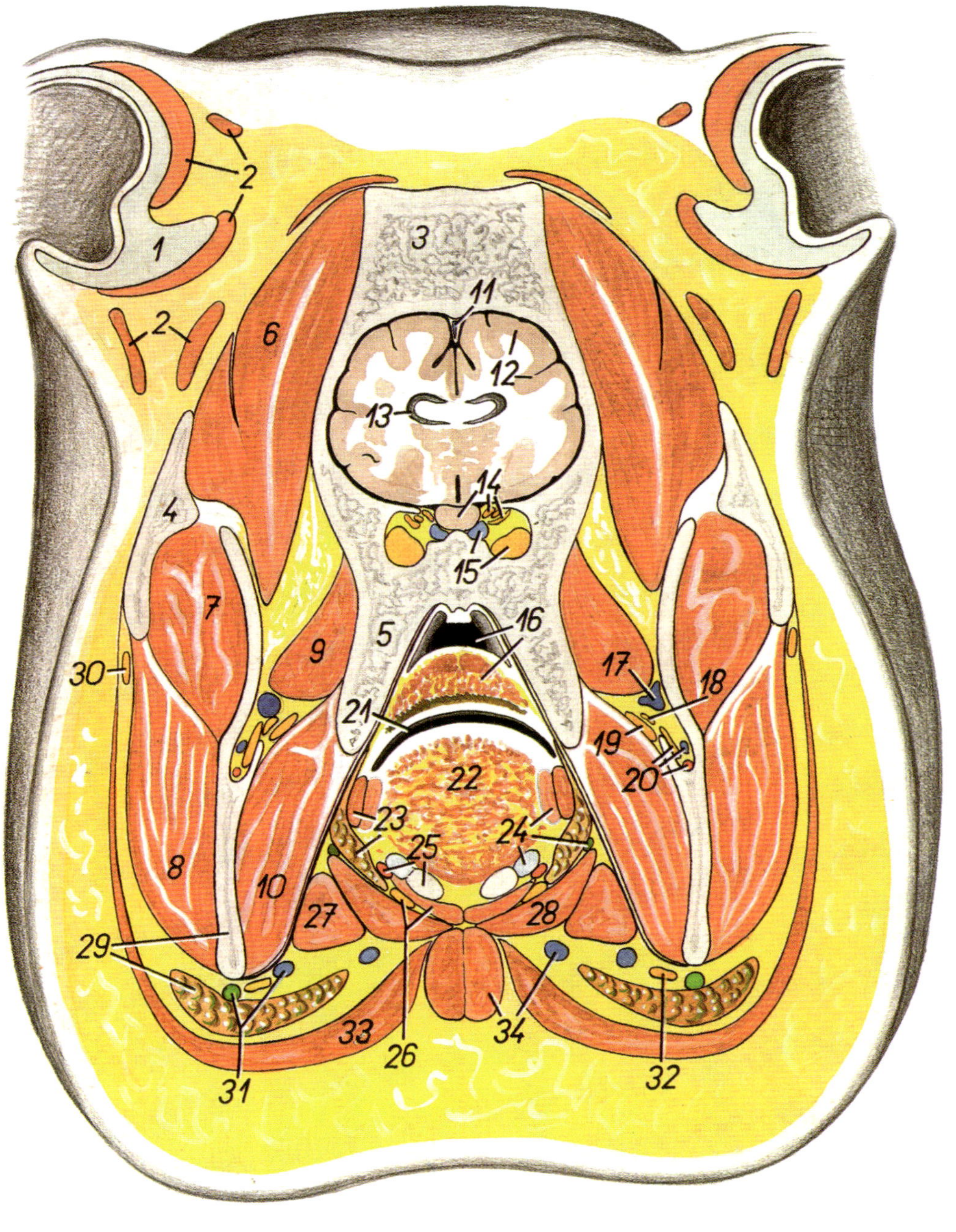

1. *Cartilago auriculae* – Ohrmuschelknorpel
2. *Mm. auriculares* – Ohrmuschelmuskeln
3. *Os parietale* – Scheitelbein
4. *Arcus zygomaticus* – Jochbogen
5. *Processus pterygoideus ossis basisphenoidalis* – Flügelfortsatz des hinteren Teils des Keilbeines
6. *M. temporalis* – Schläfenmuskel
7. *Pars profunda mi. masseteris* – tiefer Teil des äußeren Kaumuskels
8. *Pars superficialis mi. masseteris* – oberflächlicher Teil des äußeren Kaumuskels
9. *M. pterygoideus lateralis* – lateraler innerer Kaumuskel
10. *M. pterygoideus medialis* – medialer innerer Kaumuskel
11. *Sinus sagittalis* – sagittaler Blutleiter
12. *Substantia grisea neopallii* – graue Substanz des Neuhirns
13. *Ventriculus lateralis telencephali* – laterale Kammer des Endhirns
14. *Hypophysis, N. oculomotorius, N. trochlearis, N. abducens* – Hirnanhang, Augenbewegernerv, Rollnerv, wegziehender Nerv
15. *Sinus cavernosus, N. ophthalmicus et N. maxillaris* – gekammerter Blutleiter, Augennerv und Oberkiefernerv
16. *Cavum pharyngis, Palatum molle* – Rachenhöhle, weicher Gaumen
17. *V. maxillaris* – Oberkiefervene
18. *M. mylohyoideus* – Kehlgangnerv
19. *N. lingualis* – Zungennerv
20. *A., V. et N. alveolaris inferior* – Unterkieferzahnfacharterie, -vene und -nerv
21. *Isthmus faucium* – Rachenenge
22. *Radix linguae* – Zungenwurzel
23. *Glandula sublingualis (monostomatica), M. styloglossus* – Unterzungendrüse (mit einer Mündung), großer Zungenbeinast-Zungenmuskel
24. *M. hyoglossus, Epihyoideum, Ductus mandibularis* – Zungenbein-Zungenmuskel, mittlerer Zungenbeinast, Ausführungsgang der Unterkieferdrüse
25. *Ceratohyoideum, A. lingualis* – kleiner Zungenbeinast, Zungenarterie
26. *N. hypoglossus, M. geniohyoideus* – Unterzungennerv, Kinn-Zungenbeinmuskel
27. *M. digastricus* – zweibäuchiger Muskel
28. *M. stylohyoideus* – großer Zungenbeinast-Zungenbeinmuskel
29. *Mandibula, Glandula parotis* – Unterkiefer, Ohrspeicheldrüse
30. *Ramus buccalis dorsalis ni. facialis* – dorsaler Backenast des Gesichtsnerven
31. *Ductus parotideus, V. facialis* – Ausführungsgang der Ohrspeicheldrüse, Gesichtsvene
32. *Ramus buccalis ventralis ni. facialis* – ventraler Backenast des Geichtsnerven
33. *M. cutaneus faciei* – Gesichtshautmuskel
34. *M. sternohyoideus, V. lingualis* – Brustbein-Zungenbeinmuskel, Zungenvene

Schwein. Ansicht der Schädelhöhle nach Entfernung des Schädeldaches.

Abbildung 94

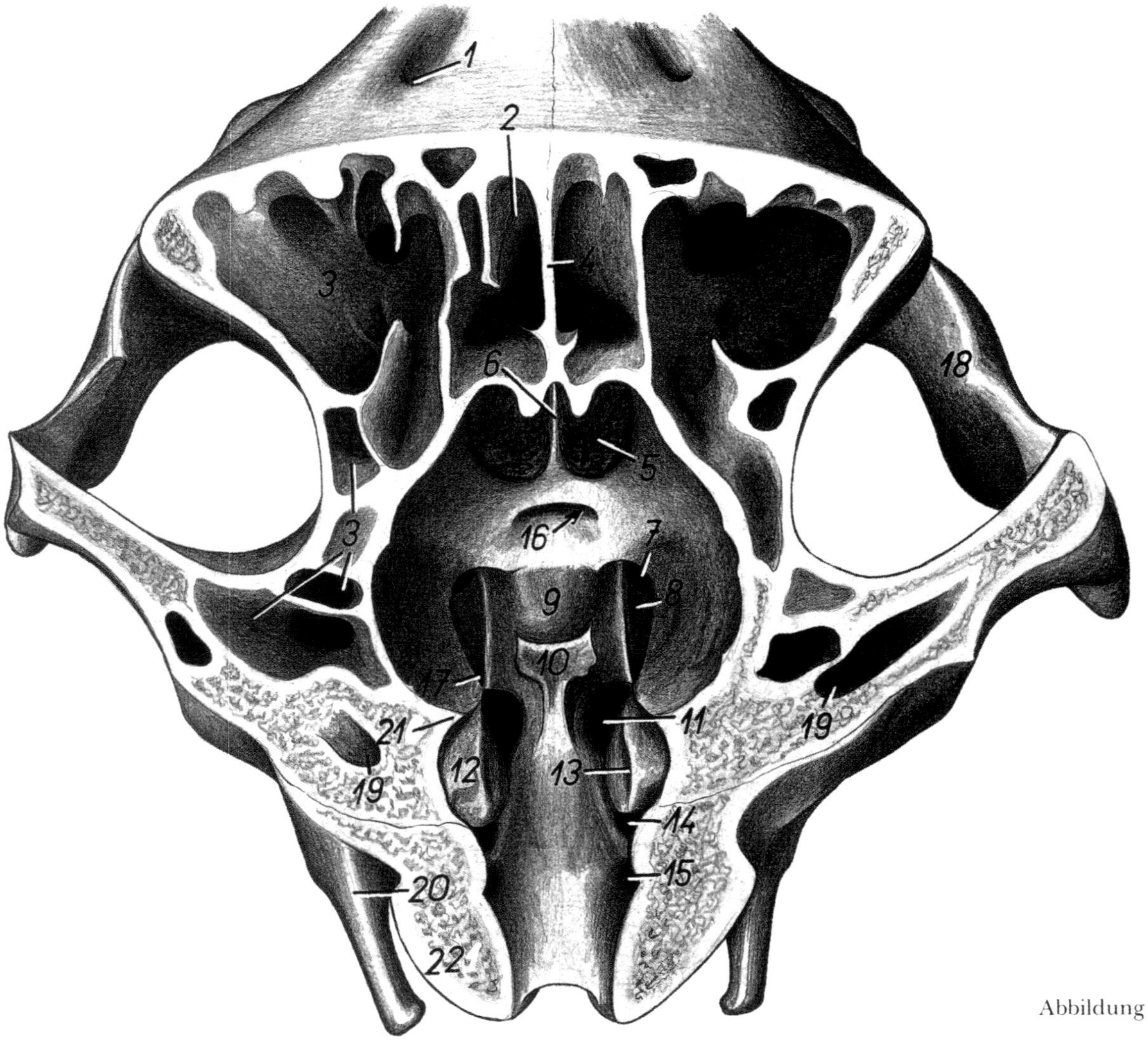

1. *Canalis supraorbitalis* – Überaugenhöhlenkanal
2. *Sinus frontalis rostralis medialis* – mediale rostrale Stirnhöhle
3. *Sinus frontalis rostralis lateralis* – laterale rostrale Stirnhöhle
4. *Septum sinuum frontalium* – Scheidewand der Stirnhöhlen
5. *Fossa ethmoidalis* – Siebbeingrube
6. *Crista galli* – Hahnenkamm
7. *Foramen orbitorotundum* – rundes Augenhöhlenloch
8. *Sulcus ni. ophthalmici et maxillaris* – Rinne des Augen- und Oberkiefernerven
9. *Fossa hypophysialis* – Hirnanhangsgrube
10. *Dorsum sellae* – Sattelrücken
11., 17. *Foramen lacerum* – zerrissenes Loch
12. *Pars petrosa ossis temporalis* – Felsenteil des Schläfenbeines
13. *Porus acusticus internus* – innere Gehöröffnung
14. *Foramen jugulare* – Drosselöffnung
15. *Canalis ni. hypoglossi* – Kanal des Unterzungennerven
16. *Sulcus chiasmatis et Origo canalis optici* – Rinne der Sehnervenkreuzung und Ursprung des Sehnervenkanals
17. *Incisura ovalis et spinosa foraminis laceri* – ovale und dornförmige Einkerbung des zerrissenen Loches
18. *Arcus zygomaticus* – Jochbogen
19. *Meatus acusticus externus* – äußerer Gehörgang
20. *Processus paracondylaris* – Muskelfortsatz des Hinterhauptbeines
21. *Crista tentorica* – Zeltleiste
22. *Condylus occipitalis* – Gelenkknorren des Hinterhauptbeines

Abbildung 95

1. *Bulbus olfactorius* – Riechkolben
2. *Fissura longitudinalis cerebri* – Längsspalte des Gehirns
3. *Sulcus diagonalis* – diagonale Furche
4. *Sulcus suprasylvius rostralis* – rostrale, über der lateralen Gehirnfurche gelegene Furche
5. *Sulcus coronalis* – Kronfurche
6. *Fissura sylvia* – laterale Gehirnfurche
7. *Sulcus suprasylvius caudalis* – kaudale, über der lateralen Gehirnfurche gelegene Furche
8. *Sulcus obliquus* – schräge Furche
9. *Sulcus suprasylvius medius* – mittlere, über der lateralen Gehirnfurche gelegene Furche
10. *Sulcus endomarginalis* – Innenrandfurche
11. *Sulcus marginalis* – Randfurche
12. *Sulcus ectomarginalis* – Außenrandfurche
13. *Sulcus ectosylvius caudalis* – kaudale, außerhalb der lateralen Gehirnfurche gelegene Furche
14. *Ramus sulci diagonalis* – Ast der Diagonalfurche
15. *Hemispherium cerebelli* – Kleinhirnhälfte
16. *Vermis cerebelli* – Kleinhirnwurm
17. *Medulla oblongata* – verlängertes Mark

Schwein. Gehirn, Ansicht von dorsal.

Abbildung 95

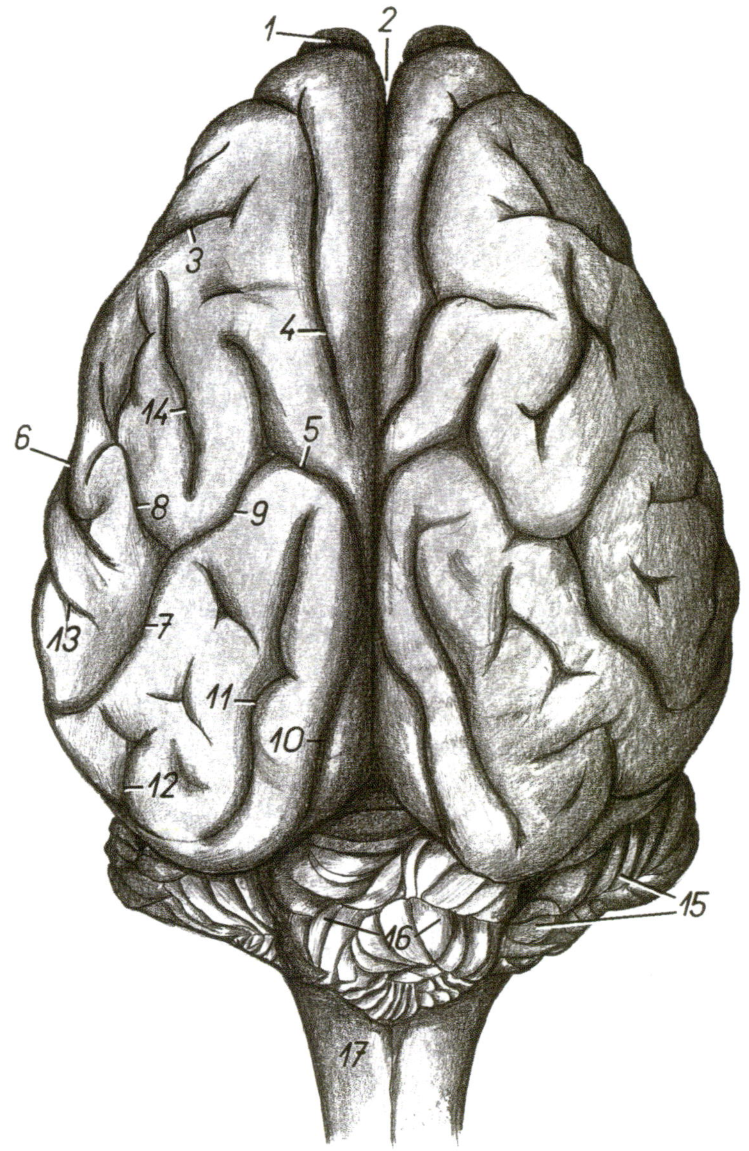

Schwein. Austrittsstellen der Gehirnnerven und Blutversorgung des Gehirns.

Abbildung 96

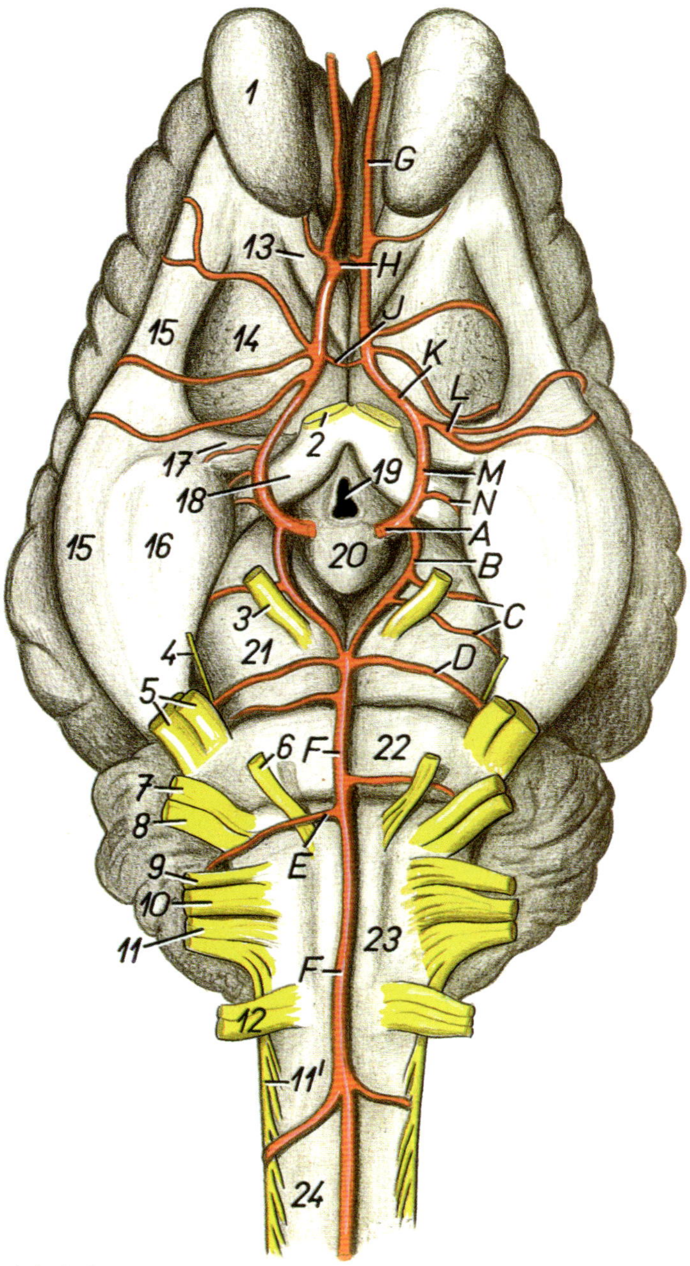

Abbildung 96

1. *Bulbus olfactorius* – Riechkolben
2. *N. opticus* – Sehnerv
3. *N. oculomotorius* – Augenbewegernerv
4. *N. trochlearis* – Rollnerv
5. *N. trigeminus (Radix motoria et sensoria)* – dreigeteilter Nerv (motorische und sensorische Wurzel)
6. *N. abducens* – wegziehender Nerv
7. *N. intermediofacialis* – Gesichtsnerv
8. *N. vestibulocochlearis* – Gleichgewichts-Hörnerv
9. *N. glossopharyngeus* – Zungen-Rachennerv
10. *N. vagus* – Vagusnerv
11. *N. accessorius (Radix cranialis)* – zusätzlicher Nerv (kraniale Wurzel)

11'. *N. accessorius (Radix spinalis)* – zusätzlicher Nerv (Rückenmarkwurzel)

12. *N. hypoglossus* – Unterzungennerv
13. *Tractus olfactorius medialis* – medialer Riechstrang
14. *Trigonum olfactorium* – Riechdreieck
15. *Tractus olfactorius lateralis* – lateraler Riechstrang
16. *Lobus piriformis* – birnenförmiger Lappen
17. *Substantia perforata rostralis* – rostrale durchlöcherte Substanz
18. *Tractus opticus* – Sehstrang
19. *Tuber cinereum et Recessus neurohypophysialis* – grauer Höcker und Ausbuchtung der 3. Gehirnkammer in dem Hypophysenstiel
20. *Corpus mamillare* – Zitzenkörper
21. *Crus (pedunculus) cerebri* – Hirnschenkel
22. *Pons* – Brücke
23. *Medulla oblongata* – verlängertes Mark
24. *Medulla spinalis* – Rückenmark

A. *A. carotis interna (cerebralis)* – innere Kopfarterie (Gehirnarterie)

B. *A. communicans caudalis* – kaudale Verbindungsarterie

C. *A. cerebri caudalis* – kaudale Gehirnarterie

D. *A. cerebelli rostralis* – rostrale Kleinhirnarterie

E. *A. cerebelli caudalis* – kaudale Kleinhirnarterie

F. *A. basilaris (cerebri)* – Gehirnbasisarterie

G. *A. ethmoidalis interna* – innere Siebbeinarterie

H., K., M. *A. cerebri rostralis* – rostrale Gehirnarterie

H. *A. corporis callosi* – Gehirnbalkenarterie

J. *A. communicans rostralis* – rostrale Verbindungsarterie

L. *A. cerebri media* – mittlere Gehirnarterie

N. *A. chorioidea rostralis* – rostrale Gefäß-Geflechtsarterie

Schwein. Blick auf die Basis der Rachenhöhle nach Durchtrennung des weichen Gaumens und der Dorsalwand.

Abbildung 97

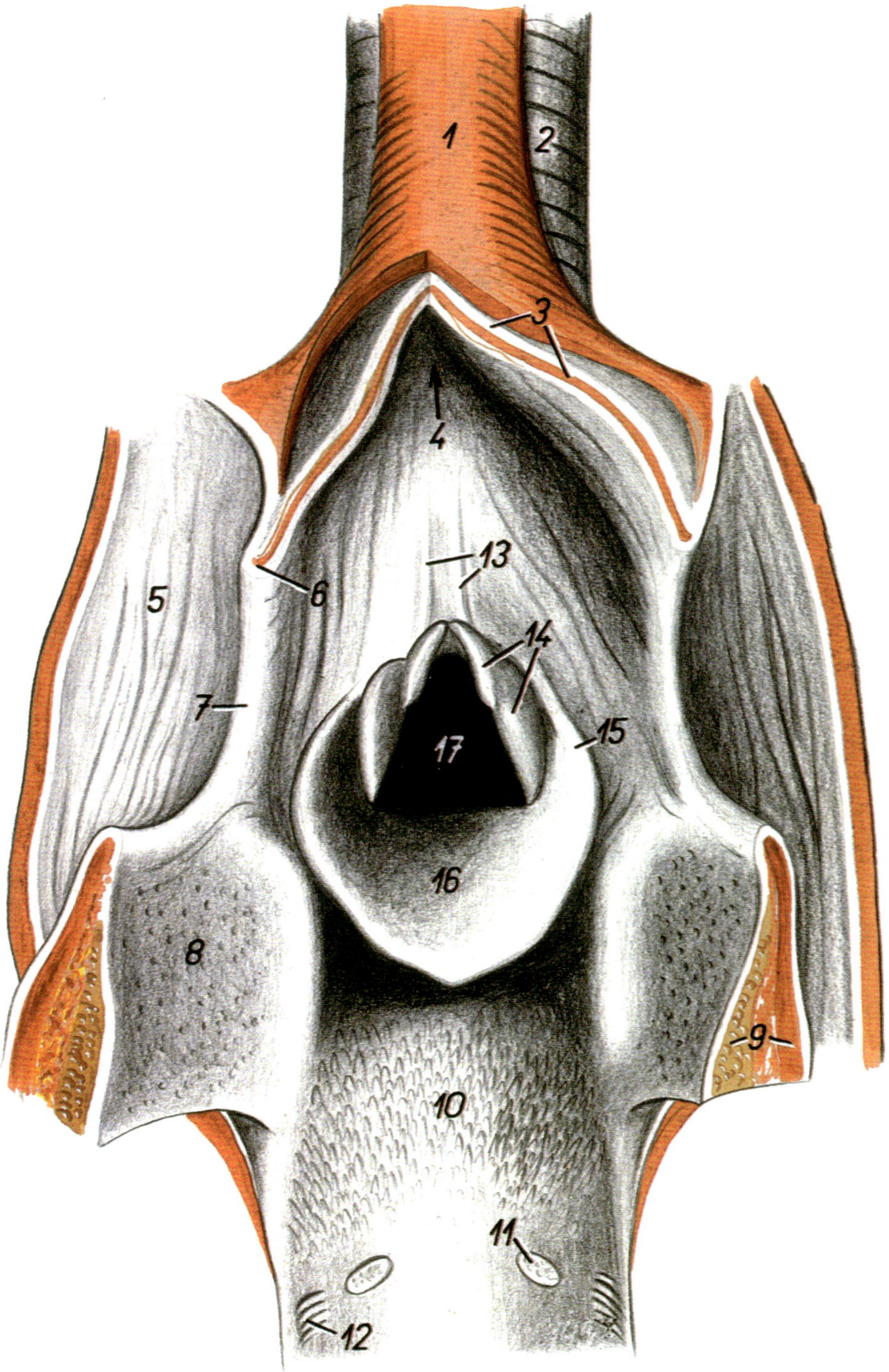

1. *Esophagus* – Speiseröhre
2. *Trachea* – Luftröhre
3. *Tunica mucosa et muscularis arcus palatopharyngei (in sectione)* – Schleimhaut und Muskulatur des Gaumen-Rachenbogens (im Schnitt)
4. *Vestibulum esophagi* – Speiseröhrenvorhof
5. *Fornix pharyngis* – Rachengewölbe
6. *Arcus palatopharyngeus (in sectione)* – Gaumen-Rachenbogen (im Schnitt)
7. *Arcus palatopharyngeus* – Gaumen-Rachenbogen
8. *Palatum molle (Tonsilla palatina)* – weicher Gaumen (Gaumenmandel)
9. *Palatum molle (in sectione)* – weicher Gaumen (im Schnitt)
10. *Radix linguae* – Zungenwurzel
11. *Papilla vallata* – umwallte Geschmackspapille
12. *Papilla foliata* – blätterige Geschmackspapille
13. *Plicae cricocorniculatae* – Ring-Hornknorpelfalten
14. *Cartilago corniculata* – Hornknorpel
15. *Plica aryepiglottica* – Gießkannen-Kehldeckelfalte
16. *Epiglottis* – Kehldeckel
17. *Aditus laryngis* – Zugang zum Kehlkopf

Schwein. Skelett des Halses, Ansicht von links.

Abbildung 98

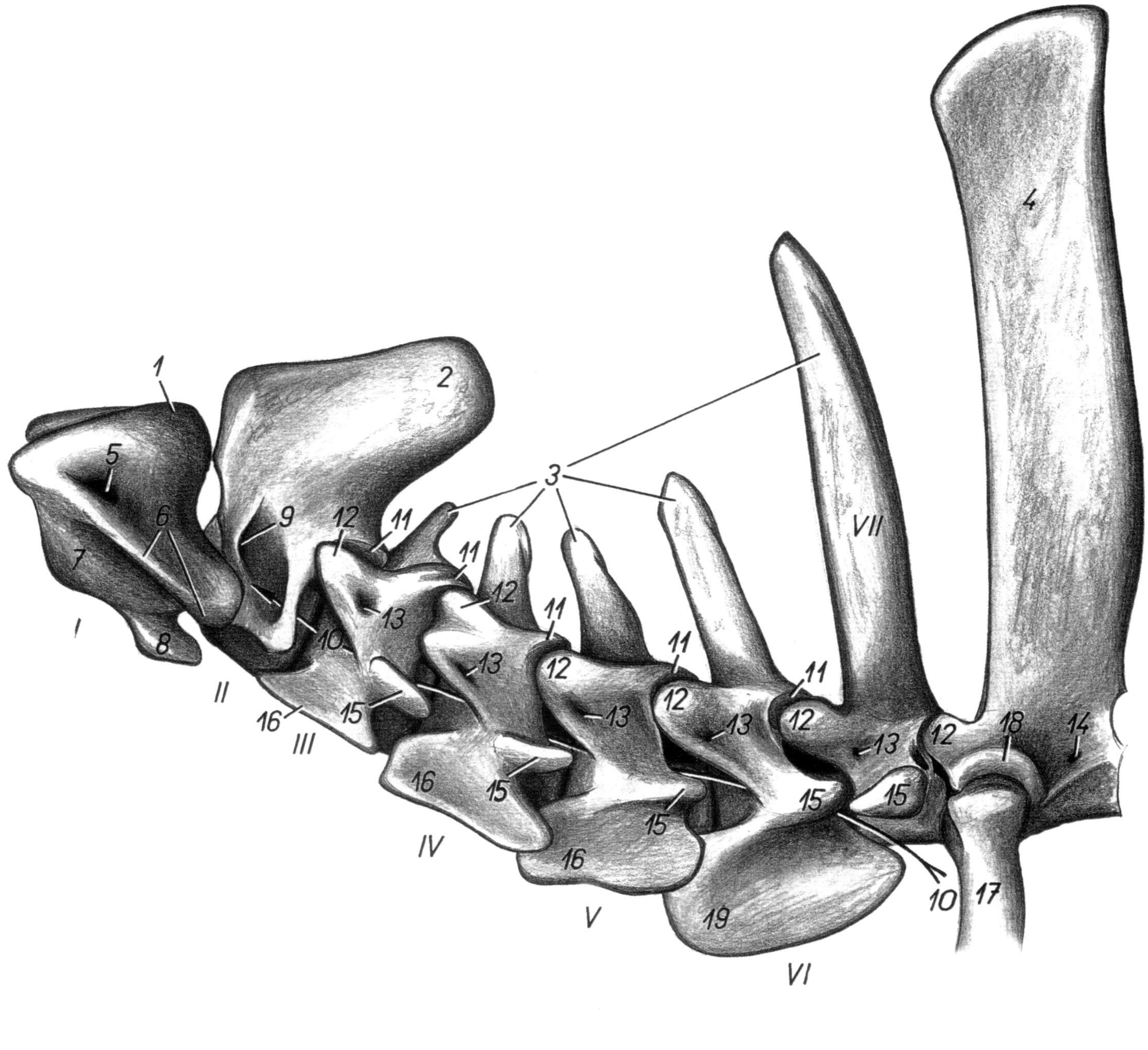

I.–VII. *Vertebra cervicalis I–VII* – 1.–7. Halswirbel

1. *Tuberculum dorsale atlantis* – dorsales Höckerchen des 1. Halswirbels
2. *Processus spinosus axis* – Dornfortsatz des 2. Halswirbels
3. *Processus spinosi vertebrarum cervicalium* – Dornfortsätze der Halswirbel
4. *Processus spinosus vertebrae thoracicae I* – Dornfortsatz des 1. Brustwirbels
5. *Foramen vertebrale laterale atlantis* – laterales Wirbelloch des 1. Halswirbels
6. *Processus transversus atlantis* – Querfortsatz des 1. Halswirbels
7. *Arcus ventralis atlantis* – ventraler Bogen des 1. Halswirbels
8. *Tuberculum ventrale atlantis* – ventrales Höckerchen des 1. Halswirbels
9. *Foramen vertebrale laterale axis* – laterales Wirbelloch des 2. Halswirbels
10. *Canalis transversarius* – Querfortsatzkanal
11. *Processus articulares caudales* – kaudale Gelenkfortsätze
12. *Processus articulares craniales* – kraniale Gelenkfortsätze
13. *Foramina vertebralia lateralia* – laterale Wirbellöcher
14. *Foramen vertebrale laterale vertebrae thoracicae I* – laterales Wirbelloch des 1. Brustwirbels
15. *Processus transversi (Tubercula dorsalis)* – Querfortsätze (dorsale Höckerchen)
16. *Tubercula ventralia processuum transversorum vertebrarum cervicalium III–IV* – ventrale Höckerchen der Querfortsätze des 3.–5. Halswirbels
17. *Costa prima* – 1. Rippe
18. *Processus transversus vertebrae thoracicae I* – Querfortsatz des 1. Brustwirbels
19. *Lamina ventralis processus transversi (vertebrae cervicalis VI)* – ventrale Platte des Querfortsatzes (des 6. Halswirbels)

Schwein. Präparation des Halses. Oberflächliche Schicht nach Entfernung der Hautmuskeln, Ansicht von links.

Abbildung 99

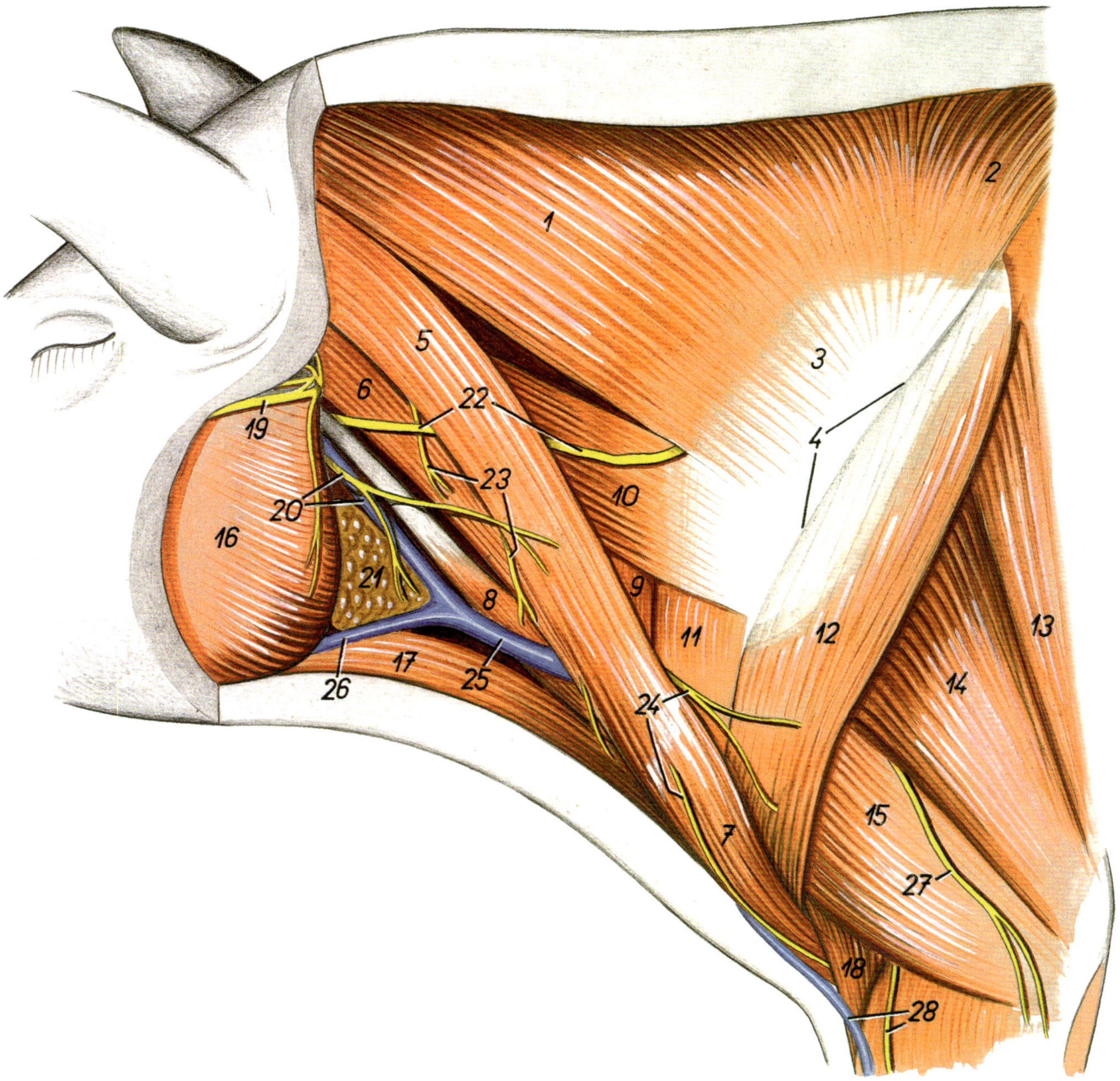

1. *Pars cervicalis mi. trapezii* – Halsteil des trapezförmigen Muskels
2. *Pars thoracica mi. trapezii* – Brustkorbteil des trapezförmigen Muskels
3. *Aponeurosis mi. trapezii* – Sehnenplatte des trapezförmigen Muskels
4. *Spina scapulae* – Schulterblattgräte
5., 6., 7. *M. brachiocephalicus* – Arm-Kopfmuskel
5. *M. cleidooccipitalis* – Schlüsselbein-Hinterhauptmuskel
6. *M. cleidomastoideus* – Schlüsselbein-Warzenteilmuskel
7. *M. cleidobrachialis* – Schlüsselbein-Armmuskel
8. *M. sternocephalicus (sternomastoideus)* – Brustbein-Kopfmuskel
9. *M. subclavius* – Unterschlüsselbeinmuskel
10. *M. omotransversarius* – Schulter-Querfortsatzmuskel
11. *M. supraspinatus* – Übergrätenmuskel
12. *M. deltoideus* – deltaförmiger Muskel
13., 14. *Caput longum mi. tricipitis brachii* – langer Kopf des dreiköpfigen Armmuskels
15. *Caput laterale mi. tricipitis brachii* – lateraler Kopf des dreiköpfigen Armmuskels
16. *M. masseter* – äußerer Kaumuskel
17. *M. sternohyoideus* – Brustbein-Zungenbeinmuskel
18. *M. brachialis* – Armmuskel
19. *Rami buccales ni. facialis* – Backenäste des Gesichtsnerven
20. *Ramus colli ni. facialis, V. maxillaris* – Halsast des Gesichtsnerven, Oberkiefervene
21. *Glandula mandibularis* – Unterkieferdrüse
22. *Ramus dorsalis ni. accessorii* – dorsaler Ast des zusätzlichen Nerven
23. *Nn. cervicales* – Halsnerven
24. *N. supraclavicularis* – Überschlüsselbeinnerv
25. *V. jugularis externa* – äußere Drosselvene
26. *V. linguofacialis* – Zungen-Gesichtsvene
27. *N. axillaris* – Achselnerv
28. *V. cephalica, N. cutaneus antebrachii cranialis* – Kopfvene des Oberarmes, kranialer Hautnerv des Unterarmes

Schwein. Präparation des Halses. Tiefe Schicht, Ansicht von links.

Abbildung 100

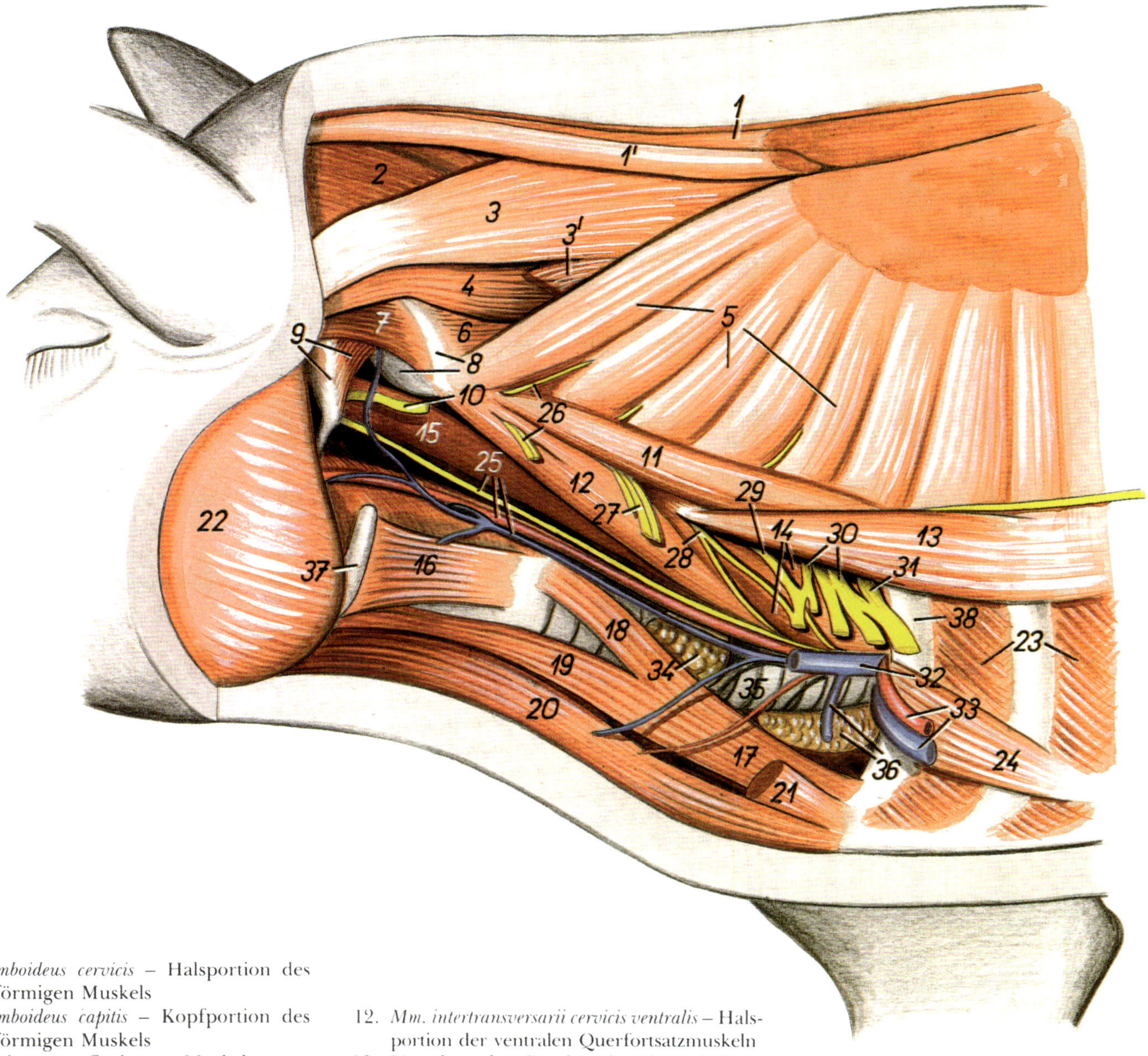

1. *M. rhomboideus cervicis* – Halsportion des rautenförmigen Muskels
1'. *M. rhomboideus capitis* – Kopfportion des rautenförmigen Muskels
2. *M. complexus* – geflochtener Muskel
3. *M. splenius* – Riemenmuskel
3'. *M. splenius* – *Insertio atlantica* – Riemenmuskel, Ansatz am Atlas
4. *M. longissimus capitis* – Kopfportion des längsten Muskels
5. *M. serratus ventralis cervicis* – Halsportion des ventralen gesägten Muskels
6. *M. obliquus capitis caudalis* – kaudaler schiefer Kopfmuskel
7. *M. obliquus capitis cranialis* – kranialer schiefer Kopfmuskel
8. *Processus transversus atlantis* – Querfortsatz des 1. Halswirbels
9. *Processus paracondylaris, M. rectus capitis lateralis* – Muskelfortsatz des Hinterhauptbeines, lateraler gerader Kopfmuskel
10. *Ramus dorsalis ni. accessorii* – dorsaler Ast des zusätzlichen Nerven
11. *Mm. intertransversarii cervicis dorsalis* – Halsportion der dorsalen Querfortsatzmuskeln
12. *Mm. intertransversarii cervicis ventralis* – Halsportion der ventralen Querfortsatzmuskeln
13. *M. scalenus dorsalis* – dorsaler Rippenhalter
14. *M. scalenus medius* – mittlerer Rippenhalter
15. *M. longus capitis* – langer Kopfmuskel
16. *M. thyrohyoideus* – Schildknorpel-Zungenbeinmuskel
17. *M. sternothyroideus* – Brustbein-Schildknorpelmuskel
18. *Portio dorsalis mi. sternothyroidei* – dorsaler Teil des Brustbein-Schildknorpelmuskels
19. *Portio ventralis mi. sternothyroidei* – ventraler Teil des Brustbein-Schildknorpelmuskels
20. *M. sternohyoideus* – Brustbein-Zungenbeinmuskel
21. *M. sternocephalicus (sternomastoideus)* – Brustbein-Kopfmuskel (Brustbein-Warzenteilmuskel)
22. *M. masseter* – äußerer Kaumuskel
23. *Mm. intercostales externi* – äußere Zwischenrippenmuskeln
24. *M. rectus thoracis* – gerader Brustkorbmuskel
25. *A. carotis communis, Truncus vagosympathicus, V. jugularis interna* – gemeinsame Kopfarterie, gemeinsamer Stamm des Vagus- und Sympathikusnerven, innere Drosselvene
26. *N. cervicalis III* – 3. Halsnerv
27. *N. cervicalis IV* – 4. Halsnerv
28. *N. cervicalis V* – 5. Halsnerv
29. *N. cervicalis VI* – 6. Halsnerv
30. *N. cervicalis VII* – 7. Halsnerv
31. *N. cervicalis VIII* – 8. Halsnerv
32. *N. jugularis externa* – äußere Drosselvene
33. *A. et V. axillaris* – Achselarterie und -vene
34. *Glandula thyroidea* – Schilddrüse
35. *Trachea* – Luftröhre
36. *Thymus, V. cephalica* – Thymus (Bries), Kopfvene des Oberarmes
37. *Thyrohyoideum* – Schildknorpelast des Zungenbeines
38. *Costa prima* – 1. Rippe

Schwein. Querschnitt durch den Hals in Höhe des 2. Halswirbels, Ansicht von kaudal.

Abbildung 101

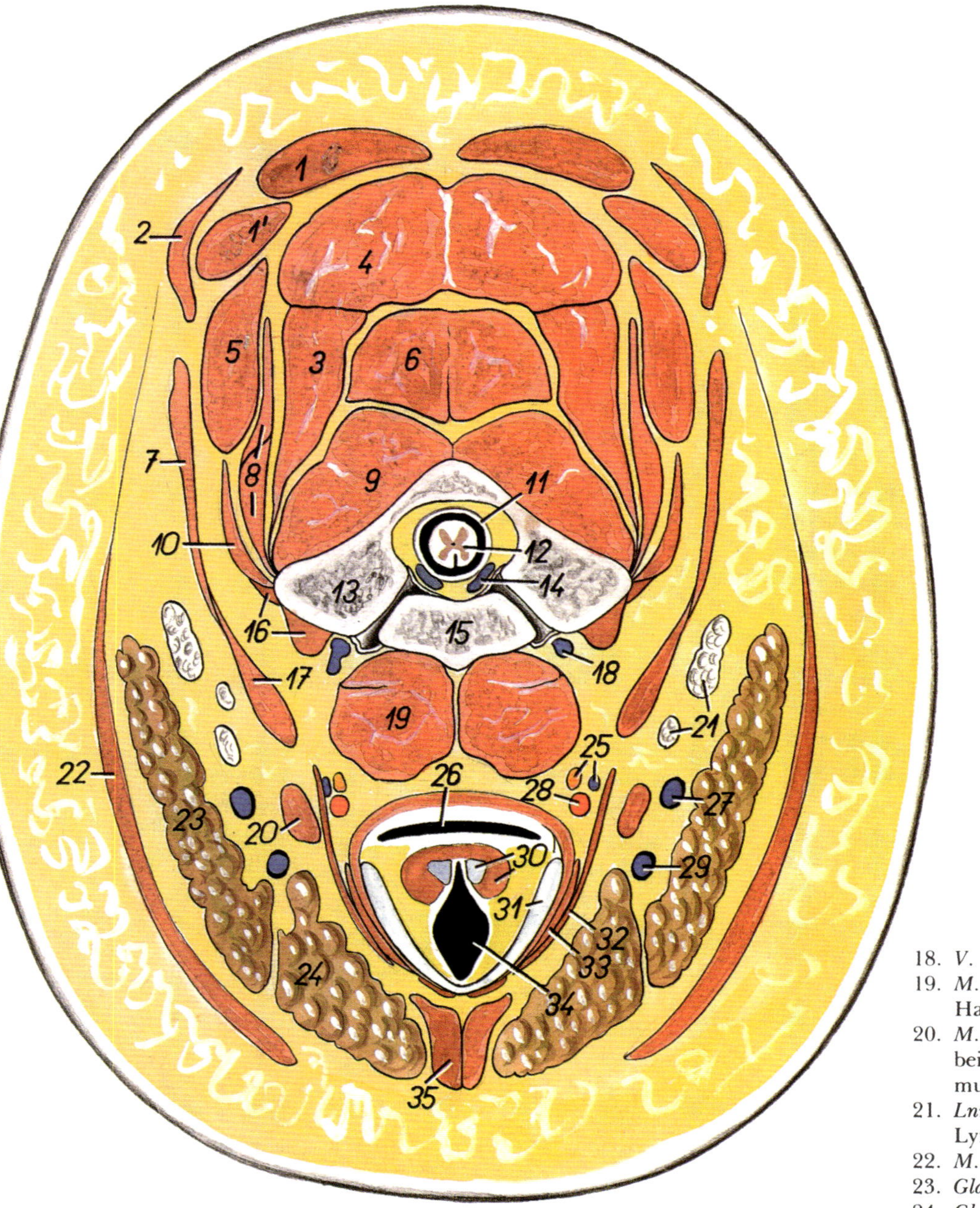

1. *M. rhomboideus cervicis* – Halsportion des rautenförmigen Muskels
1'. *M. rhomboideus capitis* – Kopfportion des rautenförmigen Muskels
2. *Pars cervicalis mi. trapezii* – Halsteil des trapezförmigen Muskels
3., 4. *M. semispinalis capitis* – Kopfportion des Halbdornfortsatzmuskels
3. *M. complexus* – geflochtener Muskel
4. *M. biventer cervicis* – zweibäuchiger Halsmuskel
5. *M. splenius* – Riemenmuskel
6. *M. rectus capitis dorsalis major* – dorsaler gerader Kopfmuskel
7. *M. cleidooccipitalis* – Schlüsselbein-Hinterhauptmuskel
8. *M. longissimus capitis et M. longissimus atlantis* – Kopf- und Atlasportion des längsten Muskels
9. *M. obliquus capitis caudalis* – kaudaler schiefer Kopfmuskel
10. *M. serratus ventralis cervicis* – Halsportion des ventralen gesägten Muskels
11. *Dura mater spinalis* – harte Rückenmarkshaut
12. *Medulla spinalis* – Rückenmark
13. *Atlas* – 1. Halswirbel
14. *Plexus vertebralis internus* – inneres Wirbelgeflecht
15. *Dens axis* – Zahn des 2. Halswirbels
16. *Mm. intertransversarii cervicis dorsalis et ventralis* – Halsportion der dorsalen und ventralen Zwischenquerfortsatzmuskeln
17. *M. cleidomastoideus* – Schlüsselbein-Warzenteilmuskel
18. *V. vertebralis* – Wirbelvene
19. *M. longus colli et M. longus capitis* – langer Halsmuskel und langer Kopfmuskel
20. *M. sternocephalicus (sternomastoideus)* – Brustbein-Kopfmuskel (Brustbein-Warzenteilmuskel)
21. *Lnn. retropharyngei laterales* – laterale Lymphknoten hinter dem Schlundkopf
22. *M. cutaneus colli* – Halshautmuskel
23. *Glandula parotis* – Ohrspeicheldrüse
24. *Glandula mandibularis* – Unterkieferdrüse
25. *Truncus vagosympathicus, V. jugularis interna* – gemeinsamer Stamm des Vagus- und Sympathikusnerven, innere Drosselvene
26. *Vestibulum esophagei* – Speiseröhrenvorhof
27. *V. maxillaris* – Oberkiefervene
28. *A. carotis communis* – gemeinsame Kopfarterie
29. *V. linguofacialis* – Zungen-Gesichtsvene
30. *Cartilago arytenoidea, M. cricoarytenoideus dorsalis et lateralis* – Gießkannenknorpel, dorsaler und lateraler Ring-Gießkannenknorpelmuskel
31. *Cartilago thyroidea* – Schildknorpel
32. *M. omohyoideus* – Schulter-Zungenbeinmuskel
33. *M. sternothyroideus* – Brustbein-Schlidknorpelmuskel
34. *Cavum laryngis* – Kehlkopfhöhle
35. *M. sternohyoideus* – Brustbein-Zungenbeinmuskel

Schwein. Querschnitt durch den Hals in Höhe des 3. Halswirbels, Ansicht von kaudal.

Abbildung 102

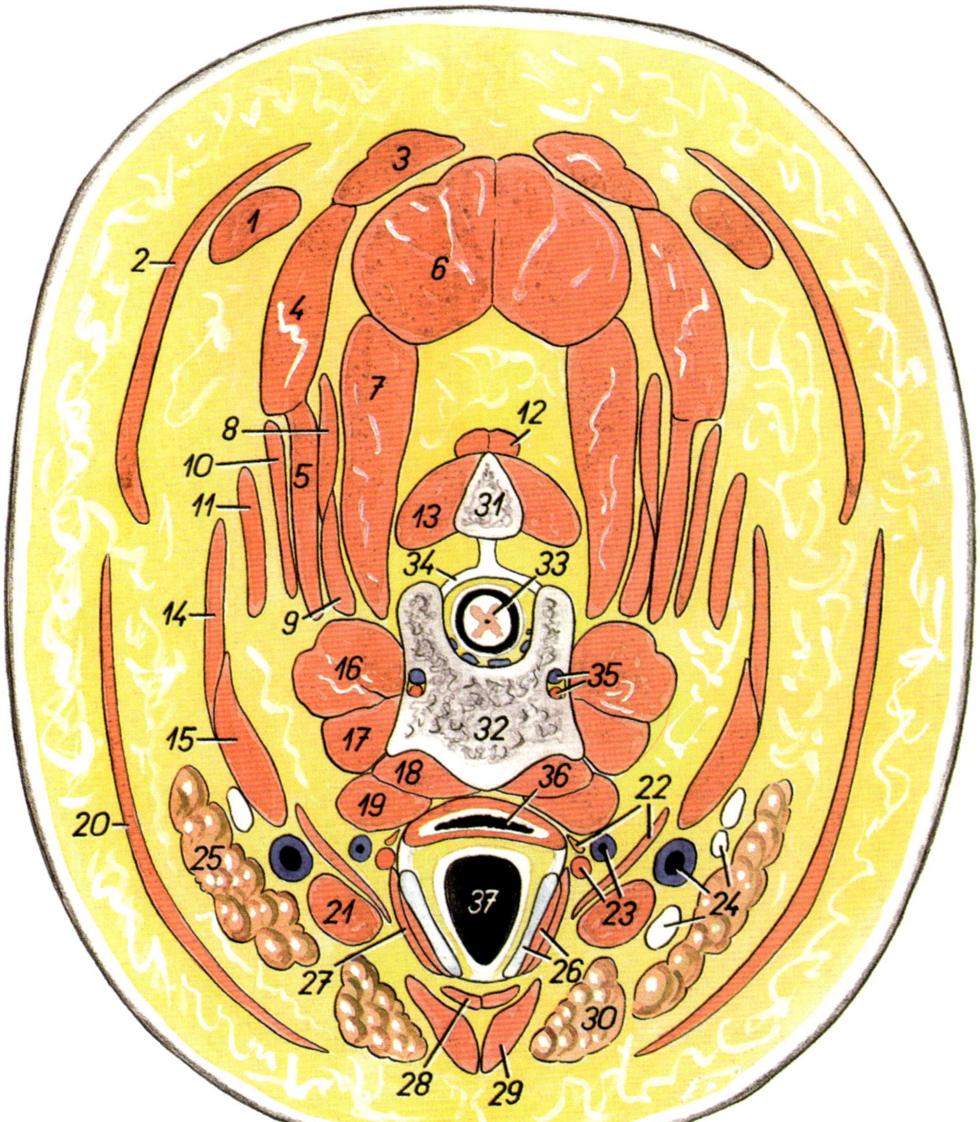

1. *M. rhomboideus capitis* – Kopfportion des rautenförmigen Muskels
2. *Pars cervicalis mi. trapezii* – Halsteil des trapezförmigen Muskels
3. *M. rhomboideus cervicis* – Halsportion des rautenförmigen Muskels

4., 5. *M. splenius* – Riemenmuskel

6., 7. *M. semispinalis capitis* – Kopfportion des Halbdornfortsatzmuskels

6. *M. biventer cervicis* – zweibäuchiger Halsmuskel
7. *M. complexus* – geflochtener Muskel
8. *M. longissimus capitis* – Kopfportion des längsten Muskels
9. *M. longissimus atlantis* – Atlasportion des längsten Muskels
10. *M. serratus ventralis cervicis* – Halsportion des ventralen gesägten Muskels
11. *M. omotransversarius* – Schulter-Querfortsatzmuskel
12. *M. rectus capitis dorsalis major* – dorsaler grosser gerader Kopfmuskel
13. *M. obliquus capitis caudalis* – kaudaler schiefer Kopfmuskel

14., 15. *M. brachiocephalicus* – Arm-Kopfmuskel

14. *M. cleidooccipitalis* – Schlüsselbein-Hinterhauptmuskel
15. *M. cleidomastoideus* – Schlüsselbein-Warzenteilmuskel
16. *Mm. intertransversarii cervicis dorsalis* – Halsportion der dorsalen Zwischenquerfortsatzmuskeln
17. *Mm. intertransversarii cervicis ventralis* – Halsportion der ventralen Zwischenquerfortsatzmuskeln
18. *M. longus colli* – langer Halsmuskel
19. *M. longus capitis* – langer Kopfmuskel
20. *M. cutaneus colli* – Halshautmuskel
21. *M. sternocephalicus (M. sternomastoideus)* – Brustbein-Kopfmuskel (Brustbein-Warzenteilmuskel)
22. *Truncus vagosympathicus, M. omohyoideus* – gemeinsamer Stamm des Vagus- und Sympathikusnerven, Schulter-Zungenbeinmuskel
23. *A. carotis communis, V. jugularis interna* – gemeinsame Kopfarterie, innere Drosselvene
24. *V. jugularis externa, Lnn. cervicales superficiales ventrales* – äußere Drosselvene, ventrale oberflächliche Halslymphknoten
25. *Glandula parotis* – Ohrspeicheldrüse
26. *Cartilago cricoidea, M. cricothyroideus* – Ringknorpel, Ringknorpel-Schildknorpelmuskel
27. *M. sternothyroideus (Portio dorsalis)* – Brustbein-Schildknorpelmuskel (dorsale Portion)
28. *N. sternothyroideus (Portio ventralis)* – Brustbein-Schildknorpelmuskel (ventrale Portion)
29. *M. sternohyoideus* – Brustbein-Zungenbeinmuskel
30. *Glandula mandibularis* – Unterkieferdrüse
31. *Processus spinosus axis* – Dornfortsatz des 2. Halswirbels
32. *Vertebra cervicalis III* – 3. Halswirbel
33. *Medulla spinalis* – Rückenmark
34. *Ligamentum flavum* – gelbes Band
35. *A. et V. vertebralis* – Wirbelarterie und -vene
36. *Esophagus* – Speiseröhre
37. *Cavum laryngis* – Kehlkopfhöhle

Schwein. Querschnitt durch den Hals in Höhe des 4. Halswirbels, Ansicht von kaudal.

Abbildung 103

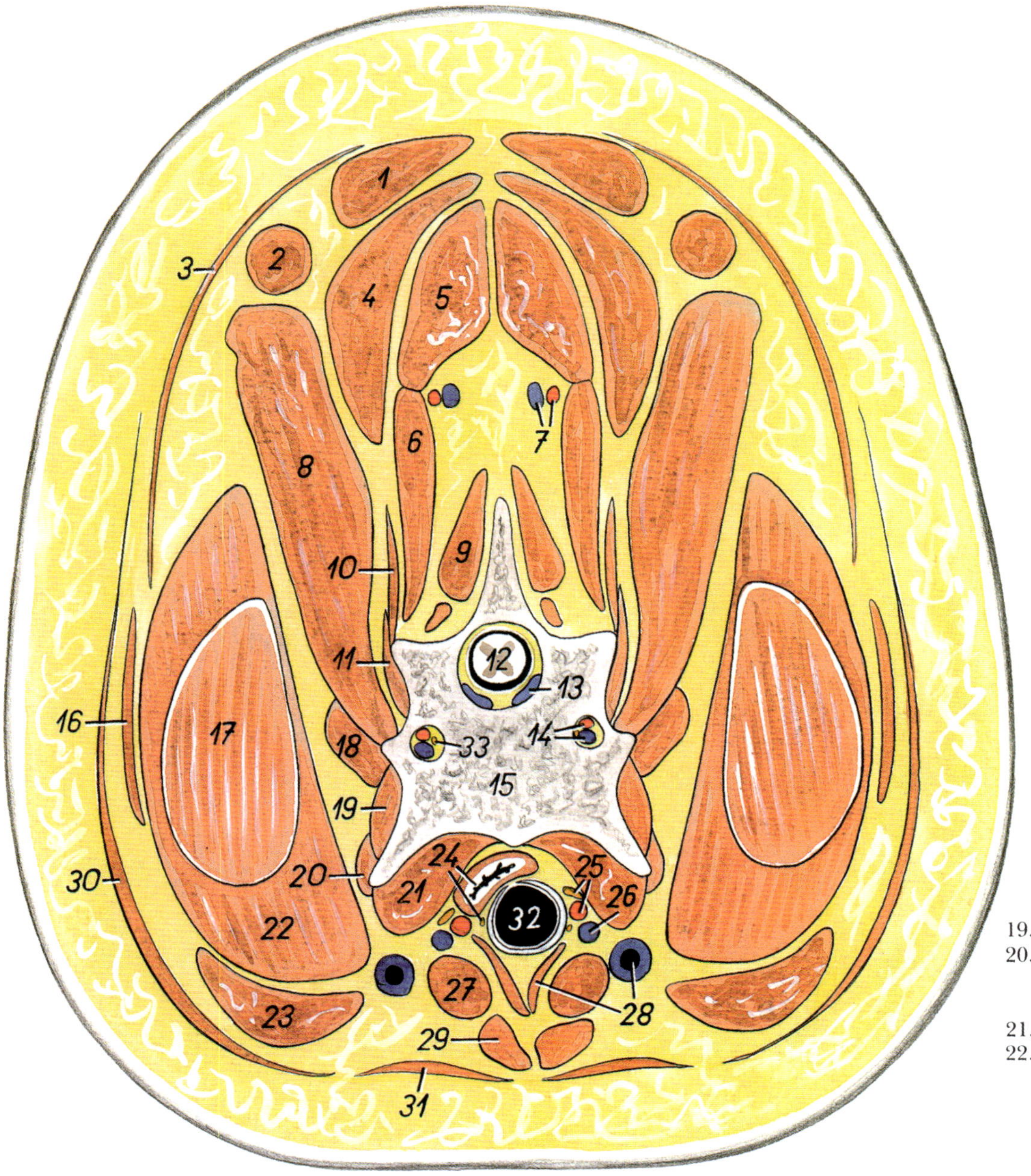

1. *M. rhomboideus cervicis* – Halsportion des rautenförmigen Muskels
2. *M. rhomboideus capitis* – Kopfportion des rautenförmigen Muskels
3. *Pars cervicalis mi. trapezii* – Halsteil des trapezförmigen Muskels
4. *M. splenius* – Riemenmuskel

5., 6. *M. semispinalis capitis* – Kopfportion des Halbdornfortsatzmuskels

5. *M. biventer cervicis* – zweibäuchiger Halsmuskel
6. *M. complexus* – geflochtener Muskel
7. *A. et V. cervicalis profunda* – tiefe Halsarterie und -vene
8. *M. serratus ventralis cervicis* – Halsportion des ventralen gesägten Muskels
9. *Mm. multifidi cervicis* – Halsportion der vielgeteilten Muskeln
10. *M. longissimus capitis et M. longissimus atlantis* – Kopf- und Atlasportion des längsten Muskels
11. *M. longissimus cervicis* – Halsportion des längsten Muskels
12. *Medulla spinalis* – Rückenmark
13. *Plexus vertebralis internus* – inneres Wirbelgeflecht
14. *A. et V. vertebralis* – Wirbelarterie und -vene
15. *Vertebra cervicalis IV* – 4. Halswirbel
16. *M. omotransversarius* – Schulter-Querfortsatzmuskel
17. *M. supraspinatus* – Übergrätenmuskel
18. *Mm. intertransversarii cervicis dorsalis* – Halsportion der dorsalen Zwischenquerfortsatzmuskeln
19. *M. scalenus medius* – mittlerer Rippenhalter
20. *Mm. intertransversarii cervicis ventralis* – Halsportion der ventralen Zwischenquerfortsatzmuskeln
21. *M. longus colli* – langer Halsmuskel
22. *M. subclavius (M. pectoralis cleidoscapularis; Pars prescapularis m. pectoralis profundi)* – Unterschlüsselbeinmuskel (Schlüsselbein-Schulterblatteil des Brustmuskels; vor dem Schulterblatt liegender Teil des tiefen Brustmuskels)
23. *M. brachiocephalicus* – Arm-Kopfmuskel
24. *Esophagus, N. laryngeus recurrens* – Speiseröhre, zurücklaufender Kehlkopfnerv
25. *A. carotis communis, Truncus vagosympathicus* – gemeinsame Kopfarterie, gemeinsamer Stamm des Vagus- und Sympathikusnerven
26. *V. jugularis interna* – innere Drosselvene
27. *M. sternocephalicus (sternomastoideus)* – Brustbein-Kopfmuskel (Brustbein-Warzenteilmuskel)
28. *V. jugularis externa, M. sternothyroideus* – äuzere Drosselvene, Brustbein-Schildknorpelmuskel
29. *M. sternohyoideus* – Brustbein-Zungenbeinmuskel
30. *Pars superficialis mi. cutanei colli* – oberflächlicher Teil des Halshautmuskels
31. *Pars profunda mi. cutanei colli* – tiefer Teil des Halshautmuskels
32. *Trachea* – Luftröhre
33. *N. vertebralis* – Wirbelnerv

Pferd. Oberflächliche Regionen am Kopf.

Abbildung 104

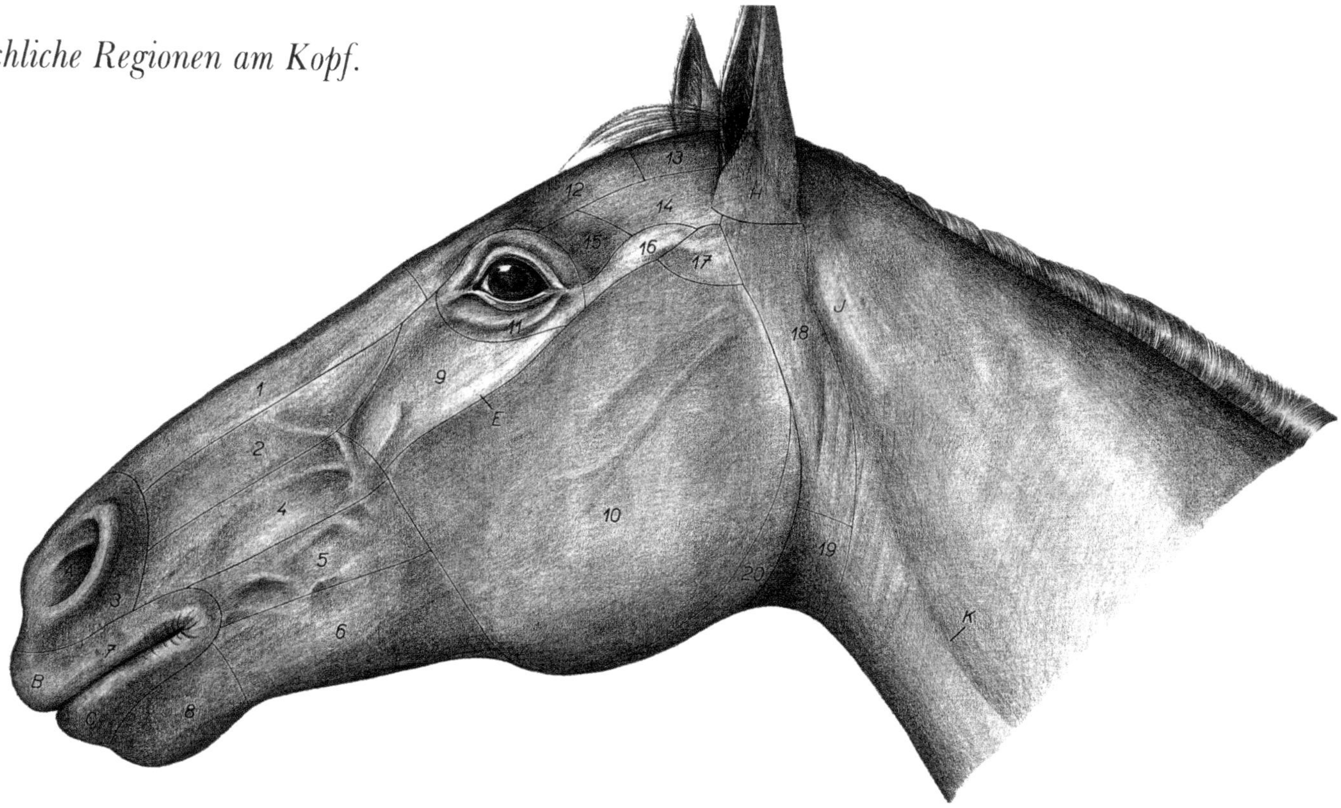

Pferd. Projektion der Schädelknochen auf die Kopfoberfläche, Ansicht von links.

Abbildung 105

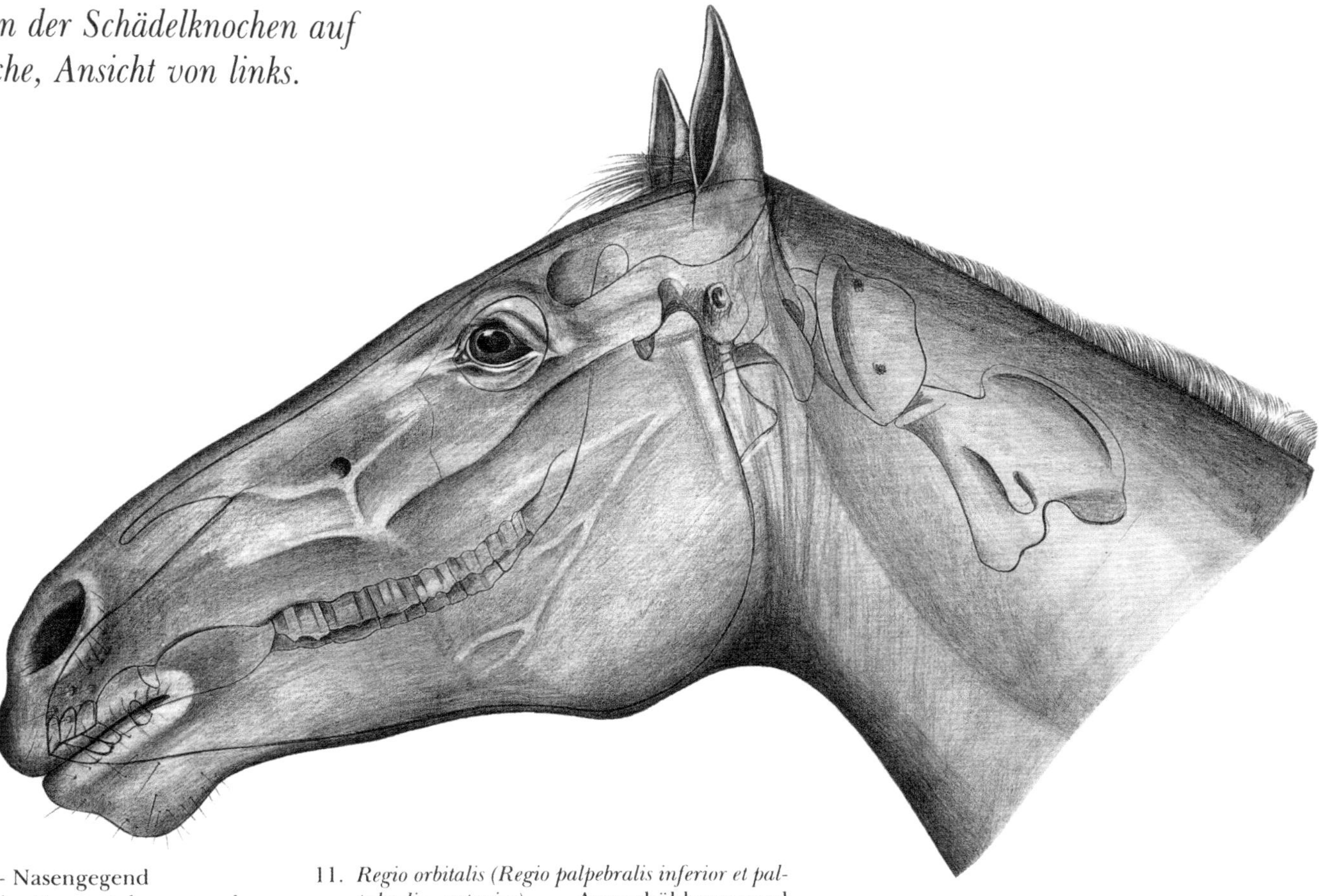

1.–3. *Regio nasalis* – Nasengegend
1. *Regio dorsalis nasi* – Nasenrückengegend
2. *Regio lateralis nasi* – laterale Nasengegend
3. *Regio naris* – Nüsterngegend
4. *Regio maxillaris* – Oberkiefergegend
5. *Regio buccalis* – Backengegend
6. *Regio mandibularis* – Unterkiefergegend
7. *Regio oralis (Regio labialis superior et labialis inferior)* – Mundgegend (Oberlippen- und Unterlippengegend)
8. *Regio mentalis* – Kinngegend
9. *Regio infraorbitalis* – Unteraugengegend
10. *Regio masseterica* – äußere Kaumuskelgegend
11. *Regio orbitalis (Regio palpebralis inferior et palpebralis superior)* – Augenhöhlengegend (Gegend des oberen und unteren Augenlides)
12. *Regio frontalis* – Stirngegend
13. *Regio parietalis* – Scheitelgegend
14. *Regio temporalis* – Schläfengegend
15. *Fossa supraorbitalis* – Überaugenhöhlengrube
16. *Regio zygomatica* – Jochgegend
17. *Regio articulationis temporomandibularis* – Kiefergelenkgegend
18. *Regio parotidea* – Ohrspeicheldrüsengegend
19. *Regio laryngea* – Kehlkopfgegend
20. *Margo mandibulae* – Unterkieferrand

A. *Naris* – Nüstern
B. *Labium superius* – Oberlippe
C. *Labium inferius* – Unterlippe
D. *Incisura vasorum facialium* – Gefäßausschnitt
E. *Crista facialis* – Gesichtsleiste
F. *Cirrus capitis* – Stirnschopf
G. *Juba* – Mähne
H. *Auricula* – Ohrmuschel
J. *Processus transversus atlantis* – Querfortsatz des Atlas
K. *Sulcus jugularis* – Drosselrinne

Pferd. Schädel vom Fohlen (neugeboren).

Abbildung 106

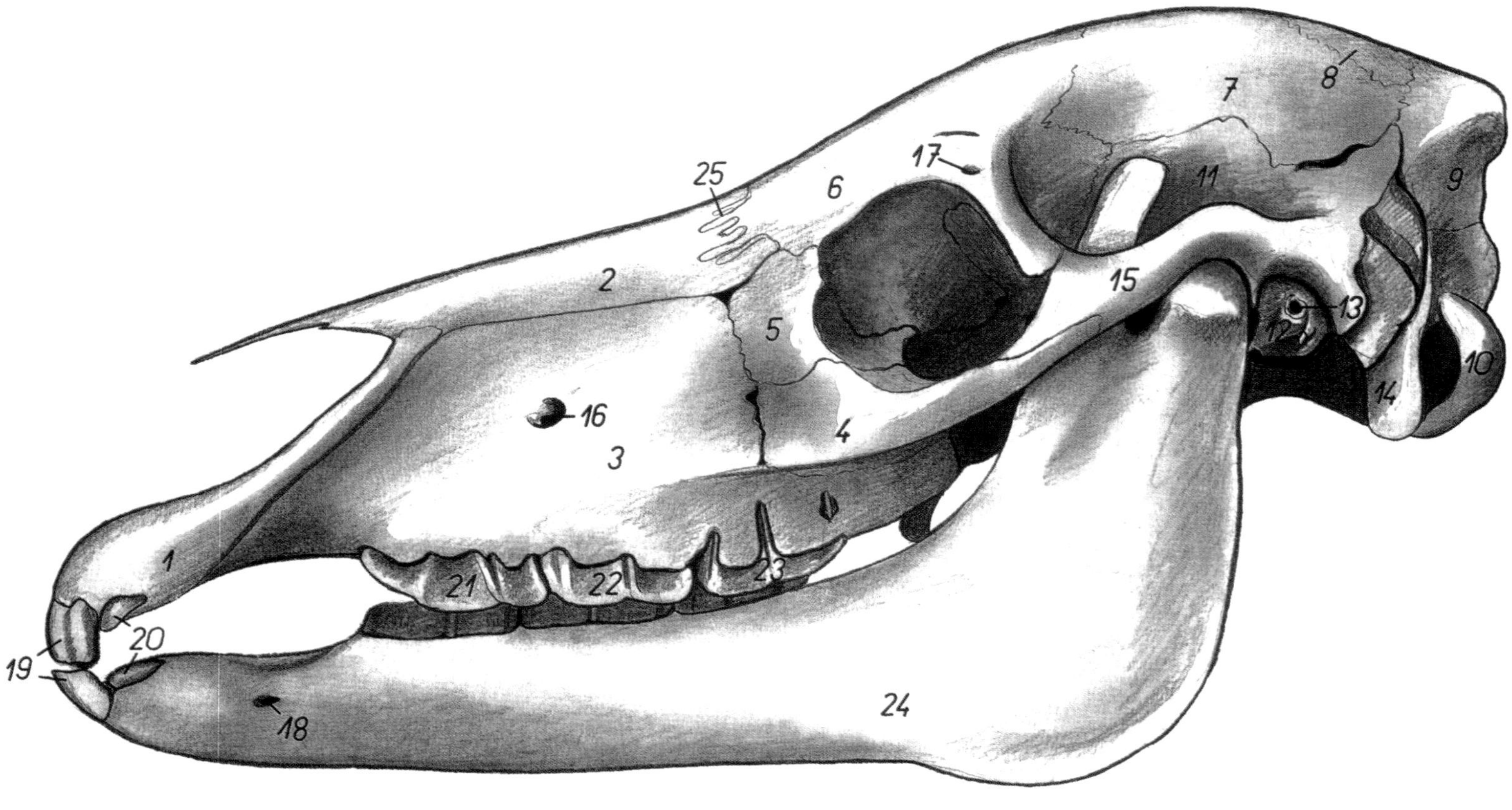

1. *Os incisivum* – Zwischenkieferbein
2. *Os nasale* – Nasenbein
3. *Maxilla* – Oberkieferbein
4. *Os zygomaticum* – Jochbein
5. *Os lacrimale* – Tränenbein
6. *Os frontale* – Stirnbein
7. *Os parietale* – Scheitelbein
8. *Os interparietale* – Zwischenscheitelbein
9. *Os occipitale* – Hinterhauptbein
10. *Condylus occipitalis* – Gelenkknorren des Hinterhauptbeines
11. *Pars squamosa ossis temporalis* – Schuppenteil des Schläfenbeines
12. *Pars tympanica ossis temporalis* – Paukenteil des Schläfenbeines
13. *Porus acusticus externus* – äußere Gehöröffnung
14. *Processus paracondylaris* – Muskelfortsatz des Hinterhauptbeines
15. *Arcus zygomaticus* – Jochbogen
16. *Foramen infraorbitale* – Unteraugenhöhlenloch
17. *Foramen supraorbitale* – Überaugenhöhlenloch
18. *Foramen mentale* – Kinnloch
19. *Dentes incisivi I (decidui)* – Milchzangen
20. *Dentes incisivi II (decidui)* – Milch-Mittelschneidezähne
21., 22., 23. *Dentes premolares superiores* – vordere Backenzähne des Oberkiefers
24. *Mandibula* – Unterkiefer
25. *Sutura frontonasalis* – Stirnbein-Nasenbeinnaht

Pferd. Schädel, Ansicht von links, mit eröffneten Oberkiefer- und Muschelhöhlen.

Abbildung 107

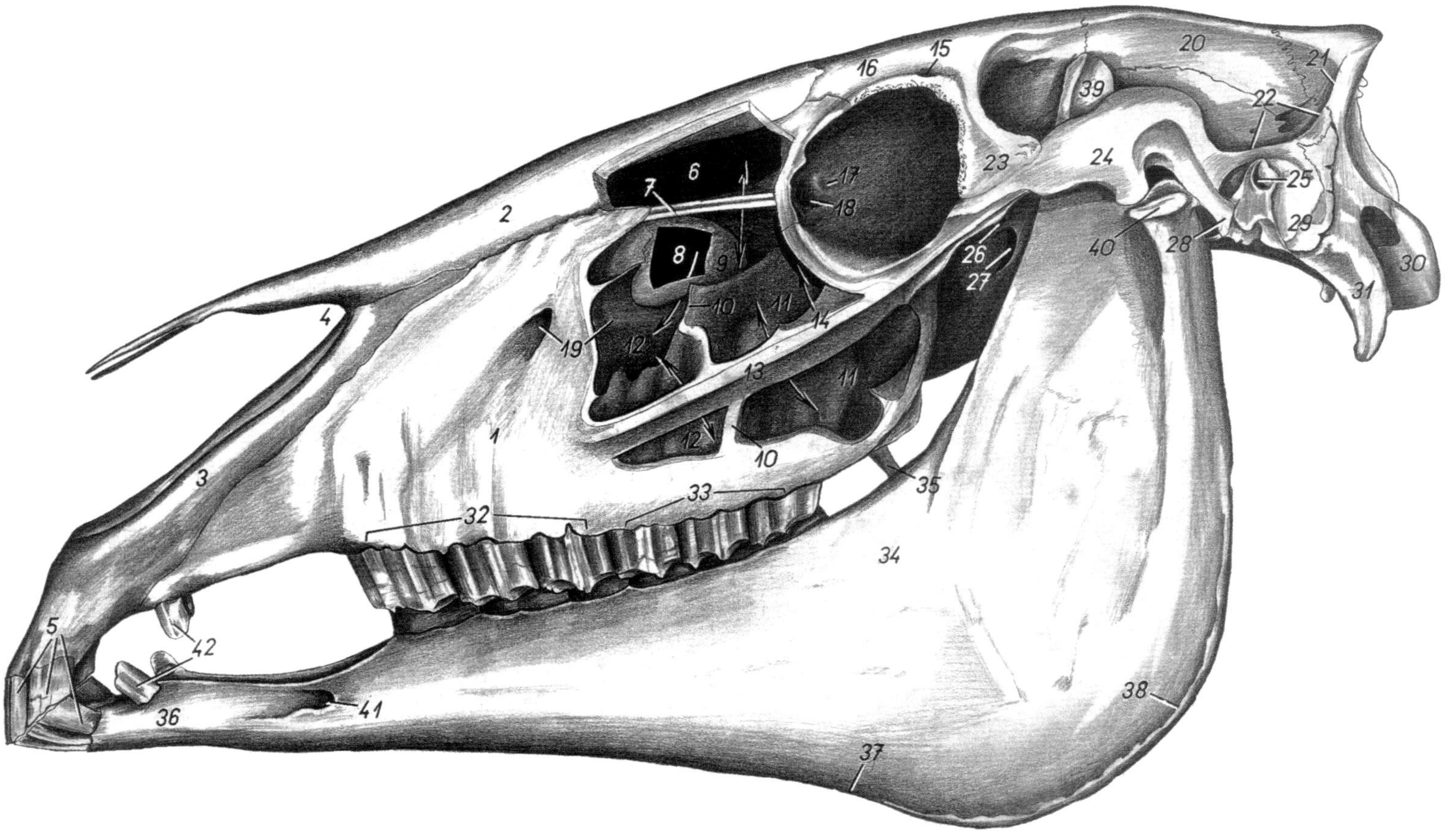

1. *Maxilla* – Oberkieferbein
2. *Os nasale* – Nasenbein
3. *Os incisivum* – Zwischenkieferbein
4. *Incisura nasoincisiva* – Nasenbein-Zwischenkieferbeineinschnitt
5. *Dentes incisivi* – Schneidezähne
6. *Sinus conchofrontalis* – Muschel-Stirnbeinhöhle
7. *Canalis nasolacrimalis* – Tränennasenkanal
8. *Sinus conchae ventralis* – ventrale Nasenmuschelhöhle
9. *Bulla conchalis ventralis* – Blase der ventralen Nasenmuschel
10. *Septum sinuum maxillarium* – Oberkieferhöhlenscheidewand
11. *Sinus maxillaris caudalis* – kaudale Oberkieferhöhle
12. *Sinus maxillaris rostralis* – rostrale Oberkieferhöhle
13. *Crista facialis* – Gesichtsleiste
14. *Apertura sinus sphenoidalis* – Öffnung zur Keilbein-Gaumenbeinhöhle
15. *Foramen supraorbitale* – Überaugenhöhlenloch
16. *Os frontale* – Stirnbein
17. *Fossa mi. obliqui ventralis bulbi* – Grube des ventralen schiefen Augenmuskels
18. *Fossa sacci lacrimalis* – Tränensackgrube
19. *Canalis infraorbitalis* – Unteraugenhöhlenkanal
20. *Os parietale* – Scheitelbein
21. *Crista nuchae* – Nackenleiste
22. *Crista supramastoidea* – Leiste über dem Warzenteil
23. *Processus zygomaticus ossis frontalis* – Jochfortsatz des Stirnbeines
24. *Arcus zygomaticus* – Jochbogen
25. *Porus acusticus externus* – äußere Gehöröffnung
26. *Canalis opticus* – Sehnervenkanal
27. *Fissura orbitalis et Foramen alare rostrale* – Augenhöhlenspalte und rostrales Flügelloch
28. *Processus retroarticularis* – Fortsatz hinter dem Kiefergelenk
29. *Processus mastoideus ossis temporalis* – Warzenteilfortsatz des Schläfenbeines
30. *Condylus occipitalis* – Gelenkknorren des Hinterhauptbeines
31. *Processus paracondylaris* – Muskelfortsatz des Hinterhauptbeines
32. *Dentes premolares* – vordere Backenzähne
33. *Dentes molares* – hintere Backenzähne
34. *Ramus mandibulae* – Unterkieferast
35. *Hamulus pterygoideus* – Häkchen des Flügelbeines
36. *Corpus mandibulae* – Unterkieferkörper
37. *Incisura vasorum facialium* – Gefäßausschnitt
38. *Angulus mandibulae* – Unterkieferwinkel
39. *Processus coronoideus mandibulae* – Muskelfortsatz des Unterkiefers
40. *Processus condylaris mandibulae* – Gelenkfortsatz des Unterkiefers
41. *Foramen mentale* – Kinnloch
42. *Dentes canini* – Eckzähne

Pferd. Schädel, Ansicht von links. Farbige Darstellung der einzelnen Knochen.

Abbildung 108

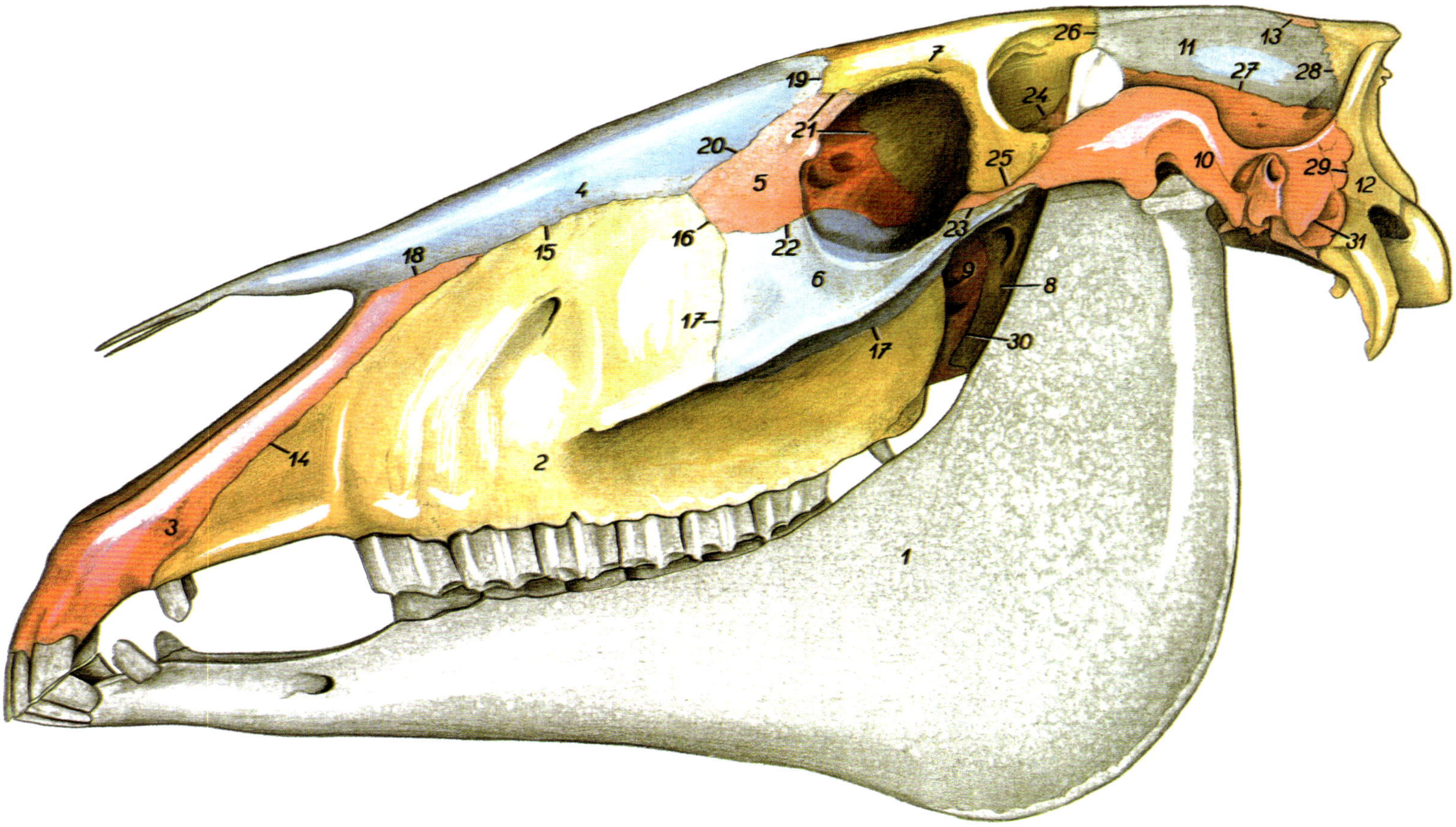

1. *Mandibula* – Unterkiefer
2. *Maxilla* – Oberkieferbein
3. *Os incisivum* – Zwischenkieferbein
4. *Os nasale* – Nasenbein
5. *Os lacrimale* – Tränenbein
6. *Os zygomaticum* – Jochbein
7. *Os frontale* – Stirnbein
8. *Os presphenoidale* – vorderer Teil des Keilbeines
9. *Lamina perpendicularis ossis palatini* – senkrechte Platte des Gaumenbeines
10. *Os temporale* – Schläfenbein
11. *Os parietale* – Scheitelbein
12. *Os occipitale* – Hinterhauptbein
13. *Os interparietale* – Zwischenscheitelbein
14. *Sutura maxilloincisiva* – Oberkieferbein-Zwischenkieferbeinnaht
15. *Sutura nasomaxillaris* – Nasenbein-Oberkieferbeinnaht
16. *Sutura lacrimomaxillaris* – Tränenbein-Oberkieferbeinnaht
17. *Sutura zygomaticomaxillaris* – Jochbein-Oberkieferbeinnaht
18. *Sutura nasoincisiva* – Nasenbein-Zwischenkieferbeinnaht
19. *Sutura frontonasalis* – Stirnbein-Nasenbeinnaht
20. *Sutura nasolacrimalis* – Nasenbein-Tränenbeinnaht
21. *Sutura frontolacrimalis* – Stirnbein-Tränenbeinnaht
22. *Sutura lacrimozygomatica* – Tränenbein-Jochbeinnaht
23. *Sutura temporozygomatica* – Schläfenbein-Jochbeinnaht
24. *Sutura squamosofrontalis* – Schläfenbeinschuppen-Stirnbeinnaht
25. *Sutura temporofrontalis* – Schläfenbein-Stirnbeinnaht
26. *Sutura coronalis* – Kranznaht
27. *Sutura squamosa* – Schuppennaht
28. *Sutura lambdoidea* – lambdaförmige Naht
29. *Sutura occipitomastoidea* – Hinterhauptbein-Warzenteilnaht
30. *Sutura sphenopalatina* – Keilbein-Gaumenbeinnaht
31. *Sutura squamosomastoidea* – Schuppen-Warzenteilnaht

Pferd. Medianschnitt durch den Schädel. Farbige Darstellung der einzelnen Knochen, Ansicht von links.

Abbildung 109

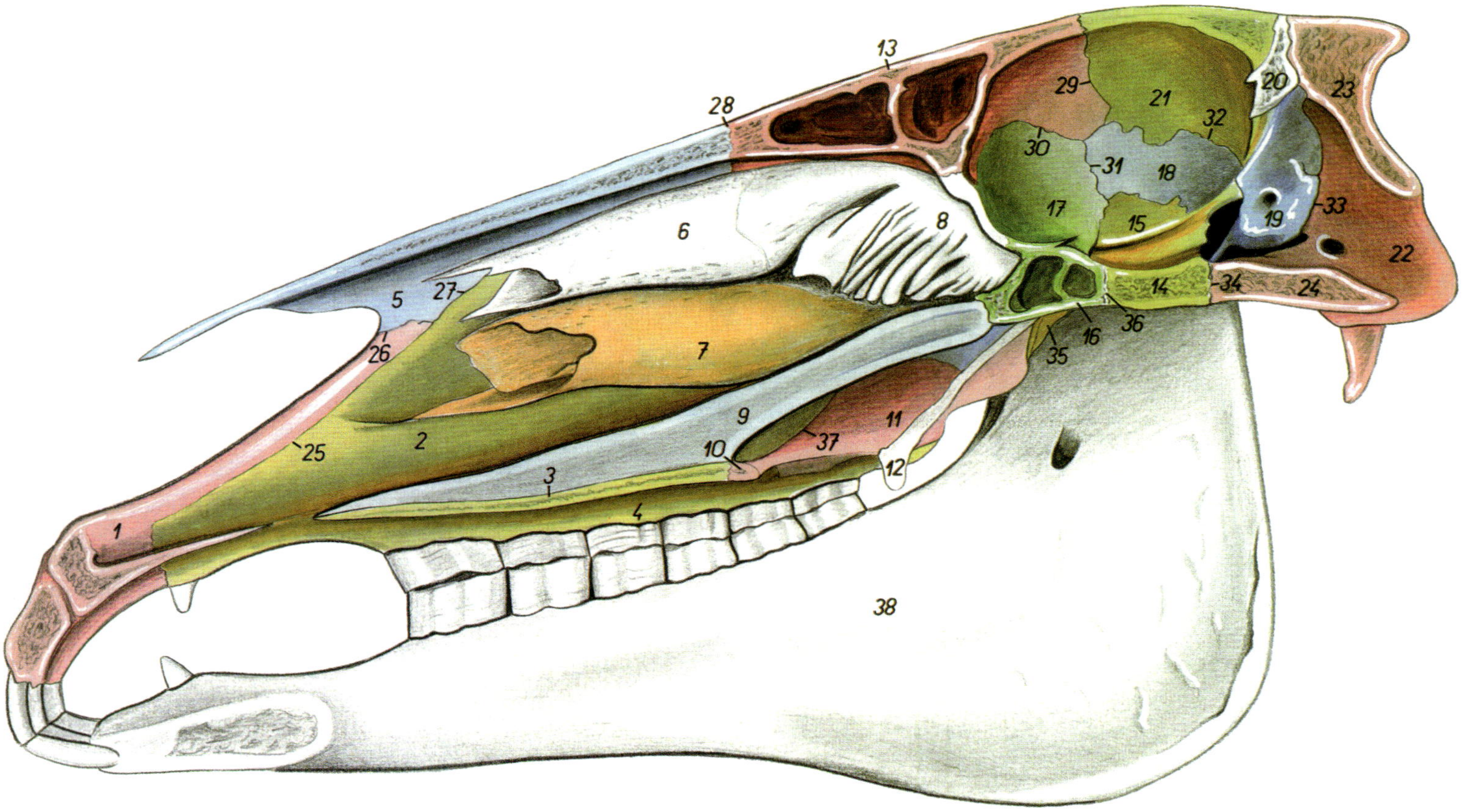

1. *Os incisivum* – Zwischenkieferbein
2. *Maxilla* – Oberkieferbein
3. *Processus palatinus maxillae* – Gaumenfortsatz des Oberkieferbeines
4. *Processus alveolaris maxillae* – Zahnfachfortsatz des Oberkieferbeines
5. *Os nasale* – Nasenbein
6. *Concha nasalis dorsalis* – dorsale Nasenmuschel
7. *Os conchae nasalis ventralis* – ventrales Nasenmuschelbein
8. *Ethmoturbinalia* – Siebbeinzellen
9. *Vomer* – Pflugscharbein
10. *Lamina horizontalis ossis palatini* – waagrechte Platte des Gaumenbeines
11. *Lamina perpendicularis ossis palatini* – senkrechte Platte des Gaumenbeines
12. *Os pterygoideum* – Flügelbein
13. *Os frontale* – Stirnbein
14. *Corpus ossis basisphenoidalis* – Körper des hinteren Teils des Keilbeines
15. *Ala ossis basisphenoidalis* – Flügel des hinteren Teils des Keilbeines
16. *Corpus ossis presphenoidalis* – Körper des vorderen Teils des Keilbeines
17. *Ala ossis presphenoidalis* – Flügel des vorderen Teils des Keilbeines
18. *Pars squamosa ossis temporalis* – Schuppenteil des Schläfenbeines
19. *Pars petrosa ossis temporalis* – Felsenteil des Schläfenbeines
20. *Os interparietale* – Zwischenscheitelbein
21. *Os parietale* – Scheitelbein
22. *Pars lateralis ossis occipitalis* – lateraler Teil des Hinterhauptbeines
23. *Squama occipitalis* – Hinterhauptschuppe
24. *Pars basilaris ossis occipitalis* – Basalteil des Hinterhauptbeines
25. *Sutura maxilloincisiva* – Oberkieferbein-Zwischenkieferbeinnaht
26. *Sutura nasoincisiva* – Nasenbein-Zwischenkieferbeinnaht
27. *Sutura nasomaxillaris* – Nasenbein-Oberkieferbeinnaht
28. *Sutura frontonasalis* – Stirnbein-Nasenbeinnaht
29. *Sutura coronalis* – Kranznaht
30. *Sutura sphenofrontalis* – Keilbein-Stirnbeinnaht
31. *Sutura sphenosquamosa* – Keilbein-Schuppennaht
32. *Sutura squamosa* – Schuppennaht
33. *Sutura occipitomastoidea* – Hinterhauptbein-Warzenteilnaht
34. *Synchondrosis sphenooccipitalis* – Keilbein-Hinterhauptbeinfuge
35. *Processus pterygoideus ossis basisphenoidalis* – Flügelfortsatz des hinteren Teils des Keilbeines
36. *Synchondrosis intersphenoidalis* – Zwischenkeilbeinfuge
37. *Sutura palatomaxillaris* – Gaumenbein-Oberkieferbeinnaht
38. *Mandibula* – Unterkiefer

Pferd. Schädel, Ansicht von rostral.

Abbildung 110

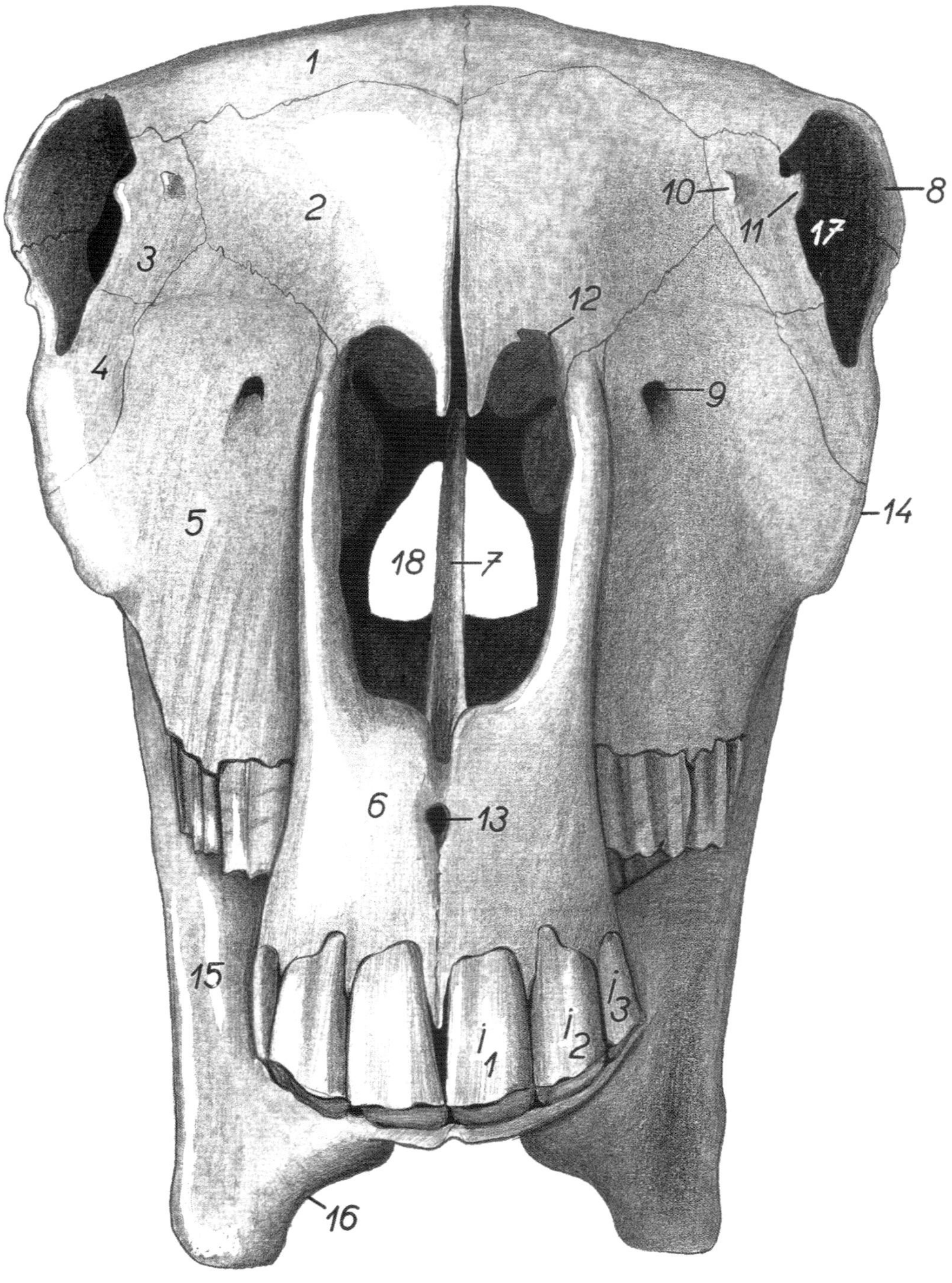

1. *Os frontale* – Stirnbein
2. *Os nasale* – Nasenbein
3. *Os lacrimale* – Tränenbein
4. *Os zygomaticum* – Jochbein
5. *Maxilla* – Oberkieferbein
6. *Os incisivum* – Zwischenkieferbein
7. *Vomer* – Pflugscharbein
8. *Processus zygomaticus ossis frontalis* – Jochfortsatz des Stirnbeines
9. *Foramen infraorbitale* – Unteraugenhöhlenloch
10. *Processus lacrimalis rostralis* – rostraler Tränenbeinfortsatz
11. *Processus lacrimalis caudalis* – kaudaler Tränenbeinfortsatz
12. *Incisura nasoincisiva* – Nasenbein-Zwischenkieferbeineinschnitt
13. *Canalis interincisivus* – Zwischenkieferkanal
14. *Crista facialis* – Gesichtsleiste
15. *Ramus mandibulae* – Unterkieferast
16. *Incisura vasorum facialium* – Gefäßausschnitt
17. *Orbita* – Augenhöhle
18. *Choana dextra* – rechte Nasenrachenöffnung

I_1 *Dens incisivus superior I* – Oberkieferzange
I_2 *Dens incisivus superior II* – Oberkiefer-Mittelschneidezahn
I_3 *Dens incisivus superior III* – Oberkiefer-Eckschneidezahn

Pferd. Schädel, Ansicht von kaudal.

Abbildung 111

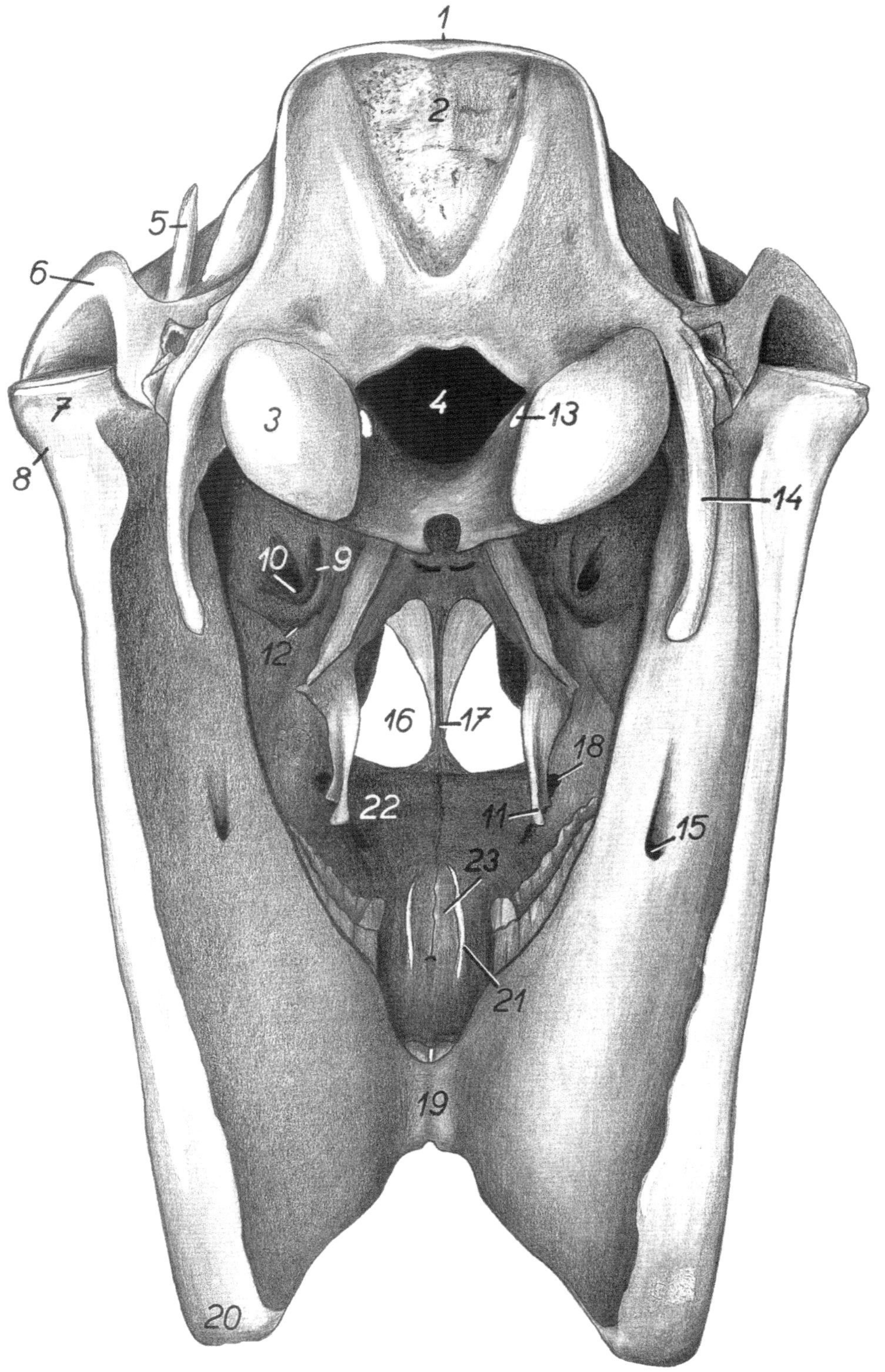

1. *Crista nuchae* – Nackenleiste
2. *Protuberantia occipitalis externa* – äußere Hinterhaupterhebung
3. *Condylus occipitalis* – Gelenkknorren des Hinterhauptbeines
4. *Foramen magnum* – Hinterhauptloch
5. *Processus coronoideus mandibulae* – Muskelfortsatz des Unterkiefers
6. *Arcus zygomaticus* – Jochbogen
7., 8. *Processus condylaris mandibulae* – Gelenkfortsatz des Unterkiefers
7. *Caput mandibulae* – Gelenkkopf des Unterkiefers
8. *Collum mandibulae* – Unterkieferhals
9. *Foramen sphenopalatinum* – Keilbein-Gaumenbeinloch
10. *Foramen maxillare* – Oberkieferbeinloch
11. *Hamulus pterygoideus* – Häkchen des Flügelbeines
12. *Foramen palatinum caudale* – kaudales Gaumenbeinloch
13. *Canalis n. hypoglossi* – Kanal des Unterzungennerven
14. *Processus paracondylaris* – Muskelfortsatz des Hinterhauptbeines
15. *Foramen mandibulae* – Unterkieferloch
16. *Choana* – Nasenrachenöffnung
17. *Vomer* – Pflugscharbein
18. *Foramen palatinum majus* – großes Gaumenbeinloch
19. *Angulus mentalis* – Kinnwinkel
20. *Angulus mandibulae* – Unterkieferwinkel
21. *Fissura palatina* – Gaumenspalte
22. *Processus palatinus maxillae* – Gaumenfortsatz des Oberkieferbeines
23. *Processus palatinus ossis incisivi* – Gaumenfortsatz des Zwischenkieferbeines

Pferd. Schädel, Ansicht von dorsal mit eröffneten Nasennebenhöhlen.

Abbildung 112

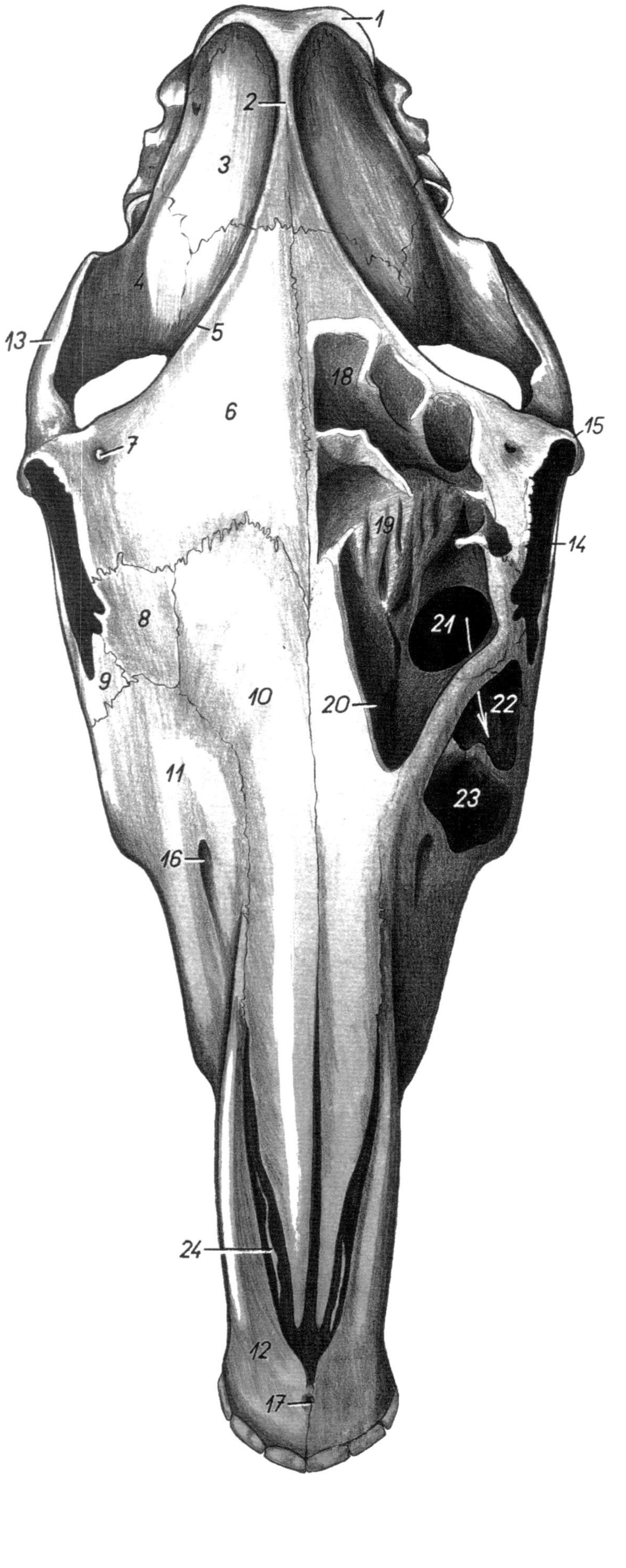

1. *Crista nuchae* – Nackenleiste
2. *Crista sagittalis externa* – äußere Sagittalleiste
3. *Os parietale* – Scheitelbein
4. *Pars squamosa ossis temporalis* – Schuppenteil des Schläfenbeines
5. *Linea temporalis* – Schläfenbeinlinie
6. *Os frontale* – Stirnbein
7. *Foramen supraorbitale* – Überaugenhöhlenloch
8. *Os lacrimale* – Tränenbein
9. *Os zygomaticum* – Jochbein
10. *Os nasale* – Nasenbein
11. *Maxilla* – Oberkieferbein
12. *Os incisivum* – Zwischenkieferbein
13. *Processus zygomaticus ossis temporalis* – Jochfortsatz des Schläfenbeines
14. *Orbita* – Augenhöhle
15. *Processus zygomaticus ossis frontalis* – Jochfortsatz des Stirnbeines
16. *Foramen infraorbitale* – Unteraugenhöhlenloch
17. *Canalis interincisivus* – Zwischenkieferkanal
18. *Sinus frontalis* – Stirnhöhle
19. *Lamina tectoria ossis ethmoidalis* – Deckplatte des Siebbeines
20. *Sinus conchofrontalis* – Muschel-Stirnbeinhöhle
21. *Apertura frontomaxillaris* – Stirnbein-Oberkieferbeinöffnung
22. *Sinus maxillaris caudalis* – kaudale Oberkieferhöhle
23. *Sinus maxillaris rostralis* – rostrale Oberkieferhöhle
24. *Fissura palatina* – Gaumenspalte

Pferd. Schädel, Ansicht von dorsal. Farbige Darstellung der einzelnen Knochen.

Abbildung 113

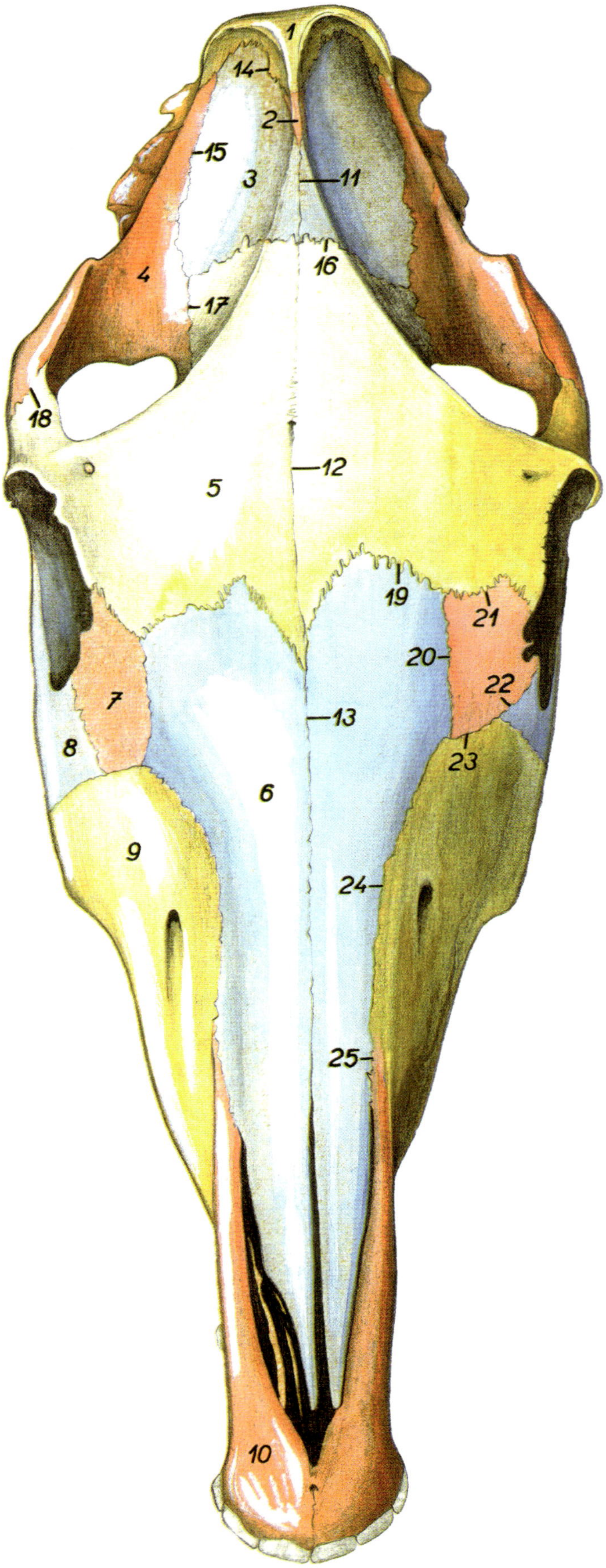

1. *Os occipitale* – Hinterhauptbein
2. *Os interparietale* – Zwischenscheitelbein
3. *Os parietale* – Scheitelbein
4. *Os temporale* – Schläfenbein
5. *Os frontale* – Stirnbein
6. *Os nasale* – Nasenbein
7. *Os lacrimale* – Tränenbein
8. *Os zygomaticum* – Jochbein
9. *Maxilla* – Oberkieferbein
10. *Os incisivum* – Zwischenkieferbein
11. *Sutura sagittalis* – sagittale Naht
12. *Sutura interfrontalis* – Zwischenstirnbeinnaht
13. *Sutura internasalis* – Zwischennasenbeinnaht
14. *Sutura lambdoidea* – lambdaförmige Naht
15. *Sutura squamosa* – Schuppennaht
16. *Sutura coronalis* – Kranznaht
17. *Sutura squamosofrontalis* – Schuppen-Stirnbeinnaht
18. *Sutura temporofrontalis* – Schläfenbein-Stirnbeinnaht
19. *Sutura frontonasalis* – Stirnbein-Nasenbeinnaht
20. *Sutura nasolacrimalis* – Nasenbein-Tränenbeinnaht
21. *Sutura frontolacrimalis* – Stirnbein-Tränenbeinnaht
22. *Sutura lacrimozygomatica* – Tränenbein-Jochbeinnaht
23. *Sutura lacrimomaxillaris* – Tränenbein-Oberkieferbeinnaht
24. *Sutura nasomaxillaris* – Nasenbein-Oberkieferbeinnaht
25. *Sutura nasoincisiva* – Nasenbein-Zwischenkieferbeinnaht

Pferd. Schädel, Ansicht von ventral.

Abbildung 114

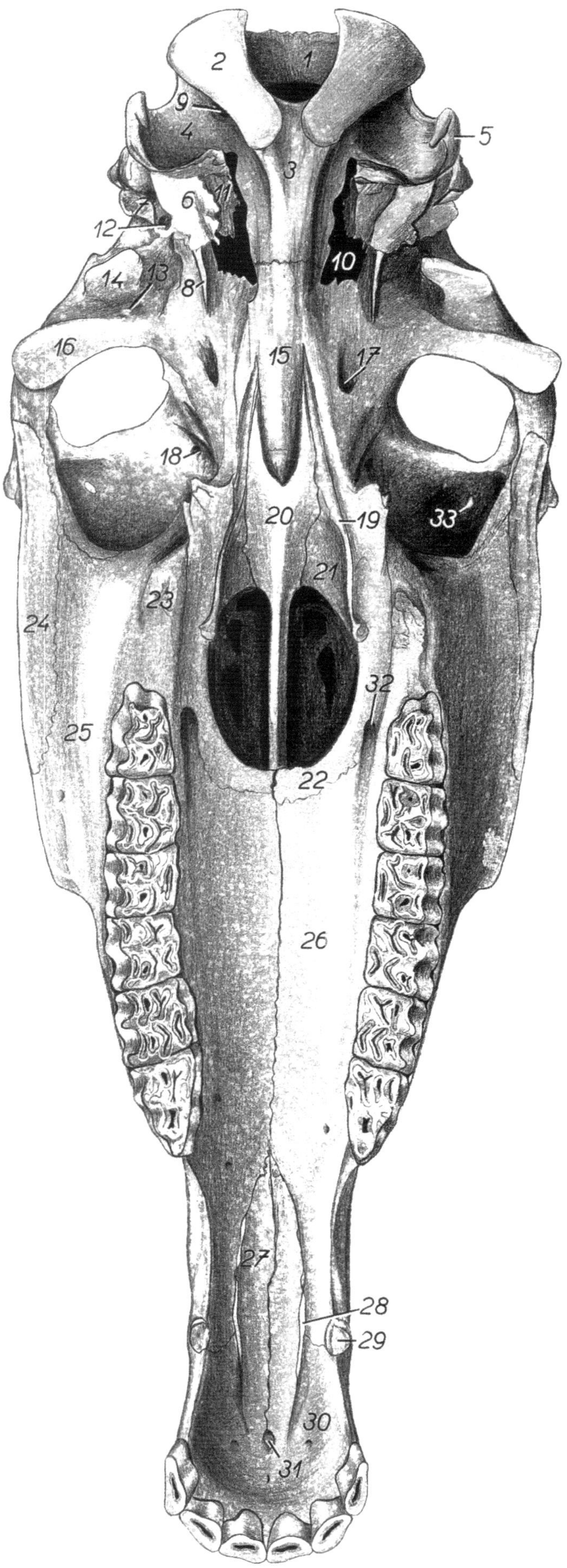

1. *Foramen magnum* – Hinterhauptloch
2. *Condylus occipitalis* – Gelenkknorren des Hinterhauptbeines
3. *Pars basilaris ossis occipitalis* – Basisteil des Hinterhauptbeines
4. *Fossa condylaris ventralis* – ventrale Gelenkknorrengrube
5. *Processus paracondylaris* – Muskelfortsatz des Hinterhauptbeines
6. *Pars tympanica ossis temporalis* – Paukenteil des Schläfenbeines
7. *Meatus acusticus externus* – äußerer Gehörgang
8. *Processus muscularis* – Muskelfortsatz
9. *Canalis n. hypoglossi* – Kanal des Unterzungennerven
10. *Foramen lacerum* – zerrissenes Loch
11. *Pars petrosa ossis temporalis* – Felsenteil des Schläfenbeines
12. *Processus styloideus* – Griffelfortsatz
13. *Fossa mandibularis* – Unterkiefergrube
14. *Processus retroarticularis* – Fortsatz hinter dem Kiefergelenk
15. *Corpus ossis basisphenoidalis* – Körper des hinteren Teils des Keilbeines
16. *Tuberculum articulare* – Gelenkhöckerchen
17. *Foramen alare caudale* – kaudales Flügelloch
18. *Foramen ethmoidale* – Siebbeinloch
19. *Os pterygoideum* – Flügelbein
20. *Vomer* – Pflugscharbein
21. *Lamina perpendicularis ossis palatini* – senkrechte Platte des Gaumenbeines
22. *Lamina horizontalis ossis palatini* – waagrechte Platte des Gaumenbeines
23. *Tuber maxillae* – Oberkieferhöcker
24. *Os zygomaticum* – Jochbein
25. *Facies facialis maxillae* – Gesichtsfläche des Oberkieferbeines
26. *Processus palatinus maxillae* – Gaumenfortsatz des Oberkieferbeines
27. *Processus palatinus ossis incisivi* – Gaumenfortsatz des Zwischenkieferbeines
28. *Fissura palatina* – Gaumenspalte
29. *Dens caninus* – Eckzahn
30. *Os incisivum* – Zwischenkieferbein
31. *Canalis interincisivus* – Zwischenkieferkanal
32. *Foramen palatinum majus* – großes Gaumenbeinloch
33. *Foramen supraorbitale* – Überaugenhöhlenloch

Pferd. Schädel, Ansicht von ventral. Farbige Darstellung der einzelnen Knochen.

Abbildung 115

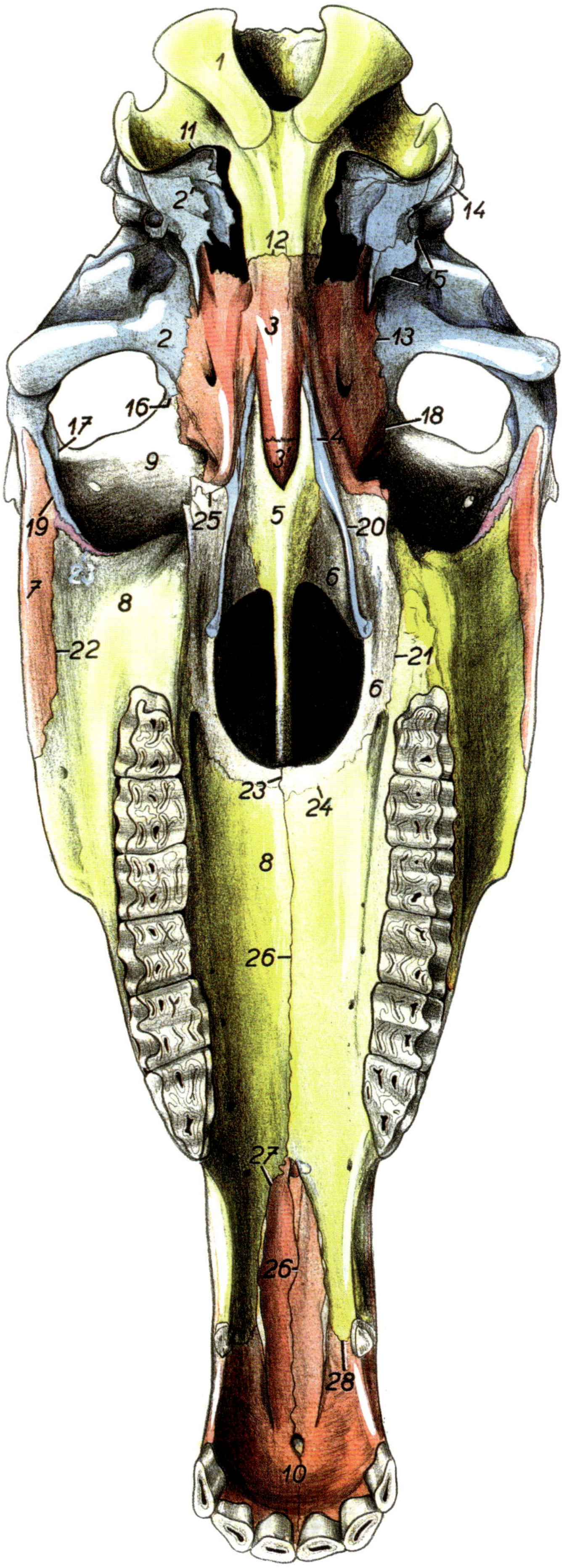

1. *Os occipitale* – Hinterhauptbein
2. *Pars squamosa ossis temporalis* – Schuppenteil des Schläfenbeines
2'. *Pars tympanica et pars petrosa ossis temporalis* – Paukenteil und Felsenteil des Schläfenbeines
3. *Corpus ossis basisphenoidalis* – Körper des hinteren Teils des Keilbeines
4. *Os pterygoideum* – Flügelbein
5. *Vomer* – Pflugscharbein
6. *Os palatinum* – Gaumenbein
7. *Os zygomaticum* – Jochbein
8. *Maxilla* – Oberkieferbein
9. *Os frontale* – Stirnbein
10. *Os incisivum* – Zwischenkieferbein
11. *Sutura occipitomastoidea* – Hinterhauptbein-Warzenteilnaht
12. *Synchondrosis sphenooccipitalis* – Keilbein-Hinterhauptbeinfuge
13. *Sutura sphenosquamosa* – Keilbein-Schuppennaht
14. *Fissura squamosomastoidea* – Schuppen-Warzenteilspalte
15. *Fissura petrosquamosa* – Felsenbein-Schuppenspalte
16. *Sutura squamosofrontalis* – Schuppen-Stirnbeinnaht
17. *Sutura temporofrontalis* – Schläfenbein-Stirnbeinnaht
18. *Sutura sphenofrontalis* – Keilbein-Stirnbeinnaht
19. *Sutura temporozygomatica* – Schläfenbein-Jochbeinnaht
20. *Sutura pterygopalatina* – Flügelbein-Gaumenbeinnaht
21. *Sutura palatomaxillaris* – Gaumenbein-Oberkieferbeinnaht
22. *Sutura zygomaticomaxillaris* – Jochbein-Oberkieferbeinnaht

23., 26. *Sutura palatina mediana* – mittlere Gaumenbeinnaht

23. *Sutura palatina mediana (ossium palatinorum)* – mittlere Gaumenbeinnaht (der Gaumenbeine)
24. *Sutura palatina transversa* – querverlaufende Gaumenbeinnaht
25. *Sutura sphenopalatina* – Keilbein-Gaumenbeinnaht
26. *Sutura palatina mediana (maxillarum et ossium incisivorum)* – mittlere Gaumenbeinnaht (des Oberkieferbeines und Zwischenkieferbeines)

27., 28. *Suturae maxilloincisivae* – Oberkieferbein-Zwischenkieferbeinnähte

Pferd. Kiefergelenk, Ansicht von links. Oben mit geschlossener, unten mit geöffneter Gelenkkapsel.

Abbildung 116

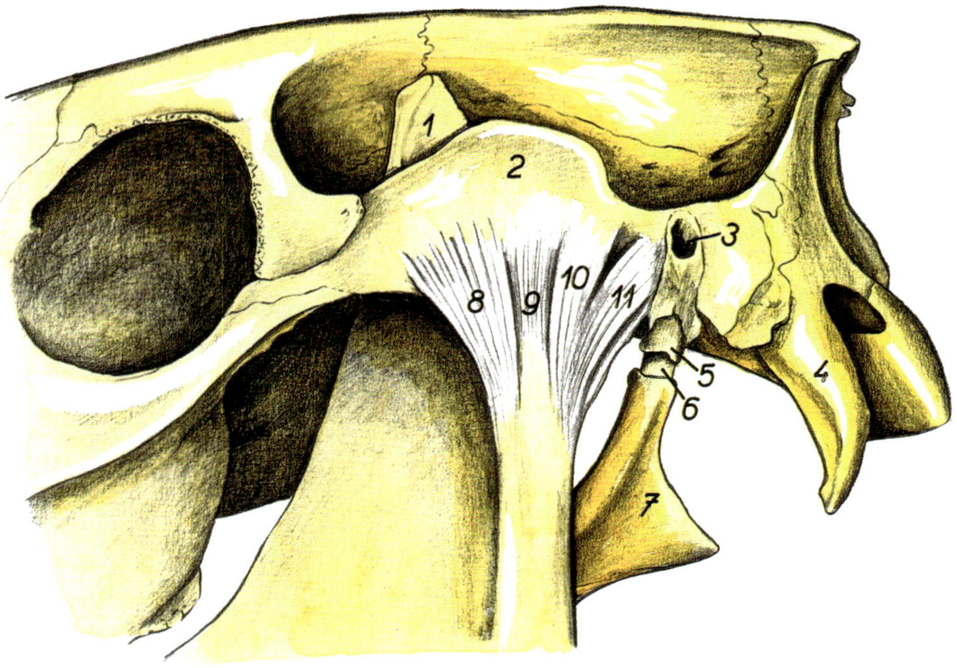

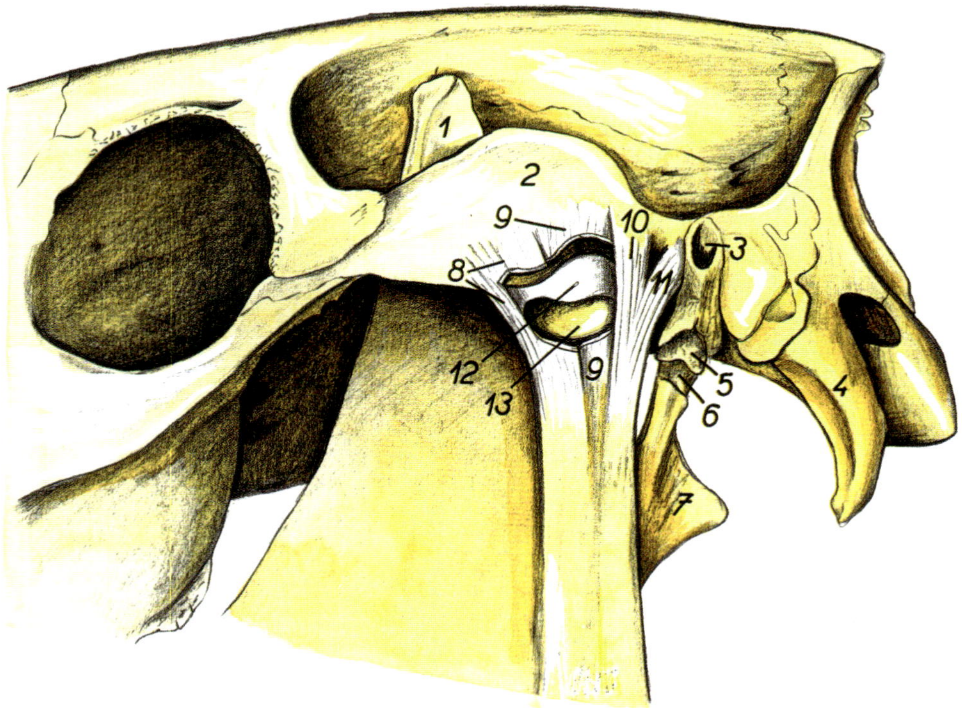

1. *Processus coronoideus mandibulae* – Muskelfortsatz des Unterkiefers
2. *Processus zygomaticus ossis temporalis* – Jochfortsatz des Schläfenbeines
3. *Porus acusticus externus* – äußere Gehöröffnung
4. *Processus paracondylaris* – Muskelfortsatz des Hinterhauptbeines
5. *Processus styloideus* – Griffelfortsatz
6. *Tympanohyoideum* – Paukenteil des Zungenbeines
7. *Stylohyoideum* – großer Zungenbeinast
8. *Lig. laterale* – laterales Halteband
9. *Capsula articularis* – Gelenkkapsel

10., 11. *Lig. caudale* – kaudales Halteband

12. *Discus articularis* – Zwischenknorpelscheibe des Gelenkes
13. *Caput mandibulae* – Gelenkkopf des Unterkiefers

Pferd. Kopfmuskulatur. Oberflächliche Schicht, Ansicht von links.

Abbildung 117

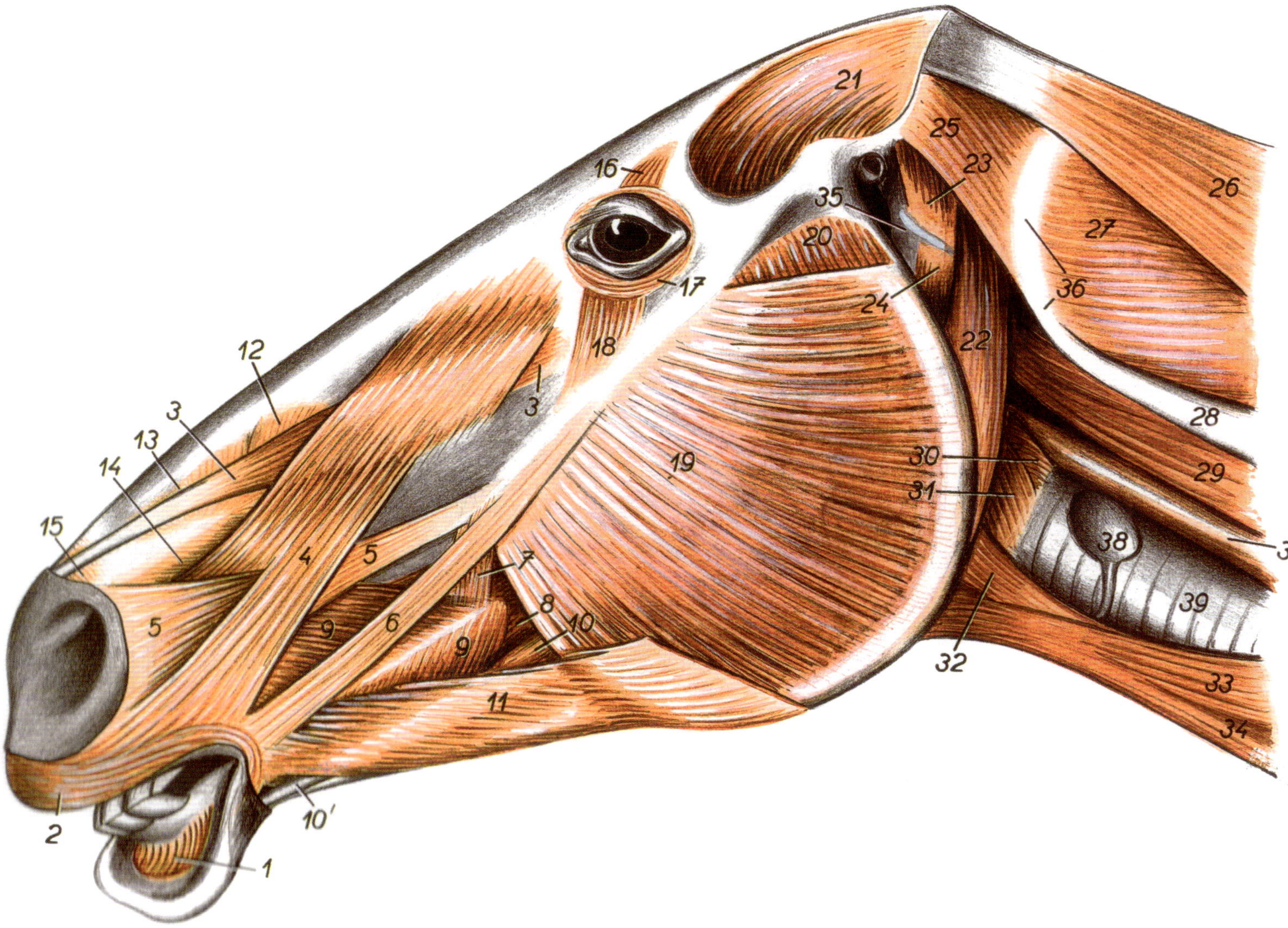

1. *M. incisivus inferior* – Unterkiefer-Schneidezahnmuskel
2. *M. orbicularis oris* – Ringmuskel des Mundes
3. *M. levator labii superioris* – Oberlippenheber
4. *M. levator nasolabialis* – Nasen-Lippenheber
5. *M. caninus* – Eckzahnmuskel
6. *M. zygomaticus* – Jochmuskel
7. *M. zygomaticobuccalis (var.)* – Joch-Backenmuskel
8. *Pars molaris mi. buccinatoris* – Backenzahnteil des Backenmuskels
9. *Pars buccalis mi. buccinatoris* – Backenteil des Backenmuskels
10. *M. depressor labii inferioris* – Niederzieher der unterlippe
10'. *Tendo mi. depressoris labii inferioris* – Sehne der Unterlippe
11. *M. cutaneus faciei* – Gesichtshautmuskel
12. *Pars caudalis mi. lateralis nasi* – kaudaler Teil des lateralen Nasenmuskels
13. *Pars dorsalis mi. lateralis nasi* – dorsaler Teil des lateralen Nasenmuskels
14. *Pars ventralis mi. lateralis nasi* – ventraler Teil des lateralen Nasenmuskels
15. *M. dilatator naris apicalis* – apikaler Nüsternerweiterer
16. *M. levator anguli oculi medialis* – Heber des medialen Augenwinkels
17. *M. orbicularis oculi* – Ringmuskel des Auges
18. *M. depressor palpebrae inferioris* – Niederzieher des Unterlids
19. *Pars superficialis mi. masseteris* – oberflächlicher Teil des äußeren Kaumuskels
20. *Pars profunda mi. masseteris* – tiefer Teil des äußeren Kaumuskels
21. *M. temporalis* – Schläfenmuskel
22. *Pars occipitomandibularis mi. digastrici* – Hinterhaupt-Unterkieferteil des zweibäuchigen Muskels
23. *M. occipitohyoideus* – Hinterhaupt-Zungenbeinmuskel
24. *M. stylohyoideus* – großer Zungenbeinast-Zungenbeinmuskel
25. *M. obliquus capitis cranialis* – kranialer schiefer Kopfmuskel
26. *M. semispinalis capitis* – Kopfportion des Halbdornfortsatzmuskels
27. *M. obliquus capitis caudalis* – kaudaler schiefer Kopfmuskel
28. *Tendo mi. longissimi atlantis* – Sehne der Atlasportion des längsten Muskels
29. *M. longus capitis* – langer Kopfmuskel
30. *M. cricoarytenoideus dorsalis* – dorsaler Ring-Gießkannenknorpelmuskel
31. *M. cricopharyngeus* – Ringknorpel-Rachenmuskel
32. *M. sternothyroideus* – Brustbein-Schildknorpelmuskel
33. *M. omohyoideus* – Schulter-Zungenbeinmuskel
34. *M. sternohyoideus* – Brustbein-Zungenbeinmuskel
35. *Stylohyoideum* – großer Zungenbeinast
36. *Processus transversus atlantis* – Querfortsatz des 1. Halswirbels
37. *Esophagus* – Speiseröhre
38. *Glandula thyroidea* – Schilddrüse
39. *Trachea* – Luftröhre

Pferd. Muskulatur der Zunge und des Schlundkopfes, Ansicht von links. Linke Unterkieferhälfte und Kaumuskeln sind entfernt.

Abbildung 118

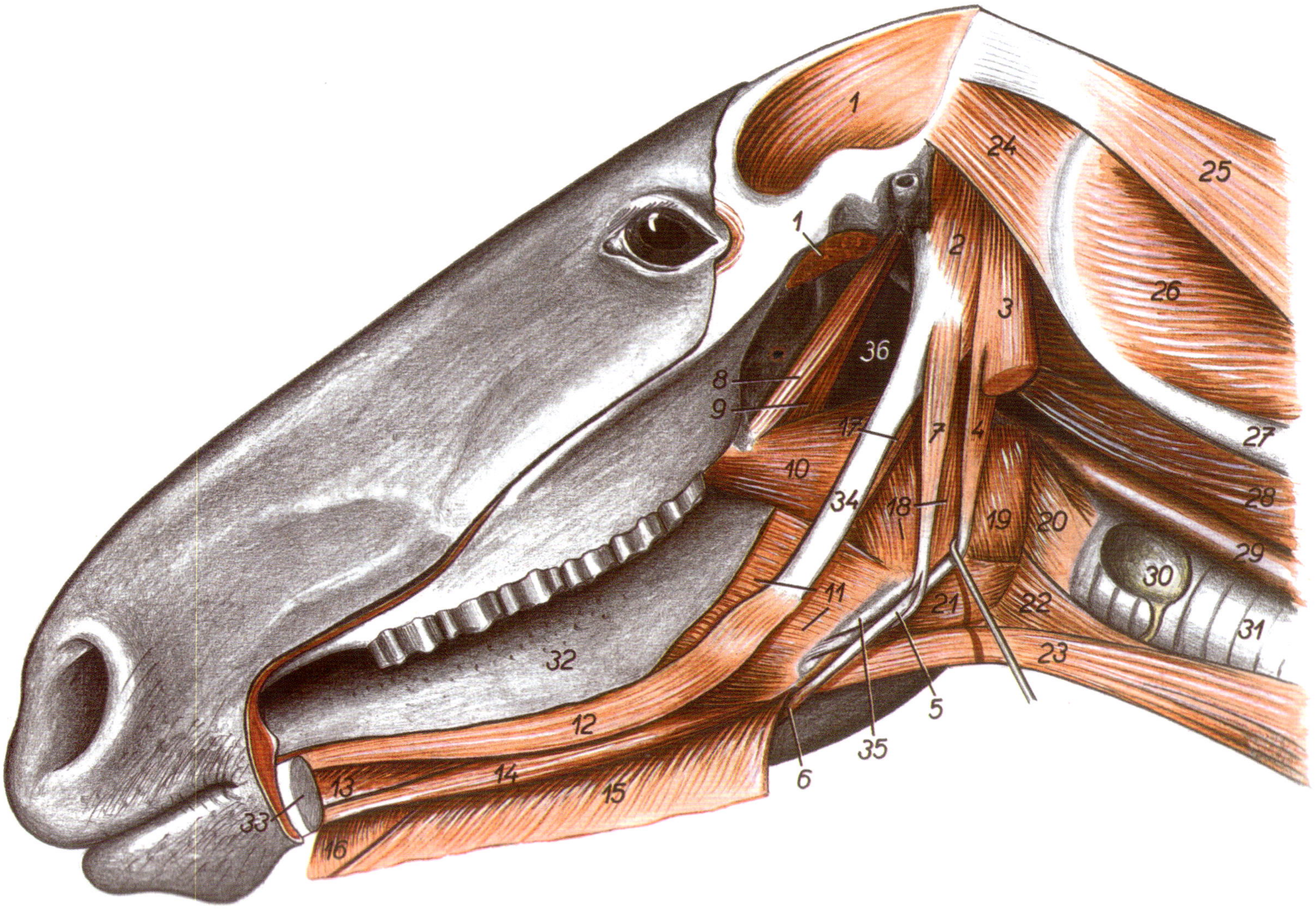

1. *M. temporalis* – Schläfenmuskel
2. *M. occipitohyoideus* – Hinterhauptbein-Zungenbeinmuskel
3. *Pars occipitomandibularis mi. digastrici* – Hinterhauptbein-Unterkieferteil des zweibäuchigen Muskels
4. *Venter caudalis mi. digastrici* – kaudaler Bauch des zweibäuchigen Muskels
5. *Tendo mi. digastrici* – Sehne des zweibäuchigen Muskels
6. *Venter rostralis mi. digastrici* – rostraler Bauch des zweibäuchigen Muskels
7. *M. stylohyoideus* – großer Zungenbeinast-Zungenbeinmuskel
8. *M. tensor veli palatini* – Spanner des Gaumensegels
9. *M. levator veli palatini* – Heber des Gaumensegels
10. *M. palatopharyngeus et M. pterygopharyngeus* – Gaumen-Rachenmuskel und Flügelbein-Rachenmuskel
11. *M. hyoglossus* – Zungenbein-Zungenmuskel
12. *M. styloglossus* – großer Zungenbeinast-Zungenmuskel
13. *M. genioglossus* – Kinn-Zungenmuskel
14. *M. geniohyoideus* – Kinn-Zungenbeinmuskel
15. *Pars caudalis mi. mylohyoidei* – kaudaler Teil des Kehlgangmuskels
16. *Pars rostralis mi. mylohyoidei* – rostraler Teil des Kehlgangmuskels
17. *M. stylopharyngeus* – großer Zungenbeinast-Rachenmuskel
18. *M. hyopharyngeus* – Zungenbein-Rachenmuskel
19. *M. thyropharyngeus* – Schildknorpel-Rachenmuskel
20. *M. cricopharyngeus* – Ringknorpel-Rachenmuskel
21. *M. thyrohyoideus* – Schildknorpel-Zungenbeinmuskel
22. *M. sternothyroideus* – Brustbein-Schildknorpelmuskel
23. *M. omohyoideus et M. sternohyoideus* – Schulter-Zungenbeinmuskel und Brustbein-Zungenbeinmuskel
24. *M. obliquus capitis cranialis* – kranialer schiefer Kopfmuskel
25. *M. semispinalis capitis* – Kopfportion des Halbdornfortsatzmuskels
26. *M. obliquus capitis caudalis* – kaudaler schiefer Kopfmuskel
27. *Tendo mi. longissimi atlantis* – Sehne der Atlasportion des längsten Muskels
28. *M. longus capitis* – langer Kopfmuskel
29. *Esophagus* – Speiseröhre
30. *Glandula thyroidea* – Schilddrüse
31. *Trachea* – Luftröhre
32. *Lingua* – Zunge
33. *Mandibula* – Unterkiefer
34. *Stylohyoideum* – großer Zungenbeinast
35. *Thyrohyoideum* – Schildknorpelast des Zungenbeines
36. *Diverticulum tubae auditivae* – Aussackung der Ohrtrompete (Luftsack)

Pferd. Tiefe Schicht der Zungen- und Schlundkopfmuskulatur, Ansicht von links. Linke Unterkieferhälfte mit Kaumuskeln und oberflächliche Schlundkopfmuskeln sind entfernt.

Abbildung 119

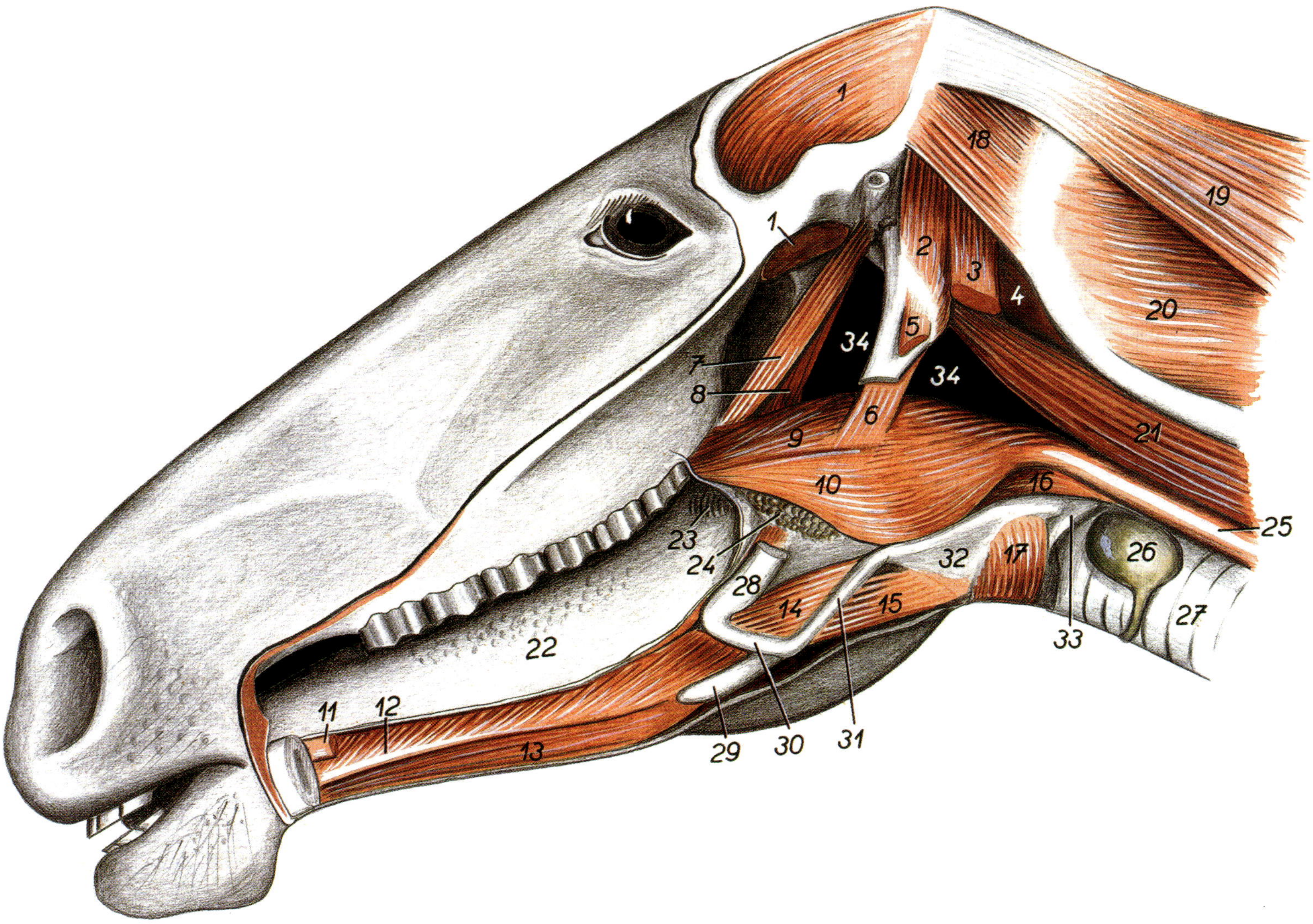

1. *M. temporalis* – Schläfenmuskel
2. *M. occipitohyoideus* – Hinterhauptbein-Zungenbeinmuskel
3. *Pars occipitomandibularis mi. digastrici* – Hinterhauptbein-Unterkieferteil des zweibäuchigen Muskels
4. *M. rectus capitis ventralis* – ventraler gerader Kopfmuskel
5. *M. stylohyoideus* – großer Zungenbeinast-Zungenbeinmuskel
6. *M. stylopharyngeus* – großer Zungenbeinast-Rachenmuskel
7. *M. tensor veli palatini* – Spanner des Gaumensegels
8. *M. levator veli palatini* – Heber des Gaumensegels
9. *M. pterygopharyngeus* – Flügelbein-Rachenmuskel
10. *M. palatopharyngeus* – Gaumen-Rachenmuskel
11. *M. styloglossus* – großer Zungenbeinast-Zungenmuskel
12. *M. genioglossus* – Kinn-Zungenmuskel
13. *M. geniohyoideus (dexter)* – Kinn-Zungenbeinmuskel (rechts)
14. *M. ceratohyoideus* – kleiner Zungenbeinast-Zungenbeinmuskel
15. *M. thyrohyoideus* – Schildknorpel-Zungenbeinmuskel
16. *M. cricoarytenoideus dorsalis* – dorsaler Ring-Gießkannenknorpelmuskel
17. *M. cricothyroideus* – Ring-Schildknorpelmuskel
18. *M. obliquus capitis cranialis* – kranialer schiefer Kopfmuskel
19. *M. semispinalis capitis* – Kopfportion des Halbdornfortsatzmuskels
20. *M. obliquus capitis caudalis* – kaudaler schiefer Kopfmuskel
21. *M. longus capitis* – langer Kopfmuskel
22. *Lingua* – Zunge
23. *Papilla foliata* – blättrige Geschmackspapille
24. *Tonsilla palatina* – Gaumenmandel
25. *Esophagus* – Speiseröhre
26. *Glandula thyroidea* – Schilddrüse
27. *Trachea* – Luftröhre
28. *Stylohyoideum* – großer Zungenbeinast
29. *Processus lingualis* – Zungenfortsatz
30. *Ceratohyoideum* – kleiner Zungenbeinast
31. *Thyrohyoideum* – Schildknorpelast des Zungenbeines
32. *Cartilago thyroidea* – Schildknorpel
33. *Cartilago cricoidea* – Ringknorpel
34. *Diverticulum tubae auditivae* – Aussackung der Ohrtrompete (Luftsack)

Pferd. Präparation des Kopfes und der angrenzenden Halspartie, Ansicht von links. 1. Schicht.

Abbildung 120

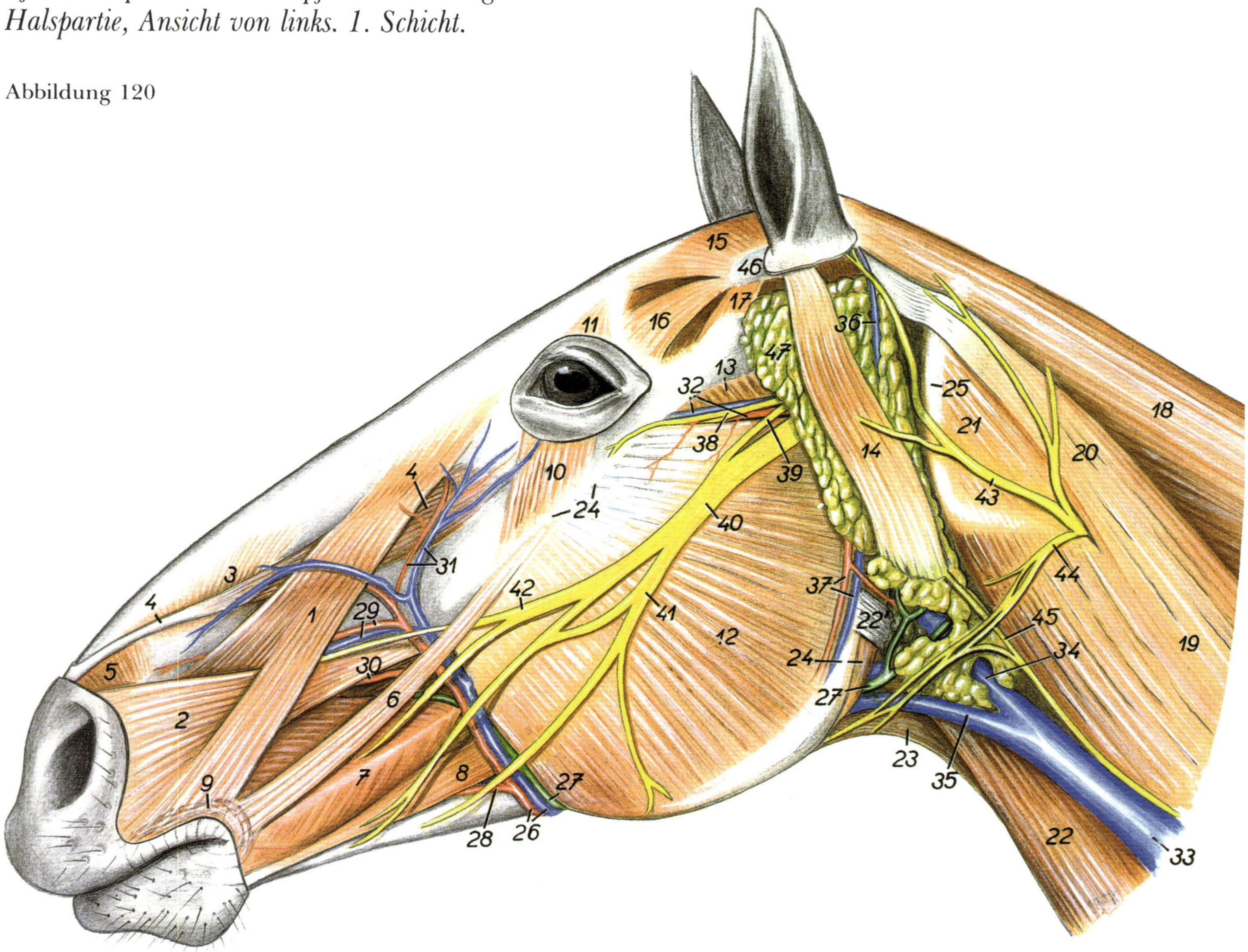

1. *M. levator nasolabialis* – Nasen-Lippenheber
2. *M. caninus* – Eckzahnmuskel
3. *Pars dorsalis mi. lateralis nasi* – dorsaler Teil des lateralen Nasenmuskels
4. *M. levator labii superioris* – Oberlippenheber
5. *M. dilatator naris apicalis* – apikaler Nüsternerweiterer
6. *M. zygomaticus* – Jochmuskel
7. *Pars buccalis mi. buccinatoris* – Backenteil des Backenmuskels
8. *M. depressor labii inferioris* – Niederzieher der Unterlippe
9. *M. orbicularis oris* – Ringmuskel des Mundes
10. *M. depressor palpebrae inferioris* – Niederzieher des unteren Augenlides
11. *M. levator anguli oculi medialis (M. corrugator supercilii)* – Heber des medialen Augenwinkels (Runzler der Augenbraue)
12. *Pars superficialis mi. masseteris* – oberflächlicher Teil des äußeren Kaumuskels
13. *Pars profunda mi. masseteris* – tiefer Teil des äußeren Kaumuskels
14. *M. parotidoauricularis* – Ohrspeicheldrüsen-Ohrmuschelmuskel
15. *M. interscutularis* – Zwischenschildchenmuskel
16. *Pars frontalis mi. frontoscutularis* – Stirnteil des Stirn-Schildchenmuskels
17. *Pars temporalis mi. frontoscutularis* – Schläfenteil des Stirn-Schildchenmuskels
18. *M. splenius* – Riemenmuskel
19., 20., 21. *M. brachiocephalicus* – Arm-Kopfmuskel
22. *M. sternomandibularis* – Brustbein-Unterkiefermuskel
23. *M. omohyoideus et M. sternohyoideus* – Schulter-Zungenbeinmuskel und Brustbein-Zungenbeinmuskel
24. *Pars occipitomandibularis mi. digastrici* – Hinterhaupt-Unterkieferteil des zweibäuchigen Muskels
25. *Processus transversus atlantis* – Querfortsatz des 1. Halswirbels
26. *A. et V. facialis* – Gesichtsarterie und -vene
27. *Ductus parotideus* – Ohrspeicheldrüsenausführungsgang
28. *A. labialis inferior* – Unterlippenarterie
29. *A. et V. lateralis nasi* – laterale Nasenarterie und -vene
30. *A. labialis superior* – Oberlippenarterie
31. *A. et V. angularis oculi* – Augenwinkelarterie und -vene
32. *A. et V. transversa faciei* – Querarterie und -vene des Gesichts
33. *V. jugularis* – Drosselvene
34. *V. maxillaris* – Oberkiefervene
35. *V. linguofacialis* – Zungen-Gesichtsvene
36. *V. auricularis caudalis* – kaudale Ohrmuschelvene
37. *Ramus massetericus a. carotidis externae, V. masseterica ventralis* – äußerer Kaumuskelast der äußeren Kopfarterie, ventrale äußere Kaumuskelvene
38. *Ramus transversus faciei ni. auriculotemporalis* – querverlaufender Gesichtsast des Ohrmuschel-Schläfennerven
39. *Ramus communicans auriculotemporalis (ad n. facialem)* – Verbindungsast des Ohrmuschel-Schläfennerven (zum Gesichtsnerven)
40. *N. facialis* – Gesichtsnerv
40., 41., 42. *Rami buccales ni. facialis* – Backenäste des Gesichtsnerven
43. *N. auricularis magnus* – großer Ohrmuschelnerv
44. *N. transversus colli* – querverlaufender Halsnerv
45. *Ramus colli ni. facialis* – Halsast des Gesichtsnerven
46. *Cartilago scutiformis* – schildchenförmiger Knorpel
47. *Glandula parotis* – Ohrspeicheldrüse

Pferd. Präparation des Kopfes und der angrenzenden Halspartie, Ansicht von links. 2. Schicht.

Abbildung 121

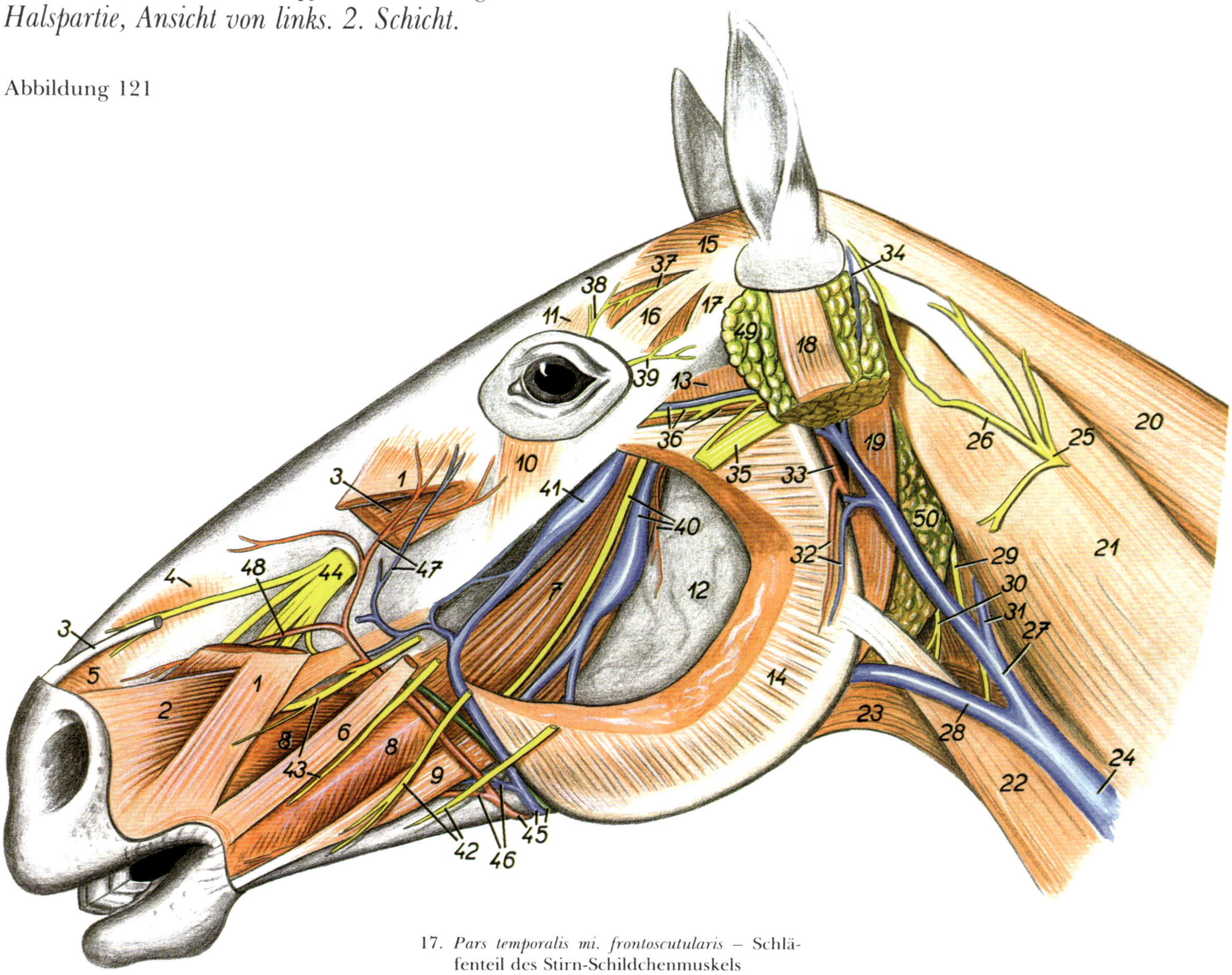

1. *M. levator nasolabialis* – Nasen-Lippenheber
2. *M. caninus* – Eckzahnmuskel
3. *M. levator labii superioris* – Oberlippenheber
4. *Pars dorsalis mi. lateralis nasi* – dorsaler Teil des lateralen Nasenmuskels
5. *M. dilatator naris apicalis* – vorderer Nüsternerweiterer
6. *M. zygomaticus* – Jochmuskel
7. *Pars molaris mi. buccinatoris* – Backenzahnteil des Backenmuskels
8. *Pars buccalis mi. buccinatoris* – Backenteil des Backenmuskels
9. *M. depressor labii inferioris* – Niederzieher der Unterlippe
10. *M. depressor palpebrae inferioris* – Niederzieher des unteren Augenlids
11. *M. levator anguli oculi medialis (M. corrugator supercilii)* – Heber des medialen Augenwinkels (Runzler der Augenbraue)
12. *Ramus mandibulae* – Unterkieferast
13. *Pars profunda mi. masseteris* – tiefer Teil des äußeren Kaumuskels
14. *Pars superficialis mi. masseteris* – oberflächlicher Teil des äußeren Kaumuskels
15. *M. interscutularis* – Zwischenschildchenmuskel
16. *Pars frontalis mi. frontoscutularis* – Stirnteil des Stirn-Schildchenmuskels
17. *Pars temporalis mi. frontoscutularis* – Schläfenteil des Stirn-Schildchenmuskels
18. *M. parotidoauricularis* – Ohrspeicheldrüsen-Ohrmuschelmuskel
19. *Pars occipitomandibularis mi. digastrici* – Hinterhaupt-Unterkieferteil des zweibäuchigen Muskels
20. *M. splenius* – Riemenmuskel
21. *M. brachiocephalicus* – Arm-Kopfmuskel
22. *M. sternomandibularis* – Brustbein-Unterkiefermuskel
23. *M. omohyoideus et M. sternohyoideus* – Schulter-Zungenbeinmuskel und Brustbein-Zungenbeinmuskel
24. *V. jugularis* – Drosselvene
25. *N. cervicalis II* – 2. Halsnerv
26. *N. auricularis magnus* – großer Ohrmuschelnerv
27. *V. maxillaris* – Oberkiefervene
28. *V. linguofacialis* – Zungen-Gesichtsvene
29. *Ramus ventralis ni. accessorii* – ventraler Ast des zusätzlichen Nerven
30. *Ramus ventralis ni. cervicalis I* – ventraler Ast des 1. Halsnerven
31. *V. occipitalis* – Hinterhauptvene
32. *Ramus massetericus a. carotidis externae, V. masseterica ventralis* – äußerer Kaumuskelast der äußeren Kopfarterie, ventrale äußere Kaumuskelvene
33. *A. carotis externa* – äußere Kopfarterie
34. *V. auricularis caudalis* – kaudale Ohrmuschelvene
35. *N. facialis* – Gesichtsnerv
36. *A. et V. transversa faciei, Ramus transversus faciei ni. auriculotemporalis* – Querarterie und -vene des Gesichts, querverlaufender Gesichtsast des Ohrmuschel-Schläfennerven
37. *N. auriculopalpebralis* – Ohrmuschel-Augenlidnerv
38. *N. frontalis* – Stirnnerv
39. *N. lacrimalis* – Tränennerv
40. *A., V. et N. buccalis* – Backenarterie, -vene und -nerv
41. *Sinus v. faciei profundae* – Aussackung der tiefen Gesichtsvene
42., 43. *Rami buccales ni. facialis* – Backenäste des Gesichtsnerven
44. *N. infraorbitalis* – Unteraugenhöhlennerv
45. *A. et V. facialis, Ductus parotideus* – Gesichtsarterie und -vene, Ohrspeicheldrüsenausführungsgang
46. *A. labialis inferior, V. labialis communis* – Unterlippenarterie, gemeinsame Lippenvene
47. *A. et V. angularis oculi* – Augenwinkelarterie und -vene
48. *A. laterialis nasi* – laterale Nasenarterie
49. *Glandula parotis* – Ohrspeicheldrüse
50. *Glandula mandibularis* – Unterkieferdrüse

Abbildung 122

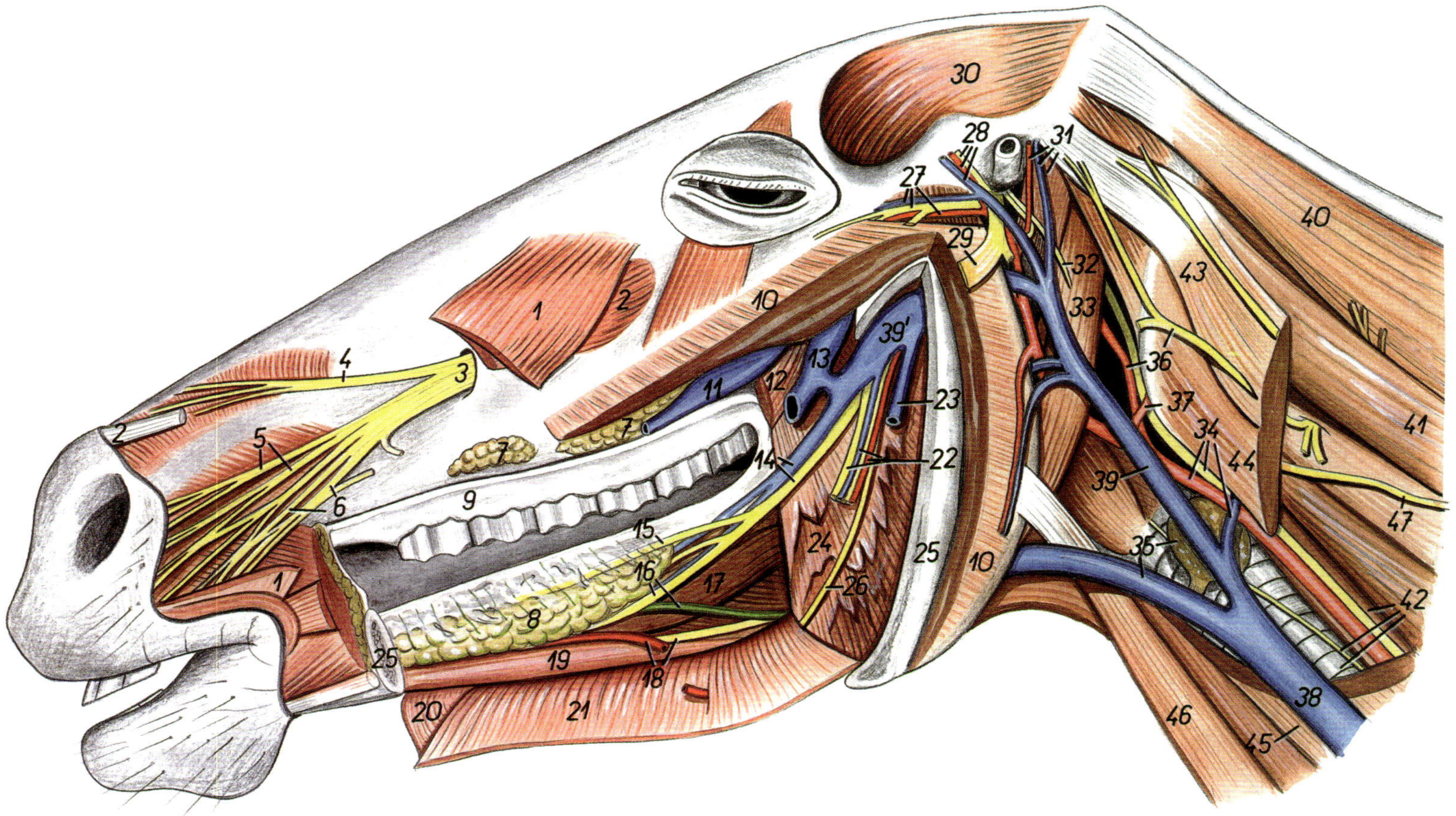

1. *M. levator nasolabialis* – Nasen-Lippenheber
2. *M. levator labii superioris* – Oberlippenheber
3. *N. infraorbitalis* – Unteraugenhöhlennerv
4., 5. *Rami nasales externi* – äußere Nasenäste
6. *Ramus labialis superior* – Oberlippenast
7. *Glandulae buccales dorsales* – dorsale Backendrüsen
8. *Glandula sublingualis polystomatica* – Unterzungendrüse mit vielen Mündungen
9. *Gingiva* – Zahnfleisch
10. *M. masseter* – äußerer Kaumuskel
11. *V. faciei profunda* – tiefe Gesichtsvene
12. *Pars molaris mi. buccinatoris* – Backenzahnteil des Backenmuskels
13. *V. buccalis* – Backenvene
14. *N. lingualis, V. dorsalis linguae* – Zungennerv, dorsale Zungenvene
15. *N. sublingualis* – Unterzungennerv
16. *N. lingualis prop., Ductus mandibularis* – eigentlicher Zungennerv, Ausführungsgang der Unterkieferdrüse
17. *M. styloglossus* – großer Zungenbeinast-Zungenmuskel
18. *N. hypoglossus, A. sublingualis* – Unterzungennerv, Unterzungenarterie
19. *M. geniohyoideus* – Kinn-Zungenbeinmuskel
20. *Pars rostralis mi. mylohyoidei* – rostraler Teil des Kehlgangmuskels
21. *Pars caudalis mi. mylohyoidei* – kaudaler Teil des Kehlgangmuskels
22. *A., V. et N. alveolaris inferior* – Unterkieferzahnfacharterie, -vene und -nerv
23. *Ramus pterygoideus* – Ast für den inneren Kaumuskel
24. *M. pterygoideus medialis* – medialer innerer Kaumuskel
25. *Mandibula* – Unterkiefer
26. *N. mylohyoideus* – Kehlgangnerv
27. *A. et V. transversa faciei, Ramus transversus faciei ni. auriculotemporalis* – querverlaufende Gesichtsarterie und -vene, querverlaufender Gesichtsast des Ohrmuschel-Schläfennerven
28. *A. et V. temporalis superficialis, N. auriculopalpebralis* – oberflächliche Schläfenarterie und -vene, Ohrmuschel-Augenlidnerv
29. *N. facialis* – Gesichtsnerv
30. *M. temporalis* – Schläfenmuskel
31. *A. et V. auricularis caudalis* – kaudale Ohrmuschelarterie und -vene
32. *Ramus digastricus n. facialis* – Ast des Gesichtsnerven für den zweibäuchigen Muskel
33. *Pars occipitomandibularis mi. digastrici* – Hinterhaupt-Unterkieferteil des zweibäuchigen Muskels
34. *Truncus vagosympathicus, A. carotis communis, V. occipitalis* – gemeinsamer Stamm des Vagus- und Sympathikusnerven, gemeinsame Kopfarterie, Hinterhauptvene
35. *Glandula thyroidea, V. linguofacialis* – Schilddrüse, Zungen-Gesichtsvene
36. *A. carotis interna, N. auricularis magnus* – innere Kopfarterie, großer Ohrmuschelnerv
37. *A. occipitalis* – Hinterhauptarterie
38. *V. jugularis* – Drosselvene
39. *V. maxillaris* – Oberkiefervene

39′. *Sinus v. maxillaris* – Ausbuchtung der Oberkiefervene

40. *M. semispinalis capitis* – Kopfportion des Halbdornfortsatzmuskels
41. *M. longissimus capitis* – Kopfportion des längsten Muskels
42. *Esophagus, N. laryngeus recurrens, Trachea* – Speiseröhre, zurücklaufender Kehlkopfnerv, Luftröhre
43. *M. cleidooccipitalis* – Schlüsselbein-Hinterhauptmuskel
44. *M. omotransversarius (M. cleidotransversarius)* – Schulter-Querfortsatzmuskel (Schlüsselbein-Querfortsatzmuskel)
45. *M. omohyoideus* – Schulter-Zungenbeinmuskel
46. *M. sternomandibularis* – Brustbein-Unterkiefermuskel
47. *Ramus dorsalis ni. accessorii* – dorsaler Ast des zusätzlichen Nerven

Pferd. Sagittalschnitt durch den Kopf. Schnittführung einige Millimeter paramedian, Ansicht von links.

Abbildung 123

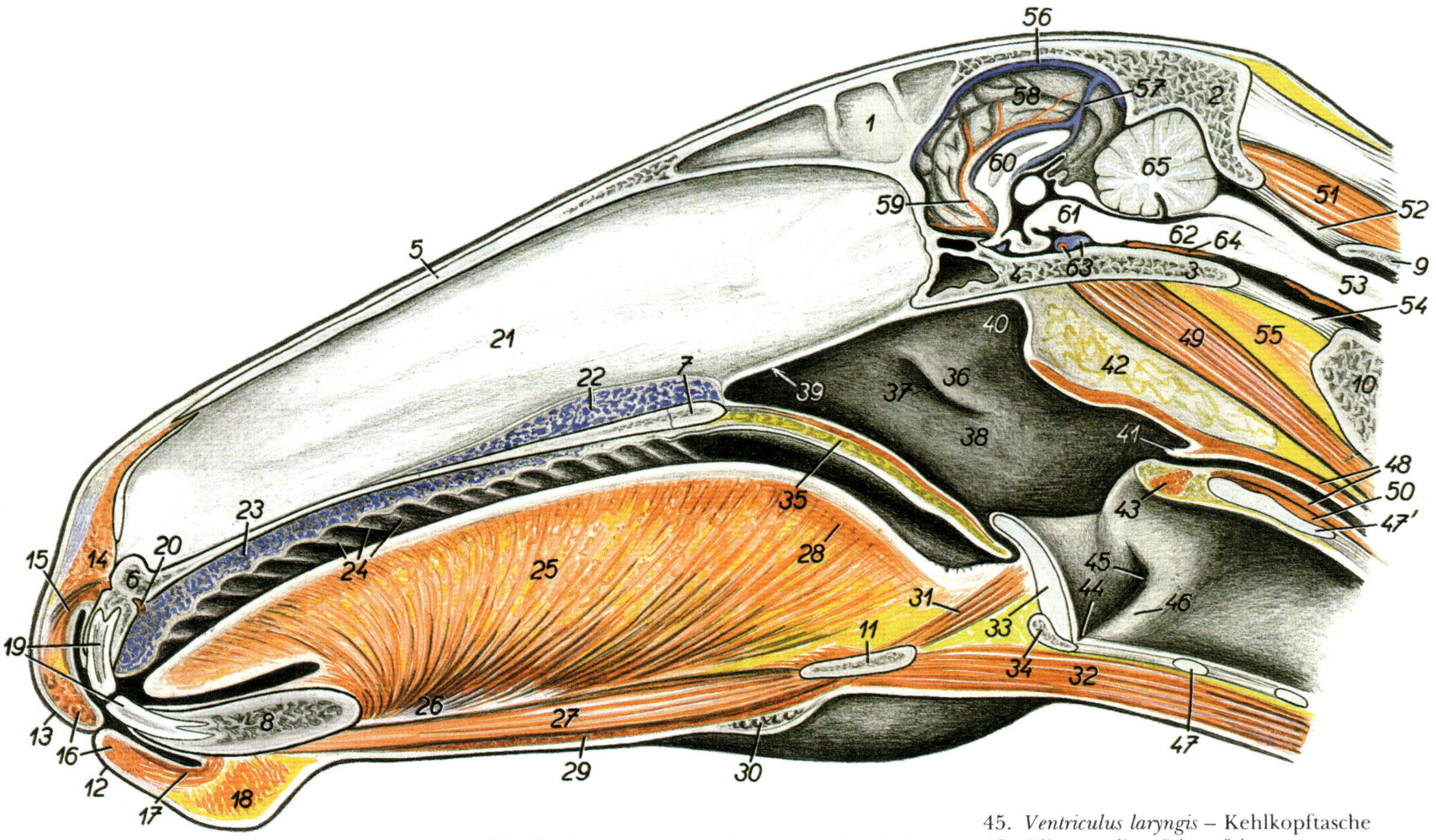

1. *Septum sinuum frontalium* – Scheidewand der Stirnhöhlen
2. *Squama occipitalis* – Hinterhauptschuppe
3. *Pars basilaris ossis occipitalis* – Basisteil des Hinterhauptbeines
4. *Os basisphenoidale et presphenoidale* – hinterer und vorderer Teil des Keilbeines
5. *Os nasale* – Nasenbein
6. *Os incisivum* – Zwischenkieferbein
7. *Lamina horizontalis ossis palatini* – waagrechte Platte des Gaumenbeines
8. *Mandibula* – Unterkiefer
9. *Arcus dorsalis atlantis* – dorsaler Bogen des 1. Halswirbels
10. *Arcus ventralis atlantis* – ventraler Bogen des 1. Halswirbels
11. *Os hyoideum* – Zungenbein
12. *Labium inferius* – Unterlippe
13. *Labium superius* – Oberlippe
14. *M. dilatator naris apicalis* – apikaler Nüsternerweiterer
15. *M. incisivus superior* – Schneidezahnmuskel des Oberkiefers
16. *M. orbicularis oris* – Ringmuskel des Mundes
17. *M. incisivus inferior* – Schneidezahnmuskel des Unterkiefers
18. *Mentum et M. mentalis* – Kinn und Kinnmuskel
19. *Dentes incisivi* – Schneidezähne
20. *A. incisiva* – Schneidezahnarterie
21. *Septum nasi* – Nasenscheidewand
22. *Plexus venosi nasales* – Venengeflechte der Nase
23. *Tunica mucosa et plexus venosi palati* – Schleimhaut und Venengeflechte des Gaumens
24. *Rugae palatinae* – Gaumenstaffeln
25. *Lingua* – Zunge
26. *M. genioglossus* – Kinn-Zungenmuskel
27. *M. geniohyoideus* – Kinn-Zungenbeinmuskel
28. *Fibrae longitudinales superficiales mi. lingualis proprii* – oberflächliche Längsfasern der Zungeneigenmuskulatur
29. *M. mylohyoideus* – Kehlgangmuskel
30. *Lnn. mandibulares* – Unterkieferlymphknoten
31. *M. hyoepiglotticus* – Zungenbein-Kehldeckelmuskel
32. *M. sternohyoideus et M. omohyoideus* – Brustbein-Zungenbeinmuskel und Schulter-Zungenbeinmuskel
33. *Cartilago epiglottica* – Kehldeckelknorpel
34. *Cartilago thyroidea* – Schildknorpel
35. *Palatum molle* – weicher Gaumen
36. *Operculum* – Deckelchen
37. *Ostium pharyngeum tubae auditivae* – Rachenöffnung der Ohrtrompete
38. *Cavum pharyngis* – Rachenhöhle
39. *Choana* – Nasenrachenöffnung
40. *Fornix pharyngis* – Rachendach
41. *Arcus palatopharyngeus* – Gaumen-Rachenbogen
42. *Septum diverticulorum* – Trennwand zwischen den Luftsäcken
43. *M. arytenoideus transversus* – querverlaufender Gießkannenknorpelmuskel
44. *Recessus laryngis medianus* – mittlere Kehlkopfvertiefung
45. *Ventriculus laryngis* – Kehlkopftasche
46. *Plica vocalis* – Stimmfalte
47. *Arcus cartilaginis cricoideae* – Bogen des Ringknorpels

47'. *Lamina cartilaginis cricoideae* – Platte des Ringknorpels

48. *Esophagus* – Speiseröhre
49. *M. longus capitis* – langer Kopfmuskel
50. *M. cricoarytenoideus dorsalis* – dorsaler Ring-Gießkannenknorpelmuskel
51. *M. rectus capitis dorsalis* – dorsaler gerader Kopfmuskel
52. *Membrana atlantooccipitalis dorsalis* – dorsale Membran zwischen dem 1. Halswirbel und dem Hinterhauptbein
53. *Medulla spinalis* – Rückenmark
54. *Membrana atlantooccipitalis ventralis* – ventrale Membran zwischen dem 1. Halswirbel und dem Hinterhauptbein
55. *M. rectus capitis ventralis* – ventraler gerader Kopfmuskel
56. *Sinus sagittalis* – sagittaler Blutleiter
57. *Sinus rectus* – gerader Blutleiter
58. *Facies medialis hemispherii* – mediale Fläche der Gehirnhälfte
59. *A. corporis callosi* – Arterie des Balkenkörpers
60. *Corpus callosum, Fornix et Septum telencephali (pellucidum)* – Balkenkörper, Gewölbe und (durchsichtige) Scheidewand des Endhirns
61. *Mesencephalon* – Mittelhirn
62. *Medulla oblongata* – verlängertes Mark
63. *Sinus cavernosus et A. carotis interna* – gekammerter Blutleiter und innere Kopfarterie
64. *A. basilaris cerebri* – Gehirnbasisarterie
65. *Cerebellum* – Kleinhirn

Pferd. Sagittalschnitt durch den Kopf. Nasenscheidewand, Trennwand zwischen den Nasennebenhöhlen, Teile der Nasenmuscheln und die Zunge sind entfernt, Ansicht von links.

Abbildung 124

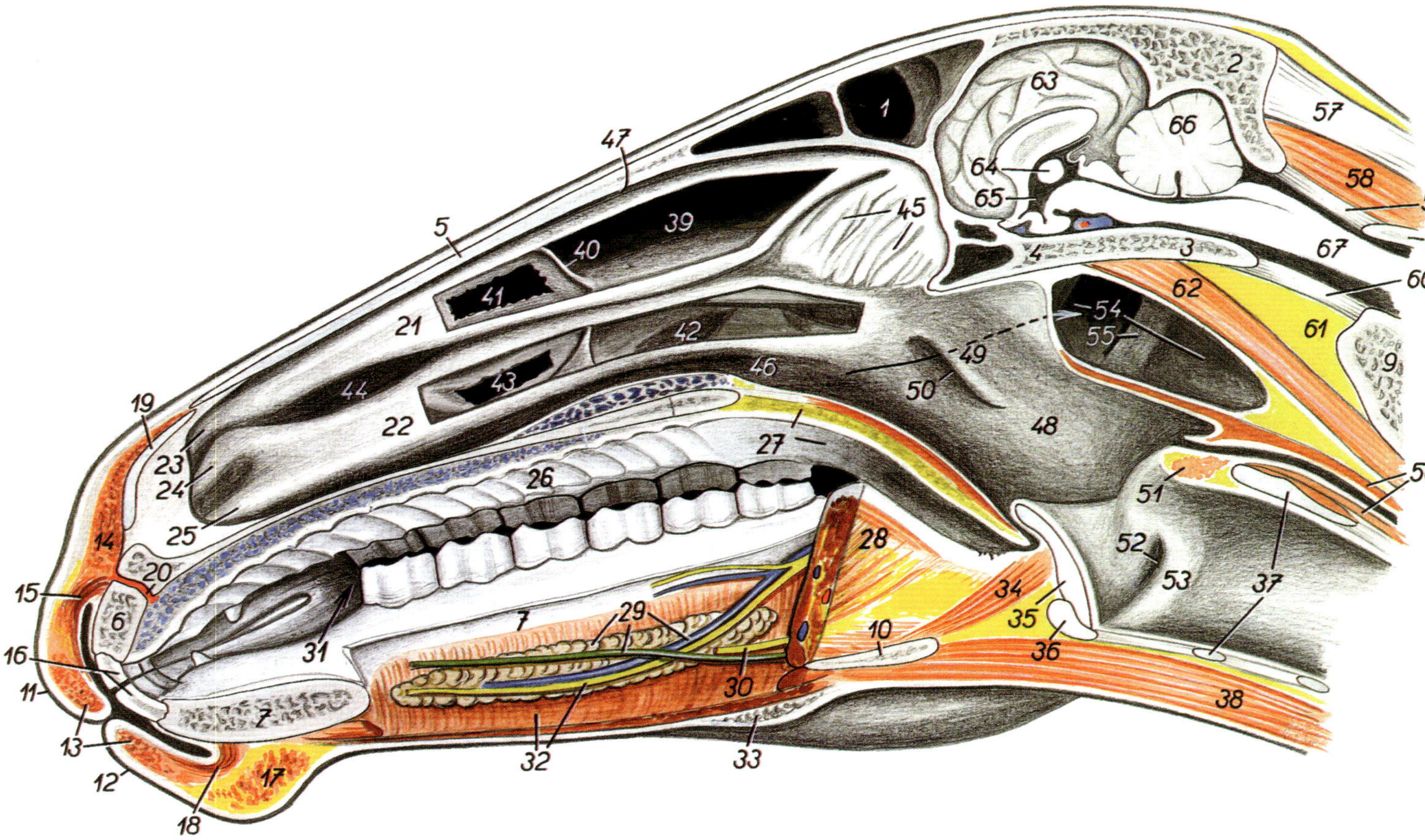

1. *Sinus frontalis* – Stirnhöhle
2. *Squama occipitalis* – Hinterhauptschuppe
3. *Pars basilaris ossis occipitalis* – Basisteil des Hinterhauptbeines
4. *Os basisphenoidale et Os presphenoidale* – hinterer und vorderer Teil des Keilbeines
5. *Os nasale* – Nasenbein
6. *Os incisivum* – Zwischenkieferbein
7. *Mandibula* – Unterkiefer
8. *Arcus dorsalis atlantis* – dorsaler Bogen des 1. Halswirbels
9. *Arcus ventralis atlantis* – ventraler Bogen des 1. Halswirbels
10. *Basihyoideum* – Zungenbeinkörper
11. *Labium superius* – Oberlippe
12. *Labium inferius* – Unterlippe
13. *M. orbicularis oris* – Ringmuskel des Mundes
14. *M. dilatator naris apicalis* – apikaler Nüsternerweiterer
15. *M. incisivus superior* – Schneidezahnmuskel des Oberkiefers
16. *Dentes incisivi I* – Zangen
17. *Mentum et M. mentalis* – Kinn und Kinnmuskel
18. *M. incisivus inferior* – Schneidezahnmuskel des Unterkiefers
19. *Cartilago alaris* – Flügelknorpel
20. *A. incisiva* – Schneidezahnarterie
21. *Concha nasalis dorsalis* – dorsale Nasenmuschel
22. *Concha nasalis ventralis* – ventrale Nasenmuschel
23. *Plica recta* – gerade Falte
24. *Plica alaris* – Flügelfalte
25. *Plica basalis* – Bodenfalte
26. *Palatum durum* – harter Gaumen
27. *Palatum molle* – weicher Gaumen
28. *Radix linguae* – Zungenwurzel
29. *Glandula sublingualis, Ductus mandibularis, V. profunda linguae* – Unterzungendrüse, Unterkieferdrüsenausführungsgang, tiefe Zungenvene
30. *N. hypoglossus* – Unterzungennerv
31. *Vestibulum buccale* – Backenvorhof
32. *M. mylohyoideus, N. lingualis* – Kehlgangmuskel, Zungennerv
33. *Lnn. mandibulares* – Unterkieferlymphknoten
34. *M. hyoepiglotticus* – Zungenbein-Kehldeckelmuskel
35. *Cartilago epiglottica* – Kehldeckelknorpel
36. *Cartilago thyroidea* – Schildknorpel
37. *Cartilago cricoidea* – Ringknorpel
38. *M. sternohyoideus et M. omohyoideus* – Brustbein-Zungenbeinmuskel und Schulter-Zungenbeinmuskel
39. *Sinus conchofrontalis* – Muschel-Stirnbeinhöhle
40. *Septum sinuum conchalium* – Trennwand zwischen den Muschelhöhlen
41. *Bulla conchalis dorsalis* – Blase der dorsalen Nasenmuschel
42. *Sinus conchae ventralis* – ventrale Nasenmuschelhöhle
43. *Bulla conchalis ventralis* – Blase der ventralen Nasenmuschel
44. *Meatus nasi medius* – mittlerer Nasengang
45. *Labyrinthus ethmoidalis* – Siebbeinlabyrinth
46. *Meatus nasi ventralis* – ventraler Nasengang
47. *Meatus nasi dorsalis* – dorsaler Nasengang
48. *Cavum pharyngis* – Rachenhöhle
49. *Operculum* – Deckelchen
50. *Ostium pharyngeum tubae* – Rachenöffnung der Ohrtrompete
51. *M. arytenoideus transversus* – querverlaufender Gießkannenknorpelmuskel
52. *Ventriculus laryngis* – Kehlkopftasche
53. *Plica vocalis* – Stimmfalte
54. *Diverticulum tubae auditivae* – Aussackung der Ohrtrompete (Luftsack)
55. *Stylohyoideum* – großer Zungenbeinast
56. *Esophagus* – Speiseröhre
57. *Funiculus nuchae* – Nackenstrang
58. *M. rectus capitis dorsalis* – dorsaler gerader Kopfmuskel
59. *Membrana atlantooccipitalis dorsalis* – dorsale Membran zwischen dem 1. Halswirbel und dem Hinterhauptbein
60. *Membrana atlantooccipitalis ventralis* – ventrale Membran zwischen dem 1. Halswirbel und dem Hinterhauptbein
61. *Spatium intermusculare* – Zwischenmuskelspalt
62. *M. longus capitis* – langer Kopfmuskel
63. *Facies medialis hemispherii* – mediale Fläche der Gehirnhälfte
64. *Adhesio interthalamica* – Verbindungsstelle der Sehhügel
65. *Ventriculus tertius encephali* – 3. Gehirnkammer
66. *Cerebellum* – Kleinhirn
67. *Medulla spinalis* – Rückenmark

Pferd. Präparation des Kopfes in der Medianebene.

Abbildung 125

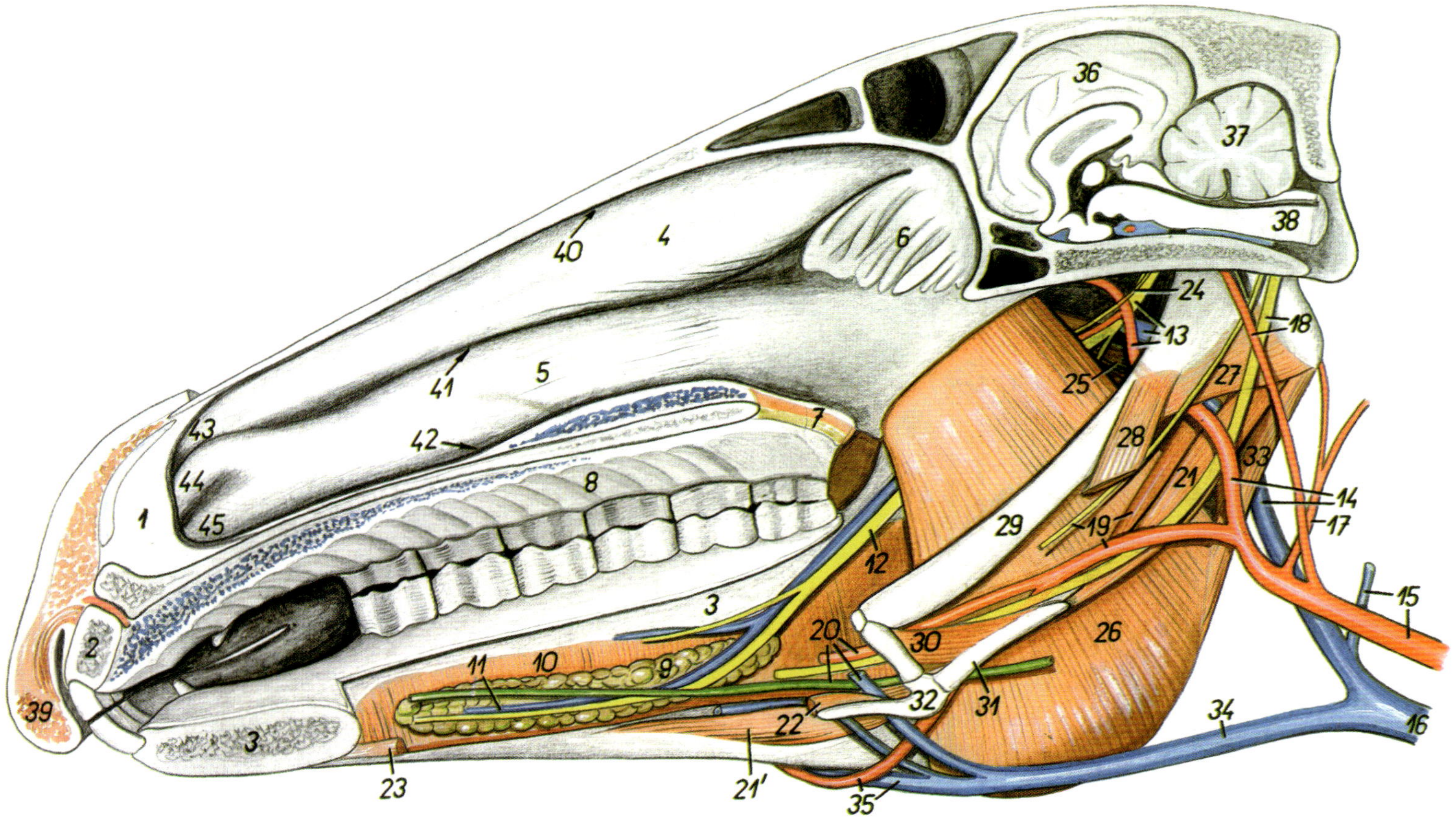

1. *Septum nasi* – Nasencheidewand
2. *Os incisivum* – Zwischenkieferbein
3. *Mandibula* – Unterkiefer
4. *Concha nasalis dorsalis* – dorsale Nasenmuschel
5. *Concha nasalis ventralis* – ventrale Nasenmuschel
6. *Labyrinthus ethmoidalis* – Siebbeinlabyrinth
7. *Palatum molle* – weicher Gaumen
8. *Rugae palatinae* Gaumenstaffeln
9. *Glandula sublingualis polystomatica* – Unterzungendrüse mit vielen Mündungen
10. *M. mylohyoideus* – Kehlgangmuskel
11. *V. dorsalis linguae* – dorsale Zungenvene
12. *N. lingualis* – Zungennerv
13. *Sinus v. maxillaris, A. maxillaris, N. mandibularis* – Ausbuchtung der Oberkiefervene, Oberkieferarterie, Unterkiefernerv
14. *V. maxillaris, A. carotis externa* – Oberkiefervene, äußere Kopfarterie
15. *A. carotis communis, V. occipitalis* – gemeinsame Kopfarterie, Hinterhauptvene
16. *V. jugularis* – Drosselvene
17. *A. occipitalis* – Hinterhauptarterie
18. *A. carotis interna, N. hypoglossus* – innere Kopfarterie, Unterzungennerv
19. *N. glossopharyngeus, M. stylohyoideus, Truncus linguofacialis* – Zungen-Rachennerv, großer Zungenbeinast-Zungenbeinmuskel, Stamm der Zungen-Gesichtsarterie
20. *A. lingualis, Ductus mandibularis, V. lingualis* – Zungenarterie, Unterkieferdrüsenausführungsgang, Zungenvene
21. *Venter caudalis mi. digastrici* – kaudaler Bauch des zweibäuchigen Muskels

21'. *Venter rostralis mi. digastrici* – rostraler Bauch des zweibäuchigen Muskels

22. *Insertio mi. geniohyoidei* – Ansatz des Kinn-Zungenbeinmuskels
23. *Origo mi. geniohyoidei* – Ursprung des Kinn-Zungenbeinmuskels
24. *Chorda tympani* – Paukensaite
25. *M. pterygoideus lateralis* – lateraler innerer Kaumuskel
26. *M. pterygoideus medialis* – medialer innerer Kaumuskel
27. *M. occipitohyoideus* – Hinterhaupt-Zungenbeinmuskel
28. *M. stylopharyngeus caudalis* – kaudaler großer Zungenbeinast-Rachenmuskel
29. *Stylohyoideum* – großer Zungenbeinast
30. *M. ceratohyoideus* – kleiner Zungenbeinast-Zungenbeinmuskel
31. *Thyrohyoideum* – Schildknorpelast des Zungenbeines
32. *Basihyoideum* – Zungenbeinkörper
33. *Pars occipitomandibularis mi. digastrici* – Hinterhauptbein-Unterkieferteil des zweibäuchigen Muskels
34. *V. linguofacialis* – Zungen-Gesichtsvene
35. *A. et V. facialis* – Gesichtsarterie und -vene
36. *Facies medialis hemispherii* – mediale Fläche der Gehirnhälfte
37. *Cerebellum* – Kleinhirn
38. *Medulla oblongata* – verlängertes Mark
39. *Labium superius* – Oberlippe
40. *Meatus nasi dorsalis* – dorsaler Nasengang
41. *Meatus nasi medius* – mittlerer Nasengang
42. *Meatus nasi ventralis* – ventraler Nasengang
43. *Plica recta* – gerade Falte
44. *Plica alaris* – Flügelfalte
45. *Plica basalis* – Bodenfalte

Pferd. Topographie der Arterien am Kopf. Oberflächliche Gefäße. Nach einem Korrosionspräparat gezeichnet.

Abbildung 126

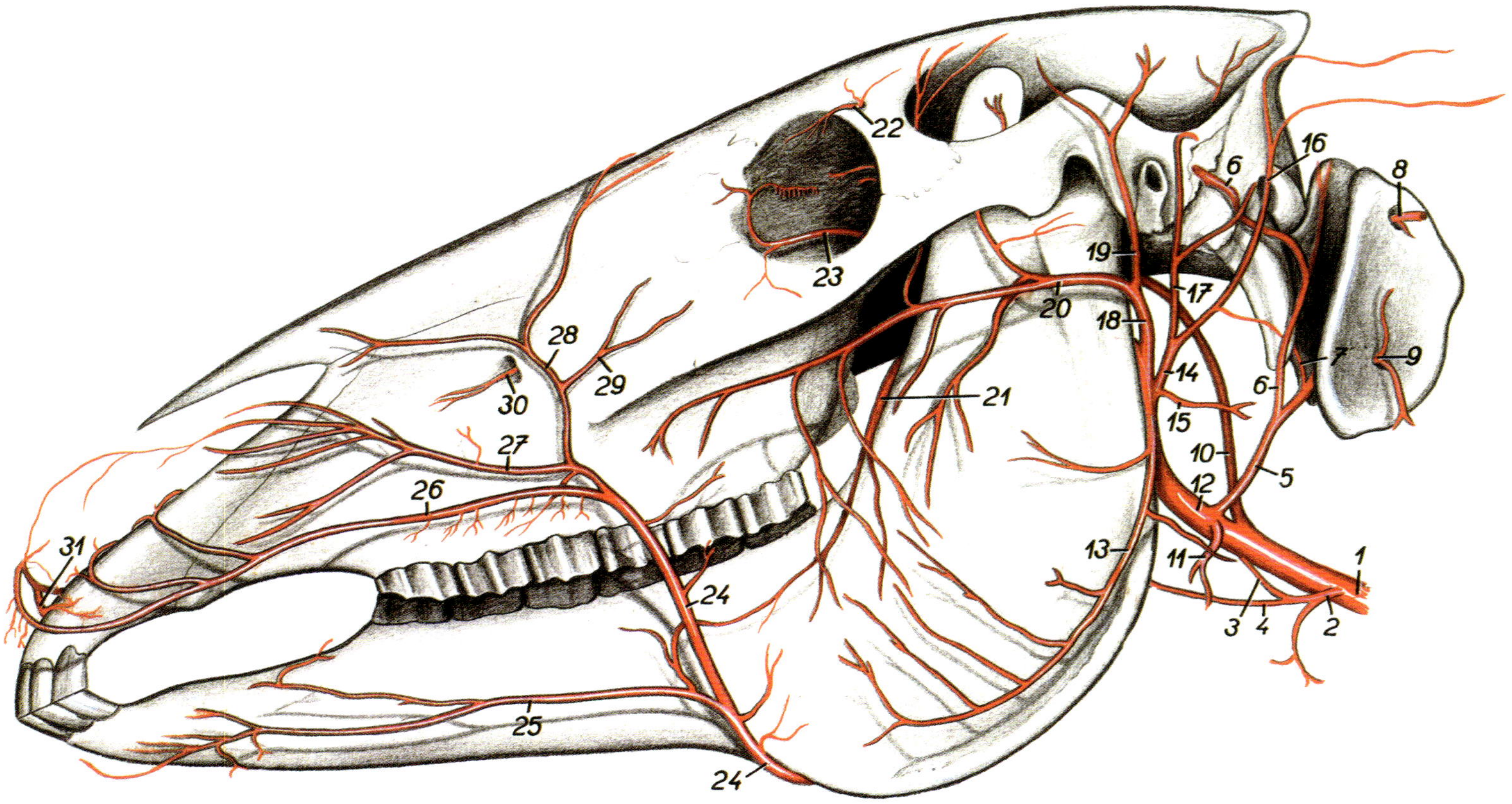

1. *A. carotis communis* – gemeinsame Kopfarterie
2. *A. thyroidea cranialis* kraniale Schilddrüsenarterie
3. *A. pharyngea ascendens* – aufsteigende Rachenarterie
4. *A. laryngea cranialis* – kraniale Kehlkopfarterie
5. *A. occipitalis* – Hinterhauptarterie
6. *A. meningea caudalis* kaudale Hirnhautarterie
7. *A. condylaris* – Gelenkknorrenarterie
8. *Ramus occipitalis a. occipitalis* – Hinterhauptast der Hinterhauptarterie
9. *Ramus descendens a. vertebralis* – absteigender Ast der Wirbelarterie
10. *A. carotis interna* – innere Kopfarterie
11. *Ramus glandularis* – Drüsenast
12. *A. carotis externa* – äußere Kopfarterie
13. *Ramus massetericus* – Ast für den äußeren Kaumuskel
14. *A. auricularis caudalis* – kaudale Ohrmuschelarterie
15. *Ramus parotideus* – Ohrspeicheldrüsenast
16. *Ramus auricularis lateralis et intermedius* – lateraler und mittlerer Ohrmuschelast
17. *A. auricularis profunda* – tiefe Ohrmuschelarterie

18., 19. *A. temporalis superficialis* – oberflächliche Schläfenarterie

20. *A. transversa faciei* – Querarterie des Gesichts
21. *A. buccalis* – Backenarterie
22. *A. supraorbitalis* – Überaugenhöhlenarterie
23. *A. malaris* – Wangenarterie
24. *A. facialis* – Gesichtsarterie
25. *A. labialis inferior* – Unterlippenarterie
26. *A. labialis superior* – Oberlippenarterie
27. *A. lateralis nasi* – laterale Nasenarterie
28. *A. dorsalis nasi* – Nasenrückenarterie
29. *A. angularis oculi* – Augenwinkelarterie
30. *A. infraorbitalis* – Unteraugenhöhlenarterie
31. *A. incisiva* – Schneidezahnarterie

Pferd. Topographie der Arterien am Kopf. Tiefe Gefäße, Ansicht von links. Nach einem Korrosionspräparat gezeichnet:

Abbildung 127

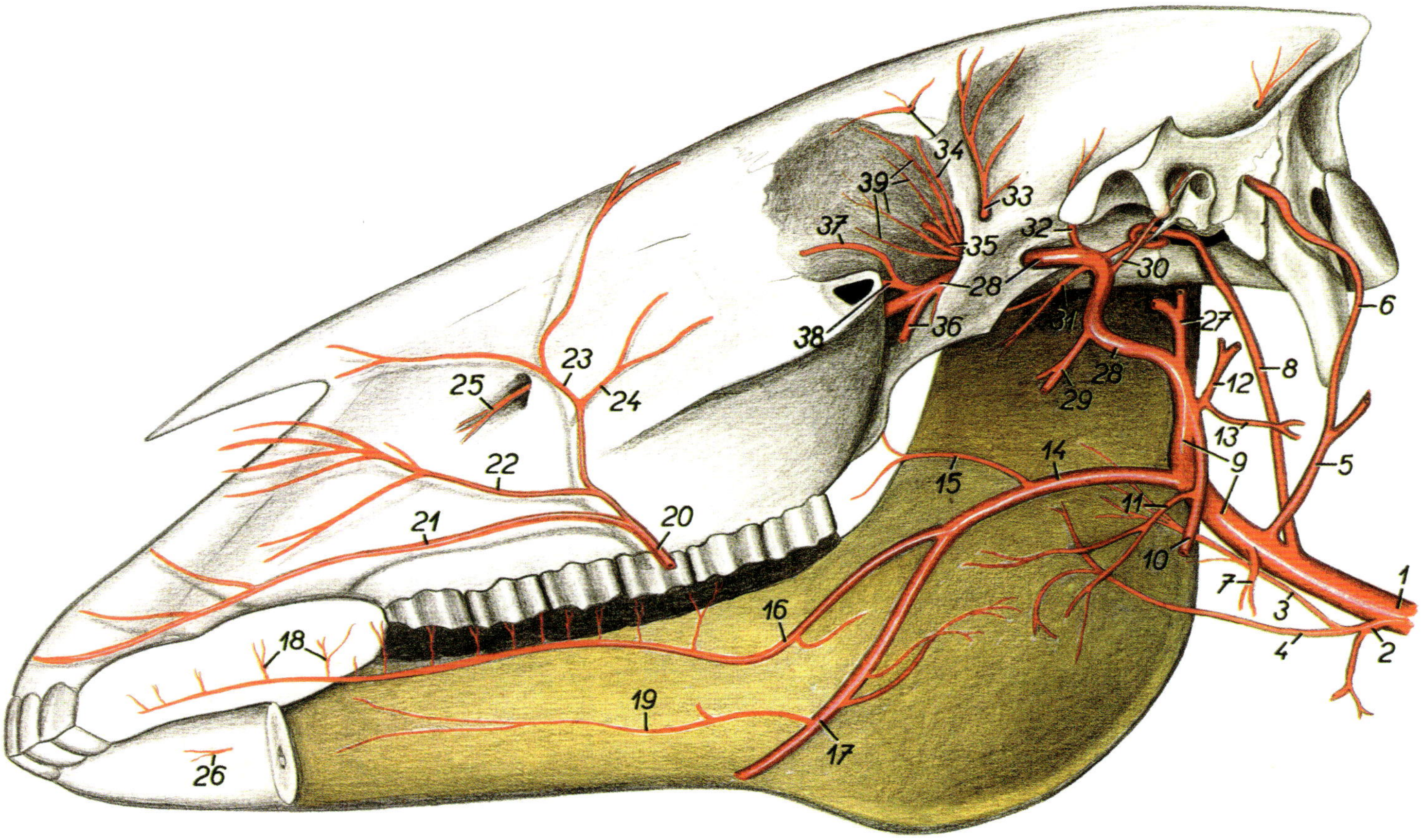

1. *A. carotis communis* – gemeinsame Kopfarterie
2. *A. thyroidea cranialis* – kraniale Schilddrüsenarterie
3. *A. pharyngea ascendens* – aufsteigende Rachenarterie
4. *A. laryngea cranialis* – kraniale Kehlkopfarterie
5. *A. occipitalis* – Hinterhauptarterie
6. *A. meningea caudalis* – kaudale Hirnhautarterie
7. *Ramus glandularis* – Drüsenast
8. *A. carotis interna* – innere Kopfarterie
9. *A. carotis externa* – äußere Kopfarterie
10. *Ramus massetericus* – Ast für den äußeren Kaumuskel
11. *Ramus pterygoideus* – Ast für den inneren Kaumuskel
12. *A. auricularis caudalis* – kaudale Ohrmuschelarterie
13. *Ramus parotideus* – Ohrspeicheldrüsenast
14. *Truncus linguofacialis* – Stamm der Zungen-Gesichtsarterie
15. *A. palatina ascendens* – aufsteigende Gaumenarterie
16. *A. lingualis* – Zungenarterie
17. *A. facialis (dextra)* – Gesichtsarterie (rechts)
18. *Rami dorsales linguae* – dorsale Zungenäste
19. *A. sublingualis* – Unterzungenarterie
20. *A. facialis (sinistra)* – Gesichtsarterie (links)
21. *A. labialis superior* – Oberlippenarterie
22. *A. lateralis nasi* – laterale Nasenarterie
23. *A. dorsalis nasi* – Nasenrückenarterie
24. *A. angularis oculi* – Augenwinkelarterie
25. *A. infraorbitalis* – Unteraugenhöhlenarterie
26. *A. mentalis* – Kinnarterie
27. *A. temporalis superficialis* – oberflächliche Schläfenarterie
28. *A. maxillaris* – Oberkieferarterie
29. *A. alveolaris inferior* – Unterkieferzahnfacharterie
30. *Ramus a. maxillaris ad tubam auditivam et ad m. tensorem et levatorem veli palatini* – Oberkieferarterienast zur Ohrtrompete und zum Spanner und Heber des Gaumensegels
31. *Ramus pterygoideus* – Ast für den inneren Kaumuskel
32. *A. temporalis profunda caudalis* – kaudale tiefe Schläfenarterie
33. *A. temporalis profunda rostralis* – rostrale tiefe Schläfenarterie
34. *A. supraorbitalis* – Überaugenhöhlenarterie
35. *A. ophthalmica externa* – äußere Augenarterie
36. *A. buccalis* – Backenarterie
37. *A. malaris* – Wangenarterie
38. *A. infraorbitalis* – Unteraugenhöhlenarterie
39. *Rami orbitales a. ophthalmicae externae* – Augenhöhlenäste der äußeren Augenarterie

Pferd. Sagittalschnitt durch den Gesichtsschädel, Ansicht von links.

Abbildung 128

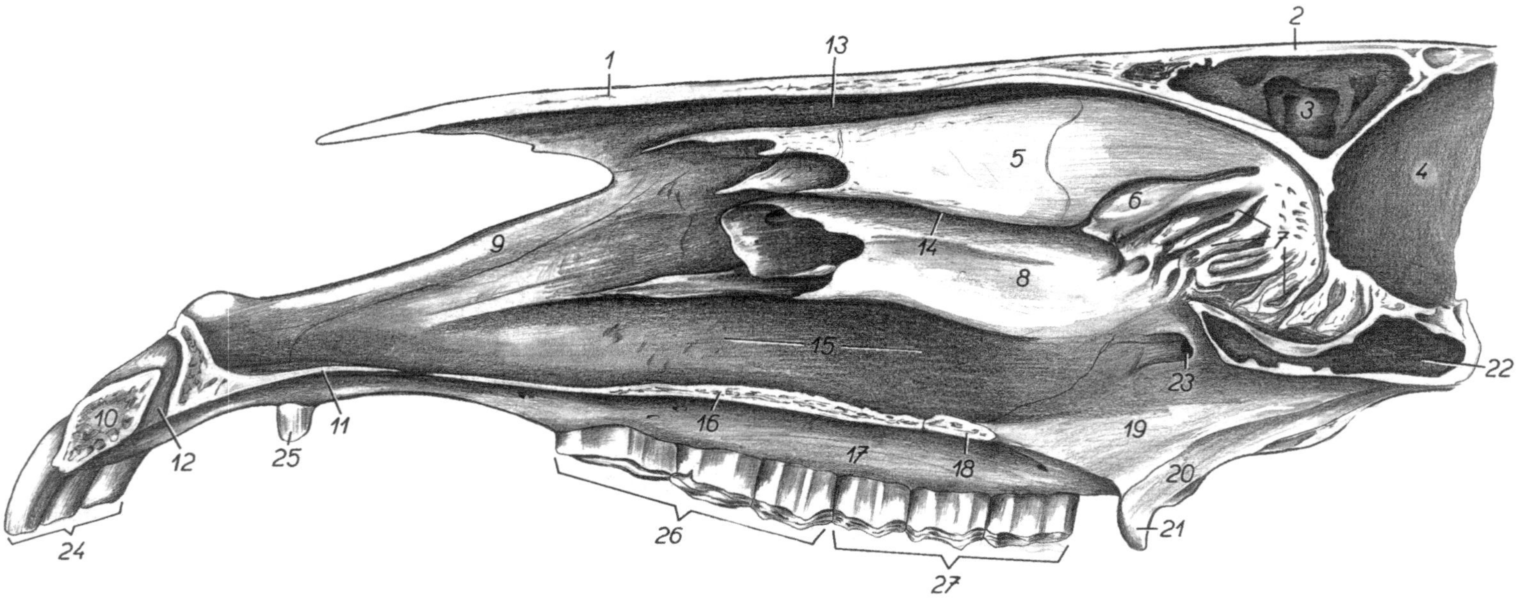

1. *Os nasale* – Nasenbein
2. *Os frontale* – Stirnbein
3. *Sinus frontalis* – Stirnhöhle
4. *Cavum cranii* – Schädelhöhle
5. *Concha nasalis dorsalis* – dorsale Nasenmuschel
6. *Concha nasalis media* – mittlere Nasenmuschel
7. *Labyrinthus ethmoidalis* – Siebbeinlabyrinth
8. *Os conchae nasalis ventralis* – ventrales Nasenmuschelbein
9. *Processus nasalis ossis incisivi* – Nasenfortsatz des Zwischenkieferbeines
10. *Corpus ossis incisivi* – Körper des Zwischenkieferbeines
11. *Processus palatinus ossis incisivi* – Gaumenfortsatz des Zwischenkieferbeines
12. *Canalis interincisivus* – Zwischenkieferkanal
13. *Meatus nasi dorsalis* – dorsaler Nasengang
14. *Meatus nasi medius* – mittlerer Nasengang
15. *Meatus nasi ventralis* – ventraler Nasengang
16. *Processus palatinus maxillae* – Gaumenfortsatz des Oberkieferbeines
17. *Processus alveolaris maxillae* – Zahnfachfortsatz des Oberkieferbeines
18. *Lamina horizontalis ossis palatini* – waagrechte Platte des Gaumenbeines
19. *Lamina perpendicularis ossis palatini* – senkrechte Platte des Gaumenbeines
20. *Os pterygoideum* – Flügelbein
21. *Hamulus pterygoideus* – Häkchen des Flügelbeines
22. *Sinus sphenopalatinus* – Keilbein-Gaumenbeinhöhle
23. *Foramen sphenopalatinum* – Keilbein-Gaumenbeinöffnung
24. *Dentes incisivi* – Schneidezähne
25. *Dens caninus* – Eckzahn
26. *Dentes premolares* – vordere Backenzähne
27. *Dentes molares* – hintere Backenzähne

Pferd. Sagittalschnitt durch den Gesichtsschädel nach Entfernung der Nasenmuscheln, Ansicht von links.

Abbildung 129

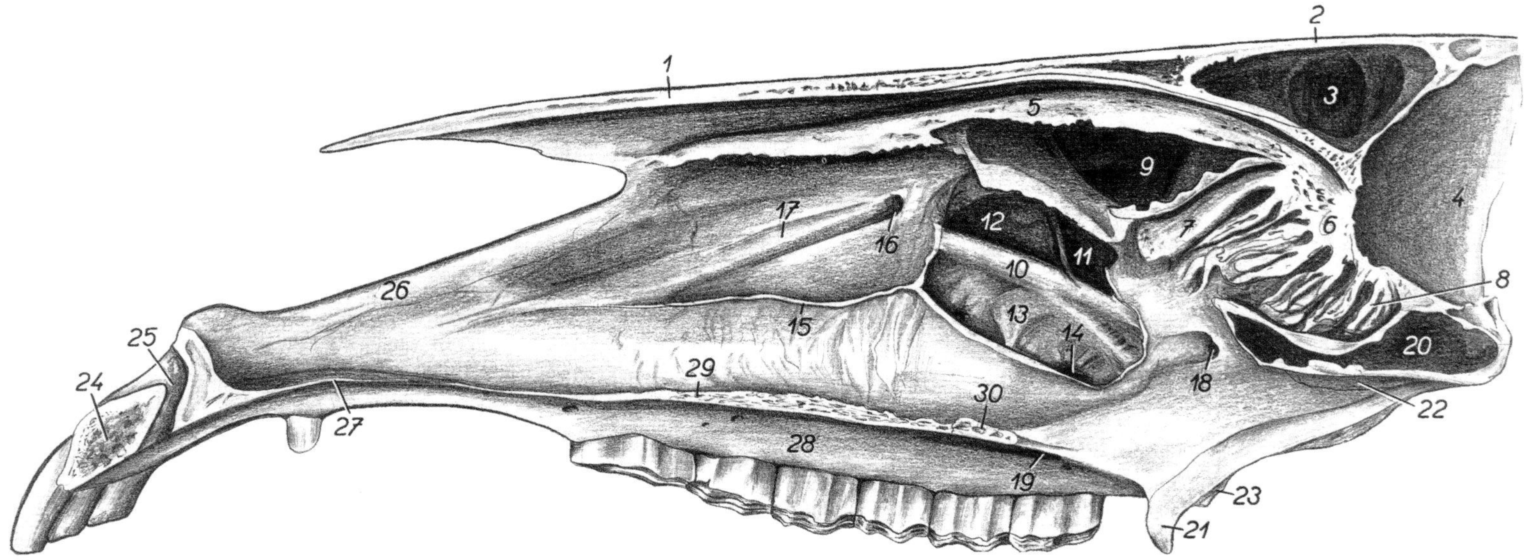

1. *Os nasale* – Nasenbein
2. *Os frontale* – Stirnbein
3. *Sinus frontalis* – Stirnhöhle
4. *Cavum cranii* – Schädelhöhle
5. *Concha nasalis dorsalis* – dorsale Nasenmuschel
6. *Crista galli* – Hahnenkamm
7. *Concha nasalis media* – mittlere Nasenmuschel
8. *Endoturbinale VI* – inneres Muschelbein VI
9. *Sinus conchofrontalis* – Muschel-Stirnbeinhöhle
10. *Canalis infraorbitalis* – Unteraugenhöhlenkanal
11. *Sinus maxillaris caudalis* – kaudale Oberkieferhöhle
12. *Sinus maxillaris rostralis* – rostrale Oberkieferhöhle
13. *Sinus conchae ventralis* – ventrale Nasenmuschelhöhle
14. *Sinus maxillaris caudalis (Apertura sinus sphenoidalis)* – kaudale Oberkieferhöhle (Öffnung der Keilbeinhöhle)
15. *Crista conchalis (maxillae)* – Muschelleiste (des Oberkiefers)
16. *Canalis lacrimalis* – Tränenkanal
17. *Sulcus lacrimalis* – Tränenrinne
18. *Foramen sphenopalatinum* – Keilbein-Gaumenbeinöffnung
19. *Foramen palatinum majus* – großes Gaumenbeinloch
20. *Sinus sphenopalatinus* – Keilbein-Gaumenbeinhöhle
21. *Hamulus pterygoideus* – Häkchen des Flügelbeines
22. *Vomer* – Pflugscharbein
23. *Tuber maxillae* – Oberkieferhöcker
24. *Corpus ossis incisivi* – Körper des Zwischenkieferbeines
25. *Canalis interincisivus* – Zwischenkieferkanal
26. *Processus nasalis ossis incisivi* – Nasenfortsatz des Zwischenkieferbeines
27. *Processus palatinus ossis incisivi* – Gaumenfortsatz des Zwischenkieferbeines
28. *Processus alveolaris maxillae* – Zahnfachfortsatz des Oberkieferbeines
29. *Processus palatinus maxillae* – Gaumenfortsatz des Oberkieferbeines
30. *Lamina horizontalis ossis palatini* – waagrechte Platte des Gaumenbeines

Abbildung 130

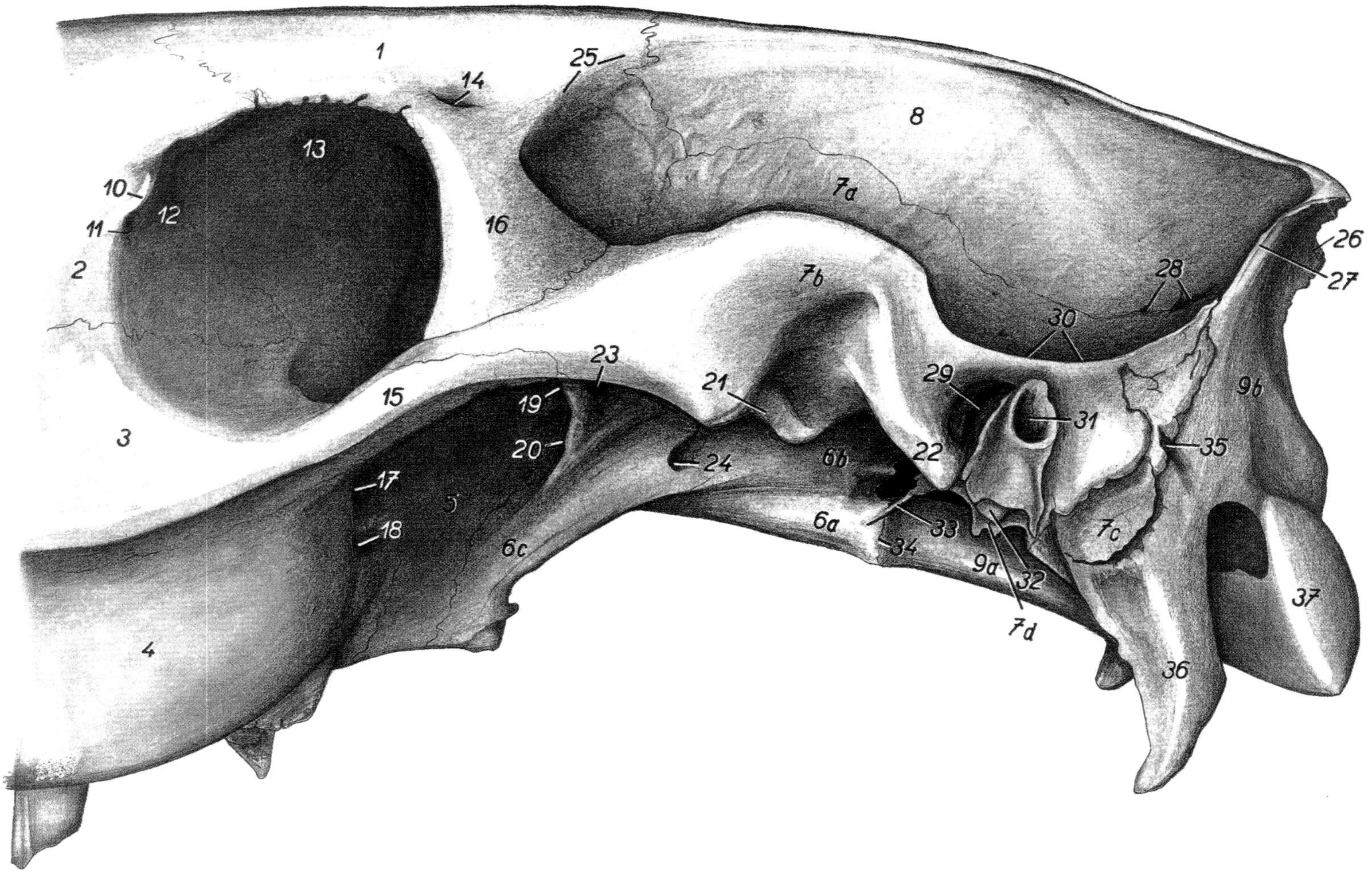

1. *Os frontale* – Stirnbein
2. *Os lacrimale* – Tränenbein
3. *Os zygomaticum* – Jochbein
4. *Maxilla* – Oberkieferbein
5. *Lamina perpendicularis ossis palatini* – senkrechte Platte des Gaumenbeines
6. *Os basisphenoidale* (6a. *Corpus ossis basisphenoidalis*, 6b. *Ala ossis basisphenoidalis*, 6c. *Processus pterygoideus*) – hinterer Teil des Keilbeines (6a. Körper des hinteren Teils des Keilbeines, 6b. Flügel des hinteren Teils des Keilbeines, 6c. Flügelfortsatz)
7. *Os temporale* (7a. *Pars squamosa*, 7b. *Processus zygomaticus*, 7c. *Processus mastoideus*, 7d. *Pars tympanica*) – Schläfenbein (7a. Schuppenteil, 7b. Jochfortsatz, 7c. Warzenteilfortsatz, 7d. Paukenteil)
8. *Os parietale* – Scheitelbein
9. *Os occipitale* (9a. *Pars basilaris*, 9b. *Squama occipitalis*) – Hinterhauptbein (9a. Basisteil, 9b. Hinterhauptschuppe)
10. *Processus lacrimalis caudalis* – kaudaler Tränenbeinfortsatz
11. *Fossa sacci lacrimalis* – Tränensackgrube
12. *Fossa mi. obliqui ventralis bulbi* – Grube des ventralen schiefen Augenmuskels
13. *Fovea trochlearis* – Rollgrube
14. *Foramen supraorbitale* – Überaugenhöhlenloch
15. *Processus temporalis ossis zygomatici* – Schläfenfortsatz des Jochbeines
16. *Processus zygomaticus ossis frontalis* – Jochfortsatz des Stirnbeines
17. *Foramen sphenopalatinum* – Keilbein-Gaumenbeinloch
18. *Foramen palatinum caudale* – kaudales Gaumenbeinloch
19. *Fissura orbitalis* – Augenhöhlenspalte
20. *Foramen alare rostrale* – rostrales Flügelloch
21. *Tuberculum articulare* – Gelenkhöckerchen
22. *Processus retroarticularis* – hinter dem Gelenk gelegener Fortsatz
23. *Foramen alare parvum* – kleines Flügelloch
24. *Foramen alare caudale* – kaudales Flügelloch
25. *Linea temporalis* – Schläfenbeinlinie
26. *Protuberantia occipitalis externa* – äußere Erhebung des Hinterhauptbeines
27. *Crista nuchae* – Nackenleiste
28., 29. *Orificia externa meatus temporalis* – Außenöffnungen des Schläfenganges
28. *Orificia temporalia* – Schläfenbein-Öffnungen
29. *Foramen retroarticulare* – hinter dem Gelenk gelegene Öffnung
30. *Crista supramastoidea* – Leiste über dem Warzenteil
31. *Porus acusticus externus* – äußere Gehöröffnung
32. *Processus styloideus* – Griffelfortsatz
33. *Processus muscularis* – Muskelfortsatz
34. *Synchondrosis sphenooccipitalis* – Keilbein-Hinterhauptbeinfuge
35. *Sulcus a. meningeae caudalis* – Rinne der kaudalen Hirnhautarterie
36. *Processus paracondylaris* – Muskelfortsatz des Hinterhauptbeines
37. *Condylus occipitalis* – Gelenkknorren des Hinterhauptbeines

Pferd. Augen- und Schläfengegend nach Entfernung des Jochbogens, Ansicht von links.

Abbildung 131

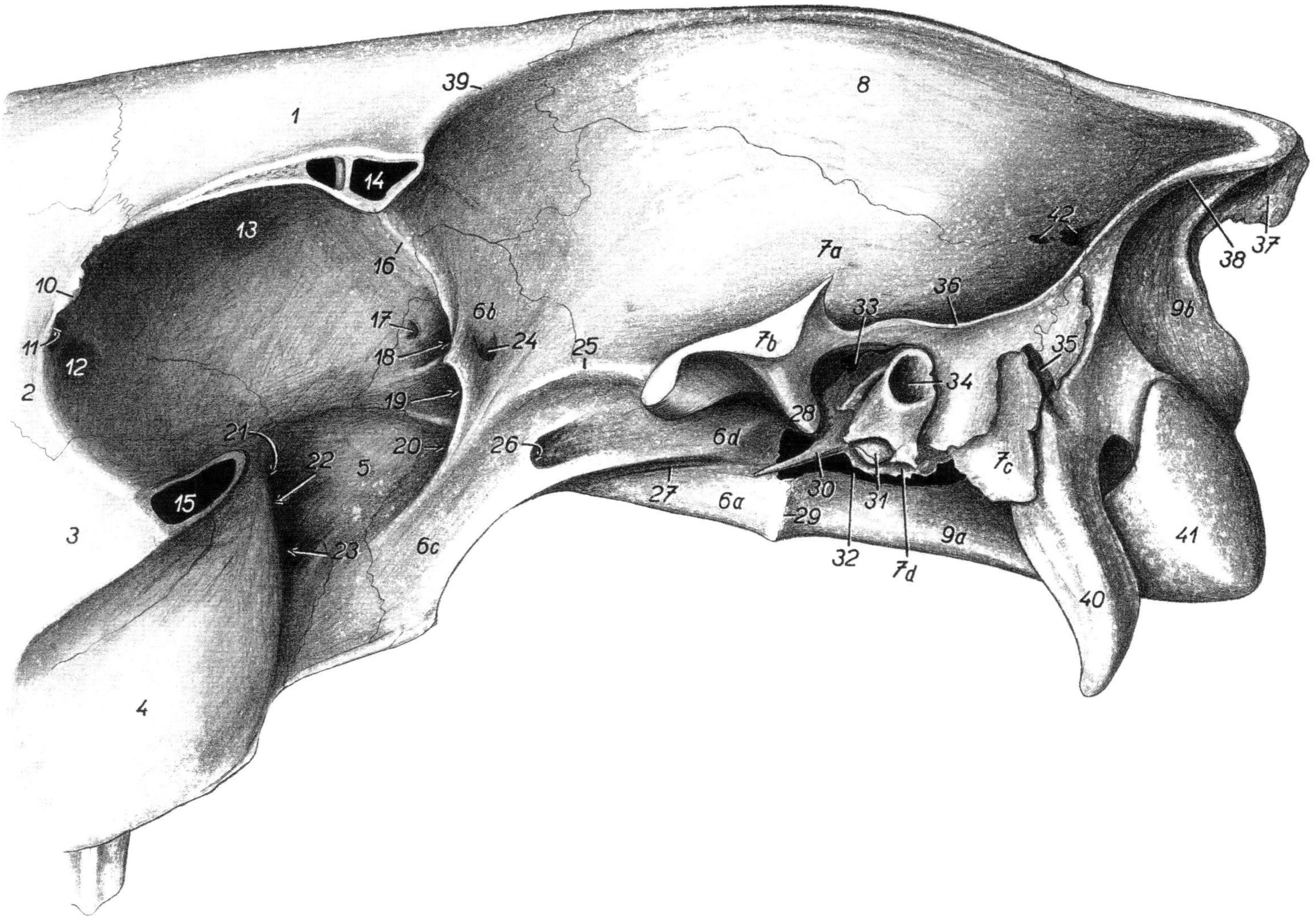

1. *Os frontale* – Stirnbein
2. *Os lacrimale* – Tränenbein
3. *Os zygomaticum* – Jochbein
4. *Maxilla* – Oberkieferbein
5. *Lamina perpendicularis ossis palatini* – senkrechte Platte des Gaumenbeines
6. *Os basisphenoidale et Os presphenoidale* (6a. *Corpus ossis basisphenoidalis*, 6b. *Ala ossis presphenoidalis*, 6c. *Processus pterygoideus*, 6d. *Ala ossis basisphenoidalis*) – hinterer und vorderer Teil des Keilbeines (6a. Körper des hinteren Teils des Keilbeines, 6b. Flügel des vorderen Teils des Keilbeines, 6c. Flügelfortsatz, 6d. Flügel des hinteren Teils des Keilbeines)
7. *Os temporale* (7a. *Pars squamosa*, 7b. *Processus zygomaticus*, 7c. *Processus mastoideus*, 7d. *Pars tympanica*) – Schläfenbein (7a. Schuppenteil, 7b. Jochfortsatz, 7c. Warzenteilfortsatz, 7d. Paukenteil)
8. *Os parietale* – Scheitelbein
9. *Os occipitale* (9a. *Pars basilaris*, 9b. *Squama occipitalis*) – Hinterhauptbein (9a. Basisteil, 9b. Hinterhauptschuppe)
10. *Processus lacrimalis caudalis* – kaudaler Tränenbeinfortsatz
11. *Fossa sacci lacrimalis* – Tränensackgrube
12. *Fossa mi. obliqui ventralis bulbi* – Grube des ventralen schiefen Augenmuskels
13. *Fovea trochlearis* – Rollgrube
14. *Sinus frontalis* – Stirnhöhle
15. *Sinus maxillaris caudalis* – kaudale Oberkieferhöhle
16. *Crista orbitotemporalis* – Augenhöhlen-Schläfenbeinleiste
17. *Foramen ethmoidale* – Siebbeinloch
18. *Canalis opticus* – Sehnervenkanal
19. *Fissura orbitalis* – Augenhöhlenspalte
20. *Foramen alare rostrale* – rostrales Flügelloch
21. *Foramen maxillare* – Oberkieferbeinloch
22. *Foramen sphenopalatinum* – Keilbein-Gaumenbeinloch
23. *Foramen palatinum caudale* – kaudales Gaumenbeinloch
24. *Foramen alare parvum* – kleines Flügelloch
25. *Crista infratemporalis* – Unterschläfenbeinleiste
26. *Foramen alare caudale* – kaudales Flügelloch
27. *Sulcus ni. canalis pterygoidei* – Rinne des Flügelnerven
28. *Processus retroarticularis* – hinter dem Gelenk gelegener Fortsatz
29. *Synchondrosis sphenooccipitalis* – Keilbein-Hinterhauptbeinfuge
30. *Processus muscularis* – Muskelfortsatz
31. *Processus styloideus* – Griffelfortsatz
32. *Foramen lacerum* – zerrissenes Loch
33., 42. *Orificia externa meatus temporalis* – äußere Öffnungen des Schläfenganges
33. *Foramen retroarticulare* – hinter dem Gelenk gelegene Öffnung
34. *Porus acusticus externus* – äußere Gehöröffnung
35. *Sulcus a. meningeae caudalis* – Rinne der kaudalen Hirnhautarterie
36. *Crista supramastoidea* – Leiste über dem Warzenteil
37. *Protuberantia occipitalis externa* – äußere Hinterhauptbeinerhebung
38. *Crista nuchae* – Nackenleiste
39. *Linea temporalis* – Schläfenbeinleiste
40. *Processus paracondylaris* – Muskelfortsatz des Hinterhauptbeines
41. *Condylus occipitalis* – Gelenkknorren des Hinterhauptbeines
42. *Orificia temporalia meatus temporalis* – Schläfenbeinöffnungen des Schläfenganges

Pferd. Medianschnitt durch den Hirnschädel.

Abbildung 132

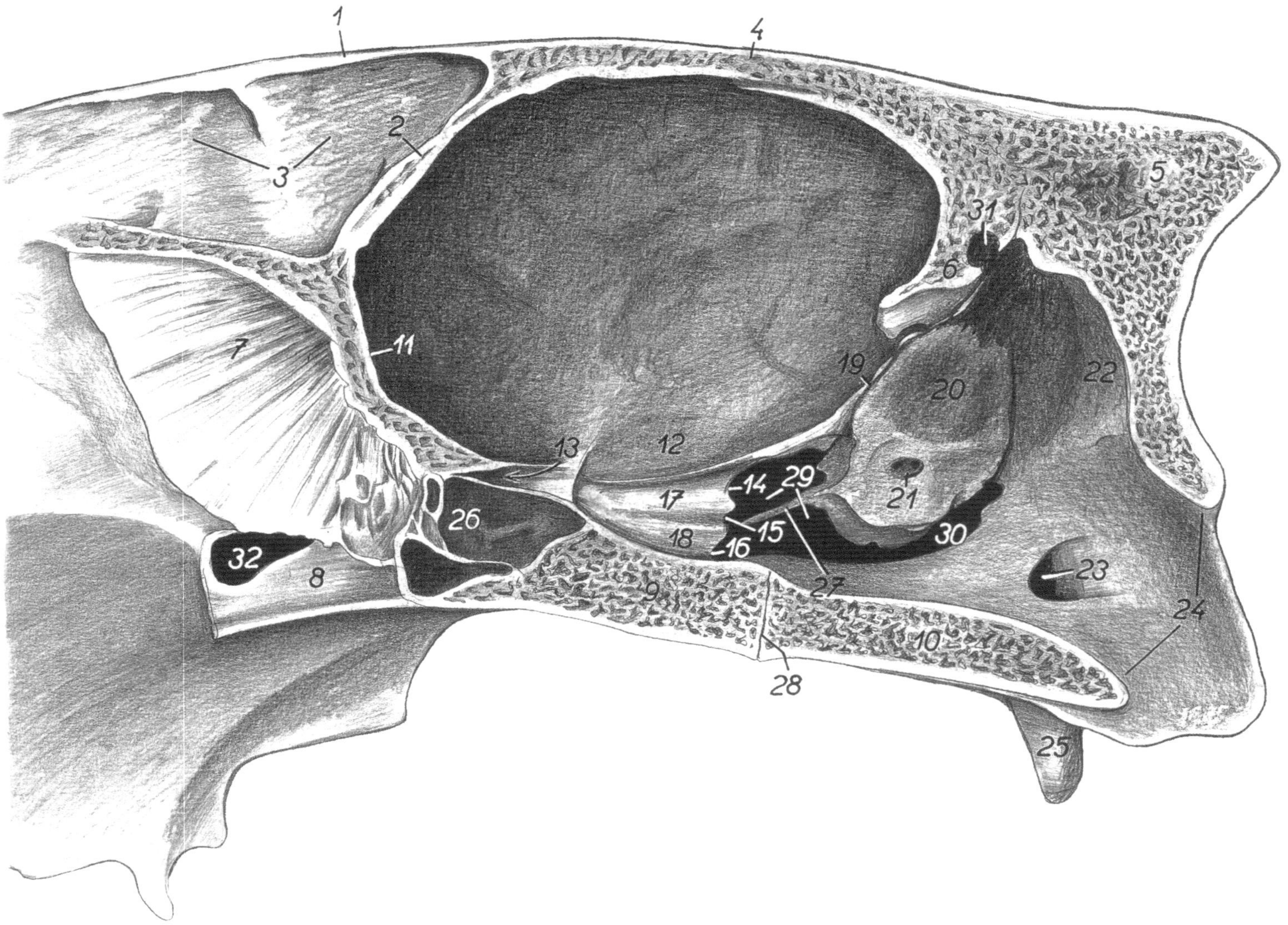

1. *Squama frontalis* – Stirnbeinschuppe
2. *Facies interna ossis frontalis* – innere Fläche des Stirnbeines
3. *Septum sinuum frontalium* – Scheidewand der Stirnhöhlen
4. *Os parietale* – Scheitelbein
5. *Squama occipitalis* – Hinterhauptbeinschuppe
6. *Tentorium cerebelli osseum* – knöchernes Kleinhirnzelt
7. *Lamina perpendicularis ossis ethmoidalis* – Mittelplatte des Siebbeines
8. *Vomer* – Pflugscharbein
9. *Corpus ossis basisphenoidalis* – Körper des hinteren Teils des Keilbeines
10. *Pars basilaris ossis occipitalis* – Basisteil des Hinterhauptbeines
11. *Crista galli* – Hahnenkamm
12. *Fossa piriformis* – birnenförmige Grube
13. *Canalis opticus* – Sehnervenkanal
14. *Incisura spinosa foraminis laceri* – dornförmiger Einschnitt des zerrissenen Loches
15. *Incisura ovalis foraminis laceri* – ovaler Einschnitt des zerrissenen Loches
16. *Incisura carotica foraminis laceri* – Einschnitt der Kopfarterie am zerrissenen Loch
17. *Sulcus ni. maxillaris* – Rinne des Oberkiefernerven
18. *Sulcus ni. ophthalmici* – Rinne des Augennerven
19. *Crista partis petrosae* – Felsenbeinleiste
20. *Fossa cerebellaris* – Kleinhirngrube
21. *Meatus acusticus internus* – innerer Gehörgang
22. *Impressio vermialis* – Wurmeindruck
23. *Canalis ni. hypoglossi* – Kanal des Unterzungennerven
24. *Foramen magnum* – Hinterhauptloch
25. *Processus paracondylaris* – Muskelfortsatz des Hinterhauptbeines
26. *Sinus sphenoidalis* – Keilbeinhöhle
27. *Processus muscularis* – Muskelfortsatz
28. *Synchondrosis sphenooccipitalis* – Keilbein-Hinterhauptbeinfuge

29., 30. *Foramen jugulolacerum* – Jochöffnung – zerrissenes Loch

29. *Foramen lacerum* – zerrissenes Loch
30. *Foramen jugulare* – Drosselöffnung
31. *Sulcus sinus transversi* – Rinne des Querblutleiters
32. *Sinus palatinus* – Gaumenhöhle

Pferd. Venen der harten Hirnhaut und der Augenhöhle. Linker dorsaler Schädelteil und Jochbogen sind entfernt (nach Dennstedt).

Abbildung 133

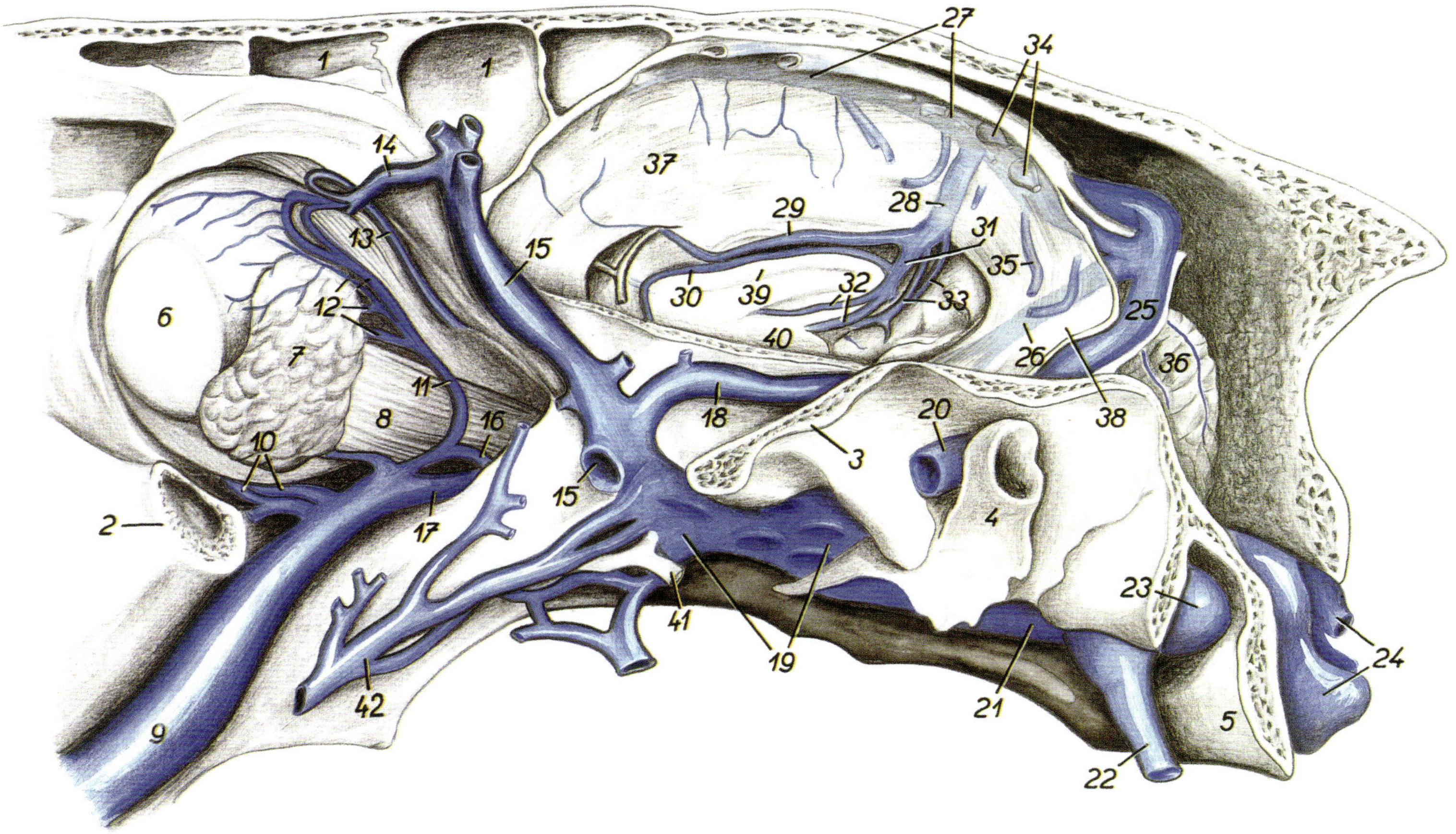

1. *Sinus frontalis* – Stirnhöhle
2. *Processus temporalis ossis zygomatici* – Schläfenfortsatz des Jochbeines
3. *Processus zygomaticus ossis temporalis* – Jochfortsatz des Schläfenbeines
4. *Meatus acusticus externus* – äußerer Gehörgang
5. *Condylus occipitalis* – Gelenkknorren des Hinterhauptbeines
6. *Bulbus oculi* – Augapfel
7. *Glandula lacrimalis* – Tränendrüse
8. *M. rectus bulbi lateralis* – lateraler gerader Augenmuskel
9. *V. faciei profunda* – tiefe Gesichtsvene
10. *V. ophthalmica externa ventralis* – ventrale äußere Augenvene
11. *V. ophthalmica externa dorsalis* – dorsale äußere Augenvene
12. *Vv. lacrimales* – Tränendrüsenvenen
13. *V. ethmoidalis* – Siebbeinvene
14. *V. frontalis* – Stirnvene
15. *V. temporalis profunda rostralis* – rostrale tiefe Schläfenvene
16. *Ramus periorbitalis v. ophthalmicae externae dorsalis* – Ast der dorsalen äußeren Augenvene für die Knochenhaut der Augenhöhle
17. *V. emissaria foraminis orbitorotundi* – Abzugsvene des runden Augenhöhlenlochs
18. *V. temporalis profunda caudalis* – kaudale tiefe Schläfenvene
19. *Plexus venosus subtemporalis* – unter der Schläfe gelegenes Venengeflecht
20. *V. cerebralis dorsalis* – dorsale Gehirnvene
21. *Sinus petrosus ventralis* – ventraler Felsenbeinblutleiter
22. *V. emissaria foraminis laceri (V. cerebralis ventralis)* – Abzugsvene des zerrissenen Lochs (ventrale Gehirnvene)
23. *Sinus petrosus ventralis* – ventraler Felsenbeinblutleiter
24. *Sinus occipitalis ventralis* – ventraler Hinterhauptbeinblutleiter
25. *Sinus transversus sinister* – linker Querblutleiter
26. *Sinus petrosus dorsalis* – dorsaler Felsenbeinblutleiter
27. *Sinus sagittalis* – sagittaler Blutleiter
28. *Sinus rectus* – gerader Blutleiter
29. *V. corporis callosi major* – große Balkenvene
30. *V. corporis callosi minor* – kleine Balkenvene
31. *V. cerebri magna* – große Gehirnvene
32. *Vv. cerebri internae* – innere Gehirnvenen
33. *V. epiphysis* – Zirbelvene

34., 35. *Vv. cerebri dorsales* – dorsale Gehirnvenen

36. *Cerebellum* – Kleinhirn
37. *Falx cerebri* – Gehirnsichel
38. *Tentorium cerebelli membranosum* – häutiges Kleinhirnzelt
39. *Corpus callosum* – Balken
40. *Adhesio interthalamica* – Verbindungsstelle der Sehhügel
41. *A. maxillaris* – Oberkieferarterie
42. *Rami pterygoidei* – Äste für den inneren Kaumuskel

Pferd. Präparation der Augenhöhlenorgane und der Schädelbasis, Ansicht von links (teilweise nach Ellenberger und Baum).

Abbildung 134

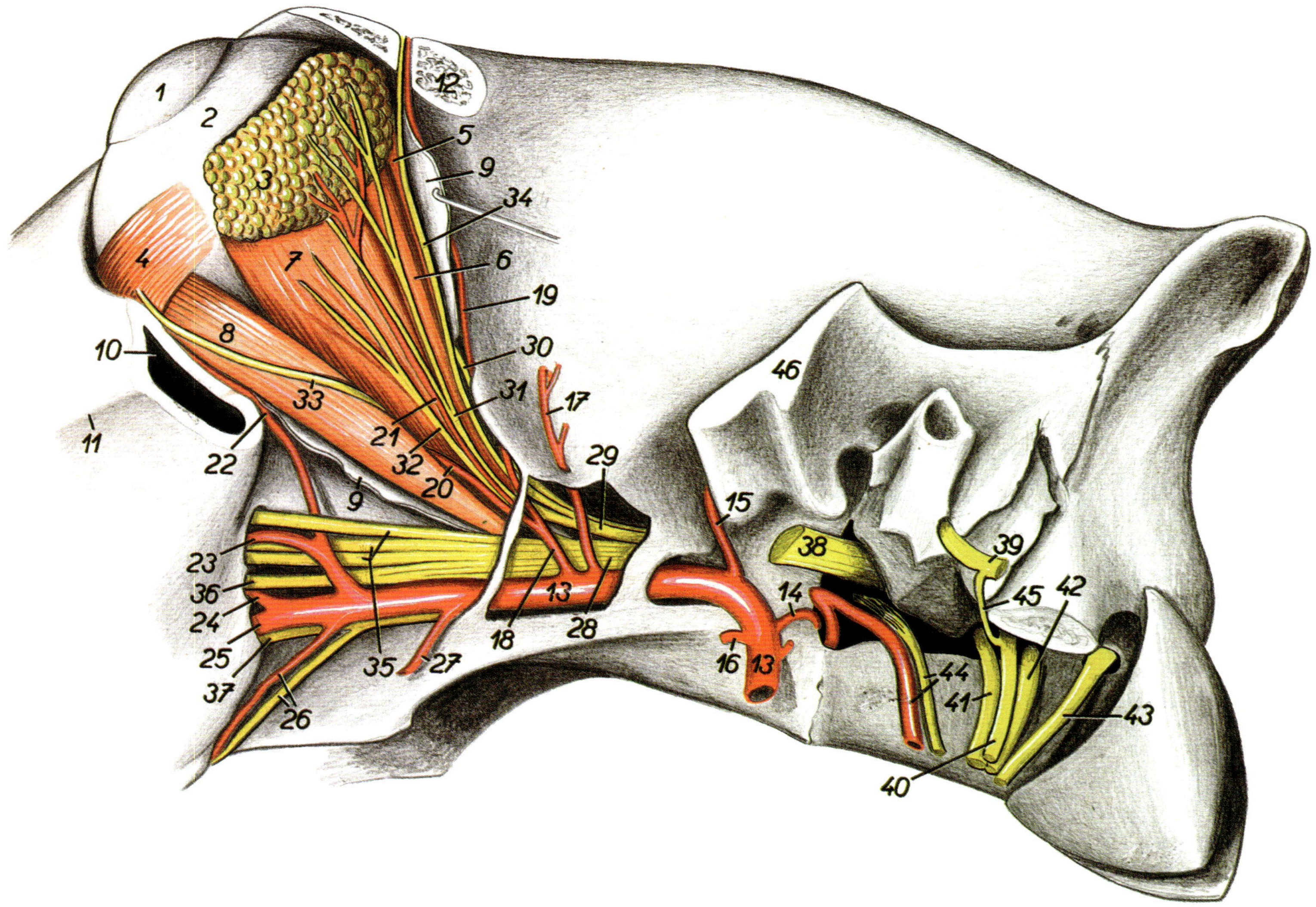

1. *Cornea* – Hornhaut
2. *Bulbus oculi (Sclera)* – Augapfel (harte Augenhaut)
3. *Glandula lacrimalis* – Tränendrüse
4. *M. obliquus bulbi ventralis* – ventraler schiefer Augenmuskel
5. *M. levator palpebrae superioris* – Heber des oberen Augenlids
6. *M. rectus bulbi dorsalis* – dorsaler gerader Augenmuskel
7. *M. rectus bulbi lateralis* – lateraler gerader Augenmuskel
8. *M. rectus bulbi ventralis* – ventraler gerader Augenmuskel
9. *Periorbita* – Augenhöhlenknochenhaut
10. *Sinus maxillaris caudalis* – kaudale Oberkieferhöhle
11. *Crista facialis* – Gesichtsleiste
12. *Processus zygomaticus ossis frontalis* – Jochfortsatz des Stirnbeines
13. *A. maxillaris* – Oberkieferarterie
14. *A. meningea media* – mittlere Hirnhautarterie
15. *A. temporalis profunda caudalis* – kaudale tiefe Schläfenarterie
16. *Ramus pterygoideus a. maxillaris* – Ast der Oberkieferarterie für den inneren Kaumuskel
17. *A. temporalis profunda rostralis* – rostrale tiefe Schläfenarterie
18. *A. ophthalmica externa* – äußere Augenarterie
19. *A. supraorbitalis* – Überaugenhöhlenarterie
20. *Ramus muscularis a. ophthalmicae externae* – Muskelast der äußeren Augenarterie
21. *A. lacrimalis* – Tränendrüsenarterie
22. *A. malaris* – Wangenarterie
23. *A. infraorbitalis* – Unteraugenhöhlenarterie
24. *A. sphenopalatina* – Keilbein-Gaumenarterie
25. *A. palatina major* – große Gaumenarterie
26. *A. palatina minor et N. palatinus minor* – kleine Gaumenarterie und kleiner Gaumennerv
27. *A. buccalis* – Backenarterie
28. *N. maxillaris* – Oberkiefernerv
29. *N. ophthalmicus* – Augennerv
30. *N. trochlearis* – Rollnerv
31. *N. lacrimalis* – Tränennerv
32. *N. zygomaticus* – Jochnerv
33. *N. oculomotorius* – Augenbewegernerv
34. *N. supraorbitalis (frontalis)* – Überaugenhöhlennerv (Stirnnerv)
35. *N. infraorbitalis* – Unteraugenhöhlennerv
36. *N. sphenopalatinus* – Kleinbein-Gaumennerv
37. *N. palatinus major* – großer Gaumennerv
38. *N. mandibularis* – Unterkiefernerv
39. *N. facialis* – Gesichtsnerv
40. *N. vagus* – Vagusnerv
41. *N. glossopharyngeus* – Zungen-Rachennerv
42. *N. accessorius* – zusätzlicher Nerv
43. *N. hypoglossus* – Unterzungennerv
44. *A. carotis interna et N. caroticus internus* – innere Kopfarterie und innerer Kopfnerv
45. *Ramus communicans (inter N. vagum et N. facialem)* – Verbindungsast (zwischen Vagusnerv und Gesichtsnerv)
46. *Processus zygomaticus ossis temporalis* – Jochfortsatz des Schläfenbeines

Pferd. Schnitt durch Auge und Augenhöhle (teilweise nach Ellenberger und Baum).

Abbildung 135

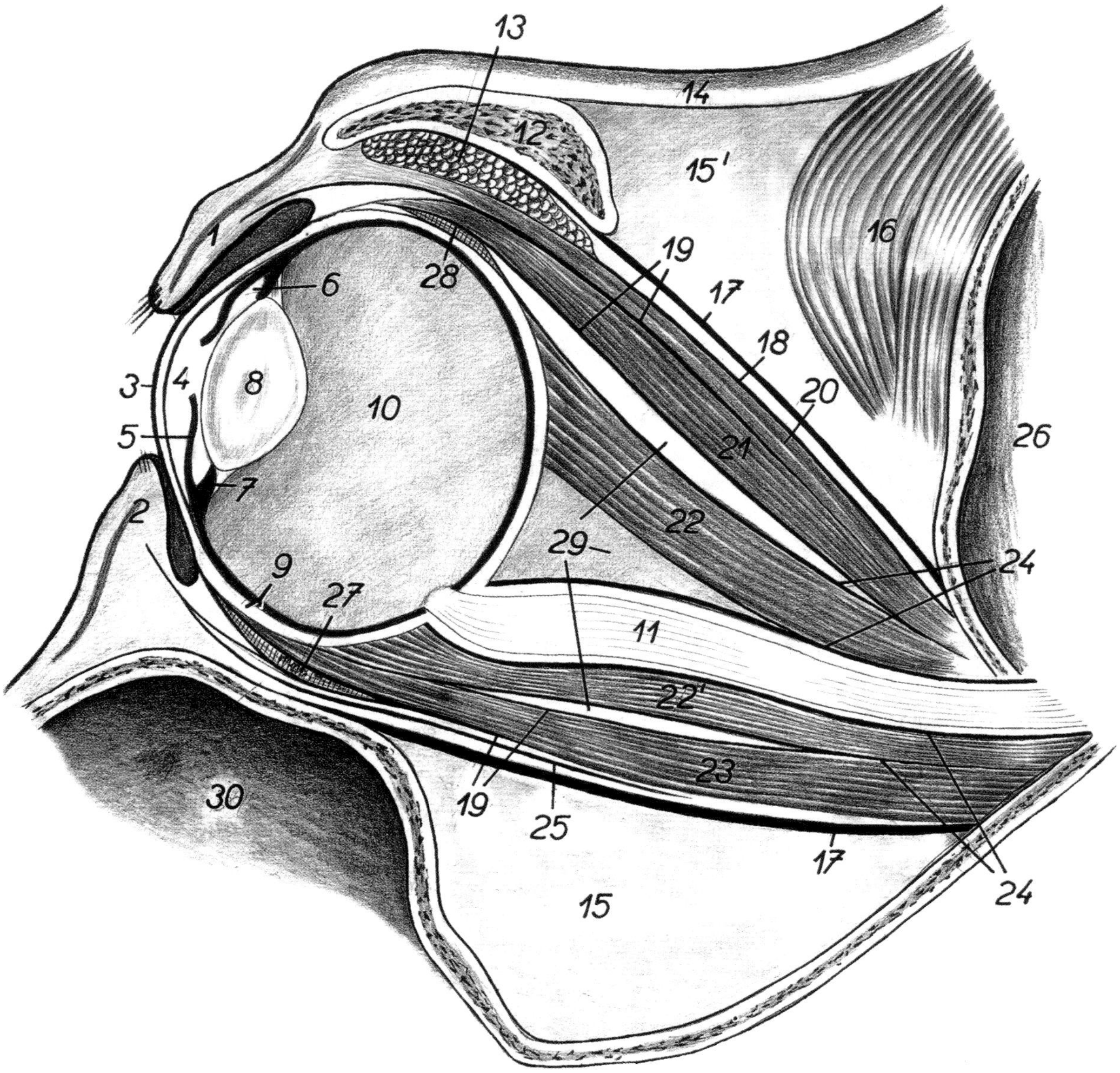

1. *Palpebra superior* – oberes Augenlid
2. *Palpebra inferior* – unteres Augenlid
3. *Cornea* – Hornhaut
4. *Camera anterior bulbi* – vordere Augenkammer
5. *Iris* – Regenbogenhaut
6. *Camera posterior bulbi* – hintere Augenkammer
7. *Corpus ciliare et Zonula ciliaris* – Strahlenkörper und -gürtel
8. *Lens* – Linse
9. *Tunicae bulbi (externa, media et interna)* – Augenhäute (äußere, mittlere, innere)
10. *Camera vitrea et Corpus vitreum* – Glaskörperraum und Glaskörper
11. *N. opticus* – Sehnerv
12. *Processus zygomaticus ossis frontalis* – Jochfortsatz des Stirnbeines
13. *Glandula lacrimalis* – Tränendrüse
14. *Cutis* – Haut
15. *Corpus adiposum extraperiorbitale* – außerhalb der Augenhöhlenknochenhaut gelegener Fettkörper

15'. *Corpus adiposum fossae temporalis* – in der Schläfengrube gelegener Fettkörper

16. *M. temporalis* – Schläfenmuskel
17. *Periorbita* – Augenhöhlenknochenhaut
18. *Fascia orbitalis superficialis* – oberflächliche Augenhöhlenfaszie
19. *Fascia orbitalis profunda* – tiefe Augenhöhlenfaszie
20. *M. levator palpebrae superioris* – Heber des oberen Augenlids
21. *M. rectus bulbi dorsalis* – dorsaler gerader Augenmuskel

22., 22'. *M. retractor bulbi* – Rückzieher des Augapfels

23. *M. rectus bulbi ventralis* – ventraler gerader Augenmuskel
24. *Fascia muscularis* – Muskelfaszie
25. *Fascia orbitalis superficialis* – oberflächliche Augenhöhlenfaszie
26. *Cavum cranii* – Schädelhöhle
27. *M. obliquus bulbi ventralis* – ventraler schiefer Augenmuskel
28. *M. obliquus bulbi dorsalis* – dorsaler schiefer Augenmuskel
29. *Corpus adiposum intraperiorbitale* – innerhalb der Augenhöhlenknochenhaut gelegener Fettkörper
30. *Sinus maxillaris* – Oberkieferhöhle

Abbildung 136

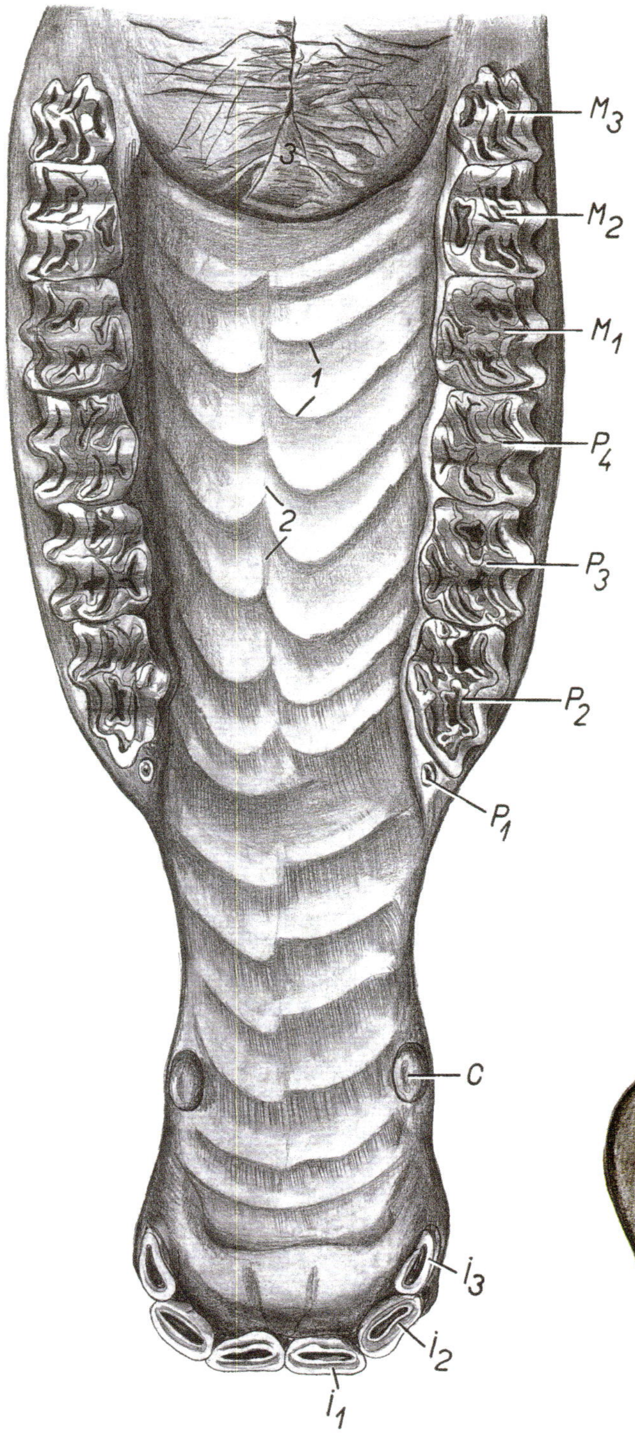

1. *Rugae palatinae* – Gaumenstaffeln
2. *Raphe palati* – Gaumennaht
3. *Palatum molle* – weicher Gaumen

C. *Dens caninus* – Eckzahn
I_1. *Dens incisivus I* – Zange
I_2. *Dens incisivus II* – Mittelschneidezahn
I_3. *Dens incisivus III* – Eckschneidezahn
M_1. *Dens molaris I* – 1. hinterer Backenzahn
M_2. *Dens molaris II* – 2. hinterer Backenzahn
M_3. *Dens molaris III* – 3. hinterer Backenzahn
P_1. *Dens premolaris I (Dens lupinus – variabilis)* – 1. vorderer Backenzahn (Wolfszahn) (var.)
P_2. *Dens premolaris II* – 2. vorderer Backenzahn
P_3. *Dens premolaris III* – 3. vorderer Backenzahn
P_4. *Dens premolaris IV* – 4. vorderer Backenzahn

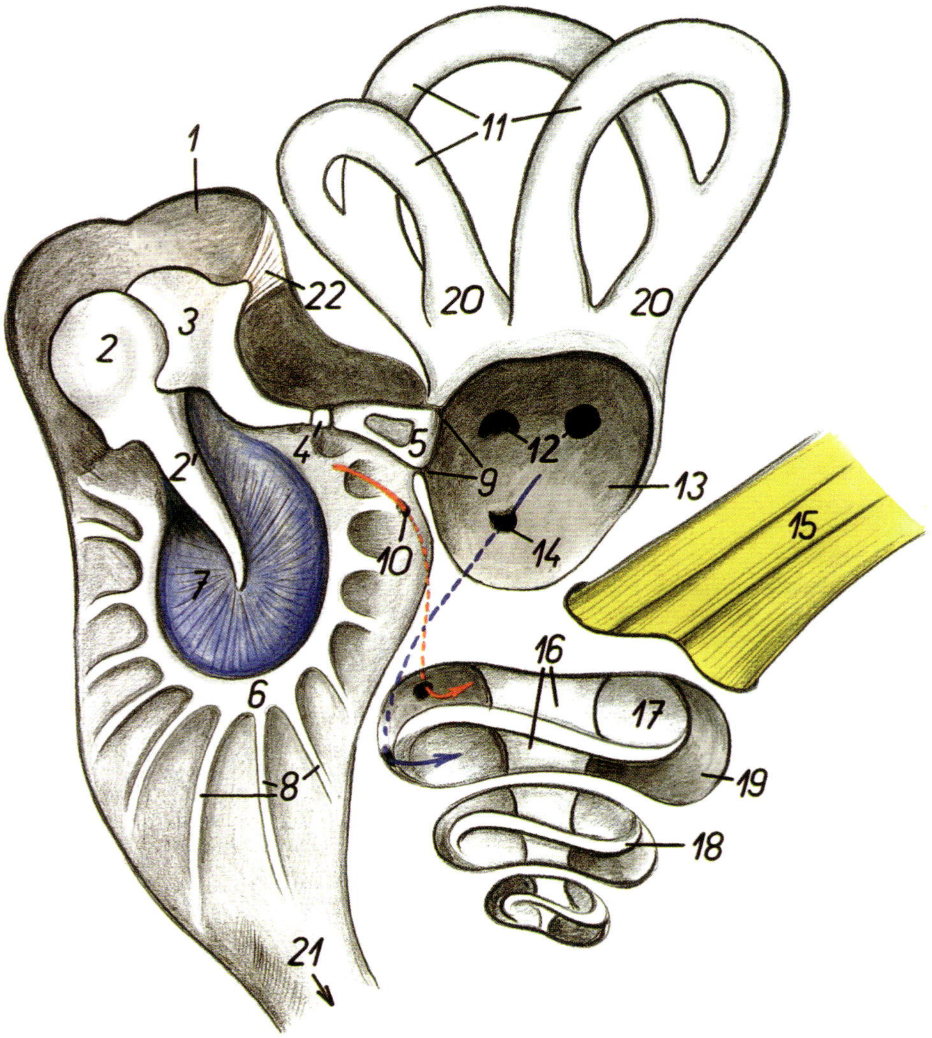

Pferd. Schlundkopfhöhle mit Kehlkopfeingang.

Abbildung 137

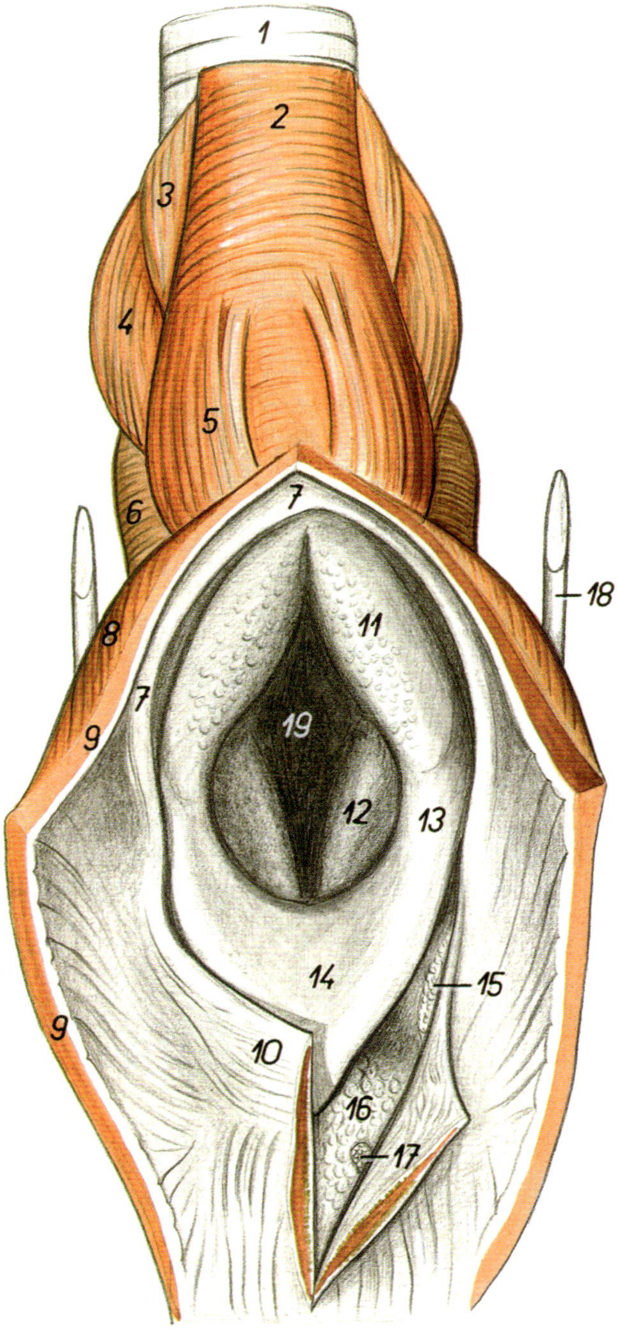

1. *Trachea* – Luftröhre
2. *Esophagus* – Speiseröhre
3. *M. cricoarytenoideus dorsalis* – dorsaler Ring-Gießkannenknorpel-muskel
4. *M. cricopharyngeus* – Ringknorpel-Rachenmuskel
5. *Mm. esophagei longitudinales* – Längsmuskelschicht der Speiseröhre
6. *M. thyropharyngeus* – Schildknorpel-Rachenmuskel
7. *Arcus palatopharyngeus* – Gaumen-Rachenborgen
8. *M. hyopharyngeus* – Zungenbein-Rachenmuskel
9. *Fornix pharyngis (in sectione)* – Rachendach (im Schnitt)
10. *Palatum molle* – weicher Gaumen
11. *Processus corniculatus* – hornförmiger Fortsatz
12. *Plica vocalis* – Stimmfalte
13. *Plica aryepiglottica* – Gießkannenknorpel-Kehldeckelfalte
14. *Epiglottis* – Kehldeckel
15. *Tonsilla palatina* – Gaumenmandel
16. *Radix linguae* – Zungenwurzel
17. *Papilla vallata* – umwallte Geschmackspapille
18. *Stylohyoideum* – großer Zungenbeinast
19. *Rima glottidis* – Stimmritze

Pferd. Mittel- und Innenohr. Rechte Seite von vorne gesehen, halbschematisch (nach Ellenberger und Baum).

Abbildung 138

1. *Cavum tympani* – Paukenhöhle
2. *Caput mallei* – Hammerkopf
2'. *Manubrium mallei* – Hammerstiel
3. *Incus* – Amboß
4. *Os lenticulare* – Linsenbein
5. *Stapes* – Steigbügel
6. *Anulus tympanicus* – Paukenring
7. *Membrana tympani* – Trommelfell
8. *Laminae osseae tympanicae* – Knochenspangen der Paukenhöhle
9. *Fenestra vestibuli* – Vorhoffenster
10. *Fenestra cochleae* – Schneckenfenster
11. *Canales semicirculares ossei* – knöcherne Bogengänge
12. *Orificia vestibularia canalium semicircularium* – Vorhoföffnungen der Bogengänge
13. *Vestibulum* – Vorhof
14. *Ductus reuniens* – Verbindungsgang
15. *N. vestibulocochlearis* – Vorhof-Schneckennerv (Gleichgewichts-Hörnerv)
16. *Modiolus* – Schneckenspindel
17. *Scala tympani* – Paukentreppe
18. *Lamina spiralis ossea* – knöcherne Spiralplatte
19. *Scala vestibuli* – Vorhoftreppe
20. *Ampullae osseae* – knöcherne Ampulle
21. *Tuba auditiva* – Ohrtrompete
22. *Lig. incudis* – Amboßhalteband

Abbildung 139

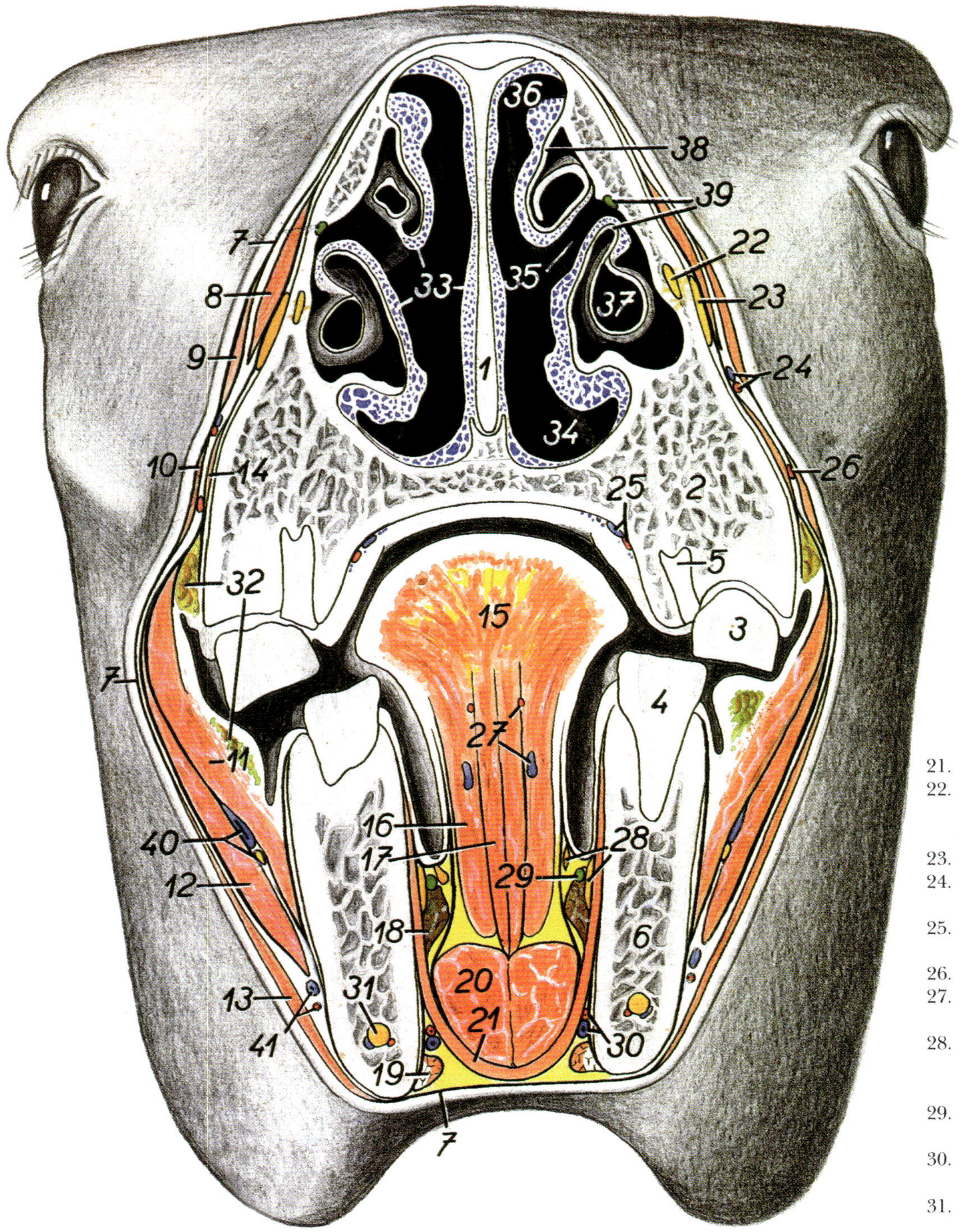

1. *Cartilago septi nasi* – Nasenscheidewandknorpel
2. *Corpus maxillae* – Körper des Oberkieferbeines
3. *Dens premolaris IV superior* – 4. vorderer Oberkieferbackenzahn
4. *Dens premolaris IV inferior* – 4. vorderer Unterkieferbackenzahn
5. *Radix dentis premolaris III* – Wurzel des 3. vorderen Backenzahns
6. *Mandibula* – Unterkiefer
7. *Fascia superficialis capitis* – oberflächliche Kopffaszie
8. *M. levator labii superioris* – Oberlippenheber
9. *M. levator nasolabialis* – Nasen-Lippenheber
10. *M. zygomaticus* – Jochmuskel
11. *Pars molaris mi. buccinatoris* – Backenzahnteil des Backenmuskels
12. *Pars buccalis mi. buccinatoris et M. depressor labii inferioris* – Backenteil des Backenmuskels, Niederzieher der Unterlippe
13. *M. cutaneus faciei* – Gesichtshautmuskel
14. *M. caninus* – Eckzahnmuskel
15. *Corpus linguae* – Zungenkörper
16. *M. hyoglossus* – Zungenbein-Zungenmuskel
17. *M. genioglossus* – Kinn-Zungenmuskel
18. *Glandula sublingualis* – Unterzungendrüse
19. *Venter rostralis mi. digastrici* – rostraler Bauch des zweibäuchigen Muskels
20. *M. geniohyoideus* – Kinn-Zungenbeinmuskel
21. *M. mylohyoideus* – Kehlgangmuskel
22. *Ramus alveolaris superior rostralis ni. infraorbitalis* – rostraler Oberkieferzahnfachast des Unteraugenhöhlennerven
23. *N. infraorbitalis* – Unteraugenhöhlennerv
24. *A. et V. lateralis nasi* – laterale Nasenarterie und -vene
25. *A. palatina major et Vv. palatinae* – große Gaumenarterie und Gaumenvenen
26. *A. labialis superior* – Oberlippenarterie
27. *A. et V. profunda lingua* – tiefe Zungenarterie und -vene
28. *Rami linguales (superficialis et profundus) ni. lingualis* – Zungenäste (oberflächlicher und tiefer Ast) des Zungennerven
29. *Ductus mandibularis* – Unterkieferdrüsenausführungsgang
30. *A. et V. sublingualis* – Unterzungenarterie und -vene
31. *N. alveolaris inferior* – Unterkieferzahnfachnerv
32. *Glandulae buccales* – Backendrüsen
33. *Plexus venosi nasales* – Venengeflechte der Nase
34. *Meatus nasi ventralis* – ventraler Nasengang
35. *Meatus nasi medius* – mittlerer Nasengang
36. *Meatus nasi dorsalis* – dorsaler Nasengang
37. *Bulla conchalis ventralis* – Blase der ventralen Nasenmuschel
38. *Concha nasalis dorsalis* – dorsale Nasenmuschel
39. *Concha nasalis ventralis, Ductus nasolacrimalis* – ventrale Nasenmuschel, Tränen-Nasengang
40. *V. labialis superior, N. buccalis* – Oberlippenvene, Backennerv
41. *A. et V. labialis inferior* – Unterlippenarterie und -vene

Pferd. Querschnitt durch den Kopf in Höhe des letzten hinteren Backenzahnes, Ansicht von rostral.

Abbildung 140

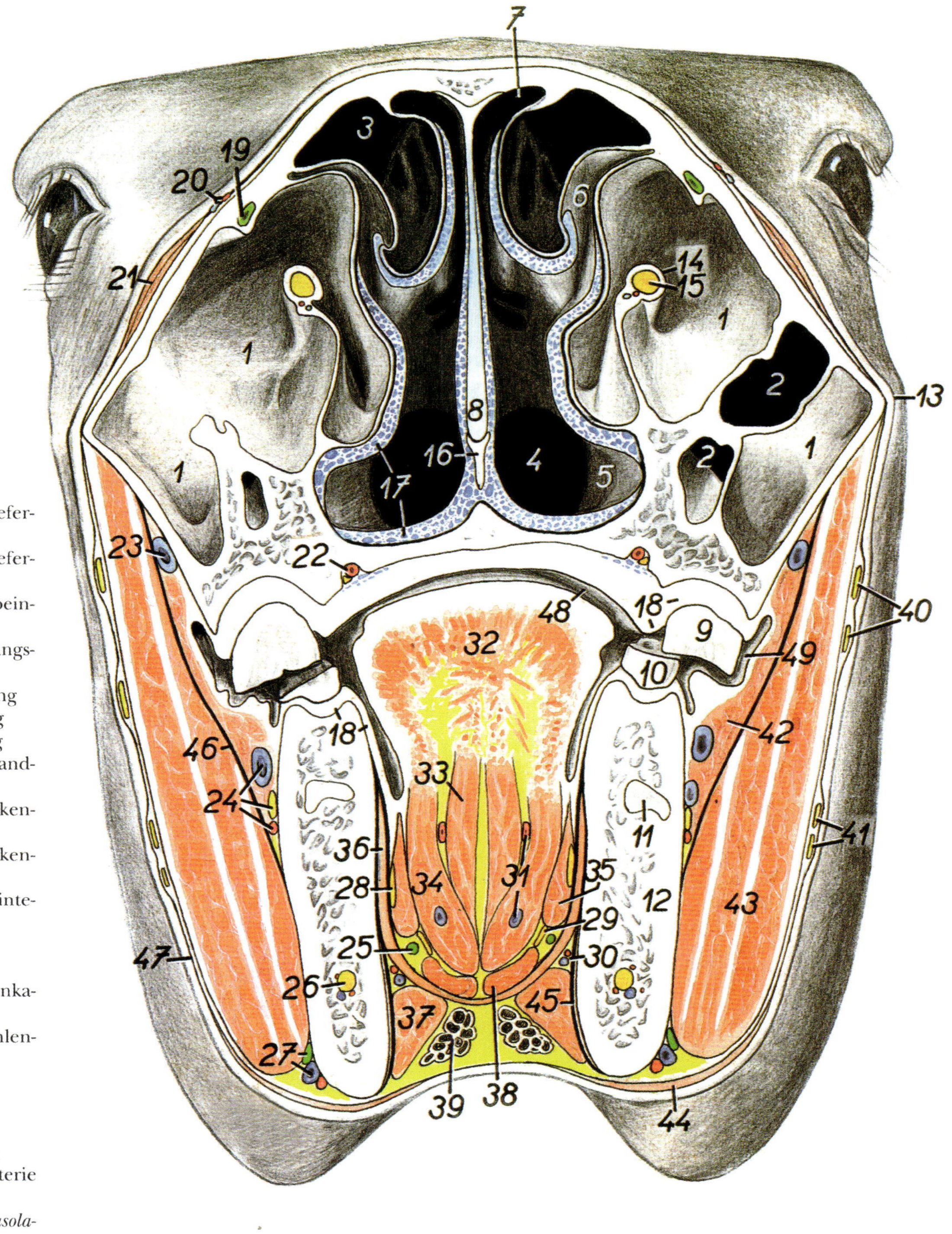

1. *Sinus maxillaris rostralis* – rostrale Oberkieferhöhle
2. *Sinus maxillaris caudalis* – kaudale Oberkieferhöhle
3. *Sinus conchofrontalis* – Muschel-Stirnbeinhöhle
4. *Choana sinistra* – linke Nasenausgangsöffnung
5. *Meatus nasi ventralis* – ventraler Nasengang
6. *Meatus nasi medius* – mittlerer Nasengang
7. *Meatus nasi dorsalis* – dorsaler Nasengang
8. *Cartilago septi nasi* – Nasenscheidewandknorpel
9. *Dens molaris III superior* – 3. hinterer Backenzahn des Oberkiefers
10. *Dens molaris III inferior* – 3. hinterer Backenzahn des Unterkiefers
11. *Radix dentis molaris II* – Wurzel des 2. hinteren Backenzahns
12. *Mandibula* – Unterkiefer
13. *Crista facialis* – Gesichtsleiste
14. *Canalis infraorbitalis* – Unteraugenhöhlenkanal
15. *A., V. et N. infraorbitalis* – Unteraugenhöhlenarterie, -vene und -nerv
16. *Vomer* – Pflugscharbein
17. *Plexus venosi* – Venengeflechte
18. *Gingiva* – Zahnfleisch
19. *Ductus nasolacrimalis* – Tränennasengang
20. *A. et V. angularis oculi* – Augenwinkelarterie und -vene
21. *M. levator labii superioris et M. levator nasolabialis* – Oberlippenheber und Nasen-Lippenheber
22. *A. et N. palatinus major* – große Gaumenarterie und gleichnamiger Nerv
23. *V. faciei profunda* – tiefe Gesichtsvene
24. *A., V. et N. buccalis* – Backenarterie, -vene und -nerv
25. *Ductus mandibularis* – Unterkieferdrüsenausführungsgang
26. *Vasa et N. alveolaris inferior* – Unterkieferzahnfachgefäße und -nerv
27. *A. et V. facialis, Ductus parotideus* – Gesichtsarterie und -vene, Ohrspeicheldrüsenausführungsgang
28. *N. lingualis* – Zungennerv
30. *A. et V. sublingualis* – Unterzungenarterie und -vene
31. *A. et V. profunda linguae* – tiefe Zungenarterie und -vene
32. *Corpus linguae* – Zungenkörper
33. *M. genioglossus* – Kinn-Zungenmuskel
34. *M. hyoglossus* – Zungenbein-Zungenmuskel
35. *M. styloglossus* – großer Zungenbeinast-Zungenmuskel
36. *M. mylohyoideus* – Kehlgangmuskel
37. *Venter rostralis mi. digastrici* – rostraler Bauch des zweibäuchigen Muskels
38. *M. geniohyoideus* – Kinn-Zungenbeinmuskel
39. *Lnn. mandibulares* – Unterkiefer-Lymphknoten
40. *Ramus buccalis dorsalis ni. facialis* – dorsaler Backenast des Gesichtsnerven
41. *Ramus buccalis ventralis ni. facialis* – ventraler Backenast des Gesichtsnerven
42. *Pars molaris mi. buccinatoris et M. depressor labii inferioris* – Backenzahnteil des Backenmuskels, Niederzieher der Unterlippe
43. *M. masseter* – äußerer Kaumuskel
44. *M. cutaneus faciei* – Gesichtshautmuskel
45. *Fascia pterygoidea* – Faszie des inneren Kaumuskels
46. *Fascia profunda* – tiefe Faszie
47. *Fascia superficialis* – oberflächliche Faszie
48. *Cavum oris proprium* – eigentliche Mundhöhle
49. *Vestibulum buccale* – Backenvorhof

Pferd. Querschnitt durch den Kopf in Höhe der Augenhöhle, Ansicht von kaudal.

Abbildung 141

1. *Processus zygomaticus ossis frontalis* – Jochfortsatz des Stirnbeines
2. *Squama frontalis* – Stirnbeinschuppe
3., 3'. *Sinus frontalis* – Stirnbeinhöhle
4. *Orbita* – Augenhöhle
5. *Arcus zygomaticus* – Jochbogen
6. *Sinus maxillaris caudalis* – kaudale Oberkieferhöhle
7. *Labyrinthus ethmoidalis* – Siebbeinlabyrinth
8. *Mandibula* – Unterkiefer
9. *Stylohyoideum* – großer Zungenbeinast
10. *Thyrohyoideum* – Schildknorpelast des Zungenbeines
11. *Septum nasi (Vomer)* – Nasenscheidewand (Pflugscharbein)
12. *Choana* – Nasenrachenöffnung
13. *M. masseter* – äußerer Kaumuskel
14. *M. pterygoideus medialis* – medialer innerer Kaumuskel
15. *Pars molaris mi. buccinatoris et M. depressor labii inferioris* – Backenzahnteil des Backenmuskels, Niederzieher der Unterlippe
16. *M. ceratohyoideus* – kleiner Zungenbeinast-Zungenbeinmuskel
17. *M. hyoglossus* – Zungenbein-Zungenmuskel
18. *Mm. omohyoidei et Mm. sternohyoidei* – Schulter-Zungenbeinmuskeln und Brustbein-Zungenbeinmuskeln
19. *M. thyrohyoideus* – Schildknorpel-Zungenbeinmuskel
20. *Palatum molle* – weicher Gaumen
20'. *Tunica mucosa palati mollis* – Schleimhaut des weichen Gaumens
21. *Radix linguae* – Zungenwurzel
22. *Tendo mi. digastrici* – Sehne des zweibäuchigen Muskels
23. *M. retractor bulbi* – Zurückzieher des Augapfels
24. *M. obliquus bulbi dorsalis* – dorsaler schiefer Augenmuskel
25. *M. rectus bulbi medialis* – medialer gerader Augenmuskel
26. *M. rectus bulbi dorsalis* – dorsaler gerader Augenmuskel
27. *Trochlea* – Augenrolle
28. *M. obliquus bulbi ventralis* – ventraler schiefer Augenmuskel
29. *M. orbicularis oculi* – Ringmuskel des Auges
30. *M. levator anguli oculi medialis (M. corrugator supercilii)* – Heber des medialen Augenwinkels (Augenbrauenrunzler)
31. *Aponeurosis epicranialis* – Kopfschwarte
32. *Fascia superficialis* – oberflächliche Faszie
33. *M. cutaneus faciei* – Gesichtshautmuskel
34. *Lamina lateralis fasciae profundae* – laterale Schicht der tiefen Faszie
35. *Lamina medialis fasciae profundae* – mediale Schicht der tiefen Faszie
36. *Isthmus faucium* – Rachenenge
37. *N. infraorbitalis* – Unteraugenhöhlennerv
38. *A. infraorbitalis, V. sphenopalatina* – Unteraugenhöhlenarterie, Keilbein-Gaumenbeinvene
38'. *V. faciei profunda* – tiefe Gesichtsvene
39. *A. malaris* – Wangenarterie
40. *A. et N. palatinus major* – große Gaumenarterie und gleichnamiger Nerv
41. *A. et V. transversa faciei* – Querarterie und -vene des Gesichts
42. *V. palatina major* – große Gaumenvene
43. *A., V. et N. buccalis* – Backenarterie, -vene und -nerv
44. *N. lingualis, V. dorsalis linguae* – Zungennerv, dorsale Zungenvene
45. *A., V. et N. alveolaris inferior* – Unterkieferzahnfacharterie, -vene und -nerv

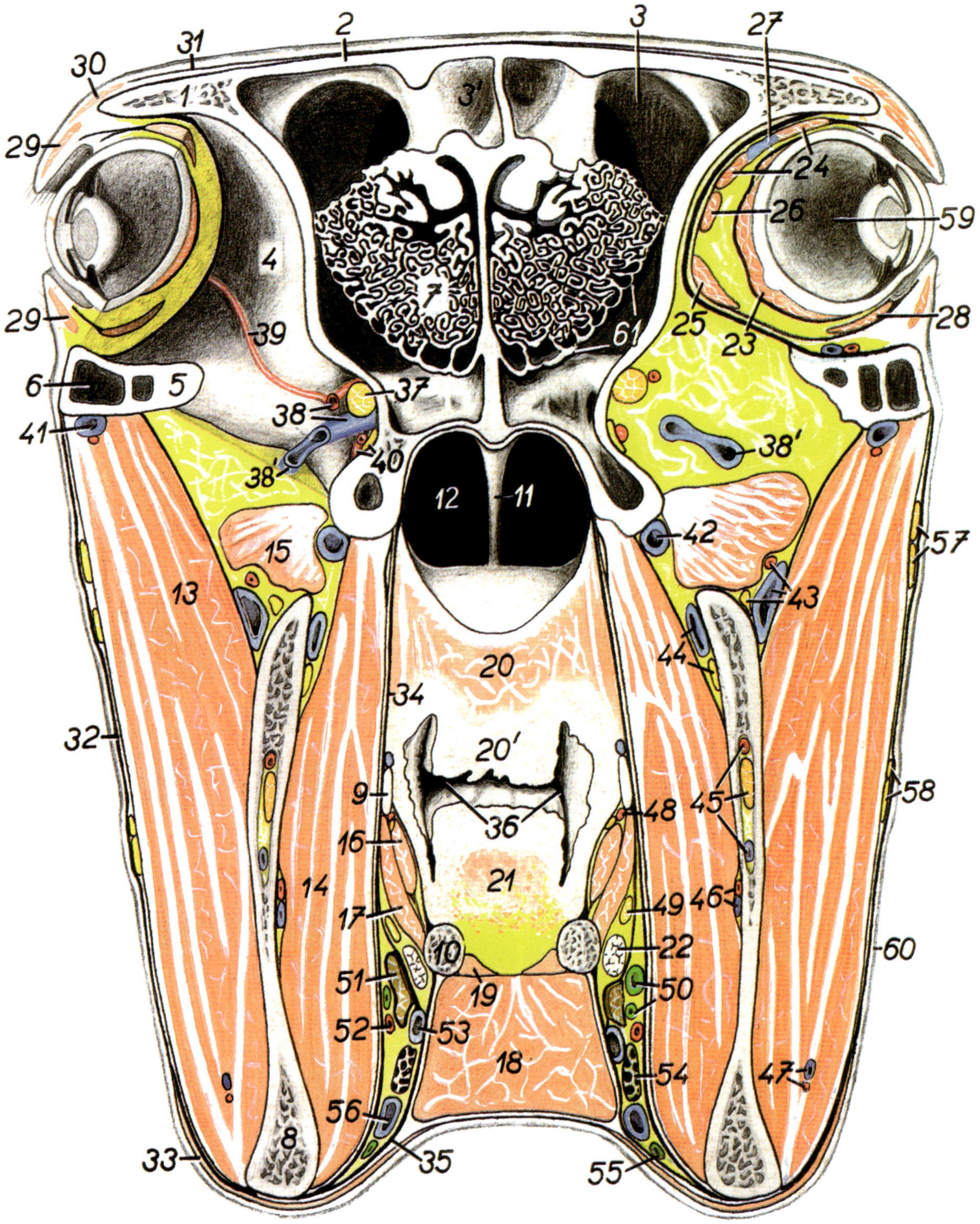

46. *Rami pterygoidei (A. et V. maxillaris)* – Äste für den inneren Kaumuskel (der Oberkieferarterie und -vene)
47. *Ramus massetericus a. carotidis externae, V. masseterica ventralis* – äußerer Kaumuskelast der äußeren Kopfarterie, ventrale äußere Kaumuskelarterie
48. *A. lingualis et ramus lingualis ni. glossopharyngei* – Zungenarterie und Zungenast des Zungen-Rachennerven
49. *N. hypoglossus* – Unterzungennerv
50. *Ductus mandibularis* – Unterkieferdrüsenausführungsgang
51. *Glandula mandibularis* – Unterkieferdrüse
52. *A. facialis* – Gesichtsarterie
53. *V. lingualis* – Zungenvene
54. *Lnn. mandibulares* – Unterkieferlymphknoten
55. *Ductus parotideus* – Ohrspeicheldrüsenausführungsgang
56. *V. facialis* – Gesichtsvene
57. *Ramus buccalis dorsalis ni. facialis* – dorsaler Backenast des Gesichtsnerven
58. *Ramus buccalis ventralis ni. facialis* – ventraler Backenast des Gesichtsnerven
59. *Bulbus oculi* – Augapfel
60. *Cutis* – Haut
61. *Lamina basalis ossis ethmoidalis* – basale Platte des Siebbeines

Pferd. Querschnitt durch den Kopf in Höhe des Unterkiefereinschnittes, Ansicht von kaudal.

Abbildung 142

1. *Processus zygomaticus ossis temporalis* – Jochfortsatz des Schläfenbeines
2. *Processus coronoideus mandibulae* – Muskelfortsatz des Unterkiefers
3. *Ramus mandibulae* – Unterkieferast
4. *Pars squamosa ossis temporalis* – Schuppenteil des Schläfenbeines
5. *Ossa parietalia* – Scheitelbeine
6. *Os presphenoidale et Sinus sphenoidalis* – vorderer Teil des Keilbeines und Keilbeinhöhle
7. *Discus articularis et Capsula articularis* – Zwischenknorpelscheibe des Gelenkes und Gelenkkapsel
8. *Cavum articulare* – Gelenkhöhle
9. *Stylohyoideum* – großer Zungenbeinast
10. *M. temporalis* – Schläfenmuskel
11. *Pars profunda mi. masseteris* – tiefer Teil des äußeren Kaumuskels
12. *Pars superficialis mi. masseteris* – oberflächlicher Teil des Kaumuskels
13. *M. pterygoideus lateralis* – lateraler innerer Kaumuskel
14. *M. pterygoideus medialis* – medialer innerer Kaumuskel
15. *M. tensor veli palatini* – Spanner des Gaumensegels
16. *M. levator veli palatini* – Heber des Gaumensegels
17. *M. stylopharyngeus* – großer Zungenbeinast-Rachenmuskel
18. *M. hyopharyngeus* – Zungenbein-Rachenmuskel
19. *M. palatopharyngeus* – Gaumen-Rachenmuskel
20. *M. thyrohyoideus* – Schildknorpel-Zungenbeinmuskel
21. *Tendo mi. digastrici, M. stylohyoideus* – Sehne des zweibäuchigen Muskels, großer Zungenbeinast-Zungenbeinmuskel
22. *M. interscutularis* – Zwischenschildchenmuskel
23. *M. frontoscutularis* – Stirn-Schildchenmuskel
24. *M. cutaneus faciei* – Gesichtshautmuskel
25. *Falx cerebri* – Gehirnsichel
26. *Corpus medullare hemispherii* – Markkörper der Großhirnhälfte
27. *Substantia grisea neopallii* – graue Substanz des Neuhirnmantels
28. *Ventriculus lateralis encephali* – laterale Hirnkammer
29. *Nucleus caudatus* – Schwanzkern
30. *A. cerebri media* – mittlere Gehirnarterie
31. *Chiasma opticum* – Sehnervenkreuzung
32. *A. cerebri rostralis* – rostrale Gehirnarterie
33. *Sinus cavernosus* – gekammerter Blutleiter
34. *N. oculomotorius, N. trochlearis, N. abducens, N. ophthalmicus, N. maxillaris* – Augenbewegernerv, Rollnerv, wegziehender Nerv, Augennerv, Oberkiefernerv
35. *A. maxillaris, N. buccalis, Plexus venosus subtemporalis* – Oberkieferarterie, Backennerv, Venengeflecht unter dem Schläfenbein

35′. *A. temporalis profunda caudalis* – kaudale tiefe Schläfenarterie

36. *A. alveolaris inferior, V. maxillaris* – Unterkieferzahnfacharterie, Oberkiefervene
37. *N. alveolaris inferior* – Unterkieferzahnfachnerv
38. *Ramus massetericus v. maxillaris* – äußerer Kaumuskelast der Oberkiefervene
39. *Sinus sagittalis* – sagittaler Blutleiter
40. *A. lingualis, Ramus lingualis ni. glossopharyngei* – Zungenarterie, Zungenast des Zungen-Rachennerven
41. *A. facialis* – Gesichtsarterie
42. *N. hypoglossus* – Unterzungennerv
43. *Capsula glandulae mandibularis* – Kapsel der Unterkieferdrüse
44. *Ductus mandibularis* – Unterkieferdrüsenausführungsgang
45. *Glandula mandibularis* – Unterkieferdrüse
46. *Mm. omohyoidei et Mm. sternohyoidei* – Schulter-Zungenbeinmuskeln und Brustbein-Zungenbeinmuskeln
47. *V. linguofacialis, ductus parotideus* – Zungen-Gesichtsvene, Ohrspeicheldrüsenausführungsgang
48. *N. massetericus, V. temporalis superficialis* – äußerer Kaumuskelnerv, oberflächliche Schläfenvene

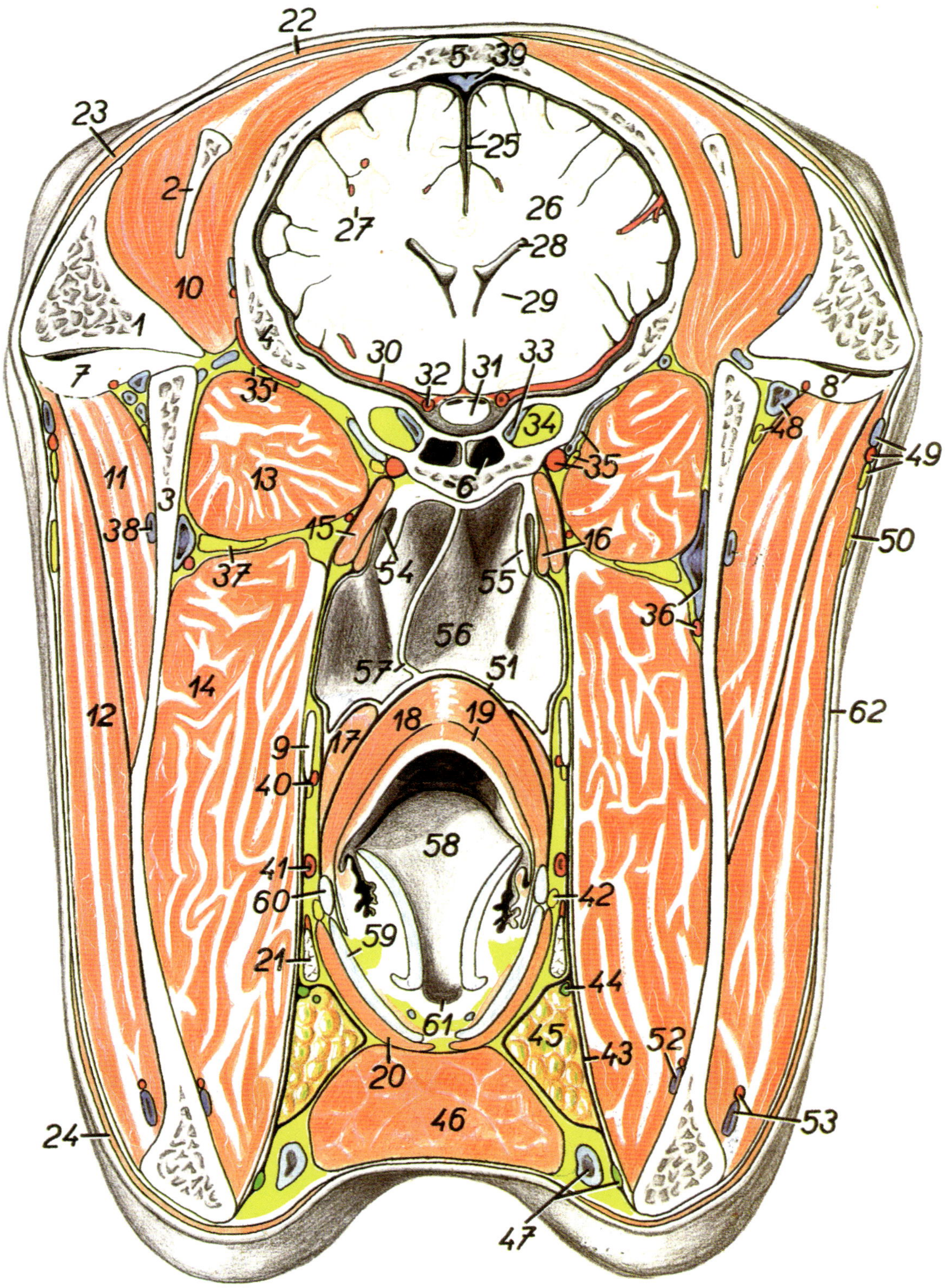

49. *A. et V. transversa faciei, Ramus transversus faciei ni. auriculotemporalis* – querverlaufende Gesichtsarterie und -vene, querverlaufender Gesichtsast des Ohrmuschel-Schläfennerven
50. *N. facialis* – Gesichtsnerv
51. *Fascia pharyngea* – Rachenfaszie
52. *Rami pterygoidei a. et v. facialis* – innere Kaumuskeläste der Gesichtsarterie und -vene
53. *Rami masseterici a. carotidis externae, V. masseterica ventralis* – äußere Kaumuskeläste der äußeren Kopfarterie, ventrale Vene des äußeren Kaumuskels
54. *Tuba auditiva* – Ohrtrompete
55. *Lamina medialis tubae auditivae* – mediale Platte der Ohrtrompete
56. *Diverticulum tubae auditivae* – Luftsack
57. *Septum diverticulorum* – Trennwand zwischen den Luftsäcken
58. *Epiglottis* – Kehldeckel
59. *Cartilago thyroidea* – Schildknorpel
60. *Cornu rostrale cartilaginis thyroideae* – rostrales Horn des Schildknorpels
61. *Recessus laryngis medianus* – mittlere Kehlkopfvertiefung
62. *Fascia superficialis* – oberflächliche Faszie

Pferd. Querschnitt durch den Kopf in der Gegend der äußeren Gehörgänge (Ohrspeicheldrüsengegend), Ansicht von kaudal.

Abbildung 143

1. *M. temporalis* – Schläfenmuskel
2. *M. obliquus capitis cranialis et Insertio mi. cleidomastoidei* – kranialer schiefer Kopfmuskel und Ansatz des Schlüsselbein-Warzenteilmuskels
3. *Pars occipitomandibularis mi. digastrici* – Hinterhaupt-Unterkieferteil des zweibäuchigen Muskels
4. *M. rectus capitis ventralis* – ventraler gerader Kopfmuskel
5. *M. longus capitis* – langer Kopfmuskel
6. *M. cricopharyngeus* – Ringknorpel-Rachenmuskel
7. *M. cricoarytenoideus dorsalis* – dorsaler Ring-Gießkannenknorpelmuskel
8. *M. sternothyroideus* – Brustbein-Schildknorpelmuskel
9. *M. interscutularis* – Zwischenschildchenmuskel
10. *M. parietoauricularis* – Scheitelbein-Ohrmuschelmuskel
11. *M. scutuloauricularis superficialis* – oberflächlicher Schildchen-Ohrmuschelmuskel
12. *M. scutuloauricularis profundus* – tiefer Schildchen-Ohrmuschelmuskel
13. *M. cervicoauricularis profundus minor* – kleiner tiefer Hals-Ohrmuschelmuskel
14. *Cartilago scutiformis* – schildchenförmiger Knorpel
15. *M. parotidoauricularis* – Ohrspeicheldrüsen-Ohrmuschelmuskel
16. *Tendo mi. sternomandibularis* – Sehne des Brustbein-Unterkiefermuskels
17. *M. cutaneus faciei* – Gesichtshautmuskel
18. *Os occipitale* – Hinterhauptbein
19. *Processus mastoideus ossis temporalis* – Warzenteilfortsatz des Schläfenbeines
20. *Pars basilaris ossis occipitalis* – Basalteil des Hinterhauptbeines
21. *Vermis cerebelli* – Kleinhirnwurm
22. *Hemispherium cerebelli* – Kleinhirnhälfte
23. *Medulla oblongata* – verlängertes Mark
24. *Plexus chorioideus ventriculi quarti* – Gefäßgeflecht der 4. Hirnkammer
25. *Ventriculus quartus encephali* – 4. Hirnkammer
26. *Esophagus* – Speiseröhre
27. *Cartilago cricoidea* – Ringknorpel
28. *Cartilago trachealis I* – 1. Luftröhrenknorpel
29. *M. sternohyoideus et M. omohyoideus* – Brustbein-Zungenbeinmuskel und Schulter-Zungenbeinmuskel
30. *Cartilago auriculae* – Ohrmuschelknorpel
31. *Glandula parotis* – Ohrspeicheldrüse
32. *Glandula mandibularis* – Unterkieferdrüse
33. *Ductus mandibularis* – Unterkieferdrüsenausführungsgang
34. *Ductus parotideus* – Ohrspeicheldrüsenausführungsgang
35. *V. maxillaris* – Oberkiefervene
36. *V. linguofacialis* – Zungen-Gesichtsvene
37. *A. carotis externa* – äußere Kopfarterie
38. *A. carotis interna, N. caroticus internus, N. vagus* – innere Kopfarterie, innerer Kopfnerv, Vagusnerv
39. *V. emissaria foraminis laceri, N. glossopharyngeus, N. accessorius* – Abzugsvene des zerrissenen Loches, Zungen-Rachennerv, zusätzlicher Nerv
40. *N. accessorius (Origo)* – zusätzlicher Nerv (Ursprung)
41. *A. meningea caudalis* – kaudale Hirnhautarterie
42. *V. cerebralis dorsalis (Emissarium meatus temporalis)* – dorsale Gehirnvene (Abfluß zum Schläfengang)
43. *N. glossopharyngeus* – Zungen-Rachennerv
44. *N. hypoglossus* – Unterzungennerv

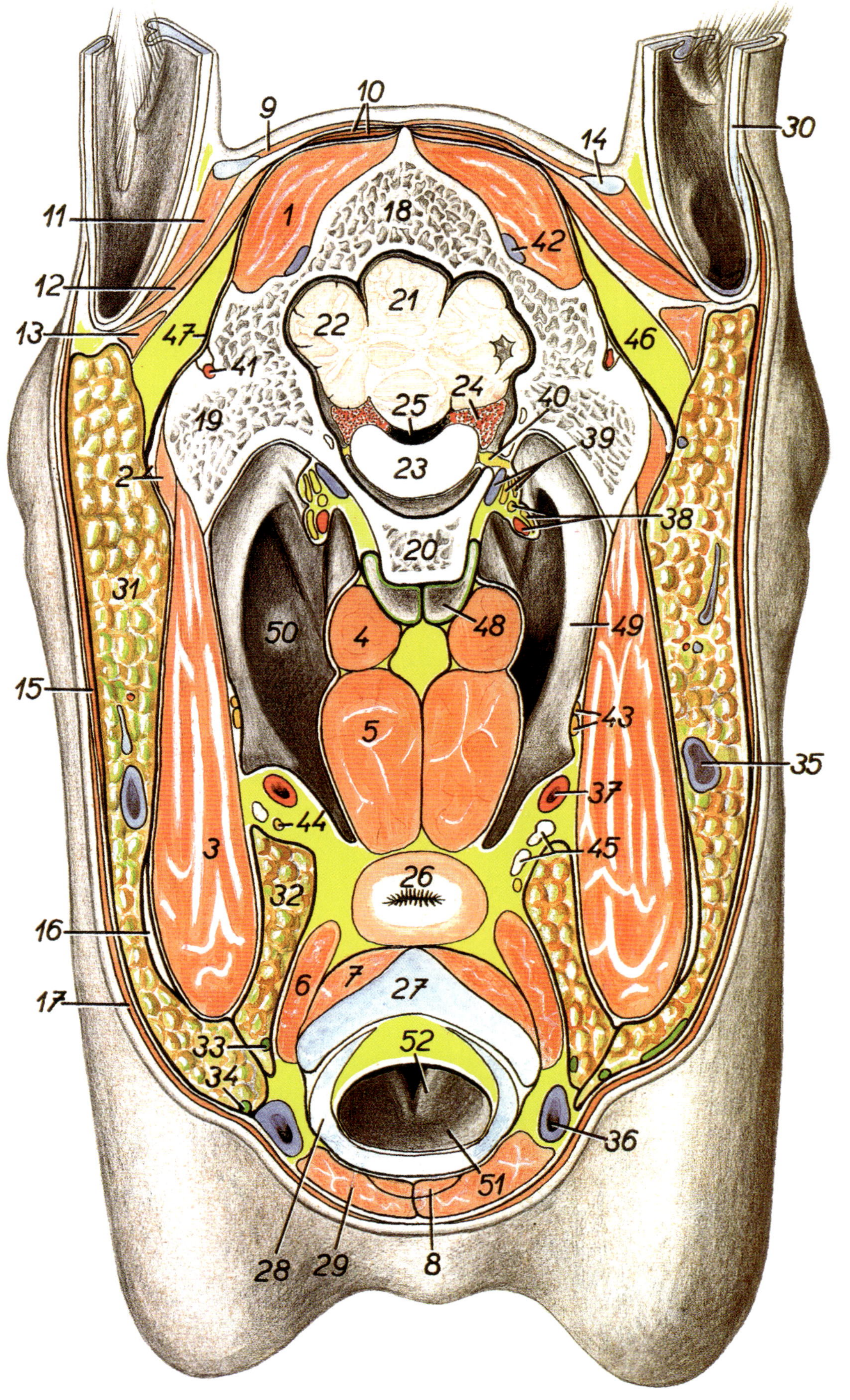

45. *Lnn. retropharyngei laterales* – laterale Lymphknoten hinter dem Schlundkopf
46. *Corpus adiposum auriculae* – Fettkörper der Ohrmuschel
47. *Fascia temporalis* – Schläfenfaszie
48. *Capsula articulationis atlantooccipitalis* – Gelenkkapsel des Atlas-Hinterhauptgelenkes
49. *Stylohyoideum* – großer Zungenbeinast
50. *Diverticulum tubae auditivae* – Luftsack
51. *Cavum laryngis* – Kehlkopfhöhle
52. *Plica vocalis* – Stimmfalte

Pferd. Präparation des Kopfes, Ansicht von ventral. Oberflächliche Faszie und Hautmuskeln sind entfernt.

Abbildung 144

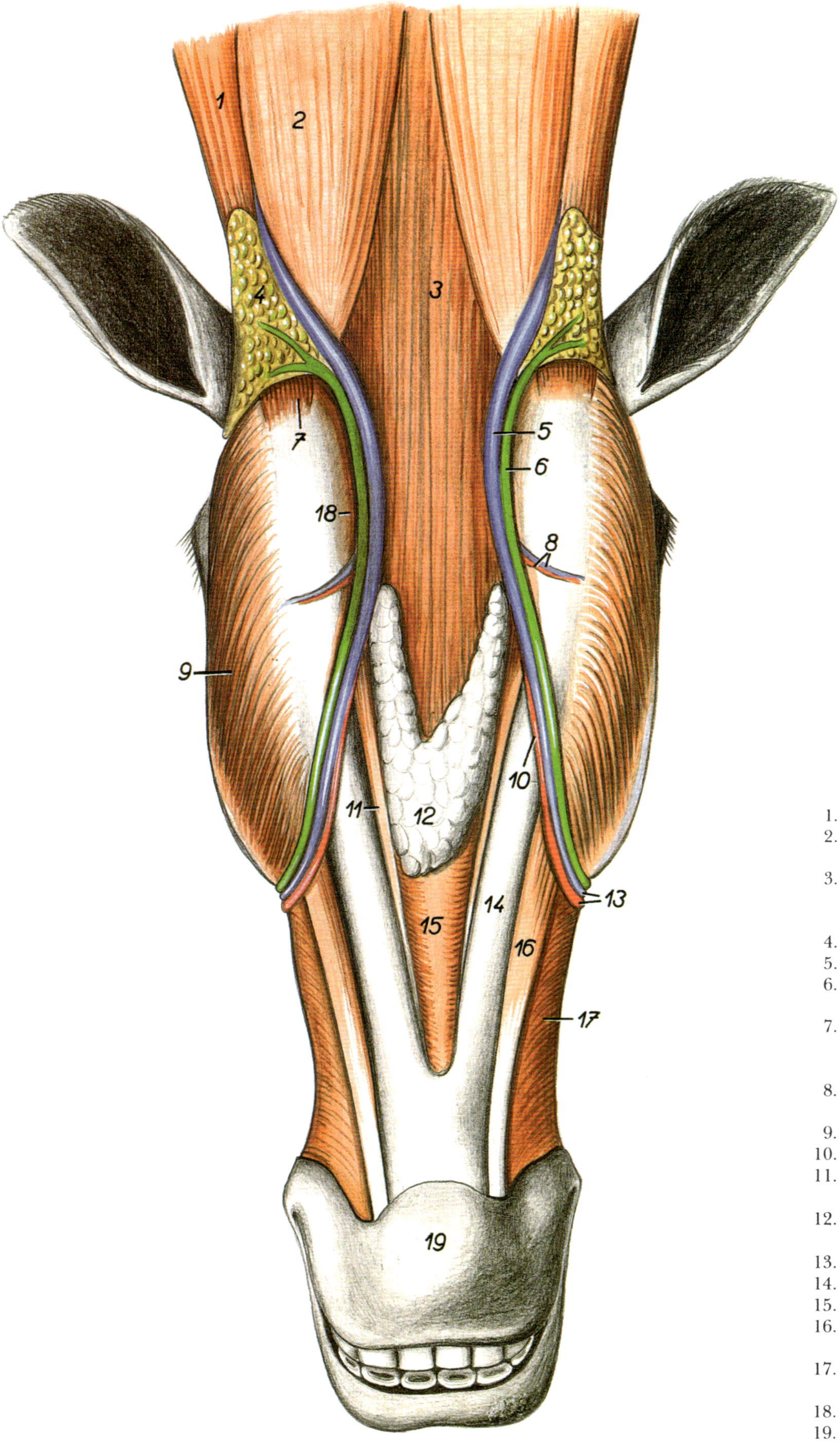

1. *M. brachiocephalicus* – Arm-Kopfmuskel
2. *M. sternomandibularis* – Brustbein-Unterkiefermuskel
3. *M. sternohyoideus et M. omohyoideus* – Brustbein-Zungenbeinmuskel und Schulter-Zungenbeinmuskel
4. *Glandula parotis* – Ohrspeicheldrüse
5. *V. linguofacialis* – Zungen-Gesichtsvene
6. *Ductus parotideus* – Ohrspeicheldrüsenausführungsgang
7. *Pars occipitomandibularis mi. digastrici* – Hinterhauptbein-Unterkieferteil des zweibäuchigen Muskels
8. *Rami masseterici a. et v. facialis* – äußere Kaumuskeläste der Gesichtsarterie und -vene
9. *M. masseter* – äußerer Kaumuskel
10. *A. facialis* – Gesichtsarterie
11. *Venter rostralis mi. digastrici* – rostraler Bauch des zweibäuchigen Muskels
12. *Lnn. mandibulares* – Unterkieferlymphknoten
13. *A. et V. facialis* – Gesichtsarterie und -vene
14. *Mandibula* – Unterkiefer
15. *M. mylohyoideus* – Kehlgangmuskel
16. *M. depressor labii inferioris* – Niederzieher der Unterlippe
17. *Pars buccalis mi. buccinatoris* – Backenteil des Backenmuskels
18. *M. pterygoideus* – innerer Kaumuskel
19. *Mentum* – Kinn

Pferd. Topographie der Arterien des Kopfes, Blick auf die Schädelbasis. Nach einem Korrosionspräparat gezeichnet.

Abbildung 145

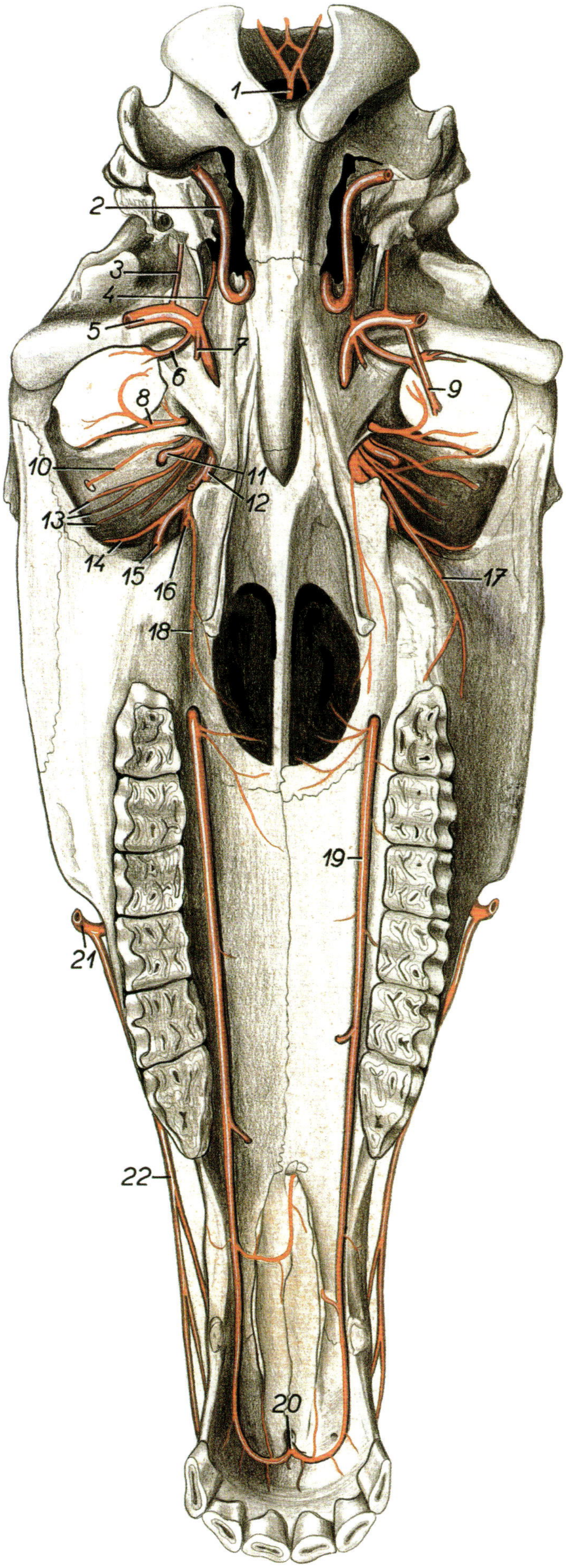

1. *A. basilaris* – Basisarterie
2. *A. carotis interna* – innere Kopfarterie
3. *Ramus a. maxillaris ad tubam auditivam* – Ast der Oberkieferarterie zur Ohrtrompete
4. *A. meningea media* – mittlere Hirnhautarterie
5. *A. maxillaris* – Oberkieferarterie
6. *A. temporalis profunda caudalis* – kaudale tiefe Schläfenarterie
7. *Ramus pterygoideus a. maxillaris* – innerer Kaumuskelast der Oberkieferarterie
8. *A. temporalis profunda rostralis* – rostrale tiefe Schläfenarterie
9. *A. alveolaris inferior* – Unterkieferzahnfacharterie
10. *A. supraorbitalis* – Überaugenhöhlenarterie
11. *A. ophthalmica externa* – äußere Augenarterie
12. *A. maxillaris* – Oberkieferarterie
13. *Rami a. ophthalmicae externae* – Äste der äußeren Augenarterie
14. *A. malaris* – Wangenarterie
15. *A. infraorbitalis* – Unteraugenhöhlenarterie
16. *A. palatina major* – große Gaumenarterie
17. *A. buccalis* – Backenarterie
18. *A. palatina minor* – kleine Gaumenarterie
19. *A. palatina major* – große Gaumenarterie
20. *A. incisiva* – Zwischenkieferarterie
21. *A. facialis* – Gesichtsarterie
22. *A. labialis superior* – Oberlippenarterie

Pferd. Zungenbein und Kehlkopfknorpel, Ansicht von links.

Abbildung 146

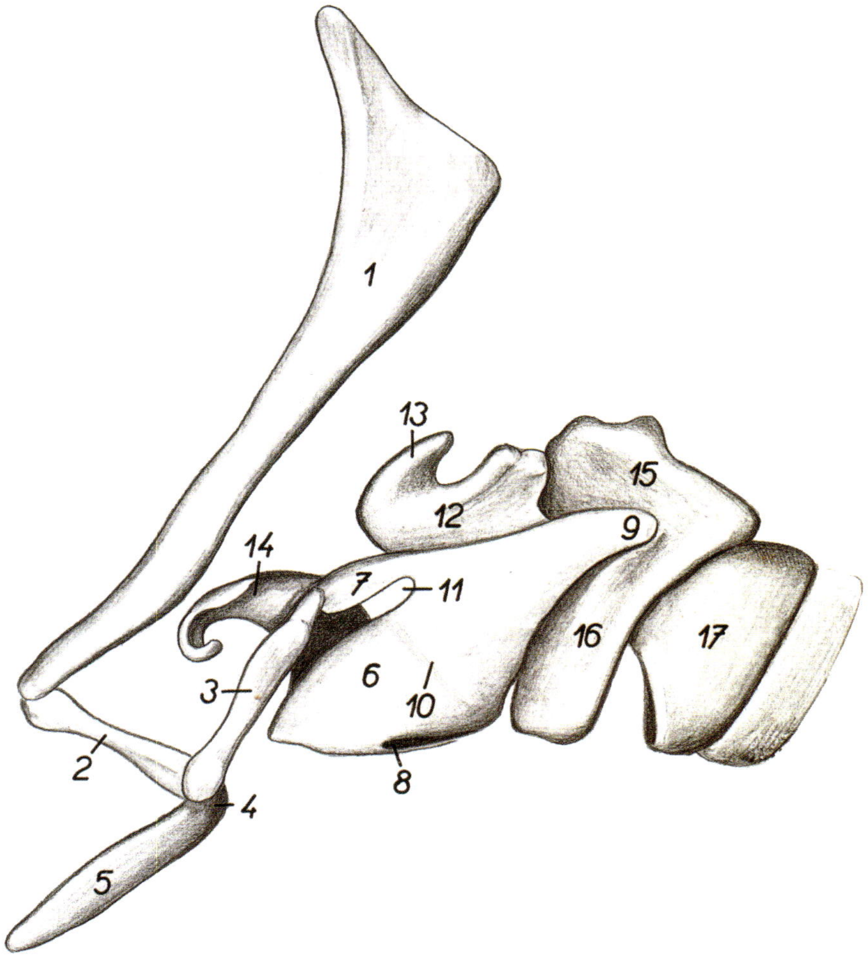

1. *Stylohyoideum* – großer Zungenbeinast
2. *Ceratohyoideum* – kleiner Zungenbeinast
3. *Thyrohyoideum* – Schildknorpelast
4. *Basihyoideum* – Zungenbeinkörper
5. *Processus lingualis* – Zungenfortsatz
6. *Lamina cartilaginis thyroideae* – Platte des Schildknorpels
7. *Cornu rostrale cartilaginis thyroideae* – rostrales Horn des Schildknorpels
8. *Incisura thyroidea caudalis* – kaudaler Einschnitt des Schildknorpels
9. *Cornu caudale cartilaginis thyroideae* – kaudales Horn des Schildknorpels
10. *Linea obliqua* – schiefe Linie
11. *Fissura thyroidea* – Schildknorpelspalte
12. *Cartilago arytenoidea* – Geißkannenknorpel
13. *Processus corniculatus* – hornförmiger Fortsatz
14. *Cartilago epiglottica* – Knorpel des Kehldekkels
15. *Lamina cartilaginis cricoideae* – Platte des Ringknorpels
16. *Arcus cartilaginis cricoideae* – Bogen des Ringknorpels
17. *Cartilago trachealis* – Luftröhrenknorpel

Pferd. Kehlkopfmuskeln, Ansicht von links.

Abbildung 147

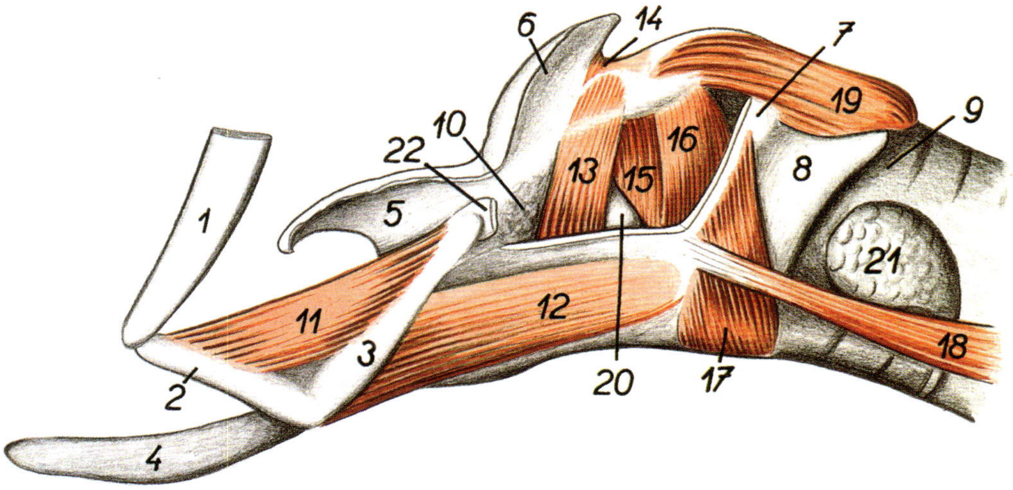

1. *Stylohyoideum* – großer Zungenbeinast
2. *Ceratohyoideum* – kleiner Zungenbeinast
3. *Thyrohyoideum* – Schildknorpelast
4. *Processus lingualis* – Zungenfortsatz
5. *Epiglottis* – Kehldeckel
6. *Processus corniculatus* – hornförmiger Fortsatz
7. *Cornu caudale cartilaginis thyroideae* – kaudales Horn des Schildknorpels
8. *Cartilago cricoidea* – Ringknorpel
9. *Cartilago trachealis* – Luftröhrenknorpel
10. *Textus conjunctivus* – Bindegewebsschicht
11. *M. ceratohyoideus* – kleiner Zungenbeinast-Zungenmuskel
12. *M. thyrohyoideus* – Schildknorpel-Zungenbeinmuskel
13. *Processus corniculatus* – hornförmiger Fortsatz
14. *M. arytenoideus transversus* – querverlaufender Gießkannenknorpelmuskel
15. *M. vocalis* – Stimmuskel
16. *M. cricoarytenoideus lateralis* – lateraler Ring-Gießkannenknorpelmuskel
17. *M. cricothyroideus* – Ring-Schildknorpelmuskel
18. *Insertio mi. sternothyroidei* – Ansatz des Brustbein-Schildknorpelmuskels
19. *M. cricoarytenoideus dorsalis* – dorsaler Ring-Gießkannenknorpelmuskel
20. *Ventriculus laryngis* – Kehlkopftasche
21. *Glandula thyroidea* – Schilddrüse
22. *Cornu rostrale cartilaginis thyroideae* – rostrales Horn des Schildknorpels

Pferd. Präparation des Hirnschädels, Ansicht von dorsal (Ohrmuskeln nach Ellenberger und Baum).

Abbildung 148

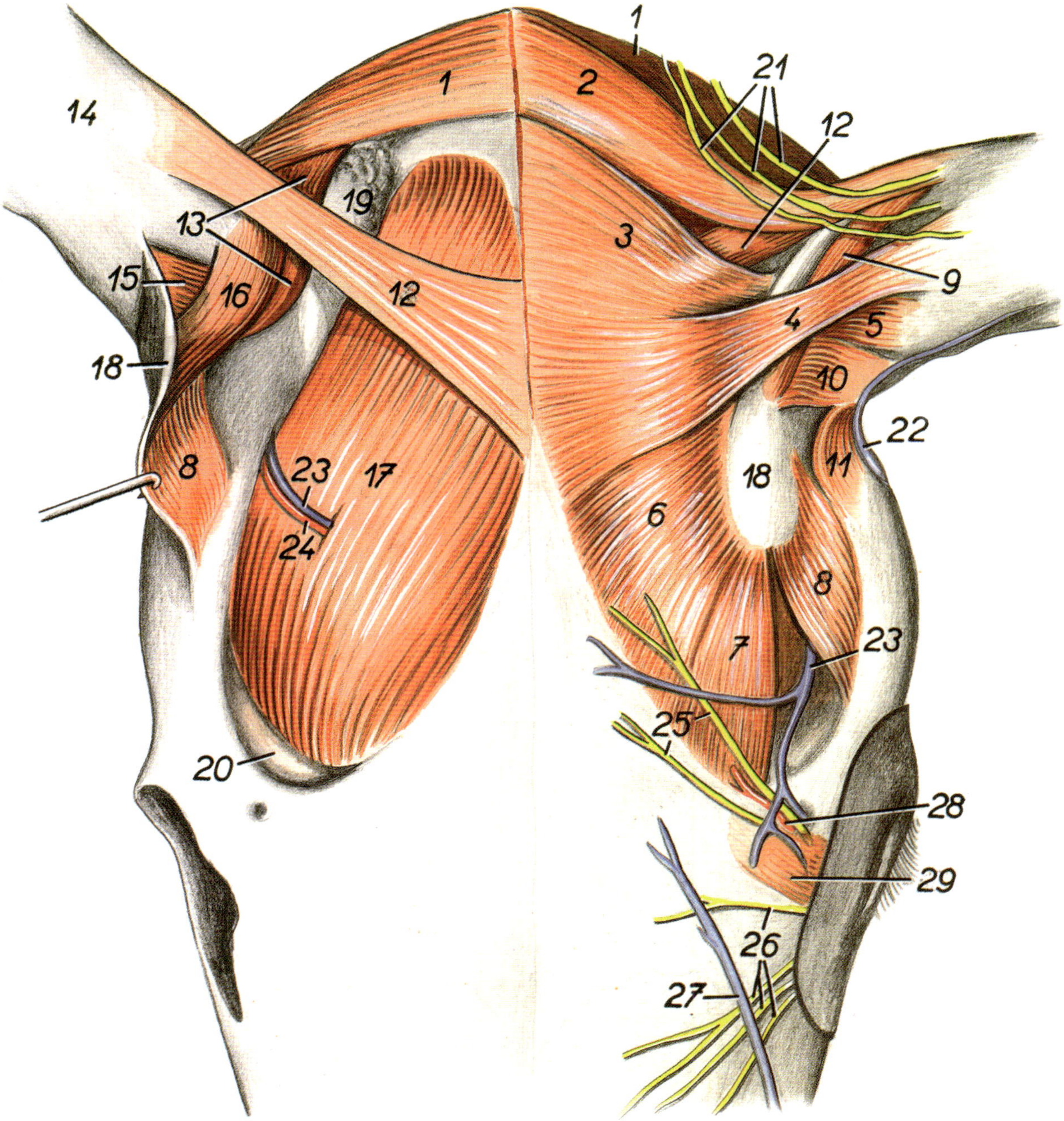

1. *M. cervicoauricularis medius* – mittlerer Hals-Ohrmuschelmuskel
2. *M. cervicoauricularis superficialis* – oberflächlicher Hals-Ohrmuschelmuskel
3. *M. cervicoscutularis* – Hals-Schildchenmuskel
4. *M. scutuloauricularis superficialis dorsalis* – dorsaler oberflächlicher Schildchen-Ohrmuschelmuskel
5. *M. scutuloauricularis superficialis medius* – mittlerer oberflächlicher Schildchen-Ohrmuschelmuskel
6. *M. interscutularis* – Zwischenschildchenmuskel
7. *Pars frontalis mi. frontoscutularis* – Stirnteil des Stirn-Schildchenmuskels
8. *Pars temporalis mi. frontoscutularis* – Schläfenteil des Stirn-Schildchenmuskels
9. *M. scutuloauricularis superficialis accessorius* – zusätzlicher oberflächlicher Schildchen-Ohrmuschelmuskel
10. *M. scutuloauricularis superficialis ventralis* – ventraler oberflächlicher Schildchen-Ohrmuschelmuskel
11. *M. zygomaticoauricularis* – Jochbein-Ohrmuschelmuskel
12. *M. parietoauricularis* – Scheitelbein-Ohrmuschelmuskel
13. *M. cervicoauricularis profundus* – tiefer Hals-Ohrmuschelmuskel
14. *Auricula* – Ohrmuschel
15. *M. scutuloauricularis profundus minor* – tiefer kleiner Schildchen-Ohrmuschelmuskel
16. *M. scutuloauricularis profundus major* – tiefer großer Schildchen-Ohrmuschelmuskel
17. *M. temporalis* – Schläfenmuskel
18. *Cartilago scutiformis* – schildchenförmiger Knorpel
19. *Corpus adiposum auriculae* – Fettkörper der Ohrmuschel
20. *Corpus adiposum extraperiorbitale* – außerhalb der Augenhöhlenknochenhaut gelegener Fettkörper
21. *Rami auriculares ni. cervicalis II* – Ohrmuscheläste des 2. Halsnerven
22. *Ramus v. auricularis caudalis* – Ast der kaudalen Ohrmuschelvene
23. *Ramus v. temporalis superficialis* – Ast der oberflächlichen Schläfenvene
24. *Ramus muscularis a. temporalis superficialis* – Muskelast der oberflächlichen Schläfenarterie
25. *N. frontalis* – Stirnnerv
26. *N. infratrochlearis* – unter der Rolle verlaufender Nerv
27. *V. angularis oculi* – Augenwinkelvene
28. *A. supraorbitalis* – Überaugenhöhlenarterie
29. *M. levator anguli oculi medialis (M. corrugator supercilii)* – Heber des medialen Augenwinkels (Augenbrauenrunzler)

Pferd. Horizontalschnitt durch den Kopf, Ansicht von dorsal.

Abbildung 149

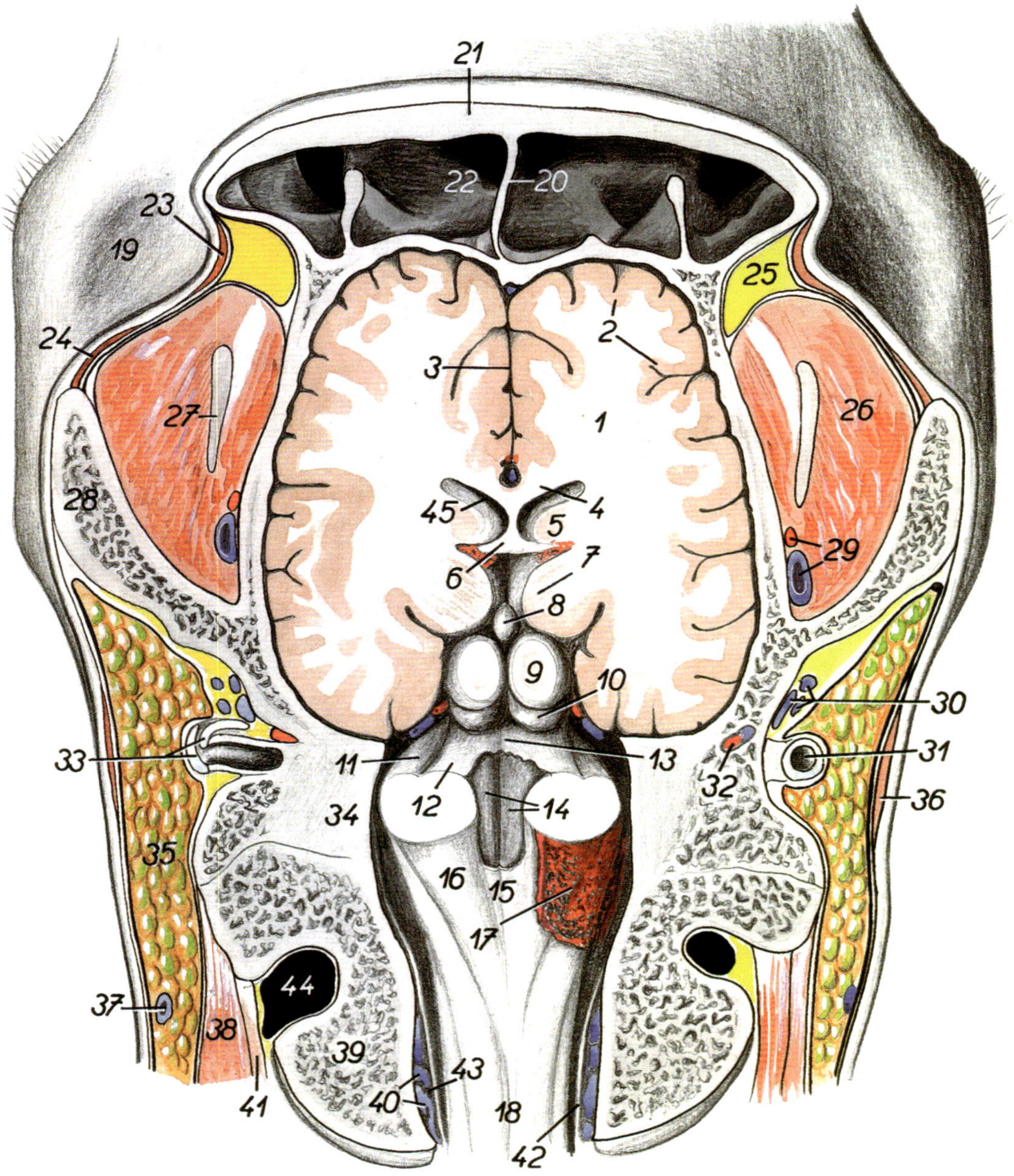

1. *Corpus medullare hemispherii* – Markkörper der Großhirnhälfte
2. *Substantia grisea neopallii* – graue Substanz des Neuhirnmantels
3. *Fissura longitudinalis cerebri* – Längsspalte des Gehirns
4. *Corpus callosum* – Balkenkörper
5. *Nucleus caudatus* – Schwanzkern
6. *Fornix – Gewölbe*
7. *Thalamus opticus* – Sehhügel
8. *Glandula pinealis* – Zirbeldrüse
9. *Colliculus rostralis tecti mesencephali* – rostrales Hügelchen des Mittelhirndaches
10. *Colliculus caudalis tecti mesencephali* – kaudales Hügelchen des Mittelhirndaches
11. *Pedunculus cerebellaris medius* – mittlerer Kleinhirnstiel
12. *Pedunculus cerebellaris rostralis* – rostraler Kleinhirnstiel
13. *Velum medullare rostrale* – rostrales Marksegel
14. *Fossa rhomboidea* – Rautengrube
15. *Velum medullare caudale* – kaudales Marksegel
16. *Pedunculus cerebellaris caudalis* – kaudaler Kleinhirnstiel
17. *Plexus chorioideus ventriculi quarti* – Gefäßgeflecht der 4. Hirnkammer
18. *Medulla spinalis* – Rückenmark
19. *Fossa supraorbitalis* – Überaugenhöhlengrube
20. *Septum sinuum frontalium* – Scheidewand der Stirnhöhlen
21. *Os frontale* – Stirnbein
22. *Sinus frontalis* – Stirnhöhle
23. *Pars frontalis mi. frontoscutularis* – Stirnteil des Stirn-Schildchenmuskels
24. *Pars temporalis mi. frontoscutularis* – Schläfenteil des Stirn-Schildchenmuskels
25. *Corpus adiposum extraperiorbitale* – außerhalb der Augenhöhlenknochenhaut gelegener Fettkörper
26. *M. temporalis* – Schläfenmuskel
27. *Processus coronoideus mandibulae* – Muskelfortsatz des Unterkiefers
28. *Processus zygomaticus ossis temporalis* – Jochfortsatz des Schläfenbeines
29. *A. et V. temporalis profunda rostralis* – rostrale tiefe Schläfenarterie und -vene
30. *V. cerebralis dorsalis et Plexus subtemporalis* – dorsale Gehirnvene und Unterschläfengeflecht
31. *Meatus acusticus externus* – äußerer Gehörgang
32. *A. meningea caudalis* – kaudale Hirnhautarterie
33. *Cartilagines auriculae* – Ohrmuschelknorpel
34. *Pars petrosa ossis temporalis* – Felsenteil des Schläfenbeines
35. *Glandula parotis* – Ohrspeicheldrüse
36. *M. parotidoauricularis* – Ohrspeicheldrüsen-Ohrmuschelmuskel
37. *V. auricularis caudalis* – kaudale Ohrmuschelvene
38. *M. cleidomastoideus* – Schlüsselbein-Warzenteilmuskel
39. *Os occipitale* – Hinterhauptbein
40. *Sinus occipitalis ventralis* – ventraler Hinterhauptblutleiter
41. *M. longissimus capitis* – Kopfportion des längsten Muskels
42. *Dura mater* – harte Hirnhaut
43. *Cavum epidurale* – über der harten Hirnhaut gelegene Höhle
44. *Diverticulum tubae auditivae* – Luftsack
45. *Ventriculus lateralis encephali* – laterale Hirnkammer

Pferd. Basis der Schädelhöhle mit den Austrittsstellen der Gehirnnerven.

Abbildung 150

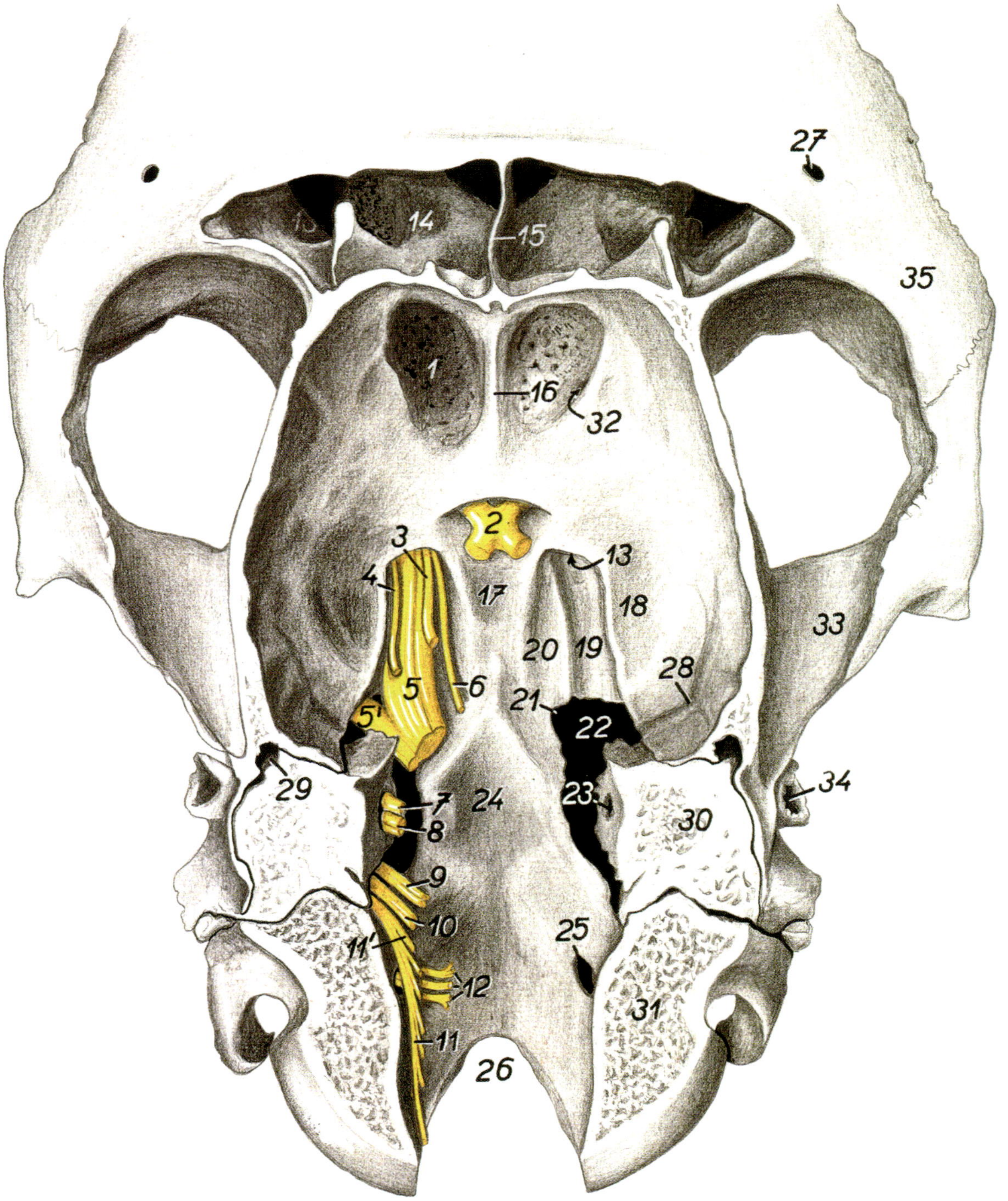

1. *Fossa ethmoidalis* – Siebbeingrube
2. *Chiasma opticum* – Sehnervenkreuzung
3. *N. oculomotorius* – Augenbewegernerv
4. *N. trochlearis* – Rollnerv
5. *N. maxillaris et N. ophthalmicus* – Oberkiefernerv und Augennerv
5'. *N. mandibularis* – Unterkiefernerv
6. *N. abducens* – wegziehender Nerv
7. *N. intermediofacialis (N. facialis)* – Gesichtsnerv
8. *N. vestibulocochlearis* – Gleichgewichts-Hörnerv
9. *N. glossopharyngeus* – Zungen-Rachennerv
10. *N. vagus* – Vagusnerv
11. *Radix spinalis ni. accessorii* – Rückenmarkwurzel des zusätzlichen Nerven
11'. *Radix cranialis ni. accessorii* – kraniale Wurzel des zusätzlichen Nerven
12. *N. hypoglossus* – Unterzungennerv
13. *Fissura orbitalis et Foramen rotundum* – Augenhöhlenspalte und rundes Loch
14. *Sinus frontalis* – Stirnhöhle
15. *Septum sinuum frontalium* – Scheidewand der Stirnhöhlen
16. *Crista galli* – Hahnenkamm
17. *Fossa hypophysialis* – Hirnanhangsgrube
18. *Fossa piriformis* – Grube des birnenförmigen Lappens
19. *Sulcus ni. maxillaris* – Rinne des Oberkiefernerven
20. *Sulcus ni. ophthalmici* – Rinne des Augennerven
21. *Incisura carotica foraminis laceri* – Einschnitt der Gehirnarterie am zerrissenen Loch
22. *Foramen lacerum* – zerrissenes Loch
23. *Porus acusticus internus* – innere Gehöröffnung
24. *Impressio pontina* – Brückengrube
25. *Canalis ni. hypoglossi* – Kanal des Unterzungennerven
26. *Foramen magnum* – Hinterhauptloch
27. *Foramen supraorbitale* – Überaugenhöhlenloch
28. *Sulcus a. meningeae mediae* – Rinne der mittleren Hirnhautarterie
29. *Meatus temporalis* – Schläfengang
30. *Pars petrosa ossis temporalis* – Felsenteil des Schläfenbeines
31. *Os occipitale* – Hinterhauptbein
32. *Foramen ethmoidale* – Siebbeinloch
33. *Processus zygomaticus ossis temporalis* – Jochfortsatz des Schläfenbeines
34. *Porus acusticus externus* – äußere Gehöröffnung
35. *Processus zygomaticus ossis frontalis* – Jochfortsatz des Stirnbeines

Pferd. Gehirn, Blick auf die dorsale Fläche und auf den Hirnstamm, Ansicht von links.

Abbildung 151

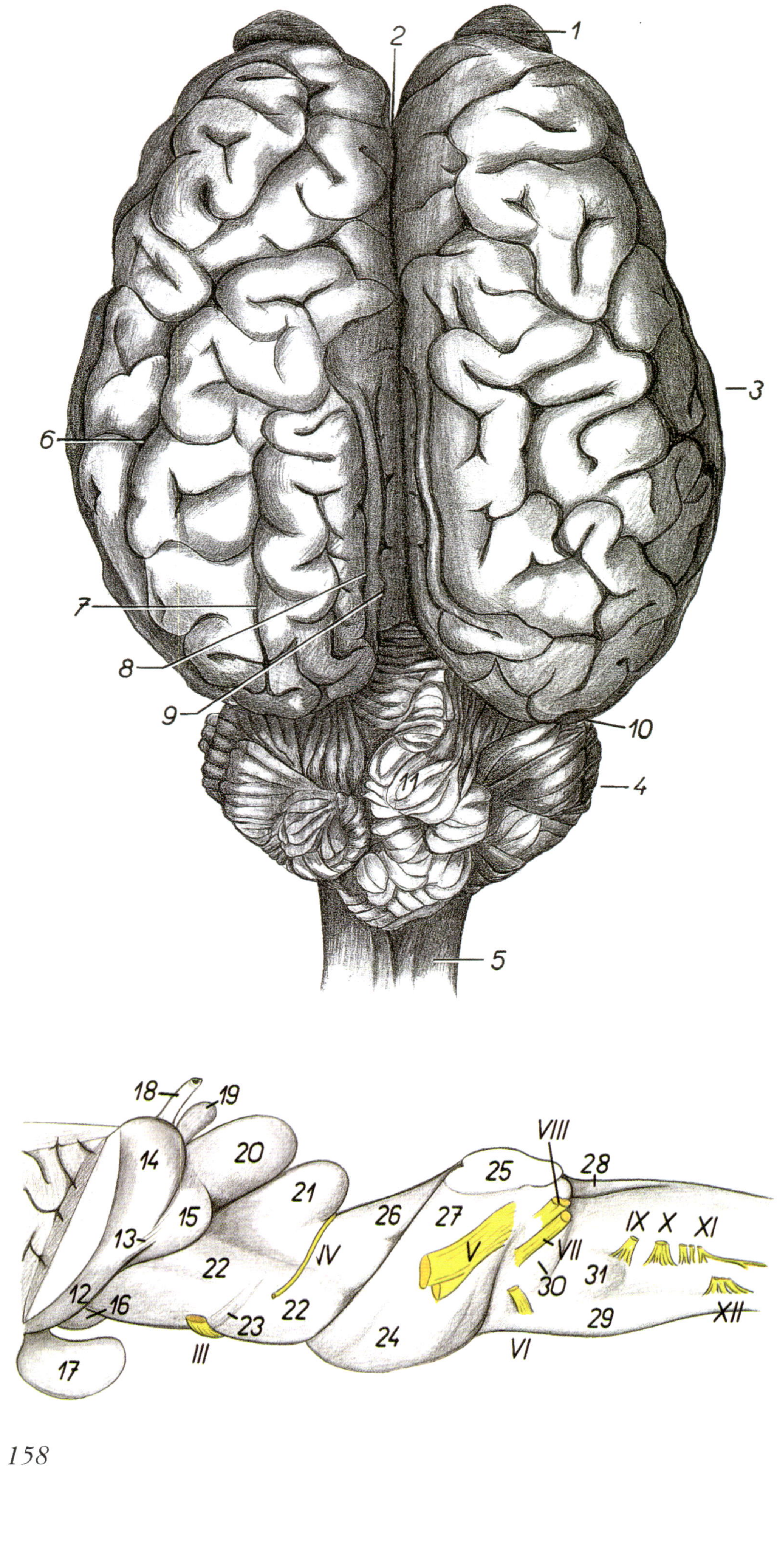

1. *Bulbus olfactorius* – Riechkolben
2. *Fissura longitudinalis cerebri* – Längsspalte des Gehirns
3. *Hemispherium cerebri* – Großhirnhälfte
4. *Hemispherium cerebelli* – Kleinhirnhälfte
5. *Medulla spinalis* – Rückenmark
6. *Sulcus suprasylvius* – Furche über der lateralen Furche
7. *Sulcus ectomarginalis* – Außenrandfurche
8. *Sulcus marginalis* – Randfurche
9. *Sulcus endomarginalis* – Innenrandfurche
10. *Fissura transversa cerebri* – Querspalte des Gehirns
11. *Vermis cerebelli* – Kleinhirnwurm

12., 13. *Tractus opticus* – Sehstrang

13. *Radix lateralis tractus optici* – lateraler Wurzel des Sehstranges
14. *Corpus geniculatum laterale* – lateraler Kniehöcker
15. *Corpus geniculatum mediale* – medialer Kniehöcker
16. *Corpus mamillare* – Zitzenkörper
17. *Hypophysis cerebri* – Hirnanhang
18. *Recessus suprapinealis* – über der Zirbeldrüse gelegene Nische
19. *Glandula pinealis (s. epiphysis cerebri)* – Zirbeldrüse
20. *Colliculus rostralis* – rostrales Hügelchen
21. *Colliculus caudalis* – kaudales Hügelchen
22. *Crus cerebri* – Hirnschenkel
23. *Tractus cruralis transversus* – quer auf dem Hirnschenkel gelegener Strang
24. *Pons* – Brücke
25. *Pedunculi cerebellares in sectione* – Kleinhirnstiel im Querschnitt
26. *Pedunculus cerebellaris rostralis* – rostraler Kleinhirnstiel
27. *Pedunculus cerebellaris medius* – mittlerer Kleinhirnstiel
28. *Pedunculus cerebellaris caudalis* – kaudaler Kleinhirnstiel
29. *Pyramis medullae oblongatae* – Pyramide des verlängerten Markes
30. *Corpus trapezoideum* – trapezförmiger Körper
31. *Tuberculum faciale ventrale* – ventrales Hökkerchen des Gesichtsnerven

III–XII *Nn. craniales III–XII* – 3.–12. Gehirnnerv

Pferd. Gehirnbasis mit den Austrittsstellen der Gehirnnerven und Gehirngefäße.

Abbildung 152

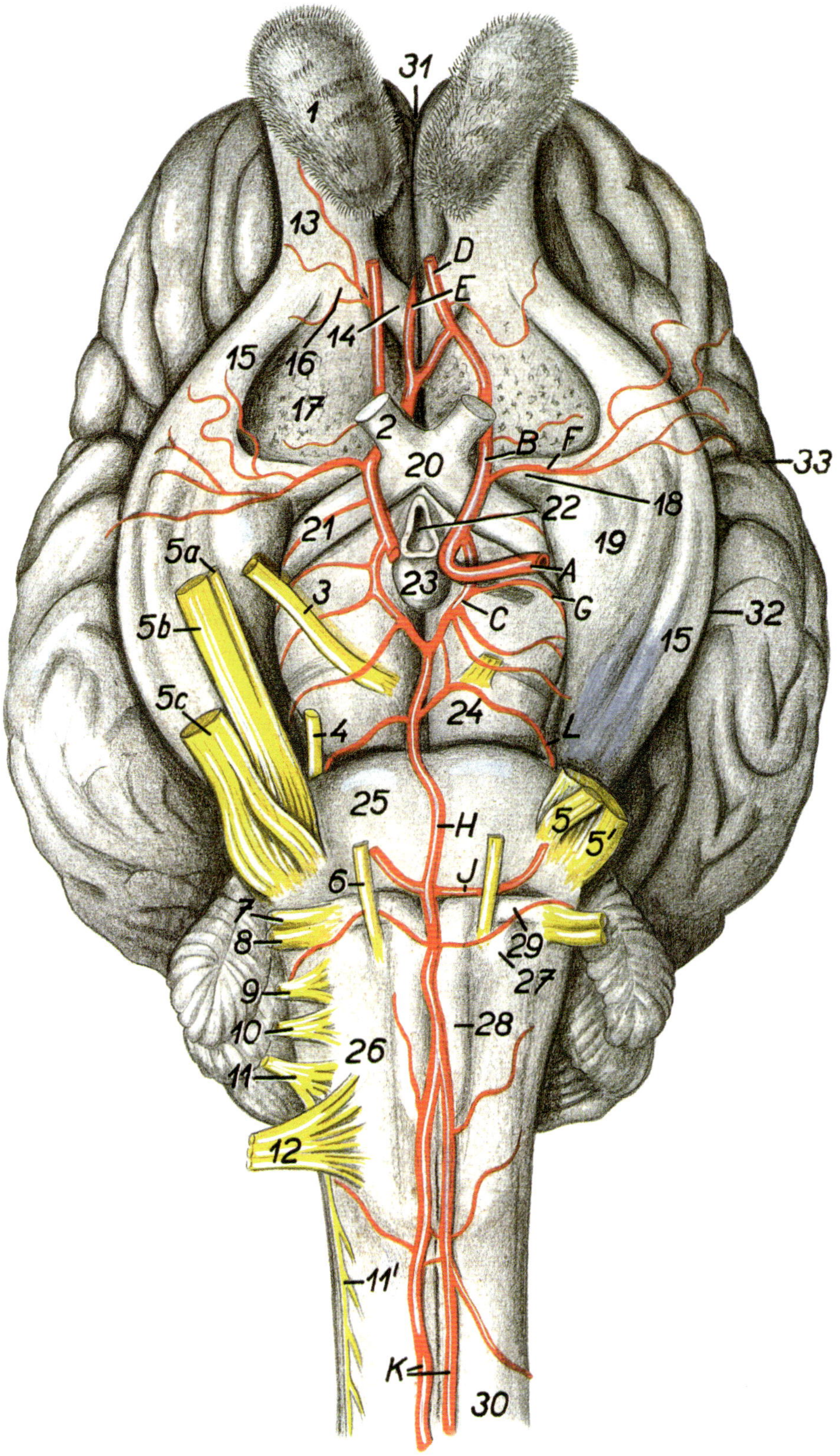

1. *Bulbus olfactorius* – Riechkolben
2. *N. opticus* – Sehnerv
3. *N. oculomotorius* – Augenbewegernerv
4. *N. trochlearis* – Rollnerv
5. *Radix motoria ni. trigemini* – motorische Wurzel des dreigeteilten Nerven
5'. *Radix sensoria ni. trigemini et Ganglion trigeminale* – sensorische Wurzel des dreigeteilten Nerven, Nervenknoten des dreigeteilten Nerven
5a. *N. ophthalmicus* – Augennerv
5b. *N. maxillaris* – Oberkiefernerv
5c. *N. mandibularis* – Unterkiefernerv
6. *N. abducens* – wegziehender Nerv
7. *N. intermediofacialis* – Gesichtsnerv
8. *N. vestibulocochlearis* – Gleichgewichts-Hörnerv
9. *N. glossopharyngeus* – Zungen-Rachennerv
10. *N. vagus* – Vagusnerv
11. *Radix cranialis ni. accessorii* – kraniale Wurzel des zusätzlichen Nerven
11'. *Radix spinalis ni. accessorii* – Rückenmarkwurzel des zusätzlichen Nerven
12. *N. hypoglossus* – Unterzungennerv
13. *Pedunculus olfactorius* – Riechschenkel
14. *Tractus olfactorius medialis* – medialer Riechstrang
15. *Tractus olfactorius lateralis* – lateraler Riechstrang
16. *Tractus olfactorius intermedius* – mittlerer Riechstrang
17. *Trigonum olfactorium* – Riechdreieck
18. *Substantia perforata rostralis* – rostrale durchlöcherte Substanz
19. *Lobus piriformis* – birnenförmiger Lappen
20. *Chiasma opticum* – Sehnervenkreuzung
21. *Tractus opticus* – Sehstrang
22. *Recessus neurohypophysialis et Tuber cinereum* – Ausbuchtung der 3. Hirnkammer in den Hypophysenstiel und grauer Höcker
23. *Corpus mamillare* – Zitzenkörper
24. *Crus cerebri* – Großhirnschenkel
25. *Pons* – Brücke
26. *Medulla oblongata* – verlängertes Mark
27. *Tuberculum faciale* – Höckerchen des Gesichtsnerven
28. *Pyramis medullae oblongatae* – Pyramide des verlängerten Markes
29. *Corpus trapezoideum* – trapezförmiger Körper
30. *Medulla spinalis* – Rückenmark
31. *Fissura longitudinalis cerebri* – Längsspalte des Gehirns
32. *Sulcus rhinalis lateralis* – laterale Riechfurche
33. *Fossa lateralis cerebri (Sylvii)* – laterale Gehirngrube (Sylvius)

A. *A. carotis interna* – innere Kopfarterie
B. *A. cerebri rostralis* – rostrale Gehirnarterie
C. *A. communicans caudalis* – kaudale Verbindungsarterie
D. *A. meningea rostralis* – rostrale Hirnhautarterie
E. *A. cerebri rostralis* – rostrale Gehirnarterie
F. *A. cerebri media* – mittlere Gehirnarterie
G. *A. cerebri profunda* – tiefe Gehirnarterie
H. *A. basilaris cerebri* – Arterie der Gehirnbasis
J. *A. cerebelli caudalis* – kaudale Kleinhirnarterie
K. *A. spinalis ventralis* – ventrale Rückenmarkarterie
L. *A. cerebelli rostralis* – rostrale Kleinhirnarterie

Pferd. Skelett des Halses, Ansicht von links.

Abbildung 153

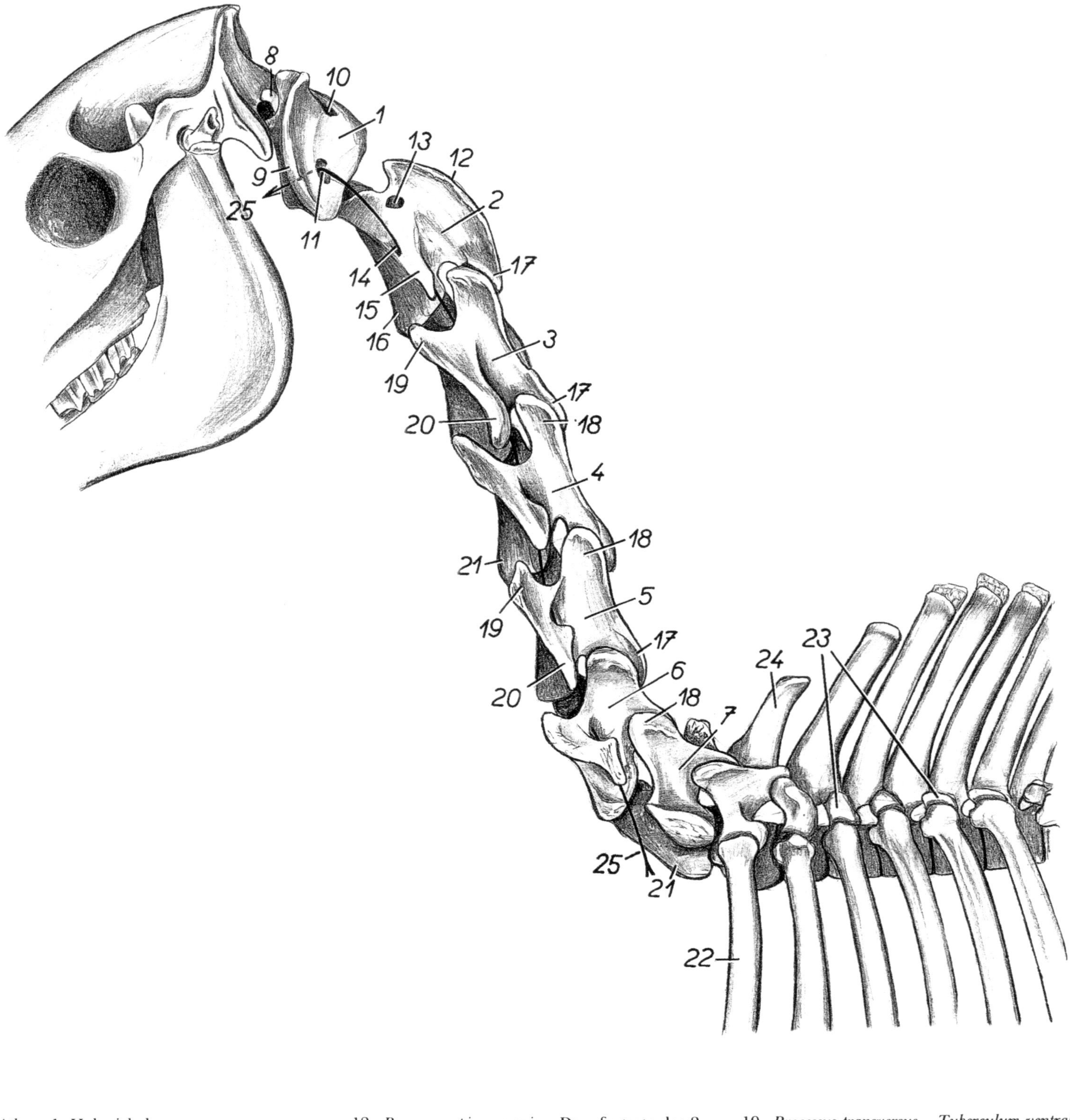

1. *Atlas* – 1. Halswirbel
2. *Axis* – 2. Halswirbel
3.–7. *Vertebra cervicalis III–VII* – 3.–7. Halswirbel
8. *Condylus occipitalis* – Gelenkknorren des Hinterhauptbeines
9. *Processus transversus atlantis* – Querfortsatz des 1. Halswirbels
10. *Foramen alare atlantis* – Flügelloch des 1. Halswirbels
11. *Foramen transversarium atlantis* – Querfortsatzloch des 1. Halswirbels
12. *Processus spinosus axis* – Dornfortsatz des 2. Halswirbels
13. *Foramen vertebrale laterale* – laterales Wirbelloch
14. *Foramen transversarium* – Querfortsatzloch
15. *Processus transversus axis* – Querfortsatz des 2. Halswirbels
16. *Corpus axis* – Körper des 2. Halswirbels
17. *Processus articularis caudalis* – kaudaler Gelenkfortsatz
18. *Processus articularis cranialis* – kranialer Gelenkfortsatz
19. *Processus transversus – Tuberculum ventrale* – Querfortsatz – ventrales Höckerchen
20. *Processus transversus – Tuberculum dorsale* – Querfortsatz – dorsales Höckerchen
21. *Corpus vertebrae* – Wirbelkörper
22. *Costa I* – 1. Rippe
23. *Processus transversi vertebrarum thoracicarum* – Querfortsätze der Brustwirbel
24. *Processus spinosus vertebrae thoracicae I* – Dornfortsatz des 1. Brustwirbels
25. *Canalis transversarius* – Querfortsatzkanal

Pferd. Oberflächliche Muskulatur des Halses, Ansicht von links. Nach Entfernung der Hautmuskeln und der oberflächlichen Faszie.

Abbildung 154

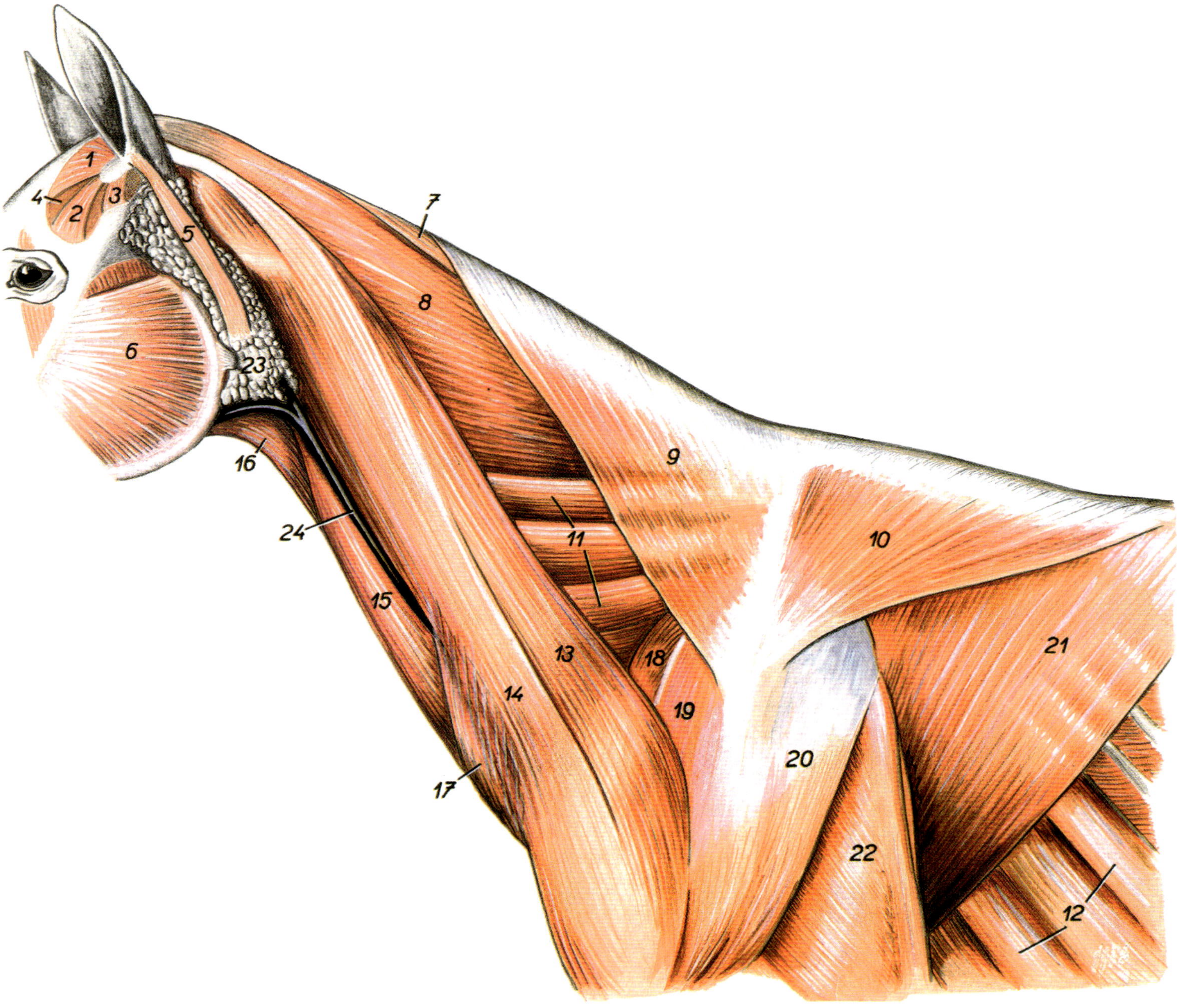

1. *M. interscutularis* – Zwischenschildchenmuskel
2. *Pars frontalis mi. frontoscutularis* – Stirnteil des Stirn-Schildchenmuskels
3. *Pars temporalis mi. frontoscutularis* – Schläfenteil des Stirn-Schildchenmuskels
4. *M. temporalis* – Schläfenmuskel
5. *M. parotidoauricularis* – Ohrspeicheldrüsen-Ohrmuschelmuskel
6. *M. masseter* – äußerer Kaumuskel
7. *M. rhomboideus cervicis* – Halsportion des rautenförmigen Muskels
8. *M. splenius* – Riemenmuskel
9. *Pars cervicalis mi. trapezii* – Halsteil des trapezförmigen Muskels
10. *Pars thoracica mi. trapezii* – Brustkorbteil des trapezförmigen Muskels
11. *M. serratus ventralis cervicis* – Halsportion des ventralen gesägten Muskels
12. *M. serratus ventralis thoracis* – Brustkorbportion des ventralen gesägten Muskels
13. *M. omotransversarius (M. cleidotransversarius)* – Schulter-Querfortsatzmuskel (Schlüsselbein-Querfortsatzmuskel)
14. *M. cleidomastoideus* – Schlüsselbein-Warzenteilmuskel
15. *M. sternomandibularis* – Brustbein-Unterkiefermuskel
16. *M. omohyoideus et M. sternohyoideus* – Schulter-Zungenbeinmuskel und Brustbein-Zungenbeinmuskel
17. *M. cutaneus colli* – Halshautmuskel
18. *M. subclavius (M. pectoralis cleidoscapularis, Pars prescapularis mi. pectoralis profundi)* – Unterschlüsselbeinmuskel (Schlüsselbein-Schulterblatteil des Brustmuskels, vor dem Schulterblatt gelegener Teil des tiefen Brustmuskels)
19. *M. supraspinatus* – Übergrätenmuskel
20. *M. deltoideus* – deltaförmiger Muskel
21. *M. latissimus dorsi* – breiter Rückenmuskel
22. *M. triceps brachii* – dreiköpfiger Armmuskel
23. *Glandula parotis* – Ohrspeicheldrüse
24. *V. jugularis* – Drosselvene

Pferd. Tiefe Halsmuskulatur, Ansicht von links. 1. Schicht.

Abbildung 155

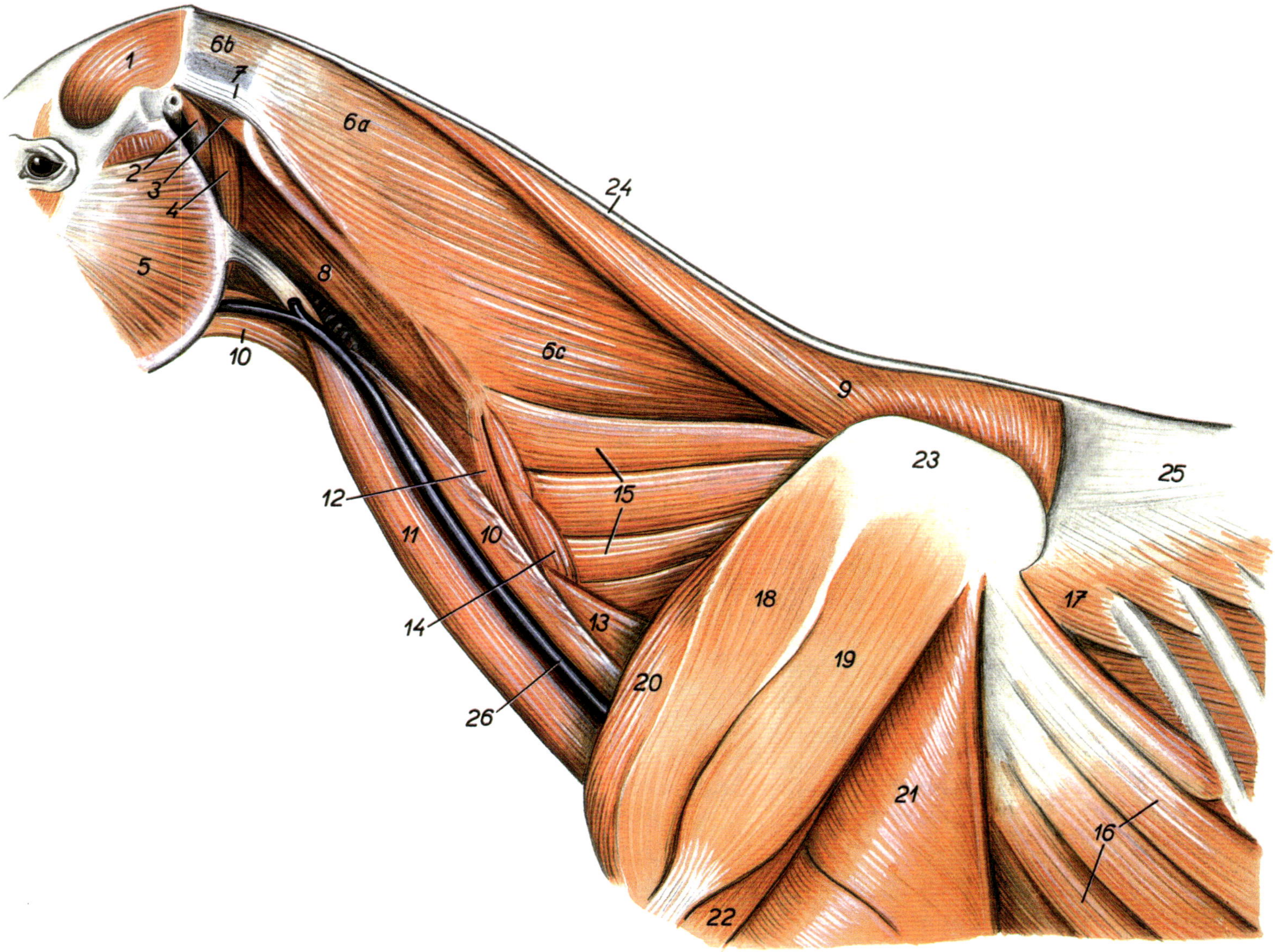

1. *M. temporalis* – Schläfenmuskel
2. *M. occipitohyoideus* – Hinterhaupt-Zungenbeinmuskel
3. *M. obliquus capitis cranialis* – kranialer schiefer Kopfmuskel
4. *Pars occipitomandibularis mi. digastrici* – Hinterhaupt-Unterkieferteil des zweibäuchigen Muskels
5. *M. masseter* – äußerer Kaumuskel
6. *M. splenius* – Riemenmuskel

6a. *M. splenius capitis* – Kopfportion des Riemenmuskels

6b. *Aponeurosis mi. splenii* – Sehnenplatte des Riemenmuskels

6c. *M. splenius cervicis* – Halsportion des Riemenmuskels

7. *Insertio mi. longissimi capitis* – Ansatz der Kopfportion des längsten Muskels
8. *M. longus capitis* – langer Kopfmuskel
9. *M. rhomboideus* – rautenförmiger Muskel
10. *M. sternohyoideus et M. omohyoideus* – Brustbein-Zungenbeinmuskel und Schulter-Zungenbeinmuskel
11. *M. sternomandibularis* – Brustbein-Unterkiefermuskel
12. *Pars ventralis mi. scaleni medii* – ventraler Teil des mittleren Rippenhalters
13. *Pars dorsalis mi. scaleni medii* – dorsaler Teil des mittleren Rippenhalters
14. *M. intertransversarius* – Zwischenquerfortsatzmuskel
15. *M. serratus ventralis cervicis* – Halsportion des ventralen gesägten Muskels
16. *M. serratus ventralis thoracis* – Brustkorbportion des ventralen gesägten Muskels
17. *M. serratus dorsalis cranialis* – kranialer dorsaler gesägter Muskel
18. *M. supraspinatus* – Übergrätenmuskel
19. *M. infraspinatus* – Untergrätenmuskel
20. *M. subclavius (M. pectoralis cleidoscapularis; Pars prescapularis mi. pectoralis profundi)* – Unterschlüsselbeinmuskel (Schlüsselbein-Schulterblatteil des Brustmuskels, vor dem Schulterblatt gelegener Teil des tiefen Brustmuskels)
21. *M. triceps brachii* – dreiköpfiger Armmuskel
22. *M. teres minor* – kleiner runder Muskel
23. *Cartilago scapulae* – Schulterblattknorpel
24. *Funiculus nuchae* – Nackenstrang
25. *Fascia thoracolumbalis* – Brust-Lendenfaszie
26. *V. jugularis* – Drosselvene

Pferd. Tiefe Halsmuskulatur, Ansicht von links. 2. Schicht.

Abbildung 156

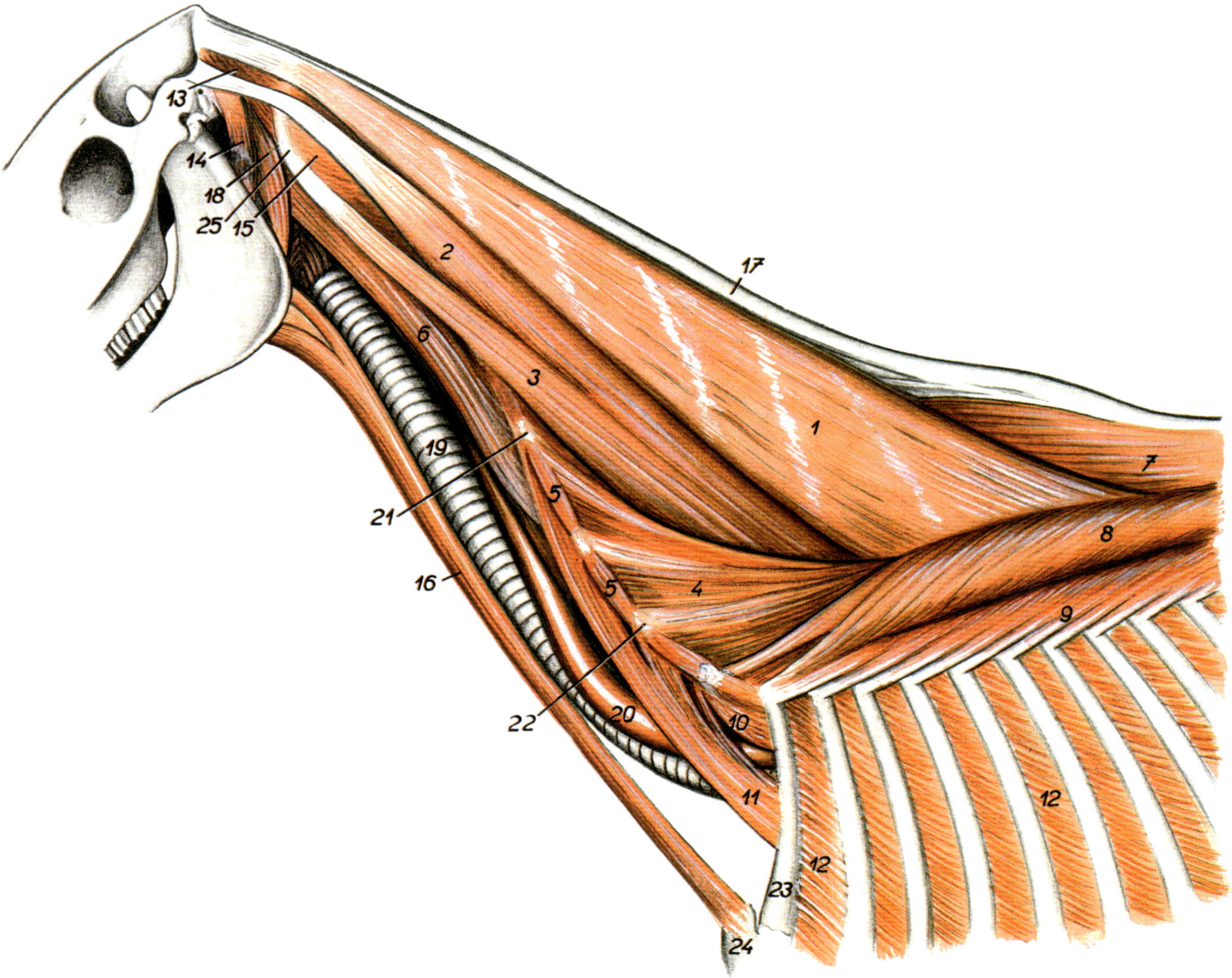

1. *M. semispinalis capitis* – Kopfportion des Halbdornfortsatzmuskels
2. *M. longissimus capitis* – Kopfportion des längsten Muskels
3. *M. longissimus atlantis* – Atlasportion des Längsten Muskels
4. *M. longissimus cervicis* – Halsportion des längsten Muskels
5. *Mm. intertransversarii* – Zwischenquerfortsatzmuskeln
6. *M. longus capitis* – langer Kopfmuskel
7. *M. spinalis* – Dornfortsatzmuskel
8. *M. longissimus thoracis* – Brustportion des längsten Muskels
9. *M. iliocostalis thoracis* – Brustportion des Hüft-Rippenmuskels
10. *Pars dorsalis mi. scaleni medii* – dorsales Teil des mittleren Rippenhalters
11. *Pars ventralis mi. scaleni medii* – ventraler Teil des mittleren Rippenhalters
12. *Mm. intercostales externi* – äußere Zwischenrippenmuskeln
13. *M. obliquus capitis cranialis* – kranialer schiefer Kopfmuskel
14. *M. occipitohyoideus* – Hinterhauptbein-Zungenbeinmuskel
15. *M. obliquus capitis caudalis* – kaudaler schiefer Kopfmuskel
16. *M. sternohyoideus et M. sternothyroideus* – Brustbein-Zungenbeinmuskel und Brustbein-Schildknorpelmuskel
17. *Funiculus nuchae* – Nackenstrang
18. *Pars occipitomandibularis mi. digastrici* – Hinterhaupt-Unterkieferteil des zweibäuchigen Muskels
19. *Trachea* – Luftröhre
20. *Esophagus* – Speiseröhre
21. *Processus transversus vertebrae cervicalis IV* – Querfortsatz des 4. Halswirbels
22. *Processus transversus vertebrae cervicalis VI* – Querfortsatz des 6. Halswirbels
23. *Costa prima* – 1. Rippe
24. *Manubrium sterni* – Griff des Brustbeines
25. *Processus transversus atlantis* – Querfortsatz des 1. Halswirbels

Pferd. Tiefe Halsmuskulatur, Ansicht von links. 3. Schicht.

Abbildung 157

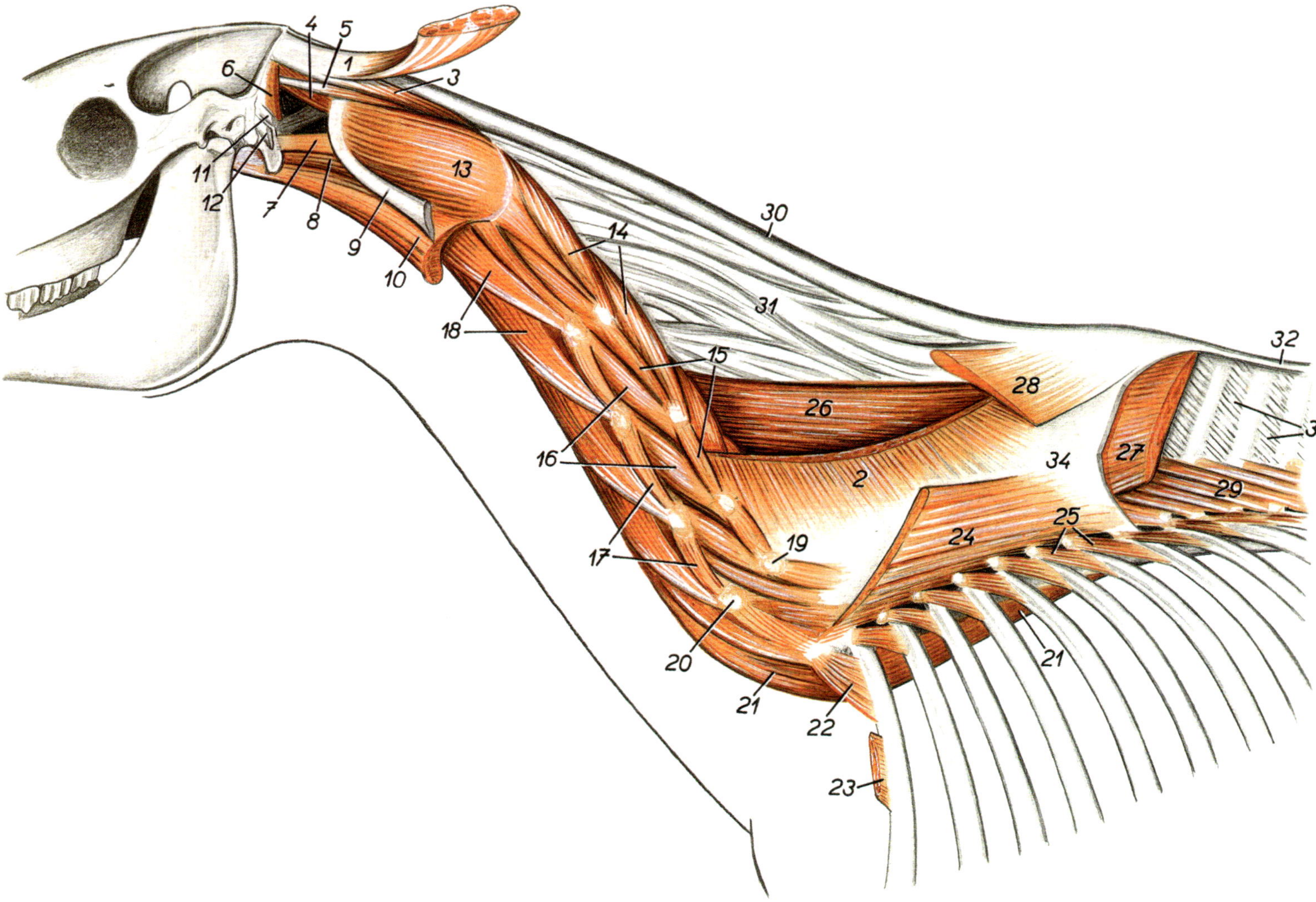

1. *Insertio mi. semispinalis capitis* – Ansatz der Kopfportion des Halbdornfortsatzmuskels
2. *Origo mi. semispinalis capitis* – Ursprung der Kopfportion des Halbdornfortsatzmuskels
3. *M. rectus capitis dorsalis major* – dorsaler großer gerader Kopfmuskel
4. *M. rectus capitis dorsalis minor* – dorsaler kleiner gerader Kopfmuskel
5. *M. rectus capitis dorsalis intermedius* – dorsaler mittlerer gerader Kopfmuskel
6. *M. obliquus capitis cranialis* – kranialer schiefer Kopfmuskel
7. *M. rectus capitis lateralis* – lateraler gerader Kopfmuskel
8. *M. rectus capitis ventralis* – ventraler gerader Kopfmuskel
9. *Insertio mi. longissimi atlantis* – Atlasportion des längsten Muskels
10. *M. longus capitis* – langer Kopfmuskel
11. *Insertio mi. longissimi capitis* – Ansatz der Kopfportion des längsten Muskels
12. *Insertio mi. cleidomastoidei* – Ansatz des Schlüsselbein-Warzenteilmuskels
13. *M. obliquus capitis caudalis* – kaudaler schiefer Kopfmuskel
14. *Mm. multifidi cervicis* – Halsportion der vielgeteilten Muskeln
15. *Mm. intertransversarii dorsales cervicis* – Halsportion der dorsalen Zwischenquerfortsatzmuskeln
16. *Mm. intertransversarii medii cervicis* – Halsportion der mittleren Zwischenquerfortsatzmuskeln
17. *Mm. intertransversarii ventrales cervicis* –Halsportion der ventralen Zwischenquerfortsatzmuskeln
18. *Pars cervicalis mi. longi colli* – Halsteil des langen Halsmuskels
19. *Processus articularis cranialis vertebrae cervicalis VII* – kranialer Gelenkfortsatz des 7. Halswirbels
20. *Processus transversus vertebrae cervicalis VI* – Querfortsatz des 6. Halswirbels
21. *Pars thoracica mi. longi colli* – Brustteil des langen Halsmuskels
22. *Pars dorsalis mi. scaleni medii* – dorsaler Teil des mittleren Rippenhalters
23. *Insertio partis ventralis mi. scaleni medii* – Ansatz des ventralen Teils des mittleren Rippenhalters
24. *M. longissimus cervicis* – Halsportion des längsten Muskels
25. *Mm. levatores costarum* – Rippenheber
26. *M. spinalis cervicis* – Halsportion des Dornfortsatzmuskels
27. *M. spinalis thoracis* – Brustportion des Dornfortsatzmuskels
28. *Origo mi. splenii* – Ursprung des Riemenmuskels
29. *M. multifidus dorsi* – Rückenportion des vielgeteilten Muskels
30. *Funiculus nuchae* – Nackenstrang
31. *Lamina nuchae* – Nackenplatte
32. *Ligamentum supraspinale* – Überdornfortsatzband
33. *Ligg. interspinalia* – Zwischendornfortsatzbänder
34. *Fascia thoracolumbalis* – Brustkorb-Lendenfaszie

Pferd. Nacken, Ansicht von links.

Abbildung 158

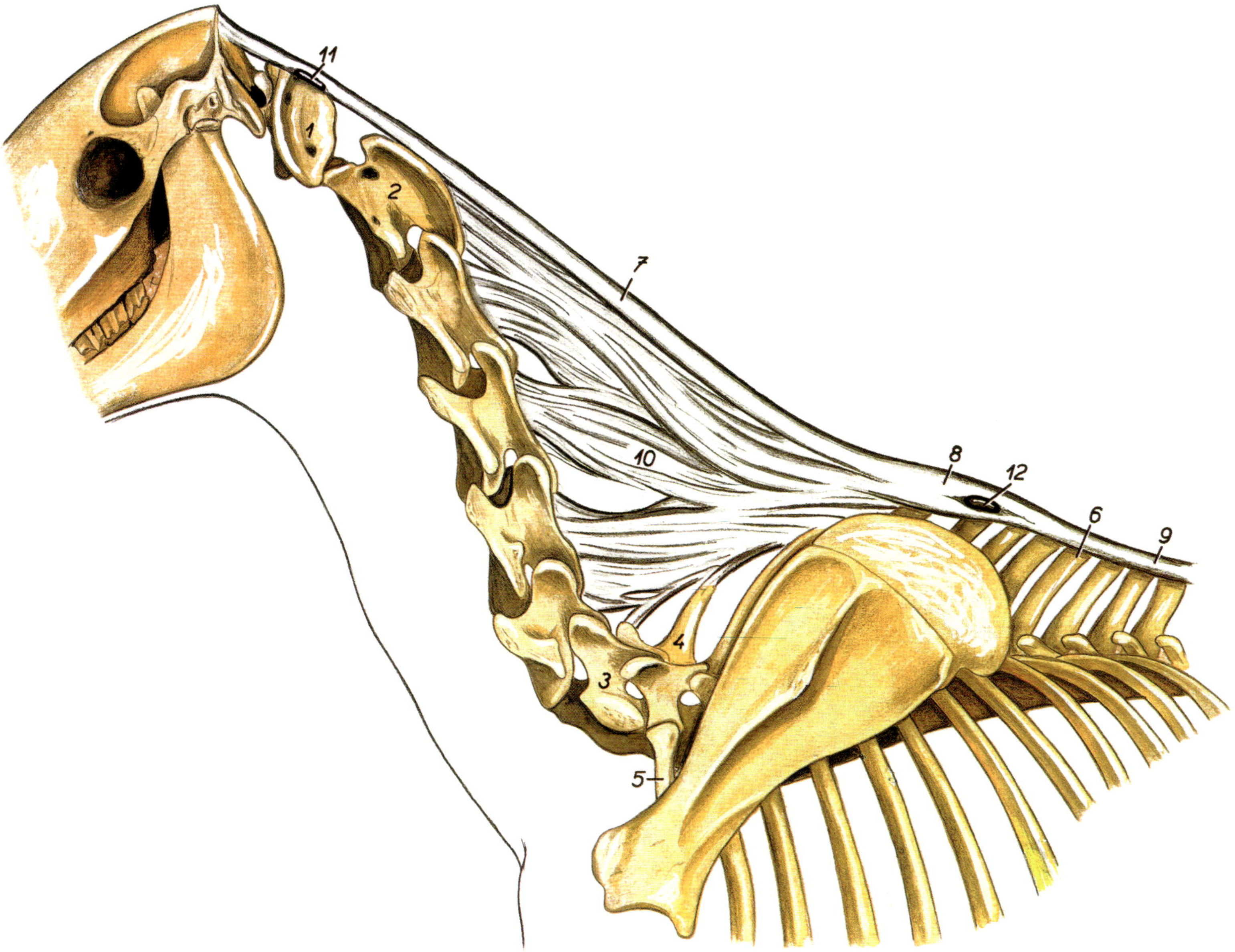

1. *Atlas* – 1. Halswirbel
2. *Axis* – 2. Halswirbel
3. *Vertebra cervicalis VII* – 7. Halswirbel
4. *Processus spinosus vertebrae thoracicae I* – Dornfortsatz des 1. Brustwirbels
5. *Costa prima* – 1. Rippe
6. *Processus spinosus vertebrae thoracicae VII* – Dornfortsatz des 7. Brustwirbels
7. *Funiculus nuchae* – Nackenstrang
8. *Pars cucullaris ligamenti nuchae* – Kappenteil des Nackenstranges
9. *Lig. supraspinale* – Überdornfortsatzband
10. *Lamina nuchae* – Nackenplatte
11. *Bursa subligamentosa nuchalis cranialis* – unter dem Band gelegener kranialer Nackenschleimbeutel
12. *Bursa subligamentosa supraspinalis* – unter dem Band gelegener Dornfortsatzschleimbeutel

Pferd. Hautmuskeln und Nerven des Halses, Ansicht von links.

Abbildung 159

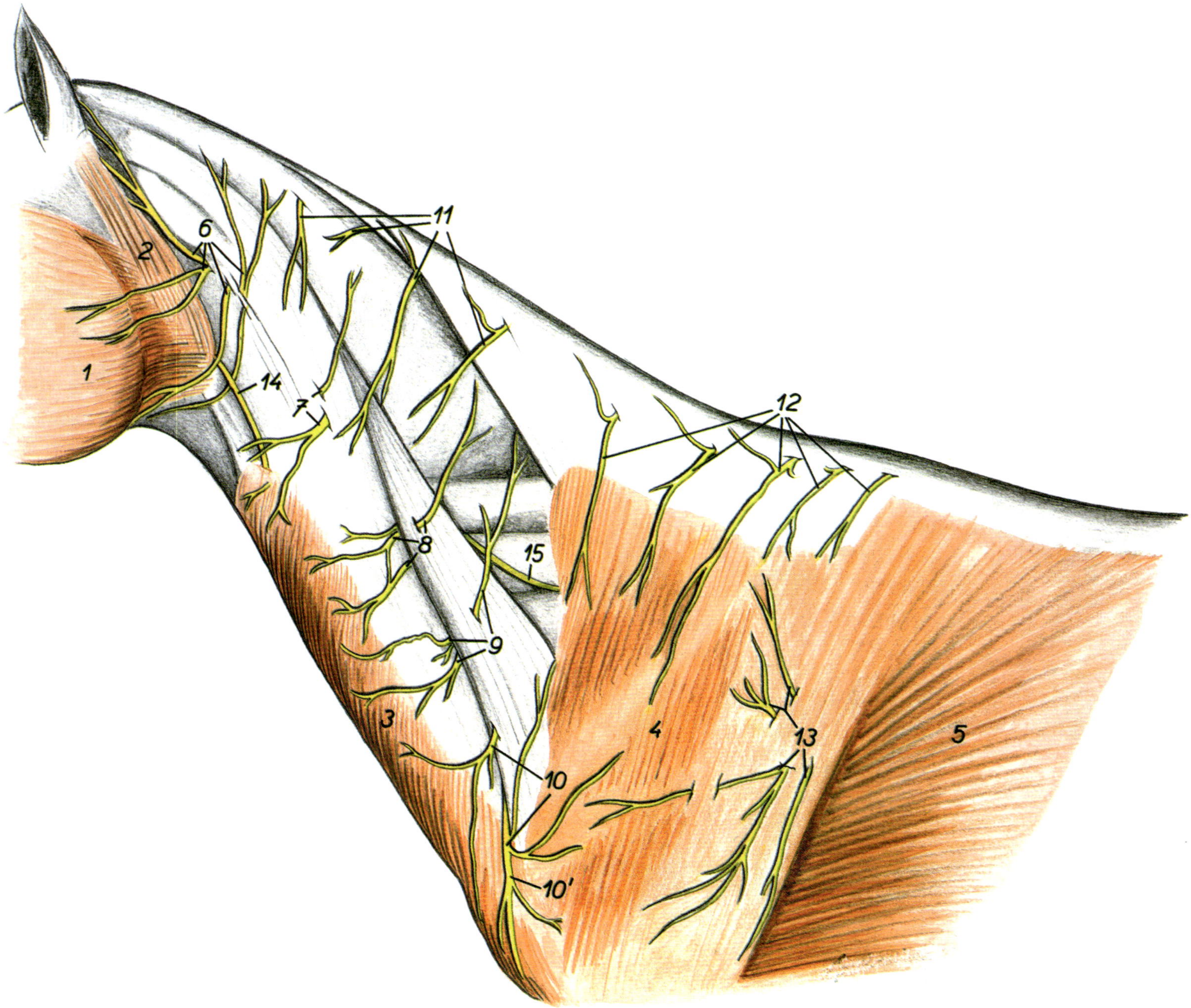

1. *M. cutaneus faciei* – Gesichtshautmuskel
2. *M. parotidoauricularis* – Ohrspeicheldrüsen-Ohrmuschelmuskel
3. *M. cutaneus colli* – Halshautmuskel
4. *M. cutaneus omobrachialis* – Schulter-Oberarmhautmuskel
5. *M. cutaneus trunci* – Rumpfhautmuskel
6. *Ramus ventralis ni. cervicalis II* – ventraler Ast des 2. Halsnerven
7. *Ramus ventralis ni. cervicalis III* – ventraler Ast des 3. Halsnerven
8. *Ramus ventralis ni. cervicalis IV* – ventraler Ast des 4. Halsnerven
9. *Ramus ventralis ni. cervicalis V* – ventraler Ast des 5. Halsnerven
10. *Ramus ventralis ni. cervicalis VI* – ventraler Ast des 6. Halsnerven

10'. *N. supraclavicularis* – Überschlüsselbeinnerv

11. *Rami cutanei nervorum cervicalium* – Hautäste der Halsnerven
12. *Rami cutanei nervorum thoracicorum* – Hautäste der Brustkorbnerven
13. *Rami cutanei ni. thoracici lateralis* – Hautäste des lateralen Brustkorbnerven
14. *Ramus colli ni. facialis* – Halsast des Gesichtsnerven
15. *Ramus dorsalis ni. accessorii* – dorsaler Ast des zusätzlichen Nerven

Pferd. Präparation des Halses, Ansicht von links. Tiefe Schicht.

Abbildung 160

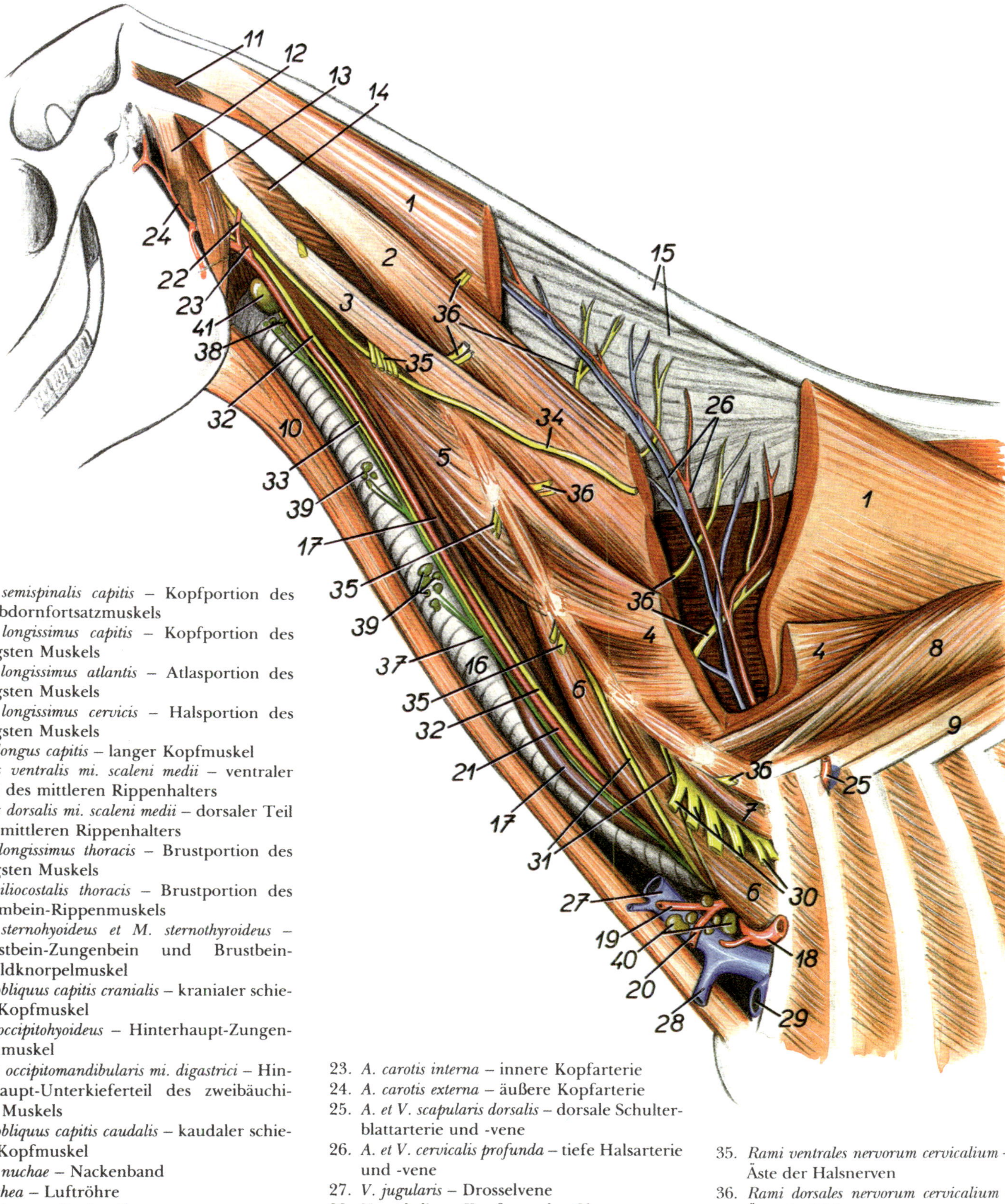

1. *M. semispinalis capitis* – Kopfportion des Halbdornfortsatzmuskels
2. *M. longissimus capitis* – Kopfportion des längsten Muskels
3. *M. longissimus atlantis* – Atlasportion des längsten Muskels
4. *M. longissimus cervicis* – Halsportion des längsten Muskels
5. *M. longus capitis* – langer Kopfmuskel
6. *Pars ventralis mi. scaleni medii* – ventraler Teil des mittleren Rippenhalters
7. *Pars dorsalis mi. scaleni medii* – dorsaler Teil des mittleren Rippenhalters
8. *M. longissimus thoracis* – Brustportion des längsten Muskels
9. *M. iliocostalis thoracis* – Brustportion des Darmbein-Rippenmuskels
10. *M. sternohyoideus et M. sternothyroideus* – Brustbein-Zungenbein und Brustbein-Schildknorpelmuskel
11. *M. obliquus capitis cranialis* – kranialer schiefer Kopfmuskel
12. *M. occipitohyoideus* – Hinterhaupt-Zungenbeinmuskel
13. *Pars occipitomandibularis mi. digastrici* – Hinterhaupt-Unterkieferteil des zweibäuchigen Muskels
14. *M. obliquus capitis caudalis* – kaudaler schiefer Kopfmuskel
15. *Lig. nuchae* – Nackenband
16. *Trachea* – Luftröhre
17. *Esophagus* – Speiseröhre
18. *A. axillaris* – Achselarterie
19. *Ramus ascendens a. cervicalis superficialis* – aufsteigender Ast der oberflächlichen Halsarterie
20. *Ramus deltoideus a. cervicalis superficialis* – Ast der oberflächlichen Halsarterie für den deltaförmigen Muskel
21. *A. carotis communis* – gemeinsame Kopfarterie
22. *A. occipitalis* – Hinterhauptarterie
23. *A. carotis interna* – innere Kopfarterie
24. *A. carotis externa* – äußere Kopfarterie
25. *A. et V. scapularis dorsalis* – dorsale Schulterblattarterie und -vene
26. *A. et V. cervicalis profunda* – tiefe Halsarterie und -vene
27. *V. jugularis* – Drosselvene
28. *V. cephalica* – Kopfvene des Oberarms
29. *V. axillaris* – Achselvene
30. *Plexus brachialis* – Armgeflecht
31. *N. phrenicus* – Zwerchfellnerv
32. *Truncus vagosympathicus* – gemeinsamer Stamm des Vagus- und Sympathikusnerven
33. *N. laryngeus recurrens* – zurücklaufender Kehlkopfnerv
34. *Ramus dorsalis ni. accessorii* – dorsaler Ast des zusätzlichen Nerven
35. *Rami ventrales nervorum cervicalium* – ventrale Äste der Halsnerven
36. *Rami dorsales nervorum cervicalium* – dorsale Äste der Halsnerven
37. *Truncus trachealis (Synonym:Truncus jugularis)* – Hauptlymphgefäß des Halses (Luftröhrenstamm, Syn.: Drosselstamm)
38. *Lnn. cervicales profundi craniales* – kraniale tiefe Halslymphknoten
39. *Lnn. cervicales profundi medii* – mittlere tiefe Halslymphknoten
40. *Lnn. cervicales profundi caudales* – kaudale tiefe Halslymphknoten
41. *Glandula thyroidea* – Schilddrüse

Pferd. Topographische Beziehungen der Blutgefäße, Nerven, Luftröhre und Speiseröhre am Hals, Ansicht von links. Abgebildet sind nur die großen Venen und Arterien.

Abbildung 161

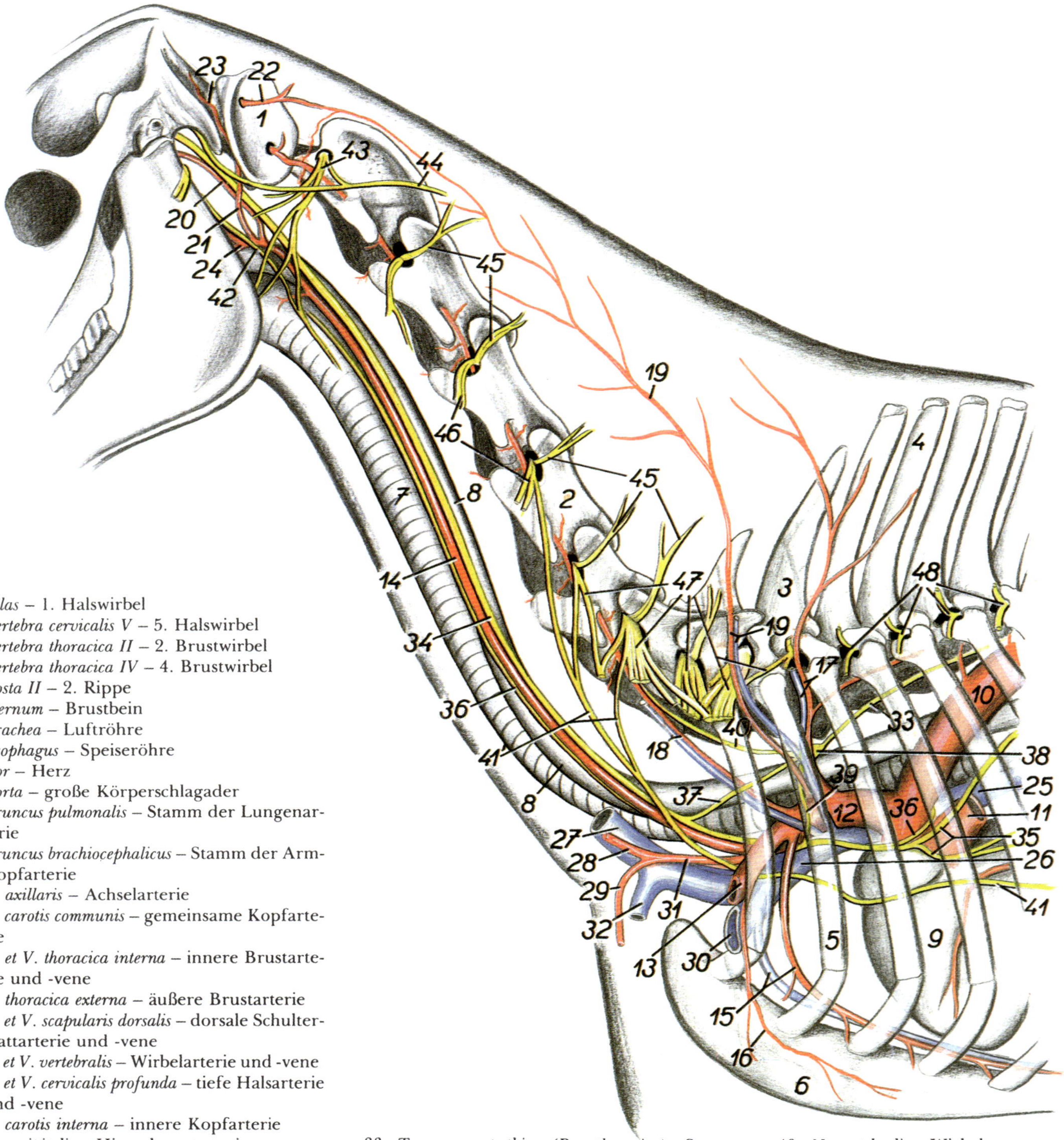

1. *Atlas* – 1. Halswirbel
2. *Vertebra cervicalis V* – 5. Halswirbel
3. *Vertebra thoracica II* – 2. Brustwirbel
4. *Vertebra thoracica IV* – 4. Brustwirbel
5. *Costa II* – 2. Rippe
6. *Sternum* – Brustbein
7. *Trachea* – Luftröhre
8. *Esophagus* – Speiseröhre
9. *Cor* – Herz
10. *Aorta* – große Körperschlagader
11. *Truncus pulmonalis* – Stamm der Lungenarterie
12. *Truncus brachiocephalicus* – Stamm der Arm-Kopfarterie
13. *A. axillaris* – Achselarterie
14. *A. carotis communis* – gemeinsame Kopfarterie
15. *A. et V. thoracica interna* – innere Brustarterie und -vene
16. *A. thoracica externa* – äußere Brustarterie
17. *A. et V. scapularis dorsalis* – dorsale Schulterblattarterie und -vene
18. *A. et V. vertebralis* – Wirbelarterie und -vene
19. *A. et V. cervicalis profunda* – tiefe Halsarterie und -vene
20. *A. carotis interna* – innere Kopfarterie
21. *A. occipitalis* – Hinterhauptarterie
22. *Ramus occipitalis* – Hinterhauptast
23. *A. meningea caudalis* – kaudale Hirnhautarterie
24. *A. carotis externa* – äußere Kopfarterie
25. *V. cava caudalis* – kaudale Hohlvene
26. *V. cava cranialis* – kraniale Hohlvene
27. *V. jugularis* – Drosselvene
28. *Ramus ascendens* – aufsteigender Ast
29. *Ramus deltoideus* – Ast für den deltaförmigen Muskel
30. *V. axillaris* – Achselvene
31. *A. cervicalis superficialis* – oberflächliche Halsarterie
32. *V. cephalica* – Kopfvene des Oberarmes
33. *Truncus sympathicus (Pars thoracica)* – Stamm des Sympathikusnerven (Brustteil)
34. *Truncus vagosympathicus* – gemeinsamer Stamm des Vagus- und Sympathikusnerven
35. *N. vagus* – Vagusnerv
36. *N. laryngeus recurrens* – zurücklaufender Kehlkopfnerv
37. *Truncus sympathicus* – Stamm des Sympathikusnerven
38. *Ggl. cervicothoracicum* – Halsbrustnervenknoten
39. *Ramus communicans ad n. vagum (Ansa subclavia)* – Verbindungsast zum Vagusnerven (Unterschlüsselbeinschlinge)
40. *N. vertebralis* – Wirbelnerv
41. *N. phrenicus* – Zwerchfellnerv
42. *Ramus colli ni. facialis* – Halsast des Gesichtsnerven
43. *N. cervicalis II* – 2. Halsnerv
44. *Ramus dorsalis ni. accessorii* – dorsaler Ast des zusätzlichen Nerven
45. *Rami dorsales nervorum cervicalium* – dorsale Äste der Halsnerven
46. *Rami ventrales nervorum cervicalium* – ventrale Äste der Halsnerven
47. *Plexus brachialis* – Armgeflecht
48. *Nn. thoracici* – Brustkorbnerven

Pferd. Oberflächliche Gegenden des Halses sowie der angrenzenden Partien, Ansicht schräg von vorne.

Abbildung 162

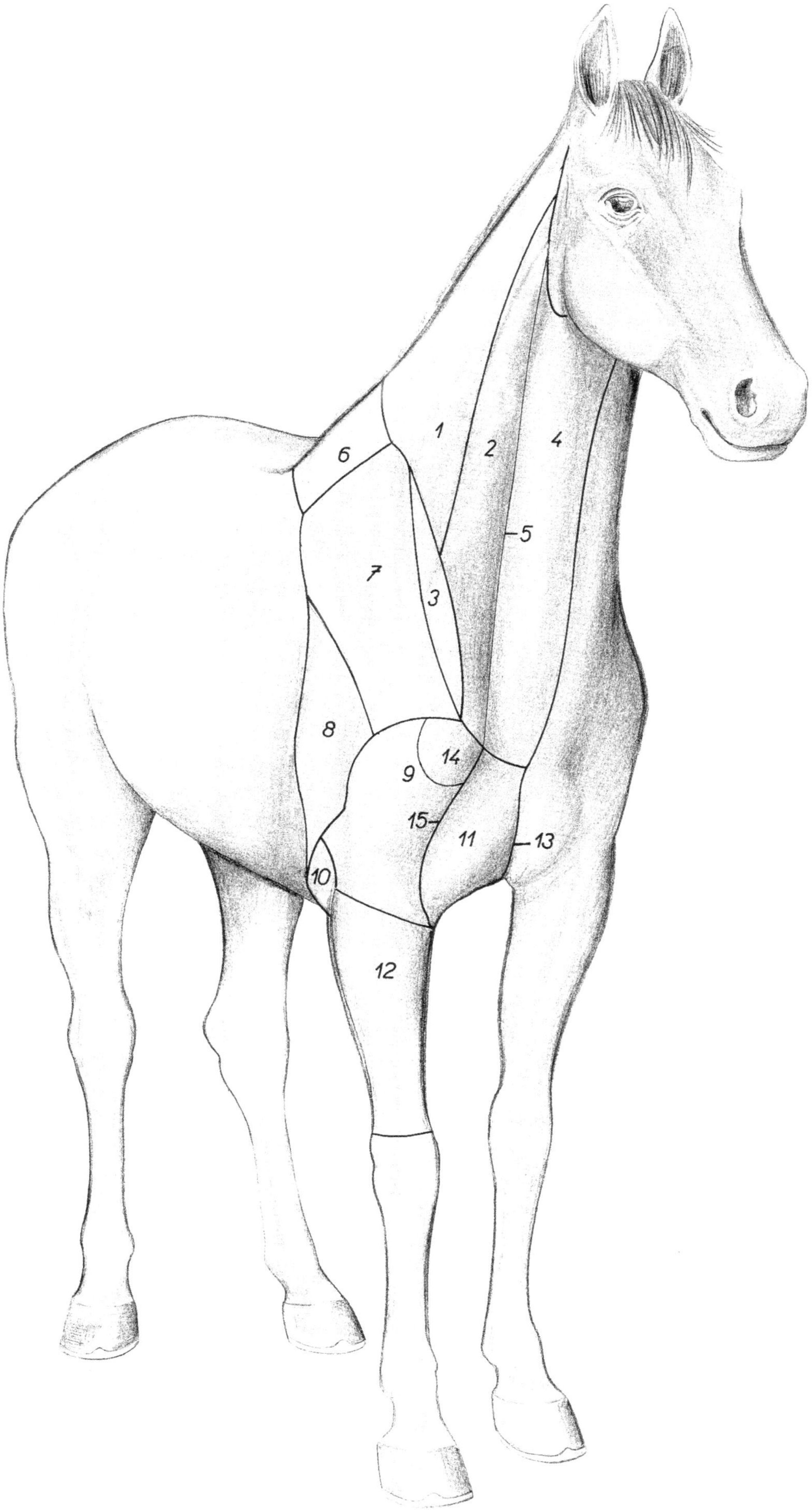

1. *Regio colli dorsalis* – dorsale Halsgegend
2. *Regio colli lateralis* – laterale Halsgegend
3. *Regio prescapularis* – Gegend vor dem Schulterblatt
4. *Regio colli ventralis* – ventrale Halsgegend
5. *Sulcus jugularis* – Drosselrinne
6. *Regio interscapularis* – Zwischenschulterblattgegend
7. *Regio scapularis* – Schulterblattgegend
8. *Regio tricipitalis* – Gegend des dreiköpfigen Armmuskels
9. *Regio brachii* – Oberarmgegend
10. *Regio cubiti* – Ellbogengegend
11. *Regio presternalis* – vor dem Brustbein gelegene Gegend
12. *Regio antebrachii* – Unterarmgegend
13. *Sulcus pectoralis medianus* – mittlere Brustfurche
14. *Regio articulationis humeri* – Gegend des Oberarmgelenks
15. *Sulcus pectoralis lateralis* – laterale Brustfurche

Pferd. Skelett. Ansicht schräg von vorne.

Abbildung 163

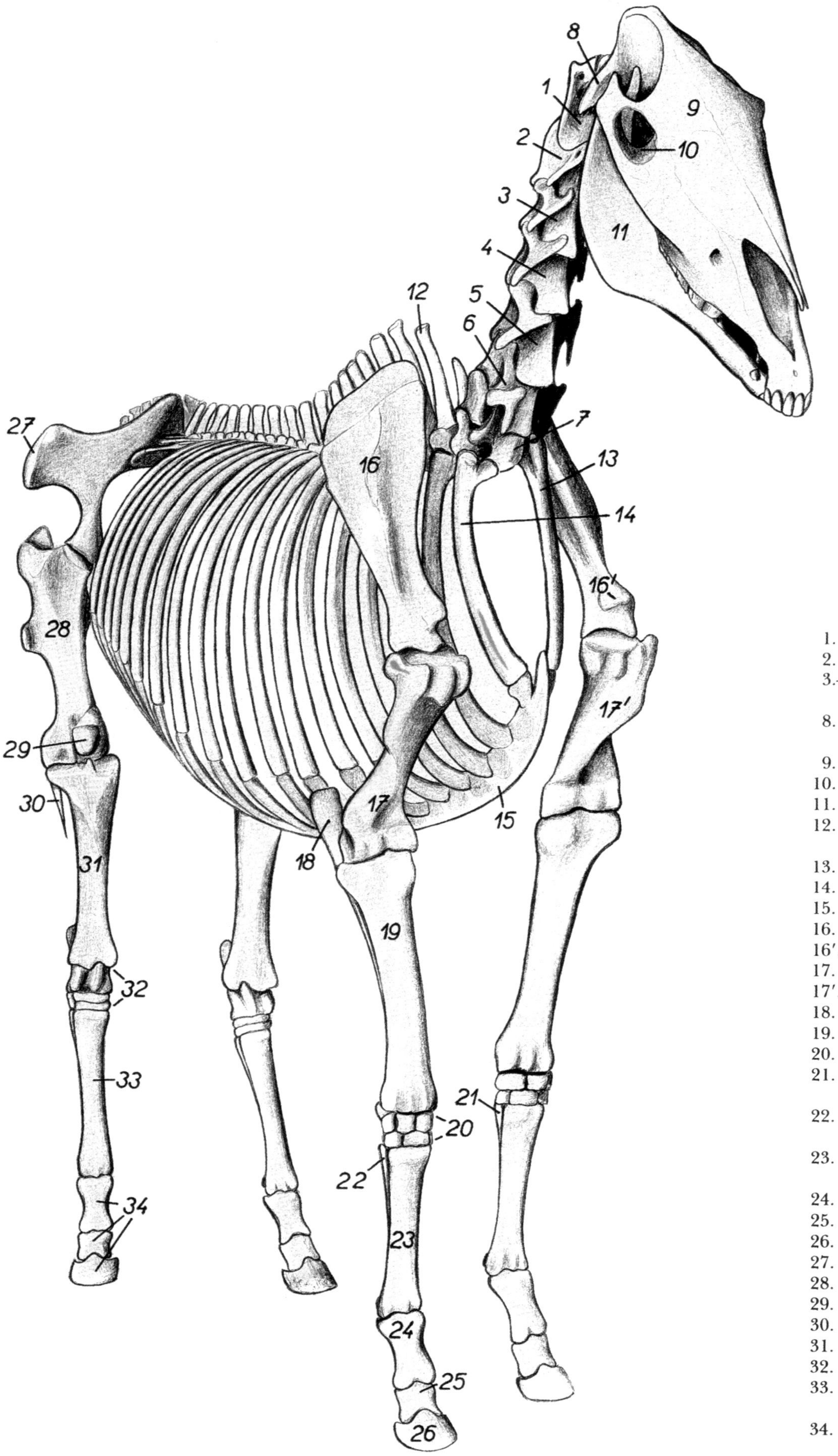

1. *Atlas* – 1. Halswirbel
2. *Axis* – 2. Halswirbel
3.–7. *Vertebra cervicalis III–VII* – 3.–7. Halswirbel
8. *Processus paracondylaris* – Muskelfortsatz des Hinterhauptbeines
9. *Os frontale* – Stirnbein
10. *Orbita* – Augenhöhle
11. *Mandibula* – Unterkiefer
12. *Processus spinosus vertebrae thoracicae II* – Dornfortsatz des 2. Halswirbels
13. *Costa prima sinistra* – linke 1. Rippe
14. *Costa prima dextra* – rechte 1. Rippe
15. *Sternum* – Brustbein
16. *Scapula dextra* – rechtes Schulterblatt
16'. *Scapula sinistra* – linkes Schulterblatt
17. *Humerus dexter* – rechtes Oberarmbein
17'. *Humerus sinister* – linkes Oberarmbein
18. *Ulna* – Elle
19. *Radius* – Speiche
20. *Ossa carpi* – Vorderfußwurzelknochen
21. *Os metacarpale II (sinistrum)* – 2. Vordermittelfußknochen (links)
22. *Os metacarpale IV (dextrum)* – 4. Vordermittelfußknochen (rechts)
23. *Os metacarpale III* – 3. Vordermittelfußknochen
24. *Phalanx proximalis* – proximales Zehenglied
25. *Phalanx media* – mittleres Zehenglied
26. *Phalanx distalis* – distales Zehenglied
27. *Tuber coxae* – Hüfthöcker
28. *Os femoris* – Oberschenkelbein
29. *Patella* – Kniescheibe
30. *Fibula* – Wadenbein
31. *Tibia* – Schienbein
32. *Ossa tarsi* – Hinterfußwurzelknochen
33. *Os metatarsale III* – 3. Hintermittelfußknochen
34. *Phalanges membri pelvini* – Zehenglieder der Beckengliedmaße

Pferd. Muskulatur des Halses und der angrenzenden Partien, Ansicht schräg von vorne, nach Entfernung der Hautmuskeln und der Faszien.

Abbildung 164

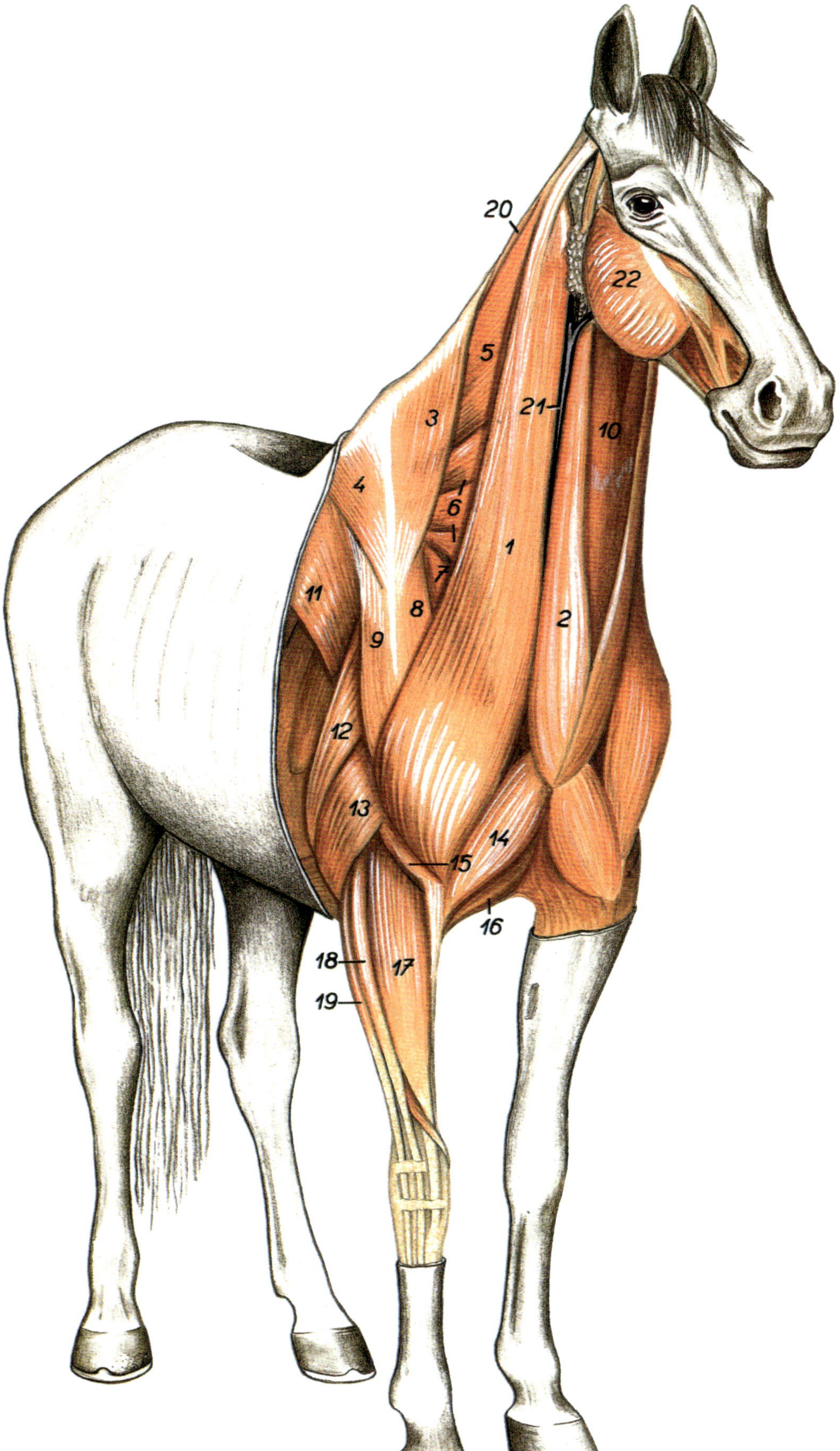

1. *M. brachiocephalicus* – Arm-Kopfmuskel
2. *M. sternomandibularis* – Brustbein-Unterkiefermuskel
3. *Pars cervicalis mi. trapezii* – Halsteil des trapezförmigen Muskels
4. *Pars thoracica mi. trapezii* – Brustkorbteil des trapezförmigen Muskels
5. *M. splenius* – Riemenmuskel
6. *M. serratus ventralis cervicis* – Halsportion des ventralen gesägten Muskels
7. *M. subclavius (M. pectoralis cleidoscapularis, Pars prescapularis mi. pectoralis profundi)* – Unterschlüsselbeinmuskel (Schlüsselbein-Schulterblatteil des Brustmuskels, vor dem Schulterblatt gelegener Teil des tiefen Brustmuskels)
8. *M. supraspinatus* – Übergrätenmuskel
9. *M. deltoideus* – deltaförmiger Muskel
10. *M. sternohyoideus et M. sternothyroideus* – Brustbein-Zungenbeinmuskel und Brustbein-Schildknorpelmuskel
11. *M. latissimus dorsi* – breiter Rückenmuskel
12. *Caput longum mi. tricipitis brachii* – langer Kopf des dreiköpfigen Armmuskels
13. *Caput laterale mi. tricipitis brachii* – lateraler Kopf des dreiköpfigen Armmuskels
14. *M. pectoralis descendens* – absteigender Brustmuskel
15. *M. brachialis* – Armmuskel
16. *M. pectoralis transversus* – querverlaufender Brustmuskel
17. *M. extensor carpi radialis* – radialer Strecker des Vorderfußwurzelgelenkes
18. *M. extensor digitalis communis* – gemeinsamer Zehenstrecker
19. *M. extensor digitalis lateralis* – lateraler Zehenstrecker
20. *M. rhomboideus cervicis* – Halsportion des rautenförmigen Muskels
21. *V. jugularis* – Drosselvene
22. *M. masseter* – äußerer Kaumuskel

Pferd. Querschnitt durch den Hals in Höhe des 2. Halswirbels, Ansicht von kaudal.

Abbildung 165

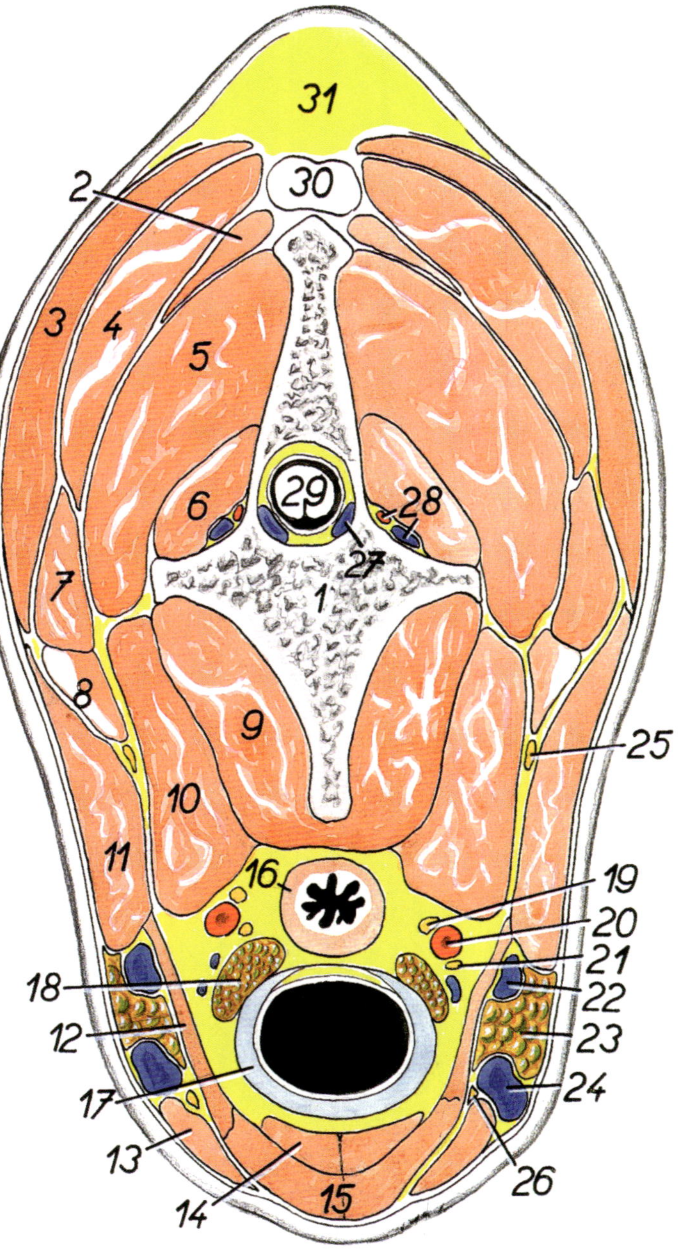

1. *Axis* – 2. Halswirbel
2. *M. rectus capitis dorsalis major* – dorsaler gerader Kopfmuskel
3. *M. splenius* – Riemenmuskel
4. *M. semispinalis capitis* – Kopfportion des Halbdornfortsatzmuskels
5. *M. obliquus capitis caudalis* – kaudaler schiefer Kopfmuskel
6. *M. multifidus cervicis* – Halsportion des vielgeteilten Muskels
7. *M. longissimus capitis* – Kopfportion des längsten Muskels
8. *M. longissimus atlantis* – Atlasportion des längsten Muskels
9. *M. longus colli* – langer Halsmuskel
10. *M. longus capitis* – langer Kopfmuskel
11. *M. brachiocephalicus* – Arm-Kopfmuskel
12. *M. omohyoideus* – Schulter-Zungenbeinmuskel
13. *M. sternomandibularis* – Brustbein-Unterkiefermuskel
14. *M. sternothyroideus* – Brustbein-Schildknorpelmuskel
15. *Mm. sternohyoidei* – Brustbein-Zungenbeinmuskeln
16. *Esophagus* – Speiseröhre
17. *Trachea* – Luftröhre
18. *Glandula thyroidea* – Schilddrüse
19. *Truncus vagosympathicus* – gemeinsamer Stamm des Vagus- und Sympathikusnerven
20. *A. carotis communis* – gemeinsame Kopfarterie
21. *N. laryngeus recurrens* – zurücklaufender Kehlkopfnerv
22. *V. maxillaris* – Oberkiefervene
23. *Glandula parotis* – Ohrspeicheldrüse
24. *V. linguofacialis* – Zungen-Gesichtsvene
25. *Ramus dorsalis ni. accessorii* – dorsaler Ast des zusätzlichen Nerven
26. *Ramus ventralis ni. accessorii* – ventraler Ast des zusätzlichen Nerven
27. *Plexus vertebralis internus* – inneres Wirbelgeflecht
28. *A. et V. vertebralis* – Wirbelarterie und -vene
29. *Medulla spinalis* – Rückenmark
30. *Lig. nuchae* – Nackenband
31. *Corpus adiposum* – Fettkörper

Pferd. Querschnitt durch den Hals in Höhe des kranialen Endes des 4. Halswirbels, Ansicht von kaudal.

Abbildung 166

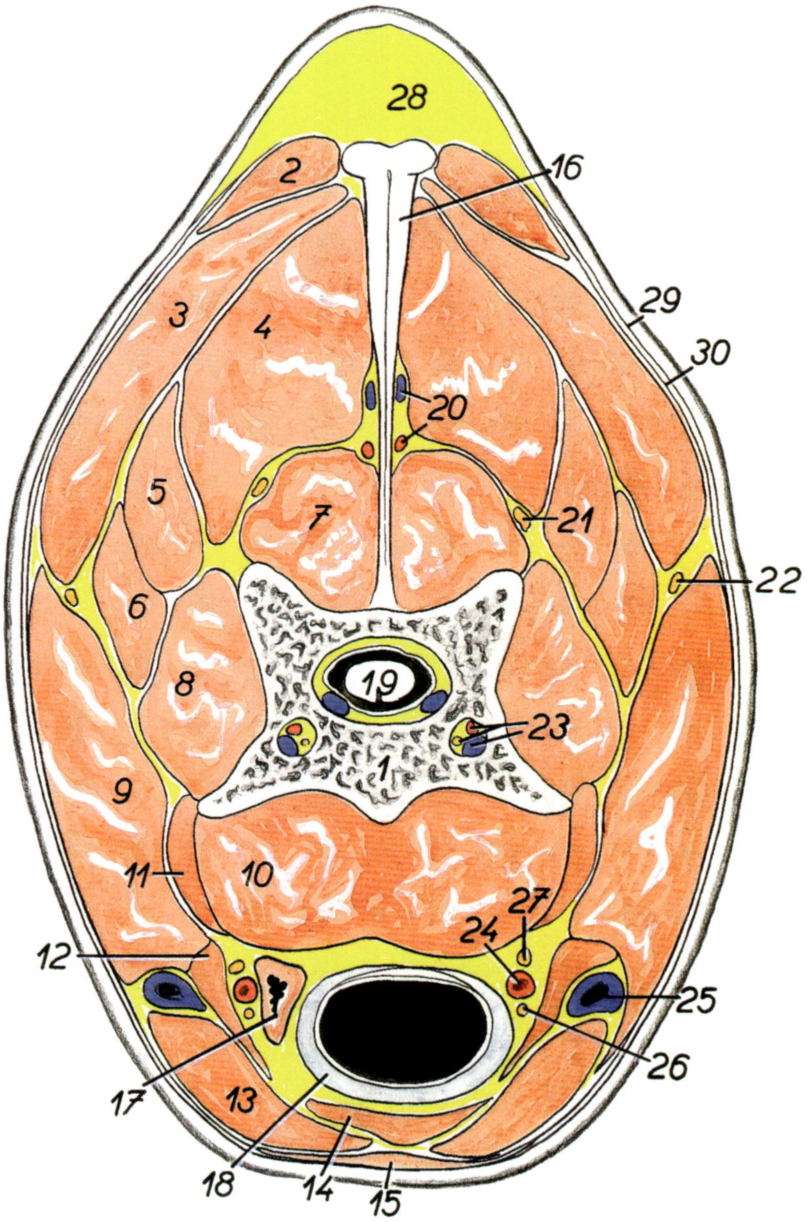

1. *Vertebra cervicalis IV* – 4. Halswirbel
2. *M. rhomboideus* – rautenförmiger Muskel
3. *M. splenius* – Riemenmuskel
4. *M. semispinalis capitis* – Kopfportion des Halbdornfortsatzmuskels
5. *M. longissimus capitis* – Kopfportion des längsten Muskels
6. *M. longissimus atlantis* – Atlasportion des längsten Muskels
7. *Mm. multifidi cervicis* – Halsportion der vielgeteilten Muskeln
8. *Mm. intertransversarii* – Zwischenquerfortsatzmuskel
9. *M. brachiocephalicus* – Arm-Kopfmuskel
10. *M. longus colli* – langer Halsmuskel
11. *M. longus capitis* – langer Kopfmuskel
12. *M. omohyoideus* – Schulter-Zungenbeinmuskel
13. *M. sternomandibularis* – Brustbein-Unterkiefermuskel
14. *Mm. sternohyoidei et Mm. sternothyroidei* – Brustbein-Zungenbeinmuskeln, Brustbein-Schildknorpelmuskeln
15. *M. cutaneus colli* – Halshautmuskel
16. *Lig. nuchae* – Nackenband
17. *Esophagus* – Speiseröhre
18. *Trachea* – Luftröhre
19. *Medulla spinalis* – Rückenmark
20. *A. et V. cervicalis profunda* – tiefe Halsarterie und -vene
21. *Ramus dorsalis ni. cervicalis IV* – dorsaler Ast des 4. Halsnerven
22. *Ramus dorsalis ni. accessorii* – dorsaler Ast des zusätzlichen Nerven
23. *A., V. et N. vertebralis* – Wirbelarterie, -vene und -nerv
24. *A. carotis communis* – gemeinsame Kopfarterie
25. *V. jugularis* – Drosselvene
26. *N. laryngeus recurrens* – zurücklaufender Kehlkopfnerv
27. *Truncus vagosympathicus* – gemeinsamer Stamm des Vagus- und Sympathikusnerven
28. *Corpus adiposum* – Fettkörper
29. *Fascia superficialis* – oberflächliche Faszie
30. *Fascia profunda* – tiefe Faszie

Pferd. Querschnitt durch den Hals zwischen dem 4. und 5. Halswirbel, Ansicht von kaudal.

Abbildung 167

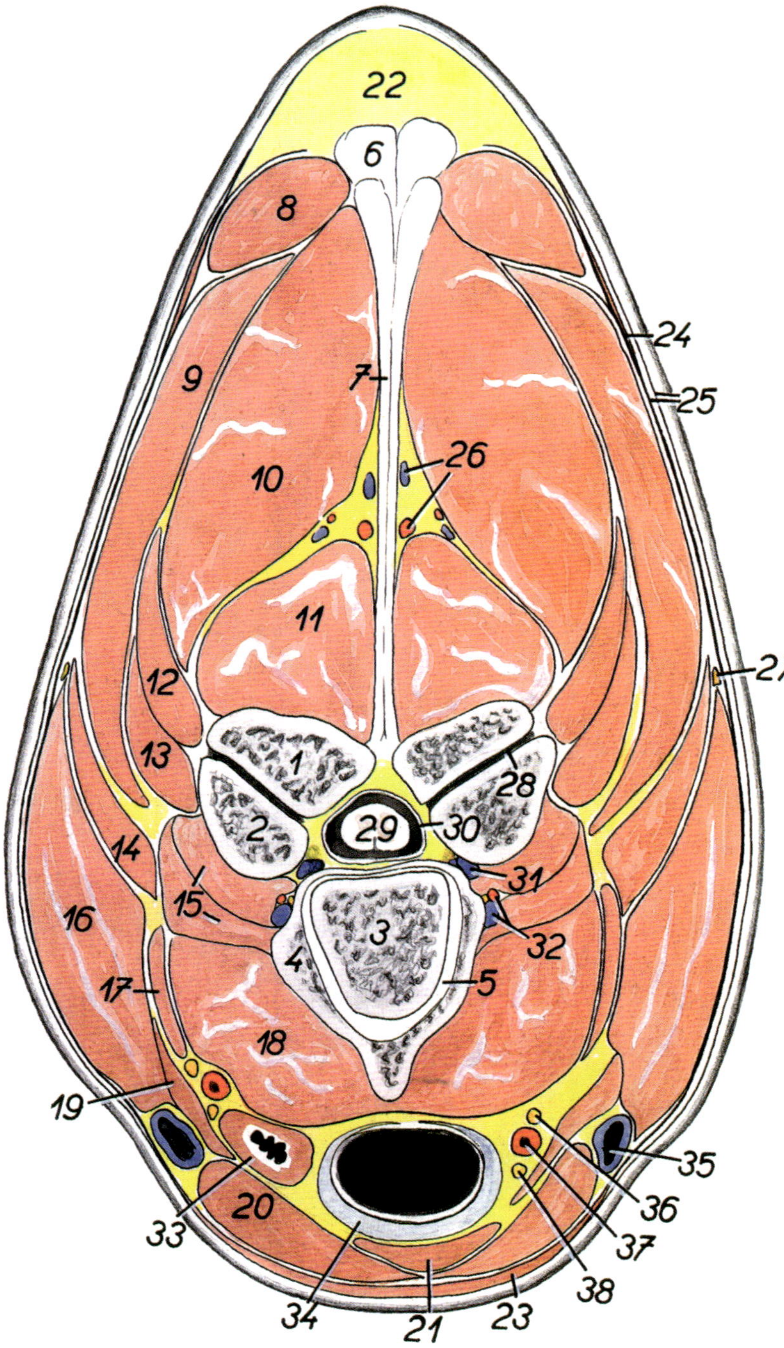

1. *Processus articularis caudalis vertebrae cervicalis IV* – kaudaler Gelenkfortsatz des 4. Halswirbels
2. *Processus articularis cranialis vertebrae cervicalis V* – kranialer Gelenkfortsatz des 5. Halswirbels
3. *Extremitas cranialis vertebrae cervicalis V* – kraniales Ende des 5. Halswirbels
4. *Corpus vertebrae cervicalis IV* – Körper des 4. Halswirbels
5. *Discus intervertebralis* – Zwischenwirbelscheibe
6. *Funiculus nuchae* – Nackenstrang
7. *Lamina nuchae* – Nackenplatte
8. *M. rhomboideus* – rautenförmiger Muskel
9. *M. splenius* – Riemenmuskel
10. *M. semispinalis capitis* – Kopfportion des Halbdornfortsatzmuskels
11. *Mm. multifidi cervicis* – Halsportion der vielgeteilten Muskeln
12. *M. longissimus capitis* – Kopfportion des längsten Muskels
13. *M. longissimus atlantis* – Atlasportion des längsten Muskels
14. *M. serratus ventralis cervicis* – Halsportion des ventralen gesägten Muskels
15. *Mm. intertransversarii* – Zwischenquerfortsatzmuskeln
16. *M. brachiocephalicus* – Arm-Kopfmuskel
17. *M. longus capitis* – langer Kopfmuskel
18. *M. longus colli* – langer Halsmuskel
19. *M. omohyoideus* – Schulter-Zungenbeinmuskel
20. *M. sternomandibularis* – Brustbein-Unterkiefermuskel
21. *Mm. sternohyoidei et Mm. sternothyroidei* – Brustbein-Zungenbeinmuskeln und Brustbein-Schildknorpelmuskeln
22. *Corpus adiposum* – Fettkörper
23. *M. cutaneus colli* – Halshautmuskel
24. *M. trapezius* – trapezförmiger Muskel-Halsteil
25. *Fascia superficialis et Fascia profunda* – oberflächliche und tiefe Faszie
26. *A. et V. cervicalis profunda* – tiefe Halsarterie und -vene
27. *Ramus dorsalis ni. accessorii* – dorsaler Ast des zusätzlichen Nerven
28. *Cavum articulare* – Gelenkhöhle
29. *Medulla spinalis* – Rückenmark
30. *Dura mater spinalis* – harte Rückenmarkshaut
31. *Plexus vertebralis internus* – inneres Wirbelgeflecht
32. *A. et V. vertebralis* – Wirbelarterie und -vene
33. *Esophagus* – Speiseröhre
34. *Trachea* – Luftröhre
35. *V. jugularis* – Drosselvene
36. *Truncus vagosympathicus* – gemeinsamer Stamm des Vagus- und Sympathikusnerven
37. *A. carotis communis* – gemeinsame Kopfarterie
38. *N. laryngeus recurrens* – zurücklaufender Kehlkopfnerv

Pferd. Querschnitt durch den Hals in Höhe des 7. Halswirbels, Ansicht von kaudal.

Abbildung 168

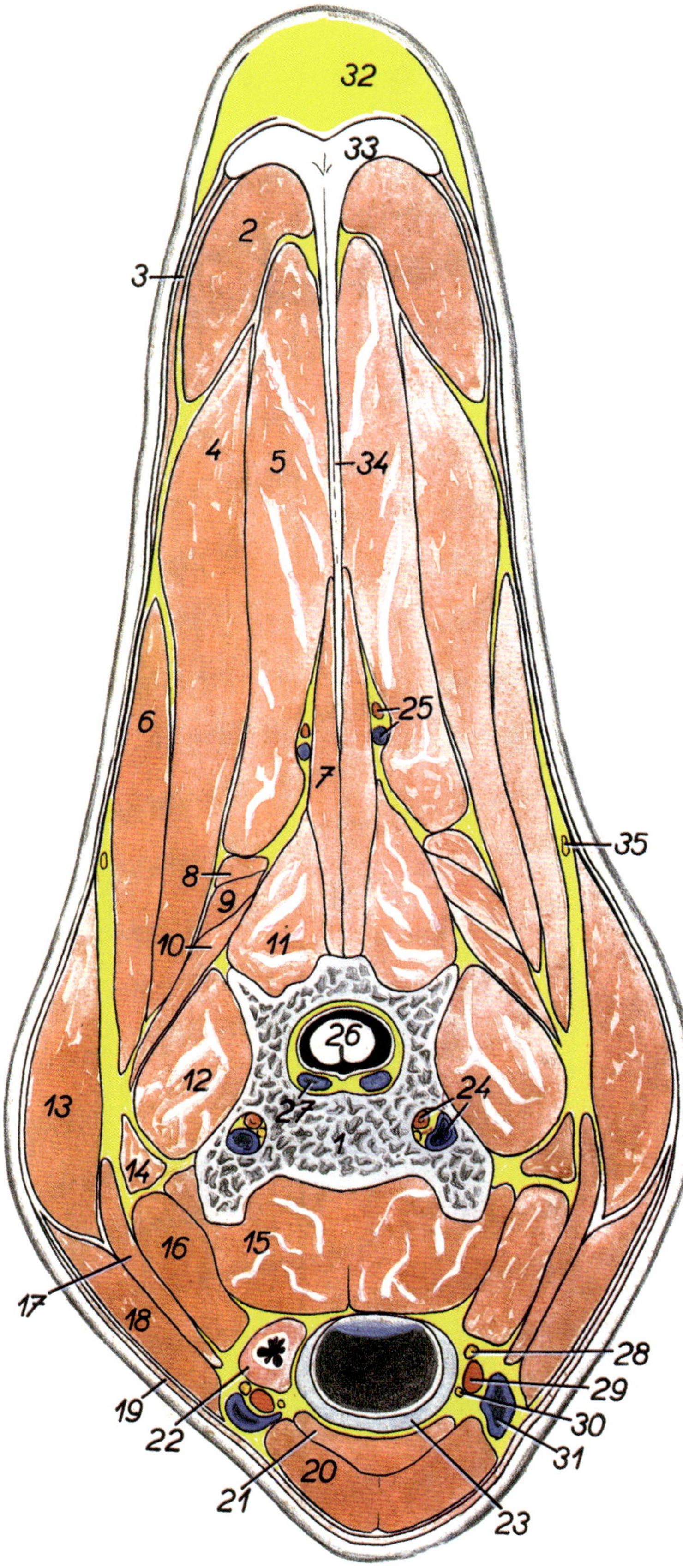

1. *Vertebra cervicalis VII* – 7. Halswirbel
2. *M. rhomboideus cervicis* – Halsportion des rautenförmigen Muskels
3. *M. trapezius – Pars cervicalis* – trapezförmiger Muskel – Halsteil
4. *M. splenius* – Riemenmuskel
5. *M. semispinalis capitis* – Kopfportion des Halbdornfortsatzmuskels
6. *M. serratus ventralis cervicis* – Halsportion des ventralen gesägten Muskels
7. *M. spinalis* – Dornfortsatzmuskel
8. *M. longissimus capitis* – Kopfportion des längsten Muskels
9. *M. longissimus atlantis* – Atlasportion des längsten Muskels
10. *M. longissimus cervicis* – Halsportion des längsten Muskels
11. *Mm. multifidi cervicis* – Halsportion der vielgeteilten Muskeln
12. *Mm. intertransversarii* – Zwischenquerfortsatzmuskeln
13. *M. omotransversarius (M. cleidotransversarius)* – Schulter-Querfortsatzmuskel (Schlüsselbein-Querfortsatzmuskel)
14. *M. iliocostalis cervicis* – Halsportion des Darmbein-Rippenmuskels
15. *M. longus colli* – langer Halsmuskel
16. *M. scalenus medius* – mittlerer Rippenhalter
17. *M. omohyoideus* – Schulter-Zungenbeinmuskel
18. *M. cleidomastoideus* – Schlüsselbein-Warzenteilmuskel
19. *M. cutaneus colli* – Halshautmuskel
20. *M. sternomandibularis* – Brustbein-Unterkiefermuskel
21. *M. sternohyoideus et M. sternothyroideus* – Brustbein-Zungenbeinmuskel und Brustbein-Schildknorpelmuskel
22. *Esophagus* – Speiseröhre
23. *Trachea* – Luftröhre
24. *A. et V. vertebralis* – Wirbelarterie und -vene
25. *A. et V. cervicalis profunda* – tiefe Halsarterie und -vene
26. *Medulla spinalis* – Rückenmark
27. *Plexus vertebralis internus* – inneres Wirbelgeflecht
28. *Truncus vagosympathicus* – gemeinsamer Stamm des Vagus- und Sympathikusnerven
29. *A. carotis communis* – gemeinsame Kopfarterie
30. *N. laryngeus recurrens* – zurücklaufender Kehlkopfnerv
31. *V. jugularis* – Drosselvene
32. *Corpus adiposum* – Fettkörper
33. *Funiculus nuchae* – Nackenstrang
34. *Lamina nuchae* – Nackenplatte
35. *Ramus dorsalis ni. accessorii* – dorsaler Ast des zusätzlichen Nerven

Pferd. Halswirbelsäule, Ansicht von dorsal (links) und ventral (rechts).

Abbildung 169

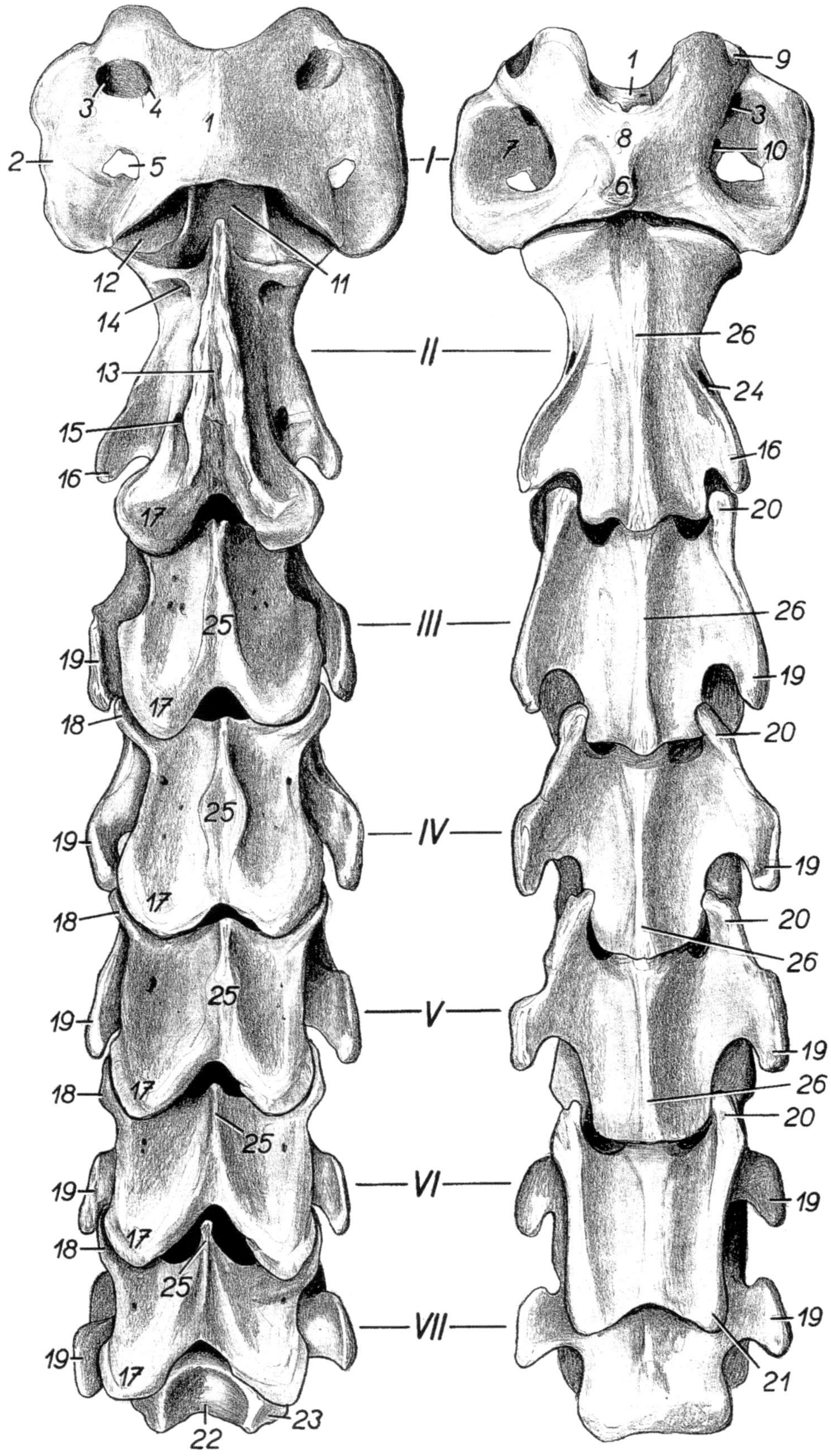

I.–VII. *Vertebrae cervicales I–VII* – 1.–7. Halswirbel
I. *Atlas* – 1. Halswirbel (Atlas)
II. *Axis* – 2. Halswirbel (Axis)

1. *Arcus dorsalis atlantis* – dorsaler Bogen des 1. Halswirbels
2. *Processus transversus atlantis* – Querfortsatz des 1. Halswirbels
3. *Foramen alare* – Flügelloch
4. *Foramen vertebrale laterale atlantis* – laterales Wirbelloch des 1. Halswirbels
5. *Foramen transversarium* – Querfortsatzloch
6. *Tuberculum ventrale atlantis* – ventrales Höckerchen des 1. Halswirbels
7. *Fossa atlantis* – Grube des 1. Halswirbels
8. *Arcus ventralis atlantis* – ventraler Bogen des 1. Halswirbels
9. *Fovea articularis cranialis* – kraniale Gelenkgrube
10. *Foramen nutritium* – Ernährungsloch
11. *Dens axis* – Zahn des 2. Halswirbels
12. *Facies articularis cranialis axis* – kraniale Gelenkfläche des 2. Halswirbels
13. *Processus spinosus* – Dornfortsatz
14. *Foramen vertebrale laterale axis* – laterales Wirbelloch des 2. Halswirbels
15. *Foramen transversarium (orificium caudale)* – Querfortsatzloch (kaudale Öffnung)
16. *Processus transversus axis* – Querfortsatz des 2. Halswirbels
17. *Processus articulares caudales* – kaudale Gelenkfortsätze
18. *Processus articulares craniales* – kraniale Gelenkfortsätze
19. *Processus transversi – tubercula dorsalia* – Querfortsätze – dorsale Höckerchen
20. *Processus transversi – tubercula ventralia* – Querfortsätze – ventrale Höckerchen
21. *Lamina ventralis vertebrae cervicalis VI* – ventrale Platte des 6. Halswirbels
22. *Extremitas caudalis vertebrae cervicalis VII* – kaudales Ende des 7. Halswirbels
23. *Fovea costalis caudalis* – kaudale Rippengrube
24. *Foramen transversarium (Orificium craniale)* – Querfortsatzloch (kraniale Öffnung)
25. *Processus spinosi* – Dornfortsätze
26. *Crista ventralis* – ventrale Leiste

Pferd. Kopfgelenke, Ansicht von dorsal. Wirbelkanal durch Entfernung des Schädeldaches und der Wirbelbögen des 1. und 2. Halswirbels eröffnet (nach Kolda).

Abbildung 170

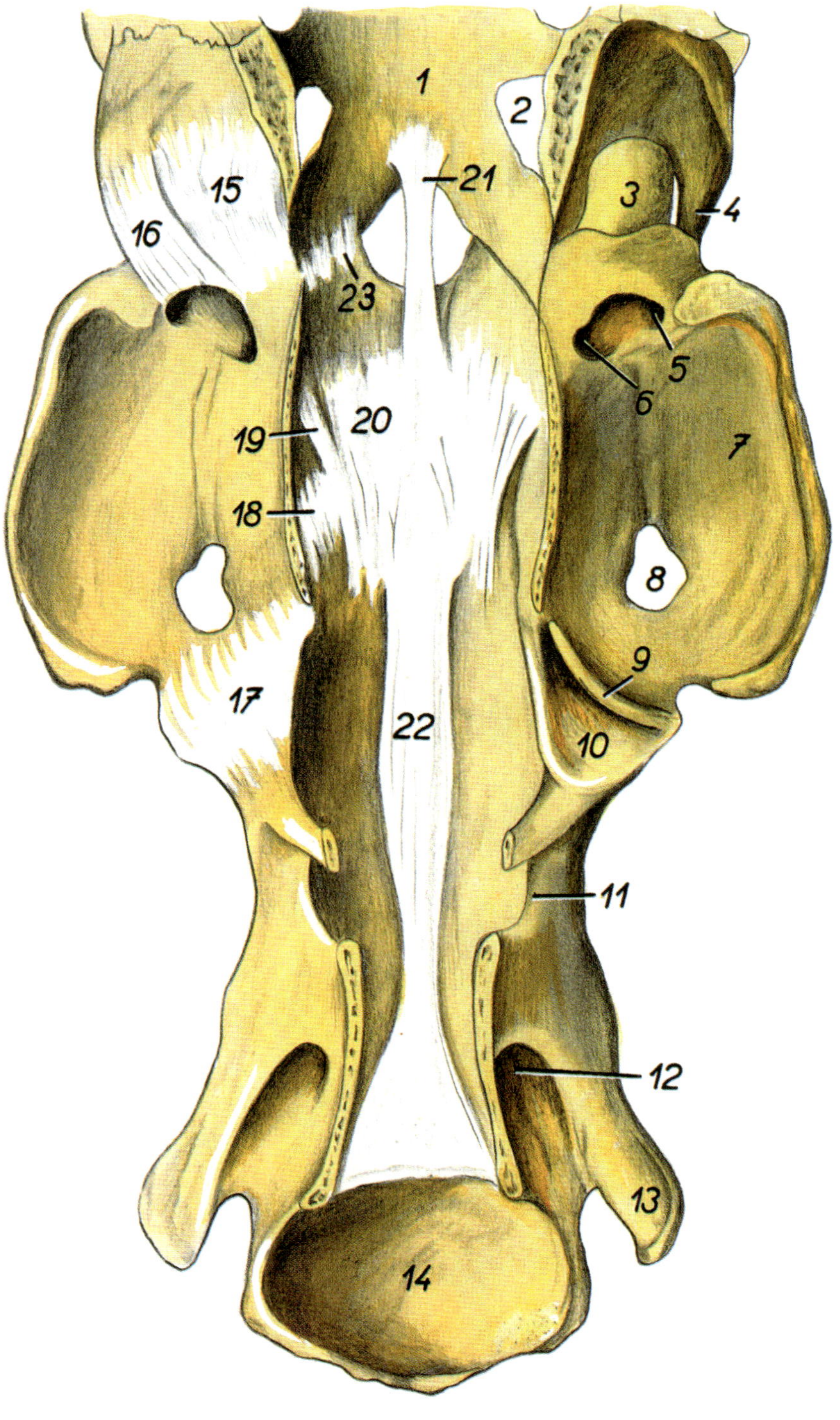

1. *Pars basilaris ossis occipitalis* – Basisteil des Hinterhauptbeines
2. *Canalis ni. hypoglossi* – Kanal des Unterzungennerven
3. *Condylus occipitalis* – Gelenknorren des Hinterhauptbeines
4. *Processus paracondylaris* – Muskelfortsatz des Hinterhauptbeines
5. *Foramen alare* – Flügelloch
6. *Foramen vertebrale laterale atlantis* – laterales Wirbelloch des 1. Halswirbels
7. *Processus transversus atlantis* – Querfortsatz des 1. Halswirbels
8. *Foramen transversarium atlantis* – Querfortsatzloch des 1. Halswirbels
9. *Fovea articularis caudalis* – kaudale Gelenkgrube
10. *Facies articularis cranialis axis* – kraniale Gelenkfläche des 2. Halswirbels
11. *Foramen vertebrale laterale axis* – laterales Wirbelloch des 2. Halswirbels
12. *Foramen transversarium axis* – Querfortsatzloch des 2. Halswirbels
13. *Processus transversus axis* – Querfortsatz des 2. Halswirbels
14. *Extremitas caudalis axis* – kaudales Ende des 2. Halswirbels
15. *Capsula articulationis atlantooccipitalis* – Gelenkkapsel des Atlas-Hinterhauptgelenkes
16. *Lig. laterale* – laterales Halteband
17., 18. *Capsula articulationis atlantoaxialis* – Kapsel des Atlantoaxialgelenkes
19. *Lig. alare laterale* – laterales Flügelband
20. *Lig. alare mediale* – mediales Flügelband
21. *Lig. longitudinale dentis* – Zahnspitzenband
22. *Lig. longitudinale* – dorsales Längsband
23. *Capsula articulationis atlantooccipitalis* – Gelenkkapsel des Atlas-Hinterhauptgelenkes

Hund. Oberflächliche Regionen am Kopf (Deutscher Schäferhund).

Abbildung 171

1. *Regio parietalis (Vertex)* – Scheitelgegend (Scheitel)
2. *Regio temporalis* – Schläfengegend
3. *Regio frontalis (Frons)* – Stirngegend (Stirn)

4., 5. Regio nasalis (Nasus) – Nasengegend (Nase)

4. *Dorsum nasi* – Nasenrücken
5. *Regio naris* – Gegend der Nasenlöcher
6. *Regio infraorbitalis* – Unteraugenhöhlengegend
7. *Regio zygomatica* – Jochgegend
8. *Regio orbitalis* – Augenhöhlengegend

9., 10. *Regio oralis* – Mundgegend

9. *Labium superius* – Oberlippe
10. *Labium inferius* – Unterlippe
11. *Mentum* – Kinn

12., 13., 14. *Bucca, Regio buccalis* – Backe, Bakkengegend

12. *Regio maxillaris* – Oberkiefergegend
13. *Regio molaris* – Backenzahngegend
14. *Regio mandibularis* – Unterkiefergegend
15. *Regio masseterica* – Kaumuskelgegend
16. *Regio parotidea* – Ohrspeicheldrüsengegend
17. *Auricula* – Ohrmuschel

Hund. Schädel, Ansicht von links.

Abbildung 172

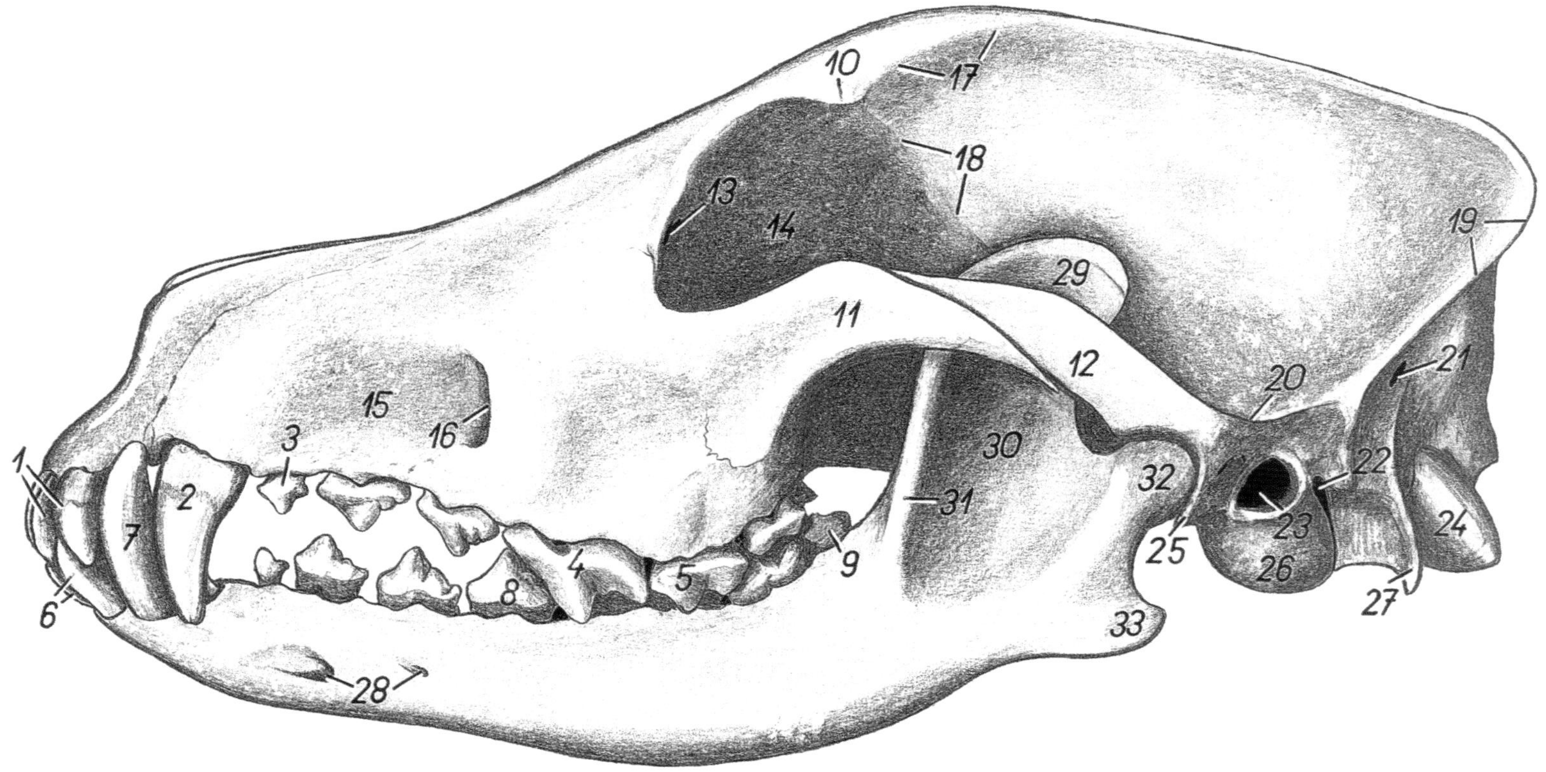

1. *Dentes incisivi superiores* – Oberkieferschneidezähne
2. *Dens caninus superior* – Oberkiefereckzahn
3. *Dens premolaris superior I* – 1. vorderer Oberkieferbackenzahn
4. *Dens premolaris superior IV* – 4. vorderer Oberkieferbackenzahn
5. *Dens molaris superior I* – 1. hinterer Oberkieferbackenzahn
6. *Dentes incisivi inferiores* – Unterkieferschneidezähne
7. *Dens caninus inferior* – Unterkiefereckzahn
8. *Dens premolaris inferior IV* – 4. vorderer Unterkieferbackenzahn
9. *Dens molaris inferior III* – 3. hinterer Unterkieferbackenzahn
10. *Processus zygomaticus ossis frontalis* – Jochfortsatz des Stirnbeines

11., 12. *Arcus zygomaticus* – Jochbogen

11. *Processus temporalis ossis zygomatici* – Schläfenfortsatz des Jochbeines
12. *Processus zygomaticus ossis temporalis* – Jochfortsatz des Schläfenbeines
13. *Fossa sacci lacrimalis* – Tränensackgrube
14. *Orbita* – Augenhöhle
15. *Fossa canina* – Eckzahngrube
16. *Foramen infraorbitale* – Unteraugenhöhlenloch
17. *Linea temporalis* – Schläfenbeinlinie
18. *Crista orbitotemporalis* – Augenhöhlen-Schläfenbeinleiste
19. *Crista nuchae* – Nackenleiste
20. *Crista supramastoidea* – Leiste über dem Warzenteil
21. *Foramen supramastoideum* – Überwarzenteilloch
22. *Foramen stylomastoideum* – Griffelfortsatz-Warzenteilloch
23. *Porus acusticus externus* – äußere Gehöröffnung
24. *Condylus occipitalis* – Gelenkknorren des Hinterhauptbeines
25. *Processus retroarticularis* – Fortsatz hinter dem Gelenk
26. *Bulla tympanica* – Paukenblase
27. *Processus paracondylaris* – Muskelfortsatz des Hinterhauptbeines
28. *Foramina mentalia* – Kinnlöcher
29. *Processus coronoideus mandibulae* – Muskelfortsatz des Unterkiefers
30. *Fossa masseterica* – Kaumuskelgrube
31. *Crista muscularis* – Muskelleiste
32. *Processus condylaris* – Gelenkfortsatz
33. *Processus angularis* – Winkelfortsatz

Hund. Schädel, Ansicht von links. Farbige Darstellung der einzelnen Knochen. Langschädeliger Typ (Greyhound).

Abbildung 173

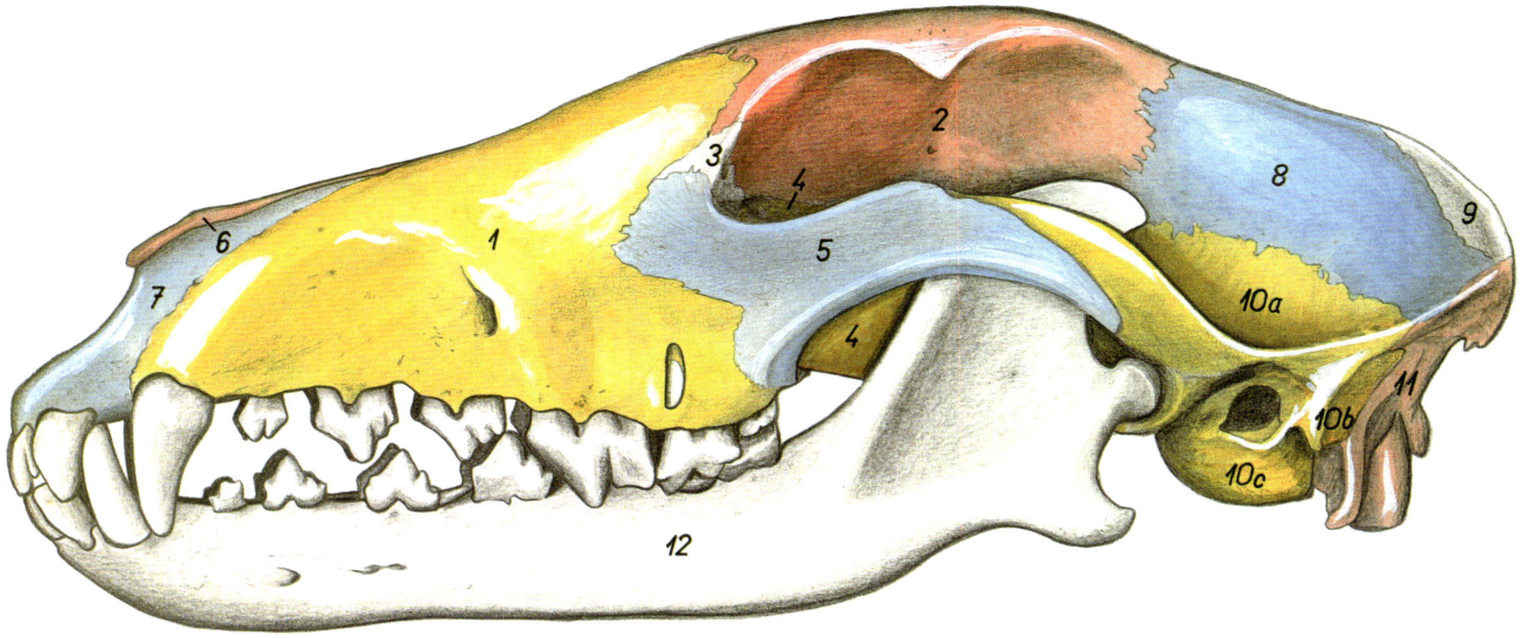

1. *Maxilla* – Oberkieferbein
2. *Os frontale* – Stirnbein
3. *Os lacrimale* – Tränenbein
4. *Lamina perpendicularis ossis palatini* – senkrechte Platte des Gaumenbeines
5. *Os zygomaticum* – Jochbein
6. *Os nasale* – Nasenbein
7. *Os incisivum* – Zwischenkieferbein
8. *Os parietale* – Scheitelbein
9. *Os interparietale* – Zwischenscheitelbein
10. *Os temporale* – Schläfenbein

10a. *Pars squamosa ossis temporalis* – Schuppenteil des Schläfenbeines

10b. *Processus mastoideus ossis temporalis* – Warzenteilfortsatz des Schläfenbeines

10c. *Pars tympanica ossis temporalis* – Paukenteil des Schläfenbeines

11. *Os occipitale* – Hinterhauptbein
12. *Mandibula* – Unterkiefer

Hund. Medianschnitt durch den Schädel.

Abbildung 174

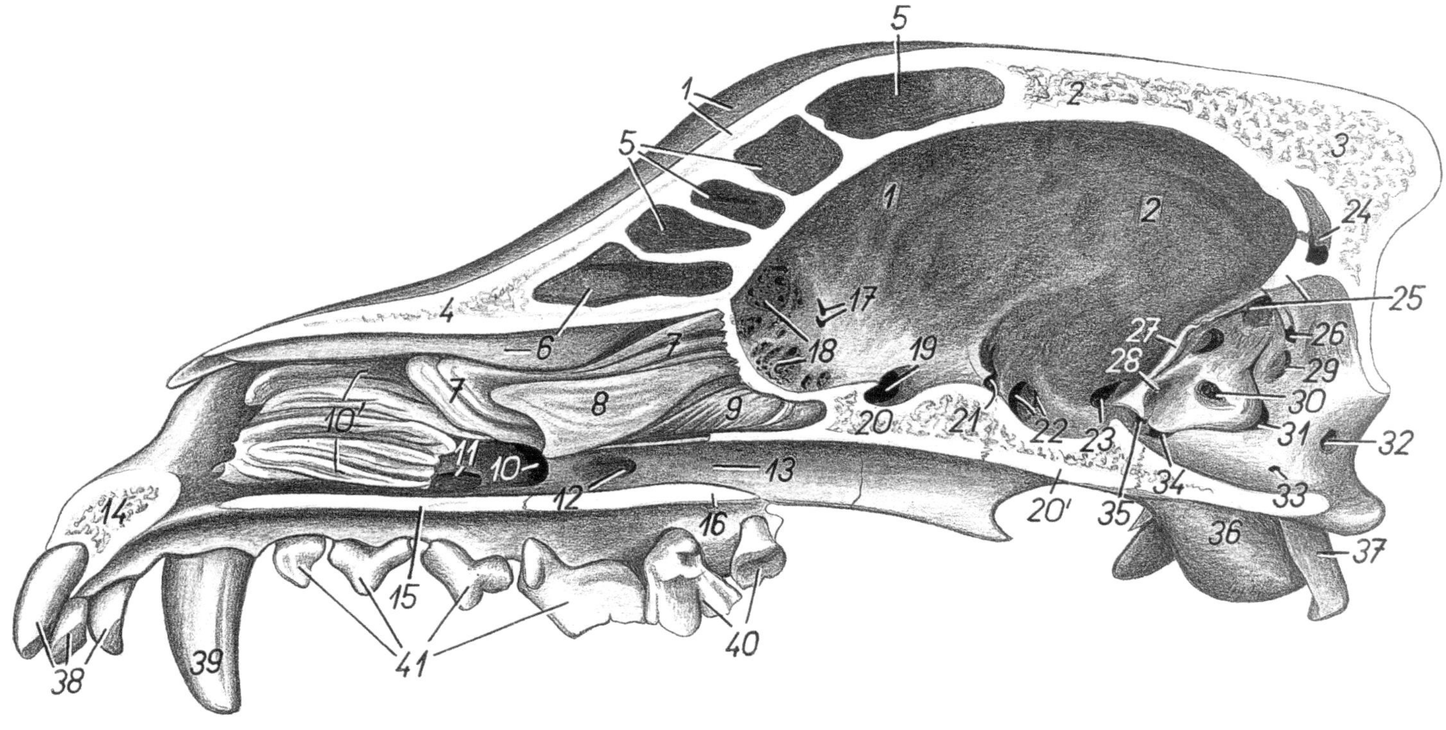

1. *Os frontale* – Stirnbein
2. *Os parietale* – Scheitelbein
3. *Os interparietale* – Zwischenscheitelbein
4. *Os nasale* – Nasenbein
5. *Sinus frontalis* – Stirnhöhle
6. *Concha nasalis dorsalis* – dorsale Nasenmuschel
7. *Os endoturbinale II (Concha media)* – inneres Muschelbein II (mittlere Muschel)
8. *Os endoturbinale III* – inneres Muschelbein III
9. *Os endoturbinale IV* – inneres Muschelbein IV
10. *Apertura nasomaxillaris* – Nasenoberkieferöffnung

10'. *Os conchae nasalis ventralis* – ventrales Nasenmuschelbein

11. *Recessus maxillaris* – Oberkieferausbuchtung
12. *Foramen sphenopalatinum* – Keilbein-Gaumenbeinöffnung
13. *Meatus nasopharyngeus* – Nasenrachengang
14. *Os incisivum* – Zwischenkieferbein
15. *Processus palatinus maxillae* – Gaumenfortsatz des Oberkiefers
16. *Lamina horizontalis ossis palatini* – waagrechte Platte des Gaumenbeines
17. *Foramina ethmoidalia* – Siebbeinlöcher
18. *Lamina cribrosa ossis ethmoidalis* – Siebplatte des Siebbeines
19. *Canalis opticus* – Sehnervenkanal
20. *Corpus ossis presphenoidalis* – Körper des vorderen Teils des Keilbeines

20'. *Corpus ossis basisphenoidalis* – Körper des hinteren Teils des Keilbeines

21. *Fissura orbitalis* – Augenhöhlenspalte
22. *Foramen rotundum et Foramen allare rostrale* – rundes Loch und rostrales Flügelloch
23. *Foramen ovale* – ovales Loch
24. *Canalis sinus transversi* – Kanal des Querblutleiters
25. *Meatus temporalis, Tentorium cerebelli osseum* – Schläfengang, knöchernes Kleinhirnzelt
26. *Foramen supramastoideum* – Überwarzenteilloch
27. *Crista partis petrosae* – Felsenbeinleiste
28. *Canalis ni. trigemini* – Kanal des dreigeteilten Nerven
29. *Orificium superius canalis condylaris* – obere Öffnung des Gelenkknorrenkanals
30. *Porus acusticus internus* – innere Gehöröffnung
31. *Foramen jugulare* – Drosselöffnung
32. *Orificium inferius canalis condylaris* – untere Öffnung des Gelenkknorrenkanals
33. *Canal ni. hypoglossi* – Kanal des Unterzungennerven
34. *Sutura occipitotympanica* – Hinterhauptbein-Paukenteilnaht
35. *Canalis caroticus* – Kopfarterienkanal
36. *Bulla tympanica* – Paukenblase
37. *Processus paracondylaris* – Muskelfortsatz des Hinterhauptbeines
38. *Dentes incisivi* – Schneidezähne
39. *Dens caninus* – Eckzahn
40. *Dentes molares* – hintere Backenzähne
41. *Dentes premolares* – vordere Backenzähne

Hund. Schädel, Ansicht von dorsal.

Abbildung 175

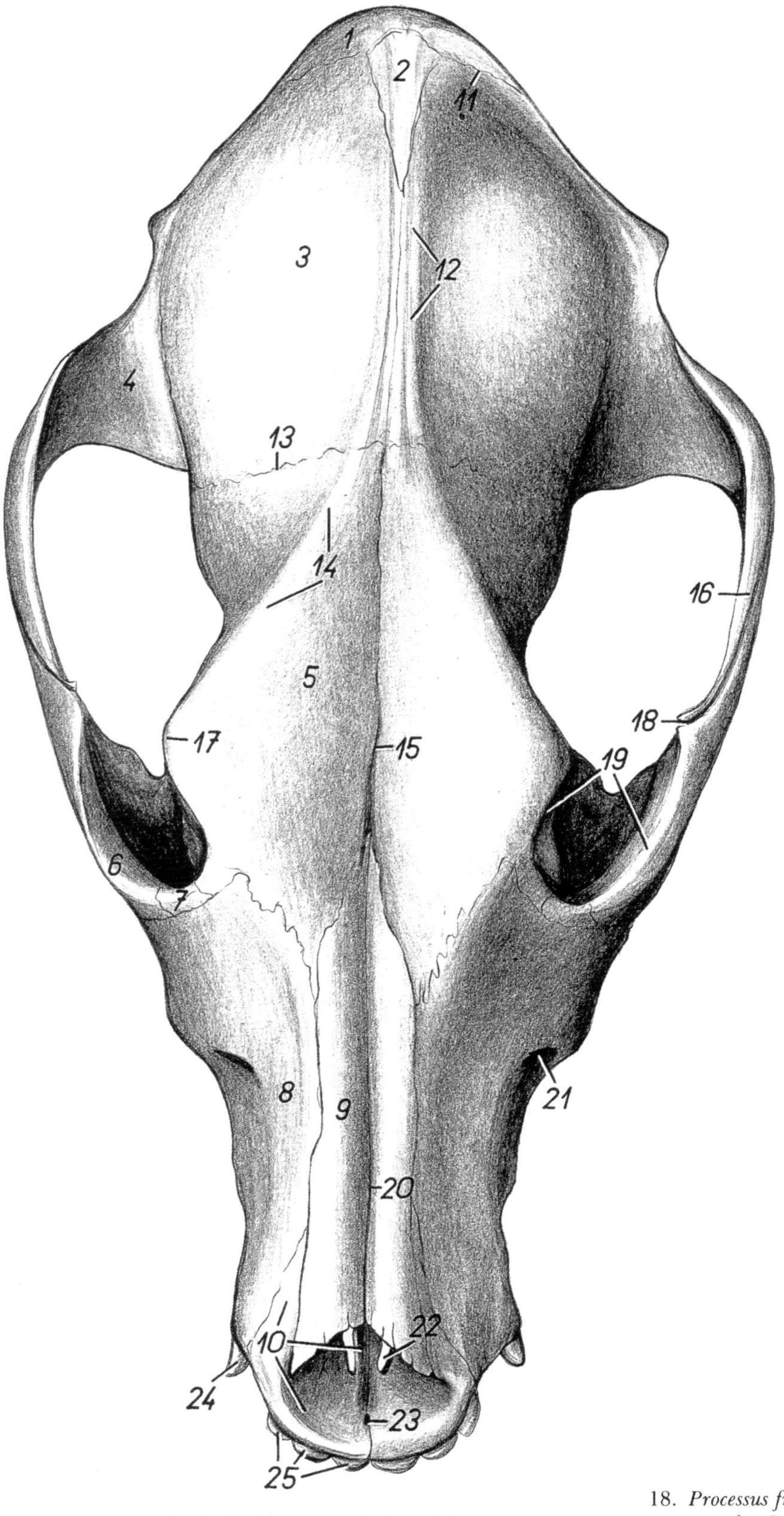

1. *Os occipitale* – Hinterhauptbein
2. *Os interparietale* – Zwischenscheitelbein
3. *Os parietale* – Scheitelbein
4. *Pars squamosa ossis temporalis* – Schuppenteil des Schläfenbeines
5. *Os frontale* – Stirnbein
6. *Os zygomaticum* – Jochbein
7. *Os lacrimale* – Tränenbein
8. *Maxilla* – Oberkieferbein
9. *Os nasale* – Nasenbein
10. *Os incisivum* – Zwischenkieferbein
11. *Sutura lambdoidea* – lambdaförmige Naht
12. *Crista sagittalis externa* – äußere Sagittalleiste
13. *Sutura coronalis* – Kranznaht
14. *Linea temporalis* – Schläfenlinie
15. *Sutura interfrontalis* – Zwischenstirnbeinnaht
16. *Arcus zygomaticus* – Jochbogen
17. *Processus zygomaticus ossis frontalis* – Jochfortsatz des Stirnbeines
18. *Processus frontalis ossis zygomatici* – Stirnfortsatz des Jochbeines
19. *Margo orbitalis* – Augenhöhlenrand
20. *Sutura internasalis* – Zwischennasenbeinnaht
21. *Foramen infraorbitale* – Unteraugenhöhlenloch
22. *Fissura palatina* – Gaumenspalte
23. *Canalis interincisivus* – Zwischenkieferkanal
24. *Dens caninus* – Eckzahn
25. *Dentes incisivi* – Schneidezähne

Hund. Schädel, Ansicht von ventral.

Abbildung 176

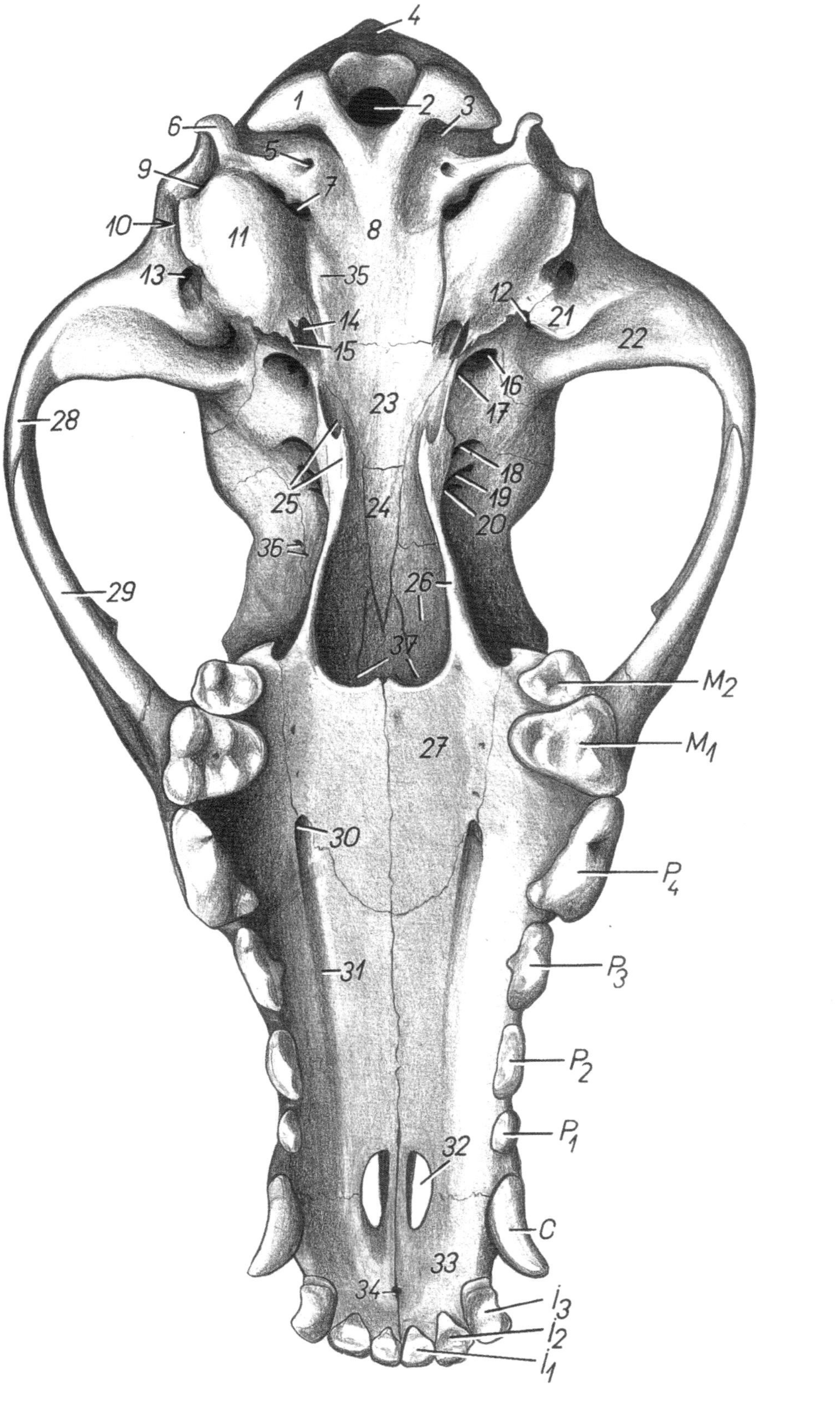

1. *Condylus occipitalis* – Gelenkknorren des Hinterhauptbeines
2. *Foramen magnum* – Hinterhauptloch
3. *Fossa condylaris ventralis* – ventrale Gelenkknorrengrube
4. *Protuberantia occipitalis externa* – äußere Hinterhaupterhebung
5. *Canalis ni. hypoglossi* – Kanal des Unterzungennerven
6. *Processus paracondylaris* – Muskelfortsatz des Hinterhauptbeines
7. *Foramen jugulare* – Drosselöffnung
8. *Pars basilaris ossis occipitalis* – Basisteil des Hinterhauptbeines
9. *Foramen stylomastoideum* – Griffelfortsatz - Warzenteilloch
10. *Porus acusticus externus* – äußere Gehöröffnung
11. *Bulla tympanica* – Paukenblase
12. *Fissura petrotympanica* – Felsenbein-Paukenspalte
13. *Meatus temporalis* – Schläfengang
14. *Canalis caroticus* – Kopfarterienkanal
15. *Processus muscularis* – Muskelfortsatz
16. *Foramen ovale* – ovales Loch
17. *Foramen alare caudale* – kaudales Flügelloch
18. *Foramen alare rostrale* – rostrales Flügelloch
19. *Fissura orbitalis* – Augenhöhlenspalte
20. *Canalis opticus* – Sehnervenkanal
21. *Processus retroarticularis* – hinter dem Gelenk gelegener Fortsatz
22. *Fossa mandibularis* – Unterkiefergrube
23. *Corpus ossis basisphenoidalis* – Körper des hinteren Teils des Keilbeines
24. *Corpus ossis presphenoidalis* – Körper des vorderen Teils des Keilbeines
25. *Os pterygoideum* – Flügelbein
26. *Lamina perpendicularis ossis palatini* – senkrechte Platte des Gaumenbeines
27. *Lamina horizontalis ossis palatini* – waagrechte Platte des Gaumenbeines

28., 29. *Arcus zygomaticus* – Jochbogen

28. *Processus zygomaticus ossis temporalis* – Jochfortsatz des Schläfenbeines
29. *Processus temporalis ossis zygomatici* – Schläfenfortsatz des Jochbeines
30. *Foramen palatinum majus* – großes Gaumenloch
31. *Sulcus palatinus* – Gaumenrinne
32. *Fissura palatina* – Gaumenspalte
33. *Corpus ossis incisivi* – Körper des Zwischenkieferbeines
34. *Canalis interincisivus* – Zwischenkieferkanal
35. *Tuberculum musculare* – Muskelhöckerchen
36. *Foramen ethmoidale* – Siebbeinloch
37. *Choanae* – Nasenrachenöffnungen

C. *Dens caninus* – Eckzahn

I_1. *Dens incisivus I* – 1. Schneidezahn

I_2. *Dens incisivus II* – 2. Schneidezahn

I_3. *Dens incisivus III* – 3. Schneidezahn

M_1., M_2. *Dens molaris I et II* – 1. und 2. hinterer Backenzahn

P_1–P_4. *Dens premolaris I–IV* – 1.–4. vorderer Backenzahn

Hund. Präparation des Kopfes. Oberflächliche Schicht mit Hautmuskeln, Ansicht von links.

Abbildung 177

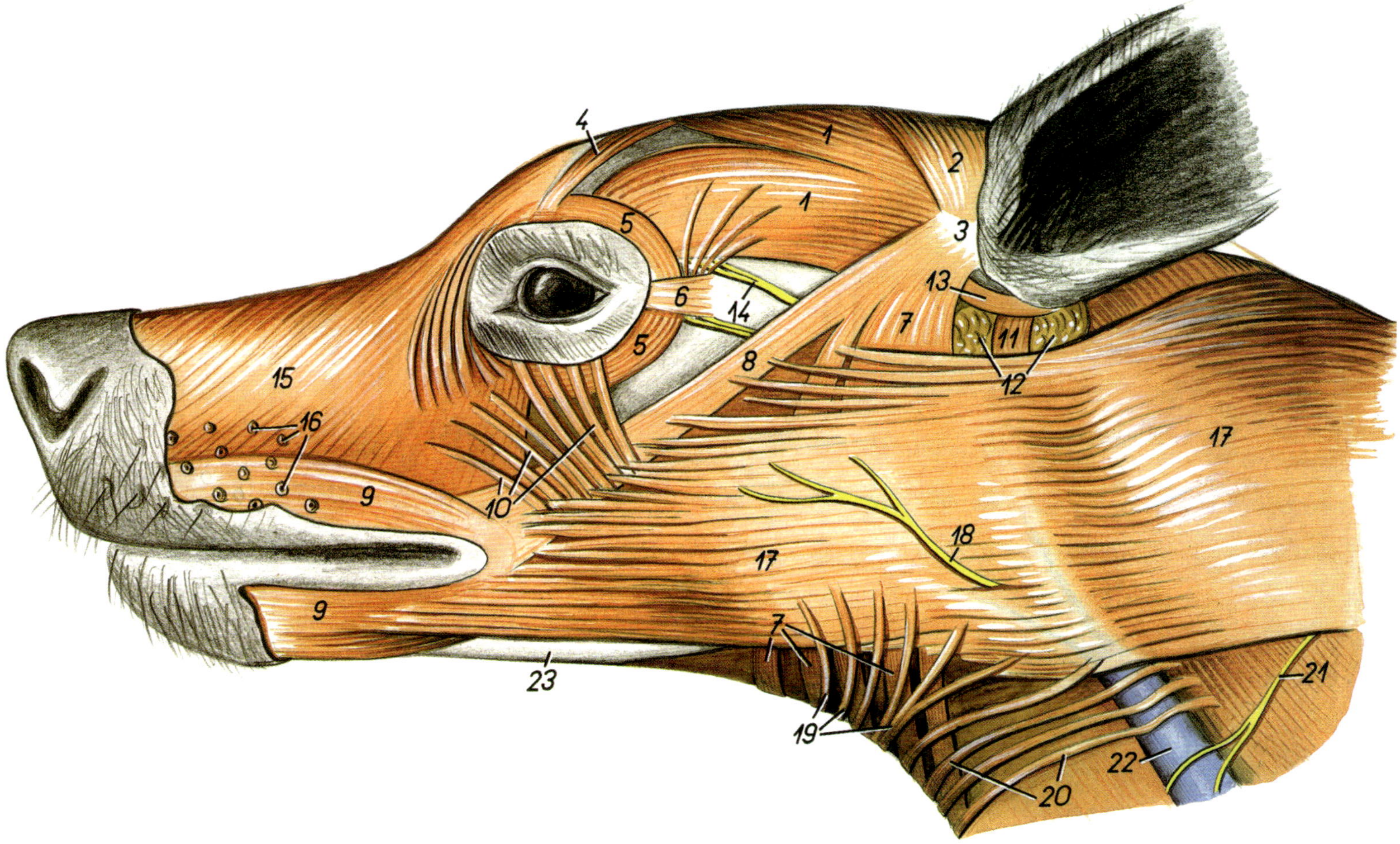

1. *M. frontoscutularis (M. frontalis)* – Stirn-Schildchenmuskel (Stirnmuskel)
2. *M. interscutularis* – Zwischenschildchenmuskel
3. *Cartilago scutiformis* – schildchenförmiger Knorpel
4. *M. levator anguli oculi medialis (M. corrugator supercilii)* – Heber des medialen Augenwinkels (Augenbrauenrunzler)
5. *M. orbicularis oculi* – Ringmuskel des Auges
6. *M. retractor anguli oculi lateralis* – Zurückzieher des lateralen Augenwinkels
7., 8. *M. zygomaticus* (8) *et eius partes aberrantes* (7) – Jochmuskel (8) und seine ausstrahlenden Teile (7)
9. *M. orbicularis oris* – Ringmuskel des Mundes
10. *M. malaris* – Wangenmuskel
11. *M. parotidoauricularis* – Ohrspeicheldrüsen-Ohrmuschelmuskel
12. *Glandula parotis* – Ohrspeicheldrüse
13. *M. zygomaticoauricularis* – Jochbein-Ohrmuschelmuskel
14. *Ramus zygomaticus ni. auriculopalpebralis* – Jochbeinast des Ohrmuschel-Augenlidnerven
15. *M. levator nasolabialis* – Nasen-Lippenheber
16. *Folliculi pilorum tactilum* – Tasthaarbälge
17. *Platysma et M. cutaneus faciei* – Hautmuskelplatte und Gesichtshautmuskel
18. *Ramus cutaneus (ni. cervicalis II)* – Hautast (des 2. Halsnerven)
19., 20. *M. sphincter colli superficialis* – oberflächlicher Halsschnürer
20. *M. sphincter colli primitivus* – primitiver Halsschnürer
21. *Ramus cutaneus ni. cervicalis III* – Hautast des 3. Halsnerven
22. *V. jugularis externa* – äußere Drosselvene
23. *Mandibula* – Unterkiefer

Hund. Präparation des Kopfes. 2. Schicht nach Entfernung der Hautmuskeln und Faszien, Ansicht von links.

Abbildung 178

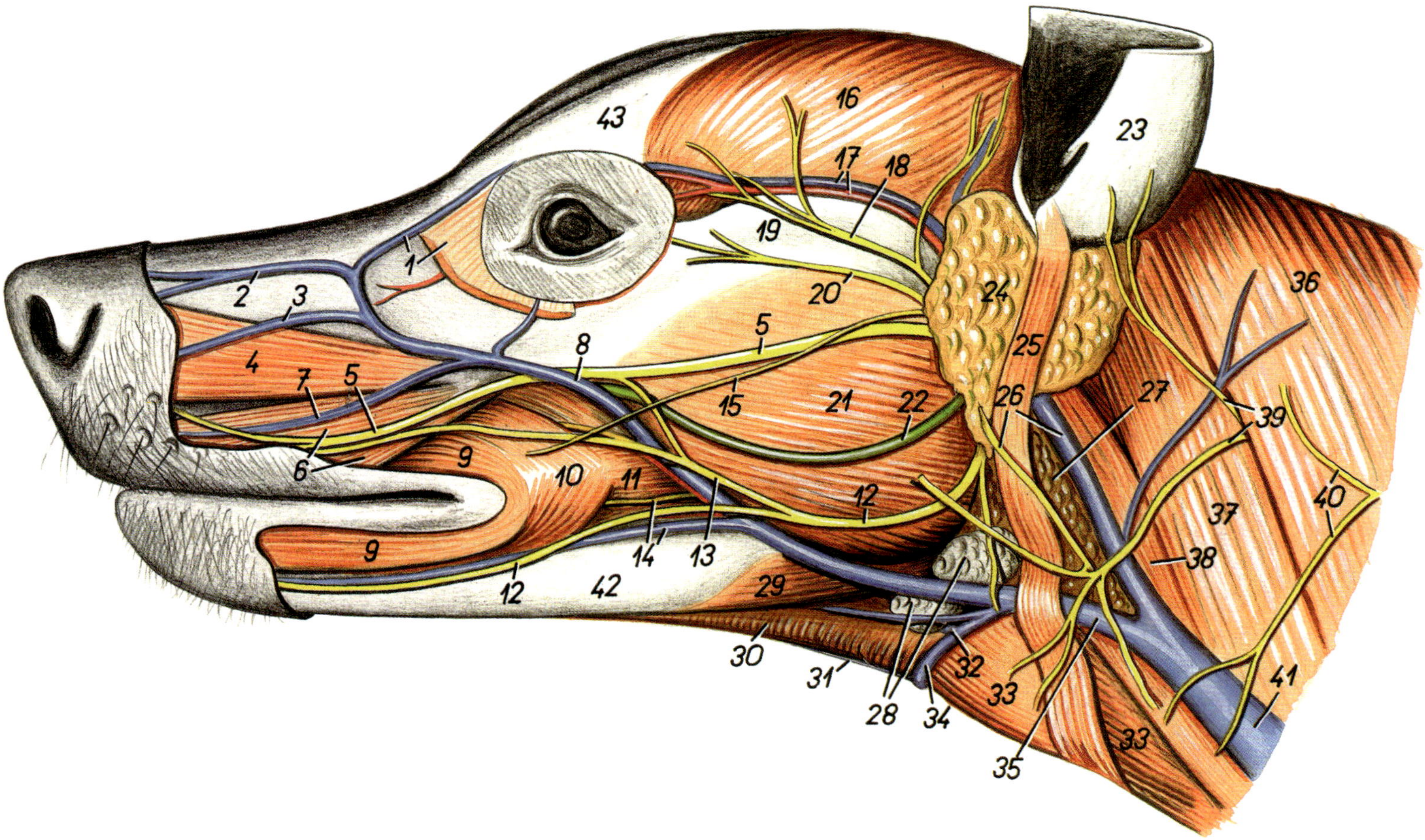

1. *V. angularis oculi, M. levator nasolabialis* – Augenwinkelvene, Nasen-Lippenheber
2. *V. dorsalis nasi* – Nasenrückenvene
3. *V. lateralis nasi* – laterale Nasenvene
4. *M. levator labii superioris* – Oberlippenheber
5. *Ramus buccalis dorsalis ni. facialis* – dorsaler Backenast des Gesichtsnerven
6. *M. caninus* – Eckzahnmuskel
7. *V. labials superior* – Oberlippenvene
8. *V. facialis* – Gesichtsvene
9. *M. orbicularis oris* – Ringmuskel des Mundes
10. *Pars buccalis mi. buccinatoris* – Backenteil des Backenmuskels
11. *Pars molaris mi. buccinatoris* – Backenzahnteil des Backenmuskels
12. *Ramus marginalis mandibulae* – marginaler mandibulärer Backenast
13. *Ramus communicans inter 5 et 12* – Verbindungsast zwischen 5 und 12
14. *N. buccalis, V. labialis inferior* – Backennerv, Unterlippenvene
15. *Ramus transversus faciei ni. auriculotemporalis* – querverlaufender Gesichtsast des Ohrmuschel-Schläfennerven
16. *M. temporalis* – Schläfenmuskel
17. *A. et V. temporalis superficialis* – oberflächliche Schläfenarterie und -vene
18. *N. auriculopalpebralis* – Ohrmuschel-Augenlidnerv
19. *Arcus zygomaticus* – Jochbogen
20. *Ramus palpebralis ventralis ni. auriculopalpebralis* – ventraler Augenlidast des Ohrmuschel-Augenlidnerven
21. *M. masseter* – äußerer Kaumuskel
22. *Ductus parotideus* – Ohrspeicheldrüsenausführungsgang
23. *Cartilago auriculae* – Ohrmuschelknorpel
24. *Glandula parotis* – Ohrspeicheldrüse
25. *M. parotidoauricularis* – Ohrspeicheldrüsen-Ohrmuschelmuskel
26. *Ramus colli ni. facialis, V. maxillaris* – Halsast des Gesichtsnerven, Oberkiefervene
27. *Glandula mandibularis* – Unterkieferdrüse
28. *Lnn. mandibulares* – Unterkieferlymphknoten
29. *Venter rostralis mi. digastrici* – rostraler Bauch des zweibäuchigen Muskels
30. *M. mylohyoideus* – Kehlgangmuskel
31. *V. submentalis* – Unterkinnvene
32. *V. lingualis* – Zungenvene
33. *M. sternohyoideus* – Brustbein-Zungenbeinmuskel
34. *Arcus hyoideus* – Zungenbeinbogen
35. *V. linguofacialis* – Zungen-Gesichtsvene
36. *M. cleidocervicalis* – Schlüsselbein-Halsmuskel
37. *M. sternooccipitalis* – Brustbein-Hinterhauptmuskel
38. *M. sternomastoideus* – Brustbein-Warzenteilmuskel
39. *N. cervicalis II* – 2. Halsnerv
40. *N. cervicalis III* – 3. Halsnerv
41. *V. jugularis externa* – äußere Drosselvene
42. *Mandibula* – Unterkiefer
43. *Os frontale* – Stirnbein

Hund. Präparation des Kopfes. Tiefe Schicht nach Entfernung der linken Unterkieferhälfte, Ansicht von links.

Abbildung 179

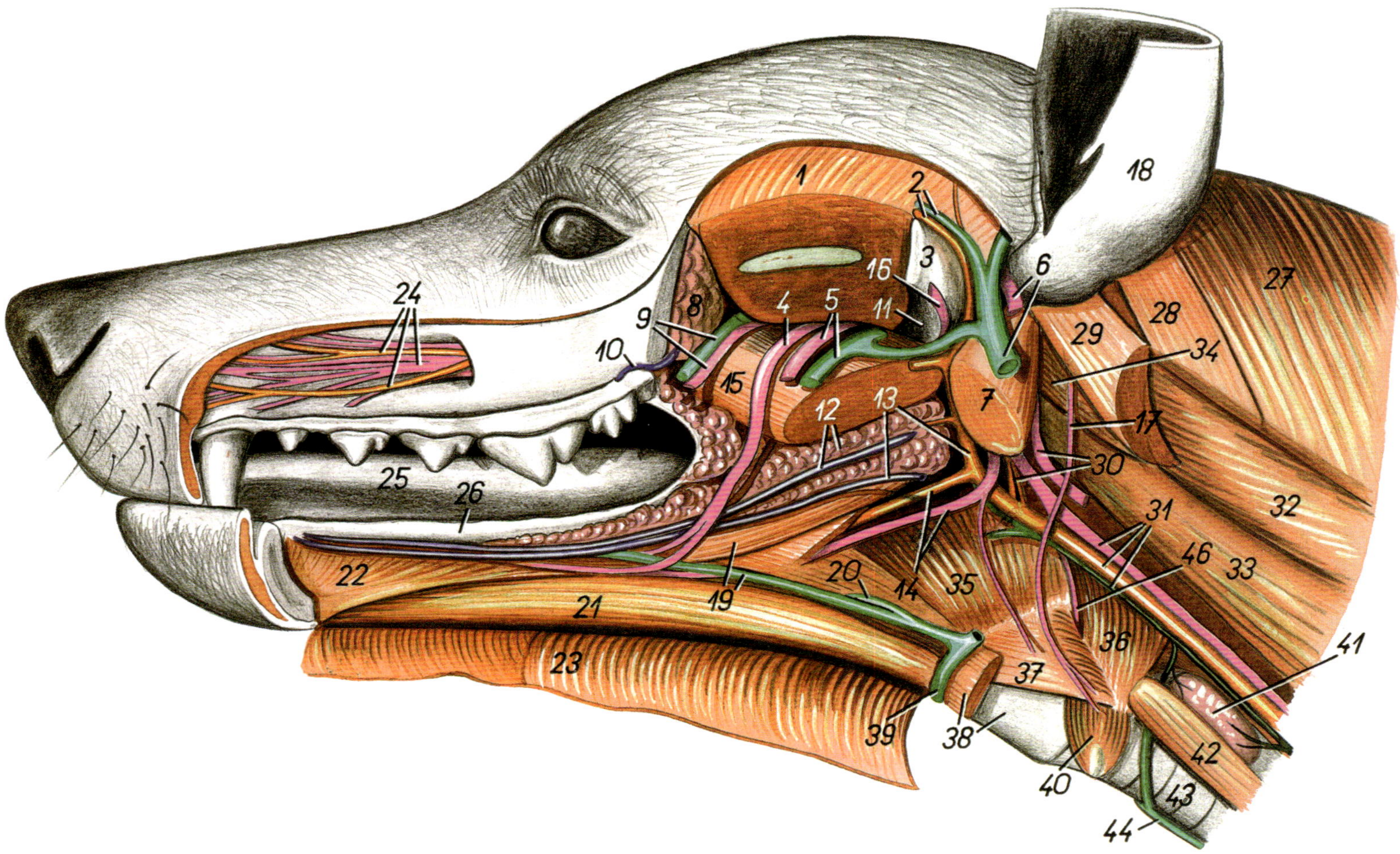

1. *M. temporalis* – Schläfenmuskel
2. *A. et V. temporalis superficialis* – oberflächliche Schläfenarterie und -vene
3. *Processus zygomaticus ossis temporalis* – Jochbeinfortsatz des Schläfenbeins
4. *N. lingualis* – Zungennerv
5. *V. et N. alveolaris inferior* – Unterkieferzahnfachvene und -nerv
6. *N. facialis, V. maxillaris* – Gesichtsnerv, Oberkiefervene
7. *Venter caudalis mi. digastrici* – kaudaler Bauch des zweibäuchigen Muskels
8. *Glandula zygomatica* – Jochbeindrüse
9. *V. et N. buccalis* – Backenvene und -nerv
10. *Ductus glandulae zygomaticae majoris* – Ausführungsgang der großen Jochbeindrüse
11. *Fossa mandibularis* – Unterkiefergrube
12. *Glandula sublingualis monostomatica et Ductus sublingualis* – Unterzungendrüse mit einer Mündung, Unterzungendrüsenausführungsgang
13. *A. maxillaris, Ductus mandibularis* – Oberkieferarterie, Unterkieferdrüsenausführungsgang
14. *A. lingualis, N. hypoglossus* – Zungenarterie, Unterzungennerv
15. *M. pterygoideus* – innerer Kaumuskel
16. *N. auriculotemporalis* – Ohrmuschel-Schläfennerv
17. *Ramus ventralis ni. cervicalis I* – ventraler Ast des 1. Halsnerven
18. *Cartilago auriculae* – Ohrmuschelknorpel
19. *M. styloglossus, V. sublingualis* – großer Zungenbeinast-Zungenmuskel, Unterzungenvene
20. *V. profunda linguae* – tiefe Zungenvene
21. *M. geniohyoideus* – Kinn-Zungenbeinmuskel
22. *M. genioglossus* – Kinn-Zungenmuskel
23. *M. mylohyoideus* – Kehlgangmuskel
24. *A. et N. infraorbitalis* – Unteraugenhöhlenarterie und -nerv
25. *Lingua* – Zunge
26. *Tunica mucosa buccalis* – Backenschleimhaut
27. *M. cleidocervicalis* – Schlüsselbein-Halsmuskel
28. *M. sternooccipitalis* – Brustbein-Hinterhauptmuskel
29. *M. sternomastoideus* – Brustbein-Warzenteilmuskel
30. *A. occipitalis, A. carotis interna, N. accessorius* – Hinterhauptarterie, innere Kopfarterie, zusätzlicher Nerv
31. *Truncus vagosympathicus, A. carotis communis, V. jugularis interna* – gemeinsamer Stamm des Vagus- und Sympathikusnerven, gemeinsame Kopfarterie, innere Drosselvene
32. *M. longissimus atlantis* – Atlasportion des längsten Muskels
33. *M. longus capitis* – langer Kopfmuskel
34. *M. rectus capitis lateralis* – lateraler gerader Kopfmuskel
35. *M. hyopharyngeus* – Zungenbein-Rachenmuskel
36. *M. thyropharyngeus* – Schildknorpel-Rachenmuskel
37. *M. thyrohyoideus* – Schildknorpel-Zungenbeinmuskel
38. *M. sternohyoideus, Cartilago thyroidea* – Brustbein-Zungenbeinmuskel, Schildknorpel
39. *Arcus hyoideus* – Zungenbeinbogen
40. *M. cricothyroideus* – Ringknorpel-Schildknorpelmuskel
41. *Glandula thyroidea* – Schilddrüse
42. *M. sternothyroideus* – Brustbein-Schildknorpelmuskel
43. *Trachea* – Luftröhre
44. *V. thyroidea caudalis* – kaudale Schilddrüsenvene

Hund. Sagittalschnitt durch den Kopf in der Medianebene.

Abbildung 180

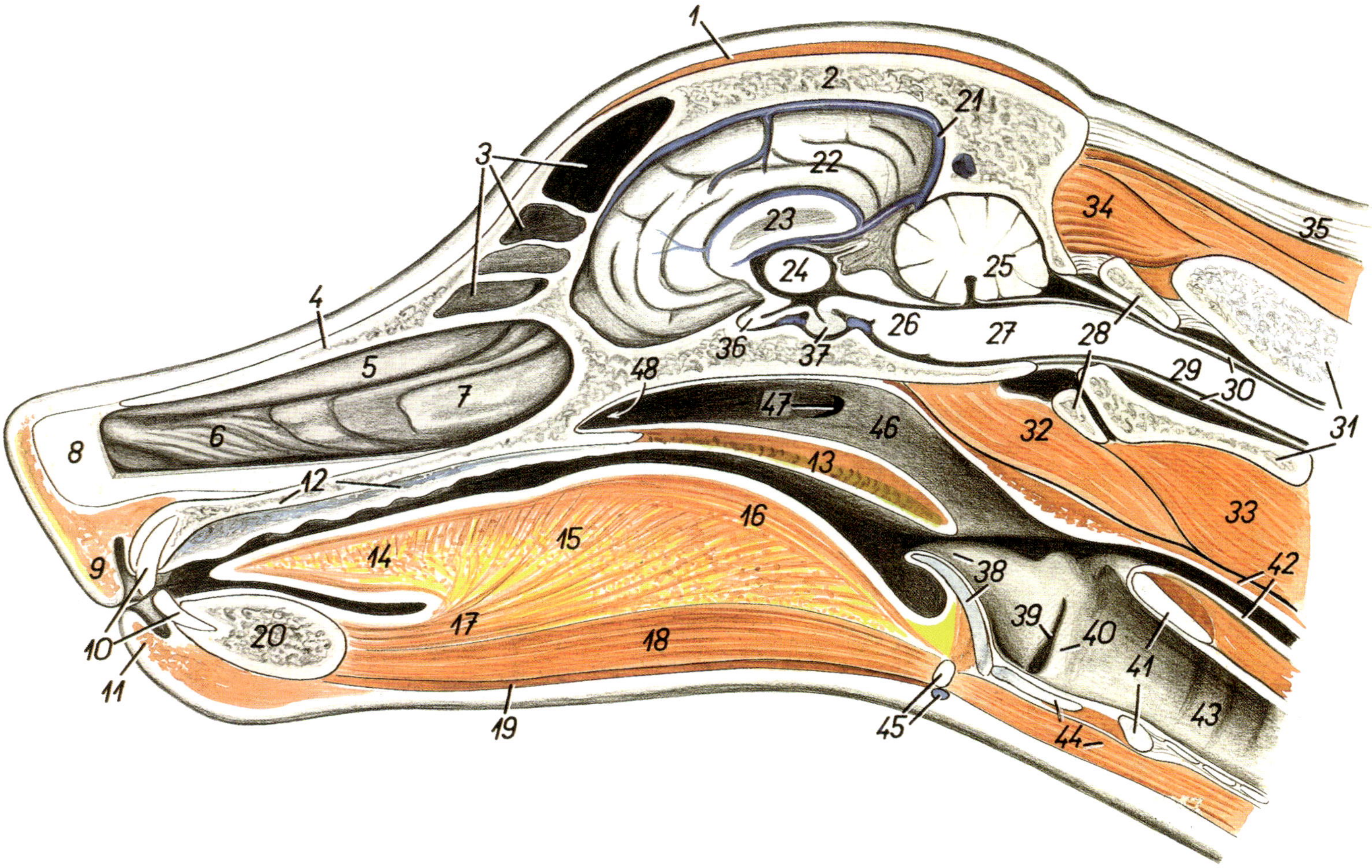

1. *M. frontalis et M. interscutularis* – Stirnmuskel und Zwischenschlidchenmuskel
2. *Calvaria (Os parietale)* – Schädeldach (Scheitelbein)
3. *Sinus frontalis* – Stirnhöhle
4. *Os nasale* – Nasenbein
5. *Concha nasalis dorsalis* – dorsale Nasenmuschel
6. *Concha nasalis ventralis* – ventrale Nasenmuschel
7. *Os endoturbinale III* – 3. inneres Muschelbein
8. *Cartilago septi nasi* – Nasenscheidewandknorpel
9. *Labium superius* – Oberlippe
10. *Dentes incisivi* – Schneidezähne
11. *Labium inferius* – Unterlippe
12. *Palatum durum* – harter Gaumen
13. *Palatum molle* – weicher Gaumen
14. *Apex linguae* – Zungenspitze
15. *Corpus linguae* – Zungenkörper
16. *Fibrae longitudinales superficiales mi. lingualis proprii* – oberflächliche Längsfasern der Zungeneigenmuskulatur
17. *M. genioglossus* – Kinn-Zungenmuskel
18. *M. geniohyoideus* – Kinn-Zungenbeinmuskel
19. *M. mylohyoideus* – Kehlgangmuskel
20. *Mandibula* – Unterkiefer
21. *Sinus sagittalis* – sagittaler Blutleiter
22. *Hemispherium cerebri* – Großhirnhälfte
23. *Corpus callosum, Fornix et Septum telencephali* – Balkenkörper, Gewölbe und Scheidewand des Endhirns
24. *Adhesio interthalamica* – Verbindungsstelle der Sehhügel
25. *Cerebellum* – Kleinhirn
26. *Pons* – Brücke
27. *Medulla oblongata* – verlängertes Mark
28. *Atlas* – 1. Halswirbel
29. *Medulla spinalis* – Rückenmark
30. *Dura mater spinalis* – harte Rückenmarkhaut
31. *Axis* – 2. Halswirbel
32. *M. rectus capitis ventralis* – ventraler gerader Kopfmuskel
33. *M. longus colli* – langer Halsmuskel
34. *M. rectus capitis dorsalis* – dorsaler gerader Kopfmuskel
35. *Ligamentum nuchae* – Nackenband
36. *Chiasma opticum* – Sehnervenkreuzung
37. *Hypophysis* – Hirnanhang
38. *Epiglottis* – Kehldeckel
39. *Ventriculus laryngis* – Kehlkopftasche
40. *Plica vocalis* – Stimmfalte
41. *Cartilago cricoidea* – Ringknorpel
42. *Esophagus* – Speiseröhre
43. *Trachea* – Luftröhre
44. *M. sternohyoideus, Cartilago thyroidea* – Brustbein-Zungenbeinmuskels, Schildknorpel
45. *Basihyoideum, Arcus hyoideus* – Zungenbeinkörper, Zungenbeinbogen
46. *Cavum pharyngis* – Rachenhöhle
47. *Ostium pharyngeum tubae auditivae* – Rachenöffnung der Ohrtrompete
48. *Choana* – Nasenrachenöffnung

Hund. Querschnitt durch den Kopf in Höhe des Muskelfortsatzes des Unterkiefers.

Abbildung 181

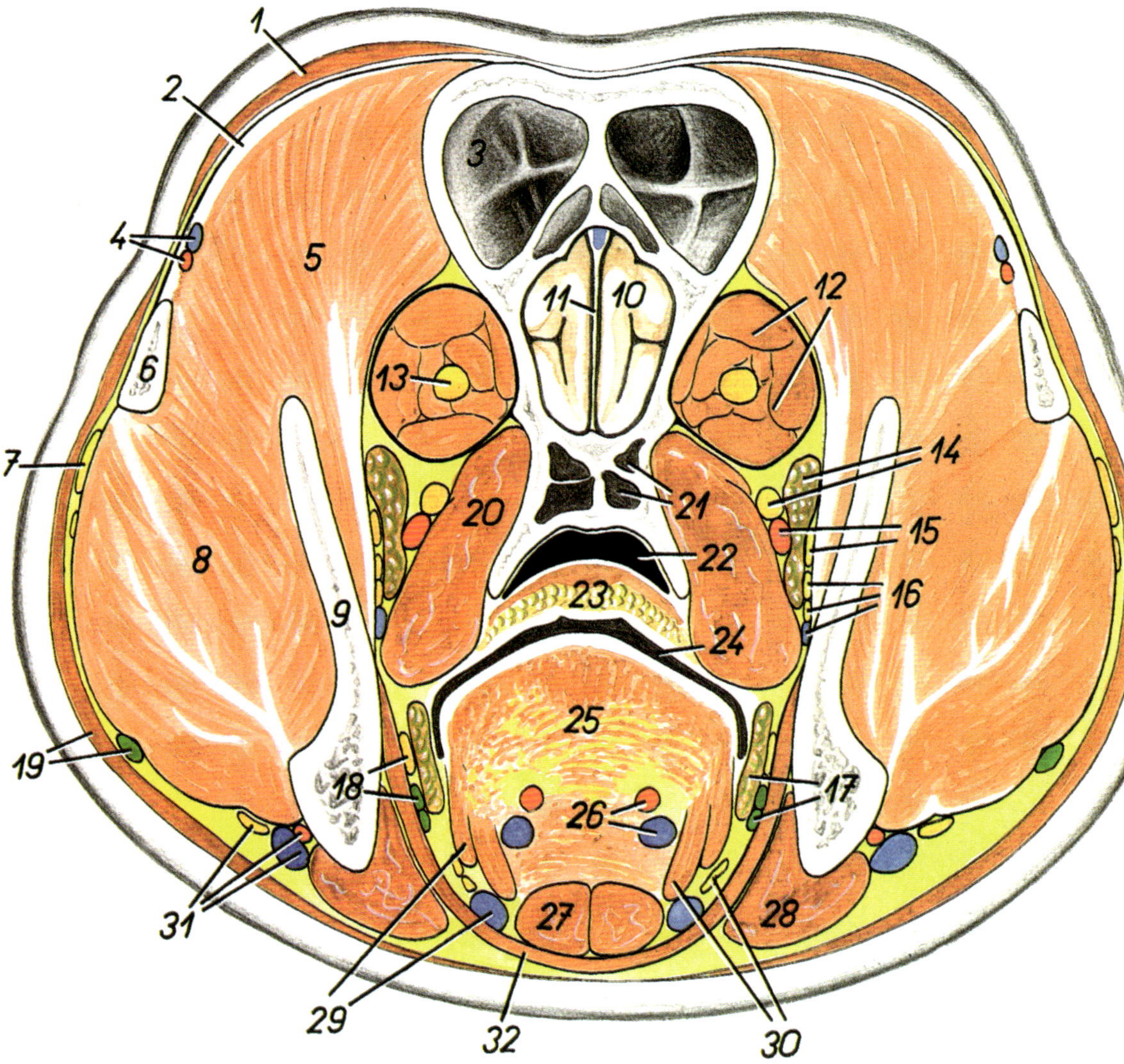

1. *M. frontoscutularis* – Stirnbein-Schildchenmuskel
2. *Fascia mi. temporalis* – Faszie des Schläfenmuskels
3. *Sinus frontalis* – Stirnhöhle
4. *A. et V. temporalis superficialis* – oberflächliche Schläfenarterie und -vene
5. *M. temporalis* – Schläfenmuskel
6. *Arcus zygomaticus* – Jochbogen
7. *Ramus buccalis dorsalis ni. facialis* – dorsaler Ast des Gesichtsnerven
8. *M. masseter* – äußerer Kaumuskel
9. *Mandibula* – Unterkiefer
10. *Polus rostralis encephali* – rostraler Gehirnpol
11. *Falx cerebri* – Gehirnsichel
12. *Mm. bulbi et M. retractor bulbi* – Augapfelmuskeln und Zurückzieher des Augapfels
13. *N. opticus* – Sehnerv
14. *N. maxillaris, Glandula zygomatica* – Oberkiefernerv, Jochbeindrüse
15. *A. maxillaris, N. buccalis* – Oberkieferarterie, Backennerv
16. *N. alveolaris inferior, N. mylohyoideus, V. buccalis* – Unterkieferzahnfachnerv, Kehlgangnerv, Backenvene
17. *Glandula sublingualis monostomatica, Ductus mandibularis* – Unterzungendrüse mit einer Mündung, Ausführungsgang der Unterkieferdrüse
18. *N. lingualis, Ductus sublingualis* – Zungennerv, Ausführungsgang der Unterzungendrüse
19. *Platysma (M. cutaneus faciei et cutaneus colli), Ductus parotideus* – plattenförmiger Hautmuskel (Gesichts- und Halshautmuskel), Ohrspeicheldrüsenausführungsgang
20. *M. pterygoideus (laterialis et medialis)* – innerer Kaumuskel (lateraler und medialer Teil)
21. *Sinus sphenoidalis* – Keilbeinhöhle
22. *Choana* – Nasen-Rachenöffnung
23. *Palatum molle* – weicher Gaumen
24. *Isthmus faucium* – Rachenenge
25. *Radix linguae* – Zungenwurzel
26. *A. et V. profunda linguae* – tiefe Zungenarterie und -vene
27. *M. geniohyoideus* – Kinn-Zungenbeinmuskel
28. *M. digastricus* – zweibäuchiger Muskel
29. *V. sublingualis, M. styloglossus* – Unterzungenvene, großer Zungenbeinast-Zungenmuskel
30. *M. hyoglossus, N. hypoglossus* – Zungenbein-Zungenmuskel, Unterzungennerv
31. *A. et V. facialis, Ramus marginalis mandibulae* – Gesichtsarterie und -vene, Unterkieferrandast
32. *M. mylohyoideus* – Kehlgangmuskel

Hund. Querschnitt durch den Kopf in Höhe des Unterkiefergelenkes.

Abbildung 182

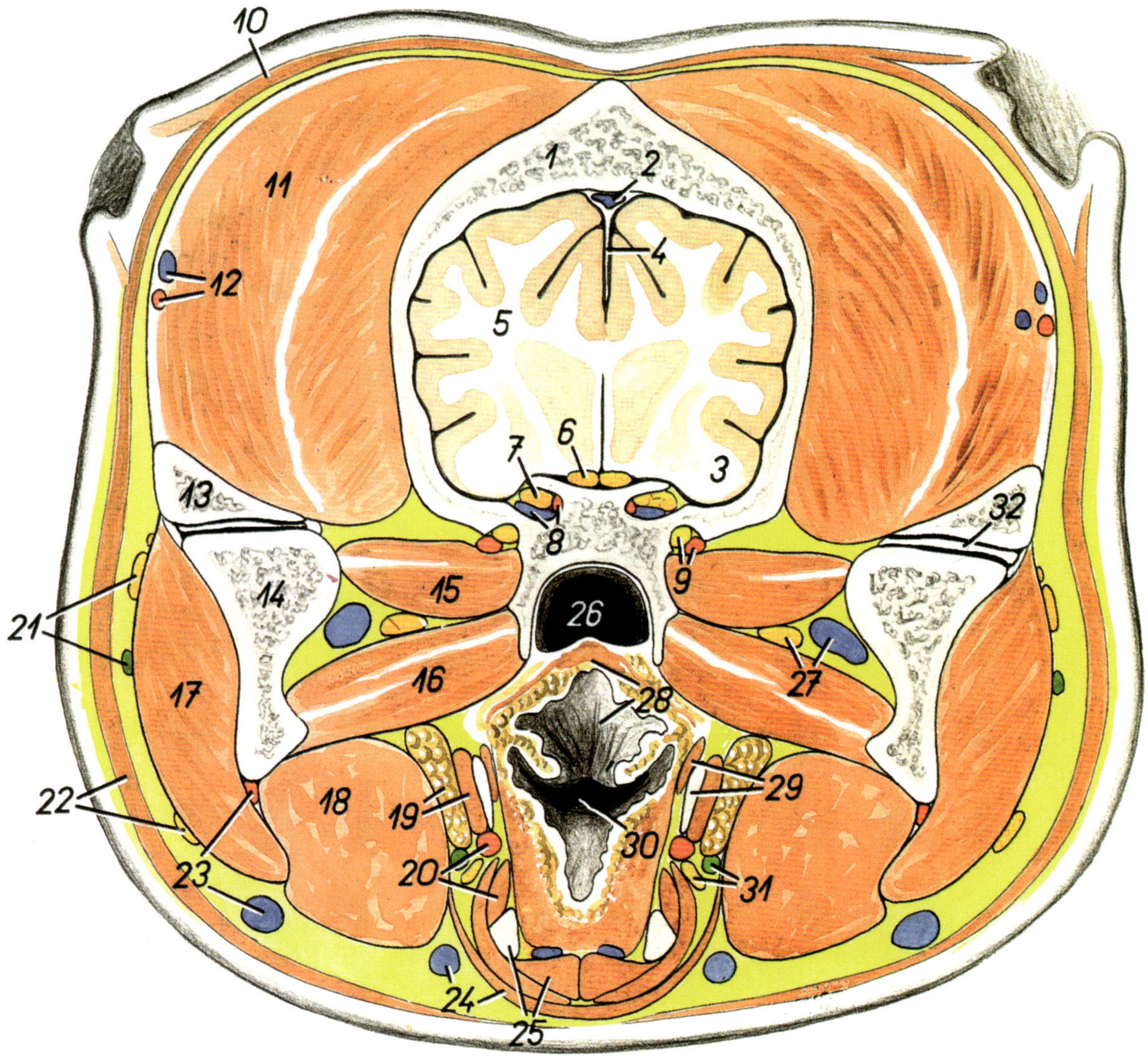

1. *Calvaria (Os parietale)* – Schädeldach (Scheitelbein)
2. *Sinus sagittalis* – sagittaler Blutleiter
3. *Pedunculus olfactorius* – Riechschenkel
4. *Falx cerebri* – Gehirnsichel
5. *Corpus medullare hemispherii* – Markkörper der Großhirnhälfte
6. *N. opticus* – Sehnerv
7. *N. ophthalmicus, N. oculomotorius, N. trochlearis et N. abducens* – Augennerv, Augenbewegernerv, Rollnerv und wegziehender Nerv
8. *Sinus cavernosus, Ramus anastomoticus a. carotis internae et a. ophthalmicae* – gekammerter Blutleiter, Verbindungsast zwischen der inneren Kopfarterie und der Augenarterie
9. *A. maxillaris, N. maxillaris* – Oberkieferarterie, Oberkiefernerv
10. *M. frontoscutularis et M. interscutularis* – Stirn-Schildchenmuskel und Zwischenschildchenmuskel
11. *M. temporalis* – Schläfenmuskel
12. *A. et V. temporalis superficialis* – oberflächliche Schläfenarterie und -vene
13. *Processus zygomaticus ossis temporalis* – Jochfortsatz des Schläfenbeines
14. *Mandibula* – Unterkiefer
15. *M. pterygoideus lateralis* – lateraler innerer Kaumuskel
16. *M. pterygoideus medialis* – medialer innerer Kaumuskel
17. *M. masseter* – äußerer Kaumuskel
18. *M. digastricus* – zweibäuchiger Muskel
19. *Glandula sublingualis monostomatica, M. styloglossus* – Unterzungendrüse mit einer Mündung, großer Zungenbeinast-Zungenmuskel
20. *A. lingualis, M. ceratohyoideus* – Zungenarterie, kleiner Zungenbeinast-Zungenbeinmuskel
21. *Rami buccales ni. facialis, Ductus parotideus* – Backenäste des Gesichtsnerven, Ohrspeicheldrüsenausführungsgang
22. *Mm. cutanei faciei et colli, Ramus marginalis mandibulae* – Gesichts- und Halshautmuskeln, Unterkieferrandast
23. *A. et V. facialis* – Gesichtsarterie und -vene
24. *V. lingualis, M. mylohyoideus* – Zungenvene, Kehlgangmuskel
25. *M. geniohyoideus, Ceratohyoideum* – Kinn-Zungenbeinmuskel, kleiner Zungenbeinast
26. *Choana* – Nasen-Rachenöffnung
27. *N. mandibularis, V. maxillaris* – Unterkiefernerv, Oberkiefervene
28. *Palatum molle* – weicher Gaumen
29. *Epihyoideum, M. stylopharyngeus* – mittlerer Zungenbeinast, großer Zungenbeinast-Rachenmuskel
30. *Cavum pharyngis* – Rachenhöhle
31. *Ductus mandibularis, N. hypoglossus* – Unterkieferdrüsenausführungsgang, Unterzungennerv
32. *Discus articularis* – Gelenkzwischenknorpel

Hund. Gehirn, Ansicht von dorsal. (Rinde in funktionelle Felder unterteilt, nach Campbell).

Abbildung 183

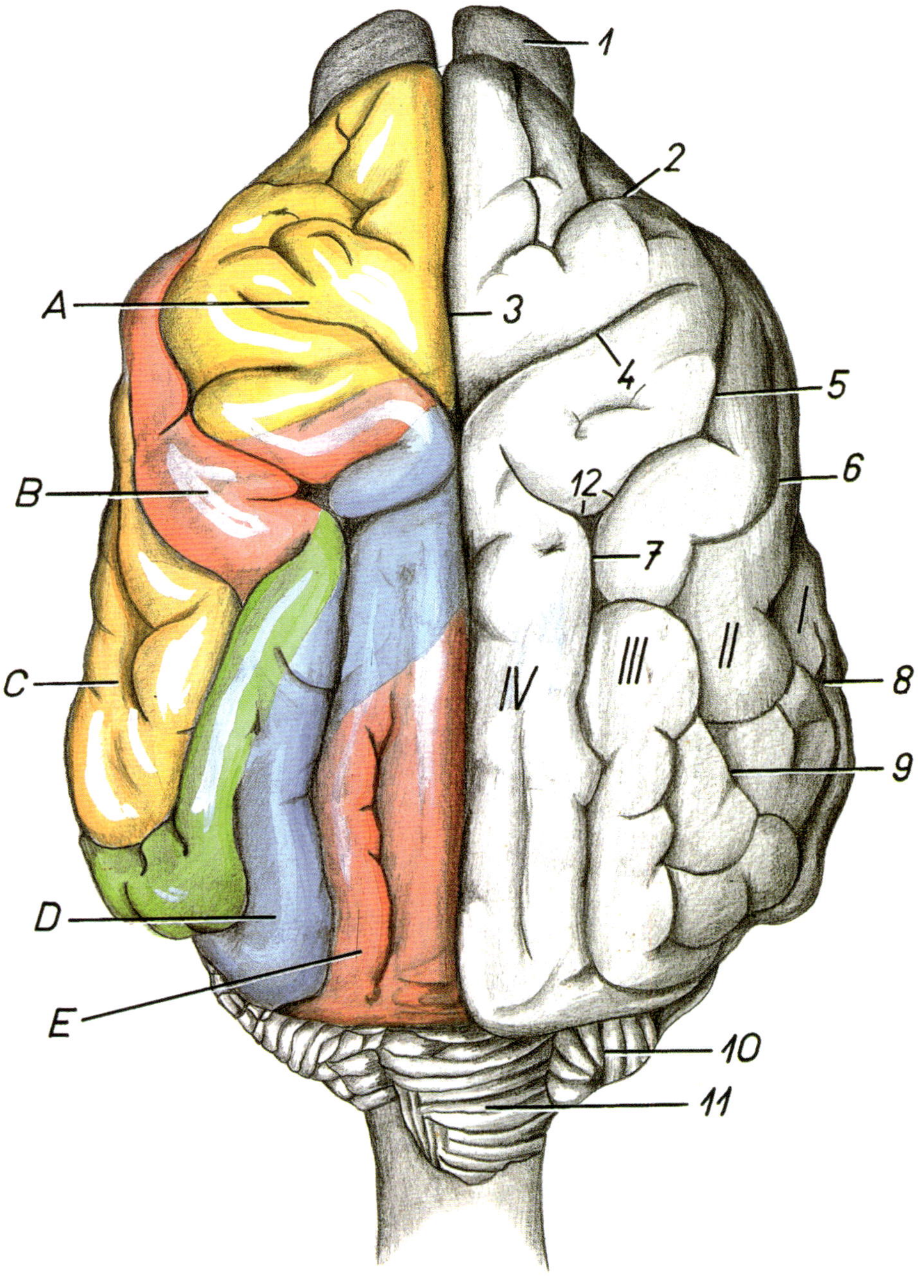

1. *Bulbus olfactorius* – Riechkolben
2. *Ramus rostralis fissurae pseudosylviae* – rostraler Ast der pseudosylviusschen Spalte
3. *Fissura longitudinalis cerebri* – Längsspalte des Gehirn
4. *Sulcus cruciatus* – gekreuzte Furche
5. *Sulcus coronalis* – Kranzfurche
6. *Sulcus suprasylvius rostralis* – rostrale, über der lateralen Gehirnfurche gelegene Furche
7. *Sulcus marginalis* – Randfurche
8. *Sulcus ectosylvius* – außerhalb der lateralen Furche gelegene Furche
9. *Sulcus suprasylvius medius* – mittlere, über der lateralen Gehirnfurche gelegene Furche
10. *Hemispherium cerebelli* – Kleinhirnhälfte
11. *Vermis cerebelli* – Kleinhirnwurm
12. *Sulcus ansatus* – Schleifenfurche

A. *Area motoria* – motorisches Feld
B. *Area sensoria* – Gefühlsfeld
C. *Area auditosensorica* – Hör- und Gefühlsfeld
D. *Area parietalis* – Scheitelfeld
E. *Area optica* – Sehfeld

I. *Gyrus intersylvius* – zwischen der lateralen Gehirnfurche gelegene Windung
II. *Gyrus ectosylvius medius* – mittlere, außerhalb der lateralen Gehirnfurche gelegene Windung
III. *Gyrus ectomarginalis* – Außenrandwindung
IV. *Gyrus marginalis* – Randwindung

Hund. Gehirnbasis mit den Austrittsstellen der Gehirnnerven.

Abbildung 184

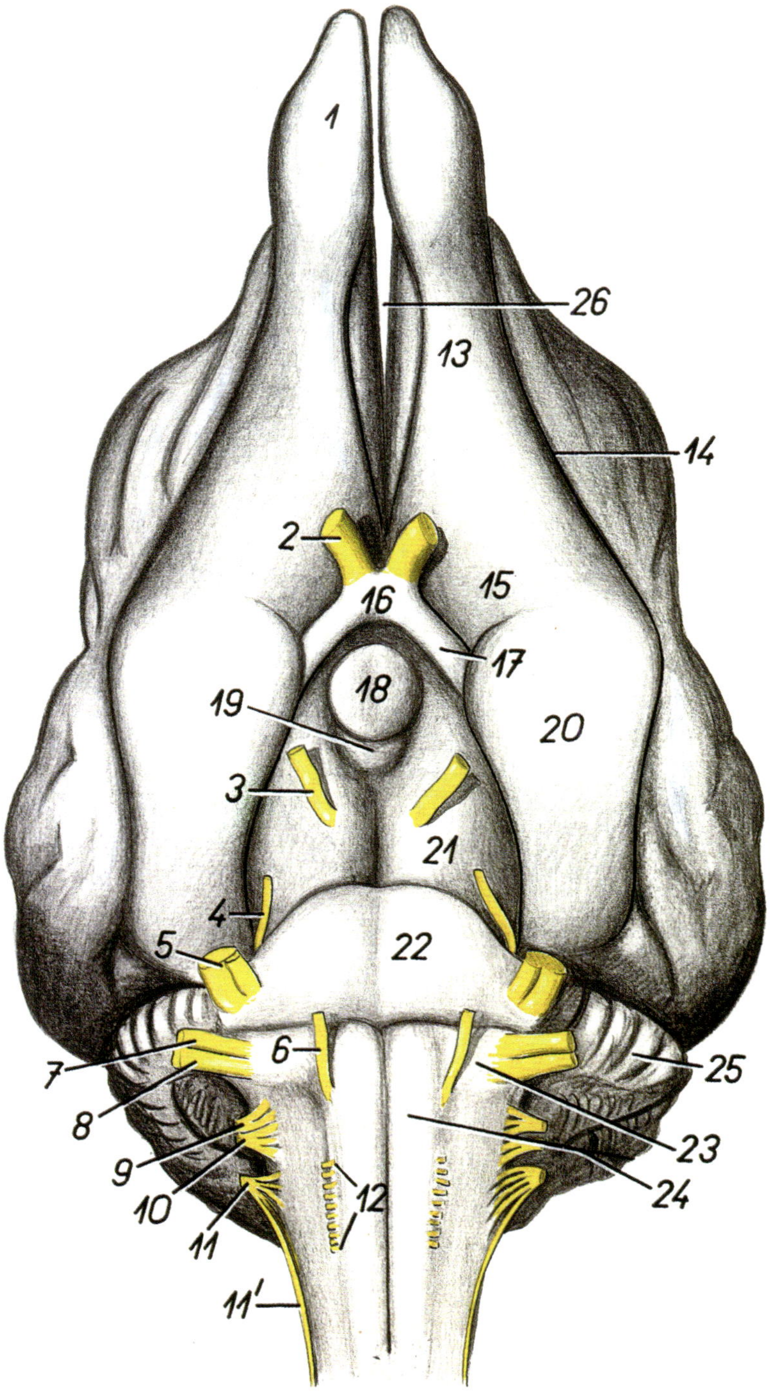

1. *Bulbus olfactorius* – Riechkolben
2. *N. opticus* – Sehnerv
3. *N. oculomotorius* – Augenbewegernerv
4. *N. trochlearis* – Rollnerv
5. *N. trigeminus* – dreigeteilter Nerv
6. *N. abducens* – abziehender Nerv
7. *N. intermediofacialis (N. facialis)* – Gesichtsnerv
8. *N. vestibulocochlearis* – Gleichgewichts-Hörnerv
9. *N. glossopharyngeus* – Zungen-Rachennerv
10. *N. vagus* – Vagusnerv
11. *N. accessorius* – zusätzlicher Nerv

11'. *Radix spinalis ni. accessorii* – Rückenmarkswurzel des zusätzlichen Nerven

12. *N. hypoglossus* – Unterzungennerv
13. *Pedunculus olfactorius* – Riechschenkel
14. *Sulcus rhinalis lateralis* – laterale Riechfurche
15. *Fossa lateralis* – laterale Grube
16. *Chiasma opticum* – Sehnervenkreuzung
17. *Tractus opticus* – Sehnervenstrang
18. *Hypophysis* – Hirnanhang
19. *Corpus mamillare* – Zitzenkörper
20. *Lobus piriformis* – birnenförmiger Lappen
21. *Crus cerebri* – Hirnschenkel
22. *Pons* – Brücke
23. *Corpus trapezoideum* – trapezförmiger Körper
24. *Pyramis medullae oblongatae* – Pyramide des verlängerten Markes
25. *Cerebellum* – Kleinhirn
26. *Fissura longitudinalis cerebri* – Längsspalte des Gehirns

Hund. Topographie der Arterien am Kopf, Ansicht von links. Nach einem Korrosionspräparat gezeichnet.

Abbildung 185

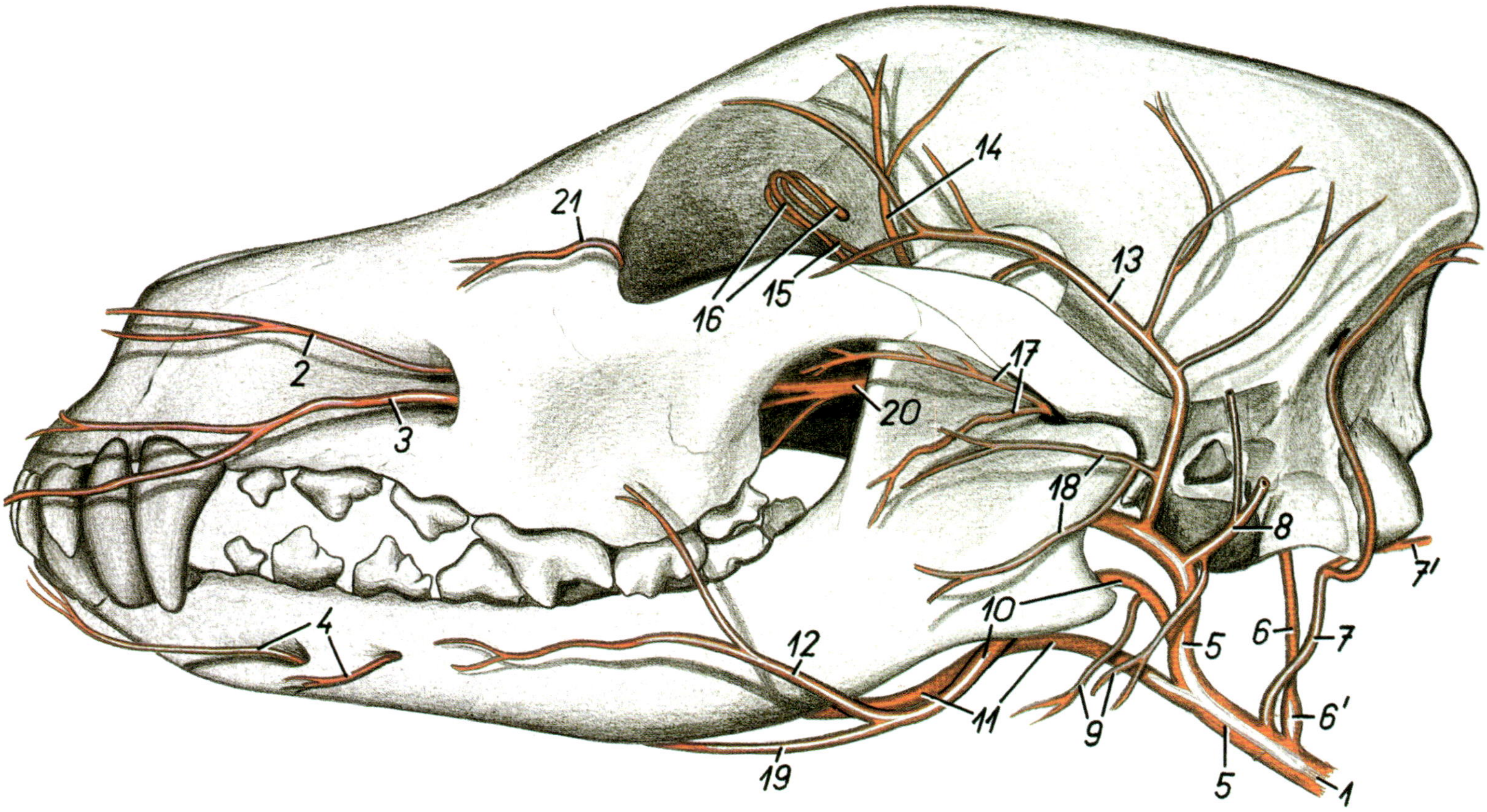

1. *A. carotis communis* – gemeinsame Kopfarterie
2. *Ramus dorsalis a. infraorbitalis* – dorsaler Ast der Unteraugenhöhlenarterie
3. *Ramus ventralis a. infraorbitalis* – ventraler Ast der Unteraugenhöhlenarterie
4. *Aa. mentales* – Kinnarterien
5. *A. carotis externa* – äußere Kopfarterie
6. *A. carotis interna* – innere Kopfarterie
6'. *Sinus caroticus* – Kopfarterienerweiterung
7. *A. occipitalis* – Hinterhauptarterie
7'. *Ramus anastomoticus a. vertebralis cum a. occipitali* – Verbindungsast der Wirbelarterie mit der Hinterhauptarterie
8. *A. auricularis caudalis* – kaudale Ohrmuschelarterie
9. *Rami glandulares* – Drüsenäste
10., 12. *A. facialis* – Gesichtsarterie
11. *A. lingualis* – Zungenarterie
13. *A. temporalis superficialis* – oberflächliche Schläfenarterie
14. *A. temporalis profunda rostralis* – rostrale tiefe Schläfenarterie
15. *A. ophthalmica interna* – innere Augenarterie
16. *A. ophthalmica externa* – äußere Augenarterie
17. *A. masseterica* – Arterie des äußeren Kaumuskels
18. *A. transversa faciei* – Querarterie des Gesichts
19. *A. sublingualis* – Unterzungenarterie
20. *A. maxillaris* – Oberkieferarterie
21. *A. malaris* – Wangenarterie

Hund. Gaumen und Dorsalwand des Schlundkopfes.

Abbildung 186

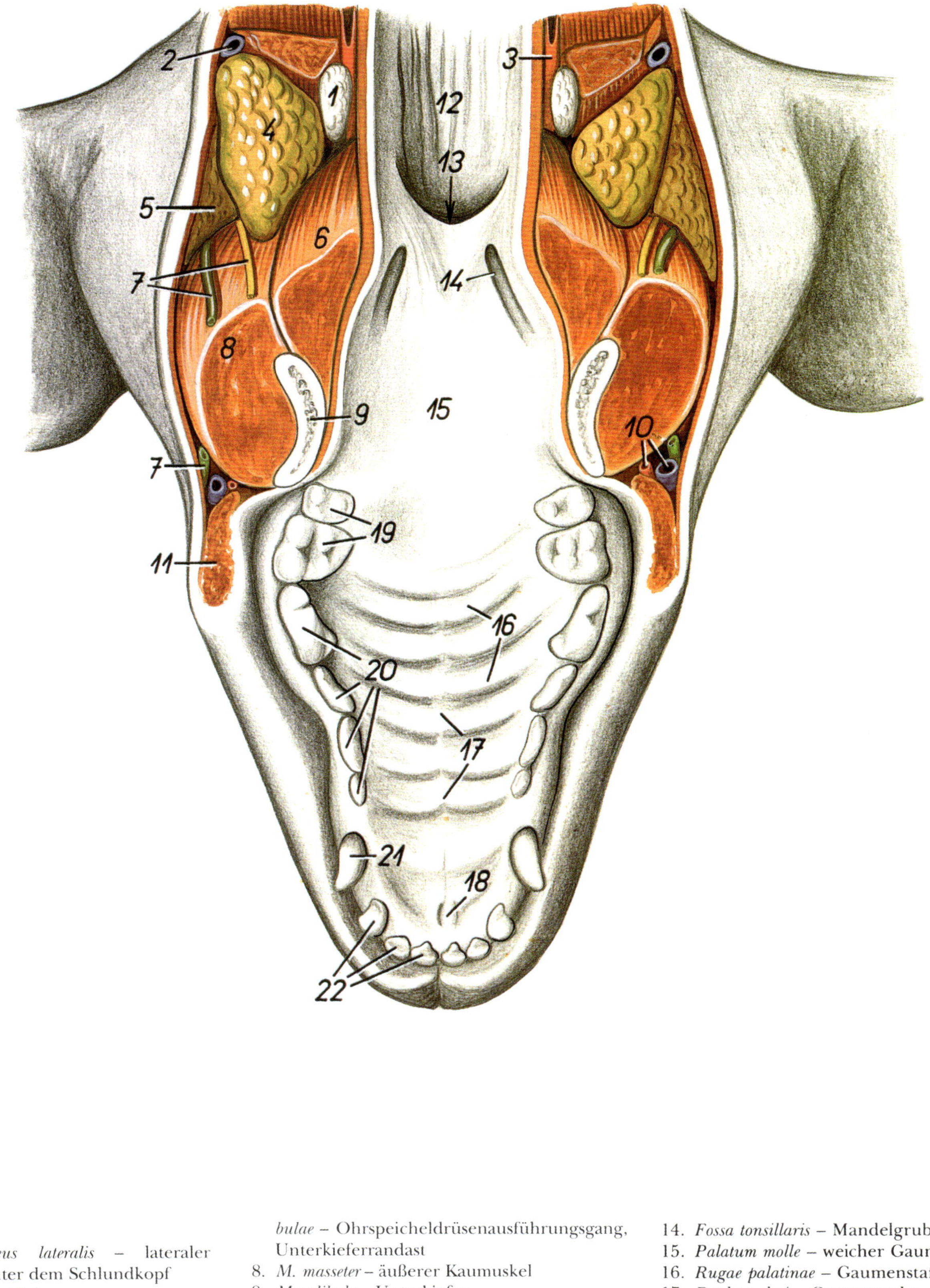

1. *Ln. retropharyngeus lateralis* – lateraler Lymphknoten hinter dem Schlundkopf
2. *V. maxillaris* – Oberkiefervene
3. *A. carotis externa* – äußere Kopfarterie
4. *Glandula mandibularis* – Unterkieferdrüse
5. *Glandula parotis* – Ohrspeicheldrüse
6. *M. digastricus* – zweibäuchiger Muskel
7. *Ductus parotideus, Ramus marginalis mandibulae* – Ohrspeicheldrüsenausführungsgang, Unterkieferrandast
8. *M. masseter* – äußerer Kaumuskel
9. *Mandibula* – Unterkiefer
10. *A. et V. facialis* – Gesichtsarterie und -vene
11. *Bucca* – Backe
12. *Fornix pharyngis* – Rachendach
13. *Meatus nasopharyngeus (Choanae)* – Nasen-Rachengang (Nasenrachenöffnung)
14. *Fossa tonsillaris* – Mandelgrube
15. *Palatum molle* – weicher Gaumen
16. *Rugae palatinae* – Gaumenstaffeln
17. *Raphe palati* – Gaumennaht
18. *Papilla incisiva* – Zwischenkieferwarze
19. *Dentes molares* – hintere Backenzähne
20. *Dentes premolares* – vordere Backenzähne
21. *Dens caninus* – Eckzahn
22. *Dentes incisivi* – Schneidezähne

Hund. Blick auf die Basis der Schlundkopfhöhle und der Zungenwurzel. Dorsalwand und weicher Gaumen durchtrennt und zur Seite geklappt.

Abbildung 187

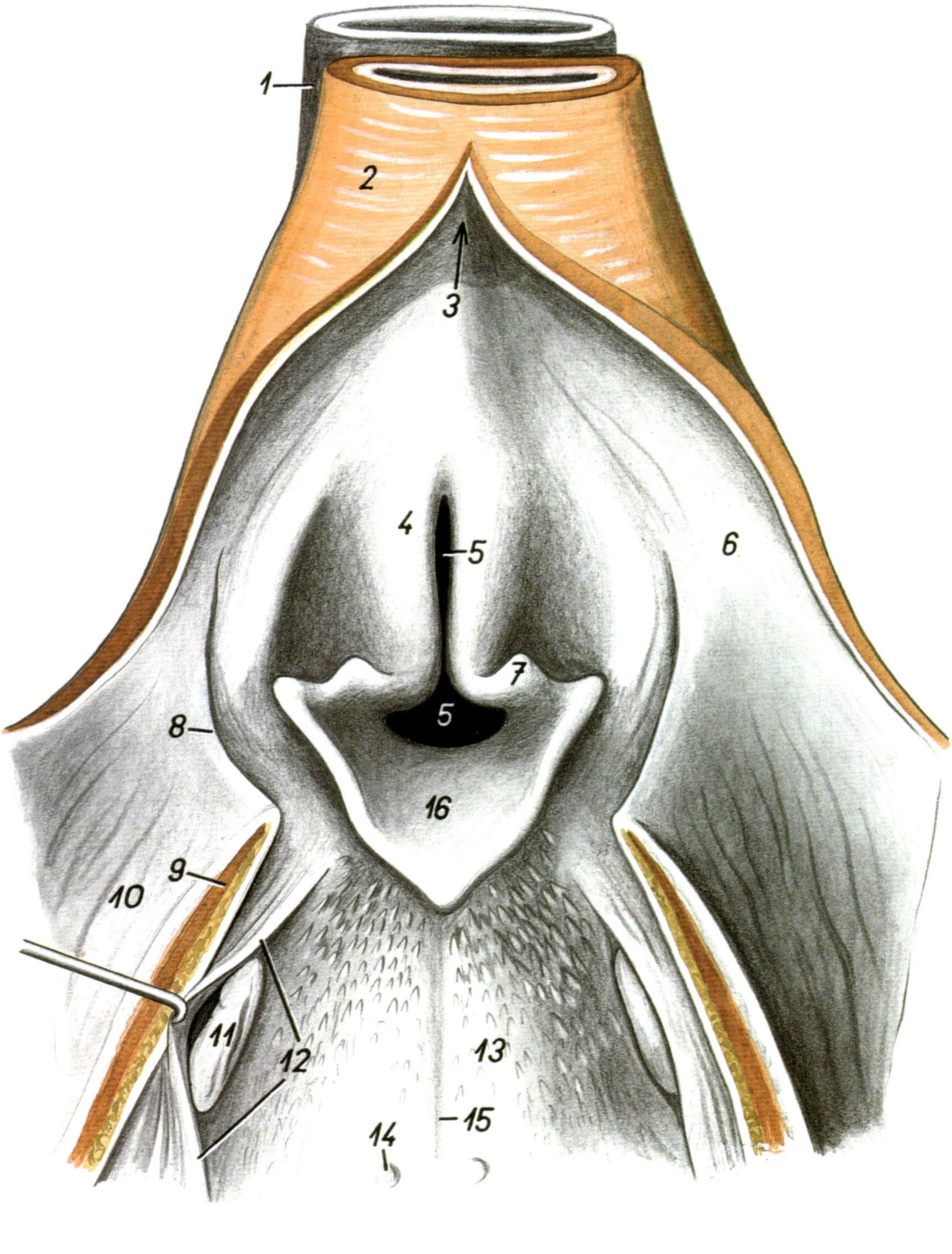

1. *Trachea* – Luftröhre
2. *Esophagus* – Speiseröhre
3. *Vestibulum esophagi* – Speiseröhrenvorhof
4. *Cartilago arytenoidea* – Gießkannenknorpel
5. *Aditus laryngis* – Zugang zum Kehlkopf
6. *Fornix pharyngis* – Rachendach
7. *Processus corniculatus* – hornförmiger Fortsatz
8. *Arcus palatopharyngeus* – Gaumen-Rachenbogen
9. *Palatum molle (in sectione)* – weicher Gaumen (im Schnitt)
10. *Facies nasalis palatini mollis* – Nasenseite des weichen Gaumens
11. *Tonsilla palatina* – Gaumenmandel
12. *Plica fossae tonsillaris* – Mandelgrubenfalte
13. *Radix linguae* – Zungenwurzel
14. *Papilla vallata* – umwallte Geschmackspapille
15. *Sulcus medianus linguae* – mittlere Zungenrinne
16. *Epiglottis* – Kehldeckel

Hund. Halsskelett, Ansicht von links.

Abbildung 188

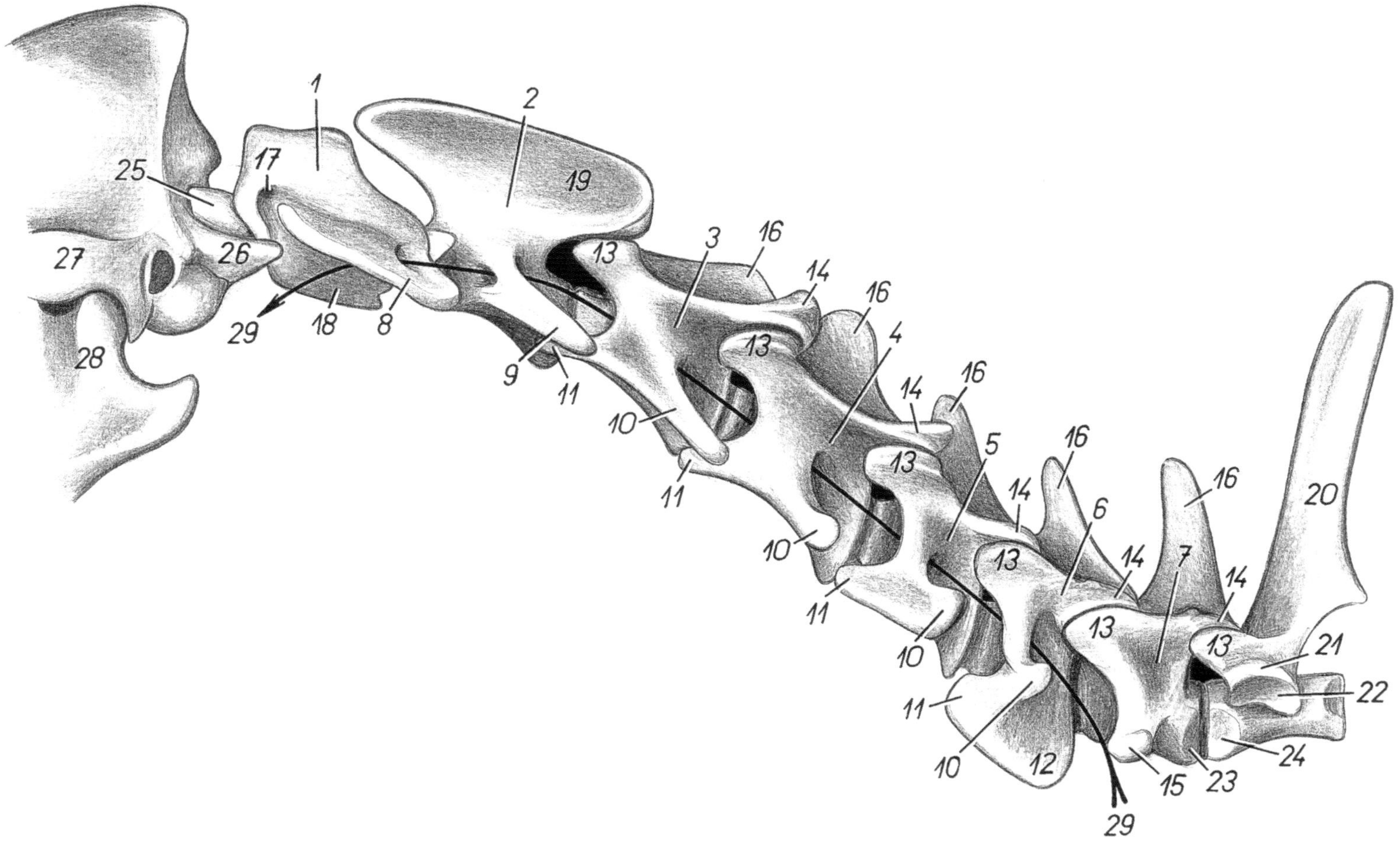

1.–7. *Vertebrae cervicales I–VII* – 1.–7. Halswirbel
1. *Atlas* – 1. Halswirbel
2. *Axis* – 2. Halswirbel
8. *Processus transversus atlantis* – Querfortsatz des 1. Halswirbels
9. *Processus transversus axis* – Querfortsatz des 2. Halswirbels
10. *Processus transversi – Tubercula dorsalia* – Querfortsätze – dorsale Höckerchen
11. *Processus transversi – Tubercula ventralia* – Querfortsätze – ventrale Höckerchen
12. *Lamina ventralis processus transversi (vertebrae cervicalis VI)* – ventrale Platte des Querfortsatzes des 6. Halswirbels
13. *Processus articulares craniales* – kraniale Gelenkfortsätze
14. *Processus articulares caudales* – kaudale Gelenkfortsätze
15. *Processus transversus vertebrae cervicalis VII* – Querfortsatz des 7. Halswirbels
16. *Processus spinosi* – Dornfortsäzte
17. *Foramen vertebrale laterale atlantis* – laterales Wirbelloch des 1. Halswirbels
18. *Arcus ventralis atlantis* – ventraler Bogen des 1. Halswirbels
19. *Processus spinosus axis* – Dornfortsatz des 2. Halswirbels
20. *Processus spinosus vertebrae thoracicae I* – Dornfortsatz des 1. Brustwirbels
21. *Processus transversus vertebrae thoracicae I* – Querfortsatz des 1. Brustwirbels
22. *Fovea costalis transversalis* – Rippengrube des Querfortsatzes
23. *Fovea costalis caudalis* – kaudale Rippengrube
24. *Fovea costalis cranialis* – kraniale Rippengrube
25. *Condylus occipitalis* – Gelenkknorren des Hinterhauptbeines
26. *Processus paracondylaris* – Muskelfortsatz des Hinterhauptbeines
27. *Arcus zygomaticus* – Jochbogen
28. *Mandibula* – Unterkiefer
29. *Canalis transversarius* – Querfortsatzkanal

Hund. Präparation des Halses. Oberflächliche Schicht nach Entfernung der Hautmuskeln, Ansicht von links.

Abbildung 189

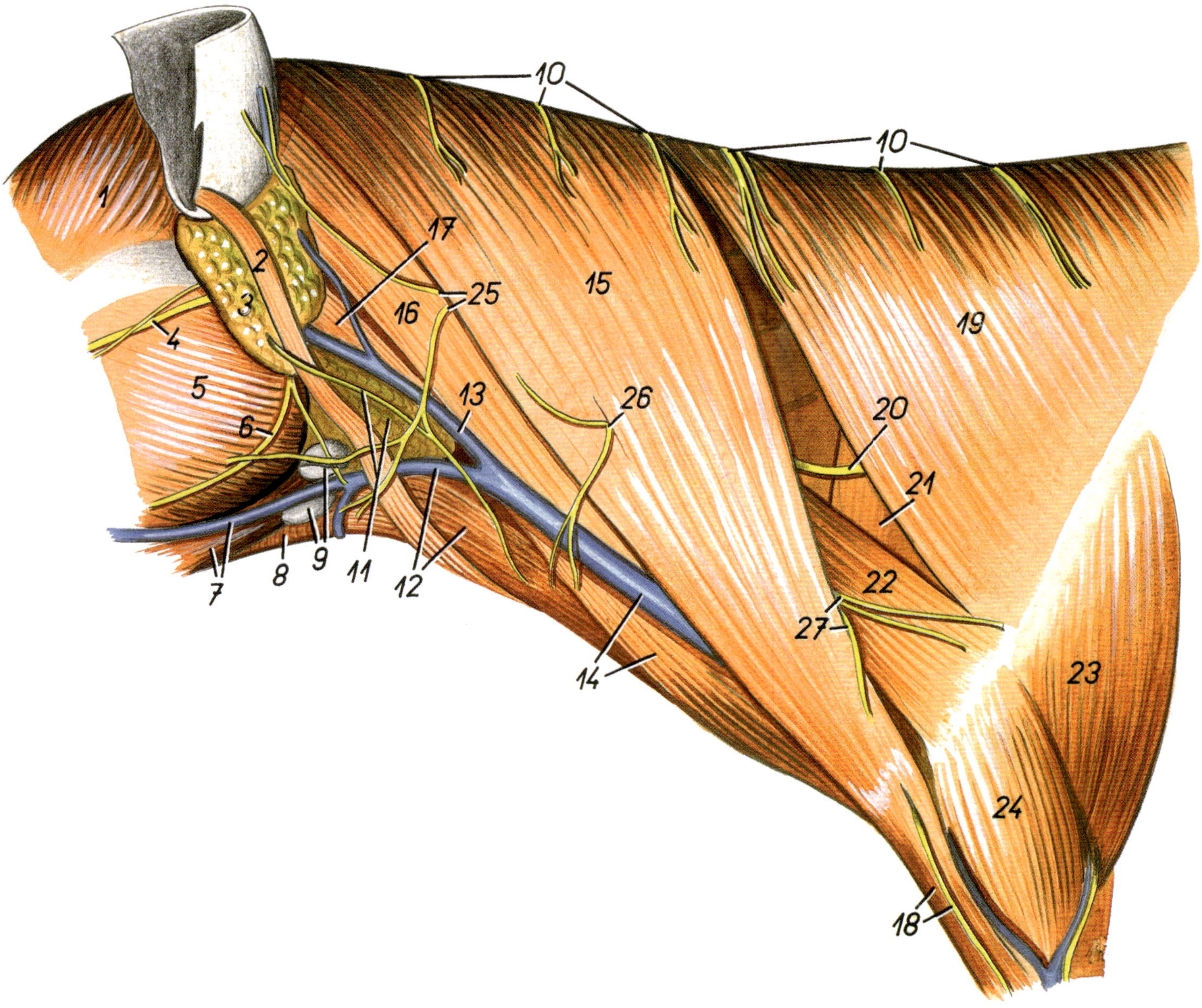

1. *M. temporalis* – Schläfenmuskel
2. *M. parotidoauricularis* – Ohrspeicheldrüsen-Ohrmuschelmuskel
3. *Glandula parotis* – Ohrspeicheldrüse
4. *Rami buccales ni. facialis* – Backenäste des Gesichtsnerven
5. *M. masseter* – äußerer Kaumuskel
6. *Ramus buccalis ventralis ni. facialis* – ventraler Backenast des Gesichtsnerven
7. *V. facialis, M. digastricus* – Gesichtsvene, zweibäuchiger Muskel
8. *M. mylohyoideus* – Kehlgangmuskel
9. *Lnn. mandibulares* – Unterkieferlymphknoten
10. *Rami cutanei nervorum cervicalium et thoracicorum* – Hautäste der Halsnerven und Brustkorbnerven
11. *Glandula mandibularis, Ramus colli ni. facialis* – Unterkieferdrüse, Halsast des Gesichtsnerven
12. *V. linguofacialis, M. sternohyoideus* – Zungen-Gesichtsvene, Brustbein-Zungenbeinmuskel
13. *V. maxillaris* – Oberkiefervene
14. *V. jugularis externa, M. sternocephalicus* – äußere Drosselvene, Brustbein-Kopfmuskel
15., 18. *M. brachiocephalicus* – Arm-Kopfmuskel
15. *M. cleidocervicalis* – Schlüsselbein-Halsmuskel
16. *M. sternooccipitalis* – Brustbein-Hinterhauptbeinmuskel
17. *M. sternomastoideus* – Brustbein-Warzenteilmuskel
18. *M. cleidobrachialis, N. supraclavicularis, ventralis et intermedius* – Schlüsselbein-Armmuskel, ventraler und mittlerer Überschlüsselbeinnerv
19. *Pars cervicalis mi. trapezii* – Halsteil des trapezförmigen Muskels
20. *Ramus dorsalis ni. accessorii* – dorsaler Ast des zusätzlichen Nerven
21. *M. supraspinatus* – Übergrätenmuskel
22. *M. omotransversarius* – Schulter-Querfortsatzmuskel
23. *Pars scapularis mi. deltoidei* – Schulterblatteil des deltaförmigen Muskels
24. *Pars acromialis mi. deltoidei* – Gräteneckteil des deltaförmigen Muskels
25. *N. cervicalis II* – 2. Halsnerv
26. *N. cervicalis III* – 3. Halsnerv
27. *N. cervicalis IV (N. supraclavicularis dorsalis)* – 4. Halsnerv (dorsaler Überschlüsselbeinnerv)

Hund. Präparation des Halses. Tiefe Schicht, Ansicht von links.

Abbildung 190

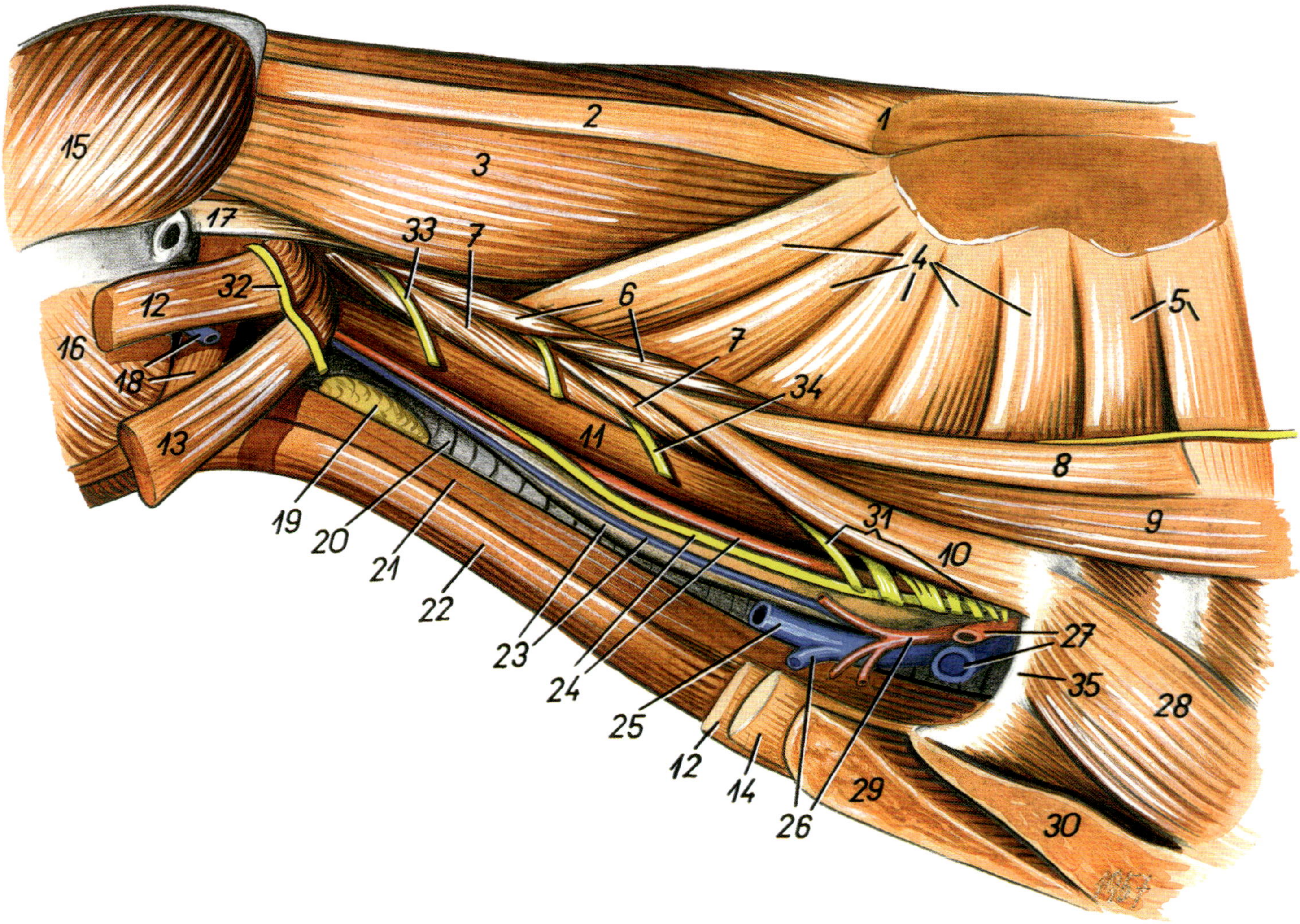

1. *M. rhomboideus cervicis* – Halsportion des rautenförmigen Muskels
2. *M. rhomboideus capitis* – Kopfportion des rautenförmigen Muskels
3. *M. splenius (capitis)* – Riemenmuskel (Kopfportion)
4. *M. serratus ventralis cervicis* – Halsportion des ventralen gesägten Muskels
5. *M. serratus ventralis thoracis* – Brustkorbportion des ventralen gesägten Muskels
6. *M. intertransversarius medius cervicis* – Halsportion des mittleren Querfortsatzmuskels
7. *M. intertransversarius ventralis cervicis* – ventraler Querfortsatzmuskel
8., 9. *M. scalenus dorsalis* – dorsaler Rippenhalter
10. *M. scalenus medius* – mittlerer Rippenhalter
11. *M. longus capitis* – langer Kopfmuskel
12. *M. sternomastoideus* – Brustbein-Warzenteilmuskel
13. *M. cleidomastoideus* – Schlüsselbein-Warzenteilmuskel
14. *M. sternooccipitalis* – Brustbein-Hinterhauptbeinmuskel
15. *M. temporalis* – Schläfenmuskel
16. *M. masseter* – äußerer Kaumuskel
17. *M. longissimus capitis* – Kopfportion des längsten Muskels
18. *M. digastricus, V. maxillaris* – zweibäuchiger Muskel, Oberkiefervene
19. *Glandula thyroidea* – Schilddrüse
20. *Trachea* – Luftröhre
21. *M. sternothyroideus* – Brustbein-Schildknorpelmuskel
22. *M. sternohyoideus* – Brustbein-Zungenbeinmuskel
23. *Esophagus, V. jugularis interna* – Speiseröhre, innere Drosselvene
24. *A. carotis communis, Truncus vagosympathicus* – gemeinsame Kopfarterie, gemeinsamer Stamm des Vagus- und Sympathikusnerven
25. *V. jugularis externa* – äußere Drosselvene
26. *V. cephalica, A. cervicalis superficialis* – Kopfvene des Oberarmes, oberflächliche Halsarterie
27. *A. et V. axillaris* – Achselarterie und -vene
28. *M. rectus thoracis* – gerader Brustkorbmuskel
29. *M. pectoralis superficialis* – oberflächlicher Brustmuskel
30. *M. pectoralis profundus (M. pectoralis ascendens)* – tiefer Brustmuskel (aufsteigender Brustmuskel)
31. *Plexus brachialis* – Armgeflecht
32. *N. cervicalis I* – 1. Halsnerv
33. *N. cervicalis II* – 2. Halsnerv
34. *N. cervicalis IV* – 4. Halsnerv
35. *Costa prima* – 1. Rippe

Hund. Tiefe Schicht der Halsmuskulatur, Ansicht von links.

Abbildung 191

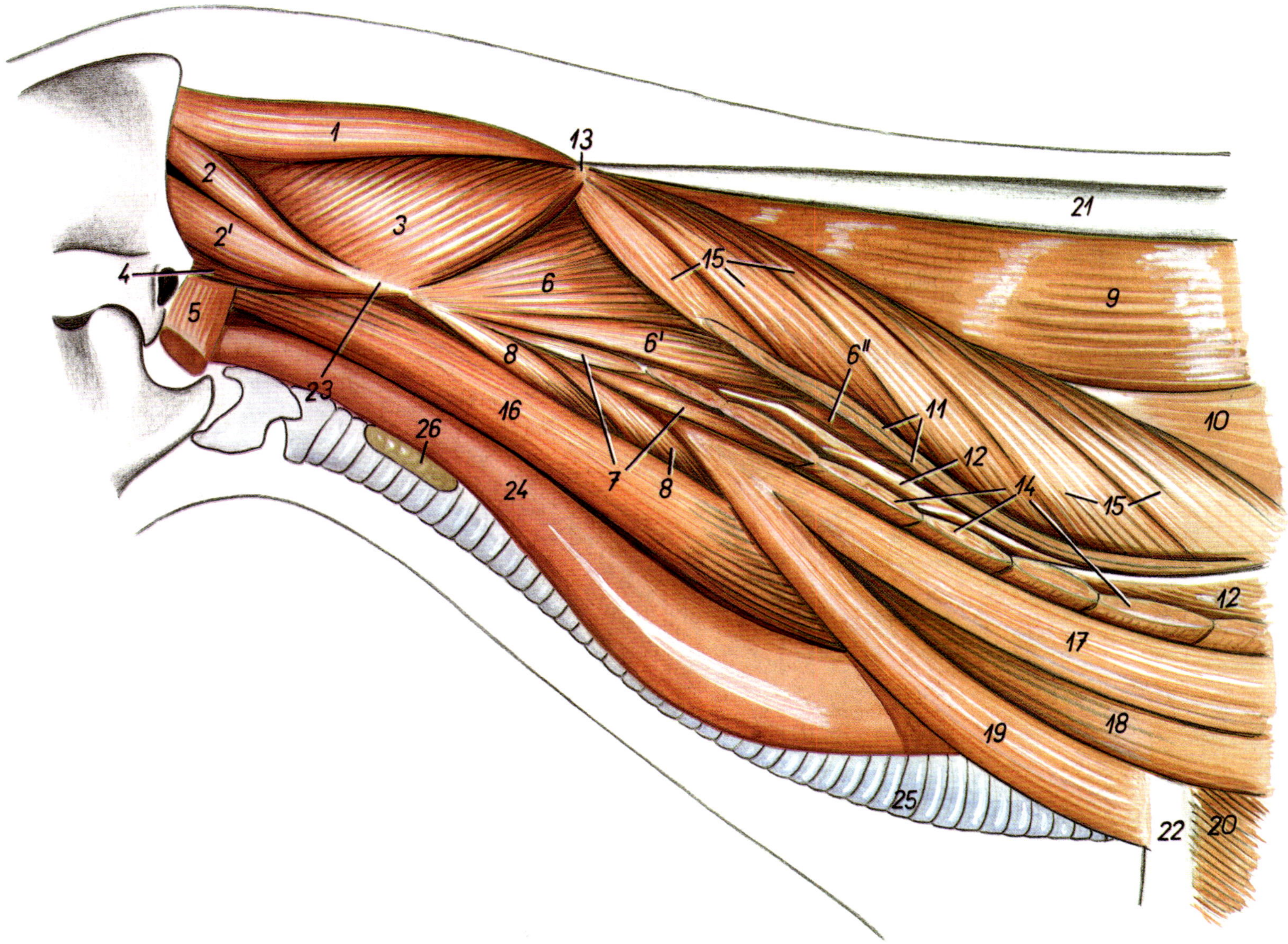

1. *M. rectus capitis dorsalis major* – dorsaler grosser gerader Kopfmuskel
2., 2'. *M. obliquus capitis cranialis* – kranialer schiefer Kopfmuskel
3. *M. obliquus capitis caudalis* – kaudaler schiefer Kopfmuskel
4. *M. rectus capitis lateralis* – lateraler gerader Kopfmuskel
5. *M. digastricus* – zweibäuchiger Muskel
6., 6'., 6''. *Mm. intertransversarii dorsales cervicis* – Halsportion der dorsalen Zwischenquerfortsatzmuskeln
7. *Mm. intertransversarii medii cervicis* – Halsportion der mittleren Zwischenquerfortsatzmuskeln
8. *Mm. intertransversarii ventrales cervicis* – Halsportion der ventralen Zwischenquerfortsatzmuskeln
9. *M. spinalis cervicis* – Halsportion des Dornfortsatzmuskels
10. *M. spinalis et semispinalis thoracis* – Brustkorbportion des Dornfortsatzmuskels und des Halbdornfortsatzmuskels
11. *Origo mi. longissimi capitis et mi. complexi* – Ursprung der Kopfportion des längsten Muskels und des geflochtenen Muskels
12. *M. longissimus cervicis* – Halsportion des längsten Muskels
13. *Processus spinosus axis* – Dornfortsatz des 2. Halswirbels
14. *M. serratus ventralis cervicis (Insertiones)* – Halsportion des ventralen gesägten Muskels (Ansatzpunkte)
15. *M. multifidus cervicis* – Halsportion des vielgeteilten Muskels
16. *M. longus capitis* – langer Kopfmuskel
17., 18. *M. scalenus dorsalis* – Rippenhalter
19. *M. scalenus medius* – mittlerer Rippenhalter
20. *Mm. intercostales externi* – äußere Zwischenrippenmuskeln
21. *Ligamentum nuchae* – Nackenband
22. *Costa prima* – 1. Rippe
23. *Processus transversus atlantis* – Querfortsatz des 1. Halswirbels
24. *Esophagus* – Speiseröhre
25. *Trachea* – Luftröhre
26. *Glandula thyroidea* – Schilddrüse

Hund. Querschnitt durch den Hals in Höhe des 2. Halswirbels, Ansicht von kaudal.

Abbildung 192

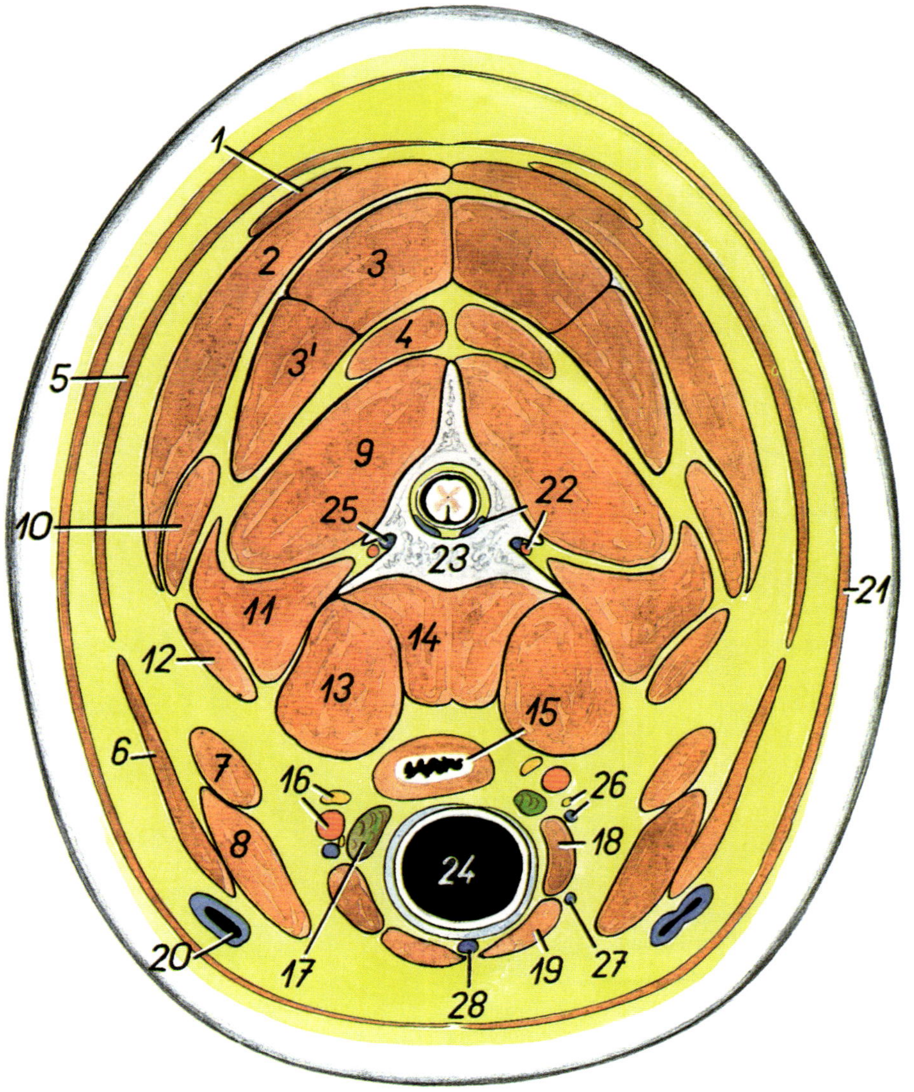

1. *M. rhomboideus capitis* – Kopfportion des rautenförmigen Muskels
2. *M. splenius (capitis)* – Riemenmuskel (Halsportion)

3., 3'. *M. semispinalis capitis* – Kopfportion des Halbdornfortsatzmuskels

3. *M. biventer cervicis* – zweibäuchiger Muskel des Halses

3'. *M. complexus* – geflochtener Muskel

4. *M. rectus capitis dorsalis major* – dorsaler großer gerader Kopfmuskel
5. *M. cleidocervicalis* – Schlüsselbein-Kopfmuskel
6. *M. sternooccipitalis* – Brustbein-Hinterhauptbeinmuskel
7. *M. cleidomastoideus* – Schlüsselbein-Warzenteilmuskel
8. *M. sternomastoideus* – Brustbein-Warzenteilmuskel
9. *M. obliquus capitis caudalis* – kaudaler schiefer Kopfmuskel
10. *M. longissimus capitis (et atlantis)* – Kopfportion (und Atlasportion) des längsten Muskels
11. *Mm. intertransversarii cervicis* – Halsportion der Zwischenquerfortsatzmuskeln
12. *M. omotransversarius* – Schulter-Querfortsatzmuskel
13. *M. longus capitis* – langer Kopfmuskel
14. *M. longus colli* – langer Halsmuskel
15. *Esophagus* – Speiseröhre
16. *A. carotis communis, Truncus vagosympathicus* – gemeinsame Kopfarterie, gemeinsamer Stamm des Vagus- und Sympathikusnerven
17. *Glandula thyroidea* – Schilddrüse
18. *M. sternothyroideus* – Brustbein-Schildknorpelmuskel
19. *M. sternohyoideus* – Brustbein-Zungenbeinmuskel
20. *V. jugularis externa* – äußere Drosselvene
21. *Mm. cutanei (Platysma et Sphincter colli superficialis)* – Hautmuskeln (plattenförmiger Muskel und oberflächlicher Halsschnürer)
22. *Plexus vertebralis internus, A. vertebralis* – inneres Wirbelgeflecht, Wirbelarterie
23. *Vertebra cervicalis II (axis)* – 2. Halswirbel
24. *Trachea* – Luftröhre
25. *V. vertebralis* – Wirbelvene
26. *N. laryngeus recurrens, V. jugularis interna* – zurücklaufender Kehlkopfnerv, innere Drosselvene
27. *Ramus thyroideus v. brachiocephalicae* – Schilddrüsenast der Arm-Kopfvene
28. *V. thyroidea caudalis* – kaudale Schilddrüsenvene

Hund. Querschnitt durch den Hals in Höhe des 3. Halswirbels, Ansicht von kaudal.

Abbildung 193

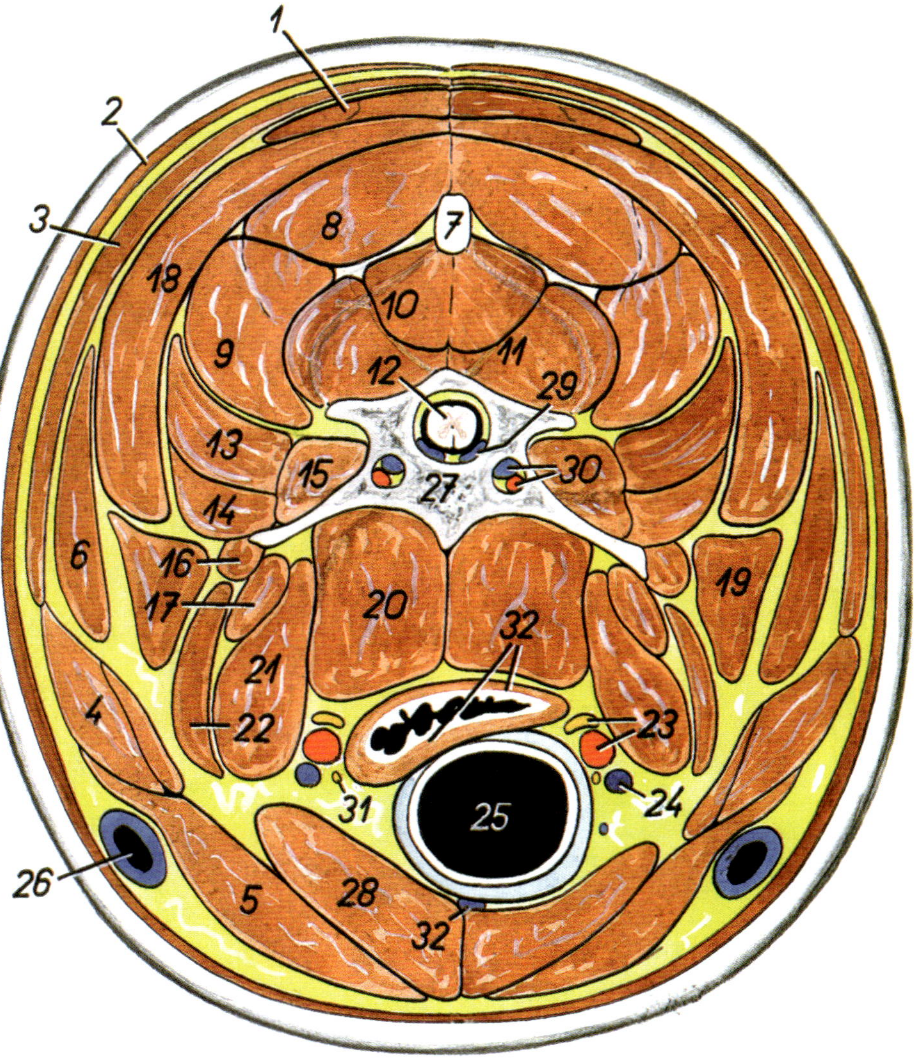

1. *M. rhomboideus cervicis et capitis* – Hals- und Kopfportion des rautenförmigen Muskels
2. *Mm. cutanei colli* – Halshautmuskeln
3. *M. brachiocephalicus (M. cleidocervicalis)* – Arm-Kopfmuskel (Schlüsselbein-Halsmuskel)
4. *M. sternooccipitalis et M. cleidomastoideus* – Brustbein-Hinterhauptmuskel und Schlüsselbein-Warzenteilmuskel
5. *M. sternomastoideus* – Brustbein-Warzenteilmuskel
6. *M. omotransversarius* – Schulter-Querfortsatzmuskel
7. *Ligamentum nuchae* – Nackenband
8., 9. *M. semispinalis capitis* – Kopfportion des Halbdornfortsatzmuskels
8. *M. biventer cervicis* – zweibäuchiger Muskel des Halses
9. *M. complexus* – geflochtener Muskel
10. *M. multifidus cervicis* – Halsportion des vielgeteilten Muskels
11. *M. spinalis cervicis* – Halsportion des Dornfortsatzmuskels
12. *Medulla spinalis* – Rückenmark
13. *M. longissimus capitis et atlantis* – Kopfportion (und Atlasportion) des längsten Muskels
14. *M. longissimus cervicis* – Halsportion des längsten Muskels
15. *M. intertransversarius dorsalis* – dorsaler Zwischenquerfortsatzmuskel
16. *M. intertransversarius medius* – mittlerer Zwischenquerfortsatzmuskel
17. *M. intertransversarius ventralis* – ventraler Zwischenquerfortsatzmuskel
18. *M. splenius (capitis)* – Riemenmuskel (Kopfportion)
19. *M. serratus ventralis cervicis* – Halsportion des ventralen gesägten Muskels
20. *M. longus colli* – langer Halsmuskel
21. *M. longus capitis* – langer Kopfmuskel
22. *M. scalenus medius* – mittlerer Rippenhalter
23. *A. carotis communis, Truncus vagosympathicus* – gemeinsame Kopfarterie, gemeinsamer Stamm des Vagus- und Sympathikusnerven
24. *V. jugularis interna* – innere Drosselvene
25. *Trachea* – Luftröhre
26. *V. jugularis externa* – äußere Drosselvene
27. *Vertebra cervicalis III* – 3. Halswirbel
28. *M. sternohyoideus et M. sternothyroideus* – Brustbein-Zungenbeinmuskel, Brustbein-Schildknorpelmuskel
29. *Plexus vertebralis internus* – inneres Wirbelgeflecht
30. *A. et V. vertebralis* – Wirbelarterie und -vene
31. *N. laryngeus recurrens* – zurücklaufender Kehlkopfnerv
32. *V. thyroidea caudalis* – kaudale Schilddrüsenarterie

32′. *Esophagus* – Speiseröhre

Hund. Querschnitt durch den Hals in Höhe des 5. Halswirbels, Ansicht von kaudal.

Abbildung 194

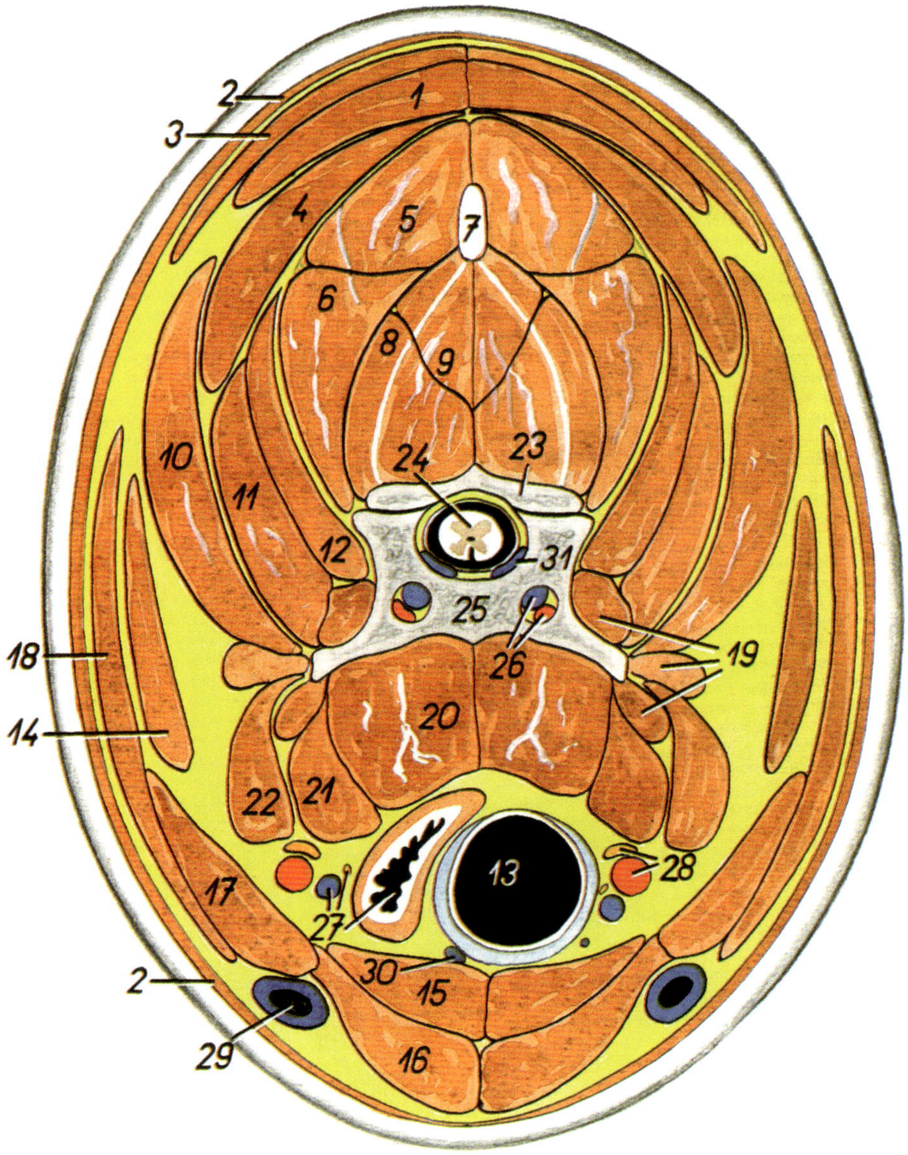

1. *M. rhomboideus cervicis et capitis* – Hals- und Kopfportion des rautenförmigen Muskels
2. *Mm. cutanei colli (Platysma et m. sphincter colli superficialis)* – Halshautmuskel (plattenförmiger Muskel und oberflächlicher Halsschnürer)
3. *Pars cervicalis mi. trapezii* – Halsteil des trapezförmigen Muskels
4. *M. splenius (capitis)* – Riemenmuskel (Kopfportion)
5. *M. biventer cervicis* – zweibäuchiger Muskel des Halses
6. *M. complexus* – geflochtener Muskel
7. *Ligamentum nuchae* – Nackenband
8. *M. multifidus cervicis* – Halsportion des vielgeteilten Muskels
9. *M. spinalis cervicis* – Halsportion des Dornfortsatzmuskels
10. *M. serratus ventralis cervicis* – Halsportion des ventralen gesägten Muskels
11. *M. longissimus cervicis* – Halsportion des längsten Muskels
12. *M. longissimus capitis et M. longissimus atlantis* – Kopf- und Atlasportion des längsten Muskels
13. *Trachea* – Luftröhre
14. *M. omotransversarius* – Schulter-Querfortsatzmuskel
15. *M. sternohyoideus et M. sternothyroideus* – Brustbein-Zungenbeinmuskel und Brustbein-Schildknorpelmuskel
16. *M. sternocephalicus* – Brustbein-Kopfmuskel

17., 18. *M. brachiocephalicus* – Arm-Kopfmuskel

17. *M. cleidomastoideus* – Schlüsselbein-Warzenteilmuskel
18. *M. cleidocervicalis* – Schlüsselbein-Halsmuskel
19. *Mm. intertransversarii* – Zwischenquerfortsatzmuskeln
20. *M. longus colli* – langer Halsmuskel
21. *M. longus capitis* – langer Kopfmuskel
22. *M. scalenus medius* – mittlerer Rippenhalter
23. *Arcus vertebrae cervicalis IV* – Bogen des 4. Halswirbels
24. *Medulla spinalis* – Rückenmark
25. *Vertebra cervicalis V* – 5. Halswirbel
26. *A. et V. vertebralis* – Wirbelarterie und -vene
27. *V. jugularis interna, Esophagus, N. laryngeus recurrens* – innere Drosselvene, Speiseröhre, zurücklaufender Kehlkopfnerv
28. *A. carotis communis, Truncus vagosympathicus* – gemeinsame Kopfarterie, gemeinsamer Stamm des Vagus- und Sympathikusnerven
29. *V. jugularis externa* – äußere Drosselvene
30. *V. thyroidea caudalis* – kaudale Schilddrüsenvene

Hund. Topographie der Gefäße der kaudalen Hals- und kranialen Brustkorbgegend, Ansicht von links.

Abbildung 195

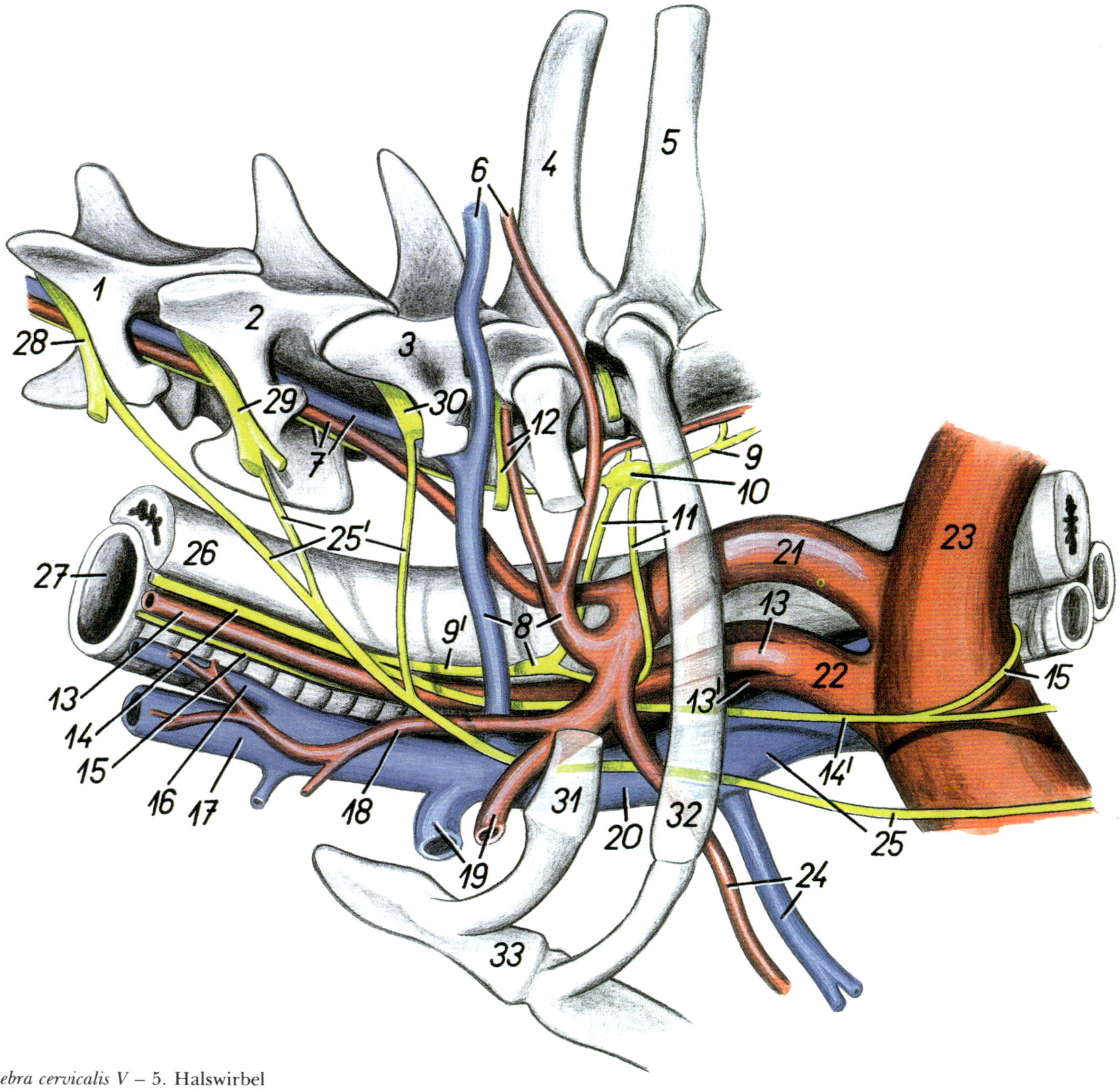

1. *Vertebra cervicalis V* – 5. Halswirbel
2. *Vertebra cervicalis VI* – 6. Halswirbel
3. *Vertebra cervicalis VII* – 7. Halswirbel
4. *Vertebra thoracica I* – 1. Brustwirbel
5. *Vertebra thoracica II* – 2. Brustwirbel
6. *A. et V. cervicalis profunda* – tiefe Halsarterie und -vene
7. *A., V. et N. vertebralis* – Wirbelarterie, -vene und -nerv
8. *V. costocervicalis, Truncus costocervicalis, Ganglion cervicale medium* – Rippen-Halsvene, Stamm der Rippen-Halsarterie, mittlerer Nervenknoten des Halses
9. *Truncus sympathicus – Pars thoracica* – Stamm des Sympathikusnerven (Brustteil)

9'. *Truncus sympathicus – Pars cervicalis* – Stamm des Sympathikusnerven (Halsteil)

10. *Ggl. cervicothoracicum* – Hals-Brustnervenknoten
11. *Ansa subclavia* – Unterschlüsselbeinschlinge
12. *A. scapularis dorsalis, N. cervicalis VIII* – dorsale Schulterblattarterie, 8. Halsnerv
13. *A. carotis communis sinistra* – linke gemeinsame Kopfarterie

13'. *A. carotis communis dextra* – rechte gemeinsame Kopfarterie

14. *Truncus vagosympathicus* – gemeinsamer Stamm des Vagus- und Sympathikusnerven

14'. *N. vagus* – Vagusnerv

15. *N. laryngeus recurrens* – zurücklaufender Kehlkopfnerv
16. *V. jugularis interna* – innere Drosselvene
17. *V. jugularis externa* – äußere Drosselvene
18. *A. cervicalis superficialis* – oberflächliche Halsarterie
19. *A. et V. axillaris* – Achselarterie und -vene
20. *V. brachiocephalica sinistra* – linke Arm-Kopfvene
21. *A. subclavia sinistra* – linke Unterschlüsselbeinarterie
22. *Truncus brachiocephalicus* – Stamm der Arm-Kopfarterie
23. *Aorta* – große Körperschlagader
24. *A. thoracica interna, Truncus communis vv. thoracicarum internum* – innere Brustkorbarterie, gemeinsamer Stamm der inneren Brustkorbvenen
25. *V. cava cranialis, N. phrenicus* – kraniale Hohlvene, Zwerchfellnerv

25'. *Radices ni. phrenici* – Wurzeln des Zwerchfellnerven

26. *Esophagus* – Speiseröhre
27. *Trachea* – Luftröhre
28. *N. cervicalis V* – 5. Halsnerv
29. *N. cervicalis VI* – 6. Halsnerv
30. *N. cervicalis VII* – 7. Halsnerv
31. *Costa prima* – 1. Rippe
32. *Costa secunda* – 2. Rippe
33. *Sternum* – Brustbein

Hund. Topographie der Gefäße der kaudalen Hals- und kranialen Brustkorbgegend, Ansicht von rechts.

Abbildung 196

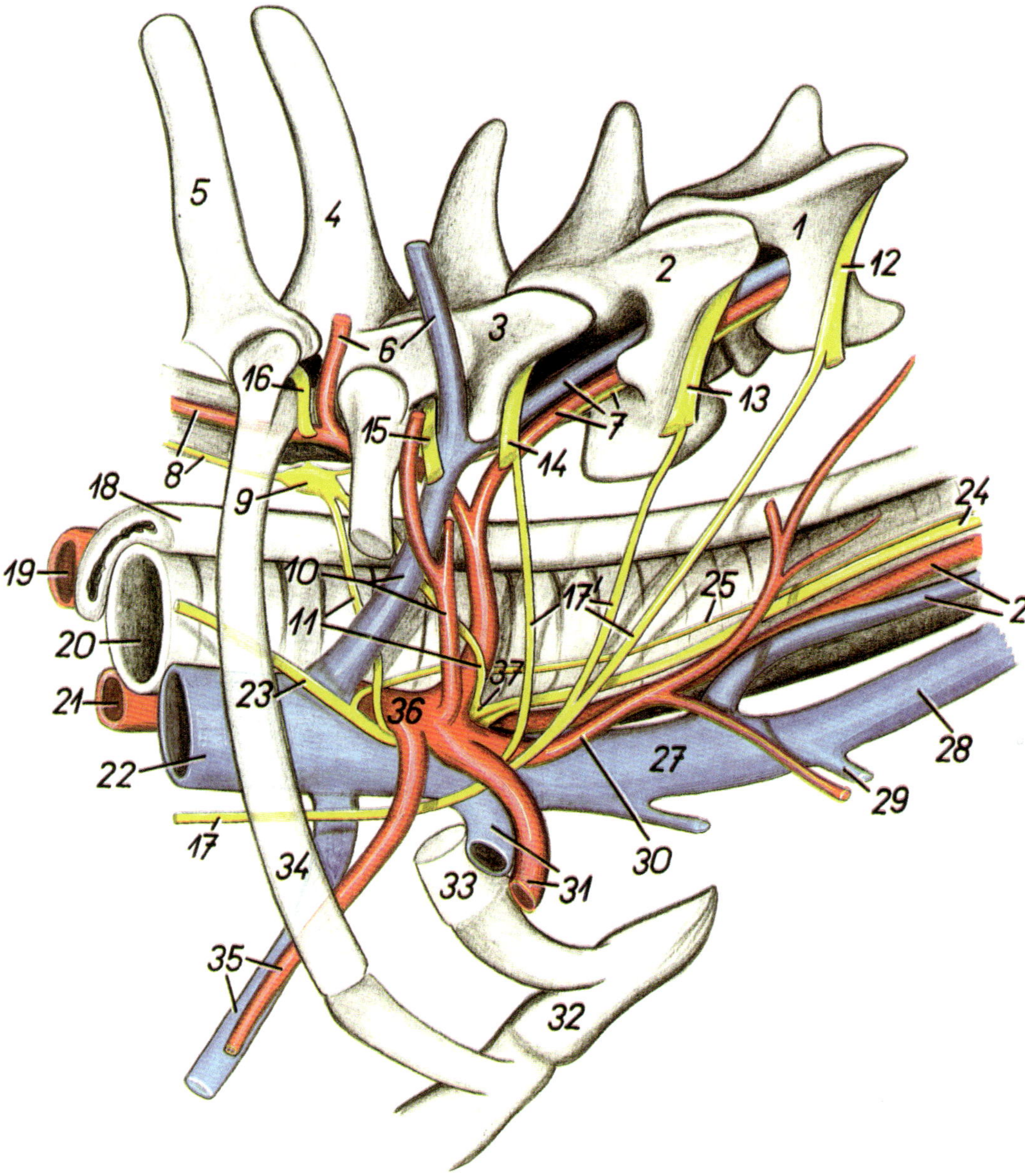

1. *Vertebra cervicalis V* – 5. Halswirbel
2. *Vertebra cervicalis VI* – 6. Halswirbel
3. *Vertebra cervicalis VII* – 7. Halswirbel
4. *Vertebra thoracica I* – 1. Brustwirbel
5. *Vertebra thoracica II* – 2. Brustwirbel
6. *A. et V. cervicalis profunda* – tiefe Halsarterie und -vene
7. *A., V. et N. vertebralis* – Wirbelarterie, -vene und -nerv
8. *A. vertebralis thoracica, Truncus sympathicus* – Brustwirbelarterie, Stamm des Sympathikusnerven
9. *Ganglion cervicothoracicum* – Hals-Brustnervenknoten
10. *V. costocervicalis, A. scapularis dorsalis* – Rippen-Halsvene, dorsale Schulterblattarterie
11. *Ansa subclavia* – Unterschlüsselbeinschlinge
12. *N. cervicalis V* – 5. Halsnerv
13. *N. cervicalis VI* – 6. Halsnerv
14. *N. cervicalis VII* – 7. Halsnerv
15. *N. cervicalis VIII* – 8. Halsnerv
16. *N. thoracicus I* – 1. Brustnerv
17. *N. phrenicus (et radices 17')* – Zwerchfellnerv (und Wurzeln 17')
18. *Esophagus* – Speiseröhre
19. *A. subclavia sinistra* – linke Unterschlüsselbeinarterie
20. *Trachea* – Luftröhre
21. *Truncus brachiocephalicus* – Stamm der Arm-Kopfarterie
22. *V. cava cranialis* – kraniale Hohlvene
23. *N. vagus* – Vagusnerv
24. *Truncus vagosympathicus* – gemeinsamer Stamm des Vagus- und Sympathikusnerven
25. *N. laryngeus recurrens* – zurücklaufender Kehlkopfnerv
26. *A. carotis communis, V. jugularis interna* – gemeinsame Kopfarterie, innere Drosselvene
27. *V. brachiocephalica dextra* – rechte Arm-Kopfvene
28. *V. jugularis externa* – äußere Drosselvene
29. *V. cephalica* – Kopfvene des Oberarmes
30. *A. cervicalis superficialis* – oberflächliche Halsarterie
31. *A. et V. axillaris* – Achselarterie und -vene
32. *Sternum* – Brustbein
33. *Costa prima* – 1. Rippe
34. *Costa secunda* – 2. Rippe
35. *A. thoracica interna, Truncus communis vv. thoracicarum internum* – innere Brustkorbarterie, gemeinsamer Stamm der Brustkorbvenen
36. *A. subclavia dextra* – rechte Unterschlüsselbeinarterie
37. *Ggl. cervicale medium* – mittlerer Halsnervenknoten

Katze. Schädel, Ansicht von links.

Abbildung 197

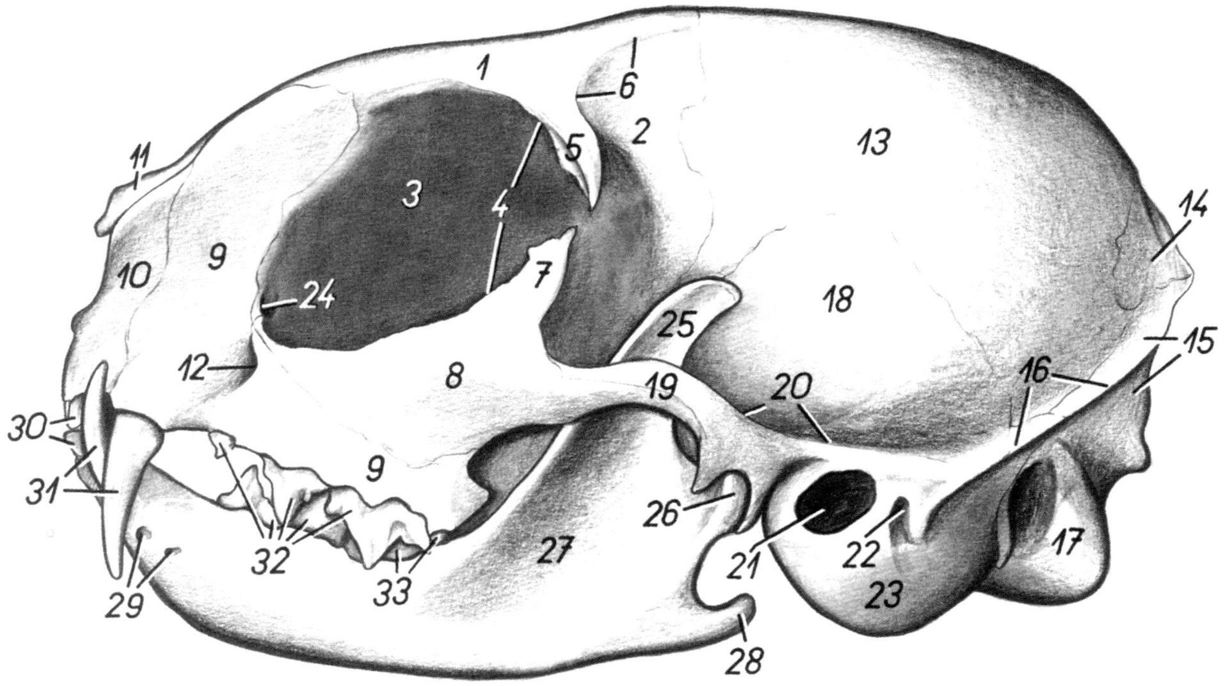

1. *Facies externa squamae frontalis* – Außenfläche der Stirnbeinschuppe
2. *Facies temporalis ossis frontalis* – Schläfenfläche des Stirnbeines
3. *Pars orbitalis ossis frontalis* – Augenhöhlenteil des Stirnbeines
4. *Margo orbitae* – Augenhöhlenrand
5. *Processus zygomaticus ossis frontalis* – Jochfortsatz des Stirnbeines
6. *Linea temporalis* – Schläfenbeinlinie
7. *Processus frontalis ossis zygomatici* – Stirnfortsatz des Jochbeines
8. *Os zygomaticum* – Jochbein
9. *Maxilla* – Oberkieferbein
10. *Os incisivum* – Zwischenkieferbein
11. *Os nasale* – Nasenbein
12. *Foramen infraorbitale* – Unteraugenhöhlenloch
13. *Os parietale (Calvaria)* – Scheitelbein (Schädeldach)
14. *Os interparietale* – Zwischenscheitelbein
15. *Squama occipitalis* – Hinterhauptschuppe
16. *Crista nuchae* – Nackenleiste
17. *Condylus occipitalis* – Gelenkknorren des Hinterhauptbeines
18. *Pars squamosa ossis temporalis* – Schuppenteil des Schläfenbeines
19. *Arcus zygomaticus* – Jochbogen
20. *Crista supramastoidea* – Leiste über dem Warzenteil
21. *Porus acusticus externus* – äußere Gehöröffnung
22. *Foramen stylomastoideum* – Griffelfortsatz-Warzenteilloch
23. *Bulla tympanica* – Paukenblase
24. *Fossa sacci lacrimalis* – Tränensackgrube
25. *Processus coronoideus mandibulae* – Muskelfortsatz des Unterkiefers
26. *Processus condylaris* – Gelenkfortsatz des Unterkiefers
27. *Fossa masseterica* – Kaumuskelgrube
28. *Processus angularis* – Winkelfortsatz
29. *Foramina mentalia* – Kinnlöcher
30. *Dentes incisivi* – Schneidezähne
31. *Dentes canini* – Eckzähne
32. *Dentes premolares* – vordere Backenzähne
33. *Dentes molares* – hintere Backenzähne

Katze. Schädel, Ansicht von ventral.

Abbildung 198

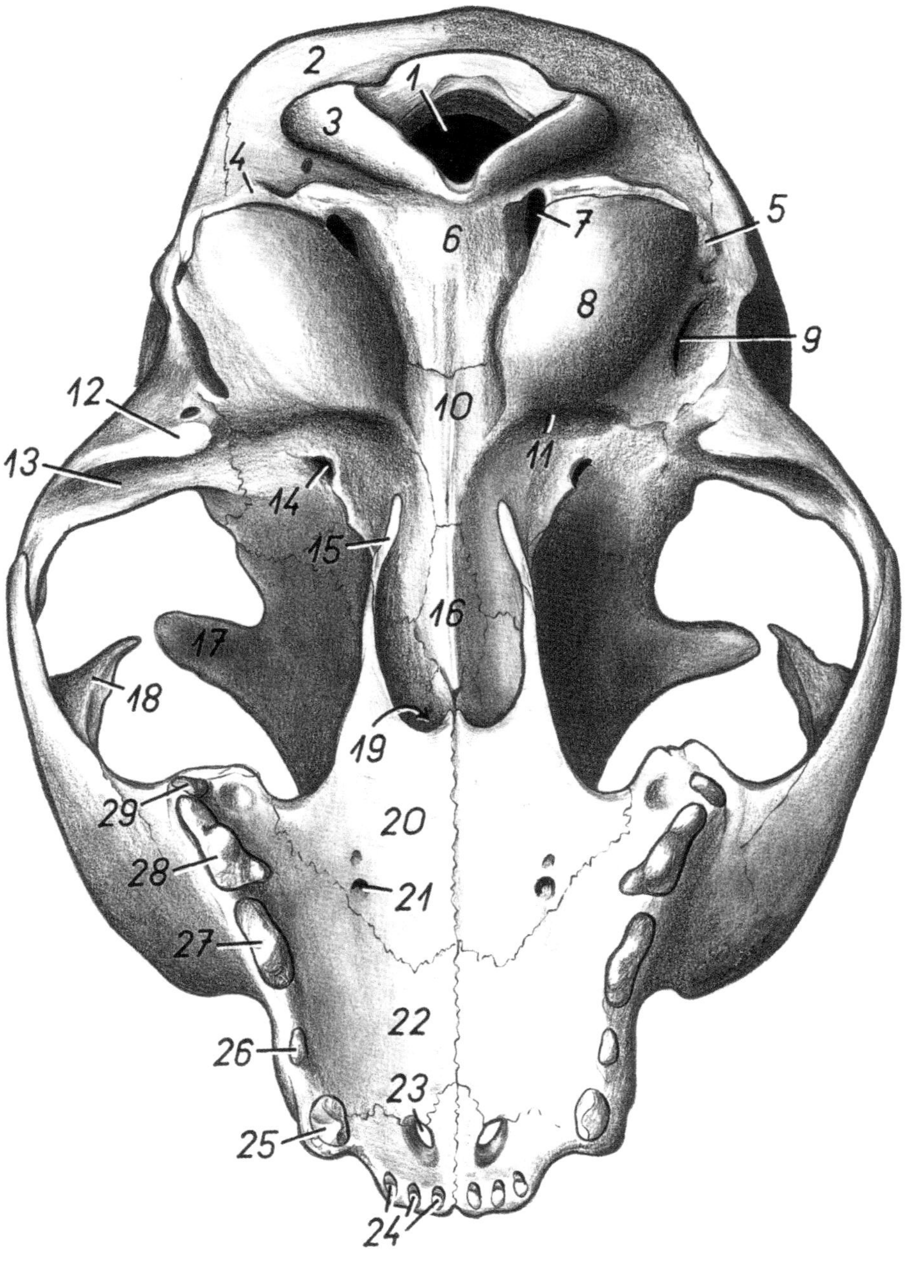

1. *Foramen magnum* – Hinterhauptloch
2. *Squama occipitalis* – Hinterhauptschuppe
3. *Condylus occipitalis* – Gelenkknorren des Hinterhauptbeines
4. *Processus paracondylaris* – Muskelfortsatz des Hinterhauptbeines
5. *Processus mastoideus ossis temporalis* – Warzenteilfortsatz des Schläfenbeines
6. *Pars basilaris ossis occipitalis* – Basisteil des Hinterhauptbeines
7. *Foramen jugulare* – Drosselöffnung
8. *Bulla tympanica* – Paukenblase
9. *Porus acusticus externus* – äußere Gehöröffnung
10. *Os basisphenoidale* – hinterer Teil des Keilbeines
11. *Canalis musculotubarius* – Muskel-Ohrtrompetenkanal
12. *Processus retroarticularis* – hinter dem Gelenk gelegener Fortsatz
13. *Fossa mandibularis* – Unterkiefergrube
14. *Foramen ovale* – ovales Loch
15. *Hamulus pterygoideus* – Häkchen des Flügelbeines
16. *Os presphenoidale* – vorderer Teil des Keilbeines
17. *Processus zygomaticus ossis frontalis* – Jochfortsatz des Stirnbeines
18. *Processus frontalis ossis zygomatici* – Stirnfortsatz des Jochbeines
19. *Choana (Meatus nasopharyngeus)* – Nasenrachenöffnung (Nasenrachengang)
20. *Os palatinum* – Gaumenbein
21. *Foramen palatinum majus* – großes Gaumenloch
22. *Processus palatinus maxillae* – Gaumenfortsatz des Oberkieferbeines
23. *Fissura palatina* – Gaumenspalte
24. *Dentes incisivi* – Schneidezähne
25. *Dens caninus* – Eckzahn
26. *Dens premolaris II* – 2. vorderer Backenzahn
27. *Dens premolaris III* – 3. vorderer Backenzahn
28. *Dens premolaris IV* – 4. vorderer Backenzahn
29. *Dens molaris* – hinterer Backenzahn

Katze. Präparation des Kopfes. Oberflächliche Schicht nach Entfernung der Hautmuskeln, Ansicht von links.

Abbildung 199

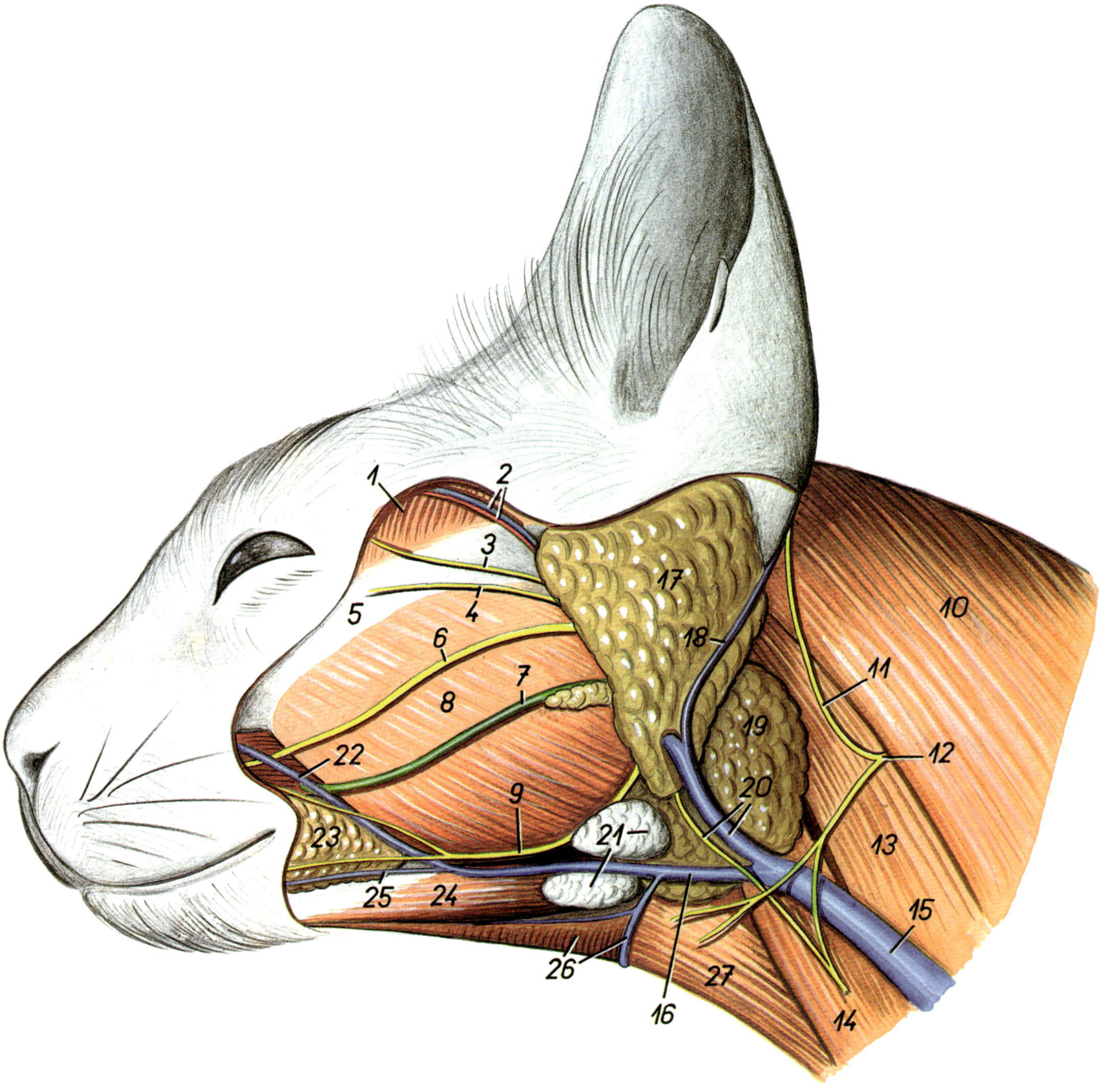

1. *M. temporalis* – Schläfenmuskel
2. *A. et V. temporalis superficialis* – oberflächliche Schläfenarterie und -vene
3., 4. *N. auriculopalpebralis* – Ohruschel-Augenlidnerv
5. *Arcus zygomaticus* – Jochbogen
6. *Rami buccales ni. facialis* – Backenäste des Gesichtsnerven
7. *Ductus parotideus* – Ohrspeicheldrüsenausführungsgang
8. *M. masseter* – äußerer Kaumuskel
9. *Ramus marginalis mandibulae* – Unterkieferrandast
10. *M. cleidocervicalis* – Schlüsselbein-Halsmuskel
11. *N. auricularis magnus* – großer Ohrmuschelnerv
12. *N. cervicalis II* – 2. Halsnerv
13. *M. sternooccipitalis* – Brustbein-Hinterhauptbeinmuskel
14. *M. sternomastoideus* – Brustbein-Warzenteilmuskel
15. *V. jugularis externa* – äußere Drosselvene
16. *V. linguofacialis* – Zungen-Gesichtsvene
17. *Glandula parotis* – Ohrspeicheldrüse
18. *V. auricularis caudalis* – kaudale Ohrmuschelvene
19. *Glandula mandibularis* – Unterkieferdrüse
20. *Ramus colli ni. facialis, V. maxillaris* – Halsast des Gesichtsnerven, Oberkiefervene
21. *Lnn. mandibulares* – Unterkieferlymphknoten
22. *V. facialis* – Gesichtsvene
23. *Glandulae buccales* – Backendrüsen
24. *M. digastricus* – zweibäuchiger Muskel
25. *V. labialis inferior* – Unterlippenvene
26. *Arcus hyoideus et M. mylohyoideus* – Zungenbeinbogen und Kehlgangmuskel
27. *M. sternohyoideus* – Brustbein-Zungenbeinmuskel

Katze. Präparation des Kopfes. Tiefe Schicht, nach Entfernung eines Teils der linken Unterkieferhälfte, Ansicht von links.

Abbildung 200

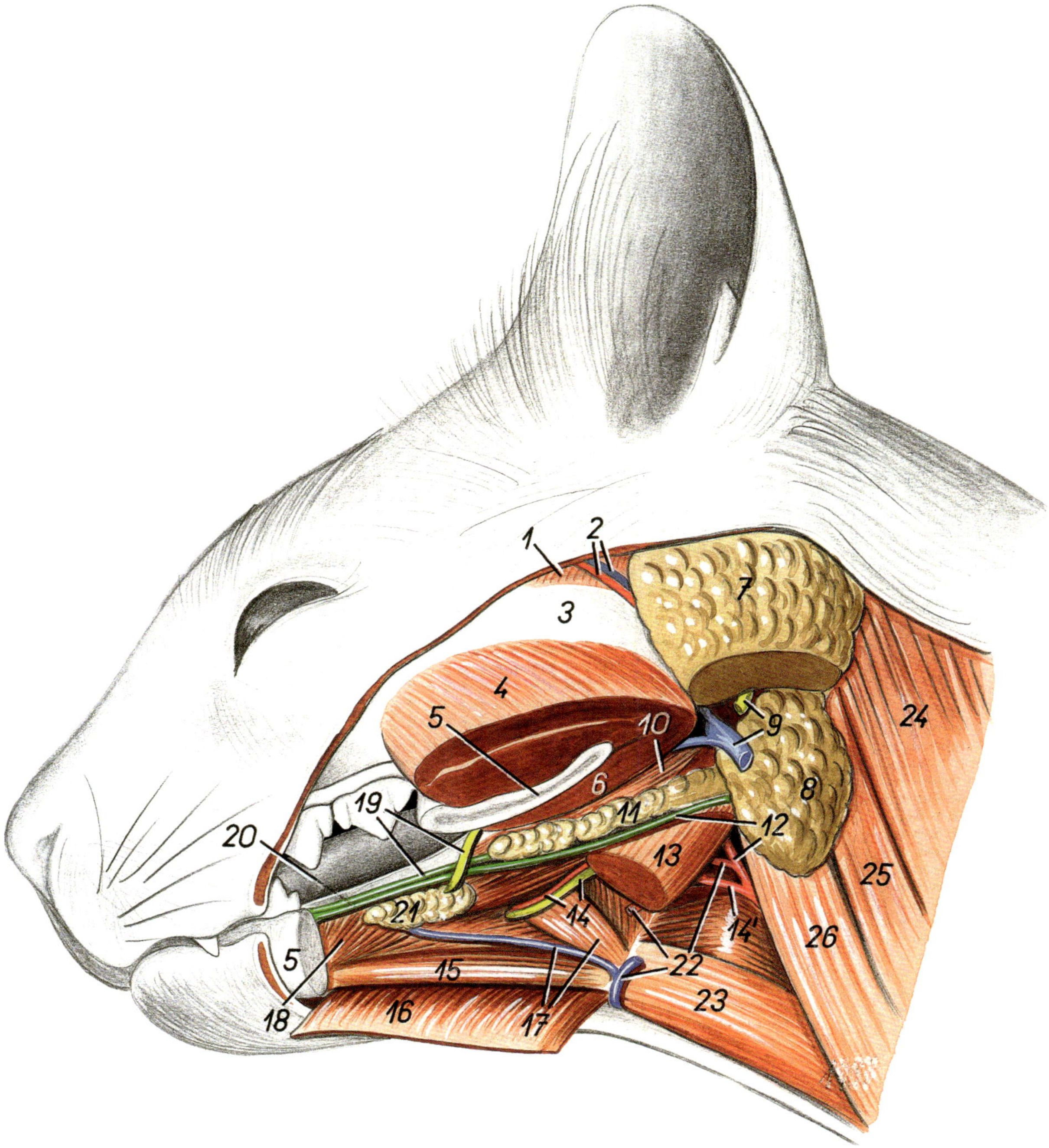

1. *M. temporalis* – Schläfenmuskel
2. *A. et V. temporalis superficialis* – oberflächliche Schläfenarterie und -vene
3. *Arcus zygomaticus* – Jochbogen
4. *M. masseter* – äußerer Kaumuskel
5. *Mandibula* – Unterkiefer
6. *M. pterygoideus* – innerer Kaumuskel
7. *Glandula parotis* – Ohrspeicheldrüse
8. *Glandula mandibularis* – Unterkieferdrüse
9. *V. maxillaris, N. facialis* – Oberkiefervene, Gesichtsnerv
10. *M. styloglossus* – großer Zungenbeinast-Zungenmuskel
11. *Glandula sublingualis monostomatica* – Unterzungendrüse mit einer Mündung
12. *Ductus mandibularis, A. carotis externa* – Unterkieferdrüsenausführungsgang, äußere Kopfarterie
13. *M. digastricus* – zweibäuchiger Muskel
14., 14'. *A. lingualis, N. hypoglossus* – Zungenarterie, Unterzungennerv
15. *M. geniohyoideus* – Kinn-Zungenbeinmuskel
16. *M. mylohyoideus* – Kehlgangmuskel
17. *M. hyoglossus, V. lingualis* – Zungenbein-Zungenmuskel, Zungenvene
18. *M. genioglossus* – Kinn-Zungenmuskel
19. *Ductus sublingualis major, N. lingualis* – großer Unterzungendrüsenausführungsgang, Zungennerv
20. *Lingua* – Zunge
21. *Glandula sublingualis polystomatica* – Unterzungendrüse mit mehreren Mündungen
22. *Arcus hyoideus, A. facialis* – Zungenbeinbogen, Gesichtsarterie
23. *M. sternohyoideus* – Brustbein-Zungenbeinmuskel
24. *M. cleidocervicalis* – Schlüsselbein-Halsmuskel
25. *M. sternooccipitalis* – Brustbein-Hinterhauptbeinmuskel
26. *M. sternomastoideus* – Brustbein-Warzenteilmuskel

Abbildung 201

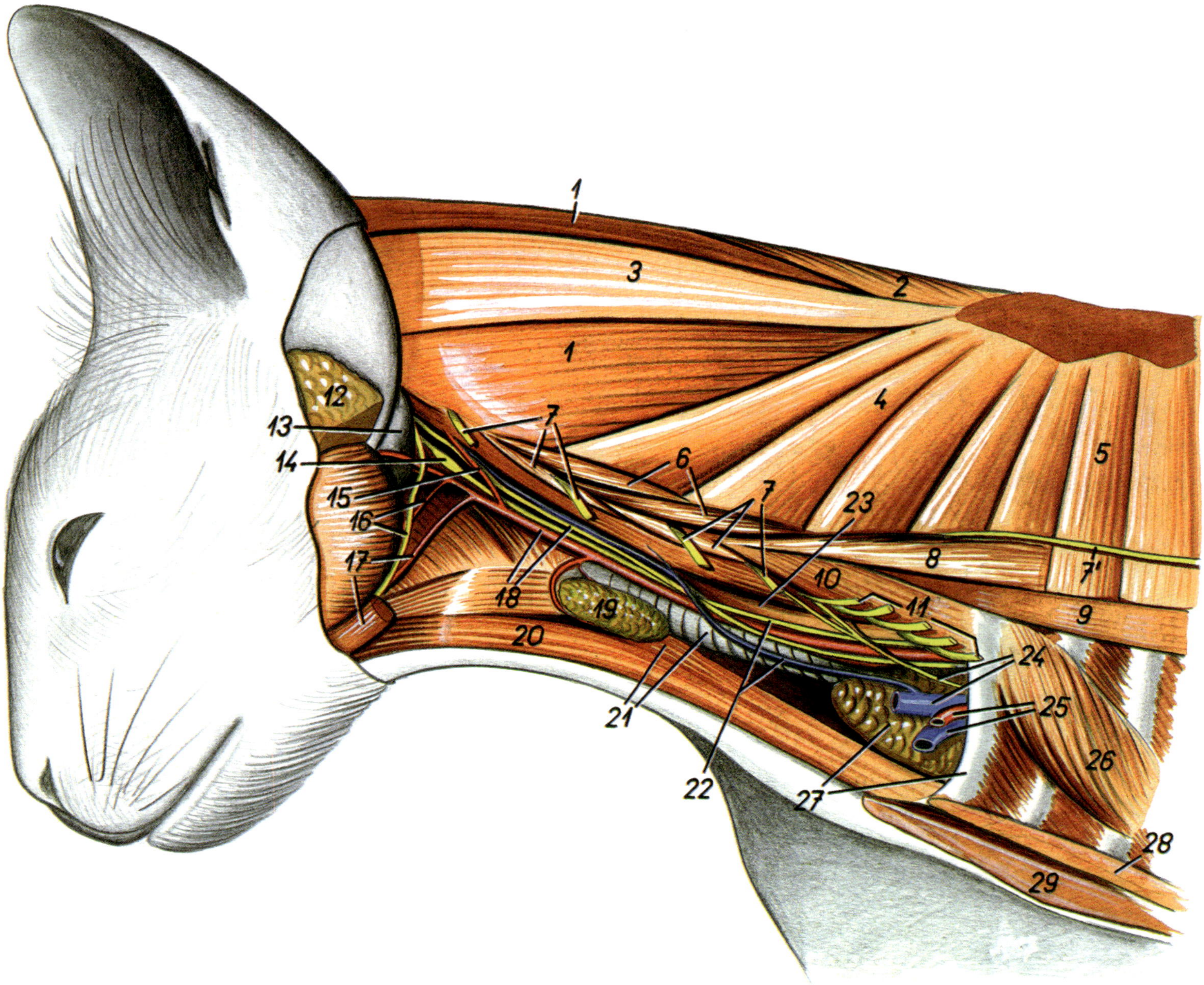

1. *M. splenius cervicis* – Halsportion des Riemenmuskels
2. *M. rhomboideus cervicis* – Halsportion des rautenförmigen Muskels
3. *M. rhomboideus capitis* – Kopfportion des rautenförmigen Muskels
4. *M. serratus ventralis cervicis* – Halsportion des ventralen gesägten Muskels
5. *M. serratus ventralis thoracis* – Brustkorbportion des ventralen gesägten Muskels
6. *Mm. intertransversarii medii cervicis* – Halsportion der mittleren Zwischenquerfortsatzmuskeln
7. *Nervi cervicales, Mm. intertransversarii ventrales cervicis* – Halsnerven, Halsportion der ventralen Zwischenquerfortsatzmuskeln

7'. *N. thoracicus longus* – langer Brustkorbnerv

8., 9. *M. scalenus dorsalis* – dorsaler Rippenhalter

10. *M. scalenus medius* – mittlerer Rippenhalter
11. *Plexus brachialis* – Armgeflecht
12. *Glandula parotis* – Ohrspeicheldrüse
13. *Bulla tympanica* – Paukenblase
14. *Ggl. cervicale craniale* – kranialer Halsnervenknoten
15. *Truncus a. carotidis internae et. a. occipitalis* – gemeinsamer Stamm der inneren Kopfarterie und der Hinterhauptarterie
16. *A. facialis, N. hypoglossus* – Gesichtsarterie, Unterzungennerv
17. *M. digastricus, A. lingualis* – zweibäuchiger Muskel, Zungenarterie
18. *A. carotis communis, N. vagus* – gemeinsame Kopfarterie, Vagusnerv
19. *Glandula thyroidea* – Schilddrüse
20. *M. sternohyoideus* – Brustbein-Zungenbeinmuskel
21. *M. sternothyroideus, Trachea* – Brustbein-Schildknorpelmuskel, Luftröhre
22. *Truncus sympathicus, V. jugularis interna* – Stamm des Sympathikusnerven, innere Drosselvene
23. *Esophagus* – Speiseröhre
24. *N. phrenicus, V. jugularis externa* – Zwerchfellnerv, äußere Drosselvene
25. *A. et V. axillaris* – Achselarterie und -vene
26. *M. rectus thoracis* – gerader Brustmuskel
27. *Thymus, Costa prima* – Thymus (Bries), 1. Rippe
28. *M. pectoralis profundus* – tiefer Brustmuskel
29. *M. pectoralis superficialis* – oberflächlicher Brustmuskel

Kaninchen. Schädel, Ansicht von links.

Abbildung 202

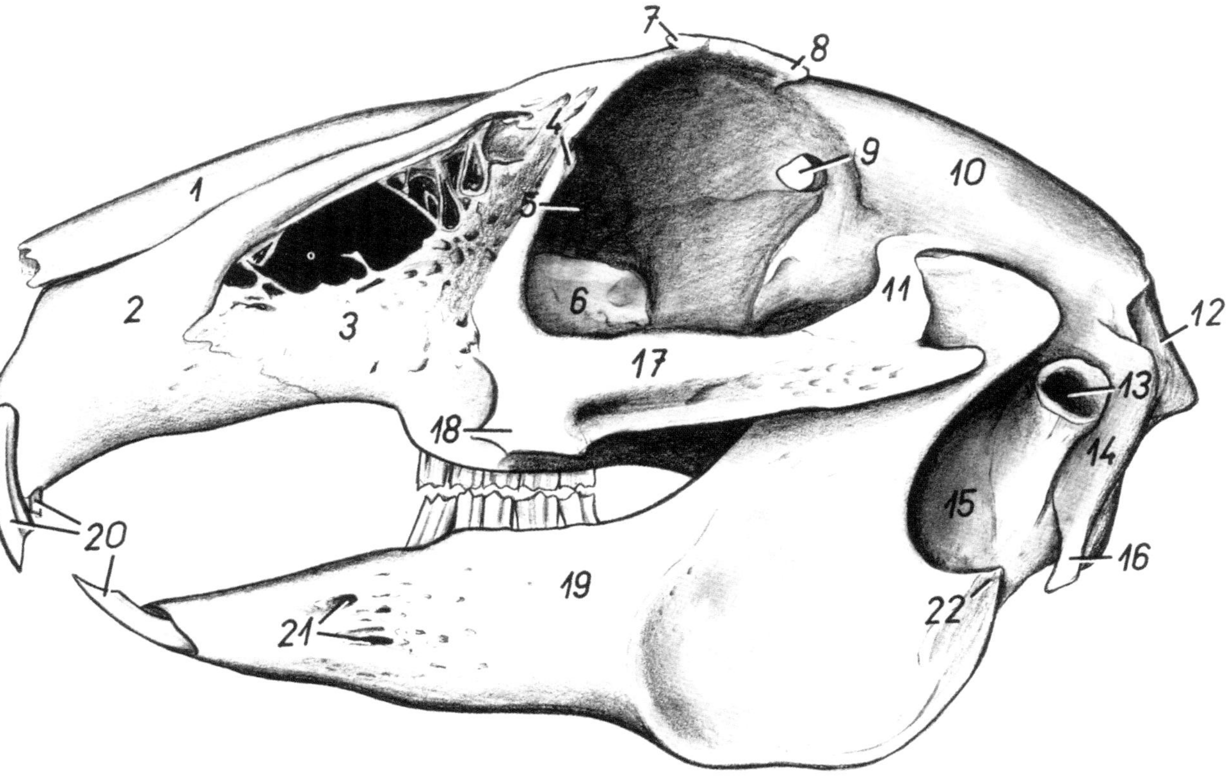

1. *Os nasale* – Nasenbein
2. *Os incisivum* – Zwischenkieferbein
3. *Maxilla* – Oberkieferbein
4. *Hamulus ossis lacrimalis* – Häkchen des Tränenbeines
5. *Os lacrimale* – Tränenbein
6. *Bulla alveolaris maxillae* – Zahnfachblase des Oberkieferbeines
7. *Processus supraorbitalis rostralis* – rostraler Überaugenhöhlenfortsatz
8. *Processus supraorbitalis caudalis* – kaudaler Überaugenhöhlenfortsatz
9. *Foramen ethmoidale* – Siebbeinloch
10. *Os parietale* – Scheitelbein
11. *Processus zygomaticus ossis temporalis* – Jochfortsatz des Schläfenbeines
12. *Squama occipitalis* – Hinterhauptschuppe
13. *Porus acusticus externus* – äußere Gehöröffnung
14. *Processus mastoideus ossis temporalis* – Warzenteilfortsatz des Schläfenbeines
15. *Bulla tympanica* – Paukenblase
16. *Processus paracondylaris* – Muskelfortsatz des Hinterhauptbeines
17. *Arcus zygomaticus* – Jochbogen
18. *Crista facialis* – Gesichtsleiste
19. *Mandibula* – Unterkiefer
20. *Dentes incisivi* – Schneidezähne
21. *Foramina mentalia* – Kinnlöcher
22. *Processus angularis mandibulae* – Winkelfortsatz des Unterkiefers

Kaninchen. Präparation des Kopfes und der angrenzenden Halspartien. Oberflächliche Schicht nach Entfernung der Hautmuskeln, Ansicht von links.

Abbildung 203

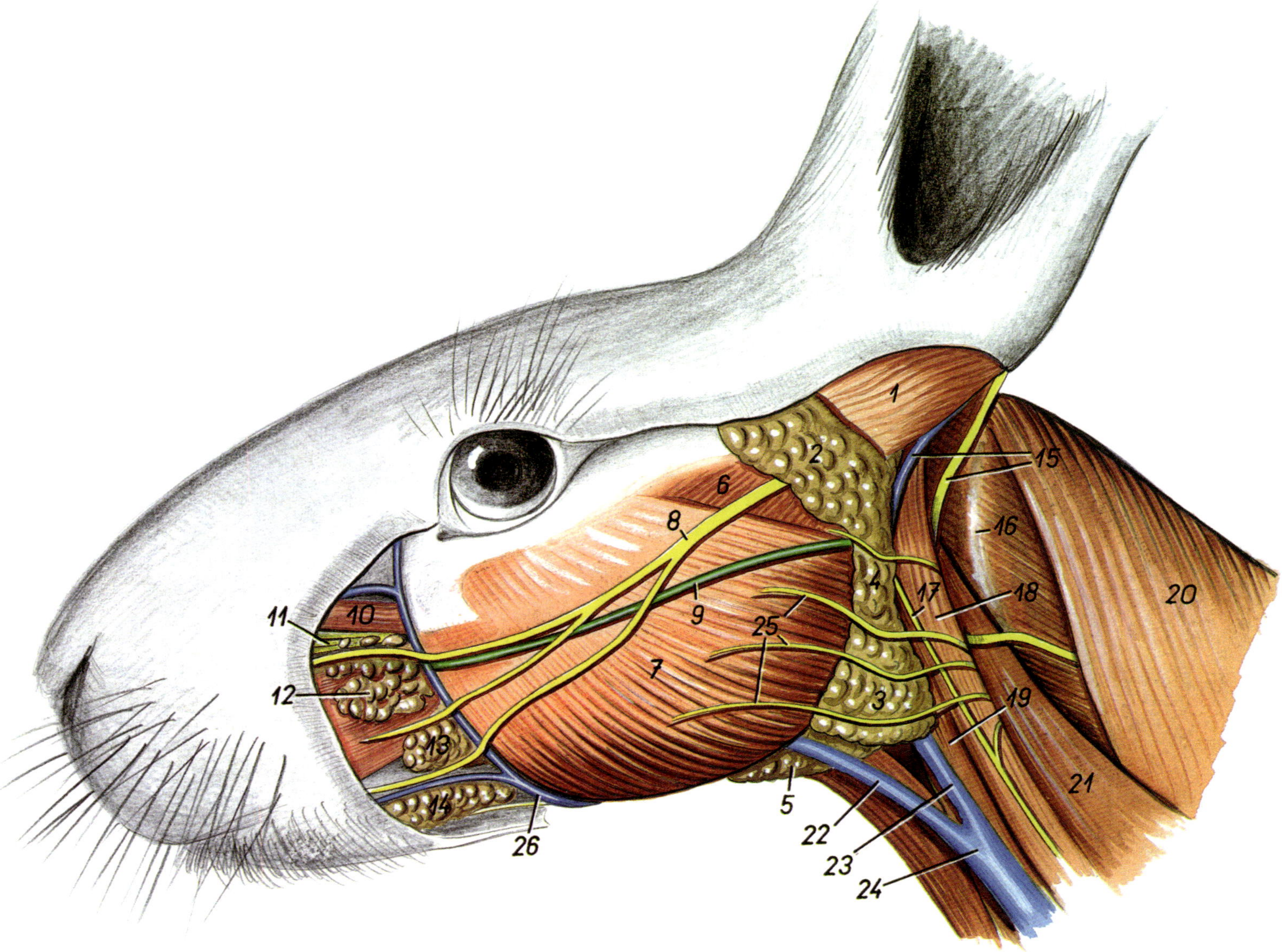

1. *M. parotidoauricularis* – Ohrspeicheldrüsen-Ohrmuschelmuskel
2. *Pars dorsalis glandulae parotidis* – dorsaler Teil der Ohrspeicheldrüse
3. *Pars ventralis glandulae parotidis* – ventraler Teil der Ohrspeicheldrüse
4. *Isthmus glandulae parotidis* – schmale Gewebebrücke der Ohrspeicheldrüse
5. *Glandula mandibularis* – Unterkieferdrüse
6. *Pars profunda mi. masseteris* – tiefer Teil des äußeren Kaumuskels
7. *Pars superficialis mi. masseteris* – oberflächlicher Teil des äußeren Kaumuskels
8. *N. facialis, Rami buccales* – Gesichtsnerv, Backenäste
9. *Ductus parotideus* – Ohrspeicheldrüsenausführungsgang
10. *M. levator labii maxillaris* – Oberlippenheber
11. *N. infraorbitalis* – Unteraugenhöhlennerv
12. *Glandula buccalis dorsalis* – dorsale Backendrüsen
13. *Glandula masseterica* – Kaumuskeldrüse
14. *Glandula buccalis ventralis* – ventrale Backendrüse
15. *V. auricularis caudalis, N. auricularis magnus* – kaudale Ohrmuschelvene, großer Ohrmuschelnerv
16. *Processus transversus atlantis* – Querfortsatz des 1. Halswirbels
17. *Ramus colli ni. facialis* – Halsast des Gesichtsnervs
18. *M. cleidomastoideus* – Schlüsselbein-Warzenteilmuskel
19. *M. sternomastoideus* – Brustbein-Warzenteilmuskel
20. *Pars cervicalis mi. trapezii* – Halsteil des trapezförmigen Muskels
21. *M. omotransversarius* – Schulter-Querfortsatzmuskel
22. *V. linguofacialis* – Zungen-Gesichtsvene
23. *V. maxillaris* – Oberkiefervene
24. *V. jugularis* – Drosselvene
25. *Rami cutanei nervorum cervicalium* – Hautäste der Halsnerven
26. *V. facialis* – Gesichtsvene

Kaninchen. Präparation des Halses. Oberflächliche Schicht nach Entfernung der Hautmuskeln, Ansicht von links.

Abbildung 204

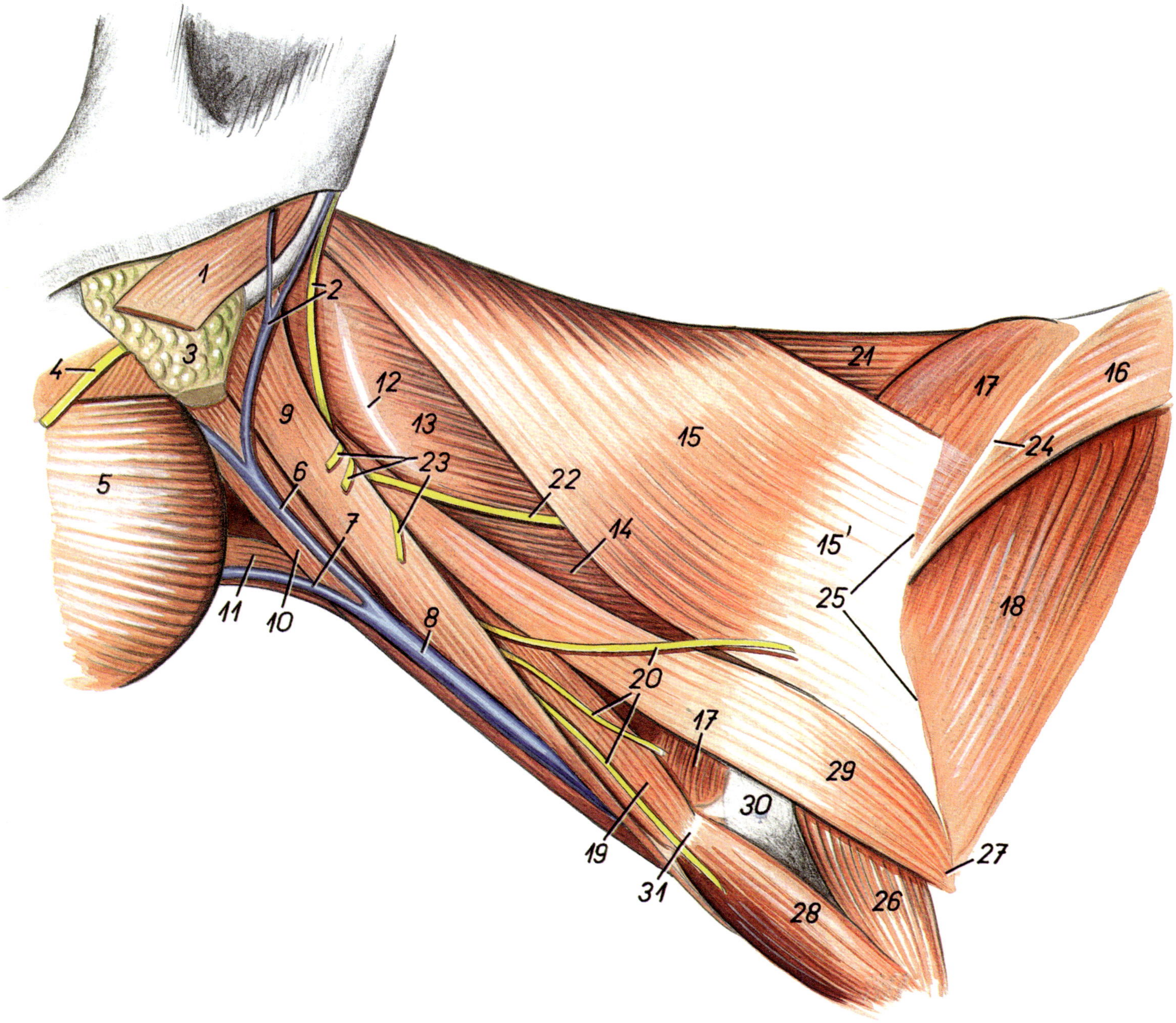

1. *M. parotidoauricularis* – Ohrspeicheldrüsen-Ohrmuschelmuskel
2. *V. auricularis caudalis, N. auricularis magnus* – kaudale Ohrmuschelvene, großer Ohrmuschelnerv
3. *Glandula parotis* – Ohrspeicheldrüse
4. *N. facialis, Rami buccales* – Gesichtsnerv, Backenäste
5. *M. masseter* – äußerer Kaumuskel
6. *V. maxillaris* – Oberkiefervene
7. *V. linguofacialis* – Zungen-Gesichtsvene
8. *V. jugularis* – Drosselvene
9. *M. cleidomastoideus* – Schlüsselbein-Warzenteilmuskel
10. *M. sternomastoideus* – Brustbein-Warzenteilmuskel
11. *M. sternohyoideus* – Brustbein-Zungenbeinmuskel
12. *Processus transversus atlantis* – Querfortsatz des 1. Halswirbels
13. *M. splenius* – Riemenmuskel
14. *M. serratus ventralis cervicis* – Halsportion des ventralen gesägten Muskels
15. *Pars cervicalis mi. trapezii* – Halsteil des trapezförmigen Muskels

15'. *Aponeurosis mi. trapezii* – Sehnenplatte des trapezförmigen Muskels

16. *Pars thoracica mi. trapezii* – Brustkorbteil des trapezförmigen Muskels
17. *M. supraspinatus* – Übergrätenmuskel
18. *M. infraspinatus* – Untergrätenmuskel
19. *M. cleidobasilaris* – Schlüsselbein-Basalmuskel
20. *N. supraclavicularis* – Überschlüsselbeinnerv
21. *M. rhomboideus cervicis* – Halsportion des rautenförmigen Muskels
22. *N. accessorius* – zusätzlicher Nerv
23. *N. cervicalis II et III* – 2. und 3. Halsnerv
24. *Spina scapulae* – Schulterblattgräte
25. *Origo mi. trapezii* – Ursprung des trapezförmigen Muskels
26. *Pars scapularis mi. deltoidei* – Schulterblatteil des deltaförmigen Muskels
27. *Processus suprahamatus* – Überhakenfortsatz
28. *Pars clavicularis mi. deltoidei* – Schlüsselbeinteil des deltaförmigen Muskels
29. *M. omotransversarius (M. levator scapulae major)* – Schulter-Querfortsatzmuskel (großer Schulterblattheber)
30. *Articulatio humeri* – Schultergelenk
31. *Clavicula* – Schlüsselbein

Enke

Atlas der topografischen Anatomie der Haustiere

Peter Popesko

Übersetzt von
Gerhard Geiger und Karl Dietrich Weyrauch

Band II: Brust- und Bauchhöhle

7., unveränderte Auflage

203 Abbildungen

Enke Verlag · Stuttgart

Bibliografische Information
der Deutschen Nationalbibliothek

Die Deutsche Nationalbibliothek verzeichnet diese Publikation in der Deutschen Nationalbibliografie; detaillierte bibliografische Daten sind im Internet über http://dnb.d-nb.de abrufbar.

Titel der Originalausgabe:
Peter Popesko:
Atlas topografickej anatómie
hospodárskych zvierat
by Priroda, Bratislava, Slovakia 1977, 1988, 1997, 2002, 2007

1. deutsche Ed. 1979: 3-bändig (I: Kopf und Hals; II: Brust- und Bauchhöhle; III: Becken und Gliedmaße)
2. deutsche Ed. 1984: 3-bändig (I: Kopf und Hals; II: Brust- und Bauchhöhle; III: Becken und Gliedmaße)
3. deutsche Ed. 1989: 3-bändig (I: Kopf und Hals; II: Brust- und Bauchhöhle; III: Becken und Gliedmaße)
4. deutsche Ed. 1993: 3-bändig (I: Kopf und Hals; II: Brust- und Bauchhöhle; III: Becken und Gliedmaße)
5. deutsche Ed. 1998: 1-bändig (enthält I: Kopf und Hals; II: Brust- und Bauchhöhle; III: Becken und Gliedmaßen)
6. deutsche Ed. 2007: 1-bändig (enthält I: Kopf und Hals; II: Brust- und Bauchhöhle; III: Becken und Gliedmaßen)

Diese einbändige Ausgabe enthält die Bände:

I: Kopf und Hals (S. 1–211)
II: Brust- und Bauchhöhle (S. 1–194)
III: Becken und Gliedmaßen (S. 1–205)

Oswald-Hesse-Str. 50, 70469 Stuttgart

Unsere Homepage: www.enke.de

Printed in Slovakia

Umschlaggestaltung: Thieme Verlagsgruppe
Druck und Bindung: Priroda, Bratislava

ISBN 978-3-8304-1139-0 1 2 3 4 5 6

Inhaltsverzeichnis

RIND

12 *Körpergegenden. – Abb. 1*
13 *Skelett. – Abb. 2*
14 *Oberflächliche Muskulatur nach Abtragung der Hautmuskeln. – Abb. 3*
15 *Innere Organe, Ansicht von rechts. – Abb. 4*
16 *Innere Organe, Ansicht von links. Oberflächliche Präparation. – Abb. 5*
17 *Innere Organe, Ansicht von links. Tiefe Präparation. – Abb. 6*
18 *Brustkorb, Ansicht von links. – Abb. 7*
19 *Präparation des Rumpfes, Ansicht von links. Tiefe Präparation nach Abtragung der linken Schultergliedmaße. – Abb. 8*
20 *Präparation des Brustkorbes mit freigelegten Brustorganen nach Entfernung des Brustfells, Ansicht von rechts. – Abb. 9*
21 *Präparation des Brustkorbes mit freigelegten Brustorganen nach Entfernung des Brustfells, Ansicht von links. – Abb. 10*
22 *Brustteil der Wirbelsäule, Ansicht von links. – Abb. 11*
22 *Skelett der Lendenwirbelsäule, Ansicht von dorsolateral. – Abb. 12*
23 *6. Lendenwirbel (oben) und 1. Lendenwirbel (unten), Ansicht von kaudolateral. – Abb. 13*
23 *6. Lendenwirbel (oben) und 1. Lendenwirbel (unten), Ansicht von kranioventral. – Abb. 14*
24 *Tiefe Muskulatur des Rückgrats, Ansicht von links. – Abb. 15*
24 *Blick auf den Boden des Brustkorbes. – Abb. 16*
25 *Querschnitt durch den Brustkorb in Höhe des 2. Brustwirbels, Ansicht von kaudal. – Abb. 17*
26 *Querschnitt durch den Brustkorb in Höhe des 3. Brustwirbels, Ansicht von kaudal. – Abb. 18*
27 *Querschnitt durch den Brustkorb in Höhe des 4. Brustwirbels, Ansicht von kaudal. – Abb. 19*
28 *Querschnitt durch den Brustkorb in Höhe des 5. Brustwirbels, Ansicht von kaudal. – Abb. 20*
29 *Querschnitt durch den Brustkorb in Höhe des 6. Brustwirbels, Ansicht von kaudal. – Abb. 21*
30 *Querschnitt durch den Brustkorb in Höhe des 7. Brustwirbels, Ansicht von kaudal. – Abb. 22*
31 *Lunge, Ansicht von rechts. Nach einem Trockenpräparat gezeichnet. – Abb. 23*
31 *Lunge, Ansicht von links. Nach einem Trockenpräparat gezeichnet. – Abb. 24*
32 *Linke Lunge, Ansicht der Mittelfellfläche. – Abb. 25*
33 *Rechte Lunge, Ansicht der Mittelfellfläche. – Abb. 26*
34 *Lungen, Ansicht der Zwerchfellfläche. – Abb. 27*
35 *Herz, Ansicht von links. – Abb. 28*
35 *Herz, Ansicht von rechts. – Abb. 29*
36 *Ausguß des Herzkammersystems, Ansicht von links. – Abb. 30*
37 *Ausguß des Herzkammersystems, Ansicht von rechts. – Abb. 31*
38 *Skelett des Rumpfes, Ansicht von dorsal. – Abb. 32*
39 *Skelett des Rumpfes, Ansicht von ventral. – Abb. 33*
40 *Bauchwand, Ansicht von links. Oberflächliche Präparation. – Abb. 34*
41 *Bauchwand. Tiefe Präparation. Ansicht der Innenfläche nach Entfernung des Bauchfells. – Abb. 35*
42 *Skelettopographie mit freigelegten Bauch und Beckenorganen, Ansicht von dorsal. Oberflächliche Präparation. – Abb. 36*
43 *Skelettopographie mit freigelegten Bauch- und Beckenorganen, Ansicht von dorsal. Tiefe Präparation. – Abb. 37*
44 *Bauchorgane, Ansicht von rechts. – Abb. 38*
45 *Bauchorgane, Ansicht von links. Tiefe Schicht nach Entfernung des Pansens und eines Teils der Haube. – Abb. 39*
46 *Querschnitt durch die Bauchhöhle in Höhe des 8. Brustwirbels, Ansicht von kaudal. – Abb. 40*
47 *Querschnitt durch die Bauchhöhle in Höhe des 10. Brustwirbels, Ansicht von kaudal. – Abb. 41*
48 *Querschnitt durch die Bauchhöhle in Höhe des kaudalen Endes des 11. Brustwirbels, Ansicht von kaudal. – Abb. 42*
49 *Querschnitt durch die Bauchhöhle in Höhe des 13. Brustwirbels, Ansicht von kaudal. – Abb. 43*
50 *Querschnitt durch die Bauchhöhle in Höhe des 1. Lendenwirbels, Ansicht von kaudal. – Abb. 44*
51 *Querschnitt durch die Bauchhöhle in Höhe des 3. Lendenwirbels, Ansicht von kaudal. – Abb. 45*
52 *Querschnitt durch die Bauchhöhle in Höhe des 6. Lendenwirbels, Ansicht von kaudal. – Abb. 46*
53 *Vormagen- und Magenabteilungen, Ansicht von links. Bauchfell farbig eingezeichnet. – Abb. 47*
53 *Vormagen- und Magenabteilungen, Ansicht von rechts. Bauchfell farbig eingezeichnet. – Abb. 48*
54 *Organe der Bauchhöhle, Ansicht von ventral, Bauchwand zurückgeklappt. – Abb. 49*
55 *Präparation des dorsalen Bereiches der Bauchhöhle. – Abb. 50*
56 *Topographisch-anatomische Beziehungen der am Zwerchfell liegenden Organe. – Abb. 51*
57 *Kaudaler Abschnitt der Bauchhöhle, Ansicht von kranial. – Abb. 52*
58 *Leber, Wandfläche, Ansicht von rechts. – Abb. 53*
59 *Leber, Ansicht der Eingeweidefläche. – Abb. 54*
60 *Lage der Nieren, Ansicht von rechts. – Abb. 55*
61 *Nieren und Nebennieren, Ansicht der ventralen Fläche. – Abb. 56*
62 *Darmtrakt, Ansicht von rechts. Teilweise schematisiert. – Abb. 57*
63 *Innere Organe, Ansicht von rechts. Achter Trächtigkeitsmonat. Bauchwand sowie ein Teil des Zwerchfells sind entfernt. – Abb. 58*
64 *Lage der Gebärmutter im 8. Trächtigkeitsmonat. Darm und Gekröse entfernt. Umrisse der Frucht in die Gebärmutter sind eingezeichnet. Nach einem fixierten Präparat. – Abb. 59*
65 *Innere Organe im 8. Trächtigkeitsmonat, Ansicht von links. Bauchwand und ein Teil des Zwerchfells sind entfernt. Umrisse der Frucht sind eingezeichnet. – Abb. 60*
66 *Kalb, zwei Tage alt. Bauchorgane, Ansicht von links. – Abb. 61*
67 *Kalb, zwei Tage alt. Bauchorgane, Ansicht von rechts. – Abb. 62*

SCHAF

68 *Skelett. – Abb. 63*
69 *Oberflächliche Muskulatur nach Entfernung der Hautmuskeln. – Abb. 64*
70 *Querschnitt durch den Brustkorb in Höhe des 4. Brustwirbels. – Abb. 65*
71 *Querschnitt durch den Brustkorb in Höhe des 7. Brustwirbels. – Abb. 66*
72 *Linke Lunge, Ansicht der Mittelfellfläche. – Abb. 67*
72 *Rechte Lunge, Ansicht der Mittelfellfläche. – Abb. 68*
73 *Horizontalschnitt durch den Brustkorb in Höhe der Herzbasis (nach St. Ivanow). – Abb. 69*
74 *Bauchorgane, Ansicht von rechts. Oberflächliche Schicht. – Abb. 70*
75 *Bauchorgane, Ansicht von rechts. Tiefe Schicht. – Abb. 71*
76 *Querschnitt durch die Bauchhöhle in Höhe des 8. Brustwirbels, Ansicht von kaudal. – Abb. 72*
77 *Querschnitt durch die Bauchhöhle in Höhe des 12. Brustwirbels, Ansicht von kaudal. – Abb. 73*
78 *Querschnitt durch die Bauchhöhle in Höhe des 2. Lendenwirbels, Ansicht von kaudal. – Abb. 74*
79 *Querschnitt durch die Bauchhöhle in Höhe des 5. Lendenwirbels, Ansicht von kaudal. – Abb. 75*
80 *Topographisch-anatomische Beziehungen der am Zwerchfell liegenden Organe, Ansicht von ventrokaudal. – Abb. 76*

81 Nieren, Leber, Milz und Bauchspeicheldrüse und ihre topographisch-anatomischen Beziehungen. – Abb. 77
82 Netzmagenrinne, Ansicht von kaudal (links) und Blättermagenrinne, Ansicht von oben (rechts). – Abb. 78
83 Leber, Ansicht der Eingeweidefläche. – Abb. 79
84 Bauchorgane in der letzten Trächtigkeitswoche, Ansicht von rechts. – Abb. 80
85 Bauchorgane in der letzten Trächtigkeitswoche, Ansicht von links. – Abb. 81
86 Schaf, trächtig. Querschnitt durch die Bauchhöhle in der letzten Trächtigkeitswoche. Schnitt in Höhe des 10. Brustwirbels, Ansicht von kaudal. – Abb. 82
87 Schaf, trächtig. Querschnitt durch die Bauchhöhle in der letzten Trächtigkeitswoche. Schnitt in Höhe des 13. Brustwirbels, Ansicht von kaudal. – Abb. 83
88 Schaf, trächtig. Querschnitt durch die Bauchhöhle in der letzten Trächtigkeitswoche. Schnitt in Höhe des 3. Lendenwirbels, Ansicht von kaudal. – Abb. 84
89 Schaf, trächtig. Querschnitt durch die Bauchhöhle in der letzten Trächtigkeitswoche. Schnitt zwischen 5. und 6. Lendenwirbel, Ansicht von kaudal. – Abb. 85

ZIEGE

90 Skelett. – Abb. 86
91 Oberflächliche Muskulatur nach Entfernung der Hautmuskeln. – Abb. 87
92 Präparation der rechten Brustkorbhälfte, Ansicht von vorne. – Abb. 88
93 Präparation des dorsalen Bereiches der Bauchhöhle. – Abb. 89
94 Bauchorgane, Ansicht von vorne. Zwerchfell entfernt. – Abb. 90
95 Bauchorgane, Ansicht von vorne. Zwerchfell entfernt. – Abb. 90
96 Bauchorgane, Ansicht von rechts. Großes Netz, Gekröse und Zwerchfell sind entfernt. – Abb. 92
97 Lage des Grimmdarms, Ansicht von rechts. Dünndarm und Blinddarm sind entfernt. – Abb. 93

SCHWEIN

98 Skelett. – Abb. 94
99 Oberflächliche Muskulatur. – Abb. 95
100 Innere Organe, Ansicht von links. Zwerchfell ist entfernt. – Abb. 96
101 Innere Organe, Ansicht von rechts. Zwerchfell ist entfernt. – Abb. 97
102 Präparation des Rumpfes, Ansicht von links. Tiefe Schicht, nach Entfernung der linken Schultergliedmaße. – Abb. 98
103 Brustwirbelsäule, Ansicht von links. – Abb. 99
103 Lendenwirbelsäule, Ansicht von links. – Abb. 100
104 Präparation des Brustkorbes, Ansicht von rechts. Mittelfell, Herzbeutel und Lunge, mit Ausnahme des zusätzlichen Lungenlappens, sind entfernt. – Abb. 101
105 Präparation des Brustkorbes, Ansicht von links. – Linke Lunge, Mittelfell und Herzbeutel sind entfernt. – Abb. 102
106 Querschnitt durch den Brustkorb in Höhe des 2. Brustwirbels, Ansicht von kaudal. – Abb. 103
107 Querschnitt durch den Brustkorb in Höhe des 4. Brustwirbels, Ansicht von kaudal. – Abb. 104
108 Querschnitt durch den Brustkorb in Höhe des 7. Brustwirbels, Ansicht von kaudal. – Abb. 105
109 Herz, Ansicht von links. – Abb. 106
109 Herz, Ansicht von rechts. – Abb. 107
110 Lunge, Ansicht der Zwerchfellfläche. – Abb. 108
111 Lunge, Ansicht von links. Nach einem Trockenpräparat gezeichnet. – Abb. 109
111 Lunge, Ansicht von rechts. Nach einem Trockenpräparat gezeichnet. – Abb. 110
112 Querschnitt durch die Bauchhöhle in Höhe des 12. Brustwirbels, Ansicht von kaudal. – Abb. 111
113 Querschnitt durch die Bauchhöhle in Höhe des 14. Brustwirbels, Ansicht von kaudal. – Abb. 112
114 Querschnitt durch die Bauchhöhle in Höhe des 1. Lendenwirbels, Ansicht von kaudal. – Abb. 113
115 Querschnitt durch die Bauchhöhle in Höhe des 4. Lendenwirbels, Ansicht von kaudal. – Abb. 114
116 Bauchorgane, Ansicht von ventral. – Abb. 115
117 Präparation des dorsalen Bereiches der Bauchhöhle. – Abb. 116
118 Magen. Linke Abbildung: Eingeweidefläche; rechte Abbildung: Magenhöhle. – Abb. 117
118 Magen, Bauchspeicheldrüse, Milz und großes Netz; Ansicht der Eingeweidefläche. – Abb. 118
119 Nieren und Nebennieren, Ansicht von dorsal. – Abb. 119
119 Leber, Ansicht der Eingeweidefläche. – Abb. 120

PFERD

120 Körpergegenden. – Abb. 121
121 Skelett. – Abb. 122
122 Skelett des Brustkorbes, Ansicht von links. – Abb. 123
123 Oberflächliche Muskulatur nach Entfernung der Hautmuskeln. – Abb. 124
124 Innere Organe, Ansicht von rechts. – Abb. 125
125 Innere Organe, Ansicht von links. – Abb. 126
126 Hautmuskeln und Nerven des Rumpfes. – Abb. 127
127 Tiefe Präparation des Brustkorbes und der Bauchwand. – Abb. 128
128 Präparation der Brustorgane, Ansicht von rechts. Mittelfell, Herzbeutel und ein Großteil der Lunge sind entfernt. – Abb. 129
129 Präparation der Brustorgane, Ansicht von links. Linke Lunge, Mittelfell und Herzbeutel sind entfernt. – Abb. 130
130 Brustwirbelsäule, Ansicht von links. – Abb. 131
130 Lendenwirbelsäule, Ansicht von dorsolateral. – Abb. 132
131 2. (oben) und 6. Lendenwirbel (unten), Ansicht von kaudal. – Abb. 133
131 2. (oben) und 6. Lendenwirbel (unten), Ansicht von kranial. – Abb. 134
132 Querschnitt durch den Brustkorb in Höhe der 1. Rippe, Ansicht von kaudal (nach Schmaltz). – Abb. 135
133 Querschnitt durch den Brustkorb in Höhe des 2. Brustwirbels, Ansicht von kaudal. – Abb. 136
134 Querschnitt durch den Brustkorb in Höhe des 6. Brustwirbels, Ansicht von kaudal. – Abb. 137
135 Lunge, Ansicht von links. Nach einem Trockenpräparat gezeichnet. – Abb. 138
135 Lunge, Ansicht von rechts. Nach einem Trockenpräparat gezeichnet. – Abb. 139
136 Linke Lunge, Ansicht der Mittelfellfläche. – Abb. 140
137 Rechte Lunge, Ansicht der Mittelfellfläche. – Abb. 141
138 Lungen, Ansicht der Zwerchfellfläche. – Abb. 142
139 Herz, Ansicht von links. – Abb. 143
139 Herz, Ansicht von rechts. – Abb. 144
140 Zwerchfell, Ansicht von kranial. – Abb. 145
141 Zwerchfell, Ansicht von kaudal. – Abb. 146
142 Topographisch-anatomische Beziehungen der am Zwerchfell liegenden Organe, Ansicht von ventrokaudal. – Abb. 147
143 Innere Organe, Ansicht von ventral. Bauchwand zurückgeklappt. – Abb. 148
144 Skelett des Rumpfes, Ansicht von dorsal. – Abb. 149
145 Skelett des Rumpfes, Ansicht von ventral. – Abb. 150
146 Skelettopographie mit freigelegten Bauch- und Beckenorganen, Ansicht von dorsal. Oberflächliche Präparation. – Abb. 151
147 Skelettopographie mit freigelegten Bauch- und Beckenorganen, Ansicht von dorsal. Tiefe Präparation. – Abb. 152
148 Querschnitt durch die Bauchhöhle in Höhe des 14. Brustwirbels, Ansicht von kaudal. – Abb. 153

149 Querschnitt durch die Bauchhöhle in Höhe des 16. Brustwirbels, Ansicht von kaudal. – Abb. 154
150 Querschnitt durch die Bauchhöhle in Höhe des 17. Brustwirbels, Ansicht von kaudal. – Abb. 155
151 Querschnitt durch die Bauchhöhle in Höhe des kaudalen Endes des 17. Brustwirbels, Ansicht von kaudal. – Abb. 156
152 Querschnitt durch die Bauchhöhle in Höhe des 18. Brustwirbels, Ansicht von kaudal. – Abb. 157
153 Querschnitt durch die Bauchhöhle in Höhe des 2. Lendenwirbels, Ansicht von kaudal. – Abb. 158
154 Querschnitt durch die Bauchhöhle in Höhe des 3. Lendenwirbels, Ansicht von kaudal. – Abb. 159
155 Querschnitt durch die Bauchhöhle in Höhe des 4. Lendenwirbels, Ansicht von kaudal. – Abb. 160
156 Magen. Obere Abbildung: Ansicht der Engeweidefläche; untere Abbildung: Magen eröffnet. – Abb. 161
157 Nieren, Ansicht von ventral. – Abb. 162
157 Milz, Ansicht der Eingeweidefläche. – Abb. 163
158 Leber, Ansicht der Zwerchfellfläche. – Abb. 164
159 Leber, Ansicht der Eingeweidefläche. – Abb. 165
160 Darmtrakt, Ansicht von rechts. Schematisiert. – Abb. 166
161 Stute. Kaudaler Abschnitt der Bauchhöhle, Ansicht von kranial. – Abb. 167

HUND

162 Skelett. – Abb. 168
163 Oberflächliche Muskulatur. – Abb. 169
164 Innere Organe, Ansicht von links. – Abb. 170
165 Innere Organe, Ansicht von rechts. – Abb. 171
166 Brustwirbelsäule, Ansicht von links. – Abb. 172
166 Lendenwirbelsäule, Ansicht von links. – Abb. 173
167 Tiefe Präparation des Rumpfes nach Entfernung der linken Schultergliedmaße, Ansicht von links. – Abb. 174
168 Präparation der Brusthöhlenorgane, Ansicht von links. – Muskulatur entfernt. – Abb. 175
169 Präparation der Brusthöhlenorgane, Ansicht von rechts. Muskulatur entfernt. – Abb. 176
170 Querschnitt durch den Brustkorb in Höhe des Brusteinganges, Ansicht von kaudal. – Abb. 177
171 Querschnitt durch den Brustkorb in Höhe des 4. Brustwirbels, Ansicht von kaudal. – Abb. 178
172 Lunge, Ansicht von rechts. Nach einem Trockenpräparat gezeichnet. – Abb. 179
172 Lunge, Ansicht von links. Nach einem Trockenpräparat gezeichnet. – Abb. 180
173 Lunge, Ansicht der Zwerchfellfläche. Mittelfell entfernt. – Abb. 181
174 Innere Organe, Ansicht von ventral. Bauchwand zurückgeklappt. Ungefüllter Magen. – Abb. 182
175 Innere Organe, Ansicht von ventral. – Bauchwand zurückgeklappt. Gefüllter Magen, großes Netz entfernt. – Abb. 183
176 Zwerchfell, Ansicht der Brusthöhlenfläche. – Abb. 184
177 Querschnitt durch die Bauchhöhle in Höhe des 12. Brustwirbels, Ansicht von kaudal. – Abb. 185
178 Querschnitt durch die Bauchhöhle in Höhe des 2. Lendenwirbels, Ansicht von kaudal. – Abb. 186
179 Querschnitt durch die Bauchhöhle in Höhe des 5. Lendenwirbels, Ansicht von kaudal. – Abb. 187
180 Topographisch-anatomische Beziehungen der dorsalen Bauchhöhlenorgane. – Abb. 188
181 Bauchsympathikus. – Abb. 189
182 Leber, in situ fixiert, Ansicht der Zwerchfellfläche. – Abb. 190
182 Leber, in situ fixiert, Ansicht der Eingeweidefläche. – Abb. 191
183 Darmtrakt, Ansicht von rechts. Schematisiert. – Abb. 192

KATZE

184 Skelett. – Abb. 193
185 Oberflächliche Muskulatur. Hautmuskeln entfernt. – Abb. 194
186 Innere Organe, Ansicht von rechts. Herzbeutel, Zwerchfell, Netz und Gekröse sind entfernt. – Abb. 196
187 Innere Organe, Ansicht von rechts. Herzbeutel, Zwerchfell, Netz und Gekröse sind entfernt. – Abb. 196
188 Präparation der vegetativen Nerven am Brusteingang, Ansicht von links. – Abb. 197
189 Präparation der vegetativen Nerven am Brusteingang, Ansicht von rechts. – Abb. 198

KANINCHEN

190 Skelett. – Abb. 199
191 Oberflächliche Muskulatur. Hautmuskeln entfernt. – Abb. 200
192 Innere Organe, Ansicht von links. Zwerchfell, Gekröse und Netz sind entfernt. – Abb. 201
193 Innere Organe, Ansicht von rechts. Zwerchfell, Gekröse und Netz sind entfernt. – Abb. 202
194 Darmtrakt, Ansicht von rechts. Halbschematisch. – Abb. 203

Einleitung

Der zweite Band des „Atlas der topographischen Anatomie der Haustiere" knüpft in seiner Grundkonzeption an den ersten Band an und hat die Beschreibung der topographischen Anatomie der Brust- und Bauchhöhle sowie deren Organe zum Inhalt. Es werden dieselben Tierarten wie im ersten Band dargestellt.

Die technische Aufbereitung des Materials – insbesondere, wenn es von großen Haustieren stammte – war ziemlich schwierig. Hier konnte sich der Verfasser seine methodischen und technischen Kenntnisse zu Nutze machen, die er sich während seiner Zeit im Anatomischen Institut der Veterinärmedizinischen Fakultät in Brünn angeeignet hatte. Um die anatomischen Lagebeziehungen, wie sie beim lebenden Tier vorliegen, zu erhalten, wurden die Tiere vor dem eigentlichen Einfrieren in toto fixiert. Diese Methode erwies sich für die Herstellung von Serienschnitten als besonders geeignet. So wurde Meteorismus im Verdauungstrakt verhindert, und die einzelnen Organe behielten ihre Lage sogar nach dem Auftauen bei.

Im Band II wurden zur genaueren Darstellung der Brust- und Bauchfellverhältnisse Serienschnitte herangezogen. Deshalb wurden einige weniger wichtige Strukturen, wie zum Beispiel die Stärke der Bauchwand oder der Darmwand in aufeinanderfolgenden Abbildungen nur schematisch dargestellt. An der Leerdarmschleife wurde das Gekröse in den meisten Fällen nicht eingezeichnet. In gleicher Weise wurde aus technischen Gründen darauf verzichtet, die Grenzen zwischen den Sehnenplatten und der Bauchmuskulatur sowie des Zwerchfells in die Abbildungen einzuzeichnen. Der Leser kann derartige, gelegentlich auftretende Vereinfachungen durch Vergleich mit anderen Abbildungen kompensieren.

Bei der Topographie der Bauchorgane bemüht sich der Verfasser wenigstens teilweise, die topographischen Veränderungen, die durch physiologische Prozesse ausgelöst werden (wie Trächtigkeit beim Wiederkäuer oder unterschiedlicher Füllungszustand des Magens bei Hund und Schwein) darzustellen. Dies muß berücksichtigt werden, wenn der Leser bei diesen besonderen, von der „normalen" Anatomie abweichenden Verhältnissen nicht verwirrt werden soll.

Wie im Band I wurden die meisten Abbildungen vom Verfasser, in seiner Eigenschaft als Künstler und Anatom, selbst bearbeitet. Jedoch möchte er auch die Beiträge seiner Mitarbeiter hervorheben: Dr. Bibiána Hájovská, CSc., Assistentin am Institut, stellte Zeichnungen von Serienschnitten vom Brustkorb und Bauch des Schafes (nicht trächtig und trächtig), die Teil ihrer Doktorarbeit waren, zur Verfügung. Gleichzeitig bearbeitete sie die Abbildungen auch graphisch nach der im Atlas gebräuchlichen Technik (Abb. 72–75, 82–85).

Dr. Viera Rajtová, CSc., ebenfalls Assistentin am Institut, zeichnete von fixierten Präparaten einige Organabbildungen. Beide Assistentinnen halfen dem Verfasser bei der Herstellung der Präparate und beim Korrekturlesen. Weitere Abbildungen wurden von Horst Schmidt aus Halle (Saale) gezeichnet, der

eine Zeitlang am Institut arbeitete; in Zusammenarbeit mit dem Verfasser stellte er zahlreiche Abbildungen von Skelett, Muskelsystem und von einigen topographisch-anatomischen Beziehungen her.
Bei der vorliegenden Auflage wurden besonders zwei Dinge berücksichtigt: in den Text wurde die neue Nomenklatur (N.A.V.) eingearbeitet und die nochmals überarbeiteten Abbildungen wurden durch weitere Zeichnungen anatomisch-topographischer Beziehungen ergänzt.

Prof. MVDr. Peter Popesko, DrSc.

ZWEITER TEIL – BRUST- UND BAUCHHÖHLE

RIND, SCHAF, ZIEGE, SCHWEIN, PFERD, HUND, KATZE, KANINCHEN

Abbildung 1

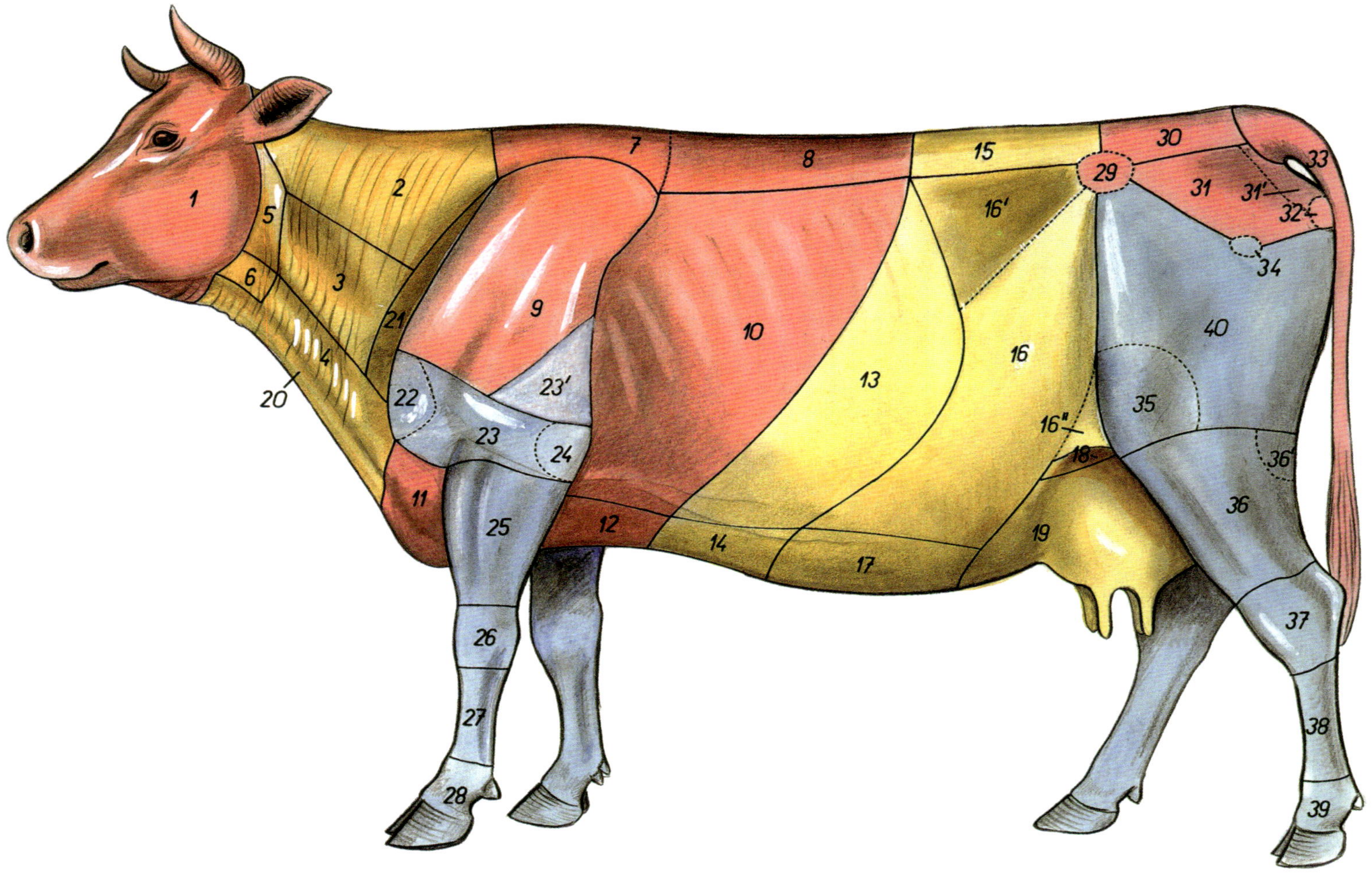

1. *Caput* – Kopf
2., 3., 4., 5., 6., 20., 21. *Regiones colli (Collum)* – Halsgegenden (Hals)
2. *Regio colli dorsalis (Regio nuchalis)* – dorsale Halsgegend (Nackengegend)
3. *Regio colli lateralis* – laterale Halsgegend
4., 6., 20. *Regio colli ventralis (Regio jugularis)* – ventrale Halsgegend (Drosselgegend)
5. *Regio parotidea* – Ohrspeicheldrüsengegend
6. *Regio laryngea* – Kehlkopfgegend
7.–12. *Thorax* – Brustkorb
7., 8., 15. *Regiones dorsi* – Rückengegenden
7., 8. *Regio vertebralis thoracis (Regio dorsocostalis)* – Brustwirbelgegend (Rückenrippengegend)
7. *Regio interscapularis* – Zwischenschulterblattgegend
9.–12. *Regiones pectoris* – Brustgegenden
9. *Regio scapularis* – Schulterblattgegend
10. *Regio costalis* – Rippengegend
11. *Regio presternalis* – Gegend vor dem Brustbein
12. *Regio sternalis* – Brustbeingegend
13.–19. *Abdomen* – Bauch
13., 14., 16., 16'., 16''., 17., 18., 19. *Regiones abdominis* – Bauchgegenden
13., 14. *Regio abdominis cranialis (Epigastrium)* – kraniale Bauchgegend (Epigastrium)
13. *Regio hypochondriaca* – Unterrippenknorpelgegend
14. *Regio xiphoidea* – Schaufelknorpelgegend
15. *Regio lumbalis* – Lendengegend
16., 16'., 16''., 17. *Regio abdominis media (Mesogastrium)* – mittlere Bauchgegend (Mesogastrium)
16., 16'., 16''. *Regio abdominis lateralis* – laterale Bauchgegend
16'. *Fossa paralumbalis* – Hungergrube
16''. *Regio plicae lateris (s. Genus)* – Kniefaltengegend
17. *Regio umbilicalis* – Nabelgegend
18., 19. *Regio abdominis caudalis (Hypogastrium)* – kaudale Bauchgegend (Hypogastrium)
18. *Regio inguinalis* – Leistengegend
19. *Regio pubica* – Schamgegend
20. *Palear (Plica ventralis colli, vide 4. Regio ventralis colli)* – Triel (ventrale Halsfalte, siehe 4. ventrale Halsgegend)
21. *Regio prescapularis* – Gegend vor dem Schulterblatt
22., 23., 23'., 24., 25., 26., 27., 28. *Regiones membri thoracici* – Schultergliedmaßengegenden
22. *Regio articulationis humeri* – Schultergelenkgegend
23. *Regio brachii* – Oberarmgegend
23'. *Regio tricipitalis* – Gegend des dreiköpfigen Armmuskels
24. *Regio cubiti* – Ellbogengegend
25. *Regio antebrachii* – Unterarmgegend
26. *Regio carpi* – Vorderfußwurzelgegend
27. *Regio metacarpi* – Vordermittelfußgegend
28. *Regiones digitorum manus* – Zehengegenden
29.–33. *Regiones pelvis* – Beckengegenden
29. *Regio tuberis coxae* – Hüfthöckergegend
30. *Regio sacralis* – Kreuzbeingegend
31. *Regio glutea* – Kruppengegend
31'. *Regio clunis* – Hinterbackengegend
32. *Regio tuberis ischiadici* – Sitzbeinhöckergegend
33. *Regio caudalis (Regio coccygea)* – Schwanzgegend (Steißbeingegend)
34.–40. *Regiones membri pelvini* – Beckengliedmaßengegenden
34. *Regio articulationis coxae (Regio trochanterica)* – Hüftgelenksgegend (Umdrehergegend)
35. *Regio genus lateralis* – laterale Kniegegend
36. *Regio cruris* – Unterschenkelgegend
36'. *Regio poplitea* – Kniekehlgegend
37. *Regio tarsi* – Hinterfußwurzelgegend
38. *Regio metatarsi* – Hintermittelfußgegend
39. *Regiones digitorum pedis* – Zehengegenden
40. *Regio femoris* – Oberschenkelbeingegend

Abbildung 2

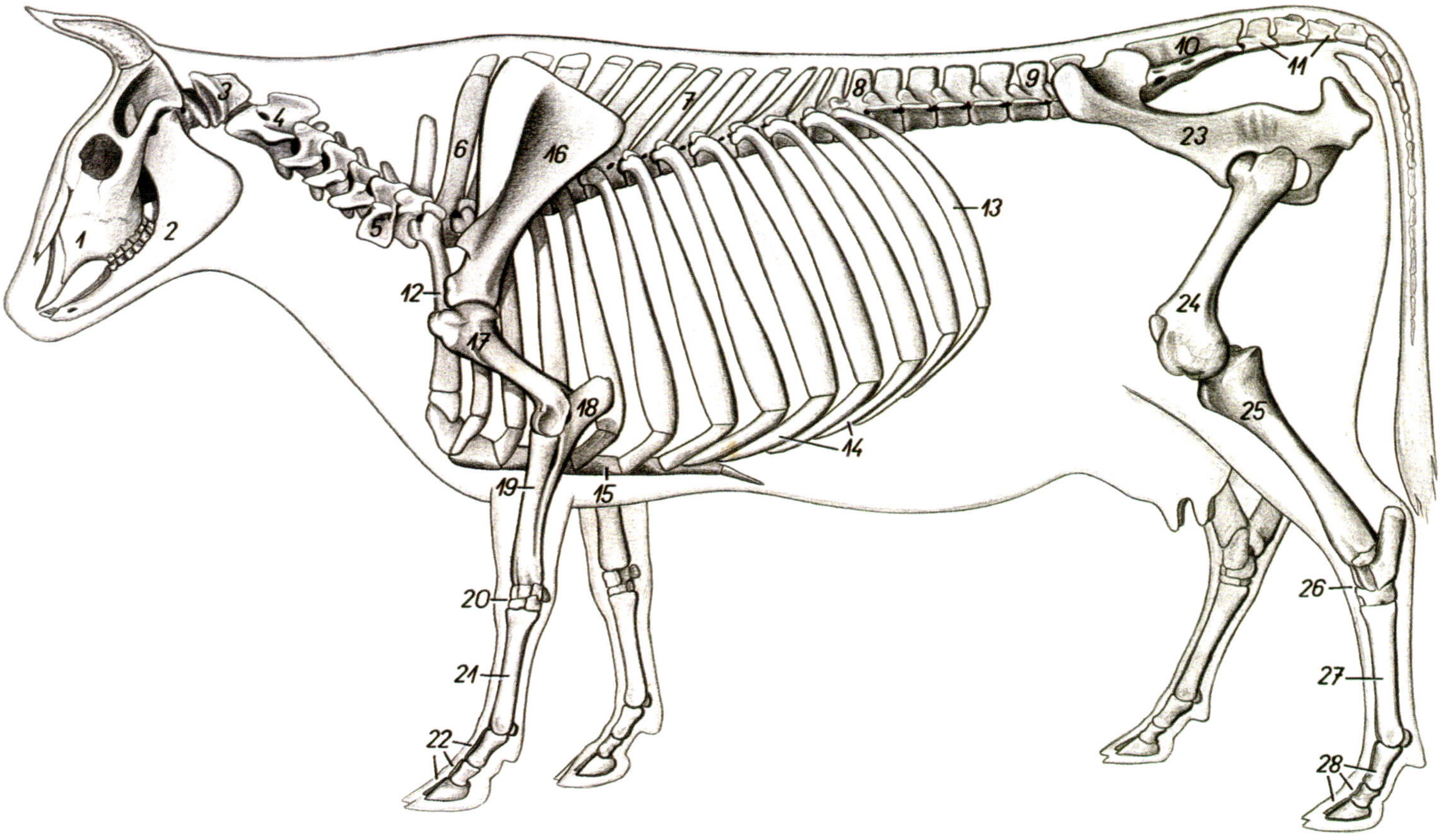

1. *Maxilla* – Oberkieferbein
2. *Mandibula* – Unterkiefer
3. *Atlas* – 1. Halswirbel
4. *Axis* – 2. Halswirbel
5. *Vertebra cervicalis VI* – 6. Halswirbel
6. *Vertebra thoracica I* – 1. Brustwirbel
7. *Vertebra thoracica VII* – 7. Brustwirbel
8. *Vertebra thoracica XIII* – 13. Brustwirbel
9. *Vertebra lumbalis V* – 5. Lendenwirbel
10. *Os sacrum* – Kreuzbein
11. *Vertebrae caudales* – Schwanzwirbel
12. *Costa I* – 1. Rippe
13. *Costa XIII* – 13. Rippe
14. *Cartilagines costales* – Rippenknorpel
15. *Sternum* – Brustbein
16. *Scapula* – Schulterblatt
17. *Humerus* – Oberarmbein
18. *Ulna* – Elle
19. *Radius* – Speiche
20. *Ossa carpi* – Vorderfußwurzelknochen
21. *Os metacarpale III et IV* – 3. u. 4. Vordermittelfußknochen
22. *Ossa digitorum manus* – Zehenknochen (der Schultergliedmaße)
23. *Os coxae* – Hüftbein
24. *Os femoris* – Oberschenkelbein
25. *Tibia* – Schienbein
26. *Ossa tarsi* – Hinterfußwurzelknochen
27. *Os metatarsale III et IV* – 3. u. 4. Hintermittelfußknochen
28. *Ossa digitorum pedis* – Zehenknochen (der Beckengliedmaße)

Rind. Oberflächliche Muskulatur nach Abtragung der Hautmuskeln.

Abbildung 3

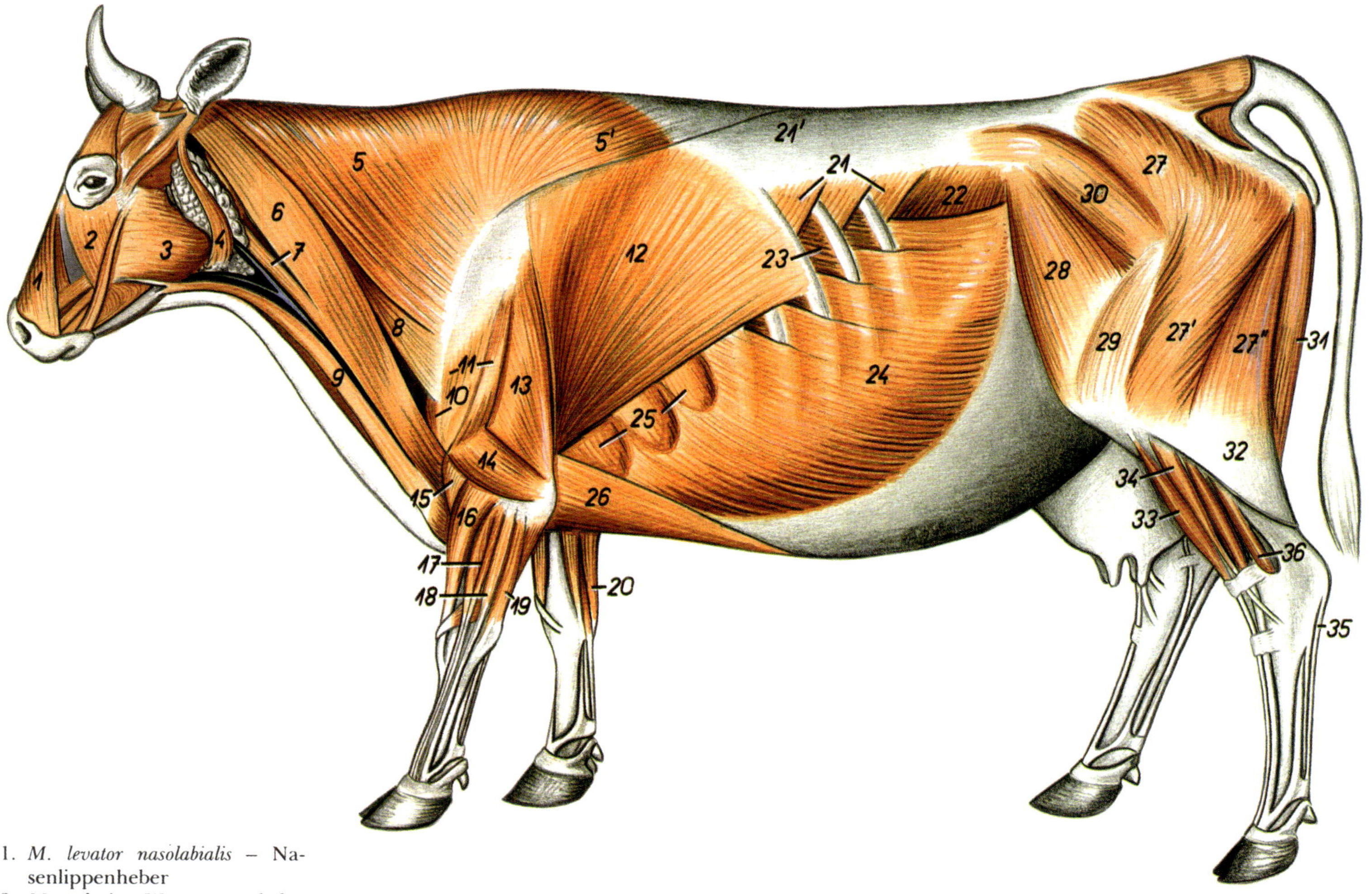

1. *M. levator nasolabialis* – Nasenlippenheber
2. *M. malaris* – Wangenmuskel
3. *M. masseter* – äußerer Kaumuskel
4. *M. parotidoauricularis* – Ohrspeicheldrüsen-Ohrmuschelmuskel
5. *Pars cervicalis mi. trapezii* – Halsteil des trapezförmigen Muskels

5'. *Pars thoracica mi. trapezii* – Brustkorbteil des trapezförmigen Muskels

6., 7. *M. brachiocephalicus* – Oberarm-Kopfmuskel

6. *M. cleidooccipitalis* – Schlüsselbein-Hinterhauptbeinmuskel
7. *M. cleidomastoideus* – Schlüsselbein-Warzenteilmuskel
8. *M. omotransversarius* – Schulter-Querfortsatzmuskel
9. *M. sternomandibularis* – Brustbein-Unterkiefermuskel
10. *Pars acromialis mi. deltoidei* – Gräteneckteil des deltaförmigen Muskels
11. *Pars scapularis mi. deltoidei* – Schulterblatteil des deltaförmigen Muskels
12. *M. latissimus dorsi* – breiter Rückenmuskel
13. *Caput longum mi. tricipitis brachii* – langer Kopf des dreiköpfigen Armmuskels
14. *Caput laterale mi. tricipitis brachii* – lateraler Kopf des dreiköpfigen Armmuskels
15. *M. brachialis* – Armmuskel
16. *M. extensor carpi radialis* – radialer Strecker des Vorderfußwurzelgelenkes
17. *M. extensor digitorum communis* – gemeinsamer Zehenstrecker
18. *M. extensor digitorum lateralis* – lateraler Zehenstrecker
19. *M. extensor carpi ulnaris* – ulnarer Strecker des Vorderfußwurzelgelenkes
20. *M. flexor carpi ulnaris* – ulnarer Beuger des Vorderfußwurzelgelenkes
21. *M. serratus dorsalis caudalis* – kaudaler dorsaler gesägter Muskel

21'. *Fascia thoracolumbalis (eius pars lumbodorsalis)* – Brustkorb-Lendenfaszie (ihr Lenden-Rückenteil)

22. *M. obliquus internus abdominis* – innerer schiefer Bauchmuskel
23. *Mm. intercostales externi* – äußere Zwischenrippenmuskeln
24. *M. obliquus externus abdominis* – äußerer schiefer Bauchmuskel
25. *M. serratus ventralis thoracis* – Brustkorbportion des ventralen gesägten Muskels
26. *M. pectoralis profundus (M. pectoralis ascendens)* – tiefer Brustmuskel (aufsteigender Brustmuskel)

27., 27'., 27". *M. gluteobiceps* – zweiköpfiger Kruppenmuskel

27. *M. gluteus superficialis* – oberflächlicher Kruppenmuskel

27'. *Portio cranialis mi. bicipitis femoris* – kraniale Portion des zweiköpfigen Oberschenkelmuskels

27". *Portio caudalis mi. bicipitis femoris* – kaudale Portion des zweiköpfigen Oberschenkelmuskels

28. *M. tensor fasciae latae* – Spanner der lateralen Oberschenkelfaszie
29. *Fascia lata et M. vastus lateralis* – laterale Oberschenkelfaszie und lateraler Oberschenkelmuskel
30. *M. gluteus medius* – mittlerer Kruppenmuskel
31. *M. semitendinosus* – halbsehniger Muskel
32. *Fascia cruris* – Unterschenkelfaszie
33. *M. extensor digitorum longus* – langer Strekker der Zehen
34. *M. peroneus longus* – langer Wadenmuskel
35. *Tendo mi. flexoris digitorum superficialis* – Sehne des oberflächlichen Zehenbeugers
36. *M. flexor digitorum profundus* – tiefer Zehenbeuger

Rind. Innere Organe, Ansicht von rechts.

Abbildung 4

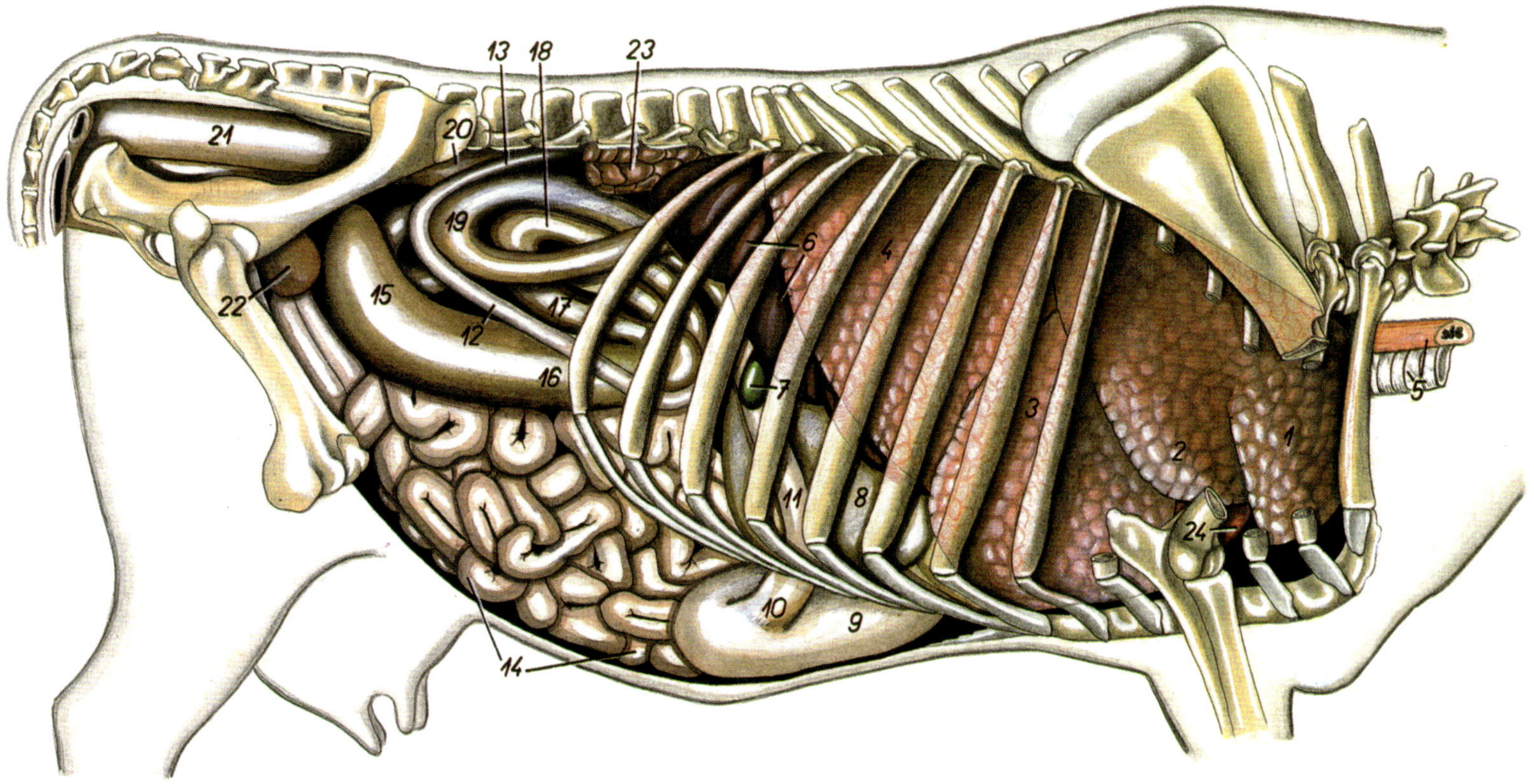

1. *Pars cranialis lobi cranialis pulmonis* – kranialer Teil des kranialen Lungenlappens
2. *Pars caudalis lobi cranialis pulmonis* – kaudaler Teil des kranialen Lungenlappens
3. *Lobus medius pulmonis* – mittlerer Lungenlappen
4. *Lobus caudalis pulmonis* – kaudaler Lungenlappen
5. *Trachea, Esophagus* – Luftröhre, Speiseröhre
6. *Hepar* – Leber
7. *Vesica fellea* – Gallenblase
8. *Omasum* – Blättermagen
9. *Abomasum* – Labmagen
10. *Pars pylorica abomasi* – Pförtnerteil des Labmagens
11. *Pars cranialis duodeni* – kranialer Teil des Zwölffingerdarmes
12. *Pars descendens duodeni* – absteigender Teil des Zwölffingerdarmes
13. *Pars ascendens duodeni* – aufsteigender Teil des Zwölffingerdarmes
14. *Jejunum* – Leerdarm
15. *Cecum* – Blinddarm

16., 17., 18., 19. *Colon ascendens* – aufsteigender Dickdarm

16., 17., 18. *Ansa proximalis coli* – proximale Schleife des Dickdarmes

16. *Gyrus ventralis ansae proximalis* – ventrale Windung der proximalen Schleife des Dickdarmes
17. *Gyrus medius ansae proximalis* – mittlere Windung der proximalen Schleife des Dickdarmes
18. *Gyrus dorsalis ansae proximalis* – dorsale Windung der proximalen Schleife des Dickdarmes
19. *Ansa distalis coli* – distale Schleife des Dickdarmes
20. *Colon descendens* – absteigender Dickdarm
21. *Rectum* – Mastdarm
22. *Vesica urinaria* – Harnblase
23. *Ren dexter* – rechte Niere
24. *Cor* – Herz

Rind. Innere Organe, Ansicht von links. Oberflächliche Präparation.

Abbildung 5

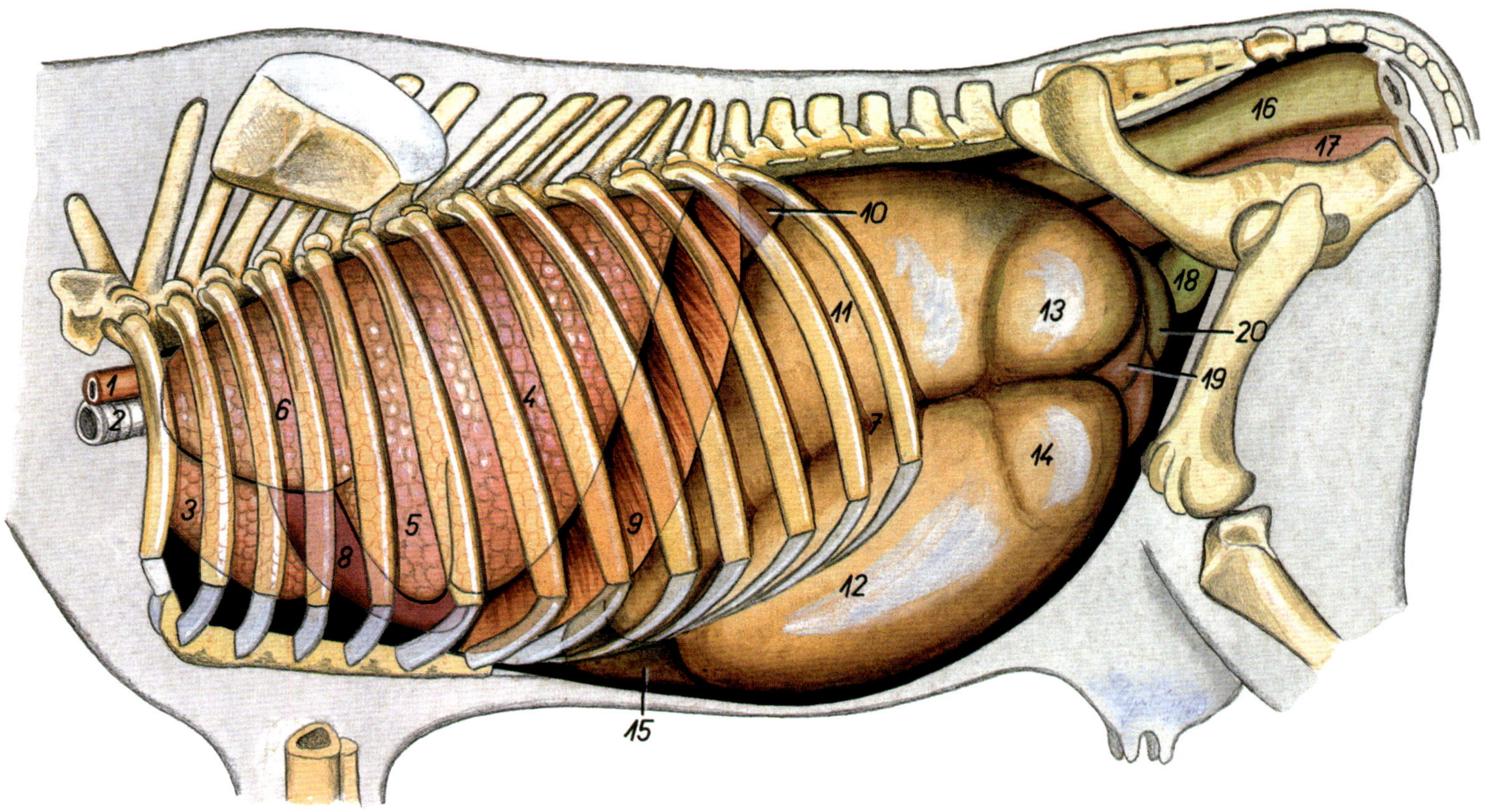

1. *Esophagus* – Speiseröhre
2. *Trachea* – Luftröhre
3. *Pars cranialis lobi cranialis pulmonis dextri* – kranialer Teil des rechten kranialen Lungenlappens
4. *Lobus caudalis pulmonis sinistri* – kaudaler Lappen der linken Lunge
5. *Pars caudalis lobi cranialis pulmonis sinistri* – kaudaler Teil des linken kranialen Lungenlappens
6. *Pars cranialis lobi cranialis pulmonis sinistri* – kranialer Teil des linken kranialen Lungenlappens
7. *Sulcus longitudinalis sinister ruminis* – linke Pansenlängsfurche
8. *Cor* – Herz
9. *Pars costalis diaphragmatis* – Rippenteil des Zwerchfells
10. *Lien* – Milz
11. *Saccus dorsalis ruminis* – dorsaler Pansensack
12. *Saccus ventralis ruminis* – ventraler Pansensack
13. *Saccus cecus caudodorsalis* – kaudodorsaler Blindsack
14. *Saccus cecus caudoventralis* – kaudoventraler Blindsack
15. *Abomasum* – Labmagen
16. *Rectum* – Mastdarm
17. *Vagina* – Scheide
18. *Vesica urinaria* – Harnblase
19. *Jejunum* – Leerdarm
20. *Cecum* – Blinddarm

Rind. Innere Organe, Ansicht von links. Tiefe Präparation.

Abbildung 6

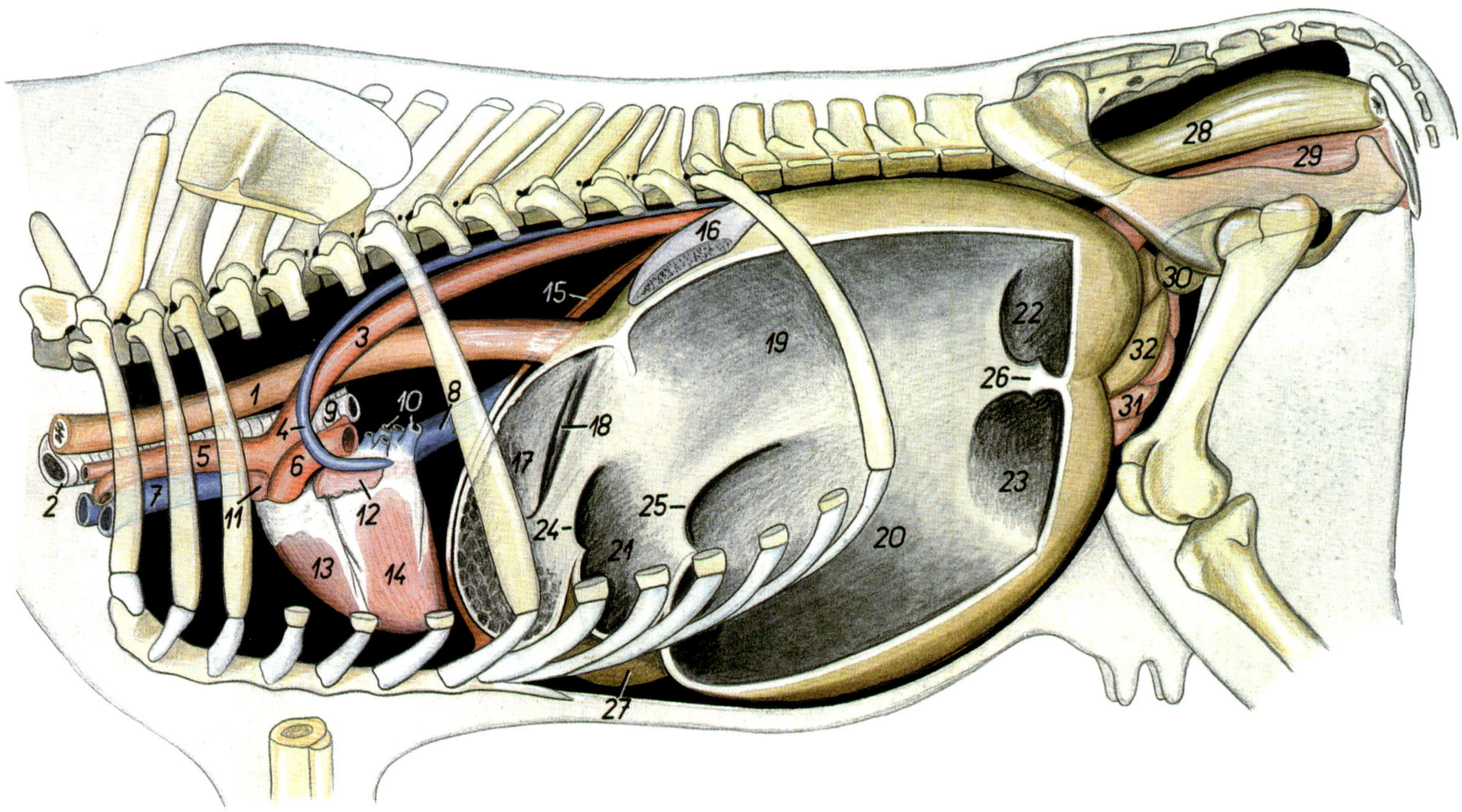

1. *Esophagus* – Speiseröhre
2. *Trachea* – Luftröhre
3. *Aorta* – große Körperschlagader
4. *V. azygos sinistra* – linke Azygosvene
5. *Truncus brachiocephalicus* – Stamm der Arm-Kopfarterie
6. *Truncus pulmonalis* – Stamm der Lungenarterie
7. *V. cava cranialis* – kraniale Hohlvene
8. *V. cava caudalis* – kaudale Hohlvene
9. *Bronchi principales* – Hauptbronchen
10. *Vv. pulmonales* – Lungenvenen
11. *Auricula dextra cordis* – rechtes Herzohr
12. *Auricula sinistra cordis* – linkes Herzohr
13. *Ventriculus dexter cordis* – rechte Herzkammer
14. *Ventriculus sinister cordis* – linke Herzkammer
15. *Diaphragma* – Zwerchfell
16. *Lien* – Milz
17. *Reticulum* – Netzmagen
18. *Sulcus reticuli* – Netzmagenrinne
19. *Saccus dorsalis ruminis* – dorsaler Pansensack
20. *Saccus ventralis ruminis* – ventraler Pansensack
21. *Atrium ruminis (Saccus cranialis ruminis)* – Pansenvorhof (kranialer Pansensack)
22. *Saccus cecus caudodorsalis* – kaudodorsaler Blindsack
23. *Saccus cecus caudoventralis* – kaudoventraler Blindsack
24. *Plica ruminoreticularis* – Pansenhaubenfalte
25. *Pila cranialis ruminis* – kranialer Pansenpfeiler
26. *Pila caudalis ruminis* – kaudaler Pansenpfeiler
27. *Abomasum* – Labmagen
28. *Rectum* – Mastdarm
29. *Vagina* – Scheide
30. *Vesica urinaria* – Harnblase
31. *Jejunum* – Leerdarm
32. *Cecum* – Blinddarm

Rind. Brustkorb, Ansicht von links.

Abbildung 7

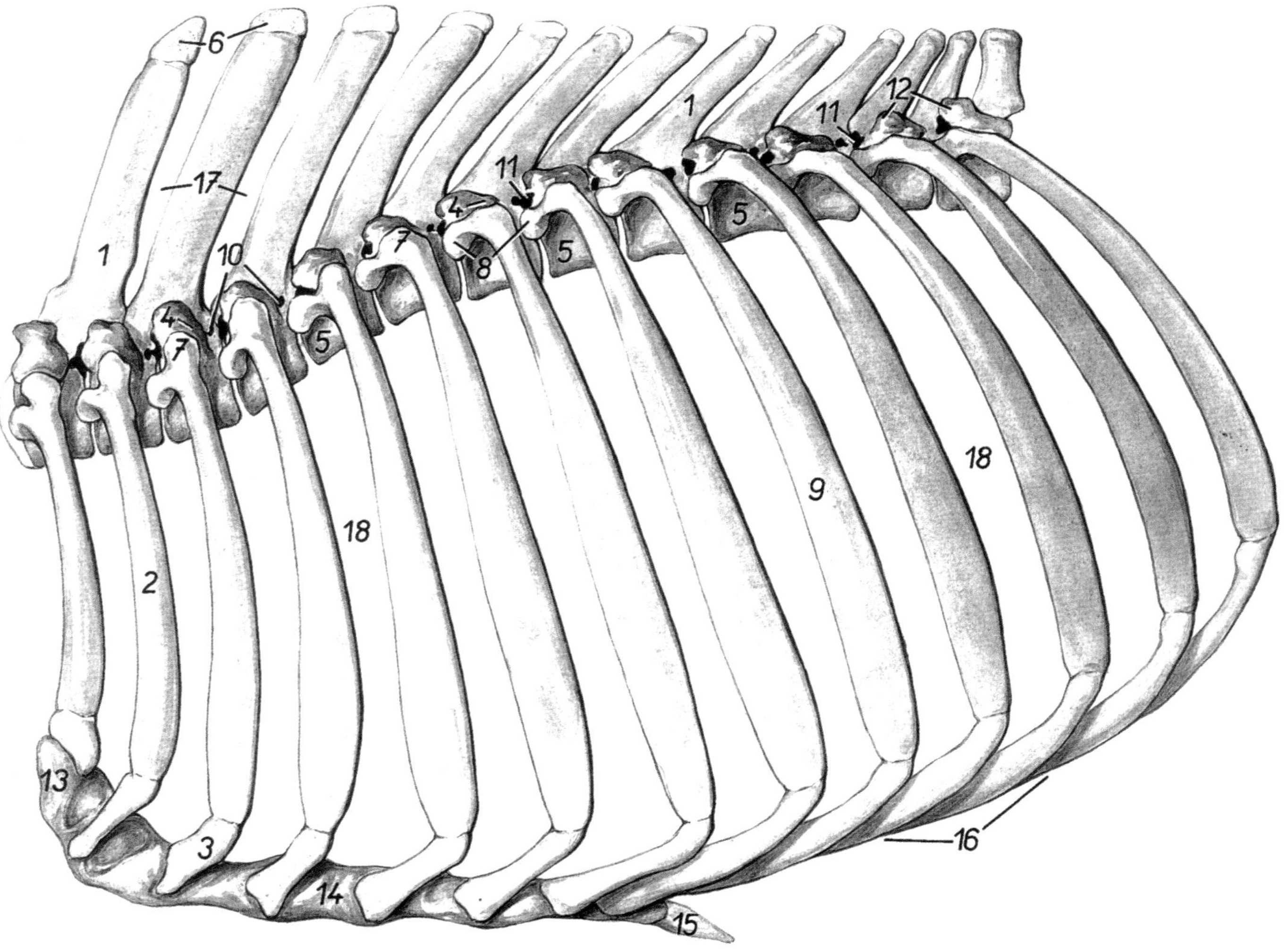

1. *Processus spinosi* – Dornfortsätze
2. *Costa II* – 2. Rippe
3. *Cartilago costalis III* – Knorpel der 3. Rippe
4. *Processus transversi* – Querfortsätze
5. *Corpora vertebrarum* – Wirbelkörper
6. *Tuberositas processus spinosi* – Dornfortsatzrauhigkeiten
7. *Tuberculum costae* – Rippenhöckerchen
8. *Caput costae* – Rippenkopf
9. *Costa IX* – 9. Rippe
10. *Foramina vertebralia lateralia* – laterale Wirbellöcher
11. *Foramina intervertebralia* – Zwischenwirbellöcher
12. *Processus mamillares* – Zitzenfortsätze
13. *Manubrium sterni* – Griff des Brustbeines
14. *Corpus sterni* – Brustbeinkörper
15. *Cartilago xiphoidea* – Schaufelknorpel
16. *Arcus costalis* – Rippenbogen
17. *Spatia interspinosa* – Zwischendornfortsatzräume
18. *Spatia intercostalia* – Zwischenrippenräume

Rind. Präparation des Rumpfes, Ansicht von links. Tiefe Präparation nach Abtragung der linken Schultergliedmaße.

Abbildung 8

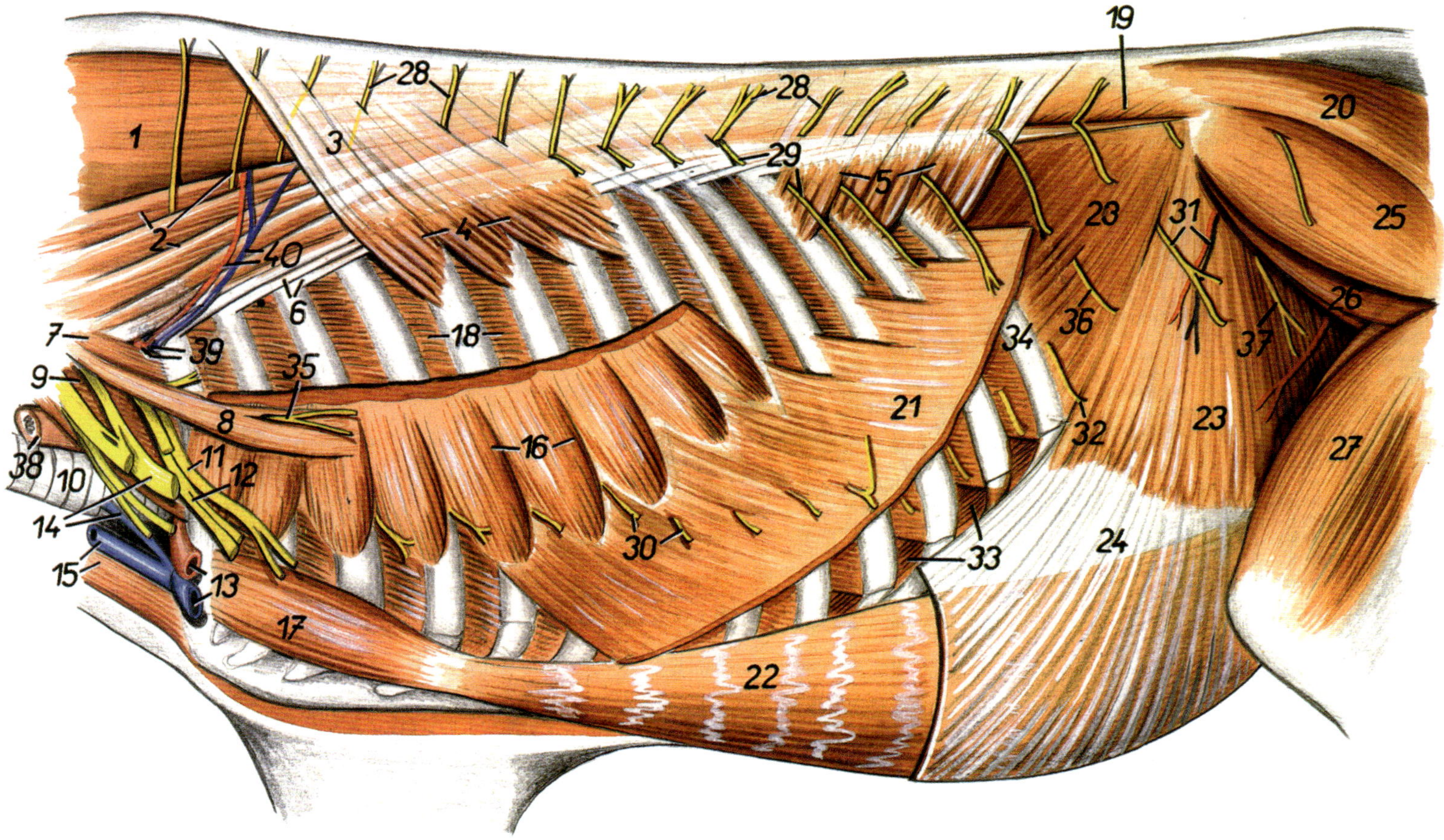

1. *M. semispinalis capitis* – Kopfportion des Halbdornfortsatzmuskels
2. *M. longissimus cervicis, N. thoracius II* – Halsportion des längsten Muskels, 2. Brustkorbnerv
3. *Fascia thoracolumbalis (eius pars spinotransversalis)* – Brustkorb-Lendenfaszie (ihr Dornfortsatz-Querfortsatzteil)
4. *M. serratus dorsalis cranialis* – kranialer dorsaler gesägter Muskel
5. *M. serratus dorsalis caudalis* – kaudaler dorsaler gesägter Muskel
6. *M. iliocostalis thoracis* – Brustkorbportion des Darmbein-Rippenmuskels
7. *Pars dorsalis mi. scaleni medii* – dorsaler Teil des mittleren Rippenhalters
8. *M. scalenus dorsalis* – dorsaler Rippenhalter
9. *Pars ventralis mi. scaleni medii* – ventraler Teil des mittleren Rippenhalters
10. *Trachea* – Luftröhre

11., 12., 14., 35. *Plexus brachialis et Nervi plexus* – Armgeflecht und Nerven des Armgeflechts

11. *Nn. pectorales caudales* – kaudale Brustnerven
12. *N. ulnaris et N. medianus* – Ellennerv und Mittelnerv
13. *A. et V. axillaris* – Achselarterie und -vene
14. *N. axillaris, V. jugularis interna* – Achselnerv, innere Drosselvene
15. *V. jugularis externa, M. sternocephalicus* – äußere Drosselvene, Brustbein-Kopfmuskel
16. *M. serratus ventralis thoracis* – Brustkorbportion des ventralen gesägten Muskels
17. *M. rectus thoracis* – gerader Brustkorbmuskel
18. *Mm. intercostales externi* – äußere Zwischenrippenmuskeln
19. *M. longissimus lumborum* – Lendenportion des längsten Muskels
20. *M. gluteobiceps* – zweiköpfiger Kruppenmuskel
21. *M. obliquus externus abdominis* – äußerer schiefer Bauchmuskel
22. *M. rectus abdominis* – gerader Bauchmuskel
23. *M. obliquus internus abdominis* – innerer schiefer Bauchmuskel
24. *Aponeurosis mi. obliqui interni abdominis* – Sehnenplatte des inneren schiefen Bauchmuskels
25. *M. gluteus medius* – mittlerer Kruppenmuskel
26. *M. gluteus accessorius* – zusätzlicher Kruppenmuskel
27. *M. quadriceps femoris* – vierköpfiger Oberschenkelmuskel

28., 29. *Rami dorsales nn. thoracicorum* – dorsale Äste der Brustkorbnerven

28. *Rami cutanei mediales* – mediale Hautäste
29. *Rami cutanei laterales* – laterale Hautäste

30.–32. *Rami ventrales nn. thoracicorum I–XII (Nn. intercostales) et XIII (N. costoabdominalis)* – ventrale Äste der 1.–12. Brustkorbnerven (Zwischenrippennerven) und des 13. Brustkorbnerven (Rippenbauchnerv)

30. *Rami cutanei laterales nn. intercostalium* – laterale Hautäste der Zwischenrippennerven
31. *Ramus cutaneus lateralis ni. ilioinguinalis (s. ni. lumbalis II), Ramus a. et v. circumflexae ilium profundae* – lateraler Hautast der Darmbein-Leistennerven (2. Lendennerv), Ast der tiefen Darmbeinkranzarterie und -vene
32. *Ramus cutaneus lateralis ni. costoabdominalis* – lateraler Hautast des Rippen-Bauchnerven
33. *Mm. intercostales interni* – innere Zwischenrippenmuskeln
34. *Costa XIII* – 13. Rippe
35. *N. thoracodorsalis* – Brustkorb-Rückennerv
36. *Ramus cutaneus lateralis ni. iliohypogastrici* – lateraler Hautast des Darmbein-Bauchdekkennerven
37. *N. cutaneus femoris lateralis* – lateraler Oberschenkelhautnerv
38. *Esophagus* – Speiseröhre
39. *Truncus costocervicalis, V. costocervicalis* – Stamm der Rippen-Halsarterie, Rippen-Halsvene
40. *A. et V. scapularis dorsalis* – dorsale Schulterblattarterie und -vene

Rind. Präparation des Brustkorbes mit freigelegten Brustorganen nach Entfernung des Brustfells, Ansicht von rechts.

Abbildung 9

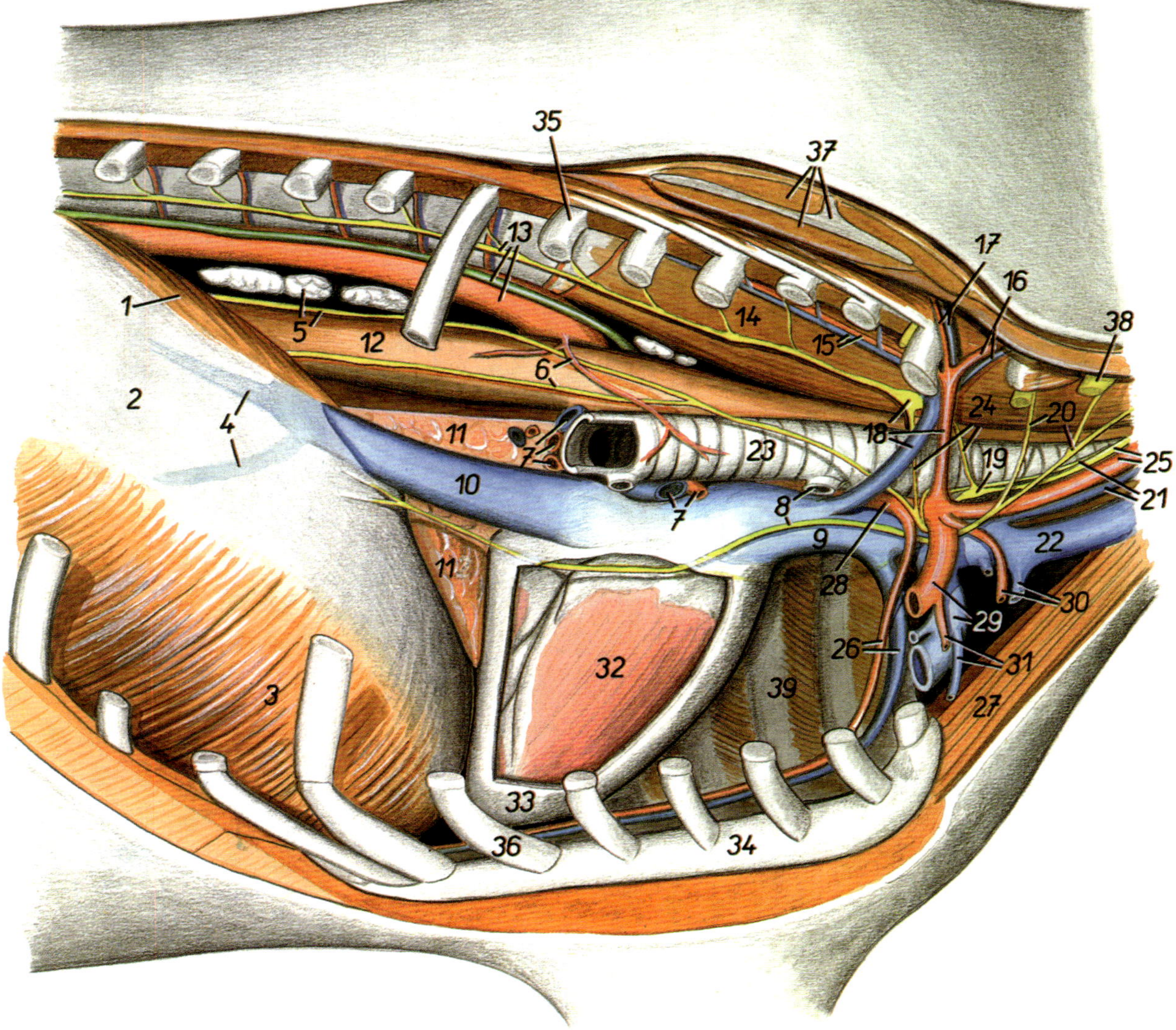

1. *Crus dextrum diaphragmatis* – rechter Zwerchfellpfeiler
2. *Centrum tendineum diaphragmatis* – Sehnenspiegel des Zwerchfells
3. *Pars costalis diaphragmatis* – Rippenteil des Zwerchfells
4. *Vv. phrenicae craniales* – kraniale Zwerchfellvenen
5. *Lnn. mediastinales caudales, Truncus vagalis dorsalis* – kaudale Mittelfellymphknoten, dorsaler Stamm des Vagusnerven
6. *Ramus bronchalis, Truncus vagalis ventralis* – Bronchialast, ventraler Stamm des Vagusnerven
7. *Rami a. pulmonalis, Vv. pulmonales* – Äste der Lungenarterie, Lungenvenen
8. *N. phrenicus dexter, Bronchus trachealis* – rechter Zwerchfellnerv, Luftröhrenbronchus
9. *V. cava cranialis* – kraniale Hohlvene
10. *V. cava caudalis* – kaudale Hohlvene
11. *Lobus accessorius pulmonis* – zusätzlicher Lungenlappen
12. *Esophagus* – Speiseröhre
13. *Aorta, Ductus thoracicus, Pars thoracica trunci sympathici* – große Körperschlagader, Milchbrustgang, Brustteil des Sympathikusstammes
14. *M. longus colli* – langer Halsmuskel
15. *A. et V. intercostalis suprema* – oberste Zwischenrippenarterie und -vene
16. *A. et V. vertebralis* – Wirbelarterie und -vene
17. *A. et V. cervicalis profunda* – tiefe Halsarterie und -vene
18. *Ganglion cervicothoracicum (s. stellatum), Truncus costocervicalis, V. costocervicalis* – Hals-Brustnervenknoten (sternförmiger Nervenknoten), Stamm der Rippen-Halsarterie, Rippen-Halsvene
19. *Ganglion cervicale medium* – mittlerer Halsnervenknoten
20. *Radices ni. phrenici* – Wurzeln der Zwerchfellnerven
21. *N. laryngeus recurrens, V. jugularis interna* – zurücklaufender Kehlkopfnerv, innere Drosselvene
22. *V. jugularis externa* – äußere Drosselvene
23. *Trachea* – Luftröhre
24. *Ansa subclavia* – Unterschlüsselbeinschleife
25. *Truncus vagosympathicus, A. carotis communis* – gemeinsamer Stamm des Vagus- und Sympathikusnerven, gemeinsame Kopfarterie
26. *A. et V. thoracica interna* – innere Brustkorbarterie und -vene
27. *M. sternocephalicus* – Brustbein-Kopfmuskel
28. *Truncus brachiocephalicus* – Arm-Kopfarterie
29. *A. et V. subclavia dextra* – rechte Unterschlüsselbeinarterie und -vene
30. *A. et V. cervicalis superficialis* – oberflächliche Halsarterie und -vene
31. *A. et V. thoracica externa* – äußere Brustkorbarterie und -vene
32. *Ventriculus dexter cordis* – rechte Herzkammer
33. *Pericardium* – Herzbeutel
34. *Sternum* – Brustbein
35. *Costa VI* – 6. Rippe
36. *Cartilago costalis VI* – Knorpel der 6. Rippe
37. *Scapula et Mm. scapulares* – Schulterblatt und Schulterblattmuskeln
38. *N. cervicalis VII* – 7. Halsnerv
39. *Paries thoracis sinister* – linke Brustwand

Rind. Präparation des Brustkorbes mit freigelegten Brustorganen nach Entfernung des Brustfells, Ansicht von links.

Abbildung 10

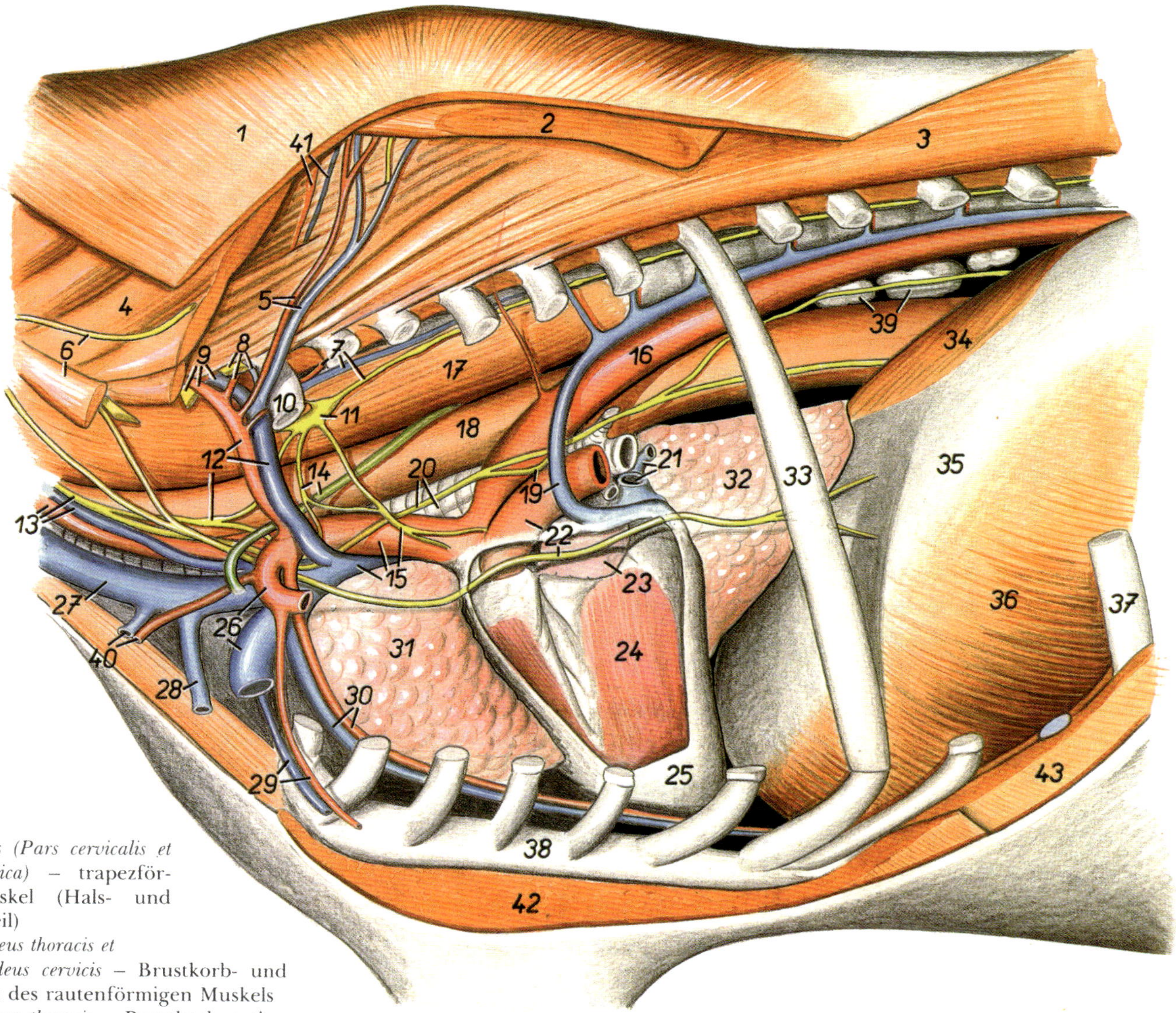

1. *M. trapezius (Pars cervicalis et Pars thoracica)* – trapezförmiger Muskel (Hals- und Brustkorbteil)
2. *M. rhomboideus thoracis et M. rhomboideus cervicis* – Brustkorb- und Halsportion des rautenförmigen Muskels
3. *M. longissimus thoracis* – Brustkorbportion des längsten Muskels
4. *M. serratus ventralis cervicis* – Halsportion des ventralen gesägten Muskels
5. *A. et V. scapularis dorsalis* – dorsale Schulterblattarterie und -vene
6. *M. scalenus dorsalis, N. accessorius* – dorsaler Rippenhalter, zusätzlicher Nerv
7. *A. et V. intercostalis suprema, Truncus sympathicus* – oberste Zwischenrippenarterie und -vene, Stamm des Sympathikusnerven
8. *N. cervicalis VIII, A. et V. cervicalis profunda* – 8. Halsnerv, tiefe Halsarterie und -vene
9. *N. cervicalis VII, A. et V. vertebralis* – 7. Halsnerv, Wirbelarterie und -vene
10. *Costa I* – 1. Rippe
11. *Ganglion stellatum (s. cervicothoracicum)* – sternförmiger Nervenknoten (Hals-Brustnervenknoten)
12. *Truncus costocervicalis, V. costocervicalis, Ggl. cervicale medium* – Stamm der Rippen-Halsarterie, Rippen-Halsvene, mittlerer Halsnervenknoten
13. *Truncus vagosympathicus, A. carotis communis, V. jugularis interna* – gemeinsamer Stamm des Vagus- und Sympathikusnerven, gemeinsame Kopfarterie, innere Drosselvene
14. *Ansa subclavia, Ductus thoracicus* – Unterschlüsselbeinschleife, Milchbrustgang
15. *V. cava cranialis, Truncus brachiocephalicus, Nn. cardiaci thoracici* – kraniale Hohlvene, Stamm der Arm-Kopfarterie, Herz-Brustkorbnerven
16. *Aorta thoracica* – Brustabschnitt der großen Körperschlagader
17. *M. longus colli* – langer Halsmuskel
18. *Esophagus* – Speiseröhre
19. *N. laryngeus recurrens sinister, V. azygos sinistra* – linker zurücklaufender Kehlkopfnerv, linke Azygosvene
20. *N. vagus, Trachea* – Vagusnerv, Luftröhre
21. *Vv. pulmonales* – Lungenvenen
22. *Truncus pulmonalis, N. phrenicus* – Stamm der Lungenarterie, Zwerchfellnerv
23. *Auricula sinistra cordis* – linkes Herzohr
24. *Ventriculus sinister cordis* – linke Herzkammer
25. *Pericardium* – Herzbeutel
26. *A. et V. subclavia sinistra* – linke Unterschlüsselbeinarterie und -vene
27. *V. jugularis externa* – äußere Drosselvene
28. *V. cephalica* – Kopfvene des Oberarmes
29. *A. et V. thoracica externa* – äußere Brustkorbarterie und -vene
30. *A. et V. thoracica interna* – innere Brustkorbarterie und -vene
31. *Pars cranialis lobi cranialis pulmonis dextri* – kranialer Teil des kranialen rechten Lungenlappens
32. *Lobus accessorius pulmonis* – zusätzlicher Lungenlappen
33. *Costa VII* – 7. Rippe
34. *Crus dextrum diaphragmatis* – rechter Pfeiler des Zwerchfells
35. *Centrum tendineum diaphragmatis* – Sehnenspiegel des Zwerchfells
36. *Pars costalis diaphragmatis* – Rippenteil des Zwerchfells
37. *Costa X* – 10. Rippe
38. *Sternum* – Brustbein
39. *Lnn. mediastinales caudales* – kaudale Mittelfellymphknoten
40. *A. et V. cervicalis superficialis* – oberflächliche Halsarterie und -vene
41. *Ramus v. et a. cervicalis profundae* – Ast der tiefen Halsvene und -arterie
42. *M. pectoralis profundus* – tiefer Brustmuskel
43. *M. obliquus externus abdominis* – äußerer schiefer Bauchmuskel

Rind. Brustteil der Wirbelsäule, Ansicht von links.

Abbildung 11

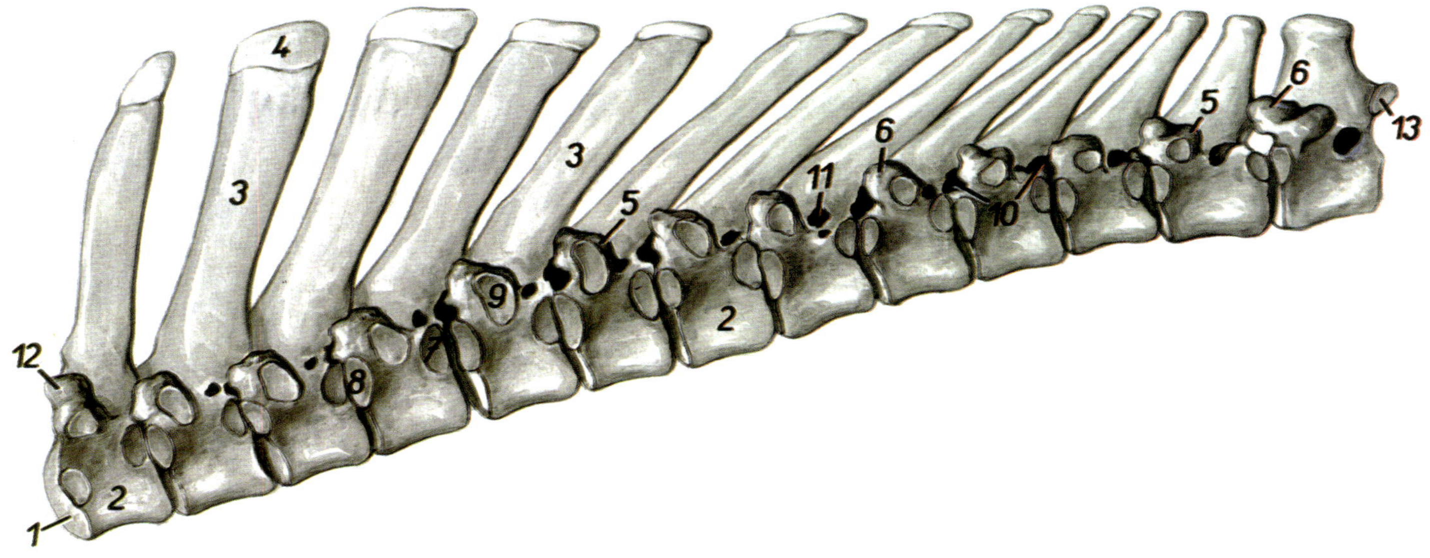

1. *Extremitas cranialis vertebrae thoracicae I* – kraniales Ende des 1. Brustwirbels
2. *Corpus vertebrae* – Wirbelkörper
3. *Processus spinosus* – Dornfortsatz
4. *Tuberositas processus spinosi* – Dornfortsatzrauhigkeiten
5. *Processus transversus* – Querfortsatz
6. *Processus mamillaris* – Zitzenfortsatz
7. *Fovea costalis caudalis* – kaudale Rippengrube
8. *Fovea costalis cranialis* – kraniale Rippengrube
9. *Fovea costalis transversalis* – Querfortsatz-Rippengrube
10. *Foramina intervertebralia* – Zwischenwirbellöcher
11. *Foramen vertebrale laterale* – laterales Wirbelloch
12. *Processus articularis cranialis vertebrae thoracicae I* – kranialer Gelenkfortsatz des 1. Brustwirbels
13. *Processus articularis caudalis vertebrae thoracicae XIII* – kaudaler Gelenkfortsatz des 13. Brustwirbels

Rind. Skelett der Lendenwirbelsäule, Ansicht von dorsolateral.

Abbildung 12

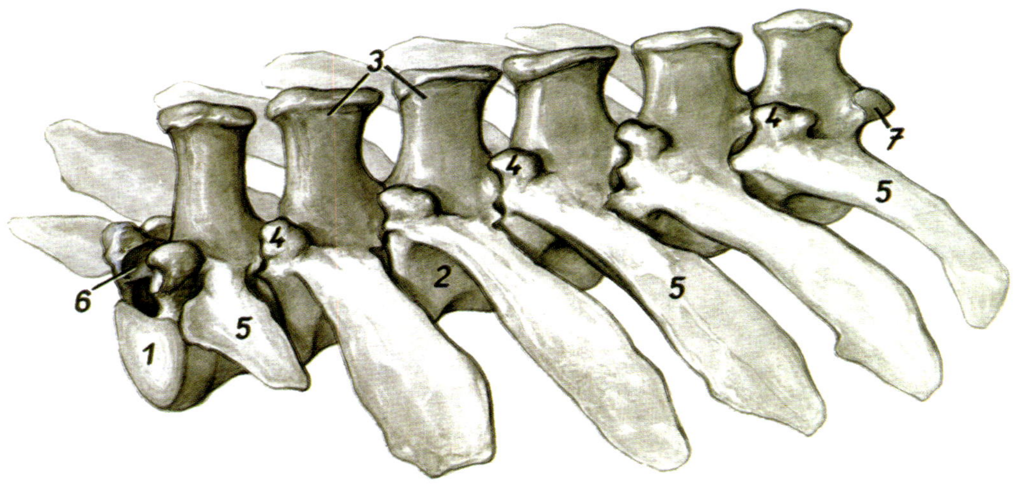

1. *Extremitas cranialis vertebrae lumbalis I* – kraniales Ende des 1. Lendenwirbels
2. *Corpus vertebrae lumbalis III* – Körper des 3. Lendenwirbels
3. *Processus spinosi* – Dornfortsätze
4. *Processus articularis cranialis cum processu mamillari* – kranialer Gelenkfortsatz mit Zitzenfortsatz
5. *Processus costales (s. transversi)* – Rippenfortsätze (Querfortsätze)
6. *Processus articularis cranialis vertebrae lumbalis I* – kranialer Gelenkfortsatz des 1. Lendenwirbels
7. *Processus articularis caudalis vertebrae lumbalis VI* – kaudaler Gelenkfortsatz des 6. Lendenwirbels

Rind. 6. Lendenwirbel (oben) und 1. Lendenwirbel (unten), Ansicht von kaudolateral.

Abbildung 13

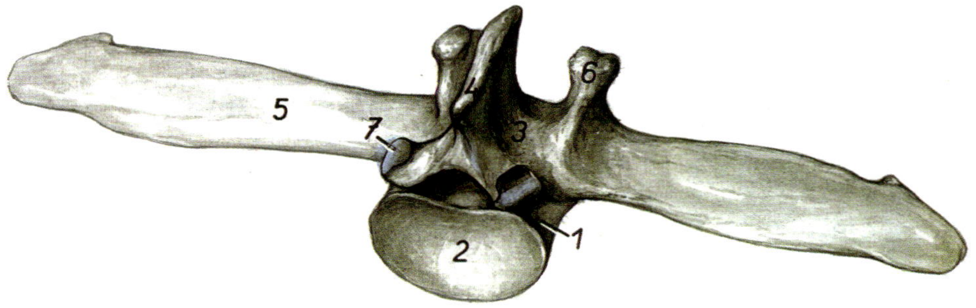

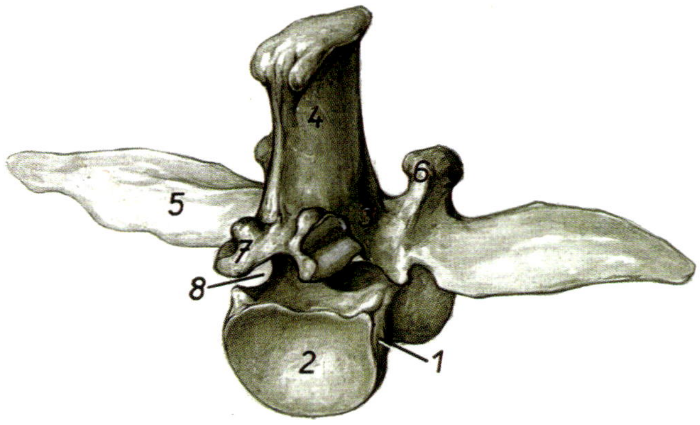

1. *Corpus vertebrae* – Wirbelkörper
2. *Extremitas caudalis* – kaudales Ende
3. *Arcus vertebrae* – Wirbelbogen
4. *Processus spinosus* – Dornfortsatz
5. *Processus costalis* – Rippenfortsatz
6. *Processus articularis cranialis cum processu mamillari (Proc. mamilloarticularis)* – kranialer Gelenkfortsatz mit Zitzenfortsatz (Zitzengelenkfortsatz)
7. *Processus articularis caudalis* – kaudaler Gelenkfortsatz
8. *Incisura vertebralis caudalis* – kaudaler Wirbeleinschnitt

Rind. 6. Lendenwirbel (oben) und 1. Lendenwirbel (unten), Ansicht von kranioventral.

Abbildung 14

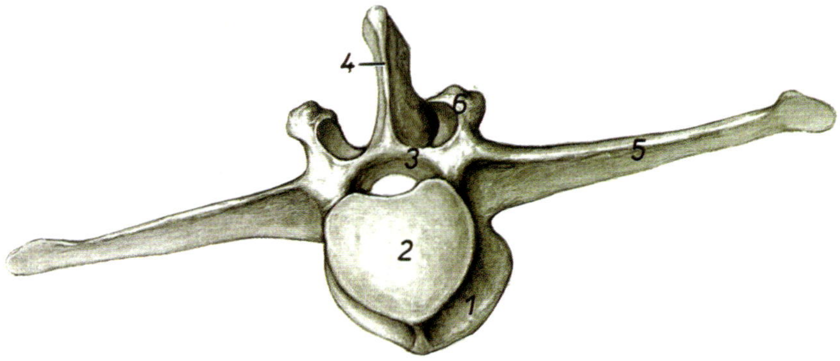

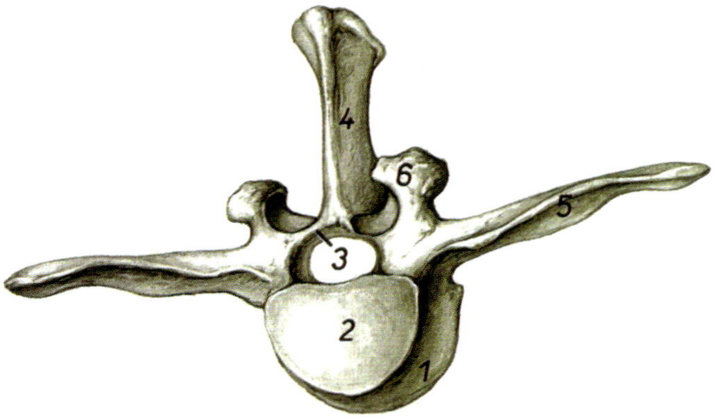

1. *Corpus vertebrae* – Wirbelkörper
2. *Extremitas cranialis vertebrae* – kraniales Wirbelende
3. *Arcus vertebrae* – Wirbelbogen
4. *Processus spinosus* – Dornfortsatz
5. *Processus costalis* – Rippenfortsatz
6. *Processus articularis cranialis cum processu mamillari (Proc. mamilloarticularis)* – kranialer Gelenkfortsatz mit Zitzenfortsatz (Zitzen-Gelenkfortsatz)

Rind. Tiefe Muskulatur des Rückgrats, Ansicht von links.

Abbildung 15

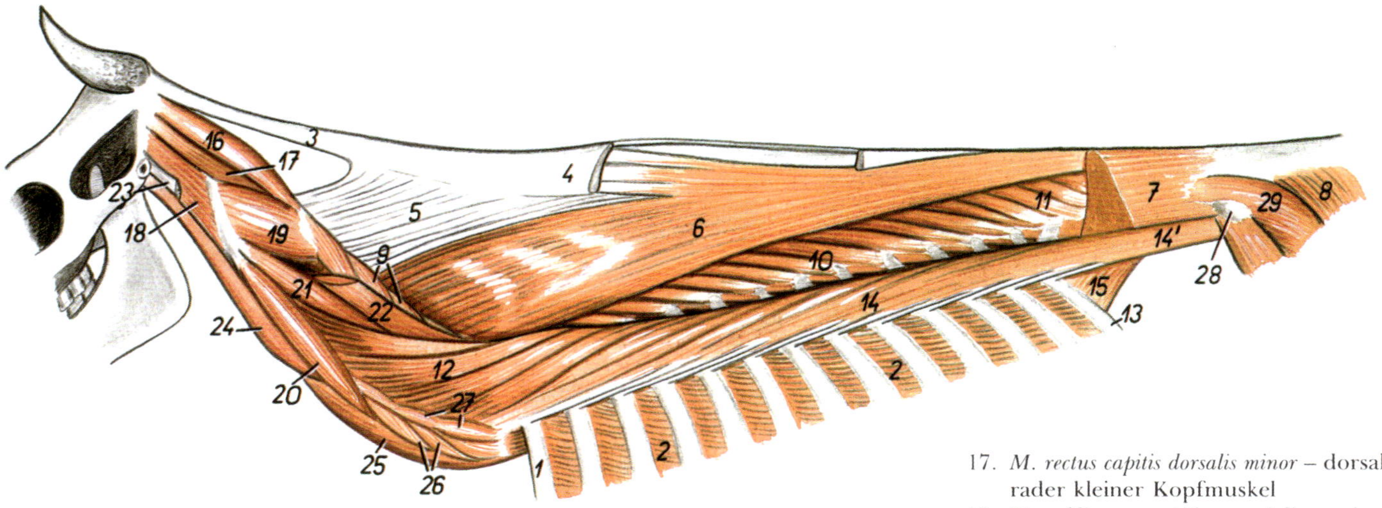

1. *Costa I* – 1. Rippe
2. *Mm. intercostales externi* – äußere Zwischenrippenmuskeln
3. *Funiculus nuchae* – Nackenstrang
4. *Pars cucullaris lig. nuchae* – Kappenteil des Nackenbandes
5. *Lamina nuchae* – Nackenplatte
6. *M. spinalis et semispinalis thoracis et cervicis* – rustkorb- und Halsportion des Dornfortsatz- und Halbdornfortsatzmuskels
7. *M. longissimus lumborum* – Lendenportion des längsten Muskels
8. *M. gluteobiceps* – zweiköpfiger Kruppenmuskel
9. *M. multifidus cervicis* – Halsportion des vielgeteilten Muskels
10. *M. multifidus thoracis* – Brustportion des vielgeteilten Muskels
11. *M. multifidus lumborum* – Lendenportion des vielgeteilten Muskels
12. *M. longissimus cervicis* – Halsportion des längsten Muskels
13. *Costa XIII* – 13. Rippe
14. *M. iliocostalis thoracis* – Brustportion des Darmbein-Rippenmuskels

14'. *M. iliocostalis lumborum* – Lendenportion des Darmbein-Rippenmuskels

15. *M. retractor costae* – Rückzieher der Rippen
16. *M. rectus capitis dorsalis major* – dorsaler gerader großer Kopfmuskel
17. *M. rectus capitis dorsalis minor* – dorsaler gerader kleiner Kopfmuskel
18. *M. obliquus capitis cranialis* – kranialer schräger Kopfmuskel
19. *M. obliquus capitis caudalis* – kaudaler schräger Kopfmuskel
20. *M. intertransversarius longus (Pars atlantis)* – Atlasportion des langen Zwischenquerfortsatzmuskels
21. *M. longissimus atlantis* – Atlasportion des längsten Muskels
22. *M. longissimus capitis* – Kopfportion des längsten Muskels
23. *Insertio mi. longissimi capitis* – Ansatzstelle der Kopfportion des längsten Muskels
24. *M. longus capitis* – langer Kopfmuskel
25. *M. longus colli* – langer Halsmuskel
26. *Mm. intertransversarii ventrales cervicis* – Halsportion der ventralen Zwischenquerfortsatzmuskeln
27. *Mm. intertransversarii dorsales cervicis* – Halsportion der dorsalen Zwischenquerfortsatzmuskeln
28. *Tuber coxae* – Hüfthöcker
29. *M. gluteus medius* – mittlerer Kruppenmuskel

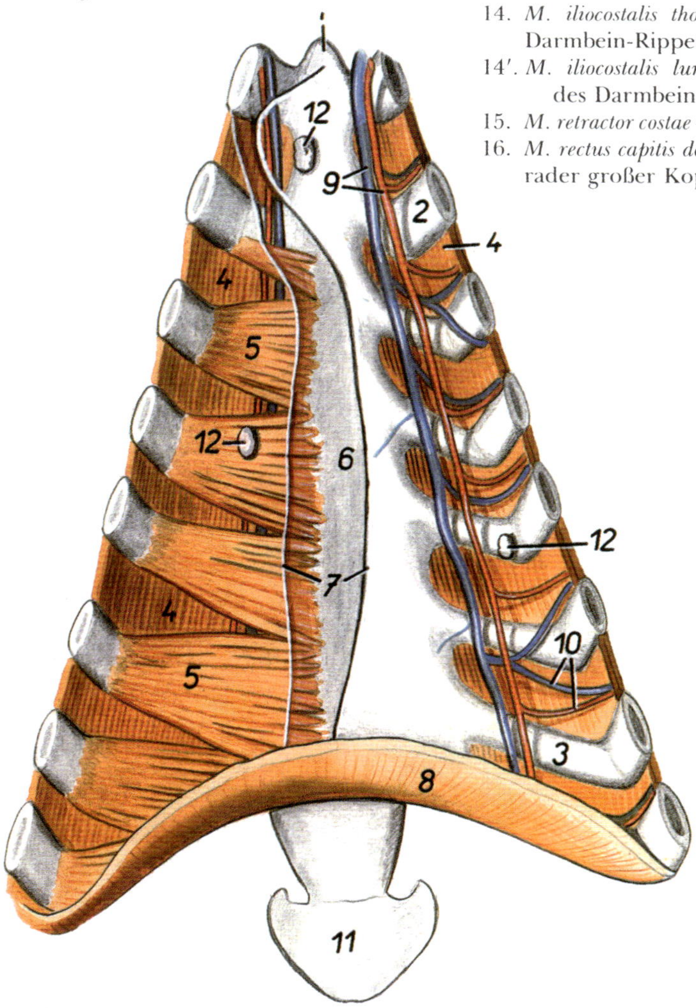

Rind. Blick auf den Boden des Brustkorbes.

Abbildung 16

1. *Manubrium sterni* – Griff des Brustbeines
2. *Costa II* – 2. Rippe
3. *Cartilago costalis VII* – Knorpel der 7. Rippe
4. *Mm. intercostales interni* – innere Zwischenrippenmuskeln
5. *M. transversus thoracis* – querverlaufender Brustkorbmuskel
6. *Corpus sterni* – Brustbeinkörper
7. *Insertio pleurae mediastinalis* – Ansatzlinie des Brustfells
8. *Diaphragma* – Zwerchfell
9. *A. et V. thoracica interna* – innere Brustkorbarterie und -vene
10. *Rami intercostales ventrales* – ventrale Zwischenrippenäste
11. *Cartilago xiphoidea* – Schaufelknorpel
12. *Lnn. sternales* – Brustbeinlymphknoten

Rind. Querschnitt durch den Brustkorb in Höhe des 2. Brustwirbels, Ansicht von kaudal.

Abbildung 17

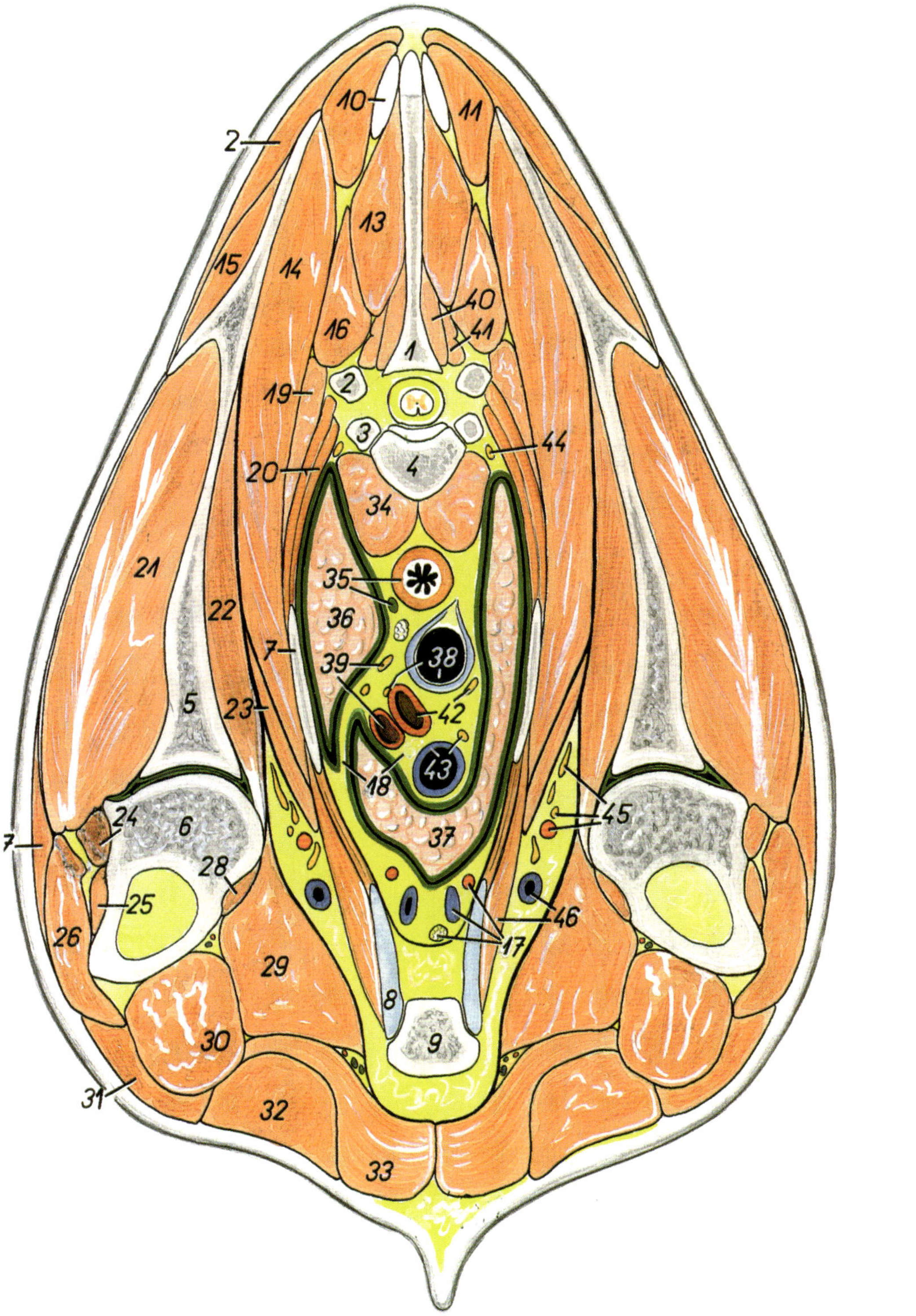

1. *Processus spinosus vertebrae thoracicae II* – Dornfortsatz des 2. Brustwirbels
2. *Processus transversus vertebrae thoracicae II* – Querfortsatz des 2. Brustwirbels
3. *Caput costae II* – Kopf der 2. Rippe
4. *Corpus vertebrae thoracicae II* – Körper des 2. Brustwirbels
5. *Scapula* – Schulterblatt
6. *Humerus* – Oberarmbein
7. *Costa II* – 2. Rippe
8. *Cartilago costalis I* – Knorpel der 1. Rippe
9. *Sternum* – Brustbein
10. *Lig. nuchae* – Nackenband
11. *M. rhomboideus thoracis* – Brustkorbportion des rautenförmigen Muskels
12. *M. trapezius (Pars thoracica)* – trapezförmiger Muskel (Brustkorbteil)
13. *M. spinalis et semispinalis thoracis et cervicis* – Brustkorb- und Halsportion des Dornfortsatz- und Halbdornfortsatzmuskels
14. *M. serratus ventralis thoracis* – Brustkorbportion des gesägten Muskels
15. *M. supraspinatus* – Übergrätenmuskel
16. *M. longissimus thoracis et cervicis* – Brustkorb- und Halsportion des längsten Muskels
17. *A. et V. thoracica interna, Ln. sternalis* – innere Brustkorbarterie und -vene, Brustbeinlymphknoten
18. *Mediastinum craniale* – kraniales Mittelfell
19. *M. iliocostalis thoracis* – Brustkorbportion des Darmbein-Rippenmuskels
20. *Mm. intercostales* – Zwischenrippenmuskeln
21. *M. infraspinatus* – Untergrätenmuskel
22. *M. subscapularis* – Unterschulterblattmuskel
23. *M. scalenus dorsalis* – dorsaler Rippenhalter
24. *M. teres minor* – kleiner Rundmuskel
25. *M. brachialis* – Armmuskel
26. *Caput laterale mi. tricipitis brachii* – lateraler Kopf des dreiköpfigen Armmuskels
27. *M. deltoideus* – deltaförmiger Muskel
28. *M. coracobrachialis* – Rabenschnabel-Armmuskel
29. *M. pectoralis profundus (ascendens)* – tiefer (aufsteigender) Brustmuskel
30. *M. biceps brachii* – zweiköpfiger Armmuskel
31. *M. brachiocephalicus* – Arm-Kopfmuskel

32., 33. *M. pectoralis superficialis* – oberflächlicher Brustmuskel

32. *M. pectoralis descendens* – absteigender Brustmuskel
33. *M. pectoralis transversus* – querverlaufender Brustmuskel
34. *M. longus colli* – langer Halsmuskel
35. *Esophagus, Ductus thoracicus* – Speiseröhre, Milchbrustgang
36. *Pars cranialis lobi cranialis pulmonis sinistri* – kranialer Teil des kranialen linken Lungenlappens
37. *Pars cranialis lobi cranialis pulmonis dextri* – kranialer Teil des kranialen rechten Lungenlappens
38. *Trachea, N. laryngeus recurrens sinister* – Luftröhre, linker zurücklaufender Kehlkopfnerv
39. *N. vagus sinister, A. subclavia sinistra* – linker Vagusnerv, linke Unterschlüsselbeinarterie
40. *M. multifidus thoracis* – Brustkorbportion des vielgeteilten Muskels
41. *M. rotator* – Drehmuskel
42. *Truncus brachiocephalicus, N. vagus dexter* – Stamm der Arm-Kopfarterie, rechter Vagusnerv
43. *V. cava cranialis, N. phrenicus dexter* – kraniale Hohlvene, rechter Zwerchfellnerv
44. *Truncus sympathicus* – Stamm des Sympathikusnerven
45. *A. axillaris, Rami plexus brachialis* – Achselarterie, Äste des Armgeflechts
46. *V. axillaris, M. rectus thoracis* – Achselvene, gerader Brustkorbmuskel

Rind. Querschnitt durch den Brustkorb in Höhe des 3. Brustwirbels, Ansicht von kaudal.

Abbildung 18

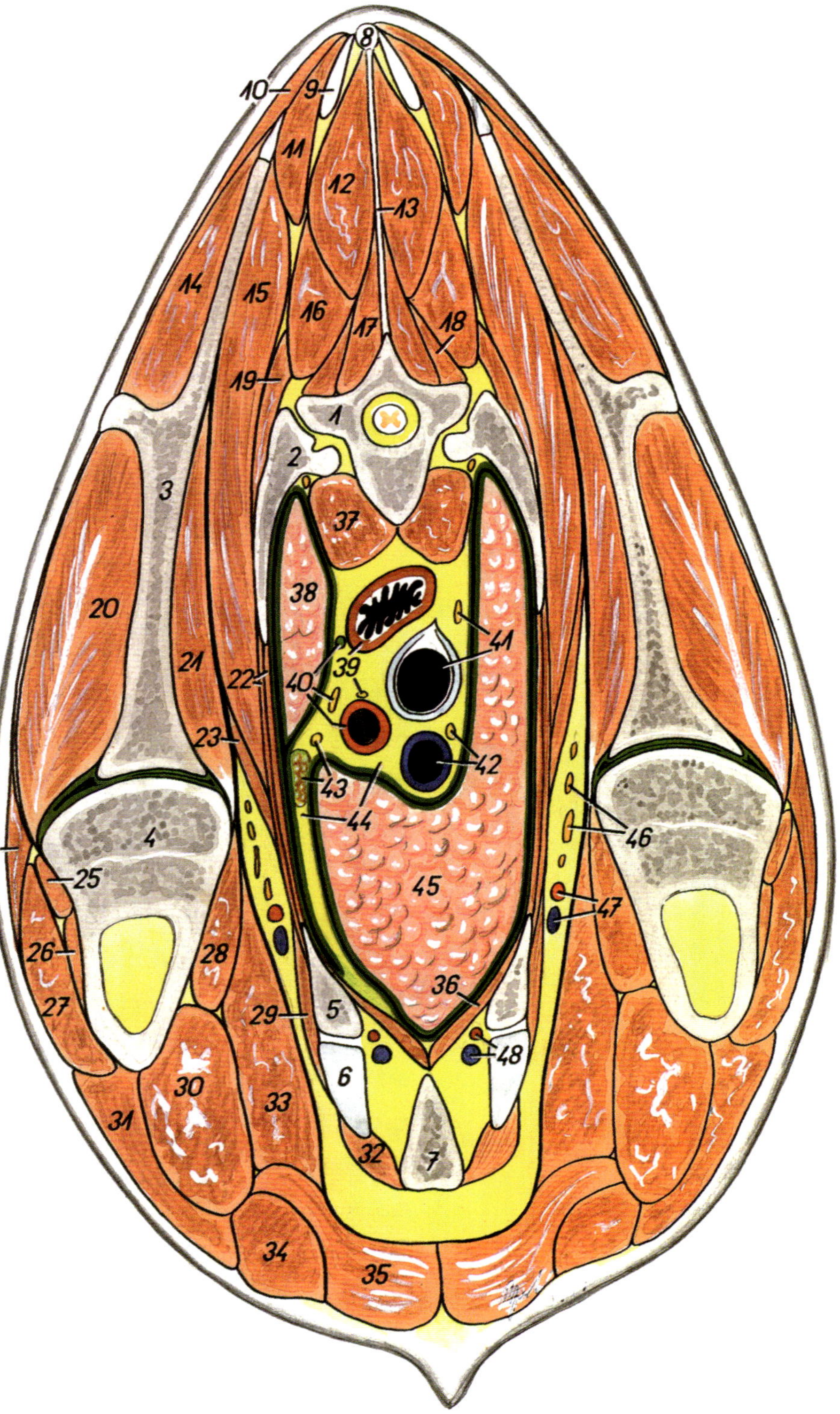

1. *Vertebra thoracica III* – 3. Brustwirbel
2. *Costa III* – 3. Rippe
3. *Scapula* – Schulterblatt
4. *Humerus* – Oberarmbein
5. *Costa II* – 2. Rippe
6. *Cartilago costalis II* – Knorpel der 2. Rippe
7. *Sternum* – Brustbein
8., 9. *Lig. nuchae* – Nackenband
10. *M. trapezius* – *Pars thoracica* – trapezförmiger Muskel – Brustkorbteil
11. *M. rhomboideus thoracis* – Brustkorbportion des rautenförmigen Muskels
12. *M. spinalis et semispinalis thoracis et cervicis* – Brustkorb- und Halsportion des Dornfortsatz- und Halbdornfortsatzmuskels
13. *Lig. interspinale* – Zwischendornfortsatzband
14. *M. supraspinatus* – Überdornfortsatzmuskel
15. *M. serratus ventralis thoracis* – Brustkorbteil des ventralen gesägten Muskels
16. *M. longissimus thoracis et cervicis* – Brustkorb- und Halsteil des längsten Muskels
17. *M. multifidus thoracis* – Brustkorbteil des vielgeteilten Muskels
18. *M. rotator* – Drehmuskel
19. *M. iliocostalis thoracis* – Brustkorbteil des Darmbein-Rippenmuskels
20. *M. infraspinatus* – Untergrätenmuskel
21. *M. subscapularis* – Unterschulterblattmuskel
22. *Mm. intercostales* – Zwischenrippenmuskeln
23. *M. scalenus dorsalis* – dorsaler Rippenhalter
24. *M. deltoideus* – deltaförmiger Muskel
25. *M. teres minor* – kleiner Rundmuskel
26. *M. brachialis* – Armmuskel
27. *Caput laterale mi. tricipitis brachii* – lateraler Kopf des dreiköpfigen Armmuskels
28. *M. coracobrachialis* – Rabenschnabel-Armmuskel
29. *M. rectus thoracis* – gerader Brustkorbmuskel
30. *M. biceps brachii* – zweiköpfiger Armmuskel
31. *M. brachiocephalicus* – Arm-Kopfmuskel
32. *M. intercostalis internus (intercartilagineus)* – innerer Zwischenrippenmuskel (Zwischenknorpelmuskel)
33. *M. pectoralis ascendens (s. profundus)* – aufsteigender (tiefer) Brustmuskel
34. *M. pectoralis descendens* – absteigender Brustmuskel
35. *M. pectoralis transversus* – querverlaufender Brustmuskel
36. *M. transversus thoracis* – querverlaufender Brustkorbmuskel
37. *M. longus colli* – langer Halsmuskel
38. *Pars cranialis lobi cranialis pulmonis sinistri* – kranialer Teil des linken kranialen Lungenlappens
39. *Esophagus, N. laryngeus recurrens sinister* – Speiseröhre, linker zurücklaufender Kehlkopfnerv
40. *Ductus thoracicus, N. vagus sinister, Truncus brachiocephalicus* – Milchbrustgang, linker Vagusnerv, Stamm der Arm-Kopfarterie
41. *Trachea, N. vagus dexter* – Luftröhre, rechter Vagusnerv
42. *V. cava cranialis, N. phrenicus dexter* – kraniale Hohlvene, rechter Zwerchfellnerv
43. *Thymus, N. phrenicus sinister* – Thymus (Bries), linker Zwerchfellnerv
44. *Mediastinum craniale* – kraniales Mittelfell
45. *Pars cranialis lobi cranialis pulmonis dextri* – kranialer Teil des rechten kranialen Lungenlappens
46. *Rami plexus brachialis* – Äste des Armgeflechts
47. *A. et V. axillaris* – Achselarterie und -vene
48. *A. et V. thoracica interna* – innere Brustkorbarterie und -vene

Rind. Querschnitt durch den Brustkorb in Höhe des 4. Brustwirbels, Ansicht von kaudal.

Abbildung 19

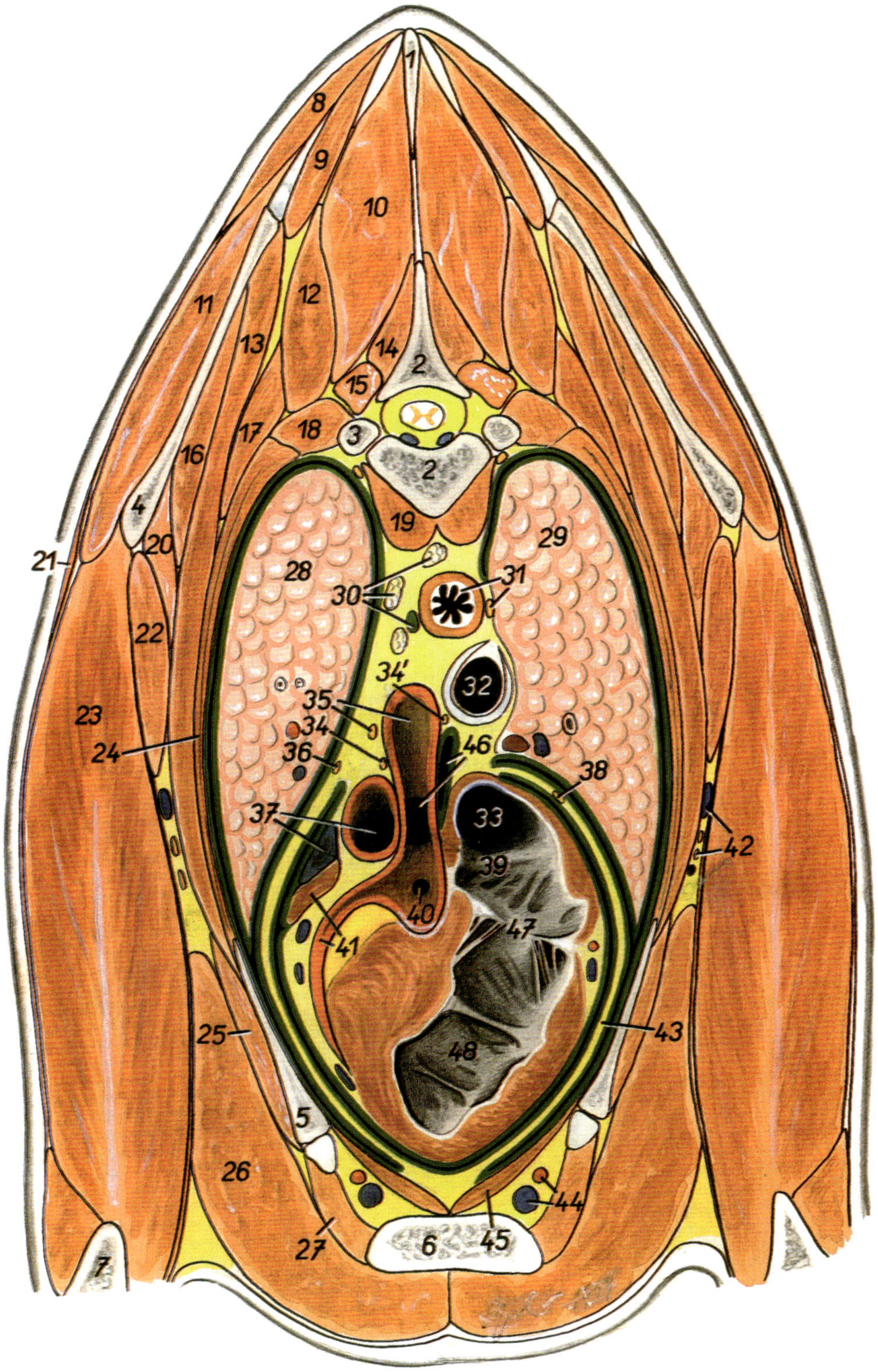

1. *Processus spinosus vertebrae thoracicae III* – Dornfortsatz des 3. Brustwirbels
2. *Vertebra thoracica IV* – 4. Brustwirbel
3. *Caput costae IV* – Kopf der 4. Rippe
4. *Scapula* – Schulterblatt
5. *Costa IV* – 4. Rippe
6. *Sternum* – Brustbein
7. *Olecranon* – Ellbogen
8. *M. trapezius – Pars thoracica* – trapezförmiger Muskel – Brustkorbteil
9. *M. rhomboideus thoracis* – Brustkorbportion des rautenförmigen Muskels
10. *M. spinalis et semispinalis thoracis et cervicis* – Brustkorb- und Halsportion des Dornfortsatz- und Halbdornfortsatzmuskels
11. *M. infraspinatus* – Untergrätenmuskel
12. *M. longissimus thoracis* – Brustkorbportion des längsten Muskels
13. *M. serratus ventralis thoracis* – Brustkorbportion des ventralen gesägten Muskels
14. *M. multifidus thoracis* – Brustkorbportion des vielgeteilten Muskels
15. *M. rotator* – Drehmuskel
16. *M. subscapularis* – Unterschulterblattmuskel
17. *M. iliocostalis thoracis* – Brustkorbportion des Darmbein-Rippenmuskels
18. *M. levator costae* – Rippenheber
19. *M. longus colli* – langer Halsmuskel
20. *M. teres major* – großer Rundmuskel
21. *M. cutaneus omobrachialis* – Schulter-Armhautmuskel
22. *M. latissimus dorsi* – breiter Rückenmuskel
23. *Caput longum mi, tricipitis brachii* – langer Kopf des dreiköpfigen Armmuskels
24. *Mm. intercostales* – Zwischenrippenmuskeln
25. *M. rectus thoracis* – gerader Brustkorbmuskel
26. *M. pectoralis profundus (ascendens)* – tiefer (aufsteigender) Brustmuskel
27. *M. intercostalis internus (M. intercartilagineus)* – innerer Zwischenrippenmuskel (Zwischenknorpelmuskel)
28. *Pars cranialis lobi cranialis pulmonis sinistri* – kranialer Teil des linken kranialen Lungenlappens
29. *Pars cranialis lobi cranialis pulmonis dextri* – kranialer Teil des rechten kranialen Lungenlappens
30. *Lnn. mediastinales craniales, Ductus thoracicus* – kranialer Mittelfellymphknoten, Milchbrustgang
31. *Esophagus, N. vagus dexter* – Speiseröhre, rechter Vagusnerv
32. *Trachea* – Luftröhre
33. *Ostium v. cavae cranialis* – Mündung der vorderen Hohlvene

34., 34'. *N. laryngeus recurrens sinister* – linker zurücklaufender Kehlkopfnerv

35. *Arcus aortae, N. vagus sinister* – Bogen der großen Körperschlagader, linker Vagusnerv
36. *N. phrenicus sinister* – linker Zwerchfellnerv
37. *Truncus pulmonalis, V. azygos sinistra* – Stamm der Lungenarterie, linke Azygosvene
38. *N. phrenicus dexter* – rechter Zwerchfellnerv
39. *Atrium dextrum cordis* – rechter Vorhof des Herzens
40. *A. coronaria dextra (Ostium)* – rechte Kranzarterie (Öffnung)
41. *Auricula sinistra, A. coronaria sinistra* – linkes Herzohr, linke Kranzarterie
42. *V. thoracica externa, Nn. pectorales caudales (Rami ni. thoracoventralis)* – äußere Brustkorbvene, kaudale Brustnerven (Äste des ventralen Brustkorbnerven)
43. *Pericardium* – Herzbeutel
44. *A. et V. thoracica interna* – innere Brustkorbarterie und -vene
45. *M. transversus thoracis* – querverlaufender Brustkorbmuskel
46. *Truncus brachiocephalicus, Recessus cavi pericardii* – Stamm der Arm-Kopfarterie, Ausbuchtung der Herzbeutelhöhle
47. *Ostium atrioventriculare dextrum* – rechte Vorhof-Kammeröffnung
48. *Ventriculus dexter* – rechte Kammer

Rind. Querschnitt durch den Brustkorb in Höhe des 5. Brustwirbels, Ansicht von kaudal.

Abbildung 20

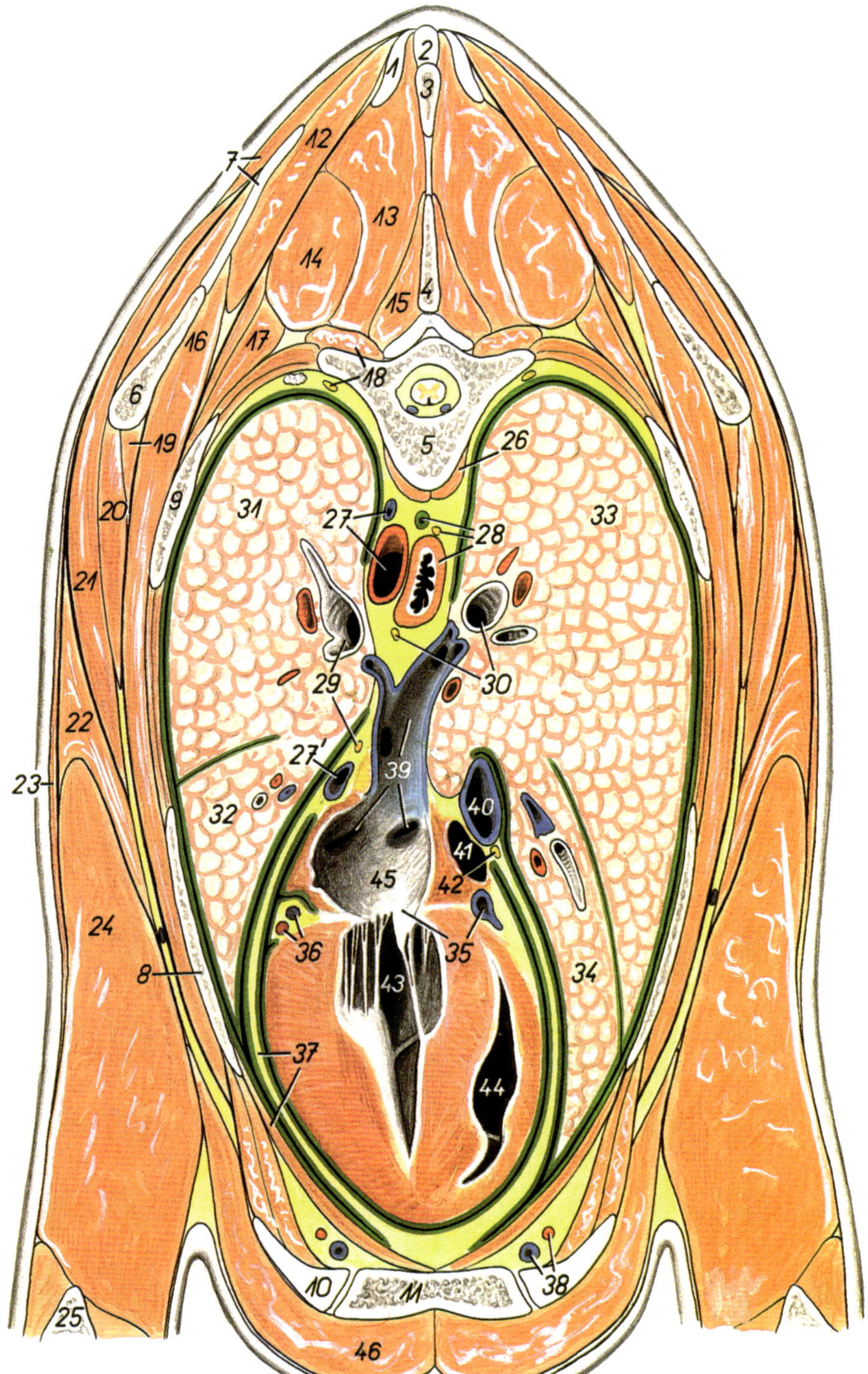

1., 2. *Lig. nuchae* – Nackenband
3. *Processus spinosus vertebrae thoracicae IV* – Dornfortsatz des 4. Brustwirbels
4., 5. *Vertebra thoracica V* – 5. Brustwirbel
6. *Scapula* – Schulterblatt
7. *Cartilago scapulae, M. trapezius – Pars thoracica* – Schulterblattknorpel, trapezförmiger Muskel – Brustkorbteil
8. *Costa V* – 5. Rippe
9. *Costa VI* – 6. Rippe
10. *Cartilago costalis V* – Knorpel der 5. Rippe
11. *Sternum* – Brustbein
12. *M. rhomboideus thoracis* – Brustkorbportion des rautenförmigen Muskels
13. *M. spinalis et semispinalis thoracis et cervicis* – Brustkorb- und Halsportion des Dornfortsatz- und Halbdornfortsatzmuskels
14. *M. longissimus thoracis* – Brustkorbportion des längsten Muskels
15. *Mm. multifidi thoracis* – Brustkorbportion der vielgeteilten Muskeln
16. *M. serratus ventralis thoracis* – Brustkorbportion des ventralen gesägten Muskels
17. *M. iliocostalis thoracis* – Brustkorbportion des Darmbein-Rippenmuskels
18. *Mm. levatores costarum, Truncus sympathicus* – Rippenheber, Stamm des Sympathikusnerven
19. *M. subscapularis* – Unterschulterblattmuskel
20. *M. teres major* – großer Rundmuskel
21. *M. latissimus dorsi* – breiter Rückenmuskel
22. *M. tensor fasciae antebrachii* – Spanner der Unterarmfaszie
23. *M. cutaneus omobrachialis* – Schulter-Armhautmuskel
24. *Caput longum mi. tricipitis brachii* – langer Kopf des dreiköpfigen Armmuskels
25. *Olecranon* – Ellbogen
26. *M. longus colli* – langer Halsmuskel
27. *Aorta, V. azygos sinistra* – große Körperschlagader, linke Azygosvene
27'. *V. azygos sinistra (Orificium)* – linke Azygosvene (Öffnung)
28. *Esophagus, Ductus thoracicus, N. vagus dexter* – Speiseröhre, Milchbrustgang, rechter Vagusnerv
29. *Bronchus principalis sinister, N. phrenicus sinister* – linker Hauptbronchus, linker Zwerchfellnerv
30. *Bronchus principalis dexter, N. vagus sinister* – rechter Hauptbronchus, linker Vagusnerv
31. *Pars cranialis lobi cranialis pulmonis sinistri* – kranialer Teil des linken kranialen Lungenlappens
32. *Pars caudalis lobi cranialis pulmonis sinistri* – kaudaler Teil des linken kranialen Lungenlappens
33. *Pars caudalis lobi cranialis pulmonis dextri* – kaudaler Teil des rechten kranialen Lungenlappens
34. *Lobus medius pulmonis* – mittlerer Lungenlappen
35. *Valva atrioventricularis sinistra (s. bicuspidalis), Sinus coronarius* – linke Vorhof-Kammerklappe (o. zweizipfelige Klappe), sinusartige Erweiterung
36. *Ramus circumflexus a. coronariae cordis sinistrae, V. cordis magna* – herumlaufender Ast der linken Kranzarterie, große Herzvene
37. *Pericardium, M. transversus thoracis* – Herzbeutel, querverlaufender Brustkorbmuskel
38. *A. et V. thoracica interna* – innere Brustkorbarterie und -vene
39. *Vv. pulmonales* – Lungenvenen
40. *V. cava caudalis* – kaudale Hohlvene
41. *Atrium dextrum cordis* – rechter Herzvorhof
42. *N. phrenicus dexter* – rechter Zwerchfellnerv
43. *Ventriculus sinister cordis* – linke Herzkammer
44. *Ventriculus dexter cordis* – rechte Herzkammer
45. *Atrium sinistrum cordis* – linker Herzvorhof
46. *M. pectoralis profundus (ascendens)* – tiefer (aufsteigender) Brustmuskel

Rind. Querschnitt durch den Brustkorb in Höhe des 6. Brustwirbels, Ansicht von kaudal.

Abbildung 21

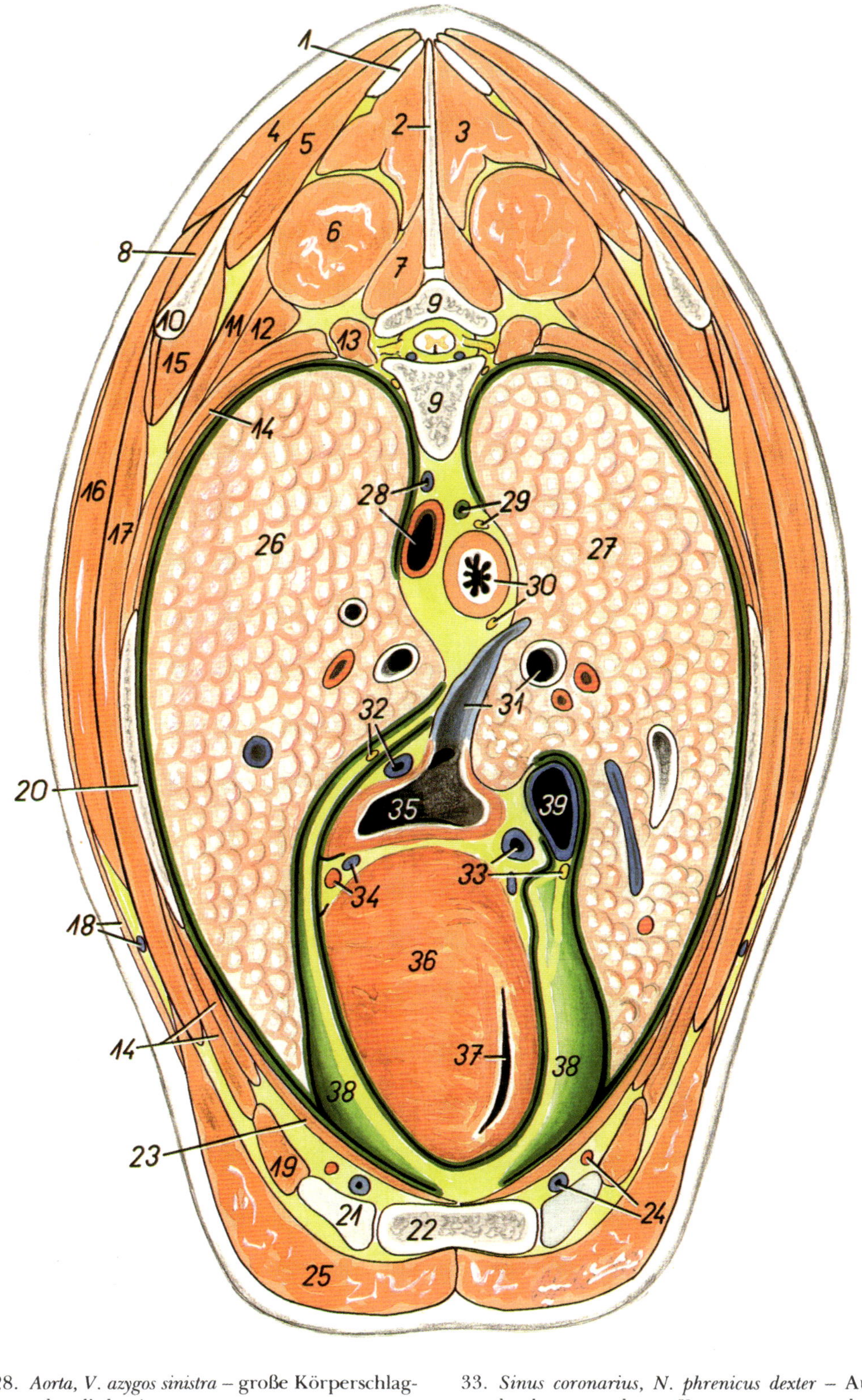

1. *Pars cucullaris ligamenti nuchae* – Kappenteil des Nackenbandes
2. *Processus spinosus vertebrae thoracicae V* – Dornfortsatz des 5. Brustwirbels
3. *M. spinalis et semispinalis thoracis et cervicis* – Brustkorb- und Halsportion des Dornfortsatz- und Halbdornfortsatzmuskels
4. *Pars thoracica mi. trapezii* – Brustkorbteil des trapezförmigen Muskels
5. *M. rhomboideus thoracis* – Brustkorbportion des rautenförmigen Muskels
6. *M. longissimus thoracis* – Brustkorbportion des längsten Muskels
7. *Mm. multifidi thoracis* – Brustkorbportion der vielgeteilten Muskeln
8. *M. infraspinatus* – Untergrätenmuskel
9. *Vertebra thoracica VI* – 6. Brustwirbel
10. *Scapula* – Schulterblatt
11. *M. serratus dorsalis cranialis* – kranialer dorsaler gesägter Muskel
12. *M. iliocostalis thoracis* – Brustkorbteil des Darmbein-Rippenmuskels
13. *Mm. levatores costarum et M. rotator* – Rippenheber und Drehmuskel
14. *Mm. intercostales* – Zwischenrippenmuskeln
15. *M. subscapularis* – Unterschulterblattmuskel
16. *M. latissimus dorsi* – breiter Rückenmuskel
17. *M. serratus ventralis thoracis* – Brustkorbportion des ventralen gesägten Muskels
18. *M. cutaneus trunci, V. thoracica externa* – Rumpfhautmuskel, äußere Brustkorbvene
19. *Mm. intercostales interni* – innere Zwischenrippenmuskeln (Zwischenknorpelmuskeln)
20. *Costa VI* – 6. Rippe
21. *Cartilago costalis VI* – 6. Rippenknorpel
22. *Sternum* – Brustbein
23. *M. transversus thoracis* – querverlaufender Brustkorbmuskel
24. *A. et V. thoracica interna* – innere Brustkorbarterie und -vene
25. *M. pectoralis profundus (ascendens)* – tiefer (aufsteigender) Brustmuskel
26. *Pars caudalis lobi cranialis pulmonis sinistri* – kaudaler Teil des linken kranialen Lungenlappens
27. *Lobus medius pulmonis* – mittlerer Lungenlappen
28. *Aorta, V. azygos sinistra* – große Körperschlagader, linke Azygosvene
29. *Ductus thoracicus, Truncus vagalis dorsalis* – Milchbrustgang, dorsaler Stamm des Vagusnerven
30. *Esophagus, Truncus vagalis ventralis* – Speiseröhre, ventraler Stamm des Vagusnerven
31. *V. pulmonalis, Bronchus dexter* – Lungenvene, rechter Bronchus
32. *N. phrenicus sinister, V. azygos sinistra* – linker Zwerchfellnerv, linke Azygosvene
33. *Sinus coronarius, N. phrenicus dexter* – Ausbuchtung der Kranzvenen, rechter Zwerchfellnerv
34. *A. coronaria sinistra, V. cordis magna* – linke Kranzarterie, große Herzvene
35. *Atrium sinistrum* – linker Vorhof
36. *Paries ventriculi sinistri cordis* – Wand der linken Herzkammer
37. *Ventriculus dexter* – rechte Kammer
38. *Pericardium* – Herzbeutel
39. *V. cava caudalis* – kaudale Hohlvene

Rind. Querschnitt durch den Brustkorb in Höhe des 7. Brustwirbels, Ansicht von kaudal.

Abbildung 22

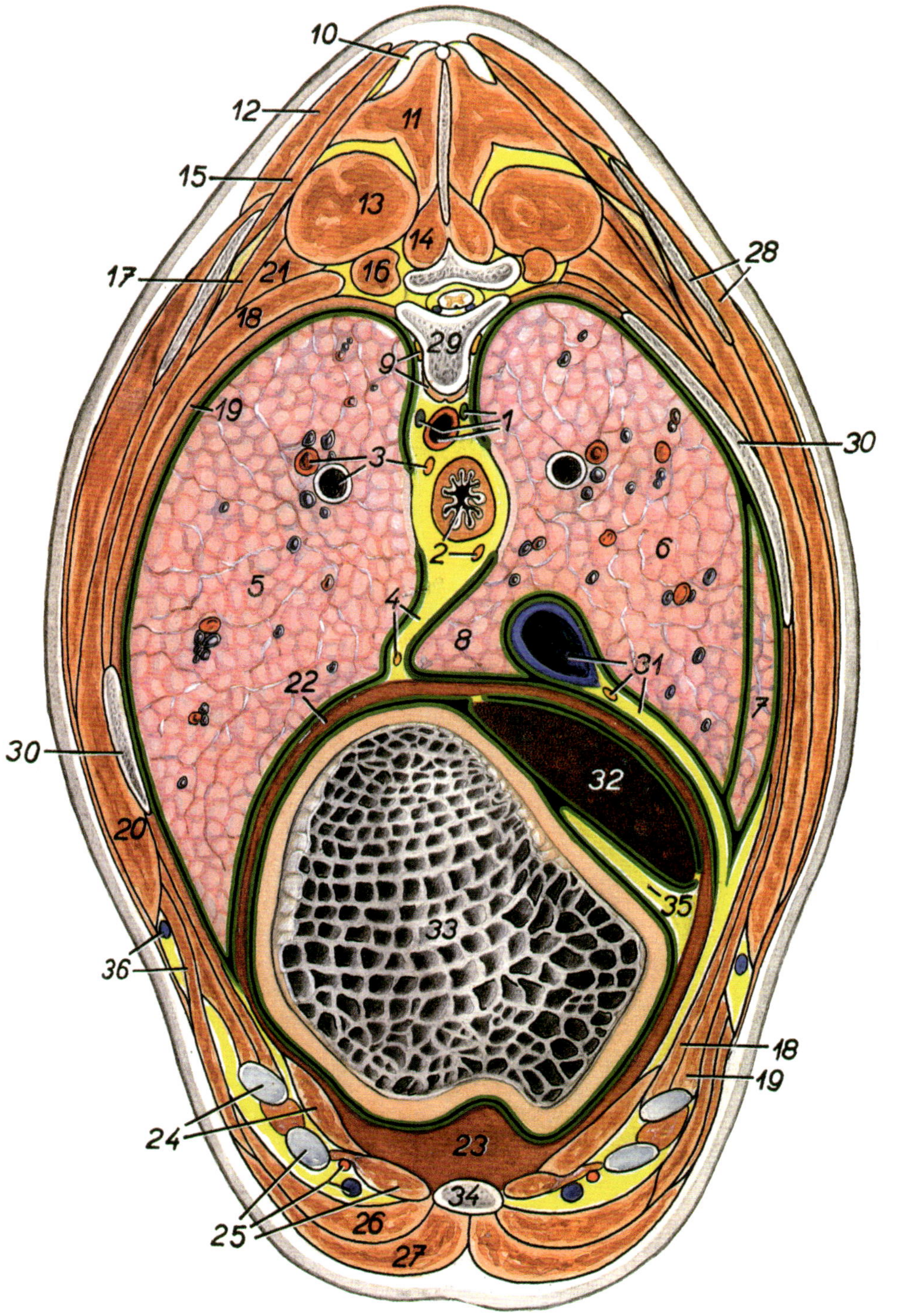

1. *Aorta, Ductus thoracicus, V. azygos sinistra* – große Körperschlagader, Milchbrustgang, linke Azygosvene
2. *Esophagus, Truncus vagalis ventralis* – Speiseröhre, ventraler Stamm des Vagusnerven
3. *Bronchus, Ramus a. pulmonalis, Truncus vagalis dorsalis* – Bronchus, Ast der Lungenarterie, dorsaler Stamm des Vagusnerven
4. *N. phrenicus sinister, Mediastinum caudale* – linker Zwerchfellnerv, kaudales Mittelfell

5.–8. *Pulmo* (5. *Lobus caudalis sinister*, 6. *Lobus caudalis dexter*, 7. *Lobus medius*, 8. *Lobus accessorius*) – Lunge (5. linker kaudaler Lappen, 6. rechter kaudaler Lappen, 7. mittlerer Lappen, 8. zusätzlicher Lappen)

9. *M. longus colli, Truncus sympathicus* – langer Halsmuskel, Stamm des Sympathikusnerven
10. *Lig. supraspinale* – Überdornfortsatzband
11. *M. spinalis et semispinalis thoracis et cervicis* – Brustkorb- und Halsportion des Dornfortsatz- und Halbdornfortsatzmuskels
12. *M. trapezius – Pars thoracica* – Brustkorbteil des trapezförmigen Muskels
13. *M. longissimus thoracis* – Brustkorbportion des längsten Muskels
14. *Mm. multifidi thoracis* – Brustkorbportion der vielgeteilten Muskeln
15. *M. rhomboideus thoracis* – Brustkorbportion des rautenförmigen Muskels
16. *Mm. levatores costarum* – Rippenheber
17. *M. serratus dorsalis cranialis* – kranialer dorsaler gesägter Muskel
18. *Mm. intercostales externi* – äußere Zwischenrippenmuskeln
19. *Mm. intercostales interni* – innere Zwischenrippenmuskeln
20. *M. serratus ventralis thoracis* – Brustkorbportion des ventralen gesägten Muskels
21. *M. iliocostalis thoracis* – Brustkorbportion des Darmbein-Rippenmuskels
22. *Centrum tendineum diaphragmatis* – Sehnenspiegel des Zwerchfells
23. *Pars sternalis diaphragmatis* – Brustbeinteil des Zwerchfells
24. *Cartilago costalis VII, M. transversus thoracis* – Knorpel der 7. Rippe, querverlaufender Brustkorbmuskel
25. *M. intercostalis internus (M. intercartilagineus), Cartilago costalis VIII, A. et V. thoracica interna* – innerer Zwischenrippenmuskel (Zwischenknorpelmuskel), Knorpel der 8. Rippe, innere Brustkorbarterie und -vene
26. *M. rectus abdominis* – gerader Bauchmuskel
27. *M. pectoralis profundus (ascendens)* – tiefer (aufsteigender) Brustmuskel
28. *Scapula, M. latissimus dorsi* – Schulterblatt, breiter Rückenmuskel
29. *Vertebra thoracica VII* – 7. Brustwirbel
30. *Costa VII* – 7. Rippe
31. *N. phrenicus dexter, Plica (s. Mesenterium) v. cavae caudalis, V. cava caudalis* – rechter Zwerchfellnerv, Falte (Gekröse) der kaudalen Hohlvene, kaudale Hohlvene
32. *Lobus hepatis sinister* – linker Leberlappen
33. *Reticulum* – Netzmagen
34. *Sternum* – Brustbein
35. *Omentum minus* – kleines Netz
36. *V. thoracica externa, M. obliquus externus abdominis* – äußere Brustkorbvene, äußerer schiefer Bauchmuskel

Rind. Lunge, Ansicht von rechts. Nach einem Trockenpräparat gezeichnet.

Abbildung 23

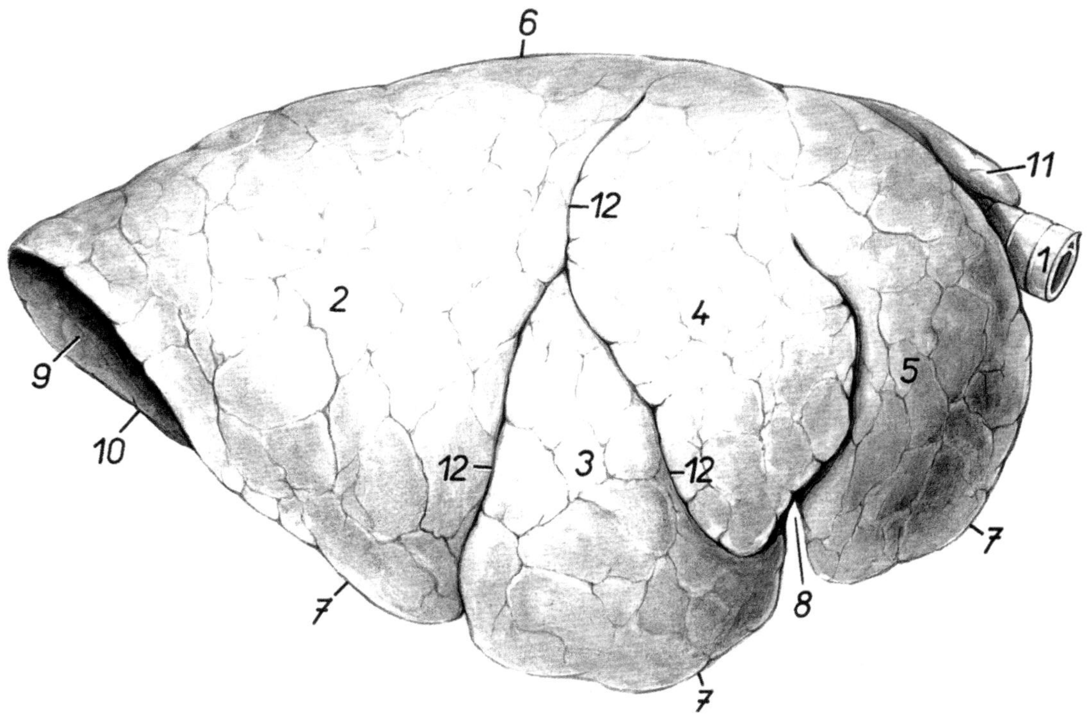

1. *Trachea* – Luftröhre
2.–5. *Facies costalis pulmonis* – Rippenfläche der Lunge
2. *Lobus caudalis* – kaudaler Lappen
3. *Lobus medius* – mittlerer Lappen
4. *Pars caudalis lobi cranialis* – kaudaler Teil des kranialen Lappens
5. *Pars cranialis lobi cranialis pulmonis dextri* – kranialer Teil des rechten kranialen Lungenlappens
6. *Margo dorsalis (obtusus)* – dorsaler (stumpfer) Rand
7., 10. *Margo acutus* – scharfer Rand
7. *Margo ventralis* – ventraler Rand
8. *Incisura cardiaca* – Herzausschnitt
9. *Facies diaphragmatica* – Zwerchfellfläche
10. *Margo basalis* – basaler Rand
11. *Pars cranialis lobi cranialis pulmonis sinistri* – kranialer Teil des linken kranialen Lungenlappens
12. *Fissura interlobaris cranialis et caudalis* – kranialer und kaudaler Zwischenlappeneinschnitt

Rind. Lunge, Ansicht von links. Nach einem Trockenpräparat gezeichnet.

Abbildung 24

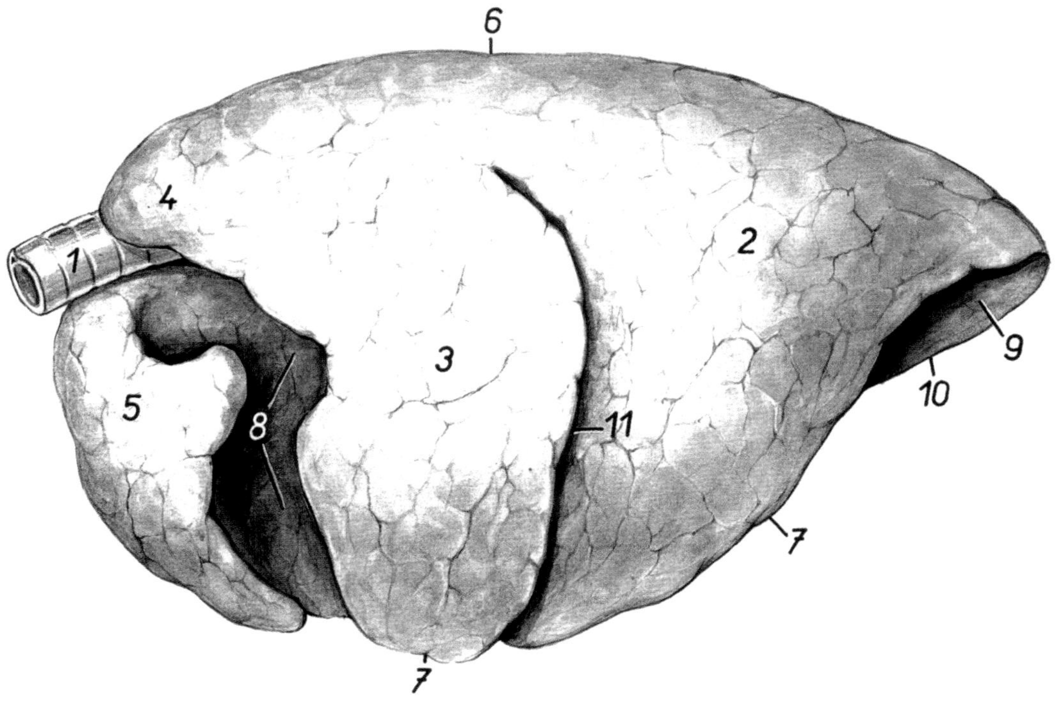

1. *Trachea* – Luftröhre
2.–5. *Facies costalis pulmonis* – Rippenfläche der Lunge
2. *Lobus caudalis* – Kaudaler Lappen
3. *Pars caudalis lobi cranialis pulmonis sinistri* – kaudaler Teil des linken kranialen Lungenlappens
4. *Pars cranialis lobi cranialis pulmonis sinistri* – kranialer Teil des linken kranialen Lungenlappens
5. *Pars cranialis lobi cranialis pulmonis dextri* – kranialer Teil des rechten kranialen Lungenlappens
6. *Margo dorsalis (obtusus)* – dorsaler (stumpfer) Rand
7., 10. *Margo acutus* – scharfer Rand
7. *Margo ventralis* – ventraler Rand
8. *Impressio cardiaca* – Eindruck des Herzens
9. *Facies diaphragmatica* – Zwerchfellfläche
10. *Margo basalis* – basaler Rand
11. *Fissura interlobaris* – Zwischenlappeneinschnitt

Rind. Linke Lunge, Ansicht der Mittelfellfläche.

Abbildung 25

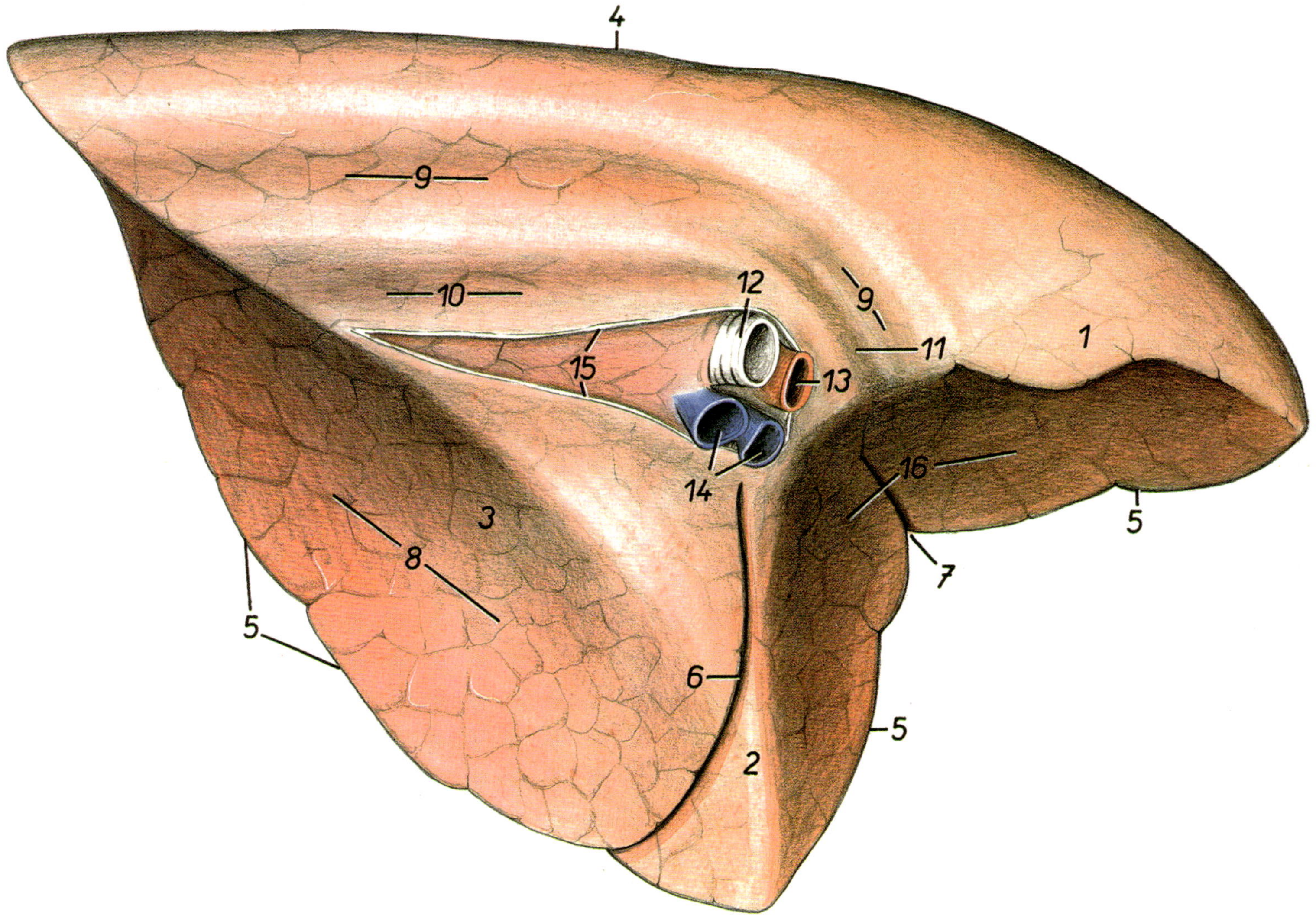

1. *Pars cranialis lobi cranialis* – kranialer Teil des kranialer Lappens
2. *Pars caudalis lobi cranialis* – kaudaler Teil des kranialen Lappens
3. *Lobus caudalis* – kaudaler Lappen
4. *Margo dorsalis (obtusus)* – dorsaler (stumpfer) Rand
5. *Margo acutus ventralis* – scharfer ventraler Rand
6. *Fissura interlobaris* – Zwischenlappeneinschnitt
7. *Incisura cardiaca* – Herzausschnitt
8. *Facies diaphragmatica* – Zwerchfellfläche
9. *Impressio aortica* – Eindruck der großen Körperschlagader
10. *Impressio esophagea* – Eindruck der Speiseröhre
11. *Impressio v. azygos* – Eindruck der Azygosvene
12. *Bronchus principalis sinister* – linker Hauptbronchus
13. *A. pulmonalis sinistra* – linke Lungenarterie
14. *Vv. pulmonales* – Lungenvenen
15. *Insertio pleurae mediastinalis* – Ansatz des Brustfells
16. *Impressio cardiaca* – Eindruck des Herzens

Rind. Rechte Lunge, Ansicht der Mittelfellfläche.

Abbildung 26

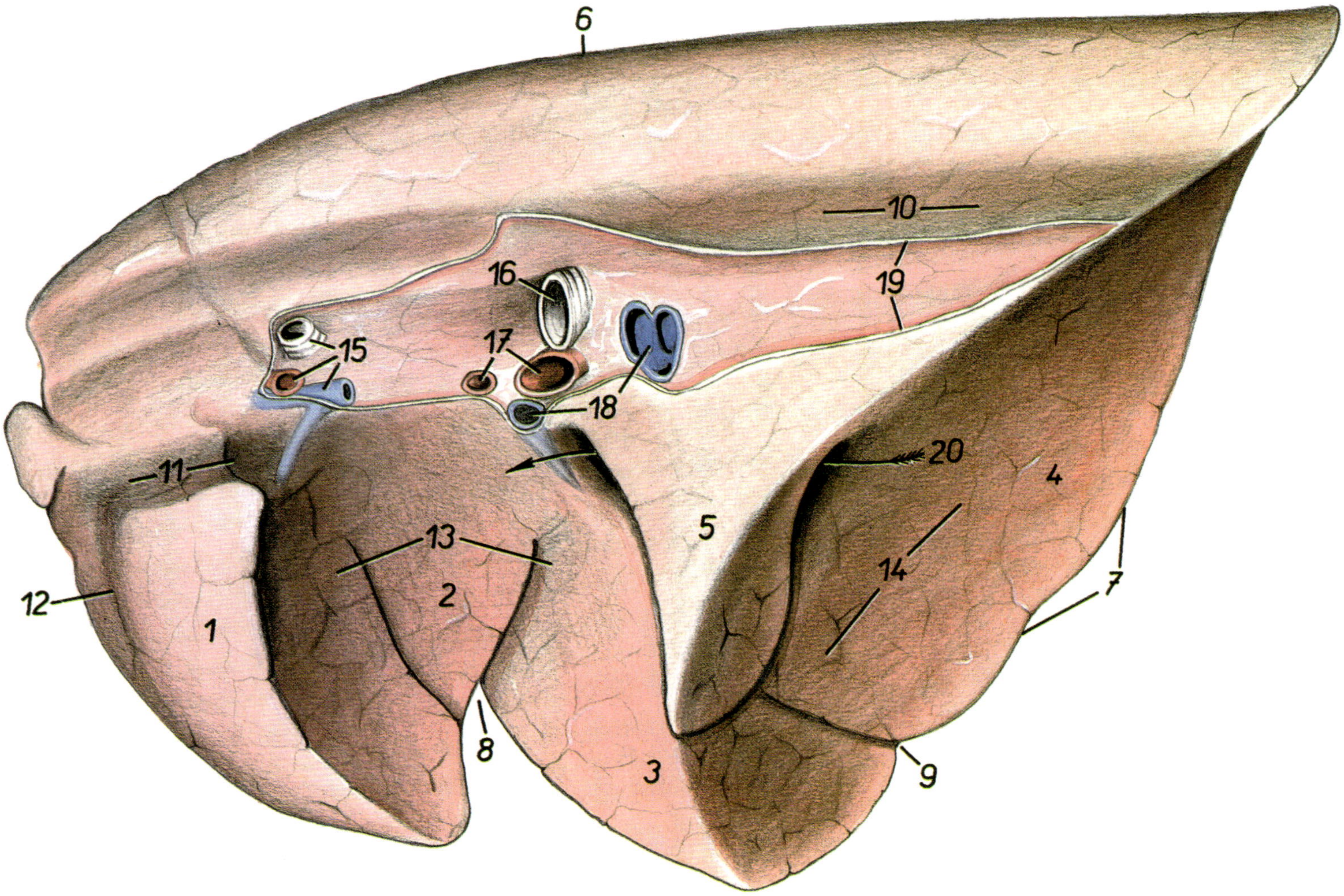

1. *Pars cranialis lobi cranialis* – kranialer Teil des kranialen Lappens
2. *Pars caudalis lobi cranialis* – kaudaler Teil des kranialen Lappens
3. *Lobus medius* – mittlerer Lappen
4. *Lobus caudalis* – kaudaler Lappen
5. *Lobus accessorius* – zusätzlicher Lappen
6. *Margo dorsalis (obtusus)* – dorsaler (stumpfer) Rand
7. *Margo acutus ventralis* – scharfer ventraler Rand
8. *Incisura cardiaca et Fissura interlobaris cranialis* – Herzausschnitt und kranialer Zwischenlappeneinschnitt
9. *Fissura interlobaris caudalis* – kaudaler Zwischenlappeneinschnitt
10. *Impressio esophagea* – Eindruck der Speiseröhre
11. *Impressio v. cavae cranialis* – Eindruck der kranialen Hohlvene
12. *Impressio a. et v. thoracicae internae* – Eindruck der inneren Brustkorbarterie und -vene
13. *Impressio cardiaca* – Eindruck des Herzens
14. *Facies diaphragmatica* – Zwerchfellfläche
15. *Ramus lobi cranialis a. pulmonalis dextrae, V. pulmonalis lobi cranialis dextri, Bronchus trachealis* – kranialer Lappenast der rechten Lungenarterie, Lungenvene des rechten kranialen Lappens, Luftröhrenbronchus
16. *Bronchus principalis dexter* – rechter Hauptbronchus
17. *Rami a. pulmonalis dextrae* – Äste der rechten Lungenarterie
18. *Vv. pulmonales* – Lungenvenen
19. *Insertio pleurae mediastinalis* – Ansatz des Brustfells
20. *Sulcus v. cavae caudalis* – Rinne der kaudalen Hohlvene

Rind. Lungen, Ansicht der Zwerchfellfläche.

Abbildung 27

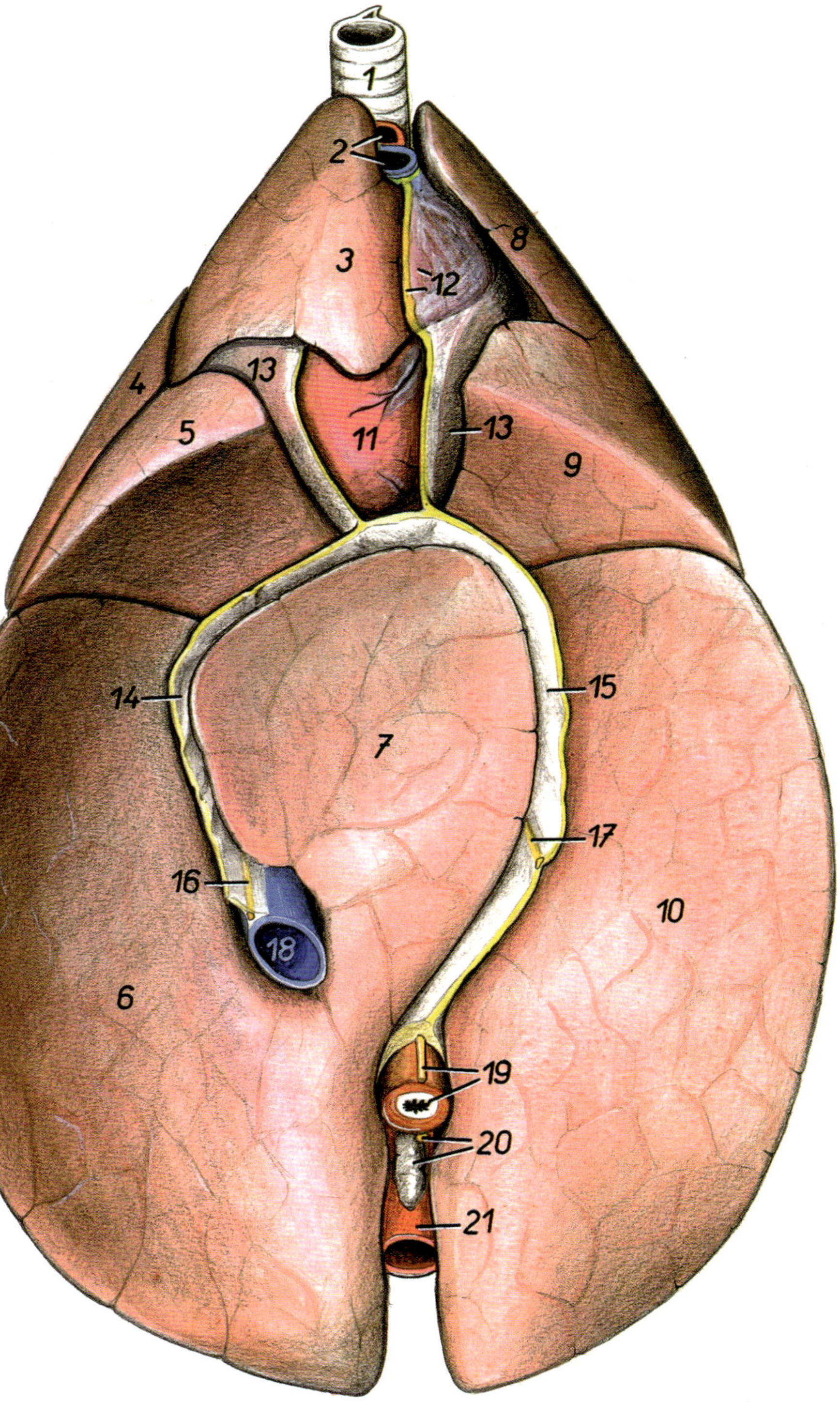

1. *Trachea* – Luftröhre
2. *V. cava cranialis, Truncus brachiocephalicus* – kraniale Hohlvene, Stamm der Arm-Kopf-arterie
3. *Pars cranialis lobi cranialis pulmonis dextri* – kranialer Teil des rechten kranialen Lungenlappens
4. *Pars caudalis lobi cranialis pulmonis dextri* – kaudaler Teil des rechten kranialen Lungenlappens
5. *Lobus medius* – mittlerer Lappen
6. *Lobus caudalis dexter* – rechter kaudaler Lappen
7. *Lobus accessorius* – zusätzlicher Lappen
8. *Pars cranialis lobi cranialis pulmonis sinistri* – kranialer Teil des linken kranialen Lungenlappens
9. *Pars caudalis lobi cranialis pulmonis sinistri* – kaudaler Teil des linken kranialen Lungenlappens
10. *Lobus caudalis sinister* – linker kaudaler Lappen
11. *Apex cordis* – Herzspitze
12. *Mediastinum craniale* – kraniales Mittelfell
13. *Pericardium* – Herzbeutel
14. *Plica (s. Mesenterium) v. cavae caudalis* – Falte (Gekröse) der kaudalen Hohlvene
15. *Mediastinum caudale* – kaudales Mittelfell
16. *N. phrenicus dexter* – rechter Zwerchfellnerv
17. *N. phrenicus sinister* – linker Zwerchfellnerv
18. *V. cava caudalis* – kaudale Hohlvene
19. *Esophagus, Truncus vagalis ventralis* – Speiseröhre, ventraler Stamm des Vagusnerven
20. *Lnn. mediastinales caudales, Truncus vagalis dorsalis* – kaudale Mittelfellymphknoten, dorsaler Stamm des Vagusnerven
21. *Aorta* – große Körperschlagader

Rind. Herz, Ansicht von links.

Abbildung 28

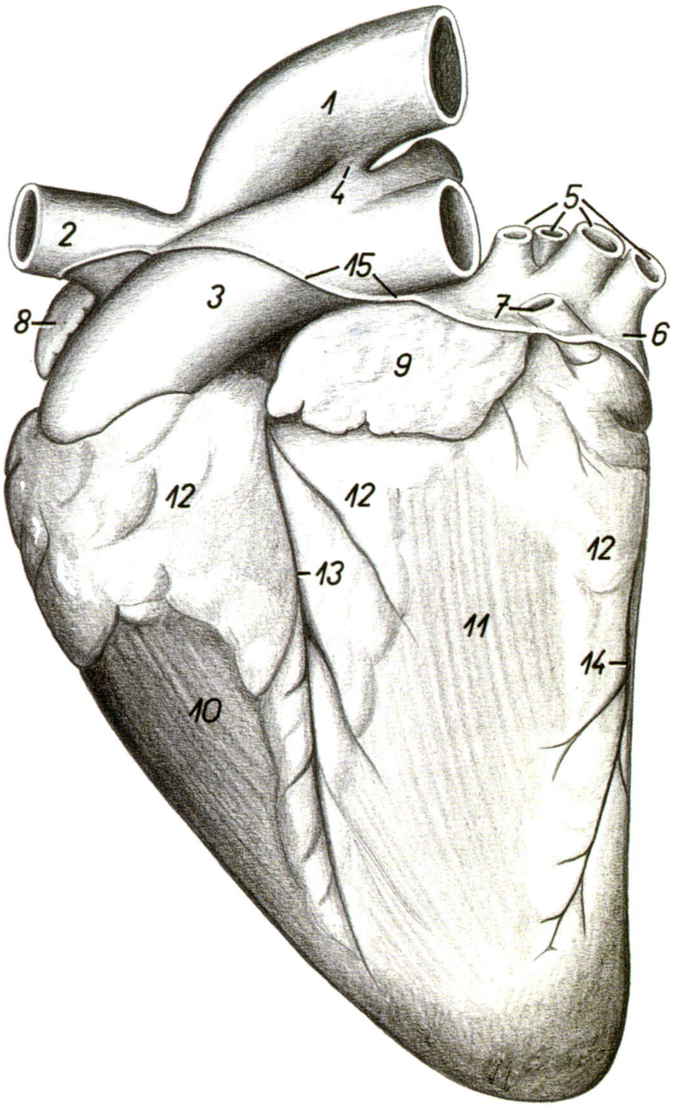

Rind. Herz, Ansicht von rechts.

Abbildung 29

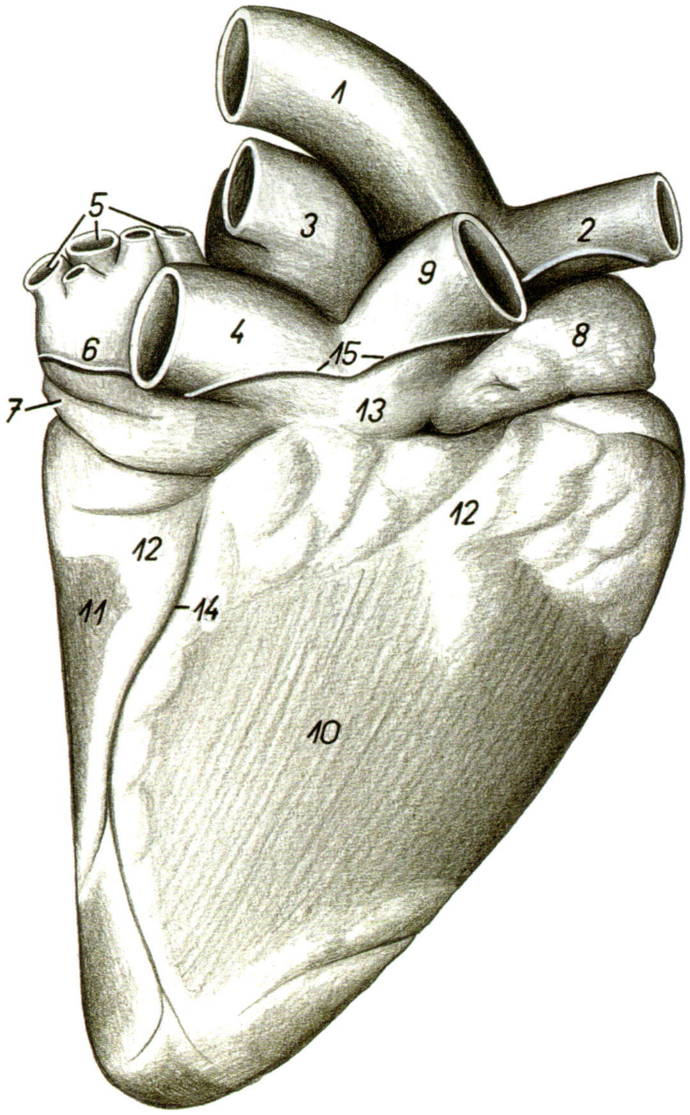

1. *Aorta* – große Körperschlagader
2. *Truncus brachiocephalicus* – Stamm der Arm-Kopfarterie
3. *Truncus pulmonalis* – Stamm der Lungenarterie
4. *Lig. arteriosum (Botalli)* – Botallisches Band
5. *Vv. pulmonales* – Lungenvenen
6. *Atrium sinistrum* – linker Vorhof
7. *V. azygos sinistra* – linke Azygosvene
8. *Auricula dextra* – rechtes Herzohr
9. *Auricula sinistra* – linkes Herzohr
10. *Ventriculus dexter* – rechte Kammer
11. *Ventriculus sinister* – linke Kammer
12. *Corpus adiposum subepicardiale* – Herzfettkörper
13. *Sulcus interventricularis paraconalis* – linke Längsfurche zwischen den Kammern
14. *Sulcus longitudinalis accessorius* – zusätzliche Längsfurche
15. *Insertio pericardii* – Ansatz des Herzbeutels

Abbildung 29

1. *Aorta* – große Körperschlagader
2. *Truncus brachiocephalicus* – Stamm der Arm-Kopfarterie
3. *Truncus pulmonalis* – Stamm der Lungenarterie
4. *V. cava caudalis* – kaudale Hohlvene
5. *Vv. pulmonales* – Lungenvenen
6. *Atrium sinistrum* – linker Vorhof
7. *V. azygos sinistra* – linke Azygosvene
8. *Auricula dextra* – rechtes Herzohr
9. *V. cava cranialis* – kraniale Hohlvene
10. *Ventriculus dexter* – rechte Herzkammer
11. *Ventriculus sinister* – linke Herzkammer
12. *Corpus adiposum subepicardiale* – Herzfettkörper
13. *Atrium dextrum* – rechter Vorhof
14. *Sulcus interventricularis subsinuosus (s. dexter)* – rechte Längsfurche zwischen den Kammern
15. *Insertio pericardii* – Ansatz des Herzbeutels

Rind. Ausguß des Herzkammersystems, Ansicht von links.

Abbildung 30

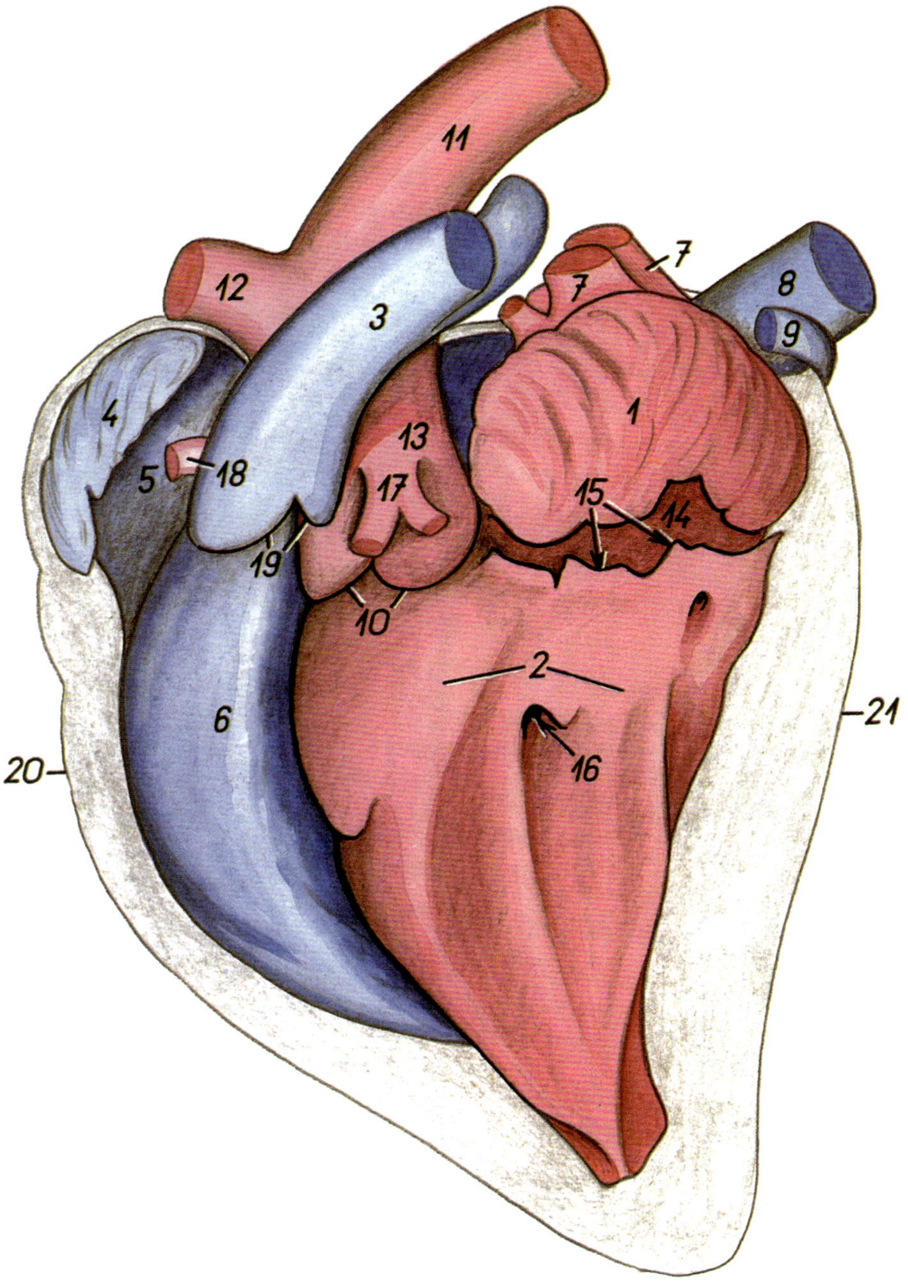

1. *Auricula sinistra* – linkes Herzohr
2. *Ventriculus sinister* – linke Kammer
3. *Truncus pulmonalis* – Stamm der Lungenarterie
4. *Auricula dextra* – rechtes Herzohr
5. *Atrium dextrum* – rechter Vorhof
6. *Ventriculus dexter* – rechte Kammer
7. *Vv. pulmonales* – Lungenvenen
8. *V. cava caudalis* – kaudale Hohlvene
9. *V. azygos sinistra* – linke Azygosvene
10. *Valvulae semilunares valvae aortae (Impressiones)* – Eindrücke der halbmondförmigen Aortenklappen
11. *Aorta* – große Körperschlagader
12. *Truncus brachiocephalicus* – Stamm der Arm-Kopfarterie
13. *Sinus aortae* – Ausbuchtung der großen Körperschlagader
14. *Atrium sinistrum* – linker Vorhof
15. *Cuspes valvae atrioventricularis sinistrae (Impressiones)* – Eindrücke der linken Vorhof-Kammerklappen
16. *Impressio mi. papillaris subauricularis (s. sinistri)* – Eindruck des unter dem Herzohr gelegenen (linken) Papillarmuskels
17. *A. coronaria sinistra* – linke Kranzarterie
18. *A. coronaria dextra* – rechte Kranzarterie
19. *Valvulae semilunares valvae trunci pulmonalis (Impressiones)* – Eindrücke der halbmondförmigen Lungenarterienklappen
20. *Margo ventricularis dexter* – rechter Kammerrand
21. *Margo ventricularis sinister* – linker Kammerrand

Rind. Ausguß des Herzkammersystems, Ansicht von rechts.

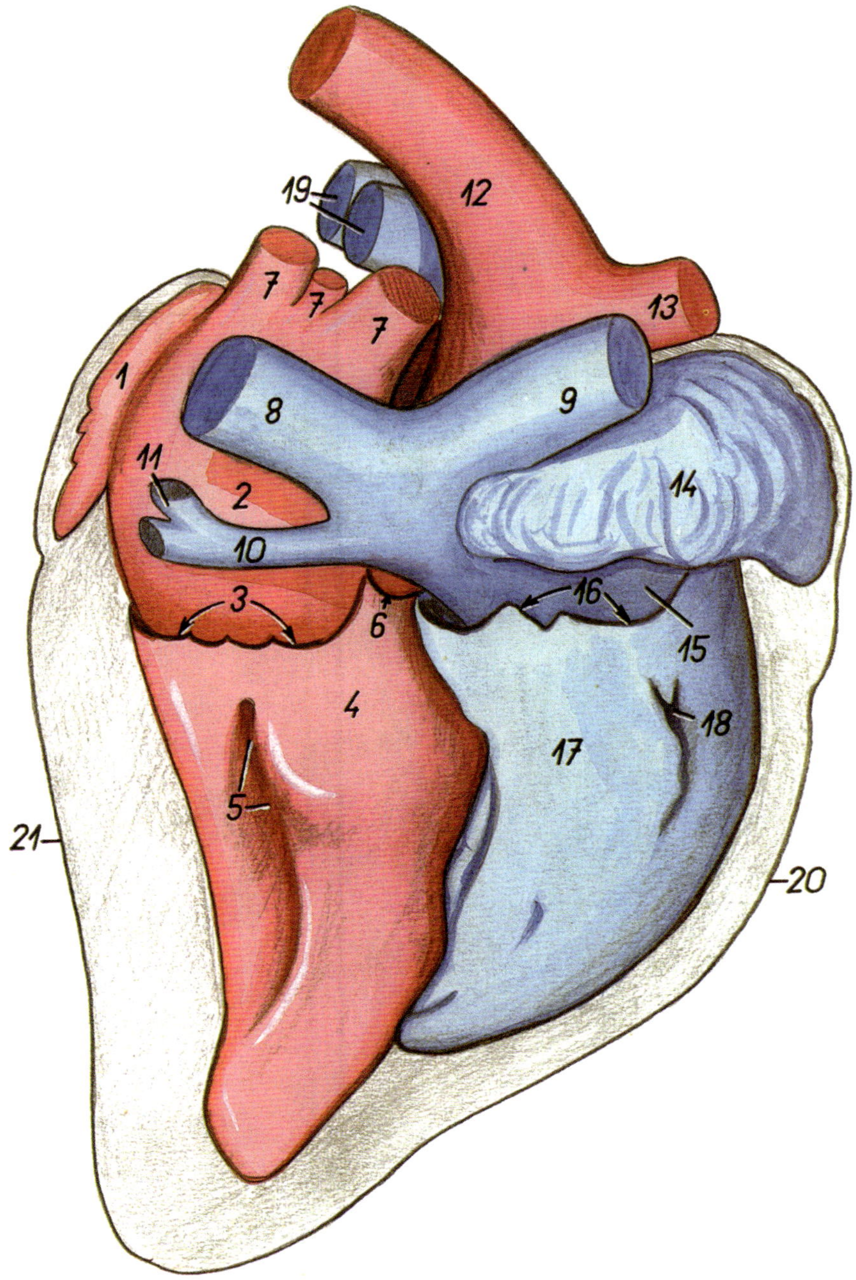

1. *Auricula sinistra* – linkes Herzohr
2. *Atrium sinistrum* – linker Vorhof
3. *Cuspes valvae atrioventricularis sinistrae (Impressiones)* – Eindrücke der linken Vorhof-Kammerklappen
4. *Ventriculus sinister* – linke Kammer
5. *Impressio mi. papillaris subatrialis (s. dextri)* – Eindruck des unter dem Vorhof gelegenen (rechten) Papillarmuskels
6. *Valvula semilunaris valvae aortae (Impressiones)* – Eindrücke der halbmondförmigen Aortenklappen
7. *Vv. pulmonales* – Lungenvenen
8. *V. cava caudalis* – kaudale Hohlvene
9. *V. cava cranialis* – kraniale Hohlvene
10. *Sinus coronarius* – Ausbuchtung der Kranzvenen
11. *V. azygos sinistra* – linke Azygosvene
12. *Aorta* – große Körperschlagader
13. *Truncus brachiocephalicus* – Stamm der Arm-Kopfarterie
14. *Auricula dextra* – rechtes Herzohr
15. *Atrium dextrum* – rechter Vorhof
16. *Cuspes valvae atrioventricularis dextrae* – rechte Vorhof-Kammerklappen
17. *Ventriculus dexter* – rechte Kammer
18. *Impressio mi. papillaris magni (s. cranialis)* – Eindrücke des großen (kranialen) Papillarmuskels
19. *A. pulmonalis dextra et sinistra* – rechte und linke Lungenarterie
20. *Margo ventricularis dexter* – rechter Kammerrand
21. *Margo ventricularis sinister* – linker Kammerrand

Rind. Skelett des Rumpfes, Ansicht von dorsal.

Abbildung 32

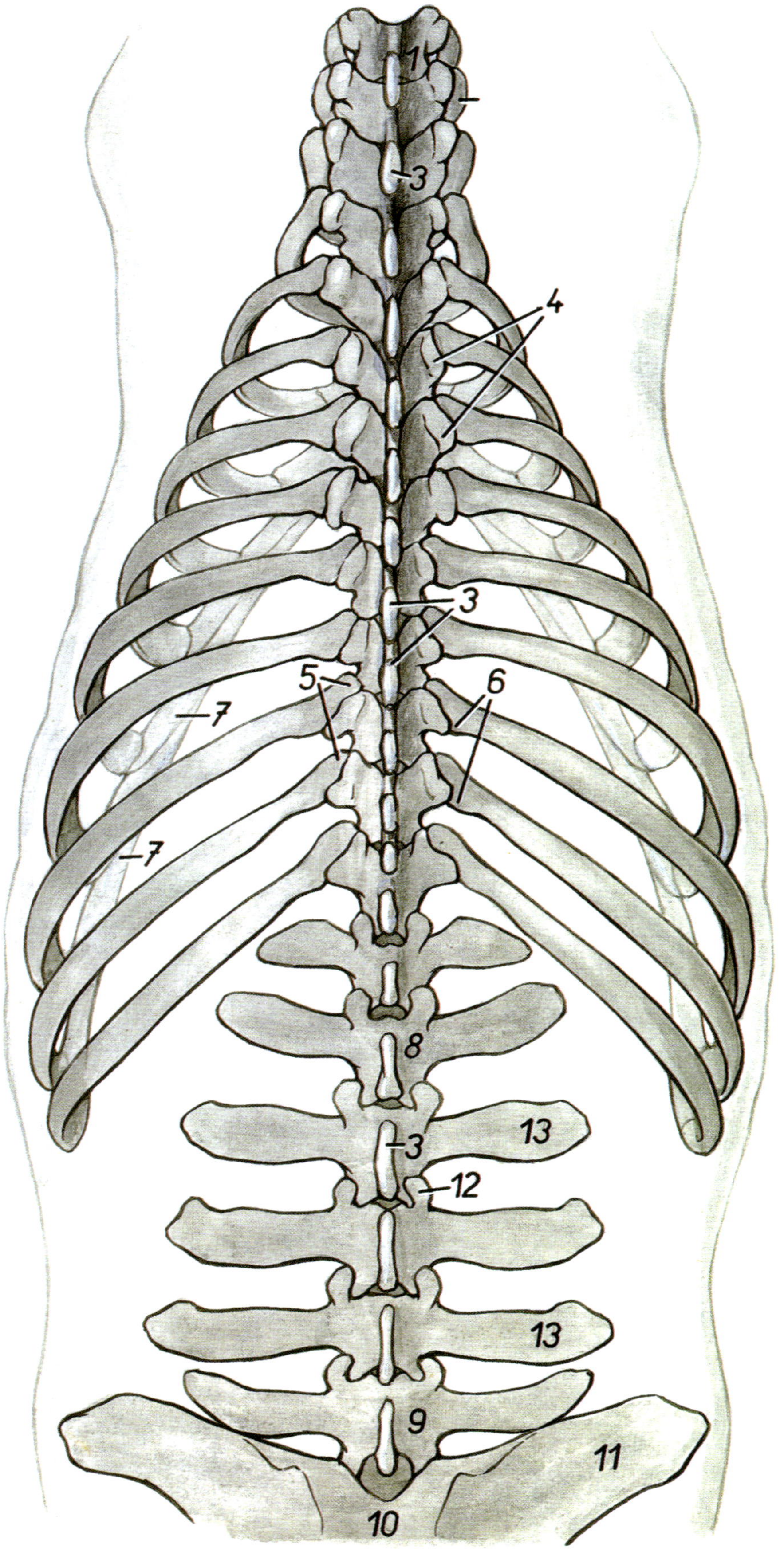

1. *Vertebra thoracica I* – 1. Brustwirbel
2. *Costa II* – 2. Rippe
3. *Processus spinosi* – Dornfortsätze
4. *Processus transversi* – Querfortsätze
5. *Caput costae* – Rippenköpfe
6. *Tuberculum costae* – Rippenhöckerchen
7. *Arcus costalis* – Rippenbogen
8. *Vertebra lumbalis II* – 2. Lendenwirbel
9. *Vertebra lumbalis VI* – 6. Lendenwirbel
10. *Os sacrum* – Kreuzbein
11. *Ala ossis ilium* – Darmbeinflügel
12. *Processus articularis cranialis cum processu mamillari (Proc. mamilloarticularis)* – kranialer Gelenkfortsatz mit Zitzenfortsatz (Zitzengelenkfortsatz)
13. *Processus costales (transversi)* – Rippen-(Quer-)fortsätze

Rind. Skelett des Rumpfes, Ansicht von ventral.

Abbildung 33

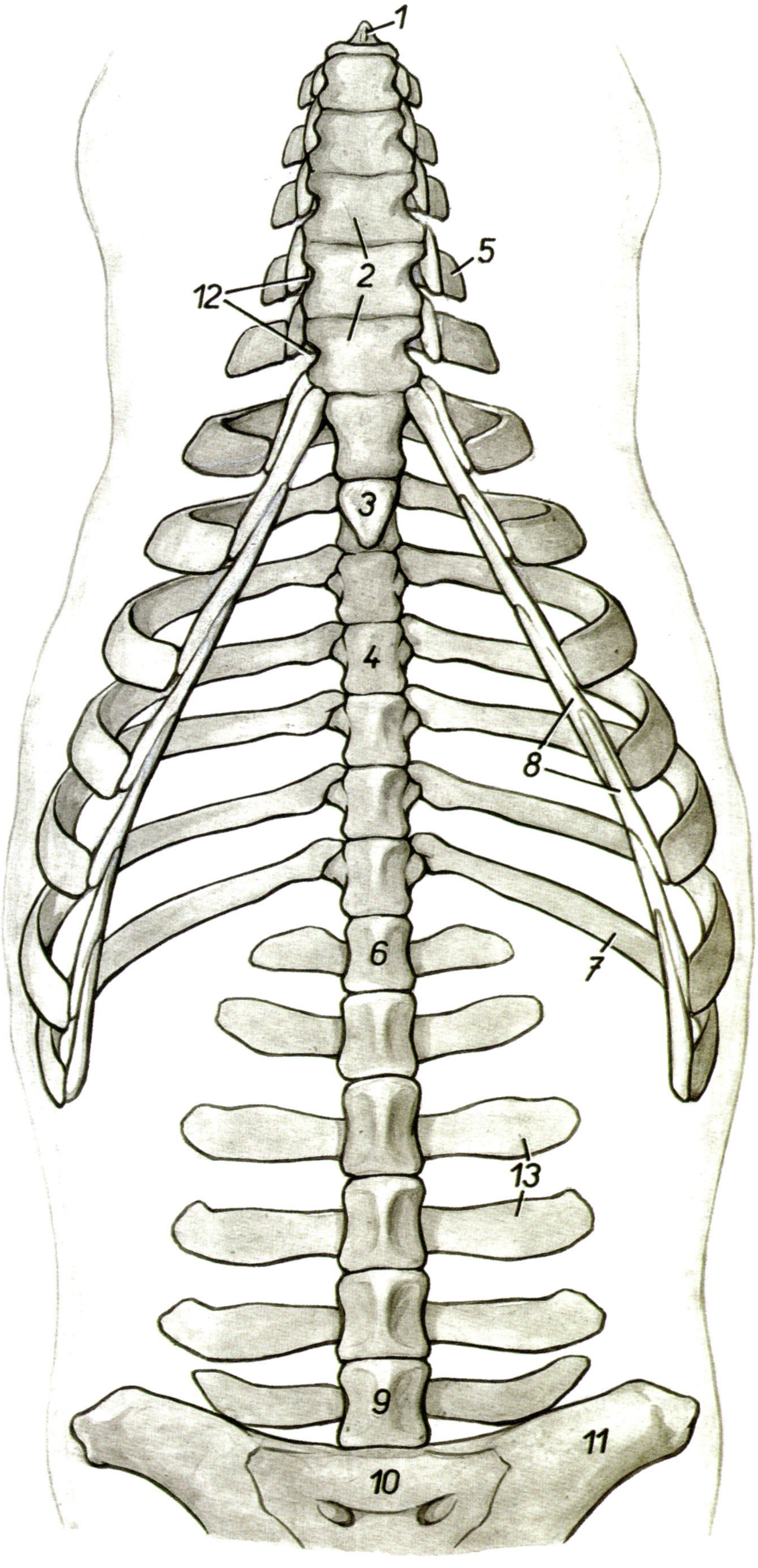

1. *Manubrium sterni* – Griff des Brustbeines
2. *Corpus sterni* – Brustbeinkörper
3. *Cartilago xiphoidea* – Schaufelknorpel
4. *Vertebra thoracica X* – 10. Brustwirbel
5. *Costa V* – 5. Rippe
6. *Vertebra lumbalis I* – 1. Lendenwirbel
7. *Costa XIII* – 13. Rippe
8. *Arcus costalis* – Rippenbogen
9. *Vertebra lumbalis VI* – 6. Lendenwirbel
10. *Os sacrum* – Kreuzbein
11. *Ala ossis ilium* – Darmbeinflügel
12. *Incisurae costales* – Rippeneinschnitte am Brustbein
13. *Processus costales (transversi)* – Rippen-(Quer-)fortsätze

Rind. Bauchwand, Ansicht von links. Oberflächliche Präparation.

Abbildung 34

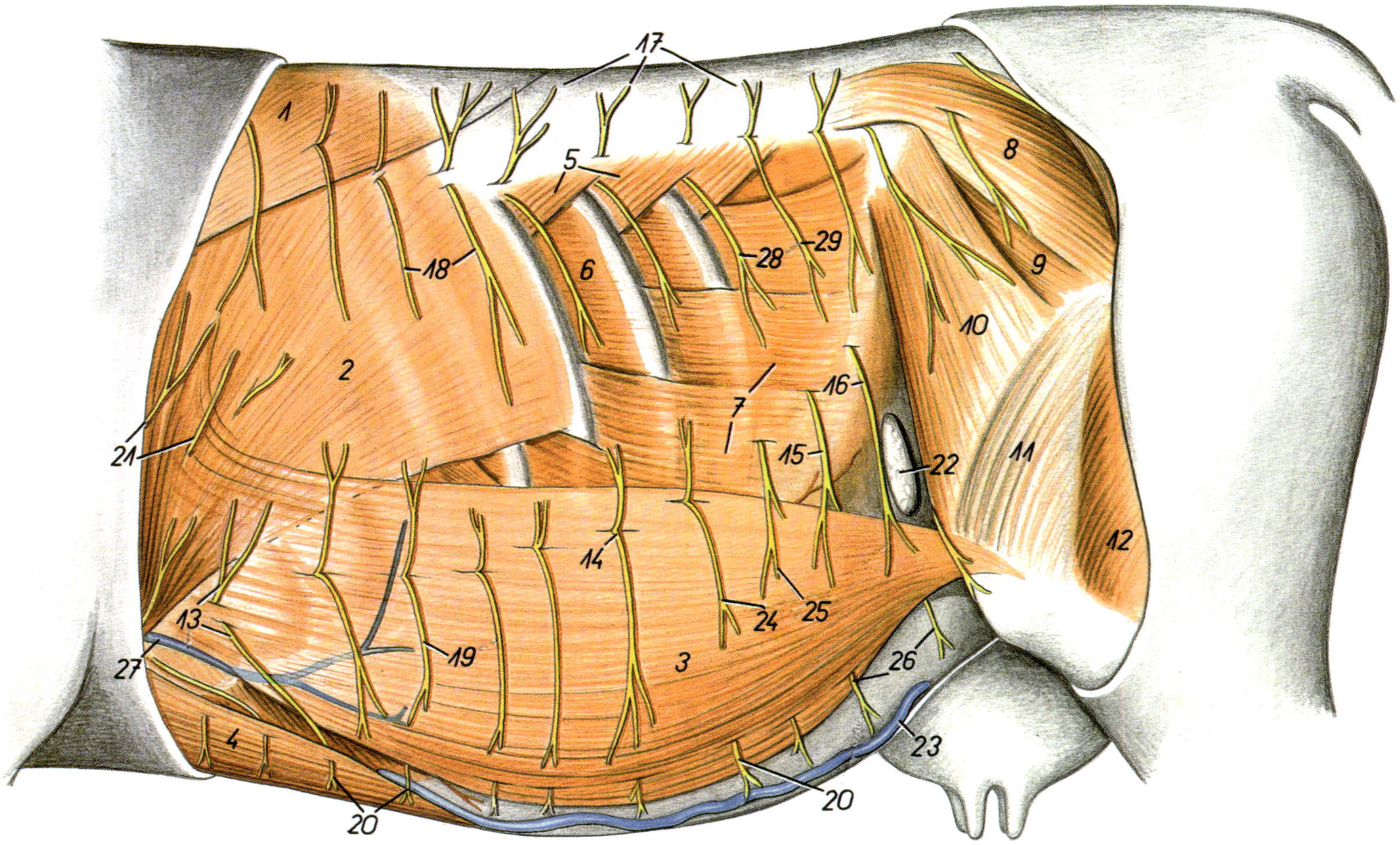

1. *Pars thoracica mi. trapezii* – Brustkorbteil des trapezförmigen Muskels
2. *M. latissimus dorsi* – breiter Rückenmuskel
3. *M. cutaneus trunci* – Rumpfhautmuskel
4. *M. pectoralis profundus (ascendens)* – tiefer (aufsteigender) Brustmuskel
5. *M. serratus dorsalis caudalis* – kaudaler dorsaler gesägter Muskel
6. *Mm. intercostales externi* – äußere Zwischenrippenmuskeln
7. *M. obliquus externus abdominis* – äußerer schiefer Bauchmuskel
8. *M. gluteus medius* – mittlerer Kruppenmuskel
9. *M. gluteus profundus* – tiefer Kruppenmuskel
10. *M. tensor fasciae latae* – Spanner der lateralen Oberschenkelfaszie
11. *Fascia lata (et M. vastus lateralis)* – laterale Oberschenkelfaszie (und lateraler Oberschenkelmuskel)
12. *M. gluteobiceps* – zweiköpfiger Kruppenmuskel

13., 14., 19.–21. *Rami ventrales nn. thoracicorum (Nn. intercostales)* – Ventraläste der Brustkorbnerven (Zwischenrippennerven)

13. *Rami cutanei laterales ni. intercostalis VI* – laterale Hautäste des 6. Zwischenripennerven
14. *Ramus cutaneus lateralis ni. intercostalis XI* – lateraler Hautast des 11. Zwischenrippennerven
15. *Ramus cutaneus lateralis ni. iliohypogastrici (s. ni. lumbalis I)* – lateraler Hautast des Darmbein-Bauchdeckennerven (1. Lendennerv)
16. *Ramus cutaneus lateralis ni. ilioinguinalis (s. ni. lumbalis II)* – lateraler Hautast des Darmbein-Leistennerven (2. Lendennerv)

17., 18. *Rami dorsales nn. thoracicorum* – Dorsaläste der Brustkorbnerven

17. *Rami cutanei mediales* – mediale Hautäste

18., 19. *Rami cutanei laterales* – laterale Hautäste

20. *Rami cutanei ventrales* – ventrale Hautäste
21. *Rami ni. intercostobrachialis* – Äste des Zwischenrippen-Armnerven
22. *Ln. subiliacus* – Kniefaltenlymphknoten
23. *V. epigastrica cranialis superficialis (V. subcutanea abdominis)* – kraniale oberflächliche Bauchdeckenvene (Bauchhautvene)
24. *Ramus cutaneus lateralis ni. intercostalis XII* – lateraler Hautast des 12. Zwischenrippennerven
25. *Ramus cutaneus lateralis ni. costoabdominalis* – lateraler Hautast des Rippen-Bauchnerven
26. *Rami cutanei ventrales nervorum lumbalium (I et II)* – ventraler Hautast der Lendennerven (1. und 2.)
27. *V. thoracica externa* – äußere Brustkorbvene
28. *Ramus cutaneus lateralis rami dorsalis ni. thoracici XIII* – lateraler Hautast der Dorsaläste des 13. Brustkorbnerven
29. *Ramus dorsalis ni. lumbalis I* – Dorsalast des 1. Lendennerven

Rind. Bauchwand. Tiefe Präparation. Ansicht der Innenfläche nach Entfernung des Bauchfells.

Abbildung 35

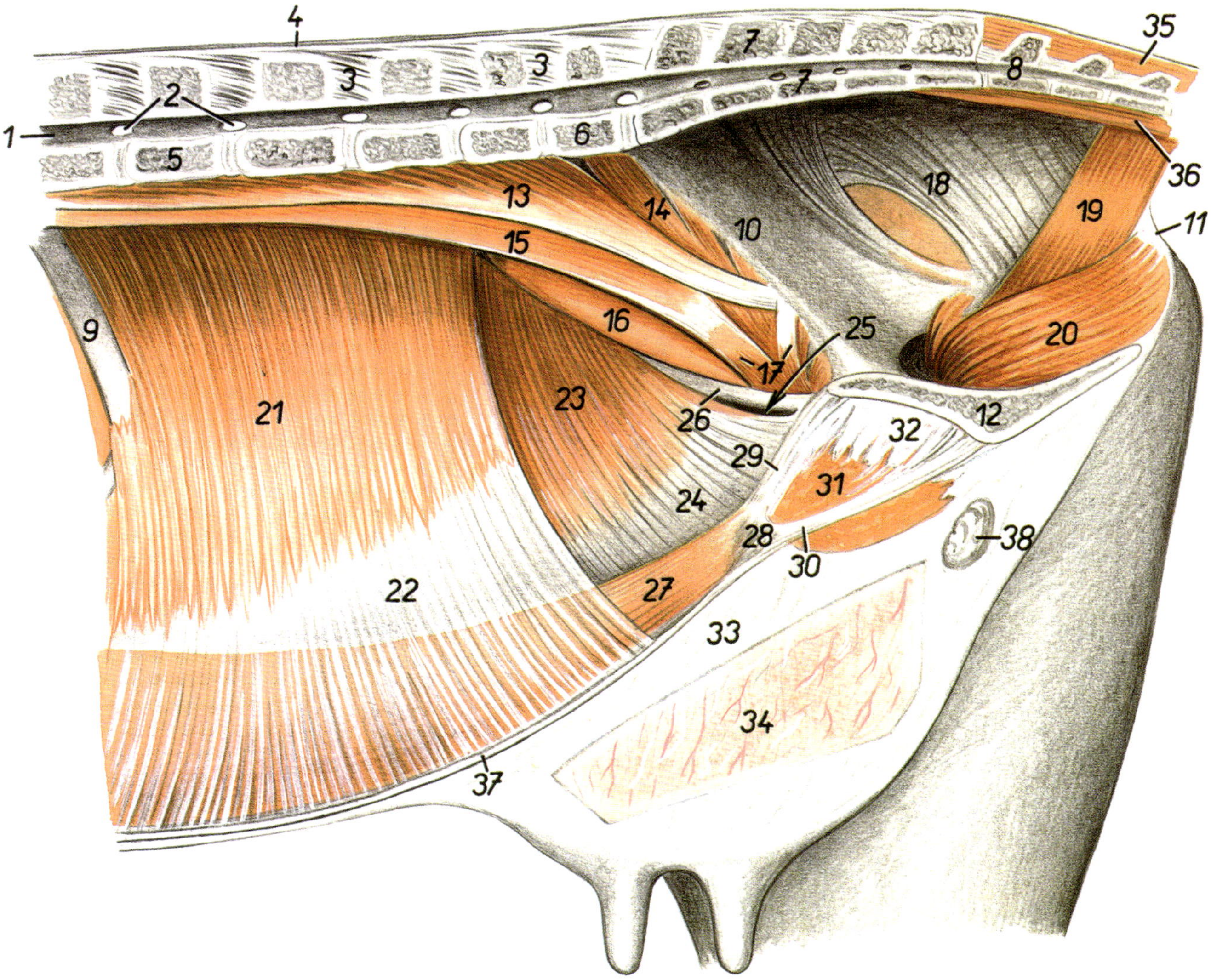

1. *Canalis vertebralis* – Wirbelkanal
2. *Foramina intervertabralia* – Zwischenwirbellöcher
3. *Ligg. interspinalia* – Zwischendornfortsatzbänder
4. *Lig. supraspinale* – Überdornfortsatzband
5. *Vertebra lumbalis II* – 2. Lendenwirbel
6. *Vertebra lumbalis VI* – 6. Lendenwirbel
7. *Os sacrum* – Kreuzbein
8. *Vertebra coccygea I* – 1. Schwanzwirbel
9. *Costa XIII* – 13. Rippe
10. *Corpus ossis ilium* – Darmbeinkörper
11. *Tuber ischiadicum* – Sitzbeinhöcker
12. *Symphysis pelvina* – Beckenfuge
13. *M. psoas minor* – kleiner Lendenmuskel
14. *M. iliacus (Pars medialis)* – Darmbeinmuskel (medialer Teil)
15. *M. psoas major* – großer Lendenmuskel
16. *M. iliacus (Pars lateralis)* – Darmbeinmuskel (lateraler Teil)
17. *M. sartorius* – Schneidermuskel
18. *Lig. sacrotuberale latum* – breites Beckenband
19. *M. coccygeus* – langer Seitwärtszieher des Schwanzes
20. *Pars intrapelvina mi. obturatorii externi* – in der Beckenhöhle gelegener Teil des äußeren Verstopfermuskels
21. *M. transversus abdominis* – querverlaufender Bauchmuskel
22. *Aponeurosis mi. transversi abdominis* – Sehnenplatte des querverlaufenden Bauchmuskels
23. *M. obliquus internus abdominis* – innerer schiefer Bauchmuskel
24. *Aponeurosis mi. obliqui interni abdominis* – Sehnenplatte des inneren schiefen Bauchmuskels
25. *Anulus inguinalis profundus* – innerer Leistenring
26. *Arcus inguinalis (Ligamentum inguinale)* – Leistenband
27. *M. rectus abdominis* – gerader Bauchmuskel

28.–30. *Tendo mi. recti abdominis (28. Scrobiculus tendineus)* – Sehne des geraden Bauchmuskels

29. *Tendo prepubicus* – Schambeinquerband
30. *Tendo symphysialis* – Beckenfugensehne
31. *M. gracilis* – schlanker Schenkelmusel
32. *Tendo symphysialis* – Beckenfugensehne
33. *Lig. suspensorium uberis* – Aufhängeband des Euters
34. *Parenchyma uberis* – Drüsengewebe des Euters
35. *Mm. sacrocaudales dorsales* – Heber des Schwanzes
36. *Mm. sacrocaudales ventrales* – Niederzieher des Schwanzes
37. *Linea alba* – weiße Linie
38. *Ln. inguinalis superficialis (s. mammarius)* – oberflächlicher Leistenlymphknoten (Euterlymphknoten)

Rind. Skelettopographie mit freigelegten Bauch- und Beckenorganen, Ansicht von dorsal. Oberflächliche Präparation.

Abbildung 36

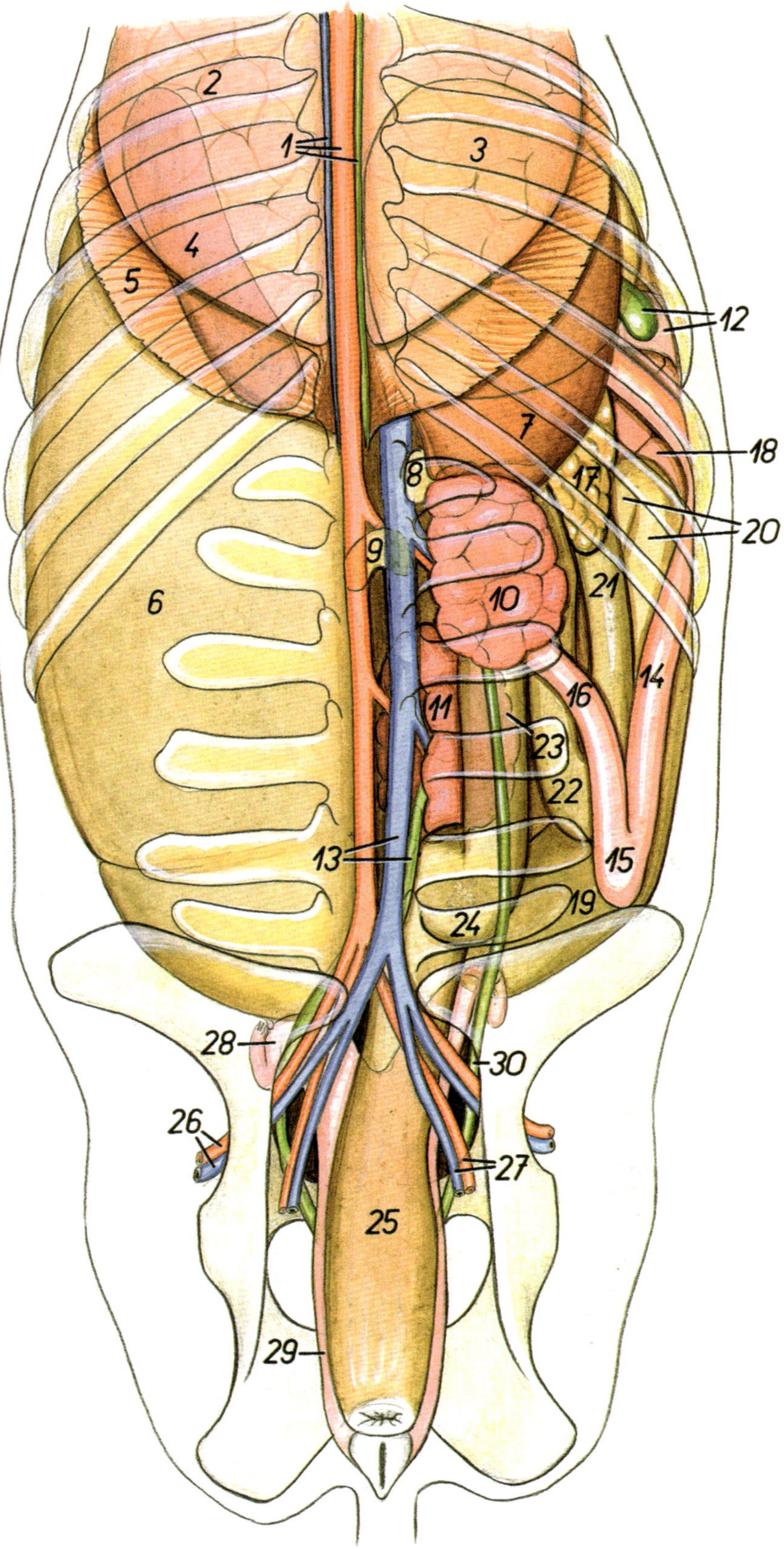

1. *V. azygos sinistra, Aorta, Ductus thoracicus* – linke Azygosvene, große Körperschlagader, Milchbrustgang
2. *Lobus caudalis pulmonis* – kaudaler Lungenlappen
3. *Omasum (in projectione)* – Blättermagen (in der Projektion)
4. *Lien (in projectione)* – Milz (in der Projektion)
5. *Pars costalis diaphragmatis* – Rippenteil des Zwerchfells
6. *Saccus ruminis dorsalis* – dorsaler Pansensack
7. *Hepar* – Leber
8. *Glandula adrenalis dextra* – rechte Nebenniere
9. *Glandula adrenalis sinistra* – linke Nebenniere
10. *Ren dexter* – rechte Niere
11. *Ren sinister* – linke Niere
12. *Vesica fellea, Pars cranialis duodeni* – Gallenblase, kranialer Teil der Zwölffingerdarmes
13. *V. cava caudalis, Ureter sinister* – kaudale Hohlvene, linker Harnleiter
14. *Pars descendens duodeni* – absteigender Teil des Zwölffingerdarmes
15. *Flexura duodeni caudalis* – kaudale Biegung des Zwölffingerdarmes
16. *Pars ascendens duodeni* – aufsteigender Teil des Zwölffingerdarmes
17. *Pancreas* – Bauchspeicheldrüse
18. *Jejunum* – Leerdarm
19. *Cecum* – Blinddarm

20.–22. *Colon ascendens* – aufsteigender Grimmdarm

20. *Ansa proximalis coli* – proximale Schleife des Grimmdarmes

21., 22. *Ansa distalis coli* – distale Schleife des Grimmdarmes

23. *Colon descendens* – absteigender Grimmdarm
24. *Colon sigmoideum* – s-förmiger Grimmdarm
25. *Ampulla recti* – Mastdarmampulle
26. *A. et V. iliaca externa* – äußere Darmbeinarterie und -vene
27. *A. et V. iliaca interna* – innere Darmbeinarterie und -vene
28. *Cornu uteri sinistrum* – linkes Gebärmutterhorn
29. *Vagina* – Scheide
30. *Ureter dexter* – rechter Harnleiter

Rind. Skelettopographie mit freigelegten Bauch- und Beckenorganen, Ansicht von dorsal. Tiefe Präparation.

Abbildung 37

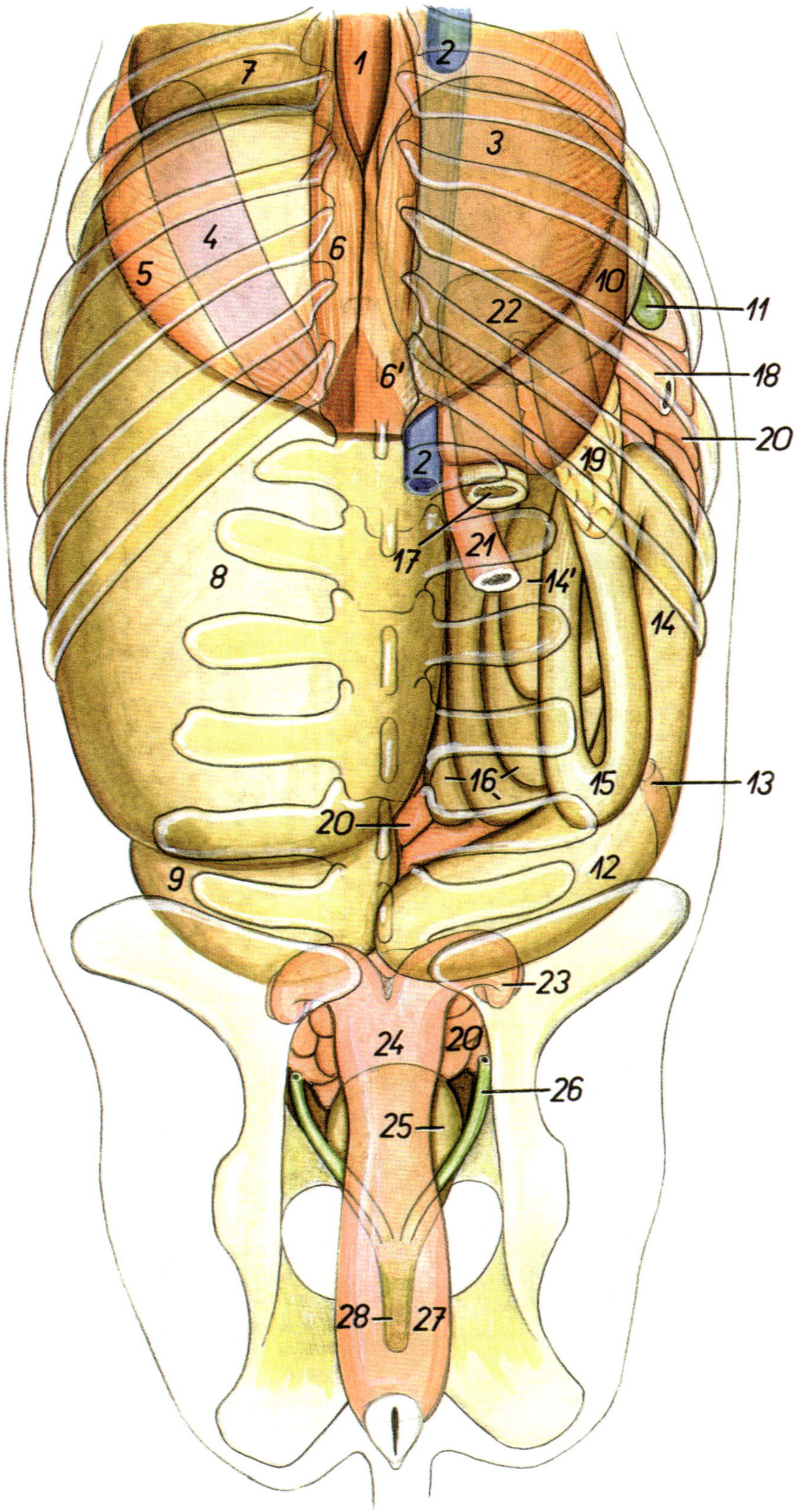

1. *Esophagus* – Speiseröhre
2. *V. cava caudalis* – kaudale Hohlvene
3. *Omasum (in projectione)* – Blättermagen (in der Projektion)
4. *Lien (in projectione)* – Milz (in der Projektion)
5. *Pars costalis diaphragmatis* – Rippenteil des Zwerchfells
6., 6′. *Crura diaphragmatis* – Zwerchfellpfeiler
7. *Reticulum (in projectione)* – Netzmagen (in der Projektion)
8. *Saccus dorsalis ruminis* – dorsaler Pansensack
9. *Saccus cecus caudodorsalis* – kaudodorsaler Blindsack
10. *Hepar* – Leber
11. *Vesica fellea* – Gallenblase
12. *Cecum* – Blinddarm
13. *Ileum (in projectione)* – Hüftdarm (in der Projektion)
14.–16. *Colon ascendens* – aufsteigender Grimmdarm
14., 14′. *Ansa proximalis coli* – proximale Schleife des Grimmdarmes
15. *Ansa distalis coli* – distale Schleife des Grimmdarmes
16. *Ansa spiralis coli* – spiralförmige Schleife des Grimmdarmes
17. *Colon descendens* – absteigender Grimmdarm
18. *Pars descendens duodeni* – absteigender Teil des Zwölffingerdarmes
19. *Pancreas* – Bauchspeicheldrüse
20. *Jejunum* – Leerdarm
21. *Pars ascendens duodeni* – aufsteigender Teil des Zwölffingerdarmes
22. *Colon transversum (in projectione)* – querverlaufender Grimmdarm (in der Projektion)
23. *Cornu uteri dextrum* – rechtes Gebärmutterhorn
24. *Corpus uteri* – Gebärmutterkörper
25. *Vesica urinaria* – Harnblase
26. *Ureter dexter* – rechter Harnleiter
27. *Vagina* – Scheide
28. *Urethra (in projectione)* – Harnröhre (in der Projektion)

Rind. Bauchorgane, Ansicht von rechts.

Abbildung 38

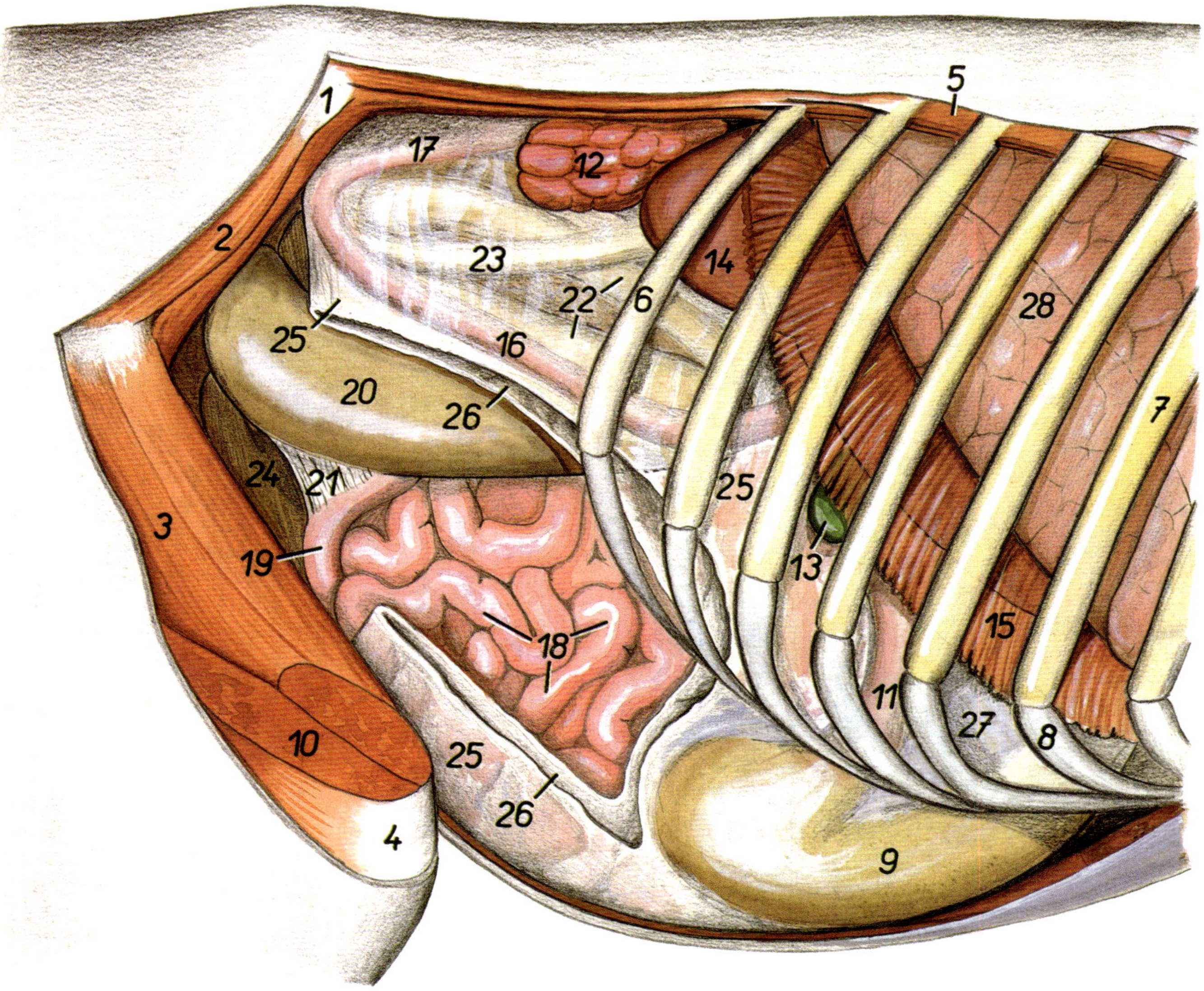

1. *Tuber coxae* – Hüfthöcker
2. *M. gluteus medius* – mittlerer Kruppenmuskel
3. *M. vastus intermedius* – mittlerer Oberschenkelmuskel
4. *Patella* – Kniescheibe
5. *Mm. intercostales* – Zwischenrippenmuskeln
6. *Costa XIII* – 13. Rippe
7. *Costa VIII* – 8. Rippe
8. *Cartilago costalis VIII* – Knorpel der 8. Rippe
9. *Abomasum* – Labmagen
10. *M. vastus lateralis* – lateraler Oberschenkelmuskel
11. *Pars cranialis duodeni* – kranialer Teil des Zwölffingerdarmes
12. *Ren dexter* – rechte Niere
13. *Vesica fellea* – Gallenblase
14. *Hepar* – Leber
15. *Pars costalis diaphragmatis* – Rippenteil des Zwerchfells
16. *Pars descendens duodeni* – absteigender Teil des Zwölffingerdarmes
17. *Pars ascendens duodeni* – aufsteigender Teil des Zwölffingerdarmes
18. *Jejunum* – Leerdarm
19. *Ileum* – Hüftdarm
20. *Cecum* – Blinddarm
21. *Plica ileocecalis* – Hüftbein-Blinddarmfalte
22. *Ansa proximalis coli* – proximale Schleife des Grimmdarms
23. *Ansa distalis coli* – distale Schleife des Grimmdarms
24. *Ansa spiralis coli* – spiralförmige Schleife des Grimmdarms
25. *Paries superficialis omenti majoris* – oberflächliches Blatt des großen Netzes
26. *Paries profundus omenti majoris* – tiefes Blatt des großen Netzes
27. *Omentum minus* – kleines Netz
28. *Pulmo dexter (Lobus caudalis)* – rechte Lunge (kaudaler Lappen)

Rind. Bauchorgane, Ansicht von links. Tiefe Schicht nach Entfernung des Pansens und eines Teils der Haube.

Abbildung 39

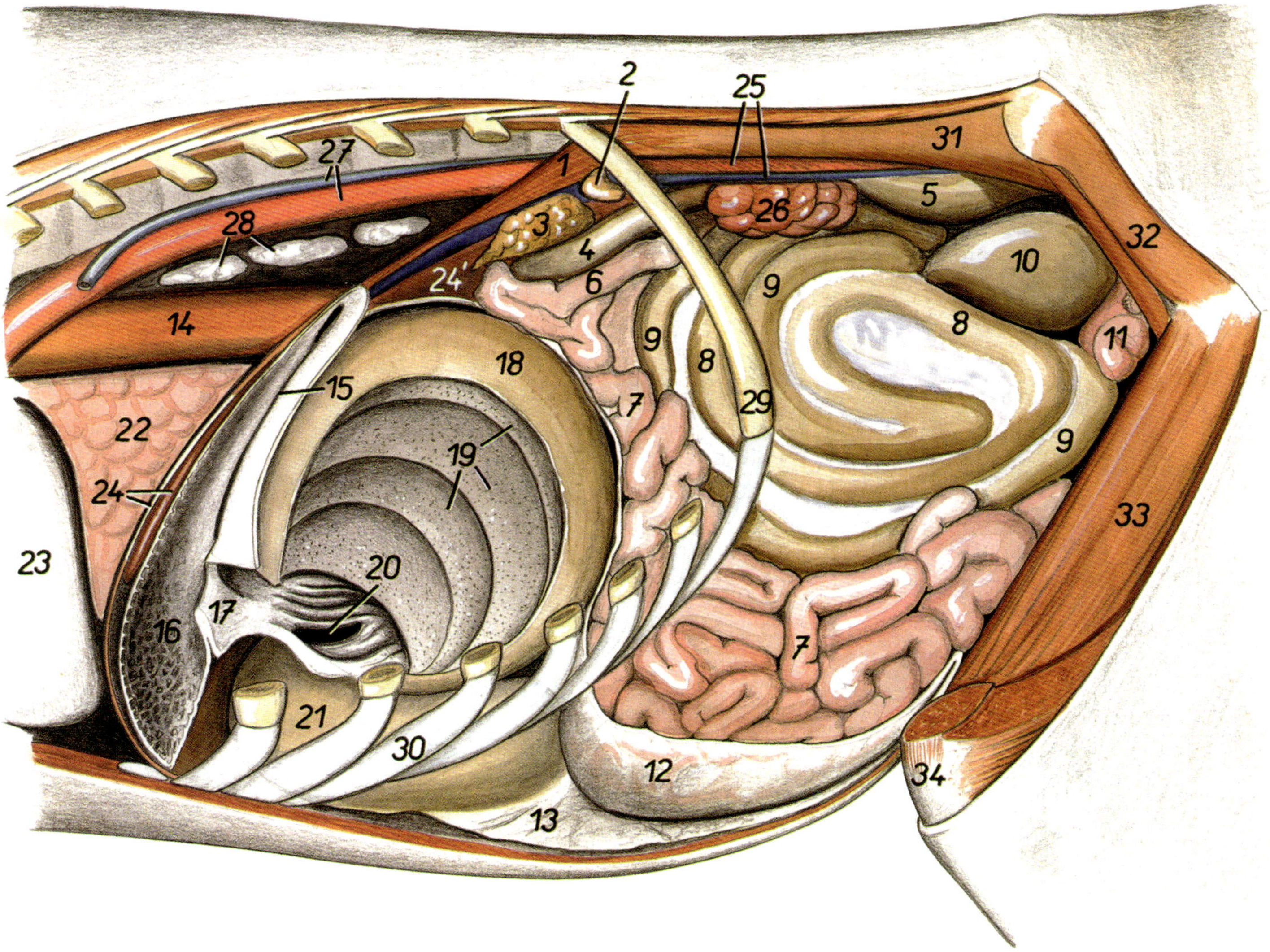

1. *Crura diaphragmatis* – Zwerchfellpfeiler
2. *Glandula adrenalis sinistra* – linke Nebenniere
3. *Pancreas* – Bauchspeicheldrüse
4. *Colon transversum* – querverlaufender Grimmdarm
5. *Colon descendens* – absteigender Grimmdarm
6. *Flexura duodenojejunalis* – Zwölffingerdarm-Leerdarmbiegung
7. *Jejunum* – Leerdarm
8., 9. *Ansa spiralis coli* – spiralförmige Schleife des Grimmdarms
8. *Gyri centrifugales* – zentrifugale Windungen
9. *Gyri centripetales* – zentripetale Windungen
10. *Cecum* – Blinddarm
11. *Uterus* – Gebärmutter
12. *Paries profundus omenti majoris* – tiefes Blatt des großen Netzes
13. *Paries superficialis omenti majoris* – oberflächliches Blatt des großen Netzes
14. *Esophagus* – Speiseröhre
15. *Sulcus reticuli* – Netzmagenrinne
16. *Reticulum* – Netzmagen
17. *Plica ruminoreticularis* – Pansen-Netzmagenfalte
18. *Omasum* – Blättermagen
19. *Laminae omasi* – Blätter des Blättermagens
20. *Ostium omasoabomasicum* – Blättermagen-Labmagenöffnung
21. *Abomasum* – Labmagen
22. *Lobus accessorius pulmonis* – zusätzlicher Lungenlappen
23. *Pericardium* – Herzbeutel
24. *Hepar, Centrum tendineum diaphragmatis* – Leber, Sehnenspiegel des Zwerchfells

24'. *Processus papillaris hepatis* – Papillarfortsatz der Leber

25. *Aorta abdominalis, V. cava caudalis* – Bauchschlagader, kaudale Hohlvene
26. *Ren sinister* – linke Niere
27. *Aorta thoracica, V. azygos sinistra* – Brustschlagader, linke Azygosvene
28. *Lnn. mediastinales caudales* – kaudale Mittelfell-lymphknoten
29. *Costa XIII* – 13. Rippe
30. *Cartilago costalis IX* – Knorpel der 9. Rippe
31. *M. psoas major* – großer Lendenmuskel
32. *M. gluteus medius* – mittlerer Kruppenmuskel
33. *M. vastus intermedius* – mittlerer Schenkelmuskel
34. *Patella* – Kniescheibe

Rind. Querschnitt durch die Bauchhöhle in Höhe des 8. Brustwirbels, Ansicht von kaudal.

Abbildung 40

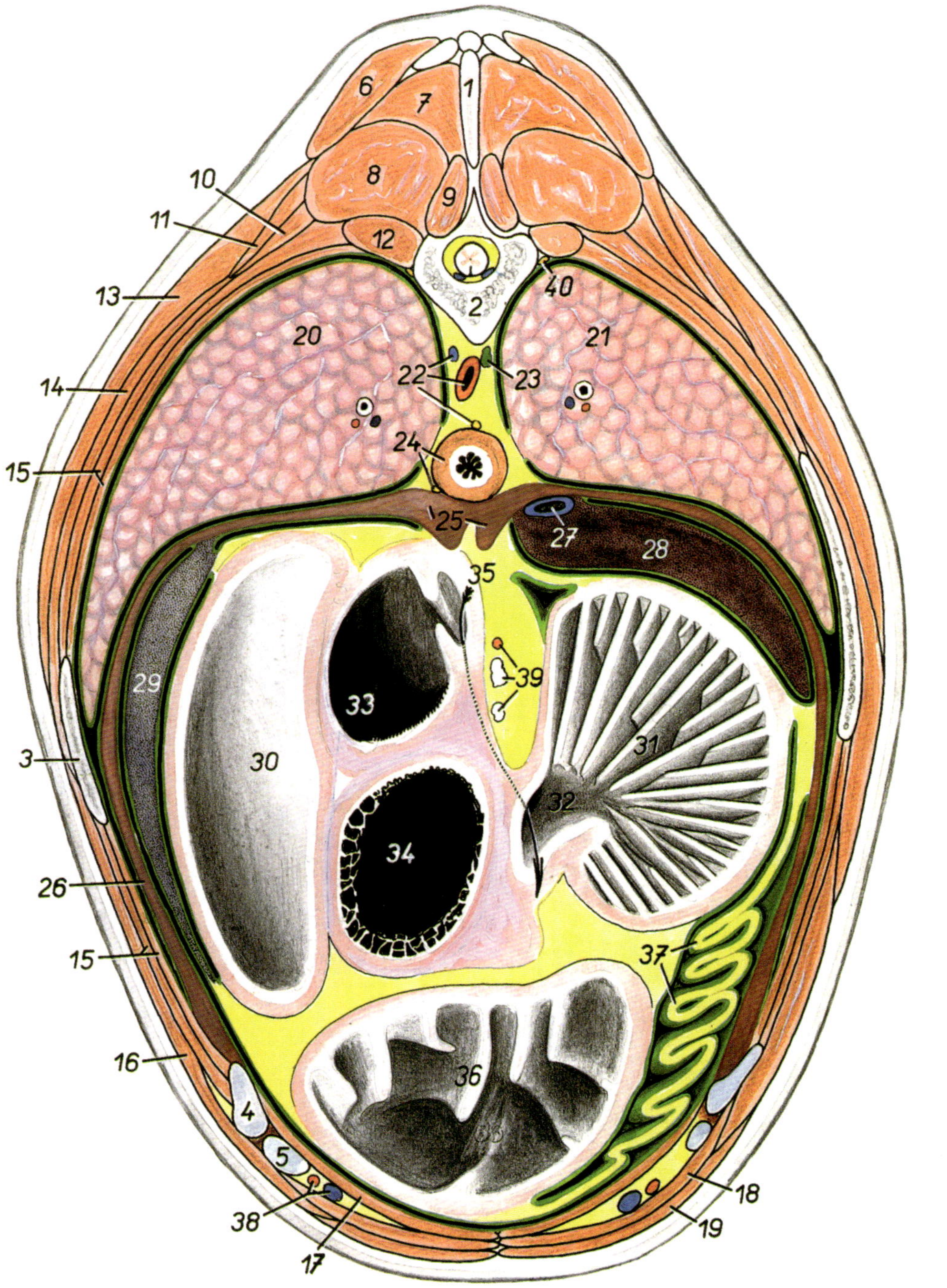

1. *Processus spinosus vertebrae thoracicae VII* – Dornfortsatz des 7. Brustwirbels
2. *Corpus vertebrae thoracicae VIII* – Wirbelkörper des 8. Brustwirbels
3. *Costa VIII* – 8. Rippe
4. *Cartilago costalis VIII* – Knorpel der 8. Rippe
5. *Cartilago costalis IX* – Knorpel der 9. Rippe
6. *Pars thoracica mi. trapezii* – Brustkorbteil des trapezförmigen Muskels
7. *M. spinalis et semispinalis thoracis et cervicis* – Brustkorb- und Halsportion des Dornfortsatz- und Halbdornfortsatzmuskels
8. *M. longissimus thoracis* – Brustkorbportion des längsten Muskels
9. *Mm. multifidi thoracis* – Brustkorbportion der vielgeteilten Muskeln
10. *M. iliocostalis thoracis* – Brustkorbportion des Darmbein-Rippenmuskels
11. *M. serratus dorsalis cranialis* – kranialer dorsaler gesägter Muskel
12. *Mm. levatores costarum et M. rotator* – Rippenheber und Drehmuskel
13. *M. latissimus dorsi* – breiter Rückenmuskel
14. *M. serratus ventralis thoracis* – Brustportion des ventralen gesägten Muskels
15. *Mm. intercostales* – Zwischenrippenmuskeln
16. *M. obliquus externus abdominis* – äußerer schiefer Bauchmuskel
17. *M. transversus abdominis* – querverlaufender Bauchmuskel
18. *M. rectus abdominis* – gerader Bauchmuskel
19. *M. pectoralis profundus (ascendens)* – tiefer (aufsteigender) Brustmuskel
20. *Lobus caudalis pulmonis sinistri* – kaudaler Lappen der linken Lunge
21. *Lobus caudalis pulmonis dextri* – kaudaler Lappen der rechten Lunge
22. *Aorta, V. azygos sinistra, Truncus vagalis dorsalis* – große Körperschlagader, linke Azygosvene, Stamm des dorsalen Vagusnerven
23. *Ductus thoracicus* – Milchbrustgang
24. *Esophagus, Truncus vagalis ventralis* – Speiseröhre, Stamm des ventralen Vagusnerven
25. *Crura diaphragmatis* – Pfeiler des Zwerchfells
26. *Pars costalis diaphragmatis* – Rippenteil des Zwerchfells
27. *V. cava caudalis* – kaudale Hohlvene
28. *Hepar* – Leber
29. *Lien* – Milz
30. *Atrium ruminis (Saccus ruminis cranialis)* – Pansenvorhof (kranialer Pansensack)
31. *Omasum (Laminae)* – Blättermagen (Blätter)
32. *Canalis omasi* – Blättermagenkanal
33. *Atrium ventriculi* – Magenvorhof
34. *Reticulum* – Netzmagen
35. *Sulcus ventriculi (reticuli et omasi)* – Magenrinne (des Netz- und Blättermagens)
36. *Abomasum* – Labmagen
37. *Omentum minus* – kleines Netz
38. *A. et V. epigastrica cranialis* – kraniale Bauchdeckenarterie und -vene
39. *Lnn. atriales, A. reticularis* – Vorhoflymphknoten, Netzmagenarterie
40. *Truncus sympathicus* – Stamm des Sympathikusnerven

Rind. Querschnitt durch die Bauchhöhle in Höhe des 10. Brustwirbels, Ansicht von kaudal.

Abbildung 41

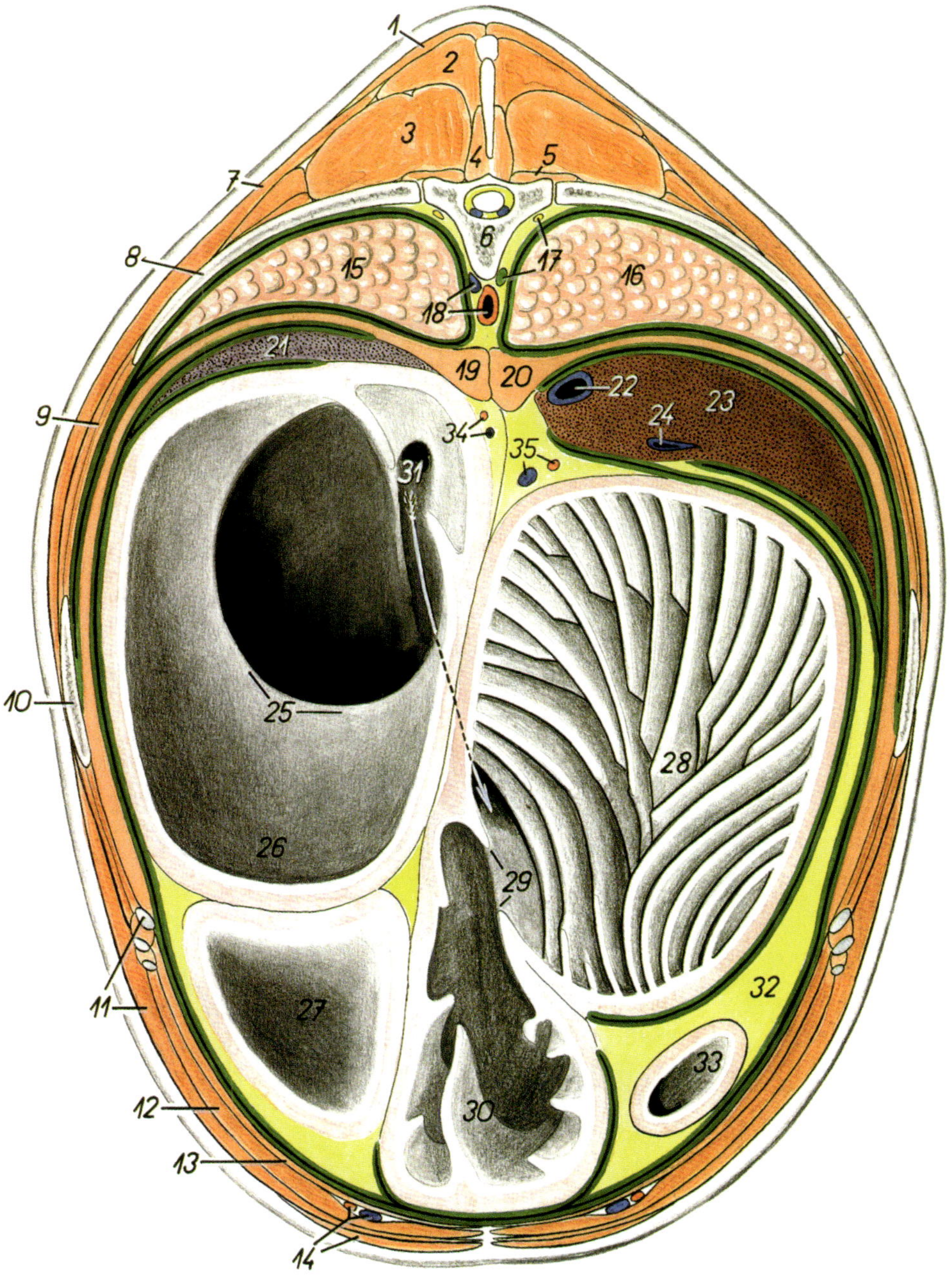

1. *Pars thoracica mi. trapezii* – Brustkorbteil des trapezförmigen Muskels
2. *M. spinalis et semispinalis thoracis et cervicis* – Brustkorb- und Halsportion des Dornfortsatz- und Halbdornfortsatzmuskels
3. *M. longissimus thoracis* – Brustkorbportion des längsten Muskels
4. *Mm. multifidi thoracis* – Brustkorbportion der vielgeteilten Muskels
5. *Mm. levatores costarum* – Rippenheber
6. *Vertebra thoracica X* – 10. Brustwirbel
7. *M. latissimus dorsi* – breiter Rückenmuskel
8. *Costa X* – 10. Rippe
9. *Mm. intercostales* – Zwischenrippenmuskeln
10. *Costa IX* – 9. Rippe
11. *M. obliquus externus abdominis, Cartilago costalis IX* – äußerer schiefer Bauchmuskel, Knorpel der 9. Rippe
12. *M. rectus abdominis* – gerader Bauchmuskel
13. *M. transversus abdominis* – querverlaufender Bauchmuskel
14. *A. et V. epigastrica cranialis, M. pectoralis profundus (ascendens)* – kraniale Bauchdeckenarterie und -vene, tiefer (aufsteigender) Brustmuskel
15. *Lobus caudalis pulmonis sinistri* – kaudaler Lappen der linken Lunge
16. *Lobus caudalis pulmonis dextri* – kaudaler Lappen der rechten Lunge
17. *Ductus thoracicus, Truncus sympathicus* – Milchbrustgang, Stamm des Sympathikusnerven
18. *Aorta, V. azygos sinistra* – große Körperschlagader, linke Azygosvene
19. *Crus sinistrum diaphragmatis* – linker Zwerchfellpfeiler
20. *Crus dextrum diaphragmatis* – rechter Zwerchfellpfeiler
21. *Lien* – Milz
22. *V. cava caudalis* – kaudale Hohlvene
23. *Hepar* – Leber
24. *V. portae* – Pfortader
25. *Plica ruminoreticularis* – Pansen-Netzmagenfalte
26. *Atrium ruminis (Saccus ruminis cranialis)* – Pansenvorhof (kranialer Pansensack)
27. *Saccus ruminis ventralis* – ventraler Pansensack
28. *Omasum* – Blättermagen
29. *Ostium omasobomasicum* – Blättermagen-Labmagenöffnung
30. *Abomasum* – Labmagen
31. *Sulcus reticuli* – Magenrinne des Netzmagens
32. *Omentum minus* – kleines Netz
33. *Pars cranialis duodeni* – kranialer Teil des Zwölffingerdarms
34. *A. et V. lienalis* – Milzarterie und -vene
35. *A. gastrica sinistra, V. ruminalis sinistra* – linke Magenarterie, linke Pansenvene

Rind. Querschnitt durch die Bauchhöhle in Höhe des kaudalen Endes des 11. Brustwirbels, Ansicht von kaudal.

Abbildung 42

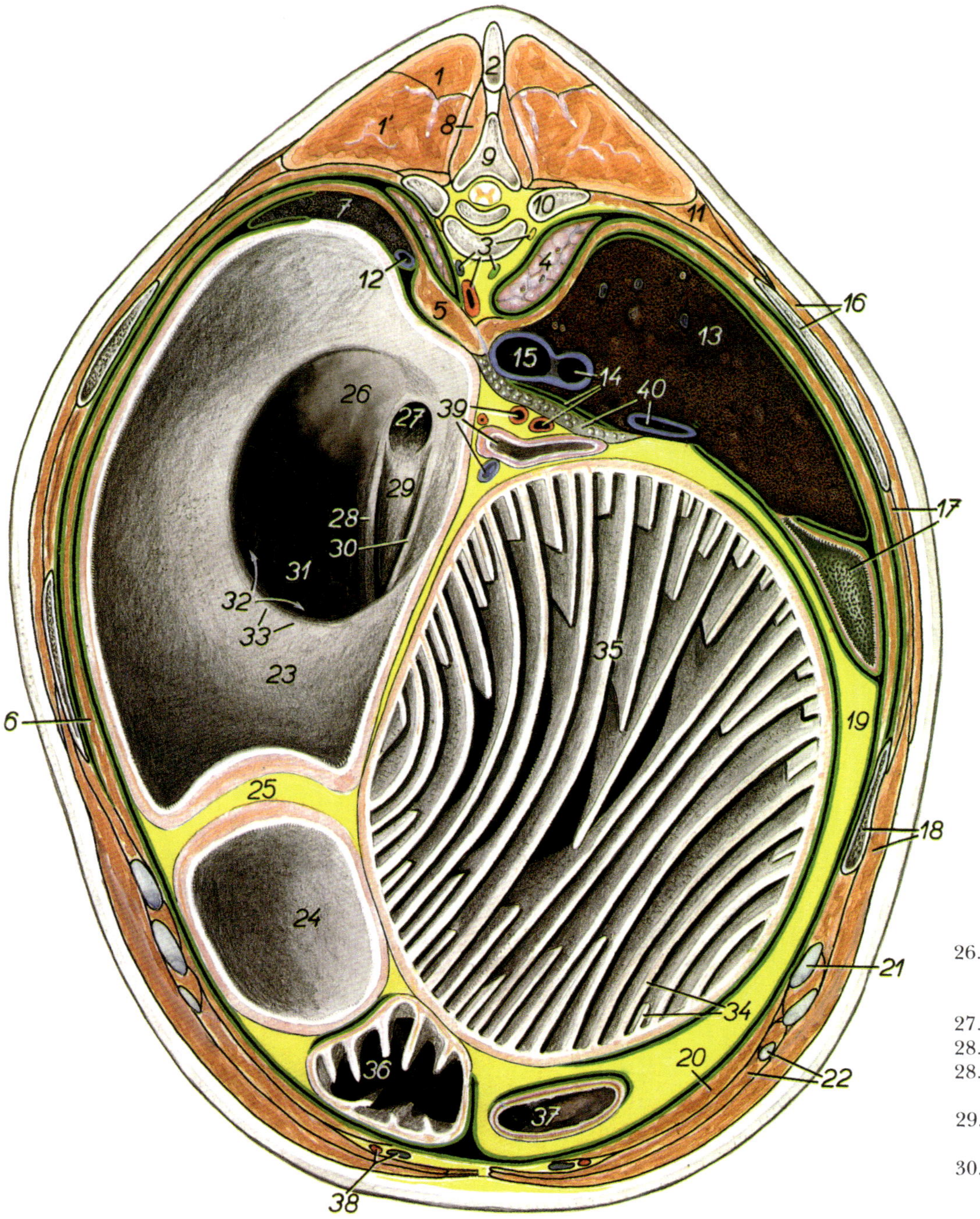

1. *M. spinalis et semispinalis thoracis et cervicis* – Brustkorb- und Halsportion des Dornfortsatz- und Halbdornfortsatzmuskels
1'. *M. longissimus thoracis* – Brustkorbportion des längsten Muskels
2. *Processus spinosus vertebrae thoracicae X* – Dornfortsatz des 10. Brustwirbels
3. *Aorta, Ductus thoracicus, V. azygos sinistra, Truncus sympathikus* – große Körperschlagader, Milchbrustgang, linke Azygosvene, Stamm des Sympathikusnerven
4. *Pulmo dexter (Lobus caudalis)* – rechte Lunge (kaudaler Lappen)
5. *Crus sinistrum diaphragmatis* – linker Zwerchfellpfeiler
6. *Pars costalis diaphragmatis* – Rippenteil des Zwerchfells
7. *Lien* – Milz
8. *Mm. multifidi thoracis* – Brustkorbportion der vielgeteilten Muskeln
9. *Vertebra thoracica XI* – 11. Brustwirbel
10. *Costa XII* – 12. Rippe
11. *M. iliocostalis thoracis et M. serratus dorsalis caudalis* – Brustkorbportion des Darmbein-Rippenmuskels und kaudaler dorsaler gesägter Muskel
12. *V. lienalis* – Milzvene
13. *Hepar* – Leber
14. *V. hepatica, Foramen epiploicum, A. hepatica* – Lebervene, Netzbeutelloch, Leberarterie
15. *V. cava caudalis* – kaudale Hohlvene
16. *Costa XI, M. latissimus dorsi* – 11. Rippe, breiter Rückenmuskel
17. *Vesica fellea, Mm. intercostales* – Gallenblase, Zwischenrippenmuskeln
18. *Costa X, M. obliquus externus abdominis* – 10. Rippe, äußerer schiefer Bauchmuskel
19. *Omentum minus* – kleines Netz
20. *M. transversus abdominis* – querverlaufender Bauchmuskel
21. *Cartilago costalis X* – Knorpel der 10. Rippe
22. *Cartilago costalis XII, M. rectus abdominis* – Knorpel der 12. Rippe, gerader Bauchmuskel
23. *Atrium ruminis (Saccus ruminis cranialis)* – Pansenvorhof (kranialer Pansensack)
24. *Saccus ruminis ventralis* – ventraler Pansensack
25. *Pila ruminis cranialis* – kranialer Pansenpfeiler
26. *Atrium ruminoreticulare (s. Atrium ventriculi)* – Pansen-Netzmagenvorhof (Magenvorhof)
27. *Ostium cardiacum* – Speiseröhrenöffnung
28.–30. *Sulcus reticuli* – Netzmagenrinne
28. *Labium sinistrum (s. craniale) sulci reticuli* – linke (kraniale) Lippe der Netzmagenrinne
29. *Fundus sulci reticuli* – Boden der Netzmagenrinne
30. *Labium dextrum (s. caudale) sulci reticuli* – rechte (kaudale) Lippe der Netzmagenrinne
31. *Reticulum* – Netzmagen
32. *Ostium ruminoreticulare* – Pansen-Netzmagenöffnung
33. *Plica ruminoreticularis* – Pansen-Netzmagenfalte
34. *Laminae omasi* – Blätter des Blättermagens
35. *Omasum* – Blättermagen
36. *Abomasum* – Labmagen
37. *Pars cranialis duodeni* – kranialer Teil des Zwölffingerdarms
38. *A. et V. epigastrica cranialis* – kraniale Bauchdeckenarterie und -vene
39. *A. celiaca, Colon transversum, V. gastrica sinistra* – Bauchhöhlenarterie, querverlaufender Grimmdarm, linke Magenvene
40. *Lobus pancreatis sinister, V. portae* – linker Lappen der Bauchspeicheldrüse, Pfortader

Rind. Querschnitt durch die Bauchhöhle in Höhe des 13. Brustwirbels, Ansicht von kaudal.

Abbildung 43

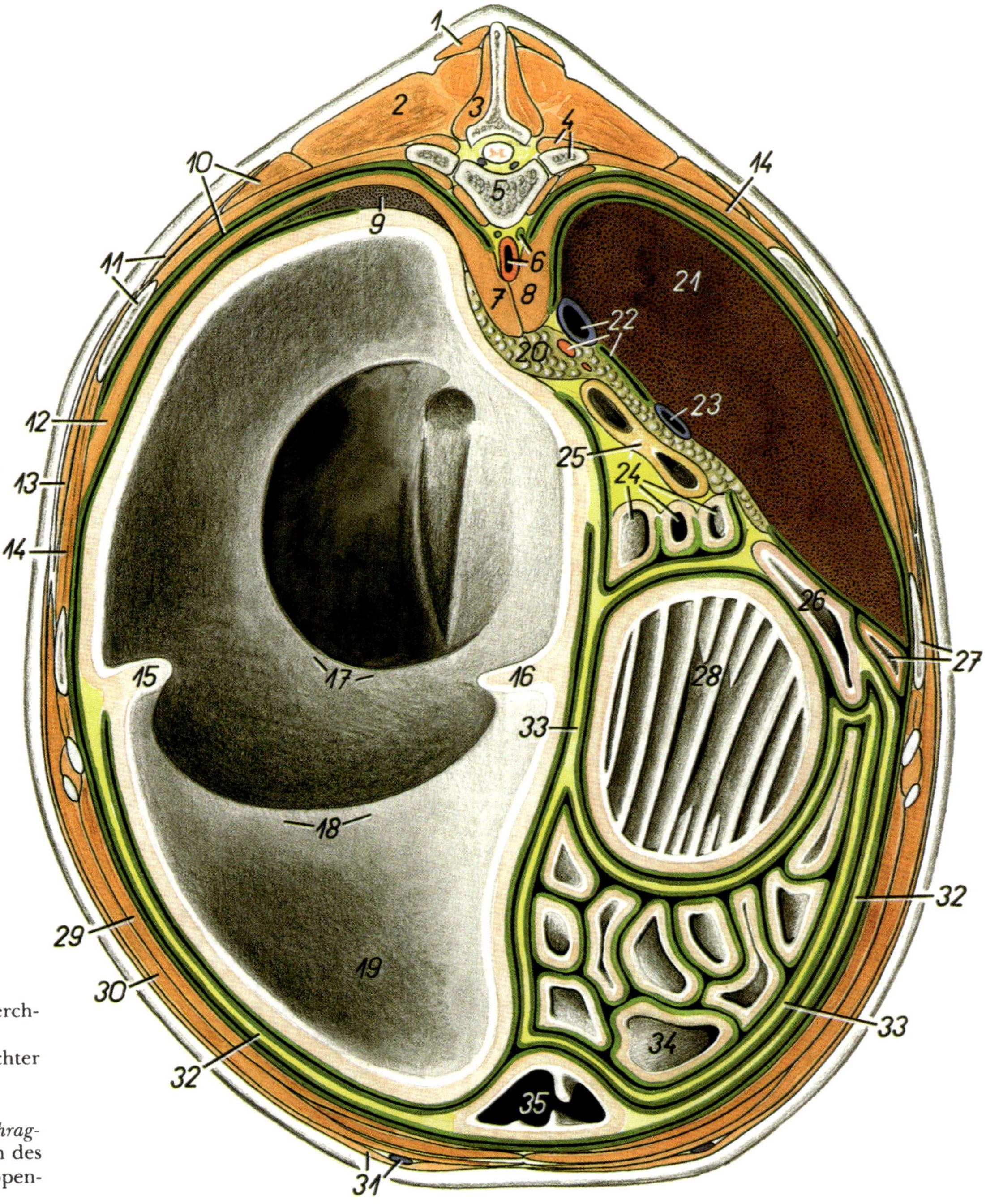

1. *M. spinalis et semispinalis thoracis et cervicis* – Brustkorb- und Halsportion des Dornfortsatz- und Halbdornfortsatzmuskels
2. *M. longissimus thoracis* – Brustkorbportion des längsten Muskels
3. *Mm. multifidi thoracis* – Brustkorbportion der vielgeteilten Muskeln
4. *Costa XIII, Mm. levatores costarum* – 13. Rippe, Rippenheber
5. *Vertebra thoracica XIII* – 13. Brustwirbel
6. *Aorta, Dustus thoracicus* – große Körperschlagader, Milchbrustgang
7. *Crus sinistrum diaphragmatis* – linker Zwerchfellpfeiler
8. *Crus dextrum diaphragmatis* – rechter Zwerchfellpfeiler
9. *Lien* – Milz
10. *M. iliocostalis thoracis, Recessus costodiaphragmaticus cavi pleurae* – Brustkorbportion des Darmbein-Rippenmuskels, Rippen-Zwerchfellspalt der Brustfellhöhle
11. *M. serratus dorsalis caudalis, Costa XII* – kaudaler dorsaler gesägter Muskel, 12. Rippe
12. *Pars costalis diaphragmatis* – Rippenteil des Zwerchfells
13. *M. latissimus dorsi* – breiter Rückenmuskel
14. *Mm. intercostales* – Zwischenrippenmuskeln
15. *Pila longitudinalis sinistra ruminis* – linker Längspfeiler des Pansens
16. *Pila longitudinalis dextra ruminis* – rechter Längspfeiler des Pansens
17. *Plica ruminoreticularis* – Pansen-Netzmagenfalte
18. *Pila cranialis ruminis* – kranialer Pfeiler des Pansens
19. *Saccus ventralis ruminis* – ventraler Pansensack
20. *Pancreas* – Bauchspeicheldrüse
21. *Hepar* – Leber
22. *V. cava caudalis, Foramen epiploicum, A. hepatica* – kaudale Hohlvene, Netzbeutelloch, Leberarterie
23. *V. portae* – Pfortader
24. *Flexura duodenojejunalis* – Zwölffingerdarm-Leerdarmbiegung
25. *Colon transversum* – querverlaufender Grimmdarm
26. *Pars cranialis duodeni* – kranialer Teil des Zwölffingerdarms
27. *Vesica fellea, Costa XI* – Gallenblase, 11. Rippe
28. *Omasum* – Blättermagen
29. *M. transversus abdominis* – querverlaufender Bauchmuskel
30. *M. obliquus externus abdominis* – äußerer schiefer Bauchmuskel
31. *M. cutaneus trunci, V. epigastrica cranialis superficialis* – Rumpfhautmuskel, kraniale oberflächliche Bauchdeckenvene
32. *Paries superficialis omenti majoris* – oberflächliches Blatt des großen Netzes
33. *Paries profundus omenti majoris* – tiefes Blatt des großen Netzes
34. *Jejunum* – Leerdarm
35. *Abomasum* – Labmagen

Rind. Querschnitt durch die Bauchhöhle in Höhe des 1. Lendenwirbels, Ansicht von kaudal.

Abbildung 44

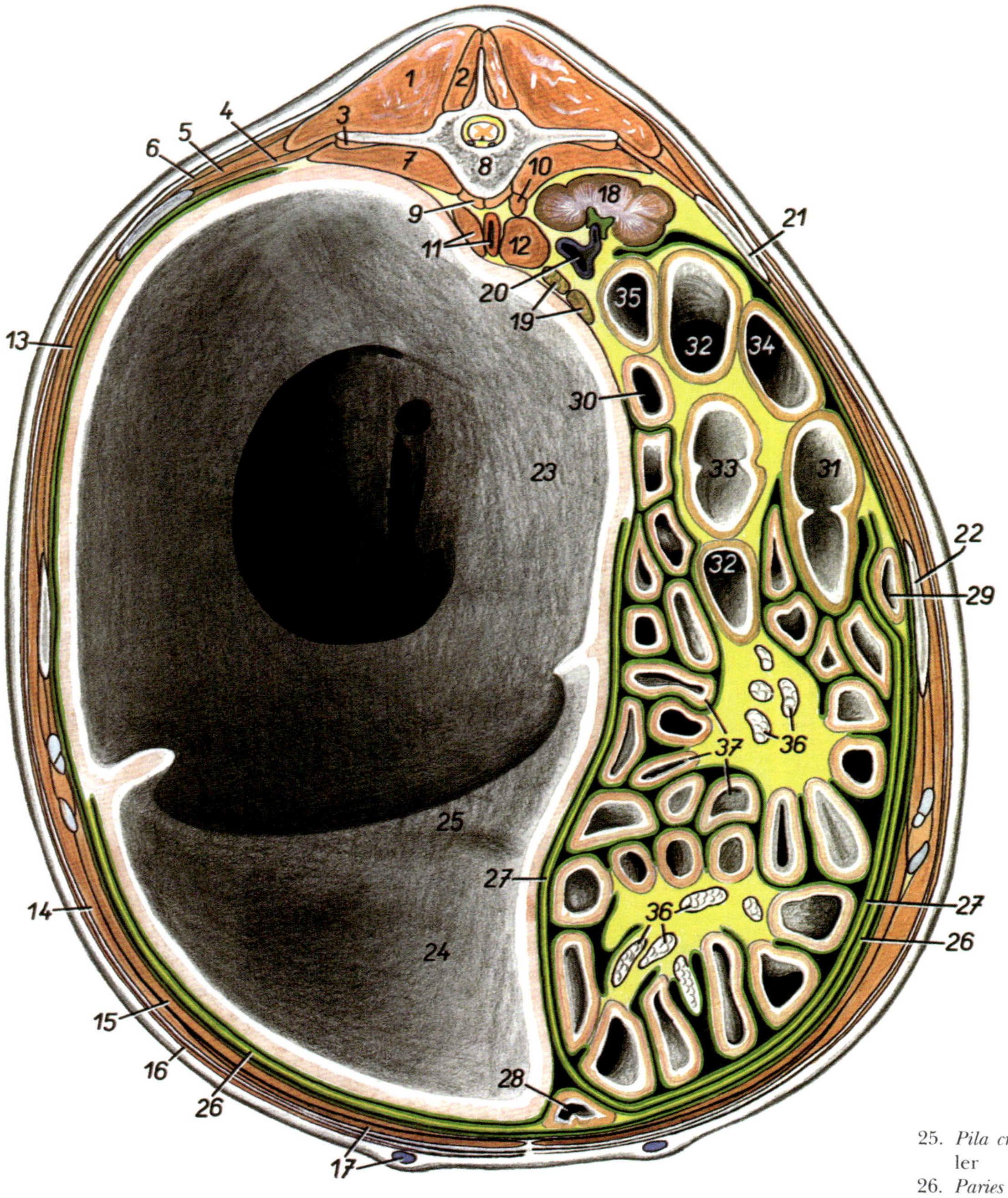

18. *Ren dexter* – rechte Niere
19. *Glandula adrenalis sinistra* – linke Nebenniere
20. *V. cava caudalis* – kaudale Hohlvene
21. *Costa XIII* – 13. Rippe
22. *Costa XII* – 12. Rippe
23. *Saccus dorsalis ruminis* – dorsaler Pansensack
24. *Saccus ventralis ruminis* – ventraler Pansensack
25. *Pila cranialis ruminis* – kranialer Pansenpfeiler
26. *Paries superficialis omenti majoris* – oberflächliches Blatt des großen Netzes
27. *Paries profundus omenti majoris* – tiefes Blatt des großen Netzes
28. *Abomasum* – Labmagen
29. *Pars descendens duodeni* – absteigender Teil des Zwölffingerdarms
30. *Pars ascendens duodeni* – aufsteigender Teil der Zwölffingerdarms

1. *M. longissimus lumborum* – Lendenportion des längsten Muskels
2. *Mm. multifidi lumborum* – Lendenportion der vielgeteilten Muskeln
3. *M. quadratus lumborum* – viereckiger Lendenmuskel
4. *M. retractor costae* – Rückzieher der Rippen
5. *M. iliocostalis lumborum* – Lendenportion des Darmbein-Rippenmuskels
6. *M. serratus dorsalis caudalis* – kaudaler dorsaler gesägter Muskel
7. *M. psoas major* – großer Lendenmuskel
8. *Vertebra lumbalis I* – 1. Lendenwirbel
9. *M. psoas minor* – kleiner Lendenmuskel
10. *Crus dextrum diaphragmatis* – rechter Zwerchfellpfeiler
11. *Aorta, Crus sinistrum diaphragmatis* – große Körperschlagader, linker Zwerchfellpfeiler
12. *Crus dextrum diaphragmatis* – rechter Zwerchfellpfeiler
13. *Mm. intercostales* – Zwischenrippenmuskeln
14. *M. obliquus externus abdominis* – äußerer schiefer Bauchmuskel
15. *M. transversus abdominis* – querverlaufender Bauchmuskel
16. *M. cutaneus trunci* – Rumpfhautmuskel
17. *M. rectus abdominis, V. epigastrica cranialis superficialis* – gerader Bauchmuskel, oberflächliche kraniale Bauchdeckenvene

31.–34. *Colon ascendens* – aufsteigender Grimmdarm
31. *Ansa proximalis* – proximale Schleife
32., 33. *Ansa spiralis coli* – spiralförmige Schleife
32. *Gyrus centrifugalis (ultimus)* – letzte zentrifugale Windung
33. *Gyrus centripetalis (primus)* – erste zentripetale Windung
34. *Ansa distalis* – distale Schleife
35. *Colon descendens* – absteigender Grimmdarm
36. *Lnn. jejunales* – Leerdarmlymphknoten
37. *Jejunum* – Leerdarm

Rind. Querschnitt durch die Bauchhöhle in Höhe des 3. Lendenwirbels, Ansicht von kaudal.

Abbildung 45

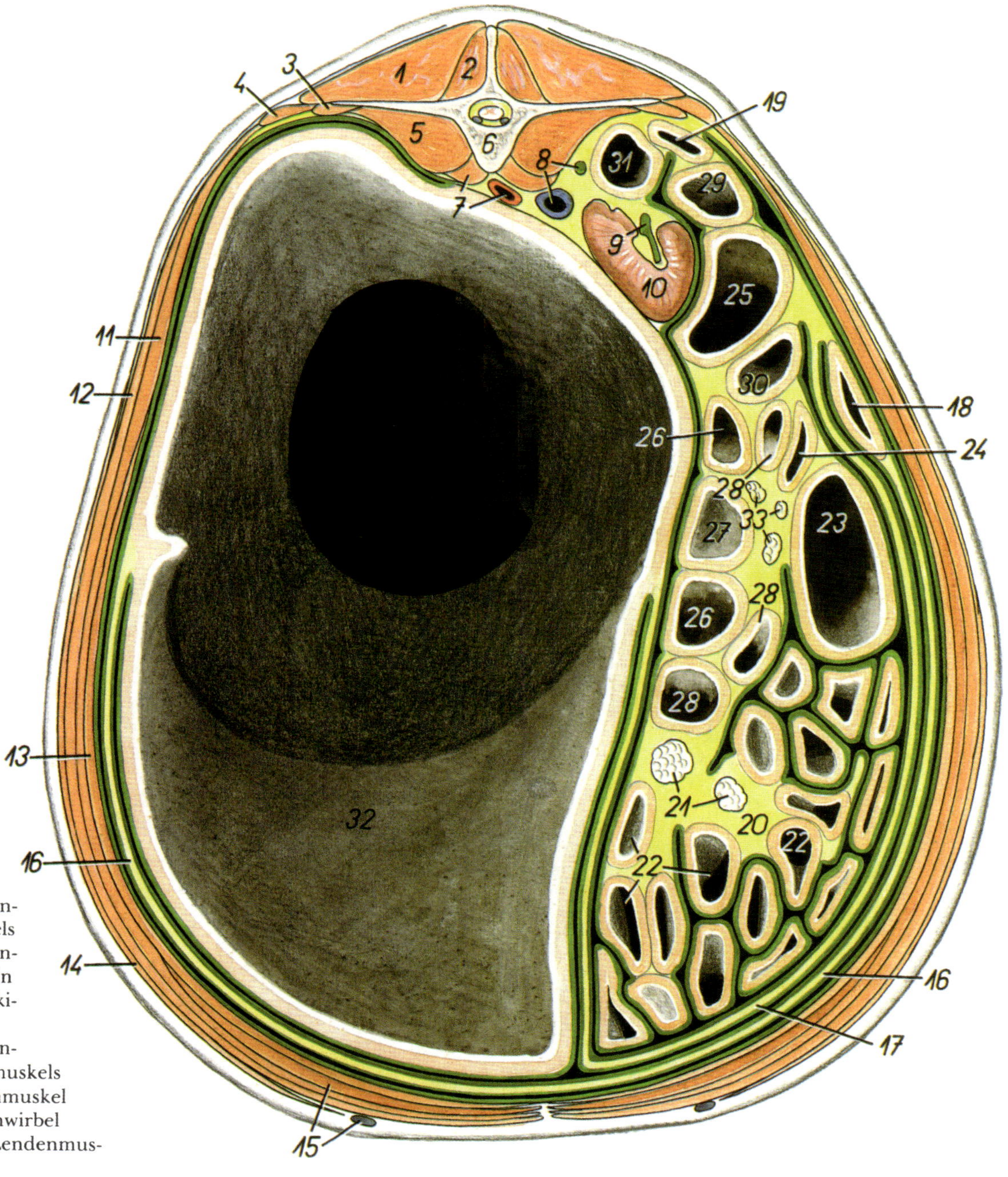

1. *M. longissimus lumborum* – Lendenportion des längsten Muskels
2. *Mm. multifidi lumborum* – Lendenportion der vielgeteilten Muskeln
3. *M. quadratus lumborum* – viereckiger Lendenmuskel
4. *M. iliocostalis lumborum* – Lendenportion des Darmbein-Rippenmuskels
5. *M. psoas major* – großer Lendenmuskel
6. *Vertebra lumbalis III* – 3. Lendenwirbel
7. *M. psoas minor, Aorta* – kleiner Lendenmuskel, große Körperschlagader
8. *V. cava caudalis, Ureter dexter* – kaudale Hohlvene, rechter Harnleiter
9. *Ureter sinister* – linker Harnleiter
10. *Ren sinister* – linke Niere
11. *M. obliquus internus abdominis* – innerer schiefer Bauchmuskel
12. *M. obliquus externus abdominis* – äußerer schiefer Bauchmuskel
13. *M. transversus abdominis* – querverlaufender Bauchmuskel
14. *M. cutaneus trunci* – Rumpfhautmuskel
15. *M. rectus abdominis, V. epigastrica cranialis superficialis* – gerader Bauchmuskel, oberflächliche kraniale Bauchdeckenvene
16. *Paries superficialis omenti majoris* – oberflächliches Blatt des großen Netzes
17. *Paries profundus omenti majoris* – tiefes Blatt des großen Netzes
18. *Pars descendens duodeni* – absteigender Teil des Zwölffingerdarms
19. *Pars ascendens duodeni* – aufsteigender Teil des Zwölffingerdarms
20. *Mesojejunum* – Gekröse des Leerdarms
21. *Lnn. jejunales* – Leerdarmlymphknoten
22. *Jejunum* – Leerdarm
23. *Cecum* – Blinddarm

24.–30. *Colon ascendens* – aufsteigender Grimmdarm

24., 25. *Ansa proximalis coli* – proximale Schleife des Grimmdarms

24. *Gyrus medius ansae proximalis* – mittlere Windung der proximalen Schleife
25. *Gyrus dorsalis ansae proximalis* – dorsale Windung der proximalen Schleife

26., 27., 28. *Ansa spiralis coli* – spiralförmige Windung des Grimmdarms

26. *Gyri centripetales* – zentripetale Windungen
27. *Flexura centralis* – zentrale Biegung
28. *Gyri centrifugales* – zentrifugale Windungen

29., 30. *Ansa distalis coli* (29. *Gyrus dorsalis*, 30. *Gyrus ventralis*) – distale Schleife des Grimmdarms (29. dorsale Windung, 30. ventrale Windung)

31. *Colon descendens* – absteigender Grimmdarm
32. *Rumen* – Pansen
33. *Lnn. colici* – Bauchhöhlenlymphknoten

Rind. Querschnitt durch die Bauchhöhle in Höhe des 6. Lendenwirbels, Ansicht von kaudal.

Abbildung 46

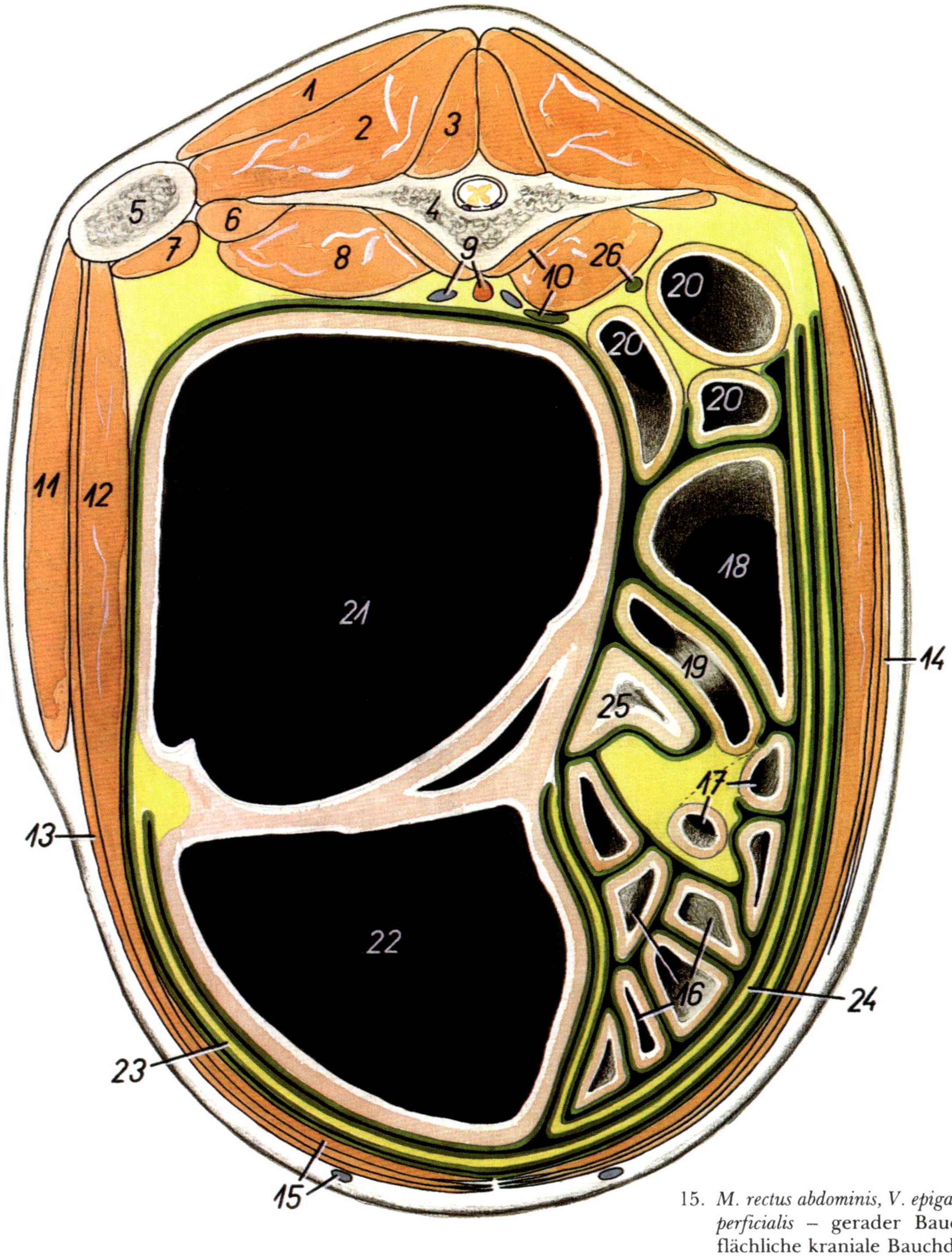

1. *M. gluteus medius* – mittlerer Kruppenmuskel
2. *M. longissimus lumborum* – Lendenportion des längsten Muskels
3. *Mm. multifidi lumborum* – Lendenportion der vielgeteilten Muskeln
4. *Vertebra lumbalis VI* – 6. Lendenwirbel
5. *Tuber coxae* – Hüfthöcker
6. *M. quadratus lumborum* – viereckiger Lendenmuskel

7., 8. *M. iliopsoas* – Darmbein-Lendenmuskel

7. *M. iliacus lateralis* – lateraler Darmbeinmuskel
8. *M. psoas major* – großer Lendenmuskel
9. *Aorta, V. iliaca communis sinistra* – große Körperschlagader, linke gemeinsame Darmbeinvene
10. *M. psoas minor, Ureter sinister* – kleiner Lendenmuskel, linker Harnleiter
11. *M. tensor fasciae latae* – Spanner der lateralen Oberschenkelfaszie
12. *M. obliquus internus abdominis* – innerer schiefer Bauchmuskel
13. *M. obliquus externus abdominis* – äußerer schiefer Bauchmuskel
14. *M. cutaneus trunci* – Rumpfhautmuskel
15. *M. rectus abdominis, V. epigastrica cranialis superficialis* – gerader Bauchmuskel, oberflächliche kraniale Bauchdeckenvene
16. *Jejunum* – Leerdarm
17. *Ileum* – Hüftdarm
18. *Cecum* – Blinddarm
19. *Gyrus centrifugalis ansae spiralis coli* – zentrifugale Windung der spiralförmigen Schleife des Grimmdarms
20. *Colon sigmoideum* – s-förmiger Grimmdarm
21. *Saccus ruminis dorsalis* – dorsaler Pansensack
22. *Saccus ruminis ventralis* – ventraler Pansensack
23. *Paries superficialis omenti majoris* – oberflächliches Blatt des großen Netzes
24. *Paries profundus omenti majoris* – tiefes Blatt des großen Netzes
25. *Cornu uteri* – Gebärmutterhorn
26. *Ureter dexter* – rechter Harnleiter

Rind. Vormagen- und Magenabteilungen, Ansicht von links. Bauchfell farbig eingezeichnet.

Abbildung 47

1. *Saccus ruminis dorsalis* – dorsaler Pansensack
2. *Saccus ruminis ventralis* – ventraler Pansensack
3. *Reticulum* – Netzmagen
4. *Esophagus* – Speiseröhre
5. Abomasum – Labmagen
6. *Sulcus longitudinalis sinister* – linke Längsfurche
7. *Sulcus caudalis ruminis* – kaudale Pansenfurche
8. *Sulcus ruminoreticularis* – Pansen-Netzmagenfurche
9. *Sulcus cranialis ruminis* – kraniale Pansenfurche
10. *Sulcus coronarius dorsalis* – dorsale Kranzfurche
11. *Sulcus coronarius ventralis* – ventrale Kranzfurche
12. *Atrium ruminis (Saccus ruminis cranialis)* – Pansenvorhof (kranialer Pansensack)
13. *Recessus ruminis* – Pansenausbuchtung
14. *Saccus cecus caudodorsalis* – kaudodorsaler Blindsack
15. *Saccus cecus caudoventralis* – kaudoventraler Blindsack

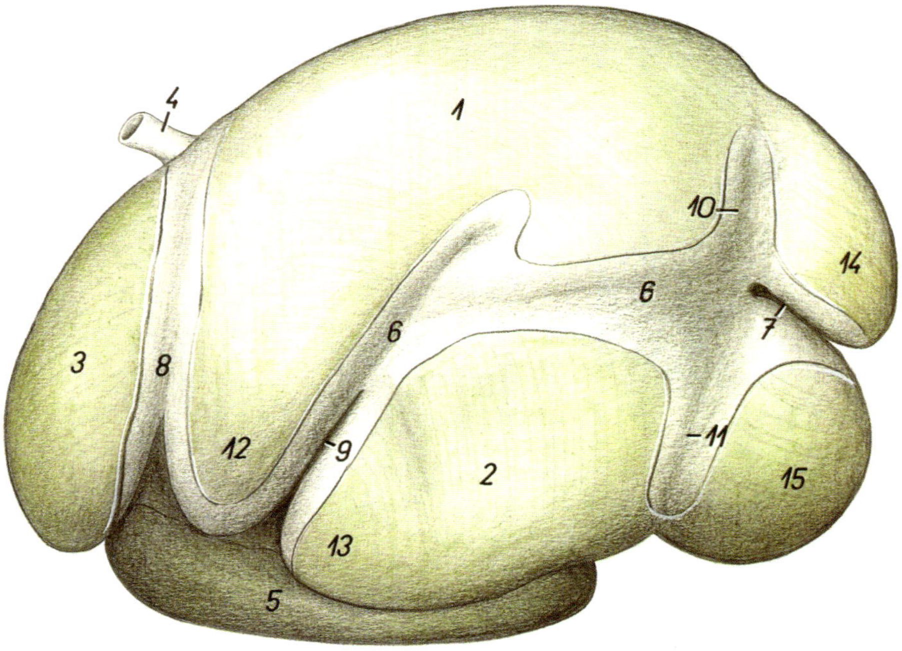

Rind. Vormagen- und Magenabteilungen, Ansicht von rechts. Bauchfell farbig eingezeichnet.

Abbildung 48

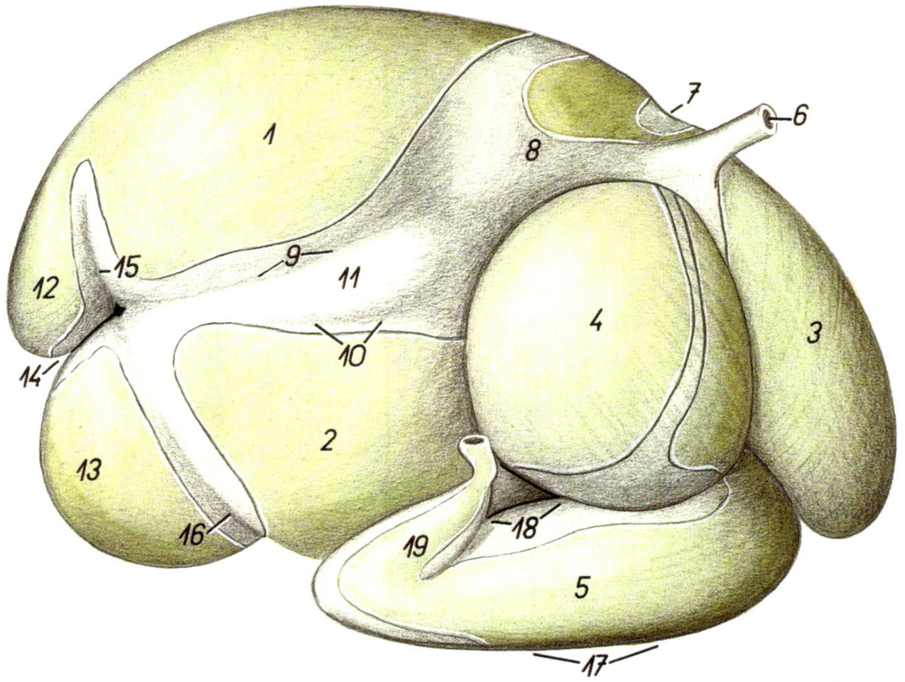

1. *Saccus ruminis dorsalis* – dorsaler Pansensack
2. *Saccus ruminis ventralis* – ventraler Pansensack
3. *Reticulum* – Netzmagen
4. *Omasum* – Blättermagen
5. *Abomasum* – Labmagen
6. *Esophagus* – Speiseröhre
7. *Sulcus ruminoreticularis* – Pansen-Netzmagenfurche
8. *Atrium ruminis (Saccus ruminis cranialis)* – Pansenvorhof (kranialer Pansensack)
9. *Sulcus accessorius dexter* – rechte Hilfsfurche
10. *Sulcus longitudinalis dexter* – rechte Längsfurche
11. *Insula ruminis* – Panseninsel
12. *Saccus cecus caudodorsalis* – kaudodorsaler Blindsack
13. *Saccus cecus caudoventralis* – kaudoventraler Blindsack
14. *Sulcus caudalis ruminis* – kaudale Pansenfurche
15. *Sulcus coronarius dorsalis* – dorsale Kranzfurche
16. *Sulcus coronarius ventralis* – ventrale Kranzfurche
17. *Curvatura major abomasi* – große Krümmung des Labmagens
18. *Curvatura minor abomasi* – kleine Krümmung des Labmagens
19. *Pars pylorica abomasi* – Pförtnerteil des Labmagens

Rind. Organe der Bauchhöhle, Ansicht von ventral, Bauchwand zurückgeklappt.

Abbildung 49

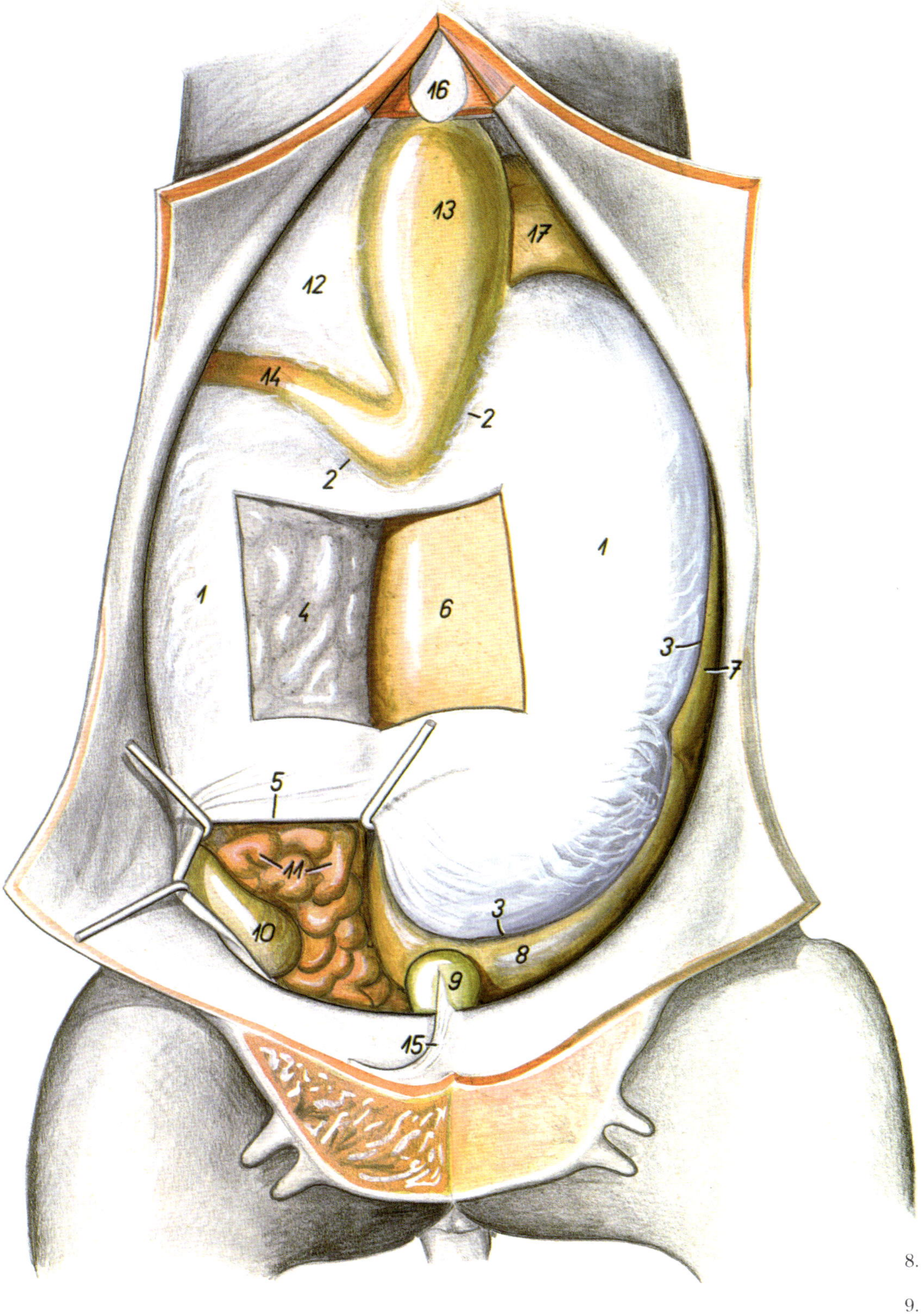

1. *Paries superficialis omenti majoris* – oberflächliches Blatt des großen Netzes
2. *Insertio abomasica laminae superficialis* – Ansatz des oberflächlichen Blattes am Labmagen
3. *Insertio ruminalis laminae superficialis* – Ansatz des oberflächlichen Blattes am Pansen
4. *Paries profundus omenti majoris* – tiefes Blatt des großen Netzes
5. *Margo caudalis omenti majoris* – kaudaler Rand des großen Netzes
6. Saccus ruminis ventralis – ventraler Pansensack
7. *Saccus ruminis dorsalis* – dorsaler Pansensack
8. *Saccus cecus caudodorsalis* – kaudodorsaler Blindsack
9. *Vesica urinaria* – Harnblase
10. *Cecum* – Blinddarm
11. *Jejunum* – Leerdarm
12. *Omentum minus* – kleines Netz
13. *Abomasum* – Labmagen
14. *Pars cranialis duodeni* – kranialer Teil des Zwölffingerdarms
15. *Lig. vesicae medianum* – medianes Harnblasenband
16. *Cartilago xiphoidea* – Schaufelknorpel
17. *Atrium ruminis (Saccus ruminis cranialis)* – Pansenvorhof (kranialer Pansensack)

Rind. Präparation des dorsalen Bereiches der Bauchhöhle.

Abbildung 50

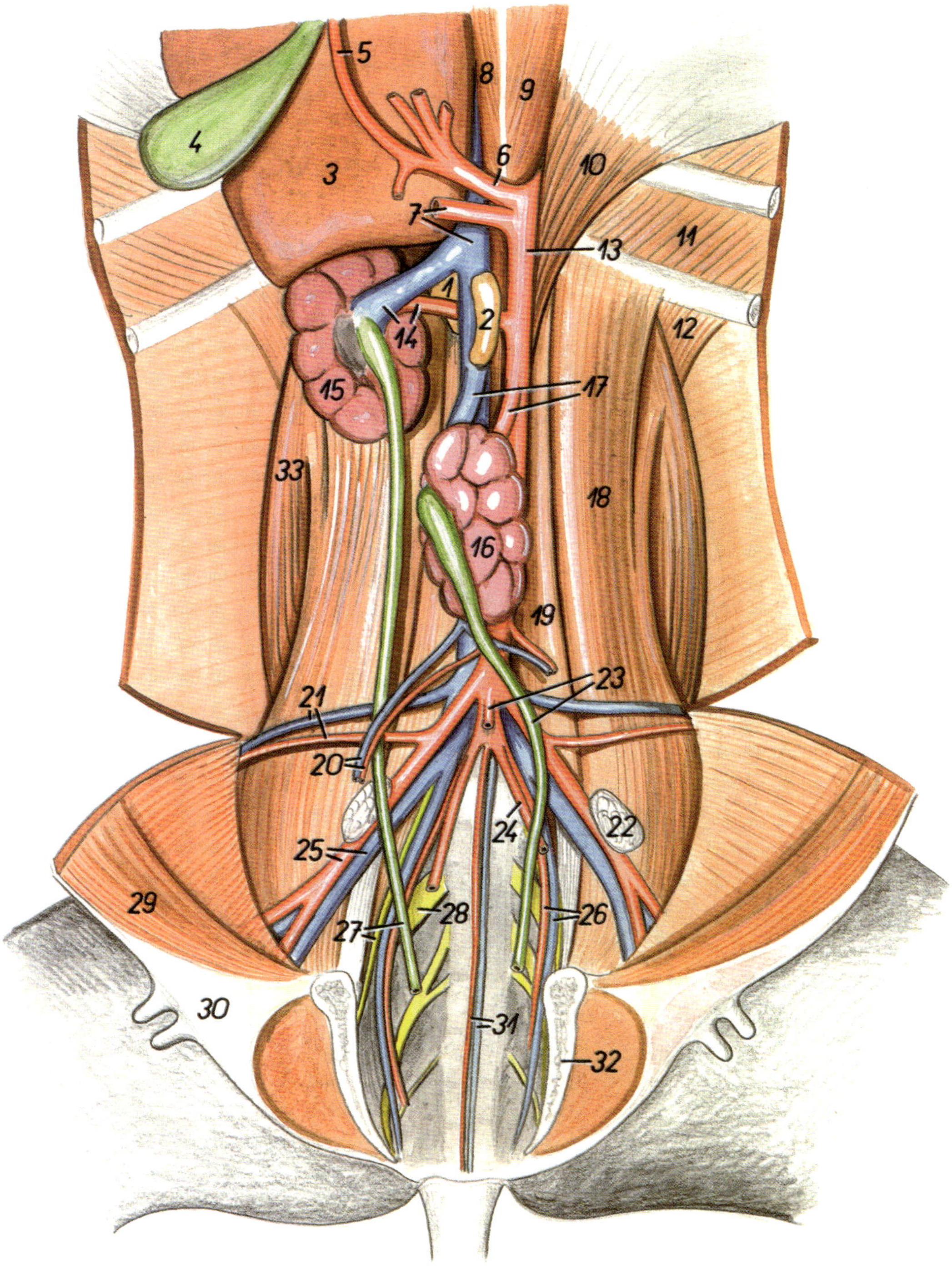

1. *Glandula adrenalis dextra* – rechte Nebenniere
2. *Glandula adrenalis sinistra* – linke Nebenniere
3. *Hepar* – Leber
4. *Vesica fellea* – Gallenblase
5. *A. hepatica* – Leberarterie
6. *A. celiaca* – Bauchhöhlenarterie
7. *A. mesenterica cranialis, V. cava caudalis* – kraniale Gekröseaterie, kaudale Hohlvene
8. *Crus dextrum diaphragmatis* – rechter Zwerchfellpfeiler
9. *Crus dextrum diaphragmatis* – rechter Zwerchfellpfeiler
10. *Crus sinistrum diaphragmatis* – linker Zwerchfellpfeiler
11. *Mm. intercostales interni* – innere Zwischenrippenmuskeln
12. *M. retractor costae* – Rückzieher der Rippen
13. *Aorta* – große Körperschlagader
14. *A. et V. renalis dextra* – rechte Nierenarterie und -vene
15. *Ren dexter* – rechte Niere
16. *Ren sinister* – linke Niere
17. *A. et V. renalis sinistra* – linke Nierenarterie und -vene
18. *M. psoas major* – großer Lendenmuskel
19. *M. psoas minor* – kleiner Lendenmuskel
20. *A. et V. ovarica* – Eierstocksarterie und -vene
21. *A. et V. circumflexa ilium profunda* – tiefe Darmbeinkranzarterie und -vene
22. *Ln. iliacus medialis* – medialer Darmbeinlymphknoten
23. *A. mesenterica caudalis, Ureter sinister* – kaudale Gekröseaterie, linker Harnleiter
24. *A. umbilicalis sinistra* – linke Nabelarterie
25. *A. et V. iliaca externa* – äußere Darmbeinarterie und -vene
26. *A. et V. iliaca interna* – innere Darmbeinarterie udn -vene
27. *Ureter dexter, N. obturatorius* – rechter Harnleiter, Verstopfernerv
28. *N. ischiadicus* – Sitzbeinnerv
29. *M. rectus abdominis* – gerader Bauchmuskel
30. *Uber* – Euter
31. *A. et V. sacralis mediana* – mediane Kreuzbeinarterie und -vene
32. *Symphysis pelvina* – Beckenfuge
33. *M. quadratus lumborum* – viereckiger Lendenmuskel

Abbildung 51

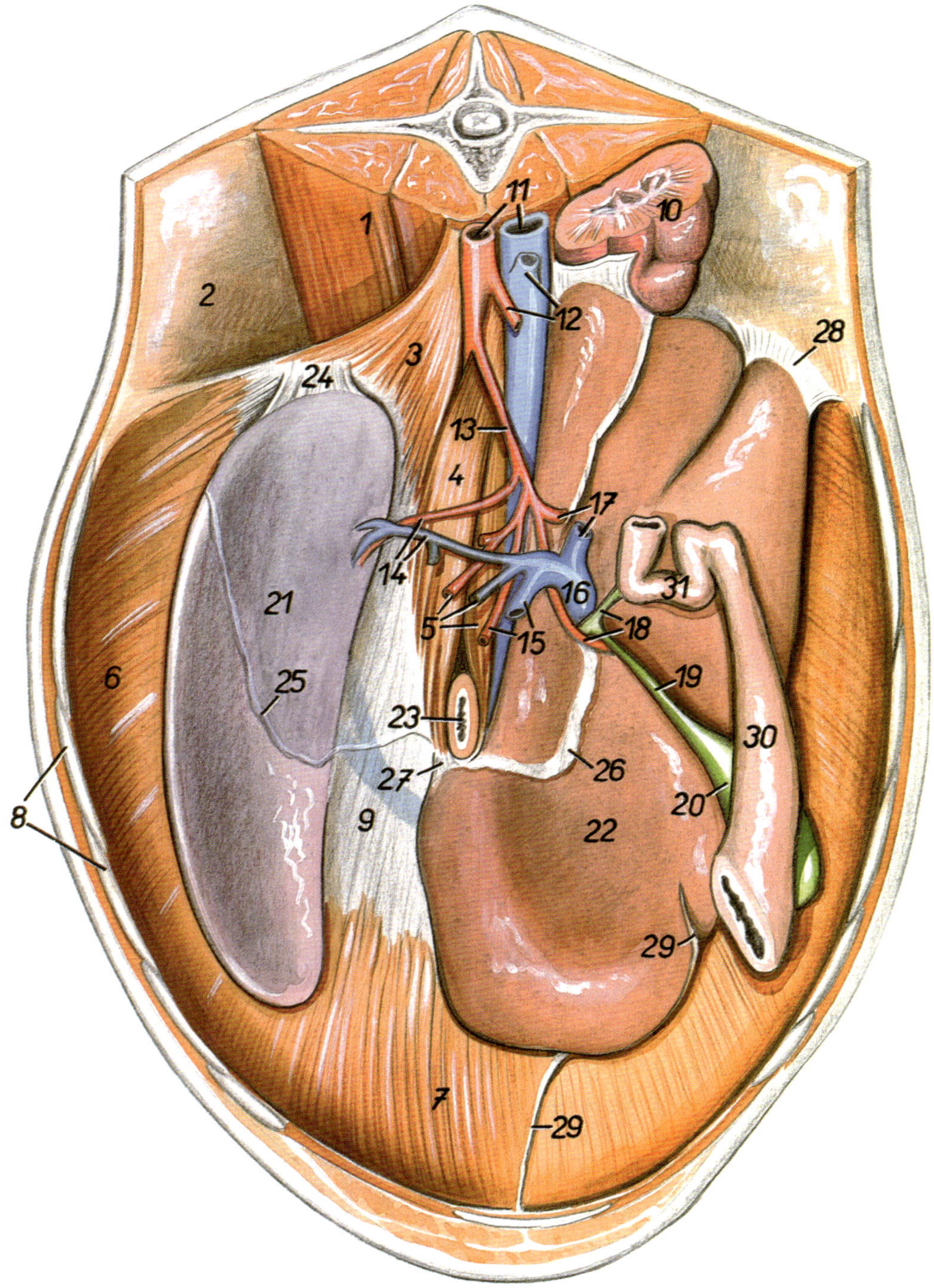

1. *M. psoas major* – großer Lendenmuskel
2. *Paries abdominis* – Bauchwand
3. *Crus sinistrum diaphragmatis* – linker Zwerchfellpfeiler
4., 5. *Crus dextrum diaphragmatis, A. et V. ruminalis dextra* – rechter Zwerchfellpfeiler, rechte Pansenarterie und -vene
6. *Pars costalis diaphragmatis* – Rippenteil des Zwerchfells
7. *Pars sternalis diaphragmatis* – Brustbeinteil des Zwerchfells
8. *Arcus costalis* – Rippenbogen
9. *Centrum tendineum diaphragmatis* – Sehenspiegel des Zwerchfells
10. *Ren dexter* – rechte Niere
11. *Aorta, V. cava caudalis* – große Körperschlagader, kaudale Hohlvene
12. *A. mesenterica cranialis, V. renalis dextra* – kraniale Gekrösearterie, rechte Nierenvene
13. *A. celiaca* – Bauchhöhlenarterie
14. *A. et V. lienalis* – Milzarterie und -vene
15. *A. et V. gastrica sinistra* – linke Magenarterie und -vene
16. *V. portae* – Pfortader
17. *A. gastroduodenalis, V. mesenterica* – Magen-Zwölffingerdarmarterie, Gekrösevene
18. *A. hepatica, Ductus choledochus* – Leberarterie, gemeinsamer Ausführungsgang von Leber und Gallenblase
19. *Ductus cysticus* – Gallenblasenausführungsgang
20. *Vesica fellea* – Gallenblase
21. *Lien* – Milz
22. *Hepar* – Leber
23. *Esophagus* – Speiseröhre
24. *Lig. phrenicolienale* – Zwerchfell-Milzband
25. *Margo peritonei (Linea insertionis ruminis)* – Bauchfellrand (Ansatzlinie am Pansen)
26. *Omentum minus (Lig. hepatogastricum)* – kleines Netz (Leber-Magenband)
27. *Lig. triangulare sinistrum* – linkes dreieckiges Band
28. *Lig. triangulare dextrum* – rechtes dreieckiges Band
29. *Lig. teres hepatis* – rundes Leberband
30., 31. *Pars cranialis duodeni* – kranialer Teil des Zwölffingerdarms
31. *Ansa sigmoidea* – s-förmige Schleife

Rind. Kaudaler Abschnitt der Bauchhöhle, Ansicht von kranial.

Abbildung 52

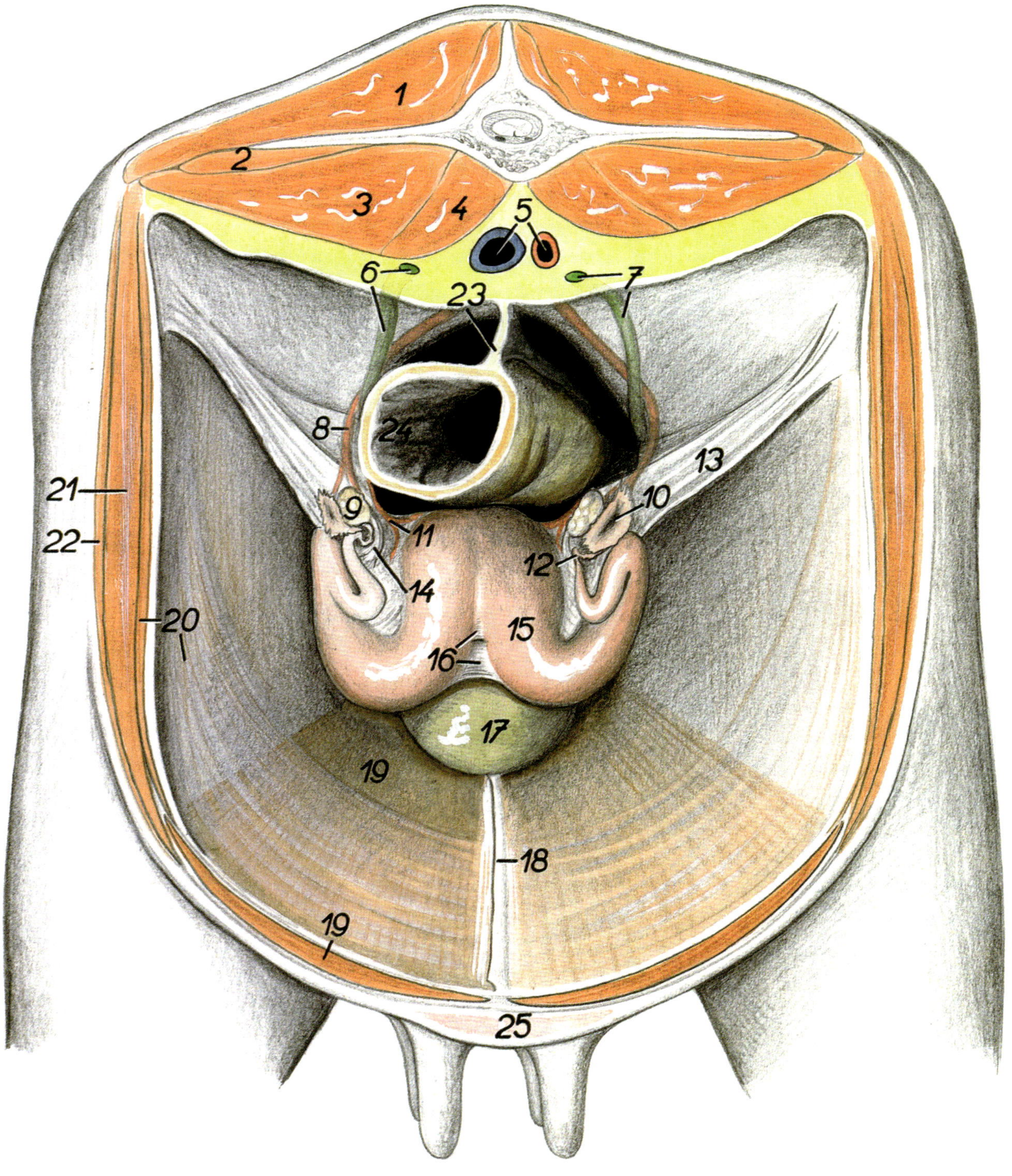

1. *M. longissimus lumborum* – Lendenportion des längsten Muskels
2. *M. quadratus lumborum* – viereckiger Lendenmuskel
3. *M. psoas major* – großer Lendenmuskel
4. *M. psoas minor* – kleiner Lendenmuskel
5. *Aorta, V. cava caudalis* – große Körperschlagader, kaudale Hohlvene
6. *Ureter dexter* – rechter Harnleiter
7. *Ureter sinister* – linker Harnleiter
8. *A. ovarica* – Eierstocksarterie
9. *Ovarium* – Eierstock
10. *Infundibulum tubae uterinae* – Eileitertrichter
11. *A. uterina* – Gebärmutterarterie
12. *Tuba uterina* – Eileiter
13. *Lig. latum uteri* – breites Gebärmutterband
14. *Lig. ovarii proprium* – besonderes Eierstocksband
15. *Cornu uteri* – Gebärmutterhorn
16. *Lig. intercornuale* – Band zwischen den Gebärmutterhörnern
17. *Vesica urinaria* – Harnblase
18. *Lig. vesicae medianum* – medianes Harnblasenband
19. *M. rectus abdominis* – gerader Bauchmuskel
20. *M. transversus abdominis* – querverlaufender Bauchmuskel
21. *M. obliquus internus abdominis* – innerer schiefer Bauchmuskel
22. *M. obliquus externus abdominis* – äußerer schiefer Bauchmuskel
23. *Mesorectum* – Mastdarmgekröse
24. *Rectum* – Mastdarm
25. *Uber* – Euter

Rind. Leber, Wandfläche, Ansicht von rechts.

Abbildung 53

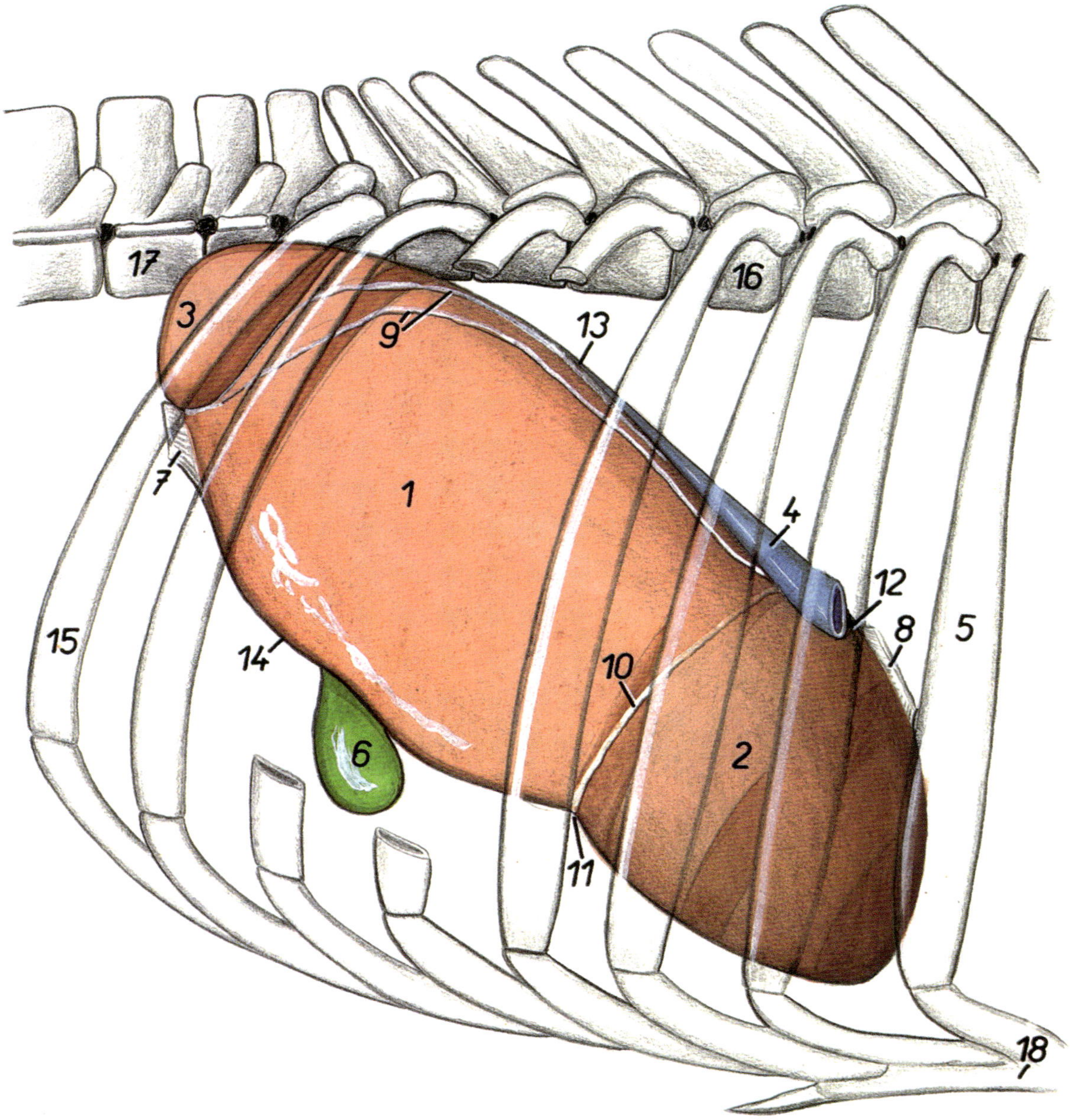

1. *Lobus dexter* – rechter Lappen
2. *Lobus sinister* – linker Lappen
3. *Processus caudatus* – Schwanzfortsatz
4. *V. cava caudalis* – kaudale Hohlvene
5. *Costa VI* – 6. Rippe
6. *Vesica fellea* – Gallenblase
7. *Lig. triangulare dextrum* – rechtes dreieckiges Band
8. *Lig. triangulare sinistrum* – linkes dreieckiges Band
9. *Lig. coronarium* – Kranzband
10. *Lig. falciforme* – sichelförmiges Band
11. *Fissura lig. teretis* – Einschnitt des runden Bandes
12. *Impressio esophagea* – Eindruck der Speiseröhre
13. *Margo dorsalis* – dorsaler Rand
14. *Margo ventralis* – ventraler Rand
15. *Costa XIII* – 13. Rippe
16. *Vertebra thoracica IX* – 9. Brustwirbel
17. *Vertebra lumbalis II* – 2. Lendenwirbel
18. *Sternum* – Brustbein

Rind. Leber, Ansicht der Eingeweidefläche.

Abbildung 54

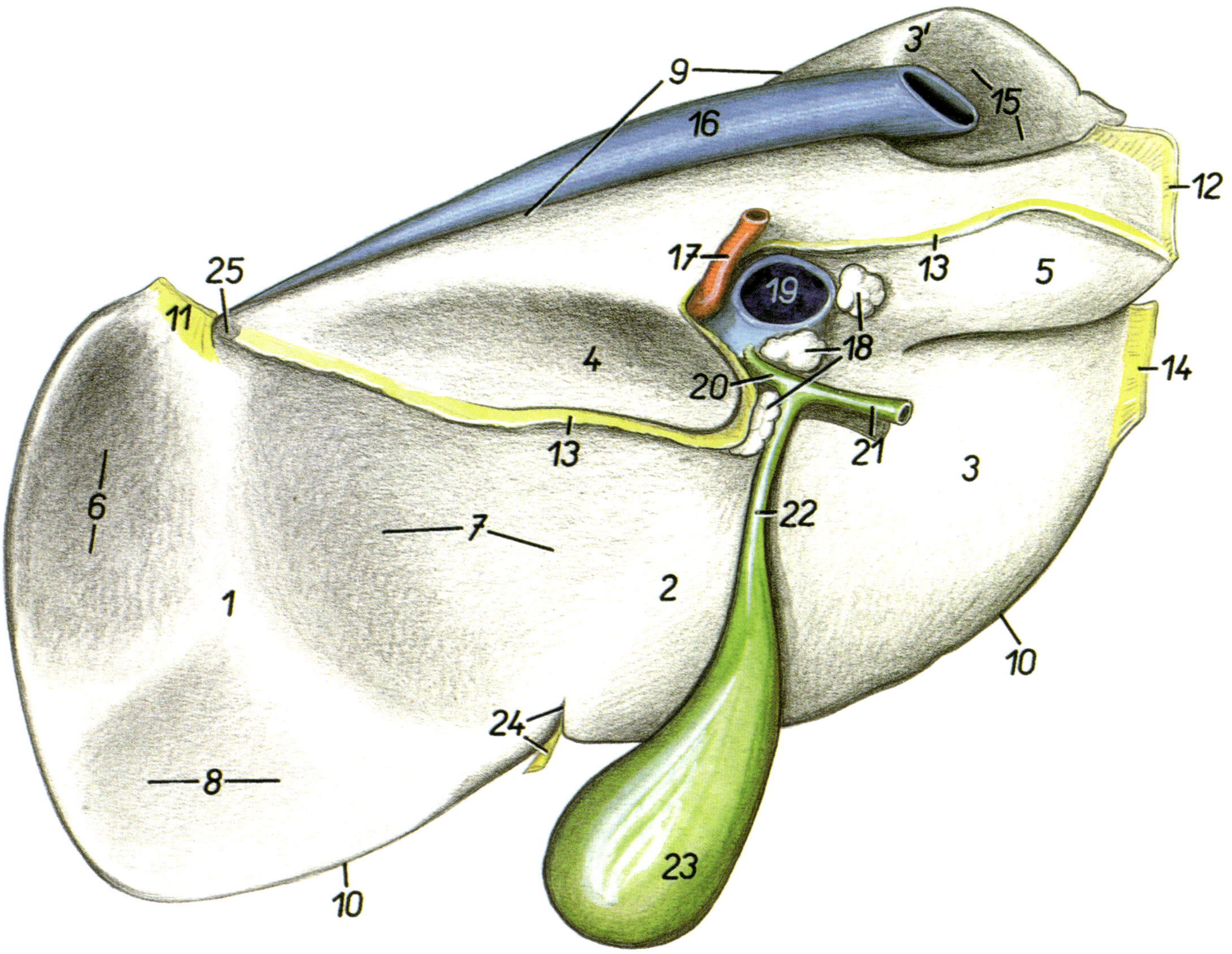

1. *Lobus hepatis sinister* – linker Leberlappen
2. *Lobus quadratus* – viereckiger Lappen
3., 3'. *Lobus hepatis dexter* – rechter Leberlappen
4., 5. *Lobus caudatus* – schwanzförmiger Lappen
4. *Processus papillaris* – Papillarfortsatz
5. *Processus caudatus* – Schwanzfortsatz
6. *Impressio reticularis* – Eindruck der Haube
7. *Impressio omasica* – Eindruck des Blättermagens
8. *Impressio abomasica* – Eindruck des Labmagens
9. *Margo dorsalis* – dorsaler Rand
10. *Margo ventralis* – ventraler Rand
11. *Lig. triangulare sinistrum* – linkes dreieckiges Band
12. *Lig. hepatorenale* – Leber-Nierenband
13. *Omentum minus (Lig. hepatogastricum et hepatoduodenale)* – kleines Netz (Leber-Magenband und Leber-Zwölffingerdarmband)
14. *Lig. triangulare dextrum* – rechtes dreieckiges Band
15. *Impressio renalis* – Eindruck der Niere
16. *V. cava caudalis* – kaudale Hohlvene
17. *A. hepatica* – Leberarterie
18. *Lnn. hepatici* – Leberlymphknoten
19. *V. portae* – Pfortader
20. *Ductus hepaticus* – Leberausführungsgang
21. *Ductus choledochus* – gemeinsamer Ausführungsgang von Leber und Gallenblase
22. *Ductus cysticus* – Gallenblasenausführungsgang
23. *Vesica fellea* – Gallenblase
24. *Fissura lig. teretis, Lig. teres hepatis* – Einschnitt des runden Bandes, rundes Leberband
25. *Impressio esophagea* – Eindruck der Speiseröhre

Rind. Lage der Nieren, Ansicht von rechts.

Abbildung 55

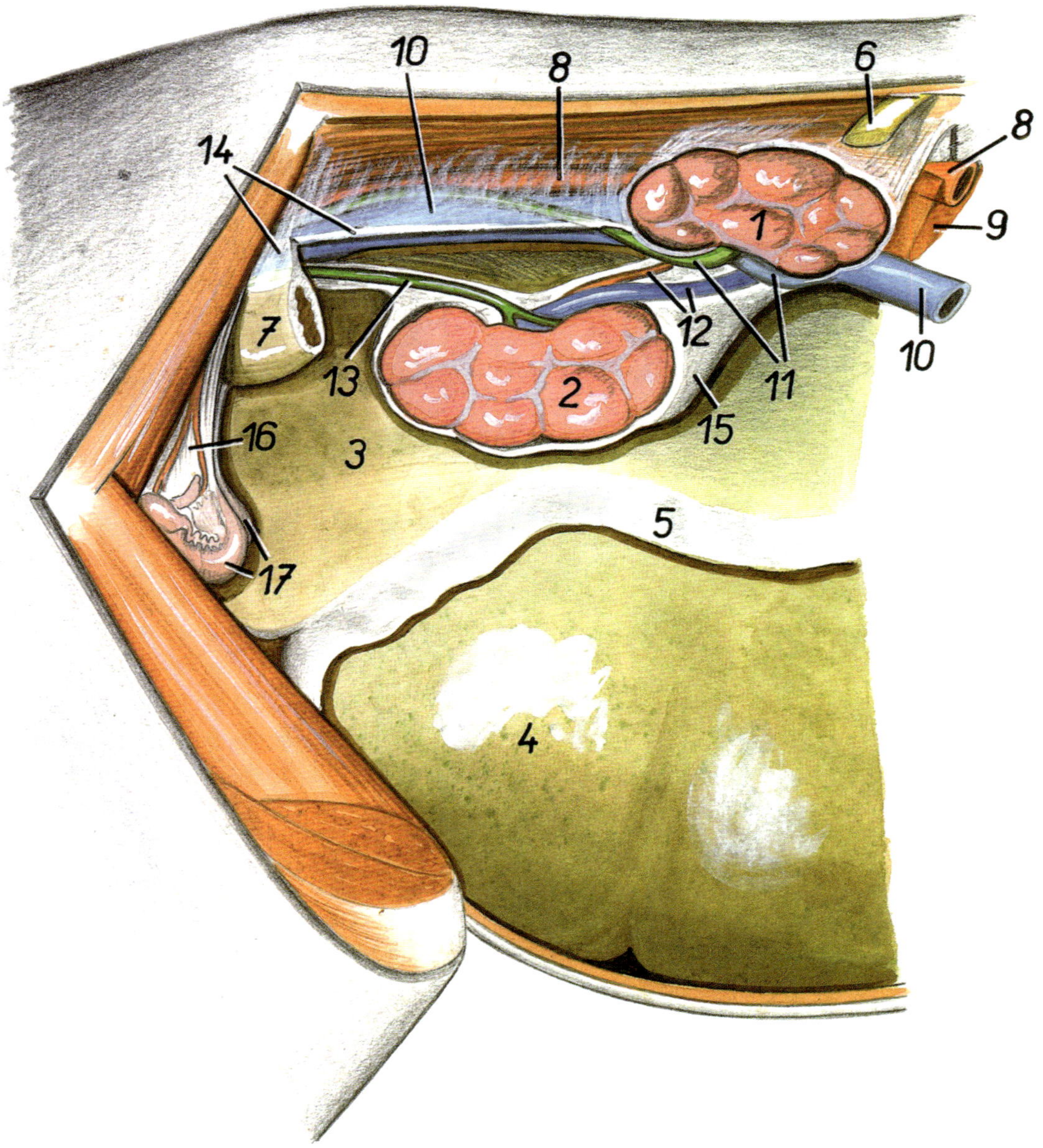

1. *Ren dexter* – rechte Niere
2. *Ren sinister* – linke Niere
3. *Saccus cecus caudodorsalis ruminis* – kaudodorsaler Pansenblindsack
4. *Saccus cecus caudoventralis ruminis* – kaudoventraler Pansenblindsack
5. *Paries profundus omenti majoris* – tiefes Blatt des großen Netzes
6. *Costa XIII* – 13. Rippe
7. *Colon descendens* – absteigender Grimmdarm
8. *Aorta* – große Körperschlagader
9. *Crus dextrum et sinistrum diaphragmatis* – rechter und linker Zwerchfellpfeiler
10. *V. cava caudalis* – kaudale Hohlvene
11. *Ureter dexter, V. renalis dextra* – rechter Harnleiter, rechte Nierenvene
12. *A. et V. renalis sinistra* – linke Nierenarterie und -vene
13. *Ureter sinister* – linker Harnleiter
14. *Mesocolon* – Grimmdarmgekröse
15. *Capsula adiposa renis* – Fettkapsel der Niere
16. *Lig. latum uteri (Mesometrium et Mesovarium)* – breites Gebärmutterband (Gebärmutter- und Eierstockgekröse)
17. *Cornua uteri* – Gebärmutterhörner

Rind. Nieren und Nebennieren, Ansicht der ventralen Fläche.

Abbildung 56

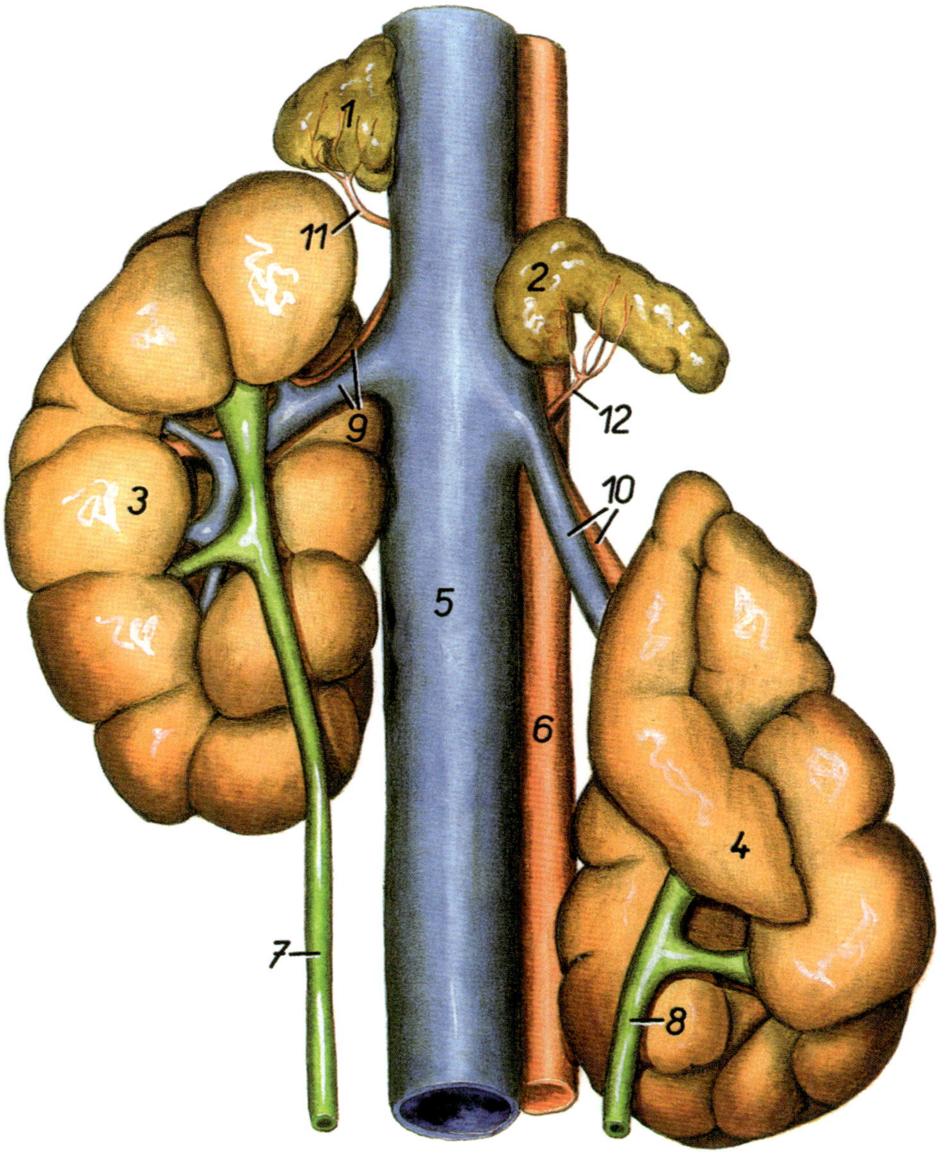

1. *Glandula adrenalis dextra* – rechte Nebenniere
2. *Glandula adrenalis sinistra* – linke Nebenniere
3. *Ren dexter* – rechte Niere
4. *Ren sinister* – linke Niere
5. *V. cava caudalis* – kaudale Hohlvene
6. *Aorta* – große Körperschlagader
7. *Ureter dexter* – rechter Harnleiter
8. *Ureter sinister* – linker Harnleiter
9. *A. et V. renalis dextra* – rechte Nierenarterie und -vene
10. *A. et V. renalis sinistra* – linke Nierenarterie und -vene
11. *Ramus adrenalis caudalis a. renalis dextrae* – kaudaler Nebennierenast der rechten Nierenarterie
12. *Ramus adrenalis caudalis a. renalis sinistrae* – kaudaler Nebennierenast der linken Nierenarterie

Rind. Darmtrakt, Ansicht von rechts. Teilweise schematisiert.

Abbildung 57

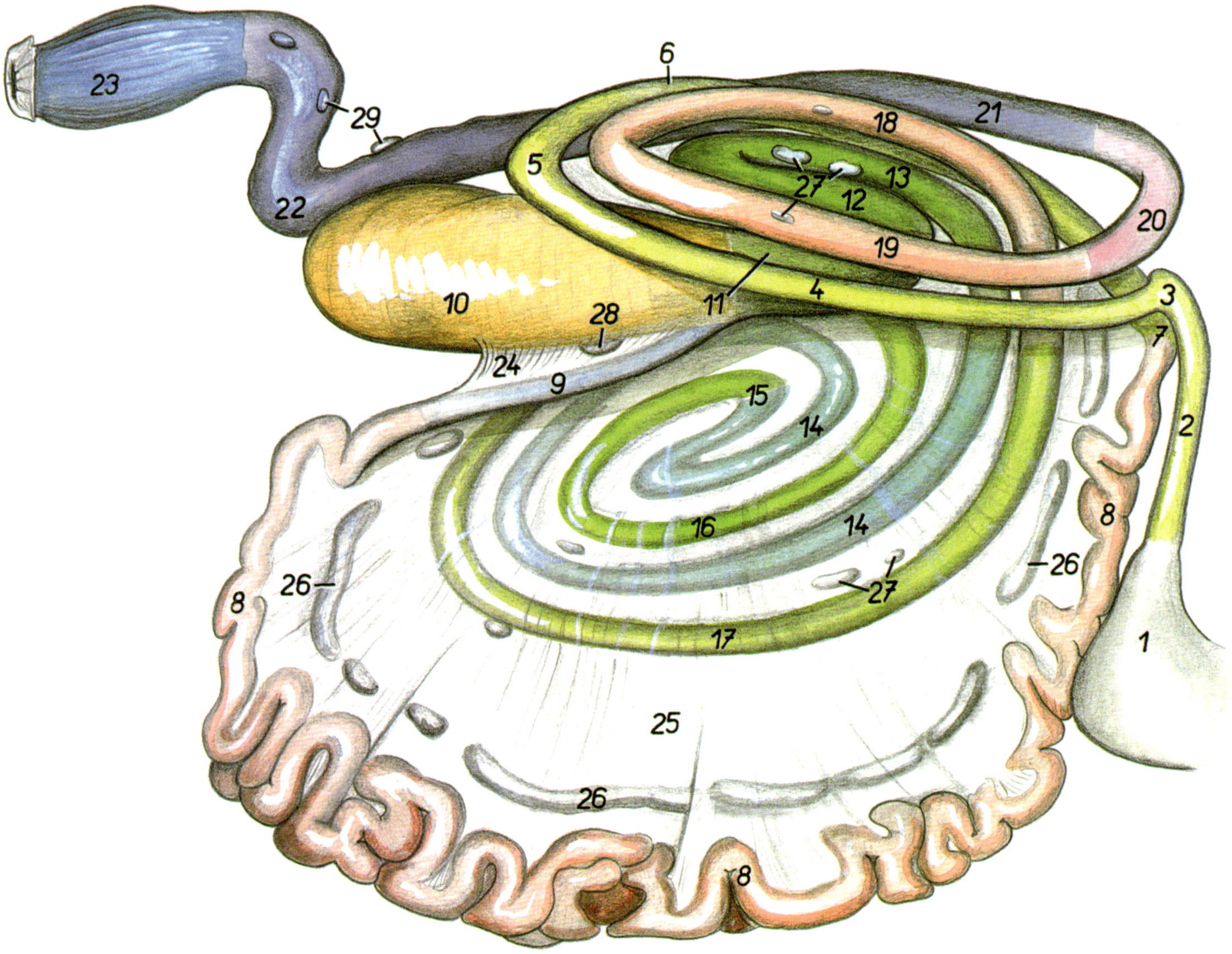

1. *Abomasum* – Labmagen
2.–6. *Duodenum* – Zwölffingerdarm
2. *Pars cranialis duodeni* – kranialer Teil des Zwölffingerdarms
3. *Flexura duodeni cranialis (Ansa sigmoidea)* – kraniale Biegung des Zwölffingerdarms (s-förmige Schleife)
4. *Pars descendens duodeni* – absteigender Teil des Zwölffingerdarms
5. *Flexura duodeni caudalis* – kaudale Biegung des Zwölffingerdarms
6. *Pars ascendens duodeni* – aufsteigender Teil des Zwölffingerdarms
7. *Flexura duodenojejunalis* – Zwölffingerdarm-Leerbarmbiegung
8. *Jejunum* – Leerdarm
9. *Ileum* – Hüftdarm
10. *Cecum* – Blinddarm
11.–19. *Colon ascendens* – aufsteigender Grimmdarm
11., 12., 13. *Ansa proximalis coli* – proximale Schleife des Grimmdarms
11. *Gyrus ventralis ansae proximalis* – ventrale Windung der proximalen Schleife
12. *Gyrus medius ansae proximalis* – mediale Windung der proximalen Schleife
13. *Gyrus dorsalis ansae proximalis* – dorsale Windung der proximalen Schleife
14.–17. *Ansa spiralis coli* – spiralförmigen Schleife des Grimmdarms
14. *Gyri centripetales* – zentripetale Windungen
15. *Flexura centralis* – zentrale Biegung
16., 17. *Gyri centrifugales* – zentrifugale Windungen
17. *Gyrus centrifugalis ultimus* – letzte zentrifugale Windungen
18., 19. *Ansa distalis coli* – distale Schleife des Grimmdarms
18. *Gyrus dorsalis ansae distalis* – dorsale Windung der distalen Schleife
19. *Gyrus ventralis ansae distalis* – ventrale Windung der distalen Schleife
20. *Colon transversum* – querverlaufender Grimmdarm
21., 22. *Colon descendens* – absteigender Grimmdarm
21. *Colon descendens* – absteigender Grimmdarm
22. *Colon sigmoideum* – s-förmiger Grimmdarm
23. *Rectum* – Mastdarm
24. *Plica ileocecalis* – Hüftdarm-Blinddarmfalte
25. *Mesojejunum* – Leerdarmgekröse
26. *Lnn. jejunales* – Leerdarmlymphknoten
27. *Lnn. colici* – Grimmdarmlymphknoten
28. *Ln. cecalis* – Blinddarmlymphknoten
29. *Lnn. mesenterici caudales* – kaudale Gekröselymphknoten

Rind. Innere Organe, Ansicht von rechts. Achter Trächtigkeitsmonat. Bauchwand sowie ein Teil des Zwerchfells sind entfernt.

Abbildung 58

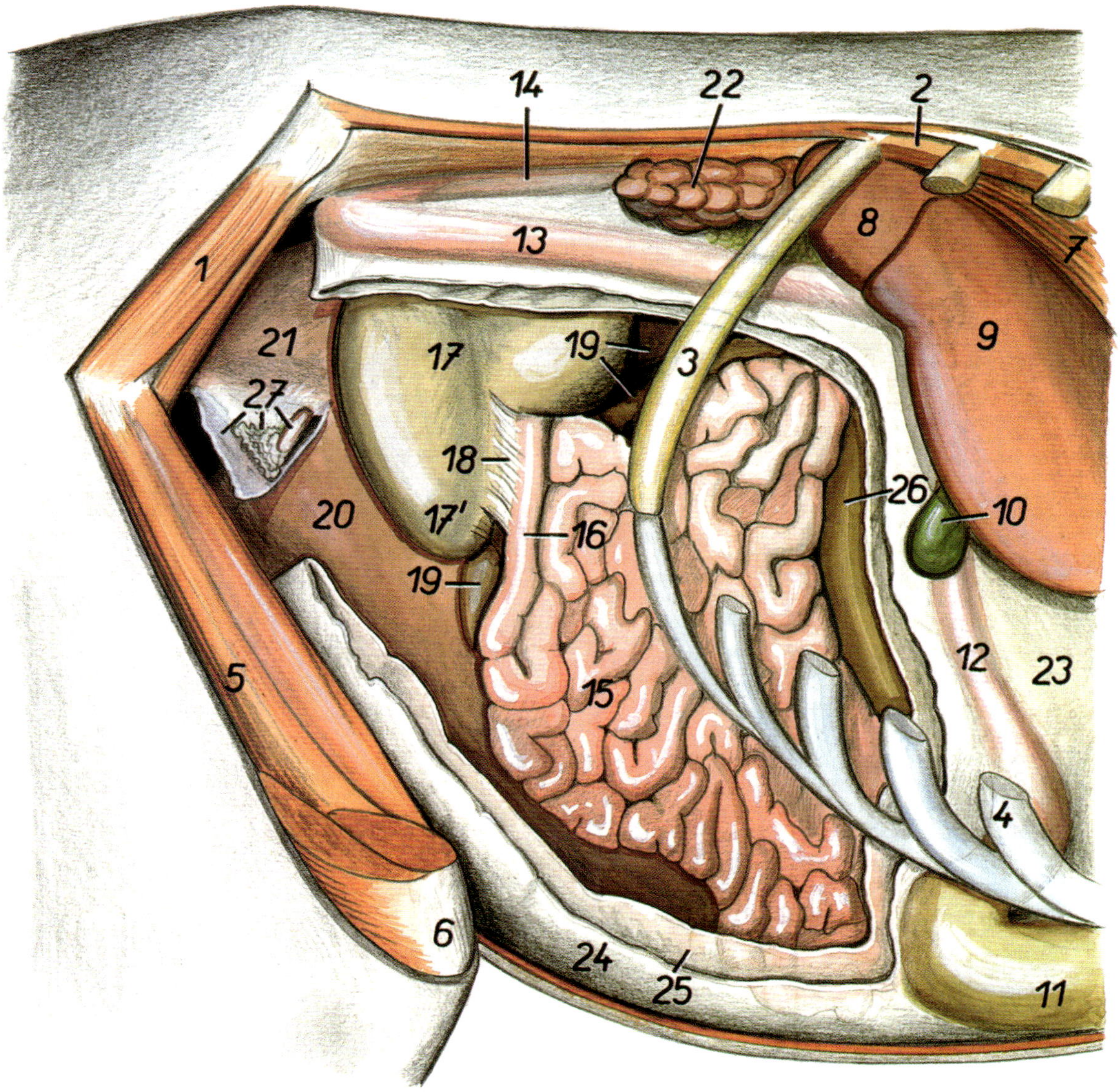

1. *M. gluteus medius* – mittlerer Kruppenmuskel
2. *Mm. intercostales* – Zwischenrippenmuskeln
3. *Costa XIII* – 13. Rippe
4. *Cartilago costalis IX* – 9. Rippenknorpel
5. *M. vastus inermedius* – mittlerer Oberschenkelmuskel
6. *Patella* – Kniescheibe
7. *Crus dextrum diaphragmatis* – rechter Zwerchfellpfeiler
8. *Processus caudatus hepatis* – Schwanzfortsatz der Leber
9. *Lobus hepatis dexter* – rechter Leberlappen
10. *Vesica fellea* – Gallenblase
11. *Abomasum* – Labmagen
12. *Pars cranialis duodeni* – kranialer Teil des Zwölffingerdarms
13. *Pars descendens duodeni* – absteigender Teil des Zwölffingerdarms
14. *Pars ascendens duodeni* – aufsteigender Teil des Zwölffingerdarms
15. *Jejunum* – Leerdarm
16. *Ileum* – Hüftdarm
17. *Cecum* – Blinddarm

17'. *Apex ceci* – Blinddarmspitze

18. *Plica ileocecalis* – Hüftdarm-Blinddarmfalte
19. *Colon* – Grimmdarm

20., 21. *Uterus gravis* (20. *Cornu*, 21. *Corpus*) – trächtige Gebärmutter (20. Horn, 21. Körper)

22. *Ren dexter* – rechte Niere
23. *Omentum minus* – kleines Netz
24. *Paries superficialis omenti majoris* – oberflächliches Blatt des großen Netzes
25. *Paries profundus omenti majoris* – tiefes Blatt des großen Netzes
26. *Omasum* – Blättermagen
27. *Lig. latum uteri, Ovarium, Tuba uterina* – breites Gebärmutterband, Eierstock, Eileiter

Rind. Lage der Gebärmutter im 8. Trächtigkeitsmonat. Darm und Gekröse entfernt. Umrisse der Frucht in der Gebärmutter sind eingezeichnet. Nach einem fixierten Präparat.

Abbildung 59

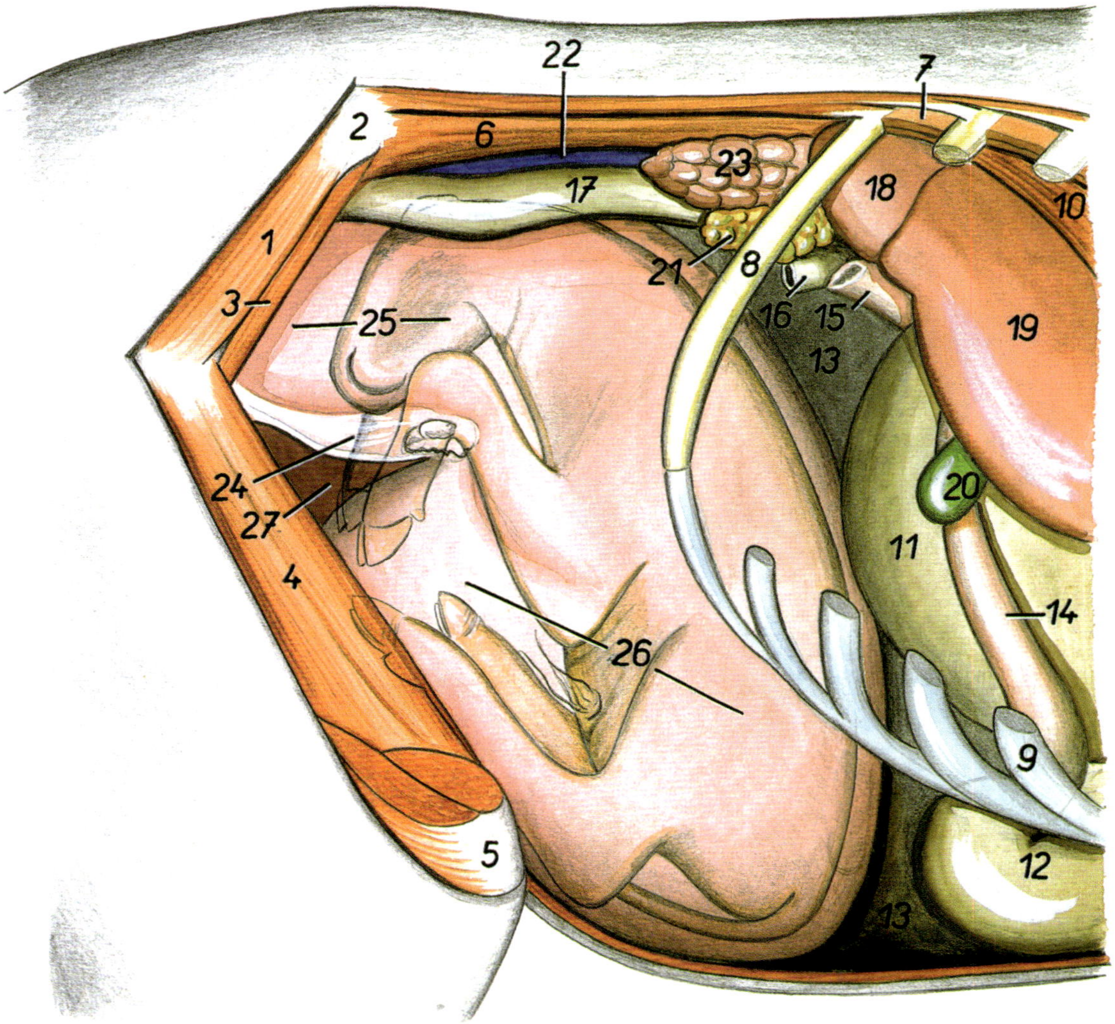

1. *M. gluteus medius* – mittlerer Kruppenmuskel
2. *Tuber coxae* – Hüfthöcker
3. *M. iliacus (Pars lateralis)* – Darmbeinmuskel (lateraler Teil)
4. *M. vastus intermedius* – mittlerer Oberschenkelmuskel
5. *Patella* – Kniescheibe
6. *M. psoas major* – großer Lendenmuskel
7. *Mm. intercostales* – Zwischenrippenmuskeln
8. *Costa XIII* – 13. Rippe
9. *Cartilago costalis IX* – 9. Rippenknorpel
10. *Crus dextrum diaphragmatis* – rechter Pfeiler des Zwerchfells
11. *Omasum* – Blättermagen
12. *Abomasum* – Labmagen
13. *Rumen* – Pansen
14. *Pars cranialis duodeni* – kranialer Teil des Zwölffingerdarms
15. *Pars descendens duodeni* – absteigender Teil des Zwölffingerdarms
16. *Colon transversum* – querverlaufender Grimmdarm
17. *Colon descendens* – absteigender Grimmdarm
18. *Processus caudatus hepatis* – Schwanzfortsatz der Leber
19. *Lobus hepatis dexter* – rechter Leberlappen
20. *Vesica fellea* – Gallenblase
21. *Pancreas* – Bauchspeicheldrüse
22. *V. cava caudalis* – kaudale Hohlvene
23. *Ren dexter* – rechte Niere
24. *Lig. latum uteri* – breites Gebärmutterband

25., 26., 27. *Uterus gravis* (25. *Corpus*, 26. *Cornu dextrum*, 27. *Cornu sinistrum*) – trächtige Gebärmutter (25. Körper, 26. rechtes Horn, 27. linkes Horn)

Rind. Innere Organe im 8. Trächtigkeitsmonat, Ansicht von links. Bauchwand und ein Teil des Zwerchfells sind entfernt. Umrisse der Frucht sind eingezeichnet.

Abbildung 60

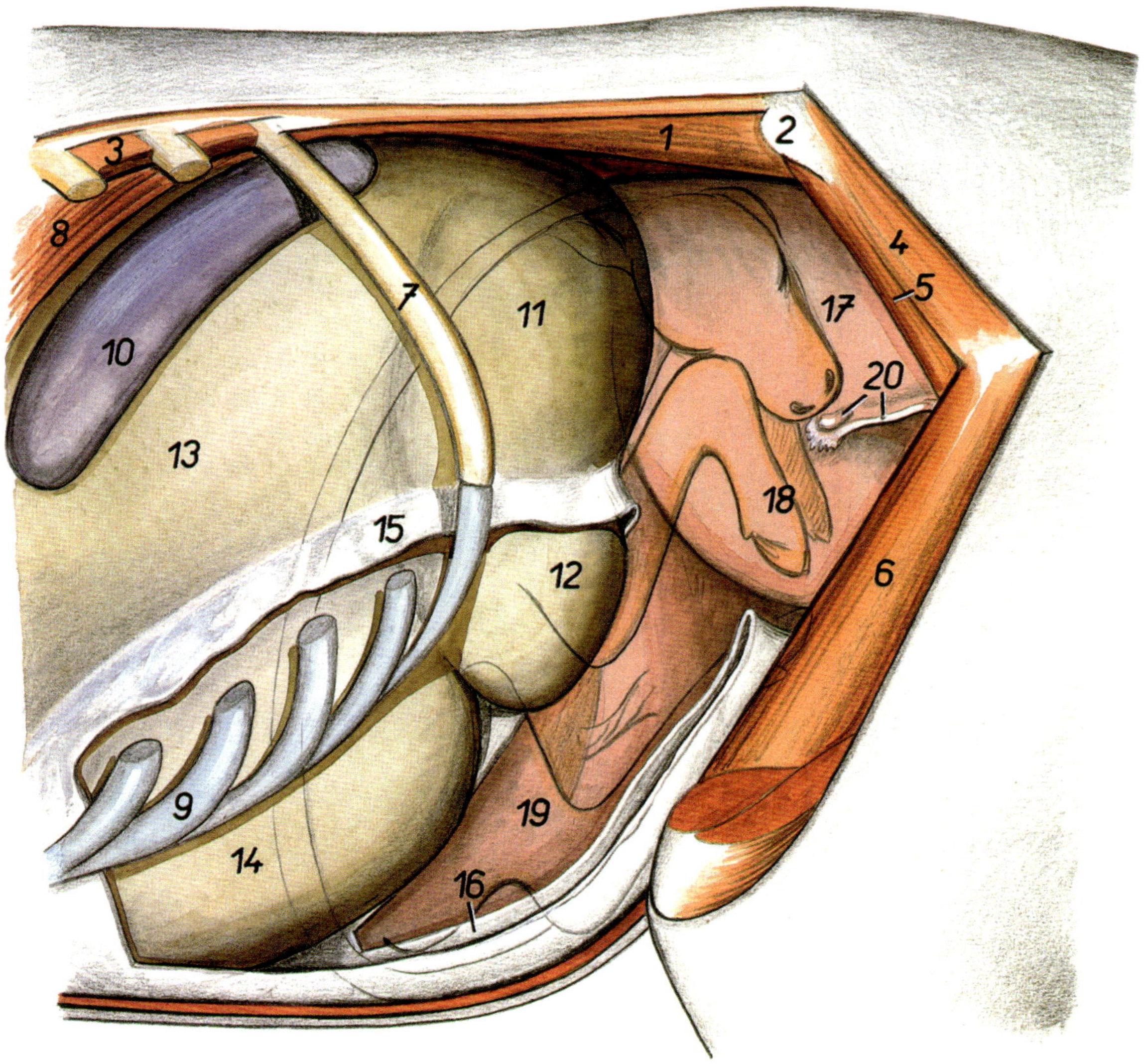

1. *M. psoas major* – großer Lendenmuskel
2. *Tuber coxae* – Hüfthöcker
3. *Mm. intercostales* – Zwischenrippenmuskeln
4. *M. gluteus medius* – mittlerer Kruppenmuskel
5. *M. iliacus (Pars lateralis)* – Darmbeinmuskel (lateraler Teil)
6. *M. vastus intermedius* – gerader Oberschenkelmuskel
7. *Costa XIII* – 13. Rippe
8. *Crus sinistrum diaphragmatis* – linker Zwerchfellpfeiler
9. *Cartilago costalis X* – Knorpel der 10. Rippe
10. *Lien* – Milz
11. *Saccus cecus caudodorsalis* – kaudodorsaler Blindsack
12. *Saccus cecus caudoventralis* – kaudoventraler Blindsack
13. *Saccus dorsalis ruminis* – dorsaler Pansensack
14. *Saccus ventralis ruminis* – ventraler Pansensack
15. *Paries superficialis omenti majoris* – oberflächliches Blatt des großen Netzes
16. *Paries profundus omenti majoris* – tiefes Blatt des großen Netzes

17., 18., 19. *Uterus gravis* (17. *Corpus*, 18. *Cornu sinistrum*, 19. *Cornu dextrum*) – trächtige Gebärmutter (17. Körper, 18. linkes Horn, 19. rechtes Horn)

20. *Lig. latum uteri, Ovarium* – breites Gebärmutterband, Eierstock

Rind. Kalb, zwei Tage alt. Bauchorgane, Ansicht von links.

Abbildung 61

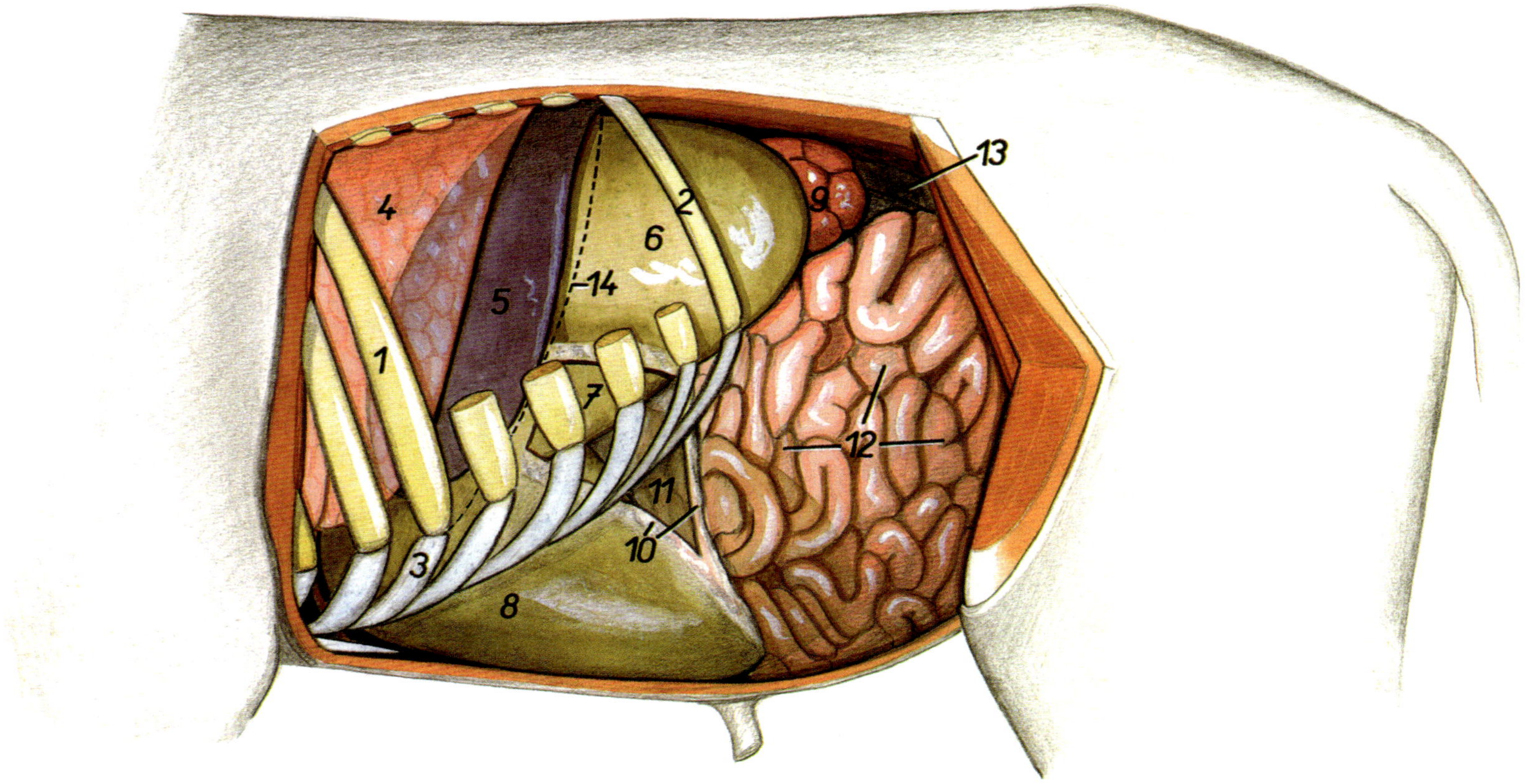

1. *Costa VIII* – 8. Rippe
2. *Costa XIII* – 13. Rippe
3. *Cartilago costalis VIII* – Knorpel der 8. Rippe
4. *Pulmo* – Lunge
5. *Lien* – Milz
6. *Saccus dorsalis ruminis* – dorsaler Pansensack
7. *Saccus ventralis ruminis* – ventraler Pansensack
8. *Abomasum* – Labmagen
9. *Ren sinister* – linke Niere
10. *Paries superficialis omenti majoris* – oberflächliches Blatt des großen Netzes
11. *Paries profundus omenti majoris* – tiefes Blatt des großen Netzes
12. *Jejunum* – Leerdarm
13. *Colon descendens* – absteigender Grimmdarm
14. *Linea insertionis diaphragmatis* – Ansatzlinie des Zwerchfells

Rind. Kalb, zwei Tage alt. Bauchorgane, Ansicht von rechts.

Abbildung 62

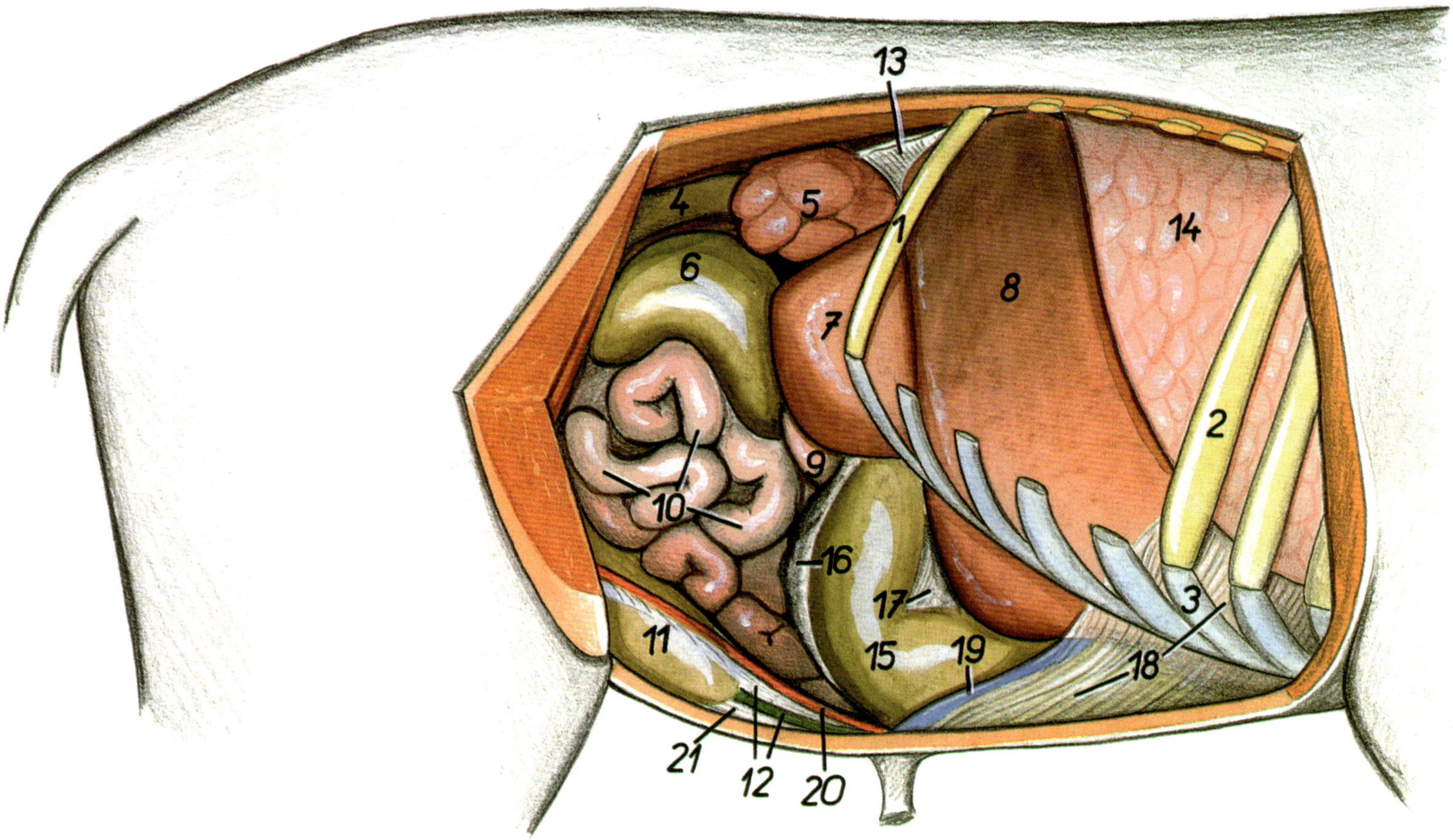

1. *Costa XIII* – 13. Rippe
2. *Costa VIII* – 8. Rippe
3. *Cartilago costalis VIII* – Knorpel der 8. Rippe
4. *Colon descendens* – absteigender Grimmdarm
5. *Ren dexter* – rechte Niere
6. *Cecum* – Blinddarm
7. *Processus caudatus hepatis* – Schwanzfortsatz der Leber
8. *Lobus hepatis dexter* – rechter Leberlappen
9. *Duodenum* – Zwölffingerdarm
10. *Jejunum* – Leerdarm
11. *Vesica urinaria* – Harnblase
12. *Lig. laterale vesicae, Urachus* – laterales Harnblasenband, Harngang
13. *Lig. triangulare dextrum* – rechtes dreieckiges Band
14. *Pulmo dexter (Lobus caudalis)* – rechte Lunge (kaudaler Lappen)
15. *Abomasum* – Labmagen
16. *Omentum majus* – großes Netz
17. *Omentum minus* – kleines Netz
18. *Lig. falciforme hepatis* – sichelförmiges Band der Leber
19. *V. umbilicalis* – Nabelvene
20. *A. umbilicalis dextra* – rechte Nabelarterie
21. *Lig. medianum vesicae* – medianes Harnblasenband

Schaf. Skelett.

Abbildung 63

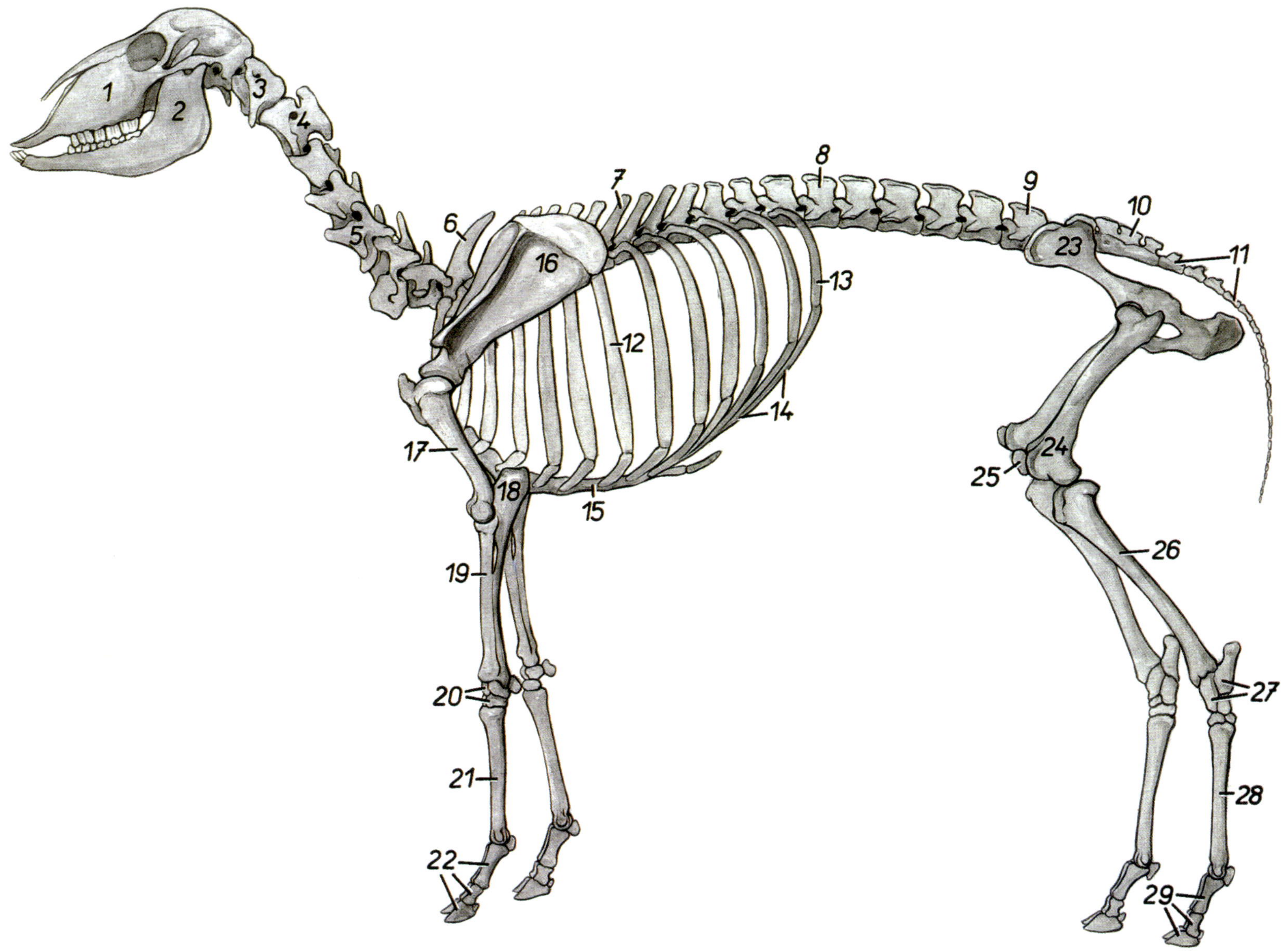

1. *Maxilla* – Oberkieferbein
2. *Mandibula* – Unterkiefer
3. *Atlas* – 1. Halswirbel
4. *Axis* – 2. Halswirbel
5. *Vertebra cervicalis V* – 5. Halswirbel
6. *Vertebra thoracica I* – 1. Brustwirbel
7. *Vertebra thoracica VII* – 7. Brustwirbel
8. *Vertebra lumbalis I* – 1. Lendenwirbel
9. *Vertebra lumbalis VI* – 6. Lendenwirbel
10. *Os sacrum* – Kreuzbein
11. *Vertebrae caudales* – Schwanzwirbel
12. *Costa VII* – 7. Rippe
13. *Costa XIII* – 13. Rippe
14. *Arcus costalis* – Rippenbogen
15. *Corpus sterni* – Brustbeinkörper
16. *Scapula* – Schulterblatt
17. *Humerus* – Oberarmbein
18. *Ulna* – Elle
19. *Radius* – Speiche
20. *Ossa carpi* – Vorderfußwurzelknochen
21. *Os metacarpale III et IV* – 3. und 4. Vordermittelfußknochen
22. *Ossa digitorum manus* – Zehenknochen der Schultergliedmaße
23. *Os coxae* – Hüftbein
24. *Os femoris* – Oberschenkelbein
25. *Patella* – Kniescheibe
26. *Tibia* – Schienbein
27. *Ossa tarsi* – Hinterfußwurzelknochen
28. *Os metatarsale III et IV* – 3. und 4. Hintermittelfußknochen
29. *Ossa digitorum pedis* – Zehenknochen der Beckengliedmaße

Schaf. Oberflächliche Muskulatur nach Entfernung der Hautmuskeln.

Abbildung 64

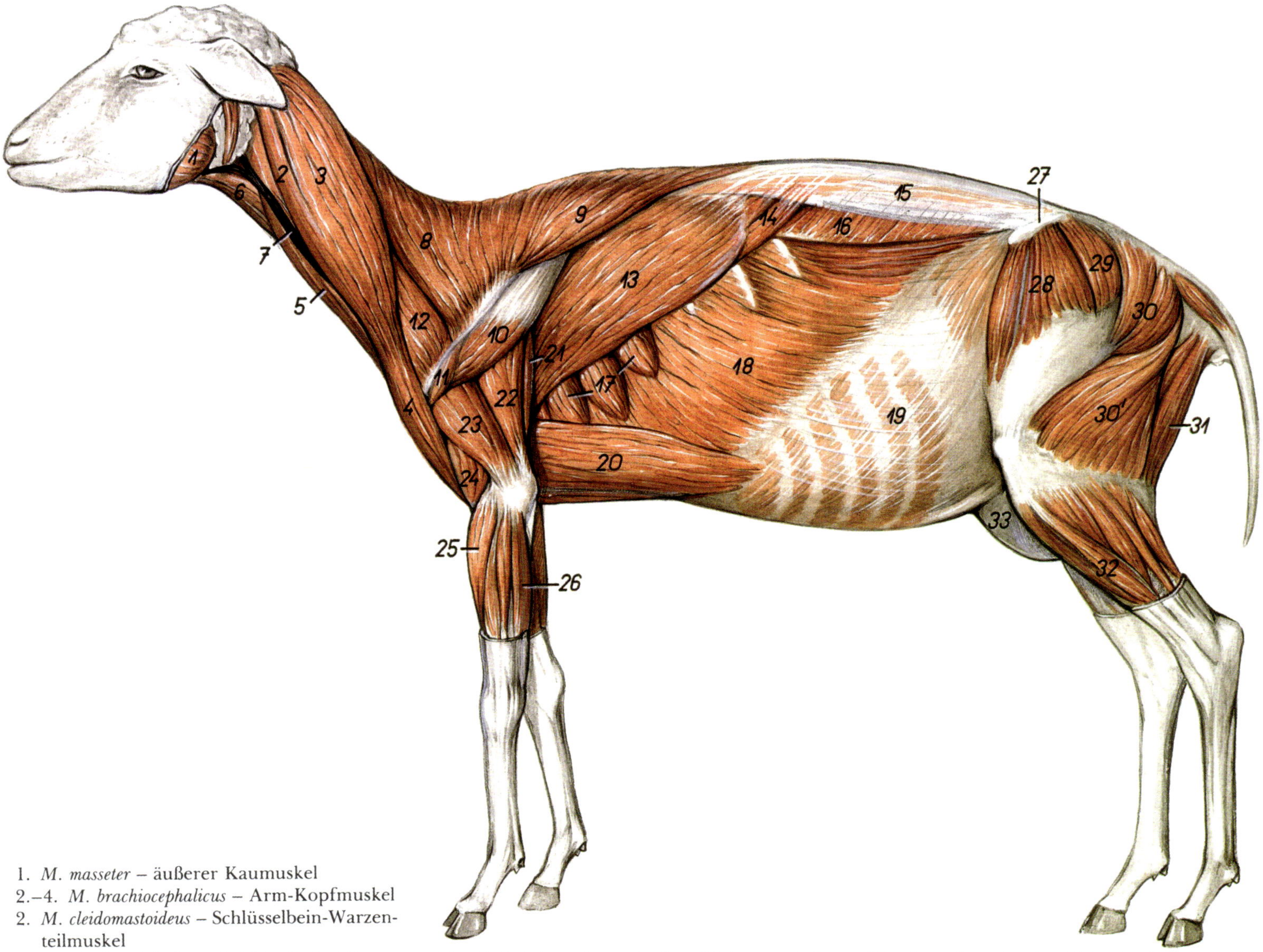

1. *M. masseter* – äußerer Kaumuskel
2.–4. *M. brachiocephalicus* – Arm-Kopfmuskel
2. *M. cleidomastoideus* – Schlüsselbein-Warzenteilmuskel
3. *M. cleidooccipitalis* – Schlüsselbein-Hinterhauptbeinmuskel
4. *M. cleidobrachialis* – Schlüsselbein-Armmuskel
5. *M. sternomastoideus (M. sternocephalicus)* – Brustbein-Warzenteilmuskel (Brustbein-Kopfmuskel)
6. *M. sternohyoideus et M. sternothyroideus* – Brustbein-Zungenbeinmuskel und Brustbein-Schildknorpelmuskel
7. *V. jugularis* – Drosselvene
8. *Pars cervicalis mi. trapezii* – Halsteil des trapezformigen Muskels
9. *Pars thoracica mi. trapezii* – Brustkorbteil des trapezförmigen Muskels
10. *Pars scapularis mi. deltoidei* – Schulterblatteil des deltaförmigen Muskels
11. *Pars acromialis mi. deltoidei* – Gräteneckteil des deltaförmigen Muskels
12. *M. omotransversarius* – Schulter-Querfortsatzmuskel
13. *M. latissimus dorsi* – breiter Rückenmuskel
14. *M. serratus dorsalis caudalis* – kaudaler dorsaler gesägter Muskel
15. *Fascia thoracolumbalis* – Brustkorb-Lendenfaszie
16. *M. obliquus internus abdominis* – innerer schiefer Bauchmuskel
17. *M. serratus ventralis thoracis* – Brustkorbportion des ventralen gesägten Muskels
18. *M. obliquus externus abdominis* – äußerer schiefer Bauchmuskel
19. *Aponeurosis mi. obliqui abdominis externi et interni* – Sehnenplatte des äußeren und inneren schiefen Bauchmuskels
20. *M. pectoralis profundus (M. pectoralis ascendens)* – tiefer Brustmuskel (aufsteigender Brustmuskel)
21. *M. tensor fasciae antebrachii* – Spanner der Unterarmfaszie
22. *Caput longum mi. tricipitis brachii* – langer Kopf des dreiköpfigen Armmuskels
23. *Caput laterale mi. tricipitis brachii* – lateraler Kopf des dreiköpfigen Armmuskels
24. *M. brachialis* – Armmuskel
25. *M. extensor carpi radialis* – radialer Strecker des Handwurzelgelenks
26. *M. extensor carpi ulnaris* – ulnarer Strecker des Handwurzelgelenks
27. *Tuber coxae* – Hüfthöcker
28. *M. tensor fasciae latae* – Spanner der lateralen Oberschenkelfaszie
29. *M. gluteus medius* – mittlerer Kruppenmuskel
30., 30'. *M. gluteobiceps* (30. *M. gluteus superficialis,* 30'. *M. biceps femoris*) – zweiköpfiger Kruppenmuskel, (30. oberflächlicher Kruppenmuskel, 30'. zweiköpfiger Kruppenmuskel)
31. *M. semitendinosus* – halbsehniger Muskel
32. *M. peroneus longus* – langer Wadenbeinmuskel
33. *Uber* – Euter

Schaf. Querschnitt durch den Brustkorb in Höhe des 4. Brustwirbels.

Abbildung 65

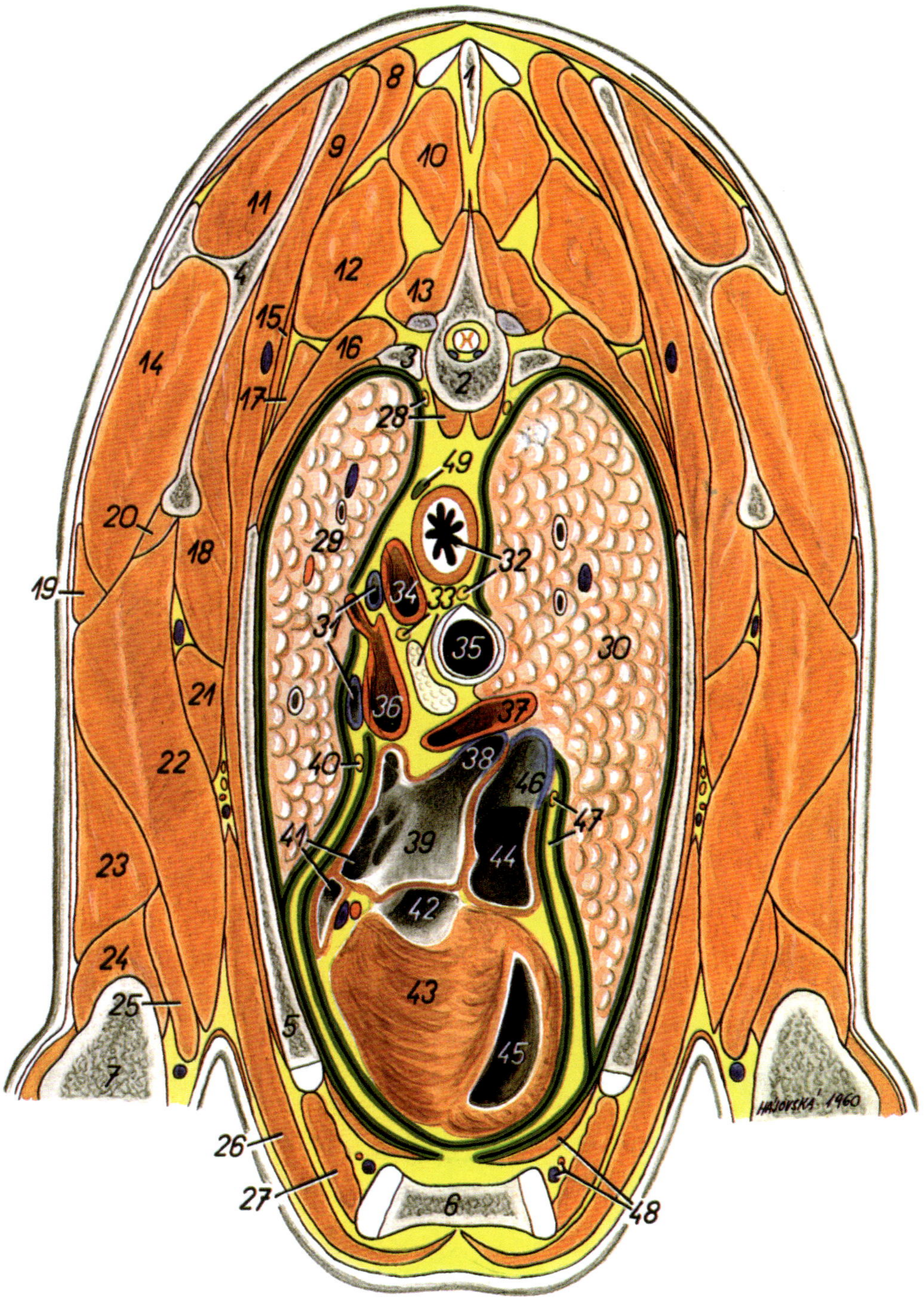

1. *Processus spinosus vertebrae thoracicae III* – Dornfortsatz des 3. Brustwirbels
2. *Corpus vertebrae thoracicae IV* – Körper des 4. Brustwirbels
3. *Caput costae IV* – Kopf der 4. Rippe
4. *Scapula* – Schulterblatt
5. *Costa IV* – 4. Rippe
6. *Sternum* – Brustbein
7. *Humerus* – Oberarmbein
8. *M. rhomboideus thoracis* – Brustkorbportion des rautenförmigen Muskels
9. *M. serratus ventralis thoracis* – Brustkorbportion des ventralen gesägten Muskels
10. *M. spinalis et semispinalis thoracis et cervicis* – Brustkorb- und Halsportion des Dornfortsatz- und Halbdornfortsatzmuskels
11. *M. supraspinatus* – Übergrätenmuskel
12. *M. longissimus thoracis* – Brustkorbportion des längsten Muskels
13. *Mm. multifidi thoracis* – Brustkorbportion der vielgeteilten Muskeln
14. *M. infraspinatus* – Untergrätenmuskel
15. *M. serratus dorsalis cranialis* – kranialer dorsaler gesägter Muskel
16. *Mm. intercostales* – Zwischenrippenmuskeln
17. *M. iliocostalis thoracis* – Brustkorbportion des Darmbein-Rippenmuskels
18. *M. subscapularis* – Unterschulterblattmuskel
19. *M. deltoideus* – deltaförmiger Muskel
20. *M. teres minor* – kleiner Rundmuskel
21. *M. teres major* – großer Rundmuskel
22. *Caput longum mi. tricipitis brachii* – langer Kopf des dreiköpfigen Armmuskels
23. *Caput laterale mi. tricipitis brachii* – lateraler Kopf des dreiköpfigen Armmuskels
24. *M. anconeus* – Ellbogenhöckermuskel
25. *Caput mediale mi. tricipitis brachii* – medialer Kopf des dreiköpfigen Armmuskels
26. *M. pectoralis profundus (M. pectoralis ascendens)* – tiefer Brustmuskel (aufsteigender Brustmuskel)
27. *Mm. intercostales interni (Mm. intercartilaginei)* – innere Zwischenrippenmuskeln (Zwischenknorpelmuskeln)
28. *M. longus colli, Truncus sympathicus* – langer Halsmuskel, Stamm des Sympathikusnerven
29. *Lobus cranialis pulmonis sinistri* – kranialer Lappen der linken Lunge
30. *Lobus cranialis pulmonis dextri* – kranialer Lappen der rechten Lunge
31. *V. azygos sinistra* – linke Azygosvene
32. *Esophagus, N. vagus dexter* – Speiseröhre, rechter Vagusnerv
33. *N. vagus sinister, Ln. mediastinalis medius* – linker Vagusnerv, mittlerer Mittelfellymphknoten
34. *Aorta* – große Körperschlagader
35. *Trachea* – Luftröhre
36. *A. pulmonalis sinistra* – linke Lungenarterie
37. *A. pulmonalis dextra* – rechte Lungenarterie
38. *Vv. pulmonales* – Lungenvenen
39. *Atrium sinistrum cordis* – linker Vorhof des Herzens
40. *N. phrenicus sinister* – linker Zwerchfellnerv
41. *Auricula atrii sinistri (Auricula sinistra)* – Herzohr des linken Vorhofs (linkes Herzohr)
42. *Ventriculus sinister* – linke Kammer
43. *Paries ventriculi sinistri* – Wand der linken Kammer
44. *Atrium dextrum cordis* – rechter Vorhof des Herzens
45. *Ventriculus dexter* – rechte Kammer
46. *Ostium v. cavae caudalis* – Mündung der kaudalen Hohlvene
47. *N. phrenicus dexter, Pericardium* – rechter Zwerchfellnerv, Herzbeutel
48. *M. transversus thoracis, A. et V. thoracica interna* – querverlaufender Brustkorbmuskel, innere Brustkorbarterie und -vene
49. *Ductus thoracicus* – Milchbrustgang

Schaf. Querschnitt durch den Brustkorb in Höhe des 7. Brustwirbels.

Abbildung 66

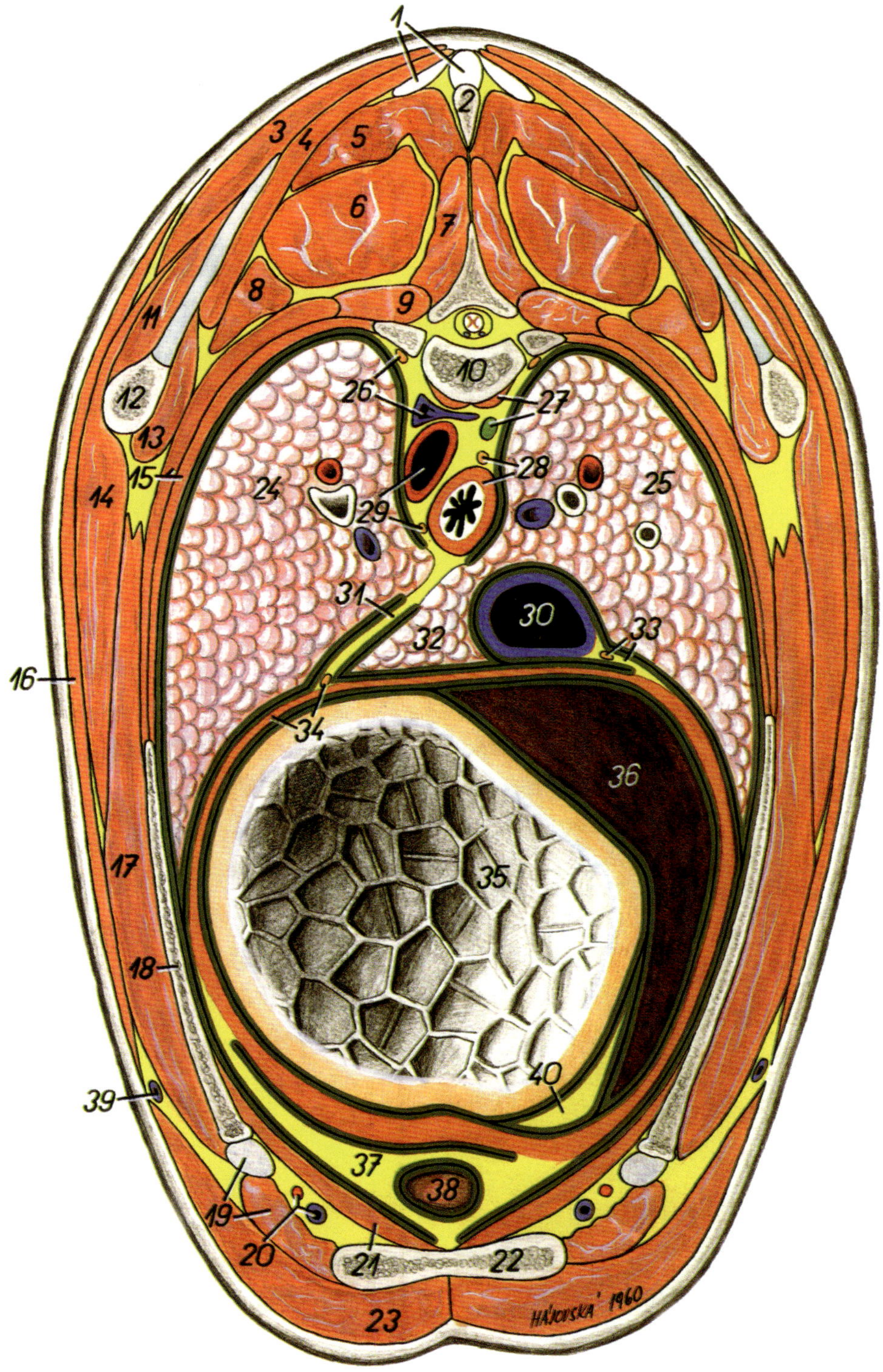

1. *Lig. supraspinale et Lig. nuchae* – Überdornfortsatzband und Nackenband
2. *Processus spinosus vertebrae thoracicae VI* – Dornfortsatz des 6. Brustwirbels
3. *M. trapezius (Pars thoracica)* – trapezförmiger Muskel (Brustkorbteil)
4. *M. rhomboideus thoracis* – Brustkorbportion des rautenförmigen Muskels
5. *M. spinalis et semispinalis thoracis et cervicis* – Brustkorb- und Halsportion des Dornfortsatz- und Halbdornfortsatzmuskels
6. *M. longissimus thoracis* – Brustkorbportion des längsten Muskels
7. *Mm. multifidi thoracis* – Brustkorbportion der vielgeteilten Muskeln
8. *M. iliocostalis thoracis* – Brustkorbportion des Darmbein-Rippenmuskels
9. *Mm. levatores costarum* – Rippenheber
10. *Vertebra thoracica VII* – 7. Brustwirbel
11. *M. infraspinatus* – Untergrätenmuskel
12. *Scapula* – Schulterblatt
13. *M. subscapularis* – Unterschulterblattmuskel
14. *M. latissimus dorsi* – breiter Rückenmuskel
15. *Mm. intercostales* – Zwischenrippenmuskeln
16. *M. cutaneus trunci* – Rumpfhautmuskel
17. *M. serratus ventralis thoracis* – Brustkorbportion des ventralen gesägten Muskels
18. *Costa VII* – 7. Rippe
19. *Mm. intercostales interni (Mm. intercartilaginei), Cartilago costalis VII* – innere Zwischenrippenmuskeln (Zwischenknorpelmuskeln), Knorpel der 7. Rippe
20. *A. et V. thoracica interna* – innere Brustkorbarterie und -vene
21. *M. transversus thoracis* – querverlaufender Brustkorbmuskel
22. *Sternum* – Brustbein
23. *M. pectoralis profundus (M. pectoralis ascendens)* – tiefer Brustmuskel (aufsteigender Brustmuskel)
24. *Lobus caudalis pulmonis sinistri* – kaudaler Lappen der linken Lunge
25. *Lobus caudalis pulmonis dextri* – kaudaler Lappen der rechten Lunge
26. *Truncus sympathicus, V. azygos sinistra* – Stamm des Sympathikusnerven, linke Azygosvene
27. *M. longus colli, Ductus thoracicus* – langer Halsmuskel, Milchbrustgang
28. *Truncus vagalis dorsalis, Esophagus* – dorsaler Stamm des Vagusnerven, Speiseröhre
29. *Aorta, Truncus vagalis ventralis* – große Körperschlagader, ventraler Stamm des Vagusnerven
30. *V. cava caudalis* – kaudale Hohlvene
31. *Mediastinum caudale* – kaudales Mittelfell
32. *Lobus accessorius pulmonis* – zusätzlicher Lungenlappen
33. *N. phrenicus dexter, Plica (s. Mesenterium) v. cavae caudalis* – rechter Zwerchfellnerv, Falte (Gekröse) der kaudalen Hohlvene
34. *N. phrenicus sinister, Diaphragma* – linker Zwerchfellnerv, Zwerchfell
35. *Reticulum* – Netzmagen
36. *Hepar* – Leber
37. *Pericardium* – Herzbeutel
38. *Apex cordis* – Herzspitze
39. *V. thoracica externa* – äußere Brustkorbvene
40. *Omentum minus (Lig. hepatogastricum)* – kleines Netz (Leber-Magenband)

Schaf. Linke Lunge, Ansicht der Mittelfellfläche.

Abbildung 67

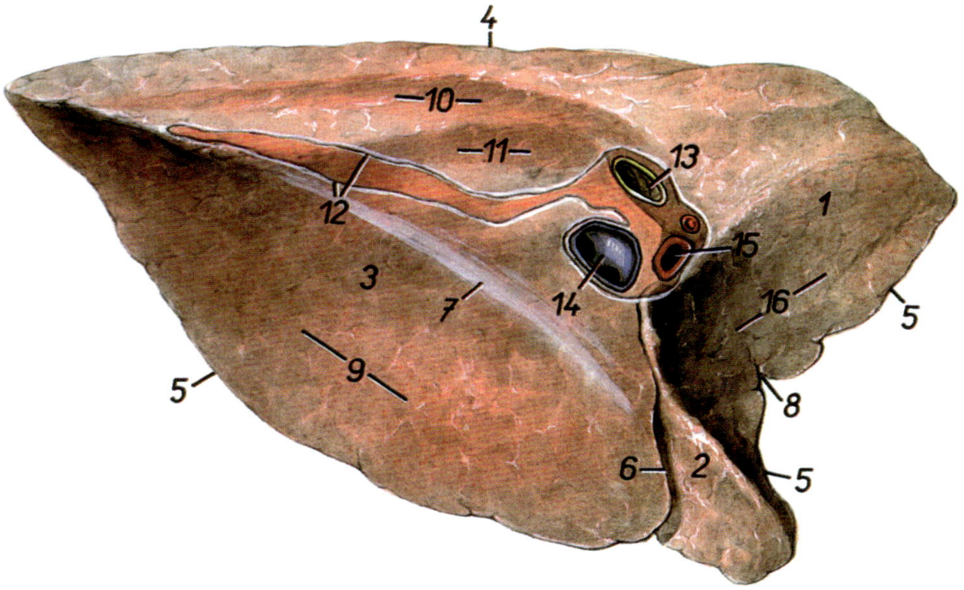

1. *Pars cranialis lobi cranialis* – kranialer Teil des kranialen Lappens
2. *Pars caudalis lobi cranialis* – kaudaler Teil des kranialen Lappens
3. *Lobus caudalis* – kaudaler Lappen
4. *Margo dorsalis (obtusus)* – dorsaler (stumpfer) Rand
5. *Margo acutus ventralis* – ventraler scharfer Rand
6. *Fissura interlobaris (caudalis)* – kaudaler Zwischenlappeneinschnitt
7. *Margo acutus basalis* – basaler scharfer Rand
8. *Incisura cardiaca* – Herzausschnitt
9. *Facies diaphragmatica* – Zwerchfellfläche
10. *Impressio aortica* – Eindruck der großen Körperschlagader
11. *Impressio esophagea* – Eindruck der Speiseröhre
12. *Insertio pleurae mediastinalis* – Ansatz des Brustfells
13. *Bronchus principalis sinister* – linker Hauptbronchus
14. *Vv. pulmonales* – Lungenvenen
15. *A. pulmonalis sinistra* – linke Lungenarterie
16. *Impressio cardiaca* – Eindruck des Herzens

Schaf. Rechte Lunge, Ansicht der Mittelfellfläche.

Abbildung 68

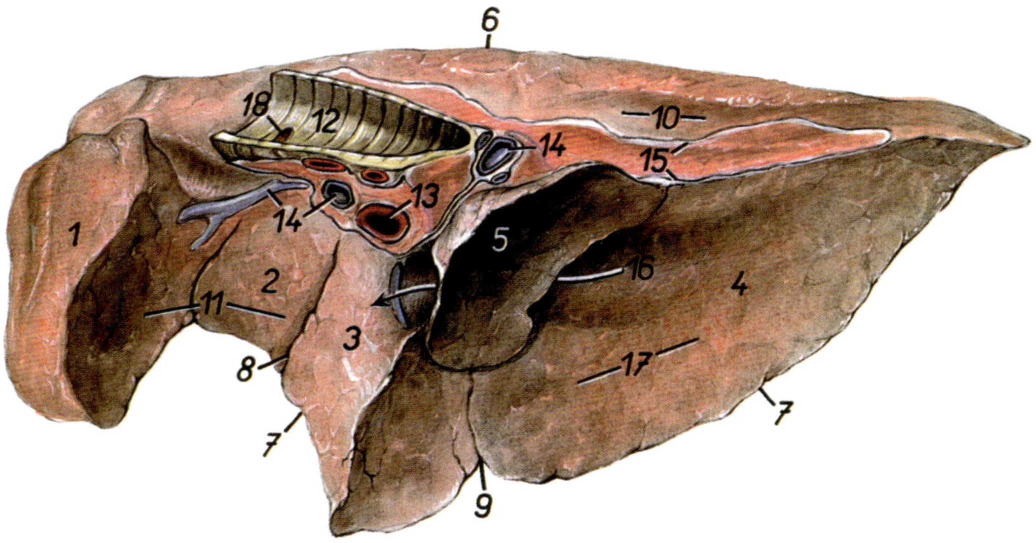

1. *Pars cranialis lobi cranialis* – kranialer Teil des kranialen Lappens
2. *Pars caudalis lobi cranialis* – kaudaler Teil des kranialen Lappens
3. *Lobus medius* – mittlerer Lappen
4. *Lobus caudalis* – kaudaler Lappen
5. *Lobus accessorius* – zusätzlicher Lappen
6. *Margo dorsalis (obtusus)* – dorsaler (stumpfer) Rand
7. *Margo acutus ventralis* – ventraler scharfer Rand
8. *Fissura interlobaris cranialis* – kranialer Zwischenlappeneinschnitt
9. *Fissura interlobaris caudalis* – kaudaler Zwischenlappeneinschnitt
10. *Impressio aortica* – Eindruck der großen Körperschlagader
11. *Impressio cardiaca* – Eindruck des Herzens
12. *Trachea* – Luftröhre
13. *A. pulmonalis dextra* – rechte Lungenarterie
14. *Vv. pulmonales* – Lungenvenen
15. *Insertio pleurae mediastinalis* – Ansatz des Brustfells
16. *Sulcus v. cavae caudalis* – Rinne der kaudalen Hohlvene
17. *Facies diaphragmatica* – Zwerchfellfläche
18. *Bronchus trachealis* – Luftröhrenbronchus

Schaf. Horizontalschnitt durch den Brustkorb in Höhe der Herzbasis (nach St. Ivanow).

Abbildung 69

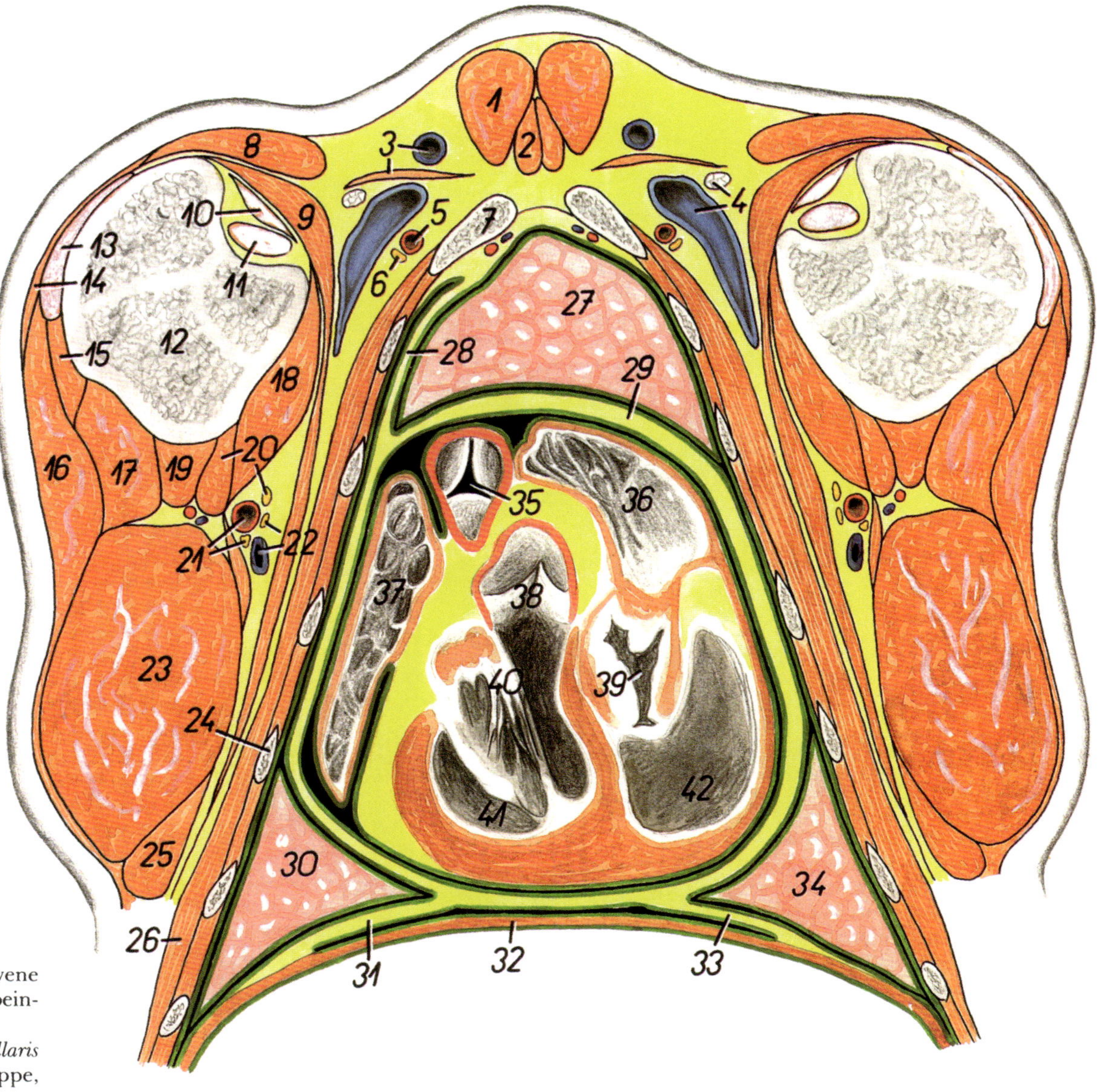

1. *M. sternocephalicus (M. sternomastoideus)* – Brustbein-Kopfmuskel (Brustbein-Warzenteilmuskel)
2. *M. sternohyoideus et M. sternothyroideus* – Brustbein-Zungenbeinmuskel und Brustbein-Schildknorpelmuskel
3. *V. cephalica, M. subclavius* – Kopfvene des Oberarms, Unterschlüsselbeinmuskel
4. *Ln. axillaris primae costae, V. axillaris* – Achsellymphknoten der 1. Rippe, Achselvene
5. *A. thoracica externa* – äußere Brustkorbarterie
6. *N. pectoralis cranialis* – kranialer Brustnerv
7. *Costa prima* – 1. Rippe
8. *M. brachiocephalicus* – Arm-Kopfmuskel
9. *M. pectoralis profundus (M. pectoralis ascendens)* – tiefer Brustmuskel (aufsteigender Brustmuskel)
10. *M. supraspinatus* – Übergrätenmuskel
11. *M. biceps brachii* – zweiköpfiger Armmuskel
12. *Caput humeri* – Oberarmbeinkopf
13. *M. infraspinatus* – Untergrätenmuskel
14. *M. omotransversarius* – Schulter-Querfortsatzmuskel
15. *M. teres minor* – kleiner Rundmuskel
16. *M. deltoideus (Pars scapularis et acromialis)* – deltaförmiger Muskel (Schulterblatt-und Gräteneckteil)
17. *Caput laterale mi. tricipitis brachii* – lateraler Kopf des dreiköpfigen Armmuskels
18. *M. coracobrachialis* – Rabenschnabel-Armmuskel
19. *M. brachialis* – Armmuskel
20. *Caput mediale mi. tricipitis brachii, N. medianus* – medialer Kopf des dreiköpfigen Armmuskels, Mittelnerv
21. *A. brachialis, N. radialis* – Armarterie, Speichennerv
22. *V. brachialis, N. ulnaris* – Armvene, Ellennerv
23. *Caput longum mi, tricipitis brachii* – langer Kopf des dreiköpfigen Armmuskels
24. *Costa V* – 5. Rippe
25. *M. tensor fasciae antebrachii* – Spanner der Unterarmfaszie
26. *M. serratus ventralis thoracis* – Brustkorbportion des ventralen gesägten Muskels
27. *Pars cranialis lobi cranialis pulmonis dextri* – kranialer Teil des rechten kranialen Lungenlappens
28. *Mediastinum craniale* – kraniales Mittelfell
29. *Pericardium* – Herzbeutel
30. *Pars caudalis lobi cranialis pulmonis sinistri* – kaudaler Teil des linken kranialen Lungenlappens
31. *Mediastinum caudale* – kaudales Mittelfell
32. *Diaphragma* – Zwerchfell
33. *Plica (s. Mesenterium) v. cavae caudalis* – Falte (Gekröse) der kaudalen Hohlvene
34. *Lobus medius pulmonis* – mittlerer Lungenlappen
35. *Truncus pulmonalis (et Valvulae semilunares)* – Stamm der Lungenarterie (und halbmondförmige Klappen)
36. *Auricula atrii dextri (Auricula dextra) cordis* – Herzohr des rechten Vorhofs (rechtes Herzohr)
37. *Auricula atrii sinistri (Auricula sinistra) cordis* – Herzohr des linken Vorhofs (linkes Herzohr)
38. *Ostium aortae* – Öffnung der großen Körperschlagader
39. *Ostium atrioventriculare dextrum* – rechte Vorhof-Kammeröffnung
40. *Valva atrioventricularis sinistra (s. bicuspidalis)* – linke Vorhof-Kammerklappe
41. *Ventriculus sinister* – linke Kammer
42. *Ventriculus dexter* – rechte Kammer

Schaf. Bauchorgane, Ansicht von rechts. Oberflächliche Schicht.

Abbildung 70

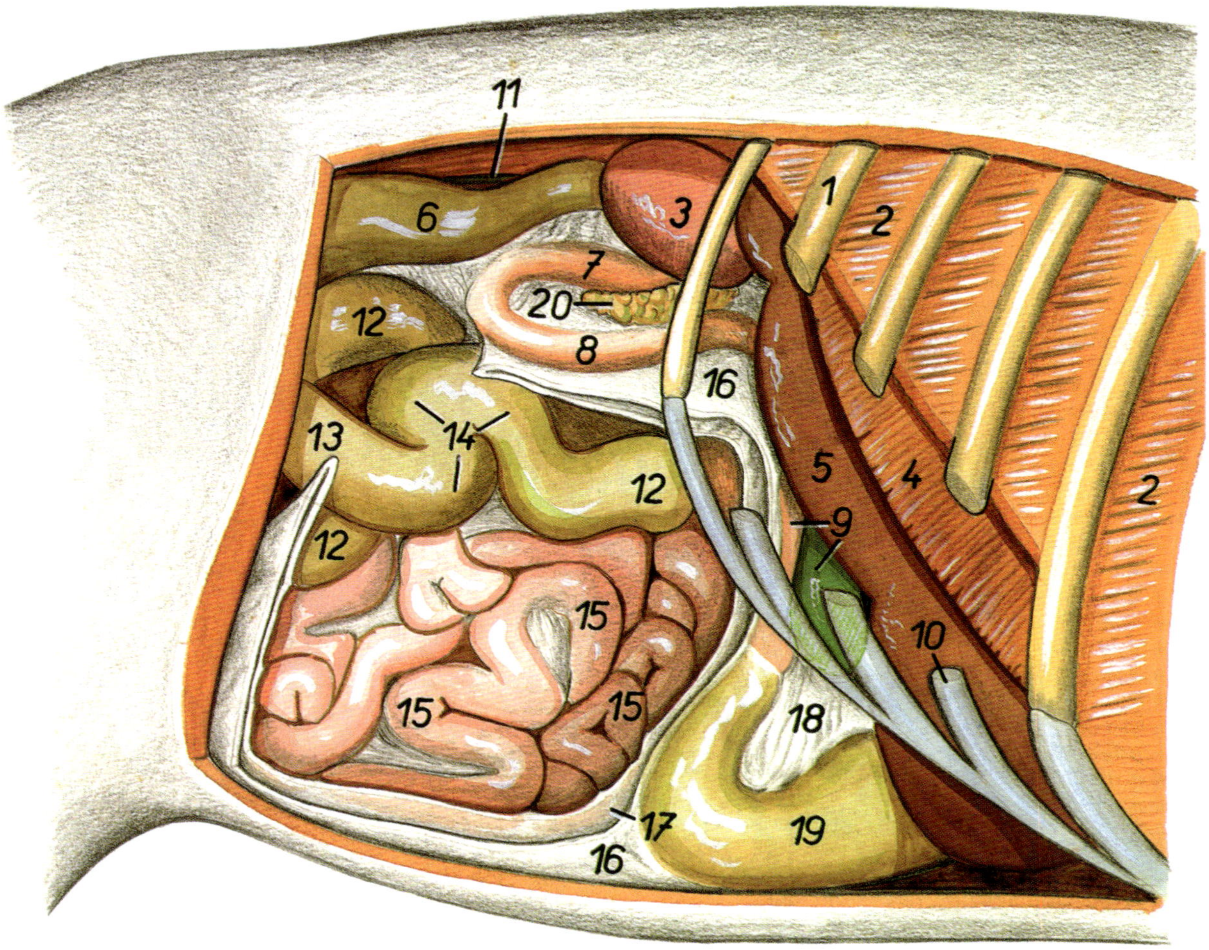

1. *Costa XII* – 12. Rippe
2. *Mm. intercostales* – Zwischenrippenmuskeln
3. *Ren dexter* – rechte Niere
4. *Pars costalis diaphragmatis* – Rippenteil des Zwerchfells
5. *Hepar* – Leber
6. *Colon descendens* – absteigender Grimmdarm
7. *Pars ascendens duodeni* – aufsteigender Teil des Zwölffingerdarms
8. *Pars descendens duodeni* – absteigender Teil des Zwölffingerdarms
9. *Pars cranialis duodeni, Vesica fellea* – kranialer Teil des Zwölffingerdarms, Gallenblase
10. *Cartilago costalis X* – Knorpel der 10. Rippe
11. *Ureter dexter* – rechter Harnleiter
12. *Ansa spiralis coli* – spiralförmige Schleife des Grimmdarms
13. *Cecum* – Blinddarm
14. *Ansa proximalis coli* – proximale Schleife des Grimmdarms
15. *Jejunum* – Leerdarm
16. *Paries superficialis omenti majoris* – oberflächliches Blatt des großen Netzes
17. *Paries profundus omenti majoris* – tiefes Blatt des großen Netzes
18. *Omentum minus* – kleines Netz
19. *Abomasum* – Labmagen
20. *Lobus pancreatis dexter* – rechter Lappen der Bauchspeicheldrüse

Schaf. Bauchorgane, Ansicht von rechts. Tiefe Schicht.

Abbildung 71

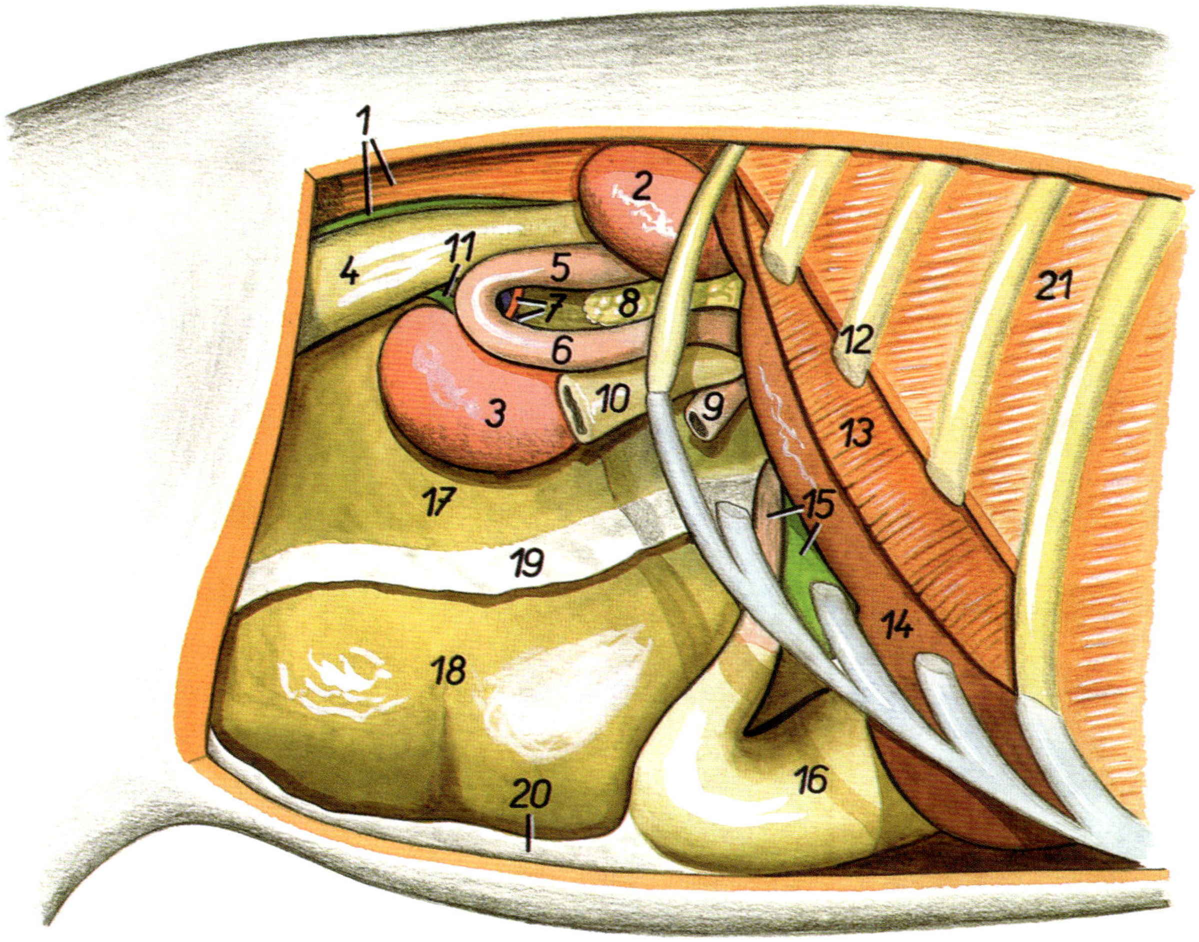

1. *M. psoas major, Ureter dexter* – großer Lendenmuskel, rechter Harnleiter
2. *Rend dexter* – rechte Niere
3. *Ren sinister* – linke Niere
4. *Colon descendens* – absteigender Grimmdarm
5. *Pars ascendens duodeni* – aufsteigender Teil des Zwölffingerdarms
6. *Pars descendens duodeni* – absteigender Teil des Zwölffingerdarms
7. *A. et V. renalis sinistra* – linke Nierenarterie und -vene
8. *Pancreas* – Bauchspeicheldrüse
9. *Jejunum* – Leerdarm
10. *Ansa distalis coli* – distale Schleife des Grimmdarms
11. *Ureter sinister* – linker Harnleiter
12. *Costa XI* – 11. Rippe
13. *Pars costalis diaphragmatis* – Rippenteil des Zwerchfells
14. *Hepar* – Leber
15. *Pars cranialis duodeni, Vesica fellea* – kranialer Teil des Zwölffingerdarms, Gallenblase
16. *Abomasum* – Labmagen
17. *Saccus dorsalis ruminis* – dorsaler Pansensack
18. *Saccus ventralis ruminis* – ventraler Pansensack
19. *Paries profundus omenti majoris* – tiefe Schicht des großen Netzes
20. *Paries superficialis omenti majoris* – oberflächliche Schicht des großen Netzes
21. *Mm. intercostales* – Zwischenrippenmuskeln

Schaf. Querschnitt durch die Bauchhöhle in Höhe des 8. Brustwirbels, Ansicht von kaudal.

Abbildung 72

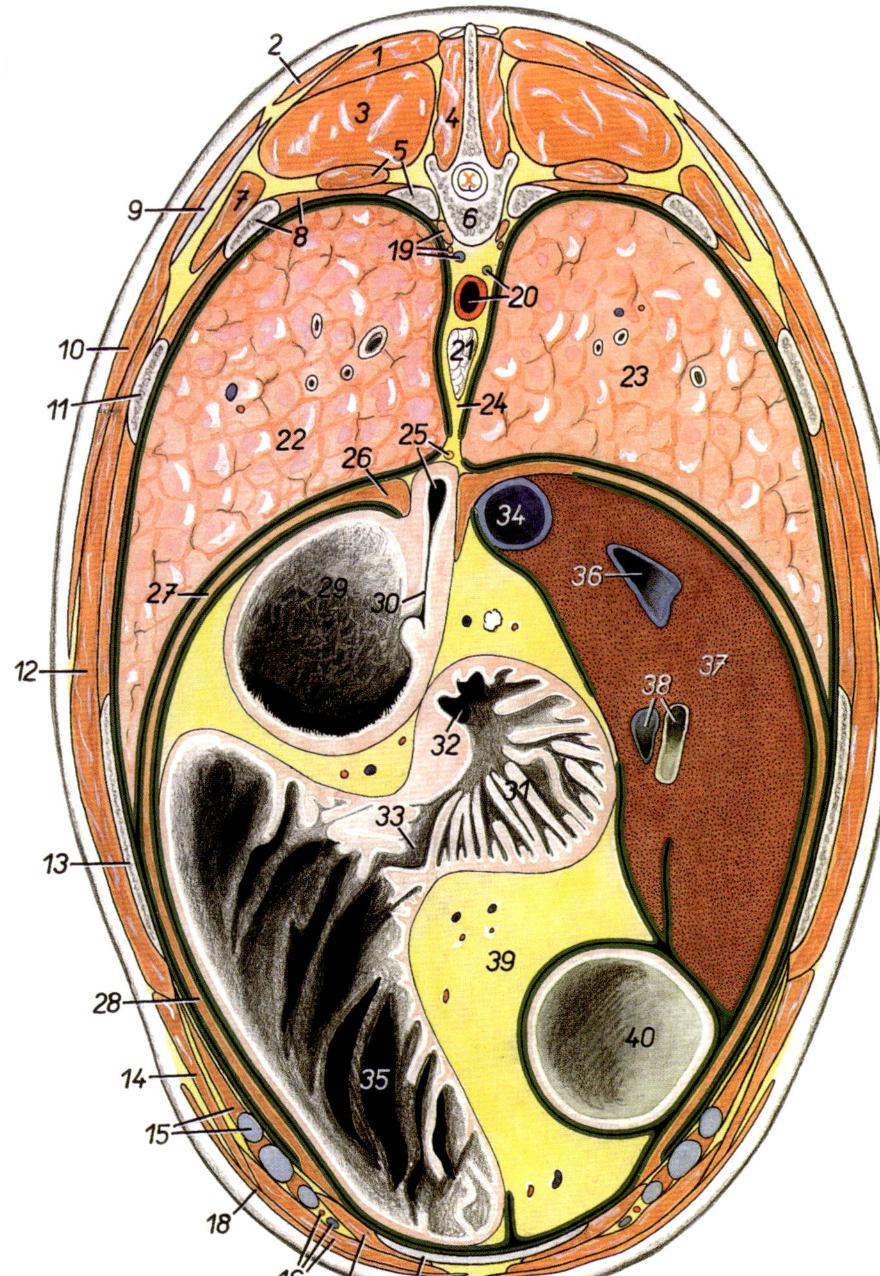

1. *M. spinalis et semispinalis thoracis et cervicis* – Brustkorb- und Halsportion des Dornfortsatz- und Halbdornfortsatzmuskels
2. *Pars thoracica mi. trapezii* – Brustkorbteil des trapezförmigen Muskels
3. *M. longissimus thoracis* – Brustkorbportion der längsten Muskels
4. *Mm. multifidi thoracis* – Brustkorbportion der vielgeteilten Muskeln
5. *Costa VIII, Mm. levatores costarum* – 8. Rippe, Rippenheber
6. *Vertebra thoracica VIII* – 8. Brustwirbel
7. *M. iliocostalis thoracis* – Brustkorbportion des Darmbeinrippenmuskels
8. *Costa IX, Mm. intercostales* – 9. Rippe, Zwischenrippenmuskeln
9. *Cartilago scapulae* – Schulterblattknorpel
10. *M. latissimus dorsi* – breiter Rückenmuskel
11. *Costa X* – 10. Rippe
12. *M. serratus ventralis thoracis* – Brustkorbportion des ventralen gesägten Muskels
13. *Costa XI* – 11. Rippe
14. *M. obliquus externus abdominis* – äußerer schiefer Bauchmuskel
15. *Mm. intercostales, Cartilago costalis XI* – Zwischenrippenmuskeln, Knorpel der 11. Rippe
16. *A. et V. thoracica interna, M. rectus abdominis* – innere Brustarterie und -vene, gerader Bauchmuskel
17. *M. transversus abdominis* – querverlaufender Bauchmuskel
18. *M. pectoralis profundus (M. pectoralis ascendens)* – tiefer Brustmuskel (aufsteigender Brustmuskel)
19. *M. psoas minor, Truncus sympathicus, V. azygos sinistra* – kleiner Lendenmuskel, Stamm des Sympathikusnerven, linke Azygosvene
20. *Aorta, Ductus thoracicus* – große Körperschlagader, Milchbrustgang
21. *Ln. mediastinalis caudalis* – kaudaler Mittelfellymphknoten
22. *Pulmo sinister* – linke Lunge
23. *Pulmo dexter* – rechte Lunge
24. *Mediastinum caudale* – kaudales Mittelfell
25. *Truncus vagalis dorsalis, Esophagus* – dorsaler Vagusstamm, Speiseröhre
26. *Crus sinistrum diaphragmatis* – linker Pfeiler des Zwerchfells
27. *Centrum tendineum diaphragmatis* – Sehnenspiegel des Zwerchfells
28. *Pars costalis diaphragmatis* – Rippenteil des Zwerchfells
29. *Atrium ruminoreticuli* – Pansen-Netzmagenvorhof
30. *Sulcus reticuli* – Netzmagenrinne
31. *Omasum* – Blättermagen
32. *Ostium reticuloomasicum* – Netzmagen-Blättermagenöffnung
33. *Ostium omasoabomasicum* – Blättermagen-Labmagenöffnung
34. *V. cava caudalis* – kaudale Hohlvene
35. *Abomasum* – Labmagen
36. *V. hepatica* – Lebervene
37. *Hepar* – Leber
38. *Ramus v. portae, Ductus hepaticus* – Ast der Pfortader, Leberausführungsgang
39. *Omentum minus* – kleines Netz
40. *Vesica fellea* – Gallenblase
41. *Cartilago xiphoidea* – Schaufelknorpel

Schaf. Querschnitt durch die Bauchhöhle in Höhe des 12. Brustwirbels, Ansicht von kaudal.

Abbildung 73

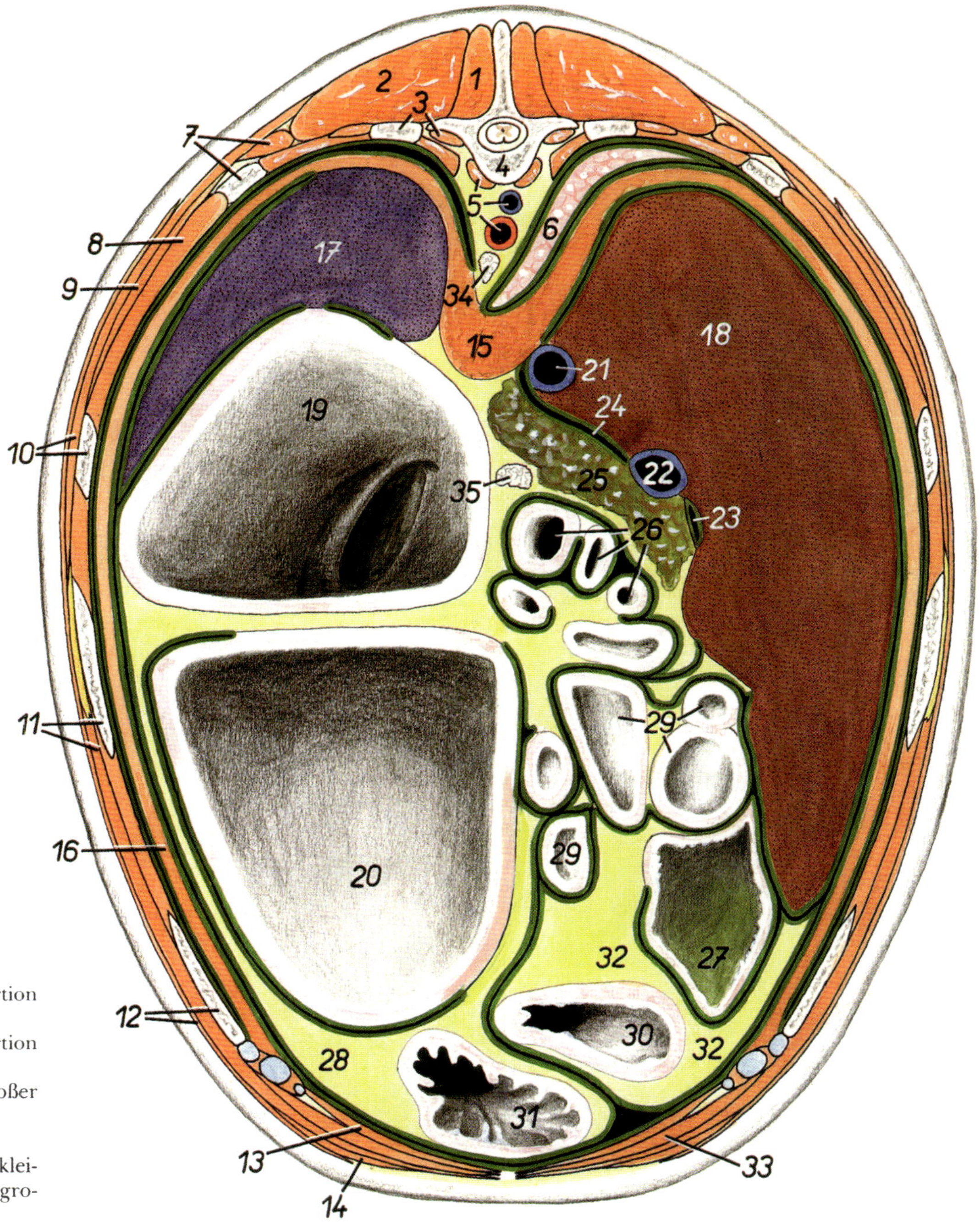

1. *Mm. multifidi thoracis* – Brustkorbportion der vielgeteilten Muskeln
2. *M. longissimus thoracis* – Brustkorbportion des längsten Muskels
3. *Costa XII, M. psoas major* – 12. Rippe, großer Lendenmuskel
4. *Vertebra thoracica XII* – 12. Brustwirbel
5. *M. psoas minor, V. azygos sinistra, Aorta* – kleiner Lendenmuskel, linke Azygosvene, große Körperschlagader
6. *Pulmo dexter* – rechte Lunge
7. *M. iliocostalis thoracis, Costa XI* – Darmbein-Rippenmuskel, 11. Rippe
8. *Mm. intercostales* – Zwischenrippenmuskeln
9. *M. serratus dorsalis caudalis* – kaudaler dorsaler gesägter Muskel
10. *M. latissimus dorsi, Costa X* – breiter Rückenmuskel, 10. Rippe
11. *Costa IX, M. obliquus externus abdominis* – 9. Rippe, äußerer schiefer Bauchmuskel
12. *Costa VIII, M. cutaneus trunci* – 8. Rippe, Rumpfhautmuskel
13. *M. transversus abdominis* – querverlaufender Bauchmuskel
14. *M. pectoralis profundus (M. pectoralis ascendens)* – tiefer Brustmuskel (aufsteigender Brustmuskel)
15. *Crura diaphragmatis* – Zwerchfellpfeiler
16. *Pars costalis diaphragmatis* – Rippenteil des Zwerchfells
17. *Lien* – Milz
18. *Hepar* – Leber
19. *Saccus dorsalis ruminis* – dorsaler Pansensack
20. *Saccus ventralis ruminis* – ventraler Pansensack
21. *V. cava caudalis* – kaudale Hohlvene
22. *V. portae* – Pfortader
23. *Ductus hepaticus* – Leberausführungsgang
24. *Foramen epiploicum* – Netzbeutelloch
25. *Pancreas* – Bauchspeicheldrüse
26. *Ansa sigmoidea partis cranialis duodeni* – s-förmige Schleife des kranialen Teils des Zwölffingerdarms
27. *Vesica fellea* – Gallenblase
28. *Omentum majus* – großes Netz
29. *Jejunum* – Leerdarm
30. *Pars pylorica abomasi* – Pförtnerteil des Labmagens
31. *Abomasum* – Labmagen
32. *Omentum minus* – kleines Netz
33. *M. rectus abdominis* – gerader Bauchmuskel
34. *Ln. mediastinalis caudalis* – kaudaler Mittelfellymphknoten
35. *Ln. pancreaticoduodenalis* – Bauchspeicheldrüsen-Zwölffingerdarmlymphknoten

Schaf. Querschnitt durch die Bauchhöhle in Höhe des 2. Lendenwirbels, Ansicht von kaudal.

Abbildung 74

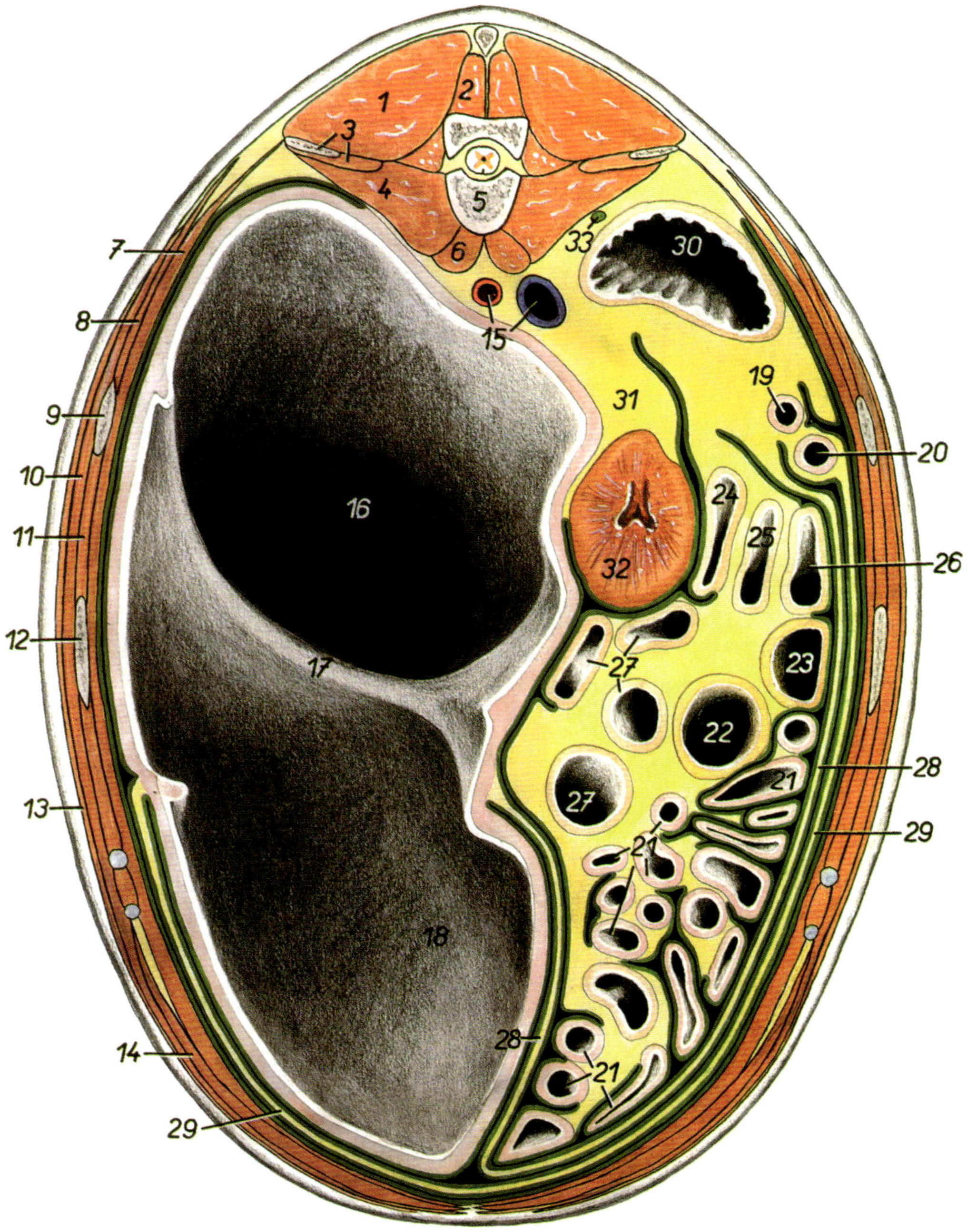

1. *M. longissimus lumborum* – Lendenportion des längsten Muskels
2. *Mm. multifidi lumborum* – Lendenportion der vielgeteilten Muskeln
3. *Processus transversus (s. costarius) vertebrae lumbalis II, M. quadratus lumborum* – Querfortsatz des 2. Lendenwirbels, viereckiger Lendenmuskel
4. *M. psoas major* – großer Lendenmuskel
5. *Vertebra lumbalis II* – 2. Lendenwirbel
6. *M. psoas minor* – kleiner Lendenmuskel
7. *M. transversus abdominis* – querverlaufender Bauchmuskel
8. *M. obliquus internus abdominis* – innerer schiefer Bauchmuskel
9. *Costa XIII* – 13. Rippe
10. *M. obliquus externus abdominis* – äußerer schiefer Bauchmuskel
11. *Mm. intercostales* – Zwischenrippenmuskeln
12. *Costa XII* – 12. Rippe
13. *M. cutaneus trunci* – Rumpfhautmuskel
14. *M. rectus abdominis* – gerader Bauchmuskel
15. *Aorta, V. cava caudalis* – große Körperschlagader, kaudale Hohlvene
16. *Saccus dorsalis ruminis* – dorsaler Pansensack
17. *Pila cranialis ruminis* – kranialer Pansenpfeiler
18. *Saccus ventralis ruminis* – ventraler Pansensack
19. *Pars ascendens duodeni* – aufsteigender Teil des Zwölffingerdarms
20. *Pars descendens duodeni* – absteigender Teil des Zwölffingerdarms
21. *Jejunum* – Leerdarm
22. *Cecum* – Blinddarm

23.–27. *Colon ascendens* – aufsteigender Grimmdarm

23. *Ansa proximalis (Gyrus medius) coli* – proximale Schleife (mittlere Windung) des Grimmdarms
24. *Ansa proximalis (Gyrus dorsalis) coli* – proximale Schleife (dorsale Windung) des Grimmdarms
25. *Ansa distalis coli (Gyrus dorsalis* – distale Schleife (dorsale Windung) des Grimmdarms
26. *Ansa distalis coli (Gyrus ventralis)* – distale Schleife (ventrale Windung) des Grimmdarms
27. *Ansa spiralis coli* – spiralförmige Schleife des Grimmdarms
28. *Paries profundus omenti majoris* – tiefes Blatt des großen Netzes
29. *Paries superficialis omenti majoris* – oberflächliches Blatt des großen Netzes
30. *Colon descendens* – absteigender Grimmdarm
31. *Lig. suspensorium renis* – Aufhängeband der Niere
32. *Ren sinister* – linke Niere
33. *Ureter dexter* – rechter Harnleiter

Schaf. Querschnitt durch die Bauchhöhle in Höhe des 5. Lendenwirbels, Ansicht von kaudal.

Abbildung 75

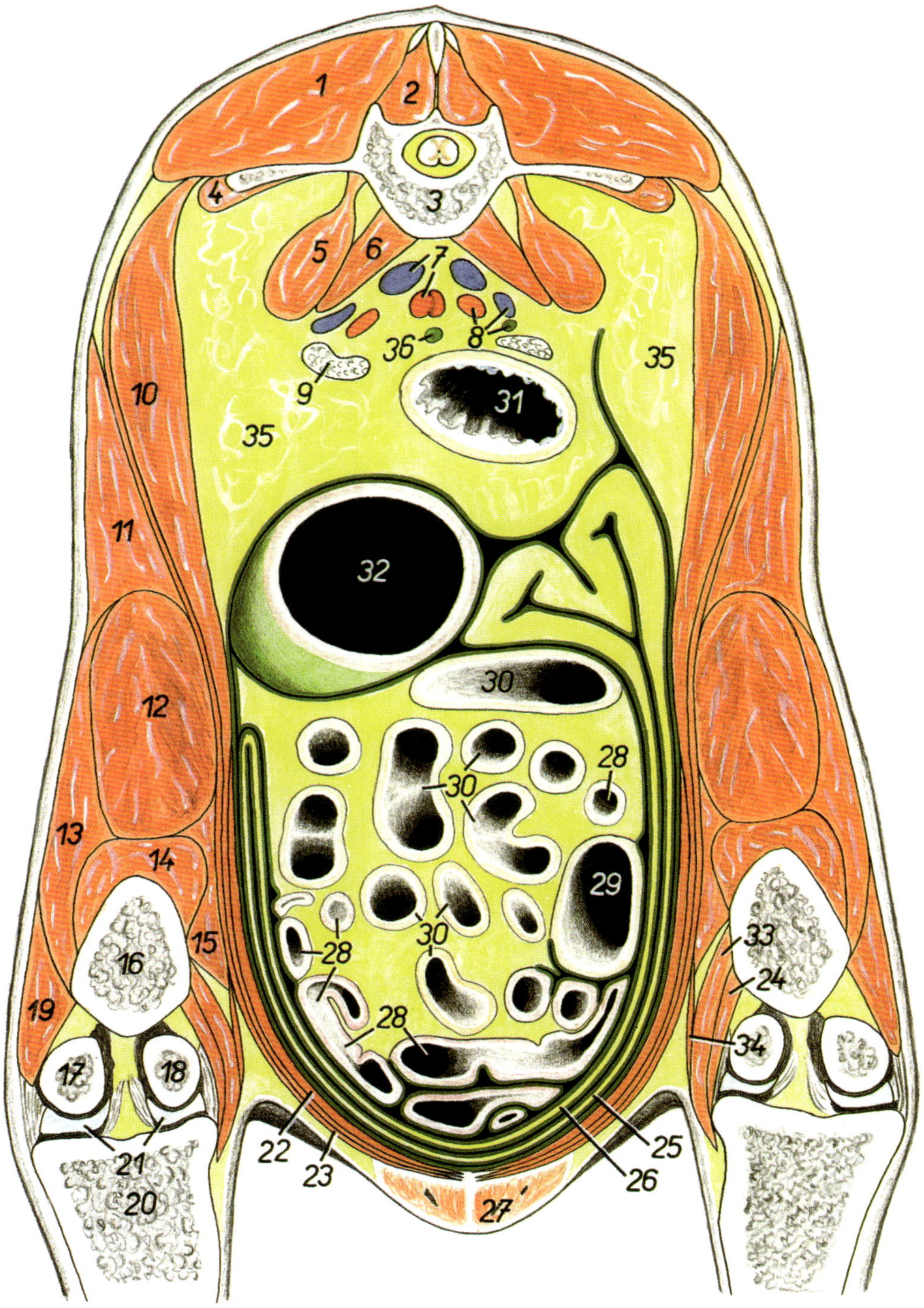

1. *M. longissimus lumborum* – Lendenportion des längsten Muskels
2. *M. multifidus lumborum* – Lendenportion des vielgeteilten Muskels
3. *Vertebra lumbalis V* – 5. Lendenwirbel
4. *M. quadratus lumborum* – viereckiger Lendenmuskel
5. *M. psoas major* – großer Lendenmuskel
6. *M. psoas minor* – kleiner Lendenmuskel
7. *A. et V. iliaca interna* – innere Darmbeinarterie und -vene
8. *A. et V. iliaca externa, Ureter dexter* – äußere Darmbeinarterie und -vene, rechter Harnleiter
9. *Ln. iliacus medialis* – mittlerer Darmbeinlymphknoten
10. *M. obliquus internus abdominis* – innerer schiefer Bauchmuskel
11. *M. tensor fasciae latae* – Spanner der lateralen Oberschenkelfaszie

12.–15. *M. quadriceps femoris* – vierköpfiger Oberschenkelmuskel

12. *M. rectus femoris* – gerader Oberschenkelmuskel
13. *M. vastus lateralis* – lateraler Oberschenkelmuskel
14. *M. vastus intermedius* – mittlerer Oberschenkelmuskel
15. *M. vastus medialis* – medialer Oberschenkelmuskel
16. *Os femoris* – Oberschenkelbein
17. *Condylus lateralis ossis femoris* – lateraler Gelenkknorren des Oberschenkelbeines
18. *Condylus medialis ossis femoris* – medialer Gelenkknorren des Oberschenkelbeines
19. *M. biceps femoris* – zweiköpfiger Oberschenkelmuskel
20. *Tibia* – Schienbein
21. *Menisci* – Faserknorpelscheiben des Kniekehlgelenks
22. *M. rectus abdominis* – gerader Bauchmuskel
23. *M. obliquus externus abdominis* – äußerer schiefer Bauchmuskel
24. *M. adductor* – Einwärtszieher
25. *Paries superficialis omenti majoris* – oberflächliches Blatt des großen Netzes
26. *Paries profundus omenti majoris* – tiefes Blatt des großen Netzes
27. *Uber* – Euter
28. *Jejunum* – Leerdarm
29. *Cecum* – Blinddarm
30. *Ansa spiralis coli* – spiralförmige Schleife des Grimmdarms
31. *Rectum* – Mastdarm
32. *Saccus cecus caudodorsalis ruminis* – kaudodorsaler Pansenblindsack
33. *M. gracilis* – schlanker Schenkelmuskel
34. *M. sartorius* – Schneidermuskel
35. *Corpus adiposum* – Fettkörper
36. *Ureter sinister* – linker Harnleiter

Schaf. Topographisch-anatomische Beziehungen der am Zwerchfell liegenden Organe, Ansicht von ventrokaudal.

Abbildung 76

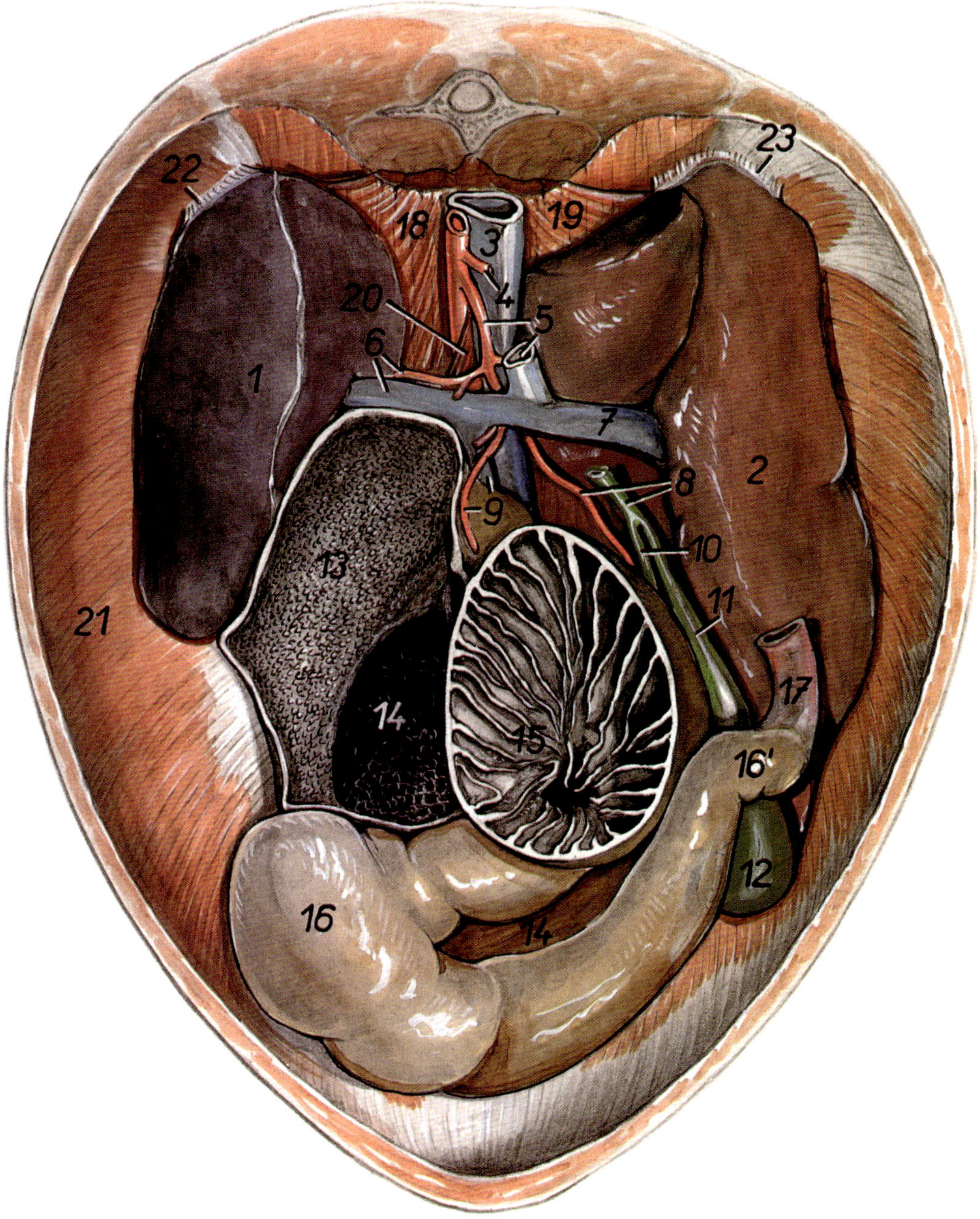

1. *Lien* – Milz
2. *Hepar* – Leber
3. *V. cava caudalis* – kaudale Hohlvene
4. *A. mesenterica cranialis* – kraniale Gekrösearterie
5. *A. celiaca, V. mesenterica cranialis* – Bauchhöhlenarterie, kraniale Gekrösevene
6. *A. et V. lienalis* – Milzarterie und -vene
7. *V. portae* – Pfortader
8. *Ductus choledochus, A. hepatica* – gemeinsamer Ausführungsgang von Leber und Gallenblase, Leberarterie
9. *A. et V. gastrica sinistra* – linke Magenarterie und -vene
10. *Ductus hepaticus* – Leberausführungsgang
11. *Ductus cysticus* – Gallenblasenausführungsgang
12. *Vesica fellea* – Gallenblase
13. *Atrium ruminoreticuli (s. Atrium ventriculi)* – Pansen-Netzmagenvorhof (Magenvorhof)
14. *Reticulum* – *Netzmagen*
15. *Omasum* – Blättermagen
16. *Fundus abomasi* – Labmagenboden
16′. *Pylorus* – Pförtner
17. *Pars cranialis duodeni* – kranialer Teil des Zwölffingerdarms
18. *Crus sinistrum diaphragmatis* – linker Zwerchfellpfeiler
19., 20. *Crus dextrum diaphragmatis*–rechter Zwerchfellpfeiler
21. *Pars costalis diaphragmatis* – Rippenteil des Zwerchfells
22. *Lig. phrenicolienale* – Zwerchfell-Milzband
23. *Lig. triangulare dextrum hepatis* – rechtes dreieckiges Leberband

Abbildung 77

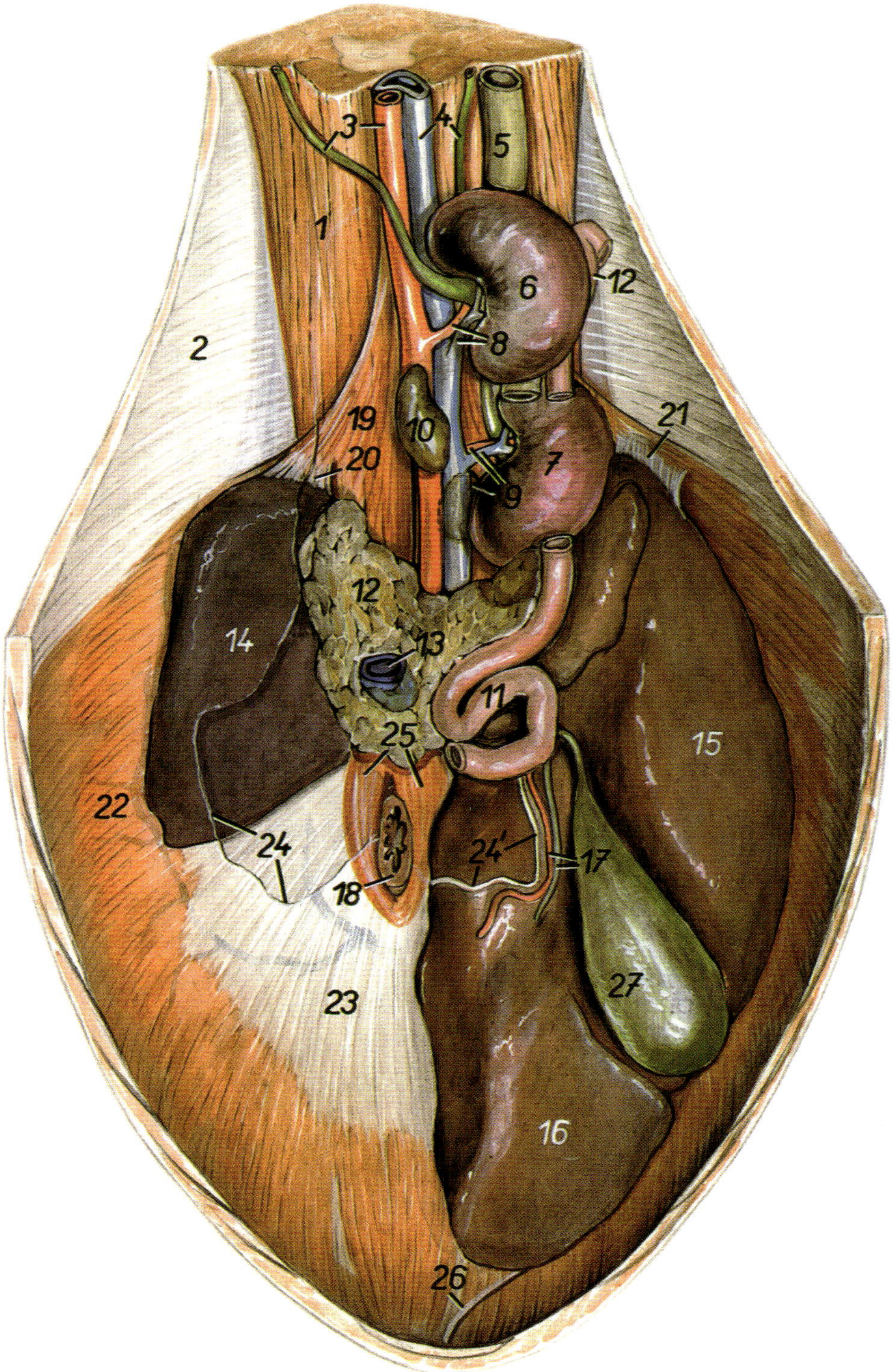

1. *Mm. psoas major et psoas minor* – großer und kleiner Lendenmuskel
2. *Paries abdominis* – Bauchwand
3. *Aorta, Ureter sinister* – große Körperschlagader, linker Harnleiter
4. *V. cava caudalis, Ureter dexter* – kaudale Hohlvene, rechter Harnleiter
5. *Colon descendens* – absteigender Grimmdarm
6. *Ren sinister* – linke Niere
7. *Ren dexter* – rechte Niere
8. *A. et V. renalis sinistra* – linke Nierenarterie und -vene
9. *A. et V. renalis dextra*, Glandula adrenalis dextra – rechte Nierenarterie und -vene, rechte Nebenniere
10. *Glandula adrenalis sinistra* – linke Nebenniere
11. *Ansa sigmoidea duodeni* – s-förmige Schleife des Zwölffingerdarms
12. *Pancreas (Lobus sinister)* – Bauchspeicheldrüse (linker Lappen)
12'. *Pars descendens duodeni* – absteigender Teil des Zwölffingerdarms
13. *V. portae* – Pfortader
14. *Lien* – Milz
15. *Lobus hepatis dexter* – rechter Leberlappen
16. *Lobus hepatis sinister* – linker Leberlappen
17. *A. hepatica, Ductus hepaticus* – Leberarterie, Leberausführungsgang
18. *Esophagus* – Speiseröhre
19. *Crus sinistrum diaphragmatis* – linker Zwerchfellpfeiler
20. *Lig. phrenicolienale* – Zwerchfell-Milzband
21. *Lig. triangulare dextrum hepatis* – rechtes dreieckiges Leberband
22. *Pars costalis diaphragmatis* – Rippenteil des Zwerchfells
23. *Centrum tendineum diaphragmatis* – Sehnenspiegel des Zwerchfells
24., 24'. *Margo peritonei (Linea insertionis)* – Bauchfellrand (Ansatzlinie)
24. *Linea adhaesionis ruminis* – Rand der Pansenverklebung
24'. *Omentum minus (Lig. hepatogastricum)* – kleines Netz (Leber-Magenband)
25. *Crus dextrum diaphragmatis* – rechter Zwerchfellpfeiler
26. *Lig. teres hepatis* – rundes Leberband
27. *Vesica fellea* – Gallenblase

Schaf. Netzmagenrinne, Ansicht von kaudal (links) und Blättermagenrinne, Ansicht von oben (rechts).

Abbildung 78

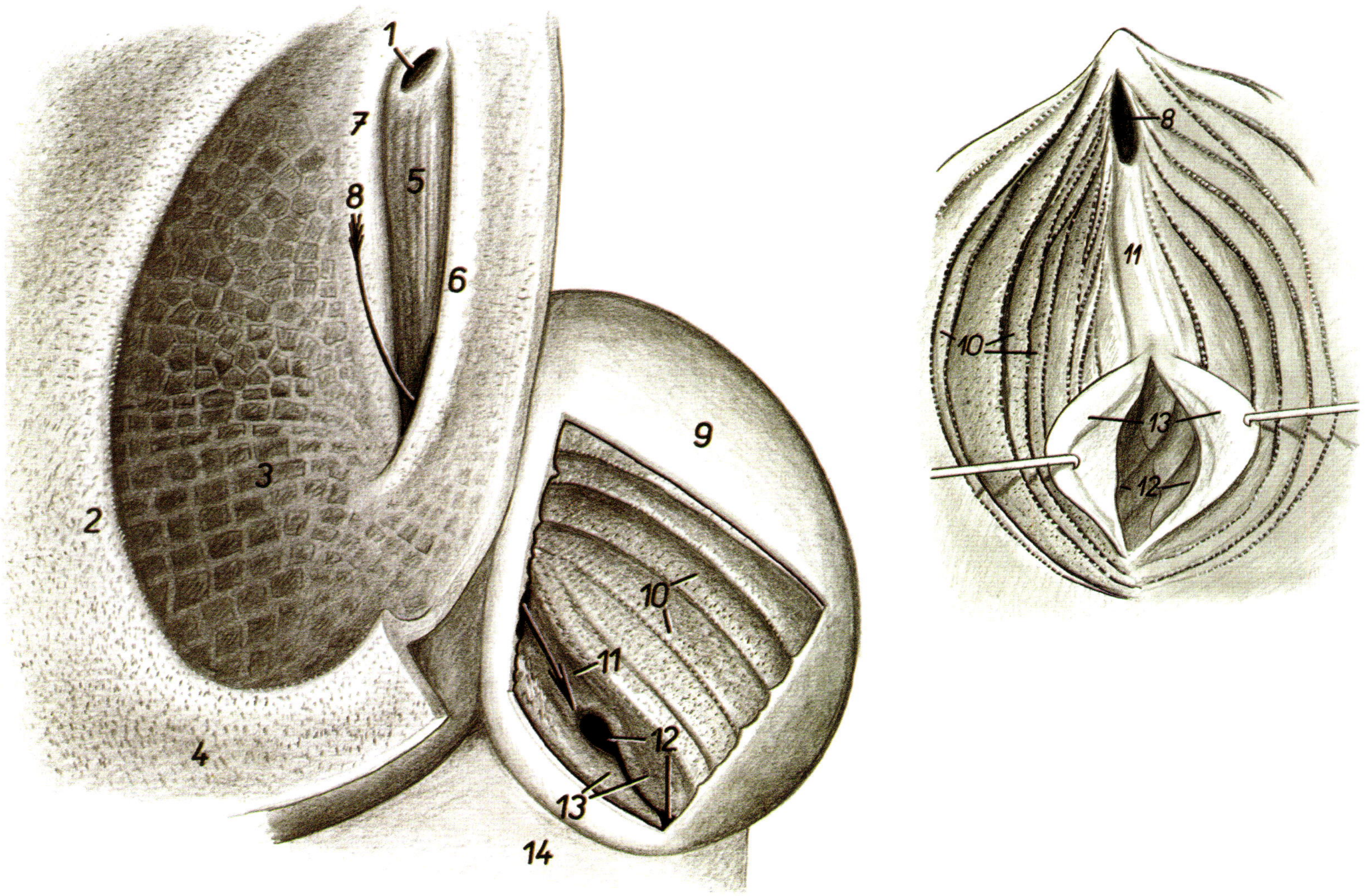

1. *Ostium atriale (s. cardiacum) esophagi* – Vorhoföffnung (Magenmund) der Speiseröhre
2. *Plica ruminoreticularis* – Pansen-Netzmagenfalte
3. *Reticulum* – Netzmagen
4. *Atrium ruminis* – Pansenvorhof
5.–7. *Sulcus reticuli* – Netzmagenrinne
5. *Fundus sulci reticuli* – Boden der Netzmagenrinne
6. *Labium dextrum sulci* – rechte Lippe der Rinne
7. *Labium sinistrum sulci* – linke Lippe der Rinne
8. *Ostium reticuloomasicum* – Netzmagen-Blättermagenöffnung
9. *Omasum* – Blättermagen
10. *Laminae omasi* – Blätter des Blättermagens
11. *Sulcus omasi* – Rinne des Blättermagens
12. *Ostium omasoabomasicum* – Blättermagen-Labmagenöffnung
13. *Vela abomasica* – Labmagensegel
14. *Abomasum* – Labmagen

Schaf. Leber, Ansicht der Eingeweidefläche.

Abbildung 79

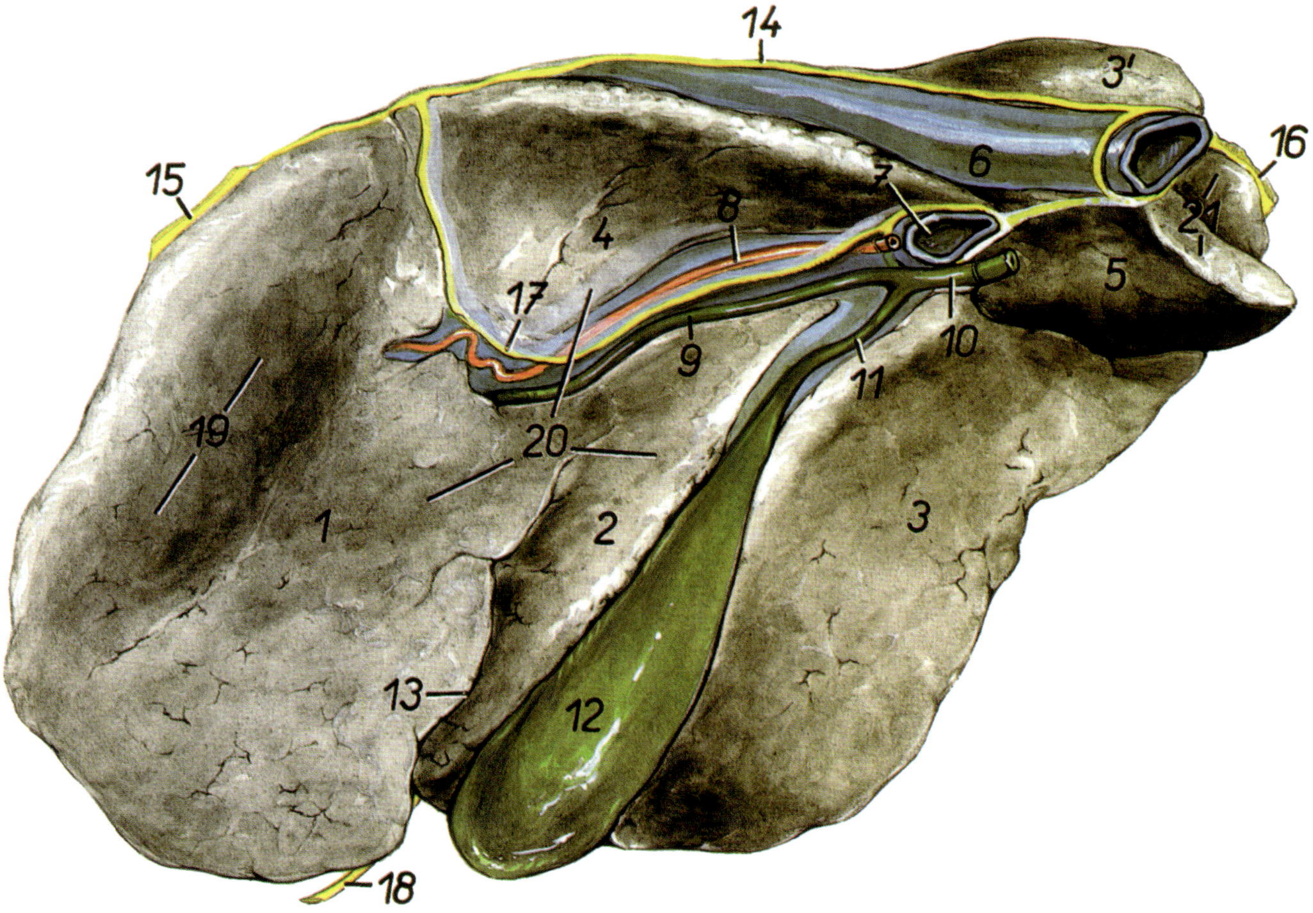

1. *Lobus sinister* – linker Lappen
2. *Lobus quadratus* – viereckiger Lappen
3., 3'. *Lobus dexter* – rechter Lappen
4., 5. *Lobus caudatus* – schwanzförmiger Lappen
4. *Processus papillaris* – Papillarfortsatz
5. *Processus caudatus* – Schwanzfortsatz
6. *V. cava caudalis* – kaudale Hohlvene
7. *V. portae* – Pfortader
8. *A. hepatica* – Leberarterie
9. *Ductus hepaticus* – Ausführungsgang der Leber
10. *Ductus choledochus* – gemeinsamer Ausführungsgang von Leber und Gallenblase
11. *Ductus cysticus* – Ausführungsgang der Gallenblase
12. *Vesica fellea* – Gallenblase
13. *Fissura lig. teretis* – Einschnitt des runden Bandes
14. *Lig. coronarium* – Kranzband
15. *Lig. triangulare sinistrum* – linkes dreieckiges Band
16. *Lig. triangulare dextrum* – rechtes dreieckiges Band
17. *Omentum minus (Lig. hepatogastricum et hepatoduodenale)* – kleines Netz (Leber-Magenband und Leber-Zwölffingerdarmband)
18. *Lig. teres hepatis* – rundes Leberband
19. *Impressio reticularis* – Eindruck des Netzmagens
20. *Impressio omasica* – Eindruck des Blättermagens
21. *Impressio renalis* – Eindruck der Niere

Schaf. Bauchorgane in der letzten Trächtigkeitswoche, Ansicht von rechts.

Abbildung 80

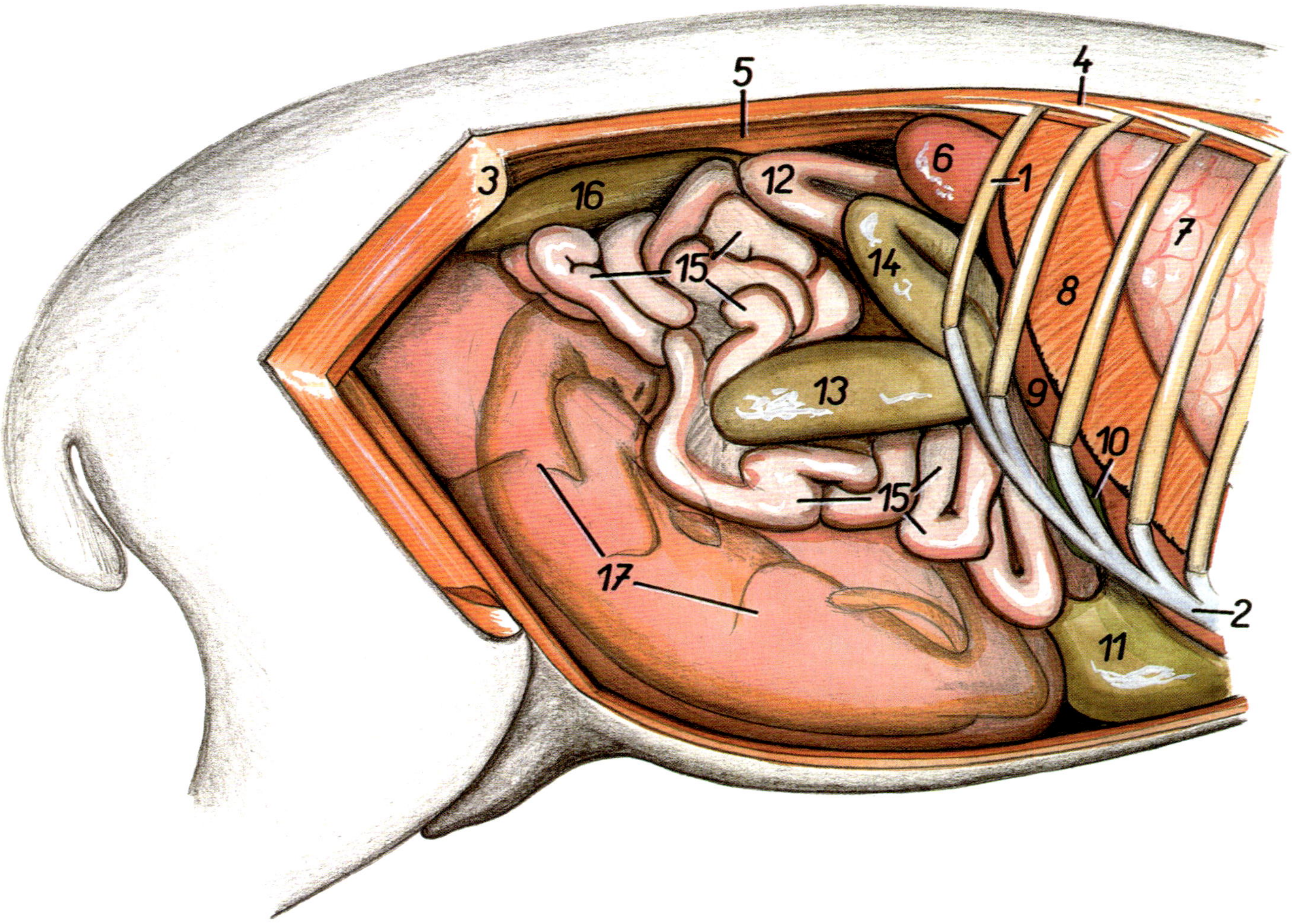

1. *Costa XIII* – 13. Rippe
2. *Arcus costalis* – Rippenbogen
3. *Tuber coxae* – Hüfthöcker
4. *M. iliocostalis thoracis* – Brustkorbportion des Darmbein-Rippenmuskels
5. *Mm. psoas* – Lendenmuskeln
6. *Ren dexter* – rechte Niere
7. *Pulmo dexter* – rechte Lunge
8. *Pars costalis diaphragmatis* – Rippenteil des Zwerchfells
9. *Hepar* – Leber
10. *Vesica fellea* – Gallenblase
11. *Abomasum* – Labmagen
12. *Duodenum* – Zwölffingerdarm
13. *Cecum* – Blinddarm
14. *Ansa proximalis coli* – proximale Schleife des Blinddarms
15. *Jejunum* – Leerdarm
16. *Colon descendens* – absteigender Grimmdarm
17. *Uterus gravis (Fetus in projectione)* – trächtige Gebärmutter (Frucht in der Projektion)

Schaf. Bauchorgane in der letzten Trächtigkeitswoche, Ansicht von links.

Abbildung 81

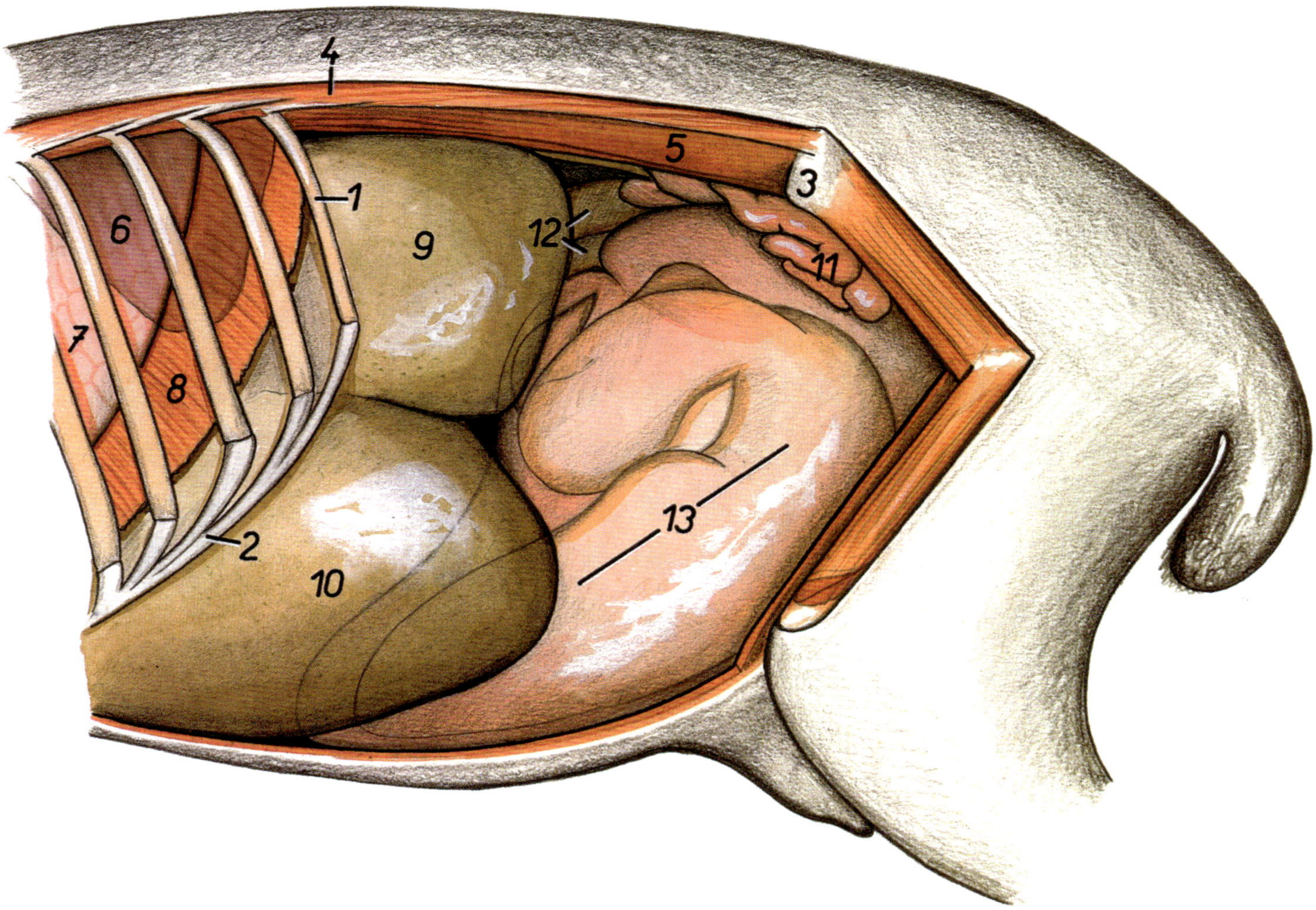

1. *Costa XIII* – 13. Rippe
2. *Arcus costalis* – Rippenbogen
3. *Tuber coxae* – Hüfthöcker
4. *Mm. iliocostalis thoracis et iliocostalis lumborum* – Brustkorb- und Lendenportion des Darmbein-Rippenmuskels
5. *Mm. psoas major et psoas minor* – großer und kleiner Lendenmuskel
6. *Lien (in projectione)* – Milz (in der Projektion)
7. *Pulmo* – Lunge
8. *Pars costalis diaphragmatis* – Rippenteil des Zwerchfells
9. *Saccus dorsalis ruminis* – dorsaler Pansensack
10. *Saccus ventralis ruminis* – ventraler Pansensack
11. *Jejunum* – Leerdarm
12. *Colon* – Grimmdarm
13. *Uterus gravis (Fetus in projectione)* – trächtige Gebärmutter (Frucht in der Projektion)

Schaf, trächtig. Querschnitt durch die Bauchhöhle in der letzten Trächtigkeitswoche. Schnitt in Höhe des 10. Brustwirbels, Ansicht von kaudal.

Abbildung 82

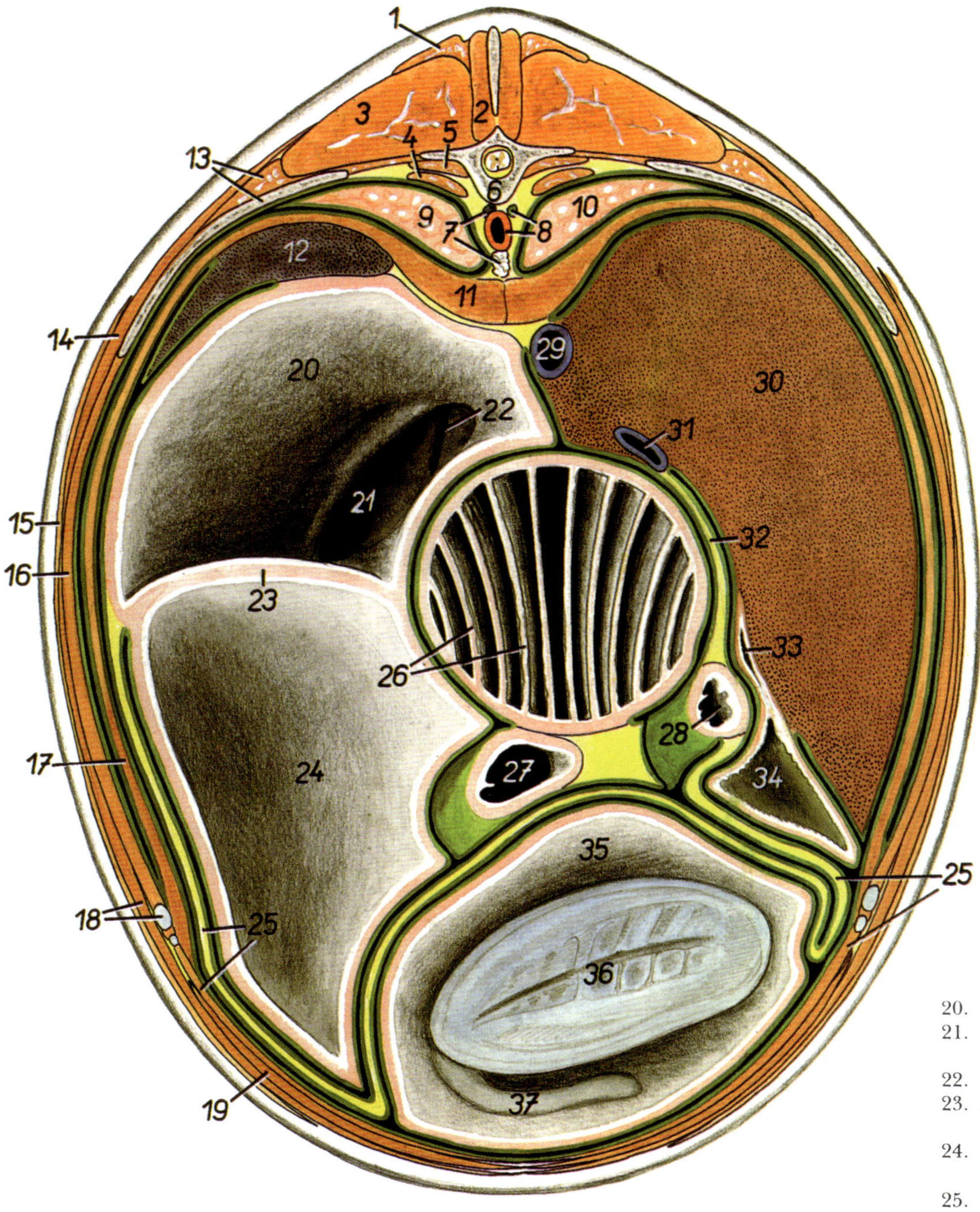

1. *Pars thoracica mi. trapezii* – Brustkorbteil des trapezförmigen Muskels
2. *Mm. multifidi thoracis* – Brustkorbportion der vielgeteilten Muskeln
3. *M. longissimus thoracis* – Brustkorbportion des längsten Muskels
4. *M. psoas major* – großer Lendenmuskel
5. *M. psoas minor* – kleiner Lendenmuskel
6. *Vertebra thoracica X* – 10. Brustwirbel
7. *V. azygos sinistra, Ln. mediastinalis dorsalis* – linke Azygosvene, dorsaler Mittelfellymphknoten
8. *Aorta, Ductus thoracicus* – große Körperschlagader, Milchbrustgang
9. *Pulmo sinister* – linke Lunge
10. *Pulmo dexter* – rechte Lunge
11. *Crura diaphragmatis* – Zwerchfellpfeiler
12. *Lien* – Milz
13. *Costa XI, M. iliocostalis thoracis* – 11. Rippe, Brustkorbportion des Darmbein-Rippenmuskels
14. *M. latissimus dorsi* – breiter Rückenmuskel
15. *M. cutaneus trunci* – Rumpfhautmuskel
16. *Mm. intercostales* – Zwischenrippenmuskeln
17. *Pars costalis diaphragmatis* – Rippenteil des Zwerchfells
18. *M. obliquus externus abdominis, Cartilago costalis XI* – äußerer schiefer Bauchmuskel, Knorpel der 11. Rippe
19. *M. rectus abdominis* – gerader Bauchmuskel
20. *Saccus dorsalis ruminis* – dorsaler Pansensack
21. *Ostium ruminoreticulare* – Pansen-Netzmagenöffnung
22. *Sulcus reticuli* – Netzmagenrinne
23. *Pila cranialis ruminis* – kranialer Pansenpfeiler
24. *Saccus ventralis ruminis* – ventraler Pansensack
25. *Omentum majus, M. transversus abdominis* – großes Netz, querverlaufender Bauchmuskel
26. *Omasum* – Blättermagen
27. *Abomasum* – Labmagen
28. *Pars pylorica abomasi* – Pförtnerteil des Labmagens
29. *V. cava caudalis* – kaudale Hohlvene
30. *Hepar* – Leber
31. *V. portae* – Pfortader
32. *Omentum minus* – kleines Netz
33. *Ductus cysticus* – Ausführungsgang der Gallenblase
34. *Vesica fellea* – Gallenblase
35. *Cornu uteri dextrum* – rechtes Gebärmutterhorn
36. *Clunis fetus* – Hinterbacke der Frucht
37. *Cauda fetus* – Schwanz der Frucht

Schaf, trächtig. Querschnitt durch die Bauchhöhle in der letzten Trächtigkeitswoche. Schnitt in Höhe des 13. Brustwirbels, Ansicht von kaudal.

Abbildung 83

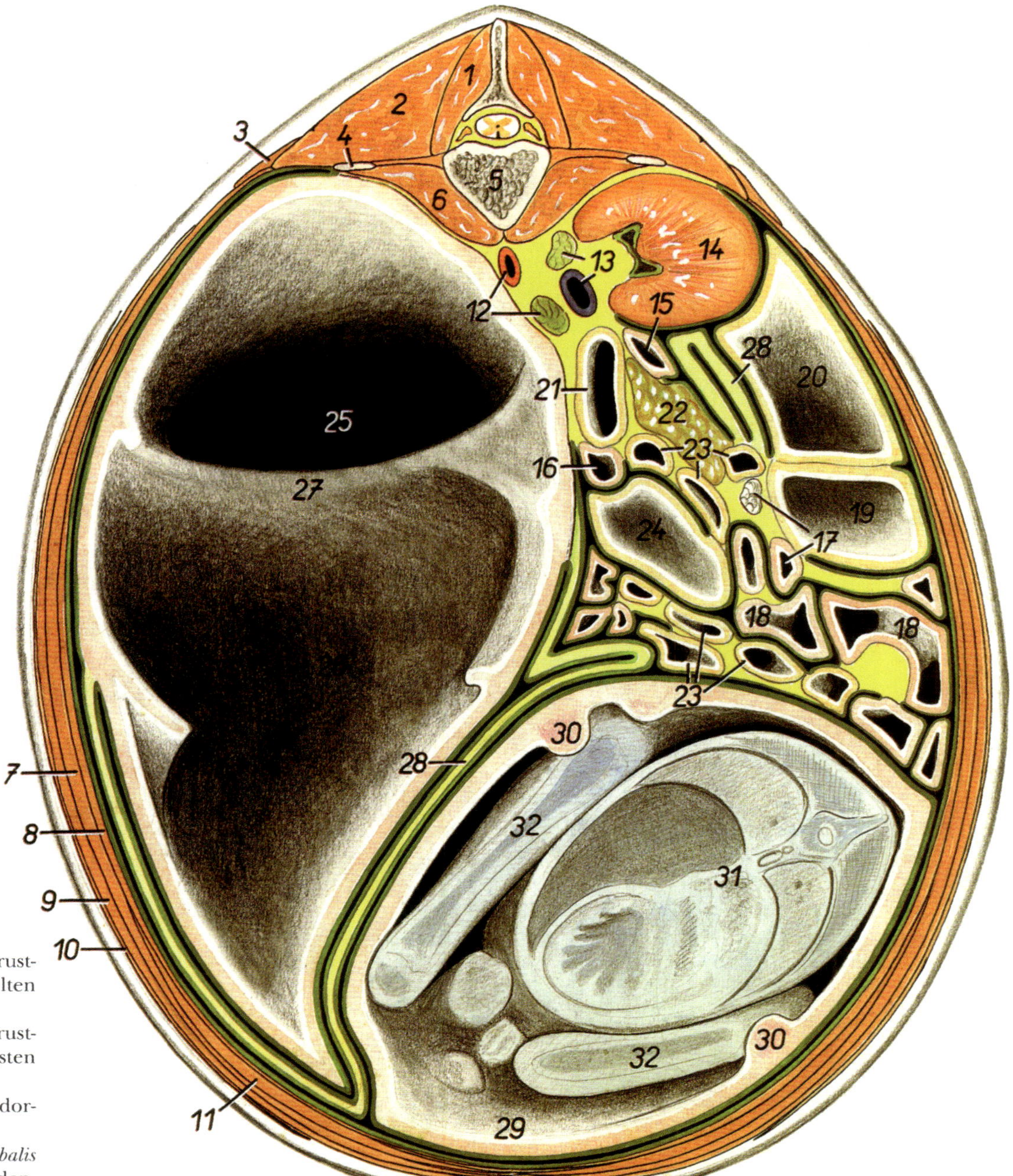

1. *Mm. multifidi* (thoracis et lumborum) – Brustkorb- und Lendenportion des vielgeteilten Muskels
2. *M. longissimus (thoracis et lumborum)* – Brustkorb- und Lendenportion des längsten Muskels
3. *M. serratus dorsalis caudalis* – kaudaler dorsaler gesägter Muskel
4. *Processus costalis (transversus) vertebrae lumbalis I* – Rippen-(Quer-)fortsatz des I. Lendenwirbels
5. *Vertebra thoracica XIII* – 13. Brustwirbel
6. *M. psoas major* – großer Lendenmuskel
7. *M. obliquus internus abdominis* – innerer schiefer Bauchmuskel
8. *M. transversus abdominis* – querverlaufender Bauchmuskel
9. *M. obliquus externus abdominis* – äußerer schiefer Bauchmuskel
10. *M. cutaneus trunci* – Rumpfhautmuskel
11. *M. rectus abdominis* – gerader Bauchmuskel
12. *Aorta, Glandula adrenalis sinistra* – große Körperschlagader, linke Nebenniere
13. *V. cava caudalis, Glandula adrenalis dextra* – kaudale Hohlvene, rechte Nebenniere
14. *Ren dexter* – rechte Niere
15. *Pars descendens duodeni* – absteigender Teil des Zwölffingerdarms
16. *Flexura duodenojejunalis* – Zwölffingerdarm-Leerdarmbiegung
17. *Ileum, Ln. colicus* – Hüftdarm, Grimmdarmlymphknoten
18. *Jejunum* – Leerdarm

19., 20., 23., 24. *Colon ascendens* – aufsteigender Grimmdarm

19., 20. *Ansa proximalis coli* (19. *Gyrus ventralis,* 20. *Gyrus medius)* – proximale Schleife des Grimmdarms (19. ventrale Windung, 20. mittlere Windung)

21. *Colon descendens* – absteigender Grimmdarm
22. *Pancreas* – Bauchspeicheldrüse
23. *Ansa spiralis coli* – spiralförmige Schleife des Grimmdarms
24. *Ansa distalis coli* – distale Schleife des Grimmdarms
25. *Saccus dorsalis ruminis* – dorsaler Pansensack
26. *Saccus ventralis ruminis* – ventraler Pansensack
27. *Pila cranialis ruminis* – kranialer Pansenpfeiler
28. *Omentum majus* – großes Netz
29. *Cornu uteri dextrum* – rechtes Gebärmutterhorn
30. *Carunculae uteri* – Schleimhautknöpfe der Gebärmutter
31. *Truncus fetus* – Rumpf der Frucht
32. *Membra pelvina fetus* – Beckengliedmaßen der Frucht

Schaf, trächtig. Querschnitt durch die Bauchhöhle in der letzten Trächtigkeitswoche. Schnitt in Höhe des 3. Lendenwirbels, Ansicht von kaudal.

Abbildung 84

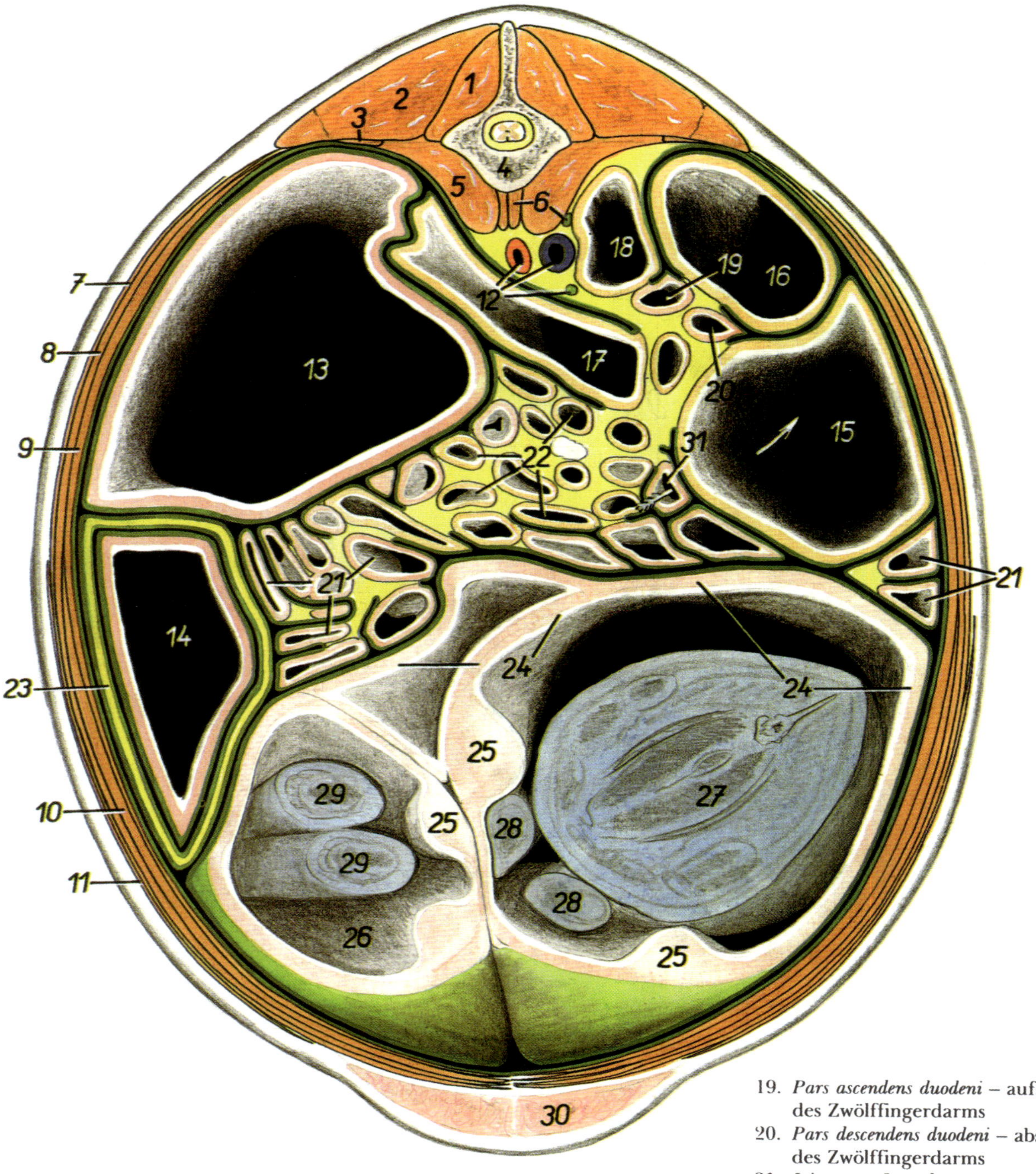

1. *Mm. multifidi lumborum* – Lendenportion der vielgeteilen Muskeln
2. *M. longissimus lumborum* – Lendenportion des längsten Muskels
3. *M. quadratus lumborum* – viereckiger Lendenmuskel
4. *Vertebra lumbalis III* – 3. Lendenwirbel
5. *M. psoas major* – großer Lendenmuskel
6. *Ureter dexter, M. psoas minor* – rechter Harnleiter, kleiner Lendenmuskel
7. *M. obliquus externus abdominis* – äußerer schiefer Bauchmuskel
8. *M. obliquus internus abdominis* – innerer schiefer Bauchmuskel
9. *M. transversus abdominis* – querverlaufender Bauchmuskel
10. *M. rectus abdominis* – gerader Bauchmuskel
11. *M. cutaneus trunci* – Rumpfhautmuskel
12. *Aorta, V. cava caudalis, Ureter sinister* – große Körperschlagader, kaudale Hohlvene, linker Harnleiter
13. *Saccus cecus caudodorsalis ruminis* – kaudodorsaler Pansenblindsack
14. *Saccus cecus caudoventralis ruminis* – kaudoventraler Pansenblindsack
15. *Cecum* – Blinddarm

16., 17. *Ansa proximalis coli (16. Gyrus medius, 17. Gyrus dorsalis)* – proximale Schleife des Grimmdarms (16. mittlere Windung, 17. dorsale Windung)

18. *Colon descendens* – absteigender Grimmdarm
19. *Pars ascendens duodeni* – aufsteigender Teil des Zwölffingerdarms
20. *Pars descendens duodeni* – absteigender Teil des Zwölffingerdarms
21. *Jejunum* – Leerdarm
22. *Ansa spiralis coli* – spiralförmige Schleife des Grimmdarms
23. *Omentum majus* – gorßes Netz
24. *Cornu uteri dextrum* – rechtes Gebärmutterhorn
25. *Carunculae uteri* – Schleimhautknöpfe der Gebärmutter
26. *Cornu uteri sinistrum* – linkes Gebärmutterhorn
27. *Thorax fetus* – Brustkorb der Frucht
28. *Membra pelvina fetus* – Beckengliedmaßen der Frucht
29. *Membra thoracica fetus* – Schultergliedmaßen der Frucht
30. *Uber* – Euter
31. *Ileum* – Hüftdarm

Schaf, trächtig. Querschnitt durch die Bauchhöhle in der letzten Trächtigkeitswoche. Schnitt zwischen 5. und 6. Lendenwirbel, Ansicht von kaudal.

Abbildung 85

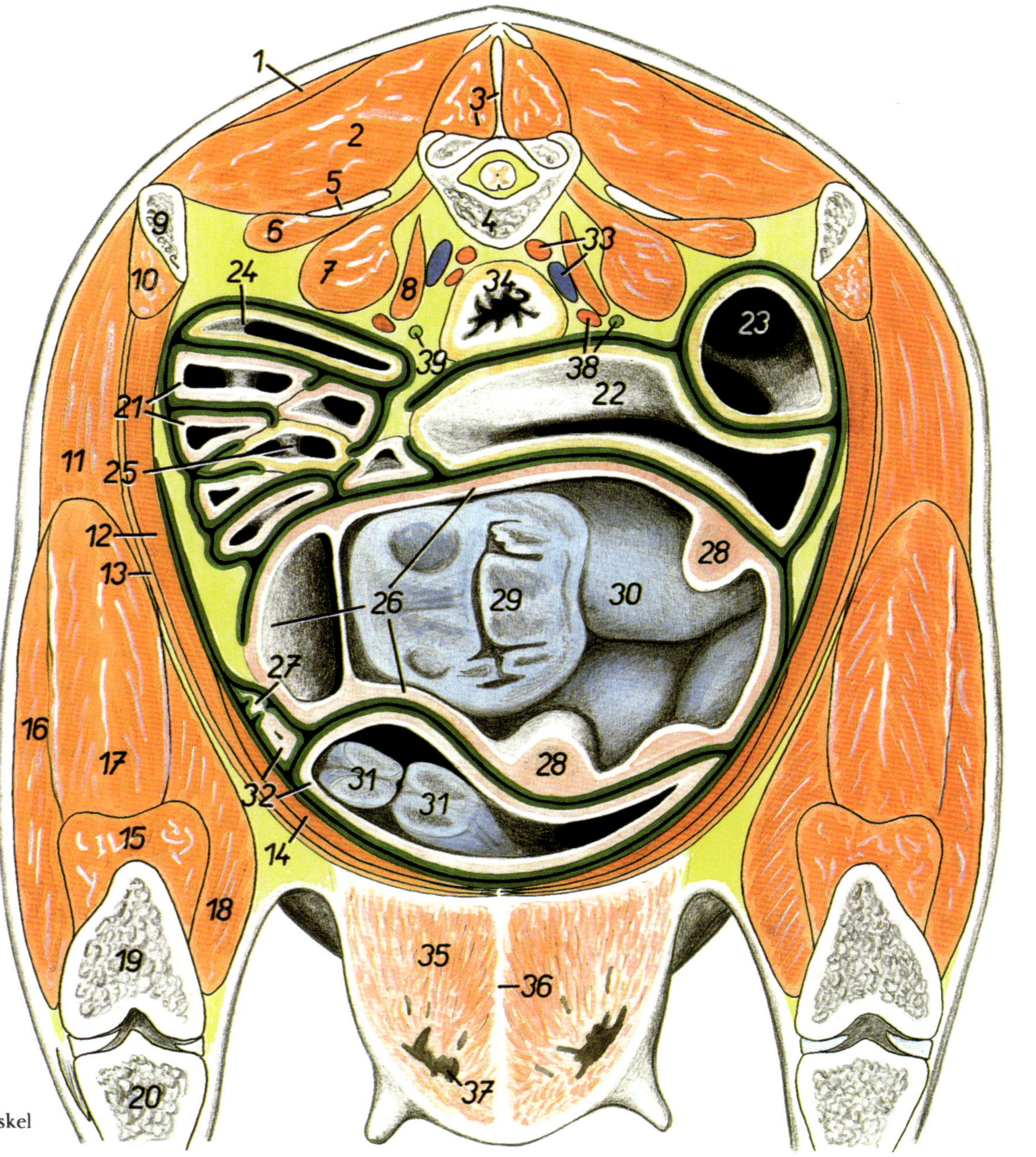

1. *M. gluteus medius* – mittlerer Kruppenmuskel
2. *M. longissimus lumborum* – Lendenportion des längsten Muskels
3. *Mm. multifidi lumborum, Processus spinosus vertebrae lumbalis V* – Lendenportion der vielgeteilten Muskeln, Dornfortsatz des 5. Lendenwirbels
4. *Corpus vertebrae lumbalis VI* – Körper des 6. Lendenwirbels
5. *Processus costalis (transversus) vertebrae lumbalis VI* – Rippen- (Quer-)fortsatz des 6. Lendenwirbels
6. *M. quadratus lumborum* – viereckiger Lendenmuskel
7. *M. psoas major* – großer Lendenmuskel
8. *M. psoas minor* – kleiner Lendenmuskel
9. *Tuber coxae* – Hüfthöcker
10. *M. iliacus (Pars lateralis)* – Darmbeinmuskel (lateraler Teil)
11. *M. tensor fasciae latae* – Spanner der lateralen Oberschenkelfaszie
12. *M. obliquus internus abdominis* – innerer schiefer Bauchmuskel
13. *M. obliquus externus abdominis* – äußerer schiefer Bauchmuskel
14. *M. rectus abdominis* – gerader schiefer Bauchmuskel

15.–18. *M. quadriceps femoris* – vierköpfiger Oberschenkelmuskel

15. *M. vastus intermedius* – mittlerer Oberschenkelmuskel
16. *M. vastus lateralis* – lateraler Oberschenkelmuskel
17. *M. rectus femoris* – gerader Oberschenkelmuskel
18. *M. vastus medialis* – medialer Oberschenkelmuskel
19. *Os femoris* – Oberschenkelbein
20. *Tibia* – Schienbein
21. *Jejunum* – Leerdarm
22. *Cecum* – Blinddarm

23., 24. *Ansa proximalis coli (13. Gyrus medius, 24. Gyrus dorsalis)* – proximale Schleife des Dickdarms (23. mittlere Windung, 24. dorsale Windung)

25. *Ansa spiralis coli (Gyrus centrifugalis)* – spiralförmige Schleife des Grimmdarms (zentrifugale Windung)
26. *Cornu uteri dextrum* – rechtes Gebärmutterhorn
27. *Tuba uterina* – Eileiter
28. *Carunculae uteri* – Schleimhautknöpfe der Gebärmutter
29. *Caput fetus* – Kopf der Frucht
30. *Collum fetus* – Hals der Frucht
31. *Membra thoracica fetus* – Schultergliedmaßen der Frucht
32. *Cornu uteri sinistrum* – linkes Gebärmutterhorn
33. *A. iliaca interna, V. iliaca communis* – innere Darmbeinarterie, gemeinsame Darmbeinvene
34. *Rectum* – Mastdarm
35. *Uber* – Euter
36. *Lig. suspensorium uberis* – Aufhängeband des Euters
37. *Sinus lactiferus* – Milchzisterne
38. *A. iliaca externa, Ureter dexter* – äußere Darmbeinarterie, rechter Harnleiter
39. *Ureter sinister* – linker Harnleiter

Abbildung 86

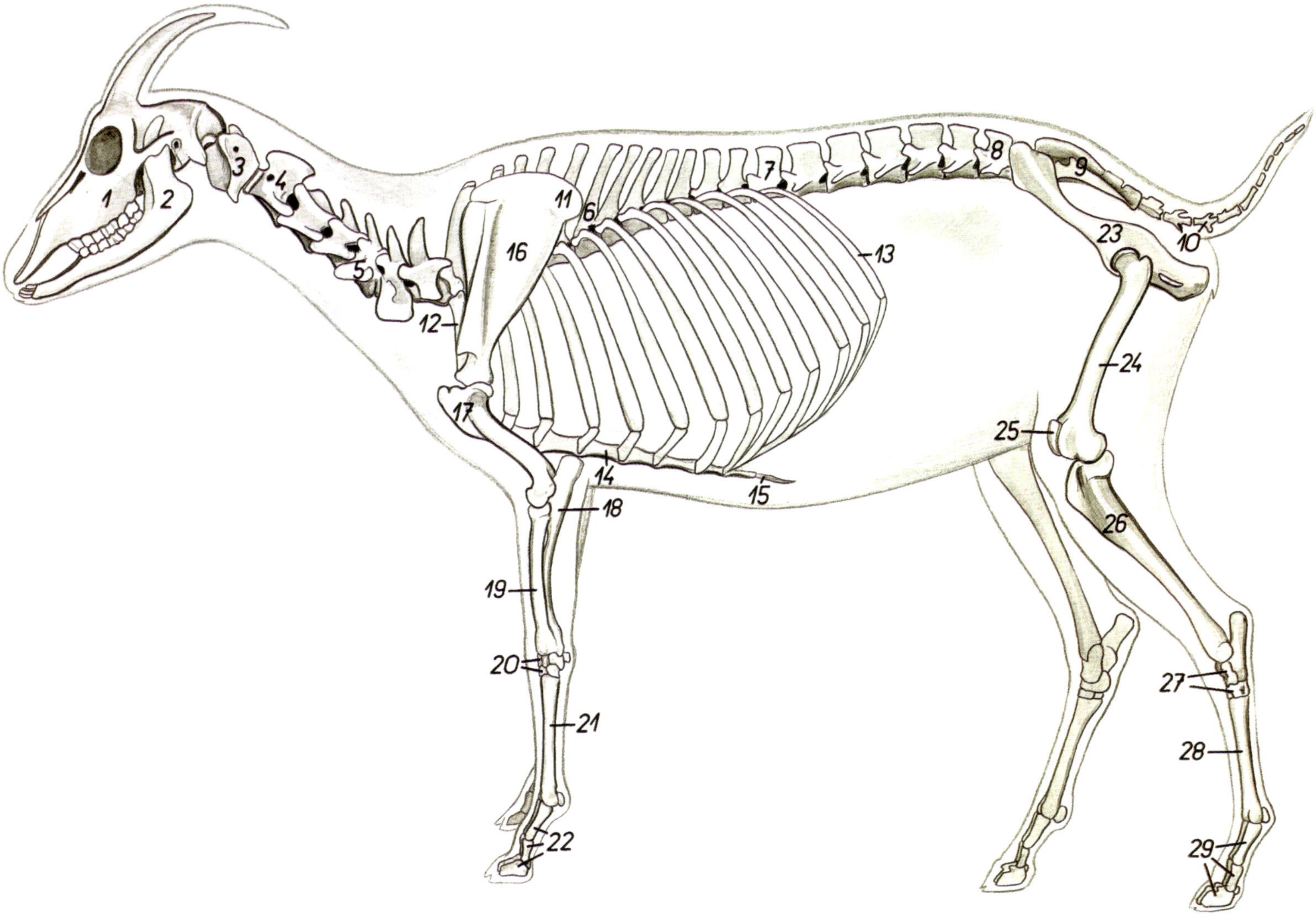

1. *Maxilla* – Oberkieferbein
2. *Mandibula* – Unterkiefer
3. *Atlas* – 1. Halswirbel
4. *Axis* – 2. Halswirbel
5. *Vertebra cervicalis V* – 5. Halswirbel
6. *Vertebra thoracica VI* – 6. Brustwirbel
7. *Vertebra thoracica XIII* – 13. Brustwirbel
8. *Vertebra lumbalis VI* – 6. Lendenwirbel
9. *Os sacrum* – Kreuzbein
10. *Vertebrae coccygeae* – Schwanzwirbel
11. *Cartilago scapulae* – Schulterblattknorpel
12. *Costa I* – 1. Rippe
13. *Costa XIII* – 13. Rippe
14. *Corpus sterni* – Brustbeinkörper
15. *Cartilago xiphoidea* – Schaufelknorpel
16. *Scapula* – Schulterblatt
17. *Humerus* – Oberarmbein
18. *Ulna* – Elle
19. *Radius* – Speiche
20. *Ossa carpi* – Vorderfußwurzelknochen
21. *Os metacarpale III et IV* – 3. und 4. Vordermittelfußknochen
22. *Ossa digitorum manus* – Zehenknochen der Schultergliedmaße
23. *Os coxae* – Hüftbein
24. *Os femoris* – Oberschenkelbein
25. *Patella* – Kniescheibe
26. *Tibia* – Schienbein
27. *Ossa tarsi* – Hinterfußwurzelknochen
28. *Os metatarsale III et IV* – 3. und 4. Hintermittelfußknochen
29. *Ossa digitorum pedis* – Zehenknochen der Beckengliedmaße

Ziege. Oberflächliche Muskulatur nach Entfernung der Hautmuskeln.

Abbildung 87

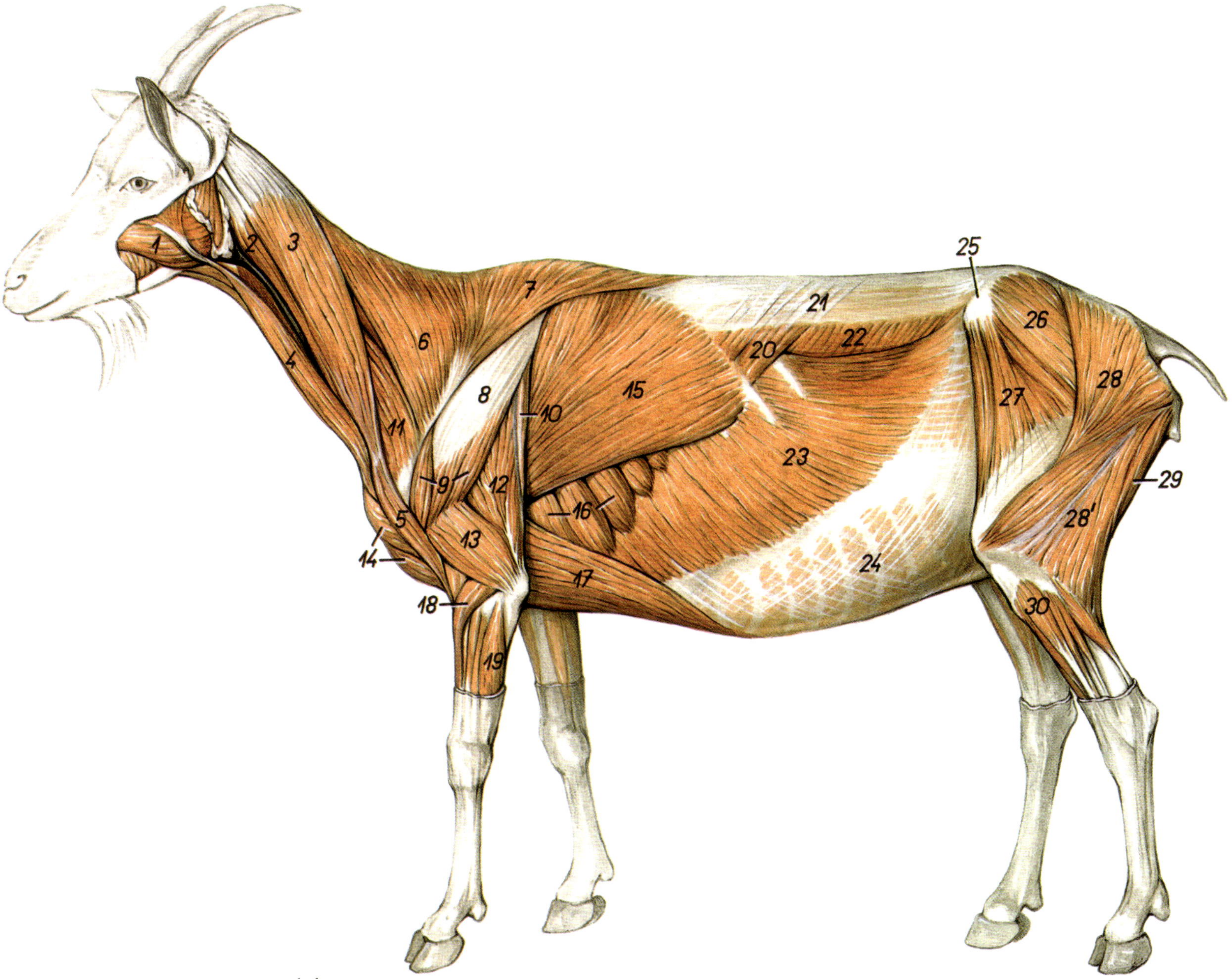

1. *M. masseter* – äußerer Kaumuskel
2., 3., 5. *M. brachiocephalicus* – Arm-Kopfmuskel
2. *M. cleidomastoideus* – Schlüsselbein-Warzenteilmuskel
3. *M. cleidooccipitalis* – Schlüsselbein-Hinterhauptbeinmuskel
4. *M. sternomandibularis* – Brustbein-Unterkiefermuskel
5. *M. cleidobrachialis* – Schlüsselbein-Armmuskel
6. *Pars cervicalis mi. trapezii* – Halsteil des trapezförmigen Muskels
7. *Pars thoracica mi. trapezii* – Brustkorbteil des trapezförmigen Muskels
8. *Aponeurosis mi. deltoidei* – Sehnenplatte des deltaförmigen Muskels
9. *M. deltoideus* – deltaförmiger Muskel
10. *M. tensor fasciae antebrachii* – Spanner der Unterarmfaszie
11. *M. omotransversarius* – Schulter-Querfortsatzmuskel
12. *Caput longum mi. tricipitis brachii* – langer Kopf des dreiköpfigen Armmuskels
13. *Caput laterale mi. tricipitis brachii* – lateraler Kopf des dreiköpfigen Armmuskels
14. *Mm. pectorales superficiales* – oberflächliche Brustmuskeln
15. *M. latissimus dorsi* – breiter Rückenmuskel
16. *M. serratus ventralis thoracis* – Brustkorbportion des ventralen gesägten Muskels
17. *M. pectoralis profundus (s. pectoralis ascendens)* – tiefer Brustmuskel (aufsteigender Brustmuskel)
18. *M. extensor carpi radialis* – radialer Strecker des Vorderfußwurzelgelenks
19. *M. extensor carpi ulnaris* – ulnarer Strecker des Vorderfußwurzelgelenks
20. *M. serratus dorsalis caudalis* – kaudaler dorsaler gesägter Muskel
21. *Fascia thoracolumbalis* – Brustkorb-Lendenfaszie
22. *M. obliquus internus abdominis* – innerer schiefer Bauchmuskel
23. *M. obliquus externus abdominis* – äußerer schiefer Bauchmuskel
24. *Aponeurosis mm. obliquorum abdominis (externi et interni)* – Sehnenplatte der schiefen Bauchmuskeln (äußerer und innerer)
25. *Tuber coxae* – Hüfthöcker
26. *M. gluteus medius* – mittlerer Kruppenmuskel
27. *M. tensor fasciae latae* – Spanner der lateralen Oberschenkelfaszie
28., 28'. *M. gluteobiceps (28. M. gluteus superficialis, 28'. M. biceps femoris)* – zweiköpfiger Kruppenmuskel (28. oberflächlicher Kruppenmuskel. 28'. zweiköpfiger Oberschenkelmuskel)
29. *M. semitendinosus* – halbsehniger Muskel
30. *M. peroneus longus* – langer Wadenbeinmuskel

Ziege. Präparation der rechten Brustkorbhälfte, Ansicht von vorne.

Abbildung 88

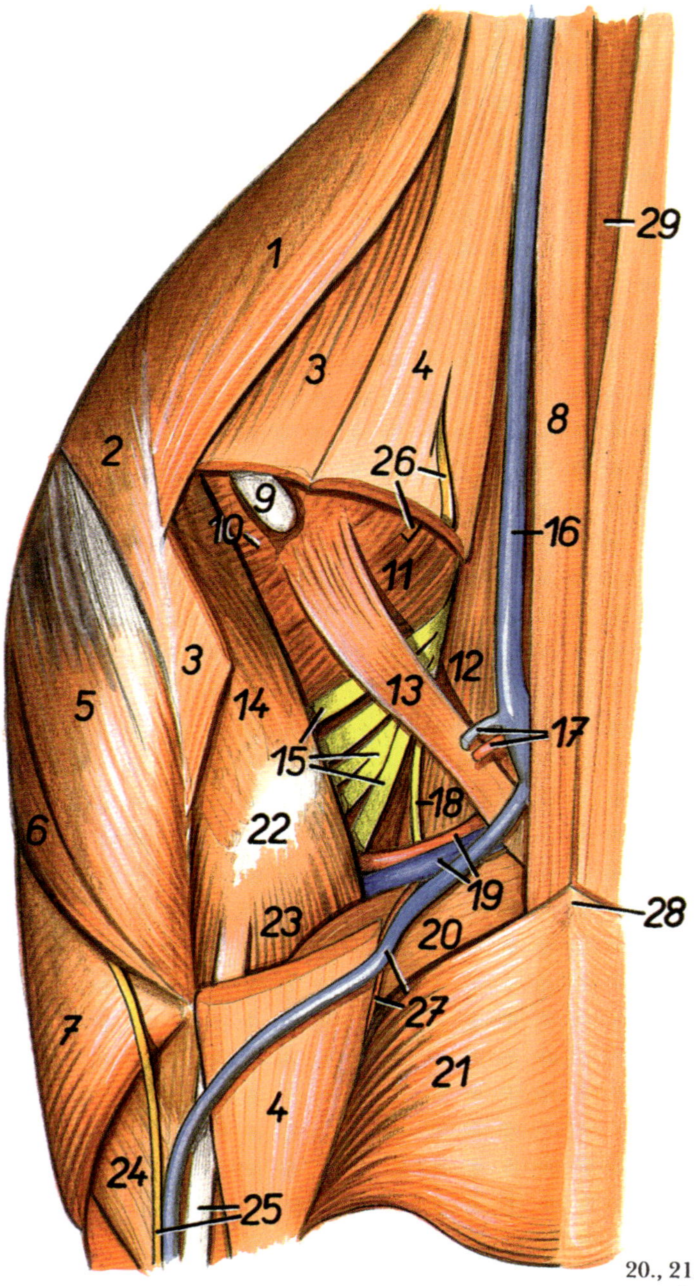

1. *Pars cervicalis mi. trapezii* – Halsteil des trapezförmigen Muskels
2. *Pars thoracica mi. trapezii* – Brustkorbteil des trapezförmigen Muskels
3. *M. omotransversarius* – Schulter-Querfortsatzmuskel
4. *M. brachiocephalicus* – Arm-Kopfmuskel
5. *Pars acromialis mi. deltoidei* – Gräteneckteil des deltaförmigen Muskels
6. *Pars scapularis mi. deltoidei* – Schulterblatteil des deltaförmigen Muskels
7. *M. triceps brachii* – dreiköpfiger Armmuskel
8. *M. sternomandibularis* – Brustbein-Unterkiefermuskel
9. *Ln. cervicalis superficialis* – oberflächlicher Halslymphknoten
10. *M. serratus ventralis cervicis* – Halsportion des ventralen gesägten Muskels
11. *M. longissimus cervicis* – Halsportion des längsten gesägten Muskels
12. *M. scalenus medius* – mittlerer Rippenhalter
13. *M. subclavius* – Unterschlüsselbeinmuskel
14. *M. supraspinatus* – Übergrätenmuskel
15. *Plexus brachialis* – Armgeflecht
16. *V. jugularis* – Drosselvene
17. *A. et V. cervicalis superficialis* – oberflächliche Halsarterie und -vene
18. *Radix ni. phrenici* – Wurzel des Zwerchfellnerven
19. *A. et V. subclavia dextra* – rechte Unterschlüsselbeinarterie und -vene

20., 21. *Mm. pectorales superficiales* – oberflächliche Brustmuskeln

20. *M. pectoralis descendens* – absteigender Brustmuskel
21. *M. pectoralis transversus* – querverlaufender Brustmuskel
22. *Articulatio humeri* – Schultergelenk
23. *M. biceps brachii* – zweiköpfiger Armmuskel
24. *M. extensor carpi radialis* – radialer Strecker des Vorderfußwurzelgelenks
25. *N. cutaneus antebrachii cranialis, Lacertus fibrosus* – kranialer Unterarmhautnerv, sehniger Faserstrang
26. *Rr. ni. cervicalis IV* – Äste des 4. Halsnerven
27. *A. thoracica externa, V. cephalica* – äußere Brustkorbarterie, Kopfvene des Oberarms
28. *Manubrium sterni* – Griff des Brustbeines
29. *Mm. sternohyoidei et sternothyroidei* – Brustbein-Zungenbein- und Brustbein-Schildknorpelmuskeln

Ziege. Präparation des dorsalen Bereiches der Bauchhöhle.

Abbildung 89

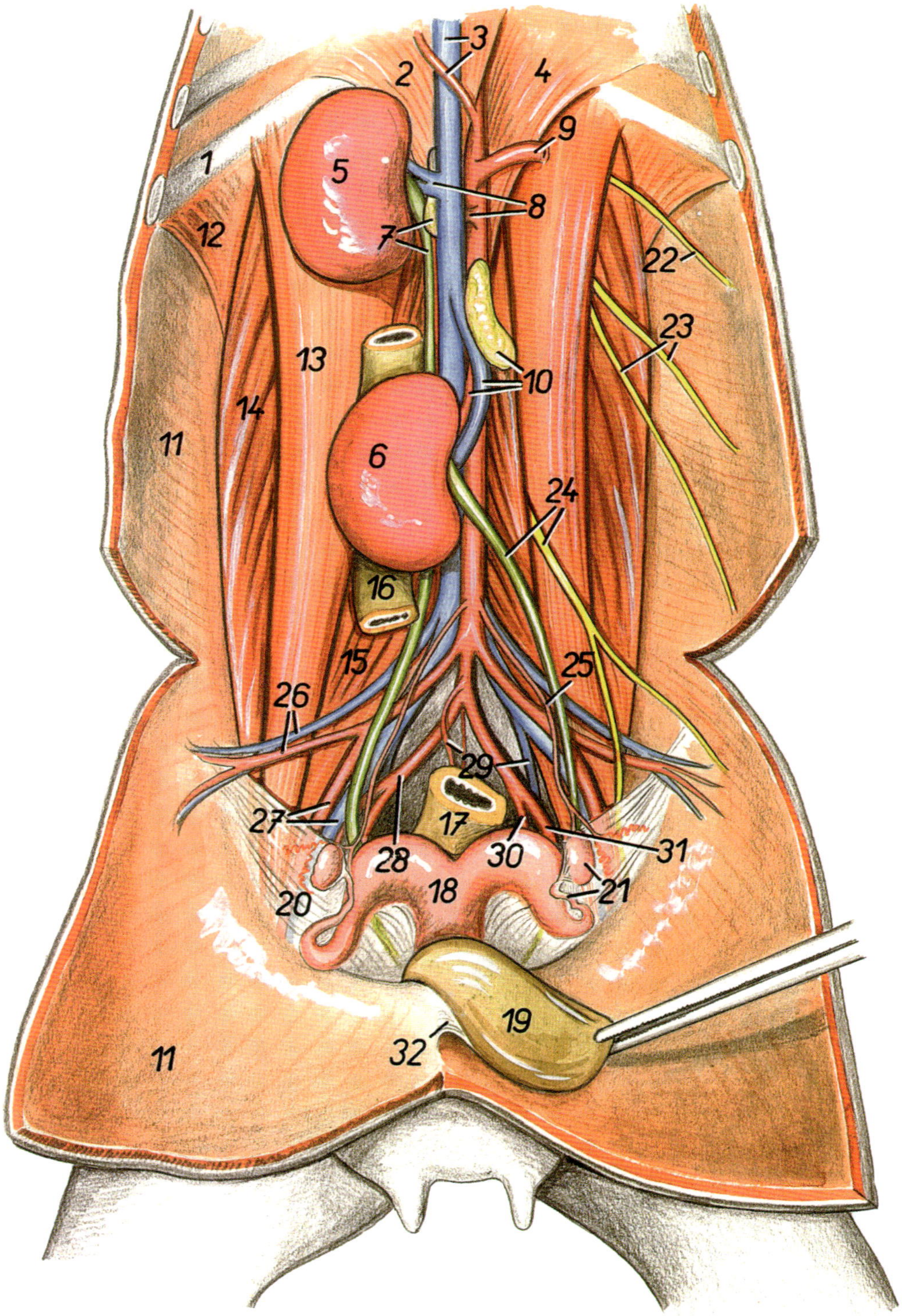

1. *Costa XIII* – 13. Rippe
2. *Crus dextrum diaphragmatis* – rechter Zwerchfellpfeiler
3. *V. cava caudalis, A. celiaca* – kaudale Hohlvene, Bauchhöhlenarterie
4. *Crus sinistrum diaphragmatis* – linker Zwerchfellpfeiler
5. *Ren dexter* – rechte Niere
6. *Ren sinister* – linke Niere
7. *Ureter dexter, Glandula adrenalis dextra* – rechter Harnleiter, rechte Nebenniere
8. *A. et V. renalis dextra* – rechte Nierenarterie und -vene
9. *A. mesenterica cranialis* – kraniale Gekrösearterie
10. *Glandula adrenalis sinistra, A. et V. renalis sinistra* – linke Nebenniere, linke Nierenarterie und -vene
11. *Paries abdominis* – Bauchwand
12. *M. retractor costae* – Rückzieher der Rippen
13. *M. psoas major* – großer Lendenmuskel
14. *M. quadratus lumborum* – viereckiger Lendenmuskel
15. *M. psoas minor* – kleiner Lendenmuskel
16. *Colon descendens* – absteigender Grimmdarm
17. *Rectum* – Mastdarm
18. *Uterus* – Gebärmutter
19. *Vesica urinaria* – Harnblase
20. *Lig. latum uteri* – breites Gebärmutterband
21. *Tuba uterina, Ovarium* – Eileiter, Eierstock
22. *N. iliohypogastricus* – Darmbein-Bauchdeckennerv
23. *N. ilioinguinalis* – Darmbein-Leistennerv
24. *Ureter sinister, N. genitofemoralis* – linker Harnleiter, Genital-Oberschenkelnerv
25. *A. ovarica* – Eierstockarterie
26. *A. et V. circumflexa ilium profunda* – tiefe Darmbeinkranzarterie und -vene
27. *A. et V. iliaca externa* – äußere Darmbeinarterie und -vene
28. *A. iliaca interna* – innere Darmbeinarterie
29. *A. mesenterica caudalis, V. iliaca interna* – kaudale Gekrösearterie, innere Darmbeinvene
30. *A. umbilicalis* – Nabelarterie
31. *A. pudenda interna* – innere Schamarterie
32. *Lig. vesicae medianum* – medianes Harnblasenband

Ziege. Bauchorgane, Ansicht von vorne. Zwerchfell entfernt.

Abbildung 90

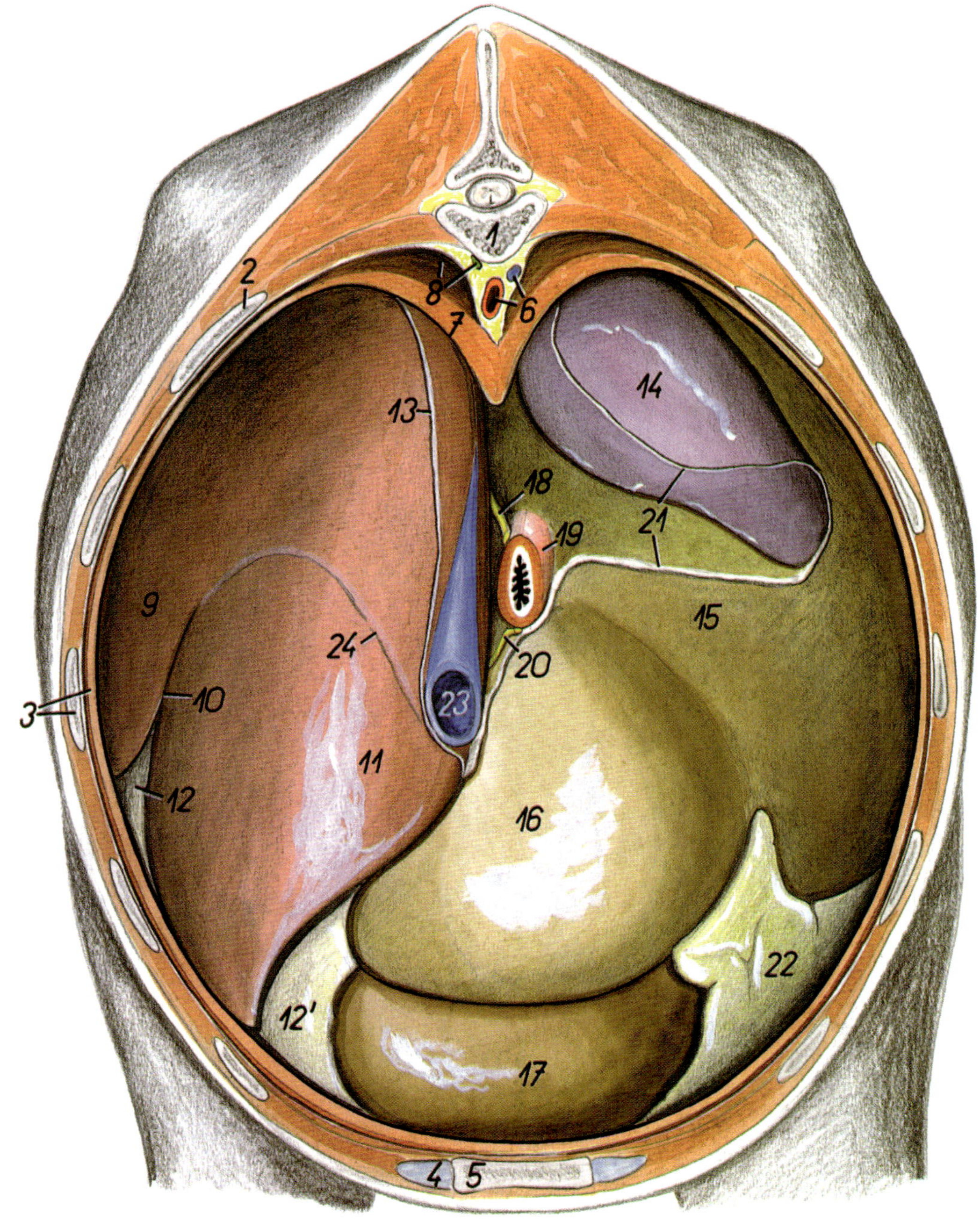

1. *Vertebra thoracica XII* – 12. Brustwirbel
2. *Costa XII* – 12. Rippe
3. *Costa X, Pars costalis diaphragmatis* – 10. Rippe, Rippenteil des Zwerchfells
4. *Cartilago costalis VII* – 7. Rippenknorpel
5. *Sternum* – Brustbein
6. *Aorta, V. azygos sinistra* – große Körperschlagader, linker Azygosvene
7. *Crura diaphragmatis* – Zwerchfellpfeiler
8. *Recessus lumbodiaphragmaticus (pleuralis), Ductus thoracicus* – Lenden-Zwerchfellspalt des Brustfells, Milchbrustgang
9. *Lobus quadratus hepatis* – viereckiger Leberlappen
10. *Fissura lig. teretis* – Einschnitt des runden Bandes
11. *Lobus hepatis sinister* – linker Leberlappen
12., 12'. *Omentum minus* – kleines Netz
13. *Lig. coronarium hepatis* – Kranzband der Leber
14. *Lien* – Milz
15. *Rumen* – Pansen
16. *Reticulum* – Netzmagen
17. *Abomasum* – Labmagen
18. *Truncus vagalis dorsalis* – dorsaler Stamm der Vagusnerven
19. *Esophagus* – Speiseröhre
20. *Truncus vagalis ventralis* – ventraler Stamm des Vagusnerven
21. *Margo peritonei (Linea insertionis lig. gastrophrenici et lig. phrenicolienalis)* – Bauchfellrand (Ansatzlinie des Magen-Zwerchfell- und Zwerchfell-Milzbandes)
22. *Paries superficialis omenti majoris* – oberflächliches Blatt des großen Netzes
23. *V. cava caudalis* – kaudale Hohlvene
24. *Lig. falciforme* – sichelförmiges Band

Ziege. Bauchorgane, Ansicht von vorne. Zwerchfell und ein großer Teil der Leber sind entfernt.

Abbildung 91

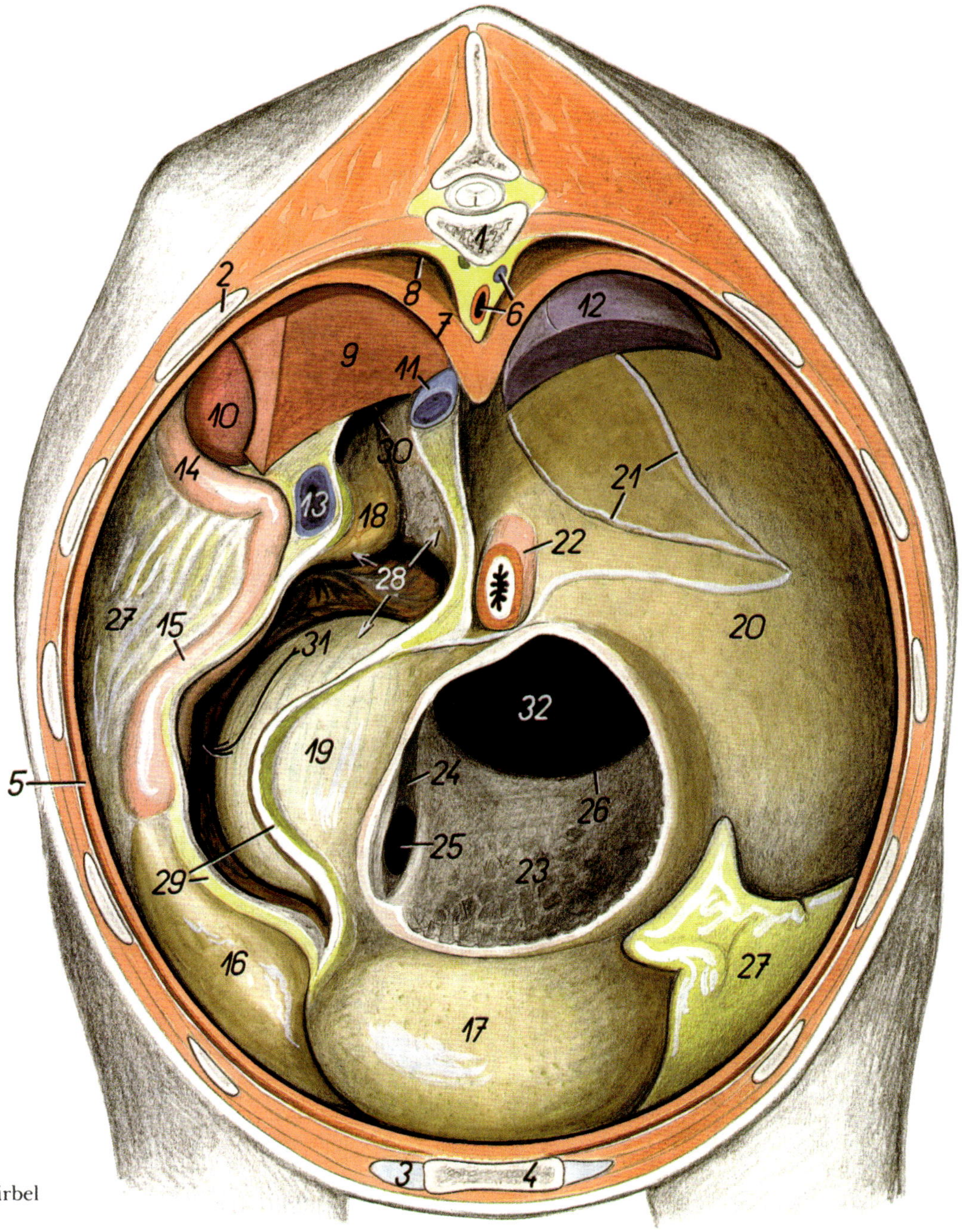

1. *Vertebra thoracica XII* – 12. Brustwirbel
2. *Costa XII* – 12. Rippe
3. *Cartilago costalis VII* – 7. Rippenknorpel
4. *Sternum* – Brustbein
5. *Pars costalis diaphragmatis* – Rippenteil des Zwerchfells
6. *Aorta, V. azygos sinistra* – große Körperschlagader, linke Azygosvene
7. *Crura diaphragmatis* – Zwerchfellpfeiler
8. *Recessus lumbodiaphragmaticus* – Lenden-Zwerschfellspalt
9. *Processus caudatus hepatis* – Schwanzfortsatz der Leber
10. *Ren dexter* – rechte Niere
11. *V. cava caudalis* – kaudale Hohlvene
12. *Lien* – Milz
13. *V. portae* – Pfortader
14. *Pars decendens duodeni* – absteigender Teil des Zwölffingerdarms
15. *Pars cranialis duodeni* – kranialer Teil des Zwölffingerdarms
16. *Pars pylorica abomasi* – Pförtnerteil des Labmagens
17. *Fundus abomasi* – Boden des Labmagens
18. *Pancreas* – Bauchspeicheldrüse
19. *Omasum* – Blättermagen
20. *Rumen* – Pansen
21. *Margo peritonei (Lig. gastrolienale)* – Bauchfellrand (Magen-Milzband)
22. *Esophagus* – Speiseröhre
23. *Reticulum* – Netzmagen
24. *Sulcus reticuli* – Neztmagenrinne
25. *Ostium reticuloomasicum* – Netzmagen-Blättermagenöffnung
26. *Plica ruminoreticularis* – Pansen-Haubenfalte
27. *Paries superficialis omenti majoris* – oberflächliche Schicht des großen Netzes

28., 30., 31. *Bursa omentalis* – Netzbeutelhöhle

28. *Vestibulum bursae omentalis* – Vorhof der Netzbeutelhöhle
29. *Omentum minus* – kleines Netz
30. *Foramen epiploicum* – Netzbeutelloch
31. *Aditus ad recessum caudalem omentalem* – Eingang zur kaudalen Netzbeutelausbuchtung
32. *Ostium ruminoreticulare* – Pansen-Netzmagenöffnung

Ziege. Bauchorgane, Ansicht von rechts. Großes Netz, Gekröse und Zwerchfell sind entfernt.

Abbildung 92

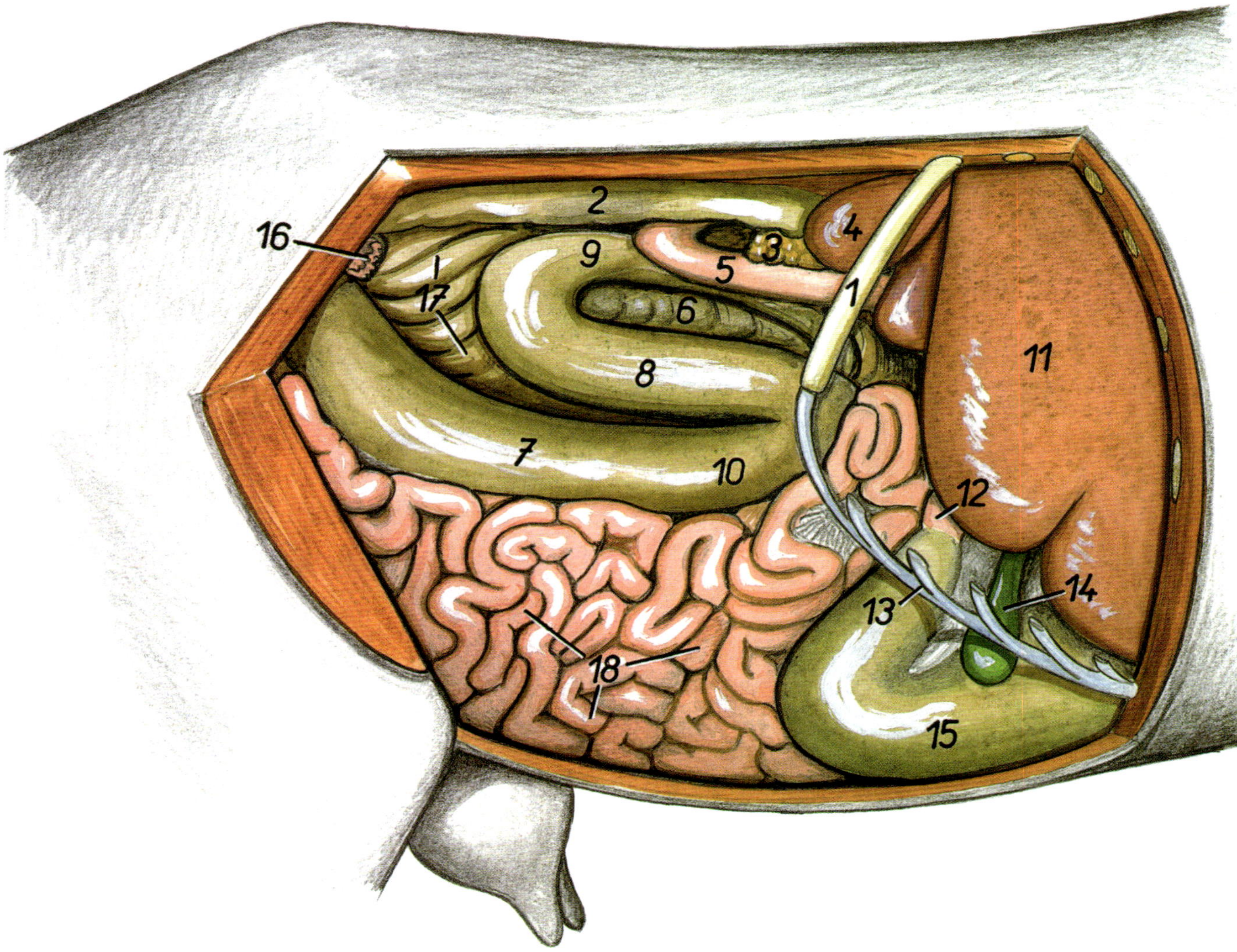

1. *Costa XIII* – 13. Rippe
2. *Colon descendens* – absteigender Grimmdarm
3. *Lobus pancreatis dexter* – rechter Lappen der Bauchspeicheldrüse
4. *Ren dexter* – rechte Niere
5. *Pars descendens duodeni* – absteigender Teil des Zwölffingerdarms
6. *Ansa distalis coli* – distale Schleife des Grimmdarms
7. *Cecum* – Blinddarm
8.–10. *Ansa proximalis coli* (8. *Gyrus medius*, 9. *Gyrus dorsalis*, 10. *Gyrus ventralis*) – proximale Schleife des Grimmdarms (8. mittlere Windung, 9. dorsale Windung, 10. ventrale Windung)
11. *Hepar* – Leber
12. *Pars cranialis duodeni* – kranialer Teil des Zwölffingerdarms
13. *Arcus costalis* – Rippenbogen
14. *Vesica fellea* – Gallenblase
15. *Abomasum* – Labmagen
16. *Ovarium et Tuba uterina* – Eierstock und Eileiter
17. *Ansa spiralis coli* – spiralförmige Schleife des Grimmdarms
18. *Jejunum* – Leerdarm

Ziege. Lage des Grimmdarms, Ansicht von rechts. Dünndarm und Blinddarm sind entfernt.

Abbildung 93

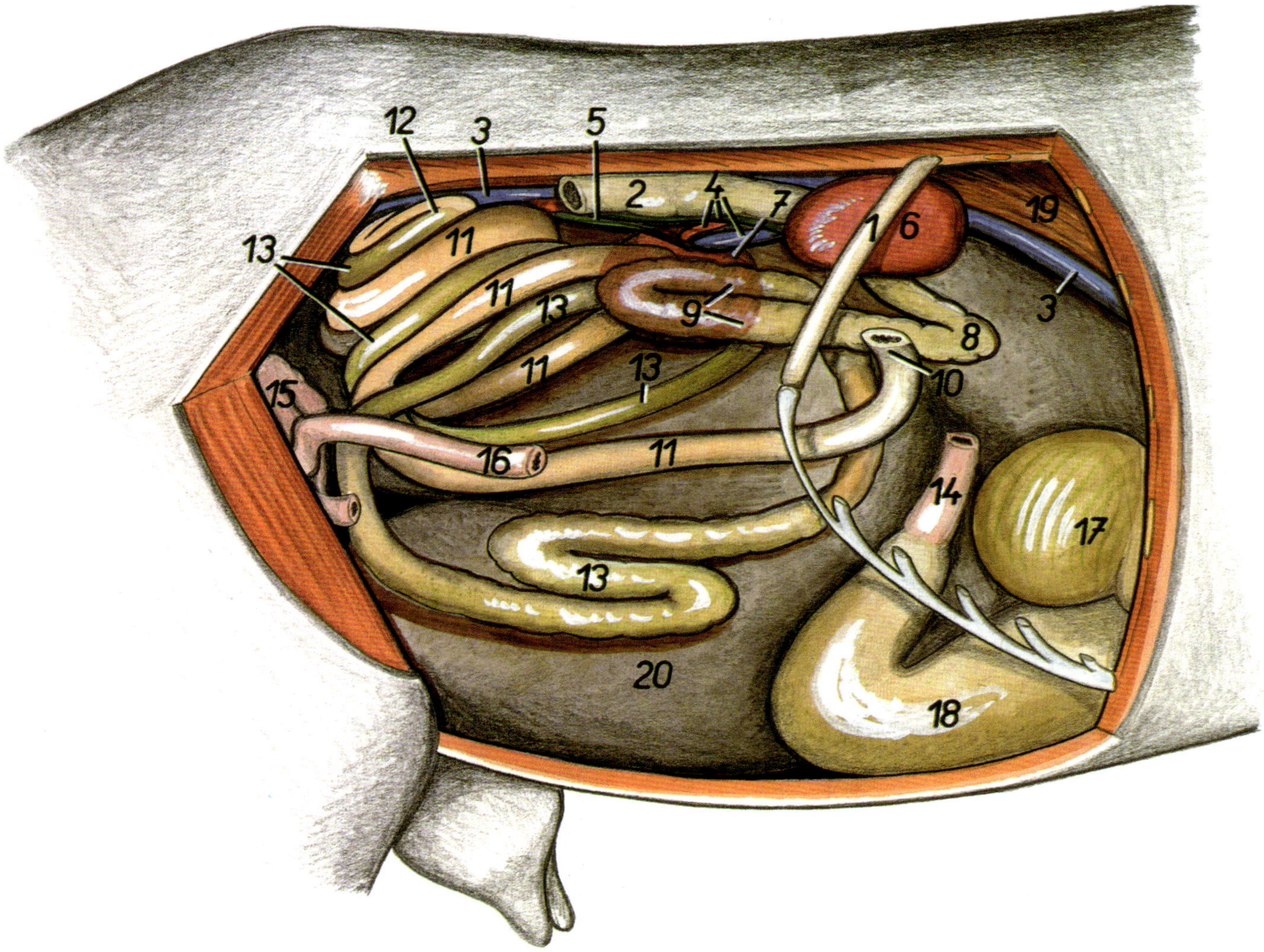

1. *Costa XIII* – 13. Rippe
2. *Colon descendes* – absteigender Grimmdarm
3. *V. cava caudalis* – kaudale Hohlvene
4. *Ureter dexter, A. et V. renalis sinistra* – rechter Harnleiter, linke Nierenarterie und -vene
5. *Ureter sinister* – linker Harnleiter
6. *Ren dexter* – rechte Niere
7. *Ren sinister (partim in projectione)* – linke Niere (zum Teil in der Projektion)
8. *Colon transversum* – querverlaufender Grimmdarm
9. *Ansa distalis coli* – distale Schleife des Grimmdarms
10. *Ansa proximalis coli* – proximale Schleife des Grimmdarms

11.–13. Ansa spiralis coli – spiralförmige Schleife des Grimmdarms

11. *Gyri centripetales ansae spiralis coli* – zentripetale Windungen der spiralförmigen Grimmdarmschleife
12. *Flexura centralis coli* – zentrale Biegung des Grimmdarms
13. *Gyri centrifugales ansae spiralis coli* – zentrifugale Windungen der spiralförmigen Grimmdarmschleife
14. *Pars cranialis duodeni* – kranialer Teil des Zwölffingerdarms
15. *Jejunum* – Leerdarm
16. *Ileum* – Hüftdarm
17. *Omasum* – Blättermagen
18. *Abomasum* – Labmagen
19. *Crura diaphragmatis* – Zwerchfellpfeiler
20. *Rumen* – Pansen

Abbildung 94

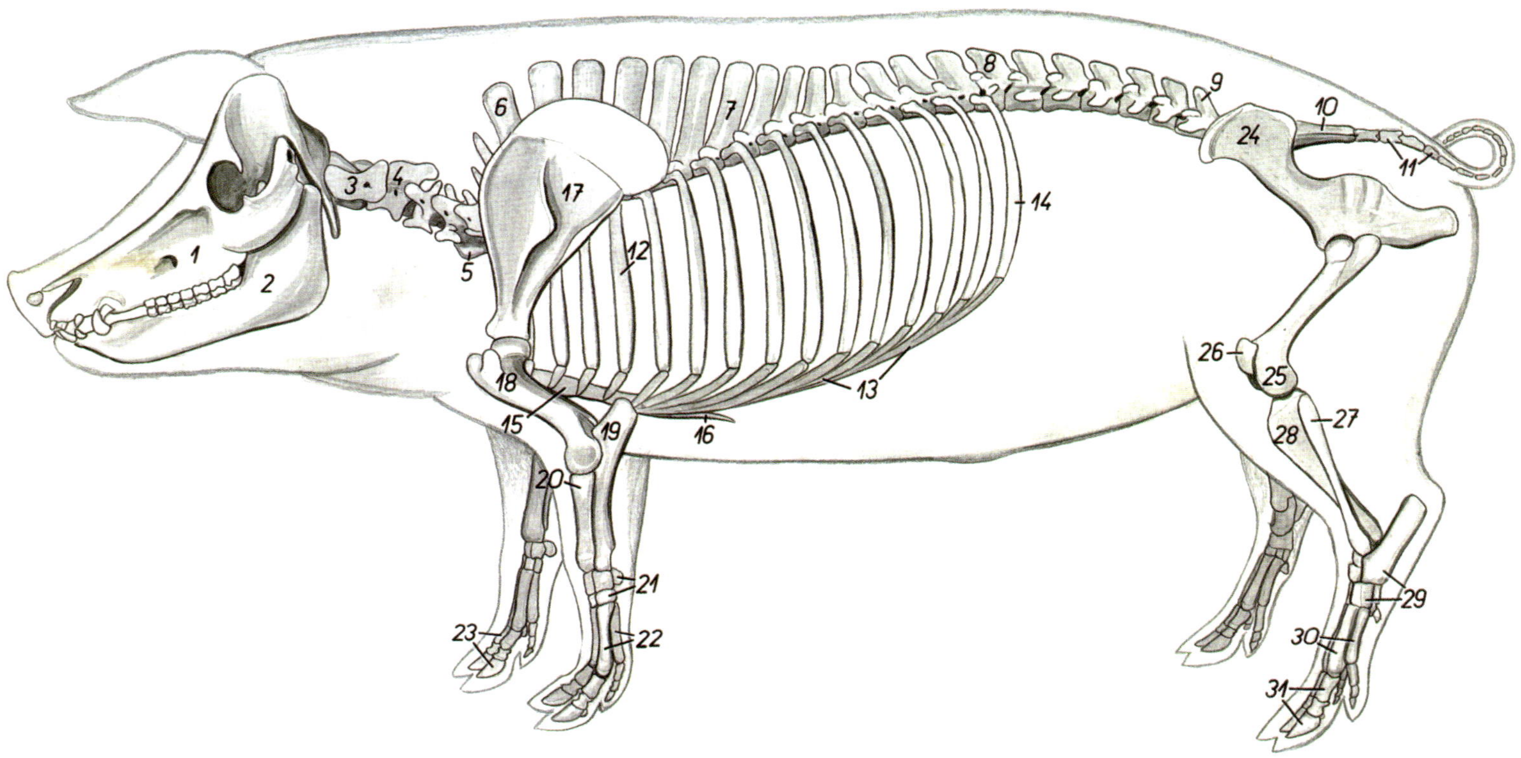

1. *Maxilla* – Oberkieferbein
2. *Mandibula* – Unterkiefer
3. *Atlas* – 1. Halswirbel
4. *Axis* – 2. Halswirbel
5. *Vertebra cervicalis V* – 5. Halswirbel
6. *Vertebra thoracica I* – 1. Brustwirbel
7. *Vertebra thoracica VII* – 7. Brustwirbel
8. *Vertebra thoracica XV* – 15. Brustwirbel
9. *Vertebra lumbalis VI* – 6. Lendenwirbel
10. *Os sacrum* – Kreuzbein
11. *Vertebrae coccygeae* – Schwanzwirbel
12. *Costa IV* – 4. Rippe
13. *Arcus costalis* – Rippenbogen
14. *Costa XV* – 15. Rippe
15. *Corpus sterni* – Brustbeinkörper
16. *Cartilago xiphoidea* – Schaufelknorpel
17. *Scapula* – Schulterblatt
18. *Humerus* – Oberarmbein
19. *Ulna* – Elle
20. *Radius* – Speiche
21. *Ossa carpi* – Vorderfußwurzelknochen
22. *Ossa metacarpalia* – Vordermittelfußknochen
23. *Ossa digitorum manus* – Zehenknochen der Schultergliedmaße
24. *Os coxae* – Hüftbein
25. *Os femoris* – Oberschenkelbein
26. *Patella* – Kniescheibe
27. *Fibula* – Wadenbein
28. *Tibia* – Schienbein
29. *Ossa tarsi* – Hinterfußwurzelknochen
30. *Ossa metatarsalia* – Hintermittelfußknochen
31. *Ossa digitorum pedis* – Zehenknochen der Beckengliedmaße

Schwein. Oberflächliche Muskulatur.

Abbildung 95

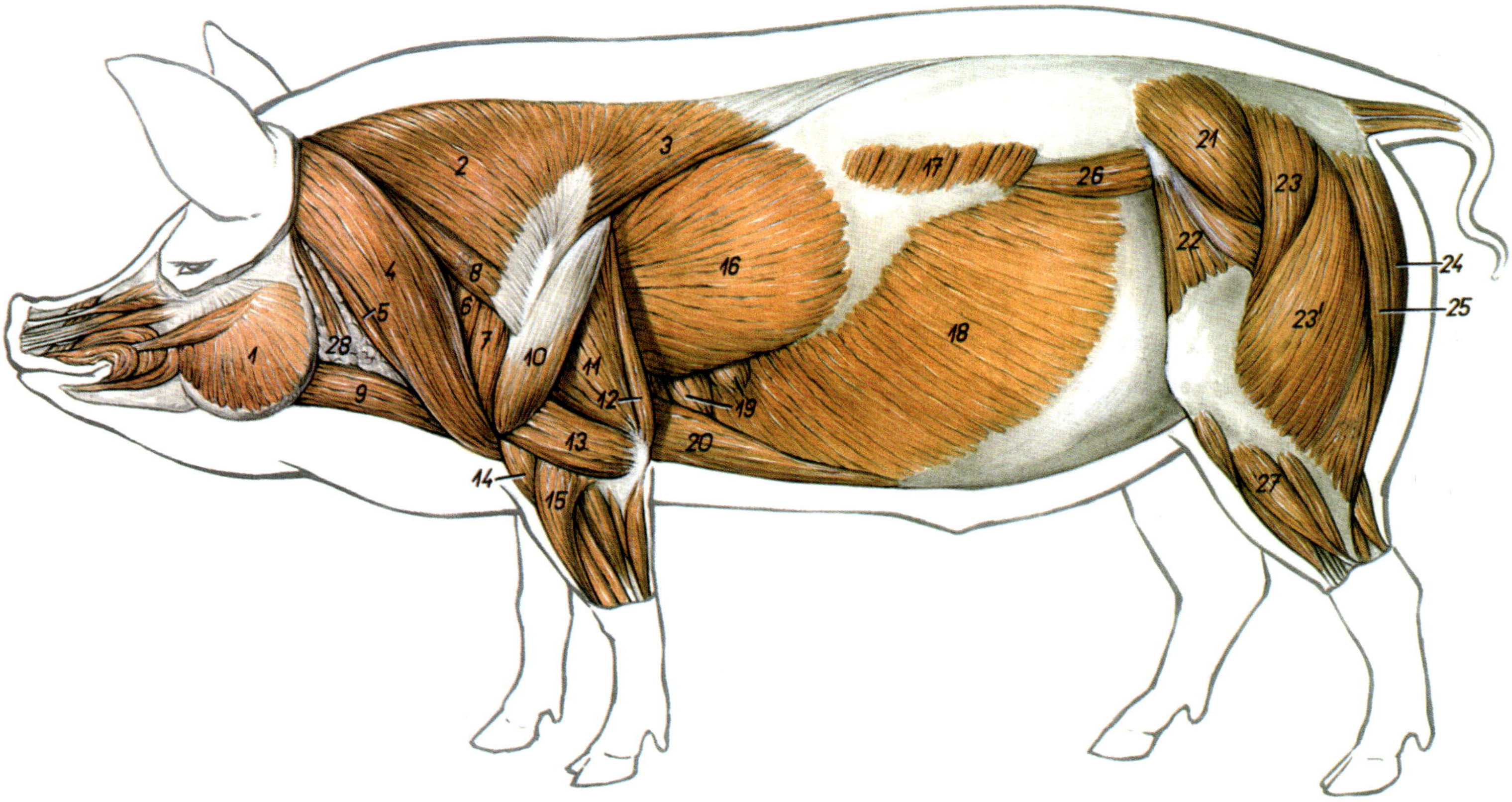

1. *M. masseter* – äußerer Kaumuskel
2. *Pars cervicalis mi. trapezii* – Halsteil des trapezförmigen Muskels
3. *Pars thoracica mi. trapezii* – Brustkorbteil des trapezförmigen Muskels

4., 5. *M. cleidocephalicus* – Schlüsselbein-Kopfmuskel

4. *M. cleidooccipitalis* – Schlüsselbein-Hinterhauptbeinmuskel
5. *M. cleidomastoideus* – Schlüsselbein-Warzenteilmuskel
6. *M. subclavius* – Unterschlüsselbeinmuskel
7. *M. supraspinatus* – Übergrätenmuskel
8. *M. omotransversarius* – Schulter-Querfortsatzmuskel
9. *M. sternohyoideus* – Brustbein-Zungenbeinmuskel
10. *M. deltoideus* – deltaförmiger Muskel
11. *Caput longum mi. tricipitis brachii* – langer Kopf des dreiköpfigen Armmuskels
12. *M. tensor fasciae antebrachii* – Spanner der Unterarmfaszie
13. *Caput laterale mi. tricipitis brachii* – lateraler Kopf des dreiköpfigen Armmuskels
14. *M. brachialis* – Armmuskel
15. *M. extensor carpi radialis* – radialer Strecker des Vorderfußwurzelgelenks
16. *M. latissimus dorsi* – breiter Rückenmuskel
17. *M. serratus dorsalis caudalis* – kaudaler Teil des dorsalen gesägten Muskels
18. *M. obliquus externus abdominis* – äußerer schiefer Bauchmuskel
19. *M. serratus ventralis thoracis* – Brustkorbportion des ventralen gesägten Muskels
20. *M. pectoralis profundus (ascendens)* – tiefer (aufsteigender) Brustmuskel
21. *M. gluteus medius* – mittlerer Kruppenmuskel
22. *M. tensor fasciae latae* – Spanner der Oberschenkelfaszie

23., 23'. *M. gluteobiceps* (23. *M. gluteus superficialis*, 23'. *M. biceps femoris)* – zweiköpfiger Kruppenmuskel (23. oberflächlicher Kruppenmuskel, 23'. zweiköpfiger Oberschenkelmuskel)

24. *M. semimembranosus* – halbhäutiger Muskel
25. *M. semitendinosus* – halbsehniger Muskel
26. *M. iliocostalis lumborum et M. longissimus lumborum* – Lendenportion des Darmbein-Rippenmuskels und des längsten Muskels
27. *M. peroneus longus* – langer Wadenbeinmuskel
28. *Glandula parotis* – Ohrspeicheldrüse

Schwein. Innere Organe, Ansicht von links. Zwerchfell ist entfernt.

Abbildung 96

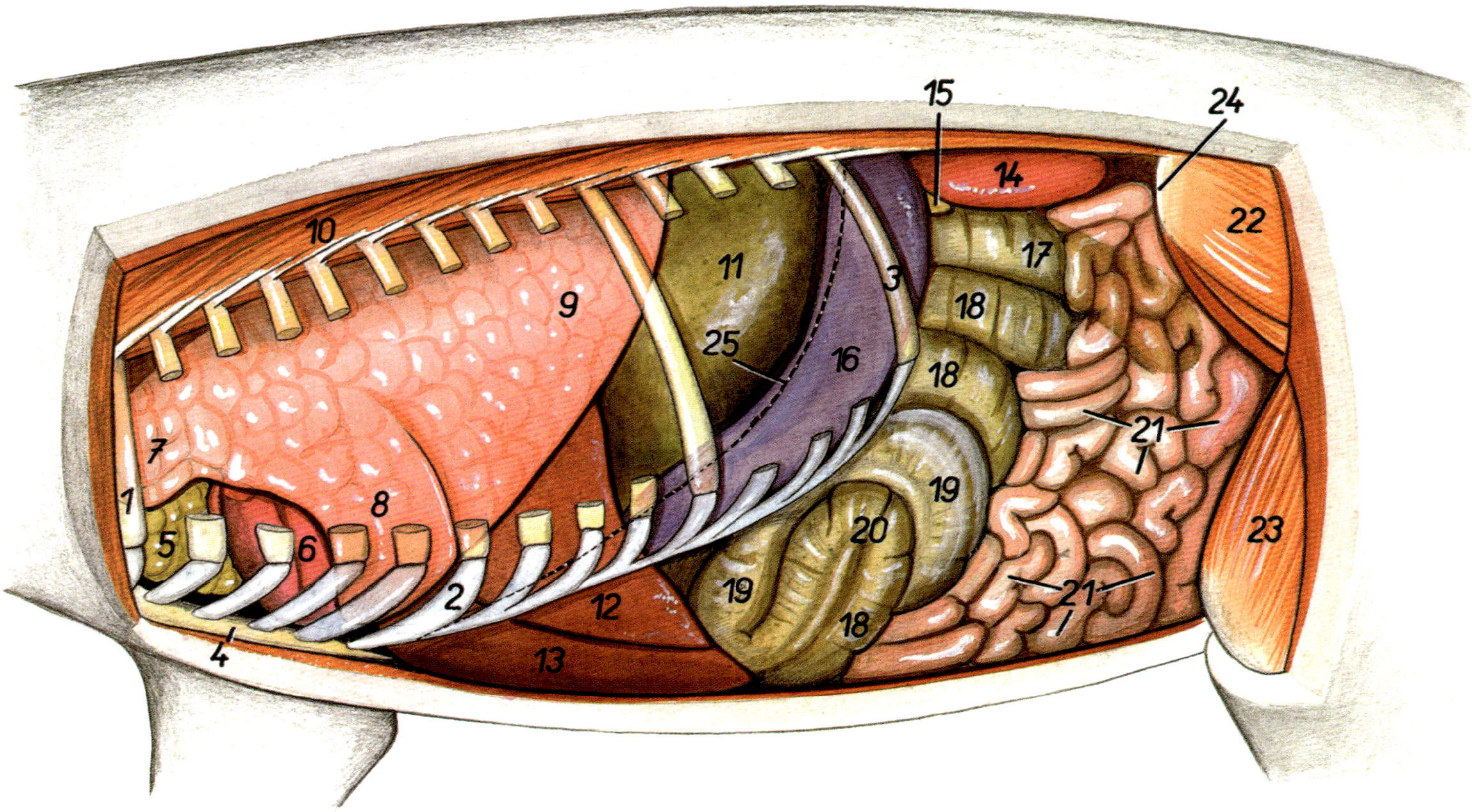

1. *Costa I* – 1. Rippe
2. *Cartilago costalis VI* – Knorpel der 6. Rippe
3. *Costa XIV* – 14. Rippe
4. *Sternum* – Brustbein
5. *Lobus thoracicus thymi* – Brustlappen des Thymus (Bries)
6. *Cor* – Herz
7. *Pars cranialis lobi cranialis pulmonis sinistri* – kranialer Teil des linken kranialen Lungenlappens
8. *Pars caudalis lobi cranialis pulmonis sinistri* – kaudaler Teil des linken kranialen Lungenlappens
9. *Lobus caudalis pulmonis sinistri* – linker kaudaler Lungenlappen
10. *M. iliocostalis thoracis* – Brustkorbportion des Darmbein-Rippenmuskels
11. *Ventriculus (Gaster)* – Magen
12. *Lobus sinister lateralis hepatis* – linker lateraler Leberlappen
13. *Lobus sinister medialis hepatis* – linker medialer Leberlappen
14. *Ren sinister* – linke Niere
15. *Pancreas* – Bauchspeicheldrüse
16. *Lien* – Milz
17. *Cecum (Apex ceci in projectione)* – Blinddarm (Blinddarmspitze in der Projektion)

18.–20. *Ansa spiralis coli* – spiralförmige Schleife des Grimmdarms

18. *Gyri centripetales* – zentripetale Windungen
19. *Gyri centrifugales* – zentrifugale Windungen
20. *Flexura centralis coli* – zentrale Biegung des Grimmdarms
21. *Jejunum* – Leerdarm
22. *M. gluteus medius* – mittlerer Kruppenmuskel
23. *M. quadriceps femoris* – vierköpfiger Schenkelmuskel
24. *Tuber coxae* – Hüfthöcker
25. *Linea insertionis diaphragmatis* – Ansatzlinie des Zwerchfells

Schwein. Innere Organe, Ansicht von rechts. Zwerchfell ist entfernt.

Abbildung 97

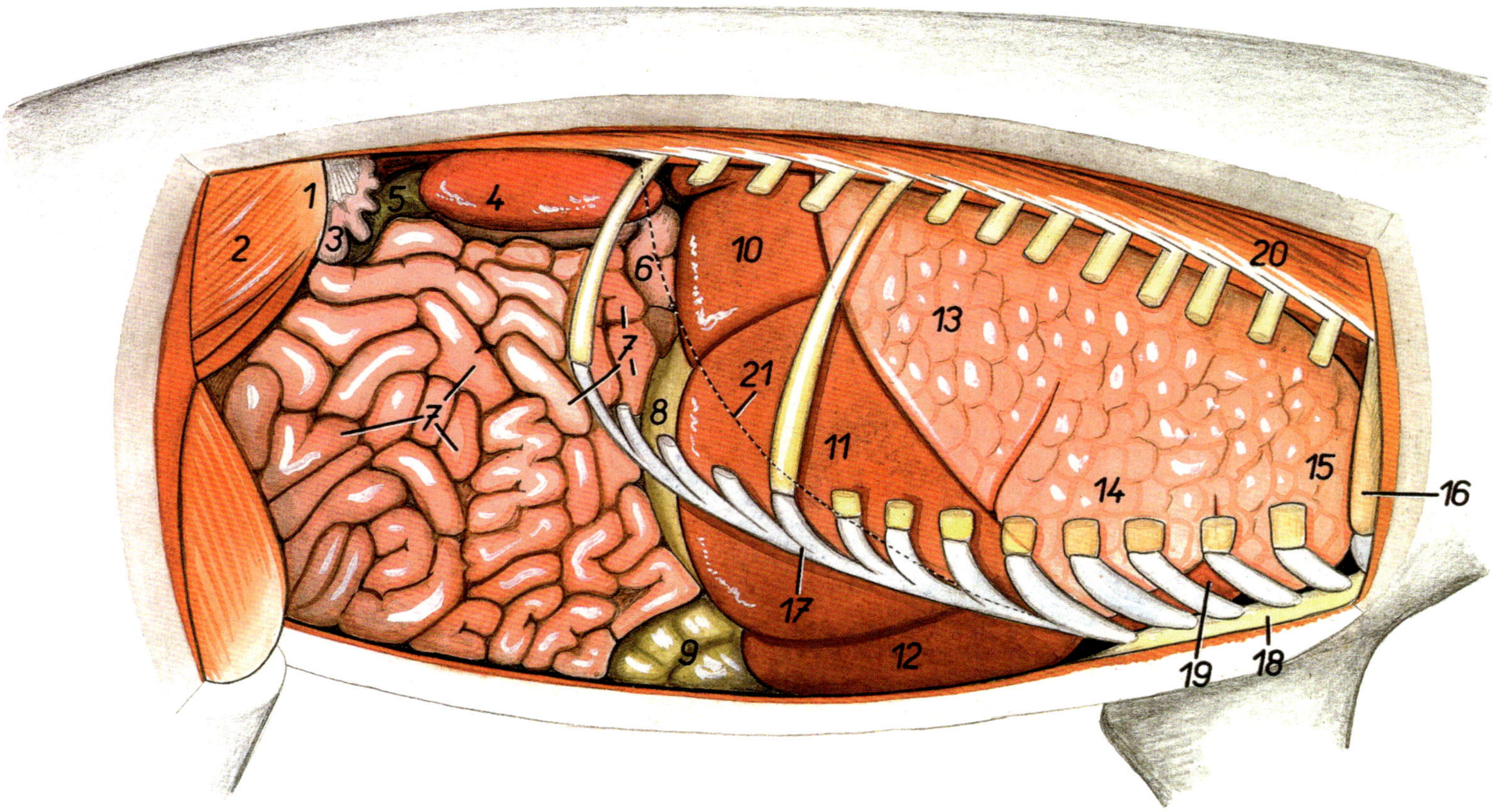

1. *Tuber coxae* – Hüfthöcker
2. *M. gluteus medius* – mittlerer Kruppenmuskel
3. *Cornu uteri dextrum* – rechtes Gebärmutterhorn
4. *Ren dexter* – rechte Niere
5. *Colon descendens* – absteigender Grimmdarm
6. *Duodenum* – Zwölffingerdarm
7. *Jejunum* – Leerdarm
8. *Ventriculus (Gaster)* – Magen
9. *Ansa spirallis coli* – spiralförmige Schleife des Grimmdarms

10., 11. *Lobus hepatis dexter* – rechter Leberlappen

10. *Lobus dexter lateralis hepatis* – rechter lateraler Leberlappen
11. *Lobus dexter medialis hepatis* – rechter medialer Leberlappen
12. *Lobus hepatis sinister* – linker Leberlappen
13. *Lobus caudalis pulmonis dextri* – kaudaler Lappen der rechten Lunge
14. *Lobus medius pulmonis dextri* – mittlerer Lappen der rechten Lunge
15. *Lobus cranialis pulmonis dextri* – kranialer Lappen der rechten Lunge
16. *Costa I* – 1. Rippe
17. *Arcus costalis* – Rippenbogen
18. *Sternum* – Brustbein
19. *Cor* – Herz
20. *M. iliocostalis thoracis* – Brustkorbportion des Darmbein-Rippenmuskels
21. *Linea insertionis diaphragmatis* – Ansatzlinie des Zwerchfells

Schwein. Präparation des Rumpfes, Ansicht von links. Tiefe Schicht, nach Entfernung der linken Schultergliedmaße.

Abbildung 98

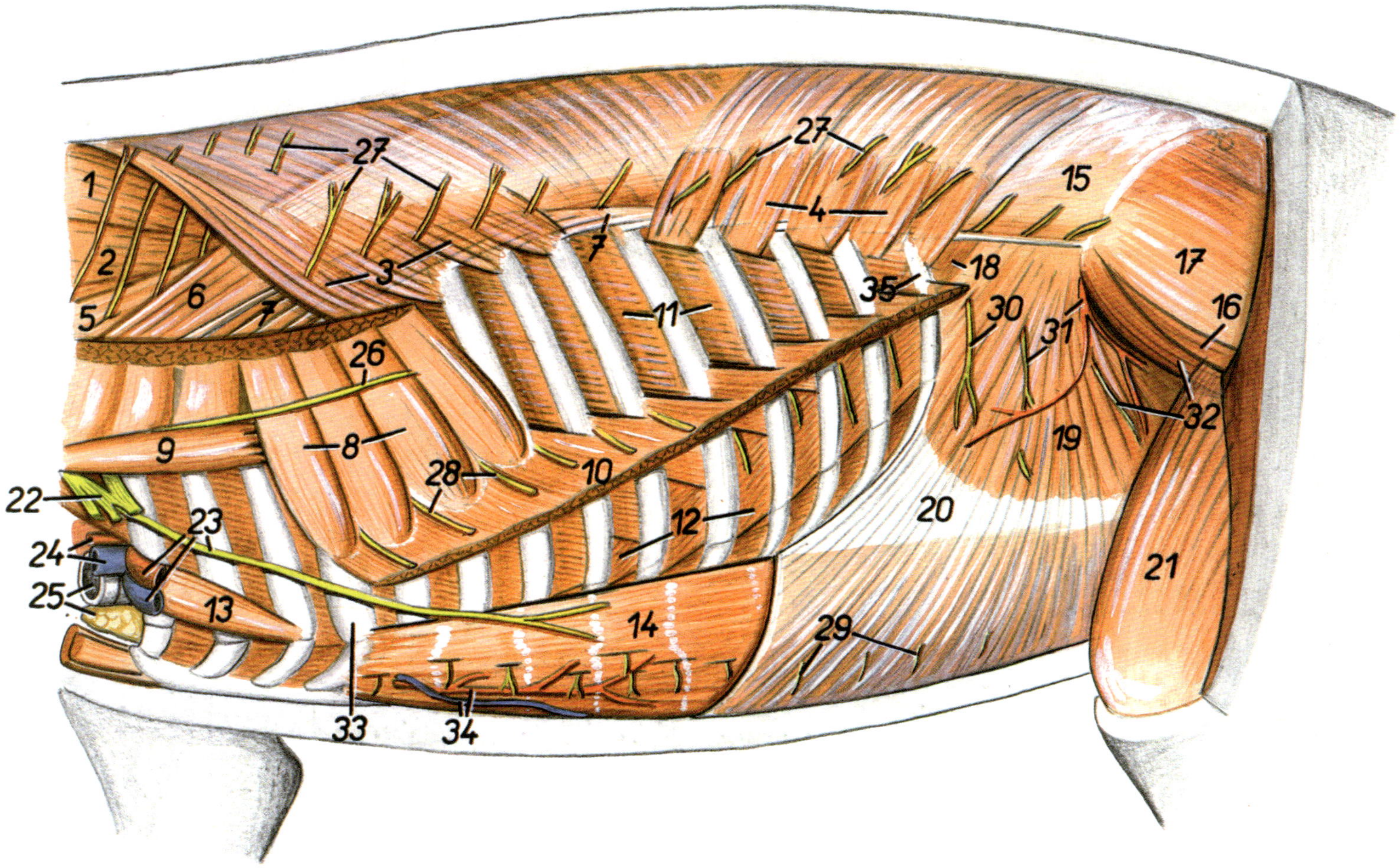

1., 2. *M. semispinalis capitis* – Kopfportion des Halbdornfortsatzmuskels
1. *M. biventer cervicis* – zweibäuchiger Halsmuskel
2. *M. complexus* – geflochtener Muskel
3. *M. serratus dorsalis cranialis* – kranialer dorsaler gesägter Muskel
4. *M. serratus dorsalis caudalis* – kaudaler dorsaler gesägter Muskel
5. *M. longissimus cervicis* – Halsportion des längsten Muskels
6. *M. longissimus thoracis* – Brustkorbportion des längsten Muskels
7. *M. iliocostalis thoracis* – Brustkorbportion des Darmbein-Rippenmuskels
8. *M. serratus ventralis thoracis* – Brustkorbportion des ventralen gesägten Muskels
9. *M. scalenus dorsalis* – dorsaler Rippenhalter
10. *M. obliquus externus abdominis* – äußerer schiefer Bauchmuskel
11. *Mm. intercostales externi* – äußere Zwischenrippenmuskeln
12. *Mm. intercostales interni* – innere Zwischenrippenmuskeln
13. *M. rectus thoracis* – gerader Brustkorbmuskel
14. *M. rectus abdominis* – gerader Bauchmuskel
15. *Fascia thoracolumbalis* – Brustkorb-Lendenfaszie
16. *M. gluteus accessorius* – zusätzlicher Kruppenmuskel
17. *M. gluteus medius* – mittlerer Kruppenmuskel
18. *M. retractor costae* – Rückzieher der Rippen
19. *M. obliquus internus abdominis* – innerer schiefer Bauchmuskel
20. *Aponeurosis mi. obliqui interni abdominis* – Sehnenplatte des inneren schiefen Bauchmuskels
21. *M. quadriceps femoris* – vierköpfiger Oberschenkelmuskel

22., 23., 26. *Plexus brachialis et Nervi plexus* – Armgeflecht und Nerven des Armgeflechts
22. *Plexus brachialis* – Armgeflecht
23. *N. pectoralis caudalis, A. et V. axillaris* – kaudale Brustnerven, Achselarterie und -vene
24. *A. carotis communis, V. jugularis externa* – gemeinsame Kopfarterie, äußere Drosselvene
25. *Trachea, Thymus* – Luftröhre, Thymus (Bries)
26. *N. thoracicus longus* – langer Brustkorbnerv
27. *Rami dorsales (cutanei mediales) nn. thoracicorum* – dorsale mediale Hautäste der Brustkorbnerven

28., 29. *Rami ventrales nn. thoracicorum (Nn. intercostales)* – ventrale Äste der Brustkorbnerven (Zwischenrippennerven)
28. *Rami cutanei laterales* – laterale Hautäste
29. *Rami cutanei ventrales* – ventrale Hautäste
30. *Ramus cutaneus lateralis ni. iliohypogastrici (s. ni. lumbalis I)* – lateraler Hautast des Darmbein-Bauchdeckennerven (1. Lendennerv)
31. *Ramus cutaneus lateralis ni. ilioinguinalis (s. ni. lumbalis II), A. circumflexa ilium profunda* – lateraler Hautast des Darmbein-Leistennerven (2. Lendennerv), tiefe Darmbeinkranzarterie
32. *Ramus ni. genitofemoralis (s. ni. lumbalis III), M. iliacus lateralis* – Ast des Genital-Schenkelnerven (3. Lendennerv), lateraler Darmbeinmuskel
33. *Costa IV* – 4. Rippe
34. *A. epigastrica cranialis, V. epigastrica cranialis superficialis* – kraniale Bauchdeckenarterie, kraniale oberflächliche Bauchdeckenvene
35. *Costa XIV* – 14. Rippe

Schwein. Brustwirbelsäule, Ansicht von links.

Abbildung 99

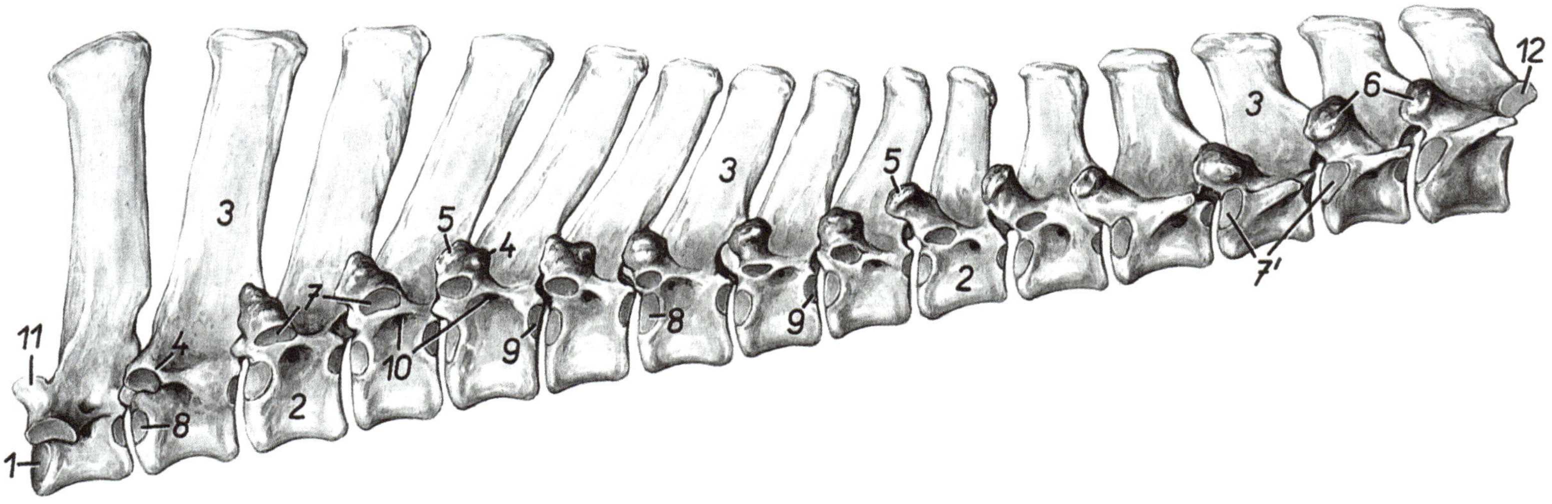

1. *Extremitas cranialis vertebrae thoracicae I* – kraniales Ende des 1. Brustwirbels
2. *Corpus vertebrae* – Wirbelkörpel
3. *Processus spinosus* – Dornfortsatz
4., 5. *Processus transversus* – Querfortsatz
5. *Processus transversus cum processu mamillari* – Querfortsatz mit Zitzenfortsatz
6. *Processus articularis cranialis cum processu mamillari* – kranialer Gelenkfortsatz mit Zitzenfortsatz
7. *Fovea costalis transversalis* – Rippengrube des Querfortsatzes
7'. *Fovea costalis cranialis et transversalis (junctae)* – kraniale und am Querfortsatz gelegene Rippengrube (verschmolzen)
8. *Fovea costalis cranialis* – kraniale Rippengrube
9. *Fovea costalis caudalis* – kaudale Rippengrube
10. *Foramen vertebrale laterale* – laterales Wirbelloch
11. *Processus articularis cranialis vertebrae thoracicae I* – kranialer Gelenkfortsatz des 1. Brustwirbels
12. *Processus articularis caudalis vertebrae thoracicae XV* – kaudaler Gelenkfortsatz des 15. Brustwirbels

Schwein, Lendenwirbelsäule, Ansicht von links.

Abbildung 100

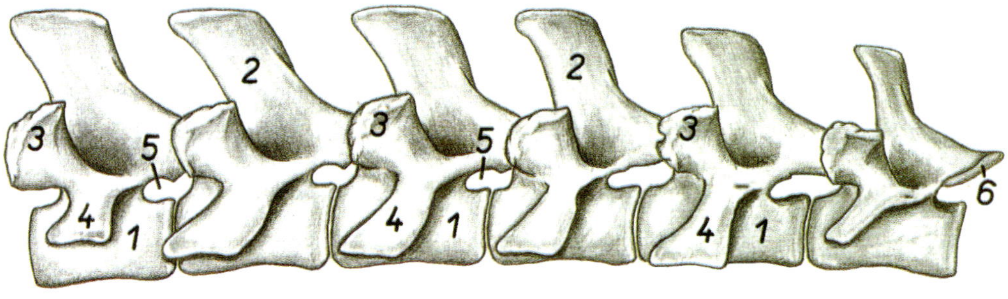

1. *Corpus vertebrae* – Wirbelkörper
2. *Processus spinosi* – Dornfortsätze
3. *Processus articularis cranialis cum processu mamillari* – kranialer Gelenkfortsatz mit Zitzenfortsatz
4. *Processus costalis* – Rippenfortsatz
5. *Foramina intervertebralia* – Zwischenwirbellöcher
6. *Processus articularis caudalis vertebrae lumbalis VI* – kaudaler Gelenkfortsatz des 6. Lendenwirbels

Schwein. Präparation des Brustkorbes, Ansicht von rechts. Mittelfell, Herzbeutel und Lunge, mit Ausnahme des zusätzlichen Lungenlappens, sind entfernt.

Abbildung 101

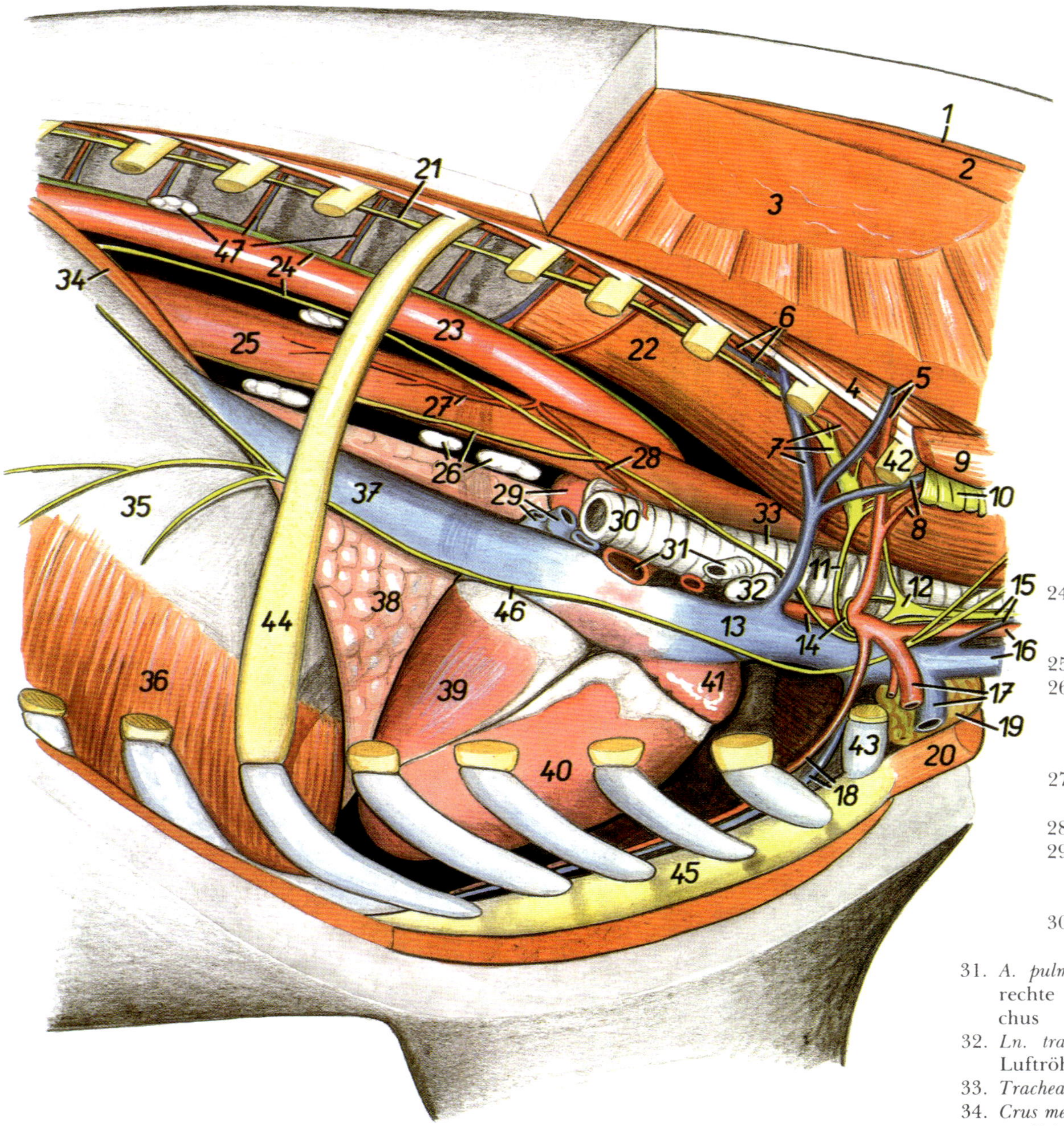

1. *M. trapezius* – trapezförmiger Muskel
2. *M. rhomboideus* – rautenförmiger Muskel
3. *M. serratus ventralis* – ventraler gesägter Muskel
4. *M. iliocostalis thoracis* – Brustkorbportion des Darmbein-Rippenmuskels
5. *A. et V. cervicalis profunda* – tiefe Halsarterie und -vene
6. *A. et V. intercostalis suprema* – oberste Zwischenrippenarterie und -vene
7. *Truncus costocervicalis, V. costocervicalis, Ganglion cervicothoracicum* – Stamm der Rippen-Halsarterie, Rippen-Halsvene, Hals-Brustkorbnervenknoten
8. *A. et V. vertebralis* – Wirbelarterie und -vene
9. *M. scalenus dorsalis* – dorsaler Rippenhalter
10. *Plexus brachialis* – Armgeflecht
11. *Ansa subclavia* – Unterschlüsselbeinarterienschleife
12. *Ganglion cervicale medium* – mittlerer Halsnervenknoten
13. *V. cava cranialis* – kraniale Hohlvene
14. *Truncus brachiocephalicus, N. laryngeus recurrens* – Stamm der Arm-Kopfarterie, zurücklaufender Kehlkopfnerv
15. *Truncus vagosympathicus, V. jugularis interna* – gemeinsamer Stamm des Vagus- und Sympathikusnerven, innere Drosselvene
16. *V. jugularis externa, A. carotis communis* – äußere Drosselvene, gemeinsame Halsarterie
17. *A. et V. axillaris* – Achselarterie und -vene
18. *A. et V. thoracica interna* – innere Brustkorbarterie und -vene
19. *Lobus cervicalis thymi* – Halslappen des Thymus (Bries)
20. *Mm. sternocephalici et Mm. sternohyoidei* – Brustbein-Kopfmuskeln und Brustbein-Zungenbeinmuskeln
21. *Truncus sympathicus* – Stamm des Sympathikusnerven
22. *M. longus colli* – langer Halsmuskel
23. *Aorta* – große Körperschlagader
24. *Ductus thoracicus, Truncus vagalis dorsalis* – Milchbrustgang, dorsaler Stamm des Vagusnerven
25. *Esophagus* – Speiseröhre
26. *Lnn. mediastinales caudales, Truncus vagalis ventralis* – kaudale Mittelfellymphknoten, ventraler Stamm des Vagusnerven
27. *Ramus esophageus* – Speiseröhrenast
28. *Ramus bronchalis* – Bronchialast
29. *Vv. pulmonales, A. pulmonalis sinistra* – Lungenvenen, linke Lungenarterie
30. *Bronchus principalis dexter* – rechter Hauptbronchus
31. *A. pulmonalis dextra, Bronchus trachealis* – rechte Lungenarterie, Luftröhrenbronchus
32. *Ln. tracheobronchalis cranialis* – kranialer Luftröhren-Bronchiallymphknoten
33. *Trachea* – Luftröhre
34. *Crus mediale dextrum diaphragmatis* – rechter medialer Zwerchfellpfeiler
35. *Centrum tendineum diaphragmatis* – Sehnenspiegel des Zwerchfells
36. *Pars costalis diaphragmatis* – Rippenteil des Zwerchfells
37. *V. cava caudalis* – kaudale Hohlvene
38. *Lobus accessorius pulmonis* – zusätzlicher Lungenlappen
39. *Ventriculus sinister cordis* – linke Herzkammer
40. *Ventriculus dexter cordis* – rechte Herzkammer
41. *Auricula dextra cordis* – rechtes Herzohr
42. *Costa I* – 1. Rippe
43. *Cartilago costalis I* – Knorpel der 1. Rippe
44. *Costa VI* – 6. Rippe
45. *Sternum* – Brustbein
46. *N. phrenicus dexter* – rechter Zwerchfellnerv
47. *Lnn. thoracici aortici, Aa. et Vv. intercostales dorsales* – an der großen Körperschlagader gelegene Brustkorblymphknoten, dorsale Zwischenrippenarterien und -venen

Schwein. Präparation des Brustkorbes, Ansicht von links. Linke Lunge, Mittelfell und Herzbeutel sind entfernt.

Abbildung 102

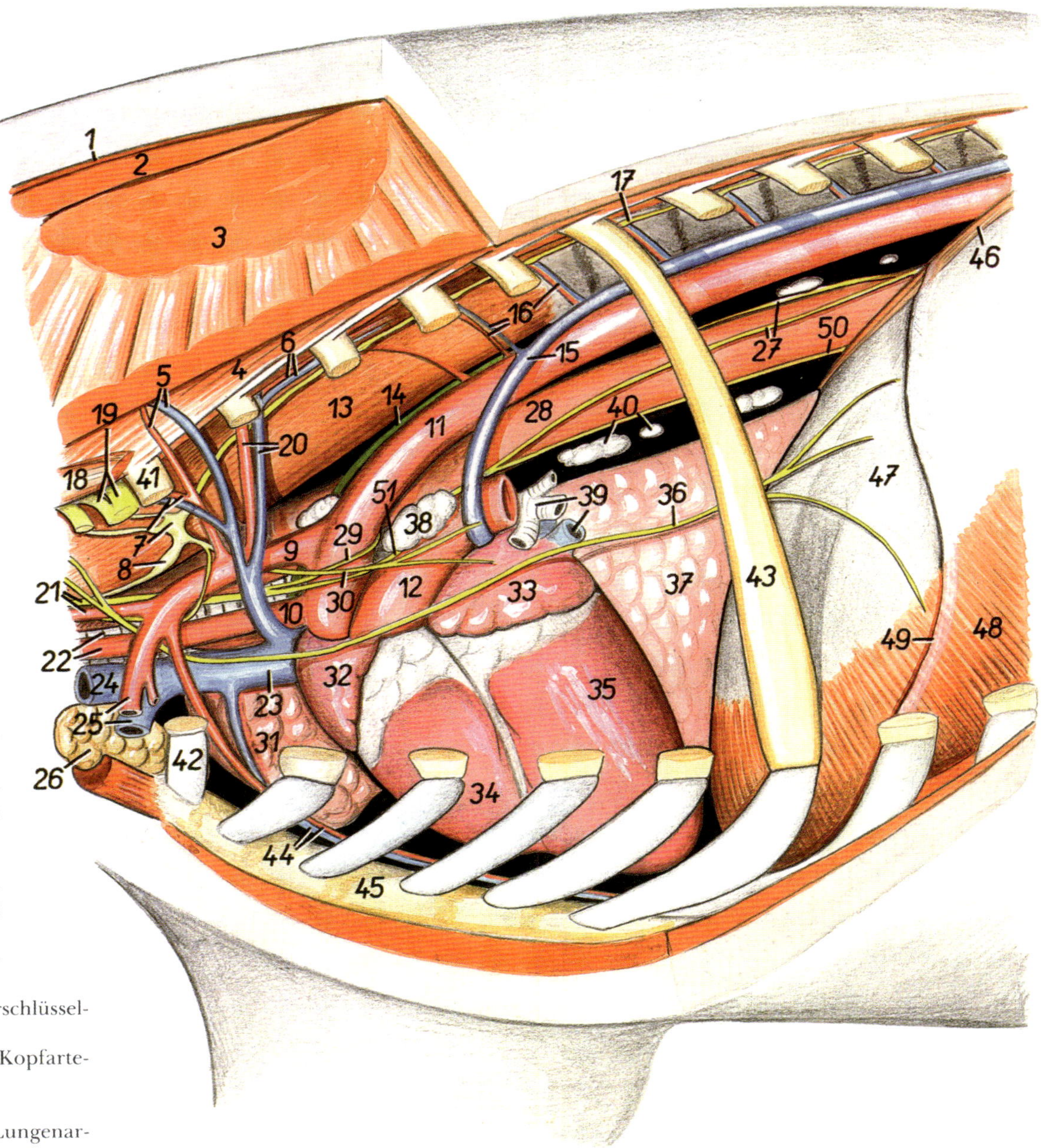

1. *M. trapezius* – trapezförmiger Muskel
2. *M. rhomboideus* – rautenförmiger Muskel
3. *M. serratus ventralis* – ventraler gesägter Muskel
4. *M. iliocostalis thoracis* – Brustkorbportion des Darmbein-Rippenmuskels
5. *A. et V. cervicalis profunda* – tiefe Halsarterie und -vene
6. *A. et V. intercostalis suprema* – oberste Zwischenrippenarterie und -vene
7. *Ganglion cervicothoracicum, A. et V. vertebralis* – Hals-Brustkorbnervenknoten, Wirbelarterie und -vene
8. *Ganglion cervicale medium* – mittlerer Halsnervenknoten
9. *A. subclavia sinistra* – linke Unterschlüsselbeinarterie
10. *Truncus brachiocephalicus* – Arm-Kopfarterie
11. *Aorta* – große Körperschlagader
12. *Truncus pulmonalis* – Stamm der Lungenarterie
13. *M. longus colli* – langer Halsmuskel
14. *Ductus thoracicus* – Milchbrustgang
15. *V. azygos sinistra* – linke Azygosvene
16. *Aa. et Vv. intercostales dorsales* – dorsale Zwischenrippenarterien und -venen
17. *Truncus sympathicus* – Stamm des Sympathikusnerven
18. *M. scalenus dorsalis* – dorsaler Rippenhalter
19. *Plexus brachialis* – Armgeflecht
20. *Truncus costocervicalis, V. costocervicalis* – Stamm der Rippen-Halsarterie, Rippen-Halsvene
21. *A. cervicalis superficialis, Truncus vagosympathicus sinister* – oberflächliche Halsarterie, gemeinsamer Stamm des linken Vagus-und Sympathikusnerven
22. *Trachea, A. carotis communis dextra* – Luftröhre, rechte gemeinsame Halsarterie
23. *V. cava cranialis* – kraniale Hohlvene
24. *V. jugularis externa* – äußere Drosselvene
25. *A. et V. axillaris* – Achselarterie und -vene
26. *Lobus cervicalis thymi* – Halslappen des Thymus (Bries)
27. *Trunci vagales dorsales* – Stämme des dorsalen Vagusnerven
28. *Esophagus* – Speiseröhre
29. *N. laryngeus recurrens sinister* – linker zurücklaufender Kehlkopfnerv
30. *N. cardiacus cervicalis (sympathicus)* – Herznerv vom Halsteil des Sympathikusnerven
31. *Lobus cranialis pulmonis dextri* – kranialer Lappen der rechten Lunge
32. *Auricula dextra cordis* – rechtes Herzohr
33. *Auricula sinistra cordis* – linkes Herzohr
34. *Ventriculus dexter cordis* – rechte Herzkammer
35. *Ventriculus sinister cordis* – linke Herzkammer
36. *N. phrenicus sinister* – linker Zwerchfellnerv
37. *Lobus accessorius pulmonis* – zusätzlicher Lungenlappen
38. *Ln. tracheobronchalis sinister* – linker Luftröhren-Bronchiallymphknoten
39. *Bronchus principalis sinister, V. pulmonalis* – linker Hauptbronchus, Lungenvene
40. *Lnn. mediastinales caudales* – kaudale Mittelfellymphknoten
41. *Costa I* – 1. Rippe
42. *Cartilago costalis I* – Knorpel der 1. Rippe
43. *Costa VI* – 6. Rippe
44. *A. et V. thoracica interna* – innere Brustkorbarterie und -vene
45. *Sternum* – Brustbein
46. *Crus mediale sinistrum diaphragmatis* – linker medialer Zwerchfellpfeiler
47. *Centrum tendineum diaphragmatis* – Sehnenspiegel des Zwerchfells
48. *Pars costalis diaphragmatis* – Rippenteil des Zwerchfells
49. *Insertio pleurae mediastinalis* – Ansatz des Mittelfells
50. *Truncus vagalis ventralis* – ventraler Stamm des Vagusnerven
51. *N. vagus sinister* – linker Vagusnerv

Schwein. Querschnitt durch den Brustkorb in Höhe des 2. Brustwirbels, Ansicht von kaudal.

Abbildung 103

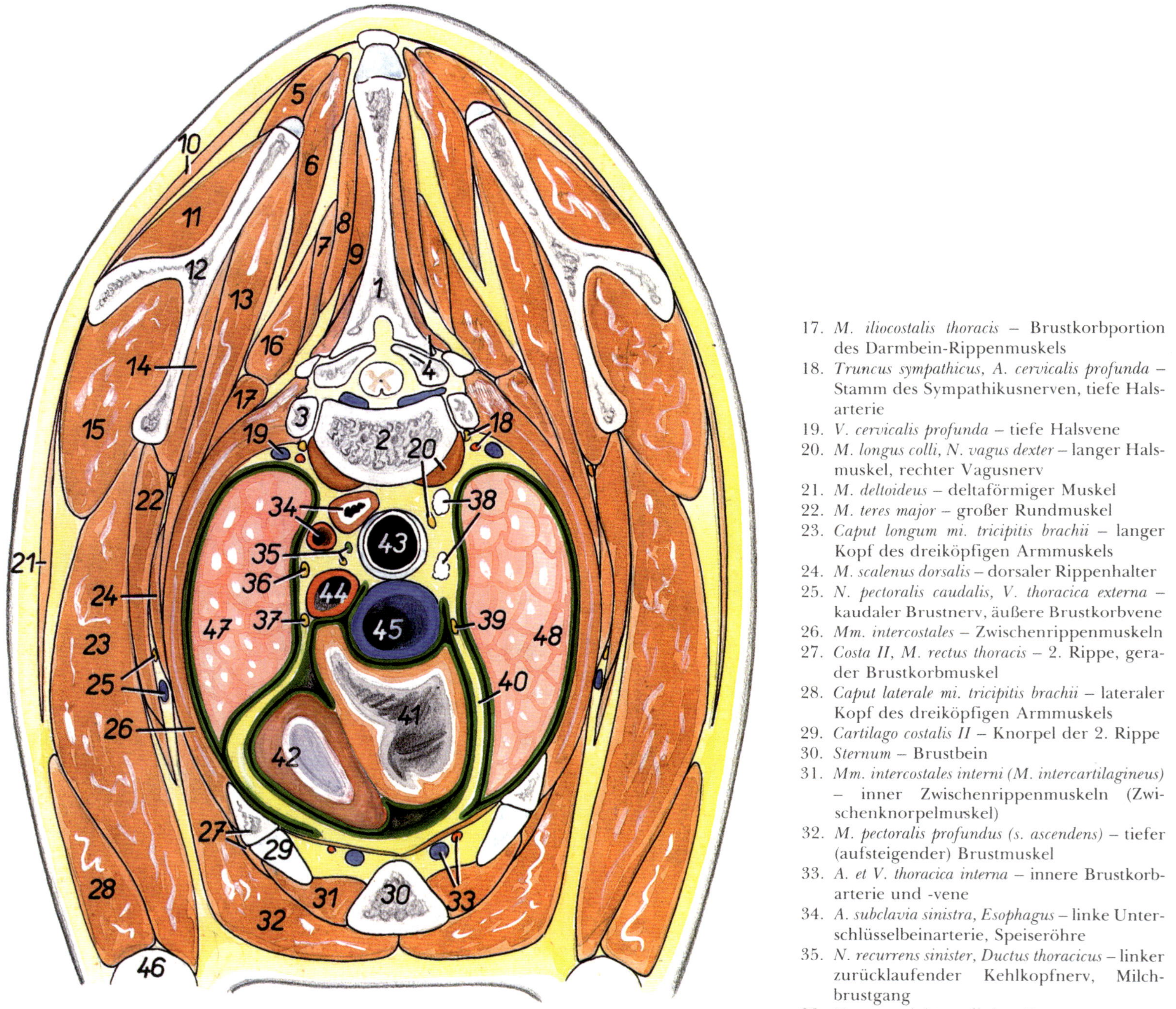

1. *Processus spinosus vertebrae thoracicae II* – Dornfortsatz des 2. Brustwirbels
2. *Corpus vertebrae thoracicae II* – Körper des 2. Brustwirbels
3. *Caput costae III* – Kopf der 3. Rippe
4. *Mm. multifidi thoracis, Processus articularis cranialis vertebrae thoracicae III* – Brustkorbportion der vielgeteilten Muskeln, kranialer Gelenkfortsatz des 3. Brustwirbels
5. *M. rhomboideus cervicis* – Halsportion des rautenförmigen Muskels
6. *M. splenius cervicis et M. splenius capitis* – Hals- und Kopfportion des Riemenmuskels

7., 8. *M. semispinalis capitis* – Kopfportion des Halbdornfortsatzmuskels

7. *M. complexus* – geflochtener Muskel
8. *M. biventer cervicis* – zweibäuchiger Halsmuskel
9. *M. spinalis thoracis* – Brustkorbportion des Dornfortsatzmuskels
10. *M. trapezius – Pars cervicalis* – trapezförmiger Muskel, Halsteil
11. *M. supraspinatus* – Übergrätenmuskel
12. *Scapula* – Schulterblatt
13. *M. serratus ventralis* – ventraler gesägter Muskel
14. *M. subscapularis* – Unterschulterblattmuskel
15. *M. infraspinatus* – Untergrätenmuskel
16. *M. longissimus thoracis et longissimus cervicis* – Brustkorb- und Halsportion des längsten Muskels
17. *M. iliocostalis thoracis* – Brustkorbportion des Darmbein-Rippenmuskels
18. *Truncus sympathicus, A. cervicalis profunda* – Stamm des Sympathikusnerven, tiefe Halsarterie
19. *V. cervicalis profunda* – tiefe Halsvene
20. *M. longus colli, N. vagus dexter* – langer Halsmuskel, rechter Vagusnerv
21. *M. deltoideus* – deltaförmiger Muskel
22. *M. teres major* – großer Rundmuskel
23. *Caput longum mi. tricipitis brachii* – langer Kopf des dreiköpfigen Armmuskels
24. *M. scalenus dorsalis* – dorsaler Rippenhalter
25. *N. pectoralis caudalis, V. thoracica externa* – kaudaler Brustnerv, äußere Brustkorbvene
26. *Mm. intercostales* – Zwischenrippenmuskeln
27. *Costa II, M. rectus thoracis* – 2. Rippe, gerader Brustkorbmuskel
28. *Caput laterale mi. tricipitis brachii* – lateraler Kopf des dreiköpfigen Armmuskels
29. *Cartilago costalis II* – Knorpel der 2. Rippe
30. *Sternum* – Brustbein
31. *Mm. intercostales interni (M. intercartilagineus)* – innerer Zwischenrippenmuskeln (Zwischenknorpelmuskel)
32. *M. pectoralis profundus (s. ascendens)* – tiefer (aufsteigender) Brustmuskel
33. *A. et V. thoracica interna* – innere Brustkorbarterie und -vene
34. *A. subclavia sinistra, Esophagus* – linke Unterschlüsselbeinarterie, Speiseröhre
35. *N. recurrens sinister, Ductus thoracicus* – linker zurücklaufender Kehlkopfnerv, Milchbrustgang
36. *N. vagus sinister* – linker Vagusnerv
37. *N. phrenicus sinister* – linker Zwerchfellnerv
38. *Lnn. mediastinales craniales* – kraniale Mittelfellymphknoten
39. *N. phrenicus dexter* – rechter Zwerchfellnerv
40. *Pericardium* – Herzbeutel
41. *Auricula dextra cordis* – rechtes Herzohr
42. *Ventriculus dexter cordis* – rechte Herzkammer
43. *Trachea* – Luftröhre
44. *Truncus brachiocephalicus* – Stamm der Arm-Kopfarterie
45. *V. cava cranialis* – kraniale Hohlvene
46. *Humerus* – Oberarmbein
47. *Pars cranialis lobi cranialis pulmonis sinistri* – kranialer Teil des linken kranialen Lungenlappens
48. *Lobus cranialis pulmonis dextri* – kranialer Lappen der rechten Lunge

Schwein. Querschnitt durch den Brustkorb in Höhe des 4. Brustwirbels, Ansicht von kaudal.

Abbildung 104

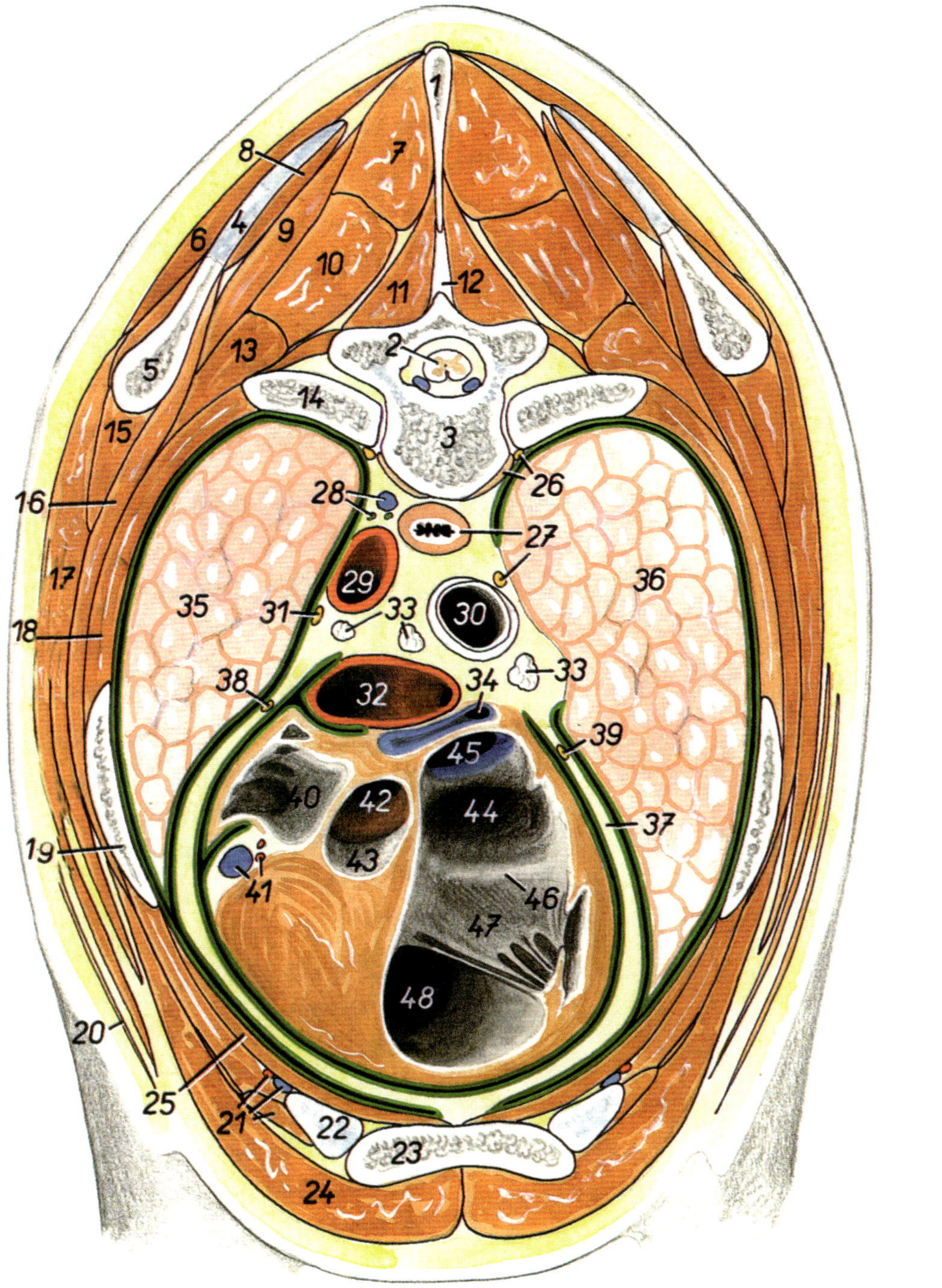

1. *Processus spinosus vertebrae thoracicae IV* – Dornfortsatz des 4. Brustwirbels
2. *Medulla spinalis* – Rückenmark
3. *Vertebra thoracica IV* – 4. Brustwirbel
4. *Cartilago scapulae* – Schulterblattknorpel
5. *Scapula* – Schulterblatt
6. *M. trapezius (Pars thoracica)* – trapezförmiger Muskel (Brustkorbteil)
7. *M. spinalis thoracis* – Brustkorbportion des Dornfortsatzmuskels
8. *M. rhomboideus thoracis* – Brustkorbportion des rautenförmigen Muskels
9. *Mm. splenius cervicis et splenius capitis* – Hals- und Kopfteil des Riemenmuskels
10. *M. longissimus thoracis* – Brustkorbportion des längsten Muskels
11. *M. multifidus thoracis* – Brustkorbportion des vielgeteilten Muskels
12. *Lig. interspinale* – Zwischendornfortsatzband
13. *M. iliocostalis thoracis* – Brustkorbportion des Darmbein-Rippenmuskels
14. *Costa V* – 5. Rippe
15. *M. teres major* – großer Rundmuskel
16. *M. serratus ventralis thoracis* – Brustkorbportion des ventralen gesägten Muskels
17. *M. latissimus dorsi* – breiter Rückenmuskel
18. *Mm. intercostales externi et interni* – äuße und innere Zwischenrippenmuskeln
19. *M. tensor fasciae antebrachii, Costa IV* – Spanner der Unterarmfaszie, 4. Rippe
20. *M. cutaneus omobrachialis* – Schulter-Armhautmuskel
21. *M. intercostalis internus (M. intercartilagineus), A. et V. thoracica interna* – innerer Zwischenrippenmuskel (Zwischenknorpelmuskel), innere Brustarterie und -vene
22. *Cartilago costalis IV* – Knorpel der 4. Rippe
23. *Sternum* – Brustbein
24. *M. pectoralis profundus (ascendens)* – tiefer (aufsteigender) Brustmuskel
25. *M. transversus thoracis* – querverlaufender Brustkorbmuskel
26. *M. longus colli, Truncus sympathicus* – langer Halsmuskel, Stamm des Sympathikusnerven
27. *Esophagus, N. vagus dexter* – Speiseröhre, rechter Vagusnerv
28. *V. azygos sinistra, Ductus thoracicus* – linke Azygosvene, Milchbrustgang
29. *Arcus aortae* – Bogen der großen Körperschlagader
30. *Trachea* – Luftröhre
31. *N. vagus sinister* – linker Vagusnerv
32. *Truncus pulmonalis* – Stamm der Lungenarterie
33. *Lnn. tracheobronchales* – Luftröhren-Bronchiallymphknoten
34. *V. pulmonalis* – Lungenvene
35. *Pars caudalis lobi cranialis pulmonis sinistri* – kaudaler Teil des linken kranialen Lungenlappens
36. *Lobus medius pulmonis dextri* – mittlerer Lappen der rechten Lunge
37. *Pericardium* – Herzbeutel
38. *N. phrenicus sinister* – linker Zwerchfellnerv
39. *N. phrenicus dexter* – rechter Zwerchfellnerv
40. *Auricula sinistra cordis* – linkes Herzohr
41. *A. coronaria sinistra, V. cordis magna* – linke Kranzarterie, große Herzvene
42. *Ostium aortae* – Öffnung der großen Körperschlagader
43. *Valvula semilunaris valvae aortae* – halbmondförmige Klappe der Aortenklappe
44. *Atrium dextrum cordis* – rechter Herzvorhof
45. *V. cava cranialis* – kraniale Hohlvene
46. *Ostium atrioventriculare dextrum* – rechte Vorhof-Kammeröffnung
47. *Cuspis parietalis valvae atrioventricularis dextrae (Valvae tricuspidalis)* – parietale Klappe der rechten Vorhof-Kammerklappe (dreizipfelige Klappe)
48. *Ventriculus dexter cordis* – rechte Herzkammer

Schwein. Querschnitt durch den Brustkorb in Höhe des 7. Brustwirbels, Ansicht von kaudal.

Abbildung 105

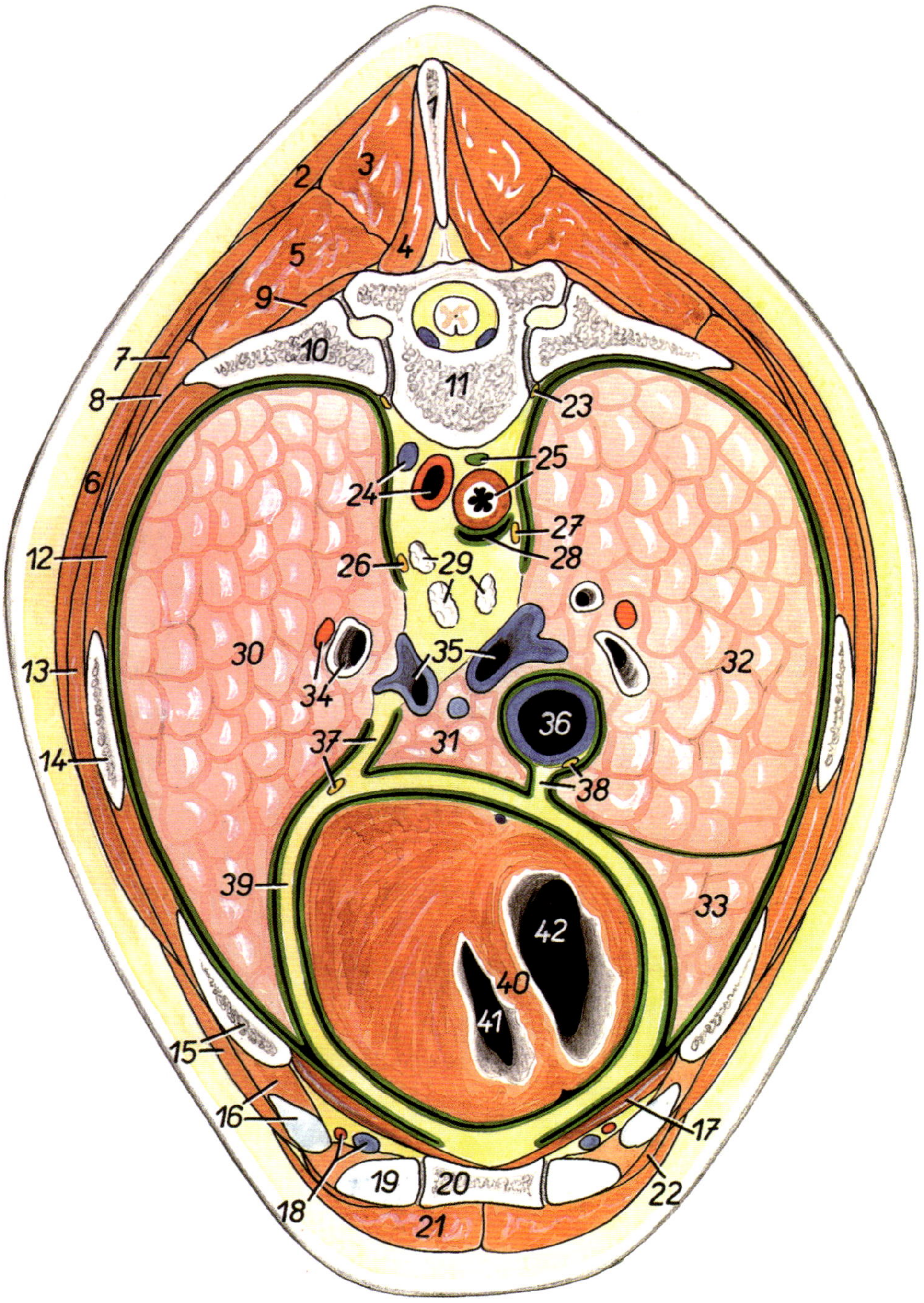

1. *Processus spinosus vertebrae thoracicae VII* – Dornfortsatz des 7. Brustwirbels
2. *M. trapezius (Pars thoracica)* – trapezförmiger Muskel (Brustkorbteil)
3. *M. spinalis thoracis* – Brustkorbportion des Dornfortsatzmuskels
4. *Mm. multifidi thoracis* – Brustkorbportion der vielgeteilten Muskeln
5. *M. longissimus thoracis* – Brustkorbportion des längsten Muskels
6. *M. latissimus dorsi* – breiter Rückenmuskel
7. *M. serratus dorsalis cranialis* – kranialer dorsaler gesägter Muskel
8. *M. iliocostalis thoracis* – Brustkorbportion des Darmbein-Rippenmuskels
9. *Mm. levatores costarum* – Rippenheber
10. *Costa VII* – 7. Rippe
11. *Vertebra thoracica VII* – 7. Brustwirbel
12. *Mm. intercostales externi et interni* – äußere und innere Zwischenrippenmuskeln
13. *M. serratus ventralis thoracis* – Brustkorbportion des ventralen gesägten Muskels
14. *Costa VI* – 6. Rippe
15. *M. obliquus externus obdominis, Costa V* – äußerer schiefer Bauchmuskel, 5. Rippe
16. *Mm. intercostales interni (Mm. intercartilaginei), Cartilago costalis V* – innerer Zwischenrippenmuskel (Zwischenknorpelmuskel), Knorpel der 5. Rippe
17. *M. transversus thoracis* – querverlaufender Brustkorbmuskel
18. *A. et V. thoracica interna* – innere Brustkorbarterie und -vene
19. *Cartilago costalis VI* – Knorpel der 6. Rippe
20. *Sternum* – Brustbein
21. *M. pectoralis profundus (s. ascendens)* – tiefer (aufsteigender) Brustmuskel
22. *M. rectus abdominis* – gerader Bauchmuskel
23. *Truncus sympathicus* – Stamm des Sympathikusnerven
24. *Aorta, V. azygos sinistra* – große Körperschlagader, linke Azygosvene
25. *Esophagus, Ductus thoracicus* – Speiseröhre, Milchbrustgang
26. *N. vagus sinister* – linker Vagusnerv
27. *N. vagus dexter* – rechter Vagusnerv
28. *Cavum mediastini serosum (Bursa infracardiaca)* – seröse Mittelfellhöhle
29. *Lnn. mediastinales caudales* – kaudale Mittelfellymphknoten
30. *Pars caudalis lobi cranialis pulmonis dextri* – kaudaler Teil des rechten kranialen Lungenlappens
31. *Lobus accessorius pulmonis* – zusätzlicher Lungenlappen
32. *Lobus medius pulmonis* – mittlerer Lungenlappen
33. *Lobus caudalis pulmonis dextri* – kaudaler Lappen der rechten Lunge
34. *Bronchus lobaris, Ramus a. pulmonalis sinistrae* – Lappenbronchus, Ast der linken Lungenarterie
35. *Vv. pulmonales* – Lungenvenen
36. *V. cava caudalis* – kaudale Hohlvene
37. *Mediastinum caudale, N. phrenicus sinister* – kaudales Mittelfell, linker Zwerchfellnerv
38. *N. phrenicus dexter, Plica (s. Mesenterium) v. cavae caudalis* – rechter Zwerchfellnerv, Falte (Gekröse) der kaudalen Hohlvene
39. *Pericardium* – Herzbeutel
40. *Septum interventriculare* – Zwischenkammerscheidewand
41. *Ventriculus sinister cordis* – linke Herzkammer
42. *Ventriculus dexter cordis* – rechte Herzkammer

Schwein. Herz, Ansicht von links.

Abbildung 106

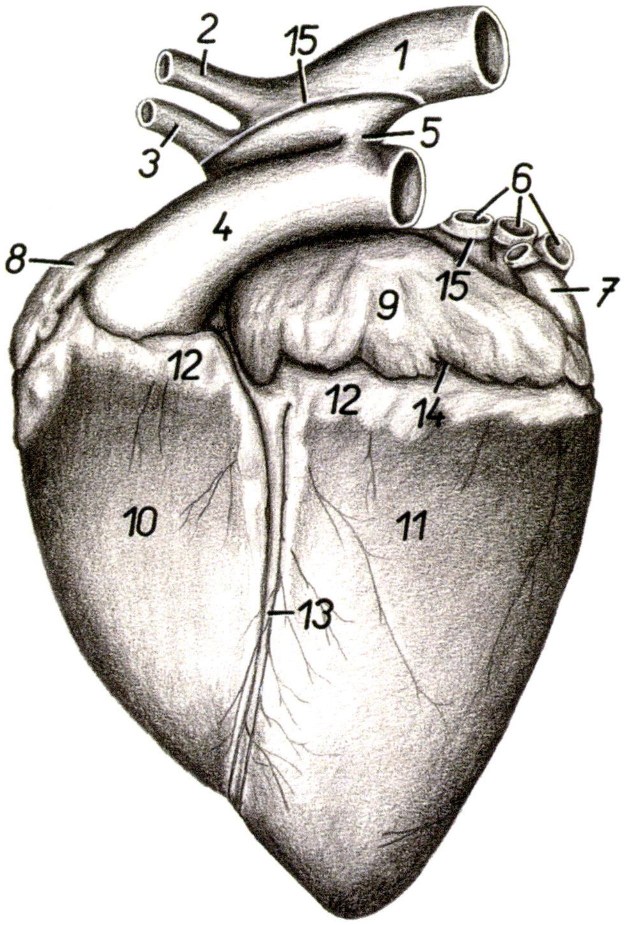

Schwein. Herz, Ansicht von rechts.

Abbildung 107

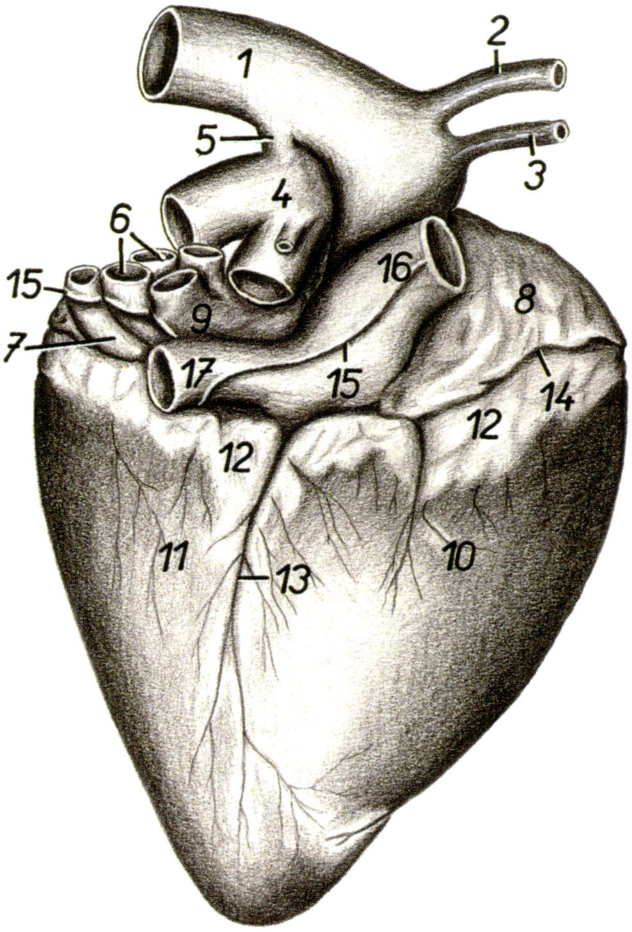

1. *Aorta* – große Körperschlagader
2. *A. subclavia sinistra* – linke Unterschlüsselbeinarterie
3. *Truncus brachiocephalicus* – Stamm der Arm-Kopfarterie
4. *Truncus pulmonalis* – Stamm der Lungenarterie
5. *Lig. arteriosum (Botalli)* – Botallisches Band
6. *Vv. pulmonales* – Lungenvenen
7. *V. azygos sinistra* – linke Azygosvene
8. *Auricula dextra* – rechtes Herzohr
9. *Auricula sinistra* – linkes Herzohr
10. *Ventriculus dexter* – rechte Kammer
11. *Ventriculus sinister* – linke Kammer
12. *Corpus adiposum subepicardiale* – Herzfettkörper
13. *Sulcus interventricularis paraconalis* – linke Längsfurche zwischen den Kammern
14. *Sulcus coronarius* – Kranzfurche
15. *Insertio pericardii* – Ansatz des Herzbeutels

Abbildung 107

1. *Aorta* – große Körperschlagader
2. *A. subclavia sinistra* – linke Unterschlüsselbeinarterie
3. *Truncus brachiocephalicus* – Stamm der Arm-Kopfarterie
4. *Truncus pulmonalis* – Stamm der Lungenarterie
5. *Lig. arteriosum (Botalli)* – Botallisches Band
6. *Vv. pulmonales* – Lungenvenen
7. *Sinus coronarius* – Ausbuchtung der Kranzvenen
8. *Atrium dextrum* – rechter Vorhof
9. *Atrium sinistrum* – linker Vorhof
10. *Ventriculus dexter* – rechte Kammer
11. *Ventriculus sinister* – linke Kammer
12. *Corpus adiposum subepicardiale* – Herzfettkörper
13. *Sulcus interventricularis subsinuosus* – rechte Längsfurche zwischen den Kammern
14. *Sulcus coronarius* – Kranzfurche
15. *Insertio pericardii* – Ansatz des Herzbeutels
16. *V. cava cranialis* – kraniale Hohlvene
17. *V. cava caudalis* – kaudale Hohlvene

Schwein. Lunge, Ansicht der Zwerchfellfläche.

Abbildung 108

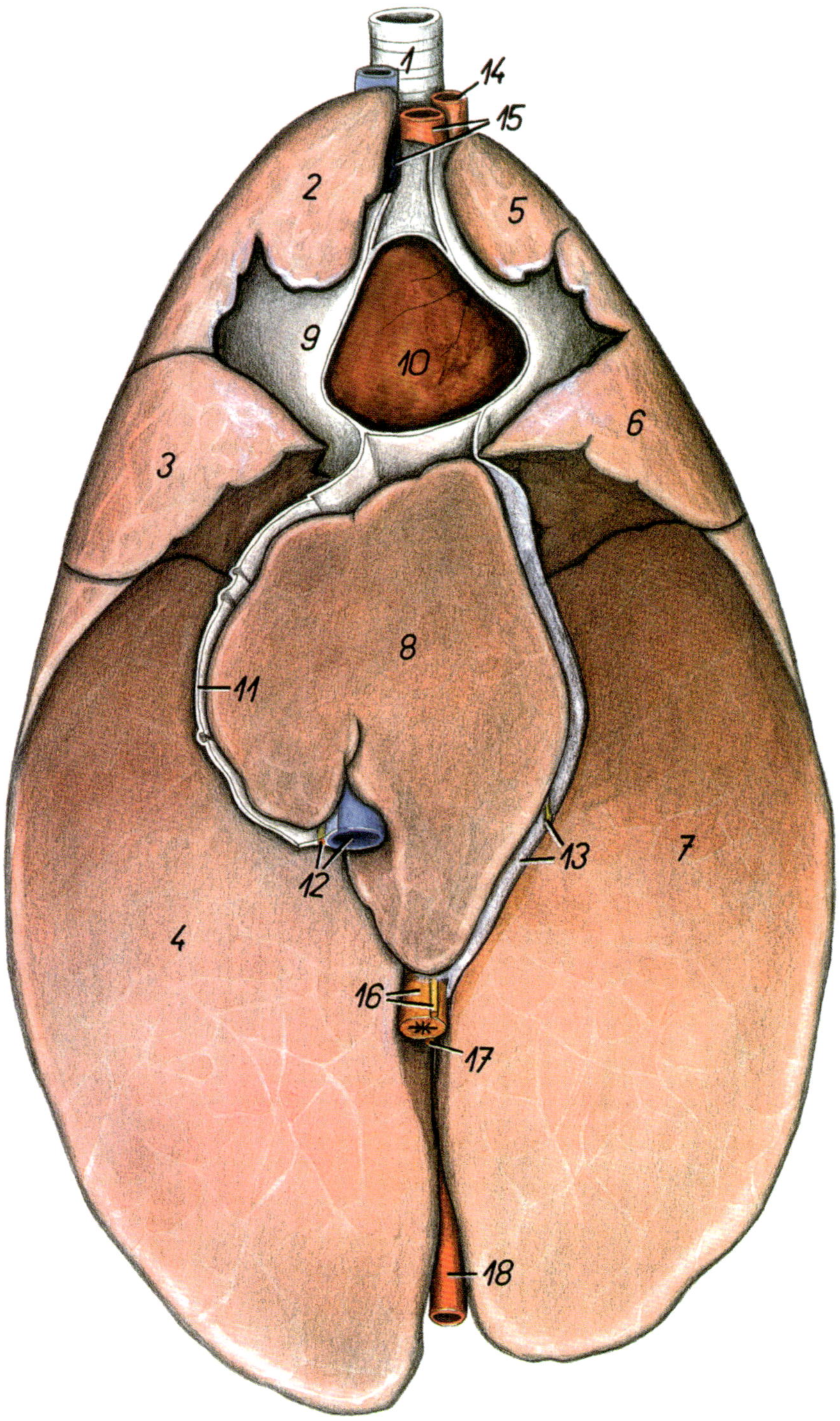

1. *Trachea* – Luftröhre
2. *Lobus cranialis pulmonis dextri* – kranialer Lappen der rechten Lunge
3. *Lobus medius pulmonis (dextri)* – mittlerer Lappen der rechten Lunge
4. *Lobus caudalis pulmonis dextri* – kaudaler Lappen der rechten Lunge
5. *Pars cranialis lobi cranialis pulmonis sinistri* – kranialer Teil des linken kranialen Lungenlappens
6. *Pars caudalis lobi cranialis pulmonis sinistri* – kaudaler Teil des linken kranialen Lungenlappens
7. *Lobus caudalis pulmonis sinistri* – kaudaler Lappen der linken Lunge
8. *Lobus accessorius pulmonis* – zusätzlicher Lungenlappen
9. *Pericardium* – Herzbeutel
10. *Cor* – Herz
11. *Plica (s. Mesenterium) v. cavae caudalis* – Falte (Gekröse) der kaudalen Hohlvene
12. *V. cava caudalis, N. phrenicus dexter* – kaudale Hohlvene, rechter Zwerchfellnerv
13. *Mediastinum caudale* – kaudales Mittelfell
14. *A. subclavia sinistra* – linke Unterschlüsselbeinarterie
15. *Truncus brachiocephalicus, V. cava cranialis* – Stamm der Arm-Kopfarterie, kraniale Hohlvene
16. *Esophagus, Truncus vagalis ventralis* – Speiseröhre, ventraler Stamm des Vagusnerven
17. *Truncus vagalis dorsalis* – dorsaler Stamm des Vagusnerven
18. *Aorta* – große Körperschlagader

Schwein. Lunge, Ansicht von links. Nach einem Trockenpräparat gezeichnet.

Abbildung 109

1. *Trachea* – Luftröhre
2. *Margo dorsalis (obtusus)* – dorsaler (stumpfer) Rand
3. *Margo ventralis acutus* – ventraler scharfer Rand
4. *Pars cranialis lobi cranialis pulmonis sinistri* – kranialer Teil des linken kranialen Lungenlappens
5. *Pars caudalis lobi cranialis pulmonis sinistri* – kaudaler Teil des linken kranialen Lungenlappens
6. *Lobus caudalis pulmonis sinistri* – kaudaler Lappen der linken Lunge
7. *Lobus cranialis pulmonis dextri* – kranialer Lappen der rechten Lunge
8. *Lobus medius pulmonis dextri* – mittlerer Lappen der rechten Lunge
9. *Incisura cardiaca* – Herzeinschnitt
10. *Fissura interlobaris caudalis* – kaudaler Zwischenrippeneinschnitt
11. *Facies costalis* – Rippenfläche
12. *Facies diaphragmatica* – Zwerchfellfläche

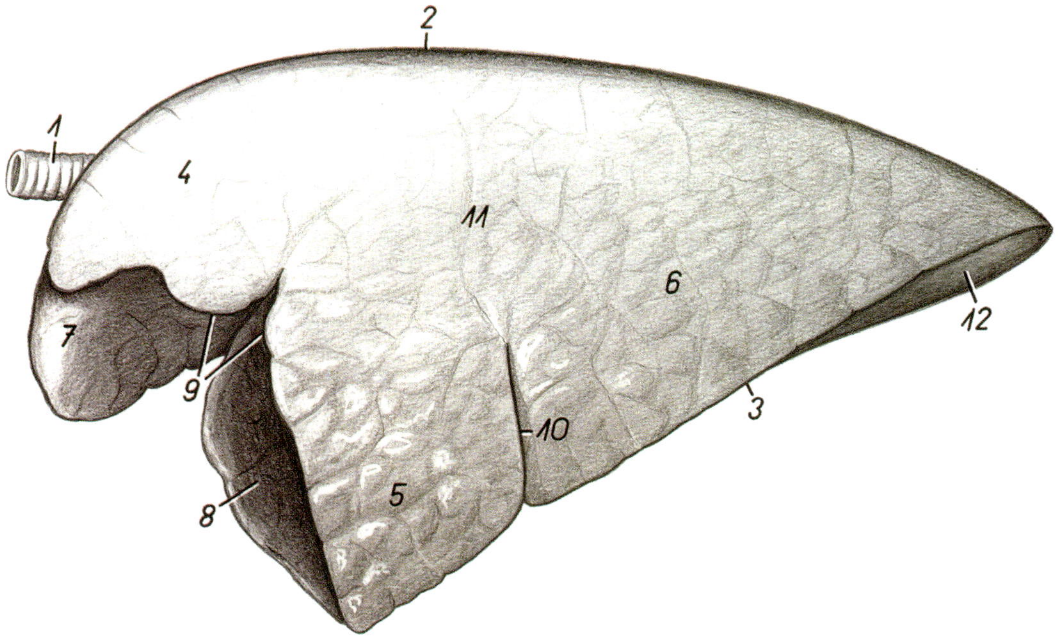

Schwein. Lunge, Ansicht von rechts. Nach einem Trockenpräparat gezeichnet.

Abbildung 110

1. *Trachea* – Luftröhre
2. *Margo dorsalis (obtusus)* – dorsaler (stumpfer) Rand
3. *Margo ventralis acutus* – ventraler scharfer Rand
4. *Lobus cranialis pulmonis dextri* – kranialer Lappen der rechten Lunge
5. *Lobus medius pulmonis dextri* – mittlerer Lappen der rechten Lunge
6. *Lobus caudalis pulmonis dextri* – kaudaler Lappen der rechten Lunge
7. *Facies costalis* – Rippenfläche
8. *Facies diaphragmatica* – Zwerchfellfläche
9. *Incisura cardiaca et Fissura interlobaris cranialis* – Herzausschnitt und kranialer Zwischenlappeneinschnitt
10. *Fissura interlobaris caudalis* – kaudaler Zwischenlappeneinschnitt

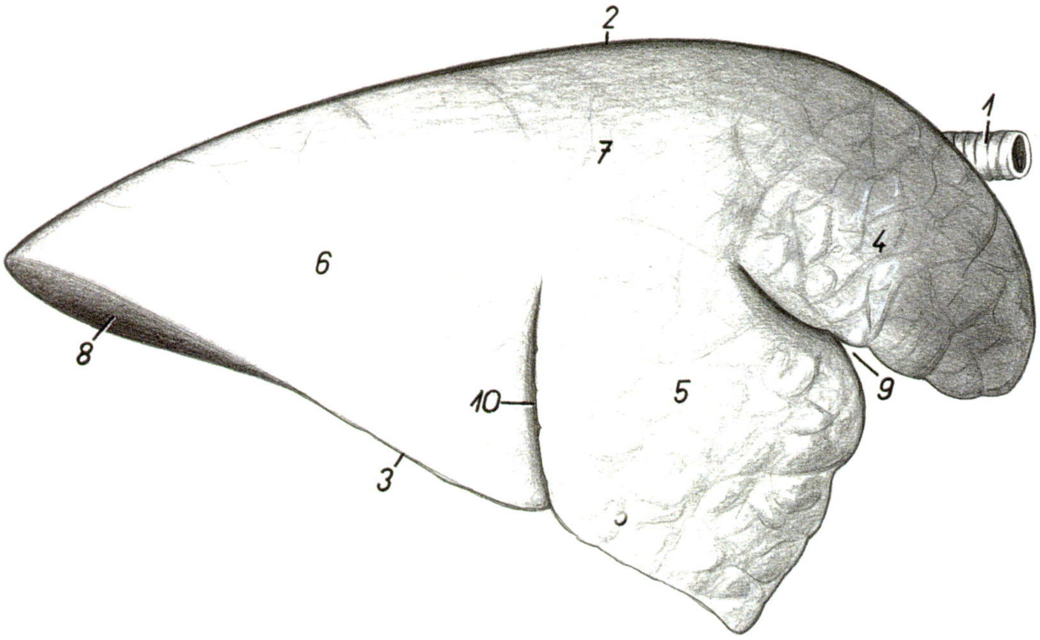

Schwein. Querschnitt durch die Bauchhöhle in Höhe des 12. Brustwirbels, Ansicht von kaudal.

Abbildung 111

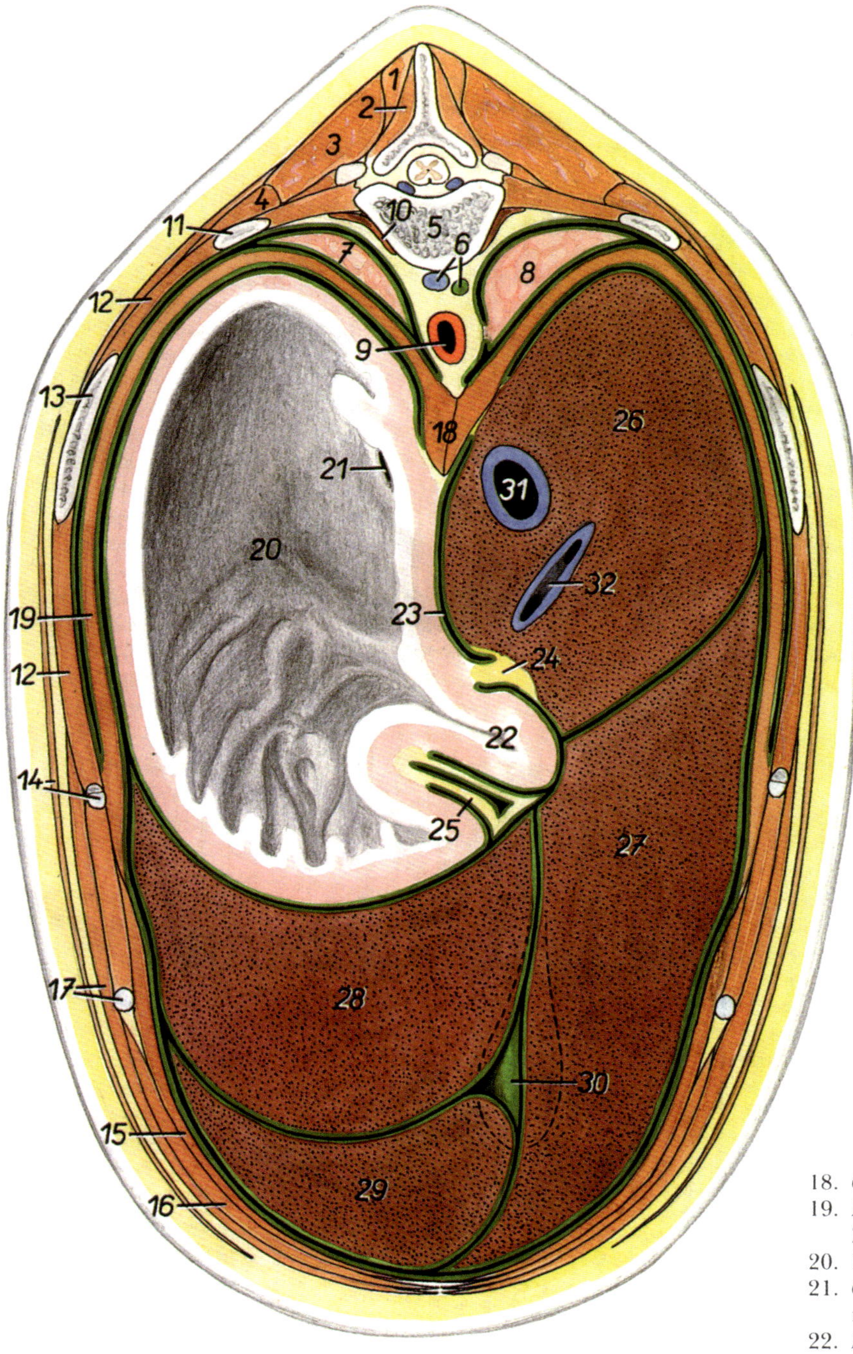

1. *M. spinalis thoracis* – Brustkorbportion des Dornfortsatzmuskels
2. *Mm. multifidi thoracis* – Brustkorbportion der vielgeteilten Muskeln
3. *M. longissimus thoracis* – Brustkorbportion des längsten Muskels
4. *M. iliocostalis thoracis* – Brustkorbportion des Darmbein-Rippenmuskels
5. *Vertebra thoracica XII* – 12. Brustwirbel
6. *V. azygos sinistra, Ductus thoracicus* – linke Azygosvene, Milchbrustgang
7. *Lobus caudalis pulmonis sinistri* – kaudaler Lappen der linken Lunge
8. *Lobus caudalis pulmonis dextri* – kaudaler Lappen der rechten Lunge
9. *Aorta* – große Körperschlagader
10. *M. quadratus lumborum* – viereckiger Lendenmuskel
11. *Costa XII* – 12. Rippe
12. *Mm. intercostales* – Zwischenrippenmuskeln
13. *Costa XI* – 11. Rippe
14. *M. cutaneus trunci, Costa et Cartilago costalis X* – Rumpfhautmuskel, 10. Rippe und Rippenknorpel
15. *M. transversus abdominis* – querverlaufender Bauchmuskel
16. *M. rectus abdominis* – gerader Bauchmuskel
17. *M. obliquus externus abdominis, Cartilago costalis XI* – äußerer schiefer Bauchmuskel, Knorpel der 11. Rippe
18. *Crura diaphragmatis* – Zwerchfellpfeiler
19. *Pars costalis diaphragmatis* – Rippenteil des Zwerchfells
20. *Ventricullus (Gaster)* – Magen
21. *Ostium cardiacum* – Öffnung des Magenmundes
22. *Pars pylorica ventriculi* – Pförtnerteil des Magens
23. *Foramen epiploicum* – Netzbeutelloch
24. *Omentum minus (Lig. hepatogastricum)* – kleines Netz (Leber-Magenband)
25. *Omentum majus* – großes Netz
26. *Lobus caudatus hepatis* – schwanzförmiger Lappen der Leber
27. *Lobus hepatis dexter* – rechter Lappen der Leber
28. *Lobus hepatis sinister lateralis* – linker lateraler Lappen der Leber
29. *Lobus hepatis sinister medialis* – linker medialer Lappen der Leber
30. *Vesica fellea (partim in projectione)* – Gallenblase (zum Teil in der Projektion)
31. *V. cava caudalis* – kaudale Hohlvene
32. *Ramus v. portae* – Ast der Pfortader

Schwein. Querschnitt durch die Bauchhöhle in Höhe des 14. Brustwirbels, Ansicht von kaudal.

Abbildung 112

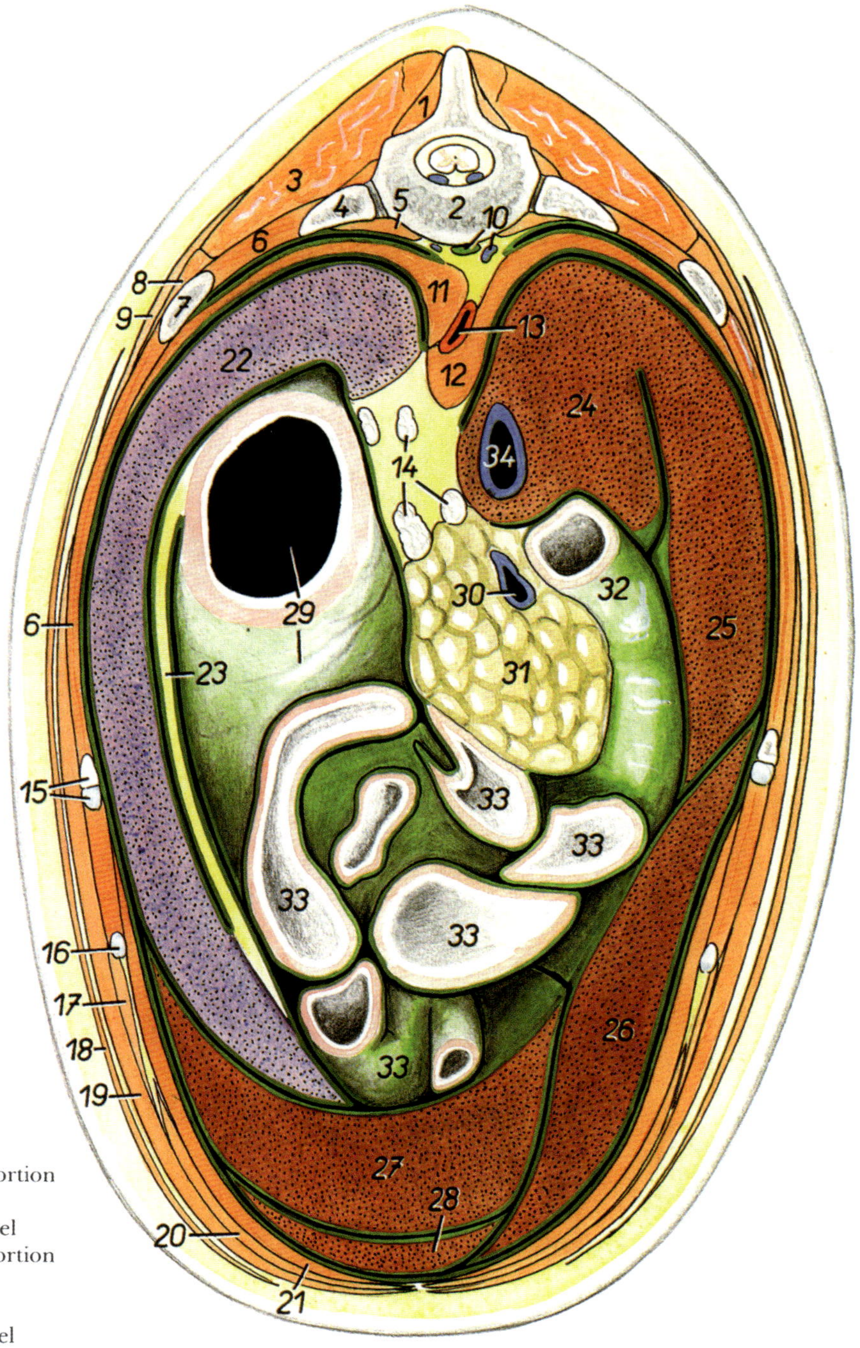

1. *Mm. multifidi thoracis* – Brustkorbportion der vielgeteilten Muskeln
2. *Vertebra thoracica XIV* – 14. Brustwirbel
3. *M. longissimus thoracis* – Brustkorbportion des längsten Muskels
4. *Costa XIV* – 14. Rippe
5. *M. psoas major* – großer Lendenmuskel
6. *Mm. intercostales* – Zwischenrippenmuskeln
7. *Costa XIII* – 13. Rippe
8. *Mm. iliocostalis lumborum et iliocostalis thoracis* – Lendenportion des Darmbein-Rippenmuskels und Brustkorbportion des Darmbein-Rippenmuskels
9. *M. serratus dorsalis caudalis* – kaudaler dorsaler gesägter Muskel
10. *V. azygos sinistra, Cisterna chyli* – linke Azygosvene, Lendenzysterne
11. *Crus laterale sinistrum diaphragmatis* – linker lateraler Zwerchfellpfeiler
12. *Crura medialia diaphragmatis* – mediale Zwerchfellpfeiler
13. *Aorta* – große Körperschlagader
14. *Lnn. gastrici et Lnn. celiaci* – Magen- und Bauchhöhlenlymphknoten
15. *Costa et Cartilago costalis XII* – 12. Rippe und Rippenknorpel
16. *Cartilago costalis XIII* – Knorpel der 13. Rippe
17. *M. obliquus internus abdominis* – innerer schiefer Bauchmuskel
18. *M. cutaneus trunci* – Rumpfhautmuskel
19. *M. obliquus externus abdominis* – äußerer schiefer Bauchmuskel
20. *M. rectus abdominis* – gerader Bauchmuskel
21. *M. transversus abdominis* – querverlaufender Bauchmuskel
22. *Lien* – Milz
23. *Omentum majus* – großes Netz
24. *Processus caudatus hepatis* – Schwanzfortsatz der Leber

25., 26. *Lobus hepatis dexter* (25. *lateralis*, 26. *medialis*) – rechter Lappen der Leber (25. lateraler, 26. Medialer)

27., 28. *Lobus hepatis sinister* (27. *lateralis*, 28. *medialis*) – linker Lappen der Leber (27. lateraler, 28. medialer)

29. *Ventriculus (Gaster)* – Magen
30. *V. portae* – Pfortader
31. *Lobus pancreatis dexter* – rechter Lappen der Bauchspeicheldrüse
32. *Duodenum* – Zwölffingerdarm
33. *Jejunum* – Leerdarm
34. *V. cava caudalis* – kaudale Hohlvene

Schwein. Querschnitt durch die Bauchhöhle in Höhe des 1. Lendenwirbels, Ansicht von kaudal.

Abbildung 113

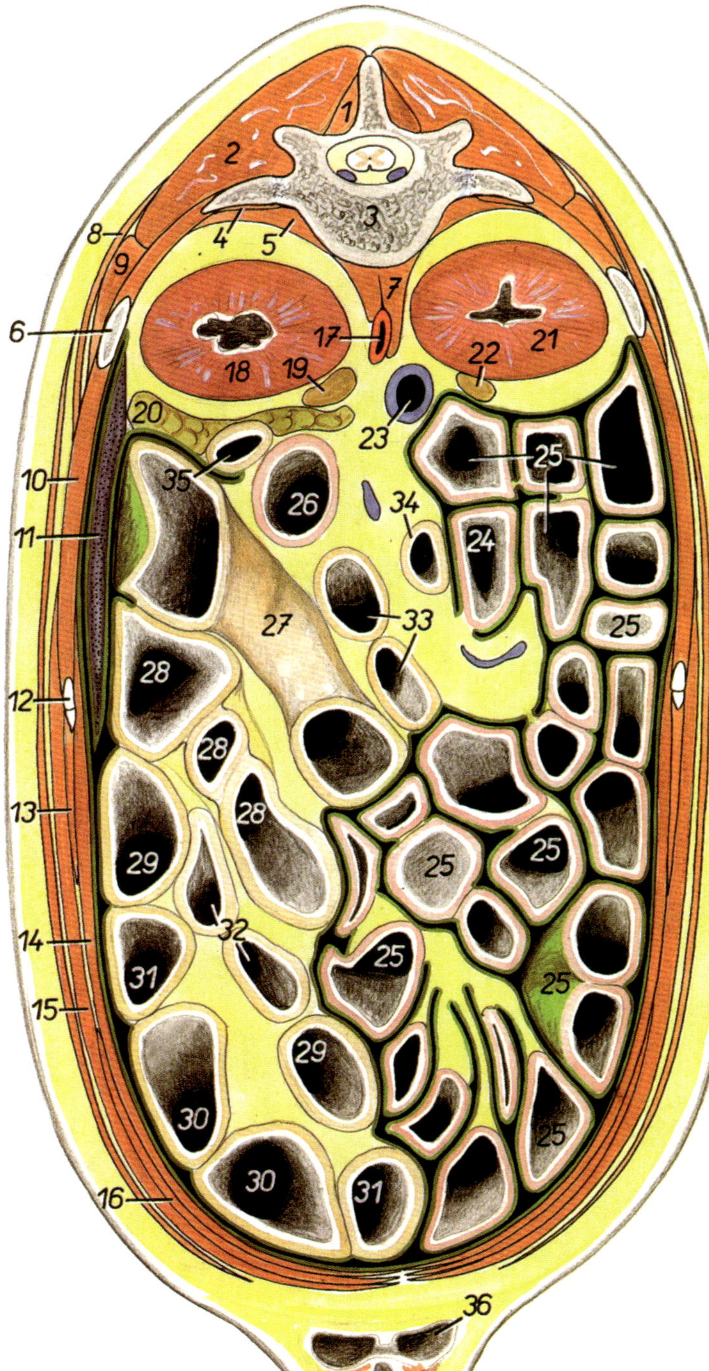

1. *Mm. multifidi thoracis et multifidi lumborum* – Brustkorb- und Lendenportion der vielgeteilten Muskeln
2. *Mm. longissimus thoracis et longissimus lumborum* – Brustkorb- und Lendenportion des längsten Muskels
3. *Vertebra lumbalis I* – 1. Lendenwirbel
4. *M. quadratus lumborum* – viereckiger Lendenmuskel
5. *M. psoas major* – großer Lendenmuskel
6. *Costa XIV* – 14. Rippe
7. *Crura diaphragmatis* – Zwerchfellpfeiler
8. *M. serratus dorsalis caudalis* – kaudaler dorsaler gesägter Muskel
9. *M. iliocostalis lumborum* – Lendenportion des Darmbein-Rippenmuskels
10. *Mm. intercostales* – Zwischenrippenmuskeln
11. *Lien* – Milz
12. *Costa et Cartilago costalis XIII* – 13. Rippe und Rippenknorpel
13. *M. obliquus internus abdominis* – innerer schiefer Bauchmuskel
14. *M. transversus abdominis* – querverlaufender Bauchmuskel
15. *M. obliquus externus abdominis* – äußerer schiefer Bauchmuskel
16. *M. rectus abdominis* – gerader Bauchmuskel
17. *Aorta* – große Körperschlagader
18. *Ren sinister* – linke Niere
19. *Glandula adrenalis sinistra* – linke Nebenniere
20. *Lobus pancreatis sinister* – linker Lappen der Bauchspeicheldrüse
21. *Ren dexter* – rechte Niere
22. *Glandula adrenalis dextra* – rechte Nebenniere
23. *V. cava caudalis* – kaudale Hohlvene
24. *Duodenum* – Zwölffingerdarm
25. *Jejunum* – Leerdarm
26. *Flexura duodenojejunalis* – Zwölffingerdarm-Leerdarmbiegung

27.–33. *Ansa spiralis coli* – spiralförmige Schleife des Grimmdarms

27. *Gyrus centripetalis I* – 1. zentripetale Windung
28. *Gyrus centripetalis II* – 2. zentripetale Windung
29. *Gyrus centripetalis III* – 3. zentripetale Windung
30. *Flexura centralis* – zentrale Biegung
31. *Gyrus centrifugalis I* – 1. zentrifugale Windung
32. *Gyrus centrifugalis II* – 2. zentrifugale Windung
33. *Gyrus centrifugalis III* – 3. zentrifugale Windung

34., 35 *Colon transversum* – querverlaufender Grimmdarm

36. *Diverticulum preputiale* – Vorhautaussackung
37. *Preputium* – Vorhaut

Schwein. Querschnitt durch die Bauchhöhle in Höhe des 4. Lendenwirbels, Ansicht von kaudal.

Abbildung 114

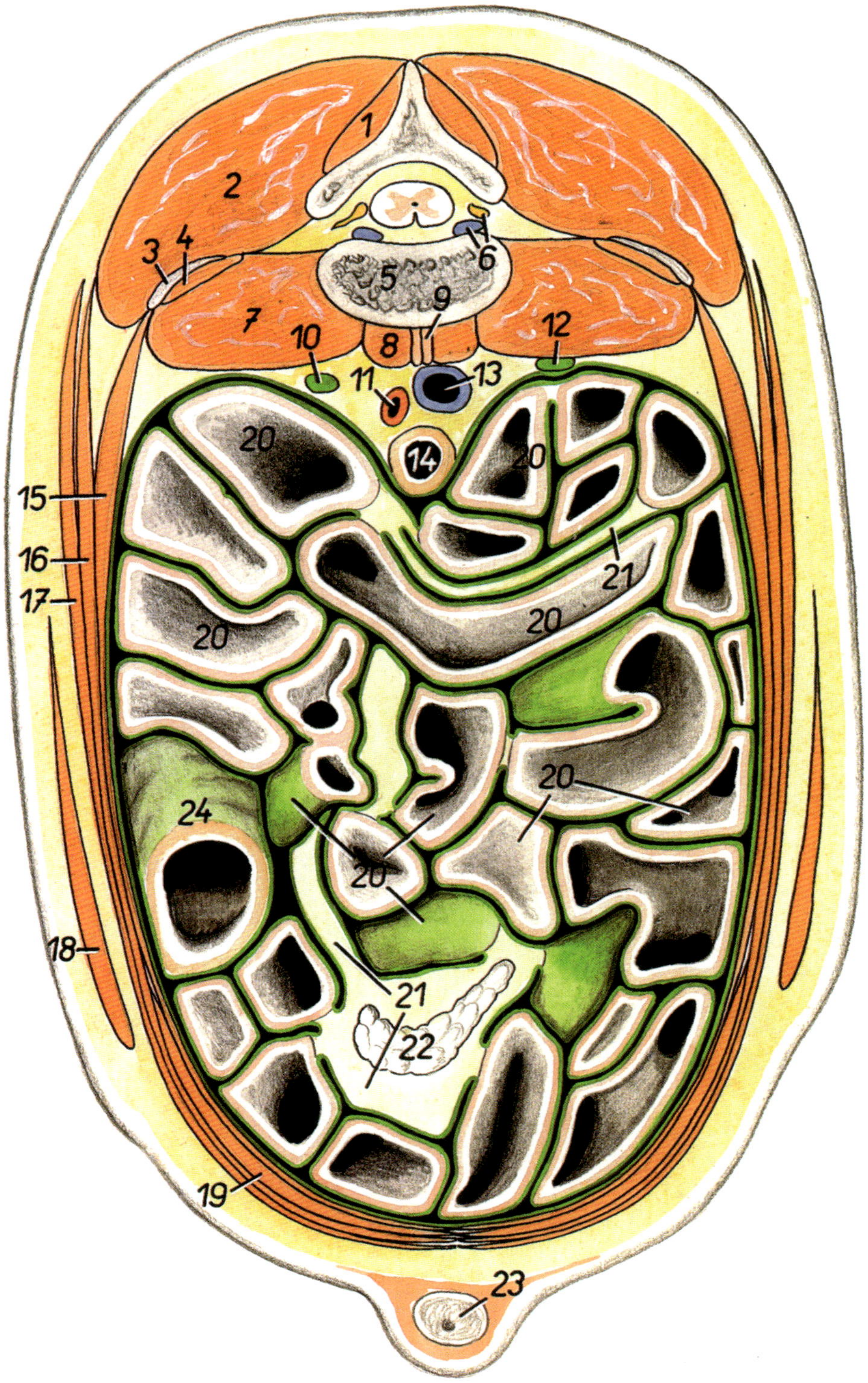

1. *Mm. multifidi lumborum* – Lendenportion der vielgeteilten Muskeln
2. *M. longissimus lumborum* – Lendenportion des längsten Muskels
3. *Processus costarius vertebrae lumbalis IV* – Rippenfortsatz des 4. Lendenwirbels
4. *M. quadratus lumborum* – viereckiger Lendenmuskel
5. *Vertebra lumbalis IV* – 4. Lendenwirbel
6. *Plexus vertebralis internus, N. spinalis* – inneres Wirbelgeflecht, Rückenmarksnerv
7. *M. psoas major* – großer Lendenmuskel
8. *M. psoas minor* – kleiner Lendenmuskel
9. *Crus diaphragmatis dextrum* – rechter Zwerchfellpfeiler
10. *Ureter sinister* – linker Harnleiter
11. *Aorta* – große Körperschlagader
12. *Ureter dexter* – rechter Harnleiter
13. *V. cava caudalis* – kaudale Hohlvene
14. *Colon descendens* – absteigender Grimmdarm
15. *M. transversus abdominis* – querverlaufender Bauchmuskel
16. *M. obliquus internus abdominis* – innerer schiefer Bauchmuskel
17. *M. obliquus externus abdominis* – äußerer schiefer Bauchmuskel
18. *M. cutaneus trunci* – Rumpfhautmuskel
19. *M. rectus abdominis* – gerader Bauchmuskel
20. *Jejunum* – Leerdarm
21. *Mesojejunum* – Gekröse des Leerdarms
22. *Ln. jejunales* – Leerdarmlymphknoten
23. *Penis* – Penis
24. *Cecum* – Blinddarm

Schwein. Bauchorgane, Ansicht von ventral.

Abbildung 115

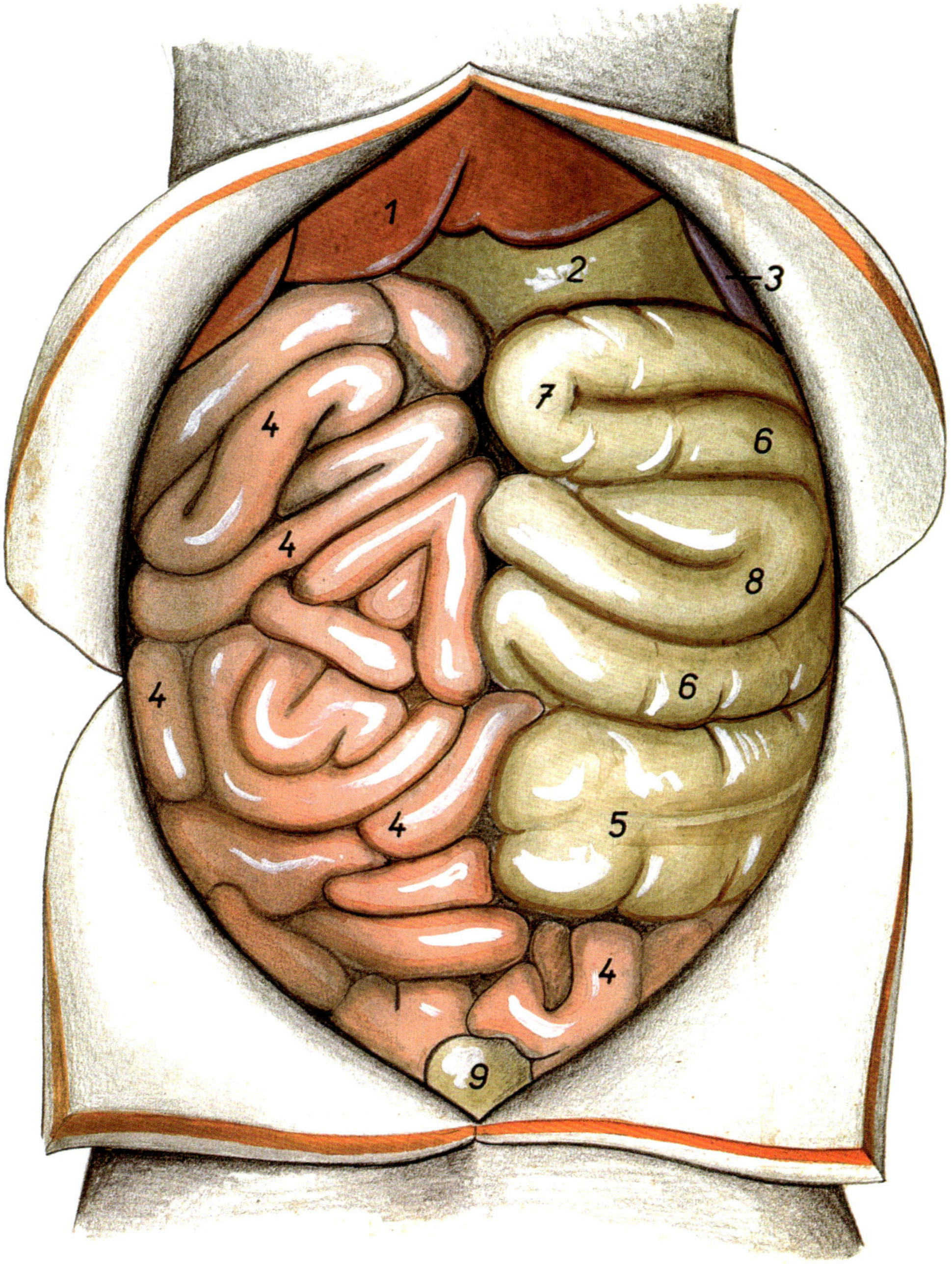

1. *Hepar* – Leber
2. *Ventriculus (Gaster)* – Magen
3. *Lien* – Milz
4. *Jejunum* – Leerdarm
5. *Cecum* – Blinddarm
6.–8. *Ansa spiralis coli* – spiralförmige Schleife des Grimmdarms
6. *Gyri centripetales* – zentripetale Windungen
7. *Flexura centralis coli* – zentrale Biegung des Grimmdarms
8. *Gyri centrifugales* – zentrifugale Windungen
9. *Vesica urinaria* – Harnblase

Abbildung 116

1. *Cartilago xiphoidea* – Schaufelknorpel
2. *Arcus costalis* – Rippenbogen
3. *Pars sternalis diaphragmatis* – Brustbeinteil des Zwerchfells
4. *Pars costalis diaphragmatis* – Rippenteil des Zwerchfells
5. *Centrum tendineum diaphragmatis* – Sehnenspiegel des Zwerchfells
6. *Crus mediale dextrum diaphragmatis* – rechter medialer Zwerchfellpfeiler
7. *Crus mediale sinistrum diaphragmatis* – linker medialer Zwerchfellpfeiler
8. *Crus laterale dextrum diaphragmatis* – rechter lateraler Zwerchfellpfeiler
9. *Crus laterale sinistrum diaphragmatis* – linker lateraler Zwerchfellpfeiler
10. *Arcus lumbocostalis* – Lenden-Rippenbogen
11. *Paries abdominis* – Bauchwand
12. *Costa XIV* – 14. Rippe
13. *Processus costarius vertebrae lumbalis I* – Rippenfortsatz des 1. Lendenwirbels
14. *M. psoas major* – großer Lendenmuskel
15. *M. psoas minor* – kleiner Lendenmuskel
16. *M. quadratus lumborum* – viereckiger Lendenmuskel
17. *V. cava caudalis* – kaudale Hohlvene
18. *Glandula adrenalis dextra* – rechte Nebenniere

Abbildung 116

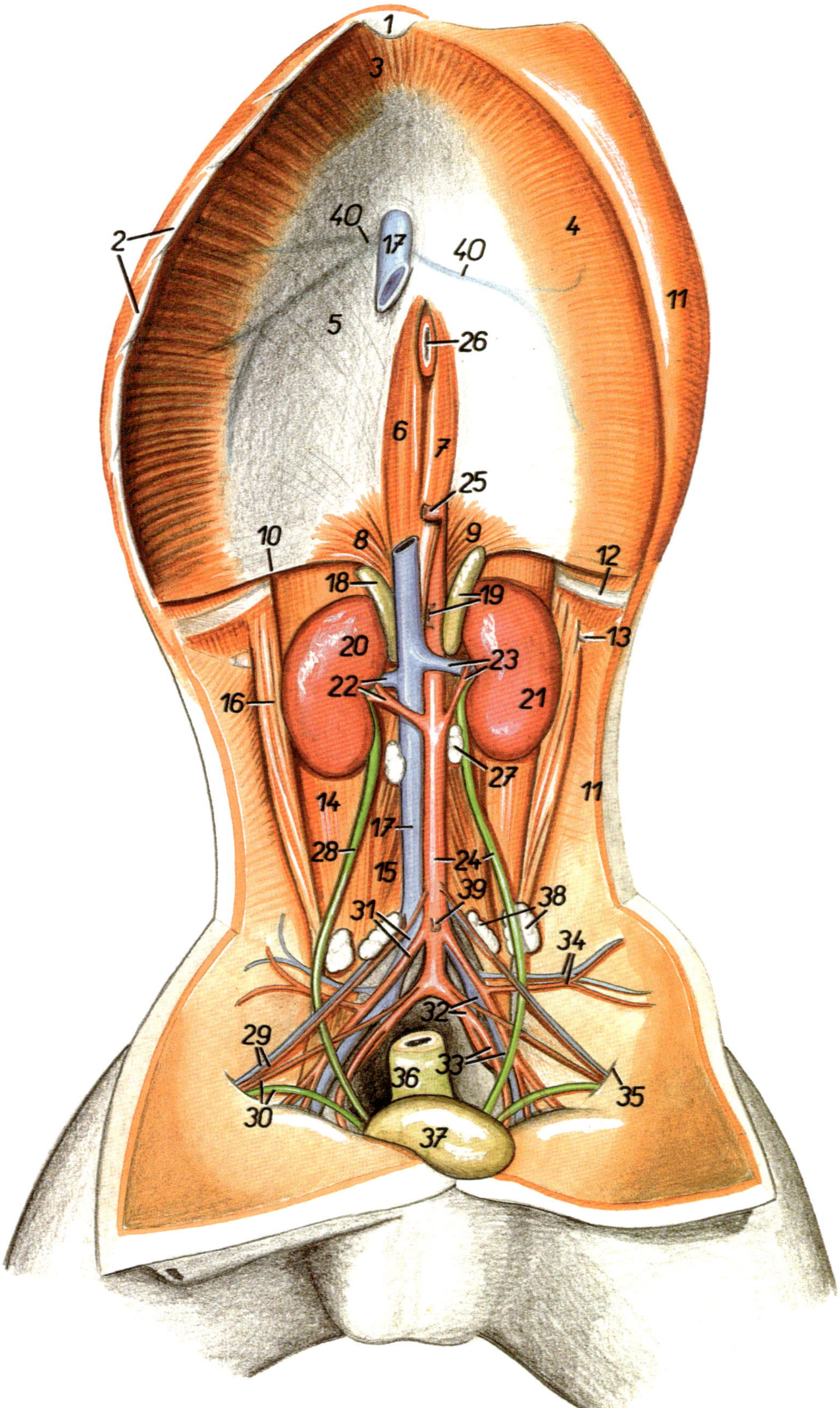

19. *Glandula adrenalis sinistra, A. mesenterica cranialis* – linke Nebenniere, kraniale Gekrösearterie
20. *Ren dexter* – rechte Niere
21. *Ren sinister* – linke Niere
22. *A. et V. renalis dextra* – rechte Nierenarterie und -vene
23. *A. et V. renalis sinistra* – linke Nierenarterie und -vene
24. *Aorta, Ureter sinister* – große Körperschlagader, linker Harnleiter
25. *A. celiaca* – Bauchhöhlenarterie
26. *Esophagus* – Speiseröhre
27. *Ln. renalis* – Nierenlymphknoten
28. *Ureter dexter* – rechter Harnleiter
29. *A. et V. testicularis* – Hodenarterie und -vene
30. *Ductus deferens, A. ductus deferentis* – Samenstrang, Samenstrangarterie
31. *V. iliaca communis, A. iliaca externa* – gemeinsame Darmbeinvene, äußere Darmbeinarterie
32. *A. et V. iliaca interna* – innere Darmbeinarterie und -vene
33. *A. umbiliacalis, V. iliaca externa* – Nabelarterie, äußere Darmbeinvene
34. *A. et V. circumflexa ilium profunda* – tiefe Darmbeinkranzarterie und -vene
35. *Anulus inguinalis profundus* – tiefer Leistenring
36. *Rectum* – Mastdarm
37. *Vesica urinaria* – Harnblase
38. *Lnn. iliaci mediales* – mediale Darmbeinlymphknoten
39. *A. mesenterica caudalis* – kaudale Gekrösearterie
40. *Vv. phrenicae craniales* – kraniale Zwerchfellvenen

Schwein. Magen. Linke Abbildung: Eingeweidefläche; rechte Abbildung: Magenhöhle.

Abbildung 117

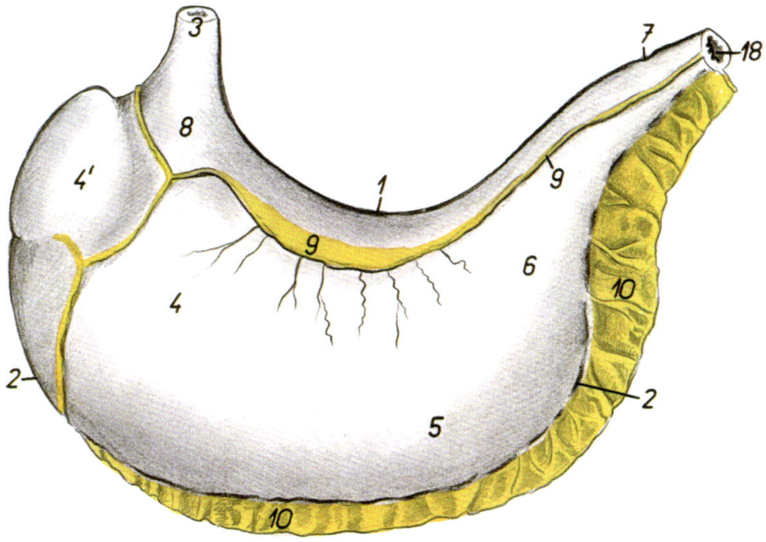

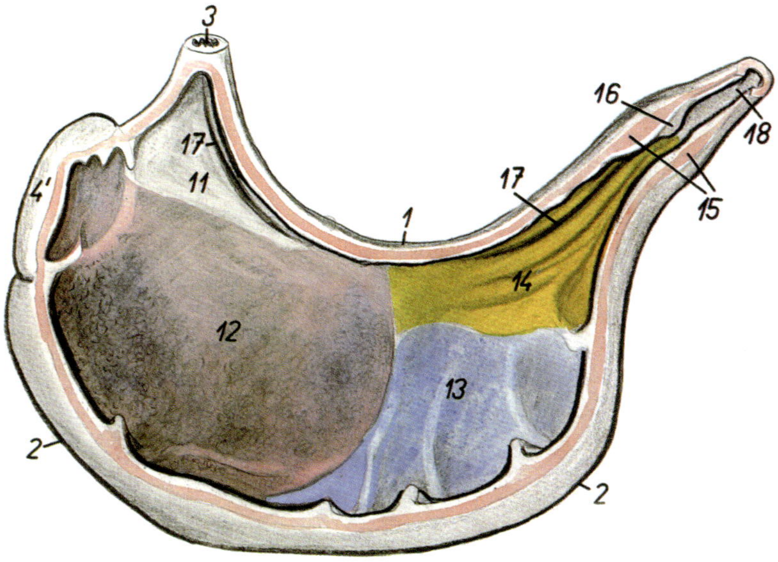

1. *Curvatura minor* – kleine Krümmung
2. *Curvatura major* – große Krümmung
3. *Esophagus* – Speiseröhre
4., 4'. *Fundus ventriculi* – Magengrund
4'. *Diverticulum ventriculi* – Magenaussackung
5. *Corpus ventriculi* – Körper des Magens
6. *Pars pylorica* – Pförtnerteil
7. *Pylorus* – Pförtner
8. *Pars cardiaca* – Magenmundteil
9. *Omentum minus (Ligg. hepatogastricum et hepatoduodenale)* – kleines Netz (Leber-Magenband und Leber-Zwölffingerdarmband)
10. *Omentum majus* – großes Netz
11. *Pars proventricularis tunicae mucosae* – Vormagenteil der Schleimhaut

12.–14. *Pars glandularis tunicae mucosae* – Drüsenteil der Schleimhaut
12. *Glandulae cardiacae* – Drüsen des Magenmundes
13. *Glandulae gastricae (propriae)* – Mageneigendrüsen
14. *Glandulae pyloricae* – Drüsen des Magenpförtners
15. *M. sphincter pylori* – Pförtnerschließmuskel
16. *Torus pyloricus* – Pförtnerwulst
17. *Sulcus ventriculi* – Magenrinne
18. *Duodenum* – Zwölffingerdarm

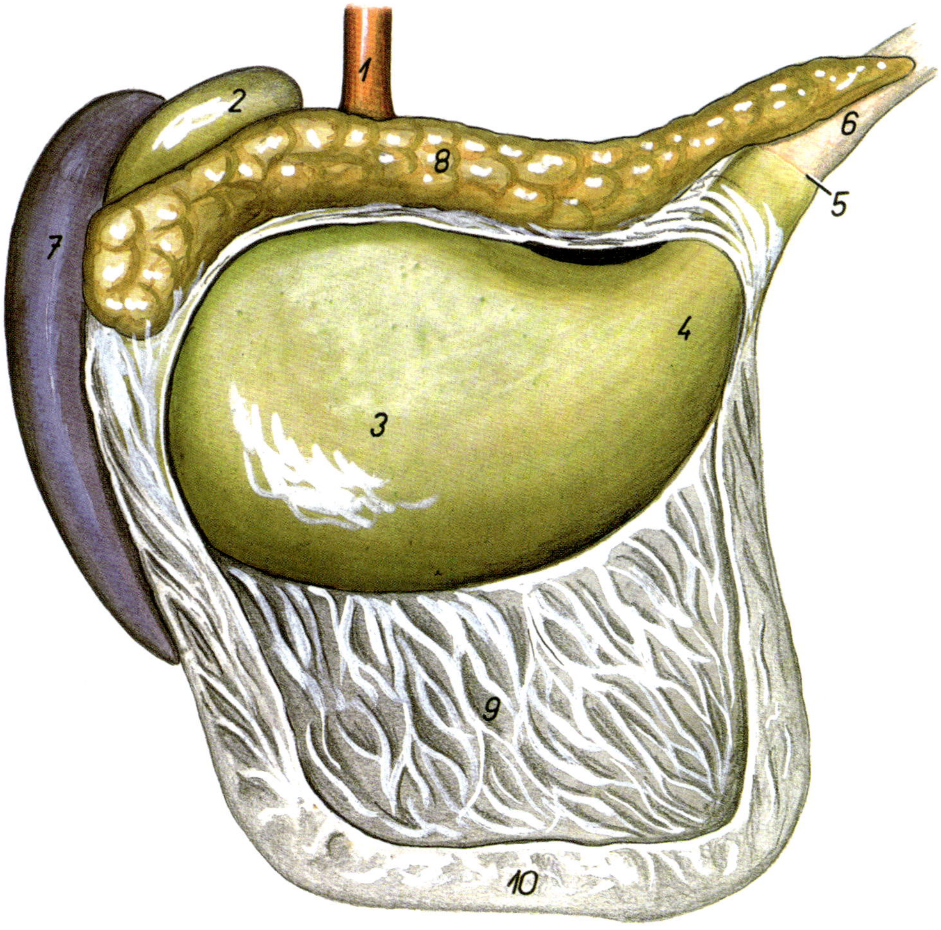

Schwein. Magen, Bauchspeicheldrüse, Milz und großes Netz; Ansicht der Eingeweidefläche.

Abbildung 118

1. *Esophagus* – Speiseröhre
2. *Diverticulum ventriculi* – Magenaussackung
3. *Fundus ventriculi* – Magengrund
4. *Pars pylorica ventriculi* – Pförtnerteil des Magens
5. *Pylorus* – Pförtner
6. *Duodenum* – Zwölffingerdarm
7. *Lien* – Milz
8. *Pancreas* – Bauchspeicheldrüse
9., 10. *Omentum majus* – großes Netz
9. *Paries superficialis* – oberflächliches Blatt
10. *Paries profundus* – tiefes Blatt

Schwein. Nieren und Nebennieren, Ansicht von dorsal.

Abbildung 119

1. *Ren sinister* – linke Niere
2. *Ren dexter* – rechte Niere
3. *Glandula adrenalis sinistra* – linke Nebenniere
4. *Glandula adrenalis dextra* – rechte Nebenniere
5. *Ureter sinister* – linker Harnleiter
6. *Aorta* – große Körperschlagader
7. *V. cava caudalis* – kaudale Hohlvene
8. *Ureter dexter* – rechter Harnleiter
9. *A. adrenalis media dextra* – rechte mediale Nebennierenarterie
10. *Aa. adrenales mediae sinistrae* – linke mediale Nebennierenarterien
11. *A. et V. renalis sinistra* – linke Nierenarterie und -vene
12. *A. et V. renalis dextra* – rechte Nierenarterie und -vene

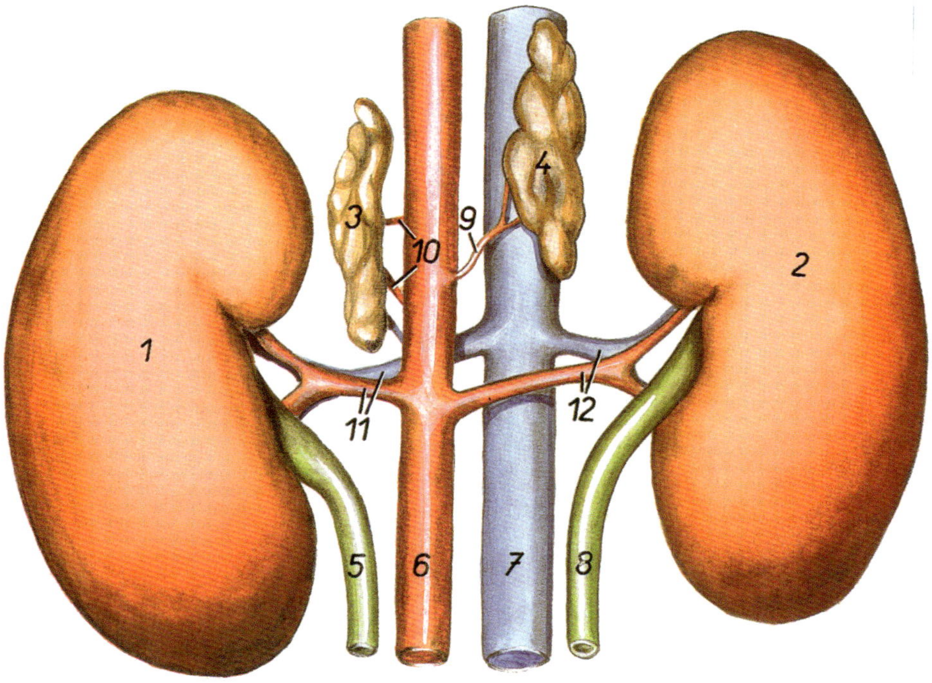

Schwein. Leber, Ansicht der Eingeweidefläche.

Abbildung 120

1. *V. cava caudalis* – kaudale Hohlvene
2. *A. hepatica* – Leberarterie
3. *V. portae* – Pfortader
4. *Ductus choledochus* – gemeinsamer Ausführungsgang der Leber- und Gallenblase
5. *Ductus cysticus* – Ausführungsgang der Gallenblase
6. *Vesica fellea* – Gallenblase
7. *Lobus sinister lateralis* – linker lateraler Lappen
8. *Lobus sinister medialis* – linker medialer Lappen
9. *Lobus quadratus* – viereckiger Lappen
10. *Lobus dexter medialis* – rechter medialer Lappen
11. *Lobus dexter lateralis* – rechter lateraler Lappen

12., 13. *Lobus caudatus* – Schwanzlappen

13. *Processus caudatus* – schwanzförmiger Fortsatz
14. *Lnn. hepatici* – Leberlymphknoten
15. *Omentum minus (Ligg. hepatogastricum et hepatoduodenale)* – kleines Netz (Leber-Magenband und Leber-Zwölffingerdarmband)
16. *Margo dexter et sinister* – rechter und linker Rand
17. *Margo dorsalis* – dorsaler Rand
18. *Lig. coronarium dextrum* – rechtes Kranzband
19. *Lig. coronarium sinistrum* – linkes Kranzband

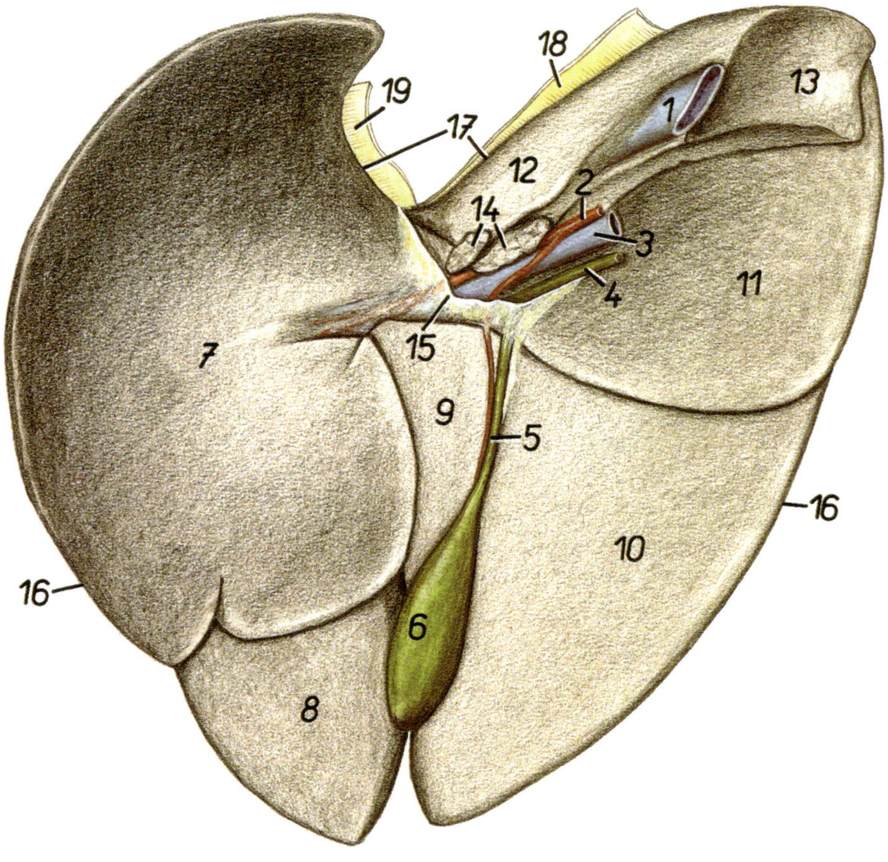

Pferd. Körpergegenden.

Abbildung 121

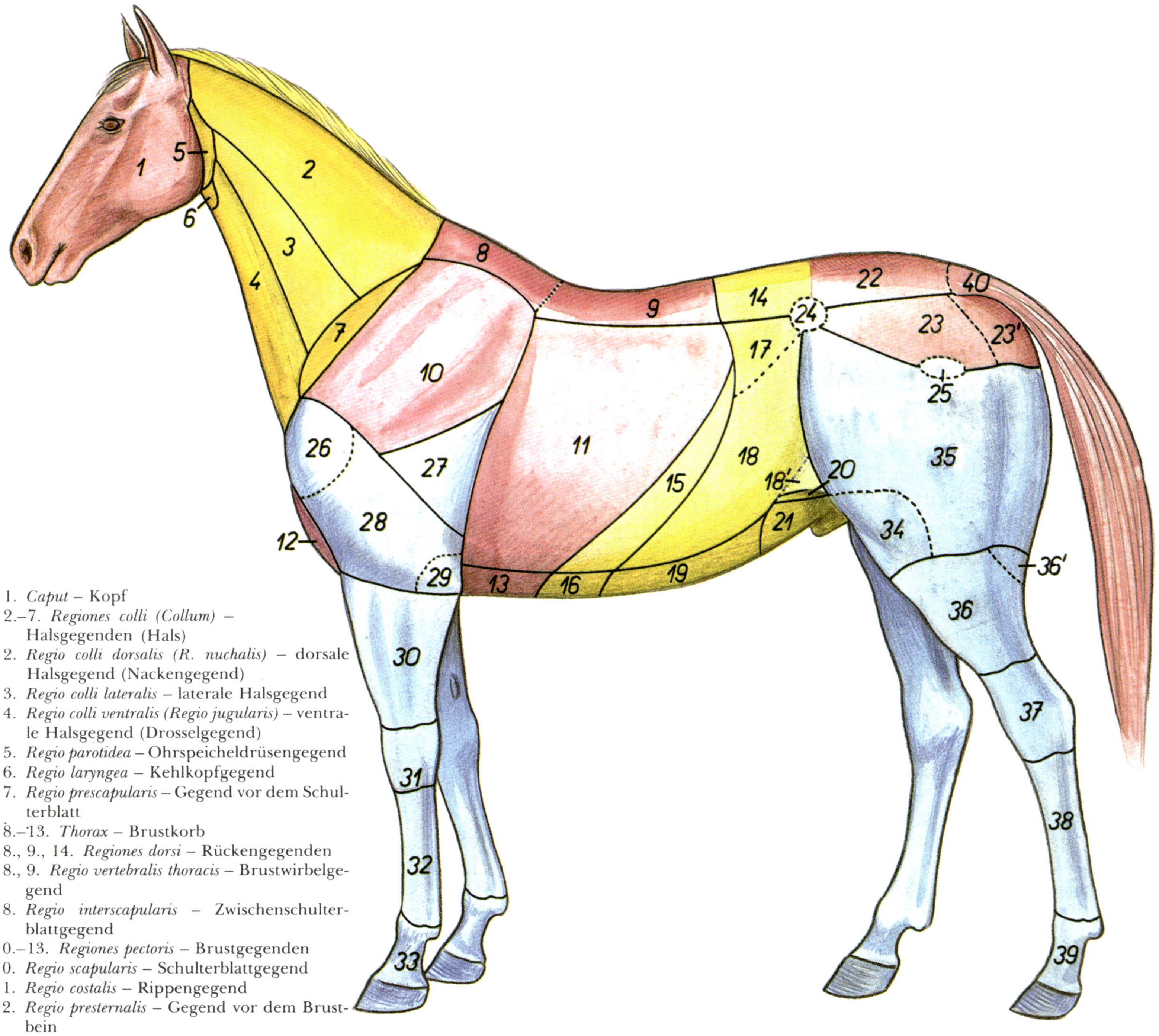

1. *Caput* – Kopf
2.–7. *Regiones colli (Collum)* – Halsgegenden (Hals)
2. *Regio colli dorsalis (R. nuchalis)* – dorsale Halsgegend (Nackengegend)
3. *Regio colli lateralis* – laterale Halsgegend
4. *Regio colli ventralis (Regio jugularis)* – ventrale Halsgegend (Drosselgegend)
5. *Regio parotidea* – Ohrspeicheldrüsengegend
6. *Regio laryngea* – Kehlkopfgegend
7. *Regio prescapularis* – Gegend vor dem Schulterblatt
8.–13. *Thorax* – Brustkorb
8., 9., 14. *Regiones dorsi* – Rückengegenden
8., 9. *Regio vertebralis thoracis* – Brustwirbelgegend
8. *Regio interscapularis* – Zwischenschulterblattgegend
10.–13. *Regiones pectoris* – Brustgegenden
10. *Regio scapularis* – Schulterblattgegend
11. *Regio costalis* – Rippengegend
12. *Regio presternalis* – Gegend vor dem Brustbein
13. *Regio sternalis* – Brustbeingegend
14.–21. *Abdomen* – Bauch
14. *Regio lumbalis* – Lendengegend
15.–21. *Regiones abdominis* – Bauchgegenden
15., 16. *Regio abdominis cranialis (Epigastrium)* – kraniale Bauchgegend
15. *Regio hypochondriaca* – Unterknorpelgegend
16. *Regio xiphoidea* – Schaufelknorpelgegend
17.–19. *Regio abdominis media (Mesogastrium)* – mittlere Bauchgegend
17. *Fossa paralumbalis* – Hungergrube
18. *Regio abdominis lateralis* – laterale Bauchgegend
18'. *Regio plicae lateris (s. Genus)* – Kniefaltengegend
19. *Regio umbilicalis* – Nabelgegend
20., 21. *Regio abdominis caudalis (Hypogastrium)* – kaudale Bauchgegend
20. *Regio inguinalis* – Leistengegend
21. *Regio pubica* – Schamgegend
22.–24. *Regiones pelvis* – Beckengegenden
22. *Regio sacralis* – Kreuzbeingegend
23. *Regio glutea* – Kruppengegend
23'. *Regio clunis* – Hinterbackengegend
24. *Regio tuberis coxae* – Hüfthöckergegend
25. *Regio trochanterica* – Umdrehergegend
26.–32. *Regiones membri thoracici* – Gegenden an der Vordergliedmaße
26. *Regio articulationis humeri* – Schultergelenkgegend
27. *Regio tricipitalis* – Gegend des dreiköpfigen Armmuskels
28. *Regio brachii* – Oberarmgegend
29. *Regio cubiti* – Ellbogengegend
30. *Regio antebrachii* – Unterarmgegend
31. *Regio carpi* – Vorderfußwurzelgegend
32. *Regio metacarpi* – Vordermittelfußgegend
33. *Regiones digiti manus* – Zehengegend (der Schultergliedmaße)
34.–39., 25. *Regiones membri pelvini* – Gegenden der Beckengliedmaße
34. *Regio genus lateralis* – laterale Kniegegend
35. *Regio femoris* – Oberschenkelgegend
36., 36'. *Regio cruris* – Unterschenkelgegend
36'. *Regio poplitea* – Kniekehlgegend
37. *Regio tarsi* – Hinterfußwurzelgegend
38. *Regio metatarsi* – Hintermittelfußgegend
39. *Regiones digiti pedis* – Zehengegend (der Beckengliedmaße)
40. *Regio caudalis* – Schwanzgegend

Abbildung 122

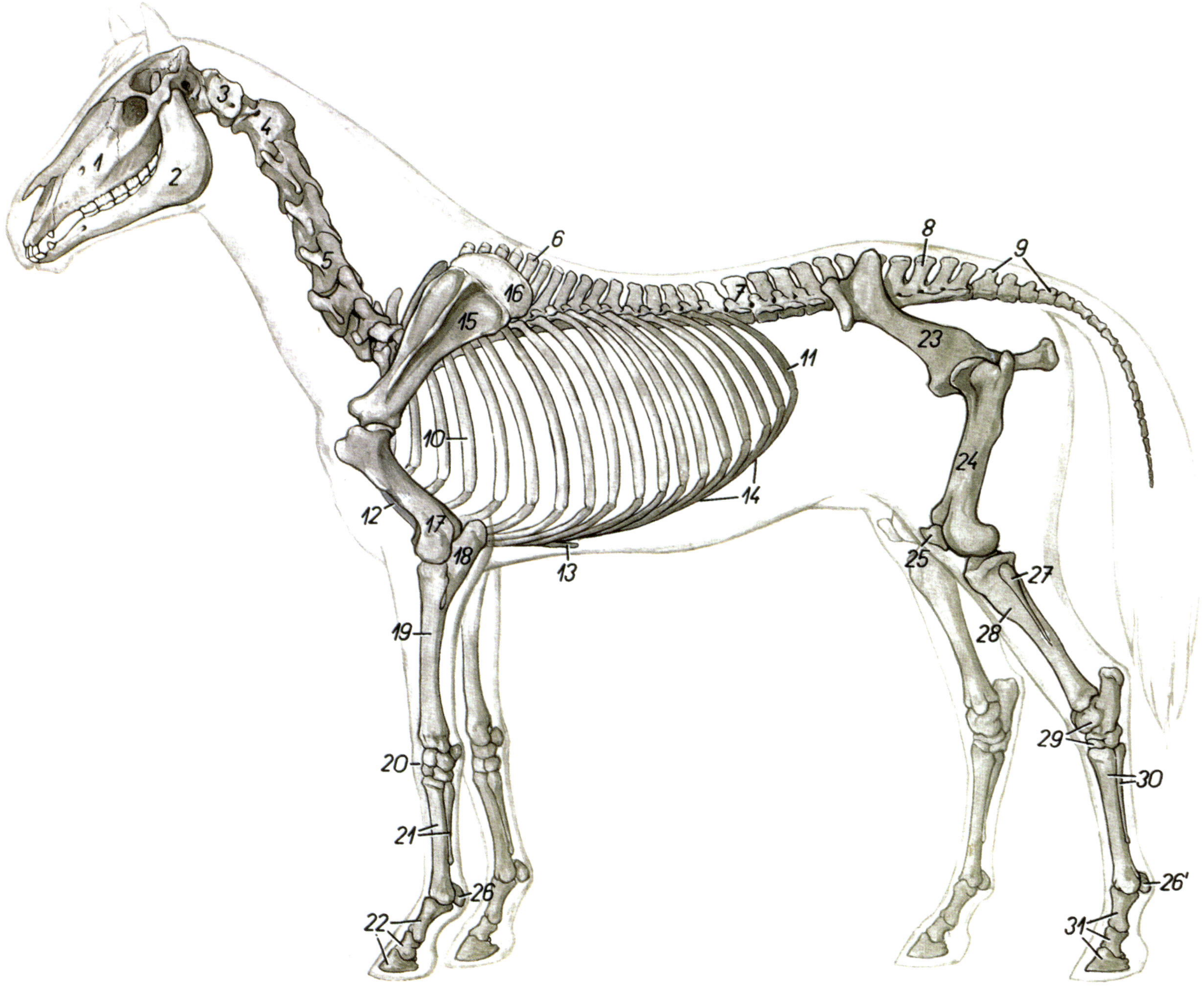

1. *Maxilla* – Oberkieferbein
2. *Mandibula* – Unterkiefer
3. *Atlas* –1. Halswirbel
4. *Axis* – 2. Halswirbel
5. *Vertebra cervicalis V* – 5. Halswirbel
6. *Vertebra thoracica VII* – 7. Brustwirbel
7. *Vertebra lumbalis I* – 1. Lendenwirbel
8. *Os sacrum* – Kreuzbein
9. *Vertebrae caudales* – Schwanzwirbel
10. *Costa IV* – 4. Rippe
11. *Costa XVIII* – 18. Rippe
12. *Sternum* – Brustbein
13. *Cartilago xiphoidea* – Schaufelknorpel
14. *Arcus costalis* – Rippenbogen
15. *Scapula* –Schulterblatt
16. *Cartilago scapulae* – Schulterblattknorpel
17. *Humerus* – Oberarmbein
18. *Ulna* – Elle
19. Radius – Speiche
20. *Ossa carpi* – Vorderfußwurzelknochen
21. *Ossa metacarpalia* – Vordermittelfußknochen
22., 26. *Ossa digiti manus* – Zehenknochen (der Schultergliedmaße)
22. *Phalanges digiti* – Zehenglieder
23. *Os coxae* – Hüftbein
24. *Os femoris* – Oberschenkelbein
25. *Patella* – Kniescheibe
26., 26'. *Ossa sesamoidea proximalia* – proximale Sesambeine
26'., 31. *Ossa digiti pedis* – Zehenknochen (der Beckengliedmaße)
27. *Fibula* – Wadenbein
28. *Tibia* – Schienbein
29. *Ossa tarsi* – Hinterfußwurzelknochen
30. *Ossa metatarsalia* – Hintermittelfußknochen
31. *Phalanges digiti* – Zehenglieder

Pferd. Skelett des Brustkorbes, Ansicht von links.

Abbildung 123

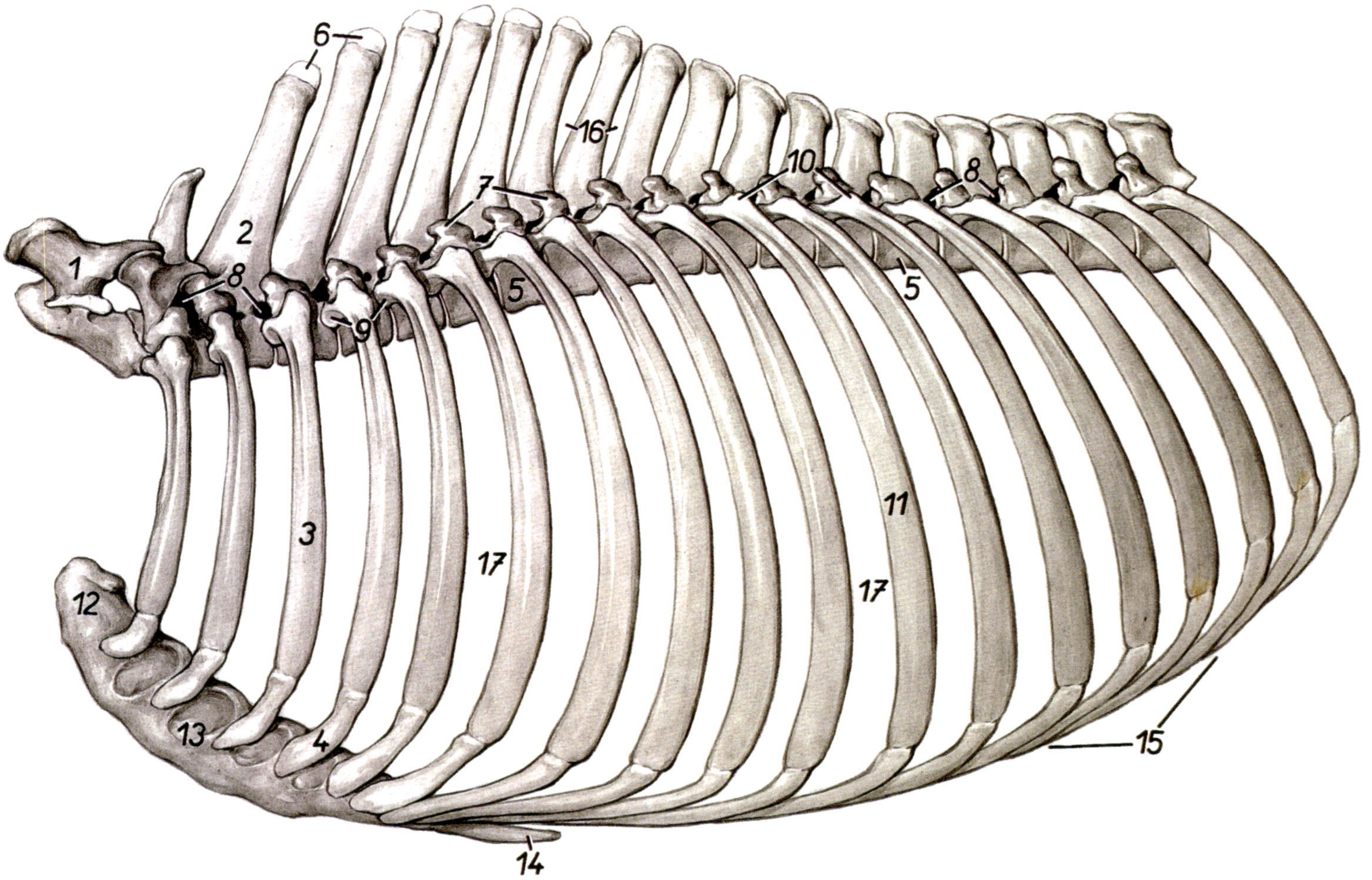

1. *Vertebra cervicalis VII* – 7. Halswirbel
2., 6. *Processus spinosus (6. Tuberositas)* – Dornfortsatz (6. Rauigkeit)
3. *Costa III* – 3. Rippe
4. *Cartilago costalis IV* – Knorpel der 4. Rippe
5. *Corpus vertebrae* – Wirbelkörper
6. *Tuberositas spinosa* – Rauigkeit des Dornfortsatzes
7. *Processus transversus cum processu mamillari* – Querfortsatz mit Zitzenfortsatz
8. *Foramina intervertebralia* – Zwischenwirbellöcher
9. *Capita costarum* – Rippenköpfe
10. *Tubercula costarum* – Rippenhöckerchen
11. *Costa XI* – 11. Rippe
12. *Manubrium sterni* – Griff des Brustbeines
13. *Corpus sterni* – Brustbeinkörper
14. *Cartilago xiphoidea* – Schaufelknorpel
15. *Arcus costalis* – Rippenbogen
16. *Spatia interspinalia* – Zwischendornfortsatzräume
17. *Spatia intercostalia* – Zwischenrippenräume

Pferd. Oberflächliche Muskulatur nach Entfernung der Hautmuskeln.

Abbildung 124

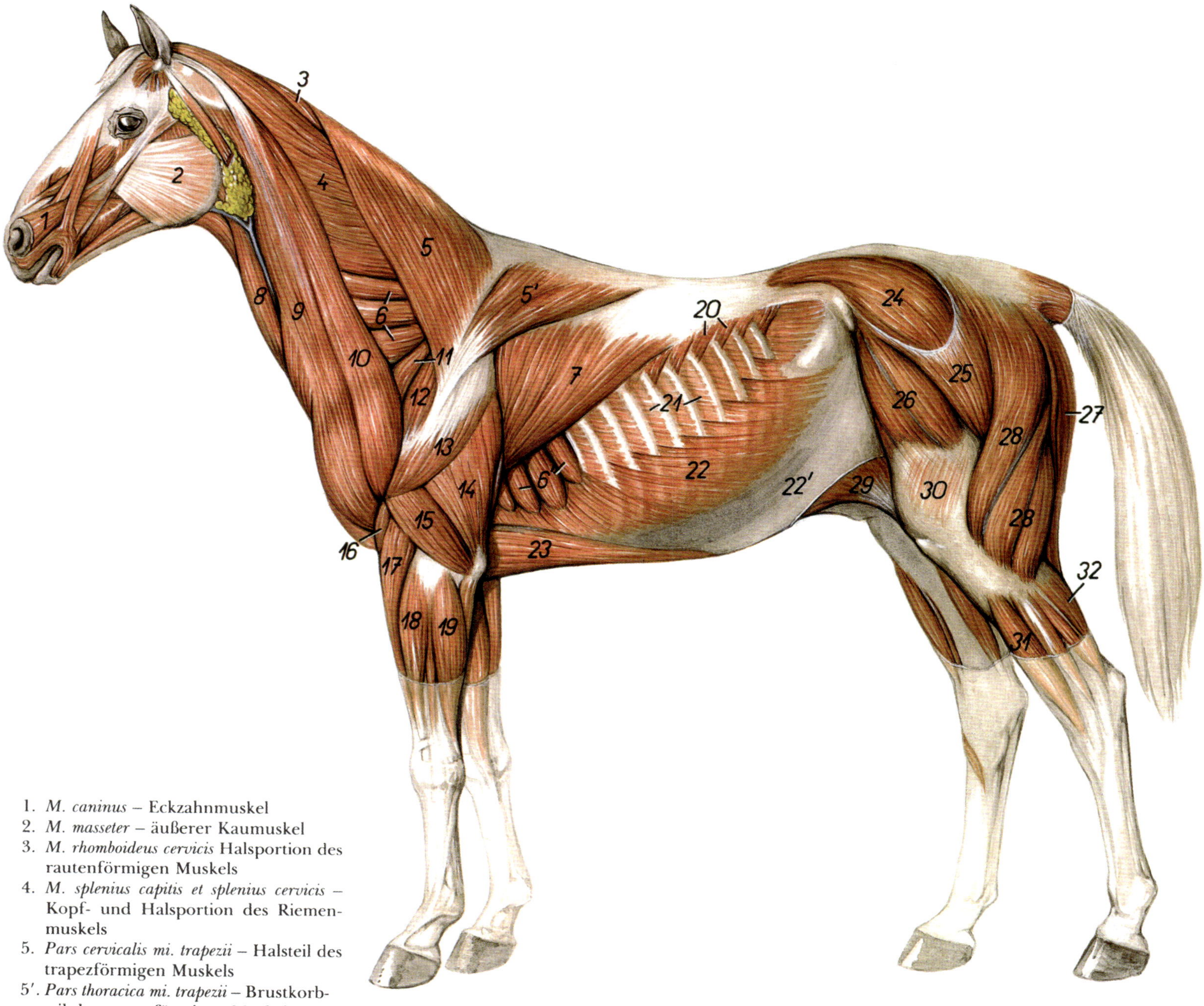

1. *M. caninus* – Eckzahnmuskel
2. *M. masseter* – äußerer Kaumuskel
3. *M. rhomboideus cervicis* Halsportion des rautenförmigen Muskels
4. *M. splenius capitis et splenius cervicis* – Kopf- und Halsportion des Riemenmuskels
5. *Pars cervicalis mi. trapezii* – Halsteil des trapezförmigen Muskels

5'. *Pars thoracica mi. trapezii* – Brustkorbteil des trapezförmigen Muskels

6. *M. serratus ventralis cervicis* – Halsportion des ventralen gesägten Muskels

6'. *M. serratus ventralis thoracis* – Brustkorbportion des ventralen gesägten Muskels

7. *M. latissimus dorsi* – breiter Rückenmuskel
8. *M. sternomandibularis* – Brustbein-Unterkiefermuskel

9., 10. *M. brachiocephalicus* – Arm-Kopfmuskel

9. *M. cleidomastoideus* – Schlüsselbein-Warzenteilmuskel
10. *M. omotransversarius* – Schulter-Querfortsatzmuskel
11. *M. subclavius* – Unterschlüsselbeinmuskel
12. *M. supraspinatus* – Übergrätenmuskel
13. *M. deltoideus* – deltaförmiger Muskel
14. *Caput longum mi. tricipitis brachii* – langer Kopf des dreiköpfigen Armmuskels
15. *Caput laterale mi. tricipitis brachii* – lateraler Kopf des dreiköpfigen Armmuskels
16. *M. brachialis* – Armmuskel
17. *M. extensor carpi radialis* – radialer Strecker des Vorderfußwurzelgelenks
18. *M. extensor digitalis communis* – gemeinsamer Zehenstrecker
19. *M. extensor carpi ulnaris* – ulnarer Strecker des Vorderfußwurzelgelenks
20. *M. serratus dorsalis caudalis* – kaudaler dorsaler gesägter Muskel
21. *Mm. intercostales externi* – äußere Zwischenrippenmuskeln
22. *M. obliquus externus abdominis* –äußerer schiefer Bauchmuskel

22'. *Aponeurosis mi. obliqui externi abdominis* – Sehnenplatte des äußeren schiefen Bauchmuskels

23. *M. pectoralis profundus (ascendens)* – tiefer (aufsteigender) Brustmuskel
24. *M. gluteus medius* – mittlerer Kruppenmuskel
25. *M. gluteus superficialis* – oberflächlicher Kruppenmuskel
26. *M. tensor fasciae latae* – Spanner der Oberschenkelfaszie
27. *M. semitendinosus* – halbsehniger Muskel
28. *M. biceps femoris* – zweiköpfiger Oberschenkelmuskel
29. *M. cutaneus trunci cum plica lateris (Plica genus)* – Rumpfhautmuskel mit lateraler Falte (Kniefalte)
30. *Fascia lata femoris* – Oberschenkelfaszie
31. *M. extensor digitalis longus* – langer Zehenstrecker
32. *Caput laterale mi. gastrocnemii* – lateraler Kopf des Wadenmuskels

Pferd. Innere Organe, Ansicht von rechts.

Abbildung 125

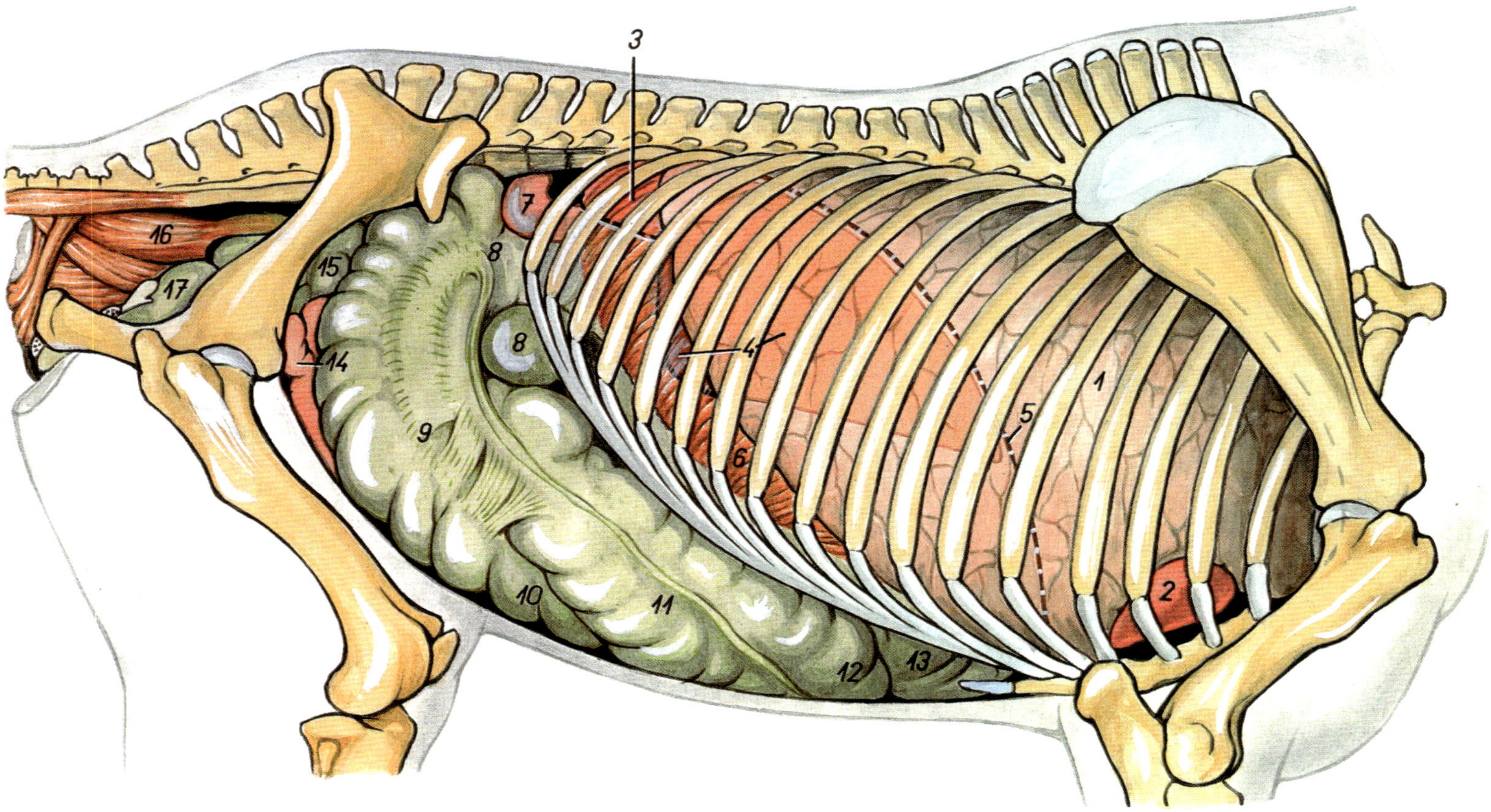

1. *Pulmo* – Lunge
2. *Cor* – Herz
3. *Ren dexter (in projectione)* – rechte Niere (in der Projektion)
4. *Hepar (in projectione)* – Leber (in der Projektion)
5. *Cupula diaphragmatis (in projectione)* – Zwerchfellkuppel (in der Projektion)
6. *Pars costalis diaphragmatis* – Rippenteil des Zwerchfells
7. *Flexura duodeni caudalis* – kaudale Biegung des Zwölffingerdarms
8. *Basis ceci* – Blinddarmbasis
9. *Corpus ceci* – Blinddarmkörper
10. *Apex ceci* – Blinddarmspitze

11.–13., 15. *Colon crassum (s. ascendens)* – großer (aufsteigender) Grimmdarm

11. *Colon ventrale dextrum* – rechte ventrale Colonlage
12. *Flexura sternalis coli* – Brustbeinbiegung des Grimmdarmes
13. *Flexura diaphragmatica coli* – Zwerchfellbiegung des Grimmdarmes
14. *Jejunum* – Leerdarm
15. *Flexura pelvina coli* – Beckenbiegung des Grimmdarmes
16. *Rectum* – Mastdarm
17. *Vesica urinaria* – Harnblase

Pferd. Innere Organe, Ansicht von links.

Abbildung 126

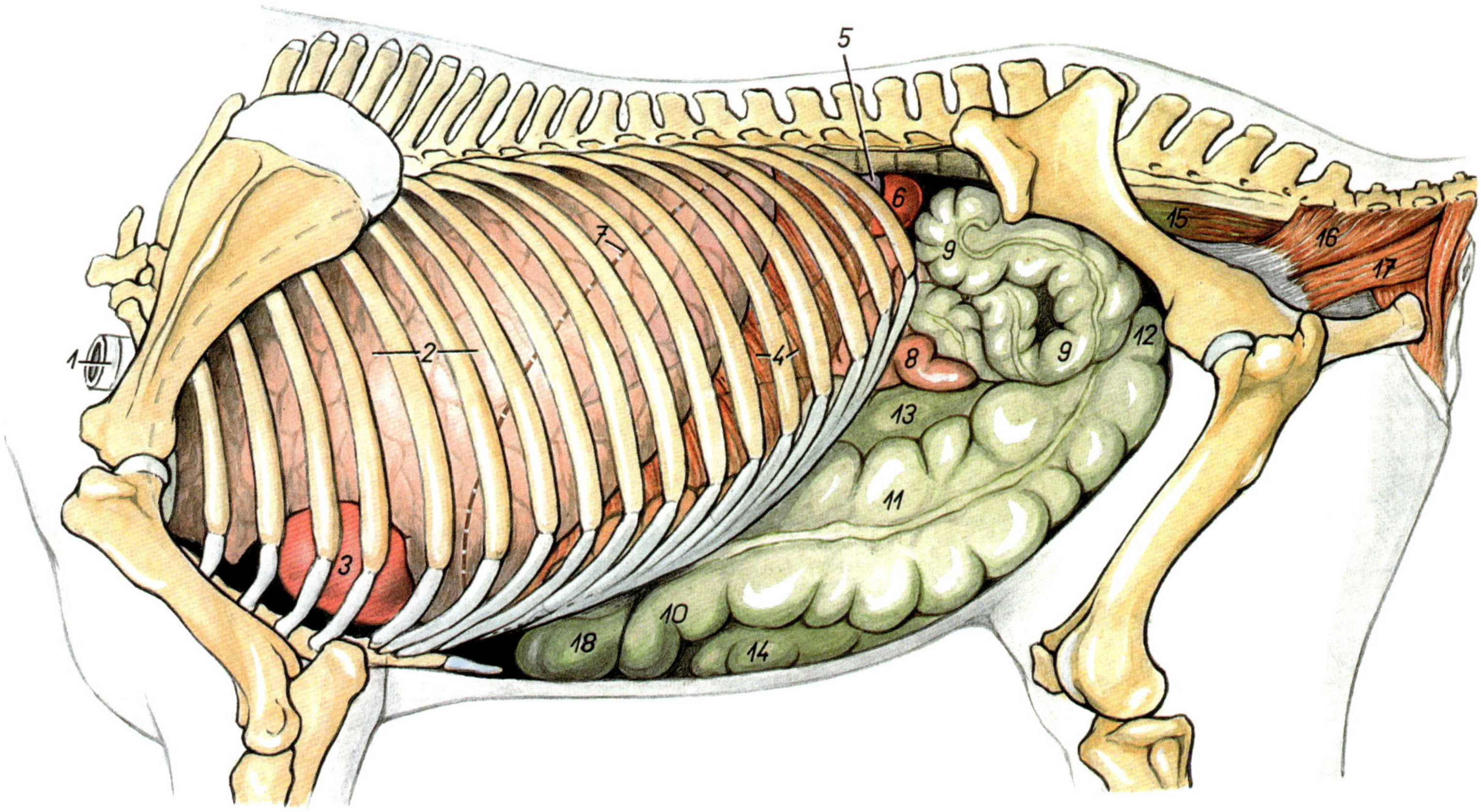

1. *Trachea* – Luftröhre
2. *Pulmo* – Lunge
3. *Cor* – Herz
4. *Pars costalis diaphragmatis* – Rippenteil des Zwerchfells
5. *Lien (in projectione)* – Milz (in der Projektion)
6. *Ren sinister* – linke Niere
7. *Cupula diaphragmatis (in projectione)* – Zwerchfellkuppel (in der Projektion)
8. *Jejunum* – Leerdarm
9. *Colon tenue (s. descendens)* – kleiner (absteigender) Grimmdarm
10.–13., 18. *Colon crassum (s. ascendens)* – großer (aufsteigender) Grimmdarm
10. *Flexura sternalis coli* – Brustbeinbiegung des Grimmdarmes
11. *Colon ventrale sinistrum* – linke ventrale Grimmdarmlage
12. *Flexura pelvina coli* – Beckenbiegung des Grimmdarmes
13. *Colon dorsale sinistrum* – linke dorsale Grimmdarmlage
14. *Apex ceci* – Blinddarmspitze
15. *Rectum* – Mastdarm
16. *M. coccygeus* – langer Seitwärtszieher des Schwanzes
17. *M. levator ani* – Afterheber
18. *Flexura diaphragmatica coli* – Zwerchfellbiegung des Grimmdarmes

Abbildung 127

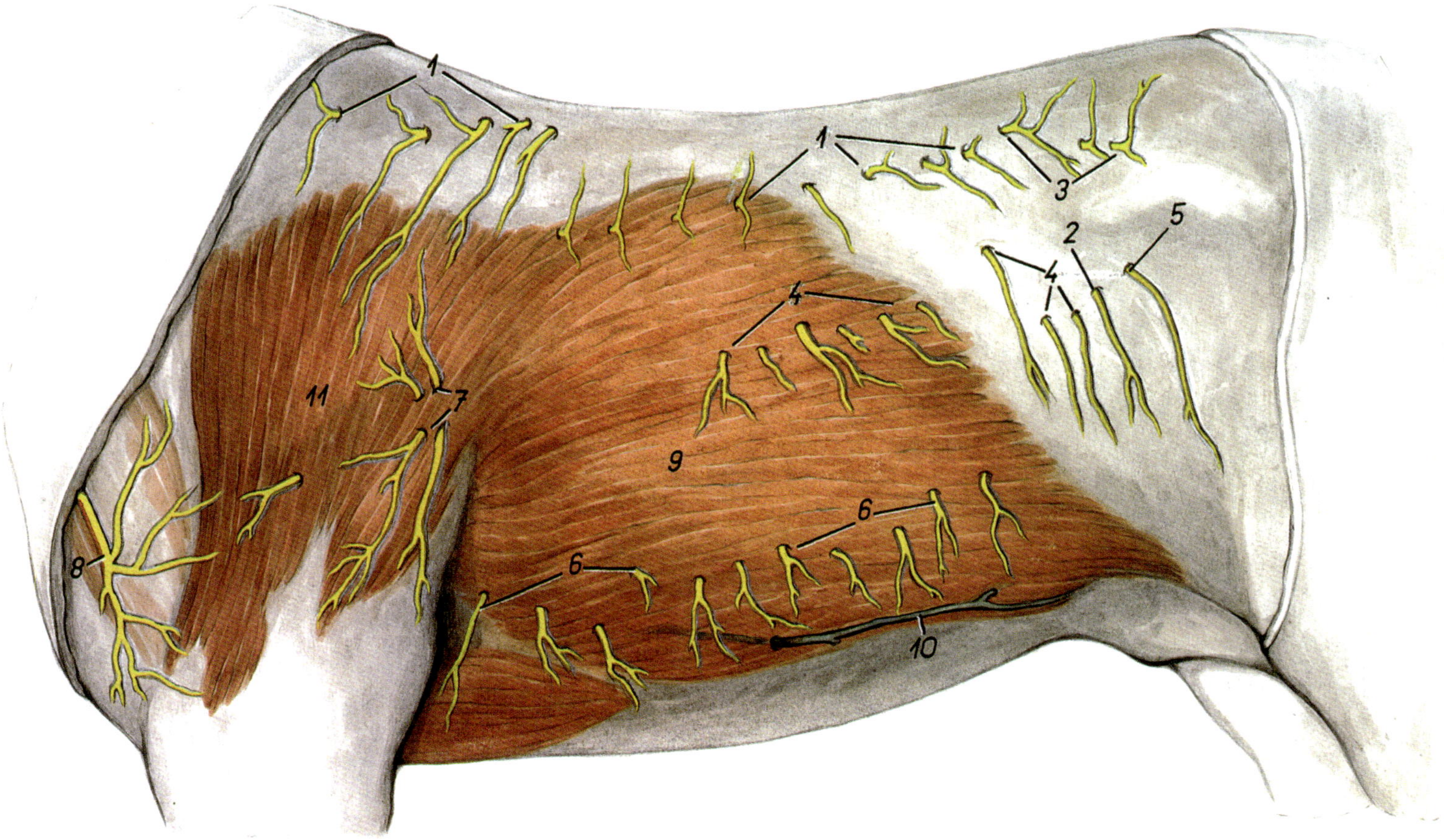

1. *Rami dorsales (cutanei mediales et laterales) nn. thoracicorum* – dorsale, mediale und laterale Hautäste der Brustkorbnerven
2. *Ramus cutaneus lateralis ni. iliohypogastrici (s. ni. lumbalis I)* – lateraler Hautast des Darmbein-Bauchdeckennerven (1. Lendennerv)
3. *Rami dorsales (cutanei mediales et laterales) nn. lumbalium* – dorsale, mediale und laterale Hautäste der Lendennerven

4., 6. *Rami ventrales nn. thoracicorum (Nn. intercostales, N. costoabdominalis)* – ventrale Äste der Brustkorbnerven (Zwischenrippennerven, Rippen-Bauchnerv)

4. *Rami cutanei laterales nn. intercostalium et ni. costoabdominalis* – laterale Hautäste der Zwischenrippennerven und des Rippen-Bauchnerven
5. *Ramus cutaneus lateralis ni. ilioinguinalis (s. ni. lumbalis II)* – lateraler Hautast des Darmbein-Leistennerven (2. Lendennerv)
6. *Rami cutanei ventrales nn. intercostalium* – ventrale Hautäste der Zwischenrippennerven
7. *Rami ni. thoracici lateralis* – laterale Äste des Brustkorbnerven (Armgeflechtnerv)
8. *N. supraclavicularis (N. plexus cervicalis)* – Überschlüsselbeinnerv (Halsgeflechtnerv)
9. *M. cutaneus trunci* – Rumpfhautmuskel
10. *V. epigastrica cranialis superficialis* – kraniale oberflächliche Bauchdeckenvene
11. *M. cutaneus omobrachialis* – Schulter-Armhautmuskel

Pferd. Tiefe Präparation des Brustkorbes und der Bauchwand.

Abbildung 128

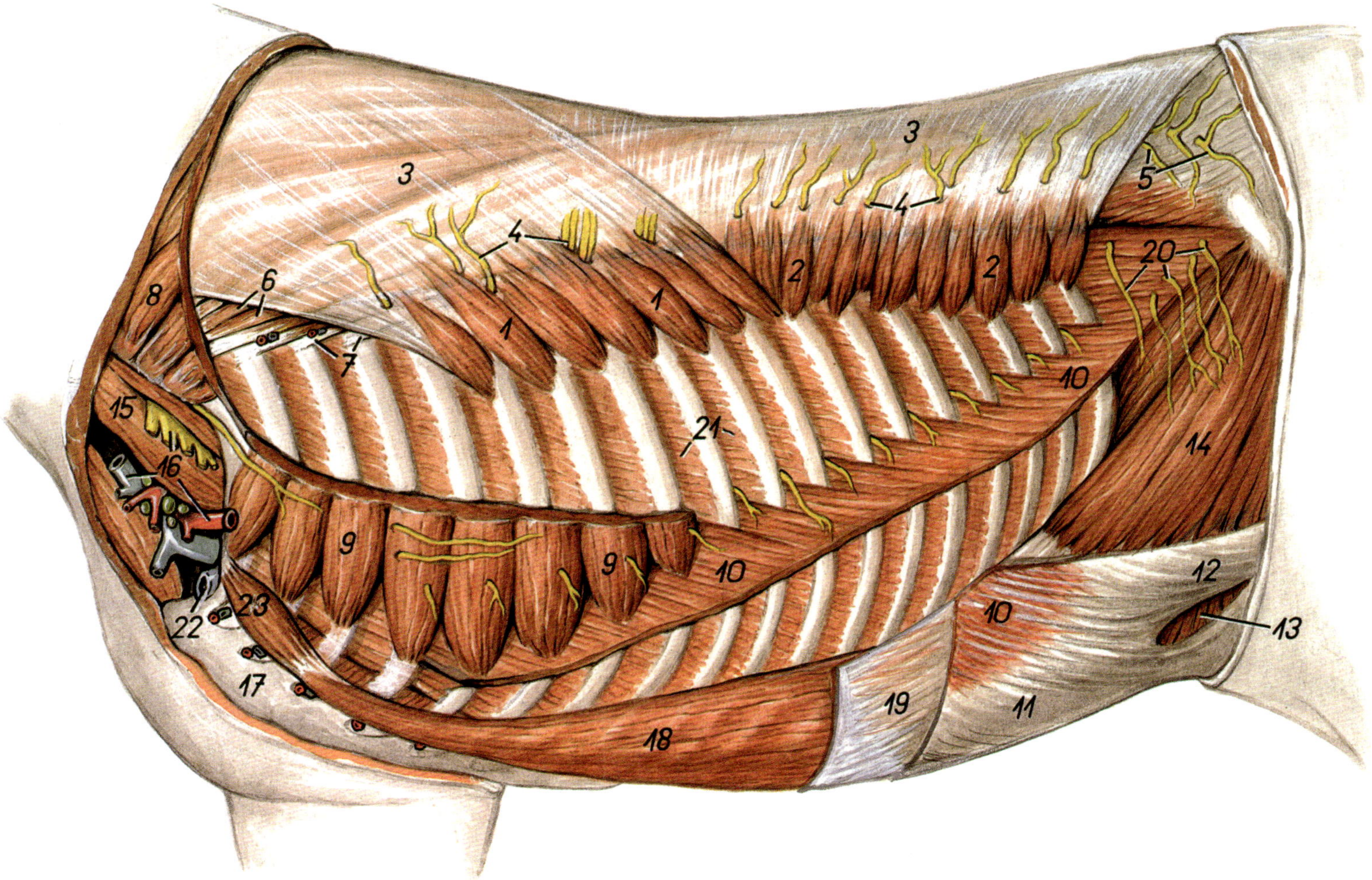

1. *M. serratus dorsalis cranialis* – kranialer dorsaler gesägter Muskel
2. *M. serratus dorsalis caudalis* – kaudaler dorsaler gesägter Muskel
3. *Fascia thoracolumbalis* – Brustkorb-Lendenfaszie
4. *Rami dorsales (cutanei mediales) nn. thoracicorum* – dorsale, mediale Hautäste der Brustkorbnerven
5. *Rami dorsales (cutanei mediales et laterales) nn. lumbalium* – dorsale, mediale und laterale Hautäste der Lendennerven
6. *M. longissimus thoracis* – Brustkorbportion des längsten Muskels
7. *M. iliocostalis thoracis* – Brustkorbportion des Darmbein-Rippenmuskels
8. *M. serratus ventralis cervicis* – Halsportion des ventralen gesägten Muskels
9. *M. serratus ventralis thoracis* – Brustkorbportion des ventralen gesägten Muskels
10. *M. obliquus externus abdominis* – äußerer schiefer Bauchmuskel

11., 12. *Aponeurosis mi. obliqui externi obdominis* – Sehnenplatte des äußeren schiefen Bauchmuskels

11. *Crus mediale* – Bauchsehne
12. *Crus laterale* – Beckensehne
13. *Anulus inguinalis superficialis* – oberflächlicher Leistenring
14. *M. obliquus internus abdominis* – innerer schiefer Bauchmuskel
15. *M. scalenus medius* – mittlerer Rippenhalter
16. *Plexus brachialis, V. jugularis, A. axillaris* – Armgeflecht, Drosselvene, Achselarterie
17. *Sternum* – Brustbein
18. *M. rectus abdominis* – gerader Bauchmuskel
19. *Aponeurosis mi. obliqui interni abdominis* – Sehnenplatte des inneren schiefen Bauchmuskels
20. *Rami cutanei laterales ni. iliohypogastrici (s. ni. lumbalis I) et ni. ilioinguinalis (s. ni. lumbalis II)* – laterale Hautäste des Darmbein-Bauchdeckennerven (1. Lendennerv) und des Darmbein-Leistennerven (2. Lendennerv)
21. *Mm. intercostales externi* – äußere Zwischenrippenmuskeln
22. *V. axillaris* – Achselvene
23. *M. rectus thoracis* – gerader Brustkorbmuskel

Pferd. Präparation der Brustorgane, Ansicht von rechts. Mittelfell, Herzbeutel und ein Großteil der Lunge sind entfernt.

Abbildung 129

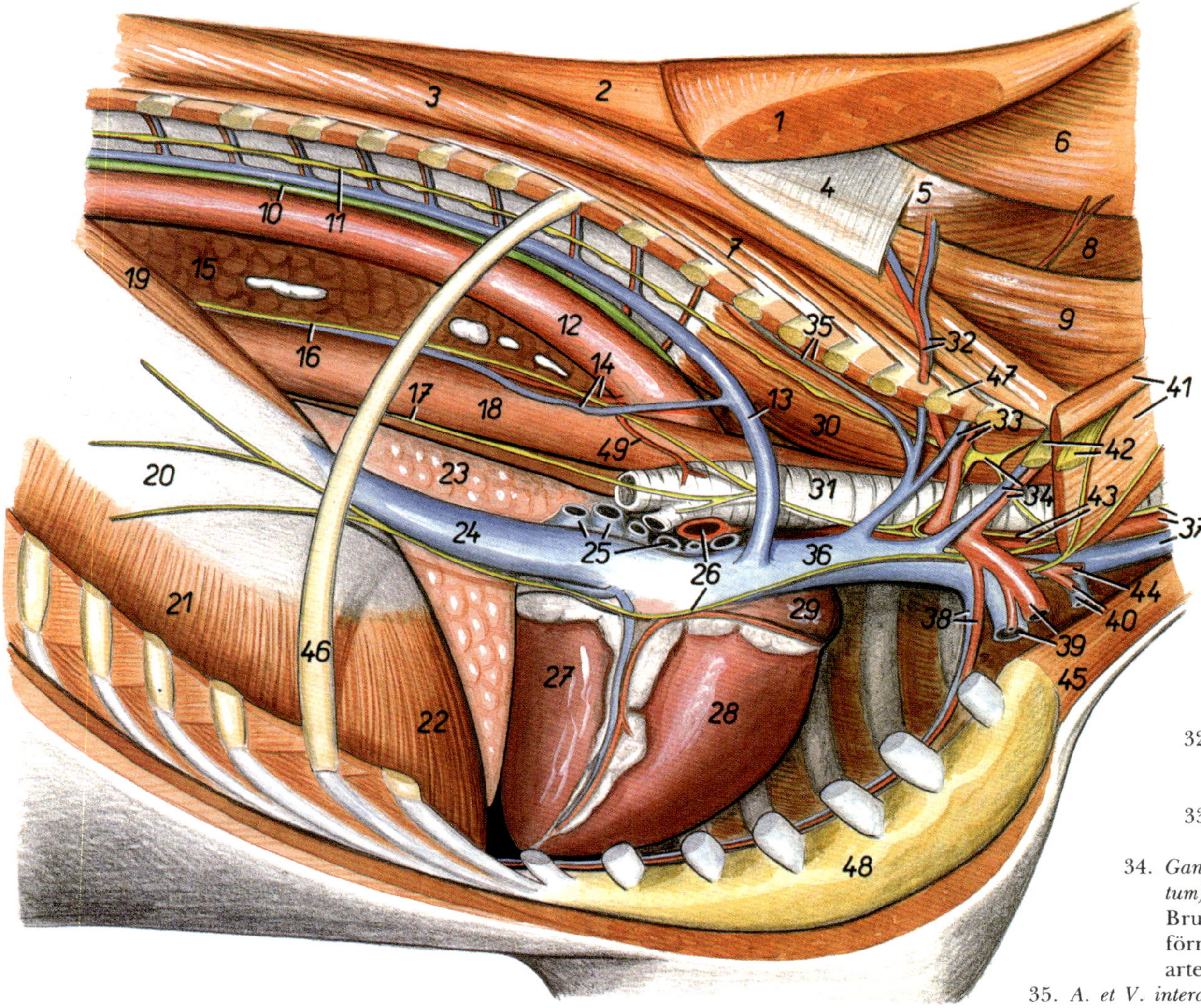

1. *Mm. rhomboideus cervicis et rhomboideus thoracis* – Hals- und Brustkorbportion des rautenförmigen Muskels
2. *M. spinalis thoracis* – Brustkorbportion des Dornfortsatzmuskels
3. *M. longissimus thoracis* – Brustkorbportion des längsten Muskels

4., 5. *Fascia thoracolumbalis (eius pars spinotransversalis, 4. Lamina superficialis, 5. Lamina profunda)* – Brustkorb-Lendenfaszie (ihr Dornfortsatz-Querfortsatzteil: 4. oberflächliches Blatt, 5. tiefes Blatt)

6. *Mm. splenius cervicis et splenius capitis* – Hals- und Kopfportion des Riemenmuskels
7. *M. iliocostalis thoracis* – Brustkorbportion des Darmbein-Rippenmuskels
8. *M. semispinalis capitis* – Kopfportion des Halbdornfortsatzmuskels
9. *M. longissimus cervicis* – Halsportion des längsten Muskels
10. *Ductus thoracicus* – Milchbrustgang
11. *Truncus sympathicus* – Stamm des Sympathikusnerven
12. *Aorta* – große Körperschlagader
13. *V. azygos dextra* – rechte Azygosvene
14. *Ramus esophageus a. bronchoesophageae, V. esophagea* – Speiseröhrenast der Bronchial-Speiseröhrenarterie, Speiseröhrenvene
15. *Lobus caudalis pulmonis* – kaudaler Lungenlappen
16. *Truncus vagalis dorsalis* – dorsaler Ast des Vagusnerven
17. *Truncus vagalis ventralis* – ventraler Ast des Vagusnerven
18. *Esophagus* – Speiseröhre
19. *Crus mediale dextrum diaphragmatis* – rechter medialer Zwerchfellpfeiler
20. *Centrum tendineum diaphragmatis* – Sehnenspiegel des Zwerchfells
21. *Pars costalis diaphragmatis* – Rippenteil des Zwerchfells
22. *Pars sternalis diaphragmatis* – Brustbeinteil des Zwerchfells
23. *Lobus accessorius* – zusätzlicher Lappen
24. *V. cava caudalis* – kaudale Hohlvene
25. *Vv. pulmonales* – Lungenvenen
26. *A. pulmonalis dextra, N. phrenicus dexter* – rechte Lungenarterie, rechter Zwerchfellnerv
27. *Ventriculus sinister cordis* – linke Herzkammer
28. *Ventriculus dexter cordis* – rechte Herzkammer
29. *Auricula dextra cordis* – rechtes Herzohr
30. *M. longus colli* – langer Halsmuskel
31. *Trachea* – Luftröhre
32. *A. et V. scapularis dorsalis* – dorsale Schulterblattarterie und -vene
33. *A. et V. cervicalis profunda* – tiefe Halsarterie und -vene
34. *Ganglion cervicothoracicum (s. stellatum), A. et V. vertebralis* – Hals-Brustkorbnervenknoten (sternförmiger Nervenknoten), Wirbelarterie und -vene
35. *A. et V. intercostalis suprema* – oberste Zwischenrippenarterie und -vene
36. *V. cava cranialis* – kraniale Hohlvene
37. *Truncus vagosympathicus, A. carotis communis, V. jugularis* – gemeinsamer Stamm des Vagus- und Sympathikusnerven, gemeinsame Kopfarterie, Drosselvene
38. *A. et V. thoracica interna* – innere Brustkorbarterie und -vene
39. *A. et V. axilaris* – Achselarterie und -vene
40. *V. cephalica, Ramus deltoideus a. cervicalis superficialis* – Kopfvene des Oberarms, Ast der oberflächlichen Halsarterie zum deltaförmigen Muskel
41. *M. scalenus medius* – mittlerer Rippenhalter
42. *Nn. cervicales* – Halsnerven
43. *N. laryngeus recurrens, Truncus bicaroticus* – zurücklaufender Kehlkopfnerv, gemeinsamer Stamm der Kopfarterien
44. *Ramus ascendens a. cervicalis superficialis* – aufsteigender Ast der oberflächlichen Halsarterie
45. *M. sternomandibularis* – Brustbein-Unterkiefermuskel
46. *Costa IX* – 9. Rippe
47. *Costa II* – 2. Rippe
48. *Sternum* – Brustbein
49. *Ramus bronchalis a. bronchoesophageae* – Bronchialast der Bronchial-Speiseröhrenarterie

Pferd. Präparation der Brustorgane, Ansicht von links. Linke Lunge, Mittelfell und Herzbeutel sind entfernt.

Abbildung 130

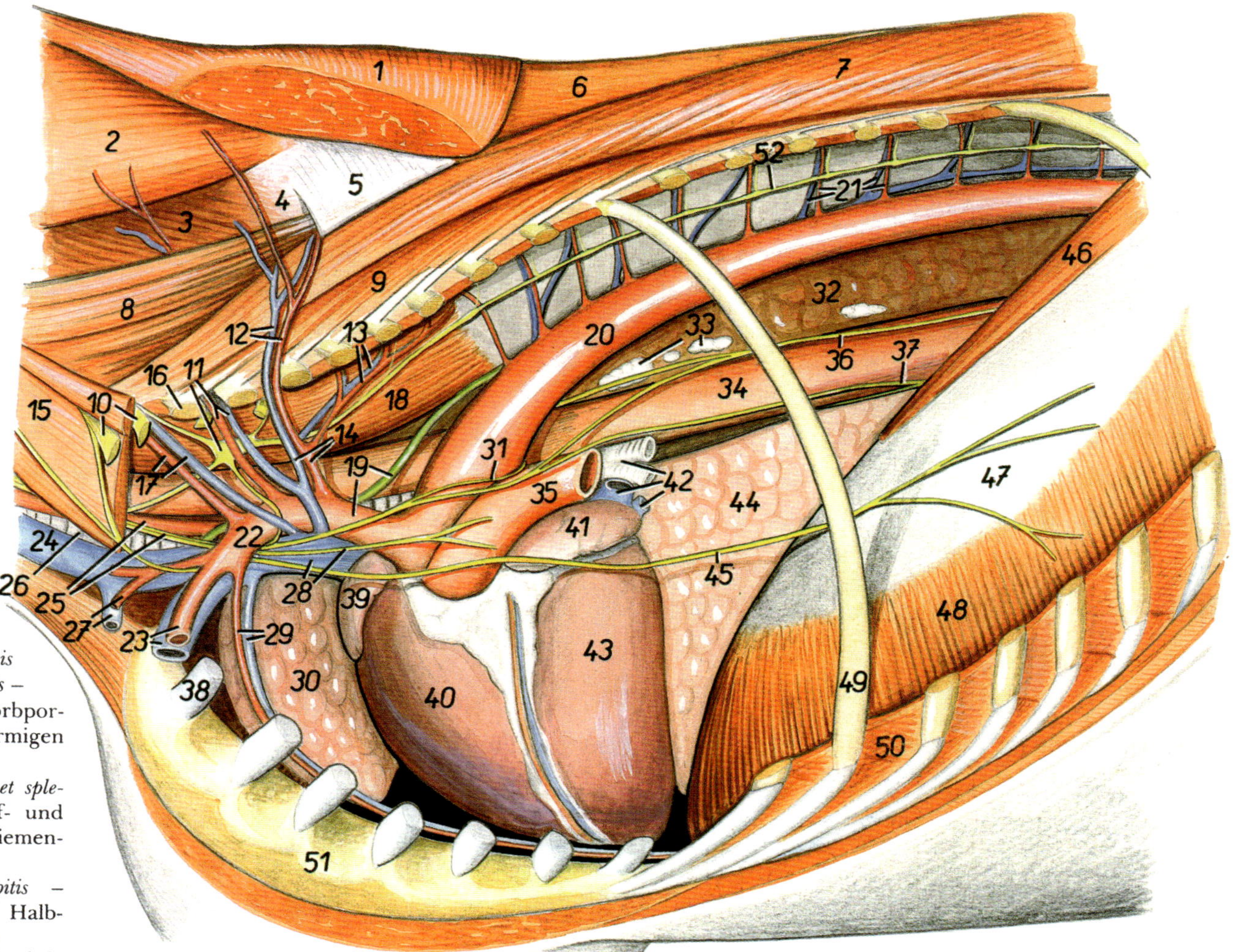

1. *M. rhomboideus cervicis et rhomboideus thoracis* – Hals- und Brustkorbportion des rautenförmigen Muskels
2. *Mm. splenius capitis et splenius cervicis* – Kopf- und Halsportion des Riemenmuskels
3. *M. semispinalis capitis* – Kopfportion des Halbdornfortsatzmuskels
4., 5. *Fascia thoracolumbalis (eius pars spinotransversalis: 4. Lamina profunda, 5. Lamina superficialis)* – Brustkorb-Lendenfaszie (ihr Dornfortsatz-Querfortsatzteil: 4. tiefes Blatt, 5. oberflächliches Blatt)
6. *M. spinalis thoracis* – Brustkorbportion des Dornfortsatzmuskels
7. *M. longissimus thoracis* – Brustkorbportion des längsten Muskels
8. *M. longissimus cervicis* – Halsportion des längsten Muskels
9. *M. iliocostalis thoracis* – Brustkorbportion des Darmbein-Rippenmuskels
10. *Nn. cervicales* – Halsnerven
11. *A. et V. cervicalis profunda, Ganglion cervicothoracicum (s. stellatum)* – tiefe Halsarterie und -vene, Hals-Brustkorbnervenknoten (sternförmiger Nervenknoten)
12. *A. et V. scapularis dorsalis* – dorsale Schulterblattarterie und -vene
13. *A. et V. intercostalis suprema* – oberste Zwischenrippenarterie und -vene
14. *Truncus costocervicalis, V. costocervicalis* – Stamm der Rippen-Halsarterie, Rippen-Halsvene
15. *M. scalenus medius* – mittlerer Rippenhalter
16. *Costa I* – 1. Rippe
17. *A. et V. vertebralis* – Wirbelarterie und -vene
18. *M. longus colli* – langer Halsmuskel
19. *Truncus brachiocephalicus, Ductus thoracicus* – Stamm der Arm-Kopfarterie, Milchbrustgang
20. *Aorta* – große Körperschlagader
21. *Aa. et Vv. intercostales dorsales* – dorsale Zwischenrippenarterie und -vene
22. *A. subclavia sinistra* – linke Unterschlüsselbeinarterie
23. *A. et V. axillaris* – Achselarterie und -vene
24. *V. jugularis* – Drosselvene
25. *A. carotis communis, N. vagus* – gemeinsame Halsarterie, Vagusnerv
26. *Trachea* – Luftröhre
27. *A. cervicalis superficialis (Ramus deltoideus), V. cephalica* – oberflächliche Halsarterie (Ast zum deltaförmigen Muskel), Kopfvene des Oberarms
28. *V. cava cranialis, Ramus cardiacus* – kraniale Hohlvene, Herzast
29. *A. et V. thoracica interna* – innere Brustkorbarterie und -vene
30. *Lobus cranialis pulmonis dextri* – kranialer Lappen der rechten Lunge
31. *N. laryngeus recurrens sinister* – linker zurücklaufender Kehlkopfnerv
32. *Lobus caudalis pulmonis dextri* – kaudaler Lappen der rechten Lunge
33. *Lnn. mediastinales caudales* – kaudale Mittelfellymphknoten
34. *Esophagus* – Speiseröhre
35. *A. pulmonalis sinistra* – linke Lungenarterie
36. *Truncus vagalis dorsalis* – dorsaler Stamm des Vagusnerven
37. *Truncus vagalis ventralis* – ventraler Stamm des Vagusnerven
38. *Cartilago costalis I* – Knorpel der 1. Rippe
39. *Auricula atrii dextri cordis (Auricula dextra)* – Ohr des rechten Vorhofs (rechtes Herzohr)
40. *Ventriculus dexter cordis* – rechte Herzkammer
41. *Auricula atrii sinistri (Auricula sinistra)* – Ohr des linken Vorhofs (linkes Herzohr)
42. *Bronchus principalis sinister, Vv. pulmonales* – linker Hauptbronchus, Lungenvenen
43. *Ventriculus sinister cordis* – linke Herzkammer
44. *Lobus accessorius pulmonis* – zusätzlicher Lungenlappen
45. *N. phrenicus sinister* – linker Zwerchfellnerv
46. *Crus mediale sinistrum diaphragmatis* – linker medialer Zwerchfellpfeiler
47. *Centrum tendineum diaphragmatis* – Sehnenspiegel des Zwerchfells
48. *Pars costalis diaphragmatis* – Rippenteil des Zwerchfells
49. *Costa IX* – 9. Rippe
50. *Mm. intercostales* – Zwischenrippenmuskeln
51. *Sternum* – Brustbein
52. *Truncus sympathicus* – Stamm des Sympathikusnerven

Pferd. Brustwirbelsäule, Ansicht von links.

Abbildung 131

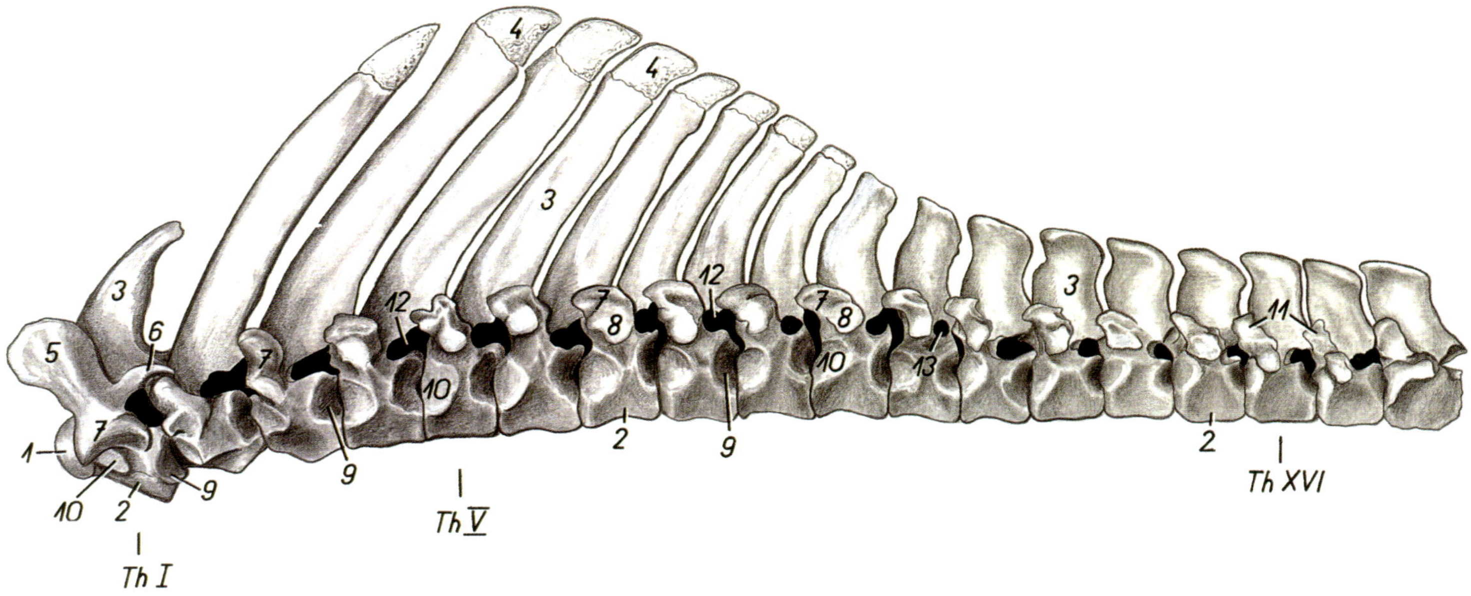

1. *Extremitas cranialis vertebrae thoracicae I* – kraniales Ende des 1. Brustwirbels
2. *Corpus vertebrae* – Wirbelkörper
3. *Processus spinosus* – Dornfortsatz
4. *Tuberositas spinosa* – Dornfortsatzrauhigkeit
5. *Processus articularis cranialis vertebrae thoracicae I* – kranialer Gelenkfortsatz des 1. Brustwirbels
6. *Processus articularis caudalis vertebrae thoracicae I* – kaudaler Gelenkfortsatz des 1. Brustwirbels
7. *Processus transversus cum processu mamillari* – Querfortsatz mit Zitzenfortsatz
8. *Fovea costalis transversalis* – Rippengrube des Querfortsatzes
9. *Fovea costalis caudalis* – kaudale Rippengrube
10. *Fovea costalis cranialis* – kraniale Rippengrube
11. *Processus mamillaris* – Zitzenfortsatz
12. *Foramen intervertebrale* – Zwischenwirbelloch
13. *Foramen vertebrale laterale (var.)* – laterales Wirbelloch

Pferd. Lendenwirbelsäule, Ansicht von dorsolateral.

Abbildung 132

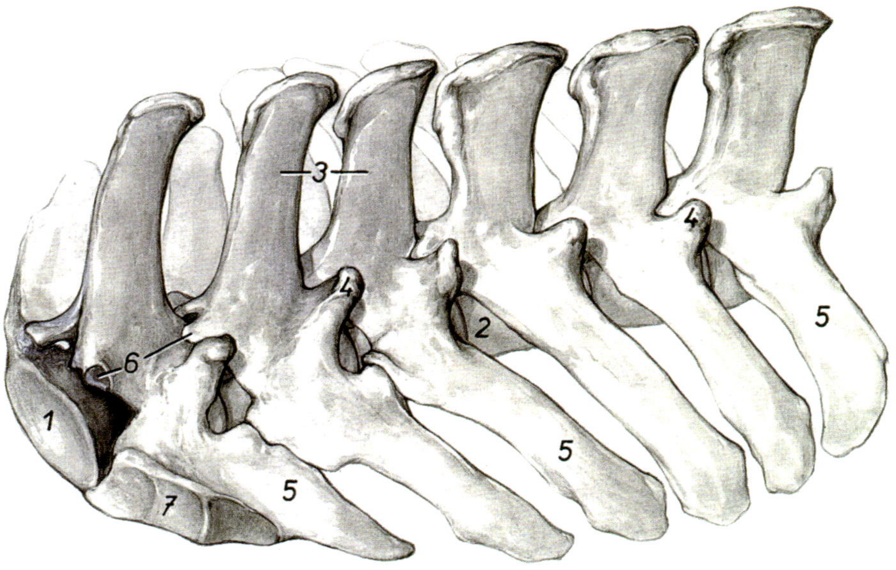

1. *Extremitas caudalis vertebrae lumbalis VI* – kaudales Ende des 6. Lendenwirbels
2. *Corpus vertebrae lumbalis III* – Körper des 3. Lendenwirbels
3. *Processus spinosi* – Dornfortsätze
4. *Processus articularis cranialis cum processu mamillari* – kranialer Gelenkfortsatz mit Zitzenfortsatz
5. *Processus costalis* – Rippenfortsatz
6. *Processus articulares caudales* – kaudaler Gelenkfortsatz
7. *Facies articularis processus costarii* – Gelenkfläche des Rippenfortsatzes

Pferd. 2. (oben) und 6. Lendenwirbel (unten), Ansicht von kaudal.

Abbildung 133

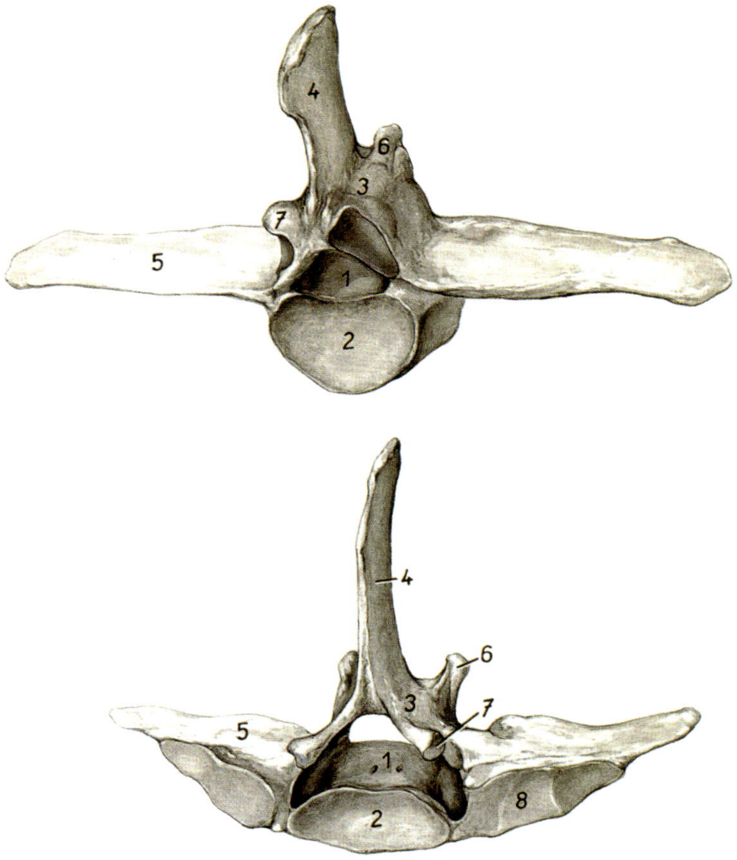

1. *Corpus vertebrae* – Wirbelkörper
2. *Extremitas caudalis* – kaudales Ende
3. *Arcus vertebrae* – Wirbelbogen
4. *Processus spinosus* – Dornfortsatz
5. *Processus costalis* – Rippenfortsatz
6. *Processus articularis cranialis cum processu mamillari* – kranialer Gelenkfortsatz mit Zitzenfortsatz
7. *Processus articularis caudalis* – kaudaler Gelenkfortsatz
8. *Facies articularis processus costarii* – Gelenkfläche des Rippenfortsatzes

Pferd. 2. (oben) und 6. Lendenwirbel (unten), Ansicht von kranial.

Abbildung 134

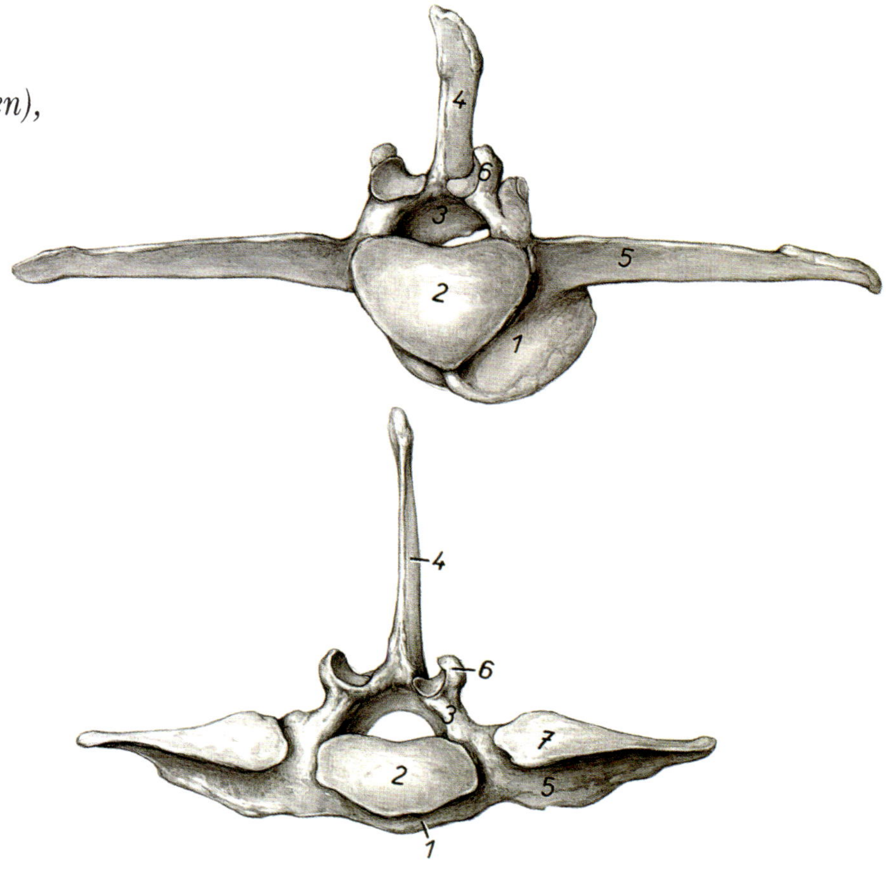

1. *Corpus vertebrae* – Wirbelkörper
2. *Extremitas cranialis* – kraniales Ende
3. *Arcus vertebrae* – Wirbelbogen
4. *Processus spinosus* – Dornfortsatz
5. *Processus costalis* – Rippenfortsatz
6. *Processus articularis cranialis cum processu mamillari* – kranialer Gelenkfortsatz mit Zitzenfortsatz
7. *Facies articularis processus costarii* – Gelenkfläche des Rippenfortsatzes

Pferd. Querschnitt durch den Brustkorb in Höhe der 1. Rippe, Ansicht von kaudal (nach Schmaltz).

Abbildung 135

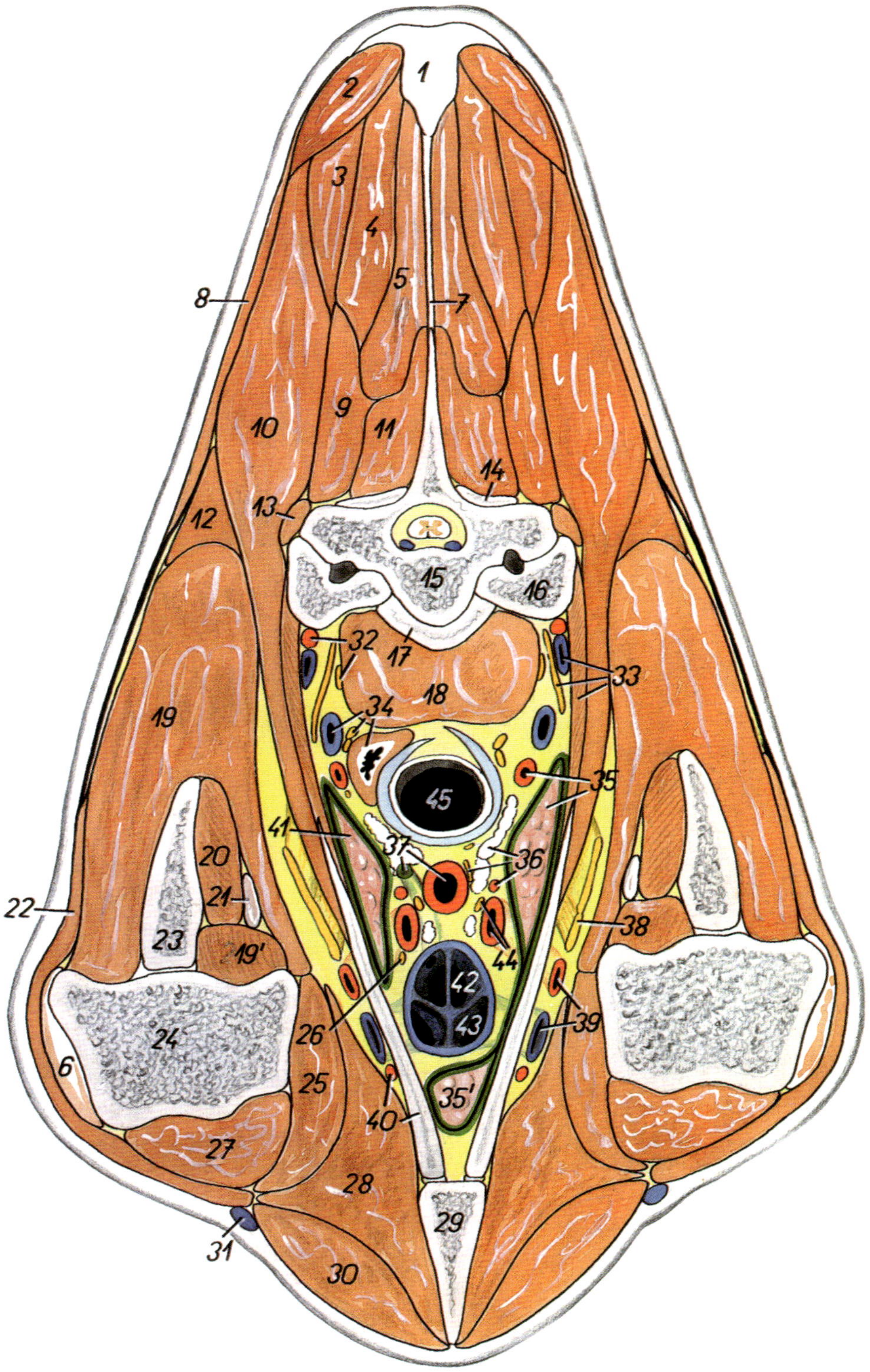

1. *Funiculus nuchae* – Nackenstrang
2. *M. rhomboideus cervicis* – Halsportion des rautenförmigen Muskels
3. *Mm. splenius cervicis et splenius capitis* – Hals- und Kopfportion des Riemenmuskels
4. *M. semispinalis capitis* – Kopfportion des Halbdornfortsatzmuskels
5. *M. spinalis thoracis* – Brustkorbportion des Dornfortsatzmuskels
6. *Tendo mi. infraspinati* – Sehne des Untergrätenmuskels
7. *Lamina nuchae* – Nackenplatte
8. *Pars cervicalis mi. trapezii* – Halsteil des trapezförmigen Muskels
9. *M. longissimus cervicis* – Halsportion des längsten Muskels
10. *M. serratus ventralis* – ventraler gesägter Muskel
11. *Mm. multifidi thoracis* – Brustkorbportion der vielgeteilten Muskeln
12. *M. subclavius (Origo)* – Unterschlüsselbeinmuskel (Ursprung)
13. *M. iliocostalis thoracis* – Brustkorbportion des Darmbein-Rippenmuskels
14. *Processus articularis caudalis vertebrae thoracicae I* – kaudaler Gelenkfortsatz des 1. Brustwirbels
15. *Corpus vertebrae thoracicae II* – Körper des 2. Brustwirbels
16. *Costa II* – 2. Rippe
17. *Corpus vertebrae thoracicae I* – Körper des 1. Brustwirbels
18. *M. longus colli* – langer Halsmuskel
19., 19'. *M. supraspinatus* – Übergrätenmuskel
20. *M. subscapularis* – Unterschulterblattmuskel
21. *Tendo mi. coracobrachialis* – Sehne des Rabenschnabel-Armmuskels
22. *M. brachiocephalicus* – Arm-Kopfmuskel
23. *Scapula* – Schulterblatt
24. *Humerus* – Oberarmbein
25. *M. pectoralis profundus (ascendens)* – tiefer (aufsteigender) Brustmuskel
26. *N. phrenicus sinister* – linker Zwerchfellnerv
27. *M. biceps brachii* – zweiköpfiger Armmuskel
28. *M. subclavius (Insertio)* – Unterschlüsselbeinmuskel (Ansatz)
29. *Sternum* – Brustbein
30. *M. pectoralis transversus* – querverlaufender Brustmuskel
31. *V. cephalica* – Kopfvene des Oberarmes
32. *A. cervicalis profunda, N. vertebralis* – tiefe Halsarterie, Wirbelnerv
33. *V. cervicalis profunda, Plexus brachialis, Mm. intercostales* – tiefe Halsvene, Armgeflecht, Zwischenrippenmuskeln
34. *Esophagus, V. vertebralis, Ganglion cervicothoracicum (s. stellatum)* – Speiseröhre, Wirbelvene, Hals-Brustkorbnervenknoten (sternförmiger Nervenknoten)
35., 35'. *A. vertebralis, Lobus cranialis pulmonis dextri* – Wirbelarterie, kranialer rechter Lungenlappen
36. *Lnn. mediastinales craniales, N. vagus dexter, Truncus costocervicalis* – kraniale Mittelfellymphknoten, rechter Vagusnerv, Stamm der Rippen-Halsarterie
37. *Ductus thoracicus, Truncus bicaroticus* – Milchbrustgang, Stamm der gemeinsamen Kopfarterien
38. *Plexus brachialis* – Armgeflecht
39. *A. et V. axillaris* – Achselarterie und -vene
40. *Costa I, A. thoracica externa* – 1. Rippe, äußere Brustkorbarterie
41. *Lobus cranialis pulmonis sinistri* – kranialer Lappen der linken Lunge
42. *V. jugularis (dextra)* – (rechte) Drosselvene
43. *V. subclavia (dextra)* – (rechte) Unterschlüsselbeinvene
44. *A. subclavia dextra, N. phrenicus dexter* – rechte Unterschlüsselbeinarterie, rechter Zwerchfellnerv
45. *Trachea* – Luftröhre

1. *Lig. supraspinale* – Überdornfortsatzband
2. *Vertebra thoracica II* – 2. Brustwirbel
3. *Scapula* – Schulterblatt
4. *Costa II* – 2. Rippe
5. *Humerus* – Oberarmbein
6. *Cartilago costalis II* – Knorpel der 2. Rippe
7. *Sternum* – Brustbein
8. *M. rhomboideus cervicis, Cartilago scapulae* – Halsportion des rautenförmigen Muskels, Schulterblattknorpel
9. *M. trapezius – Pars cervicalis* – trapezförmiger Muskel – Halsteil
10. *M. semispinalis capitis* – Kopfportion des Halbdornfortsatzmuskels
11. *M. spinalis thoracis* – Brustkorbportion des Dornfortsatzmuskels
12. *Mm. multifidi thoracis* – Brustkorbportion der vielgeteilten Muskeln
13. *Mm. longissimus thoracis et longissimus cervicis* – Brustkorb- und Halsportion des längsten Muskels
14. *M. supraspinatus* – Übergrätenmuskel
15. *M. serratus ventralis thoracis* – Brustkorbportion des ventralen gesägten Muskels
16. *M. subscapularis* – Unterschulterblattmuskel
17. *M. infraspinatus* – Untergrätenmuskel
18. *M. iliocostalis thoracis* – Brustkorbportion des Darmbein-Rippenmuskels
19. *M. teres major* – großer Rundmuskel
20. *Mm. intercostales* – Zwischenrippenmuskeln
21. *M. deltoideus* – deltaförmiger Muskel
22. *M. latissimus dorsi* – breiter Rückenmuskel
23. *Caput longum mi. tricipitis brachii* – langer Kopf des dreiköpfigen Armmuskels
24. *M. cutaneus omobrachialis* – Schulter-Armhautmuskel
25. *Caput laterale mi. tricipitis brachii* – lateraler Kopf des dreiköpfigen Armmuskels
26. *Caput mediale mi. tricipitis brachii, N. ulnaris et radialis* – medialer Kopf des dreiköpfigen Armmuskels, Ellen- und Speichennerv
27. *A. brachialis, N. medianus, M. tensor fasciae antebrachii* – Oberarmarterie, Mittelnerv, Spanner der Unterarmfaszie
28. *M. brachialis* – Armmuskel
29. *M. subclavius* – Unterschlüsselbeinmuskel
30. *M. biceps brachii* – zweiköpfiger Armmuskel
31. *M. extensor carpi radialis* – radialer Strecker des Vorderfußwurzelgelenks
32. *V. cephalica, M. pectoralis transversus* – Kopfvene des Oberarmes, querverlaufender Brustmuskel
33. *M. longus colli* – langer Halsmuskel
34. *Truncus sympathicus, A. et V. intercostalis suprema* – Stamm des Sympathikusnerven, oberste Zwischenrippenarterie und -vene
35. *Truncus costocervicalis, V. costocervicalis* – Stamm der Rippen-Halsarterie, Rippen-Halsvene
36. *A. et V. subscapularis* – Unterschulterblattarterie und -vene
37. *A. et V. thoracodorsalis* – Brustkorb-Rückenarterie und -vene
38. *Nn. pectorales caudales, V. thoracica externa* – kaudale Brustnerven, äußere Brustkorbvene
39. *V. brachialis, A. thoracica externa, M. rectus thoracis* – Armvene, äußere Brustkorbarterie, gerader Brustkorbmuskel
40. *A. et V. thoracica interna, M. transversus thoracis* – innere Brustkorbarterie und -vene, querverlaufender Brustkorbmuskel
41. *Esophagus, N. vagus sinister* – Speiseröhre, linker Vagusnerv

Pferd. Querschnitt durch den Brustkorb in Höhe des 2. Brustwirbels, Ansicht von kaudal.

Abbildung 136

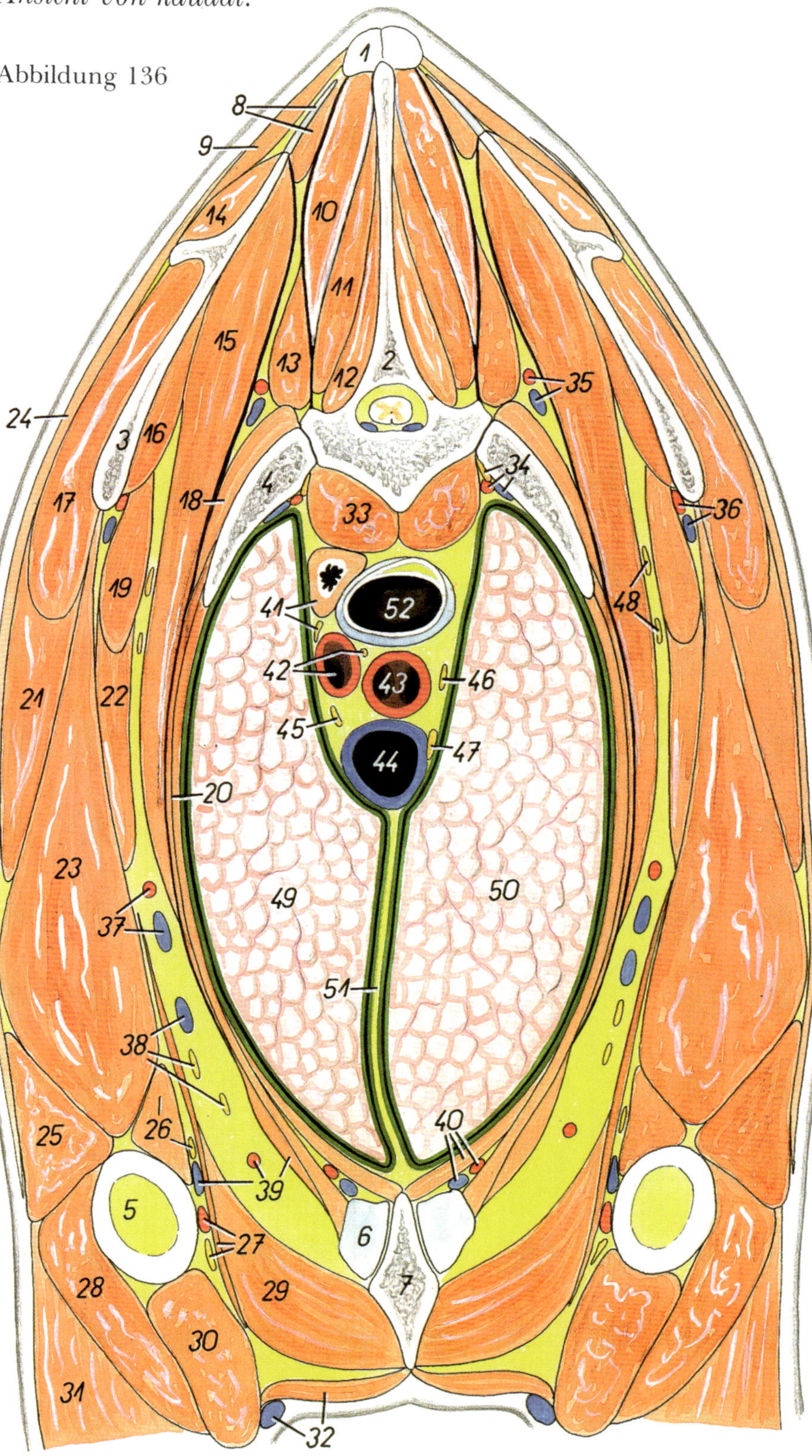

42. *A. subclavia sinistra, N. laryngeus recurrens sinister* – linke Unterschlüsselbeinarterie, linker zurücklaufender Kehlkopfnerv
43. *Truncus brachiocephalicus* – Stamm der Arm-Kopfarterie
44. *V. cava cranialis* – kraniale Hohlvene
45. *N. phrenicus sinister* – linker Zwerchfellnerv
46. *N. vagus dexter* – rechter Vagusnerv
47. *N. phrenicus dexter* – rechter Zwerchfellnerv
48. *N. thoracicus longus et N. thoracodorsalis* – langer Brustkorbnerv und Brustkorb-Rückennerv
49. *Lobus cranialis pulmonis sinistri* – kranialer Lappen der linken Lunge
50. *Lobus cranialis pulmonis dextri* – kranialer Lappen der rechten Lunge
51. *Mediastinum craniale* – kraniales Mittelfell
52. *Trachea* – Luftröhre

Pferd. Querschnitt durch den Brustkorb in Höhe des 6. Brustwirbels, Ansicht von kaudal.

Abbildung 137

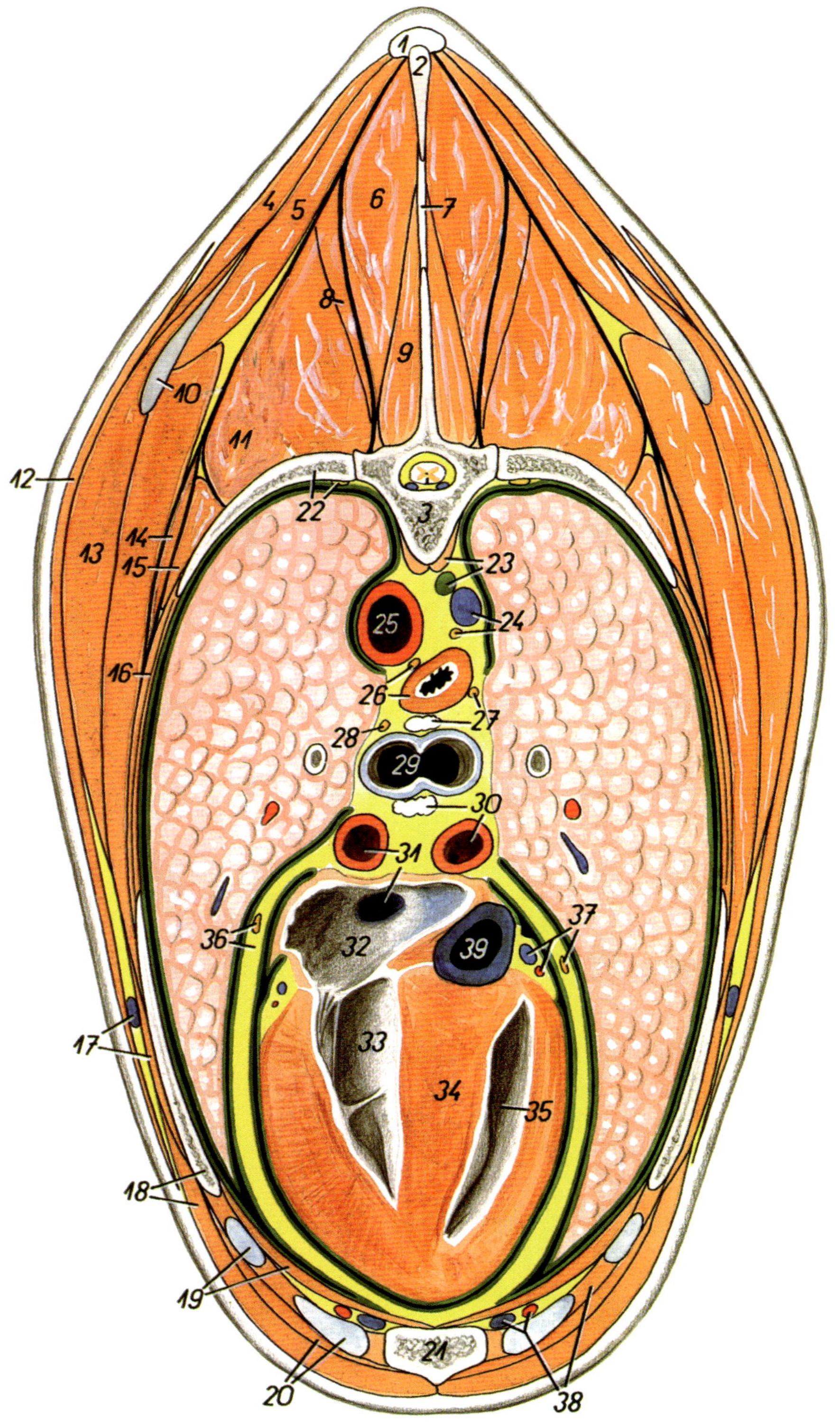

1. *Lig. supraspinale* – Überdornfortsatzband
2. *Processus spinosus vertebrae thoracicae V* – Dornfortsatz des 5. Brustwirbels
3. *Vertebra thoracica VI* – 6. Brustwirbel
4. *M. trapezius – Pars thoracica* – trapezförmiger Muskel – Brustkorbteil
5. *M. rhomboideus thoracis* – Brustkorbportion des rautenförmigen Muskels
6. *M. spinalis thoracis* – Brustkorbportion des Dornfortsatzmuskels
7. *Lig. interspinale* – Zwischendornfortsatzband
8. *M. longissimus cervicis* – Halsportion des längsten Muskels
9. *Mm. multifidi thoracis* – Brustkorbportion der vielgeteilten Muskeln
10. *Cartilago scapulae* – Schulterblattknorpel
11. *M. longissimus thoracis* – Brustkorbportion des längsten Muskels
12. *M. cutaneus trunci* – Rumpfhautmuskel
13. *M. latissimus dorsi* – breiter Rückenmuskel
14. *M. serratus dorsalis cranialis* – kranialer dorsaler gesägter Muskel
15. *M. iliocostalis thoracis* – Brustkorbportion des Darmbein-Rippenmuskels
16. *Mm. intercostales externi et interni* – äußere und innere Zwischenrippenmuskeln
17. *V. thoracica externa, M. obliquus externus abdominis* – äußere Brustkorbvene, äußerer schiefer Bauchmuskel
18. *M. pectoralis profundus (ascendens), Costa V* – tiefer (aufsteigender) Brustmuskel, 5. Rippe
19. *Cartilago costalis V. M. transversus thoracis* – 5. Rippenknorpel, querverlaufender Brustkorbmuskel
20. *Cartilago costalis VI, M. rectus abdominis* – Knorpel der 6. Rippe, gerader Bauchmuskel
21. *Sternum* – Brustbein
22. *Costa VI, Truncus sympathicus* – 6. Rippe, Stamm des Sympathikusnerven
23. *M. longus colli, Ductus thoracicus* – langer Halsmuskel, Milchbrustgang
24. *V. azygos dextra, Truncus vagalis dorsalis dexter* – rechte Azygosvene, Stamm des rechten dorsalen Vagusnerven
25. *Aorta* – große Körperschlagader
26. *Esophagus, Truncus vagalis dorsalis sinister* – Speiseröhre, Stamm des linken dorsalen Vagusnerven
27. *Truncus vagalis ventralis dexter, Lnn. tracheobronchales* – Stamm des rechten ventralen Vagusnerven, Luftröhren-Bronchiallymphknoten
28. *Truncus vagalis ventralis sinister* – Stamm des linken ventralen Vagusnerven
29. *Bifurcatio tracheae* – Teilungsstelle der Luftröhre
30. *Lnn. tracheobronchales, A. pulmonalis dextra* – Luftröhren-Bronchiallymphknoten, rechte Lungenarterie
31. *A. pulmonalis sinistra, V. pulmonalis* – linke Lungenarterie, Lungenvene
32. *Atrium sinistrum cordis* – linker Herzvorhof
33. *Ventriculus sinister cordis* – linke Herzkammer
34. *Septum interventriculare* – Zwischenkammerscheidewand
35. *Ventriculus dexter cordis* – rechte Herzkammer
36. *N. phrenicus sinister, Pericardium* – linker Zwerchfellnerv, Herzbeutel
37. *Vasa coronaria cordis, N. phrenicus dexter* – Kranzgefäße des Herzens, rechter Zwerchfellnerv
38. *M. intercostalis internus (M. intercartilagineus), A. et V. thoracica interna* – innerer Zwischenrippenmuskel (Zwischenknorpelmuskel), innere Brustkorbarterie und -vene
39. *V. cava caudalis* – kaudale Hohlvene

Pferd. Lunge, Ansicht von links. Nach einem Trockenpräparat gezeichnet.

Abbildung 138

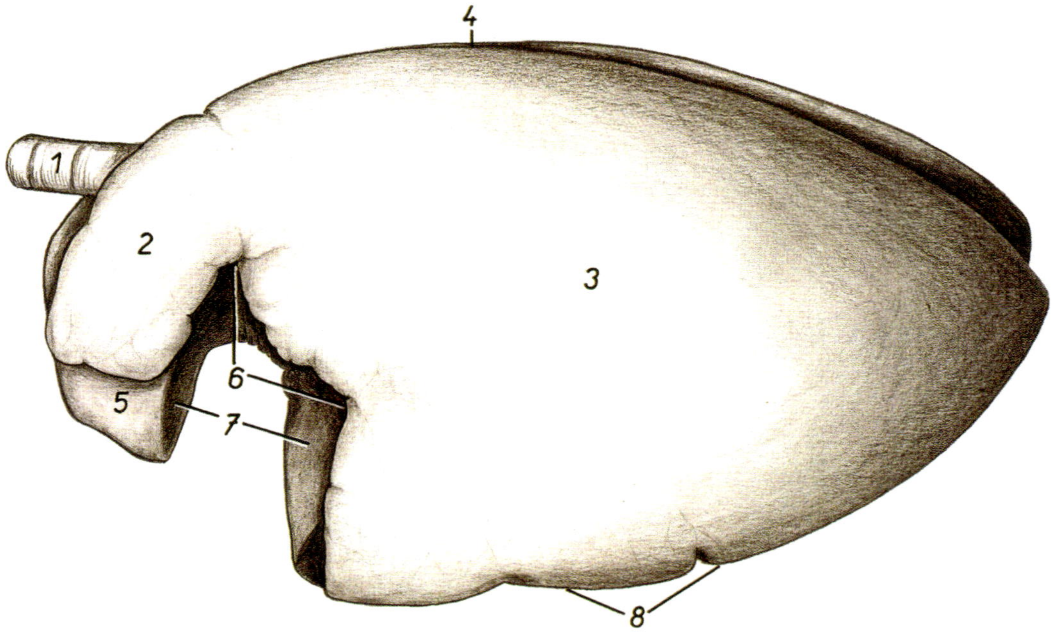

1. *Trachea* – Luftröhre
2., 3. *Facies costalis pulmonis* – Rippenfläche der Lunge
2. *Lobus cranialis pulmonis sinistri* – kranialer Lappen der linken Lunge
3. *Lobus caudalis pulmonis sinistri* – kaudaler Lappen der linken Lunge
4. *Margo obtusus (s. dorsalis)* – stumpfer (dorsaler) Rand
5. *Lobus cranialis pulmonis dextri* – kranialer Lappen der rechten Lunge
6. *Incisura cardiaca* – Herzeinschnitt
7. *Impressio cardiaca* – Eindruck des Herzens
8. *Margo acutus ventralis* – scharfer ventraler Rand

Pferd. Lunge, Ansicht von rechts. Nach einem Trockenpräparat gezeichnet.

Abbildung 139

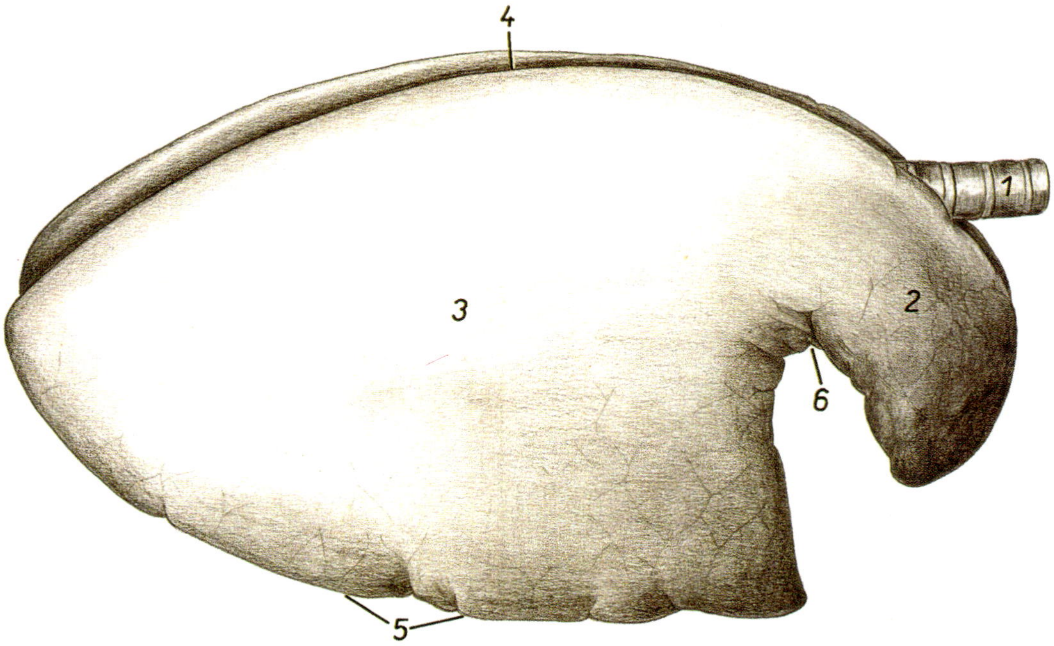

1. *Trachea* – Luftröhre
2., 3 *Facies costalis pulmonis* – Rippenfläche der Lunge
2. *Lobus cranialis pulmonis dextri* – kranialer Lappen der rechten Lunge
3. *Lobus caudalis pulmonis dextri* – kaudaler Lappen der rechten Lunge
4. *Margo obtusus (s. dorsalis)* – stumpfer (dorsaler) Rand
5. *Margo acutus ventralis* – scharfer ventraler Rand
6. *Incisura cardiaca* – Herzeinschnitt

Pferd. Linke Lunge, Ansicht der Mittelfellfläche.

Abbildung 140

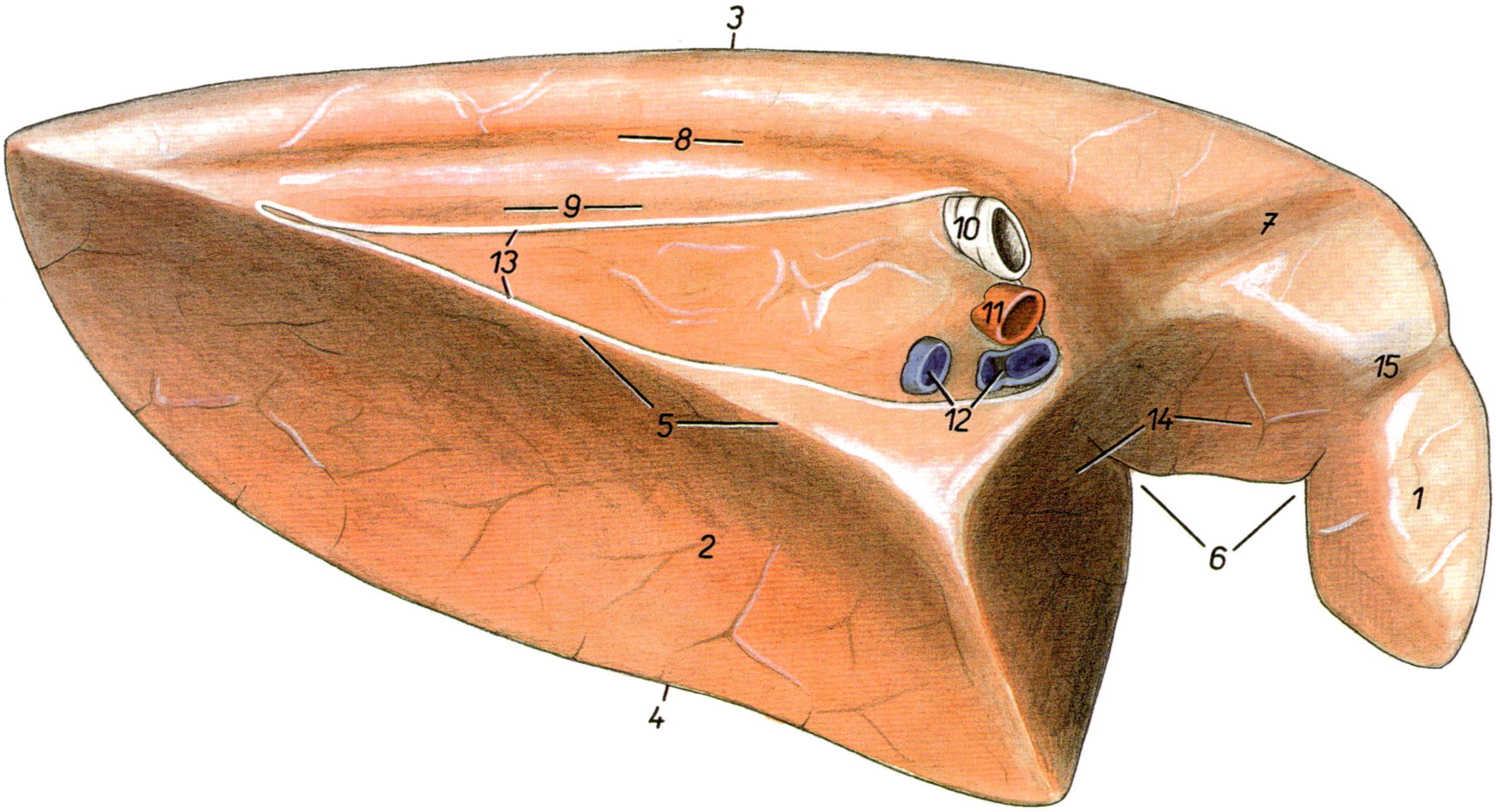

1. *Lobus cranialis* – kranialer Lappen
2. *Lobus caudalis* – kaudaler Lappen
3. *Margo obtusus (s. dorsalis)* – stumpfer (dorsaler) Rand

4., 5. *Margo acutus* (4. *Margo ventralis*, 5. *Margo basalis*) – scharfer Rand (4. ventraler Rand, 5. basaler Rand)

6. *Incisura cardiaca* – Herzeinschnitt
7. *Impressio trachealis* – Eindruck der Luftröhre
8. *Impressio aortica* – Eindruck der großen Körperschlagader
9. *Impressio esophagea* – Eindruck der Speiseröhre
10. *Bronchus principalis sinister* – linker Hauptbronchus
11. *A. pulmonalis sinistra* – linke Lungenarterie
12. *Vv. pulmonales* – Lungenvenen
13. *Insertio pleurae mediastinalis* – Ansatzstelle des Mittelfells
14. *Impressio cardiaca* – Eindruck des Herzens
15. *Impressio vasorum* – Eindruck der Gefäße

Pferd. Rechte Lunge, Ansicht der Mittelfellfläche.

Abbildung 141

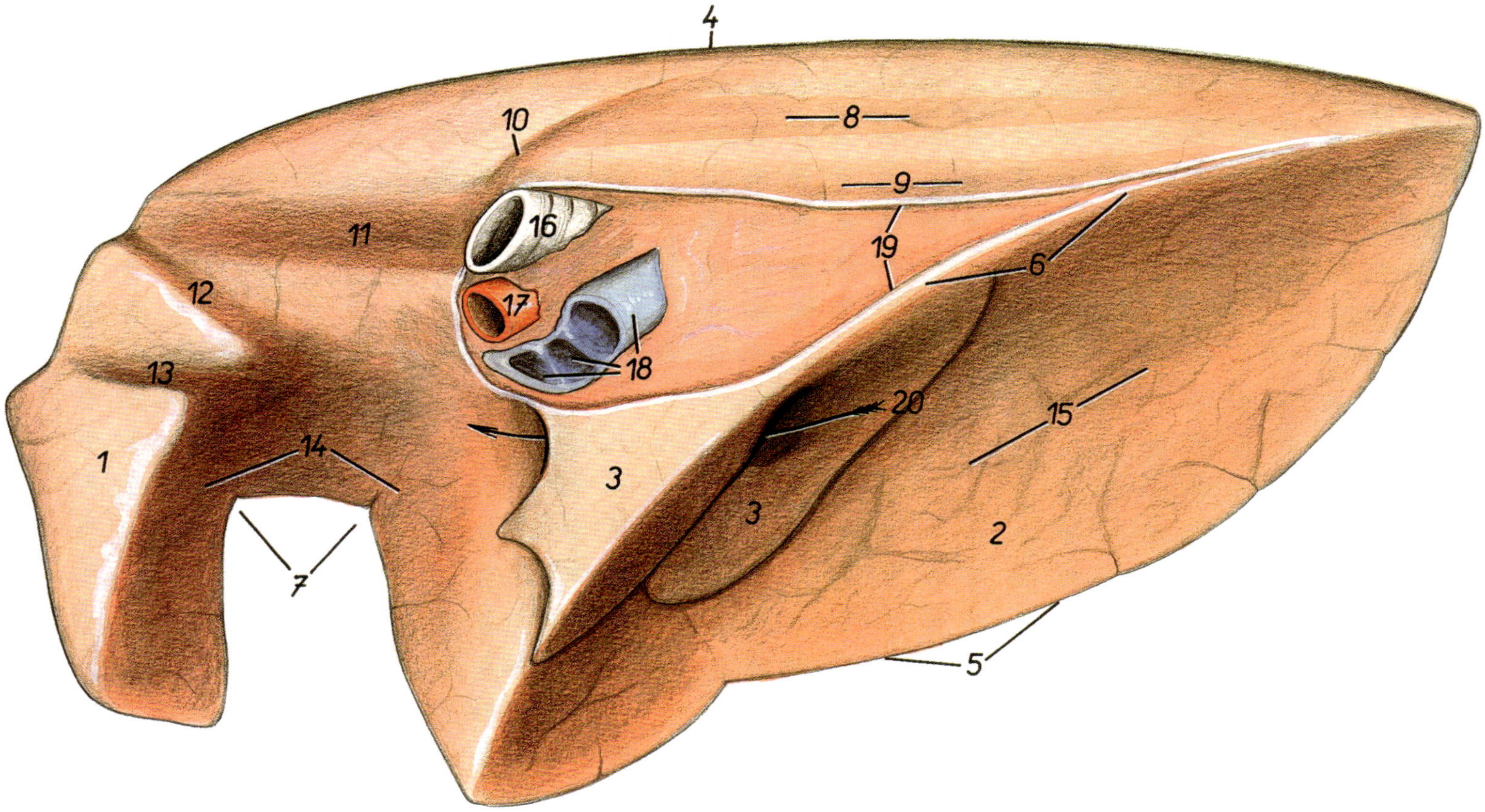

1. *Lobus cranialis* – kranialer Lappen
2. *Lobus caudalis* – kaudaler Lappen
3. *Lobus accessorius* – zusätzlicher Lappen
4. *Margo obtusus (s. dorsalis)* – stumpfer (dorsaler) Rand
5., 6. *Margo acutus* (5. *Margo ventralis*, 6. *Margo basalis)* – scharfer Rand (5. ventraler Rand, 6. basaler Rand)
7. *Incisura cardiaca* – Herzeinschnitt
8. *Impressio aortica* – Eindruck der großen Körperschlagader
9. *Impressio esophagea* – Eindruck der Speiseröhre
10. *Impressio v. azygos dextrae* – Eindruck der rechten Azygosvene
11. *Impressio trachealis* – Eindruck der Luftröhre
12. *Impressio trunci costocervicalis et V. costocervicalis* – Eindruck des Stammes der Rippen-Halsarterie und Rippen-Halsvene
13. *Impressio v. cavae cranialis* – Eindruck der kaudalen Hohlvene
14. *Impressio cardiaca* – Eindruck des Herzens
15. *Facies diaphragmatica* – Zwerchfellfläche
16. *Bronchus principalis dexter* – rechter Hauptbronchus
17. *A. pulmonalis dextra* – rechte Lungenarterie
18. *Vv. pulmonales* – Lungenvenen
19. *Insertio pleurae mediastinalis* – Ansatz des Brustfells
20. *Sulcus v. cavae caudalis* – Rinne der kaudalen Hohlvene

Abbildung 142

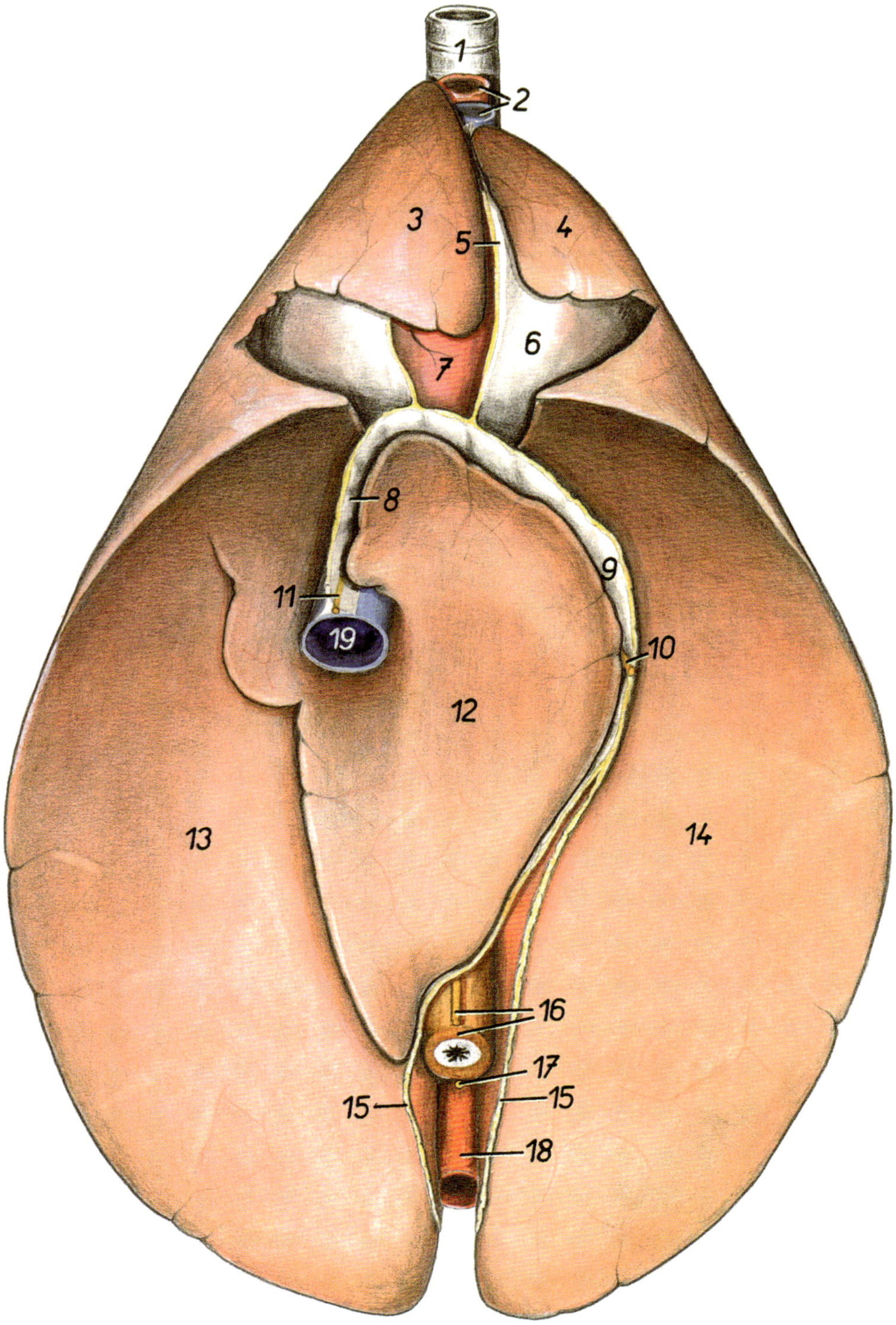

1. *Trachea* – Luftröhre
2. *Truncus brachiocephalicus, V. cava cranialis* – Stamm der Arm-Kopfarterie, kraniale Hohlvene
3. *Lobus cranialis pulmonis dextri* – kranialer Lappen der rechten Lunge
4. *Lobus cranialis pulmonis sinistri* – kranialer Lappen der linken Lunge
5. *Mediastinum craniale* – kraniales Mittelfell
6. *Pericardium* – Herzbeutel
7. *Cor* – Herz
8. *Plica (s. Mesenterium) v. cavae caudalis* – Falte (Gekröse) der kaudalen Hohlvene
9. *Mediastinum caudale* – kaudales Mittelfell
10. *N. phrenicus sinister* – linker Zwerchfellnerv
11. *N. phrenicus dexter* – rechter Zwerchfellnerv
12. *Lobus accessorius* – zusätzlicher Lappen
13. *Lobus caudalis pulmonis dextri* – kaudaler Lappen der rechten Lunge
14. *Lobus caudalis pulmonis sinistri* – kaudaler Lappen der linken Lunge
15. *Insertio pleurae mediastinalis* – Ansatz des Brustfells
16. *Truncus vagalis ventralis, Esophagus* – Stamm des ventralen Vagusnerven, Speiseröhre
17. *Truncus vagalis dorsalis* – Stamm des dorsalen Vagusnerven
18. *Aorta* – große Körperschlagader
19. *V. cava caudalis* – kaudale Hohlvene

Pferd. Herz, Ansicht von links.

Abbildung 143

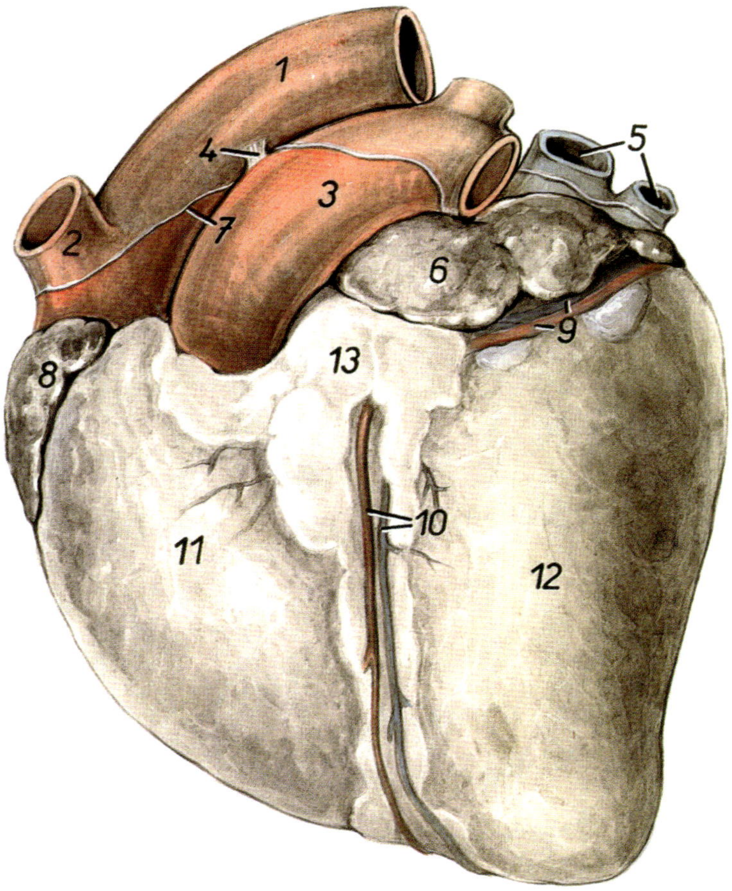

Pferd. Herz, Ansicht von links.

Abbildung 144

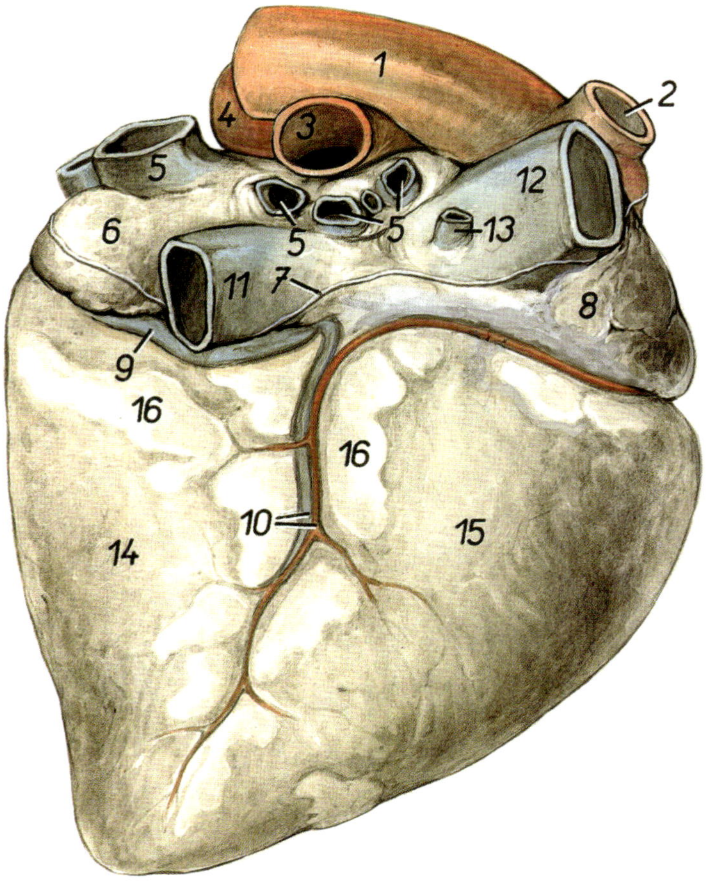

1. *Aorta* – große Körperschlagader
2. *Truncus brachiocephalicus* – Stamm der Arm-Kopfarterie
3. *Truncus pulmonalis* – Stamm der Lungenarterien
4. *Lig arteriosum (Botalli)* – Botallisches Band
5. *Vv. pulmonales* – Lungenvenen
6. *Auricula atrii sinistri (Auricula sinistra)* – Herzohr des linken Vorhofes (linkes Herzohr)
7. *Insertio pericardii* – Ansatz des Herzbeutels
8. *Auricula atrii dextri (Auricula dextra)* – Herzohr des rechten Vorhofes (rechtes Herzohr)
9. *Ramus circumflexus a. coronariae sinistrae, V. cordis magna* – herumlaufender Ast der linken Herzkranzarterie, große Herzvene
10. *Ramus interventricularis paraconalis a. coronariae sinistrae, Ramus interventricularis v. cordis magnae* – linker Längsfurchenast der linken Herzkranzarterie, Längsfurchenast der großen Herzvene
11. *Ventriculus dexter* – rechte Kammer
12. *Ventriculus sinister* – linke Kammer
13. *Corpus adiposum subepicardiale* – Herzfettkörper

Abbildung 144

1. *Aorta* – große Körperschlagader
2. *Truncus brachiocephalicus* – Stamm der Arm-Kopfarterie
3. *A. pulmonalis dextra* – rechte Lungenarterie
4. *A. pulmonalis sinistra* – linke Lungenarterie
5. *Vv. pulmonales* – Lungenvenen
6. *Atrium sinistrum* – linker Vorhof
7. *Insertio pericardii* – Ansatz des Herzbeutels
8. *Atrium dextrum* – rechter Vorhof
9. *V. cordis magna* – große Herzvene
10. *A. coronaria dextra, V. cordis media* – rechte Herzkranzarterie, mittlere Herzvene
11. *V. cava caudalis* – kaudale Hohlvene
12. *V. cava cranialis* – kraniale Hohlvene
13. *V. azygos dextra* – rechte Azygosvene
14. *Ventriculus sinister* – linke Kammer
15. *Ventriculus dexter* – rechte Kammer
16. *Corpus adiposum subepicardiale* – Herzfettkörper

Abbildung 145

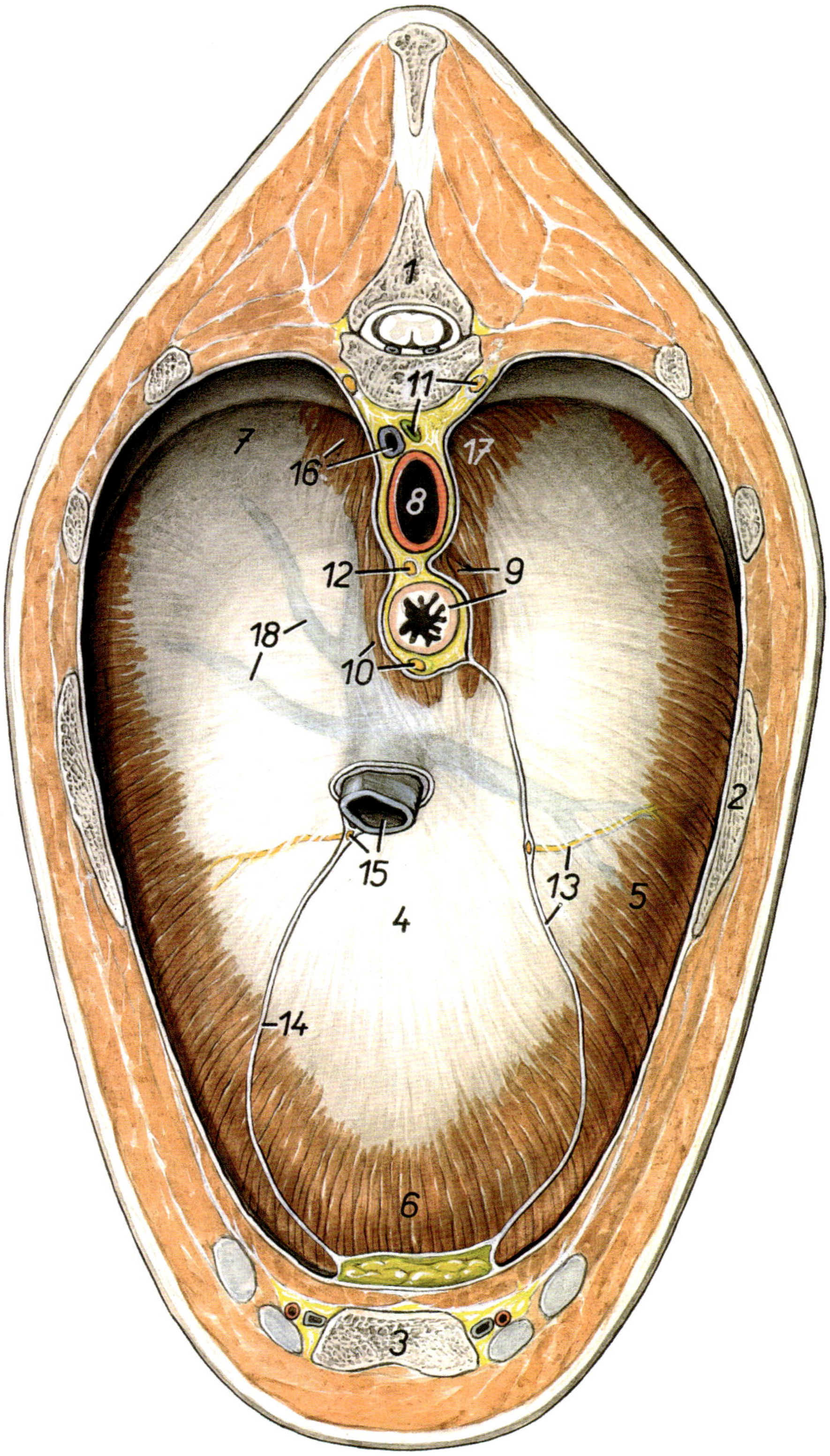

1. *Vertebra thoracica VIII* – 8. Brustwirbel
2. *Costa VI* – 6. Rippe
3. *Sternum* – Brustbein
4. *Centrum tendineum diaphragmatis* – Sehnenspiegel des Zwerchfells
5. *Pars costalis diaphragmatis* – Rippenteil des Zwerchfells
6. *Pars sternalis diaphragmatis* – Brustbeinteil des Zwerchfells
7. *Arcus lumbocostalis (tendineus)* – Lenden-Rippenbogen (sehnig)
8. *Aorta* – große Körperschlagader
9. *Crus mediale sinistrum diaphragmatis, Esophagus* – linker medialer Zwerchfellpfeiler, Speiseröhre
10. *Crus mediale dextrum diaphragmatis, Truncus vagalis ventralis* – rechter medialer Zwerchfellpfeiler, Stamm des ventralen Vagusnerven
11. *Truncus sympathicus, Ductus thoracicus* – Stamm des Sympathikusnerven, Milchbrustgang
12. *Truncus vagalis dorsalis* – Stamm des dorsalen Vagusnerven
13. *Insertio mediastini caudalis, N. phrenicus sinister* – Ansatz des kaudalen Mittelfells, linker Zwerchfellnerv
14. *Plica (s. Mesenterium) v. cavae caudalis* – Falte (Gekröse) der kaudalen Hohlvene
15. *V. cava caudalis, N. phrenicus dexter* – kaudale Hohlvene, rechter Zwerchfellnerv
16. *V. azygos dextra, Crus laterale dextrum diaphragmatis* – rechte Azygosvene, rechter lateraler Zwerchfellpfeiler
17. *Crus laterale sinistrum diaphragmatis* – linker lateraler Zwerchfellpfeiler
18. *Vv. phenicae craniales* – kraniale Zwerchfellvenen

Pferd. Zwerchfell, Ansicht von kaudal.

Abbildung 146

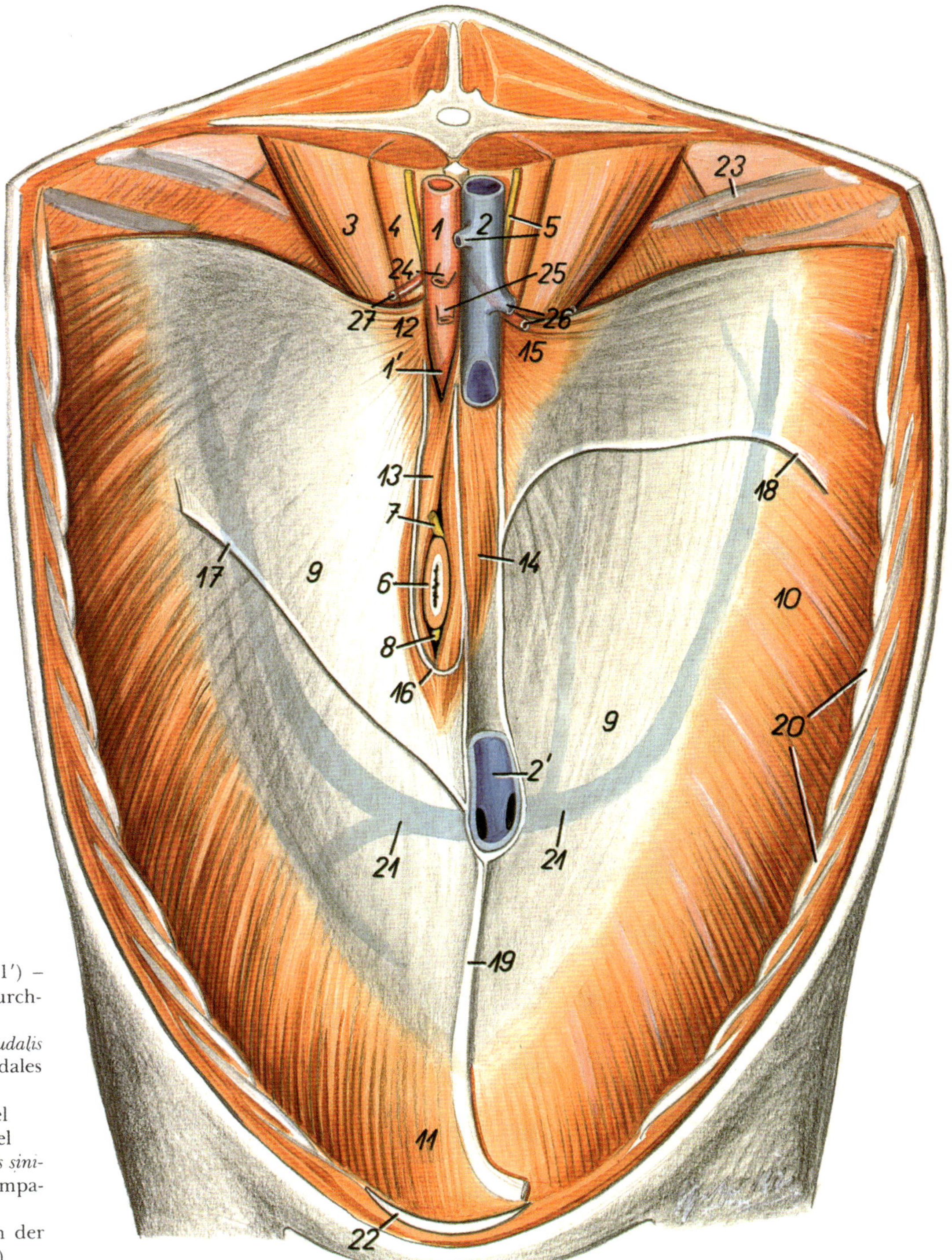

1. *Aorta abdominalis et Hiatus aorticus* (1′) – Bauchschlagader und Zwerchfelldurchtrittsstelle der Bauchschlagader (1′)
2. *V. cava caudalis et Foramen v. cavae caudalis* (2′) – kaudale Hohlvene und kaudales Hohlvenenloch (2′)
3. *M. psoas major* – großer Lendenmuskel
4. *M. psoas minor* – kleiner Lendenmuskel
5. *Pars lumbalis trunci sympathici, V. renalis sinistra* – Lendenteil des Stammes des Sympathikusnerven, linke Nierenvene
6. *Esophagus (in hiatu)* – Speiseröhre (in der Speiseröhrenöffnung des Zwerchfells)
7. *Truncus vagalis dorsalis* – Stamm des dorsalen Vagusnerven
8. *Truncus vagalis ventralis* – Stamm des ventralen Vagusnerven
9. *Centrum tendineum diaphragmatis* – Sehnenspiegel des Zwerchfells
10. *Pars costalis diaphragmatis* – Rippenteil des Zwerchfells
11. *Pars sternalis diaphragmatis* – Brustbeinteil des Zwerchfells
12. *Crus laterale sinistrum diaphragmatis* – linker lateraler Zwerchfellpfeiler
13. *Crus mediale sinistrum diaphragmatis* – linker medialer Zwerchfellpfeiler
14. *Crus mediale dextrum diaphragmatis* – rechter medialer Zwerchfellpfeiler
15. *Crus laterale dextrum diaphragmatis* – rechter lateraler Zwerchfellpfeiler
16. *Lig. gastrophrenicum* – Magen-Zwerchfellband
17. *Lig. triangulare sinistrum* – linkes dreieckiges Band
18. *Lig. triangulare dextrum* – rechtes dreieckiges Band
19. *Lig. falciforme et Lig. teres hepatis* – sichelförmiges Band und rundes Leberband
20. *Arcus costalis* – Rippenbogen
21. *Vv. phrenicae craniales* – kraniale Zwerchfellvenen
22. *Cartilago xiphoidea* – Schaufelknorpel
23. *Costa XVIII* – 18. Rippe
24. *A. mesenterica cranialis* – kraniale Gekrösearterie
25. *A. celiaca* – Bauchhöhlenarterie
26. *A. et V. renalis dextra* – rechte Nierenarterie und -vene
27. *A. renalis sinistra* – linke Nierenarterie

Pferd. Topographisch-anatomische Beziehungen der am Zwerchfell liegenden Organe, Ansicht von ventrokaudal.

Abbildung 147

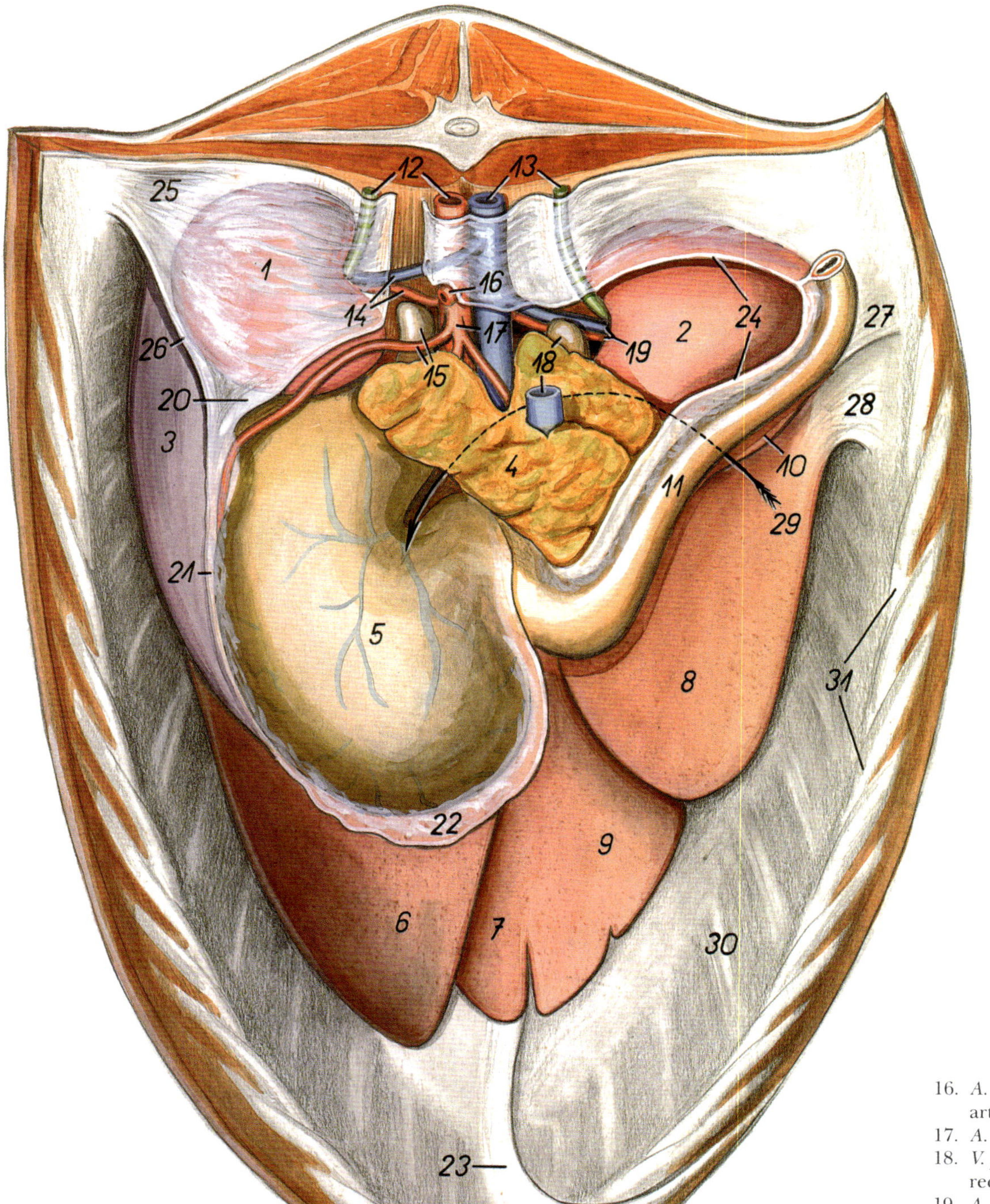

1. *Ren sinister* – linke Niere
2. *Ren dexter* – rechte Niere
3. *Lien* – Milz
4. *Pancreas* – Bauchspeicheldrüse
5. *Ventriculus (Gaster)* – Magen
6. *Lobus hepatis sinister lateraüs* – linker lateraler Leberlappen
7. *Lobus hepatis sinister medialis* – linker medialer Leberlappen
8. *Lobus hepatis dexter* – rechter Leberlappen
9. *Lobus quadratus hepatis* – viereckiger Leberlappen
10. *Processus caudatus hepatis* – Schwanzfortsatz der Leber
11. *Duodenum* – Zwölffingerdarm
12. *Aorta, Ureter sinister* – große Körperschlagader, linker Harnleiter
13. *V. cava caudalis, Ureter dexter* – kaudale Hohlvene, rechter Harnleiter
14. *A. et V. renalis sinistra* – linke Nierenarterie und -vene
15. *A. lienalis, Glandula adrenalis sinistra* – Milzarterie, linke Nebenniere
16. *A. mesenterica cranialis* – kraniale Gekrösearterie
17. *A. celiaca* – Bauchhöhlenarterie
18. *V. portae, Glandula adrenalis dextra* – Pfortader, rechte Nebenniere
19. *A. et V. renalis dextra* – rechte Nierenarterie und -vene
20. *Lig. renolienale* – Nieren-Milzband
21. *Lig. gastrolienale* – Magen-Milzband
22. *Omentum majus* – großes Netz
23. *Lig. falciforme et Lig. teres* – sichelförmiges Band und rundes Band
24. *Zona adhesionis basis ceci* – Verwachsungszone der Blinddarmbasis
25. *Lig. phrenicorenale sinistrum* – linkes Zwerchfell-Nierenband
26. *Lig. phrenicolienale* – Zwerchfell-Milzband
27. *Lig. phrenicorenale dextrum* – rechtes Zwerchfell-Nierenband
28. *Lig. triangulare dextrum* – rechtes dreieckiges Band
29. *Foramen epiploicum* – Netzbeutelloch
30. *Diaphragma* – Zwerchfell
31. *Arcus costalis* – Rippenbogen

Pferd. Innere Organe, Ansicht von ventral. Bauchwand zurückgeklappt.

Abbildung 148

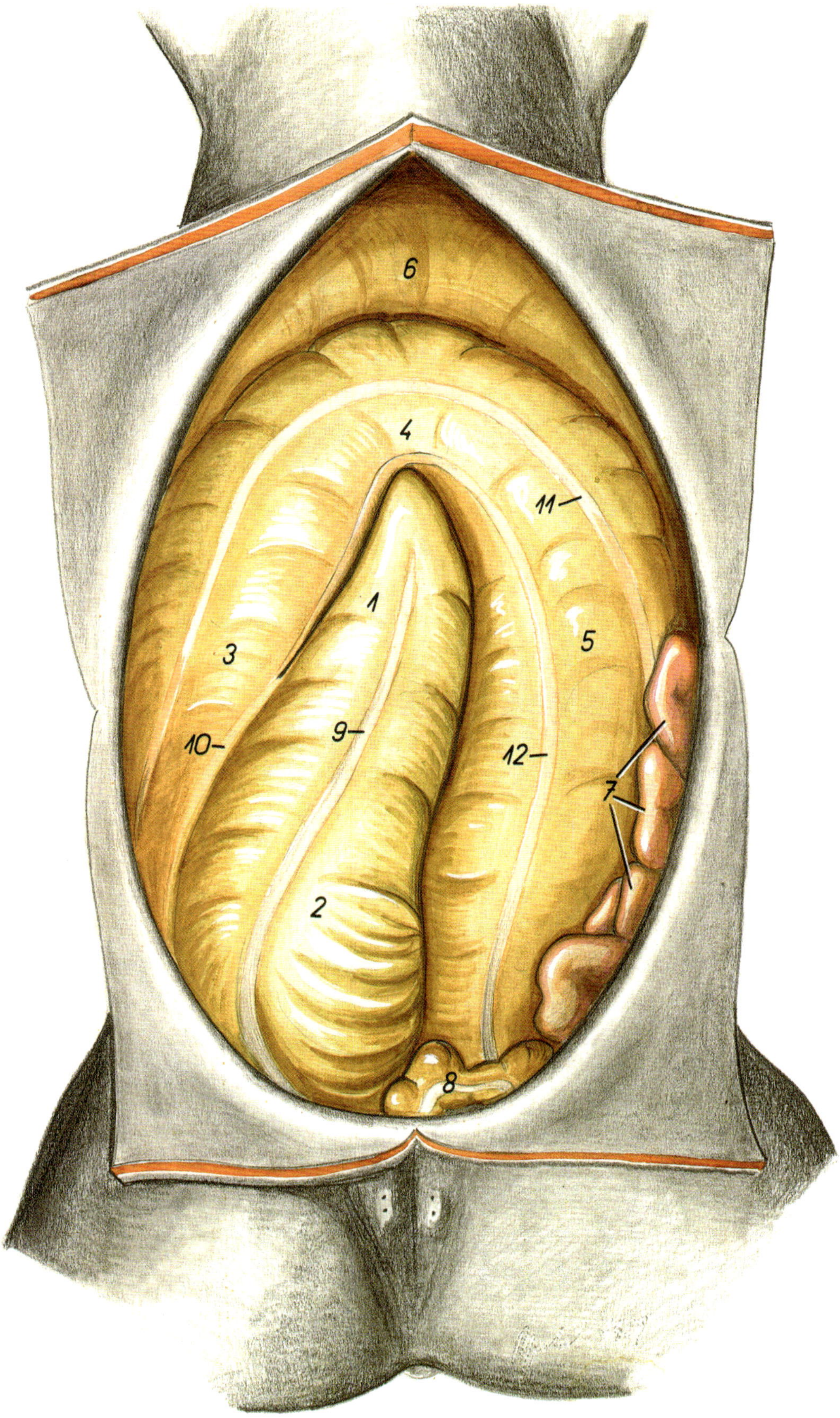

1. *Apex ceci* – Blinddarmspitze
2. *Corpus ceci* – Blinddarmkörper
3.–6. *Colon crassum (s. ascendens)* – großer (aufsteigender) Grimmdarm
3. *Colon ventrale dextrum* – rechter ventraler Grimmdarm
4. *Flexura sternalis coli* – Brustbeinbiegung des Grimmdarms
5. *Colon ventrale sinistrum* – linke ventrale Grimmdarmlage
6. *Flexura diaphragmatica coli* – Zwerchfellbiegung des Grimmdarmes
7. *Jejunum* – Leerdarm
8. *Colon tenue (s. descendens)* – kleiner (absteigender) Grimmdarm
9. *Tenia ventralis ceci* – ventrales Blinddarmband
10. *Tenia lateralis ceci et Plica cecocolica* – laterales Blinddarmband und Blinddarm-Grimmdarmfalte
11. *Tenia libera lateralis coli* – laterales freies Blinddarmband
12. *Tenia libera medialis coli* – mediales freies Blinddarmband

Pferd. Skelett des Rumpfes, Ansicht von dorsal.

Abbildung 149

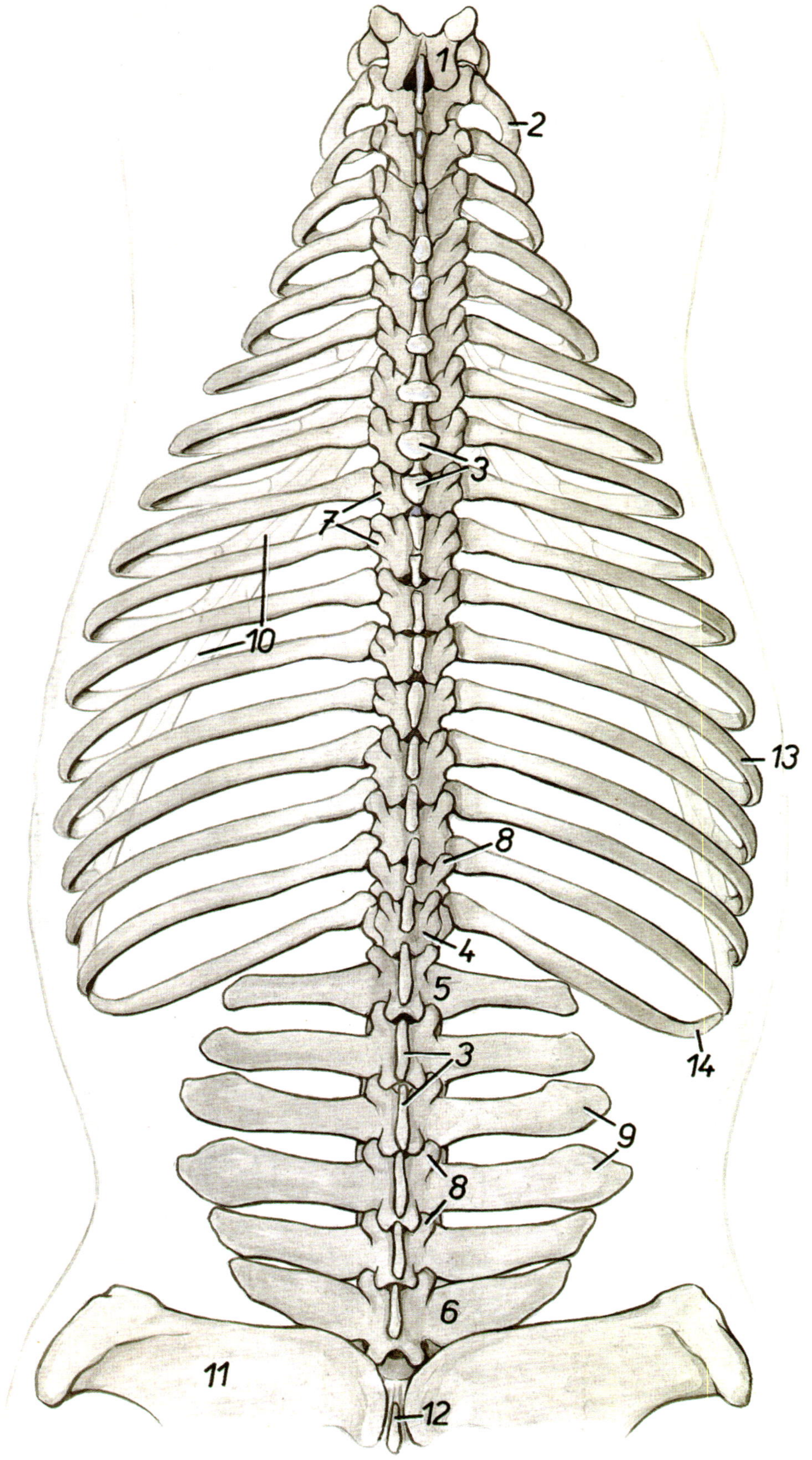

1. *Vertebra thoracica I* – 1. Brustwirbel
2. *Costa II* – 2. Rippe
3. *Processus spinosi* – Dornfortsätze
4. *Vertebra thoracica XVIII* – 18. Brustwirbel
5. *Vertebra lumbalis I* – 1. Lendenwirbel
6. *Vertebra lumbalis VI* – 6. Lendenwirbel
7. *Processus transversi* – Querfortsätze
8. *Processus articularis cranialis cum processu mamillari* – kranialer Gelenkfortsatz mit Zitzenfortsatz
9. *Processus costales* – Rippenfortsätze
10. *Arcus costalis* – Rippenbogen
11. *Os ilium* – Darmbein
12. *Os sacrum* – Kreuzbein
13. *Costa XIII* – 13. Rippe
14. *Costa XVIII* – 18. Rippe

Pferd. Skelett des Rumpfes, Ansicht von ventral.

Abbildung 150

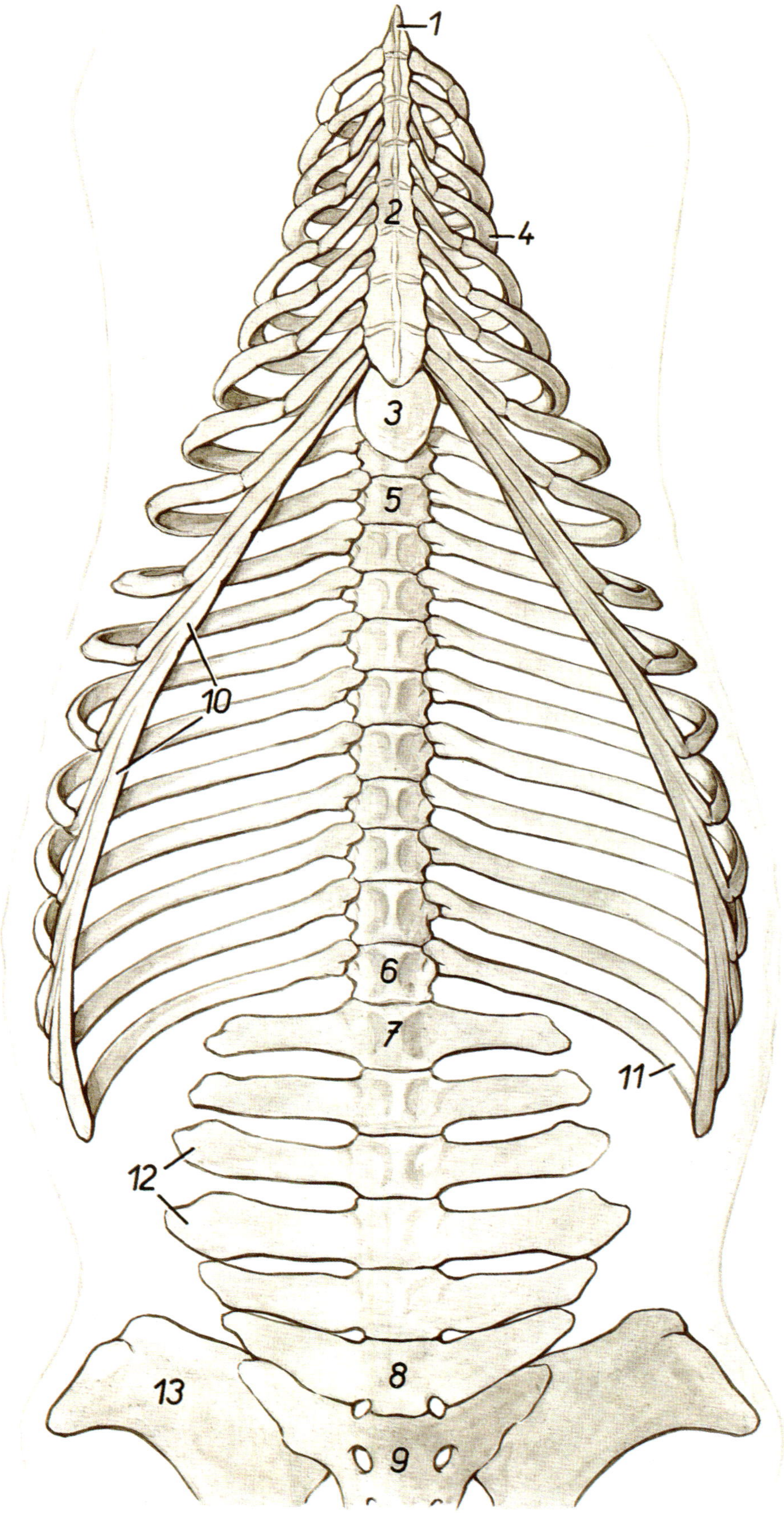

1. *Manubrium sterni* – Griff des Brustbeines
2. *Corpus sterni* – Brustbeinkörper
3. *Cartilago xiphoidea* – Schaufelknorpel
4. *Costa IV* – 4. Rippe
5. *Vertebra thoracica IX* – 9. Brustwirbel
6. *Vertebra thoracica XVIII* – 18. Brustwirbel
7. *Vertebra lumbalis I* – 1. Lendenwirbel
8. *Vertebra lumbalis VI* – 6. Lendenwirbel
9. *Os sacrum* – Kreuzbein
10. *Arcus costalis* – Rippenbogen
11. *Costa XVIII* – 18. Rippe
12. *Processus costales* – Rippenfortsätze
13. *Os ilium* – Darmbein

Pferd. Skelettopographie mit freigelegten Bauch- und Beckenorganen, Ansicht von dorsal. Oberflächliche Präparation.

Abbildung 151

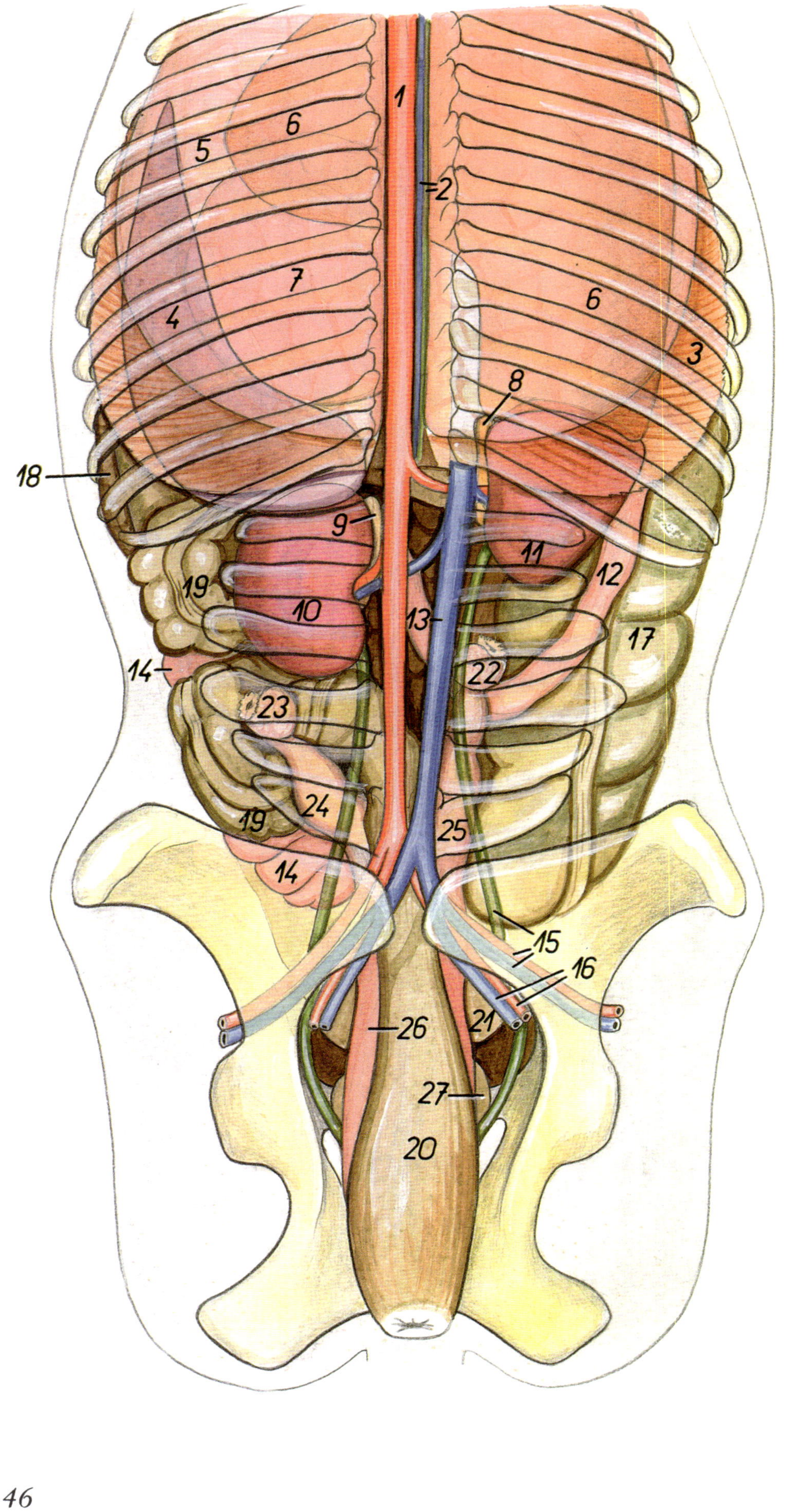

1. *Aorta* – große Körperschlagader
2. *V. azygos dextra, Ductus thoracius* – rechte Azygosvene, Milchbrustgang
3. *Pars costalis diaphragmatis* – Rippenteil des Zwerchfells
4. *Lien (in projectione)* – Milz (in der Projektion)
5. *Pulmo sinister* – linke Lunge
6. *Hepar (in projectione)* – Leber (in der Projektion)
7. *Ventriculus (in projectione)* – Magen (in der Projektion)
8. *Glandula adrenalis dextra* – rechte Nebenniere
9. *Glandula adrenalis sinistra* – linke Nebenniere
10. *Ren sinister* – linke Niere
11. *Ren dexter* – rechte Niere
12. *Duodenum* – Zwölffingerdarm
13. *V. cava caudalis* – kaudale Hohlvene
14. *Jejunum* – Leerdarm
15. *Ureter dexter, A. et V. iliaca externa (dextra)* – rechter Harnleiter, (rechte) äußere Darmbeinarterie und -vene
16. *A. et V. iliaca interna (dextra)* – (rechte) innere Darmbeinarterie und -vene
17. *Corpus ceci* – Blinddarmkörper

18., 21. *Colon crassum (s. ascendens)* – großer (aufsteigender) Grimmdarm

18. *Colon dorsale sinistrum* – linker dorsaler Grimmdarm
19. *Colon tenue (s. descendens)* – kleiner (absteigender) Grimmdarm
20. *Ampulla recti* – Mastdarmampulle
21. *Flexura pelvina coli* – Beckenbiegung des Grimmdarms
22. *Ovarium dextrum* – rechter Eierstock
23. *Ovarium sinistrum* – linker Eierstock
24. *Cornu uteri sinistrum* – linkes Gebärmutterhorn
25. *Cornu uteri dextrum* – rechtes Gebärmutterhorn
26. *Corpus uteri* – Gebärmutterkörper
27. *Vesica urinaria* – Harnblase

Pferd. Skelettopographie mit freigelegten Bauch- und Beckenorganen, Ansicht von dorsal. Tiefe Präparation.

Abbildung 152

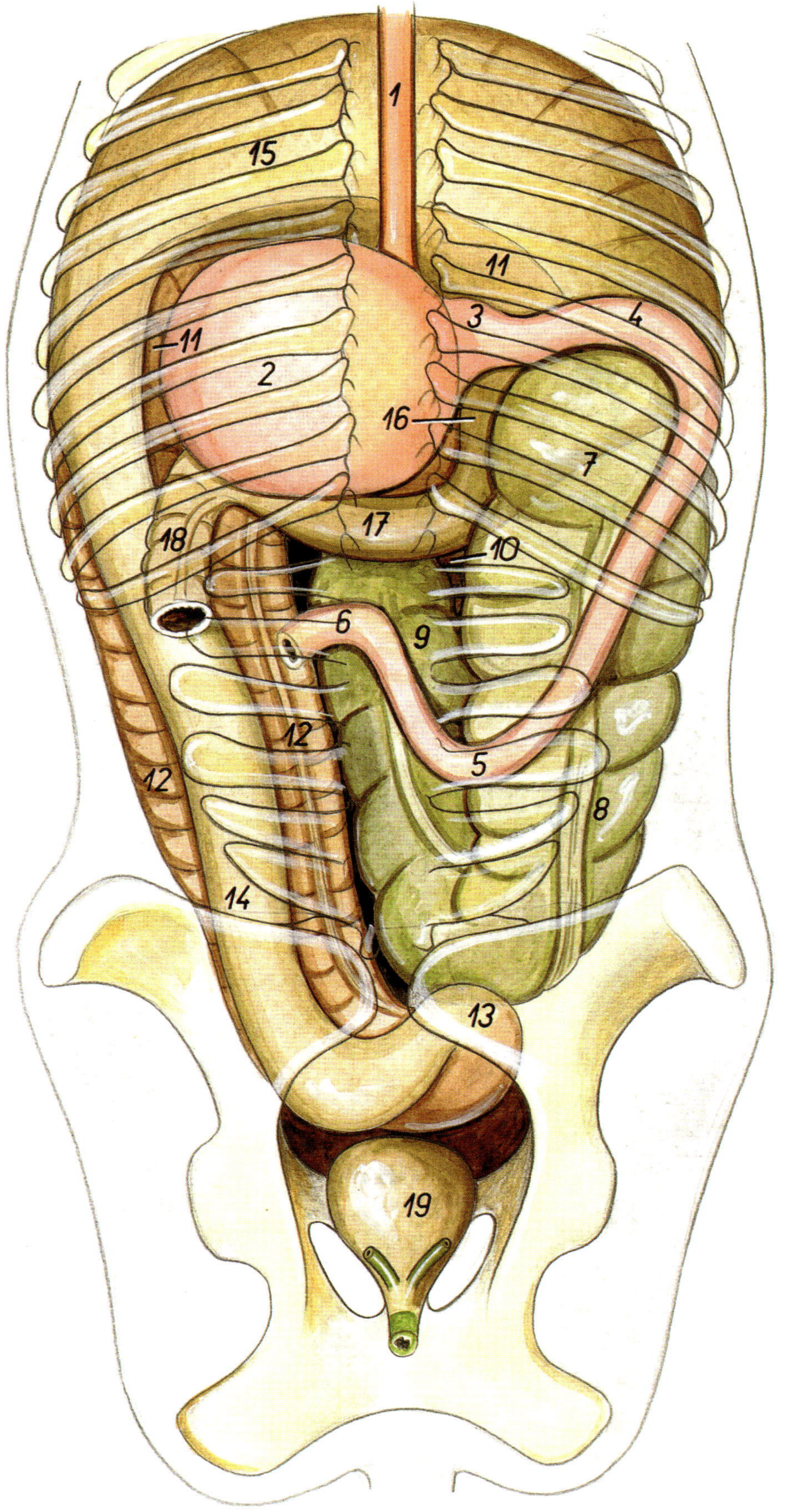

1. *Esophagus* – Speiseröhre
2. *Ventriculus* – Magen
3. *Pars pylorica ventriculi* – Pförtnerteil des Magens
4. *Pars cranialis duodeni* – kranialer Teil des Zwölffingerdarms
5. *Flexura duodeni caudalis* – kaudale Biegung des Zwölffingerdarmes
6. *Flexura duodenojejunalis* – Zwölffingerdarm-Leerdarmbiegung
7. *Basis ceci* – Blinddarmbasis
8. *Corpus ceci* – Blinddarmkörper
9. *Apex ceci* – Blinddarmspitze

10.–16. *Colon crassum (s. ascendens)* – großer (aufsteigender) Grimmdarm

10. *Colon ventrale dextrum* – rechte ventrale Grimmdarmlage
11. *Flexura sternalis coli (partim in projectione)* – Brustbeinbiegung des Grimmdarmes (zum Teil in der Projektion)
12. *Colon ventrale sinistrum* – linke ventrale Grimmdarmlage
13. *Flexura pelvina coli* – Beckenbiegung des Grimmdarmes
14. *Colon dorsale sinistrum* – linke dorsale Grimmdarmlage
15. *Flexura diaphragmatica* – Zwerchfellbiegung
16. *Colon dorsale dextrum* – rechte dorsale Grimmdarmlage
17. *Colon transversum* – querverlaufender Grimmdarm
18. *Colon tenue (s. descendens)* – kleiner (absteigender) Grimmdarm
19. *Vesica urinaria* – Harnblase

Pferd. Querschnitt durch die Bauchhöhle in Höhe des 14. Brustwirbels, Ansicht von kaudal.

Abbildung 153

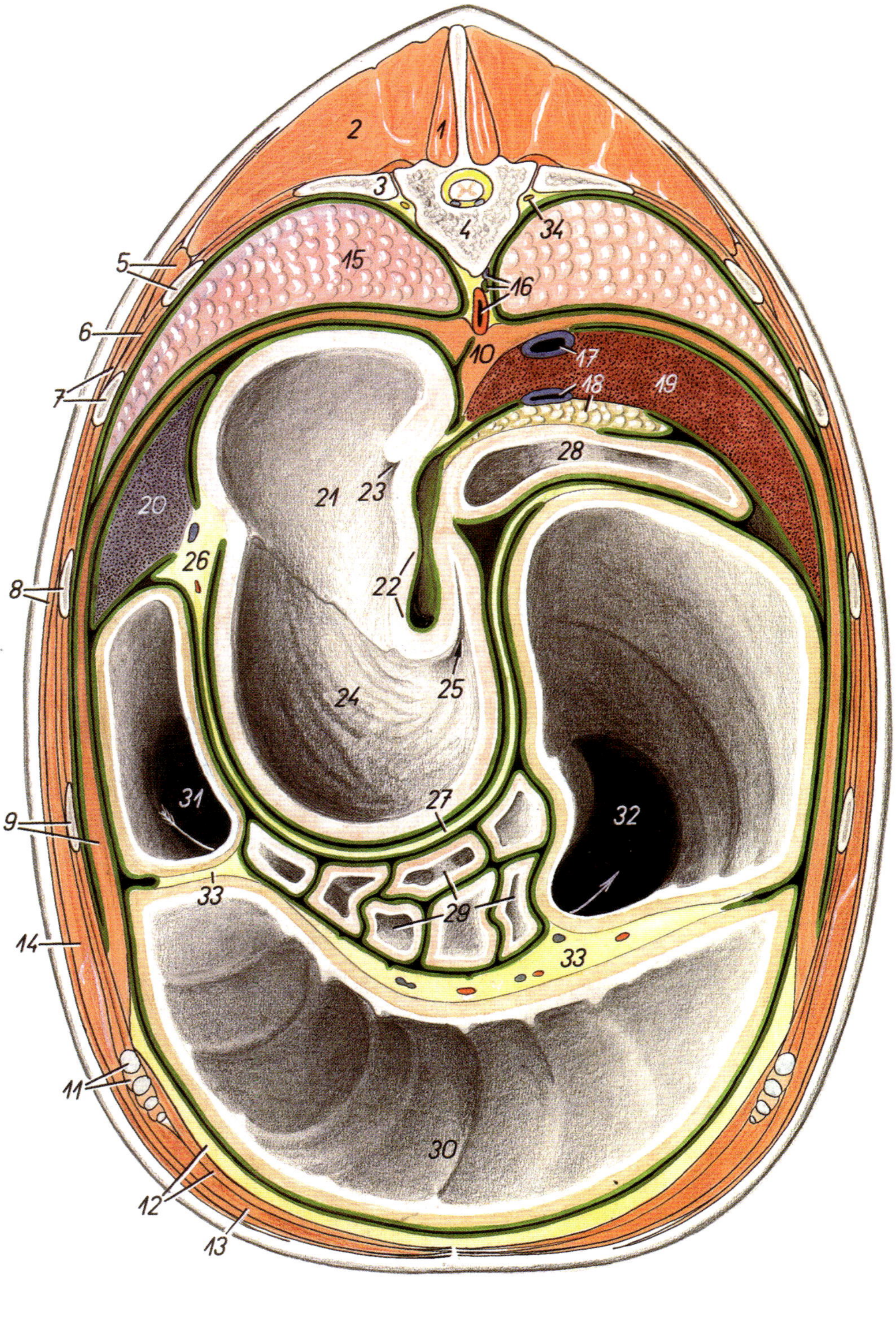

1. *Mm. multifidi thoracis* – Brustkorbportion der vielgeteilten Muskeln
2. *M. longissimus thoracis* – Brustkorbportion des längsten Muskels
3. *Costa XIV* – 14. Rippe
4. *Vertebra thoracica XIV* – 14. Brustwirbel
5. *M. iliocostalis thoracis, Costa XIII* – Brustkorbportion des Darmbein-Rippenmuskels, 13. Rippe
6. *Mm. intercostales externi et interni* – äußere und innere Zwischenrippenmuskeln
7. *Costa XII, M. serratus dorsalis caudalis* – 12. Rippe, dorsaler gesägter Muskel
8. *Costa XI, M. cutaneus trunci* – 11. Rippe, Rumpfhautmuskel
9. *Costa X, Diaphragma – Pars costalis* – 10. Rippe, Zwerchfell – Rippenteil
10. *Diaphragma – Crus sinistrum et dextrum* – Zwerchfell – linker und rechter Pfeiler
11. *M. intercostalis internus (M. intercartilagineus), Cartilago costalis X* – innerer Zwischenrippenmuskel (Zwischenknorpelmuskel), Knorpel der 10. Rippe
12. *M. transversus abdominis, Corpus adiposum extraperitoneale* – querverlaufender Bauchmuskel, außerhalb des Bauchfells gelegener Fettkörper
13. *M. rectus abdominis* – gerader Bauchmuskel
14. *M. obliquus externus abdominis* – äußerer schiefer Bauchmuskel
15. *Lobus caudalis pulmonis* – kaudaler Lungenlappen
16. *Aorta, Ductus thoracicus, V. azygos dextra* – große Körperschlagader, Milchbrustgang, rechte Azygosvene
17. *V. cava caudalis* – kaudale Hohlvene
18. *V. portae, Pancreas* – Pfortader, Bauchspeicheldrüse
19. *Hepar* – Leber
20. *Lien* – Milz
21.–25. *Ventriculus (Gaster)* – Magen
21. *Pars proventricularis tunicae mucosae* – Vormagenteil der Schleimhaut
22. *Curvatura ventriculi minor* – kleine Magenkrümmung
23. *Ostium cardiacum* – Magenmundöffnung
24. *Corpus ventriculi (Pars glandularis tunicae mucosae)* – Magenkörper (Drüsenteil der Schleimhaut)
25. *Pylorus* – Magenpförtner
26., 27. *Omentum majus* – großes Netz
26. *Lig. gastrolienale* – Magen-Milzband
28. *Pars cranialis duodeni* – kranialer Teil des Zwölffingerdarmes
29. *Jejunum* – Leerdarm
30.–32. *Colon crassum* – großer Grimmdarm
30. *Flexura sternalis coli* – Brustbeinbiegung des Grimmdarmes
31. *Colon dorsale sinistrum* – linke dorsale Grimmdarmlage
32. *Colon dorsale dextrum* – rechte dorsale Grimmdarmlage
33. *Mesocolon ascendens* – *Plica intercolica* – Gekröse des aufsteigenden Grimmdarmes – Zwischengrimmdarmfalte
34. *Truncus sympathicus* – Stamm des Sympathikusnerven

Pferd. Querschnitt durch die Bauchhöhle in Höhe des 16. Brustwirbels, Ansicht von kaudal.

Abbildung 154

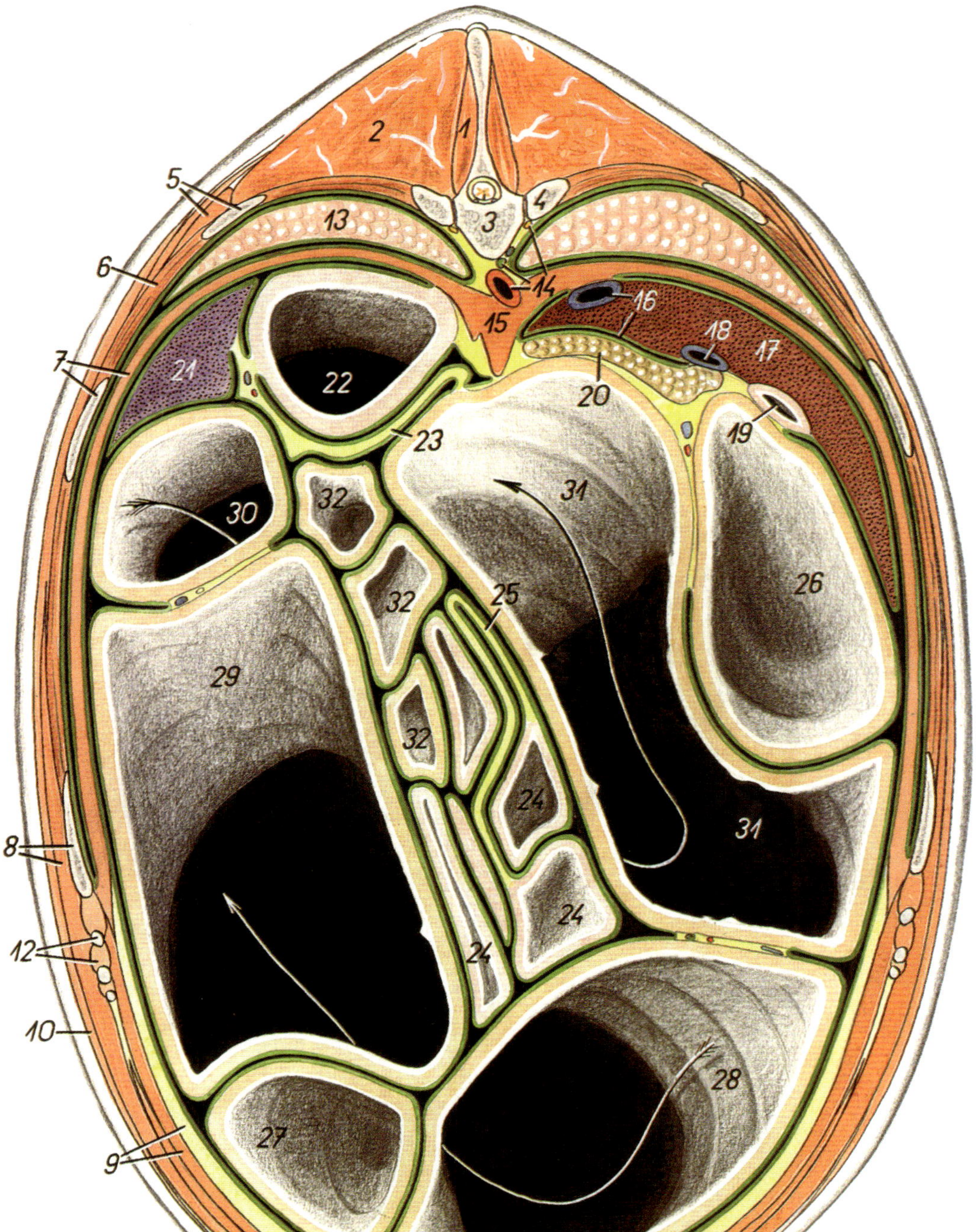

1. *Mm. multifidi thoracis* – Brustkorbportion der vielgeteilten Muskeln
2. *M. longissimus thoracis* – Brustkorbportion des längsten Muskels
3. *Vertebra thoracica XVI* – 16. Brustwirbel
4. *Costa XVI* – 16. Rippe
5. *M. iliocostalis thoracis, Costa XV* – Brustkorbportion des Darmbein-Rippenmuskels, 15. Rippe
6. *Mm. intercostales externi et interni* – äußere und innere Zwischenrippenmuskeln
7. *Diaphragma – Pars costalis, Costa XIV* – Zwerchfell – Rippenteil, 14. Rippe
8. *M. obliquus externus abdominis, Costa XIII* – äußerer schiefer Bauchmuskel, 13. Rippe
9. *M. transversus abdominis, Corpus adiposum extraperitoneale* – querverlaufender Bauchmuskel, außerhalb des Bauchfells gelegener Fettkörper
10. *M. cutaneus trunci* – Rumpfhautmuskel
11. *M. rectus abdominis* – gerader Bauchmuskel
12. *Cartilago costalis, M. intercostalis internus (M. intercartilagineus)* – Rippenknorpel, innerer Zwischenrippenmuskel (Zwischenknorpelmuskel)
13. *Pulmo sinister* – linke Lunge
14. *Aorta, Ductus thoracicus, Truncus sympathicus* – große Körperschlagader, Milchbrustgang, Stamm des Sympathikusnerven
15. *Diaphragma – Crus sinistrum et dextrum* – Zwerchfell – linker und rechter Pfeiler
16. *V. cava caudalis, Foramen epiploicum* – kaudale Hohlvene, Netzbeutelloch
17. *Hepar* – Leber
18. *V. portae* – Pfortader
19. *Duodenum* – Zwölffingerdarm
20. *Pancreas* – Bauchspeicheldrüse
21. *Lien* – Milz
22. *Ventriculus (Gaster)* – Magen
23. *Omentum majus* – großes Netz
24. *Jejunum* – Leerdarm
25. *Mesojejunum* – Leerdarmgekröse
26. *Basis ceci* – Blinddarmbasis
27. *Apex ceci* – Blinddarmspitze
28.–31. *Colon crassum* – großer Grimmdarm
28. *Colon ventrale dextrum* – rechte ventrale Grimmdarmlage
29. *Colon ventrale sinistrum* – linke ventrale Grimmdarmlage
30. *Colon dorsale sinistrum* – linke dorsale Grimmdarmlage
31. *Colon dorsale dextrum* – rechte dorsale Grimmdarmlage
32. *Colon tenue* – kleiner Grimmdarm

Pferd. Querschnitt durch die Bauchhöhle in Höhe des 17. Brustwirbels, Ansicht von kaudal.

Abbildung 155

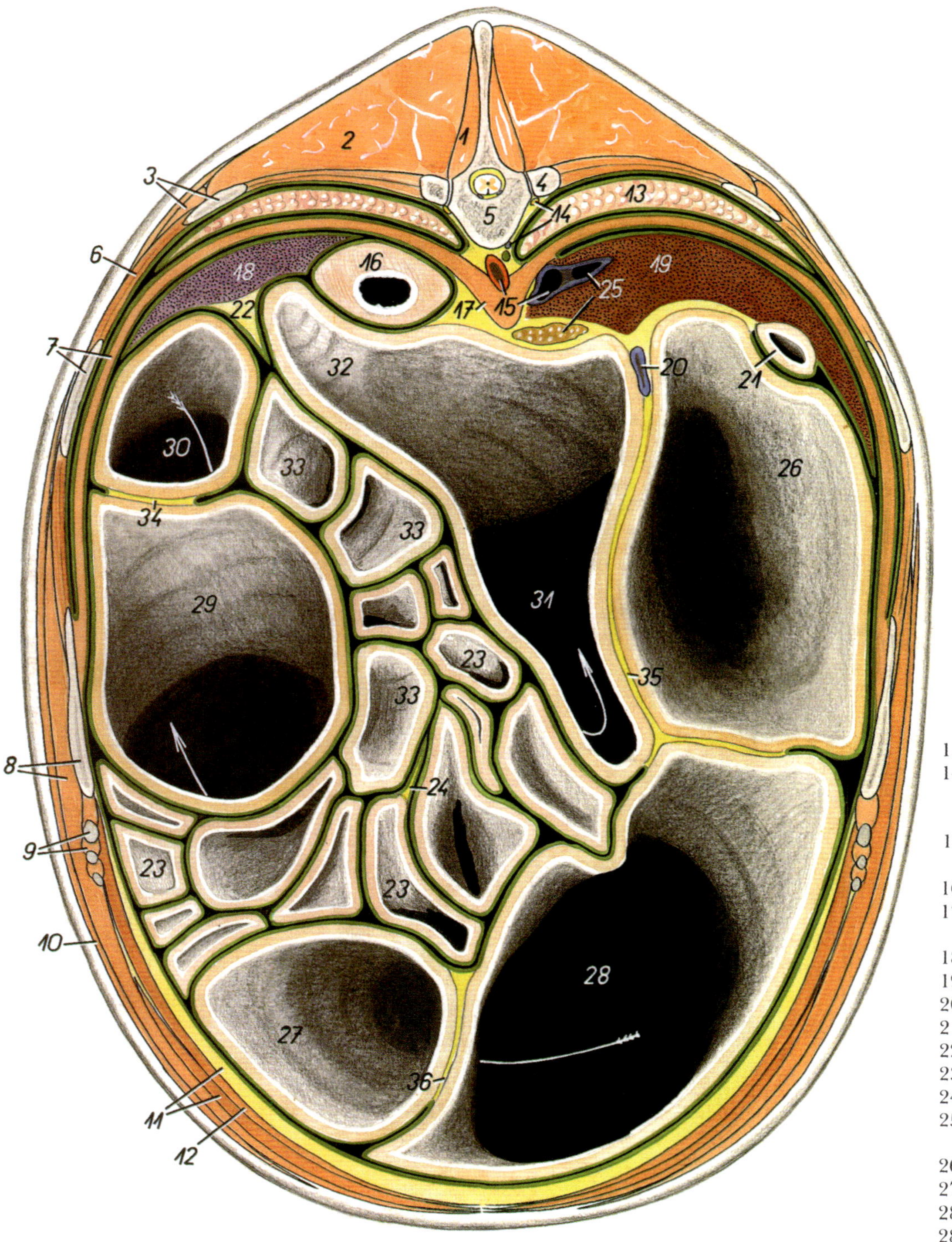

1. *Mm. multifidi thoracis* – Brustkorbportion der vielgeteilten Muskeln
2. *M. longissimus thoracis* – Brustkorbportion des längsten Muskels
3. *M. iliocostalis thoracis, Costa XVI* – Brustkorbportion des Darmbein-Rippenmuskels, 16. Rippe
4. *Costa XVII* – 17. Rippe
5. *Vertebra thoracica XVII* – 17. Brustwirbel
6. *Mm. intercostales externi et interni* – äußere und innere Zwischenrippenmuskeln
7. *Diaphragma – Pars costalis, Costa XV* – Zwerchfell – Rippenteil, 15. Rippe
8. *Costa XIV, M. obliquus externus abdominis* – 14. Rippe, äußerer schiefer Bauchmuskel
9. *Cartilagines costales* – Rippenknorpel
10. *M. cutaneus trunci* – Rumpfhautmuskel
11. *M. rectus abdominis, Corpus adiposum extraperitoneale* – gerader Bauchmuskel, außerhalb des Bauchfells gelegener Fettkörper
12. *M. transversus abdominis* – querverlaufender Bauchmuskel
13. *Pulmo dexter* – rechte Lunge
14. *Truncus sympathicus, V. azygos dextra* – Stamm des Sympathikusnerven, rechte Azygosvene
15. *Aorta, V. cava caudalis* – große Körperschlagader, kaudale Hohlvene
16. *Ventriculus (Gaster)* – Magen
17. *Diaphragma – Crus sinistrum* – Zwerchfell – linker Pfeiler
18. *Lien* – Milz
19. *Hepar* – Leber
20. *V. portae* – Pfortader
21. *Duodenum* – Zwölffingerdarm
22. *Omentum majus* – großes Netz
23. *Jejunum* – Leerdarm
24. *Mesojejunum* – Leerdarmgekröse
25. *V. hepatica, Pancreas* – Lebervene, Bauchspeicheldrüse
26. *Basis ceci* – Blinddarmbasis
27. *Apex ceci* – Blinddarmspitze

28.–31. *Colon crassum* – großer Grimmdarm

28. *Colon ventrale dextrum* – rechte ventrale Grimmdarmlage
29. *Colon ventrale sinistrum* – linke ventrale Grimmdarmlage
30. *Colon dorsale sinistrum* – linke dorsale Grimmdarmlage
31. *Colon dorsale dextrum* – rechte dorsale Grimmdarmlage
32. *Colon transversum* – querverlaufender Grimmdarm
33. *Colon tenue* – kleiner Grimmdarm
34. *Mesocolon ascendens – Plica intercolica* – Gekröse des aufsteigenden Grimmdarmes – Zwischengrimmdarmfalte

35., 36. *Plica cecocolica* – Blinddarm-Grimmdarmfalte

Pferd. Querschnitt durch die Bauchhöhle in Höhe des kaudalen Endes des 17. Brustwirbels, Ansicht von kaudal.

Abbildung 156

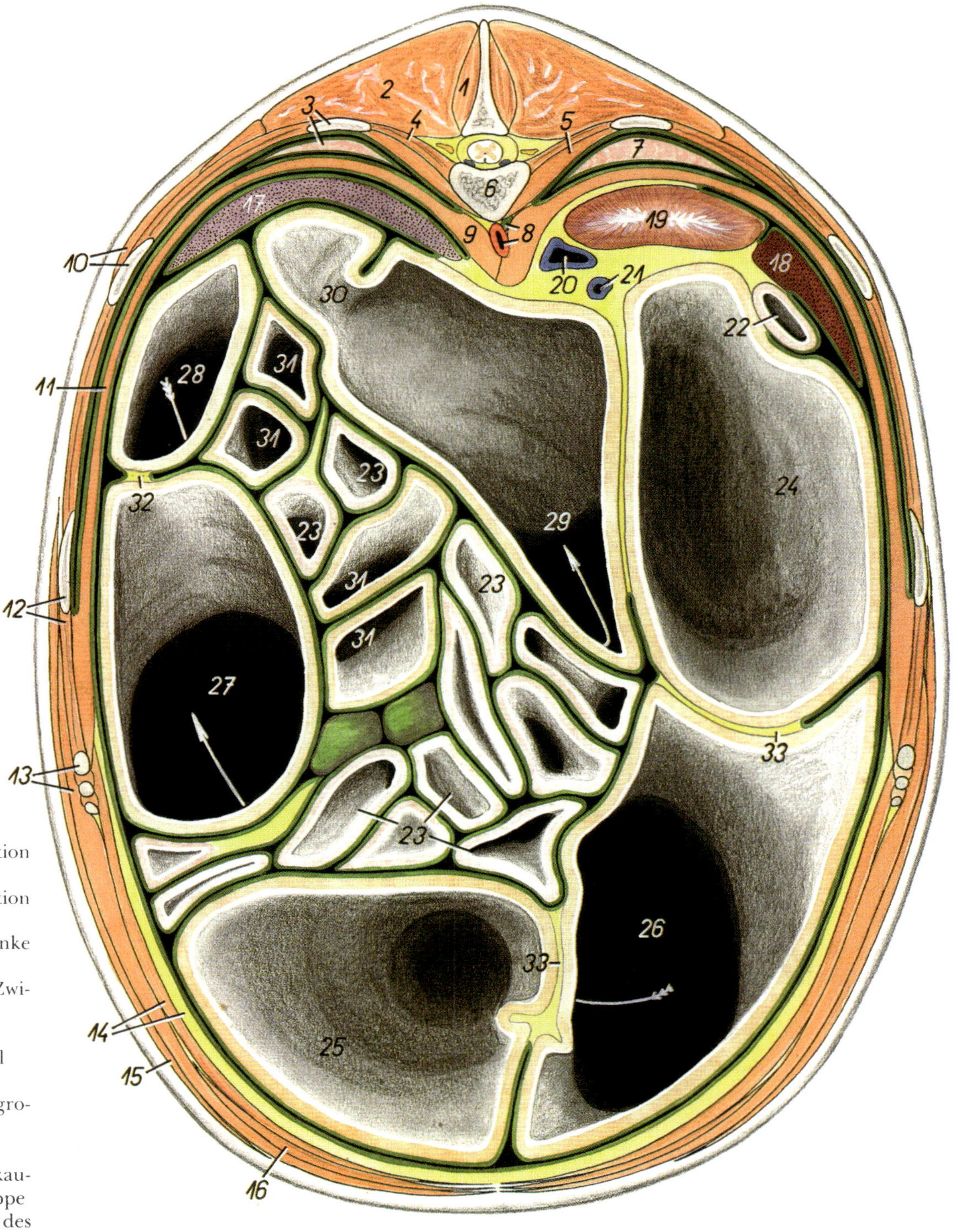

1. *Mm. multifidi thoracis* – Brustkorbportion der vielgeteilten Muskeln
2. *M. longissimus thoracis* – Brustkorbportion des längsten Muskels
3. *Costa XVII, Pulmo sinister* – 17. Rippe, linke Lunge
4. *Mm. intercostales et M. levator costae* – Zwischenrippenmuskel und Rippenheber
5. *M. psoas major* – großer Lendenmuskel
6. *Vertebra thoracica XVII* – 17. Brustwirbel
7. *Pulmo dexter* – rechte Lunge
8. *Cisterna chyli, Aorta* – Lendenzysterne, große Körperschlagader
9. *Crus diaphragmatis* – Zwerchfellpfeiler
10. *M. serratus dorsalis caudalis, Costa XVI* – kaudaler dorsaler gesägter Muskel, 16. Rippe
11. *Pars costalis diaphragmatis* – Rippenteil des Zwerchfells
12. *Costa XV, Mm. intercostales externi et interni* – 15. Rippe, äußere und innere Zwischenrippenmuskeln
13. *Cartilago costalis, M. obliquus externus abdominis* – Rippenknorpel, äußerer schiefer Bauchmuskel
14. *M. transversus abdominis, Corpus adiposum extraperitoneale* – querverlaufender Bauchmuskel, außerhalb des Bauchfells gelegener Fettkörper
15. *M. cutaneus trunci* – Rumpfhautmuskel
16. *M. rectus abdominis* gerader Bauchmuskel
17. *Lien* – Milz
18. *Hepar* – Leber
19. *Ren dexter* – rechte Niere
20. *V. cava caudalis* – kaudale Hohlvene
21. *V. portae* – Pfortader
22. *Duodenum* – Zwölffingerdarm
23. *Jejunum* – Leerdarm
24. *Basis ceci* – Blinddarmbasis
25. *Apex ceci* – Blinddarmspitze

26.–29. *Colon crassum* – großer Grimmdarm

26. *Colon ventrale dextrum* – rechte ventrale Grimmdarmlage
27. *Colon ventrale sinistrum* – linke ventrale Grimmdarmlage
28. *Colon dorsale sinistrum* – linke dorsale Grimmdarmlage
29. *Colon dorsale dextrum* – rechte dorsale Grimmdarmlage
30. *Colon transversum* – querverlaufender Grimmdarm
31. *Colon tenue* – kleiner Grimmdarm
32. *Mesocolon ascendens – Plica intercolica* – Gekröse des aufsteigenden Grimmdarmes – Zwischengrimmdarmfalte
33. *Plica cecocolica* – Blinddarm-Grimmdarmfalte

Pferd. Querschnitt durch die Bauchhöhle in Höhe des 18. Brustwirbels, Ansicht von kaudal.

Abbildung 157

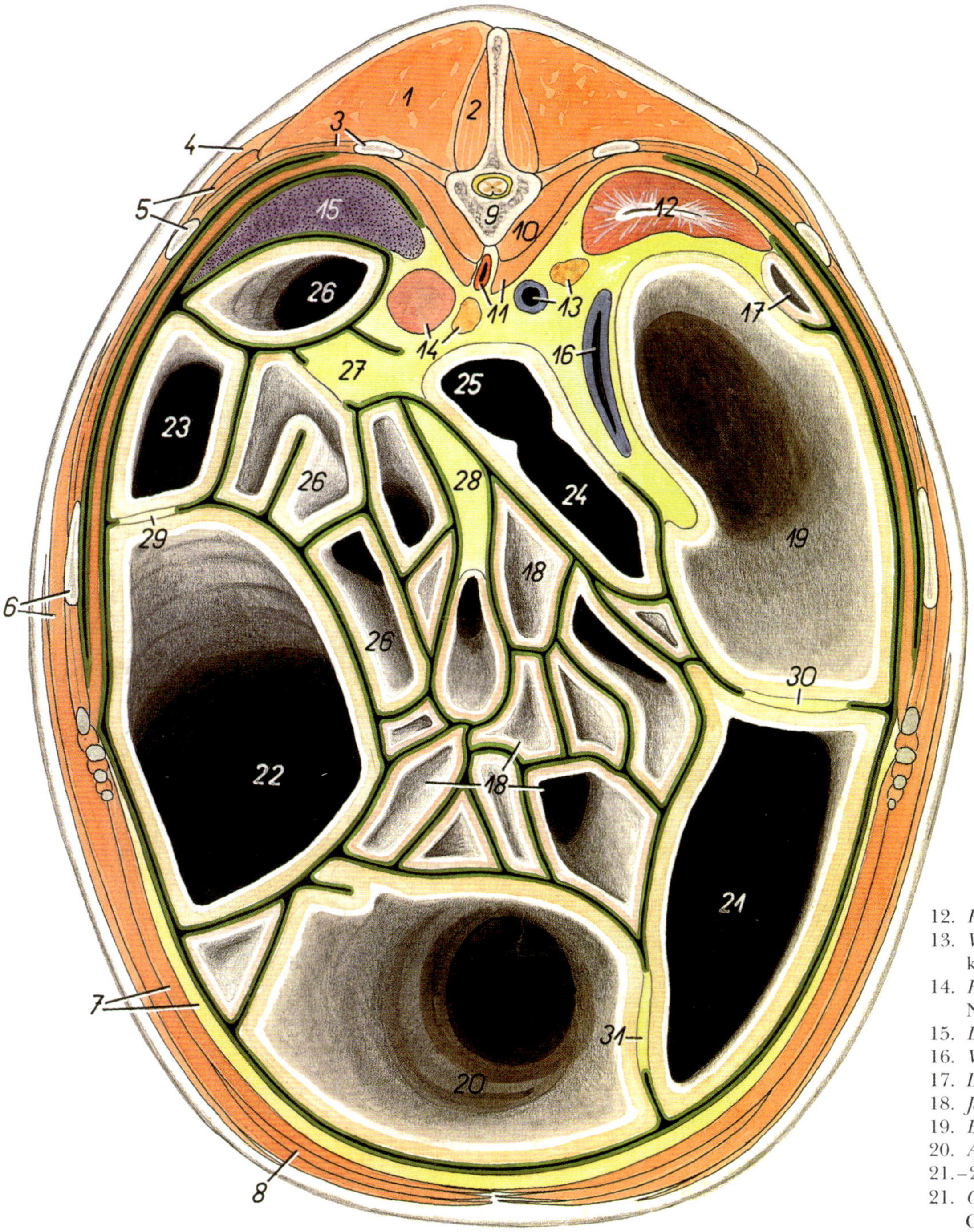

1. *M. longissimus thoracis* Brustkorbportion des längsten Muskels
2. *Mm. multifidi thoracis* – Brustkorbportion der vielgeteilten Muskeln
3. *Costa XVIII, Mm. intercostales (externi et interni)* – 18. Rippe, Zwischenrippenmuskeln (äußere und innere)
4. *M. serratus dorsalis caudalis* – kaudaler dorsaler gesägter Muskel
5. *M. iliocostalis thoracis, Costa XVII* – Brustkorbportion des Darmbein-Rippenmuskels, 17. Rippe
6. *Costa XVI, M. obliquus externus abdominis* – 16. Rippe, äußerer schiefer Bauchmuskel
7. *M. transversus abdominis, Corpus adiposum extraperitoneale* – querverlaufender Bauchmuskel, außerhalb des Bauchfells gelegener Fettkörper
8. *M. rectus abdominis* – gerader Bauchmuskel
9. *Vertebra thoracica XVIII* – 18. Brustwirbel
10. *M. psoas major* – großer Lendenmuskel
11. *Diaphragma – Crus dextrum, Aorta* – Zwerchfell – rechter Pfeiler, große Körperschlagader
12. *Ren dexter* – rechte Niere
13. *V. cava caudalis, Glandula adrenalis dextra* – kaudale Hohlvene, rechte Nebenniere
14. *Ren sinister, Glandula adrenalis sinistra* – linke Niere, linke Nebenniere
15. *Lien* – Milz
16. *V. portae* – Pfortader
17. *Duodenum* – Zwölffingerdarm
18. *Jejunum* – Leerdarm
19. *Basis ceci* – Blinddarmbasis
20. *Apex ceci* – Blinddarmspitze
21.–24. *Colon crassum* – großer Grimmdarm
21. *Colon ventrale dextrum* – rechte ventrale Grimmdarmlage
22. *Colon ventrale sinistrum* – linke ventrale Grimmdarmlage
23. *Colon dorsale sinistrum* – linke dorsale Grimmdarmlage
24. *Colon dorsale dextrum* – rechte dorsale Grimmdarmlage
25. *Colon transversum* – querverlaufender Grimmdarm
26. *Colon tenue* – kleiner Grimmdarm
27. *Mesocolon descendens* – Gekröse des absteigenden Grimmdarmes
28. *Mesojejunum* – Leerdarmgekröse
29. *Mesocolon ascendens – Plica intercolica* – Gekröse des aufsteigenden Grimmdarmes – Zwischengrimmdarmfalte

30., 31. *Plica cecocolica* – Blinddarm-Grimmdarmfalte

Pferd. Querschnitt durch die Bauchhöhle in Höhe des 2. Lendenwirbels, Ansicht von kaudal.

Abbildung 158

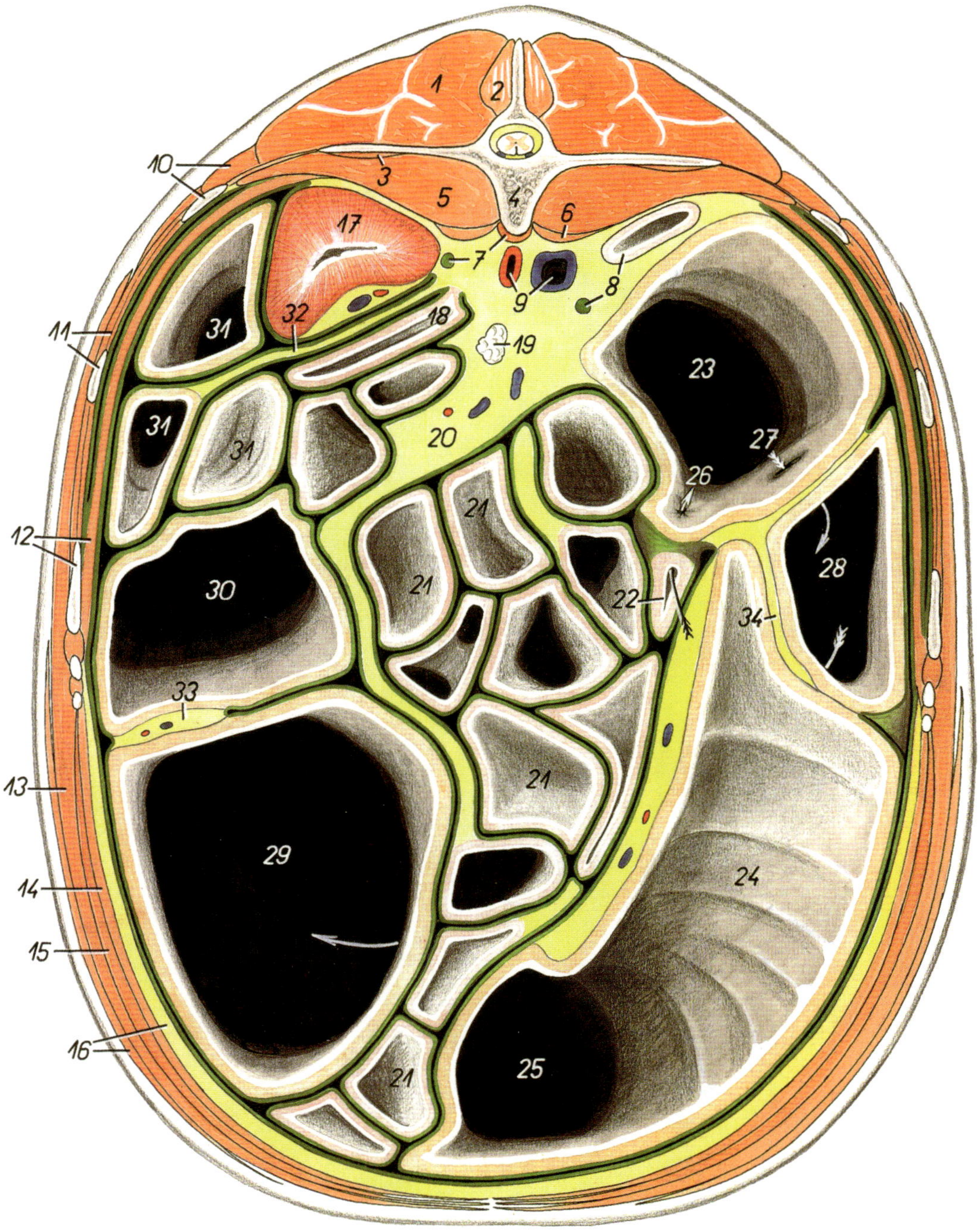

1. *M. longissimus lumborum* – Lendenportion des längsten Muskels
2. *Mm. multifidi lumborum* – Lendenportion der vielgeteilten Muskeln
3. *M. quadratus lumborum* – viereckiger Lendenmuskel
4. *Vertebra lumbalis II* – 2. Lendenwirbel
5. *M. psoas major* – großer Lendenmuskel
6. *M. psoas minor* – kleiner Lendenmuskel
7. *Diaphragma – Crus sinistrum et dextrum, Ureter sinister* – Zwerchfell – linker und rechter Pfeiler, linker Harnleiter
8. *Duodenum, Ureter dexter* – Zwölffingerdarm, rechter Harnleiter
9. *Aorta, V. cava caudalis* – große Körperschlagader, kaudale Hohlvene
10. *M. iliocostalis lumborum, Costa XVIII* – Lendenportion des Darmbein-Rippenmuskels, 18. Rippe
11. *Mm. intercostales (externus et internus), Costa XVII* – Zwischenrippenmuskeln (äußere und innere), 17. Rippe
12. *Costa XVI, Pars costalis diaphragmatis* – 16. Rippe, Rippenteil des Zwerchfells
13. *M. obliquus externus abdominis* – äußerer schiefer Bauchmuskel
14. *M. transversus abdominis* – querverlaufender Bauchmuskel
15. *M. rectus abdominis* – gerader Bauchmuskel
16. *M. cutaneus trunci, Corpus adiposum extraperitoneale* – Rumpfhautmuskel, außerhalb des Bauchfells gelegener Fettkörper
17. *Ren sinister* – linke Niere
18. *Flexura duodenojejunalis* – Zwölffingerdarm-Leerdarmbiegung
19. *Ln. jejunales* – Leerdarmlymphknoten
20. *Mesojejunum* – Leerdarmgekröse
21. *Jejunum* – Leerdarm
22. *Ileum* – Hüftdarm
23. *Basis ceci* – Blinddarmbasis
24. *Corpus ceci* – Blinddarmkörper
25. *Apex ceci* – Blinddarmspitze
26. *Ostium ileocecale* – Hüftdarm-Blinddarmöffnung
27. *Ostium cecocolicum* – Blinddarm-Grimmdarmöffnung

28.–30. *Colon crassum* – großer Grimmdarm

28. *Colon ventrale dextrum* – rechte ventrale Grimmdarmlage
29. *Colon ventrale sinistrum* – linke ventrale Grimmdarmlage
30. *Colon dorsale sinistrum* – linke dorsale Grimmdarmlage
31. *Colon tenue* – kleiner Grimmdarm
32. *Mesocolon descendens* – Gekröse des absteigenden Grimmdarmes
33. *Mesocolon ascendens – Plica intercolica* – Gekröse des aufsteigenden Grimmdarmes – Zwischengrimmdarmfalte
34. *Plica cecocolica* – Blinddarm-Grimmdarmfalte

Pferd. Querschnitt durch die Bauchhöhle in Höhe des 3. Lendenwirbels, Ansicht von kaudal.

Abbildung 159

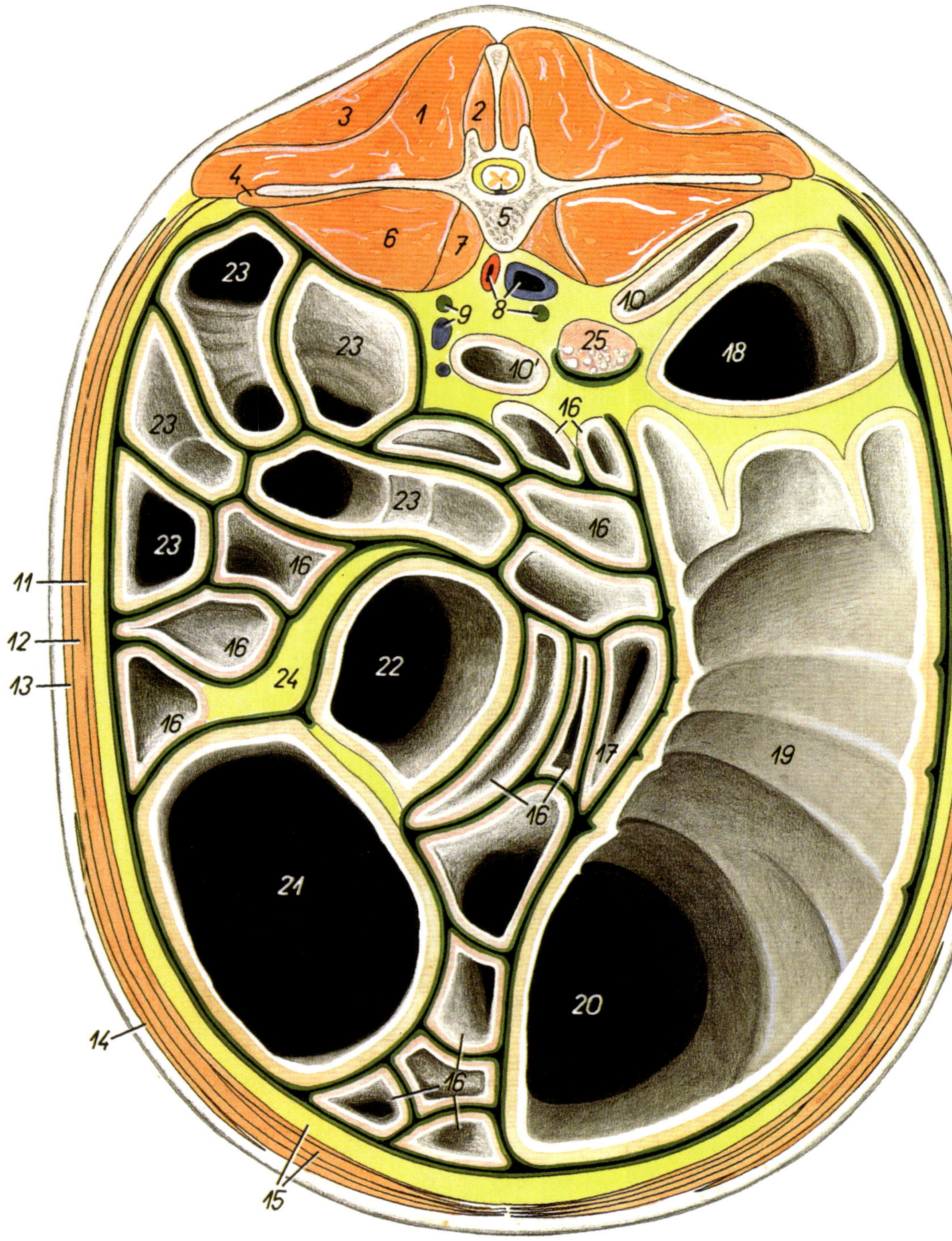

1. *M. longissimus lumborum* – Lendenportion des längsten Muskels
2. *Mm. multifidi lumborum* – Lendenportion der vielgeteilten Muskeln
3. *M. gluteus medius* – mittlerer Kruppenmuskel
4. *M. quadratus lumborum* – viereckiger Lendenmuskel
5. *Vertebra lumbalis III* – 3. Lendenwirbel
6. *M. psoas major* – großer Lendenmuskel
7. *M. psoas minor* – kleiner Lendenmuskel
8. *Aorta, V. cava caudalis, Ureter dexter* – große Körperschlagader, kaudale Hohlvene, rechter Harnleiter
9. *Ureter sinister, V. mesenterica caudalis* – linker Harnleiter, kaudale Gekrösevene
10. *Duodenum* – Zwölffingerdarm

10'. *Flexura duodenojejunalis* – Zwölffingerdarm-Leerdarmbiegung

11. *M. transversus abdominis* – querverlaufender Bauchmuskel
12. *M. obliquus internus abdominis* – innerer schiefer Bauchmuskel
13. *M. obliquus externus abdominis* – äußerer schiefer Bauchmuskel
14. *M. cutaneus trunci* – Rumpfhautmuskel
15. *M. rectus abdominis, Corpus adiposum extraperitoneale* – gerader Bauchmuskel, außerhalb des Bauchfells gelegener Fettkörper
16. *Jejunum* – Leerdarm
17. *Ileum* – Hüftdarm
18. *Basis ceci* – Blinddarmbasis
19. *Corpus ceci* – Blinddarmkörper
20. *Apex ceci* – Blinddarmspitze

21., 22. *Colon crassum* – großer Grimmdarm

21. *Colon ventrale sinistrum* – linke ventrale Grimmdarmlage
22. *Colon dorsale sinistrum* – linke dorsale Grimmdarmlage
23. *Colon tenue* – kleiner Grimmdarm
24. *Mesojejunum* – Leerdarmgekröse
25. *Ovarium dextrum* – rechter Eierstock

Pferd. Querschnitt durch die Bauchhöhle in Höhe des 4. Lendenwirbels, Ansicht von kaudal.

Abbildung 160

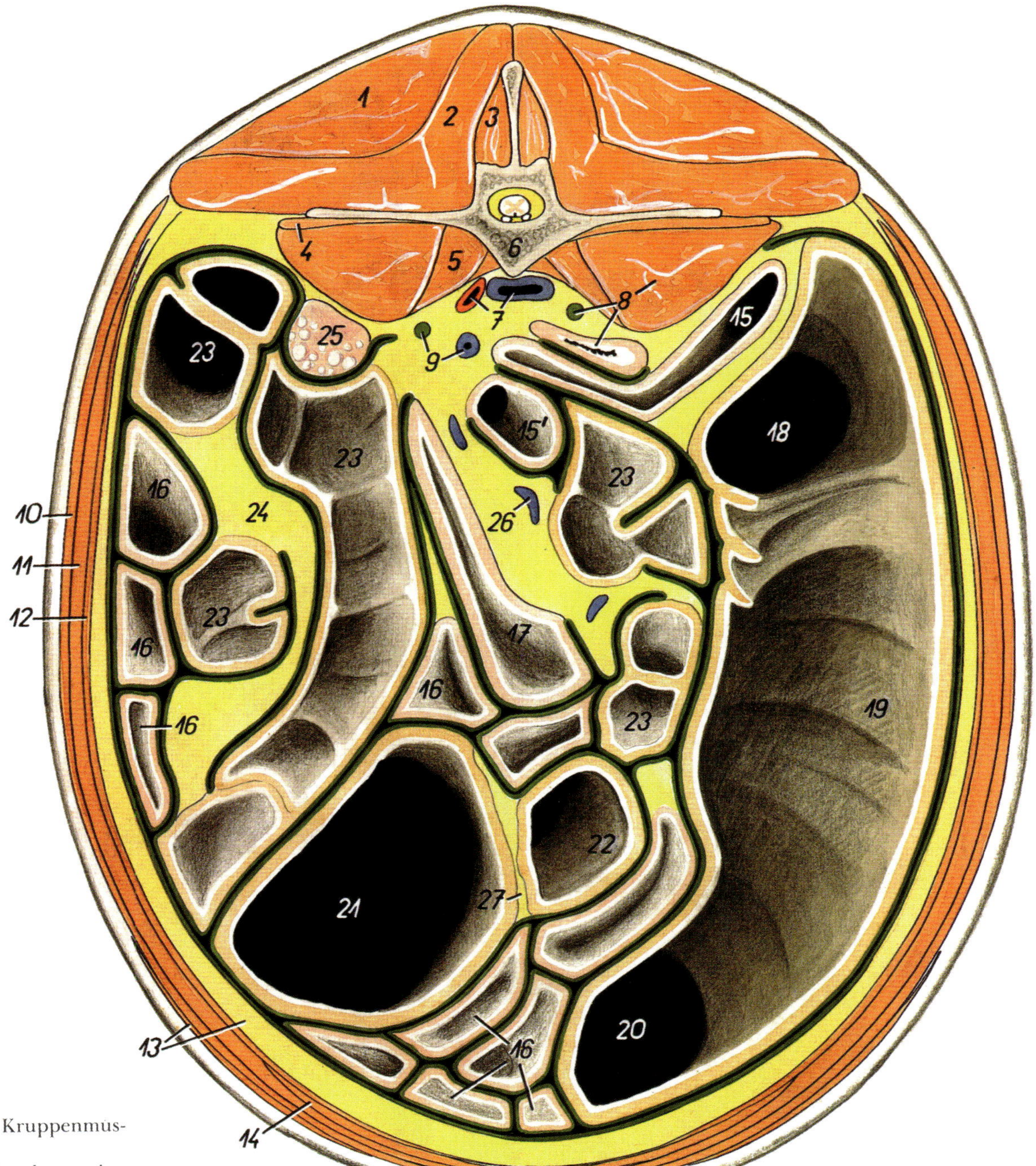

1. *M. gluteus medius* – mittlerer Kruppenmuskel
2. *M. longissimus lumborum* – Lendenportion des längsten Muskels
3. *Mm. multifidi lumborum* – Lendenportion der vielgeteilten Muskeln
4. *M. quadratus lumborum* – viereckiger Lendenmuskel
5. *M. psoas minor* – kleiner Lendenmuskel
6. *Vertebra lumbalis IV* – 4. Lendenwirbel
7. *Aorta, V. cava caudalis* – große Körperschlagader, kaudale Hohlvene
8. *Cornu uteri dextrum, Ureter dexter, M. psoas major* – rechtes Gebärmutterhorn, rechter Harnleiter, großer Lendenmuskel
9. *Ureter sinister, V. mesenterica caudalis* – linker Harnleiter, kaudale Gekrösevene
10. *M. obliquus externus abdominis* – äußerer schiefer Bauchmuskel
11. *M. obliquus internus abdominis* – innerer schiefer Bauchmuskel
12. *M. transversus abdominis* – querverlaufender Bauchmuskel
13. *M. cutaneus trunci, Corpus adiposum extraperitoneale* – Rumpfhautmuskel, außerhalb des Bauchfells gelegener Fettkörper
14. *M. rectus abdominis* – gerader Bauchmuskel
15. *Pars transversa duodeni* – transversaler Teil des Zwölffingerdarmes

15'. *Flexura duodenojejunalis* – Zwölffingerdarm- Leerdarmbiegung

16. *Jejunum* – Leerdarm
17. *Ileum* – Hüftdarm
18. *Basis ceci* – Blinddarmbasis
19. *Corpus ceci* – Blinddarmkörper
20. *Apex ceci* – Blinddarmspitze

21., 22. *Colon crassum* – großer Grimmdarm

21. *Colon ventrale sinistrum* – linke ventrale Grimmdarmlage
22. *Colon dorsale sinistrum* – linke dorsale Grimmdarmlage
23. *Colon tenue* – kleiner Grimmdarm
24. *Mesocolon descendens* – Gekröse des absteigenden Grimmdarms
25. *Ovarium sinistrum* – linker Eierstock
26. *V. colica sinistra* – linke Grimmdarmvene
27. *Mesocolon ascendens* – *Plica intercolica* – Gekröse des aufsteigenden Grimmdarmes – Zwischengrimmdarmfalte

Pferd. Magen. Obere Abbildung: Ansicht der Eingeweidefläche; untere Abbildung: Magen eröffnet.

Abbildung 161

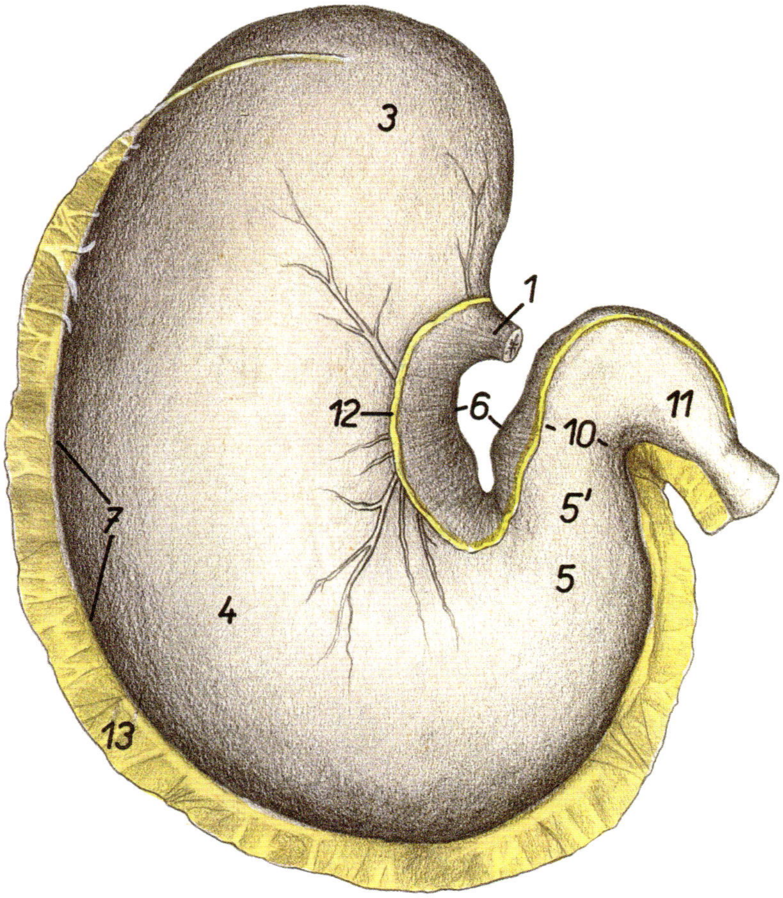

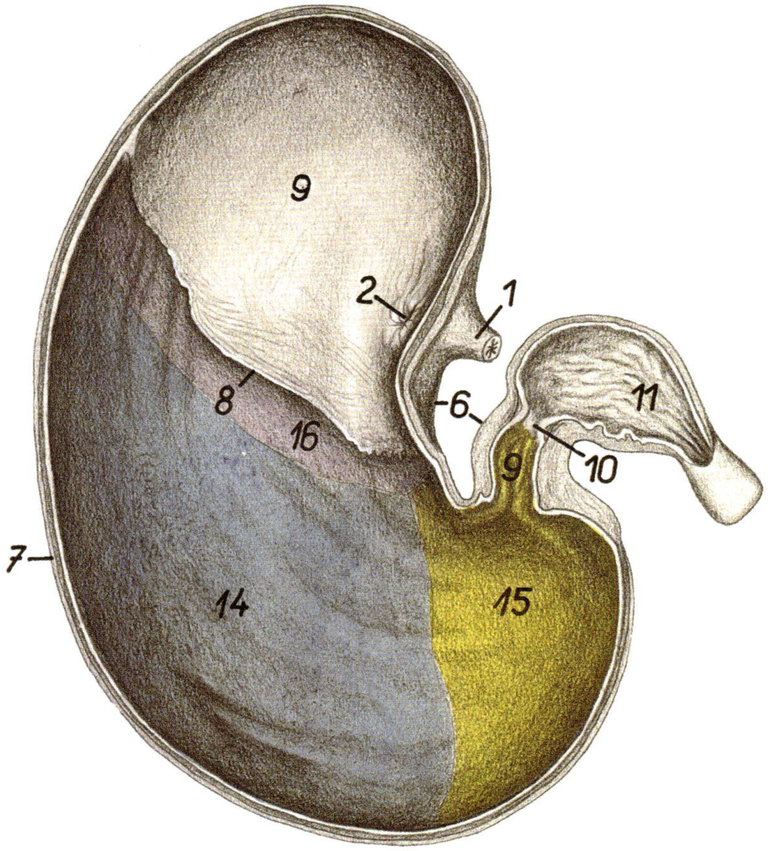

1. *Esophagus* – Speiseröhre
2. *Ostium cardiacum* – Magenmundöffnung
3. *Saccus cecus ventriculi* – Magenblindsack
4. *Corpus ventriculi* – Magenkörper
5., 5'. *Pars pylorica (5'. Antrum pyloricum)* – Pförtnerteil (5'. Pförtnerhöhle)
6. *Curvatura minor* – kleine Magenkrümmung
7. *Curvatura major* – große Magenkrümmung
8. *Margo plicatus* – gefalteter Rand
9. *Pars proventricularis tunicae mucosae* – Vormagenteil der Schleimhaut
9 . *Antrum pyloricum* – Pförtnerhöhle
10. *Pylorus* – Pförtner
11. *Pars cranialis duodeni* – kranialer Teil des Zwölffingerdarmes
12. *Omentum minus* – kleines Netz
13. *Omentum majus* – großes Netz
14.–16. *Pars glandularis tunicae mucosae* – Drüsenteil der Schleimhaut
14. *Glandulae gastricae (propriae)* – Mageneigendrüsen
15. *Glandulae pyloricae* – Drüsen des Magenpförtners
16. *Glandulae cardiacae* – Drüsen des Magenmundes

Pferd. Nieren, Ansicht von ventral.

Abbildung 162

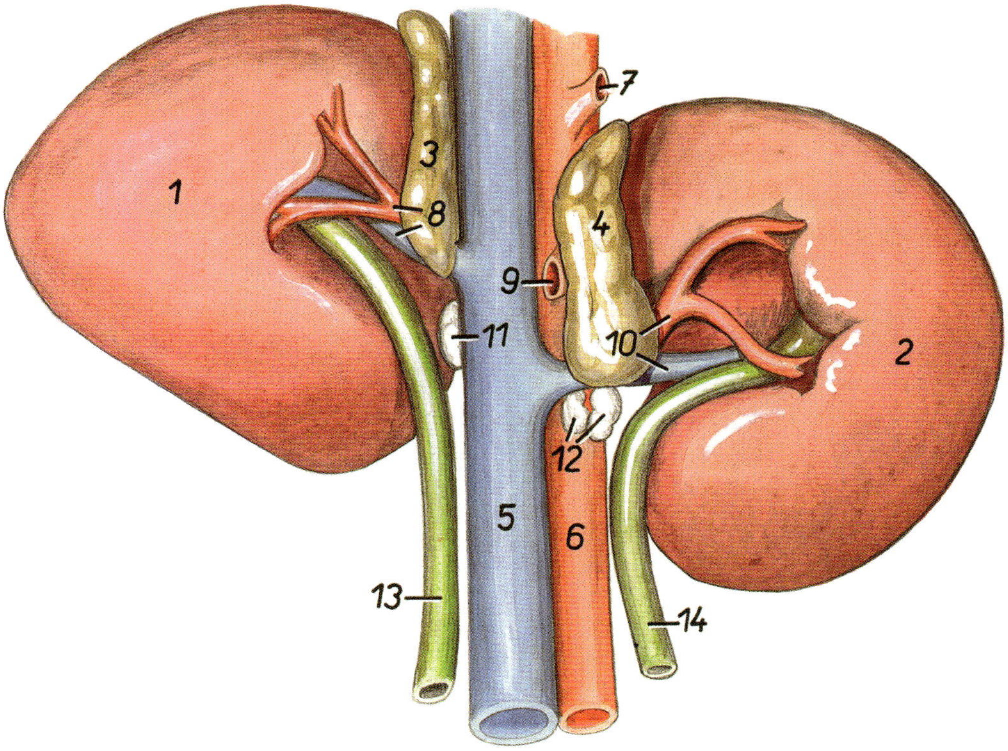

1. *Ren dexter* – rechte Niere
2. *Ren sinister* – linke Niere
3. *Glandula adrenalis dextra* – rechte Nebenniere
4. *Glandula adrenalis sinistra* – linke Nebenniere
5. *V. cava caudalis* – kaudale Hohlvene
6. *Aorta* – große Körperschlagader
7. *A. celiaca* – Bauchhöhlenarterie
8. *A. et V. renalis dextra* – rechte Nierenarterie und -vene
9. *A. mesenterica cranialis* – kraniale Gekröse-arterie
10. *A. et V. renalis sinistra* – linke Nierenarterie und -vene
11., 12 *Lnn. renales* – Nierenlymphknoten
13. *Ureter dexter* – rechter Harnleiter
14. *Ureter sinister* – linker Harnleiter

Pferd. Milz, Ansicht der Eingeweidefläche.

Abbildung 163

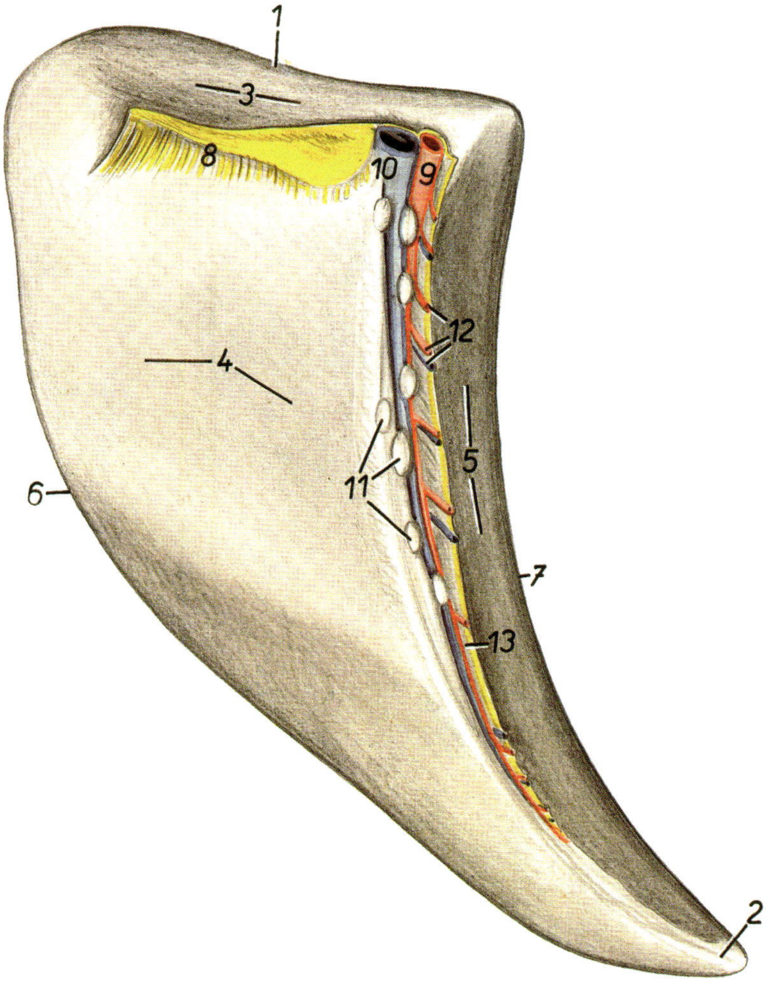

1. *Extremitas dorsalis* – dorsales Ende
2. *Extremitas ventralis* – ventrales Ende
3.–5. *Facies visceralis* – Eingeweidefläche
3. *Facies renalis* – Nierenfläche
4. *Facies intestinalis* – Darmfläche
5. *Facies gastrica* – Magenfläche
6. *Margo caudalis* – kaudaler Rand
7. *Margo cranialis* – kranialer Rand
8., 13. *Omentum majus* – großes Netz
8. *Lig. phrenicolienale et lienorenale* – Zwerchfell-Milzband und Milz-Nierenband
9. *A. lienalis* – Milzarterie
10. *V. lienalis* – Milzvene
11. *Lnn. lienales* – Milzlymphknoten
12. *Aa. et Vv. gastricae breves* – kurze Magenarterien und -venen
13. *Lig. gastrolienale* – Magen-Milzband

Pferd. Leber, Ansicht der Zwerchfellfläche.

Abbildung 164

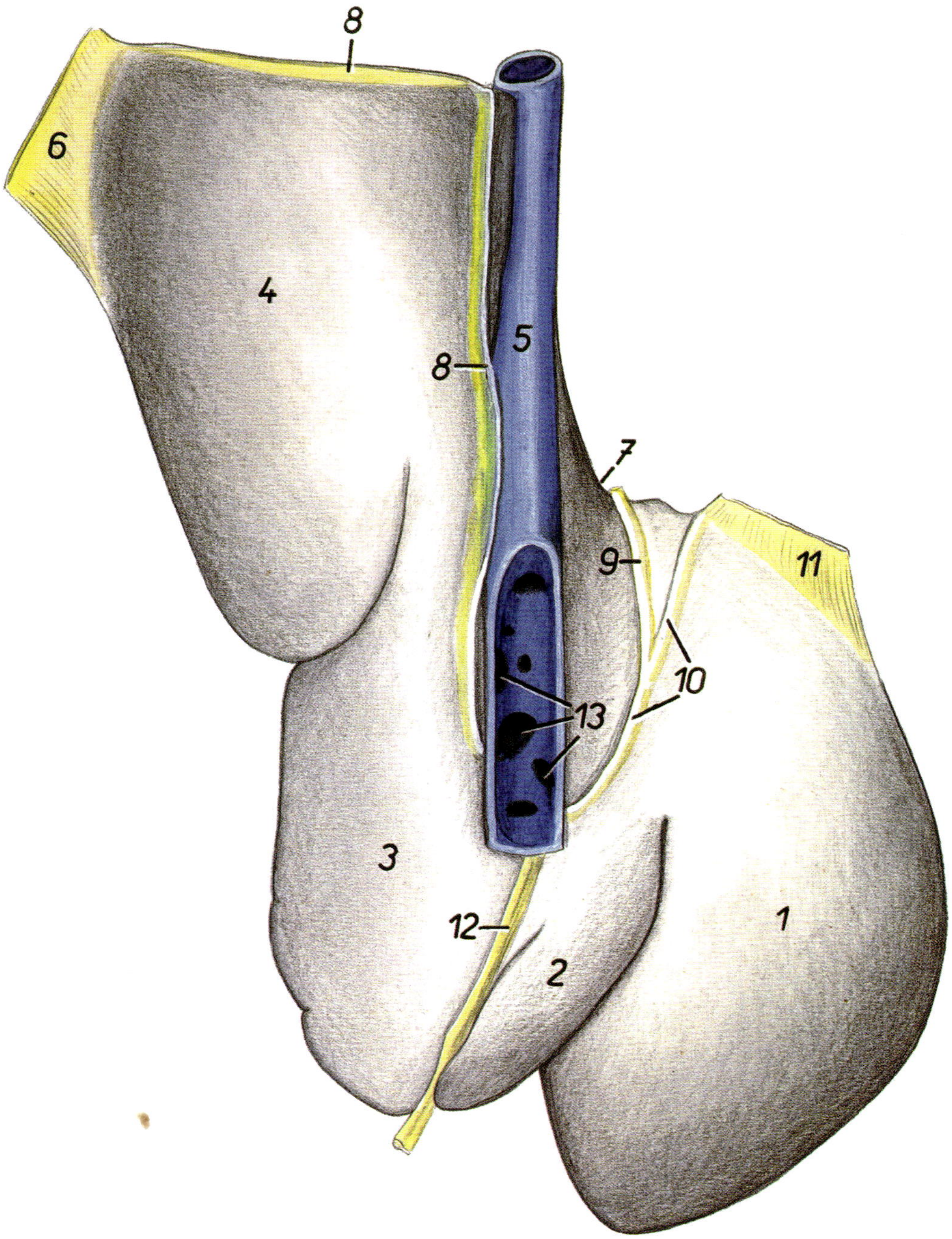

1. *Lobus sinister lateralis* – linker lateraler Lappen
2. *Lobus sinister medialis* – linker medialer Lappen
3. *Lobus quadratus* – viereckiger Lappen
4. *Lobus dexter* – rechter Lappen
5. *V. cava caudalis* – kaudale Hohlvene
6. *Lig. triangulare dextrum* – rechtes dreieckiges Band
7. *Impressio esophagea* – Eindruck der Speiseröhre
8. *Lig. coronarium dextrum* – rechtes Kranzband
9. *Lig. coronarium intermedium* – mittleres Kranzband
10. *Lig. coronarium sinistrum* – linkes Kranzband
11. *Lig. triangulare sinistrum* – linkes dreieckiges Band
12. *Lig. falciforme et Lig. teres* – sichelförmiges Band und rundes Band
13. *Vv. hepaticae* – Lebervenen

Pferd. Leber, Ansicht der Eingeweidefläche.

Abbildung 165

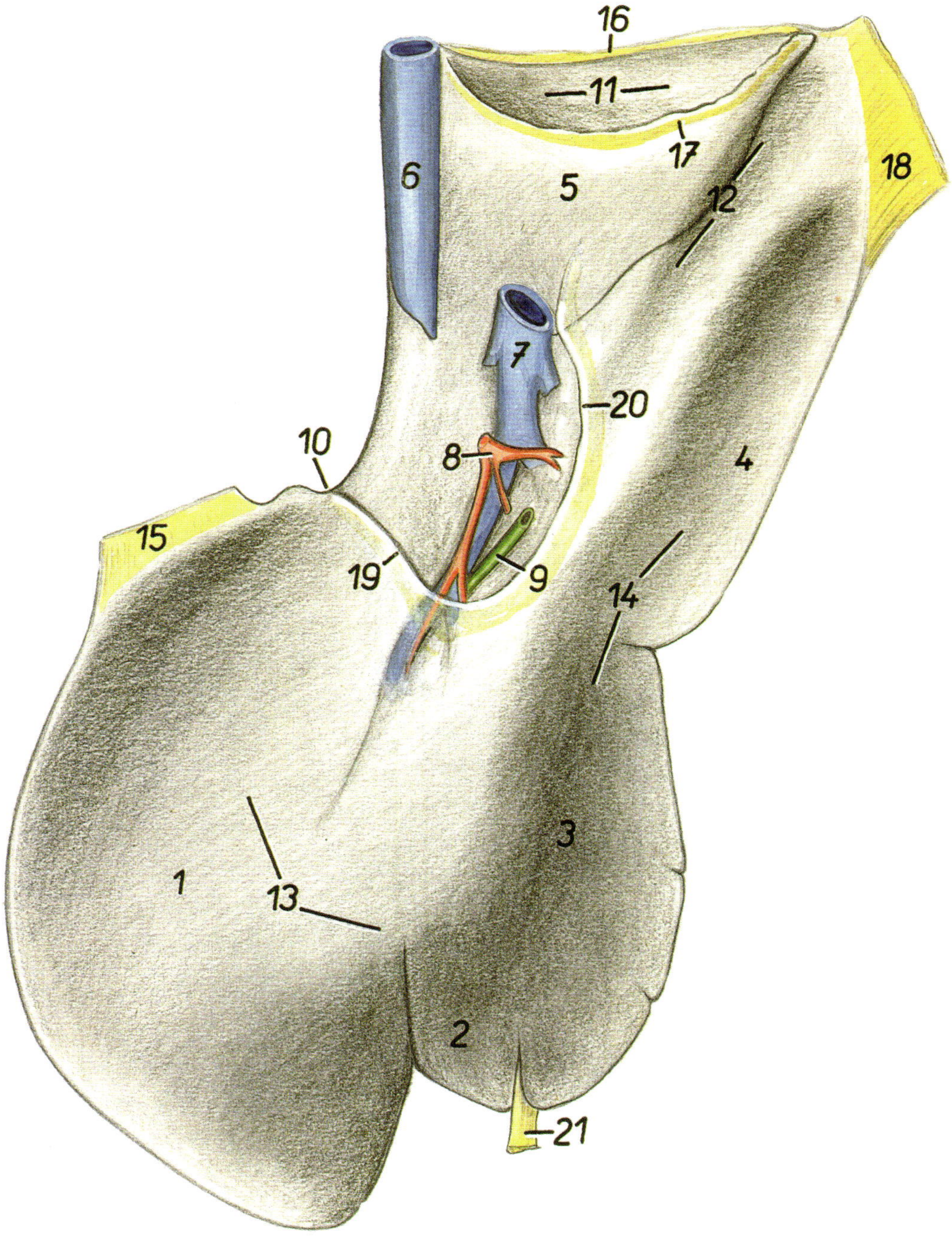

1. *Lobus sinister lateralis* – linker lateraler Lappen
2. *Lobus sinister medialis* – linker medialer Lappen
3. *Lobus quadratus* – viereckiger Lappen
4. *Lobus dexter* – rechter Lappen
5. *Processus caudatus lobi caudati* – Schwanzfortsatz des schwanzförmigen Lappens
6. *V. cava caudalis* – kaudale Hohlvene
7. *V. portae* – Pfortader
8. *A. hepatica* – Leberarterie
9. *Ductus hepaticus* – Leberausführungsgang
10. *Impressio esophagea* – Eindruck der Speiseröhre
11. *Impressio renalis* – Eindruck der Niere
12. *Impressio duodenalis* – Eindruck des Zwölffingerdarms
13. *Impressio gastrica* – Eindruck des Magens
14. *Impressio colica* – Eindruck des Grimmdarmes
15. *Lig. triangulare sinistrum* – linkes dreieckiges Band
16. *Lig. coronarium dextrum* – rechtes Kranzband
17. *Lig. hepatorenale* – Leber-Nierenband
18. *Lig. triangulare dextrum* – rechtes dreieckiges Band

19., 20. *Omentum minus* – kleines Netz

19. *Lig. hepatogastricum* – Leber-Magenband
20. *Lig. hepatoduodenale* – Leber-Zwölffingerdarmband
21. *Lig. teres et Lig. falciforme* – rundes Band und sichelförmiges Band

Pferd. Darmtrakt, Ansicht von rechts. Schematisiert.

Abbildung 166

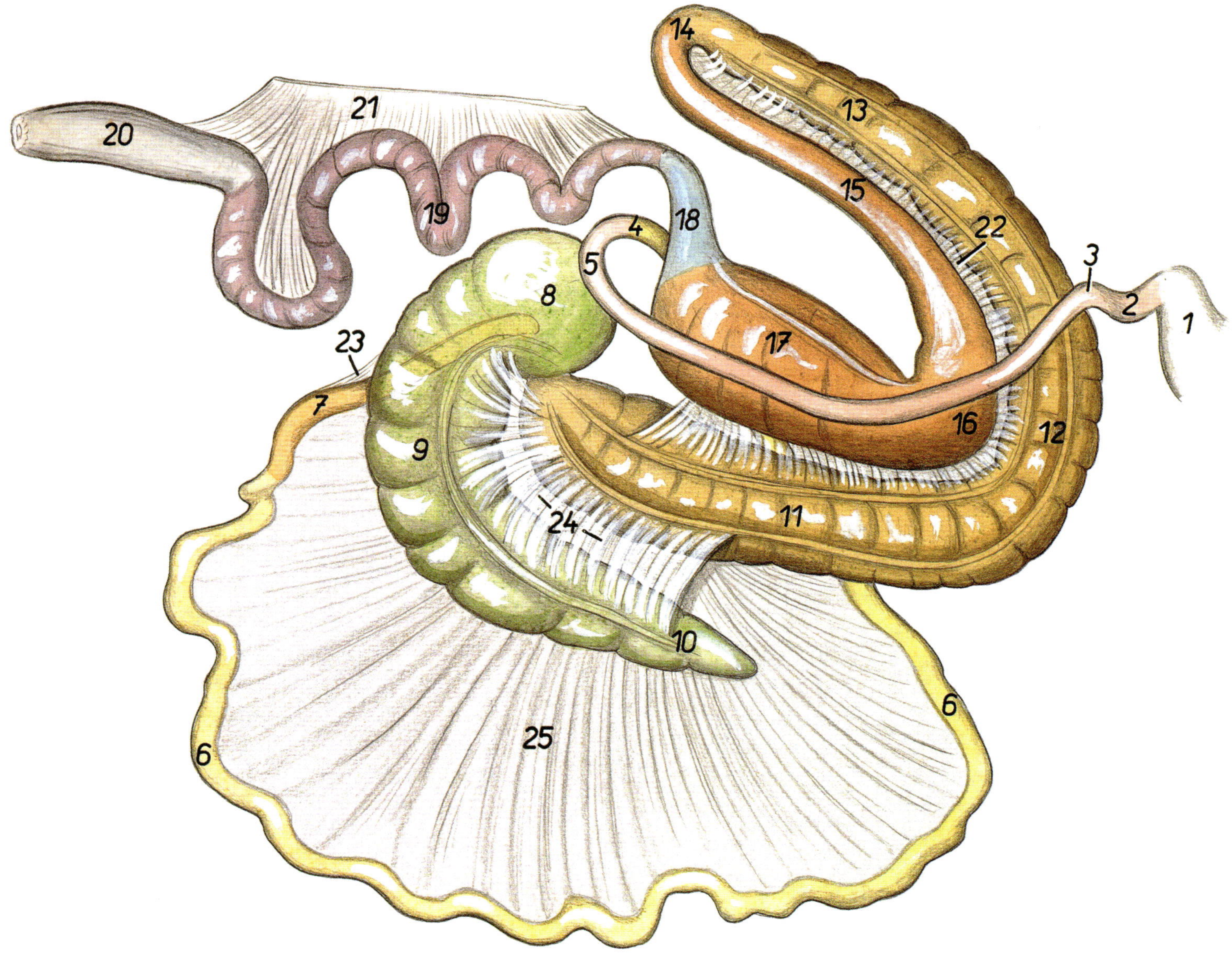

1. *Ventriculus (Gaster)* – Magen
2., 3., 5. *Duodenum* – Zwölffingerdarm
2. *Pars cranialis duodeni* – kranialer Teil des Zwölffingerdarmes
3. *Flexura duodeni cranialis* – kraniale Zwölffingerdarmbiegung
4. *Flexura duodenojejunalis* – Zwölffingerdarm-Leerdarmbiegung
5. *Flexura duodeni caudalis* – kaudale Zwölffingerdarmbiegung
6. *Jejunum* – Leerdarm
7. *Ileum* – Hüftdarm
8.–10. *Cecum* – Blinddarm
8. *Basis ceci* – Blinddarmbasis
9. *Corpus ceci* – Blinddarmkörper
10. *Apex ceci* – Blinddarmspitze
11.–17. *Colon crassum* – großer Grimmdarm
11. *Colon ventrale dextrum* – rechte ventrale Grimmdarmlage
12. *Flexura sternalis coli* – Brustbeinbiegung des Grimmdarmes
13. *Colon ventrale sinistrum* – linke ventrale Grimmdarmlage
14. *Flexura pelvina* – Beckenbiegung
15. *Colon dorsale sinistrum* – linke dorsale Grimmdarmlage
16. *Flexura diaphragmatica coli* – Zwerchfellbiegung des Grimmdarmes
17. *Colon dorsale dextrum* – rechte dorsale Grimmdarmlage
18. *Colon transversum* – querverlaufender Grimmdarm
19. *Colon tenue* – kleiner Grimmdarm
20. *Rectum* – Mastdarm
21. *Mesocolon descendens et Mesorectum* – Gekröse des absteigenden Grimmdarmes und Mastdarmgekröse
22. *Mesocolon ascendens* – *Plica intercolica* – Gekröse des aufsteigenden Grimmdarmes – Zwischengrimmdarmfalte
23. *Plica ileocecalis* – Hüftdarm-Blinddarmfalte
24. *Plica cecocolica* – Blinddarm-Grimmdarmfalte
25. *Mesojejunum* – Leerdarmgekröse

Stute. Kaudaler Abschnitt der Bauchhöhle, Ansicht von kranial.

Abbildung 167

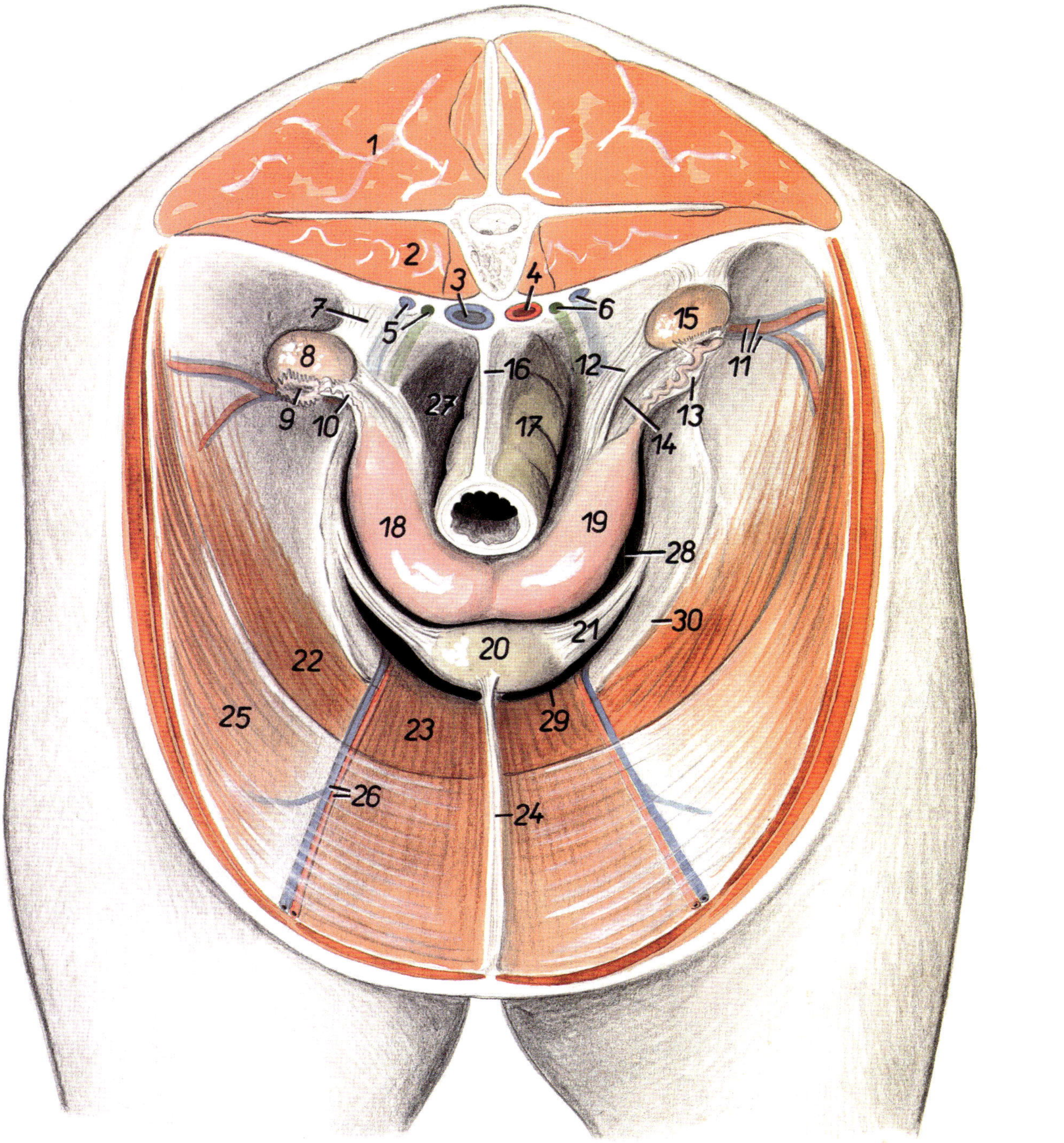

1. *M. longissimus lumborum* – Lendenportion des längsten Muskels
2. *M. psoas major* – großer Lendenmuskel
3. *V. cava caudalis* – kaudale Hohlvene
4. *Aorta* – große Körperschlagader
5. *V. ovarica dextra, Ureter dexter* – rechte Eierstockvene, rechter Harnleiter
6. *V. ovarica sinistra, Ureter sinister* – linke Eierstockvene, linker Harnleiter
7. *Mesovarium* – Gekröse des Eierstockes
8. *Ovarium dextrum* – rechter Eierstock
9. *Infundibulum tubae uterinae* – Eileitertrichter
10. *Tuba uterina* – Eileiter
11. *A. et V. circumflexa ilium profunda* – tiefe Darmbeinkranzarterie und -vene
12. *Lig. ovarii proprium* – besonderes Eierstockband
13. *Mesosalpinx* – Gekröse des Eileiters
14. *Bursa ovarica* – Eierstocktasche
15. *Ovarium sinistrum* – linker Eierstock
16. *Mesorectum* – Gekröse des Mastdarmes
17. *Rectum* – Mastdarm
18. *Cornu uteri dextrum* – rechtes Gebärmutterhorn
19. *Cornu uteri sinistrum* – linkes Gebärmutterhorn
20. *Vesica urinaria* – Harnblase
21. *Lig. vesicae laterale* – laterales Harnblasenband
22. *M. obliquus internus abdominis* – innerer schiefer Bauchmuskel
23. *M. rectus abdominis* – gerader Bauchmuskel
24. *Lig. vesicae medianum* – medianes Harnblasenband
25. *M. transversus abdominis* – querverlaufender Bauchmuskel
26. *A. et V. epigastrica caudalis* – kaudale Bauchdeckenarterie und -vene
27. *Excavatio rectogenitalis* – Mastdarm-Genitalausbuchtung
28. *Excavatio vesicogenitalis* – Harnblasen-Genitalausbuchtung
29. *Excavatio pubovesicalis* – Schambein-Harnblasenausbuchtung
30. *Rudimentum mesorchii proximalis (Plica vasculosa)* – Rudiment des proximalen Hodengekröses (Gesäßfalte)

Abbildung 168

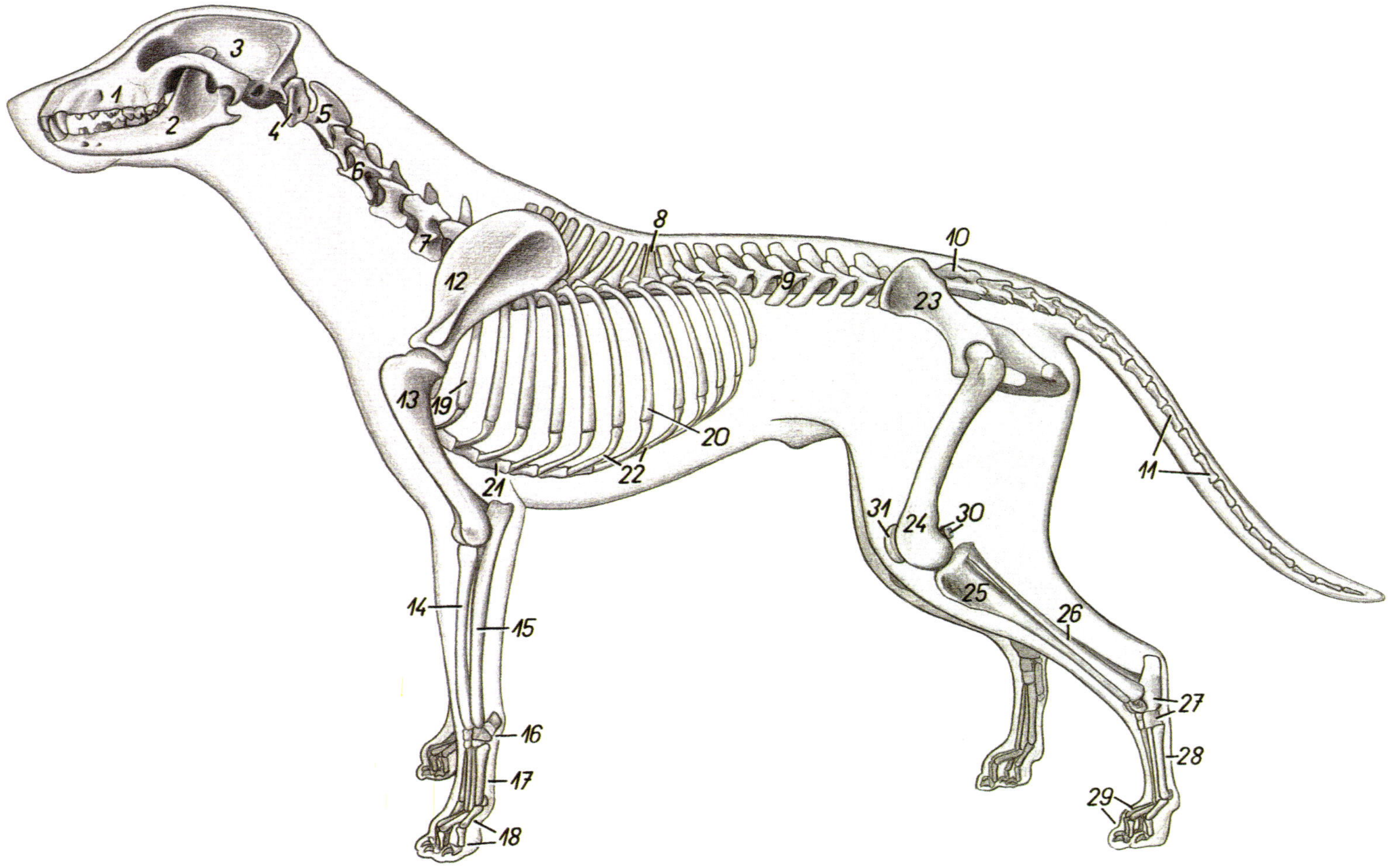

1. *Maxilla* – Oberkieferbein
2. *Mandibula* – Unterkiefer
3. *Os parietale* – Scheitelbein
4. *Atlas* – 1. Halswirbel
5. *Axis* – 2. Halswirbel
6. *Vertebra cervicalis IV* – 4. Halswirbel
7. *Vertebra cervicalis VI* – 6. Halswirbel
8. *Vertebra thoracica X* – 10. Brustwirbel
9. *Vertebra lumbalis III* – 3. Lendenwirbel
10. *Os sacrum* – Kreuzbein
11. *Vertebrae caudales* – Schwanzwirbel
12. *Scapula* – Schulterblatt
13. *Humerus* – Oberarmbein
14. *Radius* – Speiche
15. *Ulna* – Elle
16. *Ossa carpi* – Vorderfußwurzelknochen
17. *Ossa metacarpalia* – Vordermittelfußknochen
18. *Ossa digitorum (manus)* – Knochen der Zehen (der Schultergliedmaße)
19. *Costa II* – 2. Rippe
20. *Costa VIII* – 8. Rippe
21. *Sternum* – Brustbein
22. *Cartilagines costales* – Rippenknorpel
23. *Os coxae* – Hüftbein
24. *Os femoris* – Oberschenkelbein
25. *Tibia* – Schienbein
26. *Fibula* – Wadenbein
27. *Ossa tarsi* – Hinterfußwurzelknochen
28. *Ossa metatarsalia* – Hintermittelfußknochen
29. *Ossa digitorum (pedis)* – Knochen der Zehen (der Beckengliedmaße)
30. *Ossa sesamoidea mi. gastrocnemii (fabellae)* – Sesambeine des Wadenmuskels (Bohnen)
31. *Patella* – Kniescheibe

Abbildung 169

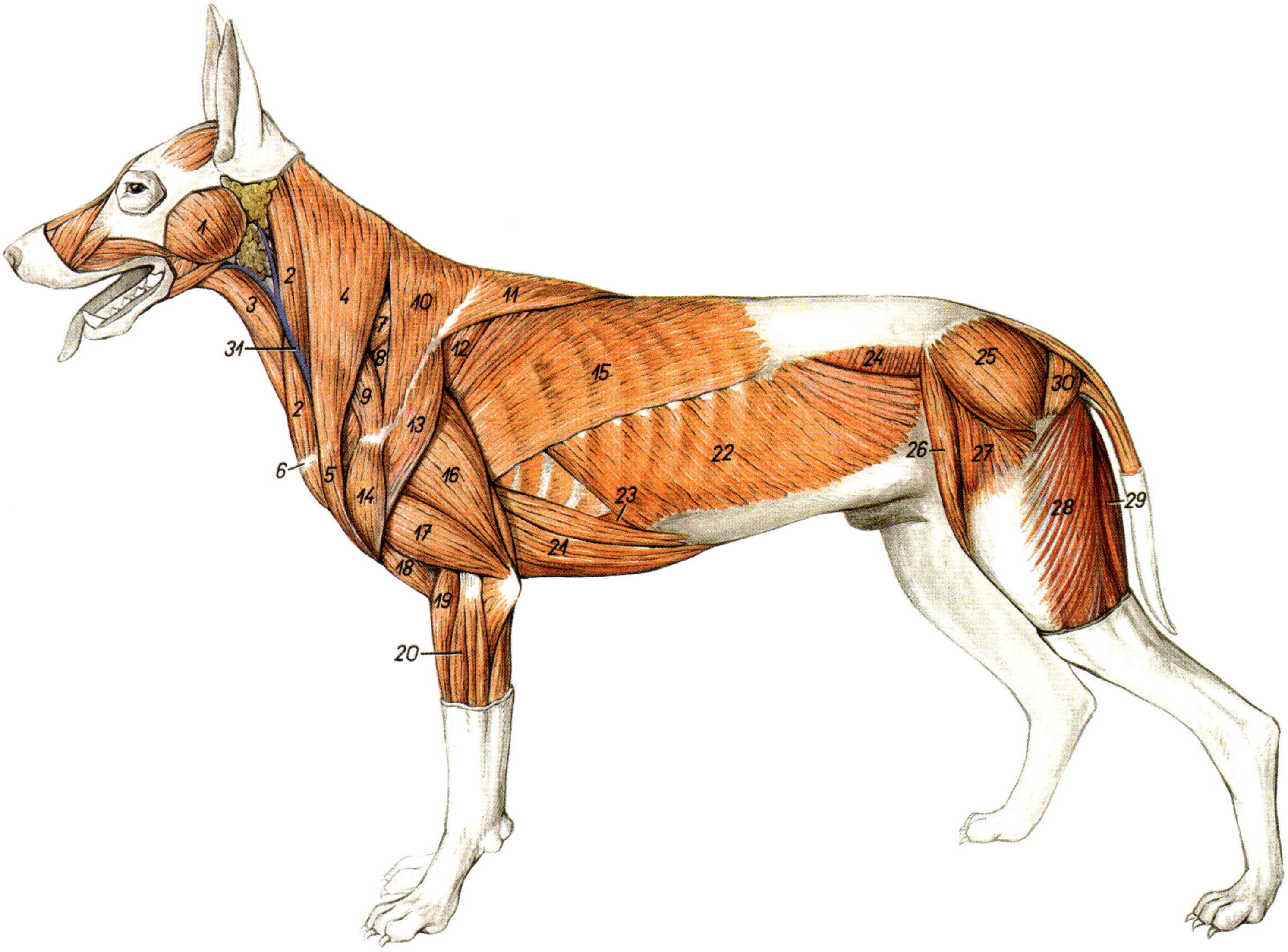

1. *M. masseter* – äußerer Kaumuskel
2. *M. sternooccipitalis* – Brustbein-Hinterhauptbeinmuskel
3. *M. sternohyoideus* – Brustbein-Zungenbeinmuskel
4. *M. cleidocervicalis* – Schlüsselbein-Halsmuskel
5. *M. cleidobrachialis* – Schlüsselbein-Armmuskel
6. *Manubrium sterni* – Griff des Brustbeines
7. *M. serratus ventralis cervicis* – Halsportion des ventralen gesägten Muskels
8. *M. supraspinatus* – Übergrätenmuskel
9. *M. omotransversarius* – Schulter-Querfortsatzmuskel
10. *Pars cervicalis mi. trapezii* – Halsteil des trapezförmigen Muskels
11. *Pars thoracica mi. trapezii* – Brustkorbteil des trapezförmigen Muskels
12. *M. infraspinatus* – Untergrätenmuskel
13. *Pars scapularis mi. deltoidei* – Schulterblatteil des deltaförmigen Muskels
14. *Pars acromialis mi. deltoidei* – Gräteneckteil des deltaförmigen Muskels
15. *M. latissimus dorsi* – breiter Rückenmuskel
16. *Caput longum mi. tricipitis brachii* – langer Kopf des dreiköpfigen Armmuskels
17. *Caput laterale mi. tricipitis brachii* – lateraler Kopf des dreiköpfigen Armmuskels
18. *M. brachialis* – Armmuskel
19. *M. extensor carpi radialis* – radialer Strecker des Vorderfußwurzelgelenks
20. *M. extensor digitorum communis* – gemeinsamer Zehenstrecker
21. *M. pectoralis profundus (ascendens)* – tiefer (aufsteigender) Brustmuskel
22. *M. obliquus externus abdominis* – äußerer schiefer Bauchmuskel
23. *M. rectus abdominis* – gerader Bauchmuskel
24. *M. obliquus internus abdominis* – innerer schiefer Bauchmuskel
25. *M. gluteus medius* – mittlerer Kruppenmuskel
26. *M. sartorius* – *Pars cranialis* – Schneidermuskel – kranialer Teil
27. *M. tensor fasciae latae* – Spanner der Oberschenkelfaszie
28. *M. biceps femoris* – zweiköpfiger Oberschenkelmuskel
29. *M. semitendinosus* – halbsehniger Muskel
30. *M. gluteus superficialis* – oberflächlicher Kruppenmuskel
31. *V. jugularis externa* – äußere Drosselvene

Abbildung 170

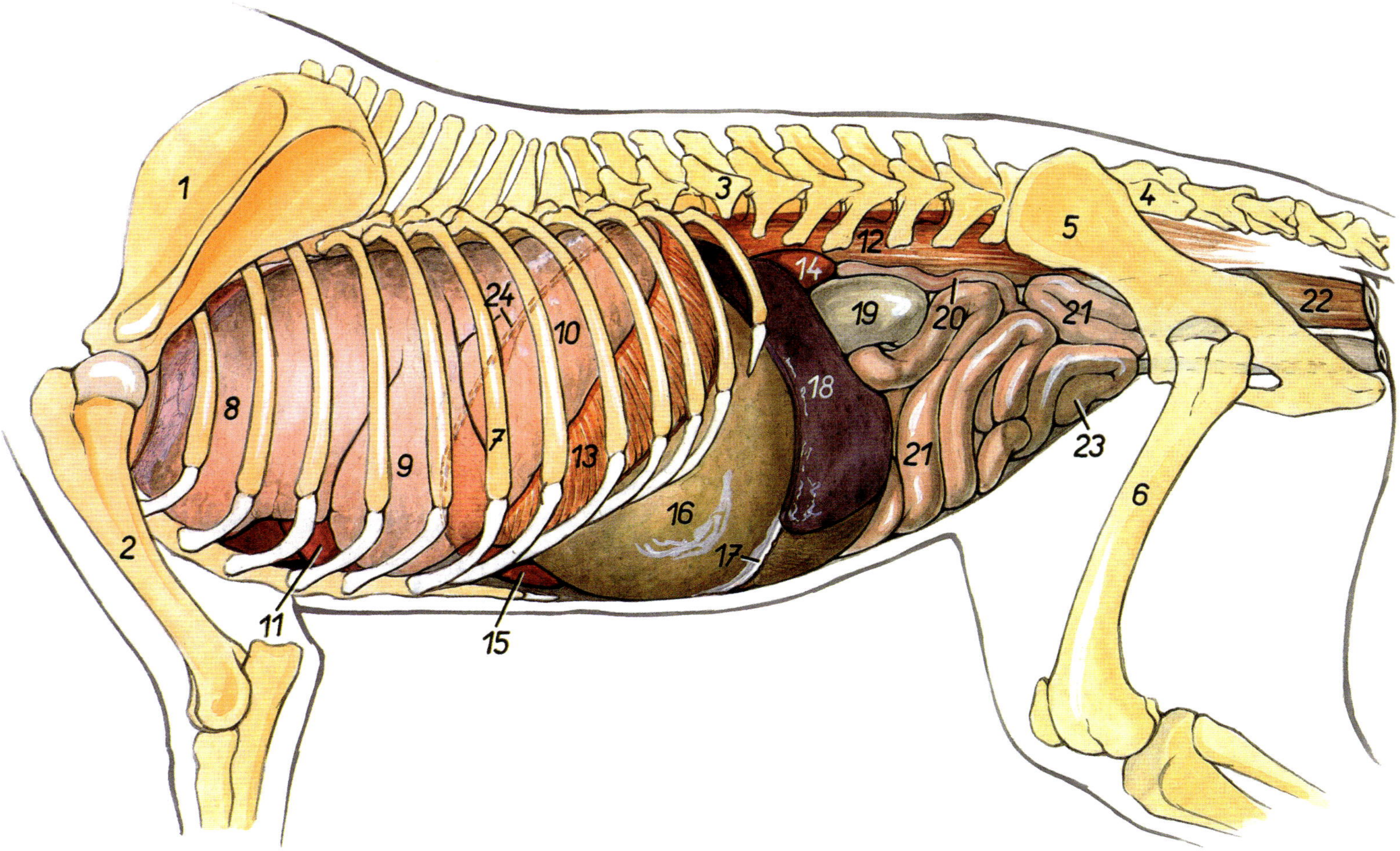

1. *Scapula* – Schulterblatt
2. *Humerus* – Oberarmbein
3. *Vertebra lumbalis I* – 1. Lendenwirbel
4. *Os sacrum* – Kreuzbein
5. *Os coxae* – Hüftbein
6. *Os femoris* – Oberschenkelbein
7. *Costa VII* – 7. Rippe
8. *Pars cranialis lobi cranialis pulmonis sinistri* – kranialer Teil des linken kranialen Lungenlappens
9. *Pars caudalis lobi cranialis pulmonis sinistri* – kaudaler Teil des linken kranialen Lungenlappens
10. *Lobus caudalis pulmonis sinistri* – linker kaudaler Lungenlappen
11. *Cor* – Herz
12. *Mm. psoas* – Lendenmuskeln
13. *Pars costalis diaphragmatis* – Rippenteil des Zwerchfells
14. *Ren sinister* – linke Niere
15. *Hepar* – Leber
16. *Ventriculus (Gaster)* – Magen, moderat gefüllt
17. *Omentum majus* – großes Netz
18. *Lien* – Milz
19. *Colon descendens* – absteigender Grimmdarm
20. *Cornu uteri sinistrum* – linkes Gebärmutterhorn
21. *Jejunum* – Leerdarm
22. *Rectum* – Mastdarm
23. *Vesica urinaria (in projectione)* – Harnblase (in der Projektion)
24. *Cupula diaphragmatis (in projectione)* – Zwerchfellkuppel (in der Projektion)

Hund. Innere Organe, Ansicht von rechts.

Abbildung 171

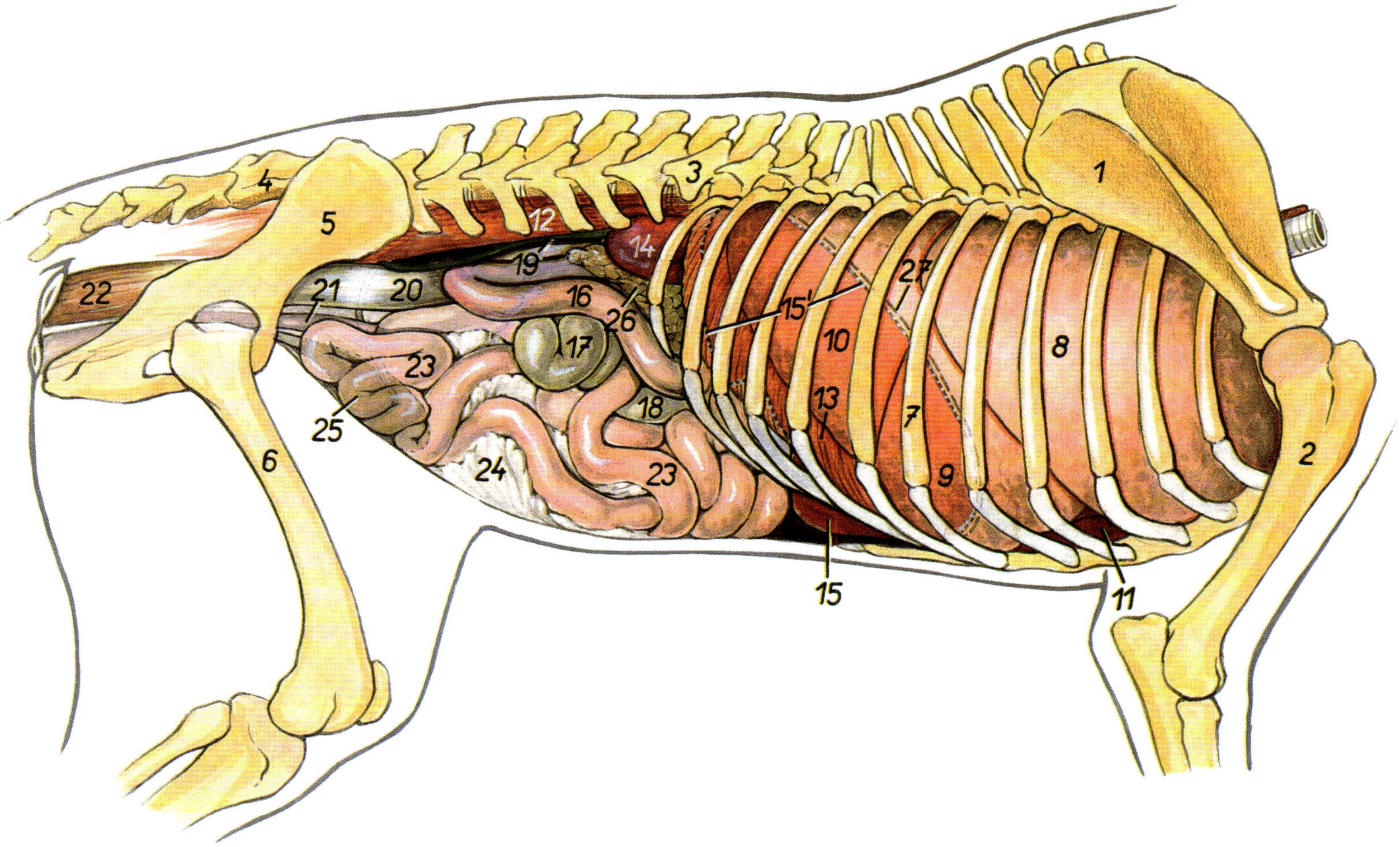

1. *Scapula* – Schulterblatt
2. *Humerus* – Oberarmbein
3. *Vertebra lumbalis I* – 1. Lendenwirbel
4. *Os sacrum* – Kreuzbein
5. *Os coxae* – Hüftbein
6. *Os femoris* – Oberschenkelbein
7. *Costa VII* – 7. Rippe
8. *Lobus cranialis pulmonis dextri* – rechter kranialer Lungenlappen
9. *Lobus medius pulmonis dextri* – rechter mittlerer Lungenlappen
10. *Lobus caudalis pulmonis dextri* – rechter kaudaler Lungenlappen
11. *Cor* – Herz
12. *Mm. psoas* – Lendenmuskeln
13. *Pars costalis diaphragmatis* – Rippenteil des Zwerchfells
14. *Ren dexter* – rechte Niere
15. *Hepar* – Leber

15'. *Contura hepatis (in projectione)* – Leberumriß (in der Projektion)

16. *Duodenum* – Zwölffingerdarm
17. *Cecum* – Blinddarm
18. *Colon ascendens* – aufsteigender Grimmdarm
19. *Ureter dexter* – rechter Harnleiter
20. *Colon descendens* – absteigender Grimmdarm
21. *Uterus* – Gebärmutter
22. *Rectum* – Mastdarm
23. *Jejunum* – Leerdarm
24. *Mesojejunum* – Gekröse des Leerdarms
25. *Vesica urinaria (in projectione)* – Harnblase (in der Projektion)
26. *Pancreas* – Bauchspeicheldrüse
27. *Cupula diaphragmatis (in projectione)* – Zwerchfellkuppel (in der Projektion)

Hund. Brustwirbelsäule, Ansicht von links.

Abbildung 172

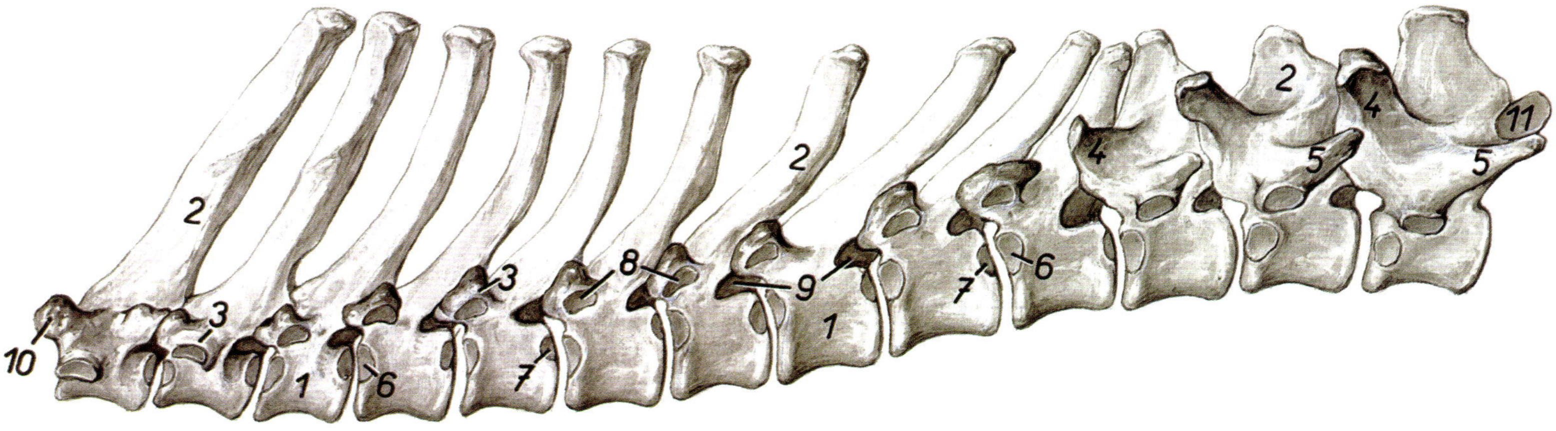

1. *Corpus vertebrae* – Wirbelkörper
2. *Processus spinosi* – Dornfortsätze
3. *Processus transversi* – Querfortsätze
4. *Processus articularis cranialis cum processu mamillari* – kranialer Gelenkfortsatz mit Zitzenfortsatz
5. *Processus accessorius* – zusätzlicher Fortsatz
6. *Fovea costalis cranialis* – kraniale Rippengrube
7. *Fovea costalis caudalis* – kaudale Rippengrube
8. *Fovea costalis transversalis* – Rippengrube des Querfortsatzes
9. *Foramen intervertebrale* – Zwischenwirbelloch
10. *Processus articularis cranialis vertebrae thoracicae I* – kranialer Gelenkfortsatz des 1. Brustwirbels
11. *Processus articularis caudalis vertebrae thoracicae XIII* – kaudaler Gelenkfortsatz des 13. Brustwirbels

Hund. Lendenwirbelsäule, Ansicht von links.

Abbildung 173

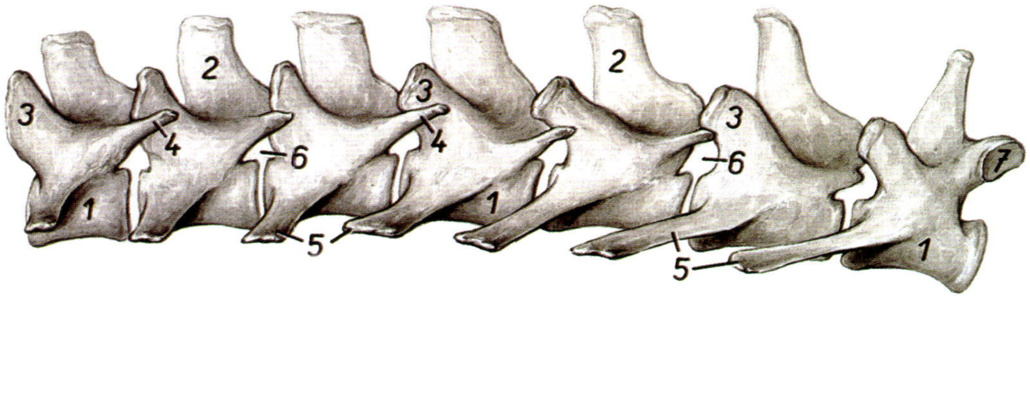

1. *Corpora vertebrarum* – Wirbelkörper
2. *Processus spinosi* – Dornfortsätze
3. *Processus articularis cum processu mamillari* – Gelenkfortsätze mit Zitzenfortsätzen
4. *Processus accessorii* – Hilfsfortsätze
5. *Processus costalis* – Rippenfortsatz
6. *Foramina intervertebralia* – Zwischenwirbellöcher
7. *Processus articularis caudalis vertebrae lumbalis VII* – kaudaler Gelenkfortsatz des 7. Lendenwirbels

Hund. Tiefe Präparation des Rumpfes nach Entfernung der linken Schultergliedmaße, Ansicht von links.

Abbildung 174

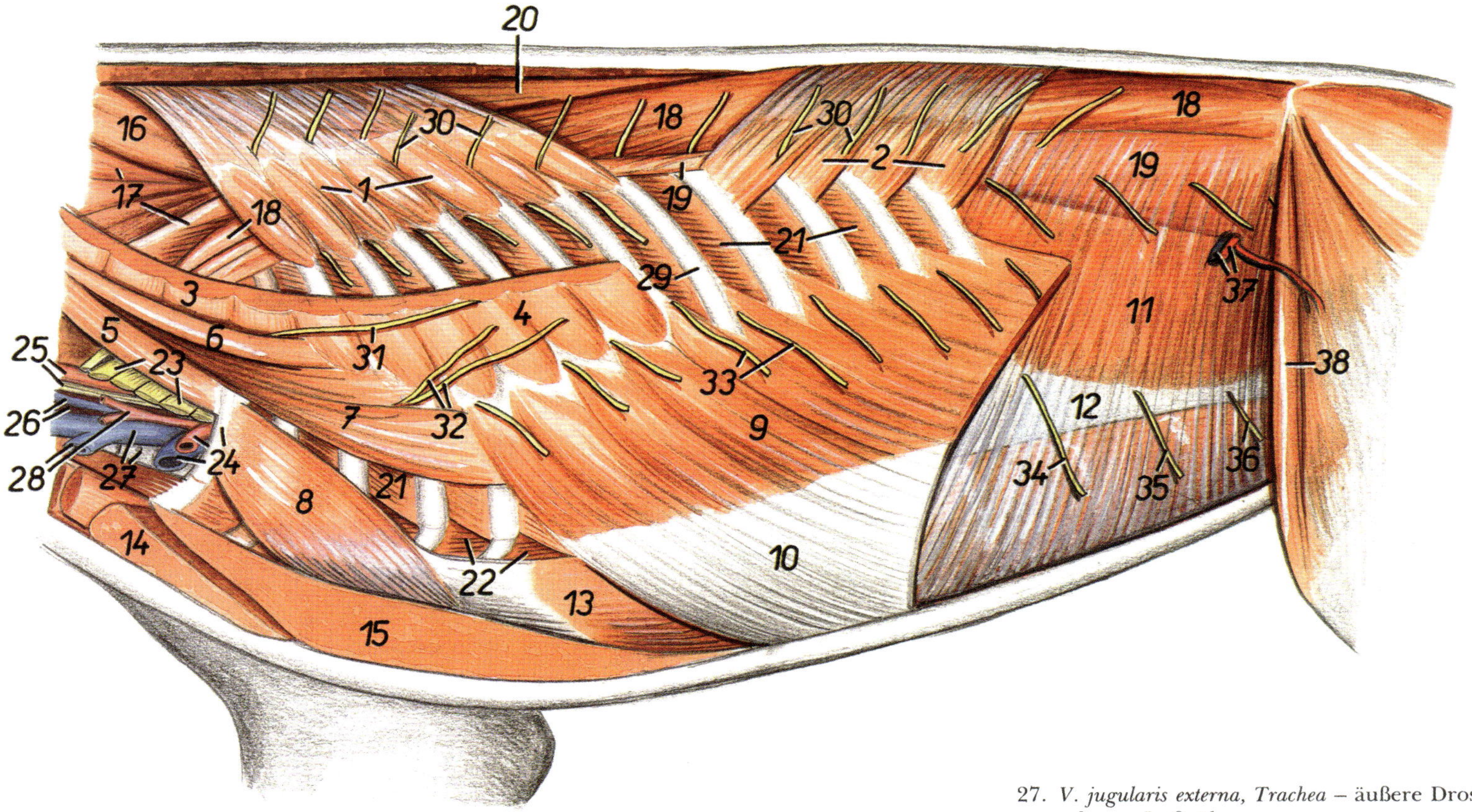

1. *M. serratus dorsalis cranialis* – kranialer dorsaler gesägter Muskel
2. *M. serratus dorsalis caudalis* – kaudaler dorsaler gesägter Muskel
3. *M. serratus ventralis cervicis* – Halsportion des ventralen gesägten Muskels
4. *M. serratus ventralis thoracis* – Brustkorbportion des ventralen gesägten Muskels
5. *M. scalenus medius* – mittlerer Rippenhalter
6., 7. *M. scalenus dorsalis* – dorsaler Rippenhalter
8. *M. rectus thoracis* – gerader Brustkorbmuskel
9. *M. obliquus externus abdominis* – äußerer schiefer Bauchmuskel
10. *Aponeurosis mi. obliqui externi abdominis* – Sehnenplatte des äußeren schiefen Bauchmuskels
11. *M. obliquus internus abdominis* – innerer schiefer Bauchmuskel
12. *Aponeurosis mi. obliqui interni abdominis* – Sehnenplatte des inneren schiefen Bauchmuskels
13. *M. rectus abdominis* – gerader Bauchmuskel
14. *M. pectoralis superficialis (descendens)* – oberflächlicher (absteigender) Brustmuskel
15. *M. pectoralis profundus (ascendens)* – tiefer (aufsteigender) Brustmuskel
16. *M. biventer cervicis* – zweibäuchiger Halsmuskel
17. *M. longissimus cervicis* – Halsportion des längsten Muskels
18. *Mm. longissimus thoracis et longissimus lumborum* – Brustkorb- und Lendenportion des längsten Muskels
19. *Mm. iliocostalis thoracis et iliocostalis lumborum* – Brustkorb- und Lendenportion des Darmbein-Rippenmuskels
20. *M. spinalis et semispinalis thoracis* – Brustkorbportion des Dornfortsatz- und Halbdornfortsatzmuskels
21. *Mm. intercostales externi* – äußere Zwischenrippenmuskeln
22. *Mm. intercostales interni (Mm. intercartilaginei)* – innere Zwischenrippenmuskeln (Zwischenknorpelmuskeln)
23. *Plexus brachialis* – Armgeflecht
24. *Costa I, A. et V. axillaris* – 1. Rippe, Achselarterie und -vene
25. *A. carotis communis, Truncus sympathicus et N. vagus* – gemeinsame Kopfarterie, gemeinsamer Stamm des Vagus- und Sympathikusnerven
26. *Esophagus, V. jugularis interna* – Speiseröhre, innere Drosselvene
27. *V. jugularis externa, Trachea* – äußere Drosselvene, Luftröhre
28. *A. cervicalis superficialis, V. cephalica* – oberflächliche Halsarterie, Kopfvene des Oberarmes
29. *Costa IX* – 9. Rippe
30. *Rami dorsales (cutanei mediales) nn. thoracicorum* – dorsale mediale Hautäste der Brustkorbnerven
31. *N. thoracicus longus (N. plexus brachialis)* – langer Brustkorbnerv (Armgeflechtnerv)
32. *N. thoracodorsalis (N. plexus brachialis)* – Brustkorb-Rückennerv (Armgeflechtnerv)
33. *Rami ventrales (cutanei laterales) nn. thoracicorum (Rami cutanei laterales nn. intercostalium)* – ventrale laterale Hautäste der Brustkorbnerven (laterale Hautäste der Zwischenrippennerven)
34. *Ramus cutaneus lateralis ni. costoabdominalis (s. ni. thoracici XIII)* – lateraler Hautast des Rippen-Bauchnerven (13. Brustkorbnerv)
35. *Ramus cutaneus lateralis ni. iliohypogastrici cranialis (s. ni. lumbalis I)* – lateraler Hautast des kranialen Darmbein-Bauchdeckennerven (1. Lendennerv)
36. *Ramus cutaneus lateralis ni. iliohypogastrici caudalis (s. ni. lumbalis II)* – lateraler Hautast des kaudalen Darmbein-Bauchdeckennerven (2. Lendennerv)
37. *A. et V. circumflexa ilium profunda* – tiefe Darmbeinkranzarterie und -vene
38. *M. sartorius* – *Pars cranialis* – Schneidermuskel (kranialer Teil)

Hund. Präparation der Brusthöhlenorgane, Ansicht von links. Muskulatur entfernt.

Abbildung 175

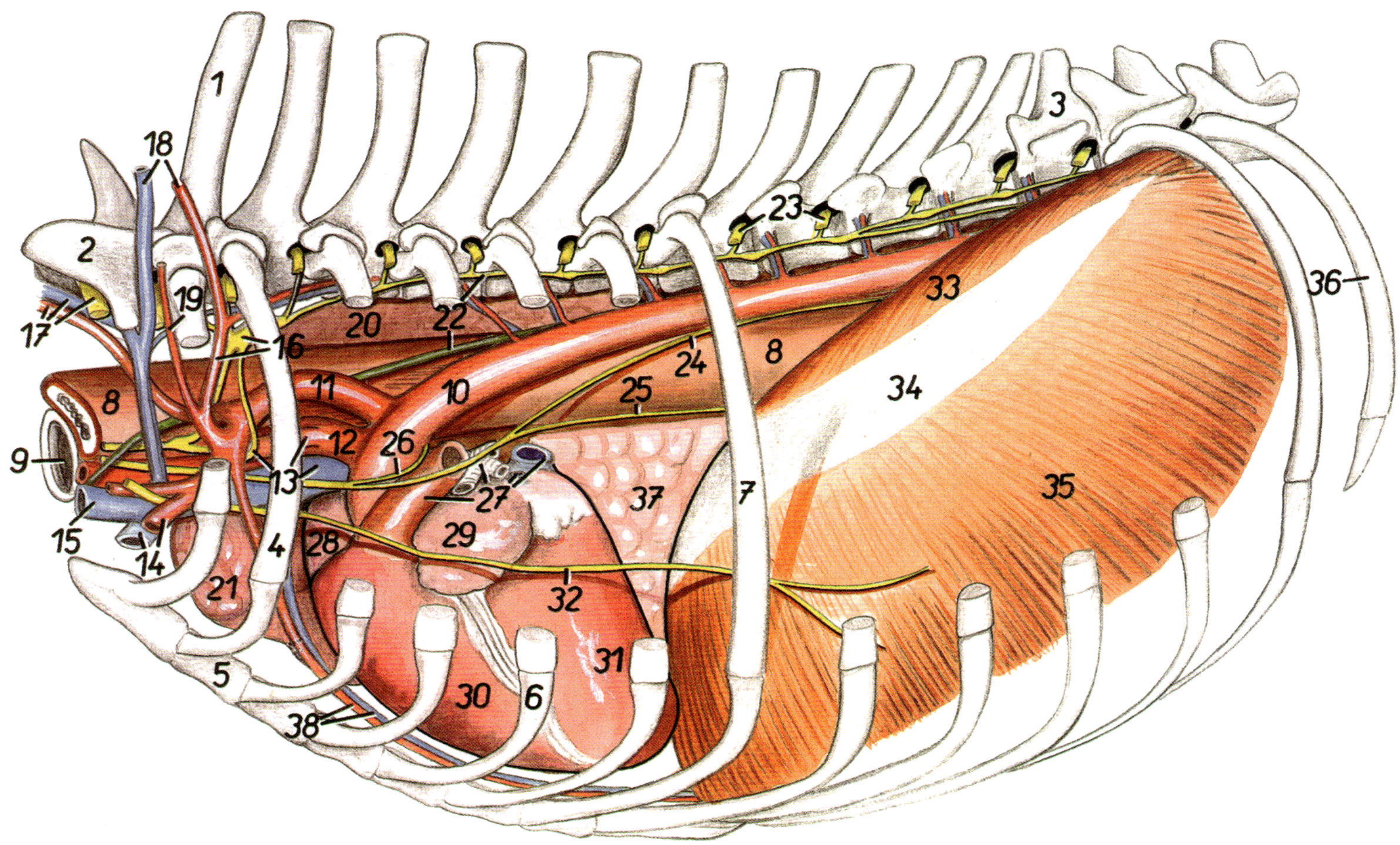

1. *Vertebra thoracica I* – 1. Brustwirbel
2. *Vertebra cervicalis VII* – 7. Halswirbel
3. *Vertebra thoracica XI* – 11. Brustwirbel
4. *Costa II* – 2. Rippe
5. *Sternum* – Brustbein
6. *Cartilago costalis V* – Knorpel der 5. Rippe
7. *Costa VII* – 7. Rippe
8. *Esophagus* – Speiseröhre
9. *Trachea* – Luftröhre
10. *Aorta* – große Körperschlagader
11. *A. subclavia sinistra* – linke Unterschlüsselbeinarterie
12. *Truncus brachiocephalicus* – Stamm der Arm-Kopfarterie
13. *Ansa subclavia, A. carotis communis sinistra, V. cava cranialis* – Unterschlüsselbeinschleife, linke gemeinsame Kopfarterie, kraniale Hohlvene
14. *A. et V. axillaris* – Achselarterie und -vene
15. *V. jugularis sinistra* – linke Drosselvene
16. *Truncus costocervicalis, Ganglion cervicothoracicum (stellatum)* – Stamm der Rippen-Halsarterie, Hals-Brustkorbnervenknoten (sternförmiger)
17. *N. cervicalis VII, A. et V. vertebralis* – 7. Halsnerv, Wirbelarterie und -vene
18. *A. et V. cervicalis profunda* – tiefe Halsarterie und -vene
19. *A. scapularis dorsalis* – dorsale Schulterblattarterie
20. *Pulmo dexter* – rechte Lunge
21. *Lobus cranialis pulmonis dextri* – kranialer Lappen der rechten Lunge
22. *Truncus sympathicus, Ductus thoracicus* – Stamm des Sympathikusnerven, Milchbrustgang
23. *Nn. thoracici* – Brustkorbnerven
24. *Truncus vagalis dorsalis* – Stamm des dorsalen Vagusnerven
25. *Truncus vagalis ventralis* – Stamm des ventralen Vagusnerven
26. *N. laryngeus recurrens sinister* – linker zurücklaufender Kehlkopfnerv
27. *Bronchus principalis sinister, Truncus pulmonalis, Vv. pulmonales* – linker Hauptbronchus, Stamm der Lungenarterie, Lungenvenen
28. *Auricula atrii dextri (Auricula dextra)* – Ohr des rechten Vorhofs (rechtes Herzohr)
29. *Auricula atrii sinistri (Auricula sinistra)* – Ohr des linken Vorhofs (linkes Herzohr)
30. *Ventriculus dexter cordis* – rechte Herzkammer
31. *Ventriculus sinister cordis* – linke Herzkammer
32. *N. phrenicus* – Zwerchfellnerv
33. *Crus mediale sinistrum diaphragmatis* – linker mittlerer Zwerchfellpfeiler
34. *Centrum tendineum diaphragmatis* – Sehnenspiegel des Zwerchfells
35. *Pars costalis diaphragmatis* – Rippenteil des Zwerchfells
36. *Costa XIII* – 13. Rippe
37. *Lobus accessorius pulmonis* – zusätzlicher Lungenlappen
38. *A. et V. thoracica interna* – innere Brustkorbarterie und -vene

Hund. Präparation der Brusthöhlenorgane, Ansicht von rechts. Muskulatur entfernt.

Abbildung 176

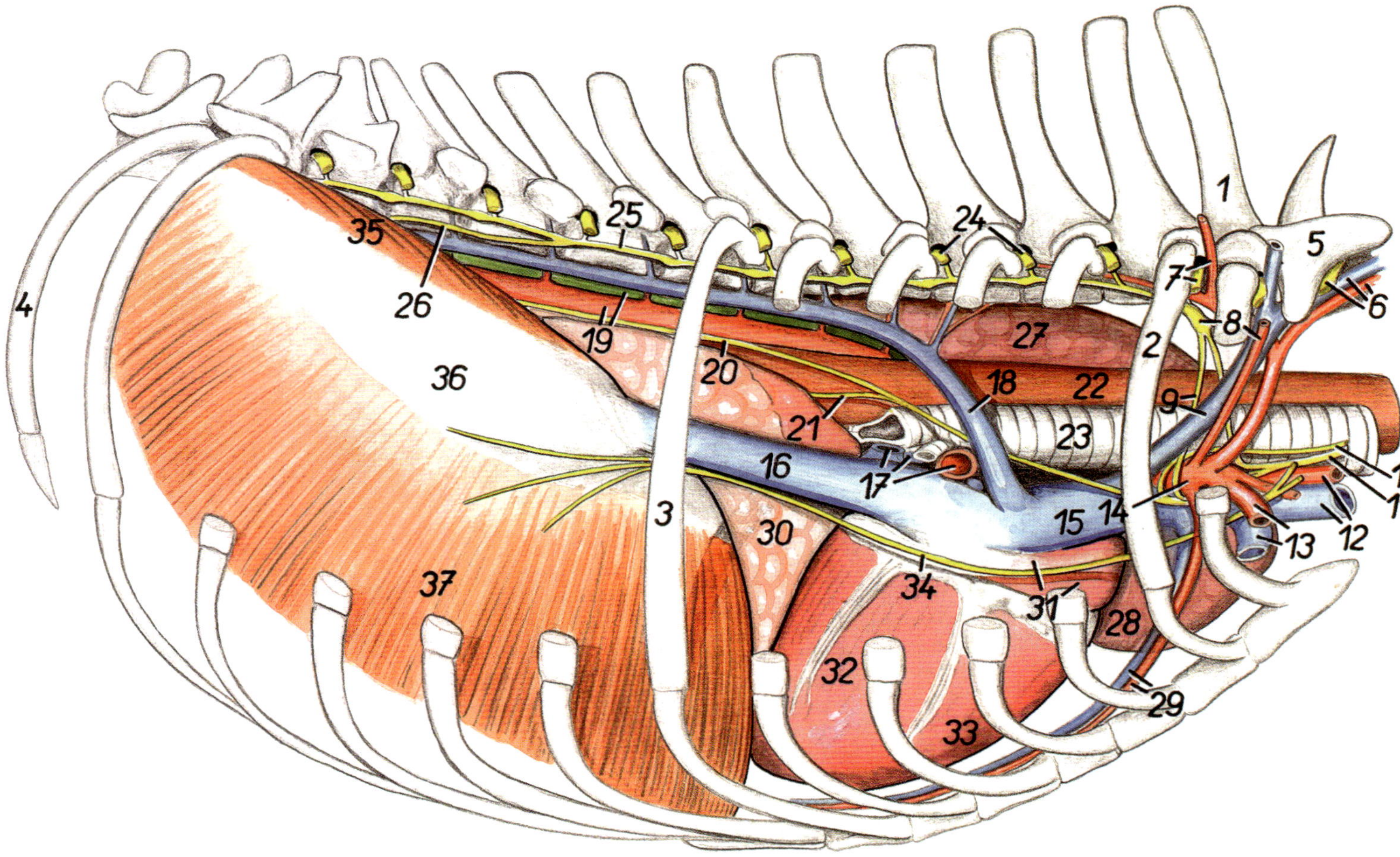

1. *Vertebra thoracica I* – 1. Brustwirbel
2. *Costa II* – 2. Rippe
3. *Costa VII* – 7. Rippe
4. *Costa XIII* – 13. Rippe
5. *Vertebra cervicalis VII* – 7. Halswirbel
6. *N. cervicalis VII, A. et V. vertebralis* – 7. Halsnerv, Wirbelarterie und -vene
7. *A. cervicalis profunda, N. thoracicus I* – tiefe Halsarterie, 1. Brustkorbnerv
8. *Ganglion cervicothoracicum (stellatum), A. scapularis dorsalis* – Hals-Brustkorbnervenknoten (sternförmiger), dorsale Schulterblattarterie
9. *V. costocervicalis dextra, Ansa subclavia* – rechte Rippen-Halsvene, Unterschlüsselbeinschleife
10. *N. laryngeus recurrens dexter* – rechter zurücklaufender Kehlkopfnerv
11. *Truncus vagosympathicus* – gemeinsamer Stamm des Vagus- und Sympathikusnerven
12. *V. brachiocephalica dextra, A. carotis communis dextra* – rechte Arm-Kopfvene, rechte gemeinsame Kopfarterie
13. *A. et V. axillaris* – Achselarterie und -vene
14. *A. subclavia dextra* – rechte Unterschlüsselbeinarterie
15. *V. cava cranialis* – kraniale Hohlvene
16. *V. cava caudalis* – kaudale Hohlvene
17. *Vv. pulmonales, A. pulmonalis dextra* – Lungenvenen, rechte Lungenarterie
18. *V. azygos dextra* – rechte Azygosvene
19. *Aorta, Ductus thoracicus* – große Körperschlagader, Milchbrustgang
20. *Truncus vagalis dorsalis* – Stamm des dorsalen Vagusnerven
21. *Truncus vagalis ventralis* – Stamm des ventralen Vagusnerven
22. *Esophagus* – Speiseröhre
23. *Trachea* – Luftröhre
24. *Nn. thoracici* – Brustkorbnerven
25. *Truncus sympathicus* – Stamm des Sympathikusnerven
26. *N. splanchnicus major* – großer Eingeweidenerv
27. *Pulmo sinister* – linke Lunge
28. *Pars cranialis lobi cranialis pulmonis sinistri* – kranialer Teil des linken kranialen Lungenlappens
29. *A. et V. thoracica interna* – innere Brustkorbarterie und -vene
30. *Lobus accessorius pulmonis* – zusätzlicher Lungenlappen
31. *Atrium dextrum cordis* – rechter Herzvorhof
32. *Ventriculus sinister cordis* – linke Herzkammer
33. *Ventriculus dexter cordis* – rechte Herzkammer
34. *N. phrenicus* – Zwerchfellnerv
35. *Crus mediale dextrum diaphragmatis* – rechter medialer Zwerchfellpfeiler
36. *Centrum tendineum diaphragmatis* – Sehnenspiegel des Zwerchfells
37. *Pars costalis diaphragmatis* – Rippenteil des Zwerchfells

Hund. Querschnitt durch den Brustkorb in Höhe des Brusteinganges, Ansicht von kaudal.

Abbildung 177

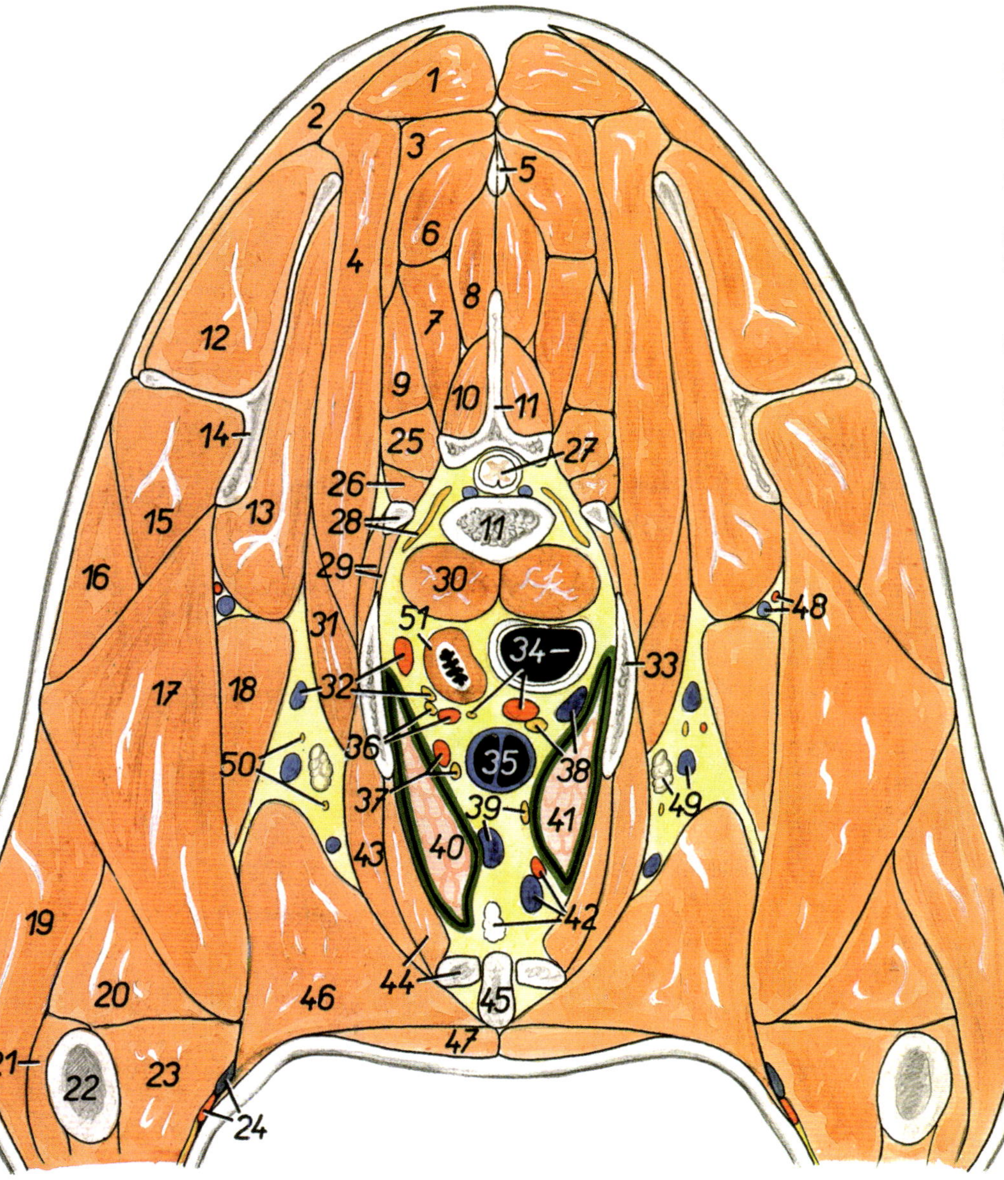

1. *M. rhomboideus cervicis* – Halsportion des rautenförmigen Muskels
2. *M. trapezius – Pars cervicalis* – trapezförmiger Muskel – Halsteil
3. *M. splenius (capitis)* – Riemenmuskel (Kopfportion)
4. *Mm. serratus ventralis cervicis et serratus ventralis thoracis* – Halsportion des ventralen gesägten Muskels und Brustkorbportion des ventralen gesägten Muskels
5. *Lig. nuchae* – Nackenband
6., 7. *M. semispinalis capitis* – Kopfportion des Halbdornfortsatzmuskels
6. *M. biventer cervicis* – zweibäuchiger Halsmuskel
7. *M. complexus* – geflochtener Muskel
8. *M. spinalis thoracis* – Brustkorbportion des Dornfortsatzmuskels
9. *M. longissimus cervicis* – Halsportion des längsten Muskels
10. *Mm. multifidi thoracis* – Brustkorbportion der vielgeteilten Muskeln
11. *Vertebra thoracica I* – 1. Brustwirbel
12. *M. supraspinatus* – Übergrätenmuskel
13. *M. subscapularis* – Unterschulterblattmuskel
14. *Scapula* – Schulterblatt
15. *M. infraspinatus* – Untergrätenmuskel
16. *M. deltoideus* – deltaförmiger Muskel
17. *Caput longum mi. tricipitis brachii* – langer Kopf des dreiköpfigen Armmuskels
18. *M. teres major* – großer Rundmuskel
19. *Caput laterale mi. tricipitis brachii* – lateraler Kopf des dreiköpfigen Armmuskels
20. *Caput accessorium mi. tricipitis brachii* – zusätzlicher Kopf des dreiköpfigen Armmuskels
21. *M. brachialis* – Armmuskel
22. *Humerus* – Oberarmbein
23. *Caput mediale mi, tricipitis brachii* – medialer Kopf des dreiköpfigen Armmuskels
24. *A. et V. brachialis* – Oberarmarterie und -vene
25. *M. longissimus thoracis* – Brustkorbportion des längsten Muskels
26. *M. iliocostalis thoracis* – Brustkorbportion des Darmbein-Rippenmuskels
27. *Medulla spinalis* – Rückenmark
28. *Processus transversus vertebrae thoracicae I, Nervus cervicalis VIII* – Querfortsatz des 1. Brustwirbels, 8. Halsnerv
29. *Mm. intercostales externi et interni* – äußere und innere Zwischenrippenmuskeln
30. *M. longus colli* – langer Halsmuskel
31. *M. scalenus dorsalis* – dorsaler Rippenhalter
32. *A. subclavia sinistra, Truncus sympathicus, V. thoracodorsalis* – linke Unterschulterblattarterie, Stamm des Sympathikusnerven, Brustkorb-Rückenvene
33. *Costa I* – 1. Rippe
34. *Trachea, N. laryngeus recurrens sinister, Truncus brachiocephalicus* – Luftröhre, linker zurücklaufender Kelhkopnerv, Stamm der Arm-Kopfarterie
35. *V. cava cranialis* – kraniale Hohlvene
36. *N. vagus sinister, A. carotis communis sinistra* – linker Vagusnerv, linke gemeinsame Kopfarterie
37. *A. thoracica interna sinistra, N. phrenicus sinister* – linke innere Brustkorbarterie, linker Zwerchfellnerv
38. *V. costocervicalis dextra, Truncus vagosympathicus dexter* – rechte Rippen-Halsvene, gemeinsamer Stamm des rechten Vagus- und Sympathikusnerven
39. *V thoracica interna sinistra, N. phrenicus dexter* – linke innere Brustkorbvene, rechter Zwerchfellnerv
40. *Pars cranialis lobi cranialis pulmonis sinistri* – kranialer Teil des linken kranialen Lungenlappens
41. *Lobus cranialis pulmonis dextri* – rechter kranialer Lungenlappen

A. et V. thoracica interna dextra, Ln. sternalis – rechte innere Brustkorbarterie und -vene, Brustbeinlymphknoten

43. *M. rectus thoracis* – gerader Brustkorbmuskel
44. *M. intercostalis internus (M. intercartilagineus), Cartilago costalis I* – innerer Zwischenrippenmuskel (Zwischenknorpelmuskel), 1. Rippenknorpel
45. *Sternum* – Brustbein
46. *M. pectoralis profundus (ascendens)* – tiefer (aufsteigender) Brustmuskel
47. *M. pectoralis superficialis (descendens)* – oberflächlicher (absteigender) Brustmuskel
48. *A. et V. subscapularis* – Unterschulterblattarterie und -vene
49. *Ln. axillaris, V. thoracica externa* – Achsellymphknoten, äußere Brustkorbvene
50. *Nn. pectorales caudales (Nn. thoracoventrales)* – kaudale Brustnerven (ventrale Brustkorbnerven)
51. *Esophagus* – Speiseröhre

Hund. Querschnitt durch den Brustkorb in Höhe des 4. Brustwirbels, Ansicht von kaudal.

Abbildung 178

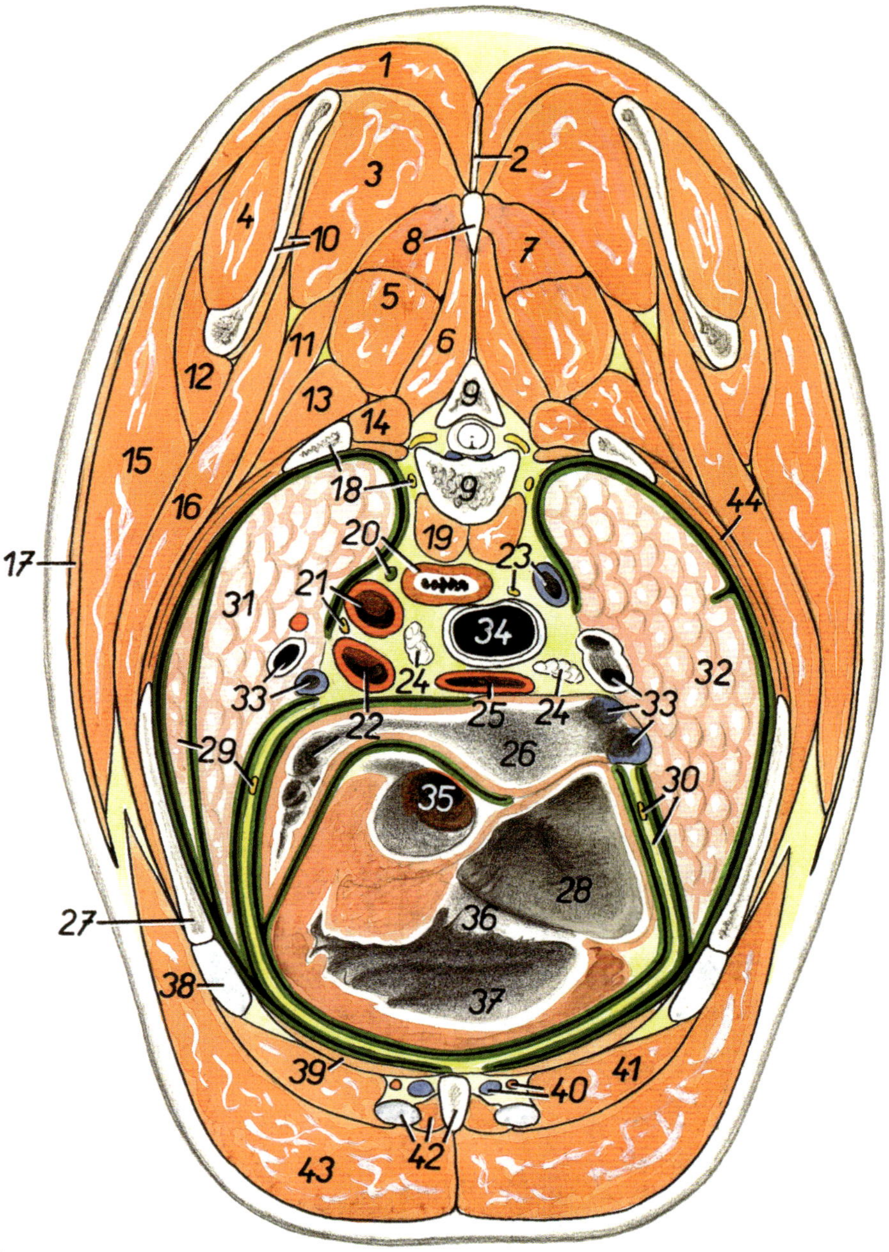

1. *M. trapezius – Pars thoracica* – trapezförmiger Muskel – Brustkorbteil
2. *Lig. supraspinale* – Überdornfortsatzband
3. *M. rhomboideus thoracis* – Brustkorbteil des rautenförmigen Muskels
4. *M. infraspinatus* – Untergrätenmuskel
5. *M. longissimus thoracis* – Brustkorbteil des längsten Muskels
6. *Mm. multifidi thoracis* – Brustkorbteil der vielgeteilten Muskeln
7. *Mm. spinalis et semispinalis thoracis et cervicis* – Brustkorb- und Halsteil des Dornfortsatz- und des Halbdornfortsatzmuskels
8. *Processus spinosus vertebrae thoracicae IV* – Dornfortsatz des 4. Brustwirbels
9. *Vertebra thoracica IV* – 4. Brustwirbel
10. *Scapula, M. subscapularis* – Schulterblatt, Unterschulterblattmuskel
11. *M. serratus dorsalis cranialis* – kranialer dorsaler gesägter Muskel
12. *M. teres major* – großer Rundmuskel
13. *M. iliocostalis thoracis* – Brustkorbportion des Darmbein-Rippenmuskels
14. *Mm. rotatores* – Drehmuskeln
15. *M. latissimus dorsi* – breiter Rückenmuskel
16. *M. serratus ventralis* – ventraler gesägter Muskel
17. *M. cutaneus trunci* – Rumpfhautmuskel
18. *Costa IV, Truncus sympathicus* – 4. Rippe, Stamm des Sympathikusnerven
19. *M. longus colli* – langer Halsmuskel
20. *Esophagus, Ductus thoracicus* – Speiseröhre, Milchbrustgang
21. *Aorta, N. vagus sinister* – große Körperschlagader, linker Vagusnerv
22. *A. pulmonalis sinistra, Auricula sinistra cordis* – linke Lungenarterie, linkes Herzohr
23. *N. vagus dexter, V. azygos dextra* – rechter Vagusnerv, rechte Azygosvene
24. *Lnn. tracheobronchales* – Luftröhren-Bronchiallymphknoten
25. *A. pulmonalis dextra* – rechte Lungenarterie
26. *Atrium sinistrum cordis* – linker Herzvorhof
27. *Costa IV* – 4. Rippe
28. *Atrium dextrum cordis* – rechter Herzvorhof
29. *Pars caudalis lobi cranialis pulmonis sinistri, N. phrenicus sinister* – kaudaler Teil des linken kranialen Lungenlappens, linker Zwerchfellnerv
30. *Pericardium, N. phrenicus dexter* – Herzbeutel, rechter Zwerchfellnerv
31. *Pars cranialis lobi cranialis pulmonis sinistri* – kranialer Teil des linken kranialen Lungenlappens
32. *Lobus cranialis pulmonis dextri* – rechter kranialer Lungenlappen
33. *Bronchi, Vv. pulmonales* – Bronchen, Lungenvenen
34. *Trachea* – Luftröhre
35. *Ostium aortae* – Öffnung der großen Körperschlagader
36. *Valva atrioventricularis dextra (s. tricuspidalis)* – rechte Vorhofkammerklappe (dreizipfelige Klappe)
37. *Ventriculus dexter* – rechte Kammer
38. *Cartilago costalis IV* – Knorpel der 4. Rippe
39. *M. transversus thoracis* – querverlaufender Brustkorbmuskel
40. *A. et V. thoracica interna* – innere Brustkorbarterie und -vene
41. *M. rectus abdominis* – gerader Bauchmuskel
42. *M. intercostalis internus (M. intercartilagineus), Cartilago costalis V, Sternum* – innerer Zwischenrippenmuskel (Zwischenknorpelmuskel), Knorpel der 5. Rippe, Brustbein
43. *M. pectoralis profundus (ascendens)* – tiefer (aufsteigender) Brustmuskel
44. *Mm. intercostales externi et interni* – äußere und innere Zwischenrippenmuskeln

Hund. Lunge, Ansicht von rechts. Nach einem Trockenpräparat gezeichnet.

Abbildung 179

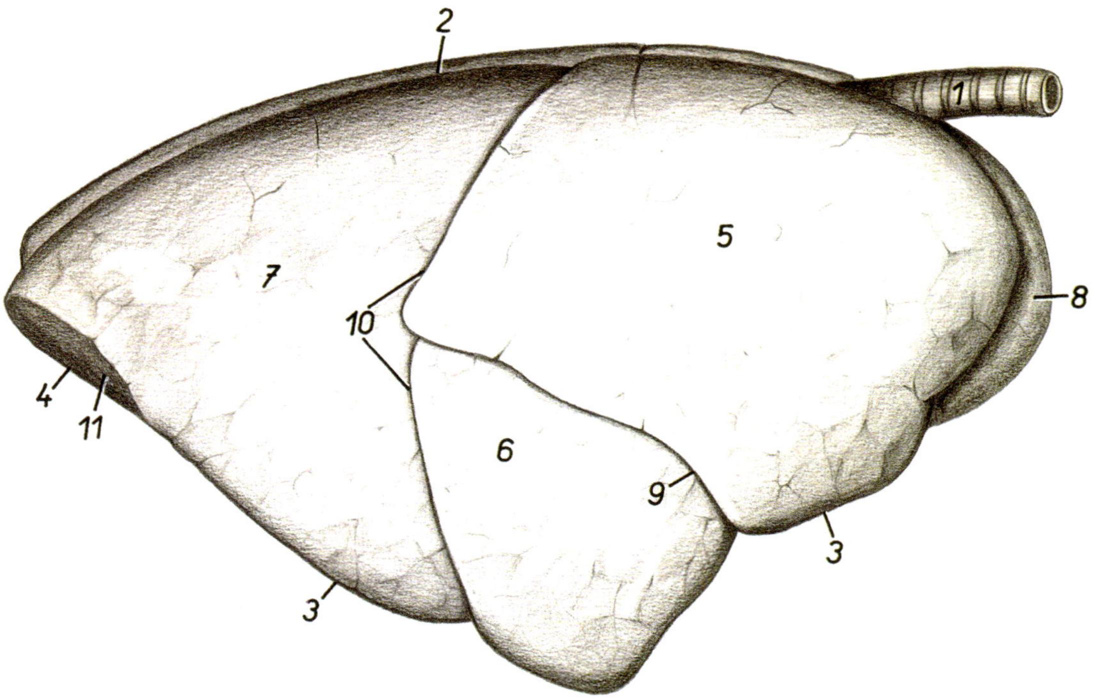

1. *Trachea* – Luftröhre
2. *Margo obtusus (s. dorsalis)* – stumpfer (dorsaler) Rand
3., 4. *Margo acutus* – scharfer Rand
3. *Margo ventralis* – ventraler Rand
4. *Margo basalis* – basaler Rand
5.–7. *Facies costalis* – Rippenfläche
5. *Lobus cranialis pulmonis dextri* – kranialer Lappen der rechten Lunge
6. *Lobus medius pulmonis (dextri)* – mittlerer Lappen der rechten Lunge
7. *Lobus caudalis* – kaudaler Lungenlappen
8. *Pars cranialis lobi cranialis pulmonis sinistri* – kranialer Teil des linken kranialen Lungenlappens
9. *Fissura interlobaris cranialis* – kranialer Zwischenlappeneinschnitt
10. *Fissura interlobaris caudalis* – kaudaler Zwischenlappeneinschnitt
11. *Facies diaphragmatica* – Zwerchfellfläche

Hund. Lunge, Ansicht von links. Nach einem Trockenpräparat gezeichnet.

Abbildung 180

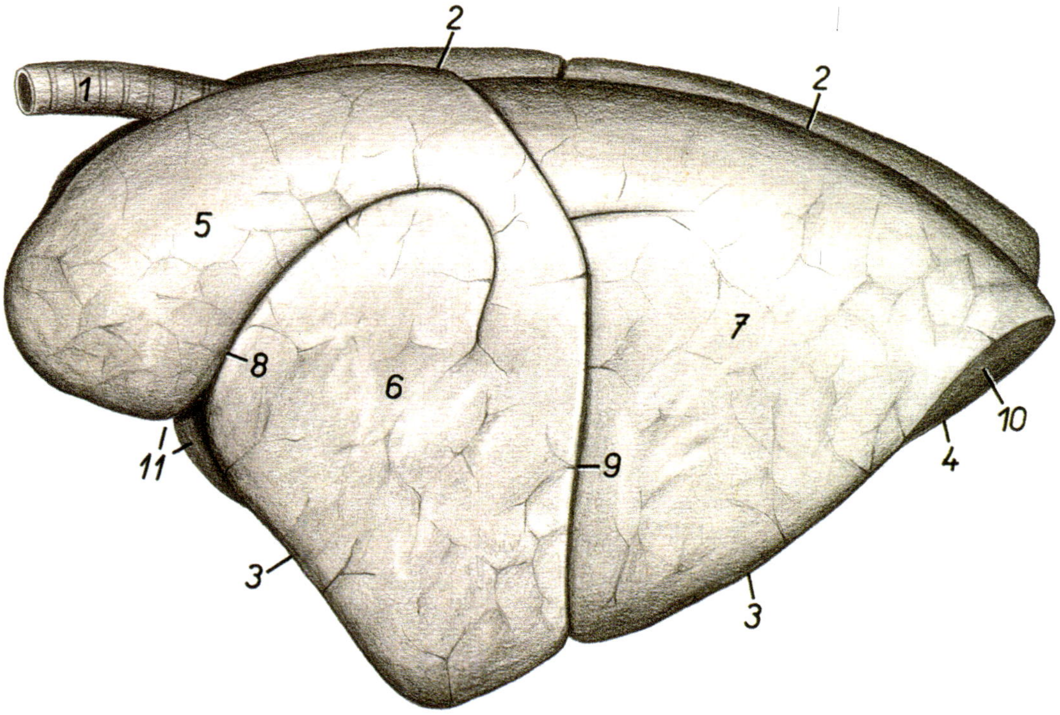

1. *Trachea* – Luftröhre
2. *Margo obtusus (s. dorsalis)* – stumpfer (dorsaler) Rand
3., 4. *Margo acutus* – scharfer Rand
3. *Margo ventralis* – ventraler Rand
4. *Margo basalis* – basaler Rand
5.–7. *Facies costalis* – Rippenfläche
5. *Pars cranialis lobi cranialis pulmonis sinistri* – kranialer Teil des linken kranialen Lungenlappes
6. *Pars caudalis lobi cranialis pulmonis sinistri* – kaudaler Teil des linken kranialen Lungenlappens
7. *Lobus caudalis pulmonis sinistri* – linker kaudaler Lungenlappen
8. *Fissura interlobaris lobi cranialis pulmonis sinistri* – Zwischenlappeneinschnitt des linken kranialen Lungenlappens
9. *Fissura interlobaris caudalis* – kaudaler Zwischenlappeneinschnitt
10. *Facies diaphragmatica* – Zwerchfellfläche
11. *Incisura cardiaca* – Herzeinschnitt

Hund. Lunge, Ansicht der Zwerchfellfläche. Mittelfell entfernt.

Abbildung 181

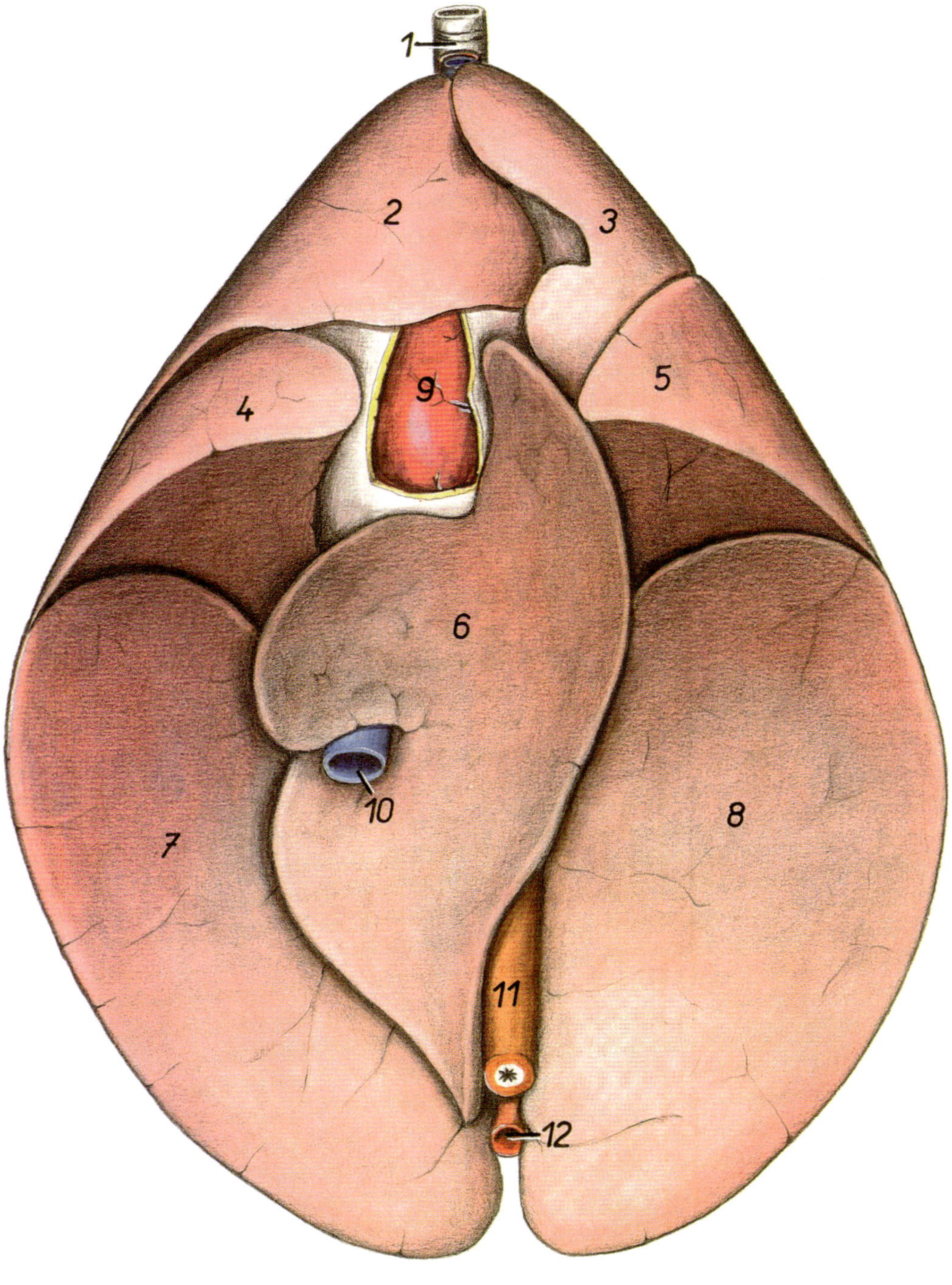

1. *Trachea* – Luftröhre
2. *Lobus cranialis pulmonis dextri* – rechter kranialer Lungenlappen
3. *Pars cranialis lobi cranialis pulmonis sinistri* – kranialer Teil des linken kranialen Lungenlappens
4. *Lobus medius pulmonis dextri* – rechter mittlerer Lungenlappen
5. *Pars caudalis lobi cranialis pulmonis sinistri* – kaudaler Teil des linken kranialen Lungenlappens
6. *Lobus accessorius* – zusätzlicher Lappen
7. *Lobus caudalis pulmonis dextri* – rechter kaudaler Lungenlappen
8. *Lobus caudalis pulmonis sinistri* – linker kaudaler Lungenlappen
9. *Cor* – Herz
10. *V. cava caudalis* – kaudale Hohlvene
11. *Esophagus* – Speiseröhre
12. *Aorta* – große Körperschlagader

Hund. Innere Organe, Ansicht von ventral. Bauchwand zurückgeklappt. Ungefüllter Magen.

Abbildung 182

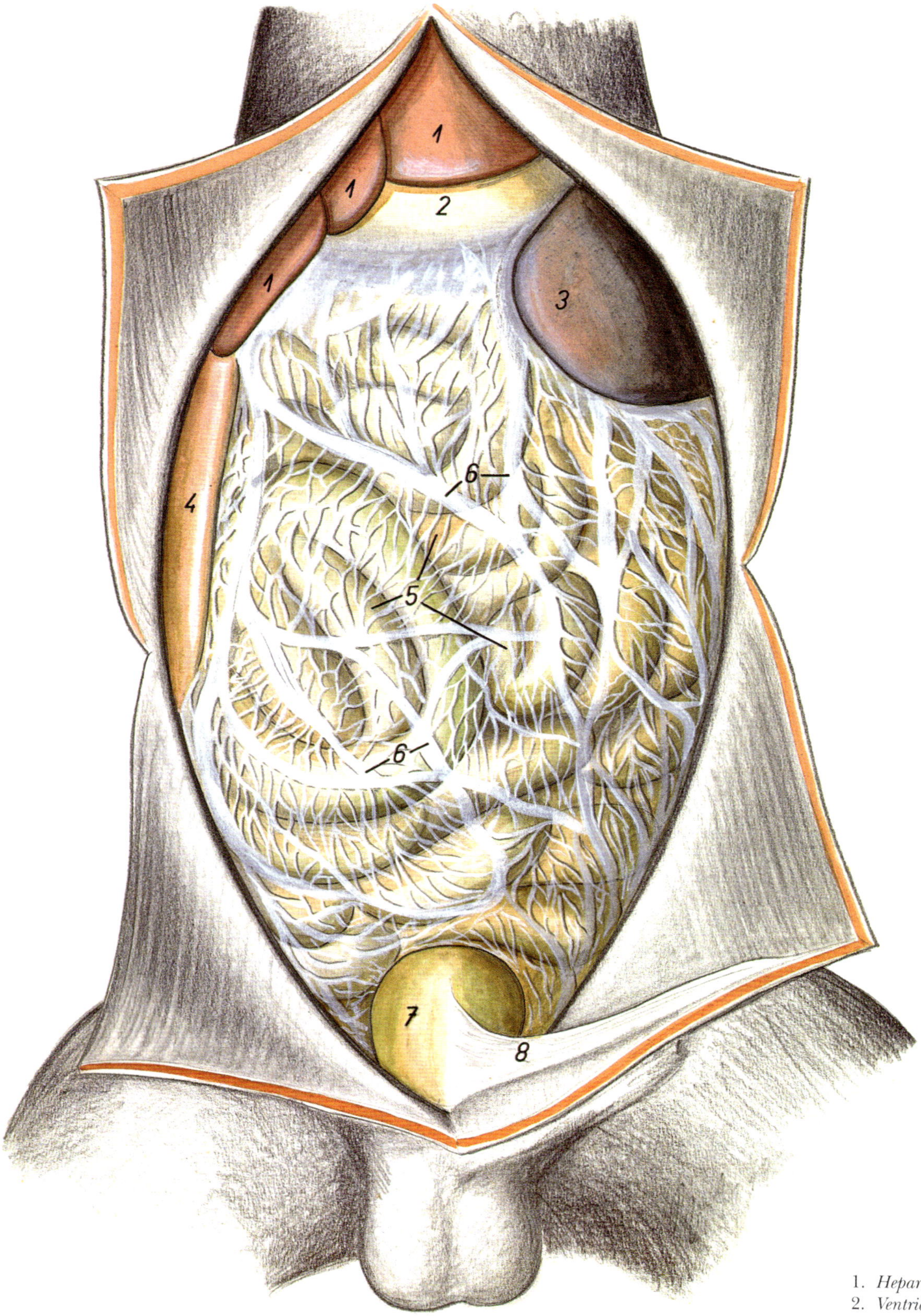

1. *Hepar* – Leber
2. *Ventriculus (Gaster)* – Magen, moderat gefüllt
3. *Lien* – Milz
4. *Duodenum* – Zwölffingerdarm
5. *Jejunum* – Leerdarm
6. *Omentum majus* – großes Netz
7. *Vesica urinaria* – Harnblase
8. *Lig. vesicae medianum* – medianes Harnblasenband

Hund. Innere Organe, Ansicht von ventral. Bauchwand zurückgeklappt. Gefüllter Magen, großes Netz entfernt.

Abbildung 183

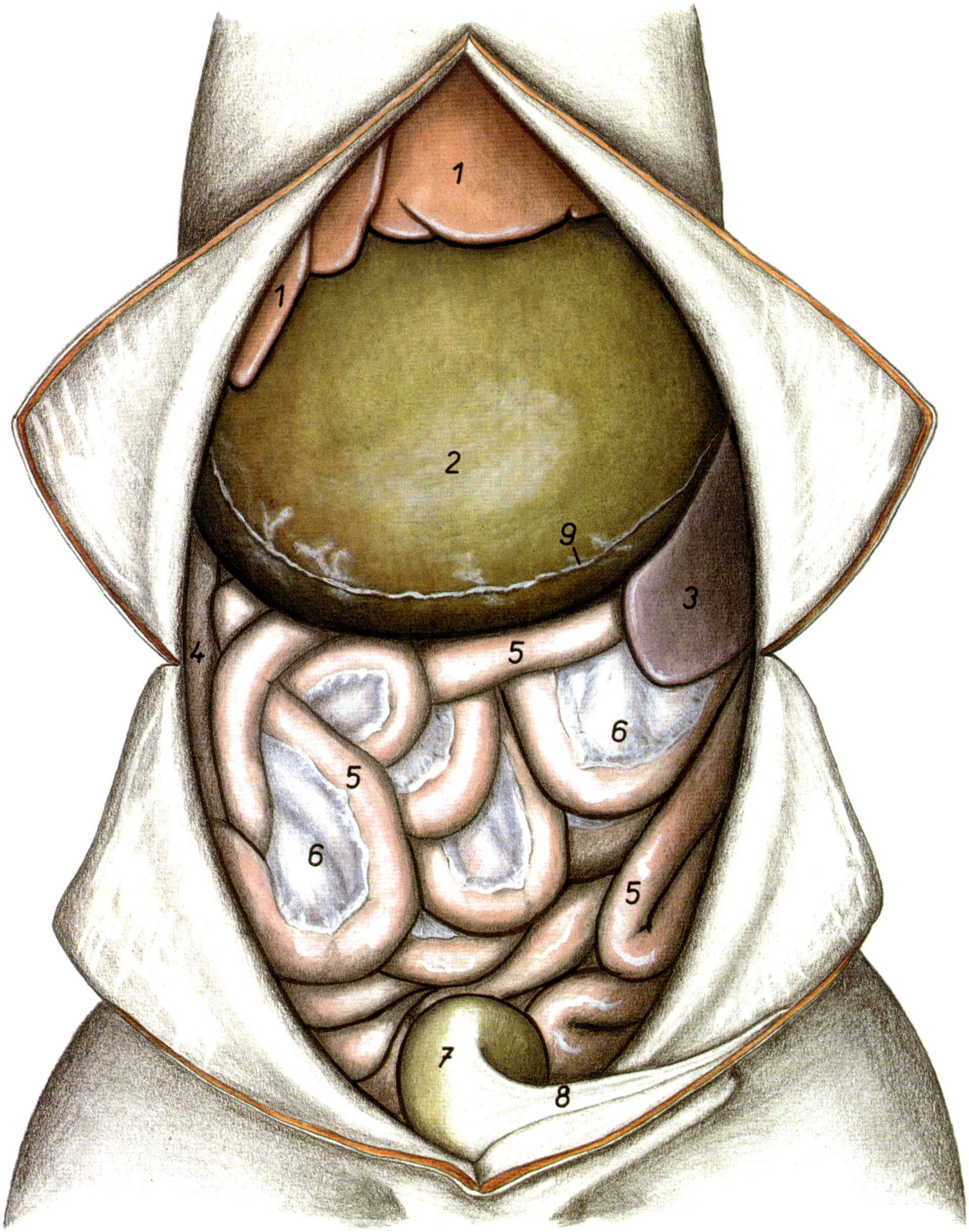

1. *Hepar* – Leber
2. *Ventriculus (Gaster)* – Magen
3. *Lien* – Milz
4. *Duodenum* – Zwölffingerdarm
5. *Jejunum* – Leerdarm
6. *Mesojejunum* – Leerdarmgekröse
7. *Vesica urinaria* – Harnblase
8. *Lig. medianum vesicae* – medianes Harnblasenband
9. *Omentum majus (Insertio)* – großes Netz (Ansatz)

Abbildung 184

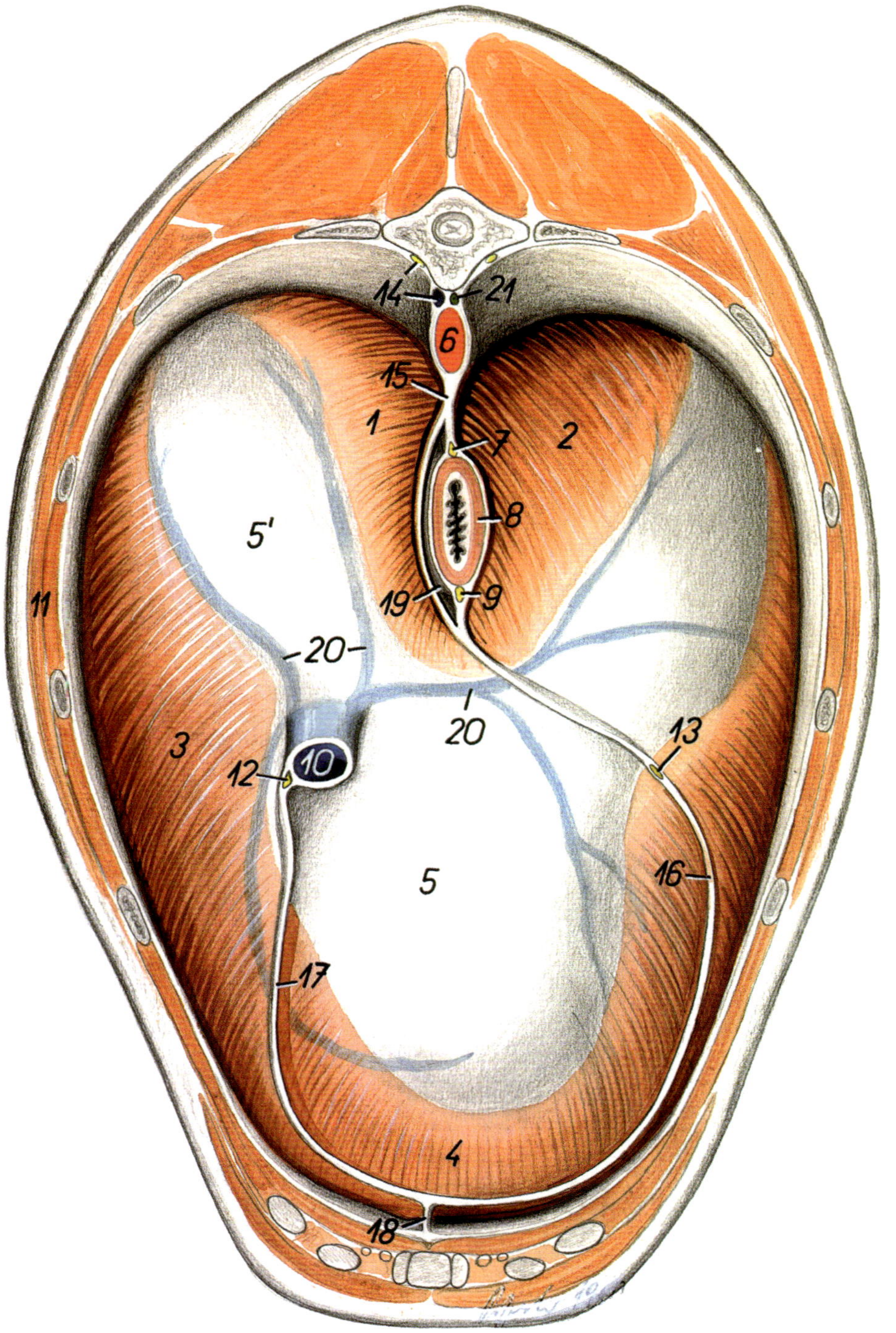

1.–5. *Diaphragma* – Zwerchfell
1. *Crura dextra* – rechter Pfeiler
2. *Crura sinistra* – linker Pfeiler
3. *Pars costalis* – Rippenteil
4. *Pars sternalis* – Brustbeinteil
5., 5′. *Centrum tendineum* – Sehnenspiegel
6. *Aorta* – große Körperschlagader
7. *Truncus vagalis dorsalis* – Stamm des dorsalen Vagusnerven
8. *Esophagus* – Speiseröhre
9. *Truncus vagalis ventralis* – Stamm des ventralen Vagusnerven
10. *V. cava caudalis* – kaudale Hohlvene
11. *Paries thoracis* – Brustwand
12. *N. phrenicus dexter* – rechter Zwerchfellnerv
13. *N. phrenicus sinister* – linker Zwerchfellnerv
14. *V. azygos dextra, Truncus sympathicus* – rechte Azygosvene, Stamm des Sympathikusnerven
15., 16. *Mediastinum caudale* (15. *Pars dorsalis,* 16. *Pars ventralis*) – kaudales Mittelfell (15. dorsaler Teil, 16. ventraler Teil)
17. *Plica (s. Mesenterium) v. cavae caudalis* – Falte (Gekröse) der kaudalen Hohlvene
18. *Lig. sternopericardiacum* – Brustbein-Herzbeutelband
19. *Cavum mediastini serosum (Bursa infracardiaca)* – seröse Mittelfellhöhle
20. *Vv. phrenicae craniales* – kraniale Zwerchfellvenen
21. *Ductus thoracicus* – Milchbrustgang

Hund. Querschnitt durch die Bauchhöhle in Höhe des 12. Brustwirbels, Ansicht von kaudal.

Abbildung 185

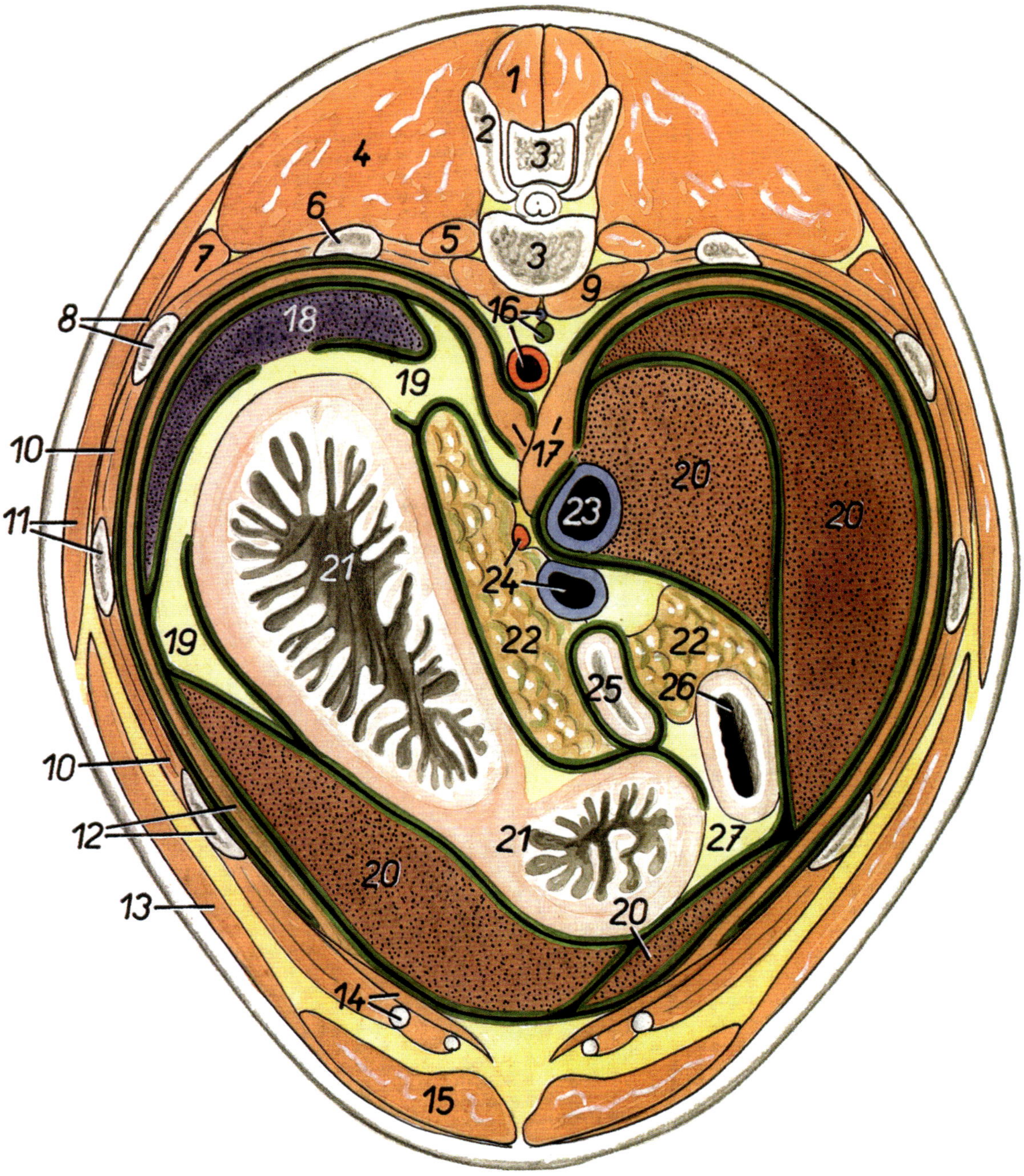

1. *Mm. multifidi thoracis et multifidi lumborum* – Brustkorb- und Lendenportion des vielgeteilten Muskels
2. *Processus articularis cranialis cum processu mamillari vertebrae thoracicae XIII* – kranialer Gelenkfortsatz mit Zitzenfortsatz des 13. Brustwirbels
3. *Vertebra thoracica XII* – 12. Brustwirbel
4. *M. longissimus thoracis et M. longissimus lumborum* – Brustkorb- und Lendenportion des längsten Muskels
5. *M. levator costae* – Rippenheber
6. *Costa XII* – 12. Rippe
7. *M. iliocostalis thoracis* – Brustkorbportion des Darmbein-Rippenmuskels
8. *M. serratus dorsalis caudalis, Costa XI* – kaudaler dorsaler gesägter Muskel, 11. Rippe
9. *Mm. psoas* – Lendenmuskeln
10. *Mm. intercostales externi et interni* – äußere und innere Zwischenrippenmuskeln
11. *M. latissimus dorsi, Costa X* – breiter Rückenmuskel, 10. Rippe
12. *Costa IX, Pars costalis diaphragmatis* – 9. Rippe, Rippenteil des Zwerchfells
13. *M. obliquus externus abdominis* – äußerer schiefer Bauchmuskel
14. *M. transversus abdominis, Cartilago costalis VIII* – querverlaufender Bauchmuskel, 8. Rippenknorpel
15. *M. rectus abdominis* – gerader Bauchmuskel
16. *Aorta, Ductus thoracicus, V. azygos dextra* – große Körperschlagader, Milchbrustgang, rechte Azygosvene
17. *Crura diaphragmatis* – Zwerchfellpfeiler
18. *Lien* – Milz
19. *Omentum majus* – großes Netz
20. *Hepar* – Leber
21. *Ventriculus (Gaster)* – Magen
22. *Pancreas* – Bauchspeicheldrüse
23. *V. cava caudalis* – kaudale Hohlvene
24. *V. portae, A. celiaca* – Pfortader, Bauchhöhlenarterie
25. *Jejunum* – Leerdarm
26. *Duodenum* – Zwölffingerdarm
27. *Omentum minus* – kleines Netz

Hund. Querschnitt durch die Bauchhöhle in Höhe des 2. Lendenwirbels, Ansicht von kaudal.

Abbildung 186

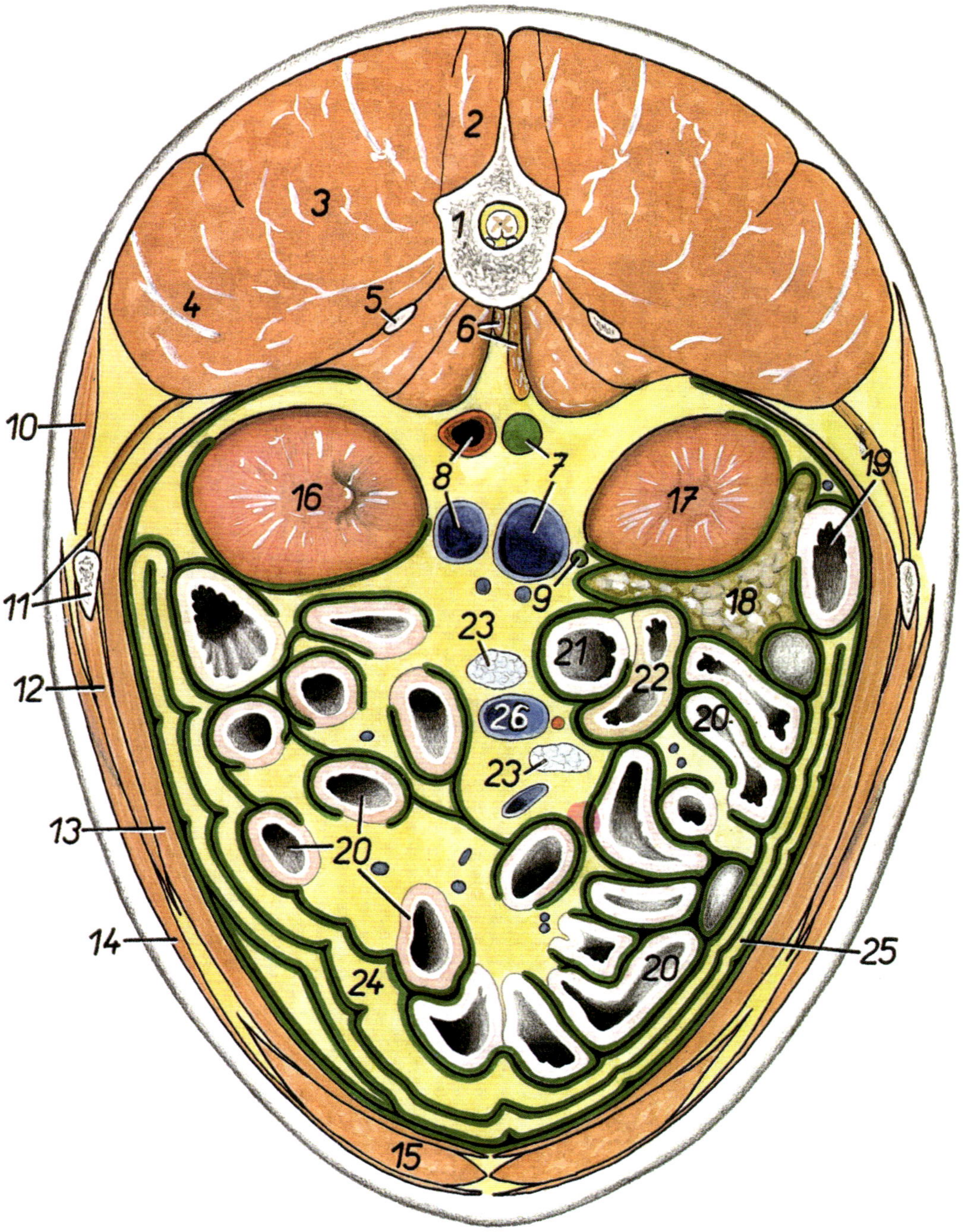

1. *Vertebra lumbalis II* – 2. Lendenwirbel
2. *M. multifidus lumborum* – Lendenportion des vielgeteilten Muskels
3. *M. longissimus lumborum* – Lendenportion des längsten Muskels
4. *M. iliocostalis lumborum* – Lendenportion des Darmbein-Rippenmuskels
5. *Processus costarius vertebrae lumbalis III* – Rippenfortsatz des 3. Lendenwirbels
6. *Crura diaphragmatis* – Zwerchfellpfeiler
7. *Cisterna chyli, V. cava caudalis* – Lendenzysterne, kaudale Hohlvene
8. *Aorta, V. renalis sinistra* – große Körperschlagader, linke Nierenvene
9. *Ureter dexter* – rechter Harnleiter
10. *M. serratus dorsalis caudalis* – kaudaler dorsaler gesägter Muskel
11. *Costa XIII, M. retractor costae* – 13. Rippe, Rippenrückzieher
12. *M. obliquus internus abdominis* – innerer schiefer Bauchmuskel
13. *M. transversus abdominis* – querverlaufender Bauchmuskel
14. *M. obliquus externus abdominis* – äußerer schiefer Bauchmuskel
15. *M. rectus abdominis* – gerader Bauchmuskel
16. *Ren sinister* – linke Niere
17. *Ren dexter* – rechte Niere
18. *Lobus pancreatis dexter* – rechter Lappen der Bauchspeicheldrüse
19. *Duodenum* – Zwölffingerdarm
20. *Jejunum* – Leerdarm
21. *Ileum* – Hüftdarm
22. *Cecum* – Blinddarm
23. *Lnn. jejunales* – Leerdarmlymphknoten
24. *Paries profundus omenti majoris* – tiefes Blatt des großen Netzes
25. *paries superficialis omenti majoris* – oberflächliches Blatt des großen Netzes
26. *V. mesenterica cranialis* – kraniale Gekrösevene

Hund. Querschnitt durch die Bauchhöhle in Höhe des 5. Lendenwirbels, Ansicht von kaudal.

Abbildung 187

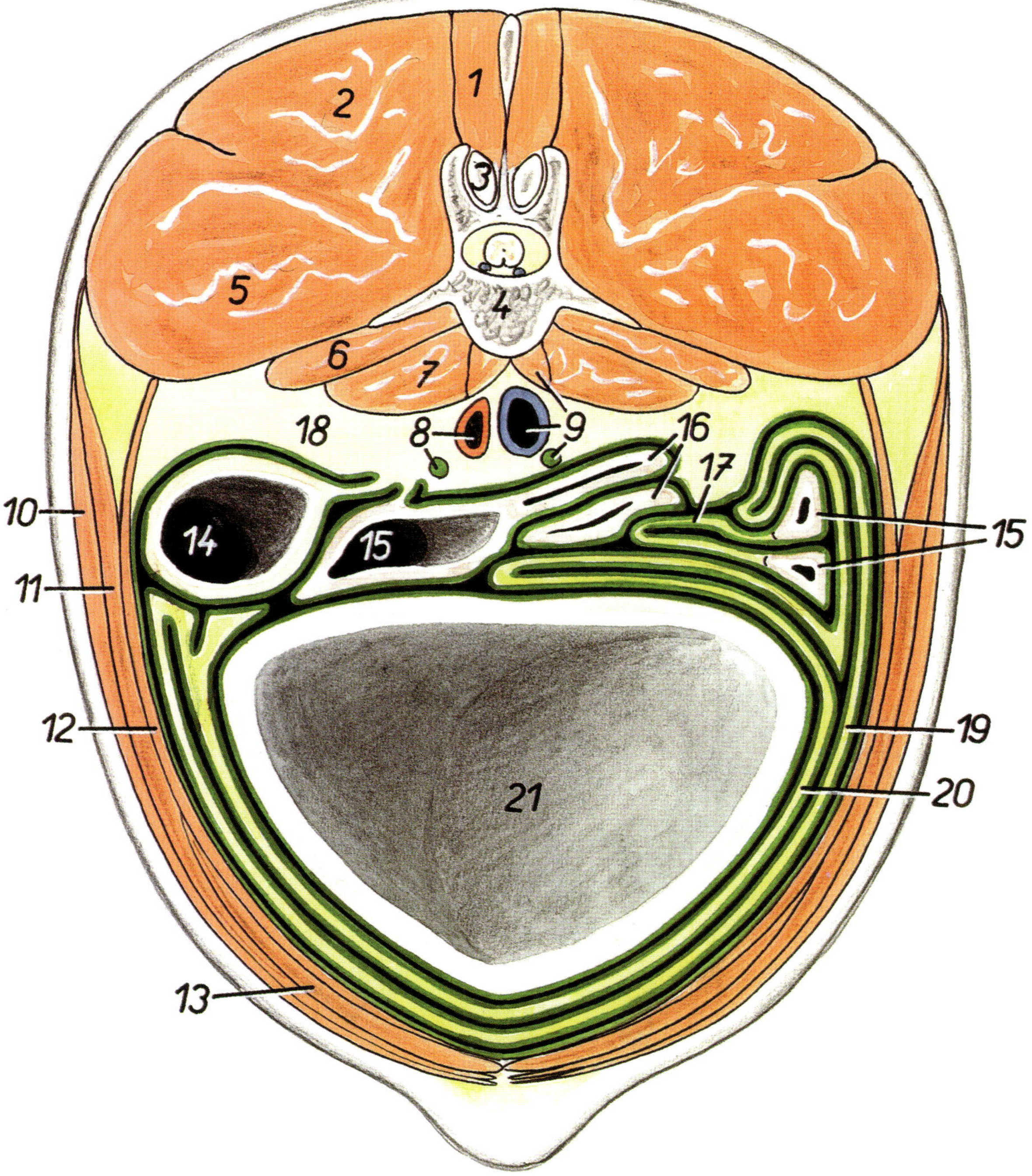

1. *Mm. multifidi lumborum* – Lendenportion des vielgeteilten Muskels
2. *M. longissimus lumborum* – Lendenportion des längsten Muskels
3. *Processus articularis caudalis vertebrae lumbalis IV* – kaudaler Gelenkfortsatz des 4. Lendenwirbels
4. *Vertebra lumbalis V* – Lendenwirbel
5. *M. iliocostalis lumborum* – Lendenportion des Darmbein-Rippenmuskels
6. *M. quadratus lumborum* – viereckiger Lendenmuskel
7. *M. psoas major* – großer Lendenmuskel
8. *Aorta, Ureter sinister* – große Körperschlagader, linker Harnleiter
9. *M. psoas minor, V. cava caudalis, Ureter dexter* – kleiner Lendenmuskel, kaudale Hohlvene, rechter Harnleiter
10. *M. obliquus externus abdominis* – äußerer schiefer Bauchmuskel
11. *M. obliquus internus abdominis* – innerer schiefer Bauchmuskel
12. *M. transversus abdominis* – querverlaufender Bauchmuskel
13. *M. rectus abdominis* – gerader Bauchmuskel
14. *Colon descendens* – absteigender Grimmdarm

15., 16. *Jejunum* – Leerdarm

17. *Mesojejunum* – Gekröse des Leerdarms
18. *Corpus adiposum* – Fettkörper
19. *Paries superficialis omenti majoris* – oberflächliches Blatt des großen Netzes
20. *Paries profundus omenti majoris* – tiefes Blatt des großen Netzes
21. *Vesica urinaria* – Harnblase

Abbildung 188

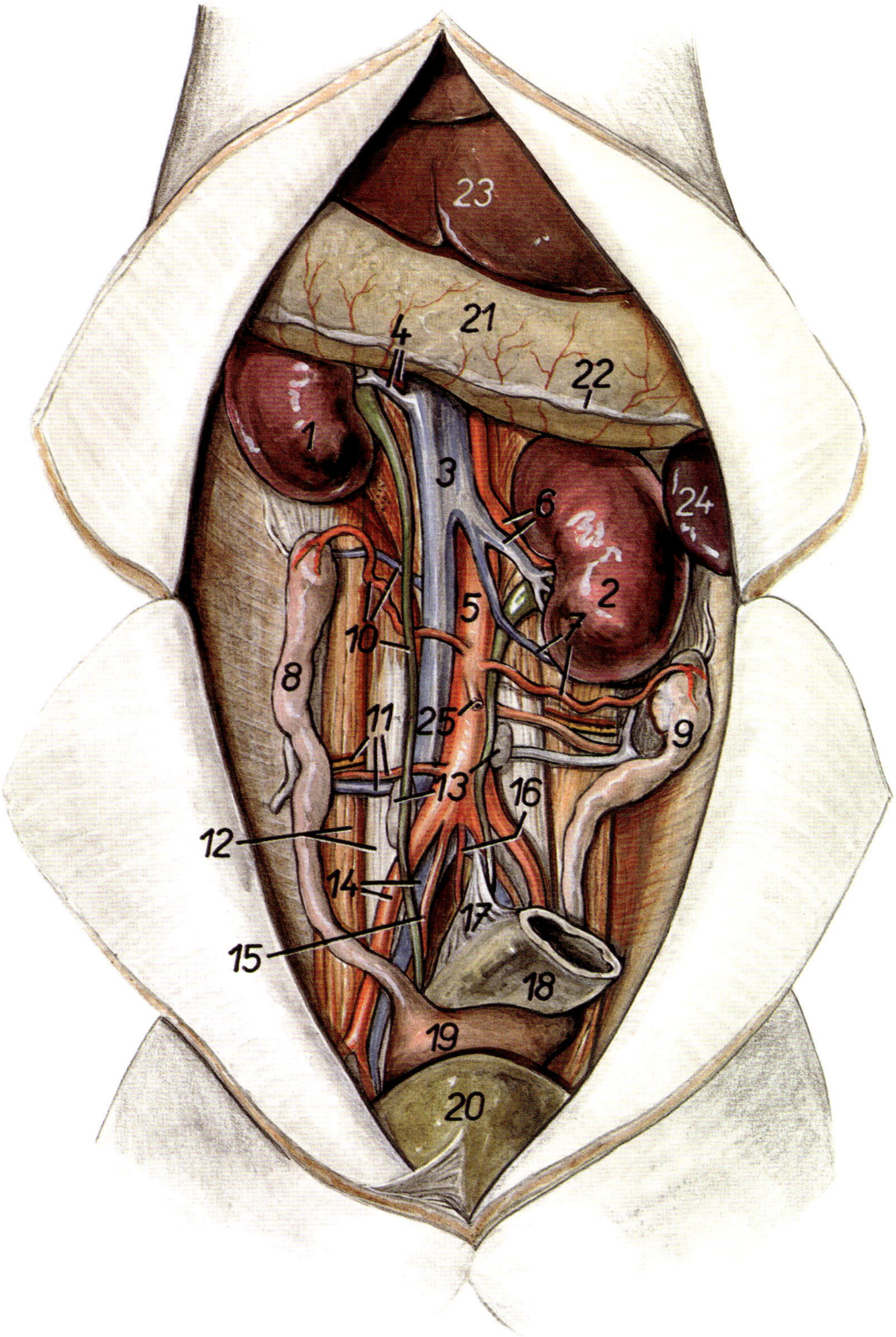

1. *Ren dexter* – rechte Niere
2. *Ren sinister* – linke Niere
3. *V cava caudalis* – kaudale Hohlvene
4. *A. et V. renalis dextra* – rechte Nierenarterie und -vene
5. *Aorta* – große Körperschlagader
6. *A. et V. renalis sinistra* – linke Nierenarterie und -vene
7. *A. et V. ovarica sinistra* – linke Eierstocksarterie und -vene
8. *Cornu uteri dextrum* – rechtes Gebärmutterhorn
9. *Cornu uteri sinistrum* – linkes Gebärmutterhorn
10. *A. et V. ovarica dextra, Ureter dexter* – rechte Eierstocksarterie und -vene, rechter Harnleiter
11. *A. et V. circumflexa ilium profunda, N. ilioinguinalis* – tiefe Darmbeinkranzarterie und -vene, Darmbein-Leistennerv
12. *M. psoas major et M. quadratus lumborum* – großer Lendenmuskel und viereckiger Lendenmuskel
13. *Lnn. lumbales aortici* – an der großen Körperschlagader gelegene Lendenlymphknoten
14. *A. iliaca externa, V. iliaca communis* – äußere Darmbeinarterie, gemeinsame Darmbeinvene
15. *A. iliaca interna* – innere Darmbeinarterie
16. *A. sacralis mediana* – mediane Kreuzbeinarterie
17. *Mesocolon descendens* – Gekröse der absteigender Grimmdarms
18. *Colon descendens* – absteigender Grimmdarm
19. *Corpus uteri* – Gebärmutterkörper
20. *Vesica urinaria* – Harnblase
21. *Ventriculus (Gaster)* – Magen
22. *Linea insertionis omenti majoris* – Ansatzlinie des großen Netzes
23. *Hepar* – Leber
24. *Lien* – Milz
25. *A. mesenterica caudalis* – kaudale Gekrösearterie

Abbildung 189

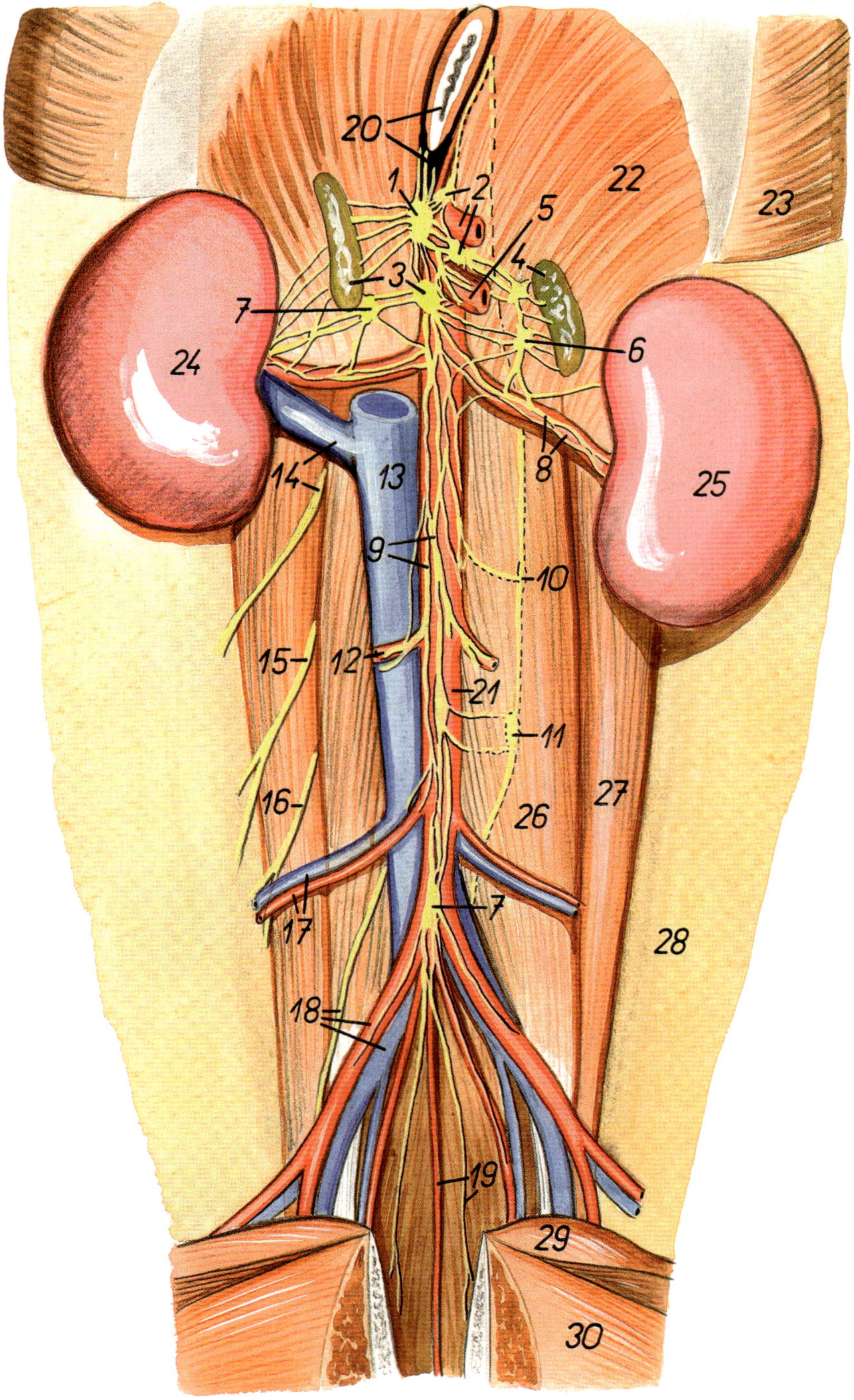

1. *Ganglion celiacum dextrum* – rechter Bauchhöhlennervenknoten
2. *Ganglion celiacum sinistrum, A. celiaca* – linker Bauchhöhlennervenknoten, linke Bauchhöhlenarterie
3. *Ganglion mesentericum craniale, Glandula adrenalis dextra* – kranialer Mittelfellnervenknoten, rechte Nebenniere
4. *Glandula adrenalis sinistra* – linke Nebenniere
5. *A. mesenterica cranialis* – kraniale Gekrösearterie
6. *Ganglion aorticorenale sinistrum* – linker Körperschlagader-Nierennervenknoten
7. *Ganglion aorticorenale dextrum* – rechter Körperschlagader-Nierennervenknoten

7'. *Ganglion pelvinum* – Beckennervenknoten

8. *Plexus renalis, A. renalis sinistra* – Nierengeflecht, linke Nierenarterie
9. *Plexus intermesentericus* – Zwischengekrösegeflecht
10. *Ganglion lumbale IV* – 4. Lendennervenknoten
11. *Ganglion lumbale V* – 5. Lendennervenknoten
12. *Plexus testicularis et A. testicularis dextra* – Hodengeflecht und rechte Hodenarterie
13. *V. cava caudalis* – kaudale Hohlvene
14. *V. renalis dextra, N. iliohypogastricus cranialis* – rechte Nierenvene, kranialer Darmbein-Bauchdeckennerv
15. *N. iliohypogastricus caudalis* – kaudaler Darmbein-Bauchdeckennerv
16. *N. ilioinguinalis* – Darmbein-Leistennerv
17. *A. et V. circumflexa ilium profunda* – tiefe Darmbeinkranzarterie und -vene
18. *A. iliaca externa, V. iliaca communis, N. genitofemoralis* – äußere Darmbeinarterie, gemeinsame Darmbeinvene, Genital-Schenkelnerv
19. *A. sacralis mediana, N. hypogastricus* – mediane Kreuzbeinarterie, Bauchdeckennerv
20. *Esophagus, Rami celiaci trunci vagalis dorsalis* – Speiseröhre, Eingeweideäste des Stammes des dorsalen Vagusnerven
21. *Aorta, Ganglion mesentericum caudale* – große Körperschlagader, kaudaler Gekrösenervenknoten
22. *Crus diaphragmatis sinistrum* – linker Zwerchfellpfeiler
23. *Pars costalis diaphragmatis* – Rippenteil des Zwerchfells
24. *Ren dexter* – rechte Niere
25. *Ren sinister* – linke Niere
26. *M. psoas minor* – kleiner Lendenmuskel
27. *M. psoas major* – großer Lendenmuskel
28. *Paries abdominis* – Bauchwand
29. *M. pectineus* – Kammuskel
30. *M. gracilis* – schlanker Schenkelmuskel

Hund. Leber, in situ fixiert, Ansicht der Zwerchfellfläche.

Abbildung 190

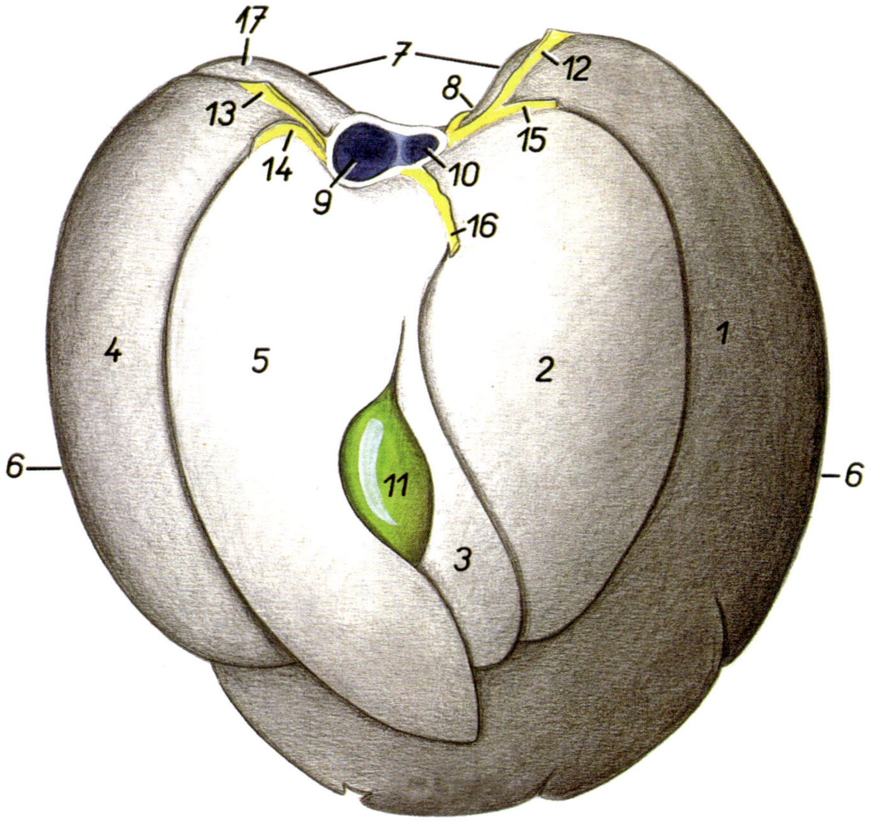

1. *Lobus sinister lateralis* – linker lateraler Lappen
2. *Lobus sinister medialis* – linker medialer Lappen
3. *Lobus quadratus* – viereckiger Lappen
4. *Lobus dexter lateralis* – rechter lateraler Lappen
5. *Lobus dexter medialis* – rechter medialer Lappen
6. *Margo ventralis* – ventraler Rand
7. *Margo dorsalis* – dorsaler Rand
8. *Impressio esophagea* – Eindruck der Speiseröhre
9. *V. cava caudalis* – kaudale Hohlvene
10. *V. hepatica* – Lebervene
11. *Vesica fellea* – Gallenblase
12. *Lig. triangulare sinistrum* – linkes dreieckiges Band
13. *Lig. triangulare dextrum* – rechtes dreieckiges Band
14. *Lig. coronarium dextrum* – rechtes Kranzband
15. *Lig. coronarium sinistrum* – linkes Kranzband
16. *Lig. falciforme et Lig. teres* – sichelförmiges Band und rundes Band
17. *Processus caudatus* – Schwanzfortsatz

Hund. Leber, in situ fixiert, Ansicht der Eingeweidefläche.

Abbildung 191

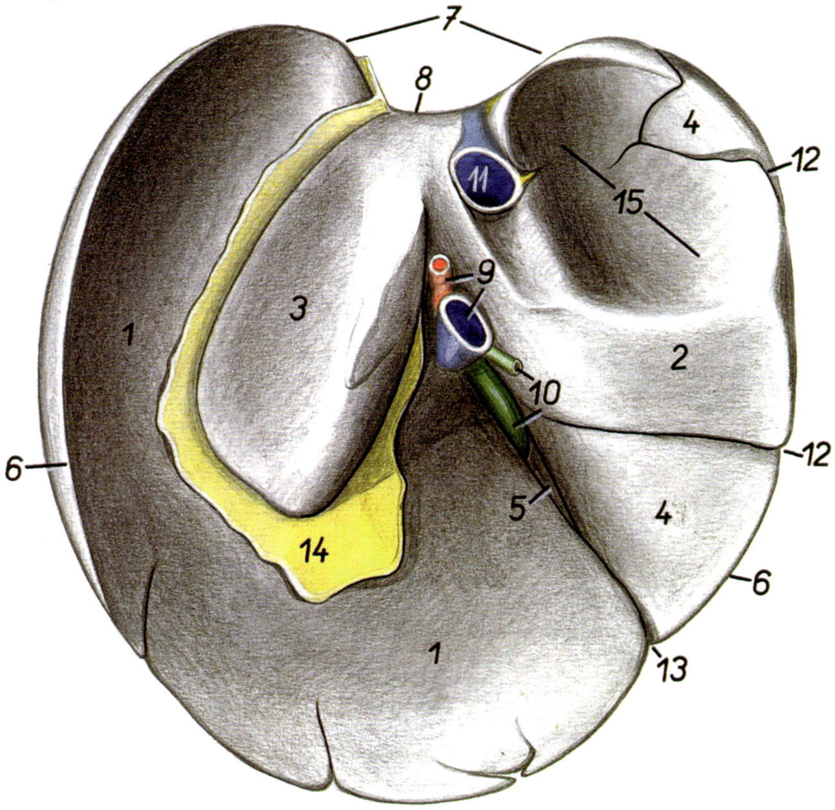

1. *Lobus sinister lateralis (cum impressione gastrica)* – linker lateraler Leberlappen (mit Eindruck des Magens)

2., 3. *Lobus caudatus* – schwanzförmiger Lappen

2. *Processus caudatus* – Schwanzfortsatz
3. *Processus papillaris* – Papillarfortsatz
4. *Lobus dexter lateralis* – rechter lateraler Lappen
5. *Lobus dexter medialis* – rechter medialer Lappen
6. *Margo ventralis* – ventraler Rand
7. *Margo dorsalis* – dorsaler Rand
8. *Impressio esophagea* – Eindruck der Speiseröhre
9. *V. portae, A. hepatica* – Pfortader, Leberarterie
10. *Vesica fellea, Ductus choledochus* – Gallenblase, gemeinsamer Ausführungsgang von Leber und Gallenblase
11. *V. cava caudalis* – kaudale Hohlvene

12., 13. *Incisurae interlobares (13. pro Vesica fellea)* – Zwischenlappeneinschnitte (13. für die Gallenblase)

14. *Omentum minus (Lig. hepatogastricum et hepatoduodenale)* – kleines Netz (Leber-Magenband und Leber-Zwölffingerdarmband)
15. *Impressio renalis* – Eindruck der Niere

Hund. Darmtrakt, Ansicht von rechts. Schematisiert.

Abbildung 192

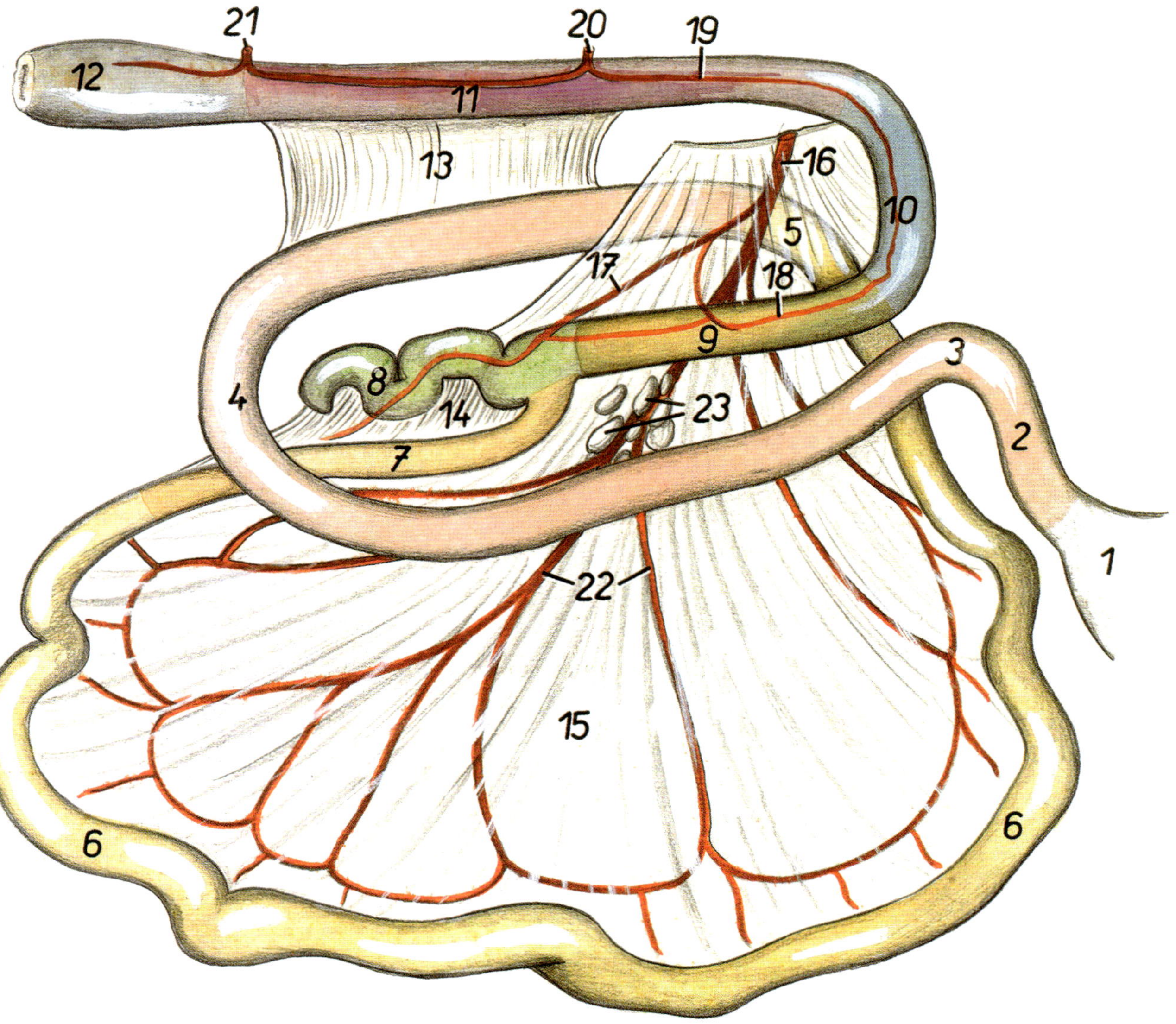

1. *Ventriculus (Gaster)* – Magen
2., 3., 4. *Duodenum* – Zwölffingerdarm
2. *Pars cranialis duodeni* – kranialer Teil des Zwölffingerdarmes
3. *Flexura duodeni cranialis* – kraniale Zwölffingerdarmbiegung
4. *Flexura duodeni caudalis* – kaudale Zwölffingerdarmbiegung
5. *Flexura duodenojejunalis* – Zwölffingerdarm-Leerdarmbiegung
6. *Jejunum* – Leerdarm
7. *Ileum* – Hüftdarm
8. *Cecum* – Blinddarm
9. *Colon ascendens* – aufsteigender Grimmdarm
10. *Colon transversum* – querverlaufender Grimmdarm
11. *Colon descendens* – absteigender Grimmdarm
12. *Rectum* – Mastdarm
13. *Plica duodenocolica* – Zwölffingerdarm-Grimmdarmfalte
14. *Plica ileocecalis* – Hüftdarm-Blinddarmfalte
15. *Mesojejunum* – Gekröse des Leerdarms
16. *A. mesenterica cranialis* – kraniale Gekrösearterie
17. *A. ileocolica* – Hüftdarm-Grimmdarmarterie
18. *A. colica dextra* – rechte Grimmdarmarterie
19. *A. colica sinistra* – linke Grimmdarmarterie
20. *A. mesenterica caudalis* – kaudale Gekrösearterie
21. *A. rectalis caudalis* – kaudale Mastdarmarterie
22. *Aa. jejunales* – Leerdarmarterien
23. *Lnn. jejunales* – Leerdarmlymphknoten

Abbildung 193

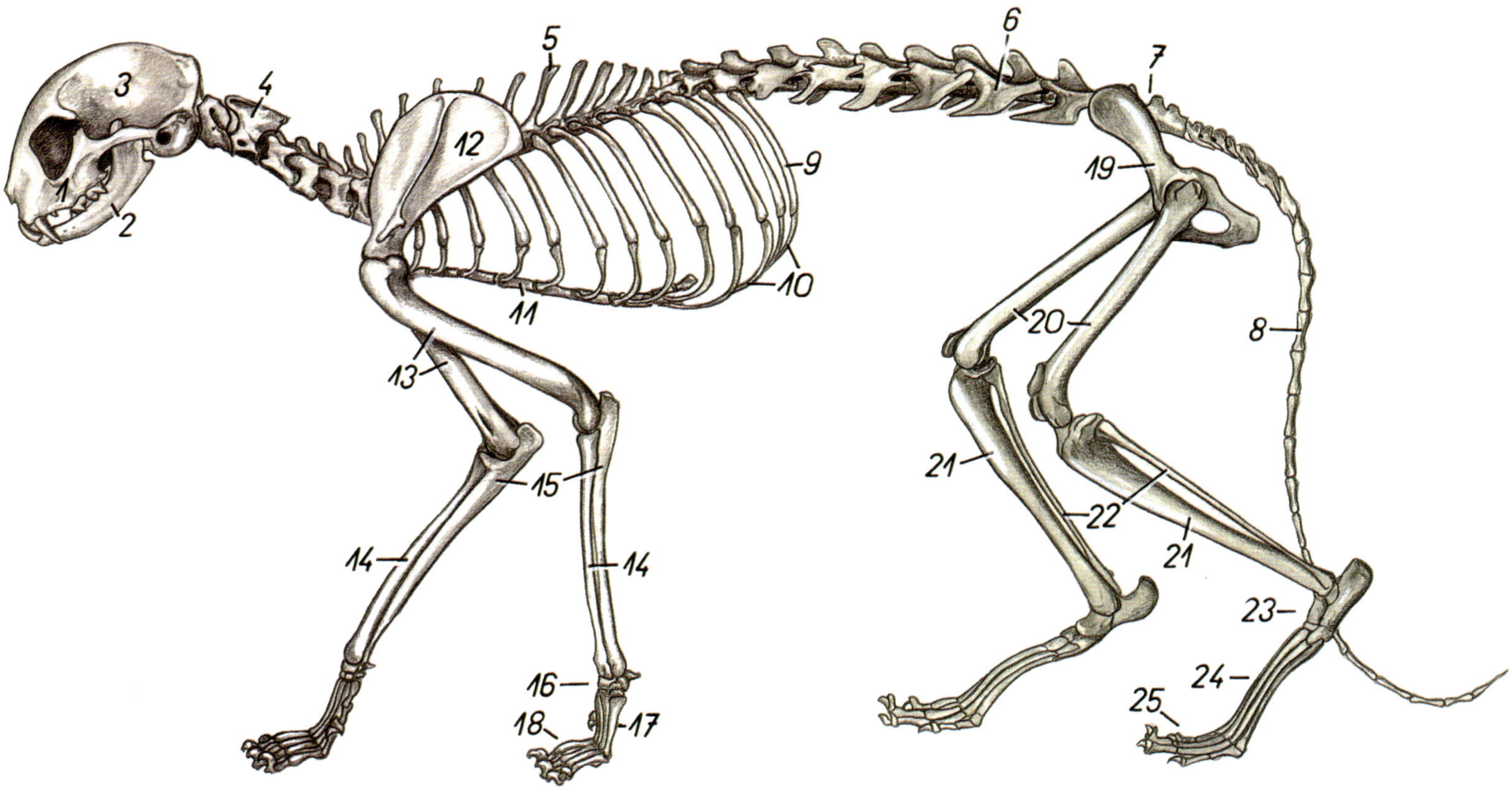

1. *Maxilla* – Oberkieferbein
2. *Mandibula* – Unterkiefer
3. *Calvaria* – Schädeldach
4. *Axis* – 1. Halswirbel
5. *Vertebra thoracica VI* – 6. Brustwirbel
6. *Vertebra lumbalis VI* – 6. Lendenwirbel
7. *Os sacrum* – Kreuzbein
8. *Vertebra coccygea XI* – 11. Schwanzwirbel
9. *Costa XIII* – 13. Rippe
10. *Arcus costalis* – Rippenbogen
11. *Sternum* – Brustbein
12. *Scapula* – Schulterblatt
13. *Humerus* – Oberarmbein
14. *Radius* – Speiche
15. *Ulna* – Elle
16. *Ossa carpi* – Vorderfußwurzelknochen
17. *Ossa metacarpalia* – Vordermittelfußknochen
18. *Ossa digitorum manus* – Knochen der Zehen (der Schultergliedmaße)
19. *Os coxae* – Hüftbein
20. *Os femoris* – Oberschenkelbein
21. *Tibia* – Schienbein
22. *Fibula* – Wadenbein
23. *Ossa tarsi* – Hinterfußwurzelknochen
24. *Ossa metatarsalia* – Hintermittelfußknochen
25. *Ossa digitorum pedis* – Knochen der Zehen (der Beckengliedmaße)

Abbildung 194

1. *M. sphincter colli profundus* – tiefer Halsschnürer
2. *Glandula parotis* – Ohrspeicheldrüse
3. *M. omotransversarius* – Schulter-Querfortsatzmuskel

4., 5., 5′. *M. brachiocephalicus* – Arm-Kopfmuskel

4. *M. cleidobrachialis sinister* – linker Schlüsselbein-Armmuskel

5., 5′. *M. cleidocephalicus* – Schlüsselbein-Kopfmuskel

5. *M. cleidocervicalis* – Schlüsselbein-Halsmuskel

5′. *M. cleidomastoideus* – Schlüsselbein-Warzenteilmuskel

6., 7. *M. sternocephalicus* – Brustbein-Kopfmuskel

6. *M. sternooccipitalis* – Brustbein-Hinterhauptmuskel
7. *M. sternomastoideus* – Brustbein-Warzenteilmuskel

Katze. Oberflächliche Muskulatur. Hautmuskeln entfernt.

Abbildung 194

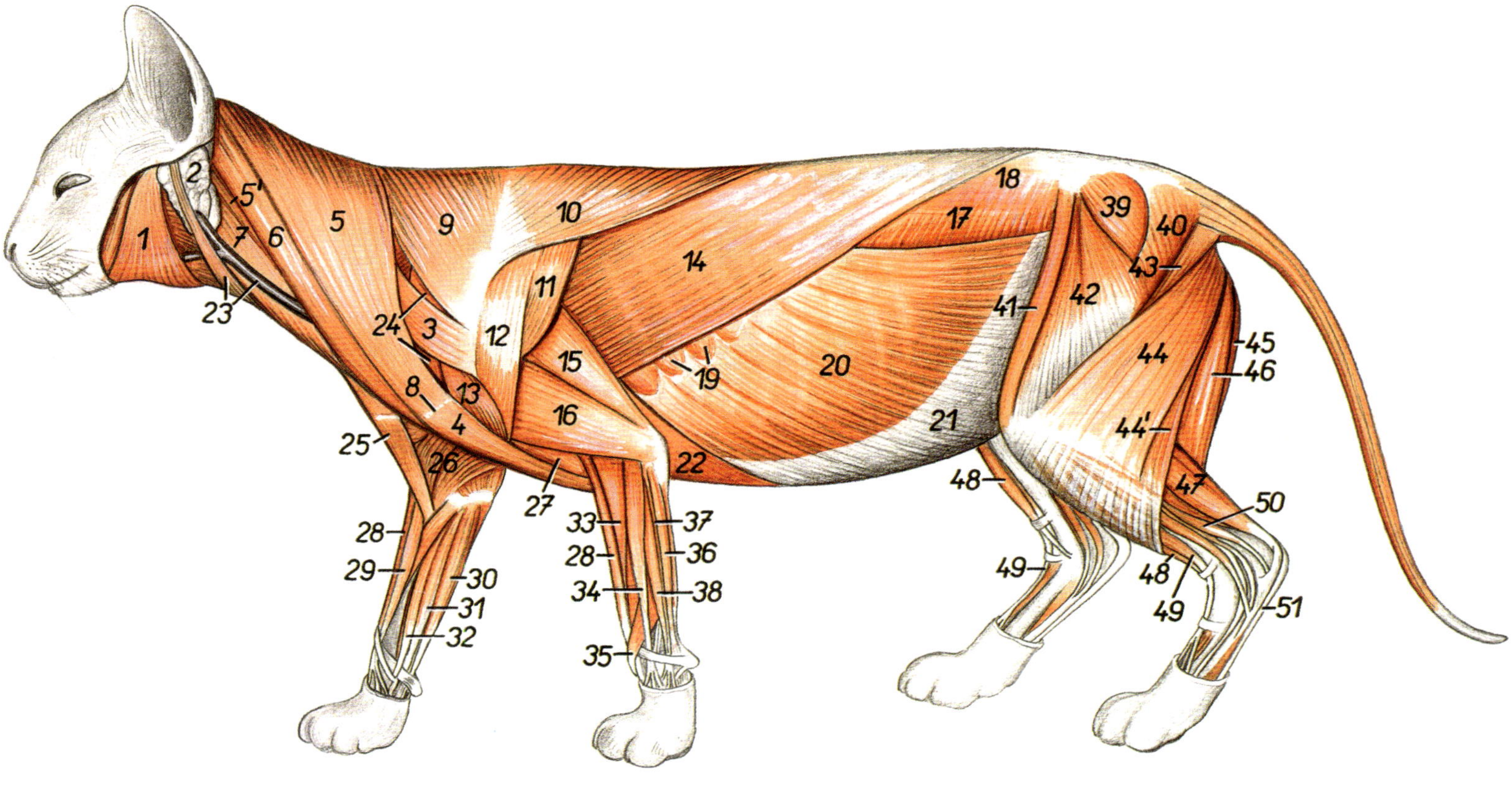

8. *Intersectio clavicularis* – Schlüsselbeinstreifen
9. *Pars cervicalis mi. trapezii* – Halsteil des trapezförmigen Muskels
10. *Pars thoracica mi. trapezii* – Brustkorbteil des trapezförmigen Muskels
11. *M. infraspinatus* – Untergrätenmuskel
12. *Pars scapularis mi. deltoidei* – Schulterblatteil des deltaförmigen Muskels
13. *Pars acromialis mi. deltoidei* – Gräteneckteil des deltaförmigen Muskels
14. *M. latissimus dorsi* – breiter Rückenmuskel
15. *Caput longum mi. tricipitis brachii* – langer Kopf des dreiköpfigen Armmuskels
16. *Caput laterale mi. tricipitis brachii* – lateraler Kopf des dreiköpfigen Armmuskels
17. *M. obliquus internus abdominis* – innerer schiefer Bauchmuskel
18. *Fascia thoracolumbalis* – Brustkorb-Lendenfaszie
19. *M. serratus ventralis thoracis* – Brustkorbportion des ventralen gesägten Muskels
20. *M. obliquus externus abdominis* – äußerer schiefer Bauchmuskel
21. *Aponeurosis mi. obliqui externi abdominis* – Sehnenplatte des äußeren schiefen Bauchmuskels
22. *M. pectoralis profundus (ascendens)* – tiefer (aufsteigender) Brustmuskel
23. *M. parotidoauricularis, V. jugularis externa* – Ohrspeicheldrüsen-Ohrmuschelmuskel, äußere Drosselvene
24. *M. supraspinatus* – Übergrätenmuskel
25. *M. cleidobrachialis dexter* – rechter Schlüsselbein-Armmuskel
26. *M. pectoralis superficialis (descendens)* – oberflächlicher (absteigender) Brustmuskel
27. *M. brachialis* – Armmuskel
28. *M. brachioradialis* – langer Auswärtsdreher
29. *M. extensor carpi radialis longus (dexter)* – langer (rechter) radialer Strecker des Vorderfußwurzelgelenkes
30. *M. flexor digitorum superficialis* – oberflächlicher Zehenbeuger
31. *Caput radiale mi. flexoris digitorum profundi* – radialer Kopf des tiefen Zehenbeugers
32. *M. flexor carpi radialis* – radialer Beuger des Vorderfußwurzelgelenks
33. *M. extensor carpi radialis longus (sinister)* – langer (linker) radialer Strecker des Vorderfußwurzelgelenks
34. *M. extensor digitorum communis* – gemeinsamer Zehenstrecker
35. *M. abductor digiti I (pollicis) longus* – langer Abzieher der 1. Zehe
36. *M. extensor carpi ulnaris* – ulnarer Beuger des Vorderfußwurzelgelenks
37., 38. *M. extensor digitorum lateralis* (37. *M. extensor digiti V proprius*, 38. *M. extensor digitorum IV et III proprius)* – lateraler Strecker der Zehen (37. besonderer Strecker der 5. Zehe, 38. besonderer Strecker der 4. und 3. Zehe)
39. *M. gluteus medius* – mittlerer Kruppenmuskel
40. *M. gluteus superficialis* – oberflächlicher Kruppenmuskel
41. *M. sartorius* – Schneidermuskel
42. *M. tensor fasciae latae* – Spanner der Schenkelfaszie
43. *M. abductor cruris cranialis (M. cocygeofemoralis)* – kranialer Auswärtsführer des Unterschenkels (Schwanz-Oberschenkelmuskel)
44. *M. biceps femoris – Portio cranialis* – zweiköpfiger Oberschenkelmuskel, kranialer Teil

44'. *M. biceps femoris – Portio caudalis* – zweiköpfiger Oberschenkelmuskel, kaudaler Teil

45. *M. semimembranosus* – halbhäutiger Muskel
46. *M. semitendinosus* – halbsehniger Muskel
47. *M. gastrocnemius* – Wadenmuskel
48. *M. tibialis cranialis* – kranialer Schienbeinmuskel
49. *M. extensor digitorum longus* – langer Zehenstrecker
50. *M. flexor digiti I (hallucis) longus* – langer Beuger der 1. Zehe
51. *M. flexor digitorum superficialis* – oberflächlicher Zehenbeuger

Katze. Innere Organe, Ansicht von links. Herzbeutel, Zwerchfell, Netz und Gekröse sind entfernt.

Abbildung 195

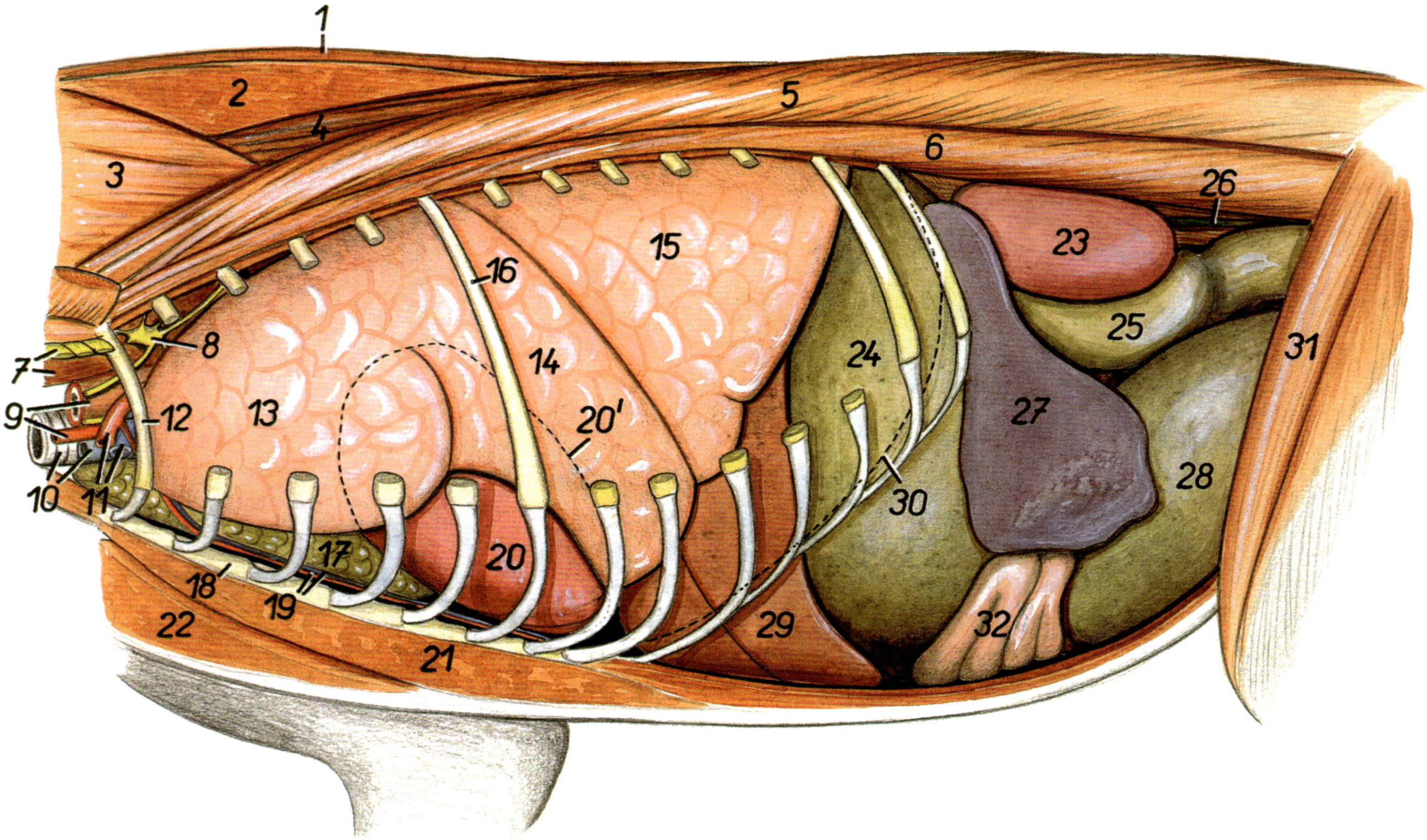

1. *M. trapezius (Partes cervicalis et thoracica)* – trapezförmiger Muskel (Hals- und Brustkorbteil)
2. *M. rhomboideus cervicis et rhomboideus thoracis* – Hals- und Brustkorbportion des rautenförmigen Muskels
3. *M. splenius cervicis et splenius capitis* – Hals- und Kopfportion des Riemenmuskels
4. *M. spinalis et semispinalis thoracis* – Brustkorbportion des Dornfortsatz- und Halbdornfortsatzmuskels
5. *M. longissimus thoracis et longissimus lumborum* – Brustkorb- und Lendenportion des längsten Muskels
6. *M. iliocostalis thoracis et iliocostalis lumborum* – Brustkorb- und Lendenportion des Darmbein-Rippenmuskels
7. *Plexus brachialis, M. longus colli* – Armgeflecht, langer Halsmuskel
8. *Ganglion cervicothoracicum (s. stellatum)* – Hals- Brustkorbnervenknoten (sternförmiger)
9. *A. carotis communis, Esophagus* – gemeinsame Kopfarterie, Speiseröhre
10. *V. jugularis sinistra, Trachea* – linke Drosselvene, Luftröhre
11. *A. et V. axillaris* – Achselarterie und -vene
12. *Costa I* – 1. Rippe
13. *Pars cranialis lobi cranialis pulmonis sinistri* – kranialer Teil des linken kranialen Lungenlappens
14. *Pars caudalis lobi cranialis pulmonis sinistri* – kaudaler Teil des linken kranialen Lungenlappens
15. *Lobus caudalis* – kaudaler Lappen
16. *Costa VI* – 6. Rippe
17. *Thymus* – Thymus (Bries)
18. *Sternum* – Brustbein
19. *A. et V. thoracica interna* – innere Brustkorbarterie und -vene
20. *Cor* – Herz

20'. *Contura cordis in projectione* – Herzausdehnung in der Projektion

21. *M. pectoralis profundus (ascendens)* – tiefer (aufsteigender) Brustmuskel
22. *M. pectoralis superficialis (descendens)* – oberflächlicher (absteigender) Brustmuskel
23. *Ren sinister* – linke Niere
24. *Ventriculus (Gaster)* – Magen, moderat gefüllt
25. *Colon descendens* – absteigender Grimmdarm
26. *Ureter sinister* – linker Harnleiter
27. *Lien* – Milz
28. *Vesica urinaria* – Harnblase, gefüllt
29. *Hepar* – Leber
30. *Linea insertionis diaphragmatis* – Ansatzlinie des Zwerchfells
31. *M. sartorius* – Schneidermuskel
32. *Jejunum* – Leerdarm

Katze. Innere Organe, Ansicht von rechts. Herzbeutel, Zwerchfell, Netz und Gekröse sind entfernt.

Abbildung 196

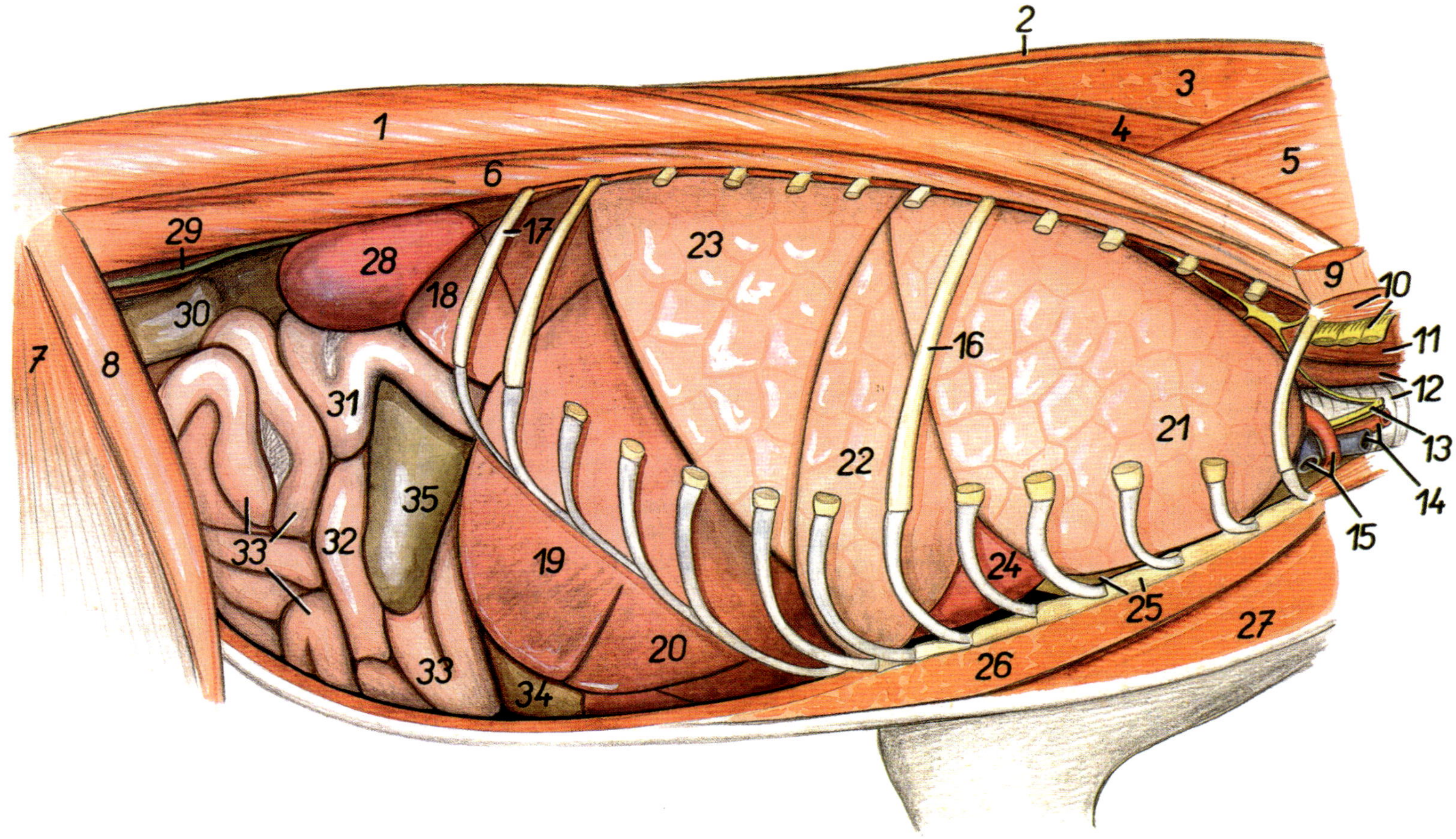

1. *M. longissimus lumborum et longissimus thoracis* – Lenden- und Brustkorbportion des längsten Muskels
2. *M. trapezius (Partes cervicalis et thoracica)* – trapezförmiger Muskel (Hals- und Brustkorbteil)
3. *M. rhomboideus thoracis rhomboideus cervicis* – Brustkorb- und Halsportion des rautenförmigen Muskels
4. *M. spinalis et semispinalis thoracis* – Brustkorbportion des Dornfortsatz- und Halbdornfortsatzmuskels
5. *M. splenius cervicis et splenius capitis* – Hals- und Kopfportion des Riemenmuskels
6. *M. iliocostalis lumborum et iliocostalis thoracis* – Lenden- und Brustkorbportion des Darmbein-Rippenmuskels
7. *M. tensor fasciae latae* – Spanner der Oberschenkelfaszie
8. *M. sartorius* – Schneidermuskel
9. *M. serratus ventralis cervicis* – Halsportion des ventralen gesägten Muskels
10. *Plexus brachialis, M. scalenus medius* – Armgeflecht, mittlerer Rippenhalter
11. *M. longus colli* – langer Halsmuskel
12. *Esophagus, Trachea* – Speiseröhre, Luftröhre
13. *N. vagus et Truncus sympathicus* – Vagusnerv und Stamm des Sympathikusnerven
14. *V. jugularis dextra, A. carotis communis* – rechte Drosselvene, gemeinsame Kopfarterie
15. *A. et V. axillaris* – Achselarterie und -vene
16. *Costa VI* – 6. Rippe
17. *Costa XIII* – 13. Rippe
18. *Processus caudatus hepatis* – Schwanzfortsatz der Leber
19., 20. *Lobus hepatis dexter* (19. *lateralis*, 20. *medialis*) – rechter Leberlappen (19. lateraler, 20. medialer)
21. *Lobus cranialis pulmonis dextri* – kranialer Lappen der rechten Lunge
22. *Lobus medius pulmonis dextri* – mittlerer Lappen der rechten Lunge
23. *Lobus caudalis pulmonis dextri* – kaudaler Lappen der rechten Lunge
24. *Cor* – Herz
25. *Thymus, Sternum* – Thymus (Bries), Brustbein
26. *M. pectoralis profundus (ascendens)* – tiefer (aufsteigender) Brustmuskel
27. *M. pectoralis superficialis (descendens)* – oberflächlicher (absteigender) Brustmuskel
28. *Ren dexter* – rechte Niere
29. *Ureter dexter* – rechter Harnleiter
30. *Colon descendens* – absteigender Grimmdarm
31. *Duodenum* – Zwölffingerdarm
32. *Ileum* – Hüftdarm
33. *Jejunum* – Leerdarm
34. *Ventriculus (Gaster)* – Magen
35. *Cecum* – Blinddarm

Katze. Präparation der vegetativen Nerven am Brusteingang, Ansicht von links.

Abbildung 197

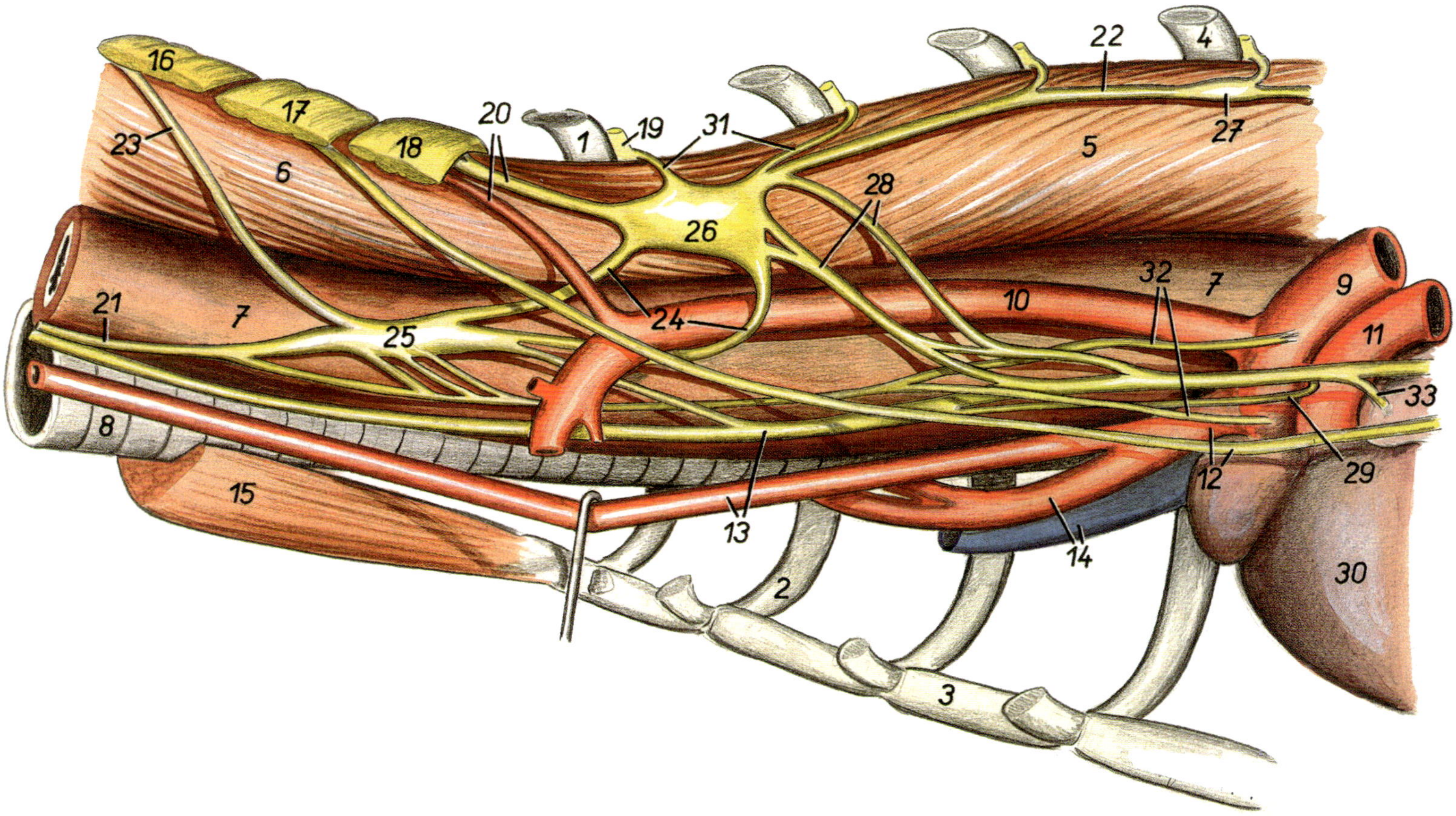

1. *Costa I (sinistra)* – 1. (linke) Rippe
2. *Cartilago costalis II (dextra)* – 2. (rechter) Rippenknorpel
3. *Sternum* – Brustbein
4. *Costa IV (sinistra)* – 4. (linke) Rippe
5. *M. longus colli* – Pars thoracica – langer Halsmuskel – Brustkorbteil
6. *M. longus colli* – Pars cervicalis – langer Halsmuskel – Halsteil
7. *Esophagus* – Speiseröhre
8. *Trachea* – Luftröhre
9. *Aorta* – große Körperschlagader
10. *A. subclavia sinistra* – linke Unterschlüsselbeinarterie
11. *Truncus pulmonalis* – Stamm der Lungenarterie
12. *Truncus brachiocephalicus, N. phrenicus sinister* – Stamm der Arm-Kopfarterie (linker Zwerchfellnerv)
13. *A. carotis communis, N. vagus* – gemeinsame Kopfarterie, Vagusnerv
14. *A. subclavia dextra, V. cava cranialis* – rechte Unterschlüsselbeinarterie, kraniale Hohlvene
15. *Mm. sternohyoidei et Mm. sternothyroidei* – Brustbein-Zungenbeinmuskeln und Brustbein-Schildknorpelmuskeln
16. *N. cervicalis VI* – 6. Halsnerv
17. *N. cervicalis VII* – 7. Halsnerv
18. *N. cervicalis VIII* – 8. Halsnerv
19. *N. thoracicus I* – 1. Brustnerv
20. *A. et N. vertebralis* – Wirbelarterie und -nerv
21., 22. *Truncus sympathicus* (21. *Pars cervicalis*, 22. *Pars thoracica*) – Stamm des Sympathikusnerven (21. Halsteil, 22. Brustkorbteil)
23. *N. vertebralis accessorius* – zusätzlicher Wirbelnerv
24. *Ansa subclavia* – Unterschlüsselbeinschleife
25. *Ganglion cervicale medium* – mittlerer Halsnervenknoten
26. *Ganglion stellatum (s. cervicothoracicum)* – sternförmiger Nervenknoten (Hals-Brustkorbnervenknoten)
27. *Ganglion thoracicum IV* – 4. Brustkorbnervenknoten
28. *Rami communicantes cum N. vago* – Verbindungsäste mit dem Vagusnerven
29. *N. laryngeus recurrens sinister* – linker zurücklaufender Kehlkopfnerv
30. *Cor* – Herz
31. *Rami communicantes (albi et grisei)* – Verbindungsäste (weiße und graue)
32. *Rami ad plexuum aorticum thoracicum* – Äste zum Körperschlagader-Brustkorbnervenknoten
33. *Ramus cardiacus ni. vagi* – Herzäste des Vagusnerven

Katze. Präparation der vegetativen Nerven am Brusteingang, Ansicht von rechts.

Abbildung 198

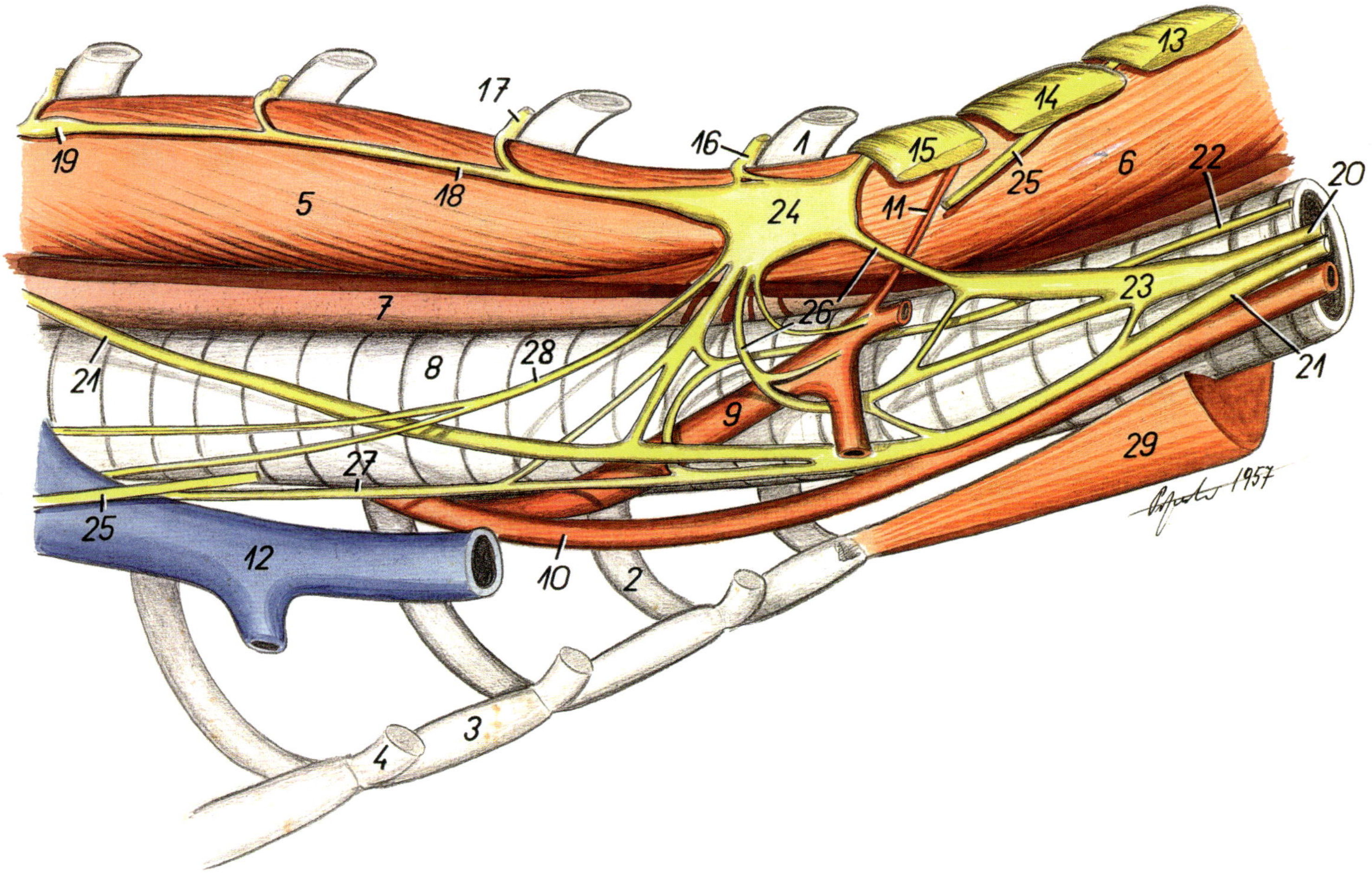

1. *Costa I (dextra)* – 1. (rechte) Rippe
2. *Cartilago costalis II (sinistra)* – 2. (linker) Rippenknorpel
3. *Sternum* – Brustbein
4. *Cartilago costalis IV (dextra)* – 4. (rechter) Rippenknorpel
5. *M. longus colli – Pars thoracica* – langer Halsmuskel – Brustkorbteil
6. *M. longus colli – Pars cervicalis* – langer Halsmuskel – Halsteil
7. *Esophagus* – Speiseröhre
8. *Trachea* – Luftröhre
9. *A. subclavia dextra* – rechte Unterschlüsselbeinarterie
10. *A. carotis communis dextra* – rechte gemeinsame Kopfarterie
11. *A. vertebralis* – Wirbelarterie
12. *V. cava cranialis* – kraniale Hohlvene
13. *N. cervicalis VI* – 6. Halsnerv
14. *N. cervicalis VII* – 7. Halsnerv
15. *N. cervicalis VIII* – 8. Halsnerv
16. *N. thoracicus I* – 1. Brustkorbnerv
17. *N. thoracicus II* – 2. Brustkorbnerv
18. *Truncus sympathicus (Pars thoracica)* – Stamm des Sympathikusnerven (Brustkorbteil)
19. *Ganglion thoracicum IV* – 4. Brustkorbnervenknoten
20. *Truncus sympathicus (Pars cervicalis)* – Stamm des Sympathikusnerven (Halsteil)
21. *N. vagus* – Vagusnerv
22. *N. laryngeus recurrens dexter* – rechter zurücklaufender Kehlkopfnerv
23. *Ganglion cervicale medium* – mittlerer Halsnervenknoten
24. *Ganglion stellatum (s. cervicothoracicum)* – sternförmiger Nervenknoten (Hals-Brustkorbnervenknoten)
25. *N. phrenicus* – Zwerchfellnerv
26. *Ansa subclavia* – Unterschlüsselbeinschleife
27. *Ramus cardiacus ni. vagi* – Herzäste des Vagusnerven
28. *N. cardiacus cervicalis (sympathicus)* – Halsteil des Herznerven (des Sympathikusnerven)
29. *Mm. sternohyoidei et Mm. sternothyroidei* – Brustbein-Zungenmuskeln und Brustbein-Schildknorpelmuskeln

Abbildung 199

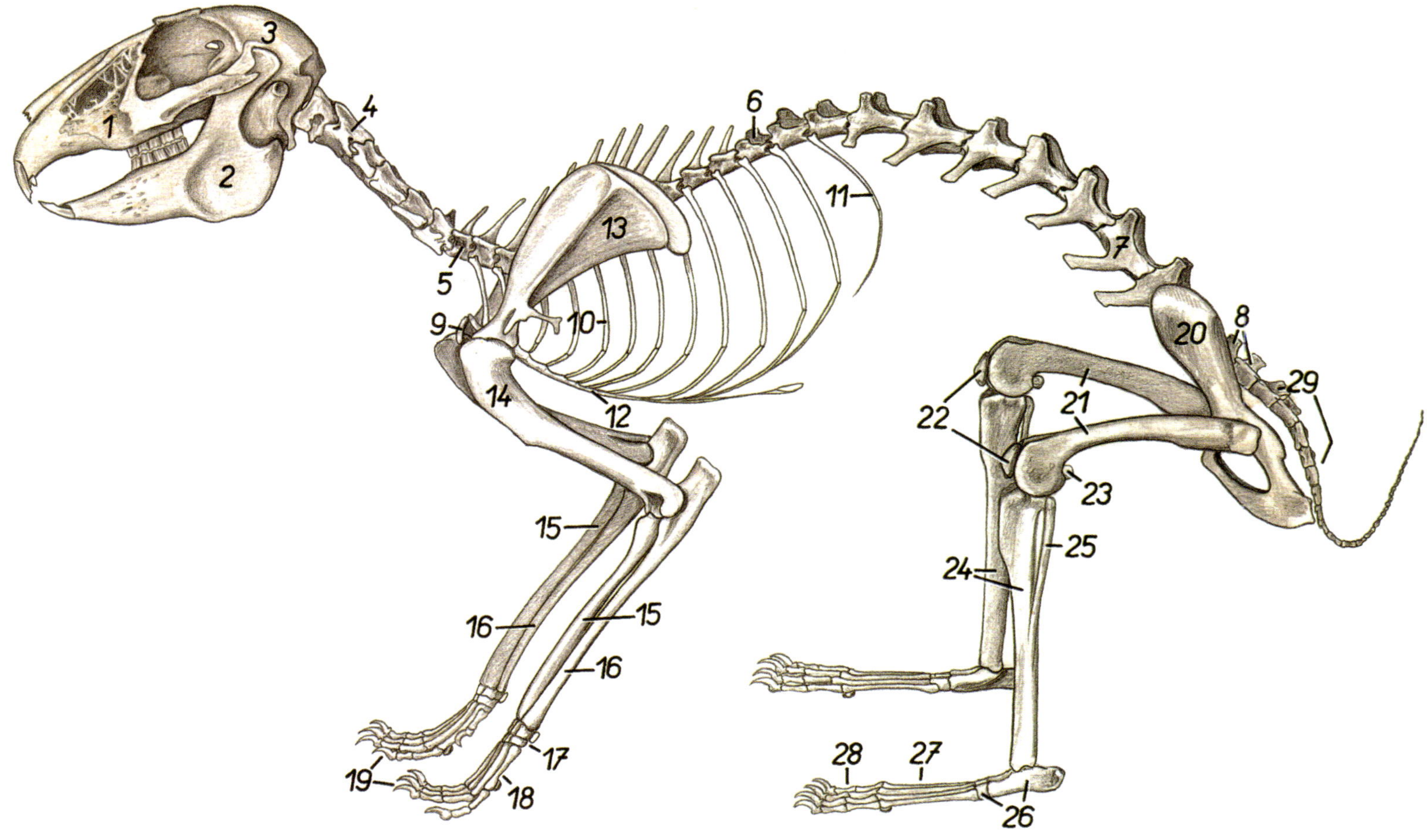

1. *Maxilla* – Oberkieferbein
2. *Mandibula* – Unterkiefer
3. *Os parietale* – Scheitelbein
4. *Axis* – 1. Halswirbel
5. *Vertebra cervicalis VII* – 7. Halswirbel
6. *Vertebra thoracica XI* – 11. Brustwirbel
7. *Vertebra lumbalis VI* – 6. Lendenwirbel
8. *Os sacrum* – Kreuzbein
9. *Clavicula* – Schlüsselbein
10. *Costa V* – 5. Rippe
11. *Costa XIII* – 13. Rippe
12. *Sternum* – Brustbein
13. *Scapula* – Schulterblatt
14. *Humerus* – Oberarmbein
15. *Radius* – Speiche
16. *Ulna* – Elle
17. *Ossa carpi* – Vorderfußwurzelknochen
18. *Ossa metacarpalia* – Vordermittelfußknochen
19. *Ossa digitorum manus* – Knochen der Zehen (der Schultergliedmaße)
20. *Os coxae* – Hüftbein
21. *Os femoris* – Oberschenkelbein
22. *Patella* – Kniescheibe
23. *Ossa sesamoidea mi. gastrocnemii (fabellae)* – Sesambeine des Wadenmuskels (Bohnen)
24. *Tibia* – Schienbein
25. *Fibula* – Wadenbein
26. *Ossa tarsi* – Hinterfußwurzelknochen
27. *Ossa metatarsalia* – Hintermittelfußknochen
28. *Ossa digitorum pedis* – Knochen der Zehen (der Beckengliedmaße)
29. *Vertebrae caudales* – Schwanzwirbel

Kaninchen. Oberflächliche Muskulatur. Hautmuskeln entfernt.

Abbildung 200

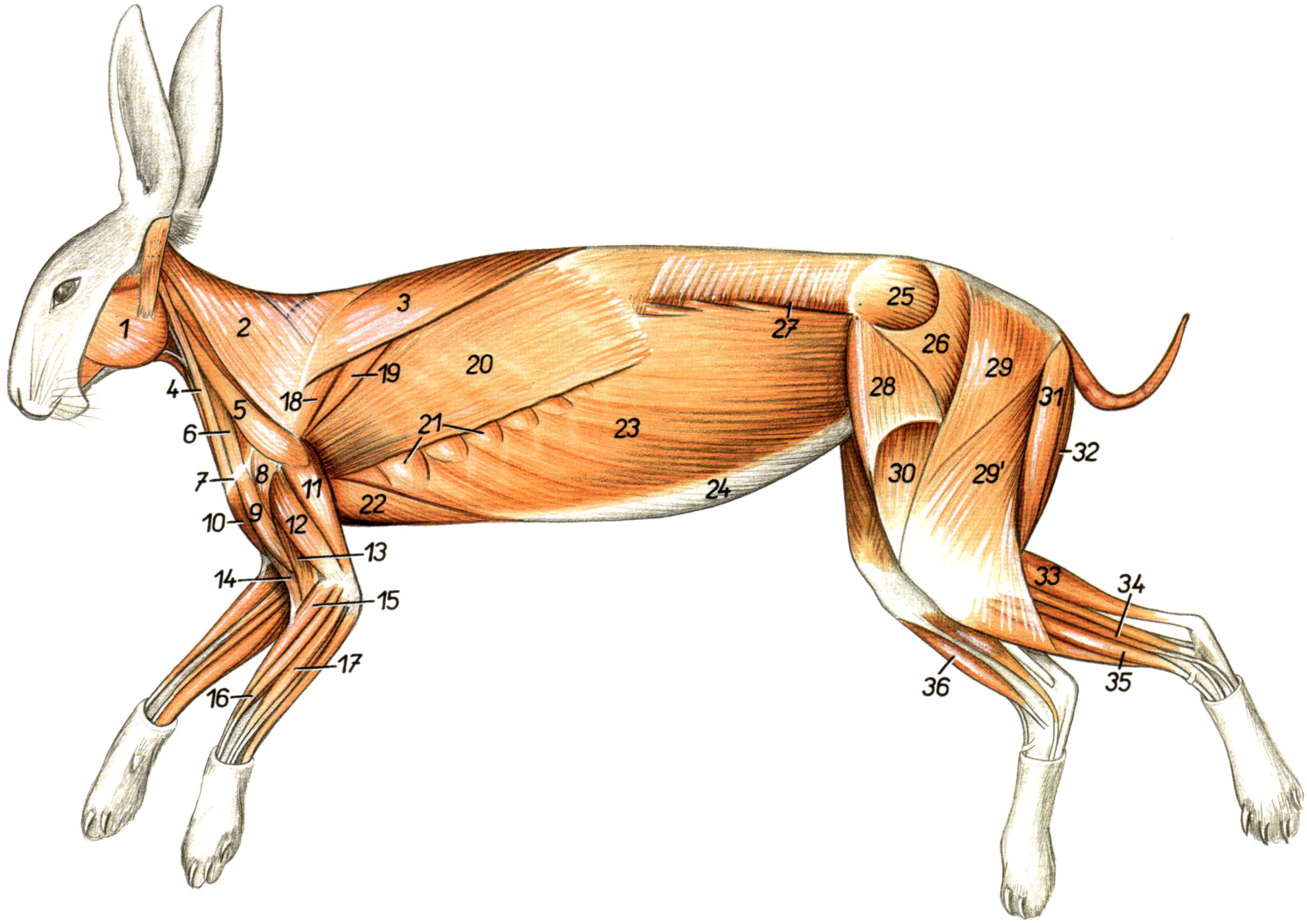

1. *M. masseter* – äußerer Kaumuskel
2. *Pars cervicalis mi. trapezii* – Halsteil des trapezförmigen Muskels
3. *Pars thoracica mi. trapezii* – Brustkorbteil des trapezförmigen Muskels
4. *M. cleidomastoideus* – Schlüsselbein-Warzenteilmuskel
5. *M. omotransversarius* – Schulter-Querfortsatzmuskel
6. *M. cleidobasilaris* – Schlüsselbein-Schädelbasismuskel
7. *Clavicula et Manubrium sterni* – Schlüsselbein und Griff des Brustbeines
8. *M. deltoideus* – *Pars scapularis* – deltaförmiger Muskel, Schulterblatteil
9. *M. cleidobrachialis (Pars clavicularis mi. deltoidei)* – Schlüsselbein-Armmuskel (Schlüsselbeinteil des deltaförmigen Muskels)
10. *M. pectoralis superficialis (descendens)* – oberflächlicher (absteigender) Brustmuskel
11. *Caput longum mi. tricipitis brachii* – langer Kopf des dreiköpfigen Armmuskels
12. *Caput laterale mi. tricipitis brachii* – lateraler Kopf des dreiköpfigen Armmuskels
13. *M. brachialis* – Armmuskel
14. *M. biceps brachii* – zweiköpfiger Armmuskel
15. *M. extensor carpi radialis* – radialer Strecker des Vorderfußwurzelgelenks
16. *M. extensor digitorum communis* – gemeinsamer Zehenstrecker
17. *M. extensor digitorum lateralis* – lateraler Zehenstrecker
18. *M. infraspinatus* – Untergrätenmuskel
19. *M. teres major* – großer Rundmuskel
20. *M. latissimus dorsi* – breiter Rückenmuskel
21. *M. serratus ventralis thoracis* – Brustkorbportion des ventralen gesägten Muskels
22. *M. pectoralis profundus (s. ascendens)* – tiefer (aufsteigender) Brustmuskel
23. *M. obliquus externus abdominis* – äußerer schiefer Bauchmuskel
24. *Aponeurosis mi. obliqui externi abdominis* – Sehnenplatte des schiefen Bauchmuskels
25. *M. gluteus medius* – mittlerer Kruppenmuskel
26. *M. gluteus superficialis* – oberflächlicher Kruppenmuskel
27. *M. obliquus internus abdominis* – innerer schiefer Bauchmuskel
28. *M. tensor fasciae latae* – Spanner der Oberschenkelfaszie
29. *Caput vertebrale mi. bicipitis femoris* – Wirbelkopf des zweiköpfigen Oberschenkelmuskels

29'. *Caput pelvinum mi. bicipitis femoris* – Beckenkopf des zweiköpfigen Oberschenkelmuskels

30. *M. quadriceps femoris* – vierköpfiger Oberschenkelmuskel
31. *M. semitendinosus* – halbsehniger Muskel
32. *M. semimembranosus* – halbhäutiger Muskel
33. *M. gastrocnemius* – Wadenmuskel
34. *M. peroneus longus* – langer Wadenbeinmuskel
35. *M. extensor digitorum longus* – langer Zehenstrecker
36. *M. tibialis cranialis* – kranialer Schienbeinmuskel

Kaninchen. Innere Organe, Ansicht von links. Zwerchfell, Gekröse und Netz sind entfernt.

Abbildung 201

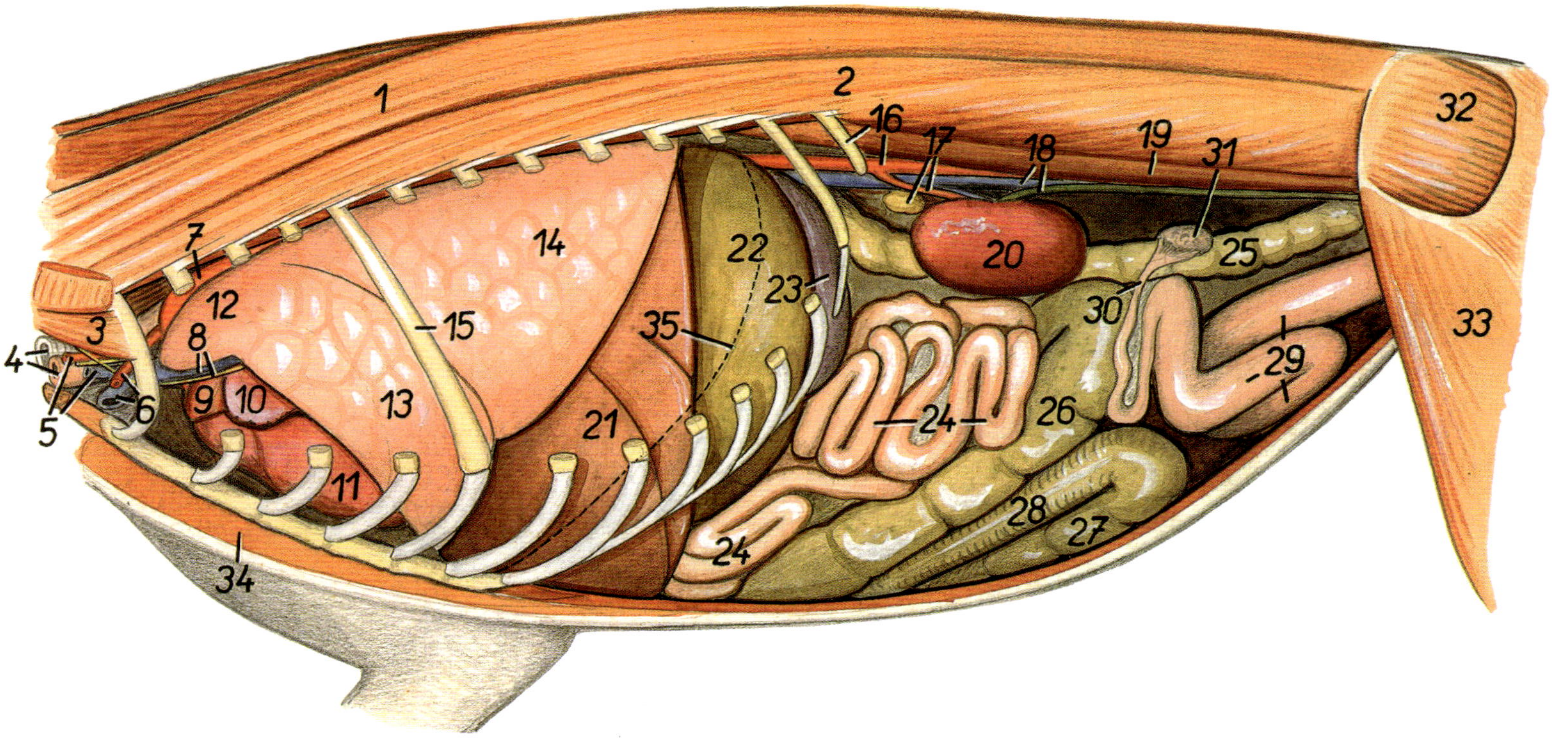

1. *M. longissimus thoracis et longissimus lumborum* – Brustkorb und Lendenportion des längsten Muskels
2. *M. iliocostalis thoracis et iliocostalis lumborum* – Brustkorb und Lendenportion des Darmbein-Rippenmuskels
3. *M. scalenus medius* – mittlerer Rippenhalter
4. *Trachea, Esophagus* – Luftröhre, Speiseröhre
5. *A. carotis communis, V. jugularis* – gemeinsame Kopfarterie, Drosselvene
6. *A. et V. axillaris* – Achselarterie und -vene
7. *Arcus aortae* – Bogen der großen Körperschlagader
8. *N. phrenicus, V. cava cranialis sinistra* – Zwerchfellnerv, linke kraniale Hohlvene
9. *Truncus pulmonalis* – Stamm der Lungenarterie
10. *Auricula atrii sinistri (Auricula sinistra)* – Ohr des linken Vorhofs (linkes Herzohr)
11. *Ventriculus sinister cordis* – linke Herzkammer
12. *Pars cranialis lobi cranialis pulmonis sinistri* – kranialer Teil des linken kranialen Lungenlappens
13. *Pars caudalis lobi cranialis pulmonis sinistri* – kaudaler Teil des linken kranialen Lungenlappens
14. *Lobus caudalis pulmonis sinistri* – kaudaler Lappen der linken Lunge
15. *Costa V* – 5. Rippe
16. *Costa XIII, Aorta abdominalis* – 13. Rippe, Bauchschlagader
17. *Glandula adrenalis sinistra, A. renalis sinistra* – linke Nebenniere, linke Nierenarterie
18. *V. cava caudalis, Ureter sinister* – kaudale Hohlvene, linker Harnleiter
19. *M. psoas major* – großer Lendenmuskel
20. *Ren sinister* – linke Niere
21. *Hepar* – Leber
22. *Ventriculus (Gaster)* – Magen
23. *Lien* – Milz
24. *Jejunum* – Leerdarm
25. *Colon descendens* – absteigender Grimmdarm

26., 27. *Cecum* – Blinddarm

26. *Gyrus tertius ceci* – 3. Blinddarmwindung
27. *Gyrus primus ceci* – 1. Blinddarmwindung
28. *Colon ascendens (Ansa proximalis)* – aufsteigender Grimmdarm (proximale Schleife)
29. *Uterus sinister* – linke Gebärmutter
30. *Tuba uterina* – Eileiter
31. *Ovarium* – Eierstock
32. *M. gluteus medius* – mittlerer Kruppenmuskel
33. *M. tensor fasciae latae* – Spanner der Schenkelfaszie
34. *Mm. pectorales* – Brustmuskeln
35. *Linea insertionis diaphragmatis* – Ansatzlinie des Zwerchfells

Kaninchen. Innere Organe, Ansicht von rechts. Zwerchfell, Gekröse und Netz sind entfernt.

Abbildung 202

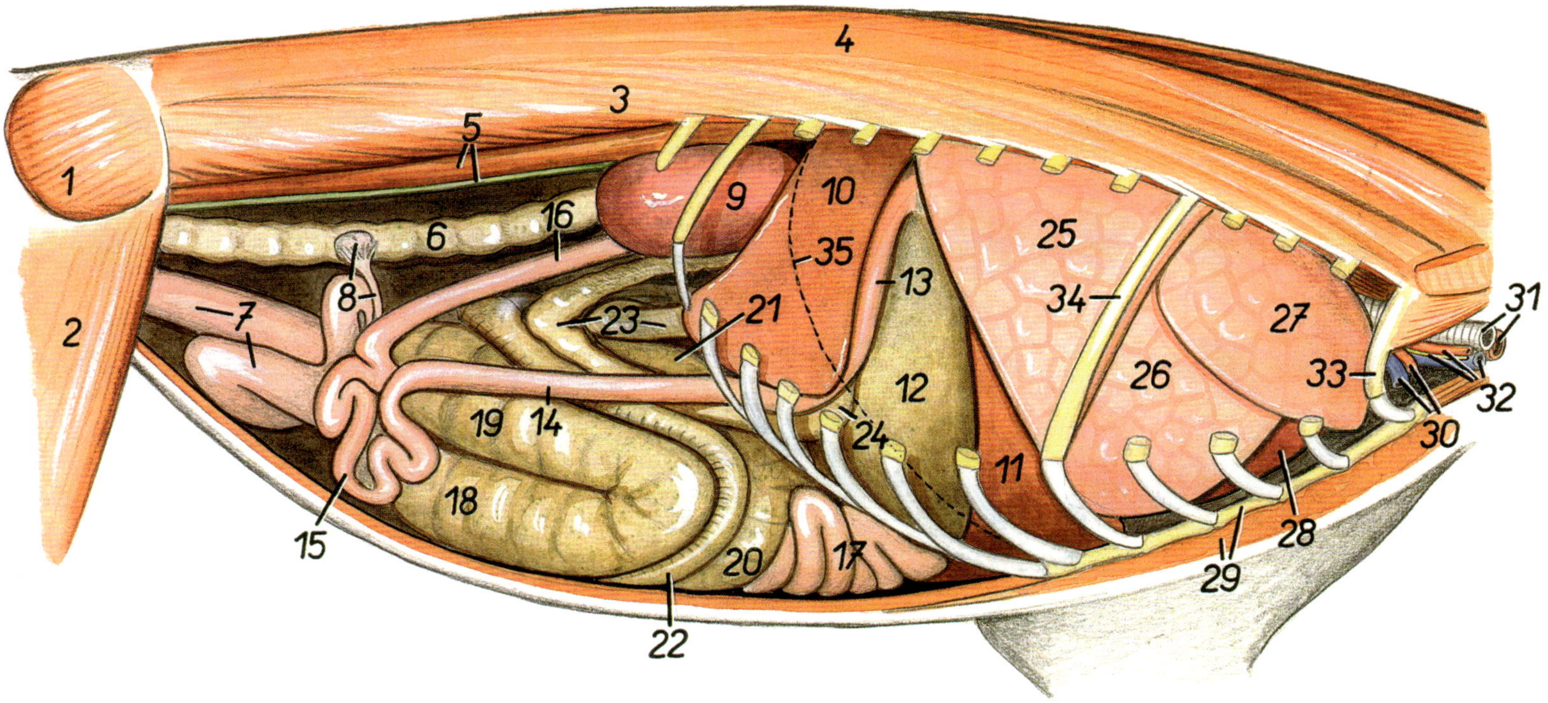

1. *M. gluteus medius* – oberflächlicher Kruppenmuskel
2. *M. tensor fasciae latae* – Spanner der Oberschenkelfaszie
3. *M. iliocostalis lumborum et iliocostalis thoracis* – Lenden- und Brustkorbportion des Darmbein-Rippenmuskels
4. *M. longissimus lumborum et longissimus thoracis* – Lenden- und Brustkorbportion des längsten Muskels
5. *M. psoas major, Ureter dexter* – großer Lendenmuskel, rechter Harnleiter
6. *Colon descendens* – absteigender Grimmdarm
7. *Uterus dexter* – rechte Gebärmutter
8. *Ovarium, Tuba uterina* – Eierstock, Eileiter
9. *Ren dexter* – rechte Niere
10. *Processus caudatus hepatis* – Schwanzlappen der Leber
11. *Lobus hepatis dexter* – rechter Leberlappen
12. *Ventriculus (Gaster)* – Magen
13. *Pars cranialis duodeni* – kranialer Teil des Zwölffingerdarmes
14. *Pars descendens duodeni* – absteigender Teil des Zwölffingerdarmes
15. *Pars transversa (Ansae caudales) duodeni* – querverlaufender Teil (kaudale Schleifen) des Zwölffingerdarmes
16. *Pars ascendens duodeni* – aufsteigender Teil des Zwölffingerdarmes
17. *Jejunum* – Leerdarm

18.–21. *Cecum* – Blinddarm

18. *Gyrus primus ceci* – 1. Blinddarmwindung
19. *Gyrus secundus ceci* – 2. Blinddarmwindung
20. *Gyrus tertius ceci* – 3. Blinddarmwindung
21. *Appendix vermiformis ceci* – wurmförmiger Fortsatz des Blinddarmes
22. *Ansa proximalis coli* – proximale Schleife des Grimmdarmes
23. *Ansa distalis et Ansa centralis coli* – distale und zentrale Schleife des Grimmdarmes
24. *Colon transversum* – querverlaufender Grimmdarm
25. *Lobus caudalis pulmonis dextri* – kaudaler Lappen der rechten Lunge
26. *Lobus medius pulmonis dextri* – mittlerer Lappen der rechten Lunge
27. *Lobus cranialis pulmonis dextri* – kranialer Lappen der rechten Lunge
28. *Cor* – Herz
29. *Sternum, Mm. pectorales* – Brustbein, Brustmuskeln
30. *A. et V. axillaris* – Achselarterie und -vene
31. *Trachea, Esophagus* – Luftröhre, Speiseröhre
32. *A. carotis communis, V. jugularis, Truncus vagosympathicus* – gemeinsame Kopfarterie, Drosselvene, gemeinsamer Stamm des Vagus- und Sympathikusnerven
33. *Costa I* – 1. Rippe
34. *Costa V* – 5. Rippe
35. *Linea insertionis diaphragmatis* – Ansatzlinie des Zwerchfells

Kaninchen. Darmtrakt, Ansicht von rechts. Halbschematisch.

Abbildung 203

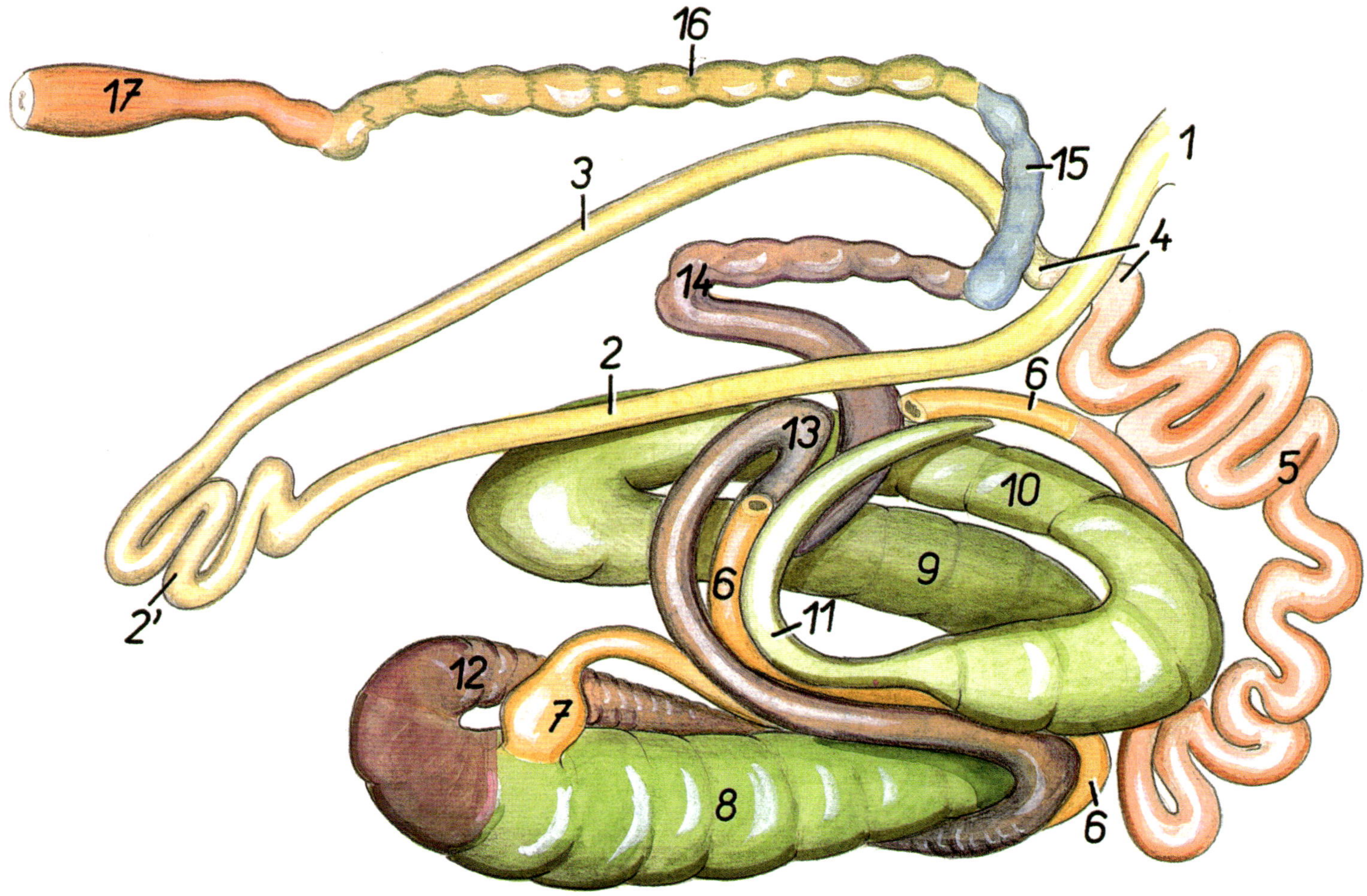

1. *Pylorus* – Magenpförtner
2. *Pars descendens duodeni* – absteigender Teil des Zwölffingerdarmes
2'. *Pars transversa (Ansae caudales) duodeni* – querverlaufender Teil (kaudale Schleifen) des Zwölffingerdarmes
3. *Pars ascendens duodeni* – aufsteigender Teil des Zwölffingerdarmes
4. *Flexura duodenojejunalis* – Zwölffingerdarm-Leerdarmbiegung
5. *Jejunum* – Leerdarm
6. *Ileum* – Hüftdarm
7. *Sacculus rotundus* – runde Aussackung des Hüftdarmes
8.–11. *Cecum* – Blinddarm
8. *Gyrus primus ceci* – 1. Blinddarmwindung
9. *Gyrus secundus ceci* – 2. Blinddarmwindung
10. *Gyrus tertius ceci* – 3. Blinddarmwindung
11. *Appendix vermiformis ceci* – wurmförmiger Fortsatz des Blinddarmes
12.–14. *Colon ascendens* – aufsteigender Grimmdarm
12. *Ansa proximalis coli* – proximale Schleife des Grimmdarms
13. *Ansa centralis* – zentrale Schleife des Grimmdarmes
14. *Ansa distalis coli* – distale Schleife des Grimmdarmes
15. *Colon transversum* – querverlaufender Grimmdarm
16. *Colon descendens* – absteigender Grimmdarm
17. *Rectum* – Mastdarm

Enke

Atlas der topografischen Anatomie der Haustiere

Peter Popesko

Übersetzt von
Gerhard Geiger und Karl Dietrich Weyrauch

Band III: Becken und Gliedmaße

7., unveränderte Auflage

203 Abbildungen

Enke Verlag · Stuttgart

Bibliografische Information
der Deutschen Nationalbibliothek

Die Deutsche Nationalbibliothek verzeichnet diese Publikation in der Deutschen Nationalbibliografie; detaillierte bibliografische Daten sind im Internet über http://dnb.d-nb.de abrufbar.

Titel der Originalausgabe:
Peter Popesko:
Atlas topografickej anatómie
hospodárskych zvierat
by Priroda, Bratislava, Slovakia 1977, 1988, 1997, 2002, 2007

1. deutsche Ed. 1979: 3-bändig (I: Kopf und Hals; II: Brust- und Bauchhöhle; III: Becken und Gliedmaße)
2. deutsche Ed. 1984: 3-bändig (I: Kopf und Hals; II: Brust- und Bauchhöhle; III: Becken und Gliedmaße)
3. deutsche Ed. 1989: 3-bändig (I: Kopf und Hals; II: Brust- und Bauchhöhle; III: Becken und Gliedmaße)
4. deutsche Ed. 1993: 3-bändig (I: Kopf und Hals; II: Brust- und Bauchhöhle; III: Becken und Gliedmaße)
5. deutsche Ed. 1998: 1-bändig (enthält I: Kopf und Hals; II: Brust- und Bauchhöhle; III: Becken und Gliedmaßen)
6. deutsche Ed. 2007: 1-bändig (enthält I: Kopf und Hals; II: Brust- und Bauchhöhle; III: Becken und Gliedmaßen)

Diese einbändige Ausgabe enthält die Bände:

I: Kopf und Hals (S. 1–211)
II: Brust- und Bauchhöhle (S. 1–194)
III: Becken und Gliedmaßen (S. 1–205)

Unsere Homepage: www.enke.de

Printed in Slovakia

Umschlaggestaltung: Thieme Verlagsgruppe
Druck und Bindung: Priroda, Bratislava

ISBN 978-3-8304-1139-0 1 2 3 4 5 6

Inhaltsverzeichnis

RIND

12 *Skelett der Schultergliedmaße, Ansicht von medial. – Abb. 1*
13 *Muskeln der Schultergliedmaße, Ansicht von medial. – Abb. 2*
14 *Skelett des proximalen Teils der Schultergliedmaße, Ansicht von medial – Abb. 3*
15 *Skelett des proximalen Abschnitts der Schultergliedmaße, Ansicht von lateral. – Abb. 4*
16 *Präparation der Schulter und des Oberarmes, Ansicht von medial. 1. Schicht. – Abb. 5*
17 *Präparation der Schulter und des Oberarmes, Ansicht von medial. 2. Schicht. – Abb. 6*
18 *Präparation der Schulter und des Oberarmes, Ansicht von lateral, nach Entfernung der Hautmuskeln und der Schultergürtelmuskeln. – Abb. 7*
19 *Querschnitt durch die Schulter (A) und den Oberarm (B). Die Höhe der Schnittebene ist in Abbildung 7 eingezeichnet. – Abb. 8*
20 *Präparation der Schulter und des Oberarmes, Ansicht von lateral. Tiefe Schicht. – Abb. 9*
21 *Topographie der Arterien an Schulter und Arm, Ansicht von medial. Rekonstruktion nach einer Röntgenaufnahme. – Abb. 10*
22 *Skelett des distalen Abschnitts der Schultergliedmaße, Ansicht von dorsolateral. – Abb. 11*
22 *Ellbogengelenk, Ansicht von medial. – Abb. 12*
23 *Ellbogengelenk, Ansicht von lateral. – Abb. 13*
23 *Skelett des distalen Abschnitts der Schultergliedmaße, Ansicht von mediopalmar. – Abb. 14*
24 *Präparation des Unterarmes und des distalen Abschnitts der Schultergliedmaße, Ansicht von medial. Oberflächliche Schicht. – Abb. 15*
25 *Präparation des Unterarmes und des distalen Abschnitts der Schultergliedmaße, Ansicht von medial. Tiefe Schicht. – Abb. 16*
26 *Präparation des Unterarmes und des distalen Abschnitts der Schultergliedmaße, Ansicht von lateral. 1. Schicht, nach Entfernung der oberflächlichen Faszie der Gliedmaße. – Abb. 17*
27 *Querschnitt durch den Unterarm. Die Höhe der Schnittebenen ist in Abbildung 17 eingezeichnet. – Abb. 18*
28 *Präparation des Unterarmes und der Gliedmaßenspitze, Ansicht von lateral. 2. Schicht. – Abb. 19*
29 *Topographie der Arterien am Unterarm und am distalen Abschnitt der Schultergliedmaße (nach einer Röntgenaufnahme). – Abb. 20*
30 *Präparation des distalen Abschnitts der Schultergliedmaße, Ansicht von mediopalmar. – Abb. 21*
31 *Schleimbeutel und Sehnenscheiden der Zehen der Schultergliedmaße, Ansicht von dorsal. – Abb. 22*
31 *Schleimbeutel und Sehnenscheiden der Zehen der Schultergliedmaße, Ansicht von palmar. – Abb. 23*
32 *Vorderfußwurzelgelenk, Ansicht von dorsolateral. – Abb. 24*
32 *Distaler Abschnitt der linken Schultergliedmaße. Zwischenzehenbänder der 3. Zehe nach Entfernung der 4. Zehe. – Abb. 25*
33 *Zehen der rechten Beckengliedmaße, Ansicht von plantar, nach Entfernung der Klauenkapsel der 4. Zehe. – Abb. 26*
33 *Zehen der rechten Schultergliedmaße, Ansicht von dorsomedial, nach Entfernung der Klauenkapsel. – Abb. 27*
34 *Äußere Gegenden des Beckens und der Beckengliedmaße. – Abb. 28*
35 *Muskeln des Beckens und der Beckengliedmaße. – Abb. 29*
36 *Skelett des Hüftbeines und der Beckengliedmaße, Ansicht von medial. – Abb. 30*
37 *Muskeln des Beckens und der Beckengliedmaße, Ansicht von medial. – Abb. 31*
38 *Präparation der Kruppe und des Oberschenkels, Ansicht von lateral. Oberflächliche Schicht. – Abb. 32*
39 *Querschnitt durch den Oberschenkel. Die Schnitte (A, B) sind im proximalen Teil des Oberschenkels angelegt. Ihre Höhe ist in den Abbildungen 32 und 34 eingezeichnet. – Abb. 33*
40 *Präparation der Kruppe und des Oberschenkels, Ansicht von lateral. 2. Schicht. – Abb. 34*
41 *Querschnitt durch den Oberschenkel. Die Höhe der Schnittebenen (C, D) ist in den Abbildungen 32 und 34 eingezeichnet. – Abb. 35*
42 *Präparation der Kruppe und des Oberschenkels, Ansicht von lateral. 3. Schicht. – Abb. 36*
43 *Beckenbänder. – Abb. 37*
44 *Skelett des Beckens und des Oberschenkels, Ansicht von medial, nach Entfernung der linken Hälfte des Beckens. – Abb. 38*
45 *Topographie der Arterien am Becken (rechte Hälfte) und am Oberschenkel, Ansicht von medial. – Abb. 39*
46 *Präparation des Beckens und des Oberschenkels, Ansicht von medial. 1. Schicht. – Abb. 40*
47 *Präparation des Beckens und des Oberschenkels, Ansicht von medial. 2. Schicht. – Abb. 41*
48 *Präparation der Geschlechtsorgane und der Leistengegend vom Bullen, nach Entfernung der linken Beckengliedmaße. – Abb. 42*
49 *Lage der Beckenorgane und der Geschlechtsorgane des Bullens, nach Entfernung der linken Hälfte der Bauchwand, des Beckens und der linken Beckengliedmaße. – Abb. 43*
50 *Lage der Milchdrüse der Kuh, Ansicht von links, nach Entfernung der linken Beckengliedmaße. – Abb. 44*
51 *Lage der Beckenorgane der Kuh, Ansicht von links, nach Entfernung der linken Beckengliedmaße und der linken Beckenhälfte. – Abb. 45*
52 *Beckenorgane eines neugeborenen Bullens. Linke Seite, nach Entfernung der linken Beckengliedmaße der Vormägen und des Darmes. – Abb. 46*
53 *Beckenorgane einer neugeborenen Färse, Ansicht von links, nach Entfernung der linken Beckengliedmaße, der Vormägen und des Darmes. – Abb. 47*
54 *Linker Hoden und Nebenhoden des Bullens, Ansicht von lateral. – Abb. 48*
54 *Akzessorische Geschlechtsorgane und Harnblase des Bullens, Ansicht von dorsal. – Abb. 49*
55 *Weibliche Geschlechtsorgane, Ansicht von dorsal, nach Entfernung des dorsalen Abschnitts der Scheide und der Schamlippen. – Abb. 50*
56 *Querschnitt durch das Becken in Höhe des Beckenausganges, Ansicht von kaudal. – Abb. 51*
57 *Querschnitt durch das Becken der Kuh in Höhe des 4. Kreuzwirbels, Ansicht von kaudal. – Abb. 52*
58 *Skelett des Schienbeines und des distalen Abschnitts der Beckengliedmaße, Ansicht von medial. – Abb. 53*
59 *Skelett des Schienbeines und des distalen Abschnitts der Beckengliedmaße, Ansicht von lateral. – Abb. 54*
60 *Präparation des Unterschenkels und des distalen Abschnitts der Beckengliedmaße, Ansicht von medial. 1. Schicht. – Abb. 55*
61 *Präparation des Unterschenkels und des distalen Abschnitts der Beckengliedmaße, Ansicht von medial. 2. Schicht. – Abb. 56*
62 *Präparation des Unterschenkels und des distalen Abschnitts der Beckengliedmaße, Ansicht von lateral. 1. Schicht. – Abb. 57*
63 *Querschnitt durch den Unterschenkel. Die Höhe der Schnittebenen ist in Abbildung 57 eingezeichnet. – Abb. 58*
64 *Präparation des Unterschenkels und des distalen Abschnitts der Beckengliedmaße, Ansicht von lateral. 2. Schicht. – Abb. 59*
65 *Topographie der Arterien am rechten Unterschenkel und Gliedmaßenende, Ansicht von medial (nach einer Röntgenaufnahme). – Abb. 60*
66 *Kniegelenk, Ansicht von lateral. – Abb. 61*
66 *Kniegelenk, Ansicht von medial. – Abb. 62*
67 *Sprunggelenk, Ansicht von lateral. – Abb. 63*

67 *Sprunggelenk, Ansicht von medial. – Abb. 64*

SCHAF

68 *Skelett der Schultergliedmaße, Ansicht von medial. – Abb. 65*
69 *Muskeln der Schultergliedmaße, Ansicht von medial. – Abb. 66*
70 *Muskeln der Schultergliedmaße, Ansicht von lateral. – Abb. 67*
71 *Präparation der Schulter und des Oberarmes, Ansicht von lateral. – Abb. 68*
72 *Präparation der Schulter und des Oberarmes, Ansicht von medial. 1. Schicht. – Abb. 69*
73 *Präparation der Schulter und des Oberarmes, Ansicht von medial. 2. Schicht. – Abb. 70*
74 *Präparation des distalen Abschnitts der Schultergliedmaße, Ansicht von medial. – Abb. 71*
75 *Präparation des distalen Abschnitts der Schultergliedmaße, Ansicht von lateral. – Abb. 72*
76 *Präparation des distalen Abschnitts der rechten Schultergliedmaße, Ansicht von dorsal. – Abb. 73*
77 *Präparation des distalen Abschnitts der rechten Schultergliedmaße, Ansicht von palmar. – Abb. 74*
78 *Skelett der Beckengliedmaße, Ansicht von medial. – Abb. 75*
79 *Muskeln des Beckens und der Beckengliedmaße, Ansicht von medial. – Abb. 76*
80 *Muskeln des Beckens und der Beckengliedmaße, Ansicht von lateral. – Abb. 77*
81 *Präparation des Beckens und des Oberschenkels, Ansicht von medial. – Abb. 78*
82 *Präparation der Kruppe und des Oberschenkels, Ansicht von lateral. – Abb. 79*
83 *Lage der Beckenorgane, Ansicht von links, nach Entfernung der linken Beckengliedmaße und der linken Beckenhälfte. – Abb. 80*
84 *Lage der Beckenorgane des Widders, Ansicht von links, nach Entfernung der linken Beckengliedmaße und der linken Beckenhälfte. – Abb. 81*
85 *Querschnitt durch das Becken des Widders in Höhe des Kreuzbeines, Ansicht von kranial. – Abb. 82*
86 *Präparation des distalen Abschnitts der Beckengliedmaße, Ansicht von lateral. – Abb. 83*
87 *Präparation des distalen Abschnitts der Beckengliedmaße, Ansicht von medial. – Abb. 84*

ZIEGE

88 *Skelett des distalen Abschnitts der linken Schultergliedmaße, Ansicht von dorsal. – Abb. 85*
89 *Skelett des distalen Abschnitts der linken Schultergliedmaße, Ansicht von palmar. – Abb. 86*
90 *Präparation des distalen Abschnitts der linken Schultergliedmaße, Ansicht von dorsal. – Abb. 87*
91 *Präparation des distalen Abschnitts der linken Schultergliedmaße, Ansicht von palmar. – Abb. 88*
92 *Lage der Beckenorgane, Ansicht von kranial. – Abb. 89*
93 *Lage der Beckenorgane des Ziegenbockes, Ansicht von links, nach Entfernung der linken Beckengliedmaße und der linken Beckenhälfte. – Abb. 90*
94 *Skelett der rechten Beckengliedmaße, Ansicht von medioplantar. – Abb. 91*
95 *Skelett der linken Beckengliedmaße, Ansicht von dorsolateral. – Abb. 92*
96 *Präparation des distalen Abschnitts der rechten Beckengliedmaße, Ansicht von medioplantar. – Abb. 93*
97 *Präparation des distalen Abschnitts der linken Beckengliedmaße, Ansicht von dorsolateral. – Abb. 94*

SCHWEIN

98 *Skelett der Schultergliedmaße, Ansicht von lateral. – Abb. 95*
99 *Skelett der Schultergliedmaße, Ansicht von medial. – Abb. 96*
100 *Muskeln der Schultergliedmaße, Ansicht von lateral. – Abb. 97*
101 *Muskeln der Schultergliedmaße, Ansicht von medial. – Abb. 98*
102 *Präparation der Schulter und des Oberarmes, Ansicht von medial. 1. Schicht. – Abb. 99*
103 *Präparation der Schulter und des Oberarmes, Ansicht von medial. 2. Schicht. – Abb. 100*
104 *Präparation der Schulter und des Oberarmes, Ansicht von lateral. – Abb. 101*
105 *Topographie der Arterien am distalen Abschnitt der rechten Schultergliedmaße, Ansicht von palmar (Systematik der Arterien nach De Vos). – Abb. 102*
106 *Präparation des Unterarmes und des distalen Endes der Schultergliedmaße, Ansicht von medial. – Abb. 103*
107 *Präparation des Unterarmes und des distalen Endes der Schultergliedmaße, Ansicht von lateral. – Abb. 104*
108 *Präparation des distalen Abschnitts der Schultergliedmaße, Ansicht von dorsal. – Abb. 105*
109 *Präparation des distalen Abschnitts der Schultergliedmaße, Ansicht von palmar. – Abb. 106*
110 *Skelett der Beckengliedmaße, Ansicht von medial. – Abb. 107*
111 *Skelett der Beckengliedmaße, Ansicht von lateral. – Abb. 108*
112 *Muskeln des Beckens und der Beckengliedmaße, Ansicht von medial. – Abb. 109*
113 *Muskeln des Beckens und der Beckengliedmaße, Ansicht von lateral. – Abb. 110*
114 *Präparation des Beckens und des Oberschenkels, Ansicht von lateral. Tiefe Schicht. – Abb. 111*
115 *Querschnitte durch den Oberschenkel. Die Höhe der Schnittebenen A und B ist in Abbildung 111 eingezeichnet. – Abb. 112*
116 *Geschlechtsorgane, Ansicht von dorsal. Links, erwachsener Eber, rechts, Kastrat. – Abb. 113*
117 *Lage der Beckenorgane des Ebers, Ansicht von links, nach Entfernung der linken Beckengliedmaße und der linken Beckenhälfte. – Abb. 114*
118 *Geschlechtsorgane vom weiblichen Schwein, Ansicht von dorsal. – Abb. 115*
119 *Lage der Geschlechtsorgane vom weiblichen Schwein, Ansicht von links, nach Entfernung der linken Beckengliedmaße und der linken Beckenhälfte. – Abb. 116*
120 *Präparation des Beckens und des Oberschenkels, Ansicht von medial. – Abb. 117*
121 *Topographie der Arterien an der Beckengliedmaße, Ansicht von medial. – Abb. 118*
122 *Präparation des Unterschenkels und des distalen Endes der Beckengliedmaße, Ansicht von lateral. – Abb. 119*
123 *Präparation des Unterschenkels und des distalen Endes der Beckengliedmaße, Ansicht von medial. – Abb. 120*

PFERD

124 *Skelett der Schultergliedmaße, Ansicht von medial. – Abb. 121*
125 *Venen der Schultergliedmaße, Ansicht von medial (nach V. Starostin). – Abb. 122*
126 *Muskeln der Schultergliedmaße, Ansicht von medial. – Abb. 123*
127 *Muskeln der Schultergliedmaße, Ansicht von lateral. – Abb. 124*
128 *Skelett des proximalen Abschnitts der Schultergliedmaße, Ansicht von lateral. – Abb. 125*

129 Skelett des proximalen Abschnitts der Schultergliedmaße, Ansicht von medial. – Abb. 126
130 Präparation der Schulter und des Oberarmes, Ansicht von medial. 1. Schicht. – Abb. 127
131 Präparation der Schulter und des Oberarmes, Ansicht von medial. 2. Schicht. – Abb. 128
132 Präparation der Schulter und des Oberarmes, Ansicht von lateral. – Abb. 129
133 Querschnitte durch Schulter und Arm der linken Schultergliedmaße. Die Höhe der Schnittebenen ist in Abbildung 129 eingezeichnet. – Abb. 130
134 Topographie der Gefäße am proximalen Abschnitt der Schultergliedmaße, Ansicht von medial. – Abb. 131
135 Topographie der Arterien am distalen Abschnitt der Schultergliedmaße, Ansicht von medial (nach einer Röntgenaufnahme). – Abb. 132
136 Skelett des distalen Abschnitts der Schultergliedmaße, Ansicht von lateral. – Abb. 133
137 Skelett des distalen Endes der Schultergliedmaße, Ansicht von medial. – Abb. 134
138 Präparation des Unterarmes und des distalen Abschnitts der Schultergliedmaße, Ansicht von lateral. – Abb. 135
139 Querschnitt durch den linken Unterarm. Die Höhe der Schnittebenen ist in Abbildung 135 eingezeichnet. – Abb. 136
140 Präparation des Unterarmes und des distalen Abschnitts der Schultergliedmaße, Ansicht von medial. Oberflächliche Schicht. – Abb. 137
141 Präparation des Unterarmes und des distalen Abschnitts der Schultergliedmaße, Ansicht von medial. Tiefe Schicht. – Abb. 138
142 Bänder des distalen Abschnitts der Schultergliedmaße, Ansicht von medial (nach A. Köhler). – Abb. 139
143 Bänder des distalen Abschnitts der Schultergliedmaße, Ansicht von medial. – Abb. 140
144 Präparation des distalen Endes des Schultergliedmaße, Ansicht von palmar. – Abb. 141
145 Skelett der Beckengliedmaße, Ansicht von medial. – Abb. 142
146 Muskeln des Beckens und der Beckengliedmaße, Ansicht von lateral. – Abb. 143
147 Muskeln des Beckens und der Beckengliedmaße, Ansicht von medial. – Abb. 144
148 Skelett, Ansicht von kaudolateral. – Abb. 145
149 Muskeln des Beckens und der Beckengliedmaße, Ansicht von kaudolateral. – Abb. 146
150 Skelett des Beckens und des proximalen Abschnitts der Beckengliedmaße, Ansicht von lateral. – Abb. 147
151 Skelett des Beckens und des proximalen Abschnitts der Beckengliedmaße, Ansicht von medial. – Abb. 148
152 Skelett des Beckens, Ansicht von dorsal. – Abb. 149
153 Hengst. Beckenorgane, Ansicht von dorsal. – Abb. 150
154 Lage der Beckenorgane des Hengstes, Ansicht von links, nach Entfernung der linken Beckengliedmaße und der linken Beckenhälfte. – Abb. 151
155 Lage der Beckenorgane der Stute, Ansicht von links, nach Entfernung der linken Beckengliedmaße und der linken Beckenhälfte. – Abb. 152
156 Präparation der Kruppe und des Oberschenkels, Ansicht von lateral. Oberflächliche Schicht. – Abb. 153
157 Querschnitte durch den linken Oberschenkel. Die Höhe der Schnittebenen A und B ist in den Abbildungen 153 und 155 eingezeichnet. – Abb. 154
158 Präparation der Kruppe und des Oberschenkels, Ansicht von lateral. Tiefe Schicht. – Abb. 155
159 Querschnitte durch den linken Oberschenkel. Die Höhe der Schnittebenen C und D ist in den Abbildungen 153 und 155 eingezeichnet. – Abb. 156
160 Präparation des Beckens und des Oberschenkels, Ansicht von medial. – Abb. 157
161 Skelett des distalen Endes der rechten Beckengliedmaße, Ansicht von medial. – Abb. 158
162 Präparation des Unterschenkels und des distelen Endes der Beckengliedmaße, Ansicht von lateral. Oberflächliche Schicht. – Abb. 159
163 Querschnitte durch den linken Unterschenkel. Die Höhe der Schnittebenen ist in Abbildung 159 eingezeichnet. – Abb. 160
164 Präparation des Unterschenkels und des distalen Endes der Beckengliedmaße, Ansicht von lateral. Tiefe Schicht. – Abb. 161
165 Präparation des Unterschenkels und des distalen Endes der Beckengliedmaße, Ansicht von medial. – Abb. 162
166 Topographie der Arterien am Unterschenkel und am distalen Ende der Beckengliedmaße, Ansicht von medial (nach einer Röntgenaufnahme). – Abb. 163
167 Huf. Links, vollständige Hufkapsel, Plantar- oder Sohlenfläche. Rechts, Lateralansicht des Hufes ohne Kapsel. – Abb. 164
167 Sagitalschnitt durch den distalen Abschnitt der Schultergliedmaße (nach Zietzschmann). – Abb. 165

HUND

168 Skelett der Schultergliedmaße, Ansicht von medial. – Abb. 166
169 Skelett des distalen Endes der Schultergliedmaße, Ansicht von dorsal. – Abb. 167
170 Muskeln der Schultergliedmaße, Ansicht von medial. – Abb. 168
171 Muskeln der Schultergliedmaße, Ansicht von lateral. – Abb. 169
172 Präparation der Schulter und des Oberarmes, Ansicht von medial. – Abb. 170
173 Querschnitte durch der Oberarm (A) und den Unterarm (B, C). Die Höhe der Schnittebenen ist in den Abbildungen 170 und 172 eingezeichnet. – Abb. 171
174 Präparation des Unterarmes, Ansicht von medial. – Abb. 172
175 Präparation des Unterarmes, Ansicht von lateral. – Abb. 173
176 Präparation des distalen Abschnitts der linken Schultergliedmaße, Ansicht von dorsal. – Abb. 174
177 Präparation des distalen Abschnitts der rechten Schultergliedmaße, Ansicht von palmar. – Abb. 175
178 Skelett der Beckengliedmaße, Ansicht von medial. – Abb. 176
179 Muskeln der Beckengliedmaße, Ansicht von medial. – Abb. 177
180 Muskeln des Beckens und der Beckengliedmaße, Ansicht von lateral. – Abb. 178
181 Präparation der Kruppe und des Oberschenkels, Ansicht von lateral. – Abb. 179
182 Präparation des Beckens und des Oberschenkels, Ansicht von medial. – Abb. 180
183 Querschnitte durch den Oberschenkel (A) und den Unterschenkel (B). Die Höhe der Schnittebenen ist in den Abbildungen 180 und 185 eingezeichnet. – Abb. 181
184 Rüde. Lage der Geschlechtsorgane, Ansicht von links, nach Entfernung der linken Beckengliedmaße. – Abb. 182
185 Lage der Geschlechtsorgane der Hündin, Ansicht von links, nach Entfernung der linken Beckengliedmaße und der linken Beckenhälfte. – Abb. 183
186 Präparation des Unterschenkels, Ansicht von lateral. – Abb. 184
187 Präparation des Unterschenkels, Ansicht von medial. – Abb. 185
188 Präparation des distalen Abschnitts der linken Beckengliedmaße, Ansicht von dorsal. – Abb. 186
189 Präparation des distalen Abschnitts der rechten Beckengliedmaße, Ansicht von plantar. – Abb. 187

KATZE

190 *Skelett der Schultergliedmaße, Ansicht von medial. – Abb. 188*

191 *Muskeln der Schultergliedmaße, Ansicht von medial. – Abb. 189*

192 *Präparation der Schulter und des Oberarmes, Ansicht von lateral. – Abb. 190*

193 *Skelett der Beckengliedmaße, Ansicht von medial. – Abb. 191*

194 *Lage der Beckenorgane des Katers, Ansicht von links, nach Entfernung der linken Beckengliedmaße und der linken Beckenhälfte. – Abb. 192*

195 *Lage der Beckenorgane der weiblichen Katze, Ansicht von links, nach Entfernung der linken Beckengliedmaße und der linken Beckenhälfte. – Abb. 193*

196 *Präparation des dorsalen Abschnitts der Beckenhöhle, nach Entfernung der Beckenorgane. Becken in der Beckenfuge eröffnet, Ansicht von ventral. – Abb. 194*

197 *Muskeln des distalen Abschnitts der Beckengliedmaße, Ansicht von lateral. – Abb. 195*

KANINCHEN

198 *Skelett der Schultergliedmaße, Ansicht von medial. – Abb. 196*

199 *Muskeln der Schultergliedmaße, Ansicht von medial. – Abb. 197*

200 *Präparation der Schulter und des Oberarmes, Ansicht von medial. – Abb. 198*

201 *Skelett der Beckengliedmaße, Ansicht von medial. – Abb. 199*

202 *Muskeln der Beckengliedmaße, Ansicht von medial. – Abb. 200*

203 *Präparation des Beckens und des Oberschenkels, Ansicht von medial. – Abb. 201*

204 *Äußere Geschlechtsorgane und Leistengegend, Ansicht von links, nach Entfernung der linken Beckengliedmaße. – Abb. 202*

205 *Lage der Beckenorgane des weiblichen Kaninchens, Ansicht von links, nach Entfernung der linken Beckenhälfte und der linken Beckengliedmaße. – Abb. 203*

Einleitung

Der 3. Band des Atlasses der topographischen Anatomie der Haustiere hat die Darstellung der Gliedmaßen sowie der Organe der Beckenhöhle zum Inhalt. Es werden dieselben Tierarten wie in den beiden vorhergehenden Bänden beschrieben.
Das Anschauungsmaterial wurde mittels herkömmlicher anatomischer Methoden je nach Bedarf aus frischen oder fixierten Präparaten gewonnen. So wurde für die distalen Abschnitte der Gliedmaßen frisches und für die proximalen fixiertes Material verwendet.
Skelettdarstellungen wurden nach Stereoröntgenogrammen angefertigt, nachdem zuvor die Gefäße mit einem Kontrastmittel gefüllt worden waren. Um die röntgenologischen Befunde abzusichern, wurde der jeweilige Skeletteil anschließend freipräpariert.
Die Terminologie dieser Neuauflage fußt auf den Nomina Anatomica Veterinaria (1973, 1983) mit einer Ausnahme: Bei den Zehengefäßen und -nerven der Wiederkäuer wurden die Begriffe „medialis" bzw. „lateralis" an Stelle von axialis bzw. abaxialis verwendet, um die Lage an der Zehe selbst zu veranschaulichen.
Wie bei den beiden ersten Bänden, sind auch im dritten Teil die meisten Abbildungen – angefangen von der Präparation der Tierkörper bis hin zur Zeichnung – vom Verfasser selbst angefertigt worden. An der Bearbeitung insbesondere von Skelett- und Exterieurabbildungen sowie einiger Präparate vom Rind waren jedoch auch andere Mitarbeiter beteiligt. 33 der insgesamt 200 Abbildungen wurden von folgenden Mitarbeitern angefertigt: Abb. 1, 3, 4, 21, 37 und 44 von Dr. V. Rajtová, CSc.; Abb. 14, 53 und 54 von Dr. M. Vrzgulová, CSc.; Abb. 8, 18 und 33 von Dr. B. Hájovská, CSc.; Abb. 22, 23, 28, 65, 75, 85, 86, 95, 96, 145, 146 (teilweise), 147, 148, 149, 166 und 176 von Ing. M. Ščasný. Abb. 38, 121, 125, 126 und 134 von Frau L. Šuttová.
In vielen Abbildungen hätte die Darstellung sämtlicher Einzelheiten einer bestimmten Körpergegend die eigentlich wichtigen Strukturen verdeckt. Der Autor war sich dieser Tatsache bewußt und ließ daher (falls erforderlich) weniger wichtige Details weg. Einige mehr allgemein gehaltene Zeichnungen von Skeletten und Muskeln wurden zum Zwecke der besseren Orientierung eingefügt. Eine mehr detaillierte Darstellung dieser Strukturen vermag der Leser aus anderen Abbildungen zu entnehmen.

Prof. MVDr. Peter Popesko, DrSc.

DRITTER TEIL – BECKEN UND GLIEDMASSEN

RIND, SCHAF, ZIEGE, SCHWEIN, PFERD, HUND, KATZE, KANINCHEN

Rind. Skelett der Schultergliedmaße, Ansicht von medial.

Abbildung 1

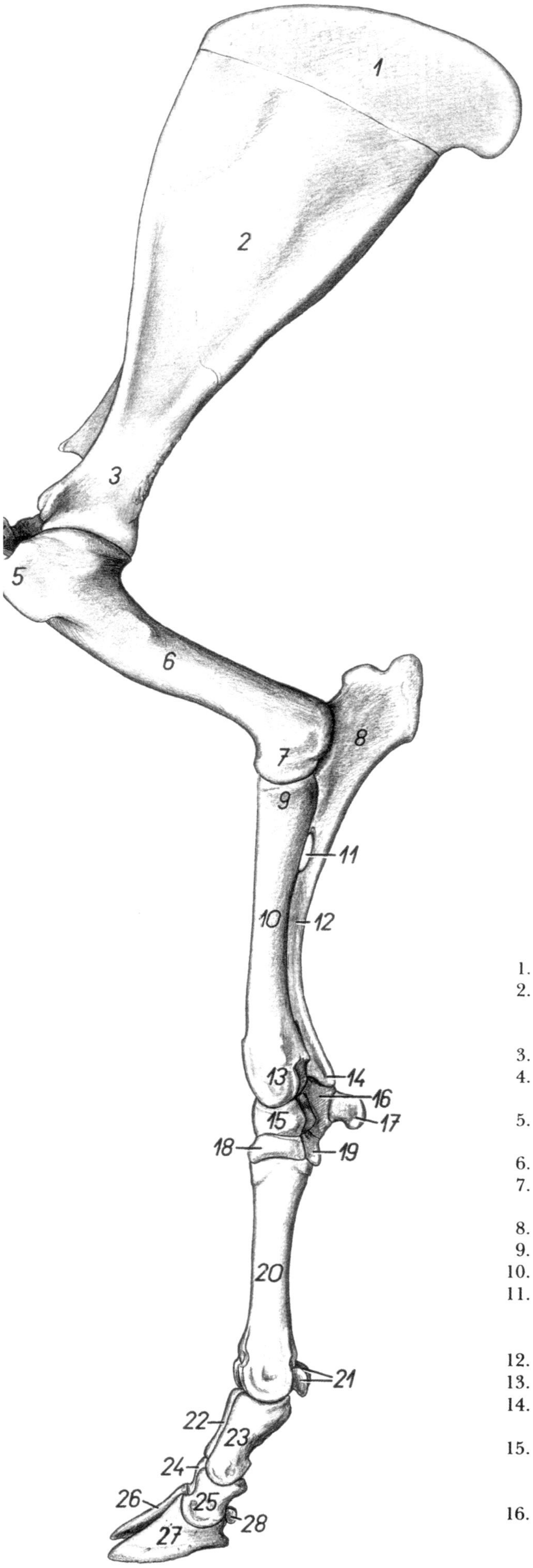

1. *Cartilago scapulae* – Schulterblattknorpel
2. *Facies costalis scapulae (Fossa subscapularis)* – Rippenfläche des Schulterblattes (Unterschulterblattgrube)
3. *Collum scapulae* – Schulterblatthals
4. *Tuberculum majus humeri* – großer Oberarmhöcker
5. *Tuberculum minus humeri* – kleiner Oberarmhöcker
6. *Corpus humeri* – Oberarmbeinschaft
7. *Condylus humeri* – Gelenkknorren des Oberarmbeines
8. *Olecranon* – Ellbogen
9. *Caput radii* – Kopf der Speiche
10. *Corpus radii* – Schaft der Speiche
11. *Spatium interosseum antebrachii proximale* – proximaler Zwischenknochenspalt des Unterarms
12. *Corpus ulnae* – Schaft der Elle
13. *Trochlea radii* – Gelenkrolle der Speiche
14. *Processus styloideus lateralis* – lateraler Griffelfortsatz
15. *Os carpi radiale (Os scaphoideum)* – radialer Vorderfußwurzelknochen (Kahnbein)
16. *Os carpi ulnare (Os triquetrum)* – ulnarer Vorderfußwurzelknochen (Dreiecksbein)
17. *Os carpi accessorium (Os pisiforme)* – zusätzlicher Vorderfußwurzelknochen (Erbsenbein)
18. *Os carpale II et III (Os trapezoideocapitatum)* – 2. und 3. Vorderfußwurzelknochen (Vieleck-Kopfbein)
19. *Os carpale IV (Os hamatum)* – 4. Vorderfußwurzelknochen (Hakenbein)
20. *Os metacarpale III et IV* – 3. und 4. Vordermittelfußknochen
21. *Ossa sesamoidea proximalia* – proximale Sesambeine
22. *Phalanx proximalis digiti IV* – proximales Glied der 4. Zehe
23. *Phalanx proximalis digiti III* – proximales Glied der 3. Zehe
24. *Phalanx media digiti IV* – mittleres Glied der 4. Zehe
25. *Phalanx media digiti III* – mittleres Glied der 3. Zehe
26. *Phalanx distalis digiti IV* – distales Glied der 4. Zehe
27. *Phalanx distalis digiti III* – distales Glied der 3. Zehe
28. *Os sesamoideum distale* – distales Sesambein

Rind. Muskeln der Schultergliedmaße, Ansicht von medial.

Abbildung 2

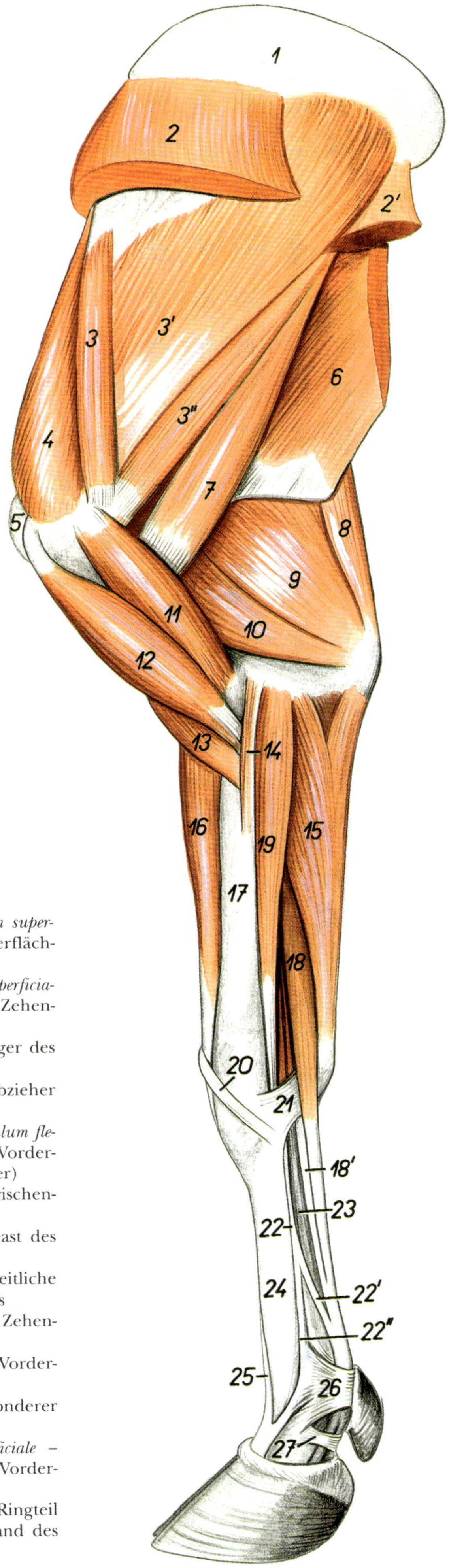

1. *Cartilago scapulae* – Schulterblattknorpel
2. *M. serratus ventralis cervicis* – Halsportion des ventralen gesägten Muskels
2'. *M. serratus ventralis thoracis* – Brustkorbportion des ventralen gesägten Muskels
3., 3'., 3". *M. subscapularis* – Unterschulterblattmuskel
4. *M. supraspinatus* – Übergrätenmuskel
5. *Tuberculum majus humeri* – großer Oberarmbeinhöcker
6. *M. latissimus dorsi* – breiter Rückenmuskel
7. *M. teres major* – großer Rundmuskel
8. *M. tensor fasciae antebrachii* – Spanner der Unterarmfaszie
9. *Caput longum mi. tricipitis brachii* – langer Kopf des dreiköpfigen Armmuskels
10. *Caput mediale mi. tricipitis brachii* – medialer Kopf des dreiköpfigen Armmuskels
11. *M. coracobrachialis* – Rabenschnabel-Armmuskel
12. *M. biceps brachii* – zweiköpfiger Armmuskel
13. *M. brachialis* – Armmuskel
14. *M. pronator teres* – runder Einwärtsdreher
15. *M. flexor carpi ulnaris* – ulnarer Beuger des Vorderfußwurzelgelenkes
16. *M. extensor carpi radialis* – radialer Strecker des Vorderfußwurzelgelenkes
17. *Radius* – Speiche
18. *Portio superficialis mi. flexoris digitorum superficialis* – oberflächlicher Teil des oberflächlichen Zehenbeugers
18'. *Portio profunda mi. flexoris digitorum superficialis* – tiefer Teil des oberflächlichen Zehenbeugers
19. *M. flexor carpi radialis* – radialer Beuger des Vorderfußwurzelgelenkes
20. *M. abductor digiti I longus* – langer Abzieher der 1. Zehe
21. *Lig. carpi palmare superficiale (Retinaculum flexorum)* – palmares oberflächliches Vorderfußwurzelband (Halteband der Beuger)
22. *M. interosseus III et IV* – 3. und 4. Zwischenknochenmuskel
22'. *Ramus flexorius mi. Interossei* – Beugeast des Zwischenknochenmuskels
22". *Portio collateralis mi. interossei* – seitliche Portion des Zwischenknochenmuskels
23. *M. flexor digitorum profundus* – tiefer Zehenbeuger
24. *Os metacarpale III et IV* – 3. und 4. Vordermittelfußknochen
25. *M. extensor digiti III proprius* – besonderer Strecker der 3. Zehe
26. *Lig. metacarpeum transversum superficiale* – querverlaufendes oberflächliches Vordermittelfußband (Fesselringband)
27. *Pars anularis vaginae fibrosae digiti* – Ringteil der faserigen Zehenscheide (Ringband des Fesselbeines)

Rind. Skelett des proximalen Teils der Schultergliedmaße, Ansicht von medial.

Abbildung 3

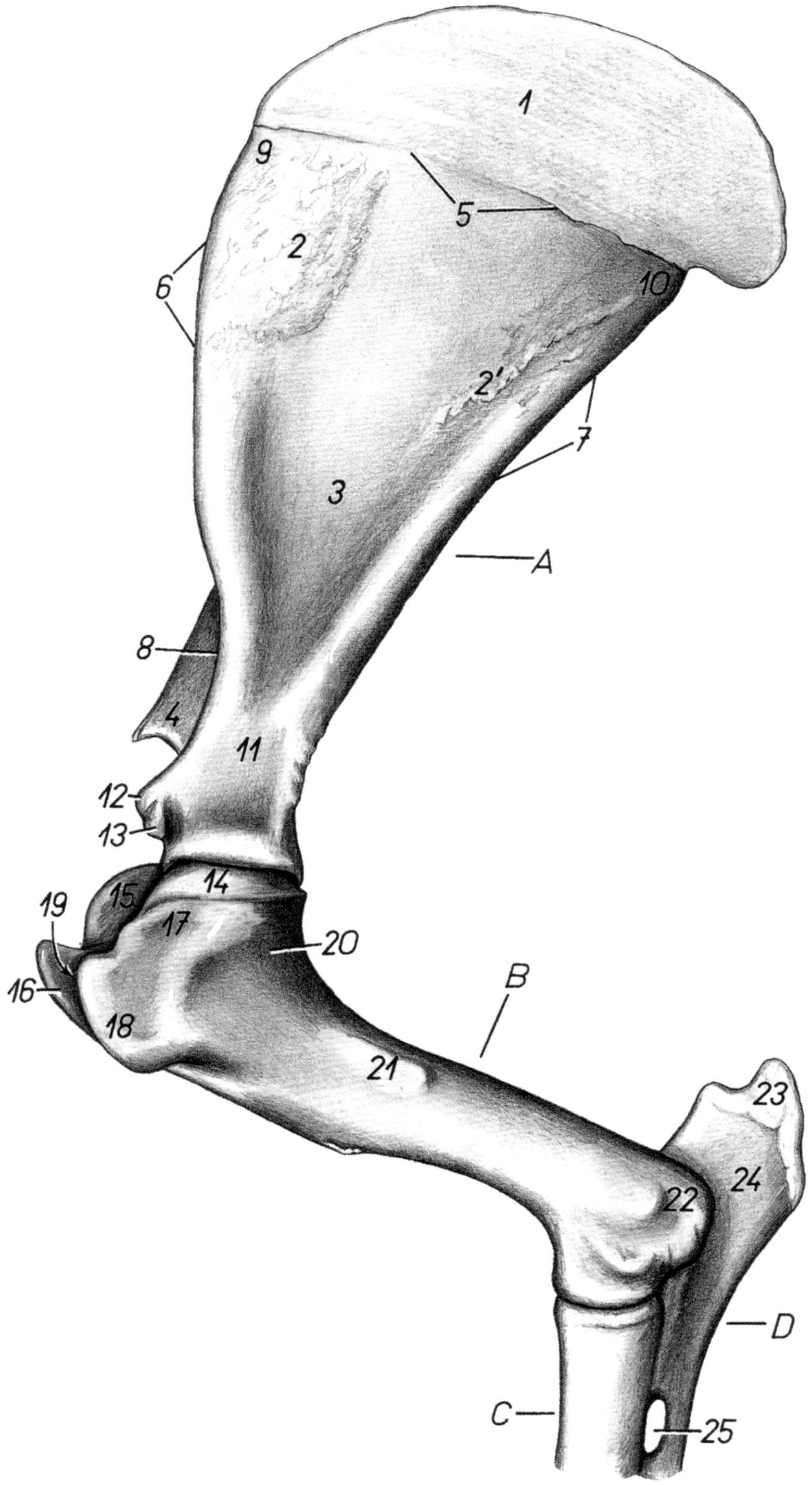

1. *Cartilago scapulae* – Schulterblattknorpel
2., 2'. *Facies serrata* – Ansatzfläche des gesägten Muskels am Schulterblatt
3. *Fossa subscapularis* – Unterschulterblattgrube
4. *Acromion* – Gräteneck
5. *Margo dorsalis* – dorsaler Rand
6. *Margo cranialis* – kranialer Rand
7. *Margo caudalis* – kaudaler Rand
8. *Incisura scapulae* – Schulterblatteinschnitt
9. *Angulus cranialis* – kranialer Winkel
10. *Angulus caudalis* – kaudaler Winkel
11. *Collum scapulae* – Schulterblatthals
12. *Tuberculum supraglenoidale* – Schulterblattbeule
13. *Processus coracoideus* – Rabenschnabelfortsatz
14. *Caput humeri* – Oberarmbeinkopf
15. *Pars caudalis tuberculi majoris* – kaudaler Teil des großen Oberarmbeinhöckers
16. *Pars cranialis tuberculi majoris* – kranialer Teil des großen Oberarmbeinhöckers
17. *Pars caudalis tuberculi minoris* – kaudaler Teil des kleinen Oberarmbeinhöckers
18. *Pars cranialis tuberculi minoris* – kranialer Teil des kleinen Oberarmbeinhöckers
19. *Sulcus intertubercularis* – Zwischenhöckerrinne
20. *Collum humeri* – Oberarmbeinhals
21. *Tuberositas teres major* – große Oberarmbeinnarbe
22. *Epicondylus medialis* – Beugeknorren
23. *Tuber olecrani* – Ellbogenhöcker
24. *Olecranon* – Ellbogen
25. *Spatium interosseum antebrachii proximale* – proximaler Zwischenknochenraum des Unterarmes

A. *Scapula* – Schulterblatt
B. *Humerus* – Oberarmbein
C. *Radius* – Speiche
D. *Ulna* – Elle

Rind. Skelett des proximalen Abschnitts der Schultergliedmaße, Ansicht von lateral.

Abbildung 4

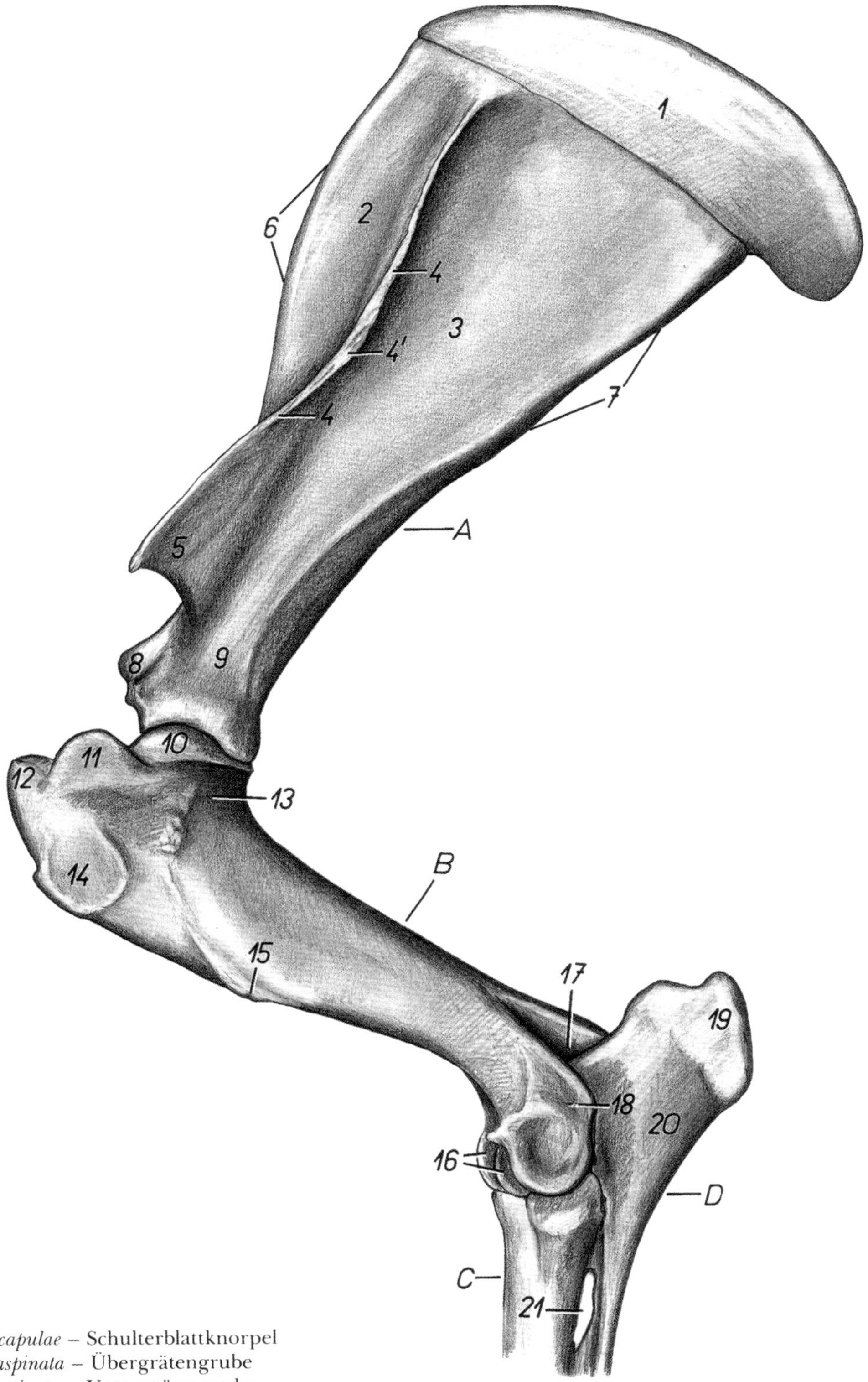

1. *Cartilago scapulae* – Schulterblattknorpel
2. *Fossa supraspinata* – Übergrätengrube
3. *Fossa infraspinata* – Untergrätengrube
4. *Spina scapulae* – Schulterblattgräte
4'. *Tuber spinae scapulae* – Grätenbeule
5. *Acromion* – Gräteneck
6. *Margo cranialis* – kranialer Rand
7. *Margo caudalis* – kaudaler Rand
8. *Tuberculum supraglenoidale* – Schulterblattbeule
9. *Collum scapulae* – Schulterblatthals
10. *Caput humeri* – Oberarmbeinkopf
11. *Pars caudalis tuberculi majoris* – kaudaler Teil des großen Oberarmbeinhöckers
12. *Pars cranialis tuberculi majoris* – kranialer Teil des großen Oberarmbeinhöckers
13. *Collum humeri* – Oberarmbeihals
14. *Facies mi. infraspinati* – Ansatzfläche des Untergrätenmuskels
15. *Tuberositas deltoidea* – Armbeinhöcker
16. *Trochlea humeri* – Gelenkrolle des Oberarmbeines
17. *Fossa olecrani* – Ellbogengrube
18. *Epicondylus lateralis* – Streckknorren
19. *Tuber olecrani* – Ellbogenhöcker
20. *Olecranon* – Ellbogen
21. *Spatium interosseum antebrachii proximale* – proximaler Zwischenknochenraum des Unterarmes

A. *Scapula* – Schulterblatt
B. *Humerus* – Oberarmbein
C. *Radius* – Speiche
D. *Ulna* – Elle

Rind. Präparation der Schulter und des Oberarmes, Ansicht von medial. 1. Schicht.

Abbildung 5

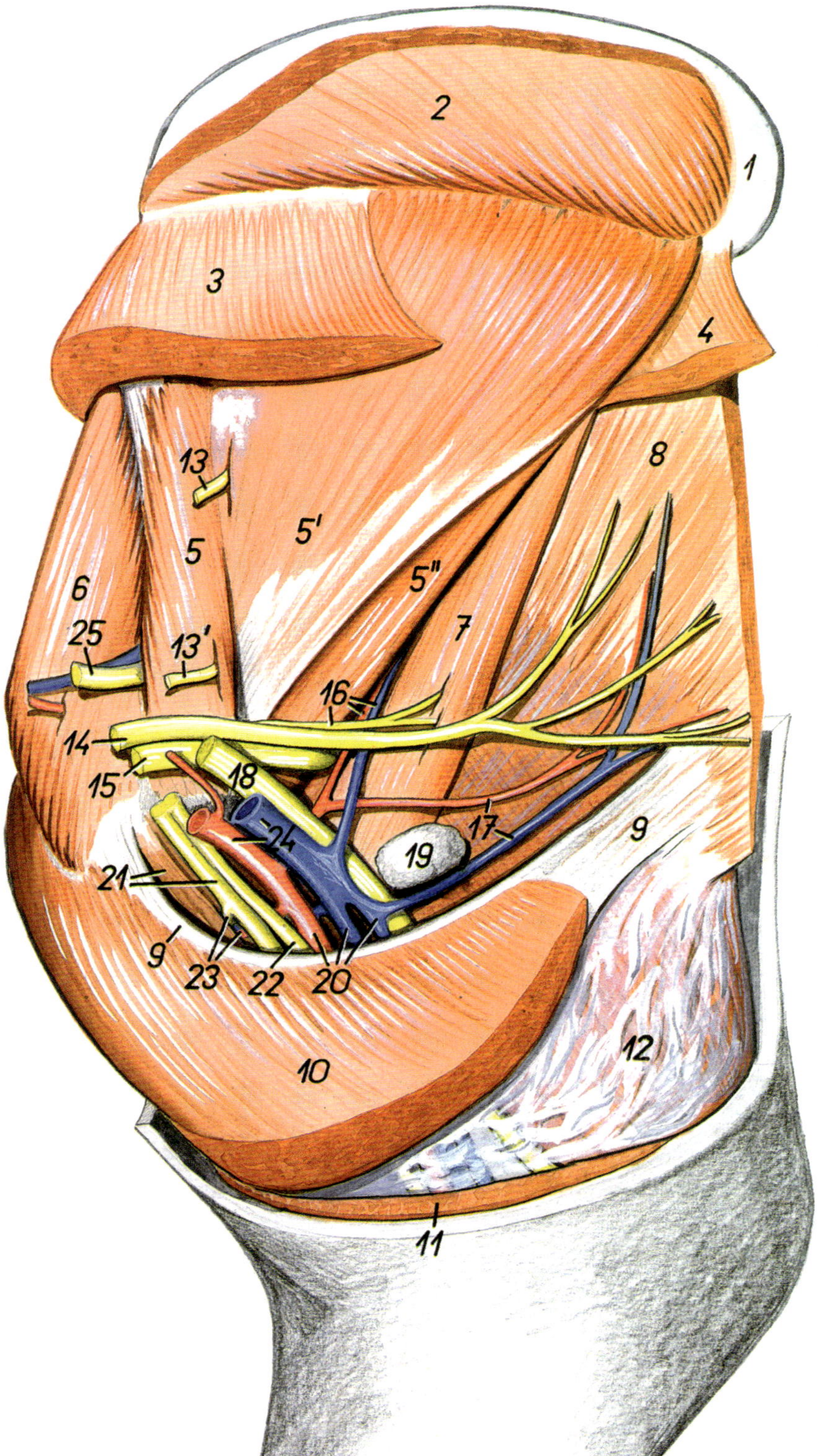

1. *Cartilago scapulae* – Schulterblattknorpel
2. *M. rhomboideus* – rautenförmiger Muskel
3. *M. serratus ventralis cervicis* – Halsportion des ventralen gesägten Muskels
4. *M. serratus ventralis thoracis* – Brustkorbportion des ventralen gesägten Muskels
5., 5'., 5". *M. subscapularis* – Unterschulterblattmuskel
6. *M. supraspinatus* – Übergrätenmuskel
7. *M. teres major* – großer Rundmuskel
8. *M. latissimus dorsi* – breiter Rückenmuskel
9. *Lacertus axillaris* – Achselsehnenstrang
10. *M. pectoralis profundus (ascendens)* – tiefer (aufsteigender) Brustmuskel
11. *M. pectoralis transversus* – querverlaufender Brustmuskel
12. *M. tensor fasciae antebrachii* – Spanner der Unterarmfaszie
13. *N. subscapularis* – Unterschulterblattnerv
13'. *Ramus subscapularis ni. axillaris* – Ast des Achselnerven zum Unterschulterblattmuskel
14. *N. thoracodorsalis* – Brustkorb-Rückennerv
15. *N. axillaris* – Achselnerv
16. *A. et V. subscapularis, Ramus ni. axillaris* – Unterschulterblattarterie und -vene, Ast des Achselnerven
17. *A. et V. thoracodorsalis* – Brustkorb-Rückenarterie und -vene
18. *N. radialis* – Speichennerv
19. *Lnn. axillares* – Achsellymphknoten
20. *A. brachialis et Vv. brachiales* – Armarterie und -venen
21. *M. coracobrachialis, N. medianus et N. musculocutaneus* – Rabenschnabel-Armmuskel, Mittelnerv und Muskel-Hautnerv
22. *N. ulnaris* – Ellennerv
23. *Ramus muscularis proximalis ni. musculocutanei, A. et V. circumflexa humeri cranialis* – proximaler Muskelast des Muskel-Hautnerven, kraniale Oberarmkranzarterie und -vene
24. *A. et V. axillaris* – Achselarterie und -vene
25. *N. suprascapularis* – Überschulterblattnerv

Abbildung 6

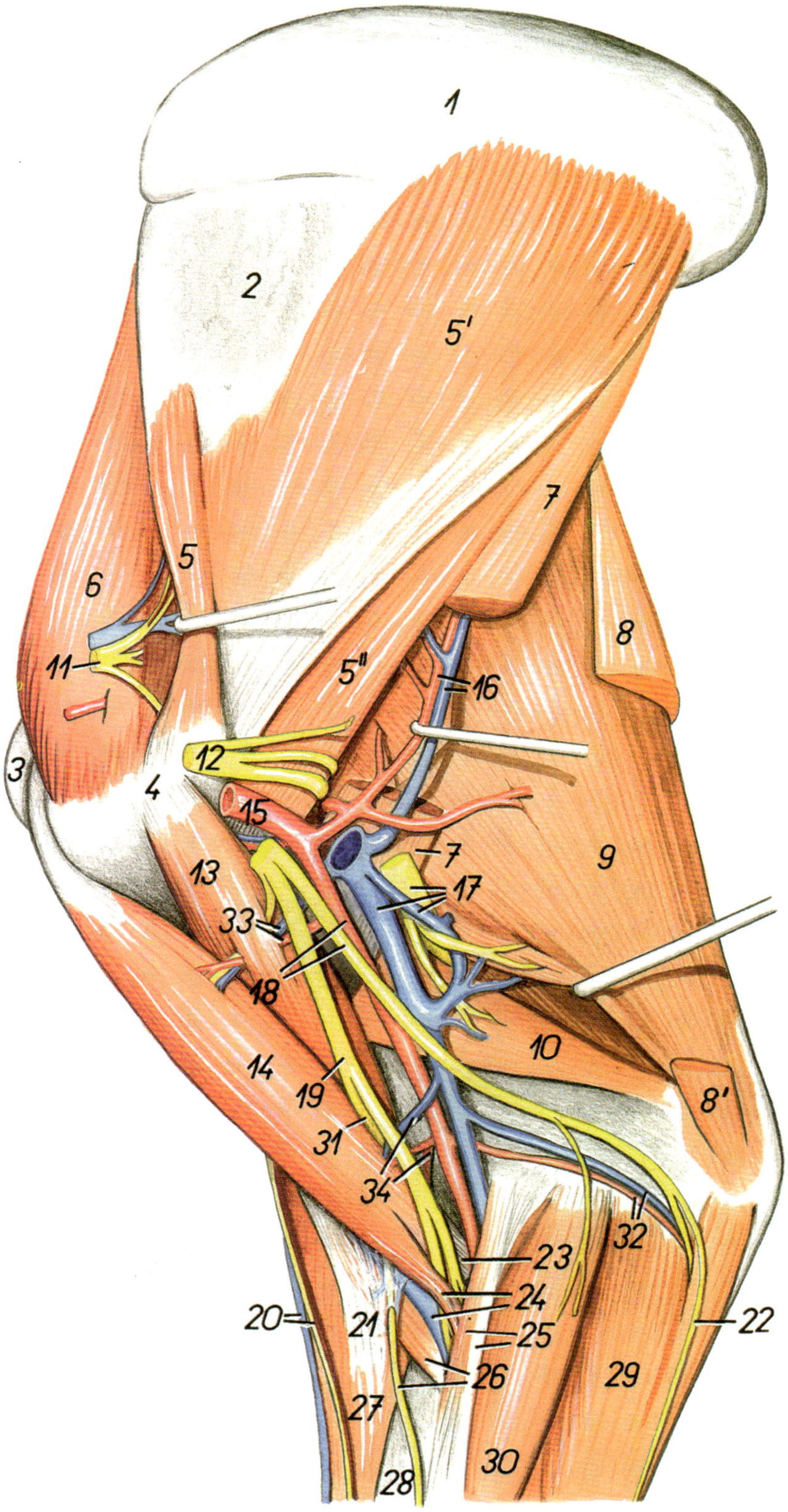

1. *Cartilago scapulae* – Schulterblattknorpel
2. *Scapula* – Schulterblatt
3. *Tuberculum majus humeri* – großer Oberarmbeinhöcker
4. *Tuberculum minus humeri* – kleiner Oberarmbeinhöcker
5., 5'., 5''. *M. subscapularis* – Unterschulterblattmuskel
6. *M. supraspinatus* – Übergrätenmuskel
7. *M. teres major* – großer Rundmuskel
8. *M. tensor fasciae antebrachii* – Spanner der Unterarmfaszie

8'. *Insertio anconea mi. tensoris fasciae antebrachii* – Ellbogenansatz des Spanners der Unterarmfaszie

9. *Caput longum mi. tricipitis brachii* – langer Kopf des dreiköpfigen Armmuskels
10. *Caput mediale mi. tricipitis brachii* – medialer Kopf des dreiköpfigen Armmuskels
11. *N. suprascapularis* – Überschulterblattnerv
12. *N. axillaris* – Achselnerv
13. *M. coracobrachialis* – Rabenschnabel-Armmuskel
14. *M. biceps brachii* – zweiköpfiger Armmuskel
15. *A. axillaris* – Achselarterie
16. *A. et V. subscapularis* – Unterschulterblattarterie und -vene
17. *Vv. brachiales, N. radialis* – Armvenen, Speichennerv
18. *A. brachialis, N. ulnaris* – Armarterie, Ellennerv
19. *N. medianus* – Mittelnerv
20. *V. cephalica accessoria, N. cutaneus antebrachii cranialis* – zusätzliche Kopfvene des Unterarmes, kranialer Unterarmhautnerv
21. *Lacertus fibrosus* – sehniger Faserstrang
22. *N. cutaneus antebrachii caudalis* – kaudaler Unterarmhautnerv
23. *Cauda tendinea mi. bicipitis* – sehniger Schwanz des zweiköpfigen Muskels
24. *Cauda carnea mi. bicipitis, V. cephalica* – fleischiger Schwanz des zweiköpfigen Muskels, Kopfvene des Unterarmes
25. *Lig. collaterale mediale, M. pronator teres* – mediales Seitenband, runder Einwärtsdreher
26. *M. brachialis, N. cutaneus antebrachii medialis* – Armmuskel, medialer Unterarmhautnerv
27. *M. extensor carpi radialis* – radialer Strecker des Vorderfußwurzelgelenkes
28. *Radius* – Speiche
29. *M. flexor carpi ulnaris* – ulnarer Beuger des Vorderfußwurzelgelenkes
30. *M. flexor carpi radialis* – radialer Beuger des Vorderfußwurzelgelenkes
31. *N. musculocutaneus* – Muskel-Hautnerv
32. *A. et V. collateralis ulnaris* – Begleitarterie und -vene des Ellennerven
33. *A. et V. circumflexa humeri cranialis* – kraniale Oberarmkranzarterie und -vene
34. *A. et V. transversa cubiti* – Querarterie und -vene des Ellbogens

Rind. Präparation der Schulter und des Oberarmes, Ansicht von lateral, nach Entfernung der Hautmuskeln und der Schultergürtelmuskeln.

Abbildung 7

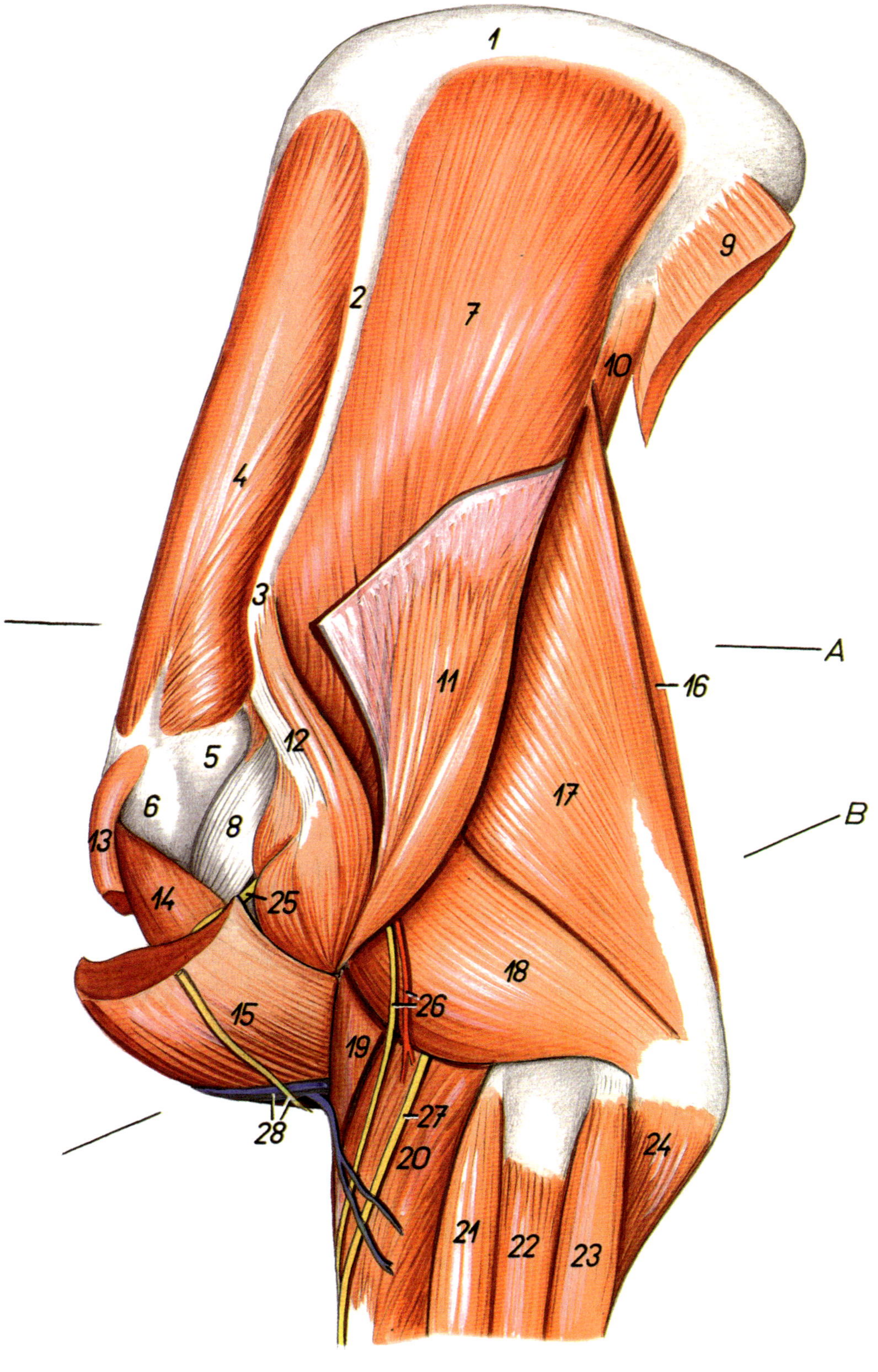

1. *Cartilago scapulae* – Schulterblattknorpel
2. *Spina scapulae* – Schulterblattgräte
3. *Acromion* – Gräteneck
4. *M. supraspinatus* – Übergrätenmuskel
5. *Pars caudalis tuberculi majoris* – kaudaler Teil des großen Oberarmbeinhöckers
6. *Pars cranialis tuberculi majoris* – kranialer Teil des großen Oberarmbeinhöckers
7. *M. infraspinatus* – Untergrätenmuskel
8. *Tendo mi. infraspinati* – Sehne des Untergrätenmuskels
9. *M. latissimus dorsi (Portio scapularis)* – breiter Rückenmuskel (Schulterblattportion)
10. *M. teres major* – großer Rundmuskel
11. *Pars scapularis mi. deltoidei* – Schulterblatteil des deltaförmigen Muskels
12. *Pars acrominalis mi. deltoidei* – Gräteneckteil des deltaförmigen Muskels
13. *M. pectoralis profundus (ascendens)* – tiefer (aufsteigender) Brustmuskel
14. *M. biceps brachii* – zweiköpfiger Armmuskel
15. *M. brachiocephalicus* – Arm-Kopfmuskel
16. *M. tensor fasciae antebrachii* – Spanner der Unterarmfaszie
17. *Caput longum mi. tricipitis brachii* – langer Kopf des dreiköpfigen Armmuskels
18. *Caput laterale mi. tricipitis brachii* – lateraler Kopf des dreiköpfigen Armmuskels
19. *M. brachialis* – Armmuskel
20. *M. extensor carpi radialis* – radialer Strecker des Vorderfußwurzelgelenkes
21. *M. extensor digitorum communis* – gemeinsamer Zehenstrecker
22. *M. extensor digitalis lateralis* – lateraler Zehenstrecker
23. *M. extensor carpi ulnaris* – ulnarer Strecker des Vorderfußwurzelgelenkes
24. *Caput ulnare mi. flexoris digitorum profundi* – Ellenkopf des tiefen Zehenbeugers
25. *Ramus muscularis ni. axillaris (ad m. brachiocephalicum)* – Muskelast des Achselnerven (zum Arm-Kopfmuskel)
26. *N. cutaneus antebrachii cranialis (ni. axillaris), Ramus a. circumflexae humeri caudalis* – kranialer Unterarmhautnerv (des Achselnerven), Ast der kaudalen Oberarmkranzarterie
27. *Ramus superficialis ni. radialis* – oberflächlicher Ast des Speichennerven
28. *V. cephalica, N. supraclavicularis ventralis* – Kopfvene des Oberarmes, ventraler Überschlüsselbeinnerv

Rind. Querschnitt durch die Schulter (A) und den Oberarm (B). Die Höhe der Schnittebene ist in Abbildung 7 eingezeichnet.

Abbildung 8

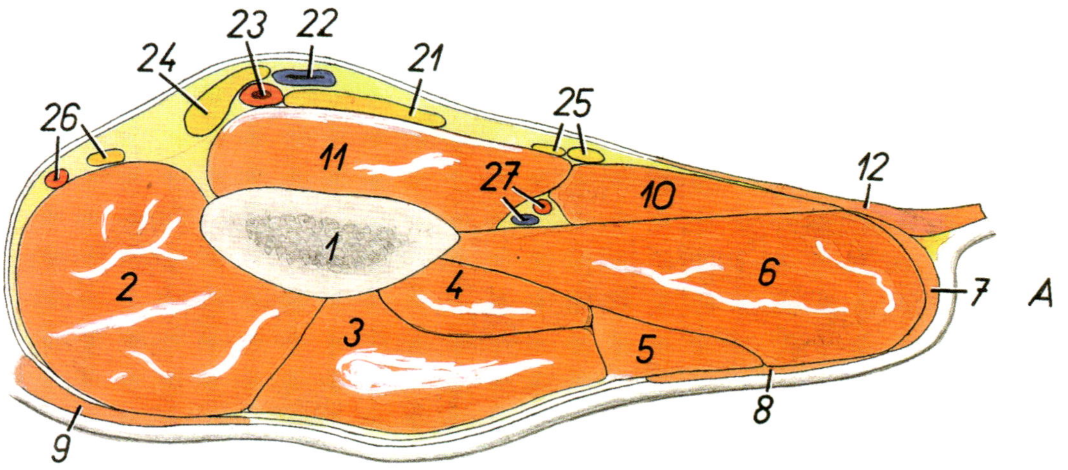

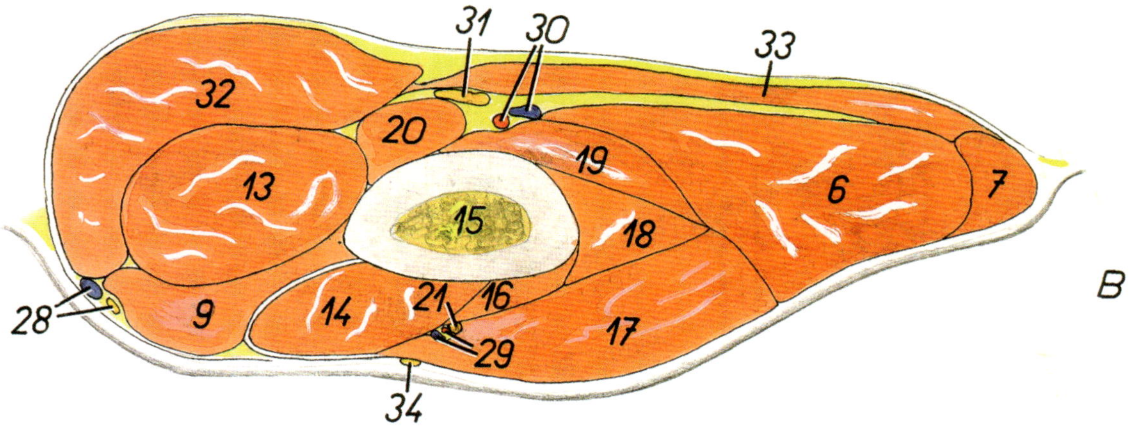

1. *Collum scapulae* – Schulterblatthals
2. *M. supraspinatus* – Übergrätenmuskel
3. *M. infraspinatus* – Untergrätenmuskel
4. *M. teres minor* – kleiner Rundmuskel
5. *M. deltoideus* – deltaförmiger Muskel
6. *Caput longum mi. tricipitis brachii* – langer Kopf des dreiköpfigen Armmuskels
7. *M. tensor fasciae antebrachii* – Spanner der Unterarmfaszie
8. *M. cutaneus omobrachialis* – Schulter-Armhautmuskel
9. *M. brachiocephalicus* – Arm-Kopfmuskel
10. *M. teres major* – großer Rundmuskel
11. *M. subscapularis* – Unterschulterblattmuskel
12. *M. latissimus dorsi* – breiter Rückenmuskel
13. *M. biceps brachii* – zweiköpfiger Armmuskel
14. *M. brachialis* – Armmuskel
15. *Corpus humeri* – Oberarmbeinschaft
16. *M. extensor carpi radialis* – radialer Strecker des Vorderfußwurzelgelenkes
17. *Caput laterale mi. tricipitis brachii* – lateraler Kopf des dreiköpfigen Armmuskels
18. *M. anconeus* – Ellbogenhöckermuskel
19. *Caput mediale mi. tricipitis brachii* – medialer Kopf des dreiköpfigen Armmuskels
20. *M. coracobrachialis* – Rabenschnabel-Armmuskel
21. *N. radialis* – Speichennerv
22. *V. axillaris* – Achselvene
23. *A. axillaris* – Achselarterie
24. *N. medianus, N. ulnaris et N. musculocutaneus* – Mittelnerv, Ellennerv und Muskel-Hautnerv
25. *N. axillaris, N. thoracodorsalis* – Achselnerv, Brustkorb-Rückennerv
26. *A. suprascapularis, N. suprascapularis* – Überschulterblattarterie, Überschulterblattnerv
27. *A. et V. subscapularis* – Unterschulterblattarterie und -vene
28. *V. cephalica, N. supraclavicularis ventralis* – Kopfvene des Oberarmes, ventraler Überschlüsselbeinnerv
29. *Rami musculares a. et v. circumflexae humeri caudalis* – Muskeläste der kaudalen Oberarmkranzarterie und -vene
30. *A. et V. brachialis* – Armarterie und -vene
31. *N. medianus et ulnaris* – Mittelnerv und Ellennerv
32. *M. pectoralis profundus (ascendens)* – tiefer (aufsteigender) Brustmuskel
33. *M. pectoralis transversus* – querverlaufender Brustmuskel
34. *N. cutaneus antebrachii cranialis* – kranialer Unterarmhautnerv

Rind. Präparation der Schulter und des Oberarmes, Ansicht von lateral. Tiefe Schicht.

Abbildung 9

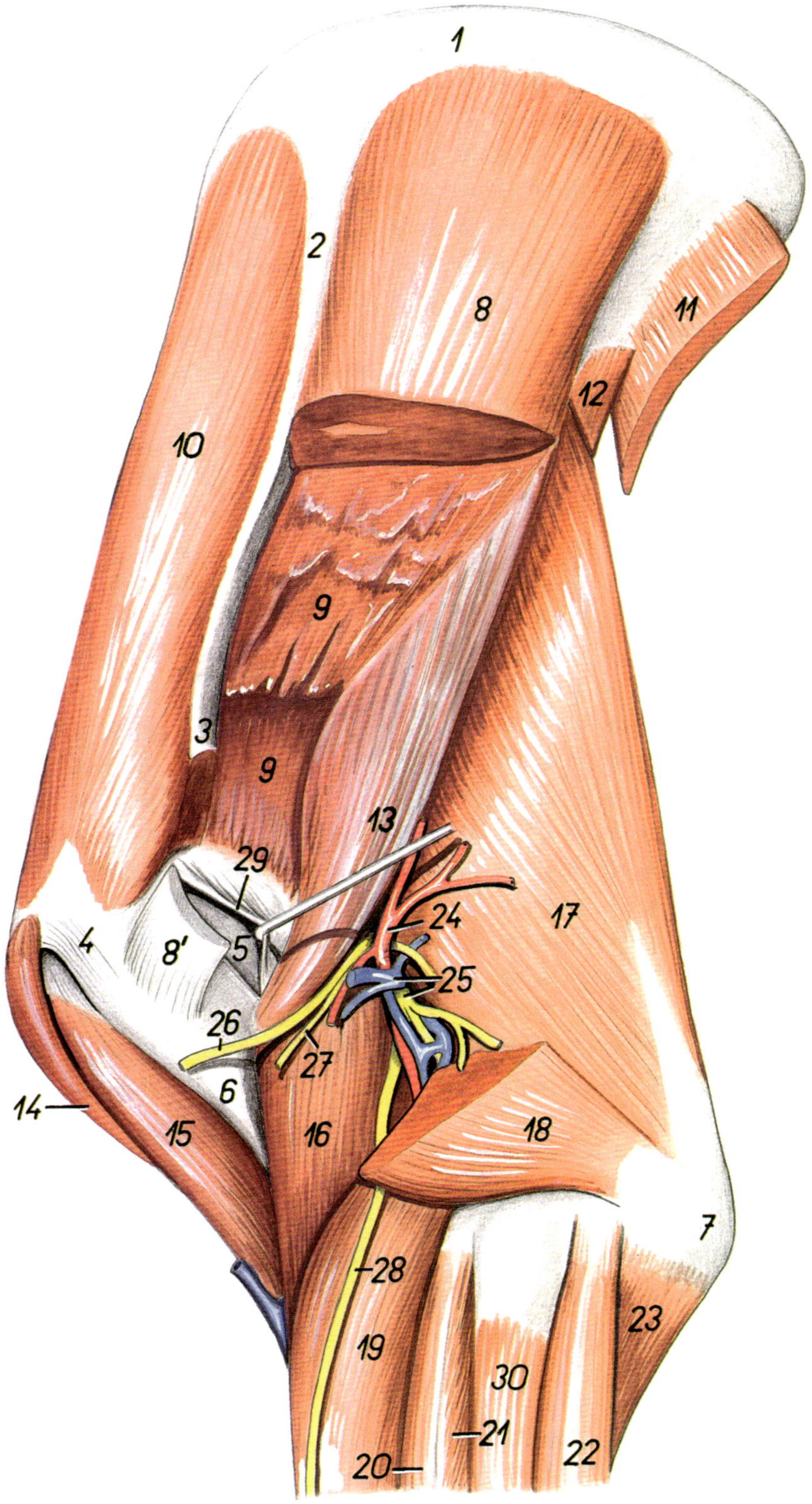

1. *Cartilago scapulae* – Schulterblattknorpel
2. *Spina scapulae* – Schulterblattgräte
3. *Acromion* – Gräteneck
4. *Pars cranialis tuberculi majoris* – kranialer Teil des großen Oberarmbeinhöckers
5. *Pars caudalis tuberculi majoris* – kaudaler Teil des großen Oberarmbeinhöckers
6. *Tuberositas deltoidea* – Armbeinhöcker
7. *Olecranon* – Ellbogen
8., 9. *M. infraspinatus* – Untergrätenmuskel
8'. *Insertio portionis superficialis mi. infraspinati* – Ansatz der oberflächlichen Portion des Untergrätenmuskels
9. *Portio profunda mi. infraspinati* – tiefe Portion des Untergrätenmuskels
10. *M. supraspinatus* – Übergrätenmuskel
11. *M. latissimus dorsi (Portio scapularis)* – breiter Rückenmuskel (Schulterblattportion)
12. *M. teres major* – großer Rundmuskel
13. *M. teres minor* – kleiner Rundmuskel
14. *M. pectoralis profundus (ascendens)* – tiefer (aufsteigender) Brustmuskel
15. *M. biceps brachii* – zweiköpfiger Armmuskel
16. *M. brachialis* – Armmuskel
17. *Caput longum mi. tricipitis brachii* – langer Kopf des dreiköpfigen Armmuskels
18. *Caput laterale mi. tricipitis brachii* – lateraler Kopf des dreiköpfigen Armmuskels
19. *M. extensor carpi radialis* – radialer Strecker des Vorderfußwurzelgelenkes
20., 21. *M. extensor digitorum communis* – gemeinsamer Zehenstrecker
20. *M. extensor digiti III* – Strecker der 3. Zehe
22. *M. extensor carpi ulnaris* – ulnarer Strecker des Vorderfußwurzelgelenkes
23. *Caput ulnare mi. flexoris digitorum profundi* – Ellenkopf des tiefen Zehenbeugers
24. *A. circumflexa humeri caudalis* – kaudale Oberarmkranzarterie
25. *N. radialis, V. circumflexa humeri caudalis* – Speichennerv, kaudale Oberarmkranzvene
26. *Ramus muscularis ni. axillaris (ad m. brachiocephalicum)* – Muskelast des Achselnerven (zum Arm-Kopfmuskel)
27. *N. cutaneus antebrachii cranialis (ni. axillaris)* – kranialer Unterarmhautnerv
28. *Ramus superficialis ni. radialis* – oberflächlicher Ast des Speichennerven
29. *Bursa subtendinea mi. infraspinati* – unter der Sehne des Untergrätenmuskels gelegener Schleimbeutel
30. *M. extensor digitalis lateralis* – lateraler Zehenstrecker

Rind. Topographie der Arterien an Schulter und Arm, Ansicht von medial. Rekonstruktion nach einer Röntgenaufnahme.

Abbildung 10

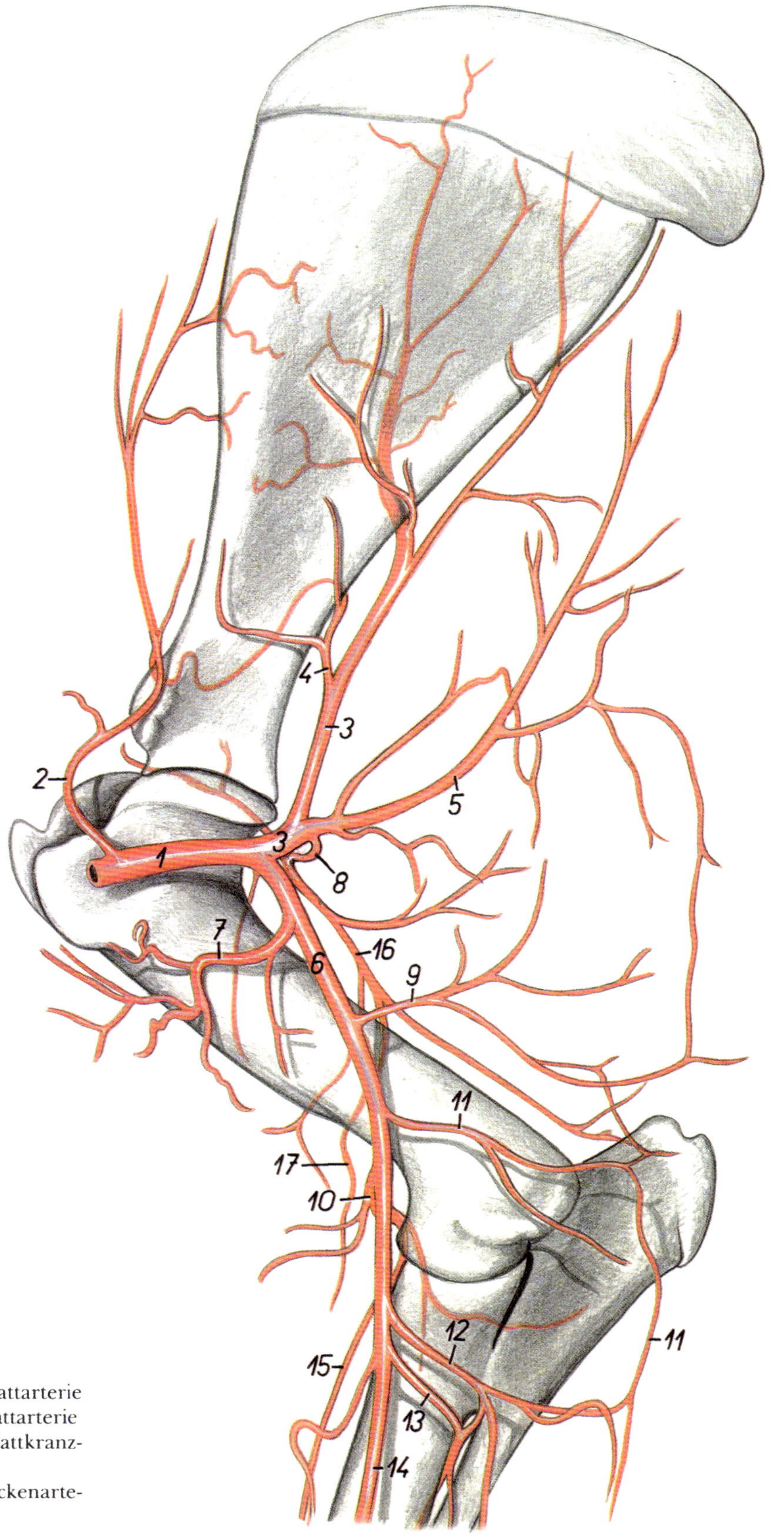

1. *A. axillaris* – Achselarterie
2. *A. suprascapularis* – Überschulterblattarterie
3. *A. subscapularis* – Unterschulterblattarterie
4. *A. circumflexa scapulae* – Schulterblattkranzarterie
5. *A. thoracodorsalis* – Brustkorb-Rückenarterie
6. *A. brachialis* – Armarterie
7. *A. circumflexa humeri cranialis* – kraniale Oberarmkranzarterie
8. *A. circumflexa humeri caudalis* – kaudale Oberarmkranzarterie
9. *A. profunda brachii* – tiefe Armarterie
10. *A. transversa cubiti* – Querarterie des Ellbogens
11. *A. collateralis ulnaris* – Begleitarterie des Ellennerven
12. *A. profunda antebrachii* – tiefe Unterarmarterie
13. *A. interossea communis* – gemeinsame Zwischenknochenarterie
14. *A. mediana* – Mittelarterie
15. *Ramus distalis a. transversae cubiti* – distaler Ast der Querarterie des Ellbogens
16. *A. collateralis radialis* – Seitenarterie der Speiche
17. *A. antebrachialis superficialis cranialis* – kraniale oberflächliche Unterarmarterie

Rind. Skelett des distalen Abschnitts der Schultergliedmaße, Ansicht von dorsolateral.

Abbildung 11

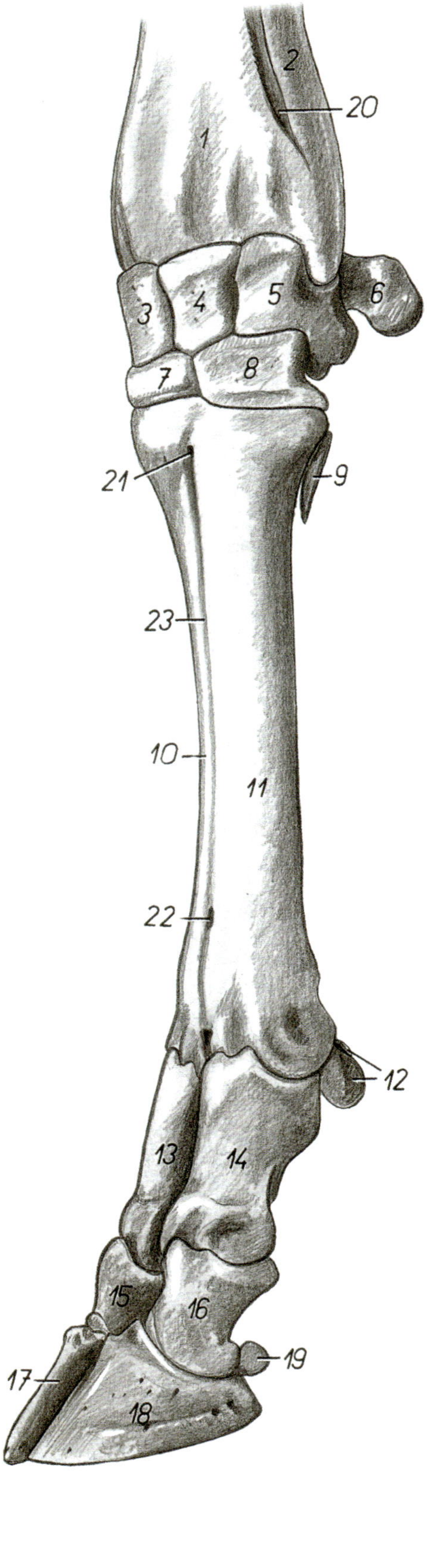

1. *Radius* – Speiche
2. *Ulna* – Elle
3. *Os carpi radiale (Os scaphoideum)* – radialer Vorderfußwurzelknochen (Kahnbein)
4. *Os carpi intermedium (Os lunatum)* – mittlerer Vorderfußwurzelknochen (Mondbein)
5. *Os carpi ulnare (Os triquetrum)* – ulnarer Vorderfußwurzelknochen (Dreiecksbein)
6. *Os carpi accessorium (Os pisiforme)* – zusätzlicher Vorderfußwurzelknochen (Erbsenbein)
7. *Os carpale II et III (Os trapezoideocapitatum)* – 2. und 3. Vorderfußwurzelknochen (Vieleck-Kopfbein)
8. *Os carpale IV (Os hamatum)* – 4. Vorderfußwurzelknochen (Hakenbein)
9. *Os metacarpale V* – 5. Vordermittelfußknochen
10. *Os metacarpale III* – 3. Vordermittelfußknochen
11. *Os metacarpale IV* – 4. Vordermittelfußknochen
12. *Ossa sesamoidea proximalia* – proximale Sesambeine
13. *Phalanx proximalis digiti III* – proximales Glied der 3. Zehe
14. *Phalanx proximalis digiti IV* – proximales Glied der 4. Zehe
15. *Phalanx media digiti III* – mittleres Glied der 3. Zehe
16. *Phalanx media digiti IV* – mittleres Glied der 4. Zehe
17. *Phalanx distalis digiti III* – distales Glied der 3. Zehe
18. *Phalanx distalis digiti IV* – distales Glied der 4. Zehe
19. *Os sesamoideum distale* – distales Sesambein
20. *Spatium interosseum antebrachii distale* – distaler Zwischenknochenraum des Unterarmes
21. *Canalis metacarpi proximalis* – proximaler Vordermittelfußknochenkanal
22. *Canalis metacarpi distalis* – distaler Vordermittelfußknochenkanal
23. *Sulcus longitudinalis dorsalis* – dorsale Längsfurche

Rind. Ellbogengelenk, Ansicht von medial.

Abbildung 12

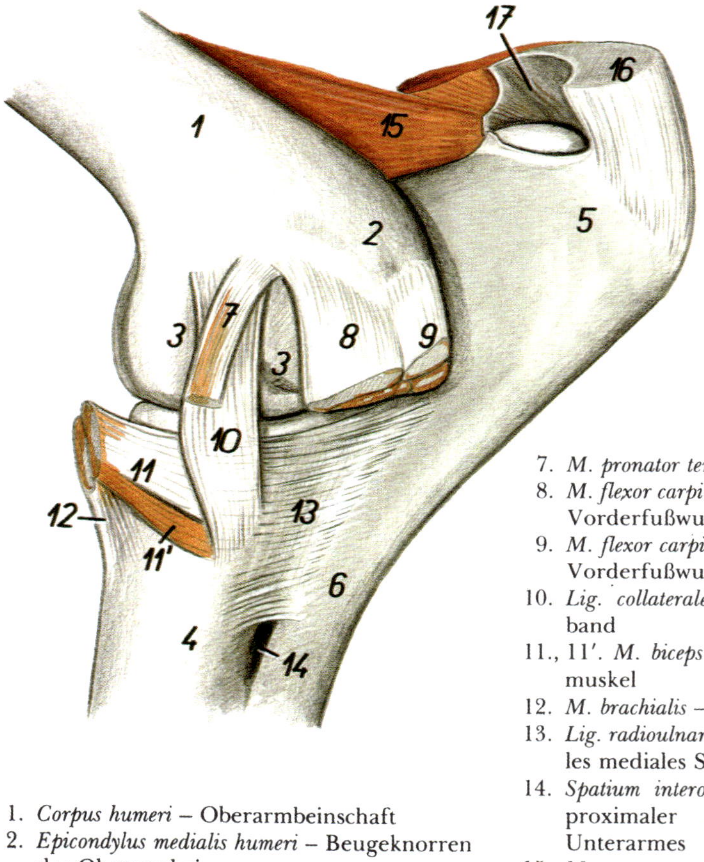

1. *Corpus humeri* – Oberarmbeinschaft
2. *Epicondylus medialis humeri* – Beugeknorren des Oberarmbeines
3. *Condylus humeri* – Gelenkknorren des Oberarmbeines
4. *Corpus radii* – Schaft der Speiche
5. *Olecranon* – Ellbogen
6. *Corpus ulnae* – Schaft der Elle
7. *M. pronator teres* – runder Einwärtsdreher
8. *M. flexor carpi radialis* – radialer Beuger des Vorderfußwurzelgelenkes
9. *M. flexor carpi ulnaris* – ulnarer Beuger des Vorderfußwurzelgelenkes
10. *Lig. collaterale mediale* – mediales Seitenband
11., 11′. *M. biceps brachii* – zweiköpfiger Armmuskel
12. *M. brachialis* – Armmuskel
13. *Lig. radioulnare proximale mediale* – proximales mediales Speichen-Ellenband
14. *Spatium interosseum antebrachii proximale* – proximaler Zwischenknochenraum des Unterarmes
15. *M. anconeus* – Ellbogenhöckermuskel
16. *M. triceps brachii (Insertio)* – dreiköpfiger Muskel des Armes (Ansatz)
17. *Bursa subtendinea mi. tricipitis brachii* – unter der Sehne des dreiköpfigen Armmuskels gelegener Schleimbeutel

Rind. Ellbogengelenk, Ansicht von lateral.

Abbildung 13

1. *Corpus humeri* – Oberarmbeinschaft
2. *Epicondylus lateralis humeri* – Streckknorren des Oberarmbeines
3. *Trochlea humeri* – Gelenkrolle des Oberarmbeines
4. *Corpus radii* – Schaft der Speiche
5. *Olecranon* – Ellbogen
6. *Corpus ulnae* – Schaft der Elle
7. *Origo mi. extensoris digitorum communis* – Ursprung des gemeinsamen Zehenstreckers
8. *Origo mi. extensoris carpi ulnaris* – Ursprung des ulnaren Streckers des Vorderfußwurzelgelenkes
9. *Origo mi. extensoris digitalis lateralis* – Ursprung des lateralen Zehenstreckers
10. *Lig. collaterale laterale* – laterales Seitenband
11. *M. brachialis* – Armmuskel
12. *Caput ulnare mi. extensoris digitorum communis (M. extensor digiti II)* – Ellenkopf des gemeinsamen Zehenstreckers (Strecker der 2. Zehe)
13. *Lig. radioulnare proximale laterale* – proximales laterales Speichen-Ellenband
14. *Bursa subtendinea mi. tricipitis brachii* – unter der Sehne des dreiköpfigen Armmuskels gelegener Schleimbeutel
15. *M. triceps brachii* – dreiköpfiger Armmuskel

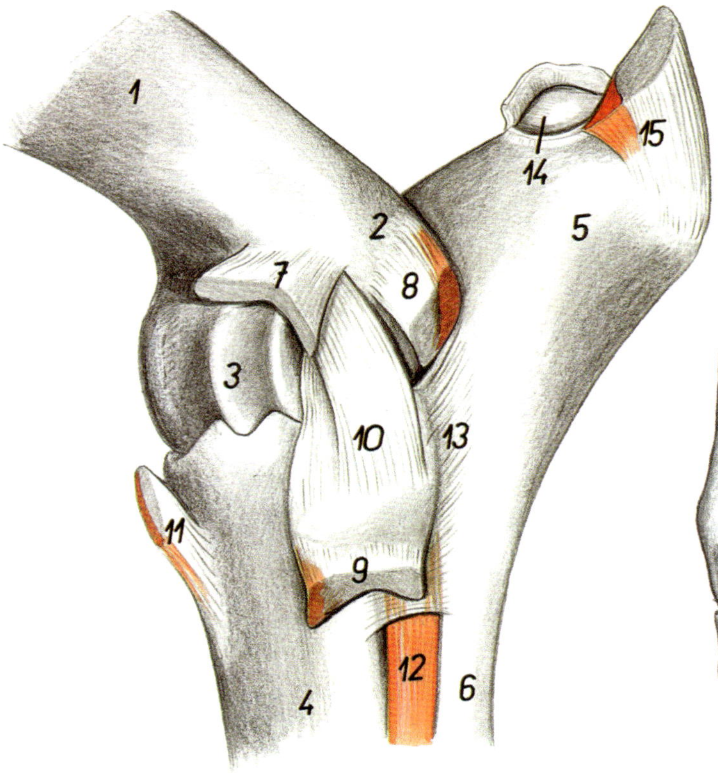

Rind. Skelett des distalen Abschnitts der Schultergliedmaße, Ansicht von mediopalmar.

Abbildung 14

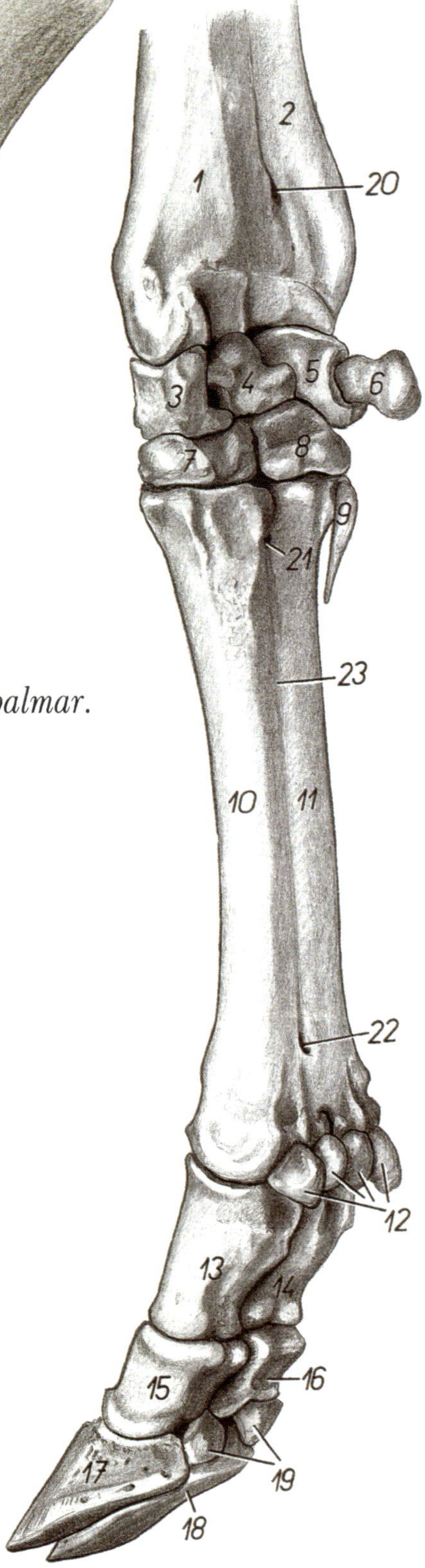

1. *Radius* – Speiche
2. *Ulna* – Elle
3. *Os carpi radiale (Os scaphoideum)* – radialer Vorderfußwurzelknochen (Kahnbein)
4. *Os carpi intermedium (Os lunatum)* – mittlerer Vorderfußwurzelknochen (Mondbein)
5. *Os carpi ulnare (Os triquetrum)* – ulnarer Vorderfußwurzelknochen (Dreiecksbein)
6. *Os carpi accessorium (Os pisiforme)* – zusätzlicher Vorderfußwurzelknochen (Erbsenbein)
7. *Os carpale II et III (Os trapezoideocapitatum)* – 2. und 3. Vorderfußwurzelknochen (Vieleck-Kopfbein)
8. *Os carpale IV (Os hamatum)* – 4. Vorderfußwurzelknochen (Hakenbein)
9. *Os metacarpale V* – 5. Vordermittelfußknochen
10. *Os metacarpale III* – 3. Vordermittelfußknochen
11. *Os metacarpale IV* – 4. Vordermittelfußknochen
12. *Ossa sesamoidea proximalia* – proximale Sesambeine
13. *Phalanx proximalis digiti III* – proximales Glied der 3. Zehe
14. *Phalanx proximalis digiti IV* – proximales Glied der 4. Zehe
15. *Phalanx media digiti III* – mittleres Glied der 3. Zehe
16. *Phalanx media digiti IV* – mittleres Glied der 4. Zehe
17. *Phalanx distalis digiti III* – distales Glied der 3. Zehe
18. *Phalanx distalis digiti IV* – distales Glied der 4. Zehe
19. *Ossa sesamoidea distalia* – distale Sesambeine
20. *Spatium interosseum antebrachii distale* – distaler Zwischenknochenraum des Unterarmes
21. *Canalis metacarpi proximalis* – proximaler Vordermittelfußknochenkanal
22. *Canalis metacarpi distalis* – distaler Vordermittelfußknochenkanal
23. *Sulcus longitudinalis palmaris* – palmare Längsfurche

Rind. Präparation des Unterarmes und des distalen Abschnitts der Schultergliedmaße, Ansicht von medial. Oberflächliche Schicht.

Abbildung 15

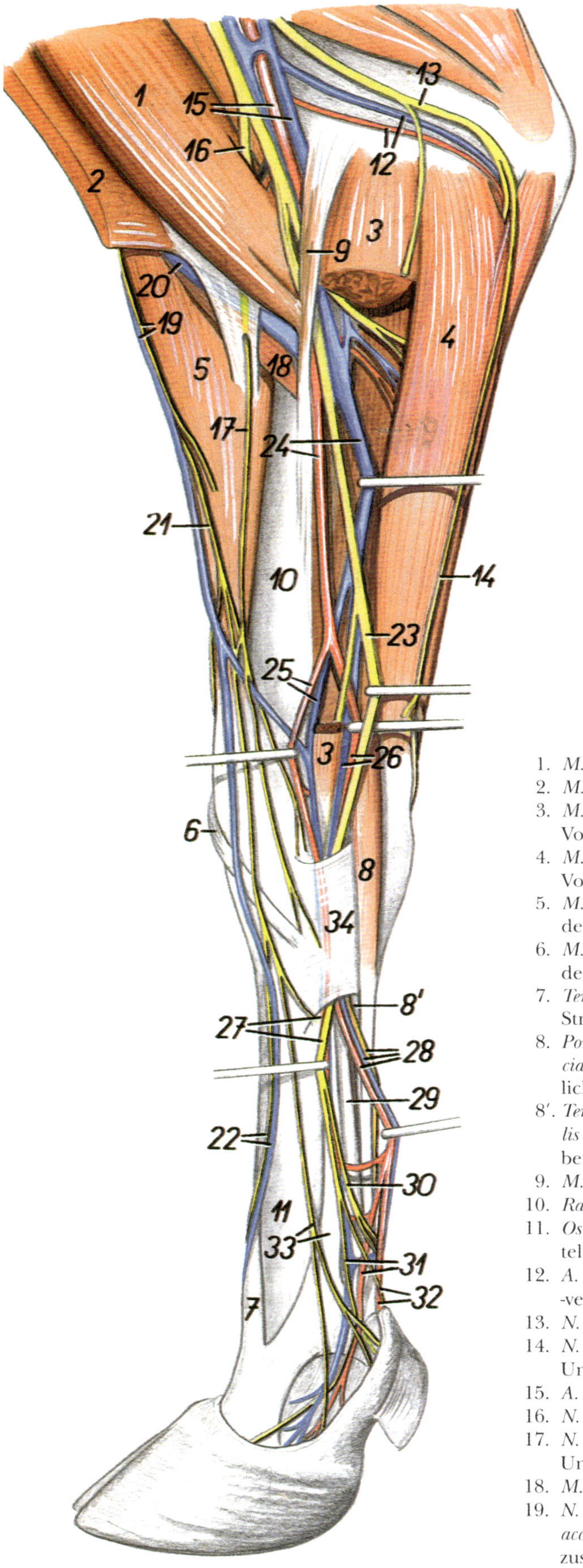

1. *M. biceps brachii* – zweiköpfiger Armmuskel
2. *M. brachiocephalicus* – Arm-Kopfmuskel
3. *M. flexor carpi radialis* – radialer Beuger des Vorderfußwurzelgelenkes
4. *M. flexor carpi ulnaris* – ulnarer Beuger des Vorderfußwurzelgelenkes
5. *M. extensor carpi radialis* – radialer Strecker des Vorderfußwurzelgelenkes
6. *M. abductor digiti I longus* – langer Abzieher der 1. Zehe
7. *Tendo mi. extensoris digiti III* – Sehne des Streckers der 3. Zehe
8. *Portio superficialis mi. flexoris digitorum superficialis* – oberflächliche Portion des oberflächlichen Zehenbeugers

8'. *Tendo profundus mi. flexoris digitorum superficialis* – tiefe Sehne des oberflächlichen Zehenbeugers

9. *M. pronator teres* – runder Einwärtsdreher
10. *Radius* – Speiche
11. *Os metacarpale III et IV* – 3. und 4. Vordermittelfußknochen
12. *A. et V. collateralis ulnaris* – Begleitarterie und -vene des Ellennerven
13. *N. ulnaris* – Ellennerv
14. *N. cutaneus antebrachii caudalis* – kaudaler Unterarmhautnerv
15. *A. et V. brachialis* – Armaterie und -vene
16. *N. musculocutaneus* – Muskel-Hautnerv
17. *N. cutaneus antebrachii medialis* – medialer Unterarmhautnerv
18. *M. brachialis* – Armmuskel
19. *N. cutaneus antebrachii cranialis, V. cephalica accessoria* – kranialer Unterarmhautnerv, zusätzliche Kopfvene des Unterarmes
20. *V. cephalica* – Kopfvene des Oberarmes
21. *Ramus superficialis ni. radialis* – oberflächlicher Ast des Speichennerven
22. *V. digitalis dorsalis communis III, N. digitalis dorsalis communis III* – 3. dorsale gemeinsame Zehenvene, 3. dorsaler gemeinsamer Zehennerv
23. *N. medianus* – Mittelnerv
24. *A. et V. mediana* – Mittelarterie und -vene
25. *A. et V. radialis* – Speichenarterie und -vene
26. *A. et V. mediana* – Mittelarterie und -vene
27. *N. palmaris medialis, A. radialis* – medialer Palmarnerv, Speichenarterie
28. *N. palmaris lateralis, A. et V. mediana* – lateraler Palmarnerv, Mittelarterie und -vene
29. *M. flexor digitorum profundus (Tendo)* – tiefer Zehenstrecker (Sehne)
30. *N. digitalis palmaris proprius III lateralis* – 3. lateraler besonderer Palmarnerv
31. *N. digitalis palmaris proprius III medialis, A. digitalis palmaris communis II* – 3. medialer besonderer Palmarnerv, 2. gemeinsame palmare Zehenarterie
32. *N. digitalis palmaris proprius II, A. digitalis palmaris communis III* – 2. palmarer besonderer Zehennerv, 3. gemeinsame palmare Zehenarterie
33. *N. digitalis dorsalis communis II, M. interosseus* – 2. dorsaler gemeinsamer Zehennerv, Zwischenknochenmuskel
34. *Lig. carpi palmare superficiale (Retinaculum flexorum)* – palmares oberflächliches Vorderfußwurzelband (Halteband der Beuger)

Rind. Präparation des Unterarmes und des distalen Abschnitts der Schultergliedmaße, Ansicht von medial. Tiefe Schicht.

Abbildung 16

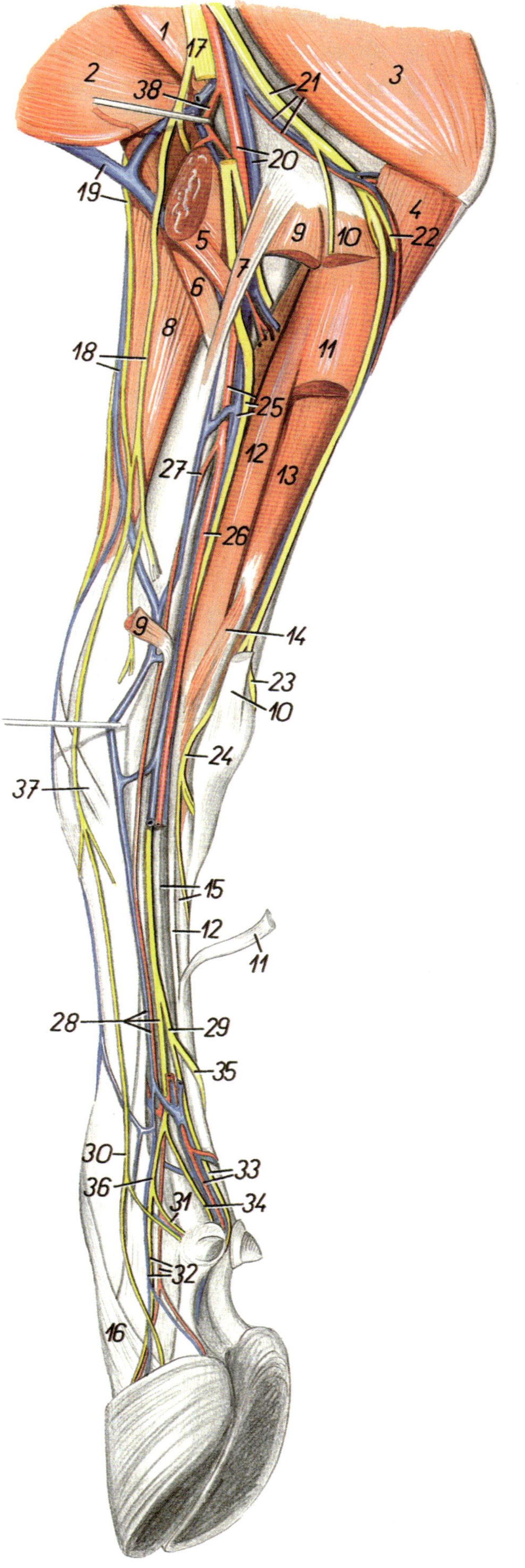

1. *M. coracobrachialis* – Rabenschnabel-Armmuskel
2. *M. brachiocephalicus* – Arm-Kopfmuskel
3. *M. triceps brachii* – dreiköpfiger Armmuskel
4. *Caput ulnare mi. flexoris digitorum-profundi* – Ellenkopf des tiefen Zehenbeugers
5. *M. biceps brachii* – zweiköpfiger Armmuskel
6. *M. brachialis* – Armmuskel
7. *M. pronator teres* – runder Einwärtsdreher
8. *M. extensor carpi radialis* – radialer Strekker des Vorderfußwurzelgelenkes
9. *M. flexor carpi radialis (Origo et Insertio)* – radialer Beuger des Vorderfußwurzelgelenkes (Ursprung und Ansatz)
10. *M. flexor carpi ulnaris (Origo et Insertio)* – ulnarer Beuger des Vorderfußwurzelgelenkes (Ursprung und Ansatz)
11. *Portio superficialis mi. flexoris digitorum superficialis* – oberflächliche Portion des oberflächlichen Zehenbeugers
12. *Portio profunda mi. flexoris digitorum superficialis* – tiefe Portion des oberflächlichen Zehenbeugers
13. *Caput humerale mi. flexoris digitorum profundi* – Oberarmkopf des tiefen Zehenbeugers
14. *M. interflexorius distalis* – distaler Zwischenbeugemuskel
15. *Tendo mi. flexoris digitorum profundi* – Sehne des tiefen Zehenbeugers
16. *Tendo mi. extensoris digiti III* – Sehne des Streckers der 3. Zehe
17. *N. medianus et N. musculocutaneus* – Mittelnerv und Muskel-Hautnerv
18. *V. cephalica accessoria, N. cutaneus antebrachii medialis* – zusätzliche Kopfvene des Unterarmes, medialer Unterarmhautnerv
19. *V. cephalica, N. cutaneus antebrachii cranialis* – Kopfvene des Oberarmes, kranialer Unterarmhautnerv
20. *A. et V. brachialis* – Armarterie und -vene
21. *N. ulnaris, A. et V. collateralis ulnaris* – Ellennerv, Begleitarterie und -vene des Ellennerven
22. *N. cutaneus antebrachii caudalis* – kaudaler Unterarmhautnerv
23. *Ramus dorsalis ni. ulnaris* – dorsaler Ast des Ellennerven
24. *Ramus palmaris ni. ulnaris* – palmarer Ast des Ellennerven
25. *A., V. et N. medianus* – Mittelarterie und -vene, Mittelnerv
26. *A. mediana* – Mittelarterie
27. *A. radialis* – Speichenarterie
28. *A. et V. radialis, N. plamaris medialis* – Speichenarterie und -vene, medialer Palmarnerv
29. *N. palmaris lateralis* – lateraler Palmarnerv
30. *N. digitalis dorsalis communis II* – 2. dorsaler gemeinsamer Zehennerv
31. *N. digitalis palmaris proprius II* – 2. palmarer besonderer Zehennerv
32. *A. et V. digitalis palmaris propria III medialis, N. digitalis palmaris proprius III medialis* – 3. mediale palmare besondere Zehenarterie und -vene, 3. medialer palmarer besonderer Zehennerv
33. *N. digitalis palmaris proprius IV medialis, A. digitalis palmaris communis III* – 4. medialer palmarer besonderer Zehennerv, 3. palmare gemeinsame Zehenarterie
34. *N. digitalis palmaris proprius III lateralis* – 3. lateraler palmarer besonderer Zehennerv
35. *N. digitalis palmaris communis IV* – 4. palmarer gemeinsamer Zehennerv
36. *N. digitalis palmaris communis II* – 2. palmarer gemeinsamer Zehennerv
37. *M. abductor digiti I longus* – langer Abzieher der 1. Zehe
38. *A. transversa cubiti* – Ellbogenquerarterie

Rind. Präparation des Unterarmes und des distalen Abschnitts der Schultergliedmaße, Ansicht von lateral. 1. Schicht, nach Entfernung der oberflächlichen Faszie der Gliedmaße.

Abbildung 17

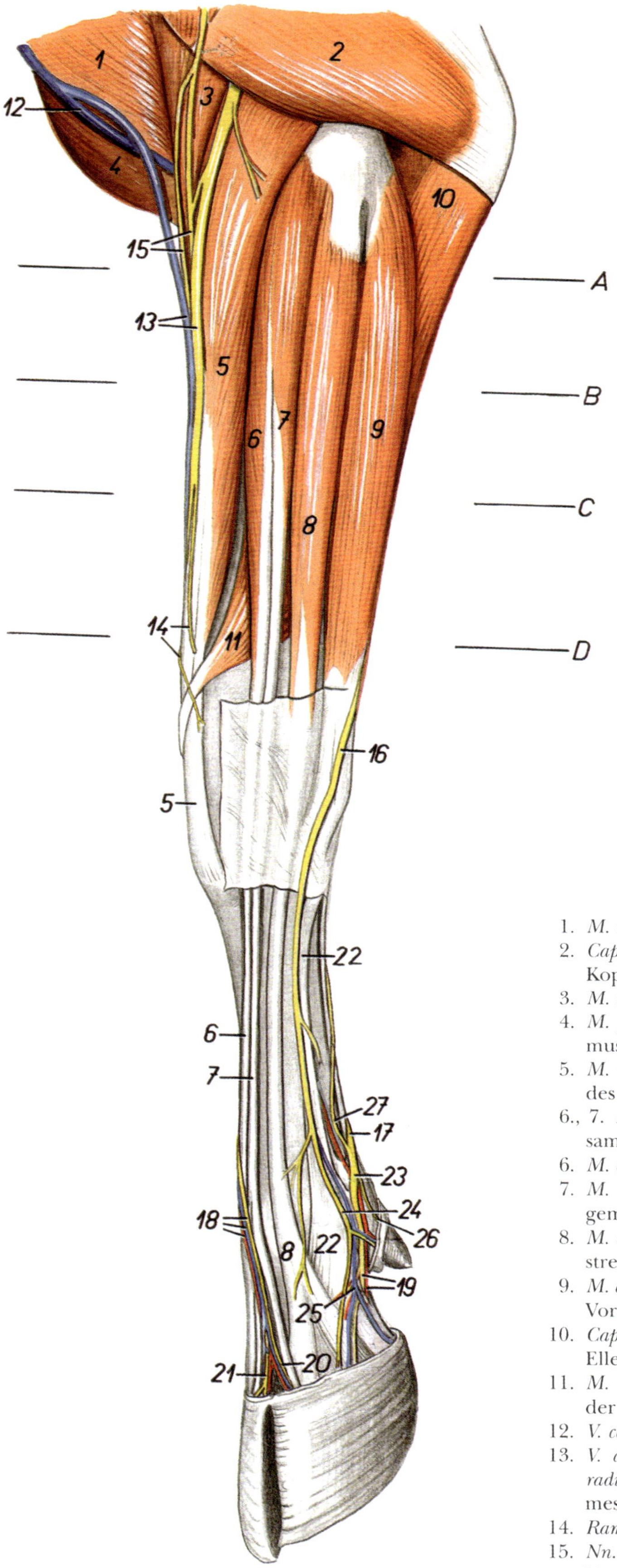

1. *M. brachiocephalicus* – Arm-Kopfmuskel
2. *Caput laterale mi. tricipitis brachii* – lateraler Kopf des dreiköpfigen Armmuskels
3. *M. brachialis* – Armmuskel
4. *M. pectoralis descendens* – absteigender Brustmuskel
5. *M. extensor carpi radialis* – radialer Strecker des Vorderfußwurzelgelenks
6., 7. *M. extensor digitorum communis* – gemeinsamer Zehenstrecker
6. *M. extensor digiti III* – Strecker der 3. Zehe
7. *M. extensor digitorum communis (proprius)* – gemeinsamer (besonderer) Zehenstrecker
8. *M. extensor digitalis lateralis* – lateraler Zehenstrecker
9. *M. extensor carpi ulnaris* – ulnarer Strecker des Vorderfußwurzelgelenkes
10. *Caput ulnare mi. flexoris digitorum profundi* – Ellenkopf des tiefen Zehenbeugers
11. *M. abductor digiti I longus* – langer Abzieher der 1. Zehe
12. *V. cephalica* – Kopfvene des Oberarmes
13. *V. cephalica accessoria, Ramus superficialis ni. radialis* – zusätzliche Kopfvene des Unterarmes, oberflächlicher ast des Speichernerven
14. *Rami cutanei* – Hautäste
15. *Nn. cutanei antebrachii craniales* – kraniale Unterarmhautnerven
16. *Ramus dorsalis ni. ulnaris* – dorsaler Ast des Ellennerven
17. *N. digitalis palmaris communis IV* – 4. palmarer gemeinsamer Zehennerv
18. *N. digitalis dorsalis communis III, A. et V. digitalis dorsalis communis III* – 3. dorsaler gemeinsamer Zehennerv, 3. dorsale gemeinsame Zehenarterie und -vene
19. *N. digitalis palmaris proprius IV lateralis, A. digitalis palmaris propria IV lateralis* – 4. lateraler palmarer besonderer Zehennerv, 4. laterale palmare besondere Zehenarterie
20. *N. digitalis dorsalis proprius IV medialis* – 4. medialer dorsaler besonderer Zehennerv
21. *N. digitalis dorsalis proprius III lateralis* – 3. lateraler dorsaler besonderer Zehennerv
22. *M. interosseus* – Zwischenknochenmuskel
23. *N. digitalis palmaris communis IV* – 4. palmarer gemeinsamer Zehennerv
24. *N. digitalis dorsalis communis IV* – 4. dorsaler gemeinsamer Zehennerv
25. *V. digitalis palmaris propria IV lateralis* – 4. laterale palmare besondere Zehenvene
26. *N. digitalis palmaris proprius V* – 5. palmarer besonderer Zehennerv
27. *Ramus superficialis rami palmaris ni. ulnaris* – oberflächlicher Ast des palmaren Astes des Ellennerven

Rind. Querschnitt durch den Unterarm. Die Höhe der Schnittebenen ist in Abbildung 17 eingezeichnet.

Abbildung 18

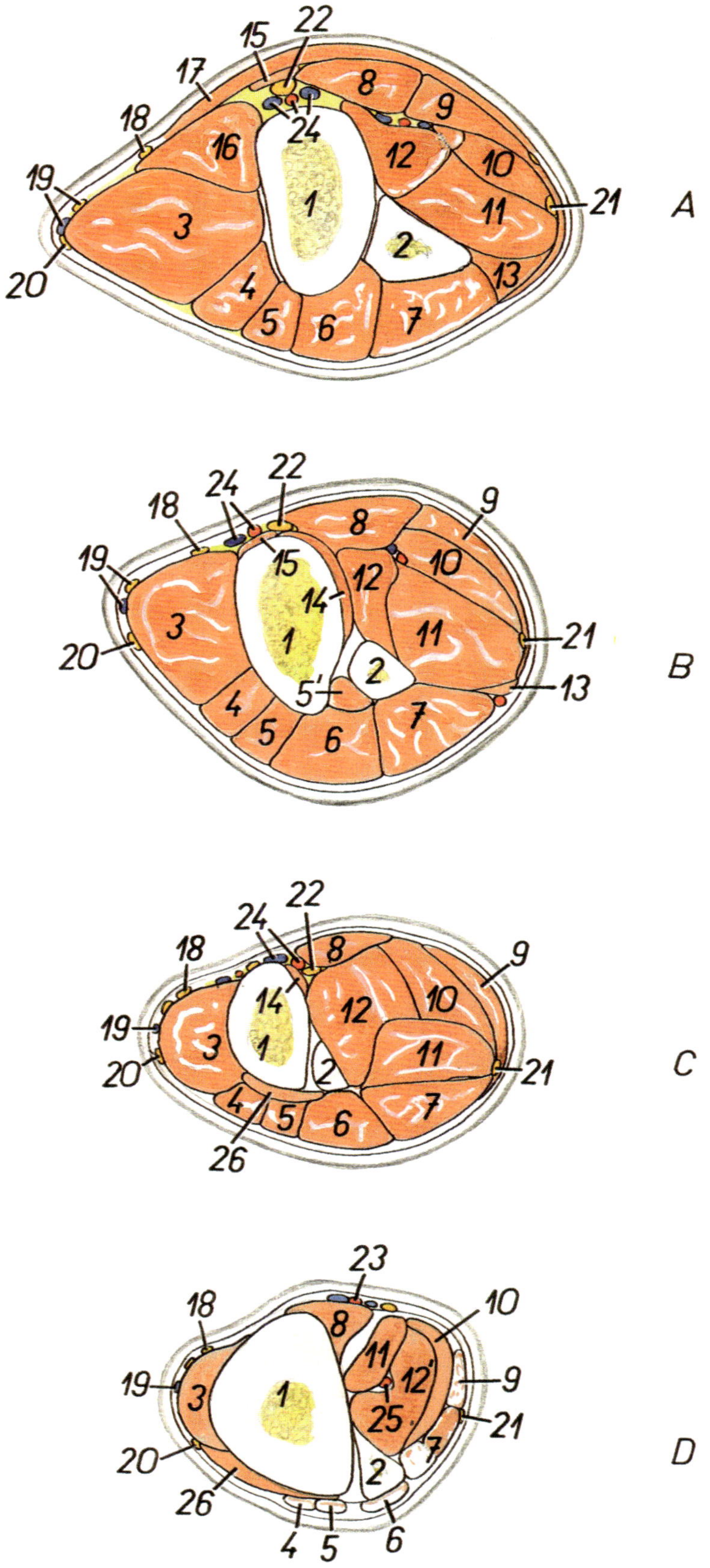

1. *Radius* – Speiche
2. *Ulna* – Elle
3. *M. extensor carpi radialis* – radialer Strecker des Vorderfußwurzelgelenkes
4., 5., 5′. *M. extensor digitorum communis* – gemeinsamer Zehenstrecker
4. *M. extensor digiti III* – Strecker der 3. Zehe
5. *M. extensor digitorum communis (proprius)* – gemeinsamer (besonderer) Zehenstrecker
5′. *M. extensor digiti II (Caput ulnare mi. extensoris digitorum communis)* – Strecker der 2. Zehe (Ellenkopf des gemeinsamen Zehenstreckers)
6. *M. extensor digitalis lateralis* – lateraler Zehenstrecker
7. *M. extensor carpi ulnaris* – ulnarer Strecker des Vorderfußwurzelgelenkes
8. *M. flexor carpi radialis* – radialer Beuger des Vorderfußwurzelgelenkes
9. *M. flexor carpi ulnaris* – ulnarer Beuger des Vorderfußwurzelgelenkes
10. *Portio superficialis mi. flexoris digitorum superficialis* – oberflächliche Portion des oberflächlichen Zehenbeugers
11. *Portio profunda mi. flexoris digitorum superficialis* – tiefe Portion des oberflächlichen Zehenbeugers
12. *Caput humerale mi. flexoris digitorum profundi* – Oberarmkopf das tiefen Zehenbeugers
12′. *M. flexor digitorum profundus* – tiefer Zehenbeuger
13. *Caput ulnare mi. flexoris digitorum profundi* – Ellenkopf des tiefen Zehenbeugers
14. *Caput radiale mi. flexoris digitorum profundi* – Speichenkopf des tiefen Zehenbeugers
15. *M. pronator teres* – runder Einwärtsdreher
16. *M. brachialis* – Armmuskel
17. *M. pectoralis transversus* – querverlaufender Brustmuskel
18. *N. cutaneus antebrachii medialis* – medialer Unterarmhautnerv
19. *N. cutaneus antebrachii cranialis, V. cephalica accessoria* – kranialer Unterarmhautnerv, zusätzliche Kopfvene des Unterarmes
20. *Ramus superficialis ni. radialis* – oberflächlicher Ast des Speichennerven
21. *N. ulnaris* – Ellennerv
22. *M. medianus* – Mittelnerv
23. *A. radialis* – Speichenarterie
24. *A. et V. mediana* – Mittelarterie und -vene
25. *A. mediana* – Mittelarterie
26. *M. abductor digiti I* – langer Abzieher der 1. Zehe

Rind. Präparation des Unterarmes und der Gliedmaßenspitze, Ansicht von lateral. 2. Schicht.

Abbildung 19

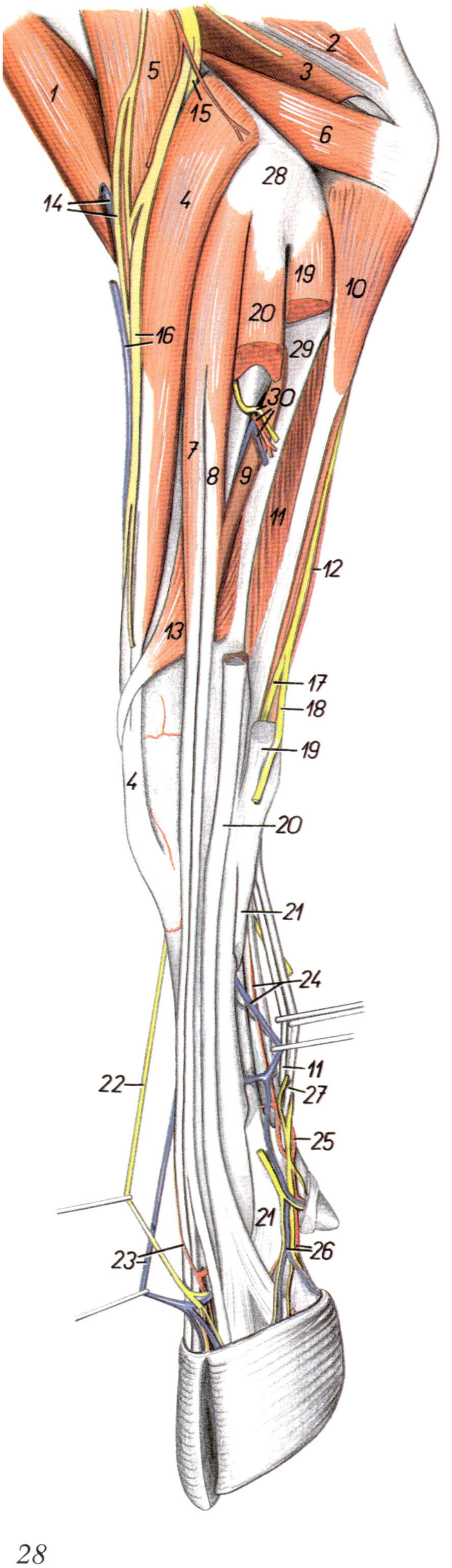

1. *Biceps brachii* – zweiköpfiger Armmuskel
2. *Caput longum mi. tricipitis brachii* – langer Kopf des dreiköpfigen Armmuskels
3. *Caput mediale mi. tricipitis brachii* – medialer Kopf des dreiköpfigen Armmuskels
4. *M. extensor carpi radialis* – radialer Strecker des Vorderfußwurzelgelenkes
5. *M. brachialis* – Armmuskel
6. *M. anconeus* – Ellbogenhöckermuskel

7., 8., 9. *M. extensor digitorum communis* – gemeinsamer Zehenstrecker

7. *M. extensor digiti III* – Strecker der 3. Zehe
8. *M. extensor digitorum communis (proprius)* – gemeinsamer (besonderer) Zehenstrecker
9. *Caput ulnare mi. extensoris digitorum communis (M. extensor digiti II)* – Ellenkopf des gemeinsamen Zehenstreckers (Strecker der 2. Zehe)
10. *Caput ulnare mi. flexoris digitorum profundi* – Ellenkopf des tiefen Zehenbeugers
11. *Portio profunda mi. flexoris digitorum superficialis* – tiefe Portion des oberflächlichen Zehenbeugers
12. *M. flexor carpi ulnaris* – ulnarer Beuger des Vorderfußwurzelgelenkes
13. *M. abductor digiti I* – langer Abzieher der 1. Zehe
14. *V. cephalica, N. cutaneus antebrachii cranialis* – Kopfvene des Unterarmes, kranialer Hautnerv des Unterarmes
15. *Ramus profundus ni. radialis* – tiefer Ast des Speichennerven
16. *V. cephalica accessoria, Ramus superficialis ni. radialis* – zusätzliche Kopfvene des Oberarmes, oberflächlicher Ast des Speichennerven
17. *Ramus palmaris ni. ulnaris* – palmarer Ast des Ellennerven
18. *Ramus dorsalis ni. ulnaris* – dorsaler Ast des Ellennerven
19. *M. extensor carpi ulnaris* – ulnarer Strekker des Vorderfußwurzelgelenkes
20. *M. extensor digitalis lateralis* – lateraler Zehenstrecker
21. *M. interosseus* – Zwischenknochenmuskel
22. *N. digitalis dorsalis communis III* – 3. dorsaler gemeinsamer Zehennerv
23. *A. digitalis dorsalis communis III* – 3. dorsale Vordermittelfußarterie
24. *A. mediana, V. metacarpea palmaris III* – Mittelarterie, 3. palmare Vordermittelfußvene
25. *Arcus palmaris superficialis* – oberflächlicher palmarer Bogen
26. *A. et V. digitalis palmaris propria IV lateralis* – 4. laterale palmare besondere Zehenarterie und -vene
27. *Portio superficialis mi. flexoris digitorum superficialis* – oberflächliche Portion des oberflächlichen Zehenbeugers
28. *Epicondylus lateralis humeri* – Streckknorren des Oberarmbeines
29. *Ulna* – Elle
30. *A. et V. interossea cranialis, N. interosseus* – kraniale Zwischenknochenarterie und -vene, Zwischenknochennerv

Rind. Topographie der Arterien am Unterarm und am distalen Abschnitt der Schultergliedmaße (nach einer Röntgenaufnahme).

Abbildung 20

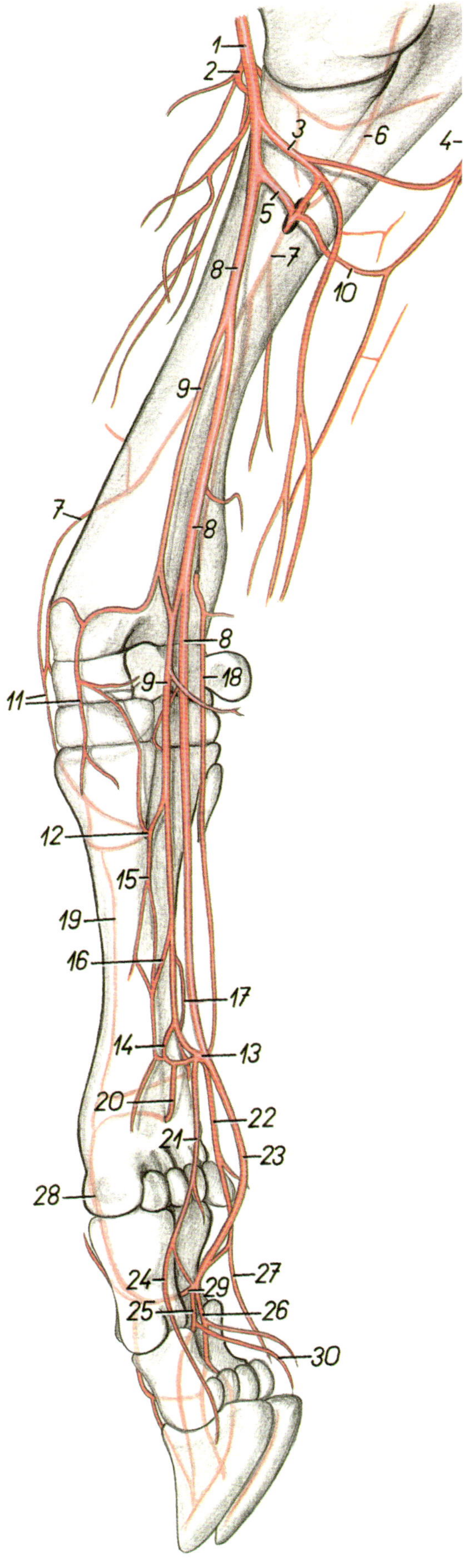

1. *A. brachialis* – Armarterie
2. *A. transversa cubiti* – Querarterie des Ellbogens
3. *Ramus muscularis* – Muskelast
4. *A. collateralis ulnaris* – Begleitarterie des Ellennerven
5. *A. interossea communis* – gemeinsame Zwischenknochenarterie
6. *A. interossea recurrens* – zurücklaufende Zwischenknochenarterie
7. *A. interossea cranialis* – kraniale Zwischenknochenarterie
8. *A. mediana* – Mittelarterie
9. *A. radialis* – Speichenarterie
10. *A. interossea caudalis* – kaudale Zwischenknochenarterie
11. *Rete carpi dorsale* – dorsales Gefäßnetz der Vorderfußwurzel
12. *Ramus perforans proximalis* – dorsaler durchbohrender Ast
13. *Arcus palmaris superficialis* – oberflächlicher Palmarbogen
14. *Arcus palmaris profundus* – tiefer Palmarbogen
15. *A. metacarpea palmaris II* – 2. palmare Vordermittelfußarterie
16. *A. metacarpea palmaris III* – 3. palmare Vordermittelfußarterie
17. *A. metacarpea palmaris IV* – 4. palmare Vordermittelfußarterie
18. *Ramus palmaris a. interosseae caudalis* – palmarer Ast der kaudalen Zwischenknochenarterie
19. *A. metacarpea dorsalis III* – 3. dorsale Vordermittelfußarterie
20. *Ramus perforans distalis* – distaler durchbohrender Ast
21. *A. digitalis palmaris communis II* – 2. palmare gemeinsame Zehenarterie
22. *A. digitalis palmaris communis IV* – 4. palmare gemeinsame Zehenarterie
23. *A. digitalis palmaris communis III* – 3. palmare gemeinsame Zehenarterie
24. *A. digitalis palmaris propria III medialis* – 3. mediale palmare besondere Zehenarterie
25. *A. digitalis palmaris propria III lateralis* – 3. laterale palmare besondere Zehenarterie
26. *A. digitalis palmaris propria IV medialis* – 4. mediale palmare besondere Zehenarterie
27. *A. digitalis palmaris propria IV lateralis* – 4. laterale palmare besondere Zehenarterie
28. *A. digitalis dorsalis communis III* – 3. dorsale gemeinsame Zehenarterie
29. *A. interdigitalis* – Zwischenzehenarterie
30. *Ramus tori digitalis* – Ballenast

Rind. Präparation des distalen Abschnitts der Schultergliedmaße, Ansicht von mediopalmar.

Abbildung 21

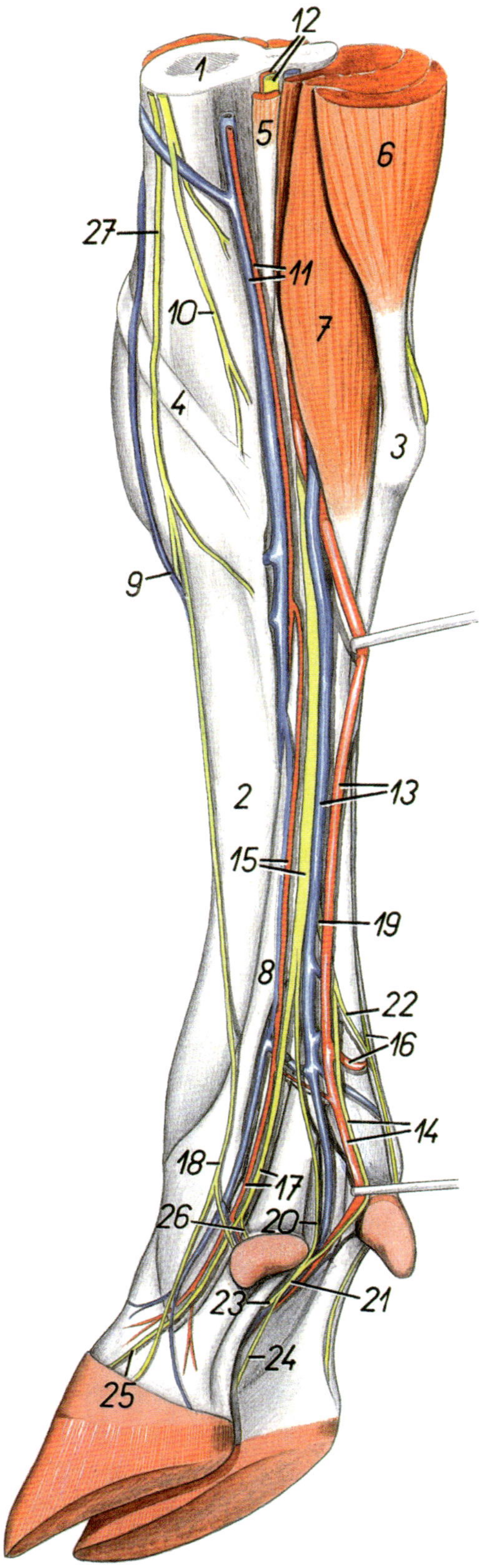

1. *Radius* – Speiche
2. *Os metacarpale III* – 3. Vordermittelfußknochen
3. *Os carpi accessorium (Os pisiforme)* – zusätzlicher Vorderfußwurzelknochen (Erbsenbein)
4. *M. abductor digiti I longus* – langer Abzieher der 1. Zehe
5. *M. flexor carpi radialis* – radialer Beuger des Vorderfußwurzelgelenkes
6. *M. flexor carpi ulnaris* – ulnarer Beuger des Vorderfußwurzelgelenkes
7. *Portio superficialis mi. flexoris digitorum superficialis* – oberflächliche Portion des oberflächlichen Zehenbeugers
8. *M. interosseus* – Zwischenknochenmuskel
9. *V. digitalis dorsalis communis III* – 3. dorsale Vordermittelfußvene
10. *N. cutaneus antebrachii medialis* – medialer Hautnerv des Unterarmes
11. *A. et V. radialis* – Speichenarterie und -vene
12. *N. et V. mediana* – Mittelnerv und Mittelarterie
13. *A. et V. mediana* – Mittelarterie und -vene
14. *A. digitalis palmaris communis III, N. digitalis palmaris IV medialis* – 3. palmare gemeinsame Zehenarterie, 4. medialer palmarer Zehennerv
15. *A. radialis, N. palmaris medialis* – Speichenarterie, medialer Palmarnerv
16. *Arcus palmaris superficialis, Ramus superficialis rami palmaris ni. ulnaris* – oberflächlicher Palmarbogen, oberflächlicher Ast des palmaren Astes des Ellennerven
17. *A. digitalis palmaris propria III medialis, N. digitalis palmaris communis II* – 3. mediale palmare besondere Zehenarterie, 2. palmarer gemeinsamer Zehennerv
18. *N. digitalis dorsalis communis II* – 2. dorsaler gemeinsamer Zehennerv
19. *N. palmaris lateralis* – lateraler Palmarnerv
20. *N. digitalis palmaris III lateralis* – 3. lateraler palmarer Zehennerv
21. *N. digitalis palmaris communis III* – 3. palmarer gemeinsamer Zehennerv
22. *N. digitalis palmaris communis IV* – 4. palmarer gemeinsamer Zehennerv
23. *N. digitalis palmaris proprius III lateralis* – 3. lateraler palmarer besonderer Zehennerv
24. *N. digitalis palmaris proprius IV medialis* – 4. medialer palmarer besonderer Zehennerv
25. *N. digitalis palmaris proprius III medialis* – 3. medialer palmarer besonderer Zehennerv
26. *N. digitalis palmaris proprius II* – 2. palmarer besonderer Zehennerv
27. *Ramus superficialis ni. radialis* – oberflächlicher Ast des Speichennerven

Rind. Schleimbeutel und Sehnenscheiden der Zehen der Schultergliedmaße, Ansicht von dorsal.

Abbildung 22

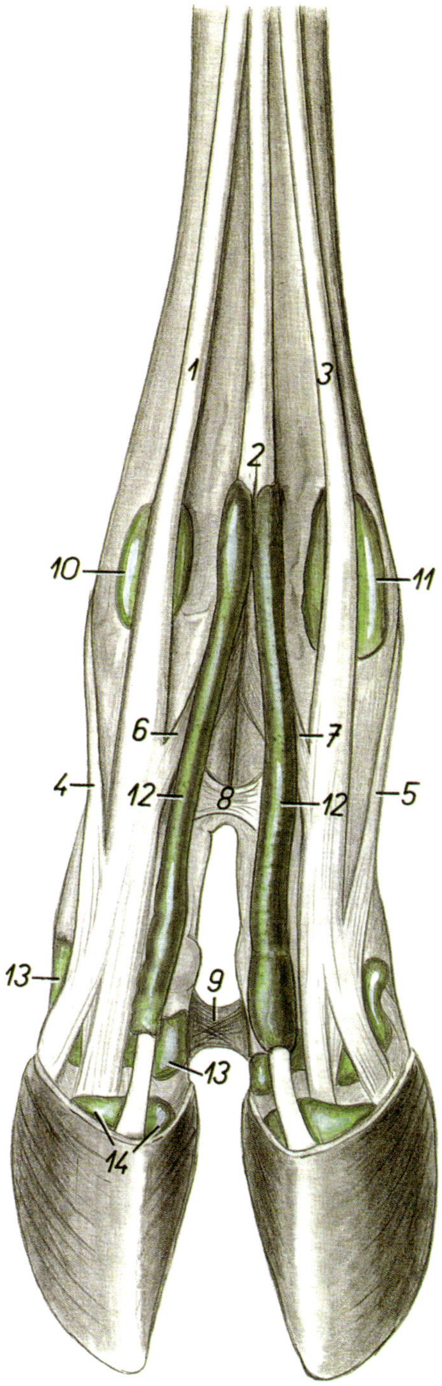

1. *M. extensor digiti III* – Strecker der 3. Zehe
2. *M. extensor digitorum communis (proprius)* – gemeinsamer (besonderer) Zehenstrecker
3. *M. extensor digitalis lateralis* – lateraler Zehenstrecker
4. *Portio collateralis mi. interossei ad digitum III* – Seitenportion des Zwischenknochenmuskels zur 3. Zehe
5. *Portio collateralis mi. interossei ad digitum IV* – Seitenportion des Zwischenknochenmuskels zur 4. Zehe
6. *Portio interdigitalis mi. interossei ad digitum III* – Zwischenzehenportion des Zwischenknochenmuskels zur 3. Zehe
7. *Portio interdigitalis mi. interossei ad digitum IV* – Zwischenzehenportion des Zwischenknochenmuskels zur 4. Zehe
8. *Lig. interdigitale proximale* – proximales Zwischenzehenband
9. *Lig. interdigitale distale* – distales Zwischenzehenband
10. *Bursa subtendinea mi. extensoris digiti III* – unter der Sehne des Streckers der 3. Zehe gelegener Schleimbeutel
11. *Bursa subtendinea mi. extensoris digitalis lateralis* – unter der Sehne des lateralen Zehenstreckers gelegener Schleimbeutel
12. *Vaginae distales tendineum mi. extensoris digitorum communis* – distale Sehnenscheiden des gemeinsamen Zehenstreckers
13. *Recessus dorsalis capsulae articulationis interphalangeae proximalis* – dorsale Ausbuchtung der proximalen Zwischenzehengelenkkapsel
14. *Recessus dorsalis capsulae articulationis interphalangeae distalis* – dorsale Ausbuchtung der distalen Zwischenzehengelenkkapsel

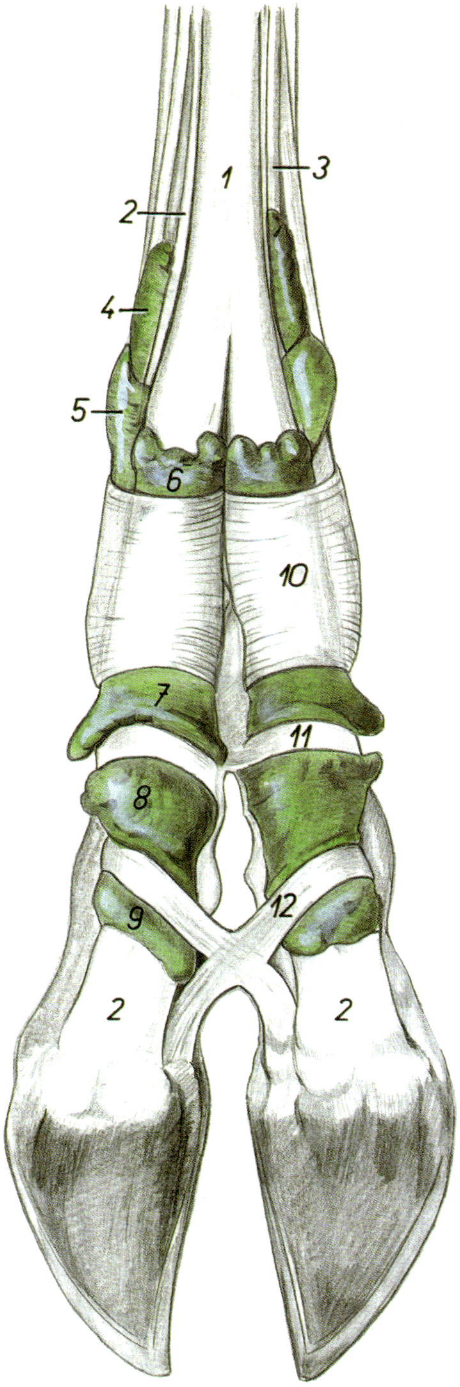

Rind. Schleimbeutel und Sehnenscheiden der Zehen der Schultergliedmaße, Ansicht von palmar.

Abbildung 23

1. *M. flexor digitorum superficialis* – oberflächlicher Zehenbeuger
2. *M. flexor digitorum profundus* – tiefer Zehenbeuger
3. *M. interosseus* – Zwischenknochenmuskel
4.–9. *Bursae subtendineae et Vaginae synoviales mi. flexoris digitorum superficialis et profundi* – unter den Sehnen gelegene Schleimbeutel und Sehnenscheiden des oberflächlichen und tiefen Zehenbeugers
10. *Lig. metacarpeum transversum superficiale* – oberflächliches Querband des Vordermittelfußes (Fesselringband)
11. *Pars anularis vaginae fibrosae digiti* – ringförmiger Teil der faserigen Zehenscheide (Ringband des Fesselbeines)
12. *Lig. interdigitale distale* – distales Zwischenzehenband

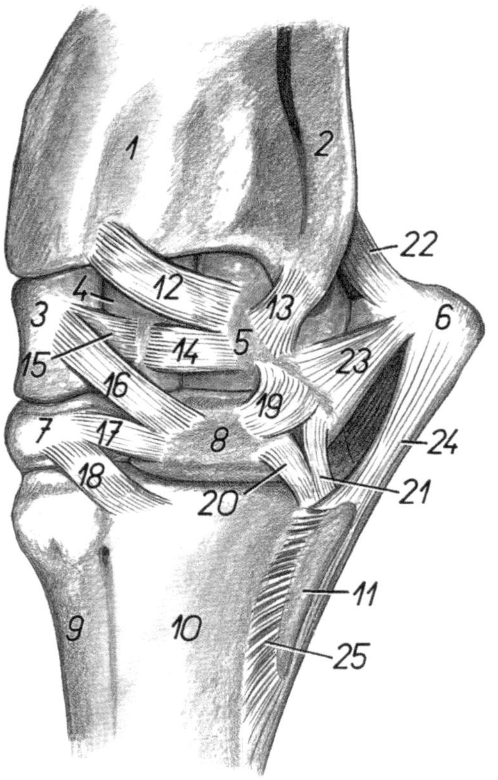

Rind. Vorderfußwurzelgelenk, Ansicht von dorsolateral.

Abbildung 24

1. *Radius* – Speiche
2. *Ulna* – Elle
3. *Os carpi radiale (Os scaphoideum)* – radialer Vorderfußwurzelknochen (Kahnbein)
4. *Os carpi intermedium (Os lunatum)* – mittlerer Vorderfußwurzelknochen (Mondbein)
5. *Os carpi ulnare (Os triquetrum)* – ulnarer Vorderfußwurzelknochen (Dreiecksbein)
6. *Os carpi accessorium (Os pisiforme)* – zusätzlicher Vorderfußwurzelknochen (Erbsenbein)
7. *Os carpale II et III (Os trapezoideocapitatum)* – 2. und 3. Vorderfußwurzelknochen (Vieleck-Kopfbein)
8. *Os carpale IV (Os hamatum)* – 4. Vorderfußwurzelknochen (Hakenbein)
9. *Os metacarpale III* – 3. Vordermittelfußknochen
10. *Os metacarpale IV* – 4. Vordermittelfußknochen
11. *Os metacarpale V* – 5. Vordermittelfußknochen
12. *Lig. radiocarpeum dorsale* – dorsales Speichen-Vorderfußwurzelband
13., 19., 20., 21. *Ligg. collateralia brevia carpi* – kurze Seitenbänder des Vorderfußwurzelgelenkes
14., 15., 17. *Ligg. intercarpea dorsalia* – dorsale Querbänder des Vorderfußwurzelgelenkes
16. *Lig. mediocarpeum dorsale* – dorsales mittleres Band des Vorderfußwurzelgelenkes
18. *Lig. carpometacarpeum dorsale* – dorsales Vorderfußwurzel-Vordermittelfußband
22. *Lig. accessorioulnare* – proximales Band des zusätzlichen Vorderfußwurzelknochens
23. *Lig. accessoriocarpoulnare* – mittleres Band des zusätzlichen Vorderfußwurzelknochens
24. *Lig. accessoriometacarpeum* – distales Band des zusätzlichen Vorderfußwurzelknochens
25. *Lig. metacarpeum interosseum* – Zwischenknochenband des Vordermittelfußes

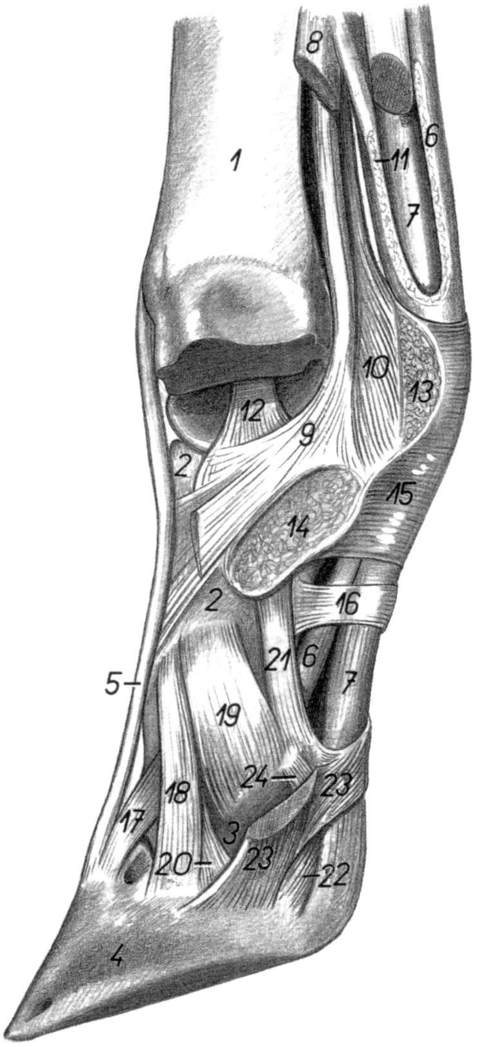

Rind. Distaler Abschnitt der linken Schultergliedmaße. Zwischenzehenbänder der 3. Zehe nach Entfernung der 4. Zehe.

Abbildung 25

1. *Os metacarpale III et IV* – 3. und 4. Vordermittelfußknochen
2. *Phalanx proximalis digiti III (Os compedale)* – proximales Glied der dritten Zehe (Fesselbein)
3. *Phalanx media digiti III (Os coronale)* – mittleres Glied der 3. Zehe (Kronbein)
4. *Phalanx distalis digiti III (Os ungulare)* – distales Glied der 3. Zehe (Klauenbein)
5. *M. extensor digitorum communis (proprius)* – gemeinsamer (besonderer) Zehenstrecker
6. *M. flexor digitorum superficialis* – oberflächlicher Zehenbeuger
7. *M. flexor digitorum profundus* – tiefer Zehenbeuger
8., 9., 10., 11. *M. interosseus* – Zwischenknochenmuskel
8. *Portio collateralis* – Seitenportion
9. *Portio interdigitalis* – Zwischenzehenportion
10. *Ramus sesamoideus* – Sesambeinast
11. *Ramus flexorius* – Beugeast
12. *Lig. collaterale interdigitale articulationis metacarpophalangeae* – Zwischenzehen-Seitenband des Vordermittelfuß-Zehengelenkes
13. *Lig. intersesamoideum interdigitale* – Zwischengleichbein-Zwischenzehenband
14. *Lig. interdigitale proximale* – proximales Zwischenzehenband
15. *Lig. metacarpeum transversum superficiale* – oberflächliches Querband des Vordermittelfußes (Fesselringband)
16. *Pars anularis vaginae fibrosae digiti* – Ringteil der faserigen Zehenscheide (Ringband des Fesselbeines)
17. *Lig. dorsale digiti* – dorsales Zehenband
18. *Lig. collaterale interdigitale commune* – gemeinsames Zwischenzehenseitenband
19. *Lig. collaterale interdigitale articulationis interphalangeae proximalis* – Zwischenzehenseitenband des proximalen Zwischenzehengelenkes
20. *Lig. collaterale interdigitale articulationis interphalangeae distalis* – Zwischenzehenseitenband des distalen Zwischenzehengelenkes
21. *Lig. palmare articulationis interphalangeae proximalis* – palmares Band des proximalen Zwischenzehengelenkes
22. *Lig. ungulosesamoideum axiale* – axiales Klauenbein-Sesambeinband
23. *Lig. interdigitale distale* – distales Zwischenzehenband
24. *Lig. sesamoideum collaterale interdigitale* – zwischen den Zehen gelegenes Seitenband der Sesambeine

Rind. Zehen der rechten Beckengliedmaße, Ansicht von plantar, nach Entfernung der Klauenkapsel der 4. Zehe.

Abbildung 26

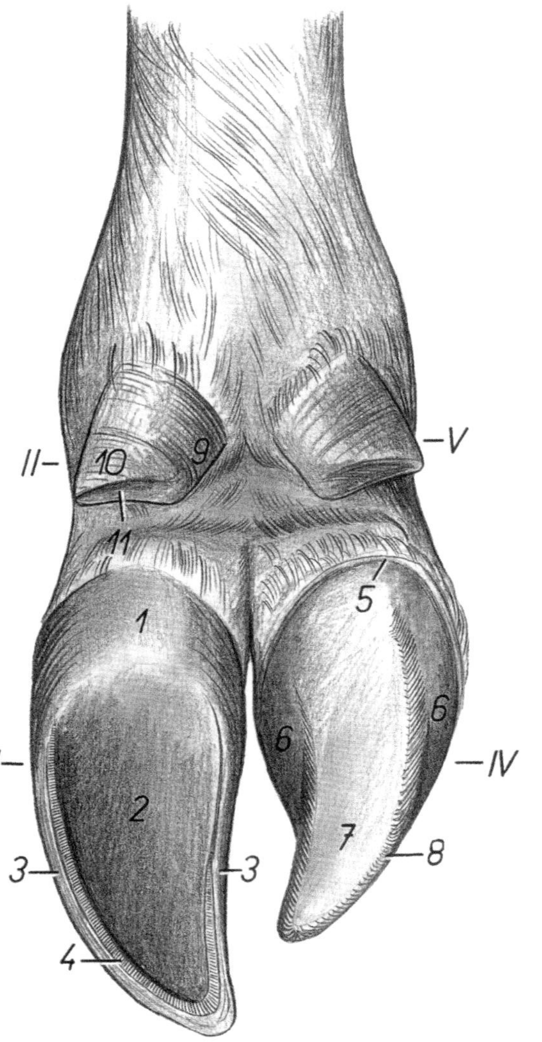

II.–V. *Digitus II–V* – 2.–5. Zehe
1. *Torus ungulae* – Klauenballen
2. *Solea ungulae* – Klauensohle
3. *Paries ungulae* – Klauenwand
4. *Zona alba* – weiße Linie
5. *Corium limbi* – Saumlederhaut
6. *Corium coronae* – Kronlederhaut
7. *Corium soleae* – Sohlenlederhaut
8. *Corium parietis* – Wandlederhaut
9. *Torus digiti II* – Ballen der 2. Zehe
10. *Paries digiti II* – Wand der 2. Zehe
11. *Solea digiti II* – Sohle der 2. Zehe

Rind. Zehen der rechten Schultergliedmaße, Ansicht von dorsomedial, nach Entfernung der Klauenkapsel.

Abbildung 27

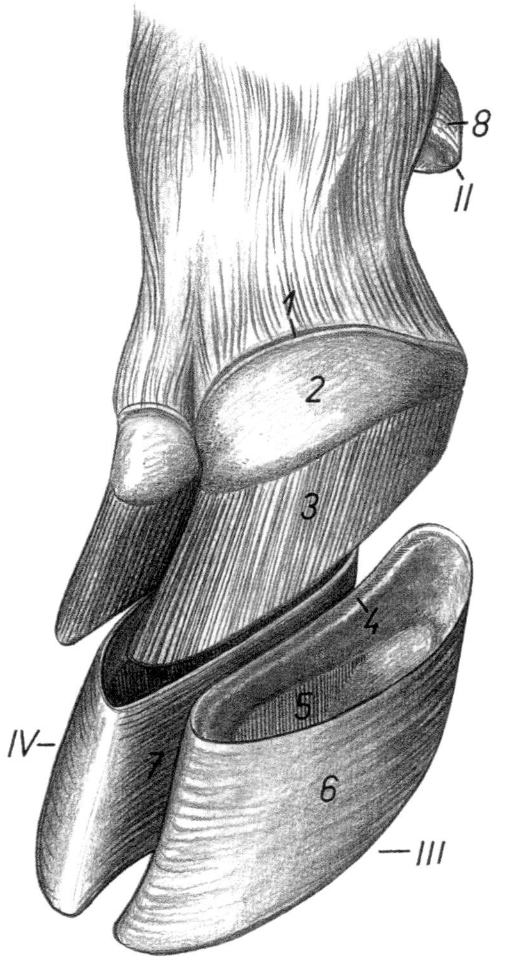

II.–IV. *Digitus II–IV* – 2.–4. Zehe
1. *Corium limbi* – Saumlederhaut
2. *Corium coronae* – Kronlederhaut
3. *Corium parietis* – Wandlederhaut
4. *Sulcus coronalis capsulae* – Kronrinne der Klauenkapsel
5. *Lamellae epidermales parietis ungulae* – Oberhautlamellen der Klauenwand

6., 7. *Facies externa parietis ungulae* – Außenfläche der Klauenwand
6. *Pars collateralis abaxialis parietis ungulae* – abaxialer Seitenteil der Klauenwand
7. *Pars collateralis axialis parietis ungulae* – axialer Seitenteil der Klauenwand
8. *Capsula digiti II* – Klauenkapsel der 2. Zehe

Abbildung 28

1. *Regio glutea* – Kruppengegend
2. *Regio femoris* – Oberschenkelgegend
3. *Regio cruris* – Unterschenkelgegend
4. *Regio tarsi* – Sprunggelenkgegend
5. *Regio metatarsi* – Hintermittelfußgegend
6. *Regiones digitorum pedis* – Zehengegenden
7. *Regio caudalis (Cauda)* – Schwanzgegend (Schwanz)
8. *Anus* – After
9. *Pudendum femininum* – weibliche Scham
10. *Uber* – Euter
11. *Regio tuberis ischiadici* – Sitzbeinhöckergegend
12. *Regio tuberis coxae* – Hüfthöckergegend
13. *Plica paraanalis* – Schwanzfalte
14. *Plica lateris* – laterale Falte (Kniefalte)
15. *Regio calcanea* – Fersengegend
16. *Regio poplitea* – Kniekehlgegend
17. *Regio genus* – Kniegegend
18. *Regio clunis* – Hinterbackengegend
19. *Regio sacralis* – Kreuzbeingegend
20. *Regio trochanterica* – Umdrehergegend

Abbildung 29

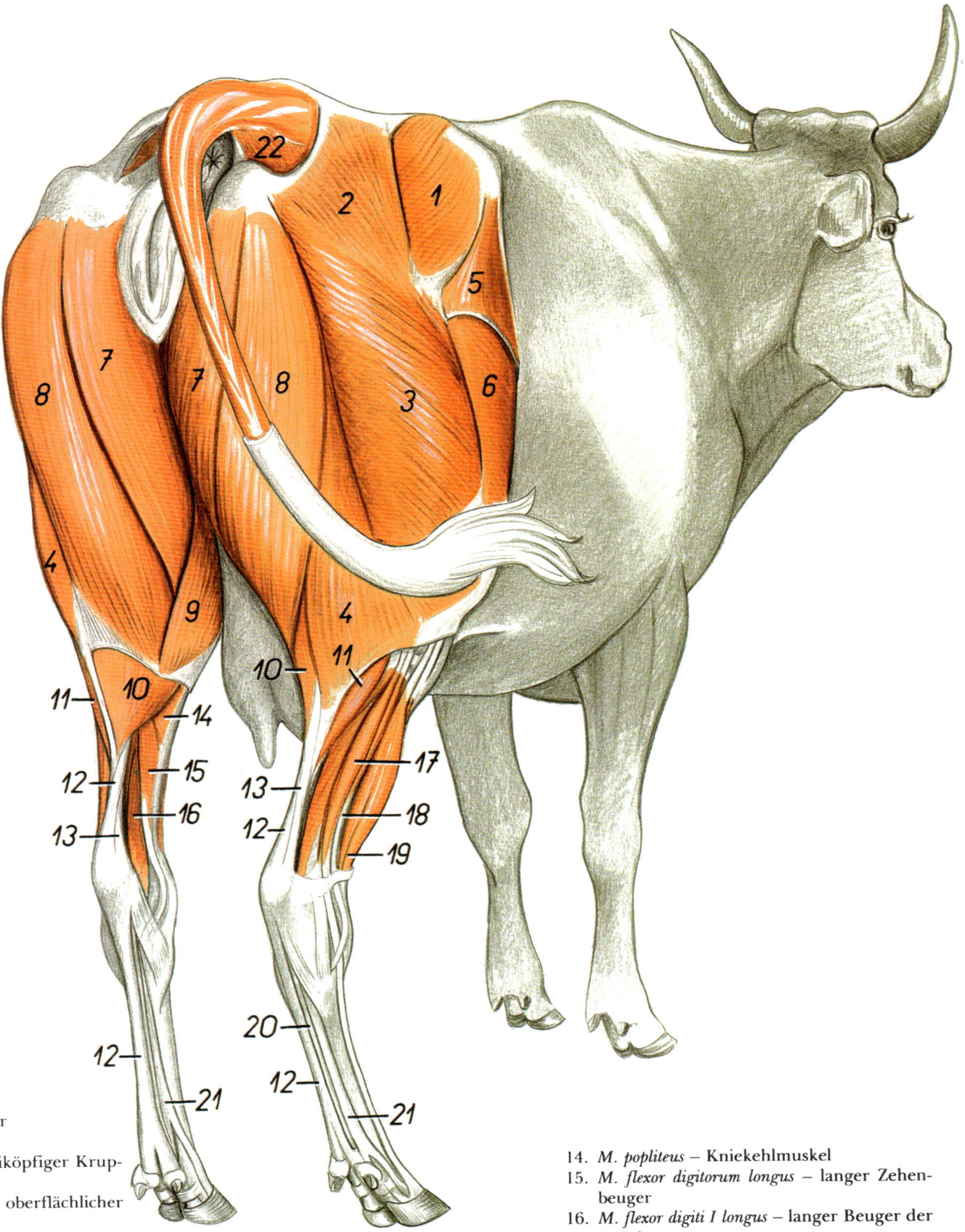

1. *M. gluteus medius* – mittlerer Kruppenmuskel
2., 3., 4. *M. gluteobiceps* – zweiköpfiger Kruppenmuskel
2. *M. gluteus superficialis* – oberflächlicher Kruppenmuskel
3. *Portio cranialis mi. bicipitis femoris* – kraniale Portion des zweiköpfigen Oberschenkelmuskels
4. *Portio caudalis mi. bicipitis femoris* – kaudale Portion des zweiköpfigen Oberschenkelmuskels
5. *M. tensor fasciae latae* – Spanner der Oberschenkelfaszie
6. *M. vastus lateralis* – lateraler Oberschenkelmuskel
7. *M. semimembranosus* – halbhäutiger Muskel
8. *M. semitendinosus* – halbsehniger Muskel
9. *M. gracilis* – schlanker Schenkelmuskel
10. *Caput mediale mi. gastrocnemii* – medialer Kopf des Wadenmuskels
11. *Caput laterale mi. gastrocnemii* – lateraler Kopf des Wadenmuskels
12., 13. *Tendo calcaneus communis* – gemeinsame Fersensehne
12. *Tendo mi. flexoris digitorum superficialis* – Sehne des oberflächlichen Zehenbeugers
13. *Tendo mi. tricipitis surae* – Fersensehne (Achillessehne)
14. *M. popliteus* – Kniekehlmuskel
15. *M. flexor digitorum longus* – langer Zehenbeuger
16. *M. flexor digiti I longus* – langer Beuger der 1. Zehe
17. *M. extensor digitorum lateralis* – lateraler Zehenstrecker
18. *M. peroneus longus* – langer Wadenbeinmuskel
19. *M. peroneus tertius et M. extensor digitorum longus* – dritter Wadenbeinmuskel und langer Zehenstrecker
20. *Tendo mi. flexoris digitorum profundi* – Sehne des tiefen Zehenbeugers
21. *M. interosseus* – Zwischenknochenmuskel
22. *M. coccygeus* – langer Seitwärtszieher des Schwanzes

Rind. Skelett des Hüftbeines und der Beckengliedmaße, Ansicht von medial.

Abbildung 30

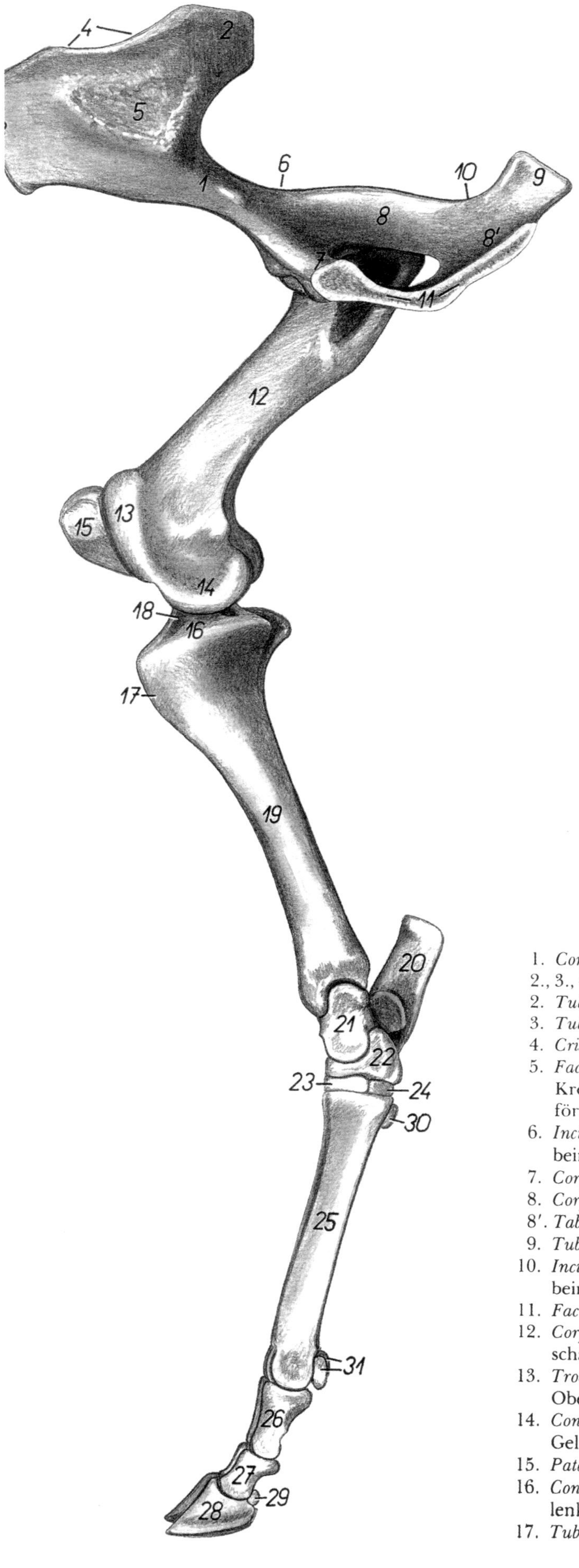

1. *Corpus ossis ilium* – Darmbeinsäule
2., 3., 4., 5. *Ala ossis ilium* – Darmbeinflügel
2. *Tuber sacrale* – Kreuzbeinhöcker
3. *Tuber coxae* – Hüfthöcker
4. *Crista iliaca* – Darmbeinleiste
5. *Facies sacropelvina (Facies auricularis)* – Kreuzbein-Beckenfläche (ohrmuschelförmige Fläche)
6. *Incisura ischiadica major* – großer Sitzbeinausschnitt
7. *Corpus ossis pubis* – Schambeinkörper
8. *Corpus ossis ischii* – Sitzbeinkörper
8'. *Tabula ossis ischii* – Sitzbeinplatte
9. *Tuber ischiadicum* – Sitzbeinhöcker
10. *Incisura ischiadica minor* – kleiner Sitzbeinausschnitt
11. *Facies symphysialis* – Beckenfugenfläche
12. *Corpus ossis femoris* – Oberschenkelbeinschaft
13. *Trochlea ossis femoris* – Gelenkrolle des Oberschenkelbeines
14. *Condylus medialis ossis femoris* – medialer Gelenkknorren des Oberschenkelbeines
15. *Patella* – Kniescheibe
16. *Condylus medialis tibiae* – medialer Gelenkknorren des Schienbeines
17. *Tuberositas tibiae* – Schienbeinbeule
18. *Eminentia intercondylaris* – Zwischenknorrenerhebung
19. *Corpus tibiae* – Schienbeinschaft
20. *Calcaneus* – Fersenbein
21. *Talus* – Rollbein
22. *Os centroquartale (Os naviculocuboideum)* – zentraler Hinterfußwurzelknochen (Kahnbein-Würfelbein)
23. *Os tarsale II et III (Os cuneiforme intermediolaterale)* – 2. und 3. Hinterfußwurzelknochen (laterales mittleres Keilbein)
24. *Os tarsale I (Os cuneiforme mediale)* – 1. Hinterfußwurzelknochen (mediales Keilbein)
25. *Os metatarsale III et IV* – 3. und 4. Hintermittelfußknochen
26. *Phalanx proximalis* – proximales Zehenglied
27. *Phalanx media* – mittleres Zehenglied
28. *Phalanx distalis* – distales Zehenglied
29. *Os sesamoideum distale* – distales Sesambein
30. *Os sesamoideum metatarsale* – Hintermittelfußsesambein
31. *Ossa sesamoidea proximalia* – proximale Sesambeine

Rind. Muskeln des Beckens und der Beckengliedmaße, Ansicht von medial.

Abbildung 31

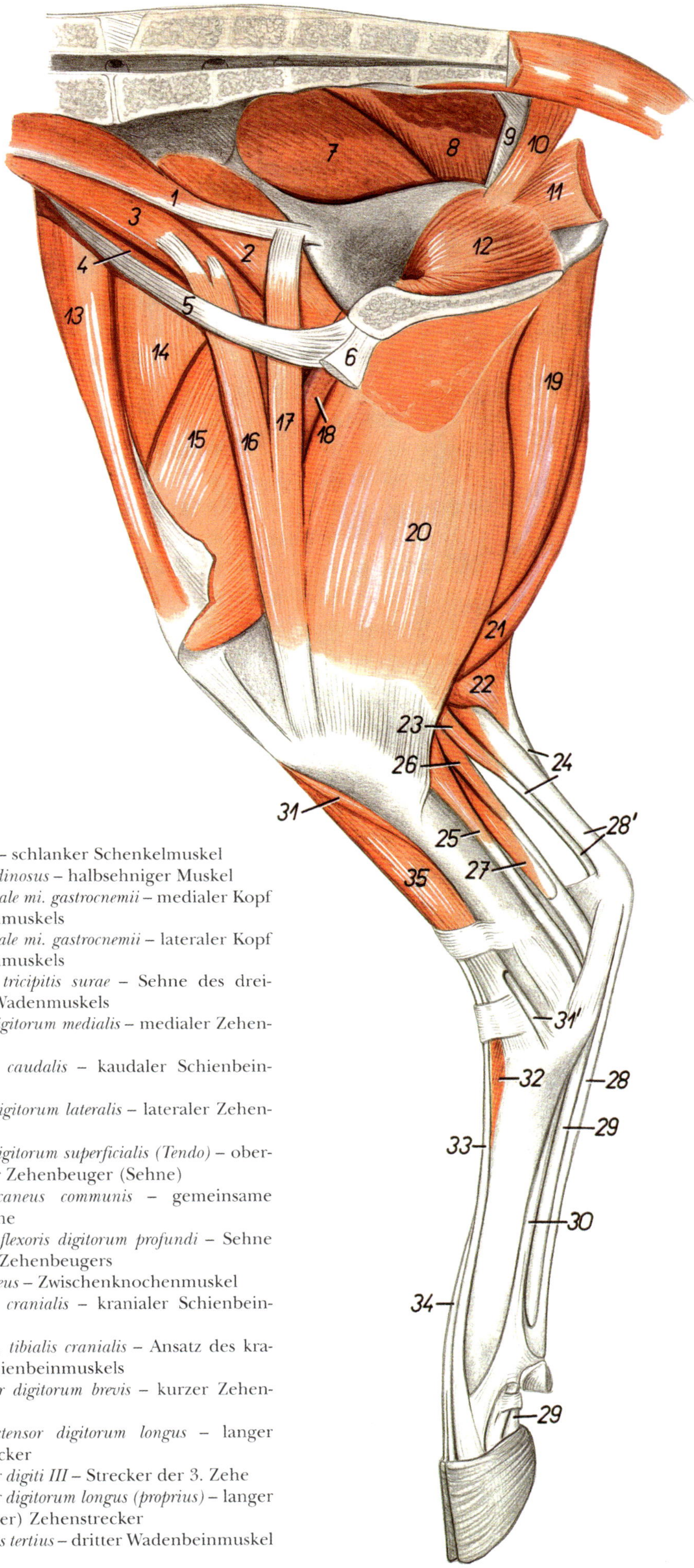

1. *M. psoas minor* – kleiner Lendenmuskel
2. *Portio medialis mi. iliaci* – mediale Portion des Darmbeinmuskels
3. *M. psoas major* – großer Lendenmuskel
4. *Portio lateralis mi. iliaci* – laterale Portion des Darmbeinmuskels
5. *Lig. inguinale* – Leistenband
6. *Insertio mi. recti abdominis* – Ansatz des geraden Bauchmuskels
7. *M. gluteus medius* – mittlerer Kruppenmuskel
8. *M. gluteobiceps* – zweiköpfiger Kruppenmuskel
9. *Lig. sacrotuberale latum* – breites Beckenband
10. *M. coccygeus* – langer Seitwärtszieher des Schwanzes
11. *M. levator ani* – Afterheber
12. *Pars intrapelvina mi. obturatorii externi* – im Becken gelegener Teil des äußeren Verstopfermuskels
13. *M. tensor fasciae latae* – Spanner der Schenkelfaszie
14. *M. rectus femoris* – gerader Oberschenkelmuskel
15. *M. vastus medialis* – medialer Oberschenkelmuskel
16. *Portio cranialis mi. sartorii* – kraniale Portion des Schneidermuskels
17. *Portio caudalis mi. sartorii* – kaudale Portion des Schneidermuskels
18. *M. pectineus* – Kammuskel
19. *M. semimembranosus* – halbhäutiger Muskel
20. *M. gracilis* – schlanker Schenkelmuskel
21. *M. semitendinosus* – halbsehniger Muskel
22. *Caput mediale mi. gastrocnemii* – medialer Kopf des Wadenmuskels
23. *Caput laterale mi. gastrocnemii* – lateraler Kopf des Wadenmuskels
24. *Tendo mi. tricipitis surae* – Sehne des dreiköpfigen Wadenmuskels
25. *M. flexor digitorum medialis* – medialer Zehenbeuger
26. *M. tibialis caudalis* – kaudaler Schienbeinmuskel
27. *M. flexor digitorum lateralis* – lateraler Zehenbeuger
28. *M. flexor digitorum superficialis (Tendo)* – oberflächlicher Zehenbeuger (Sehne)

28'. *Tendo calcaneus communis* – gemeinsame Fersensehne

29. *Tendo mi. flexoris digitorum profundi* – Sehne des tiefen Zehenbeugers
30. *M. interosseus* – Zwischenknochenmuskel
31. *M. tibialis cranialis* – kranialer Schienbeinmuskel

31'. *Insertio mi. tibialis cranialis* – Ansatz des kranialen Schienbeinmuskels

32. *M. extensor digitorum brevis* – kurzer Zehenstrecker

33., 34. *M. extensor digitorum longus* – langer Zehenstrecker

33. *M. extensor digiti III* – Strecker der 3. Zehe
34. *M. extensor digitorum longus (proprius)* – langer (besonderer) Zehenstrecker
35. *M. peroneus tertius* – dritter Wadenbeinmuskel

Rind. Präparation der Kruppe und des Oberschenkels, Ansicht von lateral. Oberflächliche Schicht.

Abbildung 32

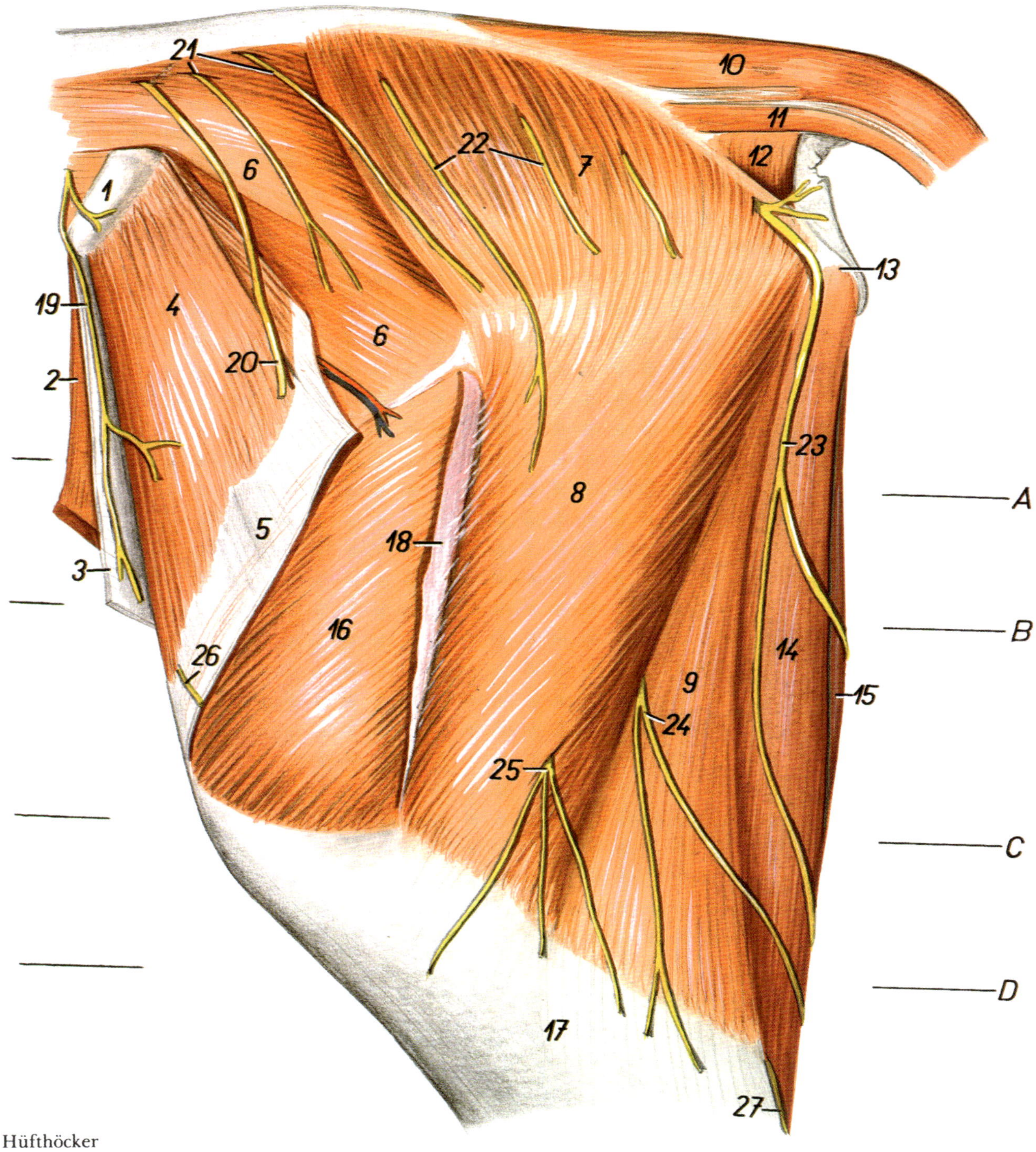

1. *Tuber coxae* – Hüfthöcker
2. *M. obliquus internus abdominis* – innerer schiefer Bauchmuskel
3. *Aponeurosis mi. obliqui externi abdominis* – Sehnenplatte des äußeren schiefen Bauchmuskels
4. *M. tensor fasciae latae* – Spanner der Schenkelfaszie
5. *Fascia lata femoris* – Schenkelfaszie
6. *M. gluteus medius* – mittlerer Kruppenmuskel
7., 8., 9. *M. gluteobiceps* – zweiköpfiger Kruppenmuskel
7. *M. gluteus superficialis* – oberflächlicher Kruppenmuskel
8. *Portio cranialis mi. bicipitis femoris* – kraniale Portion des zweiköpfigen Oberschenkelmuskels
9. *Portio caudalis mi. bicipitis femoris* – kaudale Portion des zweiköpfigen Oberschenkelmuskels
10. *M. sacrocaudalis dorsalis lateralis* – langer Heber des Schwanzes
11. *M. sacrocaudalis ventralis lateralis* – langer Niederzieher des Schwanzes
12. *M. coccygeus* – langer Seitwärtszieher des Schwanzes
13. *Tuber ischiadicum* – Sitzbeinhöcker
14. *M. semitendinosus* – halbsehniger Muskel
15. *M. semimembranosus* – halbhäutiger Muskel
16. *M. vastus lateralis* – lateraler Oberschenkelmuskel
17. *Fascia cruris* – Unterschenkelfaszie
18. *Insertio fasciae latae* – Ansatz der Oberschenkelfaszie
19. *Ramus cutaneus lateralis ni. ilioinguinalis* – lateraler Hautast des Darmbein-Leistennerven
20., 21., 22. *Nn. clunium medii* – mittlere Hinterbackennerven
23. *Ramus cutaneus proximalis ni. pudendi* – proximaler Hautast des Schamnerven
24., 25. *Rami cutanei femorales caudales (ni. ischiadici)* – kaudale Oberschenkelhautäste (des Sitzbeinnerven)
26. *N. cutaneus femoris lateralis* – lateraler Oberschenkelhautnerv
27. *N. cutaneus surae caudalis* – kaudaler Wadenhautnerv

Rind. Querschnitt durch den Oberschenkel. Die Schnitte (A, B) sind im proximalen Teil des Oberschenkels angelegt. Ihre Höhe ist in den Abbildungen 32 und 34 eingezeichnet.

Abbildung 33

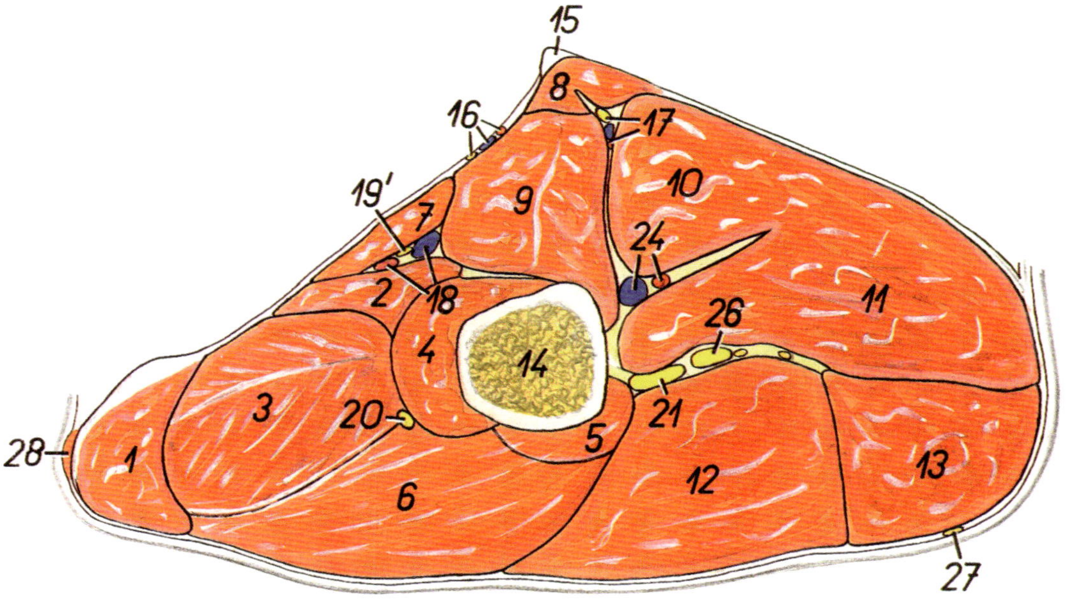

A

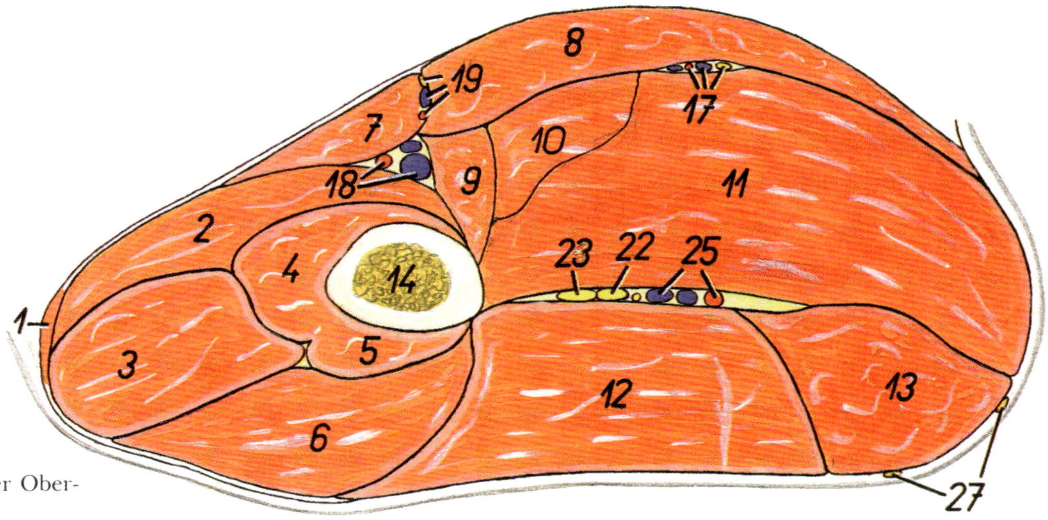

B

1. *M. tensor fasciae latae* – Spanner der Oberschenkelfaszie
2.–6. *M. quadriceps femoris* – vierköpfiger Oberschenkelmuskel
2. *M. vastus medialis* – medialer Oberschenkelmuskel
3. *M. rectus femoris* – gerader Oberschenkelmuskel
4. *Portio medialis mi. vasti intermedii* – mediale Portion des mittleren Oberschenkelmuskels
5. *Portio lateralis mi. vasti intermedii* – laterale Portion des mittleren Oberschenkelmuskels
6. *M. vastus lateralis* – lateraler Oberschenkelmuskel
7. *M. sartorius* – Schneidermuskel
8. *M. gracilis* – schlanker Schenkelmuskel
9. *M. pectineus* – Kammuskel
10. *M. adductor* – Einwärtszieher
11. *M. semimembranosus* – halbhäutiger Muskel
12. *M. gluteobiceps* – zweiköpfiger Kruppenmuskel
13. *M. semitendinosus* – halbsehniger Muskel
14. *Os femoris* – Oberschenkelbein
15. *Tendo mi. recti abdominis* – Sehne des geraden Bauchmuskels
16. *A. et V. pudenda externa, N. genitofemoralis* – äußere Schamarterie und -vene, Genital-Oberschenkelnerv
17. *N. obturatorius, Rami musculares a. et v. profundae femoris* – Verstopfernerv, Muskeläste der tiefen Oberschenkelarterie und -vene
18. *A. et V. femoralis* – Oberschenkelarterie und -vene
19. *A. et N. saphenus, V. saphena medialis* – verborgene Arterie und verborgener Nerv, mediale verborgene Vene

19'. *N. saphenus* – verborgener Nerv

20. *N. femoralis* – Oberschenkelnerv
21. *N. ischiadicus* – Sitzbeinnerv
22. *N. tibialis* – Schienbeinnerv
23. *N. peroneus communis* – gemeinsamer Wadenbeinnerv
24. *A. et V. profunda femoris* – tiefe Oberschenkelarterie und -vene
25. *A. et V. circumflexa femoris medialis* – mediale Oberschenkelkranzarterie und -vene
26. *Ramus muscularis ni. ischiadici* – Muskelast des Sitzbeinnerven
27. *Ramus cutaneus proximalis ni. pudendi* – proximaler Hautast des Schamnerven
28. *M. cutaneus trunci* – Rumpfhautmuskel

Abbildung 34

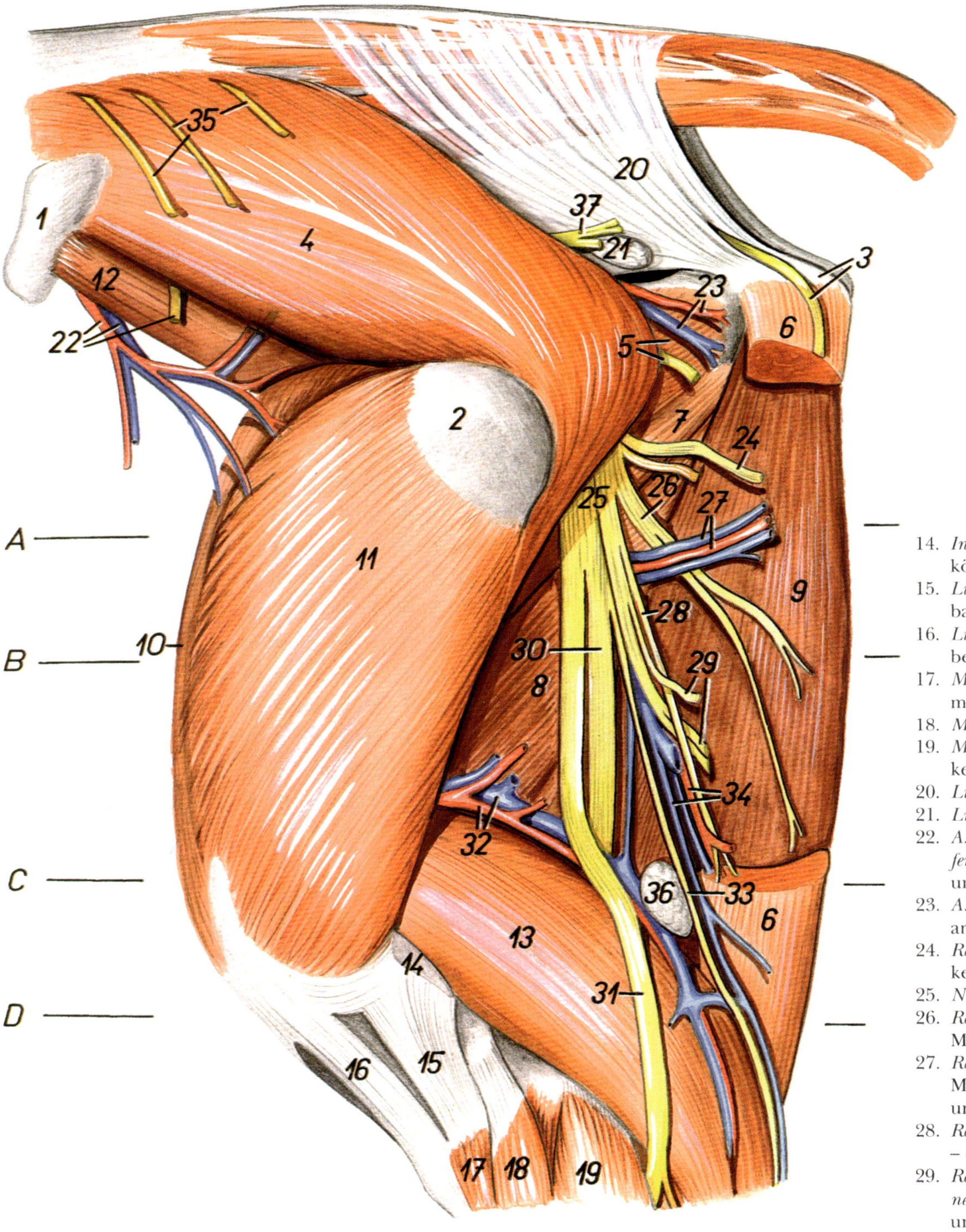

1. *Tuber coxae* – Hüfthöcker
2. *Trochanter major femoris* – großer Umdreher des Oberschenkelbeines
3. *Tuber ischiadicum, Ramus cutaneus proximalis ni. pudendi* – Sitzbeinhöcker, proximaler Hautast des Schamnerven
4. *M. gluteus medius* – mittlerer Kruppenmuskel
5. *Mm. gemelli, Ramus muscularis ad m. bicipitem* – Zwillingsmuskel, Muskelast zum zweiköpfigen Oberschenkelmuskel
6. *M. semitendinosus* – halbsehniger Muskel
7. *M. quadratus femoris* – viereckiger Oberschenkelmuskel
8. *M. adductor* – Einwärtszieher
9. *M. semimembranosus* – halbhäutiger Muskel
10. *M. rectus femoris* – gerader Oberschenkelmuskel
11. *M. vastus lateralis* – lateraler Oberschenkelmuskel
12. *Portio lateralis mi. iliaci* – laterale Portion des Darmbeinmuskels
13. *Caput laterale mi. gastrocnemii* – lateraler Kopf des Wadenmuskels
14. *Insertio mi. bicipitis femoris* – Ansatz des zweiköpfigen Oberschenkelmuskels
15. *Lig. patellae laterale* – laterales Kniescheibenband
16. *Lig. patellae intermedium* – mittleres Kniescheibenband
17. *M. tibialis cranialis* – kranialer Schienbeinmuskel
18. *M. peroneus tertius* – dritter Wadenbeinmuskel
19. *M. peroneus longus* – langer Wadenbeinmuskel
20. *Lig. sacrotuberale latum* – breites Beckenband
21. *Ln. ischiadicus* – Sitzbeinlymphknoten
22. *A. et V. circumflexa ilium profunda, N. cutaneus femoris lateralis* – tiefe Darmbeinkranzarterie und -vene, lateraler Oberschenkelhautnerv
23. *A. et V. glutea caudalis* – kaudale Kruppenarterie und -vene
24. *Ramus muscularis ad m. semitendinosum* – Muskelast zum halbsehnigen Muskel
25. *N. ischiadicus* – Sitzbeinnerv
26. *Ramus muscularis ad m. semimembranosum* – Muskelast zum halbhäutigen Muskel
27. *Rami musculares a. et v. profundae femoris* – Muskeläste der tiefen Oberschenkelarterie und -vene
28. *Ramus muscularis distalis ad m. semitendinosum* – distaler Hautast zum halbsehnigen Muskel
29. *Rami musculares (ad m. bicipitem) et Rami cutanei* – Muskeläste (zum zweiköpfigen Muskel) und Hautäste
30. *N. tibialis* – Schienbeinnerv
31. *N. peroneus communis* – gemeinsamer Wadenbeinnerv
32. *A. et V. caudalis femoris* – kaudale Oberschenkelarterie und -vene
33. *N. cutaneus surae caudalis* – kaudaler Wadenhautnerv
34. *A. circumflexa femoris medialis (Ramus ad m. semitendinosum), V. saphena lateralis* – mediale Oberschenkelkranzarterie (Ast zum halbsehnigen Muskel), laterale verborgene Vene
35. *Nn. clunium medii* – mittlere Hinterbackennerven
36. *Lnn. poplitei profundi* – tiefe Kniekehllymphknoten
37. *N. gluteus caudalis* – kaudaler Kruppennerv

Rind. Querschnitt durch den Oberschenkel. Die Höhe der Schnittebenen (C, D) ist in den Abbildungen 32 und 34 eingezeichnet.

Abbildung 35

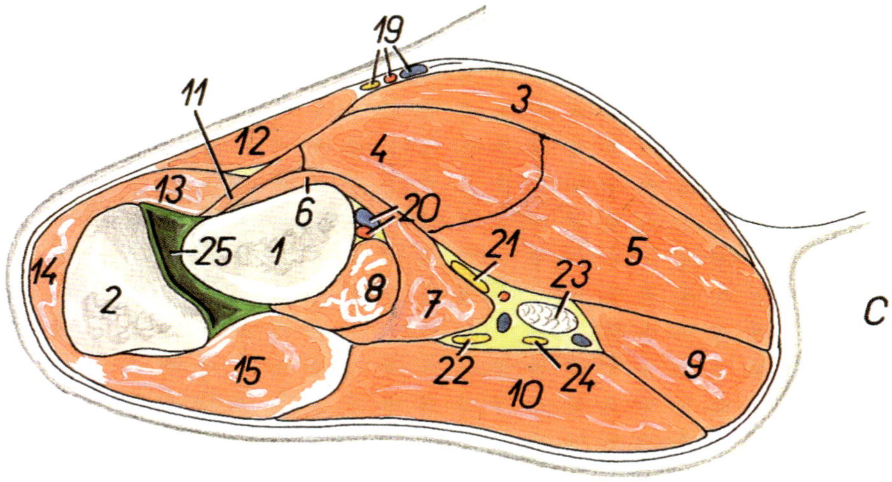

C

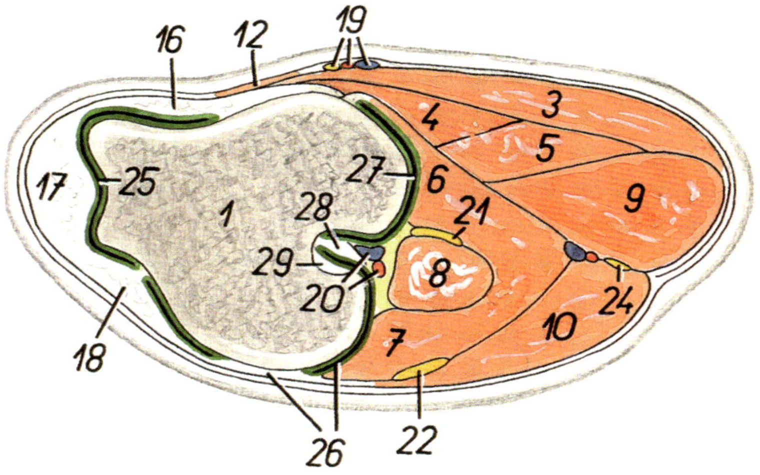

D

1. *Os femoris* – Oberschenkelbein
2. *Patella* – Kniescheibe
3. *M. gracilis* – schlanker Schenkelmuskel
4. *M. adductor* – Einwärtszieher
5. *M. semimembranosus* – halbhäutiger Muskel
6. *Caput mediale mi. gastrocnemii* – medialer Kopf des Wadenmuskels
7. *Caput laterale mi. gastrocnemii* – lateraler Kopf des Wadenmuskels
8. *M. flexor digitorum superficialis* – oberflächlicher Zehenbeuger
9. *M. semitendinosus* – halbsehniger Muskel
10. *M. biceps femoris* – zweiköpfiger Oberschenkelmuskel
11. *M. pectineus* – Kammuskel
12. *M. sartorius* – Schneidermuskel
13. *M. vastus medialis* – medialer Oberschenkelmuskel
14. *M. rectus femoris* – gerader Oberschenkelmuskel
15. *M. vastus lateralis* – lateraler Oberschenkelmuskel
16. *Lig. patellae mediale* – mediales Kniescheibenband
17. *Lig. patellae intermedium* – mittleres Kniescheibenband
18. *Lig. patellae laterale* – laterales Kniescheibenband
19. *A. et N. saphenus, V. saphena medialis* – verborgene Arterie und verborgener Nerv, mediale verborgene Vene
20. *A. et V. poplitea* – Kniekehlarterie und -vene
21. *N. tibialis* – Schienbeinnerv
22. *N. peroneus communis* – gemeinsamer Wadenbeinnerv
23. *Ln. popliteus* – Kniekehllymphknoten
24. *N. cutaneus surae caudalis* – kaudaler Wadenhautnerv
25. *Cavum articulationis femoropatellaris* – Gelenkspalt des Oberschenkel-Kniescheibengelenkes
26. *Lig. collaterale laterale genus, Cavum articulationis femorotibialis lateralis* – laterales Seitenband des Kniegelenkes, lateraler Gelenkspalt des Oberschenkel-Schienbeingelenkes
27. *Cavum articulationis femorotibialis medialis* – medialer Gelenkspalt des Oberschenkel-Schienbeingelenkes
28. *Lig. cruciatum caudale* – kaudales gekreuztes Band
29. *Lig. cruciatum craniale* – kraniales gekreuztes Band

Rind. Präparation der Kruppe und des Oberschenkels, Ansicht von lateral. 3. Schicht.

Abbildung 36

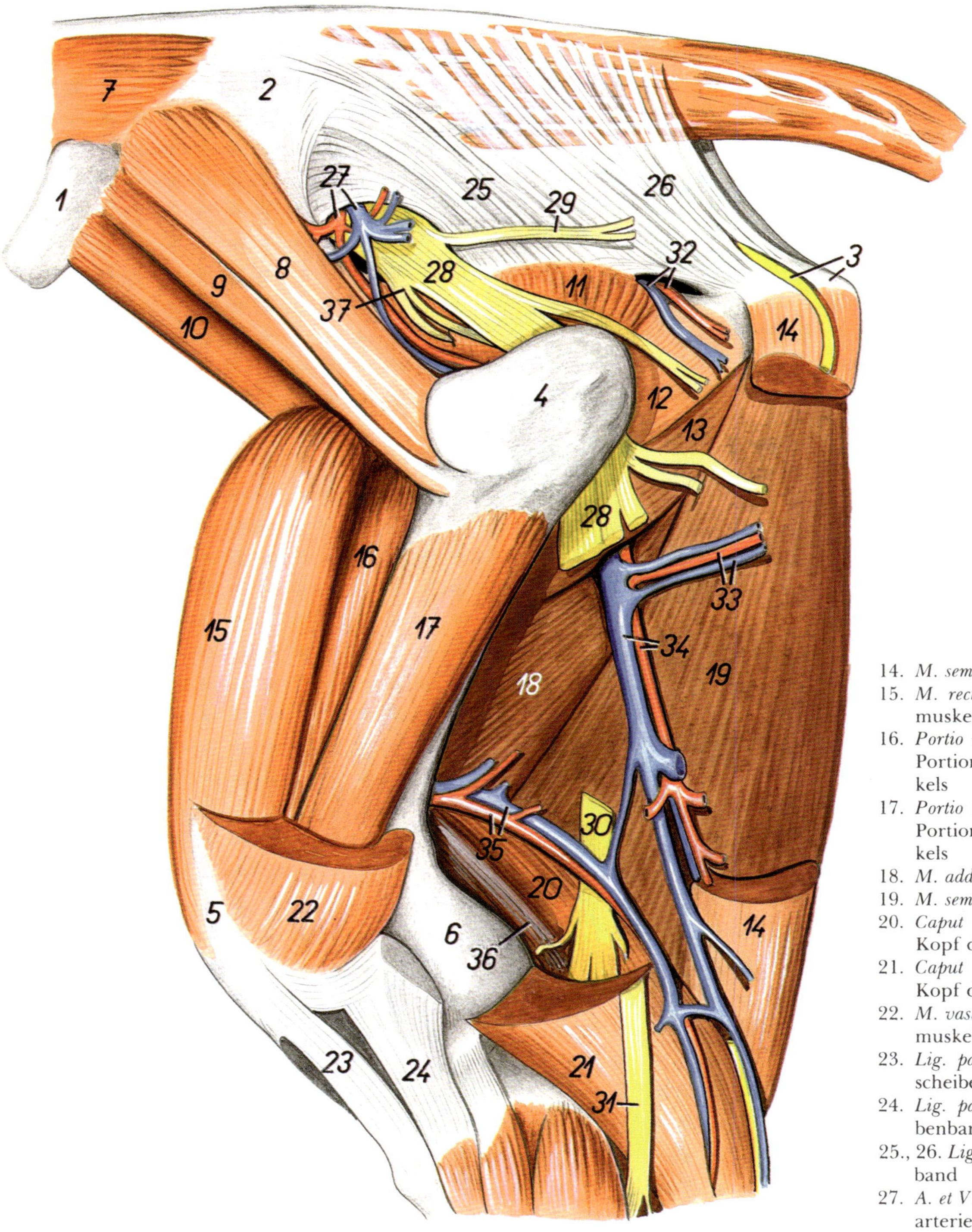

1. *Tuber coxae* – Hüfthöcker
2. *Ala ossis ilium* – Darmbeinflügel
3. *Tuber ischiadicum, Ramus cutaneus proximalis ni. pudendi* – Sitzbeinhöcker, proximaler Hautast des Schamnerven
4. *Trochanter major ossis femoris* – großer Umdreher des Oberschenkelbeines
5. *Patella* – Kniescheibe
6. *Condylus lateralis ossis femoris* – lateraler Gelenkknorren des Oberschenkelbeines
7. *M. longissimus lumborum* – Lendenportion des längsten Muskels
8. *M. gluteus accessorius major* – großer zusätzlicher Kruppenmuskel
9. *M. gluteus accessorius minor* – kleiner zusätzlicher Kruppenmuskel

8., 9. *M. gluteus accessorius* – zusätzlicher Kruppenmuskel

10. *Portio lateralis mi. iliaci* – laterale Portion des Darmbeinmuskels
11. *M. gluteus profundus* – tiefer Kruppenmuskel
12. *Mm. gemelli* – Zwillingsmuskeln
13. *M. quadratus femoris* – viereckiger Oberschenkelmuskel
14. *M. semitendinosus* – halbsehniger Muskel
15. *M. rectus femoris* – gerader Oberschenkelmuskel
16. *Portio medialis mi. vasti intermedii* – mediale Portion des mittleren Oberschenkelmuskels
17. *Portio lateralis mi. vasti intermedii* – laterale Portion des mittleren Oberschenkelmuskels
18. *M. adductor* – Einwärtszieher
19. *M. semimembranosus* – halbhäutiger Muskel
20. *Caput mediale mi. gastrocnemii* – medialer Kopf des Wadenmuskels
21. *Caput laterale mi. gastrocnemii* – lateraler Kopf des Wadenmuskels
22. *M. vastus lateralis* – lateraler Oberschenkelmuskel
23. *Lig. patellae intermedium* – mittleres Kniescheibenband
24. *Lig. patellae laterale* – laterales Kniescheibenband

25., 26. *Lig. sacrotuberale latum* – breites Beckenband

27. *A. et V. glutea cranialis* – kraniale Kruppenarterie und -vene
28. *N. ischiadicus* – Sitzbeinnerv
29. *N. gluteus caudalis* – kaudaler Kruppennerv
30. *N. tibialis* – Schienbeinnerv
31. *N. peroneus communis* – gemeinsamer Wadenbeinnerv
32. *A. et V. glutea caudalis* – kaudale Kruppenarterie und -vene
33. *Rami musculares* – Muskeläste
34. *A. et V. circumflexa femoris medialis* – mediale Oberschenkelkranzarterie und -vene
35. *A. et V. caudalis femoris* – kaudale Oberschenkelarterie und -vene
36. *M. flexor digitorum superficialis* – oberflächlicher Zehenbeuger
37. *N. gluteus cranialis* – kranialer Kruppennerv

Abbildung 37

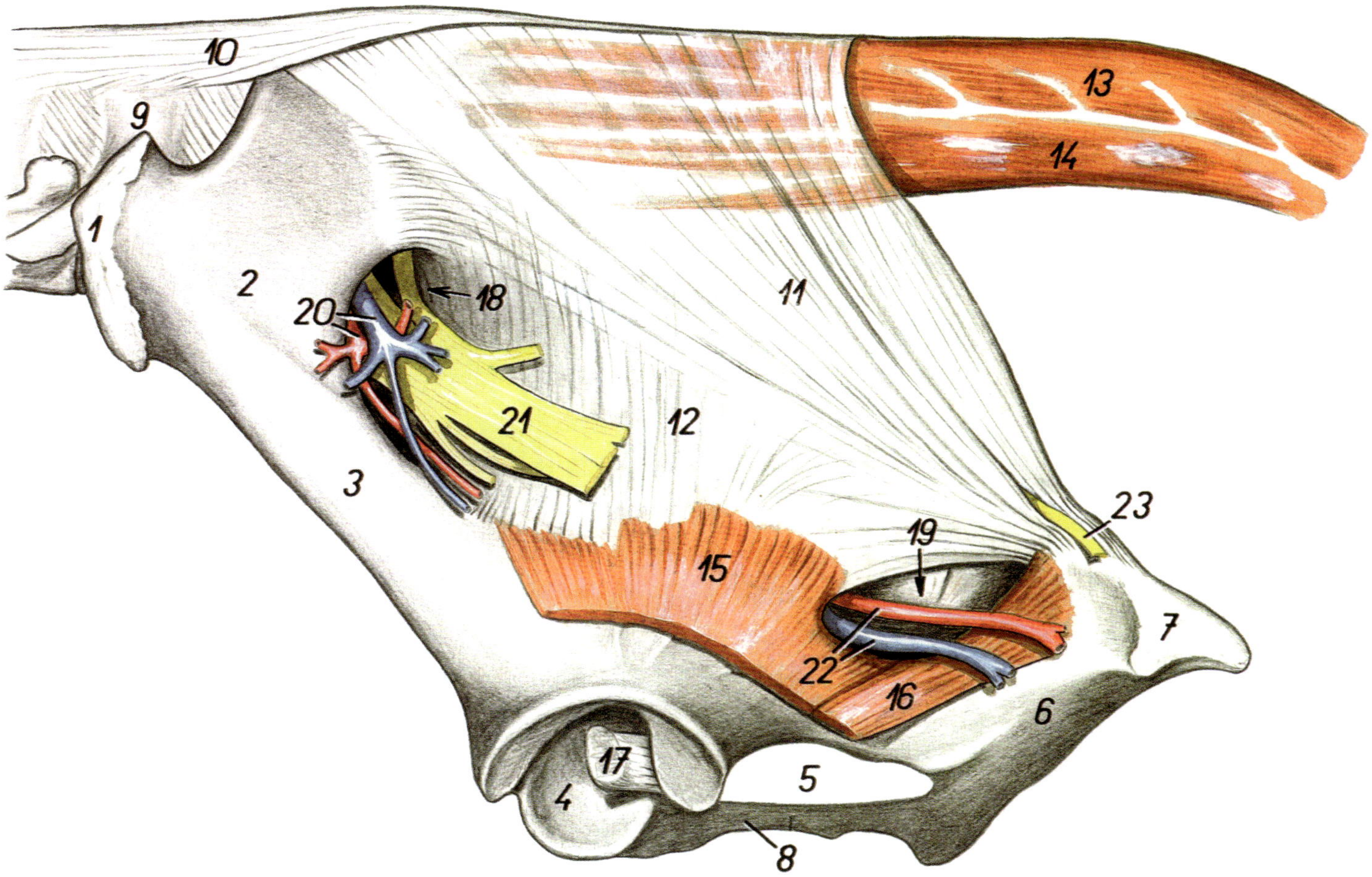

1. *Tuber coxae* – Hüfthöcker
2. *Ala ossis ilium* – Darmbeinflügel
3. *Corpus ossis ilium* – Darmbeinsäule
4. *Acetabulum* – Beckenpfanne
5. *Foramen obturatum* – verstopftes Loch
6. *Corpus ossis ischii* – Sitzbeinkörper
7. *Tuber ischiadicum* – Sitzbeinhöcker
8. *Ramus caudalis ossis pubis* – kaudaler Ast des Schambeines
9. *Vertebra lumbalis VI* – 6. Lendenwirbel
10. *Lig. supraspinale* – Überdornfortsatzband

11., 12. *Lig. sacrotuberale latum* – breites Beckenband
13. *M. sacrocaudalis dorsalis lateralis* – langer Heber des Schwanzes
14. *M. sacrocaudalis ventralis lateralis* – langer Niederzieher des Schwanzes
15. *M. gluteus profundus* – tiefer Kruppenmuskel
16. *Mm. gemelli* – Zwillingsmuskeln
17. *Lig. capitis ossis femoris* – Band des Oberschenkelbeinkopfes

18. *Foramen ischiadicum majus* – großes Sitzbeinloch
19. *Foramen ischiadicum minus* – kleines Sitzbeinloch
20. *A. et V. glutea cranialis* – kraniale Kruppenarterie und -vene
21. *N. ischiadicus* – Sitzbeinnerv
22. *A. et V. glutea caudalis* – kaudale Kruppenarterie und -vene
23. *Ramus cutaneus proximalis ni. pudendi* – proximaler Hautast des Schamnerven

Rind. Skelett des Beckens und des Oberschenkels, Ansicht von medial, nach Entfernung der linken Hälfte des Beckens.

Abbildung 38

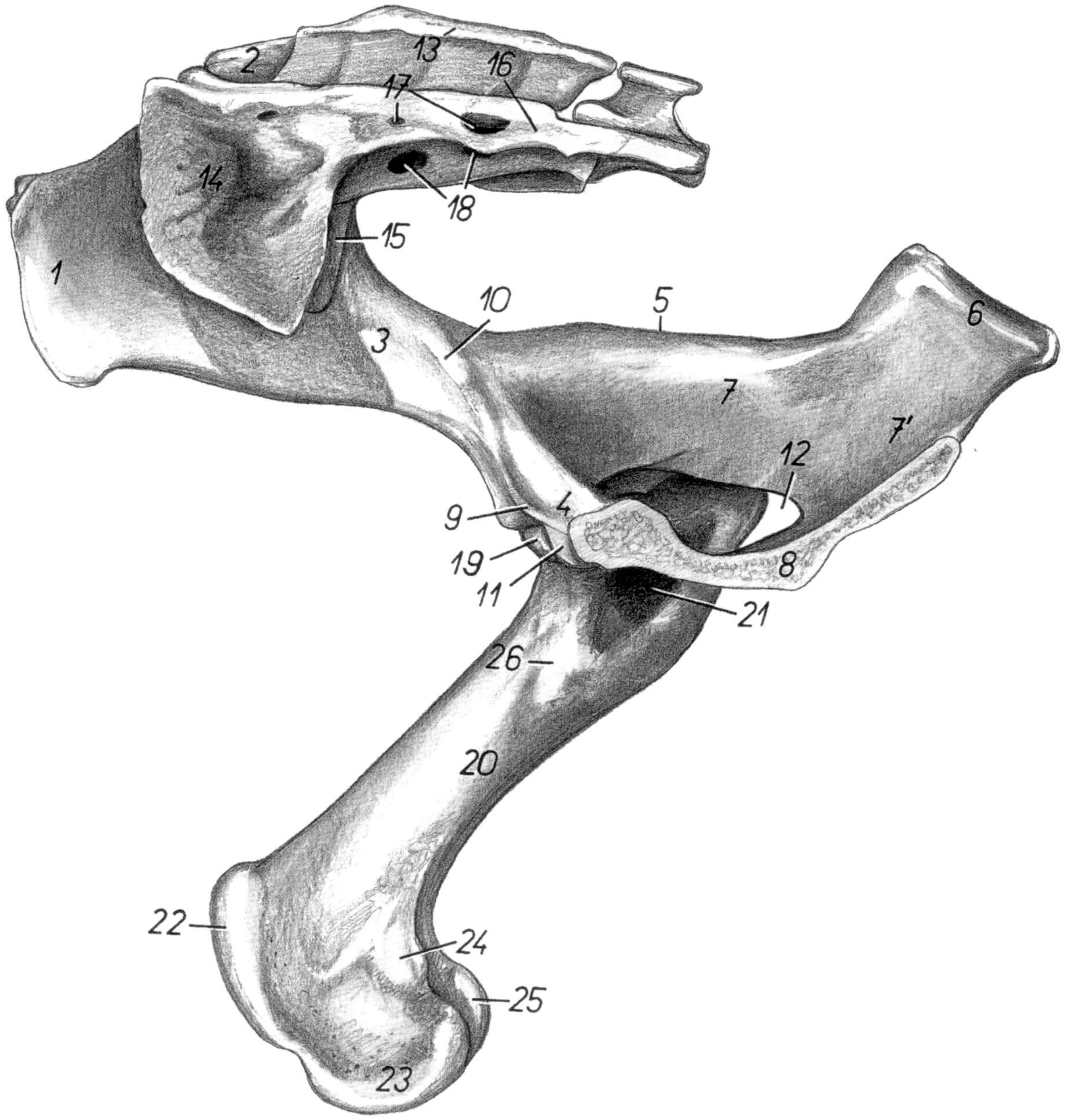

1. *Tuber coxae* – Hüfthöcker
2. *Tuber sacrale* – Kreuzbeinhöcker
3. *Corpus ossis ilium* – Darmbeinsäule
4. *Corpus ossis pubis* – Schambeinkörper
5. *Spina ischiadica* – Sitzbeingräte
6. *Tuber ischiadicum* – Sitzbeinhöcker
7. *Corpus ossis ischii* – Sitzbeinkörper
8. *Facies symphysialis ossis coxae* – Beckenfugenfläche des Hüftbeines
9. *Pecten ossis pubis* – Schambeinkamm
10. *Tuberculum mi. psoas minoris* – Höckerchen des kleinen Lendenmuskels
11. *Eminentia iliopubica* – Darmbein-Schambeinerhebung
12. *Foramen obturatum* – verstopftes Loch
13. *Crista sacralis mediana* – mittlere Kreuzbeinleiste
14. *Ala ossis sacri (sinistra)* – linker Kreuzbeinflügel
15. *Ala ossis sacri (dextra)* – rechter Kreuzbeinflügel
16. *Pars lateralis ossis sacri* – lateraler Teil des Kreuzbeines
17. *Foramina sacralia dorsalia* – dorsale Kreuzbeinlöcher
18. *Foramina sacralia pelvina* – ventrale Kreuzbeinlöcher
19. *Caput ossis femoris* – Oberschenkelbeinkopf
20. *Corpus ossis femoris* – Oberschenkelbeinschaft
21. *Fossa trochanterica* – Umdrehergrube
22. *Trochlea ossis femoris* – Gelenkrolle des Oberschenkelbeines
23. *Condylus medialis ossis femoris* – medialer Gelenkknorren des Oberschenkelbeines
24. *Epicondylus medialis* – medialer Bandhöcker
25. *Condylus lateralis ossis femoris* – lateraler Gelenkknorren des Oberschenkelbeines
26. *Trochanter minor ossis femoris* – kleiner Umdreher des Oberschenkelbeines

Rind. Topographie der Arterien am Becken (rechte Hälfte) und am Oberschenkel, Ansicht von medial.

Abbildung 39

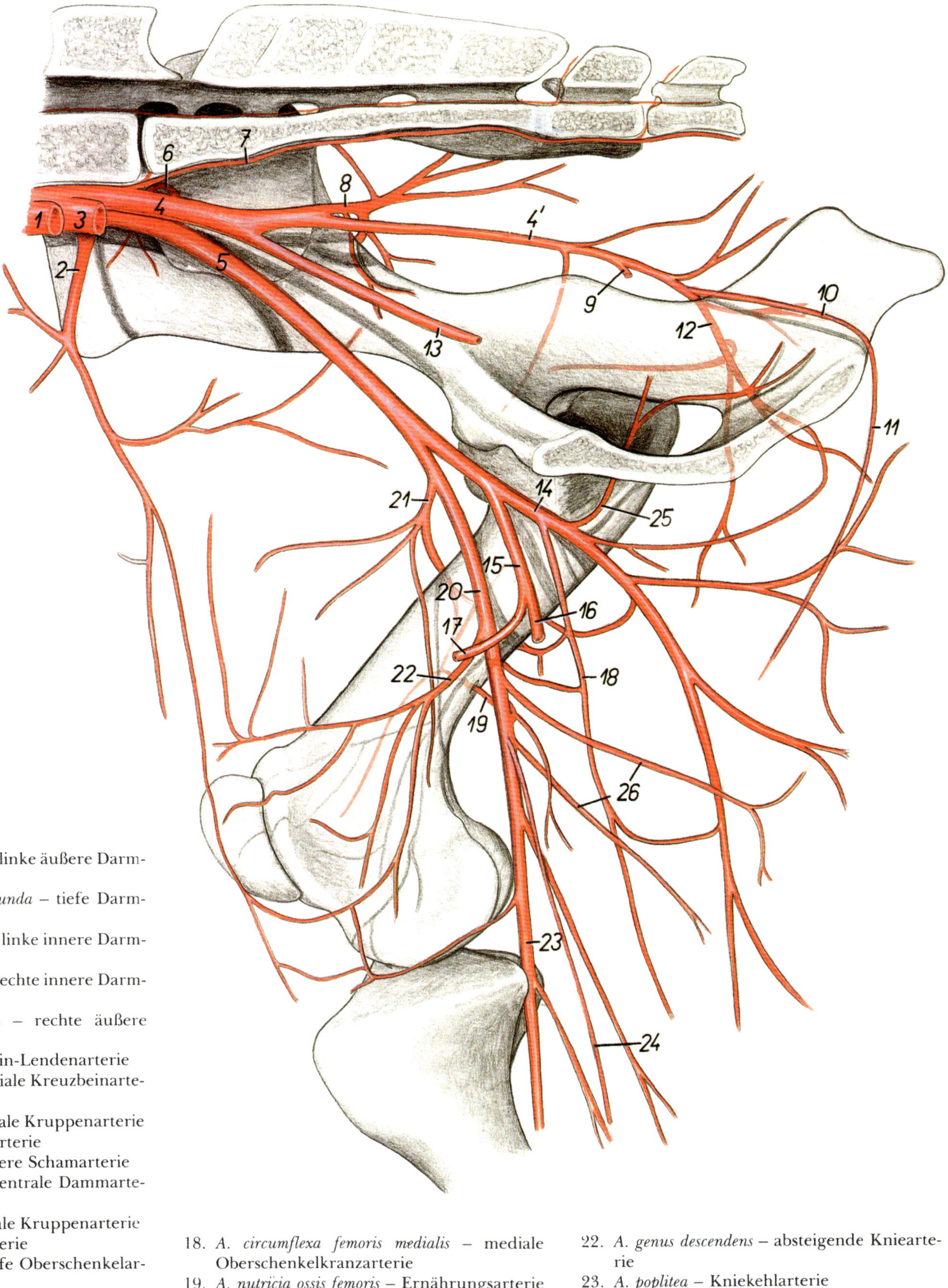

1. *A. iliaca externa sinistra* – linke äußere Darmbeinarterie
2. *A. circumflexa ilium profunda* – tiefe Darmbeinkranzarterie
3. *A. iliaca interna sinistra* – linke innere Darmbeinarterie
4. *A. iliaca interna dextra* – rechte innere Darmbeinarterie
5. *A. iliaca externa dextra* – rechte äußere Darmbeinarterie
6. *A. iliolumbalis* – Darmbein-Lendenarterie
7. *A. sacralis mediana* – mediale Kreuzbeinarterie
8. *A. glutea cranialis* – kraniale Kruppenarterie
9. *A. vaginalis* – Scheidenarterie
10. *A. pudenda interna* – innere Schamarterie
11. *A. perinealis ventralis* – ventrale Dammarterie
12. *A. glutea caudalis* – kaudale Kruppenarterie
13. *A. umbilicalis* – Nabelarterie
14. *A. profunda femoris* – tiefe Oberschenkelarterie
15. *Truncus pudendoepigastricus* – Stamm der Scham-Bauchdeckenarterie
16. *A. pudenda externa* – äußere Schamarterie
17. *A. epigastrica caudalis* – kaudale Bauchdeckenarterie
18. *A. circumflexa femoris medialis* – mediale Oberschenkelkranzarterie
19. *A. nutricia ossis femoris* – Ernährungsarterie des Oberschenkelbeines
20. *A. femoralis* – Oberschenkelarterie
21. *A. circumflexa femoris lateralis* – laterale Oberschenkelkranzarterie
22. *A. genus descendens* – absteigende Kniearterie
23. *A. poplitea* – Kniekehlarterie
24. *A. saphena* – verborgene Arterie
25. *Ramus obturatorius* – Ast für den Verstopfermuskel
26. *Aa. caudales femoris* – kaudale Oberschenkelarterien

Abbildung 40

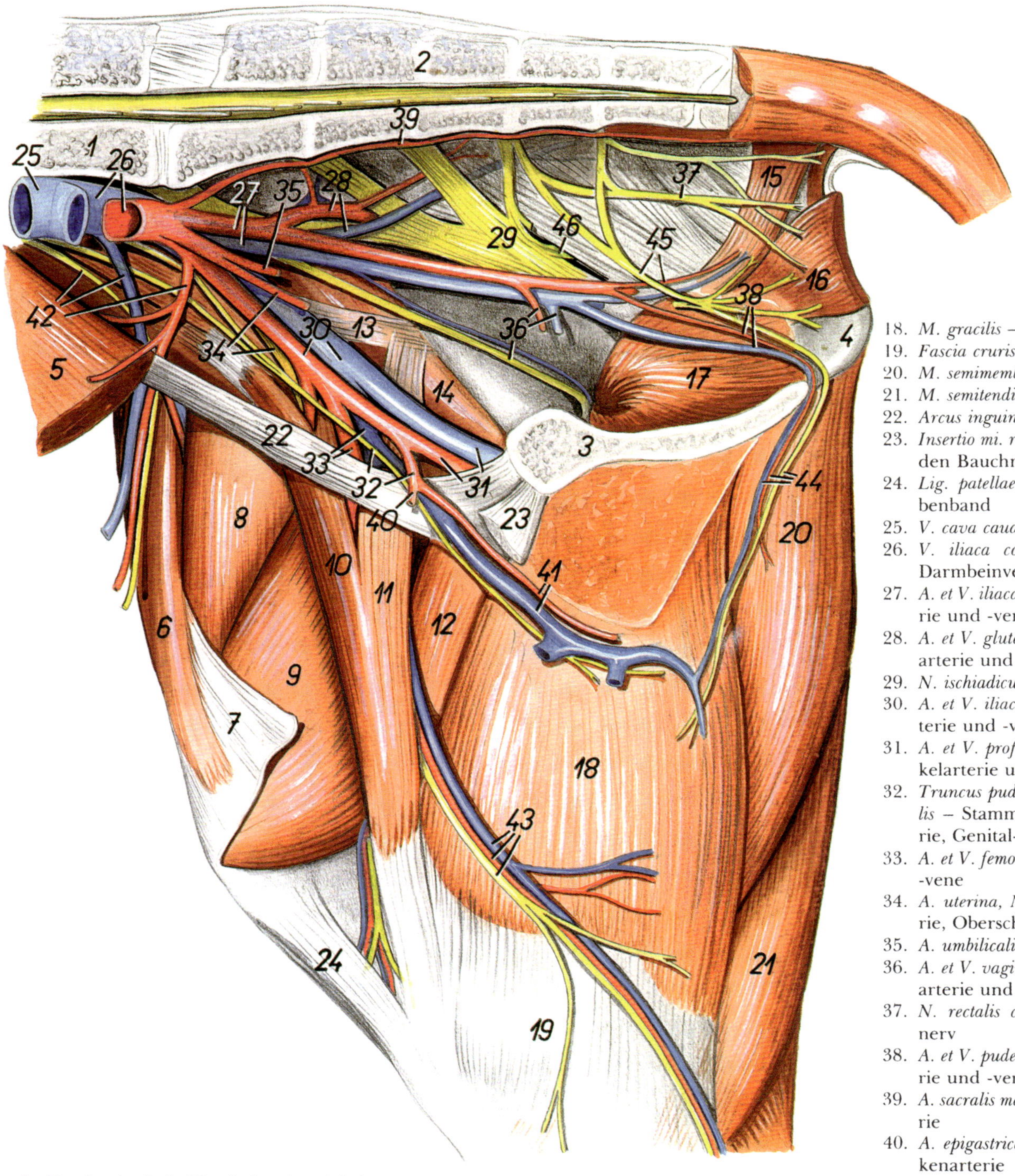

1. *Vertebra lumbalis VI* – 6. Lendenwirbel
2. *Os sacrum* – Kreuzbein
3. *Facies symphysialis ossis coxae* – Beckenfugenfläche des Hüftbeines
4. *Tuber ischiadicum* – Sitzbeinhöcker
5. *M. obliquus internus abdominis* – innerer schiefer Bauchmuskel
6. *M. tensor fasciae latae* – Spanner der Oberschenkelfaszie
7. *Fascia lata femoris* – Oberschenkelfaszie
8. *M. rectus femoris* – gerader Oberschenkelmuskel
9. *M. vastus medialis* – medialer Oberschenkelmuskel
10. *Portio cranialis mi. sartorii* – kraniale Portion des Schneidermuskels
11. *Portio caudalis mi. sartorii* – kaudale Portion des Schneidermuskels
12. *M. pectineus* – Kammuskel
13. *M. psoas minor (Insertio)* – kleiner Lendenmuskel (Ansatz)
14. *M. iliacus (Portio medialis)* – Darmbeinmuskel (mediale Portion)
15. *M. coccygeus* – langer Seitwärtszieher des Schwanzes
16. *M. levator ani* – Afterheber
17. *Pars intrapelvina mi. obturatorii externi* – im Becken gelegener Teil des äußeren Verstopfermuskels
18. *M. gracilis* – schlanker Schenkelmuskel
19. *Fascia cruris* – Unterschenkelfaszie
20. *M. semimembranosus* – halbhäutiger Muskel
21. *M. semitendinosus* – halbsehniger Muskel
22. *Arcus inguinalis* – Leistenbogen
23. *Insertio mi. recti abdominis* – Ansatz des geraden Bauchmuskels
24. *Lig. patellae mediale* – mediales Kniescheibenband
25. *V. cava caudalis* – kaudale Hohlvene
26. *V. iliaca communis, Aorta* – gemeinsame Darmbeinvene, große Körperschlagader
27. *A. et V. iliaca interna* – innere Darmbeinarterie und -vene
28. *A. et V. glutea cranialis* – kraniale Kruppenarterie und -vene
29. *N. ischiadicus* – Sitzbeinnerv
30. *A. et V. iliaca externa* – äußere Darmbeinarterie und -vene
31. *A. et V. profunda femoris* – tiefe Oberschenkelarterie und -vene
32. *Truncus pudendoepigastricus, N. genitofemoralis* – Stamm der Scham-Bauchdeckenarterie, Genital-Oberschenkelnerv
33. *A. et V. femoralis* – Oberschenkelarterie und -vene
34. *A. uterina, N. femoralis* – Gebärmutterarterie, Oberschenkelnerv
35. *A. umbilicalis* – Nabelarterie
36. *A. et V. vaginalis, N. obturatorius* – Scheidenarterie und -vene, Verstopfernerv
37. *N. rectalis caudalis* – kaudaler Mastdarmnerv
38. *A. et V. pudenda interna* – innere Schamarterie und -vene
39. *A. sacralis mediana* – mittlere Kreuzbeinarterie
40. *A. epigastrica caudalis* – kaudale Bauchdeckenarterie
41. *A. et V. pudenda externa* – äußere Schamarterie und -vene
42. *A. et V. circumflexa ilium profunda, N. cutaneus femoris lateralis* – tiefe Darmbeinkranzarterie und -vene, lateraler Oberschenkelhautnerv
43. *A. et N. saphenus, V. saphena medialis* – verborgene Arterie und verborgener Nerv, mediale verborgene Vene
44. *A. et V. perinealis ventralis, N. perinealis profundus* – ventrale Dammarterie und -vene, tiefer Dammnerv
45. *N. pudendus, Ramus ad m. coccygeum* – Schamnerv, Ast zum langen Seitwärtszieher des Schwanzes
46. *N. gluteus caudalis* – kaudaler Kruppennerv

Abbildung 41

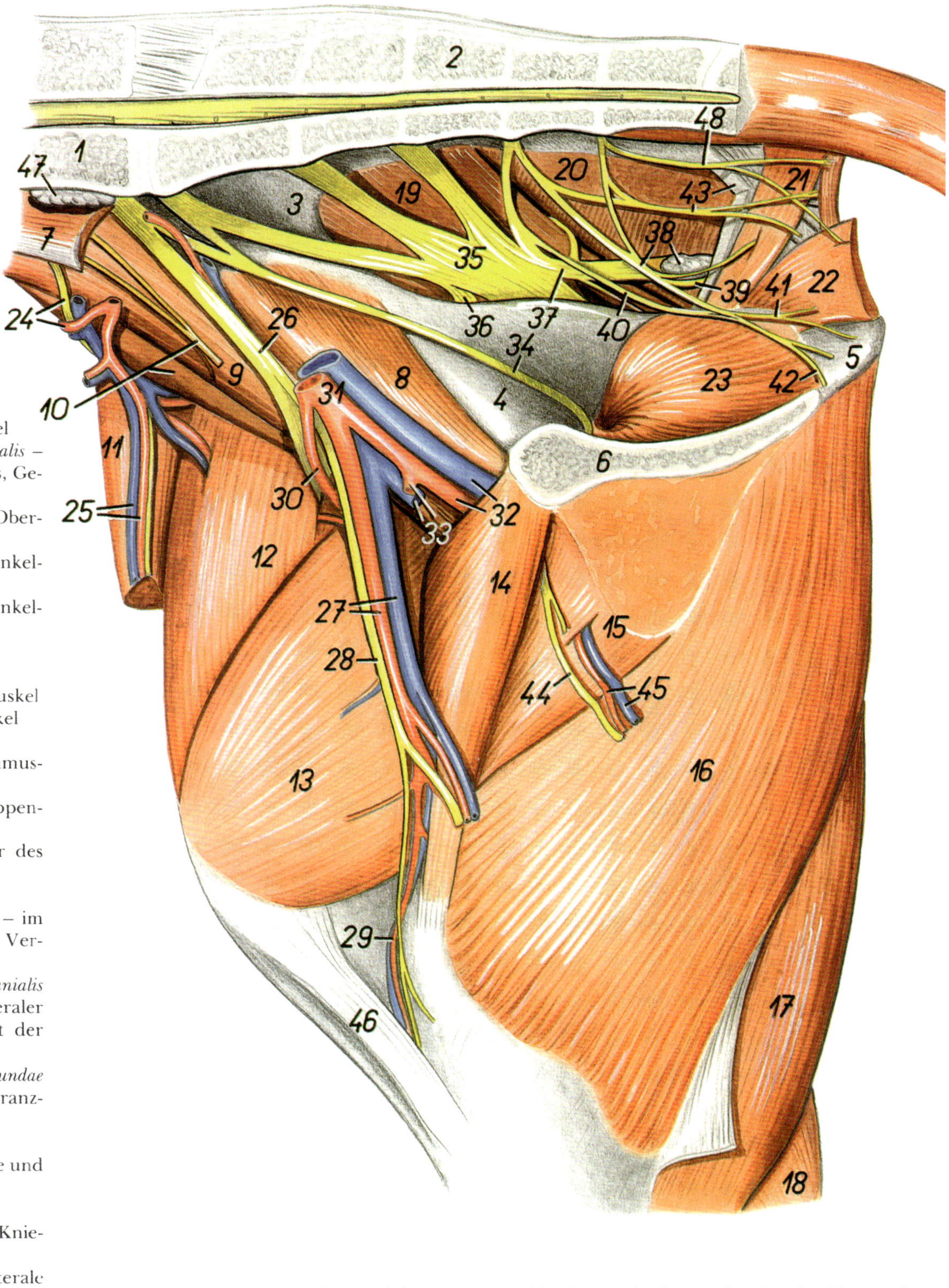

1. *Vertebra lumbalis VI* – 6. Lendenwirbel
2. *Os sacrum* – Kreuzbein
3. *Ala ossis ilium* – Darmbeinflügel
4. *Os pubis* – Schambein
5. *Tuber ischiadicum* – Sitzbeinhöcker
6. *Facies symphysialis ossis coxae* – Beckenfugenfläche des Hüftbeines
7. *M. psoas minor* – kleiner Lendenmuskel
8. *Portio medialis mi. iliaci* – mediale Portion des Darmbeinmuskels
9. *M. psoas major* – großer Lendenmuskel
10. *Portio lateralis mi. iliaci, N. genitofemoralis* – laterale Portion des Darmbeinmuskels, Genital-Oberschenkelnerv
11. *M. tensor fasciae latae* – Spanner der Oberschenkelfaszie
12. *M. rectus femoris* – gerader Oberschenkelmuskel
13. *M. vastus medialis* – medialer Oberschenkelmuskel
14. *M. pectineus* – Kammuskel
15. *M. adductor* – Einwärtszieher
16. *M. semimembranosus* – halbhäutiger Muskel
17. *M. semitendinosus* – halbsehniger Muskel
18. *M. gastrocnemius* – Wadenmuskel
19. *M. gluteus medius* – mittlerer Kruppenmuskel
20. *M. gluteobiceps* – zweiköpfiger Kruppenmuskel
21. *M. coccygeus* – langer Seitwärtszieher des Schwanzes
22. *M. levator ani* – Afterheber
23. *Pars intrapelvina mi. obturatorii externi* – im Becken gelegener Teil des äußeren Verstopfermuskels
24. *N. cutaneus femoris lateralis, Ramus cranialis a. circumflexae ilium profundae* – lateraler Oberschenkelhautnerv, kranialer Ast der tiefen Darmbeinkranzarterie
25. *Ramus caudalis a. circumflexae ilium profundae* – kaudaler Ast der tiefen Darmbeinkranzarterie
26. *N. femoralis* – Oberschenkelnerv
27. *A. et V. femoralis* – Oberschenkelarterie und -vene
28. *N. saphenus* – verborgener Nerv
29. *A. et V. genus descendens* – absteigende Kniearterie und -vene
30. *A. circumflexa femoris lateralis* – laterale Oberschenkelkranzarterie
31. *A. et V. iliaca externa* – äußere Darmbeinarterie und -vene
32. *A. et V. profunda femoris* – tiefe Oberschenkelarterie und -vene
33. *V. pudendoepigastrica, Truncus pudendoepigastricus* – Scham-Bauchdeckenvene, Stamm der Scham-Bauchdeckenarterie
34. *N. obturatorius* – Verstopfernerv
35. *N. ischiadicus* – Sitzbeinnerv
36. *N. gluteus cranialis* – kranialer Kruppennerv
37. *N. gluteus caudalis* – kaudaler Kruppennerv
38. *N. pudendus, Ln. ischiadicus* – Schamnerv, Sitzbeinlymphknoten
39. *Ramus cutaneus ni. pudendi* – Hautast des Schamnerven
40. *Ramus communicans inter n. ischiadicum et pudendum* – Verbindungsast zwischen Sitzbeinnerv und Schamnerv
41. *N. dorsalis clitoridis* – dorsaler Kitzlernerv
42. *N. perinealis profundus* – tiefer Dammnerv
43. *Lig. sacrotuberale latum, N. rectalis caudalis* – breites Beckenband, kaudaler Mastdarmnerv
44. *Ramus ni. obturatorii* – Ast des Verstopfernerven
45. *Rami musculares a. et v. profundae femoris* – Muskeläste der tiefen Oberschenkelarterie und -vene
46. *Lig. patellae mediale* – mediales Kniescheibenband
47. *Ln. iliacus medialis* – medialer Darmbeinlymphknoten
48. *N. rectalis caudalis (Ramus ad m. levatorem ani)* – kaudaler Mastdarmnerv (Ast zum Afterheber)

Rind. Präparation der Geschlechtsorgane und der Leistengegend vom Bullen, nach Entfernung der linken Beckengliedmaße.

Abbildung 42

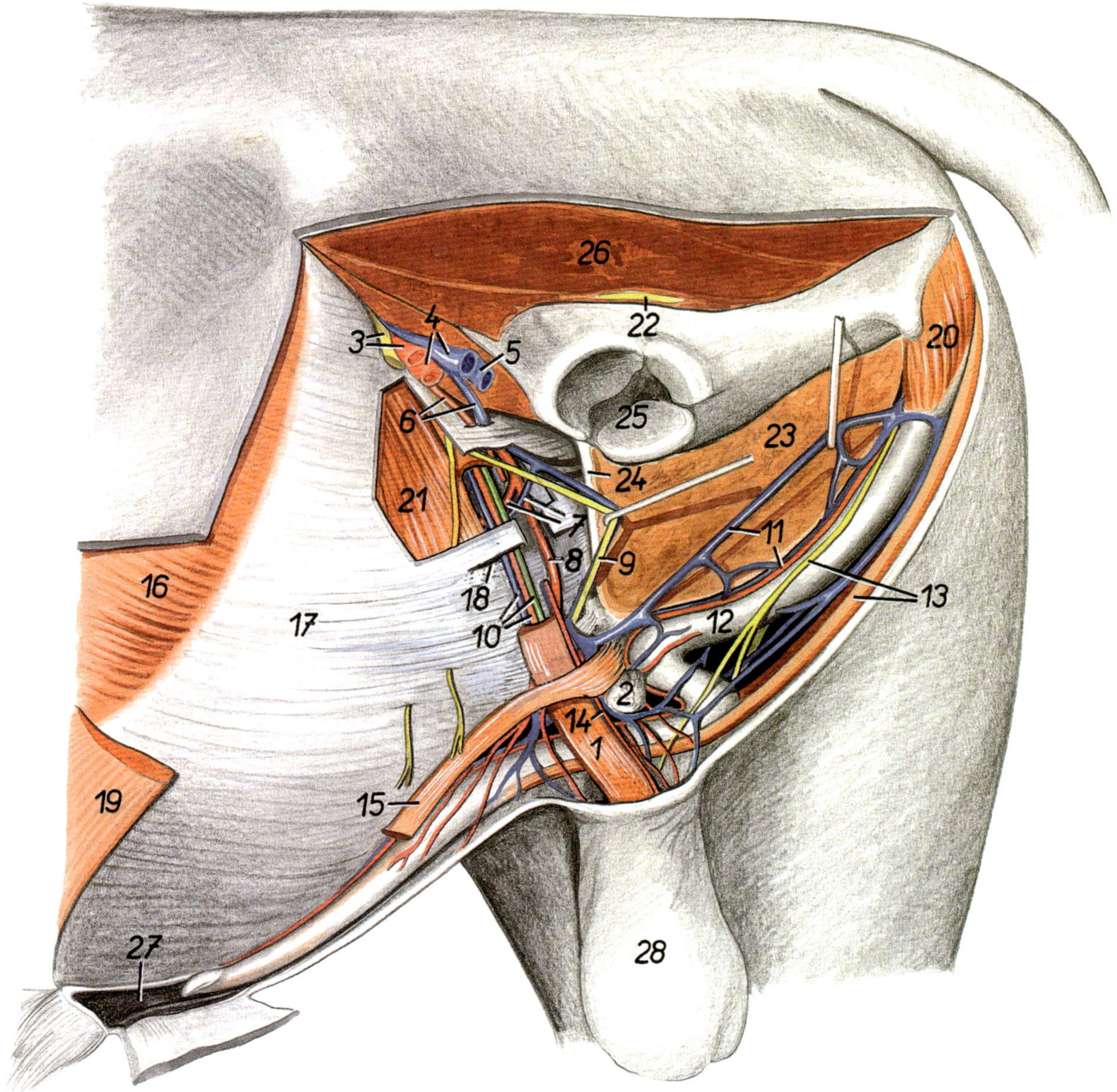

1. *M. cremaster* – Hodenheber
2. *Ln. inguinalis superficialis* – oberflächlicher Leistenlymphknoten
3. *A. et N. femoralis* – Oberschenkelarterie und -nerv
4. *V. femoralis, A. profunda femoris* – Oberschenkelvene, tiefe Oberschenkelarterie
5. *V. profunda femoris* – tiefe Oberschenkelvene
6. *V. pudendoepigastrica, Truncus pudendoepigastricus* – Scham-Bauchdeckenvene, Scham-Bauchdeckenarterie
7. *A. et V. epigastrica caudalis* – kaudale Bauchdeckenarterie und -vene
8. *A. pudenda externa* – äußere Schamarterie
9. *N. genitofemoralis* – Genital-Oberschenkelnerv
10. *A. et V. testicularis, Ductus deferens* – Hodenarterie und -vene, Samenleiter
11. *A. et V. dorsalis penis* – dorsale Penisarterie und -vene
12. *Penis* – Penis
13. *N. dorsalis penis (Ramus ni. pudendi), M. retractor penis* – dorsaler Penisnerv (Ast des Schamnerven), Zurückzieher des Penis
14. *A. et V. ductus deferentis* – Samenleiterarterie und -vene
15. *M. preputialis caudalis* – kaudaler Vorhautmuskel
16. *M. obliquus externus abdominis* – äußerer schiefer Bauchmuskel
17. *Aponeurosis mi. obliqui externi abdominis* – Sehnenplatte des äußeren schiefen Bauchmuskels
18. *Anulus inguinalis superficialis* – oberflächlicher Leistenring
19. *M. cutaneus trunci* – Rumpfhautmuskel
20. *M. ischiocavernosus* – Sitzbein-Schwellkörpermuskel
21. *M. obliquus internus abdominis* – innerer schiefer Bauchmuskel
22. *N. ischiadicus* – Sitzbeinnerv
23. *M. adductor et M. semimembranosus* – Einwärtszieher und halbhäutiger Muskel
24. *Lamina tendinea impar mi. gracilis* – unpaare Sehnenplatte des schlanken Schenkelmuskels
25. *Acetabulum* – Beckenpfanne
26. *Mm. glutei* – Kruppenmuskeln
27. *Preputium* – Vorhaut
28. *Scrotum* – Hodensack

Rind. Lage der Beckenorgane und der Geschlechtsorgane des Bullens, nach Entfernung der linken Hälfte der Bauchwand, des Beckens und der linken Beckengliedmaße.

Abbildung 43

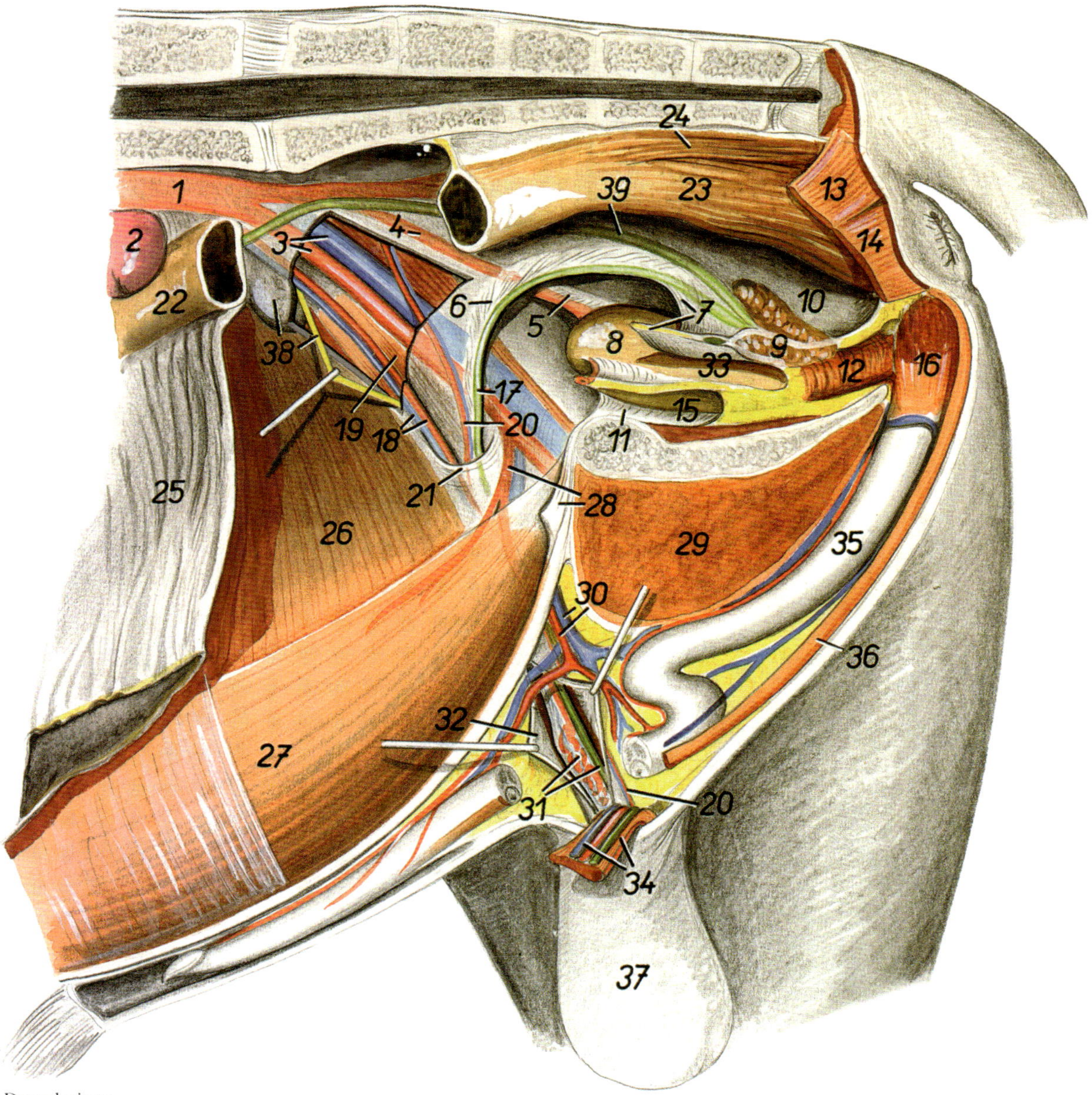

1. *Aorta* – große Körperschlagader
2. *Ren sinister* – linke Niere
3. *A. et V. iliaca externa* – äußere Darmbeinarterie und -vene
4. *A. umbilicalis* – Nabelarterie
5. *Lig. laterale vesicae* – laterales Harnblasenband
6. *Mesoductus deferens* – Gekröse des Samenleiters
7. *Plica urogenitalis* – gemeinsame Falte für Harn- und Genitalorgane
8. *Vesica urinaria* – Harnblase
9. *Glandula vesicularis* – Samenblasendrüse
10. *Excavatio rectogenitalis* – Schambein-Harnblasenausbuchtung
11. *Lig. vesicae medianum* – medianes Harnblasenband
12. *Pars pelvina urethrae et M. urethralis* – Beckenteil der Harnröhre und des Harnröhrenmuskels
13. *M. coccygeus* – langer Seitwärtszieher des Schwanzes
14. *M. levator ani* – Afterheber
15. *Excavatio pubovesicalis* – Schambein-Harnblasenausbuchtung
16. *M. ischiocavernosus* – Sitzbein-Schwellkörpermuskel
17. *Ductus deferens* – Samenleiter
18. *A. et V. testicularis* – Hodenarterie und -vene
19. *M. cremaster* – Hodenheber
20. *A. et V. ductus deferentis* – Samenleiterarterie und -vene
21. *Anulus inguinalis profundus* – tiefer Leistenring
22. *Colon descendens* – absteigender Grimmdarm
23. *Ampulla recti* – Mastdarmampulle
24. *M. rectococcygeus* – Mastdarm-Schwanzmuskel
25. *Omentum majus* – großes Netz
26. *M. obliquus internus abdominis* – innerer schiefer Bauchmuskel
27. *M. rectus abdominis* – gerader Bauchmuskel
28. *Truncus pudendoepigastricus, Lig. vesicae medianum* – Stamm der Scham-Bauchdeckenarterie, medianes Harnblasenband
29. *M. adductor, M. semimembranosus et M. gracilis* – Einwärtszieher, halbhäutiger Muskel und schlanker Schenkelmuskel
30. *A. et V. pudenda externa* – äußere Schamarterie und -vene
31. *Funiculus spermaticus dexter* – rechter Samenstrang
32. *Tunica funiculi spermatici et testis* – Faszie des Samenstranges und des Hodens
33. *Excavatio vesicogenitalis* – Harnblasen-Genitalausbuchtung
34. *Funiculus spermaticus sinister* – linker Samenstrang
35. *Penis* – Penis
36. *M. retractor penis* – Zurückzieher des Penis
37. *Scrotum* – Hodensack
38. *Ln. iliacus medialis, N. genitofemoralis* – medialer Darmbeinlymphknoten, Genital-Oberschenkelnerv
39. *Ureter dexter* – rechter Harnleiter

Rind. Lage der Milchdrüse der Kuh, Ansicht von links, nach Entfernung der linken Beckengliedmaße.

Abbildung 44

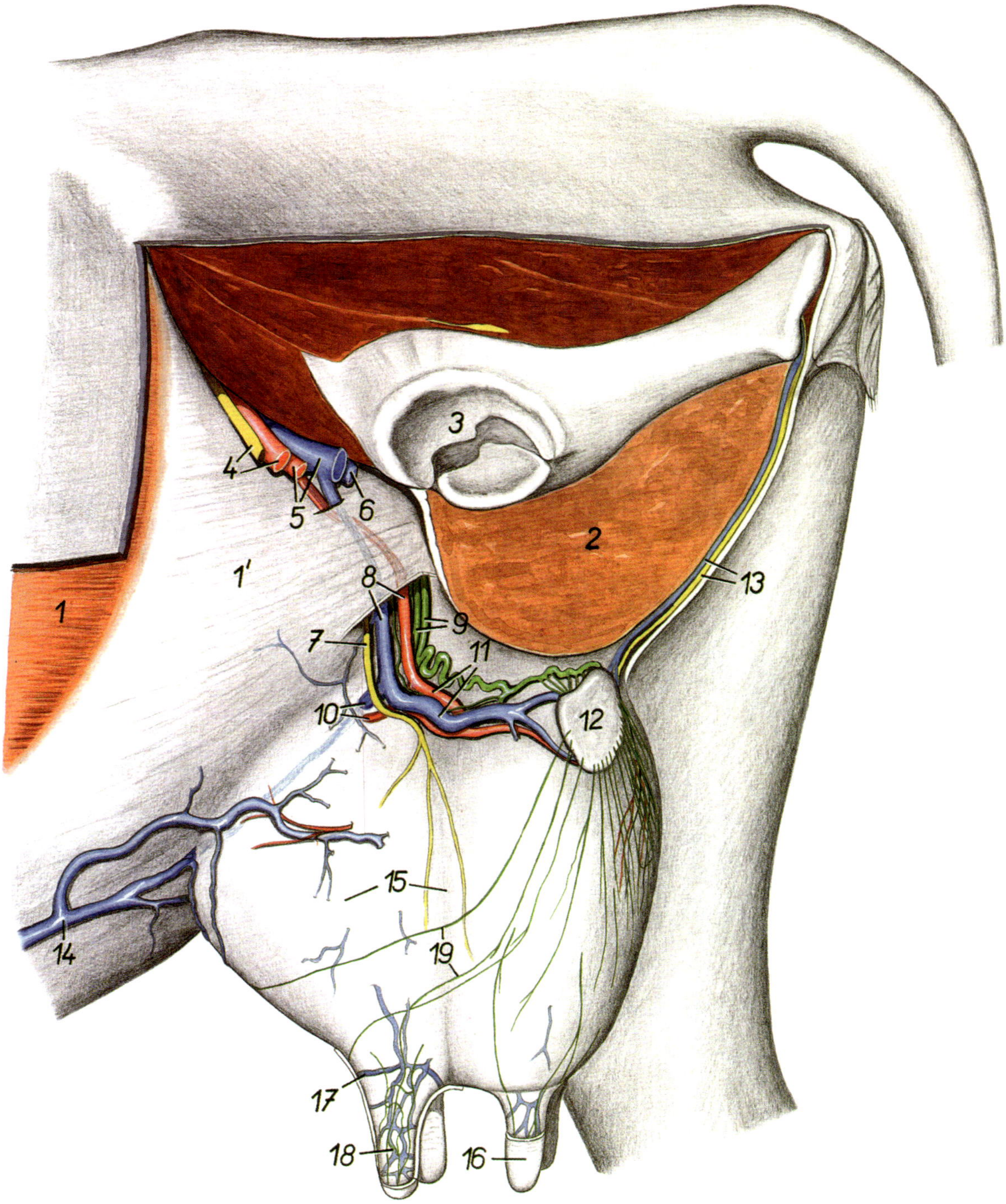

1. *M. obliquus externus abdominis* – äußerer schiefer Bauchmuskel
1'. *Aponeurosis mi. obliqui externi abdominis* – Sehnenplatte des äußeren schiefen Bauchmuskels
2. *M. gracilis, M. adductor et M. semimembranosus* – schlanker Schenkelmuskel, Einwärtszieher und halbhäutiger Muskel
3. *Acetabulum* – Beckenpfanne
4. *N. femoralis, A. femoralis* – Oberschenkelnerv und -arterie
5. *A. profunda femoris, V. femoralis* – tiefe Oberschenkelarterie, Oberschenkelvene
6. *V. profunda femoris* – tiefe Oberschenkelvene
7. *N. genitofemoralis* – Genital-Oberschenkelnerv
8. *A. et V. pudenda externa* – äußere Schamarterie und -vene
9. *Vasa lymphatica efferentia uberis* – abführende Lymphgefäße des Euters
10. *A. et V. mammaria cranialis* – kraniale Milchdrüsenarterie und -vene
11. *A. et V. mammaria caudalis* – kaudale Milchdrüsenarterie und -vene
12. *Ln. mammarius* – Milchdrüsenlymphknoten
13. *V. perinealis ventralis, N. perinealis profundus* – ventrale Dammvene, tiefer Dammnerv
14. *V. epigastrica cranialis superficialis* – kraniale oberflächliche Bauchdeckenvene
15. *Uber* – Euter
16. *Papilla mammae* – Zitze
17. *Circulus venosus papillae mammae* – venöser Zitzenring
18. *Plexus venosus papillae mammae* – venöses Zitzengeflecht
19. *Vasa lymphatica superficialis uberis* – oberflächliche Euterlymphgefäße

Rind. Lage der Beckenorgane der Kuh, Ansicht von links, nach Entfernung der linken Beckengliedmaße und der linken Beckenhälfte.

Abbildung 45

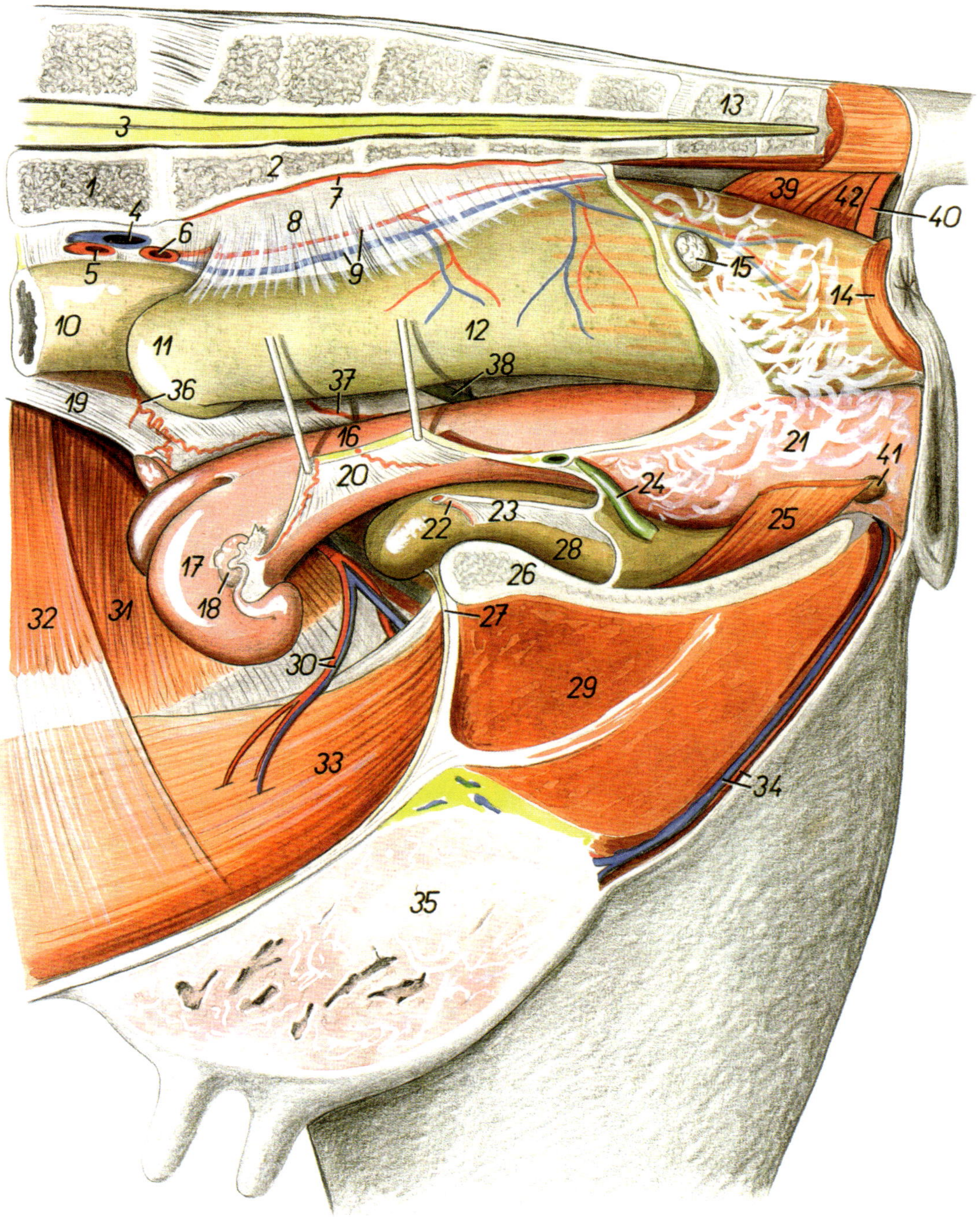

1. *Vertebra lumbalis VI* – 6. Lendenwirbel
2. *Os sacrum* – Kreuzbein
3. *Medulla spinalis* – Rückenmark
4. *V. iliaca communis sinistra* – linke gemeinsame Darmbeinvene
5. *A. iliaca externa sinistra* – linke äußere Darmbeinarterie
6. *A. iliaca interna sinistra* – linke innere Darmbeinarterie
7. *A. sacralis mediana* – mediane Kreuzbeinarterie
8. *Mesorectum* – Mastdarmgekröse
9. *A. et V. rectalis cranialis* – kraniale Mastdarmarterie und -vene
10. *Colon descendens* – absteigender Grimmdarm
11. *Colon sigmoideum* – s-förmiger Grimmdarmabschnitt
12. *Rectum* – Mastdarm
13. *Vertebra coccygea I* – 1. Schwanzwirbel
14. *M. sphincter ani externus* – äußerer Afterschließmuskel
15. *Ln. anorectalis* – After-Mastdarmlymphknoten
16. *Corpus uteri* – Gebärmutterkörper
17. *Cornu uteri sinistrum* – linkes Gebärmutterhorn
18. *Ovarium sinistrum* – linker Eierstock
19. *Lig. latum uteri dextrum* – rechtes breites Gebärmutterband
20. *Lig. latum uteri sinistrum* – linkes breites Gebärmutterband
21. *Vagina* – Scheide
22. *A. umbilicalis* – Nabelarterie
23. *Lig. laterale vesicae* – laterales Harnblasenband
24. *Ureter sinister* – linker Harnleiter
25. *M. constrictor vestibuli* – Zusammenzieher des Scheidenvorhofes
26. *Facies symphysialis ossis coxae* – Beckenfugenfläche des Hüftbeines
27. *Lig. vesicae medianum* – medianes Harnblasenband
28. *Vesica urinaria* – Harnblase
29. *M. gracilis et M. adductor* – schlanker Schenkelmuskel und Einwärtszieher
30. *A. et V. epigastrica caudalis* – kaudale Bauchdeckenarterie und -vene
31. *M. obliquus internus abdominis* – innerer schiefer Bauchmuskel
32. *M. transversus abdominis* – querverlaufender Bauchmuskel
33. *M. rectus abdominis* – gerader Bauchmuskel
34. *A. et V. perinealis ventralis* – ventrale Dammarterie und -vene
35. *Uber* – Euter
36. *A. ovarica* – Eierstocksarterie
37. *A. uterina* – Gebärmutterarterie
38. *Ureter dexter* – rechter Harnleiter
39. *M. coccygeus dexter* – rechter langer Seitwärtszieher des Schwanzes
40. *M. retractor clitoridis* – Zurückzieher des Kitzlers
41. *Glandula vestibularis major* – große Scheidenvorhofdrüse
42. *M. levator ani* – Afterheber

Rind. Beckenorgane eines neugeborenen Bullens. Linke Seite, nach Entfernung der linken Beckengliedmaße der Vormägen und des Darmes.

Abbildung 46

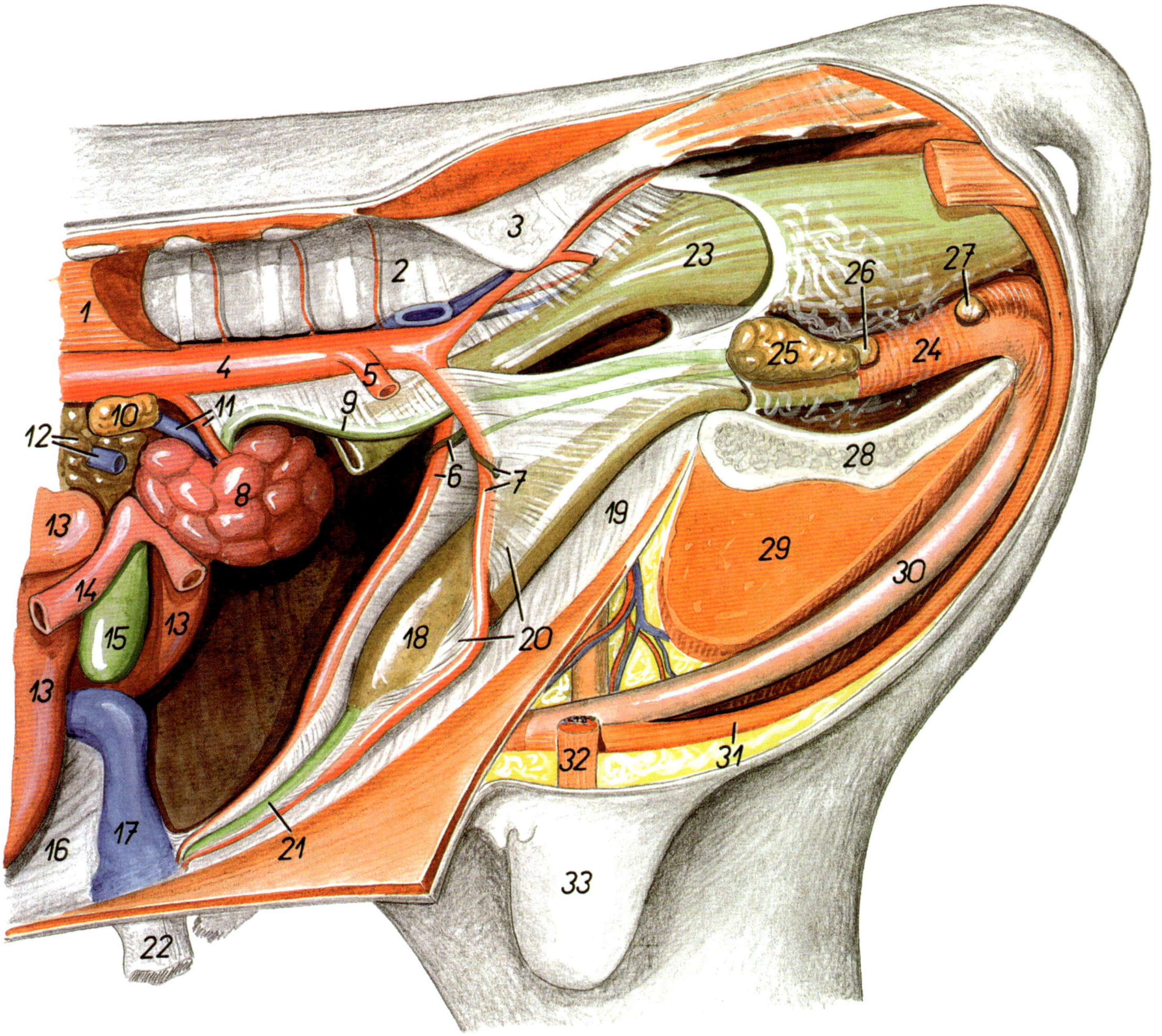

1. *Mm. psoas* – Lendenmuskeln
2. *Vertebra lumbalis VI* – 6. Lendenwirbel
3. *Ala ossis sacri* – Kreuzbeinflügel
4. *Aorta* – große Körperschlagader
5. *A. iliaca externa sinistra* – linke äußere Darmbeinarterie
6. *Ductus deferens dexter, A. umbilicalis dextra* – rechter Samenleiter, rechte Nabelarterie
7. *Ductus deferens sinister, A. umbilicalis sinistra* – linker Samenleiter, linke Nabelarterie
8. *Ren sinister* – linke Niere
9. *Ureter sinister* – linker Harnleiter
10. *Glandula suprarenalis sinistra* – linke Nebenniere
11. *A. et V. renalis sinistra* – linke Nierenarterie und -vene
12. *V. portae, Pancreas* – Pfortader, Bauchspeicheldrüse
13. *Hepar* – Leber
14. *Duodenum* – Dünndarm
15. *Vesica fellea* – Gallenblase
16. *Lig. falciforme hepatis* – sichelförmiges Leberband
17. *V. umbilicalis* – Nabelvene
18. *Vesica urinaria* – Harnblase
19. *Lig. medianum vesicae* – medianes Harnblasenband
20. *Lig. laterale vesicae* – laterales Harnblasenband
21. *Urachus* – Harngang
22. *Umbilicus* – Nabel
23. *Rectum* – Mastdarm
24. *Pars pelvina urethrae (M. urethralis)* – Beckenteil der Harnröhre (des Harnröhrenmuskels)
25. *Glandula vesicularis* – Samenblasendrüse
26. *Prostata* – Vorsteherdrüse
27. *Glandula bulbourethralis* – Harnröhrenzwiebeldrüse
28. *Facies symphysialis ossis coxae* – Beckenfugenfläche des Hüftbeines
29. *M. gracilis et M. adductor* – schlanker Schenkelmuskel und Einwärtszieher
30. *Penis* – Penis
31. *M. retractor penis* – Zurückzieher des Penis
32. *Funiculus spermaticus* – Samenstrang
33. *Scrotum* – Hodensack

Rind. Beckenorgane einer neugeborenen Färse, Ansicht von links, nach Entfernung der linken Beckengliedmaße, des Magens und des Darmes.

Abbildung 47

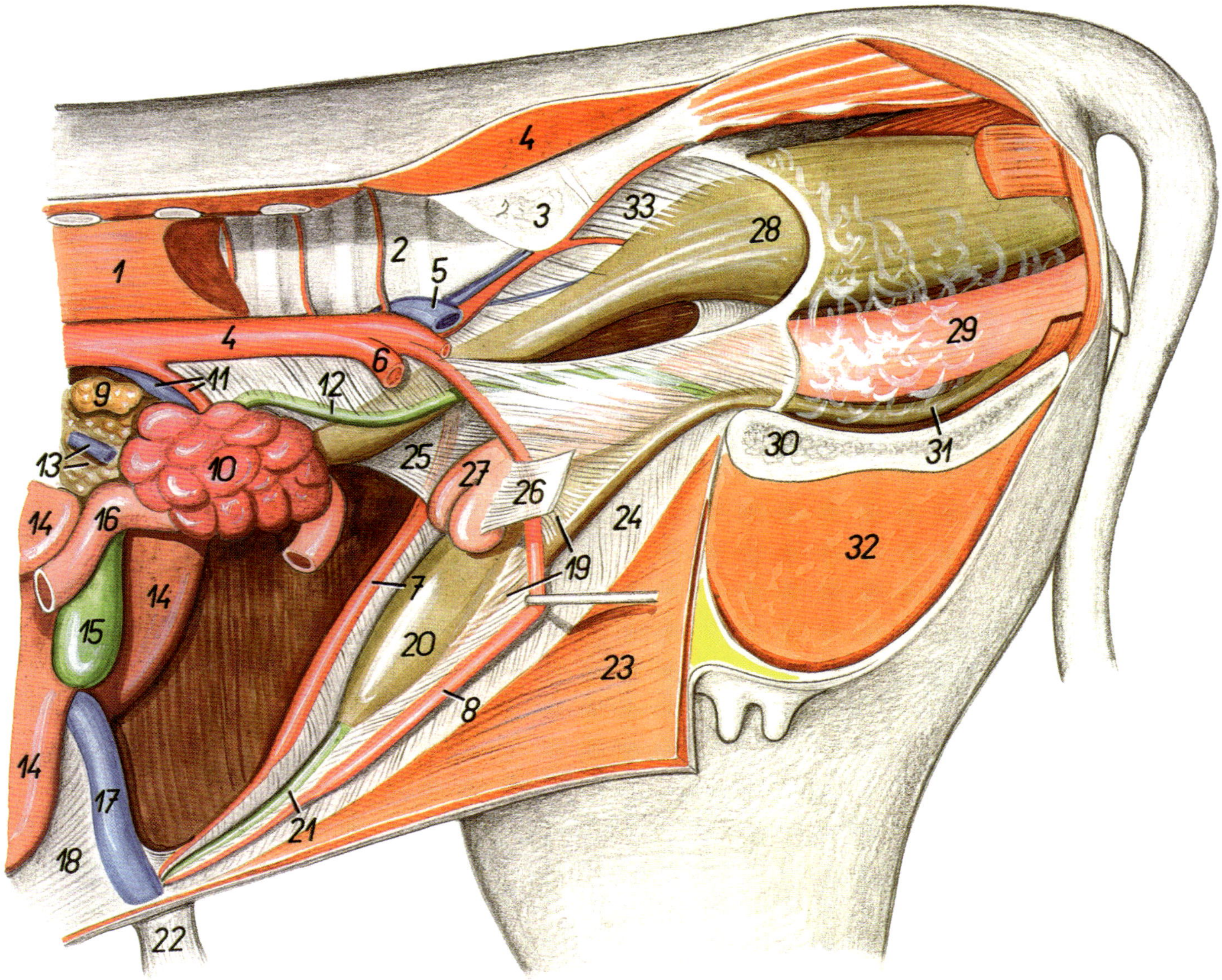

1. *Mm. psoas* – Lendenmuskeln
2. *Vertebra lumbalis VI* – 6. Lendenwirbel
3. *Ala ossis sacri* – Kreuzbeinflügel
4. *Aorta* – große Körperschlagader
5. *V. iliaca communis sinistra* – linke gemeinsame Darmbeinvene
6. *A. iliaca externa sinistra* – linke äußere Darmbeinarterie
7. *A. umbilicalis dextra* – rechte Nabelarterie
8. *A. umbilicalis sinistra* – linke Nabelarterie
9. *Glandula suprarenalis sinistra* – linke Nebenniere
10. *Ren sinister* – linke Niere
11. *A. et V. renalis sinistra* – linke Nierenarterie und -vene
12. *Ureter sinister* – linker Harnleiter
13. *V. portae, Pancreas* – Pfortader, Bauchspeicheldrüse
14. *Hepar* – Leber
15. *Vesica fellea* – Gallenblase
16. *Duodenum* – Dünndarm
17. *V. umbilicalis* – Nabelvene
18. *Lig. falciforme hepatis* – sichelförmiges Leberband
19. *Lig. laterale vesicae* – laterales Harnblasenband
20. *Vesica urinaria* – Harnblase
21. *Urachus* – Harngang
22. *Umbilicus* – Nabel
23. *Paries abdominis* – Bauchwand
24. *Lig. medianum vesicae* – medianes Harnblasenband
25. *Lig. latum uteri dextrum* – rechtes breites Gebärmutterband
26. *Lig. latum uteri sinistrum* – linkes breites Gebärmutterband
27. *Uterus* – Gebärmutter
28. *Rectum* – Mastdarm
29. *Vagina* – Scheide
30. *Facies symphysialis ossis coxae* – Beckenfugenfläche des Hüftbeines
31. *Urethra* – Harnröhre
32. *M. gracilis et M. adductor* – schlanker Schenkelmuskel und Einwärtszieher
33. *Mesorectum* – Mastdarmgekröse

Rind. Linker Hoden und Nebenhoden des Bullens, Ansicht von lateral.

Abbildung 48

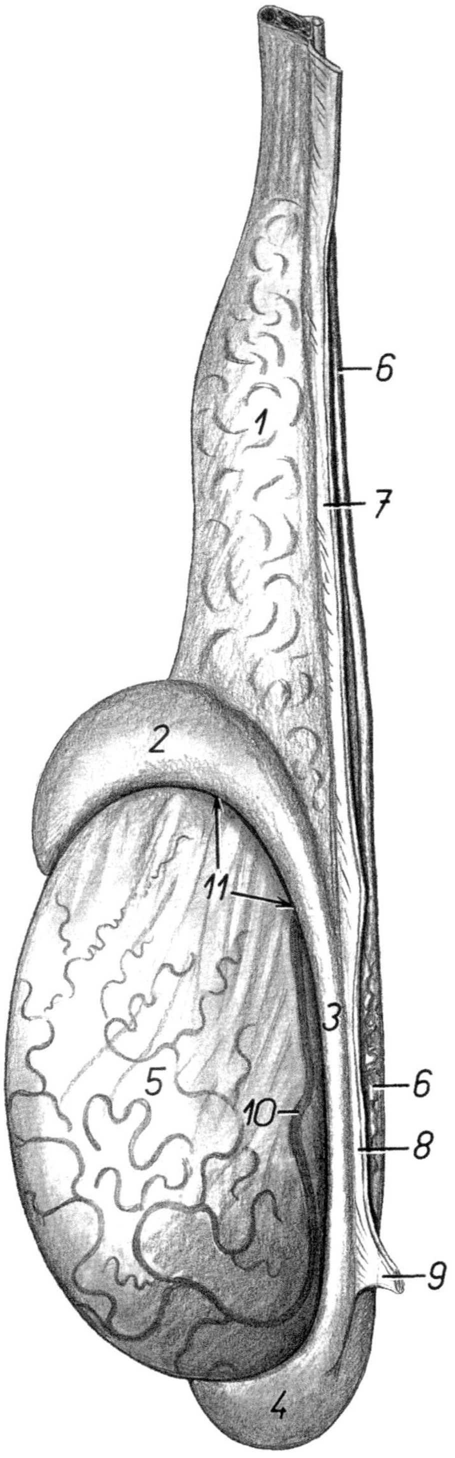

Rind. Akzessorische Geschlechtsorgane und Harnblase des Bullens, Ansicht von dorsal.

Abbildung 49

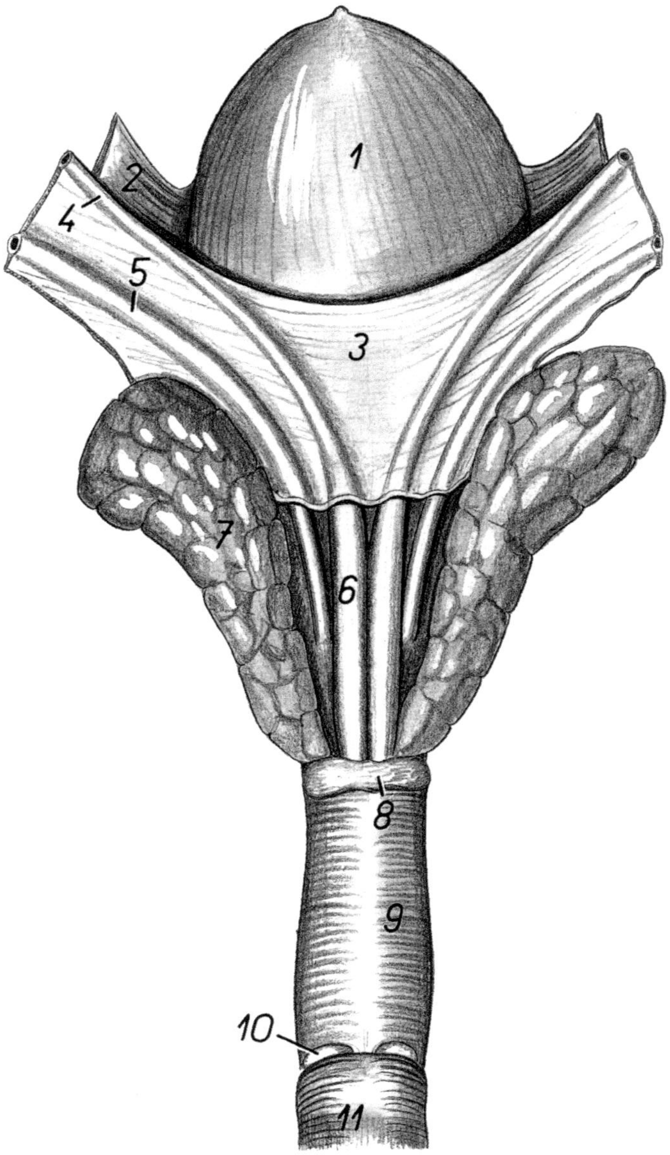

1. *Funiculus spermaticus* – Samenstrang
2. *Caput epididymidis* – Nebenhodenkopf
3. *Corpus epididymidis* – Nebenhodenkörper
4. *Cauda epididymidis* – Nebenhodenschwanz
5. *Testis* – Hoden
6. *Ductus deferens* – Samenleiter
7. *Mesorchium proximale* – proximales Hodengekröse
8. *Mesorchium distale* – distales Hodengekröse
9. *Lig. caudae epididymidis* – Nebenhodenschwanzband
10. *Pars marginalis a. testicularis* – Randteil der Hodenarterie
11. *Bursa testicularis* – Hodentasche

Abbildung 49

1. *Vesica urinaria* – Harnblase
2. *Lig. laterale vesicae* – laterales Harnblasenband
3. *Plica urogenitalis* – gemeinsame Falte der Harn- und Genitalorgane
4. *Ductus deferens* – Samenleiter
5. *Ureter* – Harnleiter
6. *Ampulla ductus deferentis* – Samenleiterampulle
7. *Glandula vesicularis* – Samenblasendrüse
8. *Prostata* – Vorsteherdrüse
9. *Pars pelvina urethrae et M. urethralis* – Beckenteil der Harnröhre und Harnröhrenmuskel
10. *Glandula bulbourethralis* – Harnröhrenzwiebeldrüse
11. *M. bulbospongiosus* – Zwiebel-Schwellkörpermuskel

Rind. Weibliche Geschlechtsorgane, Ansicht von dorsal, nach Entfernung des dorsalen Abschnitts der Scheide und der Schamlippen.

Abbildung 50

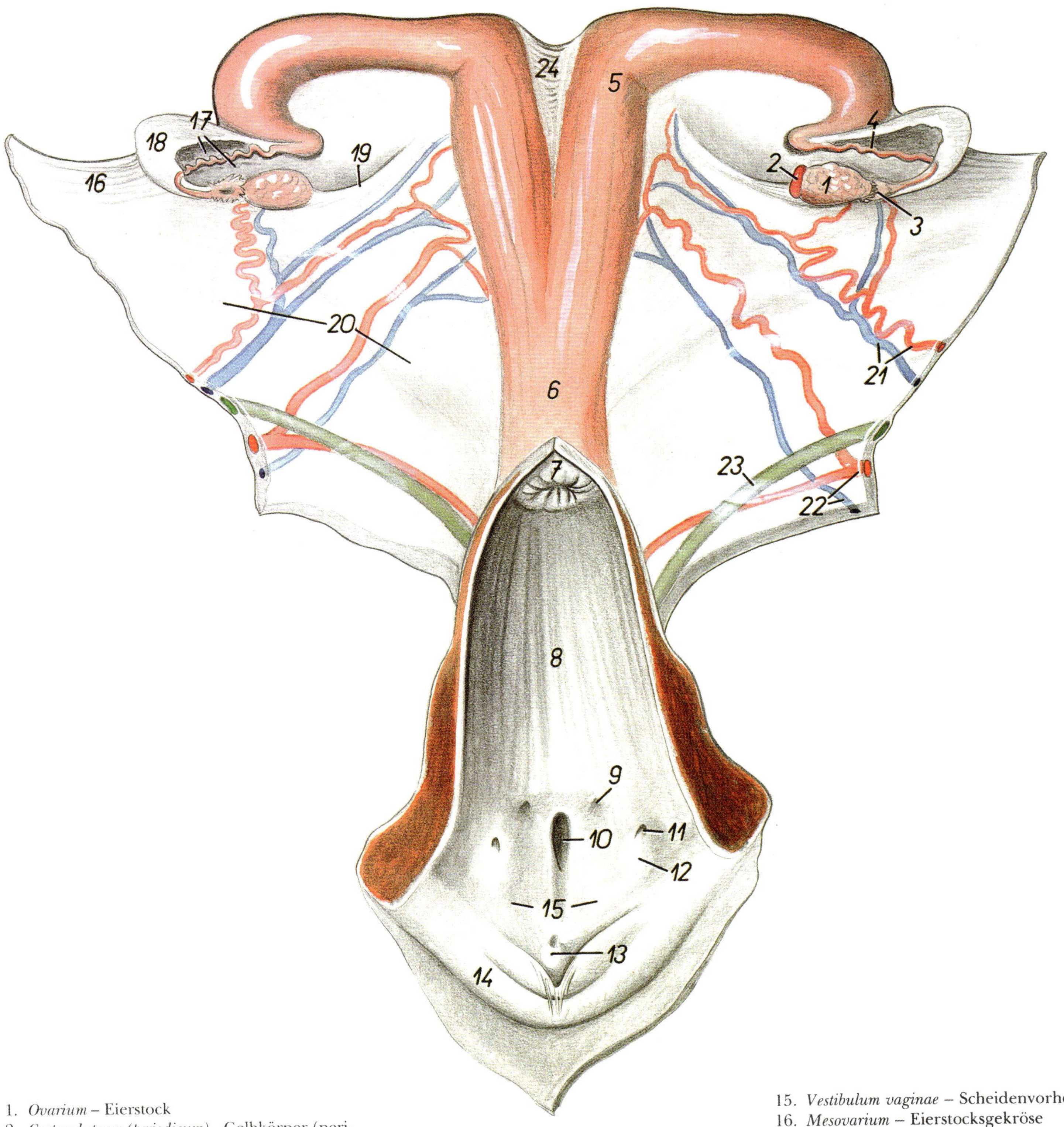

1. *Ovarium* – Eierstock
2. *Corpus luteum (periodicum)* – Gelbkörper (periodisch)
3. *Infundibulum tubae uterinae* – Eileitertrichter
4. *Tuba uterina* – Eileiter
5. *Cornu uteri* – Gebärmutterhorn
6. *Corpus uteri* – Gebärmutterkörper
7. *Portio vaginalis cervicis* – Scheidenteil der Gebärmutter
8. *Cavum vaginae* – Scheidenhöhle
9. *Ductus deferens vestigialis* – rudimentärer Samenleiter
10. *Orificium urethrae externum et Diverticulum suburethrale* – äußere Mündung der Harnröhre und unter der Harnröhre gelegene Einstülpung
11. *Orificium glandulae vestibularis majoris* – Mündung der großen Scheiden-Vorhofdrüse
12. *Eminentia glandulae vestibularis majoris* – Erhebung der großen Scheiden-Vorhofdrüse
13. *Clitoris* – Kitzler
14. *Labium pudendi* – Schamlippe
15. *Vestibulum vaginae* – Scheidenvorhof
16. *Mesovarium* – Eierstocksgekröse
17. *Mesosalpinx* – Eileitergekröse
18. *Bursa ovarica* – Eierstockstasche
19. *Lig. ovarii proprium* – besonderes Eierstockband
20. *Lig. latum uteri* – breites Gebärmutterband
21. *A. et V. ovarica* – Eierstockarterie und -vene
22. *A. et V. uterina* – Gebärmutterarterie und -vene
23. *Ureter* – Harnleiter
24. *Lig. intercornuale* – Band zwischen den Gebärmutterhörnern

Rind. Querschnitt durch das Becken in Höhe des Beckenausganges, Ansicht von kaudal.

Abbildung 51

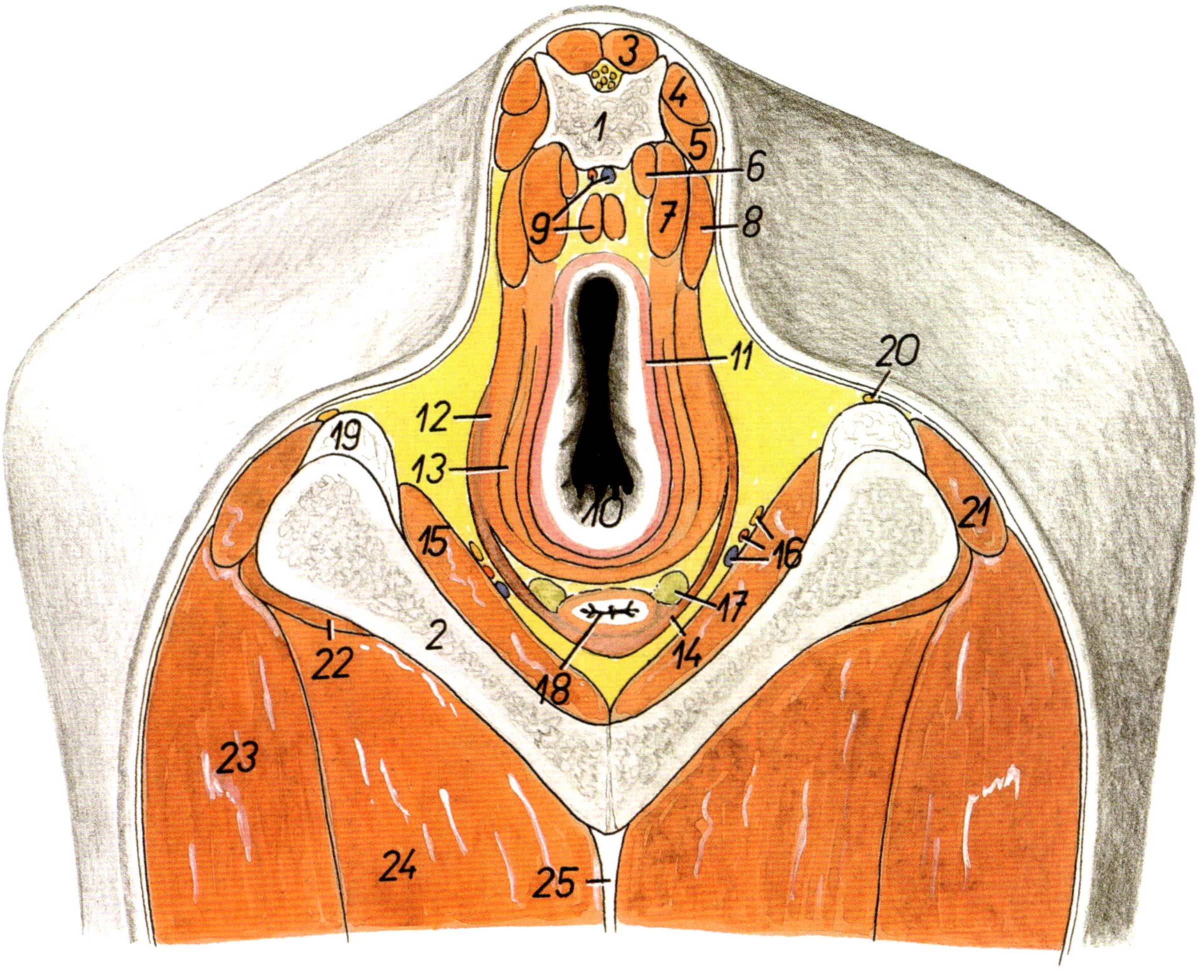

1. *Vertebra coccygea II* – 2. Schwanzwirbel
2. *Os ischii* – Sitzbein
3. *M. sacrocaudalis dorsalis medialis* – kurzer Heber des Schwanzes

4., 5. *M. sacrocaudalis dorsalis lateralis* – langer Heber des Schwanzes

6. *M. sacrocaudalis ventralis medialis* – kurzer Niederzieher des Schwanzes
7. *M. sacrocaudalis ventralis lateralis* – langer Niederzieher des Schwanzes
8. *M. coccygeus* – langer Seitwärtszieher des Schwanzes
9. *M. rectococcygeus, A. et V. sacralis mediana* – Mastdarm-Schwanzmuskel, mediane Kreuzbeinarterie und -vene
10. *Anus* – After
11. *M. sphincter ani internus* – innerer Afterschließmuskel
12. *M. levator ani* – Afterheber
13. *M. sphincter ani externus* – äußerer Afterschließmuskel
14. *M. bulbospongiosus* – Damm-Schwellkörpermuskel
15. *Pars intrapelvina mi. obturatorii externi* – im Becken gelegener Teil des äußeren Verstopfermuskels
16. *A. et V. pudenda interna, N. pudendus* – innere Schamarterie und -vene, Schamnerv
17. *Glandula vestibularis major* – große Schei-den-Vorhofdrüse
18. *Vestibulum vaginae* – Scheidenvorhof
19. *Lig. sacrotuberale latum* – breites Beckenband
20. *Ramus cutaneus proximalis ni. pudendi* – proximaler Hautast des Schamnerven
21. *M. biceps femoris* – zweiköpfiger Oberschenkelmuskel
22. *M. quadratus femoris* – viereckiger Oberschenkelmuskel
23. *M. semitendinosus* – halbsehniger Muskel
24. *M. adductor et M. semimembranosus* – Einwärtszieher und halbhäutiger Muskel
25. *Lamina tendinea impar mi. gracilis* – unpaare Sehnenplatte des schlanken Schenkelmuskels

Rind. Querschnitt durch das Becken der Kuh in Höhe des 4. Kreuzwirbels, Ansicht von kaudal.

Abbildung 52

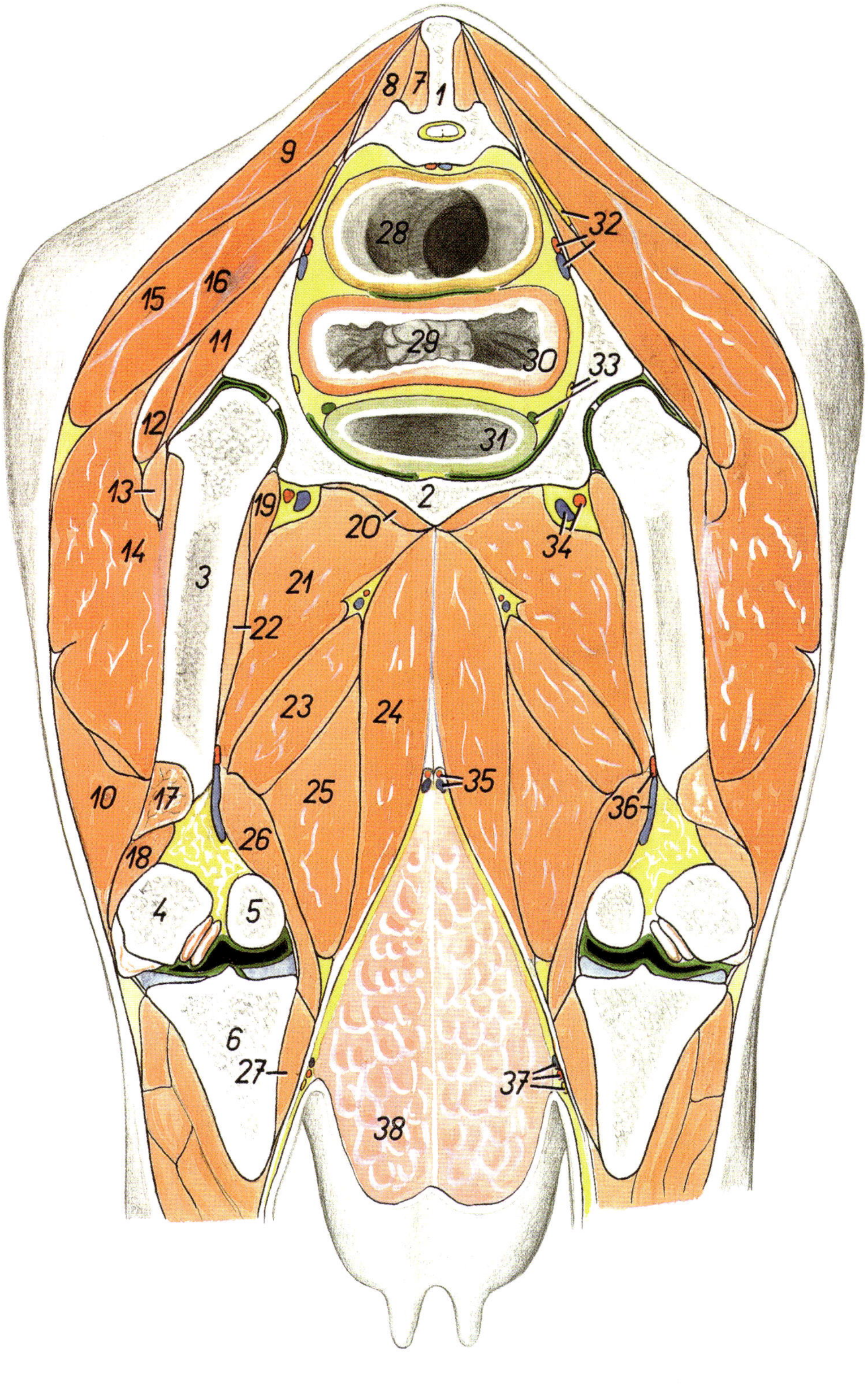

1. *Os sacrum (Vertebra sacralis IV)* – Kreuzbein (4. Kreuzwirbel)
2. *Os pubis* – Schambein
3., 4., 5. *Os femoris* – Oberschenkelbein
3. *Corpus ossis femoris* – Oberschenkelbeinschaft
4. *Condylus lateralis ossis femoris* – lateraler Gelenkknorren des Oberschenkelbeines
5. *Condylus medialis ossis femoris* – medialer Gelenkknorren des Oberschenkelbeines
6. *Tibia* – Schienbein
7. *M. sacrocaudalis dorsalis medialis* – kurzer Heber des Schwanzes
8. *M. sacrocaudalis dorsalis lateralis* – langer Heber des Schwanzes
9., 10. *M. gluteobiceps* – zweiköpfiger Kruppenmuskel
9. *M. gluteus superficialis* – oberflächlicher Kruppenmuskel
10. *M. biceps femoris* – zweiköpfiger Oberschenkelmuskel
11. *M. gluteus profundus* – tiefer Kruppenmuskel
12. *M. gluteus accessorius major* – zusätzlicher großer Kruppenmuskel
13. *M. gluteus accessorius minor* – zusätzlicher kleiner Kruppenmuskel
14. *M. vastus lateralis* – lateraler Oberschenkelmuskel
15. *M. gluteus medius* – medialer Kruppenmuskel
16. *M. piriformis* – birnförmiger Muskel
17. *Caput laterale mi. gastrocnemii* – lateraler Kopf des Wadenmuskels
18. *M. flexor digitorum superficialis* – oberflächlicher Zehenbeuger
19. *M. iliopsoas* – Hüft-Lendenmuskel
20. *M. obturatorius externus* – äußerer Verstopfermuskel
21. *M. pectineus* – Kammuskel
22. *M. vastus intermedius* – mittlerer Oberschenkelmuskel
23. *M. adductor* – Einwärtszieher
24. *M. gracilis* – schlanker Schenkelmuskel
25. *M. semimembranosus* – halbhäutiger Muskel
26. *Caput mediale mi. gastrocnemii* – medialer Kopf des Wadenmuskels
27. *M. popliteus* – Kniekehlmuskel
28. *Rectum* – Mastdarm
29. *Portio vaginalis cervicis* – Scheidenteil des Gebärmutterhalses
30. *Vagina* – Scheide
31. *Vesica urinaria* – Harnblase
32. *N. ischiadicus, A. et V. iliaca interna* – Sitzbeinnerv, innere Hüftarterie und -vene
33. *N. obturatorius, Ureter dexter* – Verstopfernerv, rechter Harnleiter
34. *A. et V. profunda femoris* – tiefe Oberschenkelarterie und -vene
35. *A. et V. pudenda externa* – äußere Schamarterie und -vene
36. *A. et V. poplitea* – Kniekehlarterie und -vene
37. *A. et N. saphenus, V. saphena medialis* – verborgene Arterie und verborgener Nerv, mediale verborgene Vene
38. *Uber* – Euter

Rind. Skelett des Schienbeines und des distalen Abschnitts der Beckengliedmaße, Ansicht von medial.

Abbildung 53

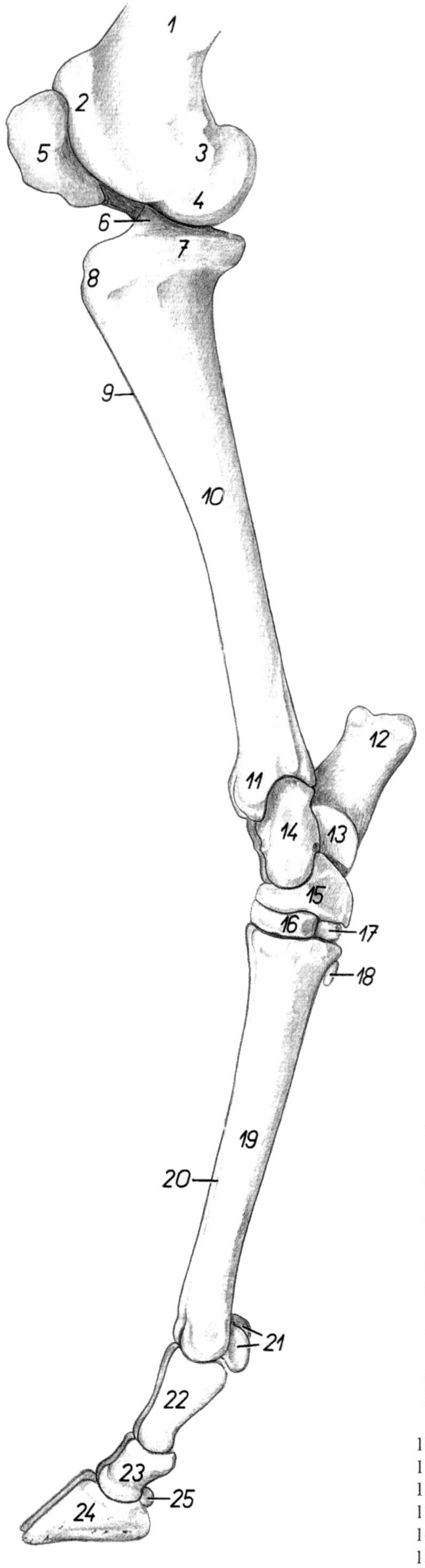

1. *Corpus ossis femoris* – Oberschenkelbeinschaft
2. *Trochlea ossis femoris* – Gelenkrolle des Oberschenkelbeines
3. *Epicondylus medialis ossis femoris* – medialer Bandhöcker des Oberschenkelbeines
4. *Condylus medialis ossis femoris* – medialer Gelenkknorren des Oberschenkelbeines
5. *Patella* – Kniescheibe
6. *Eminentia intercondylaris* – Zwischenknorrenerhebung
7. *Condylus medialis tibiae* – medialer Gelenkknorren des Schienbeines
8. *Tuberositas tibiae* – Schienbeinbeule
9. *Margo cranialis tibiae* – kranialer Rand des Schienbeines
10. *Corpus tibiae* – Schienbeinschaft
11. *Malleolus medialis* – medialer Knöchel
12. *Tuber calcanei* – Fersenbeinhöcker
13. *Sustentaculum tali* – Rollbeinstütze
14. *Talus* – Rollbein
15. *Os centroquartale (Os naviculocuboideum)* – zentraler Hinterfußwurzelknochen (Kahnbein-Würfelbein)
16. *Os tarsale II et III (Os cuneiforme intermediolaterale)* – 2. und 3. Hinterfußwurzelknochen (mittleres laterales Keilbein)
17. *Os tarsale I (Os cuneiforme mediale)* – 1. Hinterfußwurzelknochen (mediales Keilbein)
18. *Os sesamoideum metatarsale* – Sesambein des Hintermittelfußes
19. *Os metatarsale III et IV* – 3. und 4. Hintermittelfußknochen
20. *Sulcus longitudinalis dorsalis* – dorsale Längsrinne
21. *Ossa sesamoidea proximalia* – proximale Sesambeine
22. *Phalanx proximalis (Os compedale)* – proximales Zehenglied (Fesselbein)
23. *Phalanx media (Os coronale)* – mittleres Zehenglied (Kronbein)
24. *Phalanx distalis (Os ungulare)* – distales Zehenglied (Klauenbein)
25. *Os sesamoideum distale* – distales Sesambein

Rind. Skelett des Schienbeines und des distalen Abschnitts der Beckengliedmaße, Ansicht von lateral.

Abbildung 54

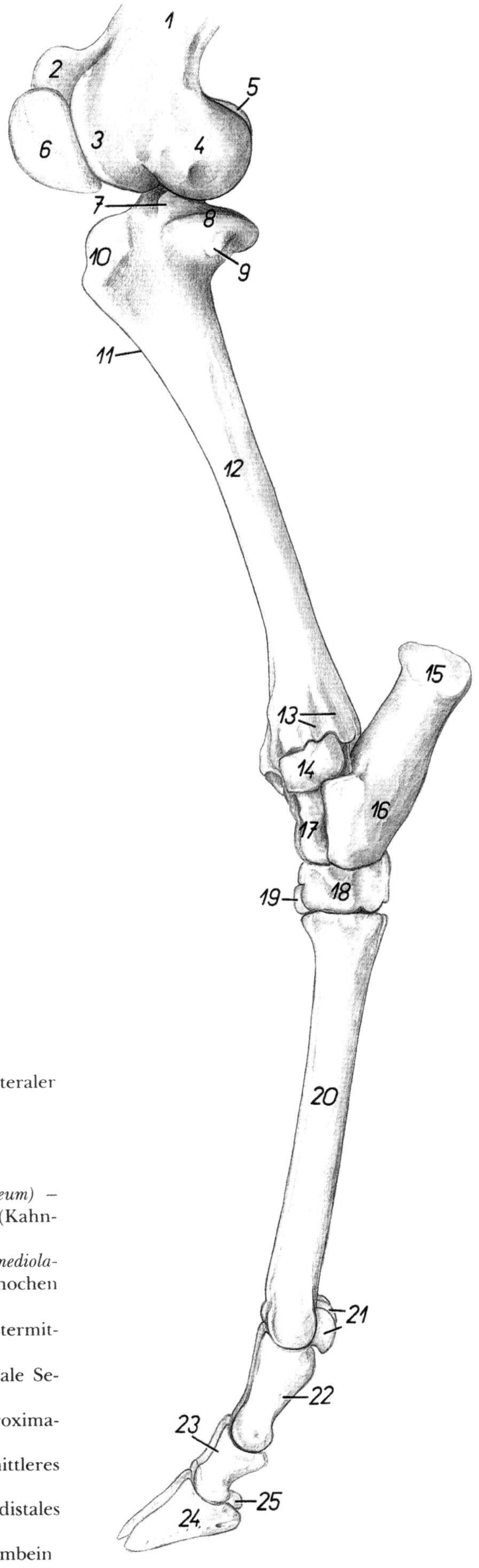

1. *Corpus ossis femoris* – Oberschenkelbeinschaft
2. *Crista medialis trochleae ossis femoris* – mediale Leiste der Oberschenkelbeingelenkrolle
3. *Crista lateralis trochleae ossis femoris* – laterale Leiste der Oberschenkelbeingelenkrolle
4. *Condylus lateralis ossis femoris* – lateraler Gelenkknorren des Oberschenkelbeines
5. *Condylus medialis ossis femoris* – medialer Gelenkknorren des Oberschenkelbeines
6. *Patella* – Kniescheibe
7. *Eminentia intercondylaris* – Zwischenknorrenerhebung
8. *Condylus lateralis tibiae* – lateraler Gelenkknorren des Schienbeines
9. *Caput fibulae* – Wadenbeinkopf
10. *Tuberositas tibiae* – Schienbeinbeule
11. *Margo cranialis tibiae* – kranialer Schienbeinrand
12. *Corpus tibiae* – Schienbeinschaft
13. *Sulci tendinei* – Sehnenrinne
14. *Malleolus lateralis (Os malleolare)* – lateraler Knöchel
15. *Tuber calcanei* – Fersenbeinhöcker
16. *Corpus calcanei* – Fersenbeinkörper
17. *Talus* – Rollbein
18. *Os centroquartale (Os naviculocuboideum)* – zentraler Hinterfußwurzelknochen (Kahnbein-Würfelbein)
19. *Os tarsale II et III (Os cuneiforme intermediolaterale)* – 2. und 3. Hinterfußwurzelknochen (mittleres laterales Keilbein)
20. *Os metatarsale III et IV* – 3. und 4. Hintermittelfußknochen
21. *Ossa sesamoidea proximalia* – proximale Sesambeine
22. *Phalanx proximalis (Os compedale)* – proximales Zehenglied (Fesselbein)
23. *Phalanx media (Os coronale)* – mittleres Zehenglied (Kronbein)
24. *Phalanx distalis (Os ungulare)* – distales Zehenglied (Klauenbein)
25. *Os sesamoideum distale* – distales Sesambein

Rind. Präparation des Unterschenkels und des distalen Abschnitts der Beckengliedmaße, Ansicht von medial. 1. Schicht.

Abbildung 55

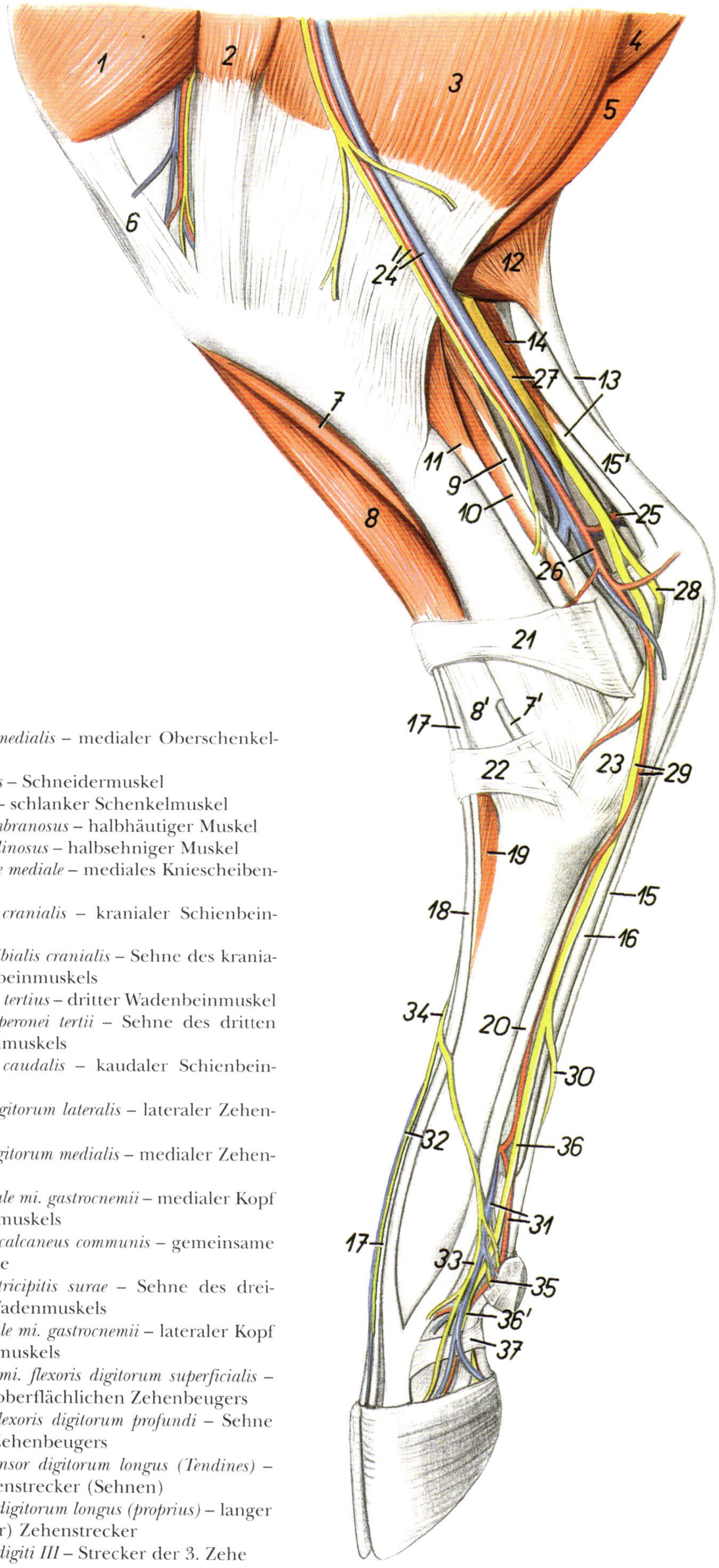

1. *M. vastus medialis* – medialer Oberschenkelmuskel
2. *M. sartorius* – Schneidermuskel
3. *M. gracilis* – schlanker Schenkelmuskel
4. *M. semimembranosus* – halbhäutiger Muskel
5. *M. semitendinosus* – halbsehniger Muskel
6. *Lig. patellae mediale* – mediales Kniescheibenband
7. *M. tibialis cranialis* – kranialer Schienbeinmuskel

7'. *Tendo mi. tibialis cranialis* – Sehne des kranialen Schienbeinmuskels

8. *M. peroneus tertius* – dritter Wadenbeinmuskel

8'. *Tendo mi. peronei tertii* – Sehne des dritten Wadenbeinmuskels

9. *M. tibialis caudalis* – kaudaler Schienbeinmuskel
10. *M. flexor digitorum lateralis* – lateraler Zehenbeuger
11. *M. flexor digitorum medialis* – medialer Zehenbeuger
12. *Caput mediale mi. gastrocnemii* – medialer Kopf des Wadenmuskels

13., 15'. *Tendo calcaneus communis* – gemeinsame Fersensehne

13. *Tendo mi. tricipitis surae* – Sehne des dreiköpfigen Wadenmuskels
14. *Caput laterale mi. gastrocnemii* – lateraler Kopf des Wadenmuskels

15., 15'. *Tendo mi. flexoris digitorum superficialis* – Sehne des oberflächlichen Zehenbeugers

16. *Tendo mi. flexoris digitorum profundi* – Sehne des tiefen Zehenbeugers

17., 18. *M. extensor digitorum longus (Tendines)* – langer Zehenstrecker (Sehnen)

17. *M. extensor digitorum longus (proprius)* – langer (besonderer) Zehenstrecker
18. *M. extensor digiti III* – Strecker der 3. Zehe
19. *M. extensor digitorum brevis* – kurzer Zehenstrecker
20. *M. interosseus* – Zwischenknochenmuskel
21. *Retinaculum extensorum crurale* – Halteband der Unterschenkelstrecker
22. *Retinaculum extensorum metatarsale* – Halteband der Hintermittelfußstrecker
23. *Lig. plantare longum* – langes gerades Hinterfußwurzelband
24. *A. et N. saphenus, V. saphena medialis* – verborgene Arterie und verborgener Nerv, mediale verborgene Vene
25. *Ramus calcaneus* – Fersenast
26. *A. saphena* – verborgene Arterie
27. *N. tibialis* – Schienbeinnerv
28. *N. plantaris lateralis* – lateraler Plantarnerv
29. *N. plantaris medialis, A. plantaris medialis* – medialer Plantarnerv, mediale Plantararterie
30. *N. digitalis plantaris communis III* – 3. plantarer gemeinsamer Zehennerv
31. *A. et V. digitalis plantaris communis III* – 3. plantare gemeinsame Zehenarterie und -vene
32. *V. digitalis dorsalis communis III* – 3. dorsale gemeinsame Zehenvene
33. *N. digitalis proprius III medialis* – 3. medialer dorsaler besonderer Zehennerv
34. *N. digitalis dorsalis communis III* – 3. dorsaler gemeinsamer Zehennerv
35. *N. digitalis plantaris proprius II medialis* – 2. medialer plantarer besonderer Zehennerv
36. *N. digitalis plantaris communis II* – 2. plantarer gemeinsamer Zehennerv

36'. *N. digitalis plantaris proprius III medialis* – 3. medialer plantarer besonderer Zehennerv

37. *Pars anularis vaginae fibrosae digiti* – Ringteil der faserigen Zehenscheide (Fesselringband)

Rind. Präparation des Unterschenkels und des distalen Abschnitts der Beckengliedmaße, Ansicht von medial. 2. Schicht.

Abbildung 56

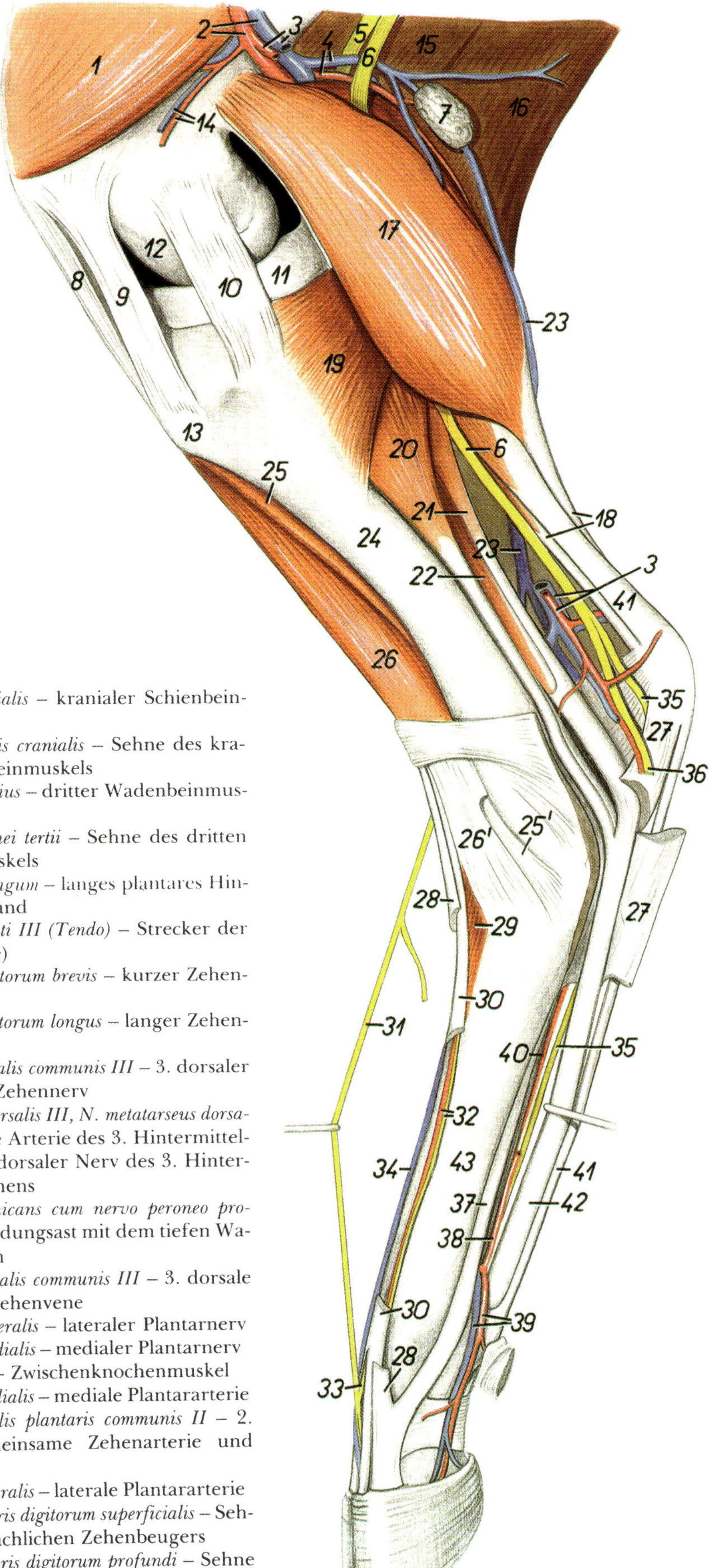

1. *M. vastus medialis* – medialer Oberschenkelmuskel
2. *A. et V. femoralis* – Oberschenkelarterie und -vene
3. *A. saphena, V. saphena medialis* – verborgene Arterie, mediale verborgene Vene
4. *A. et V. caudalis femoris* – kaudale Oberschenkelarterie und -vene
5. *N. peroneus communis* – gemeinsamer Wadenbeinnerv
6. *N. tibialis* – Schienbeinnerv
7. *Lnn. poplitei profundi* – tiefe Kniekehllymphknoten
8. *Lig. patellae intermedium* – mittleres Kniescheibenband
9. *Lig. patellae mediale* – mediales Kniescheibenband
10. *Lig. collaterale mediale* – mediales Seitenband
11. *Meniscus medialis* – medialer Faserknorpel des Kniekehlgelenks
12. *Condylus medialis ossis femoris* – medialer Gelenkknorren des Oberschenkelbeines
13. *Tuberositas tibiae* – Schienbeinbeule
14. *A. et V. genus descendens* – absteigende Kniearterie und -vene
15., 16. *M. gluteobiceps* – zweiköpfiger Kruppenmuskel
17. *Caput mediale mi. gastrocnemii* – medialer Kopf des Wadenmuskels
18. *Tendo mi. tricipitis surae* – Sehne des dreiköpfigen Wadenmuskels
19. *M. popliteus* – Kniekehlmuskel
20. *M. flexor digitorum medialis* – medialer Zehenbeuger
21. *M. tibialis caudalis* – kaudaler Schienbeinmuskel
22. *M. flexor digitorum lateralis* – lateraler Zehenbeuger
23. *V. saphena lateralis* – laterale verborgene Vene
24. *Corpus tibiae* – Schienbeinschaft
25. *M. tibialis cranialis* – kranialer Schienbeinmuskel
25'. *Tendo mi. tibialis cranialis* – Sehne des kranialen Schienbeinmuskels
26. *M. peroneus tertius* – dritter Wadenbeinmuskel
26'. *Tendo mi. peronei tertii* – Sehne des dritten Wadenbeinmuskels
27. *Lig. plantare longum* – langes plantares Hinterfußwurzelband
28. *M. extensor digiti III (Tendo)* – Strecker der 3. Zehe (Sehne)
29. *M. extensor digitorum brevis* – kurzer Zehenstrecker
30. *M. extensor digitorum longus* – langer Zehenstrecker
31. *N. digitalis dorsalis communis III* – 3. dorsaler gemeinsamer Zehennerv
32. *A. metatarsea dorsalis III, N. metatarseus dorsalis III* – dorsale Arterie des 3. Hintermittelfußknochens, dorsaler Nerv des 3. Hintermittelfußknochens
33. *Ramus communicans cum nervo peroneo profundo* – Verbindungsast mit dem tiefen Wadenbeinnerven
34. *V. digitalis dorsalis communis III* – 3. dorsale gemeinsame Zehenvene
35. *N. plantaris lateralis* – lateraler Plantarnerv
36. *N. plantaris medialis* – medialer Plantarnerv
37. *M. interosseus* – Zwischenknochenmuskel
38. *A. plantaris medialis* – mediale Plantararterie
39. *A. et V. digitalis plantaris communis II* – 2. plantare gemeinsame Zehenarterie und -vene
40. *A. plantaris lateralis* – laterale Plantararterie
41. *Tendo mi. flexoris digitorum superficialis* – Sehne des oberflächlichen Zehenbeugers
42. *Tendo mi. flexoris digitorum profundi* – Sehne des tiefen Zehenbeugers
43. *Os metatarsale III et IV* – 3. und 4. Hintermittelfußknochen

Rind. Präparation des Unterschenkels und des distalen Abschnitts der Beckengliedmaße, Ansicht von lateral. 1. Schicht.

Abbildung 57

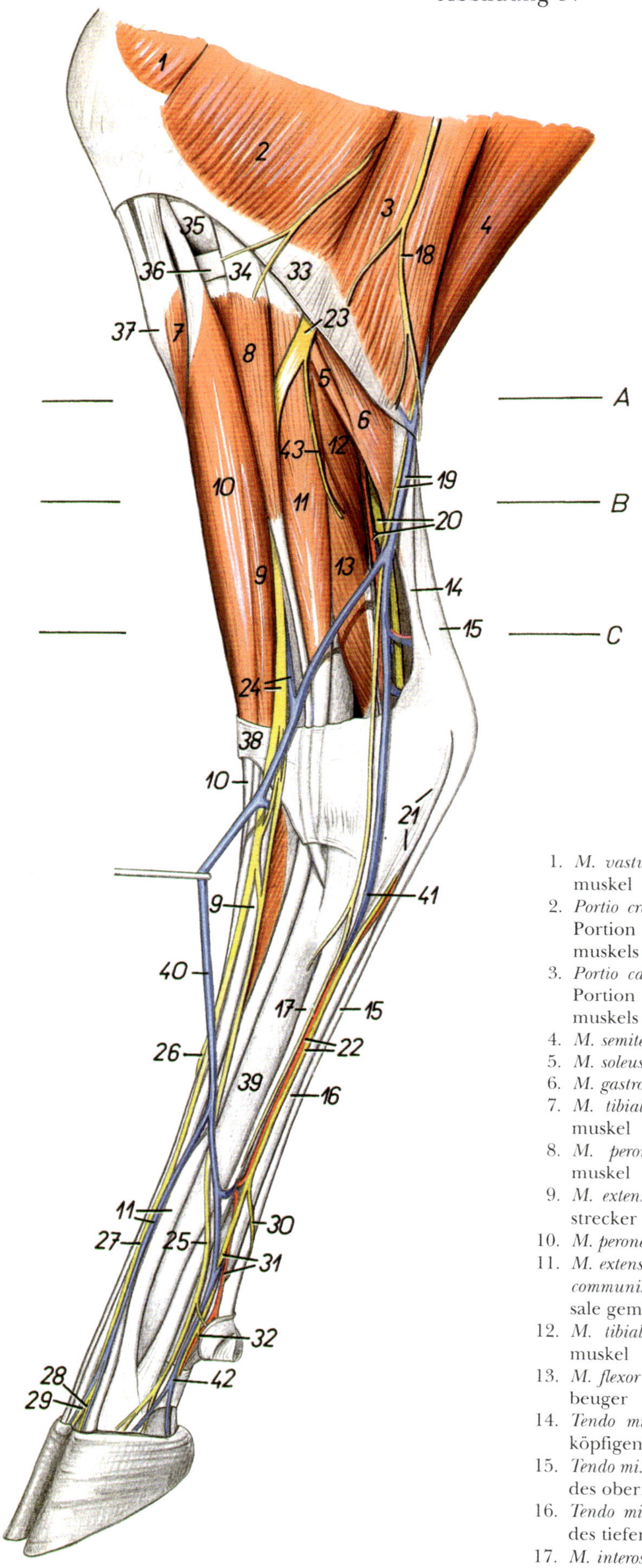

1. *M. vastus lateralis* – lateraler Oberschenkelmuskel
2. *Portio cranialis mi. bicipitis femoris* – kraniale Portion des zweiköpfigen Oberschenkelmuskels
3. *Portio caudalis mi. bicipitis femoris* – kaudale Portion des zweiköpfigen Oberschenkelmuskels
4. *M. semitendinosus* – halbsehniger Muskel
5. *M. soleus* – Schollenmuskel
6. *M. gastrocnemius* – Wadenmuskel
7. *M. tibialis cranialis* – kranialer Schienbeinmuskel
8. *M. peroneus longus* – langer Wadenbeinmuskel
9. *M. extensor digitorum longus* – langer Zehenstrecker
10. *M. peroneus tertius* – dritter Wadenbeinmuskel
11. *M. extensor digitalis lateralis, V. digitalis dorsalis communis III* – lateraler Zehenstrecker, 3. dorsale gemeinsame Zehenvene
12. *M. tibialis caudalis* – kaudaler Schienbeinmuskel
13. *M. flexor digitorum lateralis* – lateraler Zehenbeuger
14. *Tendo mi. tricipitis surae* – Sehne des dreiköpfigen Wadenmuskels
15. *Tendo mi. flexoris digitorum superficialis* – Sehne des oberflächlichen Zehenbeugers
16. *Tendo mi. flexoris digitorum profundi* – Sehne des tiefen Zehenbeugers
17. *M. interosseus* – Zwischenknochenmuskel
18. *Ramus cutaneus (ni. ischiadici)* – Hautast (des Sitzbeinnerven)
19. *N. cutaneus surae caudalis, V. saphena lateralis* – kaudaler Wadenhautmuskel, laterale verborgene Vene
20. *N. tibialis, A. saphena, V. saphena medialis* – Schienbeinnerv, verborgene Arterie, mediale verborgene Vene
21. *Lig. tarsi plantare longum* – langes plantares Hinterfußwurzelband
22. *N. plantaris lateralis, A. plantaris lateralis* – lateraler Plantarnerv, laterale Plantararterie
23. *N. peroneus communis* – gemeinsamer Wadenbeinnerv
24. *N. peroneus superficialis, V. tibialis cranialis* – oberflächlicher Wadenbeinnerv, kraniale Schienbeinvene
25. *N. digitalis dorsalis communis IV* – 4. dorsaler gemeinsamer Zehennerv
26. *N. digitalis dorsalis communis II* – 2. dorsaler gemeinsamer Zehennerv
27. *N. digitalis dorsalis communis III* – 3. dorsaler gemeinsamer Zehennerv
28. *N. digitalis dorsalis proprius IV medialis* – 4. medialer dorsaler besonderer Zehennerv
29. *N. digitalis dorsalis proprius III lateralis* – 3. lateraler dorsaler besonderer Zehennerv
30. *Ramus cutaneus* – Hautast
31. *N. et A. digitalis plantaris communis IV* – 4. plantarer gemeinsamer Zehennerv und -arterie
32. *N. digitalis plantaris proprius V lateralis* – 5. lateraler plantarer besonderer Zehennerv
33. *Fascia cruris* – Unterschenkelfaszie
34. *Lig. collaterale laterale genus* – laterales Seitenband des Kniegelenkes
35. *Condylus lateralis ossis femoris* – lateraler Gelenkknorren des Oberschenkelbeines
36. *Meniscus lateralis* – lateraler Faserknorpel des Kniekehlgelenkes
37. *Tuberositas tibiae* – Schienbeinbeule
38. *Retinaculum extensorum crurale* – Halteband der Unterschenkelstrecker
39. *Os metatarsale III et IV* – 3. und 4. Hintermittelfußknochen
40. *Ramus cranialis v. saphenae lateralis* – kranialer Ast der lateralen verborgenen Vene
41. *V. plantaris lateralis* – laterale Plantarvene
42. *V. digitalis plantaris propria IV lateralis* – 4. laterale plantare besondere Zehenvene
43. *N. cutaneus surae lateralis* – lateraler Wadenhautnerv

Rind. Querschnitt durch den Unterschenkel. Die Höhe der Schnittebenen ist in Abbildung 57 eingezeichnet.

Abbildung 58

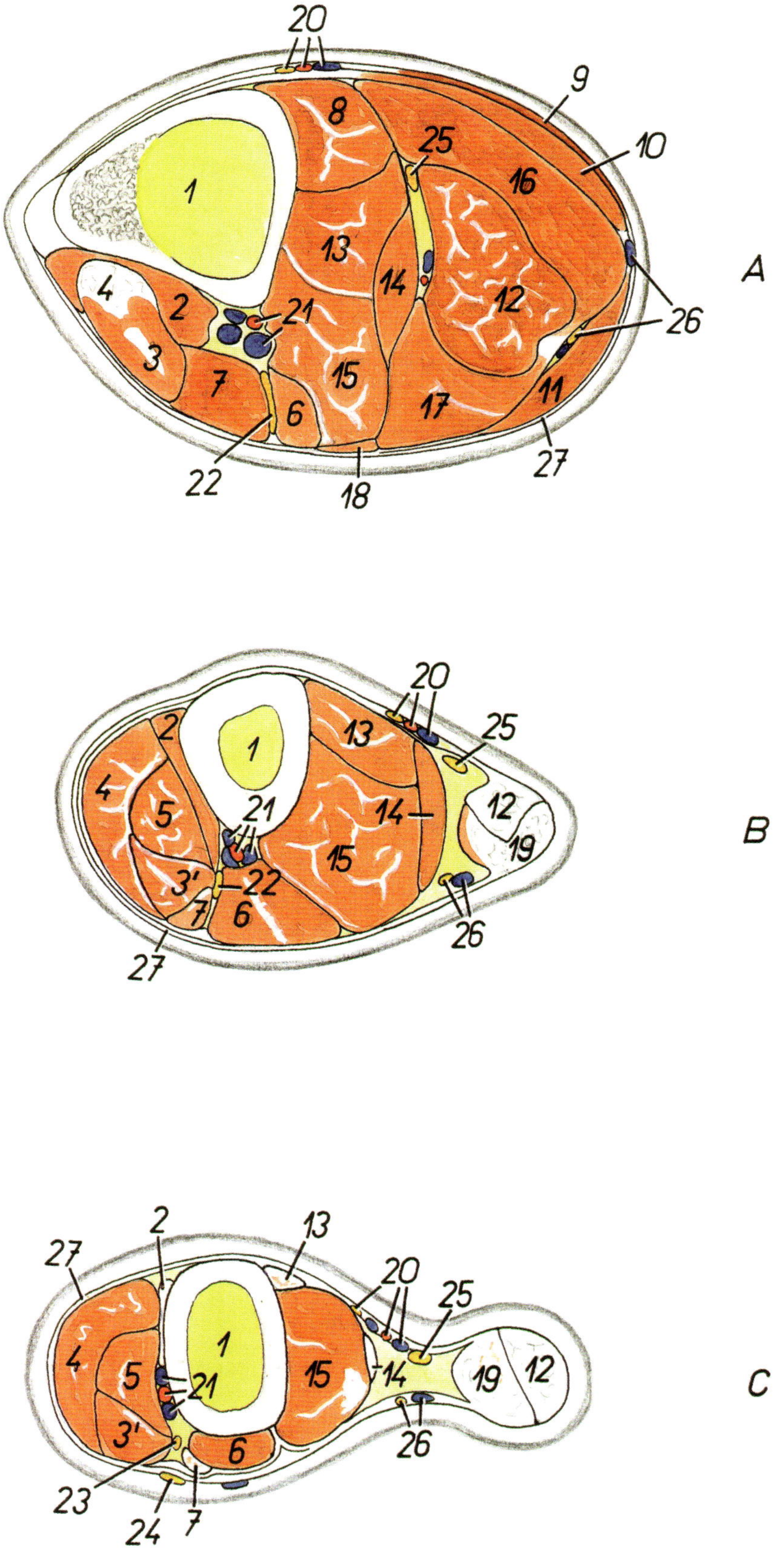

1. *Tibia* – Schienbein
2. *M. tibialis cranialis* – kranialer Schienbeinmuskel
3., 3'., 5. *M. extensor digitorum longus* – langer Zehenstrecker
3. *Pars communis mi. extensoris digitorum longi* – gemeinsamer Teil des langen Zehenstreckers
3'. *M. extensor digitorum longus (proprius)* – langer (besonderer) Zehenstrecker
4. *M. peroneus tertius* – dritter Wadenbeinmuskel
5. *M. extensor digiti III* – Strecker der 3. Zehe
6. *M. extensor digitalis lateralis* – lateraler Zehenstrecker
7. *M. peroneus longus* – langer Wadenbeinmuskel
8. *M. popliteus* – Kniekehlmuskel
9. *M. gracilis* – schlanker Schenkelmuskel
10. *M. semitendinosus* – halbsehniger Muskel
11. *M. biceps femoris* – zweiköpfiger Oberschenkelmuskel
12. *M. flexor digitorum superficialis* – oberflächlicher Zehenbeuger
13. *M. flexor digitorum medialis* – medialer Zehenbeuger
14. *M. tibialis caudalis* – kaudaler Schienbeinmuskel
15. *M. flexor digitorum lateralis* – lateraler Zehenbeuger
16. *Caput mediale mi. gastrocnemii* – medialer Kopf des Wadenmuskels
17. *Caput laterale mi. gastrocnemii* – lateraler Kopf des Wadenmuskels
18. *M. soleus* – Schollenmuskel
19. *Tendo mi. tricipitis surae* – Sehne des dreiköpfigen Wadenbeinmuskels
20. *A. saphena, N. saphenus, V. saphena medialis* – verborgene Arterie, verborgener Nerv, mediale verborgene Vene
21. *A. tibialis cranialis et Vv. tibiales craniales* – kraniale Schienbeinarterie und kraniale Schienbeinvenen
22. *N. peroneus communis* – gemeinsamer Wadenbeinnerv
23. *N. peroneus profundus* – tiefer Wadenbeinnerv
24. *N. peroneus superficialis* – oberflächlicher Wadenbeinnerv
25. *N. tibialis* – Schienbeinnerv
26. *N. cutaneus surae caudalis, V. saphena lateralis* – kaudaler Wadenhautnerv, laterale verborgene Vene
27. *Fascia cruris* – Unterarmfaszie

Rind. Präparation des Unterschenkels und des distalen Abschnitts der Beckengliedmaße, Ansicht von lateral. 2. Schicht.

Abbildung 59

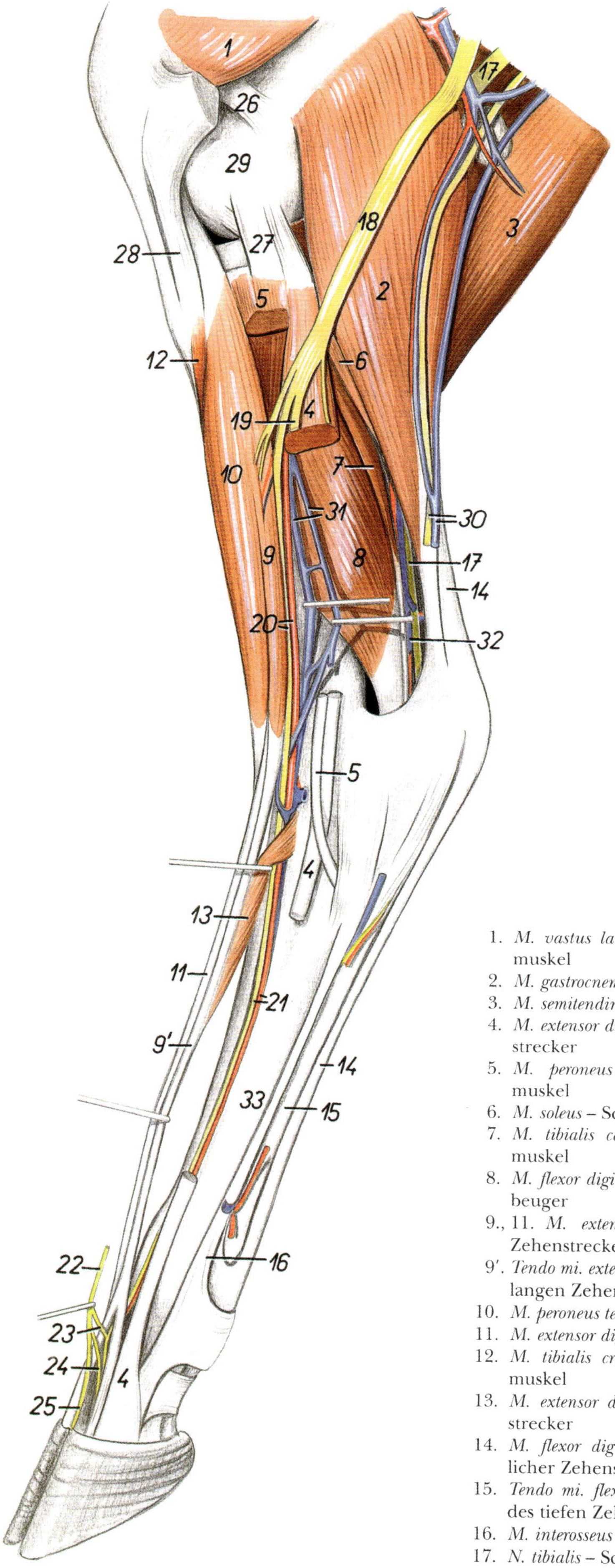

1. *M. vastus lateralis* – lateraler Oberschenkelmuskel
2. *M. gastrocnemius* – Wadenmuskel
3. *M. semitendinosus* – halbsehniger Muskel
4. *M. extensor digitalis lateralis* – lateraler Zehenstrecker
5. *M. peroneus longus* – langer Wadenbeinmuskel
6. *M. soleus* – Schollenmuskel
7. *M. tibialis caudalis* – kaudaler Schienbeinmuskel
8. *M. flexor digitorum lateralis* – lateraler Zehenbeuger
9., 11. *M. extensor digitorum longus* – langer Zehenstrecker
9′. *Tendo mi. extensoris digitorum longi* – Sehne des langen Zehenstreckers
10. *M. peroneus tertius* – dritter Wadenbeinmuskel
11. *M. extensor digiti III* – Strecker der 3. Zehe
12. *M. tibialis cranialis* – kranialer Schienbeinmuskel
13. *M. extensor digitorum brevis* – kurzer Zehenstrecker
14. *M. flexor digitorum superficialis* – oberflächlicher Zehenstrecker
15. *Tendo mi. flexoris digitorum profundi* – Sehne des tiefen Zehenbeugers
16. *M. interosseus* – Zwischenknochenmuskel
17. *N. tibialis* – Schienbeinnerv
18. *N. peroneus communis* – gemeinsamer Wadenbeinnerv
19. *N. peroneus superficialis* – oberflächlicher Wadenbeinnerv
20. *N. peroneus profundus, A. tibialis cranialis* – tiefer Wadenbeinnerv, kraniale Schienbeinarterie
21. *A. metatarsea dorsalis III, N. metatarseus dorsalis III* – 3. dorsale Hintermittelfußarterie, 3. dorsaler Hintermittelfußnerv
22. *N. digitalis dorsalis communis III* – 3. dorsaler gemeinsamer Zehennerv
23. *Ramus communicans cum nervo peroneo profundo* – Verbindungsast mit dem tiefen Wadenbeinnerven
24. *N. digitalis dorsalis proprius IV medialis* – 4. medialer dorsaler besonderer Zehennerv
25. *N. digitalis dorsalis proprius III lateralis* – 3. lateraler dorsaler besonderer Zehennerv
26. *Lig. femoropatellare laterale* – laterales Oberschenkelbein-Kniescheibenband
27. *Lig. collaterale laterale* – laterales Seitenband des Kniegelenkes
28. *Lig. patellae laterale* – laterales Kniescheibenband
29. *Condylus lateralis ossis femoris* – lateraler Gelenkknorren des Oberschenkelbeines
30. *N. cutaneus surae caudalis, V. saphena lateralis* – kaudaler Wadenhautnerv, laterale verborgene Vene
31. *Vv. tibiales craniales* – kraniale Schienbeinvenen
32. *V. saphena medialis* – mediale verborgene Vene
33. *Os metatarsale III et IV* – 3. und 4. Hintermittelfußknochen

Rind. Topographie der Arterien am rechten Unterschenkel und Gliedmaßenende, Ansicht von medial (nach einer Röntgenaufnahme).

Abbildung 60

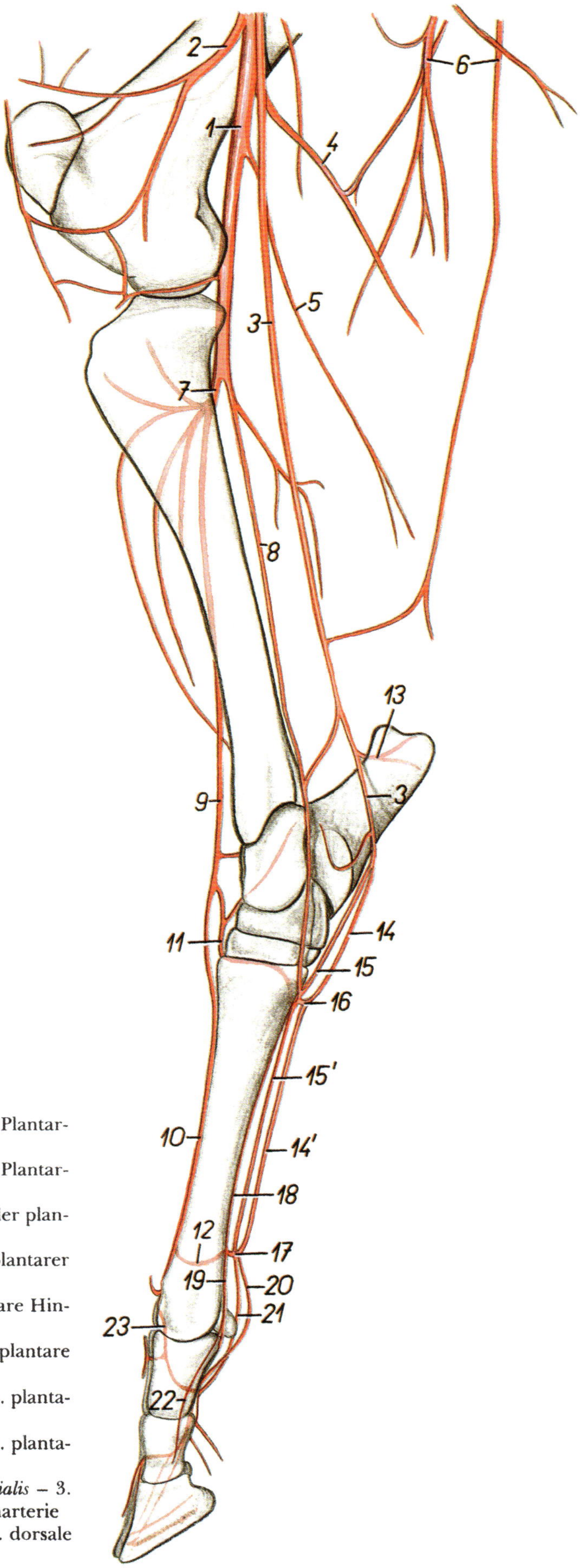

1. *A. poplitea* – Kniekehlarterie
2. *A. genus descendens* – absteigende Kniearterie
3. *A. saphena* – verborgene Arterie
4., 5. *A. caudalis femoris* – kaudale Oberschenkelarterie
4. *Ramus ascendens* – aufsteigender Ast
5. *Ramus descendens* – absteigender Ast
6. *Rami a. profundae femoris* – Äste der tiefen Oberschenkelarterie
7. *A. tibialis cranialis* – kraniale Schienbeinarterie
8. *A. tibialis caudalis* – kaudale Schienbeinarterie
9. *A. dorsalis pedis* – dorsale Fußarterie
10. *A. metatarsea dorsalis III* – 3. dorsale Hintermittelfußarterie
11. *A. tarsea perforans* – durchbohrende Hinterfußwurzelarterie
12. *Ramus perforans distalis III* – 3. distaler durchbohrender Ast
13. *Ramus calcaneus* – Fersenast
14., 14′. *A. plantaris medialis* – mediale Plantararterie
15., 15′. *A. plantaris lateralis* – laterale Plantararterie
16. *Arcus plantaris proximalis* – proximaler plantarer Bogen
17. *Arcus plantaris distalis* – distaler plantarer Bogen
18. *A. metatarsea plantaris III* – 3. plantare Hintermittelfußarterie
19. *A. digitalis plantaris communis II* – 2. plantare gemeinsame Zehenarterie
20. *A. digitalis plantaris communis III* – 3. plantare gemeinsame Zehenarterie
21. *A. digitalis plantaris communis IV* – 4. plantare gemeinsame Zehenarterie
22. *A. digitalis plantaris propria III medialis* – 3. mediale plantare besondere Zehenarterie
23. *A. digitalis dorsalis communis III* – 3. dorsale gemeinsame Zehenarterie

Rind. Kniegelenk, Ansicht von lateral.

Abbildung 61

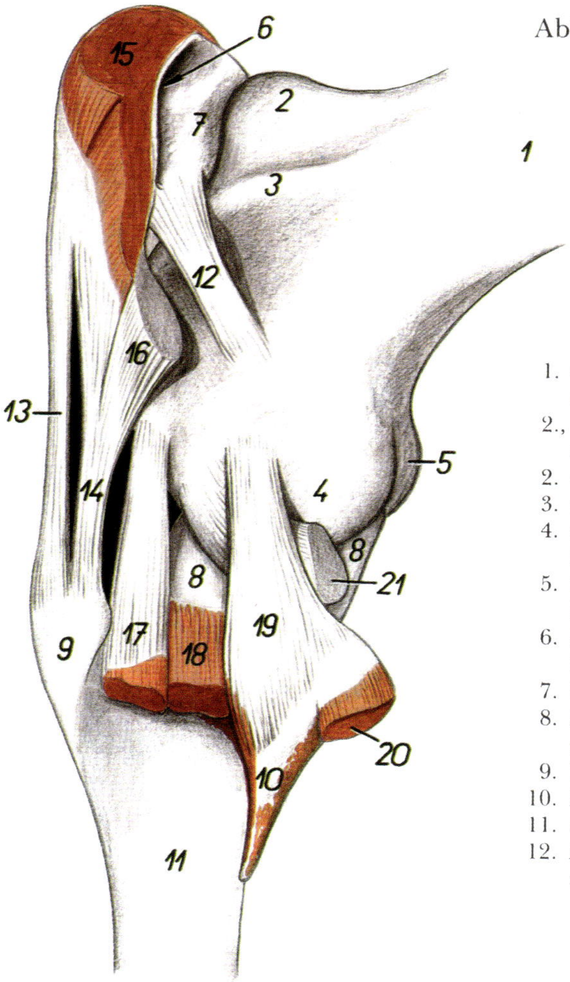

1. *Corpus ossis femoris* – Oberschenkelbeinschaft
2., 3. *Trochlea ossis femoris* – Gelenkrolle des Oberschenkelbeines
2. *Crista medialis* – mediale Leiste
3. *Crista lateralis* – laterale Leiste
4. *Condylus lateralis ossis femoris* – lateraler Gelenkknorren des Oberschenkelbeines
5. *Condylus medialis ossis femoris* – medialer Gelenkknorren des Oberschenkelbeines
6. *Bursa subtendinea prepatellaris* – vor der Kniescheibe gelegener Schleimbeutel
7. *Patella* – Kniescheibe
8. *Meniscus lateralis* – lateraler Faserknorpel des Kniekehlgelenkes
9. *Tuberositas tibiae* – Schienbeinbeule
10. *Fibula* – Wadenbein
11. *Corpus tibiae* – Schienbeinschaft
12. *Lig. femoropatellare laterale* – laterales Oberschenkelbein-Kniescheibenband
13. *Lig. patellae intermedium* – mittleres Kniescheibenband
14. *Lig. patellae laterale* – laterales Kniescheibenband
15. *M. quadriceps femoris* – vierköpfiger Oberschenkelmuskel
16. *Insertio mi. bicipitis femoris* – Ansatz des zweiköpfigen Oberschenkelmuskels
17. *Origo mi. peronei tertii et mi. extensoris digitorum longi* – Ursprung des dritten Wadenbeinmuskels und des langen Zehenstrekkers
18. *M. peroneus longus* – langer Wadenbeinmuskel
19. *Lig. collaterale laterale* – laterales Seitenband
20. *M. tibialis caudalis* – kaudaler Schienbeinmuskel
21. *Origo mi. poplitei* – Ursprung des Kniekehlmuskels

Rind. Kniegelenk, Ansicht von medial.

Abbildung 62

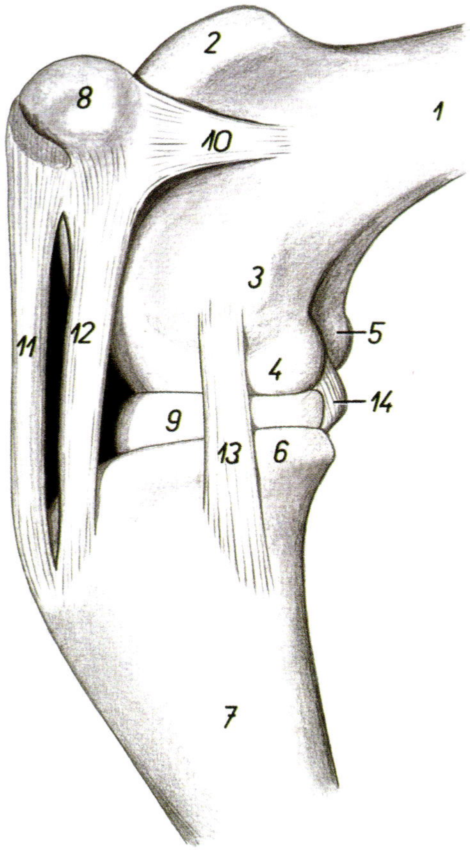

1. *Corpus ossis femoris* – Oberschenkelbeinschaft
2. *Crista medialis trochleae* – mediale Leiste der Gelenkrolle
3. *Epicondylus medialis ossis femoris* – Beugeknorren des Oberschenkelbeines
4. *Condylus medialis ossis femoris* – medialer Gelenkknorren des Oberschenkelbeines
5. *Condylus lateralis ossis femoris* – lateraler Gelenkknorren des Oberschenkelbeines
6. *Condylus medialis tibiae* – medialer Gelenkknorren des Schienbeines
7. *Corpus tibiae* – Schienbeinschaft
8. *Patella* – Kniescheibe
9. *Meniscus medialis* – medialer Faserknorpel des Kniekehlgelenkes
10. *Lig. femoropatellare mediale* – mediales Oberschenkelbein-Kniescheibenband
11. *Lig. patellae intermedium* – mittleres Kniescheibenband

Rind. Sprunggelenk, Ansicht von lateral.

Abbildung 63

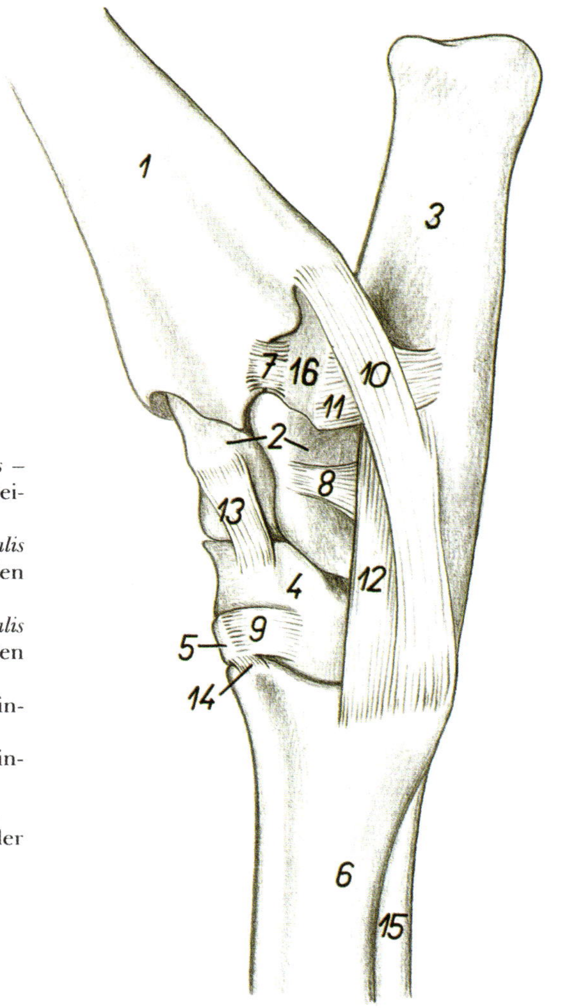

1. *Corpus tibiae* – Schienbeinschaft
2. *Talus* – Rollbein
3. *Calcaneus* – Fersenbein
4. *Os centroquartale (Os naviculocuboideum)* – zentraler Hinterfußwurzelknochen (Kahn-Würfelbein)
5. *Os tarsale II et III (Os cuneiforme intermediolaterale)* – 2. und 3. Hintermittelfußknochen (mittleres laterales Keilbein)
6. *Os metatarsale III et IV* – 3. und 4. Hintermittelfußknochen
7. *Lig. tibiofibulare caudale (s. tibiomalleolare)* – kaudales Schienbein-Wadenbeinband (o. Schienbein-Knöchelband)
8. *Lig. talocalcaneum laterale* – laterales Rollbein-Fersenbeinband
9. *Lig. quartodistale interosseum* – Keilbein-Würfelbein-Zwischenknochenband
10. *Pars tibiometatarsea lig. collateralis lateralis* – Schienbein-Mittelfußteil des lateralen Seitenbandes
11. *Pars calcaneofibularis lig. collateralis lateralis* – Fersenbein-Wadenbeinteil des lateralen Seitenbandes
12. *Pars calcaneometatarsea lig. collateralis lateralis* – Fersenbein-Mittelfußteil des lateralen Seitenbandes
13. *Lig. talocentroquartale interosseum* – Rollbein-Zentralbein-Zwischenknochenband
14. *Lig. tarsometatarseum interosseum* – Rollbein-Hintermittelfuß-Zwischenknochenband
15. *M. interosseus* – Zwischenknochenmuskel
16. *Malleolus lateralis (Os malleolare)* – lateraler Knöchel (Knöchelbein)

Rind. Sprunggelenk, Ansicht von medial.

Abbildung 64

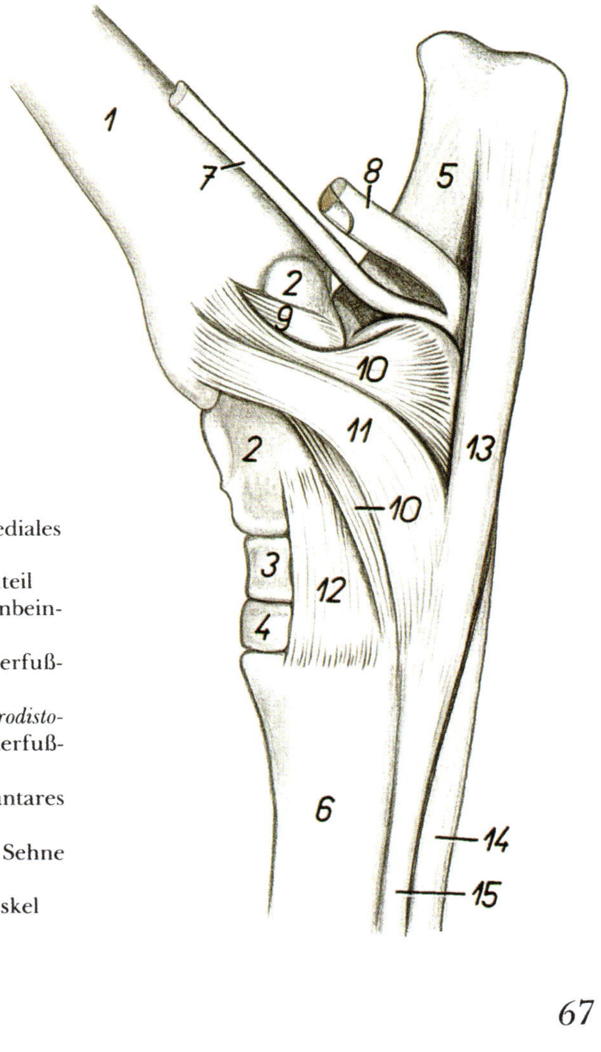

1. *Corpus tibiae* – Schienbeinschaft
2. *Talus* – Rollbein
3. *Os centroquartale (Os naviculocuboideum)* – zentraler Hinterfußwurzelknochen (Kahn-Würfelbein)
4. *Os tarsale II et III* – 2. und 3. Hinterfußwurzelknochen
5. *Calcaneus* – Fersenbein
6. *Os metatarsale III et IV* – 3. und 4. Hintermittelfußknochen
7. *Tendo mi. flexoris digitorum longi* – Sehne des langen Zehenbeugers
8. *Tendo mi. tibialis caudalis et mi. flexoris digiti I longi* – Sehne des kaudalen Schienbeinmuskels und des langen Beugers der 1. Zehe

9., 10., 11. *Lig. collaterale mediale* – mediales Seitenband

9. *Pars tibiotalaris* – Schienbein-Rollbeinteil
10. *Pars tibiocalcanea* – Schienbein-Fersenbeinteil
11. *Pars tibiometatarsea* – Schienbein-Hinterfußwurzelteil
12. *Lig. tarsi dorsale obliquum (Lig. talocentrodistometatarseum)* – dorsales schiefes Hinterfußwurzelband
13. *Lig. tarsi plantare longum* – langes plantares Hinterfußwurzelband
14. *Tendo mi. flexoris digitorum profundi* – Sehne des tiefen Zehenbeugers
15. *M. interosseus* – Zwischenknochenmuskel

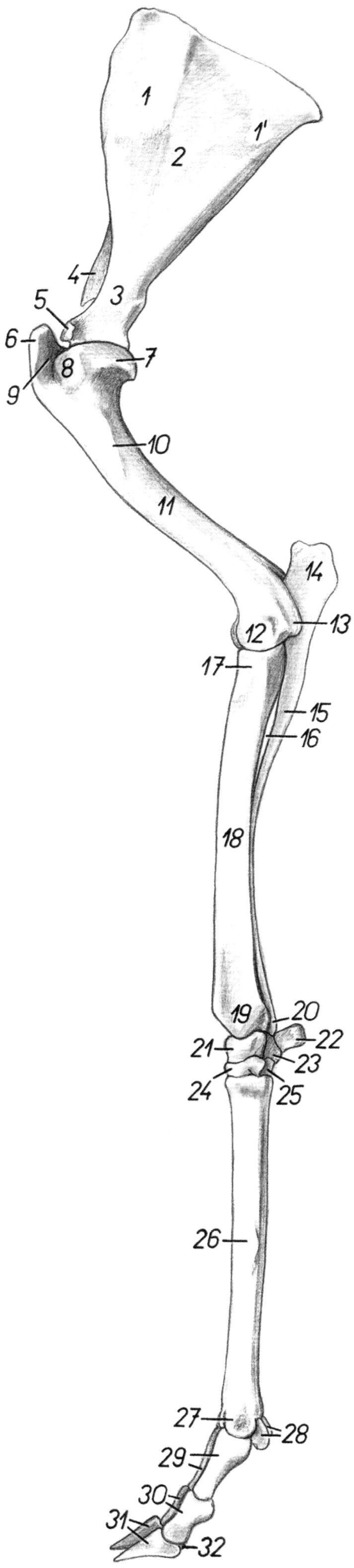

Schaf. Skelett der Schultergliedmaße, Ansicht von medial.

Abbildung 65

1., 1'. *Facies serrata* – Ansatzfläche des ventralen gesägten Muskels am Schulterblatt
2. *Fossa subscapularis* – Unterschulterblattgrube
3. *Collum scapulae* – Schulterblatthals
4. *Spina scapulae* – Schulterblattgräte
5. *Tuberculum supraglenoidale* – Schulterblattbeule
6. *Tuberculum majus humeri* – großer Oberarmbeinhöcker
7. *Caput humeri* – Oberarmbeinkopf
8. *Tuberculum minus humeri* – kleiner Oberarmbeinhöcker
9. *Sulcus intertubercularis* – Zwischenhöckerrinne
10. *Tuberositas teres major* – große runde Oberarmbeinnarbe
11. *Corpus humeri* – Oberarmbeinschaft
12. *Trochlea humeri* – Gelenkrolle des Oberarmbeines
13. *Epicondylus medialis* – Beugeknorren
14. *Olecranon* – Ellbogen
15. *Corpus ulnae* – Schaft der Elle
16. *Spatium interosseum antebrachii proximale* – proximaler Zwischenknochenraum des Unterarmes
17. *Caput radii* – Kopf der Speiche
18. *Corpus radii* – Schaft der Speiche
19. *Trochlea radii* – Gelenkrolle der Speiche
20. *Processus styloideus lateralis* – lateraler-Griffelfortsatz
21. *Os carpi radiale (Os scaphoideum)* – radialer Vorderfußwurzelknochen (Kahnbein)
22. *Os carpi accessorium (Os pisiforme)* – zusätzlicher Vorderfußwurzelknochen (Erbsenbein)
23. *Os carpi ulnare (Os triquetrum)* – ulnarer Vorderfußwurzelknochen (Dreiecksbein)
24. *Os carpale II et III (Os trapezoideocapitatum)* – 2. und 3. Vorderfußwurzelknochen (Trapez-Kopfbein)
25. *Os carpale IV (Os hamatum)* – 4. Vorderfußwurzelknochen (Hackenbein)
26. *Os metacarpale III et IV* – 3. und 4. Vordermittelfußknochen
27. *Trochlea metacarpi* – Gelenkrolle des Vordermittelfußknochens
28. *Ossa sesamoidea proximalia* – proximale Sesambeine
29. *Phalanges proximales (Ossa compedalia)* – proximale Zehenglieder (Fesselbeine)
30. *Phalanges mediae (Ossa coronalia)* – mittlere Zehenglieder (Kronbeine)
31. *Phalanges distales (Ossa ungularia)* – distale Zehenglieder (Klauenbeine)
32. *Os sesamoideum distale* – distales Sesambein

Schaf. Muskeln der Schultergliedmaße, Ansicht von medial.

Abbildung 66

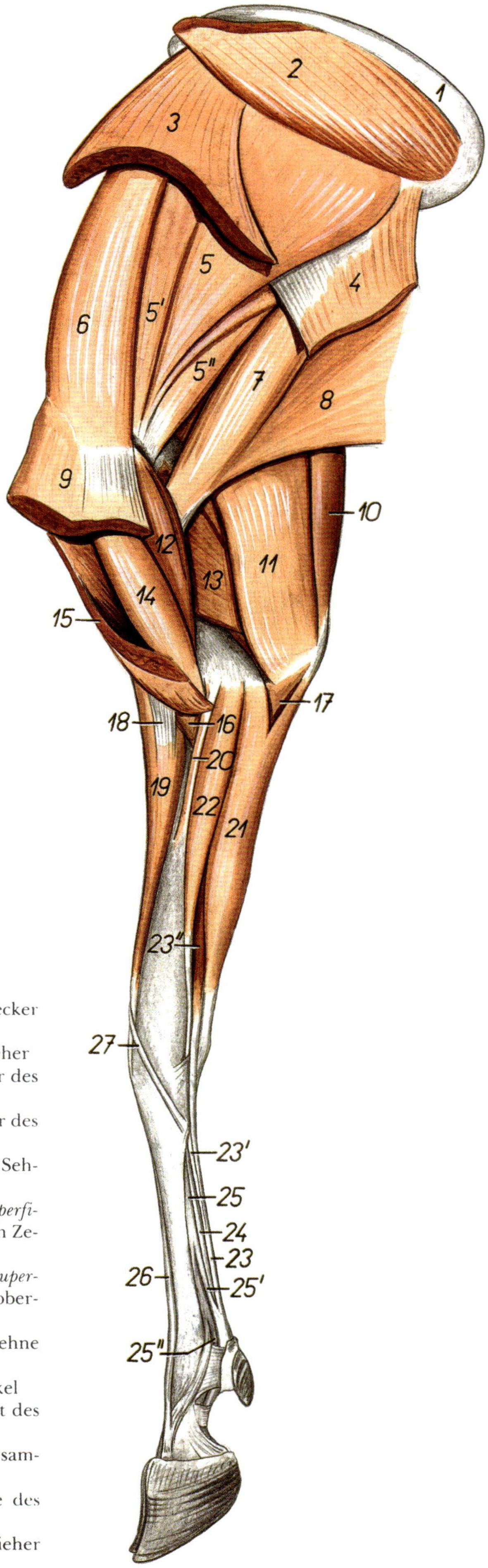

1. *Cartilago scapulae* – Schulterblattknorpel
2. *M. rhomboideus* – rautenförmiger Muskel
3. *M. serratus ventralis cervicis* – Halsportion des ventralen gesägten Muskels
4. *M. serratus ventralis thoracis* – Brustkorbportion des ventralen gesägten Muskels

5., 5'., 5''. *M. subscapularis* – Unterschulterblattmuskel

6. *M. supraspinatus* – Übergrätenmuskel
7. *M. teres major* – großer Rundmuskel
8. *M. latissimus dorsi* – breiter Rückenmuskel
9. *M. pectoralis profundus (s. ascendens)* – tiefer (aufsteigender) Brustmuskel
10. *M. tensor fasciae antebrachii* – Spanner der Unterarmfaszie
11. *Caput longum mi. tricipitis brachii* – langer Kopf des dreiköpfigen Armmuskels
12. *M. coracobrachialis* – Rabenschnabel-Armmuskel
13. *Caput mediale mi. tricipitis brachii* – medialer Kopf des dreiköpfigen Armmuskels
14. *M. biceps brachii* – zweiköpfiger Armmuskel
15. *M. pectoralis superficialis (descendens et transversus)* – oberflächlicher (absteigender und querverlaufender) Brustmuskel
16. *M. brachialis* – Armmuskel
17. *Caput ulnare mi. flexoris digitorum profundi* – Ellenkopf des tiefen Zehenbeugers
18. *Lacertus fibrosus*– sehniger Faserstrang
19. *M. extensor carpi radialis* – radialer Strecker des Vorderfußwurzelgelenkes
20. *M. pronator teres* – runder Einwärtsdreher
21. *M. flexor carpi ulnaris* – ulnarer Beuger des Vorderfußwurzelgelenkes
22. *M. flexor carpi radialis* – radialer Beuger des Vorderfußwurzelgelenkes
23. *Tendo mi. flexoris digitorum superficialis* – Sehne des oberflächlichen Zehenbeugers

23'. *Portio profunda mi. flexoris digitorum superficialis* – tiefe Portion des oberflächlichen Zehenbeugers

23''. *Portio superficialis mi. flexoris digitorum superficialis* – oberflächliche Portion des oberflächlichen Zehenbeugers

24. *Tendo mi. flexoris digitorum profundi* – Sehne des tiefen Zehenbeugers
25. *M. interosseus* – Zwischenknochenmuskel

25'. *Ramus flexorius mi. interossei* – Beugeast des Zwischenknochenmuskels

25''. *Ramus sesamoideus mi. interossei* – Sesambeinast des Zwischenknochenmuskels

26. *Tendo mi. extensoris digiti III* – Sehne des Streckers der 3. Zehe
27. *M. abductor digiti I longus* – langer Abzieher der 1. Zehe

Schaf. Muskeln der Schultergliedmaße, Ansicht von lateral.

Abbildung 67

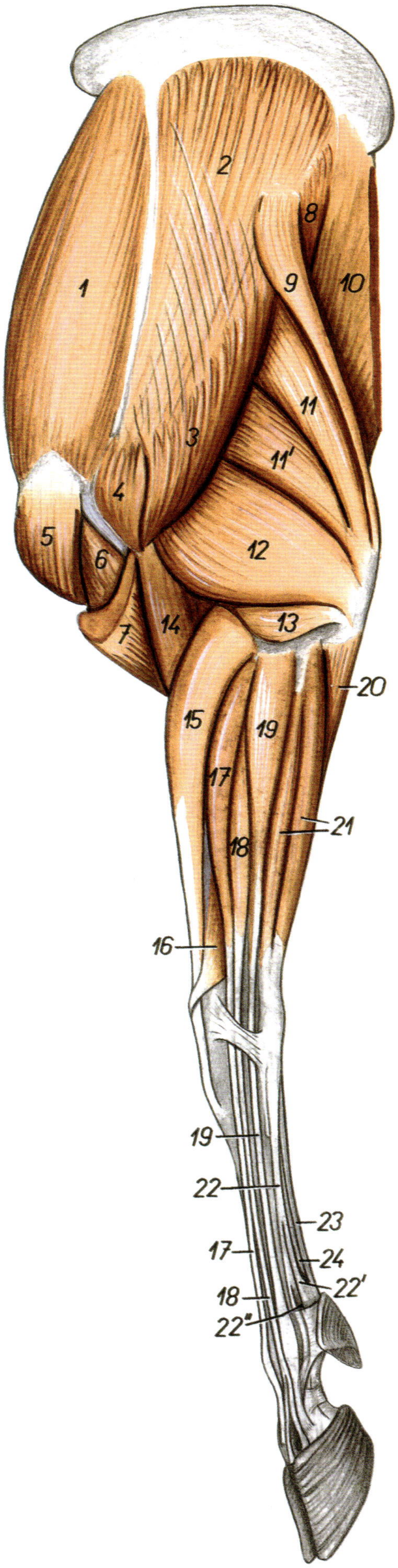

1. *M. supraspinatus* – Übergrätenmuskel
2. *M. infraspinatus* – Untergrätenmuskel
3. *Pars scapularis mi. deltoidei* – Schulterblatteil des deltaförmigen Muskels
4. *Pars acromialis mi. deltoidei* – Gräteneckteil des deltaförmigen Muskels
5. *M. pectoralis profundus (ascendens)* – tiefer (aufsteigender) Brustmuskel
6. *M. biceps brachii* – zweiköpfiger Armmuskel
7. *M. brachiocephalicus* – Arm-Kopfmuskel
8. *M. teres major* – großer Rundmuskel
9. *M. tensor fasciae antebrachii* – Spanner der Unterarmfaszie
10. *M. latissimus dorsi* – breiter Rückenmuskel

11., 11'. *Caput longum mi. tricipitis brachii* – langer Kopf des dreiköpfigen Armmuskels

12. *Caput laterale mi. tricipitis brachii* – lateraler Kopf des dreiköpfigen Armmuskels
13. *M. anconeus* – Ellbogenhöckermuskel
14. *M. brachialis* – Armmuskel
15. *M. extensor carpi radialis* – radialer Strecker des Vorderfußwurzelgelenkes
16. *M. abductor digiti I longus* – langer Abzieher der 1. Zehe

17., 18. *M. extensor digitorum communis* – gemeinsamer Zehenstrecker

17. *M. extensor digiti III* – Strecker der 3. Zehe
18. *M. extensor digitorum communis (proprius)* – gemeinsamer (besonderer) Zehenstrecker
19. *M. extensor digitalis lateralis* – lateraler Zehenstrecker
20. *Caput ulnare mi. flexoris digitorum profundi* – Ellenkopf des tiefen Zehenbeugers
21. *M. extensor carpi ulnaris* – ulnarer Strecker des Vorderfußwurzelgelenkes
22. *M. interosseus* – Zwischenknochenmuskel

22'. *Ramus flexorius mi. interossei* – Beugeast des Zwischenknochenmuskels

22". *Ramus sesamoideus mi. interossei* – Sesambeinast des Zwischenknochenmuskels

23. *M. flexor digitorum superficialis* – oberflächlicher Zehenbeuger
24. *M. flexor digitorum profundus* – tiefer Zehenbeuger

Schaf. Präparation der Schulter und des Oberarmes, Ansicht von lateral.

Abbildung 68

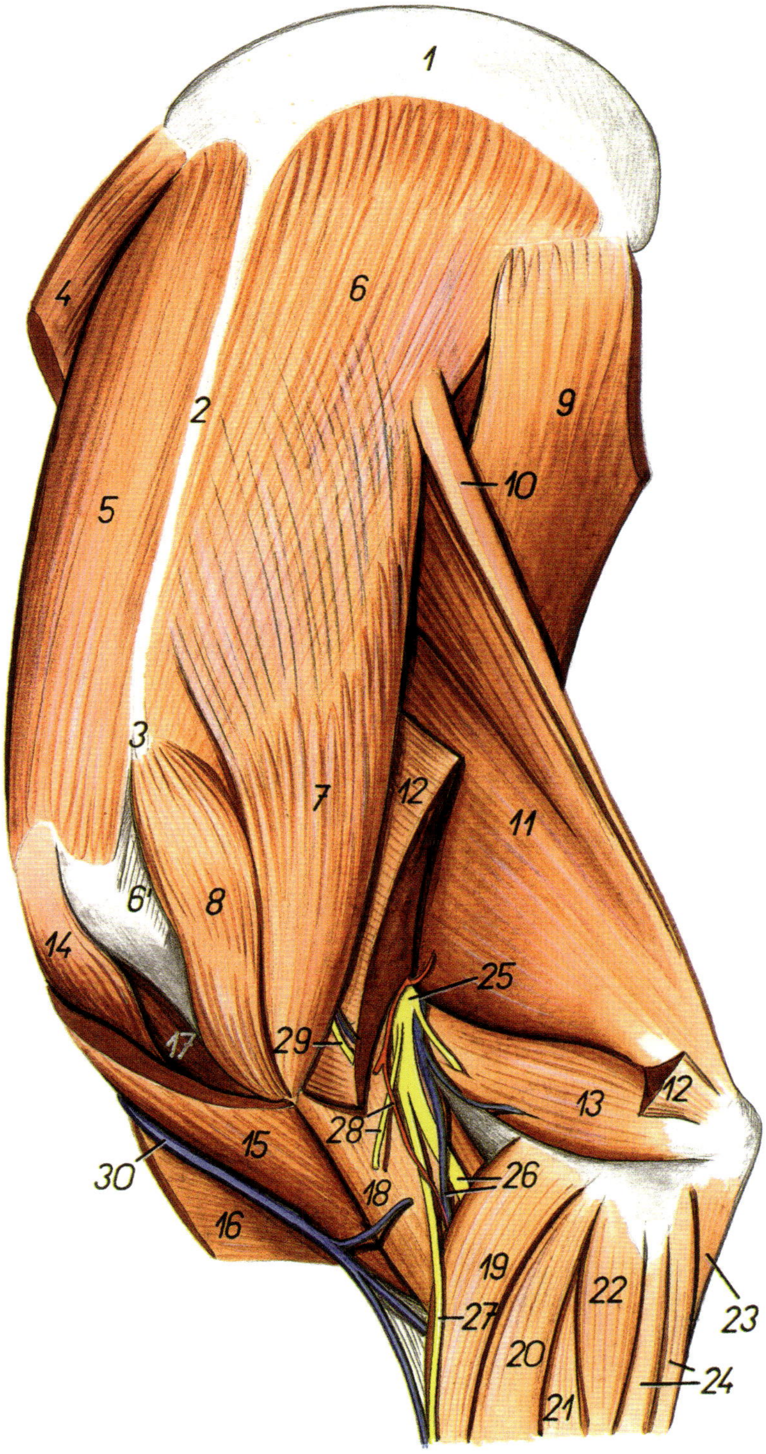

1. *Cartilago scapulae* – Schulterblattknorpel
2. *Spina scapulae* – Schulterblattgräte
3. *Acromion* – Gräteneck
4. *M. serratus ventralis cervicis* – Halsportion des ventralen gesägten Muskels
5. *M. supraspinatus* – Übergrätenmuskel
6., 6′. *M. infraspinatus* – Untergrätenmuskel
7. *Pars scapularis mi. deltoidei* – Schulterblatteil des deltaförmigen Muskels
8. *Pars acromialis mi. deltoidei* – Gräteneckteil des deltaförmigen Muskels
9. *M. latissimus dorsi* – breiter Rückenmuskel
10. *M. tensor fasciae antebrachii* – Spanner der Unterarmfaszie
11. *Caput longum mi. tricipitis brachii* – langer Kopf des dreiköpfigen Armmuskels
12. *Caput laterale mi. tricipitis brachii* – lateraler Kopf des dreiköpfigen Armmuskels
13. *M. anconeus* – Ellbogenhöckermuskel
14. *M. pectoralis profundus (ascendens)* – tiefer (aufsteigender) Brustmuskel
15. *M. brachiocephalicus* – Arm-Kopfmuskel
16. *M. pectoralis descendens* – absteigender Brustmuskel
17. *M. biceps brachii* – zweiköpfiger Armmuskel
18. *M. brachialis* – Armmuskel
19. *M. extensor carpi radialis* – radialer Strecker des Vorderfußwurzelgelenkes
20., 21. *M. extensor digitorum communis* – gemeinsamer Zehenstrecker
20. *M. extensor digiti III* – Strecker der 3. Zehe
21. *M. extensor digitorum communis (proprius)* – gemeinsamer (besonderer) Zehenstrecker
22. *M. extensor digitalis lateralis* – lateraler Zehenstrecker
23. *Caput ulnare mi. flexoris digitorum profundi* – Ellenkopf des tiefen Zehenbeugers
24. *M. extensor carpi ulnaris* – ulnarer Strecker des Vordermittelfußgelenkes
25. *N. radialis* – Speichennerv
26. *Ramus profundus ni. radialis, Ramus v. circumflexae humeri caudalis* – tiefer Ast des Speichennerven, Ast der kaudalen Oberarmkranzvene
27. *Ramus superficialis ni. radialis* – oberflächlicher Ast des Speichennerven
28. *Ramus a. circumflexae humeri caudalis, N. cutaneus antebrachii lateralis* – Ast der kaudalen Oberarmkranzarterie, lateraler Unterarmhautnerv
29. *N. cutaneus antebrachii cranialis* – kranialer Unterarmhautnerv
30. *V. cephalica* – Kopfvene des Oberarmes

Abbildung 69

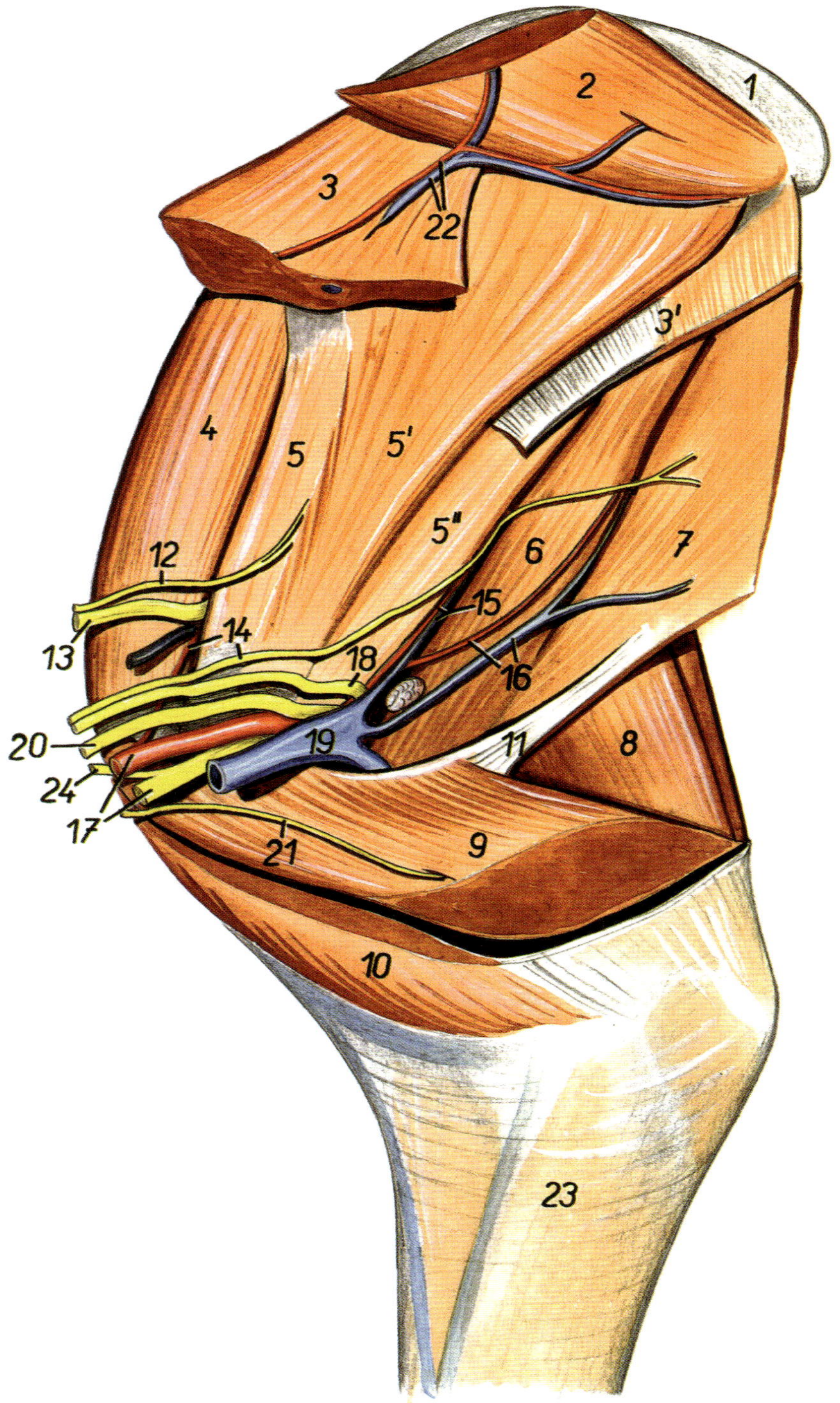

1. *Cartilago scapulae* – Schulterblattknorpel
2. *M. rhomboideus* – rautenförmiger Muskel
3. *M. serratus ventralis cervicis* – Halsportion des ventralen gesägten Muskels

3'. *M. serratus ventralis thoracis* – Brustkorbportion des ventralen gesägten Muskels

4. *M. supraspinatus* – Übergrätenmuskel

5., 5'., 5". *M. subscapularis* – Unterschulterblattmuskel

6. *M. teres major* – großer Rundmuskel
7. *M. latissimus dorsi* – breiter Rückenmuskel
8. *M. triceps brachii* – dreiköpfiger Armmuskel
9. *M. pectoralis profundus (ascendens)* – tiefer (aufsteigender) Brustmuskel
10. *M. pectoralis transversus* – querverlaufender Brustmuskel
11. *Lacertus axillaris* – Achselsehnenstrang
12. *N. subscapularis* – Unterschulterblattnerv
13. *N. suprascapularis* – Überschulterblattnerv
14. *N. thoracodorsalis, Ramus suprascapularis* – Brustkorb-Rückennerv, Überschulterblattast
15. *A. et V. subscapularis* – Unterschulterblattarterie und -vene
16. *A. et V. thoracodorsalis* – Brustkorb-Rückenarterie und -vene
17. *A. axillaris, N. medianus et N. ulnaris* – Achselarterie, Mittel- und Ellennerv
18. *N. axillaris* – Achselnerv
19. *V axillaris* – Achselvene
20. *N. radialis* – Speichennerv
21. *N. pectoralis caudalis* – kaudaler Brustnerv
22. *A. et V. scapularis dorsalis* – dorsale Schulterblattarterie und -vene
23. *Fascia antebrachii* – Unterarmfaszie
24. *N. musculocutaneus* – Muskel-Hautnerv

Schaf. Präparation der Schulter und des Oberarmes, Ansicht von medial. 2. Schicht.

Abbildung 70

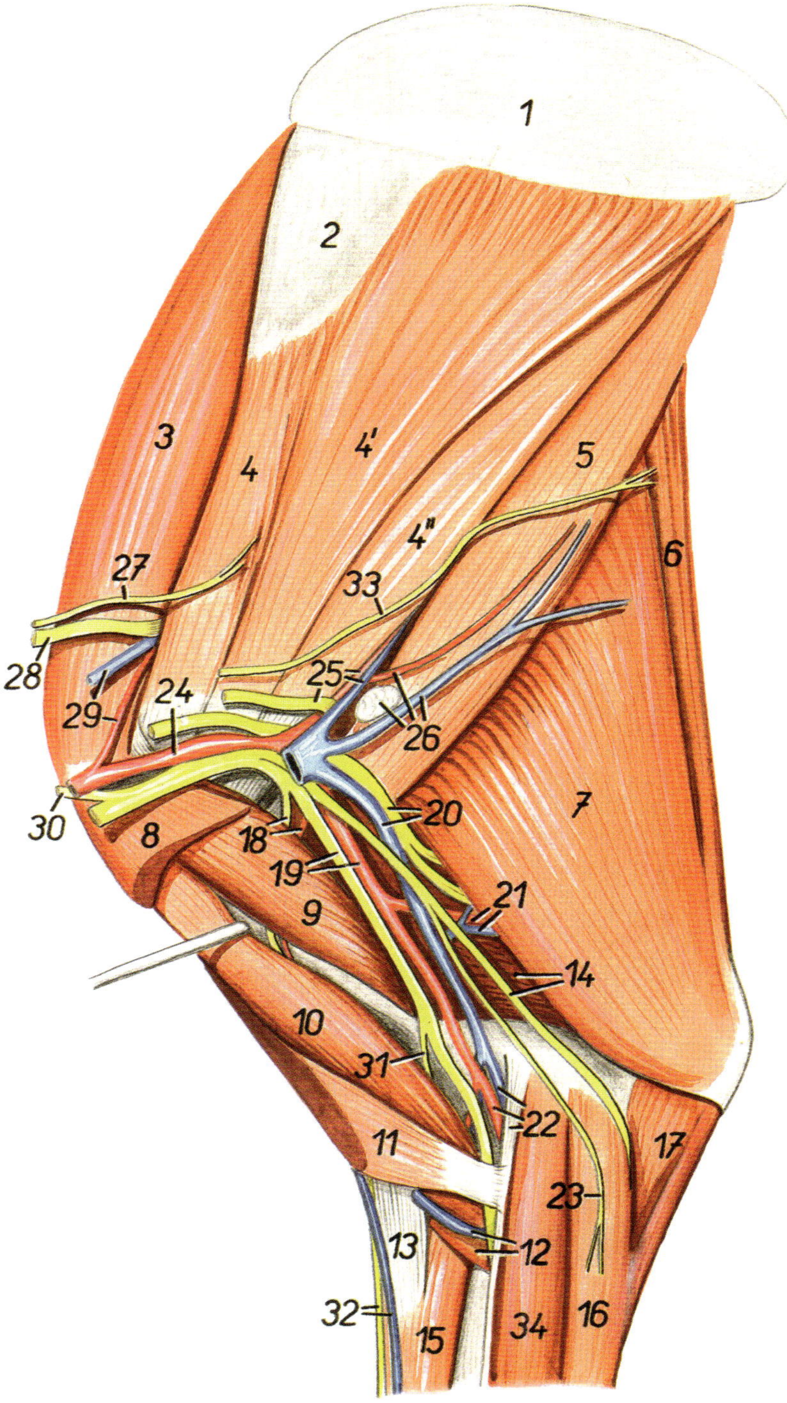

1. *Cartilago scapulae* – Schulterblattknorpel
2. *Facies serrata scapulae* – Ansatzfläche des ventralen gesägten Muskels am Schulterblatt
3. *M. supraspinatus* – Übergrätenmuskel
4., 4'., 4''. *M. subscapularis* – Unterschulterblattmuskel
5. *M. teres major* – großer Rundmuskel
6. *M. tensor fasciae antebrachii* – Spanner der Unterarmfaszie
7. *Caput longum mi. tricipitis brachii* – langer Kopf des dreiköpfigen Armmuskels
8. *M. pectoralis profundus (ascendens)* – tiefer (aufsteigender) Brustmuskel
9. *M. coracobrachialis* – Rabenschnabel-Armmuskel
10. *M. biceps brachii* – zweiköpfiger Armmuskel
11. *Crus radiale mi. pectoralis descendentis* – radialer Schenkel des absteigenden Brustmuskels
12. *V. cephalica, M. brachialis* – Kopfvene des Unterarmes, Armmuskel
13. *Lacertus fibrosus* – sehniger Faserstrang
14. *Caput mediale mi. tricipitis brachii, N. ulnaris* – medialer Kopf des dreiköpfiger Armmuskels, Ellennerv
15. *M. extensor carpi radialis* – radialer Strecker des Vorderfußwurzelgelenkes
16. *M. flexor carpi ulnaris* – ulnarer Beuger des Vorderfußwurzelgelenkes
17. *Caput ulnare mi. flexoris digitorum profundi* – Ellenkopf des tiefen Zehenbeugers
18. *Ramus muscularis proximalis ni. musculocutanei, A. circumflexa humeri cranialis* – proximaler Muskelast des Muskel-Hautnerven, kraniale Oberarmkranzarterie
19. *A. brachialis, N. medianus et N. musculocutaneus* – Armarterie, Mittelnerv und Muskel-Hautnerv
20. *V. brachialis, N. radialis* – Armvene, Speichennerv
21. *A. et V. profunda brachii* – tiefe Armarterie und -vene
22. *A. et V. mediana, M. pronator teres* – Mittelarterie und -vene, runder Einwärtsdreher
23. *N. cutaneus antebrachii caudalis* – kaudaler Unterarmhautnerv
24. *A. axillaris* – Achselarterie
25. *N. axillaris, A. et V. subscapularis* – Achselnerv, Unterschulterblattarterie und -vene
26. *A. et V. thoracodorsalis, Lnn. axillares* – Brustkorb-Rückenarterie und -vene, Achsellymphknoten
27. *N. subscapularis* – Unterschulterblattnerv
28. *N. suprascapularis* – Überschulterblattnerv
29. *Rami suprascapulares (A. et V.)* – Überschulterblattäste (Überschulterblattarterie und -vene)
30. *N. musculocutaneus* – Muskel-Hautnerv
31. *Ramus muscularis distalis ni. musculocutanei* – distaler Muskelast des Muskel-Hautnerven
32. *V. cephalica accessoria, N. cutanea antebrachii cranialis* – zusätzliche Kopfvene des Unterarmes, kranialer Unterarmhautnerv
33. *N. thoracodorsalis* – Brustkorb-Rückennerv
34. *M. flexor carpi radialis* – radialer Beuger des Vorderfußwurzelgelenkes

Schaf. Präparation des distalen Abschnitts der Schultergliedmaße, Ansicht von medial.

Abbildung 71

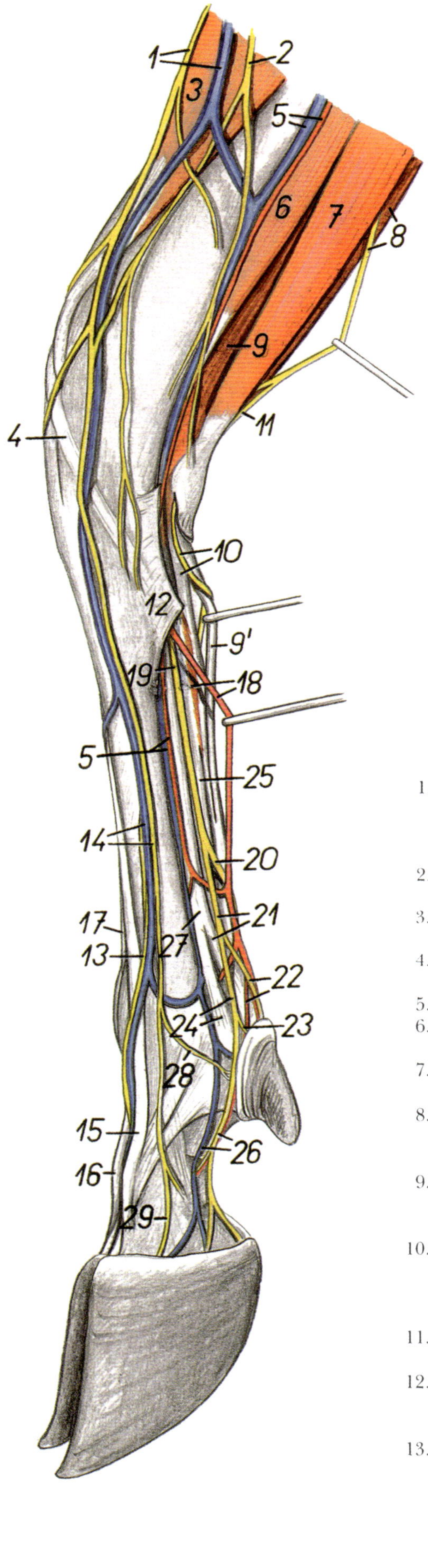

1. *Ramus superficialis ni. radialis, V. cephalica accessoria* – oberflächlicher Ast des Speichennerven, zusätzliche Kopfvene des Unterarmes
2. *N. cutaneus antebrachii medialis* – medialer Unterarmhautnerv
3. *M. extensor carpi radialis* – radialer Strecker des Vorderfußwurzelgelenkes
4. *M. abductor digiti I longus* – langer Abzieher der 1. Zehe
5. *A. et V. radialis* – Speichenarterie und -vene
6. *M. flexor carpi radialis* – radialer Beuger des Vorderfußwurzelgelenkes
7. *M. flexor carpi ulnaris* – ulnarer Beuger des Vorderfußwurzelgelenkes
8. *N. ulnaris, M. extensor carpi ulnaris* – Ellennerv, ulnarer Strecker des Vorderfußwurzelgelenkes
9., 9'. *Portio superficialis mi. flexoris digitorum superficialis*– oberflächliche Portion des oberflächlichen Zehenbeugers
10. *Ramus palmaris ni. ulnaris, Portio profunda mi. flexoris digitorum superficialis* – palmarer Ast des Ellennerven, tiefe Portion des oberflächlichen Zehenbeugers
11. *Ramus dorsalis ni. ulnaris* – dorsaler Ast des Ellennerven
12. *Lig. carpi palmare superficiale (Retinaculum flexorum)* – palmares oberflächliches Vorderfußwurzelband (Halteband der Beuger)
13. *N. digitalis dorsalis communis III* – 3. dorsaler gemeinsamer Zehennerv
14. *N. digitalis dorsalis communis II, V. digitalis dorsalis communis III* – 2. dorsaler gemeinsamer Zehennerv, 3. dorsale gemeinsame Zehenvene
15. *M. extensor digiti III* – Strecker der 3. Zehe
16. *M. extensor digitalis lateralis* – lateraler Zehenstrecker
17. *M. extensor digitorum communis (proprius)* – gemeinsamer (besonderer) Zehenstrecker
18. *A. mediana, M. interflexorius distalis* – Mittelarterie, distaler Zwischenbeugermuskel
19. *N. medianus* – Mittelnerv
20. *N. palmaris lateralis* – lateraler Palmarnerv
21. *N. palmaris medialis, Ramus flexorius mi. interossei* – medialer Palmarnerv, Beugeast des Zwischenknochenmuskels
22. *N. digitalis palmaris III lateralis, A. digitalis palmaris communis II* – 3. lateraler palmarer Zehennerv, 2. palmare gemeinsame Zehenarterie
23. *N. digitalis palmaris proprius II medialis* – 2. medialer palmarer besonderer Zehennerv
24. *Ramus sesamoideus mi. interossei, N. digitalis palmaris communis II* – Sesambeinast des Zwischenknochenmuskels, 2. palmarer gemeinsamer Zehennerv
25. *Tendo mi. flexoris digitorum profundi* – Sehne des tiefen Zehenbeugers
26. *N. digitalis palmaris proprius III medialis, V. digitalis palmaris propria III medialis* – 3. medialer palmarer besonderer Zehennerv, 3. mediale palmare besondere Zehenvene
27. *M. interosseus* – Zwischenknochenmuskel
28. *N. digitalis dorsalis proprius II* – 2. dorsaler besonderer Zehennerv
29. *N. digitalis dorsalis proprius III medialis* – 3. medialer dorsaler besonderer Zehennerv

Schaf. Präparation des distalen Abschnitts der Schultergliedmaße, Ansicht von lateral.

Abbildung 72

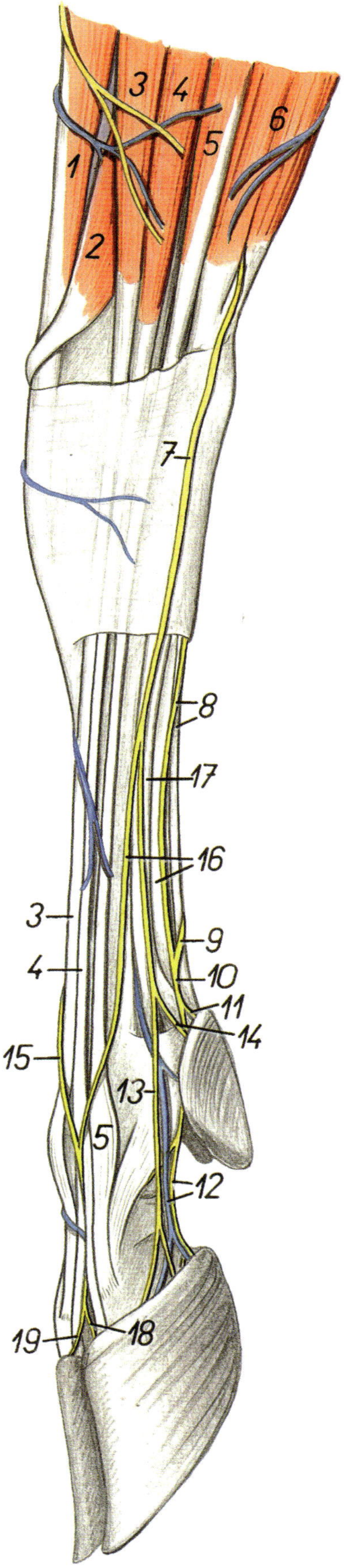

1. *M. extensor carpi radialis* – radialer Strecker des Vorderfußwurzelgelenkes
2. *M. abductor digiti I longus* – langer Abzieher der 1. Zehe
3., 4. *M. extensor digitorum communis* – gemeinsamer Zehenstrecker
3. *M. extensor digiti III* – Strecker der 3. Zehe
4. *M. extensor digitorum communis (proprius)* – gemeinsamer (besonderer) Zehenstrecker
5. *M. extensor digitalis lateralis* – lateraler Zehenstrecker
6. *M. extensor carpi ulnaris* – ulnarer Strecker des Vorderfußwurzelgelenkes
7. *Ramus dorsalis ni. ulnaris* – dorsaler Ast des Ellennerven
8. *Ramus superficialis rami palmaris ni. ulnaris, M. flexor digitorum superficialis* – oberflächlicher Ast des Palmarastes des Ellennerven, oberflächlicher Zehenbeuger
9., 10. *N. digitalis palmaris communis IV* – 4. palmarer gemeinsamer Zehennerv
11. *N. digitalis palmaris proprius V lateralis* – 5. lateraler palmarer besonderer Zehennerv
12. *V. et N. digitalis palmaris proprius IV lateralis* – 4. laterale palmare besondere Zehenvene, 4. lateraler palmarer besonderer Zehennerv
13. *N. digitalis dorsalis proprius IV lateralis* – 4. lateraler dorsaler besonderer Zehennerv
14. *N. digitalis dorsalis proprius V* – 5. dorsaler besonderer Zehennerv
15. *N. digitalis dorsalis communis III* – 3. dorsaler gemeinsamer Zehennerv
16. *Ramus communicans radialis ni. ulnaris, M. flexor digitorum profundus* – radialer Verbindungsast
17. *M. interosseus* – Zwischenknochenmuskel
18. *N. digitalis dorsalis proprius IV medialis* – 4. medialer dorsaler besonderer Zehennerv
19. *N. digitalis dorsalis proprius III lateralis* – 3. lateraler dorsaler besonderer Zehennerv

Schaf. Präparation des distalen Abschnitts der rechten Schultergliedmaße, Ansicht von dorsal.

Abbildung 73

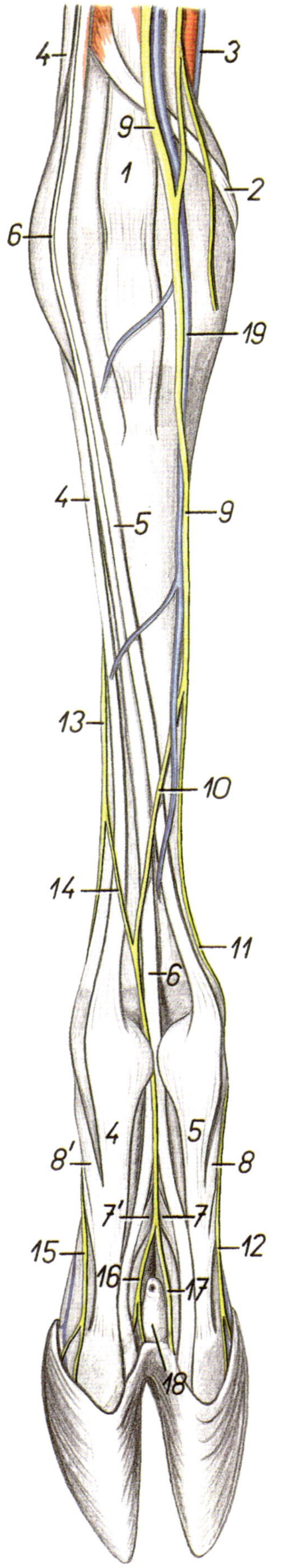

1. *M. extensor carpi radialis* – radialer Strecker des Vorderfußwurzelgelenkes
2. *M. abductor digiti I longus* – langer Abzieher der 1. Zehe
3. *V. radialis* – Speichenvene
4. *M. extensor digitalis lateralis* – lateraler Zehenstrecker
5., 6. *M. extensor digitorum communis* – gemeinsamer Zehenstrecker
5. *M. extensor digiti III* – Strecker der 3. Zehe
6. *M. extensor digitorum communis (proprius)* – gemeinsamer (besonderer) Zehenstrecker
7. *Portio interdigitalis mi. interossei ad digitum III* – Zwischenzehenportion des Zwischenknochenmuskels für die 3. Zehe

7'. *Portio interdigitalis mi. interossei ad digitum IV* – Zwischenzehenportion des Zwischenknochenmuskels für die 4. Zehe

8. *Portio collateralis mi. interossei ad digitum III* – Seitenportion des Zwischenknochenmuskels für die 3. Zehe

8'. *Portio collateralis mi. interossei ad digitum IV* – Seitenportion des Zwischenknochenmuskels für die 4. Zehe

9. *Ramus superficialis ni. radialis* – oberflächlicher Ast des Speichennerven
10. *N. digitalis dorsalis communis III* – 3. dorsaler gemeinsamer Zehennerv
11. *N. digitalis dorsalis communis II* – 2. dorsaler gemeinsamer Zehennerv
12. *N. digitalis dorsalis proprius III medialis* – 3. medialer dorsaler besonderer Zehennerv
13. *Ramus dorsalis ni. ulnaris* – dorsaler Ast des Ellennerven
14. *Ramus communicans radialis ni. ulnaris* – radialer Verbindungsast des Ellennerven
15. *N. digitalis dorsalis proprius IV lateralis* – 4. lateraler dorsaler besonderer Zehennerv
16. *N. digitalis dorsalis proprius IV medialis* – 4. medialer dorsaler besonderer Zehennerv
17. *N. digitalis dorsalis proprius III lateralis* – 3. lateraler dorsaler besonderer Zehennerv
18. *Sinus interdigitalis* – Zwischenzehenbucht
19. *V. cephalica accessoria* – zusätzliche Kopfvene des Unterarmes

Schaf. Präparation des distalen Abschnitts der rechten Schultergliedmaße, Ansicht von palmar.

Abbildung 74

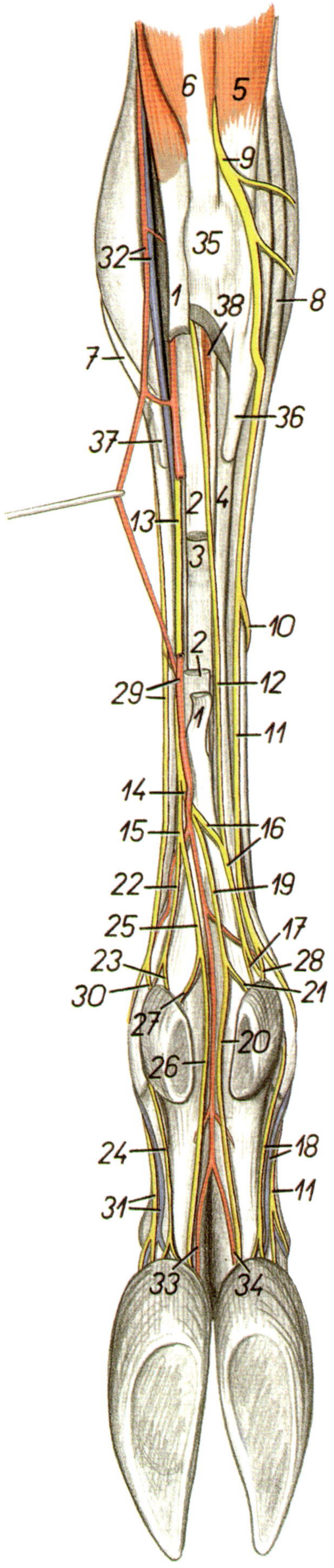

1. *Portio superficialis mi. flexoris digitorum superficialis* – oberflächliche Portion des oberflächlichen Zehenbeugers
2. *Portio profunda mi. flexoris digitorum superficialis* – tiefe Portion des oberflächlichen Zehenbeugers
3. *M. flexor digitorum profundus* – tiefer Zehenbeuger
4. *M. interosseus* – Zwischenknochenmuskel
5. *M. extensor carpi ulnaris* – ulnarer Strecker des Vorderfußwurzelgelenkes
6. *M. flexor carpi ulnaris* – ulnarer Beuger des Vorderfußwurzelgelenkes
7. *M. abductor digiti I longus* – langer Abzieher der 1. Zehe
8. *M. extensor digitalis lateralis* – lateraler Zehenstrecker
9. *Ramus dorsalis ni. ulnaris* – dorsaler Ast des Ellennerven
10. *Ramus communicans radialis ni. ulnaris* – radialer Verbindungsast des Ellennerven
11. *N. digitalis dorsalis communis IV* – 4. dorsaler gemeinsamer Zehennerv

11'. *N. digitalis dorsalis proprius IV lateralis* – 4. lateraler dorsaler besonderer Zehennerv

12. *Ramus superficialis rami palmaris ni. ulnaris* – oberflächlicher Ast des Palmarastes des Ellennerven
13. *N. medianus* – Mittelnerv
14. *N. palmaris lateralis* – lateraler Palmarnerv
15. *N. palmaris medialis* – medialer Palmarnerv
16. *N. digitalis palmaris communis IV* – 4. palmarer gemeinsamer Zehennerv
17. *N. digitalis palmaris proprius V lateralis* – 5. lateraler palmarer besonderer Zehennerv
18. *N. et V. digitalis palmaris propria IV lateralis* – 4. lateraler palmarer besonderer Zehennerv und 4. laterale palmare besondere Zehenvene
19. *N. digitalis palmaris IV medialis* – 4. medialer palmarer Zehennerv
20. *N. digitalis palmaris proprius IV medialis* – 4. medialer palmarer besonderer Zehennerv
21. *N. digitalis palmaris proprius V medialis* – 5. medialer palmarer besonderer Zehennerv
22. *N. digitalis palmaris communis II* – 2. palmarer gemeinsamer Zehennerv
23. *N. digitalis palmaris proprius II medialis* – 2. medialer palmarer besonderer Zehennerv
24. *N. digitalis palmaris proprius III medialis* – 3. medialer palmarer besonderer Zehennerv
25. *N. digitalis palmaris III lateralis* – 3. lateraler palmarer Zehennerv
26. *N. digitalis palmaris proprius III lateralis* – 3. lateraler palmarer besonderer Zehennerv
27. *N. digitalis palmaris proprius II lateralis* – 2. lateraler palmarer besonderer Zehennerv
28. *N. digitalis dorsalis proprius V* – 5. dorsaler besonderer Zehennerv
29. *Ramus superficialis ni. radialis, A. mediana* – oberflächlicher Ast des Speichennerven, Mittelarterie
30. *N. digitalis dorsalis proprius II* – 2. dorsaler besonderer Zehennerv
31. *N. digitalis dorsalis proprius III medialis, V. digitalis palmaris propria III medialis* – 3. medialer dorsaler besonderer Zehennerv, 3. mediale palmare besondere Zehenvene
32. *A. et V. radialis* – Speichenarterie und -vene
33. *A. digitalis palmaris propria III lateralis* – 3. laterale palmare besondere Zehenarterie
34. *A. digitalis palmaris propria IV medialis* – 4. mediale palmare besondere Zehenarterie
35. *Os carpi accessorium (Os pisiforme)* – zusätzlicher Vorderfußwurzelknochen (Erbsenbein)
36. *Os metacarpale V* – 5. Vordermittelfußknochen
37. *Os metacarpale II* – 2. Vordermittelfußknochen
38. *M. interflexorius distalis* – distaler Zwischenbeugermuskel

Schaf. Skelett der Beckengliedmaße, Ansicht von medial.

Abbildung 75

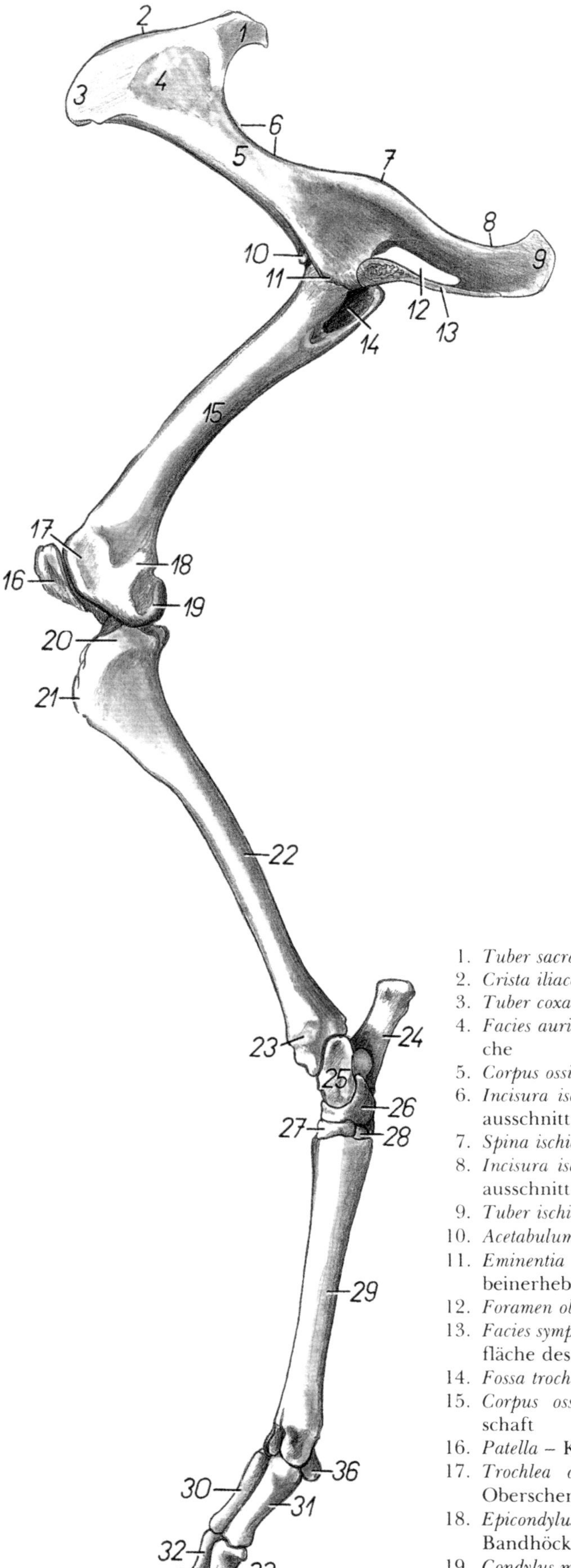

1. *Tuber sacrale* – Kreuzbeinhöcker
2. *Crista iliaca* – Darmbeinleiste
3. *Tuber coxae* – Hüfthöcker
4. *Facies auricularis* – ohrmuschelförmige Fläche
5. *Corpus ossis ilium* – Darmbeinsäule
6. *Incisura ischiadica major* – großer Sitzbeinausschnitt
7. *Spina ischiadica* – Sitzbeingräte
8. *Incisura ischiadica minor* – kleiner Sitzbeinausschnitt
9. *Tuber ischiadicum* – Sitzbeinhöcker
10. *Acetabulum* – Beckenpfanne
11. *Eminentia iliopubica* – Darmbein-Schambeinerhebung
12. *Foramen obturatum* – verstopftes Loch
13. *Facies symphysialis ossis coxae* – Beckenfugenfläche des Hüftbeines
14. *Fossa trochanterica* – Umdrehergrube
15. *Corpus ossis femoris* – Oberschenkelbeinschaft
16. *Patella* – Kniescheibe
17. *Trochlea ossis femoris* – Gelenkrolle des Oberschenkelbeines
18. *Epicondylus medialis ossis femoris* – medialer Bandhöcker des Oberschenkelbeines
19. *Condylus medialis ossis femoris* – medialer Gelenkknorren des Oberschenkelbeines
20. *Condylus medialis tibiae* – medialer Gelenkknorren des Schienbeines
21. *Tuberositas tibiae* – Schienbeinbeule
22. *Corpus tibiae* – Schienbeinschaft
23. *Malleolus medialis* – medialer Knöchel
24. *Calcaneus* – Fersenbein
25. *Talus* – Rollbein
26. *Os centroquartale (Os naviculocuboideum)* – zentraler Hinterfußwurzelknochen (Kahn-Würfelbein)
27. *Os tarsale II et III (Os cuneiforme intermediolaterale)* – 2. und 3. Hinterfußwurzelknochen (mittleres laterales Keilbein)
28. *Os tarsale I (Os cuneiforme mediale)* – 1. Hinterfußwurzelknochen (mediales Keilbein)
29. *Os metatarsale III et IV* – 3. und 4. Hintermittelfußknochen
30. *Phalanx proximalis digiti IV* – proximales Glied der 4. Zehe
31. *Phalanx proximalis digiti III* – proximales Glied der 3. Zehe
32. *Phalanx media digiti IV* – mittleres Glied der 4. Zehe
33. *Phalanx media digiti III* – mittleres Glied der 3. Zehe
34. *Phalanx distalis digiti IV* – distales Glied der 4. Zehe
35. *Phalanx distalis digiti III* – distales Glied der 3. Zehe
36. *Os sesamoideum proximale* – proximales Sesambein
37. *Os sesamoideum distale* – distales Sesambein

Schaf. Muskeln des Beckens und der Beckengliedmaße, Ansicht von medial.

Abbildung 76

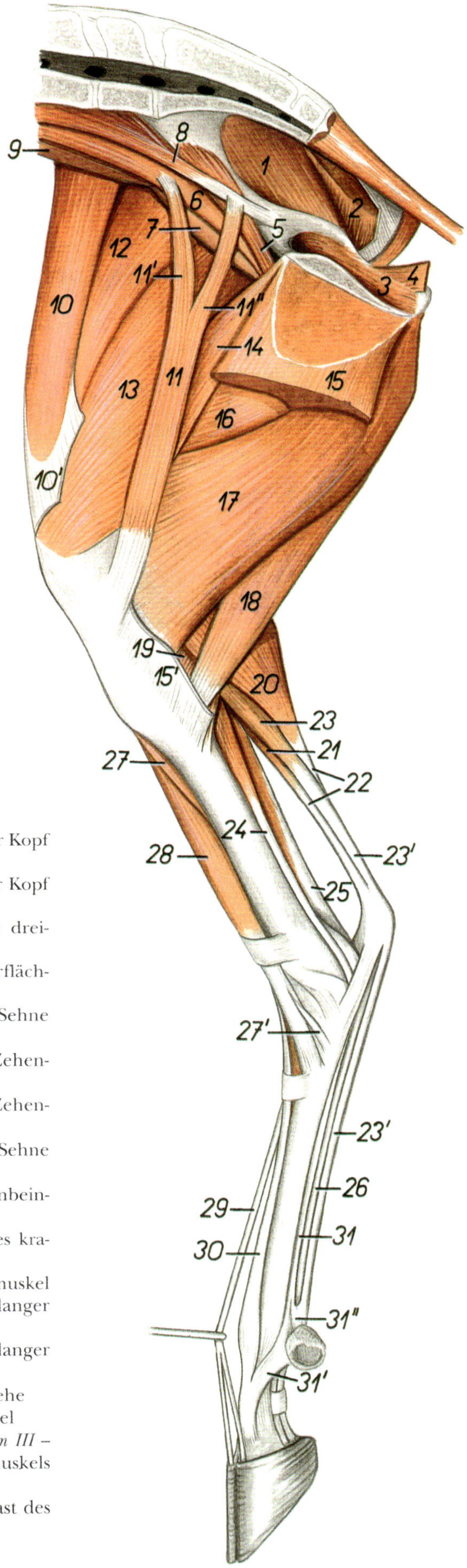

1. *M. gluteus medius* – mittlerer Kruppenmuskel
2. *M. gluteobiceps* – zweiköpfiger Kruppenmuskel
3. *Pars intrapelvina mi. obturatorii externi* – im Becken gelegener Teil des äußeren Verstopfermuskels
4. *M. levator ani* – Afterheber
5. *Portio medialis mi. iliaci* – mediale Portion des Darmbeinmuskels
6. *M. psoas major* – großer Lendenmuskel
7. *Portio lateralis mi. iliaci* – laterale Portion des Darmbeinmuskels
8. *M. psoas minor* – kleiner Lendenmuskel
9. *M. quadratus lumborum* – viereckiger Lendenmuskel
10. *M. tensor fasciae latae* – Spanner der Oberschenkelfaszie
10'. *Fascia lata femoris* – Oberschenkelfaszie
11. *M. sartorius* – Schneidermuskel
11'. *Portio cranialis mi. sartorii* – kraniale Portion des Schneidermuskels
11". *Portio caudalis mi. sartorii* – kaudale Portion des Schneidermuskels
12. *M. rectus femoris* – gerader Oberschenkelmuskel
13. *M. vastus medialis* – medialer Oberschenkelmuskel
14. *M. pectineus* – Kammuskel
15. *M. gracilis* – schlanker Schenkelmuskel
15'. *Insertio mi. gracilis* – Ansatz des schlanken Schenkelmuskels
16. *M. adductor* – Einwärtszieher
17. *M. semimembranosus* – halbhäutiger Muskel
18. *M. semitendinosus* – halbsehniger Muskel
19. *M. popliteus* – Kniekehlmuskel
20. *Caput mediale mi. gastrocnemii* – medialer Kopf des Wadenmuskels
21. *Caput laterale mi. gastrocnemii* – lateraler Kopf des Wadenmuskels
22. *Tendo mi. tricipitis surae* – Sehne des dreiköpfigen Wadenmuskels
23. *M. flexor digitorum superficialis* – oberflächlicher Zehenbeuger
23'. *Tendo mi. flexoris digitorum superficialis* – Sehne des oberflächlichen Zehenbeugers
24. *M. flexor digitorum medialis* – medialer Zehenbeuger
25. *M. flexor digitorum lateralis* – lateraler Zehenbeuger
26. *Tendo mi. flexoris digitorum profundi* – Sehne des tiefen Zehenbeugers
27. *M. tibialis cranialis* – kranialer Schienbeinmuskel
27'. *Insertio mi. tibialis cranialis* – Ansatz des kranialen Schienbeinmuskels
28. *M. peroneus tertius* – dritter Wadenbeinmuskel
29., 30. *M. extensor digitorum longus* – langer Zehenstrecker
29. *M. extensor digitorum longus (proprius)* – langer (besonderer) Zehenstrecker
30. *M. extensor digiti III* – Strecker der 3. Zehe
31. *M. interosseus* – Zwischenknochenmuskel
31'. *Portio collateralis mi. interossei ad digitum III* – Seitenportion des Zwischenknochenmuskels für die 3. Zehe
31". *Ramus flexorius mi. interrossei* – Beugerast des Zwischenknochenmuskels

Schaf. Muskeln des Beckens und der Beckengliedmaße, Ansicht von lateral.

Abbildung 77

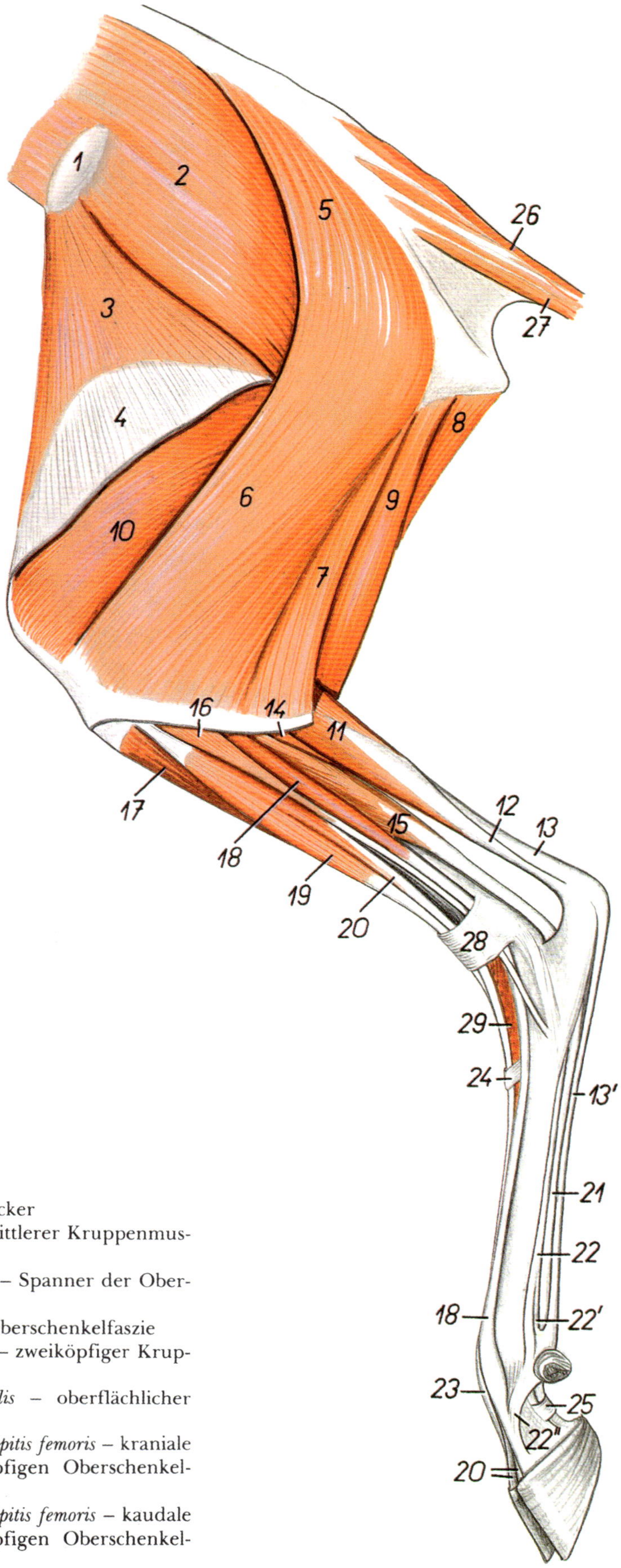

1. *Tuber coxae* – Hüfthöcker
2. *M. gluteus medius* – mittlerer Kruppenmuskel
3. *M. tensor fasciae latae* – Spanner der Oberschenkelfaszie
4. *Fascia lata femoris* – Oberschenkelfaszie
5., 6., 7. *M. gluteobiceps* – zweiköpfiger Kruppenmuskel
5. *M. gluteus superficialis* – oberflächlicher Kruppenmuskel
6. *Portio cranialis mi. bicipitis femoris* – kraniale Portion des zweiköpfigen Oberschenkelmuskels
7. *Portio caudalis mi. bicipitis femoris* – kaudale Portion des zweiköpfigen Oberschenkelmuskels
8. *M. semimembranosus* – halbhäutiger Muskel
9. *M. semitendinosus* – halbsehniger Muskel
10. *M. vastus lateralis* – lateraler Oberschenkelmuskel
11. *M. gastrocnemius* – Wadenmuskel
12., 13. *Tendo calcaneus communis* – gemeinsame Fersensehne
12. *Tendo mi. tricipitis surae* – Sehne des dreiköpfigen Wadenmuskels
13., 13.' *Tendo mi. flexoris digitorum superficialis* – Sehne des oberflächlichen Zehenbeugers
14. *M. tibialis caudalis* – kaudaler Schienbeinmuskel
15. *M. flexor digitorum lateralis* – lateraler Zehenbeuger
16. *M. peroneus longus* – langer Wadenbeinmuskel
17. *M. tibialis cranialis* – kranialer Schienbeinmuskel
18. *M. extensor digitalis lateralis* – lateraler Zehenstrecker
19. *M. peroneus tertius* – dritter Wadenbeinmuskel
20. *M. extensor digitorum longus (proprius)* – langer (besonderer) Zehenstrecker
21. *M. flexor digitorum profundus* – tiefer Zehenbeuger
22. *M. interosseus* – Zwischenknochenmuskel
22'. *Ramus flexorius mi. interossei* – Beugerast des Zwischenknochenmuskels
22". *Ramus collateralis mi. interossei ad digitum IV* – Seitenast des Zwischenknochenmuskels zur 4. Zehe
23. *M. extensor digiti III* – Strecker der 3. Zehe
24. *Retinaculum extensorum distale* – distales Halteband der Strecker
25. *Pars anularis vaginae fibrosae digiti* – Ringteil der faserigen Zehenscheide
26. *M. sacrocaudalis dorsalis lateralis* – langer Heber des Schwanzes
27. *M. sacrocaudalis ventralis lateralis* – langer Niederzieher des Schwanzes
28. *Retinaculum extensorum proximale* – proximales Halteband der Strecker
29. *M. extensor digitorum brevis* – kurzer Zehenstrecker

Abbildung 78

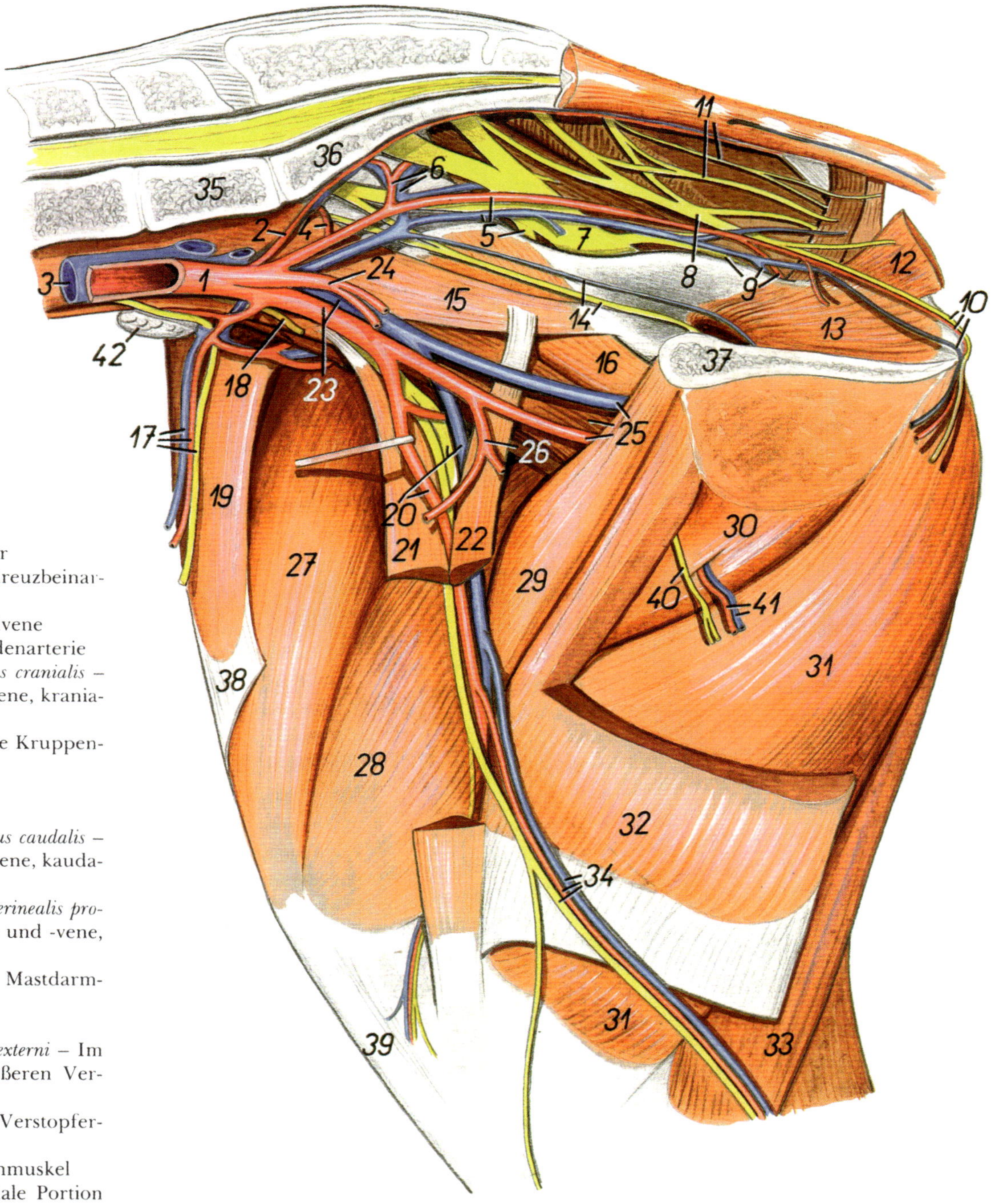

1. *Aorta* – große Körperschlagader
2. *A. sacralis mediana* – mediane Kreuzbeinarterie
3. *V. cava caudalis* – kaudale Hohlvene
4. *A. iliolumbalis* – Darmbein-Lendenarterie
5. *A. et V. iliaca interna, N. gluteus cranialis* – innere Darmbeinarterie und -vene, kranialer Kruppennerv
6. *A. et V. glutea cranialis* – kraniale Kruppenarterie und -vene
7. *N. ischiadicus* – Sitzbeinnerv
8. *N. pudendus* – Schamnerv
9. *A. et V. glutea caudalis, N. gluteus caudalis* – kaudale Kruppenarterie und -vene, kaudaler Kruppennerv
10. *A. et V. perinealis ventralis, N. perinealis profundus* – ventrale Dammarterie und -vene, tiefer Dammnerv
11. *Nn. rectales caudales* – kaudale Mastdarmnerven
12. *M. levator ani* – Afterheber
13. *Pars intrapelvina mi. obturatorii externi* – Im Becken gelegener Teil des äußeren Verstopfermuskels
14. *N. obturatorius, V. obturatoria* – Verstopfernerv, Verstopfervene
15. *M. psoas minor* – kleiner Lendenmuskel
16. *Portio medialis mi. iliaci* – mediale Portion des Darmbeinmuskels
17. *A. et V. circumflexa ilium profunda, N. cutaneus femoris lateralis* – tiefe Darmbeinkranzarterie und -vene, lateraler Oberschenkelhautnerv
18. *N. genitofemoralis* – Genital-Oberschenkelnerv
19. *M. tensor fasciae latae* – Spanner der Oberschenkelfaszie
20. *A., V. et N. femoralis* – Oberschenkelarterie, -vene und -nerv
21. *Portio cranialis mi. sartorii* – kraniale Portion des Schneidermuskels
22. *Portio caudalis mi. sartorii* – kaudale Portion des Schneidermuskels
23. *A. et V. iliaca externa* – äußere Darmbeinarterie und -vene
24. *A. umbilicalis* – Nabelarterie
25. *A. et V. profunda femoris, M. psoas major* – tiefe Oberschenkelarterie und -vene, großer Lendenmuskel
26. *Truncus pudendoepigastricus* – Stamm der Scham-Bauchdeckenarterie
27. *M. rectus femoris* – gerader Oberschenkelmuskel
28. *M. vastus medialis* – medialer Oberschenkelmuskel
29. *M. pectineus* – Kammuskel
30. *M. adductor* – Einwärtszieher
31. *M. semimembranosus* – halbhäutiger Muskel
32. *M. gracilis* – schlanker Schenkelmuskel
33. *M. semitendinosus* – halbsehniger Muskel
34. *A. et N. saphenus, V. saphena medialis* – verborgene Arterie und verborgener Nerv, mediale verborgene Vene
35. *Vertebra lumbalis VI* – 6. Lendenwirbel
36. *Os sacrum* – Kreuzbein
37. *Facies symphysialis ossis coxae* – Beckenfugenseite des Hüftbeines
38. *Fascia lata femoris* – Oberschenkelfaszie
39. *Lig. patellae* – Kniescheibenband
40. *Ramus ni. obturatorii* – Ast des Verstopfernerven
41. *Rami musculares a. et v. profundae femoris* – Muskeläste der tiefen Oberschenkelarterie und -vene
42. *Ln. iliacus medialis* – medialer Darmbeinlymphknoten

Abbildung 79

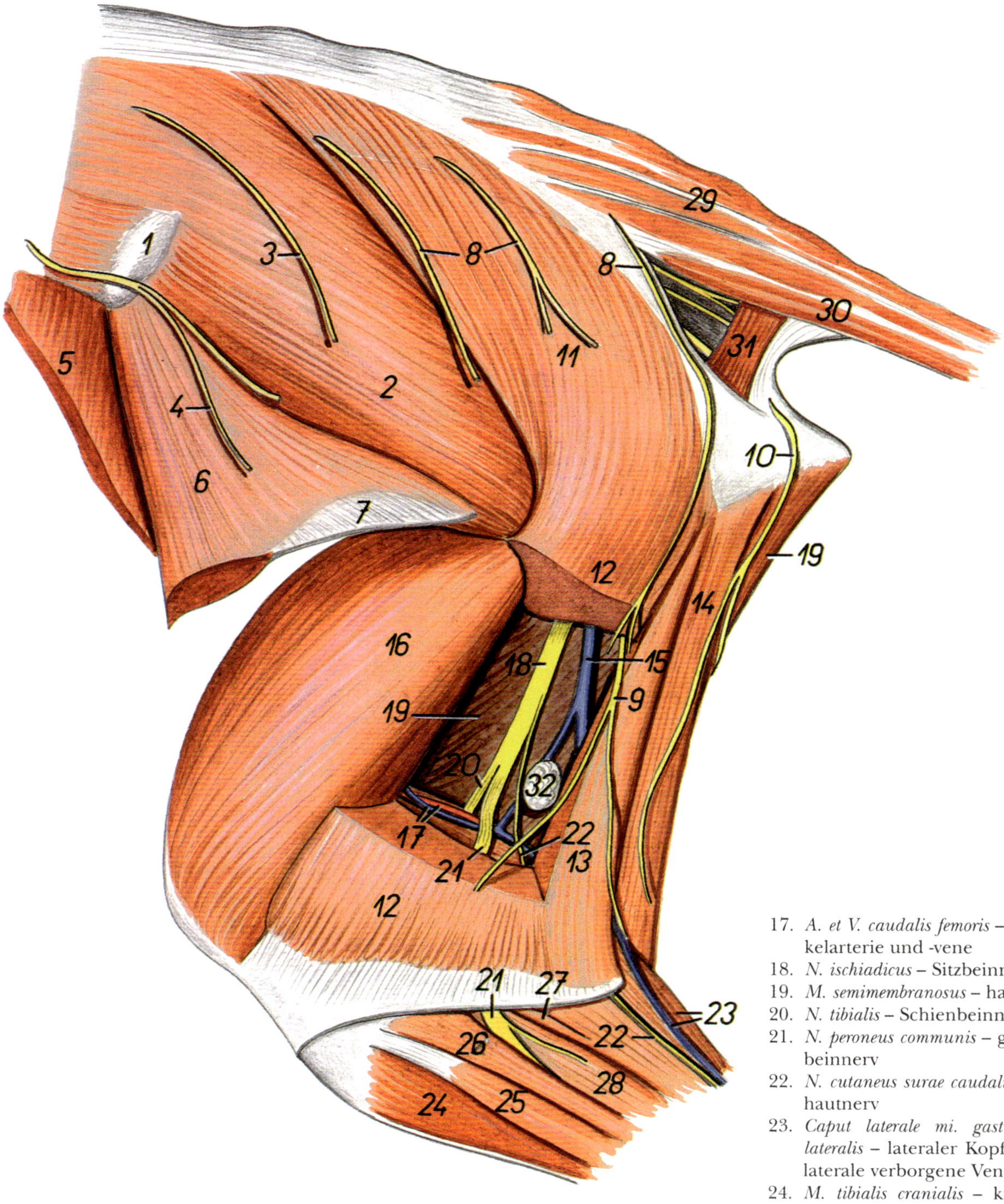

1. *Tuber coxae* – Hüfthöcker
2. *M. gluteus medius* – medialer Kruppenmuskel
3., 4. *Nn. clunium craniales* – kraniale Hinterbackennerven
5. *M. obliquus internus abdominis* – innerer schiefer Bauchmuskel
6. *M. tensor fasciae latae* – Spanner der Oberschenkelfaszie
7. *Fascia lata femoris* – Oberschenkelfaszie
8. *Nn. clunium medii* – mittlere Kruppennerven
9. *N. cutaneus femoris caudalis* – kaudaler Oberschenkelhautnerv
10. *Ramus cutaneus proximalis ni. pudendi* – proximaler Hautast der Schamnerven

11., 12., 13. *M. gluteobiceps* – zweiköpfiger Kruppenmuskel

11. *M. gluteus superficialis* – oberflächlicher Kruppenmuskel
12. *Portio cranialis mi. bicipitis femoris* – kraniale Portion des zweiköpfigen Oberschenkelmuskels
13. *Portio caudalis mi. bicipitis femoris* – kaudale Portion des zweiköpfigen Oberschenkelmuskels
14. *M. semitendinosus* – halbsehniger Muskel
15. *Ramus v. circumflexae femoris medialis* – Ast der medialen Oberschenkelkranzvene
16. *M. vastus lateralis* – lateraler Oberschenkelmuskel
17. *A. et V. caudalis femoris* – kaudale Oberschenkelarterie und -vene
18. *N. ischiadicus* – Sitzbeinnerv
19. *M. semimembranosus* – halbhäutiger Muskel
20. *N. tibialis* – Schienbeinnerv
21. *N. peroneus communis* – gemeinsamer Wadenbeinnerv
22. *N. cutaneus surae caudalis* – kaudaler Wadenhautnerv
23. *Caput laterale mi. gastrocnemii, V. saphena lateralis* – lateraler Kopf des Wadenmuskels, laterale verborgene Vene
24. *M. tibialis cranialis* – kranialer Schienbeinmuskel
25. *M. extensor digitorum longus et M. peroneus tertius* – langer Zehenstrecker und dritter Wadenbeinmuskel
26. *M. peroneus longus* – langer Wadenbeinmuskel
27. *M. soleus* – Schollenmuskel
28. *M. extensor digitalis lateralis* – lateraler Zehenstrecker
29. *M. sacrocaudalils dorsalis lateralis* – langer Heber des Schwanzes
30. *M. sacrocaudalis ventralis lateralis* – langer Niederzieher des Schwanzes
31. *M. coccygeus* – langer Seitwärtszieher des Schwanzes
32. *Lnn. poplitei profundi* – tiefe Kniekehllymphknoten

Schaf. Lage der Beckenorgane, Ansicht von links, nach Entfernung der linken Beckengliedmaße und der linken Beckenhälfte

Abbildung 80

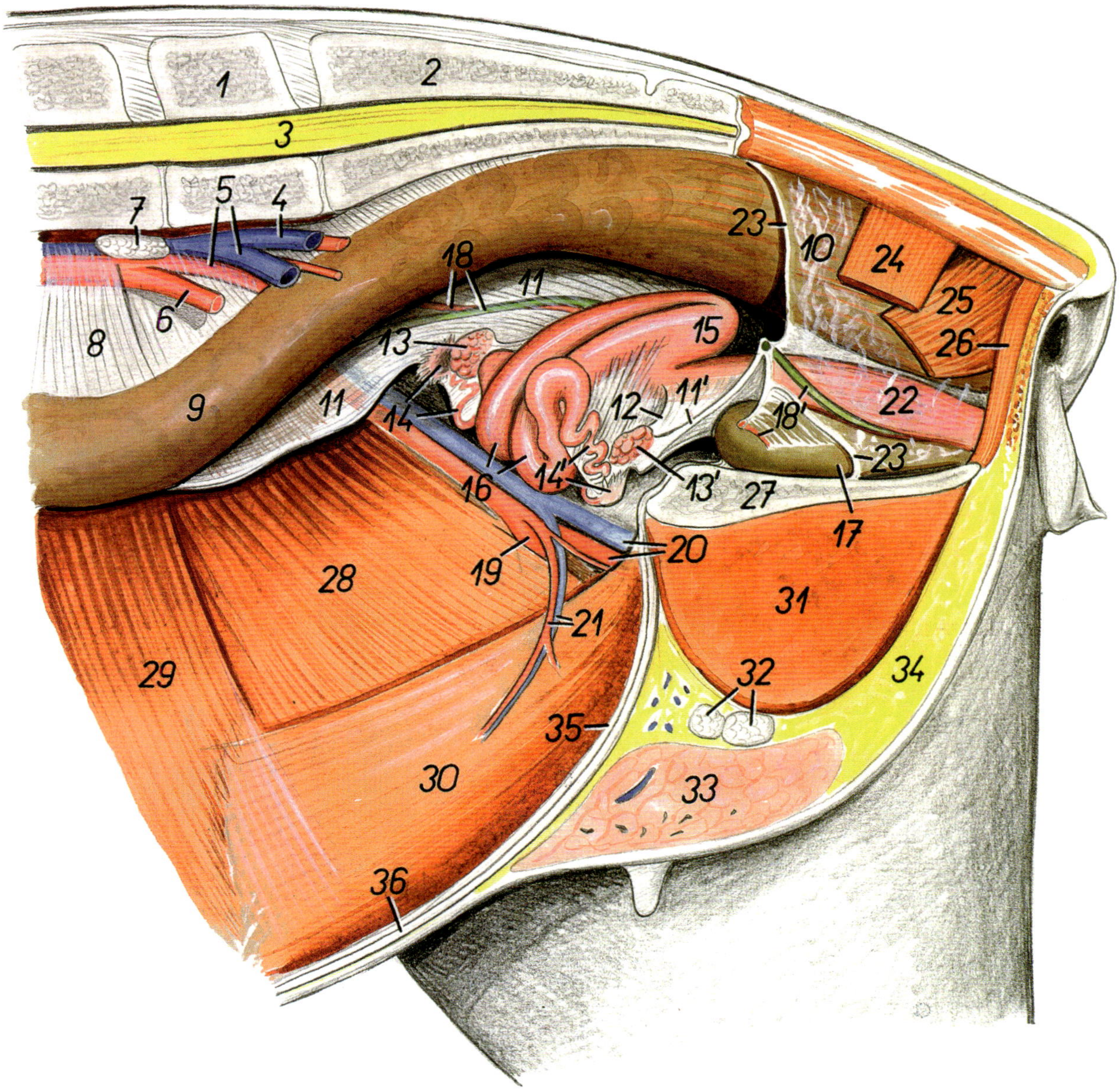

1. *Vertebra lumbalis VI* – 6. Lendenwirbel
2. *Os sacrum* – Kreuzbein
3. *Medulla spinalis* – Rückenmark
4. *A. iliaca interna sinistra* – linke innere Darmbeinarterie
5. *A. iliaca externa dextra, V. iliaca externa sinistra* – rechte äußere Darmbeinarterie, linke äußere Darmbeinvene
6. *A. iliaca externa sinistra* – linke äußere Darmbeinarterie
7. *Ln. iliacus medialis* – medialer Darmbeinlymphknoten
8. *Mesocolon descendens* – Gekröse des absteigenden Grimmdarmes
9. *Colon descendens* – absteigender Grimmdarm
10. *Ampulla recti* – Mastdarmampulle
11., 11'. *Lig. latum uteri* – breites Gebärmutterband
12. *Lig. ovarii proprium* – besonderes Eierstocksband
13., 13'. *Ovarium* – Eierstock
14., 14'. *Tuba uterina, Infundibulum tubae* – Eileiter, Eileitertrichter
15. *Corpus uteri* – Gebärmutterkörper
16. *Cornua uteri* – Uterushörner
17. *Vesica urinaria* – Harnblase
18. *A. umbilicalis dextra, Ureter dexter* – rechte Nabelarterie, rechter Harnleiter
18'. *A. umbilicalis sinistra, Ureter sinister* – linke Nabelarterie, linker Harnleiter
19. *A. femoralis* – Oberschenkelarterie
20. *A. et V. profunda femoris* – tiefe Oberschenkelarterie und -vene
21. *A. et V. epigastrica caudalis* – kaudale Bauchdeckenarterie und -vene
22. *Vagina* – Scheide
23. *Margo peritonei* – Bauchfellrand
24. *M. coccygeus* – langer Seitwärtszieher des Schwanzes
25. *M. levator ani* – Afterheber
26. *M. sphincter ani externus* – äußerer Afterschließmuskel
27. *Facies symphysialis ossis coxae* – Beckenfugenfläche des Hüftbeines
28. *M. obliquus internus abdominis* – innerer schiefer Bauchmuskel
29. *M. transversus abdominis* – querverlaufender Bauchmuskel
30. *M. rectus abdominis* – gerader Bauchmuskel
31. *M. adductor et M. semimembranosus* – Einwärtszieher und halbhäutiger Muskel
32. *Lnn. mammarii* – Euterlymphknoten
33. *Uber* – Euter
34. *Corpus adiposum* – Fettkörper
35. *Lig. vesicae medianum* – medianes Harnblasenband
36. *Linea alba abdominis* – weiße Bauchlinie

Schaf. Lage der Beckenorgane des Widders, Ansicht von links, nach Entfernung der linken Beckengliedmaße und der linken Beckenhälfte.

Abbildung 81

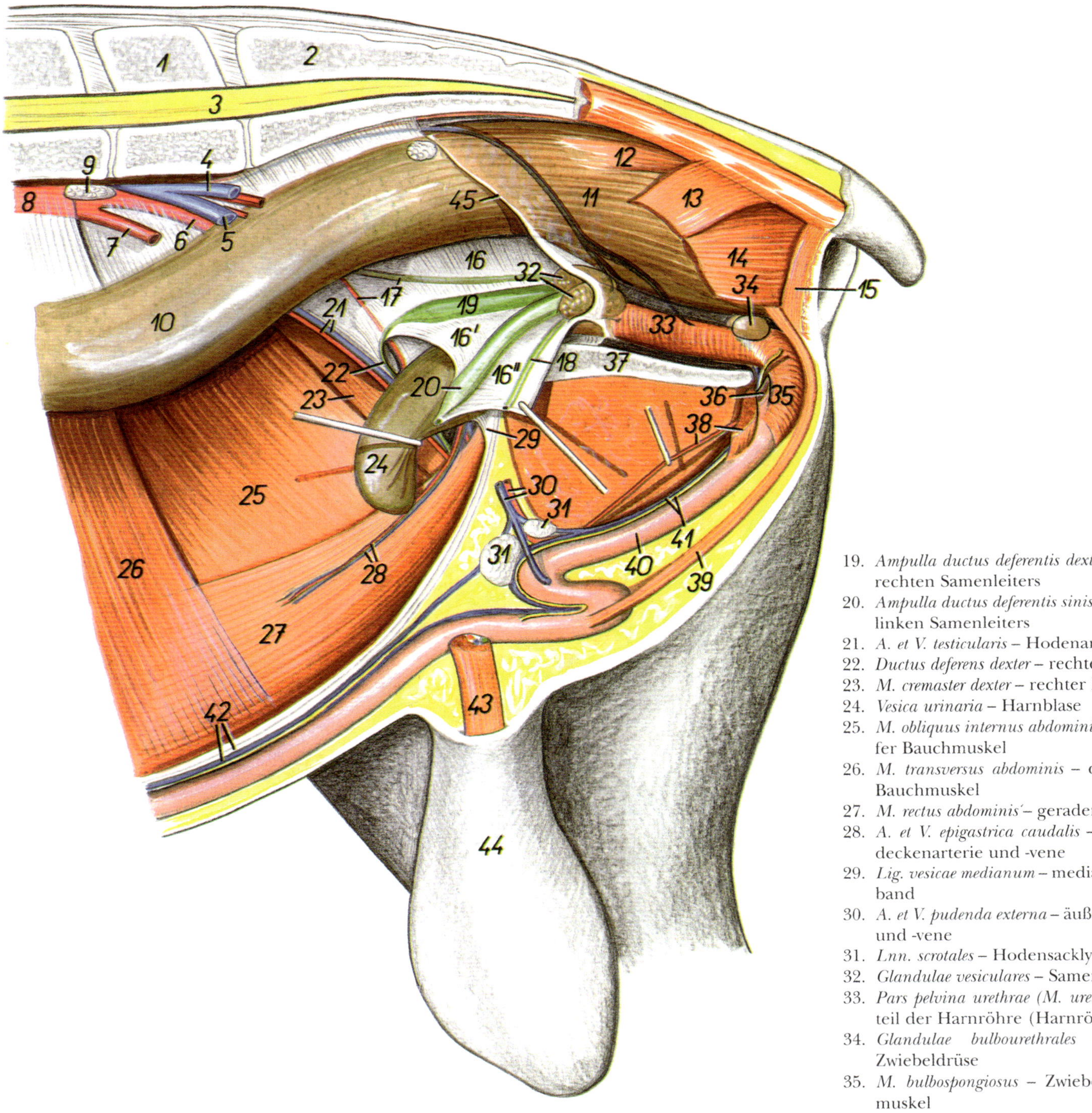

1. *Vertebra lumbalis VI* – 6. Lendenwirbel
2. *Os sacrum* – Kreuzbein
3. *Medulla spinalis* – Rückenmark
4. *V. iliaca interna sinistra* – linke innere Darmbeinvene
5. *V. iliaca externa sinistra* – linke äußere Darmbeinvene
6. *A. iliaca externa dextra* – rechte äußere Darmbeinarterie
7. *A. iliaca externa sinistra* – linke äußere Darmbeinarterie
8. *Aorta* – große Körperschlagader
9. *Ln. iliacus medialis* – medialer Darmbeinlymphknoten
10. *Colon descendens* – absteigender Grimmdarm
11. *Ampulla recti* – Mastdarmampulle
12. *M. rectococcygeus* – Mastdarm-Schwanzmuskel
13. *M. coccygeus* – langer Seitwärtszieher des Schwanzes
14. *M. levator ani* – Afterheber
15. *M. sphincter ani externus* – äußerer Afterschließmuskel
16., 16'., 16". *Plica urogenitalis* – gemeinsame Falte der Harn- und Geschlechtsorgane
17. *A. umbilicalis, Ureter dexter* – Nabelarterie, rechter Harnleiter
18. *Ureter sinister* – linker Harnleiter
19. *Ampulla ductus deferentis dextri* – Ampulle des rechten Samenleiters
20. *Ampulla ductus deferentis sinistri* – Ampulle des linken Samenleiters
21. *A. et V. testicularis* – Hodenarterie und -vene
22. *Ductus deferens dexter* – rechter Samenleiter
23. *M. cremaster dexter* – rechter Hodenheber
24. *Vesica urinaria* – Harnblase
25. *M. obliquus internus abdominis* – innerer schiefer Bauchmuskel
26. *M. transversus abdominis* – querverlaufender Bauchmuskel
27. *M. rectus abdominis* – gerader Bauchmuskel
28. *A. et V. epigastrica caudalis* – kaudale Bauchdeckenarterie und -vene
29. *Lig. vesicae medianum* – medianes Harnblasenband
30. *A. et V. pudenda externa* – äußere Schamarterie und -vene
31. *Lnn. scrotales* – Hodensacklymphknoten
32. *Glandulae vesiculares* – Samenblasendrüsen
33. *Pars pelvina urethrae (M. urethralis)* – Beckenteil der Harnröhre (Harnröhrenmuskel)
34. *Glandulae bulbourethrales* – Harnröhren-Zwiebeldrüse
35. *M. bulbospongiosus* – Zwiebel-Schwellkörpermuskel
36. *Crus penis sinistrum* – linker Penisschenkel
37. *Facies symhysalis ossis coxae* – Beckenfugenfläche des Hüftbeines
38. *M. ischiocavernosus, A. dorsalis penis* – Sitzbein-Schwellkörpermuskel, dorsale Penisarterie
39. *M. retractor penis* – Zurückzieher des Penis
40. *Penis* – Penis
41. *V. dorsalis penis, N. dorsalis penis* – dorsale Penisvene, dorsaler Penisnerv
42. *Linea alba abdominis, V. epigastrica cranialis superficialis* – weiße Bauchlinie, kraniale oberflächliche Bauchdeckenvene
43. *M. cremaster et Funiculus spermaticus sinister* – Hodenheber und linker Samenstrang
44. *Scrotum* – Hodensack
45. *Margo peritonei* – Bauchfellrand

Schaf. Querschnitt durch das Becken des Widders in Höhe des Kreuzbeines, Ansicht von kranial.

Abbildung 82

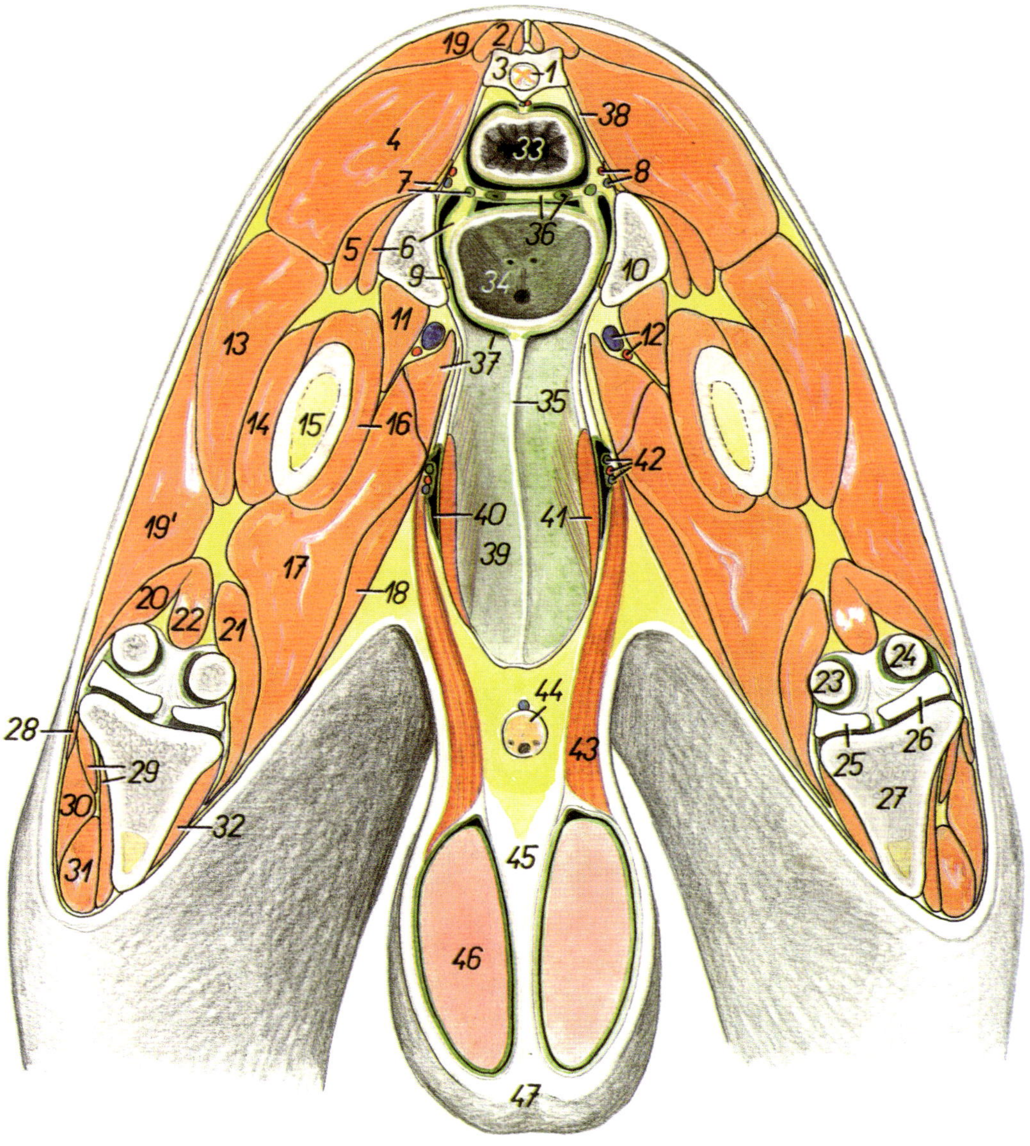

1. *Medulla spinalis* – Rückenmark
2. *M. sacrocaudalis dorsalis lateralis* – langer Heber des Schwanzes
3. *Os sacrum* – Kreuzbein
4. *M. gluteus medius* – mittlerer Kruppenmuskel
5. *M. gluteus accesorius major* – großer zusätzlicher Kruppenmuskel
6. *M. gluteus accessorius minor, Lig. laterale vesicae* – kleiner zusätzlicher Kruppenmuskel, laterales Blasenband
7. *N. ischiadicus, Ureter dexter* – Sitzbeinnerv, rechter Harnleiter
8. *A. et V. iliaca interna* – innere Darmbeinarterie und -vene
9. *N. obturatorius* – Verstopfernerv
10. *Os ilium* – Darmbein
11. *M. iliopsoas* – Darmbein-Lendenmuskel
12. *A. et V. profunda femoris* – tiefe Oberschenkelarterie und -vene
13. *M. vastus lateralis* – lateraler Oberschenkelmuskel
14. *M. vastus intermedius (Pars lateralis)* – mittlerer Oberschenkelmuskel (lateraler Teil)
15. *Corpus ossis femoris* – Oberschenkelbeinschaft
16. *M. vastus intermedius (Pars medialis)* – mittlerer Oberschenkelmuskel (medialer Teil)
17. *M. semimembranosus et M. adductor* – halbhäutiger Muskel und Einwärtszieher
18. *M. gracilis* – schlanker Schenkelmuskel
19., 19'. *M. gluteobiceps* – zweiköpfiger Kruppenmuskel
19. *M. gluteus superficialis* – oberflächlicher Kruppenmuskel
19'. *M. biceps femoris* – zweiköpfiger Oberschenkelmuskel
20. *Caput laterale mi. gastrocnemii* – lateraler Kopf des Wadenmuskels
21. *Caput mediale mi. gastrocnemii* – medialer Kopf des Wadenmuskels
22. *M. flexor digitorum superficialis* – oberflächlicher Zehenbeuger
23. *Condylus medialis ossis femoris* – medialer Gelenkknorren des Oberschenkelbeines
24. *Condylus lateralis ossis femoris* – lateraler Gelenkknorren des Oberschenkelbeines
25. *Meniscus medialis* – medialer Faserknorpel des Kniekehlgelenkes
26. *Meniscus lateralis* – lateraler Faserknorpel des Kniekehlgelenkes
27. *Tibia* – Schienbein
28. *M. soleus* – Schollenmuskel
29. *M. tibialis cranialis* – kranialer Schienbeinmuskel
30. *M. peroneus longus* – langer Wadenbeinmuskel
31. *M. peroneus tertius et M. extensor digitorum longus* – dritter Wadenbeinmuskel und langer Zehenstrecker
32. *M. popliteus* – Kniekehlmuskel
33. *Rectum* – Mastdarm
34. *Vesica urinaria* – Harnblase
35. *Lig. medianum vesicae* – medianes Harnblasenband
36. *Plica urogenitalis, Ductus deferens* – gemeinsame Falte der Harn- und Geschlechtsorgane, Samenleiter
37. *M. pectineus, Pecten ossis pubis* – Kammuskel, Schambeinkamm
38. *Lig. sacrotuberale latum* – breites Beckenband
39. *Paries abdominis* – Bauchwand
40. *Canalis vaginalis* – Scheidenhautkanal
41. *M. rectus abdominis* – gerader Bauchmuskel
42. *Ductus deferens, A. et V. testicularis* – Samenleiter, Hodenarterie und -vene
43. *M. cremaster* – Hodenheber
44. *Penis* – Penis
45. *Septum scroti* – Hodensackscheidewand
46. *Testis* – Hoden
47. *Scrotum* – Hodensack

Schaf. Präparation des distalen Abschnitts der Beckengliedmaße, Ansicht von lateral.

Abbildung 83

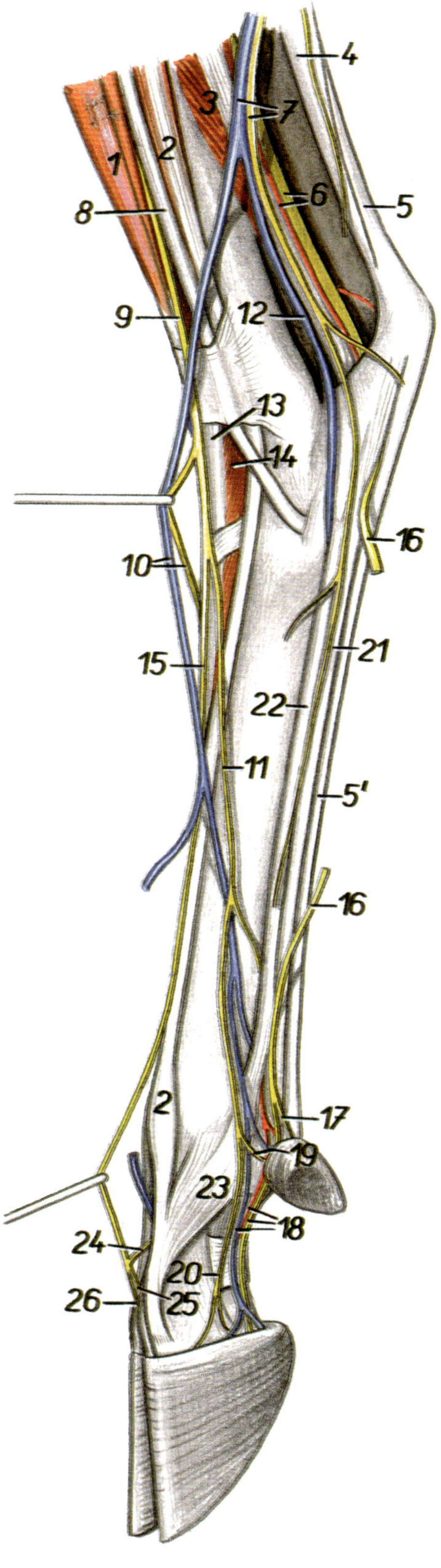

1. *M. peroneus tertius* – dritter Wadenbeinmuskel
2. *M. extensor digitalis lateralis* – lateraler Zehenstrecker
3. *M. flexor digitorum lateralis* – lateraler Zehenbeuger

4., 5. *Tendo calcaneus communis* – gemeinsame Fersensehne
4. *Tendo mi. tricipitis surae* – Sehne des dreiköpfigen Wadenmuskels
5., 5'. *Tendo mi. flexoris digitorum superficialis* – Sehne des oberflächlichen Zehenbeugers
6. *N. tibialis, A. saphena* – Schienbeinnerv, verborgene Arterie
7. *V. saphena lateralis, N. cutaneus surae caudalis* – laterale verborgene Vene, kaudaler Wadenhautnerv
8. *M. peroneus longus* – langer Wadenbeinmuskel
9. *N. peroneus superficialis* – oberflächlicher Wadenbeinmuskel
10. *N. digitalis dorsalis communis II, Ramus cranialis v. saphenae lateralis* – 2. dorsaler gemeinsamer Zehennerv, kranialer Ast der lateralen verborgenen Vene
11. *N. digitalis dorsalis communis IV* – 4. dorsaler gemeinsamer Zehennerv
12. *Ramus caudalis v. saphenae lateralis* – kaudaler Ast der lateralen verborgenen Vene
13. *M. extensor digitorum longus* – langer Zehenstrecker
14. *M. extensor digitorum brevis* – kurzer Zehenstrecker
15. *N. digitalis dorsalis communis III* – 3. dorsaler gemeinsamer Zehennerv
16. *N. plantaris lateralis* – lateraler Plantarnerv
17. *N. digitalis plantaris proprius V lateralis* – 5. lateraler plantarer besonderer Zehennerv
18. *A., V. et N. digitalis plantaris proprius IV lateralis* – 4. laterale plantare besondere Zehenarterie und -vene, 4. lateraler plantarer besonderer Zehennerv
19. *N. digitalis dorsalis proprius V* – 5. dorsaler besonderer Zehennerv
20. *N. digitalis dorsalis proprius IV lateralis* – 4. lateraler dorsaler besonderer Zehennerv
21. *M. flexor digitorum profundus* – tiefer Zehenbeuger
22. *M. interosseus* – Zwischenknochenmuskel
23. *Portio collateralis mi. interossei ad digitum IV* – Seitenportion des Zwischenknochenmuskels zur 4. Zehe
24. *Ramus communicans cum nervo peroneo profundo* – Verbindungsast mit dem tiefen Wadenbeinnerven
25. *N. digitalis dorsalis proprius IV medialis* – 4. medialer dorsaler besonderer Zehennerv
26. *N. digitalis dorsalis proprius III lateralis* – 3. lateraler dorsaler besonderer Zehennerv

Schaf. Präparation des distalen Abschnitts der Beckengliedmaße, Ansicht von medial.

Abbildung 84

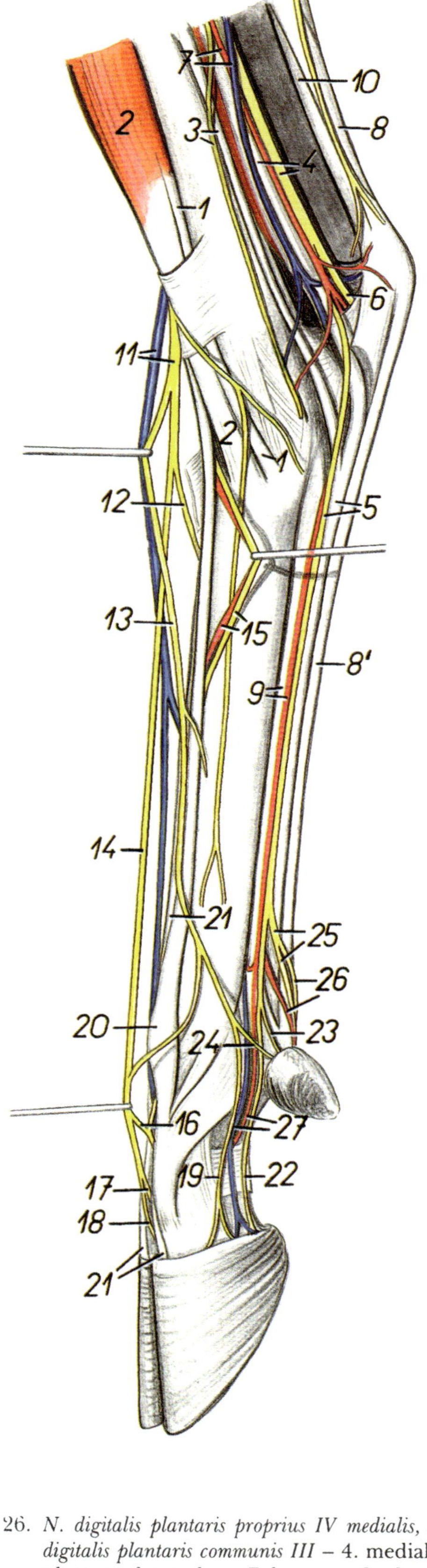

1. *M. tibialis cranialis* – kranialer Schienbeinmuskel
2. *M. peroneus tertius* – dritter Wadenbeinmuskel
3. *M. flexor digitorum medialis* – medialer Zehenbeuger
4. *N. tibialis, M. tibialis caudalis* – Schienbeinnerv, kaudaler Schienbeinmuskel
5. *M. flexor digitorum profundus, N. plantaris medialis* – tiefer Zehenbeuger, medialer Plantarnerv
6. *N. plantaris lateralis* – lateraler Plantarnerv
7. *A. saphena, V. saphena medialis* – verborgene Arterie, mediale verborgene Vene
8., 8'. *M. flexor digitorum superficialis (Tendo)* – oberflächlicher Zehenbeuger (Sehne)
8., 10 *Tendo calcaneus communis* – gemeinsame Fersensehne
9. *A. plantaris medialis, M. interosseus* – mediale Plantararterie, Zwischenknochenmuskel
10. *Tendo mi. tricipitis surae* – Sehne des dreiköpfigen Wadenmuskels
11. *Ramus cranialis v. saphenae lateralis, N. peroneus superficialis* – kranialer Ast der lateralen verborgenen Vene, oberflächlicher Wadenbeinnerv
12. *N. digitalis dorsalis communis IV* – 4. dorsaler gemeinsamer Zehennerv
13. *N. digitalis dorsalis communis II* – 2. dorsaler gemeinsamer Zehennerv
14. *N. digitalis dorsalis communis III* – 3. dorsaler gemeinsamer Zehennerv
15. *A. et N. metatarseus dorsalis III* – 3. dorsale Hintermittelfußarterie und -nerv
16. *Ramus communicans cum nervo peroneo profundo* – Verbindungsast zum tiefen Wadenbeinnerven
17. *N. digitalis dorsalis proprius III lateralis* – 3. lateraler dorsaler besonderer Zehennerv
18. *N. digitalis dorsalis proprius IV medialis* – 4. medialer dorsaler besonderer Zehennerv
19. *N. digitalis dorsalis proprius III medialis* – 3. medialer dorsaler besonderer Zehennerv
20. *M. extensor digiti III* – Strecker der 3. Zehe
21. *M. extensor digitorum longus (proprius)* – langer (besonderer) Zehenstrecker
22. *N. digitalis plantaris proprius III medialis* – 3. medialer plantarer besonderer Zehennerv
23. *N. digitalis plantaris proprius II medialis* – 2. medialer plantarer besonderer Zehennerv
24. *N. digitalis dorsalis proprius II* – 2. dorsaler besonderer Zehennerv
25. *N. digitalis plantaris communis III* – 3. plantarer gemeinsamer Zehennerv
26. *N. digitalis plantaris proprius IV medialis, A. digitalis plantaris communis III* – 4. medialer plantarer besonderer Zehennerv, 3. plantare gemeinsame Zehenarterie
27. *A. et V. digitalis plantaris propria III medialis* – 3. mediale plantare besondere Zehenarterie und -vene

Ziege. Skelett des distalen Abschnitts der linken Schultergliedmaße, Ansicht von dorsal.

Abbildung 85

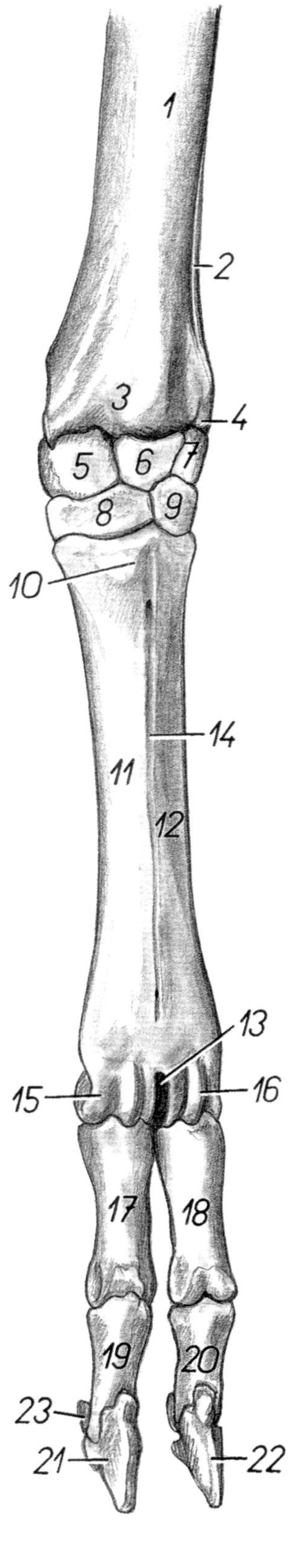

1. *Corpus radii* – Schaft der Speiche
2. *Corpus ulnae* – Schaft der Elle
3. *Trochlea radii* – Gelenkrolle der Speiche
4. *Processus styloideus lateralis* – lateraler Griffelfortsatz
5. *Os carpi radiale (Os scaphoideum)* – radialer Vorderfußwurzelknochen (Kahnbein)
6. *Os carpi intermedium (Os lunatum)* – mittlerer Vorderfußwurzelknochen (Mondbein)
7. *Os carpi ulnare (Os triquetrum)* – ulnarer Vorderfußwurzelknochen (Dreiecksbein)
8. *Os carpale II et III (Os trapezoideocapitatum)* – 2. und 3. Vorderfußwurzelknochen (Trapez-Kopfbein)
9. *Os carpale IV (Os hamatum)* – 4. Vorderfußwurzelknochen (Hakenbein)
10. *Tuberositas ossis metacarpalis III* – Beule des 3. Vordermittelfußknochens
11. *Os metacarpale III* – 3. Vordermittelfußknochen
12. *Os metacarpale IV* – 4. Vordermittelfußknochen
13. *Incisura intertrochlearis* – Einschnitt zwischen den Gelenkrollen
14. *Sulcus longitudinalis dorsalis* – dorsale Längsfurche
15. *Trochlea ossis metacarpalis III* – Gelenkrolle des 3. Vordermittelfußknochens
16. *Trochlea ossis metacarpalis IV* – Gelenkrolle des 4. Vordermittelfußknochens
17. *Phalanx proximalis digiti III (Os compedale)* – proximales Glied der 3. Zehe (Fesselbein)
18. *Phalanx proximalis digiti IV (Os compedale)* – proximales Glied der 4. Zehe (Fesselbein)
19. *Phalanx media digiti III (Os coronale)* – mittleres Glied der 3. Zehe (Kronbein)
20. *Phalanx media digiti IV (Os coronale)* – mittleres Glied der 4. Zehe (Kronbein)
21. *Phalanx distalis digiti III (Os ungulare)* – distales Glied der 3. Zehe (Klauenbein)
22. *Phalanx distalis digiti IV (Os ungulare)* – distales Glied der 4. Zehe (Klauenbein)
23. *Os sesamoideum distale* – distales Sesambein

Ziege. Skelett des distalen Abschnitts der linken Schultergliedmaße, Ansicht von palmar.

Abbildung 86

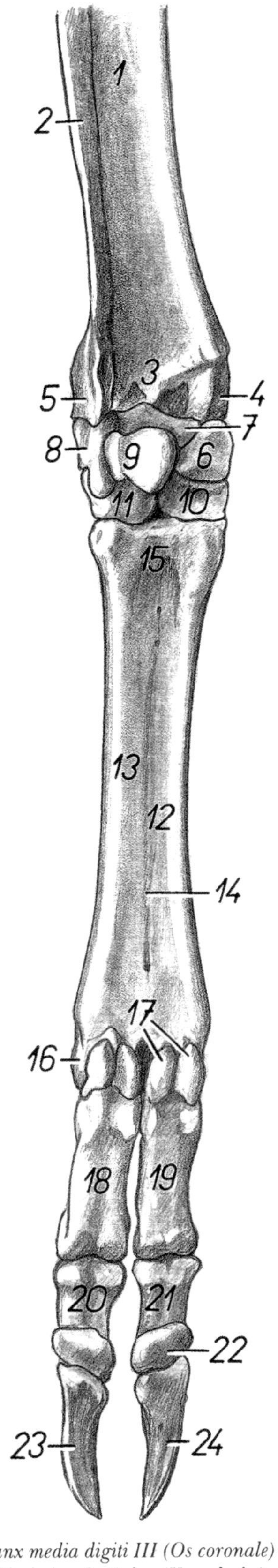

1. *Corpus radii* – Schaft der Speiche
2. *Corpus ulnae* – Schaft der Elle
3. *Trochlea radii* – Gelenkrolle der Speiche
4. *Processus styloideus medialis* – medialer Griffelfortsatz
5. *Processus styloideus lateralis* – lateraler Griffelfortsatz
6. *Os carpi radiale (Os scaphoideum)* – radialer Vorderfußwurzelknochen (Kahnbein)
7. *Os carpi intermedium (Os lunatum)* – mittlerer Vorderfußwurzelknochen (Mondbein)
8. *Os carpi ulnare (Os triquetrum)* – ulnarer Vorderfußwurzelknochen (Dreiecksbein)
9. *Os carpi accessorium (Os pisiforme)* – zusätzlicher Vorderfußwurzelknochen (Erbsenbein)
10. *Os carpale II et III (Os trapezoideocapitatum)* – 2. und 3. Vorderfußwurzelknochen (Trapez-Kopfbein)
11. *Os carpale IV (Os hamatum)* – 4. Vorderfußwurzelknochen (Hakenbein)
12. *Os metacarpale III* – 3. Vordermittelfußknochen
13. *Os metacarpale IV* – 4. Vordermittelfußknochen
14. *Sulcus longitudinalis palmaris* – palmare Längsrinne
15. *Basis metacapri* – Basis des Vordermittelfußes
16. *Trochlea ossis metacarpalis IV* – Gelenkrolle des 4. Vordermittelfußknoches
17. *Ossa sesamoidea proximalia* – proximale Sesambeine
18. *Phalanx proximalis digiti IV (Os compedale)* – proximales Glied der 4. Zehe (Fesselbein)
19. *Phalanx proximalis digiti III (Os compedale)* – proximales Glied der 3. Zehe (Fesselbein)
20. *Phalanx media digiti IV (Os coronale)* – mittleres Glied der 4. Zehe (Kronbein)
21. *Phalanx media digiti III (Os coronale)* – mittleres Glied der 3. Zehe (Kronbein)
22. *Os sesamoideum distale (Os ungulare)* – distales Sesambein
23. *Phalanx distalis digiti IV (Os ungulare)* – distales Glied der 4. Zehe (Klauenbein)
24. *Phalanx distalis digiti III (Os ungulare)* – distales Glied der 3. Zehe (Klauenbein)

Ziege. Präparation des distalen Abschnitts der linken Schultergliedmaße, Ansicht von dorsal.

Abbildung 87

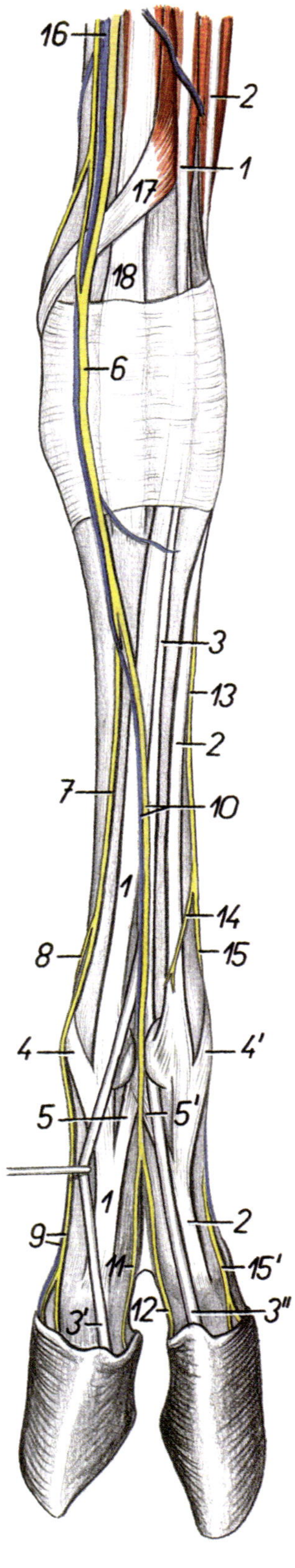

1., 3. *M. extensor digitorum communis* – gemeinsamer Zehenstecker
1. *M. extensor digiti III* – Strecker der 3. Zehe
2. *M. extensor digitalis lateralis* – lateraler Zehenstrecker
3., 3'., 3". *M. extensor digitorum communis (proprius)* – gemeinsamer (besonderer) Zehenstrecker
4. *Portio collateralis mi. interossei ad digitum III* – Seitenportion des Zwischenknochenmuskels zur 3. Zehe
4'. *Portio collateralis mi. interossei ad digitum IV* – Seitenportion des Zwischenknochenmuskels zur 4. Zehe
5. *Portio interdigitalis mi. interossei ad digitum III* – Zwischenzehenportion des Zwischenknochenmuskels zur 3. Zehe
5'. *Portio interdigitalis mi. interossei ad digitum IV* – Zwischenzehenportion des Zwischenknochenmuskels zur 4. Zehe
6. *Ramus superficialis ni. radialis* – oberflächlicher Ast des Speichennerven
7. *N. digitalis dorsalis communis II* – 2. dorsaler gemeinsamer Zehennerv
8. *N. digitalis dorsalis proprius II* – 2. dorsaler besonderer Zehennerv
9. *N. digitalis dorsalis proprius III medialis, V. digitalis palmaris propria III medialis* – 3. medialer dorsaler besonderer Zehennerv, 3. mediale palmare besondere Zehenvene
10. *N. digitalils dorsalis communis III, V. digitalis dorsalis communis III* – 3. dorsaler gemeinsamer Zehennerv, 3. dorsale gemeinsame Zehenvene
11. *N. digitalis dorsalis proprius III lateralis* – 3. lateraler dorsaler besonderer Zehennerv
12. *N. digitalis dorsalis proprius IV medialis* – 4. medialer dorsaler besonderer Zehennerv
13. *Ramus dorsalis ni. ulnaris* – dorsaler Asst des Ellennerven
14. *Ramus cutaneus (rudim. ramus communicans radialis ni. ulnaris)* – Hautast (rudimentärer Verbindungsast des Ellennerven)
15. *N. digitalis dorsalis communis IV* – 4. dorsaler gemeinsamer Zehennerv
15'. *N. digitalis dorsalis proprius IV lateralis* – 4. lateraler dorsaler besonderer Zehennerv
16. *V. cephalica accessoria* – zusätzliche Kopfvene des Unterarmes
17. *M. abductor digiti I* – Abzieher der 1. Zehe
18. *M. extensor carpi radialis* – radialer Strecker des Vorderfußwurzelgelenkes

Ziege. Präparation des distalen Abschnitts der linken Schultergliedmaße, Ansicht von palmar.

Abbildung 88

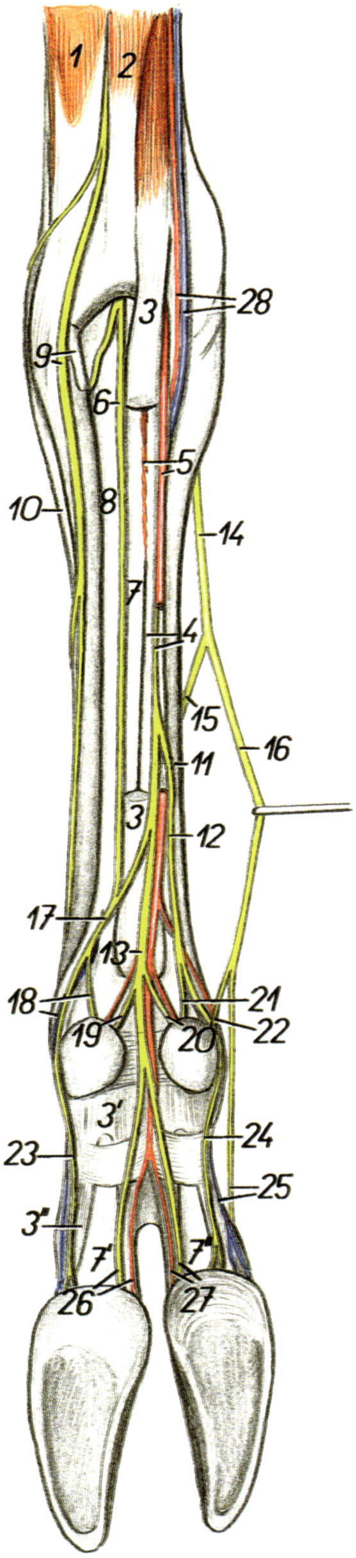

1. *M. extensor carpi ulnaris* – ulnarer Strecker des Vorderfußwurzelgelenkes
2. *M. flexor carpi ulnaris* – ulnarer Beuger des Vorderfußwurzelgelenkes
3. *Portio superficialis mi. flexoris digitorum superficialis* – oberflächliche Portion des oberflächlichen Zehenbeugers

3., 3'., 3". *Rami mi. flexoris digitorum superficialis ad digitum IV* – Äste des oberflächlichen Zehenbeugers zur 4. Zehe

4. *Portio profunda mi. flexoris digitorum superficialis, N. medianus* – tiefe Portion des oberflächlichen Zehenbeugers, Mittelnerv
5. *A. mediana, M. interflexorius distalis* – Mittelarterie, distaler Zwischenbeugermuskel
6. *Ramus superficialis rami palmaris ni. ulnaris* – oberflächlicher Ast des Palmarastes des Ellennerven

7., 7'., 7". *M. flexor digitorum profundus* – tiefer Zehenbeuger

7'. *Ramus mi. flexoris digitorum profundi ad digitum IV* – Ast des tiefen Zehenbeugers zur 4. Zehe

7". *Ramus mi. flexoris digitorum profundi ad digitum III* – Ast des tiefen Zehenbeugers zur 3. Zehe

8. *M. interosseus* – Zwischenknochenmuskel
9. *Ramus dorsalis ni. ulnaris, Os metacarpale V* – dorsaler Ast des Ellennerven, 5. Vordermittelfußknochen
10. *M. extensor digitalis lateralis* – lateraler Zehenstrecker
11. *Os metacarpale III* – 3. Vordermittelfußknochen
12. *N. digitalis palmaris communis II* – 2. palmarer gemeinsamer Zehennerv
13. *N. digitalis palmaris communis III* – 3. palmarer gemeinsamer Zehennerv
14. *Ramus superficialis ni. radialis* – oberflächlicher Ast des Speichennerven
15. *N. digitalis dorsalis communis III* – 3. dorsaler gemeinsamer Zehennerv
16. *N. digitalis dorsalis communis II* – 2. dorsaler gemeinsamer Zehennerv
17. *N. digitalis palmaris communis IV* – 4. palmarer gemeinsamer Zehennerv
18. *N. digitalis palmaris proprius V lateralis, V. digitalis palmaris communis IV* – 5. lateraler palmarer besonderer Zehennerv, 4. palmare gemeinsame Zehenvene
19. *N. digitalis palmaris proprius V medialis* – 5. medialer palmarer besonderer Zehennerv
20. *N. digitalis palmaris proprius II lateralis* – 2. lateraler palmarer besonderer Zehennerv
21. *N. digitalis palmaris proprius II medialis* – 2. medialer palmarer besonderer Zehennerv
22. *N. digitalis dorsalis proprius II* – 2. dorsaler besonderer Zehennerv
23. *N. digitalis palmaris proprius IV lateralis* – 4. lateraler palmarer besonderer Zehennerv
24. *N. digitalis palmaris proprius III medialis* – 3. medialer palmarer besonderer Zehennerv
25. *V. digitalis palmaris propria III medialis, N. digitalis dorsalis proprius III medialis* – 3. mediale palmare besondere Zehenvene, 3. medialer dorsaler besonderer Zehennerv
26. *A. digitalis palmaris propria IV medialis, N. digitalis palmaris proprius IV medialis* – 4. mediale palmare besondere Zehenarterie, 4. medialer palmarer besonderer Zehennerv
27. *A. digitalis palmaris propria III lateralis, N. digitalis palmaris proprius III lateralis* – 3. laterale palmare besondere Zehenarterie, 3. lateraler palmarer besonderer Zehennerv
28. *A. et V. radialis* – Speichenarterie und -vene

Ziege. Lage der Beckenorgane, Ansicht von kranial.

Abbildung 89

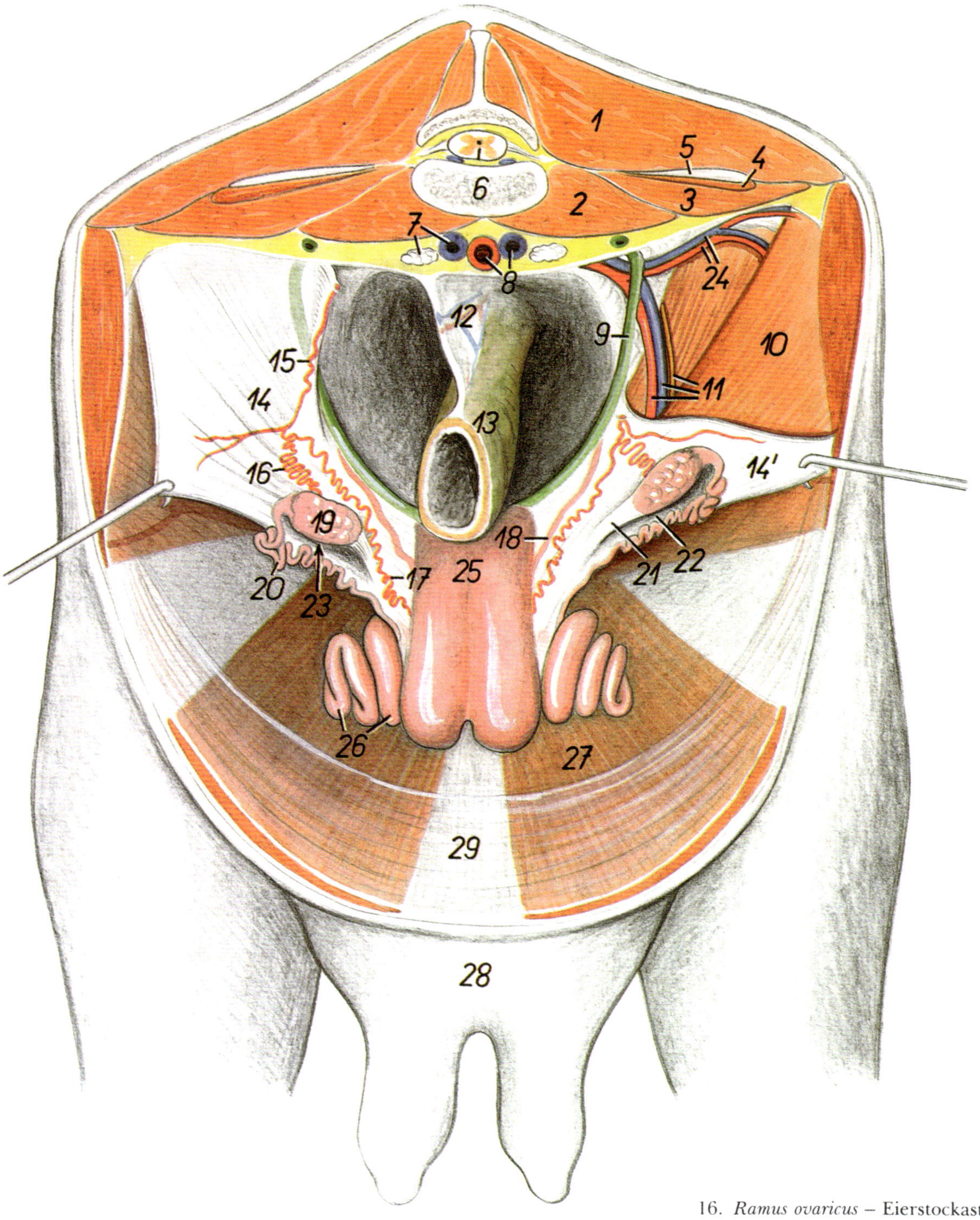

1. *M. longissimus lumborum* – Lendenportion des längsten Muskels
2. *M. psoas minor* – kleiner Lendenmuskel
3. *M. psoas major* – großer Lendenmuskel
4. *M. quadratus lumborum* – viereckiger Lendenmuskel
5. *Processus costarius (s. transversus)* – Rippenfortsatz (o. Querfortsatz)
6. *Vertebra lumbalis V* – 5. Lendenwirbel
7. *V. iliaca communis dextra, Ln. iliacus medialis* – rechte gemeinsame Darmbeinvene, medialer Darmbeinlymphknoten
8. *Aorta, V. iliaca communis sinistra* – große Körperschlagader, linke gemeinsame Darmbeinvene
9. *Ureter sinister* – linker Harnleiter
10. *M. obliquus internus abdominis* – innerer schiefer Bauchmuskel
11. *A. et V. iliaca externa, N. genitofemoralis* – äußere Darmbeinarterie und -vene, Genital-Oberschenkelnerv
12. *Mesorectum* – Mastdarmgekröse
13. *Rectum* – Mastdarm
14., 14'. *Lig. latum uteri* – breites Gebärmutterband
15. *A. ovarica* – Eierstockarterie
16. *Ramus ovaricus* – Eierstockast
17. *Ramus uterinus* – Gebärmutterast
18. *A. uterina* – Gebärmutterarterie
19. *Ovarium* – Eierstock
20. *Tuba uterina* – Eileiter
21. *Lig. ovarii proprium* – besonderes Eierstockband
22. *Mesosalpinx* – Eileitergekröse
23. *Bursa ovarica* – Eierstocktasche
24. *A. et V. circumflexa ilium profunda* – tiefe Darmbeinkranzarterie und -vene
25. *Corpus uteri* – Gebärmutterkörper
26. *Cornu uteri* – Gebärmutterhorn
27. *M. rectus abdominis* – gerader Bauchmuskel
28. *Uber* – Euter
29. *Linea alba abdominis* – weiße Bauchlinie

Ziege. Lage der Beckenorgane des Ziegenbockes, Ansicht von links, nach Entfernung der linken Beckengliedmaße und der linken Beckenhälfte.

Abbildung 90

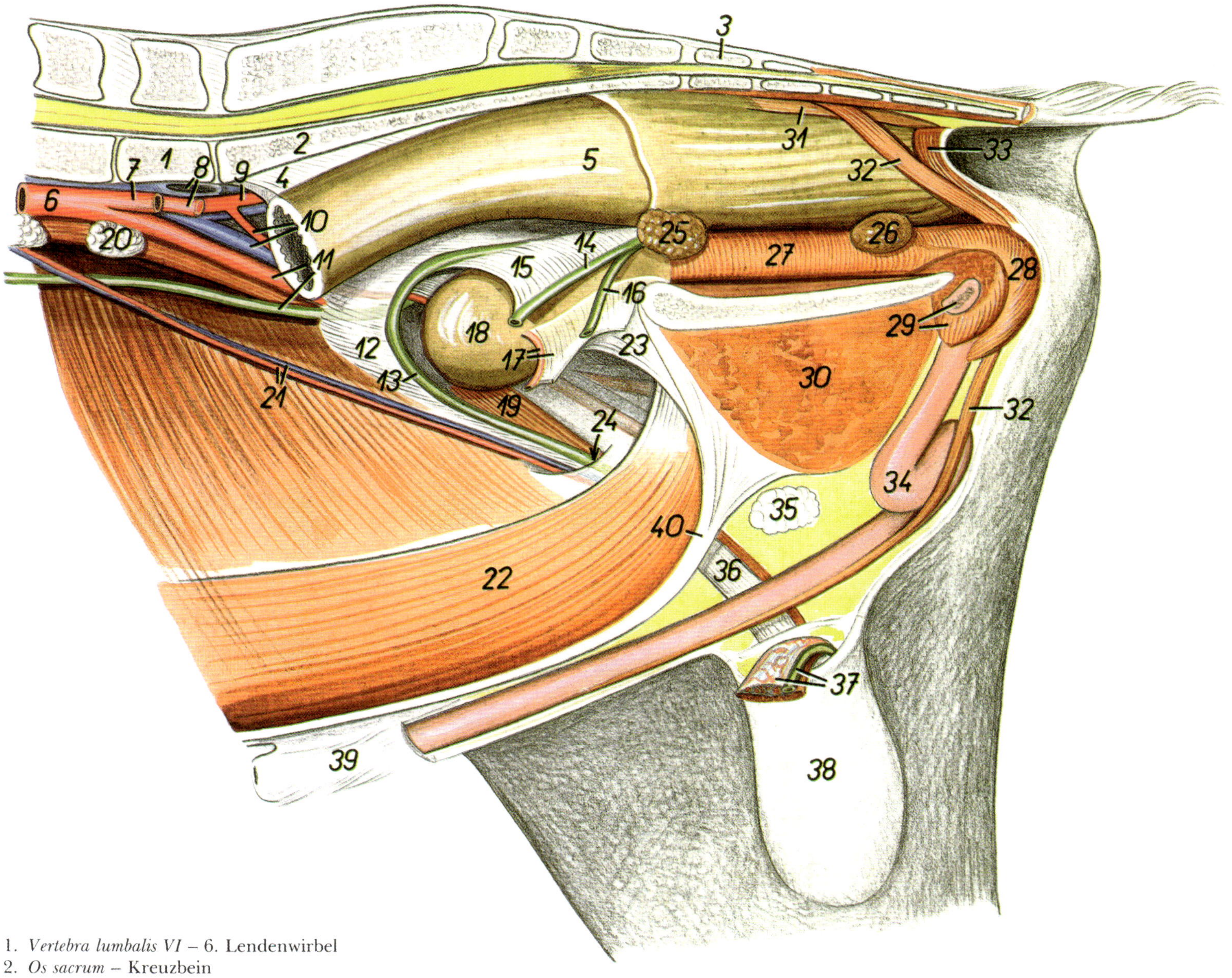

1. *Vertebra lumbalis VI* – 6. Lendenwirbel
2. *Os sacrum* – Kreuzbein
3. *Vertebra coccygea I* – 1. Schwanzwirbel
4. *Mesorectum* – Mastdarmgekröse
5. *Ampulla recti* – Mastdarmampulle
6. *Aorta* – große Körperchlagader
7. *A. iliaca externa sinistra* – linke äußere Darmbeinvene
8. *V. iliaca communis sinistra, A. iliaca interna sinistra* – linke gemeinsame Darmbeinvene, linke innere Darmbeinarterie
9. *A. iliaca interna dextra* – rechte innere Darmbeinarterie
10. *V. iliaca externa dextra, A. umbilicalis dextra* – rechte äußere Darmbeinvene, rechte Nabelarterie
11. *Ureter dexter, A. iliaca externa dextra* – rechter Harnleiter, rechte äußere Darmbeinarterie
12. *Mesoductus deferens* – Samenleitergekröse
13. *Ductus deferens dexter* – rechter Samenleiter
14. *Ductus deferens sinister* – linker Samenleiter
15. *Plica urogenitalis* – gemeinsame Falte der Harn- und Geschlechtsorgane
16. *Ureter sinister* – linker Harnleiter
17. *Lig. laterale vesicae et A. umbilicalis sinistra* – laterales Harnblasenband und linke Nabelarterie
18. *Vesica urinaria* – Harnblase
19. *M. cremaster dexter* – rechter Hodenheber
20. *Ln. iliacus medialis* – medialer Darmbeinlymphknoten
21. *A. et V. testicularis* – Hodenarterie und -vene
22. *M. rectus abdominis* – gerader Bauchmuskel
23. *Lig. vesicae medianum* – medianes Harnblasenband
24. *Canalis inguinalis* – Leistenkanal
25. *Glandula vesicularis* – Samenblasendrüse
26. *Glandula bulbourethralis* – Harnröhren-Zwiebeldrüse
27. *Pars pelvina urethrae (M. urethralis)* – Beckenteil der Harnröhre (Harnröhrenmuskel)
28. *M. bulbospongiosus* – Zwiebel-Schwellkörpermuskel
29. *Crus sinistrum penis, M. ischiocavernosus* – linker Schenkel des Penis, Sitzbein-Schwellkörpermuskel
30. *M. gracilis et M. adductor* – schlanker Schenkelmuskel und Einwärtszieher
31. *M. rectococcygeus* – Mastdarm-Schwanzmuskel
32. *M. retractor penis* – Zurückzieher des Penis
33. *M. sphincter ani externus* – äußerer Afterschließmuskel
34. *Penis (Flexura sigmoidea)* – Penis (s-förmige Schleife)
35. *Ln. scrotalis* – Hodensacklymphknoten
36. *Tunica vaginalis funiculi et Funiculus spermaticus dexter* – Scheidenhaut des Samenstranges und rechter Samenstrang
37. *Funiculus spermaticus sinister* – linker Samenstrang
38. *Scrotum* – Hodensack
39. *Preputium* – Vorhaut
40. *Linea alba abdominis* – weiße Bauchlinie

Ziege. Skelett der rechten Beckengliedmaße, Ansicht von medioplantar.

Abbildung 91

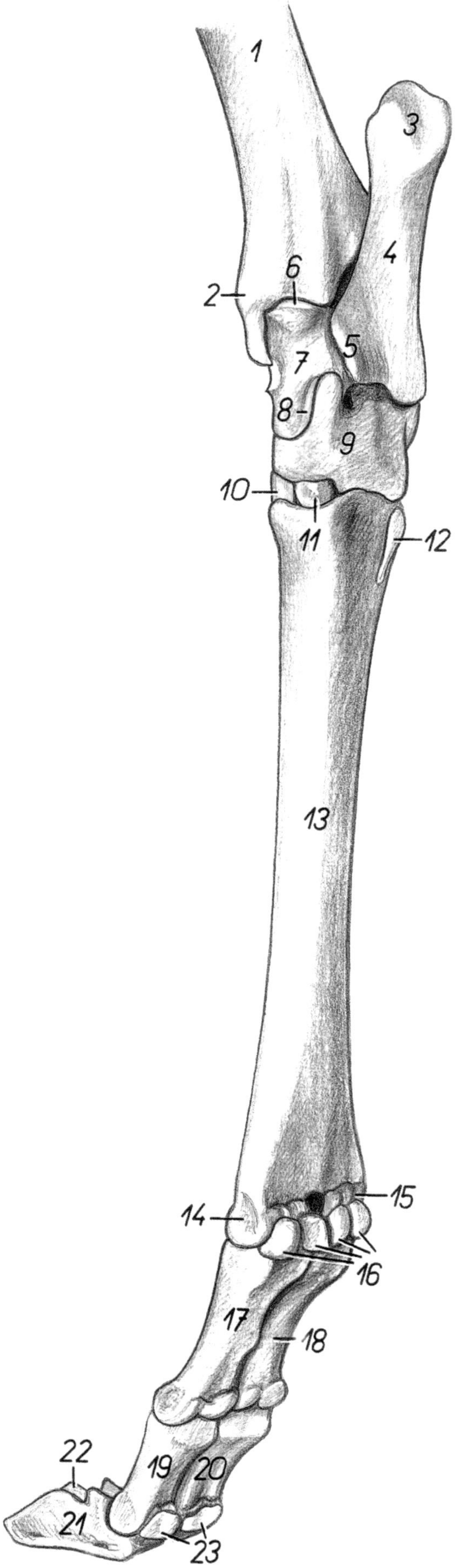

1. *Corpus tibiae* – Schienbeinschaft
2. *Malleolus medialis* – medialer Knöchel
3. *Tuber calcanei* – Fersenbeinhöcker
4. *Calcaneus* – Fersenbein
5. *Sustentaculum tali* – Rollbeinstütze
6. *Trochlea tali proximalis* – proximale Gelenkrolle des Rollbeines
7. *Corpus tali* – Rollbeinkörper
8. *Trochlea tali distalis* – distale Gelenkrolle des Rollbeines
9. *Os centroquartale (Os naviculocuboideum)* – zentraler Hinterfußwurzelknochen (Kahn-Würfelbein)
10. *Os tarsale II et III (Os cuneiforme intermediolaterale)* – 2. und 3. Hinterfußwurzelknochen (mittleres laterales Keilbein)
11. *Os tarsale I (Os cuneiforme mediale)* – 1. Hinterfußwurzelknochen (mediales Keilbein)
12. *Os sesamoideum metatarsale* – Sesambein des Hintermittelfußes
13. *Os metatarsale III et IV* – 3. und 4. Hintermittelfußknochen
14. *Trochlea metatarsi III* – Gelenkrolle des 3. Hintermittelfußknochens
15. *Trochlea metatarsi IV* – Gelenkrolle des 4. Hintermittelfußknochens
16. *Ossa sesamoidea proximalia* – proximale Sesambeine
17. *Phalanx proximalis digiti III (Os compedale)* – proximales Glied der 3. Zehe (Fesselbein)
18. *Phalanx proximalis digiti IV (Os compedale)* – proximales Glied der 4. Zehe (Fesselbein)
19. *Phalanx media digiti III (Os coronale)* – mittleres Glied der 3. Zehe (Kronbein)
20. *Phalanx media digiti IV (Os coronale)* – mittleres Glied der 4. Zehe (Kronbein)
21. *Phalanx distalis digiti III (Os ungulare)* – distales Glied der 3. Zehe (Klauenbein)
22. *Phalanx distalis digiti IV (Os ungulare)* – distales Glied der 4. Zehe (Klauenbein)
23. *Ossa sesamoidea distalia* – distale Sesambeine

Ziege. Skelett der linken Beckengliedmaße, Ansicht von dorsolateral.

Abbildung 92

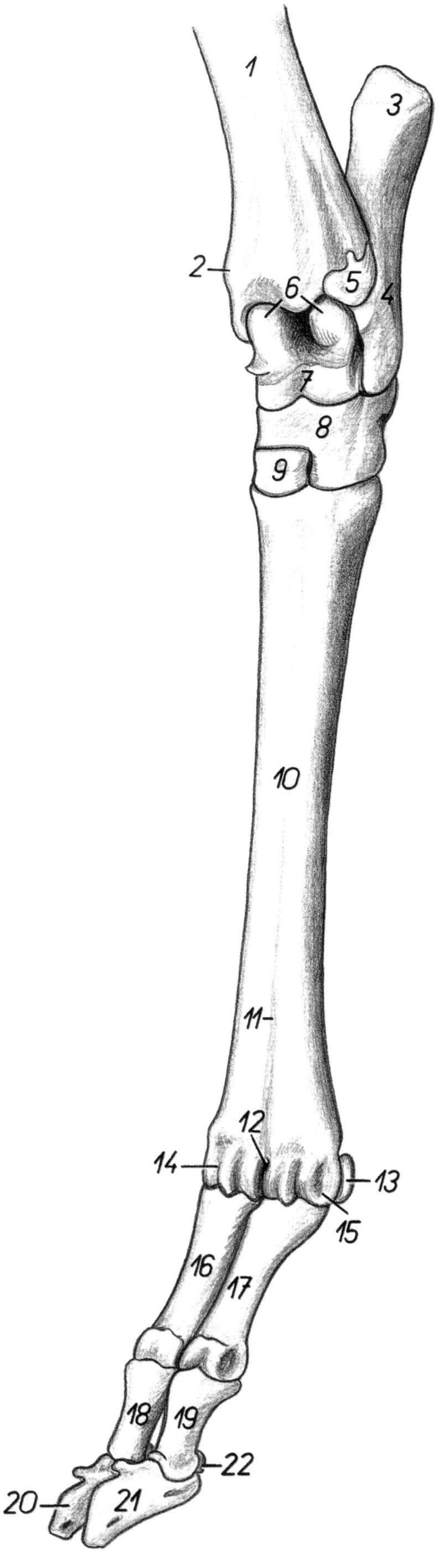

1. *Corpus tibiae* – Schienbeinschaft
2. *Malleolus medialis* – medialer Knöchel
3. *Tuber calcanei* – Fersenbeinhöcker
4. *Corpus calcanei* – Fersenbeinkörper
5. *Os malleolare (Malleolus lateralis)* – Knöchelbein (lateraler Knöchel)
6. *Trochlea tali proximalis* – proximale Gelenkrolle des Rollbeines
7. *Trochlea tali distalis* – distale Gelenkrolle des Rollbeines
8. *Os centroquartale (Os naviculocuboideum)* – zentraler Hinterfußwurzelknochen (Kahn-Würfelbein)
9. *Os tarsale II et III (Os cuneiforme intermediolaterale)* – 2. und 3. Hinterfußwurzelknochen (laterales mittleres Keilbein)
10. *Os metatarsale III et IV* – 3. und 4. Hintermittelfußknochen
11. *Sulcus longitudinalis dorsalis* – dorsale Längsfurche
12. *Incisura intertrochlearis* – Zwischenrollenausschnitt
13. *Os sesamoideum proximale* – proximales Sesambein
14. *Trochlea metatarsi III* – Gelenkrolle des 3. Hintermittelfußknochens
15. *Trochlea metatarsi IV* – Gelenkrolle des 4. Hintermittelfußknochens
16. *Phalanx proximalis digiti III (Os compedale)* – proximales Glied der 3. Zehe (Fesselbein)
17. *Phalanx proximalis digiti IV (Os compedale)* – proximales Glied der 4. Zehe (Fesselbein)
18. *Phalanx media digiti III (Os coronale)* – mittleres Glied der 3. Zehe (Kronbein)
19. *Phalanx media digiti IV (Os coronale)* – mittleres Glied der 4. Zehe (Kronbein)
20. *Phalanx distalis digiti III (Os ungulare)* – distales Glied der 3. Zehe (Klauenbein)
21. *Phalanx distalis digiti IV (Os ungulare)* – distales Glied der 4. Zehe (Klauenbein)
22. *Os sesamoideum distale* – distales Sesambein

Ziege. Präparation des distalen Abschnitts der rechten Beckengliedmaße, Ansicht von medioplantar.

Abbildung 93

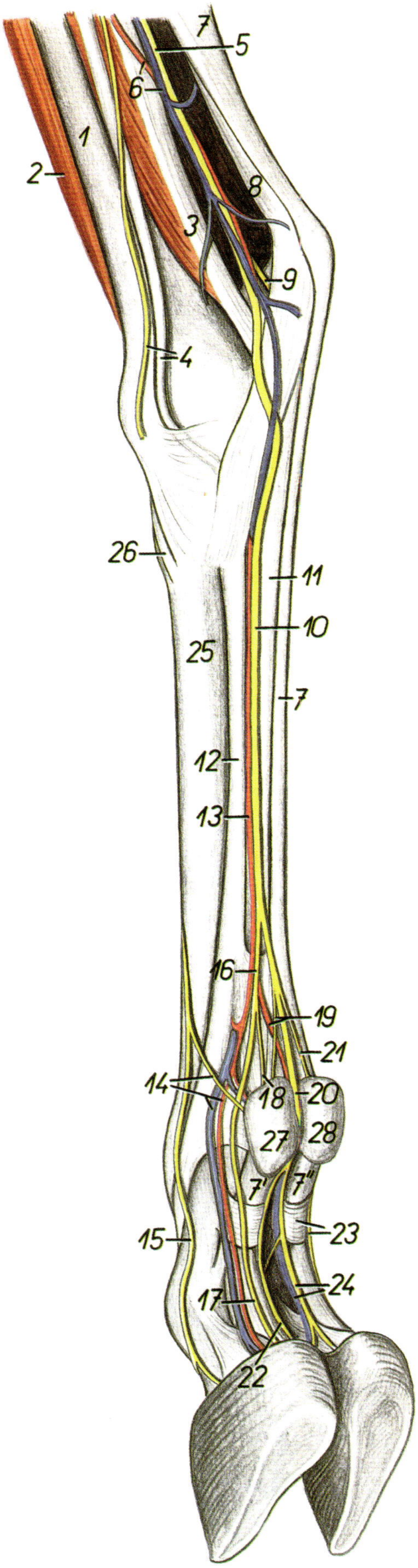

1. *Tibia* – Schienbein
2. *M. peroneus tertius* – dritter Wadenbeinmuskel
3. *M. flexor digitorum lateralis* – lateraler Zehenbeuger
4. *N. saphenus, M. flexor digitorum longus* – verborgener Nerv, langer Zehenbeuger
5. *N. tibialis* – Schienbeinnerv
6. *A. saphena, V. saphena medialis* – verborgene Arterie, mediale verborgene Vene
7. *M. flexor digitorum superficialis (Tendo)* – oberflächlicher Zehenbeuger (Sehne)

7'. *Ramus mi. flexoris digitorum superficialis ad digitum III* – Ast des oberflächlichen Zehenbeugers zur 3. Zehe

7". *Ramus mi. flexoris digitorum superficialis ad digitum IV* – Ast des oberflächlichen Zehenbeugers zur 4. Zehe

8. *Tendo mi. tricipitis surae* – Sehne des dreiköpfigen Wadenmuskels
9. *N. plantaris lateralis* – lateraler Plantarnerv
10. *N. plantaris medialis* – medialer Plantarnerv
11. *Tendo mi. flexoris digitorum profundi* – Sehne des tiefen Zehenbeugers
12. *M. interosseus* – Zwischenknochenmuskel
13. *A. plantaris medialis* – mediale Plantararterie
14. *A. et V. digitalis plantaris propria III medialis, N. digitalis dorsalis proprius II* – 3. mediale plantare besondere Zehenarterie und -vene, 2. dorsaler besonderer Zehennerv
15. *N. digitalis dorsalis proprius III medialis* – 3. medialer dorsaler besonderer Zehennerv
16. *N. digitalis plantaris communis II* – 2. plantarer gemeinsamer Zehennerv
17. *N. digitalis plantaris proprius III medialis* – 3. medialer plantarer besonderer Zehennerv
18. *N. digitalis plantaris proprius II medialis* – 2. medialer plantarer besonderer Zehennerv
19. *A. digitalis plantaris communis III, N. digitalis plantaris proprius II lateralis* – 3. plantare gemeinsame Zehenarterie, 2. lateraler plantarer besonderer Zehennerv
20. *N. digitalis plantaris communis III* – 3. plantarer gemeinsamer Zehennerv
21. *N. digitalis plantaris proprius V medialis* – 5. medialer plantarer besonderer Zehennerv
22. *N. digitalis plantaris proprius III lateralis* – 3. lateraler plantarer besonderer Zehennerv
23. *Pars anularis vaginae fibrosae digiti, N. digitalis plantaris proprius IV lateralis* – Ringteil der faserigen Zehenscheide, 4. lateraler plantarer besonderer Zehennerv
24. *V. digitalis plantaris propria IV medialis, N. digitalis plantaris proprius IV medialis* – 4. mediale plantare besondere Zehenvene, 4. medialer plantarer besonderer Zehennerv
25. *Os metatarsale III* – 3. Hintermittelfußknochen
26. *Insertio mi. tibialis cranialis* – Ansatz des kranialen Schienbeinmuskels
27. *Digitus II (sine capsula)* – 2. Zehe (ohne Kapsel)
28. *Digitus V (sine capsula)* – 5. Zehe (ohne Kapsel)

Abbildung 94

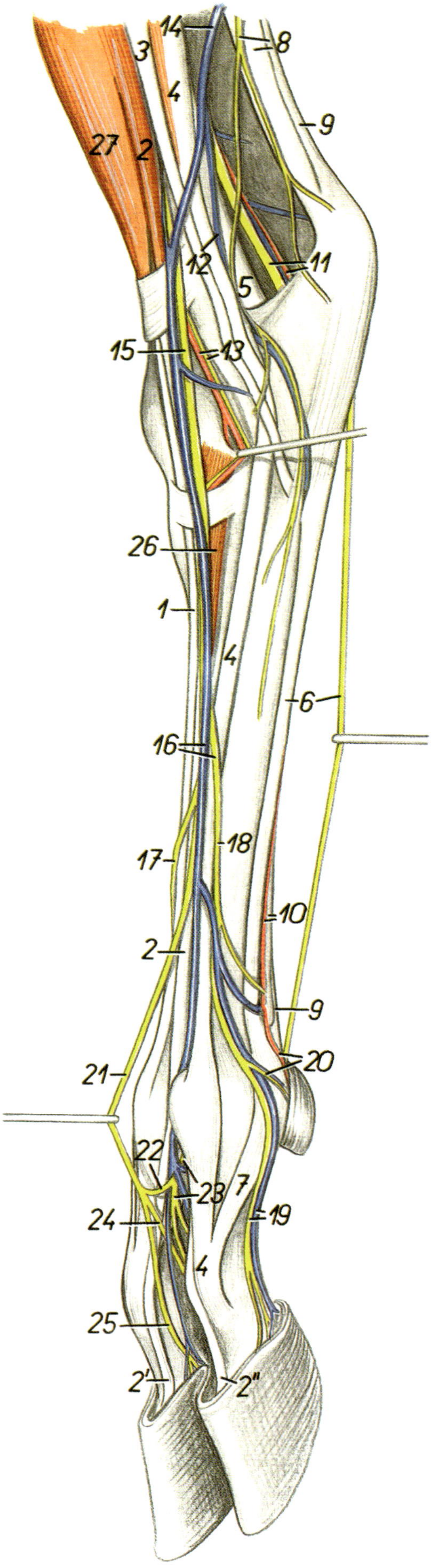

1., 2. *M. extensor digitorum longus* – langer Zehenstrecker
1. *M. extensor digiti III* – Strecker der 3. Zehe
2., 2'., 2". *M. extensor digitorum longus (proprius)* – langer (besonderer) Zehenstrecker
3. *M. peroneus longus* – langer Wadenbeinmuskel
4. *M. extensor digitalis lateralis* – lateraler Zehenstrecker
5. *M. flexor digitorum lateralis* – lateraler Zehenbeuger
6. *M. interosseus, N. plantaris lateralis* – Zwischenknochenmuskel, lateraler Plantarnerv
7. *Portio collateralis mi. interossei ad digitum IV* – Seitenportion des Zwischenknochenmuskels zur 4. Zehe
8. *N. cutaneus surae caudalis, Tendo mi. tricipitis surae* – kaudaler Wadenhautmuskel, Sehne des dreiköpfigen Wadenmuskels
9. *Tendo mi. flexoris digitorum superficialis* – Sehne des oberflächlichen Zehenbeugers
10. *Tendo mi. flexoris digitorum profundi, A. plantaris lateralis* – Sehne des tiefen Zehenbeugers, laterale Plantararterie
11. *N. tibialis, A. saphena* – Schienbeinnerv, verborgene Arterie
12. *Ramus caudalis v. saphenae lateralis* – kaudaler Ast der lateralen verborgenen Vene
13. *A. tibialis cranialis, N. peroneus profundus* – kraniale Schienbeinarterie, tiefer Wadenbeinnerv
14. *V. saphena lateralis* – laterale verborgene Vene
15. *N. peroneus superficialis* – oberflächlicher Wadenbeinnerv
16. *V. digitalis dorsalis communis III, N. digitalis dorsalis communis IV* – 3. dorsale gemeinsame Zehenvene, 4. dorsaler gemeinsamer Zehennerv
17. *N. digitalis dorsalis communis II* – 2. dorsaler gemeinsamer Zehennerv
18. *N. digitalis dorsalis communis IV* – 4. dorsaler gemeinsamer Zehennerv
19. *N. digitalis dorsalis proprius IV lateralis, V. digitalis plantaris propria IV lateralis* – 4. lateraler dorsaler besonderer Zehennerv, 4. laterale plantare besondere Zehenvene
20. *A. digitalis plantaris propria IV lateralis, N. digitalis dorsalis proprius V* – 4. laterale plantare besondere Zehenarterie, 5. dorsaler besonderer Zehennerv
21. *N. digitalis dorsalis communis III* – 3. dorsaler gemeinsamer Zehennerv
22. *Ramus communicans cum nervo peroneo profundo* – Verbindungsast zum tiefen Wadenbeinnerven
23. *N. metatarseus dorsalis III (N. peroneus profundus)* – 3. dorsaler Hintermittelfußnerv (tiefer Wadenbeinnerv)
24. *N. digitalis dorsalis proprius IV medialis* – 4. medialer dorsaler besonderer Zehennerv
25. *N. digitalis dorsalis proprius III lateralis* – 3. lateraler dorsaler besonderer Zehennerv
26. *M. extensor digitorum brevis* – kurzer Zehenstrekker
27. *M. peroneus tertius* – dritter Wadenbeinmuskel

Abbildung 95

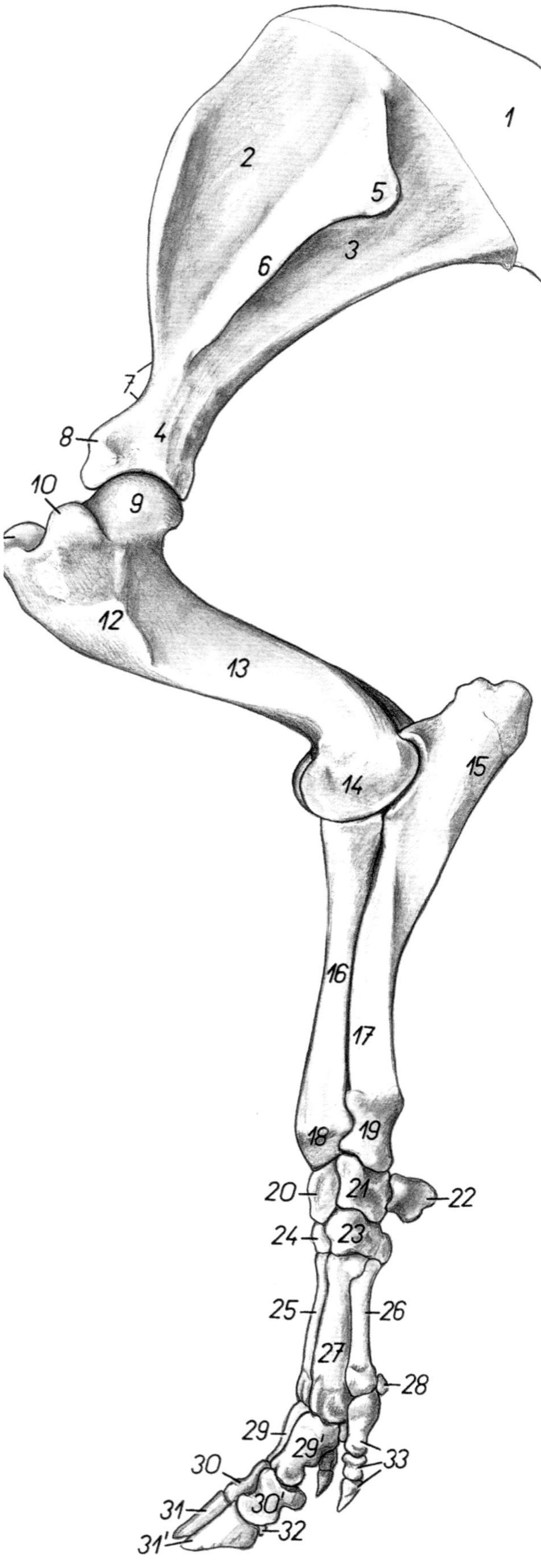

1. *Cartilago scapulae* – Schulterblattknorpel
2. *Fossa supraspinata* – Übergrätengrube
3. *Fossa infraspinata* – Untergrätengrube
4. *Collum scapulae* – Schulterblatthals
5. *Tuber spinae scapulae* – Grätenbeule des Schulterblattes
6. *Spina scapulae* – Schulterblattgräte
7. *Incisura scapulae* – Schulterblatteinschnitt
8. *Tuberculum supraglenoidale* – Schulterblattbeule
9. *Caput humeri* – Oberarmbeinkopf
10. *Pars caudalis tuberculi majoris* – kaudaler Teil des großen Oberarmbeinhöckers
11. *Pars cranialis tuberculi majoris* – kranialer Teil des großen Oberarmbeinhöckers
12. *Tuberositas deltoidea* – Armbeinhöcker
13. *Corpus humeri* – Oberarmbeinschaft
14. *Condylus lateralis humeri* – lateraler Gelenkknorren des Oberarmbeines
15. *Olecranon* – Ellbogen
16. *Corpus radii* – Schaft der Speiche
17. *Corpus ulnae* – Schaft der Elle
18. *Trochlea radii* – Gelenkrolle der Speiche
19. *Caput ulnae* – Kopf der Elle
20. *Os carpi intermedium (Os lunatum)* – mittlerer Vorderfußwurzelknochen (Mondbein)
21. *Os carpi ulnare (Os triquetrum)* – ulnarer Vorderfußwurzelknochen (Dreiecksbein)
22. *Os carpi accessorium (Os pisiforme)* – zusätzlicher Vorderfußwurzelknochen (Erbsenbein)
23. *Os carpale IV (Os hamatum)* – 4. Vorderfußwurzelknochen (Hakenbein)
24. *Os carpale III (Os capitatum)* – 3. Vorderfußwurzelknochen (Kopfbein)
25. *Os metacarpale III* – 3. Vordermittelfußknochen
26. *Os metacarpale V* – 5. Vordermittelfußknochen
27. *Os metacarpale IV* – 4. Vordermittelfußknochen
28. *Os sesamoideum proximale (digiti V)* – proximales Sesambein (der 5. Zehe)
29. *Phalanx proximalis digiti III* – proximales Sesambein der 3. Zehe

29'. *Phalanx proximalis digiti IV* – proximales Glied der 4. Zehe

30. *Phalanx media digiti III* – mittleres Glied der 3. Zehe

30'. *Phalanx media digiti IV* – mittleres Glied der 4. Zehe

31. *Phalanx distalis digiti III* – distales Glied der 3. Zehe

31'. *Phalanx distalis digiti IV* – distales Glied der 4. Zehe

32. *Os sesamoideum distale* – distales Sesambein
33. *Phalanges digiti V* – Glieder der 5. Zehe

Schwein. Skelett der Schultergliedmaße, Ansicht von medial.

Abbildung 96

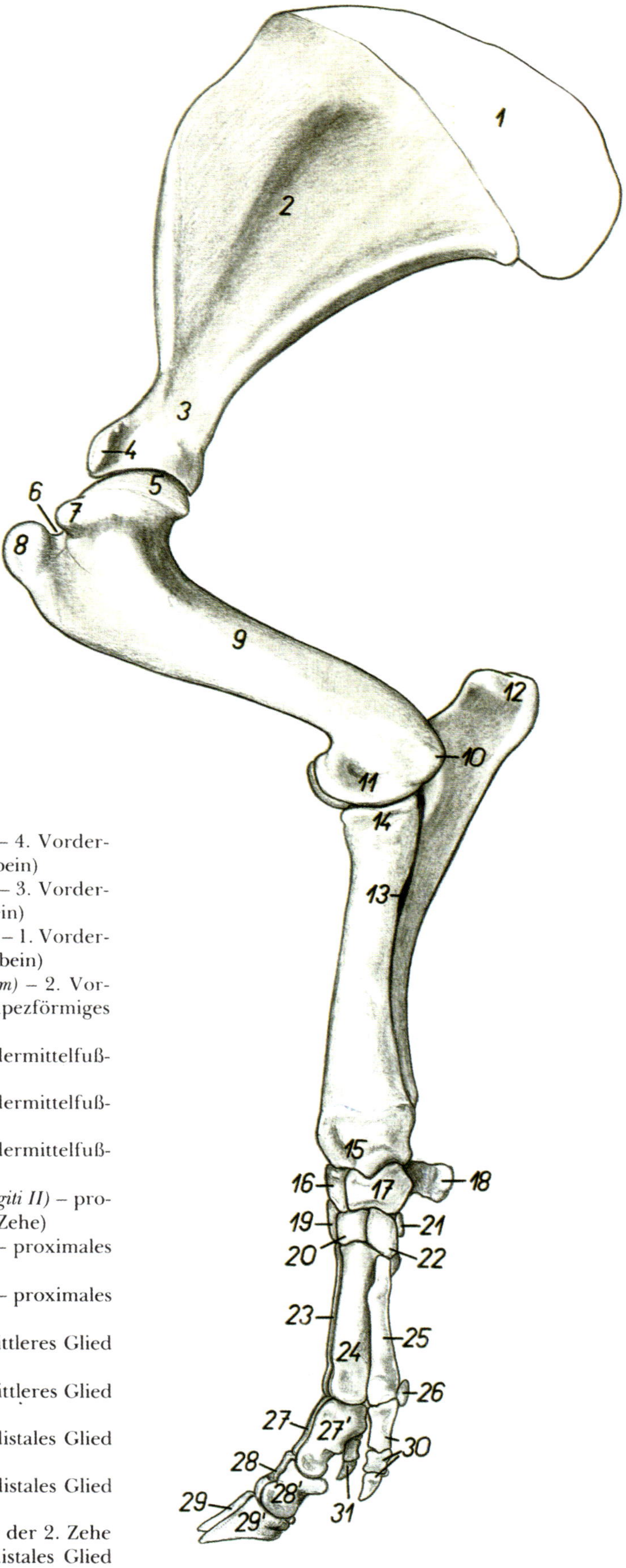

1. *Cartilago scapulae* – Schulterblattknorpel
2. *Fossa subscapularis* – Unterschulterblattgrube
3. *Collum scapulae* – Schulterblatthals
4. *Processus coracoideus* – Rabenschnabelfortsatz
5. *Caput humeri* – Oberarmbeinkopf
6. *Sulcus intertubercularis* – Zwischenhökkerrinne
7. *Tuberculum minus humeri* – kleines Oberarmbeinhöckerchen
8. *Pars cranialis tuberculi majoris* – kranialer Teil des großen Oberarmbeinhöckers
9. *Corpus humeri* – Oberarmbeinschaft
10. *Epicondylus medialis* – Streckknorren
11. *Condylus medialis humeri* – medialer Gelenkknorren des Oberarmbeines
12. *Tuber olecrani* – Ellbogenhöcker
13. *Spatium interosseum antebrachii proximale* – proximaler Zwischenknochenraum des Unterarmes
14. *Caput radii* – Kopf der Speiche
15. *Trochlea radii* – Gelenkrolle der Speiche
16. *Os carpi intermedium (Os lunatum)* – mittlerer Vorderfußwurzelknochen (Mondbein)
17. *Os carpi radiale (Os scaphoideum)* – radialer Vorderfußwurzelknochen (Kahnbein)
18. *Os capri accessorium (Os pisiforme)* – zusätzlicher Vorderfußwurzelknochen (Erbsenbein)
19. *Os carpale IV (Os hamatum)* – 4. Vorderfußwurzelknochen (Hakenbein)
20. *Os carpale III (Os capitatum)* – 3. Vorderfußwurzelknochen (Kopfbein)
21. *Os carpale I (Os trapezoideum)* – 1. Vorderfußwurzelknochen (Trapezbein)
22. *Os carpale II (Os trapezoideum)* – 2. Vorderfußwurzelknochen (trapezförmiges Bein)
23. *Os metacarpale IV* – 4. Vordermittelfußknochen
24. *Os metacarpale III* – 3. Vordermittelfußknochen
25. *Os metacarpale II* – 2. Vordermittelfußknochen
26. *Os sesamoideum proximale (digiti II)* – proximales Sesambein (der 2. Zehe)
27. *Phalanx proximalis digiti IV* – proximales Glied der 4. Zehe

27'. *Phalanx proximalis digiti III* – proximales Glied der 3. Zehe

28. *Phalanx media digiti IV* – mittleres Glied der 4. Zehe

28'. *Phalanx media digiti III* – mittleres Glied der 3. Zehe

29. *Phalanx distalis digiti IV* – distales Glied der 4. Zehe

29'. *Phalanx distalis digiti III* – distales Glied der 3. Zehe

30. *Phalanges digiti II* – Glieder der 2. Zehe
31. *Phalanx distalis digiti V* – distales Glied der 5. Zehe

Abbildung 97

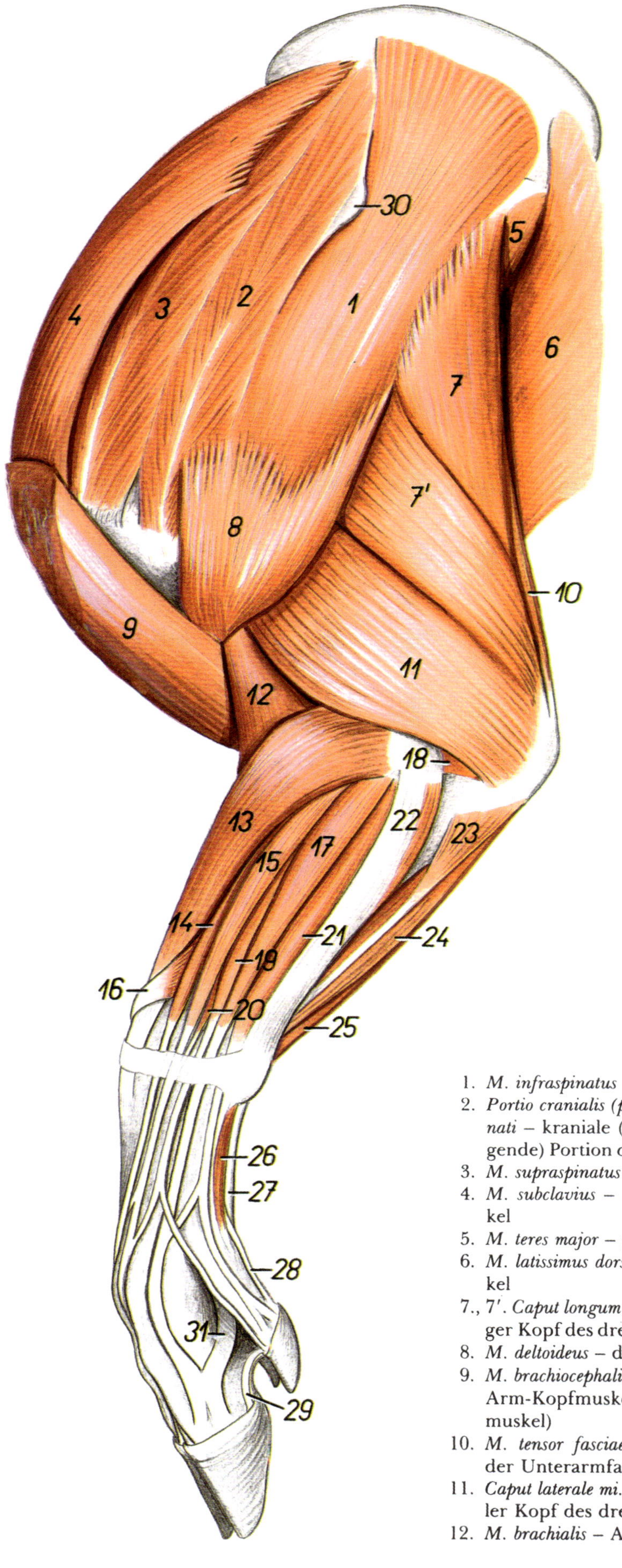

1. *M. infraspinatus* – Untergrätenmuskel
2. *Portio cranialis (preacromialis) mi. infraspinati* – kraniale (vor dem Gräteneck liegende) Portion des Untergrätenmuskels
3. *M. supraspinatus* – Übergrätenmuskel
4. *M. subclavius* – Unterschlüsselbeinmuskel
5. *M. teres major* – großer Rundmuskel
6. *M. latissimus dorsi* – breiter Rückenmuskel
7., 7'. *Caput longum mi. tricipitis brachii* – langer Kopf des dreiköpfigen Armmuskels
8. *M. deltoideus* – deltaförmiger Muskel
9. *M. brachiocephalicus (M. cleidobrachialis)* – Arm-Kopfmuskel (Schüsselbein-Armmuskel)
10. *M. tensor fasciae antebrachii* – Spanner der Unterarmfaszie
11. *Caput laterale mi. tricipitis brachii* – lateraler Kopf des dreiköpfigen Armmuskels
12. *M. brachialis* – Armmuskel
13. *M. extensor carpi radialis* – radialer Strecker des Vorderfußwurzelgelenkes

14., 15., 19. *M. extensor digitorum communis* – gemeinsamer Zehenstrecker

14. *M. extensor digiti III* – Strecker der 3. Zehe
15. *M. extensor digiti II et III* – Strecker der 2. und 3. Zehe
16. *M. abductor digiti I longus* – langer Abzieher der 1. Zehe
17. *M. extensor digitalis lateralis* – lateraler Zehenstrecker
18. *M. anconeus* – Ellbogenhöckermuskel
19. *M. extensor digiti IV et V* – Strecker der 4. und 5. Zehe
20. *M. extensor digiti II* – Strecker der 2. Zehe
21. *M. extensor digiti V* – Strecker der 5. Zehe
22. *M. extensor carpi ulnaris* – ulnarer Strecker des Vorderfußwurzelgelenkes
23. *Caput ulnare mi. flexoris digitorum profundi* – Ellenkopf des tiefen Zehenbeugers
24. *Caput humerale mi. flexoris digitorum profundi* – Oberarmkopf des tiefen Zehenbeugers
25. *M. flexor carpi ulnaris* – ulnarer Beuger des Vorderfußwurzelgelenkes
26. *M. abductor digiti V* – Abzieher der 5. Zehe
27. *Tendo mi. flexoris digitorum superficialis* – Sehne des oberflächlichen Zehenbeugers
28. *Tendo mi. flexoris digitorum profundi (Ramus ad digitum V)* – Sehne des tiefen Zehenbeugers (Ast zur 5. Zehe)
29. *Lig. interdigitale distale digiti IV et V* – distales Zwischenzehenband der 4. und 5. Zehe
30. *Tuber spinae scapulae* – Grätenbeule des Schulterblattes
31. *M. interosseus IV* – 4. Zwischenknochenmuskel

Abbildung 98

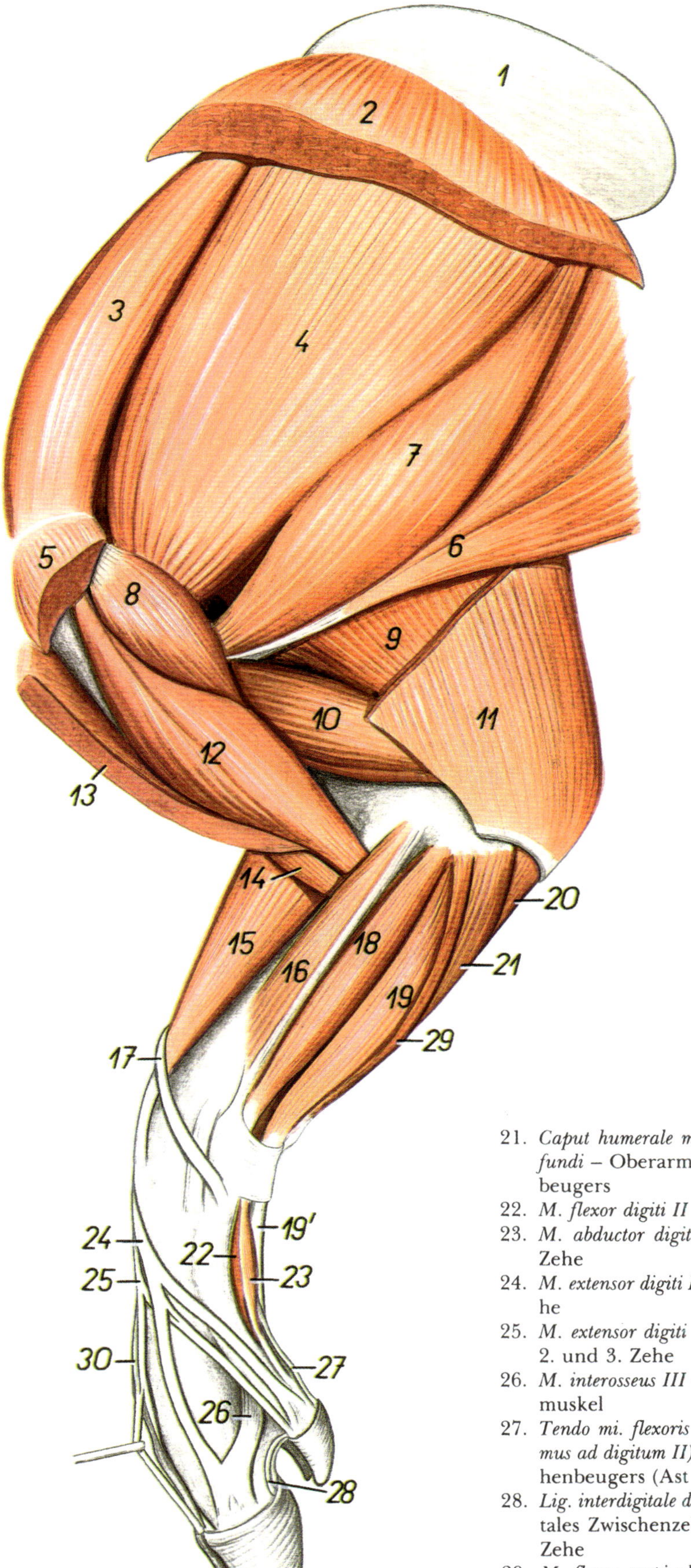

1. *Cartilago scapulae* – Schulterblattknorpel
2. *M. serratus ventralis* – ventraler gesägter Muskel
3. *M. supraspinatus* – Übergrätenmuskel
4. *M. subscapularis* – Unterschulterblattmuskel
5. *M. pectoralis profundus (s. ascendens)* – tiefer (aufsteigender) Brustmuskel
6. *M. latissimus dorsi* – breiter Rückenmuskel
7. *M. teres major* – großer Rundmuskel
8. *M. coracobrachialis* – Rabenschnabel-Armmuskel
9. *Caput longum mi. tricipitis brachii* – langer Kopf des dreiköpfigen Armmuskels
10. *Caput mediale mi. tricipitis brachii* – medialer Kopf des dreiköpfigen Armmuskels
11. *M. tensor fasciae antebrachii* – Spanner der Unterarmfaszie
12. *M. biceps brachii* – zweiköpfiger Armmuskel
13. *M. brachiocephalicus (M. cleidobrachialis)* – Arm-Kopfmuskel (Schlüsselbein-Armmuskel)
14. *M. brachialis* – Armmuskel
15. *M. extensor carpi radialis* – radialer Strecker des Vordermittelfußgelenkes
16. *M. pronator teres* – runder Einwärtsdreher
17. *M. abductor digiti I longus* – langer Abzieher der 1. Zehe
18. *M. flexor carpi radialis* – radialer Beuger des Vordermittelfußgelenkes
19. *Portio superficialis mi. flexoris digitorum superficialis* – oberflächliche Portion des oberflächlichen Zehenbeugers

19'. *Tendo mi. flexoris digitorum superficialis* – Sehne des oberflächlichen Zehenbeugers

20. *Caput ulnare mi. flexoris digitorum profundi* – Ellenkopf des tiefen Zehenbeugers
21. *Caput humerale mi. flexoris digitorum profundi* – Oberarmkopf des tiefen Zehenbeugers
22. *M. flexor digiti II* – Beuger der 2. Zehe
23. *M. abductor digiti II* – Abzieher der 2. Zehe
24. *M. extensor digiti III* – Strecker der 3. Zehe
25. *M. extensor digiti II et III* – Strecker der 2. und 3. Zehe
26. *M. interosseus III* – 3. Zwischenknochenmuskel
27. *Tendo mi. flexoris digitorum profundi (Ramus ad digitum II)* – Sehne des tiefen Zehenbeugers (Ast zur 2. Zehe)
28. *Lig. interdigitale distale digiti II et III* – distales Zwischenzehenband der 2. und 3. Zehe
29. *M. flexor carpi ulnaris* – ulnarer Beuger des Vorderfußwurzelgelenkes
30. *M. extensor digiti IV et V* – Strecker der 4. und 5. Zehe

Schwein. Präparation der Schulter und des Oberarmes, Ansicht von medial. 1. Schicht.

Abbildung 99

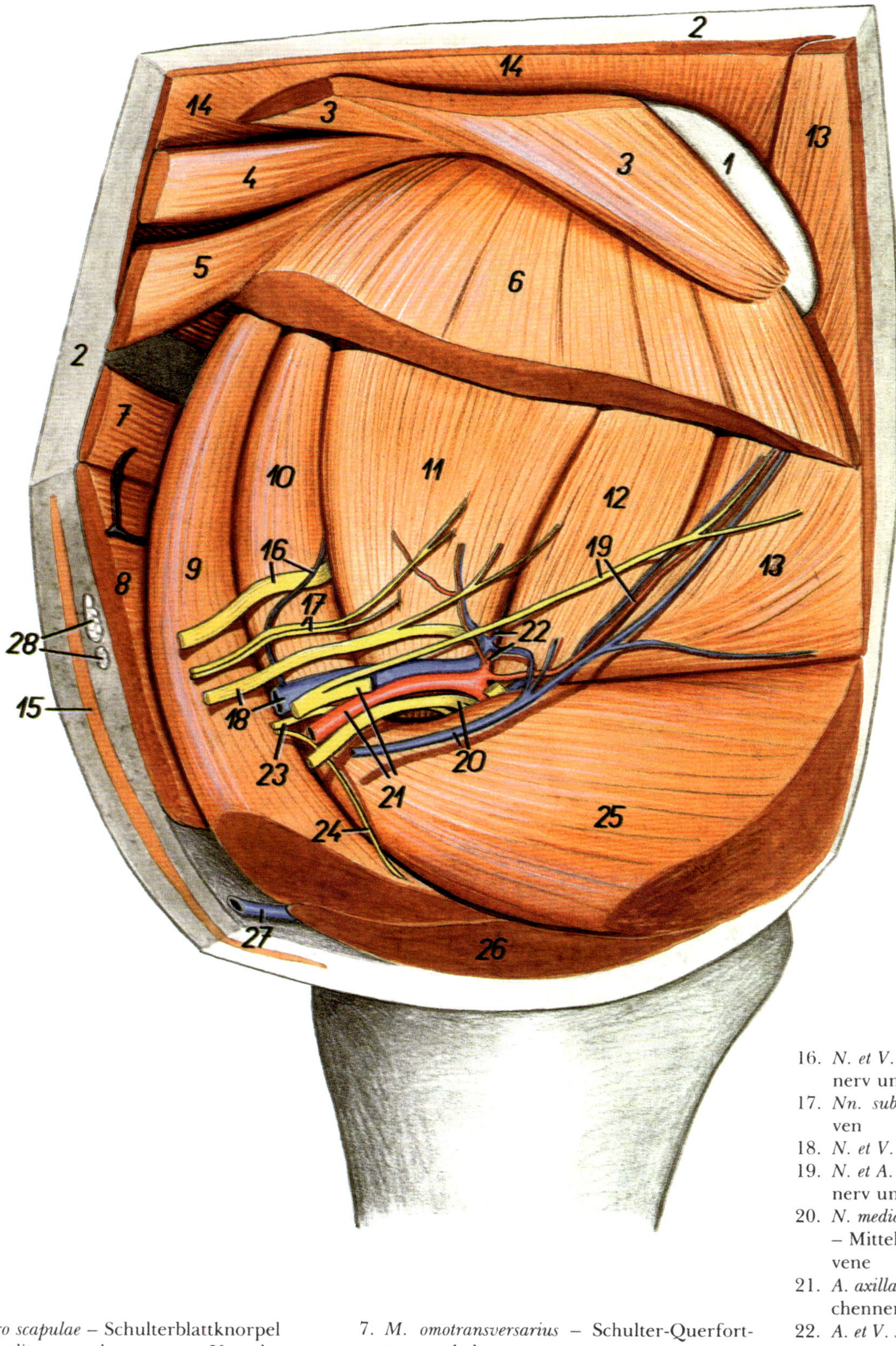

1. *Cartilago scapulae* – Schulterblattknorpel
2. *Corpus adiposum subcutaneum* – Unterhautfettkörper
3. *M. rhomboideus cervicis et thoracis* – Hals- und Brustkorbportion des rautenförmigen Muskels
4. *M. rhomboideus capitis* – Kopfportion des rautenförmigen Muskels

5., 6. *M. serratus ventralis cervicis et thoracis* – Hals- und Brustkorbportion des ventralen gesägten Muskels

7. *M. omotransversarius* – Schulter-Querfortsatzmuskel
8. *M. brachiocephalicus* – Arm-Kopfmuskel
9. *M. subclavius* – Unterschlüsselbeinmuskel
10. *M. supraspinatus* – Übergrätenmuskel
11. *M. subscapularis* – Unterschulterblattmuskel
12. *M. teres major* – großer Rundmuskel
13. *M. latissimus dorsi* – breiter Rückenmuskel
14. *M. trapezius (Pars cervicalis et thoracica)* – trapezförmiger Muskel (Hals- und Brustteil)
15. *M. cutaneus colli* – Halshautmuskel
16. *N. et V. suprascapularis* – Überschulterblattnerv und -vene
17. *Nn. subscapulares* – Unterschulterblattnerven
18. *N. et V. axillaris* – Achselnerv und -vene
19. *N. et A. thoracodorsalis* – Brustkorb-Rückennerv und -arterie
20. *N. medianus et N. ulnaris, V. thoracica externa* – Mittelnerv und Ellennerv, äußere Brustvene
21. *A. axillaris, N. radialis* – Achselarterie, Speichennerv
22. *A. et V. subscapularis* – Unterschulterblattarterie und -vene
23. *N. musculocutaneus* – Muskel-Hautnerv
24. *N. pectoralis cranialis* – kranialer Brustnerv
25. *M. pectoralis profundus (s. ascendens)* – tiefer (aufsteigender) Brustmuskel
26. *M. pectoralis superficialis* – oberflächlicher Brustmuskel
27. *V. cephalica* – Kopfvene des Oberarmes
28. *Lnn. cervicales superficiales ventrales* – ventrale oberflächliche Halslymphknoten

Schwein. Präparation der Schulter und des Oberarmes, Ansicht von medial. 2. Schicht.

Abbildung 100

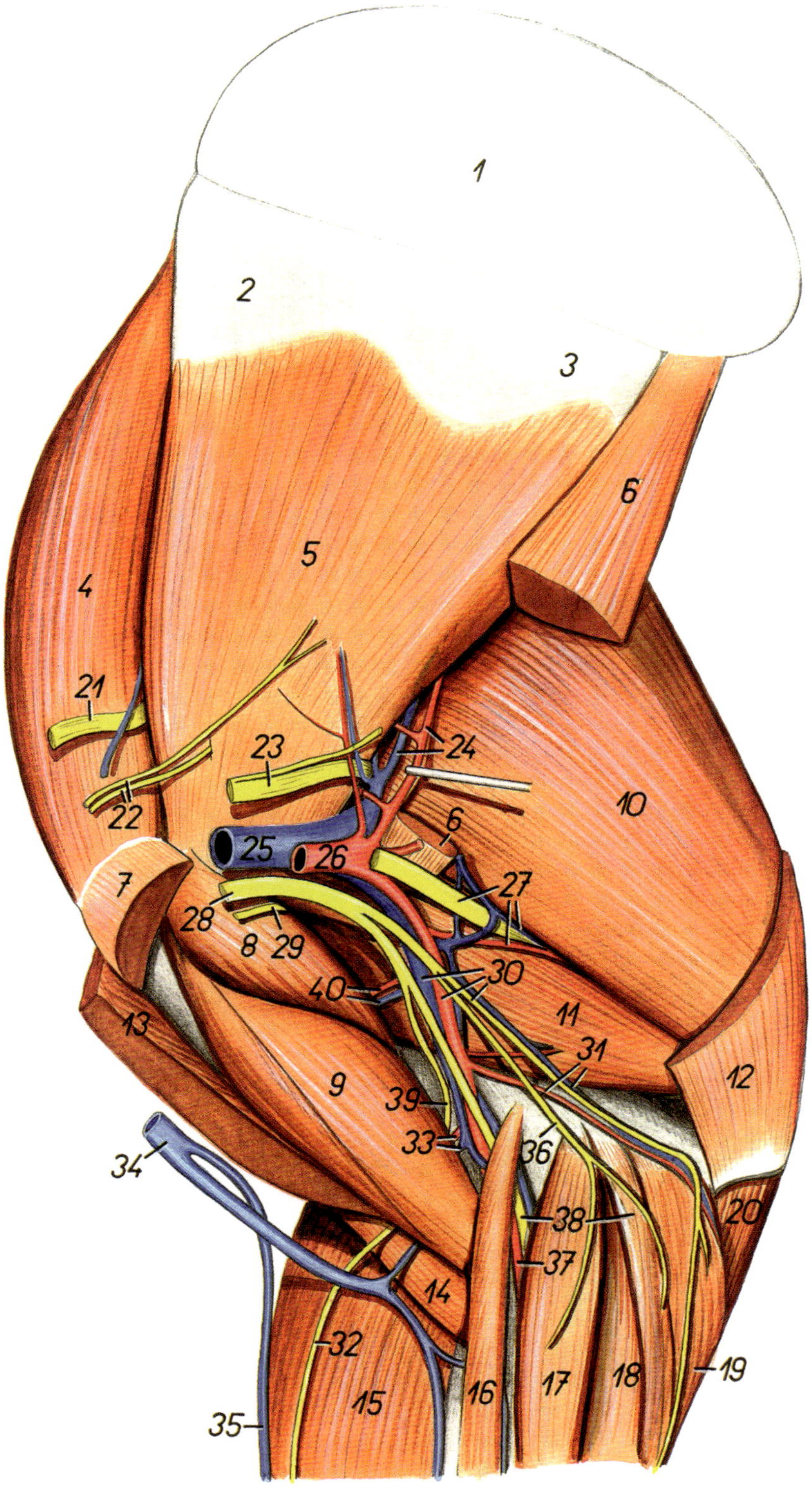

1. *Cartilago scapulae* – Schulterblattknorpel
2., 3. *Facies serratae* – Ansatzfläche des gesägten Muskels am Schulterblatt
4. *M. supraspinatus* – Übergrätenmuskel
5. *M. subscapularis* – Unterschulterblattmuskel
6. *M. teres major* – großer Rundmuskel
7. *M. pectoralis profundus (s. ascendens)* – tiefer (aufsteigender) Brustmuskel
8. *M. coracobrachialis* – Rabenschnabel-Armmuskel
9. *M. biceps brachii* – Armmuskel
10. *Caput longum mi. tricipitis brachii* – langer Kopf des dreiköpfigen Armmuskels
11. *Caput mediale mi. tricipitis brachii* – medialer Kopf des dreiköpfigen Armmuskels
12. *M. tensor fasciae antebrachii* – Strecker der Unterarmfaszie
13. *M. brachiocephalicus* – Arm-Kopfmuskel
14. *M. brachialis* – Armmuskel
15. *M. extensor carpi radialis* – radialer Strecker des Handwurzelgelenkes
16. *M. pronator teres* – runder Einwärtsdreher
17. *M. flexor carpi radialis* – radialer Beuger des Handwurzelgelenkes
18. *Portio superficialis mi. flexoris digitorum superficialis* – oberflächliche Portion des oberflächlichen Zehenbeugers
19. *Caput humerale mi. flexoris digitorum profundi* – Oberarmkopf des tiefen Zehenbeugers
20. *Caput ulnare mi. flexoris digitorum profundi* – Ellenkopf des tiefen Zehenbeugers
21. *N. suprascapularis* – Überschulterblattnerv
22. *Nn. subscapulares* – Unterschulterblattnerven
23. *N. axillaris* – Achselnerv
24. *A. et V. subscapularis* – Unterschulterblattarterie und -vene
25. *V. axillaris* – Achselvene
26. *A. axillaris* – Achselarterie
27. *N. radialis, A. et V. profunda brachii* – Speichennerv, tiefe Armarterie und -vene
28. *N. medianus, N. ulnaris et N. musculocutaneus* – Mittelnerv, Ellennerv und Muskel-Hautnerv
29. *Ramus muscularis proximalis ni. musculocutanei* – proximaler Muskelast des Muskel-Hautnerven
30. *A. et V. brachialis, N. ulnaris* – Armarterie und -vene, Ellennerv
31. *A. et V. collateralis ulnaris* – Begleitarterie und -vene des Ellennerven
32. *N. cutaneus antebrachii medialis* – medialer Unterarmhautnerv
33. *A. et V. transversa cubiti* – Querarterie und -vene des Ellenbogens
34. *V. cephalica* – Kopfvene des Oberarmes
35. *V. cephalica accessoria* – zusätzliche Kopfvene des Unterarmes
36. *N. cutaneus antebrachii caudalis* – kaudaler Unterarmhautnerv
37. *A. mediana* – Mittelarterie
38. *N. medianus, M. flexor carpi ulnaris* – Mittelnerv, ulnarer Beuger des Vorderfußwurzelgelenkes
39. *N. musculocutaneus* – Muskel-Hautnerv
40. *Rami musculares* – Muskeläste

Schwein. Präparation der Schulter und des Oberarmes, Ansicht von lateral.

Abbildung 101

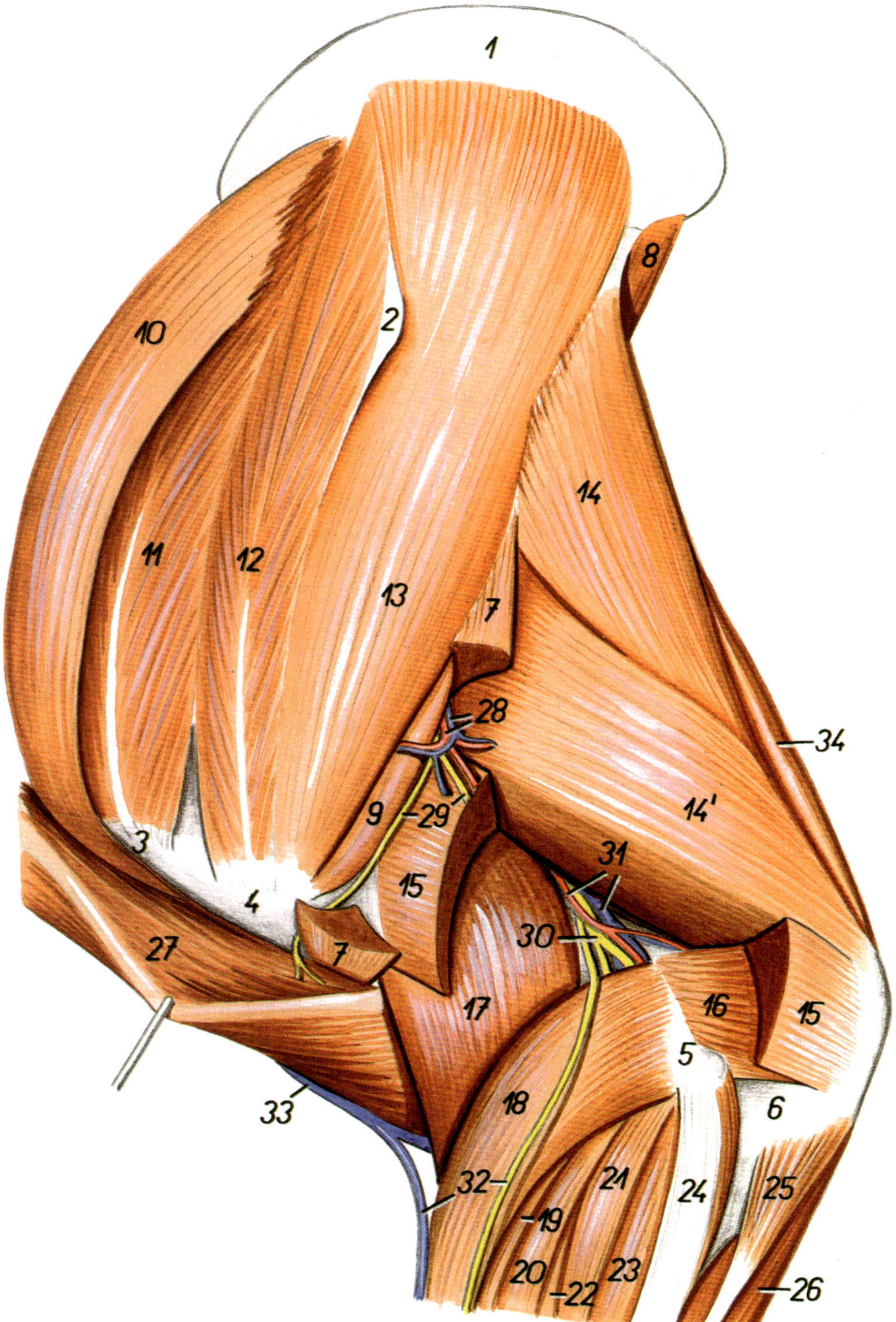

1. *Cartilago scapulae* – Schulterblattknorpel
2. *Tuber spinae scapulae* – Grätenbeule des Schulterblattes
3. *Pars cranialis tuberculi majoris humeri* – kranialer Teil des großen Oberarmbeinhökkers
4. *Pars caudalis tuberculi majoris humeri* – kaudaler Teil des großen Oberarmbeinhöckers
5. *Epicondylus lateralis humeri* – Streckknorren des Oberarmbeines
6. *Olecranon* – Ellbogen
7. *M. deltoideus* – deltaförmiger Muskel
8. *M. teres major* – großer Rundmuskel
9. *M. teres minor* – kleiner Rundmuskel
10. *M. subclavius* – Unterschlüsselbeinmuskel
11. *M. supraspinatus* – Übergrätenmuskel
12. *Pars cranialis mi. infraspinati* – kranialer Teil des Untergrätenmuskels
13. *M. infraspinatus* – Untergrätenmuskel
14., 14'. *Caput longum mi. tricipitis brachii* – langer Kopf des dreiköpfigen Armmuskels
15. *Caput laterale mi. tricipitis brachii* – lateraler Kopf des dreiköpfigen Armmuskels
16. *M. anconeus* – Ellbogenhöckermuskel
17. *M. brachialis* – Armmuskel
18. *M. extensor carpi radialis* – radialer Vorderfußwurzelstrecker
19. *M. extensor digiti III* – Strecker der 3. Zehe
20. *M. extensor digiti II et III* – Strecker der 2. und 3. Zehe
21. *M. extensor digitalis lateralis* – lateraler Zehenstrecker
22. *M. extensor digiti IV et V* – Strecker der 4. und 5. Zehe
23. *M. extensor digiti V* – Strecker der 5. Zehe
24. *M. extensor carpi ulnaris* – ulnarer Strecker des Vorderfußwurzelgelenkes
25. *Caput ulnare mi. flexoris digitorum profundi* – Ellenkopf des tiefen Zehenbeugers
26. *Caput humerale mi. flexoris digitorum profundi* – Oberarmkopf des tiefen Zehenbeugers
27. *M. brachiocephalicus (M. cleidobrachialis)* – Arm-Kopfmuskel (Schlüsselbein-Armmuskel)
28. *A. et V. circumflexa humeri caudalis* – kaudale Oberarmkranzarterie und -vene
29. *Rami ni. axillaris* – Äste des Achselnerven
30. *N. radialis (Ramus profundus)* – Speichennerv (tiefer Ast)
31. *Rami a. et v. profundae brachii* – Äste der tiefen Armarterie und -vene
32. *Ramus superficialis ni. radialis, V. cephalica accessoria* – oberflächlicher Ast der Speichennerven, zusätzliche Kopfvene des Unterarmes
33. *V. cephalica* – Kopfvene des Oberarmes
34. *M. tensor fasciae antebrachii* – Spanner der Unterarmfaszie

Schwein. Topographie der Arterien am distalen Abschnitt der rechten Schultergliedmaße, Ansicht von palmar (Systematik der Arterien nach De Vos).

Abbildung 102

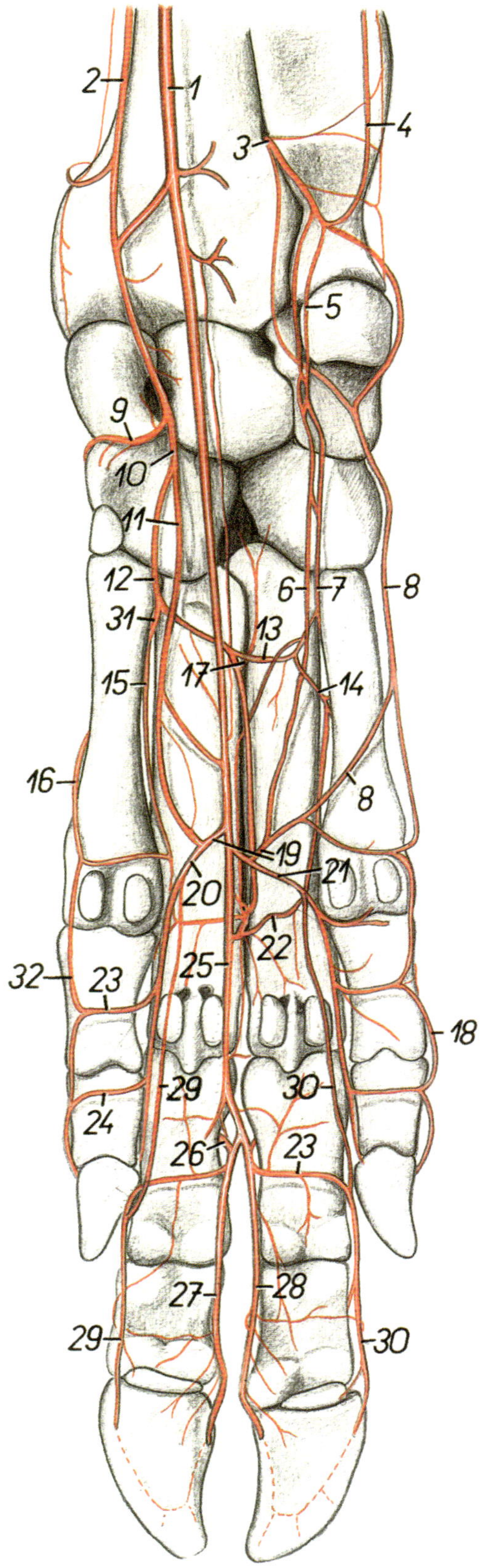

1. *A. mediana* – Mittelarterie
2. *A. radialis* – Speichenarterie
3., 5., 6., 7. *Ramus palmaris a. interosseae caudalis* – palmarer Ast der kaudalen Zwischenknochenarterie
4. *A. collateralis ulnaris* – Seitenarterie der Elle
6. *Ramus palmaris superficialis* – oberflächlicher Palmarast
7. *Ramus palmaris profundus* – tiefer Palmarast
8. *A. metacarpea palmaris V* – 5. palmare Vordermittelfußarterie
9. *Ramus dorsalis profundus a. radialis* – dorsaler tiefer Ast der Speichenarterie
10. *Ramus palmaris a. radialis* – Palmarast der Speichenarterie
11. *Ramus palmaris superficialis a. radialis* – oberflächlicher Palmarast der Speichenarterie
12. *Ramus palmaris profundus a. radialis* – tiefer Palmarast der Speichenarterie
13. *Arcus palmaris profundus proximalis* – proximaler tiefer Palmarbogen
14. *Ramus perforans proximalis IV* – 4. proximaler durchbohrender Ast
15. *A. metacarpea palmaris II* – 2. palmare Vordermittelfußarterie
16. *A. metacarpea palmaris I* – 1. palmare Vordermittelfußarterie
17. *Ramus perforans proximalis III* – 3. proximaler durchbohrender Ast
18. *A. digitalis palmaris propria V lateralis* – 5. laterale palmare besondere Zehenarterie
19. *Arcus palmaris superficialis* – oberflächlicher Palmarbogen
20. *A. digitalis palmaris communis II* – 2. palmare gemeinsame Zehenarterie
21. *A. digitalis palmaris communis IV* – 4. palmare gemeinsame Zehenarterie
22. *Arcus palmaris profundus distalis* – distaler tiefer Palmarbogen
23. *Ramus palmaris phalangis proximalis* – Palmarast des proximalen Zehengliedes
24. *Ramus palmaris phalangis mediae* – Palmarast des mittleren Zehengliedes
25. *A. digitalis palmaris communis III* – 3. gemeinsame palmare Zehenarterie
26. *A. interdigitalis perforans III* – 3. durchbohrende Zwischenzehenarterie
27. *A. digitalis palmaris propria III lateralis* – 3. laterale palmare besondere Zehenarterie
28. *A. digitalis palmaris propria IV medialis* – 4. mediale palmare besondere Zehenarterie
29. *A. digitalis palmaris propria III medialis* – 3. mediale palmare besondere Zehenarterie
30. *A. digitalis palmaris propria IV lateralis* – 4. laterale palmare besondere Zehenarterie
31. *Ramus perforans proximalis II* – 2. proximaler durchbohrender Ast
32. *A. digitalis palmaris propria II medialis* – 2. mediale palmare besondere Zehenarterie

Schwein. Präparation des Unterarmes und des distalen Endes der Schultergliedmaße, Ansicht von medial.

Abbildung 103

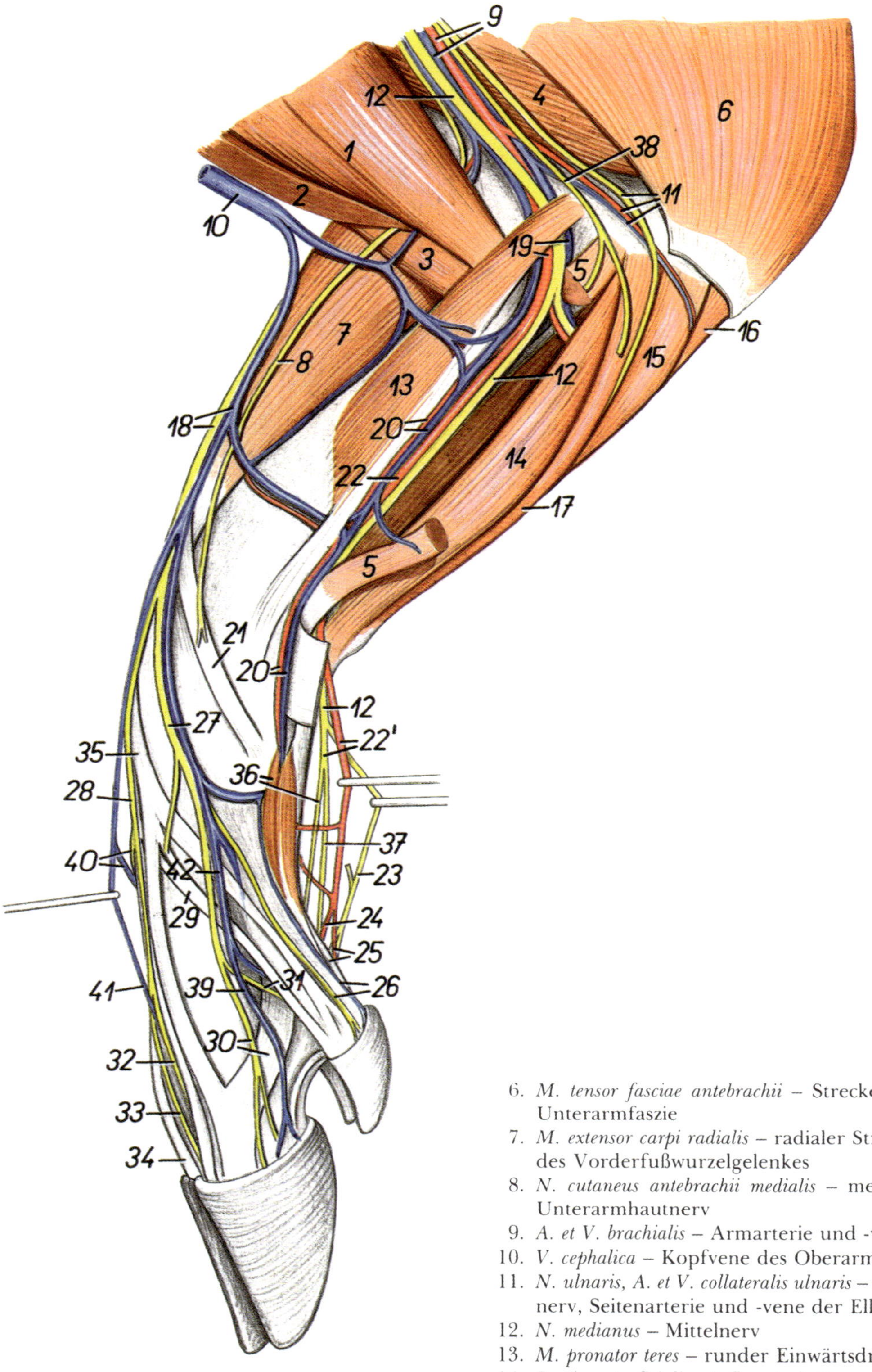

1. *M. biceps brachii* – zweiköpfiger Armmuskel
2. *M. cleidobrachialis* – Schlüsselbein-Armmuskel
3. *M. brachialis* – Armmuskel
4. *Caput mediale mi. tricipitis brachii* – medialer Kopf des dreiköpfigen Armmuskels
5. *M. flexor carpi radialis* – radialer Beuger des Vorderfußwurzelgelenkes
6. *M. tensor fasciae antebrachii* – Strecker der Unterarmfaszie
7. *M. extensor carpi radialis* – radialer Strecker des Vorderfußwurzelgelenkes
8. *N. cutaneus antebrachii medialis* – medialer Unterarmhautnerv
9. *A. et V. brachialis* – Armarterie und -vene
10. *V. cephalica* – Kopfvene des Oberarmes
11. *N. ulnaris, A. et V. collateralis ulnaris* – Ellennerv, Seitenarterie und -vene der Elle
12. *N. medianus* – Mittelnerv
13. *M. pronator teres* – runder Einwärtsdreher
14. *Portio superficialis mi. flexoris digitorum superficialis* – oberflächliche Portion des oberflächlichen Zehenbeugers
15. *Caput humerale mi. flexoris digitorum profundi* – Oberarmkopf des tiefen Zehenbeugers
16. *Caput ulnare mi. flexoris digitorum profundi* – Ellenkopf des tiefen Zehenbeugers
17. *M. flexor carpi ulnaris* – ulnarer Beuger des Vorderfußwurzelgelenkes
18. *V. cephalica accessoria, Ramus superficialis ni. radialis* – zusätzliche Kopfvene des Unterarmes, oberflächlicher Ast des Speichennerven
19. *A. et V. mediana* – Mittelarterie und -vene
20. *A. et V. radialis* – Speichenarterie und -vene
21. *M. abductor digiti I longus* – langer Abzieher der 1. Zehe

22., 22'. *A. mediana, N. palmaris medialis* – Mittelarterie, medialer Palmarnerv

23. *N. palmaris lateralis* – lateraler Palmarnerv
24. *A. digitalis palmaris communis III* – 3. palmare gemeinsame Zehenarterie
25. *A. digitalis palmaris communis II, M. flexor digitorum profundus (Ramus ad digitum II)* – 2. palmare gemeinsame Zehenarterie, tiefer Zehenbeuger (Ast zur 2. Zehe)
26. *N. digitalis dorsalis proprius II medialis, V. digitalis propria II medialis* – 2. medialer dorsaler besonderer Zehennerv, 2. mediale besondere Zehenvene
27. *N. digitalis dorsalis communis II* – 2. dorsaler gemeinsamer Zehennerv
28. *N. digitalis dorsalis communis III* – 3. dorsaler gemeinsamer Zehennerv
29. *M. extensor digiti II et III* – Strecker der 2. und 3. Zehe
30. *N. digitalis dorsalis proprius III medialis, Ramus mi. interossei III* – 3. medialer dorsaler besonderer Zehennerv, Ast des 3. Zwischenknochenmuskels
31. *N. digitalis dorsalis proprius II lateralis* – 2. lateraler dorsaler besonderer Zehennerv
32. *N. digitalis dorsalis proprius III lateralis* – 3. lateraler dorsaler besonderer Zehennerv
33. *N. digitalis dorsalis proprius IV medialis* – 4. medialer dorsaler besonderer Zehennerv
34. *M. extensor digiti IV et V* – Strecker der 4. und 5. Zehe
35. *M. extensor digiti III* – Strecker der 3. Zehe
36. *M. flexor digiti II brevis, N. digitalis palmaris proprius II lateralis* – Abzieher und kurzer Beuger der 2. Zehe, 2. lateraler palmarer besonderer Zehennerv
37. *N. digitalis palmaris proprius III lateralis* – 3. lateraler palmarer besonderer Zehennerv
38. *N. cutaneus antebrachii caudalis* – kaudaler Unterarmhautnerv
39. *V. digitalis dorsalis propria III medialis* – 3. mediale besondere Zehenvene
40. *N. digitalis dorsalis communis IV, V. digitalis dorsalis communis IV* – 4. dorsaler gemeinsamer Zehennerv und gleichnamige Vene
41. *V. digitalis dorsalis communis III* – 3. gemeinsame dorsale Zehenvene
42. *V. digitalis dorsalis communis II* – 2. gemeinsame dorsale Zehenvene

Schwein. Präparation des Unterarmes und des distalen Endes der Schultergliedmaße, Ansicht von lateral.

Abbildung 104

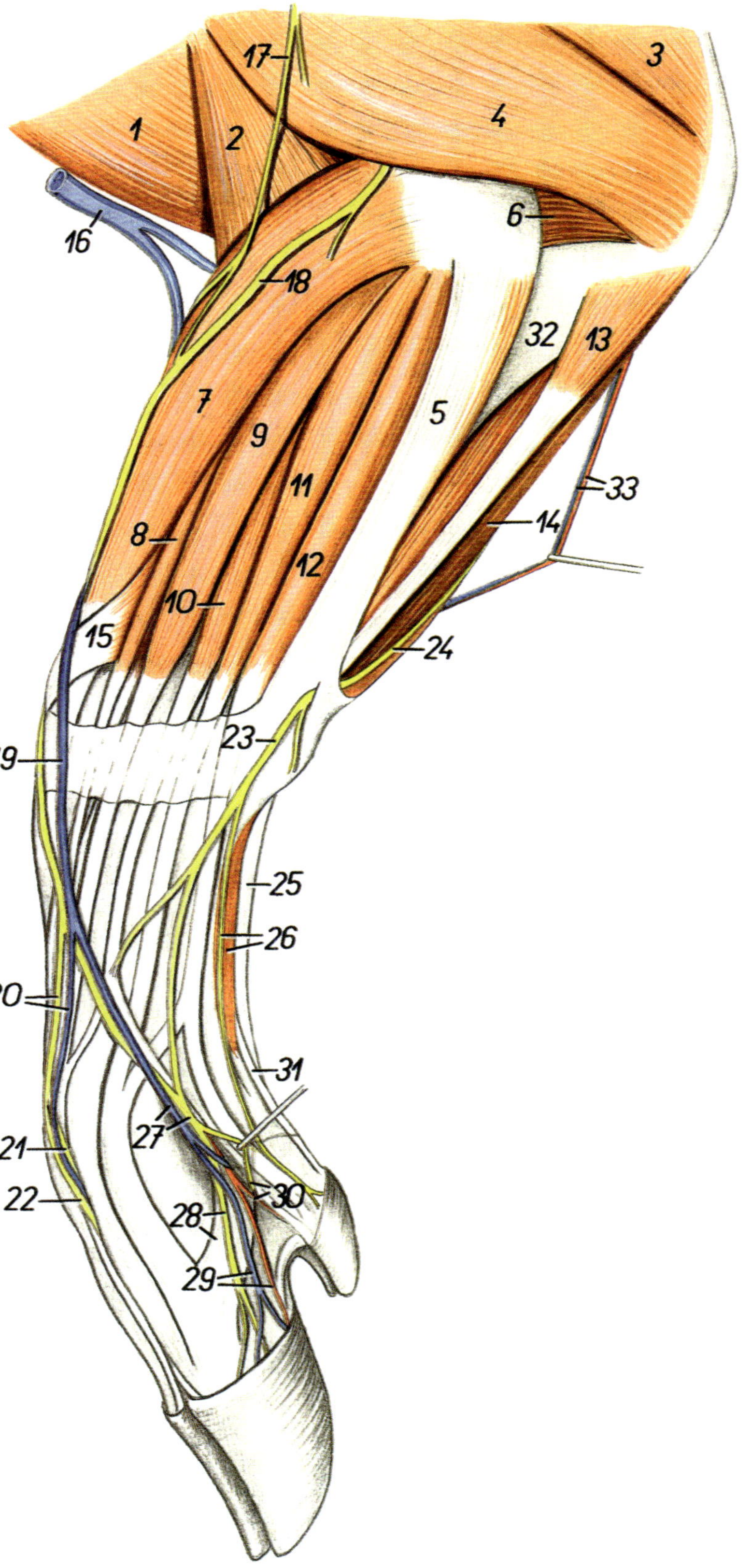

1. *M. cleidobrachialis* – Schlüsselbein-Armmuskel
2. *M. brachialis* – Armmuskel
3. *Caput longum mi. tricipitis brachii* – langer Kopf des dreiköpfigen Armmuskels
4. *Caput laterale mi. tricipitis brachii* – lateraler Kopf des dreiköpfigen Armmuskels
5. *M. extensor carpi ulnaris* – ulnarer Strecker des Vorderfußwurzelgelenkes
6. *M. anconeus* – Ellbogenhöckermuskel
7. *M. extensor carpi radialis* – radialer Strecker des Vorderfußwurzelgelenkes

8., 9., 10. *M. extensor digitorum communis* – gemeinsamer Zehenstrecker

8. *M. extensor digiti III* – Strecker der 3. Zehe
9. *M. extensor digiti II et III* – Strecker der 2. und 3. Zehe
10. *M. extensor digiti IV et V* – Strecker der 4. und 5. Zehe
11. *M. extensor digitalis lateralis* – lateraler Zehenstrecker
12. *M. extensor digiti V* – Strecker der 5. Zehe
13. *Caput ulnare mi. flexoris digitorum profundi* – Ellenkopf des tiefen Zehenbeugers
14. *Caput humerale mi. flexoris digitorum profundi* – Oberarmkopf des tiefen Zehenbeugers
15. *M. abductor digiti I longus* – Abzieher der 1. Zehe
16. *V. cephalica* – Kopfvene des Oberarmes
17. *N. cutaneus antebrachii cranialis* – kranialer Unterarmhautast
18. *Ramus superficialis ni. radialis* – oberflächlicher Ast des Speichennerven
19. *V. cephalica accessoria* – zusätzliche Kopfvene des Unterarmes
20. *V. digitalis dorsalis communis III, N. digitalis dorsalis communis III* – 3. dorsale gemeinsame Zehenvene und gleichnamiger Nerv
21. *N. digitalis dorsalis proprius IV medialis* – 4. medialer dorsaler besonderer Zehennerv
22. *N. digitalis dorsalis proprius III lateralis* – 3. lateraler dorsaler besonderer Zehennerv
23. *Ramus dorsalis ni. ulnaris* – dorsaler Ast des Ellennerven
24. *N. ulnaris* – Ellennerv
25. *Tendo mi. flexoris digitorum superficialis* – Sehne des oberflächlichen Zehenbeugers
26. *N. digitalis dorsalis proprius V lateralis, M. abductor digiti V* – 5. lateraler dorsaler besonderer Zehennerv, Abzieher der 5. Zehe
27. *N. digitalis dorsalis communis IV, V. digitalis dorsalis communis IV* – 4. dorsaler gemeinsamer Zehennerv und gleichnamige Vene
28. *N. digitalis dorsalis proprius IV lateralis, Ramus mi. interossei IV* – 4. lateraler dorsaler besonderer Zehennerv, Ast des 4. Zwischenknochenmuskels
29. *A. et V. digitalis propria IV lateralis* – 4. laterale besondere Zehenarterie und -vene
30. *N. digitalis dorsalis proprius V medialis, A. digitalis propria V medialis* – 5. medialer dorsaler besonderer Zehennerv, 5. mediale besondere Zehenarterie
31. *Tendo mi. flexoris digitorum profundi (Ramus ad digitum V)* – Sehne des tiefen Zehenbeugers (Ast zur 5. Zehe)
32. *Ulna* – Elle
33. *A. et V. collateralis ulnaris* – Begleitarterie und -vene des Ellennerven

Abbildung 105

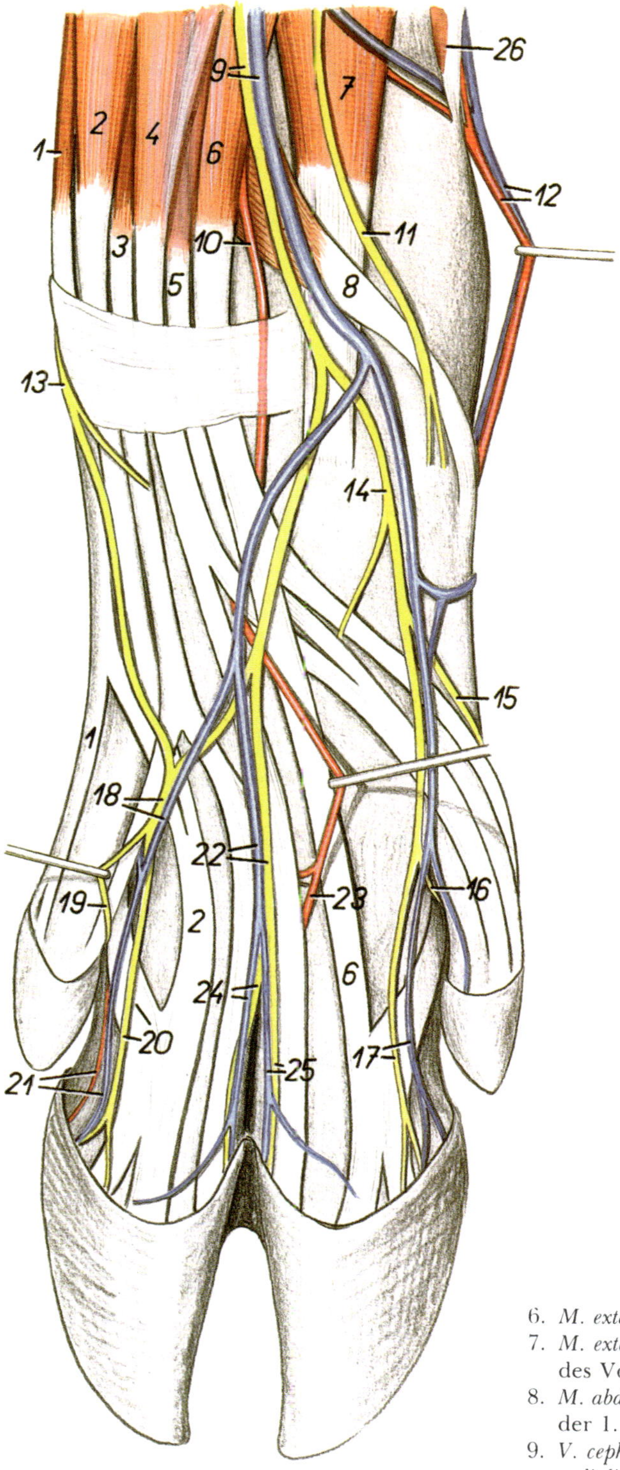

1. *M. extensor digiti V* – Strecker der 5. Zehe
2. *M. extensor digitalis lateralis (M. extensor digiti IV)* – lateraler Zehenstrecker (Strecker der 4. Zehe)
3. *M. extensor digiti IV et V* – Strecker der 4. und 5. Zehe
4. *M. extensor digiti II et III* – Strecker der 2. und 3. Zehe
5. *M. extensor digiti II* – Strecker der 2. Zehe
6. *M. extensor digiti III* – Strecker der 3. Zehe
7. *M. extensor carpi radialis* – radialer Strecker des Vorderfußwurzelgelenkes
8. *M. abductor digiti I longus* – langer Abzieher der 1. Zehe
9. *V. cephalica accessoria, Ramus superficialis ni. radialis* – zusätzliche Kopfvene des Unterarmes, oberflächlicher Ast des Speichennerven
10. *A. interossea cranialis* – kraniale Zwischenknochenarterie
11. *N. cutaneus antebrachii medialis* – medialer Unterarmhautnerv
12. *A. et V. radialis* – Speichenarterie und -vene
13. *Ramus dorsalis ni. ulnaris* – dorsaler Ast des Ellennerven
14. *N. digitalis dorsalis communis II* – 2. dorsaler gemeinsamer Zehennerv
15. *N. digitalis dorsalis proprius II medialis* – 2. medialer dorsaler besonderer Zehennerv
16. *N. digitalis dorsalis proprius II lateralis* – 2. lateraler dorsaler besonderer Zehennerv
17. *V. digitalis dorsalis propria III medialis, N. digitalis dorsalis proprius III medialis* – 3. mediale dorsale besondere Zehenvene, 3. medialer dorsaler besonderer Zehennerv
18. *N. digitalis dorsalis communis IV, V. digitalis dorsalis communis IV* – 4. dorsaler gemeinsamer Zehennerv und gleichnamige Vene
19. *N. digitalis dorsalis proprius V medialis* – 5. medialer dorsaler besonderer Zehennerv
20. *N. digitalis dorsalis proprius IV lateralis, M. interosseus IV* – 4. lateraler dorsaler besonderer Zehennerv, 4. Zwischenknochenmuskel
21. *A. et V. digitalis dorsalis propria IV lateralis* – 4. laterale dorsale besondere Zehenarterie und -vene
22. *N. digitalis dorsalis communis III, V. digitalis dorsalis communis III* – 3. dorsaler gemeinsamer Zehennerv und gleichnamige Vene
23. *A. metacarpea dorsalis III* – 3. dorsale Vordermittelfußarterie
24. *V. digitalis dorsalis propria IV medialis, N. digitalis dorsalis proprius IV medialis* – 4. mediale dorsale besondere Zehenvene, 4. medialer dorsaler besonderer Zehennerv
25. *V. digitalis dorsalis propria III lateralis, N. digitalis dorsalis proprius III lateralis* – 3. laterale dorsale besondere Zehenvene, 3. lateraler dorsaler besonderer Zehennerv
26. *M. pronator teres* – runder Einwärtsdreher

Abbildung 106

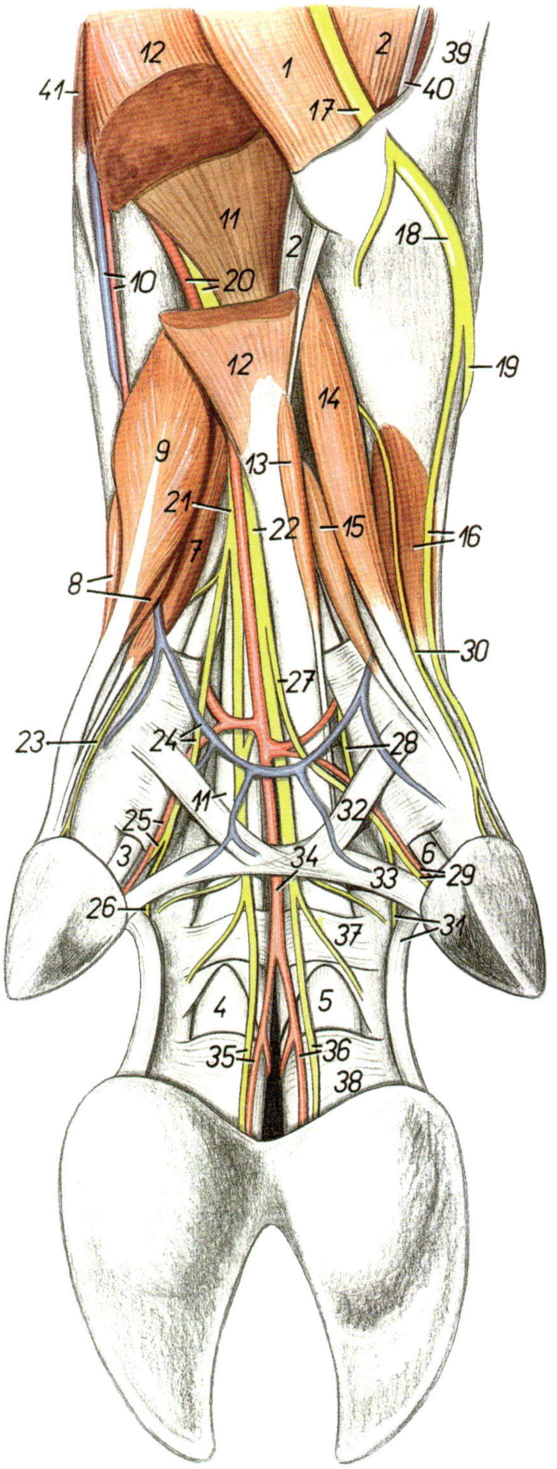

1. *M. flexor carpi ulnaris* – ulnarer Beuger des Vorderfußwurzelgelenkes
2. *Caput humerale mi. flexoris digitorum profundi* – Oberarmkopf des tiefen Zehenbeugers
3. *Ramus mi. flexoris digitorum profundi ad digitum II* – Ast des tiefen Zehenbeugers zur 2. Zehe
4. *Ramus mi. flexoris digitorum profundi ad digitum III* – Ast des tiefen Zehenbeugers zur 3. Zehe
5. *Ramus mi. flexoris digitorum profundi ad digitum IV* – Ast des tiefen Zehenbeugers zur 4. Zehe
6. *Ramus mi. flexoris digitorum profundi ad digitum V* – Ast des tiefen Zehenbeugers zur 5. Zehe
7. *M. lumbricalis II* – 2. wurmförmiger Muskel
8. *M. interosseus II (s. M. flexor digiti II brevis)* – 2. Zwischenknochenmuskel (o. kurzer Beuger der 2. Zehe)
9. *M. abductor digiti II* – Wegzieher der 2. Zehe
10. *A. et V. radialis* – Speichenarterie und -vene
11. *Portio profunda mi. flexoris digitorum superficialis* – tiefe Portion des oberflächlichen Zehenbeugers
12. *Portio superficialis mi. flexoris digitorum superficialis* – oberflächliche Portion des oberflächlichen Zehenbeugers
13. *M. lumbricalis IV* – 4. wurmförmigen Muskel
14. *M. flexor digiti V brevis* – kurzer Beuger der 5. Zehe
15. *M. interosseus V* – 5. Zwischenknochenmuskel
16. *M. abductor digiti V, N. digitalis dorsalis proprius V lateralis* – Abzieher der 5. Zehe, 5. lateraler dorsaler besonderer Zehennerv
17. *N. ulnaris* – Ellennerv
18. *Ramus dorsalis ni. ulnaris* – dorsaler Ast des Ellennerven
19. *N. digitalis dorsalis communis IV* – 4. dorsaler gemeinsamer Zehennerv
20. *A. et N. medianus* – Mittelarterie und Mittelnerv
21. *N. palmaris medialis* – medialer Palmarnerv
22. *N. palmaris lateralis* – lateraler Palmarnerv
23. *N. digitalis palmaris proprius II medialis* – 2. medialer palmarer besonderer Zehennerv
24. *N. digitalis palmaris communis II, Arcus palmaris venosus* – 2. palmarer gemeinsamer Zehennerv, palmarer Venenbogen
25. *A. digitalis palmaris propria II lateralis, N. digitalis palmaris proprius II lateralis* – 2. laterale palmare besondere Zehenarterie, 2. lateraler palmarer besonderer Zehennerv
26. *N. digitalis palmaris proprius III medialis* – 3. medialer palmarer besonderer Zehennerv
27. *Ramus communicans cum nervo ulnari* – Verbindungsast zum Ellennerven
28. *Ramus superficialis rami palmaris ni. ulnaris* – oberflächlicher Ast des Palmarastes des Ellennerven
29. *A. digitalis palmaris propria V medialis, N. digitalis palmaris proprius V medialis* – 5. mediale palmare besondere Zehenarterie, 5. medialer palmarer besonderer Zehennerv
30. *N. digitalis palmaris proprius V lateralis* – 5. lateraler palmarer besonderer Zehennerv
31. *N. digitalis palmaris proprius IV lateralis, Lig. interdigitale distale digiti IV et V* – 4. lateraler palmarer besonderer Zehennerv, distales Zwischenzehenband der 4. und 5. Zehe

32., 33. *Ligg. interdigitalia digiti II et digiti V* – Zwischenzehenbänder der 2. und 5. Zehe

34. *A. digitalis palmaris communiss III* – 3. palmare gemeinsame Zehenarterie
35. *N. digitalis palmaris proprius III lateralis, A. digitalis palmaris propria III lateralis* – 3. lateraler palmarer besonderer Zehennerv, 3. laterale palmare besondere Zehenarterie
36. *N. digitalis palmaris proprius IV medialis, A. digitalis palmaris propria IV medialis* – 4. medialer palmarer besonderer Zehennerv, 4. mediale palmare besondere Zehenarterie
37. *Pars anularis vaginae fibrosae digitorum – Pars compedalis* – Ringteil der faserigen Zehenscheide – Fesselteil
38. *Pars anularis vaginae fibrosae digitorum – Pars coronalis* – Ringteil der faserigen Zehenscheide – Kronteil
39. *M. extensor carpi ulnaris* – ulnarer Strecker des Vorderfußwurzelgelenkes
40. *Caput ulnare mi. flexoris digitorum profundi* – Ellenkopf des tiefen Zehenbeugers
41. *M. flexor carpi radialis* – radialer Beuger des Vorderfußwurzelgelenkes

Abbildung 107

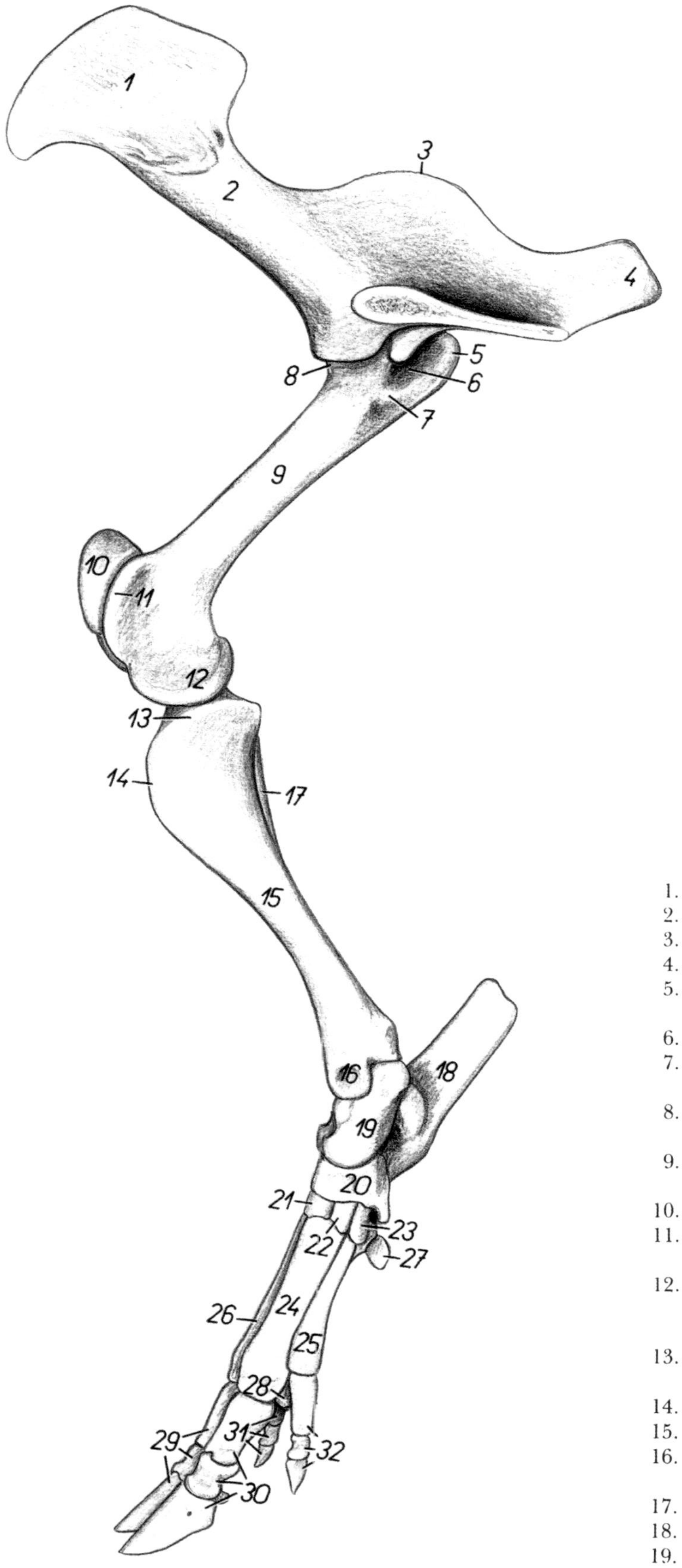

1. *Ala ossis ilium* – Darmbeinflügel
2. *Corpus ossis ilium* – Darmbeinsäule
3. *Spina ischiadica* – Sitzbeingräte
4. *Tuber ischiadicum* – Sitzbeinhöcker
5. *Trochanter major ossis femoris* – großer Umdreher des Oberschenkelbeines
6. *Fossa trochanterica* – Umdrehergrube
7. *Trochanter minor ossis femoris* – kleiner Umdreher des Oberschenkelbeines
8. *Caput ossis femoris* – Oberschenkelbeinkopf
9. *Corpus ossis femoris* – Oberschenkelbeinschaft
10. *Patella* – Kniescheibe
11. *Trochlea ossis femoris* – Gelenkrolle des Oberschenkelbeines
12. *Condylus medialis ossis femoris* – medialer Gelenkknorren des Oberschenkelbeines
13. *Condylus medialis tibiae* – medialer Gelenkknorren des Schienbeines
14. *Tuberositas tibiae* – Schienbeinbeule
15. *Corpus tibiae* – Schienbeinschaft
16. *Malleolus medialis tibiae* – medialer Schienbeinknöchel
17. *Fibula* – Wadenbein
18. *Calcaneus* – Fersenbein
19. *Talus* – Rollbein
20. *Os tarsi centrale (Os naviculare)* – zentraler Hinterfußwurzelknochen (Kahnbein)
21. *Os tarsale III (Os cuneiforme laterale)* – 3. Hinterfußwurzelknochen (laterales Keilbein)
22. *Os tarsale II (Os cuneiforme intermedium)* – 2. Hinterfußwurzelknochen (mittleres Keilbein)
23. *Os tarsale I (Os cuneiforme mediale)* – 1. Hinterfußwurzelknochen (mediales Keilbein)
24. *Os metatarsale III* – 3. Hintermittelfußknochen
25. *Os metatarsale II* – 2. Hintermittelfußknochen
26. *Os metatarsale IV* – 4. Hintermittelfußknochen
27. *Os sesamoideum metatarsale* – Sesambein des Hintermittelfußes
28. *Os sesamoideum proximale* – proximales Sesambein
29. *Phalanges digiti IV* – Glieder der 4. Zehe
30. *Phalanges digiti III* – Glieder der 3. Zehe
31. *Phalanges digiti V* – Glieder der 5. Zehe
32. *Phalanges digiti II* – Glieder der 2. Zehe

Schwein. Skelett der Beckengliedmaße, Ansicht von lateral.

Abbildung 108

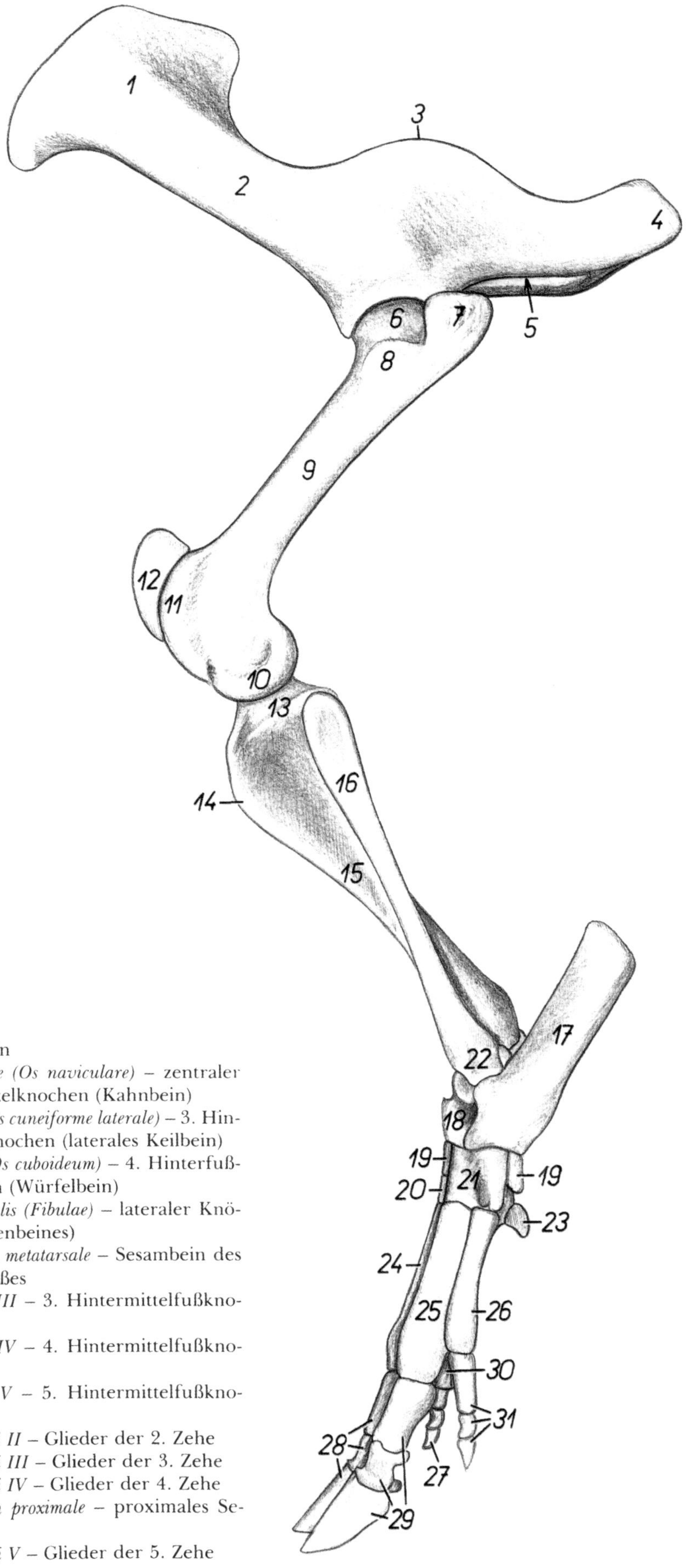

1. *Ala ossis ilium* – Darmbeinflügel
2. *Corpus ossis ilium* – Darmbeinsäule
3. *Spina ischiadica* – Sitzbeingräte
4. *Tuber ischiadicum* – Sitzbeinhöcker
5. *Foramen obturatum* – verstopftes Loch
6. *Caput ossis femoris* – Oberschenkelbeinkopf
7. *Pars caudalis trochanteris majoris* – kaudaler Teil des großen Umdrehers
8. *Pars cranialis trochanteris majoris* – kranialer Teil des großen Umdrehers
9. *Corpus ossis femoris* – Oberschenkelbeinschaft
10. *Condylus lateralis ossis femoris* – lateraler Gelenkknorren des Oberschenkelbeines
11. *Trochlea ossis femoris* – Gelenkrolle des Oberschenkelbeines
12. *Patella* – Kniescheibe
13. *Condylus lateralis tibiae* – lateraler Gelenkknorren des Schienbeines
14. *Tuberositas tibiae* – Schienbeinbeule
15. *Corpus tibiae* – Schienbeinschaft
16. *Fibula* – Wadenbein
17. *Calcaneus* – Fersenbein
18. *Talus* – Rollbein
19. *Os tarsi centrale (Os naviculare)* – zentraler Hinterfußwurzelknochen (Kahnbein)
20. *Os tarsale III (Os cuneiforme laterale)* – 3. Hinterfußwurzelknochen (laterales Keilbein)
21. *Os tarsale IV (Os cuboideum)* – 4. Hinterfußwurzelknochen (Würfelbein)
22. *Malleolus lateralis (Fibulae)* – lateraler Knöchel (des Wadenbeines)
23. *Os sesamoideum metatarsale* – Sesambein des Hintermittelfußes
24. *Os metatarsale III* – 3. Hintermittelfußknochen
25. *Os metatarsale IV* – 4. Hintermittelfußknochen
26. *Os metatarsale V* – 5. Hintermittelfußknochen
27. *Phalanges digiti II* – Glieder der 2. Zehe
28. *Phalanges digiti III* – Glieder der 3. Zehe
29. *Phalanges digiti IV* – Glieder der 4. Zehe
30. *Os sesamoideum proximale* – proximales Sesambein
31. *Phalanges digiti V* – Glieder der 5. Zehe

Abbildung 109

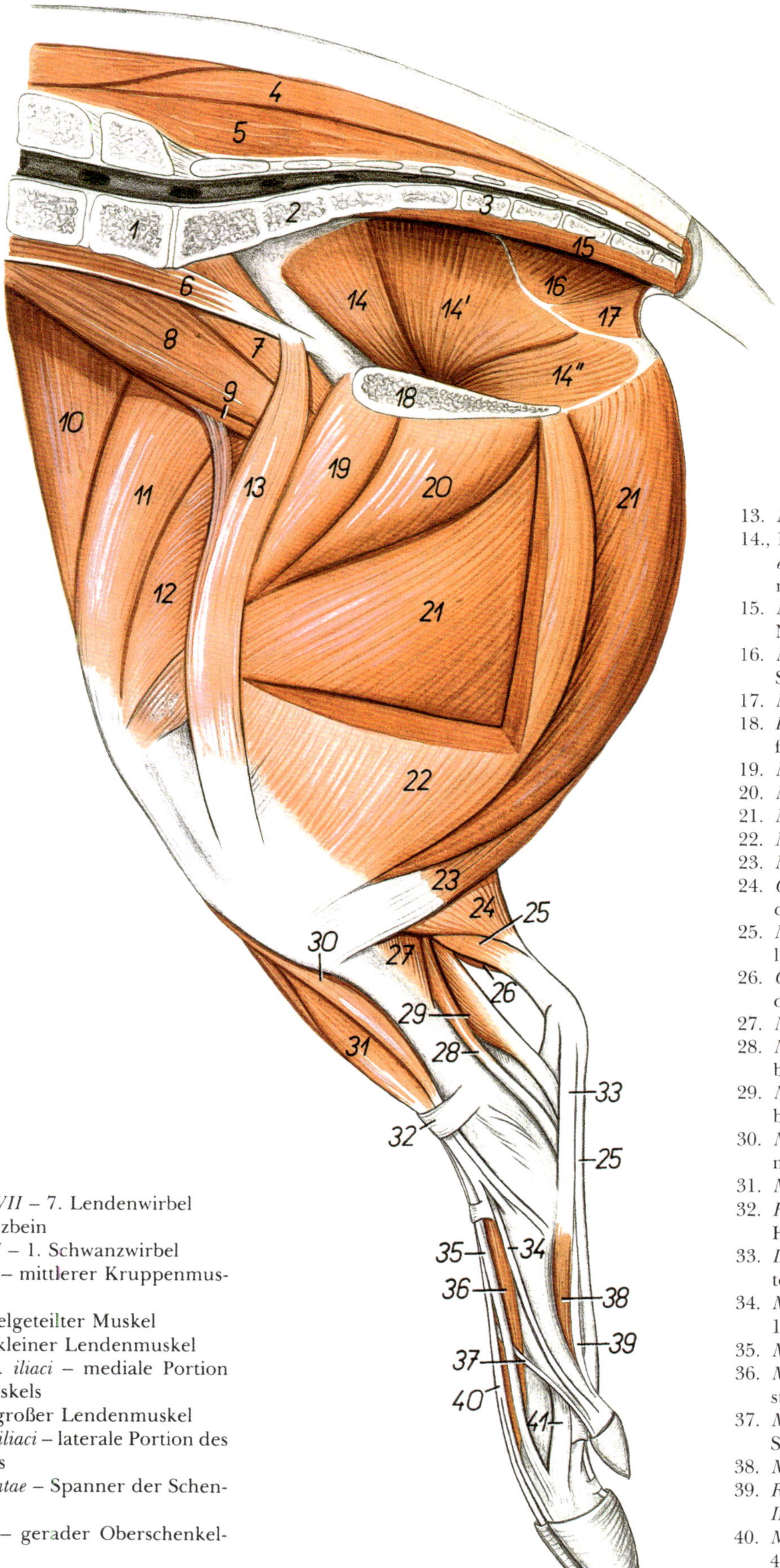

1. *Vertebra lumbalis VII* – 7. Lendenwirbel
2. *Os sacrum* – Kreuzbein
3. *Vertebra coccygea I* – 1. Schwanzwirbel
4. *M. gluteus medius* – mittlerer Kruppenmuskel
5. *M. multifidus* – vielgeteilter Muskel
6. *M. psoas minor* – kleiner Lendenmuskel
7. *Portio medialis mi. iliaci* – mediale Portion des Darmbeinmuskels
8. *M. psoas major* – großer Lendenmuskel
9. *Portio lateralis mi. iliaci* – laterale Portion des Darmbeinmuskels
10. *M. tensor fasciae latae* – Spanner der Schenkelfaszie
11. *M. rectus femoris* – gerader Oberschenkelmuskel
12. *M. vastus medialis* – medialer Oberschenkelmuskel
13. *M. sartorius* – Schneidermuskel
14., 14'., 14". *Pars intrapelvina mi. obturatorii externi* – im Becken gelegener Teil des äußeren Verstopfermuskels
15. *M. sacrocaudalis ventralis medialis* – kurzer Niederzieher des Schwanzes
16. *M. coccygeus* – langer Seitwärtszieher des Schwanzes
17. *M. levator ani* – Afterheber
18. *Facies symphysalis ossis coxae* – Beckenfugenfläche des Hüftbeines
19. *M. pectineus* – Kammmuskel
20. *M. adductor* – Einwärtszieher
21. *M. semimenbransosus* – halbhäutiger Muskel
22. *M. gracilis* – schlanker Schenkelmuskel
23. *M. semitendinosus* – halbsehniger Muskel
24. *Caput mediale mi. gastrocnemii* – medialer Kopf des Wadenmuskels
25. *M. flexor digitorum superficialis* – oberflächlicher Zehenbeuger
26. *Caput laterale mi. gastrocnemii* – lateraler Kopf des Wadenmuskels
27. *M. popliteus* – Kniekehlmuskel
28. *M. flexor digitorum medialis* – medialer Zehenbeuger
29. *M. flexor digitorum lateralis* – lateraler Zehenbeuger
30. *M. tibialis cranialis* – kranialer Schienbeinmuskel
31. *M. peroneus tertius* – dritter Wadenbeinmuskel
32. *Retinaculum extensorum proximale* – proximales Halteband der Strecker
33. *Lig. plantare longum* – langes plantares Hinterfußwurzelband
34. *M. extensor digiti I longus* – langer Strecker der 1. Zehe
35. *M. extensor digiti III* – Strecker der 3. Zehe
36. *M. extensor digitorum brevis* – kurzer Zehenstrecker
37. *M. extensor digiti II et V (Ramus ad digitum II)* – Strecker der 2. und 5. Zehe (Ast zur 2. Zehe)
38. *M. interosseus II* – 2. Zwischenknochenmuskel
39. *Ramus mi. flexoris digitorum profundi ad digitum II* – Ast des tiefen Zehenmuskels zur 2. Zehe
40. *M. extensor digiti III et IV* – Strecker der 3. und 4. Zehe
41. *M. interosseus III* – 3. Zwischenknochenmuskel

Schwein. Muskeln des Beckens und der Beckengliedmaße, Ansicht von lateral.

Abbildung 110

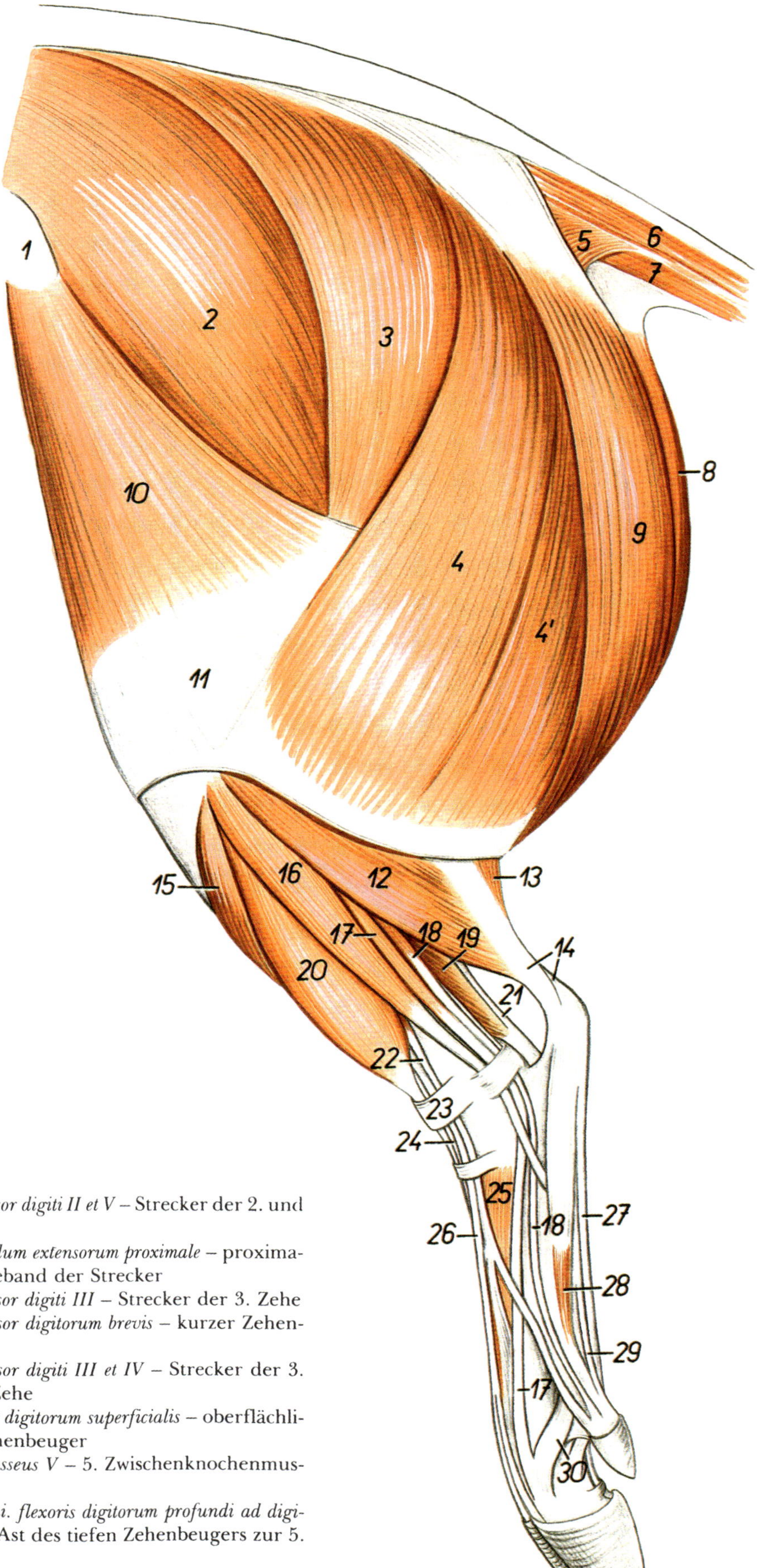

1. *Tuber coxae* – Hüfthöcker
2. *M. gluteus medius* – mittlerer Kruppenmuskel

3., 4., 4'. *M. gluteobiceps* – zweiköpfiger Kruppenmuskel

3. *M. gluteus superficialis* – oberflächlicher Kruppenmuskel

4., 4'. *M. biceps femoris* – zweiköpfiger Oberschenkelmuskel

5. *M. coccygeus* – lateraler Seitwärtszieher des Schwanzes
6. *Mm. sacrocaudales dorsales* – Heber des Schwanzes
7. *Mm. sacrocaudales ventrales* – Niederzieher des Schwanzes
8. *M. semimenbransosus* – halbhäutiger Muskel

9'. *M. semitendinosus* – halbsehniger Muskel

10. *M. tensor fasciae latae* – Spanner der Schenkelfaszie
11. *Fascia lata femoris* – Oberschenkelfaszie
12. *M. soleus* – Schollenmuskel
13. *Caput laterale mi. gastrocnemii* – lateraler Kopf des Wadenmuskels
14. *Tendo calcaneus communis* – gemeinsame Fersensehne
15. *M. tibialis cranialis* – kranialer Schienbeinmuskel
16. *M. peroneus longus* – langer Wadenbeinmuskel
17. *M. extensor digitalis lateralis* – lateraler Zehenstrecker
18. *M. extensor digiti V* – Strecker der 5. Zehe
19. *M. flexor digitorum lateralis* – lateraler Zehenbeuger
20. *M. peroneus tertius* – dritter Wadenbeinmuskel
21. *M. tibialis caudalis* – kaudaler Schienbeinmuskel
22. *M. extensor digiti II et V* – Strecker der 2. und 5. Zehe
23. *Retinaculum extensorum proximale* – proximales Halteband der Strecker
24. *M. extensor digiti III* – Strecker der 3. Zehe
25. *M. extensor digitorum brevis* – kurzer Zehenstrecker
26. *M. extensor digiti III et IV* – Strecker der 3. und 4. Zehe
27. *M. flexor digitorum superficialis* – oberflächlicher Zehenbeuger
28. *M. interosseus V* – 5. Zwischenknochenmuskel
29. *Ramus mi. flexoris digitorum profundi ad digitum V* – Ast des tiefen Zehenbeugers zur 5. Zehe
30. *M. interosseus IV* – 4. Zwischenknochenmuskel

Abbildung 111

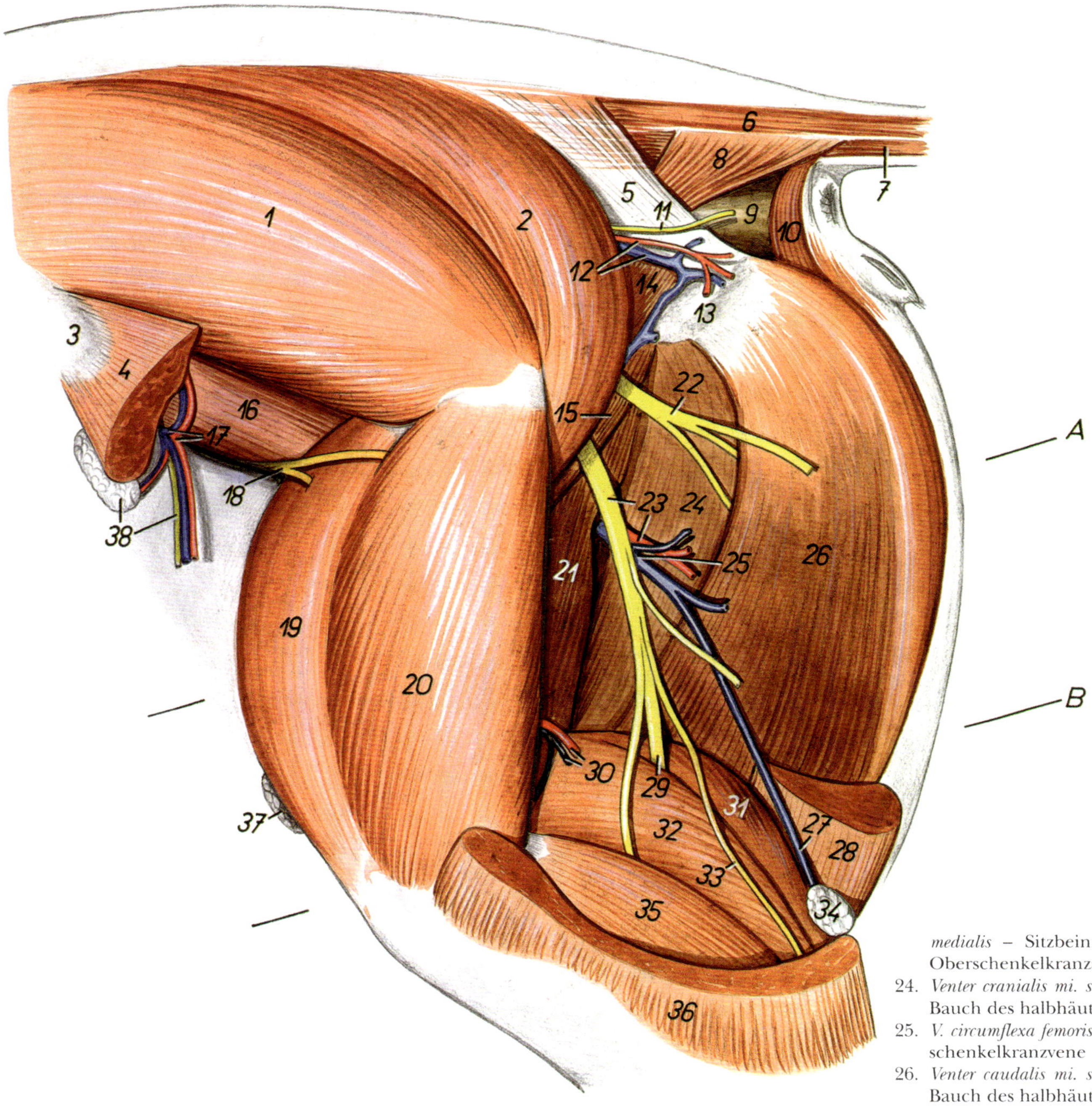

1. *M. gluteus medius* – mittlerer Kruppenmuskel
2. *M. piriformis* – birnenförmiger Muskel
3. *Tuber coxae* – Hüfthöcker
4. *M. tensor fasciae latae* – Spanner der Oberschenkelfaszie
5. *Lig. sacrotuberale latum* – breites Beckenband
6. *Mm. sacrocaudales dorsales* – Heber des Schwanzes
7. *Mm. sacrocaudales ventrales* – Niederzieher des Schwanzes
8. *M. coccygeus* – langer Seitwärtszieher des Schwanzes
9. *Ampulla recti* – Mastdarmampulle
10. *M. sphincter ani externus* – äußerer Afterschließmuskel
11. *N. cutaneus femoris caudalis* – kaudaler Oberschenkelhautmuskel
12. *A. et V. glutea caudalis* – kaudale Kruppenarterie und -vene
13. *Tuber ischiadicum* – Sitzbeinhöcker
14. *Mm. gemelli* – Zwillingsmuskeln
15. *M. quadratus femoris* – viereckiger Oberschenkelmuskel
16. *Portio lateralis mi. iliaci* – laterale Portion des Darmbeinmuskels
17. *A. et V. circumflexa ilium profunda* – tiefe Darmbeinkranzarterie und -vene
18. *N. femoralis* – Oberschenkelnerv
19. *M. rectus femoris* – gerader Oberschenkelmuskel
20. *M. vastus lateralis* – lateraler Oberschenkelmuskel
21. *M. adductor* – Einwärtszieher
22. *Ramus muscularis ni. ischiadici* – Muskelast des Sitzbeinnerv
23. *N. ischiadicus, Ramus a. circumflexae femoris medialis* – Sitzbeinnerv, Ast der medialen Oberschenkelkranzarterie
24. *Venter cranialis mi. semimenbranosi* – kranialer Bauch des halbhäutigen Muskels
25. *V. circumflexa femoris medialis* – mediale Oberschenkelkranzvene
26. *Venter caudalis mi. semimenbranosi* – kaudaler Bauch des halbhäutigen Muskels
27. *V. saphena lateralis* – laterale verborgene Vene
28. *M. semitendinosus* – halbsehniger Muskel
29. *N. tibialis* – Schienbeinnerv
30. *A. et V. caudalis femoris* – kaudale Oberschenkelarterie und -vene
31. *Caput mediale mi. gastrocnemii* – medialer Kopf des Wadenmuskels
32. *Caput laterale mi. gastrocnemii* – lateraler Kopf des Wadenmuskels
33. *N. cutaneus surae caudalis* – kaudaler Wadenhautnerv
34. *Lnn. popliteus superficiales* – oberflächliche Kniekehllymphknoten
35. *M. soleus* – Schollenmuskel
36. *M. biceps femoris* – zweiköpfiger Oberschenkelmuskel
37. *Ln. inguinalis superficialis* – oberflächlicher Leistenlymphknoten
38. *Ln. subiliacus lateralis, N. cutaneus femoris lateralis* – lateraler Kniefaltenlymphknoten, lateraler Oberschenkelhautnerv

Schwein. Querschnitte durch den Oberschenkel. Die Höhe der Schnittebenen A und B ist in Abbildung 111 eingezeichnet.

Abbildung 112

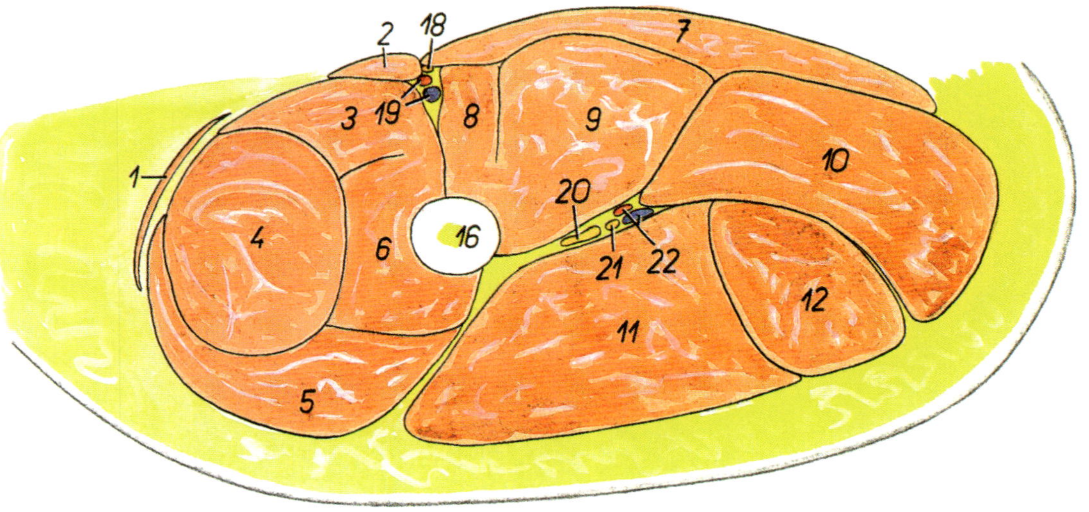

A

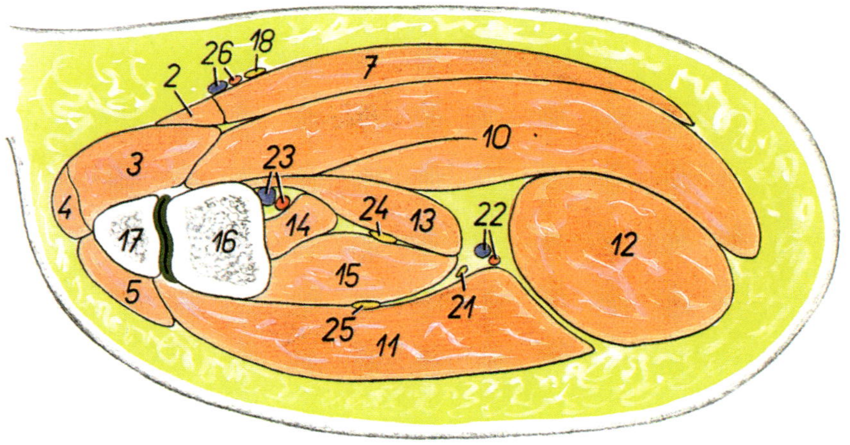

B

1. *M. tensor fasciae latae* – Spanner der Oberschenkelfaszie
2. *M. sartorius* – Schneidermuskel
3. *M. vastus medialis* – medialer Oberschenkelmuskel
4. *M. rectus femoris* – gerader Oberschenkelmuskel
5. *M. vastus lateralis* – lateraler Oberschenkelmuskel
6. *M. vastus intermedius* – mittlerer Oberschenkelmuskel
7. *M. gracilis* – schlanker Schenkelmuskel
8. *M. pectineus* – Kammuskel
9. *M. adductor* – Einwärtszieher
10. *M. semimembranosus* – halbhäutiger Muskel
11. *M. biceps femoris* – zweiköpfiger Oberschenkelmuskel
12. *M. semitendinosus* – halbsehniger Muskel
13. *Caput mediale mi. gastrocnemii* – medialer Kopf des Wadenmuskels
14. *M. flexor digitorum superficialis* – oberflächlicher Zehenbeuger
15. *Caput laterale mi. gastrocnemii* – lateraler Kopf des Wadenmuskels
16. *Os femoris* – Oberschenkelbein
17. *Patella* – Kniescheibe
18. *N. saphenus* – verborgener Nerv
19. *A. et V. femoralis* – Oberschenkelarterie und -vene
20. *N. ischiadicus* – Sitzbeinnerv
21. *N. cutaneus surae caudalis* – kaudaler Wadenhautnerv
22. *Ramus a. et v. circumflexae femoris medialis* – Ast der medialen Oberschenkelkranzarterie und -vene
23. *A. et V. poplitea* – Kniekehlarterie und -vene
24. *N. tibialis* – Schienbeinnerv
25. *N. peroneus communis* – gemeinsamer Wadenbeinnerv
26. *A. saphena, V. saphena medialis* – verborgene Arterie, mediale verborgene Vene

Schwein. Geschlechtsorgane, Ansicht von dorsal. Links, erwachsener Eber, rechts, Kastrat.

Abbildung 113

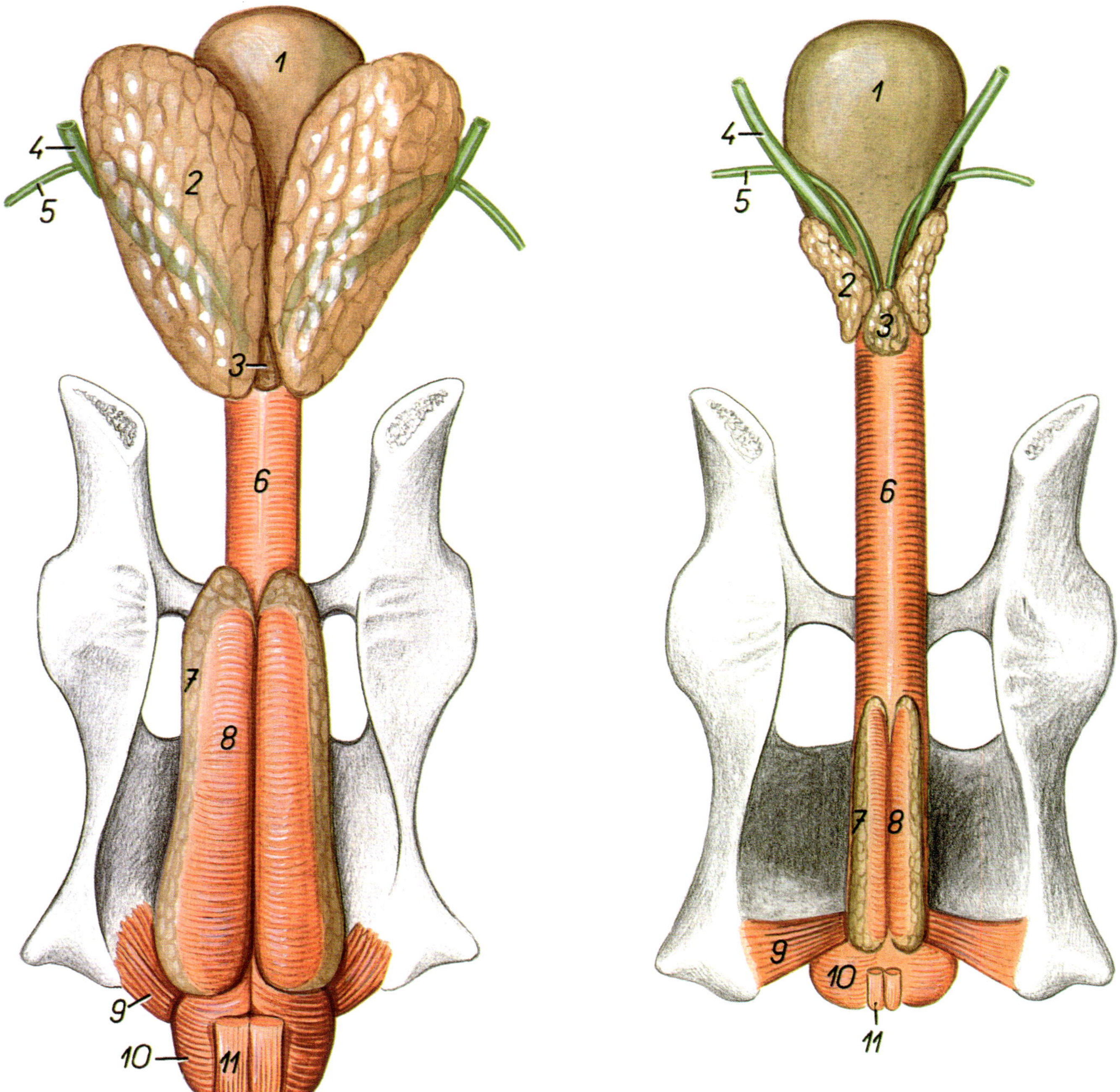

1. *Vesica urinaria* – Harnblase
2. *Glandula vesicularis* – Samenblasendrüse
3. *Prostata* – Vorsteherdrüse
4. *Ureter* – Harnleiter
5. *Ductus deferens* – Samenleiter
6. *Urethra (M. urethralis)* – Harnröhre (Harnröhrenmuskel)
7. *Glandula bulbourethralis* – Harnröhren-Zwiebeldrüse
8. *M. bulboglandularis* – Zwiebel-Drüsenmuskel
9. *M. ischiocavernosus* – Sitzbein-Schwellkörpermuskel
10. *M. bulbospongiosus* – Zwiebel-Schwellkörpermuskel
11. *M. retractor penis* – Zurückzieher des Penis

Schwein. Lage der Beckenorgane des Ebers, Ansicht von links, nach Entfernung der linken Beckengliedmaße und der linken Beckenhälfte.

Abbildung 114

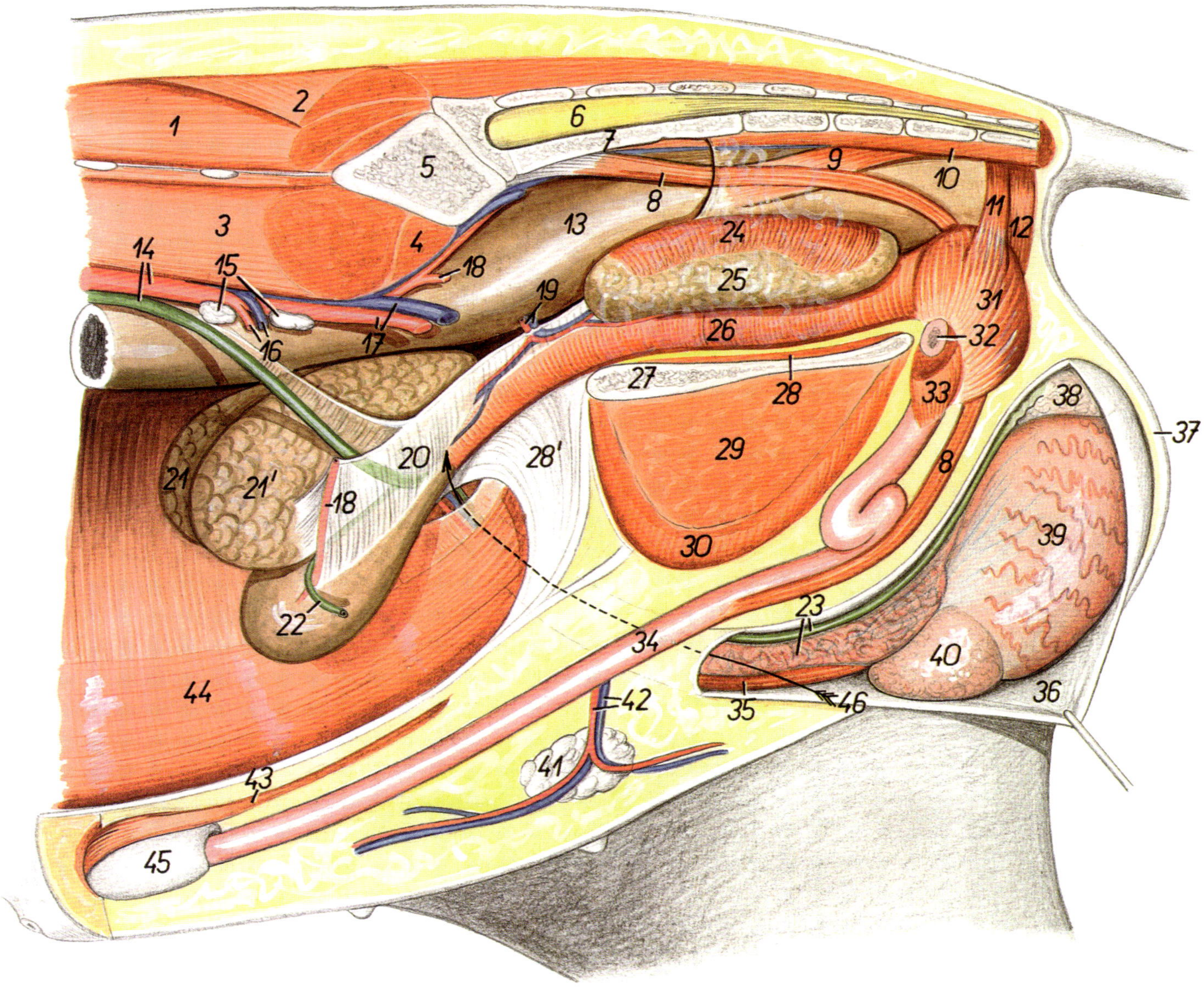

1. *M. longissimus lumborum* – Lendenportion des längsten Muskels
2. *M. gluteus medius* – mittlerer Kruppenmuskel
3. *M. psoas major* – großer Lendenmuskel
4. *M. psoas minor* – kleiner Lendenmuskel
5. *Os ilium* – Darmbein
6. *Medulla spinalis* – Rückenmark
7. *Os sacrum* – Kreuzbein
8. *M. retractor penis* – Zurückzieher des Penis
9. *M. rectococcygeus* – Mastdarm-Schwanzmuskel
10. *Mm. sacrocaudales ventrales* – Niederzieher des Schwanzes
11. *Pars cranialis mi. sphincteris ani externi* – kranialer Teil des äußeren Afterschließmuskels
12. *Pars caudalis mi. sphincteris ani externi* – kaudaler Teil des äußeren Afterschließmuskels
13. *Ampulla recti* – Mastdarmampulle
14. *Aorta, Ureter sinister* – große Körperschlagader, linker Harnleiter
15. *Lnn. iliaci mediales* – mediale Darmbeinlymphknoten
16. *A. et V. testicularis* – Hodenarterie und -vene
17. *A. et V. iliaca externa sinistra* – linke äußere Darmbeinarterie und -vene
18. *A. umbilicalis sinistra* – linke Nabelarterie
19. *A. et V. prostatica* – Vorsteherdrüsenarterie und -vene
20. *Lig. vesicae laterale* – laterales Harnblasenband
21., 21′. *Glandulae vesiculares* – Samenblasendrüse
22. *Ductus deferens sinister* – linker Samenleiter
23. *Funiculus spermaticus dexter* – rechter Samenstrang
24. *M. bulboglandularis* – Zwiebel-Drüsenmuskel
25. *Glandula bulbourethralis* – Harnröhrenzwiebeldrüse
26. *Pars pelvina urethrae (M. urethralis)* – Beckenteil der Harnröhre (Harnröhrenmuskel)
27. *symphysialis ossis coxae* – Beckenfugenfläche des Hüftbeines
28. *Pars intrapelvina mi. obturatorii externi* – im Becken gelegener Teil des äußeren Verstopfermuskels

28′. *Lig. medianum vesicae* – mediales Harnblasenband

29. *M. adductor* – Einwärtszieher
30. *M. gracilis* – schlanker Schenkelmuskel
31. *M. bulbospongiosus* – Zwiebel-Schwellkörpermuskel
32. *Crus penis (sinistrum)* – linker Penisschenkel
33. *M. ischiocavernosus* – Sitzbein-Schwellkörpermuskel
34. *Penis* – Penis
35. *M. cremaster* – Hodenheber
36. *Tunica vaginalis et Fascia spermatica interna* – Scheidenhaut und innere Hodenfaszie
37. *Scrotum* – Hodensack
38. *Cauda epididymidis* – Nebenhodenschwanz
39. *Testis* – Hoden
40. *Caput epididymidis* – Nebenhodenkopf
41. *Lnn. scrotales* – Hodensacklymphknoten
42. *A. et V. pudenda externa* – äußere Schamarterie und -vene
43. *M. preputialis caudalis* – kaudaler Vorhautmuskel
44. *M. rectus abdominis* – gerader Bauchmuskel
45. *Diverticulum preputiale* – Vorhautbeutel
46. *Canalis inguinalis* – Leistenkanal

Schwein. Geschlechtsorgane vom weiblichen Schwein, Ansicht von dorsal.

Abbildung 115

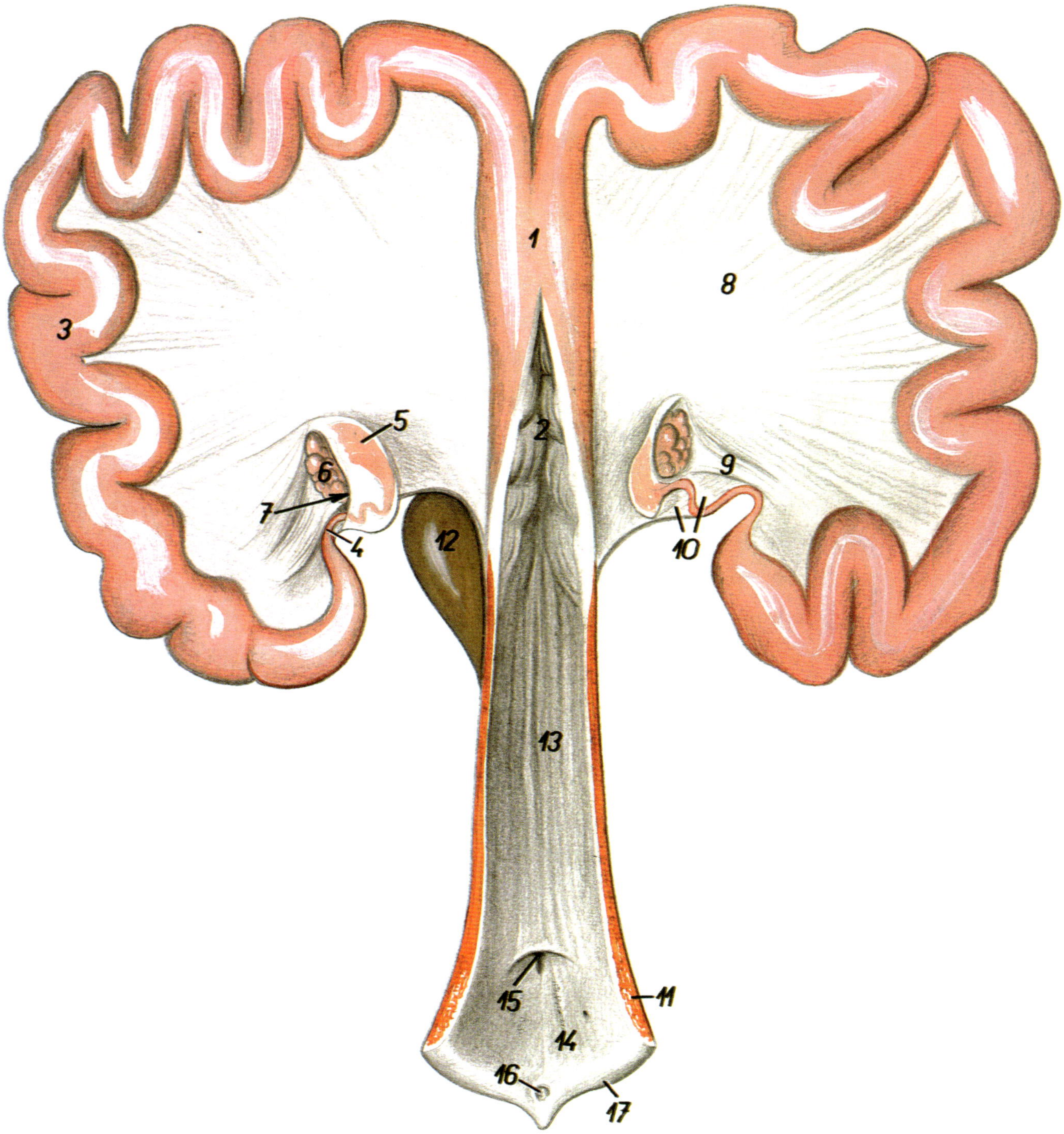

1. *Corpus uteri* – Gebärmutterkörper
2. *Cervix uteri* – Gebärmutterhals
3. *Cornu uteri* – Gebärmutterhorn
4. *Tuba uterina* – Eileiter
5. *Infundibulum tubae* – Eileitertrichter
6. *Ovarium* – Eierstock
7. *Bursa ovarica* – Eierstockstasche
8. *Lig. latum uteri* – breites Gebärmutterband
9. *Lig. ovarii proprium* – besonderes Eierstocksband
10. *Mesosalpinx* – Eileitergekröse
11. *M. constrictor vulvae* – Zusammenzieher der Scham
12. *Vesica urinaria* – Harnblase
13. *Vagina* – Scheide
14. *Vestibulum vaginae* – Scheidenvorhof
15. *Orificium urethrae externum* – äußere Öffnung der Harnröhre
16. *Clitoris* – Kitzler
17. *Labium pudendi (Vulva)* – Schamlippe

Schwein. Lage der Geschlechtsorgane vom weiblichen Schwein, Ansicht von links, nach Entfernung der linken Beckengliedmaße und der linken Beckenhälfte.

Abbildung 116

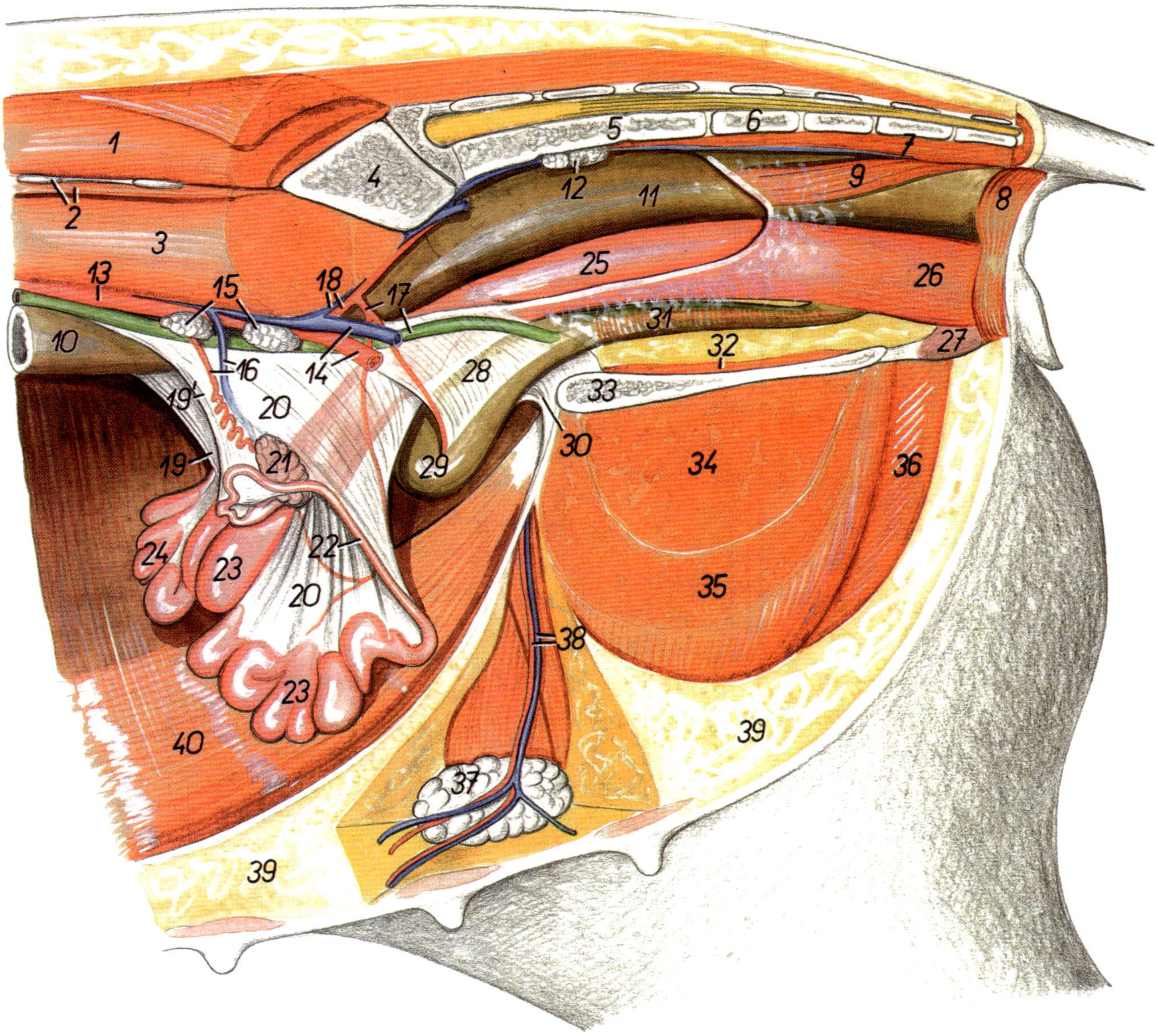

1. *M. longissimus lumborum* – Lendenportion des längsten Muskels
2. *Processus costalis vertebrae lumbalis VI, M. quadratus lumborum* – Querfortsatz des 6. Lendenwirbels, viereckiger Lendenmuskel
3. *M. psoas major* – großer Lendenmuskel
4. *Os ilium* – Darmbein
5. *Os sacrum* – Kreuzbein
6. *Vertebra coccygea I* – 1. Schwanzwirbel
7. *Mm. sacrocaudales ventrales* – Niederzieher des Schwanzes
8. *M. sphincter ani externus* – äußerer Afterschließmuskel
9. *M. rectococcygeus* – Mastdarm-Schwanzmuskel
10. *Colon descendens* – absteigender Grimmdarm
11. *Ampulla recti* – Mastdarmampulle
12. *Lnn. sacrales* – Kreuzbeinlymphknoten
13. *Aorta* – große Körperschlagader
14. *A. et V. iliaca externa sinistra* – linke äußere Darmbeinarterie und -vene
15. *Lnn. iliaci mediales* – mediale Darmbeinlymphknoten
16. *A. et V. ovarica* – Eierstocksarterie und -vene
17. *Ureter sinister, A. umbilicalis sinistra* – linker Harnleiter, Nabelarterie
18. *A. et V. iliaca interna sinistra* – linke innere Darmbeinarterie und -vene
19. *Mesovarium dextrum* – rechtes Eierstocksgekröse

19'. *Mesovarium sinistrum* – linkes Eierstocksgekröse

20. *Lig. latum uteri* – breites Gebärmutterband
21. *Ovarium sinistrum* – linker Eierstock
22. *Tuba uterina sinistra* – linker Eileiter
23. *Cornu uteri sinistrum* – linkes Gebärmutterhorn
24. *Cornu uteri dextrum* – rechtes Gebärmutterhorn
25. *Vagina* – Scheide
26. *Vestibulum vaginae* – Scheidenvorhof
27. *Crus clitoridis* – Kitzlerschenkel
28. *Lig. vesicae laterale* – laterales Harnblasenband
29. *Vesica urinaria* – Harnblase
30. *Lig. vesicae medianum* – medianes Harnblasenband
31. *Urethra* – Harnröhre
32. *Pars intrapelvina mi. obturatorii externi* – im Becken gelegener Teil des äußeren Verstopfermuskels
33. *Facies symphysialis ossis coxae* – Beckenfugenfläche des Hüftbeins
34. *M. adductor* – Einwärtszieher
35. *M. gracilis* – schlanker Schenkelmuskel
36. *M. semimembranosus* – halbhäutiger Muskel
37. *Lnn. mammarii* – Gesäugelymphknoten
38. *A. et V. pudenda externa* – äußere Schamarterie und -vene
39. *Corpus adiposum* – Fettkörper
40. *M. rectus abdominis* – gerader Bauchmuskel

Schwein. Präparation des Beckens und des Oberschenkels, Ansicht von medial.

Abbildung 117

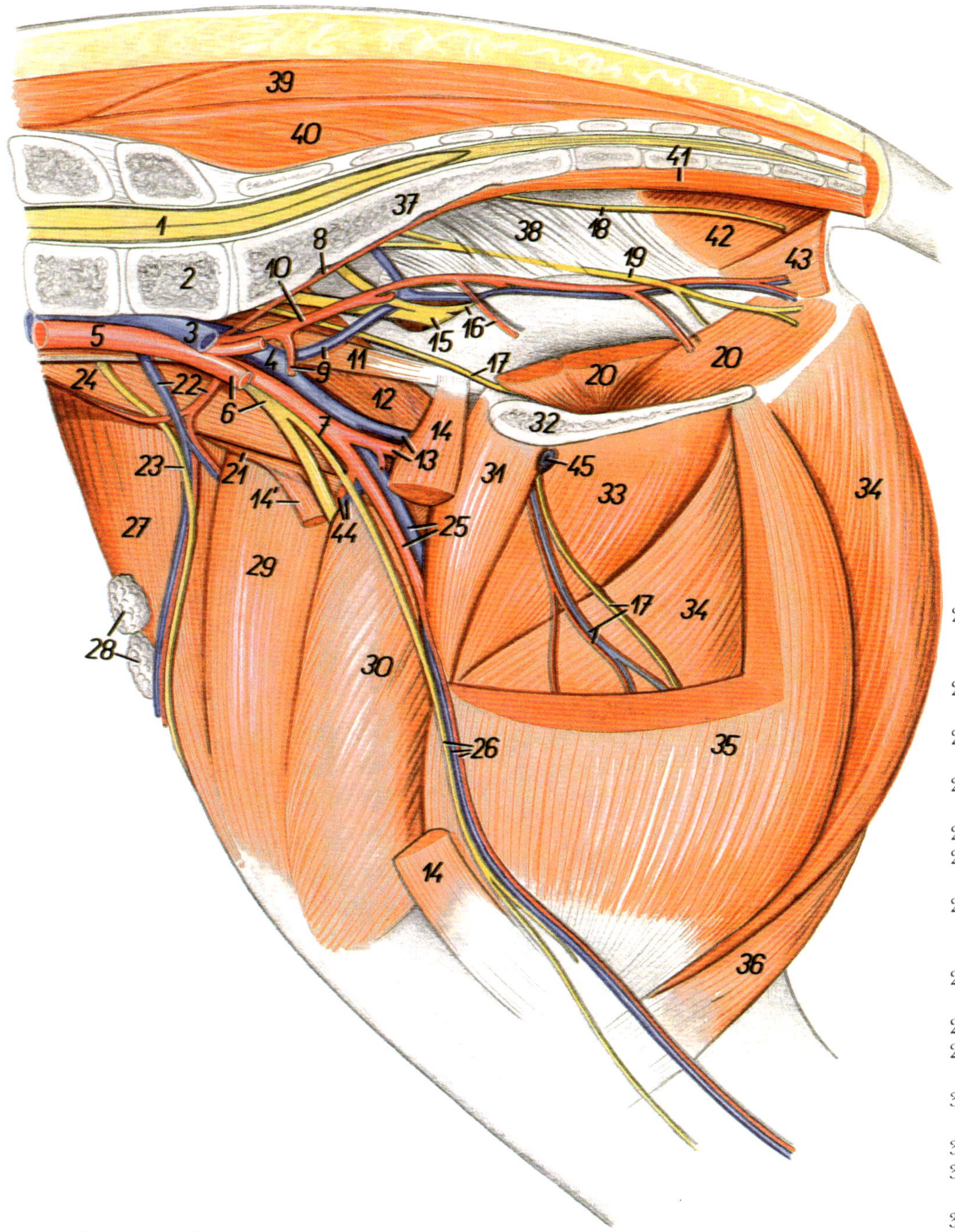

1. *Medulla spinalis* – Rückenmark
2. *Vertebra lumbalis VII* – 7. Lendenwirbel
3. *V. iliaca communis sinistra* – linke gemeinsame Darmbeinvene
4. *V. iliaca communis dextra* – rechte gemeinsame Darmbeinvene
5. *Aorta* – große Körperschlagader
6. *A. iliaca externa sinistra, N. femoralis* – linke äußere Darmbeinarterie, Oberschenkelnerv
7. *A. iliaca externa dextra* – rechte äußere Darmbeinarterie
8. *A. sacralis mediana* – mittlere Kreuzbeinarterie
9. *A. umbilicalis, V. iliaca interna* – Nabelarterie, innere Darmbeinvene
10. *A. iliaca interna* – innere Darmbeinarterie
11. *M. psoas minor* – kleiner Lendenmuskel
12. *Portio medialis mi. iliaci* – mediale Portion des Darmbeinmuskels
13. *A. et V. profunda femoris* – tiefe Oberschenkelarterie und -vene
14., 14'. *M. sartorius* – Schneidermuskel
15. *N. ischiadicus* – Sitzbeinnerv
16. *A. prostatica, N. gluteus caudalis* – Vorsteherdrüsenarterie, kaudaler Kruppennerv
17. *N. obturatorius, Ramus a. et v. profundae femoris* – Verstopfernerv, Ast der tiefen Oberschenkelarterie und -vene
18. *N. rectalis caudalis* – kaudaler Mastdarmnerv
19. *N. pudendus* – Schamnerv
20. *Pars intrapelvina mi. obturatorii externi* – im Becken gelegener Teil des äußeren Verstopfermuskels
21. *Portio lateralis mi. iliaci* – laterale Portion des Darmbeinmuskels
22. *A. et V. circumflexa ilium profunda* – tiefe Darmbeinkranzarterie und -vene
23. *N. cutaneus femoris lateralis* – lateraler Oberschenkelhautnerv
24. *M. psoas major* – großer Lendenmuskel
25. *A. et V. femoralis* – Oberschenkelarterie und -vene
26. *A. et N. saphenus, V. saphena medialis* – verborgene Arterie und verborgener Nerv, mediale verborgene Vene
27. *M. tensor fasciae latae* – Spanner der Oberschenkelfaszie
28. *Lnn. subiliaci* – Kniefaltenlymphknoten
29. *M. rectus femoris* – gerader Oberschenkelmuskel
30. *M. vastus medialis* – medialer Oberschenkelmuskel
31. *M. pectineus* – Kammuskel
32. *Facies symphysialis ossis coxae* – Beckenfugenfläche des Hüftbeines
33. *M. adductor* – Einwärtszieher
34. *M. semimembranosus* – halbhäutiger Muskel
35. *M. gracilis* – schlanker Schenkelmuskel
36. *M. semitendinosus* – halbsehniger Muskel
37. *Os sacrum* – Kreuzbein
38. *Lig. sacrotuberale latum* – breites Beckenband
39. *M. gluteus medius* – mittlerer Kruppenmuskel
40. *M. multifidus lumborum* – Lendenportion des vielgeteilten Muskels
41. *Mm. sacrocaudales ventrales* – Niederzieher des Schwanzes
42. *M. coccygeus* – langer Seitwärtszieher des Schwanzes
43. *M. levator ani* – Afterheber
44. *A. et V. circumflexa femoris lateralis* – laterale Oberschenkelkranzarterie und -vene
45. *V. pudenda externa* – äußere Schamvene

Schwein. Topographie der Arterien an der Beckengliedmaße, Ansicht von medial.

Abbildung 118

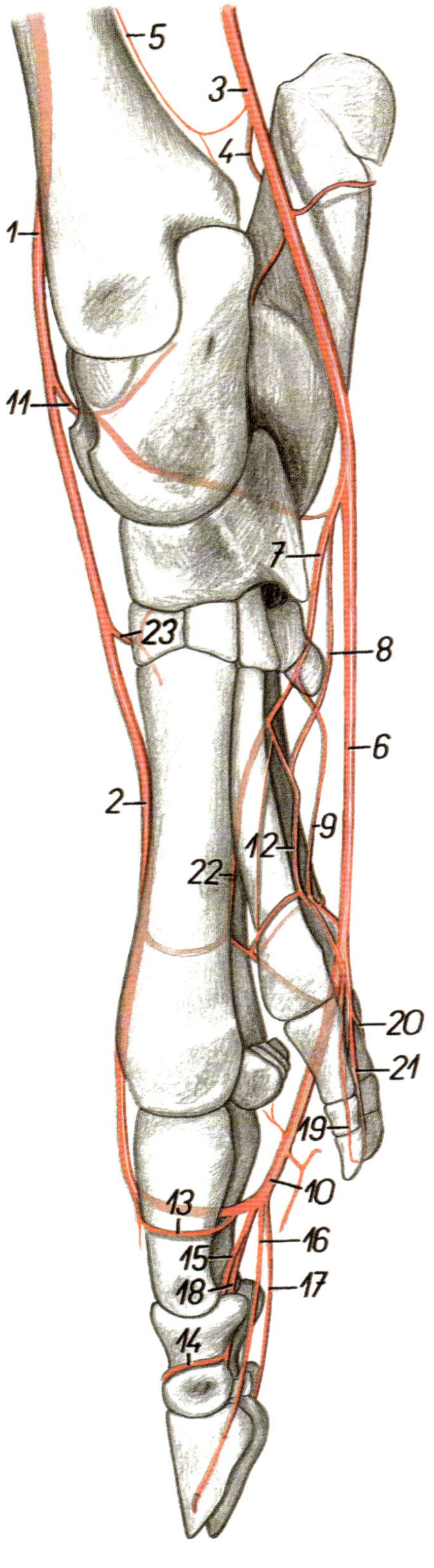

1. *A. tibialis cranialis* – kraniale Schienbeinarterie
2. *A. metatarsea dorsalis III* – 3. dorsale Hintermittelfußarterie
3. *A. saphena* – verborgene Arterie
4. *Ramus calcaneus* – Fersenast
5. *A. tibialis caudalis* – kaudale Schienbeinarterie
6. *A. plantaris medialis* – mediale Plantararterie
7. *A. plantaris lateralis* – laterale Plantararterie
8. *A. metatarsea plantaris II* – 2. plantare Hintermittelfußarterie
9. *A. metatarsea plantaris IV* – 4. plantare Hintermittelfußarterie
10. *A. digitalis plantaris communis III* – 3. plantare gemeinsame Zehenarterie
11. *A. tarsea perforans proximalis* – proximale durchbohrende Fußwurzelarterie
12. *A. metatarsea plantaris II* – 2. plantare Hintermittelfußarterie
13. *Ramus phalangis proximalis* – Ast des proximalen Zehengliedes
14. *Ramus phalangis mediae* – Ast des mittleren Zehengliedes
15. *A. digitalis plantaris propria III lateralis* – 3. laterale plantare besondere Zehenarterie
16. *A. digitalis plantaris propria III medialis* – 3. mediale plantare besondere Zehenarterie
17. *A. digitalis plantaris propria IV lateralis* – 4. laterale plantare besondere Zehenarterie
18. *A. digitalis plantaris propria IV medialis* – 4. mediale plantare besondere Zehenarterie
19. *A. digitalis plantaris propria II medialis* – 2. mediale plantare besondere Zehenarterie
20. *A. digitalis plantaris propria V lateralis* – 5. laterale plantare besondere Zehenarterie
21. *A. digitalis plantaris propria V medialis* – 5. mediale plantare besondere Zehenarterie
22. *A. metatarsea plantaris III* – 3. plantare Hintermittelfußarterie
23. *A. tarsea perforans distalis* – distale durchbohrende Fußwurzelarterie

Schwein. Präparation des Unterschenkels und des distalen Endes der Beckengliedmaße, Ansicht von lateral.

Abbildung 119

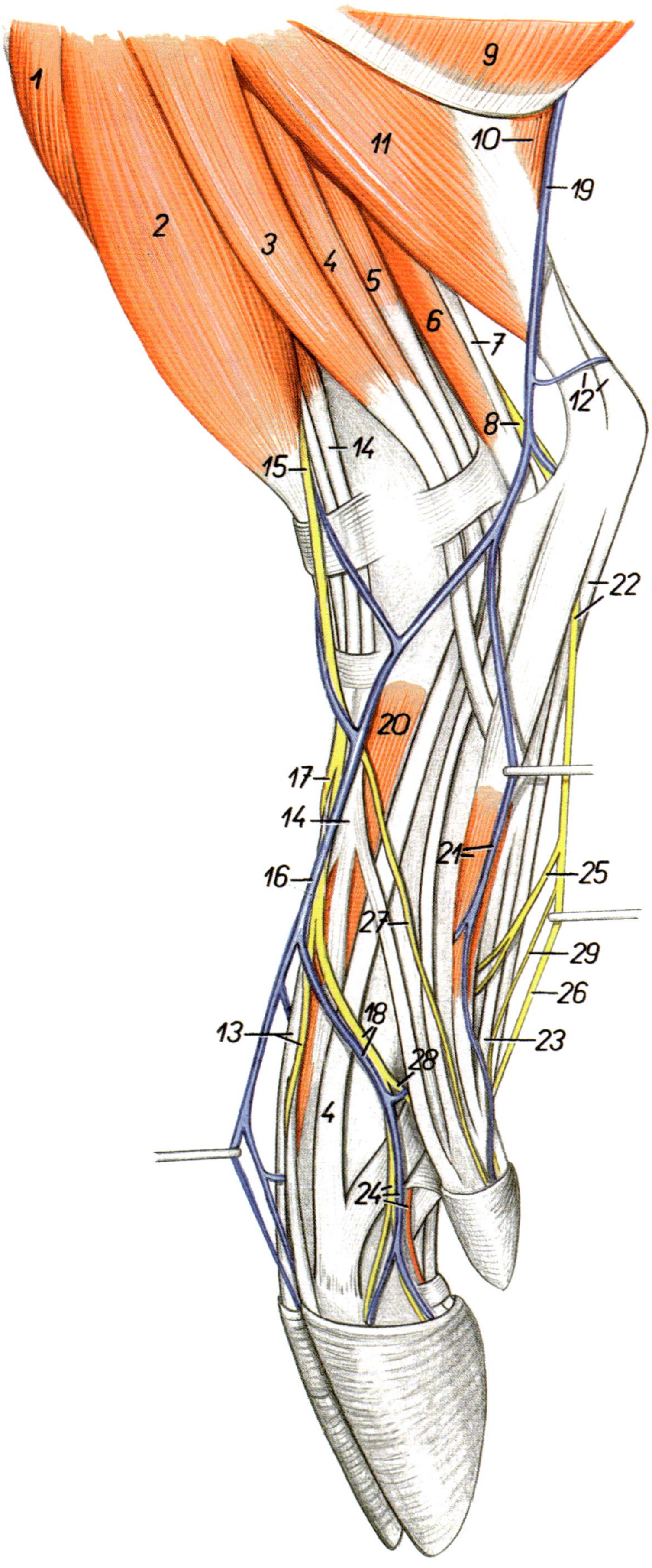

1. *M. tibialis cranialis* – kranialer Schienbeinmuskel
2. *M. peroneus tertius* – dritter Wadenbeinmuskel
3. *M. peroneus longus* – langer Wadenbeinmuskel
4. *M. extensor digitalis lateralis* – lateraler Zehenstrecker
5. *M. extensor digiti V* – Strecker der 5. Zehe
6. *M. flexor digitorum lateralis* – lateraler Zehenbeuger
7. *M. tibialis caudalis* – kaudaler Schienbeinmuskel
8. *N. tibialis* – Schienbeinnerv
9. *M. biceps femoris* – zweiköpfiger Oberschenkelmuskel
10. *Caput laterale mi. gastrocnemii* – lateraler Kopf des Wadenmuskels
11. *M. soleus* – Schollenmuskel
12. *Tendo calcaneus communis* – gemeinsamer Fersensehnenstrang
13. *M. extensor digiti III et IV, N. digitalis dorsalis communis III* – Strecker der 3. und 4. Zehe, 3. dorsaler gemeinsamer Zehennerv
14. *M. extensor digiti II et V* – Strecker der 2. und 5. Zehe
15. *N. peroneus superficialis* – oberflächlicher Wadenbeinmuskel
16. *Ramus cranialis v. saphenae lateralis* – kranialer Ast der lateralen verborgenen Vene
17. *N. digitalis dorsalis communis II* – 2. dorsaler gemeinsamer Zehennerv
18. *V. digitalis dorsalis communis IV, N. digitalis dorsalis communis IV* – 4. dorsale gemeinsame Zehenvene und gleichnamiger Nerv
19. *V. saphena lateralis* – laterale verborgene Vene
20. *M. extensor digitorum brevis* – kurzer Zehenstrecker
21. *V. plantaris lateralis, M. interosseus V* – laterale Plantarvene, 5. Zwischenknochenmuskel
22. *M. flexor digitorum superficialis, N. plantaris lateralis* – oberflächlicher Zehenbeuger, oberflächlicher Plantarnerv
23. *Ramus mi. flexoris digitorum profundi ad digitum V* – Ast des tiefen Zehenbeugers zur 5. Zehe
24. *N. digitalis dorsalis proprius IV lateralis, A. digitalis plantaris propria IV lateralis, V. digitalis dorsalis propria IV lateralis* – 4. lateraler dorsaler besonderer Zehennerv, 4. laterale plantare besondere Zehenarterie, 4. laterale dorsale besondere Zehenvene
25. *Ramus profundus ni. plantaris lateralis* – tiefer Ast des lateralen Plantarnerven
26. *N. digitalis plantaris communis IV* – 4. plantarer gemeinsamer Zehennerv
27. *N. digitalis dorsalis V lateralis* – 5. lateraler dorsaler Zehennerv
28. *N. digitalis dorsalis proprius V medialis* – 5. medialer dorsaler besonderer Zehennerv
29. *N. digitalis plantaris V lateralis* – 5. lateraler plantarer Zehennerv

Schwein. Präparation des Unterschenkels und des distalen Endes der Beckengliedmaße, Ansicht von medial.

Abbildung 120

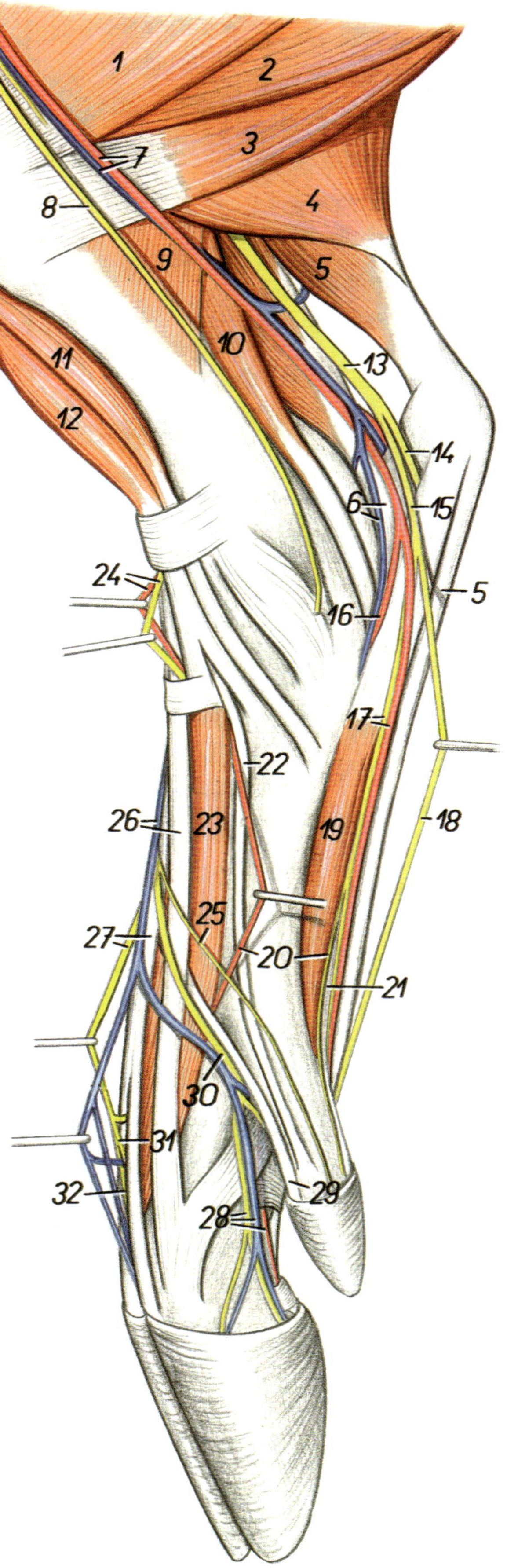

1. *M. gracilis* – schlanker Schenkelmuskel
2. *M. semibrembanosus* – halbhäutiger Muskel
3. *M. semitendinosus* – halbsehniger Muskel
4. *Caput mediale mi. gastrocnemii* – medialer Kopf des Wadenmuskels
5. *M. flexor digitorum superficialis* – oberflächlicher Zehenbeuger
6. *M. flexor digitorum lateralis* – lateraler Zehenbeuger
7. *V. saphena medialis, A. saphena* – mediale verborgene Vene, verborgene Arterie
8. *N. saphenus* – verborgener Nerv
9. *M. politeus* – Kniekehlmuskel
10. *M. flexor digitorum medialis* – medialer Zehenbeuger
11. *M. tibialis cranialis* – kranialer Schienbeinmuskel
12. *M. peroneus tertius* – 3. Wadenbeinmuskel
13. *N. tibialis* – Schienbeinnerv
14. *N. plantaris lateralis* – lateraler Plantarnerv
15. *N. plantaris medialis* – medialer Plantarnerv
16. *A. plantaris lateralis* – laterale Plantararterie
17. *A. plantaris medialis, N. digitalis plantaris communis II* – mediale Plantararterie, 2. plantarer gemeinsamer Zehennerv
18. *N. digitalis plantaris communis III* – 3. plantarer gemeinsamer Zehennerv
19. *M. interosseus II* – 2. Zwischenknochenmuskel
20. *A. metatarsea dorsalis III, N. digitalis plantaris proprius II medialis* – 3. dorsale Hintermittelfußarterie, 2. medialer plantarer Zehennerv
21. *Ramus mi. flexoris digitorum profundi ad digitum II* – Ast des tiefen Zehenbeugers zur 2. Zehe
22. *M. extensor digiti I longus* – langer Strecker der 1. Zehe
23. *M. extensor digitorum brevis* – kurzer Zehenstrecker
24. *A. dorsalis pedis, N. peroneus profundus* – dorsale Fußarterie, tiefer Wadenbeinnerv
25. *N. digitalis dorsalis II medialis* – 2. medialer dorsaler Zehennerv
26. *Ramus cranialis v. saphenae lateralis, M. extensor digiti III* – kranialer Ast der lateralen verborgenen Vene, Strecker der 3. Zehe
27. *N. digitalis dorsalis communis III, M. extensor digiti III et IV* – 3. dorsaler gemeinsamer Zehennerv, Strecker der 3. und 4. Zehe
28. *N. digitalis dorsalis proprius III medialis, A. digitalis plantaris propria III medialis, V. digitalis dorsalis propria III medialis* – 3. medialer dorsaler besonderer Zehennerv, 3. mediale plantare besondere Zehenarterie, 3. mediale dorsale besondere Zehenvene
29. *M. extensor digiti II et V (Ramus ad digitum II)* – Strecker der 2. und 5. Zehe (Ast zur 2. Zehe)
30. *N. digitalis dorsalis communis II* – 2. dorsaler gemeinsamer Zehennerv
31. *N. digitalis dorsalis proprius III lateralis* – 3. lateraler dorsaler besonderer Zehennerv
32. *N. digitalis dorsalis proprius IV medialis* – 4. medialer dorsaler besonderer Zehennerv

Abbildung 121

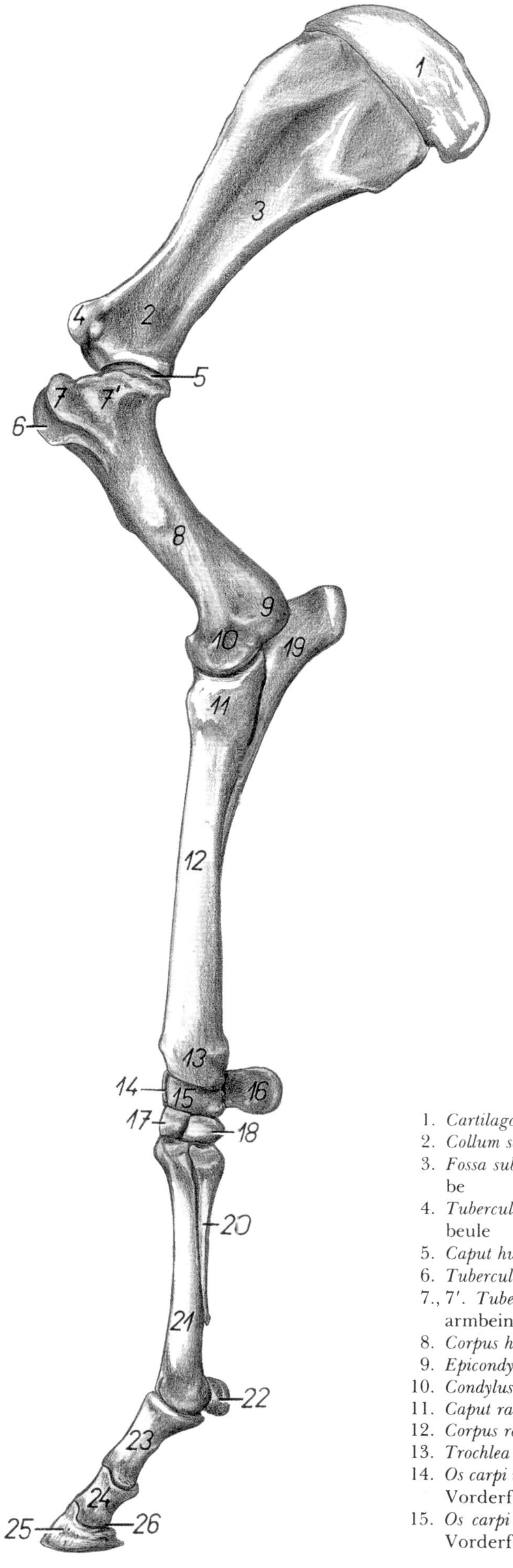

1. *Cartilago scapulae* – Schulterblattknorpel
2. *Collum scapulae* – Schulterblatthals
3. *Fossa subscapularis* – Unterschulterblattgrube
4. *Tuberculum supraglenoidale* – Schulterblattbeule
5. *Caput humeri* – Oberarmbeinkopf
6. *Tuberculum intermedium* – mittlerer Höcker
7., 7'. *Tuberculum minus humeri* – kleiner Oberarmbeinhöcker
8. *Corpus humeri* – Oberarmbeinschaft
9. *Epicondylus medialis* – Beugeknorren
10. *Condylus humeri* – Oberarmbeinknorren
11. *Caput radii* – Kopf der Speiche
12. *Corpus radii* – Schaft der Speiche
13. *Trochlea radii* – Gelenkrolle der Speiche
14. *Os carpi intermedium (Os lunatum)* – mittlerer Vorderfußwurzelknochen (Mondbein)
15. *Os carpi radiale (Os scaphoideum)* – radialer Vorderfußwurzelknochen (Kahnbein)
16. *Os carpi accessorium (Os pisiforme)* – zusätzlicher Vorderfußwurzelknochen (Erbsenbein)
17. *Os carpale III (Os capitatum)* – 3. Vorderfußwurzelknochen (Kopfbein)
18. *Os carpale II (Os trapezoideum)* – 2. Vorderfußwurzelknochen (trapezförmiges Bein)
19. *Olecranon* – Ellbogen
20. *Os metacarpale II* – 2. Vordermittelfußknochen
21. *Os metacarpale III* – 3. Vordermittelfußknochen
22. *Os sesamoideum proximale* – proximales Sesambein
23. *Phalanx proximalis (Os compedale)* – proximales Zehenglied (Fesselbein)
24. *Phalanx media (Os coronale)* – mittleres Zehenglied (Kronbein)
25. *Phalanx distalis (Os ungulare)* – distales Zehenglied (Hufbein)
26. *Os sesamoideum distale* – distales Sesambein

Pferd. Venen der Schultergliedmaße, Ansicht von medial (nach V. Starostin).

Abbildung 122

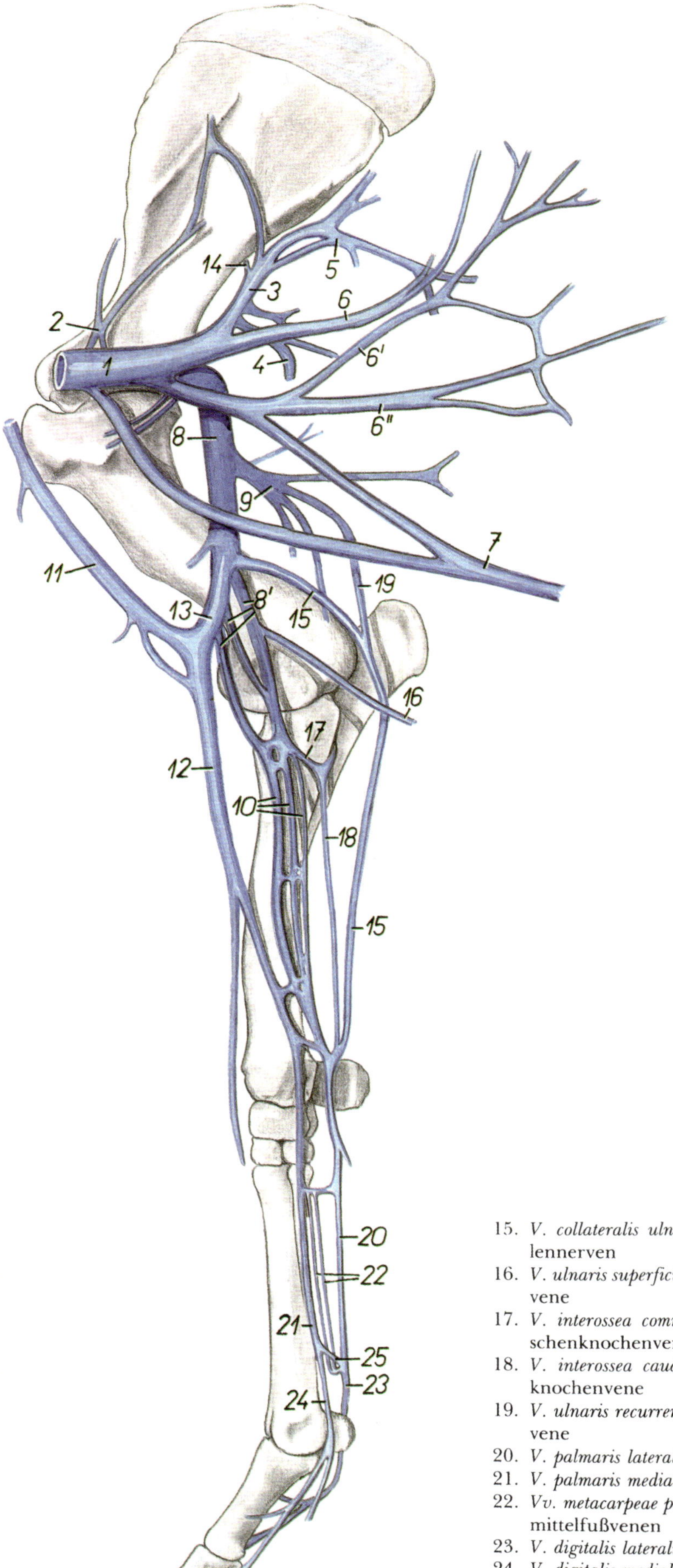

1. *V. axillaris* – Achselvene
2. *V. suprascapularis* – Überschulterblattvene
3. *V. subscapularis* – Unterschulterblattvene
4. *V. circumflexa humeri caudalis* – kaudale Oberarmkranzvene
5. *Ramus tricipitalis* – Ast für den dreiköpfigen Armmuskel
6., 6'., 6". *Vv. thoracodorsales* – Brustkorb-Rükkenvenen
7. *V. thoracica superficialis* – oberflächliche Brustkorbvene
8., 8'. *Vv. brachiales* – Armvenen
9. *V. profunda brachii* – tiefe Armvene
10. *Vv. medianae* – Mittelvenen
11., 12. *V. cephalica* – Kopfvene des Ober- und Unterarmes
13. *V. mediana cubiti* – Mittelvene des Ellbogens
14. *V. circumflexa scapulae* – Kranzvene des Schulterblattes
15. *V. collateralis ulnaris* – Begleitvene des Ellennerven
16. *V. ulnaris superficialis* – oberflächliche Ellenvene
17. *V. interossea communis* – gemeinsame Zwischenknochenvene
18. *V. interossea caudalis* – kaudale Zwischenknochenvene
19. *V. ulnaris recurrens* – zurücklaufende Ellenvene
20. *V. palmaris lateralis* – laterale Palmarvene
21. *V. palmaris medialis* – mediale Palmarvene
22. *Vv. metacarpeae palmares* – palmare Vordermittelfußvenen
23. *V. digitalis lateralis* – laterale Zehenvene
24. *V. digitalis medialis* – mediale Zehenvene
25. *Arcus venosus palmaris* – palmarer Venenbogen

Abbildung 123

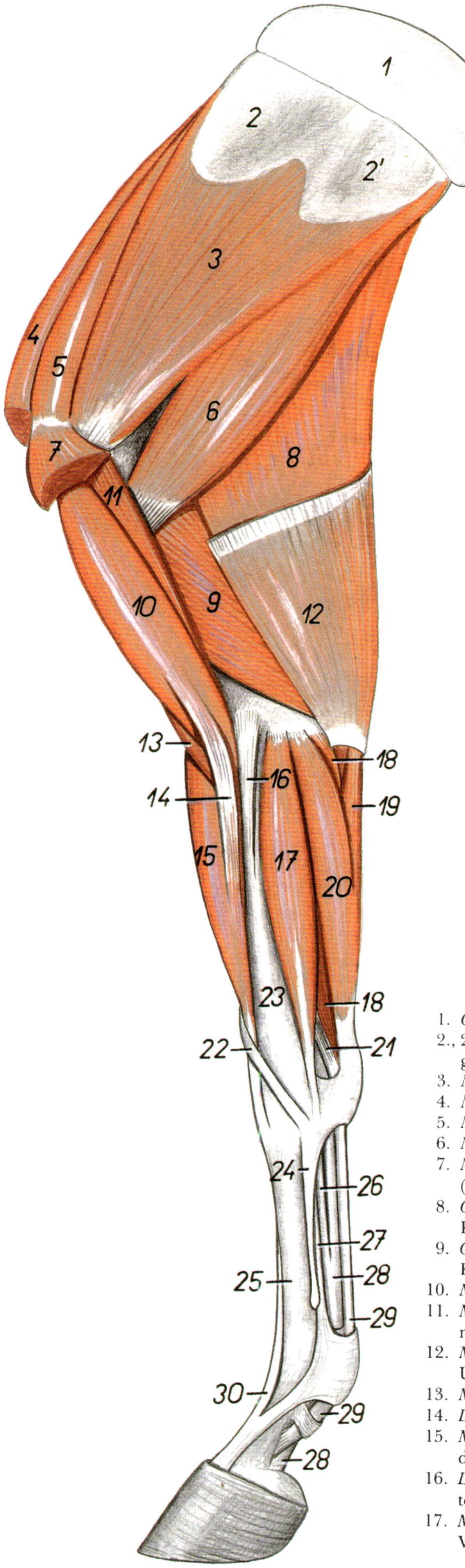

1. *Cartilago scapulae* – Schulterblattknorpel
2., 2'. *Facies serrata scapulae* – Ansatzfläche des gesägten Muskels am Schulterblatt
3. *M. subscapularis* – Unterschulterblattmuskel
4. *M. subclavius* – Unterschlüsselbeinmuskel
5. *M. supraspinatus* – Übergrätenmuskel
6. *M. teres major* – großer Rundmuskel
7. *M. pectoralis profundus (s. ascendens)* – tiefer (aufsteigender) Brustmuskel
8. *Caput longum mi. tricipitis brachii* – langer Kopf des dreiköpfigen Armmuskels
9. *Caput mediale mi. tricipitis brachii* – medialer Kopf des dreiköpfigen Armmuskels
10. *M. biceps brachii* – zweiköpfiger Armmuskel
11. *M. coracobrachialis* – Rabenschnabel-Armmuskel
12. *M. tensor fasciae antebrachii* – Spanner der Unterarmfaszie
13. *M. brachialis* – Armmuskel
14. *Lacertus fibrosus* – sehniger Faserstrang
15. *M. extensor carpi radialis* – radialer Strecker des Vorderfußwurzelgelenkes
16. *Lig. collaterale mediale cubiti* – mediales Seitenband des Ellbogengelenkes
17. *M. flexor carpi radialis* – radialer Beuger des Vorderfußwurzelgelenkes
18. *M. flexor digitalis superficialis* – oberflächlicher Zehenbeuger
19. *Caput ulnare mi. flexoris carpi ulnaris* – Ellenkopf des ulnaren Beugers des Vorderfußwurzelgelenkes
20. *Caput humerale mi. flexoris carpi ulnaris* – Oberarmkopf des ulnaren Beugers des Vorderfußwurzelgelenkes
21. *Lig. accessorium mi. flexoris digitalis superficialis* – Sehnenkopf des oberflächlichen Zehenbeugers
22. *M. abductor digiti I* – Abzieher der 1. Zehe
23. *Radius* – Speiche
24. *Os metacarpale II* – 2. Vordermittelfußknochen
25. *Os metacarpale III* – 3. Vordermittelfußknochen
26. *Lig. accessorium mi. flexoris digitalis profundi* – Sehnenkopf des tiefen Zehenbeugers
27. *M. interosseus* – Zwischenknochenmuskel
28. *Tendo mi. flexoris digitalis profundi* – Sehne des tiefen Zehenbeugers
29. *Tendo mi. flexoris digitalis superficialis* – Sehne des oberflächlichen Zehenbeugers
30. *M. extensor digitalis communis (Tendo)* – gemeinsamer Zehenstrecker (Sehne)

Abbildung 124

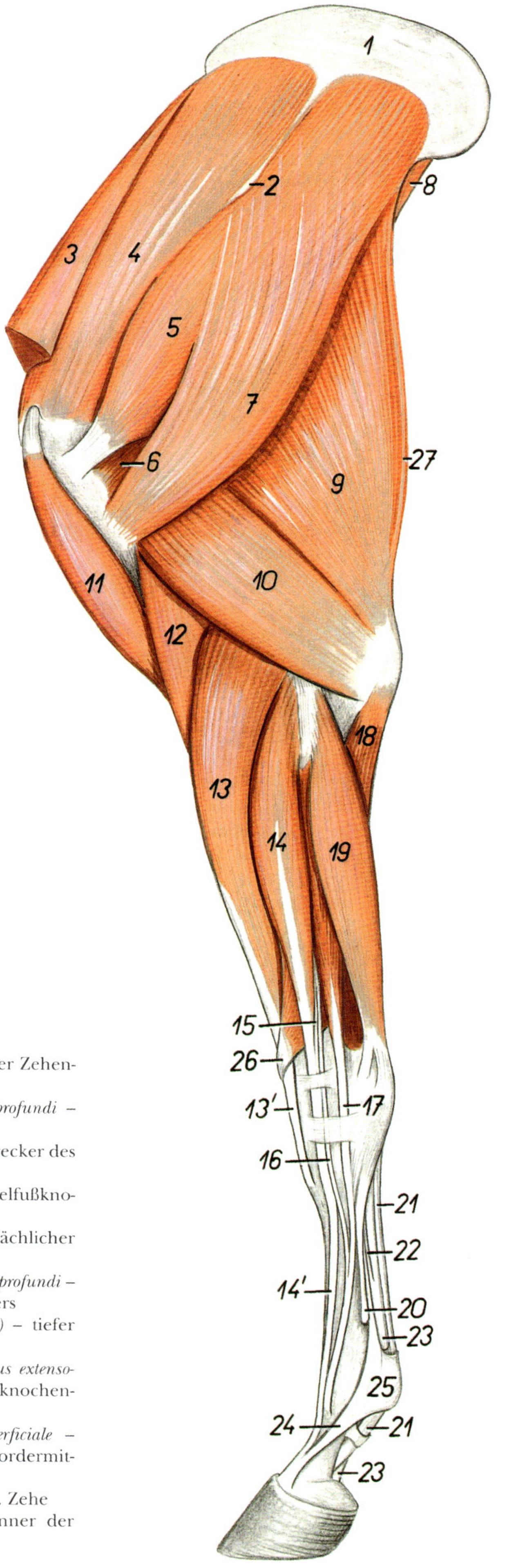

1. *Cartilago scapulae* – Schulterblattknorpel
2. *Tuber spinae scapulae* – Grätenbeule des Schulterblattes
3. *M. subclavius* – Unterschlüsselbeinmuskel
4. *M. supraspinatus* – Übergrätenmuskel
5. *M. infraspinatus* – Untergrätenmuskel
6. *M. teres minor* – kleiner Rundmuskel
7. *M. deltoideus* – deltaförmiger Muskel
8. *M. teres major* – großer Rundmuskel
9. *Caput longum mi. tricipitis brachii* – langer Kopf des dreiköpfigen Armmuskels
10. *Caput laterale mi. tricipitis brachii* – lateraler Kopf des dreiköpfigen Armmuskels
11. *M. biceps brachii* – zweiköpfiger Armmuskel
12. *M. brachialis* – Armmuskel

13., 13′. *M. extensor carpi radialis* – radialer Strecker des Vorderfußwurzelgelenkes

14., 15., 16. *M. extensor digitalis communis* – gemeinsamer Zehenstrecker

14., 14′. *M. extensor digitalis communis (proprius)* – gemeinsamer (besonderer) Zehenstrecker

15. *M. extensor digiti II (rudim.)* – Strecker der 2. Zehe (rudimentär)
16. *M. extensor digiti III et IV (rudim.)* – Strecker der 3. und 4. Zehe (rudimentär)
17. *M. extensor digitalis lateralis* – lateraler Zehenstrecker
18. *Caput ulnare mi. flexoris digitalis profundi* – Ellenkopf des tiefen Zehenbeugers
19. *M. extensor carpi ulnaris* – ulnarer Strecker des Vorderfußwurzelgelenkes
20. *Os metacarpale IV* – 4. Vordermittelfußknochen
21. *M. flexor digitalis superficialis* – oberflächlicher Zehenbeuger
22. *Caput tendineum mi. flexoris digitalis profundi* – Sehnenkopf des tiefen Zehenbeugers
23. *M. flexor digitalis profundus (Tendo)* – tiefer Zehenbeuger (Sehne)
24. *Portio collateralis mi. interossei (Ramus extensorius)* – Seitenportion des Zwischenknochenmuskels (Streckast)
25. *Lig. metacarpeum transversum superficiale* – oberflächliches querverlaufendes Vordermittelfußband
26. *M. abductor digiti I* – Abzieher der 1. Zehe
27. *M. tensor fasciae antebrachii* – Spanner der Unterarmfaszie

Pferd. Skelett des proximalen Abschnitts der Schultergliedmaße, Ansicht von lateral.

Abbildung 125

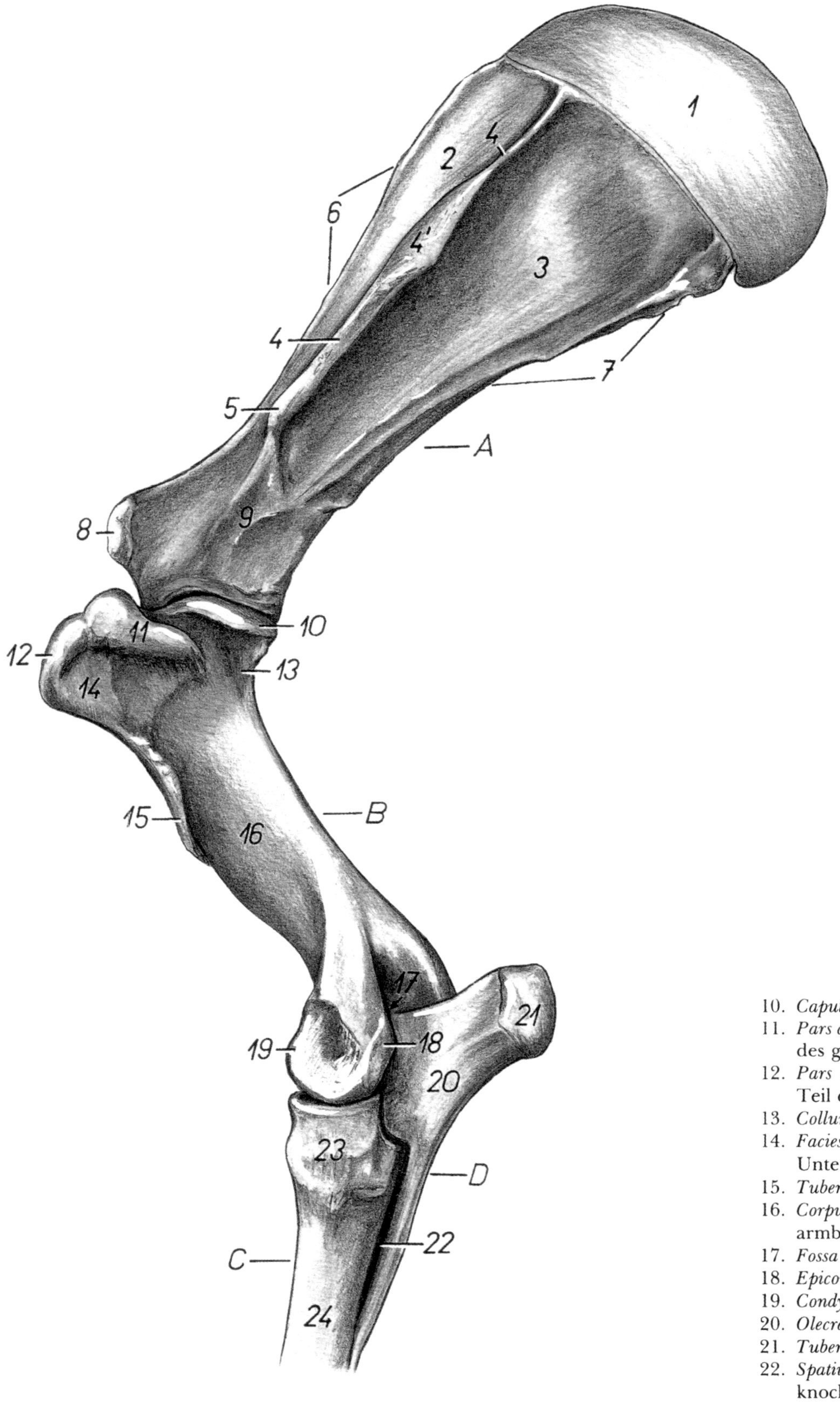

1. *Cartilago scapulae* – Schulterblattknorpel
2. *Fossa supraspinata* – Übergrätengrube
3. *Fossa infraspinata* – Untergrätengrube
4. *Spina scapulae* – Schulterblattgräte
4'. *Tuber spinae scapulae* – Grätenbeule des Schulterblattes
5. *Acromion* – Gräteneck
6. *Margo cranialis* – kranialer Rand
7. *Margo caudalis* – kaudaler Rand
8. *Tuberculum supraglenoidale* – Schulterblattbeule
9. *Collum scapulae* – Schulterblatthals
10. *Caput humeri* – Oberarmbeinkopf
11. *Pars caudalis tuberculi majoris* – kaudaler Teil des großen Höckers
12. *Pars cranialis tuberculi majoris* – kranialer Teil des großen Höckers
13. *Collum humeri* – Oberarmbeinhals
14. *Facies mi. infraspinati* – Ansatzfläche des Untergrätenmuskels
15. *Tuberositas deltoidea* – Armbeinhöcker
16. *Corpus humeri (Sulcus mi. brachialis)* – Oberarmbeinschaft (Armmuskelrinne)
17. *Fossa olecrani* – Ellbogengrube
18. *Epicondylus lateralis* – Streckknorren
19. *Condylus humeri* – Oberarmbeinknorren
20. *Olecranon* – Ellbogen
21. *Tuber olecrani* – Ellbogenhöcker
22. *Spatium interosseum antebrachii* – Zwischenknochenraum des Unterarmes
23. *Caput radii* – Kopf der Speiche
24. *Corpus radii* – Schaft der Speiche

A. *Scapula* – Schulterblatt
B. *Humerus* – Oberarmbein
C. *Radius* – Speiche
D. *Ulna* – Elle

Pferd. Skelett des proximalen Abschnitts der Schultergliedmaße, Ansicht von medial.

Abbildung 126

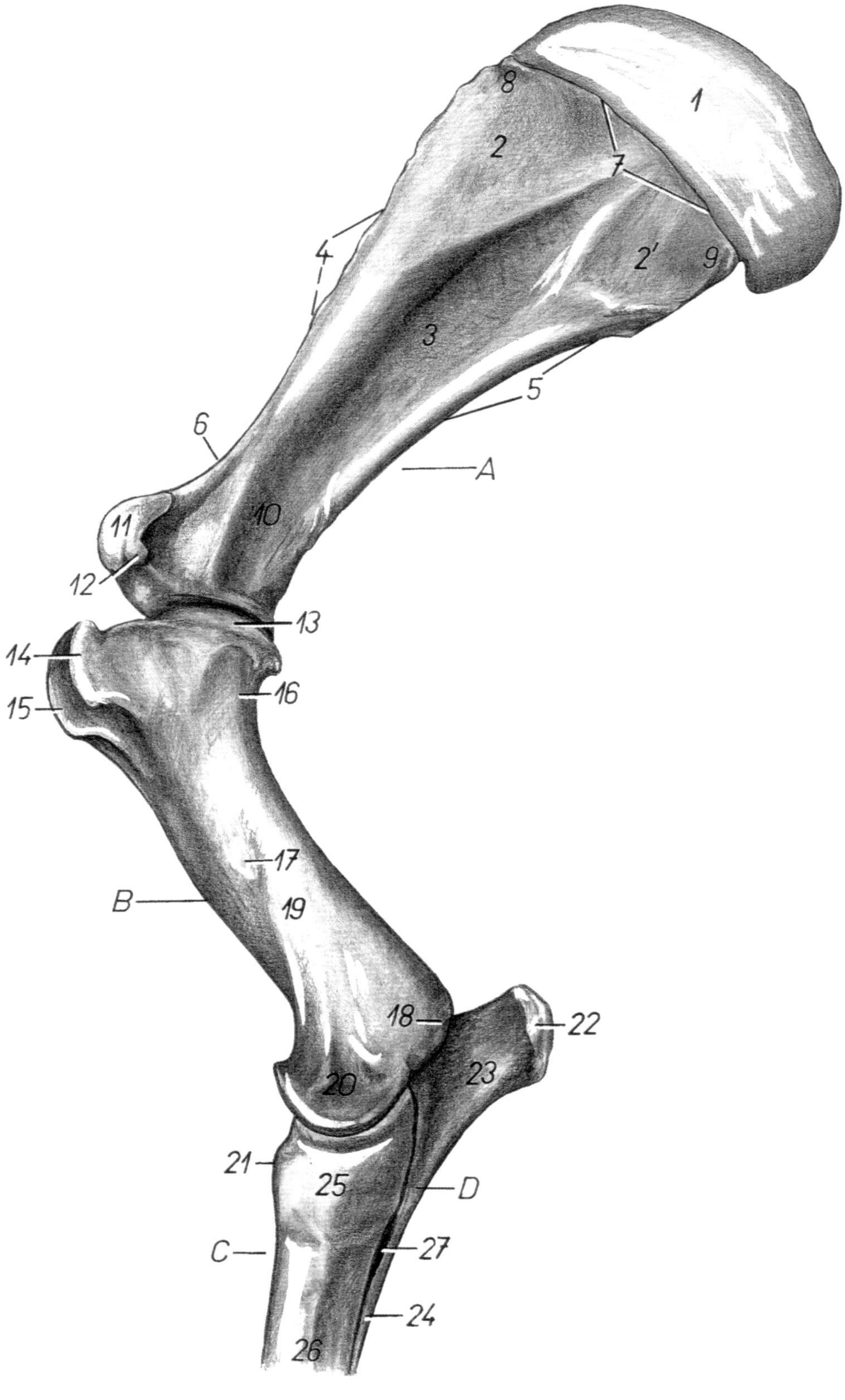

1. *Cartilago scapulae* – Schulterblattknorpel
2., 2'. *Facies serrata* – Ansatzfläche des gesägten Muskels am Schulterblatt
3. *Fossa subscapularis* – Unterschulterblattgrube
4. *Margo cranialis* – kranialer Rand
5. *Margo caudalis* – kaudaler Rand
6. *Incisura scapulae* – Schulterblatteinschnitt
7. *Margo dorsalis* – dorsaler Rand
8. *Angulus cranialis* – kranialer Winkel
9. *Angulus caudalis* – kaudaler Winkel
10. *Collum scapulae* – Schulterblatthals
11. *Tuberculum supraglenoidale* – Schulterblattbeule
12. *Processus coracoideus* – Rabenschnabelfortsatz
13. *Caput humeri* – Oberarmbeinkopf
14. *Pars cranialis tuberculi minoris* – kranialer Teil des kleinen Höckers
15. *Tuberculum intermedium* – mittlerer Höcker
16. *Collum humeri* – Oberarmbeinhals
17. *Tuberositas teres major* – Ansatzfläche des großen Rundmuskels
18. *Epicondylus medialis* – Beugeknorren
19. *Corpus humeri* – Oberarmbeinschaft
20. *Condylus humeri* – Oberarmbeinknorren
21. *Tuberositas radii* – Speichenbeule
22. *Tuber olecrani* – Ellbogenhöcker
23. *Olecranon* – Ellbogen
24. *Corpus ulnae* – Schaft der Elle
25. *Caput radii* – Kopf der Speiche
26. *Corpus radii* – Schaft der Speiche
27. *Spatium interosseum antebrachii* – Zwischenknochenraum des Unterarmes

A. *Scapula* – Schulterblatt
B. *Humerus* – Oberarmbein
C. *Radius* – Speiche
D. *Ulna* – Elle

Abbildung 127

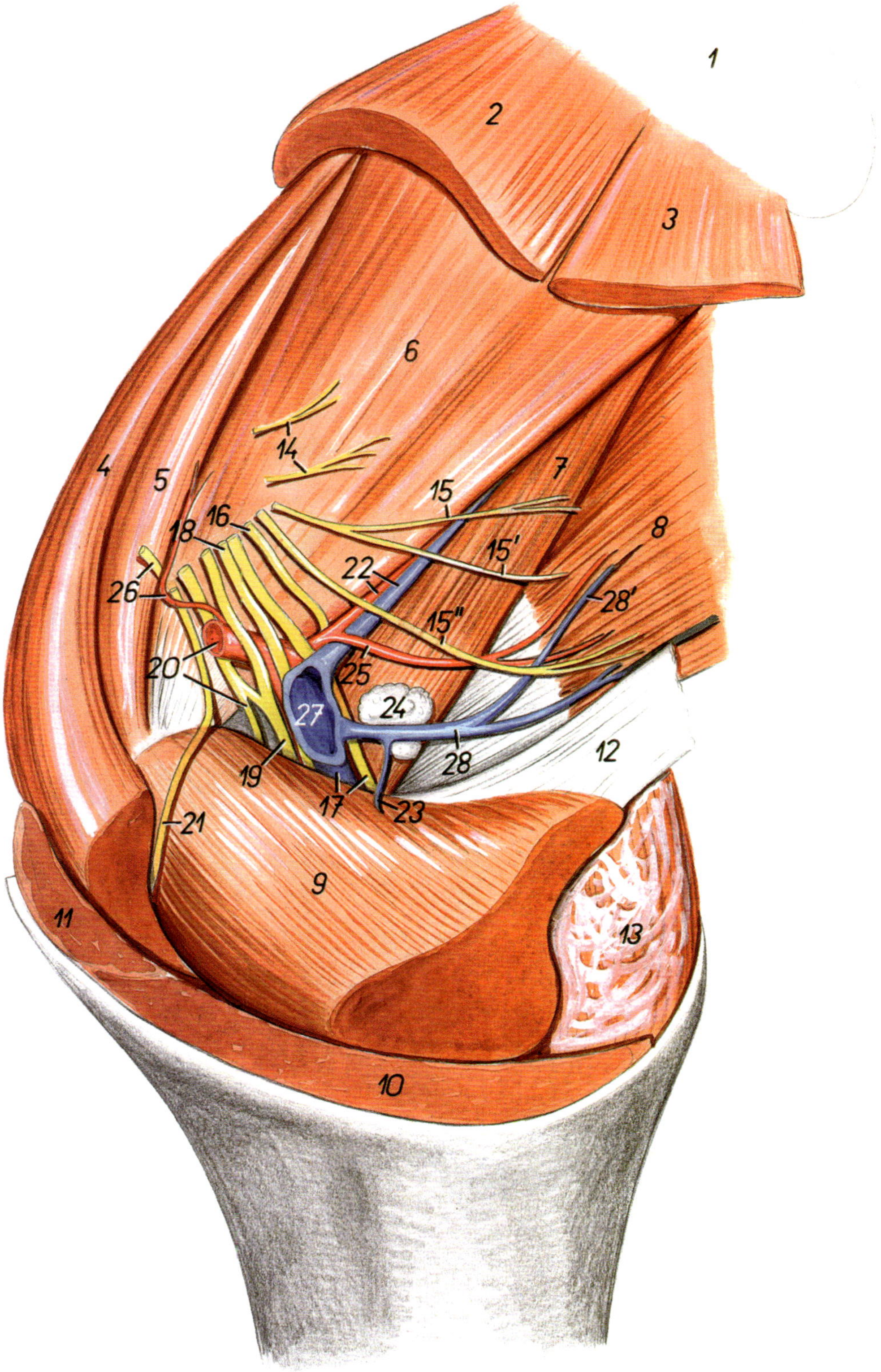

1. *Cartilago scapulae* – Schulterblattknorpel
2. *M. serratus ventralis cervicis* – Halsportion des ventralen gesägten Muskels
3. *M. serratus ventralis thoracis* – Brustkorbportion des ventralen gesägten Muskels
4. *M. subclavius* – Unterschlüsselbeinmuskel
5. *M. supraspinatus* – Übergrätenmuskel
6. *M. subscapularis* – Unterschulterblattmuskel
7. *M. teres major* – großer Rundmuskel
8. *M. lattissimus dorsi* – breiter Rückenmuskel
9. *M. pectoralis profundus (ascendens)* – tiefer (aufsteigender) Brustmuskel
10. *M. pectoralis transversus* – querverlaufender Brustmuskel
11. *M. pectoralis descendens* – absteigender Brustmuskel
12. *Lacertus axillaris* – Achselsehnenstrang
13. *M. tensor fasciae antebrachii* – Spanner der Unterarmfaszie
14. *Nn. subscapulares* – Unterschulterblattnerven
15., 15'. *N. thoracodorsalis* – Brustkorb-Rückennerv
15". *N. thoracicus lateralis* – lateraler Brustkorbnerv
16. *N. axillaris* – Achselnerv
17. *N. radialis, V. brachialis* – Speichennerv, Armvene
18. *N. ulnaris* – Ellennerv
19. *N. medianus et N. musculocutaneus* – Mittelnerv und Muskel-Hautnerv
20. *A. axillaris, Ramus muscularis proximalis* – Achselarterie, proximaler Muskelast
21. *N. pectoralis cranialis* – kranialer Brustnerv
22. *A. et V. subscapularis* – Unterschulterblattarterie und -vene
23. *V. thoracica externa* – äußere Brustkorbvene
24. *Lnn. axillares* – Achsellymphknoten
25. *A. thoracodorsalis* – Brustkorb-Rückenarterie
26. *A. et N. suprascapularis* – Überschulterblattarterie und -vene
27. *V. axillaris* – Achselvene
28., 28'. *Vv. thoracodorsales* – Brustkorb-Rückenvenen

Pferd. Präparation der Schulter und des Oberarmes, Ansicht von medial. 2. Schicht.

Abbildung 128

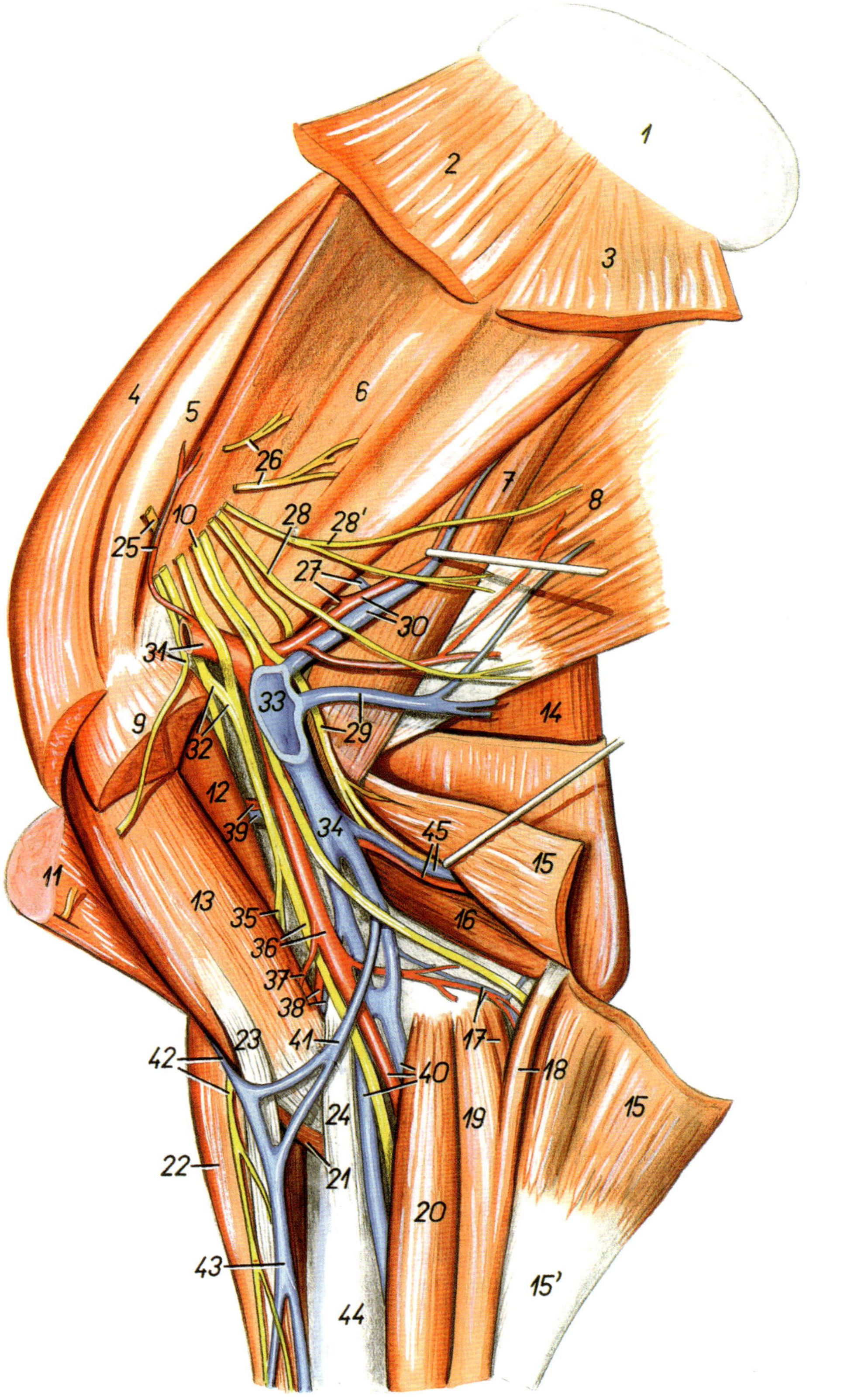

1. *Cartilago scapulae* – Schulterblattknorpel
2. *M. serratus ventralis cervicis* – Halsportion des ventralen gesägten Muskels
3. *M. serratus ventralis thoracis* – Brustkorbportion des ventralen gesägten Muskels
4. *M. subclavius* – Unterschlüsselbeinmuskel
5. *M. supraspinatus* – Übergrätenmuskel
6. *M. subscapularis* – Unterschulterblattmuskel
7. *M. teres major* – großer Rundmuskel
8. *M. latissimus dorsi* – breiter Rückenmuskel
9. *M. pectoralis profundus (ascendens)* – tiefer (aufsteigender) Brustmuskel
10. *N. ulnaris* – Ellennerv
11. *M. brachiocephalicus* – Arm-Kopfmuskel
12. *M. coracobrachialis* – Rabenschnabel-Armmuskel
13. *M. biceps brachii* – zweiköpfiger Armmuskel
14. *Caput longum mi. tricipitis brachii* – langer Kopf des dreiköpfigen Armmuskels
15. *M. tensor fasciae antebrachii* – Spanner der Unterarmfaszie

15'. *Fascia antebrachii* – Unterarmfaszie

16. *Caput mediale mi. tricipitis brachii* – medialer Kopf des dreiköpfigen Armmuskels
17. *M. flexor digitalis superficialis, A. et V. collateralis ulnaris* – oberflächlicher Zehenbeuger, Begleitarterie und -vene des Ellennerven
18. *Caput ulnare mi. flexoris carpi ulnaris* – Ellenkopf des ulnaren Beugers des Vorderfußwurzelgelenkes
19. *Caput humerale mi. flexoris carpi ulnaris* – Oberarmkopf des ulnaren Beugers des Vorderfußwurzelgelenkes
20. *M. flexor carpi radialis* – radialer Beuger des Vorderfußwurzelgelenkes
21. *M. brachialis* – Armmuskel
22. *M. extensor carpi radialis* – radialer Strecker des Vorderfußwurzelgelenkes
23. *Lacertus fibrosus* – sehniger Faserstrang
24. *Lig. collaterale mediale cubiti* – mediales Halteband des Ellbogengelenkes
25. *A. et N. suprascapularis* – Überschulterblattarterie und gleichnamiger Nerv
26. *Nn. subscapulares* – Unterschulterblattnerven
27. *A. et V. circumflexa scapulae* – Schulterblattkranzarterie und -vene
28. *N. thoracicus lateralis* – lateraler Brustkorbnerv

28'. *N. thoracodorsalis* – Brustkorb-Rückennerv

29. *V. thoracodorsalis, N. radialis* – Brustkorb-Rückenvene-Speichennerv
30. *A. et V. subscapularis* – Unterschulterblattarterie und -vene
31. *A. axillaris, N. pectoralis cranialis* – Achselarterie, kranialer Brustnerv
32. *N. musculocutaneus* – Muskel-Hautnerv
33. *V. axillaris* – Achselvene
34. *V. brachialis* – Armvene
35. *Ramus muscularis distalis et Ramus cutaneus ni. musculocutanei* – distaler Muskelast und Hautast des Muskel-Hautnerven
36. *A. brachialis, N. medianus* – Armarterie, Mittelnerv
37. *A. bicipitalis* – Arterie des zweiköpfigen Armmuskels
38. *A. et V. transversa cubiti* – Querarterie des Ellbogengelenkes
39. *A. et V. circumflexa humeri cranialis* – kraniale Oberarmkranzarterie und -vene
40. *A. et Vv. medianae* – Mittelarterie und Mittelvenen
41. *V. mediana cubiti* – Mittelvene des Ellbogengelenkes
42. *V. cephalica, N. cutaneus antebrachii medialis* – Kopfvene des Oberarmes und medialer Unterarmhautnerv
43. *V. cephalica* – Kopfvene der Oberarmes
44. *Radius* – Speiche
45. *A. et V. profunda brachii* – tiefe Armarterie und -vene

Pferd. Präparation der Schulter und des Oberarmes, Ansicht von lateral.

Abbildung 129

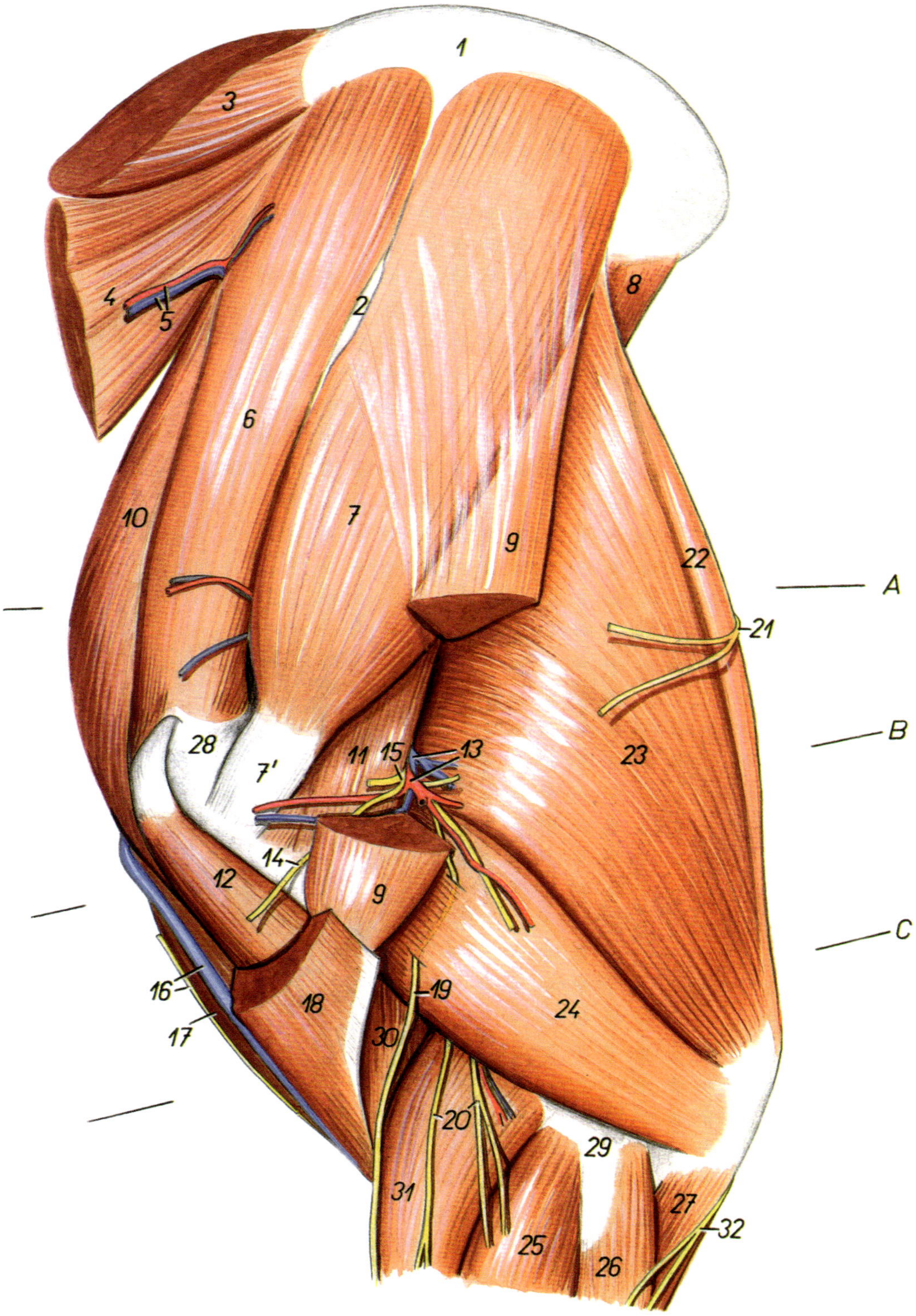

1. *Cartilago scapulae* – Schulterblattknorpel
2. *Tuber spinae scapulae* – Grätenbeule des Schulterblattes
3. *M. rhomboideus cervicis* – Halsportion des rautenförmigen Muskels
4. *M. serratus ventralis cervicis* – Halsportion des ventralen gesägten Muskels
5. *A. et V. scapularis dorsalis* – dorsale Schulterblattarterie und -vene
6. *M. supraspinatus* – Übergrätenmuskel
7., 7'. *M. infraspinatus* – Untergrätenmuskel
8. *M. teres major* – großer Rundmuskel
9. *M. deltoideus* – deltaförmiger Muskel
10. *M. subclavius* – Unterschlüsselbeinmuskel
11. *M. teres minor* – kleiner Rundmuskel
12. *M. biceps brachii* – zweiköpfiger Armmuskel
13. *A. et V. circumflexa humeri caudalis* – kaudale Oberarmkranzarterie und -vene
14. *Ramus muscularis ni. axillaris ad m. brachiocephalicum* – Ast des Achselnerven zum Arm-Kopfmuskel
15. *N. axillaris* – Achselnerv
16. *V. cephalica, Ramus ni. supraclavicularis ventralis* – Kopfvene des Oberarmes, ventraler Ast des Überschlüsselbeinnerven
17. *M. pectoralis descendens* – absteigender Brustmuskel
18. *M. brachiocephalicus* – Arm-Kopfmuskel
19. *N. cutaneus antebrachii cranialis* – kranialer Unterarmhautnerv
20. *Nn. cutanei antebrachii laterales* – laterale Unterarmhautnerven
21. *Rami cutanei ni. thoracici lateralis (N. intercostobrachialis)* – Hautäste des lateralen Brustkorbnerven (Zwischenrippen-Armnerv)
22. *M. tensor fasciae antebrachii* – Spanner der Unterarmfaszie
23. *Caput longum mi. tricipitis brachii* – langer Kopf des dreiköpfigen Armmuskels
24. *Caput laterale mi. tricipitis brachii* – lateraler Kopf des dreiköpfigen Armmuskels
25. *M. extensor digitalis communis* – gemeinsamer Zehenstrecker
26. *M. extensor carpi ulnaris* – ulnarer Strecker des Vorderfußwurzelgelenkes
27. *Caput ulnare mi. flexoris digitalis profundi* – Ellenkopf des tiefen Zehenbeugers
28. *Pars cranialis tuberculi majoris* – kranialer Teil des großen Oberarmbeinhöckers
29. *Epicondylus lateralis humeri* – Streckknorren des Oberarmbeines
30. *M. brachialis* – Armmuskel
31. *M. extensor carpi radialis* – radialer Strecker des Vorderfußwurzelgelenkes
32. *N. cutaneus antebrachii caudalis* – kaudaler Unterarmhautnerv

Pferd. Querschnitte durch Schulter und Arm der linken Schultergliedmaße. Die Höhe der Schnittebenen ist in Abbildung 129 eingezeichnet.

Abbildung 130

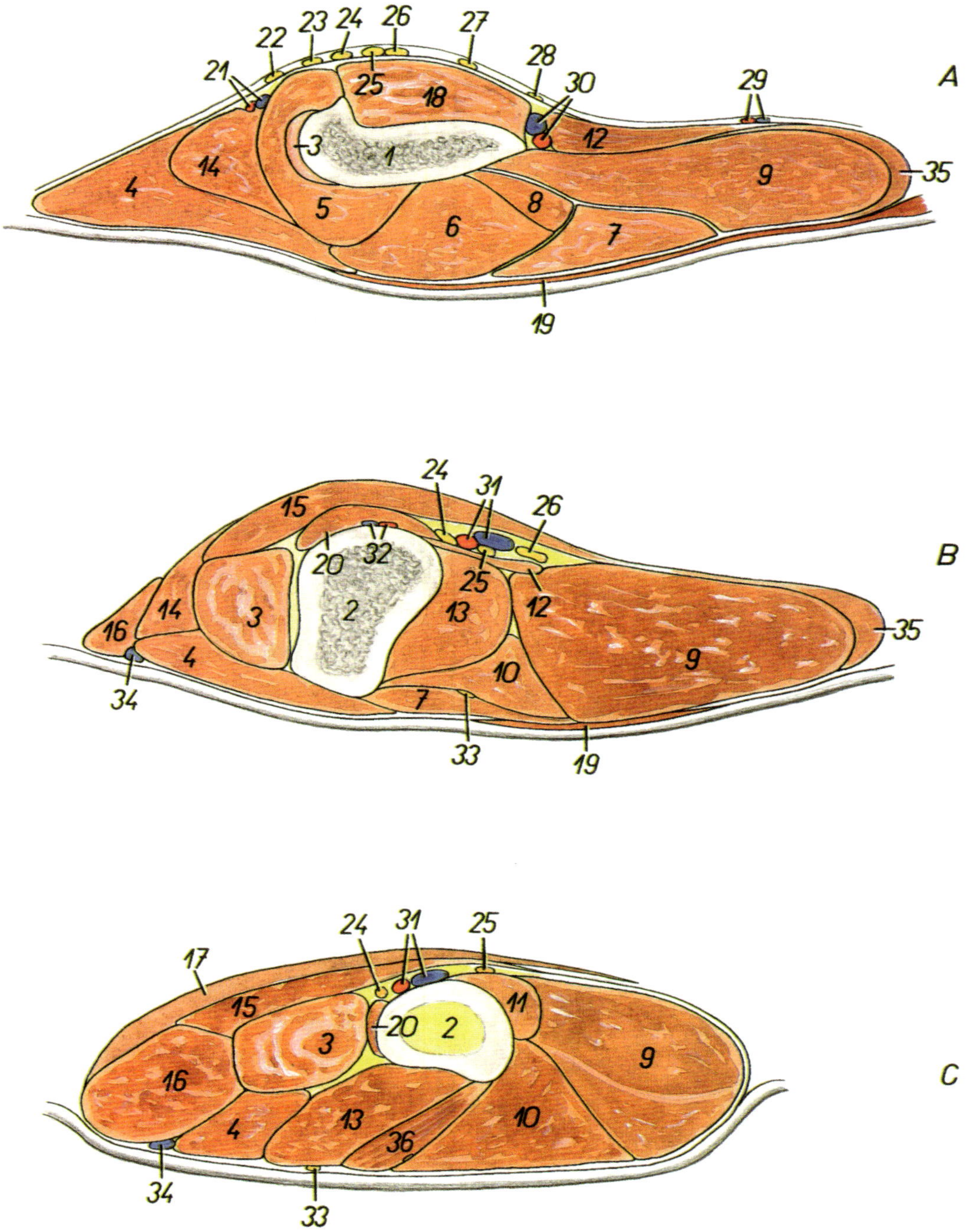

1. *Scapula* – Schulterblatt
2. *Humerus* – Oberarmbein
3. *M. biceps brachii* – zweiköpfiger Armmuskel
4. *M. brachiocephalicus* – Arm-Kopfmuskel
5. *M. supraspinatus* – Übergrätenmuskel
6. *M. infraspinatus* – Untergrätenmuskel
7. *M. deltoideus* – deltaförmiger Muskel
8. *M. teres minor* – großer Rundmuskel
9. *Caput longum mi. tricipitis brachii* – langer Kopf des dreiköpfigen Armmuskels
10. *Caput laterale mi. tricipitis brachii* – lateraler Kopf des dreiköpfigen Armmuskels
11. *Caput mediale mi. tricipitis brachii* – medialer Kopf des dreiköpfigen Armmuskels
12. *M. teres major* – großer Rundmuskel
13. *M. brachialis* – Armmuskel
14. *M. subclavius* – Unterschlüsselbeinmuskel
15. *M. pectoralis profundus (ascendens)* – tiefer (aufsteigender) Brustmuskel
16. *M. pectoralis descendens* – absteigender Brustmuskel
17. *M. pectoralis transversus* – querverlaufender Brustmuskel
18. *M. subscapularis* – Unterschulterblattmuskel
19. *M. cutaneus omobrachialis* – Schulter-Armhautmuskel
20. *M. coracobrachialis* – Rabenschnabel-Armmuskel
21. *A. et V. suprascapularis* – Überschulterblattarterie und -vene
22. *N. pectoralis cranialis* – kranialer Brustnerv
23. *N. musculocutaneus* – Muskel-Hautnerv
24. *N. medianus* – Mittelnerv
25. *N. ulnaris* – Ellennerv
26. *N. radialis* – Speichennerv
27. *N. axillaris* – Achselnerv
28. *N. thoracodorsalis* – Brustkorb-Rückennerv
29. *A. et V. thoracodorsalis* – Brustkorb-Rückenarterie und -vene
30. *A. et V. subscapularis* – Unterschulterblattarterie und -vene
31. *A. et V. brachialis* – Armarterie und -vene
32. *A. et V. circumflexa humeri cranialis* – kraniale Oberarmkranzarterie und -vene
33. *N. cutaneus antebrachii cranialis* – kranialer Unterarmhautnerv
34. *V. cephalica* – Kopfvene des Oberarmes
35. *M. tensor fasciae antebrachii* – Spanner der Unterarmfaszie
36. *M. extensor carpi radialis* – radialer Strecker des Vorderfußwurzelgelenkes

Pferd. Topographie der Gefäße am proximalen Abschnitt der Schultergliedmaße, Ansicht von medial.

Abbildung 131

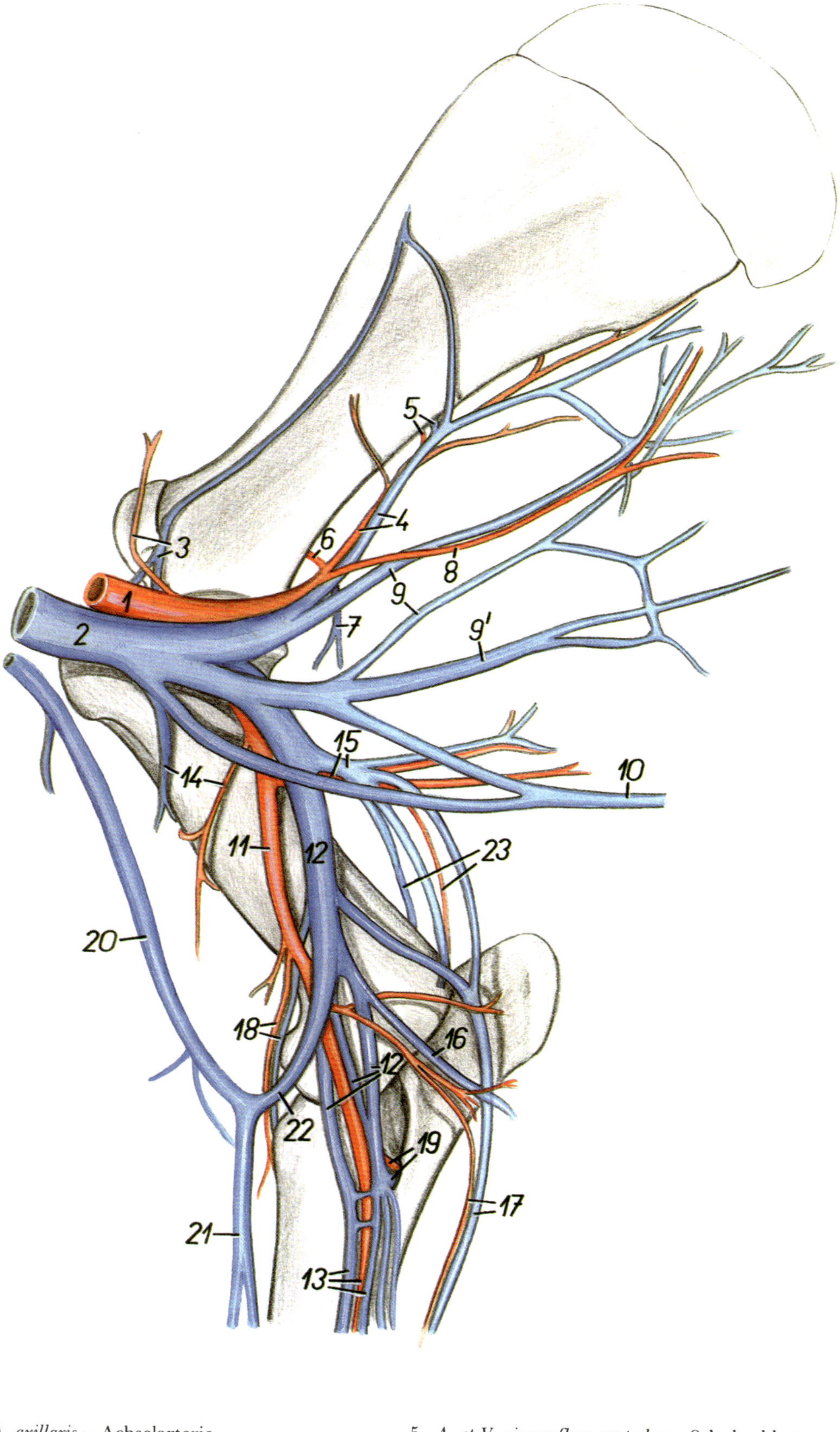

1. *A. axillaris* – Achselarterie
2. *V. axillaris* – Achselvene
3. *A. et V. suprascapularis* – Überschulterblattarterie und -vene
4. *A. et V. subscapularis* – Unterschulterblattarterie und -vene
5. *A. et V. circumflexa scapulae* – Schulterblattkranzarterie und -vene
6. *A. circumflexa humeri caudalis* – kaudale Oberarmkranzarterie
7. *V. circumflexa humeri caudalis* – kaudale Oberarmkranzvene
8. *A. thoracodorsalis* – Brustkorb-Rückenarterie
9., 9′. *Vv. thoracodorsales* – Brustkorb-Rückenvenen
10. *V. thoracica superficialis* – oberflächliche Brustkorbvene
11. *A. brachialis* – Armarterie
12. *Vv. brachiales* –Armvenen
13. *A. et Vv. medianae* – Mittelarterie und Mittelvenen
14. *A. et V. circumflexa humeri cranialis* – kraniale Oberarmkranzarterie und -vene
15. *A. et V. profunda brachii* – tiefe Armarterie und -vene
16. *V. ulnaris superficialis* – oberflächliche Ellenvene
17. *A. et V. collateralis ulnaris* – Begleitarterie und -vene des Ellennerven
18. *A. et V. transversa cubiti* – Querarterie und -vene des Ellbogens
19. *A. et V. interossea communis* – gemeinsame Zwischenknochenarterie und -vene
20., 21. *V. cephalica* – Kopfvene des Ober- und Unterarmes
22. *V. mediana cubiti* – Mittelvene des Ellbogens
23. *A. et V. interossea recurrens* – zurücklaufende Zwischenknochenarterie und -vene

Pferd. Topographie der Arterien am distalen Abschnitt der Schultergliedmaße, Ansicht von medial (nach einer Röntgenaufnahme).

Abbildung 132

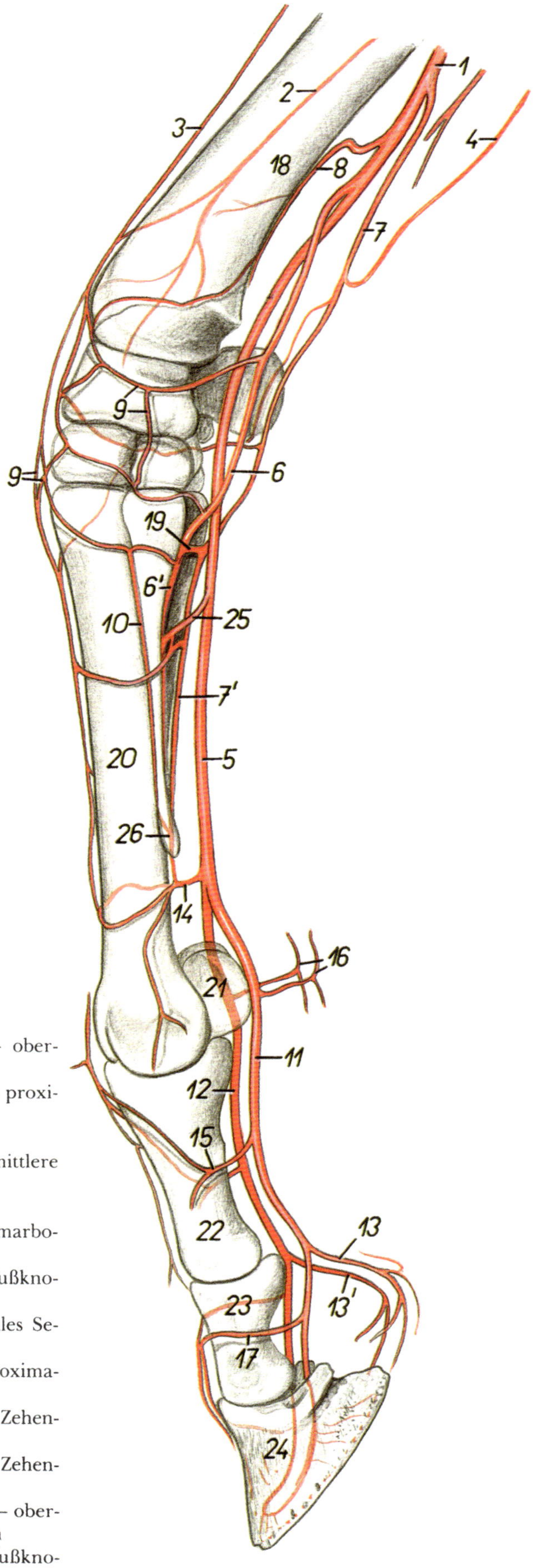

1. *A. mediana* – Mittelarterie
2. *A. interossea cranialis* – kraniale Zwischenknochenarterie
3. *Ramus a. transversae cubiti* – oberflächliche Unterarmarterie
4. *A. collateralis ulnaris* – Begleitarterie des Ellennerven
5. *A. palmaris medialis* – mediale Palmararterie
6. *A. radialis* – Speichenarterie

6'. *A. metacarpea palmaris II* – 2. palmare Vordermittelfußarterie

7. *A. palmaris lateralis* – laterale Palmararterie

7'. *A. metacarpea palmaris III* – 3. palmare Vordermittelfußarterie

8. *A. radialis proximalis* – proximale Speichenarterie
9. *Rete carpi dorsale* – dorsales Vorderfußwurzelnetz
10. *A. metacarpea dorsalis II* – 2. dorsale Vordermittelfußarterie
11. *A. digitalis palmaris medialis* – mediale palmare Zehenarterie
12. *A. digitalis palmaris lateralis* – laterale palmare Zehenarterie

13., 13'. *Rami pulvini* – Hufkissenäste

14. *Arcus palmaris distalis superficialis* – oberflächlicher distaler Palmarbogen
15. *Ramus dorsalis phalangis proximalis* – proximaler dorsaler Zehenast
16. *Rami calcaris* – Spornäste
17. *Ramus dorsalis phalangis mediae* – mittlere dorsale Zehenäste
18. *Radius* – Speiche
19. *Arcus palmaris profundus* – tiefer Palmarbogen
20. *Os metacarpale III* – 3. Vordermittelfußknochen
21. *Os sesamoideum proximale* – proximales Sesambein
22. *Phalanx proximalis (Os compedale)* – proximales Zehenglied (Fesselbein)
23. *Phalanx media (Os coronale)* – mittleres Zehenglied (Kronbein)
24. *Phalanx distalis (Os ungulare)* – distales Zehenglied (Hufbein)
25. *Arcus palmaris proximalis superficialis* – oberflächlicher proximaler Palmarbogen
26. *Os metacarpale II* – 2. Vordermittelfußknochen

Pferd. Skelett des distalen Abschnitts der Schultergliedmaße, Ansicht von lateral.

Abbildung 133

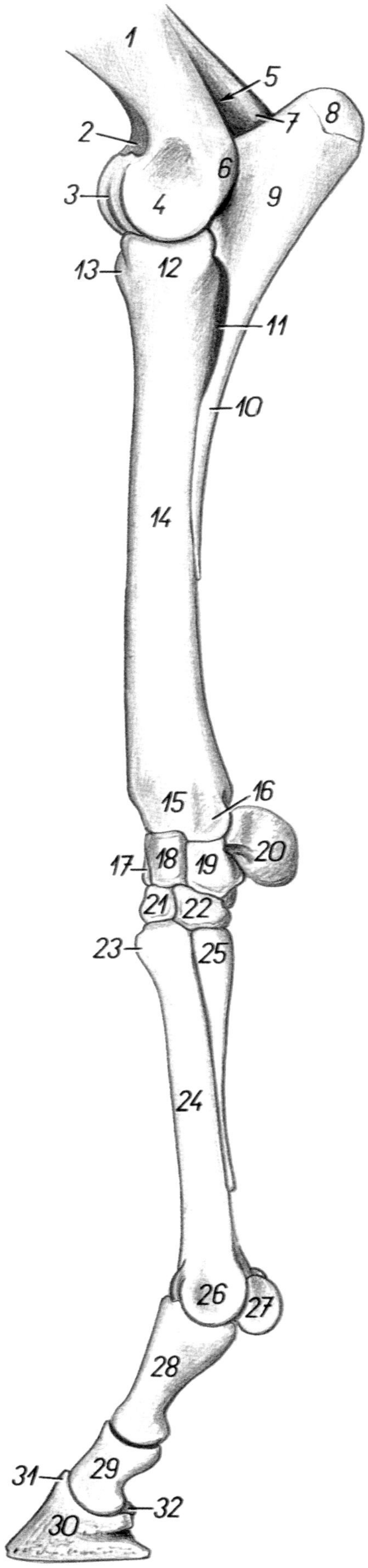

1. *Corpus humeri* – Oberarmbeinschaft
2. *Fossa coronoidea* – Grube über der Gelenkrolle
3. *Trochlea humeri* – Gelenkrolle des Oberarmbeines
4. *Condylus humeri* – Oberarmbeingelenkknorren
5. *Fossa olecrani* – Ellbogengrube
6. *Epicondylus lateralis* – Streckknorren
7. *Epicondylus medialis* – Beugeknorren
8. *Tuber olecrani* – Ellbogenhöcker
9. *Olecranon* – Ellbogen
10. *Corpus ulnae* – Schaft der Elle
11. *Spatium interosseum antebrachii* – Zwischenknochenraum des Unterarmes
12. *Caput radii* – Kopf der Speiche
13. *Tuberositas radii* – Speichenbeule
14. *Corpus radii* – Schaft der Speiche
15. *Trochlea radii* – Gelenkrolle der Speiche
16. *Processus styloideus lateralis* – lateraler Griffelfortsatz
17. *Os carpi radiale (Os scaphoideum)* – radialer Vorderfußwurzelknochen (Kahnbein)
18. *Os carpi intermedium (Os lunatum)* – mittlerer Vorderfußwurzelknochen (Mondbein)
19. *Os carpi ulnare (Os triquetrum)* – ulnarer Vorderfußwurzelknochen (Dreiecksbein)
20. *Os carpi accessorium (Os pisiforme)* – zusätzlicher Vorderfußwurzelknochen (Erbsenbein)
21. *Os carpale III (Os capitatum)* – 3. Vorderfußwurzelknochen (Kopfbein)
22. *Os carpale IV (Os hamatum)* – 4. Vorderfußwurzelknochen (Hakenbein)
23. *Tuberositas ossis metacarpalis III* – Beule des 3. Vordermittelfußknochens
24. *Corpus ossis metacarpalis III* – Schaft des 3. Vordermitelfußknochens
25. *Basis ossis metacarpalis IV* – Basis des 4. Vordermittelfußknochens
26. *Trochlea ossis metacarpalis III* – Gelenkrolle des 3. Vordermittelfußknochens
27. *Os sesamoideum proximale* – proximales Sesambein
28. *Phalanx proximalis (Os compedale)* – proximales Zehenglied (Fesselbein)
29. *Phalanx media (Os coronale)* – mittleres Zehenglied (Kronbein)
30. *Phalanx distalis (Os ungulare)* – distales Zehenglied (Hufbein)
31. *Processus extensorius* – Streckfortsatz
32. *Os sesamoideum distale* – distales Sesambein

Pferd. Skelett des distalen Endes der Schultergliedmaße, Ansicht von medial.

Abbildung 134

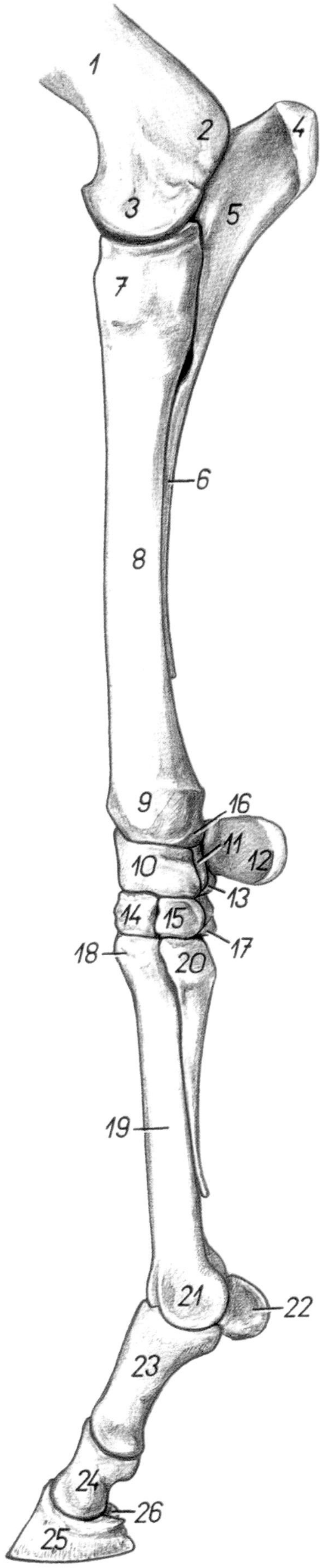

1. *Corpus humeri* – Oberarmbeinschaft
2. *Epicondylus medialis* – Beugeknorren
3. *Condylus humeri* – Oberarmbeingelenkknorren
4. *Tuber olecrani* – Ellbogenhöcker
5. *Olecranon* – Ellbogen
6. *Corpus ulnae* – Schaft der Elle
7. *Caput radii* – Kopf der Speiche
8. *Corpus radii* – Schaft der Speiche
9. *Trochlea radii* – Gelenkrolle der Speiche
10. *Os carpi radiale (Os scaphoideum)* – radialer Vorderfußwurzelknochen (Kahnbein)
11. *Os carpi intermedium (Os lunatum)* – mittlerer Vorderfußwurzelknochen (Mondbein)
12. *Os carpi accessorium (Os pisiforme)* – zusätzlicher Vorderfußwurzelknochen (Erbsenbein)
13. *Os carpi ulnare (Os triquetrum)* – ulnarer Vorderfußwurzelknochen (Dreiecksbein)
14. *Os carpale III (Os capitatum)* – 3. Vorderfußwurzelknochen (Kopfbein)
15. *Os carpale II (Os trapezoideum)* – 2. Vorderfußwurzelknochen (trapezförmiges Bein)
16. *Processus styloideus medialis* – medialer Griffelfortsatz
17. *Os carpale IV (Os hamatum)* – 4. Vorderfußwurzelknochen (Hakenbein)
18. *Tuberositas ossis metacarpalis III* – Beule des 3. Vordermittelfußknochens
19. *Corpus ossis metacarpalis III* – Schaft des 3. Vordermittelfußknochens
20. *Basis ossis metacarpalis II* – Basis des 2. Vordermittelfußknochens
21. *Trochlea ossis metacarpalis III* – Gelenkrolle des 3. Vordermittelfußknochens
22. *Os sesamoideum proximale* – proximales Sesambein
23. *Phalanx proximalis (Os compedale)* – proximales Zehenglied (Fesselbein)
24. *Phalanx media (Os coronale)* – mittleres Zehenglied (Kronbein)
25. *Phalanx distalis (Os ungulare)* – distales Zehenglied (Hufbein)
26. *Os sesamoideum distale* – distales Sesambein

Pferd. Präparation des Unterarmes und des distalen Abschnitts der Schultergliedmaße, Ansicht von lateral.

Abbildung 135

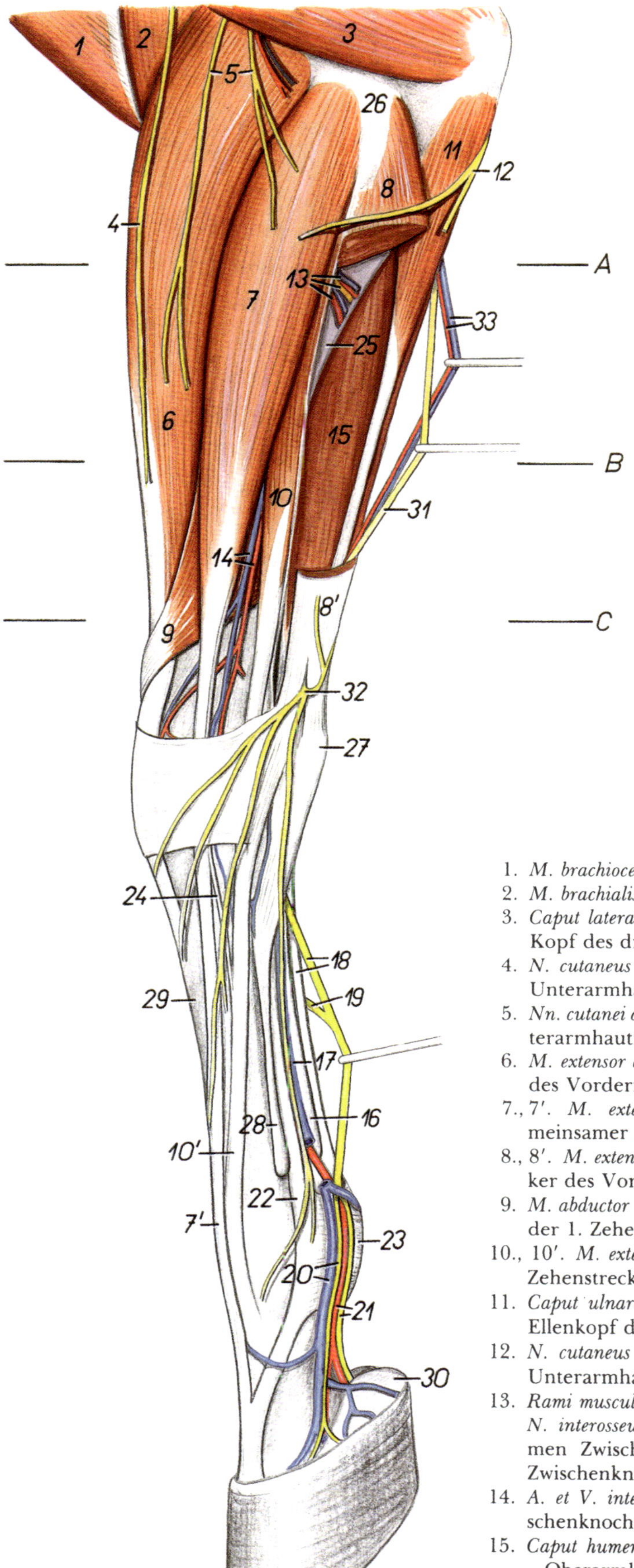

1. *M. brachiocephalicus* – Arm-Kopfmuskel
2. *M. brachialis* – Armmuskel
3. *Caput laterale mi. tricipitis brachii* – lateraler Kopf des dreiköpfigen Armmuskels
4. *N. cutaneus antebrachii cranialis* – kranialer Unterarmhautnerv
5. *Nn. cutanei antebrachii laterales* – laterale Unterarmhautnerven
6. *M. extensor carpi radialis* – radialer Strecker des Vorderfußwurzelgelenkes
7., 7'. *M. extensor digitalis communis* – gemeinsamer Zehenstrecker
8., 8'. *M. extensor carpi ulnaris* – ulnarer Strekker des Vorderfußwurzelgelenkes
9. *M. abductor digiti I longus* – langer Abzieher der 1. Zehe
10., 10'. *M. extensor digitalis lateralis* – lateraler Zehenstrecker
11. *Caput ulnare mi. flexoris digitalis profundi* – Ellenkopf des tiefen Zehenbeugers
12. *N. cutaneus antebrachii caudalis* – kaudaler Unterarmhautnerv
13. *Rami musculares a. et v. interosseae communis, N. interosseus* – Muskeläste der gemeinsamen Zwischenknochenarterie und -vene, Zwischenknochennerv
14. *A. et V. interossea cranialis* – kraniale Zwischenknochenarterie und -vene
15. *Caput humerale mi. flexoris digitalis profundi* – Oberarmkopf des tiefen Zehenbeugers
16. *Tendo mi. flexoris digitalis profundi* – Sehne des tiefen Zehenbeugers
17. *V. palmaris lateralis* – laterale Palmarvene
18. *Tendo mi. flexoris digitalis superficialis, N. palmaris lateralis* – Sehne des oberflächlichen Zehenbeugers, lateraler Palmarnerv
19. *Ramus communicans nervorum palmarium* – Verbindungsast der Palmarnerven
20. *V. digitalis lateralis, Ramus dorsalis ni. digitalis palmaris lateralis* – laterale Zehenvene, dorsaler Ast des lateralen palmaren Zehennerven
21. *A. digitalis lateralis, N. digitalis palmaris lateralis* – laterale Zehenarterie, lateraler palmarer Zehennerv
22. *M. interosseus* – Zwischenknochenmuskel
23. *Lig. metacarpeum transversum superficiale* – oberflächliches querverlaufendes Vordermittelfußband
24. *M. extensor digiti III et IV (rudim.)* – Strecker der 3. und 4. Zehe (rudimentär)
25. *Ulna* – Elle
26. *Epicondylus lateralis humeri* – Streckknorren des Oberarmbeines
27. *Os carpi accessorium (Os pisiforme)* – zusätzlicher Vorderfußwurzelknochen (Erbsenbein)
28. *Os metacarpale IV* – 4. Vordermittelfußknochen
29. *Os metacarpale III* – 3. Vordermittelfußknochen
30. *Cartilago ungularis lateralis* – lateraler Hufknorpel
31. *N. ulnaris* – Ellennerv
32. *Ramus dorsalis ni. ulnaris* – dorsaler Ast des Ellennerven
33. *A. et V. collateralis ulnaris* – Seitenarterie und -vene der Elle

Pferd. Querschnitt durch den linken Unterarm. Die Höhe der Schnittebenen ist in Abbildung 135 eingezeichnet.

Abbildung 136

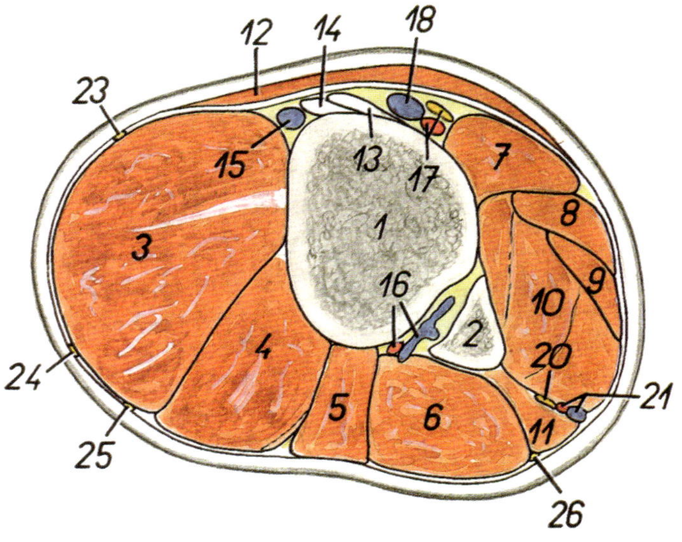

A

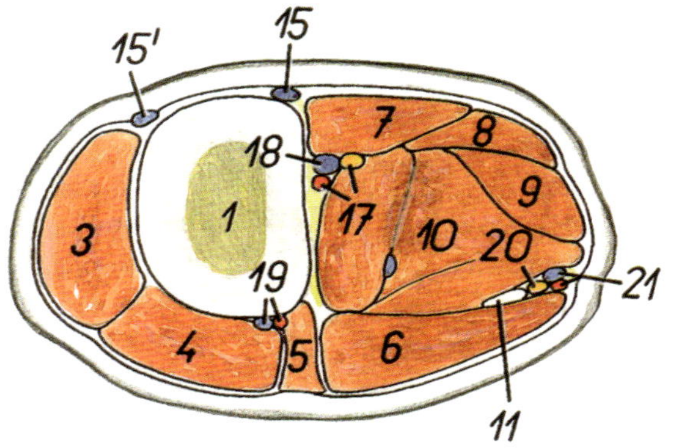

B

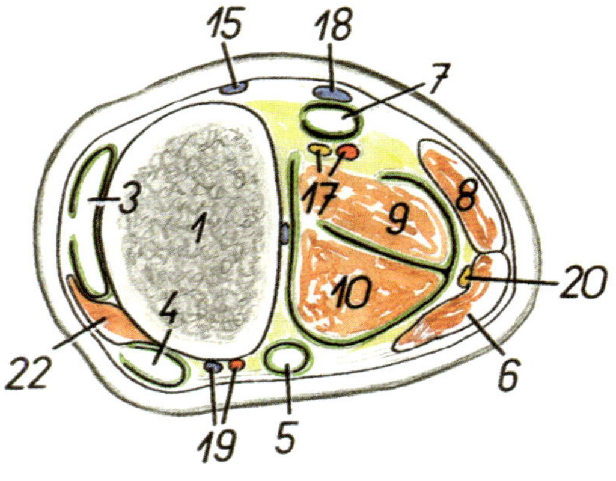

C

1. *Radius* – Speiche
2. *Ulna* – Elle
3. *M. extensor carpi radialis* – radialer Strecker des Vorderfußwurzelgelenkes
4. *M. extensor digitalis communis* – gemeinsamer Zehenstrecker
5. *M. extensor digitalis lateralis* – lateraler Zehenstrecker
6. *M. extensor carpi ulnaris* – ulnarer Strecker des Vorderfußwurzelgelenkes
7. *M. flexor carpi radialis* – radialer Beuger des Vorderfußwurzelgelenkes
8. *M. flexor carpi ulnaris* – ulnarer Beuger des Vorderfußwurzelgelenkes
9. *M. flexor digitalis superficialis* – oberflächlicher Zehenbeuger
10. *Caput humerale mi. flexoris digitalis profundi* – Oberarmkopf des tiefen Zehenbeugers
11. *Caput ulnare mi. flexoris digitalis profundi* – Ellenkopf des tiefen Zehenbeugers
12. *M. pectoralis transversus* – querverlaufender Brustmuskel
13. *Lig. collaterale mediale cubiti* – mediales Seitenband des Ellbogengelenkes
14. *Insertio mi. brachialis* – Ansatz des Armmuskels
15. *V. cephalica* – Kopfvene des Unterarmes

15'. *V. cephalica accessoria* – zusätzliche Kopfvene des Unterarmes

16. *A. et V. interossea communis* – gemeinsame Zwischenknochenarterie und -vene
17. *A. mediana et N. medianus* – Mittelarterie und Mittelnerv
18. *V. mediana* – Mittelvene
19. *A. et V. interossea cranialis* – kraniale Zwischenknochenarterie und -vene
20. *N. ulnaris* – Ellennerv
21. *A. et V. collateralis ulnaris* – Seitenarterie und -vene der Elle
22. *M. abductor digiti I longus* – langer Abzieher der 1. Zehe
23. *N. cutaneus antebrachii medialis* – medialer Unterarmhautnerv
24. *N. cutaneus antebrachii cranialis* – kranialer Unterarmhautnerv
25. *N. cutaneus antebrachii lateralis* – lateraler Unterarmhautnerv
26. *N. cutaneus antebrachii caudalis* – kaudaler Unterarmhautnerv

Pferd. Präparation des Unterarmes und des distalen Abschnitts der Schultergliedmaße, Ansicht von medial. Oberflächliche Schicht.

Abbildung 137

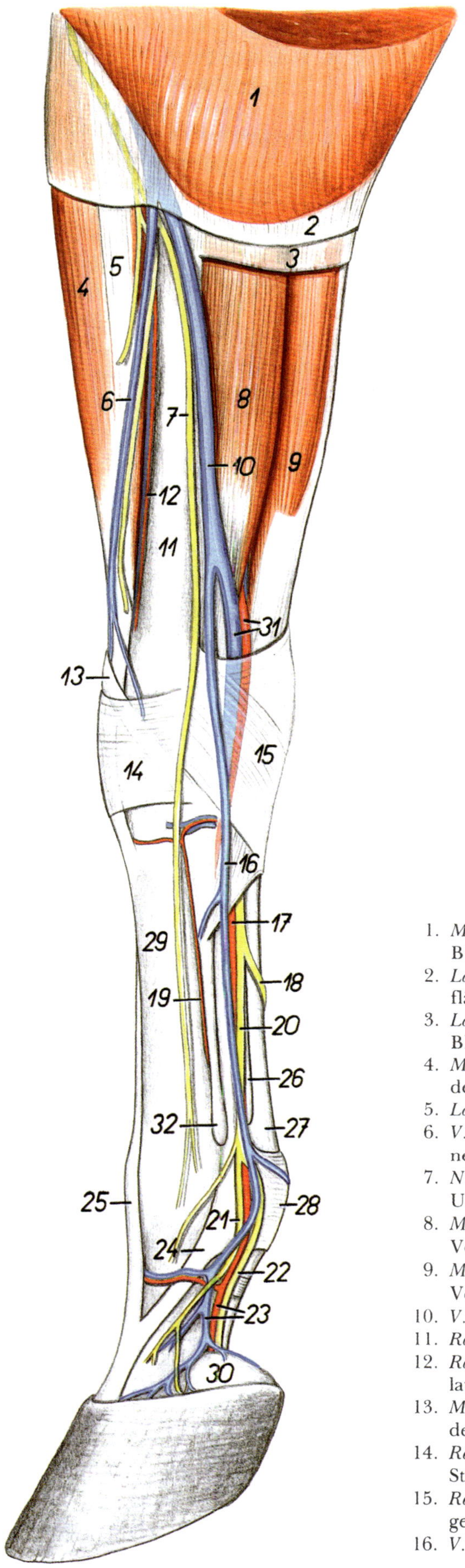

1. *M. pectoralis transversus* – querverlaufender Brustmuskel
2. *Lamina superficialis fasciae antebrachii* – oberflächliches Blatt der Unterarmfaszie
3. *Lamina profunda fasciae antebrachii* – tiefes Blatt der Unterarmfaszie
4. *M. extensor carpi radialis* – radialer Strecker des Vorderfußwurzelgelenkes
5. *Lacertus fibrosus* – sehniger Faserstrang
6. *V. cephalica accessoria* – zusätzliche Kopfvene des Unterarmes
7. *N. cutaneus antebrachii medialis* – medialer Unterarmhautnerv
8. *M. flexor carpi radialis* – radialer Beuger des Vorderfußwurzelgelenkes
9. *M. flexor carpi ulnaris* – ulnarer Beuger des Vorderfußwurzelgelenkes
10. *V. cephalica* – Kopfvene des Unterarmes
11. *Radius* – Speiche
12. *Ramus a. transversae cubiti* – Ast der querverlaufenden Ellbogenarterie
13. *M. abductor digiti I longus* – langer Abzieher der 1. Zehe
14. *Retinaculum extensorum* – Halteband der Strecker
15. *Retinaculum flexorum* – Halteband der Beuger
16. *V. palmaris medialis* – mediale Palmarvene
17. *A. palmaris medialis* – mediale Palmararterie
18. *Ramus communicans nervorum palmarium* – Verbindungsast der palmaren Nerven
19. *A. metacarpea dorsalis II* – 2. dorsale Vordermittelfußarterie
20. *N. palmaris medialis* – medialer Palmarnerv
21. *Ramus dorsalis ni. digitalis palmaris medialis* – dorsaler Ast des medialen palmaren Zehennerven
22. *N. digitalis palmaris medialis* – medialer palmarer Zehennerv
23. *A. et V. digitalis medialis* – mediale Zehenarterie und -vene
24. *M. interosseus* – Zwischenknochenmuskel
25. *M. extensor digitalis communis* – gemeinsamer Zehenstrecker
26. *Tendo mi. flexoris digitalis profundi* – Sehne des tiefen Zehenbeugers
27. *Tendo mi. flexoris digitalis superficialis* – Sehne des oberflächlichen Zehenbeugers
28. *Lig. metacarpeum transversum superficiale* – oberflächliches querverlaufendes Vordermittelfußband
29. *Os metacarpale III* – 3. Vordermittelfußknochen
30. *Cartilago ungularis medialis* – medialer Hufknorpel
31. *A. et V. radialis* – Speichenarterie und -vene
32. *Os metacarpale II* – 2. Vordermittelfußknochen

Pferd. Präparation des Unterarmes und des distalen Abschnitts der Schultergliedmaße, Ansicht von medial. Tiefe Schicht.

Abbildung 138

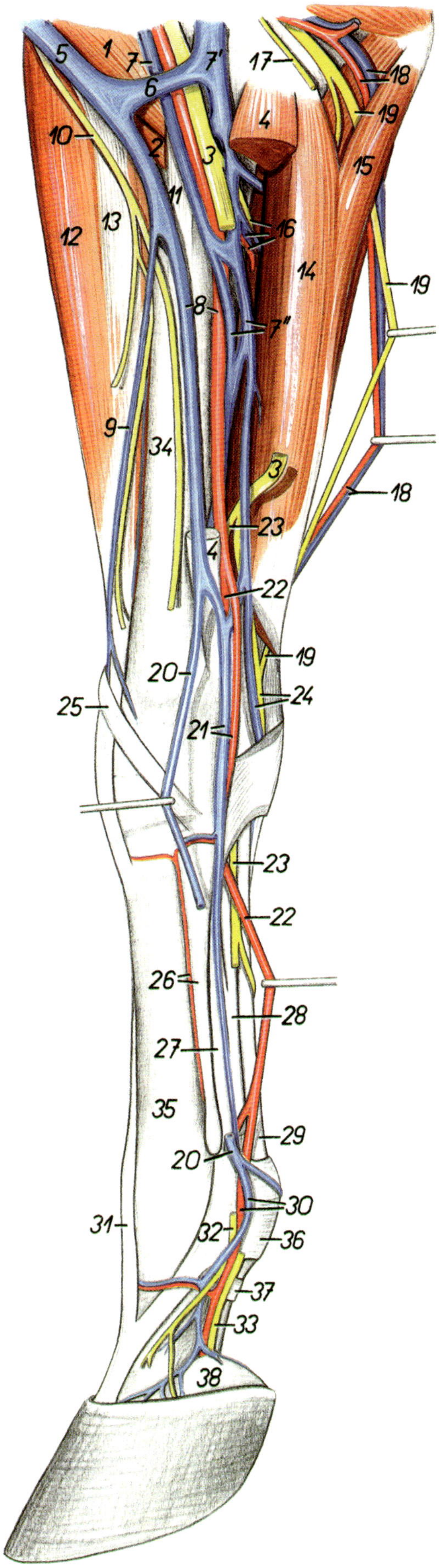

1. *M. biceps brachii* – zweiköpfiger Armmuskel
2. *M. brachialis* – Armmuskel
3. *N. medianus* – Mittelnerv
4. *M. flexor carpi radialis* – radialer Beuger des Vorderfußwurzelgelenkes
5. *V. cephalica* – Kopfvene des Oberarmes
6. *V. mediana cubiti* – Mittelvene des Ellbogens
7., 7'., 7''. *Vv. medianae* – Mittelvenen
8. *V. cephalica, A. mediana* – Kopfvene des Unterarmes, Mittelarterie
9. *V. cephalica accessoria* – zusätzliche Kopfvene des Unterarmes
10. *N. cutaneus antebrachii medialis* – medialer Unterarmhautnerv
11. *Lig. collaterale mediale cubiti* – mediales Halteband des Ellbogengelenkes
12. *M. extensor carpi radialis* – radialer Strecker des Vorderfußwurzelgelenkes
13. *Lacertus fibrosus* – sehniger Faserstrang
14. *Caput humerale mi. flexoris carpi ulnaris* – Oberarmkopf des ulnaren Beugers des Vorderfußwurzelgelenkes
15. *Caput ulnare mi. flexoris carpi ulnaris* – Ellenkopf des ulnaren Beugers des Vorderfußwurzelgelenkes
16. *A. et V. interossea communis, N. interosseus antebrachii* – gemeinsame Zwischenknochenarterie und -vene, Zwischenknochennerv des Unterarmes
17. *N. cutaneus antebrachii caudalis* – kaudaler Unterarmhautnerv
18. *A. et V. collateralis ulnaris* – Begleitarterie und -vene des Ellennerven
19. *N. ulnaris* – Ellennerv
20. *V. palmaris medialis* – mediale Palmarvene
21. *A. et V. radialis* – Speichenarterie und -vene
22. *A. palmaris medialis* – mediale Palmararterie
23. *N. palmaris medialis* – medialer Palmarnerv
24. *V. palmaris lateralis, N. palmaris lateralis* – laterale Palmarvene und gleichnamiger Nerv
25. *M. abductor digiti I longus* – langer Abzieher der 1. Zehe
26. *A. metacarpea dorsalis II, Os metacarpale II* – 2. dorsale Vordermittelfußarterie, 2. Vordermittelfußknochen
27. *M. interosseus* – Zwischenknochenmuskel
28. *Tendo mi. flexoris digitalis profundi* – Sehnen des tiefen Zehenbeugers
29. *Tendo mi. flexoris digitalis superficialis* – Sehnen des oberflächlichen Zehenbeugers
30. *A. et V. digitalis medialis* – mediale Zehenarterie und -vene
31. *M. extensor digitalis communis* – gemeinsamer Zehenstrecker
32. *Ramus dorsalis ni. digitalis palmaris medialis* – dorsaler Ast des medialen palmaren Zehenmuskels
33. *N. digitalis palmaris medialis* – medialer palmarer Zehennerv
34. *Radius* – Speiche
35. *Os metacarpale III* – 3. Vordermittelfußknochen
36. *Lig. metacarpeum transversum superficiale* – oberflächliches querverlaufendes Vordermittelfußband
37. *Pars anularis vaginae fibrosae digiti* – Ringteil der faserigen Zehenscheide
38. *Cartilago ungularis medialis* – medialer Hufknorpel

Pferd. Bänder des distalen Abschnitts der Schultergliedmaße, Ansicht von medial (nach A. Köhler).

Abbildung 139

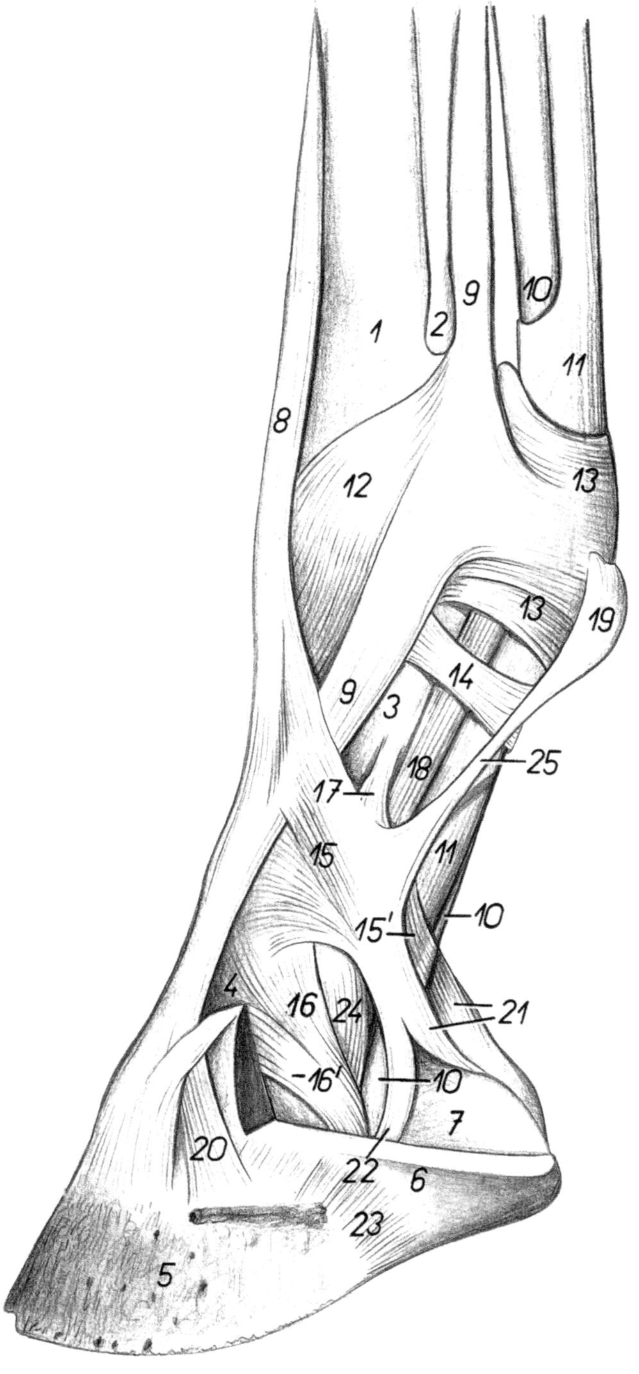

1. *Os metacarpale III* – 3. Vordermittelfußknochen
2. *Os metacarpale II* – 2. Vordermittelfußknochen
3. *Phalanx proximalis (Os compedale)* – proximales Zehenglied (Fesselbein)
4. *Phalanx media (Os coronale)* – mittleres Zehenglied (Kronbein)
5. *Phalanx distalis (Os ungulare)* – distales Zehenglied (Hufbein)
6. *Cartilago ungularis medialis* – medialer Hufknorpel
7. *Torus ungulae* – Hufpolster
8. *M. extensor digitalis communis* – gemeinsamer Zehenstrecker
9. *M. interosseus* – Zwischenknochenmuskel
10. *M. flexor digitalis profundus* – tiefer Zehenbeuger
11. *M. flexor digitalis superficialis* – oberflächlicher Zehenbeuger
12. *Fascia compedalis dorsalis obliqua* – schiefe dorsale Fesselfaszie
13. *Lig. metacarpeum transversum superficiale* – oberflächliches querverlaufendes Vordermittelfußband
14. *Pars anularis vaginae fibrosae digiti* – Ringteil der faserigen Zehenscheide
15., 15'. *Pars terminalis vaginae fibrosae digiti* – Endteil der faserigen Zehenscheide
16., 16'. *Lig. sesamoideum collaterale mediale* – mediales seitliches Sesambeinband
17. *Lig. palmare articulationis interphalangeae proximalis* – palmares Gelenkband des proximalen Zehengelenkes
18. *Lig. sesamoideum obliquum* – schiefes Sesambeinband
19. *Torus metacarpeus* – Sporn
20. *Lig. collaterale mediale articulationis interphalangeae distalis* – mediales Seitenband des distalen Zehengelenkes
21. *Lig. chondrocompedalia* – Hufknorpel-Fesselbeinbänder
22. *Lig. chondroungulocompedale* – Hufknorpel-Hufbein-Fesselbeinband
23. *Lig. chondroungulare collaterale mediale* – Hufknorpel-Hufbeinband (mediales Seitenband)
24. *Lig. collaterale mediale articulationis interphalangeae proximalis* – mediales Seitenband des proximalen Zehengelenkes
25. *Lig. tori mediale* – mediales Spornband

Abbildung 140

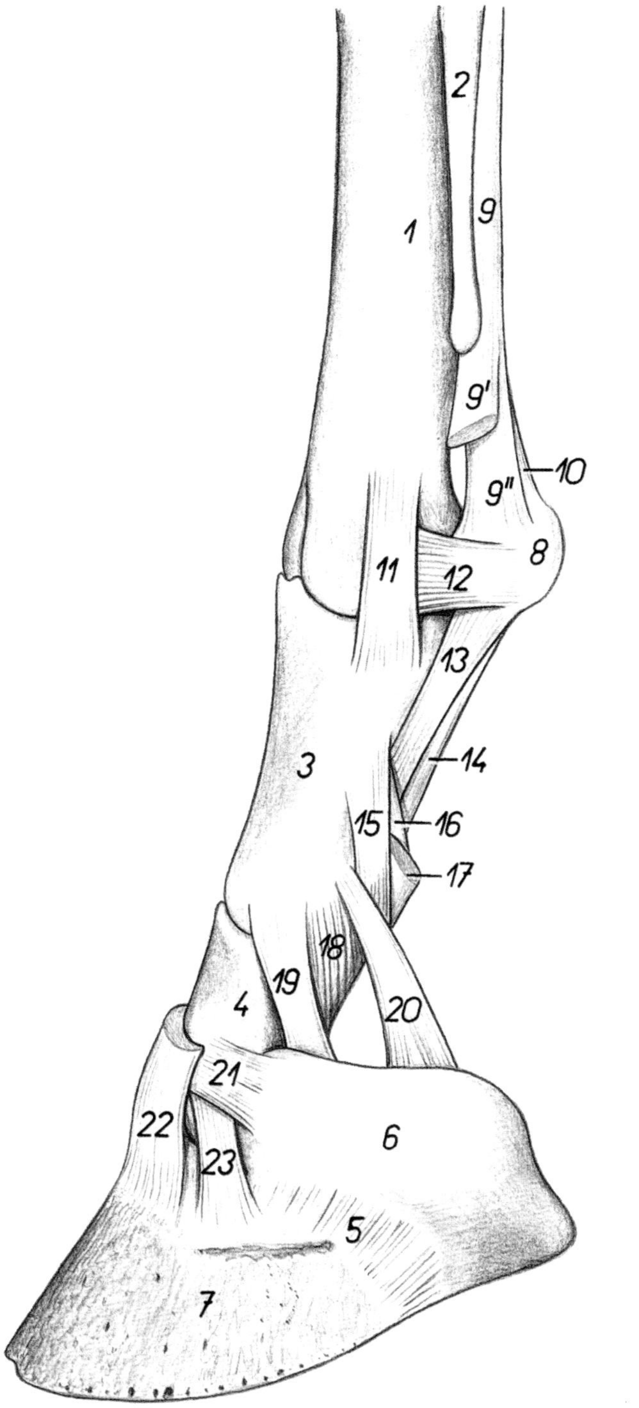

1. *Os metacarpale III* – 3. Vordermittelfußknochen
2. *Os metacarpale II* – 2. Vordermittelfußknochen
3. *Phalanx proximalis (Os compedale)* – proximales Zehenglied (Fesselbein)
4. *Phalanx media (Os coronale)* – mittleres Zehenglied (Kronbein)
5. *Lig. chondroungulare collaterale mediale* – Hufknorpel-Hufbeinband (mediales Seitenband)
6. *Cartilago ungulae* – Hufknorpel
7. *Phalanx distalis (Os ungulare)* – distales Zehenglied (Hufbein)
8. *Os sesamoideum proximale* – proximales Sesambein
9., 9'., 9''. *M. interosseus* – Zwischenknochenmuskel
10. *Lig. metacarpointersesamoideum* – Vordermittelfuß-Zwischensesambeinband
11. *Lig. collaterale mediale articulationis metacarpophalangeae* – mediales Seitenband des Vordermittelfuß-Zehengelenkes
12. *Lig. sesamoideum collaterale mediale* – mediales Seitenband des Sesambeines
13. *Lig. sesamoideum obliquum* – schiefes Sesambeinband
14. *Lig. sesamoideum rectum* – gerades Sesambeinband
15. *Lig. palmare externum articulationis interphalangeae proximalis* – palmares äußeres Band des proximalen Zehengelenkes
16. *Lig. palmare axiale articulationis interphalangeae proximalis* – palmares axiales Band des proximalen Zehengelenkes
17. *Insertio mi. flexoris digitalis superficialis* – Ansatz des oberflächlichen Zehenbeugers
18. *Lig. collaterale mediale articulationis interphalangeae proximalis* – mediales Seitenband des proximalen Zehengelenkes
19. *Lig. sesamoideum collaterale mediale* – mediales Seitenband des Sesambeines
20. *Lig. chondrocompedale* – Hufknorpel-Fesselbeinband
21. *Lig. chondrocoronale* – Hufknorpel-Kronbeinband
22. *Insertio mi. extensoris digitalis communis* – Ansatz des gemeinsamen Zehenstreckers
23. *Lig. collaterale mediale articulationis interphalangeae distalis* – mediales Seitenband des distalen Zehengelenkes

Abbildung 141

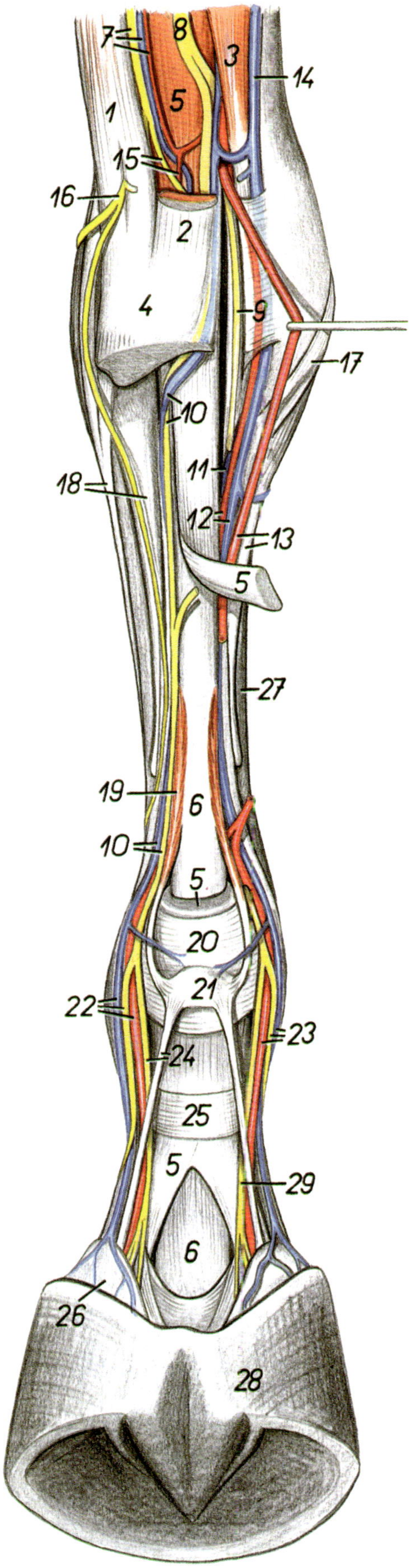

1. *M. extensor carpi ulnaris* – ulnarer Strecker des Vorderfußwurzelgelenkes
2. *M. flexor carpi ulnaris* – ulnarer Beuger des Vorderfußwurzelgelenkes
3. *M. flexor carpi radialis* – radialer Beuger des Vorderfußwurzelgelenkes
4. *Os carpi accessorium (Os pisiforme)* – zusätzlicher Vorderfußwurzelknochen (Erbsenbein)
5. *M. flexor digitalis superficialis* – oberflächlicher Zehenbeuger
6. *M. flexor digitalis profundus* – tiefer Zehenbeuger
7. *N. ulnaris, A. et V. collateralis ulnaris* – Ellennerv, Seitenarterie und -vene der Elle
8. *N. medianus* – Mittelnerv
9. *N. palmaris medialis* – medialer Palmarnerv
10. *N. palmaris lateralis, V. palmaris lateralis* – lateraler Palmarnerv, laterale Palmarvene
11. *V. metacarpea palmaris II* – 2. palmare Vordermittelfußvene
12. *A. metacarpea palmaris II, V. palmaris medialis* – 2. palmare Vordermittelfußarterie, mediale Palmarvene
13. *A. palmaris medialis, Os metacarpale II* – mediale Palmararterie, 2. Vordermittelfußknochen
14. *V. cephalica* – Kopfvene des Unterarmes
15. *Ramus communicans nervi ulnaris ad n. palmarem lateralem (Ramus superficialis rami palmaris ni. ulnaris)* – Verbindungsast des Ellennerven zum lateralen Palmarnerven (oberflächlicher Ast des Palmarastes des Ellennerven)
16. *Ramus dorsalis ni. ulnaris* – dorsaler Ast des Ellennerven
17. *M. abductor digiti I longus* – langer Abzieher der 1. Zehe
18. *M. extensor digitalis lateralis, Os metacarpale IV* – lateraler Zehenstrecker, 4. Vordermittelfußknochen
19. *M. lumbricalis lateralis* – lateraler wurmförmiger Muskel
20. *Lig. metacarpeum transversum superficiale* – oberflächliches querverlaufendes Vordermittelfußband
21. *Torus metacarpeus* – Sporn
22. *A. et V. digitalis lateralis, Ramus dorsalis ni. palmaris lateralis* – laterale Zehenarterie und -vene, dorsaler Ast des lateralen palmaren Zehennerven
23. *A. et V. digitalis medialis, Ramus dorsalis ni. palmaris medialis* – mediale Zehenarterie und -vene, dorsaler Ast des medialen palmaren Zehennerven
24. *N. digitalis palmaris lateralis, Lig. tori laterale* – lateraler palmarer Zehennerv, laterales Spornband
25. *Pars anularis vaginae fibrosae digiti* – Ringteil der faserigen Zehenscheide
26. *Cartilago ungularis lateralis* – lateraler Hufknorpel
27. *Os metacarpale III* – 3. Vordermittelfußknochen
28. *Capsula ungulae* – Hufkapsel
29. *N. digitalis palmaris medialis* – medialer palmarer Zehennerv

Pferd. Skelett der Beckengliedmaße, Ansicht von medial.

Abbildung 142

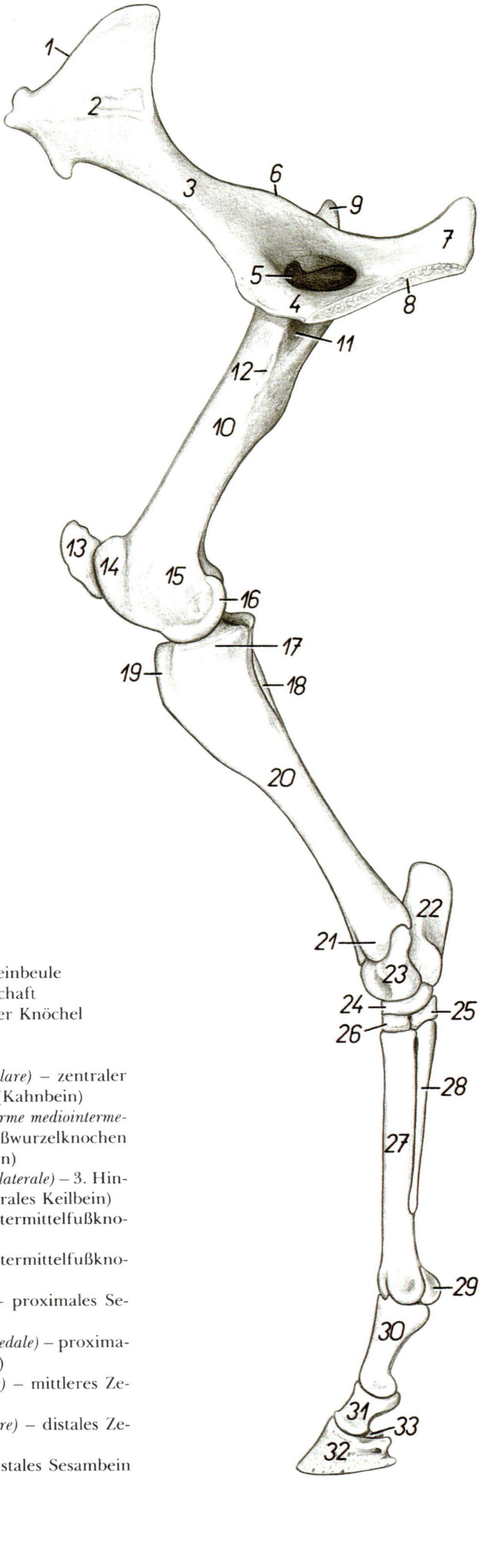

1. *Crista iliaca* – Darmbeinleiste
2. *Ala ossis ilium* – Darmbeinflügel
3. *Corpus ossis ilium* – Darmbeinsäule
4. *Os pubis* – Schambein
5. *Foramen obturatum* – verstopftes Loch
6. *Spina ischiadica* – Sitzbeingräte
7. *Tabula ossis ischii* – Sitzbeinplatte
8. *Facies symphysialis ossis coxae* – Beckenfugenfläche des Hüftbeines
9. *Trochanter major ossis femoris* – großer Umdreher des Oberschenkelbeines
10. *Corpus ossis femoris* – Oberschenkelbeinschaft
11. *Fossa trochanterica* – Umdrehergrube
12. *Trochanter minor ossis femoris* – kleiner Umdreher des Oberschenkelbeines
13. *Patella* – Kniescheibe
14. *Trochlea ossis femoris* – Gelenkrolle des Oberschenkelbeines
15. *Epicondylus medialis ossis femoris* – medialer Bandhöcker des Oberschenkelbeines
16. *Condylus medialis ossis femoris* – medialer Gelenkknorren des Oberschenkelbeines
17. *Condylus medialis tibiae* – medialer Gelenkknorren des Schienbeines
18. *Fibula* – Wadenbein
19. *Tuberositas tibiae* – Schienbeinbeule
20. *Corpus tibiae* – Schienbeinschaft
21. *Malleolus medialis* – medialer Knöchel
22. *Calcaneus* – Fersenbein
23. *Talus* – Rollbein
24. *Os tarsi centrale (Os naviculare)* – zentraler Hinterfußwurzelknochen (Kahnbein)
25. *Os tarsale I et II (Os cuneiforme mediointermedium)* – 1. und 2. Hinterfußwurzelknochen (mediales mittleres Keilbein)
26. *Os tarsale III (Os cuneiforme laterale)* – 3. Hinterfußwurzelknochen (laterales Keilbein)
27. *Os metatarsale III* – 3. Hintermittelfußknochen
28. *Os metatarsale II* – 2. Hintermittelfußknochen
29. *Os sesamoideum proximale* – proximales Sesambein
30. *Phalanx proximalis (Os compedale)* – proximales Zehenglied (Fesselbein)
31. *Phalanx media (Os coronale)* – mittleres Zehenglied (Kronbein)
32. *Phalanx distalis (Os ungulare)* – distales Zehenglied (Hufbein)
33. *Os sesamoideum distale* – distales Sesambein

Pferd. Muskeln des Beckens und der Beckengliedmaße, Ansicht von lateral.

Abbildung 143

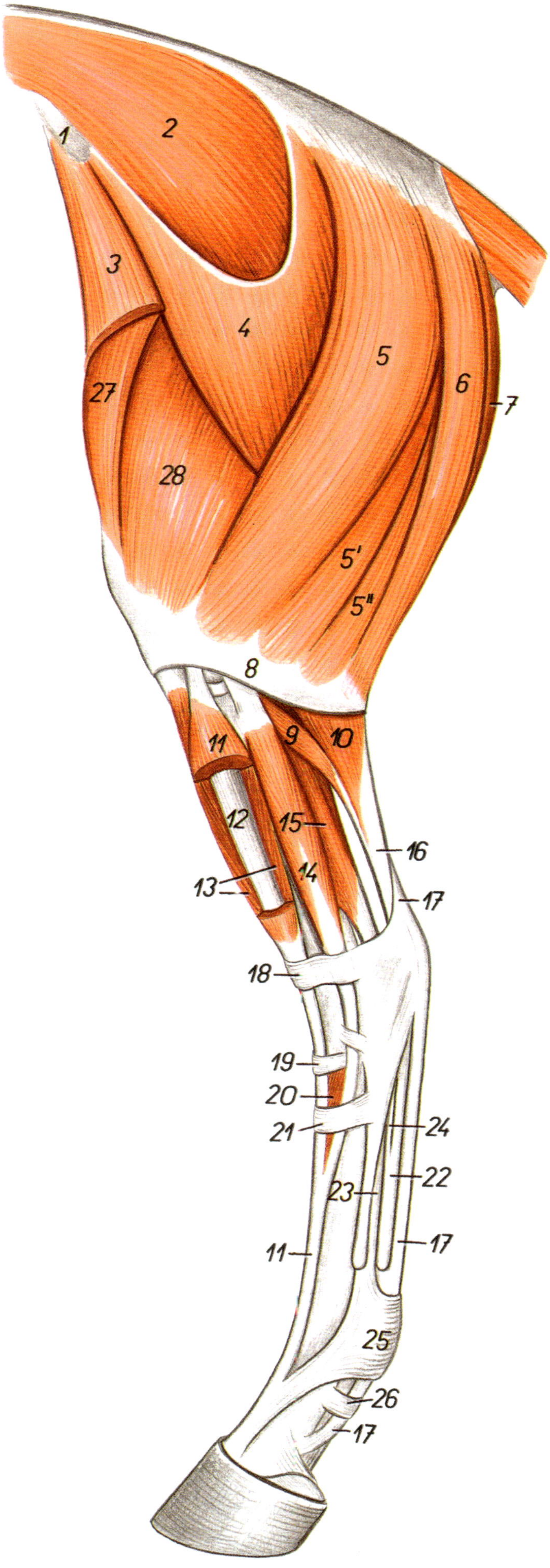

1. *Tuber coxae* – Hüfthöcker
2. *M. gluteus medius* – mittlerer Kruppenmuskel
3. *M. tensor fasciae latae* – Spanner der Oberschenkelfaszie
4. *M. gluteus superficialis* – oberflächlicher Kruppenmuskel
5., 5'., 5''. *M. biceps femoris* – zweiköpfiger Oberschenkelmuskel
6. *M. semitendinosus* – halbsehniger Muskel
7. *M. semimembranosus* – halbhäutiger Muskel
8. *Fascia cruris* – Unterschenkelfaszie
9. *M. soleus* – Schollenmuskel
10. *Caput laterale mi. gastrocnemii* – lateraler Kopf des Wadenmuskels
11. *M. extensor digitalis longus* – langer Zehenstrecker
12. *M. peroneus tertius* – 3. Wadenbeinmuskel
13. *M. tibialis cranialis* – kranialer Schienbeinmuskel
14. *M. extensor digitalis lateralis* – lateraler Zehenstrecker
15. *M. flexor digitalis medialis* – medialer Zehen beuger
16. *Tendo mi. tricipitis surae* – Sehne des dre köpfigen Wadenmuskels
17. *Tendo mi. flexoris digitalis superficialis* – Sehn des oberflächlichen Zehenbeugers
18. *Retinaculum extensorum proximale* – proximale Halteband der Strecker
19. *Retinaculum extensorum intermedium* – mittle res Halteband der Strecker
20. *M. extensor digitalis brevis* – kurzer Zehen strecker
21. *Retinaculum extensorum distale* – distales Halte band der Strecker
22. *Tendo mi. flexoris digitalis profundi* – Sehne de tiefen Zehenbeugers
23. *M. interosseus* – Zwischenknochenmuskel
24. *Lig. accessorium mi. flexoris digitalis profundi* – zusätzliches Band des tiefen Zehenbeugers
25. *Lig. metatarseum transversum superficiale* – oberflächliches querverlaufendes Hinter mittelfußband
26. *Pars anularis vaginae fibrosae digiti* – Ringte der faserigen Zehenscheide
27. *M. rectus femoris* – gerader Oberschenke muskel
28. *M. vastus lateralis* – lateraler Oberschenke muskel

Pferd. Muskeln des Beckens und der Beckengliedmaße, Ansicht von medial.

Abbildung 144

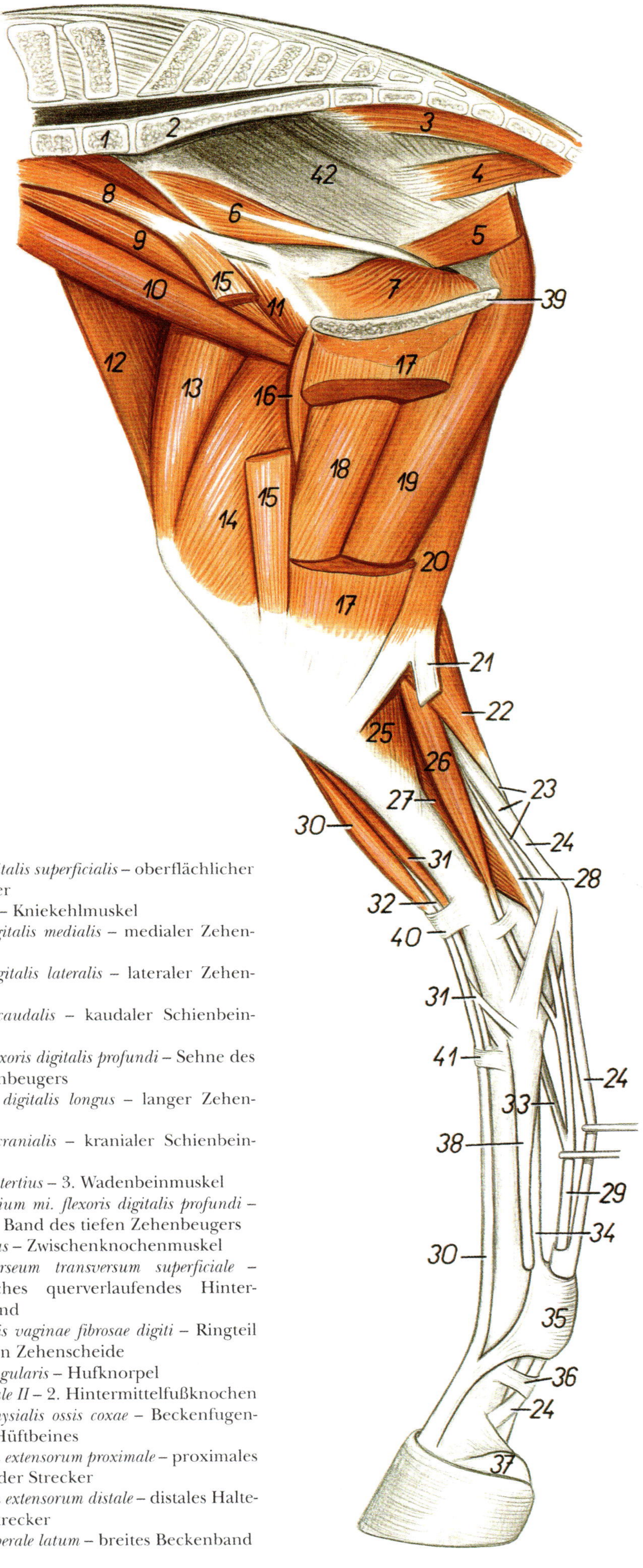

1. *Vertebra lumbalis VI* – 6. Lendenwirbel
2. *Os sacrum* – Kreuzbein
3. *M. sacrocaudalis ventralis medialis* – kurzer Niederzieher des Schwanzes
4. *M. coccygeus* – langer Seitwärtszieher des Schwanzes
5. *M. levator ani* – Afterheber
6. *Pars iliaca mi. obturatorii interni* – Darmbeinteil des inneren Verstopfermuskels
7. *Pars ischiopubica mi. obturatorii interni* – Sitzbein-Schambeinteil des inneren Verstopfermuskels
8. *M. psoas minor* – kleiner Lendenmuskel
9. *M. psoas major* – großer Lendenmuskel
10. *Portio lateralis mi. iliaci* – laterale Portion des Darmbeinmuskels
11. *Portio medialis mi. iliaci* – mediale Portion des Darmbeinmuskels
12. *M. tensor fasciae latae* – Spanner der Oberschenkelfaszie
13. *M. rectus femoris* – gerader Oberschenkelmuskel
14. *M. vastus medialis* – medialer Oberschenkelmuskel
15. *M. sartorius* – Schneidermuskel
16. *M. pectineus* – Kammuskel
17. *M. gracilis* – schlanker Schenkelmuskel
18. *M. adductor* – Einwärtszieher
19. *M. semimembranosus* – halbhäutiger Muskel
20. *M. semitendinosus* – halbsehniger Muskel
21. *Tendo calcaneus mi. semitendinosi* – Fersenbeinsehne des halbsehnigen Muskels
22. *Caput mediale mi. gastrocnemii* – medialer Kopf des Wadenmuskels
23. *Tendo calcaneus communis* – Sehne des dreiköpfigen Wadenmuskels
24. *M. flexor digitalis superficialis* – oberflächlicher Zehenbeuger
25. *M. popliteus* – Kniekehlmuskel
26. *M. flexor digitalis medialis* – medialer Zehenbeuger
27. *M. flexor digitalis lateralis* – lateraler Zehenbeuger
28. *M. tibialis caudalis* – kaudaler Schienbeinmuskel
29. *Tendo mi. flexoris digitalis profundi* – Sehne des tiefen Zehenbeugers
30. *M. extensor digitalis longus* – langer Zehenstrecker
31. *M. tibialis cranialis* – kranialer Schienbeinmuskel
32. *M. peroneus tertius* – 3. Wadenbeinmuskel
33. *Lig. accessorium mi. flexoris digitalis profundi* – zusätzliches Band des tiefen Zehenbeugers
34. *M. interosseus* – Zwischenknochenmuskel
35. *Lig. metatarseum transversum superficiale* – oberflächliches querverlaufendes Hintermittelfußband
36. *Pars anularis vaginae fibrosae digiti* – Ringteil der faserigen Zehenscheide
37. *Cartilago ungularis* – Hufknorpel
38. *Os metatarsale II* – 2. Hintermittelfußknochen
39. *Facies symphysialis ossis coxae* – Beckenfugenfläche des Hüftbeines
40. *Retinaculum extensorum proximale* – proximales Halteband der Strecker
41. *Retinaculum extensorum distale* – distales Halteband der Strecker
42. *Lig. sacrotuberale latum* – breites Beckenband

Pferd. Skelett, Ansicht von kaudolateral.

Abbildung 145

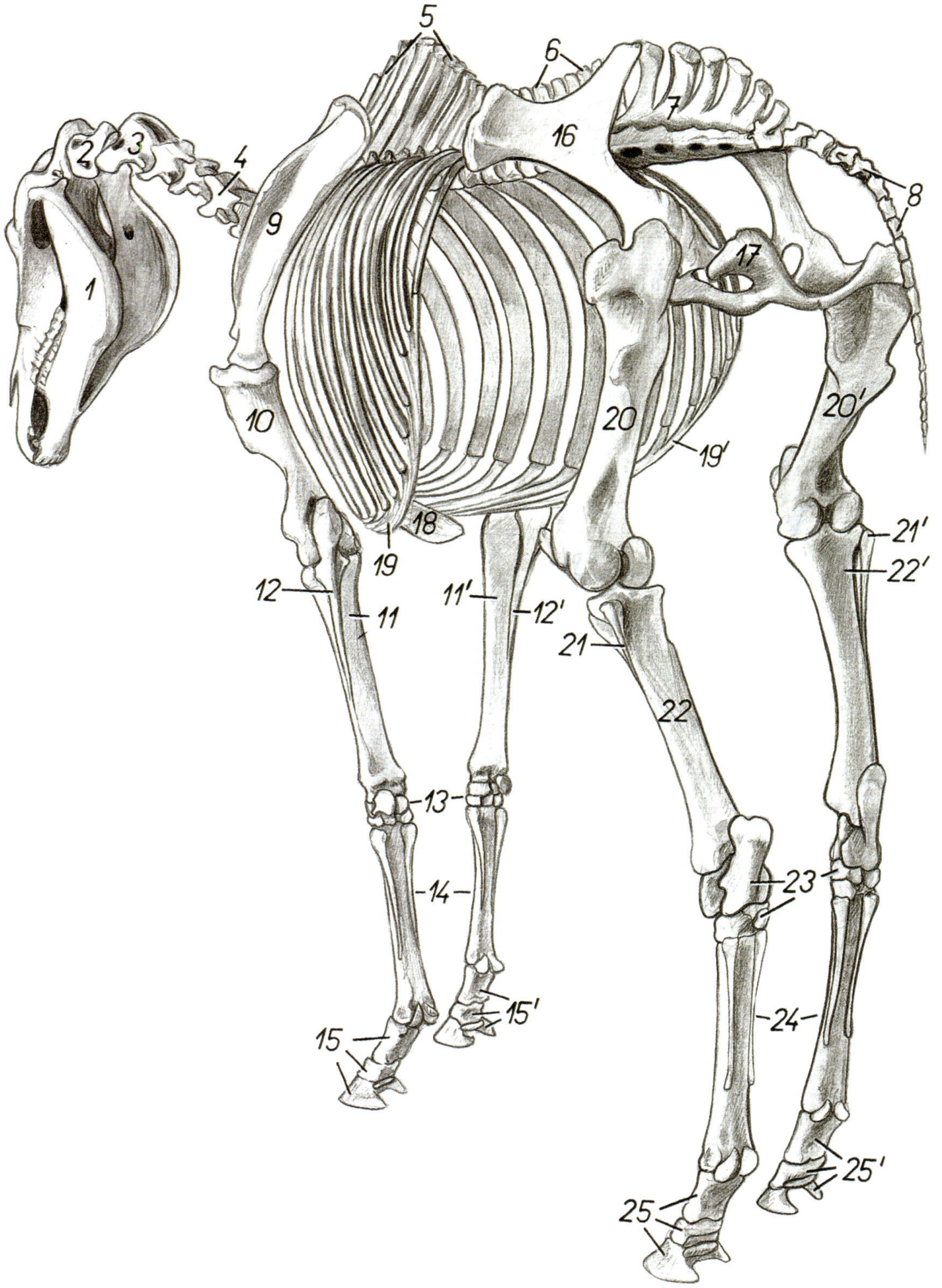

1. *Mandibula* – Unterkiefer
2. *Atlas* – 1. Halswirbel
3. *Axis* – 2. Halswirbel
4. *Vertebra cervicalis V* – 5. Halswirbel
5. *Vertebrae thoracicae* – Brustwirbel
6. *Vertebrae lumbales* – Lendenwirbel
7. *Os sacrum* – Kreuzbein
8. *Vertebrae caudales* – Schwanzwirbel
9. *Scapula* – Schulterblatt
10. *Humerus* – Oberarmbein

11., 11'. *Radius* – Speiche
12., 12'. *Ulna* – Elle
13. *Ossa carpi* – Vorderfußwurzelknochen
14. *Ossa metacarpalia* – Vordermittelfußknochen
15., 15'. *Phalanges digitorum membri thoracici* – Zehenglieder der Schultergliedmaße
16. *Os ilium* – Darmbein
17. *Os ischii* – Sitzbein

18. *Cartilago xiphoidea* – Schaufelknorpel
19., 19'. *Arcus costalis* – Rippenbogen
20., 20'. *Os femoris* – Oberschenkelbein
21., 21'. *Fibula* – Wadenbein
22., 22'. *Tibia* – Schienbein
23. *Ossa tarsi* – Hinterfußwurzelknochen
24. *Ossa metatarsalia* – Hintermittelfußknochen
25., 25'. *Phalanges digitorum membri pelvini* – Zehenglieder der Beckengliedmaße

Pferd. Muskeln des Beckens und der Beckengliedmaße, Ansicht von kaudolateral.

Abbildung 146

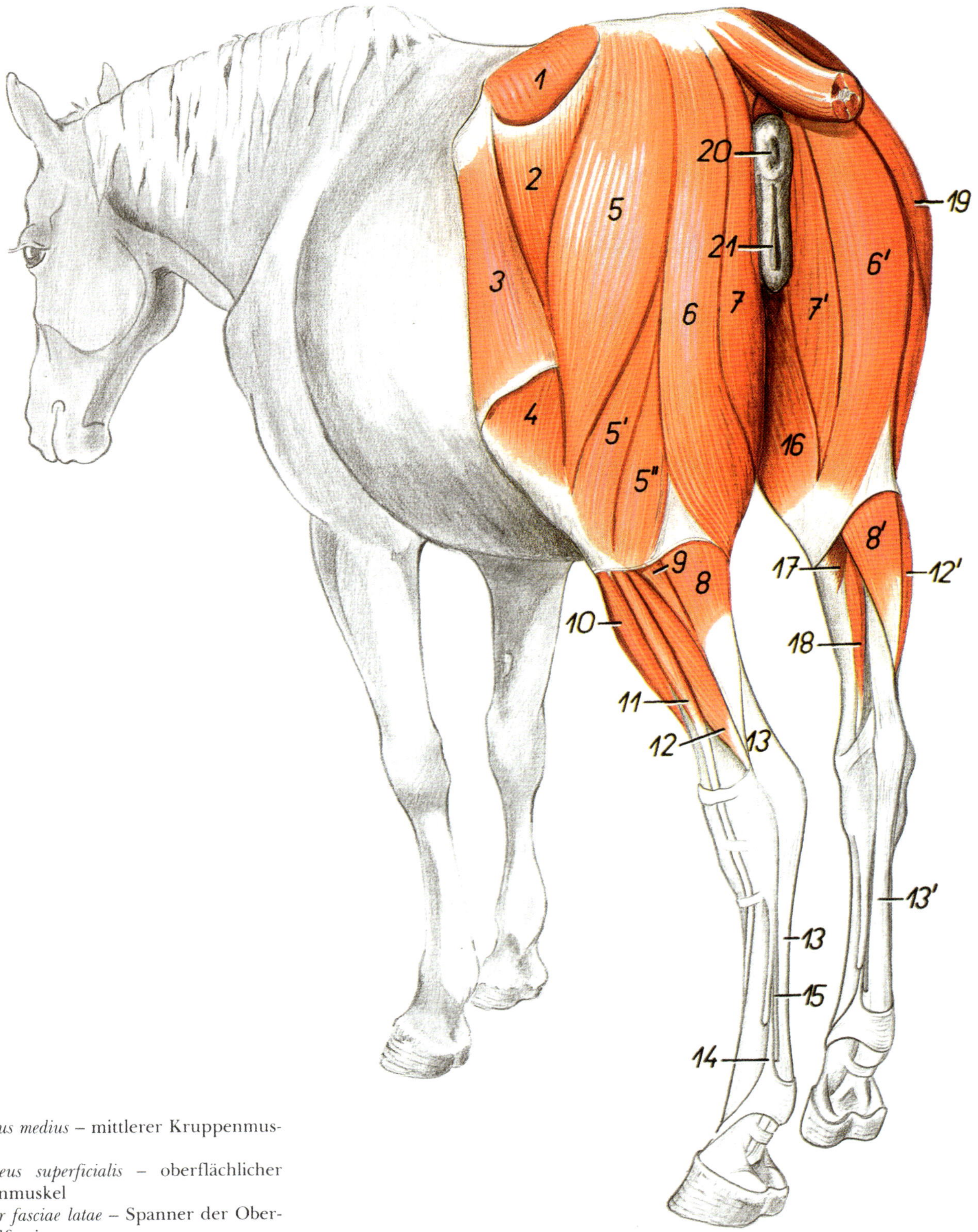

1. *M. gluteus medius* – mittlerer Kruppenmuskel
2. *M. gluteus superficialis* – oberflächlicher Kruppenmuskel
3. *M. tensor fasciae latae* – Spanner der Oberschenkelfaszie
4. *M. vastus lateralis* – lateraler Oberschenkelmuskel
5., 5′., 5″. *M. biceps femoris* – zweiköpfiger Oberschenkelmuskel
6., 6′. *M. semitendinosus* – halbsehniger Muskel
7., 7′. *M. semimembranosus* – halbhäutiger Muskel
8., 8′. *M. gastrocnemius* – Wadenmuskel
9. *M. soleus* – Schollenmuskel
10. *M. extensor digitalis longus* – langer Zehenstrecker
11. *M. extensor digitalis lateralis* – lateraler Zehenstrecker
12., 12′. *M. flexor digitalis lateralis* – lateraler Zehenbeuger
13., 13′. *Tendo mi. flexoris digitalis superficialis* – Sehne des oberflächlichen Zehenbeugers
14. *M. interosseus* – Zwischenknochenmuskel
15. *Tendo mi. flexoris digitalis profundi* – Sehne des tiefen Zehenbeugers
16. *M. gracilis* – schlanker Schenkelmuskel
17. *M. popliteus* – Kniekehlmuskel
18. *M. flexor digitalis medialis* – medialer Zehenbeuger
19. *M. biceps femoris (dexter)* – zweiköpfiger (rechter) Oberschenkelmuskel
20. *Anus* – After
21. *Labium pudenda (Vulva)* – Schamlippe (Scham)

Pferd. Skelett des Beckens und des proximalen Abschnitts der Beckengliedmaße, Ansicht von lateral

Abbildung 147

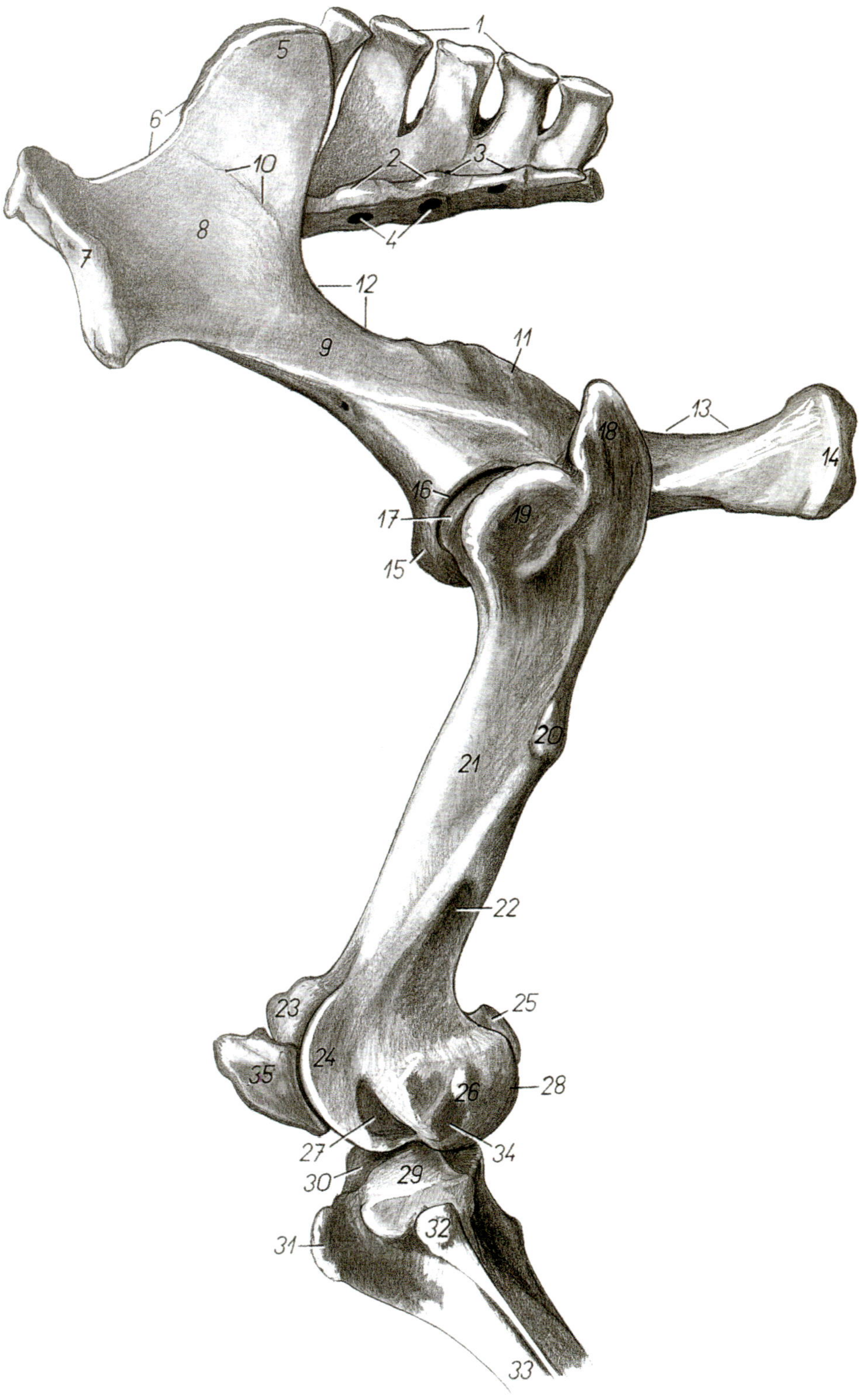

1. *Crista sacralis mediana* – mittlere Kreuzbeinleiste
2. *Crista sacralis lateralis* – laterale Kreuzbeinleiste
3. *Foramina sacralia dorsalia* – dorsale Kreuzbeinlöcher
4. *Foramina sacralia pelvina* – beckenseitige Kreuzbeinlöcher
5. *Tuber sacrale* – Kreuzbeinhöcker
6. *Crista iliaca* – Darmbeinleiste
7. *Tuber coxae* – Hüfthöcker
8. *Ala ossis ilium* – Darmbeinflügel
9. *Corpus ossis ilium* – Darmbeinsäule
10. *Linea glutea* – Kruppenmuskellinie
11. *Spina ischiadica* – Sitzbeingräte
12. *Incisura ischiadica major* – großer Sitzbeinausschnitt
13. *Incisura ischiadica minor* – kleiner Sitzbeinausschnitt
14. *Tuber ischiadicum* – Sitzbeinhöcker
15. *Eminentia iliopubica* – Darmbein-Schambeinerhebung
16. *Acetabulum* – Beckenpfanne
17. *Caput ossis femoris* – Oberschenkelbeinkopf
18. *Pars caudalis trochanteris majoris* – kaudaler Teil des großen Umdrehers
19. *Pars cranialis trochanteris majoris* – kranialer Teil des großen Umdrehers
20. *Trochanter tertius* – dritter Umdreher
21. *Corpus ossis femoris* – Oberschenkelbeinschaft
22. *Fossa supracondylaris* – Grube über den Gelenkknorren

23., 24. *Trochlea ossis femoris* – Gelenkrolle des Oberschenkelbeines

25. *Condylus medialis ossis femoris* – medialer Gelenkknorren des Oberschenkelbeines
26. *Epicondylus lateralis* – lateraler Bandhöcker
27. *Fossa extensoria* – Streckgrube
28. *Condylus lateralis ossis femoris* – lateraler Gelenkknorren des Oberschenkelbeines
29. *Condylus lateralis tibiae* – lateraler Gelenkknorren des Schienbeines
30. *Eminentia intercondylaris* – Zwischenknorrenerhebung
31. *Tuberositas tibiae* – Schienbeinbeule
32. *Caput fibulae* – Wadenbeinkopf
33. *Corpus tibiae* – Schienbeinschaft
34. *Fossa mi. poplitei* – Grube des Kniekehlmuskels
35. *Patella* – Kniescheibe

Pferd. Skelett des Beckens und des proximalen Abschnitts der Beckengliedmaße, Ansicht von medial.

Abbildung 148

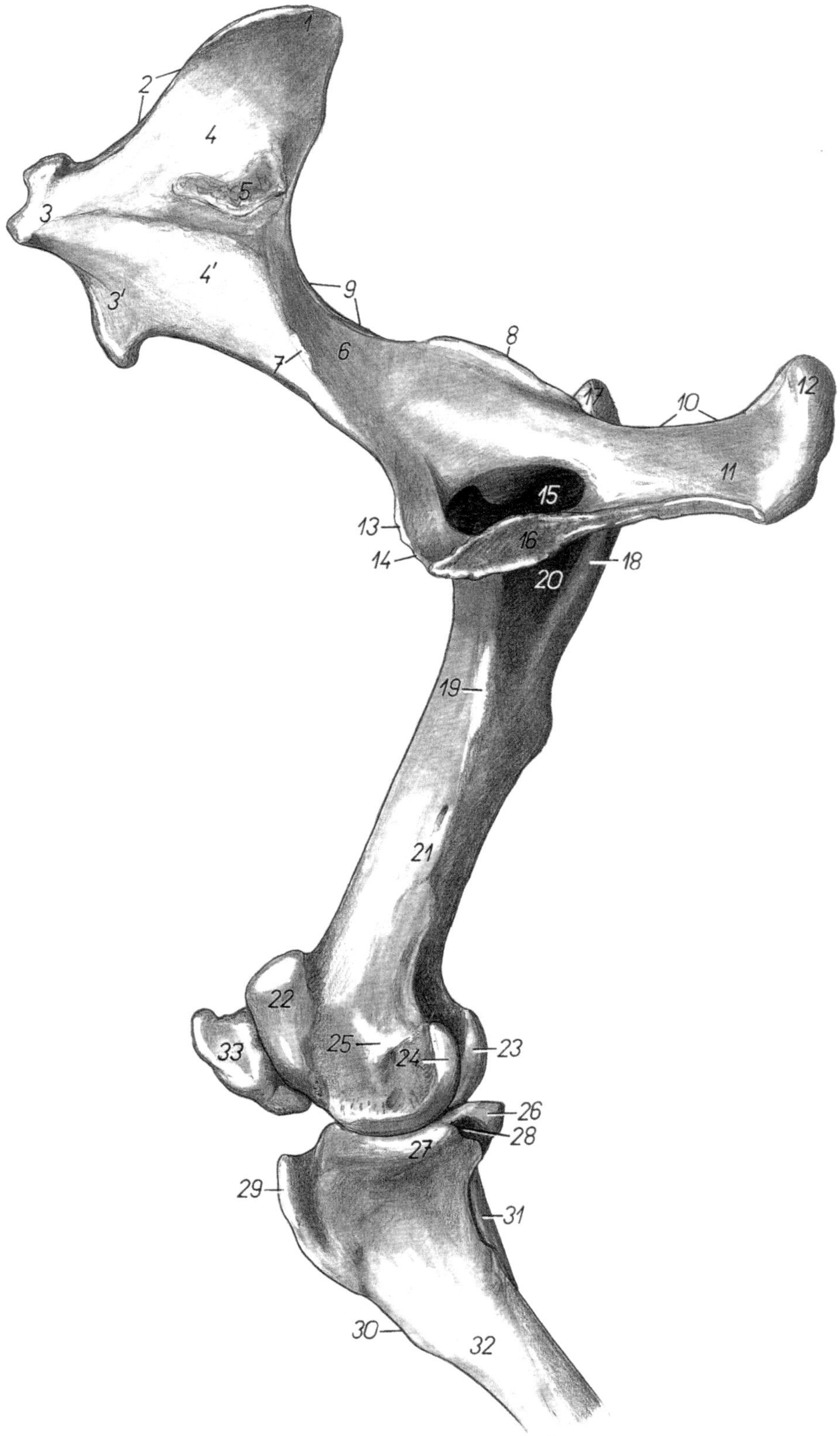

1. *Tuber sacrale* – Kreuzbeinhöcker
2. *Crista iliaca* – Darmbeinleiste
3., 3'. *Tuber coxae* – Hüfthöcker
4., 4'. *Ala ossis ilium* – Darmbeinflügel
5. *Facies auricularis* – ohrmuschelförmige Fläche
6. *Corpus ossis ilium* – Darmbeinsäule
7. *Tuberculum mi. psoas minoris* – Höcker des kleinen Lendenmuskels
8. *Spina ischiadica* – Darmbeingräte
9. *Incisura ischiadica major* – großer Sitzbeinausschnitt
10. *Incisura ischiadica minor* – kleiner Sitzbeinausschnitt
11. *Tabula ossis ischii* – Sitzbeinplatte
12. *Tuber ischiadicum* – Sitzbeinhöcker
13. *Eminentia iliopubica* – Darmbein-Schambeinerhebung
14. *Pecten ossis pubis* – Schambeinkamm
15. *Foramen obturatum* – verstopftes Loch
16. *Facies symphysialis ossis coxae* – Beckenfugenfläche des Hüftbeines
17. *Pars caudalis trochanteris majoris* – kaudaler Teil des großen Umdrehers
18. *Crista intertrochanterica* – Leiste zwischen den Umdrehern
19. *Trochanter minor* – kleiner Umdreher
20. *Fossa trochanterica* – Umdrehergrube
21. *Corpus ossis femoris* – Oberschenkelbeinschaft
22. *Trochlea ossis femoris* – Gelenkrolle des Oberschenkelbeines
23. *Condylus lateralis ossis femoris* – lateraler Gelenkknorren des Oberschenkelbeines
24. *Condylus medialis ossis femoris* – medialer Gelenkknorren des Oberschenkelbeines
25. *Epicondylus medialis ossis femoris* – medialer Bandhöcker des Oberschenkelbeines
26. *Condylus lateralis tibiae* – lateraler Gelenkknorren des Schienbeines
27. *Condylus medialis tibiae* – medialer Gelenkknorren des Schienbeines
28. *Incisura poplitea* – Kniekehlasusschnitt
29. *Tuberositas tibiae* – Schienbeinbeule
30. *Margo cranialis tibiae* – kranialer Rand des Schienbeines
31. *Fibula* – Wadenbein
32. *Corpus tibiae* – Schienbeinschaft
33. *Patella* – Kniescheibe

Pferd. Skelett des Beckens, Ansicht von dorsal.

Abbildung 149

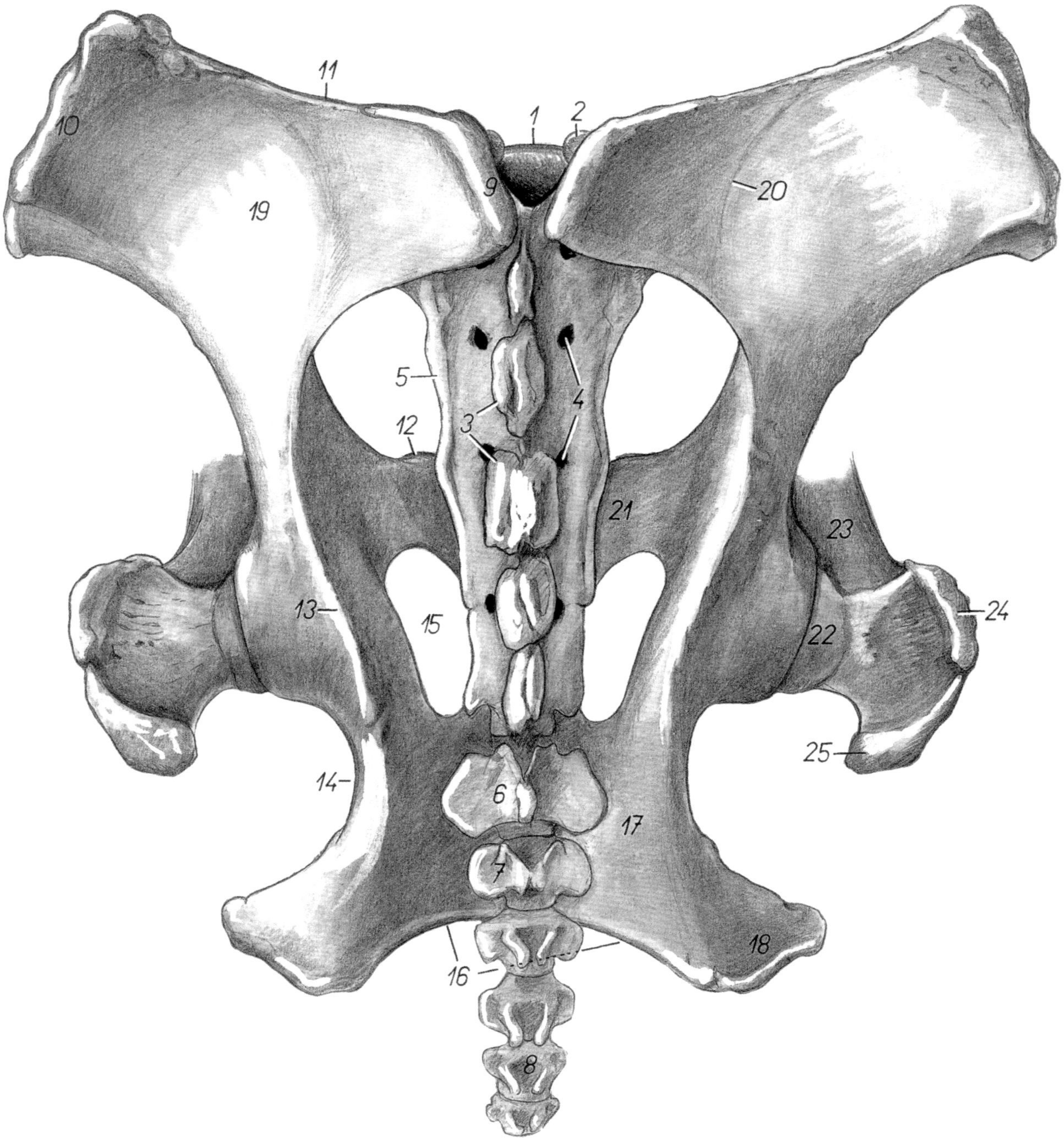

1. *Promontorium* – Vorgebirge
2. *Processus articularis cranialis* – kranialer Gelenkfortsatz
3. *Crista sacralis mediana* – mittlere Kreuzbeinleiste
4. *Foramina sacralia dorsalia* – dorsale Kreuzbeinlöcher
5. *Crista sacralis lateralis* – laterale Kreuzbeinleiste
6. *Vertebra caudalis I* – 1. Schwanzwirbel
7. *Vertebra caudalis II* – 2. Schwanzwirbel
8. *Vertebra caudalis V* – 5. Schwanzwirbel
9. *Tuber sacrale* – Kreuzbeinhöcker
10. *Tuber coxae* – Hüfthöcker
11. *Crista iliaca* – Darmbeinleiste
12. *Eminentia iliopubica* – Darmbein-Schambeinerhebung
13. *Spina ischiadica* – Sitzbeingräte
14. *Incisura ischiadica minor* – kleiner Sitzbeinausschnitt
15. *Foramen obturatum* – verstopftes Loch
16. *Arcus ischiadicus* – Sitzbeinausschnitt
17. *Tabula ossis ischii* – Sitzbeinplatte
18. *Tuber ischiadicum* – Sitzbeinhöcker
19. *Ala ossis ilium* – Darmbeinflügel
20. *Linea glutea* – Kruppenmuskellinie
21. *Ramus cranialis ossis pubis* – kranialer Ast des Schambeines
22. *Caput ossis femoris* – Oberschenkelbeinkopf
23. *Corpus ossis femoris* – Oberschenkelbeinschaft
24. *Pars cranialis trochanteris majoris* – kranialer Teil des großen Umdrehers
25. *Pars caudalis trochanteris majoris* – kaudaler Teil des großen Umdrehers

Pferd. Hengst. Beckenorgane, Ansicht von dorsal.

Abbildung 150

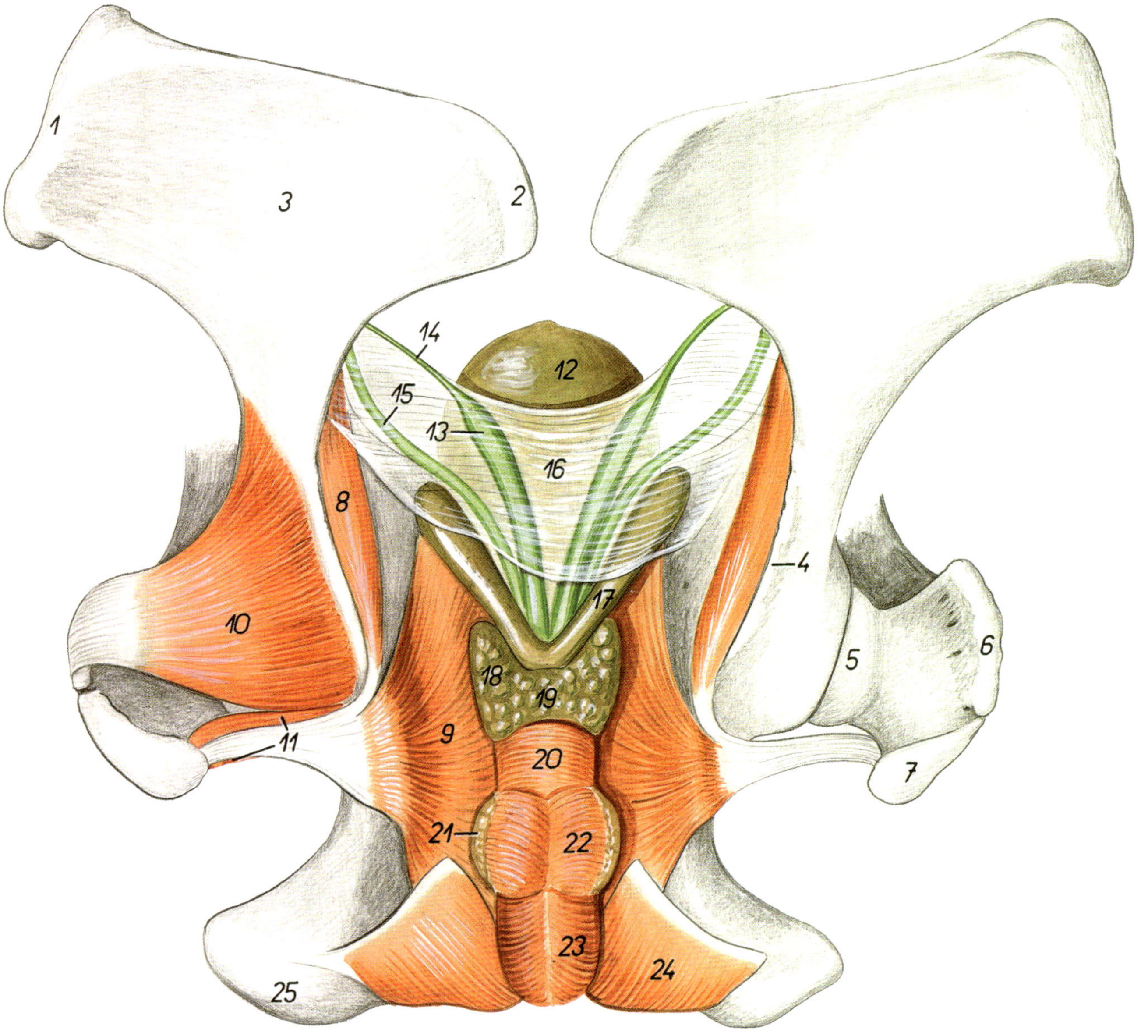

1. *Tuber coxae* – Hüfthöcker
2. *Tuber sacrale* – Kreuzbeinhöcker
3. *Ala ossis ilium* – Darmbeinflügel
4. *Spina ischiadica* – Sitzbeingräte
5. *Caput ossis femoris* – Oberschenkelbeinkopf
6. *Pars cranialis trochanteris majoris* – kranialer Teil des großen Umdrehers
7. *Pars caudalis trochanteris majoris* – kaudaler Teil des großen Umdrehers
8. *Pars iliaca mi. obturatorii interni* – Darmbeinteil des inneren Verstopfermuskels
9. *Pars ischiopubica mi. obturatorii interni* – Sitzbein-Schambeinteil des inneren Verstopfermuskels
10. *M. gluteus profundus* – tiefer Kruppenmuskel
11. *Mm. gemelli* – Zwillingsmuskeln
12. *Vesica urinaria* – Harnblase
13. *Ampulla ductus deferentis* – Samenleiterampulle
14. *Ductus deferens* – Samenleiter
15. *Ureter* – Harnleiter
16. *Plica urogenitalis* – gemeinsame Falte der Harn- und Genitalorgane
17. *Vesicula seminalis* – Samenblasendrüse
18. *Lobus sinister prostatae* – linker Lappen der Vorsteherdrüse
19. *Isthmus prostatae* – Verengung der Vorsteherdrüse
20. *M. urethralis* – Harnröhrenmuskel
21. *Glandula bulbourethralis* – Harnröhrenzwiebeldrüse
22. *M. bulboglandularis* – Zwiebeldrüsenmuskel
23. *M. bulbospongiosus* – Zwiebel-Schwellkörpermuskel
24. *M. ischiocavernosus* – Sitzbein-Schwellkörpermuskel
25. *Tuber ischiadicum* – Sitzbeinhöcker

Pferd. Lage der Beckenorgane des Hengstes, Ansicht von links, nach Entfernung der linken Beckengliedmaße und der linken Beckenhälfte.

Abbildung 151

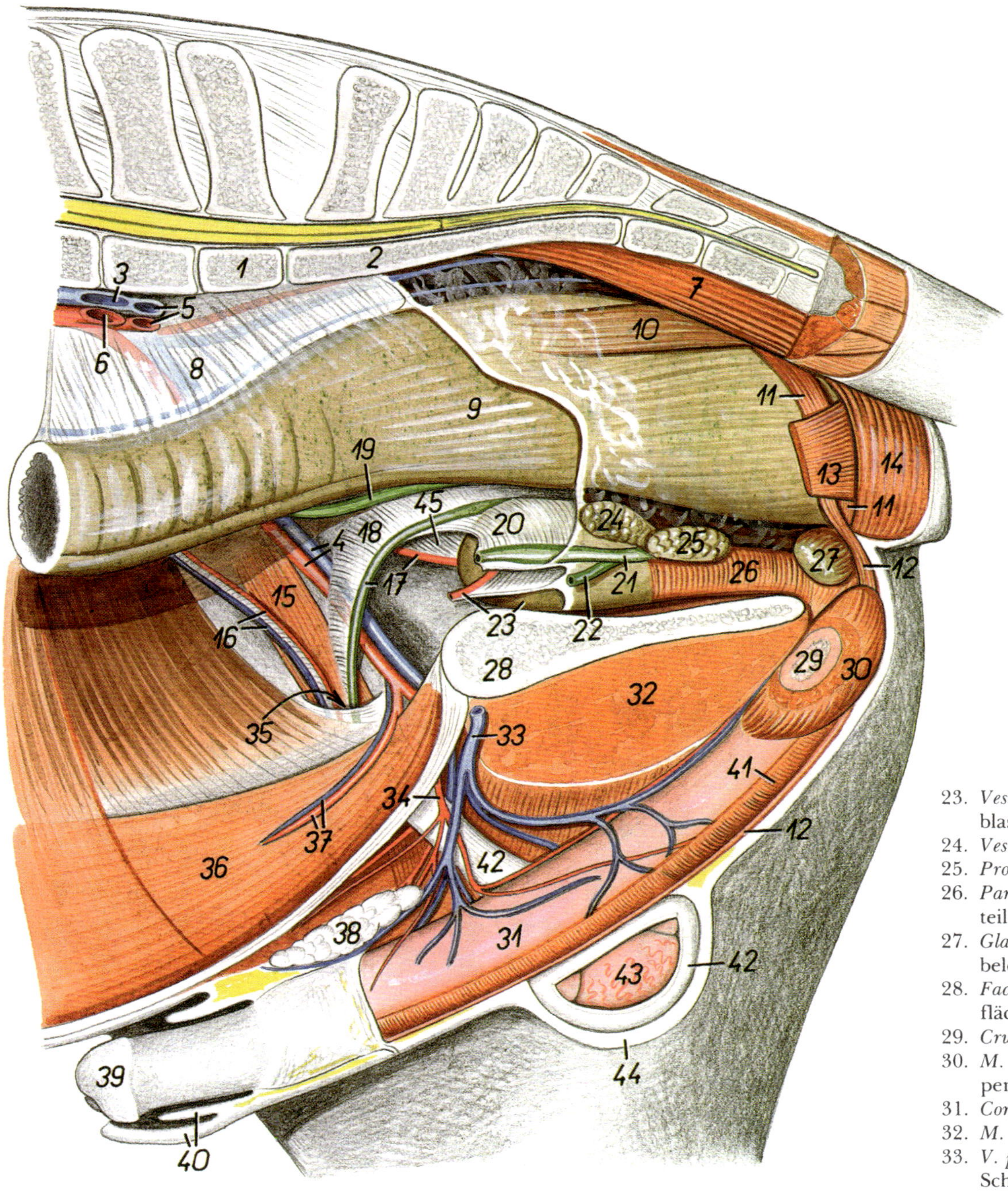

1. *Vertebra lumbalis VI* – 6. Lendenwirbel
2. *Os sacrum* – Kreuzbein
3. *V. iliaca externa sinistra* – linke äußere Darmbeinvene
4. *A. et V. iliaca externa dextra* – rechte äußere Darmbeinarterie und -vene
5. *A. et V. iliaca interna sinistra* – linke innere Darmbeinarterie und -vene
6. *A. iliaca externa sinistra* – linke äußere Darmbeinarterie
7. *M. sacrocaudalis ventralis medialis* – kurzer Niederzieher des Schwanzes
8. *Mesorectum* – Mastdarmgekröse
9. *Ampulla recti* – Mastdarmampulle
10. *M. rectococcygeus* – Mastdarm-Schwanzmuskel
11., 12. *M. retractor penis* – Zurückzieher des Penis
13. *M. levator ani* – Afterheber
14. *M. sphincter ani externus* – äußerer Afterschließmuskel
15. *M. cremaster* – Hodenheber
16. *A. et V. testicularis* – Hodenarterie und -vene
17. *Ductus deferens dexter, A. umbilicalis dextra* – rechter Samenleiter, rechte Nabelarterie
18. *Mesoductus deferens* – Samenleitergekröse
19. *Ureter dexter* – rechter Harnleiter
20. *Plica urogenitalis* – gemeinsame Falte der Harn- und Genitalorgane
21. *Ductus deferens sinister (Ampulla)* – linker Samenleiter (Ampulle)
22. *Ureter sinister* – linker Harnleiter
23. *Vesica urinaria, A. umbilicalis sinistra* – Harnblase, linke Nabelarterie
24. *Vesicula seminalis* – Samenblasendrüse
25. *Prostata* – Vorsteherdrüse
26. *Pars pelvina urethrae (M. urethralis)* – Beckenteil der Harnröhre (Harnröhrenmuskel)
27. *Glandula bulbourethralis* – Harnröhrenzwiebeldrüse
28. *Facies symphysialis ossis coxae* – Beckenfugenfläche des Hüftbeines
29. *Crus sinistrum penis* – linker Penisschenkel
30. *M. ischiocavernosus* – Sitzbein-Schwellkörpermuskel
31. *Corpus penis* – Peniskörper
32. *M. gracilis* – schlanker Schenkelmuskel
33. *V. pudenda externa (sinistra)* – äußere (linke) Schamvene
34. *A. pudenda externa (dextra)* – äußere (rechte) Schamarterie
35. *Canalis inguinalis* – Leistenkanal
36. *M. rectus abdominis* – gerader Bauchmuskel
37. *A. et V. epigastrica caudalis* – kaudale Bauchdeckenarterie und -vene
38. *Lnn. inguinales superficiales (Lnn. scrotales)* – oberflächliche Leistenlymphknoten (Hodensacklymphknoten)
39. *Glans penis* – Eichel
40. *Preputium* – Vorhaut
41. *M. bulbospongiosus* – Zwiebel-Schwellkörpermuskel
42. *Tunica vaginalis et Fascia spermatica* – Scheidenhaut und Hodenfaszie
43. *Testis dexter* – rechter Hoden
44. *Scrotum* – Hodensack
45. *Lig. laterale vesicae* – laterales Harnblasenband

Pferd. Lage der Beckenorgane der Stute, Ansicht von links, nach Entfernung der linken Beckengliedmaße und der linken Beckenhälfte.

Abbildung 152

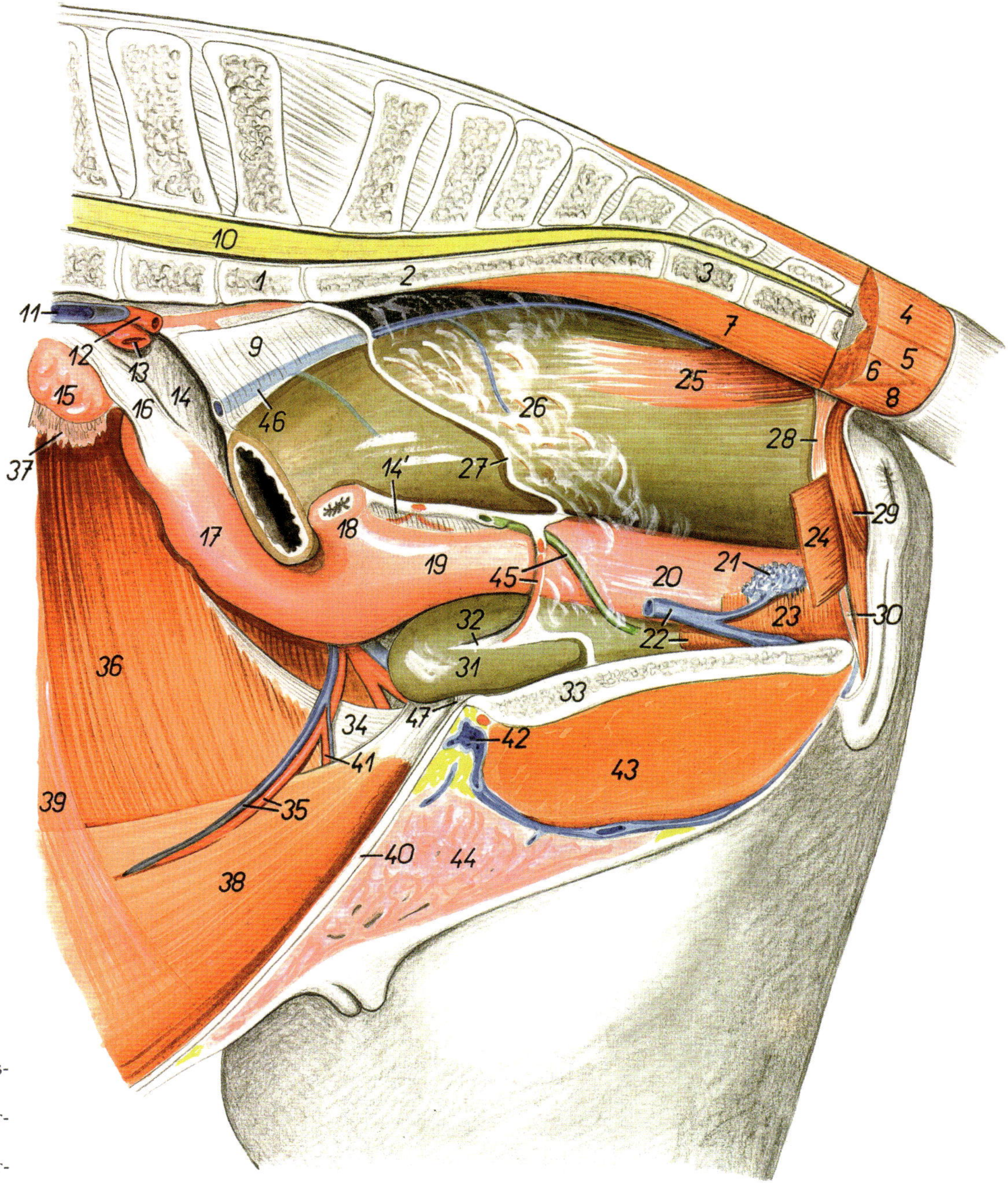

1. *Vertebra lumbalis VI* – 6. Lendenwirbel
2. *Os sacrum* – Kreuzbein
3. *Vertebra caudalis I* – 1. Schwanzwirbel
4. *M. sacrocaudalis dorsalis lateralis* – langer Heber des Schwanzes
5. *M. intertransversarius caudae* – Schwanzportion des Zwischenquerfortsatzmuskels
6. *M. coccygeus* – langer Seitwärtszieher des Schwanzes
7. *M. sacrocaudalis ventralis medialis* – kurzer Niederzieher des Schwanzes
8. *M. sacrocaudalis ventralis lateralis* – langer Niederzieher des Schwanzes
9. *Mesorectum* – Mastdarmgekröse
10. *Medulla spinalis* – Rückenmark
11. *V. iliaca communis sinistra* – linke gemeinsame Darmbeinvene
12. *A. iliaca interna sinistra* – linke innere Darmbeinarterie
13. *A. iliaca externa sinistra* – linke äußere Darmbeinarterie
14. *Lig. latum uteri dextrum* – rechtes breites Gebärmutterband

14'. *Lig. latum uteri sinistrum* – linkes breites Gebärmutterband

15. *Ovarium dextrum* – rechter Eierstock
16. *Lig. ovarii proprium* – besonderes Eierstocksband
17. *Cornu uteri dextrum* – rechtes Gebärmutterhorn
18. *Cornu uteri sinistrum* – linkes Gebärmutterhorn
19. *Corpus uteri* – Gebärmutterkörper
20. *Vagina* – Scheide
21. *Bulbus vestibuli (Corpus cavernosum vestibuli)* – Schwellkörper des Scheidenvorhofes
22. *M. urethralis, V. pudenda interna* – Harnröhrenmuskel, innere Schamvene
23. *M. constrictor vestibuli* – Zusammenzieher des Scheidenvorhofes
24. *M. levator ani* – Afterheber
25. *M. rectococcygeus* – Mastdarm-Schwanzmuskel
26. *Ampulla recti* – Mastdarmampulle
27. *Margo peritonei* – Bauchfellrand
28. *M. retractor clitoridis* – Zurückzieher des Kitzlers
29. *M. sphincter ani externus* äußerer Afterschließmuskel
30. *M. constrictor vulvae* – Zusammenzieher der Scham
31. *Vesica urinaria* – Harnblase
32. *Lig. laterale vesicae* – laterales Harnblasenband
33. *Facies symphysialis ossis coxae* – Beckenfugenfläche des Hüftbeines
34. *Crus laterale mi. obliqui externi abdominis* – lateraler Schenkel des äußeren schiefen Bauchmuskels
35. *A. et V. epigastrica caudalis* – kaudale Bauchdeckenarterie und -vene
36. *M. obliquus internus abdominis* – innerer schiefer Bauchmuskel
37. *Infundibulum tubae* – Eileitertrichter
38. *M. rectus abdominis* – gerader Bauchmuskel
39. *M. transversus abdominis* – querverlaufender Bauchmuskel
40. *Linea alba abdominis* – weiße Bauchlinie
41. *A. pudenda externa* – äußere Schamarterie
42. *V. pudenda externa* – äußere Schamvene
43. *M. gracilis* – schlanker Schenkelmuskel
44. *Uber* – Euter
45. *A. umbilicalis, Ureter sinister* – Nabelarterie, linker Harnleiter
46. *V. rectalis media* – mittlere Mastdarmvene
47. *Lig. vesicae medianum* – medianes Harnblasenband

Abbildung 153

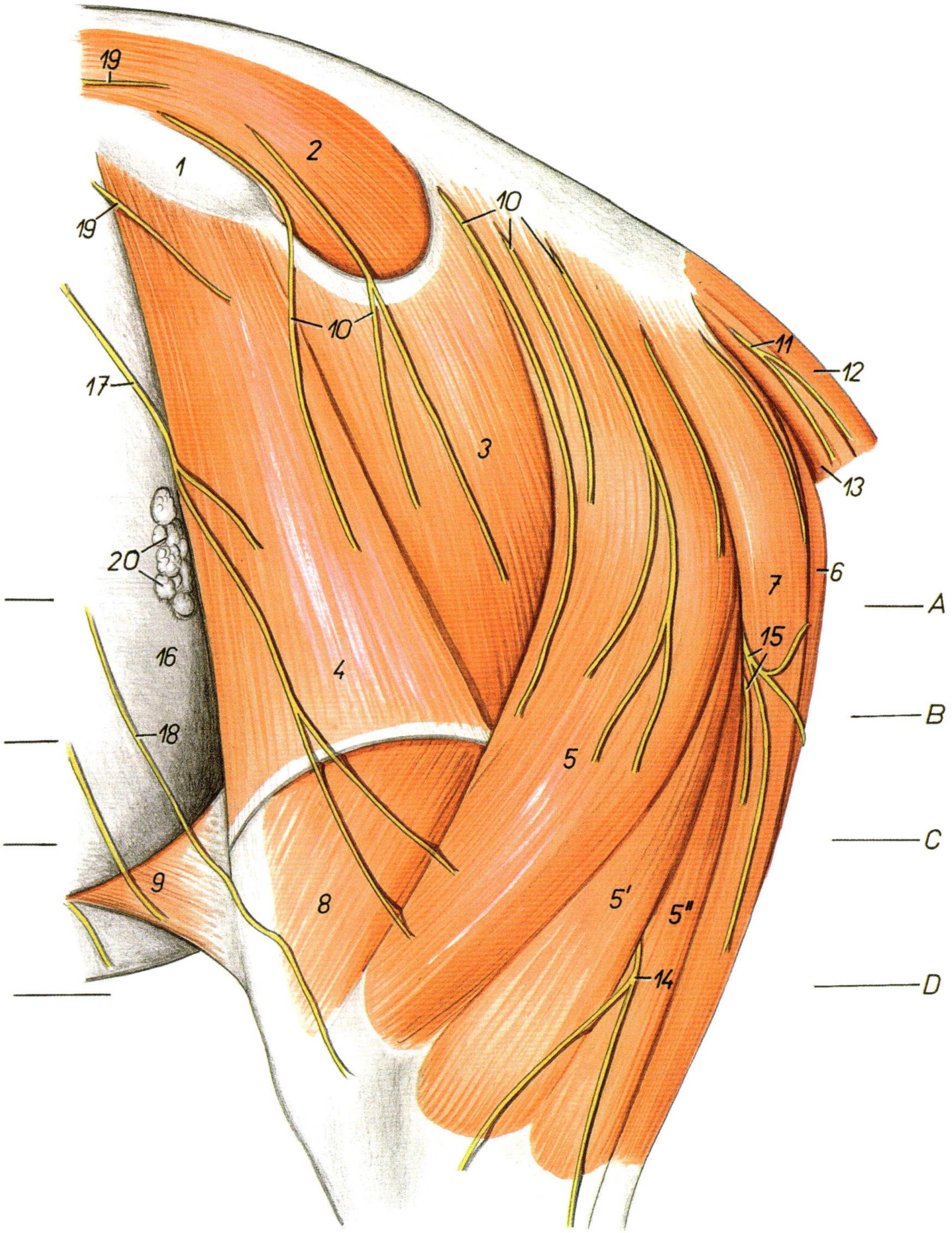

1. *Tuber coxae* – Hüfthöcker
2. *M. gluteus medius* – mittlerer Kruppenmuskel
3. *M. gluteus superficialis* – oberflächlicher Kruppenmuskel
4. *M. tensor fasciae latae* – Spanner der Oberschenkelfaszie
5., 5'., 5". *M. biceps femoris* – zweiköpfiger Oberschenkelmuskel
6. *M. semimembranosus* – halbhäutiger Muskel
7. *M. semitendinosus* – halbsehniger Muskel
8. *M. vastus lateralis* – lateraler Oberschenkelmuskel
9. *Plica lateris (M. cutaneus trunci)* – Kniefalte (Rumpfhautmuskel)
10. *Nn. clunium medii* – mittlere Hinterbackennerven
11. *Ramus cutaneus ni. caudalis* – Hautast der Schwanznerven
12. *M. sacrocaudalis dorsalis lateralis* – langer Heber des Schwanzes
13. *M. sacrocaudalis ventralis lateralis* – langer Niederzieher des Schwanzes
14. *N. cutaneus surae lateralis* – lateraler Wadenhautnerv
15. *Nn. clunium caudales* – kaudale Hinterbakkennerven
16. *Paries abdominis* – Bauchwand
17. *Ramus cutaneus lateralis ni. ilioinguinalis* – lateraler Hautast des Darmbein-Leistennerven
18. *Ramus cutaneus lateralis ni. iliohypogastrici* – lateraler Hautast des Darmbein-Bauchdekkennerven
19. *Nn. clunium craniales* – kraniale Hinterbakkennerven
20. *Lnn. subiliaci* – Kniefaltenlymphknoten

Pferd. Querschnitte durch den linken Oberschenkel. Die Höhe der Schnittebenen A und B ist in den Abbildungen 153 und 155 eingezeichnet.

Abbildung 154

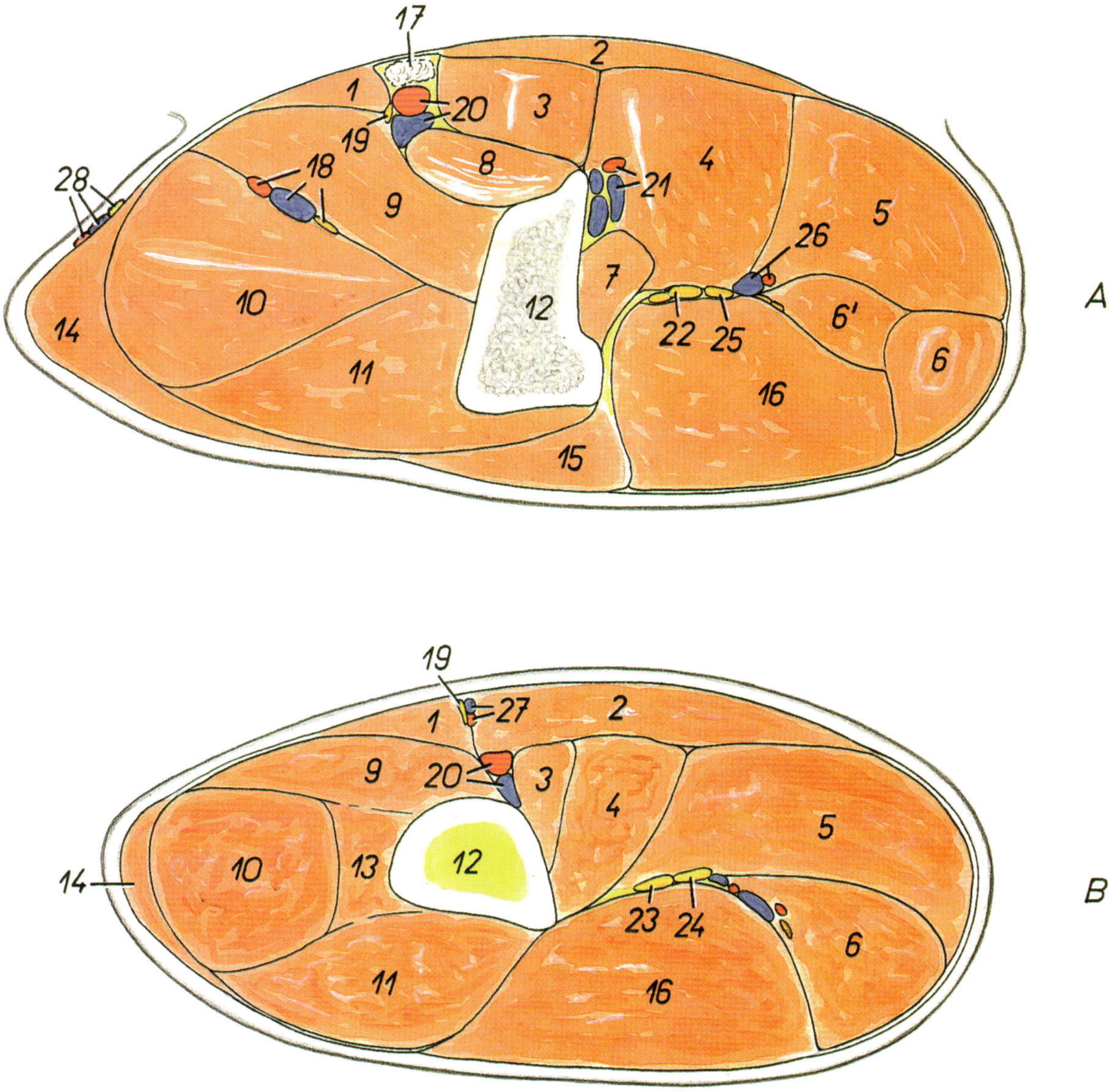

1. *M. sartorius* – Schneidermuskel
2. *M. gracilis* – schlanker Schenkelmuskel
3. *M. pectineus* – Kammuskel
4. *M. adductor* – Einwärtszieher
5. *M. semimembranosus* – halbhäutiger Muskel

6., 6'. *M. semitendinosus* – halbsehniger Muskel

6'. *Caput pelvinum mi. semitendinosi* – Beckenkopf des halbsehnigen Muskels

7. *M. quadratus femoris* – viereckiger Oberschenkelmuskel
8. *M. iliopsoas* – Darmbein-Lendenmuskel
9. *M. vastus medialis* – medialer Oberschenkelmuskel
10. *M. rectus femoris* – gerader Oberschenkelmuskel
11. *M. vastus lateralis* – lateraler Oberschenkelmuskel
12. *Os femoris* – Oberschenkelbein
13. *M. vastus intermedius* – mittlerer Oberschenkelmuskel
14. *M. tensor fasciae latae* – Spanner der Oberschenkelfaszie
15. *M. gluteus superficialis* – oberflächlicher Kruppenmuskel
16. *M. biceps femoris* – zweiköpfiger Oberschenkelmuskel
17. *Lnn. inguinales profundi (Lnn. iliofemorales)* – tiefe Leistenlymphknoten (Darmbein-Oberschenkellymphknoten)
18. *A. et V. circumflexa femoris lateralis, N. femoralis* – laterale Oberschenkelkranzarterie und -vene, Oberschenkelnerv
19. *N. saphenus* – verborgener Nerv
20. *A. et V. femoralis* – Oberschenkelarterie und -vene
21. *A. et V. profunda femoris* – tiefe Oberschenkelarterie und -vene
22. *N. ischiadicus* – Sitzbeinnerv
23. *N. peroneus communis* – gemeinsamer Wadenbeinnerv
24. *N. tibialis* – Schienbeinnerv
25. *Ramus muscularis proximalis ni. tibialis* – proximaler Muskelast des Schienbeinnerven
26. *Rami a. et v. obturatoriae* – Äste der Verstopferarterie und -vene
27. *A. saphena, V. saphena medialis* – verborgene Arterie, mediale verborgene Vene
28. *A. et V. circumflexa ilium profunda, N. cutaneus femoris lateralis* – tiefe Darmbeinkranzarterie und -vene, lateraler Oberschenkelhautnerv

Abbildung 155

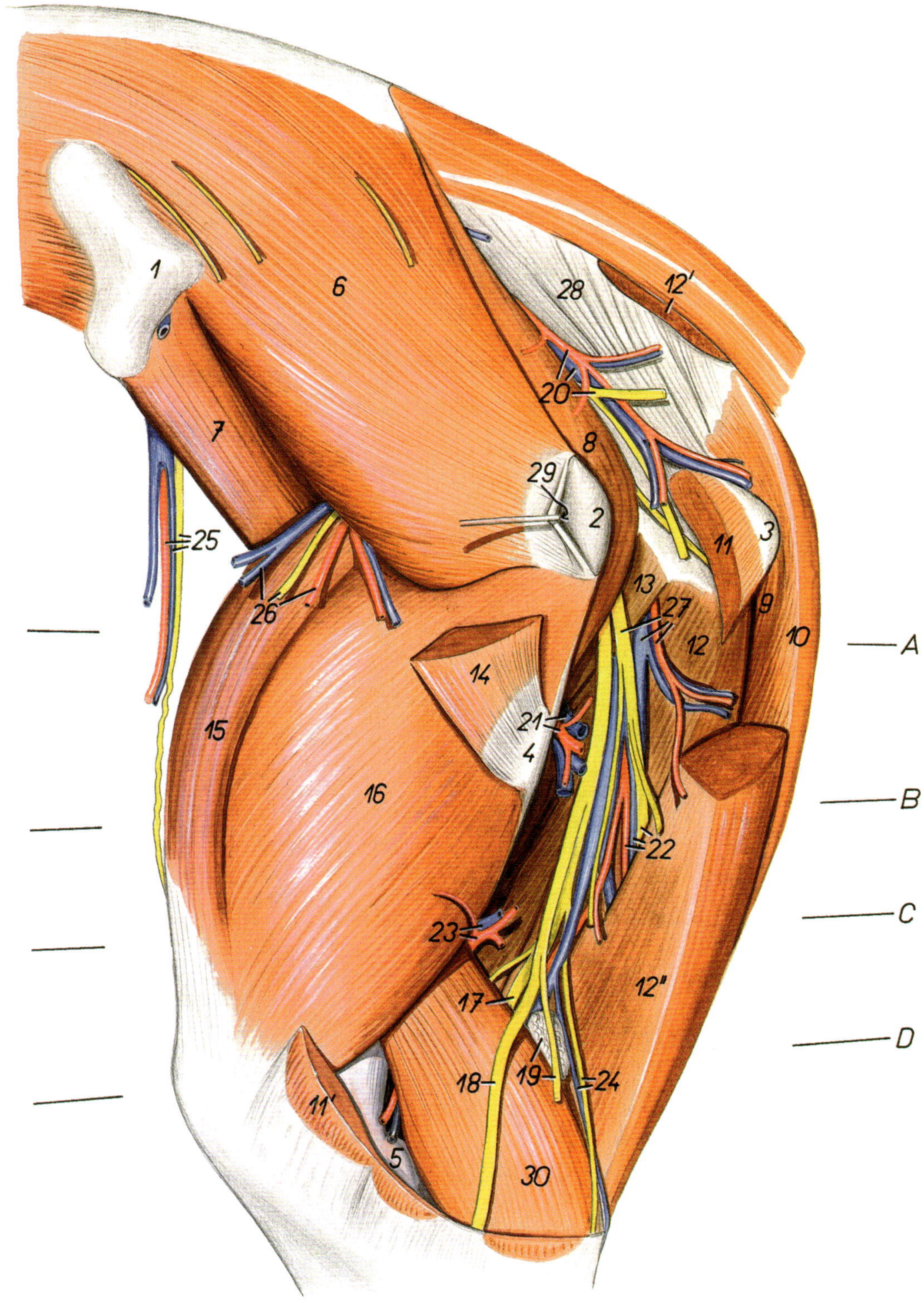

1. *Tuber coxae* – Hüfthöcker
2. *Trochanter major ossis femoris* – großer Umdreher des Oberschenkelbeines
3. *Tuber ischiadicum* – Sitzbeinhöcker
4. *Trochanter tertius* – 3. Umdreher
5. *Condylus lateralis ossis femoris* – lateraler Gelenkknorren des Oberschenkelbeines
6. *M. gluteus medius* – mittlerer Kruppenmuskel
7. *Portio lateralis mi. iliaci* – laterale Portion des Darmbeinmuskels
8. *M. piriformis* – birnenförmiger Muskel
9. *Caput pelvinum mi. semimembranosi* – Beckenkopf des halbhäutigen Muskels
10. *Caput vertebrale mi. semimembranosi* – Wirbelkopf des halbhäutigen Muskels
11. *Caput pelvinum mi. bicipitis femoris* – Beckenkopf des zweiköpfigen Oberschenkelmuskels

11'. *Insertio mi. bicipitis femoris* – Ansatz des zweiköpfigen Oberschenkelmuskels

12., 12', 12". *M. semitendinosus* – halbsehniger Muskel

12. *Caput pelvinum* – Beckenkopf

12'. *Origo capitis vertebralis* – Ursprung des Wirbelkopfes

12". *Venter capitis vertebralis* – Bauch des Wirbelkopfes

13. *M. quadratus femoris* – viereckiger Oberschenkelmuskel
14. *M. gluteus superficialis* – oberflächlicher Kruppenmuskel
15. *M. rectus femoris* – gerader Oberschenkelmuskel
16. *M. vastus lateralis* – lateraler Oberschenkelmuskel
17. *N. tibialis* – Schienbeinnerv
18. *N. peroneus communis* – gemeinsamer Wadenbeinnerv
19. *Lnn. poplitei profundi* – tiefe Kniekehllymphknoten
20. *A. et V. glutea caudalis, N. cutaneus femoris caudalis* – kaudale Kruppenarterie und -vene, kaudaler Oberschenkelhautnerv
21. *A. et V. circumflexa femoris medialis* – mediale Oberschenkelkranzarterie und -vene
22. *Rami musculares ad m. semitendinosum (A., V. et N.)* – Muskeläste zum halbsehnigen Muskel (Arterie, Vene und Nerv)
23. *A. et. V. caudalis femoris* – kaudale Oberschenkelarterie und -vene
24. *N. cutaneus surae caudalis, V. saphena lateralis* – kaudaler Wadenhautnerv, laterale verborgene Vene
25. *A. et V. circumflexa ilium profunda, N. cutaneus femoris lateralis* – tiefe Darmbeinkranzarterie und -vene, lateraler Oberschenkelhautnerv
26. *Rami a., v. et ni. glutei cranialis* – Äste der kranialen Kruppenarterie und -vene und des kranialen Kruppennerven
27. *Rami a. et v. obturatoriae, Ramus muscularis proximalis ni. tibialis* – Äste der Verstopferarterie und -vene, proximaler Muskelast des Schienbeinnerven
28. *Lig. sacrotuberale latum* – breites Beckenband
29. *Bursa trochanterica mi. glutei medii* – über dem Umdreher gelegener Schleimbeutel des mittleren Kruppenmuskels
30. *Caput laterale mi. gastrocnemii* – lateraler Kopf des Wadenmuskels

Pferd. Querschnitte durch den linken Oberschenkel. Die Höhe der Schnittebenen C und D ist in den Abbildungen 153 und 155 eingezeichnet.

Abbildung 156

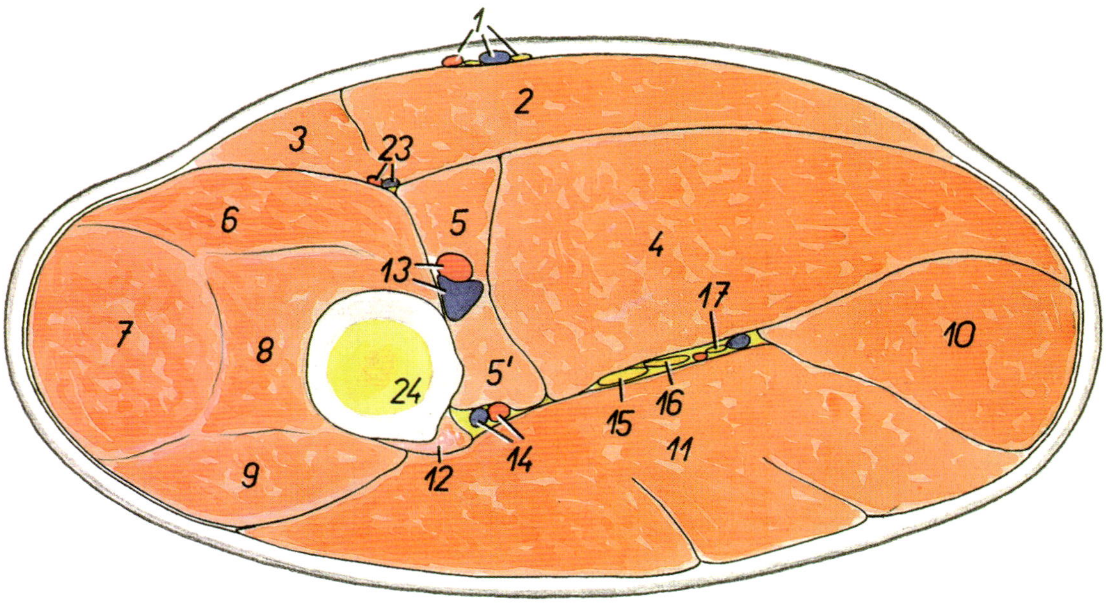

C

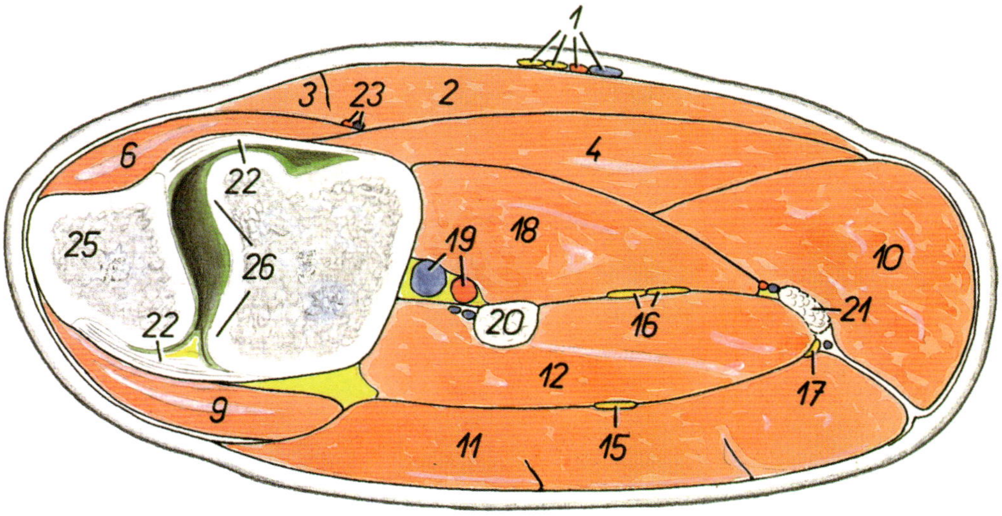

D

1. *A. et N. saphenus, V. saphena medialis* – verborgene Arterie und verborgener Nerv, mediale verborgene Vene
2. *M. gracilis* – schlanker Schenkelmuskel
3. *M. sartorius* – Schneidermuskel
4. *M. semimembranosus* – halbhäutiger Muskel
5., 5′. *M. adductor* – Einwärtszieher
6. *M. vastus medialis* – medialer Oberschenkelmuskel
7. *M. rectus femoris* – gerader Oberschenkelmuskel
8. *M. vastus intermedius* – mittlerer Oberschenkelmuskel
9. *M. vastus lateralis* – lateraler Oberschenkelmuskel
10. *M. semitendinosus* – halbsehniger Muskel
11. *M. biceps femoris* – zweiköpfiger Oberschenkelmuskel
12. *Caput laterale mi. gastrocnemii* – lateraler Kopf des Wadenmuskels
13. *A. et V. femoralis* – Oberschenkelarterie und -vene
14. *A. et V. femoris caudalis* – kaudale Oberschenkelarterie und -vene
15. *N. peroneus communis* – gemeinsamer Wadenbeinnerv
16. *N. tibialis* – Schienbeinnerv
17. *N. cutaneus surae caudalis* – kaudaler Wadenhautnerv
18. *Caput mediale mi. gastrocnemii* – medialer Kopf des Wadenmuskels
19. *A. et V. poplitea* – Kniekehlarterie und -vene
20. *M. flexor digitalis superficialis* – oberflächlicher Zehenbeuger
21. *Lnn. poplitei profundi* – tiefe Kniekehllymphknoten
22. *Capsula articularis* – Gelenkkapsel
23. *A. et V. genus descendens* – absteigende Kniearterie und -vene
24. *Corpus ossis femoris* – Oberschenkelbeinschaft
25. *Patella* – Kniescheibe
26. *Trochlea ossis femoris* – Gelenkrolle des Oberschenkelbeines

Abbildung 157

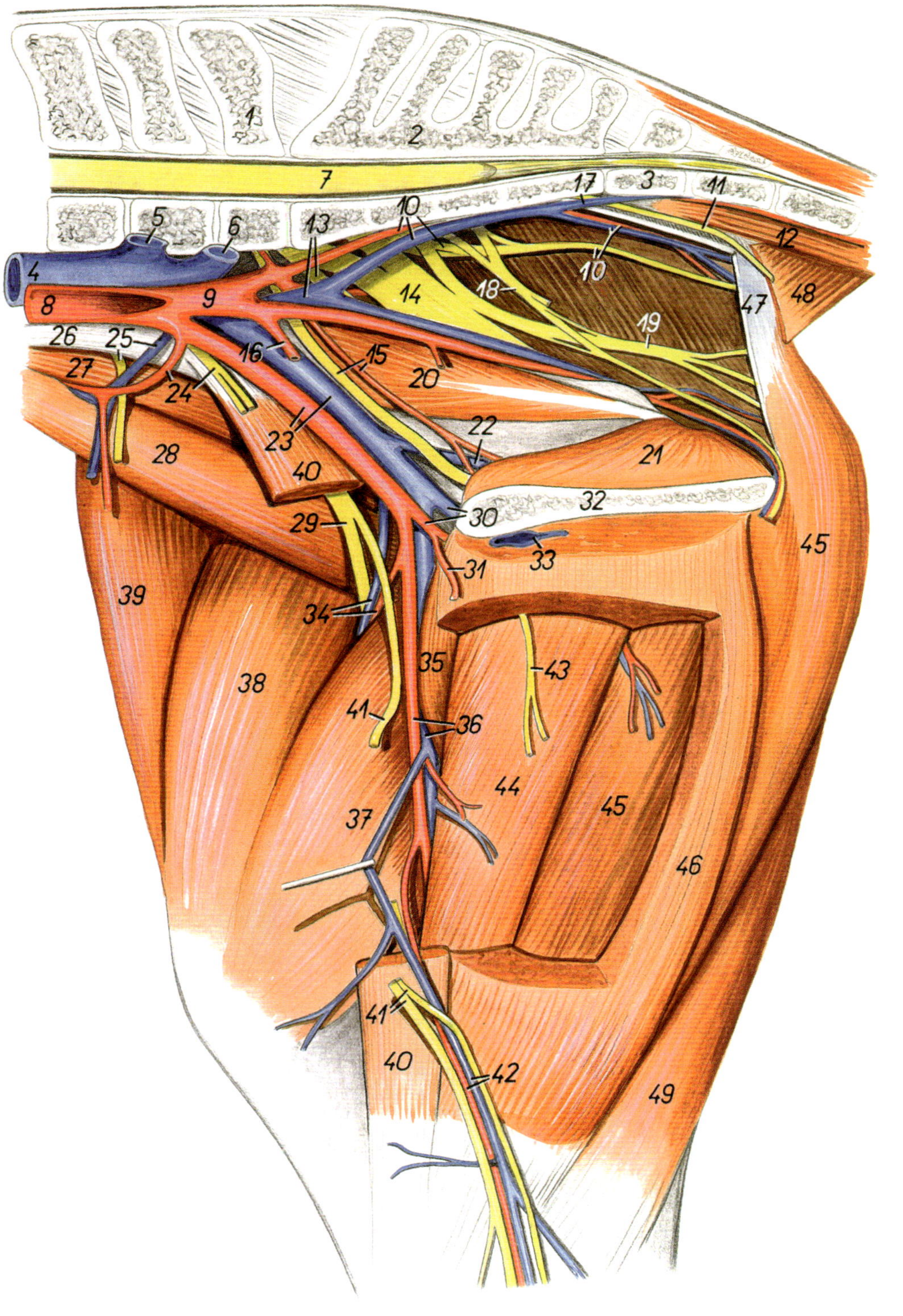

1. *Vertebra lumbalis VI* – 6. Lendenwirbel
2. *Os sacrum* – Kreuzbein
3. *Vertebra caudalis I* – 1. Schwanzwirbel
4. *V. cava caudalis* – kaudale Hohlvene
5. *V. iliaca externa sinistra* – linke äußere Darmbeinvene
6. *V. iliaca interna sinistra* – linke innere Darmbeinvene
7. *Medulla spinalis* – Rückenmark
8. *Aorta* – große Körperschlagader
9. *A. iliaca interna (dextra)* – innere (rechte) Darmbeinarterie
10. *A., V. et N. gluteus caudalis* – kaudale Kruppenarterie, -vene und -nerv
11. *N. rectalis caudalis* – kaudaler Mastdarmnerv
12. *M. sacrocaudalis ventralis medialis* – kurzer Niederzieher des Schwanzes
13. *V. iliaca interna (dextra), N. gluteus cranialis* – innere (rechte) Darmbeinvene, kranialer Kruppennerv
14. *N. ischiadicus* – Sitzbeinnerv
15. *N. et A. obturatoria* – Verstopfernerv und -arterie
16. *A. umbilicalis* – Nabelarterie
17. *A. et V. caudalis ventrolateralis* – ventrolaterale Schwanzarterie und -vene
18. *N. pudendus* – Schamnerv
19. *N. cutaneus femoris caudalis* – kaudaler Oberschenkelhautnerv
20. *M. obturatorius internus – Pars iliaca* – innerer Verstopfermuskel – Darmbeinteil
21. *M. obturatorius internus – Pars ischiopubica* – innerer Verstopfermuskel – Sitzbein-Schambeinteil
22. *V. obturatoria* – Verstopfervene
23. *A. et V. iliaca externa* – äußere Darmbeinarterie und -vene
24. *N. genitofemoralis, A. circumflexa ilium profunda* – Genital-Oberschenkelnerv, tiefe Darmbeinkranzarterie
25. *N. cutaneus femoris lateralis, V. circumflexa ilium profunda* – lateraler Oberschenkelhautnerv, tiefe Darmbeinkranzvene
26. *M. psoas minor (Tendo)* – kleiner Lendenmuskel (Sehne)
27. *M. psoas major* – großer Lendenmuskel
28. *Portio lateralis mi. iliaci* – laterale Portion des Darmbeinmuskels
29. *N. femoralis* – Oberschenkelnerv
30. *A. et V. profunda femoris* – tiefe Oberschenkelarterie und -vene
31. *Truncus pudendoepigastricus* – Stamm der Scham-Bauchdeckenarterie
32. *Facies symphysialis ossis coxae* – Beckenfugenfläche des Hüftbeines
33. *V. pudenda externa* – äußere Schamvene
34. *A. et V. circumflexa femoris lateralis* – laterale Oberschenkelkranzarterie und -vene
35. *M. pectineus* – Kammuskel
36. *A. et V. femoralis* – Oberschenkelarterie und -vene
37. *M. vastus medialis* – medialer Oberschenkelmuskel
38. *M. rectus femoris* – gerader Oberschenkelmuskel
39. *M. tensor fasciae latae* – Spanner der Oberschenkelfaszie
40. *M. sartorius* – Schneidermuskel
41. *N. saphenus* – verborgener Nerv
42. *A. saphena, V. saphena medialis* – verborgene Arterie, mediale verborgene Vene
43. *Ramus ni. obturatorii* – Ast des Verstopfernerven
44. *M. adductor* – Einwärtszieher
45. *M. semimembranosus* – halbhäutiger Muskel
46. *M. gracilis* – schlanker Schenkelmuskel
47. *Lig. sacrotuberale latum* – breites Beckenband
48. *M. coccygeus* – langer Seitwärtszieher des Schwanzes
49. *M. semitendinosus* – halbsehniger Muskel

Pferd. Skelett des distalen Endes der rechten Beckengliedmaße, Ansicht von medial.

Abbildung 158

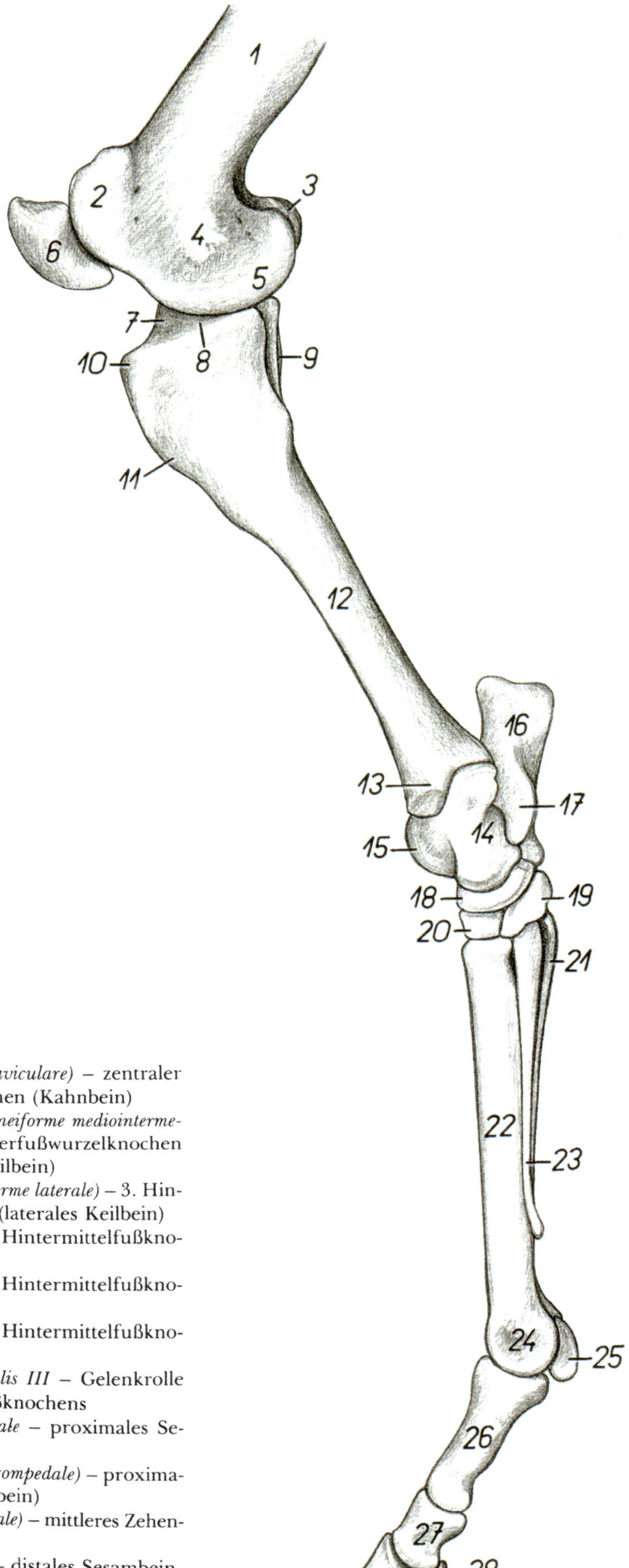

1. *Corpus ossis femoris* – Oberschenkelbeinschaft
2. *Trochlea ossis femoris* – Gelenkrolle des Oberschenkelbeines
3. *Condylus lateralis ossis femoris* – lateraler Gelenkknorren des Oberschenkelbeines
4. *Epicondylus medialis ossis femoris* – medialer Bandhöcker des Oberschenkelbeines
5. *Condylus medialis ossis femoris* – medialer Gelenkknorren des Oberschenkelbeines
6. *Patella* – Kniescheibe
7. *Eminentia intercondylaris* – Zwischenknorrenerhebung
8. *Condylus medialis tibiae* – medialer Gelenkknorren des Schienbeines
9. *Fibula* – Wadenbein
10. *Tuberositas tibiae* – Schienbeinbeule
11. *Margo cranialis tibiae* – kranialer Rand des Schienbeines
12. *Corpus tibiae* – Schienbeinschaft
13. *Malleolus medialis* – medialer Knöchel
14. *Corpus tali* – Rollbeinkörper
15. *Trochlea tali* – Gelenkrolle des Rollbeines
16. *Tuber calcanei* – Fersenbeinhöcker
17. *Sustentaculum tali* – Rollbeinstütze
18. *Os tarsi centrale (Os naviculare)* – zentraler Hinterfußwurzelknochen (Kahnbein)
19. *Os tarsale I et II (Os cuneiforme mediointermedium)* – 1. und 2. Hinterfußwurzelknochen (mediales mittleres Keilbein)
20. *Os tarsale III (Os cuneiforme laterale)* – 3. Hinterfußwurzelknochen (laterales Keilbein)
21. *Os metatarsale IV* – 4. Hintermittelfußknochen
22. *Os metatarsale III* – 3. Hintermittelfußknochen
23. *Os metatarsale II* – 2. Hintermittelfußknochen
24. *Trochlea ossis metatarsalis III* – Gelenkrolle des 3. Hintermittelfußknochens
25. *Os sesamoideum proximale* – proximales Sesambein
26. *Phalanx proximalis (Os compedale)* – proximales Zehenglied (Fesselbein)
27. *Phalanx media (Os coronale)* – mittleres Zehenglied (Kronbein)
28. *Os sesamoideum distale* – distales Sesambein
29. *Phalanx distalis (Os ungulare)* – distales Zehenglied (Hufbein)

Pferd. Präparation des Unterschenkels und des distalen Endes der Beckengliedmaße, Ansicht von lateral. Oberflächliche Schicht.

Abbildung 159

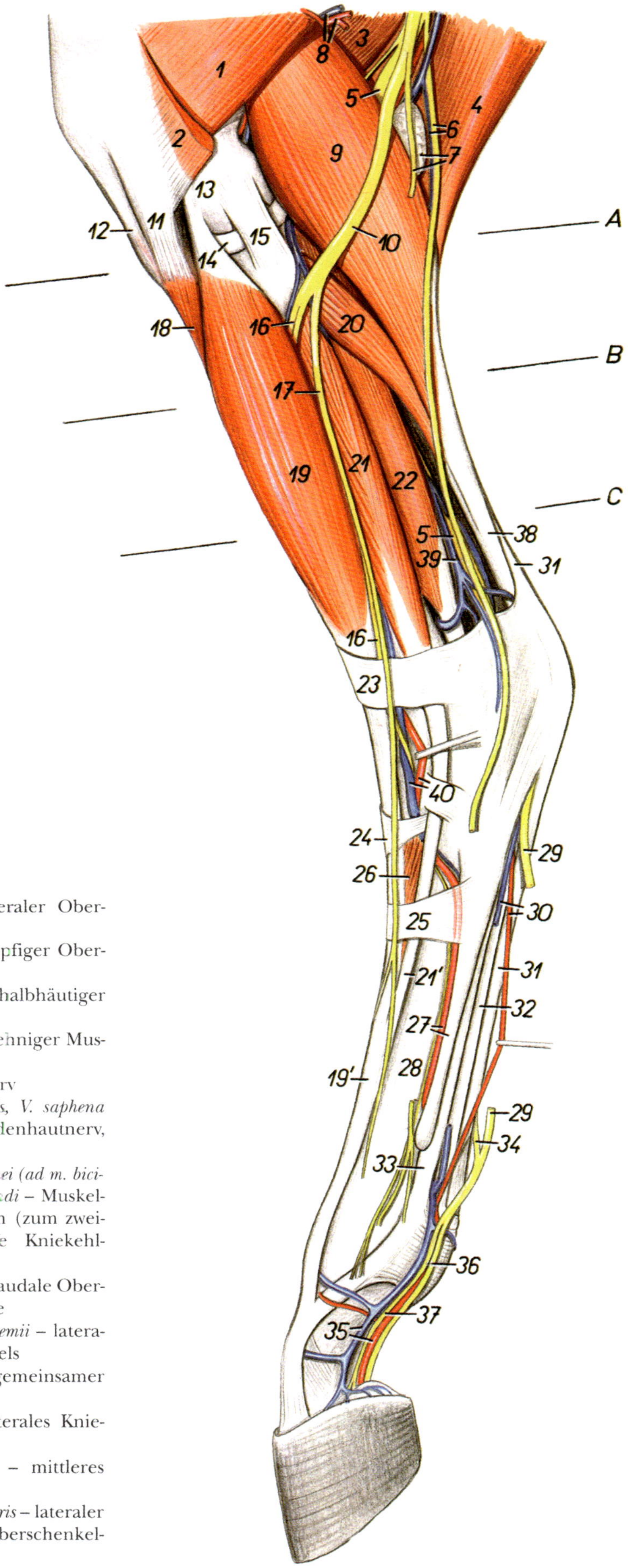

1. *M. vastus lateralis* – lateraler Oberschenkelmuskel
2. *M. biceps femoris* – zweiköpfiger Oberschenkelmuskel
3. *M. semimembranosus* – halbhäutiger Muskel
4. *M. semitendinosus* – halbsehniger Muskel
5. *N. tibialis* – Schienbeinnerv
6. *N. cutaneus surae caudalis, V. saphena lateralis* – kaudaler Wadenhautnerv, laterale verborgene Vene
7. *Ramus muscularis ni. peronei (ad m. bicipitem), Lnn. poplitei profundi* – Muskelast des Wadenbeinnerven (zum zweiköpfigen Muskel), tiefe Kniekehllymphknoten
8. *A. et V. caudalis femoris* – kaudale Oberschenkelarterie und -vene
9. *Caput laterale mi. gastrocnemii* – lateraler Kopf des Wadenmuskels
10. *N. peroneus communis* – gemeinsamer Wadenbeinmuskel
11. *Lig. patellae laterale* – laterales Kniescheibenband
12. *Lig. patellae intermedium* – mittleres Kniescheibenband
13. *Condylus lateralis ossis femoris* – lateraler Gelenkknorren des Oberschenkelbeines
14. *Meniscus lateralis* – lateraler Faserknorpel des Kniekehlgelenkes
15. *Lig. collaterale laterale* – laterales Seitenband
16. *N. peroneus profundus* – tiefer Wadenbeinnerv
17. *N. peroneus superficialis* – oberflächlicher Wadenbeinnerv
18. *M. tibialis cranialis* – kranialer Schienbeinmuskel
19. 19., 19′. *M. extensor digitalis longus* – langer Zehenstrecker
20. *M. soleus* – Schollenmuskel
21. 21., 21′, *M. extensor digitalis lateralis* – lateraler Zehenstrecker
22. *M. flexor digitalis lateralis* – lateraler Zehenbeuger
23. *Retinaculum extensorum crurale* – Unterschenkel-Halteband der Strecker
24. *Retinaculum extensorum tarsale* – Fußwurzel-Halteband der Strecker
25. *Retinaculum extensorum metatarsale* – Mittelfuß-Halteband der Strecker
26. *M. extensor digitalis brevis* – kurzer Zehenstrecker
27. *A. metatarsea dorsalis III, Os metatarsale IV* – 3. dorsale Hintermittelfußarterie, 4. Hintermittelfußknochen
28. *Os metatarsale III* – 3. Hintermittelfußknochen
29. *N. plantaris lateralis* – lateraler Plantarnerv
30. A. et V. plantaris lateralis – laterale Plantararterie und -vene
31. *Tendo mi. flexoris digitalis superficialis* – Sehne des oberflächlichen Zehenbeugers
32. *Tendo mi. flexoris digitalis profundi* – Sehne des tiefen Zehenbeugers
33. *M. interosseus* – Zwischenknochenmuskel
34. *Ramus communicans nervorum plantarium* – Verbindungsast der Plantarnerven
35. *A. et V. digitalis lateralis* – laterale Zehenarterie und -vene
36. *N. digitalis plantaris lateralis* – lateraler plantarer Zehennerv
37. *Ramus dorsalis ni. plantaris lateralis* – dorsaler Ast des lateralen Plantarnerven
38. *Tendo mi. tricipitis surae* – Sehne des dreiköpfigen Wadenmuskels
39. *V. tibialis recurrens* – zurücklaufende Schienbeinvene
40. *A. et V. tibialis cranialis* – kraniale Schienbeinarterie und -vene

Pferd. Querschnitte durch den linken Unterschenkel. Die Höhe der Schnittebenen ist in Abbildung 159 eingezeichnet.

Abbildung 160

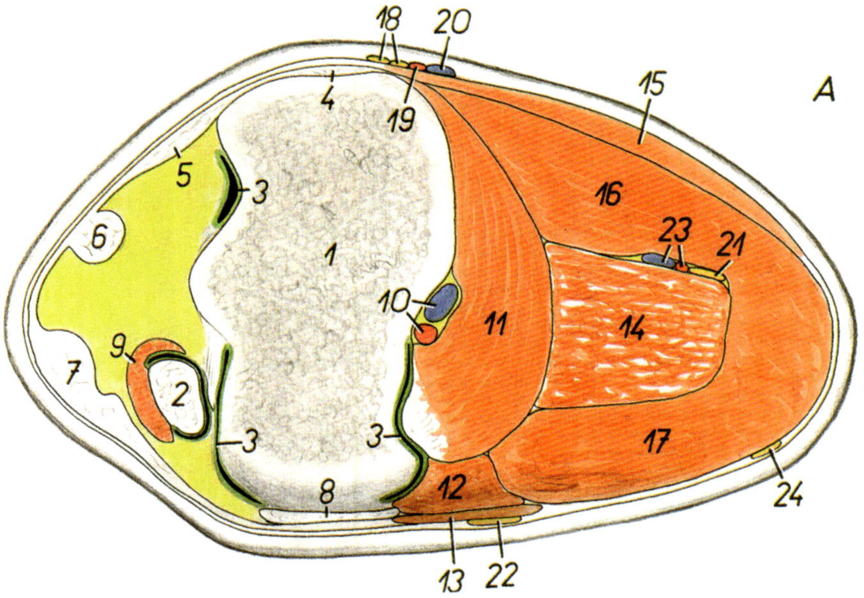

A

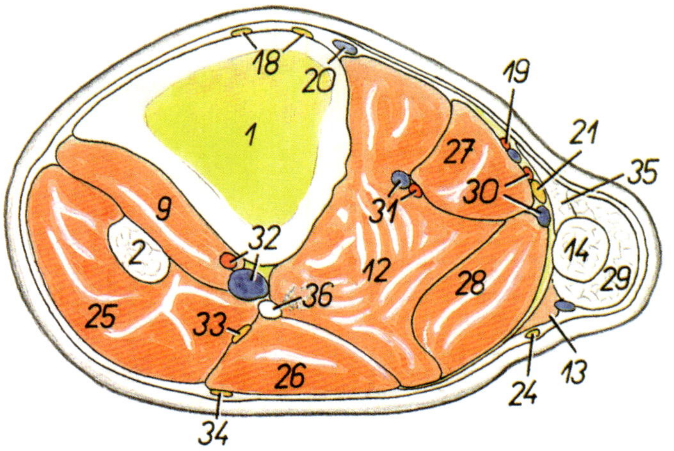

B

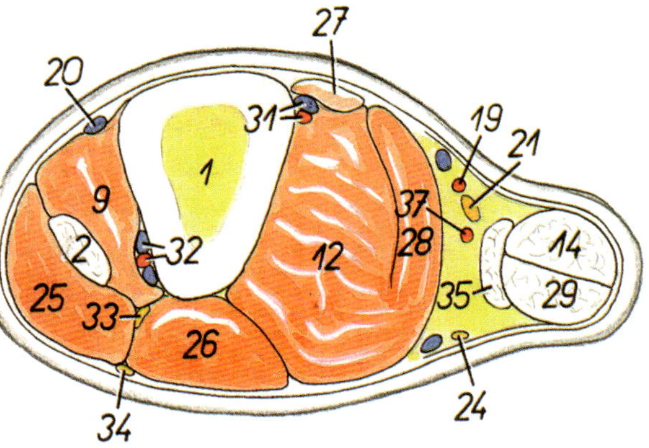

C

1. *Tibia* – Schienbein
2. *M. peroneus tertius* – dritter Wadenbeinmuskel
3. *Cavum articulare* – Gelenkspalt
4. *Lig. collaterale mediale* – mediales Seitenband
5. *Lig. patellae mediale* – mediales Kniescheibenband
6. *Lig. patellae intermedium* – mittleres Kniescheibenband
7. *Lig. patellae laterale* – laterales Kniescheibenband
8. *Lig. collaterale laterale* – laterales Seitenband
9. *M. tibialis cranialis* – kranialer Schienbeinmuskel
10. *A. et V. poplitea* – Kniekehlarterie und -vene
11. *M. popliteus* – Kniekehlmuskel
12. *M. flexor digitalis lateralis* – lateraler Zehenbeuger
13. *M. soleus* – Schollenmuskel
14. *M. flexor digitalis superficialis* – oberflächlicher Zehenbeuger
15. *Insertio mi. semitendinosi et mi. gracilis* – Ansatz des halbsehnigen Muskels und des schlanken Schenkelmuskels
16. *Caput mediale mi. gastrocnemii* – medialer Kopf des Wadenmuskels
17. *Caput laterale mi. gastrocnemii* – lateraler Kopf des Wadenmuskels
18. *Rami ni. sapheni* – Äste des verborgenen Nerven
19. *A. saphena* – verborgene Arterie
20. *V. saphena medialis* – mediale verborgene Vene
21. *N. tibialis* – Schienbeinnerv
22. *N. peroneus communis* – gemeinsamer Wadenbeinnerv
23. *Rami a. et v. caudalis femoris* – Äste der kaudalen Oberschenkelarterie und -vene
24. *N. cutaneus surae caudalis* – kaudaler Wadenhautnerv
25. *M. extensor digitalis longus* – langer Zehenstrecker
26. *M. extensor digitalis lateralis* – lateraler Zehenstrecker
27. *M. flexor digitalis lateralis* – lateraler Zehenbeuger
28. *M. tibialis caudalis* – kaudaler Schienbeinmuskel
29. *Tendo mi. tricipitis surae* – Sehne des dreiköpfigen Wadenmuskels
30. *Ramus a. et v. caudalis femoris (V. saphena lateralis)* – Ast der kaudalen Oberschenkelarterie und -vene
31. *A. et V. tibialis caudalis* – kaudale Schienbeinarterie- und -vene
32. *A. et V. tibialis cranialis* – kraniale Schienbeinarterie und -vene
33. *N. peroneus profundus* – tiefer Wadenbeinnerv
34. *N. peroneus superficialis* – oberflächlicher Wadenbeinnerv
35. *Tendo solei* – Sehne des Schollenmuskels
36. *Fibula* – Wadenbein
37. *Ramus communicans a. caudalis femoris et a. saphenae* – Verbindungsast der kaudalen Oberschenkelarterie und der verborgenen Arterie

Pferd. Präparation des Unterschenkels und des distalen Endes der Beckengliedmaße, Ansicht von lateral. Tiefe Schicht.

Abbildung 161

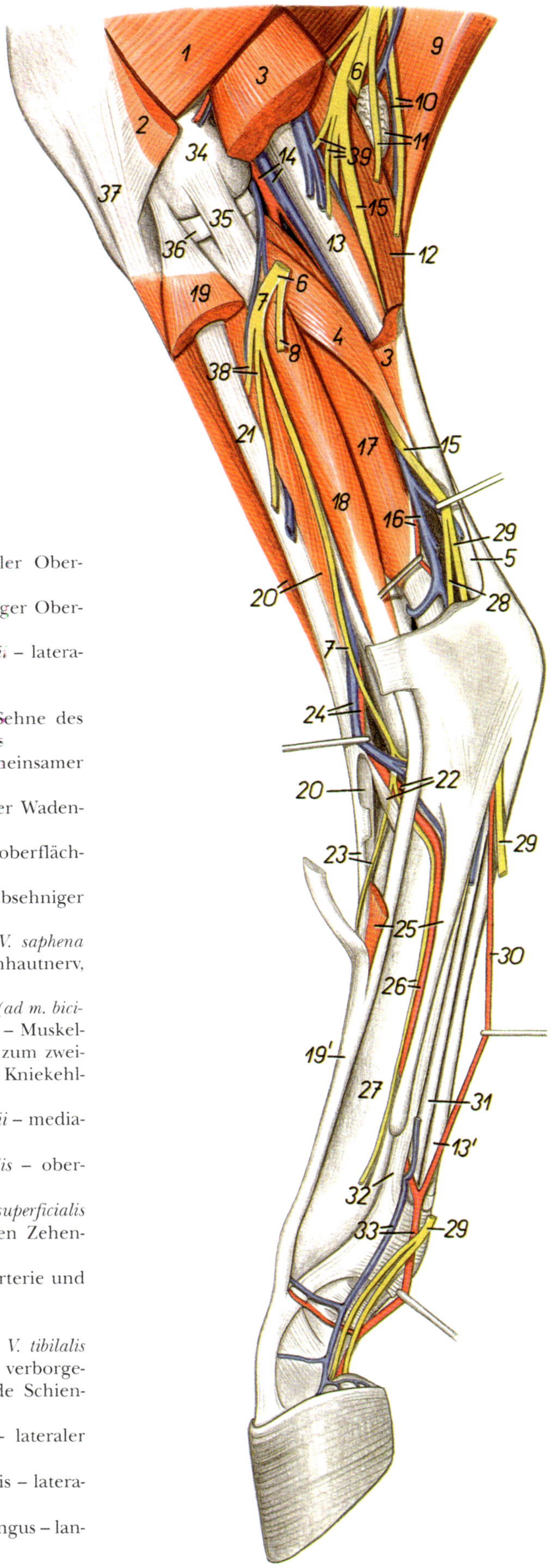

1. *M. vastus lateralis* – lateraler Oberschenkelmuskel
2. *M. biceps femoris* – zweiköpfiger Oberschenkelmuskel
3. *Caput laterale mi. gastrocnemii* – lateraler Kopf des Wadenmuskels
4. *M. soleus* – Schollenmuskel
5. *Tendo mi. tricipitis surae* – Sehne des dreiköpfigen Wadenmuskels
6. *N. peroneus communis* – gemeinsamer Wadenbeinnerv
7. *N. peroneus profundus* – tiefer Wadenbeinnerv
8. *N. peroneus superficialis* – oberflächlicher Wadenbeinnerv
9. *M. semitendinosus* – halbsehniger Muskel
10. *N. cutaneus surae caudalis, V. saphena lateralis* – kaudaler Wadenhautnerv, laterale verborgene Vene
11. *Ramus muscularis ni. peronei (ad m. bicipitem), Lnn. poplitei profundi* – Muskelast des Wadenbeinnerven (zum zweiköpfigen Muskel), tiefe Kniekehllymphknoten
12. *Caput mediale mi. gastrocnemii* – medialer Kopf des Wadenmuskels
13. *M. flexor digitalis superficialis* – oberflächlicher Zehenbeuger

13'. *Tendo mi. flexoris digitalis superficialis* – Sehne des oberflächlichen Zehenbeugers

14. *A. et V. poplitea* – Kniekehlarterie und -vene
15. *N. tibialis* – Schienbeinnerv
16. *Ramus caudalis a. saphenae, V. tibilalis recurrens* – kaudaler Ast der verborgenen Arterie, zurücklaufende Schienbeinvene
17. *M. flexor digitalis lateralis* – lateraler Zehenbeuger
18. M. extensor digitalis lateralis – lateraler Zehenstrecker

19., 19'. M. extensor digitalis longus – langer Zehenstrecker

20. *M. tibialis cranialis* – kranialer Schienbeinmuskel
21. *M. peroneus tertius* – dritter Wadenbeinmuskel
22. *Crus laterale mi. peronei tertii, A. tarsea perforans* – lateraler Schenkel des 3. Wadenbeinmuskels, durchbohrende Arterie der Hinterfußwurzel
23. *Crus intermedium mi. peronei tertii, N. metatarseus dorsalis II* – mittlerer Schenkel des dritten Wadenbeinmuskels, 2. dorsaler Hintermittelfußnerv
24. *A. et V. tibialis cranialis* – kraniale Schienbeinarterie und -vene
25. *M. extensor digitalis brevis, Os metatarsale IV* – kurzer Zehenstrecker, 4. Hintermittelfußknochen
26. *A. metatarsea dorsalis III, N. metatarseus dorsalis III* – 3. dorsale Hintermittelfußarterie, 3. dorsaler Hintermittelfußnerv
27. *Os metatarsale III* – 3. Hintermittelfußknochen
28. *N. plantaris medialis* – medialer Plantarnerv
29. *N. plantaris lateralis* – lateraler Plantarnerv
30. *A. plantaris lateralis* – laterale Plantararterie
31. *Tendo mi. flexoris digitalis profundi* – Sehne des tiefen Zehenbeugers
32. *M. interosseus* – Zwischenknochenmuskel
33. *A. et V. digitalis lateralis* – laterale Zehenarterie und -vene
34. *Condylus lateralis ossis femoris* – lateraler Gelenkknorren des Oberschenkelbeines
35. *Lig. collaterale laterale* – laterales Seitenband
36. *Meniscus lateralis* – lateraler Faserknorpel des Kniekehlgelenkes
37. *Lig. patellae laterale* – laterales Kniescheibenband
38. *Rami musculares ni. peronei* – Muskeläste des Wadenbeinnerven
39. *Rami musculares ni. tibialis* – Muskeläste des Schienbeinnerven

Abbildung 162

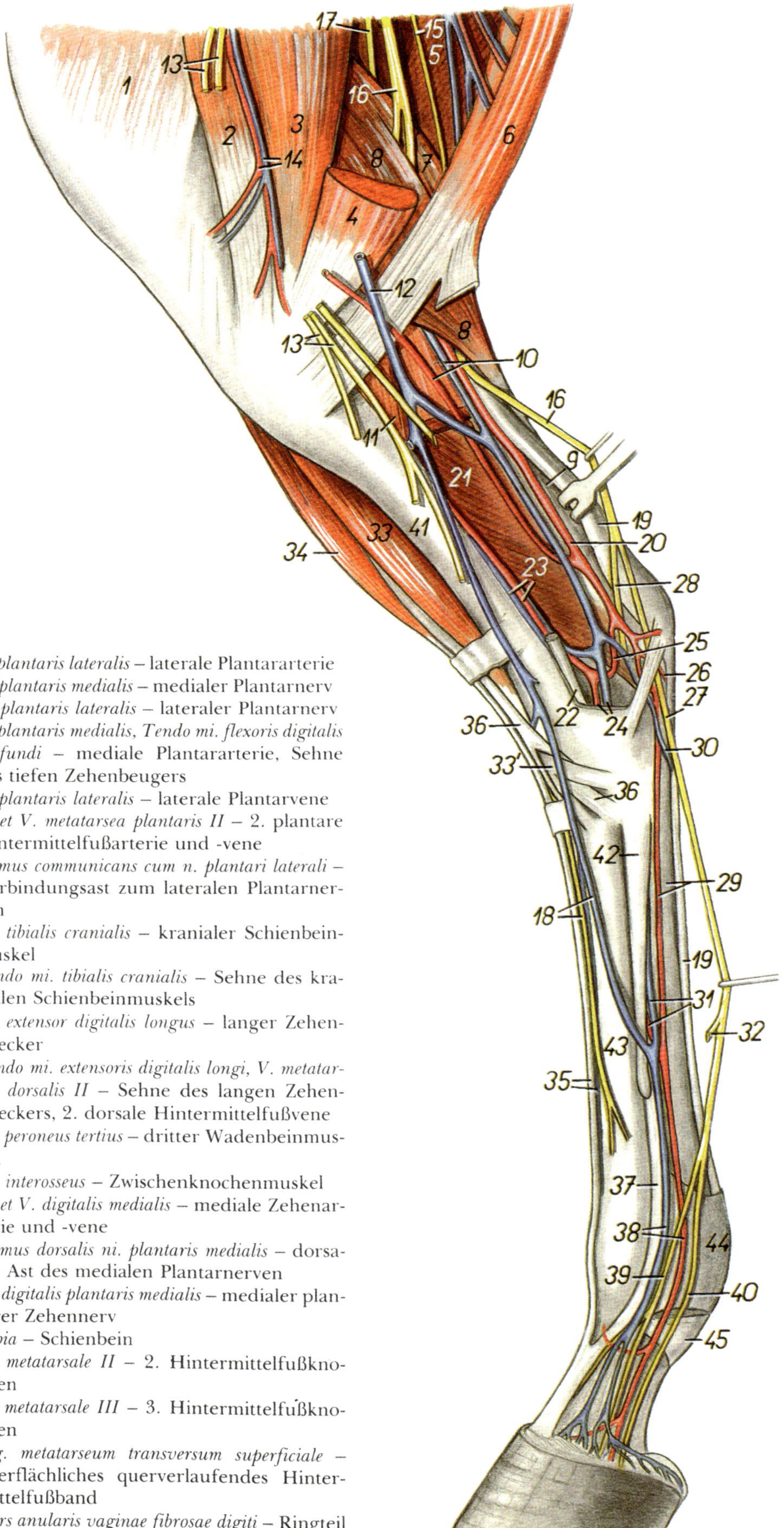

1. *M. vastus medialis* – medialer Oberschenkelmuskel
2. *M. sartorius* – Schneidermuskel
3. *M. adductor* – Einwärtszieher
4. *M. semimembranosus* – halbhäutiger Muskel
5. *M. biceps femoris* – zweiköpfiger Oberschenkelmuskel
6. *M. semitendinosus* – halbsehniger Muskel
7. *Caput laterale mi. gastrocnemii* – lateraler Kopf des Wadenmuskels
8. *Caput mediale mi. gastrocnemii* – medialer Kopf des Wadenmuskels
9. *Tendo mi. tricipitis surae* – Sehne des dreiköpfigen Wadenmuskels
10. *A. saphena, Ramus v. caudalis femoris* – verborgene Arterie, Ast der kaudalen Oberschenkelvene
11. *M. popliteus* – Kniekehlmuskel
12. *V. saphena medialis* – mediale verborgene Vene
13. *N. saphenus* – verborgener Nerv
14. *A. et V. genus descendens* – absteigende Kniearterie und -vene
15. *N. cutaneus surae caudalis* – kaudaler Wadenhautnerv
16. *N. tibialis* – Schienbeinnerv
17. *N. peroneus communis* – gemeinsamer Wadenbeinnerv
18. *N. metatarseus dorsalis II, V. digitalis dorsalis communis II* – 2. dorsaler Hintermittelfußnerv, 2. dorsale gemeinsame Zehenvene
19. *Tendo mi. flexoris digitalis superficialis* – Sehne des oberflächlichen Zehenbeugers
20. *Ramus communicans a. saphenae et a. caudalis femoris* – Verbindungsast der verborgenen Arterie und der kaudalen Oberschenkelarterie
21. *M. flexor digitalis lateralis* – lateraler Zehenbeuger
22. *M. flexor digitalis medialis* – medialer Zehenbeuger
23. *A. et V. tibialis caudalis* – kaudale Schienbeinarterie und -vene
24. *A. et V. malleolaris caudalis lateralis* – kaudale Arterie und Vene des lateralen Knöchels
25. *Ramus anastomoticus cum a. saphena, Ramus caudalis v. saphenae medialis* – Verbindungsast zur verborgenen Arterie, Kaudalast der medialen verborgenen Vene
26. *A. plantaris lateralis* – laterale Plantararterie
27. *N. plantaris medialis* – medialer Plantarnerv
28. *N. plantaris lateralis* – lateraler Plantarnerv
29. *A. plantaris medialis, Tendo mi. flexoris digitalis profundi* – mediale Plantararterie, Sehne des tiefen Zehenbeugers
30. *V. plantaris lateralis* – laterale Plantarvene
31. *A. et V. metatarsea plantaris II* – 2. plantare Hintermittelfußarterie und -vene
32. *Ramus communicans cum n. plantari laterali* – Verbindungsast zum lateralen Plantarnerven
33. *M. tibialis cranialis* – kranialer Schienbeinmuskel

33'. *Tendo mi. tibialis cranialis* – Sehne des kranialen Schienbeinmuskels

34. *M. extensor digitalis longus* – langer Zehenstrecker
35. *Tendo mi. extensoris digitalis longi, V. metatarsea dorsalis II* – Sehne des langen Zehenstreckers, 2. dorsale Hintermittelfußvene
36. *M. peroneus tertius* – dritter Wadenbeinmuskel
37. *M. interosseus* – Zwischenknochenmuskel
38. *A. et V. digitalis medialis* – mediale Zehenarterie und -vene
39. *Ramus dorsalis ni. plantaris medialis* – dorsaler Ast des medialen Plantarnerven
40. *N. digitalis plantaris medialis* – medialer plantarer Zehennerv
41. *Tibia* – Schienbein
42. *Os metatarsale II* – 2. Hintermittelfußknochen
43. *Os metatarsale III* – 3. Hintermittelfußknochen
44. *Lig. metatarseum transversum superficiale* – oberflächliches querverlaufendes Hintermittelfußband
45. *Pars anularis vaginae fibrosae digiti* – Ringteil der faserigen Zehenscheide

Pferd. Topographie der Arterien am Unterschenkel und am distalen Ende der Beckengliedmaße, Ansicht von medial (nach einer Röntgenaufnahme).

Abbildung 163

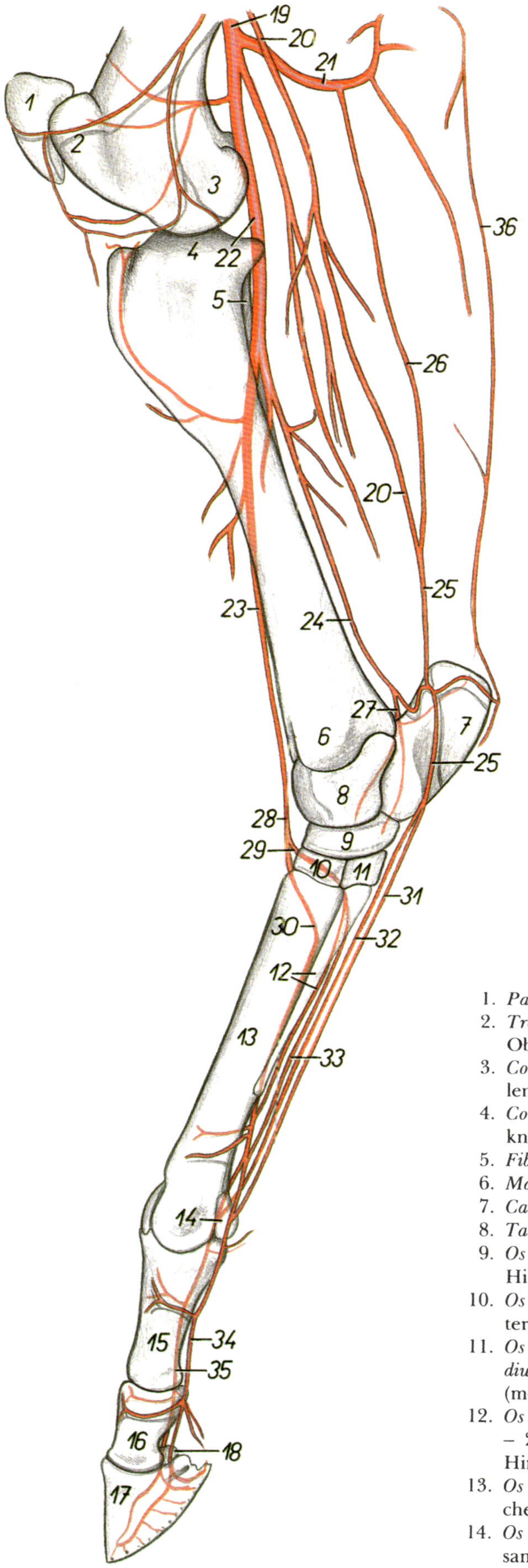

1. *Patella* – Kniescheibe
2. *Trochlea ossis femoris* – Gelenkrolle des Oberschenkelbeines
3. *Condylus medialis ossis femoris* – medialer Gelenkknorren des Oberschenkelbeines
4. *Condylus medialis tibiae* – medialer Gelenkknorren des Schienbeines
5. *Fibula* – Wadenbein
6. *Malleolus medialis* – medialer Knöchel
7. *Calcaneus* – Fersenbein
8. *Talus* – Rollbein
9. *Os tarsi centrale (Os naviculare)* – zentraler Hinterfußwurzelknochen (Kahnbein)
10. *Os tarsale III (Os cuneiforme laterale)* – 3. Hinterfußwurzelknochen (laterales Keilbein)
11. *Os tarsale I et II (Os cuneiforme mediointermedium)* – 1. und 2. Hinterfußwurzelknochen (mediales mittleres Keilbein)
12. *Os metatarsale II, A. metatarsea plantaris III* – 2. Hintermittelfußknochen, 3. plantare Hintermittelfußarterie
13. *Os metatarsale III* – 3. Hintermittelfußknochen
14. *Os sesamoideum proximale* – proximales Sesambein
15. *Phalanx proximalis (Os compedale)* – proximales Zehenglied (Fesselbein)
16. *Phalanx media (Os coronale)* – mittleres Zehenglied (Kronbein)
17. *Phalanx distalis (Os ungulare)* – distales Zehenglied (Hufbein)
18. *Os sesamoideum distale* – distales Sesambein
19. *A. femoralis* – Oberschenkelarterie
20. *A. saphena* – verborgene Arterie
21. *A. caudalis femoris* – kaudale Oberschenkelarterie
22. *A. poplitea* – Kniekehlarterie
23. *A. tibialis cranialis* – kraniale Schienbeinarterie
24. *A. tibialis caudalis* – kaudale Schienbeinarterie
25. *Ramus caudalis a. saphenae* – kaudaler Ast der verborgenen Arterie
26. *Ramus communicans a. caudalis femoris et a. saphenae* – Verbindungsast zwischen der kaudalen Oberschenkelarterie und der verborgenen Arterie
27. *A. malleolaris caudalis lateralis* – kaudale Arterie des lateralen Knöchels
28. *A. dorsalis pedis* – dorsale Fußarterie
29. *A. tarsea perforans* – durchbohrende Hinterfußwurzelarterie
30. *A. metatarsea dorsalis III* – 3. dorsale Hintermittelfußarterie
31. *A. plantaris medialis* – mediale Plantararterie
32. *A. plantaris lateralis* – laterale Plantararterie
33. *A. metatarsea plantaris II* – 2. plantare Hintermittelfußarterie
34. *A. digitalis medialis* – mediale Zehenarterie
35. *A. digitalis lateralis* – laterale Zehenarterie
36. *Ramus a. profundae femoris* – Ast der tiefen Oberschenkelarterie

Pferd. Huf. Links, vollständige Hufkapsel, Plantar- oder Sohlenfläche. Rechts, Lateralansicht des Hufes ohne Kapsel.

Abbildung 164

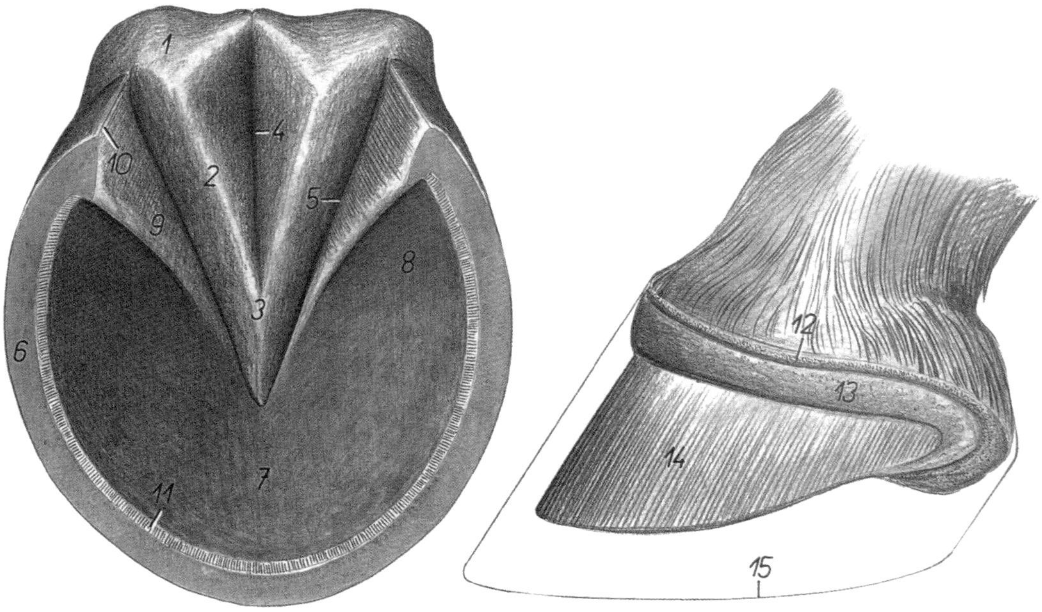

1. *Torus corneus* – Hufpolster
2. *Crus cunei mediale* – medialer Strahlschenkel
3. *Apex cunei* – Strahlspitze
4. *Sulcus cunealis centralis* – mittlere Strahlfurche
5. *Sulcus paracunealis lateralis* – laterale seitliche Strahlfurche
6. *Paries ungulae* – Hufwand
7. *Corpus soleae* – Körper der Hufsohle
8. *Crus soleae ungulae* – Äste der Hufsohle
9. *Pars inflexa medialis* – medialer Eckstrebenteil
10. *Angulus ungulae* – Hufwinkel
11. *Zona alba (Linea alba)* – weiße Linie
12. *Corium limbi (s. limitans)* – Saumlederhaut
13. *Corium coronae* – Kronlederhaut
14. *Corium parietis* – Wandlederhaut
15. *Contura capsulae ungulae* – Umriß der Hufkapsel

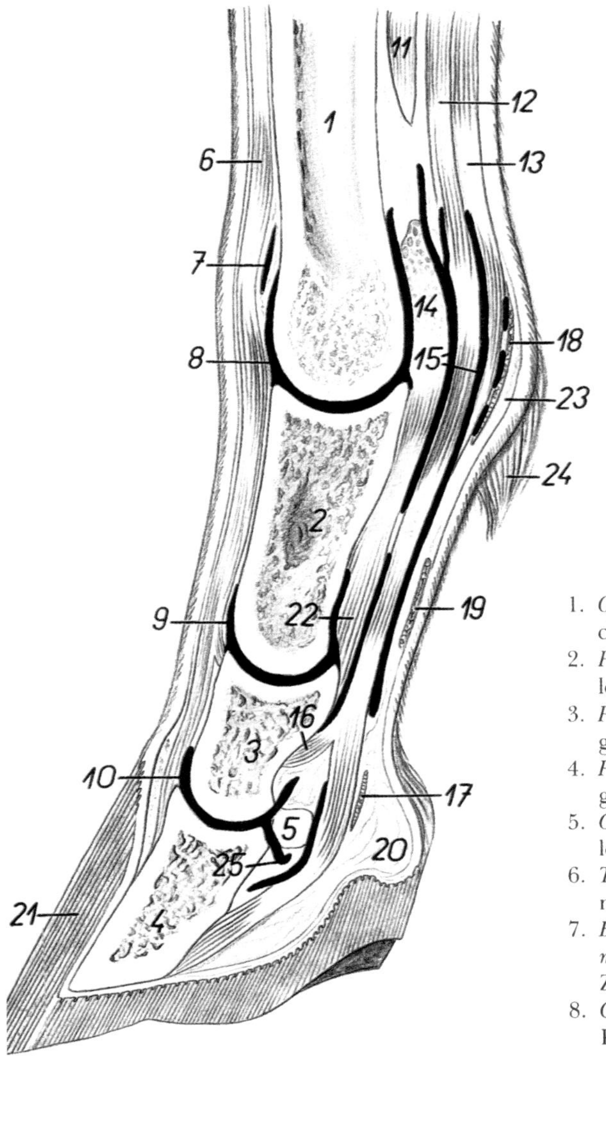

Pferd. Sagitalschnitt durch den distalen Abschnitt der Schultergliedmaße (nach Zietzschmann).

Abbildung 165

1. *Os metacarpale III* – 3. Hintermittelfußknochen
2. *Phalanx proximalis (Os compedale)* – proximales Zehenglied (Fesselbein)
3. *Phalanx media (Os coronale)* – mittleres Zehenglied (Kronbein)
4. *Phalanx distalis (Os ungulare)* – distales Zehenglied (Hufbein)
5. *Os sesamoideum distale* – Sesambein des distalen Zehengliedes
6. *Tendo mi. extensoris digitalis communis* – Sehne des gemeinsamen Zehenstreckers
7. *Bursa subtendinea mi. extensoris digitalis communis* – unter der Sehne des gemeinsamen Zehenstreckers gelegener Schleimbeutel
8. *Capsula articulationis metacarpophalangeae* – Kapsel des Hintermittelfuß-Zehengelenkes
9. *Capsula articulationis interphalangeae proximalis* – Kapsel des proximalen Zehengelenkes
10. *Capsula articulationis interphalangeae distalis* – Kapsel des distalen Zehengelenkes
11. *M. interosseus* – Zwischenknochenmuskel
12. *M. flexor digitalis profundus (Tendo)* – tiefer Zehenbeuger (Sehne)
13. *M. flexor digitalis superficialis* – oberflächlicher Zehenbeuger
14. *Lig. palmare (s. intersesamoideum)* – Palmarband (o. Zwischensesambeinband)
15. *Vagina tendinis synovialis* – Sehnenscheide
16. *Crus coronale mi. flexoris digitalis profundi* – Kronbeinschenkel des tiefen Zehenbeugers
17. *Fascia terminalis digiti* – Zehenfaszie
18. *Lig. metacarpeum transversum superficiale* – oberflächliches querverlaufendes Vordermittelfußband
19. *Pars anularis vaginae fibrosae digiti* – Ringteil der faserigen Zehenscheide
20. *Tela subcutanea cunei* – Ballenpolster
21. *Capsula ungulae* – Hufkapsel
22. *Lig. sesamoideum rectum* – gerades Sesambeinband
23. *Torus metacarpeus* – Sporn
24. *Cirrus metacarpalis* – Kötenschopf
25. *Bursa podotrochlearis* – Fußrollenschleimbeutel

Hund. Skelett der Schultergliedmaße, Ansicht von medial.

Abbildung 166

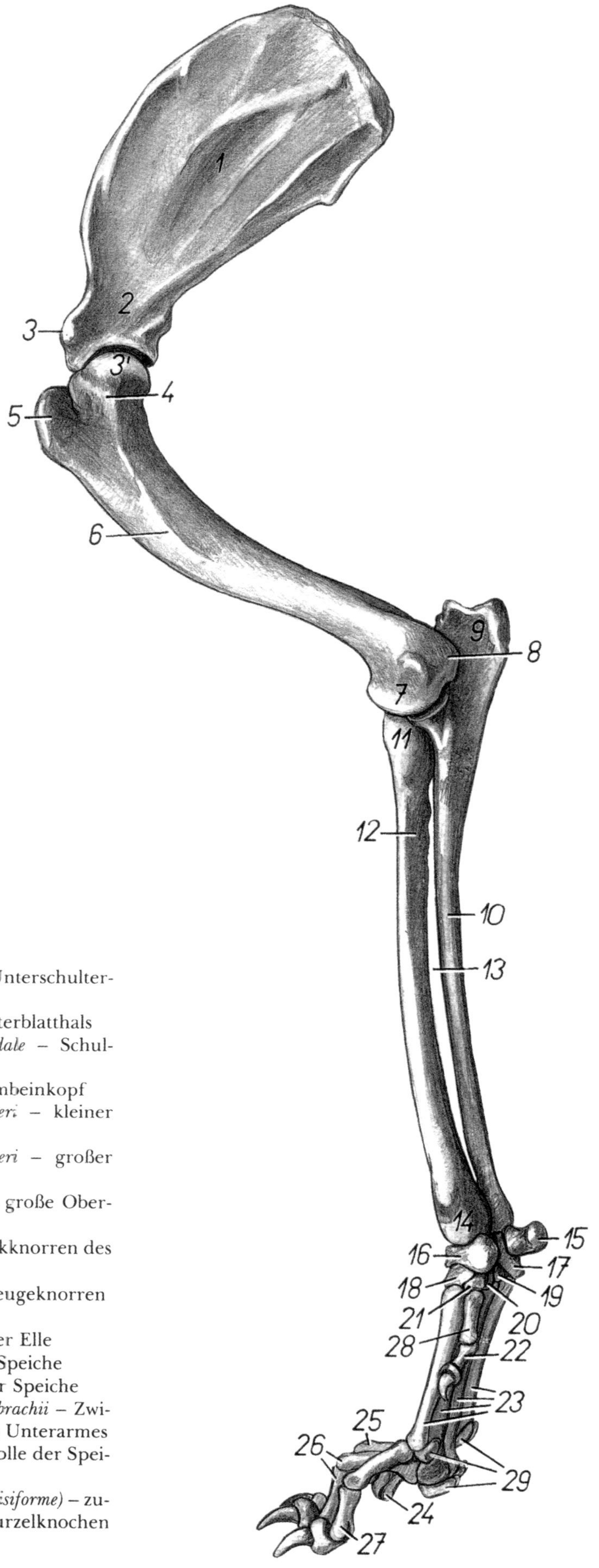

1. *Fossa subscapularis* – Unterschulterblattgrube
2. *Collum scapulae* – Schulterblatthals
3. *Tuberculum supraglenoidale* – Schulterblattbeule

3'. *Caput humeri* – Oberarmbeinkopf

4. *Tuberculum minus humeri* – kleiner Oberarmbeinhöcker
5. *Tuberculum majus humeri* – großer Oberarmbeinhöcker
6. *Tuberositas teres major* – große Oberarmbeinnarbe
7. *Condylus humeri* – Gelenkknorren des Oberarmbeines
8. *Epicondylus medialis* – Beugeknorren
9. *Olecranon* – Ellbogen
10. *Corpus ulnae* – Schaft der Elle
11. *Caput radii* – Kopf der Speiche
12. *Corpus radii* – Schaft der Speiche
13. *Spatium interosseum antebrachii* – Zwischenknochenraum des Unterarmes
14. *Trochlea radii* – Gelenkrolle der Speiche
15. *Os carpi accessorium (Os pisiforme)* – zusätzlicher Vorderfußwurzelknochen (Erbsenbein)
16. *Os carpi intermedioradiale (Os scapholunatum)* – mittlerer radialer Vorderfußwurzelknochen (Kahn-Mondbein)
17. *Os carpi ulnare (Os triquetrum)* – ulnarer Vorderfußwurzelknochen (Dreiecksbein)
18. *Os carpale II (Os trapezoideum)* – 2. Vorderfußwurzelknochen (trapezförmiger Knochen)
19. *Os carpale IV (Os hamatum)* – 4. Vorderfußwurzelknochen (Hakenbein)
20. *Os carpale III (Os capitatum)* – 3. Vorderfußwurzelknochen (Kopfbein)
21. *Os carpale I (Os trapezium* – 1. Vorderfußwurzelknochen (Trapezbein)
22. *Digitus I* – 1. Zehe
23. *Ossa metacarpalia II – V* – 2.–5. Vordermittelfußknochen
24. *Digitus V* – 5. Zehe
25. *Digitus IV* – 4. Zehe
26. *Digitus III* – 3. Zehe
27. *Digitus II* – 2. Zehe
28. *Os metacarpale I* – 1. Vordermittelfußknochen
29. *Ossa sesamoidea proximalia* – proximale Sesambeine

Hund. Skelett des distalen Endes der Schultergliedmaße, Ansicht von dorsal.

Abbildung 167

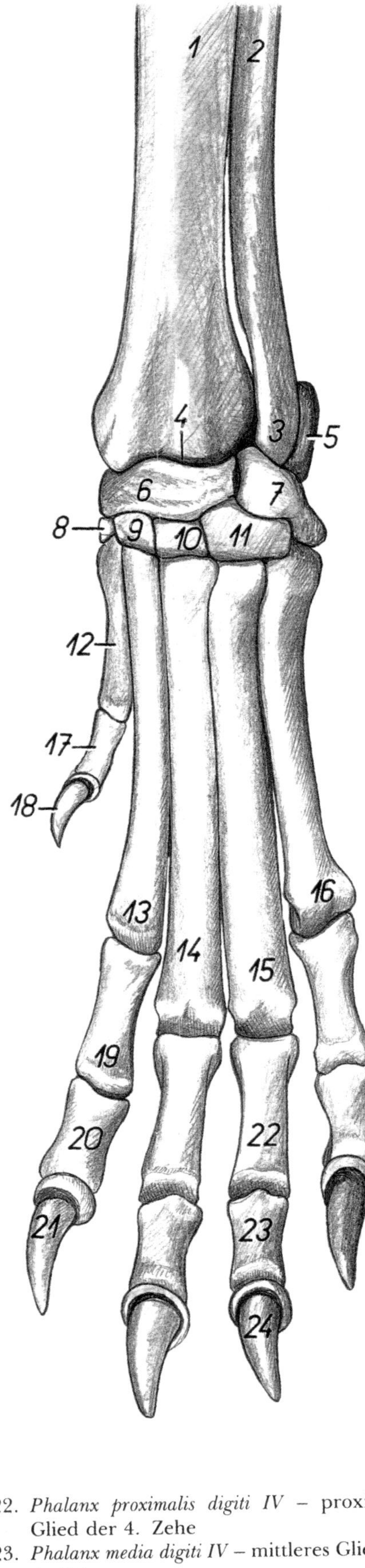

1. *Corpus radii* – Schaft der Speiche
2. *Corpus ulnae* – Schaft der Elle
3. *Caput ulnae* – Kopf der Elle
4. *Trochlea radii* – Gelenkrolle der Speiche
5. *Os carpi accessorium (Os pisiforme)* – zusätzlicher Vorderfußwurzelknochen (Erbsenbein)
6. *Os carpi intermedioradiale (Os scapholunatum)* – mittlerer radialer Vorderfußwurzelknochen (Kahn-Mondbein)
7. *Os carpi ulnare (Os triquetrum)* – ulnarer Vorderfußwurzelknochen (Dreiecksbein)
8. *Os carpale I (Os trapezium)* – 1. Vorderfußwurzelknochen (Trapezbein)
9. *Os carpale II (Os trapezoideum)* – 2. Vorderfußwurzelknochen (trapezförmiger Knochen)
10. *Os carpale III (Os capitatum)* – 3. Vorderfußwurzelknochen (Kopfbein)
11. *Os carpale IV (Os hamatum)* – 4. Vorderfußwurzelknochen (Hakenbein)
12. *Os metacarpale I* – 1. Vordermittelfußknochen
13. *Os metacarpale II* – 2. Vordermittelfußknochen
14. *Os metacarpale III* – 3. Vordermittelfußknochen
15. *Os metacarpale IV* – 4. Vordermittelfußknochen
16. *Os metacarpale V* – 5. Vordermittelfußknochen
17. *Phalanx proximalis digiti I* – proximales Glied der 1. Zehe
18. *Phalanx distalis digiti I* – distales Glied der 1. Zehe
19. *Phalanx proximalis digiti II* – proximales Glied der 2. Zehe
20. *Phalanx media digiti II* – mittleres Glied der 2. Zehe
21. *Phalanx distalis digiti II* – distales Glied der 2. Zehe
22. *Phalanx proximalis digiti IV* – proximales Glied der 4. Zehe
23. *Phalanx media digiti IV* – mittleres Glied der 4. Zehe
24. *Phalanx distalis digiti IV* – distaler Glied der 4. Zehe

Abbildung 168

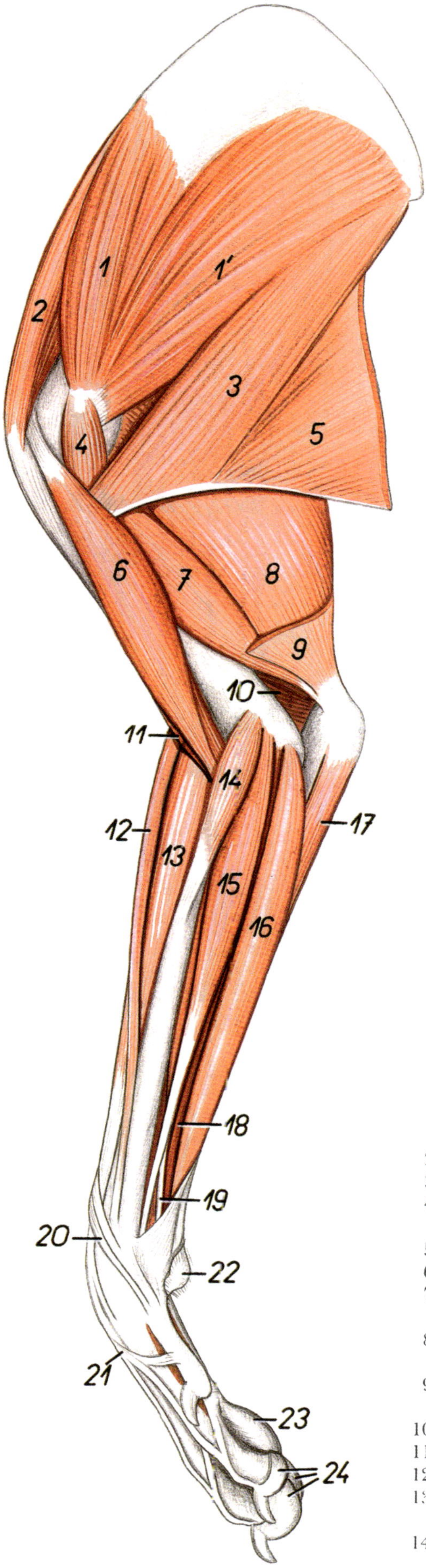

1., 1'. *M. subscapularis* – Unterschulterblattmuskel
2. *M. supraspinatus* – Übergrätenmuskel
3. *M. teres major* – großer Rundmuskel
4. *M. coracobrachialis* – Rabenschnabel-Armmuskel
5. *M. latissimus dorsi* – breiter Rückenmuskel
6. *M. biceps brachii* – zweiköpfiger Armmuskel
7. *Caput mediale mi. tricipitis brachii* – medialer Kopf des dreiköpfigen Muskels
8. *Caput longum mi. tricipitis brachii* – langer Kopf des dreiköpfigen Muskels
9. *M. tensor fasciae antebrachii* – Spanner der Unterarmfaszie
10. *M. anconeus* – Ellbogenhöckermuskel
11. *M. brachialis* – Armmuskel
12. *M. brachioradialis* – langer Auswärtsdreher
13. *M. extensor carpi radialis* – radialer Strecker des Vorderfußwurzelgelenkes
14. *M. pronator teres* – runder Einwärtsdreher
15. *M. flexor carpi radialis* – radialer Beuger des Vorderfußwurzelgelenkes
16. *M. flexor digitorum superficialis* – oberflächlicher Beuger der Zehen
17. *Caput ulnare mi. flexoris carpi ulnaris* – Ellenkopf des ulnaren Beugers des Vorderfußwurzelgelenkes
18. *Caput humerale mi. flexoris digitorum profundi* – Oberarmkopf des tiefen Zehenbeugers
19. *Caput radiale mi. flexoris digitorum profundi* – Speichenkopf des tiefen Zehenbeugers
20. *M. abductor digiti I longus* – langer Abzieher der ersten Zehe
21. *M. extensor digitorum communis* – gemeinsamer Zehenstrecker
22. *Torus (pulvinus) carpalis* – Vorderfußwurzelballen
23. *Torus (pulvinus) metacarpalis* – Vordermittelfußballen
24. *Toruli (pulvini) digitales* – Zehenballen

Hund. Muskeln der Schultergliedmaße, Ansicht von lateral.

Abbildung 169

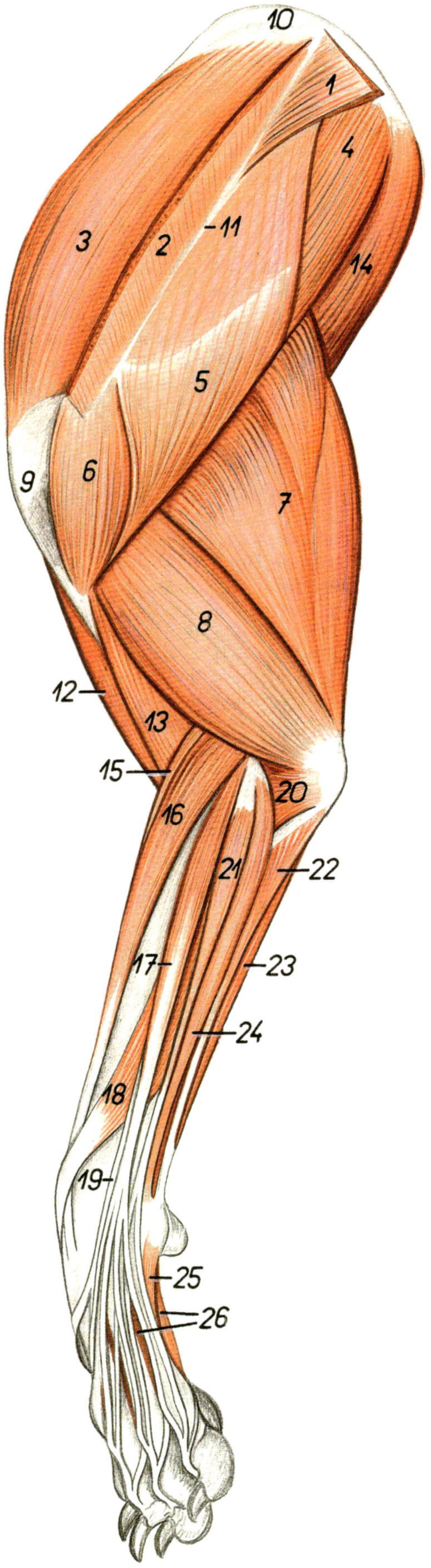

1. *Pars thoracica mi. trapezii* – Brustteil des trapezförmigen Muskels
2. *Pars cervicalis mi. trapezii* – Halsteil des trapezförmigen Muskels
3. *M. supraspinatus* – Übergrätenmuskel
4. *M. infraspinatus* – Untergrätenmuskel
5. *Pars scapularis mi. deltoidei* – Schulterblatteil des deltaförmigen Muskels
6. *Pars acromialis mi. deltoidei* – Gräteneckteil des deltaförmigen Muskels
7. *Caput longum mi. tricipitis brachii* – langer Kopf des dreiköpfigen Armmuskels
8. *Caput laterale mi. tricipitis brachii* – lateraler Kopf des dreiköpfigen Armmuskels
9. *Tuberculum majus humeri* – großer Oberarmbeinhöcker
10. *Cartilago scapulae* – Schulterblattknorpel
11. *Spina scapulae* – Schulterblattgräte
12. *M. biceps brachii* – zweiköpfiger Oberarmmuskel
13. *M. brachialis* – Armmuskel
14. *M. teres major* – großer Rundmuskel
15. *M. brachioradialis* – langer Auswärtsdreher
16. *M. extensor carpi radialis* – radialer Strecker des Vorderfußwurzelgelenkes
17. *M. extensor digitorum communis* – gemeinsamer Zehenstrecker
18. *M. abductor digiti I* – Abzieher der 1. Zehe
19. *M. extensor digiti I et II* – Strecker der 1. und 2. Zehe
20. *M. anconeus* – Ellbogenhöckermuskel
21. *M. extensor digitorum lateralis* – lateraler Strecker der Zehen
22. *Caput ulnare mi. flexoris carpi ulnaris* – Ellenkopf des ulnaren Beugers des Vorderfußwurzelgelenkes
23. *Caput humerale mi. flexoris carpi ulnaris* – Oberarmkopf des ulnaren Beugers des Vorderfußwurzelgelenkes
24. *M. extensor carpi ulnaris* – ulnarer Strecker des Vorderfußwurzelgelenkes
25. *M. abductor digiti V* – Abzieher der 5. Zehe
26. *Mm. interossei* – Zwischenknochenmuskeln

Hund. Präparation der Schulter und des Oberarmes, Ansicht von medial.

Abbildung 170

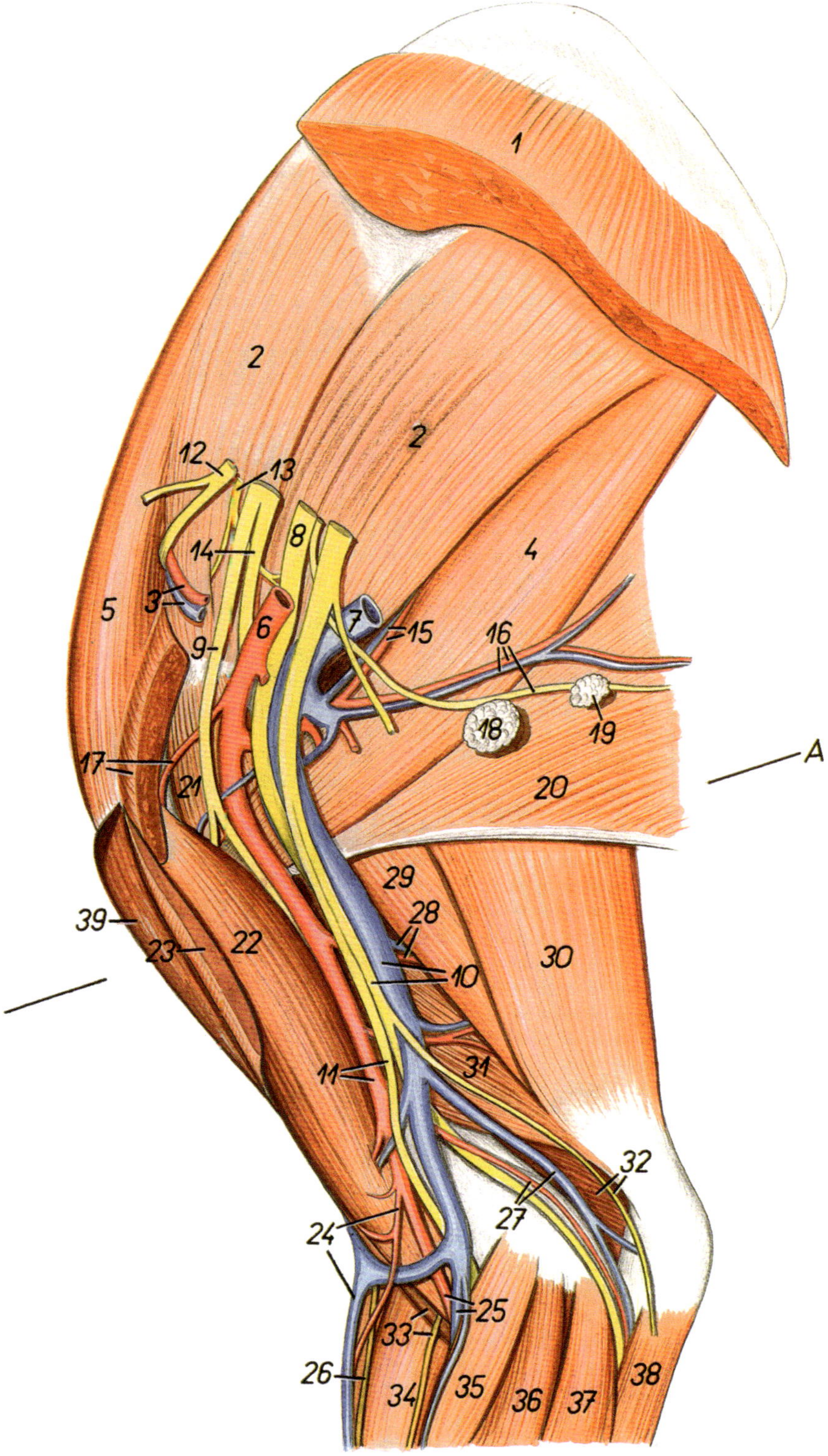

1. *M. serratus ventralis* – ventraler gesägter Muskel
2. *M. subscapularis* – Unterschulterblattmuskel
3. *A. et V. subscapularis* – Unterschulterblattarterie und -vene
4. *M. teres major* – großer Rundmuskel
5. *M. supraspinatus* – Übergrätenmuskel
6. *A. axillaris* – Achselarterie
7. *V. axillaris* – Achselvene
8. *N. radialis* – Speichennerv
9. *N. musculocutaneus* – Muskel-Hautnerv
10. *V. brachialis, N. ulnaris* – Oberarmvene, Speichennerv
11. *A. brachialis, N. medianus* Oberarmarterie, Mittelnerv
12. *N. suprascapularis* – Überschulterblattnerv
13. *N. subscapularis* – Unterschulterblattnerv
14. *N. axillaris* – Achselnerv
15. *A. et V. subscapularis* – Unterschulterblattarterie und -vene
16. *N. thoracodorsalis, A. et V. thoracodorsalis* – Brustkorb-Rückennerv, -arterie und -vene
17. *A. circumflexa humeri cranialis, M. pectoralis profundus (s. ascendens)* – kraniale Oberarmkranzarterie, tiefer (aufsteigender) Brustmuskel
18. *Lnn. axillares* – Achsellymphknoten
19. *Ln. axillaris accessorius* – zusätzlicher Achsellymphknoten
20. *M. latissimus dorsi* – breiter Rückenmuskel
21. *M. coracobrachialis* – Rabenschnabel-Oberarmmuskel
22. *M. biceps brachii* – zweiköpfiger Oberarmmuskel
23. *M. pectoralis superficialis (s. descendens)* – oberflächlicher (absteigender) Brustmuskel
24. *V. cephalica, A. brachialis superficialis* – Kopfvene des Oberarmes, oberflächliche Oberarmarterie
25. *A. et V. mediana* – Mittelarterie und -vene
26. *Ramus superficialis ni. radialis* – oberflächlicher Ast des Speichennerven
27. *A. et V. collateralis ulnaris* – Begleitarterie und -vene des Ellennerven
28. *A. et V. profunda brachii* – tiefe Oberarmarterie und -vene
29. *Caput longum mi. tricipitis brachii* – langer Kopf des dreiköpfigen Armmuskels
30. *M. tensor fasciae antebrachii* – Spanner der Unterarmfaszie
31. *Caput mediale mi. tricipitis brachii* – medialer Kopf des dreiköpfigen Armmuskels
32. *N. cutaneus antebrachii caudalis, M. anconeus* – kaudaler Unterarmhautnerv, Ellbogenhöckermuskel
33. *M. brachialis, N. cutaneus antebrachii medialis* – Armmuskel, medialer Unterarmhautnerv
34. *M. extensor carpi radialis* – radialer Strecker des Vorderfußwurzelgelenkes
35. *M. pronator teres* – runder Einwärtsdreher
36. *M. flexor carpi radialis* – radialer Beuger des Vorderfußwurzelgelenkes
37. *M. flexor digitorum superficialis* – oberflächlicher Zehenbeuger
38. *Caput ulnare mi. flexoris carpi ulnaris* – Ellenkopf des ulnaren Beugers des Vorderfußwurzelgelenkes
39. *M. brachiocephalicus (M. cleidobrachialis)* – Arm-Kopfmuskel (Schlüsselbein-Armmuskel)

Hund. Querschnitte durch den Oberarm (A) und den Unterarm (B, C). Die Höhe der Schnittebenen ist in den Abbildungen 170 und 172 eigezeichnet.

Abbildung 171

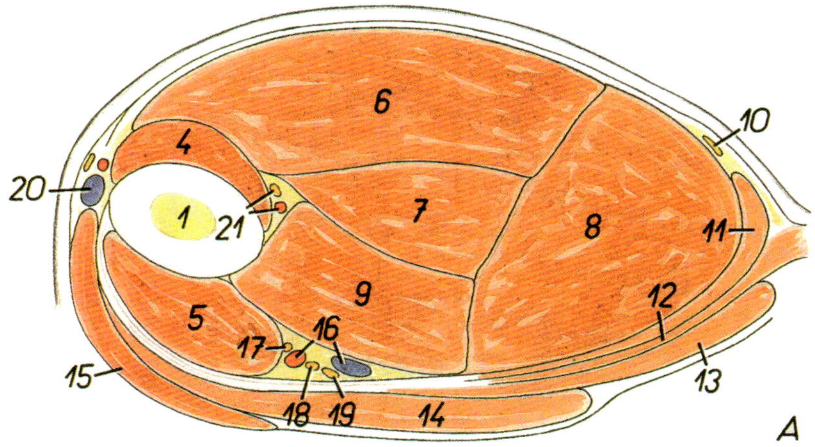

A

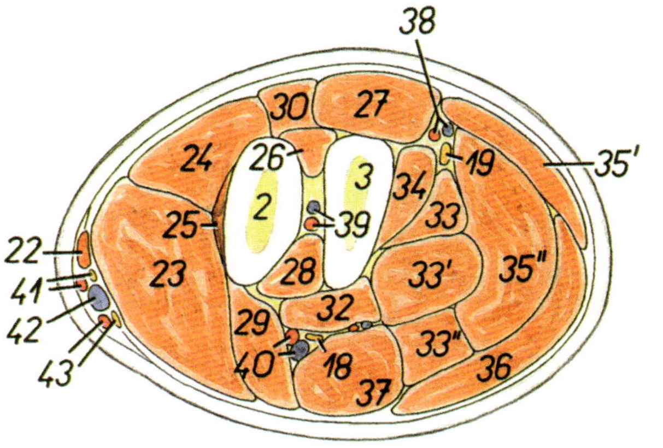

B

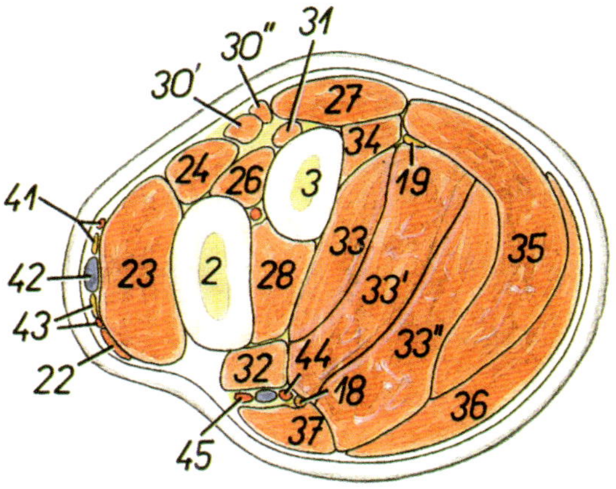

C

1. *Humerus* – Oberarmbein
2. *Radius* – Speiche
3. *Ulna* – Elle
4. *M. brachialis* – Armmuskel
5. *M. biceps brachii* – zweiköpfiger Armmuskel
6. *Caput laterale mi. tricipitis brachii* – lateraler Kopf des dreiköpfigen Armmuskels
7. *Caput accessorium mi. tricipitis brachii* – zusätzlicher Kopf des dreiköpfigen Armmuskels
8. *Caput longum mi. tricipitis brachii* – langer Kopf des dreiköpfigen Armmuskels
9. *Caput mediale mi. tricipitis brachii* – medialer Kopf des dreiköpfigen Armmuskels
10. *N. intercostobrachialis* – Zwischenrippen-Armnerv
11. *M. tensor fasciae antebrachii* – Spanner der Unterarmfaszie
12. *M. latissimus dorsi* – breiter Rückenmuskel
13. *M. pectoralis profundus (s. ascendens)* – tiefer (aufsteigender) Brustmuskel
14. *M. pectoralis superficialis (s. descendens)* – oberflächlicher (absteigender) Brustmuskel
15. *M. brachiocephalicus (M. cleidobrachialis)* – Arm-Kopfmuskel (Schlüsselbein-Armmuskel)
16. *A. et V. brachialis* – Oberarmarterie und -vene
17. *N. musculocutaneus* – Muskel-Hautnerv
18. *N. medianus* – Mittelnerv
19. *N. ulnaris* – Ellennerv
20. *V. cephalica* – Kopfvene des Oberarmes
21. *A. collateralis radialis, N. radialis* – Seitenarterie der Speiche, Speichennerv
22. *M. brachioradialis* – langer Auswärtsdreher
23. *M. extensor carpi radialis* – radialer Strecker des Vorderfußwurzelgelenkes
24. *M. extensor digitorum communis* – gemeinsamer Zehenstrecker
25. *M. supinator* – kurzer Auswärtsdreher
26. *M. abductor digiti I longus* – langer Abzieher der 1. Zehe
27. *M. extensor carpi ulnaris* – ulnarer Strecker des Vorderfußwurzelgelenkes
28. *M. pronator quadratus* – viereckiger Einwärtsdreher
29. *M. pronator teres* – runder Einwärtsdreher

30., 30'., 30". *M. extensor digitorum lateralis* – lateraler Strecker der Zehen

30'. *M. extensor digiti III et IV* – Strecker des 3. und 4. Zehe

30". *M. extensor digiti V* – Strecker der 5. Zehe

31. *M. extensor digiti I et II* – Strecker der 1. und 2. Zehe

32., 33., 34. *M. flexor digitorum profundus* – tiefer Zehenbeuger

32. *Caput radiale mi. flexoris digitorum profundi* – Speichenkopf des tiefen Zehenbeugers

33., 33'., 33". *Caput humerale mi. flexoris digitorum profundi* – Oberarmkopf des tiefen Zehenbeugers

34. *Caput ulnare mi. flexoris digitorum profundi* – Ellenkopf des tiefen Zehenbeugers

35., 35'., 35". *M. flexor carpi ulnaris* – ulnarer Beuger des Vorderfußwurzelgelenkes

35'. *Caput ulnare mi. flexoris carpi ulnaris* – Ellenkopf des ulnaren Beugers des Vorderfußwurzelgelenkes

35". *Caput humerale mi. flexoris carpi ulnaris* – Oberarmkopf des ulnaren Beugers des Vorderfußwurzelgelenkes

36. *M. flexor digitorum superficialis* – oberflächlicher Zehenbeuger
37. *M. flexor carpi radialis* – radialer Beuger des Vorderfußwurzelgelenkes
38. *A. et V. collateralis ulnaris* – Begleitarterie und -vene des Ellennerven
39. *A. et V. interossea communis* – gemeinsame Zwischenknochenarterie und -vene
40. *A. et V. mediana* – Mittelarterie und -vene
41. *A. antebrachialis superficialis cranialis, Ramus lateralis ni. radialis superficialis* – kraniale oberflächliche Unterarmarterie, lateraler Ast des oberflächlichen Speichennerven
42. *V. cephalica* – Kopfvene des Unterarmes
43. *Ramus medialis a. brachialis superficialis, Ramus medialis ni. radialis superficialis* – medialer Ast der oberflächlichen Oberarmarterie, medialer Ast des oberflächlichen Speichennerven
44. *A. mediana* – Mittelarterie
45. *A. radialis* – Speichenarterie

Abbildung 172

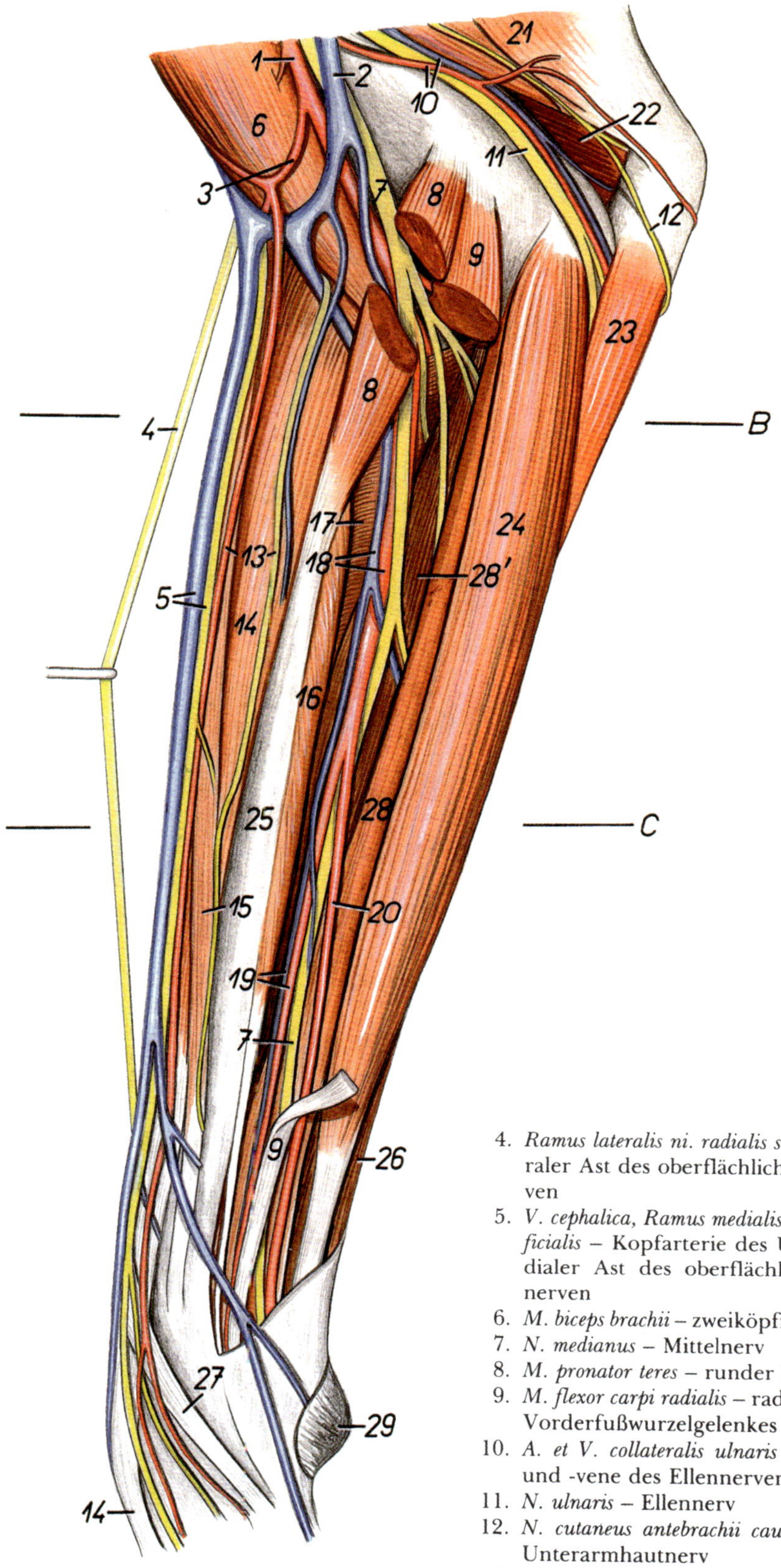

1. *A. brachialis* – Oberarmarterie
2. *V. brachialis* – Oberarmvene
3. *A. brachialis superficialis* – oberflächliche Oberarmarterie
4. *Ramus lateralis ni. radialis superficialis* – lateraler Ast des oberflächlichen Speichennerven
5. *V. cephalica, Ramus medialis ni. radialis superficialis* – Kopfarterie des Unterarmes, medialer Ast des oberflächlichen Speichennerven
6. *M. biceps brachii* – zweiköpfiger Armmuskel
7. *N. medianus* – Mittelnerv
8. *M. pronator teres* – runder Einwärtsdreher
9. *M. flexor carpi radialis* – radialer Beuger des Vorderfußwurzelgelenkes
10. *A. et V. collateralis ulnaris* – Begleitarterie und -vene des Ellennerven
11. *N. ulnaris* – Ellennerv
12. *N. cutaneus antebrachii caudalis* – kaudaler Unterarmhautnerv
13. *Ramus medialis a. brachialis superficialis, N. cutaneus antebrachii medialis* – medialer Ast der oberflächlichen Oberarmarterie, medialer Unterarmhautnerv
14. *M. extensor carpi radialis* – radialer Strecker des Vorderfußwurzelgelenkes
15. *M. brachioradialis* – langer Auswärtsdreher
16. *Caput radiale mi. flexoris digitorum profundi* – Speichenkopf des tiefen Zehenbeugers
17. *M. pronator quadratus* – viereckiger Einwärtsdreher
18. *A. et V. mediana* – Mittelarterie und -vene
19. *A. et V. radialis* – Speichenarterie und -vene
20. *A. mediana* – Mittelarterie
21. *M. tensor fasciae antebrachii* – Spanner der Unterarmfaszie
22. *M. anconeus* – Ellbogenhöckermuskel
23. *Caput ulnare mi. flexoris carpi ulnaris* – Speichenkopf des ulnaren Beugers des Vorderfußwurzelgelenkes
24. *M. flexor digitorum superficialis* – oberflächlicher Beuger der Zehen
25. *Radius* – Speiche
26. *M. flexor carpi ulnaris* – ulnarer Beuger des Vorderfußwurzelgelenkes
27. *M. abductor digiti I longus* – langer Abzieher der 1. Zehe
28., 28'. *Caput humerale mi. flexoris digitorum profundi* – Oberarmkopf des tiefen Zehenbeugers
29. *Torus (pulvinus) carpalis* – Vorderfußwurzelballen

Hund. Präparation des Unterarmes, Ansicht von lateral.

Abbildung 173

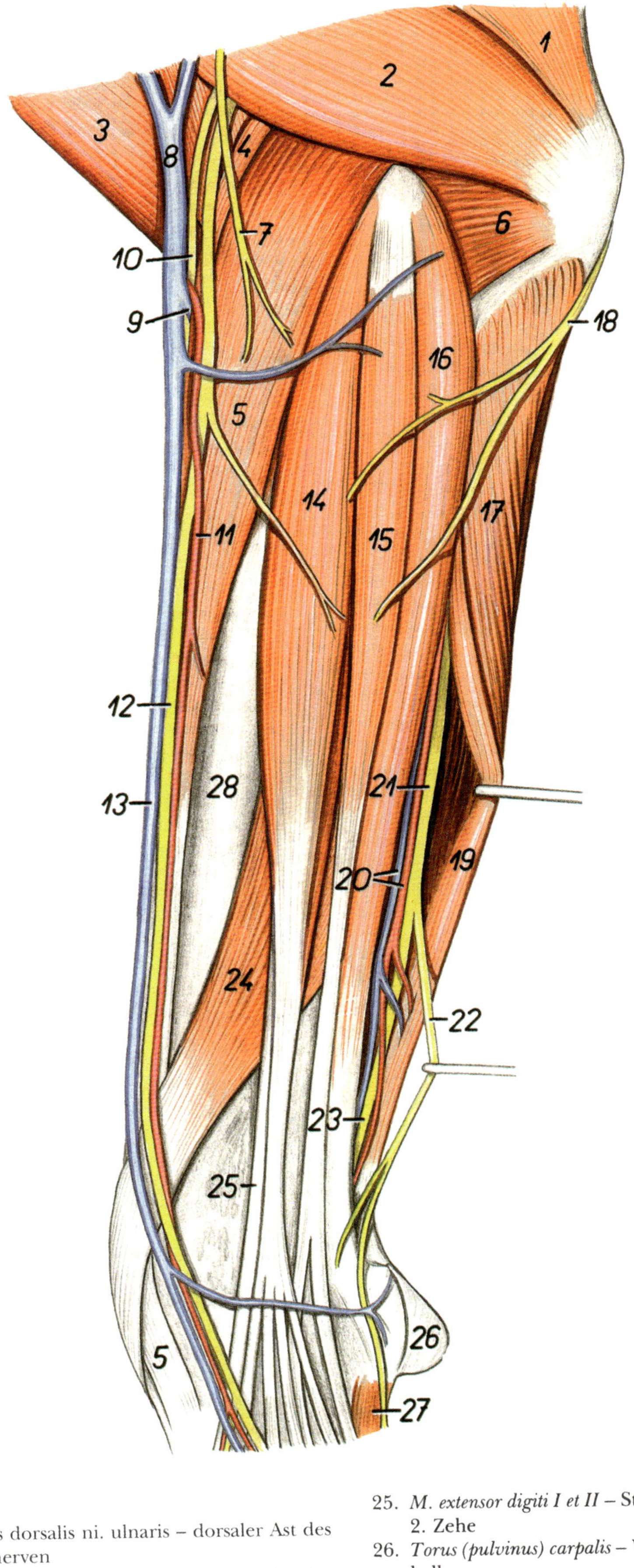

1. *Caput longum mi. tricipitis brachii* – langer Kopf des dreiköpfigen Armmuskels
2. *Caput laterale mi. tricipitis brachii* – lateraler Kopf des dreiköpfigen Armmuskels
3. *M. biceps brachii* – zweiköpfiger Armmuskel
4. *M. brachioradialis* – langer Auswärtsdreher
5. *M. extensor carpi radialis* – radialer Strecker des Vorderfußwurzelgelenkes
6. *M. anconeus* – Ellbogenhöckermuskel
7. *N. cutaneus antebrachii lateralis* – lateraler Oberarmhautnerv
8. *V. cephalica* – Kopfvene des Oberarmes
9. *V. mediana cubiti* – Mittelvene des Ellbogengelenkes
10. *Ramus medialis rami superficialis ni. radialis* – medialer Ast des oberflächlichen Speichennerven
11. *A. antebrachialis superficialis cranialis* – kraniale oberflächliche Unterarmarterie
12. *Ramus lateralis rami superficialis ni. radialis* – lateraler Ast des oberflächlichen Speichennerven
13. *V. cephalica* – Kopfvene des Unterarmes
14. *M. extensor digitorum communis* – gemeinsamer Zehenstrecker
15. *M. extensor digitorum lateralis* – lateraler Zehenstrecker
16. *M. extensor carpi ulnaris* – ulnarer Strecker des Vorderfußwurzelgelenkes
17. *Caput ulnare mi. flexoris carpi ulnaris* – Ellenkopf des ulnaren Beugers des Vorderfußwurzelgelenkes
18. *N. cutaneus antebrachii caudalis* – kaudaler Unterarmhautnerv
19. *Caput humerale mi. flexoris carpi ulnaris* – Oberarmkopf des ulnaren Beugers des Vorderfußwurzelgelenkes
20. *A. et V. collateralis ulnaris* – Begleitarterie und -vene des Ellennerven
21. *N. ulnaris* – Ellennerv
22. Ramus dorsalis ni. ulnaris – dorsaler Ast des Ellennerven
23. *Ramus palmaris ni. ulnaris* – palmarer Ast des Ellennerven
24. *M. abductor digiti I* – Abzieher der 1. Zehe
25. *M. extensor digiti I et II* – Strecker der 1. und 2. Zehe
26. *Torus (pulvinus) carpalis* – Vorderfußwurzelballen
27. *M. abductor digiti V* – Abzieher der 5. Zehe
28. *Radius* – Speiche

Hund. Präparation des distalen Abschnitts der linken Schultergliedmaße, Ansicht von dorsal.

Abbildung 174

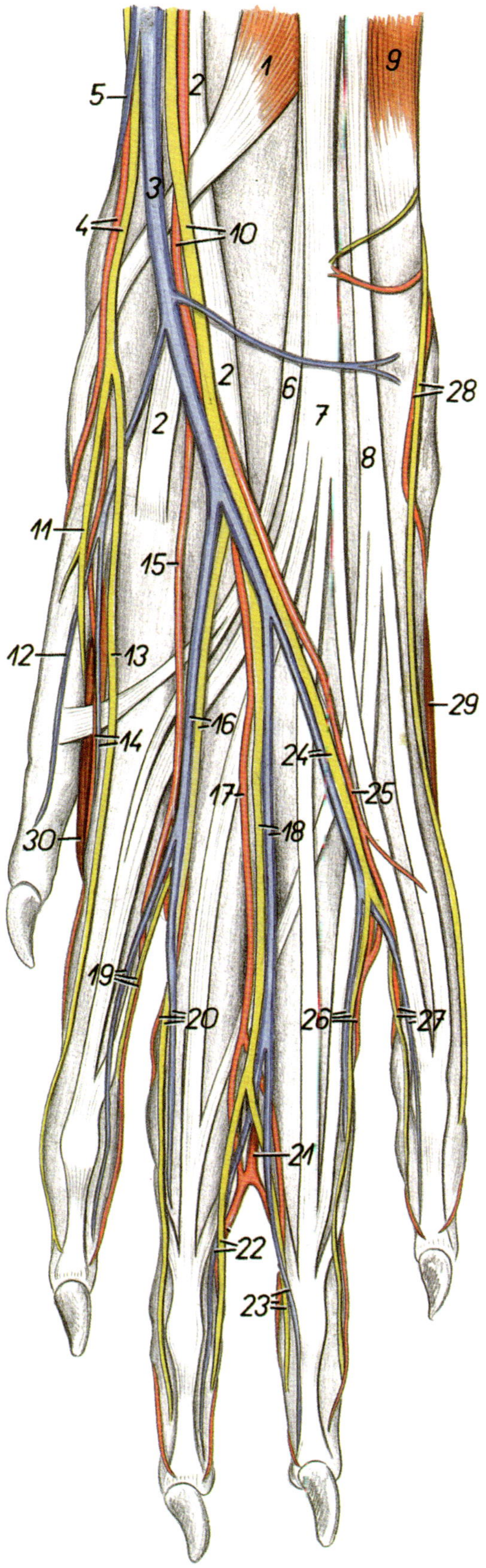

1. *M. abductor digiti I* – Abzieher der 1. Zehe
2. *M. extensor carpi radialis* – radialer Strecker des Vorderfußwurzelgelenkes
3. *V. cephalica accessoria* – zusätzliche Kopfvene des Unterarmes
4. *Ramus medialis rami superficialis ni. radialis (N. digitalis dorsalis communis I), Ramus medialis a. antebrachialis superficialis cranialis* – medialer Ast des oberflächlichen Speichennerven (1. dorsaler gemeinsamer Zehennerv), medialer Ast der kranialen oberflächlichen Armarterie)
5. *V. cephalica* – Kopfvene des Unterarmes
6. *M. extensor digiti I et II* – Strecker der 1. und 2. Zehe
7. *M. extensor digitorum communis* – gemeinsamer Zehenstrecker
8. *M. extensor digitorum lateralis* – lateraler Zehenstrecker
9. *M. extensor carpi ulnaris* – ulnarer Strecker des Vorderfußwurzelgelenkes
10. *Ramus lateralis rami superficialis ni. radialis, A. antebrachialis superficialis cranialis* – lateraler Ast des oberflächlichen Speichennerven, kraniale oberflächliche Unterarmarterie
11. *N. digitalis dorsalis proprius I lateralis* – 1. lateraler dorsaler besonderer Zehennerv
12. *V. dorsalis digiti I* – 1. dorsale Zehenvene
13. *N. digitalis dorsalis proprius II medialis* – 2. medialer dorsaler besonderer Zehennerv
14. *A. et V. digitalis dorsalis propria II medialis* – 2. mediale dorsale besondere Zehenarterie und -vene
15. *A. digitalis dorsalis communis II* – 2. dorsale gemeinsame Zehenarterie
16. *V. digitalis dorsalis communis II, N. digitalis dorsalis communis II* – 2. dorsale gemeinsame Zehenvene, 2. dorsaler gemeinsamer Zehennerv
17. *A. digitalis dorsalis communis III* – 3. dorsale gemeinsame Zehenarterie
18. *V. digitalis dorsalis communis III, N. digitalis dorsalis communis III* – 3. dorsale gemeinsame Zehenvene, 3. dorsaler gemeinsamer Zehennerv
19. *A. et V. digitalis dorsalis propria II lateralis, N. digitalis dorsalis proprius II lateralis* – 2. laterale dorsale besondere Zehenarterie und -vene, 2. lateraler dorsaler besonderer Zehennerv
20. *A. et V. digitalis dorsalis propria III medialis, N. digitalis dorsalis proprius III medialis* – 3. mediale dorsale besondere Zehenarterie und -vene, 3. medialer dorsaler besonderer Zehennerv
21. *A. digitalis palmaris communis III* – 3. palmare gemeinsame Zehenarterie
22. *A. et V. digitalis dorsalis propria III lateralis, N. digitalis dorsalis proprius III lateralis* – 3. laterale dorsale besondere Zehenarterie und -vene, 3. lateraler dorsaler besonderer Zehennerv
23. *A. et V. digitalis dorsalis propria IV medialis, N. digitalis dorsalis proprius IV medialis* – 4. mediale dorsale besondere Zehenarterie und -vene, 4. medialer dorsaler besonderer Zehennerv
24. *V. digitalis dorsalis communis IV, N. digitalis dorsalis communis IV* – 4. dorsale gemeinsame Zehenvene, 4. dorsaler gemeinsamer Zehennerv
25. *A. digitalis dorsalis communis IV* – 4. dorsale gemeinsame Zehenarterie
26. *A. et V. digitalis dorsalis propria IV lateralis, N. digitalis dorsalis proprius IV lateralis* – 4. laterale dorsale besondere Zehenarterie und -vene, 4. lateraler dorsaler besonderer Zehennerv
27. *A. et V. digitalis dorsalis propria V medialis, N. digitalis dorsalis proprius V medialis* – 5. mediale dorsale besondere Zehenarterie und -vene, 5. medialer dorsaler besonderer Zehennerv
28. *Ramus dorsalis ni. ulnaris, Ramus a. interosseae caudalis* – dorsaler Ast des Ellennerven, kaudaler Ast der Zwischenknochenarterie
29. *M. abductor digiti V* – Abzieher der 5. Zehe
30. *M. interosseus* – Zwischenknochenmuskel

Abbildung 175

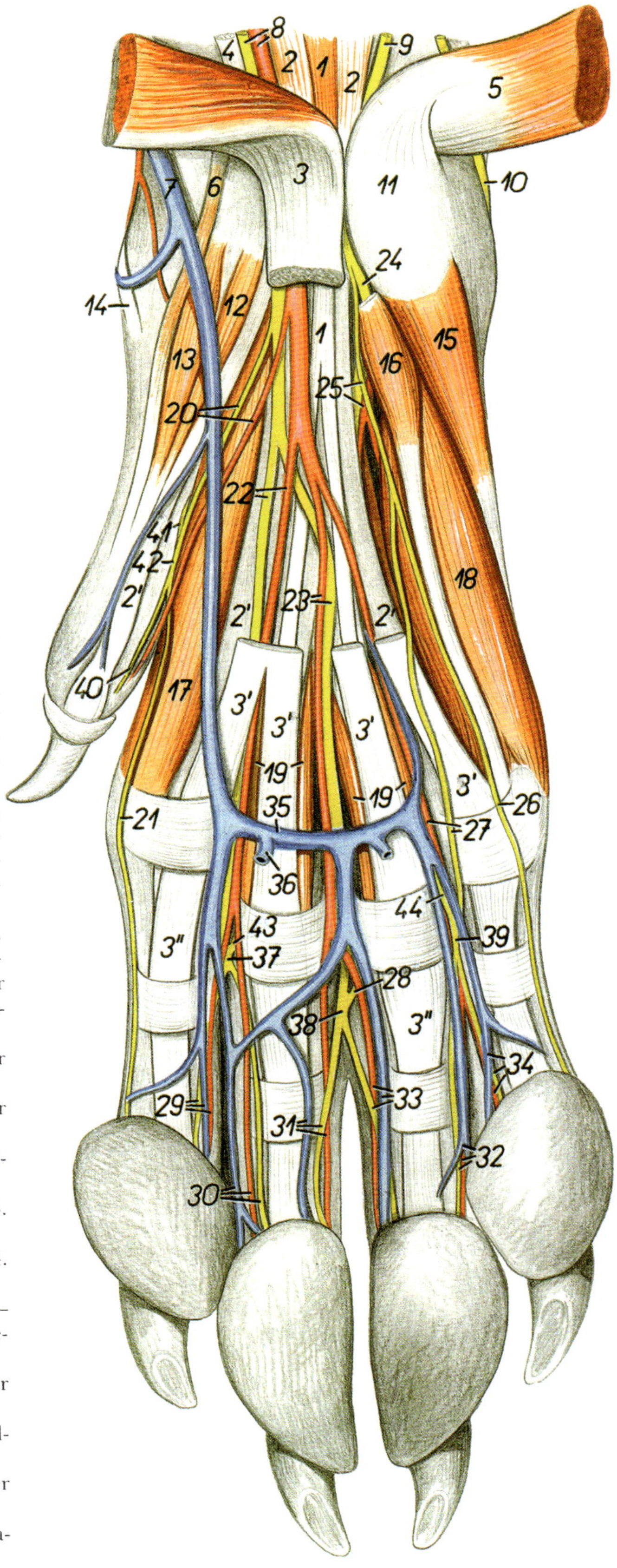

1. *M. interflexorius distalis* – distaler Zwischenbeugemuskel
2., 2′. *M. flexor digitorum profundus* – tiefer Zehenbeuger
3., 3′., 3″. *M. flexor digitorum superficialis* – oberflächlicher Zehenbeuger
4. *M. flexor carpi radialis* – radialer Beuger des Vorderfußwurzelgelenkes
5. *M. flexor carpi ulnaris* – ulnarer Beuger des Vorderfußwurzelgelenkes
6. *M. abductor digiti I brevis* – kurzer Abzieher der 1. Zehe
7. *V. cephalica* – Kopfvene des Unterarmes
8. *A. et N. medianus* – Mittelarterie und Mittelnerv
9. *Ramus palmaris ni. ulnaris* – palmarer Ast des Ellennerven
10. *Ramus dorsalis ni. ulnaris* – dorsaler Ast des Ellennerven
11. *Os carpi accessorium (Os pisiforme)* – zusätzlicher Vorderfußwurzelknochen (Erbsenbein)
12. *M. adductor digiti I* – Einwärtszieher der 1. Zehe
13. *M. flexor digiti I brevis* – kurzer Beuger der 1. Zehe
14. *M. abductor digiti I longus* – langer Abzieher der 1. Zehe
15. *M. abductor digiti V* – Abzieher der 5. Zehe
16. *M. flexor digiti V brevis* – kurzer Beuger der 5. Zehe
17., 18. *Mm. interossei* – Zwischenknochenmuskeln
19. *Mm. lumbricales* – wurmförmige Muskeln
20. *N. digitalis palmaris communis I, A. digitalis palmaris communis I* – 1. palmarer gemeinsamer Zehennerv, 1. palmare gemeinsame Zehenarterie
21. *N. digitalis palmaris proprius II medialis* – 2. medialer palmarer besonderer Zehennerv
22. *N. digitalis palmaris communis II, A. digitalis palmaris communis II* – 2. palmarer gemeinsamer Zehennerv, 2. palmare gemeinsame Zehenarterie
23. *N. digitalis palmaris communis III, A. digitalis palmaris communis III* – 3. palmarer gemeinsamer Zehennerv, 3. palmare gemeinsame Zehenarterie
24. *Ramus profundus rami palmaris ni. ulnaris* – tiefer Ast des palmaren Astes des Ellennerven
25. *Ramus superficialis rami palmaris ni. ulnaris, A. interossea caudalis* – oberflächlicher Ast des palmaren Astes des Ellennerven, kaudale Zwischenknochenarterie
26. *N. digitalis palmaris proprius V lateralis* – 5. lateraler palmarer besonderer Zehennerv
27. *N. digitalis palmaris communis IV, A. digitalis palmaris communis IV* – 4. palmarer gemeinsamer Zehennerv, 4. palmare gemeinsame Zehenarterie
28. *N. metacarpeus palmaris III* – 3. palmarer Vordermittelfußnerv
29. *N. digitalis palmaris proprius II lateralis, A. et V. digitalis palmaris propria II lateralis* – 2. lateraler palmarer besonderer Zehennerv, 2. laterale palmare besondere Zehenarterie und -vene
30. *N. digitalis palmaris proprius III medialis, A. et V. digitalis palmaris propria III medialis* – 3. medialer palmarer besonderer Zehennerv, 3. mediale palmare besondere Zehenarterie und -vene
31. *N. digitalis palmaris proprius III lateralis, A. et V. digitalis palmaris propria III lateralis* – 3. lateraler palmarer besonderer Zehennerv, 3. laterale palmare besondere Zehenarterie und -vene
32. *N. digitalis palmaris proprius IV lateralis, A. et V. digitalis palmaris propria IV lateralis* – 4. lateraler palmarer besonderer Zehennerv, 4. laterale palmare besondere Zehenarterie und -vene
33. *N. digitalis palmaris proprius IV medialis, A. et V. digitalis palmaris propria IV medialis* – 4. medialer palmarer besonderer Zehennerv, 4. mediale palmare besondere Zehenarterie und -vene
34. *N. digitalis palmaris proprius V medialis, A. et V. digitalis palmaris propria V medialis* – 5. medialer palmarer besonderer Zehennerv, 5. mediale palmare besondere Zehenarterie und -vene
35. *Arcus venosus palmaris distalis* – distaler palmarer Venenbogen
36. *Ramus ad torum metacarpalem* – Ast für den Vordermittelfußballen
37. *N. digitalis palmaris communis II* – 2. palmarer gemeinsamer Zehennerv
38. *N. digitalis palmaris communis III* – 3. palmarer gemeinsamer Zehennerv
39. *N. digitalis palmaris communis IV* – 4. palmarer gemeinsamer Zehennerv
40. *N. digitalis palmaris proprius I lateralis* – 1. lateraler palmarer besonderer Zehennerv
41. *N. metacarpeus palmaris I* – 1. palmarer Vordermittelfußnerv
42. *N. digitalis palmaris communis I* – 1. palmarer gemeinsamer Zehennerv
43. *N. metacarpeus palmaris II* – 2. palmarer Vordermittelfußnerv
44. *N. metacarpeus palmaris IV* – 4. palmarer Vordermittelfußnerv

Hund. Skelett der Beckengliedmaße, Ansicht von medial.

Abbildung 176

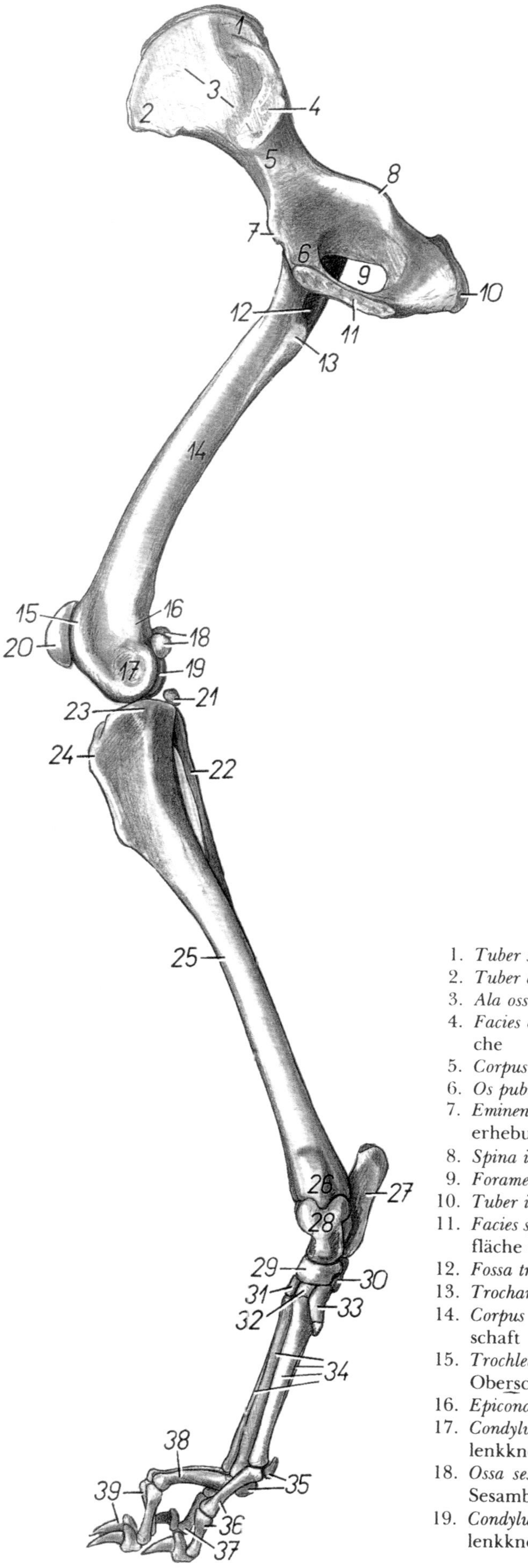

1. *Tuber sacrale* – Kreuzbeinhöcker
2. *Tuber coxae* – Hüfthöcker
3. *Ala ossis ilium* – Darmbeinflügel
4. *Facies auricularis* – ohrmuschelförmige Fläche
5. *Corpus ossis ilium* – Darmbeinsäule
6. *Os pubis* – Schambein
7. *Eminentia iliopubica* – Darmbein-Schambeinerhebung
8. *Spina ischiadica* – Sitzbeingräte
9. *Foramen obturatum* – verstopftes Loch
10. *Tuber ischiadicum* – Sitzbeinhöcker
11. *Facies symphysialis ossis coxae* – Beckenfugenfläche des Hüftbeines
12. *Fossa trochanterica* – Umdrehergrube
13. *Trochanter minor* – kleiner Umdreher
14. *Corpus ossis femoris* – Oberschenkelbeinschaft
15. *Trochlea ossis femoris* – Gelenkrolle des Oberschenkelbeines
16. *Epicondylus medialis* – medialer Bandhöcker
17. *Condylus medialis ossis femoris* – medialer Gelenkknorren des Oberschenkelbeines
18. *Ossa sesamoidea mi. gastrocnemii (Fabellae)* – Sesambeine des Wadenmuskels (Bohnen)
19. *Condylus lateralis ossis femoris* – lateraler Gelenkknorren des Oberschenkelbeines
20. *Patella* – Kniescheibe
21. *Os sesamoideum mi. poplitei* – Sesambein des Kniekehlmuskels
22. *Fibula* – Wadenbein
23. *Condylus medialis tibiae* – medialer Gelenkknorren des Schienbeines
24. *Tuberositas tibiae* – Schienbeinbeule
25. *Corpus tibiae* – Schienbeinschaft
26. *Malleolus medialis* – medialer Knöchel
27. *Calcaneus* – Fersenbein
28. *Talus* – Rollbein
29. *Os tarsi centrale (Os naviculare)* – zentraler Hinterfußwurzelknochen (Kahnbein)
30. *Os tarsale IV (Os cuboideum)* – 4. Hinterfußwurzelknochen (Würfelbein)
31. *Os tarsale III (Os cuneiforme laterale)* – 3. Hinterfußwurzelknochen (laterales Keilbein)
32. *Os tarsale II (Os cuneiforme intermedium)* – 2. Hinterfußwurzelknochen (mittleres Keilbein)
33. *Os tarsale I (Os cuneiforme mediale)* – 1. Hinterfußwurzelknochen (mediales Keilbein)
34. *Ossa metatarsalia II–V* – 2.–5. Hintermittelfußknochen
35. *Ossa sesamoidea proximalia* – proximales Sesambein
36. *Ossa digiti II* – Knochen der 2. Zehe
37. *Ossa digiti V* – Knochen der 5. Zehe
38. *Ossa digiti III* – Knochen der 3. Zehe
39. *Ossa digiti IV* – Knochen der 4. Zehe

Hund. Muskeln der Beckengliedmaße, Ansicht von medial.

Abbildung 177

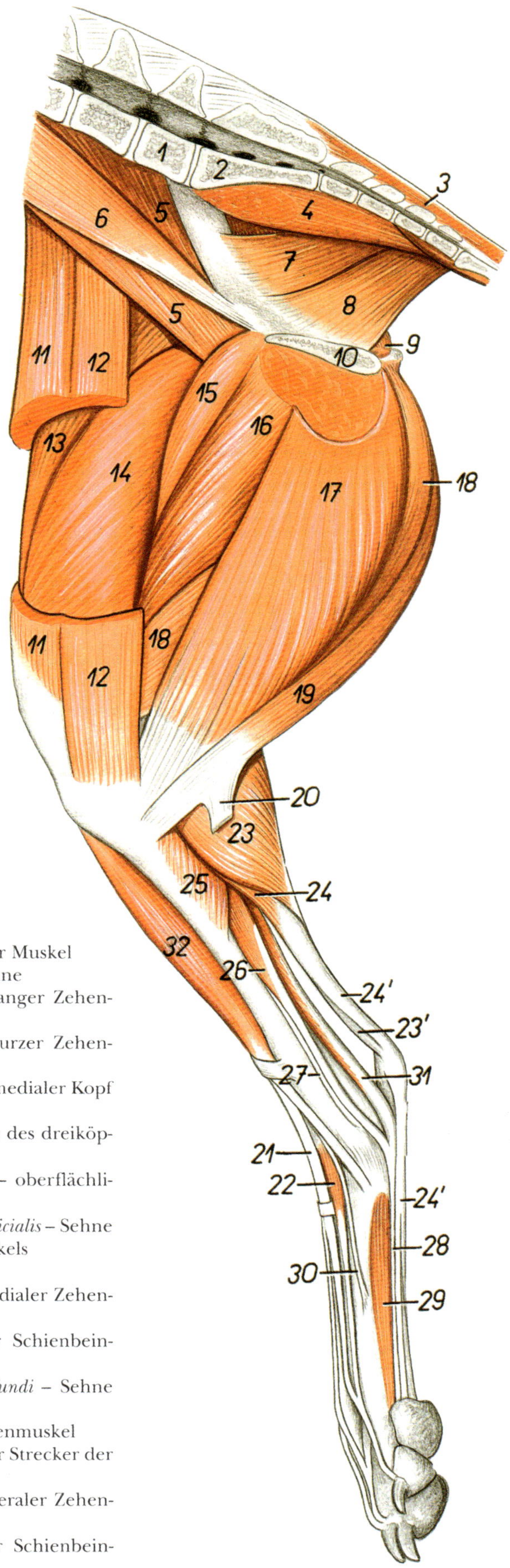

1. *Vertebra lumbalis VII* – 7. Lendenwirbel
2. *Os sacrum* – Kreuzbein
3. *M. sacrocaudalis dorsalis medialis* – kurzer Heber des Schwanzes
4. *M. sacrocaudalis ventralis lateralis* – langer Niederzieher des Schwanzes
5. *M. iliopsoas* – Darmbein-Lendenmuskel
6. *M. psoas minor* – kleiner Lendenmuskel

7., 8. *M. levator ani (M. coccygeus medialis)* – Afterheber

7. *M. iliococcygeus* – Darmbeinportion des Afterhebers
8. *M. ischiopubococcygeus* – Sitzbein-Schambeinportion des Afterhebers
9. *M. obturatorius internus* – innerer Verstopfermuskel
10. *Facies symphysialis ossis coxae* – Beckenfugenfläche des Hüftbeines
11. *Venter cranialis mi. sartorii* – kranialer Bauch des Schneidermuskels
12. *Venter caudalis mi. sartorii* – kaudaler Bauch des Schneidermuskels
13. *M. rectus femoris* – gerader Oberschenkelmuskel
14. *M. vastus medialis* – medialer Oberschenkelmuskel
15. *M. pectineus* – Kammuskel
16. *M. adductor* – Einwärtszieher
17. *M. gracilis* – schlanker Schenkelmuskel
18. *M. semimembranosus* – halbhäutiger Muskel
19. *M. semitendinosus* – halbsehniger Muskel
20. *Tendo calcaneus* – Fersenbeinsehne
21. *M. extensor digitorum longus* – langer Zehenstrecker
22. *M. extensor digitorum brevis* – kurzer Zehenstrecker
23. *Caput mediale mi. gastrocnemii* – medialer Kopf des Wadenmuskels

23'. *Tendo mi. tricipitis surae* – Sehne des dreiköpfigen Wadenmuskels

24. *M. flexor digitorum superficialis* – oberflächlicher Zehenbeuger

24'. *Tendo mi. flexoris digitorum superficialis* – Sehne des oberflächlichen Zehenmuskels

25. *M. popliteus* - Kniekehlmuskel
26. *M. flexor digitorum medialis* – medialer Zehenbeuger
27. *M. tibialis caudalis* – kaudaler Schienbeinmuskel
28. *Tendo mi. flexoris digitorum profundi* – Sehne des tiefen Zehenbeugers
29. *M. interosseus* – Zwischenknochenmuskel
30. *M. extensor digiti I longus* – langer Strecker der 1. Zehe
31. *M. flexor digitorum lateralis* – lateraler Zehenbeuger
32. *M. tibialis cranialis* – kranialer Schienbeinmuskel

Abbildung 178

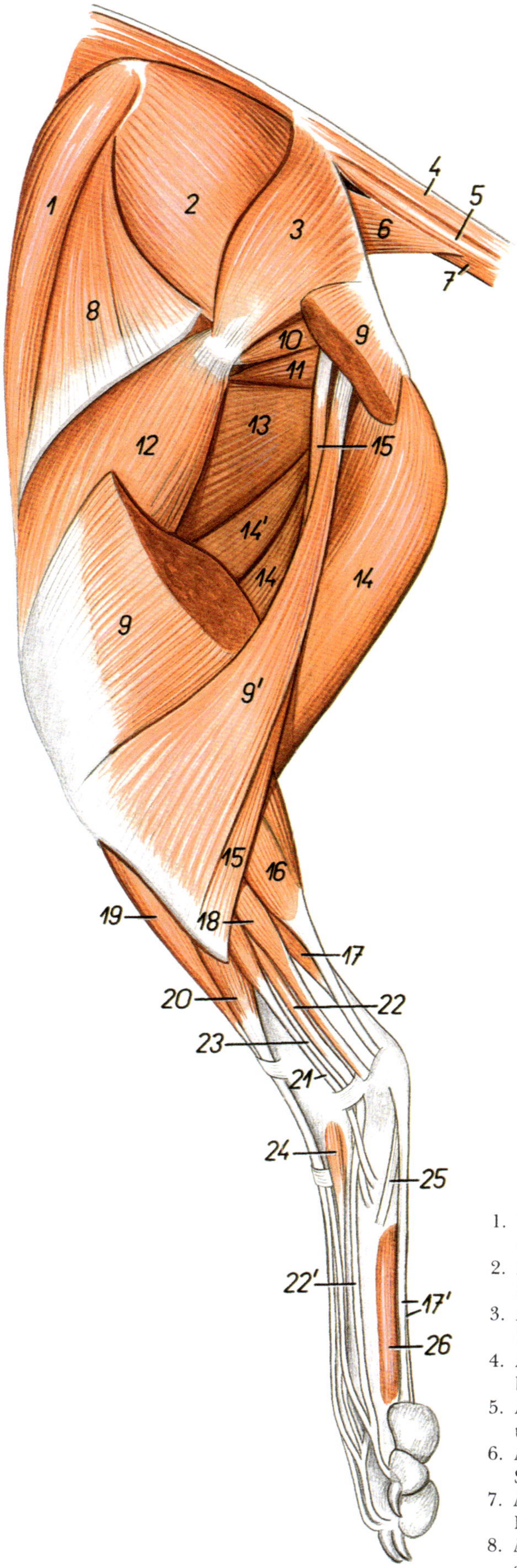

1. *Venter cranialis mi. sartorii* – kranialer Bauch des Schneidermuskels
2. *M. gluteus medius* – medialer Kruppenmuskel
3. *M. gluteus superficialis* – oberflächlicher Kruppenmuskel
4. *M. sacrocaudalis dorsalis lateralis* – langer Heber des Schwanzes
5. *M. intertransversarius caudae* – Schwanzportion des Zwischenquerfortsatzmuskels
6. *M. coccygeus* – langer Seitwärtszieher des Schwanzes
7. *M. sacrocaudalis ventralis lateralis* – langer Niederzieher des Schwanzes
8. *M. tensor fasciae latae* – Spanner der Oberschenkelfaszie
9. *Caput superficiale (s. vertebrale) mi. bicipitis femoris* – oberflächlicher Kopf (o. Wirbelkopf) des zweiköpfigen Oberschenkelmuskels

9'. *Caput profundum (s. pelvinum) mi. bicipitis femoris* – tiefer Kopf (o. Beckenkopf) des zweiköpfigen Oberschenkelmuskels

10. *Mm. gemelli* – Zwillingsmuskel
11. *M. quadratus femoris* – viereckiger Oberschenkelmuskel
12. *M. vastus lateralis* – lateraler Oberschenkelmuskel
13. *M. adductor* – Einwärtszieher
14. *Venter caudalis mi. semimembranosi* – kaudaler Bauch des halbhäutigen Muskels

14'. *Venter cranialis mi. semimembranosi* – kranialer Bauch des halbhäutigen Muskels

15. *M. abductor cruris caudalis* – kaudaler Auswärtsführer des Unterschenkels
16. *M. gastrocnemius* – Wadenmuskel
17. *M. flexor digitorum superficialis* – oberflächlicher Zehenmuskel

17'. *Tendines mi. flexoris digitorum superficialis* – Sehnen des oberflächlichen Zehenmuskels

18. *M. flexor digitorum lateralis* – lateraler Zehenbeuger
19. *M. tibialis cranialis* – kranialer Schienbeinmuskel
20. *M. extensor digitorum longus* – langer Zehenstrecker
21. *M. peroneus longus* – langer Wadenbeinmuskel
22. *M. extensor digitorum lateralis* – lateraler Zehenstrecker

22'. *Tendo mi. extensoris digitorum lateralis* – Sehne des lateralen Zehenstreckers

23. *M. peroneus brevis* – kurzer Wadenbeinmuskel
24. *M. extensor digitorum brevis* – kurzer Zehenstrecker
25. *M. abductor digiti V* – Abzieher der 5. Zehe
26. *M. interosseus* – Zwischenknochenmuskel

Hund. Präparation der Kruppe und des Oberschenkels, Ansicht von lateral.

Abbildung 179

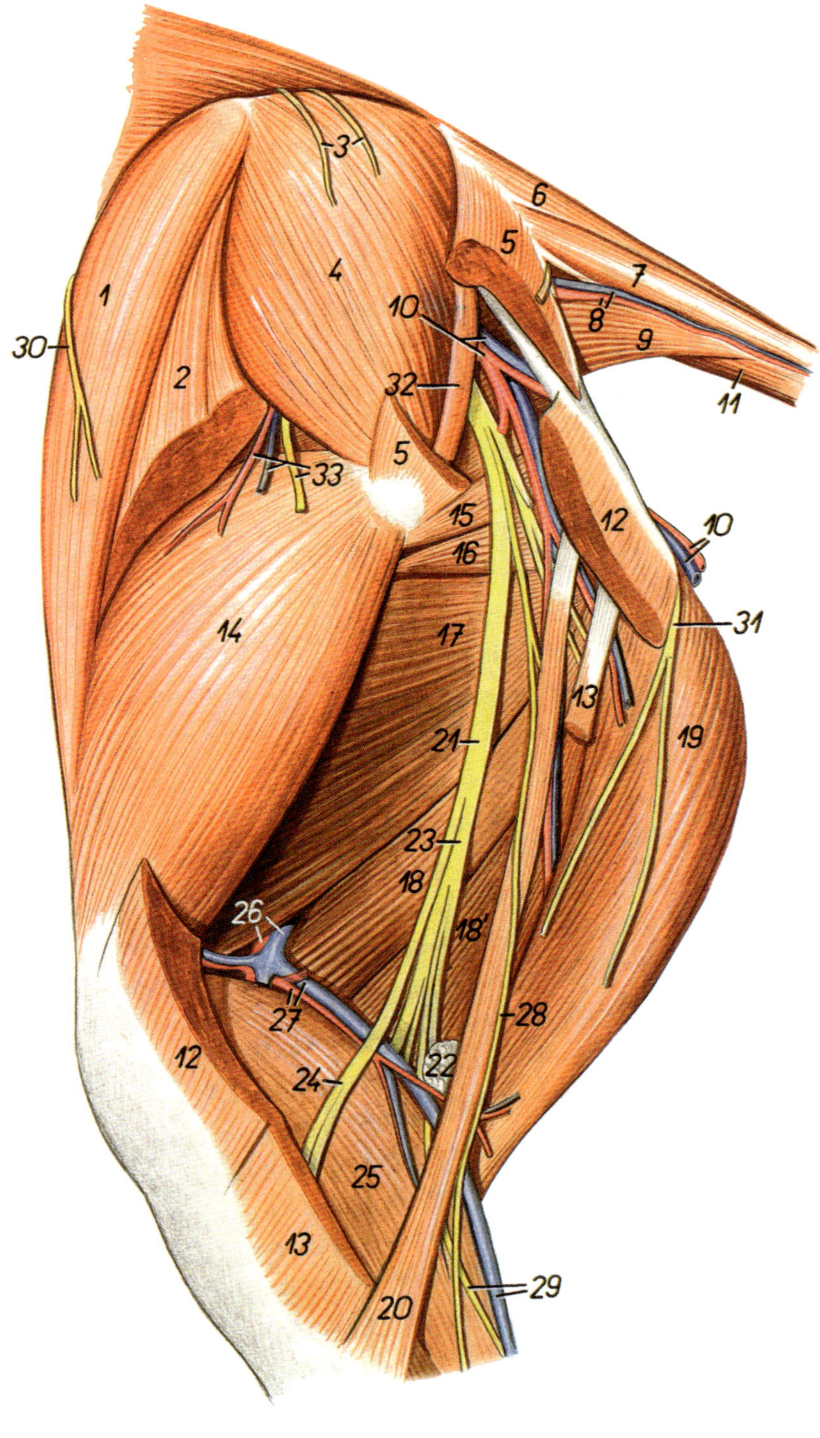

1. *Venter cranialis mi. sartorii* – kranialer Bauch des Schneidermuskels
2. *M. tensor fasciae latae* – Spanner der Oberschenkelfaszie
3. *Rami dorsales nervorum sacralium (Nn. clunium medii)* – Äste der Kreuznerven (mediale Hinterbackennerven)
4. *M. gluteus medius* – mittlerer Kruppenmuskel
5. *M. gluteus superficialis* – oberflächlicher Kruppenmuskel
6. *M. sacrocaudalis dorsalis lateralis* – langer Heber des Schwanzes
7. *M. intertransversarius caudae* – Schwanzportion des Zwischenquerfortsatzmuskels
8. *A. et V. caudalis lateralis* – laterale Schwanzarterie und -vene
9. *M. coccygeus (lateralis)* – langer Seitwärtszieher des Schwanzes
10. *A. et V. glutea caudalis* – kaudale Kruppenarterie und -vene
11. *M. sacrocaudalis ventralis lateralis* – langer Niederzieher des Schwanzes
12. *Caput superficiale (s. vertebrale) mi. bicipitis femoris* – oberflächlicher Kopf (Wirbelkopf) des zweiköpfigen Oberschenkelmuskels
13. *Caput profundum (s. pelvinum) mi. bicipitis femoris* – tiefer Kopf (Beckenkopf) des zweiköpfigen Oberschenkelmuskels
14. *M. vastus lateralis* – lateraler Oberschenkelmuskel
15. *Mm. gemelli* – Zwillingsmuskeln
16. *M. quadratus femoris* – viereckiger Oberschenkelmuskel
17. *M. adductor* – Einwärtszieher
18. *Venter cranialis mi. semimembranosi* – kranialer Bauch des halbhäutigen Muskels

18'. *Venter caudalis mi. semimembranosi* – kaudaler Bauch des halbhäutigen Muskels

19. *M. semitendinosus* – halbsehniger Muskel
20. *M. abductor cruris caudalis* – kaudaler Auswärtsführer des Unterschenkels
21. *N. ischiadicus* – Sitzbeinnerv
22. *Lnn. poplitei superficiales* – oberflächliche Kniekehllymphknoten
23. *N. tibialis* – Schienbeinnerv
24. *N. peroneus communis* – gemeinsamer Wadenbeinnerv
25. *M. gastrocnemius* – Wadenmuskel
26. *A. et V. femoralis* – Oberschenkelarterie und -vene
27. *A. et V. caudalis femoris* – kaudale Oberschenkelarterie und -vene
28. *N. cutaneus surae lateralis* – lateraler Wadenhautnerv
29. *V. saphena lateralis, N. cutaneus surae caudalis* – laterale verborgene Vene, kaudaler Wadenhautnerv
30. *N. cutaneus femoris lateralis* – lateraler Oberschenkelhautnerv
31. *N. cutaneus femoris caudalis* – kaudaler Oberschenkelhautnerv
32. *M. piriformis* – birnenförmiger Muskel
33. *Ramus a. et v. circumflexae ilium profundae, Ramus ni. glutei cranialis* – Ast der tiefen Darmbeinkranzarterie und -vene, Ast des kranialen Kruppennerven

Hund. Präparation des Beckens und des Oberschenkels, Ansicht von medial.

Abbildung 180

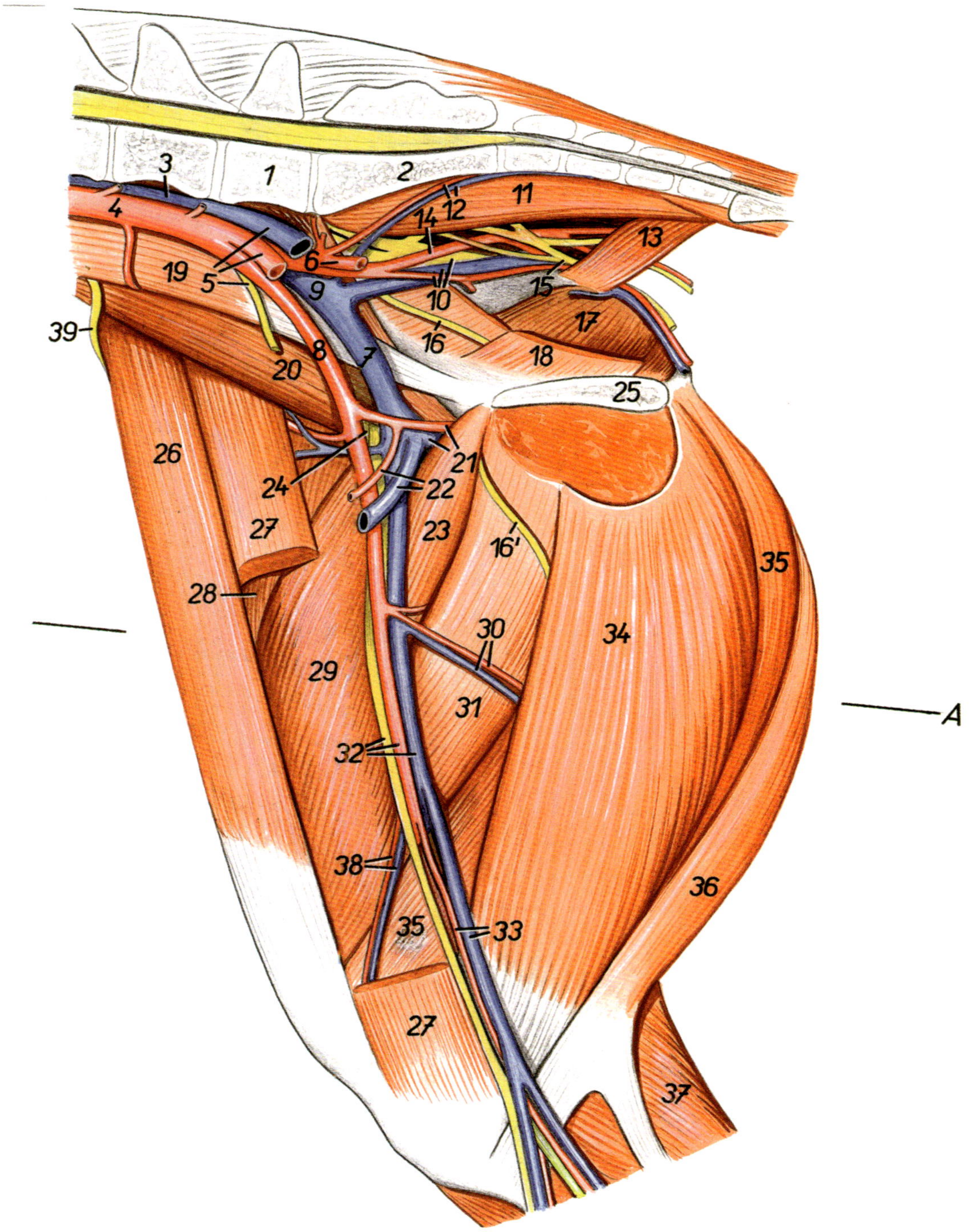

1. *Vertebra lumbalis VII* – 7. Lendenwirbel
2. *Os sacrum* – Kreuzbein
3. *V. cava caudalis* – kaudale Hohlvene
4. *Aorta* – große Körperschlagader
5. *V. iliaca communis sinistra, A. iliaca externa sinistra, N. genitofemoralis* – linke gemeinsame Darmbeinvene, linke äußere Darmbeinarterie, Genital-Oberschenkelnerv
6. *A. iliaca interna (sinistra)* – linke innere Darmbeinarterie
7. *V. iliaca externa (dextra)* – rechte äussere Darmbeinvene
8. *A. iliaca externa (dextra)* – rechte äussere Darmbeinarterie
9. *V. iliaca communis (dextra)* – rechte gemeinsame Darmbeinvene
10. *N. ischiadicus, A. pudenda interna, V. iliaca interna* – Sitzbeinnerv, innere Schamarterie, innere Darmbeinvene
11. *M. sacrocaudalis ventralis medialis* – kurzer Niederzieher des Schwanzes
12. *A. et V. sacralis mediana* – mittlere Kreuzbeinarterie und -vene
13. *M. coccygeus (lateralis)* – langer Seitwärtszieher des Schwanzes
14. *A. glutea caudalis (dextra)* – rechte kaudale Kruppenarterie
15. *N. cutaneus femoris caudalis* – kaudaler Oberschenkelhautnerv
16. *N. obturatorius* – Verstopfernerv

16'. *Ramus ni. obturatorii* – Ast des Verstopfernerven

17. *M. obturatorius internus* – innerer Verstopfermuskel
18. *M. levator ani (M. coccygeus medialis)* – After heber
19. *M. psoas minor* – kleiner Lendenmuskel
20. *M. iliopsoas* – Darmbein-Lendenmuskel
21. *A. et V. profunda femoris* – tiefe Oberschenkelarterie und -vene
22. *Trunci pudendoepigastrici (A. et V.)* – Stämme der Scham-Bauchdeckengefässe (Arterie und Vene)
23. *M. pectineus* – Kammuskel
24. *N. femoralis* – Oberschenkelnerv
25. *Facies symphysialis ossis coxae* – Beckenfugenfläche des Hüftbeines
26. *Venter cranialis mi. sartorii* – kranialer Bauch des Schneidermuskels
27. *Venter caudalis mi. sartorii* – kaudaler Bauch des Schneidermuskels
28. *M. rectus femoris* – gerader Oberschenkelmuskel
29. *M. vastus medialis* – medialer Oberschenkelmuskel
30. *Rami musculares* – Muskeläste
31. *M. adductor* – Einwärtszieher
32. *A. et V. femoralis, N. saphenus* – Oberschenkelarterie und -vene, verborgener Nerv
33. *A. saphena, V. saphena medialis* – verborgene Arterie, mediale verborgene Vene
34. *M. gracilis* – schlanker Schenkelmuskel
35. *M. semimembranosus* – halbhäutiger Muskel
36. *M. semitendinosus* – halbsehniger Muskel
37. *M. gastrocnemius* – Wadenmuskel
38. *A. et V. genus descendens* – absteigende Kniearterie und -vene
39. *N. cutaneus femoris lateralis* – lateraler Oberschenkelhautnerv

Hund. Querschnitte durch den Oberschenkel (A) und den Unterschenkel (B). Die Höhe der Schnittebenen ist in den Abbildungen 180 und 185 eingezeichnet.

Abbildung 181

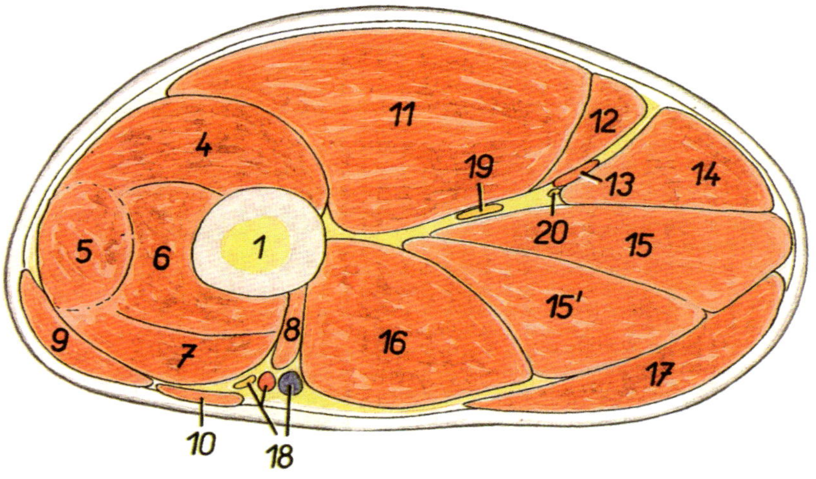

A

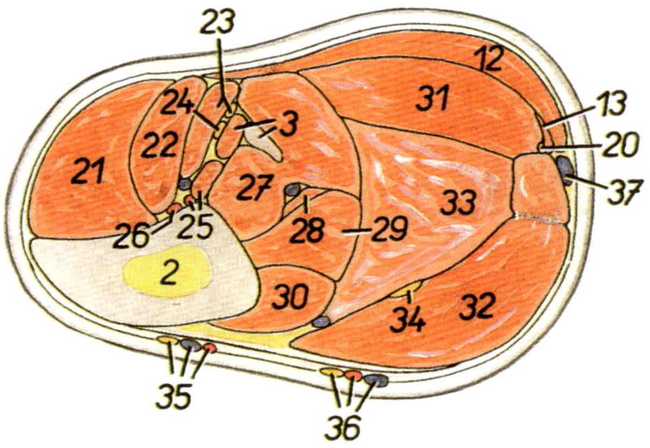

B

1. *Os femoris* – Oberschenkelbein
2. *Tibia* – Schienbein
3. *Fibula, M. extensor digitorum lateralis* – Wadenbein, lateraler Zehenstrecker
4. *M. vastus lateralis* – lateraler Oberschenkelmuskel
5. *M. rectus femoris* – gerader Oberschenkelmuskel
6. *M. vastus intermedius* – mittlerer Oberschenkelmuskel
7. *M. vastus medialis* – medialer Oberschenkelmuskel
8. *M. pectineus* – Kammuskel
9. *Venter cranialis mi. sartorii* – kranialer Bauch des Schneidermuskels
10. *Venter caudalis mi. sartorii* – kaudaler Bauch des Schneidermuskels
11. *Caput superficiale (s. vertebrale) mi. bicipitis femoris* – oberflächlicher Kopf (Wirbelkopf) des zweiköpfigen Oberschenkelmuskels
12. *Caput profundum (s. pelvinum) mi. bicipitis femoris* – tiefer Kopf (Beckenkopf) des zweiköpfigen Oberschenkelmuskels
13. *M. abductor cruris caudalis* – kaudaler Auswärtsführer des Unterschenkels
14. *M. semitendinosus* – halbsehniger Muskel
15., 15'. *M. semimembranosus* – halbhäutiger Muskel
16. *M. adductor* – Einwärtszieher
17. *M. gracilis* – schlanker Schenkelmuskel
18. *A. et V. femoralis, N. saphenus* – Schenkelarterie und -vene, verborgener Nerv
19. *N. ischiadicus* – Sitzbeinnerv
20. *N. cutaneus surae caudalis* – kaudaler Wadenhautnerv
21. *M. tibialis cranialis* – kranialer Schienbeinmuskel
22. *M. extensor digitorum longus* – langer Zehenstrecker
23. *M. peroneus longus, N. peroneus superficialis* – langer Wadenbeinmuskel, oberflächlicher Wadenbeinnerv
24. *N. peroneus profundus* – tiefer Wadenbeinnerv
25. *A. tibialis caudalis, M. extensor digiti I longus* – kaudale Schienbeinarterie, langer Strekker der 1. Zehe
26. *A. tibialis cranialis* – kraniale Schienbeinarterie
27. *M. flexor digiti I longus* – langer Beuger der 1. Zehe
28. *M. tibialis caudalis* – kaudaler Schienbeinmuskel
29. *M. flexor digitorum longus* – langer Zehenbeuger
30. *M. popliteus* – Kniekehlmuskel
31. *Caput laterale mi. gastrocnemii* – lateraler Kopf des Wadenmuskels
32. *Caput mediale mi. gastrocnemii* – medialer Kopf des Wadenmuskels
33. *M. flexor digitorum superficialis* – oberflächlicher Zehenbeuger
34. *N. tibialis* – Schienbeinnerv
35. *Ramus cranialis a. et ni. sapheni, Ramus cranialis v. saphenae medialis* – kranialer Ast der verborgenen Arterie und des verborgenen Nerven, kranialer Ast der medialen verborgenen Vene
36. *Ramus caudalis a. et ni. sapheni, Ramus caudalis v. saphenae medialis* – kaudaler Ast der verborgenen Arterie und des verborgenen Nerven, kaudaler Ast der medialen verborgenen Vene
37. *V. saphena lateralis* – laterale verborgene Vene

Hund. Rüde. Lage der Geschlechtsorgane, Ansicht von links, nach Entfernung der linken Beckengliedmaße.

Abbildung 182

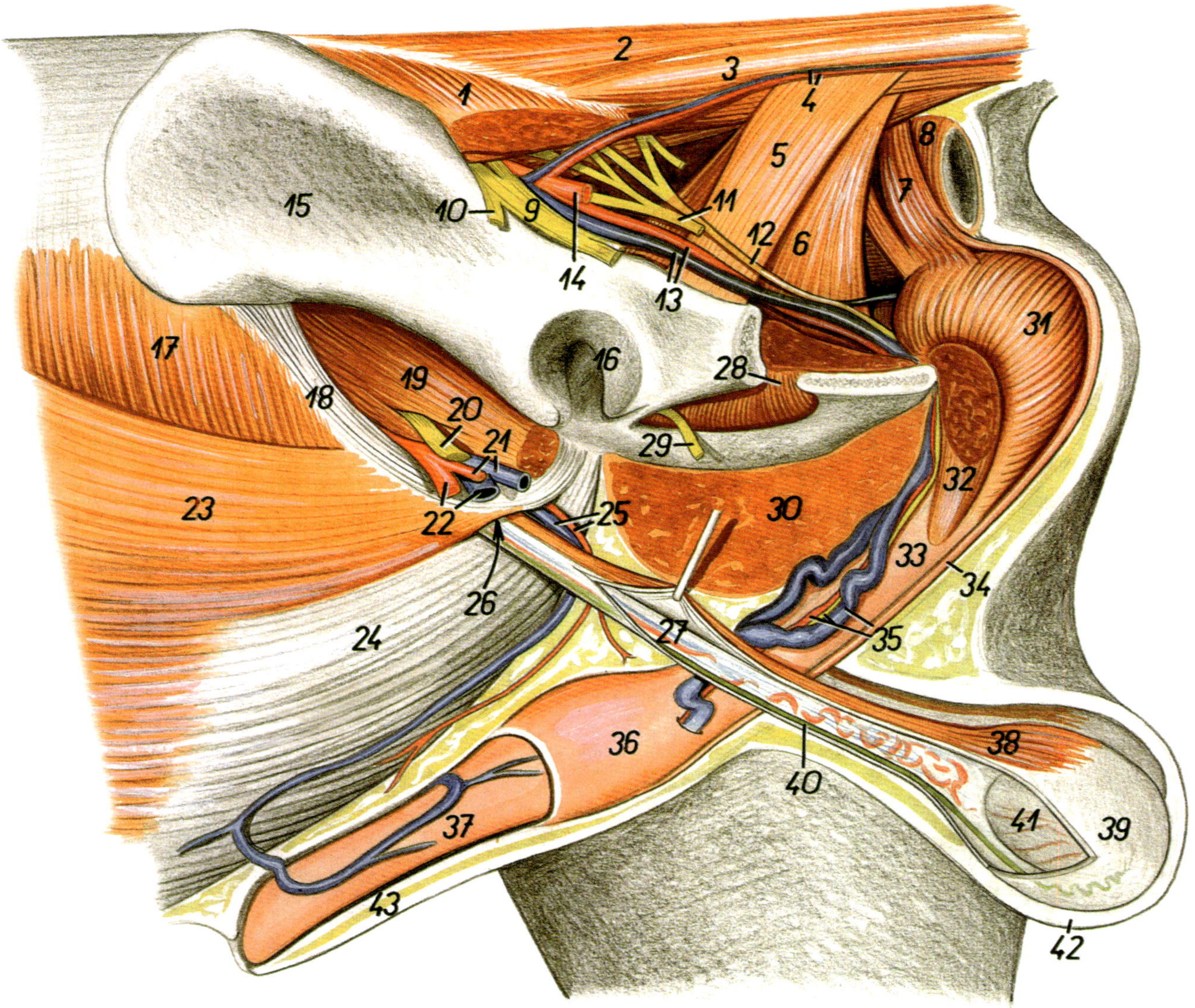

1. *M. gluteus superficialis* – oberflächlicher Kruppenmuskel
2. *M. sacrocaudalis dorsalis lateralis* – langer Heber des Schwanzes
3. *M. intertransversarius caudae* – Schwanzportion des Zwischenquerfortsatzmuskels
4. *A. et V. caudalis lateralis* – laterale Schwanzarterie und -vene
5. *M. coccygeus (lateralis)* – langer Seitwärtszieher des Schwanzes
6. *M. levator ani (M. coccygeus medialis)* – Afterheber
7. *M. sphincter ani externus (Portio cranialis)* – äußerer Afterschließmuskel (kraniale Portion)
8. *M. sphincter ani externus (Portio caudalis)* – äußerer Afterschließmuskel (kaudale Portion)
9. *N. ischiadicus* – Sitzbeinnerv
10. *N. gluteus cranialis* – kranialer Kruppennerv
11. *N. cutaneus femoris caudalis* – kaudaler Oberschenkelhautnerv
12. *N. pudendus* – Schamnerv
13. *A. et V. pudenda interna* – innere Schamarterie und -vene
14. *A. glutea caudalis* – kaudale Kruppenarterie
15. *Ala ossis ilium* – Darmbeinflügel
16. *Acetabulum* – Beckenpfanne
17. *M. obliquus internus abdominis* – innerer schiefer Bauchmuskel
18. *Lig. inguinale* – Leistenband
19. *M. iliopsoas* – Darmbein-Lendenmuskel
20. *N. femoralis* – Oberschenkelnerv
21. *A. et V. profunda femoris* – tiefe Oberschenkelarterie und vene
22. *A. et V. femoralis* – Oberschenkelarterie und -vene

23., 24. *M. obliquus externus abdominis* – äußerer schiefer Bauchmuskel

23. *Crus laterale* – Beckensehne
24. *Crus mediale* – Bauchsehne
25. *A. et V. pudenda externa* – äußere Schamarterie und -vene
26. *Canalis inguinalis* – Leistenkanal
27. *Funiculus spermaticus* – Samenstrang
28. *M. obturatorius internus* – innerer Verstopfermuskel
29. *N. obturatorius* – Verstopfernerv
30. *M. adductor et M. gracilis* – Einwärtszieher und schlanker Schenkelmuskel
31. *M. bulbospongiosus* – Zwiebel-Schwellkörpermuskel
32. *M. ischiocavernosus* – Sitzbein-Schwellkörpermuskel
33. *Corpus penis* – Peniskörper
34. *M. retractor penis* – Zurückzieher des Penis
35. *A. et V. dorsalis penis, N. dorsalis penis* – dorsale Penisarterie und -vene, dorsaler Penisnerv
36. *Bulbus glandis* – zwiebelförmiger Teil der Eichel
37. *Pars longa glandis* – langer Teil der Eichel
38. *M. cremaster* – Hodenheber
39. *Tunica vaginalis et Fascia spermatica* – Scheidenhaut und Hodenfaszie
40. *Ductus deferens* – Samenleiter
41. *Testis* – Hoden
42. *Scrotum* – Hodensack
43. *Preputium* – Vorhaut

Hund. Lage der Geschlechtsorgane der Hündin, Ansicht von links, nach Entfernung der linken Beckengliedmaße und der linken Beckenhälfte.

Abbildung 183

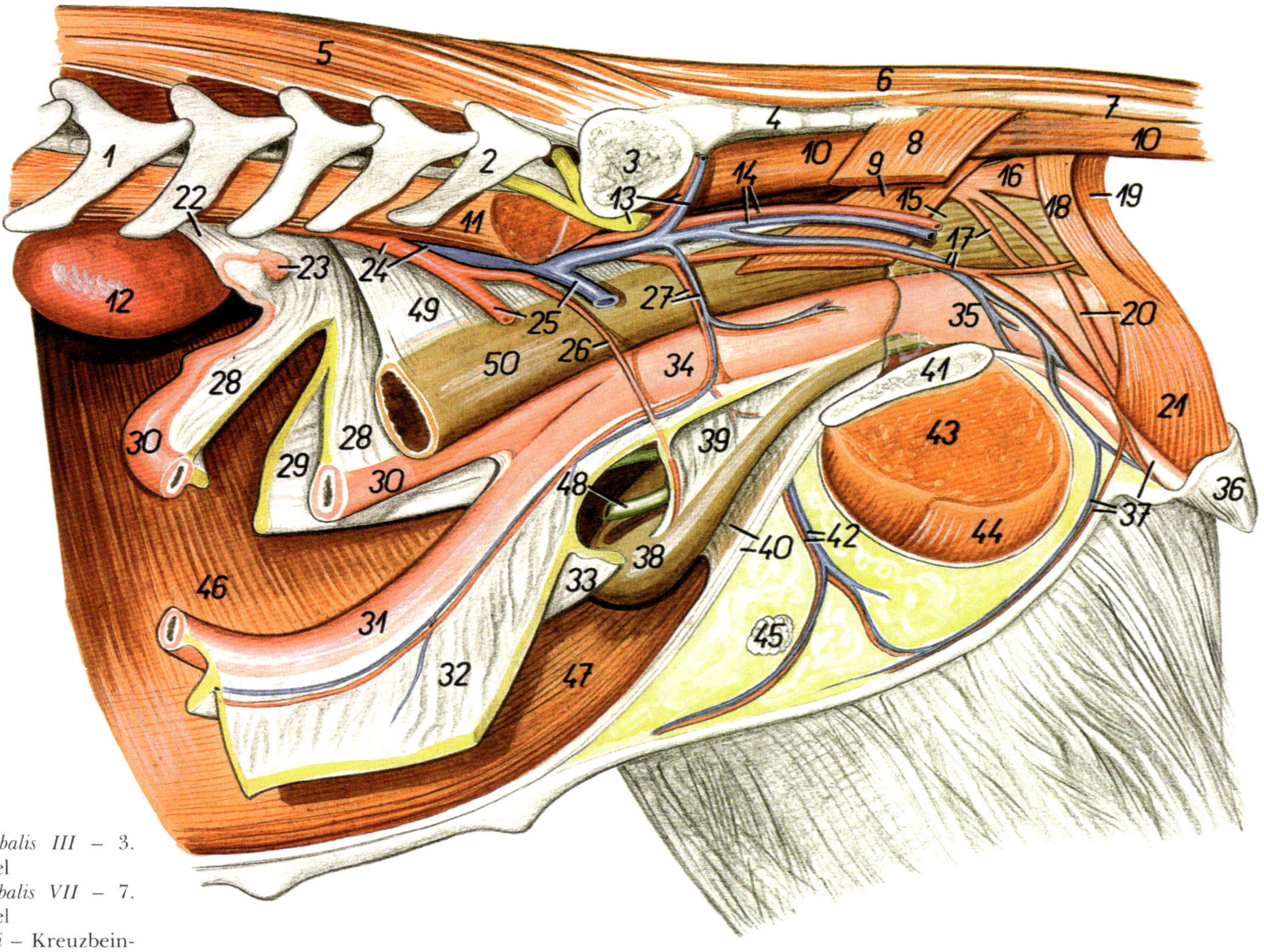

1. *Vertebra lumbalis III* – 3. Lendenwirbel
2. *Vertebra lumbalis VII* – 7. Lendenwirbel
3. *Ala ossis sacri* – Kreuzbeinflügel
4. *Pars lateralis ossis sacri* – lateraler Teil des Kreuzbeines
5. *M. multifidus lumborum* – Lendenportion des vielgeteilten Muskels
6. *M. sacrocaudalis dorsalis lateralis* – langer Heber des Schwanzes
7. *M. intertransversarius caudae* – Schwanzportion des Zwischenquerfortsatzmuskels
8. *M. coccygeus (lateralis)* – langer Seitwärtszieher des Schwanzes
9. *M. levator ani (M. coccygeus medialis)* – Afterheber
10. *M. sacrocaudalis ventralis lateralis* – langer Niederzieher des Schwanzes
11. *M. psoas major* – großer Lendenmuskel
12. *Ren sinister* – linke Niere
13. *N. ischiadicus, A. et V. gluteus cranialis* – Sitzbeinnerv, kraniale Kruppenarterie und -vene
14. *A. et V. glutea caudalis* – kaudale Kruppenarterie und -vene
15. *Ampulla recti* – Mastdarmampulle
16. *M. retractor ani* – Afterrückzieher
17. *A. et V. pudenda interna, M. constrictor recti* – innere Schamarterie und -vene, Mastdarmzusammenzieher
18. *M. sphincter ani externus (Portio cranialis)* – äußerer Afterschließmuskel (kraniale Portion)
19. *M. sphincter ani externus (Portio caudalis)* – äußerer Afterschließmuskel (kaudale Portion)
20. *M. rectractor clitoridis* – Zurückzieher des Kitzlers
21. *M. constrictor vestibuli et labiorum* – Zusammenzieher des Scheidenvorhofes und der Schamlippen
22. *Mesovarium* – Eierstocksgekröse
23. *Ovarium dextrum* – rechter Eierstock
24. *Aorta, V. cava caudalis* – große Körperschlagader, kaudale Hohlvene
25. *A. et V. iliaca externa sinistra* – linke äußere Darmbeinarterie und -vene
26. *A. umbilicalis* – Nabelarterie
27. *A. et V. vaginalis* – Scheidenarterie und -vene
28. *Lig. latum uteri dextrum* – rechtes breites Gebärmutterband
29. *Lig. teres uteri* – rechtes rundes Gebärmutterband
30. *Cornu uteri dextrum* – rechtes Gebärmutterhorn
31. *Cornu uteri sinistrum* – linkes Gebärmutterhorn
32. *Lig. latum uteri sinistrum* – linkes breites Gebärmutterband
33. *Lig. teres uteri sinistrum* – linkes rundes Gebärmutterband
34. *Corpus uteri* – Gebärmutterkörper
35. *Vagina* – Scheide
36. *Labium pudendi (Vulva)* – Schamlippe (Scham)
37. *Clitoris, A. et V. perinealis ventralis* – Kitzler, ventrale Dammarterie und -vene
38. *Vesica urinaria* – Harnblase
39. *Lig. vesicae laterale* – laterales Harnblasenband
40. *Lig. vesicae medianum* – medianes Harnblasenband
41. *Facies symphysialis ossis coxae* – Beckenfugenfläche des Hüftbeines
42. *A. et V. pudenda externa* – äußere Schamarterie und -vene
43. *M. adductor* – Einwärtszieher
44. *M. gracialis* – schlanker Schenkelmusel
45. *Ln. inguinalis superficialis* – oberflächlicher Leistenlymphknoten
46. *M. transversus abdominis* – querverlaufender Bauchmuskel
47. *M. rectus abdominis* – gerader Bauchmuskel
48. *Ureter sinister* – linker Harnleiter
49. *Mesorectum* – Mastdarmgekröse
50. *Rectum* – Mastdarm

Hund. Präparation des Unterschenkels, Ansicht von lateral.

Abbildung 184

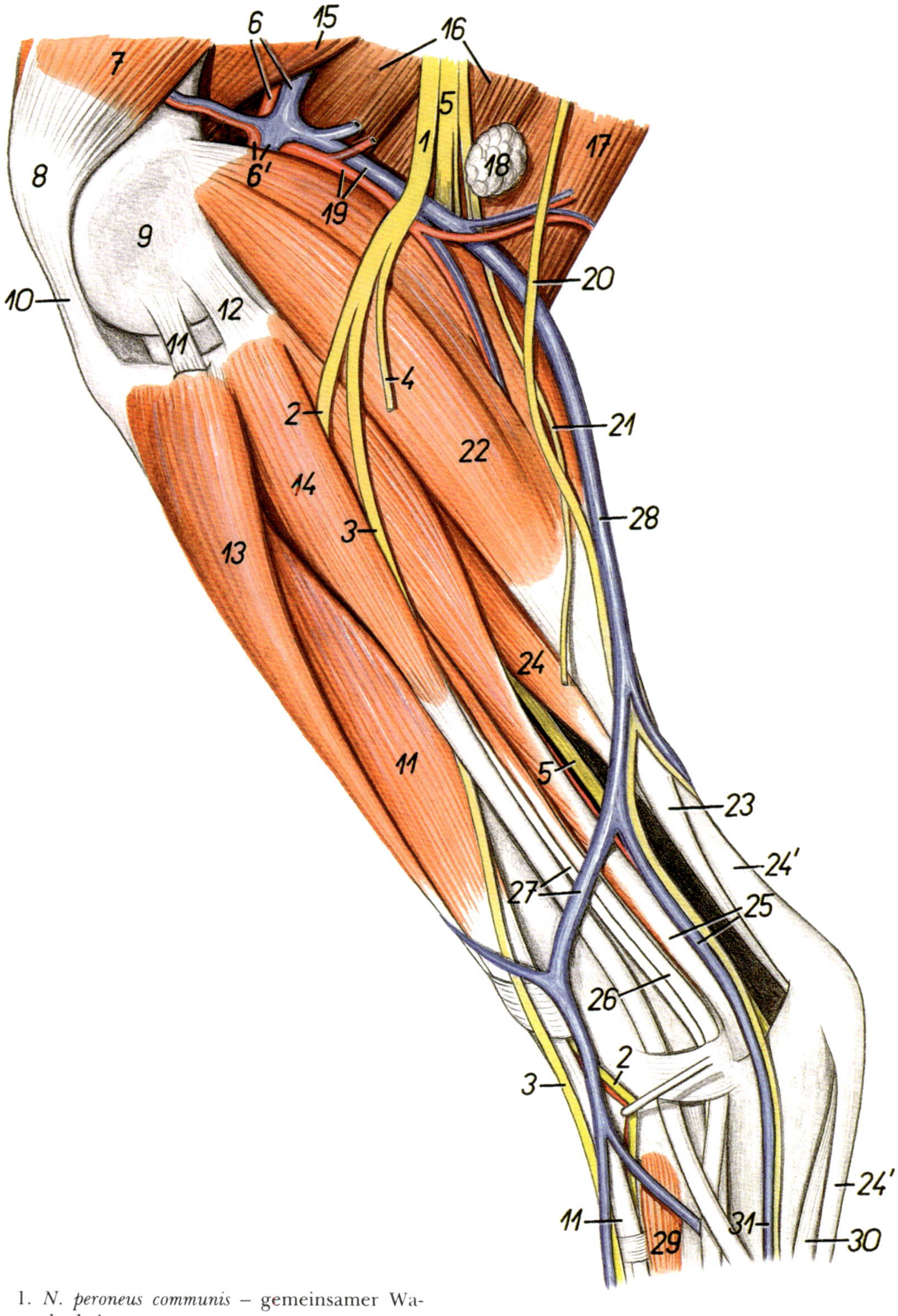

1. *N. peroneus communis* – gemeinsamer Wadenbeinnerv
2. *N. peroneus profundus* – tiefer Wadenbeinnerv
3. *N. peroneus superficialis* – oberflächlicher Wadenbeinnerv
4. *N. cutaneus surae lateralis* – lateraler Wadenhautnerv
5. *N. tibialis* – Schienbeinnerv
6. *A. et V. femoralis* – Oberschenkelarterie und -vene

6'. *A. et V. poplitea* – Kniekehlarterie und -vene

7. *M. vastus lateralis* – lateraler Oberschenkelmuskel
8. *Patella* – Kniescheibe
9. *Condylus lateralis ossis femoris* – lateraler Gelenkknorren des Oberschenkelbeines
10. *Lig. patellae* – Kniescheibenband
11. *M. extensor digitorum longus* – langer Zehenstrecker
12. *Lig. collaterale laterale* – laterales Seitenband
13. *M. tibialis cranialis* – kranialer Schienbeinmuskel
14. *M. peroneus longus* – langer Wadenbeinmuskel
15. *M. adductor* – Einwärtszieher
16. *M. semimembranosus* – halbhäutiger Muskel
17. *M. semitendinosus* – halbsehniger Muskel
18. *Lnn. poplitei superficiales* – oberflächliche Kniekehllymphknoten
19. *A. et V. femoris caudalis* – kaudale Oberschenkelarterie und -vene
20. *N. cutaneus surae lateralis* – lateraler Wadenhautnerv
21. *N. cutaneus surae caudalis* – kaudaler Wadenhautnerv
22. *M. gastrocnemius* – Wadenmuskel
23. *Tendo mi. tricipitis surae* – Sehne des dreiköpfigen Wadenmuskels
24. *M. flexor digitorum superficialis* – oberflächlicher Zehenbeuger

24'. *Tendo mi. flexoris digitorum superficialis* – Sehne des oberflächlichen Zehenbeugers

25. *M. flexor digiti I longus, Ramus caudalis v. saphenae lateralis* – langer Beuger der 1. Zehe, kaudaler Ast der lateralen verborgenen Vene
26. *M. extensor digitorum lateralis* – lateraler Zehenstrecker
27. *M. peroneus brevis, Ramus cranialis v. saphenae lateralis* – kurzer Wadenbeinmuskel, kranialer Ast der lateralen verborgenen Vene
28. *V. saphena lateralis* – laterale verborgene Vene
29. *M. extensor digitorum brevis* – kurzer Zehenstrecker
30. *M. abductor digiti V* – Abzieher der 5. Zehe
31. *V. metatarsea plantaris IV* – 4. plantare Hintermittelfußvene

Abbildung 185

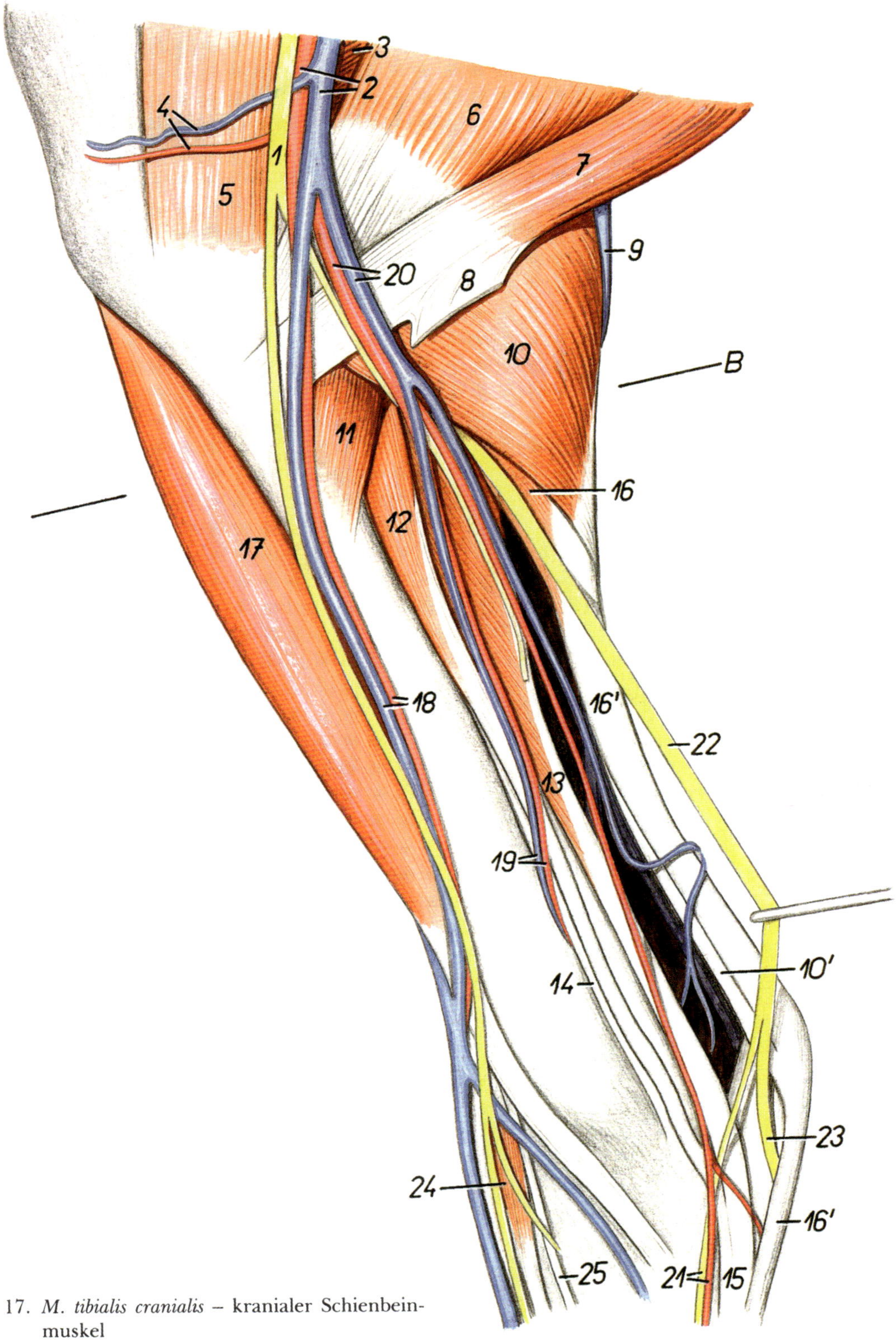

1. *N. saphenus* – verborgener Nerv
2. *A. saphena, V. saphena medialis* – verborgene Arterie, mediale verborgene Vene
3. *M. semimembranosus* – halbhäutiger Muskel
4. *A. et V. genus medialis* – mediale Kniearterie und -vene
5. *Venter caudalis mi. sartorii* – kaudaler Bauch des Schneidermuskels
6. *M. gracilis* – schlanker Schenkelmuskel
7. *M. semitendinosus* – halbsehniger Muskel
8. *Tendo accessorius* – zusätzliche Sehne (des zweiköpfigen Oberschenkelmuskels)
9. *V. saphena lateralis* – laterale verborgene Vene
10. *Caput mediale mi. gastrocnemii* – medialer Kopf des Wadenmuskels

10'. *Tendo mi. tricipitis surae* – Sehne des dreiköpfigen Wadenmuskels

11. *M. popliteus* – Kniekehlmuskel
12. *M. flexor digitorum medialis* – medialer Zehenbeuger
13. *M. flexor digitorum lateralis* – lateraler Zehenbeuger
14. *M. tibialis caudalis* – kaudaler Schienbeinmuskel
15. *Tendo mi. flexoris digitorum profundi* – Sehne des tiefen Zehenbeugers
16. *M. flexor digitorum superficialis* – oberflächlicher Zehenbeuger

16'. *Tendo mi. flexoris digitorum superficialis* – Sehne des oberflächlichen Zehenbeugers

17. *M. tibialis cranialis* – kranialer Schienbeinmuskel
18. *Ramus cranialis a. saphenae et v. saphenae medialis* – kranialer Ast der verborgenen Arterie und der medialen verborgenen Vene
19. *A. et V. peronea* – Wadenbeinarterie und -vene
20. *Ramus caudalis a. saphenae et v. saphenae medialis* – kaudaler Ast der verborgenen Arterie und der medialen verborgenen Vene
21. *N. plantaris medialis, A. plantaris medialis* – medialer Plantarnerv, mediale plantare Arterie
22. *N. tibialis* – Schienbeinnerv
23. *N. plantaris lateralis* – lateraler plantarer Nerv
24. *M. extensor digitorum brevis* – kurzer Strecker der Zehen
25. *M. extensor digiti I longus* – langer Strecker der 1. Zehe

Hund. Präparation des distalen Abschnitts der linken Beckengliedmaße, Ansicht von dorsal.

Abbildung 186

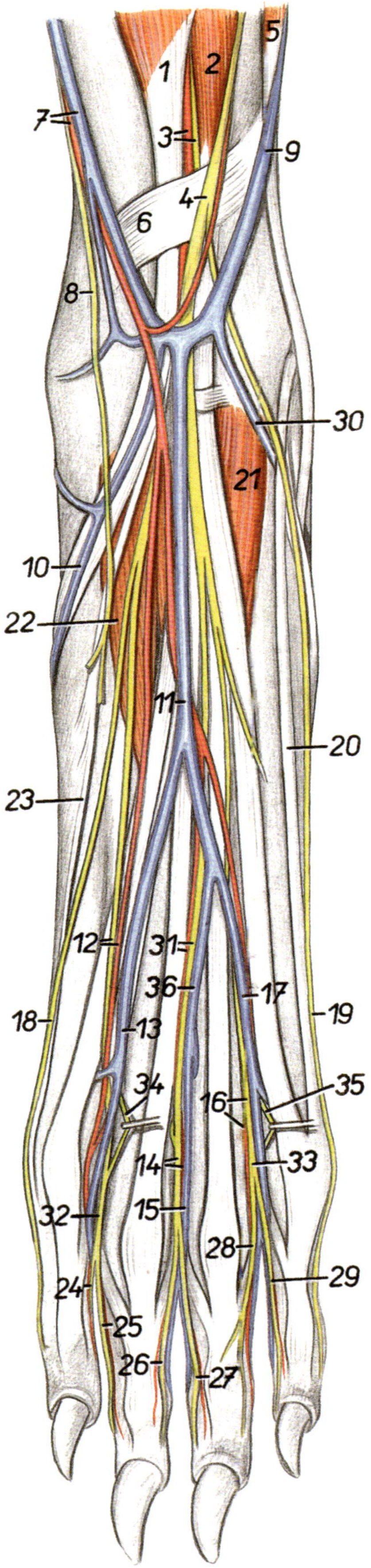

1. *M. tibialis cranialis* – kranialer Schienbeinmuskel
2. *M. extensor digitorum longus* – langer Zehenstrecker
3. *A. tibialis cranialis, N. peroneus profundus* – kraniale Schienbeinarterie, tiefer Wadenbeinnerv
4. *N. peroneus superficialis* – oberflächlicher Wadenbeinnerv
5. *M. peroneus longus* – langer Wadenbeinmuskel
6. *Retinaculum extensorum crurale* – Halteband der Unterschenkelstrecker
7. *Ramus cranialis a. et v. saphenae (medialis)* – kranialer Ast der verborgenen Arterie und der medialen verborgenen Vene
8. *Ramus cranialis ni. sapheni* – kranialer Ast des verborgenen Nerven
9. *Ramus cranialis v. saphenae lateralis* – kranialer Ast der lateralen verborgenen Vene
10. *V. tarsea medialis* – mediale Hintermittelfußvene
11. *V. digitalis dorsalis communis III* – 3. dorsale Hintermittelfußvene
12. *N. digitalis dorsalis communis II, A. digitalis dorsalis communis II* – 2. dorsaler gemeinsamer Zehennerv, 2. dorsale gemeinsame Zehenarterie
13. *V. digitalis dorsalis communis II* – 2. dorsale gemeinsame Zehenvene
14. *N. digitalis dorsalis communis III, A. digitalis dorsalis communis III* – 3. dorsaler gemeinsamer Zehennerv, 3. dorsale gemeinsame Zehenarterie
15. *V. digitalis dorsalis communis III* – 3. dorsale gemeinsame Zehenvene
16. *N. digitalis dorsalis communis IV, A. digitalis dorsalis communis IV* – 4. dorsaler gemeinsamer Zehennerv, 4. dorsale gemeinsame Zehenarterie
17. *V. digitalis dorsalis communis IV* – 4. dorsale gemeinsame Zehenvene
18. *N. digitalis dorsalis II medialis* – 2. medialer dorsaler Zehennerv
19. *N. digitalis dorsalis V lateralis* – 5. lateraler dorsaler Zehennerv
20. *M. extensor digitorum lateralis* – lateraler Zehenstrecker
21. *M. extensor digitorum brevis lateralis* – lateraler kurzer Zehenstrecker
22. *M. extensor digitorum brevis medialis* – medialer kurzer Zehenstrecker
23. *M. extensor digiti I longus* – langer Strecker der 1. Zehe
24. *N. digitalis dorsalis proprius II lateralis* – 2. lateraler dorsaler besonderer Zehennerv
25. *N. digitalis dorsalis proprius III medialis* – 3. medialer dorsaler besonderer Zehennerv
26. *N. digitalis dorsalis proprius III lateralis* – 3. lateraler dorsaler besonderer Zehennerv
27. *N. digitalis dorsalis proprius IV medialis* – 4. medialer dorsaler besonderer Zehennerv
28. *N. digitalis dorsalis proprius IV lateralis* – 4. lateraler dorsaler besonderer Zehennerv
29. *N. digitalis dorsalis proprius V medialis* – 5. medialer dorsaler besonderer Zehennerv
30. *V. tarsea lateralis* – laterale Hinterfußwurzelvene
31. *N. digitalis dorsalis communis III, A. digitalis dorsalis communis III* – 3. dorsaler gemeinsamer Zehennerv, 3. dorsale gemeinsame Zehenarterie
32. *N. digitalis dorsalis communis II* – 2. dorsaler gemeinsamer Zehennerv
33. *N. digitalis dorsalis communis IV* – 4. dorsaler gemeinsamer Zehennerv
34. *N. metatarseus dorsalis II* – 2. dorsaler Hintermittelfußnerv
35. *N. metatarseus dorsalis IV* – 4. dorsaler Hintermittelfußnerv
36. *V. digitalis dorsalis communis III* – 3. dorsale gemeinsame Zehenvene

Hund. Präparation des distalen Abschnitts der rechten Beckengliedmaße, Ansicht von plantar.

Abbildung 187

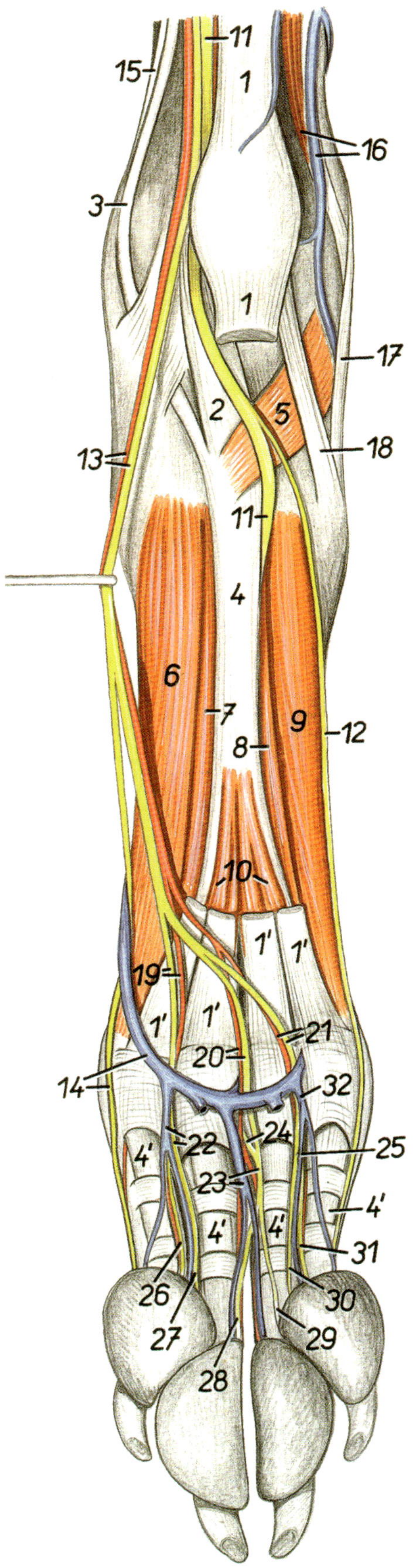

1., 1'. *M. flexor digitorum superficialis* – oberflächlicher Zehenbeuger
2. *Tendo mi. flexoris digiti I longi* – Sehne des langen Beugers der 1. Zehe
3. *Tendo mi. flexoris digitorum longi* – Sehne des langen Zehenbeugers
4., 4'. *Tendo mi. flexoris digitorum profundi* – Sehne des tiefen Zehenbeugers
5. *M. quadratus plantae* – viereckiger Sohlenmuskel
6. *M. interosseus II* – Zwischenknochenmuskel
7. *M. adductor digiti II* – Einwärtszieher der 2. Zehe
8. *M. adductor digiti V* – Einwärtszieher der 5. Zehe
9. *M. interosseus V* – 5. Zwischenknochenmuskel
10. *Mm. interflexorii* – Zwischenbeugemuskeln
11. *N. plantaris lateralis* – lateraler Plantarnerv
12. *N. digitalis plantaris V lateralis* – 5. lateraler plantarer Zehennerv
13. *A. plantaris medialis, N. plantaris medialis* – mediale plantare Arterie, medialer Plantarnerv
14. *Arcus venosus plantaris distalis, N. digitalis plantaris II medialis* – distaler plantarer Venenbogen, 2. plantarer Zehennerv
15. *Tendo mi. tibialis caudalis* – Sehne des kaudalen Schienbeinmuskels
16. *M. peroneus brevis, Ramus caudalis v. saphenae lateralis* – kurzer Wadenbeinmuskel, kaudaler Ast der lateralen verborgenen Vene
17. *M. peroneus longus* – langer Wadenbeinmuskel
18. *M. abductor digiti V* – Abzieher der 5. Zehe
19. *N. digitalis plantaris communis II., A. digitalis plantaris communis II* – 2. plantarer gemeinsamer Zehennerv, 2. plantare gemeinsame Zehenarterie
20. *N. digitalis plantaris communis III, A. digitalis plantaris communis III* – 3. gemeinsamer Zehennerv, 3. plantare gemeinsame Zehenarterie
21. *N. digitalis plantaris communis IV, A. digitalis plantaris communis IV* – 4. plantarer gemeinsamer Zehennerv, 4. plantare gemeinsame Zehenarterie
22. *V. digitalis plantaris communis II, N. digitalis plantaris communis II* – 2. plantare gemeinsame Zehenvene, 2. gemeinsamer plantarer Zehennerv
23. *N. digitalis plantaris communis III, V. digitalis plantaris communis III* – 3. plantarer gemeinsamer Zehennerv, 3. plantare gemeinsame Zehenvene
24. *N. metatarseus plantaris III* – 3. plantarer Hintermittelfußnerv
25. *V. digitalis plantaris propria IV lateralis* – 4. laterale plantare besondere Zehenvene
26. *N. digitalis plantaris proprius II lateralis* – 2. lateraler plantarer besonderer Zehennerv
27. *N. digitalis plantaris proprius III medialis* – 3. medialer plantarer besonderer Zehennerv
28. *N. digitalis plantaris proprius III lateralis* – 3. lateraler plantarer besonderer Zehennerv
29. *N. digitalis plantaris proprius IV medialis* – 4. medialer plantarer besonderer Zehennerv
30. *N. digitalis plantaris proprius IV lateralis* – 4. lateraler plantarer besonderer Zehennerv
31. *N. digitalis plantaris proprius V medialis* – 5. medialer plantarer besonderer Zehennerv
32. *V. digitalis plantaris communis V* – 5. plantare gemeinsame Zehenvene

Katze. Skelett der Schultergliedmaße, Ansicht von medial.

Abbildung 188

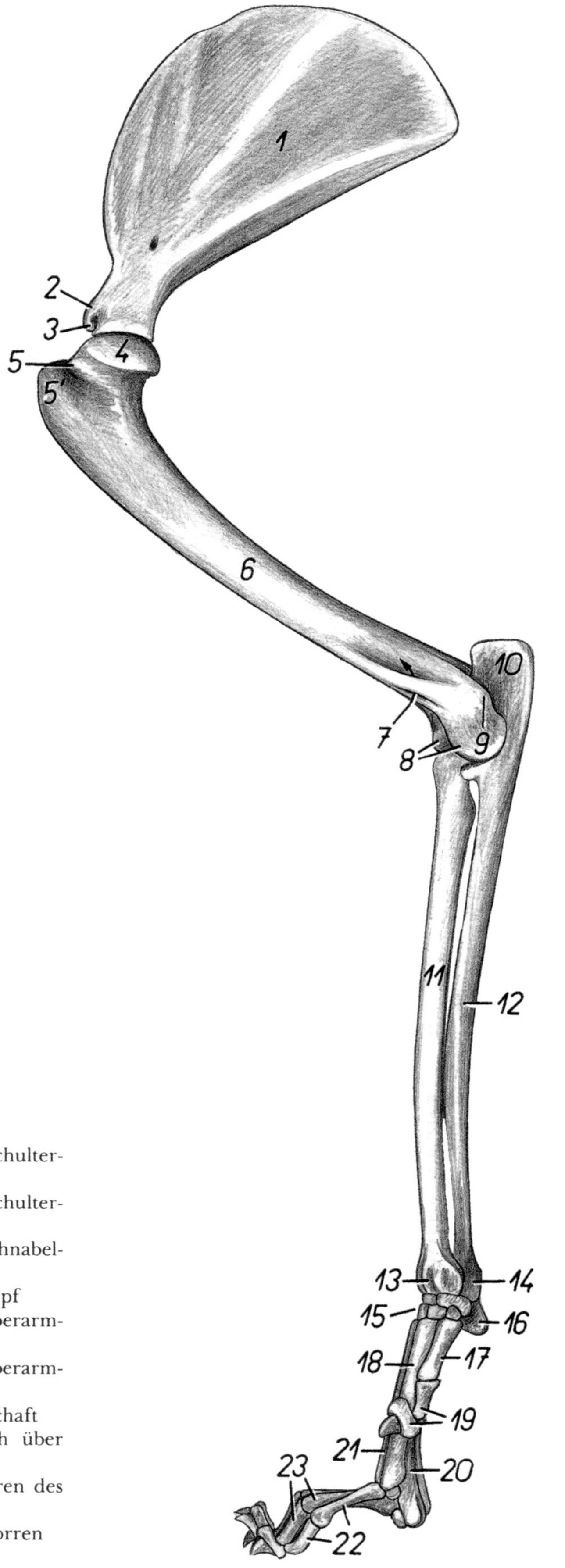

1. *Fossa subscapularis* – Unterschulterblattgrube
2. *Tuberculum supraglenoidale* – Schulterblattbeule
3. *Processus coracoideus* – Rabenschnabelfortsatz
4. *Caput humeri* – Oberarmbeinkopf
5. *Tuberculum minus* – kleiner Oberarmbeinhöcker

5'. *Tuberculum majus* – großer Oberarmbeinhöcker

6. *Corpus humeri* – Oberarmbeinschaft
7. *Foramen supracondylare* – Loch über dem Gelenkknorren
8. *Condylus humeri* – Gelenkknorren des Oberarmbeines
9. *Epicondylus medialis* – Beugeknorren
10. *Olecranon* – Ellbogen
11. *Corpus radii* – Schaft der Speiche
12. *Corpus ulnae* – Schaft der Elle
13. *Trochlea radii* – Gelenkrolle der Speiche
14. *Caput ulnae* – Kopf der Elle

15., 16 *Ossa carpi* – Vorderfußwurzelknochen

16. *Os carpi accessorium (Os pisiforme)* – zusätzlicher Vorderfußwurzelknochen (Erbsenbein)
17. *Os metacarpale I* – 1. Vordermittelfußknochen
18. *Os metacarpale II* – 2. Vordermittelfußknochen
19. *Phalanges digiti I* – Glieder der 1. Zehe
20. *Os metacarpale III* – 3. Vordermittelfußknochen
21. *Os metacarpale V* – 5. Vordermittelfußknochen
22. *Phalanges digiti II* – Glieder der 2. Zehe
23. *Phalanges digiti III* – Glieder der 3. Zehe

Abbildung 189

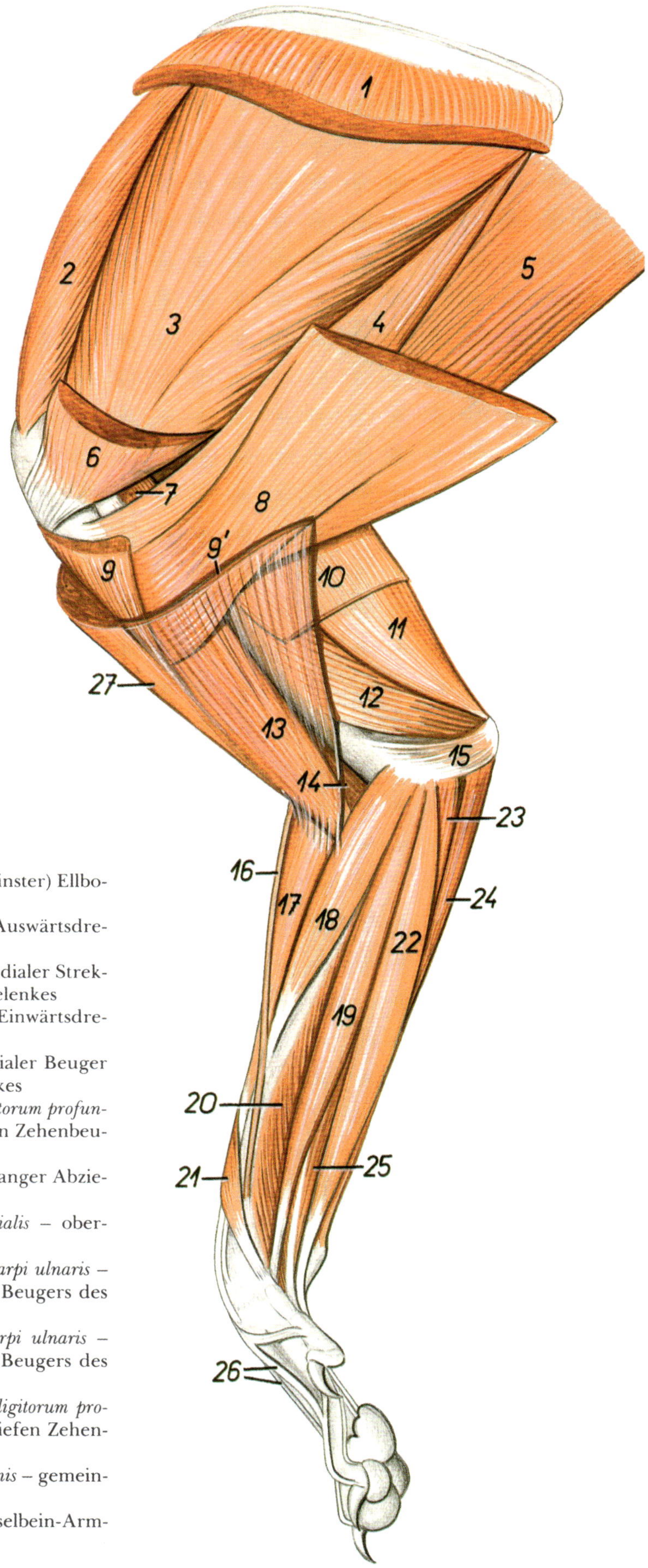

1. *M. serratus ventralis (cervicis et thoracis)* – ventraler gesägter Muskel (Hals- und Brustkorbportion)
2. *M. supraspinatus* – Übergrätenmuskel
3. *M. subscapularis* – Unterschulterblattmuskel
4. *M. teres major* – großer Rundmuskel
5. *M. latissimus dorsi* – breiter Rückenmuskel
6. *Portio minor mi. pectoralis profundi* – kleine Portion des tiefen Brustmuskels
7. *M. coracobrachialis* – Rabenschnabel-Armmuskel
8. *Portio major mi. pectoralis profundi* – große Portion des tiefen Brustmuskels

9., 9'. *M. pectoralis superficialis* – oberflächlicher Brustmuskel

9. *M. pectoralis descendens* – absteigender Brustmuskel

9'. *M. pectoralis transversus* – querverlaufender Brustmuskel

10. *M. tensor fasciae antebrachii* – Spanner der Unterarmfaszie
11. *Caput longum mi. tricipitis brachii* – langer Kopf des dreiköpfigen Armmuskels
12. *Caput mediale mi. tricipitis brachii* – medialer Kopf des dreiköpfigen Armmuskels
13. *M. biceps brachii* – zweiköpfiger Armmuskel
14. *M. brachialis* – Armmuskel
15. *M. anconeus (minimus)* – (kleinster) Ellbogenhöckermuskel
16. *M. brachioradialis* – langer Auswärtsdreher
17. *M. extensor carpi radialis* – radialer Strekker des Vorderfußwurzelgelenkes
18. *M. pronator teres* – runder Einwärtsdreher
19. *M. flexor carpi radialis* – radialer Beuger des Vorderfußwurzelgelenkes
20. *Caput radiale mi. flexoris digitorum profundi* – Speichenkopf des tiefen Zehenbeugers
21. *M. abductor digiti I longus* – langer Abzieher der 1. Zehe
22. *M. flexor digitorum superficialis* – oberflächlicher Zehenbeuger
23. *Caput humerale mi. flexoris carpi ulnaris* – Oberarmkopf des ulnaren Beugers des Vorderfußwurzelgelenkes
24. *Caput ulnare mi. flexoris carpi ulnaris* – Speichenkopf des ulnaren Beugers des Vorderfußwurzelgelenkes
25. *Caput humerale mi. flexoris digitorum profundi* – Oberarmkopf des tiefen Zehenbeugers
26. *M. extensor digitorum communis* – gemeinsamer Zehenstrecker
27. *M. cleidobrachialis* – Schlüsselbein-Armmuskel

Katze. Präparation der Schulter und des Oberarmes, Ansicht von lateral.

Abbildung 190

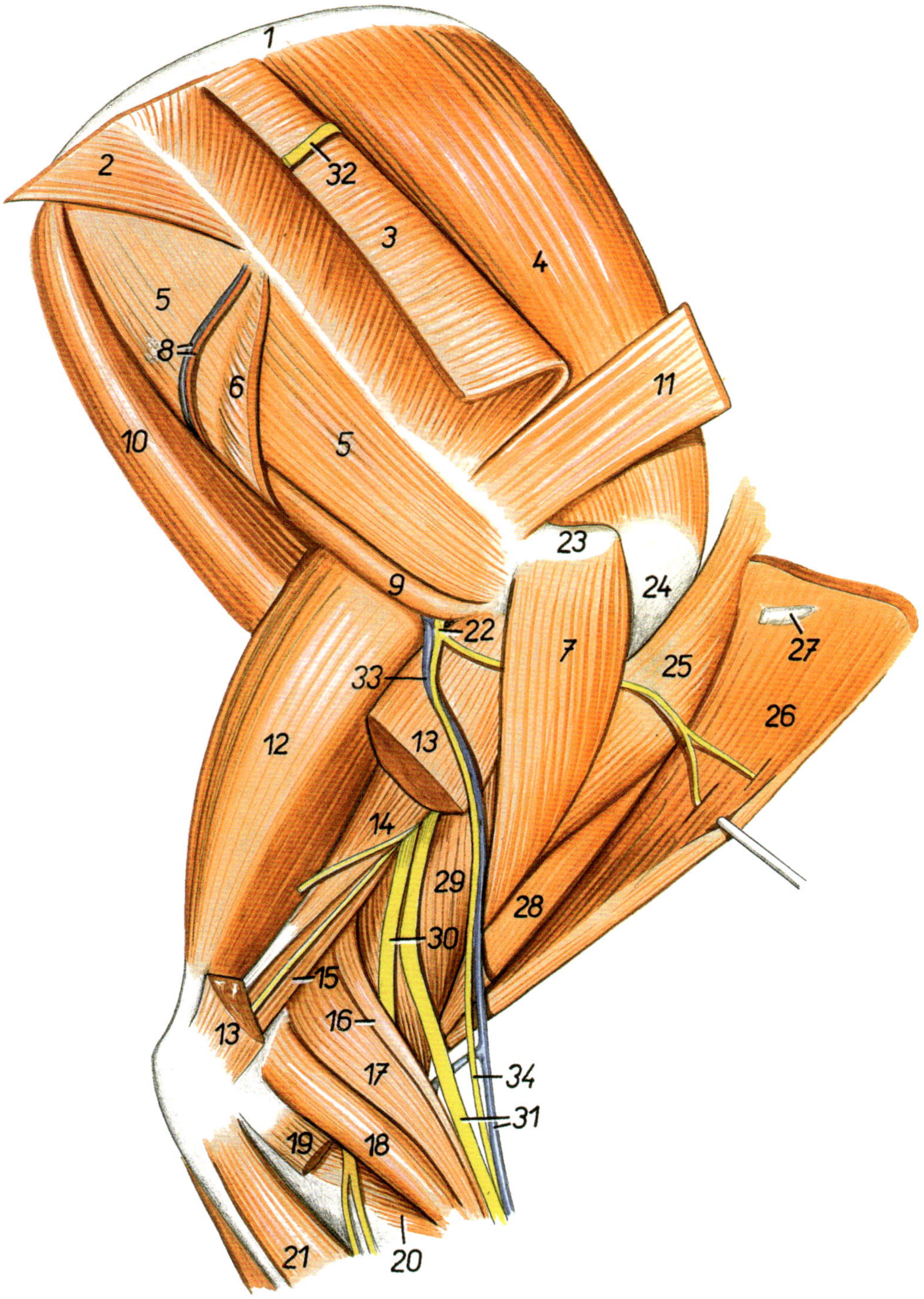

1. *Scapula* – Schulterblatt
2. *Pars thoracica mi. trapezii* – Brustkorbteil des trapezförmigen Muskels
3. *Pars cervicalis mi. trapezii* – Halsteil des trapezförmigen Muskels
4. *M. supraspinatus* – Übergrätenmuskel
5. *M. infraspinatus* – Untergrätenmuskel
6. *Pars scapularis mi. deltoidei (Origo)* – Schulterblatteil des deltaförmigen Muskels (Ursprung)
7. *Pars acromialis mi. deltoidei* – Gräteneckteil des deltaförmigen Muskels
8. *Ramus a. et v. circumflexae scapulae* – Ast der Schulterblattkranzarterie und -vene
9. *M. teres minor* – kleiner Rundmuskel
10. *M. teres major* – großer Rundmuskel
11. *M. omotransversarius* – Schulter-Querfortsatzmuskel
12. *Caput longum mi. tricipitis brachii* – langer Kopf des dreiköpfigen Armmuskels
13. *Caput laterale mi. tricipitis brachii* – lateraler Kopf des dreiköpfigen Armmuskels
14. *Caput accessorium mi. tricipitis brachii* – zusätzlicher Kopf des dreiköpfigen Armmuskels
15. *M. anconeus (parvus)* – (kleiner) Ellbogenhöckermuskel
16. *M. brachioradialis* – langer Auswärtsdreher
17. *M. extensor carpi radialis* – radialer Strecker des Vorderfußwurzelgelenkes
18. *M. extensor digitorum communis* – gemeinsamer Zehenstrecker
19. *M. extensor digitorum lateralis* – lateraler Zehenstrecker
20. *M. supinator* – kurzer Auswärtsdreher
21. *M. extensor carpi ulnaris* – ulnarer Strecker des Vorderfußwurzelgelenkes
22. *N. axillaris* – Achselnerv
23. *Acromion* – Gräteneck
24. *Tuberculum majus humeri* – großer Oberarmbeinhöcker
25. *M. pectoralis descendens* – absteigender Brustmuskel
26. *M. brachiocephalicus (M. cleidobrachialis)* – Arm-Kopfmuskel (Schlüsselbein-Armmuskel)
27. *Clavicula* – Schlüsselbein
28. *M. biceps brachii* – zweiköpfiger Armmuskel
29. *M. brachialis* – Armmuskel
30. *Ramus profundus ni. radialis* – tiefer Ast des Speichennerven
31. *Ramus superficialis ni. radialis, V. cephalica* – oberflächlicher Ast des Speichennerven, Kopfvene des Oberarmes
32. *Ramus dorsalis rami externi ni. accessorii* – dorsaler Ast des zusätzlichen Nerven
33. *V. axillobrachialis* – Achsel-Armvene
34. *N. cutaneus antebrachii cranialis* – kranialer Unterarmhautnerv

Katze. Skelett der Beckengliedmaße, Ansicht von medial.

Abbildung 191

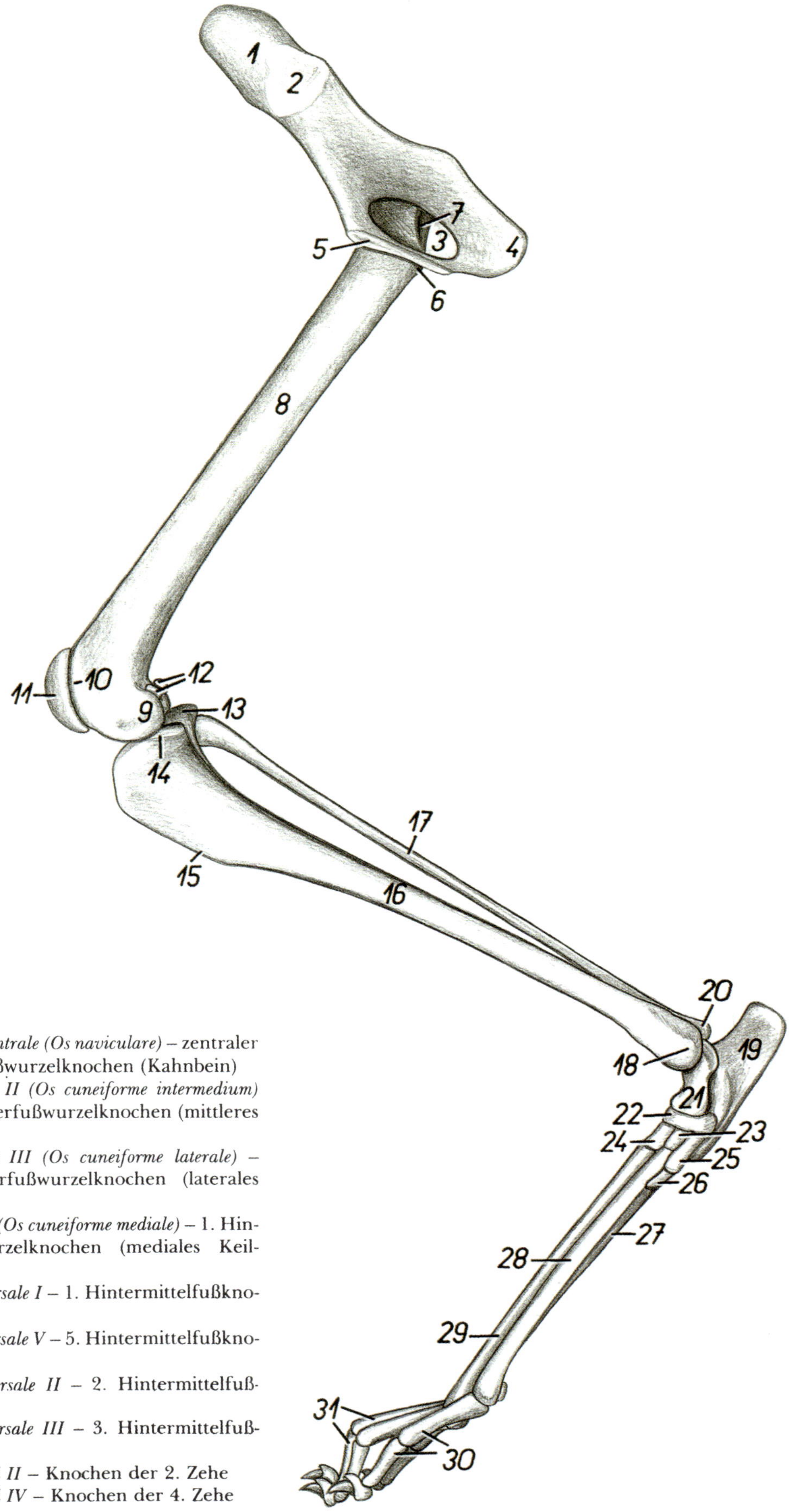

1. *Ala ossis ilium* – Darmbeinflügel
2. *Facies auricularis* – ohrmuschelförmige Fläche
3. *Foramen obturatum* – verstopftes Loch
4. *Tuber ischiadicum* – Sitzbeinhöcker
5. *Facies symphysialis ossis coxae* – Beckenfugenfläche des Hüftbeines
6. *Trochanter minor ossis femoris* – kleiner Umdreher des Oberschenkelbeines
7. *Fossa trochanterica* – Umdrehergrube
8. *Corpus ossis femoris* – Schaft des Oberschenkelbeines
9. *Condylus medialis ossis femoris* – medialer Gelenkknorren des Oberschenkelbeines
10. *Crista medialis trochleae ossis femoris* – mediale Leiste der Gelenkrolle des Oberschenkelbeines
11. *Patella* – Kniescheibe
12. *Ossa sesamoidea mi. gastrocnemii (Fabellae)* – Sesambeine des Wadenmuskels (Bohnen)
13. *Condylus lateralis tibiae* – lateraler Gelenknorren des Schienbeines
14. *Condylus medialis tibiae* – medialer Gelenkknorren des Schienbeines
15. *Margo cranialis tibiae* – Kranialrand des Schienbeines
16. *Corpus tibiae* – Schienbeinschaft
17. *Corpus fibulae* – Wadenbeinschaft
18. *Malleolus medialis* – medialer Knöchel
19. *Calcaneus* – Fersenbein
20. *Malleolus lateralis* – lateraler Knöchel
21. *Talus* – Rollbein
22. *Os tarsi centrale (Os naviculare)* – zentraler Hinterfußwurzelknochen (Kahnbein)
23. *Os tarsale II (Os cuneiforme intermedium)* – 2. Hinterfußwurzelknochen (mittleres Keilbein)
24. *Os tarsale III (Os cuneiforme laterale)* – 3. Hinterfußwurzelknochen (laterales Keilbein)
25. *Os tarsale (Os cuneiforme mediale)* – 1. Hinterfußwurzelknochen (mediales Keilbein)
26. *Os metatarsale I* – 1. Hintermittelfußknochen
27. *Os metatarsale V* – 5. Hintermittelfußknochen
28. *Os metatarsale II* – 2. Hintermittelfußknochen
29. *Os metatarsale III* – 3. Hintermittelfußknochen
30. *Ossa digiti II* – Knochen der 2. Zehe
31. *Ossa digiti IV* – Knochen der 4. Zehe

Katze. Lage der Beckenorgane des Katers, Ansicht von links, nach Entfernung der linken Beckengliedmaße und der linken Beckenhälfte.

Abbildung 192

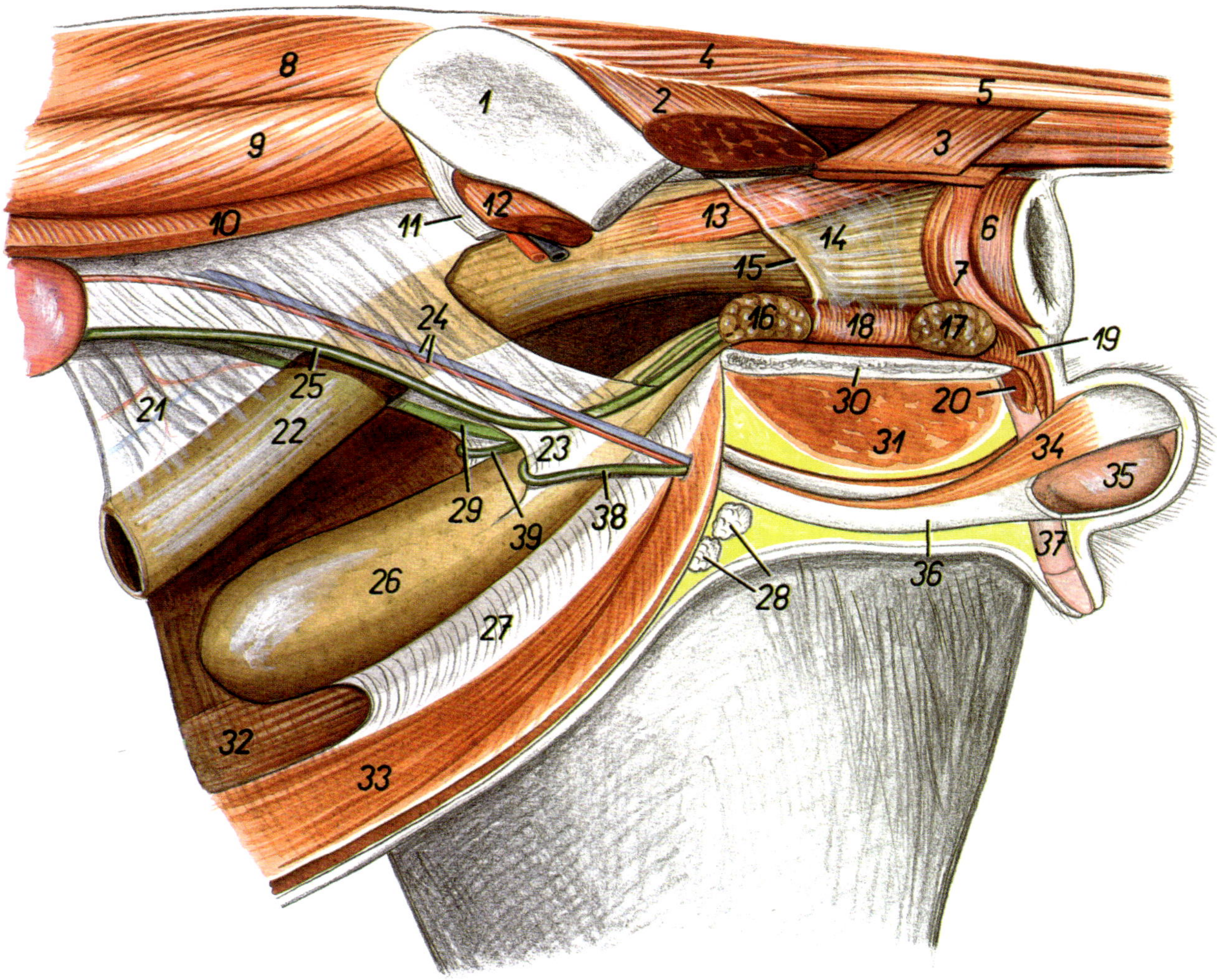

1. *Ala ossis ilium* – Darmbeinflügel
2. *M. gluteus superficialis* – oberflächlicher Kruppenmuskel
3. *M. coccygeus* – langer Seitwärtszieher des Schwanzes
4. *M. sacrocaudalis dorsalis lateralis* – langer Heber des Schwanzes
5. *M. intertransversarius caudae* – Schwanzportion des Zwischenquerfortsatzmuskels
6. *M. sphincter ani externus* – äußerer Afterschließmuskel
7. *M. retractor penis* – Zurückzieher des Penis
8. *M. longissimus lumborum* – Lendenportion des längsten Muskels
9. *M. iliocostalis lumborum* – Lendenportion des Darmbein-Rippenmuskels
10. *M. obliquus internus abdominis* – innerer schiefer Bauchmuskel
11. *Lig. inguinale* – Leistenband
12. *M. iliopsoas* – Darmbein-Lendenmuskel
13. *M. rectococcygeus* – Mastdarm-Schwanzmuskel
14. *Ampulla recti* – Mastdarmampulle
15. *Margo peritonei* – Bauchfellrand
16. *Prostata* – Vorsteherdrüse
17. *Glandula bulbourethralis* – Harnröhren-Zwiebeldrüse
18. *M. urethralis* – Harnröhrenmuskel
19. *M. bulbospongiosus* – Zwiebel-Schwellkörpermuskel
20. *M. ischiocavernosus* – Sitzbein-Schwellkörpermuskel
21. *Mesocolon descendens* – Gekröse des absteigenden Grimmdarms
22. *Colon descendens* – absteigender Grimmdarm
23. *Lig. laterale vesicae* – laterales Harnblasenband
24. *A. et V. testicularis* – Hodenarterie und -vene
25. *Ureter sinister* – linker Harnleiter
26. *Vesica urinaria* – Harnblase
27. *Lig. vesicae medianum* – medianes Harnblasenband
28. *Lnn. scrotales* – Hodensacklymphknoten
29. *Ureter dexter* – rechter Harnleiter
30. *Facies symphysialis ossis coxae* – Beckenfugenfläche des Hüftbeines
31. *M. adductor et M. gracilis* – Einwärtszieher und schlanker Schenkelmuskel
32. *M. rectus abdominis dexter* – rechter gerader Bauchmuskel
33. *M. rectus abdominis sinister* – linker gerader Bauchmuskel
34. *M. cremaster sinister* – linker Hodenheber
35. *Testis* – Hoden
36. *Tunica vaginalis et Fascia spermatica (sinistra)* – Scheidenhautfortsatz und linke Hodenfaszie
37. *Corpus penis* – Peniskörper
38. *Ductus deferens sinister* – linker Samenleiter
39. *Ductus deferens dexter* – rechter Samenleiter

Katze. Lage der Beckenorgane der weiblichen Katze, Ansicht von links, nach Entfernung der linken Beckengliedmaße und der linken Beckenhälfte.

Abbildung 193

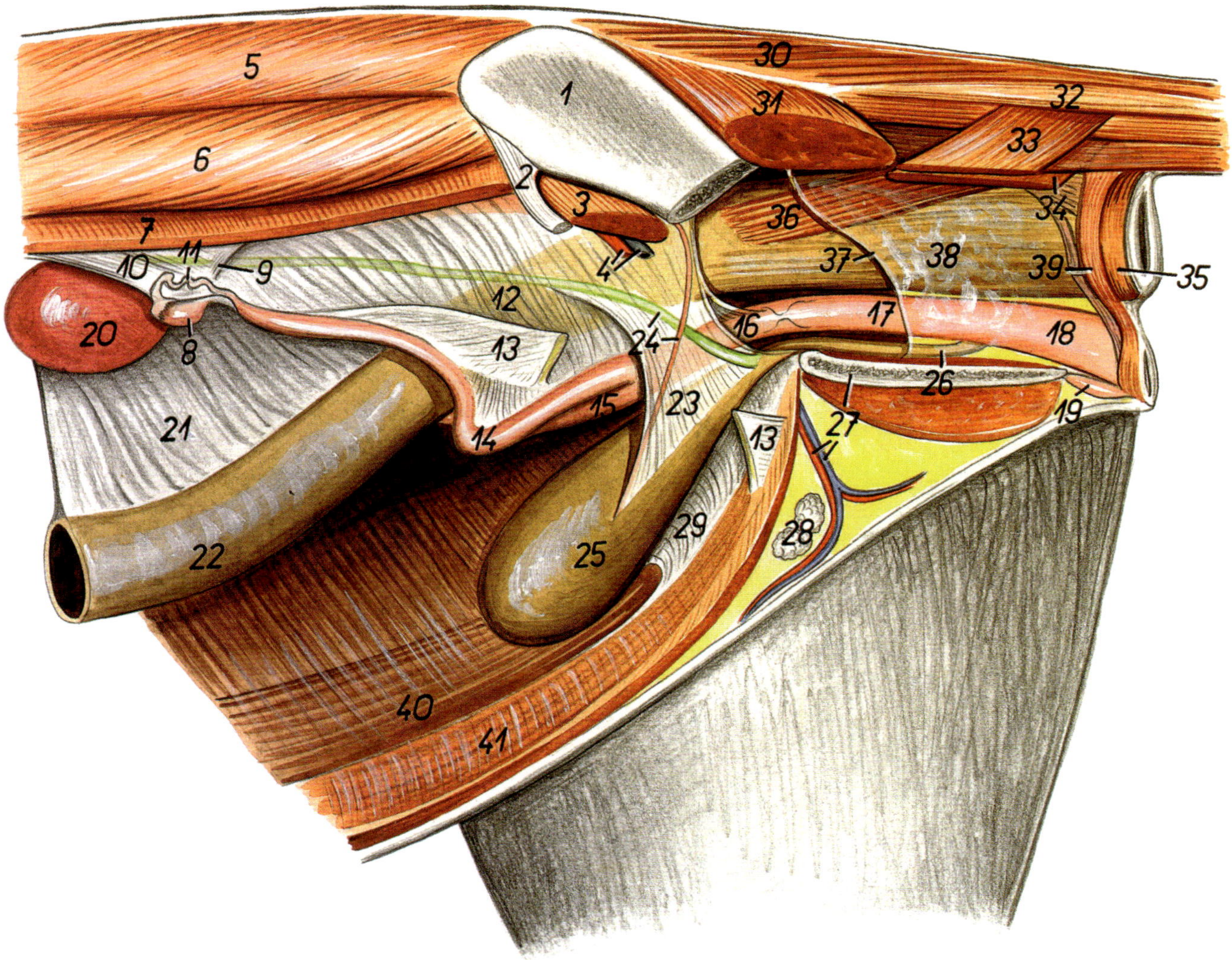

1. *Ala ossis ilium* – Darmbeinflügel
2. *Lig. inguinale* – Leistenband
3. *M. iliopsoas* – Darmbein-Lendenmuskel
4. *A. et V. iliaca externa* – äußere Darmbeinarterie und -vene
5. *M. longissimus lumborum* – Lendenportion des längsten Muskels
6. *M. iliocostalis lumborum* – Lendenportion des Darmbein-Rippenmuskels
7. *M. obliquus internus abdominis* – innerer schiefer Bauchmuskel
8. *Ovarium sinistrum* – rechter Eierstock
9. *Lig. ovarii proprium* – linkes besonderes Eierstocksband
10. *Mesovarium* – Eierstockgekröse
11. *Tuba uterina (Oviductus)* – Eileiter
12. *Lig. latum uteri* – breites Gebärmutterband
13. *Lig. teres uteri* – rundes Gebärmutterband
14. *Cornu uteri sinistrum* – linkes Gebärmutterhorn
15. *Cornu uteri dextrum* – rechtes Gebärmutterhorn
16. *Corpus uteri* – Gebärmutterkörper
17. *Vagina* – Scheide
18. *Vestibulum vaginae* – Scheidenvorhof
19. *Clitoris* – Kitzler
20. *Ren sinister* – linke Niere
21. *Mesocolon descendens* – Gekröse des absteigenden Grimmdarms
22. *Colon descendens* – absteigender Grimmdarm
23. *Lig. laterale vesicae* – laterales Harnblasenband
24. *A. umbilicalis* – Nabelarterie
25. *Vesica urinaria* – Harnblase
26. *Urethra* – Harnröhre
27. *A. et V. pudenda externa, Facies symphysialis ossis coxae* – äußere Schamarterie und -vene, Beckenfugenfläche des Hüftbeines
28. *Lnn. inguinales superficialis (mammarii)* – oberflächliche Leistenlymphknoten (Milchdrüsenlymphknoten)
29. *Lig. vesicae medianum* – medianes Harnblasenband
30. *M. sacrocaudalis dorsalis lateralis* – langer Heber des Schwanzes
31. *M. gluteus superficialis* – oberflächlicher Kruppenmuskel
32. *M. intertransversarius caudae* – Schwanzportion des Zwischenquerfortsatzmuskels
33. *M. coccygeus (lateralis)* – langer Seitwärtszieher des Schwanzes
34. *M. levator ani (M. coccygeus medialis)* – Afterheber
35. *M. sphincter ani externus* – äußerer Afterschließmuskel
36. *M. rectococcygeus* – Mastdarm-Schwanzmuskel
37. *Margo peritonei* – Bauchfellrand
38. *Ampulla recti* – Mastdarmampulle
39. *Portio cranialis mi. sphincteris ani externi* – kraniale Portion des äußeren Afterschließmuskels
40. *M. rectus abdominis dexter* – rechter gerader Bauchmuskel
41. *M. rectus abdominis sinister* – linker gerader Bauchmuskel

Katze. Präparation des dorsalen Abschnitts der Beckenhöhle, nach Entfernung der Beckenorgane. Becken in der Beckenfuge eröffnet, Ansicht von ventral.

Abbildung 194

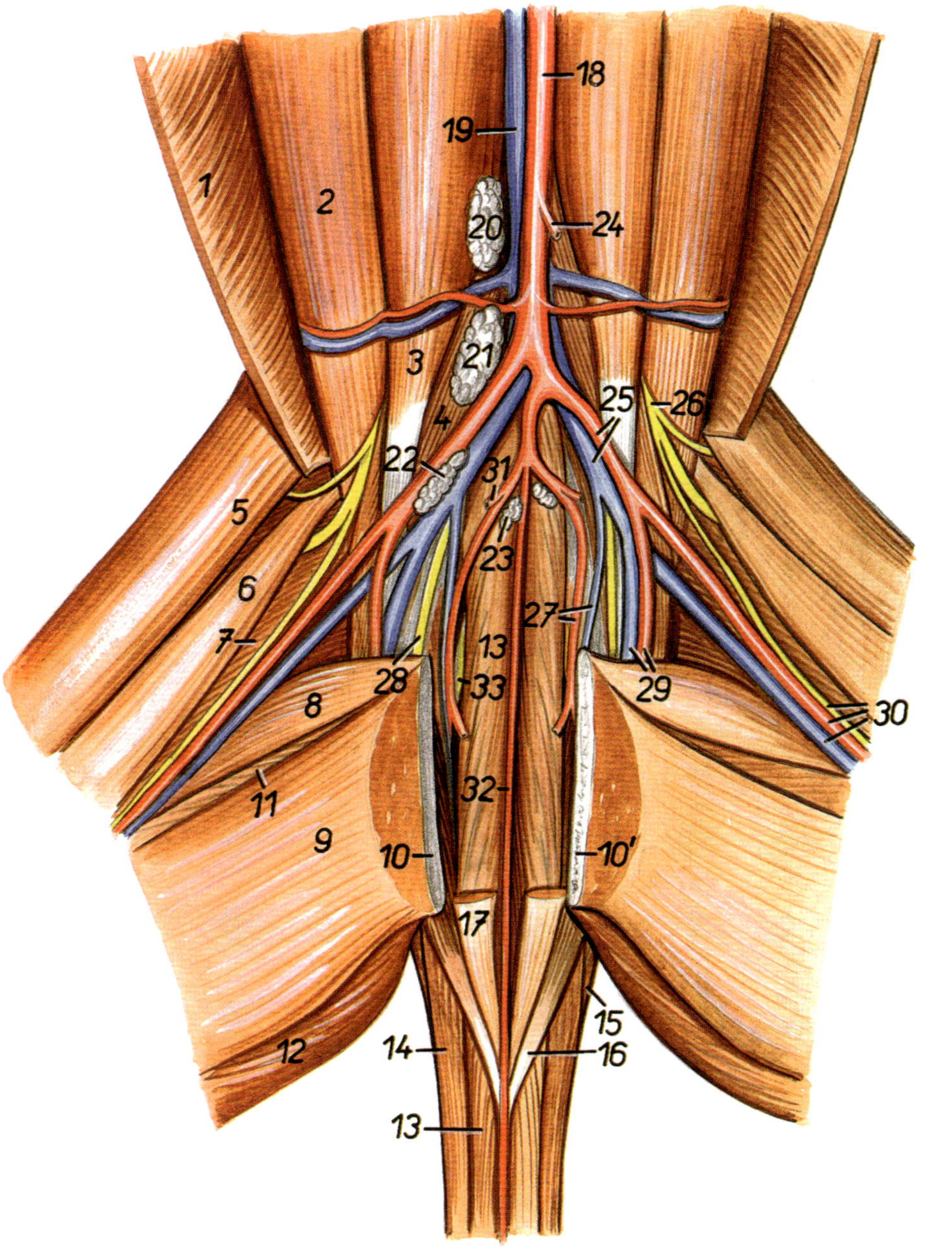

1. *M. obliquus internus abdominis* – innerer schiefer Bauchmuskel
2. *M. psoas major* – großer Lendenmuskel
3. *M. psoas minor* – kleiner Lendenmuskel
4. *Portio medialis mi. iliaci* – mediale Portion des Darmbeinmuskels
5. *Venter cranialis mi. sartorii* – kranialer Bauch des Schneidermuskels
6. *Venter caudalis mi. sartorii* – kaudaler Bauch des Schneidermuskels
7. *M. vastus medialis* – medialer Oberschenkelmuskel
8. *M. pectineus* – Kammuskel
9. *M. gracilis* – schlanker Schenkelmuskel
10., 10'. *Facies symphysiales ossium coxae* – Bekkenfugenfläche des Hüftbeines
11. *M. adductor* – Einwärtszieher
12. *M. semimembranosus* – halbhäutiger Muskel
13. *M. sacrocaudalis ventralis medialis* – kurzer Niederzieher des Schwanzes
14. *M. sacrocaudalis ventralis lateralis* – langer Niederzieher des Schwanzes
15. *M. coccygeus (lateralis)* – langer Seitwärtszieher des Schwanzes
16. *M. levator ani (M. coccygeus medialis)* – Afterheber
17. *M. rectococcygeus* – Mastdarm-Schwanzmuskel
18. *Aorta* – große Körperschlagader
19. *V. cava caudalis* – kaudale Hohlvene
20., 21., 22. *Lnn. iliaci mediales* – mediale Darmbeinlymphknoten
23. *Ln. hypogastricus* – Beckenwandlymphknoten
24. *A. mesenterica caudalis* – kaudale Gekrösearterie
25. *A. iliaca externa, V. iliaca communis* – äußere Darmbeinarterie, gemeinsame Darmbeinvene
26. *N. femoralis* – Oberschenkelnerv
27. *A. et V. iliaca interna* – innere Darmbeinarterie und -vene
28. *N. obturatorius* – Verstopfernerv
29. *A. et V. profunda femoris* – tiefe Oberschenkelarterie und -vene
30. *A. et V. femoralis, N. saphenus* – Oberschenkelarterie und -vene, verborgener Nerv
31. *A. umbilicalis* – Nabelarterie
32. *A. sacralis mediana* – mittlere Kreuzbeinarterie
33. *N. ischiadicus* – Sitzbeinnerv

Katze. Muskeln des distalen Abschnitts der Beckengliedmaße, Ansicht von lateral.

Abbildung 195

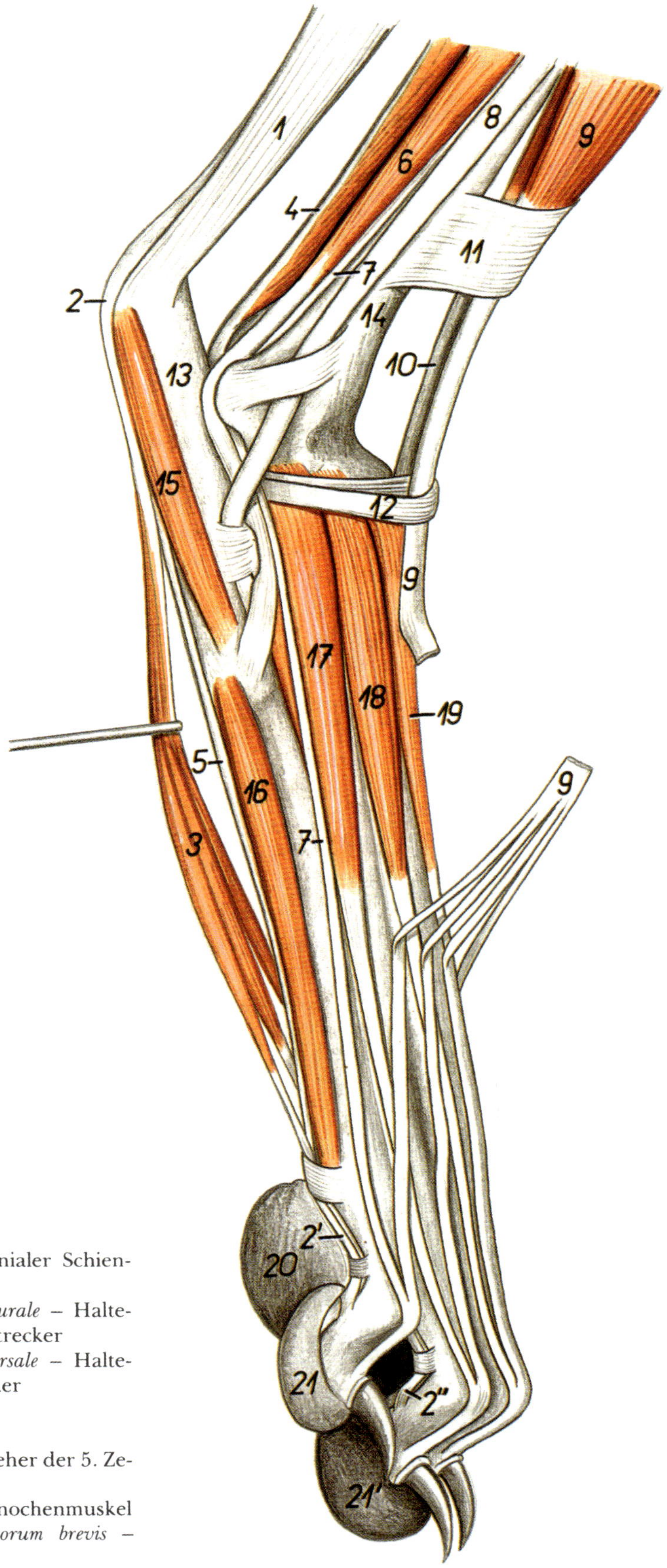

1. *Tendo mi. tricipitis surae* – Sehne des dreiköpfigen Wadenmuskels
2., 2'., 2'. *Tendo mi. flexoris digitorum superficialis* – Sehne des oberflächlichen Zehenbeugers
3. *M. flexor digitorum brevis* – kurzer Zehenbeuger
4. *M. flexor digitorum lateralis* – lateraler Zehenbeuger
5. *Tendo mi. flexoris digitorum profundi* – Sehne des tiefen Zehenbeugers
6. *M. peroneus brevis* – kurzer Wadenbeinmuskel
7. *M. extensor digitorum lateralis* – lateraler Zehenstrecker
8. *Tendo mi. peronei longi* – Sehne des langen Wadenbeinmuskels
9. *M. extensor digitorum longus* – langer Zehenstrecker
10. *M. tibialis cranialis* – kranialer Schienbeinmuskel
11. *Retinaculum extensorum crurale* – Halteband der Unterschenkelstrecker
12. *Retinaculum extensorum tarsale* – Halteband der Hinterfußstrecker
13. *Calcaneus* – Fersenbein
14. *Tibia* – Schienbein
15. *M. abductor digiti V* – Abzieher der 5. Zehe
16. *M. interosseus* – Zwischenknochenmuskel
17., 18., 19. *M. extensor digitorum brevis* – kurzer Zehenstrecker
20. *Torus metatarsalis* – Hintermittelfußballen
21., 21'. *Tori digitales* – Zehenballen

Kaninchen. Skelett der Schultergliedmaße, Ansicht von medial.

Abbildung 196

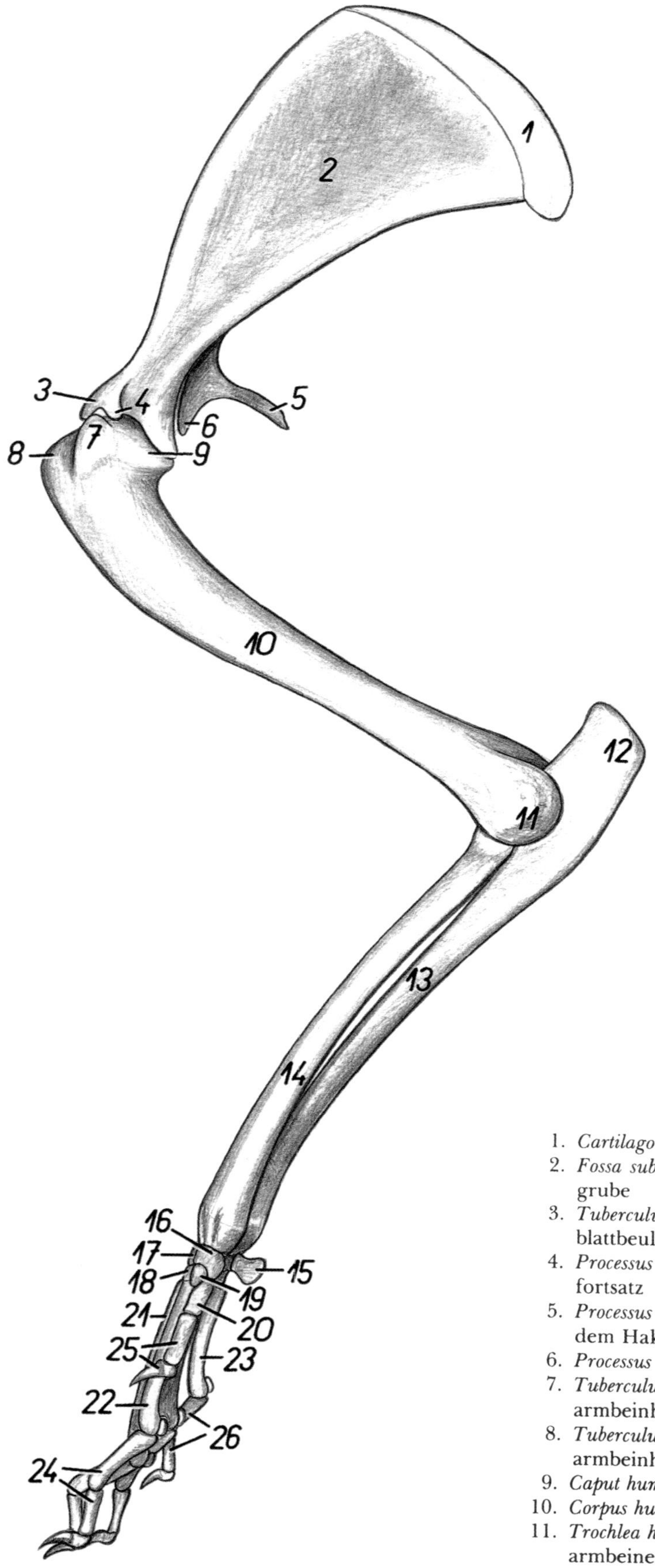

1. *Cartilago scapulae* – Schulterblattknorpel
2. *Fossa subscapularis* – Unterschulterblattgrube
3. *Tuberculum supraglenoidale* – Schulterblattbeule
4. *Processus coracoideus* – Rabenschnabelfortsatz
5. *Processus suprahamatus* – Fortsatz über dem Hakenfortsatz
6. *Processus hamatus* – Hakenfortsatz
7. *Tuberculum minus humeri* – kleiner Oberarmbeinhöcker
8. *Tuberculum majus humeri* – großer Oberarmbeinhöcker
9. *Caput humeri* – Oberarmbeinkopf
10. *Corpus humeri* – Oberarmbeinschaft
11. *Trochlea humeri* – Gelenkrolle des Oberarmbeines
12. *Olecranon* – Ellbogen
13. *Corpus ulnae* – Schaft der Elle
14. *Corpus radii* – Schaft der Speiche
15. *Os carpi accessorium (Os pisiforme)* – zusätzlicher Vordermittelfußknochen (Erbsenbein)
16. *Os carpi radiale (Os scaphoideum)* – radialer Vorderfußwurzelknochen (Kahnbein)
17. *Os carpi intermedium (Os lunatum)* – mittlerer Vorderfußwurzelknochen (Mondbein)
18. *Os carpale II (Os trapezoideum)* – 2. Vorderfußwurzelknochen (trapezförmiger Knochen)
19. *Os carpale I (Os trapezium)* – 1. Vorderfußwurzelknochen (Trapezbein)
20. *Os metacarpale I* – 1. Vordermittelfußknochen
21. *Os metacarpale III* – 3. Vordermittelfußknochen
22. *Os metacarpale II* – 2. Vordermittelfußknochen
23. *Os metacarpale V* – 5. Vordermittelfußknochen
24. *Ossa digiti II* – Knochen der 2. Zehe
25. *Ossa digiti I* – Knochen der 1. Zehe
26. *Ossa digiti V* – Knochen der 5. Zehe

Abbildung 197

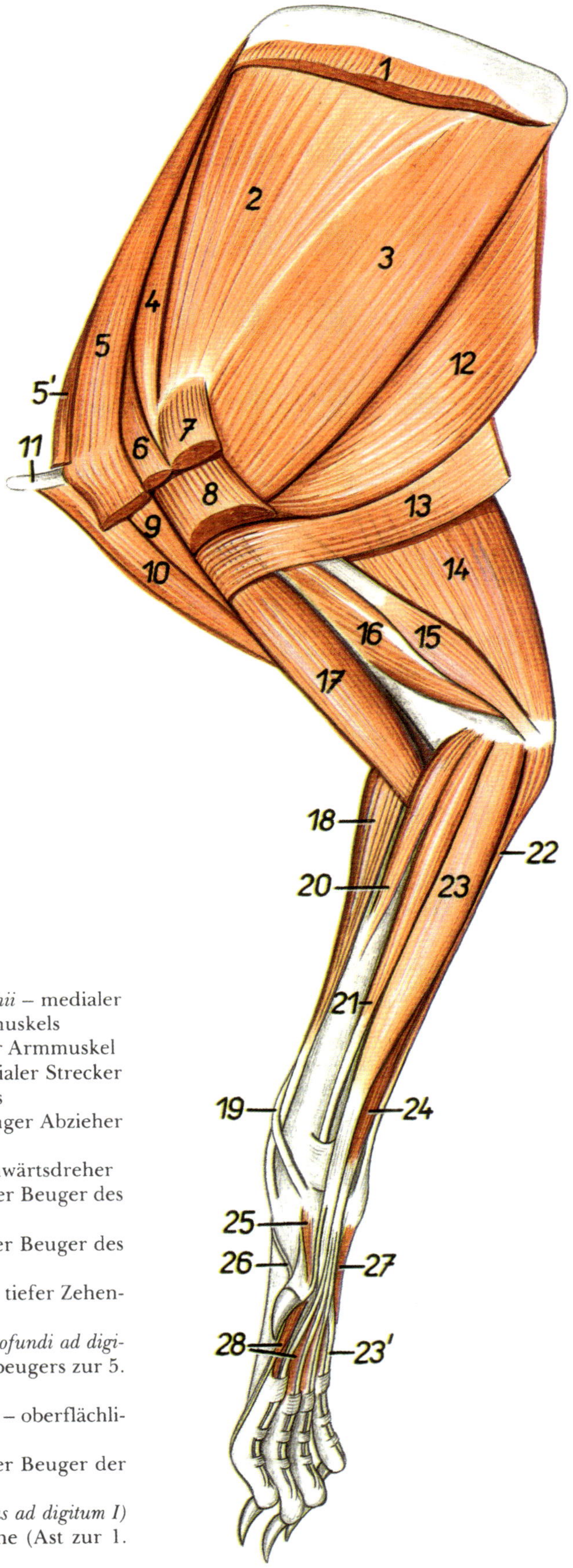

1. *M. serratus ventralis (thoracis et cervicis)* – ventraler gesägter Muskel (Brustkorb und Halsportion)
2. *M. subscapularis* – Unterschulterblattmuskel
3. *M. teres major* – großer Rundmuskel
4. *M. supraspinatus* – Übergrätenmuskel
5. *M. pectoralis minor* – kleiner Brustmuskel
5'. *M. pectoralis minor profundus* – tiefer kleiner Brustmuskel
6. *M. pectoralis quartus* – vierter Brustmuskel
7. *M. pectoralis major* – großer Brustmuskel
8. *M. pectoralis superficialis* – oberflächlicher Brustmuskel
9. *Pars scapularis mi. deltoidei* – Schulterblatteil des deltaförmigen Muskels
10. *Pars clavicularis mi. deltoidei (M. cleidobrachialis)* – Schlüsselbeinteil des deltaförmigen Muskels (Schlüsselbein-Armmuskel)
11. *Clavicula* – Schlüsselbein
12. *M. latissimus dorsi* – breiter Rückenmuskel
13. *M. cutaneus trunci* – Rumpfhautmuskel
14. *Caput longum mi. tricipitis brachii* – langer Kopf des dreiköpfigen Armmuskels
15. *Caput accessorium mi. tricipitis brachii* – zusätzlicher Kopf des dreiköpfigen Armmuskels
16. *Caput mediale mi. tricipitis brachii* – medialer Kopf des dreiköpfigen Armmuskels
17. *M. biceps brachii* – zweiköpfiger Armmuskel
18. *M. extensor carpi radialis* – radialer Strecker des Vorderfußwurzelgelenkes
19. *M. abductor digiti I longus* – langer Abzieher der 1. Zehe
20. *M. pronator teres* – runder Einwärtsdreher
21. *M. flexor carpi radialis* – radialer Beuger des Vorderfußwurzelgelenkes
22. *M. flexor carpi ulnaris* – ulnarer Beuger des Vorderfußwurzelgelenkes
23. *M. flexor digitorum profundus* – tiefer Zehenbeuger
23'. *Ramus mi. flexoris digitorum profundi ad digitum V* – Ast des tiefen Zehenbeugers zur 5. Zehe
24. *M. flexor digitorum superficialis* – oberflächlicher Zehenbeuger
25. *M. flexor digiti I brevis* – kurzer Beuger der 1. Zehe
26. *M. extensor digiti I et II (Ramus ad digitum I)* – Strecker der 1. und 2. Zehe (Ast zur 1. Zehe)
27. *M. abductor digiti V* – Abzieher der 5. Zehe
28. *Mm. interossei* – Zwischenknochenmuskeln

Abbildung 198

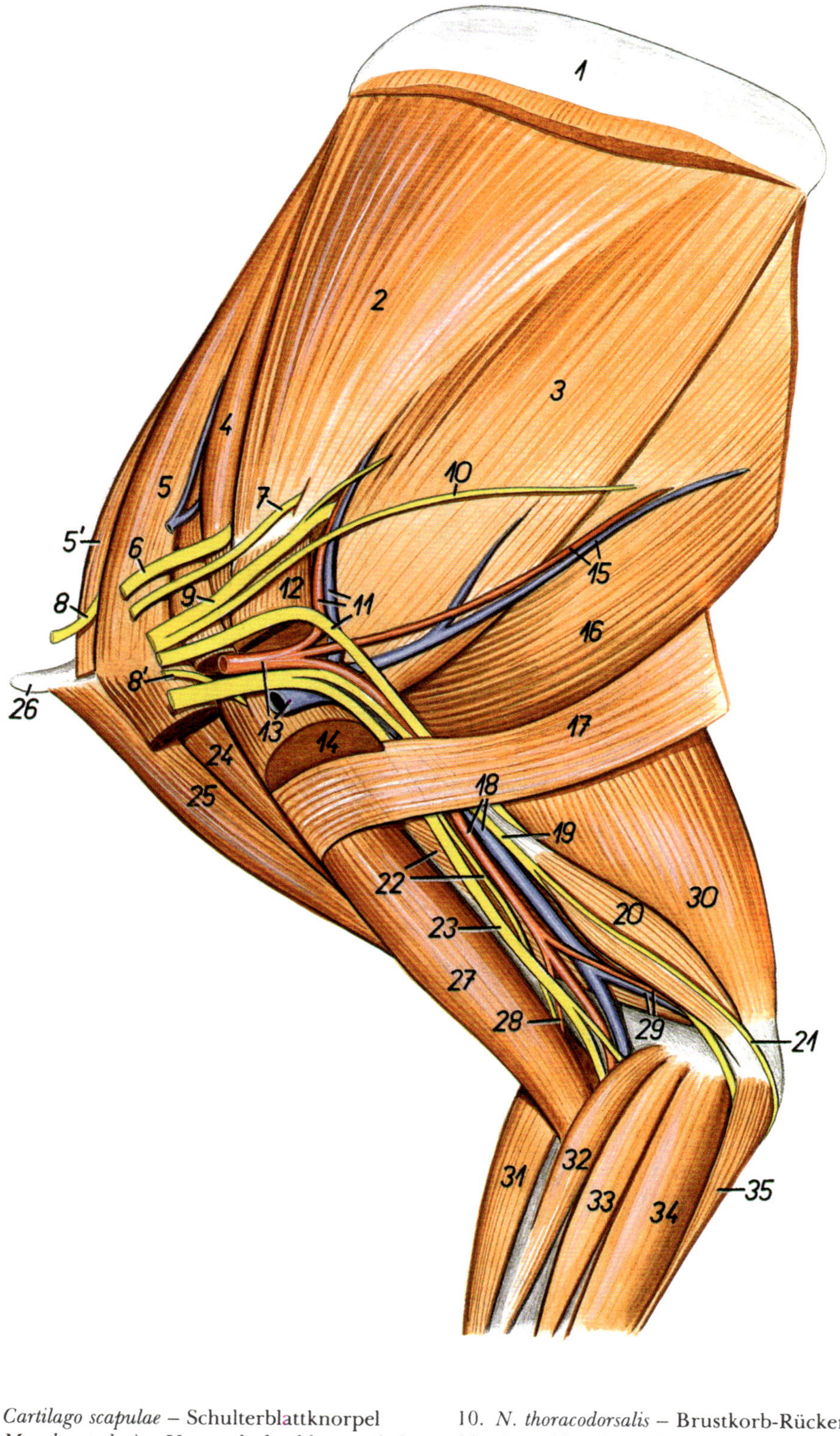

1. *Cartilago scapulae* – Schulterblattknorpel
2. *M. subscapularis* – Unterschulterblattmuskel
3. *M. teres major* – großer Rundmuskel
4. *M. supraspinatus* – Übergrätenmuskel
5. *M. pectoralis minor* – kleiner Brustmuskel

5'. *M. pectoralis minor profundus* – tiefer kleiner Brustmuskel

6. *N. suprascapularis* – Überschulterblattnerv
7. *N. subscapularis* – Unterschulterblattnerv
8. , 8'. *Nn. pectorales craniales* – kraniale Brustnerven
9. *N. axillaris* – Achselnerv
10. *N. thoracodorsalis* – Brustkorb-Rückennerv
11. *A. et V. subscapularis, N. radialis* – Unterschulterblattarterie und -vene, Speichennerv
12. *M. pectoralis major* – großer Brustmuskel
13. *A. et V. axillaris* – Achselarterie und -vene
14. *M. pectoralis superficialis* – oberflächlicher Brustmuskel
15. *A. et V. thoracodorsalis* – Brustkorb-Rückenarterie und -vene
16. *M. latissimus dorsi* – breiter Rückenmuskel
17. *M. cutaneus trunci* – Rumpfhautmuskel
18. *A. et V. brachialis* – Oberarmarterie und -vene
19. *N. ulnaris* – Ellennerv
20. *Caput accessorium mi. tricipitis brachii* – zusätzlicher Kopf des dreiköpfigen Armmuskels
21. *N. cutaneus antebrachii caudalis* – kaudaler Unterarmhautnerv
22. *Caput mediale mi. tricipitis brachii, N. musculocutaneus* – medialer Kopf des dreiköpfigen Armmuskels, Muskel-Hautnerv
23. *N. medianus* – Mittelnerv
24. *Pars scapularis mi. deltoidei* – Schulterblatteil des deltaförmigen Muskels
25. *Pars clavicularis mi. deltoidei (M. cleidobrachialis)* – Schlüsselbeinteil des deltaförmigen Muskels (Schlüsselbein-Armmuskel)
26. *Clavicula* – Schlüsselbein
27. *M. biceps brachii* – zweiköpfiger Armmuskel
28. *A. transversa cubiti* – Querarterie des Ellbogens
29. *A. et V. collateralis ulnaris* – Begleitarterie und -vene des Ellennerven
30. *Caput longum mi. tricipitis brachii* – langer Kopf des dreiköpfigen Armmuskels
31. *M. extensor carpi radialis* – radialer Strecker des Vorderfußwurzelgelenkes
32. *M. pronator teres* – runder Einwärtsdreher
33. *M. flexor carpi radialis* – radialer Beuger des Vorderfußwurzelgelenkes
34. *M. flexor digitorum profundus* – tiefer Zehenbeuger
35. *M. flexor carpi ulnaris* – ulnarer Beuger des Vorderfußwurzelgelenkes

Kaninchen. Skelett der Beckengliedmaße, Ansicht von medial.

Abbildung 199

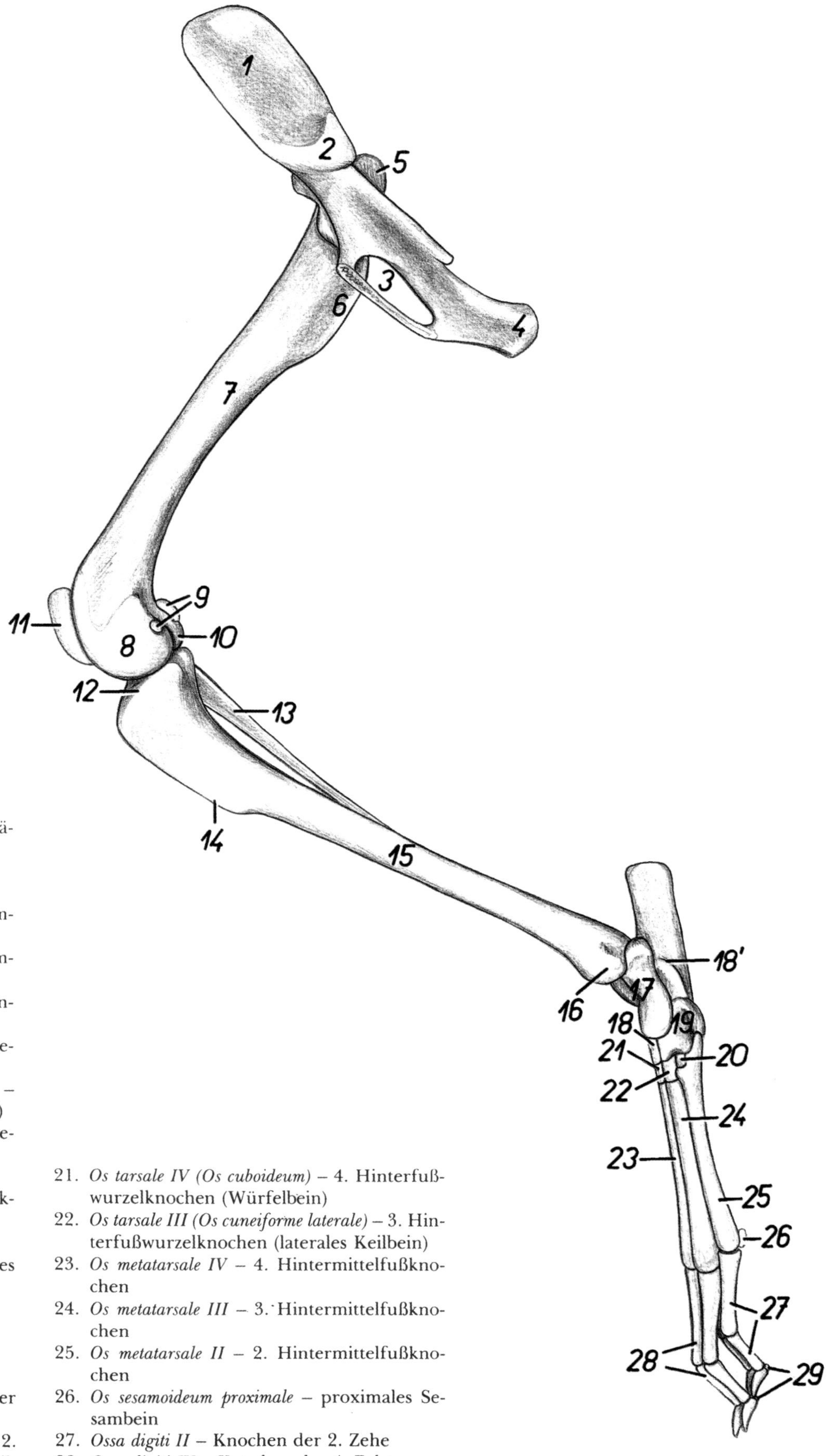

1. *Ala ossis ilium* – Darmbeinflügel
2. *Facies auricularis* – ohrmuschelförmige Fläche
3. *Foramen obturatum* – verstopftes Loch
4. *Tuber ischiadicum* – Sitzbeinhöcker
5. *Trochanter major ossis femoris* – großer Umdreher des Oberschenkelbeines
6. *Trochanter minor ossis femoris* – kleiner Umdreher des Oberschenkelbeines
7. *Corpus ossis femoris* – Oberschenkelbeinschaft
8. *Condylus medialis ossis femoris* – medialer Gelenknorren des Oberschenkelbeines
9. *Ossa sesamoidea mi. gastrocnemii (Fabellae)* – Sesambeine des Wadenmuskels (Bohnen)
10. *Condylus lateralis ossis femoris* – lateraler Gelenkknorren des Oberschenkelbeines
11. *Patella* – Kniescheibe
12. *Condylus medialis tibiae* – medialer Gelenkknorren des Schienbeines
13. *Fibula* – Wadenbein
14. *Margo cranialis tibiae* – kranialer Rand des Schienbeines
15. *Corpus tibiae* – Schienbeinschaft
16. *Malleolus medialis* – medialer Knöchel
17. *Talus* – Rollbein
18., 18'. *Calcaneus* – Fersenbein
19. *Os tarsi centrale (Os naviculare)* – zentraler Hinterfußwurzelknochen (Kahnbein)
20. *Os tarsale II (Os cuneiforme intermedium)* – 2. Hinterfußwurzelknochen (mittleres Keilbein)
21. *Os tarsale IV (Os cuboideum)* – 4. Hinterfußwurzelknochen (Würfelbein)
22. *Os tarsale III (Os cuneiforme laterale)* – 3. Hinterfußwurzelknochen (laterales Keilbein)
23. *Os metatarsale IV* – 4. Hintermittelfußknochen
24. *Os metatarsale III* – 3. Hintermittelfußknochen
25. *Os metatarsale II* – 2. Hintermittelfußknochen
26. *Os sesamoideum proximale* – proximales Sesambein
27. *Ossa digiti II* – Knochen der 2. Zehe
28. *Ossa digiti IV* – Knochen der 4. Zehe
29. *Ossa sesamoidea distalia* – distale Sesambeine

Abbildung 200

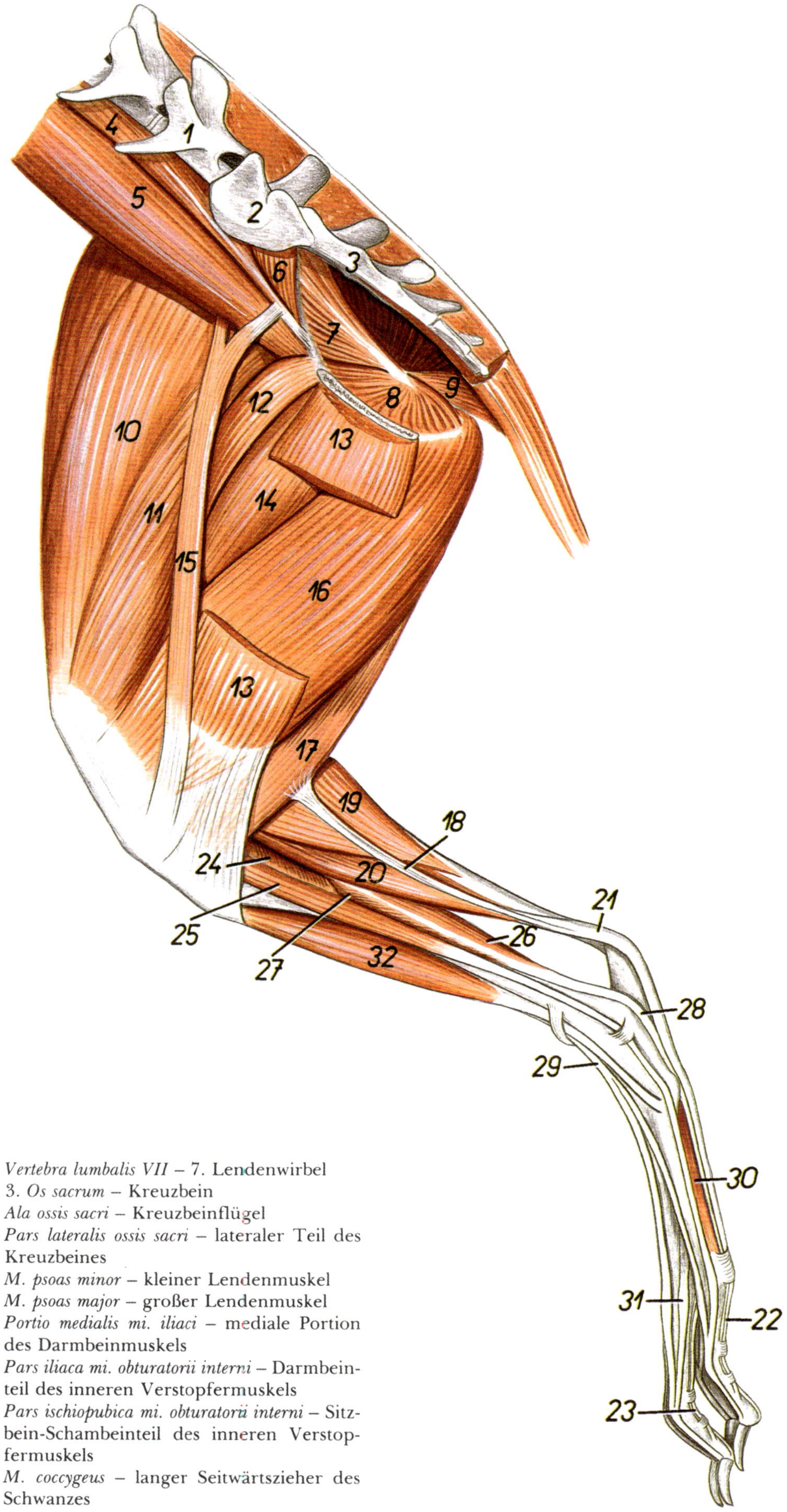

1. *Vertebra lumbalis VII* – 7. Lendenwirbel
2., 3. *Os sacrum* – Kreuzbein
2. *Ala ossis sacri* – Kreuzbeinflügel
3. *Pars lateralis ossis sacri* – lateraler Teil des Kreuzbeines
4. *M. psoas minor* – kleiner Lendenmuskel
5. *M. psoas major* – großer Lendenmuskel
6. *Portio medialis mi. iliaci* – mediale Portion des Darmbeinmuskels
7. *Pars iliaca mi. obturatorii interni* – Darmbeinteil des inneren Verstopfermuskels
8. *Pars ischiopubica mi. obturatorii interni* – Sitzbein-Schambeinteil des inneren Verstopfermuskels
9. *M. coccygeus* – langer Seitwärtszieher des Schwanzes

10. *M. rectus femoris* – gerader Oberschenkelmuskel
11. *M. vastus medialis* – medialer Oberschenkelmuskel
12. *M. pectineus* – Kammmuskel
13. *M. gracilis* – schlanker Schenkelmuskel
14. *M. adductor* – Einwärtszieher
15. *M. sartorius* – Schneidermuskel
16. *M. semimembranosus* – halbhäutiger Muskel
17. *M. semitendinosus* – halbsehniger Muskel
18. *Tendo accessorius mi. semitendinosi* – zusätzliche Sehne des halbsehnigen Muskels
19. *M. gastrocnemius* – Wadenmuskel
20. *M. flexor digitorum superficialis* – oberflächlicher Zehenbeuger
21. *Tendo mi. flexoris digitorum superficialis* – Sehne des oberflächlichen Zehenbeugers
22. *Ramus mi. flexoris digitorum superficialis ad digitum II* – Ast des oberflächlichen Zehenbeugers zur 2. Zehe
23. *Ramus mi. flexoris digitorum superficialis ad digitum III* – Ast des oberflächlichen Zehenbeugers zur 3. Zehe
24. *M. popliteus* – Kniekehlmuskel
25. *M. extensor digiti II* – Strecker der 2. Zehe
26. *M. tibialis caudalis* – kaudaler Schienbeinmuskel
27. *M. flexor digitorum lateralis* – lateraler Zehenbeuger
28. *Tendo mi. flexoris digitorum profundi* – Sehne des tiefen Zehenbeugers
29. *M. extensor digitorum longus* – langer Zehenstrecker
30. *M. interosseus II* – 2. Zwischenknochenmuskel
31. *Portio collateralis mi. interossei ad digitum III* – Seitenportion des Zwischenknochenmuskels zur 3. Zehe
32. *M. tibialis cranialis* – kranialer Schienbeinmuskel

Kaninchen. Präparation des Beckens und des Oberschenkels, Ansicht von medial.

Abbildung 201

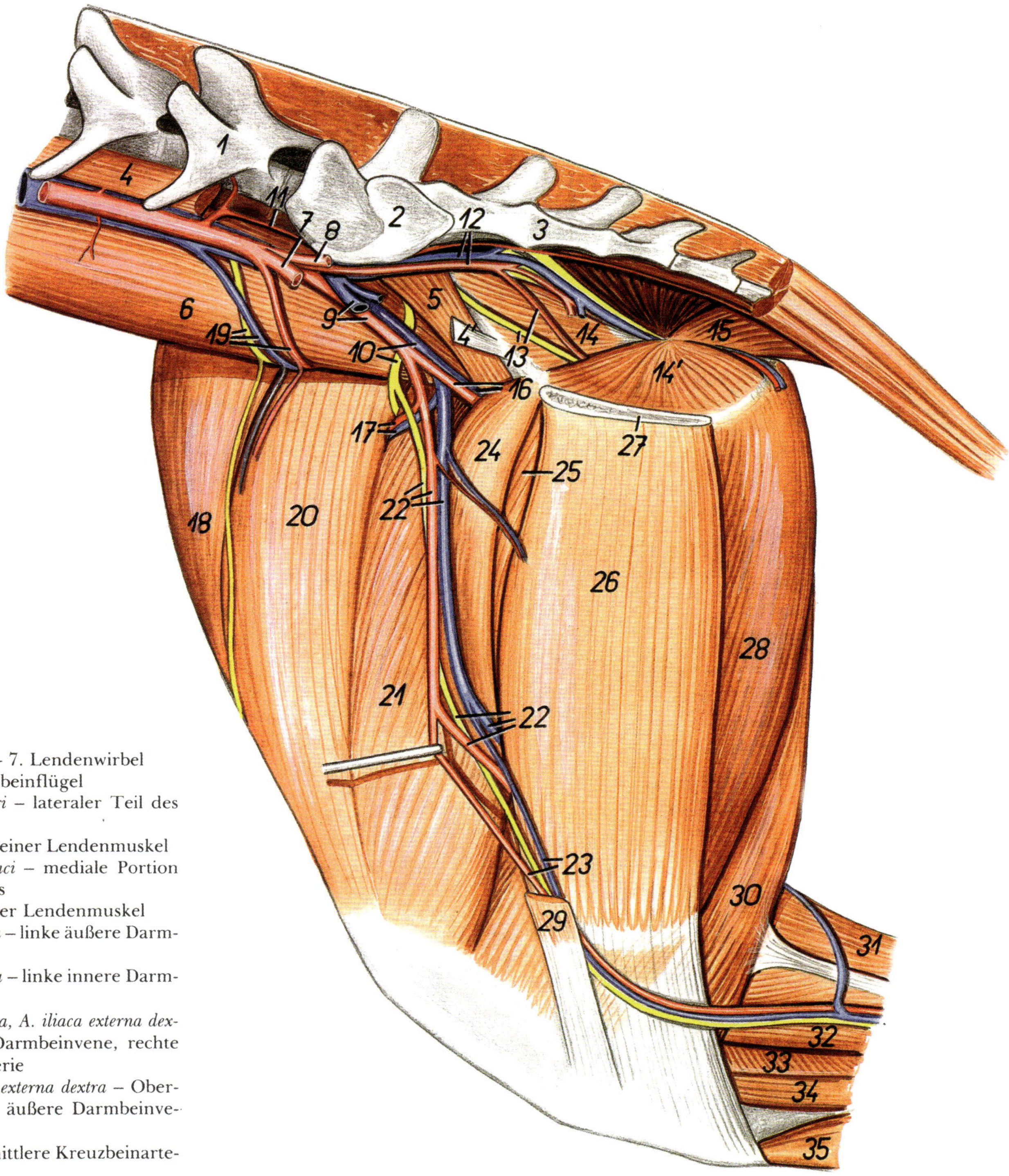

1. *Vertebra lumbalis VII* – 7. Lendenwirbel
2. *Ala ossis sacri* – Kreuzbeinflügel
3. *Pars lateralis ossis sacri* – lateraler Teil des Kreuzbeines

4., 4'. *M. psoas minor* – kleiner Lendenmuskel

5. *Portio medialis mi. iliaci* – mediale Portion des Darmbeinmuskels
6. *M. psoas major* – großer Lendenmuskel
7. *A. iliaca externa sinistra* – linke äußere Darmbeinarterie
8. *A. iliaca interna sinistra* – linke innere Darmbeinarterie
9. *V. iliaca externa sinistra, A. iliaca externa dextra* – linke äußere Darmbeinvene, rechte äußere Darmbeinarterie
10. *N. femoralis, V. iliaca externa dextra* – Oberschenkelnerv, rechte äußere Darmbeinvene
11. *A. sacralis mediana* – mittlere Kreuzbeinarterie
12. *A. et V. iliaca interna dextra* – rechte innere Darmbeinarterie und -vene
13. *N. obturatorius, A. obturatoria* – Verstopfernerv, Verstopferarterie
14. *Pars iliaca mi. obturatorii interni* – Darmbeinteil des inneren Verstopfermuskels

14'. *Pars ischiopubica mi. obturatorii interni* – Sitzbein-Schambeinteil des inneren Verstopfermuskels

15. *M. coccygeus* – langer Seitwärtszieher des Schwanzes
16. *A. et V. profunda femoris* – tiefe Oberschenkelarterie und -vene
17. *A. et V. circumflexa femoris lateralis* – laterale Oberschenkelkranzarterie und -vene
18. *M. tensor fasciae latae* – Spanner der Oberschenkelfaszie
19. *N. cutaneus femoris lateralis, A. et V. circumflexa ilium profunda* – lateraler Oberschenkelhautnerv, tiefe Darmbeinkranzarterie und -vene
20. *M. rectus femoris* – gerader Oberschenkelmuskel
21. *M. vastus medialis* – medialer Oberschenkelmuskel
22. *A. et V. femoralis, N. saphenus* – Oberschenkelarterie und -vene, verborgener Nerv
23. *A. saphena, V. saphena medialis* – verborgene Arterie, mediale verborgene Vene
24. *M. pectineus* – Kammuskel
25. *M. adductor* – Einwärtszieher
26. *M. gracilis* – schlanker Schenkelmuskel
27. *Facies symphysialis ossis coxae* – Beckenfugenfläche des Hüftbeines
28. *M. semimembranosus* – halbhäutiger Muskel
29. *M. sartorius* – Schneidermuskel
30. *M. semitendinosus* – halbsehniger Muskel
31. *M. gastrocnemius* – Wadenmuskel
32. *M. flexor digitorum superficialis* – oberflächlicher Zehenbeuger
33. *M. popliteus* – Kniekehlmuskel
34. *M. extensor digiti II* – Strecker der 2. Zehe
35. *M. tibialis cranialis* – kranialer Schienbeinmuskel

Kaninchen. Äußere Geschlechtsorgane und Leistengegend, Ansicht von links, nach Entfernung der linken Beckengliedmaße.

Abbildung 202

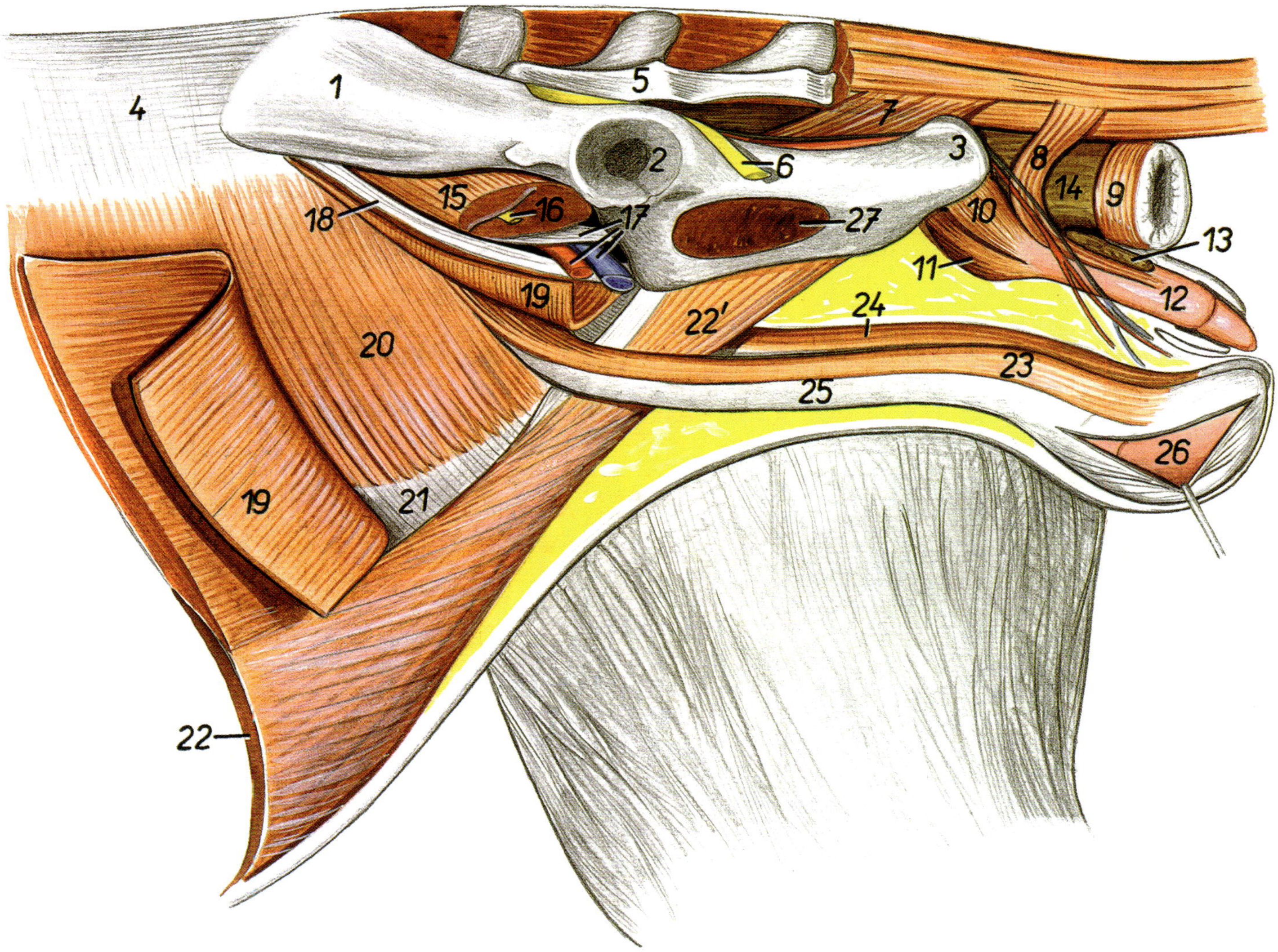

1. *Ala ossis ilium* – Darmbeinflügel
2. *Acetabulum* – Beckenpfanne
3. *Tuber ischiadicum* – Sitzbeinhöcker
4. *Fascia thoracolumbalis* – Brust-Lendenfaszie
5. *Os sacrum* – Kreuzbein
6. *N. ischiadicus* – Sitzbeinnerv
7. *M. coccygeus* – langer Seitwärtszieher des Schwanzes
8. *M. retractor penis* – Zurückzieher des Penis
9. *M. sphincter ani externus* – äußerer Afterschließmuskel
10. *M. bulbospongiosus* – Zwiebel-Schwellkörpermuskel
11. *M. ischiocavernosus* – Sitzbein-Schwellkörpermuskel
12. *Penis* – Penis
13. *Glandula preputialis* – Vorhautdrüse
14. *Ampulla recti* – Mastdarmampulle
15. *M. iliopsoas* – Darmbein-Lendenmuskel
16. *N. femoralis* – Oberschenkelnerv
17. *Insertio mi. psoas minoris, A. et V. iliaca externa* – Ansatz des kleinen Lendenmuskels, äußere Darmbeinarterie und -vene
18. *Lig. inguinale* – Leistenband
19. *M. obliquus externus abdominis* – äußerer schiefer Bauchmuskel
20. *M. obliquus internus abdominis* – innerer schiefer Bauchmuskel
21. *Aponeurosis mi. obliqui interni abdominis* – Sehnenplatte des inneren schiefen Bauchmuskels
22. *M. rectus abdominis* – gerader Bauchmuskel

22′. *Insertio mi. recti abdominis* – Ansatz des geraden Bauchmuskels

23. *M. cremaster sinister* – linker Hodenheber
24. *M. cremaster dexter* – rechter Hodenheber
25. *Tunica vaginalis et Funiculus spermaticus sinister* – Scheidenhaut und linker Samenstrang
26. *Testis* – Hoden
27. *M. obturatorius internus* – innerer Verstopfermuskel

Kaninchen. Lage der Beckenorgane des weiblichen Kaninchens, Ansicht von links, nach Entfernung der linken Beckenhälfte und der linken Beckengliedmaße.

Abbildung 203

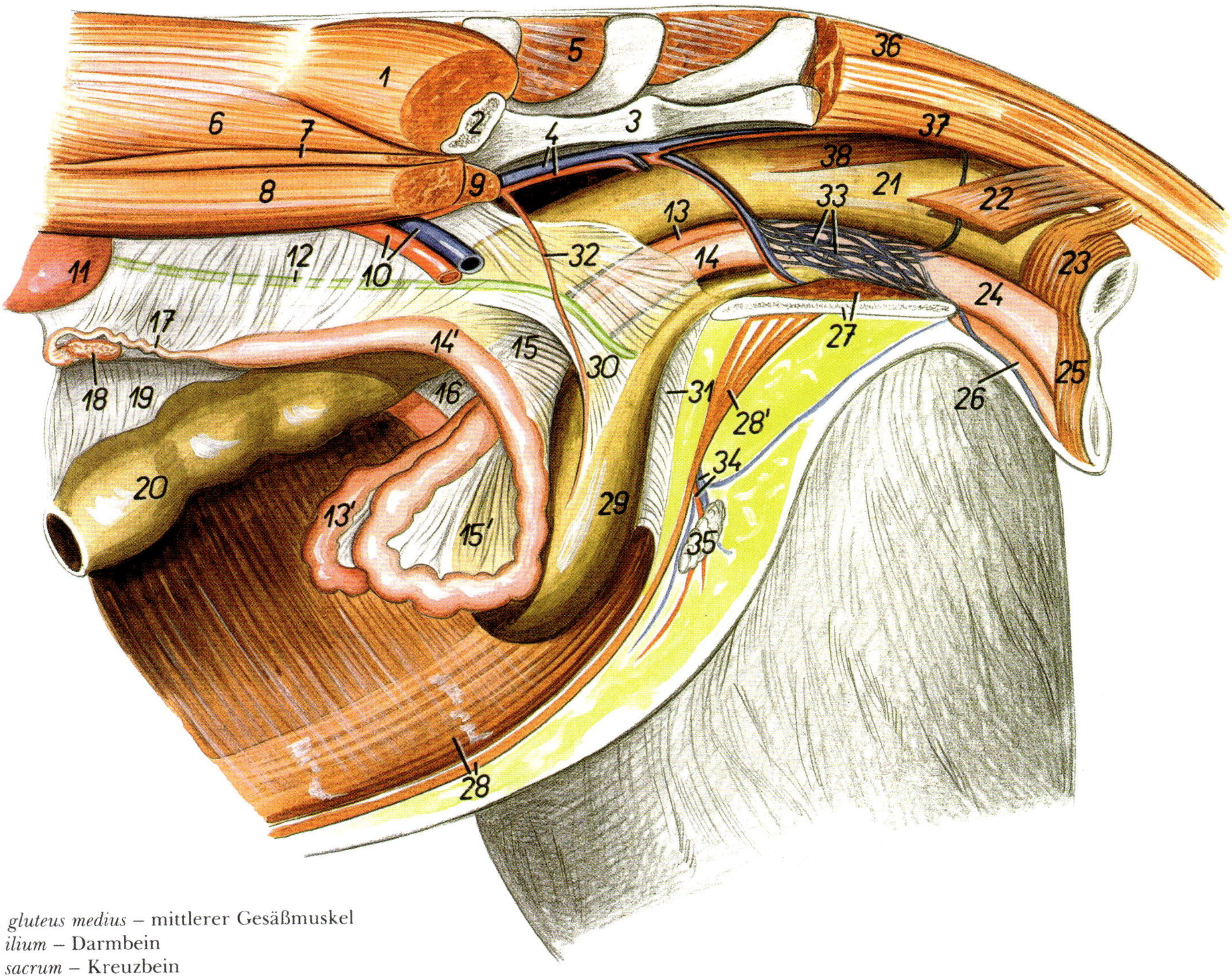

1. *M. gluteus medius* – mittlerer Gesäßmuskel
2. *Os ilium* – Darmbein
3. *Os sacrum* – Kreuzbein
4. *A. et V. iliaca interna sinistra* – linke innere Darmbeinarterie und -vene
5. *M. gluteus superficialis (dexter)* – rechter oberflächlicher Kruppenmuskel
6. *M. longissimus lumborum* – Lendenportion des längsten Muskels
7. *M. quadratus lumborum* – viereckiger Lendenmuskel
8. *M. psoas major* – großer Lendenmuskel
9. *M. psoas minor* – kleiner Lendenmuskel
10. *A. et V. iliaca externa sinistra* – linke äußere Darmbeinarterie und -vene
11. *Ren sinister* – linke Niere
12. *Ureter* – Harnleiter

13., 13'. *Uterus dexter* – rechte Gebärmutter

14., 14'. *Uterus sinister* – linke Gebärmutter

15., 15'. *Lig. latum uteri sinistrum* – linkes breites Gebärmutterband

16. *Lig. latum uteri dextrum* – rechtes breites Gebärmutterband
17. *Tuba uterina* – Eileiter
18. *Ovarium* – Eierstock
19. *Mesocolon descendens* – Gekröse des absteigenden Grimmdarmes
20. *Colon descendens* – absteigender Grimmdarm
21. *Ampulla recti* – Mastdarmampulle
22. *M. coccygeus* – langer Seitwärtszieher des Schwanzes
23. *M. sphincter ani externus* – äußerer Afterschließmuskel
24. *Vestibulum vaginae* – Scheidenvorhof
25. *M. constrictor vulvae* – Verengerer der Scham
26. *Clitoris* – Kitzler
27. *M. obturatorius internus, Facies symphysialis ossis coxae* – innerer Verstopfermuskel, Beckenfugenfläche des Hüftbeines
28. *M. rectus abdominis* – gerader Bauchmuskel

28'. *Insertio mi. recti abdominis* – Ansatz des geraden Bauchmuskels

29. *Vesica urinaria* – Harnblase
30. *Lig. vesicae laterale* – laterales Harnblasenband
31. *Lig. vesicae medianum* – medianes Harnblasenband
32. *A. umbilicalis* – Nabelarterie
33. *Plexus venosus vaginae* – venöses Scheidengeflecht
34. *A. et V. pudenda externa* – äußere Schamarterie und -vene
35. *Ln. inguinalis superficialis* – oberflächlicher Leistenlymphknoten
36. *M. sacrocaudalis dorsalis lateralis* – langer Heber des Schwanzes
37. *M. sacrocaudalis ventralis lateralis* – langer Niederzieher des Schwanzes
38. *M. rectococcygeus* – Mastdarmschwanzmuskel